AF402107

Springer

Berlin
Heidelberg
New York
Barcelona
Hongkong
London
Mailand
Paris
Singapur
Tokio

HÜTTE

Umweltschutztechnik

Herausgegeben von

Klaus Görner · Kurt Hübner

in Abstimmung mit dem
Akademischer Verein Hütte e.V., Berlin
begründet von
Prof. Dr.-Ing. E. Weber

Springer

Prof. Dr.-Ing. habil. KLAUS GÖRNER
Lehrstuhl für Umweltverfahrenstechnik und Anlagentechnik
FB 12 – Maschinenwesen
Universität GH Essen, Leimkugelstraße 10, 45141 Essen

Dr. KURT HÜBNER
Lehrstuhl für Umweltverfahrenstechnik und Anlagentechnik
FB 12 – Maschinenwesen
Universität GH Essen, Leimkugelstraße 10, 45141 Essen

Wissenschaftlicher Ausschuß des Akademischen Vereins Hütte e.V., Berlin
Dr.-Ing. KARL FEUTLINSKE, Vorsitzender

ISBN-13: 978-3-642-64134-3 Springer-Verlag Berlin Heidelberg New York

Die Deutsche Bibliothek - CIP-Einheitsaufnahme
Umweltschutztechnik / begr. von Ekkehard Weber. Hrsg.: Klaus Görner ; Kurt Hübner - Berlin ; Heidelberg ;
New York ; Hongkong ; London ; Mailand ; Paris ; Singapur ; Tokio : Springer, 1999
(Hütte)
ISBN-13: 978-3-642-64134-3   e-ISBN-13: 978-3-642-59810-4
DOI: 10.1007/978-3-642-59810-4

Redaktion/Herstellung: gaby maas, Berlin
Satz und graphische Gestaltung: MEDIO, Berlin

SPIN 10082305   68/3020 - 5 4 3 2 1 0 - Gedruckt auf säurefreiem Papier

Geleitwort

Die HÜTTE „Umweltschutztechnik" – aktuelles Nachschlagewerk für das zukunftsweisende, interdisziplinäre und heute in nahezu allen Bereichen des Lebens gegenwärtige Fachgebiet Umweltschutz – ist das neueste Werk in der traditionsreichen Reihe der HÜTTE-Handbücher.

Seit über 150 Jahren besteht der Akademische Verein Hütte als Freundeskreis von Studierenden und Wissenschaftlern, als Unterstützer der Hochschulstudenten und als Förderer des wissenschaftlichen Schrifttums im In- und Ausland. Seit 1857 ist der Verein Herausgeber und Namensgeber einer großen Reihe von Nachschlagewerken, die in der technischen Literatur zum Begriff wurden für kompakte, gründliche und schnelle Information.

Der Grundstein für diese Entwicklung wurde gleich nach der Gründung des Vereins „Hütte" gelegt, als eine Kommission von Studierenden die gehörten Vorträge der Lehrer des Königlichen Gewerbeinstituts, des Vorgängers der heutigen Technischen Universität Berlin, zusammenstellte. Daraus entstand die 1. Auflage der HÜTTE, „Des Ingenieurs Taschenbuch". Es war das Ziel, ein für Studium und Beruf nützliches Nachschlagewerk zu schaffen. Dies wurde zweifellos erreicht, denn die Nachfrage nach dem Taschenbuch war sehr groß. Heute gilt das Buch als wertvolles Dokument der Technikgeschichte. Danach gab es dann schnell weitere Auflagen und neue Werke, die sich nun auch spezielleren Themen wie der Bautechnik, der Werkstofftechnik, dem Bootsbau, der Physik und Mathematik, dem Fertigungsbetrieb sowie der Elektrotechnik widmeten.

Die Handbücher wurden ständig aktualisiert und verbessert, um den neuesten Entwicklungen Rechnung zu tragen.

Hier fügt sich das vorliegende Werk bestens ein, dem guten Ruf der HÜTTE-Handbücher und der Thematik „Umweltschutztechnik" und damit der Zukunft verpflichtet.

Dies Nachschlagewerk für Fach- und Führungskräfte in Wirtschaft und Verwaltung, in Beratungsunternehmen und Behörden und für die Studierenden an den Hochschulen und Universitäten sollte sich rasch als Standardwerk herauskristallisieren. Die Liste namhafter und überaus engagierter Mitarbeiter und Bandherausgeber bürgt dafür.

Wie seine Vorbilder die „Betriebshütte" und die „Grundlagenhütte" so bekam auch dieses Handbuch sofort seinen charakteristischen, eingängigen Kurztitel „Umwelthütte".

Der Akademische Verein Hütte in Berlin begrüßt sehr das Erscheinen des neuen HÜTTE-Handbuchs „Umweltschutztechnik", kurz „Umwelthütte", wünscht ihm eine gute Resonanz bei den Lesern und dankt allen, die zum Gelingen des Werks beigetragen haben, für ihren Einsatz.

Berlin, im März 1999

Wissenschaftlicher Ausschuß des
Akademischen Vereins Hütte e.V., Berlin
Dr.-Ing. Karl Feutlinske

Vorwort

Im letzten Jahrzehnt ist der Umweltschutz wesentlicher Bestandteil nahezu aller Bereiche der Industrie geworden. Dabei ist eine Entwicklung vom nachsorgenden Umweltschutz („End-of-pipe"-Technologien) hin zum produkt- und/oder produktionsintegrierten Umweltschutz (vorsorgender UWS) zu beobachten und noch weiter wünschenswert und anzustreben.

Es ist die Intention dieses Buches, die dabei einzuhaltenden rechtlichen und technischen Rahmenbedingungen darzustellen. Dabei sind Gesetze und Verordnungen, die zur Verfügung stehenden Technologien bis hin zu konkreten Prozessen bzw. Verfahren und damit erreichbare Eigenschaften und Qualitäten von zwangshalber an die Umwelt abzugebenden Stoffströmen anzugeben und zu beschreiben.

Zusätzlich kommt der Umwelthütte die Aufgabe zu, aufbauend auf der Grundlagenhütte, eine interdisziplinäre Querverknüpfung der naturwissenschaftlichen Grundlagen im Hinblick auf die Umweltwissenschaften aufzuzeigen und gleichzeitig diese eher anwendungsbezogene Ingenieurdisziplin möglichst geschlossen darzustellen.

In Zukunft nur begrenzt zur Verfügung stehende Ressourcen verleihen einer nachhaltigen Entwicklung (sustainable development) im Ganzen, aber auch bei einzelnen Stoff- und Energiekreisläufen eine hohe Bedeutung. Auch dieser Entwicklung sollte Rechnung getragen werden.

Der Inhalt des Buches wurde, diesen Leitgedanken folgend, in die Hauptabschnitte
- Rechtsgrundlagen – Ökonomie – Wirkung
- produktionsintegrierter Umweltschutz
- nachsorgender Umweltschutz (Gasreinigung, Abfallwirtschaft, Altlasten und Bodenschutz)
- Lärm- und Strahlenschutz – Sicherheit – Meß- und Analysentechnik
- Stoffquellen

gegliedert. Spezielle Aspekte konnten in diesem Umfang nicht oder nur ansatzweise verfolgt werden.

Das Buch richtet sich an Berater, Planer, Hersteller und Betreiber von Umweltschutzanlagen, soll aber auch Behörden, Gutachtern und Juristen einen Anhaltspunkt für technisch Machbares und wirtschaftlich Vertretbares geben.

Das Werk in seiner Grundkonzeption geht auf Prof. Dr.-Ing. E. Weber zurück. Durch seinen zu frühen Tod konnte er es jedoch nicht mehr vollständig inhaltlich mitgestalten. Die Herausgeber hielten sich an diese Konzeption, auch wenn sie dafür eigene Vorstellungen zurückstellen mußten.

Allen Autoren sei an dieser Stelle für ihre Mitarbeit und ihr persönliches Engagement gedankt. Der Dank der Herausgeber gilt aber auch dem Springer-Verlag und dort den MitarbeiterInnen, die unermüdlich an der Fertigstellung mitgewirkt und für eine sehr gute technische Ausstattung gesorgt haben.

Essen, im März 1999

Prof. Dr.-Ing. habil. Klaus Görner
Dr. rer.nat. Kurt Hübner

Autoren

AUSTERMANN-HAUN, Ute, Prof. Dr.-Ing.   (Abschn. G.3.3.5)
   FH Lippe, Abteilung Detmold, Emilienstr. 45, 32756 Detmold
BARJENBRUCH, Matthias, Dr.-Ing,   (Abschn. G.3.3.6)
   Institut für Kulturtechnik und Siedlungswasserwirtschaft, FB Landeskultur und Umweltschutz,
   Agrarwissenschaftliche Fakultät, Universität Rostock, Satower Str. 48, 18051 Rostock
BECKEFELD, Petra, Dr.   (Abschn. J.5.6)
   Heitkamp Umwelttechnik GmbH, Heinrichstr. 67, 44805 Bochum
BEINE, Reinhard, A., Dr.   (Abschn. J.4)
   Jessberger + Partner GmbH, Am Umweltpark 5, 44793 Bochum
BEISHEIM, Knut, Dr.   (Abschn. L.1, L.4)
   Staatliches Umweltamt, Postfach 2730, 47727 Krefeld
BILITEWSKI, Bernd, Prof. Dr.-Ing.   (Abschn. H.2.1)
   intecus – Ingenieurgemeinschaft für technischen Umweltschutz, Pohlandstr. 17, 01309 Dresden
BORTLISZ, Johannes, Dipl.-Ing.   (Abschn. M.2)
   Emschergenossenschaft Lippeverband, Kronprinzenstr. 24, 45128 Essen
DELLING, Steffen, Dipl.-Ing.   (Abschn. L.2.3, L.3.3)
   Landesumweltamt NRW, AB Anlagensicherheit, Wallneyer Str. 6, 45133 Essen
DOEDENS, Heiko, Prof. Dr.-Ing. habil.,   (Abschn. H.1, H.3, H.4)
   Institut für Siedlungswasserwirtschaft und Abfalltechnik, Fachgebiet Abfallwirtschaft, Universität
   Hannover, Welfengarten 1, 30167 Hannover
ECKARDT, Andreas, Dr.   (Abschn. J.2.1 – J.2.4)
   Staatliches Umweltfachamt Radebeul, Wasastr. 50, 01445 Radebeul
EUTENEUER, Ulrich, Dipl.-Ing.   (Abschn. L.3.2)
   Landesumweltamt NRW, AB Anlagensicherheit, Wallneyer Str. 6, 45133 Essen
FABIAN, Peter, Prof. Dr.   (Abschn. D.2)
   Institut für Bioklimatologie, Universität Münschen, Hohenbachernstr. 22, 85354 Freising
FEIKES, Lieselotte, Dr.   (Abschn. N.1.6)
   A.-L.-Grimm-Str. 18, 69469 Weinheim
FISCHER, Klaus Martin, Dr.   (Abschn. F.3.8)
   Institut für Siedlungswasserbau, Wassergüte- und Abfallwirtschaft, Universität Stuttgart,
   Bandtäle 2, 70569 Stuttgart
FRICKE, Klaus, Dr.-Ing.   (Abschn. H.7)
   IGW Fricke & Turk GmbH, Bischhäuser Aue 12, 37213 Witzenhausen
GILLMANN, Peter, Dr.-Ing.   (Abschn. H.2.2, J.5.2)
   Lehrstuhl für Umweltverfahrenstechnik und Anlagentechnik, Universität GH Essen,
   Leimkugelstr. 10, 45141 Essen
GÖRNER, Klaus, Prof. Dr.-Ing. habil.   (Kap. A)
   Lehrstuhl für Umweltverfahrenstechnik und Anlagentechnik, FB 12 – Maschinenwesen,
   Universität GH Essen, Leimkugelstr. 10, 45141 Essen

GREFEN, Klaus, Prof. Dr.-Ing.   (Abschn. B.1.1.3)
  Kommission Reinhaltung der Luft (KRdL) im VDI und DIN, Robert-Stolz-Str. 5, 40470 Düsseldorf
GREIM, Helmut, Prof. Dr.   (Abschn. D.3)
  Institut für Toxikologie der GSF, Postfach 1129, 85758 Oberschleißheim
GUDERIAN, Robert, Prof. Dr.   (Abschn. D.4)
  Institut für angewandte Botanik/Biologie, Universität Essen, Universitätsstr. 15, 45141 Essen
HABER, Wolfgang, Prof. em. Dr. Dr. h.c.   (Abschn. D.5, N.4)
  Lehrstuhl für Landschaftsökologie, Technische Universität München, Weihenstephan,
  85350 Freising
HARTWIG, Peter, Dr.-Ing.   (Abschn. G.3.3.3.3, G.3.3.3.4)
  aqua consult Ingenieur GmbH, Mengendamm 16, 30177 Hannover
HAUG, Hans-Peter, Dr.-Ing.   (Abschn. G.1)
  Institut für Siedlungswasserwirtschaft, Wassergüte- und Abfallwirtschaft, Bandtäle 2,
  70569 Stuttgart
HEIMHARD, Hans-Jürgen, Dr.   (Abschn. J.5.4)
  Thyssen Altwert Umweltservice GmbH, Postfach 143640, 45266 Essen
HEINE, Peter, Dr.   (Abschn. N.2)
  RWTÜV Fahrzeug GmbH, Institut für Fahrzeugtechnik, Abgasprüfstelle, Adlerstr. 7,
  45307 Essen
HESSE, Hans-Peter, Dipl.-Ing.   (Abschn. M.2)
  Emschergenossenschaft Lippeverband, Kronprinzenstr. 24, 45128 Essen
HOCHGREVE, Heinz-Bernd, Dipl.-Ing.   (Abschn. L.3.5)
  Landesanstalt für Arbeitsschutz, Ulenbergstr. 127-131, 40225 Düsseldorf
HOFFMANN, Hinrich, Dr.   (Abschn. N.1.4)
  Gimbacher Tann 34, 65779 Kelkheim/Ts.
HÜBNER, Kurt, Dr. (Abschn. F.1, F.2.2.2, F.3 ex. F.3.6.1 u. F.3.8)
  Lehrstuhl für Umweltverfahrenstechnik und Anlagentechnik, FB 12 – Maschinenwesen,
  Universität GH Essen, Leimkugelstr. 10, 45141 Essen
JANSEN, Gerd, Prof. em. Dr.   (Abschn. B.2.3, D.6, M.5, Kap. K)
  Zentrum für Arbeits- und Umweltmedizin, Ev. Krankenhaus, Kirchfeldstr. 35,
  40217 Düsseldorf
JANSEN, Peer, Rechtsanwalt   (Abschn. B.2.3)
  RAe Becker, Harlos & Jansen, Zeigertstr. 20, 40130 Essen
JESSBERGER, Hans Ludwig, Prof. Dr.   (Abschn. J.3, J.5.5, J.6)
  Jessberger + Partner GmbH, Am Umweltpark 5, 44793 Bochum
KATZER, Helga, Dipl.-Ing.   (Abschn. L.2.1, L.2.2)
  Landesumweltamt NRW, AB Anlagensicherheit, Wallneyer Str. 6, 45133 Essen
KETELSEN, Ketel, Dr.-Ing.   (Abschn. H.6)
  IBA – Ingenieurbüro für Abfallwirtschaft und Entsorgung GmbH, Friesenstr. 14,
  30161 Hannover
KLEIN, Jürgen, Prof. Dr.   (Abschn. J.5.3)
  DMT-Gesellschaft für Forschung und Prüfung mbH, Franz-Fischer-Weg 61, 45307 Essen
KLEMMER, Paul, Dr.   (Kap. C)
  Rheinisch-Westfälisches Institut für Wirtschaftsforschung e.V. RWI. Hohenzollernstr. 1-3,
  45128 Essen
KUNST, Sabine, Prof. Dr.-Ing. Dr.   (Abschn. G.3.3.1, G.3.3.2)
  Institut für Siedlungswasserwirtschaft und Abfalltechnik, Universität Hannover, Welfengarten 1,
  30167 Hannover
LAßL, Michael, Dipl.-Geol.   (Abschn. J.3, J.5.1, J.5.5)
  Jessberger + Partner GmbH, Am Umweltpark 5, 44793 Bochum
LIPPHARD, Günter, Prof. Dr.-Ing.   (Kap. E)
  Brunhildenweg 7, 65779 Kelkheim/Ts.
LÜTZKE, Klaus, Dr.-Ing   (Abschn. M.1)
  RWTÜV Anlagentechnik GmbH,. Steubernstr 33, 45138 Essen

MALZ, Franz, Prof. Dr.   (Abschn. G.3.2)
  Weidenbruch 63b, 45133 Essen
MARUTZKY, Rainer, Prof.   (Abschn. N.1.5)
  Fraunhofer Institut Holzforschung (WKI), Bienroder Weg 54E, 38108 Braunschweig
MELSA, Achim, Prof. Dr.   (Abschn. 3.4)
  Niersverband, Freiheitsstr. 173, 41747 Viersen
MENNERICH, Artur, Prof. Dr.-Ing.   (Abschn. G.3.1)
  Fachbereich Bauingenieurwesen (Wasserwirtschaft und Umwelttechnik), FH Nordostnieder-
  sachsen, Herber-Meyer-Str. 7, 29556 Suderburg
MEYER, Hartmut, Dipl.-Ing.   (Abschn. G.3.3.3.1, G.3.3.3.2, G.3.3.3.5, G.3.3.3.6, G.3.3.4, G.3.3.5)
  Institut für Siedlungswasserwirtschaft und Abfalltechnik, Universität Hannover, Welfengarten 1,
  30167 Hannover
MÜLLER, Günther, Dr.-Ing.   (Abschn. J.2.1–J.2.4)
  Sächsisches Staatsministerium für Umwelt und Landesentwicklung, Referat Altlasten,
  Ostra-Allee 22, 01067 Dresden
MULL, Rolf, Prof. Dr.-Ing.   (Abschn. J.1)
  Institut für Wasserwirtschaft, Hydrologie und landwirtschaftlichen Wasserbau, Universität
  Hannover, Appelstr. 9A, 30167 Hannover
NONN, Christiane, Dr.   (Abschn. M.3, M.4)
  Institut WAR, Technische Hochschule Darmstadt, Petersenstr. 13, 64287 Darmstadt
PECHER, Rolf, Dr.-Ing.   (Abschn. G.2)
  Klinkerweg 3, 40699 Erkrath
PÜTZ, Manfred, Prof. Dr.-Ing. Ministerialdirigent a.D.   (Abschn. B.2.1, B.2.2)
  In der Lohwiese 13, 44269 Dortmund
ROSENWINKEL, Karl-Heinz, Prof. Dr.-Ing.   (Abschn. G.3.3.3.1, G.3.3.3.2, G.3.3.3.5, G.3.3.4)
  Institut für Siedlungswasserwirtschaft und Abfalltechnik, Universität Hannover, Welfengarten 1,
  30167 Hannover
ROTT, Ullrich, Prof. Dr.-Ing.   (Abschn. G.1)
  Institut für Siedlungswasserwirtschaft, Wassergüte- und Abfallwirtschaft, Bandtäle 2,
  70569 Stuttgart
SAAKE, Michael, Dr.-Ing.   (Abschn. G.3.5)
  aqua consult Ingenieur GmbH, Mengendamm 16, 30177 Hannover
SALZWEDEL, Jürgen, Prof. Dr. Rechtsanwalt   (Abschn. B.4, B.5)
  Gaedertz Rechtsanwälte, Theodor-Heuss-Ring 19-21, 50668 Köln
SCHERER-LEYDECKER, Chr., Dr. Rechtsanwalt   (Abschn. B.1.1 ex B.1.1.3-B.1.4, B.2.4, B.3)
  Gaedertz Rechtsanwälte, Theodor-Heuss-Ring 19-21, 50668 Köln
SCHLEBUSCH, Detlev, Dr.   (Abschn. N.1.1., N.1.2)
  Erlenweg 2, 61206 Wöllstadt
SCHMIDT, Dieter, Dr.-Ing.   (Abschn. L.3.1)
  Mechanische Verfahrenstechnik und Apparatetechnik, FB 12, Universität GH Essen,
  Universitätsstr. V15, 45117 Essen
SCHMIDT, Paul, Prof. em. Dr.-Ing.   (Abschn. F.2.1, F.2.2.1)
  Lehrstuhl für Umweltverfahrenstechnik und Anlagentechnik, FB 13 – Maschinenbau, Universität
  GH Essen, Leimkugelstr. 10, 45141 Essen
SCHULZ, Reinhard, Dr.-Ing.   (Abschn. F.2.2.3, F.3.6.1)
  Institut für Umweltverfahrenstechnik, Universität GH Essen, Leimkugelstr. 10, 45141 Essen
STREFFER, Christian, Prof. Dr. Dr. h.c.   (Abschn. D.1, D.7, M.6)
  Institut für Med. Strahlenbiologie, Universitätsklinikum, 45122 Essen
TURK, Thomas, Dipl.-Ing.   (Abschn. H.7)
  IGW Fricke & Turk GmbH, Bischhäuser Aue 12, 37213 Witzenhausen
VOGELSANG, Dieter, Prof. Dr.   (Abschn. J.2.5)
  Kampstr. 70, 30629 Hannover
VÖLCKER, Helmut, Prof. Dr.   (Abschn. N.1.3)
  Huyssenallee 82-84, 45128 Essen

WEBER, Burkhard, Dr.-Ing.   (Abschn. H.5)
    Büro für Umwelt- und Verfahrenstechnik, Dr.-Ing. Burkhard Weber GmbH, Am Neuen Kamp 30,
    24537 Neumünster
WERZ, Hans Joachim   (Abschn. N.1.1, N.1.2)
    Lurgi Metallurgie GmbH, Lurgiallee 5, 60295 Frankfurt/Main
WIESE, Norbert, Dr.-Ing.   (Abschn. L.3.1, L.3.4)
    Landesumweltamt NRW, AB Anlagensicherheit, Wallneyer Str. 6, 45133 Essen
WIESNER, Siegfried, Dr.   (Abschn. N.3)
    RWTÜV e.V., Steubenstr. 53, 45138 Essen
WIGGERS, Helmut, Dr.-Ing.   (Abschn. F.2.2.4)
    Mechanische Verfahrenstechnik und Apparatetechnik, FB 12, Universität GH Essen,
    Universitätsstr. V15, 45117 Essen

Inhalt

Der Verfasser/die Verfasserin eines bestimmten Kapitels/Abschnitts geht aus dem Autorenverzeichnis S. IX hervor.

D   **Auswirkungen von Schadstoffen, Lärm und Strahlen**
C. STREFFER

C. STREFFER

P. FABIAN

H. GREIM

H   Abfallwirtschaft

H. Doedens

Einführung

A.1 Allgemeine Bemerkungen zum Umweltschutz

Die ersten technischen Umweltschutzmaßnahmen haben sich mit der Behebung unmittelbar störender Umweltauswirkungen, z. B. der Emission von Stäuben aus Kraftwerks- oder industriellen Produktionsanlagen (Rauchschäden), beschäftigt. Dabei war das Ziel und die damit verbundene Aufgabe scharf umrissen und konnte unter diesen Randbedingungen realisiert werden. Dynamisiert wurde mit der Zeit der einzuhaltende Grenzwert, wodurch eine Anpassung an den (anerkannten) Stand der Technik erreicht wird. In diesem Zusammenhang seien die rechtlichen Rahmenbedingungen zur Reinhaltung der Luft genannt (Bundes-Immissions-Schutz-Gesetz BImSchG mit seinen nachrangigen Verordnungen BImSchV). Auf die Rechtsgrundlagen des Umweltschutzes wird in Kap. B eingegangen. Nach diesem Muster wurden konsekutiv Emissionen von Stäuben, Schwefeloxiden und Stickoxiden limitiert.

Durch den ständig fortschreitenden Kenntnisstand im Bereich der Medizin (z. B. Arbeitsschutz, Toxikologie u. a.) und den verbesserten analytischen Nachweismöglichkeiten wurden weitere umweltrelevante Verbindungen bzw. Komponenten detektierbar, die dann folgerichtig auch in der Emission reglementiert wurden.

Alle diese Entwicklungen haben dazu geführt, daß der Umweltschutz immer weiter verbessert werden konnte. Möglich war dies jedoch nur durch einen erheblichen finanziellen Einsatz und eine innovative Entwicklung im Bereich der Umweltschutztechnik als Instrument, die verschärften Anforderungen umzusetzen.

Die betriebliche Umsetzung eines ganzheitlichen Umweltschutzes setzt eine Vielzahl von Einzelhandlungen voraus. Die Gesamtheit der dazu notwendigen Maßnahmen ist in sog. Umweltmanagementsystemen festgeschrieben. Oft wird auf Basis eines solchen Umweltmanagementsystems eine Zertifizierung des jeweiligen Betriebs angestrebt mit dem Ziel, nach innen und außen ein umweltgerechtes Handeln zu dokumentieren.

Da sich umweltpolitische Ziele nicht losgelöst von der jeweiligen Branche oder dem Betrieb formulieren lassen, ist die verbale Beschreibung der zu verfolgenden Ziele immer der erste und gleichzeitig wichtigste Schritt. In diesen Zielen neben der Ökologie auch die Ökonomie ausreichend zu berücksichtigen, ist im vitalen Interesse jedes Betriebs und führt gleichzeitig oft zu Zielkonflikten (vgl. hierzu auch Abschn. A.3 und Kap. C, Ökonomie der Umwelttechnik). Als spezielle Ziele sind darin sicherzustellen [A.1.1–A.1.3], daß:

- alle Tätigkeiten, Produkte und Dienstleistungen und deren Umwelteinwirkungen berücksichtigt werden,
- diese Politik auf allen Ebenen des Unternehmens eingeführt, umgesetzt und aufrechterhalten wird,
- sie der Öffentlichkeit zugänglich sind (Transparenz),
- die Einhaltung aller geltenden Umweltvorschriften gewährleistet ist (Rechtsgrundlagen des Umweltschutzes, Kap. B) und
- alle Maßnahmen zu einer ständigen Verbesserung des Umweltschutzes führen (Dynamisierung).

Da durch ein solches System
- der Normalbetrieb (einschl. An- und Abfahren),
- der anormale Betrieb (Vorfälle, Unfälle und Notfälle) und
- frühere, laufende und geplante Tätigkeiten
eingeschlossen werden sollten, ist ein genauer Überwachungs- und Korrekturmaßnahmenkatalog festzulegen, der dann Basis für ein Auditie-

rungs- bzw. Zertifizierungsverfahren sein kann. Eine regelmäßig wiederkehrende Auditierung durch externes Personal oder Institutionen soll die Einhaltung und Weiterentwicklung sicherstellen.

Durch ein solches Vorgehen wird einerseits die Einhaltung allgemeingültiger Gesetze und Vorschriften gewährleistet und andererseits auch die Eigenverantwortlichkeit der beteiligten Personen und Firmen gestärkt.

Obwohl damit ein wichtiger Schritt in Richtung eines allumfassenden Umweltschutzes getan ist, bleibt abzuwarten, welcher Zielerreichungsgrad umgesetzt wird. Auch übergeordnete Schutzziele für die Zukunft sind damit nicht festgelegt. Hierzu soll der Grundsatz der nachhaltigen Entwicklung, der im nächsten Kapitel eingeführt wird, dienen.

A.2 Nachhaltige Entwicklung
(sustainable development)

Ein isoliertes und damit punktuelles Vorgehen ist nur unter einer sehr schwachen Einflußnahme auf die Umwelt, wie beispielsweise Luft, Wasser und Boden, möglich und sinnvoll. Absolut haben die schädigenden Einwirkungen des menschlichen Handelns heute ein Maß erreicht, das ein solches Vorgehen nicht mehr zielführend erscheinen läßt. Dies ist auch vor dem Hintergrund zu sehen, daß eine weitgehende Industrialisierung nicht mehr auf wenige entwickelte Länder beschränkt, sondern ebenso globalisiert ist. Daher ist es nicht sinnvoll und ausreichend, einzelne Schutzziele zu definieren und zu verfolgen, sondern ebenso global und vernetzt zu reagieren. Dies bedeutet, daß an Stelle definierter Einzelziele das Globalziel einer nachhaltigen Entwicklung (sustainable development) treten muß. Dieser Grundgedanke wurde im Brundtland-Bericht formuliert und auf der Rio-Konferenz 1992 in der Agenda 21 [A.2.1] weiter ausformuliert.

Dabei soll die „Verbesserung der ökonomischen und sozialen Lebensbedingungen mit der langfristigen Sicherung der natürlichen Lebensgrundlagen in Einklang gebracht werden, um auch künftigen Generationen Entfaltungschancen zu bewahren" [A.2.2] (Harmonisierung von Ökologie und Ökonomie).

Der Anspruch einer nachhaltigen Entwicklung beinhaltet per se noch keine konkreten Handlungsstrategien. Daher hat die deutsche Enquete-Kommission „Schutz des Menschen und der Umwelt" dies weiter spezifiziert und daraus 4 Handlungsgrundsätze abgeleitet [A.2.1, A.2.3]:

– Die Nutzung einer Ressource darf auf Dauer nicht größer sein als ihre Regenerationsrate oder die Rate der Substitution all ihrer Funktionen
   • Ressourcenschonung,
   • vorsorgender Umweltschutz.
– Die Freisetzung von Stoffen darf auf Dauer nicht größer sein als die Tragfähigkeit der Umweltmedien oder deren Assimilationsfähigkeit
   • vorsorgender Umweltschutz,
   • nachsorgender Umweltschutz.
– Gefahren und unvertretbare Risiken für den Menschen und die Umwelt durch anthropogene Einwirkungen sind zu vermeiden
   • Technikfolgeabschätzungen,
   • Technikbewertungen,
   • Sicherheitstechnik.
– Das Zeitmaß anthropogener Eingriffe in die Umwelt muß in einem ausgewogenen Verhältnis zu der Zeit stehen, die die Umwelt zur selbststabilisierenden Reaktion benötigt
   • Umweltwirkungen.

Im vorliegenden Werk wird auf die einzelnen Unterpunkte Bezug genommen und eingegangen.

A.3 Ökologie und Ökonomie

Ökologisches und gleichzeitig ökonomisches Handeln gelten i. allg. als unvereinbar. Tatsächlich bestehen beim nachsorgenden Umweltschutz (Abschn. A.5) erhebliche Zielkonflikte bei der Harmonisierung bzw. der Vereinbarkeit beider Anforderungen bzw. Ziele.

Technisch gesehen lassen sich nahezu alle Schadstoffe aus der Luft, dem Wasser und dem Boden abreinigen oder abtrennen. Mit abnehmender Restkonzentration steigt der dafür notwendige technische und damit wirtschaftliche Aufwand aber überproportional (oft exponentiell) an. Gerade in dem Bereich der Spurenstoffabscheidung wurden in den letzten Jahre eine Reihe von Verfahren verbessert bzw. optimiert (Gasreinigungsverfahren, Kap. F). Eine Optimierung wurde oft auch unter dem Gesichtspunkt einer Senkung der Investitions- und Betriebskosten vorgenommen.

Auf der anderen Seite war und ist die Umweltschutztechnik eine wichtige Triebfeder unserer

Wirtschaft und wird dies auch in Zukunft, vor allem im Bereich des Außenhandels, bleiben.

Vor allem aber für den Export in umweltpolitische „Schwellenländer", in denen die Umweltgesetzgebung fortschrittlich, die Aufsicht über die Einhaltung aber oft eher nachlässig ist, ist die Entwicklung von Kombinationsverfahren, d.h. die Abscheidung mehrerer Komponenten in einem Verfahren oder einem Apparat, von entscheidender Wichtigkeit für die Konkurrenzfähigkeit. Entsprechende Aspekte zur Wirtschaftlichkeit von Verfahren bzw. Anlagen sind in Kap. C, Ökonomie der Umwelttechnik, zu finden.

A.4 Wirkungen von Eingriffen in die Umwelt

A.4.1 Einordnung und Bereiche

Menschliches Handeln, das mit der Stoff- oder Energiewandlung einhergeht, ist meist mit der Freisetzung von Begleit- oder Nebenprodukten, ob ungewollt oder unvermeidlich, verbunden. Diese Emissionen gelangen aus dem Verfahren oder der Anlage in die Umwelt und führen dort zu einem mehr oder weniger großen Eingriff in das jeweilige Ökosystem. In diesem Zusammenhang sind die Systeme Luft, Wasser und Boden zu betrachten. Da eine starke Wechselwirkung zwischen diesen drei Systemen besteht, ist das Gesamtsystem sehr komplex vernetzt und Eingriffe in vermeintlich nur ein System meist auch von Auswirkungen auf die anderen begleitet.

Die Auswirkungen von Schadstoffen, Lärm und Strahlen (Kap. D) stellen damit ein wichtiges Kapitel dieses Werkes dar.

In den folgenden Abschnitten sollen nun die Teilsysteme betrachtet werden.

A.4.2 Wasser

Beim „System" Wasser ist zwischen Grund- und Oberflächenwasser und damit in bezug auf die Einwirkungen auf diese Bereiche zu unterscheiden.

Allgemein lassen sich folgende Gefahrenpotentiale für Gewässer formulieren:
- Einträge biologisch schwer oder nicht abbaubarer, wassergefährdender Stoffe (Oberflächenwasser),
- Einträge von Nährstoffen wie Phosphor- oder Stickstoffverbindungen (Oberflächenwasser),
- Belastung mit Salzen (Nitrate, Sulfate u.a.) und nichthalogenierten und halogenierten Kohlen-

wasserstoffen (Grundwasser) und
- bauliche Eingriffe bei Oberflächengewässern.

Diese Belange werden in Kap. G, Gewässerschutz, behandelt und ergänzt durch vor- und nachsorgende Maßnahmen bei Unfällen (s. Kap. L, Sicherheitstechnik. Auch in Kap. H (Abfallwirtschaft) werden vor- und nachsorgende Technologien mit hoher Relevanz für das System Wasser vorgestellt.

A.4.3 Boden

Als Gefahrenpotentiale für den Boden sind zu nennen:
- stoffliche Einträge aus industriellen Prozessen, die direkt schädigende Wirkungen haben,
- Veränderung der biologischen Bodeneigenschaften durch Störung des Nährstoff- und Wasserhaushalts (indirekte Wirkungen) und
- Veränderung der mechanischen Bodeneigenschaften durch Verdichtung, Versiegelung, Rohstoffgewinnung oder Bebauung.

Diesen Gebieten ist Kap. J, Bodenschutz, gewidmet.

Da die beiden ersten Gefahrenpotentiale auch ungewollt bei Unfällen auftreten können, wird hiervon auch die Sicherheitstechnik (Kap. L) tangiert, ebenso, wie beim System Wasser, die Abfallwirtschaft (Kap. H).

A.4.4 Luft

Gefahrenpotentiale für die Luft sind:
- Emissionen von Stäuben,
- Emissionen von Schwefeloxiden und Stickoxiden,
- Schwermetallemissionen (an Feinstäuben),
- Kohlenwasserstoffemissionen allgemein und
- Spurenstoffemissionen (FCKW, N_2O u.a.).

Der Abreinigung bzw. Abscheidung dieser Komponenten, jeweils für einen Stoff oder als Simultanverfahren für mehrere Gasinhaltsstoffe wird in Kap. F, Gasreinigungsverfahren, dargestellt.

A.4.5 Lärm

Da bei nahezu allen Verfahren bzw. Anlagen Maschinen mit bewegten Teilen integraler Bestandteil sind, ist der Lärmschutz und die Lärmvermeidung (Kap. K) von großer Bedeutung für alle Bereich der Umweltschutzes.

A.5 Vorsorgender Umweltschutz

A.5.1 Einordnung und Bereiche

Umweltschutzmaßnahmen lassen sich grundsätzlich in die beiden Bereiche
- vorsorgender und
- nachsorgender Umweltschutz

einteilen.

Beim vorsorgenden oder auch produkt- und produktionsintegrierten Umweltschutz sollen schädigende Auswirkungen auf die Umwelt durch eine weitgehende Vermeidung von Emissionen aller Art vermieden oder gemindert werden. Demgegenüber werden beim nachsorgenden Umweltschutz, z. B. Emissionen, die mit dem Produk- tionsprozeß unmittelbar verbunden sind, durch nachgeschaltete Maßnahmen („End-of-pipe"-Technologien) vermindert. Grundsätzlich ist ein vorsorgender Umweltschutz zu bevorzugen, da er oft auch gesamtwirtschaftlich sinnvoller ist (Ökonomie der Umwelttechnik (Kap. C), [A.5.1]. Bei manchen Prozessen ist dies jedoch nicht oder nur mit großem technischen und wirtschaftlichen Aufwand möglich oder nicht umfassend möglich, so daß zusätzlich nachsorgende Umweltschutzmaßnahmen notwendig sind. Eine sinnvolle Symbiose und gegenseitige Abstimmung beider Vorgehensweisen ist daher angebracht und sinnvoll.

Beim vorsorgenden Umweltschutz werden damit die folgenden Ansätze einzeln oder in Kombination angewendet:
- Modifikation von Produktionsverfahren,
- Übergang auf andere Produktionsverfahren,
- Minderung der primären Schadstoffentstehung,
- Abfallvermeidung und stoffliches Recycling,
- Bodenschutz und
- Lärmschutz.

Diese wichtigen Themengebiete werden in Kap. E (Produktionsintegrierter Umweltschutz) als Hauptabschnitt und in den Abschnitten Abfallwirtschaft (Kap. H), Bodenschutz (Kap. J), Lärmschutz und Lärmvermeidung (Kap. K) behandelt.

A.6 Nachsorgender Umweltschutz

Wenn bei der Errichtung von Neuanlagen oder bei der Ertüchtigung von bestehenden Anlagen Maßnahmen des vorsorgenden Umweltschutzes ausgeschöpft sind, dann können Verfahren des nachsorgenden Umweltschutzes („End-of-pipe"-Technologien) ergänzend eingesetzt werden. Diese lassen sich unterteilen in:
- Gasreinigung,
- Gewässerschutz und Abwasserbehandlung,
- Abfallentsorgung,
- Altlastensanierung und Bodenschutz und
- Lärmschutz und Lärmvermeidung.

Die einzelnen Verfahren werden in den Kap. F (Gasreinigungsverfahren), Kap. G (Gewässerschutz und Abwasserbehandlung), Kap. H. (Abfallwirtschaft), Kap. J (Altlastensanierung und Bodenschutz) und Kap. K (Lärmschutz und Lärmvermeidung) behandelt.

A.7 Sicherheitstechnik im Umweltschutz

Als die wesentlichen Hauptbereiche der Sicherheitstechnik sind zu nennen:
- Personenschutz,
- Umweltschutz (generell) und
- Anlagenschutz.

Eine sehr anschauliche Definition der Sicherheitstechnik lautet [A.7.1]:

Sicherheitstechnik ist die Summe an
- Erfahrungen, Erkenntnissen und Denkweisen, die notwendig sind, um das den Stoffen als
- Ausgangs-, Zwischen-, Neben- und Endprodukten anhaftende Gefahrenpotential während ihrer
- Anlieferung, Lagerung, Verarbeitung und Auslieferung sicher zu beherrschen.

Mit der Gesamtproblematik beschäftigt sich das Kap. L (Sicherheit im Umweltbereich), aber inhärent ist bei jedem Verfahren auf sicherheitstechnische Belange zu achten, wodurch nahezu alle Kapitel diesen Gesichtspunkt berücksichtigen sollten.

A.8 Stoffbilanzen

Erfassung (Detektion) und Quantifizierung von
- Emissionen,
- Immissionen, Umweltwirkungen und
- Umweltschutzmaßnahmen
  - technisch,
  - rechtlich und
  - betriebswirtschaftlich

sind ein wichtiger Aspekt aller Verfahren und Anlagen und ihrer ökologischen wie ökonomischen Bewertung. Mit ihm befaßt sich Kap. P (Stoffquellen) und Kap. M (Meß- und Analysetechnik).

Literatur

[A.1.1] N.N.: Umweltmanagementsysteme. DIN V 33921, 2/1995

[A.1.2] O'Riordan (Hrsg.), T.: Umweltwissenschaften und Umweltmanagement. Springer-Verlag, Berlin 1994

[A.1.3] N.N.: Konferenz der Vereinten Nationen für Umwelt und Entwicklung. Rio de Janeiro, 1992, Informationsschrift des Bundesumweltministeriums

[A.2.1] N.N.: Auf dem Weg zu einer nachhaltigen Entwicklung in Deutschland. Bericht der Bundesregierung, 1997

[A.2.2] N.N.: Nachhaltiges Deutschland – Wege zu einer dauerhaft umweltgerechten Entwicklung. Umweltbundesamt Berlin: E. Schmidt-Verlag, 1997

[A.2.3] Spengler, Th.: Industrielles Stoffstrommanagement. Erich Schmidt Verlag, Berlin 1998

[A.5.1] Eyerer, P.: Ganzheitliche Bilanzierung. Springer-Verlag, Berlin 1996

[A.7.1] Blaß, E.: Methodische Entwicklung verfahrenstechnischer Prozesse. Chem.-Ing.-Tech., 57 (1985) Nr. 3, S. 201–210

Rechtsgrundlagen des Umweltschutzes

Das Umweltrecht, d.h. der Inbegriff der Regeln, die auf den Schutz der Umwelt oder einzelner ihrer Teile abzielen, hat sich erst in neuerer Zeit als eigenständiges Rechtsgebiet herausgebildet. Eine umfassende Kodifikation wird angestrebt; die damit befaßte Sachverständigenkommission hat 1998 ihren Entwurf eines Umweltgesetzbuches (UGB) vorgelegt. Das Umweltrecht setzt sich bislang aus den verschiedensten Rechtsbereichen zusammen. Wichtig für die Praxis sind insb. das Immissionsschutz-, Abfall-, Wasser- und Bodenschutzrecht. Das Naturschutzrecht ist als medienübergreifendes Querschnittsrecht ausgebildet und wird daher im allgemeinen Teil behandelt (s. Abschn. B.1.4). Weitere Rechtsgebiete, die teilweise ebenfalls dem Umweltschutzrecht zugerechnet werden, z.B. das primär arbeitsschutzrechtliche Gefahrstoffrecht oder das Gentechnikrecht, werden nicht besonders dargestellt.

B.1 Grundlagen des Umweltrechts

B.1.1 Rechtsquellen des Umweltrechts

B.1.1.1 Internationales Umweltrecht

B.1.1.1.1 Umweltvölkerrecht

Normen zum Schutz der Umwelt haben sich auch im Völkerrecht herausgebildet. Wichtigste Rechtsquelle sind die *internationalen Verträge,* die auf bilateraler, regionaler und globaler Ebene geschlossen werden können. Im Rahmen des Umweltschutzes beziehen sich derartige Abkommen lediglich auf Teilbereiche. Von besonderer Bedeutung sind Abkommen zum Artenschutz, zur Sicherheit von Kernanlagen, zum Schutz von internationalen Gewässern (Meere, Flüsse), über grenzüberschreitende Abfallverbringung sowie in zunehmendem Maße zum Klimaschutz.

Daneben gehört zum Völkerrecht das *Völkergewohnheitsrecht,* das sich durch internationale, von Rechtsbindungswillen getragene Staatenpraxis bildet. Gewohnheitsrechtliche Regeln werden z.B. im Bereich grenzüberschreitender Beeinträchtigungen durch emittierende oder besonders gefährliche Anlagen *(Ultra-Hazardous Activities)* diskutiert und im Zusammenhang mit der Nutzung internationaler Flüsse durch Oberliegerstaaten (Staudämme) vor zwischenstaatlichen Schiedsgerichten geltend gemacht.

Die Regeln des Umweltvölkerrechts binden lediglich die Staaten untereinander und sind i.d.R. nicht *self-executing.* Sie müssen erst noch innerstaatlich umgesetzt werden. Auf diese Weise haben insb. die völkerrechtlichen Abkommen in einzelnen Bereichen maßgeblichen Einfluß auf die deutsche Gesetzgebung.

B.1.1.1.2 Europäisches Umweltrecht

Bereits seit den 70er Jahren beschäftigen sich auch die Europäischen Gemeinschaften mit dem Umweltschutz. Ursprünglich wurden Vorschriften zum Umweltschutz auf allgemeine *Kompetenzen* im EWG-Vertrag, insb. zur Harmonisierung der rechtlichen Rahmenbedingungen, gestützt. Mit der Einheitlichen Europäischen Akte wurde ein eigener Abschnitt über die Umwelt (Titel XVI – Art. 130r-130t EG-Vertrag) eingefügt. Umweltschutz gilt seitdem als Ziel der durch den Maastrichter Vertrag in die Europäische Union (EU) integrierten Europäischen Gemeinschaft

(EG), das bereichsübergreifend zu berücksichtigen ist. Außerdem wurde eine spezielle Kompetenz für die EU-Organe geschaffen, Vorschriften im Bereich des Umweltschutzes zu erlassen. Derartige EG-Vorschriften hindern einen Mitgliedstaat aber nicht, innerstaatliche Regelungen aufrechtzuerhalten oder anzunehmen, die ein höheres Schutzniveau gewährleisten. Im Bereich des Strahlenschutzes gilt der EURATOM-Vertrag, auf dessen Grundlage sog. Grundnormen für den Gesundheitsschutz erlassen werden können, die vielfach auch dem Schutz der Umwelt vor Strahlenbelastungen dienen.

Als *Rechtsakte* stehen den Organen der EU insb. die Verordnung und die Richtlinie zur Verfügung.

– Die *Verordnung* ist – wie ein Gesetz – unmittelbar anwendbar; sie muß nicht erst durch eine innerstaatliche Rechtsvorschrift umgesetzt werden. In der Regel werden aber ergänzende Ausführungsgesetze, die organisatorische und Verfahrensangelegenheiten regeln oder einzelne allgemein gehaltene Bestimmungen konkretisieren, zusätzlich verabschiedet. Vorschriften im Bereich des Umweltschutzes ergehen jedoch selten in der Form der Verordnung (z. B. Umweltaudit-, Abfallverbringungs- und Ozonschutzverordnung).

– Die weitaus überwiegende Zahl der Rechtsakte im Bereich der Umwelt ergeht als *Richtlinie*. Diese verpflichtet die Mitgliedstaaten, den Richtlinieninhalt innerhalb einer gesetzten Frist in innerstaatliches Recht umzusetzen. Geschieht dies nicht, nicht vollständig oder nicht ordnungsgemäß, kann man sich gegenüber staatlichen Stellen unmittelbar auf die Richtlinie berufen, wenn deren Inhalt unbedingt und hinreichend bestimmt ist und damit keiner weiteren Ausführungsbestimmung bedarf. Entgegenstehendes deutsches Recht wird dann verdrängt. Außerdem kann ein Gericht im Laufe eines Rechtsstreits die Vereinbarkeit der nationalen Regelung mit dem betreffenden EU-Recht dem Europäischen Gerichtshof (EuGH) zur Entscheidung vorlegen. Unabhängig davon besteht die gemeinschaftsrechtliche Pflicht, innerstaatliche Vorschriften richtlinienkonform auszulegen.

Richtlinien decken nahezu alle Bereiche des Umweltrechts ab und haben dadurch die deutsche Rechtsordnung in hohem Maße mitgeprägt. Sie betreffen den Arten- und Naturschutz (z. B. Vogelschutzrichtlinien), die Wasserqualität, das Abfallrecht, die Luftreinhaltung und viele andere Bereiche des Umweltschutzes; auch die Grundnormen zum Strahlenschutz aufgrund des EURATOM-Vertrags ergingen als Richtlinien.

B.1.1.2 Innerstaatliches Umweltrecht

B.1.1.2.1 Umweltverfassungsrecht

Auch die Verfassung, das Grundgesetz der Bundesrepublik Deutschland (GG), enthält Bestimmungen im Bereich des Umweltschutzes. Hierbei handelt es sich zum einen um die Vorschriften des *Staatsorganisationsrechts*, die die Zuständigkeiten für die Gesetzgebung und den Gesetzesvollzug in den betroffenen Rechtsgebieten festlegen (s. Abschn. B.1.1.2.2).

Darüber hinaus enthält das GG seit 1994 eine *Staatszielbestimmung* zum Umweltschutz (Art. 20a GG), die folgenden Wortlaut hat:

Der Staat schützt auch in Verantwortung für die künftigen Generationen die natürlichen Lebensgrundlagen im Rahmen der verfassungsmässigen Ordnung durch die Gesetzgebung und nach Maßgabe von Gesetz und Recht durch die vollziehende Gewalt und die Rechtsprechung.

Aus dieser Vorschrift erwachsen keine unmittelbaren Ansprüche. Sie wirkt sich in erster Linie bei der Auslegung unbestimmter Rechtsbegriffe in sonstigen Rechtsvorschriften (z. B. „Allgemeinwohl" oder „öffentliches Interesse"), bei der Ausübung des pflichtgemäßen Ermessens durch die Verwaltung und bei planerischen Abwägungen aus. Die Belange des Umweltschutzes haben durch die Verleihung von Verfassungsrang ein stärkeres Gewicht erhalten und müssen hinreichend berücksichtigt werden. Auch der Grundrechtsschutz wird nachhaltig beeinflußt: formell uneinschränkbare Grundrechte unterliegen nun auch der verfassungsimmanenten Schranke des Umweltschutzes; Inhaltsbestimmungen und gesetzgeberische Beschränkung von Grundrechten haben sich auch an Art. 20a GG auszurichten.

Die *Grundrechte* können auch selbst dem Umweltschutz dienen. Aufgrund des engen Zusammenhangs zwischen Gesundheitsschutz und Umweltschutz ist hier insb. Art. 2 Abs. 2 S. 1 GG von Bedeutung, der jedermann das Recht auf Leben und körperliche Unversehrtheit einräumt. Ausserdem ist das Recht auf freie Entfaltung der Persönlichkeit (Art. 2 Abs. 1 GG) in Betracht zu ziehen. Diese Grundrechte erlangen vor allem im Zusammenhang mit dem Rechtsschutz (s. Abschn. B.1.3.2) an Bedeutung. Denn grundsätzlich können Rechtsbehelfe nur eingelegt werden, wenn man selbst in eigenen Rechten verletzt oder zumindest bedroht ist.

B.1.1.2.2 Gesetze, Rechtsverordnungen und Satzungen

Umweltrecht ist in erster Linie ein Teil des besonderen *Verwaltungsrechts*; privat- und strafrechtliche Vorschriften spielen lediglich eine untergeordnete Rolle (s. Abschn. B.1.2.6 und B.1.2.7). Bei den Rechtsquellen kann zwischen Gesetzen, Rechtsverordnungen und Satzungen unterschieden werden.

Für die einzelnen Rechtsbereiche, die heute dem Umweltrecht zugeordnet werden können, wurde im GG eine unterschiedliche Verteilung der Gesetzgebungskompetenz festgelegt. Dies hat zu einem komplizierten Zusammenspiel von Regelungen in *Bundes- und Landesgesetzen* geführt. Dabei kann unterschieden werden zwischen:

- abschließenden bundesgesetzlichen Regelungen, die keine weiteren Landesgesetze zulassen: Atomgesetz (AtG), Gentechnikgesetz (GenTG), weitestgehend auch das Chemikaliengesetz (ChemG);
- bundesgesetzlichen Regelungen, die nicht abschließend sind und daher durch Landesgesetze ergänzt werden: Kreislaufwirtschafts- und Abfallgesetz (KrW-/AbfG) – Landesabfallgesetze, Bundes-Immissionsschutzgesetz (BImSchG) – Landes-Immissionsschutzgesetze, Bundes-Bodenschutzgesetz (BBodSchG) – Landesaltlastengesetz;
- Bundesrahmengesetzen, die auf Ausfüllung durch Landesrecht angelegt sind: Wasserhaushaltsgesetz/Abwasserabgabengesetz (WHG/AbwAG) – Landeswassergesetze, Bundesnaturschutzgesetz (BNatG) – Landesnaturschutzgesetze;
- Rechtsbereichen, die nur landesgesetzlich geregelt sind: früher Landesbodenschutzgesetze, Landesaltlastengesetze;
- den vereinzelten Regelungen des allgemeinen Umweltrechts, die in Bundesgesetzen (UVP-Gesetz, Umweltauditgesetz, Umweltinformationsgesetz), teilweise auch in Landesvorschriften (z.B. Landes-UVP-Gesetze) zu finden sind.

In der Regel enthalten diese Gesetze Vorschriften, die die Exekutive zum Erlaß von *Rechtsverordnungen* ermächtigen. Diese Verordnungen wurden in großer Zahl erlassen und ergänzen und präzisieren die gesetzlichen Regelungen. Oft erfolgt die Ausweisung von Schutzgebieten (Wasserschutz-, Naturschutzgebiete) oder die Verbindlicherklärung von Regelwerken, die von Sachverständigenausschüssen oder in privaten Normungsinstitutionen ausgearbeitet wurden, durch Rechtsverordnung. Darüber hinaus finden sich umweltrechtliche Regelungen in *Satzungen*, die auf Ermächtigungen in Spezialgesetzen oder der allgemeinen kommunalrechtlichen Satzungsgebungskompetenz beruhen (z.B. Müllabfuhr-, Straßenreinigungs-, Baumschutzsatzungen).

B.1.1.2.3 Verwaltungsvorschriften

Verwaltungsvorschriften sind Regelungen, die innerhalb einer Verwaltungsorganisation von übergeordneten Verwaltungsinstanzen an nachgeordnete Behörden oder Bedienstete ergehen. Durch sie soll die Verwaltungsorganisation und vor allem auch das Handeln der Verwaltung näher bestimmt werden. Die verhaltenslenkenden Verwaltungsvorschriften umfassen insb.:

Norminterpretierende Verwaltungsvorschriften
Sie dienen der Auslegung von Bestimmungen in den jeweils einschlägigen Gesetzen oder Rechtsverordnungen. Dazu klären sie rechtliche Zweifelsfragen und legen unbestimmte Rechtsbegriffe oder Generalklauseln aus, um den Vollzug durch den Amtswalter zu erleichtern und die Rechtsanwendung zu vereinheitlichen. Zur Konkretisierung unbestimmter Rechtsbegriffe, z.B. „Stand der Technik", werden zunehmend auch private Regelwerke (s. Abschn. B.1.1.3) für verbindlich erklärt.

Ermessensrichtlinien
In zahlreichen Vorschriften wird der Behörde ein Handlungsermessen eingeräumt, was in den meisten Fällen durch Verwendung des Begriffs „kann" zum Ausdruck kommt. Um eine sachgerechte und gleichförmige Ausübung des Ermessensspielraums zu erzielen, werden durch die Richtlinien Entscheidungsmaßstäbe festgelegt.

Grundsätzlich sind Verwaltungsvorschriften als innerbehördliche Regelungen nur verwaltungsintern verbindlich und entfalten somit keine *Bin-*

dungswirkung für außenstehende Einzelpersonen oder Unternehmen. Vereinzelt werden sie jedoch in Gesetzen oder Rechtsverordnungen für verbindlich erklärt. In der Regel wird die Behörde auch im übrigen ihr Verhalten an den für sie verbindlichen Verwaltungsvorschriften ausrichten, so daß Außenstehende insoweit ebenfalls faktisch betroffen sind. Darüber hinaus ist die Verwaltung zur Gleichbehandlung verpflichtet (Art. 3 GG); die Behörde darf daher nicht grundlos von ihrer bisherigen Praxis, die sich ansonsten an der Verwaltungsvorschrift orientiert hat, abweichen (sog. Selbstbindung der Verwaltung). In der Rechtsprechung wird den Verwaltungsvorschriften über diese mittelbare Rechtsbindung hinaus im Rahmen des Umweltrechts ausnahmsweise eine normkonkretisierende Wirkung bei der Feststellung von Umweltstandards (Grenzwerten) zuerkannt, die – vorbehaltlich atypischer Situationen und neuerer wissenschaftlicher Erkenntnisse – allgemein und damit auch für Gerichte verbindlich sind.

Richtlinien und sonstige Normen werden auch in *Koordinierungsgremien der Bundesländer*, die für zahlreiche Bereiche des Umweltschutzes auf der Ebene hoher Ministerialbeamter eingerichtet wurden, erarbeitet. Von erheblicher Bedeutung sind insb.:
- LAWA – Länderarbeitsgemeinschaft Wasser,
- LAGA – Landesarbeitsgemeinschaft Abfall,
- LAI – Länderausschuß für Immissionsschutz,
- LANA – Länderarbeitsgemeinschaft Naturschutz, Landschaftspflege und Erholung.

Die von diesen Gremien angenommenen Regelwerke haben keine unmittelbare Verbindlichkeit. Sie werden jedoch in großem Maße durch Einarbeitung in Verwaltungsvorschriften oder durch Bezugnahme in Gesetzen, Rechtsverordnungen oder Verwaltungsvorschriften umgesetzt. Die dauernde faktische Anwendung solcher Richtlinien oder Empfehlungen kann auch zu einer Selbstbindung der Verwaltung führen.

B.1.1.2.4 Empfehlungen von Sachverständigenausschüssen

Zahlreiche Vorschriften sehen die Einrichtung von Ausschüssen vor. Die Regelungen finden sich in Verwaltungsvorschriften (z. B. Reaktorsicherheitskommission, Strahlenschutzkommission, Kerntechnischer Ausschuß – RSK, SSK, KTA), in Umweltgesetzen (z. B. Technischer Ausschuß für Anlagensicherheit, Störfall-Kommission, Zentrale Kommission für die Biologische Sicherheit, Umweltgutachterausschuß) oder Rechtsverordnungen (z. B. Deutscher Ausschuß für brennbare Flüssigkeiten – DAbF). Diese Gremien sind mit Sachverständigen, Vertretern von Behörden und sonstigen Institutionen und/oder sachkundigen Interessenvertretern (z. B. aus Gewerkschaften, Naturschutzverbänden, Wirtschaft) besetzt. Ihnen obliegt in erster Linie die Beratung und das Recht, Empfehlungen auszusprechen. Diese Empfehlungen sind i. d. R. unverbindlich, konkretisieren aber den jeweiligen Stand der Technik oder die anerkannten Regeln der Technik oder Wissenschaft. Sie können daher als antizipierte Sachverständigengutachten herangezogen werden (s. Abschn. B.1.1.3.1). Bindungswirkung erlangen die Empfehlungen, wenn sie in Rechtsvorschriften für verbindlich erklärt werden.

B.1.1.3 Private Regelwerke

Das staatliche Umweltrecht wird durch zahlreiche private Regelwerke ergänzt. Hierbei handelt es sich um Technische Regeln (TR), Normen, Standards, Richtlinien, Arbeits- und Merkblätter, Empfehlungen oder sonstige Regelungen, die von privaten Institutionen (Vereine, Verbände) herausgegeben werden.

B.1.1.3.1 Die Verbindlichkeit privater Regelwerke

Als Normen nicht-staatlicher Institutionen haben private Regelwerke aus sich heraus keine rechtsverbindliche Wirkung, außer für die Mitglieder des betreffenden Vereins oder Verbands, wenn dies in der Satzung festgeschrieben ist. Oft fließen die in der Norm zum Ausdruck kommenden technischen und wissenschaftlichen Erkenntnisse in den staatlichen Normgebungsprozeß ein, so daß zahlreiche Rechtsvorschriften auf ihnen beruhen, ohne daß dies nach außen hin sichtbar wäre.

Das Regelwerk selbst erlangt Rechtsbindungswirkung, wenn es in einer staatlichen Vorschrift (EG-Verordnung, EG-Richtlinie, Gesetz, Rechtsverordnung, Satzung) für *verbindlich erklärt* wird. Geschieht dies im Rahmen einer Verwaltungsvorschrift, erhält das ursprünglich rein private Regelwerk die rechtliche Qualität einer solchen Vorschrift mit der entsprechenden Bindungswirkung (s. Abschn. B.1.1.2.3). Auf jeden Fall zulässig ist die statische Verweisung der Rechtsvorschrift auf eine bereits vorliegende Fassung der privaten Norm, die genau bezeichnet werden muß; umstritten und nicht abschließend geklärt ist dagegen, ob und wieweit auch eine dynamische Verweisung auf die jeweilige Fassung eines Umweltstandards setzenden Regelwerks verfassungsrechtlich erlaubt ist.

Auch ohne eine Verbindlicherklärung werden private Regelwerke von den Gerichten zur Konkretisierung ausfüllungsbedürftiger Rechtsbegriffe (z. B. „Stand der Technik") oder zur Abschätzung von Gefährdungspotentialen als *antizipierte Sachverständigengutachten"* herangezogen. Gegen eine vorbehaltlose Anwendung privater Regelwerke hat das BVerwG namentlich in einem Urteil vom 22.05.1987 aber Bedenken angemeldet, da die normgebenden Gremien nicht nur mit Sachverständigen, sondern auch mit Vertretern besetzt seien, die die Interessen einzelner Branchen einbrächten; diesen Organen käme daher nicht das gleiche Maß an Objektivität und Unvoreingenommenheit zu wie einem gerichtlichen Sachverständigen. Dessen ungeachtet werden die anerkannten privaten Normen i. d. R. als Indizien verwertet: es wird vermutet, daß sie den gesicherten Stand der Technik oder Wissenschaft zum Ausdruck bringen; bestehen Anhaltspunkte oder legt eine Prozeßpartei substantiiert dar, daß das Regelwerk überholt oder aus sonstigen Gründen unbrauchbar ist, muß das Gericht weitere Ermittlungen anstellen. Auf jeden Fall ist zu prüfen, ob die Norm anwendbar oder deren Inhalt auf die betroffene Konstellation übertragbar ist; es dürfen z. B. keine atypischen Situationen vorliegen.

B.1.1.3.2 Normungsinstitutionen und Regelwerke im Bereich des Umweltschutzes

Auf den einzelnen Gebieten des Umweltschutzes werden in Deutschland Regelwerke im Rahmen unterschiedlicher privater Organisationen ausgearbeitet. Teilweise sind diese Institutionen fachübergreifend tätig, wie das DIN Deutsche Institut für Normung e.V. und der Verein Deutscher Ingenieure VDI. Andere Organisationen sind demgegenüber nur mit bestimmten Umweltbereichen befaßt.

Auf europäischer Ebene ist die EG mit der Harmonisierung von Normen befaßt. 1985 beschloß der Ministerrat eine neue Konzeption in diesem Bereich, wonach sich die EG-Organe nur noch auf die Festlegung grundlegender Anforderungen beschränken und die sonstige Normierungsarbeit den zuständigen privaten Institutionen überlassen sollen. Diese sind z. B. das Comité Européen de Normalisation (CEN) und das Comité Européen de Normalisation Electrotechnique (CENELEC) mit Sitz in Brüssel. Mitglieder sind die nationalen Normungsorganisationen der EU- und EFTA-Staaten, für Deutschland das DIN. Die im Konsens erarbeiteten und mit qualifizierter Mehrheit angenommenen Europäischen Normen (EN) sind von jeder Mitgliedsorganisation umzusetzen (DIN EN-Normen).

Auf internationaler, globaler Ebene sind die International Organization for Standardization (ISO) und die International Electrotechnical Commission (IEC) mit Sitz in Genf für die Normierung zuständig. Mitglieder sind die Normungsinstitutionen aus ca. 120 Ländern, für Deutschland das DIN. Beschlossene Regelwerke werden als ISO-/IEC-Norm veröffentlicht; die Umsetzung in Deutschland erfolgt als DIN ISO- oder DIN IEC-Norm. Es besteht eine enge Zusammenarbeit mit CEN/CENELEC.

Die Institutionen haben i. d. R. Fachausschüsse und diese wiederum Unterausschüsse und Arbeitsgruppen (international: Technical Committees – TC) gebildet, in denen Fachleute aus Wirtschaft, Wissenschaft und Verwaltung ehrenamtlich mitarbeiten. Die fachlichen Normenausschüsse des DIN nehmen die deutsche Vertretung in zahlreichen Fachgremien (TC) der internationalen Normungsinstitutionen, CEN/CENELEC und ISO/IEC, wahr. Teilweise haben sie auch die Sekretariate von TCs übernommen (z. B. KRdL, NAW) und bringen damit das besondere deutsche Engagement zum Ausdruck.

Allgemeiner Umweltschutz
Der Umweltschutz gewinnt durch eine umweltentlastende Produktgestaltung zunehmend an Bedeutung. Mit dem Ziel, die Belange des Umweltschutzes in die allgemeinen, insb. produktbezogenen Normgebungsprozesse einfließen zu lassen, wurde 1983 die *Koordinierungsstelle Umweltschutz* (KU) im DIN gegründet. Sie hat die Aufgabe, Stellungnahmen zu Normentwürfen mit Umweltrelevanz abzugeben oder zu veranlassen.

1993 wurde als deutsches Gegenstück zum ISO/TC 207 „Umweltmanagement" der *Normenausschuß Grundlagen des Umweltschutzes* (NAGUS) im DIN gegründet. Sein Aufgabenbereich umfaßt die Erarbeitung fachübergreifender Basisnormen (Terminologie, Umweltmanagement, Ökobilanzen, umweltbezogene Kennzeichnungen).

Ein weiterer wichtiger Bereich der Normung im Rahmen der Qualitätssicherung ist die Akkreditierung von Prüflaboratorien und Zertifizierstellen. Laboruntersuchungen und die Zertifizierung von Unternehmen sollen nach einheitlichen und verläßlichen Maßstäben erfolgen, was gerade im Bereich des Umweltschutzes von großer Bedeutung ist (ISO 9.000; ISO 14.000).

Immissionsschutz

Im Bereich des Immissionsschutzes sind die durch Fusion eigenständiger Ausschüsse dieser Organisationen entstandenen gemeinschaftlichen Gremien des DIN und VDI tätig:

- der Normenausschuß Akustik, Lärmminderung und Schwingungstechnik (NALS) im DIN und VDI und
- die Kommission Reinhaltung der Luft (KRdL) im DIN und VDI.

Im Rahmen ihrer jeweiligen Fachgebiete erarbeiten die Ausschüsse vorgenannter Organisationen DIN ISO-, DIN EN- und DIN-Normen sowie VDI-Richtlinien.

Außerdem befaßt sich die *Deutsche Elektrotechnische Kommission* (DKE) im DIN und Verein Deutscher Elektrotechniker (VDE) mit der Erarbeitung von DIN-VDE-Normen im Bereich der Sicherheit in elektromagnetischen Feldern, der im Strahlenschutz zunehmend an Bedeutung gewinnt (Elektrosmog).

Gewässerschutz

Im Bereich des Wasser- und Abwasserrechts sind zahlreiche private Organisationen tätig:

- Normenausschuß Wasserwesen (NAW) im DIN mit den Fachbereichen: Umweltanalytik, Wasserbau, Wasserversorgung, Abwassertechnik, Begriffe, Zeichen und Grundlagen;
- Abwassertechnische Vereinigung e.V. (ATV) mit den Hauptausschüssen Abwasserableitung, Gewässerschutz und Abwasserreinigung, Schlämme/feste Abfälle, Recht, Aus- und Fortbildung von Fachpersonal, Fortbildung von Ingenieuren und Naturwissenschaftlern, Industrieabwässer und Öffentlichkeitsarbeit;
- Deutscher Verein des Gas- und Wasserfachs e.V. (DVGW);
- Deutscher Verband für Wasserwirtschaft und Kulturbau (DVWK).

Diese Gremien bzw. die Ausschüsse dieser Organisationen erarbeiten umfangreiche Regelwerke in der Form von Normen (NAW: DIN-Normen), Richtlinien, Hinweisen, Arbeits- oder Merkblättern. Der NAW hat mit den anderen wasserwirtschaftlichen Vereinigungen Kooperationsvereinbarungen im Hinblick auf die Vertretung in den internationalen Gremien abgeschlossen. Insbesondere meßtechnische Normen werden vom NAW gemeinsam mit der Fachgruppe Wasserchemie in der Gesellschaft Deutscher Chemiker (GDCh), dem Umweltbundesamt und anderen interessierten Kreisen als Deutsche Einheitsverfahren (DEV) zu Wasser-, Abwasser- und Schlammuntersuchungen (Reihe DIN 38400 ff.) erarbeitet. Gemeinsam mit den Länderverwaltungen und der betroffenen Wirtschaft hat der DVWK technische Regeln für Anlagen zum Umgang mit wassergefährdenden Stoffen (TRUwS) erarbeitet, die die Anforderungen des anlagenbezogenen Gewässerschutzes konkretisieren. Von großer Bedeutung für die Festsetzung von Wasserschutzgebieten sind z.B. die Richtlinien im Arbeitsblatt W 101, das vom DVGW in Zusammenarbeit mit der LAWA ausgearbeitet wurde.

Abfall

Folgende Gremien leisten abfallrechtlich relevante Normsetzung:

- ATV-Ausschuß Schlämme und feste Abfälle,
- NAW (im DIN),
- KRdL (im VDI und DIN), z.B. bzgl. Geruchsemissionen,
- Normenausschuß Kommunale Technik (NKT) im DIN wegen der kommunalen Trägerschaft der öffentlichen Entsorgung.

Wichtige Normungsthemen sind insb. Verfahren der Probenanalytik und Meßtechnik (z.B. DEV).

Bodenschutz

Im Bereich des Bodenschutzes stehen Meßtechnik und Probenanalytik bisher im Vordergrund der Normungsarbeit, die in erster Linie in folgenden Gremien betrieben wird:

- ATV-Ausschuß Boden,
- NAW (im DIN),
- KRdL (im VDI und DIN): Arbeitsgruppen zu Wirkungen von Luftverunreinigungen auf den Boden und Verfahren zur Messung von Bodenluft.

Gefahrstoffe

Im Bereich des Gefahrstoffrechts sind insb. die Werte der Maximalen Arbeitskonzentration (MAK) von Bedeutung, die im Rahmen der Deutschen Forschungsgemeinschaft e.V. (DFG) von

der *DFG-Senatskommission zur Prüfung gesund-
heitsschädlicher Arbeitsstoffe* (MAK-Kommissi-
on) erarbeitet werden.

B.1.2 Instrumente des Umweltrechts

B.1.2.1 Materielle Verhaltenspflichten

Wichtiges Instrument des öffentlichen Umwelt-
rechts sind materielle Verhaltenspflichten, die
darauf abzielen, das Verhalten von Einzelperso-
nen und Unternehmen durch Ge- und Verbote zu
lenken. Diese Verpflichtungen finden sich in Ge-
setzen, Rechtsverordnungen und Satzungen und
binden den einzelnen unmittelbar. Die Bürger
oder die Unternehmen müssen ihr Verhalten an
ihnen ausrichten, ohne daß es einer weiteren be-
hördlichen Aufforderung bedarf. Oft sind diese
Vorschriften jedoch sehr allgemein gehalten
(Generalklauseln) oder enthalten unbestimmte
Rechtsbegriffe (z. B. „Stand der Technik"), so daß
diesen Bestimmungen nicht direkt entnommen
werden kann, welches Verhalten konkret gefor-
dert wird. Aus diesem Grunde sind Verwaltungs-
vorschriften und private Regelwerke heranzuzie-
hen, die die gesetzlichen Anforderungen näher
präzisieren, soweit sie nicht, z. B. wegen einer Wei-
terentwicklung des Stands der Technik, als über-
holt angesehen werden müssen (s. Abschn. B.1.1.2.3
und B. 1.1.3.2). Zur Durchsetzung der gesetzlichen
Verhaltensgebote dienen insb. die behördliche
Überwachung (s. Abschn. B.1.2.3) und die Festset-
zung von Sanktionen für den Fall der Zuwider-
handlung (s. Abschn. B.1.2.7).

B.1.2.2 Eigenüberwachung

B.1.2.2.1 Organisatorische Pflichten

Betroffene Bürger und Unternehmen sind ver-
pflichtet, die erforderlichen organisatorischen
Maßnahmen zu ergreifen, um die Einhaltung
der materiell-gesetzlichen oder behördlich ange-
ordneten Vorgaben des Umweltschutzes sicher-
zustellen. Darüber hinaus enthalten die Umwelt-
vorschriften verschiedene spezifische organisa-
torische Pflichten. Diese sollen die Einhaltung
der Umweltschutzanforderungen sicherstellen
und eine effektive Kontrolle durch die Verwal-
tung erleichtern. Hierzu zählt die Verpflichtung
zur eigenverantwortlichen Durchführung von
Messungen, Störfallvorsorge, Aufzeichnung von
Daten, Buchführung oder Aufbewahrung von
Belegen, Information und Fortbildung von Per-
sonal, Deckungsvorsorge oder zum Abschluß
von Pflichtversicherungen. Die in zahlreichen
Umweltgesetzen für bestimmte Betriebe vorge-
sehene Pflicht, umweltrelevante Konzepte zu er-
arbeiten (und ggf. der Behörde vorzulegen) dient
nicht nur der Erleichterung der behördlichen
Überwachung, sondern soll die betroffenen Un-
ternehmen auch anhalten, ihre Betriebsorgani-
sation in dieser Hinsicht zu überdenken.

Eine besondere Maßnahme der Selbstüber-
wachung stellt die Bestellung eines *Betriebsbe-
auftragten* für Umweltschutz dar, der gesetzlich
insb. als Immissionsschutz-, Abfall- und Strah-
lenschutzbeauftragter vorgesehen ist. Die jewei-
ligen Fachgesetze legen die Pflicht zur Bestel-
lung eines solchen Betriebsbeauftragten für be-
stimmte Betriebe fest. Der Beauftragte berät den
Unternehmer und die Betriebsangehörigen in
umweltrechtlichen Fragen und übernimmt da-
bei Überwachungs-, Kontroll-, Schulungs-, Auf-
klärungs-, Mitwirkungs- und Berichtsaufgaben.
Er muß die erforderliche Fachkunde aufweisen
und sich hierzu regelmäßig fortbilden. Seine ar-
beitsrechtliche Stellung ist durch Kündigungs-
schutz und Benachteiligungsverbot abgesichert.
Der im Atomrecht vorgesehene Strahlenschutz-
beauftragte ist gegenüber dem Betriebsinhaber
in einem höheren Maß verselbständigt als die
sonstigen Umweltschutzbeauftragten; ihm ob-
liegen Mitteilungspflichten auch gegenüber der
zuständigen Behörde.

B.1.2.2.2 Umweltaudit

Das Ökoaudit (Umweltbetriebsprüfung) wurde
als Managementsystem in den USA entwickelt
und durch EG-Verordnung auch in Deutschland
eingeführt. Es stellt eine freiwillige (oder faktisch
erzwungene) Selbstprüfung im Bereich des Um-
weltschutzes dar. Die Verläßlichkeit der Audits
soll durch zugelassene unabhängige Umweltgut-
achter sichergestellt werden.

Das Umweltauditsystem unterteilt sich in fol-
gende Schritte:
- Aufstellung einer Umweltpolitik;
- Umweltprüfung: Erfassung der umweltrele-
vanten Tatsachen und deren erste Bewertung;
- Erarbeitung eines Umweltprogramms zur Ver-
wirklichung der Umweltpolitik;
- Erarbeitung eines Umweltmanagementsystems
(UMS), das den Anforderungen der EG-Ver-
ordnung genügt;
- Durchführung der Umweltbetriebsprüfung
(Umweltaudit) durch interne oder externe Um-

weltbetriebsprüfer: Ermittlung, ob umweltrechtliche Vorgaben eingehalten werden und das UMS zur Bewältigung der Anforderungen geeignet und wirksam ist, Erarbeitung eines Berichts, u. U. mit Verbesserungsvorschlägen;
- Festlegung von Zielen zur Verbesserung des Umweltschutzes und Anpassung des Umweltprogramms;
- Erstellung einer für die Öffentlichkeit verfaßten Umwelterklärung;
- Begutachtung des Standorts durch einen zugelassenen unabhängigen Umweltgutachter;
- Gültigerklärung der Umwelterklärung durch den Umweltgutachter bei positiver Beurteilung;
- Eintragung des Standorts in das Standortregister bei der zuständigen IHK oder Handwerkskammer;
- Das Unternehmen darf zu Werbezwecken (nicht zur Produktwerbung) eine Teilnahmeerklärung verwenden, die die Funktion eines Umweltzeichens erfüllt.

Das Unternehmen muß die Betriebsprüfungen in bestimmten Zeitabständen wiederholen und die Umwelterklärungen regelmäßig aktualisieren.

B.1.2.3   Behördliche Überwachung

Unternehmen und Bürger unterliegen der behördlichen Überwachung, die die Verwirklichung der gesetzlichen Zielvorgaben und die Einhaltung der umweltrechtlichen Vorschriften sicherstellen soll.

B.1.2.3.1 Mitwirkungs- und Duldungspflichten

Zur Erleichterung der Überwachung werden Unternehmen und sonstigen Personen Mitteilungspflichten auferlegt. Die Aufnahme, Ausübung oder Aufgabe bestimmter Tätigkeiten muß der Behörde angezeigt werden. Meßergebnisse müssen regelmäßig übermittelt werden, was bei Kernkraftwerken durch direkte EDV-Verbindung (KFÜ) praktiziert wird. Störfälle sind mitzuteilen und Berichte anzufertigen. Belege und Umweltbilanzen sind im Rahmen von Nachweisverfahren vorzulegen. Bestimmte Anlagenbetreiber müssen der Behörde Angaben über die verantwortlichen Personen der Geschäftsleitung und die Betriebsorganisation machen. Außerdem sind umweltwirtschaftliche Konzepte oder Unterlagen für Umweltverträglichkeitsprüfungen (UVP)

vorzulegen. Die konkreten Anforderungen ergeben sich aus den jeweils einschlägigen Rechtsvorschriften.

Darüber hinaus sehen sämtliche Umweltgesetze Duldungspflichten und Auskunftsrechte zugunsten der Behörde vor. Behördenvertreter sind befugt, Geschäfts- und Betriebsräume zu betreten und Untersuchungen vorzunehmen. Ihnen ist Einsicht in Unterlagen zu gewähren.

B.1.2.3.2 Behördliche Vorabkontrolle

Bestimmte Tätigkeiten, insb. der Betrieb bestimmter Anlagen, werden vom Gesetzgeber allgemein als besonders umweltgefährdend eingestuft und daher einer behördlichen Kontrolle unterstellt. Diese erfolgt vor Beginn der Ausübung der Tätigkeit bzw. Inbetriebnahme der Anlage, um möglichst zu verhindern, daß sich dieses Gefährdungspotential realisiert. Teilweise sind vorläufige Vorabgenehmigungen vorgesehen. Für bestehende Altbetriebe werden im Hinblick auf den Bestandsschutz i. d. R. Übergangsregelungen festgelegt. Verschiedene Arten der Vorabkontrolle kommen in Betracht.

Die Genehmigung

Die begehrte Tätigkeit, z. B. der Betrieb einer Anlage, darf nur aufgenommen werden, wenn sie durch eine zuvor beantragte Genehmigung abgedeckt ist und die darin enthaltenen Nebenbestimmungen, insb. Auflagen, Bedingungen und Fristen, eingehalten werden. Teilweise handelt es sich dabei um ein präventives Verbot mit Erlaubnisvorbehalt: die Berechtigung zur Ausübung der Tätigkeit wird lediglich zu dem Zweck zurückgehalten, die Vorabkontrolle zu ermöglichen. Werden die Umweltvorschriften eingehalten, besteht ein Anspruch auf Genehmigung (z. B. Genehmigung nach § 4 BImSchG, Abfalltransportgenehmigung, Eignungsfeststellung nach Wasserrecht). Anders verhält es sich bei dem repressiven Verbot mit Befreiungsvorbehalt: potentiell umweltschädliche Tätigkeiten werden als unerwünscht angesehen und verboten; die Behörde hat ein Ermessen, ob und inwieweit sie Ausnahmen von einem solchen Verbot erteilt (z. B. Erlaubnis und Bewilligung nach WHG). Dieses Ermessen hat die Behörde pflichtgemäß auszuüben, und ein Anspruch auf Genehmigung besteht nur ausnahmsweise. Am 30.10.1996 ist die EG-Richtlinie über die integrierte Vermeidung und Verminderung von Umweltverschmutzung (IVU = IPPC) in Kraft getreten. Sie schreibt vor, daß die

Genehmigungsverfahren für bestimmte Industrieanlagen innerhalb von 3 Jahren an die in ihr festgelegten Anforderungen angepaßt werden müssen.

Der Anmeldevorbehalt
Die Anmeldepflicht geht über die bloße Anzeigepflicht hinaus. Der Anmelder hat bestimmte Unterlagen vorzulegen, die eine Überprüfung durch die Behörde erlauben. Die Tätigkeit darf i. d. R. erst nach einer Frist aufgenommen werden, in der die Behörde die Unterlagen prüfen und ggf. Auflagen anordnen oder Untersagungen aussprechen kann (z. B. Anmeldeverfahren nach ChemG und GenTG).

Das Planfeststellungsverfahren
Für Vorhaben, die besonders schwerwiegende Auswirkungen auf die Umwelt haben (z. B. Gewässerausbau, Abfalldeponien, atomare Endlager, große Verkehrsprojekte) ist die Durchführung eines Planfeststellungsverfahrens vorgesehen. Hierbei handelt es sich um ein umfassendes förmliches Verwaltungsverfahren mit Öffentlichkeitsbeteiligung, in dem die betroffenen öffentlichen und privaten Belange zu berücksichtigen sind. Es unterteilt sich in folgende Schritte:
- Antrag mit ausführlichem Plan des Projekts (u. U. Vorlage von Unterlagen für UVP),
- Behördenanhörung,
- öffentliche Bekanntmachung und (einmonatige) Auslegung,
- Einwendungsfrist (2 Wochen),
- Erörterungstermin: nur fristgerecht erhobene Einwendungen sind zu behandeln,
- Beschlußfassung: Behörde hat Planungsermessen,
- Planfeststellungsbeschluß: ersetzt sämtliche erforderlichen Genehmigungen, Erlaubnisse usw. (Konzentrationswirkung) und regelt sämtliche öffentlich-rechtliche Beziehungen zwischen dem Unternehmen und sonstigen Betroffenen rechtsgestaltend.

Einwendungen gegen den Planfeststellungsbeschluß nach Ablauf der Einwendungsfrist sind ausgeschlossen (materielle Präklusion), wenn sie nicht auf privatrechtlichen Titeln beruhen. Diese durch das Genehmigungsverfahrensbeschleunigungsgesetz von 1996 eingefügte Beschränkung des Rechtsschutzes wird man aber dahingehend einschränken müssen, daß sie nur für solche Einwendungen gilt, die rechtzeitig hätten erhoben werden können.

Die Umweltverträglichkeitsprüfung (UVP)
Die UVP ist kein eigenständiges Verwaltungsverfahren, sondern unselbständiger Teil des verwaltungsbehördlichen Genehmigungs-, Planfeststellungs- oder sonstigen Verfahrens. Sie sieht eine Öffentlichkeitsbeteiligung vor und umfaßt die Ermittlung, Beschreibung und Bewertung von Auswirkungen des jeweiligen Vorhabens auf Menschen, sonstige Lebewesen und sämtliche Umweltmedien, einschl. der jeweiligen Wechselbeziehungen sowie auf Kultur- und Sachgüter. Die Umweltverträglichkeitsprüfung ist im UVP-Gesetz geregelt und dann durchzuführen, wenn dies in diesem Gesetz oder einem Fachgesetz angeordnet ist.

Die UVP gliedert sich in folgende Verfahrensschritte:
- Unterrichtung der zuständigen Behörde über das geplante Vorhaben,
- Scoping-Verfahren: Festlegung des Untersuchungsrahmens und der beizubringenden Unterlagen unter Beteiligung anderer Behörden und ggf. Drittbetroffener,
- Vorlage der erforderlichen Unterlagen durch Vorhabensträger,
- Beteiligung anderer betroffener Behörden und der Öffentlichkeit (Auslegung, Einwendungsfrist, Erörterungstermin),
- zusammenfassende Darstellung der Umweltauswirkung,
- Berücksichtigung der Bewertung bei der Verwaltungsentscheidung (Genehmigung, Planfeststellungsbeschluß).

Das Betriebsplanverfahren
Das Betriebsplanverfahren stellt eine Besonderheit des *Bergrechts* dar. Für bergrechtliche Vorhaben (einschl. Vorhaben bzgl. Untergrundspeicherungen, unterirdischer atomarer Lager und Tiefbohrungen) muß der Unternehmer einen Betriebsplan mit zwei- oder mehrjähriger Laufzeit vorlegen. Die Tätigkeit darf erst begonnen werden, wenn der Plan von der Behörde zugelassen worden ist.

B.1.2.3.3 Ordnungsverwaltung

Unabhängig von den formal ausgestalteten Vorabkontrollverfahren sehen die meisten Umweltgesetze Befugnisse der Überwachungsbehörde vor, die „erforderlichen Maßnahmen" zu ergreifen oder Anordnungen zu treffen, um die Einhaltung der Vorschriften des betreffenden Gesetzes sicherzustellen.

Hierzu kann die Behörde insb. das Mittel der *Ordnungsverfügung* ergreifen und entsprechende Verhaltensweisen, Anlagestillegungen und dergl. anordnen. Fehlt eine spezielle Befugnis in dem einschlägigen Umweltgesetz, können derartige Bescheide aufgrund der Generalklausel des allgemeinen Polizei- und Ordnungsrechts ergehen. Adressat solcher Verfügungen kann die Person sein, die sich pflichtwidrig verhält (Verhaltensstörer). Geht die Umweltgefährdung von einer Sache aus, kann auch derjenige in Anspruch genommen werden, der die tatsächliche Gewalt über sie ausübt oder ihr Eigentümer ist (Zustandsstörer). Die Behörde muß nach *pflichtgemäßem Ermessen* handeln: die Wahl des Mittels und die Auswahl der Verantwortlichen hat entsprechend dem Zweck der Ermächtigungsnorm und unter Beachtung des Willkürverbots und des Verhältnismäßigkeitsgrundsatzes zu erfolgen.

Neben dem Verwaltungsakt steht der Behörde auch der *öffentlich-rechtliche Vertrag* als Mittel zur Durchsetzung umweltrechtlicher Vorgaben zur Verfügung. Dieses zweiseitige Rechtsgeschäft beruht auf Gegenseitigkeit und erfordert daher die Kooperationsbereitschaft auf beiden Seiten (s. a. Abschn. B. 1.3.2.2).

B.1.2.4 Umweltschutzplanung

Ein weiteres Instrument behördlichen Umweltschutzes ist die Aufstellung von Plänen, die der Erfassung komplexer Zusammenhänge sowie der Koordination und dem Ausgleich des Umweltschutzes mit sonstigen öffentlichen und privaten Belangen dient. Das Planfeststellungsverfahren (s. Abschn. B.1.2.3.2) ist ebenfalls ein derartiges Planungsverfahren; aufgrund seiner Projektbezogenheit hat es jedoch in erster Linie genehmigenden Charakter. Der Planungsträger hat zur Ausübung der notwendigen Gestaltungsfreiheit ein recht weitgehendes Planungsermessen, dessen Ausübung an den vorgegebenen Planungszielen ausgerichtet sein muß und ebenfalls die rechtlichen Schranken berücksichtigt. Gesetzlich vorgesehene Pläne sind teilweise fachübergreifend (Raumordnungs- oder Bauleitpläne) und teilweise umweltspezifisch. Zu letzteren zählen insb. Luftreinhalte- und Lärmminderungspläne nach BImSchG, Abfallwirtschaftspläne nach KrW-/AbfG sowie wasserwirtschaftliche Rahmen-, Gewässerbewirtschaftungs- und Abwasserbeseitigungspläne nach WHG. Aufgrund der Konzentrationswirkung des feststellenden Beschlusses ist auch das Planfeststellungs-

verfahren fachübergreifend angelegt, wobei die Belange des Umweltschutzes jedoch i. d. R. im Vordergrund stehen.

B.1.2.5 Fiskalische Umweltschutzinstrumente

Ein indirektes Mittel zur Verwirklichung des Umweltschutzes ist die Belastung von umweltschädigenden Tätigkeiten mit einer Abgabe (z. B. Abwasser-, Grundwasser- oder Sonderabfallabgabe, Verpackungssteuer). Die Betroffenen haben daher ein finanzielles Interesse, die Umweltbelastung zu minimieren, z. B. indem sie anfallende Abfallmengen oder den Wasserverbrauch reduzieren. Dies fördert auch die Innovationsbereitschaft von Unternehmen.

Die Verfassungsmäßigkeit solcher Umweltabgaben wird immer wieder angezweifelt. Das Bundesverfassungsgericht (BVerfG) hat die Auferlegung von Grundwasserabgaben (Abschöpfungsabgabe) für verfassungskonform, die Erhebung von örtlichen Verpackungssteuern und Abfallabgaben demgegenüber für verfassungswidrig erklärt.

B.1.2.6 Umwelthaftung

Indirekt schützen auch privatrechtliche Vorschriften die Umwelt, indem die drohende Inanspruchnahme auf Schadensersatz, Beseitigung oder Unterlassung den Einzelnen zur Minimierung seiner Umweltbelastungen anhält. Die Durchsetzung wird hierbei den Bürgern überlassen, die ihre Ansprüche vor den ordentlichen Gerichten geltend machen müssen. Dabei haben sie insb. das Problem, die Ursachenzusammenhänge nachzuweisen. Nur vereinzelt kommen ihnen hierbei Beweiserleichterungen zugute. Anspruchsgrundlagen finden sich im Bürgerlichen Gesetzbuch (BGB), in dem für bestimmte abschließend aufgezählte Anlagen geltenden Umwelthaftungsgesetz als auch in umweltrechtlichen Spezialgesetzen (z. B. § 14 S. 2 BImSchG, § 22 WHG, §§ 32 ff. GenTG, §§ 25 ff. AtG).

B.1.2.7 Sanktionen im Umweltrecht

B.1.2.7.1 Umweltstrafrecht

Umweltstrafvorschriften finden sich in den einzelnen Fachgesetzen zum Umweltschutz. Zudem schützen auch zahlreiche Straftatbestände des Strafgesetzbuches (StGB) die Umwelt, und zwar insb. die gemeingefährlichen Straftaten (§§ 306 ff. StGB) und die Straftaten gegen die Umwelt (§§ 24 ff. StGB). Als gemeingefährlich gelten neben den klassischen Delikten Brandstiftung, Herbeiführung von Überschwemmungen usw. auch die Straftatbestände hinsichtlich des Umgangs mit der Kernenergie. Die *Umweltschutzdelikte* umfassen darüber hinaus spezifische umweltschützende Tatbestände, wie z. B. die Gewässer-, Boden- und Luftverunreinigung, die umweltgefährdende Abfallbeseitigung oder das unerlaubte Betreiben von Anlagen.

Die umweltschützenden Strafvorschriften hängen in vielfacher Weise von dem Umweltverwaltungsrecht ab (*Verwaltungsakzessorietät*). Es werden Begriffe der betreffenden Fachgesetze verwendet (z. B. Abfall, Kernbrennstoff, Gefahrstoff i. S. d. ChemG). Teilweise ist ein Verhalten nur tatbestandlich, wenn es „unter Verletzung verwaltungsrechtlicher Pflichten" oder „entgegen einer vollziehbaren Untersagung" erfolgt; es ist daher zu prüfen, inwieweit derartige gesetzliche Pflichten oder behördliche Anordnungen vorliegen. Außerdem wirkt eine behördliche Genehmigung grds. rechtfertigend. Es sei denn, sie ist wegen schwerwiegender und offensichtlicher Fehler nichtig oder wurde auf unlauterem Wege erlangt. Man kann sich auch dann nicht auf diesen Rechtfertigungsgrund berufen, wenn sich aufgrund neuerer Erkenntnisse zeigt, daß die behördliche Einschätzung falsch war und eine Gefährdung besteht; bei unverschuldeter Unkenntnis kann der Genehmigungsinhaber aber auf die Beurteilung durch die Genehmigungsbehörde vertrauen. Unter Umständen kann auch eine behördliche Duldung strafausschließend wirken; bloße Untätigkeit der Behörde genügt jedoch i. d. R. nicht.

Strafrechtlich verantwortlich kann auch ein *Amtsträger* sein, z. B. bei der Erteilung fehlerhafter Genehmigungen, Nichtrücknahme fehlerhafter Genehmigungen oder Unterlassung des Einschreitens gegen Umweltbeeinträchtigungen. Auch die *Unternehmensleitung* kann strafrechtlich herangezogen werden, soweit sie das strafrechtliche Verhalten beherrscht oder sich hieran beteiligt, z. B. bei mangelhafter Organisation oder Kontrolle, u. U. auch für Sub-Unternehmer.

B.1.2.7.2 Umwelt-Ordnungswidrigkeitenrecht

Sämtliche Umweltverwaltungsgesetze und oft auch die auf deren Grundlage erlassenen Rechtsverordnungen enthalten *Ordnungswidrigkeitentatbestände*. In der Vergangenheit wurde von diesem Sanktionsinstrumentarium, für dessen Handhabung in erster Linie die Fachbehörden zuständig sind, nur zurückhaltend Gebrauch gemacht. Diese behördliche Praxis verschärft sich in letzter Zeit zunehmend. Neben den Verwarnungen bei kleineren Verstößen kommt insb. die Verhängung eines Bußgelds gegen den Täter, aber auch – anders als im Strafrecht – gegen das Unternehmen in Betracht. Die Verhängung eines Bußgelds über 200 DM kann auch in das Gewerbezentralregister eingetragen werden. Das Ordnungswidrigkeitengesetz enthält zudem einen besonderen Tatbestand für das *Unterlassen von Aufsichtsmaßnahmen* durch den Betriebsinhaber.

B.1.2.8 Aufklärung und Information

B.1.2.8.1 Aufklärung der Bevölkerung

Die Unterrichtung der Öffentlichkeit stellt ein unentbehrliches Instrument zur Verwirklichung von Umweltschutz dar. Auf diese Weise können Verhaltensempfehlungen und Warnungen ausgesprochen werden. Einer speziellen Ermächtigungsvorschrift bedarf es grds. nicht, wenn die Aufklärungsmaßnahme im Rahmen des zugewiesenen Aufgabenbereichs der handelnden behördlichen Stelle ergriffen wurde.

Wird die Unterrichtung der Bevölkerung demgegenüber derart konkret, daß sie in die Grundrechte einzelner eingreift (z. B. Produktwarnungen), muß sie von einer Befugnisnorm abgedeckt sein, die die Verwaltungsstelle zur Abgabe von derartigen Erklärungen ermächtigt. Diese Befugnis kann sich insb. aus den Vorschriften der einzelnen Umweltgesetze oder den Generalklauseln des allgemeinen Polizei- und Ordnungsrechts ergeben, die die Behörde ermächtigen, die erforderlichen Maßnahmen zur Durchsetzung der betreffenden Gesetze oder zur Gefahrenabwehr zu ergreifen. Nur vereinzelt finden sich spezielle Vorschriften, die konkret zur Abgabe von Empfehlungen oder Warnungen berechtigen (z. B. § 9 StrVG). Nach der Rechtsprechung des BVerwG ist eine Ermächtigungsnorm nicht notwendig, wenn das handelnde Organ seine Aufgaben aus der Verfassung (GG) herleiten kann. Die Veröffentlichung von Listen der Vertreiber glykolhaltiger Weine durch die Bundesregierung wurde demgemäß mit der der Regierung durch das GG übertragenen Aufgabe der politischen Krisenbewältigung durch Information und Warnung der Öffentlichkeit gerechtfertigt.

Darüber hinaus ist die Behörde verpflichtet, in einem Genehmigungsverfahren, das die Durchführung eines Vorhabens im Rahmen eines wirtschaftlichen Unternehmens betrifft, dem Antragsteller Auskunft zu erteilen und mit ihm einzelne Punkte auch vor Antragstellung zu erörtern. Der Antragsteller kann auch die Einberufung einer Besprechung mit allen beteiligten Stellen (Antragskonferenz) verlangen.

B.1.2.8.2 Zugang zu Informationen über die Umwelt

Der Zugang zu Informationen hat erst mit Verabschiedung des *Umweltinformationsgesetzes* (UIG), das auf einer entsprechenden Richtlinie der EG beruht, eine umfassende Regelung erfahren. Aufgrund dieses Gesetzes hat jeder einen Anspruch auf freien Zugang zu Umweltinformationen, die einer Verwaltungsbehörde oder einer Privatperson, die öffentliche Aufgaben wahrnimmt, vorliegen. Der Anspruch ist ausgeschlossen, sofern Belange der öffentlichen Sicherheit betroffen sind, im Rahmen nicht abgeschlossener Verfahren oder wenn eine Umweltgefährdung infolge der Auskunftserteilung zu befürchten ist. Der Behörde freiwillig übermittelte Daten werden vom Auskunftsanspruch ebenfalls nicht erfaßt, es sei denn, diese Übermittlung erfolgte als Unterlage für einen Antrag oder eine Anzeige. Mißbräuchliche Auskunftsersuchen sind abzulehnen. Des weiteren müssen Urheberrechte, Betriebs- und Geschäftsgeheimnisse sowie schutzwürdige persönliche Interessen berücksichtigt werden. Schließlich wird die Bundesregierung zur periodischen Veröffentlichung eines Berichts über den Zustand der Umwelt verpflichtet.

Außerhalb dieses Gesetzes können sich die Beteiligten eines Verwaltungsverfahrens auf ihr Akteneinsichtsrecht berufen; darüber hinaus steht die Gewährung von Akteneinsicht im Ermessen der Behörde. Außerdem sind einzelne Kataster oder Wasserbücher öffentlich. Die meisten Gemeindeordnungen enthalten die allgemeine Pflicht, die Einwohner über bedeutsame Angelegenheiten zu unterrichten.

B.1.3 Der behördliche Vollzug des Umweltrechts

B.1.3.1 Verwaltungsorganisation

Der Vollzug des Umweltrechts erfolgt in erster Linie durch Behörden, wobei der Schwerpunkt bei der Landesverwaltung liegt. Eine Ausnahme bildet dabei das Atom- und Strahlenschutzrecht:

hier handelt die Landesbehörde im Bundesauftrag und unterliegt daher Weisungen des *Bundesministeriums für Umwelt, Naturschutz und Reaktorsicherheit (BMU)*. Im übrigen beschränkt sich die Arbeit des BMU vor allem auf die Ausarbeitung von Gesetzesentwürfen, Rechtsverordnungen und Allgemeinen Verwaltungsvorschriften des Bundes. Es wird dabei durch das Umweltbundesamt (UBA) unterstützt, das in erster Linie wissenschaftliche und technische Aufgaben wahrnimmt. Weitere *Bundesoberbehörden* sind das Bundesamt für Naturschutz (BfN) und das Bundesamt für Strahlenschutz (BfS).

In der Regel erfolgt der Gesetzesvollzug aber durch die *Bundesländer* in eigener Angelegenheit. Der Verwaltungsaufbau in den einzelnen Ländern unterscheidet sich infolge der bundesstaatlichen Struktur Deutschlands stark und ist meistens dreistufig, in kleineren Flächenländern zweistufig und in den Stadtstaaten einstufig. Als oberste Umweltschutzbehörde fungiert das zuständige *Landesministerium*, das den Vollzug des Umweltrechts in erster Linie durch den Erlaß von Verwaltungsvorschriften und (Landes-) Rechtsverordnungen lenkt. Daneben bestehen häufig Landesoberbehörden (Landesämter für Umweltschutz), die wissenschaftlich-technische Aufgaben und vereinzelte übergreifende Vollzugsaufgaben (z. B. Bauartzulassungen) wahrnehmen. Als *Mittelbehörde* (beim dreistufigen Aufbau) fungiert die Bezirksregierung oder das Regierungspräsidium (oder die Regierung), die jeweils für ihren Regierungsbezirk zuständig sind; Schleswig-Holstein und Thüringen haben jeweils ein Landesverwaltungsamt als Mittelbehörde. Bei den Landesmittelbehörden ist eine Vielzahl von Verwaltungskompetenzen konzentriert, wozu auch die Umweltbereiche zählen. Sie nehmen Vollzugsaufgaben in größeren Angelegenheiten (Altlastensanierung, Planfeststellungen) und insb. die Aufsicht über die *untere Umweltschutzbehörde* wahr. Der überwiegende Teil der täglichen Vollzugsarbeit wird von diesen unteren Behörden geleistet, die auf der Ebene der Landkreise oder (kreisfreien) Städte angesiedelt sind. Dabei werden die Vollzugsaufgaben im Bereich des Umweltschutzes teilweise von der allgemeinen Kreis- oder Stadtverwaltung wahrgenommen oder von Sonderbehörden, wie Staatliche Umweltämter (StUA) oder auch Gewerbeaufsichtsämter. Typische *Aufgaben der Gemeinden* betreffen darüber hinaus die Gewässerunterhaltung, Abwasserbeseitigung und Abfallentsorgung.

B.1.3.2.1 Der Verwaltungsakt

Der *Verwaltungsakt* stellt das wichtigste Handlungsinstrument der Behörde dar. Durch ihn regelt sie einen Einzelfall hoheitlich und für den (die) Adressaten unmittelbar verbindlich. Verwaltungsakte sind insb. Genehmigungen, Planfeststellungsbeschlüsse und sonstige behördliche Zulassungsbescheide sowie Verfügungen, mit denen dem Unternehmen oder Bürger bestimmte Verhaltensweisen (z. B. Dekontaminierung einer Bodenfläche, Stillegung einer Anlage, Führung von Nachweisen) auferlegt werden. In den meisten Fällen enthalten Verwaltungsakte Nebenbestimmungen, z. B. Auflagen, Bedingungen oder Befristungen. Die nachträgliche Anordnung solcher Nebenbestimmungen sowie die Rücknahme oder der Widerruf von Verwaltungsakten durch die Behörde sind nur unter bestimmten Voraussetzungen möglich.

Rechtsbehelf ist der *Widerspruch*, der grds. vor jeder verwaltungsgerichtlichen Klage und innerhalb einer Frist von einem Monat (Ausnahme: bei fehlender Rechtsmittelbelehrung 1 Jahr) eingelegt werden muß. Das Klagerecht besteht erst, wenn ein Widerspruchsbescheid in der Sache ergangen ist. Es sei denn, die Sache wird im ursprünglichen Verwaltungsverfahren oder dem Widerspruchsverfahren unzulässigerweise verzögert. Dann kann nach drei Monaten direkt Untätigkeitsklage erhoben werden.

Grundsätzlich haben ein Widerspruch und die darauf folgende verwaltungsgerichtliche Klage *aufschiebende Wirkung* (Suspensiveffekt). Das bedeutet, daß der Verwaltungsakt nicht vollzogen werden kann. Durch Gesetz oder behördliche Verfügung wird jedoch vielfach die unmittelbare Vollziehung angeordnet; im Wege des einstweiligen Rechtsschutzes kann die aufschiebende Wirkung aber (wieder-) hergestellt werden.

Im wesentlichen können drei Konstellationen im *Rechtsschutz* bei Verwaltungsakten unterschieden werden:
- Erläßt die Behörde einen *belastenden Verwaltungsakt*, z. B. eine Ordnungsverfügung (s. Abschn. B.1.2.3.3), mit der einer Person oder einem Unternehmen ein bestimmtes Tun oder Unterlassen aufgegeben wird, kann insb. der Adressat dieser Verfügung Widerspruch und bei abweisendem Widerspruchsbescheid (innerhalb eines Monats) *Anfechtungsklage* erheben. Sind die rechtlich geschützten Interessen eines Dritten betroffen, stehen diese Rechtsbehelfe auch diesem zu.
- Wird einer Person oder einem Unternehmen eine Genehmigung (z. B. Anlagengenehmigung, Baugenehmigung; s. Abschn. B.1.2.3.2) erteilt oder ein sonstiger *begünstigender Verwaltungsakt mit belastenden Nebenwirkungen* erlassen, können auch Dritte (z. B. Nachbarn), die individualisierbar in eigenen Rechten betroffen sind, Widerspruch einlegen und ggf. Anfechtungsklage erheben. Die Widerspruchsfrist läuft aber nur, wenn ihnen der Verwaltungsakt behördlich bekanntgegeben wurde; u. U. kann die Anfechtungsbefugnis verwirken, wenn ein Dritter längere Zeit nichts unternimmt, obwohl ihm die Erteilung des Verwaltungsakts bekannt war.
- Wird der *Erlaß des begünstigenden Verwaltungsakts*, insb. die Erteilung einer Genehmigung begehrt, muß grundsätzlich vorher ein entsprechender Antrag bei der zuständigen Behörde gestellt werden. Gegen den versagenden Bescheid ist fristgemäß Widerspruch einzulegen. Wird dem Antrag auch im Widerspruchsverfahren nicht stattgegeben, muß der Antragsteller fristgemäß *Verpflichtungsklage* beim Verwaltungsgericht erheben. Entscheidet die Behörde nicht innerhalb angemessener Zeit, kann direkt Untätigkeitsklage (s. o.) eingelegt werden.

Werden Widerspruch oder Klage nicht (fristgemäß) eingelegt oder der Verwaltungsakt durch das Gericht rechtskräftig bestätigt, können nach Androhung und Fristsetzung *Vollzugsmaßnahmen*, z. B. Ersatzvornahme oder Festsetzung eines Zwangsgelds, ergriffen werden.

B.1.3.2.2 Der öffentlich-rechtliche Vertrag

Der öffentlich-rechtliche Vertrag findet auch im Umweltrecht zunehmend Anwendung. Hinsichtlich der Einzelheiten gelten die allgemeinen Regeln des bürgerlichen Rechts. Das Verwaltungsverfahrensgesetz regelt einige Besonderheiten, wie das Schriftformerfordernis und besondere Nichtigkeits- und Anpassungsgründe. Zulässig sind auch Vergleichsverträge, durch die eine Ungewißheit in rechtlicher oder tatsächlicher Hinsicht im Wege des gegenseitigen Nachgebens ausgeräumt wird. Für Rechtsstreitigkeiten ist das Verwaltungsgericht zuständig, bei dem auf Vertragserfüllung oder Schadensersatz geklagt werden kann.

Eine weitere Handlungsform der Verwaltung ist das *schlichte Verwaltungshandeln* (Verwaltungs-Realakt). Es ist nicht auf die Herbeiführung von Rechtsfolgen gerichtet, sondern führt einen unmittelbaren tatsächlichen Erfolg herbei. Wichtigste Beispiele sind die Erteilung von Informationen und Auskünften sowie das Aussprechen von Warnungen und Empfehlungen (s. Abschn. B.1.2.8). Zur Erzwingung eines behördlichen Realaktes ist grundsätzlich Leistungsklage beim Verwaltungsgericht zu erheben. Soweit die begehrte Leistung nur durch oder aufgrund eines Verwaltungsakts erbracht werden darf, muß die Verpflichtungsklage (nach dem Widerspruchsverfahren) erhoben werden.

B.1.3.2.4 Privatrechtliches Handeln der Verwaltung

Die Verwaltung handelt in bedeutendem Maße in *privatrechtlichen Formen*. Sie kauft Sachmittel, mietet Büroräume, gründet oder beteiligt sich an Handelsgesellschaften (GmbH, AG), wie z. B. Abfallentsorgungs- oder Altlastensanierungsgesellschaften. Insoweit tritt der Staat als Zivilrechtsperson (Fiskus) auf, unterliegt aber öffentlich-rechtlichen Bindungen. Ob der Rechtsweg zu den Verwaltungsgerichten oder den ordentlichen Gerichten gegeben ist, richtet sich nach der Lage des Einzelfalls.

B.1.4 Allgemeiner Umweltschutz: das Naturschutzrecht

Das Naturschutzrecht bezweckt die Entwicklung und Pflege von Landschaft und Natur. Maßgebliche Rechtsgrundlagen sind das Bundesnaturschutzgesetz (BNatSchG) und die in dessen Rahmen ergangenen Landesnaturschutzgesetze. Auf europäischer Ebene sind insb. die EG-Richtlinie Fauna – Flora – Habitat (FFH-Richtlinie) und die EG-Vogelschutzrichtlinie zu beachten, und im Artenschutz spielen völkerrechtliche Abkommen über die Export- und Importkontrolle eine wichtige Rolle.

B.1.4.1 Landschaftsplanung

Wichtiges Instrument des Naturschutzrechts ist die Landschaftsplanung. Im überörtlichen Bereich sind für das Gebiet eines Landes Landschaftsprogramme und für Teilgebiete Landschaftsrahmenpläne zu erstellen. Die örtlichen Erfordernisse und Maßnahmen sind in Landschaftsplänen darzustellen, die sowohl den vorhandenen Zustand als auch den angestrebten Zustand von Natur und Landschaft umfassen sollen. Die Verbindlichkeit der Landschaftspläne wird in den Landesgesetzen geregelt: teilweise werden sie als Satzungen oder Rechtsverordnungen erlassen und erlangen dadurch aus sich heraus rechtliche Bindungswirkung; in anderen Ländern werden sie in Bauleitpläne integriert, die für weiterführende Planungen oder Bauvorhaben maßgeblich sind.

B.1.4.2 Naturschutzrechtliche Eingriffsregelung

§ 8 Abs. 1 BNatSchG definiert einen *Eingriff in Natur und Landschaft* als eine Veränderung der Gestalt oder Nutzung von Grundflächen, die die Leistungsfähigkeit des Naturhaushalts oder das Landschaftsbild erheblich oder nachhaltig beeinträchtigen können. Ordnungsgemäße land-, forst- und fischereiwirtschaftliche Bodennutzung gilt nicht als ein derartiger Eingriff (Agrarprivileg).

Der Eingriffsverursacher unterliegt bestimmten *Pflichten*, soweit nach anderen Rechtsvorschriften eine Genehmigung oder sonstige behördliche Entscheidung (s. Abschn. B.1.2.3.2) erforderlich ist. Vermeidbare Eingriffe sind zu unterlassen, unvermeidbare Eingriffe auszugleichen. Unvermeidbare Eingriffe nach § 8 BNatSchG, die nicht ausgeglichen werden können, sind zu untersagen, wenn die Belange des Natur- und Landschaftsschutzes vorgehen. Sind andere Belange vorrangig, kann durch Landesrecht eine Ersatzmaßnahme oder ein Ausgleich in Geld vorgeschrieben werden. Die für die behördliche Vorabkontrolle zuständige Stelle muß ihre Entscheidung im Benehmen mit der zu beteiligenden Naturschutzbehörde fällen. Diese fungiert dabei als Sachwalter der Belange des Umweltschutzes. Vorgeschrieben ist ebenfalls die Berücksichtigung der naturschutzrechtlichen Eingriffsregelung im Rahmen der Bauleitplanung. Bebauungspläne weisen daher i. d. R. Ausgleichsflächen aus, die neuerdings auch an anderen Orten im Gemeindegebiet liegen können.

Darüber hinaus sieht das BNatSchG Beteiligungsrechte für anerkannte *Naturschutzverbände* vor. Einige Länder haben zudem die sog. Verbandsklage eingeführt, die gerichtliche Klagen von Umweltschutzorganisationen im Interesse des Naturschutzes ermöglicht; eine Einführung dieser Klageart auf Bundesebene wird derzeit diskutiert.

Auch unterhalb der Eingriffsschwelle sind die naturschutzrechtlichen Aspekte im Rahmen von behördlichen Verfahren als Konkretisierung von unbestimmten Rechtsbegriffen, wie Allgemeinwohl oder „öffentliches Interesse" zu berücksichtigen. Die Naturschutzbehörden werden als Fachbehörde beteiligt.

B.1.4.3 Naturschutzrechtlicher Gebiets- und Objektschutz

Durch die Länder können Gebiete im Hinblick auf ihre Schutzwürdigkeit als *Naturschutzgebiet*, Nationalpark, Landschaftsschutzgebiet oder Naturpark festgesetzt, bestimmte Naturobjekte als geschützte Landschaftsbestandteile und besonders schützenswerte „Einzelschöpfungen" als *Naturdenkmäler* ausgewiesen werden. Dies erfogt nach Landesrecht i. d. R. durch Erlaß einer Rechtsverordnung der zuständigen Naturschutzbehörde. Darüber hinaus regelt das BNatSchG in Umsetzung der FFH-Richtlinie und der EG-Vogelschutzrichtlinie den Aufbau und Schutz des Europäischen ökologischen Netzes „Natura 2000", insb. zum Schutz der Gebiete von gemeinschaftlicher Bedeutung und der Europäischen Vogelschutzgebiete. Örtlicher Baumschutz wird demgegenüber meist durch Satzungen der Gemeinde geregelt. Die für das betreffende Gebiet oder Objekt zu beachtenden Ge- und Verbote oder Genehmigungsvorbehalte für bestimmte eingreifende Maßnahmen werden in den betreffenden Festsetzungsakten geregelt. Im Rahmen der Novellierung des BNatG ist geplant, eine weitere Gebietsart zum Schutz von Kulturlandschaften (Biosphärenreservat) einzuführen.

Der allgemeine *Artenschutz*, der Schutz von wildlebenden Pflanzen und Tieren bedrohter Arten und der Biotopschutz, ist im Naturschutzrecht besonders geregelt. Ein- und Ausfuhrbeschränkungen betreffend bedrohte Arten und aus deren Körperbestandteilen hergestellte Produkte beruhen auf EG-Recht und internationalen Abkommen.

B.2 Immissionsschutzrecht

Maßgebliche Rechtsgrundlagen des Immissionsschutzrechts bilden in erster Linie das Bundes-Immissionsschutzgesetz (BImSchG) und die aufgrund dieses Gesetzes erlassenen Rechtsverordnungen (Bundes-Immissionsschutzverordnungen – BImSchV). Zur Konkretisierung der in diesen Rechtsvorschriften festgelegten Anforderungen wurden Verwaltungsvorschriften (s. Abschn. B. 1.1.2.3), insb. in Form von technischen Anleitungen erlassen (z. B. TA Luft, TA Lärm; s. Abschn. B. 2.2.2 u. B. 2.3.2). In erheblichem Maße basieren diese Vorschriften auf EG-Richtlinien zu Luftverunreinigungen durch ortsfeste Anlagen, Baulärm, Fahrzeugemissionen und Luftqualität; insb. muß die Richtlinie über die integrierte Vermeidung von Umweltverschmutzungen (IVU = IPPC) umgesetzt werden. Daneben bestehen völkerrechtliche Übereinkommen zur Reduzierung grenzüberschreitender Luftverunreinigungen.

B.2.1 Allgemeines Immissionsschutzrecht

Das Immissionsschutzrecht bezweckt den Schutz von Menschen, Tieren und Pflanzen, Boden, Wasser, Atmosphäre sowie Kultur- und sonstigen Sachgütern vor schädlichen Umwelteinwirkungen (Immissionen). Nach der gesetzlichen Definition sind *Immissionen* auf diese Schutzgüter einwirkende Luftverunreinigungen, Geräusche, Erschütterungen, Licht, Wärme, Strahlen u. ä. Einwirkungen. Als *Emissionen* werden diese Erscheinungen bezeichnet, wenn sie von einer Anlage ausgehen. Im Hinblick auf genehmigungsbedürftige Anlagen umfaßt der Zweck des BImSchG auch den Schutz vor sonstigen Gefahren und Beeinträchtigungen sowie die Vorsorge.

B.2.1.1 Die Teilbereiche des allgemeinen Immissionsschutzrechts

Im Rahmen des allgemeinen Immissionsschutzrechts können von dem für die Praxis in erster Linie bedeutsamen anlagenbezogenen Immissionsschutz (s. a. Abschn. B. 2.1.2-B. 2.1.4) der stoffbezogene, der verkehrsbezogene und der gebietsbezogene Immissionsschutz unterschieden werden; für den Strahlenschutz gelten besondere Regelungen (s. Abschn. B.2.4).

B.2.1.1.1 Anlagenbezogener Immissionsschutz

Als *Anlagen i. S. d. BImSchG* gelten:
- Betriebsstätten und sonstige ortsfeste Einrichtungen,
- Maschinen, Geräte und sonstige ortsveränderliche technische Einrichtungen sowie grds. auch Fahrzeuge (Ausnahme: s. u.) und
- Grundstücke, auf denen Stoffe gelagert oder

abgelagert oder Arbeiten durchgeführt werden, die Emissionen verursachen können (Ausnahme: öffentliche Verkehrswege).

Soweit es um den Schutz vor Verkehrsemissionen geht, gelten *Fahrzeuge* nicht als Anlagen im Sinne des BImSchG. Maßgeblich sind vielmehr die Vorschriften des verkehrsbezogenen Immissionsschutzes (s. Abschn. B.2.1.1.3). Im Hinblick auf öffentliche Verkehrswege sind ebenfalls spezielle Rechtsvorschriften anwendbar, insb. das Verkehrswegeplanungsrecht und das Straßenverkehrsrecht (StVO), die Bestimmungen zum Immissionsschutz enthalten.

Von besonderer Bedeutung ist die *Unterscheidung zwischen genehmigungsbedürftigen und nicht genehmigungsbedürftigen Anlagen.* Bei den genehmigungsbedürftigen Anlagen handelt es sich um besonders emissionsträchtige Anlagen, die in der 4. BImSchV abschließend aufgezählt werden. Teilweise sind sie nur genehmigungsbedürftig, soweit sie gewerblichen Zwecken dienen oder im Rahmen wirtschaftlicher Unternehmungen verwendet werden. Außerdem hängt die Genehmigungsbedürftigkeit für einen Großteil der genannten Anlagen vom Erreichen oder Überschreiten bestimmter Leistungsgrenzen oder Anlagengrößen ab; hierbei ist auf den rechtlich und tatsächlich möglichen Betriebsumfang abzustellen. Die 4. BImSchV ordnet die genehmigungsbedürftigen Anlagen folgenden *Anlagengruppen* zu:

1. Wärmeerzeugung, Bergbau, Energie,
2. Steine und Erden, Glas, Keramik, Baustoffe,
3. Stahl, Eisen und sonstige Metalle einschl. Verarbeitung,
4. chemische Erzeugnisse, Arzneimittel, Mineralölraffinerien und Weiterverarbeitung,
5. Oberflächenbehandlung mit organischen Stoffen, Herstellung von bahnenförmigen Materialien aus Kunststoffen, sonstige Verarbeitung von Harzen und Kunststoffen,
6. Holz, Zellstoff,
7. Nahrungs-, Genuß- und Futtermittel, landwirtschaftliche Erzeugnisse,
8. Verwertung und Beseitigung von Abfällen und sonstigen Stoffen,
9. Lagerung, Be- und Entladen von Stoffen und Zubereitungen,
10. sonstiges.

Instrumente des anlagenbezogenen Immissionsschutzes sind die Betreiberpflichten des BImSchG und der auf dessen Grundlage erlassenen Verordnungen (s. Abschn. B.2.1.2), die immissionsschutzrechtliche Genehmigung (s. Abschn. B.2.1.3) und die sonstige behördliche und innerbetriebliche Überwachung von Anlagen (s. Abschn. B.2.1.4).

B.2.1.1.2 Produktbezogener Immissionsschutz

Die Regelungen des BImSchG zum produkbezogenen Immissionsschutz bestehen aus Ermächtigungsgrundlagen zum Erlaß von Rechtsverordnungen. Durch solche Rechtsverordnungen können Anforderungen an die Beschaffenheit von Anlagenteilen oder von ortsveränderlichen Anlagen sowie Kennzeichnungspflichten über die Höhe der Immissionen festgelegt werden. Solche Anforderungen enthalten die Rasenmäherlärm-Verordnung (8. BImSchV) und die Baumaschinenlärm-Verordnung (15. BImSchV). Ausserdem kann durch eine Rechtsverordnung die Bauartzulassung für Betriebsstätten, Geräte und Maschinen sowie Teile hiervon vorgeschrieben werden. Eine derartige Regelung enthält die Baumaschinenlärm-Verordnung (15. BImSchV), die eine EG-Baumusterprüfung vorsieht. Schließlich können auch Anforderung an die Beschaffenheit von Brenn-, Treib-, Schmierstoffen und sonstigen im Hinblick auf den Immissionsschutz gefährlichen Stoffen festgelegt werden. Derartige Verordnungen ergingen zum Schwefelgehalt in leichtem Heizöl und Dieselkraftstoff (3. BImSchV), zur Beschaffenheit und Auszeichnung der Kraftstoffqualitäten (10. BImSchV), zu Chlor- und Bromverbindungen als Kraftstoffzusatz (19. BImSchV), zu Altöl (AltölVO) und bestimmten Chlorverbindungen (Chemikalien-VerbotsVO).

B.2.1.1.3 Verkehrsbezogener Immissionsschutz

Im Rahmen des verkehrsbezogenen Immissionsschutzes können zum einen Anforderungen an die Beschaffenheit und den Betrieb von Fahrzeugen zur Begrenzung der von diesen ausgehenden Emissionen durch Rechtsverordnung festgelegt werden. Dies erfolgt in erster Linie durch entsprechende Regelungen in der Straßenverkehrszulassungsordnung (StVZO). Des weiteren können bei Vorliegen austauscharmer Wetterlagen (Smog) sowie bei Erreichen bestimmter Ozonkonzentrationen ($240\,\mu g/m^3 \geq$ Luft) Verkehrsbeschränkungen und Verkehrsverbote festgelegt werden.

Beim Bau oder wesentlichen Änderungen öffentlicher Straßen sowie von Eisenbahnen, Magnetschwebebahnen und Straßenbahnen ist sicherzustellen, daß diese keine schädlichen Lärmemissionen hervorrufen, die nach dem „Stand der Technik" vermeidbar sind. Dieses Gebot gilt nicht, soweit die Kosten der Schutzmaßnahme außer Verhältnis zu dem angestrebten Schutzzweck stehen. Diese Anforderungen sind durch die Verkehrslärmschutz-Verordnungen (16. u. 24. BImSchV) konkretisiert (s. Abschn. B.2.3.2).

B.2.1.1.4 Gebietsbezogener Immissionsschutz

Der gebietsbezogene Immissionsschutz wird im Bereich der Luftverunreinigungen durch die Festsetzung von Untersuchungsgebieten, d. h. Gebieten, die besonders problematische Luftverunreinigungen aufweisen oder aufweisen können, die Aufstellung von Emissionskatastern sowie durch die Aufstellung von Luftreinhalteplänen wahrgenommen (s. Abschn. B.2.2.1). Durch die 3. Novelle des BImSchG wurde zudem der Lärmminderungsplan als neues Instrument eingeführt, der die Lärmbelastungen, deren Quellen und die vorgesehenen Maßnahmen enthalten soll.

B.2.1.2   Betreiberpflichten

B.2.1.2.1 Genehmigungsbedürftige Anlagen

Für die genehmigungsbedürftigen Anlagen gelten die *Betreibergrundpflichten* des § 5 BImSchG, die bei Errichtung und Betrieb der Anlagen zu beachten sind. Diese Grundpflichten gelten unmittelbar und haben dynamischen Charakter. Der Anlagenbetreiber muß neue Erkenntnisse berücksichtigen und diesen seine Anlagen anpassen. Zu eigener Nachforschung ist er jedoch i. d. R. nicht verpflichtet. Eine behördliche Durchsetzung sich fortentwickelnder Grundpflichten setzt jedoch eine Konkretisierung durch Rechtsverordnung oder Verwaltungsakt voraus. Insoweit ist der Vertrauensschutz des Betreibers eingeschränkt. § 5 BImSchG enthält folgende Betreiberpflichten:

1. Schutz- und Abwehrpflicht
Schädliche Umwelteinwirkungen und sonstige Gefahren, erhebliche Nachteile und erhebliche Belästigungen sind zu vermeiden. Dabei sind sowohl die Belange der Allgemeinheit als auch die Belange der Nachbarschaft, soweit diese individualisierbar von der Anlage betroffen sind, zu berücksichtigen. Risiken, z. B. durch Störfälle, müssen mit hinreichender, dem Verhältnismäßigkeitsgrundsatz entsprechender Wahrscheinlich-

keit ausgeschlossen sein; eine Konkretisierung dieser Anforderungen erfolgt durch die Störfallverordnung (12. BImSchV).

2. Vorsorgepflicht
Vorsorge gegen schädliche Umwelteinwirkungen muß insb. durch die Begrenzung der Emissionen nach dem „Stand der Technik" sichergestellt sein. Als „Stand der Technik" gilt der Entwicklungsstand fortschrittlicher Verfahren, Einrichtungen oder Betriebsweisen, der die praktische Eignung einer Maßnahme zur Immissionsbegrenzung gesichert erscheinen läßt. Eine Konkretisierung dieser Anforderungen erfolgt z. B. für Großfeuerungsanlagen in der 13. BImSchV, für Abfallverbrennungsanlagen in der 17. BImSchV und für die Titandioxid-Industrie in der 25. BImSchV sowie für zahlreiche sonstige Anlagen in der TA Luft (s. Abschn. B.2.2.2). Die IVU-Richtlinie fordert insoweit vor allem eine Anpassung an den Standard der sog. „besten verfügbaren Technik" (BAT – best available techniques) und die Beachtung des integrativen, medienübergreifenden Ansatzes.

3. Abfallpflichten
s. Abschn. B.3.2.4.

4. Pflicht zur Abwärmenutzung
Die Pflicht zur technisch möglichen und zumutbaren Eigen- oder Fremdnutzung entstehender Wärme besteht nur bei Anlagen, für die eine Rechtsverordnung dies vorsieht. Bisher existiert eine solche Regelung nur für Abfallverbrennungsanlagen (17. BImSchV). Nach der IVU-Richtlinie muß darüber hinaus die allgemeine Pflicht berücksichtigt werden, Energie effektiv zu nutzen.

5. Nachsorgepflicht
Der Betreiber hat sicherzustellen, daß auch nach einer Anlagenstillegung keine schädlichen Umwelteinwirkungen und sonstigen Gefahren, erheblichen Nachteile und Belästigungen für die Allgemeinheit oder Nachbarschaft von der Anlage oder dem Anlagengrundstück ausgehen sowie vorhandene Abfälle ordnungsgemäß und schadlos verwertet oder beseitigt werden.

B.2.1.2.2 Nicht genehmigungsbedürftige Anlagen

Für die Errichtung und den Betrieb von Anlagen, die nicht genehmigungsbedürftig sind, gelten die Anforderungen des § 22 BImSchG:

1. Immissionsverhinderung
Schädliche Umwelteinwirkungen sind zu verhindern, soweit sie nach dem „Stand der Technik" (s. Abschn. B.2.1.2.1) vermeidbar sind.

2. Immissionsminimierung
Nach dem „Stand der Technik" unvermeidbare schädliche Umwelteinwirkungen sind auf ein Mindestmaß zu beschränken.

3. Abfallpflichten
s. Abschn. B.3.2.4

Für folgende Anlagen gelten aufgrund von Rechtsverordnungen strengere Schutz- und Vorsorgeanforderungen:

- Kleinfeuerungsanlagen (1. BImSchV),
- Anlagen zur Verwendung HKW-haltiger Lösemittel (2. BImSchV),
- Holzverarbeitung (7. BImSchV),
- Rasenmäher (8. BImSchV),
- Sportanlagen (18. BImSchV),
- Anlagen zum Umfüllen und Lagern von Ottokraftstoffen (20. BImSchV),
- Anlagen zur Betankung von Kraftfahrzeugen (21. BImSchV),
- Titandioxid-Industrie (25. BImSchV),
- Feuerbestattungsanlagen (27. BImSchV).

B.2.1.3 Die immissionsschutzrechtliche Anlagengenehmigung

B.2.1.3.1 Genehmigungspflicht

Der Genehmigung bedürfen die *Errichtung* und der *Betrieb* einer durch die 4. BImSchV als genehmigungsbedürftig eingestuften Anlage (s. Abschn. B.2.1.1.1).

Außerdem bedarf auch die *wesentliche Änderung der Lage, der Beschaffenheit oder des Betriebs* einer genehmigungsbedürftigen Anlage der Genehmigung. Eine solche liegt vor, wenn durch die Änderung nachteilige Auswirkungen hervorgerufen werden, die für die Prüfung, ob die Betreibergrundpflichten und die Anforderungen einschlägiger Rechtsverordnungen (s. Abschn. B.2.1.2.1) erfüllt sind, erheblich sein können. Eine Genehmigung ist nicht erforderlich, wenn

- durch die Änderungen hervorgerufene nachteilige Auswirkungen offensichtlich gering sind und die Erfüllung der genannten Anforderungen sichergestellt ist oder
- eine genehmigte Anlage oder Teile einer genehmigten Anlage im Rahmen der erteilten Genehmigung ersetzt oder ausgetauscht werden.

Geht der Anlagenbetreiber davon aus, daß eine geplante Änderung genehmigungspflichtig ist, kann er das Genehmigungsverfahren direkt einleiten. Ansonsten hat er eine Änderung mindestens einen Monat vor Ausführungsbeginn der zuständigen Behörde *anzuzeigen*, wenn sie sich auf Mensch, Umwelt, Kultur- und sonstige Sachgüter auswirken kann; die erforderlichen Unterlagen sind beizulegen. Die Behörde hat innerhalb eines Monats zu prüfen, ob es sich um eine wesentliche Änderung (im o. g. Sinne) handelt, die der Genehmigung bedarf. Die Änderung darf direkt vorgenommen werden, wenn die Behörde mitteilt, daß kein immissionsschutzrechtliches Genehmigungserfordernis besteht oder sie sich nicht innerhalb eines Monats äußert, es sei denn, nach anderen Vorschriften sind Genehmigungen einzuholen.

B.2.1.3.2 Genehmigungsverfahren

Für Anlagen, die in Spalte 1 des Anhangs zur 4. BImSchV genannt sind oder die sich aus in Spalte 1 und in Spalte 2 des Anhangs zur 4. BImSchV genannten Anlagen zusammensetzen, ist das *förmliche Genehmigungsverfahren* nach § 10 BImSchG durchzuführen, das in der 9. BImSchV näher geregelt ist. Dieses Verfahren unterteilt sich in mehrere Verfahrensschritte: schriftlicher Antrag unter Beifügung der erforderlichen Unterlagen; öffentliche Bekanntmachung; Behördenbeteiligung und Einholung erforderlicher Sachverständigengutachten; Öffentlichkeitsbeteiligung durch Auslegung der Unterlagen; Termin zur Erörterung der fristgemäß erhobenen Einwendungen; Umweltverträglichkeitsprüfung (vgl. Abschn. B.1.2.3.2); Entscheidung der Genehmigungsbehörde. Einwendungen gegen das Vorhaben können bis zwei Wochen nach Ablauf der Auslegungsfrist (1 Monat) erhoben werden. Soweit sie bereits zu diesem Zeitpunkt hätten geltend gemacht werden können, sind Einwendungen auch im Widerspruchs- oder Verwaltungsgerichtsverfahren ausgeschlossen (*materielle Präklusion*).

Soweit es sich um die Genehmigung einer *wesentlichen Änderung* handelt, soll die zuständige Behörde auf Antrag von der öffentlichen Bekanntmachung und der Auslegung absehen, wenn erhebliche nachteilige Auswirkungen auf Mensch, Umwelt, Kultur- oder sonstige Sachgüter nicht zu besorgen sind. Hiervon ist auszugehen, wenn erkennbar ist, daß die Auswirkungen durch die getroffenen oder vorgesehenen Maßnahmen ausgeschlossen werden oder die Nachteile im Verhältnis zu den jeweils vergleichbaren Vorteilen gering sind.

Das *vereinfachte Genehmigungsverfahren* nach § 19 BImSchG ist durchzuführen, soweit es sich um Anlagen handelt, die in Spalte 2 des Anhangs zur 4. BImSchV genannt werden. Im Rahmen des vereinfachten Verfahrens finden insb. keine öffentliche Bekanntmachung und Auslegung und kein Erörterungstermin statt. Außerdem entfällt die Präklusionsfrist.

Über einen Genehmigungsantrag ist innerhalb einer *Frist* von sieben Monaten, bei wesentlichen Änderungen innerhalb von sechs Monaten, und in vereinfachten Verfahren innerhalb von drei Monaten zu entscheiden. Bei Vorliegen besonderer Gründe kann die Frist um jeweils drei Monate verlängert werden.

B.2.1.3.3 Rechtswirkung der Genehmigung

Die immissionsschutzrechtliche Genehmigung hat zum einen *Konzentrationswirkung*. In ihr werden nach sonstigen Vorschriften erforderliche Genehmigungen oder Zulassungen gebündelt, so daß es nicht der Durchführung separater Verfahren bedarf. Aus diesem Grund sind die entsprechend betroffenen Behörden zu beteiligen. Die Konzentrationswirkung erstreckt sich aber nicht auf sämtliche Genehmigungen; ausgenommen sind z. B. berg- und atomrechtliche Zulassungen (s. Abschn. B.2.4.2.2), die wasserrechtliche Erlaubnis und Bewilligung (s. Abschn. B.4.3) sowie Planfeststellungen (s. Abschn. B.1.2.3.2). Hier dürften Änderungen erforderlich sein, da die IVU-Richtlinie einen umfassenden medienübergreifenden Ansatz fordert.

Darüber hinaus hat die immissionsschutzrechtliche Genehmigung *privatrechtsgestaltende Wirkung*. Auch bei erheblichen benachteiligenden Immissionen kann ein Dritter vom Anlagenbetreiber keine Einstellung des ordnungsgemäß im förmlichen Verfahren genehmigten Betriebs, sondern nur Vorkehrungen zum Ausschluß der benachteiligenden Wirkungen verlangen. Sind Vorkehrungen nach dem „Stand der Technik" nicht durchführbar oder wirtschaftlich nicht vertretbar, kann sich der Nachbar lediglich auf Schadensersatz berufen.

B.2.1.3.4 Genehmigungsvoraussetzungen

Voraussetzung für die Erteilung einer Genehmigung ist, daß der Anlagenbetreiber sicherstellt, daß
- die Betreibergrundpflichten und die Anforderungen in einschlägigen immissionsschutz-

rechtlichen Verordnungen erfüllt werden und
- andere öffentlich-rechtliche Vorschriften und Belange des Arbeitsschutzes dem nicht entgegenstehen.

Dabei sind insb. die Voraussetzungen der von der Konzentrationswirkung mitumfaßten sonstigen Zulassungen und Genehmigungen zu prüfen. Neben den Belangen des Immissionsschutzes und des Arbeitsschutzes sind insb. das Bauordnungs-, Bauplanungs-, Abfall- und Naturschutzrecht (s. Abschn. B.3 und B.1.4) zu beachten. Liegen die Voraussetzungen vor, *muß* die Genehmigung erteilt werden. Zur Sicherstellung der Genehmigungsvoraussetzungen kann die Genehmigung mit Nebenbestimmungen, insb. Auflagen, verbunden werden.

Auf besonderen Antrag kann eine *Teilgenehmigung* ergehen. Sie kann sich auf die Errichtung einer Anlage, die Errichtung eines Anlagenteils oder die Errichtung und den Betrieb eines Anlagenteils erstrecken. Voraussetzungen für die Erteilung einer Teilgenehmigung sind, daß
- ein berechtigtes Interesse an der Erteilung einer Teilgenehmigung besteht, z. B. um bei einer umfangreichen Anlage eine sinnvolle Planung und einen sinnvollen Ausbau in Abschnitten vornehmen zu können;
- die Genehmigungsvoraussetzungen für den beantragten Gegenstand der Teilgenehmigung erfüllt werden;
- der Errichtung und dem Betrieb der Gesamtanlage von vornherein keine unüberwindlichen Hindernisse entgegenstehen (*vorläufiges positives Gesamturteil*).

Auf besonderen Antrag kann außerdem ein *Vorbescheid* über einzelne Genehmigungsvoraussetzungen sowie über den Standort der Anlage ergehen, soweit
- die Auswirkungen des geplanten Vorhabens ausreichend beurteilt werden können und
- ein berechtigtes Interesse an der Erteilung eines Vorbescheids besteht.

Teilgenehmigungen haben, soweit ihr Gegenstand reicht, die gleiche Bindungswirkung wie Vollgenehmigungen, ihre Erteilung und die des Vorbescheids richten sich nach dem entsprechenden immissionsschutzrechtlichen Verfahren.

Schließlich kann die *Errichtung* eines Vorhabens auch *vorläufig zugelassen* werden, wenn
- mit einer Entscheidung zugunsten des Antragstellers gerechnet werden kann,

– ein öffentliches Interesse oder ein berechtigtes Interesse des Antragstellers an dem vorzeitigen Beginn besteht,
– der Antragsteller sich zum Ersatz entstehender Schäden und zur Wiederherstellung des ursprünglichen Zustands (bei Genehmigungsversagung) verpflichtet.

Soweit es sich um eine genehmigungsbedürftige *Änderung* handelt, kann auch der *Betrieb* der Anlage vorläufig zugelassen werden, wenn die Änderung der Erfüllung einer immissionsschutzrechtlichen Pflicht (z. B. zur Emissionsminderung) dient (§ 8a BImSchG).

B.2.1.4 Überwachung

B.2.1.4.1 Behördliche Anordnungen

Die behördliche Überwachung erfolgt in erster Linie durch die Vorabkontrolle im immissionsschutzrechtlichen Genehmigungsverfahren. Zur Erfüllung der sich aus BImSchG und Immissionsschutzverordnungen ergebenden Pflichten können auch nach Genehmigung *behördliche Anordnungen* getroffen werden. Die Behörde *soll* tätig werden, wenn festgestellt wird, daß die Allgemeinheit oder die Nachbarschaft beeinträchtigt oder erheblich belästigt wird. Unverhältnismäßige Anordnungen dürfen nicht ergehen.

§ 20 BImSchG ermächtigt die Behörde außerdem, einen *Betrieb* ganz oder teilweise *stillzulegen*, soweit der Anlagenbetreiber einer Auflage, einer nachträglichen Anordnung oder einer abschließend bestimmten Pflicht aus einer Rechtsverordnung nicht nachkommt. Die Behörde *soll* die Stillegung oder Beseitigung einer Anlage anordnen, wenn sie ohne die erforderliche Genehmigung errichtet, betrieben oder wesentlich geändert wurde. Auch die Unzuverlässigkeit des Anlagenbetreibers kann ein Grund für das Untersagen des weiteren Betriebs einer Anlage sein. In § 21 BImSchG ist geregelt, unter welchen Voraussetzungen eine Genehmigung nachträglich *widerrufen* werden kann, und zwar insb., wenn
– die Genehmigung einen Widerrufsvorbehalt enthält,
– der Anlagenbetreiber ihm obliegende Auflagen nicht erfüllt,
– die Genehmigungsbehörde aufgrund nachträglich eingetretener Umstände berechtigt wäre, die Genehmigung nicht zu erteilen, *und* ohne den Widerruf das öffentliche Interesse gefährdet wäre,

– schwere Nachteile für das Allgemeinwohl zu verhüten oder zu beseitigen sind.

Der Widerruf muß innerhalb eines Jahres nach Kenntnis der einem Widerrufsgrund zugrundeliegenden Tatsachen erfolgen. Soweit der Widerruf in erster Linie im öffentlichen Interesse erfolgt, ist der Genehmigungsinhaber zu entschädigen.

Die zuständige Behörde kann auch im Hinblick auf *nicht genehmigungsbedürftige Anlagen* die erforderlichen *Anordnungen* treffen, um den Anforderungen des § 22 BImSchG und einschlägiger immissionsschutzrechtlicher Verordnungen Geltung zu verschaffen. Es können auch Maßnahmen zum Zweck des Arbeitsschutzes angeordnet werden. Kommt der Anlagenbetreiber einer immissionsschutzrechtlichen Anordnung nicht nach oder werden durch die von der Anlage hervorgerufenen schädlichen Umwelteinwirkungen das Leben oder die Gesundheit von Menschen oder bedeutende Sachwerte gefährdet, kann die Behörde den *Betrieb* der betreffenden Anlage *untersagen*.

B.2.1.4.2 Maßnahmen der Eigenkontrolle

Die Behörde kann unter den im BImSchG festgelegten Voraussetzungen anordnen, daß der Betreiber einer Anlage *Einzelmessungen* (durch zugelassene Meßstellen), *kontinuierliche Messungen* (mittels installierter Geräte) oder/und bei genehmigungsbedürftigen Anlagen *sicherheitstechnische Prüfungen* (i. d. R. durch einen zugelassenen Sachverständigen) durchführen läßt. Sie kann dabei die Einzelheiten festlegen. Bei genehmigungsbedürftigen Anlagen mit erheblichen Emissionsmassenströmen luftverunreinigender Stoffe oder erheblichen Abgasströmen (insb. bei mehr als 50.000 m³/h) *sollen* kontinuierliche Messungen angeordnet werden.

Betreiber genehmigungsbedürftiger Anlagen sind verpflichtet, in regelmäßigen Abständen *Emissionserklärungen* über die von ihrer Anlage ausgehenden Luftverunreinigungen zu erstellen und der zuständigen Behörde vorzulegen. Die Einzelheiten werden in der Emissionserklärungsverordnung (11. BImSchV) geregelt. Die Erklärungspflicht besteht nicht, wenn von der Anlage nur in geringem Umfang Luftverunreinigungen ausgehen können.

Des weiteren schreibt das BImSchG Mitteilungspflichten zur Betriebsorganisation (§ 52 a BImSchG) gegenüber der zuständigen Behörde und die Bestellung eines Betriebsbeauftragten für Immissionsschutz sowie eines Störfallbeauftragten für bestimmte genehmigungsbedürftige Anlagen vor (s. Abschn. B.1.2.2.1).

B.2.1.4.3 Anzeigepflicht bei Anlagenstillegung

Sobald der Betreiber einer Anlage die Absicht faßt, diese stillzulegen, hat er dies unter Angabe des Zeitpunkts der Einstellung der zuständigen Behörde unverzüglich anzuzeigen. Außerdem sind die erforderlichen Unterlagen vorzulegen. Die Behörde hat diese Unterlagen zu prüfen und erforderlichenfalls nachträglich Anordnungen zu treffen, um sicherzustellen, daß der Anlagenbetreiber seine Nachsorgepflichten erfüllt (s. Abschn. B. 2.1.2.1).

B.2.2 Luftreinhaltung

Eines der Hauptziele des Immissionsschutzrechts ist der Schutz vor Luftverunreinigungen. Diese werden definiert als Veränderungen der natürlichen Zusammensetzung der Luft, insb. durch Rauch, Ruß, Staub, Gase, Aerosole, Dämpfe oder Geruchsstoffe.

B.2.2.1 Luftreinhalteplanung

Die Quellen luftverunreinigender Stoffe finden sich bei nahezu allen stationären und mobilen Anlagen im industriellen, gewerblichen, landwirtschaftlichen, öffentlichen als auch im privaten Bereich. Sie lassen sich in vier Emittentengruppen zusammenfassen: Industrie, Hausbrand, Kleingewerbe und Verkehr.

Da in der *Industrie* heute Staub und Schwefeldioxid (ubiquitäre Schadstoffe) nicht mehr so bedeutungsvoll sind wie in der Vergangenheit, richtet sich die Aufmerksamkeit auf andere Luftschadstoffe, wie z.B. Chlor, Kohlenwasserstoffe und Schwermetalle. So rückten die organischen Gase und Dämpfe der chemischen und petrochemischen Industrie sowie die Schadstoffe der Stahl- und Zementerzeugung (z.B. Blei, Arsen, Dioxin, Thallium) in den Blickpunkt.

Beim *Hausbrand* entstehen durch die Verbrennung fester, flüssiger und gasförmiger Brennstoffe vor allem CO, NO und SO_2.

Dagegen treten beim *Kleingewerbe* in erster Linie Emissionen aus typischen Betriebsarten wie Druckereien, chemischen Reinigungen, Autolackiererien, Räucheranlagen und Tankstellen auf. Von Bedeutung sind auch hier die Emissionen organischer Gase und Dämpfe.

Der Emittentengruppe *Verkehr* gehören Straßen-, Schienen-, Wasser- und Luftfahrzeuge an, bei deren Betrieb insb. CO, NO, SO_2, Kohlenwasserstoffe, Aldehyde und Blei ausgestoßen werden. In der Immissionsbetrachtung nehmen die Kraftfahrzeugabgase eine entscheidende Rolle ein (z. Z. sind über 40 Mio. Pkw in Deutschland zugelassen).

Bei der Betrachtung der *Wirkung von Luftverunreinigungen* auf den Menschen ist die Wirkungsschwelle das wichtigste Kriterium zur Abschätzung des Risikos. Bisher vorliegende Untersuchungen haben gezeigt, daß ein Synergismus von lungengängigem Staub und SO_2 besteht. Hinsichtlich chronischer Wirkungen von Luftverunreinigungen liegen epidemiologische Studien vor, die sich im wesentlichen auf Veränderungen der Atemwege und Lunge erstrecken. Neben der inhalativen Aufnahme von Luftverunreinigungen ist heute der Nahrungsmittelkette besondere Bedeutung beizumessen. Als Luftschadstoffe mit kanzerogener Wirkung kommen faserförmige Stoffe (z.B. Asbest) und polyzyklische, aromatische Kohlenwasserstoffe (Benzo(a)pyren) in Frage.

Aus den Erkenntnissen der letzten Jahre hat sich eine *neue Strategie der Luftreinhalteplanung* entwickelt. Sie zielt darauf ab, in begrenzten geografischen Bereichen vorhandene Luftverunreinigungen mit hohem Wirkungspotential (toxisch, kanzerogen und/oder akkumulierend) zu erkennen und zu beseitigen. Das neue Konzept hat auch in § 44 BImSchG seinen Niederschlag gefunden, denn Art und Umfang bestimmter Luftverunreinigungen, die schädliche Umwelteinwirkungen hervorrufen können, sind in sog. Untersuchungsgebieten in einem bestimmten Zeitraum oder fortlaufend festzustellen. Darüber hinaus sind die für ihre Entstehung und Ausbreitung bedeutsamen Umstände zu untersuchen. Gleiches gilt für Gebiete, in denen eine Überschreitung der Immissionswerte festgestellt oder erwartet wird.

Ergeben Auswertungen, daß im gesamten Untersuchungsgebiet, in Teilen dieses Gebietes oder außerhalb von Untersuchungsgebieten Immissionswerte überschritten werden, muß ein Luftreinhalteplan als Sanierungsplan aufgestellt werden (§ 47 BImSchG). Das strategische Konzept eines Luftreinhalteplans besteht aus mehreren Einzelelementen:

- Darstellung des Sachverhalts: Emissions-, Immissions- und Wirkungskataster,
- Ursachenanalyse: Feststellung der Ursachen,

– Emissions- und Immissionsprognose: Abschätzung der zu erwartenden künftigen Entwicklung,
– Maßnahmenkatalog: Aufstellung eines Handlungskonzepts.

Die Maßnahmen eines Luftreinhalteplans sind durch Anordnungen oder anderweitige Entscheidungen der zuständigen Träger der öffentlichen Verwaltung (Umweltbehörden) durchzusetzen. Sind planungsrechtliche Festlegungen vorgesehen, haben die zuständigen Planungsträger zu befinden, ob und inwieweit sie bei den Planungen in Betracht zu ziehen sind.

B.2.2.2 Die TA Luft 1986

Die TA Luft wurde 1986 als allgemeine Verwaltungsvorschrift des Bundes erlassen. Sie konkretisiert die Schutz-, Abwehr- und Vorsorgeanforderungen des BImSchG im anlagenbezogenen Immissionsschutzrecht (zur Bindungswirkung s. Abschn. B.1.1.2.3). Die TA Luft enthält neben der Bestimmung von Begriffen und Einheiten des Meßwesens allgemeine Grundsätze für Genehmigungen und Vorbescheide, die von den Behörden zu beachten sind, sowie Regelungen über die Ableitung von Abgasen (Schornsteine), die Immissionswerte und die Ermittlung von Immissionskenngrößen. Von besonderer Bedeutung für den Vollzug im anlagenbezogenen Immissionsschutz sind die Regelungen zur Begrenzung der Emissionen (insb. Emissionsgrenzwerte). Für Altanlagen wurde eine am Verhältnismäßigkeitsgrundsatz und dem Erfordernis des Bestandsschutzes orientierte Übergangsregelung getroffen.

B.2.2.2.1 Begrenzung der Emissionen krebserzeugender Stoffe

Für krebserzeugende Stoffe wurde eine Sonderregelung geschaffen. Beim Erlaß der TA Luft war es nach dem Erkenntnisstand der Wirkungsforschung nicht möglich, Schwellendosen anzugeben, bei deren Unterschreitung eine Unbedenklichkeit angenommen werden konnte. Es wurde daher festgelegt, daß die Emission kanzerogener Stoffe unter Beachtung des Grundsatzes der Verhältnismäßigkeit soweit wie möglich zu begrenzen und die Restemissionen umweltschonend abzuleiten sind. Für 21 enumerativ aufgeführte Stoffe wurden die Emissionen in Abhängigkeit von ihrem krebserzeugenden Potential durch

besonders strenge höchstzulässige Massenkonzentrationen im Abgas einer Anlage begrenzt. Hierzu wurden die Stoffe in drei Klassen unterteilt, denen die Vorsorgegrenzwerte zugeordnet wurden (s. Tabelle B.2-1).

B.2.2.2.2 Begrenzung der Emissionen von Gesamtstaub

Die im Abgas enthaltenen staubförmigen Emissionen dürfen bestimmte Massenkonzentrationen nicht übersteigen (s. Tabelle B.2-2).

Diese Emissionswerte sind auf alle in Rohrleitungen, Abgaskanälen oder Schornsteinen gefaßten Abgasströme anzuwenden. Für nicht gefaßte Abgasströme (diffuse Staubquellen) gelten die Anforderungen unter Ziff. 3.1.5 der TA Luft zur Vermeidung und Minimierung staubförmiger Emissionen bei Aufbereitung, Herstellung, Transport, Be- und Entladung sowie Lagerung staubender Güter.

B.2.2.2.3 Begrenzung der Emissionen staubförmiger anorganischer Stoffe

Für bestimmte staubförmige anorganische Stoffe stellt die TA Luft Grenzwerte auf. Auch beim Vorhandensein mehrerer Stoffe derselben Klasse dürfen insgesamt die in Tabelle B.2-3 ausgewiesenen Werte im Abgas nicht überschritten werden.

B.2.2.2.4 Begrenzung der Emissionen dampf- oder gasförmiger anorganischer Stoffe

Auch bei den Grenzwerten für dampf- oder gasförmige anorganische Stoffe im Abgas werden im Hinblick auf deren Risikopotential und unter Berücksichtigung der verfügbaren Abgasreinigungstechnik Klassen gebildet, für die jeweils verschiedene Emissionsgrenzwerte (s. Tabelle B.2-4) gelten. Für geruchsintensive Stoffe können sich weitergehende Anforderungen ergeben.

B.2.2.2.5 Begrenzung der Emissionen organischer Stoffe

Zur Bestimmung der Grenzwerte für organische Stoffe wurden die betreffenden Stoffe im Anhang E der TA Luft aufgezählt und jeweils einer von drei Klassen zugeordnet. Auch beim Vorhandensein mehrerer Stoffe derselben Klasse dürfen die in Tabelle B.2-5 ausgewiesenen Emissionsgrenzwerte nicht überschritten werden. Be-

Tabelle B.2-1 Emissionsgrenzwerte für kanzerogene Stoffe

Krebserzeugende Stoffe	Höchstzulässige Massenkonzentration im Abgas
Klasse I: z.B. Asbest als Feinstaub, Benzo(a)pyren, Beryllium und seine Verbindungen in atembarer Form	Bei einem Massenstrom von 0,5 g/h oder mehr: 0,1 mg/m^3
Klasse II: z.B. Arsen- und Chromverbindungen, Cobalt, Nickel	Bei einem Massenstrom von 5 g/h oder mehr: 1 mg/m^3
Klasse III: z.B. Acrylnitril, Benzol, Vinylchlorid	Bei einem Massenstrom von 25 g/h oder mehr: 5 mg/m^3

Tabelle B.2-2 Emissionsgrenzwerte für Gesamtstaub

Massenstrom	Höchstzulässige Massenkonzentration von Staub im Abgas
mehr als 0,5 kg/h	50 mg/m^3
bis einschl. 0,5 kg/h	0,15 g/m^3

Tabelle B.2-3 Emissionsgrenzwerte für staubförmige anorganische Stoffe

Staubförmige anorganische Stoffe	Höchstzulässige Massenkonzentration im Abgas
Klasse I: Cd, Hg, Tl und ihre Verbindungen	Bei einem Massenstrom von 1 g/h oder mehr: 0,2 mg/m^3
Klasse II: As, Co Ni, Se Te und ihre Verbindungen	Bei einem Massenstrom von 5 g/h oder mehr: 1 mg/m^3
Klasse III: Sb, Pb, Cr, Cu, Mn, Pt, Pd, Rh, V, Sn und ihre Verbindungen, leicht lösliche Cyanide (CN) und Fluoride (F)	Bei einem Massenstrom von 25 g/h oder mehr: 5 mg/m^3

Tabelle B.2-4 Emissionsgrenzwerte für dampf- oder gasförmige anorganische Stoffe

Dampf- oder gasförmige anorganische Stoffe	Höchstzulässige Massenkonzentration im Abgas
Klasse I: Arsenwasserstoff, Chlorcyan, Phosgen, Phosphorwasserstoff	Bei einem Massenstrom von 10 g/h oder mehr: 1 mg/m^3
Klasse II: Brom und Fluor sowie ihre dampf- oder gasförmigen Verbindungen, Chlor, Cyanwasserstoff, Schwefelwasserstoff	Bei einem Massenstrom von 50 g/h oder mehr: 5 mg/m^3
Klasse III: dampf- oder gasförmige anorganische Chlorverbindungen, soweit nicht in Klasse I	Bei einem Massenstrom von 0,3 kg/h oder mehr: 30 mg/m^3
Klasse IV: Schwefeloxide, Stickstoffoxide	Bei einem Massenstrom von 5 kg/h oder mehr: 0,5 mg/m^3

Tabelle B.2-5 Emissionsgrenzwerte für organische Stoffe

Organische Stoffe	Höchstzulässige Massenkonzentration im Abgas
Klasse I: z.B. Alkylbleiverbindungen, Ameisensäure, Anilin, Chlormethan, 1,4-Dioxan, Formaldehyd, Nitrobenzol	Bei einem Massenstrom von 0,1 kg/h oder mehr: 20 mg/m^3
Klasse II: z.B. Chlorbenzol, Essigsäure, Ethylbenzol, Nappthalin, Propionsäure, Toluol, Xylole	Bei einem Massenstrom von 2 kg/h oder mehr: 0,1 g/m^3
Klasse III: z.B. Aceton, Alkylalkohole, Chlorethan, Parafinkohlenwasserstoffe (ausgenommen Methan), Trichlorfluormethan	Bei einem Massenstrom von 3 kg/h oder mehr: 0,15 g/m^3

steht ein begründeter Verdacht auf krebserzeugendes Potential, ist ein organischer Stoff auf jeden Fall der Klasse I zuzuordnen. Für *staubförmige* organische Stoffe, die den Klassen II oder III zuzuordnen sind, gelten abweichend die Grenzwerte für Gesamtstaub (s. Abschn. B.2.2.2.2). Auch im Hinblick auf die organischen Stoffe können bei besonderer Geruchsintensität weitergehende Maßnahmen erforderlich werden.

Zusätzlich zu den in Tabelle B.2-5 genannten Emissionsgrenzwerten darf beim Vorhandensein von organischen Stoffen mehrerer Klassen (bei einem Massenstrom von insgesamt 3 kg/h oder mehr) die Massenkonzentration im Abgas insgesamt 0,15 g/m$^3 \geq$ nicht überschreiten. Die in Anhang E nicht aufgeführten organischen Stoffe sind den Klassen zuzuordnen, deren Stoffen sie in ihrer Einwirkung auf die Umwelt am nächsten stehen. Hierbei sind insb. Abbaubarkeit, Anreicherbarkeit, Toxizität, Auswirkungen von Abbauvorgängen mit deren jeweiligen Folgeprodukten und Geruchsintensität zu berücksichtigen.

Weitere Anforderungen zur Vermeidung bzw. Minimierung dampf- oder gasförmiger Emissionen beim Verarbeiten, Fördern und Umfüllen von flüssigen organischen Stoffen enthält die TA Luft unter Ziff. 3.1.8. Es werden bestimmte Sicherheitsvorkehrungen, z.B. die Verwendung bestimmter gesicherter Pumpen und Abdichtungen vorgeschrieben.

B.2.2.2.6 Besondere anlagenbezogene Anforderungen

Während die bisher dargestellten Emissionsgrenzwerte und sonstigen Anforderungen für sämtliche (insb. genehmigungsbedürftige) Anlagen gelten, wurden unter Ziff. 3.3 der TA Luft besondere Anforderungen für spezielle Anlagen und Anlagengruppen festgelegt. Zum einen wur-

den darin im Verhältnis zu den allgemeinen Regelungen strengere Grenzwerte festgelegt, da z.B. in diesen Bereichen der Stand der Luftreinhaltetechnik weiter entwickelt war. Zum anderen ergab sich aber auch aus Gründen der Verhältnismäßigkeit die Notwendigkeit, Abschwächungen für bestimmte Anlagenarten vorzunehmen. In jedem Fall gehen die anlagenbezogenen Anforderungen als speziellere Regelung den allgemeinen Anforderungen vor. Der systematische Aufbau des Abschnitts der TA Luft mit den anlagenbezogenen Anforderungen entspricht dem des Anhangs zur 4. BImSchV. Die Differenzierung erfolgt nach den gleichen Anlagengruppen (s. Abschn. B.2.1.1.1). Bei der Festlegung dieser Anforderungen waren auch die Regelungen in den bestehenden immissionsschutzrechtlichen Durchführungsverordnungen zu berücksichtigen, z.B. in der 13. BImSchV über Großfeuerungsanlagen. Strengere Anforderungen in diesen Verordnungen oder sonstigen spezielleren Gesetzen, insb., wenn sie nach 1986 erlassen oder verschärft wurden, gehen der TA Luft vor. Bevor man auf die allgemeinen Anforderungen der TA Luft abstellt, ist daher in jedem Fall zu prüfen, ob nicht speziellere anlagenbezogene Regelungen bestehen. Lediglich soweit speziellere Regelungen nicht bestehen, sind die allgemeinen Anforderungen anwendbar.

B.2.3 Lärmschutz

B.2.3.1 Der Lärmschutz im Vollzug des Umweltrechts

Die allgemeinen immissionsschutzrechtlichen Pflichten, die auf eine Verhinderung schädlicher Umwelteinwirkungen abzielen, bezwecken neben der Luftreinhaltung insb. auch den Schutz vor Geräuschen (Lärm). Den nach Landesrecht zuständigen Stellen obliegt gemäß § 47 a BImSchG die Aufstellung von Lärmminderungsplänen für schutzwürdige Gebiete (z. B. Wohngebiete), die Angaben zur Geräuschbelastung und deren Quellen sowie den vorgesehenen Lärmminderungsmaßnahmen enthalten müssen. Lärmschutz spielt bei der Erteilung von immissionsschutzrechtlichen Genehmigungen, aber auch bei der Aufstellung von Fachplänen, in Planfeststellungs- oder sonstigen Genehmigungsverfahren (z. B. Baugenehmigungen, gewerberechtliche Zulassungen, Bauartzulassungen) eine bedeutende Rolle, insb. wenn eine Überprüfung nach UVP durchzuführen ist. Außerdem können die Aufsichtsbehörden im Einzelfall Anordnungen zum Lärmschutz treffen. Diese können sie auf das BImSchG oder die einschlägige landesimmissionsschutzrechtliche Vorschrift, gewerberechtliche oder sonstige anwendbare Spezialvorschriften mit Befugnisnormen sowie auf das allgemeine Polizei- und Ordnungsrecht stützen (s. dazu Abschn. B.1.2.3.3).

Probleme bereitet die im Rahmen dieser Tätigkeitsbereiche notwendig werdende Abgrenzung der Gefährdungen oder erheblichen Belästigungen, die staatliches Eingreifen erfordern, von den zu duldenden Belästigungen. Die Lärmwirkungsforschung hat in dieser Hinsicht eine Reihe von Schwellenwerten erarbeitet und weitgehend abgesichert, bei denen lärmbedingte Veränderungen physiologischer und psychischer Abläufe eintreten (s. Abschn. D.2). Medizinisch können ferner Gefährdungswerte für gesundheitliche Risiken angegeben werden. Zwischen diesen beiden Bereichen der Schwellen- und Gefährdungswerte erstreckt sich ein Kontinuum immer unzumutbar werdender Belastungen, für die je nach konkreter Situation und schutzbedürftiger Funktion eine Interessen- und Güterabwägung vorzunehmen ist. Die sozialwissenschaftliche und psychologische Forschung hat wichtige Erkenntnisse beigesteuert, wie sich Gestörtheitsreaktionen prozentual in der Bevölkerung verteilen und welche Lärmeinwirkungen als erhebliche Belästigung empfunden werden. Trotz allem bleibt jedoch ein Abwägungsbereich bestehen, in dem auf politischer Ebene Zumutbarkeitswerte festzulegen sind. Wissenschaftlich de-

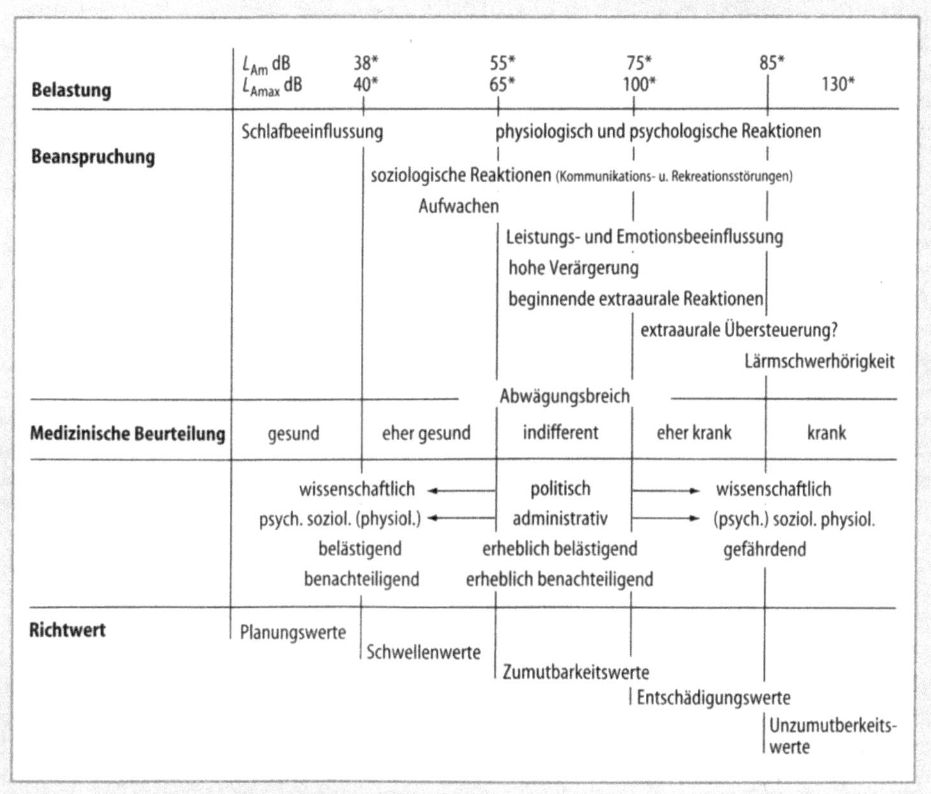

Bild B.2-1 Kriterien zur Lärmbeurteilung (*Anhaltswerte)

finierte Schwellenwerte können dabei je nach Fall mit Zumutbarkeit oder auch Unzumutbarkeit identisch sein. Bild B.2-1 verdeutlicht das Spannungsfeld, in dem die Beurteilung von Lärmeinwirkungen erfolgen muß. Ein wesentlicher Gesichtspunkt in dem angesprochenen Abwägungsprozeß ist schließlich die Frage, ob das einzelne Individuum, die durchschnittliche Bevölkerung oder bestimmte kritische Personengruppen als Maßstab der Beurteilung einer vorhandenen Gefährdung oder Belästigung herangezogen werden sollen.

Zur Bewältigung dieser Unsicherheit bedarf der Rechtsanwender, insb. Behörden und Gerichte, konkreter Vorgaben in Form von Immissions- oder Emissionswerten. Nur so kann auch ein dem Gleichbehandlungsgebot gerecht werdender Vollzug des Immissionsschutzrechts gewährleistet werden. Solche Grenz- oder Richtwerte sind jedoch nur teilweise in allgemein verbindlichen Rechtsvorschriften festgelegt. Soweit solche nicht vorliegen, muß auf Verwaltungsvorschriften, Empfehlungen von Sachverständigengremien und private Regelwerke zurückgegriffen werden (s. Abschn. B.1.1.2.3, B. 1.1.2.4 u. B. 1.1.3).

B.2.3.2 Spezielle Lärmschutzvorschriften

B.2.3.2.1 Lärmschutz am Arbeitsplatz

Gemäß dem Arbeitsschutzgesetz vom 07.08.1996 besteht die allgemeine Pflicht eines Arbeitgebers, seine Arbeitnehmer vor Gesundheitsbeeinträchtigungen zu schützen. Diese Anforderung wird durch die Arbeitsstättenverordnung konkretisiert, die vorschreibt, daß der Schallpegel so niedrig zu halten ist, wie es nach der Art des Betriebs möglich ist. Weiterhin werden absolute Höchstgrenzwerte (Beurteilungspegel) für die Lärmbelastung festgelegt, bei denen auch von außen wirkende Geräusche zu berücksichtigen sind.

Spezielle Lärmschutzregelungen finden sich auch in den Unfallverhütungsvorschriften (UVV Lärm) der Unfallversicherungsträger. Diese werden von den Berufsgenossenschaften im Rahmen ihrer Kompetenz aufgrund des Sozialgesetzbuches (SGB VII), beruflichen Gesundheitsbeeinträchtigung vorzubeugen, als autonomes Recht angenommen und bedürfen der Genehmigung durch den Bundesminister für Arbeit und Soziales.

B.2.3.2.2 TA Lärm

Für den Bereich des Industrie- und Gewerbelärms galt bislang die Technische Anleitung (TA) Lärm vom 16.07.1968. Zum 01.11.1998 hat die TA Lärm vom 26.08.1998 diese zwischenzeitlich veraltete Verwaltungsvorschrift (s. Abschn. B.1.1.2.3) abgelöst. Im Unterschied zur alten TA Lärm ist die neue Vorschrift sowohl auf genehmigungsbedürftige als auch auf nicht genehmigungsbedürftige Anlagen (s. Abschn. B.2.1.1.1) anwendbar und daher bspw. auch im Baugenehmigungsverfahren zu beachten. Sie enthält neben allg. Grundsätzen und Immissionsrichtwerten Regelungen über die Ermittlung von Geräuschimmissionen.

Sonderregelungen bestehen für den Schutz vor Baulärm. In der Baumaschinenlärm-Verordnung (15. BImSchV) werden die in EG-Richtlinien festgelegten Geräuschemissionswerte für Baumaschinen eingeführt und die Baumusterprüfungen für die Geräte geregelt. Weitere Richtwerte, Meßmethoden und sonstige Lärmschutzmaßnahmen werden in den Allgemeinen Verwaltungsvorschriften der Bundesregierung zum Schutz gegen Baulärm sowie der 2. und 3. BImSch-Verwaltungsvorschrift festgelegt, soweit sie nicht durch die 15. BImSchV verdrängt werden.

B.2.3.2.3 Verkehrslärm

Der Schutz vor Lärm, der durch Straßen- oder Schienenverkehr verursacht wird, hat in der 16. BImSchV eine Regelung erfahren, die Immissionsgrenzwerte und die Methoden zur Berechnung der Beurteilungspegel umfaßt. In der 24.BImSchV werden die erforderlichen Schutzmaßnahmen festgelegt. Lärmschutzvorschriften finden sich auch in der Straßenverkehrsordnung (StVO) und der Straßenverkehrszulassungsordnung (StVZO), die teilweise auf EG-Recht verweist. In seiner Richtlinie für den Verkehrslärmschutz an Bundesfernstraßen hat das Bundesverkehrsministerium Lärmsanierungswerte festgelegt, bei deren Überschreiten Schallschutzmaßnahmen in Betracht kommen sollen.

Der Lärmschutz im Zusammenhang mit dem Luftverkehr wird durch das Fluglärmschutzgesetz geregelt. Dieses Gesetz schreibt die Festsetzung von Lärmschutzbereichen in der Umgebung von Flugplätzen (Schutzbereich 1 und Schutzbereich 2) durch den Bundesumweltminister und das Ergreifen baulicher Schallschutzmaßnahmen vor. Die Lärmschutzanforderungen an die Luftfahrzeuge und den Luftverkehr sind im Luftverkehrsgesetz und seinen Durchführungsverordnungen geregelt.

B.2.3.2.4 Freizeitlärm

Dem Schutz vor Freizeitlärm dienen die Sportanlagenlärmschutzverordnung (18. BImSchV) und die Rasenmäherlärm-Verordnung (8. BImSchV), die Grenz- und Richtwerte sowie sonstige Anforderungen festlegen. Die landesrechtlichen Immissionsschutzgesetze oder Lärmschutzverordnungen enthalten Vorschriften zur Bekämpfung von Freizeitlärm, z. B. über den Schutz der Nachtruhe, die Benutzung von Tongeräten oder das Halten von Tieren. Die TA Lärm gilt nur für Anlagen (s. Abschn. B.2.1.1.1), also nicht für Lärm, der durch sonstige Aktivitäten verursacht wurde, darüber hinaus auch nicht für genehmigungsbedürftige Freizeitanlagen und Freiluftgaststätten. Außerdem hatte der Länderausschuß für Immissionsschutz (LAI; s. Abschn. B.1.1.2.4) bereits 1995 die Freizeitlärm-Richtlinie als Musterverwaltungsvorschrift angenommen, die nach Erlaß der neuen TA Lärm nur noch auf nicht genehmigungsbedürftige Freizeitanlagen anwendbar ist, ausgenommen Sportanlagen, Gaststätten und Kinderspielplätze in Wohngebieten. Bei seltenen Ereignissen (z. B. Jahrmärkte) soll im Einzelfall eine höhere Lärmbelastung zumutbar sein.

B.2.3.3 Die wichtigsten Lärmschutzwerte

Lärmschutzwerte werden als Grenz- und Richtwerte in Rechts- und Verwaltungsvorschriften, Empfehlungen und privaten Regelwerken festgelegt. Die wichtigsten Werte, die in Praxis und Rechtsprechung Anwendung finden, sind im folgenden tabellarisch dargestellt.

Es wird unterschieden in Arbeitsstätten- und Umweltlärm. Der Umweltlärm gliedert sich in in

- Straßenverkehr   – Industrie und Gewerbe
- Schienenverkehr   – Freizeit, Sportanlagen
- Flugverkehr   – Stadtplanung

Nicht aufgeführt sind Details einzelner Richtlinien hinsichtlich Ermittlung der Mittelungspegel, Berücksichtigung von Zuschlägen oder Spitzenpegeln und Grenzwerte für Innenraumpegel bei Geräuschübertragung innerhalb von Gebäuden. Bei der Anwendung der Werte ist strikt auf den Anwendungsbereich der Norm bzw. Vorschrift und die zugrundeliegenden Meß- und Berechnungsverfahren zu achten. Für den Tag gilt die Zeit von 6.00-22.00 und für die Nacht von 22.00-6.00 Uhr.

Arbeitsstättenlärm

Arbeitsplatz nach Art der Tätigkeit (Arbeitsstättenverordnung)	Immissionsgrenzwerte[a] dB(A)
Überwiegend geistige Tätigkeit; Pausen-, Bereitschafts-, Liege- u. Sanitätsräume	55
Einfache und überwiegend mechanisierte Tätigkeit und vergleichbare Tätigkeiten	70
Alle sonstigen Tätigkeiten	85

[a]Höchstzulässiger Beurteilungspegel L_r

Umweltlärm

Straßenverkehr

Art der zu schützenden Nutzung	Immissionsgrenzwerte dB(A)			
	Tag[a]	Nacht[a]	Tag[b]	Nacht[b]
Krankenhäuser, Schulen, Kur- und Altenheime	57	47	70	60
Reine und allgemeine Wohn- und Kleinsiedlungsgebiete	59	49	70	60
Kerngebiete, Dorf- und Mischgebiete	64	54	72	62
Gewerbegebiete	69	59	75	65

[a]Lärmvorsorge bei Neubau und wesentlicher Änderung von Straßen (16. BImSchV)
[b]Lärmsanierung an bestehenden Straßen in der Baulast des Bundes (Richtlinie für den Verkehrslärmschutz an Bundesfernstraßen in der Baulast des Bundes vom 15.1.1986)

Schienenverkehr

Bei Neubau und wesentlicher Änderung von Schienenwegen (16. BImSchV) gelten die für Lärmvorsorge im Straßenverkehr angegebenen Immissionsgrenzwerte abzgl. eines Schienenbonus von 5 dB(A). Vom Schienenbonus ausgenommen sind nur Schienenwege, auf denen in erheblichem Umfang Güterzüge gebildet oder zerlegt werden.

Flugverkehr

Lärmschutzbereich von Verkehrsflughäfen und Flugplätzen (Fluglärmschutzgesetz)

Lärmschutzbereich	Immissionswerte dB(A)
Schutzzone 1. Wohnungen dürfen nicht errichtet werden; für bestehende Wohnungen besteht Anspruch auf Kostenerstattung für Schallschutzmaßnahmen	$L_{eq} \geq 75$
Schutzzone 2. Krankenhäuser, Altenheime, Schulen und ähnlich schutzbedürftige Einrichtungen fürfen nicht errichtet werden	$67 < L_{eq} < 75$

Gewerbe

Arbeitslärm in der Nachbarschaft (VDI Richtlinie 2058 Blatt 1)

Art der zu schützenden Nutzung	Immissionsrichtwerte – Außen –, dB(A)	
	Tag	Nacht
Nur gewerbliche Nutzung, außer Wohnungen für Betriebsinhaber, Betriebsleiter, Aufsichts- oder Bereitschaftspersonal (Industriegebiete)	70	70
Vorwiegend gewerbliche Nutzung (Gewerbegebiete)	65	50
Weder vorwiegend gewerblich noch vorwiegend als Wohnung genutzt (Kern-, Misch- oder Dorfgebiete)	60	45
Vorwiegend Wohnungen (allg. Wohngebiete, Kleinsiedlungsgebiete)	55	40
Ausschließlich Wohnungen (reines Wohngebiet)	50	35
Kurgebiete, Krankenhäuser, Pflegeanstalten, soweit sie als solche durch Orts- und Straßenbeschilderung ausgewiesen sind	45	35

TA Lärm 1998

Art der zu schützenden Nutzung	Immissionsrichtwerte, dB(A)	
	Tag	Nacht
Kurgebiete, Krankenhäuser und Pflegeanstalten	45	35
reine Wohngebiete	50	35
allg. Wohngebiete u. Kleinsiedlungsgebiete	55	40
Kerngebiete, Dorfgebiete, Mischgebiete	60	45
Gewerbegebiete	65	50
Industriegebiete	70	70

Freizeit

Freizeitlärm-Richtlinie des LAI (Ruhezeiten 6.00–8.00 Uhr; 20.00–22.00 Uhr)

Art der zu schützenden Nutzung	Immissionsrichtwerte, dB(A)		
	Tag	Ruhezeit	Nacht
Industriegebiet	70	70	70
Gewerbegebiet	65	60	50
Kern-, Dorf- und Mischgebiet	60	55	45
allg. Wohngebiet, Kleinsiedlungsgebiet	55	50	40
reines Wohngebiet	50	45	35
Kurgebiete, Krankenhäuser und Pflegeanstalten	45	45	35

Sportanlagen (18. BImSchV)

Art der zu schützenden Nutzung	Immissionsrichtwerte, dB(A)	
	Tag[a]	Nacht
Reine Wohngebiete	50/45	35
Allgemeine Wohn- und Kleinsiedlungsgebiete	55/50	40
Kern-, Dorf- und Mischgebiete	60/55	45
Gewerbegebiete	65/60	50
Kurgebiete, Krankenhäuser und Pflegeanstalten	45/45	35

[a]Der zweite Tagwert bezieht sich auf die Ruhezeiten: werktags 6.00-8.00 und 20.00-22.00 Uhr, an Sonn- und Feiertagen 7.00-9.00, 13.00-15.00 und 20.00-22.00 Uhr. Nachts ist die ungünstigste volle Stunde zu berücksichtigen.

Stadtplanung
Bauleitplanung – DIN 18005 Teil 1

Art der zu schützenden Nutzung	Orientierungswerte dB(A)	
	Tag	Nacht[a]
Reine Wohngebiete, Wochenend- und Ferienhausgebiete	50	40/35
Allgemeine Wohn-, Kleinsiedlungs- und Campingplatzgebiete	55	45/40
Friedhöfe, Kleingarten- und Parkanlagen	55	55
Besondere Wohngebiete	60	45/40
Dorf- und Mischgebiete	60	50/45
Kern- und Gewerbegebiete	65	55/50
Sondergebiete je nach Art der Nutzung	45-65	35-65

[a]Der niedrigere Wert gilt für Industrie-, Gewerbe- u. Freizeitlärm sowie Geräusche von vergleichbaren öffentl. Betrieben.

B.2.4 Strahlenschutz

Strahlen gelten zwar als Immissionen bzw. Emissionen i. S. d. BImSchG. Der Strahlenschutz wird jedoch größtenteils außerhalb des eigentlichen Immissionsschutzrechts geregelt.

B.2.4.1 Strahlenschutzvorsorge

Die Strahlenschutzvorsorge basiert auf dem Strahlenschutzvorsorgegesetz (StrVG), das (teilweise) Anforderungen der Grundnormen der Europäischen Atomgemeinschaft (EURATOM) umsetzt. Bezweckt wird ein umfassender Schutz vor ionisierender Strahlung, wobei die Ursache der Radioaktivität irrelevant ist. Auf der Grundlage dieses Gesetzes wurde ein integriertes Meß- und Informationssystem, das in einer umfassenden Verwaltungsvorschrift (AVV-IMIS) geregelt ist, aufgebaut. Darüber hinaus können Grenzwerte festgelegt werden, bei deren Überschreitung Verbote und Beschränkungen hinsichtlich Lebensmittel und sonstiger Stoffe anzuordnen sind. Derartige Produktbeschränkungen ergingen bisher lediglich auf EG-Ebene (im Gefolge des Tschernobyl-Unfalls).

Des weiteren ermächtigt das StrVG den Bundesumweltminister, Verhaltensempfehlungen auszusprechen (s. Abschn. B.1.2.8.1).

B.2.4.2 Atomrechtlicher Strahlenschutz

Eine umfassende Regelung hat der Strahlenschutz durch das Atomrecht für den Bereich des Umgangs mit radioaktiven Stoffen erfahren. Zu beachten ist allerdings, daß dieses Rechtsgebiet nicht nur dem *Strahlenschutz* dient, sondern *auch* die *Förderung* der friedlichen Nutzung der Kernenergie bezweckt.

B.2.4.2.1 Anwendungsbereich des Atomrechts

Das Atomrecht regelt den Umgang mit radioaktiven Stoffen. Dabei wird zwischen Kernbrennstoffen und „sonstigen radioaktiven Stoffen" unterschieden. *Kernbrennstoffe* sind besondere spaltbare Stoffe in Form von
- Plutonium 239, Plutonium 241 oder mit den Isotopen 235 oder 233 angereichertem Uran,
- Stoffen, die einen oder mehrere der vorerwähnten Stoffe enthalten, oder
- Stoffen, mit deren Hilfe in einer geeigneten

Anlage eine sich selbst tragende Kettenreaktion aufrechterhalten werden kann und die in einer Rechtsverordnung bestimmt werden.

Alle radioaktiven Stoffe, die nicht von dieser Aufzählung erfaßt werden, sind *„sonstige radioaktive Stoffe"*. Als radioaktiv gelten sie, wenn sie ionisierende Strahlen, also Photonen- oder Teilchenstrahlungen, die in der Lage sind, direkt oder indirekt die Bildung von Ionen zu bewirken, spontan aussenden. Erfaßt sind auch Stoffe, die solche radioaktiven Stoffe enthalten oder mit ihnen kontaminiert sind, ohne daß sie selbst ionisiernde Strahlen aussenden. Für ungefährliche Stoffe können durch Verordnung Ausnahmen festgelegt werden, und einzelne Kernbrennstoffe gelten in geringfügigen Mengen/Konzentrationen als sonstige radioaktive Stoffe für die Anwendung der Genehmigungsvorschriften.

B.2.4.2.2 Atomrechtliche Genehmigungen

Genehmigungstatbestände
Charakteristisch für das Atomrecht sind die zahlreichen Genehmigungstatbestände des Atomgesetzes (AtG) und der auf dessen Grundlage ergangenen Strahlenschutzverordnung (StrlSchV) und Röntgenverordnung (RöV).

Im Mittelpunkt des Interesses steht die *Genehmigung nach § 7 AtG (Anlagengenehmigung)* für die Errichtung, den Betrieb, die wesentliche Änderung oder Stillegung einer Anlage zur Bearbeitung, Verarbeitung oder Spaltung von Kernbrennstoffen oder Aufarbeitung bestrahlter Kernbrennstoffe. Das Genehmigungsverfahren wird durch die *Atomrechtliche Verfahrensverordnung (AtVfV)* geregelt und entspricht weitgehend den Genehmigungsverfahren nach BImSchG (s. Abschn. B.2.1.3) und dem Planfeststellungsverfahren (s. Abschn. B.1.2.3.2). Die Öffentlichkeit ist durch Auslegung der Planungsunterlagen und in einem Erörterungstermin zu beteiligen. Einwendungen gegen das Vorhaben können grundsätzlich nach Ablauf der Auslegungsfrist nicht mehr geltend gemacht werden. Für ortsfeste Anlagen ist eine UVP vorgeschrieben (s. Abschn. B.1.2.3.2). In der Praxis werden meist separate Teilgenehmigungen z. B. für einzelne Bauabschnitte oder Anlagenteile erteilt. Der ersten Teilgenehmigung kommt dabei wegweisende Bedeutung zu, weshalb sie erst ergehen darf, wenn die Genehmigungsbehörde zu einem „vorläufigen positiven Gesamturteil" über die vollständige geplante Anlage kommt. Seit 1998 sieht das AtG ein unverbindliches Verfahren zur Prüfung sicherheitstechnischer Fragen vor.

Gemäß § 9a AtG muß der Bund *Endlager für radioaktive Abfälle* errichten. Für deren Errichtung und Betrieb muß ein Planfeststellungsverfahren einschl. einer UVP durchgeführt werden. Noch keine Errichtung stellt die Erkundung der vorgesehenen Lagerstätte dar. Das Gesetz ermöglicht außerdem, Enteignungen vorzunehmen. Die genehmigende Wirkung des Planfeststellungsbeschlusses erstreckt sich nicht auf eine evtl. erforderliche bergrechtliche Zulassung. Für Tiefspeichervorhaben ist daher auch ein Betriebsplanverfahren durchzuführen (s. Abschn. B.1.2.3.2). Darüber hinaus sehen die atomrechtlichen Vorschriften *weitere Genehmigungserfordernisse* vor für

- die Ein- und Ausfuhr von Kernbrennstoffen, kernbrennstoffhaltigen Abfällen und sonstigen radioaktiven Stoffen,
- die Beförderung von Kernbrennstoffen, kernbrennstoffhaltigen Abfällen und sonstigen radioaktiven Stoffen,
- die Aufbewahrung von Kernbrennstoffen (ausserhalb staatlicher Verwahrung), wesentliche Änderung einer Aufbewahrung sowie die Lagerung, Bearbeitung und Beseitigung kernbrennstoffhaltiger Abfälle,
- die Verwendung von Kernbrennstoffen außerhalb genehmigungspflichtiger Anlagen,
- den Umgang mit „sonstigen radioaktiven Stoffen" (Ausnahme: Gewinnung radioaktiver Bodenschätze),
- die Errichtung, den Betrieb und die Veränderung von bestimmten Anlagen zur Erzeugung ionisierender Strahlen, den Betrieb von Röntgeneinrichtungen und Störstrahlern (auch Bauartzulassung möglich),
- die Vornahme einer genehmigungspflichtigen Tätigkeit in einer fremden Anlage sowie
- die Errichtung und den Betrieb eines vom Land einzurichtenden Zwischenlagers für radioaktive Abfälle.

Ausnahmen von der Genehmigungspflicht, z. B. für kleine Anlagen von geringem Gefährdungspotential, werden in der StrlSchV und RöV zugelassen. Die Genehmigung für die Verbringung oder Beförderung von bestimmten Kleinmengen kann durch eine Anzeige ersetzt werden oder ganz entfallen.

Die geschäftsmäßige Überprüfung, Erprobung, Wartung und Instandsetzung von Röntgeneinrichtungen und Störstrahlern unterliegen einem Anmeldevorbehalt (s. Abschn. B.1.2.3.2).

Genehmigungsvoraussetzungen
Die Genehmigungsvoraussetzungen werden im Zusammenhang mit den jeweiligen Genehmigungstatbeständen geregelt. Bei einer *Anlagengenehmigung (§ 7 AtG)* muß insb. die nach dem „*Stand von Wissenschaft und Technik*" erforderliche Vorsorge gegen Schäden durch die beantragte Tätigkeit getroffen worden sein. Dabei sind die neusten wissenschaftlichen Erkenntnisse, die die bestmögliche Gefahrenabwehr und Risikovorsorge ermöglichen, und grds. auch die Störfall-Planungsgrenzwerte der StrlSchV (s. Tabelle B.2-6) zugrundezulegen; im Rahmen der Risikovorsorge muß der Verhältnismäßigkeitsgrundsatz beachtet werden, insb. bei sicherheitsverbessernden Nachrüstungen. Dabei sind die Empfehlungen der atomrechtlichen Ausschüsse (s. Abschn. B.1.1.2.4), DIN-Normen (s. Abschn. B.1.1.3) sowie Verwaltungsvorschriften (s. Abschn. B.1.1.2.3) und Sicherheitskriterien des BMU heranzuziehen. Bei Kernkraftwerken gelten erhöhte Anforderungen im Hinblick auf praktisch ausgeschlossene Schadensereignisse. Des weiteren sind insb. die Zuverlässigkeit und die Fach- und Sachkunde des Antragstellers sowie der verantwortlichen Personen und des Personals zu prüfen; diese Anforderungen werden durch vom BMU bekanntgegebene Richtlinien konkretisiert. Außerdem muß die erforderliche Deckungsvorsorge nachgewiesen werden und der Schutz vor Einwirkungen Dritter (insb. Sabotageschutz) gewährleistet sein. Schließlich dürfen keine öffentlichen Interessen, insb. des Umweltschutzes, entgegenstehen. Bei Vorliegen der Genehmigungsvoraussetzungen besteht keine Pflicht zur Erteilung der Genehmigung; die Behörde kann vielmehr unter besonderen und unvorhergesehenen Umständen die Erteilung versagen (Versagungsermessen).

Die Voraussetzungen für die Erteilung der *sonstigen Genehmigungen* entsprechen weitgehend diesen Anforderungen (Ausnahme: insb. Ein- und Ausfuhrgenehmigung). Genehmigungen für die Anwendung radioaktiver Stoffe oder ionisierender Strahlen in der medizinischen Forschung unterliegen den zusätzlichen besonderen Voraussetzungen des § 41 StrlSchV. Während der Genehmigungsbehörde bei der Entscheidung über die Verwendung von Kernbrennstoffen und über die Endlagerung von radioaktiven Abfällen (wie bei der Anlagengenehmigung) ein Versagungsermessen zusteht, hat der Antragsteller bei den sonstigen atomrechtlichen Genehmigungen einen Anspruch auf deren Erteilung, wenn die jeweiligen Voraussetzungen erfüllt sind (kein Versagungsermessen).

B.2.4.2.3 Strahlenschutzpflichten

Strahlenschutzpflichten ergeben sich i.d.R. aus den *Genehmigungsbescheiden*, die mit inhaltlichen Beschränkungen und Auflagen versehen werden können. Zu Schutz- und Sicherheitszwecken können Auflagen nachträglich angeordnet werden.

Das AtG selbst regelt die *Entsorgungspflichten*. Anfallende radioaktive Reststoffe sowie aus- oder abgebaute radioaktive Anlagenteile sind schadlos zu verwerten oder ordnungsgemäß zu beseitigen. Die ordnungsgemäße Beseitigung radioaktiver Abfälle erfolgt durch Sicherstellung und Endlagerung in Anlagen des Bundes; der Bund kann die Aufgabe auch einem Privatunternehmen (Beleihungsmodell) oder einem mit Privatunternehmen gebildeten Verband (Kör-

Tabelle B.2-6 Störfall-Planungsgrenzwerte der Körperdosen in der Umgebung der Anlage (für Anlagen nach § 7 AtG kann die Behörde im Einzelfall andere Grenzwerte festlegen)[a,b]

Effektive Dosis; Teilkörperdosis für: Keimdrüsen, Gebärmutter, rotes Knochenmark	Teilkörperdosis für: Hände, Unterarme, Füße, Unterschenkel, Knöchel, einschl. der dazugehörigen Haut	Teilkörperdosis für: sonstige Haut, Knochenoberfläche	Teilkörperdosis für: sonstige Organe oder Gewebe
50,0 mSv/a	500,0 mSv/a	300,0 mSv/a	150,0 mSv/a

[a] Die natürliche Strahlenexposition bleibt bei der Ermittlung der Körperdosen außer acht.

[b] Zur Berechnung der effektiven Dosis bei einer Ganz- und Teilkörperexposition werden die Äquivalentdosen in der Tabelle B.2-9 genannten Organe und Gewebe mit den Wichtungsfaktoren der Tabelle B.2-9 multipliziert und die so erhaltenen Produkte addiert. Die Summe der Ausgangskörper- und Teilkörperexpositionen bei äußerer und innerer Strahlenexposition errechneten Beträge zur effektiven Dosis darf den Grenzwert der effektiven Dosis nicht überschreiten. Daneben darf die Summe der durch Ganz- und Teilkörperexpositionen bei äußerer und innerer Strahlenexposition erhaltenen Teilkörperdosen eines Körperteils den zugehörigen Grenzwert der Teilkörperdosis nicht überschreiten.

perschaftsmodell) übertragen. Direkt bei diesen Anlagen sind radioaktive Abfälle abzuliefern, die bei einer staatlichen oder privaten Verwahrung oder Verwendung von Kernbrennstoffen oder in Anlagen, die gem. § 7 AtG genehmigungspflichtig sind, anfallen. Im übrigen sind sie bei der jeweils zuständigen Landessammelstelle abzuliefern, die die Abfälle wiederum an die Anlagen des Bundes abgibt. Diese gegenwärtige Entsorgungsstruktur wird zunehmend kontrovers diskutiert; mit einer Änderung der gesetzlichen Grundlage ist daher zu rechnen.

Sonstige Schutzbestimmungen finden sich in der Strahlenschutzverordnung (StrlSchV). § 28 Abs.1 StrlSchV enthält die *Strahlenschutzgrundsätze*: die Pflicht, unnötig Strahlenexpositionen oder -kontaminationen zu verhindern und sonstige Strahlenexpositionen oder -kontaminationen zu minimieren. Darüber hinaus sieht die Verordnung zahlreiche Schutzmaßnahmen vor, die teilweise unmittelbar vorgeschrieben sind, teilweise erst nach behördlicher Anordnung durchzuführen sind. Diese Bestimmungen wie auch die allgemeinen Grundsätze gelten für das Aufsuchen, Gewinnen und Aufbereiten radioaktiver Bodenschätze (Ausnahme: neue Bundesländer; s. Abschn. B.2.4.3.1). Im einzelnen lassen sich folgende *Schutzmaßnahmen* unterscheiden:

- Kennzeichnung von Vorrichtungen, Räumen, Bereichen und Behältnissen (§ 35 StrlSchV),
- notwendige Maßnahmen bei sicherheitstechnisch bedeutsamen Ereignissen (§ 36 StrlSchV),
- Vorsorge betreffend Brand- und Schadensbekämpfung (§§ 37 und 38 StrlSchV),
- Dosisgrenzwerte (s. Tabelle B.2-7–B.2-9) sowie sonstige Anforderungen zum Schutz von Bevölkerung und Umwelt (§§ 44-48 StrlSchV),
- Dosisgrenzwerte zum Arbeitsschutz und sonstige Anforderungen zum Schutz beruflich exponierter und sonstiger Personen im betrieblichen Bereich (§§ 49–56 StrlSchV),
- Maßnahmen hinsichtlich besonderer Strahlenschutzbereiche: Sperr- und Kontrollbereiche, Bestrahlungsräume, Überwachungsbereiche (§§ 57–61 StrlSchV),
- Anforderungen an die Lagerung, Sicherung und Weitergabe radioaktiver Stoffe (§§ 74, 77 StrlSchV).

Tabelle B.2-9 Wichtungsfaktoren zur Berechnung der Körperdosen

Organe und Gewebe	Wichtungsfaktoren
Keimdrüsen	0,25
Brust	0,15
rotes Knochenmark	0,12
Lunge	0,12
Schilddrüse	0,03
Knochenoberfläche	0,03
andere Organe und Gewebe[a]: Blase, oberer Dickdarm, unterer Dickdarm, Dünndarm, Gehirn, Leber Magen, Milz, Nebenniere, Niere, Bauchspeicheldrüse, Thymus, Gebärmutter	je 0,06

[a] Zur Bestimmung des Beitrags der anderen Organe und Gewebe bei der Berechnung der effektiven Dosis ist die Teilkörperdosis für jedes der fünf am stärksten strahlenexponierten anderen Organe und Gewebe bleibt bei der Berechnung der effektiven Dosis unberücksichtigt.

Tabelle B.2-7 Dosisgrenzwert durch Direktstrahlung im außerbetrieblichen Überwachungsbereich unter Einbeziehung der Ableitungen (Tabelle B.2-8)[a]

Effektive Dosis	1,5 mSv/a in Einzelfällen Erhöhung durch Behörde auf bis zu 5 mSv/a möglich

[a] Die natürliche Strahlenexposition bleibt bei der Ermittlung der Körperdosen außer acht.

Tabelle B.2-8 Dosisgrenzwerte durch Ableitungen für Bereiche, die nicht Strahlenschutzbereiche sind[a,b]

Effektive Dosis; Teilkörperdosis für: Keimdrüsen, Gebärmutter, rotes Knochenmark	Teilkörperdosis für: Knochenoberfläche, Haut	Teilkörperdosis für alle sonstigen Organe und Gewebe
0,3 mSv/a	1,8 mSv/a	0,9 mSv/a

[a] Die natürliche Strahlenexposition bleibt bei der Ermittlung der Körperdosen außer acht.
[b] Zur Berechnung der effektiven Dosis bei einer Ganz- und Teilkörperexposition werden die Äquivalentdosen in der Tabelle B.2-9 genannten Organe und Gewebe mit den Wichtungsfaktoren der Tabelle B.2-9 multipliziert und die so erhaltenen Produkte addiert. Die Summe der Ausgangskörper- und Teilkörperexpositionen bei äußerer und innerer Strahlenexposition errechneten Beträge zur effektiven Dosis darf den Grenzwert der effektiven Dosis nicht überschreiten. Daneben darf die Summe der durch Ganz- und Teilkörperexposition bei äußerer und innerer Strahlenexposition erhaltenen Teilkörperdosen eines Körperteils den zugehörigen Grenzwert der Teilkörperdosis nicht überschreiten.

Spezifische Schutzpflichten über den Umgang mit röntgenstrahlenerzeugenden Vorrichtungen sind in der *Röntgenverordnung* geregelt (vgl. insb. § 15 RöV).

B.2.4.2.4 Eigenüberwachung

Bei der Eigenüberwachung sind der Strahlenschutzverantwortliche und der Strahlenschutzbeauftragte zu unterscheiden. *Strahlenschutzverantwortlicher* ist zum einen, wer eine nach dem AtG oder der StrlSchV genehmigungspflichtige Tätigkeit ausübt oder eine Röntgeneinrichtung oder einen genehmigungspflichtigen Störstrahler betreibt. Darüber hinaus ist auch Strahlenschutzverantwortlicher, wer das Aufsuchen, Gewinnen oder Aufbereiten radioaktiver Bodenschätze betreibt, ohne einer Genehmigung nach der StrlSchV zu bedürfen. Der Verantwortliche hat dafür Sorge zu tragen, daß die Schutzpflichten, wie sie in der StrlSchV und der RöV vorgeschrieben sind, eingehalten werden.

Dazu muß er die erforderliche Anzahl von *Strahlenschutzbeauftragten* bestellen, die bestimmte Anforderungen an die Person und Fachkunde erfüllen müssen. Im Bergbau muß es sich um eine verantwortliche Person in betriebsleitender Funktion handeln. Die Strahlenschutzbeauftragten haben bei der Überwachung der Einhaltung der Schutzvorschriften mitzuwirken und unter Umständen auch Mitteilungen an die Behörden zu machen. Näheres über Stellung und Aufgaben der Beauftragten ist in den §§ 29 – 31 StrlSchV, den §§ 13 – 15 RöV und für Anlagen nach § 7 AtG der Atomrechtlichen Sicherheitsbeauftragten- und Meldeverordnung (AtSMV) geregelt.

Besondere Überwachungspflichten sind die Pflichten zur Feststellung von Strahlendosen, Untersuchung strahlenexponierter Personen, Aufzeichnung von Daten, Buchführung, Überprüfung von Anlagen und Geräten, Information, Einweisung und Fortbildung des Personals, die Durchführung von Abnahmeprüfungen für Röntgeneinrichtungen und sonstiger Maßnahmen.

B.2.4.2.5 Behördliche Überwachung

Der Umgang und Verkehr mit radioaktiven Stoffen unterliegt der staatlichen Aufsicht. In der Regel sind die Landesbehörden zuständig, die im Auftrag des Bundes handeln (s. Abschn. B.1.3.1). Zur Ausübung ihrer Aufsichtspflicht stehen der Behörde Zutritts- und Prüfungsrechte sowie Auskunftsansprüche zu. Der Strahlenschutzverantwortliche hat zudem Melde- und Anzeigepflichten zu beachten. Hierbei kann es sich zum einen um die Verpflichtung zur Übermittlung von Daten handeln, die im Rahmen des ordnungsgemäßen Betriebs regelmäßig aufzuzeichnen oder zu ermitteln sind. Zum anderen bestehen Meldepflichten, wenn sich außergewöhnliche Vorfälle, wie Störfälle oder sonstige Unregelmäßigkeiten ereignen. In der Praxis werden Kernkraftwerksfernüberwachungssysteme (KFÜ) mit *online*-Verbindungen zur Überwachungsbehörde eingesetzt. Ebenfalls anzeigepflichtig sind das Abhandenkommen und der Fund radioaktiver Stoffe.

Gemäß § 19 Abs. 3 AtG kann die Atombehörde Anordnungen zur Beseitigung eines strahlenrechtswidrigen Zustands oder zur Gefahrenabwehr treffen. Aufgrund § 48 StrlSchV kann z. B. auch eine Umgebungsüberwachung angeordnet werden. Die Behörde ist außerdem berechtigt, zu Schutz- und Sicherheitszwecken nachträglich Auflagen zu Genehmigungsbescheiden anzuordnen und Genehmigungen oder Zulassungen zurückzunehmen oder zu widerrufen. In diesen Fällen können Entschädigungsansprüche der Betroffenen entstehen.

B.2.4.2.6 Atomrechtliches Haftungsrecht

Das atomrechtliche Haftungsrecht basiert auf den §§ 25 ff. AtG und völkerrechtlichen Abkommen. Danach unterliegen der Inhaber einer Kernanlage oder eines Reaktorschiffs und der Beförderer, der die Haftung durch schriftlichen Vertrag übernommen hat, der Gefährdungshaftung. Gleiches gilt für den Besitzer eines von einer Kernspaltung betroffenen Stoffs, eines radioaktiven Stoffs oder eines Beschleunigers sowie desjenigen, der diesen Besitz verloren hat, wenn der Vorfall vermeidbar war. Die Haftung ist grundsätzlich unbegrenzt. Es muß aber nur bis zu bestimmten Höchstsummen eine Deckungsvorsorge geleistet werden. In bestimmten Fällen ist auch eine Freistellung oder ein Ausgleich von Schäden durch den Staat vorgesehen.

B.2.4.3 Schutz vor radioaktiver Strahlung außerhalb des Atomrechts

Aufgrund der Beschränkung des Anwendungsbereichs des Atomrechts auf den Umgang mit radioaktiven Stoffen muß hinsichtlich des sonstigen Strahlenschutzes (Schutz vor natürlicher

Radioaktivität, Sanierung radioaktiver Altlasten) auf anderweitige Vorschriften zurückgegriffen werden. Auf europäischer Ebene wurde am 13.05.1996 die Richtlinie 96/29/EURATOM angenommen, die spätestens bis zum Jahr 2000 wirksam umzusetzen ist und in diesen Bereichen die Mitgliedstaaten auffordert, Maßnahmen zu ergreifen.

B.2.4.3.1 Schutz vor Radioaktivität im Bergbau

Der natürlichen terrestrischen Strahlung sind insb. Bergleute ausgesetzt. Im Bergbau gelangen radioaktive Materialien aber auch durch Abluft, Abwasser oder die Zutageförderung an die Erdoberfläche und gefährden Anwohner und Umwelt. Diese Gefährdungen sind im Rahmen des *Betriebsplanverfahrens* bzw. des für bestimmte Projekte vorgeschriebenen Planfeststellungsverfahren zu berücksichtigen. Dies betrifft insb. die Zulassungsvoraussetzungen, wonach die erforderliche Vorsorge gegen Gefahren für Beschäftigte und Dritte (nach der Rechtsprechung auch Anwohner) zu treffen und gemeinschädliche Einwirkungen (z. B. auf die Trinkwasserversorgung) auszuschließen sind sowie überwiegende öffentliche Interessen (z. B. des Umweltschutzes) nicht entgegenstehen dürfen. In einzelnen Bundesländern haben die Bergbehörden Betriebsanweisungen zum Strahlenschutz der Beschäftigten erarbeitet, die von den Bergbaubetrieben zu beachten sind. Der Betriebsplan über die Stillegung einer Anlage muß den Schutz Dritter nach Betriebseinstellung und die Wiedernutzbarmachung der betroffenen Fläche sicherstellen. Strahlenschutz- und Eigenüberwachungspflichten ergeben sich auch aus der StrlSchV (s. Abschn. B.2.4.2.3 u. B.2.4.2.4).

Für die neuen Bundesländer gelten nach dem Einigungsvertrag bestimmte *Strahlenschutzvorschriften der DDR* „für bergbauliche und andere Tätigkeiten, soweit dabei radioaktive Stoffe, insb. Radonfolgeprodukte, anwesend sind", fort, weshalb der Anwendungsbereich der atomrechtlichen StrlSchV dort insoweit ausgeschlossen wurde. Aufgrund der danach fortgeltenden Verordnung über die Gewährleistung von Atomsicherheit und Strahlenschutz (VOAS) können den Betriebsleitern Auflagen erteilt werden, insb. die Sperrung von Räumen und Anlagen sowie die Durchführung medizinischer Maßnahmen. Außerdem gilt der Grundsatz des § 9 VOAS, daß der Strahlenschutz so zu gestalten ist, daß nichtstochastische Strahlenschäden ausgeschlossen und die Wahrscheinlichkeit für das Auftreten stochastischer Strahlenschäden auf ein wissenschaftlich vertretbares und für die Gesellschaft annehmbares Maß begrenzt werden. Die ebenfalls weitergeltende „Anordnung zur Gewährleistung des Strahlenschutzes bei Halden und industriellen Absetzanlagen und bei der Verwendung darin abgelagerter Materialien" gilt nur für industrielle und bergbauliche Materialien und Abfallstoffe, deren mittlere Radiumkonzentration 0,2 Bq/g (5,5 pCi/g) übersteigt, sowie für Halden und Absetzanlagen, die solche Stoffe enthalten. Die Vorschrift enthält Anforderungen an die Sicherung und die Nutzung von derartigen Halden und Absetzanlagen. Für bestimmte Nutzungen und Arbeiten an diesen Halden gelten Genehmigungserfordernisse. Für die Verwendung und Nutzung von Materialien aus Halden und Absetzanlagen sowie die Durchführung von Veränderungen an Bauobjekten aus Haldenmaterialien muß eine behördliche Zustimmung eingeholt werden. Außerdem sind Benachrichtigungs-, Berichterstattungs-, Instruktions- und Belehrungspflichten zu beachten. In den §§ 9 und 14 der Anordnung werden die betriebliche und staatliche Kontrolle geregelt. Es ist beabsichtigt, in diesem Bereich eine bundeseinheitliche Regelung herbeizuführen.

Die Grundnorm 96/29/EUROATOM schreibt die Ermittlung der Radonbelastungen im Bergbau vor. Weitere Maßnahmen werden in das Ermessen der Mitgliedsstaaten gestellt.

B.2.4.3.2 Sanierung radioaktiver Altlasten

Vor allem in den atom- und bergrechtlichen *Stillegungsverfahren* ist sicherzustellen, daß von einer nicht mehr genutzten Anlage keine Gefährdungen durch radioaktive Strahlung ausgehen (s. Abschn. B.2.4.2.2 u. B.2.4.3.1). Die Sanierung von Altlasten, die vor Inkrafttreten der entsprechenden Vorschriften oder auf nicht durch diese Vorschriften erfaßten Pfaden (z. B. grenzüberschreitender *fall-out*) verursacht wurden, hat auf der Grundlage des Bundes-Bodenschutzgesetzes und des ergänzenden Landesrechts zu erfolgen (s. Abschn. B.5).

Bei der Sanierung *bergbaulicher Altlasten in den neuen Bundesländer* gelten zudem die nicht außer Kraft getretenen DDR-Vorschriften (s. Abschn. B.2.4.3.1). Das betrifft insb. die wohl größte radioaktive Altlast, die durch den Uranbergbau in der DDR verursacht wurde und nun nach dessen Einstellung von der Wismut GmbH, deren Alleingesellschafter der Bund ist, gesichert und saniert werden soll.

Die neue EURATOM-Grundnorm schreibt vor, daß radioaktive Altlasten abzusperren, zu überwachen und die erforderlichen „Interventionen" vorzunehmen sind; dies muß durch die vorgenannten Vorschriften sichergestellt sein.

B.2.4.3.3 Radonbelastung von Gebäuden

Ein besonderes Problem stellt die Belastung von Gebäuden durch Radongas und dessen Folgeprodukte dar. Das Gas diffundiert i.d.R. aus dem Baugrund, der von Natur aus oder als Altlast erhöhte Radioaktivität aufweist, in das Gebäude, insb. die Kellergeschosse. Schutzmaßnahmen können im Rahmen des Bau- und des Arbeitsschutzrechts ergriffen werden. Mangels Durchführungsvorschriften wird der Strahlenschutz in der behördlichen Praxis aber nicht vollzogen. Als Richtwerte könnten die in der Empfehlung der Strahlenschutzkommission vom 22.04.1994 enthaltenen Grenzwerte für Wohnungen dienen (s. Tabelle B.2–10). Für Arbeitsräume sind laut dieser (unverbindlichen) Empfehlung wegen der geringeren Aufenthaltszeiten höhere Werte anzusetzen.

Die europäische Grundnorm 96/29/EURATOM schreibt vor, daß die Radonkonzentrationen in Arbeitsräumen zu ermitteln sind. Daraufhin zu ergreifende Maßnahmen werden ins Ermessen der Mitgliedstaaten gestellt.

B.2.4.3.4 Schutz vor kosmischer Strahlung

Erhöhter Exposition durch ionisierende kosmische Strahlen ist insb. Flugpersonal in großer Höhe ausgesetzt. Spezielle Schutzvorschriften im Arbeitsschutz- oder Luftverkehrsrecht fehlen aber. Erste Regelungen in diesem Bereich enthält die Richtlinie 96/29/EURATOM. Danach werden die Mitgliedstaaten verpflichtet, die

Tabelle B.2-10 Grenzwerte der Strahlenschutzkommission für Radonkonzentrationen in Wohnungen

Normalbereich (unbedenklich)	bis 250 Bq/m^3
Ermessensbereich	250 – 1000 Bq/m^3
Sanierungsbereich	über 1000 Bq/m^3

Strahlenbelastungen und deren Auswirkungen zu ermitteln. Als Vorkehrungen sind angepaßte Arbeitspläne und Aufklärung sowie besondere Schutzmaßnahmen für Schwangere vorgesehen. Es wird in das Ermessen der Mitgliedstaaten gestellt, inwieweit sie die Fluggesellschaften verpflichten, diese oder ähnliche Maßnahmen zu ergreifen.

Eine weitere Gefährdung durch kosmische Strahlung wird durch den schrittweisen Abbau der Ozonschicht verursacht, da insoweit deren Filterfunktion hinsichtlich ionisierender und sonstiger Strahlen beeinträchtigt wird. Daher dienen auch die Verordnung über Verbote von bestimmten die Ozonschicht abbauenden Halogenkohlenwasserstoffen und ähnliche Regelungen, die gerade auch auf internationaler Ebene zum Klimaschutz angestrebt werden, dem Strahlenschutz.

B.2.4.4 Schutz vor nichtionisierender Strahlung

Erst in neuerer Zeit stellte sich die Gefährlichkeit auch nichtionisierender Strahlungen (NIR; Stichwort Elektrosmog) heraus. In der Rechtsprechung wurde dieses Thema im Zusammenhang mit der Genehmigung von Hochspannungsleitungen, Bahnstromfreileitungen oder Sendeanlagen relevant. In der Regel wurden die Klagen der Anwohner jedoch abgewiesen, da eine Gesundheitsgefährdung nicht nachgewiesen werden konnte. Als Maßstab dienten den Gerichten der Entwurf der DIN VDE-Norm 0848, Teil 4, der Vorsorgegrenzwerte zum Schutz vor elektromagnetischen Feldern enthält, und die Empfehlungen der Strahlenschutzkommission (SSK) beim BMU, die wiederum auf den Empfehlungen der Internationalen Kommission für den Schutz vor nichtionisierenden Strahlen (ICNIRP) beruhen. Inzwischen hat die Bundesregierung eine Verordnung über elektromagnetische Felder aufgrund § 23 Abs. 1 BImSchG erlassen. Diese Verordnung (26. BImSchV) gilt für die Errichtung und den Betrieb von Hochfrequenzanlagen und Niederfrequenzanlagen, die gewerblichen Zwecken dienen oder im Rahmen wirtschaftlicher Unternehmungen Verwendung finden und nicht nach § 4 BImSchG genehmigungspflichtig sind. Für die Zwecke der Verordnung sind

Hochfrequenzanlagen
Ortsfeste Sendefunkanlagen mit einer Sendeleistung von 10 W EIRP (äquivalente isotrope Strahlenleistung) oder mehr, die elektromagnetische

Tabelle B.2-11 Grenzwerte für Hochfrequenzanlagen

Frequenz (f) in Megahertz (MHz)	Effektivwert der Feldstärke, quadratisch gemittelt über 6-Min.-Intervalle	
	Elektrische Feldstärke in Volt pro Meter (V/m)	Magnetische Feldstärke in Ampère pro Meter (A/m)
10 – 400	27,5	0,073
400 – 2000	1,375 $\sqrt{f}$	0,0037 $\sqrt{f}$
2000 – 300.000	61	0,16

Tabelle B.2-12 Grenzwerte für Niederfrequenzanlagen

Frequenz (f) in Hertz (Hz)	Effektivwert der elektrischen Feldstärke und magnetischen Flußdichte	
	Elektrische Feldstärke in Kilovolt pro Meter (kV/m)	Magnetische Flußdichte in Mikrotesla (μT)
50 Hz-Felder	5	100
16 $^2/_3$ Hz-Felder	10	300

Felder im Frequenzbereich von 10 – 300.000 MHz erzeugen.

Niederfrequenzanlagen
Folgende ortsfeste Anlagen zur Umspannung und Fortleitung von Elektrizität:
– Freileitungen und Erdkabel mit einer Frequenz von 50 Hz und einer Spannung von 1000 V oder mehr,
– Bahnstromfern- und Bahnstromoberleitungen einschließlich der Umspann- und Schaltanlagen mit einer Frequenz von 16 2/3 Hz oder 50 Hz,
– Elektroumspannanlagen einschl. der Schaltfelder mit einer Frequenz von 50 Hz und einer Oberspannung von 1000 V oder mehr.

Die Verordnung enthält Grenzwerte für diese Anlagen (s. Tabelle B.2–11 u. B.2–12), die bei höchster betrieblicher Auslastung und unter Berücksichtigung von Immissionen durch andere Anlagen in Gebäuden oder auf Grundstücken, die nicht nur dem vorübergehenden Aufenthalt von Menschen bestimmt sind, nicht überschritten werden dürfen. Bei gepulsten elektromagnetischen Feldern von Hochfrequenzanlagen darf zusätzlich der Spitzenwert für die Feldstärken das 32fache der vorgeschriebenen Grenzwerte nicht überschreiten. Bestimmte kurzzeitige oder kleinräumige Überschreitungen der Grenzwerte für

Niederfrequenzanlagen werden toleriert; in der Nähe besonders sensibler Einrichtungen (Wohnungen, Kindergärten, Spielplätze) kann die Behörde aber auch in diesen Fällen eine Einhaltung der Werte verlangen. Die Inbetriebnahme und wesentliche Änderungen von Hochfrequenz- und von bestimmten Niederfrequenzanlagen unterliegen der Anzeigepflicht. Hinsichtlich der anzuwendenden Meß- und Berechnungsverfahren verweist die Verordnung auf den Entwurf der DIN VDE-Norm 0848 Teil 1. Die Rechtsprechung geht davon aus, daß bei Einhaltung dieser Werte keine Gesundheitsgefahren zu befürchten sind.

B.3 Kreislaufwirtschafts- und Abfallrecht

Erstmals mit dem Abfallbeseitigungsgesetz von 1972 entstand eine umfassende bundeseinheitliche Regelung des Abfallrechts, die 1986 vom Abfallgesetz (AbfG) abgelöst wurde. Parallel hierzu wurden auch auf der Ebene der EG Richtlinien zum Abfallrecht verabschiedet und die Abfallverbringung neuerdings durch Verordnung geregelt. Mit der Annahme des Kreislaufwirtschafts- und Abfallgesetzes am 08.07.1994 (KrW-/AbfG), das am 07.10.1996 das alte Recht ablöste, und dem Erlaß des untergesetzlichen Regelwerks zum

KrW-/AbfG wurde ein weiterer entscheidender Schritt im Rahmen der Entwicklung des Abfallrechts unternommen. Neben dem Bundes- und EG-Recht sind ergänzend die Landesabfallgesetze und sonstige landesrechtliche Vorschriften zu berücksichtigen.

B.3.1 Anwendungsbereich des Abfallrechts

B.3.1.1 Der Abfallbegriff

Das KrW-/AbfG gilt nur für die Vermeidung, Verwertung und Beseitigung von „*Abfällen*". Auch die sonstigen abfallrechtlichen Vorschriften auf EG-, Bundes- und Landesebene knüpfen i.d.R. an den Umgang mit Abfall an. Damit erlangt der in § 3 KrW-/AbfG definierte Abfallbegriff, der die EG-rechtlich vorgeschriebene Begriffsbestimmung wiederholt und konkretisiert, eine entscheidende Bedeutung. Gemäß dieser Bestimmung gelten als Abfall

sämtliche beweglichen Sachen, die unter die in Anhang I aufgeführten Gruppen fallen und deren sich ihr Besitzer entledigt, entledigen will oder entledigen muß.

Es muß sich demnach um körperliche Gegenstände (Sachen) handeln, die beweglich sind, also keine Grundstücke und feststehenden Häuser; Altlasten gelten daher nicht als Abfall. Im Anhang I zum KrW-/AbfG werden verschiedene typische Abfallarten (Q 1 – Q 15) aufgezählt; erfaßt werden aber auch alle sonstigen Stoffe und Produkte (Q 16). Hauptkriterien der Abfalldefinition sind daher die drei Entledigungstatbstände.

B.3.1.1.1 Der objektiv-tatsächliche Abfallbegriff (Entledigung)

Abfall liegt vor, wenn sich der Besitzer der betreffenden Sache dieser tatsächlich *entledigt*. Im bisherigen AbfG war diese Alternative nicht enthalten. Maßgeblich ist das Verhalten des Besitzers der Sache, also der Person, die die tatsächliche Sachherrschaft über den Gegenstand hat. Der *Abfallbesitzer* muß faktisch in der Lage sein, auf die Sache einzuwirken und dem dürfen keine Rechte anderer entgegenstehen. Hierzu zählt insb. derjenige, der den Gegenstand in Händen hält, mit ihm umgeht; Abfallbesitzer ist grds. auch der Sacheigentümer oder der Inhaber eines Grundstücks oder Gebäudes, auf bzw. in dem sich die Sache befindet, es sei denn, er ist in seiner Verfügungsgewalt über die Sache eingeschränkt. Der

Besitzeigenschaft steht nicht entgegen, daß die Herrschaftsgewalt erst aufgrund einer behördlichen Anordnung, z.B. ordnungsrechtlichen Verfügungen zur Beseitigung kontaminierten Erdreichs, erlangt wird; auch der so Verpflichtete gilt als Abfallbesitzer.

Nicht jedwedes Loswerden oder Abgeben des Gegenstands gilt als *Entledigung* i.S.d. KrW-/AbfG. Maßgeblich ist die Definition des § 3 Abs. 2 KrW-/AbfG. Danach gilt als Entledigung einer Sache

- die Beseitigung i.S.d. Anhangs II A. KrW-/AbfG (insb. Deponieablagerung, Verbrennung, Gewässereinleitung),
- die Verwertung i.S.d. Anhangs II.B. KrW-/AbfG (insb. Energie- oder Stoffrückgewinnung),
- die Aufgabe der tatsächlichen Sachherrschaft unter Wegfall jeder weiteren Zweckbestimmung.

Soweit eine Beseitigung oder Verwertung vorliegt, muß der Abfallbesitzer die Sachherrschaft nicht notwendigerweise aufgeben; erfaßt ist auch die Eigenentsorgung. Der Entsorgung wird auch die Sammlung und Vorbehandlung zum Zweck der Beseitigung bzw. Verwertung zugerechnet.

Keine Entledigung stellt der Verkauf von Stoffen oder Gegenständen zum Zweck des Weitergebrauchs (z.B. Gebrauchtwagen), ohne daß zuvor eine Aufbereitung im Sinne einer Verwertung nach Anhang II B. KrW-/AbfG erfolgt ist, dar. Das bloße Säubern oder Reparieren der Sache macht sie nicht zum Abfall.

B.3.1.1.2 Der subjektive Abfallbegriff (Entledigungswille)

Der subjektive Abfallbegriff galt bereits unter dem AbfG 1986, hat aber nach dem neuen Recht einen veränderten Inhalt erhalten. Das liegt insb. an dem bereits dargestellten Entledigungsbegriff, der – entgegen der bisherigen Rechtslage – auch Stoffe zur Verwertung erfaßt.

Im Unterschied zum objektiv-tatsächlichen Tatbestand muß der Entledigungsvorgang nach dem subjektiven Abfallbegriff noch nicht eingeleitet worden sein. Es genügt, wenn der Sachbesitzer den Willen gefaßt hat, sich ihrer im dargestellten Sinne zu entledigen, insb. sie einer Verwertung oder Beseitigung zuzuführen. Dabei muß auf Tatsachen abgestellt werden, die auf einen Entledigungswillen schließen lassen. Das dürfte dazu führen, daß man oft erst dann von einem solchen Willen ausgehen kann, wenn die Entledigung schließlich doch tatsächlich stattfindet.

In der Praxis wird der subjektive Abfallbegriff daher seine eigenständige Bedeutung insb. durch die in § 3 Abs. 3 KrW-/AbfG geregelten Fiktionen erlangen. Selbst wenn der Sachbesitzer keinen Entledigungswillen im vorgenannten Sinne hat, ist ein solcher anzunehmen, wenn

– es sich um Sachen handelt, die *„bei der Energieumwandlung, Herstellung, Behandlung oder Nutzung von Stoffen oder Erzeugnissen oder bei Dienstleistungen anfallen, ohne daß der Zweck der jeweiligen Handlung hierauf gerichtet ist"*. Hierunter fallen insb. sämtliche in der Industrie, Handwerk und dem Dienstleistungsgewerbe anfallenden *Reststoffe*, nicht dagegen End-, Zwischen- oder zweckgerichtet hergestellte Nebenprodukte. Solange sich ein Stoff in der Anlage befindet (anlageninterne Kreislaufführung) handelt es sich nicht um Abfall. Erst mit der Isolierung des Stoffs von der Anlage wird er zu Abfall, auch dann, wenn er der Anlage im Wege der Verwertung wieder zugeführt werden soll. Es ist abzusehen, daß es insoweit zu Abgrenzungsschwierigkeiten kommen wird.
– die ursprüngliche Zweckbestimmung einer Sache entfällt oder aufgegeben wird, *„ohne daß ein neuer Verwendungszweck unmittelbar an deren Stelle tritt"*. Nach dieser Alternative fallen abgenutzte und verbrauchte Gegenstände, die nicht als Gebrauchtartikel oder *direkt* zu einem anderen Zweck (Umwidmung) Verwendung finden (*Altstoffe*), unter den Abfallbegriff. Dabei ist nicht notwendig, daß die Sache tatsächlich nicht mehr brauchbar ist; es genügt, daß der Sachbesitzer die Zweckbestimmung aufgibt. Eine etwaige neue Verwendung muß sich zeitlich unmittelbar und eindeutig anschließen. Eine bloße Reinigung oder Überarbeitung der Sache steht dem nicht entgegen. Nur vage oder diffuse Vorstellungen über eine mögliche zukünftige Nutzung genügen demgegenüber nicht.

Für die *Bestimmung des Zwecks* ist die Auffassung des Abfallbesitzers oder -erzeugers maßgeblich. Als Korrektiv ist die Verkehrsanschauung zu berücksichtigen. Der Sachbesitzer kann daher den Verwendungszweck einer Sache nicht willkürlich bestimmen. Die Zweckbestimmung muß sachlich nachvollziehbar und realisierbar sein. Im Rahmen von Vertragsbeziehungen empfiehlt es sich daher, genau festzuschreiben, welchem Verwendungszweck der Gegenstand des Rechtsgeschäfts zugeführt werden soll. Einer

solchen Festlegung käme Indizwirkung zu, auch wenn sie nicht verbindlich ist.

B.3.1.1.3 Der normative Abfallbegriff (Entledigungsgebot)

Bereits das bisherige Abfallgesetz kannte den normativen Abfallbegriff, der gemeinhin, aber ungenau als objektiver Abfallbegriff bezeichnet wurde. Im Unterschied zum bisherigen Recht enthält § 3 Abs. 4 KrW-/AbfG nun eine Definition dieses Abfallbegriffs, die auf einschlägigen Entscheidungen des BVerwG beruht. Hiernach müssen drei Voraussetzungen kumulativ vorliegen:

1. Die Sache wird nicht mehr entsprechend ihrer ursprünglichen Zweckbestimmung verwendet.
2. Von der Sache geht aufgrund ihres konkreten Zustands eine Gefahr für die Umwelt oder sonstige Güter des Allgemeinwohls (z. B. wegen des hohen Schadstoffanteils oder Brandgefahr) aus.
3. Dieses Gefahrenpotential kann nur durch eine ordnungsgemäße Verwertung oder Beseitigung im Rahmen des Abfallregimes, nicht etwa durch eine alsbaldige Wiederverwendung, ausgeschlossen werden.

B.3.1.1.4 Abfallkategorien

Das KrW-/AbfG unterscheidet mehrere Kategorien von Abfällen. Die Einstufung als „Abfall zur Verwertung" oder „Abfall zur Beseitigung" richtet sich nach der bezweckten Art der Entsorgung. Ist zeitnah eine Verwertung vorgesehen, handelt es sich um Abfall zur Verwertung, ansonsten um Abfall zur Beseitigung.

Darüber hinaus wird zwischen besonders überwachungsbedürftigen, überwachungsbedürftigen und nicht überwachungsbedürftigen Abfällen differenziert. *Besonders überwachungsbedürftige Abfälle* (b. ü. Abf) und *überwachungsbedürftige Abfälle zur Verwertung* (ü. Abf. z. V.) wurden durch entsprechende Abfallbestimmungsverordnungen festgelegt (BestbüAbfV und BestüVAbfV); bis Ende 1998 bleibt der Abfallkatalog der alten Abfallbestimmungsverordnung (AbfBestV) übergangsweise anwendbar. Als *überwachungsbedürftige Abfälle zur Beseitigung* (ü. Abf. z. B.) gelten sämtliche Abfälle zur Beseitigung, die nicht besonders überwachungsbedürftig sind. Alle sonstigen Abfälle (zur Verwertung) sind *nicht überwachungsbedürftig* (n. ü. Abf.). Die Behörde kann im Einzelfall andere Einstufungen vornehmen.

Im übrigen wurde durch die EAK-Verordnung der Europäische Abfallkatalog (EAK) der Europäischen Kommission als verbindliche Abfallartennomenklatur eingeführt, der sämtliche Abfälle zuzuordnen sind. Diese Abfallgruppen orientieren sich an der Herkunft des betreffenden Stoffs und werden sechsstelligen Abfallschlüsselnummern zugeordnet. Auf dieser Nomenklatur und Nummernzuordnung basieren auch die neuen Abfallbestimmungsverordnungen.

B.3.1.2 Ausnahmen von dem Anwendungsbereich

Zahlreiche Stoffe oder Erzeugnisse wurden gem. § 2 Abs. 2 KrW-/AbfG von dem Anwendungsbereich des KrW-/AbfG ausgeschlossen und dem Regime anderer Gesetze unterworfen, wie z.B. radioaktive Abfälle, im Bergbau anfallende Abfälle, nach Lebensmittelrecht zu beseitigende Stoffe und Kampfmittel. Gasförmige Stoffe können Abfall sein, werden vom KrW-/AbfG aber nur erfaßt, wenn sie sich in Behältern befinden. Das KrW-/AbfG gilt nicht mehr, sobald Stoffe einem Gewässer oder einer Abwasseranlage zugeleitet werden; diese Stoffe (z.B. Abwasser) unterliegen somit auf ihrem Beseitigungsweg erst dem abfallrechtlichen und sodann dem wasserrechtlichen Regime. Für Altöle gelten vorübergehend die bisherigen Vorschriften des AbfG 1986, bis eine neue Altölverordnung erlassen wird (§ 64 KrW-/AbfG).

B.3.2 Die abfallrechtlichen Grundpflichten

Das KrW-/AbfG regelt die Kreislauf- und Abfallwirtschaft durch die Aufstellung und Ausgestaltung von Grundpflichten. Dabei wird die Regelung durch eine *Hierarchie* geprägt, wonach die Abfallvermeidung der Verwertung und die Verwertung grds. der Beseitigung von Abfällen vorgeht.

B.3.2.1 Abfallvermeidung

Die Vermeidung von Abfällen ist das oberste Ziel des Abfallrechts. Der Abfall soll möglichst erst gar nicht zur Entstehung gelangen. Als Maßnahmen zur Vermeidung von Abfällen werden beispielhaft die anlageninterne Kreislaufführung von Stoffen, abfallarme Produktgestaltung sowie ein entsprechendes Konsumverhalten aufgezählt. Konkrete Handlungspflichten können hieraus noch nicht entstehen. Insoweit wird auf die sog. Produktverantwortung von Herstellern und Händlern verwiesen, die erst noch durch Rechtsverordnung geregelt werden muß (s. Abschn. B. 3.3).

B.3.2.2 Abfallverwertung

Soweit Abfälle entstanden sind, müssen der Abfallerzeuger und der Abfallbesitzer diese einer möglichst hochwertigen Verwertung zuführen. Diese hat im Einklang mit den Vorschriften (ordnungsgemäß) und schadlos zu erfolgen. Es wird zwischen der stofflichen und der energetischen Verwertung unterschieden. Eine Verwertung gilt als stofflich, wenn es sich um eine Rückgewinnung von Stoffen oder die Nutzung stofflicher Eigenschaften von Abfällen (ausgenommen unmittelbare Energierückgewinnung) handelt. Die energetische Verwertung zeichnet sich demgegenüber dadurch aus, daß die (thermische) Behandlung der Gewinnung von Energie dient. Beide Verwertungsarten stehen grds. gleichwertig nebeneinander. Es ist jeweils die im Einzelfall umweltverträglichere Verwertung durchzuführen. Diese kann durch Rechtsverordnung für einzelne Abfallarten verbindlich festgelegt werden. Bis dahin hat jeweils eine Einzelprüfung stattzufinden.

Die Verwertungspflicht entfällt, wenn die Durchführung einer Beseitigung umweltverträglicher ist. Sie ist auch dann nicht durchzuführen, wenn sie technisch unmöglich oder wirtschaftlich unzumutbar ist, z.B. weil kein Markt für das gewonnene Produkt besteht oder zu schaffen ist oder die Kosten der Verwertung außer Verhältnis zu den Beseitigungskosten stehen.

Bei der Abgrenzung zwischen energetischer Verwertung durch Verwendung des Abfalls als Brennstoff und Beseitigung im Wege der Verbrennung ist auf den Hauptzweck der Behandlung abzustellen: ist Hauptzweck der Nutzung des Abfalls die Energiegewinnung, liegt eine Verwertung vor; steht demgegenüber der Ausschluß des Stoffes aus dem Wirtschaftskreislauf im Vordergrund und ist die Energiegewinnung ein nur untergeordneter Nebenzweck, handelt es sich um eine Abfallbeseitigung. Maßgebliches Kriterium bei der Abgrenzung dürfte nach der Zweckbestimmung des Gesetzes (§ 1 KrW-/AbfG) die Bedeutung der Behandlung im Hinblick auf eine Schonung der natürlichen Ressourcen sein. Ähnliche Probleme treten bei der Abgrenzung der stofflichen Verwertung von bestimmten Beseitigungsverfahren auf. Auch hier ist auf den Hauptzweck der Maßnahme abzustellen.

Das KrW-/AbfG enthält sonstige Vorschriften über die Abfallverwertung. Durch Rechtsverordnung der Bundesregierung können weitere Anforderungen festgelegt werden, z. B. über die Einbindung von Abfallstoffen in Erzeugnisse, Hol- und Bringsysteme oder Hinweis- oder Kennzeichnungspflichten.

B.3.2.3 Abfallbeseitigung

Kommt keine Verwertung in Betracht, müssen Abfälle von den Abfallerzeugern und -besitzern (grds. im Inland) beseitigt werden, und zwar so, daß das Allgemeinwohl, insb. die Umwelt und Gesundheit der Menschen, nicht beeinträchtigt wird. Die Beseitigung ist dadurch charakterisiert, daß sie zu einem Ausschluß des Abfalls aus dem Wirtschaftskreislauf und seiner Abgabe ins Ökosystem führt, in den Boden bei Deponien, in die Luft bei der Verbrennung und in den Wasserhaushalt bei der Gewässereinleitung. Dabei anfallende Energie oder Stoffe sind möglichst zu nutzen. Konkrete Anforderungen können durch Rechtsverordnung und allgemeine Verwaltungsvorschriften des Bundes festgelegt werden. Bisher wurden (auf der Grundlage des AbfG 1986) eine Allgemeine Verwaltungsvorschrift über den Grundwasserschutz bei Abfallagerung und -ablagerung, die Technische Anleitung (TA) Abfall (über die Behandlung besonders überwachungsbedürftiger Abfälle) sowie die nur noch inerte Ablagerungen gestattende TA Siedlungsabfall (TASi) erlassen.

B.3.2.4 Die Sonderregelung für Anlagen i.S.d. BImSchG

Besonderheiten gelten für Anlagen i.S.d. Bundes-Immissionsschutzgesetzes (BImSchG, s. Abschn. B. 2.1.1.1). Die Pflichten der Betreiber hinsichtlich Errichtung und Betrieb solcher Anlagen richten sich *nicht* nach dem KrW-/AbfG, sondern nach dem BImSchG (vgl. auch Abschn. B.2.1.2):
- In *genehmigungsbedürftigen Anlagen* müssen Abfälle vermieden werden. Diese Pflicht gilt aber nicht, soweit die Abfälle ordnungsgemäß und schadlos verwertet werden können. Die Vermeidung ist damit – anders als nach dem KrW-/AbfG – nicht vorrangig. Eine Beseitigung darf nur erfolgen, wenn eine Vermeidung oder Verwertung technisch nicht möglich oder unzumutbar ist. Diese Anforderungen werden im Rahmen der Errichtungs- und Betriebsgenehmigung geprüft und können in Auflagen zur Genehmigung von der Behörde verbindlich konkretisiert werden.

- Bei *nicht genehmigungsbedürftigen* Anlagen besteht lediglich die Pflicht, für eine vorschriftsgemäße Beseitigung der Abfälle zu sorgen. Diese Anforderung kann aber durch Rechtsverordnung der Bundesregierung verschärft werden.

Hinsichtlich der stoffbezogenen Anforderungen an die Art und Weise der Verwertung oder Beseitigung gelten auch für die Anlagen i.S.d. BImSchG die Regelungen des Abfallrechts.

B.3.2.5 Entsorgungsverantwortung

Nach den Vorschriften und der Konzeption des KrW-/AbfG sind Erzeuger und Besitzer des Abfalls für die Entsorgung verantwortlich, also diejenigen, bei denen der Abfall angefallen ist oder/und die die tatsächliche Sachherrschaft über ihn ausüben (Verursacherprinzip). Eine Beauftragung Dritter mit der Erfüllung dieser Pflichten befreit nicht von dieser Verantwortung.

Abfallerzeuger- und Abfallbesitzerpflichten können behördlich auf Dritte, auf Entsorgungsverbände, die sich aus wirtschaftlichen Unternehmungen oder öffentlichen Einrichtungen zusammensetzen, oder auf Selbstverwaltungskörperschaften der Wirtschaft (Kammern) übertragen werden. Diese *Übertragung der Entsorgungsverantwortung* hat pflichtenbefreiende Wirkung für die begünstigten Abfallerzeuger und -besitzer.

Darüber hinaus besteht eine *Überlassungspflicht*
- für Hausmüll (zur Beseitigung oder Verwertung) und
- für sonstige Abfälle (Gewerbeabfälle) zur Beseitigung

gegenüber den durch die Landesabfallgesetze bestimmten Entsorgungsträgern (i.d.R. Stadt oder Landkreis), die wiederum zur Annahme verpflichtet sind.

Hiervon ausgenommen sind
- Hausmüll, zu dessen Verwertung der Abfallerzeuger oder -besitzer in der Lage und gewillt ist;
- Gewerbeabfall, der in eigenen Anlagen beseitigt wird, es sei denn, öffentliche Interessen fordern eine Überlassung;
- Abfälle, deren Entsorgung behördlich privaten Entsorgungsträgern oder Kammern übertragen wurde;
- Abfälle, für die im Rahmen der Produktverantwortung durch Rechtsverordnung (s. Abschn.

B.3.3) eine Rücknahme- oder Rückgabepflicht festgelegt wurde;
- bestimmte nicht besonders überwachungsbedürftige Abfälle, die durch gemeinnützige oder gewerbliche Sammlung einer ordnungsgemäßen und schadlosen Verwertung zugeführt werden.

Durch Rechtsverordnungen können Sonderregelungen getroffen werden.

Des weiteren können gem. § 13 Abs. 4 KrW-/AbfG *Überlassungs- und Andienungspflichten durch Landesrecht* bestimmt werden. Zahlreiche Länder haben landesoffizielle Sonderabfallgesellschaften gegründet und zu deren Gunsten Andienungs- und Überlassungspflichten eingeführt. Dieses System soll nicht aufgegeben werden. Für besonders überwachungsbedürftige Abfälle zur Beseitigung können diese Pflichten aufrechterhalten oder eingeführt werden, *soweit* dies der Sicherstellung der umweltverträglichen Beseitigung dient. Für besonders überwachungsbedürftige Abfälle zur Verwertung gilt dies nur, *soweit* eine ordnungsgemäße Verwertung nicht anderweitig gewährleistet werden kann; diese Abfälle müssen noch durch Rechtsverordnung der Bundesregierung bestimmt werden. Darüber hinaus bleiben Andienungspflichten für besonders überwachungsbedürftige Abfälle zur Verwertung bestehen, die bis zum Inkrafttreten des KrW-/AbfG festgelegt waren; dies kann nur für Gegenstände gelten, die auch nach altem Recht Abfall waren. Wurden Dritten oder privaten Entsorgungsträgern Entsorgungspflichten behördlich übertragen, sind sie von derartigen landesrechtlichen Andienungs- oder Überlassungspflichten befreit.

B.3.3 Die abfallrechtliche Produktverantwortung

Neu in das Abfallrecht eingeführt wurde die sog. Produktverantwortung. Durch sie werden die mit einem Produkt befaßten Personen in die abfallrechtliche Pflicht genommen, bevor überhaupt Abfall entstanden ist. Verantwortlich sind danach bereits diejenigen, die ein *Produkt* entwickeln, herstellen, be- und verarbeiten oder vertreiben. Erfaßt werden somit sämtliche frühen Stadien des Lebenszyklus eines Produkts. Schon in diesen Stadien sollen abfalltechnische und abfallwirtschaftliche Belange berücksichtigt werden. Erzeugnisse sollen so gestaltet werden, daß bei der Herstellung und ihrem Gebrauch das Entstehen von Abfall minimiert wird und die umweltverträgliche Verwertung und Beseitigung der angefallenen Abfälle sichergestellt ist.

Dabei umfaßt die Produktverantwortung zahlreiche Maßnahmen, wie u.a. die Entwicklung mehrfach verwendbarer oder langlebiger Produkte, die Verwertung von Sekundärrohstoffen, die Kennzeichnung der Produkte im Hinblick auf die spätere Entsorgung oder die Rücknahme gebrauchter Produkte. Sie begründet jedoch lediglich eine abstrakte Pflichtenstellung. Konkrete Handlungspflichten für die Betroffenen, z.B. Kennzeichnungs-, Rücknahme- oder Pfanderhebungspflichten, müssen erst noch durch Rechtsverordnung der Bundesregierung festgelegt werden. Diese sind oder werden nach dem derzeitigen Stand erlassen für Verpackungen, Altautos, Batterien und Elektroschrott.

B.3.4 Maßnahmen der Eigenüberwachung

B.3.4.1 Abfallwirtschaftskonzepte und Abfallbilanzen

Unternehmen, bei denen jährlich mehr als insgesamt 2000 kg besonders überwachungsbedürftige Abfälle oder 2000 t Abfälle zur Beseitigung eines Abfallschlüssels anfallen, müssen erstmals zum 31.12.1999 ein Abfallwirtschaftskonzept erarbeiten, das alle fünf Jahre erneuert werden muß. Außerdem müssen diese Abfallerzeuger jährlich, und zwar erstmals zum 01.04.1998, Abfallbilanzen erstellen und auf Verlangen der zuständigen Behörde vorlegen, die u.U. die Prüfung durch einen Sachverständigen anordnen kann. Konzept und Bilanz müssen bestimmten inhaltlichen und formellen Anforderungen genügen, die in einer Rechtsverordnung (AbfKoBiV) geregelt sind.

B.3.4.2 Die Betriebsorganisation

Unternehmen haben (kraft Gesetzes) der zuständigen Behörde anzuzeigen, welches Vorstandsmitglied, welcher von mehreren Geschäftsführern oder welcher vertretungsberechtigte Gesellschafter
- die Pflichten des Betreibers einer genehmigungsbedürftigen Anlage nach BImSchG (s. Abschn. B. 3.2.4) oder
- die Pflichten im Zusammenhang mit einer freiwilligen oder vorgeschriebenen (s. Abschn. B.3.3) Abfallrücknahme
wahrnimmt. Die Gesamtverantwortung der son-

stigen Organmitglieder oder Gesellschafter entfällt dadurch nicht.

Darüber hinaus müssen demgemäß anzuzeigende Personen, Betreiber von genehmigungsbedürftigen Anlagen nach BImSchG sowie Abfälle (freiwillig oder aufgrund Rechtsvorschrift) zurücknehmende Hersteller/Vertreiber der Abfallbehörde mitteilen, wie die Einhaltung der abfallrechtlichen Grundpflichten sichergestellt wird (s. Abschn. B.1.2.2.1).

Diese Unternehmen sowie solche, bei denen regelmäßig besonders überwachungsbedürftige Abfälle anfallen, und Betreiber von Sortier-, Verwertungs- oder Abfallbeseitigungsanlagen haben *Abfallbeauftragte* (s. Abschn. B.1.2.2.1) zu bestellen, *soweit* dies erforderlich erscheint. Diese Betriebe werden durch Rechtsverordnung festgelegt.

B.3.5 Die behördliche Überwachung

B.3.5.1 Die allgemeine Überwachung

Die Vermeidung von Abfällen im Rahmen der Produktverantwortung sowie die Verwertung und Beseitigung von Abfällen unterliegen der Überwachung durch die Abfallbehörde. Diese kann auch auf stillgelegte Anlagen ausgedehnt werden.

Gemäß § 21 KrW-/AbfG hat die Behörde die Generalbefugnis, die im Einzelfall erforderlichen Anordnungen zur Durchführung des KrW-/AbfG und der dazu erlassenen Rechtsverordnungen zu treffen. Sie kann somit lenkend in das Abfallgeschehen eingreifen und so z. B. eine stoffliche anstatt einer energetischen Verwertung fordern. Dabei sind insb. der Gleichbehandlungs- und der Verhältnismäßigkeitsgrundsatz zu beachten (s. Abschn. B.1.2.3.3 u. B.1.3.2.1).

B.3.5.2 Nachweisverfahren

Darüber hinaus sieht auch das neue Recht Nachweisverfahren vor. Dabei ist zwischen dem Entsorgungsnachweis und dem Begleitscheinverfahren zu unterscheiden.

Der *Entsorgungsnachweis* besteht aus einer Erklärung des Abfallbesitzers über den anfallenden Abfall, einer Annahmeerklärung des Beseitigers bzw. Verwerters und einer Bestätigung durch die zuständige Behörde. Hierdurch wird die Zulässigkeit, Ordnungsgemäßheit und Schadlosigkeit der vorgesehenen Entsorgung dokumentiert. Durch diesen Nachweis soll sichergestellt werden, daß es sich um einen ordnungsgemäßen Entsorgungsweg handelt und der Abfall nicht von dem vorgesehenen Entsorger abgewiesen wird. Mit Sammelnachweisen können mehrere gleichartige Entsorgungsvorgänge erfaßt werden. Beim *Vereinfachten Entsorgungsnachweis* entfällt die behördliche Bestätigung.

Der Nachweis über die durchgeführte Beseitigung oder Verwertung (Verbleibskontrolle) wird im Rahmen des *Begleitscheinverfahrens* erbracht. Der Begleitschein besteht aus mehreren, farbig gekennzeichneten Ausfertigungen und begleitet den Abfall auf seinem gesamten Weg vom Abfallerzeuger bis zur Verwertung oder Beseitigung. Die Beteiligten behalten jeweils die für sie vorgesehenen Ausfertigungen zurück; und den zuständigen Behörden sind die für sie vorgesehenen Ausfertigungen zur Kontrolle zuzuschicken. Dadurch soll sichergestellt werden, daß der Abfall auch tatsächlich auf die im vorhergehenden Entsorgungsnachweis genehmigte Weise entsorgt wurde. Bei Sammelentsorgungen erfolgt die Nachweisführung für die Übergabe an den Einsammler/Beförderer mittels eines Übernahmescheins (ohne behördliche Beteiligung) und hinsichtlich des weiteren Entsorgungswegs durch Begleitscheine, in die die Übernahmescheinnummern einzutragen sind. Die in den jeweiligen Verfahren empfangenen Nachweise sind einzubehalten und zu einem Nachweisbuch zusammenzuheften.

Das KrW-/AbfG sieht – je nach Überwachungsbedürftigkeit (s. Abschn. B.3.1.1.4) – eine abgestufte Einbindung in diese Nachweisverfahren vor (s. Tabelle B.3-1). Spezielle Nachweisregelungen gelten für Klärschlamm und Altöl.

Verpflichtet sind bzw. werden dabei jeweils der Betreiber der Anlage, in der der Abfall anfällt, die Einsammler oder Beförderer sowie der Betreiber der Anlage, in der der Abfall beseitigt oder verwertet wird. Die näheren Einzelheiten über das Nachweisverfahren sind in der Nachweisverordnung (NachwV) geregelt, die auch die zu verwendenden Nachweisformulare festlegt, Erleichterungen für Entsorgungsfachbetriebe (s. Abschn. B.3.5.6) vorsieht und Übergangsregelungen bis Ende 1998 enthält.

B.3.5.3 Die Transport- und Vermittlungsgenehmigung

Wie das bisherige Recht kennt das KrW-/AbfG die *Transportgenehmigung*, die von der für den Hauptsitz des Beförderers oder Einsammlers zuständigen Behörde mit Wirkung für das gesam-

Besonders überwachungsbedürftiger Abfall	*Obligatorisch:* Entsorgungsnachweis- und Begleitscheinverfahren müssen ohne behördliche Anordnung durchgeführt werden; Anzeigepflicht *Ausnahmen:* • Kleinmengenregelung: 2000 kg/a: nur Übernahmeschein auszufüllen und mitzuführen • Nachweis bei Eigenentsorgung in engem räumlichen und betrieblichen Zusammenhang durch Abfallkonzept und -bilanz • Befreiung durch Behörde, insb. bei sonstiger Eigenentsorgung oder bei Verwertung, soweit Abfallkonzept und -bilanz vorgelegt werden, oder bei freiwilliger Rücknahme
Überwachungsbedürftiger Abfall	*Fakultativ:* Entsorgungsnachweis- und Begleitscheinverfahren müssen durchgeführt werden, soweit sie behördlich angeordnet werden *Ausnahmen:* • Entsorgung mit Haushaltabfällen • Bei ü.Abf.z.V. gegenständliche Beschränkung der Nachweispflicht (§ 45 Abs. 2 S.2 KrW-/AbfG) *Obligatorisch:* Vereinfachtes Nachweisverfahren *Ausnahmen:* • Kleinmenge (5 t/a je Abfall-Schlüsselnr.) • Öffentlich-rechtliche Entsorgungsträger
Nicht überwachungsbedürftiger Abfall	*Fakultativ:* Entsorgungsnachweis- und Begleitscheinverfahren müssen durchgeführt werden, soweit sie behördlich angeordnet wurden, weil das Allgemeinwohl es (ausnahmsweise) erfordert *Ausnahme:* • Verwertung mit Haushaltabfällen

te Gebiet der Bundesrepublik Deutschland erteilt wird. Unmittelbar kraft Gesetzes bedarf es einer solchen Genehmigung, wenn man *gewerbsmäßig*, also auf Gewinnerzielung gerichtet und auf Dauer angelegt, *Abfälle zur Beseitigung* einsammelt oder befördert. Außerdem sind die Transportfahrzeuge zu kennzeichnen („A"-Schild). Nach der Transportgenehmigungsverordnung (TgV) bedarf auch der gewerbsmäßige Transport *besonders überwachungsbedürftiger Abfälle zur Verwertung* der Genehmigung (Ausnahme: freiwillige Rücknahme durch Hersteller oder Vertreiber oder Rücknahme aufgrund Rechtsverordnung). Im Rahmen des durch die TgV geregelten Genehmigungsverfahren werden die Fach- und Sachkunde sowie die Zuverlässigkeit des Betriebsinhabers und sonstiger verantwortlicher Personen geprüft. *Keine* Transportgenehmigung benötigen

– öffentlich-rechtliche Entsorgungsträger sowie Verbände und Kammern, denen Entsorgungsaufgaben übertragen wurden,
– Transporteure von unbelastetem Erdaushub oder Bauschutt und
– Beförderer, die wegen der geringen Transportmengen freigestellt wurden.

Ebenfalls genehmigungspflichtig ist die gewerbsmäßige *Vermittlung* von Verbringungen für Dritte. Im Rahmen dieser Genehmigungsverfahren ist die Zuverlässigkeit des Vermittlers zu prüfen. Keiner Transport- oder Vermittlungsgenehmi-gung bedürfen sog. *Entsorgungsfachbetriebe* (s. Abschn. B. 3.5.6), wenn sie der Behörde die Aufnahme ihrer Tätigkeit unter Vorlage der erforderlichen Nachweise anzeigen. Die Abfallbehörde kann Auflagen festlegen und unter bestimmten Voraussetzungen die Ausübung der Tätigkeit untersagen.

B.3.5.4 Abfallverbringung

Die *grenzüberschreitende* Verbringung von Abfällen in der, in die und aus der EG wird durch die EG-Abfallverbringungsverordnung (EG-AbfVerbrV-Verordnung (EWG) 259/93) geregelt, die durch das Abfallverbringungsgesetz (AbfVerbrG) ergänzt wird. Angestrebt wird *Beseitigung*sautarkie auf gemeinschaftlicher und nationaler Ebene, was nach der Rechtsprechung des EuGH mit dem EG-rechtlichen Grundsatz des freien Warenverkehrs in Einklang steht.

Innerhalb der EG ist vor einer Verbringung von *Abfällen zur Beseitigung* ein Notifizierungsverfahren durchzuführen. Das Unternehmen, das den Abfall verbringen will, muß dies mittels eines Begleitscheins und unter Vorlage der vorgeschriebenen Unterlagen der für den Empfangsort zuständigen Abfallbehörde notifizieren. Die zuständige Behörde des Entsendestaats ist zu unterrichten und kann Einwände (z.B. Entsorgungsautarkie, Grundsatz der Nähe, Verstoß gegen Abfallbewirtschaftungsplan) erheben. Die Verbringung darf nur nach Genehmigung durchgeführt werden, und beim Transportvorgang ist der genehmigte Begleitschein mitzuführen.

Für die *Verbringung von Abfällen zur Verwertung* ist nach der Abfallart zu unterscheiden:

– Für *Abfälle der grünen Liste* (Anh. II EG-Abf-VerbrV) gelten die Anforderungen der EG-Abfall-Rahmenrichtlinie (Verbringung nur in genehmigte Anlage, Transportüberwachung). Beim Transport ist ein Begleitdokument mit bestimmten Angaben mitzuführen. Durch die EG-Kommission und aufgrund einer Rechtsverordnung nach AbfVerbrG können die Notifikationsverfahren der EG-AbfVerbrV für diese Stoffe vorgeschrieben werden.

– Für *Abfälle der gelben Liste* (Anh. III EG-Abf-VerbrV) ist ein Notifikationsverfahren durchzuführen, das im wesentlichen dem für Abfälle zur Beseitigung entspricht. Im Unterschied zu diesem ist keine Genehmigung erforderlich. Die Verbringung darf nach einer 30tägigen Frist durchgeführt werden, wenn keine Einwände erhoben wurden. Es bedarf dagegen einer vorherigen Zustimmung, wenn dies von den zuständigen Behörden beschlossen wurde.

– Für *Abfälle der roten Liste* (Anh. IV EG-Abf-VerbrV) *und sonstige Abfälle*, die keiner Liste zugeordnet werden können, muß das gleiche Verfahren durchgeführt werden wie für Abfälle der gelben Liste. Es ist aber immer eine vorherige Zustimmung der zuständigen Behörde erforderlich.

Die *Ausfuhr von Abfällen in Drittstaaten* ist nur sehr eingeschränkt erlaubt. Der Abfallexport in AKP-Staaten (Afrika, Karibik, Pazifik) ist verboten; und Abfälle zur Beseitigung dürfen nur in EFTA-Staaten verbracht werden, soweit diese die Einfuhr erlauben und keine Besorgnis der umweltschädlichen Entsorgung besteht. Auch Abfälle zur Verwertung dürfen nur in bestimmte OECD-Staaten und Staaten, mit denen Vereinbarungen bestehen, die bestimmten Anforderungen genügen, verbracht werden. Auf jeden Fall ist auch für die Abfallverbringung in einen Drittstaat ein Notifizierungsverfahren vorgesehen.

Die *Einfuhr von Abfällen* zur Beseitigung in die EG darf im Rahmen eines Notifizierungsverfahrens nur aus Vertragsstaaten des Basler Übereinkommens über gefährliche Abfälle erfolgen, im übrigen nur aus Staaten, mit denen Abmachungen bestehen. Abfälle zur Verwertung dürfen darüber hinaus auch aus bestimmten OECD-Staaten eingeführt werden. Für sie werden je nach

Listenzugehörigkeit bestimmte Verfahrensvorschriften für anwendbar erklärt. Schließlich regelt die EG-AbfVerbrV auch das Verfahren, das bei der *Durchfuhr von Abfällen* zu beachten ist.

B.3.5.5 Abfallbeseitigungsanlagen

Abfälle dürfen grundsätzlich nur in den dafür zugelassenen Anlagen (Abfallbeseitigungsanlagen) zum Zweck der Beseitigung (zwischen-) gelagert, abgelagert oder behandelt werden (Anlagenzwang). Kein Anlagenzwang besteht, soweit die Beseitigung in einer nach BImSchG genehmigungsbedürftigen Anlage, die hauptsächlich anderen Zwecken dient, erfolgt. Hier ist die Einhaltung der Anforderungen an die Beseitigungsmaßnahmen in dem Genehmigungsverfahren (nach BImSchG) sicherzustellen (s. Abschn. B.2.1.3). Außerdem ist die Lagerung und Behandlung von Abfällen zur Beseitigung auch in bestimmten unbedeutenden Anlagen zulässig. Weitere Ausnahmen vom Anlagenzwang können im Einzelfall behördlich angeordnet oder in Rechtsverordnungen der Landesregierungen festgelegt werden.

Die Errichtung oder der Betrieb ortsfester Abfallbeseitigungsanlagen zur Lagerung oder Behandlung sowie wesentliche Änderungen an der Anlage oder bei deren Betrieb bedürfen einer Genehmigung nach dem BImSchG (s. Abschn. B.2.1.3) und darüber hinaus keiner abfallrechtlichen Zulassung. Für Anlagen zur Ablagerung (Deponien) ist ein Planfeststellungsverfahren durchzuführen (s. Abschn. B. 1.2.3.2). Für unbedeutende Deponien, wesentliche Änderungen ohne erhebliche nachteilige Auswirkungen und Erprobungsanlagen kann die Behörde anstelle des Planfeststellungsverfahrens ein Plangenehmigungsverfahren durchführen.

Der Inhaber einer Deponie oder einer Anlage, in der besonders überwachungsbedürftige Abfälle anfallen, hat die beabsichtigte Stillegung seiner Anlage der Behörde anzuzeigen. Diese soll den Deponieinhaber zur Rekultivierung und zu sonstigen erforderlichen Schutzmaßnahmen verpflichten. Außerdem kann die zuständige Behörde hinsichtlich bestehender alter Deponien Anordnungen treffen.

B.3.5.6 Der Entsorgungsfachbetrieb

Entsorgungsfachbetrieb ist,
– wer berechtigt ist, das Gütezeichen einer behördlich anerkannten Entsorgergemeinschaft zu führen oder

– einen Überwachungsvertrag mit einer technischen Überwachungsorganisation abgeschlossen hat, der eine mindestens einjährige Überprüfung einschließt und dem die zuständige Behörde zugestimmt hat.

In der Entsorgungsfachbetriebeverordnung (EfbV) sind die Anforderungen an die Fachkenntnisse, den Nachweis der Zuverlässigkeit, die nachzuweisende Haftpflichtversicherung sowie an Gerät und Ausrüstung des Betriebs festgelegt und die anzuwendenden Anerkennungs- und Prüfverfahren geregelt.

B.4 Gewässerschutzrecht

Das Wasserrecht umfaßt die *Gewässerbewirtschaftung* und das Gewässerwegerecht. Unmittelbares Umweltschutzrecht ist das Recht der Gewässerbewirtschaftung.

B.4.1 Rechtsgrundlagen und Anwendungsbereich

Maßgebliche *Rechtsvorschriften* des Gewässerschutzrechts sind in erster Linie das Wasserhaushaltsgesetz (WHG) des Bundes sowie die dieses Rahmengesetz ausfüllenden Gesetze und Verordnungen der Länder. In großem Maße beruht das deutsche Recht auf EG-Richtlinien, die inbesondere Qualitätsziele für das Wasser vorschreiben und Anforderungen an Abwassereinleitungen festlegen. Nachdem die Bundesrepublik mehrfach wegen mangelhafter Umsetzung europäischer Normen vom EuGH verurteilt worden war, hat der Gesetzgeber in der 6. WHG-Novelle Ermächtigungen zum Erlaß von Rechtsverordnungen eingeführt, die eine verbindliche Umsetzung von EG-Recht zulassen (z. B. AbwasserV; GrundwasserV).

Das Wasserrecht erstreckt sich – von gewässerwirtschaftlich wenig bedeutsamen Ausnahmen, wie Straßengräben oder Fischteichen, abgesehen – auf oberirdische Gewässer, Küstengewässer und das Grundwasser.

Oberirdische Gewässer sind die ständig oder zeitweilig in Betten fließenden oder stehenden oder aus Quellen wild abfließenden Wasser, z. B. Bäche, Flüsse, Seen und Teiche. Als Gewässer gelten nicht Wasser- und Abwasserleitungen sowie sonstiges in Behältnisse gefaßtes Wasser, das den natürlichen Zusammenhang mit dem Wasserhaushalt verloren hat (z. B. Schwimmbecken). Die Größe eines Wassers spielt für seine Klassifizierung als Gewässer keine Rolle. Unerheblich ist auch, ob das Gewässer auf natürliche oder künstliche Weise geschaffen wurde. Flußbegradigungen oder die streckenweise Führung eines Bachs in Rohren, Tunneln oder Dükern berühren die Gewässereigenschaft nicht. Die Bundesländer unterteilen die oberirdischen Gewässer i. allg. nach ihrer Größe oder wasserwirtschaftlichen Bedeutung in verschiedene Klassen (z. B. in Nordrhein-Westfalen: Gewässer 1. Ordnung, Gewässer 2. Ordnung). Zahlreiche wasserrechtliche Regelungen knüpfen an diese Unterscheidung an.

Küstengewässer sind die deutschen Hoheitsgewässer der Nord- und Ostsee. Sie werden landseitig durch die Küstenlinie bei mittlerem Hochwasser gebildet. Die seewärtige Grenze richtet sich nach völkerrechtlichen Regeln.

Der Begriff des *Grundwassers* ist weit gefaßt. Grundwasser ist das gesamte, nicht künstlich (z. B. in Rohren oder Leitungen) gefaßte unterirdische Wasser; problematisch ist dies bei Sickerwasser in der ungesättigten Zone (s. Abschn. B.5.3.4).

B.4.2 Die Gewässerbewirtschaftung durch die Bundesländer

Nach § 1 a Abs. 1 WHG sind die Gewässer als Bestandteil des Naturhaushalts und Lebensraum für Tiere und Pflanzen so zu bewirtschaften, daß sie dem Allgemeinwohl und, im Einklang hiermit, auch dem Nutzen einzelner dienen. Dabei haben vermeidbare Beeinträchtigungen der ökologischen Gewässerfunktion zu unterbleiben. Gewässerbewirtschaftung bedeutet demnach nicht nur eine möglichst ökonomische Nutzung der vorhandenen Ressourcen, sondern auch und vor allem die planende Vorsorge für einen auf Dauer geordneten Wasserhaushalt im Hinblick auf die Sicherstellung der Wasserversorgung, den Hochwasserschutz als auch auf ökologische Gesichtspunkte. Das WHG betont damit die umweltschützende Ausrichtung der Gewässerbewirtschaftung und stellt sie neben den wirtschaftlichen Aspekt. Die Verwirklichung dieser miteinander in Einklang zu bringenden Ziele obliegt den Bundesländern (Bewirtschaftungshoheit der Länder). Als Instrumente der *Planung* stehen den zuständigen Behörden nach WHG die wasserwirtschaftlichen Rahmenpläne für Flußgebiete oder Wirtschaftsräume, Bewirtschaftungspläne zur Ordnung des Wasserhaushalts sowie Abwasserbeseitigungspläne, nach Landesrecht auch Wasserversorgungspläne, zur Verfügung. Diese binden die Verwaltung, haben aber keine Außenwirkung. Außerdem können zur Sicherung von Planungen für bestimmte wasserwirtschaftlich bedeutsame Vorhaben durch Rechtsverordnung Veränderungssperren festgelegt werden.

Weitere Instrumente der Gewässerbewirtschaftung sind:
- das Erlaubnis- und Bewilligungsregime für Gewässerbenutzungen (s. Abschn. B.4.3),
- die Regelung der Unterhaltung und des Ausbaus oberirdischer Gewässer (s. Abschn. B.4.4),
- der anlagenbezogene Gewässerschutz (s. Abschn. B. 4.5),
- die Festlegung von Schutzgebieten (s. Abschn. B.4.6),
- die Erhebung von Abgaben (s. Abschn. B.4.7),
- eine spezielle wasserrechtliche Haftungsvorschrift (s. Abschn. B.4.8).

B.4.3 Das Erlaubnis- und Bewilligungsregime für Gewässerbenutzungen

B.4.3.1 Gewässerbenutzungen

Jede Benutzung eines Gewässers bedarf einer behördlichen Erlaubnis oder Bewilligung. *Gewässerbenutzung* ist jede Maßnahme, die geeignet ist, dauernd oder in einem nicht nur unerheblichen Ausmaß schädliche Veränderungen der physikalischen, chemischen oder biologischen Beschaffenheit des Wassers herbeizuführen (sog. unechte Gewässerbenutzung). Im übrigen ist nach der Art des Gewässers zu unterscheiden.

Die Benutzung eines *oberirdischen Gewässers* liegt auch vor, wenn es sich um eine Wasserentnahme oder -ableitung, das Aufstauen oder Absenken des Gewässers, das Entnehmen fester Stoffe aus dem Gewässer, soweit dies Gewässerzustand oder Wasserabfluß beeinträchtigt, sowie das Einbringen oder Einleiten von Stoffen handelt. Im Hinblick auf *Küstengewässer* werden die Einbringung und Einleitung von Stoffen als Gewässerbenutzungen aufgezählt. Beim *Grundwasser* gelten die Stoffeinleitung, die Wasserentnahme, -zutageförderung, -zutageleitung und -ableitung sowie das Aufstauen, Absenken und Umleiten durch hierfür bestimmte oder geeignete Anlagen als Gewässerbenutzung.

Benutzungen können nur solche Handlungen sein, die nach ihrer objektiven Eignung auf ein Gewässer gerichtet sind und sich seiner, insb. des Wassers, für bestimmte Zwecke bedienen. Daher liegt z. B. keine Benutzung vor, wenn Stoffe infolge eines unglücklichen Ereignisses (etwa eines Unfalls mit einem Tanklastzug) in ein Gewässer gelangen. Wenn der Eingriff in ein Gewässer nicht dessen Nutzung zum Ziel hat, sondern lediglich eine vielleicht sogar lästige Begleiterscheinung einer anderen Zwecken dienenden Maßnahme ist, so handelt es sich ebenfalls um eine Benutzung. Dies gilt z. B. für die Errichtung einer Mülldeponie, aus der nach allgemeinem Erfahrungsstand Sickerwasser in einen nahegelegenen Fluß gelangen wird.

Zulassungsfrei sind Maßnahmen zur Gefahrenabwehr, der Gemein- und Anliegergebrauch oberirdischer Gewässer nach Maßgabe des Landesrechts sowie wasserwirtschaftlich untergeordnete Tätigkeiten, z. B. in Fischerei und Landwirtschaft. Neu ist die Befreiung von der Erlaubnispflicht für die schadlose Versickerung von Niederschlagswasser in das Grundwasser.

B.4.3.2 Das System der subjektiv-öffentlichen Rechte der Gewässerbenutzung

Mit der Erlaubnis oder Bewilligung erhält ein Unternehmen das subjektiv-öffentliche Recht, das Gewässer zu dem im Bescheid näher bezeichneten Zweck und den darin festgelegten Bedingungen zu benutzen. Die Erlaubnis gewährt die widerrufliche, i. d. R. befristete *Befugnis*, die Bewilligung dagegen das *Recht* zur Gewässernutzung. Diese Unterscheidung ist charakteristisch für das WHG. Grundsätzlich kann jede Genehmigung einer Gewässerbenutzung in Form einer Erlaubnis oder Bewilligung ergehen (wichtigste Ausnahme: Abwassereinleitungen, s. Abschn. B.4.3.3). Diese unterscheiden sich im wesentlichen dadurch, daß die Bewilligung dem Nutzungsberechtigten eine stärkere gegen späteren Entzug gesicherte Rechtsposition erteilt als die Erlaubnis. Die Erlaubnis ist generell widerruflich, ohne daß dies in der Genehmigung ausdrücklich vorbehalten sein müßte. Das bedeutet jedoch nicht, daß die zuständige Behörde die Genehmigung jederzeit willkürlich aufheben könnte. Der Widerruf einer Erlaubnis ist nur dann zulässig, wenn hierfür ein sachlicher Grund vorliegt und der Widerruf nicht unverhältnismäßig ist. Für den Fall des Widerrufs steht dem Unternehmer kein Entschädigungsanspruch gegenüber dem Staat zu. Bei der Bewilligung sieht das WHG nur ausnahmsweise und oftmals unter Zahlung einer angemessenen Entschädigung eine Widerrufsmöglichkeit vor.

Hinsichtlich der Genehmigungsvoraussetzungen bestehen zwischen Bewilligung und Erlaubnis keine Unterschiede. Erlaubnis oder Bewilligung sind zu versagen, wenn von der beabsichtigten Gewässerbenutzung eine Beeinträchtigung des Allgemeinwohls, insb. eine Gefährdung der öffentlichen Wasserversorgung, zu erwarten ist, die nicht durch Auflagen oder andere Maßnahmen verhütet werden kann.

Bei der Entscheidung über den Antrag eines Unternehmens hat die Behörde sämtliche relevanten Umstände des Einzelfalls zu berücksichtigen und in eine sachgerechte Interessenabwägung einzustellen. Hierzu zählen sowohl die Gesichtspunkte, die für, als auch jene, die gegen die beantragte Gewässerbenutzung sprechen. In Betracht kommen insb. Belange der Gesundheit, Erholung und Landeskultur, des Naturschutzes, des Verkehrs, der Fischerei oder des Hochwasserschutzes, aber auch die Investitionsinteressen des Unternehmers. Das Einbringen fester Stoffe in oberirdische Gewässer, um sich ihrer zu entledigen, darf nicht genehmigt werden. Diese Form der Gewässerbenutzung ist ausdrücklich untersagt.

Das Fehlen einer Gemeinwohlbeeinträchtigung hat nicht zur Folge, daß die Behörde zur Erteilung der Erlaubnis oder Bewilligung verpflichtet ist. Nach Ansicht des Bundesverfassungsgerichts ist die Einräumung eines Rechtsanspruchs auf Erteilung einer Erlaubnis oder Bewilligung mit den Grundsätzen einer geordneten Wasserwirtschaft, die auf die Schonung des Wassers als wesentlicher Bestandteil des Naturhaushalts, Erhaltung von Freiräumen und planende Verteilung (Bewirtschaftung) auch im Hinblick auf künftige Benutzer gerichtet ist, unvereinbar. Die Behörde wäre nicht in der Lage, auf die rasch veränderlichen allgemeinen Wirtschaftsverhältnisse und die damit verbundene wasserwirtschaftliche Entwicklung zu reagieren. Die Erlaubnis oder Bewilligung darf daher nach pflichtgemäßem Ermessen auch aus Gründen versagt werden, die weder im WHG noch in den Landeswassergesetzen genannt sind (Bewirtschaftungsermessen). Zum Beispiel kann die zuständige Behörde eine wasserwirtschaftliche Genehmigung versagen, wenn im Falle ihrer Erteilung andere Interessenten sich auf die Entscheidung berufen und dadurch eine wasserwirtschaftlich bedenkliche Entwicklung einleiten würden oder die beantragte Wasserfördermenge in voraussehbarer Zukunft nicht benötigt wird. Auch subjektive Aspekte – wie etwa die Zuverlässigkeit des Unternehmens – darf die Behörde im Rahmen ihres Ermessens berücksichtigen.

B.4.3.3 Die besonderen Anforderungen für Abwassereinleitungen

Für das Einleiten von Abwasser in ein Gewässer legt das WHG besondere Anforderungen fest. Denn hierbei handelt es sich um eine besonders häufige und oft sehr umweltgefährdende Art der Gewässernutzung. Unter *Abwasser* versteht das WHG das durch häuslichen, gewerblichen, landwirtschaftlichen oder sonstigen Gebrauch in seinen Eigenschaften veränderte und das bei Trockenwetter damit zusammen abfließende Wasser (*Schmutzwasser*). Ferner zählt dazu das von Niederschlägen aus dem Bereich von bebauten oder befestigten Flächen abfließende und gesammelte Wasser (*Niederschlagswasser*). Erfaßt werden insb. das durch innerbetriebliche Vorgänge zu Verarbeitungs-, Behandlungs-, Reinigungs-, Transport- oder auch Kühlzwecken veränderte Wasser. Sonstige flüssige Reststoffe (z.B. Säuren), die nicht mit Wasser abgeleitet werden, fallen nicht unter den Abwasserbegriff.

Nach § 7 a WHG darf die Befugnis zum Einleiten von Abwasser nur in Form der Erlaubnis erteilt werden; die für den Unternehmer günstigere Bewilligung ist nicht möglich. Die Erlaubnis darf nur erteilt werden, wenn die Schadstofffracht des Abwassers so gering gehalten wird, wie dies bei Einhaltung der jeweils in Betracht kommenden Verfahren nach dem „Stand der Technik" möglich ist. Dieser Rechtsbegriff wird definiert als

der Entwicklungsstand technisch und wirtschaftlich durchführbarer fortschrittlicher Verfahren, Einrichtungen oder Betriebsweisen, die als beste verfügbare Techniken zur Begrenzung von Emissionen praktisch geeignet sind.

Diese Anforderungen werden durch die *Abwasserverordnung* (AbwV) vom 21.03.1997 konkretisiert. Sie sind in den Anhängen zur AbwV enthalten, die bisher für Abwasser aus dem häuslichen und kommunalen Bereich (Anhang 1), der Metallbe- und -verarbeitung (Anhang 40) und der Alkalichloridelektrolyse (Anhang 42) sowie zur Umsetzung von EG-Richtlinien (Anhang 48) vorliegen. Diese Anhänge enthalten Einleitverbote und Grenzwerte für Abwasser an der Einleitstelle, vor der Vermischung und/oder an dem Ort des Anfalls. Soweit es sich um Konzentrationswerte handelt, dürfen diese nicht durch Verdünnung erreicht werden. Teilweise sind aus Gründen des Bestandsschutzes weniger strenge Anforderungen für vorhandene Anlagen festgelegt.

Die im Einzelfall in Betracht kommenden Anforderungen der AbwV werden nicht unmittelbar verbindlich sein. Sie müssen in der wasserrechtlichen Erlaubnis festgesetzt werden und erlangen dadurch Verbindlichkeit gegenüber dem Einleiter. Hinsichtlich der anzuwendenden Analyse- und Meßverfahren verweist die Anlage zur AbwV auf DIN- und DEV-Normen (s. Abschn. B.1.1.3).

Vorübergehend gelten Festlegungen in den Anhängen der Rahmen-Abwasserverwaltungsvorschrift und den separaten Abwasserverwaltungsvorschriften, die aufgrund der alten Fassung des WHG ergangen sind und bisher allein maßgeblich waren, weiter. Diese Verwaltungsvorschriften werden derzeit an die neue Regelungsstruktur und den gegenwärtigen „Stand der Technik" angepaßt und als Anhänge in die Abwasserverordnung übernommen. Sie decken weite Bereiche der Montan-, Lebensmittel-, chemischen und verarbeitenden Instrustrie ab. Soweit weder die Anhänge zur AbwV noch diese Verwaltungsvorschriften für einen Industriezweig oder sonstigen Bereich Anforderungen enthalten, darf die Einleitung nur erlaubt werden, wenn „die Schadstofffracht nach Prüfung der Möglichkeiten im Einzelfall so gering gehalten wird, wie dies durch Einsatz wassersparender Verfahren bei Wasch- und Reinigungsvorgängen, Indirektkühlung und dem Einsatz von schadstoffarmen Betriebs- und Hilfsstoffen erreicht werden kann".

Soweit ein Unternehmen seine Abwässer der öffentlichen Kanalisation zuleitet, ist lediglich der Träger der Kanalisation (Gemeinden, Abwasserverbände) unmittelbarer Benutzer des Gewässers (Direkteinleiter). Es obliegt den Ländern sicherzustellen, daß darüber hinaus auch die sog. Indirekteinleiter die Anforderungen des § 7 a WHG i. V. m. der AbwV einhalten. Hierzu haben die Länder Rechtsverordnungen erlassen (in Nordrhein-Westfalen: VGS), in denen eine Genehmigungspflicht für die Einleitung von Abwasser mit gefährlichen Stoffen aus bestimmten Herkunftsbereichen in öffentliche Abwasseranlagen festgelegt wurde. Im Rahmen des Genehmigungsverfahrens wird von der Wasserbehörde überprüft, ob das Unternehmen die Anforderungen, wie sie in der AbwV festgelegt sind, einhält.

Des weiteren enthält das Landesrecht Regelungen, wonach Abwasserdirekt- und -indirekteinleiter verpflichtet sind oder verpflichtet werden können, die Einleitung ständig oder regelmäßig selbst zu überwachen. Bestimmte Abwassereinleiter haben einen Gewässerschutzbeauftragten zu bestellen (s. Abschn. B.1.2.2.1). Die Anforderungen für die Einleitung von Abwasser und sonstigen Stoffen in das *Grundwasser* sind strenger als diejenigen für sonstige Gewässereinleitungen. Eine Erlaubnis darf nur erteilt werden, wenn eine schädliche Verunreinigung des Grundwassers oder eine sonstige nachteilige Veränderung seiner Eigenschaften nicht zu besorgen ist.

B.4.4 Unterhaltung und Ausbau eines oberirdischen Gewässers

Das WHG regelt die Unterhaltung und den Ausbau *oberirdischer Gewässer*. Diese Vorschriften werden durch die Landeswassergesetze konkretisiert.

B.4.4.1 Die Gewässerunterhaltung

Gemäß § 28 Abs. 1 WHG umfaßt die Unterhaltung eines Gewässers die Erhaltung eines ordnungsgemäßen Zustands für den Wasserabfluß und – soweit es sich um schiffbare Gewässer handelt – auch die Erhaltung der Schiffbarkeit. Die Belange des Naturhaushalts sind zu berücksichtigten. Zur Unterhaltung verpflichtet sind die Eigentümer der Gewässer, die Anlieger und die Eigentümer von Grundstücken und Anlagen, die aus der Unterhaltung Vorteile haben oder die die Unterhaltung erschweren. Bundeswasserstraßen stehen im Eigentum des Bundes. Im übrigen werden die Eigentumsverhältnisse in den Landeswassergesetzen geregelt. Dabei wird zwischen den verschiedenen Gewässerklassen unterschieden. Gewässer 1. Ordnung stehen i.d.R. im Landeseigentum, Gewässer 2. ggf. auch 3. Ordnung gehören i.d.R. den Eigentümern der Ufergrundstücke.

Zur Durchführung der Unterhaltung können auch Gebietskörperschaften (z.B. Kreise, Gemeinden), Wasser- und Bodenverbände oder gemeindliche Zweckverbände herangezogen werden. Unterhaltungsmaßnahmen sind grds. nicht erlaubnis- oder bewilligungspflichtig (Ausnahme: Verwendung chemischer Mittel).

Als Unterhaltungsarbeiten *unterhalb der Mittelwasserlinie* kommen insb. in Betracht:

– die Beseitigung von Ablagerungen, umgestürzten Bäumen und anderen Abflußhindernissen,
und zwar auch dann, wenn das Hindernis durch
fremde Einwirkung, z. B. einen Verkehrsunfall
oder eine rechtswidrige Abwassereinleitung,
verursacht wurde;
– die Verfestigung des Böschungsfußes;
– das Auffüllen besonders starker Eintiefungen
oder sonstiger Zerstörungen der Flußsohle;
– der Einbau von Grundschwellen zur Verhütung
solcher Schäden;
– das Entkrauten und Beseitigen der vom Boden
getrennten Pflanzen aus dem Gewässer;
– der Schutz von Uferstrecken, die dem Angriff
der Strömung ausgesetzt sind (z. B. durch Steinschüttungen).

Die Reinigung des Wassers von Schadstoffen
zählt nicht zur Unterhaltung.

Zu den Unterhaltungsarbeiten *oberhalb der
Mittelwasserlinie* gehören:
– das Abschrägen der Ufer zur Sicherung gegen
Abbruch,
– die Beseitigung von Uferschäden und die Befestigung der Ufer gegen den Angriff des Hochwassers,
– das Mähen der Ufer und das Beseitigen von
Bäumen oder Sträuchern zur Erhaltung des
Abflußquerschnitts.

B.4.4.2 Der Gewässerausbau

Ausbau eines oberirdischen Gewässers ist nach
§ 31 WHG die Herstellung, Beseitigung oder wesentliche Umgestaltung des Gewässers selbst oder
seiner Ufer. Dem werden Damm- und Deichbauten gleichgesetzt, die den Hochwasserabfluß beeinflussen. Der Ausbau setzt ein Planfeststellungsverfahren voraus, das den Anforderungen an eine Umweltverträglichkeitsprüfung entspricht (s.
Abschn. B.1.2.3.2). Dieses aufwendige Verfahren
ist nicht durchzuführen, wenn
– es sich um einen Ausbau von geringer Bedeutung handelt,
– der Ausbau keine erheblichen Umweltbeeinträchtigungen bewirken kann oder
– eine Verbesserung im Hinblick auf die Umweltschutzgüter bezweckt wird.

Dann genügt die Durchführung eines Plangenehmigungsverfahrens. Die Abgrenzung des Ausbaus zur Unterhaltung ergibt sich daraus, daß die
Maßnahmen zur Erhaltung eines ordnungsgemäßen Zustands für den Wasserabfluß und (an

schiffbaren Gewässern) die Erhaltung der Schiffbarkeit keine wesentliche Umgestaltung des Gewässers oder seiner Ufer darstellen dürfen. Die
Abgrenzung zur Benutzung ist in erster Linie
daraus zu entnehmen, daß der Ausbau für den
Gegenstand der Bewirtschaftung, das Gewässer,
eine neue wasserwirtschaftliche Ausgangslage
auf Dauer schafft, während die jeweils zugelassenen Benutzungen sich nach Art, Zweck und
Ausmaß an dem damit vorgegebenen Gewässerzustand orientieren müssen. Maßnahmen,
die dem Ausbau eines oberirdischen Gewässers
dienen, können daher keine Benutzungen sein.

Dem Ausbauunternehmer wird im Wege der
Planfeststellung das Recht zur Durchführung des
Gewässerausbaus eingeräumt. In den meisten
Landeswassergesetzen ist vorgesehen, daß der
Unterhaltspflichtige zum Ausbau verpflichtet ist
oder werden kann, wenn das Allgemeinwohl es
erfordert. Neuerdings verpflichtet auch das WHG
zur Zurückführung von Ausbauzuständen in einen naturnahen Zustand, soweit dies möglich
ist und das Allgemeinwohl (z. B. Wasserkraftnutzung) dem nicht entgegensteht. Eine Ausbaumaßnahme darf nicht zugelassen werden, wenn
sie die Hochwassergefahr erhöht. Große Bedeutung kommt der vom Bundesverwaltungsgericht
eingeführten Unterscheidung zwischen einem
Ausbau im öffentlichen Interessen und einem
bloßen privatnützigen Ausbau zu. Während ein
Ausbau im öffentlichen Interesse die Möglichkeit eröffnet, entgegenstehende Rechte und Befugnisse, z. B. durch Enteignung auszuräumen,
ist dies beim privatnützigen Ausbau nicht möglich. Ein Ausbau bei entgegenstehenden Rechten
Dritter ist deshalb nicht zulässig ist.

B.4.5 Der anlagenbezogene Gewässerschutz

B.4.5.1 Die Grundsatzverbote des WHG

Gemäß § 1a Abs. 2 WHG ist *jeder*, also auch ein
Anlagenbetreiber, zur Sorgfalt verpflichtet, um
Wasserverunreinigungen oder sonstige nachteilige Auswirkung zu verhüten und eine sparsame
Verwendung von Wasser zu erzielen. Durch landesrechtliche *Reinhalteordnungen* (Rechtsverordnungen) können diese allgemeinen Anforderungen für oberirdische Gewässer konkretisiert
werden.

Das WHG verbietet die Lagerung oder Ablagerung von Stoffen oder die Beförderung von
Flüssigkeiten und Gasen durch Rohrleitungen,
soweit dadurch eine schädliche Verunreinigung

des Grundwassers oder eine sonstige nachteilige Veränderung seiner Eigenschaften zu besorgen ist (§ 34 Abs. 2 WHG). Dieses Verbot gilt auch im Hinblick auf die sonstigen Gewässer nach WHG, wenn sich die Lager-, Ablagerungs- oder Rohrleitungsanlage an einem oberirdischen Gewässer bzw. Küstengewässer befindet (§§ 26 Abs. 2, 32 b WHG). Nach der Rechtsprechung des Bundesverwaltungsgerichts ist bei der Handhabung dieses Besorgnisprinzips ein strenger Maßstab anzulegen. Die Wahrscheinlichkeit der Gewässerverunreinigung soll geradezu ausgeräumt sein müssen; es dürfe keine auch noch so wenig naheliegende Wahrscheinlichkeit der Verunreinigung bestehen. Allerdings ist auch dabei die Eintrittswahrscheinlichkeit in ein angemessenes Verhältnis zum potentiellen Ausmaß des Schadens zu setzen.

Diese Vorgaben sind insb. in sonstigen Zulassungsverfahren, z.B. nach dem Baurecht (Baugenehmigung), Immissionsschutz-, Abfall- oder Bergrecht zu beachten.

B.4.5.2 Das Recht der wassergefährdenden Stoffe

Da diese Grundsatzverbote zu unbestimmt sind, hat sich ein besonderes Recht des Schutzes vor wassergefährdenden Stoffen entwickelt.

B.4.5.2.1 Das Recht der Rohrleitungsanlagen

Die Errichtung und der Betrieb sowie die wesentliche Änderung und die wesentliche Änderung des Betriebs einer Rohrleitungsanlage zum Befördern wassergefährdender Stoffe bedürfen der Genehmigung durch die Wasserbehörde. Ausgenommen sind solche Anlagen, die den Bereich eines Werksgeländes nicht überschreiten oder die Zubehör einer Anlage zum Lagern solcher Stoffe sind. Im Rahmen dieser Genehmigungspflicht sind *wassergefährdende Stoffe*:
- Rohöle, Benzine, Dieselkraftstoffe und Heizöle sowie
- andere flüssige oder gasförmige Stoffe, die geeignet sind, Gewässer zu verunreinigen oder sonst in ihren Eigenschaften nachteilig zu verändern, und durch Rechtsverordnung abschließend bestimmt wurden.

Soweit es sich um Rohrleitungsanlagen für den Ferntransport von Öl oder Gas (Pipelines) handelt, ist eine UVP (s. Abschn. B.1.2.3,2) durchzuführen; landesrechtlich wird das UVP-Erfordernis teilweise auch auf sonstige Rohranlagen er-

streckt. Die Genehmigung kann zum Schutz der Gewässer unter Bedingungen und Auflagen erteilt sowie befristet werden. Auflagen über Anforderungen an die Beschaffenheit und den Betrieb der Anlage sind auch nach Erteilung der Genehmigung zulässig, wenn zu besorgen ist, daß eine Verunreinigung der Gewässer oder eine sonstige nachteilige Veränderung ihrer Eigenschaften eintritt. Derartige Bedingungen und Auflagen müssen sachgerecht und zum Schutz der Gewässer geeignet, also auch technisch erfüllbar sein; Grenze ist der Verhältnismäßigkeitsgrundsatz. Derartige Anforderungen sind in erster Linie darauf auszurichten, daß wassergefährdende Stoffe aus der Rohrleitungsanlage nicht in Gewässer eintreten können. Möglich sind auch Auflagen, die eine Überwachung der Anlage anordnen. Die Genehmigung ist zu versagen, wenn durch die Errichtung oder den Betrieb der Anlage eine Gewässerverunreinigung oder eine nachteilige Veränderung der Gewässereigenschaften zu besorgen ist und auch nicht durch Auflagen verhütet oder ausgeglichen werden kann. Ein Rechtsanspruch auf Genehmigungserteilung besteht grds. nicht. Der Unternehmer hat aber ein Anrecht darauf, daß die Behörde nach pflichtgemäßem Ermessen und nicht willkürlich handelt. Technische Einzelheiten werden in den *Technischen Regeln* für brennbare Flüssigkeiten (TRbF) geregelt (s. Abschn. B.1.1.2.4). Denn nach der Verordnung über brennbare Flüssigkeiten (VbF) bedürfen Rohrleitungen ebenfalls einer Erlaubnis, wenn sie der Beförderung *brennbarer Flüssigkeiten* dienen. Insoweit wird auch die wasserrechtliche Genehmigung von der für den Arbeitsschutz zuständigen Behörde – aber im Einvernehmen mit der Wasserbehörde – erteilt. Die VbF unterscheidet zwischen Verbindungsleitungen, die zwar den Bereich des Werksgeländes überschreiten, aber Anlagen verbinden, die im engen räumlichen und betrieblichem Zusammenhang stehen, und Fernleitungen (Pipelines). Für Verbindungsleitungen gilt die „Richtlinie für Verbindungsleitungen zum Befördern gefährdender Flüssigkeiten – RVF" (TRbF 302) und für die Fernleitungen die „Richtlinie für Fernleitungen zum Befördern gefährdender Flüssigkeiten – RFF" (TRbF 301). Diese Richtlinien wurden unter Mitwirkung von Vertretern der Wasserwirtschaft und im Einvernehmen mit den Wasserbehörden der Länder erarbeitet. Es fanden daher nicht nur die Belange des Brandschutzes, sondern auch die des Gewässerschutzes maßgebliche Berücksichtigung. Diese TRbF gelten nur für Mineralöle und brennbare Flüssig-keiten. Im übrigen ist die vom BMU bekanntge-gebene „Richtlinie für Rohrleitungsanlagen zum Befördern wassergefährdender Stoffe (RRwS)" zu beachten. Diese ist zwar nicht unmittelbar rechtlich verbindlich, wurde aber in Zusammen-arbeit mit der Länderarbeitsgemeinschaft Was-ser (LAWA) festgelegt und wird daher auch von den Ländern getragen (s. Abschn. B.1.1.2.3). Ähn-lich den TRbF wurden im Rahmen der Azetylen-Verordnung Technische Regeln für Rohrleitungs-anlagen zum Befördern von Azetylen (TRAC), und im Rahmen der Verordnung über Gashoch-druckleitungen Technische Regeln für Rohrlei-tungsanlagen zum Befördern anderer wasser-gefährdender Gase (TRGL) erarbeitet. Von der Ermächtigung im WHG zum Erlaß von Rechts-verordnungen hat der Bund bisher noch keinen Gebrauch gemacht.

B.4.5.2.2 Das Recht der Anlagen zum Umgang mit wassergefährdenden Stoffen

„Anlagen zum Umgang mit wassergefährden-den Stoffen" sind Anlagen zum Lagern, Abfül-len und Umschlagen wassergefährdender Stoffe (LAU-Anlagen) sowie Anlagen zum Herstellen, Behandeln und Verwenden wassergefährdender Stoffe (HBV-Anlagen). Hinsichtlich dieser Anla-gen gilt der wasserrechtliche *Besorgnisgrund-satz*: sie dürfen nur so beschaffen sein und ein-gebaut, aufgestellt, unterhalten und betrieben werden, daß eine Verunreinigung der Gewässer oder eine sonstige nachteilige Veränderung der Gewässereigenschaften nicht zu besorgen ist. Dies gilt auch für Rohrleitungsanlagen, die den Be-reich eines Werksgeländes nicht überschreiten. Der Besorgnisgrundsatz gilt für Anlagen zum Verwenden wassergefährdender Stoffe nur im Be-reich der gewerblichen Wirtschaft und öffentli-cher Einrichtungen. Anlagen zum Umschlagen wassergefährdender Stoffe sowie Anlagen zum Lagern und Abfüllen von Jauche, Gülle und Si-lagesickersäften (JGS-Anlagen) werden privile-giert: sie müssen (lediglich) so beschaffen sein und so eingebaut, aufgestellt, unterhalten und betrieben werden, daß der bestmögliche Schutz der Gewässer vor Verunreinigung oder sonstiger nachteiliger Veränderungen ihrer Eigenschaften erreicht wird. Als Mindestanforderung für die vom WHG erfaßten LAU- und HBV-Anlagen sind die allgemein anerkannten Regeln der Tech-nik zu beachten. Diese Anforderungen werden durch das Landesrecht konkretisiert. Hierzu ha-ben die Länder Anlagenverordnungen (in Nord-rhein-Westfalen: VAwS) und Durchführungsver-waltungsvorschriften erlassen. Es bestehen aber Bestrebungen, das Anlagenrecht bundeseinheit-lich zu regeln.

Der Begriff der *wassergefährdenden Stoffe* wird in diesem Zusammenhang anders definiert als bei den Rohrleitungen. Erfaßt werden feste, flüs-sige und gasförmige Stoffe, die geeignet sind, nachhaltig die physikalische, chemische oder bio-logische Beschaffenheit nachteilig zu verändern. Eine beispielhafte Aufzählung der betroffenen Stoffgruppen findet sich in § 19 g Abs. 5 WHG. Im übrigen werden die Stoffe in der Allgemeinen Ver-waltungsvorschrift über die Bestimmung was-sergefährdender Stoffe und ihre Einstufung (VwVwS), deren neue Fassung zum 01.05.1996 in Kraft getreten ist, näher bestimmt und entspre-chend ihrer Gefährlichkeit eingestuft. Die Ein-stufung erfolgt in vier Wassergefährdungsklas-sen: WGK 0 – i.allg. nicht wassergefährdend; WGK 1 – schwach wassergefährdend; WGK 2 – wassergefährdend; WGK 3 – stark wassergefähr-dend. Die besonderen Anforderungen in den An-lagenverordnungen differenzieren insb. im Hin-blick auf diese Wassergefährdungsklassen. Die VwVwS stellt eine norminterpretierende Verwal-tungsvorschrift dar (s. Abschn. B.1.1.2.3); die in ihr enthaltene Stoffauflistung ist nicht abschließend.

Um sicherzustellen, daß Unternehmen und sonstige Betroffene die umfassenden wasser-rechtlichen Anforderungen an ihre Anlagen ein-halten, wurde in § 19h WHG die Pflicht zur *Eig-nungsfeststellung oder Bauartzulassung* festge-legt. Diese Pflicht erstreckt sich auf die Anlagen selbst, Teile von ihnen sowie technische Schutz-einrichtungen, *soweit sie nicht einfacher oder her-kömmlicher Art* sind. Handelt es sich um Einzel-anlagen oder Einzelteile, ist die Eignungsfeststel-lung durchzuführen; bei einer serienmäßigen Herstellung kann eine Zulassung der Bauart nach erfolgen. Diese Pflicht entfällt, soweit eine ar-beits- oder immissionsschutzrechtliche Bauart-zulassung oder bestimmte Zulassungen nach dem Bauprodukterecht (z.B. CE-Zeichen), die die Einhaltung der wasserrechtlichen Anforde-rungen sicherstellen, vorliegen. Weitere Ausnah-men bestehen für die Zwischenlagerung im Rah-men eines ordnungsgemäßen Transportvor-gangs, für Stoffe, die sich im Arbeitsgang befin-den, sowie für die Bereithaltung geringfügiger Mengen in Laboratorien.

Damit erlangt die Qualifikation als einfach oder herkömmlich erhebliches Gewicht. Eine Anlage gilt als *einfach*, wenn sie mit geringem technischem Aufwand erstellt ist und ihre Brauchbarkeit ohne technische Hilfsmittel überprüft werden kann. Sie ist *herkömmlich*, soweit ihre Tauglichkeit aufgrund einer Vielzahl von Fällen gesammelter tatsächlicher Erfahrungen feststeht. Diese unbestimmten Rechtsbegriffe werden teilweise in den Anlagenverordnungen der Länder sowie den dazu ergangenen Verwaltungsvorschriften konkretisiert. Lagertanks gelten beispielsweise als einfach oder herkömmlich, wenn sie doppelwandig sind oder in einem Auffangraum stehen und mit einem selbsttätigen Leckanzeigemechanismus ausgestattet sind. In den landesrechtlichen Vorschriften wird auch in erheblichem Maße auf technische Regeln (z.B. TRbF) und private Regelwerke (z.B. DIN-Normen) verwiesen. Allgemein kann festgestellt werden, daß Anlagen oder Teile einfach oder herkömmlich sind, soweit sie eingeführten technischen Vorschriften oder Baubestimmungen entsprechen.

Eine Anlage darf nur Verwendung finden, wenn die Eignungsfeststellung oder Bauartzulassung durch Bescheid erfolgt ist. Sie haben daher genehmigenden Charakter. Im Rahmen des Verwaltungsverfahrens hat die Wasserbehörde zu überprüfen, ob die Anforderungen des WHG, wie sie durch das Landesrecht, insb. die Anlagenverordnungen, und die TRbF, neuerdings auch die TRUwS (s. Abschn. B.1.1.3.2), konkretisiert werden, eingehalten werden. Die Eignungsfeststellung oder Bauartzulassung kann inhaltlich beschränkt, befristet und unter Auflagen erteilt werden, soweit dies zur Einhaltung der wasserrechtlichen Anforderungen erforderlich ist (Verhältnismäßigkeitsgrundsatz).

Die Anforderungen des WHG und der Anlagenverordnungen sind aber bereits unmittelbar kraft Gesetzes bzw. Rechtsverordnung verbindlich und daher von den Unternehmen zu respektieren. Der Einbau, die Aufstellung, Instandhaltung, Instandsetzung oder Reinigung von Anlagen darf nur durch *Fachbetriebe i. S. d. § 19l WHG* ausgeführt werden. Der Anlagenbetreiber darf auch nur solche Betriebe mit diesen Arbeiten beauftragen. Als Fachbetrieb gilt, wer über die nötige Ausrüstung und das Personal mit der erforderlichen Sachkunde verfügt und berechtigt ist, Gütezeichen einer baurechtlich anerkannten Überwachungs- oder Gütegemeinschaft zu führen, oder einen Überwachungsvertrag mit einer technischen Überwachungsorganisation abgeschlossen hat. Des weiteren treffen den Anlagen-

betreiber Überwachungspflichten; die Wasserbehörde kann hierzu weitergehende Anordnungen treffen. Außerdem muß derjenige, der eine Lageranlage befüllt oder entleert, diesen Vorgang überwachen und sich vor Beginn der Arbeiten vom ordnungsgemäßen Zustand der dafür erforderlichen Sicherheitseinrichtungen überzeugen.

B.4.5.3 Sonstige anlagenbezogene Anforderungen

Gemäß § 18b WHG sind Abwasseranlagen unter Berücksichtigung der Benutzungsbedingungen und Auflagen für das Einleiten von Abwasser (s. Abschn. B.4.3.3) nach den hierfür jeweils in Betracht kommenden Regeln der Technik zu errichten und zu betreiben. Diese Regeln der Technik werden durch Landesrecht, insb. in Verwaltungsvorschriften, die teilweise auch DIN-Normen für verbindlich erklären, und in privaten Regelwerken (z.B. der ATV, s. Abschn. B.1.1.3) konkretisiert. Für den Bau und Betrieb sowie die wesentliche Änderung einer Abwasserbehandlungsanlage, die für mehr als 3.000 kg/d BSB_5 (roh) oder für mehr als 1.500 m³ $\geq$ anorganisch belastetes Abwasser in zwei Stunden (ausgenommen Kühlwasser) ausgelegt ist, schreibt das WHG eine behördliche Zulassung vor. Das Zulassungsverfahren muß den Anforderungen an eine UVP entsprechen. Nach Landesrecht können derartige Zulassungen der Bauart nach erfolgen. Außerdem erstrecken die Landeswassergesetze teilweise das Zulassungserfordernis auf sonstige Abwasserbehandlungsanlagen.

Darüber hinaus enthalten die Landeswassergesetze weitere Anforderungen an Anlagen. Genehmigungs- oder Anzeigepflichten, auch Planfeststellungsverfahren werden z.B. für folgende Tätigkeiten festgelegt:

- Außerbetriebsetzung, Beseitigung, Änderung bestimmter Benutzungsanlagen, insb. Stauanlagen,
- Bau, Betrieb und wesentliche Veränderung von Wasserversorgungsanlagen,
- Errichtung und wesentliche Änderung von Anlagen in oder an Gewässern,
- Bau und Betrieb von Talsperren.

In der Regel gelten diese Genehmigungspflichten nur, soweit keine sonstige baurechtliche oder gewerberechtliche Zulassung erforderlich ist. Weitere Genehmigungserfordernisse gelten für bestimmte Maßnahmen, die innerhalb festgesetzter Wasserschutz- oder Hochwassergebiete durchgeführt werden.

B.4.6 Wasserrechtliche Schutzgebiete

B.4.6.1 Wasserschutzgebiete

§ 19 WHG ermächtigt die Wasserbehörden, im Interesse der Allgemeinheit *Wasserschutzgebiete* einzurichten, insb. um das Grundwasser als intaktes Reservat für die öffentliche Wasserversorgung zu erhalten. Die Festsetzung eines Wasserschutzgebiets bedarf eines förmlichen Verfahrens; in den Bundesländern ist hierfür i.d.R. der Verordnungsweg vorgeschrieben. Von großer Bedeutung für die Festsetzung solcher Schutzgebiete ist das DVGW-Arbeitsblatt W 101 (s. Abschn. B.1.1.3.2). In den Wasserschutzgebieten können bestimmte Handlungen verboten werden. Die Eigentümer und Nutzungsberechtigten der in dem betroffenen Gebiet gelegenen Grundstücke können zur Duldung oder Vornahme bestimmter Maßnahmen verpflichtet werden. Es wird i.d.R. festgesetzt, welche Handlungen verboten, beschränkt oder geboten oder von einer behördlichen Genehmigung abhängig sind. Diese Festsetzungen richten sich nach dem Zweck des Wasserschutzgebiets, dem Schutzbedürfnis der Wassergewinnungsanlagen und den hydrologischen Gegebenheiten. Die Schutzanordnungen können sich auch an die Allgemeinheit richten. Stellt ein Verbot, eine Beschränkung oder ein Gebot im Hinblick auf bestimmte Grundstücksnutzungen eine Enteignung dar, so ist der Eigentümer zu entschädigen. Soweit durch die erhöhten Anforderungen die *ordnungsgemäße* land- oder forstwirtschaftliche Nutzung eines Grundstücks beschränkt wird, ist für die dadurch verursachten wirtschaftlichen Nachteile ein angemessener Ausgleich zu leisten, der sich nach Landesrecht richtet. Für Rechtsstreitigkeiten über Entschädigungs- und Ausgleichszahlungen sind die Zivilgerichte zuständig.

Die Landesgesetze ermächtigen darüber hinaus zur Festsetzung von Gebieten zum *Schutz von Heilquellen*. Als Heilquellen gelten natürlich zutagetretende oder künstlich erschlossene Wasser- oder Gasvorkommen, die aufgrund ihrer chemischen Zusammensetzung, physikalischen Eigenschaften oder nach der Erfahrung geeignet sind, Heilzwecken zu dienen. Auf derartige Festsetzungen sind in der Regel die Vorschriften zur Festsetzung von Wasserschutzgebieten sinngemäß anzuwenden.

B.4.6.2 Überschwemmungsgebiete und Gewässerrandstreifen

Gemäß § 32 WHG sind Gebiete, die bei Hochwasser überschwemmt werden, zu *Überschwemmungsgebieten* zu erklären, soweit es die Regelung des Wasserabflusses erforderlich macht. Zur Sicherstellung eines schadlosen Abflusses des Hochwassers haben die Länder Vorschriften für solche Gebiete erlassen, insb. sind Rückhalteflächen zu erhalten und ggfs. wiederherzustellen. Die Festsetzung der Überschwemmungsgebiete und der darin zu beachtenden Ge- und Verbote erfolgt i.d.R. durch Rechtsverordnung. Teilweise wird auch eine Genehmigung für bestimmte Maßnahmen vorgesehen, die den Hochwasserabfluß behindern können. Das Landeswasserrecht sieht darüber hinaus weitere Maßnahmen zur Sicherung des schadlosen Hochwasserabflusses vor. Zum Teil sieht das Landesrecht Anforderungen und Verbote für Maßnahmen in festgelegten oder festzusetzenden *Gewässerrandstreifen* vor.

B.4.7 Fiskalisches Wasserrecht

B.4.7.1 Abwasserabgabenrecht

Das Bundes-Abwasserabgabengesetz (AbwAG) schreibt vor, daß für das Einleiten von Abwasser in ein Gewässer eine Abgabe (Abwasserabgabe) zu entrichten ist, die von den Ländern erhoben wird. Als *Abwasser* gelten nach der Begriffsbestimmung des § 2 Abs. 1 AbwAG Schmutzwasser und Niederschlagswasser (s. Abschn. B.4.3.3), wobei zum Schmutzwasser auch die aus Anlagen zum Behandeln, Lagern und Ablagern von Abfällen austretenden und gesammelten Flüssigkeiten (insb. Deponiesickerwässer) zählen.

Die *Höhe der Abgabe* richtet sich nach der Schädlichkeit des Abwassers. Diese wird unter Zugrundelegung der oxidierbaren Stoffe (in chemischem Sauerstoffbedarf – CSB), des Phosphors, des Stickstoffs, der organischen Halogenverbindungen, der Metalle Quecksilber, Cadmium, Chrom, Nickel, Blei, Kupfer und ihrer Verbindungen sowie der Giftigkeit des Abwassers gegenüber Fischen nach Schadstoffeinheiten bestimmt. Diese sind in der Anlage zu § 3 AbwAG festgelegt. Schadstoffkonzentrationen oder Jahresmengen, die die in dieser Anlage angeführten Schwellenwerte nicht überschreiten, bleiben außer Betracht. Die Schädlichkeit bestimmt sich nach der Schadstofffracht, die im *Bescheidsystem* ermittelt wird: der die Abwassereinleitung zulassende Erlaubnisbescheid hat die in einem bestimmten Zeitraum im Abwasser einzuhaltenden Schadstoffkonzentrationen und bei der Giftigkeit gegenüber Fischen den in einem bestimmten Zeitraum einzuhaltenden Verdünnungsfaktor zu begrenzen (Überwachungswerte) sowie die Jahresschmutzwassermenge festzulegen; die zu veranlagenden Schadeinheiten sind aufgrund dieser Festlegungen zu errechnen. Anstelle der in dem Bescheid festgelegten Parameter sind die vom Einleiter gegenüber der Behörde erklärten Werte zu berücksichtigen, wenn der Einleiter glaubt, niedrigere Werte als die festgelegten einhalten zu können, oder soweit keine Festlegung im Bescheid erfolgt ist. Für Niederschlagswasser und bei Kleineinleitungen wird die Anzahl der Schadeinheiten pauschalisiert. Die zu veranlagende Anzahl der Schadeinheiten ist mit dem jeweils gültigen Abgabesatz zu multiplizieren. Seit dem 01.01.1997 beträgt dieser 70 DM im Jahr. Außer für die pauschalisierten Einleitungen ermäßigt sich der Abgabensatz um 75 %, ab 1999 um 50 % für die Schadeinheiten, die nicht vermieden werden, obwohl die Anforderungen der AbwV oder der Abwasserverwaltungsvorschriften eingehalten werden. § 10 AbwAG nimmt einzelne Abwassereinleitungen von der Abgabepflicht aus.

Der Ertrag der Abwasserabgabe ist zweckgebunden für bestimmte wasserwirtschaftliche Maßnahmen zu verwenden.

B.4.7.2 Grundwasserabgabe und Wasserpfennig

Zahlreiche Bundesländer haben die Erhebung einer Abgabe für die Wasserentnahme aus Gewässern durch Landesgesetz festgelegt. Die meisten Länder beschränken diese Abgabenpflicht nur auf die Entnahme aus dem Grundwasser (z. B. Hessen, Schleswig-Holstein, Berlin), andere (z. B. Baden-Württemberg) erstrecken sie auch auf sonstige Wasserentnahmen. Abgabenpflichtig ist jeder, der aus dem betroffenen Gewässer Wasser entnimmt. Dies betrifft in erster Linie die Betriebe der Trinkwasserversorgung und industrielle Großbetriebe. Die Höhe der Abgabe richtet sich nach der entnommenen Wassermenge. Der Abgabensatz ist i. d. R. nach der Art der Wasserverwendung gestaffelt. Dies führt insb. zu einer Privilegierung der Trinkwasserversorgung, Landwirtschaft, Fischerei und ähnlicher subventionierungswürdiger Betriebe gegenüber der industriellen Nutzung. Außerdem werden Wasserentnahmen zu bestimmten Zwecken von der Abgabenpflicht befreit. Diese Differenzierungen rechtfertigen sich als eine wirtschaftsrechtlich zulässige Subventionierung der begünstigten Bereiche, weil die wasserwirtschaftlichen Belange nur unerheblich beeinträchtigt werden oder aus sonstigen Gründen des Allgemeinwohls.

Die Verfassungsmäßigkeit dieser Abgabepflichten wurde angezweifelt. Inzwischen hat das Bundesverfassungsgericht aber diese Regelungen für mit dem Grundgesetz vereinbar erklärt. Insbesondere verstießen sie nicht gegen die Finanzordnung des GG, da die Abgabe der Abschöpfung eines Sondervorteils (Wassernutzung) diene und damit sachlich gerechtfertigt sei.

B.4.8 Die wasserrechtliche Gefährdungshaftung

Gemäß § 22 WHG ist derjenige, der in ein Gewässer Stoffe einbringt oder einleitet oder wer auf ein Gewässer derart einwirkt, daß die physikalische, chemische oder biologische Beschaffenheit des Wassers verändert wird, zum Ersatz des daraus einem anderen entstehenden Schadens verpflichtet. Diese Haftung trifft auch den Inhaber einer Anlage, die dazu bestimmt ist, Stoffe herzustellen, zu verarbeiten, zu lagern, abzulagern, zu befördern oder wegzuleiten, und aus der derartige Stoffe in ein Gewässer gelangen, ohne in dieses eingebracht oder eingeleitet zu sein; insoweit entfällt die Haftung, wenn der Schaden durch höhere Gewalt verursacht wurde. Dem Geschädigten obliegt weiterhin die Beweislast hinsichtlich des Kausalzusammenhangs zwischen der Stoffeinleitung in das Gewässer und seinem Schaden. Er muß dagegen nicht das Verschulden des Inhabers oder Betreibers der Anlage nachweisen.

B.5 Bodenschutzrecht

B.5.1 Grundlagen

B.5.1.1 Das Bundes-Bodenschutzgesetz

Seit Beginn der 80er Jahre wird in der Umweltpolitik des Bundes erörtert, ob neben dem Schutz der Luft und des Wassers nicht auch der Schutz des Bodens als des bis dahin angeblich vernachlässigten *„dritten Umweltmediums"* systematisch und bundeseinheitlich geregelt werden sollte. Dabei stand die Forderung im Vordergrund, für den zukünftigen Umgang mit dem Boden den Maßstab der Gefahrenabwehr nach dem Polizei- und Ordnungsrecht der Länder durch einen anspruchsvolleren Vorsorgemaßstab abzulösen. Gleichzeitig sollte sichergestellt werden, daß Altdeponien und kontaminierte Industriestandorte so saniert werden, wie dies erforderlich erscheint, um überall eine zufriedenstellende Bodenbeschaffenheit wiederherzustellen. Von den naturwissenschaftlichen Grundlagen her stellte es sich als schwierig heraus, die Definition des Bodens als Schutzobjekt eines eigenständigen Bodenschutzrechts zu bestimmen und Kriterien für die verschiedenen Bodenfunktionen festzulegen.

Das Bundes-Bodenschutzgesetz (BBodSchG) wurde vom Deutschen Bundestag am 05.02.1998 beschlossen, der Bundesrat hat dem Gesetz am 06.02.1998 zugestimmt. Das Gesetz ist am. 17. 03.1998 verkündet worden (BGBl S. 502). Abgesehen von den Verordnungsermächtigungen, die sofort wirksam werden, treten die Regelungen des Gesetzes zusammen mit der Bodenschutz- und Altlastenverordnung im März 1999 in Kraft.

B.5.1.2 Die Gesetzgebungskompetenz

Bisher waren Altlastenrecht und Bodenschutz Gegenstand landesrechtlicher Regelungen. Die Bundesregierung geht davon aus, daß der Bund über eine konkurrierende *Gesetzgebungskompetenz* (s. Abschn. B.1.1.2.2) für den Bodenschutz verfügt.Diese Kompetenz soll sich aus einem Konglomerat einzelner Kompetenzzuweisungen ergeben, in denen der Bodenschutz partiell mitumfaßt ist, insbesondere aber aus Art. 74 Nr. 18 des Grundgesetzt (GG), wonach sich die konkurrierende Gesetzgebung auch auf das „Bodenrecht" erstreckt. Verfassungsrechtlich kann dies nicht überzeugen. Unter Bodenrecht hat man stets nur Bodennutzungsrecht, nicht Bodenschutzrecht verstanden.Vor allem machte es keinen Sinn, wenn das Grundgesetz einerseits für den Schutz des Wasserhaushalts und für den Naturschutz nach Art. 75 Nr. 3 und 4 GG bewußt nur eine Rahmengesetzgebung (s. Abschn. B.1.1.2.2) vorsähe, obwohl in dieser Materie immer schon die weitaus wichtigsten Bodenschutzkomponenten mitenthalten waren, andererseits die Bestimmung von Schutzwürdigkeits- und Gefährdungsprofilen für den Boden der Bundespolitik vollständig öffnete. Sofern sich einige Bundesländer künftig einem Interventionismus des Bundesrechts widersetzen sollten, dürfte die verfassungs-

rechtliche Basis, die die Gesetzesbegründung reklamiert, rasch zusammenbrechen. Aber das jetzt erlassene Bundesgesetz und auch die in der Entstehung begriffene Bodenschutz- und Altlastenverordnung sind weit davon entfernt, eine konkurrierende Gesetzgebungskompetenz voll auszuschöpfen. Was jetzt bundeseinheitlich geregelt wird, dürfte noch in Einklang mit der Kompetenzverteilung für den Schutz der Umweltmedien in den Art. 70,74 und 75 GG stehen.

B.5.1.3 Anwendungsbereich

In dieser Hinsicht kommt der sehr zurückhaltenden Regelung des *Anwendungsbereichs* des Gesetzes bereits große Bedeutung zu. Nach § 4 Abs. 4 BBodSchG bestimmen sich die bei der Sanierung von Gewässern zu erfüllenden Anforderungen nach dem Wasserrecht. Nach dem Wasserhaushaltsgesetz ist es weiterhin Sache der Länder, Bewirtschaftungs- und Sanierungsziele für die Gewässer vorzugeben. Das gilt selbstredend nicht nur für die Sanierung der Gewässer selbst, etwa die Reinigung von kontaminierten Grundwasserkompartimenten, sondern bedeutet auch, daß bei der Sanierung von kontaminierten Böden, deren eluierende Schadstoffe die Gewässer bisher noch nicht erreicht haben, die Bewirtschaftungs- und Sanierungsziele den Ausschlag geben, die die zuständigen Landesbehörden im Rahmen ihrer komplexen Gewässerbewirtschaftung jeweils setzen.

In weitem Umfang hängt die Erfüllung der boden- und altlastenbezogenen Pflichten von der planungsrechtlich zulässigen Nutzung des Grundstücks ab. Hier bleiben die Vorschriften des Bauplanungsrechts maßgebend, so daß sich die Anforderungen i.d.R. danach ausrichten, wie die Gebietsplanung des Landes und die Bauleitplanung der Städte und Gemeinden ineinandergreifen.

In ähnlicher Weise sind die Vorschriften des Verkehrsrechts, des Forstrechts, des Bergrechts, des Immissionsschutzrechts und des Abfallwirtschaftsrechts vorrangig, soweit sie Einwirkungen auf den Boden regeln. In besonderer Weise gilt dies für die Landwirtschaft, die nach wie vor auf eine standortangepaßte Produktion verpflichtet wird, aber nur nach Maßgabe der Grundsätze der *guten fachlichen Praxis*, die im Landwirtschaftsressort formuliert wird. Bodenschutzrechtliche Beschränkungen der land- und forstwirtschaftlichen Bodennutzung sowie zur Bewirtschaftung von Böden sind nach § 10 Abs. 2 BBodSchG entschädigungspflichtig, wenn dies auch unter Berücksichtigung von Verursacherverantwortung und zumutbaren innerbetrieblichen Anpassungsmaßnahmen sowie der für jedermann mit Bodenschutz vorbundenen allgemeinen Belastungen zu einer *besonderen Härte* führen würde.

Auch *Landesrecht* wird aus dem Gebiet des Bodenschutzes keineswegs verdrängt. Zwar müssen die Länder sowohl ihre Bodenschutzgesetze als auch Sondergesetze, die die Altlastensanierung behandeln, dem neuen Bundesrecht anpassen. In erheblichem Umfang bleiben diese Landesgesetze aber aufrechterhalten. Auch künftig können die Länder ergänzende Verfahrensregelungen erlassen, Verdachtsflächenkataster führen, gebietsbezogene Maßnahmen des Bodenschutzes bei flächenhaft schädlichen Bodenveränderungen treffen und eigene Bodeninformationssysteme einrichten. Auch landesrechtlich unterschiedliche Grundsätze für die Heranziehung von Störern und Nichtstörern bleiben aufrechterhalten, wenn nur die bundesrechtlichen Vorgaben beachtet werden.

Zusammenfassend kann man feststellen, daß das BBodSchG sich auf Regelungen beschränkt, über die sich Bund und Länder einig sind. Der künftige Umgang mit dem Boden nach Vorsorgemaßstäben ist noch in weitem Umfang ausfüllungsbedürftig. Vor allem ist offen, was zum Schutz spezifisch ökologischer Bodenfunktionen gefordert werden soll. Für die Sanierung von Altlasten wird ein einheitliches Verfahren eingeführt, insbesondere was die Ermittlung von Bodenverunreinigungen nach Maßgabe bestimmter Untersuchungsverfahren und die Bewertung von Analyseergebnissen angeht; insoweit wird das allenthalben beklagte „Listenwirrwarr" (teilweise) beseitigt. Hinsichtlich der Maßstäbe, nach denen Altlasten zu sanieren sind, ändert sich jedoch gegenüber dem bisherigen Rechtszustand wenig. Wird im Hinblick auf eine künftige Flächennutzung saniert, sind die dafür jeweils geltenden Grenzwerte zum Schutz des Menschen und von pflanzlichem und tierischem Leben einzuhalten. Wird im Hinblick auf den Schutz von Oberflächengewässern oder von Küstengewässern saniert, kommt es auf die Bewirtschaftungsziele an, die die Wasserbehörde für die betreffende Gewässerstrecke vorgibt. Wird im Hinblick auf den Schutz von Grundwasservorkommen saniert, kommt es darauf an, welchen Spielraum das Wasserhaushaltsgesetz den Ländern für die Bestimmung der Sanierungsziele läßt und wie die zuständige Behörde davon im Rahmen der Grundwasserbewirtschaftung Gebrauch macht.

B.5.1.4 Prüf- und Sanierungswerte

Schließlich ist entscheidend, daß in der Bodenschutz- und Altlastenverordnung *Prüfwerte* festgelegt werden, nur ganz vereinzelt Sanierungswerte (Maßnahmenwerte), die gewissermaßen schon aufgrund von Bundesrecht bestimmte Sanierungsmaßnahmen auslösen. Da letztlich die Sanierung jeder Altlast eine Einzelfallentscheidung bleibt, in die zahlreiche Abwägungsfaktoren eingehen müssen oder zumindest eingehen können, erscheint es unrealistisch, die Vorstellung zu pflegen, mit dem neuen Bodenschutzrecht seien Maßnahmen zur Sanierung von Altlasten schon normativ festgelegt und die Kosten präzis kalkulierbar geworden. Der Entscheidungsspielraum für die Behörde bleibt weitgesteckt; die dogmatische Feinstruktur, wo jeweils Bewirtschaftungsermessen, wo Rechtsfolgenermessen, wo nur Verhältnismäßigkeitsspektren im Rahmen an sich strikter Gesetzesbindung ausgeschöpft werden, kann demgegenüber oft auf sich beruhen. Die Verwaltungsgerichte werden sich bei der Überprüfung von Sanierungsanordnungen oder öffentlichrechtlichen Sanierungsverträgen eher zurückhalten, gleichviel ob dies im Ermessensbereich nach § 114 VwGO geschieht oder sonst aus Gründen praktischer Vernunft.

B.5.2 Bodenschutzrechtliche Verwaltungsverfahren

B.5.2.1 Zuständige Behörden

Es ist *Sache der Länder* zu bestimmen, welche Behörden für den Vollzug des Bodenschutzrechtes *zuständig* sein sollen. Hier kommen staatliche und kommunale Zuständigkeiten in Betracht, außerdem ist das Verhältnis zwischen Vollzugsbehörden und reinen Fachbehörden zu klären.

Dementsprechend richtet sich das *Verwaltungsverfahren* nach dem Verwaltungsverfahrensgesetz des jeweiligen Bundeslandes. Das Polizei- und Ordnungsrecht liefert nach wie vor die maßgeblichen Modelle für die Abwicklung, sowohl bei der Durchsetzung von Vorsorgeanforderungen als auch bei der Altlastensanierung. Nur wenige Vorgaben des Bundesrechts sind hier zu beachten. Vor allem sieht das Bundesrecht davon ab, den Behörden Amtspflichten zum Schutz des Bodens aufzuerlegen. Das gilt auch für die

Sanierung von Altlasten. Die Behörde kann nach ihrem Opportunitätsermessen Maßnahmen treffen, muß dies aber nicht tun. Allerdings sieht § 13 Abs. 1 BBodSchG vor, daß bei Altlasten, von denen aufgrund von Art, Ausbreitung oder Menge der Schadstoffe „in besonderem Maße" schädliche Bodenveränderungen ausgehen, die zuständige Behörde Sanierungsuntersuchungen herbeiführen sowie die Vorlage eines Sanierungsplans verlangen „soll". Aber dies bleibt weit hinter einer Garantenstellung für saubere Böden zurück. Nur für Extremsituationen kann daher der Vorwurf der Verletzung verwaltungsrechtlicher Pflichten gegenüber Beamten in Betracht kommen, die einer Amtspflicht zum Schutz des Bodens nach § 324 a StGB nicht nachgekommen sind.

B.5.2.2 Behördliche Maßnahmen

Bei der Sanierung von Altlasten kommt eine Durchsetzung durch *Sanierungsanordnung* (s. Abschn. B.1.2.3.3 u. B.1.3.2.1) oder durch *öffentlich-rechtlichen Vertrag* (s. Abschn. B.1.3.2.2) in Betracht; letzterer wird in § 13 Abs. 4 BBodSchG ausdrücklich hervorgehoben. Vom Inhalt her geht es einerseits darum, Sanierungsuntersuchungen andererseits die Vorlage eines Sanierungsplans anzuordnen. Gegenüber dem klassischen Ordnungsrecht zeigt sich eine deutliche Abweichung. Während dort i. allg. die Behörde den Nachweis führt, daß eine Gefahr vorliegt, die Abwehrmaßnahmen erfordert, bemüht man sich in § 9 BBodSchG, den Ermittlungs- und Untersuchungsaufwand (s. Abschn. B.5.4.1) möglichst weitgehend schon auf Handlungs- oder Zustandsstörer (s. Abschn. B.1.2.3.3) zu verlagern. Nach § 9 Abs. 1 BBodSchG genügt es, daß der zuständigen Behörde „Anhaltspunkte" dafür vorliegen, daß eine schädliche Bodenveränderung oder Altlast eingetreten ist, um eine Inanspruchnahme in die Wege zu leiten. Stellt sie fest, daß Prüfwerte überschritten sind, werden Grundstückseigentümer und Gewahrsamsinhaber über die getroffenen Feststellungen schriftlich unterrichtet. Bestehen daraufhin auch schon „konkrete Anhaltspunkte", die den „Verdacht" auf eine schädliche Bodenveränderung oder eine Altlast begründen, reicht dies bereits aus, die Handlungs- oder Zustandsstörer zur Durchführung der notwendigen Untersuchungen zur Gefährdungsabschätzung heranzuziehen. Die Kosten dieser Maßnahmen sind nach § 24 Abs. 1 i. V. m. § 9 Abs. 2 BBodSchG von den Verpflichteten zu tragen. Bestätigt sich freilich bei diesen Untersuchungen der Verdacht nicht, sind den zur Untersuchung Herangezogenen die Kosten zu erstatten, es sei denn, daß sie die den Verdacht begründenden Umstände zu vertreten hätten.

Es liegt in der Konsequenz einer so weitgehenden Inpflichtnahme Privater, daß das Sanierungsprogramm nach § 13 BBodSchG Sache des Handlungs- oder Zustandsstörers ist, der einen Sanierungsplan (s. Abschn. B.5.4.2) zu erarbeiten hat oder auf seine Kosten von Ingenieurbüros erarbeiten läßt. Die Behörde kann den Sanierungsplan nach § 14 BBodSchG aber auch selbst erstellen oder ergänzen oder durch einen Sachverständigen erstellen oder ergänzen lassen. Ihr Opportunitätsermessen ist hier aber nach zwei Seiten hin deutlich eingeschränkt.

Einerseits muß sie dies gegenüber den Verantwortlichen rechtfertigen, wenn diese selbst zur Aufstellung des Sanierungsplans bereit und in der Lage sind. Diese müssen den Selbsteintritt der Behörde nur hinnehmen, wenn aufgrund der großflächigen Ausdehnung der Altlast, der auf der Altlast beruhenden weiträumigen Verunreinigung eines Gewässers oder aufgrund der großen Zahl der Handlungs- oder Zustandsstörer ein koordiniertes Vorgehen erforderlich ist.

Die Vorschrift dürfte das Opportunitätsermessen damit aber zugleich auch gegenüber denjenigen einschränken, die ohne ein koordiniertes Vorgehen deutliche Nachteile zu besorgen hätten. Das ist in erste Linie der Grundstückseigentümer, der anderenfalls die ganze Sanierungslast zunächst selbst zu tragen hätte. Zwar sieht § 24 Abs. 2 BBodSchG vor, daß mehrere Verpflichtete unabhängig von ihrer Heranziehung untereinander einen Ausgleichsanspruch haben. Aber die Frage, welche Verpflichteten welche Kostenanteile zu tragen haben, muß dann erst auf Klage der zuerst Herangezogenen im ordentlichen Rechtsweg geklärt werden. Außerdem bleibt offen, ob die Verpflichteten zahlungsfähig sind. In der Regel wird die Behörde daher nicht darum herumkommen, in Fällen komplexer Verantwortlichkeit die Verteilung der Sanierungslast selbst in die Hand zu nehmen; alles andere wäre unzumutbar. Dies gilt in besonderem Maße, wenn zu dem Kreis der Sanierungsverantwortlichen auch der Bund, das Land oder Gebietskörperschaften gehören.

Offen ist, ob auch Dritte, die durch die Altlastensanierung begünstigt werden, einen Anspruch gegen die Behörde auf ein koordiniertes Vorgehen gegenüber den Handlungs- und Zustandsstörern geltend machen können. Hier ist etwa an ein Wasserversorgungsunternehmen zu denken, das besorgen muß, daß im Fall einer Sanierungsplanung auf privater Basis die Sanierung nur unzulänglich oder in allzu langen Zeiträumen abgewickelt werde. Jedenfalls dann, wenn sich überhaupt ein Anspruch auf behördliches Einschreiten zugunsten solcher Betroffener konstruieren läßt, wird man die Meinung vertreten können, hier sei auch ein koordiniertes Vorgehen der Behörde ggf. verwaltungsgerichtlich durchsetzbar.

Die Unterscheidung zwischen Altlasten auf der einen Seite, Grundstücken mit schädlichen Bodenveränderungen auf der anderen Seite hat zunächst die Bedeutung, daß bei ersteren gewissermaßen von Gesetzes wegen schon ein Anfangsverdacht auf schädliche Bodenveränderungen besteht. Dabei handelt es sich um stillgelegte Abfallbeseitigungsanlagen und Grundstükke, auf denen Abfälle behandelt, gelagert oder abgelagert worden sind (Altablagerungen), ferner um Grundstücke stillgelegter Anlagen und sonstige Grundstücke, auf denen mit umweltgefährdenden Stoffen umgegangen worden ist (Altstandorte).

Altlasten und altlastverdächtige Flächen unterliegen ferner, soweit erforderlich, der Überwachung durch die zuständige Behörde. Liegt eine Altlast vor, kann die Behörde nach § 15 Abs. 2 BBodSchG Handlungs- oder Zustandsstörer heranziehen, die Eigenkontrollmaßnahmen, insbesondere Boden- und Wasseruntersuchungen sowie Einrichtung und den Betrieb von Meßstellen durchzuführen haben. Das hat insbesondere auch für die Zeit nach Durchführung von Dekontaminations-, Sicherungs- und Beschränkungsmaßnahmen Bedeutung.

B.5.2.3 Der Sanierungsplan

Die praktisch wichtigste Verfahrensregelung des Bundesrechts liegt in der *Konzentrationswirkung*, die dem *Sanierungsplan* (s. Abschn. B.5.4.2) zukommen kann. Im Normalfall, in dem etwa der Grundstückseigentümer oder eine Störergemeinschaft den Sanierungsplan aufgestellt hat, greift § 13 Abs. 6 BBodSchG ein, wonach die Behörde den Plan – auch unter Abänderung oder mit Nebenbestimmungen – für verbindlich erklären kann. Ein für verbindlich erklärter Plan schließt andere die Sanierung betreffende behördliche Entscheidungen grundsätzlich ein. Dementsprechend kann selbstredend auch eine behördliche Sanierungsplanung mit Konzentrationswirkung

ausgestattet werden. Von der Konzentrationswirkung ausgenommen sind Zulassungsentscheidungen, die außerhalb des Anwendungsbereichs nach § 3 BBodSchG liegen und nach Bundes- oder Landesrecht einer Umweltverträglichkeitsprüfung unterliegen. Außerdem setzt die Konzentrationswirkung voraus, daß die jeweils miteingeschlossenen Entscheidungen in der Verbindlicherklärung ausdrücklich aufgeführt werden und daß vorher das Einvernehmen mit der zuständigen Behörde hergestellt worden ist.

B.5.3 Maßstäbe für die Inanspruchnahme von Handlungs- und Zustandsstörern

B.5.3.1 Störerverantwortlichkeit und Verhältnismäßigkeitstest

Die mit dem Bundes-Bodenschutzgesetz verbundenen Erwartungen an eine flächendeckende Wiederherstellung unbeeinträchtigter Bodenverhältnisse, an eine gleiche und gerechte Verteilung der Sanierungslast unter allen Beteiligten und an bestimmte, sicher kalkulierbare Vorgaben dafür, was die Behörde von den Handlungs- und Zustandsstörern (s. Abschn. B.1.2.3.3) verlangen kann, waren stets drastisch überzogen. Demgegenüber sind zum Verständnis des Gesetzes vor allem drei Korrekturen unerläßlich.

– Die Behörden der Länder sind nicht verpflichtet, Altlasten zu beseitigen oder beseitigen zu lassen. Das Gesetz harmonisiert *Eingriffsbefugnisse*, es konstruiert keine Garantenstellung für die Wiederherstellung sauberer Böden. Manche Altlasten werden also saniert, andere nicht.
– Der Grundpflichtenkatalog, wonach Grundstückseigentümer, frühere Grundstückseigentümer, Gewahrsamsinhaber, Handlungsstörer und deren Gesamtrechtsnachfolger verpflichtet werden können, die schädlichen Bodenveränderungen so zu sanieren, daß dauerhaft keine Gefahren für den Einzelnen oder die Allgemeinheit entstehen, steht zunächst unter dem Vorbehalt eines *„großen Verhältnismäßigkeitstests"*, wonach potentiell erreichbare Sanierungserfolge mit dem an volkswirtschaftlichen Kategorien ausgerichteten Aufwand in Beziehung zu setzen sind. Nicht alles, was technisch möglich wäre, um die Sünden der Vergangenheit auszugleichen, läßt sich nach Maßstäben praktischer Vernunft rechtfertigen.
– Schließlich unterliegt die Heranziehung jedes

Zustands- oder Handlungsstörers einem *kleinen Verhältnismäßigkeitstest*, wobei der von jedem Verpflichteten geforderte Aufwand an betriebswirtschaftlich ausgerichteten Zumutbarkeitskategorien gemessen werden muß. Dabei sind die Grenzen der Zumutbarkeit für jede Gruppe der *Verpflichteten* (s. Abschn. B.1.2.3.3) gesondert festzustellen. Gewahrsamsinhaber können i. allg. überhaupt nur zur Duldung von Sanierungsmaßnahmen, nicht zur Sanierung selbst verpflichtet werden. Bei der Inanspruchnahme des Grundstückseigentümers kommt es auch darauf an, wieweit er sich anrechnen lassen muß, daß er es zur Kontamination des Bodens auf seinem Grundstück hat kommen lassen; jenseits dessen wird die Frage der Zumutbarkeit deutlich kritischer gestellt. Allerdings muß ein Eigentümer nach heute vorherrschender Auffassung gegen sich gelten lassen, daß er ein so kontaminiertes Grundstück überhaupt erworben hat; demgegenüber greift aber wieder der Gesichtspunkt korrigierend ein, daß die Sorgfaltspflichten für den Grundstücksmarkt nicht überzogen werden dürfen, erst recht nicht mit rückwirkender Kraft. Bei Grundstücksverkäufen nach Inkrafttreten des BBodSchG haftet nun grds. auch der bisherige Eigentümer. Selbst beim Handlungsstörer werden durch das Verhältnismäßigkeitsprinzip Grenzen gezogen. Obgleich es abwegig wäre, allen früher erteilten gewerberechtlichen Genehmigungen und Baugenehmigungen eine „Legalisierungswirkung" zuzuschreiben, die sie niemals gehabt haben, spielt es u. U. eine Rolle, daß Behörden bei der Überwachung von Betrieben eine gewisse Mitverantwortung übernommen haben und der Betreiber nach den damals praktizierten Maßstäben alles seinerseits Erforderliche eigentlich pflichtgemäß getan hatte.

Es wäre also eine Illusion zu glauben, daß alle Altlasten überall nach gleichen Maßstäben saniert werden und daß die Bodenschutz- und Altlastenverordnung für den Bereich der Altlastensanierung „gleichwertige Lebensverhältnisse im Bundesgebiet" herstellen könnte (Art. 72 Abs. 2 GG).

B.5.3.2 Die bodenschutzrechtliche Grundpflicht

Die *Grundpflicht* des § 4 Abs. 1 BBodSchG ist § 1a Abs. 2 WHG (s. Abschn. B.4.5.1) nachgebildet: Wie jedermann verpflichtet ist, bei Maßnahmen, mit denen Einwirkungen auf ein Gewässer verbunden sein können, die nach den Umständen erforderliche Sorgfalt anzuwenden, um eine Verunreinigung des Wasser zu verhüten, so hat sich auch jeder, der auf den Boden einwirkt, so zu verhalten, daß schädliche Bodenveränderungen nicht hervorgerufen werden. Dies reicht über bloße Gefahrenabwehr hinaus. Soweit in der Bodenschutz- und Altlastenverordnung für bestimmte Schadstoffeinträge Vorsorgewerte festgesetzt sind, ist deren Überschreitung schon im Vorfeld einer möglichen Bodenveränderung zu verhindern. Soweit keine Vorsorgewerte festgesetzt sind, müssen die Einträge soweit wie möglich begrenzt werden. Dies gilt insbesondere für die Stoffe, die in den Technischen Regeln für Gefahrstoffe – Verzeichnis krebserzeugender, erbgutverändernde oder fortpflanzungsgefährdender Stoffe (TRGS 905, Ausgabe 1995) – aufgeführt werden. Auch hier ist im Hinblick auf den Nutzungszweck des Grundstücks die Verhältnismäßigkeit von Fall zu Fall zu prüfen.

Für alles, was bereits im Boden ist, gilt der Maßstab der Gefahrenabwehr. Demgemäß sind schädliche Bodenveränderungen grundsätzlich so zu sanieren, daß die Gefahrenschwelle wieder unterschritten wird. Anordnungen mit dem Ziel, auch eine Überschreitung der Vorsorgewerte zu korrigieren, sind bodenschutzrechtlich nicht zu begründen. Eine Ausnahme gilt aber für gewissermaßen „nachgesetzliche" Kontaminationen: Sind schädliche Bodenverunreinigungen erst nach Inkrafttreten des BBodSchG eingetreten, gilt ein strengerer Sanierungsmaßstab. Allerdings gilt auch hier das Verhältnismäßigkeitsprinzip: Wer zum Zeitpunkt der Verursachung aufgrund der Erfüllung der für ihn geltenden gesetzlichen Anforderungen darauf vertraut hat, daß solche Beeinträchtigungen nicht entstehen werden, ist entlastet, es sei denn, daß sein Vertrauen unter Berücksichtigung der Umstände des Einzelfalles nicht schutzwürdig war.

B.5.3.3 Sanierungs- und Schutzmaßnahmen

Grundsätzlich sind *drei Sanierungsfälle* zu unterscheiden: nutzungsbezogene, gewässerbezogene und „rein bodenschutzrechtliche" Sanierungsfälle. Maßstab für die Sanierung bei *nutzungsbezogenen Sanierungsfällen* ist naturgemäß, daß eine gefahrlose Nutzung auf Dauer sichergestellt werden soll. Hierzu gehören aber nicht nur Nutzungen, bei denen die Gesundheit des Menschen eine Rollen spielen kann, wie bei Kinderspielplätzen und Kleingärten mit Gemüseanbau, sondern auch Nutzungen ökologischer Art. Dort geht es um die Erhaltung oder Wiederherstellung schutzwürdiger Bestände an pflanzlichem und tierischem Leben, von Feuchtbiotopen, von wertvollen Landschaftsbildern oder Naturdenkmälern, die Nutzen aus dem Boden ziehen. Auf weite Sicht spielt die dritte Kategorie, nämlich die Sanierung zur Wiederherstellung reiner Bodenfunktionen, noch keine große Rolle. Hier geht es vor allem um die Durchsetzung der Entsiegelungspflicht nach § 5 BBodSchG. Von einer Begrenzung der Düngung in der Landwirtschaft mit dem Ziel, einer Erschöpfung des Kohlenstoffgehalts in tieferen Bodenschichten der ungesättigten Zone und damit des Denitrifizierungsvermögens entgegenzuwirken, ist man bei der Definition der guten fachlichen Praxis noch weit entfernt. Ebensowenig kann man der Anreicherung mit Pflanzenschutzmitteln, soweit diese im Boden fest gebunden bleiben (*bound residues*), bodenschutzrechtlich begegnen, allein gestützt auf die Möglichkeit, daß solche Schadstoffe einmal mobilisiert werden könnten.

Ein Vorrang der Beseitigung von Altlasten gegenüber der bloßen Sicherung ist bundesrechtlich nicht geschaffen worden. Dabei spielt eine Rolle, daß die *Dekontaminationsmaßnahmen* auch zu einer Mobilisierung von Schadstoffen führen oder diese steigern können, so daß der Schaden u. U. größer ist als der Nutzen. Es spielt aber auch eine Rolle, daß die Beseitigung der Schadstoffe oft problematisch ist, weil man sie u. U. nur unvollständig erfaßt oder weil die Dekontaminationsmaßnahmen nicht hinreichend greifen oder weil der gesamte Vorgang von Auskofferung, Abtransport, Verbrennung und Ablagerung in der Ökobilanz unzweckmäßig erscheint. Nicht zuletzt kann man aber auch bei den Dekontaminationsmaßnahmen am schnellsten alle Grenzen der Verhältnismäßigkeit sprengen. *Sicherungsmaßnahmen* sind also als gleichwertige Sanierung anerkannt; sie sind geeignet, wenn sie gewährleisten, daß durch die im Boden oder in Altlasten verbleibenden Schadstoffe langfristig keine Gefahren für den einzelnen oder die Allgemeinheit entstehen. Auch eine geeignete Abdeckung schädlich veränderter Böden mit einer Bodenschicht oder durch eine Versiegelung ist ausdrücklich vorgesehen.

In der Bodenschutz- und Altlastenverordnung wird für alle nutzungsbezogenen Sanierungsfälle auch ausdrücklich anerkannt, daß unter der Rubrik der sonstigen *Schutz- und Beschränkungsmaßnahmen* auch Anpassungen der Nutzung und der Bewirtschaftung der Böden in Betracht zu ziehen sind. Das Ergebnis einer Abwägung kann im Grenzfall also auch sein, daß die an sich vorgesehene Nutzung als Kinderspielplatz oder für den Gemüseanbau untersagt werden muß. Auch bereits ausgeübte Nutzungen können verboten werden, sei es zum Schutz von Mensch und Vieh, sei es wegen der Gefährlichkeit des Wirkungspfades Boden – Nutzpflanze – Mensch.

B.5.3.4 Bodenschutz und Grundwasser

Das wichtigste Problem der Altlastensanierung nach Bodenschutzrecht liegt darin, daß in der Mehrzahl der wirklich schwerwiegenden Kontaminationen letztlich der Wirkungspfad Boden-Gewässer, dabei wieder ganz überwiegend der Wirkungspfad *Boden-Grundwasser* den Ausschlag dafür gibt, über welche Größenordnung des finanziellen Aufwands man mit den Sanierungspflichtigen redet. Hinzukommt, daß sich der Sanierungsbedarf bei großflächiger Ausdehnung der Altlast und weiträumiger Verunreinigung von Gewässern auch oft gegenüber dem Bund, dem Land und den kommunalen Gebietskörperschaften überzeugend begründen lassen muß, die als Fiskus mit den gleichen Grundpflichten belastet sind, die für Private gelten. So beeinflußt die Bereitschaft des Fiskus, finanzielle Mittel für die Sanierung von Altlasten bereitzustellen, mittelbar auch die Maßstäbe dafür, was man von den privaten Handlungs- und Zustandsstörern sinnvollerweise verlangen kann. Denn wenn es um den flächendeckenden Schutz von Grundwasservorkommen geht, läßt sich nur eine vorkommensbezogene Sanierungsplanung überzeugend begründen, nicht eine parzellenbezogene Sanierung einzelner Grundstücke, je nachdem, ob öffentliche oder private Kassen davon betroffen sind.

Im Hinblick darauf, daß grundwasserbezogene Sanierungen i. d. R. um Größenordnungen teurer als nutzungsbezogene Sanierungen sein dürften, wird die Abgrenzung zwischen Bodenschutz- und Wasserrecht zur entscheidenden Weichenstellung. Den Schlüssel bietet die juristische *Definition des Grundwassers*, die sich bisher überwiegend von der naturwissenschaftlichen gelöst hatte, nun aber zu dieser zurückkehrt. Im juristischen Sprachgebrauch herrschte bisher die Auffassung vor, daß alles in den Boden eingedrungene Niederschlagswasser dem Grundwasser zugerechnet werden müsse und damit dem Schutz des Wasserhaushaltsgesetzes unterstellt sei. Auch das Strafrecht war dem in § 324 StGB gefolgt. Noch in seinem Sondergutachten vom April 1998 – Flächendeckend wirksamer Grundwasserschutz – sprach sich der Sachverständigenrat für Umweltfragen dafür aus, im Interesse des flächendeckend wirksamen Grundwasserschutzes an dieser Betrachtungsweise festzuhalten, wonach alles unterirdische Wasser, sowohl die wassergesättigte Zone als auch die darüberliegende ungesättigte Zone, die nicht vollständig und zusammenhängend mit Wasser ausgefüllt ist, dem Schutz des Wasserrechts unterstellt bleiben sollte.

Im naturwissenschaftlichen Sinne gehört zum Grundwasser dagegen nur die wassergesättigte Zone, in der das Wasser die Hohlräume des Untergrunds zusammenhängend und zu 100 % ausfällt. Die gesättigte Zone wird nach oben durch die Grundwasseroberfläche begrenzt. Sie beginnt unterhalb des Kapillarsaums, der je nach Bodenbeschaffenheit einen Raum zwischen 1 cm und 1 m umfassen kann. Im Kapillarsaum begegnen sich das von oben kraft der Schwerkraft eindringende Sickerwasser und das kraft Oberflächenspannung aus dem Grundwasserraum aufsteigende Wasser; hier spricht man auch vom „Übergangsbereich" von der ungesättigten zur wassergesättigten Zone. Die Wiederannäherung der juristischen an die naturwissenschaftliche Definition, wie sie jetzt im Bundesrecht durch das Nebeneinander von Bundes-Bodenschutzgesetz und Wasserhaushaltsgesetz nahegelegt wird, klammert die ungesättigte Zone und damit das Sickerwasser aus den Wasserhaushaltsgesetz aus. Dazu heißt es im Entwurf einer Bodenschutz- und Altlastenverordnung: „Ort der Gefahrenbeurteilung für das Grundwasser ist der Übergangsbereich von der ungesättigten zur wassergesättigten Zone. Danach wird die Beschaffenheit des Sickerwassers künftig vom Bodenschutzrecht kontrolliert, Wasserrecht wird erst mit Erreichen der Übergangszone relevant." Da § 324 StGB mit der Strafbarkeit der „unbefugten Gewässerverunreinigung" seit 1994 durch § 324 a StGB mit der Strafbarkeit der „Bodenverunreinigung unter Verletzung verwaltungsrechtlicher Pflichten" ergänzt wird, kann man davon ausgehen, daß der neue umweltrechtliche Sprachgebrauch auch unmittelbar ins Umweltstrafrecht übernommen werden kann.

Die wichtigste Rechtsfolge dieses Paradigmenwechsels liegt darin, daß es jetzt Aufgabe des bodenschutzrechtlichen Instrumentariums ist, Oberflächengewässer und Grundwasservorkommen vor der Gefahr der Verunreinigung durch über den Boden eindringendes Sickerwasser zu schützen. Es ist Sache des Bodenschutzrechts abzuschätzen, welche Eintrittswahrscheinlichkeit dafür besteht, daß Schadstoffe aus einer Altlast die gesättigte Zone erreichen. Es bleibt aber nach wie vor Sache des Wasserrechts zu bestimmen, welche Schutzwürdigkeitsprofile im Rahmen der Bewirtschaftung für das Grundwasservorkommen maßgebend sind, sofern das Grundwasser erreicht wird. Soweit man im Wasserrecht postuliert, daß überhaupt keine nachteilige Veränderung von Grundwasser rechtlich hinnehmbar sei, auch nicht in eng begrenzten Abschnitten der gesättigten Zone, ist dies bei der Festsetzung des Sanierungsziels zugrundezulegen. Geht man davon aus, daß das Bewirtschaftungsermessen der Wasserbehörde unterschiedliche Schutzwürdigkeiten für Teile des Grundwasservorkommens veranschlagen kann, verlagert sich die Gefährdungsabschätzung u. U. weiter in die gesättigte Zone hinein, etwa zu dem Standort hin, in dem man vernünftigerweise erst die Errichtung eines Brunnens in Erwägung ziehen würde.

Die praktische Bedeutung des Paradigmenwechsels liegt vor allem in folgendem. Da noch nicht das in der ungesättigten Zone vorhandene Wasser als Grundwasser geschützt ist, vielmehr erst bei Erreichen der gesättigten Zone ein Grundwasserschaden eintreten kann, liegt eine Gefahr für die Verunreinigung des Grundwassers so lange nicht vor, als sich die Schadstoffkonzentrationen auf dem Weg dorthin bis auf ein unbedenkliches Maß vermindert haben dürften. Dabei sind zu berücksichtigen: das Bindungsvermögen der Bodenschichten, die Migrationsgeschwindigkeit, chemische Umwandlungsprozesse, biologische Abbauprozesse, nicht zuletzt aber auch Verdünnungseffekte durch weitere Niederschläge oder den seitlichen Zustrom von unbelastetem Sickerwasser.

Besonders deutlich wird die Grenzlinie an den sog. *unechten Benutzungen* eines Gewässers nach § 3 Abs. 2 Nr. 2 WHG, die wie die Entnahme oder Einleitung von Wasser erlaubnispflichtig sind. Erlaubnispflichtig sind danach alle Maßnahmen die geeignet sind, dauernd oder in einem nicht nur unerheblichen Ausmaß schädliche Veränderungen der physikalischen, chemischen oder biologischen Beschaffenheit des Wassers herbeizuführen. Die Vorschrift ist ein wichtiges Instrument des flächendeckenden Grundwasserschutzes. Hier kommt es entscheidend auf die Sickerwasserprognose an. Materiellrechtlich handelt es sich dabei künftig um Bodenschutzrecht, was den Tatbestand der grundwassergefährdenden Maßnahmen angeht, um Wasserrecht, was die Rechtsfolge der Erlaubnispflicht angeht. Die Gefährdungsabschätzung, die für den Boden-Grundwasser-Pfad maßgebend ist, muß mit den noch zu entwickelnden Maßstäben des Bodenschutzrechts harmonisiert werden. Diese eigentliche Sickerwasserprognose ist also künftig strikt gesetzesgebunden. Nicht dagegen die Schutzwürdigkeitsbewertung für das erstbetroffene Grundwasserkompartiment; hier gilt weiterhin Bewirtschaftungsermessen.

B.5.3.5 Maßstäbe für Untersuchungen

Die Kernaussage der Bodenschutz- und Altlastenverordnung dürfte deshalb darin zu sehen sein, wie man methodisch eine einigermaßen verläßliche *Sickerwasserprognose* begründen kann. Hier ist ein gewisses Gefälle zwischen der präzisen Bewertung der Schadstoffe am Standort der Bodenverunreinigung und einer überschlägigen Abschätzung dessen, was auf dem Pfad bis zum Erreichen der gesättigten Zone passiert, ebenso unübersehbar wie unvermeidlich.

Der Verordnungsentwurf fordert lediglich, daß die Prognose der Sickerwasserbeschaffenheit zu begründen ist. Ziel der Prognose ist die Abschätzung der Stoffkonzentrationen am Ort der Gefahrenbeurteilung, insbesondere durch Berücksichtigung der Abbau- und Rückhaltewirkung der ungesättigten Zone. Zur Beurteilung der Abbau- und Rückhaltewirkung sind insbesondere maßgebend: Grundwasserflurabstand, Bodenart, Textur, Gehalt an organischer Substanz (Humus), pH-Wert, Grundwasserneubildung, Mobilität und Abbaubarkeit der Stoffe. Insofern wird auf allgemein vorliegende wissenschaftliche Erkenntnisse und Erfahrungen verwiesen. Die Möglichkeit von Stofftransportmodellen wird angedeutet. Hier können sich zwischen worst-case- und best-case-Annahmen Kostenabschätzungen sehr leicht um mehrere Faktoren verschieben.

Demgegenüber bemühen sich die Anforderungen an die Probenahme bei *kontaminiertem Bodenmaterial* um eine möglichst genaue Abschätzungsbasis. Die Beprobung erfolgt horizont- bzw. schichtspezifisch. Im Untergrund dürfen Proben aus Tiefenintervallen bis max. 1 m entnommen werden. In begründeten Fällen ist die Zusammenfassung engräumiger Bodenhorizonte bzw. -schichten bis zu max. 1m Tiefenintervall zuläs-

sig. Organoleptische oder visuelle Auffälligkeiten sind gesondert zu beproben.

Die entnommenen Bodenproben unterliegen zur Bestimmung des Gehalts an anorganischen Schadstoffen – zum Vergleich der Schadstoffaufnahme auf dem Wirkungspfad Boden-Mensch und Boden-Nutzpflanze auf Grünland – dem Königswasserextrakt. Zur Ermittlung der Gehalte anorganischer Schadstoffe für die Bewertung der Schadstoffe im Wirkungspfad Boden-Nutzungspflanze für Ackerbau und Gartenbau ist die Ammonium-Nitrat-Extraktion vorgesehen. Sonst kommt es auf die Herstellung von Eluaten mit Wasser zur Prognose von Stoffgehalten im Sickerwasser an.

Besondere Bedeutung kommt der Qualitätssicherung bei der Probenahme und der Analytik zu. Die Probenahme ist zu dokumentieren; die Dokumentation soll auch eine Abschätzung ermöglichen, mit welcher Sicherheit angenommen werden kann, daß die entnommenen Proben ein einigermaßen repräsentatives Bild von der Beschaffenheit des potentiell kontaminierten Standorts im ganzen bieten. Die Dokumentation der Analyse ist mit einer Angabe der Ergebnisunsicherheit zu verbinden.

B.5.4 Anforderungen an Sanierungsuntersuchung und Sanierungsplan

Die für die Sanierung von Altlasten eigentlich bestimmenden Instrumente sind die Sanierungsuntersuchung und der Sanierungsplan. In der Bodenschutz- und Altlastenverordnung wird vorgegeben, welche Angaben darin jeweils mindestens enthalten sein müssen.

B.5.4.1 Sanierungsuntersuchungen

Mit Sanierungsuntersuchungen sind die zur Erfüllung der Pflichten nach § 4 Abs. 3 BBodSchG geeigneten, erforderlichen und angemessenen Maßnahmen zu ermitteln. Die hierfür in Betracht kommenden Maßnahmen sind unter Berücksichtigung von Maßnahmenkombinationen und erforderlichen Begleitmaßnahmen darzustellen.

Die Prüfung muß insbesondere umfassen
- die schadstoff-, boden-, material- und standortspezifische Eignung der Verfahren,
- die technische Durchführbarkeit,
- den erforderlichen Zeitaufwand,
- die Wirksamkeit im Hinblick auf das Sanierungserfordernis,

– eine Kostenschätzung sowie das Verhältnis von Kosten und Wirksamkeit,
– die Auswirkung auf die betroffenen Nachbarn oder Unterlieger und die Umwelt,
– das Erfordernis von Zulassungen,
– die Entstehung, Verwertung und Beseitigung von Abfällen,
– den Arbeitsschutz,
– die Wirkungsdauer der Maßnahmen und deren Überwachungsmöglichkeiten,
– die Erfordernisse der Nachsorge und
– die Nachbesserungsmöglichkeiten.

Die Prüfung soll unter Verwendung vorhandener Daten, insbesondere aus bodenschutzrechtlich gebotenen Untersuchungen sowie aufgrund sonstiger gesicherter Erkenntnisse durchgeführt werden. Sofern solche Informationen, insbesondere zur gesicherten Abgrenzung belasteter Bereiche oder zur Beurteilung der Eignung von Sanierungsverfahren, im Einzelfall nicht ausreichen, sind ergänzende Untersuchungen zur Prüfung der Eignung eines Verfahrens durchzuführen.

Die Ergebnisse der Prüfung und das danach vorzugswürdige Maßnahmenkonzept sind darzustellen.

B.5.4.2 Sanierungsplan

Ein Sanierungsplan soll Angaben zur Eignung des vorgesehenen Sanierungsverfahrens, zur technischen Durchführung, zum Zeitaufwand, zur Wirksamkeitsprognose im Hinblick auf das Sanierungsziel, zur Kostenschätzung und zum Verhältnis von Aufwand und Sanierungsergebnis enthalten, ferner die für eine Verbindlichkeitserklärung erforderlichen Angaben und Unterlagen (§ 13 Abs. 6 BBodSchG).

Dazu gehören folgende Darstellungskomplexe:

1. Darstellung der *Ausgangslage*, insbesondere hinsichtlich
– der Standortverhältnisse (u.a. geologische, hydrogeologische Situation; bestehende und planungsrechtlich zulässige Nutzung),
– der Gefahrenlage (Zusammenfassung der Untersuchungen im Hinblick auf Schadstoffinventar nach Art, Menge und Verteilung, betroffene Wirkungspfade, Schutzgüter und -bedürfnisse),
– der Sanierungsziele,
– der getroffenen behördlichen Entscheidungen und der geschlossenen öffentlich-rechtlichen Verträge, insbesondere auch hinsichtlich des Maßnahmenkonzepts, die sich auf die zu erfüllenden Sanierungspflichten auswirken und
– der Ergebnisse der Sanierungsuntersuchungen.

2. Textliche und zeichnerische Darstellung der durchzuführenden *Maßnahmen* und Nachweise ihrer Eignung, insbesondere hinsichtlich
– des Einwirkungsbereichs der Altlast und der Flächen, die für die vorgesehenen Maßnahmen benötigt werden,
– des Gebiets des Sanierungsplans,
– der Elemente und des Ablaufs der Sanierung im Hinblick auf
  • den Bauablauf,
  • die Erdarbeiten (insbesondere Aushub, Sanierung, Wiedereinbau, Umlagerungen),
  • die Abbrucharbeiten,
  • die Zwischenlagerung von Bodenmaterial und sonstigen Materialien,
  • die Abfallentsorgung beim Betrieb von Anlagen,
  • die Verwendung von Böden,
  • die Ablagerung von Abfällen auf Deponien und die Arbeits- und
  • die Arbeits- und Immissionsschutzmaßnahmen,
– der fachspezifischen Berechnungen zu
  • On-site-Bodenbehandlungsanlagen,
  • In-situ-Maßnahmen,
  • Anlagen zur Fassung und Behandlung von Deponiegas oder Bodenluft und
  • Grundwasserbehandlungsanlagen sowie Anlagen und Maßnahmen zur Fassung und Behandlung von Sickerwasser
– der zu behandelnden Mengen und der Transportwege bei Bodenbehandlung in Off-site-Anlagen,
– der technischen Ausgestaltung von Sicherungsmaßnahmen und begleitenden Maßnahmen, insbesondere von
  • Oberflächen-, Vertikal- und Basisabdichtungen,
  • Oberflächenabdeckungen,
  • Zwischen- bzw. Bereitstellungslagern,
  • begleitenden passiven pneumatischen, hydraulischen oder sonstigen Maßnahmen (z.B. Baufeldentwässerung, Entwässerung des Aushubmaterials, Einhausung, Abluftfassung und -behandlung) und
– der behördlichen Zulassungserfordernisse für die durchzuführenden Maßnahmen.

3. Darstellung der Eigenkontrollmaßnahmen zur Überprüfung der sachgerechten Ausführung und Wirksamkeit der vorgesehenen Maßnahmen, insbesondere
   - des Überwachungskonzepts hinsichtlich
     - des Bodenmanagements bei Auskofferung, Separierung und Wiedereinbau,
     - der Boden- und Grundwasserbehandlung, der Entgasung oder der Bodenluftabsaugung,
     - des Arbeits- und Immissionsschutzes,
     - der begleitenden Probenahme und Analytik und
   - des Untersuchungskonzepts für Materialien und Bauteile bei der Ausführung von Bauwerken.

4. Darstellung der Eigenkontrollmaßnahmen im Rahmen der Nachsorge einschl. der Überwachung, insbesondere hinsichtlich
   - des Erfordernisses und der Ausgestaltung von längerfristig zu betreibenden Anlagen oder Einrichtungen zur Fassung oder Behandlung von Grundwasser, Sickerwasser, Oberflächenwasser, Bodenluft oder Deponiegas sowie Anforderungen an deren Überwachung und Instandhaltung,
   - der Maßnahmen zur Überwachung (z. B. Meßstellen) und
   - der Funktionskontrolle im Hinblick auf die Einhaltung der Sanierungserfordernisse und Instandhaltung von Sicherungsbauwerken oder -einrichtungen.

Ergänzende Literatur

Gesamtdarstellungen

Bender, B., Sparwasser, R., Engel, R.: Umweltrecht – Grundzüge des öffentlichen Umweltschutzrechts, 3. Aufl. Heidelberg: Müller 1995

Breuer, R.: Umweltschutzrecht. In: Schmidt-Aßmann, E. (Hrsg.): Besonderes Verwaltungsrecht, 10. Aufl. Berlin: de Gruyter 1995, S. 433–575

Himmelmann, S., Pohl, A., Tünnesen-Harmes, C.: Handbuch des Umweltrechts. München: Beck, Loseblattslg.

Kloepfer, M.: Umweltrecht. 2. Aufl. München: Beck 1998

Salzwedel, J. (u. a. Hrsg.): Grundzüge des Umweltrechts. 2. Aufl. Berlin: Schmidt, Loseblattslg.

Schmidt, R.: Einführung in das Umweltrecht, 4. Aufl. München: Beck 1995

Storm, P.-C.: Umweltrecht – Einführung, 6. Aufl. Berlin: Schmidt 1995

Einzeldarstellungen
Private Regelwerke
DIN-Katalog für technische Regeln, Berlin: Beuth
DIN-Mitteilungen

Pohle, H.: Chemische Industrie – Umweltschutz, Arbeitsschutz, Anlagensicherheit. Rechtliche und technische Normen, Umsetzung in der Praxis. Weinheim: 1991

Reihlen, H.: Normung. In: Czichos, H. (Hrsg.): Hütte – Grundlagen der Ingenieurswissenschaften, 30. Aufl. Berlin: Springer 1996, Kap. N

Immissionsschutzrecht
Landmann, R., Rohmer, G.: Umweltrecht, Band I: Bundes-Immissionsschutzgesetz (BImSchG) – Kommentar. Hansmann, K. (Hrsg.). München: Beck, Loseblattslg.

Jarras, H.D.: Bundes-Immissionsschutzgesetz (BImSchG) – Kommentar, 3. Aufl. München: Beck 1995

Pütz, M., Buchholz, K.-H.: Die Genehmigungsverfahren nach dem Bundes-Immissionsschutzgesetz, 5. Aufl. Berlin: Schmidt 1994

Sellner, D.: Immissionsschutzrecht und Industrieanlagen – Zulassung – Abwehr – Kontrolle nach dem BImSchG, 2. Aufl. München: Beck 1988

Ule, C.H., Laubinger, H.-W.: Bundes-Immissionsschutzgesetz – Kommentar. Köln: Heymann, Loseblattslg.

Strahlenschutzrecht
Ossenbühl, F., Di Fabio, U.: Rechtliche Kontrolle ortsfester Mobilfunkanlagen. Köln: Heymann 1995

Salzwedel, J., Scherer, C.: Strahlenschutzrecht. In: Siel, A. (Hrsg.): Umweltradioaktivität. Berlin: Ernst & Sohn 1996, S. 389–411

Schmidt-Preuß, M.: Das neue Atomrecht. Neue Zeitschrift für Verwaltungsrecht, 17 (1998) 553–563

Wagner, H.: Die Fortentwicklung des Atom- und Strahlenschutzrechts im Zeitraum 1.1.1989 bis zum 30.6.1991. Neue Zeitschrift für Verwaltungsrecht (NVwZ), 10 (1991) 834–842

ders.: Die Siebte Novelle zum Atomgesetz. Neue Zeitschrift für Verwaltungsrecht (NVwZ), 12 (1993) 513–520

Kreislaufwirtschafts- und Abfallrecht
Hösel, G., von Lersner, H.: Recht der Abfallbeseitigung – Kommentar. Berlin: Schmidt, Loseblattslg.

von Köller, H.: Kreislaufwirtschafts- und Abfallgesetz, 2. Aufl. Berlin: Schmidt 1996

von Köller, H., Klett, W., Konzak, O.: EG-Abfall-Verbringungsverordnung, Berlin: Schmidt 1994

Kunig, P., Paetow, S., Versteyl, L.-A.: Kreislaufwirtschafts- und Abfallgesetz – Kommentar. 3. Aufl. München: Beck

Scherer-Leydecker, C.: Die Abfallbeseitigung in der Kreislaufwirtschaft. Entsorgungspraxis, 3/16 (1998) 64–66

ders.: Europäisches Abfallrecht. Neue Zeitschrift für Verwaltungsrecht (NVwZ), 18 (1999)

Versteyl, L.-A., Wendenburg, H.: Änderungen des Abfallrechts, NVwZ, 15 (1996) 937–949

Gewässerschutzrecht

Berendes, K.: Das Abwasserabgabengesetz, 3. Aufl. München: Beck 1995

Breuer, R.: Öffentliches und privates Wasserrecht, 2. Aufl. München: Beck 1987

Czychowski, M.: Wasserhaushaltsgesetz – Kommentar, 7. Aufl. München: Beck 1998

Siedler, F., Zeitler, H., Dahme, H.: Wasserhaushaltsgesetz und Abwasserabgabengesetz Kommentar. München: Beck, Loseblattslg.

Bodenschutzrecht

Burmeier u.a. altlasten spektrum, 7 (1998) 56–115

Holzrath, F. Radtke, H., Hilger, B.: Bundes-Bodenschutzgesetz. Berlin: Schmidt 1998

Kobes, S.: Das Bundes-Bodenschutzgesetz. Neue Zeitschrift für Verwaltungsrecht, 17 (1998) 786–797

Salzwedel, J.: Altlastensanierung und Grundwasserschutz. In: Lühr, H.-P. (Hrsg.): Altlastenbehandlung. Berlin: Schmidt 1995, S. 27–70

Scherer-Leydecker, C.: Das neue Altlastenrecht – Das Bundes-Bodenschutzgesetz und seine Auswirkungen auf die Haftung für Altlasten. Entsorgungspraxis, 9/16 (1998) 52–56

Ökonomie der Umwelttechnik

C.1 Umweltökonomie und technischer Umweltschutz

C.1.1 Wichtige Grundaussagen der Umweltökonomie

C.1.1.1 Grundanliegen des Wirtschaftens und der Wirtschaftswissenschaften

Im Mittelpunkt der Wirtschaft steht die Frage nach dem Erhalt bzw. der Ausweitung der materiellen Lebensgrundlagen der Gesellschaft. Ausgangspunkt dieser Frage ist das Erleiden eines Mangels sowie der Wunsch nach Überwindung des als zu eng empfundenen materiellen Handlungsspielraums. Inwieweit angesichts der begrenzten Verfügbarkeit natürlicher Ressourcen längerfristig eine weitere Ausdehnung dieses Handlungsspielraums möglich ist bzw. der erreichte materielle Wohlstand nachhaltig gesichert werden kann, ist umstritten. Dies hängt u. a. davon ab, inwieweit die Technik Engpässe überwinden bzw. die Umweltschutztechnik Umweltbelastungen verhindern kann.

Die Wirtschaftswissenschaften beschäftigen sich mit der Analyse der „Gesetzmäßigkeiten", die bei der Erzeugung, Verteilung und Sicherung knapper Güter unterstellt und vielfach beobachtet werden können, sowie mit der Frage, wie der begrenzte Handlungsspielraum erhalten, erweitert bzw. besser genutzt werden kann. Die Zuweisung knapper Handlungsspielräume an Einzelne kennzeichnet man als das zu lösende Allokationsproblem. Es besitzt eine räumliche und zeitliche Dimension und orientiert sich an Effizienz- und Verteilungsgesichtspunkten. Angesichts der Tatsache, daß menschliche Gesell-

schaften lernende Systeme sind, die zu Änderungen ihrer Verhaltensweisen, ihrer Produktionstechniken sowie ihrer Institutionen in der Lage sind, haben die meisten ökonomischen Gesetzmäßigkeiten nur eine zeitliche und räumlich begrenzte Gültigkeit. Allerdings eröffnen sich vor allem über den technischen Fortschritt stets neue Handlungsmöglichkeiten.

Die Ausweitung bzw. bessere Ausnutzung des potentiellen materiellen Handlungsspielraums einer Volkswirtschaft bezeichnet man als wirtschaftliches Wachstum. Es stellt eine Art Grundanliegen der Ökonomie dar. Kurzfristig kann es hierbei zu einer mangelnden Auslastung der volkswirtschaftlichen Produktionskapazität kommen, die – wenn sie ihre Ursache in Nachfrageschwankungen hat – als konjunkturelle Schwankungen eingestuft wird. Vollzieht sich die Ausweitung des Produktionspotentials bei konstanter Sektoral-, Produktions- und Verflechtungsstruktur, kennzeichnet man dies häufig als quantitatives Wachstum. Ergeben sich durch Nachfrage- bzw. Technologiewandel oder sich ändernder Ressourcenbestände Anpassungsreaktionen des Produktionsbereichs, die als wohlstandssteigernd empfunden werden, spricht man gerne von qualitativem Wachstum oder von wirtschaftlicher Entwicklung im engeren Sinne. Das wirtschaftliche Wachstum wird üblicherweise mittels der Sozialproduktionsziffern der volkswirtschaftlichen Gesamtrechnungen gemessen. Da diese eine Preisbewertung der erzeugten Güter- und Dienstleistungen enthalten, die auch die sich ändernden Präferenzen der Gesellschaftsmitglieder widerspiegelt, bringen diese Größen – trotz aller Kritik an ihnen – auch Entwicklungsaspekte zum Ausdruck.

Der Umfang und die Entwicklung des materiellen Handlungsspielraums einer Gesellschaft hängen ab von

- den verfügbaren Beständen der Ressourcen (häufig als natürliches oder ökologisches Realkapital ÖK bezeichnet) und der Veränderung dieser Bestände im Zeitablauf, wobei über Austauschprozesse (internationaler Handel) auch auf die Bestände anderer Nationen zurückgegriffen werden kann;
- dem Arbeitskräftepotential samt seiner Qualifikation (häufig auch als Humankapital HK umschrieben), das sich aufgrund natürlicher Bevölkerungsentwicklung (Geburten- und Sterberate), Wanderungsbewegungen und Ausbildungsaktivitäten im Zeitablauf verändert;
- dem künstlichen, d.h. vom Menschen geschaffenen Bestand an Real- bzw. Sachkapital SK (Gesamtheit der vorhandenen langlebigen Produktionseinrichtungen samt Infrastruktur), dessen Umfang trotz laufender Abgänge (etwa aufgrund von Verschleiß oder ökonomischer Entwertung) zumeist investitionsbedingt anwächst;
- der Art der Organisation des Produktionsprozesses (etwa Art der nationalen und internationalen Arbeitsteilung);
- dem technischen Fortschritt bzw. dem diesen mitbestimmenden Wissensbestand.

Den funktionalen Zusammenhang zwischen dem natürlichen bzw. ökologischen Realkapital (ÖK), dem künstlichen Real- bzw. Sachkapital (SK) sowie dem Humankapital (HK) auf der einen und der in konstanten Preisen gemessenen volkswirtschaftlichen Güterproduktion Y auf der anderen Seite bezeichnet man als Produktionsfunktion Y = f (ÖK, SK, HK). Diese Funktion spiegelt jeweils einen bestimmten Stand angewandter Technik und volkswirtschaftlicher Produktionsorganisation wider. Empirische Analysen zeigen hierbei, daß die Ausweitung der volkswirtschaftlichen Produktionskapazität hoch entwickelter Länder ganz entscheidend vom technischen Fortschritt bestimmt wird.

Längerfristig ist wirtschaftliches Wachstum bzw. wirtschaftliche Entwicklung nur dann gewährleistet, wenn

- zumindest eine dieser Entwicklungsdeterminanten zunimmt und eine Substituierbarkeit der Größen ÖK, SK, HK unterstellt werden kann oder
- der technische Fortschritt Engpaßeffekte, die sich aus der entwicklungslimitierenden Rolle

einer dieser Größen ergeben, zu überwinden vermag.

Lange Zeit war man der Auffassung, daß der technische Fortschritt in Verbindung mit einer laufenden Aufstockung des Sachkapitals gravierende Entwicklungsengpässe zu verhindern, und darum auch Nachhaltigkeit wirtschaftlicher Entwicklung zu garantieren vermag. Neuerdings mehren sich jene Stimmen, die auf die entwicklungslimitierende Wirkung des natürlichen Realkapitals aufmerksam machen, eine begrenzte Substituierbarkeit des ökologischen Realkapitals herausstellen und unter Nachhaltigkeitsaspekten Anstrengungen zu seiner Erhaltung bzw. Verbesserung fordern. Dies ist eine besondere Herausforderung der Umweltökonomie und verlangt eine nähere Analyse des ökologischen Realkapitals und seiner Leistungen.

C.1.1.2 Umweltökonomische Betrachtung des natürlichen Kapitalstocks

C.1.1.2.1 Die Natur als ökonomisch relevanter „Leistungsträger"

Unter Umwelt versteht man jenes Beziehungsgefüge, in dem sich die Wechselwirkungen zwischen Natur und Zivilisation abspielen, und das die Menschen bzw. die übrigen Lebewesen in ihrer Existenz bzw. ihrem Wohlbefinden beeinflußt. Dieses Beziehungsgefüge wird somit vom Menschen (Zivilisation) und der Natur geprägt, wobei die menschliche Prägung – nicht immer zum Wohlbefinden der übrigen Lebewesen und des Menschen bzw. der künftigen Generationen selbst – im Laufe der Zeit immer mehr zugenommen hat.

In der Sprache der Umweltökonomie und bei anthropozentrischer Betrachtung gleicht die Natur einem Kapitalstock, der aus mehreren Ressourcen oder Elementen besteht, die vielfältige „Leistungen" bereitstellen. Insofern kann man die Natur bzw. das ökologische Realkapital auch als komplexen Leistungsträger mit beachtlicher Funktionsvielfalt bezeichnen. Dies macht es so schwierig, das ökologische Realkapital durch eine einzige Größe in der volkswirtschaftlichen Vermögensrechnung darzustellen. Dieser natürliche Kapitalstock

- liefert z.B. Ressourcen, die nach Abbau und Aufbereitung durch Kombination mit anderen Ressourcen, künstlichem Realkapital und menschlicher Arbeit unter Hinzuführung der

zentralen Ressource „Energie" in nutzenstiftende Güter umgewandelt werden;
- stellt Güter bereit, die ohne Umweg über den eben skizzierten Produktionsprozeß einen direkten Nutzen haben, z.B. direkt konsumierbare Biomasse oder Erholungs- und Erlebniswert der Natur;
- liefert Informationen über wichtige Lebensumstände (Bioindikatoren zur Messung der Umweltqualität) bzw. zum zweckmäßigen Verhalten (Signalfunktion);
- ist Standort für Menschen, Tiere und Pflanzen (Biotopfunktion);
- dient als Aufnahmemedium von Abfällen oder Schadstoffen (Deponiefunktion);
- filtert und transformiert Schadstoffe (Schadstoffassimilationskapazität), schützt den Menschen (etwa Abschirmung kosmischer Strahlung durch die stratosphärische Ozonschicht), wirkt wie ein Puffer, stabilisiert das Klima (natürlicher Treibhauseffekt, ohne den Leben undenkbar wäre) und vermag viele Störungen zu verarbeiten (Schockabsorptionskapazität).

Die beiden ersten Funktionen faßt man zumeist unter dem Begriff der Produktionsleistungen zusammen. Die Signalfunktion in Verbindung mit dem naturverbundenen Erlebnis- und Existenzwert kennzeichnet man als Informationsfunktionen, die Standort- und Deponiefunktionen charakterisiert man vielfach als Trägerfunktionen und die letztgenannten Leistungen als Regelungsfunktionen. Die Gesamtheit der Regelungsfunktionen wird häufig in einem erweiterten Sinne als generelle Ökosystemfunktion umschrieben, um deutlich zu machen, daß die Natur mehr ist als ein „Sack von Ressourcen" und den Charakter eines komplexen natürlichen Produktionssystems hat, welches im ökosystemaren Zusammenspiel Leistungen erbringt – etwa die zentrale klimatische Stabilisierungs- und die ökologische Kreislauffunktion. Dieses Leistungssystem kann aber bei Überforderung bzw. Überlastung mit einem abrupten Leistungszusammenbruch (ökologischer Kollaps) reagieren, und dann eine unerwünschte Engpaßwirkung auslösen. Eine solche Sichtweise macht deutlich, daß das Interesse des Menschen stets auf die Funktionserhaltung bzw. die Erhaltung der Funktionsvielfalt des natürlichen Realkapitals ausgerichtet sein muß.

Nachfolgend sollen jene Funktionen behandelt werden, die aus umwelttechnischer Sicht (Technik als Problemlöser) interessant sind, weil hier die Technik Engpaßeffekte zu mildern oder sogar zu verhindern vermag. Sie betreffen die Natur als Ansammlung endlicher und erneuerbarer Ressourcen (Natur als Ressourcenträger), als Anbieter von Standorten und Lebensräumen sowie als Aufnahmemedium von Abfällen und Schadstoffen.

Die Natur als Ressourcenträger

Unter umweltökonomischen Aspekten kommt den natürlichen Ressourcen als Engpaßfaktoren bzw. der Bestimmung der ökonomischen „Gesetzmäßigkeiten" beim Umgang mit diesen besondere Bedeutung zu. Hierbei wird i.d.R. zwischen nicht erneuerbaren (nicht regenerierbaren bzw. erschöpfbaren) und erneuerbaren (regenerierbaren) Ressourcen unterschieden. Zu den ersten zählen jene Rohstoffvorkommen (z.B. Mineralöl, Kohle, Eisenerz, Kupfererz usw.), die in Millionen von Jahren dauernden Anreicherungsprozessen entstanden und den Charakter eines „Sparbuchs der Erde" haben. Ein „Abheben von diesem Sparbuch" verringert den künftigen Verfügungsspielraum. Man gliedert die endlichen Ressourcen in
- Ressourcen, die bei heutigem Verbrauch künftigen Generationen unwiederbringlich verlorengehen (z.B. die meisten fossilen Energieträger) und
- solche, die über Rezyklierung als Sekundär- oder Tertiärrohstoffe wiederverwertet werden können, wobei jedoch neben einem Schwund vielfach Qualitätsverluste (downcycling) beobachtet werden, die – losgelöst von Kosten- und Preisbetrachtungen – eine dauernde Kreislaufführung fast unmöglich machen.

Da die nicht erneuerbaren Ressourcen grundsätzlich endlichen Charakter besitzen und ihre heutige Verwendung – zumindest tendenziell und bezogen auf die Einzelressource – den künftigen Verfügungsspielraum einengen kann, stellt ihre Nutzung für den Ökonomen ein intertemporales Allokations- und Verteilungsproblem dar, bei dem, um zu Nutzungsentscheidungen zu gelangen, die Kosten und Nutzen unterschiedlicher Zeitpunkte miteinander verglichen werden. Je knapper der Ressourcenbestand ist, desto höher sind hierbei seine sog. Opportunitätskosten, d. h. der entgangene künftige Nutzen. Eine Entscheidung über die optimale Nutzung einer endlichen Ressource und damit auch über die Preise, die den gegenwärtig bekannten Beständen (Bestandsbewertung) zuzuordnen sind, verlangt u. a. die Berücksichtigung

- der künftigen Nachfrage als Ausdruck von Bevölkerungsentwicklung, Wirtschaftswachstum, einkommensabhängiger Wertschätzung der Ressource, künftiger Ressourceneffizienz (Output je Ressourceneinheit) und sich anbahnender Substituierbarkeit durch andere Ressourcen, Entwicklung neuer Güter und ressourcenabhängiger Umweltbelastungen (etwa abbaubedingte Bodenzerstörungen),
- eine möglichst zutreffende Einschätzung der effektiv vorhandenen Ressourcenreserven samt der für ihre Nutzung (Exploration, Erschließung, Förderung und Transport) erforderlichen Kosten sowie
- insbesondere eine Entscheidung über die Diskontrate, mit der die künftigen Nutzen und Kosten abdiskontiert werden sollen.

Die letztgenannte Entscheidung, nämlich die Wahl der „richtigen" Diskontrate, ist für den Ökonomen ein wichtiges, teilweise aber sehr kontrovers diskutiertes Entscheidungsproblem. Die Befürworter einer Abdiskontierung vertreten die These, daß Kosten und Nutzen, die zu unterschiedlichen Zeitpunkten anfallen, nicht direkt miteinander verglichen werden dürfen, da

- gegenwärtige Nutzen (Bedürfnisse) zumeist höher eingeschätzt werden als künftige,
- als Folge steigenden Pro-Kopf-Einkommens der Grenznutzen zusätzlicher Einkommensverwendung vielfach absinkt,
- eine heutige Verwendung der Ressourcen für Investitionszwecke (etwa Erhöhung der Ressourcenproduktivität über Steigerung der Kapitalintensität von Produktionsverfahren, z. B. Wirkungsgradverbesserung von Kraftwerken) die Konsummöglichkeiten künftiger Generationen zu verbessern vermag und
- die Größenordnung künftiger Erträge bzw. Kosten (etwa Risikobewertung künftiger Schäden) aufgrund ihrer mangelnden Prognostizierbarkeit durch ein beachtliches Maß an Unsicherheit gekennzeichnet ist.

Wenn Menschen aus diesen Gründen die Gegenwart der Zukunft vorziehen, gibt es eine soziale Zeitpräferenzrate. Dies heißt mit anderen Worten, daß das Warten für die heutige Generation mit Kosten (Kosten der Nichtnutzung – ausgedrückt durch die Diskontrate bzw. den Zinssatz) verbunden ist. Zur Bestimmung des Gegenwartwerts K^* eines bestimmten künftigen Kapital- oder Ressourcenbestands K muß man den erwarteten Bestandswert bzw. die künftigen Erträge (Kosten) abzinsen (Abdiskontierung). Die entsprechende Rechnung lautet: $K^* = K\,(1+i)^{-t}$, wobei t die Nutzungszeit und i der Zinsfuß oder die Diskontrate ist. Grundsätzlich kann K auch für Kosten stehen. Je geringer der Gegenwartswert eines Ressourcenbestands ist, desto eher wird er genutzt und umgekehrt.

Auf die Nutzung endlicher Ressourcen übertragen, stehen deren Eigentümer – läßt man einmal die Extraktionskosten außer Acht – darum stets vor der Entscheidung, ihre Bestände entweder heute abzubauen, um die Gewinne dann zu konsumieren oder in anderen Anlagen verzinslich anzulegen, oder in Hoffnung auf eine weitere Ressourcenverknappung und damit auf steigende Rohstoffpreise bzw. Zukunftsgewinne mit dem Abbau zu warten. Warten oder reduzierte Nutzung, was mit „Kosten" (Verzicht auf Gegenwartsnutzen) verbunden ist, muß sich somit langfristig rechnen. Dies ist der Fall, wenn der erwartete Wertzuwachs des Ressourcenbestands den angelegten Zinssatz i (deutlich) übersteigt. Die für Ökonomen relevante Hotelling-Regel lautet: Die Grenzproduktivität der Ressource muß der Grenzproduktivität des Kapitals, das ist hier der Zinssatz (Diskontrate), entsprechen. Erst ab dieser Bedingung lohnt sich das Warten.

Damit wird deutlich, daß die Lösung des zeitlichen Allokationsproblems endlicher Ressourcen

- stets den Vergleich gegenwärtiger und künftiger Nutzen beinhaltet,
- hierbei in beachtlicher Weise von den (unsicheren) Vorstellungen über künftige Preise (Gewinne bzw. Kosten) abhängt und
- insbesondere von dem anzulegenden Zinssatz (Diskontrate) als Ausdruck sozialer Zeitpräferenzrate bestimmt wird.

In umweltpolitischen Nutzen-Kosten-Analysen wird zumeist mit Zinssätzen zwischen 4 und 12 % gearbeitet. Fordert man allerdings, wie dies viele radikale Vertreter der sog. ökologischen Ökonomie tun, eine Gleichgewichtung der Ansprüche der gegenwärtigen und der künftigen Generationen (radikale intergenerationelle Verteilungsgerechtigkeit), muß man mit einem Zinssatz von null arbeiten.

Dies hat vor allem bei der Bewertung langfristiger Gewinne oder Schäden beachtliche Konsequenzen. Setzt man z.B. einen im Jahr 2050 zu erwartenden globalen Schaden (etwa als Folge eines unterlassenen Umweltschutzes) fiktiv mit 200 Mrd. DM an, ergibt sich bei einer Abdiskontierungsrate von 10 % auf heute gerechnet lediglich ein Gegenwartsschadenwert von rund 1 Mrd. DM, legt man hingegen eine Abdiskontierungsrate von nur 2 % an, beläuft sich der heutige Schadensbarwert bereits auf ca. 100 Mrd. DM. Im letztgenannten Fall besteht darum ein höherer umweltpolitischer Handlungsbedarf als im erstgenannten Fall. Übertragen auf Fragen der Bestandsbewertung würde eine Abdiskontierungsrate von nur 2 % demzufolge einen höheren Schonungsbedarf ergeben als eine Diskontrate von 10 % .

Über neue Erschließungstechniken, die den Zugriff auf bislang nicht nutzbare Rohstofflagerstätten gestatten, eine Steigerung der Ressourcenproduktivität (Output je Ressourceneinheit) sowie die Eröffnung neuer Substitutionsmöglichkeiten zwischen endlichen, aber auch zwischen endlichen und erneuerbaren Ressourcen, kann die Technik helfen, das intergenerationelle Verteilungsproblem zu mildern. Technische Entwicklungen, die es gestatten, anstelle erschöpfbarer Ressourcen sogar regenerierbare Ressourcen (etwa Solar- oder Windenergie anstelle fossiler Energieträger) einzusetzen, nennt man „Backstop"-Technologien. Sie sind eine grundsätzliche Chance zur Überwindung entwicklungslimitierender Engpaßeffekte der endlichen Ressourcen. Ihr Einsatz scheitert jedoch vielfach an bestehenden Preis- und Kostenunterschieden zu herkömmlichen Technologien. Dies gilt auch für die Rezyklierung von Rohstoffen, wenn die Recyclingkosten über den Marktpreisen der Primärressource liegen. Damit wird deutlich, daß ein Anstieg der Marktpreise für endliche Ressourcen zu einer stärkeren Kreislaufführung von Rohstoffen und zu einem Wandel eingesetzter Technologien, insbesondere aber auch zum Einsatz sog. Backstop-Technologien führen kann. Dies zeigt auch, daß von den nicht erneuerbaren Ressourcen nicht unbedingt eine entwicklungslimitierende Wirkung ausgehen muß.

Da der heutige Weltenergieverbrauch zu mehr als 90 % auf der Ausbeute von Lagerstätten (fossile Energieträger und Kernbrennstoffe) beruht

und Energie als Inputfaktor im Rahmen des Produktionsprozesses nie vollständig eliminiert bzw. fossile Energieträger kurz- und mittelfristig noch nicht in vollem Umfang durch regenerierbare Energieträger substituiert werden können (begrenztes Potential an Backstop-Technologien), kommt nach Ansicht vieler Ökologen der Verfügbarkeit nicht erneuerbarer Energieträger unter den endlichen Ressourcen besondere Bedeutung zu. Bei Beibehaltung des gegenwärtigen Periodenverbrauchs errechnen sie (Quotient aus der gegenwärtig bekannten Reservengröße und Periodenverbrauch) gerne sog. statische Reichweiten, die bei Öl weniger als 50 Jahre, bei Gas 65 Jahre und bei Kohle fast 250 Jahre umfassen. Solche statischen Reichweitenberechnungen, die in den ersten Weltmodellen des Club of Rome eine große Rolle spielten, sind jedoch mit größter Vorsicht zu interpretieren, da schon allein reale Preissteigerungen bei Öl oder Gas – losgelöst von Nachfragereaktionen und einem hierdurch induzierten Anstieg der Ressourcenproduktivität – das Energieangebot um bislang ökonomisch nicht rentabel nutzbare Reserven sowie um bis jetzt nicht rentable Backstop-Technologien anwachsen lassen können (dynamische Reichweite). Die Mehrheit der Energieexperten (z.B. auf der 16. Weltenergiekonferenz 1995 in Tokio) geht darum gegenwärtig davon aus, daß in den nächsten 10 Jahren noch genügend Reserven zur Verfügung stehen, um einen gravierenden Anstieg der Preise für fossile Energieträger zu verhindern, und selbst danach noch nachhaltiges Wachstum möglich ist. Wie gleich noch gezeigt wird, werden die entwicklungslimitierenden Engpaßeffekte heute weniger bei der begrenzten Ressourcenverfügbarkeit als bei der begrenzten Aufnahmefähigkeit der Umweltmedien bzw. Ökosysteme für Schad- und Reststoffe gesehen. Zuvor sei noch ein Blick auf die wichtige Kategorie der erneuerbaren Ressourcen geworfen.

Erneuerbare Ressourcen (etwa Wald- und Fischbestände) weisen nämlich im Gegensatz zu den erschöpfbaren Ressourcen die wichtige Fähigkeit zur Regeneration auf, d.h. die Ressourcenentnahme kann in einem für Menschen kalkulierbaren Zeitraum durch eine vom Menschen vielfach beeinflußbare natürliche Bestandsaufstockung wieder ausgeglichen werden (Kompensationswachstum). Falls bestimmte Bedingungen – etwa Einhaltung maximaler Nutzungsraten der natürlichen Bestände – erfüllt werden, besteht auf alle Fälle die Möglichkeit ei-

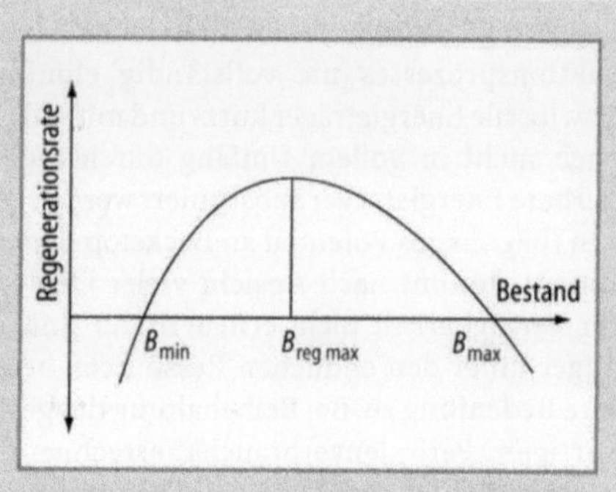

Bild C.1-1 Zusammenhang zwischen Regenerationsrate und Bestandsgröße erneuerbarer Ressourcen

ner dauerhaften bzw. nachhaltigen Ressourcennutzung im Sinne des Erhalts von Ressourcenbeständen. Dies erklärt auch, warum der Begriff der Nachhaltigkeit vor allem im Zusammenhang mit der Betrachtung regenerierbarer Ressourcen (Forstwirtschaft) entstand.

Entscheidende Bedeutung kommt hierbei dem Kompensationswachstum bzw. der dieses prägenden Regenerationsfunktion (vgl. Bild C.1-1) zu. Üblicherweise wird hierbei unterstellt, daß zur Bestandserhaltung ein artenspezifischer Mindestbestand erforderlich ist; wird dieser unterschritten, stirbt die Spezies aus. Oberhalb dieses Mindestbestands B_{min} wächst der Ressourcenbestand pro Periode zunächst mit steigender Zuwachsrate, um nach Überschreiten des maximalen Periodenzuwachses (Regenerationsmaximum) B_{regmax} aufgrund immer spürbarer werdender Knappheit der Nahrung (Nährstoffe), des Lebensraums bzw. der Artenkonkurrenz bis zum Maximalbestand B_{max} mit wieder abnehmender Periodenzuwachsrate zuzunehmen. Um einen unter Nutzen-Kosten-Überlegungen als wünschenwert angesehenen Bestand an erneuerbarer Ressource zu erhalten, darf demzufolge die Entnahmerate die zur spezifischen Bestandserhaltung notwendige Regenerationsrate nicht überschreiten.

Im Vergleich zu den nicht erneuerbaren Ressourcen verlangen ökonomische Entscheidungen bzgl. der optimalen Nutzung regenerierbarer Ressourcen im Zeitablauf (intertemporales Allokationsproblem) die Berücksichtigung zusätzlicher Gegebenheiten. Benötigt werden auch hier zunächst

- Einschätzungen der künftigen Nachfrage als Ausdruck von Bevölkerungsentwicklung, Wirtschaftswachstum, einkommensabhängiger Wertschätzung der Ressource, künftiger Ressourceneffizienz (Output je Ressourceneinheit) und sich anbahnender Substituierbarkeit durch andere Ressourcen, Entwicklung neuer Güter und ressourcennutzungsabhängiger Umweltbelastungen (etwa Deponierungskosten nicht nutzbarer Biomasse) sowie
- eine Entscheidung über die Diskontrate, mit der die künftigen Nutzen und Kosten abdiskontiert werden sollen.
- Hinzu treten müssen noch Angaben über die ressourcenspezifischen Regenerationsgesetzmäßigkeiten (z.B. Regenerationsrate je Periode zur Bestimmung des Zeitaufwands einer bestimmten Bestandsaufstockung) bzw. über die Regenerationskosten.

Läßt man einmal die Entnahmekosten (Erntekosten) und ihre künftige Entwicklung außer Acht, bestimmen vor allem

- die zu erwartende Nachfrage und Ressourcenpreisentwicklung samt der möglichen Bestandsaufstockung die künftige Bestandsbewertung,
- die Gewinne, die mit den Preissteigerungen der Bestandsentnahmen verbunden sind, die Honorierung des Wartens,
- die Diskontrate bzw. der Zinssatz hingegen die Kosten des Wartens.

Wenn die erwartete Preissteigerungsrate die um die Wachstumsrate der Ressource reduzierte Diskontrate unterschreitet, lohnt sich aus heutiger Sicht bzw. aus dem Blickwinkel der Eigentümer die heutige Nutzung, andernfalls rechnet sich das Warten bzw. ein Zurückfahren der Entnahmerate. Damit wird deutlich, daß endliche Ressourcen einen Spezialfall erneuerbarer Ressourcen darstellen, bei dem die Regenerationskosten (Zeitaufwand für die natürliche Kompensation der Bestandsentnahmen) unendlich hoch sind.

Unterschreitet die periodenbezogene Nachfrage die periodenbezogene Regenerationsrate, dann kommt es zu keiner Bestandsgefährdung, im umgekehrten Fall besteht die Gefahr der Ausrottung bzw. Übernutzung. Die ökonomischen Gründe für den Übernutzungs- oder Ausrottungsfall bzw. bei endlichen Ressourcen den vorzeitigen Erschöpfungsfall können sein:

- zu geringe (erwartete) Ressourcenpreise,
- zu hohe Diskontraten und
- zu lange Regenerationszeiten, gemessen an den Eigentümervorstellungen.

Ersteres ist der Fall, wenn die Ressource den Charakter eines sog. „freien" Guts hat (Preis des Ressourcenbestands gleich null) und jedem zur beliebigen Nutzung zur Verfügung (etwa Fischbestände der Meere) steht. Die Marktpreise für die entnommenen Bestände spiegeln dann primär nur die „Erntekosten" bzw. Entnahmekosten sowie die branchenüblichen Gewinne (Wettbewerbsgegebenheiten) wider. Letztlich ist die hiermit verbundene Übernutzungsgefahr bzw. das vorzeitige Erschöpfungsrisiko die Folge fehlender Zuordnung von Eigentumsrechten an den Ressourcen (die internationalen Gewässer bilden eine Art globales „Gemeineigentum"); solche Ressourcen kennzeichnet man in der Ökonomie häufig auch als Allmendgüter, für die bevorzugt eine Übernutzungsgefahr postuliert wird.

Die zu hohe Diskontrate, als zweite mögliche Ursache für den Ausrottungsfall, bringt in der Regel die soziale Zeitpräferenzrate einer Gesellschaft zum Ausdruck. Entwicklungsländer, die ums Überleben kämpfen, bewerten den Gegenwartsnutzen eines Ressourcengebrauchs in der Regel sehr hoch und sind darum eher zur irreversiblen Vernichtung einer Ressource bereit als hoch entwickelte Nationen. Sind diese Ressourcen von globaler Bedeutung (z.B. tropische Regenwälder), können Finanztransfers von den Industrie- in die Entwicklungsländer zur Unterstützung einer anderen Art der Ressourcenverwendung (etwa zur Ablösung der Holzentnahmen für Energieleistungen im Niedertemperaturbereich) eine Lösung des Nachhaltigkeitsproblems darstellen.

Probleme können schließlich auch auftreten, wenn die Eigentümer erneuerbarer Ressourcen (etwa Waldbesitzer) aufgrund der langen Regenerationszeiten während ihrer üblichen Lebenszeit nicht mehr in den Genuß künftiger Ernteerträge kommen. Hier könnte eine Subventionierung der Eigentümer die Entscheidung zugunsten eines Ressourcenerhalts positiv beeinflussen.

Die Standortfunktion der Natur

Die Nutzung der Standort- und Biotopfunktion natürlicher Ressourcen weist unter ökonomischen Aspekten eine hohe Ähnlichkeit mit der Nutzung nicht regenerierbarer Ressourcen auf, insbesondere auch weil die Inanspruchnahme von Fläche für anthropogene Zwecke (etwa als Siedlungsfläche) mit gewisser Vereinfachung als „Verbrauch" gekennzeichnet werden kann. Die Lösung des Allokationsproblems der Bodennut-

zung wird hierbei ebenfalls durch die Bodenpreisentwicklung beeinflußt.

In diese gehen analog zur Bewertung von Rohstofflagerstätten Vorstellungen über die künftigen Nutzungsmöglichkeiten einzelner Flächen und die damit im Zusammenhang stehenden Gewinne ein. Jede gegenwärtige Nutzung ist hier mit Opportunitätskosten (entgangener Nutzen bei alternativer Verwendung) verbunden, wobei sich unter bestimmten Bedingungen auch das Warten (Nichtnutzung) rechnen kann. Je knapper der Boden ist – etwa als Folge hoher Siedlungsdichte –, desto höher sind zumeist die Opportunitätskosten und damit die Flächennutzungskonflikte. Letztere werden in den meisten Nationen entscheidend von der staatlichen Raumplanung mitbestimmt. Diese kann den anthropogenen Nutzungsspielraum bestimmter Flächenausschnitte nicht nur beachtlich einschränken (etwa planerische Festlegung von Flächen als reine Wohngebiete, Mischgebiete oder Industriegebiete), sondern sogar (evtl. zugunsten des Naturschutzes) gegen Null tendieren lassen (planerischer Umweltschutz).

Die Nachfrage nach Boden und damit die Bodenpreisentwicklung wird weiter noch durch Anlage- und Spekulationsüberlegungen (Boden als relativ „sichere" Vermögensanlage in inflationärer Umwelt) mitgeprägt, wobei steuerliche Überlegungen (etwa Begünstigung der Vermögensanlage Boden durch niedrige Einheitswert-Festsetzung) die Bodennachfrage verstärken können. Letztendlich verlangt die Allokationsentscheidung auch hier einen zeitlichen Vergleich von Nutzen und Kosten und damit wieder die Beantwortung der Frage nach der anzulegenden „richtigen" Diskontrate. Da die Lebensraumansprüche der Tiere und Pflanzen oder sonstige Freiraumbedarfe zumeist nur über die Raumplanung zur Geltung gebracht werden, kann die Berücksichtigung dieser Ansprüche zu kurz kommen.

Die Deponiefunktion der Natur

Besondere Aufmerksamkeit wird neuerdings dem natürlichen Kapital als Aufnahmemedium von Abfällen und Schadstoffen (Deponiefunktion) entgegengebracht. Als Aufnahmemedien können Boden, Wasser und Luft bzw. die Ökosysteme mit ihrer Transformationskapazität in Frage kommen. Trotz aller Gemeinsamkeiten der Abfälle und der sonstigen Emissionen bestehen jedoch, auch im Hinblick auf das jeweils angesprochene Aufnahmemedium, beachtliche Unterschiede, die eine differenzierte Betrachtung erfordern. Dies betrifft vor allem die Engpaßeffekte und soll zunächst anhand der Abfälle beleuchtet werden, was gleichzeitig eine umweltökonomische Betrachtung dieser Reststoffe selbst erlaubt.

Abfälle sind aus ökonomischem Blickwinkel jene Rückstände an materiellen Gütern, die während des Produktions- und Konsumtionsprozesses anfallen und für die sich angesichts ihrer Qualität sowie der bestehenden Preis- und Marktkonstellationen keine weitere gewinnbringende bzw. kostendeckende Verwendung oder Verwertung mehr anbietet. Dies hat zur Folge, daß sich der Rückstandsbesitzer ihrer entledigen will. Beim Entledigen fallen Märkte jedoch weitgehend aus, da den so definierten Abfällen angesichts ihrer durch die Preiskonstellationen bestimmten „Wertlosigkeit" keine Nachfrage gegenüber steht. Der Markt fällt hierbei als Problemlöser aus. Damit wird gleichzeitig deutlich, daß Abfälle nie endgültig oder über Materialeigenschaften allein definiert werden können. Die Einstufung von Produktionsrückständen oder Reststoffen als Abfall ist stets auch das Ergebnis einer ökonomischen Entscheidung vor dem Hintergrund bestehender Preise. Ändern sich z. B. die Preis- und Marktkonstellationen (etwa gravierender Anstieg für Primärrohstoffe), wird aus einem spezifischen Abfall möglicherweise ein Gut, für das spontan Märkte entstehen, die eine Wiederverwendung der Rückstände bzw. eine Rückführung der Reststoffe in den Wirtschaftskreislauf erlauben. Eine legislative Festlegung des Abfallbegriffs bzw. eine allein an der Materialeigenschaft ausgerichtete Abfalldefinition wird darum aus ökonomischer Perspektive dem Abfallproblem nicht gerecht.

Wären die Abfälle aufgrund ihrer Eigenschaften ungefährlich, ließen sie sich also gefahrlos (keine hygienischen Risiken), ohne explizite Raumbeanspruchung bzw. nicht störend (z. B. keine Verunstaltung der Landschaft über wildes Deponieren) beseitigen und wiederum in das Ökosystem (zurück-)integrieren, gäbe es im Grunde kein Deponierungs- oder Senkenproblem. Die Tatsache jedoch, daß sich die unkontrollierte Verbringung von Abfällen mit vielfältigen Risiken für Mensch und Umwelt verbindet und diese Risiken u. a. vom Abfallvolumen bzw. dessen Stoffstruktur abhängig sind, hat schon früh dazu geführt, daß zwecks Risikominderung staatliche Vorschriften zur kontrollierten Abfallbeseitigung eingeführt werden mußten. Abfälle müssen danach in den meisten Ländern dieser Welt gesammelt und unter Einhaltung bestimmter Regeln konzentriert deponiert oder häufig zuvor zwecks Volumenreduktion oder „Entschärfung" thermisch oder chemisch-physikalisch behandelt werden. Für die Erfüllung dieser Aufgabe werden zumeist die unteren Gebietskörperschaften in die Pflicht genommen (Abfallbeseitigung als kommunale Pflichtaufgabe). Da Abfälle dort lange Zeit über fixe Behältertarife entsorgt wurden, fehlten entscheidende ökonomische Anreize, sich abfallsparend zu verhalten bzw. Reststoffe zu rezyklieren.

Das umweltpolitisch diskutierte Abfallproblem ist heute jedoch – läßt man einmal radioaktiven Abfall oder bestimmte Kategorien des Sondermülls außer Acht – primär kein Risiko-, sondern vor allem ein Engpaßproblem (These von der Übernachfrage nach Entsorgungskapazität bzw. -notstand). In manchen Regionen wird bereits von einer entwicklungslimitierenden Engpaßsituation gesprochen. Die Ursachen hierfür liegen jedoch nicht nur auf der Seite der (Über-) Nachfrage nach Entsorgungskapazität (Abfallvolumen), sondern sind auch, was vielfach übersehen wird, Folge einer problematischen Organisation des Abfallbereichs selbst bzw. der Besonderheiten bei der Standortfindung für Entsorgungsanlagen. Da

- jede Abfallbeseitigungsanlage durch gewisse Unteilbarkeiten geprägt wird, die eine überörtliche Kapazitätsnutzung und damit eine interkommunale Zusammenarbeit nahelegen,
- Abfallbeseitigungsanlagen mit objektiven oder subjektiv empfundenen Risiken für die Menschen im engeren Nachbarschaftsbereich der Anlage verbunden sind, die stets örtlichen Widerstand auslösen, dem sich Kommunalpolitiker häufig anschließen,
- die „Vermögensverluste" der betroffenen Anwohner einer Deponie in der Regel aufgrund der planungsrechtlichen Standortfestlegung nicht ausgeglichen werden,
- in einem hoch verdichteten Raum wie Deutschland viele Akteure um die Nutzung begrenzt zur Verfügung stehender Umweltmedien Wasser, Boden und Luft konkurrieren, d. h. die Opportunitätskosten einer Standortentscheidung immer größer werden,
- die Transportkosten bzw. politischen Vorgaben zumeist eine regionale Lösung des Entsorgungsproblems erzwingen,

kommt es unter ökonomischen Aspekten zum sog. „Freifahrerproblem".

Mit anderen Worten: Für die Individuen bzw. die einzelnen Kommunen ist jeweils jene Situation am „wünschenswertesten", bei der es möglich ist, die Vorteile der Nutzung einer Abfallbeseitigungsanlage zu realisieren, ohne gleichzeitig die Nachteile bzw. Risiken einer solchen Anlage in Kauf nehmen zu müssen. Dies ist immer dann der Fall, wenn die Entsorgung nicht am eigenen Standort stattfindet, sondern die hierfür erforderliche Entsorgungsanlage im weiteren Regionalbereich untergebracht werden kann. Es besteht somit ein hoher Bedarf an Entsorgung, aber keine Bereitschaft, die damit verbundenen Nachteile zu akzeptieren. Zwangsläufig muß es bei einer solchen Einstellung zu einem (zu) geringen Angebot an Abfallbeseitigungskapazitäten und damit zu einem evtl. entwicklungslimitierenden Engpaß kommen.

Beim Abfallproblem überlagern sich somit zwei Probleme, das „Überangebot" an Abfall und das Finden eines Standorts der Betreiber von Entsorgungsanlagen, wobei beide Problembereiche miteinander verknüpft sind. Da man sich bei der Standortfindung nicht in Konkurrenz zu anderen Flächennachfragern (etwa für die Zwecke Wohnen, Verkehr, Arbeiten, Freizeit usw.) in bestimmte Standorte „einkaufen" und evtl. Vermögensschäden im Nachbarschaftsbereich ausgleichen muß, stößt die Standortfindung auf Widerstand, und die Entsorgungspreise sind zu niedrig. Da die Entsorgungspreise zu niedrig sind, halten sich die ökonomischen Anreize zur Abfallvermeidung bzw. zur Reststoffwiederverwertung in engen Grenzen.

Anders stellt sich die These von der entwicklungslimitierenden Engpaßsituation bei den Emissionen bzw. Stoffeinträgen in die Umweltmedien Luft und Wasser dar. Im Gegensatz zu den Abfällen im engeren Sinne geht es hier
- nicht um die räumlich konzentrierte Entsorgung von Stoffen (etwa CO_2, SO_2, NO_x) in bestimmten Entsorgungsanlagen, sondern um einen Stoffeintrag, der räumlich diffundiert, und darum
- muß die Knappheit der Schadstoff-Aufnahmekapazität erst von der Wirkungsseite her definiert werden.

Was die erste Eigenschaft betrifft, bewirken die in den Medien Wasser und Luft vorherrschenden Diffusionsgesetzmäßigkeiten i. d. R. eine disperse Verteilung der aus verschiedenen Emissionsquellen eingetragenen Stoffe, wobei sich der räumliche Ausbreitungsbereich von Emis-

sion zu Emission unterscheidet. Bei den sog. Treibhausgasen (etwa Kohlendioxid, Methan oder Distickstoffoxid) führen lokale Eintragungen zu globalen Belastungseffekten (negative Treibhauseffekte wie Abschmelzen der Polkappen, Ansteigen des Meeresspiegels, Verschiebung der Vegetationszonen, Zunahme der Wirbelstürme usw.), wie auch die lokale Einbringung von das stratosphärische Ozon schädigenden Gasen (FCKW, Tetrachlorkohlenstoff, Halone und Methylchloroform) eine globale Ausdünnung der Ozonschicht bewirkt, die mit einer geographischen und zeitlichen Variabilität verstärkter UV-Einstrahlung verbunden ist. Demgegenüber streuen die klassischen Massenschadstoffe Schwefeldioxid, Stickstoffoxide oder Feinstäube regional, und sind darum eher mit regionalen Schadeffekten (etwa Wintersmog- und Waldschadenprobleme) verbunden.

In allen Fällen ist aber entscheidend, daß zur Deponierung der Schadstoffe auf Umweltmedien (Luft, häufig Weltmeere) zurückgegriffen wird, die jedem zugänglich sind, von deren Nutzung grundsätzlich keiner ausgeschlossen werden kann, und die zunächst keine Eigentumsrechte kennen. Für den Ökonom sind solche Güter (Ausfall des Ausschlußprinzips) Kollektivgüter, die – vor allem, wenn sie globaler Natur sind – umweltpolitisch schwer zu regeln sind.

Weiter wird deutlich, daß bei solchen Gütern die „Knappheit" der Schadstoff-Aufnahmekapazität erst politisch definiert werden muß. Naturwissenschaftler können nur auf Wirkungen aufmerksam machen, die sich aus einer bestimmten Emissions-Immissions-Verflechtung ergeben, die Bewertung dieser Wirkungen bleibt Aufgabe der Politik. Auf der Basis von Analysen der zu erwartenden Schadenskosten (Kosten unterlassener Umweltpolitik) und der Kosten, die zur Schadensvermeidung erforderlich sind (Kosten des Umweltschutzes) bzw. der sozialen Akzeptanz von Schäden oder der erforderlichen Maßnahmen gelangt man in teilweise zähen Abwägungsprozessen zu Grenzziehungen (critical loads). Rechnet man von solchen kritischen Belastungswerten aus rückwärts, läßt sich die maximale Schadstoffaufnahmekapazität eines Mediums bzw. seine effektive oder zu erwartende Auslastung bestimmen.

Sehr schön läßt sich das Problem der (politischen) Knappheitsfestlegung sowie des Umgangs mit solchen Kollektivgütern, die eine Deponiefunktion erfüllen, anhand des Kohlendioxids aufzeigen. Angesichts der langen Verweildauer von Kohlendioxid in der Erdatmosphäre (90 – 120 Jahre) und des hierdurch ausgelösten Akkumulationseffekts vertritt z. B. heute die Mehrheit der Klimaforscher die Auffassung, daß

- der Mensch für die beobachtete Erwärmung der Erdatmosphäre verantwortlich zeichnet und
- die Verhinderung eines nicht mehr tolerierbaren Treibhauseffekts keineswegs mehr über einen Stop des CO_2-Emissionszuwachses, sondern nur noch über gravierende CO_2-Emissionsreduktionen herbeigeführt werden kann.

Als nicht mehr tolerierbar wird hierbei i. d. R. jene menschliche Störung der Atmosphäre bezeichnet, welche die Erddurchschnittstemperatur aus dem Schwankungsbereich des Quartärs, welches die heutige „Umwelt" hervorbrachte, herauswandern ließe. Dieser Schwankungsbereich wird mit einem Korridor zwischen 10,4 und 16,1 °C umschrieben, wobei die heutige globale Durchschnittstemperatur nach Auffassung vieler Klimaforscher mit 15,3 °C schon dicht an die obere Grenze heranrückt, und darum Handlungsbedarf besteht.

Geht man davon aus, daß jede Stabilisierung der CO_2-Konzentration auf Werte innerhalb dieses Korridors angesichts der langen Verweildauer des Kohlendioxids bzw. des bereits erreichten Akkumulationsgrads eine deutliche Reduktion der globalen CO_2-Emissionen unter das heutige Niveau verlangt, muß man sich nur noch auf die Größenordnung dieser Reduktionsaufgabe sowie die zeitliche bzw. räumliche Aufteilung dieser Reduktionslast einigen. Was die erste Teilfrage betrifft, wird von der Mehrheit der Klimaforscher – bezogen auf 1990 – eine Reduktion der CO_2-Emissionen in der Größenordnung von 60 – 100 % für erforderlich angesehen. Was die zeitliche Dimension angeht, steht nach ihrer Ansicht zur Bewältigung der Reduktionsaufgabe – falls schnell begonnen wird – aber immerhin noch eine Zeit von rund 100 Jahren zur Verfügung (Politik des langen Bremswegs).

Eine solche Reduktionspolitik hat gravierende ökonomische Konsequenzen. Bedenkt man, daß es bislang keine Rückhaltetechnologien für CO_2 gibt, müssen zur Bewältigung dieser Aufgaben vier größere Alternativen ins Auge gefaßt werden:

- Energieträgersubstitution, d. h. weg von den fossilen Energieträgern hin zu den nichtfossilen,
- Wirkungsgradverbesserung, d. h. Steigerung der Energieeffizienz (Effizienzrevolution)
- Sektoralsubstitution, weg von den energieintensiven hin zu energieextensiven Wirtschaftsbereichen (ökologischer Strukturwandel) und
- Vermeiden (Suffizienzrevolution).

Zur Verwirklichung der beiden ersten Möglichkeiten ist vor allem die Technik gefordert, der dritte Weg ist eine wirtschaftspolitische Herausforderung, der vierte verlangt vor allem die Bewältigung der Akzeptanzfrage.

An dieser Stelle läßt sich auch aufzeigen, warum eine politische Einigung in der Klimapolitik so große Probleme bereitet. Das CO_2-Problem ist durch folgende für den Ökonomen relevante Eigenschaften gekennzeichnet:

- Es handelt sich um ein echtes Umweltproblem von globaler Bedeutung, d. h. lokale oder regionale Emissionen haben eine globale Wirkung. Dementsprechend ist eine globale Einigung wünschenswert.
- Aufgrund der klimatischen Zusammenhänge, insbesondere der Diffusionsgesetzmäßigkeiten, sowie fehlender Eigentumsrechte kann grundsätzlich keiner von der Nutzung der Erdatmosphäre für die Deponierung von Treibhausgasen ausgeschlossen werden (Kollektivgut-Problematik).
- Aus der Kollektivgut-Problematik ergibt sich eine global ineffiziente Dilemma-Situation, da es für einzelne Emittenten bzw. Länder durchaus „sinnvoll" erscheint, vorhandene Nutzungsspielräume maximal auszunutzen, was sich dann zum Nachteil aller auswirkt.
- Wegen des Fehlens einer Rückhaltetechnik erfordert eine CO_2-Reduktion stets Maßnahmen zur Steigerung der Energieeffizienz (etwa über einen vermehrten Kapitaleinsatz), weiter Substitutionsprozesse (Ersatz energieintensiver Wirtschaftsbereiche durch energieextensive Sektoren) oder schließlich die Reduktion des Einsatzes fossiler Energieträger (neuer Lebensstil, Widerspruch zu einer Kohlevorrangpolitik usw.). Dies löst gravierende Anpassungsprozesse aus und stößt darum auf den Widerstand der betroffenen Sektoren.
- Obwohl mehrheitlich von schädlichen Wirkungen eines Treibhauseffekts ausgegangen werden muß, gibt es unterschiedlich Betroffene, u. U. sogar Begünstigte, vor allem wenn letztere von einer schwer kalkulierbaren Verschiebung der Vegetationszonen profitieren. Dies impliziert, daß ein unterschiedliches Interesse an einer schnellen und erfolgreichen Lösung des CO_2-Problems besteht.

  Ökonomie der Umwelttechnik

- Diese Interessendivergenz wird noch durch die Tatsache verstärkt, daß eine CO_2-Reduktion sich mit regional unterschiedlichen „Kosten" (in Form von sektoralen Umstrukturierungsprozessen, Arbeitsplatzverlusten, Preissteigerungen usw.) verbindet, wobei vor allem die Industrienationen die kostenmäßig „Betroffenen" sind. Hier bauen sich darum besondere Widerstände auf. Negativ „betroffen" sind auch die Anbieter fossiler Energieträger, etwa die OPEC-Staaten.
- Wenn man die berechtigten Entwicklungsinteressen armer Länder berücksichtigen will, kann die CO_2-Reduktion nicht über Länder gleichermaßen erfolgen. Vielmehr muß bestimmten Ländern die Möglichkeit einer zusätzlichen CO_2-Emission eingeräumt werden, was bei anderen Ländern (etwa Industrienationen) wiederum überdurchschnittliche Anstrengungen verlangt. Es sind somit schwierige Verteilungsentscheidungen gefordert.
- Eine begrenzte Teilnahme von Staaten an einem Klimaschutzabkommen kann zu kontraproduktiven Effekten führen. Signifikante Reduktionsmaßnahmen hoch entwickelter Nationen können z. B. bei den fossilen Energieträgern wegen des Nachfragerückgangs einen Preisverfall bewirken, der an anderer Stelle der Erde möglicherweise einen Mehrverbrauch an fossilen Energieträgern oder eine Verlagerung energieintensiver Wirtschaftsbereiche in Länder mit billigerer Energie auslöst. Dies schwächt den CO_2-Minderungseffekt ab oder konterkariert ihn sogar.
- Ein besonderes Problem stellen auf internationaler Ebene die fehlenden Kontroll- und Sanktionsmöglichkeiten einer Klimaschutzpolitik dar. Hieraus ergeben sich Spielräume für ein strategisches Verhalten. Hohe Anreize zum Freifahrerverhalten sind z. B. bei Staaten gegeben, die im Vergleich zu ihrem Anteil an den Gesamtemissionen nur eine geringe Betroffenheit aufweisen (z. B. OPEC-Staaten).

Diese Gegebenheiten erklären auch, warum man im Gegensatz zum Montrealer Protokoll von 1987 zur Reduktion von FCKW-Emissionen bis jetzt noch nicht über Absichtserklärungen hinausgekommen ist.

Eine der spannendsten Fragen, die die Umweltökonomie beschäftigt, lautet darum, inwieweit es nicht doch möglich ist, die Bewältigung des Allokationsproblems, das ist die optimale Zuweisung von politisch definierten und aus kritischen Belastungsgrenzen abgeleiteten Nutzungsspielräumen, über Märkte und die Gewährung von Eigentumsrechten zu lösen. Dies soll im Instrumentenkapitel bei der Behandlung der Zertifikats-Modelle näher dargelegt werden.

Es soll aber nicht verschwiegen werden, daß es Ökologen gibt, die die Ableitbarkeit eindeutiger Grenzen der Belastbarkeit von Ökosystemen bezweifeln und bzgl. der Deponiefunktion der Natur generell von einer bereits zu konstatierenden „Überforderung" der Umwelt sprechen. Unter Rückgriff auf die sog. Chaos-Theorie betonen sie, daß sich das Verhalten komplexer Ökosysteme trotz aller naturwissenschaftlichen Kenntnisse nicht exakt voraussagen läßt, und kleine, häufig verborgene Ursachen durchaus große Wirkungen auszulösen vermögen. Diese Wirkungen können vor allem die umfassenderen ökologischen Regelungs- und Stabilsierungsfunktionen betreffen und seien darum besonders gefährlich. Sie seien insgesamt Ausdruck eines zu hohen anthropogenen Stoffeintrags in die Umwelt. Ihnen kommt es demzufolge nicht mehr darauf an, selektiv Stoffe mit hohem Risikopotential zu reduzieren, ihre Absicht zielt vielmehr auf eine grundsätzliche Reduktion des Stoffflußvolumens.

Volumenreduktion wird aus dieser Perspektive zur generellen Risikominderungsstrategie erhoben oder als Ausdruck einer umfassenden Vorsorgepolitik angesehen. Umweltschutz wird dann zu einer Art ökologisch orientierten Präventivpolitik, die in ihrer Extremform die Forderung nach einer Stoffflußminimierung um jeden Preis beinhaltet. Eine solche Politik verlangt auf alle Fälle die Ausschöpfung des technisch Möglichen an Reduktion der Materialintensität der Wirtschaft. Dies paart sich vielfach mit der Forderung nach intergenerativer Gerechtigkeit im Sinne des Erhalts eines möglichst großen materiellen oder ökologischen Handlungsspielraums für nachfolgende Generationen, woraus ebenfalls die Schlußfolgerung nach Reduktion der Materialintensität des Wirtschaftens abgeleitet wird.

C.1.1.3 Grenzen des Wachstums?

Wie bereits zu Anfang aufgezeigt wurde, steht im Mittelpunkt der Wirtschaft die Frage nach dem Erhalt bzw. der Ausweitung der materiellen Lebensgrundlagen der Gesellschaft und ihrer Mitglieder und kann der Wunsch nach Überwindung des als zu eng empfundenen materiellen

Handlungsspielraums, der auch durch die begrenzte Verfügbarkeit natürlicher Ressourcen mitbestimmt wird, als ökonomisches Grundanliegen bezeichnet werden. Ausgehend vom Konzept der Produktionsfunktion wurde deutlich, daß dieses Anliegen langfristig dann gefährdet ist, wenn eine der zentralen Entwicklungsdeterminanten Sachkapital, Humankapital und Öko-Realkapital zur entwicklungslimitierenden Engpaßgröße wird bzw. die Engpaßeffekte nicht mehr durch Substitution dieser Entwicklungsdeterminanten oder durch technischen Fortschritt überwunden werden können.

Charakterisiert man das Wirtschaftswachstum, wie dies manchmal geschieht, als Durchflußwachstum, ist die Natur bzw. das Öko-Realkapital

- Ausgangspunkt und Quelle aller materiellen Stoffströme, die nach einem Ressourcenabbau bzw. über eine Ressourcennutzung (etwa von erneuerbaren Ressourcen)
- als Inputs und Durchflußgrößen (througputs) in das Teilsystem Wirtschaft eingehen, um dieses dann
- während des Produktions- bzw. Konsumtionsprozesses oder danach als Emissionen und Abfälle zu verlassen, die umweltbelastend wiederum in das Ökosystem zurückzukehren.

Ein solches Durchflußwachstum würde, wie ebenfalls schon betont wurde, vor allem dann zum Problem, wenn

- es bei begrenzter Substitutionsmöglichkeit der einzelnen Inputkategorien zur Erschöpfung relevanter Ressourcen (etwa fossiler Energieträger) kommt,
- die Regenerations- bzw. Assimilationskapazität des oder wichtiger Ökosysteme durch eine kritische Abfall- oder Schadstoffbelastung überfordert wird, und/oder
- am Ende der Produktionskette unüberwindbare Entsorgungsengpässe auftreten.

Während die klassischen Weltmodelle des Club of Rome der frühen 70er Jahre die Grenzen des wirtschaftlichen Wachstums vor allem in der begrenzten Ressourcenverfügbarkeit sahen, stellen die neueren Weltmodelle stärker auf die begrenzten Deponierungsmöglichkeiten für Abfälle und Emissionen ab. Nachdem – schon allein aufgrund der Entkoppelung von Wirtschaftswachstum und Rohstoffeinsatz sowie der Erschließung neuer Rohstoffvorräte – die entwicklungslimitierenden Effekte begrenzter Ressourcenvorräte bislang weniger als vermutet zur Geltung kamen und sich doch vielfältige Substitutionsmöglichkeiten eröffneten, ist man – was die Antwort auf die Frage nach möglichen Wachstumsgrenzen betrifft – inzwischen etwas vorsichtiger geworden. Insbesondere sieht man, daß der technische Fortschritt und der technische Umweltschutz immer bedeutsamer werden. Einigkeit herrscht heute nur darüber, daß die Art des Wirtschaftens und Konsumierens der hoch entwickelten Industrienationen nicht auf alle Teile der schnell wachsenden Weltbevölkerung übertragen werden kann. Theoretisch können sich hieraus Wachstumsgrenzen ableiten lassen. Dies leitet über zur Frage, welche Rolle dem technischen Umweltschutz bei der Lösung dieser Probleme zukommt bzw. wie durch ihn die entwicklungslimitierenden Engpaßeffekte des Öko-Realkapitals gemildert oder möglicherweise sogar überwunden werden können.

C.1.2 Zur Rolle des technischen Umweltschutzes

C.1.2.1 Anliegen des Umweltschutzes

Unter dem Begriff des Umweltschutzes kann man alle staatlichen Bestrebungen zusammenfassen, die auf einen Abbau bzw. die Verhinderung „schädlicher" Auswirkungen anthropogener Aktivitäten auf die natürlich-ökologischen Umweltbereiche des Menschen bzw. auf eine Pflege und Erhaltung der naturgeprägten Umweltgegebenheiten des Menschen bzw. aller anderen Lebewesen (Naturschutz) ausgerichtet sind. Unter Umwelt versteht man hierbei primär jenes Beziehungsgefüge, in dem sich die Wechselwirkungen zwischen Natur und Zivilisation abspielen und das die Menschen bzw. die übrigen Lebewesen (Tiere und Pflanzen) beeinflußt. „Schädlich" kann demzufolge aus der Perspektive des Menschen als auch aus den Überlebensanforderungen der nichtmenschlichen Lebewesen heraus definiert werden. Insofern kann man das Anliegen des Umweltschutzes auch unter der Kurzformel „Schutz des Menschen und der (natürlichen) Umwelt" zusammenfassen.

Im Gegensatz zu den Anfängen des praktischen Umweltschutzes geht es heute jedoch nicht nur um den Schutz der gegenwärtigen Generation bzw. der gegenwärtigen (Natur-)Umwelt. Beeinflußt durch die Nachhaltigkeit der Diskussion in den letzten Jahren rücken vielmehr die Interessen künftiger Generationen immer stärker in den Vordergrund. Umweltschutz wird dann zur Gesamtheit jener Maßnahmen, die mehreren Generationen eine nachhaltige, d.h. dauerhafte und mit möglichst wenigen Risiken verbundene Entwicklung und gleichzeitig Naturschutz gewährleisten soll. Da man eine positive Entwicklung zumeist mit einer steigenden Wohlfahrt verbindet, ist nachhaltige Entwicklung für den Ökonomen die Maximierung der gesellschaftlichen Nettowohlfahrt über mehrere Generationen hinweg unter Mindesteinhaltung bestimmter Nachhaltigkeits-Nebenbedingungen.

Eine solche Interpretation erfordert die Lösung mehrerer Operationalisierungsprobleme. Diese betreffen die Begriffe Entwicklung und Nachhaltigkeit, wobei die primären Interpretationsprobleme bei der Konkretisierung der Nachhaltigkeitsbedingungen liegen. Folgt man der oben skizzierten Produktionsfunktion, wird Umweltschutz in starkem Maße zur Gesamtheit jener Maßnahmen, die dem Schutz des Öko-Realkapitals bzw. der Bewahrung der Funktionsfähigkeit des natürlichen Kapitalstocks in seiner Gesamtheit dienen. Mit anderen Worten heißt dies, es gilt die künftigen Generationen primär vor jenen Risiken zu schützen, die sich aus der Reduktion des Engpaßfaktors Öko-Realkapital ergeben können. Verhindert werden sollen
- die entwicklungslimitierenden Effekte einer Erschöpfung endlicher Ressourcen einschl. der Vernichtung von Lebensraum,
- die einen künftigen Bestandseinbruch auslösende Überforderung der Regenerationskapazität erneuerbarer Ressourcen sowie
- die einen ökologischen Kollaps bewirkende Überauslastung der Deponie- und Regelungskapazität der Ökosysteme.

Neuerdings wird der Katalog dieser Nachhaltigkeitsbedingungen häufig noch um zwei weitere Bedingungen erweitert. Sie betreffen die sog. Ökonomie- und Sozialverträglichkeit. Dahinter steht die Erfahrung, daß unser Wirtschafts- und Sozialsystem eine hohe Ähnlichkeit mit komplexen Ökosystemen aufweist. Es ist Träger verschiedener, für die menschliche Wohlfahrt wichtiger Funktionen, zeichnet sich angesichts seiner Funktionsvielfalt durch eine hohe polyvalente Nutzbarkeit aus und ist – falls kritische Überlastungen verhindert werden können – in weiten Bereichen durch eine beachtliche Selbsterhaltungskraft, Schockabsorptionskapazität und Langlebigkeit geprägt. Auf teilweise schwer zu definierende Be-

bzw. Überlastungen können beide Systeme ebenfalls mit einem Kollaps reagieren, der häufig einen irreversiblen Einbruch der Leistungsfähigkeit beinhaltet. Wegen des begrenzten Zusammenhangs zum technischen Umweltschutz soll an dieser Stelle jedoch auf eine nähere Analyse der Ökonomie- und Sozialverträglichkeit verzichtet werden.

Unter umweltökonomischen Aspekten wichtiger ist jedoch die Frage nach dem optimalen Umweltschutz. Dahinter steht die Feststellung, daß sowohl unterlassener als auch praktizierter Umweltschutz mit Kosten verbunden ist. So führt unterlassener Umweltschutz zu volkswirtschaftlichen Schäden. Typische Beispiele sind steigende Krankheitskosten aufgrund von Luftverunreinigung oder sinkender Ernteertrag aufgrund von Bodendegradation. Üblicherweise wird hierbei unterstellt, daß mit steigenden Emissionen E die Schadenskosten SK überproportional anwachsen und damit in vereinfachter Darstellung die sog. Grenzschadenskurve GSK, die den Schadenskostenzuwachs in Abhängigkeit von den zunehmenden Emissionen zum Ausdruck bringt, ansteigt (vgl. Bild C.1-2). Des weiteren wird aufgrund von Erfahrungen aus der betrieblichen Praxis davon ausgegangen, daß eine sukzessive Emissionsminderung nur durch überproportional steigende Kosten realisiert werden kann. Zwar kann es aufgrund von technischem Fortschritt oder einer Güter- bzw. Inputsubstitution zu einer Linksverschiebung der in Abhängigkeit von der Emissionsminderung überproportional steigenden Vermeidungskostenkurve VK kommen. Grundsätzlich gilt aber,

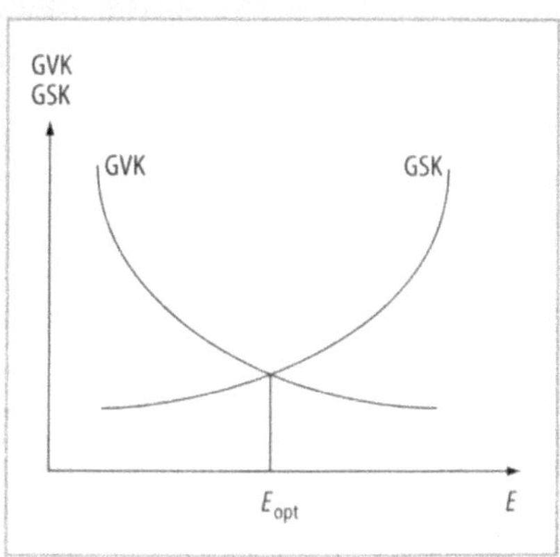

Bild C.1-2 Ökonomisches Optimum des Umweltschutzes

daß bei einer konstanten Güter- und Verfahrensstruktur ein vermehrter Umweltschutz i.d.R. überproportional Geld und Ressourcen bindet.

In Bild C.1-2 wird dies vereinfacht in Form einer in Abhängigkeit von der Emissionsminderung steigenden Grenzvermeidungskostenkurve (GVK) verdeutlicht. Bei einer solchen Betrachtungsweise ergibt sich bei Addition der Schadens- und Vermeidungskosten eine Gesamtkostenkurve des Umweltschutzes, die im Schnittpunkt der Grenzschadens- und Grenzvermeidungskostenkurven, d.h. bei einem positiven Emissionsniveau E_{opt} ihr Minimum aufweist. Mit anderen Worten: Geht man von einer für ökonomische Bewertungen typischen Nutzen-Kosten- oder Kosten-Kosten-Betrachtung aus, ergibt sich ein optimaler Umweltschutz, der keineswegs, was wichtig ist, mit der technisch möglichen Emissionsminderung übereinstimmen muß.

Bei einer zukunfts- oder vorsorgeorientierten Umweltschutzpolitik muß von erwarteten Schadens- und Vermeidungskosten ausgegangen werden. Dies verlangt u.a., daß für alternative Emissionsniveaus bzw. Verschmutzungsgrade die diesen zuzuordnenden Schadenskosten geschätzt werden, was die Berücksichtigung von Eintrittswahrscheinlichkeiten sowie wiederum ein Abdiskontieren der Erwartungsgrößen verlangt. Unterstellt man, daß die Grenzvermeidungskurve bekannt ist, wird diese dann von mehreren Grenzschadenskurven als Ausdruck divergierender Eintrittswahrscheinlichkeiten geschnitten. Zur Zielfixierung unter Ungewißheit stehen bei einem solchen Fall mehrere Entscheidungsregeln zur Verfügung.

Bei der Minimax-Regel präferiert man jenes Emissionsoptimum, bei dem das Minimum der Maximalverluste erwartet werden kann, bei der Minimin-Regel hingegen jenen Schnittpunkt der Grenzvermeidungs- mit den Grenzschadenskurven, bei dem die geringste Schädlichkeit unterstellt wird. Im ersten Fall ist man in der Position eines „notorischen Pessimisten", im letztgenannten Fall stellt man den „unverbesserlichen Optimisten" dar. Ist man der Auffassung, daß sich den einzelnen Schadenskurven keine divergierenden Wahrscheinlichkeiten zuordnen lassen (Laplace-Regel), wird man sich im Mittelbereich der durch den Optimismus und Pessimismus geprägten Spannbreite bewegen. Versucht man die Kostenunterschiede der einzelnen Optima zu minimieren, handelt man nach der sog. Minimax-Regret-Regel.

Diese wenigen Beispiele zeigen bereits, daß umweltpolitische Entscheidungen unter umweltökonomischen Überlegungen zu divergierenden Optima führen können, die Spiegelbild unterschiedlicher Wirkungshypothesen, Ausdruck von Pessimismus und Optimismus, unterschiedlich gesetzter Diskontraten usw. sein können, d.h. sich durch eine beachtliche Variabilität auszeichnen. Ihnen gemeinsam ist nur die Tatsache, daß der ökonomisch optimale Umweltschutz i.d.R. nicht mit dem technisch möglichen Emissionsminimum identisch ist.

C.1.2.2 Technischer Umweltschutz

C.1.2.2.1 Arten des Umweltschutzes

Es gibt verschiedene Arten des Umweltschutzes. Eine beliebte Unterscheidung trennt zwischen planerischem und technischem Umweltschutz. Sie ist in besonderer Weise geeignet, die Rolle des technischen Umweltschutzes zu verdeutlichen. Planerischer Umweltschutz bezieht sich hierbei in den meisten Ländern auf die Raumplanung und umfaßt damit die überörtlichen Pläne der Landes- und Regionalplanung sowie die Bauleitplanung auf der Ortsebene. Da es in Deutschland keine Bundesraumplanung mit ähnlicher Bindungswirkung wie die Landes- oder Regionalplanung gibt und die Frage der raumplanerischen Kompetenzzuweisung an die Ebene der Europäischen Union umstritten ist, spielt der planerische Umweltschutz vor allem auf der Landes-, Regional- und Kommunalebene eine wichtige Rolle.

Raumplanung muß hierbei zunächst als die Zuweisung von Flächennutzungsvorstellungen durch die hierzu legitimierten Planungsebenen – in Deutschland primär die Landes-, Regional- und Kommunalebene – verstanden werden. In einem marktwirtschaftlichen System bedeutet eine Flächenausweisung als Industriegebiet (Positivplanung) jedoch noch nicht, daß dort eine industrielle Nutzung stattfindet, d.h. die für Industrialisierungszwecke freigestellte Fläche von privaten Investoren angenommen wird. Im Gegensatz hierzu haben planerische Nutzungseinschränkungen – häufig auch als Negativplanung gekennzeichnet – eine ausschließende Wirkung. Insofern dient die Raumplanung durch Unterbindung anthropogener Eingriffe in naturnahe Flächen in besonderer Weise dem Naturschutz durch Lebens- bzw. Freiraumsicherung. Wenn es ihr gelingt, die Arealansprüche der Lebewesen von Ökosystemen adäquat zu berücksichtigen, leistet sie einen Beitrag zur Mindesterhaltung spezifischer Elemente (Ökosystemsicherung, Freihalten größerer Optionsflächen, Schutz von Natur-Restbeständen usw.) des Öko-Realkapitals. Da sie damit bestimmte Flächen der anthropogenen Beanspruchung entzieht, engt sie den Ressourcennutzungsspielraum der Wirtschaft ein, was bei dem verbleibenden Ressourcenbestand zu Preiserhöhungen führen muß und auch erklärt, warum (raum)planerischer Umweltschutz häufig auf Widerstände stößt.

Die Technik – definiert über Anlagen, Geräte, Apparate unter Einbeziehung der Meß-, Steuer- und Regelungstechnik – verbindet sich demgegenüber mit zwei formal unterschiedlich ausgerichteten Funktionen,

- einer klassischen, die als technologisch bedingte Erweiterung des materiellen Handlungsspielraums des Menschen interpretiert werden kann und
- einer neueren, die stärker den Schutz des Menschen und der naturnahen Umwelt vor den Schadeffekten menschlichen Handelns (vor allem Produzieren und Konsumieren) betont (Schutzfunktion).

Beide Funktionen sind, wie gleich gezeigt werden soll, eng miteinander verknüpft, wobei die Befriedigung der ersten Funktion umweltentlastend bzw. die Nachhaltigkeit fördernd wirken kann.

Die klassische Funktion wurde im Bereich der Ökonomie zumeist unter dem Schlagwort des technischen Fortschritts berücksichtigt. Danach führt die Technik zu einer Erweiterung des materiellen Nutzungsspielraums, wenn es ihr gelingt,

- ressourcensparende Verfahren zu entwickeln, die zu einer Steigerung der Ressourceneffizienz und damit zu Kostenersparnissen führen,
- den kostenmindernden Einsatz neuer (billigerer) Einsatzstoffe zu ermöglichen (Inputsubstitution), die teilweise (etwa synthetischer Kautschuk) auch die Abhängigkeit von natürlichen Ressourcen mindern,
- bisher nicht zugängliche Ressourcenvorräte zu erschließen, was sich i.d.R. als Ausweitung des Stoffangebots und damit preisdämpfend oder sogar -senkend bemerkbar machen kann und
- neue Produkte mit grundlegend neuen Produkteigenschaften (z.B. Schlüsseltechnolo-

gien) zu finden, die nicht nur eine Gütersubstitution, sondern eine Erweiterung des Güterangebots und damit die Befriedigung bislang ungestillten Bedarfs (z.B. technischer Fortschritt im Gesundheitswesen) gestatten.

Die drei erstgenannten Kategorien der klassischen Funktion des technischen Fortschritts kennzeichnet man häufig als Verfahrensinnovationen, die letzte als Produktinnovation bzw. – wenn sich hieraus eine Risikominderung oder eine verbesserte Rezyklisierungsfähigkeit ergibt – auch manchmal als produktbezogenen Umweltschutz.

Im Gefolge der Wissensakkumulation (Ausbau des Bildungswesens), der Ausweitung der staatlich geförderten Grundlagenforschung sowie der unter Wettbewerbsdruck zu beobachtenden Intensivierung der betrieblichen Forschung beschleunigte sich der technische Fortschritt im Zeitablauf beachtlich und führte teilweise zur Verkürzung von Produktlebenszyklen. Wettbewerb und Änderungen der relativen Preise sorgten dafür, daß aus Wissen um Handlungsmöglichkeiten angewandte Technik wurde. Läßt man einmal die verbesserte Organisation des Wirtschaftsprozesses (organisatorischer Fortschritt) außer Acht, ist die Implementierung neuen technischen Wissens in das Wirtschaften (inkl. Konsum) i.d.R. mit Investitionen (kapitalgebundener technischer Fortschritt) verbunden, wobei viele Technologielinien kapitalsparender Natur (Miniaturisierung) sein können.

In dem Ausmaß, wie der technische Fortschritt die Ressourceneffizienz bzw. den Substitutionsspielraum auf der Input- und Outputebene steigert, leistet er auch einen Beitrag zum Umweltschutz bzw. zur Nachhaltigkeit des Wirtschaftens. Er mindert insbesondere die entwicklungslimitierende Wirkung des knappen Öko-Realkapitals bzw. kann sogar (etwa über Backstop-Technologien bzw. Techniken zur besseren Trennung und Aufbereitung von Reststoffen) zu dessen Erweiterung beisteuern. Insofern ist bereits jene Technik, die klassischen Technikfunktionen dient, in vieler Hinsicht Umwelttechnik. Trotzdem ist es sinnvoll, jene Techniklinien herauszuheben, die im engeren Sinne dem Umweltschutz dienen, nämlich die Umweltschutztechnik. Sie möchte Menschen und naturnahe Umwelt vor den Schadwirkungen der Zivilisation bzw. bestimmter Formen des Produzierens und Konsumierens schützen. In diese Richtung zielen alle Techniken,

- die der Reduktion der Emissionen (Lärm, Strahlung, Schadstoffe) und Abfälle,
- der Verringerung der Risiken und Störfälle,
- der Verminderung der Eingriffstiefe (Miniaturisierung) bestimmter Aktivitäten in die Natur,
- der Sanierung bereits geschädigter Medien (Altlastensanierung) bzw.
- der besseren Verarbeitung von Gefahren- bzw. Gefährdungssignalen der Umwelt (Meß- und Analysentechnik zur Diagnose und Kontrolle von Umweltbelastungen) dienen.

Die so gekennzeichneten Techniklinien stellen Umweltschutztechniken dar.

C.1.2.2.2 Additiver und integrierter Umweltschutz

Aus der eben vorgenommenen Funktionsgliederung ergibt sich eine Unterscheidung in additiven, integrierten und produktbezogenen (technischen) Umweltschutz. Man spricht auch von drei Kategorien von Umweltschutzinvestitionen:
- Ein Sachanlagenzuwachs, der ausschl. dem Umweltschutz dient und zumeist den überkommenen Anlagen hinzugefügt wird (additiver Umweltschutz).
- Eine Sachanlagenbildung, die nicht nur dem engeren Umweltschutz gerecht werden möchte, sondern gleichzeitig auch andere Zwecke (etwa Steigerung der Arbeitsproduktivität) verfolgt (integrierter Umweltschutz).
- Produktentwicklungen, die aufgrund gesetzlicher Auflagen oder Vorschriften erfolgen (produktbezogener Umweltschutz).

Die additiven Umweltschutztechniken bzw. -investitionen setzen i. d. R. an den überkommenen Produktionsverfahren an und reduzieren durch vor- bzw. i. d. R. nachgeschaltete Schadstoffbeseitigungsanlagen den Emissionseintrag in die Umweltmedien. Angesichts der Tatsache, daß sie zwecks Emissionsminderung vorhandenen Anlagen additiv hinzugefügt werden, spricht man auch gerne von „End of the pipe"-Umweltschutztechniken oder -investitionen. Für solche Umweltschutztechniken spricht, daß sie sich i. d. R. besser in überkommene Anlagen einfügen und Nachrüstung häufig schneller und billiger zu verwirklichen ist als Umrüstung. Sie erlauben kleine Innovationsschritte entlang einer vorgegebenen Techniklinie und spielen vor allem dort eine Rolle, wo der vorhandene Realkapitalbestand noch relativ jung ist.

Unverkennbar sind jedoch einige Probleme, die die additiven Umweltschutztechniken als Lösungsansatz zum Schutz der Umwelt kennzeichnen. So verbindet sich mit ihnen zumeist eine mediale, temporale und lokale Problemverschiebung. So müssen die herausgefilterten Stoffe nachträglich (als Sondermüll) entsorgt werden, was zu einer Belastung anderer Umweltmedien – Boden als letzte Senke – führt und den Deponierungsengpaß verschärft. Hinzu tritt eine fehlende Immissionssicht, da eine Zunahme von Anlagen, die alle hohen Standards (z. B. niedrige Emissionen pro m^3 Abluft) erfüllen, ebenfalls umweltbelastend wirken kann. Außerdem verlangt ein Filtern zumeist einen höheren Energie- und Ressourceneinsatz.

Umweltschutz über additive Umweltschutztechniken kann längerfristig zu einem ökonomischen Problem werden. So steigt aufgrund der additiven Aufstockung der Anlagen i. d. R. die Kapitalintensität der Anlagen und demzufolge sinkt die Kapitalproduktivität. Dies kann nachteilige Auswirkungen auf die Wettbewerbsfähigkeit von Unternehmen haben. Geldkapital wird anderen Verwendungszwecken entzogen, bei angespanntem Kapitalmarkt ist ein Zinssteigerungseffekt nicht auszuschließen. Teilweise sinkt sogar die Arbeitsproduktivität zu Lasten der Vollbeschäftigung.

Vor allem unter ökologischen Aspekten werden darum die integrierten Umweltschutztechniken höher bewertet. Ihre Merkmale sind vor allem die vielen Zwecken dienenden Änderungen der Produktionsverfahren. Als besonders ökologie-ökonomie-verträglich werden jene Entwicklungen angesehen, bei denen eine Steigerung der Arbeitsproduktivität von einer Minderung der Materialintensität bzw. des Reststoffanteils begleitet wird oder eine Substitution umweltschädlicher Einsatzstoffe erfolgt. Gemessen am Ziel der Entkoppelung von Wirtschaftswachstum und Umweltbelastung bzw. einer stärkeren Kreislaufführung (produktionsprozeßinternes Recycling oder Kreislaufführen) ist die integrierte Umweltschutztechnik darum in vielen Fällen den additiven Umweltschutztechniken überlegen. Aber auch ökonomisch kann sich integrierter Umweltschutz auszahlen, wenn es zu einer Reduktion der Kapitalintensität des Wirtschaftens bei gleichzeitiger Steigerung der Arbeitsproduktivität kommt. Angesichts der Tatsache, daß die Integration des Umweltschutzes in Produktionsverfahren aber größere und komplexere Investitionsentscheidungen verlangt, ist davon auszugehen, daß sich integrierter Umweltschutz in Abhängigkeit von der Altersstruktur des Kapitalbestands und der wirtschaftlichen Entwicklung (Bedarf an investiver Kapazitätserweiterung oder umfassender Rationalisierung) stets erst zeitverzögert und schubweise durchsetzt.

In dem Maße, wie sich integrierter Umweltschutz durchsetzt, verschwimmen immer stärker die Grenzen zwischen den klassischen Funktionen des technischen Fortschritts und der Umweltschutzfunktion. Dies erschwert seine Identifikation sowie seine evtl. Subventionierung – etwa über Steuervergünstigungen für sog. Umweltschutzinvestitionen. Dies gilt auch für den produktbezogenen Umweltschutz, wenn er als Folge gestiegenen Umweltbewußtseins dem geänderten Kaufverhalten und weniger staatlichen Umweltschutzvorschriften Rechnung trägt.

C.1.2.2.3 Zur wirtschaftlichen Bedeutung der Umweltschutztechnik

Die Nachfrage nach Gütern und Dienstleistungen für den Umweltschutz ist in Deutschland sowie in anderen Ländern in den letzten 20 Jahren stark gestiegen. Getrieben von einer
- immer zahlreicher werdenden Zahl von Gesetzen, Verordnungen und sonstigen Vorschriften als Ausdruck staatlicher Umweltpolitik sowie
- einem unverkennbar gestiegenen Umweltbewußtsein

haben die Unternehmen Deutschlands immer mehr für Umweltschutz aufgewendet. Für 1991 beliefen sich die Gesamtausgaben der Gebietskörperschaften und Unternehmen des produzierenden Gewerbes im vereinigten Deutschland auf knapp 53 Mrd. DM und betrugen damit etwa 1,5 % des Bruttosozialprodukts oder rechnerisch rund 650 DM je Einwohner. Die durchschnittliche Zunahme pro Jahr der realen Umweltschutzausgaben belief sich für Westdeutschland auf rund 3,7 % p.a. und überstieg damit deutlich die Zunahme der realen Wertschöpfung (2,5 %). Um zum Umsatz der sog. umwelttechnischen Industrie selbst zu kommen, muß man von den Gesamtausgaben die Personalausgaben für den laufenden Umweltschutz, insbesondere für den Betrieb der Umweltschutzeinrichtungen abziehen, aber die Investitionen und den laufenden Sachaufwand der Entsorgungsunternehmen sowie die Auslandsnachfrage hinzuziehen (vgl. Bild C.1-3). Man gelangt für 1991 zu einem gesamtdeutschen Marktvolumen von rund 58 Mrd. DM. Ein ähnlich hoher Umsatzwert entfiel 1991 auf die Industrie der Steine und Erden, die Eisen- und Stahlindustrie oder den Stahl- und Leichtmetallbau. Die Umwelttechnik übertraf zum gleichen Zeitpunkt den Umsatz mit Büromaschinen und EDV-Geräten um die Hälfte, den Produktionswert des Luft- und Raumfahrzeug-

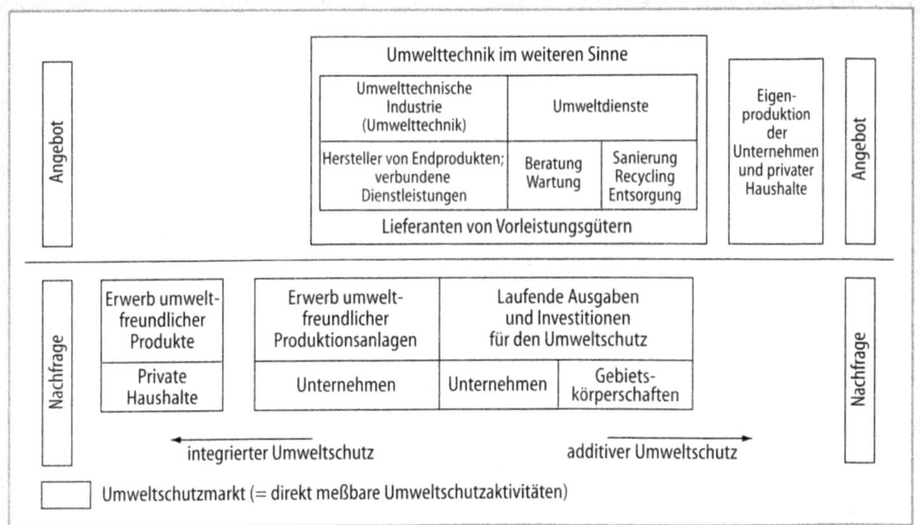

Bild C.1-3 Umweltschutzaktivitäten, Umweltschutzmarkt und umwelttechnische Industrie (ohne außenwirtschaftliche Verflechtung)

baus sogar um das Vierfache. Hier ist zwischen laufendem Umweltschutzbedarf und der Nachrüstung der 80er/90er Jahre zu unterscheiden.

Im Gegensatz zu anderen Branchen – etwa dem Maschinenbau, dem Fahrzeugbau oder der Textilindustrie – ist die umwelttechnische Industrie eine sog. „Querschnittsbranche" und fußt damit – analog zur Rüstungsindustrie – in mehreren Wirtschaftszweigen. Ihre Identifikation bereitet Schwierigkeiten, da ihr nur solche Produktgruppen zugeordnet werden können, die explizit dem Umweltschutz dienen. Je geringer der Anteil des additiven bzw. je höher die Bedeutung des integrierten Umweltschutzes ist, desto höher sind die Probleme ihrer expliziten Bestimmung. Umstritten ist die Frage, inwieweit nicht auch Dienstleistungsaktivitäten (Planungs-, Ingenieur- und Sachverständigenbüros, Forschungslaboratorien usw.) hinzugezählt werden müssen.

Gemäß neuesten Untersuchungen (RWI/IWH) gab es 1993 im vereinigten Deutschland als Hersteller von Umwelttechnik und Anbieter „verbundener" Dienstleistungen (Generalunternehmertätigkeit, Projektierung und Engineering, Konstruktion) rund 2 500 Anbieter, davon rund 500 im Osten Deutschlands (inkl. Berlin). Gut 1 800 Anbieter waren dem Verarbeitenden Gewerbe, knapp 200 dem Baugewerbe und der Rest den Anbietern „verbundener" Dienstleistungen zuzurechnen. Dieser Kern von Anbietern von Umweltschutztechnik ermöglichte knapp 172 000 Arbeitsplätze. Unter Berücksichtigung der vor- und nachgelagerten Güter- und Nachfrageverflechtungen hängen fast 600 000 Arbeitsplätze von der Nachfrage nach Umweltschutzgütern ab. Knapp ein Fünftel der Umsätze entfiel 1993 auf Exporte, was im Vergleich zum industriellen Durchschnitt (rund 27 %) wenig ist und darauf aufmerksam macht, daß es primär die Binnennachfrage und dort der durch die staatliche Umweltpolitik „erzwungene" Teil der Nachfrage ist, der die Produktion der Umweltschutztechnik trägt.

Gliedert man die Querschnittsbranche Umweltschutzztechnik nach Wirtschaftszweigen, entfielen 1993 rund 30 % der Anbieter und 25 % des Umsatzes auf den Maschinenbau. Dieser nahm damit die höchste Rangposition im Bereich der Umweltschutztechnik als Querschnittsbranche ein. Mit rund 12 % und jeweils rund 8 % folgten bei den Anbietern die Elektrotechnik sowie das Baugewerbe bzw. wichtige Dienstleister auf den Plätzen 2 und 3 bzw. 4. Beim Umsatz rückten Handel/Dienstleistungen sowie das Baugewerbe auf die Positionen 2 und 3. Damit wird deutlich, daß der Maschinenbau bis jetzt in beachtlicher Weise vom Umweltschutz profitierte. Bezogen auf die Beschäftigten wurden 1993 rund 28 % der im Maschinenbau Tätigen vom Umweltschutz begünstigt.

Klassifiziert man die befragten Unternehmen nach ihren Tätigkeitsschwerpunkten, zeigt sich, daß bislang die klassischen Schutzbereiche Luftreinhaltung, Klimaschutz bzw. Gewässerschutz, Abwasserbehandlung dominierten, neuerlich gefolgt vom an Bedeutung gewinnenden Bereich Abfallwirtschaft, Recycling. Zwischen den einzelnen Wirtschaftsbereichen differiert das Verhältnis von „reinen" und „gemischten" Anbietern beträchtlich. Zahlreiche Umweltspezialisten sind insbesondere im Dienstleistungsbereich zu verzeichnen, im Energiesektor, Baugewerbe und in der Verbrauchsgüterindustrie ist die Spezialisierung hingegen gering. Der Maschinenbau bewegt sich im Durchschnitt.

Als Nachfragesteuerungsinstrument kommt im Bereich der Umweltschutztechnik vor allem der Gesetzgebung besondere Bedeutung zu und löst stets zunächst einen additiven Umweltschutz aus. Dieser geht allmählich in einen integrierten Umweltschutz über, dessen Bedeutung schwer zu messen ist. Insofern ist davon auszugehen, daß die oben vorgenommene Beschreibung die effektive Bedeutung des Markts „Umweltschutztechnik" eher unter- als überschätzt. Eine wichtige Rolle spielt bislang immer noch die Binnennachfrage. In dem Maße, wie weltweit das Umweltbewußtsein steigt bzw. die ausländische Umweltpolitik an jene Deutschlands anschließt, kann sich dies ändern.

C.2 Umsetzung von technischem Umweltschutz

C.2.1 Marktwirtschaftliche Lösung des Allokationsproblems

Die Entscheidungen im Umgang mit knappen Gütern und damit auch im Umgang mit dem Öko-Realkapital und seinen Elementen sind für den Ökonomen Allokationsentscheidungen, hinter denen vielfältige Bewertungen stehen. Die Einbeziehung von Nachhaltigkeitsüberlegungen verlangt hierbei intertemporale Nutzen-Kosten-Vergleiche bei gleichzeitiger Berücksichtigung von normativen Vorstellungen über die intertemporale Verteilungsgerechtigkeit. Auch Entscheidungen über die anzuwendenden Techniken sind Gegenstand von Bewertungen, die Kosten-Kosten-Vergleiche verschiedener Produktionsverfahren betreffen und sich bei neuen Preiskonstellationen (Output- und Inputpreise) schnell ändern können. Dies betrifft auch den technischen Umweltschutz. Seine Implementation in den Produktionsprozeß ist entweder Ausdruck von Wirtschaftlichkeitsüberlegungen, staatlicher Anordnung oder eines besonderen Verantwortungsbewußtseins des Entscheidungsträgers. In allen Fällen muß aber das ökonomische Überleben der planenden Wirtschaftseinheit gesichert sein, was Abwesenheit von Verlusten beinhaltet.

Im marktwirtschaftlichen System, das heute, wenn auch mit gewissen Modifikationen, in den meisten Volkswirtschaften dieser Welt vorherrscht, erfolgt die Lösung des so skizzierten Allokationsproblems über private Planungen und die anschließende Koordination dieser vielen Einzelplanungen über Märkte. Hierzu werden den privaten Akteuren sowohl Verfügungsrechte über das „künstliche" als auch über das „natürliche" Realkapital gewährt. Gleichzeitig bemüht man sich um die Schaffung von Voraussetzungen (Vertragsfreiheit, freier Marktzugang, Geldwertstabilität usw.), die eine wettbewerbsgeprägte Koordination privater Akteure über Märkte herbeiführen soll. Nicht im Wege politischer Allokationsentscheidungen, sondern auf der Basis markt- und wettbewerbskoordinierter privater Planungen und Bewertungen soll über die Verwendung knapper (wirtschaftlicher) Güter bzw. knapper Ressourcennutzungsspielräume entschieden werden. Durch die wettbewerbsgeprägte Marktpreisbildung sollen hierbei die unterschiedlichen Bewertungen der Ressourcennutzungsspielräume durch die gesellschaftlichen Mitglieder transparent für jedes Individuum in komprimierter Form, d. h. in Gestalt von Preissignalen vermittelt werden. Dazu gehört grundsätzlich auch die Bewertung der Umweltmedien (Boden, Wasser, Luft) bzw. der Ökosysteme im Hinblick auf Input-, Deponierungs-, Standort- oder Konsumtionszwecke.

Die Anwendung vorhandenen technischen Wissens, und zwar auch bzgl. möglicher Umweltschutztechniken, erfolgt über Private, läßt man einmal die Wertschöpfungsaktivitäten der Gebietskörperschaften außer Acht. Um private Planer zur Anwendung bestimmter Techniken zu bringen, muß man sie entweder dazu zwingen (Ordnungsrecht) oder – vernachlässigt man einmal die Selbstverpflichtung über ein hohes Umweltbewußtsein – ihnen die „Wirtschaftlichkeit" der Anwendung plausibel machen. Damit sind bereits die großen Umsetzungswege, die in der Praxis eine Rolle spielen, angesprochen, nämlich
– die Umsetzung über Rechtsvorschriften, Anordnungen, Auflagen im Rahmen von Genehmigungsprozessen usw. und
– die Umsetzung über ökonomische Instrumente, die über gezielte Gewinn- und Verlusteffekte zur Implementierung „animieren".

Eine gewisse Sonderrolle spielen Maßnahmen, die ohne direkten Zwang bzw. ohne explizite Anwendung ökonomischer Instrumente die planenden Wirtschaftseinheiten zur stärkeren Berücksichtigung von Umweltbelangen bewegen können. Sie werden häufig als proaktiver Umweltschutz gekennzeichnet.

Marktwirtschaft ist mehr als Ex post-Koordination. Da in die einzelwirtschaftlichen Planungen die Bewertungen erwarteter Zustände und Wertschätzungen, die die gewünschte Wohlstandssituation des Entscheidungsträgers in seinen künftigen Jahren, aber auch Vorstellungen von den Ansprüchen künftiger Generationen betreffen, eingehen, kann man durchaus von einer Ex-ante-Koordination sprechen. Offen ist lediglich die Frage, ob alle künftigen Implikationen heutiger Entscheidungen ausreichend berücksichtigt werden. Grundsätzlich wird unterstellt, daß die Allokation über Markt und Wettbewerb aufgrund ihrer hohen Informationsbeschaffungs- und -verarbeitungskapazität sowie der hierdurch induzierten Anreize eine hohe Effizienz aufweist, und der rein politischen Entscheidung über die staatliche Zuweisung knapper Nutzungsspielräume an Einzelne einschl. der Entscheidungen über die anzuwendenden Techniken überlegen ist. Bei Berücksichtigung aller Nutzen- und Kostenaspekte muß sich ein Optimum einstellen, bei dem die Nutzen/Kosten des unterlassenen und praktizierten Umweltschutzes miteinander verglichen werden.

Die dezentrale Planung und ihre Koordination über wettbewerbsgeprägte Märkte gewährleistet hierbei nicht nur statische Effizienz. Vielmehr induziert sie eine Vielzahl heterogener Einzelvorstellungen, die in einem gesellschaftlichen Prozeß von Versuch und Irrtum auf ihre Beiträge zur gesamtwirtschaftlichen Effizienz bzw. zur Lösung umfassender Knappheitsprobleme (etwa im Umweltbereich) überprüft werden. Dies kommt einer effizienzorientierten Organisation eines Suchprozesses bei unsicheren Informationen und Zukunftserwartungen gleich. Dieser Suchprozeß kann auch Umweltaspekte berücksichtigen und soll dazu anregen, stets neue Produkte und Produktions- bzw. Lösungsverfahren zu entwickeln und diese am Markt durchzusetzen, eine möglichst leistungsgerechte Einkommensverteilung zu gewährleisten und gleichzeitig wirtschaftliche Macht einzelner Anbieter bzw. Nachfrager zu begrenzen. Insofern ist die Marktwirtschaft auch ein gesellschaftliches Organisationsverfahren, welches die Suche nach besseren Umweltschutztechniken beschleunigen kann.

Staatliche Interventionen und Regulierungen bedürfen in einem solchen System stets einer besonderen Begründung. Eine solche Begründung kann auf normative Postulate – etwa die mangelnde Berücksichtigung von Bedarfsgerechtigkeit oder sozialer Absicherung – oder auf ein mögliches Markt- oder Wettbewerbsversagen Bezug nehmen. Relevant sein können in diesem Zusammenhang

- die defizitäre Berücksichtigung der Interessen künftiger Generationen,
- die „Kurzsichtigkeit" der einzelnen wirtschaftlichen Planungen, die gegenwärtig zu geringen Preisen und damit zu einem einseitigen „Durchflußwachstum" (unzureichende Kreislaufführung der Stoffe) bzw. zu einer schwer zu definierenden „Ressourcenverschwendung" sowie zur Unterschätzung künftiger Risiken führt,
- das Ausblenden vieler gesellschaftlicher Kosten bei der Preisbildung (externe Effekte) sowie
- die mangelnde Marktfähigkeit bestimmter Umweltbelange (etwa des Naturschutzes).

Die Berechtigung der einzelnen Begründungsansatzpunkte soll an dieser Stelle nicht weiter verfolgt werden. Stets sollte aber geprüft werden, was stärker zählt: Markt- oder Politikversagen.

C.2.2 Darstellung einzelner Umsetzungskonzepte und -instrumente

C.2.2.1 Proaktive Umsetzungsinstrumente

Angestoßen durch die Europäische Kommission mit ihren Vorstellungen zum Öko-Audit, den ersten Schlußbericht der Enquete-Kommission „Schutz des Menschen und der Umwelt" aus dem Jahr 1994 und Überlegungen einzelner Wissenschaftler hat sich ein Katalog informatorischer und freiwilliger Maßnahmen ergeben, die häufig unter dem Schlagwort „proaktiver" Umweltschutz zusammengefaßt werden. Der Begriff „proaktiv" soll hierbei deutlich machen, daß es sich um Instrumente und Konzepte handelt, die

- insoweit über den reaktiven Umweltschutz hinausgehen, als sie die planenden Wirtschaftseinheiten dazu bringen, selbst dafür Sorge zu tragen, daß bestimmte Umweltbelastungen von vornherein nicht eintreten und aktive Umweltpolitik nicht tätig werden muß,
- darauf hinwirken, daß Private bei ihrer Entscheidungsfindung freiwillig Umweltbelange stärker berücksichtigen und damit bereits im Vorfeld staatlichen Umweltschutzes angesiedelt werden können.

Im Grunde wollen sie Unternehmer und andere Entscheidungsträger stärker in die Pflicht nehmen, umweltverantwortlich zu handeln und hierbei über die „Fabriktore" hinaus zu denken. Indem man sie (freiwillig) zur Offenlegung bestimmter Informationen bringen möchte, will man gleichzeitig eine stärkere „gesellschaftliche Kontrolle" durchsetzen.

Neben den Selbstverpflichtungen, den ökologischen Kooperationen, den Umweltinformationssystemen und ähnlichen Instrumenten, zählt man vor allem das EG-Umweltaudit nach der europäischen Verordnung (EWG) Nr. 1836/93 des Rates vom 29.6.1993 „über die freiwillige Beteiligung gewerblicher Unternehmen an einem Gemeinschaftssystem für das Umweltmanagement und die Umweltbetriebsprüfung" (ABl. L 168 vom 10.7.93) zu diesem Instrumentenkomplex proaktiven Umweltschutzes. Absicht dieser Verordnung ist es, eine Norm zum betrieblichen Management umweltschützender Belange vorzulegen, mit der das Vorhandensein eines standortbezogenen Umweltmanagementsystems nach einer EG-weit gültigen Vorgehensweise überprüft und bescheinigt werden soll. Umweltschutzorientierten Unternehmen soll damit die Möglichkeit eingeräumt werden, ihr ökologisches Engagement auch hinsichtlich innerbetrieblicher Abläufe offiziell zertifizieren zu lassen und dies gegenüber einer interessierten Öffentlichkeit nachzuweisen. Dies geschieht in der Hoffnung, daß eine solche Zertifizierung den Beteiligten Wettbewerbsvorteile verschafft und sich darum auch ohne Zwang breiter durchsetzen wird. Angestrebt wird somit, die Unternehmen über

- die systematische Information der Öffentlichkeit über die Umweltschutzaktivitäten innerhalb ihrer Betriebe auf dem Wege zertifizierter Umwelterklärungen,
- die regelmäßige Durchführung von internen Umweltbetriebsprüfungen und externen Umweltgutachten und
- die anschließende Verleihung einer Art Umweltgüte-Siegel

zum verstärkten eigenständigen Umweltschutz zu bewegen, und damit auch einen nicht erzwungenen umweltpolitischen Beitrag zu leisten.

Zu diesem Zweck soll das Umweltaudit das gesamte Spektrum der im Unternehmen bereits installierten Umweltorientierung – etwa die betriebliche Umweltpolitik, die betrieblichen Umweltziele, das betriebliche Umweltprogramm, die umweltschutzorientierte Personal- und Organisationsstruktur, das betriebliche Umweltinformationssystem, die Betriebskontrolle, die Art der Dokumentation usw. – erfassen und der Bewertung zugänglich machen. So definiert man einen Standard betrieblichen Umweltmanagements in der Hoffnung, daß andere, um ebenfalls eine unter Marketingüberlegungen wichtige Zertifizierung erfahren zu können, sich diesen Standards anschließen werden. Durch Verleihung eines Umweltgütesiegels sollen auf alle Fälle solche Anstrengungen honoriert werden. Den Nachfragern soll damit dokumentiert werden, daß die Unternehmen erfolgreichen Umweltschutz betreiben.

Selbst wenn eine solches Audit primär die Einhaltung formaler Anforderungen prüft, kann es auch zur Implementierung technischen Umweltschutzes beitragen. Zumindest verlangt die Reduzierung der Umweltrisiken eines normalen Produktionsablaufs nicht nur eine adäquate Organisation, sondern auch Meß- und Kontrolltechniken sowie eine solide Wartung der Anlagen. Ein desolater Zustand der letzteren kann zu Ersatzinvestitionen und, über den kapitalgebundenen (umwelt-)technischen Fortschritt, zu einer zusätzlichen Umweltentlastung führen.

C.2.2.2 Ordnungsrechtliche Instrumente

In der praktischen Umweltpolitik (vgl. etwa Großfeuerungsanlagen-Verordnung oder TA Luft) dominierten bislang die ordnungsrechtlichen Instrumente. Ihre Eigentümlichkeit besteht darin, daß sie Mindestbedingungen formulierten, die die einzelnen Anlagenbetreiber einhalten mußten. Die Mindestbedingungen betrafen vor allem Emissionsstandards (z. B. maximale Schadstoffmengen pro m^3 Abluft oder Abwasser), die im Zeitablauf immer anspruchsvoller wurden. Die Einhaltung dieser Mindestbedingungen wurde bei Neuanlagen im Rahmen des Genehmigungsverfahrens geprüft, bei Altanlagen, denen teilweise großzügige Anpassungsfristen eingeräumt wurden, erfolgte die Durchsetzung i. d. R. über nachträgliche Anordnungen. Teilweise wurden die Verfahren oder Verwirklichung eines bestimmten Stands der Technik vorgeschrieben. Die Einhaltung der Vorschriften wurde überwacht, ihre Nichtbeachtung bestraft. Insofern wird diese Art der Umsetzung des Umweltschutzes auch gerne als Politik des „command and control" gekennzeichnet.

Diese Politik war und ist besonders geeignet, schnell und wirksam neue Umweltschutztechniken in den Produktionsprozeß einzubringen und auf eine Berücksichtigung eines bestimmten Stands der Technik einzuwirken. Unter der Voraussetzung hoher Durchsetzungskraft (keine Vollzugsdefizite) und effizienter Kontrolle dient eine solche Umsetzungspolitik vor allem der Gefahrenabwehr. Gebote schreiben hierbei zumeist ein bestimmtes Verhalten oder eine spezifische Technik (etwa Katalysator) vor und lassen andere Techniken häufig nicht zum Zuge kommen. Verbote hingegen schließen nur bestimmte Emissionswerte, Stoffe oder Verhaltensweisen aus und sind darum, insoweit sie noch einen unternehmerischen Handlungsspielraum belassen, marktwirtschaftskonformer als Gebote.

Die ordnungsrechtliche Umsetzung des Umweltschutzes ist für den Ökonomen mit einigen Vor- und Nachteilen verbunden. Als Vorteile werden üblicherweise angeführt:

- Kalkulierbarkeit, da sie den Unternehmern nach Verwirklichung der Anordnungen zusichert, im Vertrauen auf die Genehmigung eine Anlage längere Zeit ohne Neuauflagen betreiben zu können.
- Ausrichtung der Vorgaben an den Kriterien der technischen Machbarkeit und zumeist auch der wirtschaftlichen Vertretbarkeit einer bestimmten Branche. Dies führte dazu, daß vor allem großbetrieblich geprägte Wirtschaftsbereiche mit relativ homogenen Produktionsverfahren sich mit dem Gesetzgeber bzw. den Behörden einigen konnten.

- Eine hohe Akzeptanz bei den Behörden, die
  - schon allein aufgrund der Dominanz von
  Juristen in diesen Institutionen – eine hohe
  Präferenz für eine normierte Gleichbehand-
  lung von Antragstellern haben und zumeist
  eine behördliche Aufwertung erfahren.
- Eine hohe Akzeptanz in der Bevölkerung, die
  vielfach eine polizeirechtliche Vorgehenswei-
  se gegen Emittenten wünscht, und ökonomi-
  schen Instrumenten zumeist großes Mißtrau-
  en entgegenbringt.

Als nachteilig schälten sich vor allem folgende
Tatbestände heraus:

- Das Ordnungsrecht nimmt, läßt man einmal
  die Unterscheidung zwischen Alt- und Neu-
  anlagen außer Acht, selten Rücksicht auf die
  von Anlage zu Anlage unterschiedlichen Ko-
  sten einer Emissionsminderung. Dies bedeu-
  tet, daß die volkswirtschaftlichen Kosten der
  Emissionsminderung i.d.R. höher ausfallen,
  als wenn sie dort verwirklicht worden wären,
  wo dies in Relation zu anderen Emittenten am
  kostengünstigsten möglich gewesen wäre.
- Nach Verwirklichung der Vorschriften gibt es
  für die Anlagenbetreiber kaum mehr Anreize,
  über das Soll hinauszugehen. Mehr Umwelt-
  schutz kann daher bei der ordnungsrechtli-
  chen Vorgehensweise zumeist nur schubwei-
  se über eine Verschärfung der Vorschriften
  verwirklicht werden. Dies verbindet sich an-
  gesichts der langen Vorlaufzeiten (Beratun-
  gen, Anhörungen usw.) i.d.R. mit langen An-
  laufzeiten.
- Ordnungsrecht begünstigt tendenziell die ad-
  ditiven Umweltschutztechniken. Diese sind
  im Vergleich zum integrierten Umweltschutz
  eindeutiger zu identifizieren und besser ge-
  eignet, den Beitrag der Anlagenbetreiber zum
  Umweltschutz zu dokumentieren. Da damit
  auch die Kosten des Umweltschutzes besser
  zurechenbar sind (eindeutige Kennzeichnung
  bestimmter Investitionen als Umweltschutz-
  investitionen), Kosten aber als Abwehrargu-
  ment gegen weitere Verschärfungen verwen-
  det werden können, präferieren Unternehmer
  – zumindest kurzfristig – End-of-the-pipe-
  Maßnahmen.
- Angesichts der Tatsache, daß sich Verschär-
  fungen der Vorschriften zumeist am Stand der
  (verwirklichbaren) Technik orientieren, dieser
  sich i.d.R. in der betrieblichen Praxis be-
  haupten muß, besteht die Gefahr der Blocka-
  de des technischen Fortschritts („Schweige-

kartell der Oberingenieure") und eines zuneh-
menden Attentismus. Zumindest sinken die
Anreize zum Vorantreiben des umwelttechni-
schen Fortschritts bei den Anwendern.

- Es zeigte sich, daß das Ordnungsrecht vor al-
  lem dort auf Probleme stößt, wo angesichts ei-
  ner Verfahrens- und Betriebsgrößenvielfalt
  die Vorgabe allgemeinverbindlicher Standards
  schwierig ist und Einzelfallprüfungen (hoher
  Aufwand) vorzunehmen sind.
- Da den Behörden vielfach, etwa bei der Ver-
  wirklichung nachträglicher Anordnungen, Er-
  messensspielräume eingeräumt wurden, kam
  der Vorwurf auf, dies begünstige tendenziell
  die Großbetriebe (Argument der 1000 Arbeits-
  plätze) und wirke daher wettbewerbsverzer-
  rend.

C.2.2.3 Ökonomische Instrumente

C.2.2.3.1 Abgaben und Subventionen

Während das Ordnungsrecht Umweltnutzungs-
spielräume (etwa Nutzung der Luft zur Deponie-
rung von Schadstoffen) unter der Voraussetzung,
daß bestimmte Standards eingehalten werden,
quasi „kostenlos" zuteilt, d.h. die Ausnutzung
des so definierten Spielraums im Unternehmen
mit keinen zusätzlichen Kosten verbunden ist,
wollen die ökonomischen Instrumente bewußt
Gewinn- und Verlusteffekte induzieren, die zum
zurückhaltenden Umgang mit diesen Nut-
zungsspielräumen anreizen. Im Bereich der Be-
reitstellung von Umweltleistungen (etwa Ent-
sorgung) geschieht dies über Gebühren, denk-
bar sind auch Abgaben auf Emissionen bzw. be-
stimmte Inputs sowie Subventionen. Bei der Ge-
bührenfestsetzung müssen zumeist bestimmte
Regeln (Kalkulationsverfahren) eingehalten wer-
den, wobei häufig der Vorwurf auftaucht, be-
stimmte Kosten (etwa die Vermögensschädigun-
gen von Anliegern einer Deponie oder bestimm-
te Langfristschäden) blieben unberücksichtigt.
Dies soll an dieser Stelle nicht weiter verfolgt wer-
den, da bei der Frage der Umsetzung des techni-
schen Umweltschutzes primär Subventionen und
Abgaben zur Anwendung gelangen bzw. disku-
tiert werden.

Subventionen wollen bestimmte Maßnahmen
unterstützen, etwa die Implementierung von
Umweltschutzinvestitionen beschleunigen. Be-
kanntestes Beispiel ist die Gewährung von steu-
erlichen Vorteilen – etwa in Form von Sonder-
abschreibungen für Umweltschutzinvestitionen.

Läßt man einmal die Tatsache außer Acht, daß bereits ihre Ankündigung zum Attentismus verführt und sie teilweise den Charakter der Belohnung einer unternehmerischen Selbstverständlichkeit darstellen, besteht ihr Hauptproblem darin, daß zur Gewährung der Vorteile eine klare Definition der Bemessungsgrundlage erforderlich ist. Da dies bei additivem Umweltschutz eher zu bewältigen ist als bei integriertem Umweltschutz, ergibt sich zwangsläufig bei Subventionen eine Bevorzugung der End-of-the-pipe-Investitionen mit all ihren Nachteilen.

Abgaben dienen demgegenüber dazu, die Nutzung der Umwelt mit einem staatlich gesetzten Preis zu versehen bzw. bestehende Preise (etwa Müllgebühren über eine Abfallabgabe) zu verteuern. Zumeist werden als Bemessungsgrundlagen Emissionen (CO_2- oder SO_2-Abgabe) herangezogen, denkbar und neuerdings stärker favorisiert sind aber auch die Besteuerung bestimmter Güter (Energiesteuer) oder Ressourcen (Ressourcensteuer).

Abgaben üben eine gewaltige Faszination aus. Sie berücksichtigen den banalen Erfahrungssatz der Ökonomie, daß steigende Preise zumeist einen Nachfragerückgang (etwa nach Energie) auslösen oder Unternehmer zur Prüfung der Frage veranlassen, ob es nicht billiger ist, die Abgabenlast durch investive Emissionsminderungsaktivitäten im Unternehmen zu vermeiden. Wenn es außerdem über die Abgaben gelänge, die sog. externen Kosten (produktions- oder konsuminduzierte Wohlfahrts- oder Vermögensverluste bei unbeteiligten Dritten) zu internalisieren, d.h. in die unternehmerische Preiskalkulation einzugliedern und damit preiswirksam werden zu lassen, könnten Marktpreise die vielzitierte „ökologische Wahrheit" zum Ausdruck bringen, was ihre Lenkungsfunktion erhöhen würde. Dies erklärt auch, warum Abgaben vielfach als marktwirtschaftliche Instrumente charakterisiert werden. Angesichts der Tatsache, daß Abgaben niemanden zu bestimmten Aktivitäten zwingen, und die Entscheidung „zahlen oder investieren" jeweils einen unternehmensinternen Kostenvergleich beinhaltet, lassen Abgaben eine höhere ökonomische Effizienz erwarten.

Trotzdem muß man auf einige Probleme aufmerksam machen. So herrscht in der Ökonomie die Auffassung vor, daß der theoretische Idealfall der Internalisierung externer Kosten, die sog. Pigou-Steuer, in der Praxis kaum zu verwirklichen ist. Zu groß sind die Probleme bei der Bestimmung der zu internalisierenden externen Kosten. Das bedeutet, daß Abgaben primär in Form eines Standard-Preis-Ansatzes angewandt werden, was nichts anderes heißt, als daß die Politik den anzustrebenden Umweltstandard vorgibt und anschließend versucht, über die Abgabe die privaten Entscheidungsträger preislich so zu belasten, daß dieser Standard möglichst weitgehend erreicht wird. Es ist eines der Hauptprobleme der Abgabenlösung, daß sie sich in einem „Trial-and-error"-Prozeß an die „richtige" Abgabe herantasten muß, wobei in Abhängigkeit von der nicht genau bekannten Preiselastizität der Nachfrage teilweise sehr hohe Abgaben verlangt werden müssen. Bei sehr starrem Verlauf der Nachfrage, etwa der Treibstoffnachfrage, sind z.B. sehr hohe Belastungen notwendig, um kurzfristig signifikante Mengenreduktionen zu gewährleisten. Angesichts der Tatsache, daß die Politik in solchen Fällen sehr schnell bereit ist, aus verteilungs- und strukturpolitischen Gründen großzügige Ausnahmen zu gewähren, wird die Lenkungswirkung von Abgaben schnell gemindert, und demzufolge sinkt ihre ökologische Effizienz. Sehr schnell siegen auch fiskalische Einnahmeinteressen über die ökologischen Belange. Dies wird häufig schon daran sichtbar, daß man als Bemessungsgrundlage nicht mehr auf Schadstoffe, sondern auf einfacher zu handhabenden Größen – etwa Energieverbrauch – zurückgreift. Dann hat man es vielfach nicht mehr mit marktwirtschaftlichen Instrumenten zu tun, sondern mit Lenkungsinstrumenten, die der Manipulation zugänglich sind. Da es sich um politisch gesetzte Preise handelt, steigt auch die Planungsunsicherheit.

Ein Sonderfall der Abgabenlösung stellt die ökologische Steuerreform dar. Sie verbindet sich gegenwärtig vor allem mit dem Vorschlag einer über mehrere Jahre hinweg sukzessiv steigenden steuerlichen Belastung der Energie oder des Ressourceneinsatzes. Da die Gesamtabgabenbelastung der Steuerzahler nicht anwachsen soll, verlangt dies gleichzeitig den Rückbau anderer Steuern, was zwangsläufig zu einem Bedeutungszuwachs der indirekten Steuern im Steuersystem führen wird. Gleichzeitig wird vorgeschlagen, zwecks Minderung der mit Abgaben stets verbundenen negativen Verteilungseffekte einen Teil der Steuereinahmen den privaten Haushalten in Form eines Öko-Bonus zurückzuzahlen bzw. zwecks Reduktion der Lohnkostenbelastung der deutschen Wirtschaft bestimmte Lohnnebenkosten zu subventionieren. Mittels der Energie- oder Ressourcenbesteuerung soll auf alle

Fälle die Energie- und Materialintensität des Wirtschaftens gesenkt und – bedingt durch die relative Verbilligung der Sekundärrohstoffe gegenüber den immer teurer werdenden Primärrohstoffen – eine stärkere Kreislaufführung des Wirtschaftens herbeigeführt werden. Da die Steigerung der Ressourcenproduktivität in beachtlicher Weise einen Wandel der Produktionstechnologie verlangt, soll dieser Vorschlag die Implementierung von Umweltschutztechniken – hier aber primär über Ressourceneinsparung definiert – beschleunigen.

Kritisch anzumerken ist bei diesem Konzept, daß es technische und grundsätzliche Probleme aufweist. Die technischen Probleme betreffen Fragen der Deflationierung (Ausschaltung der Inflationsrate zwecks Herbeiführung einer steigenden Realbelastung), der komplexen Neuregelung des Finanzausgleichs bei Stärkung einer Bundessteuer sowie der Gewährleistung der versprochenen Aufkommensneutralität. Die grundsätzlichen Probleme bestehen darin, daß

- es zu einer umstrittenen Instrumentalisierung des Steuersystems für ökologische Lenkungsbelange kommt,
- die ökonomischen und sozialen Nebenwirkungen angesichts der Breite des steuerlichen Ansatzes sehr schwer zu prognostizieren sind,
- die erhoffte ökologische Lenkungswirkung wegen der sich andeutenden Ausnahmeregelungen stumpf bleiben wird,
- der Ansatz mehr ist als eine Internalisierungsstrategie und zu einer zunehmenden Staatsdeterminiertheit wichtiger Ressourcenpreise und damit zur Aushöhlung der Marktwirtschaft führt.

C.2.2.3.2 Handelbare Emissionsrechte

Die Umsetzung des Umweltschutzes über handelbare Emissionsrechte (Zertifikate) zu erreichen, zählt zu den bevorzugten Empfehlungen marktwirtschaftlich ausgerichteter Umweltökonomen. Bei diesem Vorschlag ist es den Wirtschaftseinheiten gestattet, handelbare Umwelttitel zu erwerben, die jeweils eine genau verbriefte Nutzung von Umweltmedien – etwa Recht auf Einbringung einer bestimmten Emissionsmenge in die Luft – erlauben. Vorausgesetzt, daß die Gesamtmenge der so verbrieften Emissionen einen kritischen Wert, der für eine noch tolerierbare Immissionssituation steht, nicht überschreitet, ist aufgrund klarer Mengenvorgaben die ökologische Effizienz sichergestellt und wird der Handel mit den Emissionsrechten einen Preis hervorbringen, der die Begrenztheit des Nutzungsspielraums von Umweltmedien sichtbar macht und bewertet.

Diesem Vorschlag wird neben seiner ökologischen Effizienz auch große Ökonomieverträglichkeit unterstellt. Er überläßt den Unternehmern mehrere Handlungsoptionen und eröffnet vor allem die Möglichkeit, die individuellen Spielräume durch Zukauf von Rechten zu vergrößern. Auf diese Weise wird den individuellen Unterschieden bei den Emissionsminderungskosten besser Rechnung getragen und – was die Kosten der Emissionsminderung betrifft – gesamtwirtschaftlich eine Kostenminimierung erreicht. Da der Verkauf von Lizenzen, d. h. die Nichtinanspruchnahme der Emissionsrechte gewinn- und liquiditätssteigernd wirkt, wird gleichzeitig ein ökonomischer Anreiz geschaffen, die Suche nach effizienteren Umweltschutztechniken voranzutreiben. Im Gegensatz zu den Abgaben sind die Preise der Umweltnutzung weniger der politischen Manipulation zugänglich.

Man sollte jedoch hier auf einige Restriktionen aufmerksam machen, die die Anwendung dieses Ansatzes einschränken. Die wichtigsten sind nachfolgend aufgeführt:

- Es muß sich um Massenstoffe handeln, die träge reagieren, möglichst keine Synergieeffekte aufweisen und unterhalb eines kritischen Maximalwerts an Gesamtemissionsmenge ihren Schadstoffcharakter verlieren (z. B. CO_2). Hochgiftige Stoffe sowie Stoffe mit hoher Akkumulationswirkung sind nicht geeignet.
- Um zu einer Reduktion der Immissionssituation zu gelangen, darf nur innerhalb eines relevanten Emissions-Immissions-Verflechtungsbereichs gehandelt werden. Dies ist das sog. Regionalisierungsproblem. Da letzteres bei den Treibhausgasen entfällt, wird dieser Vorschlag vor allem als Umsetzungsstrategie im Bereich des Klimaschutzes diskutiert.
- Da verhindert werden muß, daß Anlagenbetreiber mehr emittieren als ihnen verbrieft zusteht, muß das Kontrollproblem gelöst werden. Dies ist bei Produzenten eher zu bewältigen als bei Konsumenten. Gleichzeitig spricht dies für einen kontrollierten Handel.
- Die Märkte müssen bestreitbar sein, d. h. es muß eine Mindestanzahl an handelsbereiten Großemittenten geben, damit überhaupt ein Markt entsteht. Bei regionalen Begrenzungen kann es zu dünnen Märkten kommen, die die Handelbarkeit einschränken.

Unterstellt man, daß die Verursacher von Umweltrisiken für die von ihnen ausgelösten Schäden und Risiken voll haften und aufkommen müssen, d. h. volle Gefährdungshaftung besteht, kann ebenfalls eine beschleunigte Umsetzung von Umweltschutztechniken eintreten. Aus ökonomischer Sicht sprechen einige Argumente für eine solche Umsetzungsstrategie. Über die mit der Haftung verbundenen Entschädigungen werden nämlich nicht nur negative Verteilungseffekte – etwa Vermögensverluste der Opfer von Umweltschäden – verhindert (Restitutionsfunktion) und eine Art Internalisierung externer Kosten herbeigeführt, was wiederum die Lenkungsfunktion der Marktpreise erhöht, sondern vor allem die Schadensprävention gefördert. Das ökonomische Risiko, für verursachte Schäden voll aufkommen zu müssen, bewirkt, daß alles getan wird, um das Auftreten solcher Schäden von vornherein zu verhindern. Dies kann über Umweltschutzinvestitionen, die eine bessere Überwachung von Anlagen gestatten, neue Produktionsverfahren, die gefährliche Einsatzstoffe durch andere Inputs ersetzen, oder eine höhere Emissionsreduktion geschehen. Haftungslösungen verlangen außerdem selten staatliche Zielvorgaben und machen den Umweltschutz daher unabhängig vom staatlichen Vollzug. Sie schreiben Unternehmen nicht vor, wie die Schadensvermeidung aussehen soll, und belassen damit gegenüber dem Ordnungsrecht einen grösseren Handlungsspielraum, der die Ökonomieverträglichkeit erhöht.

So überzeugend diese Umsetzungsstrategie auf den ersten Blick erscheint, die Realisierung verbindet sich mit einigen Problemen, die die Anwendungsfelder dieses Umsetzungsansatzes einschränken. Die wichtigsten Einschränkungen lauten:
- Eine Anwendung bietet sich nur dort an, wo der Verursacher bzw. die Schadensquelle sowie der Schaden selbst eindeutig identifizierbar ist. Bei Summations- und Allmählichkeitsschäden sowie Synergieeffekten ist eine Beweisführung sowie eine Schadenszurechnung auf die relevanten Verursacher erschwert bzw. häufig unmöglich.
- „Schäden", die sich aus dem Verbrauch von Ressourcen zu Lasten künftiger Generationen bzw. emissionsbedingt für die Ökosysteme ergeben, bleiben unberücksichtigt, da die Betroffenen nicht klagen können.
- Bürdet man den Geschädigten die Beweislast auf, wird die Durchsetzung von Ansprüchen bei finanzkräftigen „Verursachern" häufig illusorisch oder die Entschädigung zeitlich verschleppt.
- Muß hingegen der potentielle Verursacher den Beweis der Nichtverursachung erbringen, drohen alle Gefahren einer breit angelegten Verdachtshaftung (Ausuferung der Ansprüche).
- Da für Schäden kein Bewertungsmarkt besteht, müssen die Gerichte diese Aufgabe übernehmen. Es besteht die Gefahr der Unter- und Überschätzung der Schäden. Werden Anwälte, wie bei der amerikanischen Produkthaftung, am „Erfolg" beteiligt, kann es zu explodierenden „Schadenspreisen" und damit zu falschen Marktsignalen kommen.
- Eine extreme Gefährdungshaftung kann den technischen Fortschritt blockieren, da neue Stoffe und Produktionsverfahren sich immer mit Risiken verbinden. Häufig findet daher eine Verlagerung von Forschung und Produkt- bzw. Verfahrenseinführung in jene Länder statt, die andere Haftungsregelungen aufweisen.

Faßt man zusammen, so gibt es für die Implementierung neuer Techniken, insbesondere von Umweltschutztechniken, mehrere Strategien und Instrumente, die sich alle durch gewisse Vor- und Nachteile auszeichnen. Dies zeigt, daß man mit pauschalen Empfehlungen vorsichtig sein muß und Instrumentenentscheidungen vielfach Einzelfallentscheidungen bleiben müssen. Bei offenkundiger Gefahrenabwehr bietet sich z.B. wegen der Zugriffsgeschwindigkeit und Kontrollmöglichkeit das Ordnungsrecht an, bei der Lösung des globalen Kohlendioxidproblems spricht die Mehrheit der Argumente für einen (kontrollierten) Handel mit Emissionsrechten, bei offenkundigen Schäden und ihren Verursachern wird dem Haftungsrecht immer zentrale Bedeutung zukommen, will man die Vielzahl von Verbrauchern erreichen, empfiehlt sich häufig die Abgabenlösung.

Auswirkungen von Schadstoffen, Lärm und Strahlen

D.1 Einleitung

Die industrielle und medizinische Entwicklung während der letzten 150 – 200 Jahre hat zu einem enormen Anstieg der Weltbevölkerung geführt. Diese Zunahme der Zahl an Menschen auf unserem Planeten, die nur durch die ständige Verbesserung und Effizienz der Technik und Medizin möglich geworden ist, hat eine steigende Freisetzung von Schadstoffen in die Atmosphäre und die weiteren Umweltmedien verursacht. Die zivilisatorische Entwicklung unter Inanspruchnahme von Medizin und Technik bedingt ebenso eine zunehmende Belästigung durch Lärm und Strahlenexpositionen. Diese Emissionen bzw. Immissionen können zu Veränderungen der Umwelt des Menschen im globalen Sinne führen und haben dieses auch in einigen Bereichen durchaus in kritischer Weise getan. Es ist daher notwendig, die Auswirkungen derartiger Emissionen auf die Umwelt einschl. der Atmosphäre insgesamt und auf den Menschen insbesondere zu analysieren, mögliche Effekte zu messen und Grenzwerte zu schaffen, um schädliche Wirkungen abzuwenden bzw. zu begrenzen.

Ohne Zweifel sind die Freisetzungen von Schadstoffen in die Atmosphäre aufgrund ihrer Nachhaltigkeit und langfristigen Wirkungen, die noch nicht vollständig abzuschätzen sind, besonders kritisch zu bewerten. Eine Reversibilität möglicher Schäden ist nur schwer über Jahrzehnte oder noch längere Zeiträume zu erreichen. Daher wird diese Problematik der Veränderungen der Atmosphäre mit Verminderung des Schutzschilds des Ozons und Veränderungen des Klimas an die erste Stelle des Kapitels gerückt. Zu den wichtigen Lebensräumen gehören Luft, Wasser und Boden. Die Auswirkungen der Freisetzung von Schadstoffen in diese Medien sind von unterschiedlicher und vielfältiger Art. Die verschiedenen Schadstoffe haben durch direkte Einwirkungen oder über Nahrungsketten Auswirkungen auf die Fauna und Flora. Es gilt die Natur in ihrer Vielfalt als Lebensraum auch für zukünftige Generationen zu erhalten. In diesem Sinne sind Kenntnisse über die Wirkungen von Schadstoffen, Lärm und Strahlen die notwendige Voraussetzung, um den Menschen und seine Umwelt vor schädlichen Veränderungen zu schützen. Es gilt dabei nicht nur einzelne Individuen oder Spezies zu erhalten, sondern den gesamten Lebensraum zu bewahren.

Bei der Betrachtung schädlicher Wirkungen der Emissionen bzw. Immissionen wird der Mensch im Vordergrund stehen. Dies gilt u.a., weil Säuger gegenüber vielen toxischen Stoffen, Lärm und Strahlen empfindlicher sind als andere Organismen. Ferner kommt hier dem Schutz des Individuum eine besondere Rolle zu, während bei Pflanzen und Tieren die Erhaltung der Art (Population) im Vordergrund stehen wird.

Allgemein können folgende Klassen von Veränderungen und Schäden beschrieben werden:
- Veränderungen durch physikalisch-chemische Umweltschäden: z.B. Schädigung der Ozonschicht durch FCKW, Anreicherung von CO_2, Ansäuerung von Gewässern;
- Ökologische Schäden bei Pflanzen und Tieren (Populationsschäden): Bildung von reaktiven, toxischen Agenzien durch Stickoxide, Abtötung von Insekten durch toxische Substanzen, Schäden bei Pflanzen durch SO_2;
- Schäden, die Erkrankungen beim Menschen hervorrufen (Individualschäden).

Für einzelne Emissionen bzw. Immissionen wird es jeweils kritische Systeme geben. Wie bereits beschrieben steht zwar häufig der Mensch im Vordergrund. Andererseits beeinträchtigen geringe SO_2-Immissionen die Vegetation, deshalb werden Umweltstandards für SO_2 auf Schäden bei Pflanzen bezogen. Erst bei höheren Konzentrationen treten Schäden der menschlichen Gesundheit auf. Es wird also stets darauf ankommen, die kritischen Systeme für einzelne Noxen zu ermitteln, Dosis-Wirkungsbeziehungen für diese Noxen aufzustellen und daraus folgend Grenzwerte und andere Umweltstandards festzulegen. Die Grundlagen für diese Standardsetzungen werden in den folgenden Kapiteln besprochen.

D.2 Immissionswirkungen auf Atmosphäre und Klima

Während die atmosphärischen Hauptkomponenten Stickstoff und Sauerstoff sowie die Edelgase praktisch keinem Einfluß durch den Menschen unterliegen, führen Emissionen aus anthropogenen Quellen regional bzw. global, je nach Lebensdauer der Substanz, zu Erhöhungen der Konzentration (Immission) von Spurengasen.

In Tabelle D.2-1 sind die angestiegenen Immissionswerte seit Beginn der Industrialisierung ausgewiesen. Auch langlebige FCKW-Verbindungen, die in der natürlichen Atmosphäre nicht vorkommen, reichern sich an, wobei Anstiegsraten je nach Substanz zwischen 1 und 15 %/Jahr variieren. Die Emission kurzlebiger Substanzen führt regional zu Immissionswirkungen. Während die Reinluftatmosphäre SO_2 sowie NO_x (NO, NO_2) lediglich im ppt-Bereich enthält, kommen in Belastungsgebieten bis zu 10^5fach höhere Werte vor. Ähnliches gilt für die breite Palette der Nichtmethan-Kohlenwasserstoffe.

Die Auswirkungen von Immissionen auf Atmosphäre und Klima sind direkt wie indirekt. Zu den direkten Effekten zählt die Verstärkung des Treibhauseffekts als Folge der wachsenden Anteile der Treibhausgase CO_2, CH_4, N_2O und der FCKW. Die indirekten Effekte resultieren aus der photochemischen Umwandlung der Immissionen, wobei neue Substanzen gebildet werden, die auf Atmosphäre und Klima zurückwirken. Hierzu zählen die regionalen Erscheinungen saurer Niederschlag, der aus SO_2 und NO_x-Immissionen entsteht, und Photosmog, der sich unter Einwirkung von Sonnenstrahlung auf NO_x, Kohlenwasserstoffe und Kohlenmonoxid-Im-

missionen bildet. Das hierbei produzierte Ozon absorbiert sowohl UV- wie IR-Strahlung und ist damit klimawirksam. Zu den indirekten Effekten zählt auch die Ausdünnung der stratosphärischen Ozonschicht, verstärkt durch temporäre Verluste über den Polgebieten, vor allem in der Antarktis (Antarktisches Ozonloch). Dieser Ozonschwund, überwiegend eine Folge der Emission halogenierter Kohlenwasserstoffe, wirkt ebenfalls auf das Klima zurück, da er infolge reduzierter Absorption solarer UV-Strahlung zur Abkühlung der Stratosphäre führt. Im folgenden sollen die genannten Auswirkungen in aller Kürze dargestellt werden. (Für detaillierte Informationen wird auf die Literatur verwiesen).

D.2.1 Die Ozonschicht und ihre Beeinflussung durch menschliche Aktivitäten

D.2.1.1 Die natürliche Ozonschicht

Ozon (O_3), die dreiatomige Form des Luftsauerstoffs (O_2), bildet sich durch Spaltung von O_2 durch UV (Grenzwellenlänge: 242 nm) und anschließende Stoßreaktionen der gebildeten O-Atome mit O_2 und einem neutralen Partner M, der aus Energieerhaltungsgründen nötig ist (Bild D.2-1). O_3 wird durch Stroßreaktionen und Photolyse (Grenzwellenlänge: 1200 nm) abgebaut. Zusätzlich findet eine katalytische Umwandlung von O_3 und seinem Vorläufer O in $2\,O_2$ statt. Die Katalysatoren sind Radikale, die aus langlebigen, am Erdboden emittierten Quellgasen entstehen.

Aus diesem Zusammenspiel von Bildung und Abbau resultiert die Ozonschicht, deren Konzentrationsmaximum in mittleren Breiten zwischen 20 und 25 km Höhe liegt. In Bild D.2-2 sind die Veränderungen der vertikalen Ozonverteilung nach Radiosondenmessungen über dem Meteorologischen Observatorium Hohenpeißenberg aufgetragen. Die Profile sind jährlich über viele Einzelprofile gemittelt. Sie zeigen, daß im gesamten Troposhpärenbereich bis 12 km Höhe seit den 60er Jahren eine Ozonzunahme um ca. 60 % erfolgt ist. Oberhalb 20 km ist umgekehrt eine Ozonabnahme festzustellen. Der auf der Abszisse aufgetragene Partialdruck in nbar gestattet die direkte Berechnung des Volumenmischungsverhältnisses durch Division mit dem jeweiligen Gesamtluftdruck. Die Ozonschicht wird zusätzlich durch die Dynamik geprägt, die Ozon aus dem Hauptquellgebiet über den Tropen auf geneigten Flächen zu den Polen transportiert. Dadurch reichert sich Ozon mit wachsender Breite

Tabelle D.2-1 Zusammensetzung der wasserdampffreien Atmosphäre

Bestandteil			Molmasse	atmosphärische Lebensdauer (Jahre)	Volumen %	
Stickstoff		N_2	28,02		78,09	
Sauerstoff		O_2	32,00		20,95	
Argon		Ar	39,94		0,93	
Neon		Ne	20,18		$18,2 \cdot 10^{-4}$	$= 18,2$ ppm
Helium		He	4,003		$5,24 \cdot 10^{-4}$	$= 5,24$ ppm
Krypton		Kr	83,7		$1,14 \cdot 10^{-4}$	$= 1,14$ ppm
Xenon		Xe	131,3		$0,087 \cdot 10^{-4}$	$= 8,7$ ppb
Kohlendioxid[a]	o	CO_2	44,01	100	$355,0 \cdot 10^{-4}$	$= 355,0$ ppm
Methan[a]	o	CH_4	16,04	8	$1,7 \cdot 10^{-4}$	$= 1,7$ ppm
Wasserstoff		H_2	2,01	2	$0,5 \cdot 10^{-4}$	$= 0,5$ ppm
Ozon[b]	x	O_3	48,00	variabel	variabel	$= 0,2 - 8$ ppm
Distickstoffoxid[a]	o	M_2O	44,02	100	$0,31 \cdot 10^{-4}$	$= 310$ ppb
Kohlenmonoxid[a]	o	CO	28,01	0,2	variabel	50 – 300 ppb
Stickoxide[b]	x	NO	30,01	0,01	variabel	10 ppt –
	x	NO_2	46,01			einige ppm
Schwefelverbindungen[a]		SO_2	64,06	0,01	variabel	50 ppt – 50 ppb
		COS	60,07	2	$400,0 \cdot 10^{-10}$	400 ppt
	o	SF_6	146,06	1000	$2,5 \cdot 10^{-10}$	2,5 ppt
		CS_2	76,13	1	variabel	einige ppt, ppt – ppb
Kohlenwasserstoffe[c] (außer Methan)	+				variabel	

Halogenierte Kohlenwasserstoffe

Bestandteil			Molmasse	atmosphärische Lebensdauer (Jahre)	Volumen %	
Methychlorid[b]	x	CH_3Cl	50,49	2,5	$617,0 \cdot 10^{-10}$	$= 617,0$ ppt
FCKW-12[a]	o	$CClF_2$	120,93	130	$460,0 \cdot 10^{-10}$	$= 460,0$ ppt
FCKW-11[a]	o	CCl_3F	137,39	70	$290,0 \cdot 10^{-10}$	$= 290,0$ ppt
CKW-10[a]	o	CCl_4	153,85	60	$146,0 \cdot 10^{-10}$	$= 146,0$ ppt
H-CKW-140a[a]	o	$C_2H_3Cl_3$	133,42	7	$145,0 \cdot 10^{-10}$	$= 145,0$ ppt
H-FCKW-22[a]	o	$CHClF_2$	86,48	15	$120,0 \cdot 10^{-10}$	$= 120,0$ ppt
FCKW-14[a]	o	CF_4	88,01	10000	$73,0 \cdot 10^{-10}$	$= 73,0$ ppt
FCKW-113[a]	o	$C_2Cl_3F_3$	187,40	90	$53,0 \cdot 10^{-10}$	$= 53,0$ ppt
FCKW-114[a]	o	$C_2Cl_2F_4$	170,94	200	$15,0 \cdot 10^{-10}$	$= 15,0$ ppt
Methylbromid[a]	o	CH_3Br	95,02	1,7	$8,0 \cdot 10^{-10}$	$= 8,0$ ppt
FCKW-115[a]	o	C_2ClF_5	154,48	400	$5,0 \cdot 10^{-10}$	$= 5,0$ ppt
FCKW 13[a]	o	$CClF_3$	104,47	400	$4,0 \cdot 10^{-10}$	$= 4,0$ ppt
FKW-116[a]	o	C_2F_6	138,02	10000	$2,6 \cdot 10^{-10}$	$= 2,6$ ppt
Halon-1211[a]	o	$CBrClF_2$	165,39	25	$2,3 \cdot 10^{-10}$	$= 2,3$ ppt
Halon 1301[a]	o	$CBrF_3$	148,93	110	$2,3 \cdot 10^{-10}$	$= 2,3$ ppt

1 ppm = 10^{-6} Volumenanteile   [a] Bestandteil, mit anthropogenen Quellen, für den zunehmender Trend beobachtet wird
1 ppb = 10^{-9} Volumenanteile   [b] Bestandteil mit anthropogenen Quellen
1 ppt = 10^{-12} Volumenanteile   [c] diverse [b]

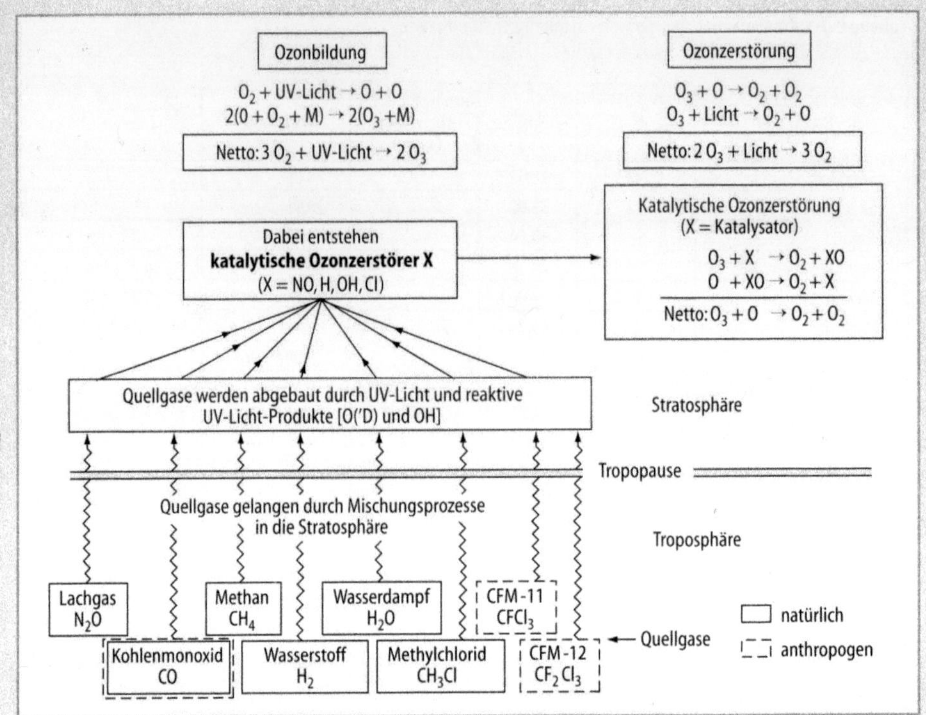

Bild D.2-1 Schema der Ozonphotochemie [D.2.1]

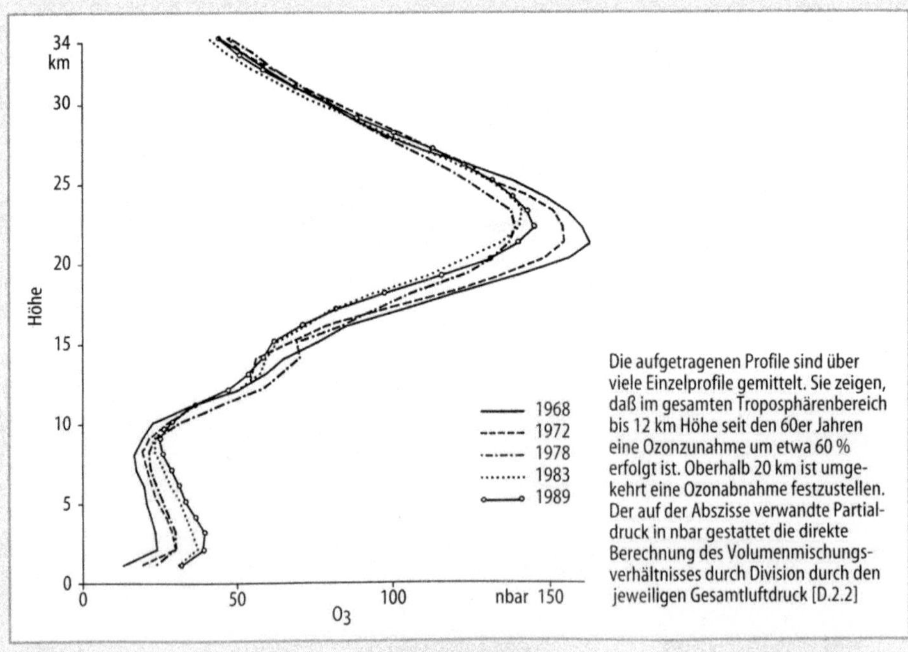

Bild D.2-2 Veränderungen der vertikalen Ozonbildung nach Radiosondenmessungen über dem Metereologischen Observatorium Hohenpeißenberg.

in der unteren Stratosphäre an. Die resultierende Schichtdicke nimmt von etwa 2,5 mm (bezogen auf eine homogene Schicht unter Normalbedingungen bzw. 2,5 mm optische Weglänge) oder 250 Dobson-Einheiten (Dobson Units DU) am Äquator auf 400 – 500 DU in hohen nördlichen Breiten zu. Auf der Südhalbkugel liegt wegen der Asymmetrie der Zirkulation das Maximum der Schichtdicke mit 400 DU bei 55 °S. Zum Südpol erfolgt wieder ein Abfall auf 330 DU.

Ohne die katalytischen Prozesse durch Radikale, die beim Abbau natürlicher Quellgase entstehen, würde die Schicht etwa 30 % mehr Ozon enthalten. Sie wird durch biogenes N_2O, CO, CH_4, H_2 und CH_3Cl von unten reguliert, wobei N_2O über die Bildung von NO den dominierenden Anteil hat. Die Zunahme von N_2O, insbesondere aber die Emission der FCKW, CKW, H-FCKW, H-CKW und Halone führen zu verstärktem Abbau [D.2.3].

D.2.1.2 Globaler Ozonabbau durch halogenierte Kohlenwasserstoffe

Signifikante Ozonabnahmen werden durch Cl und Br aus halogenierten Kohlenwasserstoffen bewirkt. Globale Injektionsraten dieser Substanzen, deren Vertikalprofile in Bild D.2-3 aufgetragen sind, machen z. Zt. zusammen über 2 Mio. t/a aus. Ferner sind neben den natürlichen Quellgasen CH_4, H_2, N_2O, Co und CH_3Cl (H-CKW-4040) halogenierte Kohlenwasserstoffe dargestellt, die aus anthropogenen Quellen stammen. Die Profile sind durch Ziffern gekennzeichnet, die dem international vereinbarten Code entsprechen und in Bild D.2-3 aufgelistet sind. Die teilhalogenierten H-CKW und H-FCKW werden teilweise durch OH in der Troposphäre abgebaut (s. u. Saurer Niederschlag). Ihre atmosphärische Lebensdauer ist daher geringer als diejenige der vollhalogenierten FCKW und FKW und der Halone, die ausschl. durch UV-Photolyse in der Stratosphäre abgebaut werden. Die hierbei freigesetzten Cl- und Br-Atome gehen als Katalysatoren X (s. Bild D.2-1) in die Ozonabbauzyklen ein, wobei Br etwa 10 mal schneller mit Ozon reagiert als Cl. Auch F baut Ozon ab. Seine Reaktionsgeschwindigkeit ist aber gering; außerdem wird F als HF stabil gebunden und aus den Zyklen entfernt. Die Ozon-Wirksamkeit der Halogenträger hängt vom Ha-

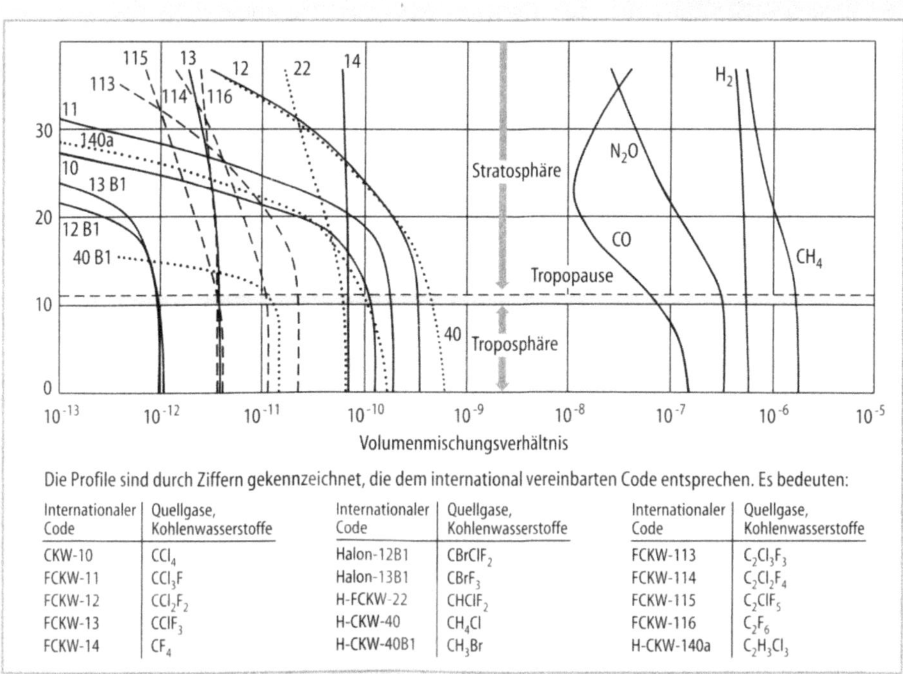

Die Profile sind durch Ziffern gekennzeichnet, die dem international vereinbarten Code entsprechen. Es bedeuten:

Internationaler Code	Quellgase, Kohlenwasserstoffe	Internationaler Code	Quellgase, Kohlenwasserstoffe	Internationaler Code	Quellgase, Kohlenwasserstoffe
CKW-10	CCl_4	Halon-12B1	$CBrClF_2$	FCKW-113	$C_2Cl_3F_3$
FCKW-11	CCl_3F	Halon-13B1	$CBrF_3$	FCKW-114	$C_2Cl_2F_4$
FCKW-12	CCl_2F_2	H-FCKW-22	$CHClF_2$	FCKW-115	C_2ClF_5
FCKW-13	$CClF_3$	H-CKW-40	CH_4Cl	FCKW-116	C_2F_6
FCKW-14	CF_4	H-CKW-40B1	CH_3Br	H-CKW-140a	$C_2H_3Cl_3$

Bild D.2-3 Vertikalprofile atmosphärischer Quellgase in mittleren nördlichen Breiten nach Analysen stratosphärischer Luftproben. Neben den natürlichen Quellgasen CH_4, H_2, N_2O, CO und CH_3Cl(CFC-40) sind halogenierte Kohlenwasserstoffe dargestellt, die aus anthropogenen Quellen stammen. Diese Darstellung veranschaulicht, daß neben Methychlorid, CFC-11 und CFC-12 eine ganze Reihe weiterer chlorierter Kohlenwasserstoffe zum stratosphärischen Chlor-Budget beitragen [D.2.3].

Substanz	Jährliche Emissionsrate 1990 (X10^6 kg)	ODP-Wert
FCKW-11	CCl_3F	400	1
FCKW-12	CCl_2F2	560	1
FCKW-13	$CClF_3$	6	?
CKW-10	CCl_4	100	1,2
FCKW-113	$C_2Cl_3F_3$	120	0,9
FCKW-114	$C_2Cl_2F_4$	50	0,8
FCKW-115	C_2ClF_5	25	0,6
H-FCKW-22	$CHClF_2$	120	0,08
H-FCKW-140a	$C_2H_3Cl_3$	700	0,15
Halon-1211	$CBrClF_2$	15	3
Halon-1301	$CBrF_3$	10	8

logengehalt und Abbaupfad ab. Entsprechend berechnen sich Ozon-Abbaupotentiale (Ozon Depletion Potential = ODP-Wert) [D.2.4.]

Dieser katalytische Ozonabbau durch Gasphasenreaktionen läuft zwischen 30 und 50 km und bewirkt bei 40 km die stärksten Verluste. Dort besteht gegenüber der unbelasteten Atmosphäre ein Ozondefizit zwischen 5 und 10 % [D.2.5].

Radiosondenmessungen zeigen jedoch stärkere Ozonverluste unterhalb 30 km im Bereich des Schichtmaximums. In 25 km Höhe beträgt der Abnahmetrend etwa 10 % pro Dekade [D.2.5]. Die vom Satelliten aus gemessenen Abnahmetrends der Ozonschichtdicke (Bild D.2-4) sind in Einklang mit dieser Ozonabnahme, welche die Folge heterogener Reaktionen ist, die erst mit Erforschung des antarktischen Ozonlochs (s. u.) bekannt geworden sind. In der unteren Stratosphäre wird das freigesetzte Chlor über Reaktionen

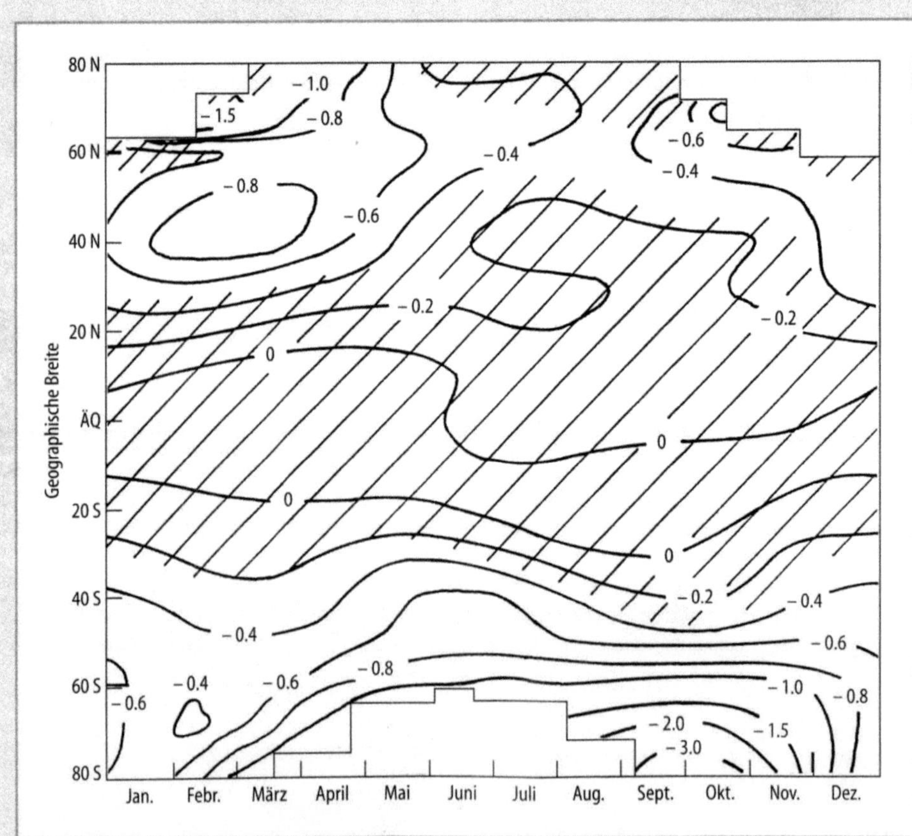

Bild D.2-4 Veränderungen der Ozon-Schichtdicke, gemittelt über den Zeitraum von 1978 – 1990, nach Messungen des TOMS-Experiments an Bord des Satelliten NIMBUS 7, in %/a. Im schraffierten Bereich, der im wesentlichen die Tropfen umfaßt, sind keine signifikanten Veränderungen aufgetreten [D.2.6]

mit CH_4 und NO_2 in die inaktiven Reservoirsubstanzen Chlorwasserstoff (HCl) bzw. Chlornitrat ($ClONO_2$) übergeführt (Bild D.2-5). Die Cl-Radikale entstehen aus dem Abbau von chlorierten Kohlenwasserstoffen, im wesentlichen durch Photolyse. Br-Radikale entstehen analog aus bromhaltigen Quellgasen, von denen einige im unteren Teil von Bild D.2-5 aufgelistet sind [D.2.7]. An Wolkenpartikeln, Aerosolen oder Sulfattröpfchen wird Chlor jedoch aus den Reservoiren wieder freigesetzt. Da atomarer Sauerstoff in diesen Höhen kaum vorhanden ist, wird der katalytische Zyklus durch andere Reaktionen geschlossen gemäß:

I $ClO + BrO \rightarrow Cl + Br + O_2$
II $ClO + ClO \rightarrow (ClO)_2$
            $(ClO)_2 + h\nu \rightarrow Cl + ClOO$
            $ClOO + M \rightarrow Cl + O_2 + M$
III $ClO + HO_2 \rightarrow HOCl + O_2$
            $HOCl + h\nu \rightarrow OH + Cl$

Die Reaktionskette II ist mit 60–75 % an der Rückkonversion von ClO in Cl beteiligt, Reaktionen I und III machen 15–35 % bzw. 10–15% aus. Reaktion I zeigt die Bedeutung von Br, das mit 15–35 % am Ozonabbau durch heterogene Reaktionen beteiligt ist [D.2.8].

Im Gegensatz zur polaren Stratosphäre, wo im Winter und Frühjahr dichte stratosphärische Wolken (polar stratospheric clouds = PSCs) vorkommen, enthält die Stratosphäre mittlerer und niederer Breiten praktisch keine Wolken, an denen die Konversion von HCl und $ClONO_2$ in aktives Chlor ablaufen könnte. Hier scheinen Sulfattröpfchen der natürlichen Aerosolschicht (Jungeschicht), die durch Oxidation biogener Schwefelverbindungen (COS, CS_2) aufrechterhalten wird [D.2.9], eine wichtige Rolle zu spielen. Diese hat über Wyoming (41° N) zwischen 1979 und 1990 um 60 % zugenommen [D.2.10], was vermutlich auf die Oxidation von SO_2 aus den Abgasen des Luftverkehrs zurückzuführen ist [D.2.11]. Auch das durch Vulkanausbrüche in die Stratosphäre transportierte SO_2 führt zu einer temporären Verstärkung der Sulfatschicht und Ozonabbau im Bereich der vulkanischen Wolke [D.2.12].

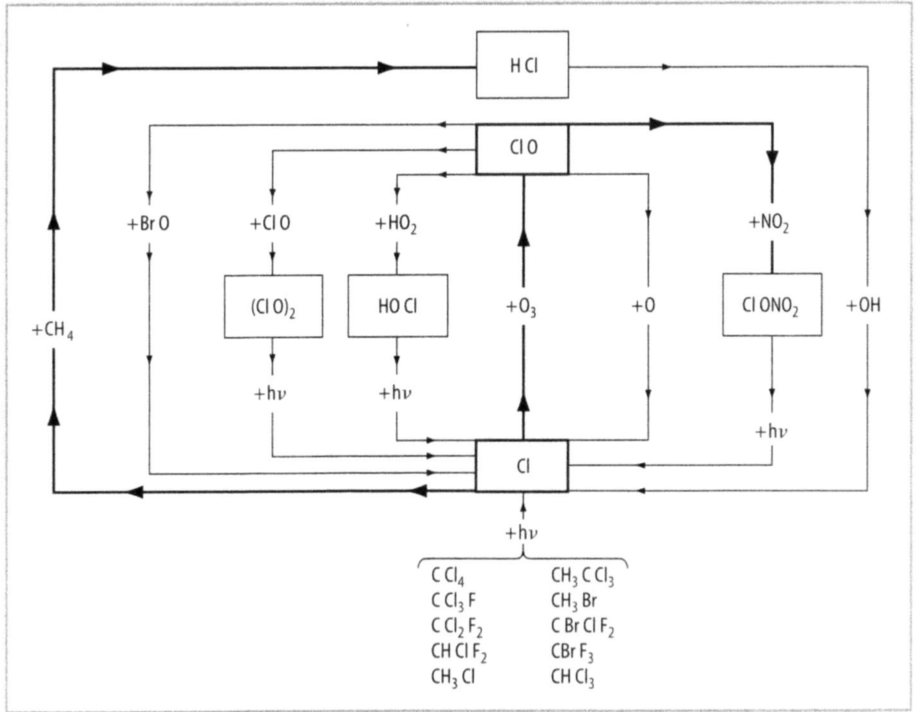

Bild D.2-5 Schematische Darstellung der atmosphärischen Halogen-Photochemie. Die Cl-Radikale entstehen aus dem Abbau von chlorierten Kohlenwasserstoffen, im wesentlichen durch Photolyse. Br-Radikale entstehen analog (hier nicht gezeigt) aus bromhaltigen Quellgasen, von denen einige im unteren Teil der Abbildung aufgelistet sind [D.2.7]

Heterogene Reaktionen an PSCs sind die Ursache massiver Ozonverluste im Frühjahr über den Polgebieten. Über der Antarktis ist dieser Verlust im Oktober so stark, daß man von einem Ozonloch spricht. Es wurde erstmals von Chubachi [D.2.13] und Farman et al. [D.2.14] aus Meßreihen der Stationen Syowa bzw. Halley Bay nachgewiesen. Der Verlust umfaßt den Höhenbereich zwischen 10 und 25 km, in dem PSCs vorkommen (s. Bild D.2-6, rechtes Teilbild). Heterogene Prozesse wandeln an Wolkenpartikeln Chlornitrat und Chlorwasserstoff in aktives Chlor um, das gemäß Bild 5 Ozon abbaut. Da für die Reaktionspfade II und III Strahlung benötigt wird, kann das Ozonloch sich erst nach Ende der Polarnacht bilden, während die Aktivierung von Chlor aus $ClONO_2$ und HCl bereits teilweise in der dunklen Winterphase erfolgt.

Deshalb wurden starke Ozonverluste über der Antarktis, nicht jedoch über der Arktis beobachtet. Im Winter bildet sich in der polaren Stratosphäre eine Zyklone, die über dem Südpol zentriert ist und die Luft breitenkreisparallel umlaufen läßt. Sie wirkt wie ein geschlossenes Gefäß, in dem sich stetige Abkühlung und Wolkenbildung vollziehen und damit Chlor aktivieren kann. Da die Zyklone auch nach Wiederkehr der Sonne stabil ist, erfolgt mit Einsetzen der Strahlung der Ozonabbau. Über dem Nordpol ist die winterliche Zyklone meist asymmetrisch, sie bricht häufig zusammen und löst sich auf, bevor die Sonne wiederkehrt. Es kommt auch zur Bildung von PSCs und zur Chloraktivierung, jedoch nur zu schwachen Ozoneinbrüchen, da vor Einsetzen der Strahlung Luftaustausch mit anderen Breiten erfolgt ist [D.2.15, D.2.7, D.2.16, D.2.17].

Ein wesentlicher Aspekt dieser Chemie ist die Denitrifizierung: Stickoxide werden aus der Gasphase entfernt, indem das über die Reaktion NO_2 + NO_3 + M $\rightarrow$ N_2O_5 + M gebildete N_2O_5 auf PSCs mit HCl bzw. H_2O reagiert, wobei HNO_3 entsteht:

IV N_2O_5 + HCl $\rightarrow$ HNO_3 + ClO NO
V N_2O_5 + H2O $\rightarrow$ $2HNO_3$

Dadurch kann ClO nicht als $ClONO_2$ weggepuffert werden, und vorhandenes Chlornitrat wird aufgebrochen gemäß:

VI $ClONO_2$ + H_2O $\rightarrow$ HNO_3 + H=Cl
VII $ClONO_2$ + HCl $\rightarrow$ HNO_3 + Cl_2

Auch hierbei entsteht HNO_3, das in PSCs gebunden bleibt, bis diese im Frühjahr verdampfen. Größere Partikel sedimentieren und entfernen das in ihnen enthaltene HNO_3 aus der Stratophäre [D.2.8, D.2.19]. Die in den Reaktionen IV, VI und VII gebildeten ClONO, HOCl bzw. Cl_2 photolysieren zu Cl bzw. ClO. Die Abnahme der Oktobermittel begann 1970 (Bild D.2.6, linke Bildhälfte), zunächst langsam, dann deutlich schneller. Die bisher geringste Schichtdicke bis zu 105

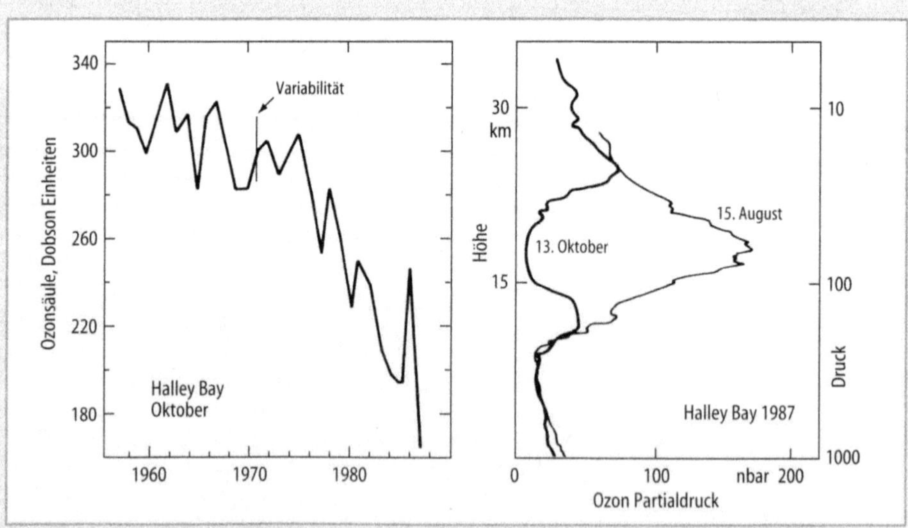

Bild D.2-6 In der linken Bildhälfte Darstellung des monatlich gemittelten Gesamtozons im Oktober über der britischen Station Halley Bay während der letzten 30 Jahre. Rechts die Entwicklung des Ozonlochs während des Frühjahrs 1987 über derselben Station (100 Dobson-Einheiten entsprechen 1 mm Ozon bei Normaldruck und Temperatur; nbar = 10^{-9} bar) [D.2.18]

DU wurde 1992 gemessen. Auch die geographische Ausdehnung des Ozonlochs war 1992 extrem, weite Teile von Südargentinien und Südchile hatten Reduktionen bis 50 % gegenüber dem langjährigen Mittel [D.2.20]. Auch über der Nordhemisphäre wurden in den Wintern 1991/92 und 1992/93 stärkere Ozonabnahmen gemessen, als es dem 10jährigen Trend in Bild D.2.4 entspricht [D.2.21]. Die Rekordabnahme dieser Winter betrug in weiten Gebieten Nordamerikas, Europas und Sibiriens zwischen 11 und 13 %. Diesen Ozonabnahmen kommt besondere Bedeutung zu, da sie in dichtbesiedelten Regionen mittlerer Breiten zwischen 45 und 65° N auftreten.

D.2.1.4 Klimatische Auswirkungen der stratosphärischen Ozonabnahme

Ozonabnahme führt zu erhöhten UV-B-Flüssen am Erdboden. Für kleine Schichtdickenänderungen entspricht eine 1 %ige Reduktion einer Zunahme der UV-B-Intensität von etwa 2 %. Für Mitteleuropa würde die Ozonschichtabnahme von etwa 5 % über die letzten 10 Jahre, (Bild D.2.4) einer UV-B-Zunahme um 10 % entsprechen. Eine solche Zunahme wurde bislang nicht gemessen, weil erhebliche Zunahme des Ozons in der Troposphäre (s. u. Photosmog) die stratosphärische Ozonabnahme kompensiert bzw. überkompensiert. Auf der Südhemisphäre, wo mit Ausnahme einiger Ballungszentren die Troposphäre weitgehend frei von anthropogen erzeugtem Ozon ist, ist der Anstieg von UV-B festzustellen. Eine drastische Verstärkung des UV-B wurde in Melbourne registriert, als Ende 1987 nach dem Zusammenbruch des Ozonlochs ozonarme Luft aus der Antarktis wochenlang über Australien und Neuseeland zu um 20 % reduzierten Schichtdicken führte [D.2.22]. Eine signifikante Abkühlung der Stratosphäre von 0,66°/Dekade wurde durch Analyse von Radiosondendaten für den Höhenbereich 16–24 km ermittelt [D.2.23]. Diese ist stärker als die Abkühlung als Folge der stratosphärischen Ozonabnahme allein und enthält auch den Anteil des wachsenden Treibhauseffekts (s. u.), der ebenfalls zur Abkühlung der Stratosphäre führt. Die Auswirkungen dieser thermischen Umverteilung auf die Zirkulation sind noch ungeklärt.

D.2.2 Saurer Niederschlag

Der Niederschlag reinigt die Atmosphäre, denn er wäscht Substanzen aus natürlichen und anthropogenen Quellen nach deren Oxidation und Umwandlung in wasserlösliche Endprodukte (Senkengase) wieder aus. Bei dieser Umwandlung spielen Reaktionen mit Radikalen eine wichtige Rolle.

Als Folge der UV-Absorption durch Ozon erreicht nur längerwelliges UV mit $\lambda > 290$ nm die Troposphäre. Dieses vermag außer O_3 und NO_2 keinen der atmosphärischen Bestandteile zu photolysieren. Ozon diffundiert aus der Ozonschicht laufend in die Troposphäre. Der bei seiner Photolyse gebildete atomare Sauerstoff ist im Grundzustand (Triplett-P), wenn die Wellenlänge größer als 310 nm ist. Für kürzere Wellenlängen entstehen jedoch O-Atome im energetisch angeregten Singulett-D-Zustand (O*) gemäß $O^3 + h\nu$ ($\lambda < 310$ nm) $\rightarrow O^* + O_2$.

Dieses O* ist von größter Wichtigkeit, denn es führt zur Bildung von Hydroxyl gemäß $H_2O + O^* \rightarrow OH + OH$. OH wird als Waschmittel der Atmosphäre bezeichnet, da es die Oxidation vieler Schadgase in wasserlösliche Substanzen bewirkt, welche ausregnen können. Neben der Oxidation von CH_4 und CO zu CO_2 (s. u. Photosmog) bewirkt OH, daß SO_2 in H_2SO_4 und NO_2 in HNO_3 umgewandelt werden, die als Säure ausregnen.

Auch ohne anthropogene Emissionen ist Regenwasser chemisch nicht neutral. Die Oxidation natürlicher Quellgase wie auch die Lösung von CO_2 in Wolkentropfen führen zur Säurebildung. Im Lösungsgleichgewicht entspricht der heutige CO_2-Gehalt der Atmosphäre einem pH-Wert von 5,6. Zusammen mit den Senkengasen ergibt sich ein pH-Wert zwischen 5 und 5,6. Anthropogene Emissionen von SO_2 und NO_x führen regional zur zusätzlichen Säurebildung, wobei pH-Werte unter 4,0 selbst in Reinluftgebieten vorkommen. Die Säurebildung aus NO/NO_2 bzw. SO_2 erfolgt nach den in Bild D.2-7 dargestellten Reaktionen. Während die Bildung von HNO_3 in der Gasphase erfolgt, läuft die Oxidation von SO_2 überwiegend in der Flüssigphase [D.2.24]. SO_2 entsteht bei Verbrennung von schwefelhaltiger Kohle und Öl. Da seine atmosphärische Lebensdauer etwa 4 Tage beträgt, spielt Ferntransport eine wichtige Rolle, besonders wenn die Emission aus hohen Schornsteinen erfolgt. In den meisten Industrieländern ist die SO_2-Emission dank zunehmenden Einsatzes von Entschwefelungsanlagen rückläufig.

Stickoxide entstehen bei Verbrennungsprozessen, wobei in den meisten Industrieländern der Kraftverkehr Hauptemittent ist. Mit etwa

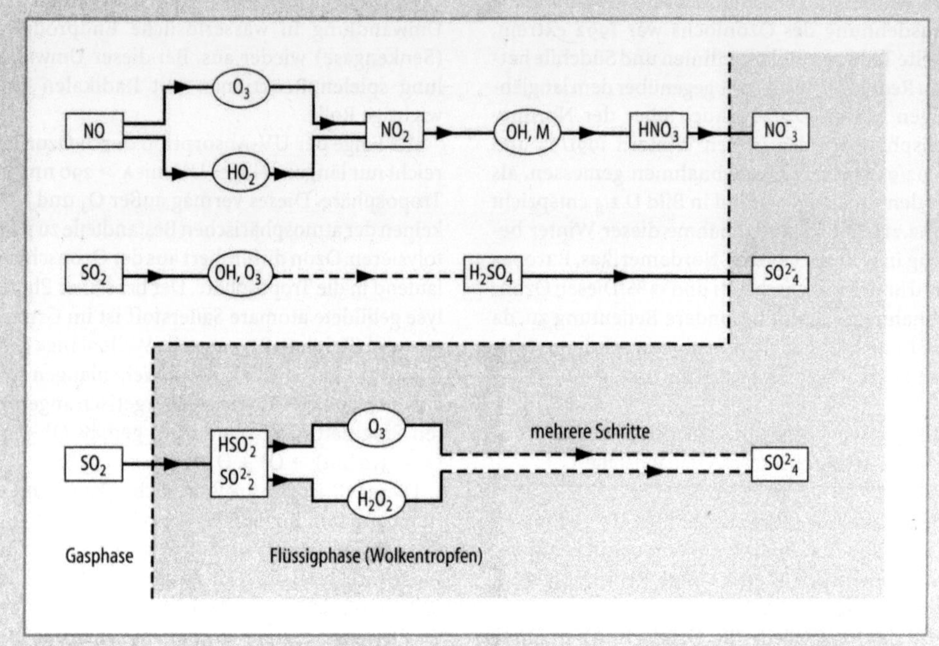

Bild D.2-7 Schema der Säurenbildung aus Stickoxid und Schwefeldioxid

2 Tagen hat NO_x eine kürzere Lebensdauer als SO_2, dennoch ist auch für NO_x der Ferntransport bedeutend. Trotz teilweise eingeführter Abgasreinigungssysteme sind die NO_x-Immissionen in den meisten Regionen infolge des gewachsenen Verkehrsaufkommens nicht rückläufig. Die Auswirkungen der sauren Niederschläge auf Böden, Gewässer und Pflanzen sind vielfältig [D.2.25].

D.2.3 Photosmog

D.2.3.1 Photosmog-Prozesse

Mit Smog bezeichnete man in London jene Mischung aus Abgasen (Smoke) und Nebel (Fog), die durch intensive Emission von SO_2 und Ruß als Folge der Verbrennung schwefelhaltiger Kohle ausgelöst wurde. Heute tritt dieses Phänomen gelegentlich im Winter auf, wenn Inversionen den Austausch behindern und sich Schadgase in Tallagen anreichern. Unter Photosmog versteht man ein neueres Phänomen, das mit der Entwicklung des Kraftverkehrs gewachsen ist und das überwiegend im Sommer auftritt (Sommersmog), wenn Immissionen von Stickoxiden, Kohlenmonoxid und Kohlenwasserstoffen intensiver Sonnenstrahlung ausgesetzt sind. Dabei bilden sich Sekundärprodukte wie Ozon, Aldehyde, Peroxyacylnitrate (PAN-Verbindungen) sowie trübende Partikel.

Die Methanoxidation führt in einer Reaktionskette zur Bildung von CO. Dieses wird mit OH zu CO_2 oxidiert, wobei in Reinluft per Oxidationsschritt ein Ozonmolekül vernichtet wird:

$$CO + OH \rightarrow CO_2 + H$$
$$H + O_2 + M \rightarrow HO_2 + M$$
$$HO_2 + O_3 \rightarrow 2O_2 + OH$$

netto: $CO + O_3 \rightarrow CO_2 + O_2$ (in Reinluft: Ozonabbau)

Aus der Ozonschicht in die Troposphäre diffundierendes Ozon wird hierdurch sowie an Oberflächen abgebaut. Im Gleichgewicht zwischen Zufluß und Abbau resultiert ein natürlicher Ozonanteil von etwa 10 ppb. Bei Anwesenheit von Stickoxiden führt die Methanoxidation jedoch zur Bildung von Ozon gemäß:

$$CO + OH \rightarrow CO_2 + H$$
$$H + O_2 + M \rightarrow HO_2 + M$$
$$HO_2 + NO \rightarrow OH + NO_2$$
$$NO_2 + h\nu \rightarrow NO + O \quad (\lambda < 400\,nm)$$
$$O + O_2 + M \rightarrow O_3 + M$$

netto: $CO + 2O_2 \rightarrow CO + O_3$ (in belasteten Gebieten: Ozonproduktion)

Die Schwelle für den Übergang von der Ozon-
senke in Reinluft zur Ozonproduktion liegt bei
einem Konzentrationsverhältnis $[NO]/[O_3] =$
$2 \cdot 10^{-4}$ [D.2.26], das über den größten Teilen Nord-
amerikas und Europas permanent weit über-
schritten ist.

Wegen der raschen Reaktion $NO + O_3 \rightarrow NO_2$
$+ O_2$, ist die resultierende Gleichgewichtsmole-
külzahldichte bei Abwesenheit anderer Gase be-
grenzt auf $[O_3] = j\,[NO_2]/k[NO]$. Hierin bedeu-
ten j die Rate der Photolyse von NO_2 und k die
Rate der o.g. Reaktion.

Hohe Ozonkonzentrationen entstehen, wenn
weitere Prozesse wirken, bei denen NO zu NO_2
oxidiert wird, ohne daß dabei O_3 aufgebraucht
wird. Bei diesen sind Peroxiradikale beteiligt, die
bei der Oxidation von Kohlenwasserstoffen (RH)
durch OH gebildet werden:

$$
\begin{aligned}
RH + OH &\rightarrow R + H_2O \\
R + O_2 + M &\rightarrow RO_2 + M \\
RO_2 + NO &\rightarrow NO_2 + RO
\end{aligned}
$$

Ozon gilt als Leitsubstanz für Photosmog. Über
die Kohlenwasserstoff-Oxidationsketten entste-
hen aber weitere Substanzen und Substanz-
gruppen. Die Peroxi-Radikale RO_2 können sich
an Aerosole anlagern, zu deren Größenwachs-
tum beitragen und somit die Lufttrübung ver-
stärken. Bei der Reaktion $RO_2 + O_2 \rightarrow HO_2 +$
R`CHO entstehen Aldehyde. Die Oxidation von
Ethan (CH_3CH_3) führt so beispielsweise zur Bil-
dung von Acetaldehyd (CH_3CHO).

Aldehyde sind instabile Verbindungen, die mit
Radikalen reagieren. Der durch OH eingeleitete
3stufige Abbauprozeß von Acetaldehyd und die
Reaktion mit NO_2 führt so zur Bildung von Pero-
xiacetylnitrat ($CH_3COO_2NO_2$). Peroxiacetylni-
trat ist der wichtigste Vertreter der Peroxiacyl-
nitrate, die unter dem Namen „PAN" bekannt
sind. Die nächsthöhere PAN-Verbindung, Pero-
xipropionylnitrat (ppn), die aus Propionylalde-
hyd entsteht, macht i.d.R. nur 10 % von PAN
oder weniger aus [D.2.27]. Da die PAN-Verbin-
dungen keine natürlichen Quellen besitzen, stel-
len sie Schlüsselsubstanzen für Photosmog dar
[D.2.28, D.2.26].

D.2.3.2 Veränderungen des troposphärischen Ozongehalts durch Photosmog

Messungen der bodennahen Ozonkonzentrati-
on zeigen Ende des neunzehnten Jahrhunderts
mit etwa 10 ppb Werte, die mit dem natürlichen
Ozonanteil der Troposphäre vergleichbar sind
[D.2.29-D.2.31]. Mit Zunahme der Emission von
Vorläufersubstanzen, insbesondere die Motori-
sierung, ist der Ozongehalt in vielen Regionen
angewachsen. Bereits in den 40ger Jahren war
Photosmog in Los Angeles ein Problem, [D.2.32]
und in den 60er Jahren waren dort Ozonwerte
über 500 ppb keine Seltenheit [D.2.33]. Dabei fiel
bereits auf, daß die höchsten Ozonwerte nicht im
Gebiet größter Kraftfahrzeugdichte sondern 30 –
90 km windabwärts auftraten. Dies liegt daran,
daß Stickoxide im Abgas überwiegend als NO
emittiert werden, das Ozon zunächst in der Re-
aktion $NO + O_3 \rightarrow NO_2 + O_2$ abbaut. Die eigentli-
che Ozonproduktion über die Kohlenwasserstoff-
Peroxid-Reaktionsketten dauert länger, wobei
das gebildete Ozon bei Abwesenheit von NO Le-
bensdauern bis zu einigen Wochen besitzt und
damit weit verfrachtet werden kann.

Typische Tagesgänge einer Photosmogperi-
ode in Oberbayern veranschaulichen diesen Ef-
fekt (Bild D.2.-8). Von den drei Münchener
Stadtstationen zeigt diejenige am Stachus (STA)
im Zentrum die niedrigsten Tagesmaxima.
Nachts geht Ozon als Folge der Abbaureaktion
mit NO stark zurück (das häufig beobachtete se-
kundäre Nachtmaximum ist auf turbulenten
Vertikaltransport zurückzuführen). Mit abneh-
mender Verkehrsbelastung nehmen die Tages-
maxima zum Stadtrand (Lothstraße) und bis
Garmisch-Partenkirchen (GAP) deutlich zu, in
GAP sind auch die nächtlichen Einbrüche nicht
so stark wie in München. Die Station Wank ober-
halb GAP, (1800 m Seehöhe) zeigt nur schwache
tageszeitliche Schwankungen und insgesamt ei-
nen leichten Aufwärtstrend über die Episode.
Ergebnisse simultaner O_3- und PAN-Messungen
ergeben ähnliche Tagesgänge beider Substanzen
und zeigen, daß Ozon und PAN in photochemi-
schen Reaktionen gebildet werden [D.2.35].

Photosmog ist heute in weiten Regionen Nord-
amerikas und Europas ein alltägliches Phäno-
men vor allem der Sommermonate. Der typische
Jahresgang weist deshalb, wie Bild D.2-9 veran-
schaulicht, die maximalen Werte im Sommer auf.
Diesem Jahresgang sind kurzzeitige Fluktuatio-
nen überlagert, die den Wechsel der Großwet-
terlagen und damit der Luftmassen und Strah-
lungsbedingungen widerspiegeln. Diese Fluk-
tuationen sind an den betrachteten Stationen,
die unterschiedlichen lokalen Emissionen aus-
gesetzt sind, erstaunlich synchron und zeigen da-
mit, daß Luftmassen und Strahlungsbedingun-
gen die wichtigsten Steuerungsgrößen für Pho-
tosmog sind. Die lokalen Emissionen wirken nur

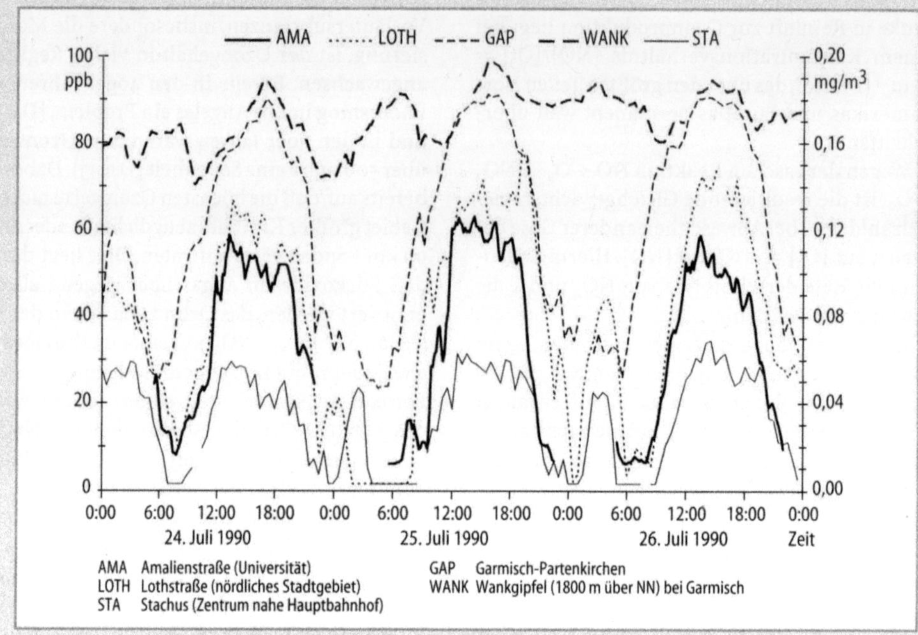

Bild D.2-8 Zeitliche Variation der bodennahen Ozonkonzentration an fünf Stationen in München und im oberbayerischen Umland während einer Photosmogperiode im Juli 1990 [D.2.34]

insofern, als die verkehrsreiche Münchener Innenstadt (Theresienstraße) absolut niedrigere Ozonpegel hat als die beiden Stationen des ruralen (Schwaig) bzw. forstlichen Umlands (Ebersberger Forst).

Damit ist Photosmog ein regionales Problem, das nicht auf die Ballungsräume beschränkt ist. Bild D.2-2 zeigt die Zunahme des troposphärischen Ozons über dem Hohenpeißenberg, die zwischen 1968 und 1989 über 60 % beträgt und die gesamte Troposphäre bis über 10 km Höhe umfaßt. Es bildet sich gleichsam eine zweite Ozonschicht in der Troposphäre, die bis 1989 um etwa 2 %/Jahr angewachsen ist. Ähnliche Zuwachsraten sind auch über Nordamerika beobachtet worden [D.2.36, D.2.37]. Auch die Luft über dem Nordatlantik zeigt mit 30 ppb Ozonwerte, die gegenüber dem Südatlantik (10 – 15 ppb) erhöht sind und vermutlich aus Nordamerikanischen Quellen stammen [D.2.38]. Von der Südhemisphäre sind, abgesehen von isolierten Belastungsgebieten wie Santiago oder Sao Paulo, keine großräumigen Ozonerhöhungen dokumentiert. Eine Ausnahme bilden die großflächigen Tropenwaldbrände in Südamerika und Afrika, bei denen neben CO_2 große Mengen Vorläufersubstanzen für Photosmog freigesetzt werden. Ozonanteile bis zu 160 ppb als Folge der Biomasseverbrennung wurden bislang festgestellt [D.2.39].

D.2.3.3 Auswirkungen von Photosmog

Die im Photosmog erzeugten Substanzen Ozon und PAN sind toxisch. Ozon ist ein Oxidationsmittel, das Oberflächen, insbesondere auch pflanzliche Oberflächen, schädigt [D.2.40]. Der regionale Anstieg des troposphärischen Ozons ist aber auch klimawirksam. Zum einen kompensiert er bzgl. der UV-Absorption zum Teil den Ozonverlust in der Stratosphäre [D.2.41]. Zum anderen absorbiert Ozon im Bereich von 9,6 µm in dem die Atmosphäre transparent ist (atmosphärisches Fenster). Ozon ist damit ein Treibhausgas, und verstärkt damit regional den Treibhauseffekt (s. u.).

D.2.4 Globale Klimaänderungen als Folge des fortschreitenden Treibhauseffekts

D.2.4.1 Der Treibhauseffekt

Das Klimasystem Erde erhält seine Energie von der Sonne, die im jährlichen Mittel am oberen Rand der Atmosphäre 1354 W/m² (Solarkonstante) liefert. Über die gesamte Erde einschl. der

  Auswirkungen von Schadstoffen, Lärm und Strahlen

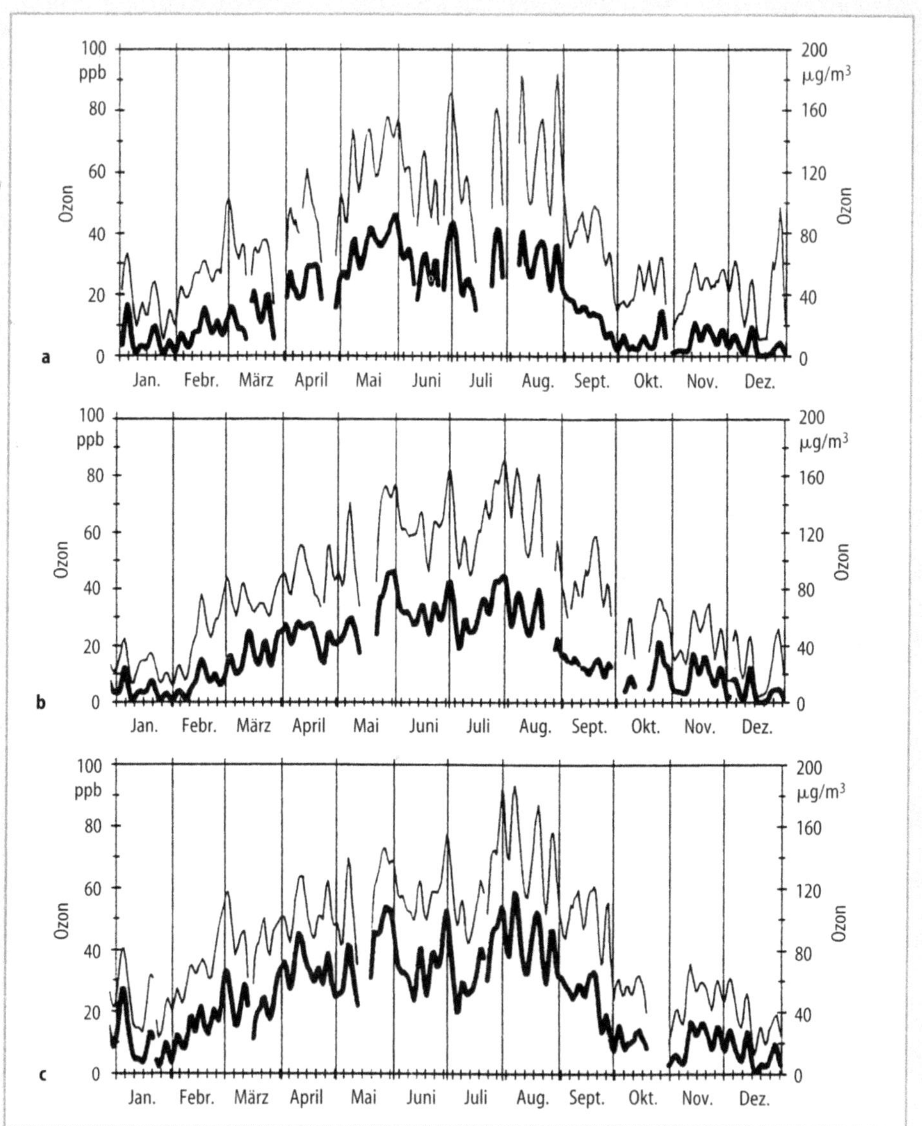

Bild D.2-9 Tagesmaxima und Tagesmittel von Ozon im Zentrum Münchens (**a**), im Erdinger Moos (**b**) und im Ebersberger Forst (**c**) für 1992 [D.2.34]

nichtbeschienenen Seite verteilt ergibt dies 342 W/m² . Etwa ein Drittel, also 105 W/m² werden in den Weltraum zurückgestreut, 237 W/m² werden im System Atmosphäre/Erde in Wärme umgesetzt, wobei der Hauptanteil hiervon die Erdoberfläche aufheizt. Diese strahlt Energie im IR zwischen 4 und 100 μm in den Weltraum ab; das Intensitätsmaximum dieser thermischen Strahlung liegt bei etwa 10 μm (Bild D.2-10a). Wie Satellitenmessungen zeigen, werden im Mittel 237 W/m² als Wärmestrahlung in den Weltraum

zurückgestrahlt. Unser Klimasystem befindet sich somit im Gleichgewicht, dem eine mittlere Temperatur der Erdoberfläche von −19 °C entsprechen würde. Tatsächlich liegt diese mit +15 °C um 34° höher. Dies verdanken wir dem Treibhauseffekt, der darauf beruht, daß die Atmosphäre Beimengungen von H_2O, CO_2, O_3, N_2O und CH_4 (in der Reihenfolge ihrer Wichtigkeit für den Treibhauseffekt) enthält , die einen Teil der thermischen Strahlung der Erde absorbieren und entsprechend ihrer Temperatur reemittieren kön-

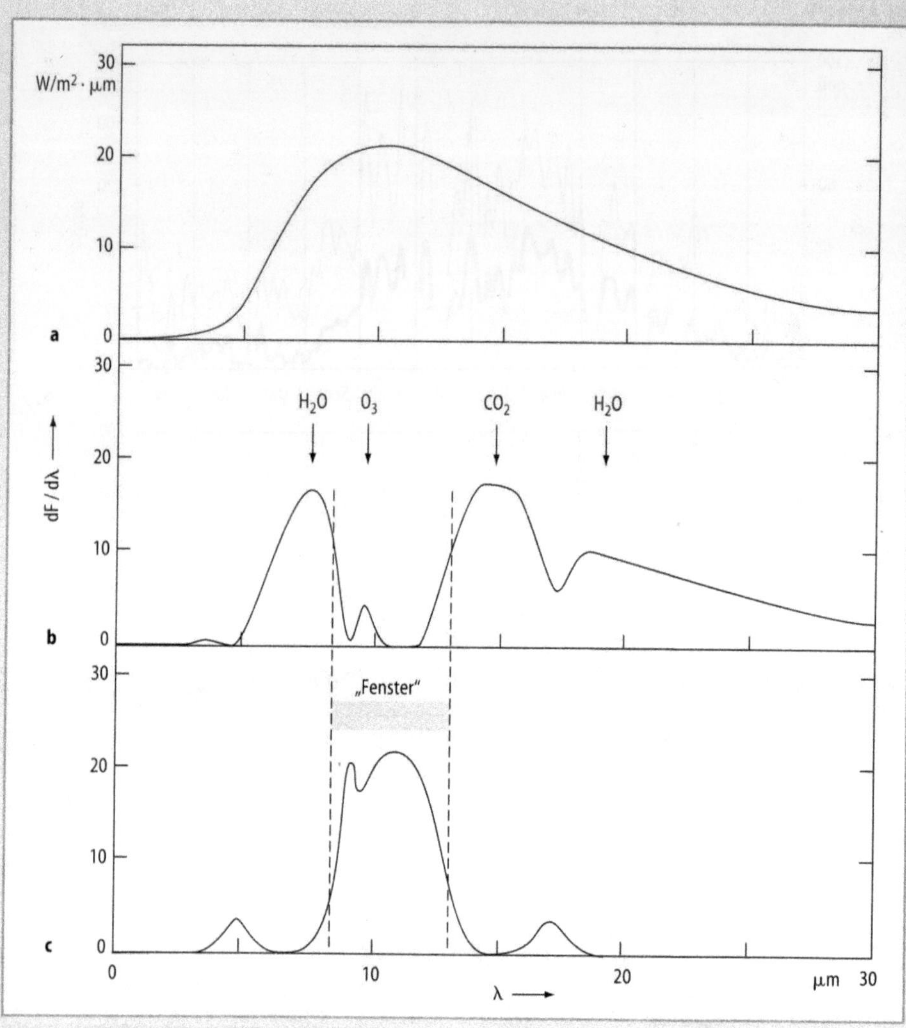

Bild D.2-10 Spektrale Verteilung der Bruttobodenstrahlung (**a**), der Gegenstrahlung (**b**) und der Nettobodenstrahlung (**c**) als Differenz von (**a**) und (**b**) bei wolkenlosem Himmel [D.2.42]

nen. Diese Strahlungsemission der Treibhausgase erfolgt isotrop in alle Richtungen, also auch zurück zur Erde. Diese erhält durch diese „atmosphärische Gegenstrahlung" (Bild D.2-10b) Energie zurück und kann daher eine höhere Gleichgewichtstemperatur aufrechterhalten, als dies ohne Treibhausgase der Fall wäre.

D.2.4.2 Folgen des sich verstärkenden Treibhauseffekts

Der an sich segensreiche Treibhauseffekt nimmt kontinuierlich zu, weil die atmosphärischen Anteile der Treibhausgase als Folge menschlicher Aktivitäten ansteigen (s. Abschn. D.2.5). Dadurch

wird mehr IR-Energie von der Atmosphäre abgestrahlt, was die Gegenstrahlung zum Erdboden verstärkt und dort zu einem allmählichen Ansteigen der Temperatur führt, was aber gleichzeitig verstärkte Strahlungskühlung in den Atmosphärenschichten oberhalb 20 km bewirkt [D.2.43]. Allein der seit der Industrialisierung erfolgte Anstieg des CO_2-Gehalts um 75 ppm ist einer zusätzlich absorbierten Strahlungsenergie von 1,5 W/m² äquivalent. Die Treibhauswirkung der einzelnen Gase hängt von der spektralen Verteilung ihrer IR-Absorptionsbanden ab. Man definiert ein relatives Treibhauspotential (relativ zur gleichen Molekülzahl von CO_2), das besonders hoch für solche Treibhausgase ist, die im

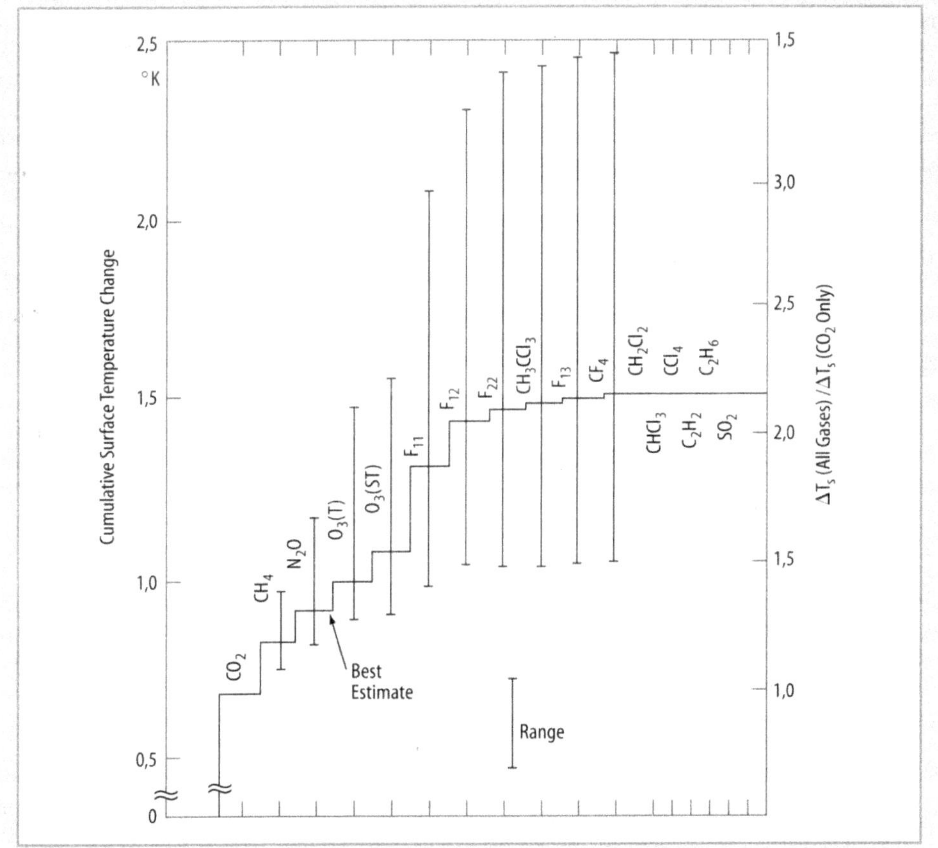

Bild D.2-11 Kumulative Temperaturerhöhung an der Erdoberfläche, berechnet für das Anwachsen des Treibhauseffekts aus den Beiträgen der einzelnen Treibhausgase zwischen 1980 und 2030 [D.2.43]

Bereich des atmosphärischen Fensters absorbieren. CH_4 und N_2O, die bei etwa 8 bzw. 8,2 μm am Rand dieses Fensters absorbieren, besitzen ein relatives Treibhauspotential von 21 bzw. 206, während Ozon und die meisten FCKW, CKW, HCKW und HFCKW, die sämtlich im Fensterbereich absorbieren, auf relative Treibhauspotentiale zwischen 2000 und 16.000 kommen [D.2.44].

Die relativen Beiträge zum zusätzlichen Treibhauseffekt sind im Ergebnis einer Modellstudie von Ramanathan et al. [D.2.43] in Bild D.2-11 dargestellt. Berechnet ist für ein angenommenes Emissionsszenarium die mittlere Erhöhung der Erdbodentemperatur, die im Jahr 2030 gegenüber 1980 als Folge des sich verstärkenden Treibhauseffekts zu erwarten ist. Insgesamt wird eine Erwärmung um etwa 1,5° berechnet, wobei der Beitrag von CO_2 allein etwa 50 % davon ausmacht. Die Beiträge der übrigen Treibhausgase teilen sich in die anderen 50 %, wobei die Anteile

O_3 (T) und O_3 (ST) der Zunahme des troposphärischen bzw. Abnahme des stratosphärischen Ozons entsprechen.

Die Zunahme des Treibhauseffekts durch alle anthropogenen Eingriffe ist etwa doppelt so groß wie diejenige durch CO_2 allein. Man definiert eine „äquivalente CO_2-Konzentration", bei der neben CO_2 die gemäß den Treibhauspotentialen gewichteten Anteile der anderen Treibhausgase hinzugerechnet werden. Nach dem heutigen Emissionsszenario wird sich die „äquivalente CO_2-Konzentration" gegenüber dem Wert von 1850 bis zum Jahr 2030 etwa verdoppelt haben.

Die Berechnung des zukünftigen Klimas ist eine schwierige und komplexe Aufgabe, welche mit großen Unsicherheiten behaftet ist, da viele Prozesse im Klimasystem nicht oder nur ungenau berechnet werden können. Die Zunahme der Treibhausgase ist durch Messungen bewiesen, die hieraus resultierende absorbierte Zusatzenergie ist genau zu berechnen. Wie sich diese jedoch im Klimasystem verteilt, ist heute noch umstritten.

Für eine Verdoppelung des äquivalenten CO_2-Gehalts werden sich die globalen Mitteltemperaturen um etwa 2,5 K erhöhen (Schwankungsbereich der Prognosen: 1,5 – 4,5 K) [D.2.44]. Oberhalb 20 km wird sich die Atmosphäre abkühlen. Diese Abkühlung ist im Bereich der Stratopause (50 km) mit 3 – 5 K am größten. Ungleich stärker wird sich die Stratosphäre als Folge des fortschreitenden Ozonschwunds abkühlen (s. Abschn. D.2.3). Im Bereich der Stratopause ist bis 2030 mit einer Abkühlung um 12 – 14 K zu rechnen, die sich der Abkühlung als Folge des fortschreitenden Treibhauseffekts überlagert. Diese Eingriffe werden nicht ohne Wirkung auf die atmosphärischen Zirkulationssysteme bleiben, mit Folgen für die globale Verteilung der Niederschläge, für die eine Abnahme zwischen 30° S und 30° N prognostiziert wird. Die atmosphärische Schichtung wird zunehmend instabiler, was die Entstehung von Stürmen, Hurricans usw. begünstigt. Der Anstieg des Meeresspiegels, der heute schon 15 cm/Jh. beträgt, wird sich verstärken, weil Eismassen kontinentaler Gletscher schneller schmelzen werden und die thermische Ausdehnung der wärmer werdenden Ozeane diesen Anstieg noch verstärken wird [D.2.45, D.2.46].

D.2.4.3 Indizien für globale Klimaveränderungen

Das irdische Klima war im Lauf der Erdgeschichte erheblichen natürlichen Schwankungen unterworfen. Die Entwicklung der letzten 200.000 Jahre, die aus Bohrkernen im antarktischen Eis rekonstruiert werden kann [D.2.47], ist in ihrem Wechsel von Warm- und Kaltzeiten durch die Präzession der Erdrotationsachse (Periode von 19.000 – 23.000 Jahren), die Schiefe der Ekliptik (Periode etwa 41.000 Jahre) und die Exzentrizität der elliptischen Erdbahn (Periode etwa 100.000 Jahre zu erklären [D.2.48, D.2.49]. Diese langperiodischen Klimaschwankungen werden auch in Zukunft erfolgen, im Zusammenhang mit den hier diskutierten Immissionswirkungen sind sie jedoch ohne Relevanz. Hier ist vielmehr zu fragen, ob es Indizien dafür gibt, daß die seit Beginn der Industrialisierung erfolgten Veränderungen der atmosphärischen Zusammensetzung bereits klimawirksam sind. Hat sich der Treibhauseffekt bereits verstärkt?

Seit etwa 100 Jahren hat sich weltweit eine Erwärmung um 0,6 K vollzogen [D.2.50]. Während dieser Zeit hat sich der CO_2-Gehalt der Atmosphäre um 60 ppm erhöht. Extrapoliert man diese Erwärmung auf eine CO_2-Verdoppelung, ergäbe dies eine Temperaturerhöhung von etwa 3 K, also genauso viel, wie die Klimamodelle berechnen. Dennoch ist dies kein Beweis für den wachsenden Treibhauseffekt; denn Schwankungen dieser Größenordnung wurden zu allen Zeiten beobachtet. Sie ist eines der vielen Indizien beobachteter Klimaanomalien, die in ihrer Gesamtheit keinen Zweifel daran lassen, daß sich der fortschreitende Treibhauseffekt bereits jetzt in Klimaänderungen manifestiert. Genannt seien z.B. die zunehmende Erwärmung des tropischen Ozeans und der Anstieg des atmosphärischen Wasserdampfgehalts über den Tropen [D.2.51], die sich seit 1960 kontinuierlich vermindernden Niederschläge zwischen 5° und 35° N, insbesondere in der Sahelzone [D.2.51], die dagegen zunehmenden Niederschläge zwischen 35° und 70° N [D.2.52]. Genannt seien auch Berichte über die Zunahme von Trockenzeiten [D.2.53], die Rückgänge der Alpengletscher [D.2.54] und den Anstieg des Meeresspiegels [D.2.51]. Sehr gewichtige Indizien sind ferner die signifikante Abkühlung der Stratosphäre beider Hemisphären [D.2.23] sowie der Mesosphäre [D.2.55]. Keines dieser Indizien ist für sich ein Beweis für die sich vollziehenden Klimaveränderung. Der überwiegende Teil der in aller Welt beobachteten Klimaanomalien ist aber im Einklang mit den von den Klimamodellen berechneten Prognosen und stellt somit die Basis für einen Indizienbeweis dar. Die beobachteten Anomalien werden sich verstärken, und in kommenden Jahrzehnten ist mit einer Zunahme der Häufigkeit extremer Wetterlagen und Jahreszeiten zu rechnen [D.2.56, D.2.57].

Abschließend sei auf ein interessantes Beispiel der Koppelung von Immissionswirkungen und Klimaveränderungen hingewiesen: Austin et al. [D.2.58] berechnen, daß die durch CO_2-Verdoppelung initiierte stratosphärische Abkühlung Bedingungen schafft, unter denen sich im Frühjahr auch über der Arktis ein Ozonloch ähnlich dem heute über der Antarktis beobachteten entwickeln kann.

D.3 Toxikologie

Chemikalien können eine Vielzahl toxischer Wirkungen auslösen. So sind bei Säuren oder Laugen vor allem lokale Wirkungen zu erwarten, die am Ort des Kontakts auftreten. Die meisten Stoffe wirken jedoch systemisch, d. h. erst dann, wenn sie in den Organismus aufgenommen worden sind. Voraussetzung dafür ist die Resorption, d. h. Aufnahme in den Organismus aus dem Magen-Darm-Trakt, der Atemluft oder durch die Haut. Die Vielzahl der möglichen toxischen Wirkungen läßt sich in akute Wirkungen nach kurzer Exposition und chronische Wirkungen bei wiederholtem, häufig langzeitigem Kontakt mit einem oder mehreren Stoffen unterscheiden. Akute Wirkungen betreffen zumeist Vergiftungen durch gewolltes oder versehentliches Verschlucken, Einatmen oder durch Hautkontakt mit großen Mengen eines Stoffs. Chronische Wirkungen können auftreten nach langdauernder Exposition gegenüber kleinen Mengen irreversibel wirkender Stoffe oder solchen, die sich im Körper anreichern. Chronische Wirkungen können auch auftreten, wenn es bei einem Unfall zu hoher Exposition eines Stoffs gekommen ist, der wie 2,3,7,8-Tetrachlordibenzo-p-dioxin, nur sehr langsam wieder aus dem Organismus verschwindet. Allergische Reaktionen können bereits bei sehr geringen Mengen eines Stoffs ausgelöst werden, wenn der Organismus vorher zumeist durch höhere Expositionen sensibilisiert worden ist. Von besonderer Bedeutung sind krebserzeugende Wirkungen, insbesondere wenn sie durch irreversibel das genetische System verändernde Stoffe ausgelöst werden.

D.3.1 Allein die Dosis macht, daß ein Stoff giftig ist

Toxische Wirkungen und ihre Intensität sind dosisabhängig, und es ist nur dann mit toxischen Wirkungen zu rechnen, wenn die Chemikalien oder ihre Metaboliten in ausreichender Menge und über einen ausreichenden Zeitraum in den für die Toxizität empfindlichen Zielorganen vorliegen. Dies wird durch die verschiedensten Faktoren beeinflußt. Um die Gesundheitsgefährlichkeit einer Chemikalie abschätzen zu können, müssen daher neben den toxischen Wirkungen die zugrundeliegenden Mechanismen, der Expositionsweg, die Toxikokinetik, die Dosis-Wirkungs-Beziehung und die Empfindlichkeit der exponierten Personen bekannt sein. Eine toxikologische Bewertung erfordert demnach die qualitativen Angaben zu den gefährlichen Stoffeigenschaften und die quantitativen Angaben zur Menge des vorhandenen Stoffs.

Qualitative Angaben über die gefährlichen Stoffeigenschaften erlauben dabei noch keine Aussage darüber, ob das Vorhandensein eines Stoffs in der Umwelt des Menschen tatsächlich zu Erkrankungen führt. Hierzu sind Kenntnisse der Dosis-Wirkungs-Beziehungen, des NOEL, erforderlich, d. h. der höchsten Dosis ohne erkennbare Wirkungen, und natürlich der Konzentration in der Atemluft oder der Nahrung, aus der sich die eigentliche Exposition der einzelnen Personen oder der Bevölkerung abschätzen läßt. Erst der Vergleich der gegebenen Exposition mit den aus Tierversuchen oder durch Erfahrungen beim Menschen gewonnenen Kenntnisse über die höchste Dosis ohne erkennbare Wirkung läßt die quantitative Aussage zu, ob ein Stoff in gesundheitsgefährlichen Konzentrationen vorliegt.

Bei krebserzeugenden Chemikalien, die zugleich toxisch sind, lassen sich dagegen keine unwirksamen Konzentrationen festlegen. Hier muß die Höhe des gesundheitlichen Risikos aus epidemiologischen Studien oder den Daten zur Dosis-Wirkungs-Beziehung abgeschätzt werden.

Die „Gefährlichkeit" stellt also eine qualitative Information dar, während es sich beim „Risiko" um eine quantitative Aussage handelt.

Für Stoffe, die reversible Schäden auslösen, lassen sich daher unwirksame Konzentrationen bzw. Dosen festlegen, während für irreversible, u. a. gentoxische oder krebserzeugende Wirkungen, die bei jeder Exposition zu einer bleibenden Veränderung führen, ohne detaillierte Kenntnisse zum Wirkungsmechanismus keine Wirkungsschwelle abgeleitet werden kann.

Diese, nur andeutungsweise beschriebene Vielfalt läßt sich in ihrer Gesamtheit weder rechnerisch mit Hilfe von Computermodellen noch mit Alternativmethoden im Reagenzglas auch nur annähernd erfassen. Die Situation wird noch dadurch kompliziert, daß große Unterschiede in der Toxikokinetik, d. h. Aufnahme, Verteilung, Verstoffwechselung und Ausscheidung der Stoffe zwischen einzelnen Versuchstierarten und dem Menschen bestehen können. Dementsprechend ist zunächst ohne weitere Informationen nicht zu erwarten, daß die gleiche Menge einer Chemikalie bei verschiedenen Tierarten und dem Menschen vergleichbare Wirkungsstärke besitzt.

D.3.2 Aufnahme, Verteilung und Ausscheidung

Eine Chemikalie kann mit der Nahrung, über die Atemluft, aber auch durch die Haut in den Körper gelangen, um sich dann im Organismus zu verteilen (Bild D.3-1). Die aufgenommene

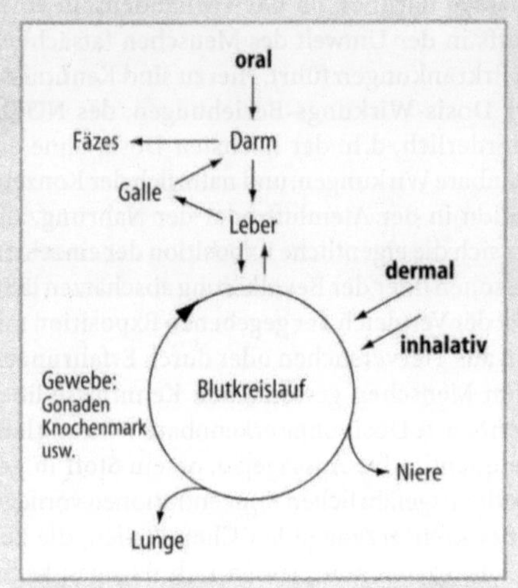

Bild D.3-1 Aufnahme, Verteilung und Ausscheidung

Menge hängt zunächst einmal von der jeweiligen Konzentration in der Nahrung oder in der Luft ab bzw. von der Menge, mit der die Haut in Berührung kommt.

Daneben bestimmen physikalisch-chemische Eigenschaften, wie die Löslichkeit in Fett und Wasser, das Ausmaß und die Geschwindigkeit der Aufnahme. Wenn die Substanz eingeatmet oder über die Haut aufgenommen wird, gelangt sie direkt ins Blut und damit zumeist unverändert zu den einzelnen Organen. Nach Aufnahme aus dem Magen-Darm-Trakt wird sie größtenteils mit dem Blut über die Pfortader direkt zur Leber transportiert. Die Epithelien der Darmwand und der Leber besitzen in besonders hohem Maß die Fähigkeit, Fremdstoffe umzuwandeln und abzubauen. Diese Metabolisierung in der Darmwand und der Leber wird als „First Pass Effect" bezeichnet. Erst nach Passieren der Leber gelangen die Stoffe oder ihre Metaboliten in den Blutkreislauf und damit zu den verschiedenen Organen. Durch die Metabolisierung können aus der ursprünglichen Substanz sowohl weniger giftige als auch giftigere Folgeprodukte entstehen. Auch andere Organe wie Niere, Lunge oder Haut besitzen die Fähigkeit zur Umwandlung von Fremdstoffen, jedoch qualitativ und quantitativ in unterschiedlichem Ausmaß. Daher können Stoffe, die über die Lunge oder die Haut aufgenommen werden, qualitativ und quantitativ andere Wirkungen aufweisen als nach Aufnahme aus dem Magen-Darm-Trakt.

Die unveränderten Substanzen bzw. die Folgeprodukte können sich in einzelnen Geweben, z. B. im Fett oder im Knochen anreichern. Die Ausscheidung kann über verschiedene Wege erfolgen, vor allem über die Niere und den Darm, in geringerem Umfang über die Haut. Flüchtige Stoffe können abgeatmet werden.

D.3.2.1 Aufnahme (Resorption)

Wenn eine Substanz in den Organismus über die Haut, die Lunge oder den Magen-Darm-Trakt aufgenommen, d. h. resorbiert wird, muß sie die Membranen der Zellen, die diese Organe nach außen begrenzen, durchdringen. Zellmembranen bestehen vor allem aus einer Phospholipid-Doppelschicht, in die vertikal zur Membran Proteine eingelagert sind (Bild D.3-2). Daher gelangen fettlösliche Stoffe in das Zellinnere, indem sie in die Phospholipidschichten der Zellmembranen diffundieren und, dem Konzentrationsgefälle entsprechend, in das Zellinnere abgegeben werden. Ionisierbare Stoffe diffundieren vornehmlich in der nicht ionisierten lipidlöslichen Form. Darüber hinaus werden für den Körper wichtige Stoffe, wie Aminosäuren oder anorganische Stoffe wie Kalzium oder Eisen, durch energieabhängige Transportsysteme in die Zelle aufgenommen. Für die Umweltchemikalien bedeutet dies, daß zwar grundsätzlich mit ihrer Resorption gerechnet werden muß, daß aber das Ausmaß der Aufnahme von den physikalisch-chemischen Eigenschaften des Stoffs, dem ph-Wert des Mediums, der Konzentration und dem Körperorgan, mit dem es in Kontakt steht, bestimmt wird.

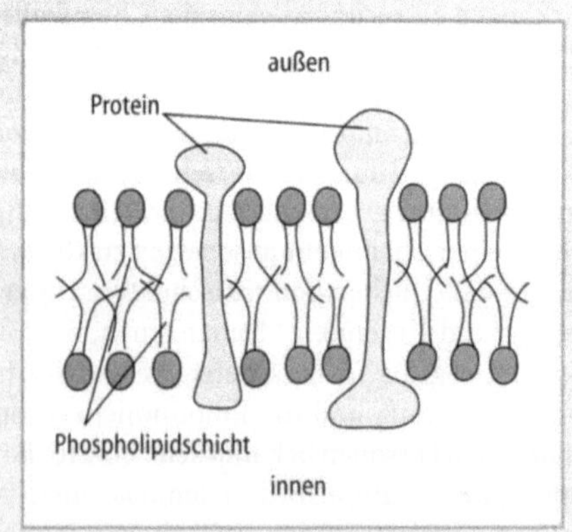

Bild D.3-2 Schematische Darstellung einer Zellmembran bestehend aus einer Doppelschicht von Phospholipiden und eingelagerten Proteinen, die spezifische Funktionen für den Transport von Stoffen haben können

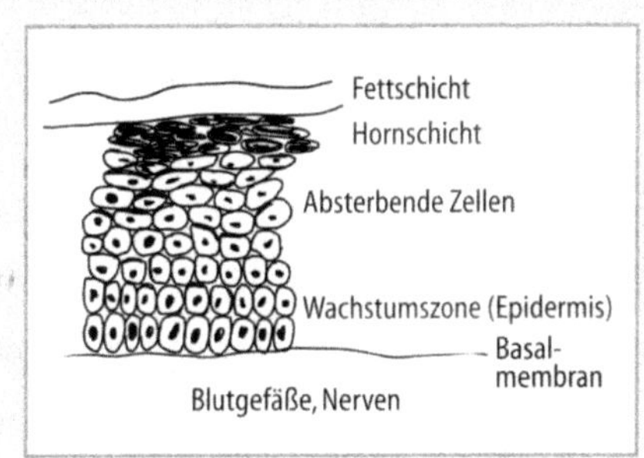

Bild D.3-3 Aufbau der Haut

D.3.2.2 Haut

Die Haut ist ständig gegenüber Stoffen in der Umwelt, wie Gasen, Aerosolen oder Flüssigkeiten, exponiert. Der Aufbau der Haut hindert jedoch die meisten Stoffe daran, in den Körper einzudringen (Bild D.3-3). Die Haut ist nach außen durch eine fetthaltige Schicht mit niedrigem pH und damit bakteriziden Eigenschaften abgedeckt. Darunter liegt als weitere Barriere eine Schicht aus 4 – 5 abgeplatteten, toten Zellen (Hornschicht), die aus der innersten, sich teilenden Zellschicht, der Epidermis, stammen. Da die Durchblutung der oberen Hautschichten schlecht ist, werden selbst bis dahin vorgedrungene Stoffe kaum abtransportiert. Dementsprechend werden nur lipidlösliche Stoffe, die längerfristig mit der Haut in Kontakt sind, in größeren Mengen aufgenommen. Die Barrierefunktion der Haut ist natürlich abhängig von ihrer Intaktheit. Zu häufiges Waschen, das die Fettschicht und Teile der Hornschicht ständig entfernt, macht die Haut gegenüber Chemikalien empfindlicher.

D.3.2.3 Respirationstrakt

Die Lungen bieten durch ihre feinen Verzweigungen bis in die Alveolen (Lungenbläschen) der eingeatmeten Luft und den darin enthaltenen Stoffen eine große Oberfläche, die beim Erwachsenen 50 – 100 m² ausmacht (Bild D.3-4). Dazu kommt, daß zwischen der eingeatmeten Luft und den Blutgefäßen z. T. nur zwei Zellschichten liegen, so daß der physiologische Gasaustausch, d. h. die Aufnahme von Sauerstoff und die Abgabe von Kohlendioxid, möglichst ungehindert vonstatten geht. Dementsprechend leicht und nahezu quantitativ vollständig gelangen auch die in der Luft enthaltenen und bis in den Alveolarbereich vorgedrungenen Stoffe in das Blut und verteilen sich im Organismus. Es kann grundsätzlich davon ausgegangen werden, daß lipidlösliche Stoffe bereits in den Atemwegen, wie Luftröhre und Bronchien, aufgenommen werden, wasserlösliche dagegen eher im Alveolarbereich. Zu berücksichtigen ist auch, daß größere Staubpartikel bereits im Nasen-Rachen-Raum festgehalten werden und nur Schwebstaub mit einem mittleren Durchmesser von weniger als 10 μm bis in die Alveolen gelangt. Partikel, die sich im Bronchialbereich ablagern, werden größtenteils mit Hilfe der Flimmerepithelien zusammen mit dem Bronchialsekret zurücktransportiert und z. T. verschluckt.

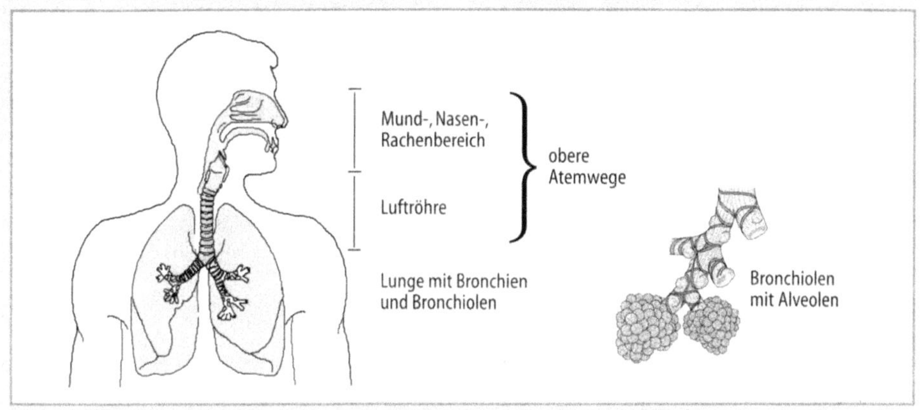

Bild D.3-4 Schematische Darstellung der Atemwege. Bis in die Bronchiolen sind die unteren Atemwege mit Flimmerepithelien ausgekleidet, die Schleim und darin enthaltenes Material hinaustransportieren.

Der Magen-Darm-Trakt bietet den mit der Nahrung aufgenommenen Stoffen eine große Oberfläche, und durch die gute Blutversorgung des Darms können resorbierte Stoffe gut abtransportiert werden. Allerdings liegen in den verschiedenen Abschnitten unterschiedliche pH-Werte vor, so daß die Resorption von Stoffen, die auch von der Menge der vorhandenen Nahrung abhängt, in den einzelnen Abschnitten sehr unterschiedlich sein kann. Die ins Blut aufgenommenen Stoffe werden in die Leber transportiert. Da sowohl die Darmwand als auch die Leber eine hohe metabolisierende Kapazität besitzen, werden viele Stoffe verändert, ehe sie nach Passage durch die Leber über den großen Kreislauf im Organismus verteilt werden (First Pass Effect).

Grundsätzlich ist also davon auszugehen, daß in der Luft eingeatmete Stoffe größtenteils, mit der Nahrung aufgenommene in erheblich geringerem Ausmaß und mit der Haut in Kontakt gekommene Stoffe nur wenig in den Organismus aufgenommen werden. Daneben gibt es zahlreiche Stoffe, die nicht resorbiert werden, aber in der Lunge, im Magen-Darm-Trakt oder auf der Haut lokale Wirkungen entfalten.

D.3.2.5   Verteilung im Organismus

Wenn ein Stoff bis ins Blut gelangt ist – nach Resorption über die Lunge oder Haut zumeist unverändert, über den Magen-Darm-Trakt zumeist metabolisch verändert – verteilt er sich im Organismus (Bild D.3-1). Auch dabei müssen zelluläre Membranen durchdrungen werden, wobei die gleichen Voraussetzungen wie für die Resorption gelten: lipidlösliche Stoffe werden gut, wasserlösliche schlecht in die Zellen aufgenommen. Da die Niere wasserlösliche Stoffe leicht aus dem Blut eliminiert und in den Urin abgibt, ist grundsätzlich davon auszugehen, daß lipidlösliche Stoffe länger im Organismus verbleiben als wasserlösliche. Je nach Fettgehalt reichern sie sich in den Organen an, wobei die höchsten Konzentrationen im Körperfett erreicht werden können. Allerdings werden viele lipidlösliche Stoffe zu wasserlöslichen Folgeprodukten metabolisiert, die dann rascher als die Ausgangssubstanz ausgeschieden werden.

D.3.2.6   Verstoffwechslung

Insbesondere lipophile Stoffe können den Organismus nur sehr langsam verlassen, es sei denn, sie werden zu wasserlöslicheren und damit ausscheidbaren Produkten verstoffwechselt. Diese durch Enzyme katalysierten Reaktionen werden in Phase-I- und Phase-II-Reaktionen unterteilt (Bild D.3-5). Bei den Phase-I-Reaktionen kommt es zu geringen Veränderungen an Molekülen. Es handelt sich zumeist um oxidative Reaktionen, wie die Einführung einer Hydroxylgruppe, Reduktion von Nitro- oder Azogruppen, aber auch die Hydrolyse von Estern und Amiden. Das Reaktionsprodukt ist häufig selbst schon ausreichend wasserlöslich und kann ausgeschieden werden. In jedem Fall ist es reaktionsfähiger und seine Wasserlöslichkeit kann durch eine Phase-II-Reaktion weiter erhöht werden. Hierunter versteht man z. B. die Konjugation an Glucuronsäure, Sulfat, Glutathion oder Aminosäuren. Ein Beispiel dafür ist der Metabolismus von Styrol (Bild D.3-6). Der erste Schritt ist eine Phase-I-Reaktion, in diesem Fall eine oxidative Veränderung, die z. B. zum Styrol-7,8-oxid führt. Durch Phase-II-Reaktionen werden entweder direkt Konjugate

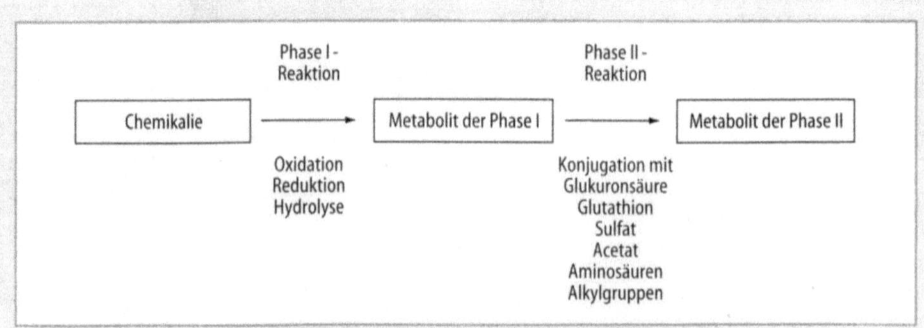

Bild D.3-5 Schematische Darstellung der Metabolisierung eines Stoffes durch Phase-I- und Phase-II-Reaktionen

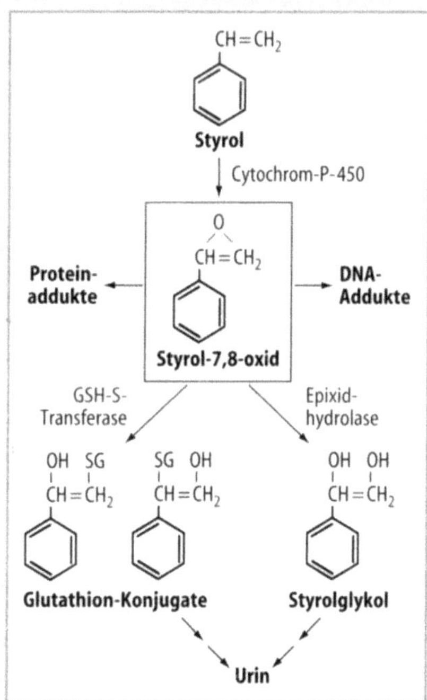

Bild D.3-6 Metabolisierungsschema von Styrol

schen Metaboliten, die mit Makromolekülen reagieren und damit deren Funktionen verändern können. Demgegenüber führt die Einführung einer Acetylgruppe häufig zu wenig wasserlöslichen Reaktionsprodukten.

Die Aktivität der an der Verstoffwechslung beteiligten Enzyme kann zwischen einzelnen Tierspezies, Tierstämmen und dem Menschen, aber auch genetisch bedingt innerhalb der menschlichen Population, große Unterschiede aufweisen. Diese stellen eine der wichtigsten Ursachen für vorhandene Unterschiede in der Empfindlichkeit gegenüber Chemikalien dar und müssen daher bei der Beurteilung von Ergebnissen aus Tierversuchen hinsichtlich ihrer Aussagefähigkeit für den Menschen berücksichtigt werden.

D.3.2.7 Ausscheidung

Die wichtigsten Ausscheidungsorgane, insbesondere für wasserlösliche Stoffe, sind die Nieren. Kleinere Moleküle werden dabei mit der wäßrigen Phase in den Glomerula filtriert und mit dem Harn ausgeschieden, sofern sie nicht von den Tubuluszellen aus dem Primärharn rückresorbiert worden sind. Weniger wasserlösliche Stoffe können allerdings auch durch aktive Transportmechanismen über die Tubuluszellen sezerniert werden.

In der Niere des Erwachsenen werden täglich 180 l sog. Primärharn filtriert, der alle im Blut gelösten Stoffe bis zu einem Molekulargewicht von

mit Glutathion gebildet oder erst nach Bildung des Phenylglykols mit Glucuronsäure. Wie an den Beispielen Vinylbromid und Vinylchlorid gezeigt, führen oxidative Veränderungen der Phase-I-Reaktionen häufig zu reaktiven und damit toxi-

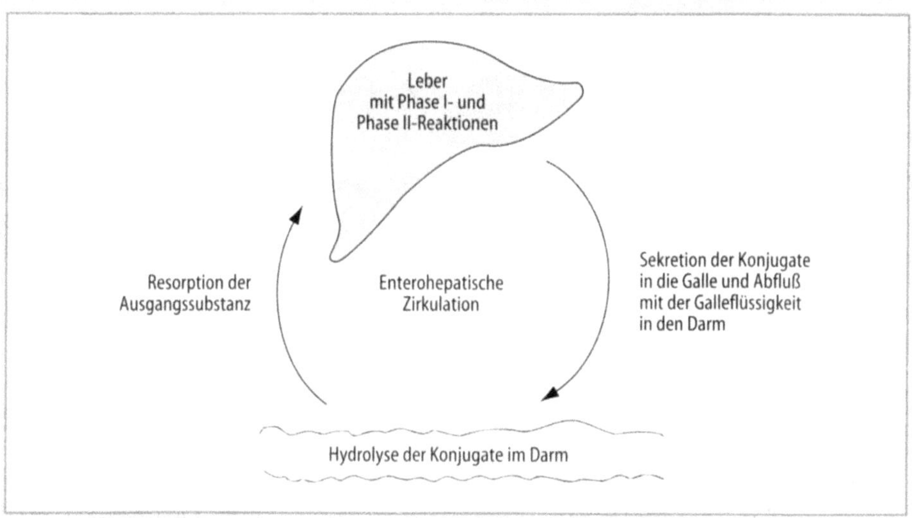

Bild D.3-7 Schematische Darstellung der enterohepatischen Zirkulation (Darm-Leber-Darm-Kreislauf)

70.000 enthält. Diese große Primärharnmenge wird durch Rückresorption des Wassers, vieler anorganischer Ionen und membrangängiger Makromoleküle auf ca. 2 l Harn reduziert. Die Folge ist eine starke Aufkonzentrierung von Stoffen, wenn sie z. B. aufgrund ihrer geringen Lipidlöslichkeit nicht rückresorbiert werden. Die daraus resultierenden hohen Konzentrationen in der Niere können zu zytotoxischen Wirkungen oder zur Präzipitation und damit mechanischen Schäden führen. Die Niere ist somit ein bevorzugtes Zielorgan für toxische Wirkungen.

Ein weiteres wichtiges Ausscheidungsorgan ist die Leber, die größere Moleküle von Molgewichten über 600 in die Galle abgibt. Ein Teil dieser größeren Moleküle sind Konjugate der Ausgangsstoffe z. B. mit Glucuronsäure. Diese können nach Sekretion über die Gallengänge im Darm gespalten werden. Die freigesetzte Ausgangssubstanz kann erneut resorbiert, in der Leber konjugiert und wiederum über die Galle ausgeschieden werden. Sie unterliegen damit der sog. enterohepatischen Zirkulation (Bild D.3-7). Ein weiteres wichtiges Kriterium für die Ausscheidbarkeit auch wasserlöslicher Verbindungen ist das Ausmaß ihrer Bindung an Proteine. Da Proteine nicht „nierengängig" sind, werden stark proteingebundene Stoffe nur in geringem Ausmaß über die Niere ausgeschieden. Leicht flüchtige Stoffe wie Alkohol und bestimmte Lösemittel können abgeatmet werden.

D.3.3 Dosis und Dosis-Wirkung-Beziehungen

Unter Dosis versteht man die Menge eines Stoffs, die innerhalb einer bestimmten Zeit zur Exposition kommt. „Target dose" bzw. Dosis im Zielorgan ist die Menge eines Stoffs oder seiner toxischen Metaboliten, die ebenfalls pro Zeiteinheit in Organen, zellulären oder subzellulären Bestandteilen des Organismus vorliegt. Dieser Parameter ist aussagekräftiger als die einfache Angabe der Dosis. Da ihre Bestimmung jedoch umfangreiche Untersuchungen erforderlich macht, wird sie meist nur bei Spezialuntersuchungen erarbeitet.

Einsetzen und Intensität einer toxischen Wirkung sind abhängig von der Dosis. Eine grundlegende Erkenntnis, die Paracelsus (1493 – 1541) bereits Anfang des 16. Jh. formulierte:

Alle Dinge sind Gift, nichts ohn' Gift,
allein die Dosis macht, daß ein Ding kein Gift.

Paracelsus beschreibt damit das Schwellenwertkonzept, das allerdings nach den Erkenntnissen der modernen Toxikologie nur für Stoffe mit reversibler Wirkung gilt.

Die Dosis wird in der Toxikologie zumeist als Menge pro Kilogramm Körpergewicht und Tag angegeben. Dabei wird zwischen der Menge, die zur Exposition kommt, und der tatsächlich aufgenommenen Menge unterschieden. Je nach Expositionsweg können diese Werte sehr unterschiedlich sein, da die aufgenommene Menge von der Resorptionsrate abhängt. So wird die in der Atemluft enthaltene Cadmiummenge zu etwa 50 % aufgenommen, die in der Nahrung vorhandene zu weniger als 10 %. Ein weiterer mit der Dosis zusammenhängender Begriff ist die „target dose", d. h. die pro Zeiteinheit am Wirkungsort vorhandene Menge eines Stoffs bzw. seiner Metaboliten.

Die Dosis-Wirkungsbeziehung beschreibt die Stärke der biologischen Wirkung eines Stoffs bei unterschiedlicher Exposition (Bild D.3-8). Der Verlauf der Dosis-Wirkungs-Beziehung besagt, daß von einer bestimmten Dosis ab Wirkungen auftreten, die dosisabhängig zunehmen und schließlich einen Maximalwert erreichen. Dies bedeutet, daß unterhalb einer bestimmten Dosis keine Wirkungen zu erwarten sind und oberhalb der Maximaldosis die Wirkungen nicht mehr zunehmen. Die Dosis knapp unterhalb der Wirkungsschwelle wird als Dosis ohne erkennbare Wirkung (NOEL, no observable effect level) bezeichnet. Dieser für eine toxikologische Bewer-

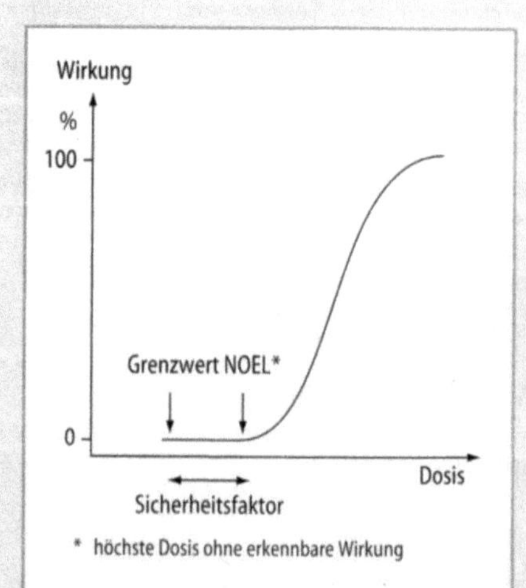

Bild D.3-8 Typischer Verlauf einer Dosis-Wirkungsbeziehung tung eines Stoffs und für die Ableitung von Grenzwerten sehr wichtiger Wert wird im Tierversuch bestimmt und aus Erfahrungen beim Menschen abgeleitet.

Die Dosis-Wirkungs-Beziehung kann unterschiedlich steil verlaufen, stellt sich aber immer in einer s-förmigen Kurve dar (Bild D.3-8). Je nach Steilheit und dem Ausmaß der toxischen Wirkungen bei bestimmter Dosis kann eine Verdoppelung der Dosis unterschiedliche Folgen haben. Bei sehr flach verlaufenden Dosis-Wirkungs-Beziehungen kommt es zu einer geringen Wirkungsverstärkung, bei steil verlaufender Kurve kann sich die Wirkung vervielfachen.

Entsprechende Unterschiede in der Zunahme der Wirkung bei Erhöhung einer Dosis sind auch für niedrige, mittlere und hohe Dosisbereiche eines Stoffs gegeben. Keine Wirkung ist bei einer 100fachen Dosiserhöhung zu erwarten, wenn die Ausgangsdosis 1000fach unter der Wirkungsschwelle liegt.

D.3.4 Reversibilität von Wirkungen

Von besonderer Bedeutung ist die Reversibilität der Wirkung. Sie ist abhängig von der Regenerationsfähigkeit der Zellen und subzellulären Strukturen, die betroffen sind. Epithelien des Darms oder der Leber besitzen z.B. eine hohe Regenerationsfähigkeit. Sie beruht darauf, daß sich die nicht geschädigten Zellen rasch teilen können und damit abgetötete Zellen ersetzen. Der Schaden wird also beseitigt, die Wirkung ist reversibel. Dagegen verlieren die hochspezialisierten Zellen des Nervensystems im Verlauf der fetalen Entwicklung die Fähigkeit sich zu teilen. Abgestorbenen Nervenzellen werden daher beim Erwachsenen nicht wieder ersetzt, und ein Schaden bleibt bestehen.

Mutagene, teratogene und kanzerogene Wirkungen von Stoffen, die auf einer Interaktion mit der DNA beruhen – sie werden als gentoxisch bezeichnet – sind ebenfalls irreversibel. Der DNA-Schaden kann durch spezielle Enzyme repariert werden. Wie alle enzymatischen Reaktionen ist der Reparaturvorgang jedoch zeitabhängig und nie vollständig. Wiederholte Expositionen gegenüber gentoxischen Stoffen führen daher zu einer Akkumulation von DNA-Schäden, die in Abhängigkeit von Expositionshöhe, Expositions- und Lebensdauer der betroffenen Zelle zu Mutationen bzw. Kanzerogenität führen können.

Für Stoffe, die reversibel Schäden auslösen, lassen sich daher unwirksame Konzentrationen bzw. Dosen festlegen, während für irreversibel, u.a. gentoxische Wirkungen, die bei jeder Exposition zu einer bleibenden Veränderung führen, keine Wirkungsschwelle abgeleitet werden kann.

D.3.5 Entstehung von Krebs

Die Kanzerogenese wird als Prozeß verstanden, bei dem es durch Einwirkung von Krebsrisikofaktoren wie Umwelteinflüsse, Lebensgewohnheiten, energiereiche Strahlung und chemische Stoffe zur ungeordneten Neubildung von Zellen kommt. Zwischen der Einwirkung von Kanzerogenen und dem Auftreten von Tumoren liegt eine Latenzzeit, die im Tierexperiment Monate, beim Menschen Jahre bis Jahrzehnte betragen kann.

Vermehrung, Wachstum, Differenzierung und Tod von Zellen sind genetisch geregelt. Die Funktion der Gene, die diese Vorgänge steuern, wird im Organismus durch extrazelluläre Kontrollmechanismen reguliert. So ist sichergestellt, daß sich gleichartige Zellen in einem Gewebe gleich verhalten und eine funktionelle Einheit bilden.

Beim Erwachsenen bleibt die Zellzahl weitgehend konstant: Absterben und Neubildung von Zellen stehen im Gleichgewicht. Im Gegensatz dazu vermehren sich Krebszellen unkontrolliert und unabhängig von körpereigenen Regelmechanismen. Tumore bilden sich also aus, wenn das Verhältnis von Neubildung durch Zellteilung zu Verlust durch kontrollierten Zelltod zugunsten der Neubildung verschoben ist. Dazu kommt, daß die neugebildeten Zellen z.B. eine längere Lebensdauer oder weitere andere Eigenschaften haben können als die normalen Zellen des Gewebes.

Charakteristisch für Tumore ist die Fähigkeit, Metastasen zu bilden. Aus dem Primärtumor lösen sich Zellen ab, dringen in Blut- und Lymphgefäße ein und werden mit dem Blut bzw. der Lymphe in andere Organe transportiert, wo sie sich vermehren und Tochtergeschwülste (Metastasen) bilden. Bevorzugte Stellen für die Metastasierung sind gut durchblutete Organe wie Leber und Lunge. Bei Ausbreitung über die Lymphe siedeln sie sich in den Lymphknoten an und bilden dort Metastasen.

D.3.5.1 Das Mehrstufenmodell der chemischen Kanzerogenese

Bei der Kanzerogenese werden drei Phasen unterschieden: die Initiation, mit der irreversiblen Schädigung des Genoms der initiierten Zellen, die Promotion, mit der Vermehrung initiierter

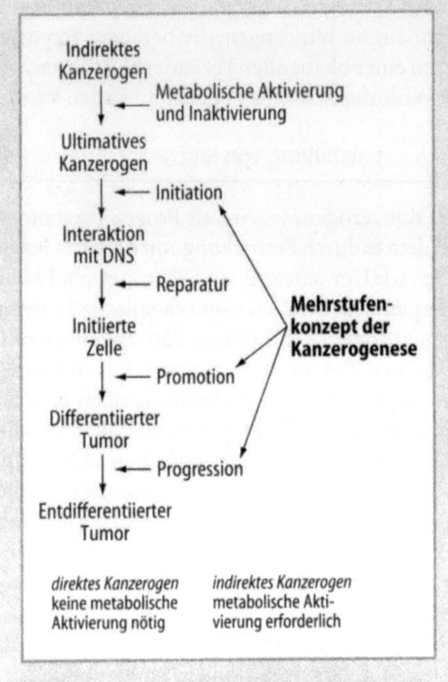

Bild D.3-9 Schema des Mehrstufenkonzepts der Kanzerogenese

Zellen und die Progression, mit der zunehmenden Malignität der Zellen (Bild D.3-9).

D.3.5.1.1 Initiation

Die Initiation besteht in der Bildung von Addukten mit der DNA oder der Interkalation großer und planarer Moleküle. Wenn die Veränderung an einem biologisch relevanten Abschnitt der DNA stattfindet, werden veränderte Genprodukte hergestellt. Teilt sich die Zelle, weist auch die Tochterzelle das veränderte Verhalten auf: Die Zellen enthalten eine Mutation. Hat der veränderte Abschnitt der DNA etwas mit der Krebsentstehung zu tun, wird er als Protooncogen bezeichnet, in seiner z. B. durch Addukte „aktivierten" Form als Oncogen. Diese Veränderungen werden durch die Chemikalien selbst oder ihre Metaboliten ausgelöst. Es wird unterschieden zwischen direkten und indirekten Kanzerogenen. Die im Stoffwechsel zur molekularen Wirkform überführten indirekten Kanzerogene werden als ultimale Kanzerogene bezeichnet. Das Ausmaß der Initiation durch Chemikalien wird durch die Aktivität der giftenden und entgiftenden Enzyme der Zelle und durch Reparaturvorgänge bestimmt.

D.3.5.1.2 Promotion

Während der Promotionsphase entstehen aus initiierten Zellen präneoplastische Zellpopulationen mit identischen Mutationen. Ihre Vermehrung wird durch eine erhöhte Zellteilungsrate in Verbindung mit einer verlängerten Lebenszeit verursacht. Gleichzeitig kommt es zur Expression der durch die Mutation veränderten Merkmale der initiierten Zellen wie veränderte Membranrezeptoren in den Tochterzellen. Im Gegensatz zur Initiation, die innerhalb eines kurzen Zeitraums und schon bei einmaliger Einwirkung des Initiators erfolgt, ist die Promotion ein langandauernder Vorgang. Promotoren müssen im Experiment wiederholt und über einen Zeitraum von Wochen oder Monaten verabreicht werden. Die Folgen bilden sich zurück, wenn die Dosis zu niedrig oder die Einwirkdauer zu kurz ist.

Tumorpromotoren haben unterschiedliche Wirkungsmechanismen, zytotoxische und hormonähnliche Wirkungen. Aufgrund ihrer zytotoxischen Wirkung können Chemikalien Zellen so schädigen, daß sie absterben. In der Folge kommt es zu vermehrter Zellproliferation. Anhaltendes regeneratives Wachstum nach wiederholter Gewebeschädigung hat sehr wahrscheinlich tumorpromovierende Wirkung.

Die hormonähnlichen Mechanismen führen zur Beeinflussung von Signalwegen, der Wachstumsregulation und der Überlebensrate der Zellen. Die Angriffspunkte der einzelnen Chemikalien sind sehr vielfältig und die Vorstellungen über die zugrundeliegenden Mechanismen noch hypothetisch.

Schließlich beeinflussen Turmorpromotoren die interzelluläre Kommunikation. Über die „gap junctions", d. h. Verbindungskanäle zwischen den einzelnen Zellen, werden niedermolekulare Botenstoffe zwischen den Zellen des Gewebes ausgetauscht, so daß sich die Zellen innerhalb eines Gewebes gegenseitig kontrollieren. Tumorpromotoren können sowohl die Durchlässigkeit der „gap junctions" als auch langfristig ihre Bildung vermindern. Aufgrund der Hemmung der interzellulären Kommunikation können Zellen weitgehend den Signalen der Wachstumskontrolle, die sie über die „gap junctions" erhalten, entzogen werden.

D.3.5.1.3 Progression

Der Übergang vom gutartigen zum bösartigen Tumor wird als Progression bezeichnet, die zugrundeliegenden Mechanismen sind weitgehend unbekannt.

Die Progression ist ebenso wie die Initiation irreversibel. Sie ist durch gentoxische Schäden charakterisiert, die zu weiteren Mutationen in den betroffenen Zellen und zur Aktivierung von Protoonkogenen führt.

D.3.5.2 Krebsrisikofaktoren

Wie bei anderen toxischen Wirkungen besteht für Kanzerogene eine Beziehung zwischen der verabreichten Dosis und der Wirkung. Gentoxische Schäden führen, wenn sie nicht rechtzeitig repariert werden, zu dauerhaften irreversiblen Schäden, die bei der Zellteilung an die Tochterzellen weitergegeben werden. Dadurch kann es zur Summierung von Schäden über lange Zeiträume kommen. Für Kanzerogene mit initiierender, gentoxischer Wirkung gibt es daher keinen Schwellenwert. Folglich stellen auch niedrige Dosen ein zwar geringes, aber doch vorhandenes Risiko dar.

Demgegenüber wird für Krebsrisikofaktoren ohne gentoxische Wirkung, wie Promotoren, die dosisabhängig reversible Wirkungen auslösen, angenommen, daß sie einen Schwellenwert besitzen. Eine Exposition gegenüber niedrigen Dosen, bei denen die zugrundeliegenden Mechanismen nicht in Gang gesetzt werden, stellt daher kein Risiko dar.

Darauf beruht die Einteilung von Kanzerogenen in gentoxisch und epigenetisch wirksame Stoffe bzw. Initiatoren und Promotoren, die für die Bewertung der Gefährlichkeit von Kanzerogenen und die Festlegung von Grenzwerten für Promotoren erhebliche Bedeutung hat.

Der epidemiologische Nachweis eines Zusammenhangs zwischen der Exposition gegen eine bestimmte Chemikalie und der Entstehung von Tumoren ist beim Menschen außerordentlich schwierig. Zwischen der Exposition und dem Auftreten von Tumoren liegt zumeist eine Latenzzeit von mehreren Jahrzehnten, und in vielen Fällen ist die Zuordnung zu einem einzelnen Stoff

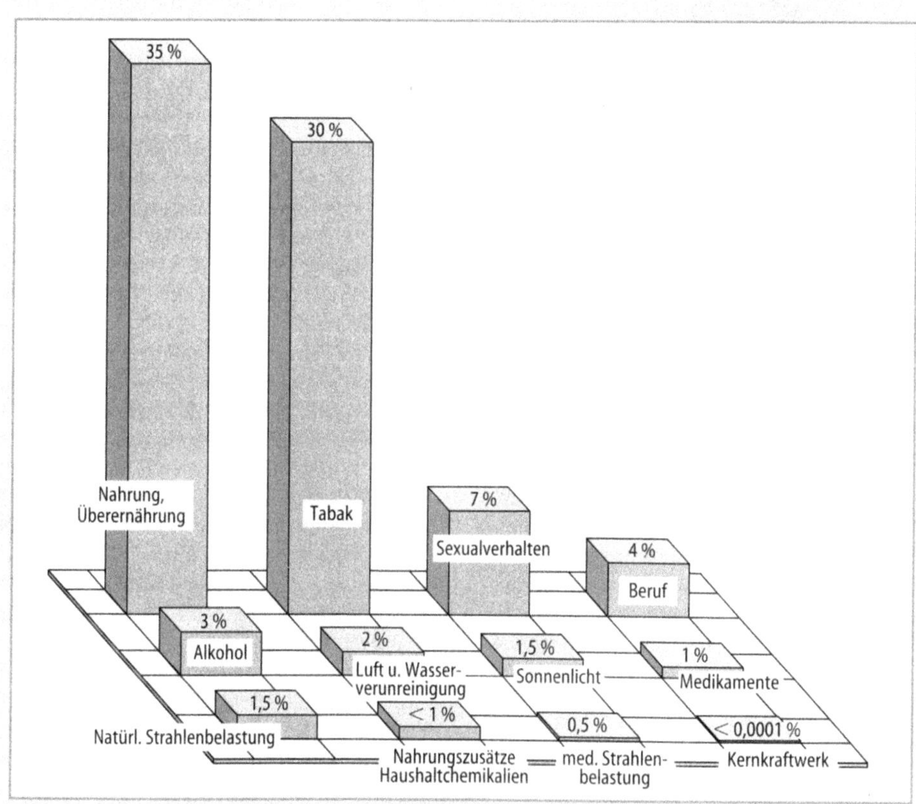

Bild D.3-10 Aus epidemiologischen Untersuchungen und durch Berechnung ermittelte Bedeutung der einzelnen krebsauslösenden Faktoren

nicht möglich, da z. B. Arbeiter in der chemischen Industrie während ihres Berufslebens mit einer Vielzahl von verschiedenen, potentiell kanzerogenen Stoffen exponiert waren. Weiterhin sind Expositionskonzentration und die aus dem Produkt von Konzentration und Expositionsdauer resultierende Dosis häufig nicht bekannt. Für den Nachweis kanzerogener Wirkungen ist man daher weitgehend auf tierexperimentelle Untersuchungen angewiesen.

Als hauptsächliche Krebsrisikofaktoren werden gegenwärtig, abgesehen von der erblichen Prädisposition und der Exposition am Arbeitsplatz, Rauchen, Alkoholkonsum und Ernährungsgewohnheiten (Bild D.3-10) angesehen.

Bei bestimmten Tumorformen, z. B. bei Mamma-, Nieren- und Colontumoren, spielt mit großer Wahrscheinlichkeit die genetische Prädisposition eine wichtige Rolle.

Viele im Tierexperiment identifizierte Kanzerogene erzeugen auch beim Menschen Krebs. Von insgesamt 750 von der International Agency for Research on Cancer (IARC) erfaßten Agentien und Risikofaktoren liegen allerdings nur für weniger als 20 % Daten für den Menschen vor. Mit der Krebsentstehung beim Menschen werden rund 60 Stoffe und Risikofaktoren (19 Arzneimittel, 8 andere Chemikalien, 10 Stoffgruppen oder Gemische, 13 Industrieprozesse oder Berufe und 9 Risikofaktoren in Umwelt und individueller Lebensführung) eindeutig in Verbindung gebracht. Für annähernd die gleiche Zahl von Stoffen und Risikofaktoren besteht der begründete Verdacht einer krebserzeugenden Wirkung beim Menschen. Im Tierversuch wurden dagegen rund 1100 Stoffe und Stoffgemische untersucht: Die Hälfte (52 %) waren bei Ratten und Mäusen kanzerogen. Die Zahl der Chemikalien, für die eine kanzerogene Wirkung beim Menschen eindeutig nachgewiesen werden konnte, ist also gegenüber der Zahl von im Tierversuch wirksamen Stoffen gering. Allerdings ist anzunehmen, daß alle im Tierversuch als kanzerogen erkannten Wirkstoffe und Risikofaktoren auch für den Menschen ein kanzerogenes Potential besitzen, sofern dies nicht durch den Nachweis artspezifischer Wirkmechanismen ausgeschlossen werden kann.

D.3.6 Kombinationswirkungen

Kombinationswirkungen sind grundsätzlich immer dann zu erwarten, wenn mehrere gleichzeitig vorhandene Chemikalien vergleichbare Wirkungsmechanismen besitzen und damit z. B. auf bestimmte Organe oder biochemische Funktionen des Organismus einwirken. Beispiele sind Insektizide wie Phosphorsäureester (E 605), die zu einer Hemmung des Enzyms Acetylcholinesterase führen. Die Folge ist ein verminderter Abbau des Acetylcholins, der zu einer Acetylcholinvergiftung bis zur Lähmung des Atemzentrums im Gehirn, Verengung der Bronchien und erhöhter Flüssigkeitssekretion im Bronchialbereich führen kann. Für das Auslösen einer Cholinesterasehemmung sind bestimmte, für die Einzelsubstanz spezifische Mengen erforderlich. Daraus ist abzuleiten, daß sich die Wirkung verdoppeln oder vervielfachen kann, wenn zwei oder mehrere entsprechend wirkende Stoffe in vergleichbaren Wirkkonzentrationen vorliegen. Es ist jedoch auch abzuleiten, daß mehrere Stoffe, die jeweils in Mengen vorliegen und z. B. nur 1/1000 der Wirkkonzentration ausmachen, ohne Wirkung bleiben. Sie besitzen zwar theoretisch ein höheres Wirkpotential als das der Einzelsubstanzen, die Wirkschwelle für eine Hemmung der Acetylcholinesterase wird jedoch nicht erreicht. Wirkkonzentrationen würden erst dann erreicht, wenn 1000 entsprechend wirkende Stoffe vorlägen. Ebenso ist abzuleiten, daß bei Vorliegen eines Stoffs, dessen Menge verdoppelt werden müßte, um eine Wirkung hervorzurufen, die Anwesenheit eines Stoffs in einer Menge, die 100fach unter der Wirkkonzentration liegt, nicht zu einer Wirkung führen kann. Die grundsätzlichen Erkenntnisse haben in verschiedenen Regelungen zur Begrenzung von Chemikalien Eingang gefunden. So schreibt die US-amerikanische Kommission zur Festlegung von Grenzwerten am Arbeitsplatz (American Conference of Governmental Industrial Hygienists) vor, daß bei Vorliegen mehrerer Stoffe mit gleichgerichteter Wirkung, die Grenzwerte der Einzelstoffe nur den Bruchteil erreichen dürfen, der die Zahl der vorhandenen Stoffe ausmacht. So dürfen bei zehn gleichzeitig vorhandenen Stoffen mit gleicher Wirkung die Einzelsubstanzen nur in Konzentrationen vorliegen, die 1/10 des jeweiligen Grenzwerts ausmachen.

Die vielen experimentell sehr intensiv untersuchten und gut belegten Beispiele zeigen, daß Wirkungsverstärkungen nur dann zu beobachten sind, wenn die Einzelstoffe im Bereich ihrer Wirkkonzentrationen vorliegen. Nach dem vorliegenden Stand der Erkenntnisse sollte es daher nicht zu erkennbaren Wirkungen kommen, wenn z. B. in der Umgebung eines Emittenten oder am

Arbeitsplatz verschiedene Substanzen in Mengen vorkommen, die jeweils weit unterhalb der Wirkschwelle liegen.

D.4 Wirkungen auf Pflanzen

D.4.1 Einleitung

Schäden durch Luftverunreinigungen an Pflanzen waren bis zur Mitte des vorigen Jahrhunderts im wesentlichen ein lokales Problem [D.4.1]. Mit der Entwicklung von wirtschaftlichen Ballungsräumen bildeten sich erste regionale Belastungsgebiete heraus. Das überexponentielle Wachstum der Weltbevölkerung im Laufe dieses Jahrhunderts und der damit ansteigende Bedarf an Energie, Nahrungsmitteln und Industrieerzeugnissen ließen weltweit großräumige Gebiete mit hoher Dichte an stationären und – in Form des Luft- und Kraftverkehrs – beweglichen Luftverunreinigungsquellen entstehen. Regionale und überregionale Belastungen mit komplexen Verunreinigungstypen, bestehend aus Gasen, Aerosolen und Stäuben charakterisieren die gegenwärtige Immissionssituation. Einzelne Komponenten treten inzwischen in gefährdender Konzentration sogar weltweit auf.

Tabelle D.4-1 enthält eine Auswahl von Verunreinigungskomponenten, die sich, abhängig von Konzentrationshöhe und Einwirkungsdauer, auf unterschiedliche Weise auf Pflanzen und terrestrische Ökosysteme auswirken können: trophisch, z. B. Stickstoffverbindungen, ökotoxikologisch, z. B. Schwefeldioxid (SO_2) oder Ozon (O_3) sowie ökologisch, die wärmewirksamen Gase wie Kohlendioxid (CO_2), Methan (CH_4) und Distickstoffoxid (N_2O) und die Fluorchlorkohlenwasserstoffe (CFC-12).

In weiten Teilen Europas wird das Immissionsklima hauptsächlich verursacht durch den Ausstoß großer Mengen an sauerstoffhaltigen Schwefel- und Stickstoffverbindungen im industrialisierten Gürtel, der sich von Südostengland über Nordostfrankreich, Belgien, die Niederlande und die westdeutschen Industrieregionen bis hin zu Südostdeutschland und die angrenzenden Gebiete in Tschechien und Polen erstreckt [D.4.2]. Der Auswurf an Schwefeldioxid konnte in den letzten beiden Jahrzehnten in Westeuropa stark vermindert werden, in der alten Bundesrepublik Deutschland auf nahezu ein Viertel der jährlichen Emission von 3,75 Mio. t Anfang der 70er Jahre [D.4.3]. Auch in den neuen Bundesländern ist die Belastung mit Schwefeldioxid inzwischen stark rückläufig; schließlich sind in Polen und Tschechien Fortschritte zu verzeichnen.

Diesem starken Rückgang beim SO_2 stehen als Folge des weiter ansteigenden Kraftverkehrs unverändert hohe Emissionen an Stickstoffoxiden (NO_x = Stickstoffmonoxid (NO) + Stickstoffdioxid (NO_2)) und flüchtigen organischen Verbindungen (volatile organic compounds L = VOC) gegenüber. Sie belasten die Umwelt nicht nur als Primärkomponenten; vielmehr stellen sie zugleich die Vorläufersubstanzen dar, aus denen unter Sonnenlichteinwirkung in der Troposphäre sekundäre Luftverunreinigungen entstehen, die Photooxidantien (Bild D.4-1). Deren Leitkomponente, das O_3, tritt inzwischen weitverbreitet in phytotoxischen Konzentrationen auf [D.4.5]. Auf der Nordhalbkugel hat sich der Troposphärengehalt an O_3 gegenüber dem vorindustriellen Zeitraum verdoppelt bis verdreifacht (vergl. Tabelle D.4-1).

Die S- und N-haltigen Verbindungen sowie die Photooxidantien [D.4.6] treten weitverbrei-

Tabelle D.4-1 Charakteristika ausgewählter atmosphärischer Spurengase [D.4.4]

Komponente	CO_2	CH_4	N_2O	CFC-12	O_3
Konzentration	ppm v	ppm v	ppb v	ppt v	ppb v
1750 – 1800	280	0,8	288	0	5 – 15
1991	355	1,74	311	484	30 – 50
Jährliche Wachstumsrate (%)	0,5	0,75	0,25	4	0,5
Verweildauer (Jahre)	50 – 200	8 – 12	130 – 150	130	0,1
Globales Erwärmungspotential je kg	1	58	206	5750	1800
Anteil an Erwärmung (%)	50	13	5	12	7

Andere Spurengase von lokaler oder regionaler Bedeutung: SO_2, NO_2, NH_3, HF

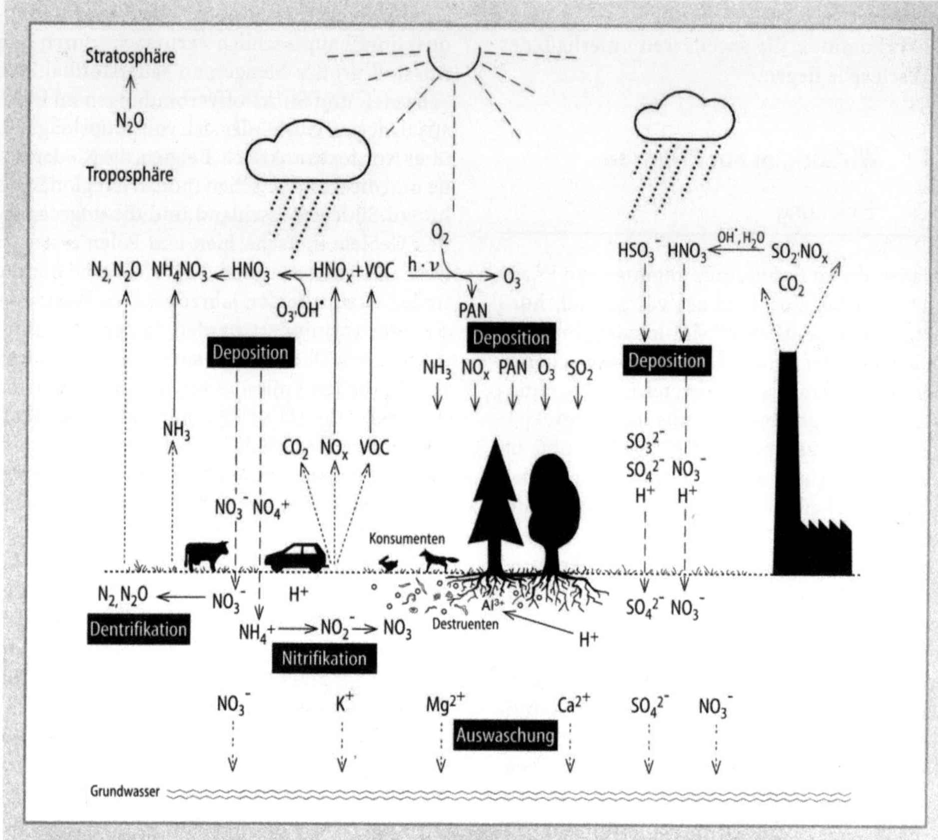

Bild D.4-1 Einwirkungsorte S- und N-haltiger Luftverunreinigungen sowie von Photooxidantien im terrestrischen Ökosystem

tet in wirksamen Konzentrationen auf und stellen folglich das größte phytotoxische Potential dar. Bild D.4-1 vermittelt eine Grundvorstellung von Reaktionen und Interaktionen dieser Komponenten in der Troposphäre sowie ihre direkten und indirekten Einwirkungen auf Pflanzen. Die Primärkomponenten SO_2 und NO_x wirken z. T. unverändert direkt als trockene Deposition auf die oberirdischen Pflanzenorgane ein; parallel dazu werden sie unter Beteiligung von Radikalen (z. B. OH, O) und Wasser zu Säuren (HSO_3, H_2SO_4, HNO_3) umgewandelt. Als nasse Deposition gelangen sie in dissoziierter Form als Sulfit bzw. Sulfat und als Nitrat in den Boden. Dadurch sowie durch den Eintrag von Ammonium (NH_4^+) kommt es speziell auf mineralstoffarmen, schlecht gepufferten Böden zur Absenkung des pH-Werts mit der Folge verstärkter Freisetzung von Aluminium und Schwermetallen sowie der Auswaschung von Nährstoffkationen (vergl. hierzu Abschn. D.5). Die aus konventionellen Kraftwerken, aus der chemischen Industrie sowie aus

Kraftfahrzeugen stammenden sauerstoffhaltigen Stickstoffverbindungen stellen zusammen mit den gasförmigen (reaktiven) Kohlenwasserstoffen (VOC) die Vorläufer dar, aus denen unter dem Einfluß von Sonnenlichtenergie photochemisch O_3 und organische Peroxide, wie z. B. Peroxiacetylnitrat (PAN) entstehen [D.4.6].

Von hauptsächlich lokaler Bedeutung sind noch andere gasförmige Komponenten wie Ethen (C_2H_4), Chlorwasserstoff (HCl), Chlor (Cl_2) sowie Fluorwasserstoff (HF) und Siliciumtetrafluorid (SiF_4). Die gasförmigen Fluorverbindungen rufen insbesondere bei Knollen- und Zwiebelgewächsen sowie bei Steinobst Schäden hervor [D.4.7]. Schließlich sind die Fluoride nach Deposition und Akkumulation bei Futterpflanzen verantwortlich für die „Fluorosis", eine vor allem bei Rindern auftretende Erkrankung. Die heute vorherrschende „chronische Fluorosis" mit Fluoridaufnahmen von 1,2 – 6,0 mg/kg⁻¹ Körpermasse und Tag äußert sich außer in Defekten an den Schneidezähnen und in Exostosen, vornehmlich an den Klauenbeinen und Röhrenknochen, in Gesundheitsschädigungen und Leistungsminderungen [D.4.8].

Im Vergleich zu den gasförmigen Luftverunreinigungen kommt den staubförmigen eine geringere Bedeutung zu. Inerte Stäube können nach Ablagerung auf Blattorganen durch Lichtentzug, Wärmestau und Verstopfung der Stomata den Stoff- und Gaswechsel von Pflanzen beeinträchtigen, toxische Komponenten nach Akkumulation in Nahrungs- und Futterpflanzen zur Gefährdung von Mensch und Tier über die Nahrungskette, nach Deposition zum Boden zu Auswirkungen auf den Streuabbau führen [D.4.9].

D.4.2 Wirkungswege und wirkungsbestimmende Faktoren

Luftverunreinigungen wirken sich auf zwei Wegen auf Pflanzen aus, direkt durch Einflußnahme auf die oberirdischen Pflanzenorgane, indirekt nach trockener und nasser Deposition zum Boden (Bild D.4-1).

Bild D.4-2 stellt schematisch den Zusammenhang dar zwischen Schadstoffangebot und direkter Schadstoffwirkung auf die Einzelpflanze sowie auf homotypische und heterotypische Pflanzenkollektive. Die Reaktion der Einzelpflanze auf eine gegebene Immissionsbelastung hängt von ihrer autonom- und umweltbedingten Resistenz ab. Der genetisch determinierte Resistenzgrad stellt jedoch keine konstante Größe dar; er wird vielmehr sekundär durch verschiedene innere und äußere Wachstumsfaktoren modifiziert [D.4.5, D.4.10].

Nicht nur die einzelnen Pflanzenarten, sondern auch ihre Varietäten und Herkünfte und selbst die Individuen einer Population reagieren unterschiedlich empfindlich auf einen gegebenen Luftverunreinigungsstreß.

In Abhängigkeit von Höhe und Konstellation des Schadstoffangebots, des Entwicklungsstadiums der Pflanze sowie der durch Boden und Klima sowie biotische Interferenzen gegebenen Umwelt kommt es an der Einzelpflanze zu akuten, chronischen und latenten Schädigungen, an Pflan-

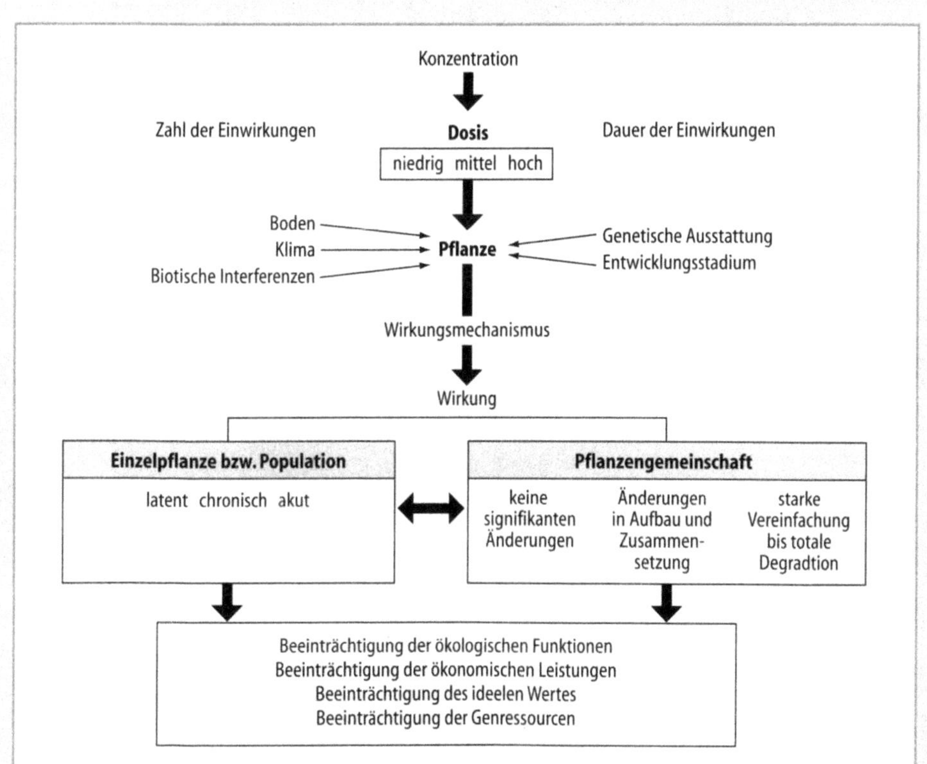

Bild D.4-2 Reaktionen von Pflanzen als Individuum, Population und Gemeinschaft auf Luftverunreinigungen in Abhängigkeit von verschiedenen wirkungsbestimmten Faktoren [D.4.5]

zengemeinschaften zu unterschiedlich starken Veränderungen ihrer Zusammensetzung und ihres Aufbaus. Beeinträchtigungen der ökologischen Funktionen und ökonomischen Leistungen der betreffenden Pflanzen können die Folge sein, weiterhin Minderungen ihres ideellen Werts und schließlich gar Generosionen.

D.4.3 Klassifikation der Wirkungen

Langanhaltende Belastungen mit komplexen Immissionstypen wirken sich auf alle Kompartimente im Ökosystem aus, auf Boden und Klima, Produzenten, Konsumenten und Destruenten ebenso wie auf biogeochemische und atmosphärische Stoffkreisläufe (Bild D.4-1) mit der möglichen Folge, daß Struktur und Funktion des gesamten Systems einschließlich seiner Befähigung zur Selbstregulierung betroffen sein können [D.4.12]. Charakteristisch für die derzeitige Wirkungssituation sind:
- Kombinationswirkungen mehrerer Komponenten,
- direkte und indirekte Wirkungen auf den Organismenbestand,
- Akkumulation von Schadstoffen oder trophisch wirkenden Substanzen,
- latente Wirkungen, die sich im Laufe der Zeit zu starken Leistungsminderungen und Funk-

tionsstörungen addieren können sowie
- Kombinationsstreß durch Luftverunreinigungen, andere ungünstige Milieufaktoren sowie Krankheitserreger und tierische Schädlinge.

Kombinationsbelastungen mit trophisch, ökologisch und ökotoxikologisch wirkenden Komponenten einerseits sowie Langzeiteinwirkungen in niedrigen Konzentrationen andererseits verursachen nicht nur schwer diagnostizierbare Syndrome, sondern erschweren auch die Ermittlung von quantitativen Zusammenhängen zwischen Immission und Wirkung. Unter diesen Voraussetzungen lassen sich folglich nur schwer verläßliche Informationen als Grundlage für Gefährdungsbeurteilungen und für die Festlegung von Standards gewinnen.

D.4.4 Wirkungen von Einzelkomponenten

Am Beispiel der in Europa wichtigen phytotoxischen Komponenten, von O_3 als Leitkomponente der Photooxidantien, von SO_2 als schwefelhaltiger Luftverunreinigung und von NO, NO_2 sowie Ammoniak (NH_3)/Ammonium (NH_4^+) als stickstoffhaltigen Luftverunreinigungen sollen mögliche Wirkungen von einzelnen Luftschadstoffen auf Pflanzen vorgestellt werden. Dabei wird konkreter auf die direkten Wirkungen auf

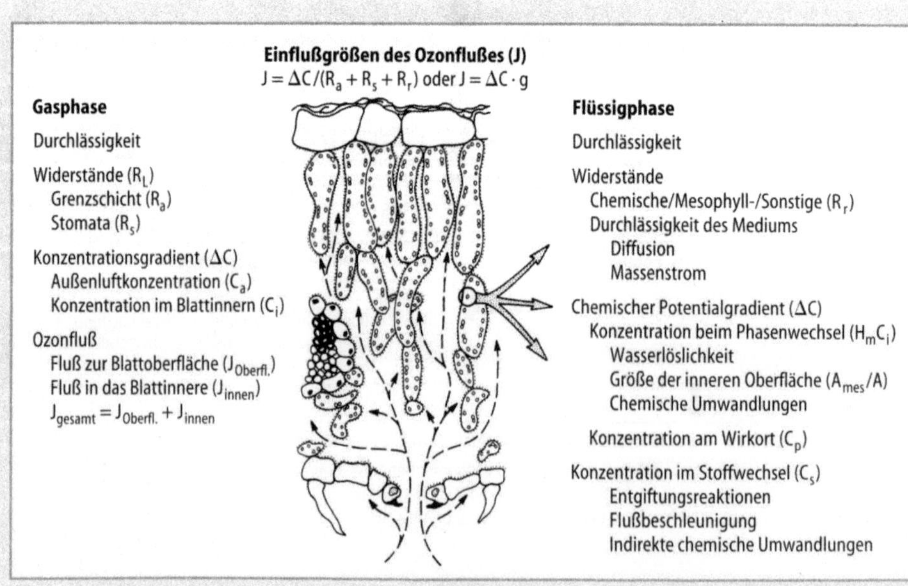

Bild D.4-3 Beziehungen zwischen dem Schadstofffluß, dem chemischen Potentialgradienten und den Blattwiderständen bzw. der Durchlässigkeit der Gas- und Flüssigkeitsphase [D.4.15]

die oberirdischen Pflanzenteile eingegangen werden, während sich die indirekten Wirkungen weitgehend mit den Darlegungen unter D.5 erklären lassen.

Gasförmige Luftverunreinigungen gelangen hauptsächlich durch die Spaltöffnungen in die Pflanze (Bild D.4-3). Geringe Mengen von NO_x und SO_2 diffundieren auch durch die Cuticula der pflanzlichen Epidermis, wobei es durch NO_2 zu einer Nitrierung der Cuticula kommt [D.4.13] Umweltfaktoren, die zur Öffnung der Stomata beitragen (z.B. hohe Luftfeuchtigkeit), erhöhen die Phytorelevanz von Schadstoffen, Faktoren, die die Schließung der Stomata bewirken (z.B. Trockenheit), verringern sie [D.4.10]. Die Gase selbst können bei höheren Konzentrationen zum teilweisen Schließen der Stomata führen, während sie bei niedrigen, realistischen Konzentrationen i. allg. die Stomata nicht beeinträchtigen [D.4.14]. Die Schadwirkung ist einerseits abhängig von der aufgenommenen Schadstoffmenge je Zeiteinheit, andererseits von der bereits erwähnten aktuellen Resistenz der betreffenden Pflanze zum Zeitpunkt der Belastung.

D.4.4.1 Ozon

Die phytotoxische Wirkung von O_3 schon in niedrigen, realistischen Konzentrationen ergibt sich vor allem aus seiner hohen oxidativen Kapazität. Ozon kann prinzipiell mit zahlreichen biologisch wichtigen Komponenten reagieren [D.4.16]. Gelöst im Wasser der Zellwände, bilden sich, abhängig vom pH-Wert, hochreaktive radikalische Verbindungen [D.4.17]. Aufgrund der Reaktivität vermögen O_3 bzw. die aus O_3 entstandenen radikalischen Verbindungen nur schwer tief ins pflanzliche Gewebe einzudringen. Vielmehr reagieren sie unter Bildung weiterer radikalischer Verbindungen vornehmlich entweder mit gasförmigen Bestandteilen in der substomatären Atemhöhle [D.4.18] mit Bestandteilen der Zellwand oder mit Zellmembranen [D.4.19]. Davon werden die Reaktionen mit der pflanzlichen Membran als besonders kritisch eingestuft. Folgende Bestandteile biologischer Membranen sind für einen oxidativen bzw. radikalischen Angriff prinzipiell besonders empfänglich [D.4.20, D.4.21]:
- Doppelbindungen der ungesättigten Fettsäuren
- Esterbindung zwischen Fettsäure und der hydrophilen Kopfgruppe bei Phospholipiden
- Exponierte Sulfhydrylgruppen von integralen Membranproteinen

Oxidation bzw. Peroxidation von Membrankomponenten führt im wesentlichen zu Veränderungen der selektiven Permeabilität von Membranen sowie zur Inaktivierung wichtiger Enzymreaktionen. Unter anderem wird als Folge die Photosyntheseleistung von Chloroplasten signifikant geschwächt, was die Produktivität ozonexponierter Pflanzen mindert. Tritt keine sofortige Reparatur der entstandenen Schäden ein, sterben die betroffenen Zellen, bei unzureichender Wiederherstellung der Membranen beschleunigt sich der natürliche Alterungsprozeß von Blattorganen.

Als Abwehrmechanismus gegenüber einem oxidativen Angriff stehen den Pflanzen Antioxidantien wie Ascorbinsäure, Glutathion und Vitamin E sowie Enzyme mit antioxidativer Aktivität wie Katalase, Glutathionreduktase, Superoxiddismutase und verschiedene Peroxidasen zur Verfügung. Tatsächlich sind unter Einfluß umgebungsnaher Ozonkonzentrationen sowohl die Poolgrößen von Antioxidantien erhöht als auch die Aktivität der antioxidativen Enzyme gesteigert [D.4.17].

Antioxidative Abwehrmechanismen sowie Reparatur oder Kompensation oxidativ bedingter Schäden können den Energie- und damit den Kohlenhydrathaushalt der pflanzlichen Zelle erheblich beeinträchtigen. So kommt es durch Verschiebungen in der Verteilung der Assimilate zur Unterversorgung heterotropher Pflanzenabschnitte [D.4.22]. Übermäßiges Abschöpfen von Energievorräten erhöht zudem die Anfälligkeit der Pflanzen gegenüber biotischem und abiotischem Streß [D.4.17] und kann ausschlaggebend für eine vorzeitige Blattseneszenz sein [D.4.23].

D.4.4.2 Schwefeldioxid

Abhängig von Konzentration und Einwirkungsdauer übt SO_2 auf mehreren Wegen einen toxischen Effekt auf Pflanzen aus. Bei hohen Konzentrationen kann SO_2 durch Oxidation der Aminosäure Tryptophan sowie durch Spalten von Disulfitbrücken die Funktionen membranintegraler Proteine zerstören. Bei niedrigen Konzentrationen reichern sich, abhängig vom pH-Wert, insbesondere Sulfit aber auch Bisulfit oder schweflige Säure im Wasser der Zellwände und Zellkompartimente an. Nach Überschreiten der Pufferkapazität der einzelnen Kompartimente kommt es zur Absenkung des pH-Werts, was einen negativen Einfluß auf viele enzymatische Reaktionen hat. Insbesondere ist davon die CO_2-Fixierung der Photosynthese und damit die Produktivität der Zellen betroffen, zumal das CO_2-fixierende Enzym, die Ribulose-1,5-bisphosphat-carboxylase empfindlich pH-abhängig ist. Schwache Säuren, wie die Schweflige Säure, entkoppeln außerdem die ATP-Phosphorylierung in Chloroplast und Mitochondrion, was, mikroskopisch sichtbar, zum Anschwellen oder auch zum Schrumpfen der betroffenen Organellen führen kann und den Energiehaushalt der Zellen erheblich belastet [D.4.19].

Ein weiterer phytotoxischer Effekt von SO_2 leitet sich aus der Bildung hochreaktiver radikalischer Verbindungen bei der oxidativen Entgiftung von Sulfit zu Sulfat ab, welches sich schließlich als Kalziumsulfat in der Vacuole anreichert. Synergistisch zur phytotoxischen Wirkung O_3-bürtiger Radikale können die SO_2-bürtigen Radikale mit vielen Zellkomponenten reagieren, insbesondere aber die Peroxidation von Membranen einleiten und damit ebenfalls Einfluß nehmen auf die Leistungsfähigkeit und den Alterungsprozeß von Zellen bzw. der gesamten Pflanze. Als Abwehrmechanismus findet sich, wie bei Pflanzen unter Ozoneinfluß, auch bei SO_2-exponierten Pflanzen ein Anstieg an Antioxidantien und eine gesteigerte Aktivität antioxidativer Enzyme [D.4.21].

Neben den oxidativen Mechanismen gibt es einen reduktiven Mechanismus zur Entgiftung von SO_2-bürtigem Sulfit. Bei diesem Prozeß wird Sulfit enzymatisch zu Schwefelwasserstoff reduziert und entweder in schwefeltragende Aminosäuren wie Cystein eingebaut oder aber als H_2S emittiert [D.4.24]. Im Vergleich zur oxidativen Entgiftung ist dies jedoch ein eher untergeordneter Prozeß. Durch den Einbau in Aminosäuren und damit auch in Proteinen hat SO_2 also auch eine gewisse trophische Wirkung. Auf Schwefelmangelstandorten kann eine Exposition gegenüber niedrigen Konzentrationen von SO_2 durchaus auch positiv für Pflanzen sein.

Durch den Eintrag in den Boden über nasse oder trockene Deposition und die damit verbundene Versauerung der oberen Bodenschichten hat SO_2 auch indirekte Wirkungen auf Pflanzen. Die Ansäuerung bedingt eine erhöhte Freisetzung phytotoxischer Metalle von den Bodenaustauschern in die Bodenlösung, insbesondere von Aluminium. Nährstoffkationen wie Magnesium und Kalzium, die aufgrund des gleichen Austauschmechanismus vermehrt in Lösung gehen, unterliegen der erhöhten Auswaschung.

Dies kann zur Nährstoffverarmung des Bodens und damit zur Mangelversorgung von Pflanzen führen (vergl. hierzu Abschn. D.5).

D.4.4.3 N-haltige Luftverunreinigungen

Wie aus Bild D.4-1 hervorgeht, haben die N-haltigen Luftverunreinigungen NO, NO_2 und NH_3/NH_4^+ sehr unterschiedliche Wirkorte im terrestrischen Ökosystem. Pflanzen sind davon sowohl direkt als auch indirekt betroffen.

Direkte Wirkungen auf oberirdische Pflanzenabschnitte können sowohl toxischer als auch trophischer Natur sein. Toxische Wirkungen hoher NO_x-Konzentrationen erklären sich zum einen aus der Reaktion von NO_2 mit ungesättigten Fettsäuren von Zellmembranen, was zur Peroxidation der Fettsäuren führt. Erhöhte Wasserdurchlässigkeit der Membranen, aber auch deren völlige Zerstörung sind mögliche Folgen ([D.4.21]. Zum anderen bedingen NO und NO_2 nach Lösung im Wasser der Zellwände und Zellen die Akkumulation von HNO_2 und HNO_3 und damit deren Ansäuerung. Wie bei der Wirkung von SO_2 sind nach Überschreiten der Pufferkapazität der Zellen erhebliche Konsequenzen bei vielen enzymabhängigen metabolischen Prozessen zu erwarten, insbesondere bei der Kohlenstofffixierung im Calvin-Cyclus [D.4.19].

Ein weiterer toxischer Effekt von N-haltigen Luftverunreinigungen leitet sich aus NH_4^+ ab. Bei Anreicherung dieser schwachen Base innerhalb der Zellkompartimente kann es ähnlich wie bei der Anreicherung schwacher Säuren zur Entkopplung der ATP-Phosphorylierung in Chloroplast und Mitochondrion kommen. Erhebliche Einbußen im Energiehaushalt der pflanzlichen Zelle sowie Wachstumsminderungen der gesamten Pflanze sind die Folge [D.4.25]. Die genannten toxischen Effekte lassen sich eindeutig erst unter unrealistisch hohen Konzentrationen beobachten.

Realistische Konzentrationen von NO_x-Immissionen haben im wesentlichen einen trophischen Effekt, denn in humiden Ökosystemen stellt Stickstoff weitverbreitet einen wachstumslimitierenden Faktor dar. Der Eintrag von NO_x führt dabei über die Aktivierung der Schlüsselenzyme des Stickstoffmetabolismus Nitatreduktase und Nitritreduktase sowie der N-fixierenden Enzyme Glutamin-Oxoglatarat-Glutamat-Aminotransferase (GOGAT) und der Glutaminsynthetase zur Anreicherung stickstoffhaltiger Verbindungen wie Aminosäuren und Proteine in der Pflanze [D.4.26]. Treten neben NO_x SO_2 oder O_3 zusätzlich auf, kann die substratinduzierte Steigerung der Aktivität N-reduzierender Enzyme beeinträchtigt werden [D.4.27]. Als Folge erhöhter Nitritkonzentrationen im Mesophyll der Blätter können dann bereits unter realistischen Konzentrationen von Mischimmissionen Pflanzenschädigungen auftreten.

Den positiven Effekten einer durch Immission verbesserten Stickstoffversorgung von Ökosystemen stehen je nach Höhe des N-Eintrags, der jeweiligen Standortbedingungen und der vorherrschenden Vegetationsart verschiedene nachteilige Wirkungen gegenüber. Nach N-Eintrag stimuliertes Wachstum erfordert einen erhöhten Bedarf an anderen Nährelementen, so daß es zu Nährstoffimbalancen im Boden und in der Pflanze selbst kommen kann. Die verstärkte Bildung stickstofftragender Verbindungen geschieht zu Lasten des Kohlenhydrat- und Energiehaushalts. So in ihrer Ernährung und Physiologie gestörte Pflanze erweisen sich häufig als besonders anfällig gegenüber Schadorganismen oder abiotischem Streß wie Luftverunreinigungen oder Frost.

Indirekte Wirkungen von N-haltigen Luftverunreinigungen ergeben sich zum einen aus der Beteiligung von NO_2 als Vorläufer bei der Bildung phytotoxischen Ozons (Bild D.4-1), zum anderen durch den Eintrag in den Boden, wo es zur Bodenversauerung einerseits sowie zur Stickstoffanreicherung andererseits beiträgt. Änderungen sowohl in den chemischen und physikalischen Eigenschaften des Bodens als auch in den Lebensbedingungen für Produzenten, Konsumenten und Destruenten können die Folge sein [D.4.28 – D.4.30]. Besonders bedroht werden durch N-Einträge auf dem Luftweg oligotrophe Ökosysteme, wie Heidelandschaften und Moore. Immissionsbedingte Verschiebungen in den zwischenartlichen Konkurrenzbedingungen haben bereits weitverbreitet zur Vergrasung und damit zur Zerstörung der typischen Heide- und Moorvegetation geführt [D.4.31, D.4.32].

D.4.4.4 Kombinationswirkungen

Unter den derzeitig vorherrschenden Immissionsbedingungen werden die Pflanzen i.d.R. nicht durch einzelne Schadstoffe belastet, sondern durch Immissionsgemische. Die Ermittlung des Gefährdungspotentials derartiger Belastungen ist außerordentlich erschwert. Je nach Schadstoffkombination und Konzentrationshö-

he kommt es zu additiven, überadditiven oder auch antagonistischen Wirkungen zwischen den einzelnen Komponenten [D.4.5]. Schließlich spielen bei langanhaltendem Einfluß niedriger, chronisch oder latent wirkender Konzentrationen die Wechselwirkungen mit anderen Stressoren (z. B. Nährstoffstörungen, extreme Klimabedingungen und pflanzenschädliche Organismen) eine große Rolle.

Diese komplexe Belastung wurde mit Pflanzenschäden in Zusammenhang gebracht, die zunächst an Nadelbäumen, später verstärkt an Laubbäumen auftraten. Unter Verwendung des Benadelungs- bzw. Belaubungsgrads wird seit 1984 der Waldzustand beurteilt. Bild D.4-4 gibt einen Überblick über die mittlere Schädigungsintensität aller Bäume seit Beginn der Waldschadensinventur, ermittelt aus den Schadstufen 2 – 4, d. h. bei Nadel- bzw. Blattverlusten $> 25\,\%$. Abgesehen von Regionen mit hoher Immissionsbelastung und extrem ungünstigen Wachstumsbedingungen liegt keine strenge Korrelation zwischen Belaubung und Wachstum vor. Im Gegenteil, weit verbreitet wächst der Wald besser als früher [D.4.34]. Als Ursache hierfür werden der hohe Stickstoffeintrag auf dem Luftweg sowie der um rund 25 % gegenüber der vorindustriellen Zeit angestiegene CO_2-Gehalt der Luft diskutiert [D.4.35].

Trotz umfangreicher Forschung unter Beteiligung verschiedener wissenschaftlicher Disziplinen ist es bis heute nicht gelungen, eine allgemein akzeptierte Theorie über die genauen Ursachen und Wirkungsmechanismen der als „neuartig" apostrophierten Waldschäden zu formulieren [D.4.36]. Bei der überwiegenden Mehrzahl der Experten herrscht jedoch Übereinstimmung darin, daß es sich um ein multifaktorielles Geschehen handelt. Im Gegensatz zur kontroversen Diskussion über die Wirkungen auf Baum und Baumbestand herrscht weitgehende Übereinstimmmung über die ökosystemaren Veränderungen: Bodenversauerung, Störungen im Nährstoffhaushalt von Boden und Bäumen, Nitrataustrag, verändertes Sukzessionsverhalten durch Vergrasung und Ausbreitung nitrophiler Sträucher sowie Störungen in der Naturverjüngung [D.4.36, D.4.37].

In den letzten Jahrzehnten wurden in Mittel- und Westeuropa die Wirkungen von Luftverunreinigungen vornehmlich durch die regionalen und überregionalen Immissionsverhältnisse bestimmt. Dementsprechend konzentrierte sich die Forschung auf die hier vorherrschenden Kom-

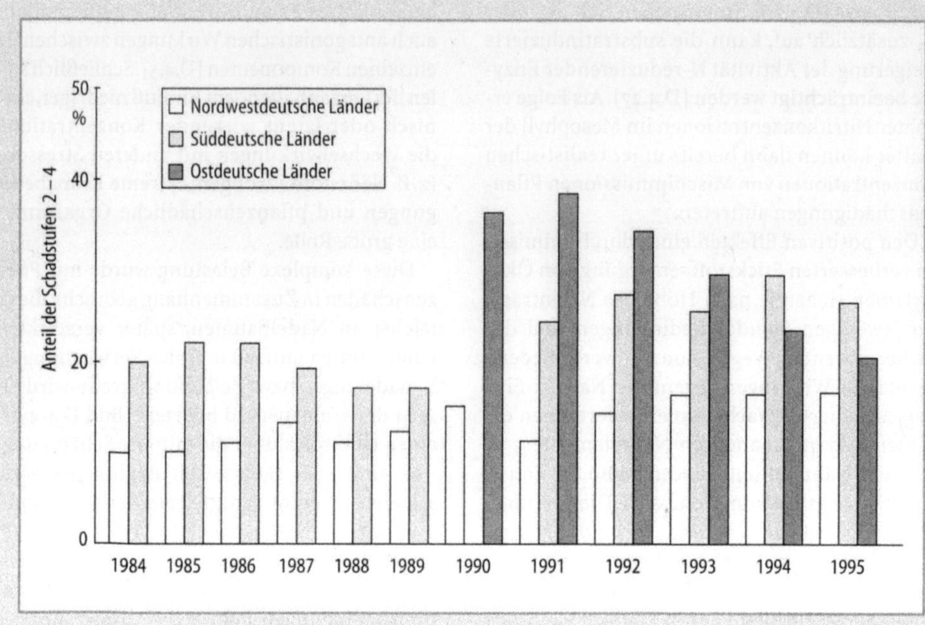

Bild D.4-4 Entwicklung der Waldschäden in der Bundesrepublik Deutschland – alle Baumarten – [D.4.33]

ponenten und Komponentengemische aus O_3, SO_2 und NO_x. Künftige Untersuchungen haben die anthropogenen globalen Veränderungen zu berücksichtigen, wie die Änderungen in der spektralen Zusammensetzung des Sonnenlichts als Folge des Ozonabbaus in der Stratosphäre und insbesondere den steigenden CO_2-Gehalt in der Troposphäre [D.4.38]. Innerhalb der letzten 200 Jahre ist insbesondere durch den Verbrauch von fossilen Brennstoffen und durch Raubbau an der Vegetation der CO_2-Gehalt von 280 auf etwa 355 ppm angestiegen. Mit einer Verdopplung des Ausgangswertes im Verlaufe des kommenden Jahrhunderts wird gerechnet (vergl. Abschn. D.2). Derartig starke Konzentrationsänderungen eines Luftbestandteils mit sowohl nährstoff- als auch klimawirksamen Eigenschaften lassen weltweit gravierende Veränderungen im Wachstum und Zusammensetzung der Vegetation erwarten, darüberhinaus evolutionsbiologische Auswirkungen mit nicht voraussehbaren Konsequenzen für einzelne Arten und Lebensgemeinschaften [D.4.39, D.4.40].

D.4.4.5   Abhilfemaßnahmen

Die entscheidenden Maßnahmen zum Schutze der Vegetation sind im prophylaktischen Immis-

sionsschutz zu treffen durch Begrenzung der Belastung auf ein von der Vegetation tolerierbares Maß. Dagegen sind die Möglichkeiten, über Maßnahmen am Pflanzenstandort Schäden zu verringern, begrenzt.

D.4.4.5.1 Immissionsbegrenzung

Die Festlegung von gesetzlich noch zulässigen Verunreinigungsgraden durch die Legislative, in Deutschland als Immissionswerte in der TA-Luft, setzt gesicherte Kenntnisse über quantitative Zusammenhänge zwischen dem Gehalt der Luft an einzelnen Komponenten und ihren Wirkungen auf die zu schützenden Objekte voraus. Bei Pflanzen sind, wie bereits in Abschn. D.4.3 dargelegt, zwei Wirkungspfade zu beachten: der direkte Einfluß auf die oberirdischen Pflanzenteile und der indirekte über die Wurzeln nach Anreicherung von Immissionskomponenten im Boden.

Zu beiden Wirkungswegen liegen zahlreiche Untersuchungen über Dosis-Wirkung-Beziehungen vor. Die in experimentellen und epidemiologischen Untersuchungen unter jeweils spezifischen Randbedingungen gewonnenen Einzelergebnisse werden im Hinblick auf die Anwendung im praktischen Immissionsschutz von Expertenkommissionen zu Richtwerten zusammenge-

Tabelle D.4-2 Kritische Konzentrationen (Critical Levels) zum Schutze der Vegetation gegenüber Ozon, Schwefeldioxid und Stickstoffdioxid

Komponente	Zeitintervall	Konzentration (μg m-3)	Anmerkungen
SO$_2$	Jahr	10	Cyanobakterien, Flechten
	Jahr und Halbjahr (Okt. – März)	20	Forstökosysteme[a]
	Jahr und Halbjahr (Okt. – März)	20	natürliche Ökosysteme[a]
	Jahr und Halbjahr (Okt. – April)	30	landwirtschaftliche Kulturen [D.4.46]
NO$_2$ + NO	Jahr	30	Kombination mit Konzentrationen von SO$_2$ (Jahresmittelwert) und Expositionen con O$_3$ jeweils unterhalb ihrer kritischen Konzentrationen [D.4.46]
	4 h	95	
O$_3$	1 h 2h	150 110	Schutz vor Pflanzen vor akuten Schadwirkungen [D.4.43, D.4.44]
	10.000 ppb h je Vegetationsperiode > 40 ppb als Stundenmittelwert		Schutz von Laub- und Nadelbäumen vor Langzeitbelastungen [D.4.47]
	53.000 ppb h je 3 Monate > 40 ppb als Stundenmittelwert		Schutz von landwirtschaftlichen Kulturen vor Langzeitbelastungen; Ertragsminderungen landwirtschaftlichen Pflanzenarten bis 10 % [D.4.47]
	10.500 ppb h je 3 Monate > 40 ppb als Stundenmittelwert		Ertragseinbußen bis zu 20 % [D.4.47]
	700 ppb h während 3 aufeinanderfolgender Tage Kulturen		Schutz von landwirtschaftlichen Kulturen vor äußeren Schädigungsmerkmalen durch Ozonepisoden (vorläufig [D.4.47])

[a] In Gebieten mit effektiven Temperatursummen unterhalb von 1000 °C an Tagen mit Mittelwerten > 5 °C beträgt die kritische Konzentration für Forstökosysteme und für natürliche Ökosysteme jeweils 15 μg m^{-3}.
Der Langzeitrichtwert für O$_3$ (AOT 40 = calculated exposure over a threshold of 40 ppb) stellt die kumulative Exposition dar, d.h. die Dosis aus Konzentration und Zeit für alle Konzentrationen mit Stundenmittelwerten größer 40 ppb. Für die Forstpflanzen ist der Richtwert ermittelt aus den Ganztageswerten für die Dauer einer Vegetationsperiode von 6 Monaten, für die landwirtschaftlichen Pflanzenarten aus den Tagesstunden mit einer mittleren Globalstrahlung > 50 Wm^{-2} in Mittel-, West- und Nordeuropa während der Monate Mai – Juli.

faßt. Bei deren Einhaltung ist nach heutigem Erkenntnisstand ein weitgehender Schutz gegeben. Das gilt für die Luftqualitätskriterien (Air Quality Criteria) der WHO [D.4.41] und die Maximalen Immissionswerte des VDI [D.4.42] ebenso wie für die kritischen Konzentrationen (Critical Levels) der UNECE [D.4.43, D.4.44]. Die kritischen Konzentrationen sind definiert als jene Konzentrationen, bei deren Überschreitung nachteilige Wirkungen auftreten können. Tabelle D.4-2 weist die numerischen Werte für die Komponenten SO, NO$_2$ und O$_3$ aus.

Zum Schutz von Ökosystemen gegenüber N- und S-haltigen Luftverunreinigungen nach Eintrag in den Boden sind „kritische Depositionen" (Critical Loads) abgeleitet worden [D.4.45]. Sie sind definiert als Belastungen, die noch nicht als Folge chemischer Veränderungen im Boden zu langanhaltenden nachteiligen Wirkungen in empfindlichsten Ökosystemen führen (Tabelle D.4-3).

In weiten Teilen Europas werden die mit den Critical Loads vorgegebenen Begrenzungswerte wesentlich überschritten; die aufgeführten naturnahen Ökosysteme sind mithin stark gefährdet. Dagegen ist der N-Eintrag in agrarische Produktionsökosysteme i. allg. positiv zu bewerten.

Tabelle D.4-3 Kritische Depositionen von Stickstoff für Ökosysteme mit unterschiedlicher Produktivität (in kg · ha^{-1} · a^{-1}; [D.4.44])

Ökosystem	Critical Load
Laubwälder[a]	5 – 20
Nadelwälder[a]	3 – 15
Magerrasen (z.B. Mesobrometum)[b]	3 – 10
Hochmoor[b]	3 – 5

[a] Während der Terminal- oder Abbauphase sollte der Eintrag gegen 0 gehen.
[b] Ohne nennenswerte N-Entnahme durch Nutzung. Ausgehend vom ECE-Standard von 50 mg Nitrat 1^{-1} im Grundwasser und von einem Niederschlagsüberschuß zwischen 100 und 300 mm a^{-1} ergibt sich eine kritische Deposition von 10 – 40 kg · N · ha^{-1} · a^{-1}.

Die Diagnose von Schadwirkungen, die Begrenzung der Immissionsbelastung und Maßnahmen am Pflanzenstandort stellen die wesentlichen Möglichkeiten zum Schutze der Vegetation vor Luftverunreinigungen dar.

Erkennung und Überwachung. Der gesicherte Nachweis von Immissionswirkungen auf Pflanzen nach Ursache, Intensität und räumlicher Ausdehnung stellt eine wichtige Grundlage für Abhilfemaßnahmen dar. Im vorbeugenden Immissionsschutz spielen Art und Ausmaß der Schäden eine Rolle bei der Festlegung von Standards, im nachträglichen Immissionsschutz sind sie häufig nicht nur Anlaß für Abhilfemaßnahmen am Emittenten und am Ort der Wirkung, sondern auch Grundlage für die Regulierung eingetretener Schäden in der Land- und Forstwirschaft sowie im Gartenbau [D.4.5].

Die durch Luftverunreinigungen verursachten äußeren Schädigungsmerkmale in Form von Verfärbungen, Chlorosen und Nekrosen an den Blattorganen oder in Form von Anomalien im Kronen- und Wurzelraum sind i. allg. nicht so charakteristisch, daß sie alleine eine sichere Diagnose ermöglichen würden. Die folglich unumgängliche Differntialdiagnose setzt sich aus zwei Phasen zusammen, dem Ausschluß möglicher anderer Ursachen abiotischer oder biotischer Art und dem direkten Nachweis der immissionsbedingten Wirkungen mit folgenden Methoden:

- Analyse der äußeren Schädigungsmerkmale einschl. der histologischen und cytologischen Veränderungen an Blattorganen
- Ansprache des äußeren Erscheinungsbildes von Bäumen und Beständen
- Untersuchungen zum artspezifischen Resistenzverhalten und über Veränderungen in Biocönosen
- Chemische und physiologische Pflanzenanalysen
- Physikalisch-chemische Luftanalyse sowie Simulation von Immissionsbelastungen anhand von Diffusionsmodellen
- Bodenanalysen
- Verwendung von Indikatorpflanzen.

Maßnahmen am Pflanzenstandort. Die Möglichkeiten, über Maßnahmen am Pflanzenstandort immissionsbedingte Schäden zu verhindern, sind gering. Im allgemeinen lassen sich Schäden nur vermindern. Welche Vorkehrungen im Einzelfall vorzunehem sind, richtet sich nach Art und Intensität der Immissionsbelastung, der vorliegenden Bodennutzungsart und den angebauten bzw. genutzten Pflanzenarten. Däßler [D.4.7] hat einen Katalog für „Maßnahmen in Forstwirtschaft, Gartenbau und Landwirtschaft zur Verminderung von Immissionwirkungen" zusammengestellt, aus dem nachfolgend stichwortartig einzelne genannt werden sollen: Zu den wichtigsten Aufgaben bei der Bewirtschaftung immissionsbelasteter Wälder gehört die Erhaltung und Steigerung der Vitalität des Waldes. Dabei kommt neben der Begründung standortgerechter Bestände und neben speziellen Pflege- und Bewirtschaftungsmaßnahmen sowie der Ausschaltung von Schadorganismen der Kalkung zur Verminderung der Bodenversauerung sowie der Revitalisierungsdüngung zur Steigerung der Funktionsfähigkeit der Assimilationsorgane eine besondere Bedeutung zu. In der Landwirtschaft und im Gartenbau kommt es außer auf die Herstellung bzw. Erhaltung eines guten Kulturzustandes auf die regelmäßige und harmonische Düngung sowie auf den Anbau standortgerechter und relativ immissionsresistenter Arten bzw. Sorten an.

D.5 Wirkung von Schadstoffen auf Böden

Die Wirkung von Schadstoffen auf Böden und ihre Beurteilung erfordert Klarheit über den Begriff „Boden" und ausreichende Kenntnisse des „Umweltmediums Boden", seiner Bestandteile und der darin ablaufenden Vorgänge. Dies ist Gegenstand der ersten vier Abschnitte.

D.5.1 Die verschiedenen Bedeutungen des Begriffs „Boden"

Als „Boden" gilt i. allg. Verständnis die äußerste, meist lockere Schicht der Erdoberfläche mit den darin befindlichen Rohstoffen („Bodenschätze") einschl. des Grundwassers. Nicht nur diese werden genutzt, sondern der Boden insgesamt ist als Träger der land- und forstwirtschaftlichen Produktion ein ökonomisch bedeutsamer Produktionsfaktor, dient als Baugrund oder als Abgrabungs- oder Ablagerungsplatz. In der Wortverbindung „Grund und Boden" wird er als Nutz- bzw. Wirtschaftsfläche definiert.

Diesen nutzungsorientierten Bedeutungen, die den Boden als Ressource ansehen, steht seine Bedeutung als Umweltmedium (analog zu Luft und Wasser) und als Schutzgut der Umweltpolitik entgegen (Bodenschutzkonzeption der deutschen Bundesregierung 1985, Vorlage eines Bodenschutzgesetzes 1996). Dafür ist eine naturwissenschaftliche Bodendefinition erforderlich. Nach dieser ist Boden kein einheitlicher Naturkörper, sondern besteht physikalisch einerseits aus fester Materie, andererseits bis zur Hälfte seines Volumens aus luft- und wasserführenden Hohlräumen. Chemisch ist der Boden ein sehr verschiedenartiges und auch veränderliches Stoffgemisch. Es enthält – vor allem in den oberen Schichten – mit dem Sammelbegriff „Humus" bezeichnete organische Substanzen und, nach der Tiefe zunehmend, aus der Erdkrusten-Verwitterung stammende mineralische Stoffe (Minerale). Dieses Stoffgemisch ist von einer Fülle von Kleinorganismen belebt und auch vollständig von der Mitwirkung von Lebewesen oder biologischen Vorgängen abhängig, die in z.T. jahrhundertelangen Prozessen „echten" Boden (im naturwissenschaftlichen Sinn) hervorbringen. Aus dieser Erkenntnis rührt die Bezeichnung „gewachsener Boden".

D.5.2 Die Rolle des Bodens im Naturhaushalt (Bodenfunktionen)

Bodenschutz ist weniger auf bestimmte Böden als Naturgebilde, sondern mehr auf die Funktionen des Bodens für die Leistungsfähigkeit des Naturhaushalts (vgl. §1 BNatSchG) bezogen. Aus ökologischer Sicht werden 3 Hauptfunktionen unterschieden [D.5.1]:
- Regelung der Stoff- und Energieflüsse = *Regelungs-Funktion,*
- Produktion von lebender organischer Masse, insbesondere pflanzlicher Stoffe, einschl. der Gewährung von Wurzelraum und Verankerung der Pflanzen = *Produktionsfunktion,*
- Lebensraum für die Bodenorganismen und Beitrag zur Erhaltung der biologischen Vielfalt = *Lebensraum-* oder *Artenschutzfunktion.*

Die Regelungsfunktion ist die ökologisch wichtigste Bodenfunktion, weil sie alle auf und in den Boden gelangenden stofflichen und nichtstofflichen Einträge und Einflüsse erfaßt. Zu ihr gehören mehrere Teilfunktionen, die auch als Filter-, Puffer- und Transformationsfunktion [D.5.2] bezeichnet werden. Darin spielen die Bodenorganismen direkt und indirekt (z.B. durch Einfluß auf Humusbildung und -abbau) eine unverzicht-

bare Rolle; insofern hängen Regelungs- und Lebensraumfunktion eng zusammen. Beide erfordern möglichst ungestörte „gewachsene" Böden, werden aber stark beeinflußt von Temperatur und Feuchtigkeit im Boden.

Die Produktionsfunktion bringt zum Ausdruck, daß die Böden – geeignetes Klima und günstige Wasser- und Nährstoff-Verfügbarkeit vorausgesetzt – das Wachstum der in den Böden wurzelnden Pflanzen ermöglichen und tragen. Da Pflanzensubstanzen als Nahrungs- und Rohstoffe die Basis aller Lebensvorgänge und auch der menschlichen Existenz bilden, ist die pflanzliche Produktion, auch Ur- oder Primärproduktion genannt, von lebenswichtiger Bedeutung, die sich auf die Produktionsfunktion der Böden überträgt. Diese wird aus landwirtschaftlicher Sicht auch mit dem Begriff „Bodenfruchtbarkeit" umschrieben, aber praktisch nur auf Ackerböden bezogen. Die Rest- und Abfallstoffe des Pflanzenwachstums dienen wiederum der Bodenerhaltung und -entwicklung, weil aus ihnen unter Mitwirkung der Bodenorganismen der für die Regelungsfunktion der Böden unentbehrliche Humus gebildet wird; es findet also auch in den Böden eine „bodeninterne" Produktion statt, zu der auch die lebende Masse der Bodenorganismen zählt.

Die drei Hauptfunktionen der Böden hängen also eng zusammen und teilweise voneinander ab. Jedoch besteht bzgl. der menschlichen Beanspruchung der Funktionen auch Funktionskonkurrenz. So beeinträchtigen die ackerbauliche Nutzung der Produktionsfunktion und die damit verbundenen Maßnahmen, insbesondere Bodenbearbeitung, die Regelungs- und Lebensraumfunktion z.T. erheblich.

D.5.3 Bodenarten und Bodentypen

Die Verschiedenartigkeit der Böden veranlaßt unterschiedliche Einteilungen. Eine einfache Gliederung berücksichtigt nur die mineralischen Bodenbestandteile nach ihrer Korngrößen-Zusammensetzung („Bodentextur"). Auf ihr beruhen die *Bodenarten* Sand (Korngrößen von 2–0,063 mm), Schluff und Ton (< 0,002 mm). Die Bodenart Lehm nimmt eine Mittelstellung zwischen ihnen ein. Die meisten Bodenarten sind Mischungen der vier Fraktionen. Partikel über 2 mm Größe werden als Bodenskelett bezeichnet. Bodenart und -textur bestimmen u.a. die Porosität der Böden, ihre innere Oberfläche, (die z.B. in Grob- und Mitteltonböden je g 2 m² beträgt!), damit auch die Wasserdurchlässigkeit und den Stoffhaushalt. Die mineralischen Partikel bestehen nach ihrer chemischen Zusammensetzung hauptsächlich aus unterschiedlichen Kombinationen der Elemente Silicium, Aluminium, Eisen, Kalium, Calcium, Magnesium u. a., in Form von Oxiden, Hydroxiden und Säuren. Bei der Bodenbildung entstehen daraus die sekundären Tonminerale.

Werden auch die organische Bodensubstanz und die Bodenentwicklung in die Betrachtung der Böden einbezogen, geht man von einem senkrecht geführten Bodeneinschnitt (Bodenprofil) aus. Daran erkennt man eine charakteristische Abfolge von Schichten („Horizonten"), die mit Buchstaben-Kombinationen bezeichnet werden und zu *Bodentypen* führen. Sie werden im deutschsprachigen Raum oft nach einer auffälligen Farbe wichtiger Horizonte benannt, z. B. Schwarz- oder Braunerde, andere Bezeichnungen sind fremdsprachiger Herkunft, z. B. Rendzina oder Podsol. In der Bodenentwicklung folgen bestimmte Bodentypen zeitlich aufeinander; so entwickelt sich im feuchten Klima aus einem Sand-Rohboden zunächst ein Ranker und eine Braunerde und schließlich infolge verstärkter Stoffauswaschung ein Podsol als Stoffverlagerungs-Bodentyp [D.5. 2].

D.5.4 Stoffliche Zusammensetzung und natürliche Stoffumsetzungen in Böden, Ein- und Austräge

Entgegen häufigem Sprachgebrauch ist der Begriff „Boden" (in der Einzahl) wegen der großen Verschiedenartigkeit nicht gerechtfertigt. Bodenbehandlung und -schutz müssen sich mit immer wieder anderen „Böden" oder sogar einzelnen Horizonten oder Bestandteilen davon befassen.

Wesentliche Unterschiede der stofflichen Zusammensetzung bestehen zwischen den i.d.R. humusreicheren Oberböden, in denen auch die Masse der Bodenorganismen und der Pflanzenwurzeln lebt, und den mineralreicheren, oft heller gefärbten Unterböden. Ein unentbehrlicher Bestandteil der Böden ist Wasser, das in ihnen in zeitlich wie räumlich wechselnden Mengen vorkommt; alle stofflichen Wirkungen werden durch Wasser vermittelt. Die Wasserführung der Böden, d. h. die Ausfüllung der Bodenhohlräume mit Wasser („Bodenlösung"), hängt von den Niederschlägen und vom Grundwasser ab. Ein Teil des einsickernden Wassers wird durch Kapillarkräfte in den feinen Bodenporen (< 10 µm) entgegen der Schwerkraft als Haftwasser festgehalten. Auch vom Grundwasserspiegel kann Wasser durch Kapillarkräfte bis zu mehreren dm hochgesaugt werden. Von diesem Haftwasser decken die Pflanzen über die in kleinste Hohlräume hineinwachsenden Wurzelhaare ihren Wasserbedarf und nehmen zugleich die darin gelösten Stoffe auf.

Wenn sich der Grundwasserspiegel ständig oder zeitweilig im Bereich des Oberbodens befindet, d. h. wenig unter oder an der Bodenoberfläche, entstehen Naßböden (Gleye) mit stark verlangsamtem Abbau der toten pflanzlichen Substanz, die sich als Torf ansammelt.

Bereits in der vom Menschen unbeeinflußten Natur erhalten die Böden ständige Stoffeinträge durch Niederschläge, Trockenablagerungen, Anwehungen und Anschwemmungen sowie insbesondere durch die Ausscheidungen, abfallenden Teile und Leichen aller Organismen. Mitteleuropäische Waldböden empfangen allein durch den herbstlichen Laubfall jährlich 3 – 4 t/ha an Pflanzenmasse. Sie wird in den Böden durch die Bodenorganismen in einer Vielzahl ineinander verflochtener biologischer und biochemischer Prozesse verarbeitet, und zwar einerseits zerkleinert und zu mineralischen Verbindungen zerlegt, die wieder in die Stoffkreisläufe zurückkehren, andererseits aber in Humus umgewandelt, der seinerseits einer ständigen Erneuerung durch Abbau, Umbau und Neuaufbau unterliegt. Ein kleiner Teil davon bleibt als „Dauerhumus" längerfristig erhalten.

Die Böden der Erde sind aufgrund dieser ständigen Zufuhr und Verarbeitung großer und unterschiedlicher Stoffmengen ein riesiges biologisch-biochemisches „Reaktionsgefäß" und besitzen außerordentliche Fähigkeiten für die Bewältigung von Stoffzufuhren, worin ihre Regelungsfunktion im Naturhaushalt zum Ausdruck kommt. Vergleichbar große Fähigkeiten besitzen die Umweltmedien Luft und Wasser nicht.

Die Regelungsfähigkeit der Böden beruht auf den zahllosen, aus Tonmineralen und Huminstoffen oder Ton-Humus-Komplexen bestehenden Bodenpartikeln, die an ihren großen spezifischen Oberflächen Moleküle und Ionen einer Vielzahl von Substanzen reversibel adsorbieren können. Diese Austauschfähigkeit ist entscheidend für das Verhalten von Stoffen im Boden und in der Bodenlösung. Die Adsorption von Ionen an Bodenpartikel führt einerseits zu einer

Gleichgewichtseinstellung mit der Bodenlösung. Wenn aus dieser Ionen – z. B. von Pflanzenwurzeln – entnommen oder durch Sickerwasser ausgewaschen werden, kommt es zu einer ausgleichenden Ionen-Desorption von Bodenpartikeln, um das Gleichgewicht wiederherzustellen. Stets wird dabei auch das Gleichgewicht zwischen Kationen und Anionen (Elektroneutralität) gewahrt. Andererseits gibt es sehr feste Bindungen von Ionen und Molekülen an Bodenpartikel ohne ständigen Einfluß auf die Bodenlösung; hierauf beruht das Phänomen der Pufferung (s. u.). Am wichtigsten ist der Ionenaustausch, der immer bei Gegenwart von Wasser in äquivalenten Mengen je nach Wertigkeit der Ionen erfolgt, z. B. sechs 1wertige Kalium-Ionen (K^+) gegen drei 2wertige Calcium-Ionen ($Ca2^+$).

Die wichtigsten austauschbaren Kationen sind Calcium, Magnesium, Kalium und Natrium (sog. Basen) sowie Aluminium und Wasserstoff (H^+); letztere bedingen den Säuregrad des Bodens (s. u.). Als Kationen werden ferner austauschbar adsorbiert Ammonium und Eisen, in Spuren auch Mangan, Zink und Kupfer, von Schadstoffen insbesondere Cadmium, Chrom und Strontium.

Die wichtigsten austauschbaren Anionen sind Nitrat, Phosphate, Silikate, Sulfate und Chlorid, ferner Acetat und Citrat, in Spuren Molybdat und Borat, von Schadstoffen Arsenat, Fluorid und Selenat. Nitrat und Chlorid werden nur sehr schwach adsorbiert.

Der Ionen-Austausch beeinflußt die Bodenacidität, d. h. den Säuregrad (pH-Wert) des Bodens, von dem wiederum die Austauschkapazität abhängig ist. Der Säuregrad beruht seinerseits auf der Produktion von Wasserstoffionen (H^+, Protonen) und äquivalentem Verlust an basisch wirkenden austauschbaren Kationen. Die Protonenproduktion geschieht durch Naturvorgänge wie die Atmung der Bodenorganismen und Pflanzenwurzeln; das ausgeatmete Kohlendioxid reagiert mit dem Bodenwasser unter Bildung von Bikarbonat- (HCO_3^-) und Wasserstoffionen. Wenn Pflanzenwurzeln Nährstoffe als Kationen (z. B. K^+, Ca^{2+}) aufnehmen, werden äquivalente Mengen an H^+ freigesetzt. Bei der Humifizierung entstehen Fulvo- und Huminsäuren mit teilweiser H^+-Dissoziation, und die Oxidation von Ammonium ($NH4^+$) zu Nitrit und Nitrat (NO_3^-) ist ebenfalls mit Protonenfreisetzung verbunden. Dazu kommt der Protoneneintrag durch den Regen, der auch in menschlich unbeeinflußter Natur stets Kohlensäure und Spuren anderer Säuren enthält.

Aufgrund der natürlichen Protonenproduktion müßten alle Naturböden mit der Zeit versauern. Dies wird jedoch meist durch „Pufferung" verhindert oder zumindest verlangsamt, so daß die pH-Werte relativ konstant bleiben. Pufferung beruht auf der Neutralisierung von H-Ionen (und ebenso von OH-Ionen) oder ihrer Überführung in schwach dissoziierte Form; die wichtigsten Puffer sind die mineralischen und organischen Austauscher des Bodens. Wenn allerdings die gegen H-Ionen ausgetauschten basischen Kationen (z. B. Calcium, Magnesium) durch Auswaschung (s. u.) ständig aus der Bodenlösung entfernt werden, erschöpft sich die Pufferkraft, und es kommt zu rascher Versauerung. Diese ist für (Nähr-)Stoffhaushalt, Bodengefüge und -entwicklung schädlich. Die Nährstoffverfügbarkeit nimmt mit zunehmendem Säuregrad (< pH5) ebenso ab wie die biologische Aktivität und die Humusbildung, zugleich steigen die Aluminium- und die Schwermetall-Giftigkeit infolge Freisetzung der Ionen an; Tonminerale werden zerstört, die Humusqualität wird reduziert.

Den natürlichen Stoffeinträgen in die Böden entsprechen Austräge, doch nur selten besteht zwischen beiden ein Gleichgewicht. Oft sind die Austräge geringer, so daß viele Böden durch Stoffanreicherungen gekennzeichnet sind und sich chemisch verändern. Ein wesentlicher Stoffaustrag oder -entzug erfolgt durch die Wasser- und Stoffaufnahme der Pflanzenwurzeln. In der Natur kehrt ein großer Teil dieser Stoffe über kurz oder lang aber wieder auf oder in die Böden zurück. Ein kleinerer Teil geht über die Nahrungskette in Tiere über und gelangt erst über deren Exkremente, meist an anderen Plätzen, zurück in die Böden. In gut wasserdurchlässigen Böden niederschlagsreicher Gebiete – so in großen Teilen Europas – kommt es zu Stoffverlusten, vor allem in den Oberböden, infolge von Auswaschung löslicher Bodensubstanzen durch das Sickerwasser. Die Auswaschung kann ins Grundwasser führen, sofern dieses erreicht wird, oder „Einwaschungen" in tieferen Substratschichten herbeiführen. Weitere Stoffausträge erfolgen auf dem Wege der Bodenerosion durch Wind und Wasser; die daraus hervorgehenden Anwehungen oder Anschwemmungen können jedoch neue Bodenbildungen veranlassen. So sind z. B. die landwirtschaftlich wertvollen Löß(lehm)böden aus Anwehungen entstanden.

Wie in D.1 – D.4 erläutert, beruht das „System Boden", Teilsystem aller Ökosysteme des festen Landes, grundsätzlich auf Stoffeinträgen und deren Wirkungen. Die in D.2 genannte Regelungsfunktion des Bodens, aber auch seine Produktionsfunktion, sind Ausdruck dieser Wirkungen. Allerdings sind die Stoffeinträge nach Menge und Zusammensetzung an bestimmte Grenzen gebunden, deren Überschreitung zu Funktionsstörungen im Boden führt und damit „Bodenschäden" bedingt.

Aufgrund der Heterogenität der Böden haben jede Bodenart und jeder Bodentyp eine bestimmte Belastbarkeit für die jeweils auf und in die Böden gelangenden Stoffe. Maßgebend für deren Beurteilung sind jedoch auch die *Bodennutzungen* durch den Menschen, die jeweils mit typischen, meist unvermeidbaren Eingriffen in die Böden und entsprechenden Belastungen verknüpft sind. Die hauptsächlichen Bodennutzungen, denen jeweils bestimmte Flächenanteile des Landes zugeordnet werden, umfassen:

1. landwirtschaftliche Nutzung (einschl. Garten-, Wein- und Obstbau sowie Sonderkulturen) unter besonderer Berücksichtigung von Nutzungen mit regelmäßiger Bodenbearbeitung;
2. forstwirtschaftliche Nutzung;
3. Nutzung durch Überbauung mit Bauwerken aller Art, Industrie-, Verkehrs-, Ver- und Entsorgungsanlagen;
4. Nutzung durch Abgrabung und Ablagerung;
5. Nutzungsverzicht, -aufgabe, -unterlassung (Brache, „Ödland", Schutzflächen).

Bei den Nutzungen Nr. 1, 2 und 5 spielen die Bodenqualität, insbesondere das Freisein bzw. die Fernhaltung von Schadstoffen eine wesentliche Rolle. Bei den Nutzungen Nr. 3 und 4 wird der gewachsene Boden i.d.R. irreversibel zerstört; bei ihrer Auflassung wird häufig eine „Bodensanierung" gefordert – eine irreführende Bezeichnung, da nur ein totes Substrat saniert bzw. entgiftet wird und „Boden" im naturwissenschaftlichen Sinne sich dann neu bilden muß. Bei der Nutzung Nr. 5 bleiben die Böden sich selbst überlassen, d.h. im „Natur"zustand. Hierzu zählen einerseits niemals genutzte Böden, z.B. in wenig zugänglichen Gebirgsregionen, die aber wegen der überall hingelangenden Stoffeinträge aus der Luft auch nicht mehr in einem „reinen" Naturzustand sind. Andererseits gehören in diese Klasse auch alle Böden, deren Nutzung aufgegeben wurde, die aber z.T. stark von den Nachwirkungen der Nutzung(en) beeinflußt werden, wie z.B. Verarmung und Versauerung infolge jahrhundertelanger Entnahme der Laubstreu aus Wäldern.

Aus ökologischer und biologisch-biochemischer Sicht werden bei Stoffeinträgen in Böden konzentrationsabhängige und von den Stoffen selbst bedingte Wirkungen unterschieden.

D.5.5.1 Konzentrationsabhängige Wirkungen

Nach der allgemeinen Dosis-Wirkungs-Beziehung geht die bei niedrigen Konzentrationen förderliche oder nützliche Wirkung von Stoffen mit steigender Konzentration in eine belastende oder schädliche Wirkung über. Diese ist im Boden allerdings nur an der Reaktion von Organismen klar zu erkennen. Die Regel gilt für fast alle Nährstoffe. Bei ihnen sind Hauptnährstoffe (Stickstoff, Phosphor, Kalium, Calcium, Magnesium und Schwefel) und Spurennährstoffe (Eisen, Mangan, Chlor, Zink, Kupfer, Bor und Molybdän) zu unterscheiden. Die Konzentrationszunahme der Hauptnährstoffe in Böden (wie auch in Gewässern) verursacht das Phänomen der Eutrophierung, die oft richtiger „Hypertrophierung" heißen müßte. Sie ist sozusagen der Normalzustand aller landwirtschaftlich intensiv genutzten Böden (Nutzung Nr. 1). Diese unterliegen durch die Ernten z.T. erheblichen Stoffausträgen, die i.d.R. durch Düngung ersetzt werden müssen, um die Produktionsfunktion der Böden aufrechtzuerhalten. Darüber hinaus kann Düngung auch zur Ertragssteigerung beitragen, und dies ist kennzeichnend für die moderne Intensiv-Landwirtschaft.

Wie weit die landwirtschaftlich genutzten Böden als solche und ihre Funktionen durch überhöhte Zufuhr von Hauptnährstoffen beeinträchtigt oder gar geschädigt werden, läßt sich schwer abschätzen. Im allgemeinen werden alle Ackerböden stofflich besonders stark beansprucht. Im Durchschnitt erhalten sie eine jährliche Zufuhr von 0,5 – 1 t/ha mineralischer Verbindungen verschiedener Zusammensetzung, wobei die Mineralisierung organischer Substanzen eingerechnet ist. Durch diese Zufuhren wird zwar die Produktionsfunktion der Böden (Bodenfruchtbarkeit) aufrechterhalten oder gesteigert, die Regelungs- und die Lebensraumfunktion jedoch eher geschwächt.

Wichtigster Träger der Ertragssteigerung ist Stickstoff, der als Ammonium- oder Nitration von den Pflanzen aufgenommen werden kann. Zusätzlich zur Düngung der landwirtschaftlich genutzten Böden, die 150 – 300 kg/ha Stickstoff beträgt, erhalten diese noch Stickstoffeinträge aus Emissionen der Industrie, des Kfz-Verkehrs, der privaten Haushalte und der landwirtschaftlichen Massentierhaltung bis zu 70 kg/ha. Daraus resultierte zu Anfang der 90er Jahre ein durchschnittlicher Stickstoff-Überschuß von 100 kg/ha.

Nitrat gehört zu den Ionen, die im Boden nur schwach adsorbiert werden. Daher wird das von Pflanzenwurzeln und Bodenorganismen nicht verbrauchte Nitrat durch Sickerwasser ausgewaschen. Der Boden wird dadurch von einem Nitratüberschuß entlastet und nicht geschädigt, die Belastung jedoch in Grundwasser oder Pflanzen verlagert. Andererseits kann das Verhalten des Stickstoffes im Boden nur unvollkommen gesteuert und vorausgesagt werden. So gibt es Hinweise darauf, daß durch die hohe Nitratbelastung landwirtschaftlich genutzter Böden die Denitrifikation, also die Entlastung von Nitratüberschüssen durch Mikroorganismen, beeinträchtigt wird.

Viele Ackerböden weisen ungewöhnlich hohe auf Düngung zurückzuführende Konzentrationen an Phosphat (bis zu 2 t/ha) auf, die den Bedarf weit übersteigen. Phosphat wird im Gegensatz zu Nitrat fest gebunden und kaum ausgewaschen; schädliche Wirkungen sind jedoch nicht zu erkennen. Ein Sonderproblem stellt die Gülle dar, das Produkt der Flüssigentmistung moderner Tierställe. Gülle darf nicht als Abwasser betrachtet oder behandelt, sondern muß als organischer Flüssigdünger eingesetzt werden. Oft übersteigen die anfallenden Mengen jedoch die angemessene Dosierung. Übermäßige Güllegaben können zu einem vorübergehenden Verstopfen der Bodenporen führen und auf eine Anzahl von Bodentieren, z. B. Regenwürmer, ätzend oder gar toxisch wirken.

Bei den Spurennährstoffen, die ja nur in sehr kleinen Mengen benötigt werden, wird die Grenze vom Nützlichen zum Schädlichen rasch überschritten. So liegt für Kupfer bei einem Gehalt von unter 4 mg/kg Boden Nährstoffmangel vor, doch bei Überschreitung von 100 mg/kg wirkt das Element schon toxisch. Auch bei den übrigen Spurenelementen beeinträchtigt oder schädigt eine überhöhte Zufuhr oft sehr schnell die drei Bodenfunktionen, insbesondere wegen direkter Schädigung von Pflanzenwurzeln und Bodenorganismen oder von wichtigen dort stattfindenden physiologischen Prozessen.

Konzentrationsabhängige Wirkungen gehen auch von säurebildenden Substanzen aus, die als Immissionen und Depositionen, vor allem von Schwefel- und Stickstoffoxiden, Ammoniak und Chlorwasserstoff in die Böden gelangen. Sie bilden (außer Ammoniak) mit Wasser Säuren, deren Dissoziation Protonen freisetzt (s. [D.5.4]); Ammoniak wird im Boden durch Mikroorganismen zu Nitrat nitrifiziert, wobei ebenfalls H-Ionen frei werden. Die dadurch verstärkte Bodenversauerung ist in landwirtschaftlich genutzten Böden kein schwerwiegendes Problem, weil ihr seit jeher durch regelmäßige Kalkung entgegengewirkt wird. Allerdings ist zu berücksichtigen, daß eine Anzahl Bodenorganismen kalkempfindlich sind und die Zufuhr bestimmter Calciumverbindungen auf Organismen und Wurzeln ätzend wirken kann.

Ganz anders sind die konzentrationsbedingten Wirkungen von Stoffeinträgen in forstwirtschaftlich genutzten Böden. Wälder benötigen erheblich weniger Nährstoffe als Äcker und werden deshalb auch kaum gedüngt, höchstens gekalkt. Es gibt praktisch keine Bodenbearbeitung und deswegen naturnahe Bodenprofile. Trotzdem ist ein großer Teil der Waldböden – und mit ihm der darauf stockende Wald – stärker durch Stoffeinträge gefährdet als landwirtschaftlich genutzte Böden.

Der immissionsbedingte Stoffeintrag aus der Luft ist infolge der hohen Filterwirkung der Baumkronen drei- bis fünfmal größer als bei krautigen Pflanzenbeständen, und bei immergrünen Nadelbäumen außerdem während des ganzen Jahres wirksam. Durch Eintrag von Schwefel- und Stickstoffverbindungen kommt es zu einem Überangebot dieser Stoffe im Waldboden, das insbesondere bei Stickstoff den Bedarf der Bäume und übrigen Waldpflanzen 5 – 12 fach übersteigt. Für die Waldernährung bedeutet dies ein Nährstoffungleichgewicht, das als eine der Ursachen der „neuartigen Waldschäden" angesehen wird. Für die Waldböden als solche ist der durch Schwefel, Stickstoff und Ammoniak erhöhte Säureeintrag (s. o.) oft schädlich. Viele Waldböden besitzen keine oder nur geringe Pufferkraft gegen Säuren, so daß ihr pH-Wert auf 3 oder tiefer absinkt. Damit werden Metallionen, vor allem Schwermetalle und Aluminium aus ihrer festen Bindung an die Bodenteilchen gelöst und treten in die Bodenlösung über. Aus dieser werden sie in durchlässigen Böden ausgewaschen und verstärken damit die Versauerung weiter. Die für die Ernährung der Bäume unverzichtbaren Mykorrhiza-Pilze werden in ihrem Wachstum und ihrer Funktion stark beeinträchtigt; dasselbe gilt höchstwahrscheinlich auch für die Feinwurzeln vieler Bäume. Die allgemeine physiologische Leistung der Bodenorganismen sinkt ab, der Abbau der organischen Substanz wird verlangsamt; dadurch sammelt sich mehr Pflanzenstreu an, die ihrerseits die Versauerungstendenz verstärkt. Außerdem wird die Nährstoff-Mineralisierung durch den verzögerten Streuabbau verlangsamt und die Produktionsfunktion der Waldböden beeinträchtigt. Bei pH-Werten unter 3 – 4 werden Regenwürmer getötet.

Als Gegenmaßnahme wird die Kalkung der Waldböden empfohlen. Die Neutralisierung der eingetragenen und gebildeten Säuren erfordert beträchtliche Kalkmengen. Um den pH-Wert auf 5 anzuheben, wurde ein Bedarf von 15 – 25 t Calciumoxid/ha errechnet. Die Kalkung beschleunigt jedoch auch den Abbau der in Waldböden reichlich vorhandenen organischen Substanzen und damit die Freisetzung der darin enthaltenen Nährstoffe, die in diesen Mengen nicht benötigt werden. Die vorher erwähnten Nährstoffungleichgewichte im Boden werden dadurch noch verstärkt. Die Kalkung muß daher sorgfältig dosiert werden.

Viele „naturbelassene" Böden, die keiner Nutzung (mehr) unterliegen, sollen in einem nährstoffarmen Zustand (oligotroph) gehalten werden, der die Existenz vieler seltener oder selten gewordener Pflanzen- und Tierarten sichert. Dieses Ziel ist angesichts nährstoffreicher Stoffeinträge aus der Luft kaum noch zu erreichen und erfordert den Einsatz aufwendiger Maßnahmen der „Aushagerung" durch regelmäßigen Entzug von Pflanzenmasse.

D.5.5.2 Stoffabhängige Wirkungen („Bodengifte")

Bei einer Anzahl von Stoffen gibt bereits der Nachweis kleinster Mengen im Boden Anlaß, von Boden-Kontaminationen oder gar „-Vergiftungen" zu sprechen. Meist handelt es sich dabei um Substanzen, deren Schad- oder Giftwirkung aus anderen Umweltbereichen bekannt ist. Dies sind vor allem Schwermetalle und Halogene, radioaktive Stoffe sowie einige Gruppen organischer Chemikalien, namentlich halogenierte Kohlenwasserstoffe, andere halogen-organische Verbindungen, und polycyclische aromatische Kohlenwasserstoffe. Großflächig gelangen alle diese Substanzen durch Immission und Deposition aus der Luft in die Böden. Hohe und damit besorgniserregende Konzentrationen dieser Stoffe treten allerdings nur lokal auf, z. B. durch Aufbringung von Klär- oder Baggerschlämmen, z. T. auch von Kompost, sowie in der Umgebung bestimmter Emittenten, in und am Rande von Gewerbe- und Industriegebieten (Auslaufen oder Verschütten von Motortreibstoffen oder Heizöl!) sowie auch entlang stark befahrener Straßen.

Neben den generell gegen Stoffeinträge sehr empfindlichen naturbelassenen Böden in Schutzgebieten sind wiederum Waldböden durch Einträge dieser Gruppe von Schadstoffen stärker gefährdet als Ackerböden. Dies beruht einerseits auf der schon erwähnten hohen Filterwirkung der Wälder für Immissionen. Andererseits kommt es zu einer starken Anreicherung dieser Schadstoffe in der obersten Humusschicht der Waldböden, die ja nicht – wie die Ackerböden – durch Pflügen ständig umgeschichtet und durchmischt werden, mit der Folge einer Verdünnung der Stoffe in der Ackerkrume. Die Schadstoffgehalte in Waldböden erscheinen auch deswegen höher, weil sie auf deren niedrigeres spezifisches Gewicht bezogen sind.

Der bloße Nachweis dieser Stoffe in den Böden bedeutet nicht, daß sie auch eine Schadwirkung ausüben. Diese zeigt sich erst entweder in der Schädigung oder Tötung von Bodenorganismen oder an Beeinträchtigung oder Ausfall von Bodenfunktionen, vor allem der Produktions- und Lebensraumfunktion. Dagegen erfaßt die Regelungsfunktion der Böden viele dieser Stoffe in bestimmten Mengen durch feste Bindung an Bodenpartikel (Immobilisierung) sowie durch chemische Reaktionen, z. B. Abbau oder Komplexierung. Schwermetalle und Halogene können wegen ihres Elementcharakters allerdings nicht abgebaut werden.

Wegen der außerordentlichen Verschiedenartigkeit der Böden ist es nicht möglich, für die genannten Schadstoffe allgemeine Bodengrenzwerte oder -höchstwerte festzulegen. Die jeweils gleiche Schadstoffmenge wirkt z. B. in humusarmen Sandböden und humusreicheren Lehmböden ganz verschieden. Daher werden Grenz- oder Höchstwerte entweder für in die Böden eingebrachte Substanzen (z. B. Klärschlämme, Komposte) oder für aus den Böden gewonnene Produkte wie Grundwasser und geerntete Pflanzen festgelegt.

Schwermetalle und Halogene sind als chemische Elemente Naturstoffe. Wo schwermetallhaltige Erzlager an die Erdoberfläche reichen, sind Pflanzenwachstum und Tierleben gehemmt oder auf wenige angepaßte Arten beschränkt; diese dienen als Indikatoren für die Erzprospektion. Erzgewinnung und -verhüttung bedingen unvermeidlich die Ausdehnung der Kontaminationen in ihrer Umgebung, sowie Emissionen in Wasser und Luft mit weiterer Ausbreitung, allerdings auch Verdünnung. Schließlich führt die allgemeine Verwendung schwermetallhaltiger Produkte zur praktisch weltweiten Verbreitung der Substanzen und zu sekundären Anreicherungen in Filterstäuben, Klärschlämmen und Abfalldeponien.

Für einige besonders gefährliche Schwermetalle sind in der Klärschlamm-Verordnung von 1992 (§ 4 Nr. 8 – 12) eigene Grenzwerte sowohl für die Klärschlämme als auch für die klärschlamm-empfangenden Böden festgesetzt worden. Quecksilber wirkt am stärksten giftig auf Mikroorganismen. Cadmium (Cd) geht besonders leicht in die Nahrungskette über und gilt deswegen als (ökologisch) gefährlich; 1 kg Cd im Abwasser können ca. 1000 m³ Klärschlamm unbrauchbar machen [D.5.3]! Andere giftige Schwermetalle wie Arsen, Blei, Chrom und Nickel werden in Böden so fest gebunden, daß von ihnen nur geringe Gefahren ausgehen – vorausgesetzt, daß der Säuregehalt der Böden nicht zu stark ansteigt. Besonders sorgfältig muß der Übergang der Schwermetalle aus den Böden sowohl in das Grundwasser als auch in angebaute Nutzpflanzen überwacht werden.

Radioaktive Substanzen sind in allen Böden als natürliche Bestandteile vorhanden, so z.B. Kalium-40 mit durchschnittlichen Konzentrationen von 370 Bq/kg. In der Zeit der oberirdischen Atombombenversuche (1954 – 1966) kam es auch in Deutschland zu Immissionen von Radionukliden, vor allem Caesium-137 (Cs-137) und Strontium-90 (Sr-90) mit Bodenbelastungen in Ackerböden (bis 15 cm Tiefe) von 21 bzw. 13 Bq/kg. 1986 verursachte die Kernkraftwerkexplosion von Tschernobyl erneute Radionuklidimmissionen, die am stärksten in Südbayern waren; hier gingen im Vergleich zum Atomversuchs-Fallout die 5 – 6fache Menge an Cs-137, doch nur 10 % der Menge an Sr-90 nieder, zusätzlich noch die kurzlebigeren Radionuklide Cs-134 und Jod-131. Caesium wird vor allem in tonreichen Böden stark gebunden und bewegt sich kaum; in Waldböden bleibt es in der obersten Humusschicht, von wo es in Pilze, Flechten und Moose und von diesen in Rehe oder Hasen übertritt. Strontium wird

pro Jahr etwa um 5 – 10 cm verlagert, geht aber kaum in Pflanzen über. Nennenswerte Wirkungen dieser radioaktiven Stoffe auf die Böden selbst und ihre Funktionen wurden nicht gefunden [D.5.1, D.5.3].

Organische Schadstoffe gelten grundsätzlich als abbaubar, doch kann der Abbau Zeiträume bis zu vielen Jahrzehnten beanspruchen. Dabei treten bis zur vollständigen Mineralisierung Zwischenprodukte (Metabolite) auf, die ihrerseits wegen – manchmal sogar stärkeren – Schadstoffeigenschaften beachtet werden müssen. Andere organische Stoffe werden wiederum sehr fest an Bodenpartikel gebunden und dadurch immobilisiert [D.5.4]. Aufgrund dieser Erkenntnisse wird empfohlen und z.T. gesetzlich geregelt, soweit möglich nur rasch abbaubare organische Stoffe zu verwenden, wobei in Kauf genommen wird, daß ihre akute Schädlichkeit oder Giftigkeit höher sein kann.

Unter den organischen Schadstoffen bedarf eine Gruppe besonderer Hervorhebung, weil ihre Ausbringung auf z.T. großen Flächen keine Nebenwirkung technisch-industrieller Prozesse, sondern voll beabsichtigt ist. Es handelt sich um Schutz-, Abwehr- und Bekämpfungsmittel gegen krankheitsübertragende oder anderweitig schädigende Organismen, die Nutzpflanzen und -tiere, andere schutzbedürftige Lebewesen sowie die menschliche Gesundheit beeinträchtigen und gefährden. Diese Mittel sind unter dem Sammelbegriff „Pestizide" bekannt und werden je nach Zielorganismen in Insekti-, Fungi-, Herbizide usw. aufgeteilt. In Deutschland (und anderen Ländern der gemäßigten Zonen) werden sie hauptsächlich in Landwirtschaft und Gartenbau, in sehr geringem Maß auch in der Forstwirtschaft eingesetzt. Das Verhalten von organischen Pestizidwirkstoffen in Böden veranschaulicht Bild D.5-1.

In der Landwirtschaft werden Pestizide nur selten direkt in die Böden eingebracht, sondern oberirdisch vor allem auf Pflanzen angewendet. Die Aufwandsmengen an Wirkstoffen liegen zwischen 10 und 1000 g/ha; wenn sie in den Boden eindringen, sind dies 10 µg/l bis 1 mg/l Boden bis 10 cm Tiefe [D.5.4]. In der ersten Zeit des chemischen Pflanzenschutzes (ca. 1940 – 1970) wurden breit wirksame, schwer abbaubare Mittel eingesetzt, insbesondere DDT und andere chlororganische insektizide Verbindungen. Wegen ihrer Anreicherung in Nahrungsketten bis zum Menschen wurden sie durch rascher abbaubare, spezifischer wirkende Substanzen ersetzt, ob-

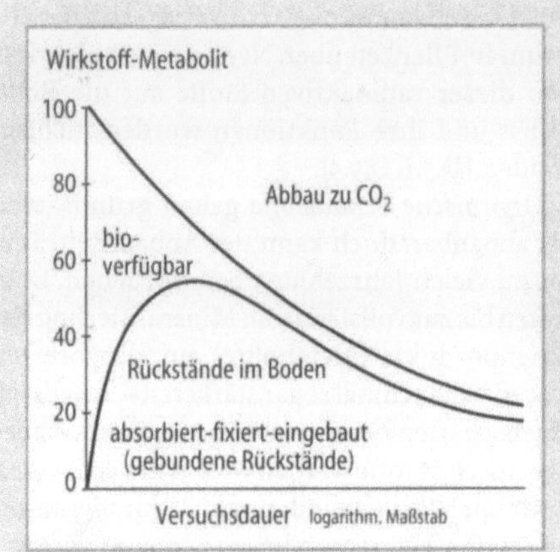

Bild D.5-1 Verhalten von organischen Pestizid-Wirkstoffen in Böden nach Versuchen von Führ [D.5.4]

wohl diese z. T. akut giftig sind (z. B. Phosphorsäureester, E 605). Schadwirkungen in Böden betreffen hauptsächlich deren Lebensraumfunktion; vor allem mehrfache Pestizidanwendungen im gleichen Jahr bewirken Depressionen der biologischen Aktivität der Bodenorganismen um 10 – 20 %, die aber nach wenigen Monaten wieder ausgeglichen werden. Die Pestizid-Anwendungen gehen nach einem Höhepunkt in den 70er Jahren wieder zurück, um Übergänge aus dem Boden in Grundwasser und Nahrungspflanzen auszuschließen. Die meisten Pestizide werden entweder in den Böden abgebaut oder fest gebunden; nachteilige Spätwirkungen können jedoch nicht ganz ausgeschlossen werden.

Alle Böden in Deutschland und vergleichbaren Industrieländern haben eine geringe *Grundbelastung* mit verschiedenen *toxischen organischen Chemikalien* aus Industrie, Verkehr, privaten Haushalten und Abfallbehandlungsanlagen (Tabelle D.5-1).

In der obersten Bodenschicht von Wäldern können die Belastungen 10 – 20fach höher sein und hier schädlich auf Bodentiere wirken. In städtisch-industriellen Gebieten und vor allem in der Umgebung von Emittenten sind die Gehalte oft um 1 – 2 Größenordnungen höher, und auch hier wird die Lebensraumfunktion der Böden z. T. stark beeinträchtigt, doch fehlen systematische Untersuchungen. Besonders toxisch auf Bodenmikroorganismen wirkt Pentachlorphenol (PCP). Stark erhöhte Gehalte an diesen Chemikalien findet man in Böden, auf die Klärschlämme aus Kläranlagen industriereicher Großstädte oder Baggerschlämme aus hoch belasteten Flüssen und Hafenbecken aufgebracht wurden.

Die Regelungsfunktion der Böden dürfte für die organischen Chemikalien gut wirksam sein, da sie meist relativ fest gebunden werden und/oder einem Abbau unterliegen. Dieser verläuft wegen der niedrigen Abbaufähigkeit vieler dieser Stoffe allerdings oft sehr langsam. So beträgt die Halbwertszeit der gefürchteten Dioxine im Boden 10 – 20 Jahre; ihre Bindung ist andererseits sehr fest, und angesichts der geringen Löslichkeit in Wasser (bei Tetrachlordibenzodioxin TCDD 2×10^{-7} g/l) erfolgt kaum ein Übergang in Grundwasser oder Pflanzen [D.5.5]. Kohlenwasserstoffgemische wie Heizöl werden dagegen weniger fest gebunden, doch auch rascher mineralisiert.

D.5.6 Schlußbetrachtung

Die Wirkungen von schädlichen Stoffeinträgen in Böden können allgemein mit den Begriffen Eutrophierung, Versalzung, Versauerung oder Kontamination („Vergiftung") gekennzeichnet werden. Die Reaktionen der Böden zeigen sich in Adsorption mit Austausch, Pufferung, Filterung, Abbau oder längerfristiger Bindung; sie werden stark durch Temperatur, Luft- und Wasserführung der Böden beeinflußt. Viele Einzelheiten dieser – oft sehr komplexen – Wirkungszusammenhänge sind noch nicht genügend be-

Tabelle D.5-1 Grundbelastung mit toxischen organischen Chemikalien [D.5.4]

Toxische organische Chemikalien	Grundbelastung
polychlorierte Biphenyle (PCB)	0,05 – 0,1 mg/kg
polycyclische aromatische Kohlenwasserstoffe (PAH)	0,02 – 0,04 mg/kg
Dioxine und Furane	1 ng/kg (TE)
Tri- und Tetrachlorethen	4 – 112 μg/m³ Bodenluft

kannt, zumal Böden für analytische Forschungen schwer zugänglich und im wahrsten Sinne des Wortes „undurchschaubar" sind.

Besondere Besorgnis über Schadstoffwirkungen gilt einerseits den für alle Bodenfunktionen unverzichtbaren Bodenorganismen. Obwohl die bodenbiologischen Kenntnisse auch noch lückenhaft sind, zeichnet sich die Erkenntnis einer außerordentlich großen Anpassungs- und Widerstandsfähigkeit der Boden-Mikroorganismen ab, die insbesondere auf ihrer riesigen Zahl (10^{12} Organismen je kg Boden!) und ihrer hohen und raschen Vermehrungsfähigkeit beruhen. Nachhaltige Schädigungen der Mikroorganismen treten daher nur bei Dauer-Schadstoffbelastungen auf, die größere Bodenvolumina lückenlos erfassen. Dagegen sind Bodentiere, Boden-Protozoen und ein Teil der Bodenpilze gegen Schadstoffe allgemein empfindlicher.

Besondere Besorgnis gilt außerdem dem Übergang von Schadstoffen aus den Böden entweder in Grundwasser, das als Trinkwasser Verwendung findet, oder in Pflanzen, die direkt oder über die weitere Nahrungskette der menschlichen Ernährung dienen. Solche Schadstoffübertritte in andere Ökosystembereiche führen allerdings zu einer Entlastung der Böden und sind daher nicht Gegenstand des Bodenschutzes im engeren Sinne.

Davon abgesehen ist zu beachten, daß die Umweltpolitik seit Ende des 20. Jh. vom Ziel der weitgehenden Frei- oder Fernhaltung von schädlichen Stoffen oder Stoffkonzentrationen bestimmt ist. Für den Bodenschutz ist dabei besonders zu berücksichtigen, daß Böden nicht oder nur in sehr begrenztem Umfang von aufgenommenen Stoffen befreit oder gereinigt werden können. Weder Versalzung noch Schwermetallanreicherung noch Ansammlung bestimmter organischer Verbindungen lassen sich ohne enormen technisch-chemischen Aufwand aus Böden wieder entfernen. Daher ist oberstes Gebot des Bodenschutzes, den Eintrag solcher Stoffe zu verhindern oder auf ein Mindestmaß zu beschränken. Darüber hinaus muß der Stoffgehalt der Böden in bestimmten Zeitabständen überprüft werden. Zwar beweist der bloße Nachweis von Stoffen, der dank ständig verfeinerter Analysentechnik bereits einzelne Moleküle erfassen kann, zunächst nur die Bindungsfähigkeit der Böden. Dagegen sind Veränderungen von Stoffgehalten oder Stoffübertritte in andere Umweltbereiche als umweltpolitische Warnsignale zu betrachten.

D.6 Lärmwirkungen

D.6.1 Schallbewertung

Unter „Lärm" werden im wissenschaftlichen Sprachgebrauch Schallereignisse oder Geräusche verstanden, die geeignet sind, die Betroffenen zu stören oder zu belästigen bzw. sie in ihrem körperlichen, seelischen oder sozialen Wohlbefinden zu beeinträchtigen [D.6.1, D.6.2]. Der Begriff „Lärm" bezeichnet also keine rein physikalische Größe, sondern enthält bereits die Bewertung eines Schallereignisses hinsichtlich seiner Wirkung auf den Empfänger. Folglich hängen Lärmwirkungen nicht nur von den physikalischen Eigenschaften des Schallereignisses ab, sondern ebenso von den Eigenschaften, Einstellungen und Tätigkeiten der betroffenen Person und von Merkmalen der Situation, in der die Einwirkung stattfindet. Insbesondere bei vegetativen und psychischen Reaktionen auf geringere Schallintensitäten läßt sich bislang nur ein geringer Teil der beobachteten Varianz in den Wirkungen durch die gängigen akustischen Parameter aufklären.

Die heutzutage in Normen und Regelwerken international anerkannten Meßverfahren beruhen überwiegend auf der Messung des Schalldruckpegels, also der physikalischen Lautstärke, in der logarithmischen Dezibelskala; der energieäquivalente Dauerschallpegel ist als brauchbarer und z. Zt. bestmöglicher Ein-Wert-Parameter für Schallbelastung anzusehen (vgl. Abschn. M.5). In der Geschichte der Lärmforschung ist immer wieder versucht worden, die Divergenz zwischen der meßtechnischen Beschreibung von Schallereignissen und deren Bewertung durch den Hörer zu verringern (vgl. [D.6.3, D.6.4]), z. B. durch andere „gehörrichtige" Meßverfahren [D.6.5] oder durch zusätzliche Angaben von Überschreitungspegeln, Ruhigkeitsmaßen usw. Insbesondere zur Beurteilung möglicher Gesundheitsbeeinträchtigungen empfiehlt sich die zusätzliche Berücksichtigung des *Maximalpegels* oder des *Spitzenpegels* L^1, der nur in 1 % der Meßdauer erreicht oder überschritten wird.

D.6.2 Allgemeine Lärmwirkungen

D.6.2.1 Überblick

Grundsätzlich ist zwischen auralen und extraauralen, nicht auf das Hörorgan bezogenen Lärmwirkungen zu unterscheiden. In beiden Be-

Anhaltswerte			Lärmwirkungen
Mittelungspegel L_m dB(A)		Maximalpegel L_{max} dB(A)	
außen	innen	innen	
–	38	40	Schlafqualitätsänderungen
–	–	40	Schwellenwert für physiologische Änderungen (EEG im Wachzustand)
–	45	–	Schwellenwert für Kommunikationsstörungen
45–55	–	–	Schwellenbereich für Bevölkerungsreaktionen (0 – 20 % Gestörte)
–	–	55	Vegetative Reaktionen im Schlaf
–	–	55	99 % Satzverständlichkeit
–	–	60	Schwellenwert für Aufwachen
–	–	60	Primäre Wirkungen (vegetativ)
65	–	–	Deutliche Bevölkerungsreaktionen (30 – 70 % Gestörte, 5 – 15 % Beschwerden)
–	–	75	Signifikante vegetative Wirkungen
80	–	–	60 – 90 % der Bevölkerung stark gestört
–	85	–	Beginn der Lärmschwerhörigkeit
–	–	100	Mögliche Grenze des physiologischen Gleichgewichts
–	–	≥ 130	Extraaurale Symptome mit Krankheitswert

reichen sind akute (reversible) und chronische (irreversible) Wirkungen zu beobachten. Insbesondere im extra-auralen Bereich sind kurzfristige Reaktionen, wie sie z.B. in Laboruntersuchungen auftreten, bei Schallintensitäten unterhalb der Lärmschwerhörigkeitsgrenze noch nicht als pathologisch anzusehen; bei häufiger Auslösung können diese normalen physiologischen Regulationsmechanismen jedoch auf Dauer destabilisiert werden und in chronische Funktionsstörungen mit Krankheitswert übergehen. Die Lärmbewertung ist in diesem Intensitätsbereich eine Frage der Abwägung unter wissenschaftlichen, juristischen und politischen Gesichtspunkten (vgl. [D.6.6]).

Tabelle D.6-1 gibt Anhaltswerte, bei welchen Schallpegeln verschiedene extra-aurale Lärmwirkungen beobachtet werden können. Zu betonen ist allerdings, daß die beobachtbaren Reaktionen aufgrund individueller und situativer Einflüsse um so stärker variieren, je geringer die gemessene Schallbelastung ist.

Die unterschiedlichen Wirkungsparameter verlangen eine entsprechende Vielfalt der Untersuchungsmethoden. Während sich akute physiologische Reaktionen und Veränderungen des Leistungs- und Kommunikationsverhaltens relativ gut in Laborexperimenten nachvollziehen lassen, können langfristige körperliche und psychische Beeinträchtigungen – z.B. durch jahre-

lange Exposition gegenüber Verkehrslärm – nur durch aufwendige Felduntersuchungen erfaßt werden.

D.6.2.2 Aurale Lärmwirkungen

Gesundheitsschädigende aurale Wirkungen bestehen vor allem in Funktionseinbußen der Haarzellen des Corti-Organs. Während der zeitweilige Hörverlust auf einer kurzzeitigen Überbeanspruchung der Sinneszellen beruht und sich nach einer entsprechenden Lärmpause zurückbildet, besteht bei einer jahrelangen täglichen Schallbelastung von mehr als 85 dB(A) Mittelungspegel ein zunehmendes Risiko irreversibler Innenohrschädigungen. Diese lärmbedingte Schwerhörigkeit unterscheidet sich von der altersbedingten Hörverlustkurve: Während bei der altersbedingten Hörminderung ein steiler Hörverlust in den hohen Frequenzen vorliegt, äußert sich der lärmbedingte Hörschaden in Form einer Hochtonsenke mit dem größten Hörverlust meist bei 4 kHz (c^5-Senke). Diese *Lärmschwerhörigkeit* ist als einzige nachgewiesene Lärmkrankheit anzusehen.

Im Gegensatz zum Lärm am Arbeitsplatz liegt im Umweltbereich i.d.R. keine kontinuierliche Schallbelastung dieser Intensität vor, so daß Hörschädigungen in diesem Zusammenhang vernachlässigt werden können. Hinzuweisen ist aber auf die Gefährdung durch extreme Einzelpegel, z. B. bei militärischen Tiefflügen, oder im Bereich des Freizeitlärms durch überhöhte Schallpegel bei Diskothekenbesuchen und Walkmanbenutzung.

D.6.2.3 Physiologische Lärmwirkungen

D.6.2.3.1 Zentrale und periphere Aktivierungsprozesse

Ausgangspunkt der physiologisch nachweisbaren Lärmreaktionen sind Aktivierungsprozesse des zentralen und vegetativen Nervensystems, wie sie unspezifisch nicht nur durch Schallreize, sondern durch eine ganze Reihe bekannter Stressoren hervorgerufen werden [D.6.7]. Diese kurzfristige zentralnervöse Erregung ist bei Momentanpegeln von 60 – 70 dB(A) in der elektrischen Gehirnaktivität ablesbar und kann Großhirnfunktionen und die Affektlage beeinflussen, aber auch über nervös und hormonell gesteuerte Wege in Regulationsmechanismen der peripheren Organe eingreifen.

Als sekundäre physiologische Reaktionen auf kurzzeitige Schallreize sind reflexartige Vorgänge im peripheren Bereich festzustellen (Orientierungs- und Defensivreaktionen), zu denen Änderungen der Muskelspannung und der Hautleitfähigkeit gehören können, ferner Pupillenerweiterung, respiratorische Reflexe, geringe Veränderungen der Herzfrequenz und des Blutdrucks.

Als besonders aussagefähiger Parameter für die physiologische Wirkung von Schallreizen hat sich die Fingerpulsamplitude (FPA) erwiesen (Bild D.6-1), die indirekt die periphere Durchblutung anzeigt [D.6.8]. Im Unterschied etwa zu Herzfrequenz und Blutdruck zeigt sich hier eine eindeutige und monotone Beziehung zwischen Schallpegel und Ausmaß der Amplitudenverringerung. Außerdem zeigt die FPA auch bei minutenlang anhaltendem Schallreiz charakteristische Veränderungen (Bild D.6-2): Nach der Initialreaktion, einem jähen Abfall der Amplitude um 21 – 64 % des Ausgangswerts, zeigt die FPA bei anhaltender Beschallung während der nächsten Minuten eine Rückregulation zum Ausgangswert (Spätreaktion). Nach Reizende kann eine Off-Reaktion, d. h. eine erneuter Abfall der Amplitude, und eine erneute Rückregulation beobachtet werden.

Langzeituntersuchungen zeigten, daß gerade diese späten FPA-Reaktionen auf Schallreize nach mehrjähriger beruflicher Lärmexposition deutlich abgeschwächt auftreten. Bei jahrelanger täglicher Lärmexposition kann aus diesen ursprünglich physiologischen Anpassungsvorgängen eine chronische Fehlsteuerung resultieren, die zur Entstehung von Bluthochdruck und koronarer Herzerkrankung beiträgt (vgl. Abschn. D.6.4.1).

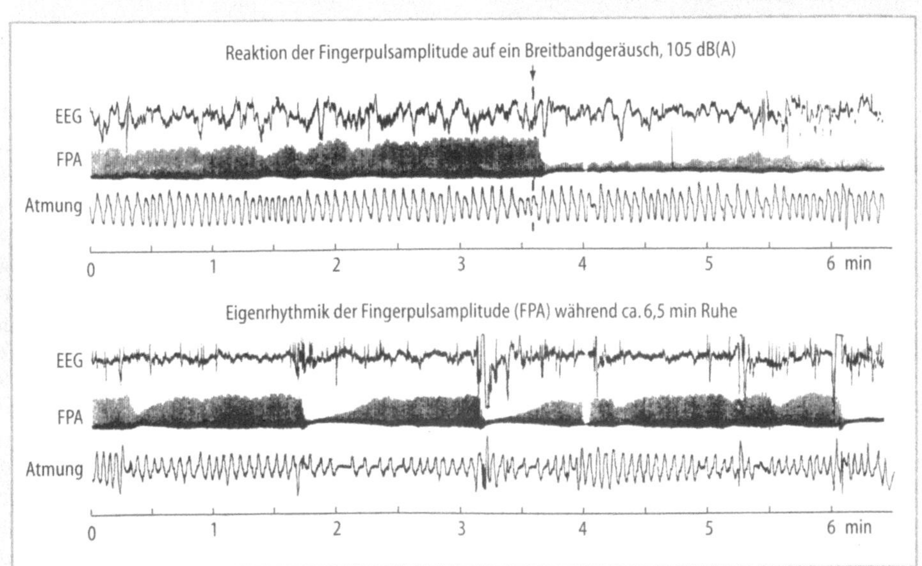

Bild D.6-1 6minütige Originalregistrierungen von Fingerpulsamplitude (FPA), Elektroencephalogramm (EEG) und Atmung in Ruhe (unten) und unter Beschallung mit einem Breitbandgeräusch von 105 dB(A) (oben)

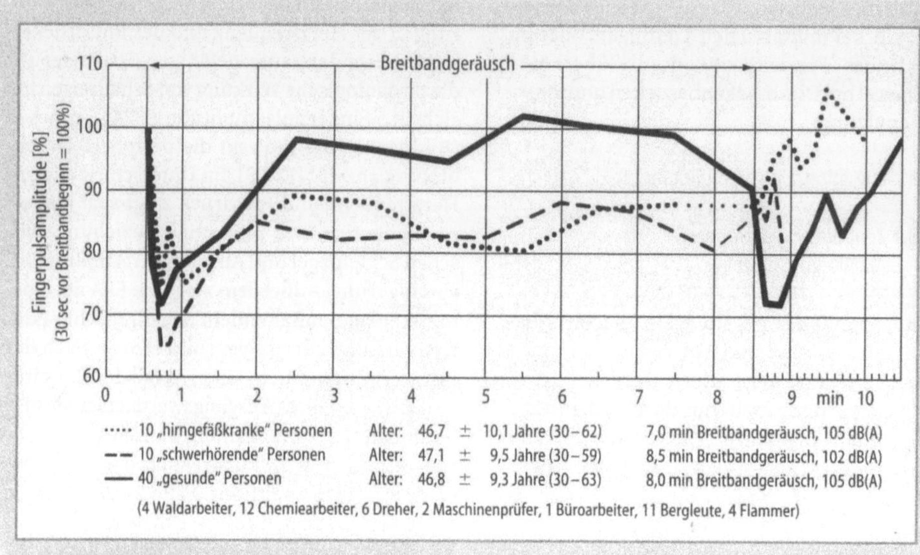

Bild D.6-2 Veränderungen der Fingerpulsamplitude während Schallbelastung (in % der Ausgangslage) für drei verschiedene Stichproben: hirngefäßkranke, schwerhörende und gesunde Personen

D.6.2.3.2 Biochemische und endokrine Reaktionen

Eine Fülle von Arbeiten beschäftigt sich mit dem Nachweis von Lärmwirkungen im menschlichen Stoffwechsel und im Hormonhaushalt [D.6.9]. Insgesamt sind die Ergebnisse bisher sehr widersprüchlich, so daß zwar eine unspezifische hormonelle Streßreaktion auf kurzzeitige Lärmexposition gesichert ist, aber keine darüber hinausgehende pathogene Langzeitwirkung auf das endokrine System.

In jüngster Zeit wird aufgrund von Tierversuchen ein Zusammenwirken von Lärmbelastung und Mangel an Serum-Magnesium bei der Entstehung von Hypertonie diskutiert. Inwiefern sich lärmbedingte Störungen des Magnesium-Stoffwechsels auch beim Menschen als gesundheitlicher Risikofaktor erweisen werden, bleibt vorerst offen.

D.6.2.3.3 Lärmbedingte Schlafstörungen

Schlafstörungen werden von Beschwerdeführern als mit Abstand häufigste Lärmfolge beklagt. Primäre oder direkte Lärmwirkungen können sich äußern in erschwertem oder verzögertem Einschlafen, als Aufwachreaktion oder als Änderung des Schlafverhaltens ohne Aufwachen [D.6.10]. Im Schlaf-EEG läßt sich häufig eine Verkürzung der Tiefschlaf- und der Traumschlafzeit (REM-Phase) nachweisen. Diese EEG-Reaktionen variieren beträchtlich mit den akustischen Charakteristika der Schallreize; informationshaltige Geräusche und starke Pegelschwankungen sind besonders ungünstig, während breitbandige, gleichförmige Geräusche relativ schnell zur Habituation (Gewöhnungsreaktion) führen. Auch verstärkte Körperbewegungen sind zu beobachten, ferner vegetative Aktivierungsreaktionen (Veränderung der Herzfrequenz und der peripheren Vasokonstriktion), deren Auslöseschwelle im Schlaf niedriger liegt als im Wachzustand [D.6.11].

Indirekte Nachwirkungen lärmgestörten Schlafs lassen sich am folgenden Tag feststellen als Minderung der subjektiv empfundenen Schlafqualität und als Stimmungsveränderung, aber auch in Form reduzierter Reaktions- und Leistungsfähigkeit. Lärmempfindliche Personen erleben bereits nach nächtlichen Maximalpegeln von 45 dB(A) Nachwirkungen gestörten Schlafs und Müdigkeit am darauffolgenden Tag. Ob die experimentell gewonnenen Ergebnisse über lärmbedingte Schlafstörungen auf das Schlafverhalten von Anwohnern verkehrsreicher Straßen zu übertragen sind, ist in mehreren Feldstudien untersucht worden. Einerseits scheinen Veränderungen der Schlaftiefe unter Feldbedingungen seltener aufzutreten als im Laborexperiment; andererseits läßt sich auch nach längerer nächtlicher Schallexposition keine Adaptation akuter physiologischer Reaktionen feststellen.

Auswirkungen von Schadstoffen, Lärm und Strahlen

Die wissenschaftliche Beurteilung der Gesundheitsgefährdung durch andauernde nächtliche Schallexposition ist noch nicht abgeschlossen. Nach heutigem Kenntnisstand lassen sich Schlafstörungen weitgehend vermeiden, wenn der Mittelungspegel 30 dB(A) und die Pegelspitzen 40 dB(A), jeweils am Ohr des Schläfers gemessen, nicht überschreiten [D.6.11, D.6.12]. Als gesundheitsbeeinträchtigend müssen auf jeden Fall lärmbedingte Schlafunterbrechungen, also *Aufwachreaktionen*, angesehen werden, wie sie bei Maximalpegeln am Ohr des Schlafenden ab $L_{Amax} = 60$ dB zu erwarten sind. Bei wenigen lauten Einzelereignissen, wie sie für nächtlichen Schienen- oder Flugverkehr typisch sind, sollte neben dem Pegel auch die Anzahl der Verkehrsbewegungen berücksichtigt werden.

D.6.2.4 Psychosoziale Lärmwirkungen

D.6.2.4.1 Lärmbelästigung

Nur selten laufen physiologische oder verhaltensmäßige Reaktionen auf intensive Schallreize unbewußt oder, wie im Falle von Freizeitmusik, emotional positiv besetzt ab; i.d.R. werden sie von einer bewußten negativen Bewertung auf kognitiver und emotionaler Ebene begleitet [D.6.7]. Verbunden ist diese affektive Reaktion meist mit der erlebten Störung von Aktivitäten oder Intentionen, z.B. Störung von Ruhe, Entspannung und Schlaf, von Kommunikation oder Arbeitsaufgaben usw. Andererseits kann das Gefühl der Belästigung wiederum physiologische Reaktionen oder Erlebnisse von Störung verstärken oder in Gang halten. Die subjektiv erlebte „Belästigung" oder „Beeinträchtigung des Wohlbefindens" stellt also einen entscheidenden Faktor in der menschlichen Schallwahrnehmung und in der Beurteilung von Risiken für den Gesundheitszustand dar.

Für die Forschung sind die erfragten Lästigkeitsurteile von Betroffenen auch deshalb von Bedeutung, weil sich darin stärkere Zusammenhänge mit akustischen Kennwerten zeigen als bei medizinischen oder anderen „objektiv" meßbaren Variablen [D.6.1]. Diese Urteile, auf einen bestimmten Schallreiz bezogen, streuen beträchtlich; dies ist angesichts der situativen Komponente und individuellen Unterschiede in der affektiven Grundhaltung naheliegend. Immerhin wird an der erlebten Belästigung deutlich, daß man unterschiedliche Geräuschquellen nicht nur anhand des Schallpegels vergleichen kann, sondern sowohl zusätzliche akustische Variablen wie auch Gesichtspunkte der Person und der Situation berücksichtigen muß.

Sozialwissenschaftliche Untersuchungen belegen, daß sich bei Mittelungspegeln von $L_{eq} = 65$ dB(A) wenigstens 30 % der Bevölkerung gestört fühlen. Bei Außenpegeln von $L_{eq} \leq 55$ dB(A) dürfte sich tagsüber kaum jemand ernstlich belästigt fühlen, während abends oder nachts 5 – 10 dB weniger anzusetzen wären.

D.6.2.4.2 Lärmbedingte Leistungsstörungen

Leistungsstörungen gehören zu den häufig genannten und als erheblich beklagten Lärmwirkungen [D.6.13]. Die vorliegenden Laboruntersuchungen ergeben jedoch ein uneinheitliches Bild, vor allem wegen der großen Unterschiede in der Untersuchungsmethodik und in der Auswahl der verwendeten Schallreize. Aussagen für Belastungssituationen unterhalb eines Mittelungspegels von 85 dB(A) müssen daher noch weitere akustische Variablen berücksichtigen, ferner die Anforderungen der Arbeitsaufgabe, die persönlichen Voraussetzungen des Betroffenen und eventuelle zusätzliche Belastungen.

Grundsätzlich können alle mentalen Leistungen und solche körperlichen Tätigkeiten, die einer besonderen geistigen Kontrolle bedürfen, bereits durch Mittelungspegel ab 45 dB(A) beeinträchtigt werden [D.6.14]. Übereinstimmung besteht darin, daß die Arbeitsstörung durch jede Art von Auffälligkeit des Schallreizes verstärkt wird, also durch intermittierenden, unvorhersehbaren Lärm, unregelmäßige Pegelschwankungen, hochfrequente Anteile oder besondere Ton- und Informationshaltigkeit (z.B. Sprache).

In vielen Belastungssituationen wird die lärmbedingte Leistungseinbuße durch erhöhten Aufwand, z.B. zusätzliche Konzentrationsanstrengungen, kompensiert, so daß vorübergehend sogar Leistungssteigerungen auftreten. Zahlreiche Untersuchungen belegen aber eine Nachwirkung des Lärms über den Belastungszeitraum hinaus, die sich in Form erhöhter Ermüdung oder herabgesetzter Konzentrationsfähigkeit und Belastbarkeit zeigen kann.

D.6.2.4.3 Lärmbedingte Kommunikationsstörungen

Die Sprachverständlichkeit ist ein sehr empfindlicher Indikator für die Störwirkung von Lärm, da sich das Ausmaß, in dem Kommunikationsschall durch unerwünschten Störschall ver-

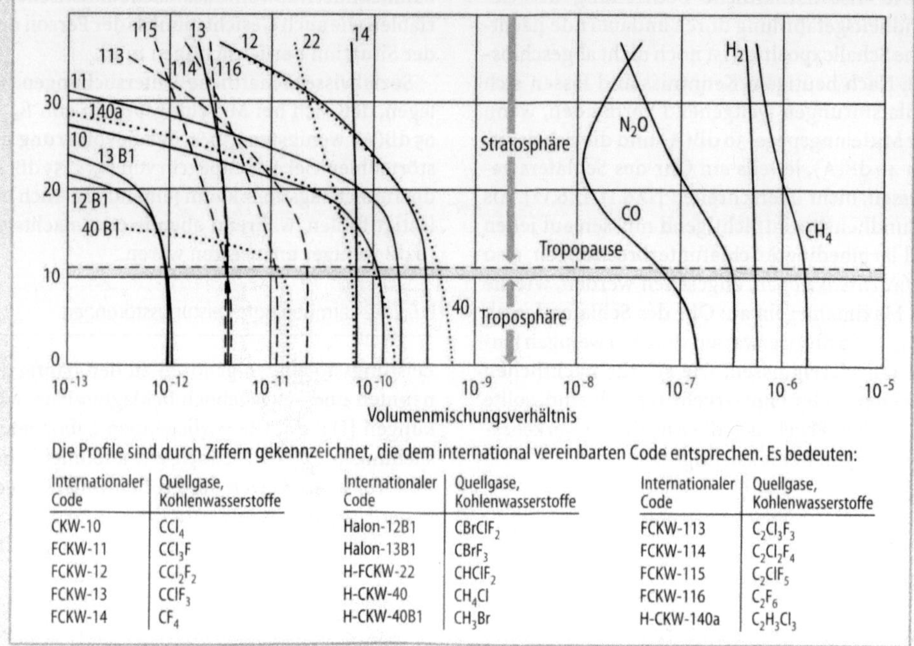

Die Profile sind durch Ziffern gekennzeichnet, die dem international vereinbarten Code entsprechen. Es bedeuten:

Internationaler Code	Quellgase, Kohlenwasserstoffe	Internationaler Code	Quellgase, Kohlenwasserstoffe	Internationaler Code	Quellgase, Kohlenwasserstoffe
CKW-10	CCl_4	Halon-12B1	$CBrClF_2$	FCKW-113	$C_2Cl_3F_3$
FCKW-11	CCl_3F	Halon-13B1	$CBrF_3$	FCKW-114	$C_2Cl_2F_4$
FCKW-12	CCl_2F_2	H-FCKW-22	$CHClF_2$	FCKW-115	C_2ClF_5
FCKW-13	$CClF_3$	H-CKW-40	CH_4Cl	FCKW-116	C_2F_6
FCKW-14	CF_4	H-CKW-40B1	CH_3Br	H-CKW-140a	$C_2H_3Cl_3$

Bild D.2-3 Vertikalprofile atmosphärischer Quellgase in mittleren nördlichen Breiten nach Analysen stratosphärischer Luftproben. Neben den natürlichen Quellgasen CH_4, H_2, N_2O, CO und CH_3Cl(CFC-40) sind halogenierte Kohlenwasserstoffe dargestellt, die aus anthropogenen Quellen stammen. Diese Darstellung veranschaulicht, daß neben Methychlorid, CFC-11 und CFC-12 eine ganze Reihe weiterer chlorierter Kohlenwasserstoffe zum stratosphärischen Chlor-Budget beitragen [D.2.3].

deckt wird, durch spezielle Meßverfahren erfassen läßt [D.6.15]. Die Störung hängt nicht nur von der Pegeldifferenz und den Frequenzspektren der beiden Schalle ab, sondern auch von der Deutlichkeit der Artikulation, dem Informationsgehalt des Textes und dem Vorverständnis des Hörers, der Möglichkeit von Sichtkontakt und den akustischen Verhältnissen des umgebenden Raumes [D.6.16]. Kinder und Personen mit Hörstörungen werden in ihrer Sprachverständlichkeit weit eher gestört als Normalhörende.

Der mittlere Sprachpegel, gemessen in 1 m Abstand, beträgt bei ruhiger Sprechweise 50 – 55 dB(A), bei mittlerer Sprechweise 55 – 65 dB(A); bei breitbandigen Umweltgeräuschen ist die Sprachverständlichkeit praktisch nicht beeinträchtigt, wenn der Störgeräuschpegel mindestens 10 dB(A) unter dem Sprachpegel liegt [D. 6.17]. Soll auch über mehrere Meter Entfernung noch eine Unterhaltung ohne Anstrengung möglich sein, sind Störpegel von 40 dB(A) im Wohnbereich und 50 dB(A) im Außenwohnbereich als Schwellenwerte anzusehen [D.6.2].

Behinderungen der sprachlichen Kommunikation durch Lärm führen meist zu Verhaltensänderungen: lauteres Sprechen, angestrengte-

res Zuhören, Unterbrechung der Unterhaltung, Schließen der Fenster u. ä. Diese erzwungenen Maßnahmen erzeugen zusätzliche Verärgerung und tragen dazu bei, daß Kommunikationsstörungen bei Bevölkerungsumfragen als besonders stark erlebte Belästigung angegeben werden.

D.6.2.4.4 Moderatoren der Lärmbelästigung

Die Lärmforschung versucht, die Wirkweise nicht- akustischer Einflußgrößen mit dem sog. *Moderator-Modell* zu erklären: Ein Schallreiz ruft in einer betroffenen Person grundsätzlich eine Reaktion hervor, aber moderierende Faktoren, die selbst nicht vom Ausmaß der akustischen Belastung abhängen, steuern das Ausmaß dieser Reaktionstendenz in Richtung einer Verstärkung oder Abschwächung. Bei diesen Moderatoren handelt es sich vorwiegend um individuelle oder auch gesellschaftlich vorherrschende Einstellungen, Überzeugungen und Werturteile, z.B. die generelle Einstellung zu einer Geräuschquelle, zum Lärmerzeuger oder die Erwartungen hinsichtlich einer bestimmten Situation oder Umgebung [D.6.1]. Als „lärmempfindlich" eingestufte Personen zeigen sowohl stärkere

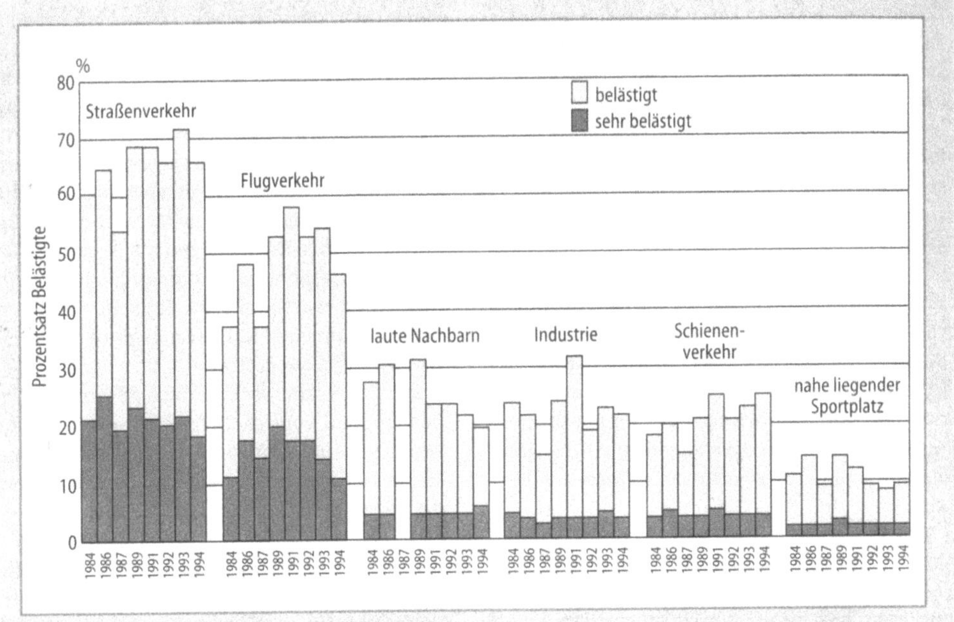

Bild D.6-4 Belästigung durch Umweltlärm für verschiedene Geräuschquellen in den alten Bundesländern (nach [D.6.19])

physiologische Reaktionen in Laboruntersuchungen wie auch häufigere psychische Beschwerden infolge langjähriger Belastung durch Umweltlärm. Bild D.6-3 verdeutlicht das Wirkungsgefüge von Belastungsfaktoren, Moderatorvariablen und Beanspruchungsparametern in der Lärmforschung.

D.6.3 Lärmwirkungen spezifischer Geräuschquellen in der Umwelt

D.6.3.1 Belästigung durch Umweltlärm

Zwei Besonderheiten des Umweltlärms sind hervorzuheben, die bestimmte Auswirkungen in den Vordergrund rücken:
- Überwiegend handelt es sich um mittlere Schallintensitäten, die aber u. U. über viele Jahre und – z. B. bei Straßenverkehrslärm – ständig einwirken, so daß irreversible extra-aurale Wirkungen zu befürchten sind.
- Stärker als etwa beim Arbeitslärm kann der Betroffene in vielfältigen Lebenssituationen, in denen er Ruhe wünscht, durch Umweltlärm gestört werden. Die subjektive *Lärmbelästigung* – mit ihren möglichen gesundheitsbeeinträchtigenden Folgen – spielt deshalb im Umweltbereich eine entsprechend größere Rolle.

Lästigkeitsempfindungen der Bevölkerung spiegeln am deutlichsten wider, welche spezifischen Geräuschquellen in der Umwelt medizinisch und umweltpolitisch besonderes Augenmerk verdienen. Neben dem unterschiedlichen Verbreitungsgrad der einzelnen Geräuschquellen fließen darin auch deren akustische Besonderheiten ein [D.6.12, D.6.18]. Repräsentative Meinungsfragen haben in den letzten 20 Jahren immer wieder bestätigt, daß der Straßenverkehrslärm mit deutlichem Abstand das Umweltlärmproblem Nummer 1 darstellt, von dem sich mittlerweile zwei Drittel der Bevölkerung belästigt fühlen (Bild D.6-4). Allerdings verdient auch der Fluglärm aus verschiedenen Gründen besondere Beachtung: zum einen hat sich die Zahl der hierdurch Belästigten seit den 70er Jahren drastisch erhöht, zum anderen kann der Grad der Belästigung bei den direkt Betroffenen angesichts der hohen Spitzenpegel extrem stark sein. Trotz aller Bemühungen um Lärmbekämpfung in den letzten Jahrzehnten nimmt der Prozentsatz durch Umweltlärm belästigter Bürger insgesamt zu, auch wenn die Intensität der Belästigung, wie sich am Anteil „sehr belästigter" Personen ablesen läßt, in etwa konstant bleibt.

Seit 1991 werden auch die Bewohner der neuen Bundesländer in die Befragung einbezogen [D.6.19]. Zwischen alten und neuen Bundesländern ergeben sich kaum Unterschiede in der Rangfolge der verschiedenen Lärmquellen hinsichtlich des Ausmaßes der von ihnen ausgehenden Belästigung. Lediglich im Prozentsatz der jeweils betroffenen Bürger zeigen sich einige Differenzen: In den neuen Bundesländern sind prozentual weniger Menschen von Fluglärm betroffen, dafür aber weit mehr durch Straßenverkehrslärm und auch Industrielärm.

Das Ausmaß der Belästigung differiert sehr stark mit der Größe der Gemeinde. Vom Straßenverkehrslärm fühlen sich z. B. in den alten Bundesländern vor allem die Bewohner der Großstädte belästigt, während in den neuen Bundesländern die mittelgroßen Gemeinden die stärkste Ausprägung zeigen. Der Fluglärm ist in Großstädten weniger relevant als in kleinen Gemeinden.

D.6.3.2 Gesundheitliche Risiken durch Umweltlärm

Herz-Kreislauf-Erkrankungen stehen hinsichtlich Morbidität und Mortalität in der BRD an herausragender Stelle; ferner zeigt Abschn. D.6.2.3, daß chronische Lärmwirkungen am ehesten im kardiovaskulären Bereich zu erwarten sind. Felduntersuchungen zur Auswirkung von Straßen- und Flugverkehrslärm auf die Gesundheit beziehen sich daher überwiegend auf Blutdruckerhöhung und andere Indikatoren einer kardiovaskulären Gefährdung. Die Vielzahl epidemiologischer Studien zu diesem Thema kann hier nicht vorgestellt werden (vgl. [D.6.18]). Insgesamt ist festzustellen, daß auch neuere Langzeitstudien die sehr widersprüchliche Befundlage nicht aufklären konnten. Aus den vorliegenden Hinweisen auf Blutdruckerhöhung und höheres Herzinfarktrisiko bei langjähriger Belastung durch Verkehrslärm lassen sich, u. a. wegen der großen methodischen Unterschiede zwischen den Studien, bisher keine allgemeinen Schlußfolgerungen ziehen.

Hinsichtlich Fluglärm sind auch andere gesundheitliche Risiken untersucht worden. Zu der Frage, ob nächtlicher Fluglärm auf Dauer zu gesundheitsgefährdenden Schlafstörungen führt, kommen auch die jüngsten Untersuchungen zu widersprüchlichen Ergebnissen. Psychische Störungen aufgrund von Fluglärmbelastung wurden in mehreren Studien der 70er Jahre berichtet; mittlerweile ist deutlich geworden, daß diese Ergebnisse eher auf einem Zusammenhang zwischen subjektiver Lärmempfindlichkeit und

verstärkten psychischen Beschwerden beruhen [D.6.15].

Inwiefern Kinder in ihrer körperlichen und psychischen Entwicklung durch Fluglärm besonders beeinträchtigt werden, läßt sich anhand der vorliegenden Befunde nicht abschließend beurteilen. In mehreren Untersuchungen wurden bei Schulkindern, die in der Nähe eines Flughafens leben, Auswirkungen auf kognitive Fähigkeiten festgestellt. Nach mehrjähriger Lärmexposition waren sowohl Konzentration und Aufmerksamkeit wie Leistungsmotivation und Arbeitsverhalten gestört.

Der insgesamt recht unbefriedigende Stand der epidemiologischen Forschung zu gesundheitlichen Auswirkungen von Umweltlärm hängt sicher zum einen mit methodischen Problemen der bisherigen Studien zusammen (vgl. [D.6.18]); zum anderen schlägt sich hier das Problem nieder, daß Lärm im extra-auralen Wirkungsbereich nur als Mitverursacher in einer komplexen Wirkungskette zu sehen ist (s. Abschn. D.6.4.1), so daß sich z. B. für Herz-Kreislauf-Erkrankungen die spezifische Gefährdung durch Lärmbelastung nur schwer isoliert abschätzen läßt.

D.6.4 Beurteilung der Wirkungen von Umweltlärm

D.6.4.1 Multifaktorielles Modell der Lärmwirkungen

Lärm ist nach dem heutigen Kenntnisstand als Risikofaktor anzusehen, der – meist im Zusammenwirken mit anderen Belastungsfaktoren – gesundheitliche Beeinträchtigungen hervorrufen kann [D.6.2]. Insbesondere die Befunde zur Veränderung der peripheren Gefäßverengung erlauben es, Lärm als unspezifischen Streßreiz in ein multifaktorielles Risikomodell für kardiovaskuläre Erkrankungen einzuordnen, dem hohe biologische Plausibilität zukommt (Bild D.6-5).

In diesem Modell werden primäre und sekundäre Risikofaktoren unterschieden. Die primären Faktoren sind somatischen Ursprungs, d. h. auf physiologischer Ebene beschreibbar. Die sekundären Faktoren, die auf psychologischer bzw. soziologischer Ebene erfaßbar sind, beeinflussen die primären Faktoren (oder rufen sie sogar erst hervor), indem emotionale Prozesse im zentralen und vegetativen Nervensystem als Auslöser für biochemische und hormonale Veränderungen wirken. Bild D.6-5 spiegelt die zahlreichen Verflechtungen wider, über die sich ko-

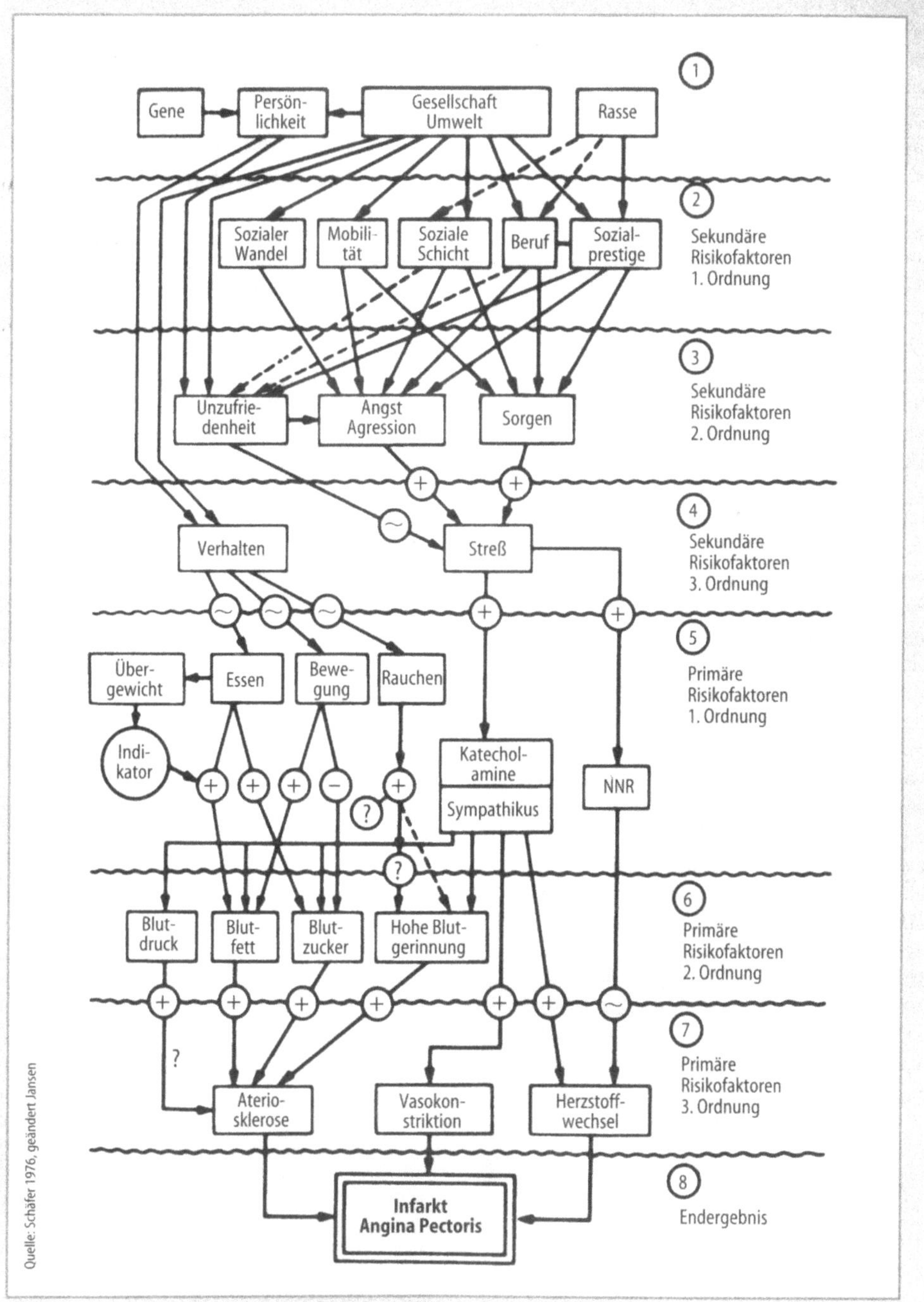

Bild D.6-5 Primäre und sekundäre Risikofaktoren für kardiovaskuläre Erkrankungen

ronare Herzerkrankungen auf ein Zusammenwirken somatischer, psychischer und sozialer Einflüsse zurückführen lassen. Vasokonstriktion scheint dabei eine besonders wichtige Rolle zu spielen als Vorbedingung für die Manifestation kardiovaskulärer Störungen. Wenn eine lärmbedingte Vasokonstriktion mit einem bestimmten Zustand des Herzstoffwechsels und Ausmaß von Arteriosklerose zusammentrifft, besteht eine hohe Wahrscheinlichkeit für die Entwicklung kardiovaskulärer Erkrankungen. Der Risikofaktor Lärm scheint in diesem Wirkungsgefüge eine geringere Bedeutung zu haben als Lebensgewohnheiten wie Rauchen, Essen oder körperliche Bewegung. Desto dringlicher erscheint es, die Wirkungen von Mehrfachbelastungen zu untersuchen, da bislang noch weitgehend ungeklärt ist, in welcher Weise gleichzeitig einwirkende Umweltbelastungen interagieren.

D.6.4.2 Lärmschutz aus medizinischer Sicht

Aus medizinischer Sicht ist zu kritisieren, daß die bestehenden Grenz- und Richtwerte zum Schutz der Bevölkerung ausschl. auf Mittelungspegeln beruhen (vgl. Abschn. B.2.2). Während dieser Maßstab für die Beurteilung von Belästigungsreaktionen, in denen die Häufigkeit von Schallereignissen eine große Rolle spielt, durchaus berechtigt ist, sollte für mögliche gesundheitliche Risiken zusätzlich der Maximalpegel einbezogen werden. In Bild D.6-6 werden Bewertungsstufen für extra-aurale Lärmwirkungen auf der Grundlage des heutigen Kenntnisstands vorgeschlagen, die sich am Maximalpegel orientieren. Es wird angenommen, daß keine strenge mathematische Funktion zwischen Lärmbelastung und -beanspruchung existiert, sondern eine mit steigenden Maximalpegeln zunehmende Wahrscheinlichkeit, daß Betroffene physiologische Reaktionen zeigen, die bei häufiger Auslösung pathogene Wirkung haben können. Maximalpegel zwischen 90 und 100 dB(A) sollten daher Anlaß sein, Präventivmaßnahmen einzuleiten. Aber auch geringere Maximalpegel stellen bereits in bestimmten Situationen und für bestimmte Personen Belastungen dar, die medizinisch nicht als unbedenklich angesehen werden können.

D.7 Immissionen ionisierender Strahlen und ihre Wirkungen

D.7.1 Einführung

Die Strahlenexposition unserer Bevölkerung stammt aus verschiedenen, sehr unterschiedlichen Quellen. Seit es Leben auf dieser Erde gibt, ist es einer natürlichen Strahlenexposition ausgesetzt. Mit der Entdeckung der Röntgenstrahlen und der natürlichen Radioaktivität Ende des vorigen Jahrhunderts kamen anthropogene Strahlenexpositionen hinzu. Die Kernspaltung in den 30er Jahren dieses Jahrhunderts hat dazu geführt, daß die Menschheit durch die kriegerische und friedliche Nutzung von Atombomben bzw. Kernenergie zusätzlichen Strahlenquellen ausgesetzt ist.

Vergleicht man die Höhe dieser Expositionen, so entfällt im Mittel pro Kopf der Bevölkerung der höchste Anteil auf die natürliche Strahlenexposition, es folgen die medizinischen Strahlenexpositionen und schließlich Expositionen, die durch Kernspaltung bedingt sind (Tabelle D.7-1). In diesem Kapitel sollen die Expositionen aus natürlichen Strahlenquellen und durch kern-

Tabelle D.7-1 Mittlere Dosis (Effektive Dosis) der Bevölkerung der Bundesrepublik Deutschland 1990 [D.7.2]

1. Natürliche Strahlenexposition	ca. 2,4 mSv
1.1 durch kosmische Strahlung	ca. 0,3 mSv
1.2 durch terrestrische Strahlung von außen	ca. 0,5 mSv
1.3 durch Inhalation von Radon und Folgeprodukte (Lungendosis ca. 10,8 mSv)	ca. 1,3 mSv
1.4 durch Ingestion von radioaktiven Stoffen	ca. 0,3 mSv
2. Zivilisatorische Strahlenexposition	ca. 1,55 mSv
2.1 durch Anwendung radioaktiver Stoffe und ionisierter Strahlen in der Medizin	ca. 1,5 mSv
2.2 durch kerntechnische Anlagen	< 0,01 mSv
2.3 durch andere Quellen und Tätigkeiten	ca. 0,04 mSv
3. Strahlenexposition durch den Reaktorunfall Tschernobyl	ca. 0,025 mSv

Stufenbereich L_{max}	Bewertungsstufen	Beanspruchungsintensität	
> 120 dB(A)	VII	Über-	sehr wahrscheinlich
> 110 – 120 dB(A)	VI	bean-	wahrscheinlich
> 100 – 110 dB(A)	V	spruchung	möglich
> 90 – 100 dB(A)	IV	Grenzbereich	
> 80 – 90 dB(A)	III	belastet	
> 70 – 80 dB(A)	II	gering belastet	
> 60 – 70 dB(A)	I	sehr gering belastet	

Bild D.6-6 Bewertungsstufen für extra-aurale Lärmwirkungen technische Anlagen beschrieben werden. Im Anschluß daran werden die biologisch-medizinischen Strahlenwirkungen auf den Menschen besprochen werden.

Ionisierende Strahlen können durch Maschinen erzeugt werden, oder sie entstehen beim radioaktiven Zerfall von instabilen Isotopen chemischer Elemente (Radionuklide). Bei denjenigen Strahlenarten, die durch Maschinen erzeugt werden, spielen im praktischen Strahlenschutz vor allem Röntgenstrahlen und schnelle Neutronen eine wichtige Rolle. Röntgenstrahlen entstehen durch den Beschuß von Materie mit Elektronen, die im Hochspannungsfeld der Röntgenröhre beschleunigt werden. Die Röntgenstrahlung besteht aus Photonen mit einem Spektrum sehr unterschiedlicher Strahlenenergien. Auch schnelle Neutronen können durch Maschinen, z.B. einem Zyklotron, erzeugt werden, dabei gibt es ebenfalls ein Spektrum sehr unterschiedlicher Energien. Neutronen entstehen ferner bei der Kernspaltung im Reaktor. Beim Abschalten des Geräts bzw. der Maschine kommt es zum Stillstand der Strahlenexposition.

Dieses ist völlig anders gelagert beim radioaktiven Zerfall. Instabile Isotope eines Elements unterliegen dem radioaktiven Zerfall. Es entstehen dabei energiereiche Partikel bzw. Strahlen (α-, β- und γ-Strahlen). Durch quantenhafte Absorption ihrer Energie in der Materie werden Aktivierungsprozesse und Ionisationen und über chemische, biochemische sowie andere Ereignisse Folgewirkungen hervorgerufen. Die Geschwindigkeit des radioaktiven Zerfalls charakterisiert man durch die physikalische Halbwertzeit, also die Zeit, in der jeweils die Hälfte der gerade vorhandenen radioaktiven Atome zerfallen ist. Der Rest strahlt dann mit entsprechend geringerer Intensität. Der radioaktive Zerfall folgt einem Exponentialgesetz. Es gibt Radionuklide mit Halbwertzeiten zwischen Millisekunden und 100 Milliarden Jahren. Je länger die Halbwertzeit ist, umso länger strahlt eine gegebene Masse eines Radionuklids, aber umso schwächer strahlt sie auch. Die Aktivität einer radioaktiven Substanz wird in Becquerel (Bq) angegeben (1 Bq = 1/s). Die früher verwendete Einheit war das Curie (Ci) (1 Ci = 3,7 $\cdot$ 10^{10} Bq). Aus der großen Zahl von Radionukliden kommt nur ein kleiner Teil in nennenswerter Menge in der Natur vor und ebenso sind auch von den vielen Radionukliden, die in kerntechnischen Anlagen entstehen, nur wenige für die Strahlenexposition des Menschen von Bedeutung.

Beim Zerfall einiger Radionuklide entstehen α-Teilchen (z.B. Ra-226 $\rightarrow$ Rn-222 + α). α-Teilchen sind die Atomkerne des Heliums; die Abgabe eines α-Teilchens beim radioaktiven Zerfall hat zur Folge, daß sich das Atomgewicht der zerfallenden Atomkerne um 4, die Ordnungszahl um 2 Einheiten vermindert. Das Zerfallsprodukt (Tochternuklid) ist also ein Isotop eines Elements mit niedrigerer Ordnungszahl. Es kann seinerseits wieder radioaktiv sein. Die Abgabe eines β-Teilchens führt beim Zerfall des instabilen Atomkerns zur Erhöhung der Ordnungszahl um eine Einheit (z.B. Sr-90 $\rightarrow$ Y-90 + β^-). Es entsteht also ein – möglicherweise radioaktives – Isotop des nächst höheren Elements. Die Emission eines Photons ändert nur den Energiezustand des Atomkerns. Ein weiteres Charakteristikum jedes radioaktiven Zerfalls ist die Energie der emittierten Teilchen bzw. Photonen, die meist in der Größenordnung von 0,1 – 10 MeV liegt.

α-, β-, γ- und Röntgenstrahlen sowie Neutronen haben bzgl. des Strahlenschutzes sehr unterschiedliche Eigenschaften. α-Teilchen haben die höchsten Energien und geben diese beim Durchgang durch Materie auf einer sehr kurzen Wegstrecke ab. Dies hat zur Folge, daß sie schon von sehr dünnen Materieschichten, z.B. in der Luft oder einem Blatt Papier vollständig absorbiert werden und daher bei einer Bestrahlung von außen die inneren Organe des Körpers nicht erreichen. Sie führen also unter diesen Bedingungen i. allg. zu keiner Strahlenexposition vitaler Organe und Gewebe, sondern werden in den oberen, nicht mehr vitalen Schichten der Haut absorbiert. Werden α-Strahler jedoch in den Körper aufgenommen, so können sie eine besonders große Wirkung entfalten, weil die Energie sehr konzentriert in kleinen Volumina des Körpers möglicherweise nur in einzelnen Zellen aufgenommen wird. Man spricht von dicht ionisierenden Strahlen und charakterisiert sie mit ihrem linearen Energietransfer (LET; gemessen in eV/μm). Ebenso werden Neutronen zu den dicht ionisierenden Strahlen gezählt. Diese dicht ionisierenden Strahlen haben einen hohen LET [D.7.1]

Die hohe Ionisationsdichte hat zur Folge, daß bei der gleichen Menge an absorbierter Energie (Energiedosis) die biologisch-medizinische Strahlenwirkung wesentlich höher ist als bei locker ionisierenden Strahlen (Strahlung mit niedrigem LET). Zu den locker ionisierenden Strahlen zählen die β- und γ-Strahlen sowie Röntgenstrahlen. β-Strahlen stellen energiereiche Elektronen dar mit einer Reichweite von einigen Metern in Luft. β-Strahlung hat einen geringeren LET-Wert als α-Strahlung, sie hat daher auch eine größere Reichweite in der durchstrahlten biologischen Materie und wird erst durch Materieschichten von einigen mm Dicke vollständig abgeschirmt. Bei einer Bestrahlung des menschlichen Organismus durch β-Strahlung von außen tritt die Absorption der Strahleneneregie nur in der Haut ein. Tieferliegende Körperschichten werden dann erreicht, wenn radioaktive Stoffe aufgenommen werden, bei deren Zerfall β-Strahlung im Körper entsteht. Die Reichweite der γ-Strahlung ist größer; bei der Durchstrahlung des menschlichen Organismus wird sie i. allg. nie vollständig absorbiert, sondern nur geschwächt. Dasselbe gilt für andere Materieschichten. Um starke γ-Strahlenquellen abzuschirmen, bedarf es daher u. U. meterdicker Wände. γ-Strahlung von außen führt zu einer vollständigen Durchstrahlung des menschlichen Organismus. Andererseits wird die Inkorporation eines Radionuklids, bei dessen Zerfall γ-Strahlen entstehen, dazu führen, daß die emittierte Strahlung den Körper zum größten Teil verläßt, ohne absorbiert zu werden [D.7.1]

Die physikalische Strahlendosis wird als Energiedosis angegeben, die exakt gemessen werden kann. Die Einheit ist das Gray (Gy). Sie repräsentiert die absorbierte Strahlenenergie bezogen auf ein Massenelement (1 Gy = 1 J/kg). Die früher verwendete Einheit für die Energiedosis ist das „Rad" (1 Gy = 100 rd). Um unterschiedliche Strahlenqualitäten (charakterisiert durch Strahlenart und Strahlenenergie) in ihren biologischen Wirkungen miteinander zu vergleichen, ist die Äquivalentdosis eingeführt worden. Sie ergibt sich aus der Energiedosis multipliziert mit einem Bewertungsfaktor (Qualitätsfaktor Q). Die Einheit ist das Sievert (J/kg Sv). Die früher verwendete Einheit für die Äquivalentdosis war das „Rem" (1 Sv = 100 rem).

D.7.2 Strahlenexpositionen

Bei den natürlichen Strahlenexpositionen haben wir es mit einer externen Bestrahlung, aber auch mit internen Strahlenexpositionen nach der Aufnahme von radioaktiven Stoffen zu tun. Die externe Bestrahlung setzt sich zusammen aus der kosmischen Strahlung (Höhenstrahlung) und der terrestrischen Strahlenexposition. Die kosmische Strahlung kommt durch Kernprozesse auf der Sonne zustande. Beim Durchdringen des Weltalls und vor allem der Atmosphäre wird ein Teil dieser Strahlung absorbiert. Dennoch ist auch auf der Erdoberfläche noch eine meßbare Strahlenexposition durch diese Komponente (überwiegend γ-Strahlung) vorhanden. Auf Meereshöhe bewirkt die kosmische Strahlung in der Bundesrepublik Deutschland im Mittel eine Dosis von ca. 0,3 mSv pro Jahr pro Kopf der Bevölkerung. Es handelt sich hierbei um eine Ganzkörperbestrahlung. Diese Strahlendosis ist von der Höhe über dem Meeresspiegel abhängig. In einer Höhe von 1.500 m ist sie etwa doppelt so hoch wie in Höhe des Meeresspiegels. Bei Flügen in 10 – 12 km Höhe kann diese Strahlung erheblich ansteigen, so führt z. B. ein Transatlantikflug (Frankfurt – New York) zu einer zusätzlichen Dosis von 0,03 – 0,04 mSv [D.7.2, D.7.3]

Die kosmische Strahlung erzeugt in der hohen Atmosphäre auch Radionuklide wie Tritium (H-3) und radioaktiven Kohlenstoff (C-14). Ihr Anteil an der natürlichen Strahlenexposition von außen ist nur sehr gering und kann daher vernachlässigt werden. Die Bildung dieser radioaktiven Stoffe führt jedoch dazu, daß sie z. B. mit dem Niederschlag auf die Erdoberfläche und damit in die Oberflächenwasser gelangen. Das C-14 wird von Pflanzen als CO_2 assimiliert und damit ebenso wie Tritium über tritiiertes Wasser in das pflanzliche Material eingebaut. Über die Pflanzen gelangen diese radioaktiven Stoffe in Tiere und Menschen. Daraus resultiert, daß Tritium und radioaktiver Kohlenstoff in allen lebenden Organismen vorhanden sind, auch ohne die Kerntechnik und den Fallout von den Atombombentests. Der Gehalt an C-14 in Biomaterialien wird zur Altersbestimmung benutzt, da das Verhältnis an radioaktivem C-14 zu dem stabilen C-12 zum Zeitpunkt des Absterbens des biologischen Materials (z. B. Fällen eines Baums) bekannt ist. Durch den Zerfall des C-14 ändert sich dieses Verhältnis, so daß durch die Messung des C-14 die verflossene Zeit seit dem Absterben des biologischen Materials bestimmbar ist.

Die terrestrische Strahlung kommt dadurch zustande, daß in der Umgebung des Menschen radioaktive Stoffe z. B. im Boden und in Baumaterialien vorhanden sind, bei deren radioaktiven Zerfall ionisierende Strahlen entstehen. Sie sind vor allem auf den Gehalt der Umwelt an radioaktivem Kalium (K-40) sowie an Radionukliden der Uran-Radium- und der Thorium-Zerfallsreihe zurückzuführen. Je nach der Konzentration dieser radioaktiven Stoffe in der Umwelt (Gestein und Böden) schwankt die terrestrische Strahlenexposition von außen außer-ordentlich.

 Auswirkungen von Schadstoffen, Lärm und Strahlen

In der Bundesrepublik Deutschland beträgt die terrestrische Strahlung von außen im Mittel ca. 0,5 mSv pro Jahr und Kopf der Bevölkerung (Tabelle D.7-1). In einigen örtlichen Bereichen sind jedoch Werte gemessen worden, die bei ständigem Aufenthalt von Menschen in diesen Regionen zu Strahlenexpositionen in der Höhe von etwa 3 mSv/a führen. Insbesondere im Saarland, im Schwarzwald, im Bayerischen Wald und im südlichen Sachsen sind derartige Regionen anzutreffen.

Neben dieser Strahlenexposition von außen kommt es zu einer Strahlenexposition von innen durch die Aufnahme von radioaktiven Stoffen mit der Nahrung und der Atemluft. Während die Strahlenexpositionen von außen im wesentlichen zu einer nahezu homogenen Ganzkörperbestrahlung führen, kommt es bei einer Strahlenexposition von innen zu sehr heterogenen Verteilungen der aufgenommenen Radioaktivität und damit der Strahlendosis. Mit jeder Nahrung, insbesondere Gemüsen, Kartoffeln, aber auch Fleisch wird das natürlich vorkommende Radionuklid K-40 vom Menschen inkorporiert. Dieses Radionuklid verteilt sich wie das stabile Kalium nahezu homogen über den gesamten Organismus. Es resultiert eine Dosis (Ganzkörper) von ca. 0,2 mSv/a. Darüberhinaus werden mit der Nahrung auch radioaktive Stoffe der Radium-Uran- und der Thorium-Zerfallsreihen aufgenommen, bei denen es aufgrund des Stoffwechsels und chemischen Eigenschaften dieser Radionuklide zu lokalen Anreicherungen insbesondere im Skelett kommt, so daß hier eine höhere lokale Strahlendosis auftritt. Insgesamt wird aus diesen Komponenten durch Ingestion mit der Nahrung mit einer Strahlenexposition von ca. 0,3 mSv/a im Mittel für die Bevölkerung Deutschlands gerechnet (Tabelle D.7-1).

Darüberhinaus tritt eine besondere Strahlenexposition in der Lunge auf, da mit der Atemluft radioaktives Radon (Rn-222 entsteht durch radioaktiven Zerfall das Radium-226) und seine radioaktiven Folgeprodukte aufgenommen werden. Das Radon selbst ist ein Edelgas und wird daher relativ rasch wieder exhaliert. Die Folgeprodukte sind allerdings Schwermetalle, sie werden an Areosole der Luft gebunden, zerfallen daher aufgrund ihrer kurzen physikalischen Halbwertzeiten in größerem Maße im Atemtrakt und führen zu stärkeren Expositionen in diesem Organ. Die lokale Strahlenexposition der Lunge wird aufgrund dieser Komponente heute mit etwa 10 mSv/a im Mittel für die Bevölkerung Deutschlands abgeschätzt. Hier kann es regional zu sehr unterschiedlichen Strahlenexpositionen kommen. So liegt die mittlere Konzentration an Radon in der Raumluft deutscher Wohnungen bei ca. 50 Bq/m³. Es gibt jedoch Regionen in Deutschland, in denen ein Mehrfaches dieser Radonkonzentration im Mittel gemessen worden ist. In einzelnen Häusern können extrem hohe Radonkonzentrationen von einigen 10.000 Bq/m³ Luft auftreten.

Die Ermittlung der Strahlenexpositionen in der Umgebung von kerntechnischen Anlagen wird in einem anderen Kapitel beschrieben. Im Vergleich zur natürlichen Strahlenexposition betragen diese Dosen selbst in der unmittelbaren Nähe von Kernkraftwerken nur einen Bruchteil (Tabelle D.7-1). Die Strahlenexpositionen resultieren vor allem aus einer externen Bestrahlung in der Abluftfahne kerntechnischer Anlagen, Bodenstrahlung durch abgelagerte radioaktive Stoffe, durch die Inhalation radioaktiver Stoffe aus der Abluftfahne sowie durch die Aufnahme radioaktiver Stoffe mit der Nahrung. Die wesentlichen, zu berücksichtigenden Radionuklide sind Radionuklide der Edelgase (Krypton, Xenon), die Spaltprodukte der Elemente Cäsium, Strontium und Jod. Die sog. Transurane, Plutonium u.a. liefern nur sehr geringe Dosisbeiträge. Dennoch werden die Risiken durch diese Radionuklide sehr heftig diskutiert, da sie als α-Strahler sehr hohe lokale Wirkungen haben können.

Nach der Reaktorkatastrophe von Tschernobyl ist es zu meßbaren Strahlenexpositionen in Deutschland durch den Transport von Radionukliden über die Atmosphäre gekommen. In den ersten Tagen nach der Reaktorkatastrophe traten vor allen Dingen Spaltprodukte mit Radionukliden des Jods auf, die zu einer Exposition durch Inhalation geführt haben. Beim radioaktiven Jod kommt es zu einer Anreicherung der Radioaktivität in der Schilddrüse. Da die Jodnuklide (ausgenommen das J-129) kurze Halbwertzeiten haben, klingt diese Radioaktivität innerhalb weniger Tage bzw. Wochen ab. Längerfristig waren vor allem die Strahlenexpositionen durch Cäsium-137 und Cäsium-134 zu beachten, die auf Pflanzen und Boden niedergeschlagen worden sind. Radionuklide des Strontium oder Transurane spielten nur eine sehr untergeordnete Rolle. Die Radionuklide des Cäsiums (Cs) haben einerseits zu einer externen Exposition geführt. Andererseits sind sie über die Nahrungsmittel in den Organismus gelangt und haben dann zu einer Strahlenexposition von innen geführt. Die Dosen, die in Deutschland durch die Reaktorkatastrophe in Tschernobyl im Mittel pro Kopf der Bevölkerung verursacht worden sind, sind geringer als die natürliche Exposition. Die maximale Dosis wurde im Jahr 1987 mit etwas weniger als 0,2 mSv pro Kopf der Bevölkerung erreicht. In Regionen südlich der Donau, insbesondere in Bayern lagen die Strahlenexpositionen des Menschen höher und erreichten Werte von etwa 0,87 mSv im ersten Jahr nach der Katastrophe.

Insbesondere Ende der 50er/Anfang der 60er Jahre sind zahlreiche Kernwaffenversuche in der Atmosphäre durchgeführt worden. Dieses hat dazu geführt, daß radioaktive Stoffe in die Atmosphäre freigesetzt worden sind und weltweit, aber besonders auf der nördlichen Hemisphäre, eine Kontamination des Bodens durch Fallout verursacht. Die wesentlichen Strahlenexpositionen sind durch Ablagerung von Radionukliden des Cäsiums und des Strontiums zustandegekommen. Die Strahlenexpositionen aus dieser Quelle erreichten ihr Maximum Anfang der 60er Jahre mit ca. 0,08 mSv pro Jahr und Kopf der Bevölkerung. Seit dieser Zeit haben die Strahlenexpositionen abgenommen und liegen jetzt in Deutschland beträchtlich unter 0,01 mSv/a.

D.7.3 Strahlenwirkungen

Um Strahlenwirkungen bzw. Risiken beurteilen zu können, müssen die Dosiswirkungsbeziehungen für die einzelnen Strahleneffekte bekannt sein. Es werden grundsätzlich zwei Typen von Dosiswirkungsbeziehungen angenommen [D.7.4, D.7.5] (Bild D.7-1):
- Dosiswirkungsbeziehungen, die die Dosisabhängigkeit von Strahlenwirkungen beschreiben, die erst beobachtet werden, wenn eine Schwellendosis überschritten ist (deterministische oder nicht-stochastische Strahlenwirkungen).
- Dosiswirkungsbeziehungen, die die Dosisabhängigkeit von Strahlenwirkungen beschreiben, für die keine Schwellendosis angenommen wird (stochastische Strahlenwirkungen).

Zu den deterministischen Strahlenwirkungen zählen akute Strahlenwirkungen, die wenige Tage oder Wochen nach der Strahleneinwirkung auftreten. In diese Kategorie fallen auch solche Späteffekte, die nicht bösartige Geschwülste (Krebs) sind, wie z.B. die Linsentrübung (Katarakt) und fibrotische Prozesse in einzelnen Organen. Die

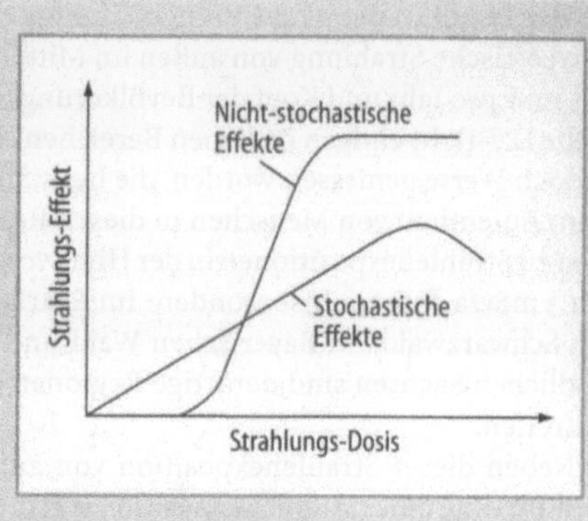

Bild D.7-1 Grundsätzliche Typen von Dosis-Wirkung-Beziehungen nach Bestrahlung

Entwicklung dieser Strahlenwirkungen geht von der Schädigung vieler Zellen in dem betroffenen Organ bzw. Gewebe aus. Zu den stochastischen Strahleneffekten zählen die Induktion von Krebs und von genetischen (vererbbaren) Erkrankungen. Bei diesen Strahleneffekten wird angenommen, daß die primäre Schädigung einer Zelle ausreichend ist, um eine derartige Erkrankung zu entwickeln. Die Dosiswirkungsbeziehung dieses zweiten Typs bedeutet, daß nach niedrigen Strahlendosen noch Effekte auftreten können, die mit kleiner werdender Strahlendosis in ihrer Frequenz abnehmen. Für die vorher beschriebenen Strahlenexpositionen kommen nur derartige Strahlenwirkungen in Betracht. Die deterministischen bzw. nicht-stochastischen Effekte sind nur bei unfallartigen hohen Strahlendosen (grösser 1 Gy bzw. Sv) zu erwarten. Bei der Bewertung der Strahlenrisiken ist es also stets notwendig, die Strahlendosis zu kennen. Die Frage, ob tatsächlich Dosiswirkungsbeziehungen ohne Schwellendosis existieren und damit auch nach sehr niedrigen Strahlendosen derartige Effekte zu erwarten sind und für welche Effekte dieses der Fall ist, ist eine ganz zentrale Frage für die Bewertung von Strahlenrisiken und damit eine wichtige Problemstellung des Strahlenschutzes bzw. des Umweltschutzes schlechthin.

D.7.3.1 Grundlegende Phänomene der Strahlenwirkung

Die Exposition biologischer Materie durch ionisierende Strahlen führt zunächst zur Energieabsorption, die Radikalbildung und Ionisationsereignisse in dem bestrahlten Material zur Folge haben. Infolgedessen treten strahlenchemische Veränderungen in Molekülen der Zelle auf. Für die Entwicklung biologischer Strahlenschäden sind die Veränderungen im genetischen Material einer Zelle (der Desoxyribonukleinsäure, DNA) von entscheidender Bedeutung. In der Doppelhelix der DNA können durch ionisierende Strahlen Brüche der Polynukleotidstränge hervorgerufen werden, die zu einem Einzelkettenbruch oder, wenn in beiden komplementären Polynukleotidketten derartige Schäden auftreten, zu einem Doppelkettenbruch führen. Darüberhinaus können die Purin- bzw. Pyrimidinbasen, die die genetische Information der DNA beinhalten, durch strahlenchemische Reaktionen verlorengehen oder verändert werden. In jeder Zelle gibt es sehr effiziente Reparatursysteme, die in der Lage sind, einen erheblichen Teil dieser Strahlenschäden zu heilen. Molekularbiologische Untersuchungen haben ergeben, daß vor allem Einzelstrangbrüche und Basenschäden außerordentlich schnell und in großem Umfang repariert werden können. Dagegen sind derartige Mechanismen bei der Reparatur von Doppelstrangbrüchen langsam und auch weniger vollständig. Es wird heute allgemein angenommen, daß bei der Zellabtötung diese verbliebenen Doppelstrangbrüche eine wichtige Rolle spielen. Die Phänomene der Reparatur von Strahlenschäden in der DNA haben einen entscheidenden Einfluß darauf, daß die Strahlenwirkungen kleiner werden, wenn die Bestrahlung in fraktionierter Weise oder mit niedriger Dosisleistung über eine längere Zeit erfolgt. Die zeitliche Dosisverteilung ist insbesondere bei locker ionisierenden Strahlen von erheblicher Bedeutung für das Ausmaß des Strahlenschadens [D.7.6].

Doppelstrangbrüche in der DNA tragen offensichtlich auch dazu bei, daß in den Chromosomen Aberrationen auftreten. Dabei kann es einerseits zu Bruchstücken der Chromosomen kommen, andererseits können Stücke eines Chromosoms auf ein anderes Chromosom übertragen werden. Die Bruchstücke können mit anderen Chromosomen zusammentreten. Infolgedessen kommt es zu Ringchromosomen oder Chromosomen mit mehreren Centromeren, während normalerweise jedes Chromosom nur ein solches Centromer hat (Bild D.7-2). Die Dosiswirkungsbeziehung ist für derartige Chromosomenaberrationen ausreichend untersucht worden, und infolgedessen können diese Strahleneffekte auch für eine „biologische Dosimetrie" verwendet werden. Es kann aufgrund des Auftretens solcher Chromosomenaberrationen ein Rückschluß auf die erfolgte Strahlendosis vorgenommen wer-

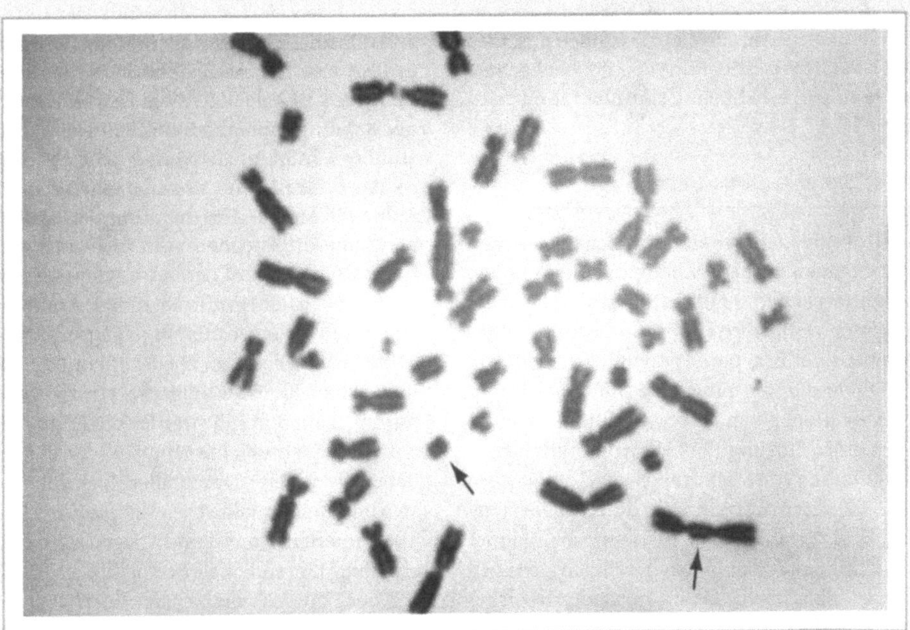

Bild D.7-2 Metaphase eines menschlichen Lymphocyten nach Bestrahlung mit Chromosomenaberrationen (Pfeile: Dizentrisches Chromosom und azentrisches Fragment)

den. Allerdings können auch andere Agenzien derartige Chromosomenaberrationen hervorrufen, so daß keine absolute Spezifität gegeben ist. Da sog. dizentrische Chromosomen nur in relativ geringem Maße durch andere schädliche Agenzien verursacht werden, werden diese Chromosomenaberrationen insbesondere für die biologische Dosimetrie verwendet.

Dieses Verfahren ist allerdings relativ aufwendig und erfordert eine erhebliche Expertise in dem Laboratorium, in dem derartige Untersuchungen durchgeführt werden. Es hat sich gezeigt, daß mit Hilfe dieser Methode Strahlendosen im Bereich von 50 – 100 mSv (Ganzkörperbestrahlung) und höher nachgewiesen werden können. Bei diesen Chromosomenuntersuchungen kann mit Sicherheit festgestellt werden, daß der Strahlenschaden (Chromosomenaberrationen) von einer Zelle ausgeht. Infolgedessen ergibt sich eine Dosiswirkungsbeziehung für die Induktion der chromosomalen Schäden, die keine Schwellendosis hat. Aufgrund der Untersuchungen kann auch die Wahrscheinlichkeit berechnet werden, mit der Chromosomenaberrationen pro bestrahlter Zelle erwartet werden können. Diese Frequenz liegt in Abhängigkeit vom biologischen System bei ca. $5 \cdot 10^{-1} - 10^{-3}$ Sv. Die Untersuchung der Entwicklung dieser Strahlenschäden hat ferner ergeben, daß die Zellvermehrung von erheblicher Bedeutung ist. Infolgedessen werden akute Strahlenschäden in solchen Organen und Geweben in größerem Ausmaß beobachtet, in denen eine erhebliche Zellproliferation stattfindet [D.7.5, D.7.7].

D.7.3.2 Akute Strahlenwirkungen

Akute Strahleneffekte sind in solchen Geweben und Organen zu beobachten, die einen hohen Zellumsatz haben. So findet ständig Zellerneuerung in den Epithelien (Haut und Darm), im Knochenmark zur Erneuerung der Blutzellen und im Hoden für die Spermiogenese statt. Nach Strahlenexpositionen von ca. 1 Sv und höher kommt es zu einer Störung der Zellproliferation bzw. zur Abtötung von Stammzellen, und damit kann die Zellerneuerung nicht mehr durchgeführt werden. Diese Strahleneffekte wirken sich in einer Abnahme der Zellen in den jeweiligen Geweben bzw. im Blut aus. In einem mittleren Dosisbereich sind die Effekte reversibel, so daß die Organe bzw. Gewebe sich regenerieren können. In höheren Dosisbereichen (Spermiogenese etwa ab 5 Sv, Knochenmark ca. ab 8 Sv, Dünndarm ca. ab

12 Sv) ist dieses nicht mehr möglich, so daß es zu schweren klinischen Symptomen kommt. Diese klinischen, zum Teil lebensbedrohenden Krankheitsbilder treten also in Dosisbereichen auf, die nur bei unfallartigen Strahlenexpositionen in der Technik und Medizin erreicht werden können.

Bei Strahlenunfällen mit einer Ganzkörperdosis bzw. einer Bestrahlung von erheblichen Teilen des Körpers in Dosisbereichen von etwa 2 – 8 Sv werden vor allem Veränderungen der Zahlen peripherer Blutzellen beobachtet, die zu schweren klinischen Symptomen führen können. Ein wichtiger Indikator für die Erkennung einer akuten Strahlenkrankheit sind die Zahl der Lymphozyten. Sie nehmen innerhalb der ersten Tagen nach Bestrahlung mit steigender Dosis im Bereich von 2 – 5 Sv zunehmend ab. Die Lymphozyten sind außerordentlich strahlenempfindlich wie lymphatisches Gewebe insgesamt. Da mit dem lymphatischen System die Antikörperproduktion des Menschen in engem Zusammenhang steht, führt eine Schädigung dieses Gewebes dazu, daß Antikörper nicht mehr gebildet werden können. Es treten bei derartig bestrahlten Patienten daher in hohem Maße Infekte auf [D.7.5, D.7.7].

Bei höheren Strahlendosen (4 – 8 Sv) werden ca. 20 – 40 Tage nach der Bestrahlung Veränderungen der anderen Blutzellen gefunden. So kommt es insbesondere zu einer Abnahme der Granulozyten und der Thrombozyten und später auch der Erythrozyten. Diese Reduktion der peripheren Blutzellen ist jedoch nicht auf Strahlenreaktionen auf die peripheren Blutzellen selbst zurückzuführen, sondern vielmehr wird die Produktion der Blutzellen im Knochenmark sehr stark reduziert. Ist eine Regeneration der Blutzellerneuerung im Knochenmark nicht mehr möglich, so tritt der Tod der betroffenen Menschen ein. Bei noch höheren Strahlendosen sind vor allem Veränderungen im Magen-Darm-Trakt zu beobachten. Dieses ist wiederum auf die Hemmung von Zellerneuerungsprozessen zurückzuführen. In diesem Falle werden die Epithelzellen des Dünndarms nicht mehr gebildet, es kommt daher zu schweren Durchfällen, Elektrolytverlusten und anderen klinischen Symptomen, die zum Tode innerhalb von wenigen Tagen nach der Bestrahlung führen. Lokale Bestrahlungen der Haut, z. B. auch durch (-Strahlen, im Dosisbereich von etwa 5 – 10 Gy führen zu erheblichen Hautrötungen (Hauterythem) sowie zu Ulzerationen der Haut. Diese können später sich zu Hautnekrosen bzw. auch zu Hautkrebs entwickeln.

In allen Organen und Geweben können vor allem nach einer chronischen Strahlenexposition Veränderungen der Blutgefäße auftreten, die offensichtlich zu Ulzerationen und fibrotischen Prozessen in den betroffenen Organen führen. Diese fibrotischen Veränderungen treten Monate oder Jahre nach der Strahlenexposition auf. Sie werden auch nach einer lokalen Bestrahlung der betreffenden Gewebe und Organe beobachtet. Besonders empfindlich hat sich die Augenlinse erwiesen. Nach einer Bestrahlung dieses Organs kommt es zu Trübungen der Augenlinse (Katarakt). Aus diesen Gründen ist es von besonderer Bedeutung, daß im Strahlenschutz für die Augenlinse geringere Dosisgrenzwerte vorgesehen sind und bei einer evtl. Exposition im Gesichtsfeld auf den besonderen Schutz der Augenlinse geachtet wird.

D.7.4   Genetische Mutationen

Eine signifikant erhöhte Rate an Keimzellmutationen ist bisher beim Menschen nach Strahlenexpositionen nicht beobachtet worden. Auch die Untersuchung von etwa 20.000 Kindern, deren Eltern (Vater, Mutter oder beide Elternteile) bei den Atombombenabwürfen in Hiroshima und Nagasaki exponiert worden sind, haben bisher keine statistisch signifikanten, genetischen Effekte ergeben. Die quantitative Abschätzung des strahlengenetischen Risikos beruht daher auf tierexperimentellen Untersuchungen, die vor allem an Mäusen durchgeführt worden sind. Bei diesen Studien werden lokale Bestrahlungen der Gonaden vorgenommen und die Mutationsrate in Abhängigkeit von der Dosis bestimmt. Statistisch signifikante Erhöhungen der Mutationsraten sind hier ebenfalls erst in Dosisbereichen gefunden worden, die oberhalb der Strahlenexpositionen der Tabelle D.7.1 liegen. Für die Abschätzung des Strahlenrisikos im niedrigen Dosisbereich muß daher eine Extrapolation von hohen Dosen in den niedrigen Dosisbereich unter der Annahme des Fehlens einer Schwellendosis vorgenommen werden. Dieses geschieht unter der Berücksichtigung von zwei wichtigen Annahmen [D.7.8]:
- Zwischen Dosis und Zahl der induzierten Mutationen besteht eine lineare Dosiswirkungsbeziehung ohne Schwellendosis.
- Die strahleninduzierte Mutationshäufigkeit in Keimzellen des Menschen und der Maus ist

bei vergleichbaren Bestrahlungsbedingungen etwa gleich groß.

Die Kenntnisse über den Wirkungsmechanismus ionisierender Strahlung und die Entstehung von Mutationen in Keimzellen geben sehr starke Hinweise darauf, daß für diese Strahleneffekte in der Tat eine Dosiswirkungsbeziehung ohne Schwellenwert vorliegt. In allen Organismen einschließlich Säuger tritt bereits ohne zusätzliche Strahlenexposition eine gewisse Zahl von Mutationen in den Keimzellen auf. Die Experimente haben gezeigt, daß Strahlenexpositionen zu einer Erhöhung der Frequenz dieser „spontanen" Mutationen führt. Es wird nun diejenige Strahlendosis gesucht, die gerade so viele Mutationen induziert, wie in der untersuchten Population ohne Bestrahlung vorhanden sind. Diese Dosis wird als Verdopplungsdosis bezeichnet. Aufgrund von Untersuchungen an Mäusen und entsprechenden Umrechnungsfaktoren für das menschliche Genom sind Verdopplungsdosen in Höhe von 1 Sv bei einer chronischen Bestrahlung locker ionisierender Strahlen (Röntgenstrahlen, γ-Strahlen) abgeschätzt worden.

Dieser Wert wird heute allgemein für die Angabe des genetischen Strahlenrisikos verwendet, so erhält man durch Extrapolation, daß eine Keimdrüsendosis von 100 mSv die „spontane" Mutationsrate um 10 % erhöht. Niedrigere Strahlendosen führen zu entsprechend geringeren Erhöhungen der Frequenz an vererbbaren Erkrankungen. Damit wird klar, warum die bisherigen Untersuchungen beim Menschen bisher keine statistisch signifikanten Daten erbracht haben: Etwaige Strahleneffekte werden überdeckt durch die Schwankungsbreite der natürlichen Mutationsraten.

D.7.5   Induktion von malignen Erkrankungen

Im Gegensatz zur Situation bei den vererbbaren Erkrankungen ist eine Risikoabschätzung für Leukämie und Krebs durch epidemiologische Daten beim Menschen möglich. Krebserkrankungen, die durch ionisierende Strahlen verursacht worden sind, können allerdings aufgrund ihres klinischen Verlaufs oder zellbiologischer Untersuchungen bisher nicht von solchen Krebserkrankungen unterschieden werden, die durch andere Ursachen hervorgerufen worden sind. Infolgedessen ist eine Bewertung des Strahlenrisikos nur dann möglich, wenn in einer epidemiologischen Untersuchung bestrahlte Personengruppen mit nicht exponierten Personengruppen hinsichtlich der Rate an Krebserkrankungen verglichen werden können. Ist die Strahlendosis bei den strahlenexponierten Personengruppen bekannt, so kann eine Dosiswirkungsbeziehung für die Verursachung von Krebs aufgestellt werden. Derartige Untersuchungen sind bisher durchgeführt worden an

- Überlebenden der Atombombenabwürfe in Hiroshima und Nagasaki,
- Personen nach hohen beruflichen Strahlenexpositionen,
- Patienten mit hohen medizinischen Strahlenexpositionen.

Insbesondere bei den strahlenexponierten Überlebenden der Atombombenabwürfe ist versucht worden, für jedes Individuum die Höhe der Strahlendosis abzuschätzen und damit Gruppen von Dosisbereichen zu bilden. Damit können Dosiswirkungsbeziehungen für diese Personengruppen aufgestellt werden. Da Leukämien relativ rasch (2 – 10 Jahre) nach einer Bestrahlung und mit einem besonders hohen relativen Risiko auftreten, liegen für diese Erkrankungen verhältnismäßig viele Daten nach Strahlenexposition vor. Es sind auch eine Reihe weiterer Krebsentitäten erhöht beobachtet worden. Allerdings sind derartig signifikante Zunahmen in Hiroshima und Nagasaki für die Gesamtpopulation erst nach Strahlendosen von 0,2 Sv und höher beobachtet worden [D.7.9, D.7.10]. Strahlendosen, die niedriger liegen, haben trotz dieser großen Personengruppe (76.000 Personen) keine statistisch signifikanten erhöhten Leukämieraten ergeben. Nach unserem heutigen Verständnis bedeutet dieses nicht, daß geringere Strahlendosen als 0,2 Sv keine Leukämien oder Krebs hervorrufen. Die Zahl der Fälle wird dann aber so klein, daß die Variabilität des spontanen Krebsrisikos das zusätzliche, strahlenbedingte Risiko überlagert, so daß sich dieses aus der Streubreite der spontanen Rate wie bei den genetischen Mutationen nicht mehr heraushebt.

Allerdings hat sich gezeigt, daß das relative Risiko für spezifische Krebsentitäten unterschiedlich ist. So wird nach Bestrahlung ein relativ hohes Krebsrisiko des Knochenmarks (Leukämie), der weiblichen Brust, der Lunge und möglicherweise auch des Magens sowie Colons beobachtet. Es wird davon ausgegangen, daß in allen Organen und Geweben durch ionisierende Strahlen Krebs induziert werden kann [D.7.11, D.7.12, D.7.3]. Die Strahlenempfindlichkeit hängt sehr stark vom Alter zum Zeitpunkt der Exposition ab. Es wird bei Kindern und Jugendlichen ein wesentlich höheres relatives Risiko für die Krebsmortalität nach Bestrahlung gefunden. Da wie bei den genetischen Mutationen auch hier im Dosisbereich unter 100 – 200 mSv eine statistisch signifikante Erhöhung nicht beobachtet wird, kann das Krebsrisiko durch ionisierende Strahlen im niedrigen Dosisbereich wiederum nur durch Extrapolation von hohen Dosen zu kleinen Dosen abgeschätzt werden. Auch hier wird eine lineare Dosiswirkungsbeziehung ohne Schwellendosis angenommen.

Aufgrund der vorliegenden Daten insbesondere aus den Studien an den Überlebenden in Hiroshima und Nagasaki können dann Risikofaktoren abgeschätzt werden. Nach den neuesten Untersuchungen wird für die strahlenbedingte Krebsmortalität auf diese Weise ein Risikofaktor im Bereich von $5 - 10 \cdot 10^{-2}$ Sv ermittelt [D.7.11 – D.7.13]. Bei einer Krebsmortalität von 20 %, wie sie bei unserer Bevölkerung in etwa vorliegt, bedeutet dieses, daß eine Dosis von ca. 2 Sv zu einer Verdopplung des Krebsrisikos führt. In einem Dosisbereich von 10 – 100 mSv wird dieses Krebsrisiko $(10^{-3} - 10^{-2})$ dann so gering, daß es sich aus den Schwankungen der „spontanen Krebsrate" nicht mehr heraushebt. Daher kann nicht erwartet werden, daß das Strahlenrisiko im niedrigen Dosisbereich durch epidemiologische Daten abgeschätzt werden kann, vielmehr müssen Untersuchungen zum Mechanismus die Frage lösen, ob in der Tat eine Dosiswirkungsbeziehung ohne Schwellendosis vorliegt.

D.7.6 Strahlenrisiko im niedrigen Dosisbereich

Die Krebsentstehung findet über eine Reihe von Einzelschritten statt. Es wird angenommen, daß Schäden in der DNA einen wesentlichen Schritt für die Initiation dieser Prozesse darstellt. Nach einer Bestrahlung von Zellen werden viele Schäden im menschlichen Genom repariert, jedoch einige dieser Schäden werden irreversibel bleiben und zu einer Zelltransformation von einer normalen Zelle in eine maligne Zelle führen. Eine Strahlendosis von 1 Sv bewirkt etwa $2 \cdot 10^3$ Strahlenschäden im Genom jeder bestrahlten Zelle, $5 \cdot 10^{-1} - 10^{-3}$ Chromosomenaberrationen und etwa $10^{-2} - 10^{-4}$ Transformationsereignisse pro Zelle. (Die Zelltransformation wurde in proliferierenden Zellen in der Kultur gemessen.) Studien an Zellkulturen in vitro haben ergeben, daß auch bei Dosen im Bereich von ca. 10 mSv noch signifikant erhöht Zelltransformationen auftreten. Es erhebt sich nun vor allem die Frage, ob einzelne transformierte Zellen in der Lage sind, einen klinisch manifesten Tumor zu bilden. Eine Reihe von klinischen, zellbiologischen und molekularbiologischen Daten deuten darauf hin, daß in der Tat ein sog. monoklonales Wachstum des Tumors stattfindet. Dieses bedeutet, daß sich ein maligner Zellklon entwickelt, aus dem dann der Tumor entsteht [D.7.14, D.7.15].

Über die späteren Schritte nach der Zelltransformation bzw. Initiation der Karzinogenese ist das Bild der weiteren Tumorentwicklung bisher nur undeutlich. Für die Schritte der Promotion und Progression von Tumoren sind weitere Untersuchungen notwendig. Es kann als These vorangestellt werden, daß nur bei einem monoklonalen Ablauf der Tumorentwicklung mit einer Dosiswirkungsbeziehung ohne Schwellendosis gerechnet werden kann. Nur wenn der Strahlenschaden in einer Zelle ausreichend ist für diese Prozesse, sind die bisherigen Annahmen zur Dosiswirkungsbeziehung tragfähig.

D.7.7 Strahlenschutzstandards

Ionisierende Strahlen können grundsätzlich bei allen lebenden Organismen Schäden hervorrufen. Bei Pflanzen und Tieren, ausgenommen Säugetiere, sind die Strahlendosen, die messbare irreversible nicht-stochastische Effekte hervorrufen, jedoch wesentlich höher als dieses beim Menschen der Fall ist. Die Strahlenschutzstandards sind daher auf der Basis der Kenntnisse über die Strahlenwirkungen auf die menschliche Gesundheit angelegt worden. Die wesentlichen Grundregeln des Strahlenschutzes und die Basiswerte für die Dosisbegrenzung gehen auf Empfehlungen der Internationalen Strahlenschutzkommission (ICRP, International Commission for Radiation Protection) zurück. Sie werden weltweit anerkannt und angewendet. Dieses ist sicher eine einmalige Situation im Arbeits- und Umweltschutz. Die drei Grundprinzipien des Stahlenschutzes, die durch die ICRP festgelegt worden sind, lauten:
- Jede Strahlenanwendung, die keinen Nutzen bringt, sollte unterbleiben (Rechtfertigung einer Strahlenanwendung).
- Die aus der Strahlenanwendung resultierende Exposition von Einzelpersonen soll bestimmte Grenzwerte nicht überschreiten (Dosis-

grenzwerte). Dabei sind die medizinischen Expositionen, die eine Person als Patient erhält und die natürliche Strahlenexposition nicht zu berücksichtigen.
- Zusätzlich sollen alle Strahlenexpositionen unter Beachtung des Stands von Wissenschaft und Technik und unter Berücksichtigung aller Umstände des Einzelfalles so gering wie vernünftigerweise möglich gehalten werden (Optimierung des Strahlenschutzes).

Diese Strahlenschutzstandards und Dosisgrenzwerte haben eine Entwicklung über Jahrzehnte hinter sich. Bereits in den 20er Jahren wurden die ersten Dosisgrenzwerte für den Arbeitsplatz festgelegt. 1956 wurde ein Dosisgrenzwert am Arbeitsplatz festgelegt, der heute noch mit einer Dosis von 50 mSv/a für beruflich strahlenexponierte Personen Bestand hat. In den rechtlichen Regelwerken der Bundesrepublik Deutschland gibt es Dosisgrenzwerte für die Ganzkörperdosis (effektive Dosis) bzw. Teilkörperdosen. Die Grenzwerte für die Teilkörperdosen sind so angelegt, daß bei ihrer Einhaltung nicht-stochastische bzw. deterministische Strahleneffekte vermieden werden. Der Dosisgrenzwert für die Ganzkörperdosis (effektive Dosis) ist auf stochastische Effekte abgestellt und so eingerichtet, daß bei einer Einhaltung dieser Dosisgrenzwerte Arbeitsplätze in Strahlenkontrollbereichen hinsichtlich ihrer Sicherheit mit anderen Arbeitsplätzen vergleichbar sind. Darüberhinaus gibt es bei beruflich strahlenexponierten Personen Sonderregelungen für Frauen im gebärfähigen Alter, Jugendliche und aus außergewöhnlichen Anlässen, auf die hier im einzelnen nicht eingegangen werden soll.

Die Auswirkungen der Atombombenkatastrophen in Hiroshima und Nagasaki und der zunehmende Einsatz von ionisierenden Strahlen in Medizin und Technik haben in den 50er Jahren dazu geführt, daß auch Dosisgrenzwerte für die Bevölkerung festgelegt wurden. Zunächst galt das Hauptaugenmerk den genetischen Effekten, es wurde daher eine genetische Bevölkerungsdosis eingeführt. Aufgrund der Abschätzung der natürlichen Strahlenexposition und der erwarteten Expositionen aus der medizinischen Anwendung ionisierender Strahlen empfahl eine Kommission der National Academy of Sciences der USA eine genetische Bevölkerungsdosis für einen Zeitraum von 30 Jahren (ein Generationsalter) in Höhe von 50 mSv für medizinische Expositionen und 50 mSv für nicht-medizinische Strahlenexpositionen.

Die ICRP hat mittlerweile die Ganzkörperdosis (effektive Dosis) für nicht-medizinische Strahlenexpositionen mit einem Wert von 1 mSv/a empfohlen. Für die Bundesrepublik Deutschland sind Dosisgrenzwerte für Einzelpersonen der Bevölkerung in der Umgebung von kerntechnischen Anlagen festgelegt worden. Dabei muß eine Anlage so geplant werden, daß Abgaben radioaktiver Stoffe sowohl mit der Abluft als auch mit dem Abwasser jeweils zu Strahlenexpositionen kleiner als 0,3 mSv/a führen. Diese Grenzwerte beziehen sich heute auf die stochastischen Effekte insgesamt. Für die Berechnung werden radioökologische Modelle eingesetzt, die die Bestrahlung von außen und von innen nach Aufnahme radioaktiver Stoffe mit der Nahrung oder der Atemluft berücksichtigen müssen. Dabei wird von der extremen Annahme ausgegangen, daß die betreffende Person sich an der Stelle mit der höchsten Strahlendosis ständig aufhält und alle Nahrungsmittel am ungünstigsten Einwirkungsort mit höchster radioaktiver Kontamination produziert werden.

Bei der Festlegung des Dosisgrenzwerts von 0,3 mSv/a galt die natürliche Strahlenexposition als Orientierung und zwar insbesondere die Schwankungsbreite dieser natürlichen Strahlenexposition, wie sie in der Bundesrepublik Deutschland für den größten Teil der Bevölkerung auftritt. Eine individuelle Änderung der Lebensgewohnheiten einschließlich eines Ortswechsels innerhalb der Bundesrepublik Deutschland kann zu Veränderungen der natürlichen Strahlenexposition führen, die größer sind als der Bereich für den Dosisgrenzwert in der Umgebung kerntechnischer Anlagen. Auf der Basis der vorher angegebenen Risikowerte würde eine einmalige effektive Dosis von 0,3 mSv das karzinogene Risiko um ca. 0,1 % oder „spontanen" Krebstodesrate erhöhen, wenn die Extrapolation linear unter Annahme des Fehlens einer Schwellendosis vorgenommen wird. Damit ist dieser Dosisgrenzwert an Lebensgewohnheiten orientiert, denen unsere Bevölkerung heute ständig ausgesetzt ist oder sich aussetzt und deren Risiko weit höher als die Strahlenexposition mit dem vorgesehenen Grenzwert liegt. Es ist bereits darauf hingewiesen worden, daß die tatsächlichen Strahlenexpositionen auch in der unmittelbaren Umgebung kerntechnischer Anlagen im Normalbetrieb weitaus niedriger als dieser Grenzwert liegen (Tabelle D.7-1).

D.7.8 Anmerkungen zu Meßgrößen und Einheiten

In der Radiologie bzw. im Strahlenschutz werden folgende Meßgrößen bzw. Einheiten verwendet:

Energiedosis: Die Energiedosis gibt die Strahlenenergie an, die in einem Massenelement absorbiert wird. Die heute verwendete Einheit ist das „Gray" (Gy); früher wurde das „Rad" benutzt (1 Gy = 100 rd = 1 J/kg).

Äquivalentdosis: Die Strahlenwirkung ist nicht nur von der Dosis sondern auch von der Strahlenqualität (Strahlenart und -energie) abhängig. Daher ist die Äquivalentdosis eingeführt worden. Die Äquivalentdosis (H) wird erhalten aus der Energiedosis (D) multipliziert mit dem Qualitätsfaktor (Q). Im Strahlenschutz hat man es überwiegend mit locker ionisierenden Strahlen (Röntgen-, β- und γ-Strahlen) mit $Q=1$ zu tun. Dann sind die numerischen Werte von D und H identisch. Der Einfachheit halber wird daher in diesem Beitrag stets die Äquivalentdosis verwendet. Die Einheit ist das „Sievert" (Sv); früher wurde das „Rem" benutzt (1 Sv = 100 rem; J/kg).

Radioaktivitätsmenge: Die Radioaktivitätsmenge wird in radioaktiven Zerfällen pro Sekunde angegeben. Die heute verwendete Einheit ist das „Becquerel" (Bq; 1 Bq = 1/s); früher wurde das „Curie" (Ci) benutzt (1 Ci = 3,7 · 10^{10} Bq).

Literatur

[D.2.1] Fabian, P.: Die Ozonschicht und ihre Gefährdung durch Chlor-Fluor-Methane. Umwelt 1 (1981) 45 – 50

[D.2.2] Wege, K., Vandersee, W.: Ozonbeobachtungen am Nordrand der Alpen. Meteorol. Rdsch. 44 (1991) 138 – 146

[D.2.3] Fabian, P.: Atmosphäre und Umwelt, 4. Auflage. Berlin, Heidelberg, New York: Springer 1992

[D.2.4] Solomon, S., Mills, M., Heidt, L.E., Pollock, W.H., Tuck, A.F.: On the evaluation of ozone depletion potentials. J. Geophys. Res. 97 (1992) 825 – 842

[D.2.5] WMO: Scientific assessment of ozone depletion: 1991. World Meteorological Organization-Report No. 25, 1991

[D.2.6] Stolarski, R. S., Bloomfield, P., Mc Peters, R. D., Herman, J.R.: Total ozone trends deduced from NIMBUS 7 TOMS data. Geophys. Res. Lett. 18 (1991) 1015 – 1020

[D.2.7] Fabian, P.: Antarktisches Ozonloch: Indizien weisen auf Umweltverschmutzung. Physikal. Blätter 44 (1988) 2

[D.2.8] Granier, C. , Brasseur, G.: Impact of heterogeneous chemistry on model predictions of ozone changes. J. Geophys. Res. 97 (1992) 18015– 18033

[D.2.9] Junge, C.E., Chagnon, C.W., Manson, J.E.: Stratospheric aerosols. J. Meteorol. 18 (1961) 81– 108

[D.2.10] Hofmann, D.J.: Increase in the stratospheric background sulfuric acid aerosol mass in the past 10 years. Science 248 (1990) 996– 1000

[D.2.11] Bekki, S., Pyle, J.A.: Two-dimensional assessment of the impact of aircraft sulphur emissions on the stratospheric sulphate aerosol layer. J. Geophys. Res. 97 (1992) 15839–15847

[D.2.12] Schoeberl, M.R., Bhartia, P.K., Hilsenrath, E.: Tropical ozone loss following the eruption of Mt. Pinatubo. Geophys. Res. Lett. 20 (1993) 29– 32

[D.2.13] Chubachi, S.: A Special ozone observation at Syowa Station, Antarctica, from Frebruary 1982 to January 1983. Atmospheric Ozone (C.S. Zeferos, A. Ghazi, Hrsg.) 285. Dordrecht: D. Reichel 1985

[D.2.14] Farman, J.C., Gardiner, B.G., Shanklin, J. D.: Large losses of total ozone in Antarctica reveal seasonal ClO_x / NO_x interaction. Nature 315 (1985) 207

[D.2.15] Crutzen, P.J., Arnold, F.: Nitric acid cloud formation in the cold Antarctic stratosphere: a major cause for the springtime ozone hole. Nature 324 (1986) 651

[D.2.16] Solomon, S.: Progress towards a quantitative understanding of Antarctic ozone depletion. Nature 347 (1990) 347– 354

[D.2.17] Toon, O.B., Turco R.P.: Polare Stratosphärenwolken und Ozonloch. Spektrum der Wissenschaft, Ang. 1991, 42– 49

[D.2.18] Crutzen, P.J.: Auswirkungen menschlicher Aktivitäten auf die Erdatmosphäre:, was zu tun? DLR-Nachrichten 59 (1990) 5– 13

[D.2.19] Mozurkewich, M.: Effect of competitive adsorption on polar stratospheric cloud reactions. Geophys. Res. Lett. 20 (1993) 355– 358

[D.2.20] Bojkov, R.D.: On the state of the ozone layer in 1992. UNEP / OZ L. Pro. 4 / WMO Information 13 Nov. 1992, Geneva 1992

[D.2.21] Bojkov, R. D., Zerefos, C. S., Balis, D. S., Ziomas, I. C., Bais, F.: Record low total ozone during northern winters of 1992 and 1993. Geophys. Res. Lett. 20 (1993) 1351– 1354

[D.2.22] Aktinson, R. J., Matthews, W.A. Newman, P.A:, Plumb, R..A.: Evidence of the mid-latitude impact of ozone depletion. Nature 340 (1989) 290

[D.2.23] Angell, J.: Variations and trends in tropospheric and stratospheric global temperatures 1958-87. J. Clim. I (1988) 1296– 1313

[D.2.24] Penkett, S.A., Jones, B.M.R., Brice, K.A., Eggleton, A.E.J.: The importance of atmospheric ozone and hydrogen peroxide in oxidising sulphur dioxide in cloud and rainwater. Atmos. Environ. B (1979) 123– 137

[D.2.25] Mohnen, V. A.: Maßnahmen gegen den sauren Regen. Spektrum d. Wissenschaft, Oktober 1988, 82– 91

[D.2.26] Warneck, P.: Chemistry of the natural atmosphere. Int. Geophysics Series, 4. San Diego, New York, Boston: Academic Press 1988

[D.2.27] Shepson, P.B., Hastie, D.R., So, K.W., Schiff, H.I.: Relationships between PAN, PPN and O_3 at urban and rural sites in Ontario. Atmosph. Environ. 26 A (1992) 1259– 1270

[D.2.28] Becker, K.H., Fricke, W. Löbel, J., Schurath, U.: Formation, transport and control of photochemical oxidants. In: Air pollution by photochemical oxidants (R. Guderian, Hrsg.) S.1– 125. Berlin, Heidelberg, New York: Springer 1985

[D.2.29] Volz, A., Geiss, H., McKeen, S., Kley, D.: Correlation of ozone and solar radiation at Montsouris and Hohenpeißenberg: Indication for photochemical influence. In: Ozone in the atmosphere (R.D. Bojkov und P. Fabian, Hrsg.) S.447– 450. Hampton, Va.: A. Deepak 1989

[D.2.30] Anfossi, D., Sandroni, S., Vierengo, S.: Tropospheric ozone in the nineteenth century: The Moncalieri series. J. Geophys. Res. 96 (1991) 17349– 17352

[D.2.31] Sandroni, S., Anfossi, D., Vierengo, S.: Surface ozone levels at the end of the nineteenth century in South America. J. Geophys. Res. 97 (1992) 2535– 2539

[D.2.32] Haagen-Smit, A.J.: The air pollution problem in Los Angeles. Engineering and Science, Vol. XIV, 3 (1950)

[D.2.33] Hoggan, M., Davidson, A., Skikiya, D.C., Lau, W.: Air quality trends in California¥s South Coast Air Basin 1965– 1981, Report Aug., 1982 South Coast Air Quality Management district. El Monte, Ca.

[D.2.34] Fabian, P., Haustein, C., Jakobi, G., Rappenglück, B., Suppan, P.: Photochemical smog in the Munich Metropolitan area. (Contributions Atmosph. Phys. 67 (1994) 39– 56

[D.2.35] Rappenglück, B., Fabian, P., Kourtidis K.: Measurements of ozone and peroxyacetyl nitrate (PAN) in Munich. Atmospheric Environment 27 B (1993) 293 – 305

[D.2.36] Oltmans, S.J., Komhyr, W.D.: Surface ozone distributions and variations from 1973 – 1984 measurements at the NOAA geophysical monitoring for climatic change baseline observatories. J. Geophys. Res. 91 (1986) 5229 – 5236

[D.2.37] Korsog, P.E., Wolff, G.T.: An examination of urban ozone trends in the northeastern US (1973-1983) using a robust statistical method. Atmosph. Environ. 25 B (1991) 47 – 57

[D.2.38] Winkler, P.: Surface ozone over the Atlantic Ozean. J. Atmos. Chem. 7, 73 – 91, 1988

[D.2.39] Levine, J.S.: Burning trees and bridges. Nature 346 (1990) 511

[D.2.40] Guderian, R., Tingey, D.T., Rabe, R.: Effects of photochemical oxidants on plants. In: Air pollution by photochemical oxidants (R. Guderian, Hrsg.) S.129 – 133. Berlin, Heidelberg, New York: Springer 1985

[D.2.41] Brühl, C. Crutzen, P.J.:On the disproportionate role of tropospheric ozone as a filter against solar UV-B radiation. Geophys. Res. Lett. 16 (1989) 703 – 706

[D.2.42] Roedel, W.: Physik unserer Umwelt. Berlin, Heidelberg, New York: Springer 1992.

[D.2.43] Ramanathan, V., Cicerone, R.J. Singh, H.B., Kiehl, J.T.: Tracegas trends and their potential role in Climatic change. J. Geophys. Res. 90 (1985) 5547 – 5566

[D.2.44] Enquête-Kommission „Vorsorge zum Schutz der Erdatmosphäre" des Deutschen Bundestages: Schutz der Erde BD. I und II. Bonn, Karlsruhe: Economica und C.F. Müller 1991

[D.2.45] Schlesinger, M.E. (Hrsg.): Greenhouse z der Erdatmosphäre des Deutschen Bundestages: Schutz der Erde BD. I und II. Bonn, Karlsruhe: Economica und C.

[D.2.46] Flohn, H., Kapala, A., Knoche, H.R., Mächel, H.: Water vapour as an amplifier of the greenhouse effect: new aspects. Meteorol.. ZS., N.F. 1 (1992) 122 – 138

[D.2.47] Lorius, C., Jouzel, J., Raynaud, D., Hansen, J., Letreut, H.: The ice – core record: Climate sensitivity and future greenhouse warming. Nature 347 (1990) 139 – 145

[D.2.48] Milankovitch, M.: Mathematische Klimalehre und Astronomische Theorie der Klimaschwankungen. In Handbuch der Klimatologie (W. Köppen und R. Geiger, Hrsg.) Bd. I Teil A., Berlin: Gebr. Borntraeger 1930

[D.2.49] Broecker, W.S., Denton, G.H.: Ursachen der Vereisungszyklen. Spektrum d. Wissenschaft, März 1990, 88 – 98

[D.2.50] Jones, P.D., Wigley, T.M.L.: Die Erwärmung der Erde seit 1850. Spektrum der Wissenschaft: Verständliche Forschung. Atmosphäre, Klima, Umwelt, 178 – 186., Heidelberg: Spektrum der Wissenschaft Verlagsgesellschaft 1990

[D.2.51] Flohn, H.,: Ändert sich unser Klima? Mannheimer Forum 88/89, Boehringer, Mannheim 1988

[D.2.52] Diaz, H.F., Bradley, R.S., Eischeld, J.K.: Precipitation fluctuations over global land areas since the late 1800 s. J. Geophys. Res. 94 (1989) 1195 – 1210

[D.2.53] Karl, T.R., Heim Jr., R.R.: Are droughts becoming more frequent or severe in the United States? Geophys. Res. Lett. 17 (1990) 1921– 1924

[D.2.54] Maisch, M.: Der Gletscherschwund in den Bündner Alpen seit dem Hochstand von 1850. Geogr. Rdsch. 41 (1989) 474 – 482

[D.2.55] Taubenheim, J., von Cossart, G., Entzian, G.: Evidence of CO_2 – induced progressive cooling of the middle atmosphere derived from radio observations. Adv. Space Res. 10 (1990) 171 – 174

[D.2.56] Hansen, J., Lebedeff, S.: Global trends of measured surface air temperature. J. Geophys. Res. 92 (1987) 13345 – 13372

[D.2.57] White, J.W.C.: Don¥t touch the dial. Nature 364 (1993) 186 – 187

[D.2.58] Austin, J., Butchert, N., Shine, K. P.: Possibility of an Arctic ozone hole in a doubled-CO_2 climate. Nature 360 (1992) 221 – 225

[D.4.1] Wienhaus, O., Däßler, H.G., Börtitz, S.: Tharandter Beiträge zur Phytochemie von SO_2-Wirkungen. In: Kuttler, W., Jochimsen, M. (Bd. Hrsg.): Immissionsökologische Forschung im Wandel der Zeit – Festschrift für Robert Guderian. In Burkhardt, W., Kuttler, W., Schumacher, H. (Ser. Hrsg.): Essener Ökologische Schriften. Magdeburg: Westarp Wiss., 1994 Bd. 4, S.39 – 52

[D.4.2] Last, F.T.: Experimental investigation of forest decline: the use of open-top chambers. Vortrag auf dem 5. Statuskolloquim des PEF vom 5. – 9. März im KfZ Karlsruhe. PEF-Berichte 1 (1989) 141– 173

[D.4.3] Guderian, R., Schabronath, H.-J.: Wirkungen von Immissionen auf terrestrische Ökosysteme. In Wiggering H (Hrsg.): Steinkohlenbergbau – Steinkohle als Grundstoff,

Energieträger und Umweltfaktor. Berlin: Ernst & Sohn 1993 S.179 – 186.

[D.4.4] Jäger, H.-J.,: Looking forward in environmental issues: Future research needs. – Air pollution research report 46: Effects of air pollution on agricultural crops in Europe. Results of the European open-top chamber project. Brüssel: E. Guyot 1992 S.23 – 42

[D.4.5] Guderian, R., Tingey, D.T., Rabe, R.: Effects of photochemical oxidants on plants. In: Guderian, R. (Hrsg.): Air pollution by photochemical oxidants. Berlin, Heidelber, New York: Springer, Ecological Studies 52 (1985) 127 – 333

[D.4.6] Becker, K.H., Fricke, W., Löbel, L., Schurath, U.: Formation, Transport and control of photochemical oxidants. In: Guderian R (Hrsg.): Air pollution by photochemical oxidants. Ecological Studies 52. Berlin, Heidelberg, New York: Springer 1985, S.1 – 125

[D.4.7] Däßler, H.-G.: Einfluß von Luftverunreinigungen auf die Vegetation. Ursachen – Wirkungen – Gegenmaßnahmen. Jena: Gustav Fischer 1991

[D.4.8] VDI 2310: Maximale Immissions Werte für Fluoride zum Schutz der landwirtschaftlichen Nutztiere. VDI-Handbuch, Reinhaltung der Luft, Bd. 1, Blatt 2, 1987

[D.4.9] VDI: Schwermetalle in der Umwelt. Ermittlung, Bewertung und Beurteilung der Emissionen und Immissionen umweltgefährdender Schwermetalle und weiterer persistenter Stoffe. Düsseldorf: VDI-Kommission Reinhaltung der Luft 1984

[D.4.10] Heck, W.W., Heagle, A.S., Miller, .J.E.: Factors affecting plant response to ozone – An overview. In: Kuttler, W., Jochimsen, M. (Bd. Hrsg.): Immissionsökologische Forschung im Wandel der Zeit – Festschrift für Robert Guderian. In: Burkhardt, W., Kuttler, W., Schumacher, H. (Ser. Hrsg.) Essener Ökologische Schriften. Magdeburg: Westarp Wiss. (1994) Bd. 4, S.113 – 130.

[D.4.11] Guderian, R., Tingey, D.T., Rabe, R.,: Wirkungen von Photooxidantien auf Pflanzen. In: Umweltbundesamt (Hrsg.): Luftqualitätskriterien für photochemische Oxidantien. Berlin: Erich Schmidt, Berichte 5/83 (1983) 205 – 427

[D.4.12] Guderian, R., Ballach, H.-J.: Aufgaben und Probleme der Wirkungsforschung als Grundlage für den praktischen Immissionsschutz. Verh. Ges. Ökol. 18 (1989) 289 – 297

[D.4.13] Lendzian, K.J.: Permeability of plant cuticles to gaseous air pollutants. In: Koziol, M.J., Whatley, F.R. (Eds.): Gaseous air pollutants and plant metabolism. London: Butterworth Scientific 1984 S.77 – 81

[D.4.14] Mansfield, T.A., Freer-Smith, P.H.: The role of stomata in resistance mechanisms. In: Koziol, M.J., Whatley, F.R. (Eds.): Gaseous air pollutants and plant metabolism. London: Butterworth Scientific 1984 S.131 – 146

[D.4.15] Tingey, D.T., Taylor, G.E.: Variation in plant response to ozone: a conceptual model of physiological events. In: Unsworth, M.H., Ormrod, D.P. (Eds.): Effects of gaseous air pollution in agriculture and horticulture. London: Butterworth Scientific 1982 S.113 – 138

[D.4.16] Bailey, P.S.: The reactions of ozone with organic compounds. Chem. Rev. 58 (1958) 926 – 1110

[D.4.17] Heath, R.L.: Biochemical mechanisms of pollutant stress. In: Heck, W.W., Taylor, O.C., Tingey, D.T. (Hrsg.): Assessment of crop loss from air pollutants. London: Elsevier 1988 S.259 – 286.

[D.4.18] Mehlhorn, H.H., Wellburn, A.R.: Stress ethylene formation determines plant sensitivity to ozone. Nature 327 (1987) 417 – 418

[D.4.19] Heath, R.L.: Initial events in injury to plants by air pollutants. Annu. Rev. Plant Physiol. 64 (1980) 455 – 479.

[D.4.20] Niehaus, W.G.: A proposed role of superoxide anion as a biological nucleophile in the deesterification of phospholipids. Bioorg. Chem. 7 (1978) 77 – 84

[D.4.21] Mudd, J.B., Banerjee, S.K., Dooley, M. M., Knight, K.L: Pollutants and plant cells: effects on membranes. In: Koziol, M.J., Whatley, F.R. (Eds.): Gaseous air pollutants and plant metabolism. London: Butterworth Scientific 1984 S.105 – 116

[D.4.22] Darall NM,: The effect of air pollutants on physiological processes in plants. Plant Cell Environ 12 (1989) 1 – 30

[D.4.23] Bücker, J.: Immissionsbedingte Störungen im Kohlenhydrathaushalt junger Pappeln und Fichten. Magdeburg: Westarp Wiss. 1991

[D.4.24] Rennenberg, H.: The fate of excess sulphur in higher plants. Annu. Rev. Plant Physiol. 354 (1984) 121 – 153.

[D.4.25] Van der Eerden, L.J.M.: Toxicity of ammonia to plants. Agric. Environ. 7 (1982) 223 – 235

[D.4.26] EPA (Environmental Protection Agency): Air quality criteria for oxides of nitrogen. Vol. II, EPA/600/8 – 91/049bF, Cincinnati 1993

[D.4.27] Wellburn, A.R., Higginson, C., Robinson, D., Walmsley, C.: Biochemical explanations of the more than additive inhibitory effects of low atmospheric levels of sulphur dioxide plus nitrogen dioxide upon plants. New Phytol. 88 (1981) 223 – 237

[D.4.28] Roelofs, J.G.M.: The effect of airborn sulphur and nitrogen deposition on aquatic and terrestrial heathland vegetation. Experientia 42 (1986) 372 – 377.

[D.4.29] Van der Eerden, L.J.M., Dueck, T.A., Berdowski, J.J.M., Greven, H., van Dobben, H.F.: Influence of NH3 and (NH4)2SO4 on heathland vegetation. Acta Bot. Neerl. 40 (1991) 281 – 297

[D.4.30] Schaefer, W.: Effect of acid deposition on soil, animals, and microorganisms: influence on structure and processes. In: Forschungsbeirat Waldschäden/Luftverunreinigungen der Bundesregierung und der Länder (Hrsg.): Internationaler Kongreß Waldschadensforschung: Wissensstand und Perspektiven 1990

[D.4.31] Guderian, R., Tingey, D.T.: Notwendigkeit und Ableitung von Grenzwerten für Stickstoffoxide. Berlin: Erich Schmidt, UBA-Berichte 1/87 (1987) 178

[D.4.32] Fangmeier, A., Hadwiger-Fangmeier, A., van der Eerden, L., Jäger, H.-J.: Effects of atmospheric ammonia on vegetation. A review. Environ. Pollut 86 (1994) 43 – 82

[D.4.33] BMELF (Bundesministerium für Ernährung, Landwirtschaft und Forsten): Waldzustandsbericht der Bundesregierung 1995. Schriftenreihe des BMELF, Angewandte Wissenschaft 427. Münster: Landwirtschaftsverlag 1995

[D.4.34] Sterba, H.: Forest decline and Growth trends in Central Europe – a review. In: H. Spieker et al.: Growth trends in European Forests (1996)

[D.4.35] Worbes, M., Bonn, S., Riemer, T.: Methoden zur Erfassung von Zuwachsraten und möglichen Einflußfaktoren auf das Jahresringbild von Bäumen in geschädigten Waldbeständen. Forstw. Cbl. 114 (1995) 313 – 325

[D.4.36] Guderian, R., Wienhaus, O.: „Neuartige Waldschäden" und Luftverunreinigungen aus gegenwärtiger Sicht. Jahresbericht des Deutschen Forschungsvereins 1997 (im Druck)

[D.4.37] Ulrich, B.: Folgerungen aus 10 Jahren Waldökosystem- und Waldschadensforschung 46, Nr. 21 (1991) 575 – 588

[D.4.38] Krupa, S., Kickert, R.N.: The greenhouse effect: Impacts of ultraviolet-B (UV-B) radiation, carbon dioxide (CO2) and ozone (O3) on vegetation. Environ. Pollut. 61 (1989) 263 – 293

[D.4.39] Bazzaz, F.A., Fajer, E.D.: Mehr Kohlendioxid – wie reagiert die Pflanzenwelt? Spektrum der Wissenschaft (1992) 64 – 71

[D.4.40] Beckmann, G., Klopries, B.: Die Auswirkungen des atmosphärischen CO_2-Anstiegs auf die Biosphäre. Essener Unikate 4/5 (1994) 30 – 47

[D.4.41] WHO: Air Quality Guidelines for Europe. WHO Regional Publications, European Series 23, Copenhagen 1987

[D.4.42] VDI 2310: Zielsetzung und Bedeutung der Richtlinien; Maximale ImmissionsWerte. Bl.1: 1 – 8 Berlin: Beuth 1988

[D.4.43] UNECE (United Nations Economic Commission for Europe) UNECE critical levels workshop report. Bad Harzburg, FRG, März 1988

[D.4.44] UNECE: Critical Loads Workshop. Skokloster 1988

[D.4.45] Nilsson, J.: Critical loads for sulphur and nitrogen. Nordisk Ministerrad, Miljo Rapport 11 (1986) 4 – 6.

[D.4.46] UNECE: UNECE critical levels workshop report. Egham, UK, March 1992.

[D.4.47] UNECE: Critical levels for ozone. Liebefeld-Bern, Schweiz 1994

[D.5.1] Rat von Sachverständigen für Umweltfragen: Umweltgutachten 1987. S. 178 – 198. Stuttgart/Mainz: W. Kohlhammer 1987. Haber, W., Salzwedel, J.: Umweltprobleme der Landwirtschaft. Sachbuch Ökologie. Stuttgart: Metzler-Poeschel 1992. Rat von Sachverständigen für Umweltfragen: Umweltgutachten 1996, S. 131 – 137. Stuttgart: Metzler-Poeschel 1996.

[D.5.2] Schroeder, D., Blum, W.E.H.: Bodenkunde in Stichworten. 5. Auflage. Berlin/Stuttgart: F. Hirt 1992. Blume, H.-P. (Hrsg.): Handbuch des Bodenschutzes (Kap. 2.6 – 2.8 u. 3.8). Landsberg/Lech: ecomed 1990. Rosenkranz, D., Bachmann, G., Einsele, G., u. Harreß, H.-M. (Hrsg.): Bodenschutz. Ergänzbares Handbuch der Maßnahmen und Empfehlungen für Schutz, Pflege und Sanierung von Böden, Landschaft und Grundwasser. Berlin: Erich Schmidt, ab 1988.

[D.5.3] Sauerbeck, D.: Vorkommen, Verhalten und Bedeutung von anorganischen Schadstoffen in Böden. In: Bodenschutz, Hohenheimer Arbeiten, S. 77 – 96. Stuttgart: E. Ulmer 1986.

[D.5.4] Führ, F.: Organische Schadstoffe in Böden. – In: Bodenschutz, Hohenheimer Arbeiten, S. 45 – 53. Stuttgart: E. Ulmer 1986.

[D.5.5] Müller, H. E.: Die realen und irrealen Gefahren der Dioxine. Deutsche medizin. Wochenschrift 116 (1991) 786 – 793.

[N.6.1] Guski, R.: Lärm – Wirkungen unerwünschter Geräusche. Bern: Hans Huber 1987

[N.6.2] Rat der Sachverständigen für Umweltfragen: Umweltgutachten 1987. Stuttgart: Kohlhammer 1988

[N.6.3] Martin R.: Geschichte der Schallbewertung. Z. Lärmbekämpf. 38 (1991) 151 – 157

[N.6.4] Schick A: Schallbewertung – Grundlagen der Lärmforschung. Berlin: Springer 1990

[N.6.5] Zwicker, E.: Psychoakustik. Berlin: Springer 1982

[N.6.6] Jansen, G.: Zur „erheblichen Belästigung" und „Gefährdung" durch Lärm. Z. Lärmbekämpf. 33 (1986) 2 – 7

[N.6.7] Interdisziplinärer Arbeitskreis für Lärmwirkungsfragen beim Umweltbundesamt: Belästigung durch Lärm: Psychische und körperliche Reaktionen. Z. Lärmbekämpf. 37 (1990) 1 – 6

[N.6.8] Jansen, G.: Psychosomatische Lärmwirkungen und Gesundheit. Z. Arb.wiss. 4 (1984) 205 – 210

[N.6.9] Scheidt, R.; Bartsch, R.; Brückner, C.: Die extraaurale Wirkung von Lärm – eine Literaturübersicht. Z. Lärmbekämpf. 33 (1986) 151 – 159

[N.6.10] Griefahn, B.: Schlafverhalten und Geräusche. Stuttgart: Enke 1985

[N.6.11] Interdisziplinärer Arbeitskreis für Lärmwirkungsfragen beim Umweltbundesamt: Beeinträchtigung des Schlafes durch Lärm. Z. Lärmbekämpf. 29 (1982) 13 – 16

[N.6.12] UBA (Hrsg.): Lärmbekämpfung '88: Tendenzen – Probleme – Lösungen; Materialien zum 4. Immissionsschutzbericht der Bundesregierung an den Deutschen Bundestag nach § 61 Bundesimmissionsschutzgesetz. Berlin: Erich Schmidt 1989

[N.6.13] Interdisziplinärer Arbeitskreis für Lärmwirkungsfragen beim Umweltbundesamt: Wirkungen von Lärm auf die Arbeitseffektivität. Z. Lärmbekämpf. 30 (1983) 1 – 3

[N.6.14] Sust, Ch.: Geräusche mittlerer Intensität – Bestandsaufnahme ihrer Auswirkungen. Schriftenreihe der Bundesanstalt für Arbeitsschutz Dortmund, Fb 497. Bremerhaven: Wirtschaftsverlag NW 1987

[N.6.15] Schwarze S: Langjährige Lärmbelastung und Gesundheit. Schriftenreihe der Bundesanstalt für Arbeitsschutz – Forschung – Fb 636 Dortmund. Bremerhaven: Wirtschaftsverlag NW 1991

[N.6.16] Lazarus-Mainka, G.: Faktoren der Belästigung bei der sprachlichen Kommunikation unter Geräuscheinwirkung. Z. Lärmbekämpf. 40 (1993) 129 – 139

[N.6.17] Interdisziplinärer Arbeitskreis für Lärmwirkungsfragen beim Umweltbundesamt: Beeinträchtigung der Kommunikation durch Lärm. Z. Lärmbekämpf. 32 (1985) 95 – 99

[N.6.18] Jansen, G.; Notbohm, G.: Lärm. In: Wichmann; H.E.; Schlipköter, H.W.; Fülgraff, G. (Hrsg.): Handbuch der Umweltmedizin, Teil VII.1. Landsberg: ecomed 1993

[N.6.19] Ortscheid, J.: Daten zur Belästigung der Bevölkerung durch Lärm – Ergebnisse repräsentativer Bevölkerungsumfragen 1984 – 1994. Z. Lärmbekämpf. 43 (1996) 15 – 23

[D.7.1] Reich, H.: Dosimetrie ionisierender Strahlung. Stuttgart: . B.G. Teubner 1990

[D.7.2] BMU. Umweltradioaktivität und Strahlenbelastung, Jahresbericht 1990. Der Bundesminister für Umwelt, Naturschutz und Reaktorsicherheit 1993

[D.7.3] UNSCEAR. Sources and Effects of Ionizing Radiation. United Nations, New York 1994

[D.7.4] ICRP Recommendations of the International Commission on Radiological Protection, ICRP Publication, ICRP 26, Oxford: Pergamon 1977

[D.7.5] Streffer, C.: Stochastische und nichtstochastische Strahlenwirkungen. Nucl. Med. 30 (1991) 198 – 205

[D.7.6] Kiefer, J.: Biologische Strahlenwirkung. Basel, Boston, Berlin: Birkhäuser 1989

[D.7.7] Hall, E.J.: Radiobiology for the Radiologist, 4. Ed. Philadelphia: J.B. Lippincott 1993

[D.7.8] Ehling, U.H.: Quantifizierung des strahlengenetischen Risikos. Strahlenther. Onkol. 163 (1987) 283 – 291.

[D.7.9] Shimizu, H., Kato, H., Schull, W.J.: Life Span Study Report 11, Part 2. Cancer mortality in the years 1950 – 85 based on the recently revised doses (DS 86). Radiat. Effects Res. Found, RERF TR 5 – 8, Hiroshimao 1988

[D.7.10] Thompson, D., Mabuchi, K., Ron, E. et al.: Cancer incidence in atomic bomb survivors. Part II. Solid tumors, 1958 – 87. Radiat. Res. 137 (1994) 17 – 67

[D.7.11] UNSCEAR. Sources, Effects and Risks of Ionizing Radiation. United Nations, New York 1988

[D.7.12] BEIR. Health Effects of Exposure to Low

Levels of Ionizing Radiation. Washington D.C.: National Academy Press 1990

[D.7.13] ICRP Recommendations of the International Commission on Radiological Protection., Oxford, New York, Frankfurt, Seoul, Sydney, Tokyo: Pergamon 1991

[D.7.14] UNSCEAR. Genetic and Somatic Effects of Ionizing Radiation. United Nations, New York 1986

[D.7.15] Streffer, C.: Wirkungen niedriger Strahlendosen: Karzinogenese, Strahlenther. Onkol. 170 (1994) 681–688

Produktionsintegrierter Umweltschutz

E.1 Begriffe

Abfall. In der Gesetzgebung sind Abfälle „bewegliche Sachen, deren sich der Besitzer entledigen will oder deren geordnete Entsorgung zur Wahrung des Wohls der Allgemeinheit, insbesondere des Schutzes der Umwelt, geboten ist".

Reststoffe. Als Reststoffe werden vom Betreiber von Produktionsanlagen nicht erwünschte Stoffe bezeichnet, die zumeist in chemischen oder biologischen Reaktionen entstehen oder in physikalischen Verarbeitungen verbleiben. Von diesen Reststoffen ist ein Anteil als *Wertstoffe* wieder zu verwerten; der nicht verwertbare Anteil muß als Abfall entsorgt werden.

Prozeß. Prozeß ist definiert als die technische Einheit, in der die chemischen, biologischen oder physikalischen Schritte zur Herstellung von gewünschten Zwischen- oder Endprodukten stattfinden.

Produktion. Einrichtung zur Herstellung von Gütern aller Art. Sie kann mehrere Prozesse umfassen, die in unmittelbarem Zusammenhang stehen.

Produktionsverbund. Ein Produktionsverbund besteht aus mehreren Produktionen, die jedoch nicht in unmittelbarem Zusammenhang stehen müssen.

E.2 Umweltschutz als technische und gesellschaftspolitische Aufgabe

Es steht außer Frage, daß heute in den industrialisierten Ländern beim Bau von Produktionsanlagen der Umweltschutz eine herausragende Rolle spielt. Mittlerweile ist in vielen Fällen der naturwissenschaftliche und ingenieurtechnische Aufwand für die Anpassung an die ökologischen Gegebenheiten größer als der für das eigentliche Produktionsverfahren.

Diese gesellschaftlichen Anforderungen wurden in den letzten Jahren dominant. Davor galt häufig – bei Berücksichtigung eines weitreichenden Umweltschutzes – die erste Priorität dem Produkt und der Wettbewerbsfähigkeit auf dem Markt. Aus diesem Grund besteht derzeit ein Konflikt zwischen verständlichen Markt- und Umwelterfordernissen. Das gilt vor allem für die Industrie der Bundesrepublik, deren behördliche Auflagen zum Umweltschutz teilweise weit über EG- und andere internationale Gesetze und Vorschriften hinausreichen [E.2.1].

Dabei werden zur Erfüllung dieser Auflagen immer wieder die Grenzen der Technik erreicht. Es kann Jahre dauern, bis sie überwunden sind und der Stand der Technik neu festgelegt werden kann. Zudem entwickelt sich der Umweltschutz neben der technischen mehr und mehr auch zu einer gesellschaftspolitischen Aufgabe. Das gewachsene Umweltbewußtsein in der Bevölkerung und die Strukturkrise in vielen Teilen der Industrie verlangen in Zukunft Produktionsverfahren, die den Ansprüchen an einen umfassenden Umweltschutz gerecht werden, ohne die Wettbewerbsfähigkeit weiter zu beeinträchtigen.

E.3 Der additive Umweltschutz

Der Umweltschutz in der Industrie war in der Vergangenheit im wesentlichen dadurch gekennzeichnet, daß die vorhandenen Produktionsanlagen durch getrennte Aggregate oder Teilanlagen ergänzt worden sind. Diese ermöglichen es, den vom Gesetzgeber geforderten Grenzwerten für Luft, Wasser oder Abfall zu entsprechen. Zu diesen Einrichtungen zählen u. a. Abscheider, Destillationen, Filtereinrichtungen, Wäscher, um unmittelbar in und an der Anlage unerwünschte Stoffe aus gasförmigen und flüssigen Strömen der Produktion zu entfernen. Diese Reststoffe wurden in der Regel als Abfall entsorgt.

Daneben sind in erheblichem Umfang zentrale Einrichtungen geschaffen worden, um platz- und kostensparend Abfallaufarbeitungen für unterschiedliche Produktionen vorzunehmen. Dazu gehören in erster Linie die biologische Abwasseraufarbeitung und die Rückstandsverbrennung. Der zentrale Standort und die Größe dieser Anlagen sind geeignet, die an sie gestellten sehr hohen Genehmigungsvorschriften zu erfüllen. Eine besondere Rolle spielt die Deponie, weil die Verbringung von nicht verbrannten Abfällen möglicherweise zu Verschmutzungen des Grundwassers und zu Luftbelastungen durch austretende Deponiegase führen kann. Die Ausweisung von geeignetem Gelände dafür wird deshalb sehr restriktiv gehandhabt, und die technischen Auflagen sind mittlerweile außerordentlich hoch.

Diese Maßnahmen zum Umweltschutz werden als additiv oder auch als end-of-pipe bezeichnet. Sie haben es der Industrie etwa ab 1960 ermöglicht, ohne Brüche im wirtschaftlichen Gefüge, ohne Abstellen von wichtigen Produktionen, einen außerordentlich hohen Umweltschutzstandard in relativ kurzer Zeit zu erreichen. Dadurch sind zumindest die Belastungen von Luft und Wasser deutlich verringert worden. Die Kontamination der Böden ist in weitem Umfang zum Stillstand gekommen. Erste – wenn auch bescheidene – Sanierungserfolge dafür sind in letzter Zeit zu verzeichnen.

Dennoch kann dieser additive Umweltschutz auf die Dauer nicht allumfassend den zukünftigen Umweltschutzanforderungen entsprechen. Der wesentliche Nachteil ist darin zu sehen, daß Reststoffe während des Fertigungsprozesses in Mengen entstehen, die erst nachträglich durch entsprechende Maßnahmen auf die Genehmigungsgrenzwerte reduziert werden müssen.

Additive Verfahren sind meist apparativ aufwendig. Dazu kommen Jahr für Jahr verschärfte Verordnungen für die maximalen Emissionswerte. Diese sind zunehmend von den separaten Aggregaten nicht oder nur mit unverhältnismäßig großem Aufwand einzuhalten. Darüber hinaus sind die additiven Maßnahmen zu teuer, da sich zu den Herstellungskosten die Aufwendungen für den Umweltschutz addieren. Deswegen gilt ein großer und immer weiter steigender Anteil aller Bemühungen von Forschung und Industrie der Verbesserung der Produktionsbedingungen. Das Ziel ist die Reduzierung der Umweltbelastungen im Verfahren.

E.4 Emissionsarme Produktionsanlagen

Politik und Öffentlichkeit erwarten mehr und mehr Prozesse ohne Emissionen. Die Forderungen sind zum Teil Voraussetzung für die Genehmigung industrieller Anlagen. Dabei wird übersehen, daß chemische, physikalische, biologische und technische Grenzen diesem Wunsch nach industrieller Fabrikation ohne jede Belastung entgegenstehen. Prozesse ohne Emissionen sind daher nicht möglich; das Ideal kann nur mehr oder weniger angenähert werden. Hier ist noch ein großes Feld für die industrielle Betätigung offen. So läßt sich sicherlich eine im umfassenderen Sinne noch umweltverträglichere Produktion mit den uns heute zur Verfügung stehenden oder in absehbarer Zeit zur Betriebsreife gelangenden technischen Mitteln realisieren. Allerdings ist einschränkend zu berücksichtigen, daß diese Neuerungen auch für die Großtechnik geeignet sein müssen. Häufig lassen sich im Labor fast ideale Verhältnisse erreichen, die der großtechnischen Praxis später nicht standhalten können. Diese oftmals schwer einsehbaren Unzulänglichkeiten können zu Spannungen zwischen den Genehmigungsbehörden, der Bevölkerung und der Industrie führen.

Die Mehrzahl der zu ergreifenden Maßnahmen muß sich zudem an dem wirtschaftlich Machbaren orientieren, d. h. an dem unter Preisdruck im internationalen Wettbewerb noch Durchsetzbaren. Andererseits hat die Wirtschaftlichkeit keinen höheren Rang als der sparsame Einsatz unserer Ressourcen und der schonende Umgang mit unserer Umwelt. Das bedeutet dann aber, daß Prozesse, die durch einen hohen Umweltschutzaufwand unrentabel sind, mit hoher Wahrscheinlichkeit abgestellt werden müssen. An dieser Stelle sind politische Konflikte nicht zu vermeiden. Dafür gibt es gerade in letzter Zeit eine Reihe von Beispielen mit großer Auswirkung.

E.5 Die Verpflichtung der chemischen Industrie

Speziell die chemische und verwandte Industrie steht in den Industrieländern im Mittelpunkt der öffentlichen Meinung. Sie ist schließlich für einen großen Anteil an der industriellen Umweltbelastung verantwortlich. So ist es verständlich, daß gerade sie in einem beachtlichen Kraftakt, sowohl hinsichtlich der personellen und natürlichen Ressourcen als auch der Investitionen Versäumtes nachgeholt hat. Sie gibt als Folge davon seit vielen Jahren und auf die Dauer erhebliche Beträge für die laufenden Kosten des Umweltschutzes aus. Es geht nun darum, einen akzeptablen Kompromiß zwischen der Produktion und der damit verbundenen Störung der natürlichen Lebensbedingungen zu finden. Eine uneingeschränkte Verpflichtungserklärung der chemischen hat als oberstes Ziel der vielfältigen Umweltschutzbemühungen, die durch die industrielle Tätigkeit entstehenden Belastungen auf ein für die Umwelt verträgliches Maß zu reduzieren.

Diese Verpflichtung hat die deutsche und schweizerische chemische Industrie bereits vor einiger Zeit in Form von „Umweltleitlinien" [E.5.1] dokumentiert und der Öffentlichkeit vorgestellt. Danach sind chemische Prozesse so auszulegen, daß für einen möglichst geringen Anfall von Reststoffen gesorgt wird. Für den Betrieb dieser Prozesse müssen Einrichtungen vorhanden sein, durch die Reststoffe verwertet oder schadlos entsorgt werden können.

E.6 Der integrierte Umweltschutz

Zur Umsetzung dieser Leitlinien erscheint der produktionsintegrierte Umweltschutz [E.6.1] als der gangbarste Weg. Dieser Begriff wurde vom Freiburger Kreis[1] 1990 erstmalig für Verfahren der chemischen Industrie gewählt. Heute gehört er zum allgemeinen Wortschatz und ist anwendbar auf alle Bereiche industrieller Betätigung. Allerdings sind zu hoch gesteckte Erwartungen an ihn nicht zu erfüllen.

---

[1] Eine Initiative der deutschen und schweizerischen chemischen Industrie, verschiedener Universitäten und wissenschaftlicher Vereinigungen beider Länder. Diese hatte zum Ziel, die Haltung der chemischen Industrie zum Umweltschutz zu dokumentieren und durch Beispiele zu untermauern. Die Thesen wurden 1990 veröffentlicht.

E.6.1 Definition

Der produktionsintegrierte Umweltschutz strebt nach einem verfahrenstechnischen Optimum im Prozeß, in der Produktion oder im Produktionsverbund. Dabei werden alle verfügbaren chemischen, physikalischen, biologischen und technischen Möglichkeiten genutzt.

Diese prozeßtechnischen Anpassungen können sich aus vielfachen Veränderungen an den bestehenden Anlagen zusammensetzen. Häufig sind zur Realisierung des produktionsintegrierten Umweltschutzes jedoch neue Verfahren und damit Investitionen großen Umfangs erforderlich. Sie sind in gleichem Maße möglich, wie die dazu notwendigen technischen Voraussetzungen geschaffen und realisiert werden können. Der produktionsintegrierte Umweltschutz ist im Prinzip keine neue Erfindung. Neu daran ist seine erweiterte technische Nutzung.

Das beste Beispiel für eine frühzeitige Anwendung ist die Ende des vergangenen Jahrhunderts begonnene Aufarbeitung des Steinkohlenteers. Er fiel in großen Mengen als Folge der Kokserzeugung an und stellte eine Umweltbelastung ersten Ranges dar. Die trockene Destillation des Teers war zunächst das Ergebnis des Bemühens, den Abfall weiterzuverwenden und keineswegs der gezielte Beginn des Aufbaus einer großen chemischen Industrie. Diese war sozusagen das Abfallprodukt einer Abfallaufarbeitung im Produktionsverbund, bzw. über die Werksgrenzen hinaus. Damals gab es die Vokabel Umweltschutz gar nicht.

Bild E.6-1 zeigt eine beliebige Produktion, die zwischen Markt und Umwelt angeordnet ist, bestehend aus Prozessen, Prozessen im Produktionsverbund und ggf. interner Energieerzeugung. Sie wird gespeist von den Einsatzstoffen und den Rohstoffen, zu denen auch die Energien zählen. Die Produktion sollen weitgehend nur die gewünschten Produkte verlassen. Unvermeidlich gelangt jedoch – nach dem eigentlichen Prozeß – Abgas in die Atmosphäre, Abfall auf die Deponie oder in die Verbrennung und Abwasser in den Vorfluter. Die Bedingung ist, daß Abgas, Abfall und Abwasser in minimalen Mengen anfallen sollen.

Der produktionsintegrierte Umweltschutz ist so angelegt, daß die in einem Prozeß entstehenden Reststoffe so umfassend wie möglich als Wertstoffe weiterverarbeitet werden können. Dazu dient die Integration im Prozeß selbst und – falls erforderlich – ein Verbund aus Produktion, pas-

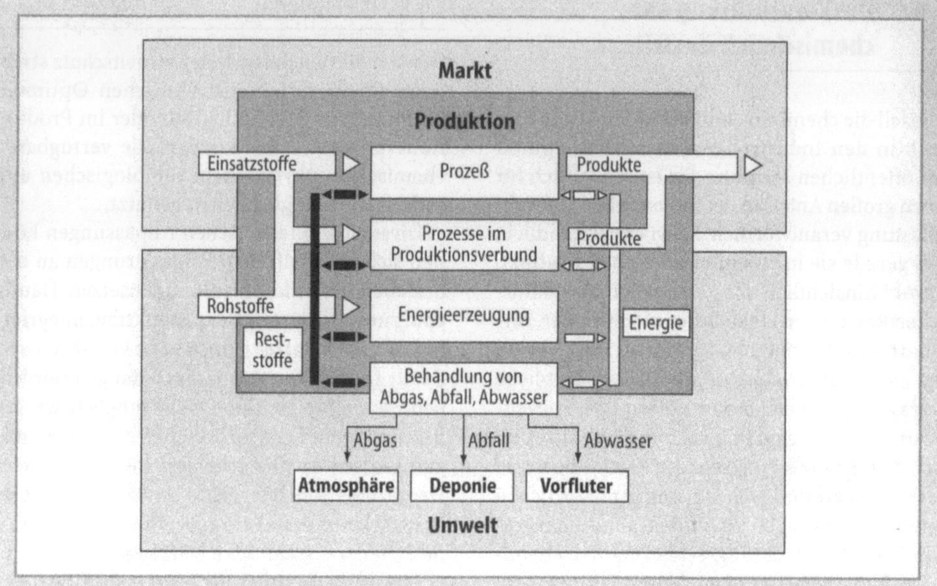

Bild E.6-1 Prinzipschema des produktionsintegrierten Umweltschutzes

senden anderen Produktionen, Energieerzeugung und nachfolgender Behandlung von Abgas, Abfall und Abwasser. Im einzelnen sind dies

- die Vermeidung oder Verminderung von Reststoffen im Prozeß,
- die Verwertung von Reststoffen im Produktionsverbund, d.h. ihr Einsatz als Wertstoffe in anderen Prozessen, und
- die Nutzung von Reststoffen mit entsprechendem Heizwert zur Energieerzeugung. Sie ist Teil der Produktionsintegration und nicht zu verwechseln mit der Abfallbehandlung, bei der niedrigkalorische Abfälle mit Zusatzheizung verbrannt werden (s. E.6-2).

Der produktionsintegrierte Umweltschutz hat in seinen vielfältigen Ausprägungen auch noch eine ernst zunehmende volkswirtschaftliche Bedeutung. Denn die Weiterverwertung von Reststoffen sowie die Reduzierung von Abfällen führen zu einer Verringerung von Rohstoffen und Energien, die in dem Prozeßverbund eingesetzt werden müssen. Es ist deshalb ebenfalls eine selbstverständliche Aufgabe der Industrie, unabhängig von der jeweiligen Preisstellung, mit Rohstoffen und Energien so sparsam wie möglich umzugehen.

In den Umweltschutzgesetzen der Schweiz und der Bundesrepublik Deutschland werden Forderungen nach Vermeidung, Verwertung oder schadloser Entsorgung von Reststoffen aufgestellt. Das deutsche Bundesimmissionsschutzgesetz formuliert im § 5, Abs. 1 Nr. 3: „Genehmigungsbedürftige Anlagen sind so zu errichten und zu betreiben, daß... Reststoffe vermieden werden, es sei denn, sie werden ordnungsgemäß und schadlos verwertet oder, soweit Vermeidung und Verwertung technisch nicht möglich oder zumutbar sind, als Abfälle ohne Beeinträchtigung des Wohls der Allgemeinheit beseitigt..."
Alle zum produktionsintegrierten Umweltschutz zu rechnenden Verfahren sind in völliger Übereinstimmung mit den Gesetzen. Daraus resultiert der weite Einsatzbereich.

E.6.2 Vermeidung und Verminderung von Reststoffen

Bei allen Umweltschutzmaßnahmen muß es die vorrangige Aufgabe sein, die einzelnen Prozesse so zu führen, daß der Reststoff-Anteil möglichst gering bleibt. Das kann erreicht werden durch

- optimierte Produktions- und Reaktionsführung,
- Einsatz verbesserter Katalysatoren,
- neue Regel-, Automatisierungs- und Analysenkonzepte,
- Verbesserung chemischer Prozesse mit Hilfe neuer Synthesewege bzw. Kombination von Prozeßschritten,

– Recycling von Hilfsstoffen (Waschwässer, Inertgase, Lösemittel, Katalysatoren).

Es gibt nur wenige Fälle, in denen dem Vermeidungsgebot voll entsprochen werden kann. Vermeidungen auf der einen Seite führen meist zu – wenn auch erheblich geringerem – Reststoffanfall an anderer Stelle des Verfahrens. Insgesamt zeigen die beiden folgenden Beispiele jedoch, wie durch gezielte Maßnahmen insgesamt erhebliche Verminderungen der Stoffe erreicht werden, die letztlich noch in die Umwelt abgegeben werden müssen.

E.6.2.1 Beispiel für die Vermeidung gasförmiger Reststoffe im Prozeß: Herstellung von Polypropylen
[E.6.2] (Bild E.6-2)

Einsatzgebiete. Polypropylen gehört zu den thermoplastischen Massenkunststoffen mit einem weitgefächerten Anwendungsspektrum. Aus diesem Material werden sowohl Gegenstände des täglichen Bedarfs als auch Teile für die industrielle Anwendung hergestellt.

Bisheriges Verfahren. Das jahrzehntelang gebräuchliche Verfahren bestand aus einer Polymerisation in einem relativ leichtflüchtigen Lösungsmittel, z.B. einer bestimmten Leichtbenzinfraktion. Die Abtrennung des Feststoffs durch Wasserdampfdestillation und die nachfolgende Trocknung brachten große Probleme im Hinblick auf die Luftbelastung. Die Abluft aus den Anlagen kann aus physikalischen Gründen nicht vollständig lösungsmittelfrei gehalten werden. Um den neuen Anforderungen der TA Luft zu genügen, hätten zur Reinigung dieser Abluft große Adsorptionstürme mit Silica-Gel oder Molsieben installiert werden müssen. Diese Lösung wäre aufwendig und teuer, ohne damit ein vollständiges Entfernen des Lösungsmittels zu erreichen. Außerdem entstehen bei der Aufarbeitung der Polymersuspension große Abwassermengen, die behandelt werden müßten.

Neues Verfahren: Im Sinne des produktionsintegrierten Umweltschutzes wurde der Prozeß vollständig verändert. Die Polymerisation erfolgt nun in der Masse, d. h. im monomeren Propylen. Das bedingte zwei wesentliche Änderungen: der Reaktionsdruck mußte auf etwa 40 bar angehoben und absolut neue Katalysatoren erfunden werden. Über viele Jahre hatte man angenommen, daß derartige Katalysatoren nicht zu finden seien. Beim neuen Verfahren entfallen

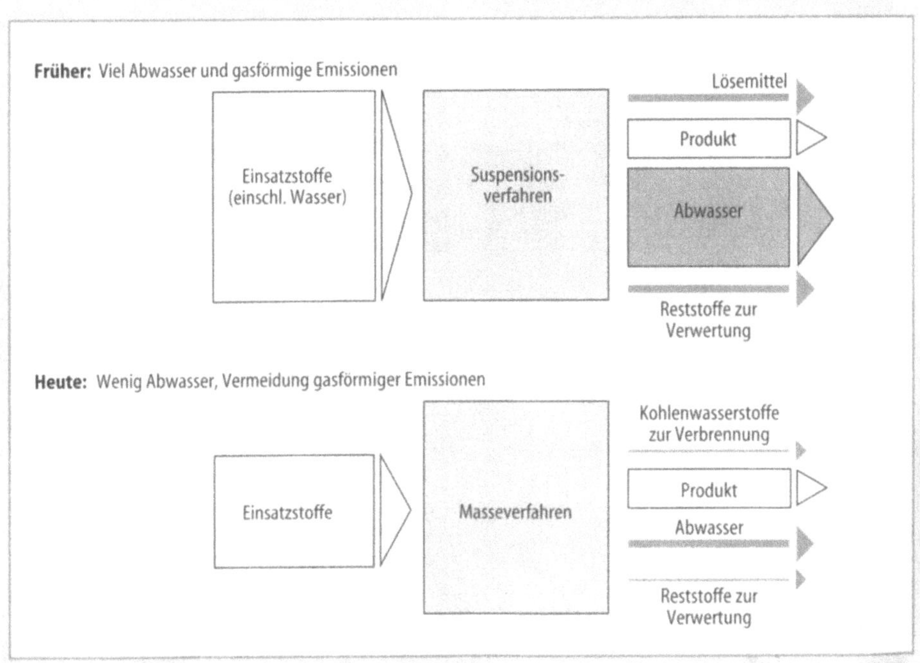

Bild E.6-2 Herstellung von Polypropylen

die Lösemittelemissionen in der Abluft. Nur noch geringe Mengen an gasförmigen Kohlenwasserstoffen müssen einer Verbrennung im Kesselhaus unter Energiegewinnung zugeführt werden. Bei der Herstellung des Polymerisats fällt deutlich weniger Abwasser an. Die Einsatzmenge an hochwirksamen Katalysatoren konnte nämlich so weit verringert werden, daß ihre Entfernung aus dem Polymer durch Auswaschen mit Wasser nicht mehr nötig ist. Der Rohstoffeinsatz für 1000 kg Produkt vermindert sich durch diese Verfahrensentwicklung von ursprünglich 1185 kg bis auf ca. 1013 kg. Entsprechend geht auch die Menge an Reststoffen zurück. Der Anfall von Abwasser und Abfall wird dadurch weitgehend vermieden. Die Reduzierungen führen zusammen noch zu einer Energieeinsparung auf 25 % des ursprünglichen Werts. Dieses Verfahren stellt damit einen Idealfall dar.

E.6.2.2 Beispiel für die Vermeidung fester Reststoffe im Prozeß: Herstellung aromatischer Amine durch katalytische Reduktion anstelle von Eisenreduktion
[E.6.3] (Bild E.6-3)

Einsatzgebiete. Aromatische Amine sind vor allem wichtige Zwischenprodukte von Synthesen z. B. für Farbstoffe, optische Aufheller und Pharmazeutika.

Bisheriges Verfahren. Die Herstellung von über 40 derartiger Amine erfolgte durch Reduktion der entsprechenden Nitroverbindungen mit Eisenspänen. Ein wesentlicher Nachteil der Reduktion mit Eisen liegt in den hohen verfahrensbedingten Umweltbelastungen. So entstehen in einer Anlage bei einem Ausstoß von 8.500 t/a Amine etwa 19.000 t Eisenoxidschlamm. Diese Eisenoxide müssen mit Hilfe der Wasserdampfdestillation gereinigt werden, bevor sie entsorgt werden können. Die Wasserdampfdestillation erfordert hohen Energieeinsatz und verursacht große Abwassermengen. Der Eisenoxidschlamm belastet die Deponie. Außerdem sind große Mengen auf der Straße zu transportieren.

Neues Verfahren. Das Prinzip ist ein neuer Syntheseweg: die katalytische Reduktion anstelle der Reduktion mit Eisen vermeidet den Zwangsanfall von Eisenoxidschlamm. Damit entfällt ein Deponie- und Transportproblem. Die Entwicklung des neuen Verfahrens dauerte bis zur Inbetriebnahme etwa 10 Jahre. Dabei wurden alle Möglichkeiten der Reduzierung von Reststoffen genutzt. So wird die Emission der Amine fast vollständig vermieden. Die Abwassermenge wird gegenüber dem noch ausgeübten Verfahren um rund 90 %, die Abwasserbelastung um über 99 % und die gasförmigen Emissionen ebenfalls um über 99 % gesenkt. Insgesamt reduzierten sich die Reststoffe von 237 kg/100 kg Produkt auf

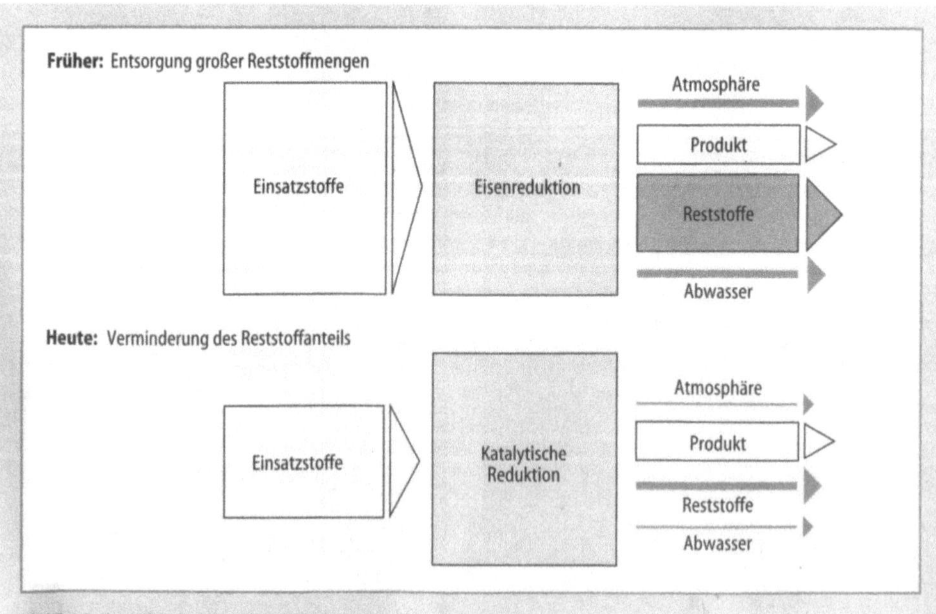

Bild E.6-3 Herstellung aromatischer Amine

1,5 kg. Durch Erhöhung der Ausbeuten und Energieeinsparung konnten die Herstellkosten gesenkt werden. Die Entwicklung des neuen katalytischen Verfahrens ist ein gutes Beispiel dafür, daß wesentliche Umweltentlastungen erfolgreich mit wirtschaftlicher Verbesserung kombiniert werden können.

E.6.3 Verwertung von Reststoffen

In einem Prozeß entstehende gasförmige, flüssige oder feste Reststoffe, die selbst unter optimalen Betriebsbedingungen noch anfallen, lassen sich in vielen Fällen im Produktionsverbund mehrerer Prozesse weiterverarbeiten. Sie stellen somit Wertstoffe dar. Dazu gehört die Verwertung von Reststoffen
- durch Abtrennung an anderer Stelle und Recycling zurück in den ursprünglichen Prozeß,
- als Wertstoff für die Herstellung anderer Produkte im erweiterten Produktionsverbund, in den auch Prozesse außerhalb des Werkszauns oder der eigenen Firma eingeschlossen sein können,
- als Einsatz zur Energieerzeugung.

Wenn sich organische Reststoffe stofflich nicht oder nicht sinnvoll im Prozeßverbund wiederverwenden lassen, ist unter dem Begriff des produktionsintegrierten Umweltschutzes auch die energetische Verwertung, also die Verbrennung, einzuschließen. Dabei wird Wärme gewonnen, die in Form von Dampf und/oder Strom in anderen Prozessen Einsatz findet. So können andere, sonst verwendete Energien eingespart werden. Derartige Anlagen unterliegen den gleichen strengen Vorschriften wie alle anderen Produktionsanlagen. Aus diesem Grund stellt der Einschluß dieser Verbrennungsanlagen in das produktionsintegrierte Konzept eine sichere und umweltschonende Maßnahme dar.

Zwei Beispiele zeigen im folgenden, wie durch die Verwertung von Reststoffen im Produktionsverbund – auch über die Werksgrenzen hinaus – erhebliche Verringerungen der Umweltlasten erreicht werden können.

E.6.3.1 Beispiel für die Verwertung von Reststoffen im Produktionsverbund: Salzsäurereinigung durch Extraktion [E.6.4] (Bild E-6.4)

Problem. Bei der Herstellung der organischen Lösemittel Chlormethyl, Methylenchlorid, Chloroform und Tetrachlorkohlenstoff entstehen große Mengen an Salzsäure. Diese ist nach den bisherigen Verfahren mit den hergestellten Chlorwasserstoffen verunreinigt. Ihr Einsatz ist dementsprechend begrenzt. Diese Salzsäure kann in reinem Zustand jedoch an verschiedenen Stel-

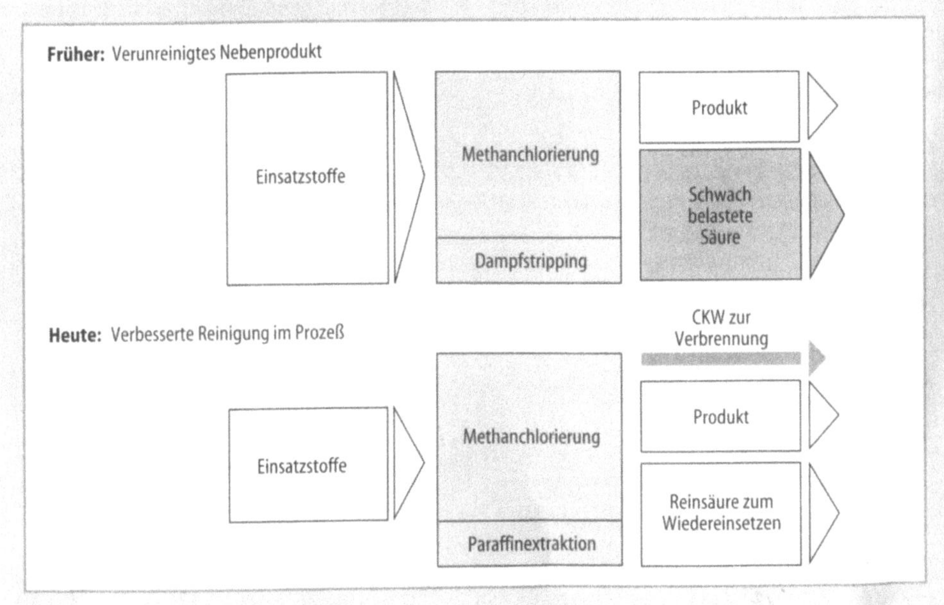

Bild E.6-4 Salzsäurereinigung durch Extraktion

len im Werk anderweitig industriell genutzt werden. Sie tritt dort an die Stelle speziell für diesen Zweck erzeugter Säure.

Bisheriges Verfahren. Die belastete Säure wurde bisher durch eine Dampf-Stripping gereinigt, bei der die enthaltenen Lösemittelreste mit Wasserdampf ausgetrieben und anschließend kondensiert wurden. Schadstoffgehalte unter 1 ppm, wie sie heute gefordert werden, sind aber mit diesem Verfahren nicht zu erreichen, so daß andere Lösungen gefunden werden mußten.

Neues Verfahren. Eine passende Lösung des Problems besteht in einem Reinigungsverfahren durch Paraffinextraktion. Belastete Säure und flüssiges Paraffin werden dabei in einer Extraktionskolonne im Gegenstrom geführt. Das Paraffin nimmt die Verunreinigungen auf und verläßt die Kolonne am oberen Ende als leichte Phase. Die Reinsäure wird am unteren Ende der Kolonne abgezogen. Sie kann an anderen Stellen im Produktionsverbund vollständig produktiv wiedereingesetzt werden. Aus dem Paraffin durch Dampfstripping abgetrennte Chlorkohlenwasserstoffe werden der Verbrennung unter Energiegewinn zugeführt.

E.6.3.2 Beispiel für die Verwertung von Reststoffen im Verbund zweier Werke: Schwefelsäure aus den Abgasen der Zellwolleproduktion [E.6.5]

Einsatzgebiete. Zellwolle ist ein halbsynthetischer Faserstoff. Er wird zur Herstellung von Textilien (z. B. Futter- und Kleiderstoffe), von medizinischen und hygienischen Vliesen (z. B. Watte, Putztücher) und von technischen Artikeln (z. B. Reifencord) eingesetzt.

Bisheriges Verfahren (Bild E.6-5). Das Viskoseverfahren zur Herstellung von Spinnfasern läßt toxische schwefelkohlenstoff- und schwefelwasserstoffhaltige Abgase entstehen. Diese giftigen Abgase müssen während des Betriebs ständig abgesaugt werden, um eine niedrige Arbeitsplatzkonzentration zu erreichen. Dafür sind hohe Luftmengen erforderlich (ca. 235.000 m³/h für eine Produktion von 55.000 t/a). Die niedrige Geruchsschwelle für Schwefelwasserstoff (ca. 0,005 mg/m³) führte zu ständigen Auseinandersetzungen mit den umliegenden Anwohnern. Wegen der großen Luftmenge und der niedrigen Konzentration war eine Aufarbeitung der Abluft nicht möglich. Nur kleine, höher konzentrierte Teilströme ließen sich unter Rückgewinnung des Schwefelkohlenstoffs reinigen.

Neues Verfahren (Bild E.6-6). Das Problem war nur im Produktionsverbund zwischen zwei benachbarten Firmen über die Werksgrenzen hinaus zu verwirklichen. Die schwefelhaltigen Abgase der Zellwolleproduktion werden einer benachbarten Schwefelsäureanlage zugeführt. Sie werden dort sowohl als Rohstoff als auch als Verbrennungsluft verwendet. Dadurch werden die Schwefelverbindungen zu Schwefeldioxid (SO_2), Kohlendioxid (CO_2) und Wasser verbrannt, das Schwefeldioxid wird anschließend zu Schwefelsäure (H_2SO_4) verarbeitet. Da diese zur Zellwolleherstellung benötigt wird, schließt sich durch Rückführung des Sekundärprodukts in die Zellwolle-Anlage der Produktionskreislauf teilweise wieder. Durch die Erfassung der beiden Ab-

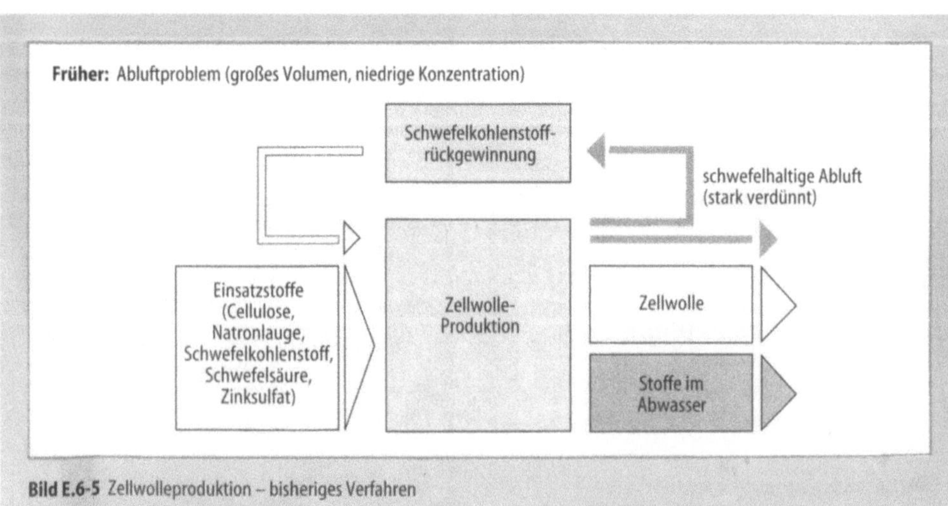

Bild E.6-5 Zellwolleproduktion – bisheriges Verfahren

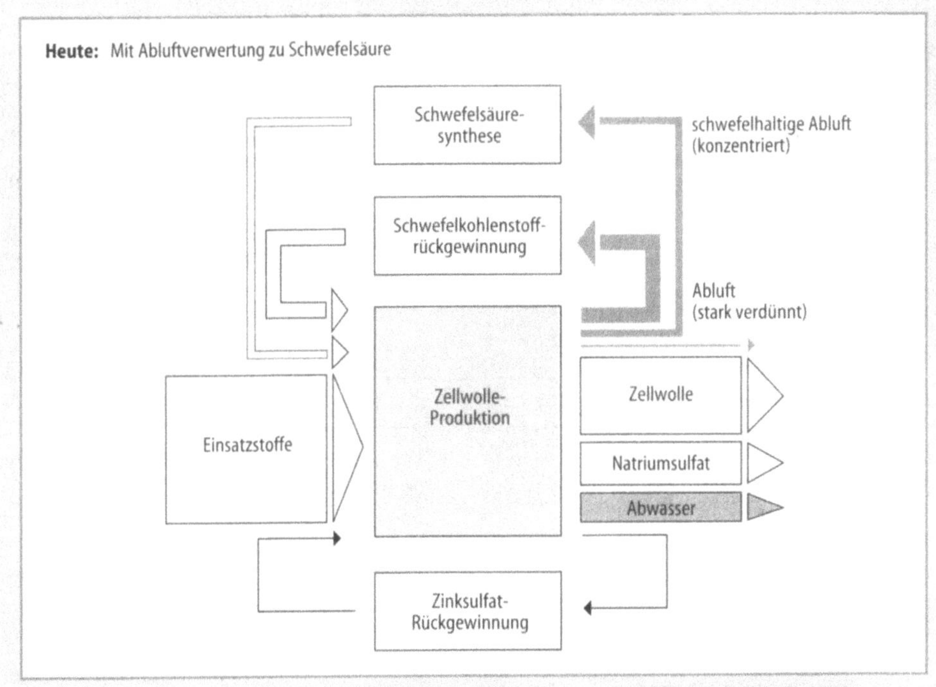

Bild E.6-6 Zellwolleproduktion – neues Verfahren

gasströme wurden ca. 80 % der ursprünglichen Schwefelemissionen des Werks vermieden. Das anfallende Natriumsulfat ist ein Wertstoff.

E.6.4 Technische Voraussetzungen und Bedingungen

Bei allen Prozessen muß vorausgesetzt werden, daß die zur Verfügung stehenden Rohstoffe oder Zwischenprodukte gleichmäßig und hochrein verfügbar sind, was nicht immer möglich ist. In die Beurteilung der Realisierbarkeit einer optimalen Prozeßführung müssen daher auch die Vorstufen mit eingeschlossen werden. Das gilt gleichermaßen für die Umwandlung eines Naturstoffs in einen Industrierohstoff. Letztlich muß deshalb die Kette von Einzelprozessen, einschl. der Bereitstellung von Rohstoffen und Energien, bis hin zum Endprodukt, im Hinblick auf ihre Umweltrelevanz als Ganzes betrachtet werden.

Die in den Beispielen dargestellten Lösungen zeigen, daß dies Unikate sind. Jeder zu ändernde Prozeß verlangt, im Hinblick auf seine besonderen Bedingungen und unter Berücksichtigung des Standorts, spezielle Anpassungen. Die Entscheidung über die im Werk anzuwendenden Maßnahmen muß unter Gesichtspunkten des gesamten technischen Verbunds erfolgen. Wesentlich bei der Bewertung kann nur sein, welche Umweltbelastungen letztlich insgesamt aus dem Betrieb von Produktionen aller Art herrühren. Es gibt keine allgemein anwendbaren Rezepte für die Herstellung von Produkten bei gleichzeitiger Minimierung des Anfalls von Reststoffen.

Die größeren Werke der chemischen Industrie bieten für derartige Lösungen innerhalb des Produktionsverbunds häufig die günstigsten Möglichkeiten. Ganz generell gilt dieses Prinzip auch für kleinere Werke und andere Branchen.

E.6.5 Beseitigung nicht verwertbarer Stoffe

Der produktionsintegrierte Umweltschutz endet mit den Maßnahmen, die unmittelbar oder mittelbar mit der Produktion verbunden sind. Daran schließen sich für die Entsorgung der noch verbliebenen Reststoffe Anlagen zur Abfallbehandlung, einschl. der Abluft- und Abwasserreinigung an.

Früher wurde für die Entsorgung von kippbaren Abfällen in den meisten Fällen die Deponie verwendet. Die Probleme bei der Neuausweisung und dem Betrieb von Deponien lassen jedoch eine beliebige Ausweitung nicht zu. In Zukunft sollte die Abfallbehandlung deshalb eher aus einer Verbrennung bestehen. Durch sie wird auch der Volumenanfall der noch verbliebenen festen und flüssigen organischen Abfälle erniedrigt. Gleichermaßen sollen im Abfall noch enthaltene schädliche, auch nicht organische Anteile zerstört werden. Die aus diesen Anlagen stammenden Rückstände können auf diese Weise unschädlich gemacht oder soweit stabilisiert werden, daß ihre endgültige Verbringung keine Gefahren für die Umwelt bedeutet. An die Genehmigungen für derartige Einrichtungen werden hohe Anforderungen gestellt. Das gilt speziell für die Summe der Dioxine und Furane im Rauchgas ($< 1\,\text{ng/m}^3$), aber auch für andere Emissionen wie HCl. Damit wird sichergestellt, daß mit dem Betrieb keine Gefährdungen für die Umwelt verbunden sind.

Eine derartige Reststoff-Entsorgung kann nur unter Aufwendung von zusätzlich zugeführter Energie erfolgen. Unter geeigneten Umständen können diese Anlagen deshalb mit den Verbrennungsanlagen für die energetische Verwertung von Reststoffen kombiniert werden.

Aus diesen Abfallbehandlungsanlagen, ebenso wie aus der Energieerzeugung, entstehen Reststoffe, die nur selten verwertbar sind. Sie müssen deshalb als Abfälle entsorgt werden. Hierfür brauchen wir nach wie vor gesicherte Deponiemöglichkeiten. Ganz generell gilt jedoch, daß die Ablagerung von Abfällen auf Deponien erst dann erfolgen sollte, wenn kein anderes Verfahren zur Entsorgung der Abfälle existiert. Der gleichzeitige Verzicht auf Deponien und auf Abfallverbrennungsanlagen ist aus den geschilderten Gründen nicht möglich.

E.6.6 Grenzen der Anwendung

Trotz aller Vorteile, die der produktionsintegrierte Umweltschutz besitzt, gibt es zwei wesentliche Grenzen für seine Anwendung:

- Es gibt erhebliche Umstellungsschwierigkeiten. Nicht jeder Prozeß kann innerhalb kurzer Frist so angepaßt werden, daß er den erforderlichen Randbedingungen entspricht. Für viele Anwendungen sind noch gar keine Lösungsansätze verfügbar. Darüber hinaus ist – die Möglichkeit einer Verfahrensänderung vorausgesetzt – für Neuanlagen eine Entwicklungs- und Realisierungszeit von bis zu 10 Jahren erforderlich. Ein nicht unwesentlicher Teil davon ist für die Genehmigungsverfahren an-

zusetzen (§ 4 BImSchG), die auch bei verbesserten und umweltschonenderen Produktionen nicht erleichtert werden. Wenn sich die Maßnahmen lediglich auf Änderungen am Verfahren beschränken (§ 15 BImSchG), sind zeitliche Abkürzungen möglich. Aufgrund der Kenntnis laufender Forschungs- und Entwicklungsprojekte läßt sich deshalb absehen, was im Rahmen des produktionsintegrierten Umweltschutzes in naher Zukunft verwirklicht werden kann. An einer ganzen Reihe von Prozessen wird sehr erfolgversprechend gearbeitet. Es sind allerdings keine generellen Umwälzungen, die in kürzerer Zeit zu einer völligen Neuorientierung von Produktionen aller Art führen können.

- Die Wirtschaftlichkeit der neuen Verfahren oder Verfahrensschritte ist häufig nicht gegeben. Wenn die Kosten für den Umweltschutz nicht über den Preis weitergegeben oder durch andere Optimierungen eingespart werden können, sind Produktionen auch nach dem integrierten Konzept nicht zu betreiben. Die Frage nach aussagefähigen Wirtschaftlichkeitsberechnungen des produktionsintegrierten Umweltschutzes gegenüber den herkömmlichen Verfahren ist nicht eindeutig zu beantworten. Optimierungsüberlegungen [E.6.6] sind aber normalerweise qualitativer und weniger quantitativer Art. Neue Anlagen nach den Vorgaben des produktionsintegrierten Umweltschutzes sind in den seltensten Fällen hinsichtlich Kapazitäten, Produkten, Bedingungen mit den Vorgängeranlagen hinreichend vergleichbar; deshalb führen Wirtschaftlichkeitsberechnungen leicht in die Irre.

Wenn Altanlagen zur Erfüllung neuer Umweltschutzauflagen nachgerüstet werden müßten, und zu deren Vermeidung neue Anlagen entsprechend dem produktionsintegrierten Umweltschutz gebaut werden können, sind derartige Berechnungen möglich. Es zeigt sich auch in diesen Fällen, daß durch die Abschreibungen auf die neuen Investitionen die Kalkulationen meist ungünstigere Herstellkosten für die nach den neuen Verfahren hergestellten Produkte ausweisen.

Eindeutig wirtschaftlich positiv sind hingegen Anlagen zu bewerten, die für neue Produkte geplant werden, und die heute überwiegend im Hinblick auf den integrierten Umweltschutz ausgelegt sind. Verständlicherweise wird man dafür keine Vergleichsrechnungen mit möglichen additiven Verfahrensvarianten anstellen, die als Alternativen ohnehin nicht mehr in Frage kommen.

Die Entscheidung für ein neues Produkt oder eine integrierte Verfahrensvariante – ganz gleich für welche Branche auch immer – kann nur noch auf der Basis optimalen Umweltschutzes gefällt werden. Entweder das Produkt ist unter den gegebenen Umständen auf dem Markt noch wirtschaftlich unterzubringen – oder es kann nicht produziert werden.

Mit dem produktionsintegrierten Umweltschutz sind wesentliche technische Hilfsmittel verfügbar, die sich in der Praxis bereits vielfältig bewährt haben. Im Hinblick auf den Umweltschutz wird daneben die schwierige Situation der deutschen Industrie zu Beginn der 90er Jahre zu neuen Bewertungen führen müssen. Im internationalen Markt sind die Preise, auch mit dem Argument des Umweltschutzes, nicht zu erhöhen.

Die Belastung, die mit dem vorbildlichen Umweltschutz in Deutschland durch die Industrie getragen werden muß, wird an einigen Zahlen deutlich. So wurden vom produzierenden Gewerbe in der Zeit von 1982 – 1995 insgesamt etwa 96,08 Mrd. DM für den Umweltschutz investiert [E.6.7]. Der Anteil der chemischen Industrie daran betrug 16,65 Mrd. DM, was zwischen 1989 – 1992 über 14 % der gesamten Chemieinvestitionen ausmachte. Erst danach ging diese Quote bis auf 9 % zurück [E.6.7, E.6.8]. In beiden genannten Investionszahlen sind von 1991 an die neuen Bundesländer mit eingeschlossen. An Umweltschutzbetriebskosten mußten 1982 für die Chemie 2,79 Mrd. DM aufgewendet werden, die bereits im Jahr 1990 auf 6,36 Mrd. DM angewachsen waren und seitdem in etwa diese Höhe beibehalten haben. Sie summieren sich von 1982 – 1995 auf 68,96 Mrd. DM [E.6.8, E.6.9].

Der produktionsintegrierte Umweltschutz kann die finanziellen und technischen Auswirkungen erleichtern. Er ist aber nicht in der Lage, weitergehende Lasten von den Unternehmen abzufangen.

Dennoch ist er ein wichtiger Schritt zu einer nachhaltigen Ausfüllung dessen, was unter dem Begriff *sustainable development* verstanden wird. Es wird damit eine Entwicklung dargestellt, in der die Grundbedürfnisse der Menschen befriedigt werden, ohne die Lebensgrundlage nachfolgender Generationen zu beeinträchtigen. Neben dem sozialpolitischen Generationenvertrag muß es also auch einen vergleichbaren ökologischen geben. Dieser bezieht sich aber nicht allein auf

den Schutz der Umwelt. Er schließt gleichermaßen die stete Nutzung aller naturwissenschaftlicher Forschungen und Erkenntnisse ein, die später von essentieller Bedeutung werden könnten. Nur wenn beides zusammen erfüllt ist, läßt sich die Versorgung in der Zukunft sicherstellen. Eine Abkehr von der Technik aufgrund von Umweltschutzargumenten wird dem nicht gerecht.

E.6.7 Akzeptanz

Das Postulieren eines produktionsintegrierten Umweltschutzes bedeutete 1990 keineswegs die Wiedergabe einer Selbstverständlichkeit. Die Vielzahl der bestehenden Anlagen, der internationale Wettbewerb und die Konsequenz der Neuentwicklung zahlreicher Verfahren ebenso wie politischer Widerstand stellten vor eine Realisierung in großem Stil in vielen Fällen ein Fragezeichen.

Heute, nachdem mehr als ein halbes Jahrzehnt vorüber ist, sieht die Angelegenheit anders aus. Die Industrie hat den produktionsintegrierten Umweltschutz weitgehend akzeptiert. Auch die Politik und objektive Öffentlichkeit lassen Verständnis für die Möglichkeiten erkennen. Auf allen Seiten herrscht die Erkenntnis vor, daß nur auf diesem Wege ein vernünftiger Kompromiß zwischen den ökologischen Anforderungen auf der einen Seite und dem Machbaren auf der anderen gefunden werden kann. Mittlerweile werden neue Anlagen von deutschen und schweizerischen Firmen im In- und Ausland überwiegend, wenn nicht ausschließlich unter Berücksichtigung des produktionsintegrierten Umweltschutzes geplant und erstellt. Politiker vieler Parteien bedienen sich dieses Begriffs als allgemeinverständlichen Ausdruck vernünftiger Vorgehensweise. In den übrigen industrialisierten Ländern wird nach ähnlichen Übereinkünften gehandelt, wenn auch unter einer anderen Überschrift.

Meinungsverschiedenheiten gibt es jedoch nach wie vor in der Bundesrepublik Deutschland in der Anerkennung der Rückstands-Verbrennungsanlagen als einem unerläßlichen, dazu gefahrlosen und sehr ökologisch orientierten Teil moderner Verfahrensentwicklung.

Sieht man von ideologischen Eiferern ab, für die eigentlich nur der Verzicht auf industrielle Tätigkeit mit dem ökologischen Absolutismus der Nullemission vereinbar ist, sind wir mittlerweile in der Realität außerordentlich weit gekommen. Der Zubau von additiven Umweltschutz-Anlagen ist fast zum Stillstand gekommen; eine

Reihe von derartigen Anlagen erweisen sich heute schon als überdimensioniert oder unnötig und müssen teilweise stillgelegt werden.

Bei aller Euphorie über diese Erfolge darf man allerdings die Kehrseite der Entwicklung nicht außer acht lassen: in den letzten Jahren sind speziell in der Bundesrepublik Deutschland sehr viele Prozesse außer Betrieb gesetzt worden, weil sie den steigenden Umweltschutzforderungen nicht mehr entsprechen konnten. Das betrifft vor allem diejenigen Anlagen, die einen hohen Anteil von nicht wiederverwertbaren Reststoffen aufweisen. Die ernste Folge davon ist der unwiederbringliche Wegfall vieler Arbeitsplätze. Neue Verfahren sind nicht so zahlreich hinzugekommen. Einmal brauchen die Entwicklung und die Genehmigung auch umweltfreundlicher Anlagen eine lange Zeit, und zum weiteren sind viele Verfahren vom Wirtschaftlichen her – aus Umwelt- und anderen Ursachen – mit den internationalen Wettbewerbern nicht konkurrenzfähig. Das ist ein wesentlicher Grund dafür, daß viele additive Umweltschutzanlagen heute überflüssig geworden sind.

Es wird an der Intelligenz und dem Erfindungsreichtum der Forscher und Ingenieure liegen, ob mit neuen, dem produktionsintegrierten Umweltschutz angepaßten Prozessen die Konkurrenzfähigkeit auf vielen Arbeitsgebieten auch in unserem Land wiederhergestellt werden kann.

Literatur

[E.2.1] Hezel, C.: Tendenzen in der EG-Umweltschutz-Gesetzgebung und deren Auswirkungen auf die chemische Industrie in Deutschland, Chem.-Ing.-Techn. 65 Nr. 9 (1993) 1045

[E.5.1] Umweltleitlinien, Verband der chemischen Industrie (VCI) (Hrsg.), Frankfurt/M. 1987

[E.6.1] Wiesner, J. [Bearb.] Produktionsintegrierter Umweltschutz in der chemischen Industrie – Verpflichtung und Praxisbeispiele, DECHEMA (Hrsg.), Frankfurt/M. 1990, Präambel.

[E.6.2] Hornke, J., Lipphardt, G., Meldt, R.: Herstellung von Polypropylen; Produktionsintegrierter Umweltschutz in der chemischen Industrie, DECHEMA (Hrsg.), Frankfurt/M. 1990, S.17

[E.6.3] Hornke, J., Lipphardt, G., Weber, D.: Herstellung aromatischer Amine; Produktionsintegrierter Umweltschutz in der chemischen Industrie, DECHEMA (Hrsg.), Frankfurt/M. 1990, S.27

[E.6.4] Hornke, J., Lipphardt, G., Tetzlaff, H.: Salzsäurereinigung durch Extraktion, Produktionsintegrierter Umweltschutz in der chemischen Industrie, DECHEMA (Hrsg.), Frankfurt/M. 1990, S. 69

[E.6.5] Dörges, J., Dietrich, K., Sülzer, B., Wiesner, J.: Schwefelsäure aus den Abgasen der Zellwolleproduktion – Reststoffverwertung im Verbund zweier chemischer Werke; Produktionsintegrierter Umweltschutz in der chemischen Industrie, DECHEMA (Hrsg.), Frankfurt/M. 1990

[E.6.6] Hassan, A., Kostka, S.: Methodik des produktionsintegrierten Umweltschutzes in der chemischen Industrie; Chem.-Ing.-Techn. 65 Nr. 4 (1993) 391 – 400

[E.6.7] VIK Verband der Industriellen Energie- und Kraftwirtschaft e. V.: Statistik der Energiewirtschaft 1996/97

[E.6.8] Verband der chemischen Industrie: Chemiewirtschaft in Zahlen, Ausgabe 1998

[E.6.9] Verband der Industrie: Chemie Report 10/96

Gasreinigungsverfahren

F.1 Einführung

Stoffliche Emissionen, die durch Gasreinigungsverfahren zu mindern sind, lassen sich nach dem Aggregatzustand in gasförmige, flüssige und feste Komponenten unterteilen.

Für mögliche umweltschädigende Einflüsse sind bei festen und flüssigen Partikeln neben der Konzentration vor allem auch die Größe und deren Inhaltsstoffe von Bedeutung. Bei Feststoffen können außerdem Kristallbau und geometrische Form wichtige Parameter sein (Beispiel: Asbestfasern).

Die kondensierten (festen und flüssigen) Bestandteile, die dispergiert in den zu reinigenden Gasen vorliegen, werden als Stäube bezeichnet. Sie sind durch Phasentrennungsverfahren aus dem vorliegenden Staub-Gas-Gemisch abzuscheiden. Diese Prozesse werden als Partikel oder Staubabscheidung oder auch Entstaubung bezeichnet. Bei der Abtrennung der Partikeln nutzt man deren von den Gasbestandteilen abweichende physikalischen Eigenschaften (u. a. Größe, Masse und Dichte, elektrische Eigenschaften). Die Partikeln können beispielsweise aufgrund sowohl mechanischer als auch elektrischer Kräfte und Felder oder auch durch Sieb-, Diffusions- und Sperreffekte abgeschieden werden.

Gasförmige Bestandteile, die als Schadgase aus Gemischen unterschiedlicher Gaskomponenten, ggf. bei Anwesenheit von Stäuben, zu entfernen sind, werden sowohl durch physikalische als auch durch chemische Verfahren aus den zu reinigenden Gasen entfernt. Dabei können Entstaubung und Gasabscheidung auf sehr unterschiedliche Weise kombiniert werden.

Bei den physikalischen Verfahren zur Minderung von Schadgasen werden Unterschiede zwischen den aus dem Gas zu entfernenden Komponenten und den im Gasstrom verbleibenden Bestandteilen ausgenutzt, beispielsweise im Hinblick auf
– Kondensationstemperatur,
– Molekülgröße,
– physikalisches Ab- und Adsorptionsverhalten.

Chemische Abscheideverfahren beruhen auf der höheren Selektivität der aus dem Gas zu entfernenden Komponenten für homogene, heterogen katalysierte oder heterogene chemische Reaktionen und Sorptionsvorgänge. Die Selektivität kann dabei sowohl vom thermodynamischen Gleichgewicht als auch von der Kinetik des chemischen Vorgangs bestimmt werden.

Homogene und heterogen katalysierte Gasreaktionen werden zumeist zur Umwandlung von Schadgasen in natürliche Bestandteile der Atmosphäre (Wasser, CO_2, Stickstoff) eingesetzt. Dabei wird weiterer Aufwand für Phasenumwandlungen und Überführung der Produkte in verwert- oder zumindest deponierbare Stoffe eingespart. Apparativ besonders einfach können Schadgasabscheideverfahren mit homogenen Gasphasenreaktionen (z. B. thermische Nachverbrennung) gestaltet werden. Allerdings erfordern solche Prozesse zumeist vergleichsweise hohe Reaktionstemperaturen.

Gasreaktionen mit gasdispergierten festen oder flüssigen Reaktionspartnern (Chemisorption) machen ebenso wie gasdispergierte feste und flüssige Reaktionsprodukte die Nachschaltung von Partikelabscheidern erforderlich.

Naßabscheider können grundsätzlich sowohl zur Entstaubung als auch zur physikalischen oder chemischen Absorption in einem einzigen Apparat eingesetzt werden. Voraussetzung für hohe Entstaubungs- und Gasabscheideleistungen ist dabei allerdings, daß für beide Gruppen der Gasinhaltsstoffe günstige Abscheidebedingungen eingehalten werden. Da die Naßabscheidung durch Trägheitskräfte hohe Relativgeschwindigkeiten zwischen Gas/Staub-Gemisch und Waschflüssigkeit (entsprechend kurzen Kontakt- und Verweilzeiten) erfordert, können Gaskomponenten nur dann wirksam abgeschieden werden, wenn eine schnelle Absorptionskinetik und ein hohes Aufnahmevermögen der Waschflüssigkeit gegeben ist. Diese Voraussetzungen sind beispielsweise oft bei Neutralisationsvorgängen oder der Wassereinbindung starker Säuren und Laugen gegeben.

Bei der Beschreibung industrieller Gasreinigungsprozesse haben sich teilweise irreführende Bezeichnungen eingebürgert, die im Widerspruch zu den tatsächlich ablaufenden physikalischen und chemischen Verfahrensschritten stehen. Dies ist beispielsweise mitunter bei der Bezeichnung Chemisorptionsverfahren der Fall, wenn damit Umsetzungen von Gaskomponenten mit Feststoffen charakterisiert werden sollen. Dabei handelt es sich aber nicht um eine Chemisorption, bei der eine praktisch unverändert bleibende feste Matrix eine Gaskomponente aufnimmt („sorbiert"), sondern der Feststoff wird durch chemische Reaktion in eine neue feste Phase umgewandelt. Um Chemisorption handelt es sich nur beim ersten Schritt des Prozesses, bei dem das Gas an der Oberfläche des Feststoffs chemisch adsorbiert wird.

Anders als bei Hauptschadstoffkomponenten (wie SO_x, NO_X, Cl), die i. allg. Konzentrationen im Bereich von einigen mg/m^3 bis zu einigen g/m^3 aufweisen, sind teilweise Spurenstoffe, insbesondere bei der Abfallverwertung weiter zu mindern, deren Gehalte im Bereich von wenigen $\mu g/m^3$ (z. B. Quecksilber) oder ng/m^3 (z. B. polychlorierte Dioxine und Furane) liegen.

Eine Sonderrolle unter den Prozessen zur Abscheidung von Schadgasen nehmen biologische Verfahren ein, bei denen die Emissionsminderung durch Mikroben erfolgt, die sich entweder an der Oberfläche fester feuchter Träger (z. B. Erdfilter) oder in einer Waschflüssigkeit befinden (Biowascher). Bei der biologischen Gaswäsche kommt den Mikroben keine wesentliche Bedeutung für den Absorptionsvorgang in der wäßrigen Lösung zu. Entscheidend ist vielmehr ihre Rolle beim Abbau der absorbierten Komponenten. Organische Stoffe können grundsätzlich vollständig mineralisiert, d.h. zu CO_2 und Wasser abgebaut werden.

F.2 Partikelabscheidung

F.2.1 Partikeleigenschaften

F.2.1.1 Partikelgrößen und -verteilung

Die wichtigste Einflußgröße auf jeglichen Abscheidevorgang von Staub ist das Feinheitsmerkmal, die Partikelgröße x. Sie ist der charakteristische Durchmesser einer Partikel bzw. eines Staubteilchens. Die ideale Partikel hat Kugelform; hierbei ist der Kugeldurchmesser gleich dem Partikeldurchmesser x. Bei einem Würfel der Kantenlänge a kann neben dieser als charakteristische Größe auch eine der Diagonalen gewählt werden. Noch schwieriger ist die Bestimmung bei der meist vorliegenden unregelmäßigen Kornform. Hierbei bietet sich der aus mehreren Durchmessern ermittelte Mittelwert oder etwa der Durchmesser des Kreises gleicher Projektionsfläche an. Auch der Durchmesser einer volumengleichen Kugel ist eine eindeutige Beschreibung dieser sog. Dispersitätsgröße. Allerdings gibt er keine Auskunft über das Verhalten der realen Teilchen bzw. Partikeln, ganz abgesehen von der schwierigen Bestimmung.

In der Praxis bietet sich als Ausweg die experimentelle Ermittlung der Korngrößen über die Siebanalyse an (DIN 66 165). Auch der aerodynamische oder Sinkgeschwindigkeitsdurchmesser x_{St} führt ans Ziel. Er wird aus der gemessenen Sinkgeschwindigkeit w_S eines Teilchens rechnerisch ermittelt unter der Voraussetzung, daß das Stokessche Gesetz gilt, also bei einer Reynolds-Zahl Re < 1. Der Partikeldurchmesser ist dann im Falle stationärer Bewegung unter Normalbedingungen

$$x_{St} = \sqrt{18\eta w_S/g\Delta\varrho} \qquad \text{(F.2.1)}$$

Der Zusammenhang $w_S = f(x, \varrho)$ läßt sich für Normalbedingungen einem Diagramm entnehmen (VDI-Richtl. 2031 bzw. Bild F.2-5).

Meist liegt kein monodisperses Haufwerk vor, sondern eines mit verschieden großen Teilchen. Die Verteilung der Korngrößen wird in Verteilungskurven dargestellt (DIN 66 141). Hierbei gibt es zwei Darstellungen: die Verteilung der Häufigkeit der Kornklassen oder Verteilungsdichte $q(x)$ und die Summenhäufigkeit oder Verteilungssumme $Q(x)$ (Bild F.2-1). Die Verteilungssumme erhält man aus der Verteilungsdichte durch Integrieren

$$Q(x) = \int_{x_{min}}^{x_{max}} q(x)\,dx. \qquad \text{(F.2.2)}$$

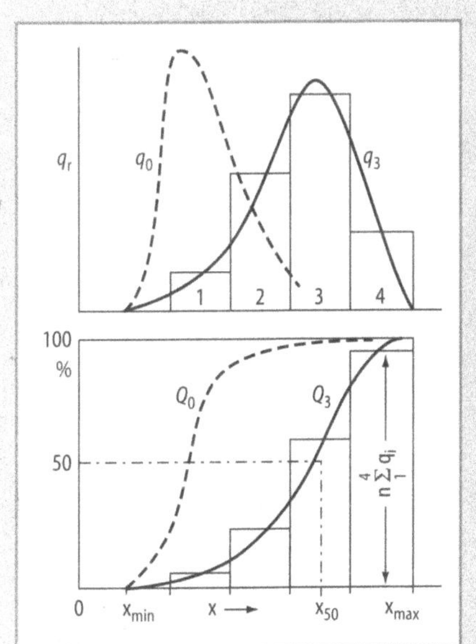

Bild F.2-1 Darstellung einer Korngrößenverteilung durch die Verteilungsdichtekurve $q_r(x)$ sowie die Verteilungssummenkurve $Q_r(x)$. Die experimentelle Ermittlung erfolgt meist über ein Säulen-Diagramm

Umgekehrt erhält man die Verteilungsdichte aus der Verteilungssumme durch Differenzieren

$$q(x) = d\,Q(x)/dx. \tag{F.2.3}$$

Je nach Art der verwendeten Korngrößenanalyse wird der Mengenanteil $q(x)$ bzw. $Q(x)$ über eine der folgenden 5 Mengenarten r ermittelt. Die Potenz der charakteristischen Länge l gibt als Index an, um welche Mengenart es sich bei der Korngrößenverteilung jeweils handelt:

Anzahlverteilung	$q_0(x)$, $Q_0(x)$;
	$r = 0$ wegen l^0
Längenverteilung	$q_1(x)$, $Q_1(x)$;
	$r = 1$ wegen l^1
Flächenverteilung	$q_2(x)$, $Q_2(x)$;
	$r = 2$ wegen l^2
Volumenverteilung	$q_3(x)$, $Q_3(x)$;
	$r = 3$ wegen l^3
Massenverteilung	$q_3{}^*(x)$, $Q_3{}^*(x)$;
	$r = 3^*$ wegen $l^3\,p$

Meist interessiert die mittlere Korngröße; sie wird als x_{50} der Verteilungssumme $Q_r(x)$ beim Mengenanteil $Q = 0{,}5$ bzw. 50 % entnommen. Häufig möchte man diejenige Partikelgröße, insbesondere Tropfengröße kennen, die als monodisperses Haufwerk die gleiche spezifische Oberfläche aufweist. Dafür benutzt man den sog. Sauter-

Durchmesser x_{32}; in der amerikanischen Literatur auch mit SMD bezeichnet (Sauter Mean Diameter). Der Hinweis auf die Mengenart ist sehr wichtig. Weitere Einzelheiten zur Darstellung der Korngrößenverteilung können der DIN 66 141 entnommen werden. Über die gesamte Partikelmeßtechnik informiert das DIN-Taschenbuch 133, Partikelmeßtechnik.

F.2.1.2 Korngrößenverteilungsnetze

Die Darstellung des Verlaufs von Verteilungsdichte $q_r(x)$ und Verteilungssumme $Q_r(x)$ in einem linear geteilten Netz gibt ein anschauliches Bild der Korngrößenverteilung. Allerdings braucht man zur Übermittlung einen relativ hohen Informationsgehalt. Viele disperse Stoffe weisen eine Korngrößenverteilung auf, die in einem Netz besonderer Teilung als Gerade erscheint. So läßt sich mit einer einzigen charakteristischen Korngröße und der Steigung der durch einen Korngrößenpunkt verlaufenden Geraden die Verteilung einfach angeben. Bekannt sind folgende Verteilungen: Potenzverteilung nach Gaudin-Schuhmann (DIN 66 143), logarithmische Normalverteilung (DIN 6614) und vor allem die RRSB-Verteilung nach Rosin, Rammler, Bennett und Sperling (DIN 66 145). Letztere wird meist wie folgt angegeben

$$Q_3(x) = 1 - \exp{(-x/x')^n}. \tag{F.2.4}$$

Die Partikelgröße x' bei $Q_3(x') = 0{,}632$ ist die eine und die Steigung n der andere Lageparameter der als Gerade erscheinenden VerteilungssummenKurve (Bild F.2-2). Der Lageparameter x' wird auf der Abszisse und der Gleichmäßigkeitsparameter n auf dem Randmaßstab abgelesen. Dazu wird eine Parallele durch den Polpunkt gezogen. Ferner ist in diesem Netz ein zweiter Randmaßstab enthalten, der über die Pollinie einen Wert $S_v\,x'/f$ für die spezifische Oberfläche anzeigt. Diese ist $S_v =$ Wert f/x'. Dabei ist f ein Formfaktor mit $f = 1$ für Kugeln.

F.2.1.3 Geometriedaten und Packungen

Mit Kenntnis der Partikelgröße x läßt sich bei idealer Kornform die Partikeloberfläche berechnen; sie ist für eine Kugel mit Kugeldurchmesser = Partikeldurchmesser x

$$S = x^2\,\pi \tag{F.2.5}$$

Das Partikelvolumen einer Kugel beträgt

$$V = x^3\pi/6. \tag{F.2.6}$$

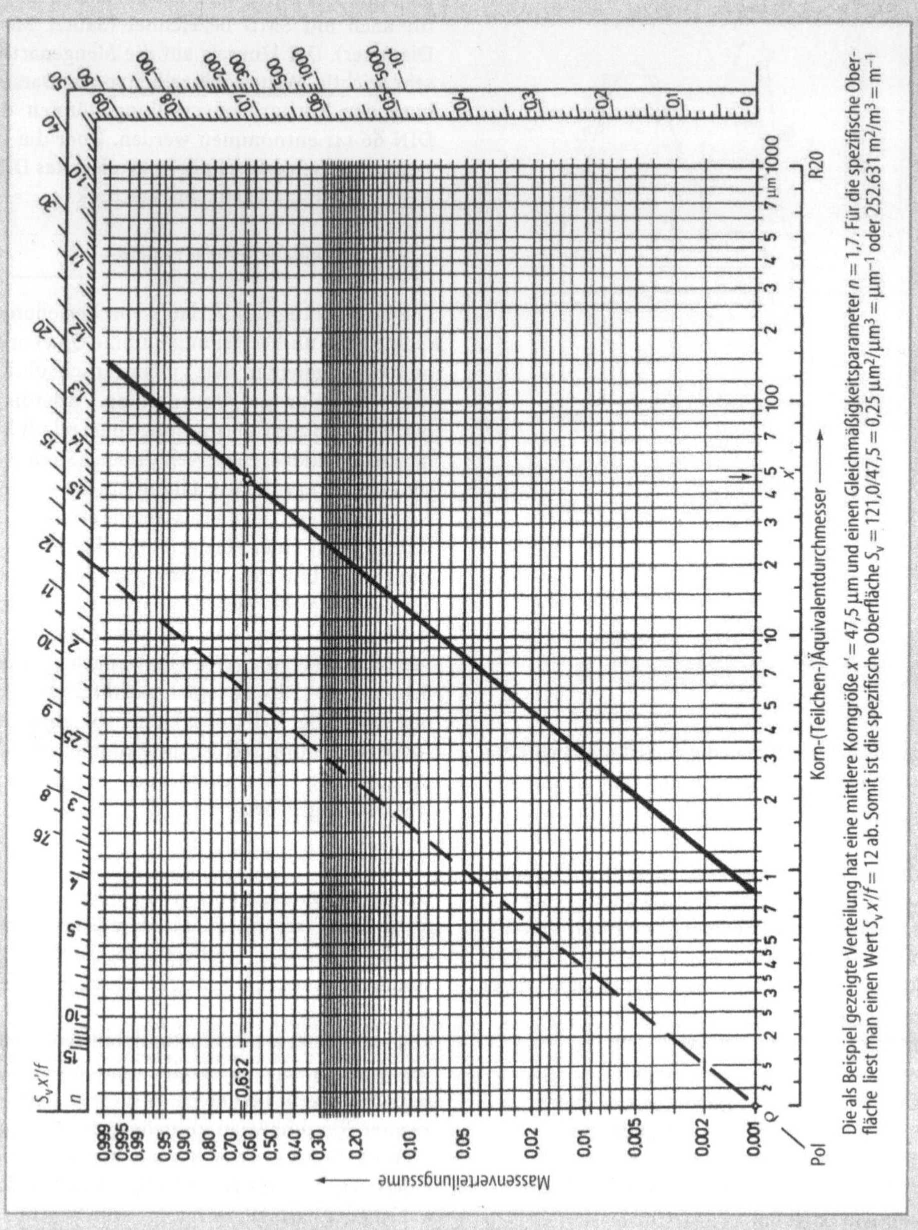

Bild F.2-2 Darstellung einer Korngrößenverteilung im RRSB-Netz (DIN 66 145)

Die Partikel hat die Masse

$$m = V \varrho = x^3 \pi \varrho / 6. \tag{F.2.7}$$

Die spezifische Oberfläche eines dispersen Stoffs mit der Partikelgröße x ist demnach

$$S_V = 6/x. \tag{F.2.8}$$

Die Oberfläche der meist vorliegenden unregelmäßig geformten Partikeln ist um einen Formfaktor φ größer als die einer volumengleichen Kugel.

Die Beschreibung der Kornform ist schwierig; am einfachsten geschieht das über das Verhältnis der extremen Durchmesser

$$\psi = x_{max}/x_{min}. \tag{F.2.9}$$

Ein Haufwerk von Partikeln zeigt eine Lagerungsdichte s bzw. eine Porosität

$$\varepsilon = 1 - s. \qquad (F.2.10)$$

Für Kugeln gleicher Größe müssen ε und s von der Packung ab. Wichtige geordnete Packungen sind die kubische oder 6er-Packung mit $\varepsilon = 0{,}4764$ und die 12er-Packung als dichtest mögliche Kugelpackung mit $\varepsilon = 0{,}2595$. In der Praxis zeigt ein Kugelhaufwerk bereits eine Verteilung der Pakkungszahlen zwischen 4 und 12. Die Porosität eines solchen Haufwerks hängt vom Verdichtungsgrad ab, d.h. von Schütt- bzw. Rütteldichte. Liegt eine Verteilung der Kugelgrößen selbst vor, dann kann sich eine dichte Packung mit geringerer Porosität ε einstellen; optimal ist die sog. Fuller-Verteilung

$$Q_3(x) = (x/x_{\max})^n F \qquad (F.2.11)$$

Die Kornform und damit die Oberfläche der Körner hat einen Einfluß auf die erreichbare Porosität. So ist der Fuller-Exponent der dichtesten Packung rundlicher Körner $n_F \approx 0{,}4$, derjenige kantiger Körner $n_F \approx 0{,}3$.

F.2.1.4 Physikalische Daten

Für das Bewegen und Abscheiden von Partikeln ist die Wechselwirkung zwischen Massen-, Widerstands- und Haftkraft maßgebend. An Partikeleigenschaften spielen daher die Abmessung bzw. Größe x, die Form und Oberfläche S, stoffliche Größen sowie äußere Einflüsse eine Rolle. Die Massenkraft einer kugelförmigen Partikel hängt dann von der Beschleunigung a ab,

$$F_m = x^3 \pi \varrho \, a/6 \qquad (F.2.12)$$

Die Widerstandskraft zwischen einer kugelförmigen Partikel und einem Fluid der Zähigkeit η und der Dichte ϱ_{Fl} bei einer Relativgeschwindigkeit w hängt von der Reynolds-Zahl ab. im Bereich der Staubabscheidung kann man von Re ≤ 1 ausgehen, also von der Gültigkeit der Stokesschen Gesetzes (Gl. (F.2.1)). Die Widerstandskraft ist hierbei

$$F_W = 3\,\pi\eta x w_{rel} \qquad (F.2.13)$$

Partikeln können infolge der van der Waalsschen Haftkraft, der Oberflächenspannung einer Flüssigkeit und der elektrostatischen Anziehungskraft aneinander und an anderen Oberflächen haften. Die van der Waalssche Haftkraft für Kugel/ebene Wand ist

$$F_H = E \, x/16\pi s^2, \qquad (F.2.14)$$

für Kugel/Kugel-Kontakt ist sie

$$F_H = E \, x/32\pi s^2. \qquad (F.2.15)$$

Hierbei beträgt die van der Waalssche Wechselwirkungsenergie $E \approx 8 \cdot 10^{-19}$ J, für den Partikelabstand wählt man bei üblichem Kontakt $s \approx 0{,}4$ nm.

In der Praxis liegen keine Paarungen idealer Oberflächen vor. Rauhigkeiten verringern die Kontaktfläche und damit die Haftkraft, plastische Verformung erhöht sie. Eine Modellbetrachtung hierzu findet man bei [F.2.1].

Bei der Haftung von Partikeln infolge von Flüssigkeitsbrücken hängt die Haftkraft von der Partikelgröße x, der Oberflächenspannung σ und der Benetzung ab, d.h. vom Randwinkel sowie von der Eintauchtiefe bzw. von der Dicke des Flüssigkeitsfilms. Die Haftkraft zwischen zwei sich berührenden Kugelflächen mit den Durchmesern x_1 und x_2 beträgt für den Meniskusdurchmesser d_K bei Benetzung

$$F_{H,\,Fl} = d_K^2 \pi \sigma \, (1/x_1 + 1/x_2)/2 \qquad (F.16)$$

Näheres über die Wirkung von Kapillarkräften in dispersen Stoffen s. [F.2.2].

Elektrostatische Kräfte treten sowohl zwischen Leitern als auch Nichtleitern auf. An stofflichen Eigenschaften sind die elektrische Leitfähigkeit S, die Dielektrizitätskonstante ε sowie das Kontaktpotential von Einfluß.

Bild F.2-3 zeigt den Verlauf der verschiedenen Haftkräfte über dem Durchmesser kugeliger Partikeln, die an einer Platte haften [F.2.2].

Bei der Staubabscheidung im weiteren Sinne interessieren auch die Partikeleigenschaften in einem Schwarm, wie Schwebefähigkeit, Lichtextinktion, Zündgrenzen usw. Schließlich wird Staub in Bunkern gelagert. Hier braucht man Daten über die Lagerungs- und Rütteldichte bzw. die Porositäten, das Fließverhalten bzw. den Winkel der inneren Reibung sowie den gegen eine Wandung und über eine meist vorhandene Eigenfestigkeit. Bei Kontakt mit Flüssigkeit ist die kapillare Steighöhe und die Zugfestigkeit von Interesse. Einen Überblick über diese sog. Produkteigenschaften gibt [F.2.3] sowie DIN 66 160 (Februar 1990), Messen disperser Systeme.

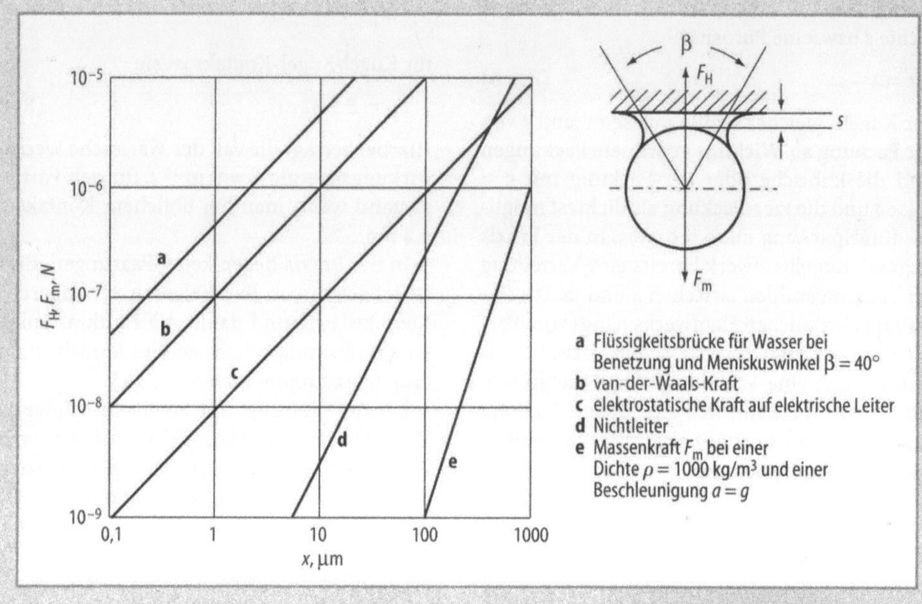

Bild F.2-3 Haftkraft F_H der Kugel/Platte-Konfiguration bei einem Kugeldurchmesser x und Abstand $s = 4 \cdot 10^{-4}$ µm

F.2.2 Emissionsminderungstechniken

Die Minderung von Emissionen fester oder flüssiger Partikeln aus Gasen durch Abtrennung oder Abscheidung wird unter dem Begriff Staubabscheidung oder Entstaubung zusammengefaßt. Einrichtungen zur Entstaubung werden Staubabscheider oder Entstauber genannt. Zusammen mit Anlagenteilen zum Gas- und Staubtransport sowie zur Abreinigung staubbeaufschlagter Abscheider werden diese als Abscheide- oder Entstaubungsanlagen bezeichnet. Zur Lösung aufwendiger Reinigungsaufgaben und zur Einhaltung möglichst geringer Emissionen werden teilweise Kombinationen mehrerer oft auch unterschiedlicher Entstauberarten eingesetzt.

Die zur Abtrennung der kondensierten (flüssigen oder festen) Phase aus dem Gas/Staub-Gemisch verwendeten Entstauber können nach dem maßgebenden Abscheideprinzip grundsätzlich in 4 Hauptgruppen unterteilt werden:
- Massenkraftabscheider,
- Naßabscheider,
- filternde Abscheider,
- elektrische Abscheider.

Dabei ist zu berücksichtigen, daß Abscheider nach Art der vorherrschenden Wirkungen und Kräfte bauartabhängig ggf. auch mehreren Gruppen zugeordnet werden können. Von den 4 Entstauberarten sind die drei letztgenannten zu den Hochleistungsentstaubern zu rechnen. Bei geeigneter Auslegung erlauben sie auch eine hocheffektive Abtrennung von Partikeln mit Durchmessern < 1 µm bei Abscheidegraden > 90 %. Demgegenüber sind Massenkraftabscheider für eine hochwirksame Entstaubung derart feiner Stäube nicht geeignet. Sie finden aber vielfach als Vorentstauber Verwendung, und werden aufgrund ihrer vergleichsweise geringen Bau- und Betriebskosten oft dann eingesetzt, wenn Partikeln mit einer Größe > 5 µm abzuscheiden sind. Die Gruppe der Massenkraftabscheider umfaßt alle Entstauber, bei denen die weitgehende Abscheidung der kondensierten Phase aus dem Gas/Staub-Gemisch nur durch massenbedingte Trägheitskräfte, wie Schwer- und Zentrifugalkräfte, bewirkt wird. Anzumerken ist, daß grundsätzlich Massenkräfte auch an den Abscheidevorgängen der anderen Entstaubergruppen beteiligt sind, daß dabei aber andere Effekte hinzukommen, die als wesentlich für die Charakterisierung dieser Apparate anzusehen sind.

Bei Naßabscheidern – auch Wascher genannt – wird die Entstaubung der zu reinigenden Gase durch Bindung der Staubpartikeln an eine Flüssigkeit bewirkt. Am Trenneffekt sind neben anderen Kräften zumeist auch Massenkräfte beteiligt. Nach Bindung der Stäube an die Flüssigkeit ist diese vom Gas zu trennen und einer weiteren Aufbereitung zu unterziehen (Trennung des Flüssigkeits-Staubgemischs, ggf. Neutralisation und chemische Aufbereitung der Waschflüssigkeit).

Bei den filternden Abscheidern oder Filtrationsabscheidern wird der Staub aus dem Gas/Staub-Gemisch abgetrennt, indem man dieses durch gasdurchlässige poröse Feststoffe (u.a. Schüttschichten, Kerzen, Waben, Faserstoffe, Gewebe) leitet.

Elektrische Abscheider – oft auch als elektrostatische oder Elektroentstauber bezeichnet – laden Stäube elektrostatisch auf und transportieren sie unter der Wirkung elektrischer Felder aus dem Gasstrom.

Im Gegensatz zu den Naßabscheidern werden die Entstauber der übrigen 3 Gruppen oft als trocken arbeitende Apparate betrachtet. Übergänge zur Naßabscheidung können sich jedoch dann ergeben, wenn staubbeladene Flächen zur Abreinigung mit Waschflüssigkeiten gespült werden (z.B. Naßelektrofilter, Naßzyklone).

Anders als elektrische und filternde Entstauber haben Naßabscheider einen vergleichsweise hohen Energiebedarf, insbesondere dann, wenn Feinstäube mit einer Partikelgröße < 1 µm abzuscheiden sind. Hinzu kommen Aufwendungen für die Aufrechterhaltung des Waschflüssigkeitskreislaufs, für Tropfenabscheider und für die Aufbereitung der Waschflüssigkeit. Allein als Entstauber eingesetzt, sind Naßabscheider daher meistens weniger kostengünstig als filternde und elektrische Entstauber. Andererseits gestatten Naßabscheider oft in einer einzigen Anlage die Lösung weiterer Aufgaben, wie die Abscheidung von Gaskomponenten oder die Gaskühlung. Ausserdem kann sich die Verwendung einer Waschflüssigkeit bei klebenden, brennbaren oder explosiven Stäuben günstig auswirken.

Im Vergleich zwischen filternden und elektrischen Abscheidern zeichnen sich Elektrofilter durch einen sehr geringen gasseitigen Druckverlust aus. Dem stehen allerdings neben den Stromkosten relativ hohe Investitionskosten für Elektrofilter und Hochspannungsaggregat gegenüber. Elektrofilter werden daher bislang vor allem zur Reinigung großer Gasvolumenströme (z.B. im Kraftwerksbereich) eingesetzt. Bei kleinen Gasströmen sind die Aufwendungen für die Anschaffung einer Elektrofilteranlage i.allg. zu hoch, als daß sie durch den Vorteil eines gerin-

gen gasseitigen Druckverlusts aufgewogen werden könnten.

Filternde Abscheider können – praktisch unabhängig von der Staubbeladung des zu reinigenden Gasstroms – Reingasstaubgehalte < 1 mg /m³ i.N. erreichen und sind, insbesondere für kleinere Gasvolumenströme < 100.000 m³/h, anderen Entstaubern vorzuziehen, wenn niedrige Reingasgehalte gefordert werden, und keine Probleme mit der Beständigkeit und der Abreinigung des Filtermaterials zu erwarten sind.

Eine umfassende Übersicht der Massenkraftabscheider vermittelt die VDI-Richtlinie 3676, Massenkraftabscheider, Mai 1980 (Entwurf 1998).

F.2.2.1.1 Grundlagen der Massenkraftabscheidung

Die auf eine Partikel mit dem Durchmesser bzw. der Dispersitätsgröße x und der Dichte ϱ durch eine Beschleunigung a ausgeübte Kraft ist

$$F_m = \pi\, x^3\, \varrho\, a/6. \qquad \text{(F.2.17)}$$

Die Beschleunigung a kann die Erdbeschleunigung g = 9,81 m/s² oder eine Zentrifugalbeschleunigung sein,

$$a = r\, \omega^2 = u^2 / r \qquad \text{(F.2.18)}$$

mit dem Kreisbahnradius r, der Winkelgeschwindigkeit ω bzw. der Umfangsgeschwindigkeit u. Auch eine lineare Beschleunigung kommt vor, wenn sie auch bei der praktischen Entstaubung sehr selten von Bedeutung ist.

Beim Abscheiden der Partikeln aus dem umgebenden Gas wirkt auf diese infolge der Relativgeschwindigkeit w eine gegen die Beschleunigungs- bzw. Massenkraft F_m wirkende Widerstandskraft F_w. Im allgemeinen liegt laminare Partikelumströmung vor, man befindet sich im Stokes-Bereich mit Re = $w\, x\, \varrho/\eta$ < 1, so daß gasseitig die Zähigkeit η überwiegend Einfluß auf das Geschehen hat. Die Widerstandskraft ist dann

$$F_W = 3\, \pi\, \eta\, x\, w. \qquad \text{(F.2.19)}$$

Die elementare Theorie der Massenkraftabscheider geht vom Gleichgewicht dieser beiden Kräfte aus. Man betrachtet den Abscheider als Sichter, in dem alle Teilchen abgeschieden werden, bei denen $F_m > F_w$ ist.

Auf die Teilchen wirken allerdings noch weitere Kräfte ein, wie Druck-, Auftriebs-, Diffusions- und elektrostatische Kräfte; sie sollen hier im Vergleich zu den Massen- und Widerstandskräften vernachlässigt werden, wie auch in der Praxis meist zulässig.

Die oben gemachte Aussage, daß laminare Strömung vorliegt, betrifft nur die Einzelpartikel, nicht aber den Abscheider; hier ist Re > Re$_{krit}$ und die Strömung damit turbulent. Dies wirkt sich sehr nachteilig auf die Klassierung aber auch auf die Abscheidung, insbesondere die Querstromabscheidung aus [F.2.4].

F.2.2.1.2 Gegenstromabscheider

Der einfachste Schwerkraftabscheider ist der Gegenstromabscheider (Bild F.2-4). Das i. allg. rasch in der Staubleitung strömende Gas/Staub-Gemisch gelangt von unter her in einen erweiterten Absetzraum. Hier verlangsamt sich die Strömungsgeschwindigkeit w_G auf einen Wert kleiner als die Sinkgeschwindigkeit w_S der kleinsten noch abzuscheidenden Partikel x_{min}. Alle größeren Partikel sedimentieren neben dem Gaseintritt und sind somit abgeschieden.

Diese Abscheider sind i. allg. nur für die Abscheidung grober Partikeln x > 100 µm geeignet, weil die Sinkgeschwindigkeit kleinerer Partikeln

gering ist bzw. ein zu großer Abscheidequerschnitt erforderlich wäre.

Das Auslegen solcher Abscheider zeigt 2 Probleme: Die Sinkgeschwindigkeit von Teilchen x > 30 µm bei einer meist vorhandenen Dichte ϱ

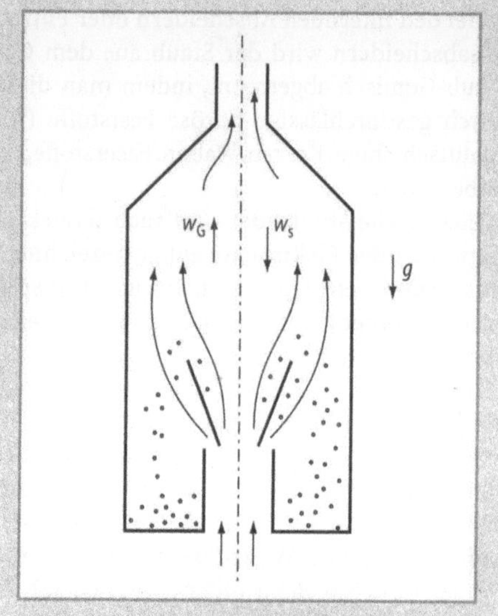

Bild F.2-4 Gegenstromabscheider

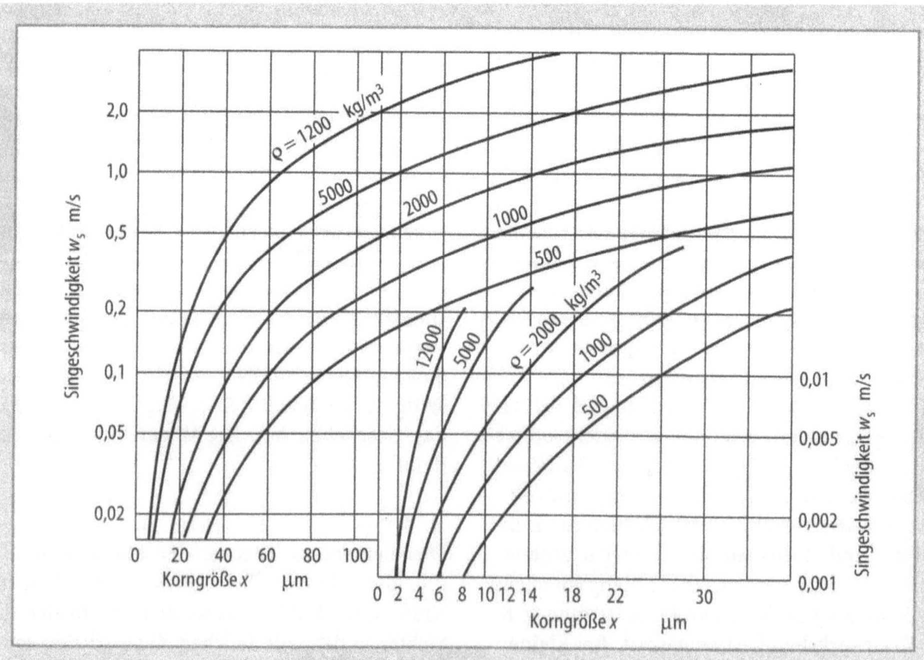

Bild F.2-5 Diagramm zur Ermittlung der Sinkgeschwindigkeit w_s kugeliger Partikeln vom Durchmesser x und der Dichte ϱ im Erdschwerefeld

≈ 2000 kg/m³ führt bereits aus dem Stokes-Bereich heraus; Gl. (F.2.19) liefert eine zu geringe Sinkgeschwindigkeit. Ihre genaue Berechnung in diesem Übergangsbereich der Strömung ist schwierig, deshalb ist es zweckmäßig, sich einer grafischen Darstellung der Sinkgeschwindigkeit zu bedienen (Bild F.2-5).

Noch größere Schwierigkeiten bewirkt das Einhalten einer gleichmäßigen Aufwärtsströmung im Absetzraum dieser Abscheider. Sekundärströmungen und die allgemeine Turbulenz verhindern ein der Berechnung entsprechendes Absetzen des Staubs, insbesondere was die feinen Körner betrifft. Deshalb findet dieser Abscheider nur als Vorabscheider für grobe Teilchen Verwendung.

F.2.2.1.3 Querstromsabscheider

In einem horizontal strömenden Staub/Gas-Gemisch sedimentieren Staubteilchen in Richtung der auf sie wirkenden Schwerkraft. Kennt man die Strömungs- und Sedimentationsgeschwindigkeit, so läßt sich die resultierende Geschwindigkeit der Partikeln aus dem Geschwindigkeitsdreieck ermitteln. Damit ist auch die nötige Länge eines Abscheiders zu bestimmen, in dem Staub oberhalb einer bestimmten Korngröße abgeschieden werden soll. Über die bekannte Korngrössenverteilung $Q_3(x)$ des Staubs läßt sich auch der Mengenanteil des abgeschiedenen Staubs berechnen.

Querstromabscheider sind sehr empfindlich gegen turbulente Rückvermischung. Deshalb ist es sinnvoll, den Abscheideraum durch viele parallele Platten zu unterteilen; damit sinkt die Reynolds-Zahl, gleichzeitig erhöht sich die Absetzfläche. Die Platten können horizontal, schräg oder vertikal stehen. Letzteres erleichtert das Reinigen (Bild F.2-6).

Es ist interessant zu wissen, daß die meist sehr großen Kammern der Elektrofilter einen nicht unbeachtlichen Querstromabscheider-Effekt zeigen. Deshalb ist bei Stromausfall immer noch eine mäßige Staubabscheidung vorhanden.

F.2.2.1.4 Umlenkabscheider

In einer gekrümmten Strömung können die Partikeln infolge Zentrifugalbeschleunigung nicht den Stromlinien des Gases folgen; sie werden nach außen geschleudert und große Partikeln auch abgeschieden. Der Umlenkwinkel der Strömung liegt meist zwischen 90° und 180°. Entsprechende Abscheider sind sehr einfach und auf Bild F.2-7 zu sehen; sie sind kleiner als Absetzkammern, haben aber einen höheren Druckverlust.

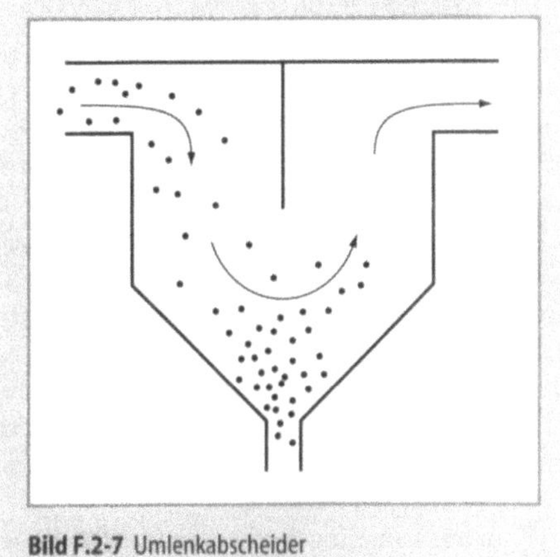

Bild F.2-7 Umlenkabscheider

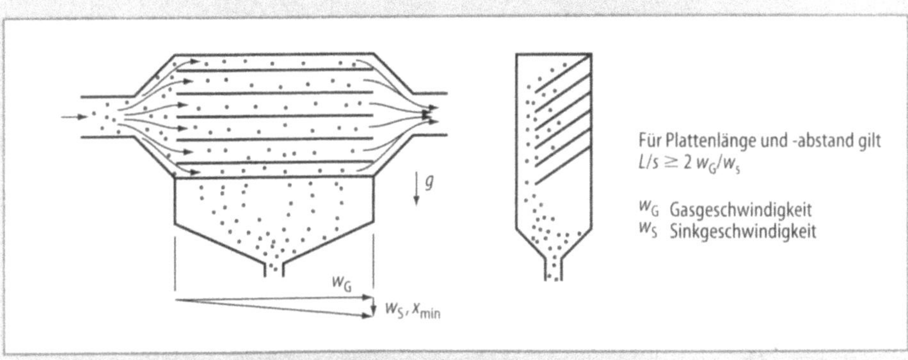

Bild F.2-6 Querstromabscheider mit parallelen und geneigten Platten im Abscheideraum

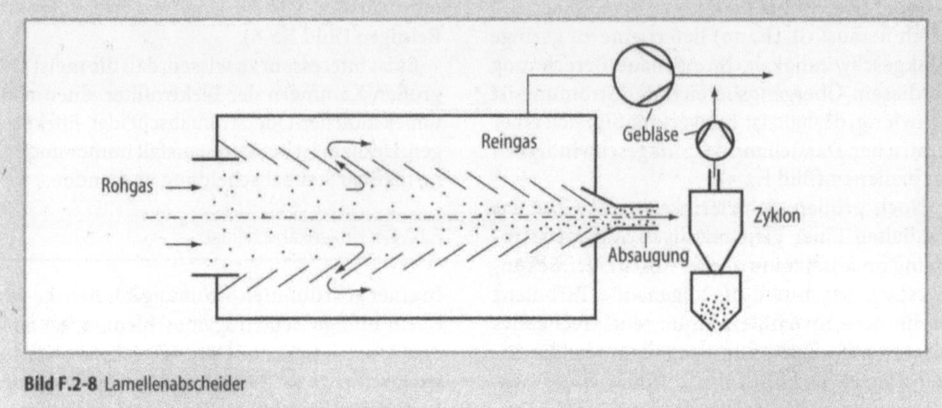

Bild F.2-8 Lamellenabscheider

Eine deutliche Verbesserung bringt die Ausbildung als Lamellenabscheider (Bild F.2-8). Durch Aufteilen des Gaskanals in sehr viele, relativ schmale Kanäle mit scharfer Umlenkung von ca. 150° wird eine kurze Absetzstrecke bei sehr hoher Zentrifugalbeschleunigung verwirklicht.

Beim Umlenkabscheider und insbesondere beim Lamellenabscheider macht sich ein Problem aller Trockenabscheider bemerkbar: es erfolgt zwar eine weitgehende Abtrennung des Staubs vom Gas, aber das Absetzen und Austragen des Staubs aus dem Abscheideraum ist schwierig. Eine praktikable Lösung ist das Abziehen eines Gasleckstroms, der mit Staub hoch angereichert ist. Dieses sog. „Bleeding" ist ein Teilstrom von ca. 10 – 20 % der Hauptströmung, der dann in einem weiteren Abscheider gereinigt wird. Anschließend wird dieser Teilstrom entweder dem Roh- oder dem Reingasstrom des ersten Abscheiders zugeführt.

Typische Lamellenabscheider werden mit einer Gasgeschwindigkeit von $v = 15$ m/s betrieben. Die Geometriedaten sind etwa folgende: Neigungswinkel α des Gitters und β der Lamellen jeweils ca. 20°, Lamellenbreite $b \approx 25$ mm, Lamellendicke $d \approx 1$ mm und Lamellenabstand $s \approx 3$ mm. Ein solcher Abscheider zeigt einen Druckverlust $\Delta p \approx 10$ mm WS. Der Abscheidegrad von Kalkmehl einer mittleren Korngröße $x_{50} = 40$ μm beträgt dabei $\eta \approx 70$ %.

Der Abscheidegrad läßt sich durch Erhöhen der Gasgeschwindigkeit auf $v \approx 25$ m/s bis auf ca. $\eta = 80$ % steigern. Bei einer weiteren Erhöhung wird eine Reduzieren des Druckverlusts interessant. Dies erreicht man durch eine bessere Umströmung der Lamellenkante, etwa durch Profilierung der Lamellen oder einfacher durch Anbringen versetzter Schlitze [F.2.1].

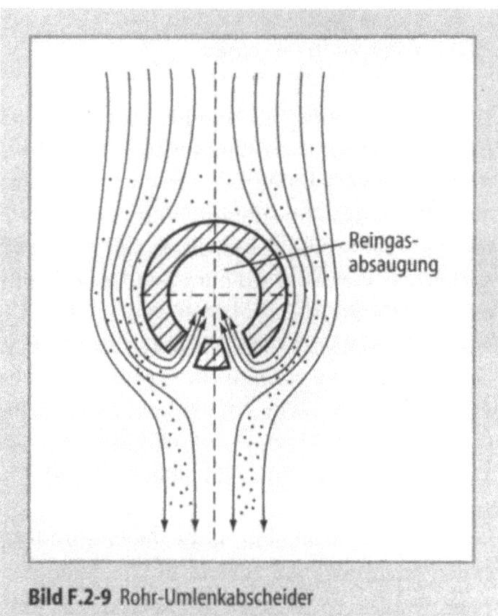

Bild F.2-9 Rohr-Umlenkabscheider

Lamellenabscheider sind besonders geeignet für das Abscheiden von Tröpfchen und Nebel. Infolge Koaleszenz bildet sich ein kompakter Flüssigkeitsniederschlag, der von vertikal stehenden Lamellen abfließen kann. Dies wird noch durch besonders profilierte Lamellen gefördert.

Anstatt die Lamellen in einer Ebene anzuordnen, kann man sie auch als Ringe verschiedener Größe ausbilden und auf einer Kegelfläche anordnen; das ist verfahrenstechnisch günstiger, aber fertigungstechnisch aufwendiger.

Ein einfacher Umlenkabscheider läßt sich auch als Rohrregister ausbilden, [F.2.3]. Das Reingas wird von der Abströmseite abgesaugt, so daß Partikeln $x > 50$ μm der Umlenkung nicht mehr folgen können und in einem Bunker abgeschieden werden (Bild F.2-9).

Fliehkraftabscheider sind in Form der Zyklonabscheider die weitaus bekanntesten Massenkraftabscheider für Staub und Nebel. Sie sind relativ einfache, billige und zuverlässig arbeitende Apparate, die auch bei Temperaturen > 1000 °C eingesetzt werden können. Ihr einziger Nachteil gegenüber anderen, insbesondere filternden Abscheidern ist der relativ hohe Reingasstaubgehalt c_1 > 100 mg/m³ bei Feinstaub.

Gleichgewichts-Zyklone

Der klassische Zyklonabscheider ist der Gleichgewichts- oder Umlenkzyklon. Bild F.2-10 zeigt die übliche konstruktive Gestaltung mit den Hauptströmungen in tangentialer, axialer und radialer Richtung.

Das Abtrennen des Staubs vom Rohgas erfolgt unter Wirkung zweier entgegengesetzt wirkender Kräfte. Auf die Staubteilchen wirkt die nach außen gerichtete Zentrifugalkraft (Gl. (F.2.17) und (F.2.18)), und nach innen die Schleppkraft des zur Mitte hin abströmenden Gases (Gl. (F.2.19)). Das Gleichgewicht für die kleinste abscheidbare Partikel liegt etwa auf der verlängert gedachten Tauchrohrfläche. Das ist ungefähr der Radius r_i mit der höchsten Tangentialgeschwindigkeit am Übergang vom Potential- zum Festkörperwirbel. Größere Partikeln werden abgeschieden und in den Bunker ausgetragen, kleinere gelangen ins Reingas. Diese Modellvorstellung ist einleuchtend und trifft zu, wenn eine Hauptströmung mit relativ wenigen Partikeln vorliegt, c_0 < 1 g/m³. Meist liegen aber viele Partikeln vor. Dann kommt es durch die im Abscheideraum vorhandene Wirbelzopfströmung zur Bildung einer Staubsträhne an der Wand, s.u.

Eine nähere Betrachtung der Vorgänge im Zyklon zeigt folgendes: Durch die Drallströmung bedingt, stellt sich im Abscheideraum ein zur Wand hin zunehmender statischer Druck ein. Reibung an Stirn- und Bodenfläche verursacht eine Sekundärströmung nach innen, den sog. Teetasseneffekt. Deshalb strömt das Gas am Deckel in Richtung Tauchrohr und im Zyklonkegel in die Bunkeraustragsöffnung. Ersteres ist unerwünscht, weil so Staub direkt ins Reingas gelangt, letztere Strömung ist sehr wichtig, weil sie den abgeschiedenen Staub in den Bunker austrägt. Wegen der Kontinuitätsbedingung muß diese Strömung wieder zurück kommen; das geschieht durch die Mitte der Bunkeraustragsöffnung, weil hier ein niedrigerer statischer Druck herrscht als an ihrem Rand. Auf dem weiteren Weg durch das Tauchrohr stellt sich an seiner Innenwand eine sehr hohe Axialgeschwindigkeit ein, im Kern hingegen sogar eine Rückströmung. Dies ist die Ursache für den hohen Druckverlust des Zyklons. Die Strömung des Gases und die Abscheidung des Staubs im klassischen Zyklon wird in einer fast nicht zu übersehenden Anzahl von Veröffentlichungen behandelt, als wichtigste seien genannt [F.2.5-F.2.8].

Den Bunker kann man nicht getrennt vom Zyklon betrachten, beide sind eine Einheit. Der Bunker ist ebenfalls ein Absetzapparat, der von ca. 20 % des Gasvolumenstroms durchströmt wird. In ihm setzt sich die Drallströmung fort und führt so zum beruhigten Ausschleudern und Absetzen des Staubs. Ist das Bunkervolumen zu klein, dann ist die Strömungsgeschwindigkeit so hoch, daß der Staub wieder in den Zyklon mitgenommen wird. Ein unendlich großes

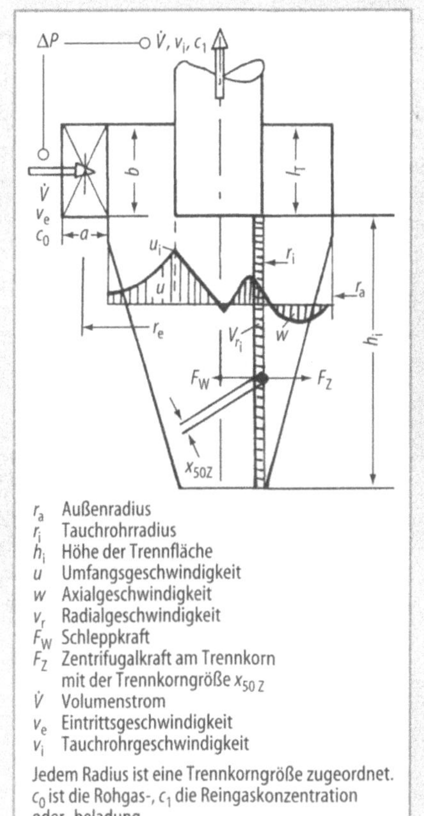

Bild F.2-10 Umlenk- oder Gleichgewichtzyklon

Volumen würde hingegen zu vollständigem Absetzen führen.

Das Bunkervolumen sollte etwa dem des Zyklons entsprechen, die Bunkeraustragsöffnung etwa dem Eintrittsquerschnitt. Es ist sehr ungünstig, wenn das Bunkervolumen gegen Null geht, z. B. durch eine direkt angeschlossene Zellenradschleuse. Für diesen Fall soll zwischen beiden ein möglichst großer Bunkertopf oder ein längeres Fallrohr vorgesehen werden.

Gegen das unerwünschte Zurückströmen des Staubs aus dem Bunker ist ein sog. Abschirmkegel sehr wirksam. Das um ihn herum strömende Gas kommt auf einen etwas größeren Radius. Wegen des noch vorhandenen Dralls stellt sich eine gewisse Zentrifugalbeschleunigung ein, die den aufgewirbelten Staub zum größten Teil wieder ausschleudert. Der Abschirmkegel sollte im Bunker, nicht zu nahe an der Austragsöffnung, angebracht sein.

Eine allgemeingültige Beschreibung des Zyklons auf analytischem Wege läßt sich wegen der komplizierten Zusammenhänge nicht geben. Der einzige ingenieurwissenschaftliche Weg ist das Aufstellen dimensionsloser Kennzahlen und das experimentelle Ermitteln des Zusammenhangs zwischen diesen. Als solche können angegeben werden: Rohgasbeladung c_0, Reingasbeladung c_1, Stokes-Zahl Stk $= v_S\, d_i^2/\dot{V}$, Reynolds-Zahl Re $= d_i\, v_i\, \varrho_G/\eta_G$, Durchmesserverhältnis d_a/d_i, Höhenverhältnis h_i/d_i und das Einlaufverhältnis A_e/d_i^2. Dazu kommen noch 2 Kennzahlen, wenn

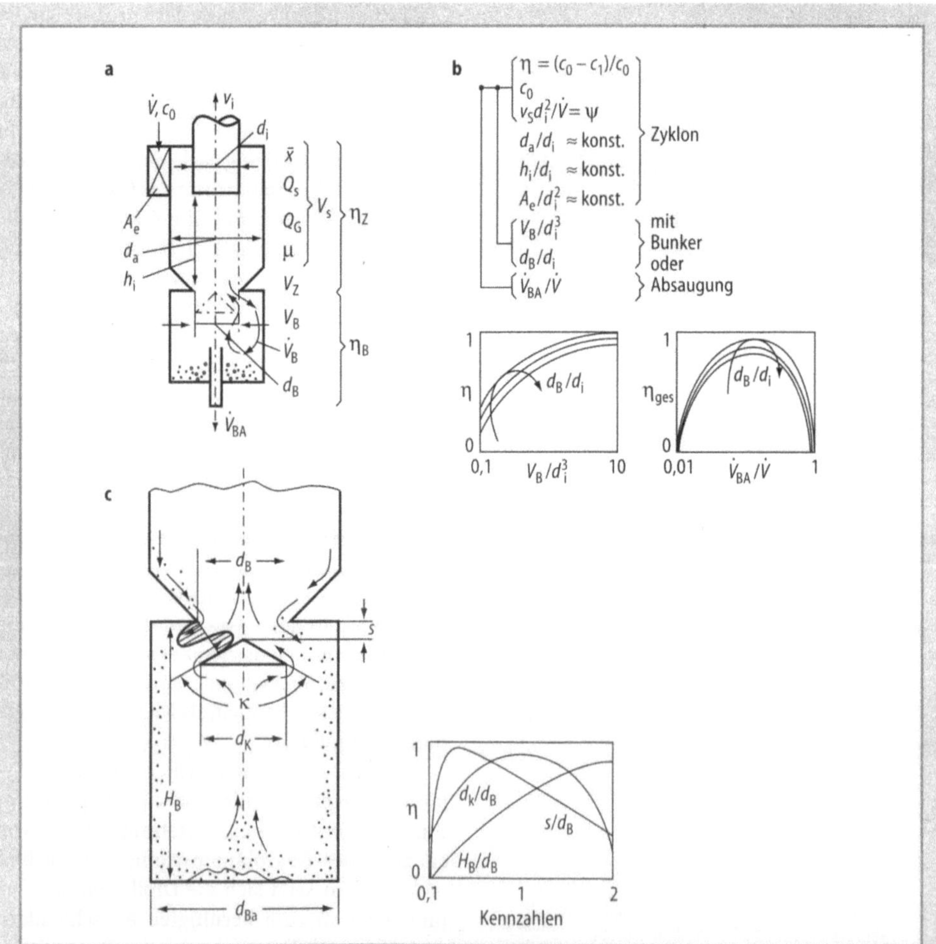

Bild F.2-11 a Zyklon-Bunker-Kombination mit den Einflußgrößen auf den Abscheidegrad η, b qualitativer Zusammenhang zwischen den dimensionslosen Kennzahlen hinsichtlich des Abscheidegrads η, c Abschirmkegel im Detail mit den Einflußgrößen und dimensionslosen Kennzahlen

   Gasreinigungsverfahren

man den Bunker mit dem Zyklon zusammen betrachtet: Bunkervolumen V_B/d_i^3 und Bunkerauslauf d_B/d_i. Ferner braucht man noch für den Fall der Bunkerabsaugung das Absaugverhältnis $\dot{V}_{Ba}/\dot{V}$. Sieht man einen Abschirmkegel vor, kommen schließlich die Kennzahlen $d_K/d_i, h_K/d_i$ und der Kegelwinkel κ dazu. Bild F.2-11 zeigt die einzelnen Einflußgrößen, aus denen die obigen Kennzahlen gebildet wurden.

Auslegen eines Gleichgewichts-Zyklons

Für das Auslegen eines Zyklons werden folgende Angaben benötigt: Volumenstrom $\dot{V}$ des Rohgases, seine Dichte ϱ_G und die Zähigkeit η bei Betriebstemperatur, ferner die Staubbeladung bzw. -konzentration c_0 des Rohgases, die Korngrößenverteilung $Q_3(x)$ des Staubs, die Dichte ϱ_{St} der Staubpartikeln, und schließlich die gewünschte Reingaskonzentration c_l.

Den Zyklon legt man vom Tauchrohr beginnend aus, wobei als wichtigste Annahme die mittlere Tauchrohrgeschwindigkeit v_i zu treffen ist. Übliche Werte sind $v_i = 10$-20 m/s, bei kleinen Zyklonen auch bis $v_i = 50$ m/s. Damit bekommt man den Tauchrohrdurchmesser

$$d_i = 2r_i = \sqrt{4\dot{V}/\pi v_i} \qquad (F.2.20)$$

Als Länge des Tauchrohrs soll $l_T \geq d_i$ gewählt werden.

Eine nächste Annahme ist das Durchmesserverhältnis $d_a/d_i \approx 2-4$. Dann ist noch die bezogene Trennflächenhöhe h_i zu bestimmen; üblich ist $h_i = 5$-$10\ d_i$.

Als Zyklongehäuse wählt man meist einen Zylindermantel mit angeschlossenem Kegelmantel. Der Kegelwinkel beträgt etwa $15° < \alpha < 30°$. Ein zu spitzer Kegel behindert die Austragsströmung in den Bunker, ein zu stumpfer den Austrag großer Partikeln.

Der Einlauf ist im einfachsten Fall ein tangentialer Rohr-, Quadrat- oder Hochkantkanal mit den Seitenlängen $b/a \approx 2$. Strömungstechnisch besser ist eine 360°-Schraube, eine 360°-Spirale, die um den Zyklonmantel angesetzt ist, sowie ein Axialgitter. Die ersten drei führen zu einer asymmetrischen Drallströmung, die die Mikromischwirkung der Turbulenz zu einer Makromischung erweitert und damit die Trennfläche stark verformt, auf alle Fälle die vorausgesetzte konstante Radialgeschwindigkeit v_{ri} entlang der Trennfläche örtlich bis um eine Größenordnung verändert. Die Querschnittsfläche des Einlaufs

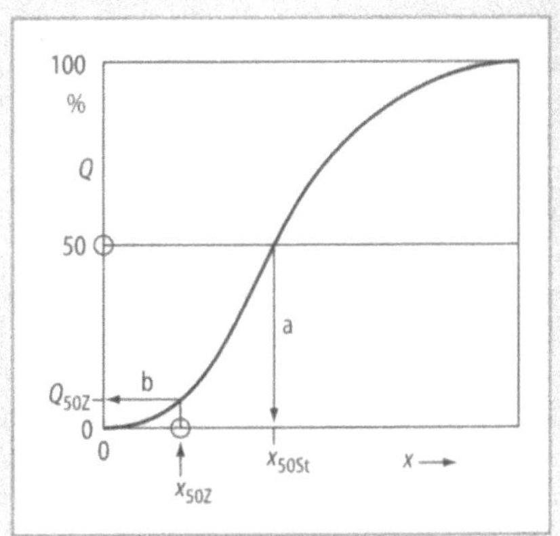

Bild F.2-12 Summenhäufigkeitsverteilung $Q(x)$ der Körner des Staubs, Bestimmen der mittleren Korngröße x_{50St} und der Reingasbeladung $c_1 = Q_{50Z}$ eines Zyklons mit der Trennkorngröße x_{50Z}

wird etwas kleiner als der Tauchrohrquerschnitt gewählt, $A_e \approx 0{,}8$-$1{,}0\ A_i$.

Mit diesen Angaben läßt sich als wichtigste Information über den Gleichgewichtszyklon seine Trennkorngroße aufgrund der Gleichgewichtsbetrachtung zwischen Zentrifugal- und Schleppkraft am Einzelkorn berechnen

$$x_{50} = \sqrt{9\eta\ \dot{V}/\pi\ h_i\ \Delta\varrho\ v_e^2\ (r_e/r_i)^{2n}} \qquad (F.2.21)$$

Der Wirbelexponent n ist für den idealen Potentialwirbel $n = 1$, in der Praxis ist $0{,}5 < n < 0{,}8$. Die heute meist interessierende Reingasbeladung c_1 erhält man aus der Korngrößenverteilung in Form der Summenhäufigkeit $Q_3(x)$ (Bild F.2-12). Wird der Zyklon einfach als Sichter betrachtet, so ist die Reingasbeladung

$$c_l = Q_{50}\ z\ c_0. \qquad (F.2.22)$$

Umgekehrt kann man die zum Erreichen einer vorgegebenen Reingasbeladung c_0 erforderliche Trennkorngröße $x_{50\ Z}$ ermitteln.

Staubsträhnen

Bei einer Rohgasbeladung $c_0 > 10$ g/m³ kann man deutlich beobachten, daß sich der Staub gleich nach dem Einlaß, ca. nach einem Umlauf, in Form einer Staubsträhne schraubenförmig an der Wand entlang in den Bunker bewegt. Der Steigungswinkel gegen die Achse beträgt $ß \approx 45-60°$; er ist wesentlich steiler als nach der Kontinuitätsbeziehung zu erwarten wäre und nur wenig von der Beladung abhängig. Die Zusammensetzung des Staubs in der Strähne entspricht praktisch der des Rohgasstaubs. Diese Beobachtung deutet darauf hin, daß es in diesem Gleichgewichtszyklon offensichtlich zwei von einander unabhängige Abscheidemechanismen gibt: Zuerst bildet sich außen an der Wandung des Abscheideraums eine Strähne, die allen Staub über einer Grenzkornbeladung c_G ohne Rücksicht auf die Zusammensetzung des Staubs in die Strähne einbindet und in den Bunker austrägt. Der hier nicht abgeschiedene und somit wieder aus dem Bunker ausgetragene Staub mit der Konzentration c_G gelangt in den inneren Bereich des Zyklons bis zur Trennfläche am Radius r_i. Hier kommt es nochmals zu einer Abscheidung, jetzt aber klassierend, also die Körner $x > x_{50\,z}$ erfassend.

Der Vorgang dieser Strähnenabscheidung hängt von folgenden Einflußgrößen ab:
- Reingasbeladung c_1 als Zielgröße,
- Korngröße des Staubs $x_{50\,St}$,
- Trennkorngröße des Zyklons $x_{50\,St}$,
- Rohgasbeladung c_0.

Aus diesen 4 Einflußgrößen erhält man 3 dimensionslose Kennzahlen. Der experimentell ermittelte Zusammenhang läßt sich durch folgende Gleichung für die Grenzbeladung wiedergeben [F.2.9]:

$$C_G = (x_{50\,z}/\,x_{50\,St})\; 0{,}063\; c_0^{0{,}4} \qquad (\text{F.2.23})$$

In vielen Fällen liegt die Rohgasbeladung c_0 weit über der Grenzbeladung c_G, etwa $c_0 > 100\ \text{g/m}^3$. Hier braucht die Gleichsgewichtsabscheidung eigentlich gar nicht berücksichtigt zu werden, weil sie nur noch ca. 1 % zur Gesamtabscheidung beiträgt. Für die Berechnung benötigt man allerdings die Einflußgröße x_{50z}. Die grafische Darstellung der Gl. (F.2.24) auf Bild F.2-13 zeigt die Möglichkeiten und Grenzen dieses Phänomens; letztere liegen bei

$$c_1 = c_0 = 0{,}01\ (x_{50\,\text{Zyklon}}/x_{50\,\text{Staub}})^{1{,}66}. \quad (\text{F.2.24})$$

Ursache für die Strähnenbildung ist die Struktur der Drallströmung; in ihr bilden sich unter den üblichen Betriebsbedingungen des Zyklons stabile Längswirbel aus, sog. Taylor-Wirbel. Meist ist der stabile Zustand schon bei einem einzigen Wirbelpaar gegeben, das sich schraubenförmig und eine Staubsträhne provozierend vom Einlauf zum Austrag bewegt [F.2.10, F.2.11].

Axialzyklon

Durchströmt staubhaltiges Gas mit Drall einen zylindrischen Abscheideraum, so wird rein theoretisch der gesamte Staub nach genügender Lauf-

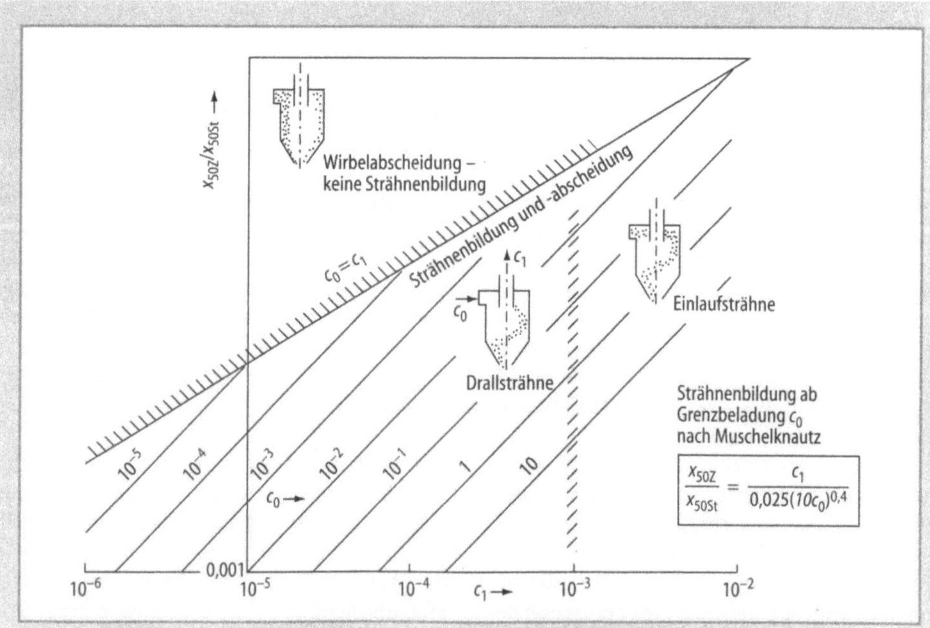

Bild F.2-13 Strähnenabscheidung eines Umlenkzyklons. Erzielbare Reingasbeladung c_1 in Abhängigkeit von der Rohgasbeladung c_0, der mittleren Korngröße x_{50St} des Staubs sowie der Trennkorngröße x_{50Z} des Zyklons nach Muschelknautz

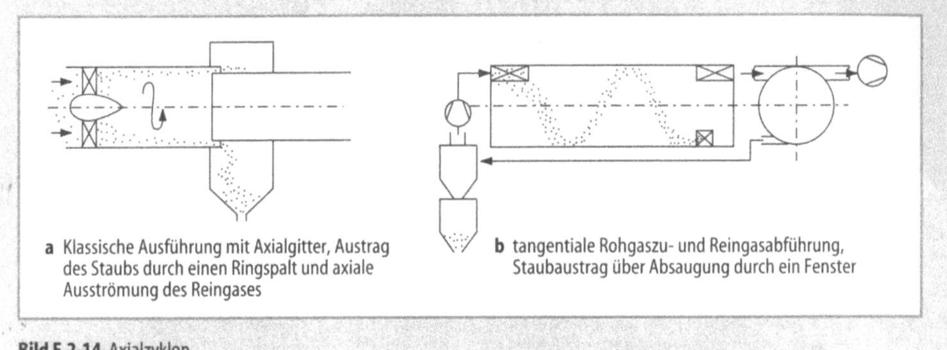

Bild F.2-14 Axialzyklon

länge an die Wand ausgeschleudert. Leider stellt sich infolge Turbulenz eine starke Rückvermischung ein [F.2.2]. Interessant ist, daß auch hier Strähnenbildung auftritt, die die Abscheidung verbessert, ähnlich wie beim Umlenk- bzw. Gleichgewichtszyklon.

Dieser Axial- oder Durchströmzyklon weist als Nachteil Schwierigkeiten beim Austragen des Staubs in den Bunker auf. Bild F.2-14 zeigt, daß anstelle einer kompakten Bunkeröffnung ein relativ dünner Ringspalt vorhanden ist. Dadurch stehen sich Austrags- und Rückströmung des Gases im Wege. Wenn es gelingt, die Staubsträhne zu erfassen und durch eine kompakte Fensteröffnung abzuziehen und mittels „Bleeding" über einen Nachentstauber zu führen, dann wird der Axialzyklon ein Hochleistungs-Fliehkraftabscheider.

Am Axialzyklon kann man übrigens deutlich beobachten, daß die Strähnenbildung nicht primär vom Staub verursacht wird, sondern von der Struktur der reinen Gasströmung. Die große Steigung der Strähnen wird durch die hohe Reibung in der Grenzschicht und die axiale Abströmung verursacht und diese wiederum vom statischen Druck, der an der Wand viel höher als im Kern ist. Als weitere Folge beobachtet man im Kernbereich eine konzentrische, schraubenförmige Rückströmung, die drallfrei ist, also wie ein Festkörper rotiert. Sie verbessert die Staubabscheidung, weil Feinstaub nicht direkt ins Reingas gelangt, sondern nochmals zurückgefördert wird. Die Rückströmung kann auch mehrfach ineinander geschachtelt sein.

Druckverlust des Zyklons

Der Druckverlust des Zyklons wird wie bei allen Strömungsapparaten nach dem Ansatz $\Delta p = \zeta\, v^2$

$\varrho/2$ berechnet. Er liegt in der Praxis etwa zwischen 50 und 500 mm WS bzw. 500 und 5000 Pa. Zweckmäßigerweise wird als Bezugsgeschwindigkeit die mittlere Tauchrohrgeschwindigkeit v_i gewählt, die man aus Gl. (F.2.17) erhält. Der Gesamtwiderstandsbeiwert ζ wird aufgeteilt in die Beiwerte ζ_e am Einlauf und ζ_i am Tauchrohreintritt [F.2.9]. Der Reibungsanteil im Abscheideraum ist relativ gering. Die genaue Ermittlung ist [F.2.9] zu entnehmen. Für die meisten Anwendungsfälle genügt die vereinfachte Berechnung mit $\zeta_e = 0{,}5\text{-}2{,}0$ für schlanke Zyklone und $\zeta_e = 0{,}4\text{-}1{,}0$ für kurze Zyklone. Beide Widerstandsbeiwerte hängen stark vom Drall ab, insbesondere der Wert ζ_i. Der Drall ist das Verhältnis der maximalen Umfangsgeschwindigkeit u_i zur rechnerischen Tauchrohrgeschwindigkeit v_i, also $U = u_i/v_i$. Die Umfangsgeschwindigkeit ergibt sich aus der Potentialwirbelströmung,

$$u_i = v_e\, (r_e/r_i)^n. \tag{F.2.25}$$

Nun kann man den Widerstandsbeiwert für den Druckverlust am Tauchrohr berechnen

$$\zeta_i = 2 + 3U^{4/3} + U^2. \tag{F.2.26}$$

Somit ist der Gesamtdruckverlust des Umlenkzyklons

$$\Delta p = (\zeta_i + \zeta_e)\, v_i^2\, \varrho/2. \tag{F.2.27}$$

Weitere Einflußgrößen für den Druckverlust sind die Beladung c_0, die Wandrauhigkeit, die Geometrie des Zyklons und die Reynolds-Zahl. Die entsprechenden Beiwerte sind aber klein gegen ζ_i.

Maßnahmen zum Verringern des Druckverlusts sollen vor allem den Widerstandsbeiwert ζ_i betreffen. Dies kann durch entsprechende Ausbildung des Tauchrohrs erfolgen, z. B. konische Erweiterung, Einbau eines Verzögerungsgitters,

Ausbilden des Tauchrohrs als Spalt- oder Schraubenspalt-Rohr, Nachschalten eines Radialdiffusors und ähnliches. Mit diesen Maßnahmen läßt sich der Druckverlust bis um 50 % senken, bei großen Zyklonen mit hochwertigen Schaufelgittern noch mehr.

Zyklonbatterien bzw. Multizyklone sowie Zyklonanlagen

Das Auslegen einer Zyklonentstaubung für möglichst geringen Reingasstaubgehalt c_1 eines vorgegebenen Volumenstroms $\dot{V}$ kann auf der Basis der Gl. (F.2.21) und/oder (F.2.24) erfolgen. Demnach verringert sich die Trennkorngröße $x_{50\,z}$ und damit die Reingasbeladung c_0 mit Erhöhen der Strömungsgeschwindigkeit u_i bzw. v_i sowie mit Verringern des Durchmessers d_i bzw. Radius r_i. Ersteres führt zur starken Erhöhung der Gebläseleistung, letzteres zur Verwendung kleiner, aber sehr vieler Zyklone. Diese werden etwa in der Anzahl von 10 – 100 Stück zu einer Zyklonbatterie zusammengebaut. Tabelle F.2-1 zeigt das theoretische Ergebnis dieser Vorgehensweise.

In der Praxis stellt sich bei diesen Multizyklonen jedoch folgendes Problem ein: Obwohl sich jeder einzelne Zyklon für sich allein so verhält, wie es die elementare Zyklontheorie verlangt, ist der Abscheidegrad der Batterie oft nicht viel besser als der eines einzigen großen Zyklons; hierfür gibt es 3 Ursachen: In jeder Rohrleitung und damit auch in der Zulaufleitung zur Batterie bildet sich eine Staubsträhne. Sie gelangt in einen oder einige Zyklone. Hier stellt sich wegen der erhöhten Wandreibung eine kleinere Umfangsgeschwindigkeit u_i ein. Da $\Delta p = f(u_i^2)$ ist, sinkt paradoxerweise der Durchströmwiderstand, so daß mehr Rohgas durchströmt. Wegen des fehlenden Dralls fällt aber die Abscheidewirkung und es gelangt noch mehr Staub ins Reingas.

Durch Herstellungstoleranzen bedingt, stellt sich ebenfalls an den einzelnen Zyklonen ein verschiedener Druckverlust ein, der zu den o.a. Problemen führt.

Aus konstruktiven Gründen gibt man nicht jedem Zyklon seinen eigenen Bunker, sondern setzt alle oder zumindest viele auf einen gemeinsamen Bunker. Dadurch kommt es im Absetzraum zu einer ungeordneten, turbulenten Strömung mit starker Mischwirkung. Der Staub kann sich nicht genügend absetzen und das Gas strömt zudem noch bevorzugt durch einige wenige Zyklone mit geringerem Drall und damit Druckverlust ins Reingas.

Abhilfe für diese Probleme kann ein Vorzyklon zum Reduzieren oder Vermeiden der Eintrittssträhne bringen sowie ein Bunkerzyklon zum Absaugen von ca. 15 % des Volumenstroms aus dem gemeinsamen Bunker.

Die praktische Ausbildung einer Zyklonanlage sieht meist Saugbetrieb vor, d.h. das Gebläse ist hinter dem Zyklon angeordnet. Von Vorteil ist hierbei, daß das Gebläse mit Reingas beaufschlagt wird und damit am Laufrad wenig Verschleiß auftritt. Als Nachteil wird nicht bemerkt, daß evtl. vorhandene Leckstellen im Bunkerbereich vorhanden sind. Dadurch wird Falschluft angesaugt, womit das Austragen des abgeschiedenen Staubs in den Bunker fast zum Erliegen kommen kann.

Für das Austragen des Staubs aus dem Zyklon hat die Erdbeschleunigung praktisch keine Bedeutung. Deshalb kann man Zyklone horizontal, ja sogar kopfüber betreiben.

Das Hintereinanderschalten zweier gleichgrosser Zyklone hat einen gewissen positiven Effekt:

Tabelle F.2-1 Maßnahmen zum Verringern der relativen Trennkorngröße von $x_{50z} = 1{,}0$ auf $0{,}5$ und $0{,}1$ durch: **a** Erhöhen des Gasdurchsatzes $\dot{V}$, **b** Verringern der Abmessung r_i bei konstantem Durchsatz $\dot{V}$ und **c** stärkeres Verkleinern der Abmessung. Auswirkung ist ein Erhöhen des Druckverlustes Δp, der Leistung P und der Anzahl n der Zyklone

	x_{50}	Größe r_i	Durchsatz $\dot{V}$	Druckverlust Δp	Leistung P	Anzahl n
a	1	$r_i = 1$	$\dot{V} \sim x^{-2} = 1$	$\Delta p \sim x^{-4} = 1$	$P \sim x^{-6} = 1$	$n = 1$
	0,5	$= 1$	$= 4$	$= 16$		$= 1$
	0,1	$= 1$	$= 100$	$= 10\,000$		$= 1$
b	1	$r_i \sim x^{2/3} = 1$	$\dot{V} = \text{const.} = 1$	$\Delta p \sim x^{-8/3} = 1$	$P \sim x^{-8/3} = 1$	$n = 1$
	0,5	$= 0{,}63$	$= 1$	$= 6{,}3$	$= 6{,}3$	$= 1$
	0,1	$= 0{,}21$	$= 1$	$= 464$	$= 464$	$= 1$
c	1	$r_i \sim x^2 = 1$	$\dot{V} = \text{const.} = 1$	$\Delta p = \text{const.} = 1$	$P = \text{const.} = 1$	$n \sim x^{-4} = 1$
	0,5	$= 0{,}25$	$= 1$	$= 1$	$= 1$	$= 16$
	0,1	$= 0{,}01$	$= 1$	$= 1$	$= 1$	$= 10\,000$

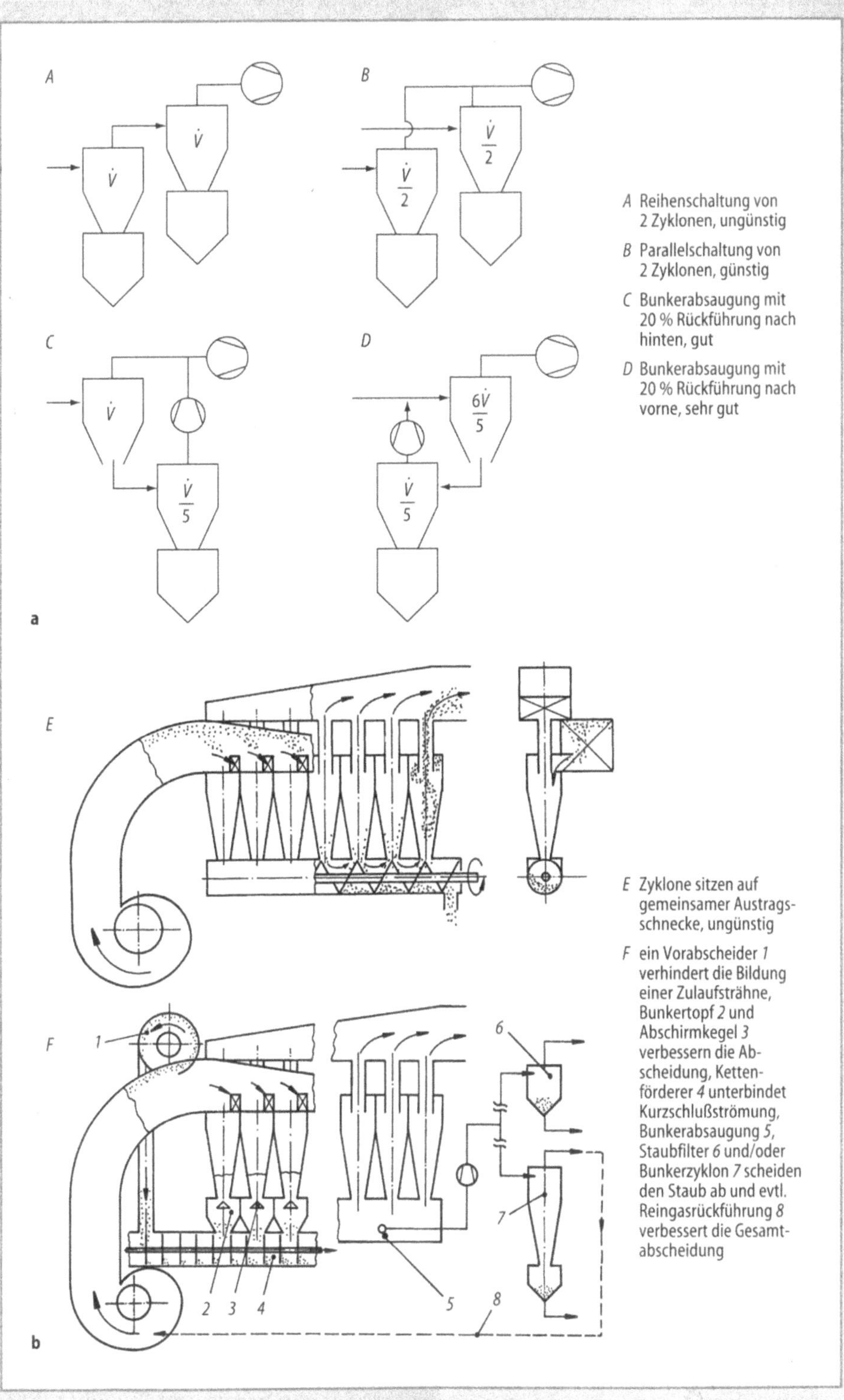

A Reihenschaltung von
2 Zyklonen, ungünstig

B Parallelschaltung von
2 Zyklonen, günstig

C Bunkerabsaugung mit
20 % Rückführung nach
hinten, gut

D Bunkerabsaugung mit
20 % Rückführung nach
vorne, sehr gut

E Zyklone sitzen auf
gemeinsamer Austrags-
schnecke, ungünstig

F ein Vorabscheider 1
verhindert die Bildung
einer Zulaufsträhne,
Bunkertopf 2 und
Abschirmkegel 3
verbessern die Ab-
scheidung, Ketten-
förderer 4 unterbindet
Kurzschlußströmung,
Bunkerabsaugung 5,
Staubfilter 6 und/oder
Bunkerzyklon 7 scheiden
den Staub ab und evtl.
Reingasrückführung 8
verbessert die Gesamt-
abscheidung

Bild F.2-15 a Schaltung von Zyklonanlagen, **b** häufig ausgeführte Zyklonbatterien

Da die Trennung nicht scharf ist, bleibt für den Zweiten in der Praxis noch abscheidbarer Staub übrig. Besser ist die Parallelschaltung zweier oder mehrerer Zyklone mit eigenem Bunker. Die wirkungsvollste Zyklonanlage ist eine Bunkerabsaugung von ca. 15 % durch einen zweiten Zyklon und Rückführung ins Rohgas. Dies erhöht allerdings den Volumenstrom des Hauptzyklons. Zu beachten ist hierbei, daß der Durchmesser des 15 %-Bunkerzyklons ca. 40 % des Hauptzyklons beträgt, weil $d_B \sim \sqrt{1\,V_B/V}$ ist. Das Parallelschalten einiger Zyklone führt zu Zyklonbatterien und wird oben behandelt. Bild F.2-15 zeigt eine falsche und eine richtige Ausbildung solcher Anlagen.

Betrieb von Zyklonen

Ein großer Nachteil von Zyklon-Staubabscheidern ist die Abhängigkeit der Reingas-Staubbeladung c_1 sowohl von der Rohgasbeladung c_0 als auch vom Volumenstrom $\dot{V}$. Letzterer hat auf die Trennkorngröße umgekehrt proportionalen Einfluß. Fällt ein geringerer Rohgasstrom $\dot{V}$ an, so steigt die Trennkorngröße und damit die Reingasbeladung. Mögliche Gegenmaßnahmen sind das Ansaugen von Falschluft und bei einer Zyklonbatterie das Abschalten einzelner Zyklone.

Weitere Probleme sind Staubablagerung, Anbackungen und Verstopfung. Dagegen helfen konstruktive Maßnahmen, wie Klopf- und Vibrationsvorrichtungen, angetriebene Abstreif- und Rührwerkzeuge, von der Strömung bewegte Fäden, Seile, Drähte und Ketten sowie verformbare Elastomerzyklone. Auch das Spülen mit Wasser und Abblasen mit Druckgas ist zu nennen.

Bei hoher Temperatur verschlechtert sich die Abscheidung durch zunehmende Zähigkeit des Gases. Seine geringere Dichte und die steigende Agglomerationsneigung des Staubs kompensieren die vorgenannten Nachteile in etwa. Geht man über den Schlackenschmelzpunkt hinaus, so wird der Staubzyklon zum erstaunlich wirksamen Tropfen- bzw. Nebelzyklon.

Erosion und Temperaturbeanspruchungen bei Zyklonen sind durch keramische Werkstoffe oder Auskleidung als weitgehend lösbar anzusehen.

Insgesamt zeigt sich, daß Zyklonstaubabscheider bei hohen Strömungsgeschwindigkeiten und kleineren Abmessungen die theoretisch mögliche Trennkorngröße von $x_{50\,Z} = 1\,\mu m$ erreichen können. Damit läßt sich bei vielen Stäuben ein Reingasstaubgehalt $c_0 \approx 50\ mg/m^3$ erzielen. Be-

dingung ist die Vermeidung störender Sekundärströmungen, ein guter Bunkeraustrag und das Agglomerieren des Feinstaubs. Letzteres läßt sich durch Feinverdüsen von Wasser stark erhöhen [F.2.12].

F.2.2.2 Naßabscheider

F.2.2.2.1 Grundlagen

Die Naßabscheidung erfolgt über eine Reihe von Einzelschritten [F.2.13, F.2.14]:
- Aufnahme der Partikeln durch eine Flüssigkeit,
  - Zugabe der Waschflüssigkeit zum zu reinigenden Gas,
  - Zusammenbringen von Waschflüssigkeit und Partikeln,
  - Bindung des Staubs durch die Waschflüssigkeit,
  - Abtrennung der beladenen Flüssigkeit,
- Aufbereitung der abgetrennten Flüssigkeit,
  - Neutralisation gebundener Gaskomponenten,
  - Niederschlagung von Feststoffen.

Als Waschflüssigkeiten werden zumeist Wasser oder wäßrige Lösungen eingesetzt. Für die Abscheidung von Staubpartikeln aus Gasen sind dabei i.allg. große Grenzflächen zwischen Gas und Flüssigkeit erforderlich, die durch Dispergierung der Flüssigkeit in Gas oder auch durch Dispergierung des Gases in einer Flüssigkeit erzeugt werden können. Daneben spielen auch benetzte Feststoffoberflächen eine Rolle.

Die Erzeugung großer Grenzflächen zwischen Gas und Flüssigkeit erfolgt durch:
- Dispergierung einer Phase in der anderen,
- Dispergierung der Flüssigkeit im Gas in Form von
  - Strahlen,
  - Lamellen,
  - Tropfen;
- Dispergierung des Gases in der Flüssigkeit in Form von
  - Blasen;
- Benetzung von Feststoffoberflächen,
  - Benetzung von Apparatewänden,
  - Benetzung von Füllkörpern,
  - Benetzung von Kolonnenböden,
  - Benetzung von Niederschlagselektroden.

Bei der Naßabscheidung werden oft mehrere der angegebenen Methoden in einem einzigen Apparat eingesetzt. Überwiegend, vor allem bei Hochleistungsentstaubern, wird die Flüssigkeit im zu reinigenden Gas durch Zerstäubung in Form von Tropfen dispergiert.

An der Naßabscheidung können vor allem folgende Effekte beteiligt sein:
- Massenkräfte,
  - Trägheitskräfte,
  - Schwerkraft,
  - Zentrifugalkräfte;
- Diffusion,
- elektrische und magnetische Kräfte,
- Kondensationseffekte.

Bei technisch eingesetzten Entstaubern mit höherer Abscheideleistung wird zumeist die Waschflüssigkeit im zu reinigenden Gas dispergiert. Als wesentlicher Abscheideeffekt ist vor allem die Trennwirkung von Trägheitskräften maßgebend. Andere Trenneffekte, z. B. elektrische oder Kondensationswirkungen können in Einzelfällen, vor allem für die Niederschlagung von Feinstäuben, eine verstärkende Wirkung hervorbringen.

Partikeln, die mit der Waschflüssigkeit in Berührung kommen, sind prinzipiell als abgeschieden zu betrachten.

Der Auftreffgrad der Partikeln ist somit praktisch identisch mit deren Abscheidegrad.

Für die Naßentstaubung wählt man i.allg. das Verhältnis von Waschflüssigkeits- zu Gasvolumen(-strom) in einem Bereich von $1-5$ l/m³.

Wascher, die mit elektrischen Effekten arbeiten, unterscheiden sich in ihrer Bauform grundsätzlich nicht von mechanisch arbeitenden Apparaten. Als zusätzliche Aggregate kommen aber bei Elektrowaschern Aufladevorrichtungen für Staubpartikeln und/oder Waschflüssigkeit hinzu.

Kondensationswascher befinden sich noch am Beginn der technischen Entwicklung. Bei diesen Entstaubern versucht man, sich die Partikelvergrößerung durch Kondensation von Wasserdampf an der Oberfläche von Feinstäuben zunutze zu machen. Der Einsatz solcher Systeme setzt eine vorherige Aufsättigung des zu reinigenden Gases mit Wasserdampf voraus. Hierfür ist eine sehr genaue Temperaturführung erforderlich.

Entsprechend den an der Naßabscheidung beteiligten Einzelschritten sind bei einer Anlage zur Naßentstaubung außer dem eigentlichen Abscheider auch Einrichtungen zur Abtrennung der staubbeaufschlagten Waschflüssigkeit und zur Regenerierung der Waschflüssigkeit erforderlich (vgl. Bild F.2-16). Die Leistungsfähigkeit des Tropfenabscheiders ist mitbestimmend für den erreichbaren Reingasstaubgehalt.

Naßentstaubungsanlagen bieten dabei den Vorteil, daß bei geeigneter Wahl der Waschflüssigkeit und bei entsprechender Regeneration der Flüssigkeit außer Staub auch gasförmige Komponenten abgeschieden werden können.

Die Tropfengrößenspektren bei der Zerstäubung von Flüssigkeiten lassen sich in vielen Fäl-

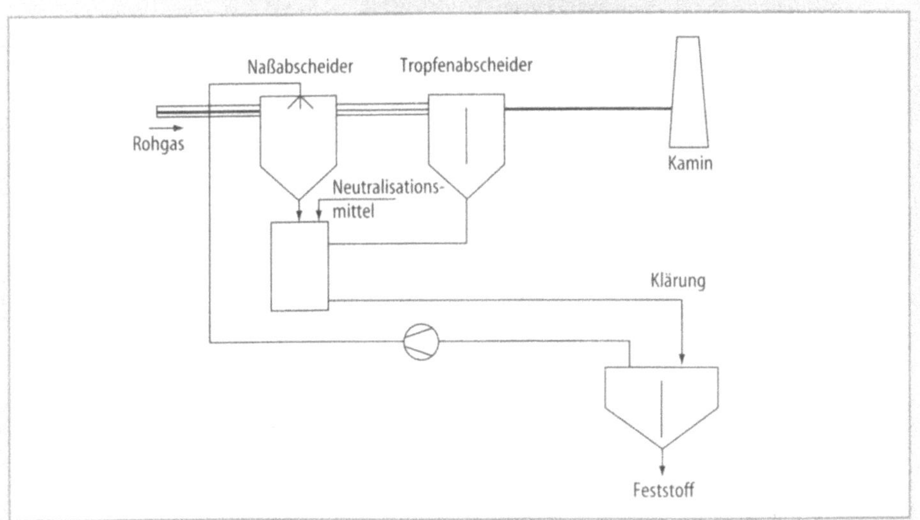

Bild F.2-16 Prinzip einer Anlage zur Naßentstaubung

len (u.a. bei Zweistoffdüsen und in Venturiwaschern) durch eine logarithmische Normalverteilung beschreiben.

Gleichung nach Nukiyama/Tanasawa:

$$\overline{d_{32}} = 0,585 \cdot \sqrt{\frac{\sigma}{\varrho_l \cdot u_r^2} + 53,2 \cdot \left(\frac{\dot{V}_g}{\dot{V}_l}\right)^{1,5} \cdot \left[\frac{\eta_l}{\sqrt{\sigma \cdot \varrho_l}}\right]^{0,45}},$$

$\overline{d_{32}}$ Tropfendurchmesser nach Sauter   m,
σ Grenzflächenspannung zwischen Gas und Flüssigkeit   kg/s²,
ϱ_l Dichte der Flüssigkeit   kg/m³,
η_l dynamische Viskosität der Flüssigkeit   kg/m · s,
u_r Relativgeschwindigkeit zwischen Gas und Tropfen   m/s,
$\dot{V}_g$ Gasvolumenstrom   m³/h,
$\dot{V}_l$ Flüssigkeitsvolumenstrom   m³/h.

Der Durchmesser nach Sauter ist dabei definiert über das Verhältnis von Gesamtvolumen zu Gesamtoberfläche der Tropfen.

Nach den Untersuchungsergebnissen zahlreicher Autoren gibt obige Gleichung die Tropfengröße im Bereich der Relativgeschwindigkeiten, wie sie üblicherweise bei der Entstaubung mit Rotations- und Venturiwaschern vorliegen, zumindest größenordnungsmäßig richtig wieder.

Bild F.2-17 zeigt errechnete Tropfengrößen nach der Nukiyama-Tanasawa-Gleichung

Abscheidung am Einzeltropfen

Bei der Umströmung eines kugelförmigen Einzeltropfens mit dem Durchmesser d_{Tr} verlassen die Staubpartikeln infolge ihrer Massenträgheit die Stromlinien des Gases und werden zum Tropfen hin abgelenkt. Es läßt sich ein Auftreffgrad und damit auch ein Abscheidegrad für den Einzeltropfen definieren:

$$\eta_{Tr} = \frac{e^2}{d_{Tr}^2}$$

η_{Tr} Abscheidegrad am Einzeltropfen,
d_{Tr} Tropfendurchmesser,
e Grenzstaubbahndurchmesser.

Der Grenzstaubbahndurchmesser e ist dabei der Abstand zwischen den äußersten Gasströmungslinien, bei denen die Staubpartikeln infolge ihrer Massenträgheit gerade noch auf den Flüssigkeitstropfen auftreffen (vgl. Bild F.2-18). $\pi/4 \cdot e^2$ entspricht dabei dem Anströmquerschnitt, in dem alle Staubpartikeln auf den Wassertropfen aufprallen. Dieser wird ins Verhältnis zur Projektionsfläche des kugelförmigen Staubpartikels $\pi/4 \cdot d_{Tr}^2$ gesetzt.

Ausgehend von der Trägheitsabscheidung am Einzeltropfen, läßt sich der Abscheidegrad in Waschern unter der Berücksichtigung von Tropfen- und Partikelgrößenverteilungen prinzipiell numerisch berechnen. Hierzu ist außer der Kennt-

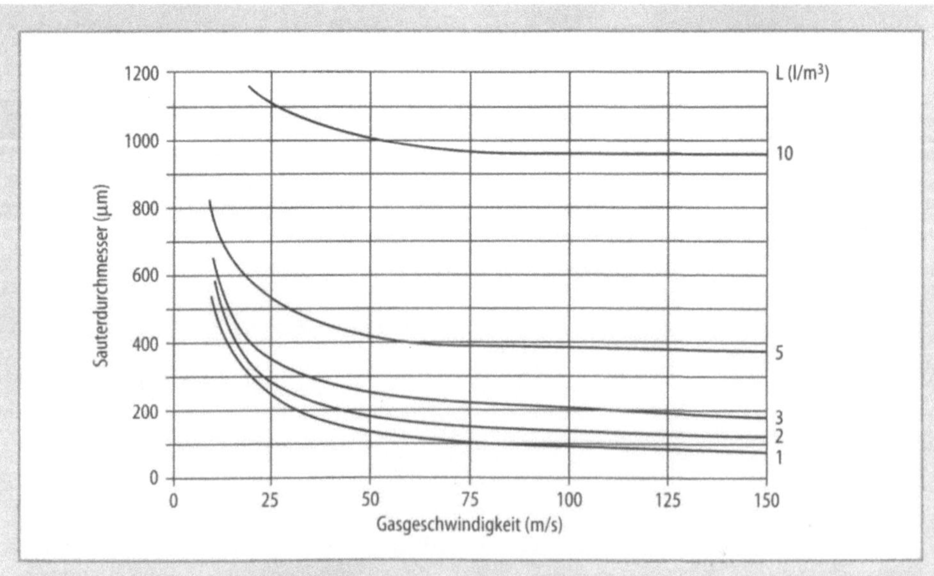

Bild F.2-17 Tropfengröße nach Nukiyama/Tanasawa

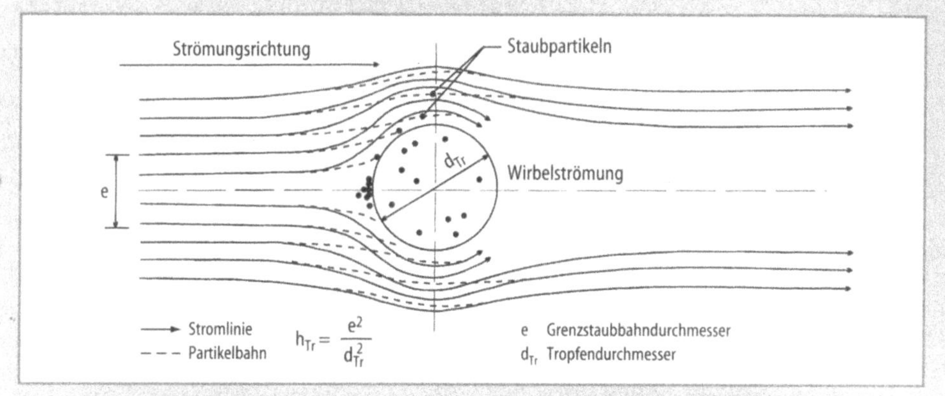

Bild F.2-18 Abscheidung am Einzeltropfen

nis der Verteilungsfunktion der Abscheidegrad am Einzeltropfen zu ermitteln. Dabei ist der Zusammenhang zwischen η_{Tr} und dem Trägheitsparameter (Stokes-Zahl) unter Anwendung der Navier-Stokes-Gleichungen für die Gasströmung und über das Kräftegleichgewicht für bestimmte Grenzfälle (u. a. Potentialströmung und zähe Strömung) berechenbar.

Entsprechende Berechnungen, die ursprünglich auf Arbeiten von Barth [F.2.15] beruhen, wurden von Calvert [F.2.16-F.2.22] und auch von Schuch [F.2.23, F.2.24] in neuerer Zeit zur Auslegung von Venturi- und Rotationsabscheidern herangezogen.

Alternativ ist eine Auslegung von Hochleistungsentstaubern mit Hilfe eines empirischen Ansatzes nach Semrau [F.2.25, F.2.26] möglich.

Trägheitsabscheidung am Einzeltropfen

Kennzahlen:
Stokes-Zahl (Trägheitsparameter):

$$\text{Stk} = \frac{\varrho_s \cdot u_r \cdot x_P^2}{9\eta_g \cdot d_{tr}}$$

Reynolds-Zahl:

$$\text{Re}_{tr} = \frac{u_r \cdot d_{tr} \cdot \varrho_g}{\eta_g}$$

Dichteverhältnis:

$$\varrho^+ = \frac{\varrho_s}{\varrho_g}$$

d_{tr} Tropfendurchmesser,
u_r Relativgeschwindigkeit zwischen Gas-/Staubgemisch und Tropfen,

x_P Staubpartikeldurchmesser,
η_g Viskosität des Gases,
ϱ_g, ϱ_s Gas- bzw. Staubdichte.

Unter Vernachlässigung von
- Schwerkraft,
- Wechselwirkung zwischen benachbarten Staubpartikeln und Tropfen (jeweils untereinander),
- Partikelgröße gegenüber Tropfengröße
und Annahme
- eines inkompressiblen Gases,
- kugelförmiger Staubpartikel und Tropfen
sowie der Voraussetzung,
- daß auftreffende Tropfen als abgeschieden gelten,
läßt sich der Abscheidegrad des Einzeltropfens rechnerisch mit Hilfe der Stokes-Zahl beschreiben (Bild F.2-19).

η_{tr} wird zumeist numerisch durch die Näherungsfunktion

$$\eta_{tr} = \left[\frac{\text{Stk}}{\text{Stk} + \alpha} \right]^{\beta}$$

erfaßt.

Die Konstanten α und β werden in dem für Hochleistungsentstauber interessierenden Bereich $100 < \text{Re} < 1000$, der zwischen den Grenzfällen der zähen und der reinen Potentialströmung liegt, zumeist mit Werten von $\alpha = 0{,}5\text{-}0{,}8$ und $\beta = 2$ angenommen.

Das von einem Einzeltropfen in der Zeit t abgereinigte Gasvolumen V_g läßt sich nach Barth [F.2.15] über folgende Beziehung angeben:

$$m = \frac{V_g}{V_{tr}} = \frac{3}{2d_{tr}} \cdot \int_0^t \eta_{tr}(t) \cdot u_r(t)\, dt$$

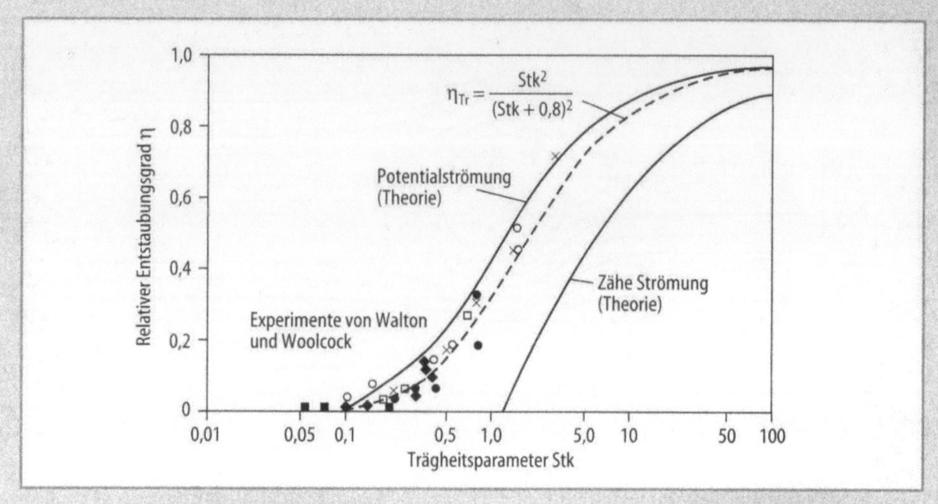

Bild F.2-19 Relativer Entstaubungsgrad des Einzeltropfens

Die Berechnung von m setzt dabei die Kenntnis der Bahnkurve des Tropfens voraus.

Mit Hilfe des spezifischen Reinigungsvolumens m läßt sich für einen Naßabscheider der Abscheidegrad einer bestimmten Partikelgröße x_i durch eine Tropfengröße d_{tr} berechnen:

$$\eta(x_i, d_{tr,i}) = 1 - \exp\left[-\frac{\dot{V}_1}{\dot{V}_g} \cdot m(x_i, d_{tr,i})\right]$$

Die konsequente Weiterführung dieser Rechnung, die auch Partikel- und Tropfengrößenverteilungen mitberücksichtigt, wurde vor allem von Schuch [F.2.23] vorgenommen. Liegt eine Tropfengrößenverteilung y_{tr} (d_{tr}) vor, so gilt:

$$\overline{\eta}(x_i) = 1 - \exp\left[-\frac{\dot{V}_1}{\dot{V}_g} \cdot \int_{d_{min}}^{d_{max}} m(x_i, d_{tr,i}) \cdot y_{tr} dd_{tr}\right]$$

Bei zusätzlicher Berücksichtigung einer Staubpartikelgrößenverteilung y_x (x) ergibt sich für den Gesamtabscheidegrad:

$$\eta = 1 - \int_{x_{min}}^{x_{max}} y_x \exp\left[-\frac{\dot{V}_1}{\dot{V}_g} \cdot \int_{d_{min}}^{d_{max}} \overline{m}(x)\right] dx$$

mit

$$\overline{m}(x) = \int_{d_{min}}^{d_{max}} m(x_i, d_{tr,i}) \cdot y_{tr} dd_{tr}$$

Um die Gleichungen lösen zu können, muß m (x, d_{tr}) bekannt sein, was nur mit erheblichem Aufwand durch numerische Rechnung möglich ist.

Modell nach Calvert

Calvert umgeht den Rechenaufwand der vollständigen numerischen Lösung durch Einführung einer Reihe empirisch begründeter Annahmen:
- der mittlere Tropfendurchmesser ist durch die Nukiyama-Tanasawa-Gleichung gegeben,
- die Parameter der Stokes-Zahl betragen α = 0,7 und β = 2,
- für Reynolds-Zahlen zwischen 6 und 400 beträgt der Widerstandsbeiwert $\zeta(Re) = 55/Re$,
- die Relativgeschwindigkeit u_r unterscheidet sich von der des Gases u um einen Faktor f, der Werte zwischen 0,25 und 0,5 annimmt.

Für den Abscheidegrad η erhält man damit:

$$\eta = 1 - \exp\left[-\frac{2u}{55} \cdot \frac{\dot{V}_1}{\dot{V}_g} \cdot \frac{\varrho_i \cdot d_{tr} \cdot F(Stk, f)}{\eta_g}\right] ,$$

wobei

$$F(Stk, f) = \frac{1}{Stk}\left[\frac{1,4 \cdot \ln\left[\dfrac{Stk \cdot f + 0,7}{0,7}\right] +}{\dfrac{0,49}{0,7 + Stk \cdot f} - Stk - 0,7}\right]$$

Für Venturiwascher nimmt Calvert einen Druckverlust von

$$\Delta p = 0,85 \cdot \varrho_1 \cdot u^2 \cdot \frac{\dot{V}_1}{\dot{V}_g} \quad \text{an.}$$

Damit stehen für diese Wascherart alle erforderlichen Auslegungsdaten zur Verfügung.

Modell von Semrau (Bild F.2-20)

Semrau geht bei seinem rein empirischen Modell davon aus, daß der Gesamtabscheidegrad η im wesentlichen durch die „Kontaktenergie" E_k bestimmt wird:

$$\eta = 1 - \exp_{(d \cdot E_k^g)} \quad ,$$

δ und γ sind dabei rein empirische Konstanten. Der Exponent wird von Semrau als Anzahl der Übertragungseinheiten verstanden:

$$N_T = \delta \cdot E_K{}^\gamma$$

Die Kontaktenergie kann berechnet werden nach:

$$E_k = V_g \cdot \left[\Delta p_g + \Delta p_l \cdot \frac{\dot{m}_l}{\dot{m}_g} \right]$$

Die Kontaktenergie ist demnach über den gas- und flüssigkeitsseitigen Druckverlust und über das Verhältnis der Massenströme von Flüssigkeit und Gas festgelegt. Der von Semrau vorgeschlagene Einfluß des Druckverlusts wird prinzipiell auch durch die Modelle nach Calvert und Barth bestätigt.

Problematisch für die Anwendung der Gleichung von Semrau ist allerdings, daß die Einflüsse auf die Anpassungsparameter δ und γ für einen vorgegebenen Einsatzfall zumeist nicht mit der erforderlichen Sicherheit bekannt sind.

F.2.2.2.2 Bauformen von Naßentstaubern

Nach der VDI-Richtlinie 3679 „Naßarbeitende Abscheider" [F.2.27] unterscheidet man 4 Hauptbauarten von Naßentstaubern (vgl. Bild F.2-21):
– Kolonnenwascher,
– Wirbelwascher,
– Venturiwascher,
– Rotationswascher.

Von diesen können mit entsprechendem Energieaufwand Venturi- und Rotationswascher als Hochleistungsentstauber ausgeführt werden. Kolonnen- und Wirbelwascher erbringen demgegenüber nur geringe bis mittlere Entstaubungsgrade. Nach dem maßgebenden Prinzip der Trägheitsabscheidung ist für die Entstaubungsleistung vor allem die Relativgeschwindigkeit zwischen dem Staub/Gas-Gemisch und den Flüssigkeitstropfen von Bedeutung. Am effektivsten sind die Apparate, bei denen es gelingt, den größten Teil der aufgebrachten Energie zur Bereitstellung einer möglichst großen Geschwindigkeitsdifferenz zwischen Gas und Flüssigkeit einzusetzen.

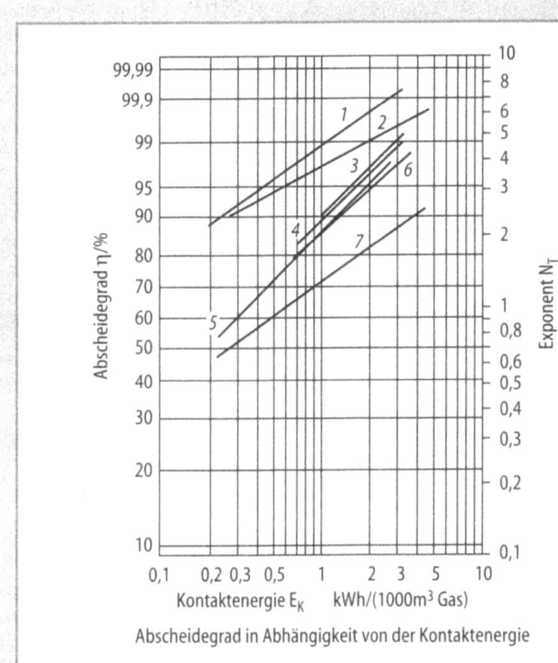

Bild F.2-20 Staubabscheidung und Kontaktenergie nach Semrau

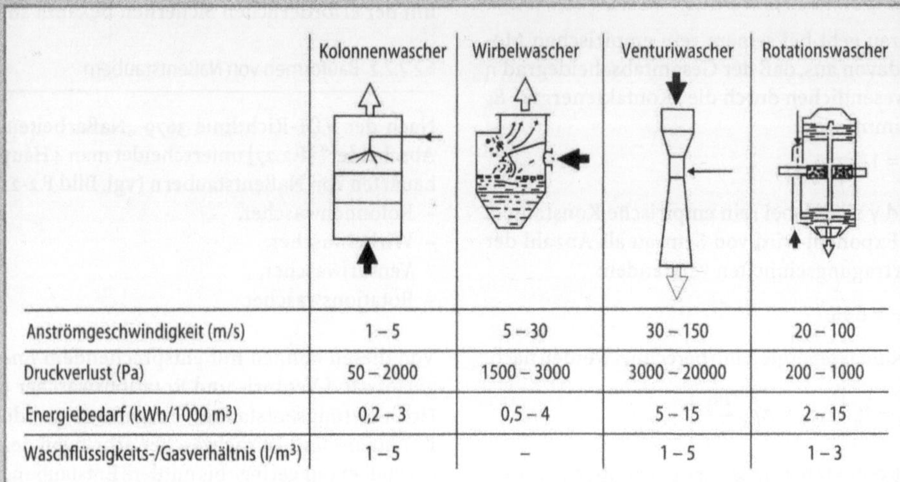

	Kolonnenwascher	Wirbelwascher	Venturiwascher	Rotationswascher
Anströmgeschwindigkeit (m/s)	1 – 5	5 – 30	30 – 150	20 – 100
Druckverlust (Pa)	50 – 2000	1500 – 3000	3000 – 20000	200 – 1000
Energiebedarf (kWh/1000 m³)	0,2 – 3	0,5 – 4	5 – 15	2 – 15
Waschflüssigkeits-/Gasverhältnis (l/m³)	1 – 5	–	1 – 5	1 – 3

Bild F.2-21 Bauformen von Naßentstaubern

a Ringspaltwascher (Fa. Bischoff, Essen)
b SF-Venturi (Fa. SF Luft- u. Wärmetechnik, Butzbach)
c Clairator (Fa. Luitpoldhütte, Amberg)
d BETH-Venturi (Fa. BETH, Lübeck)
e Keller-Venturi (Fa. Keller, Jesingen-Kirchheim-Teck)

Bild F.2-22 Bauformen unterschiedlicher Venturiwascher

Zur Gruppe der Venturiwascher, bei denen das zu reinigende Gas eine Einschnürung des freien Strömungsquerschnitts (Venturikehle) erfährt, gehören neben den eigentlichen Venturiabscheidern auch die Strahlwascher. Beim Strahlwascher wird die zur Bildung und Fortbewegung der Tropfen benötigte Energie praktisch ausschl. der Druckenergie der Waschflüssigkeit entnommen, die über eine Düse zugeführt wird. Der Strahlwascher bewirkt damit neben der Entstaubung und der Wasserdampfsättigung des Gases gleichzeitig eine Förderwirkung als Wasserstrahlpumpe. Infolge der vergleichsweise geringen Relativgeschwindigkeit zwischen Gas und Waschflüssigkeit ist der Strahlwascher nicht zu den Hochleistungsentstaubern zu rechnen.

Im Gegensatz zum Strahlwascher wird beim eigentlichen Venturientstauber die Flüssigkeit praktisch ausschl. über die Druckenergie des Gases dispergiert und gefördert. Die Waschflüssigkeit wird im Bereich der Venturikehle injiziert. Dadurch ergeben sich sehr hohe Relativgeschwindigkeiten. Für hohe Abscheidegrade werden Gasgeschwindigkeiten in der Kehle von bis zu 150 m/s eingestellt. Infolge des gasseitigen Druckverlusts ergibt sich auch ein entsprechend hoher Energiebedarf.

Venturiwascher kommen in vielen Bauformen zum Einsatz. Dabei ergeben sich Unterschiede vor allem durch die Art der Flüssigkeitsaufgabe und durch die Form der Ausbildung der Venturikehle (vgl. Bild F.2-22).

Bei rechteckiger Ausbildung der Kehle läßt sich der freie Querschnitt über bewegliche Klappen verändern und entsprechend den Lastverhältnissen einstellen.

Ähnlich kann man bei Ringspaltwaschern über beweglich ausgebildete kegelförmige Einbaukörper den Strömungsquerschnitt verändern.

Bei den gleichfalls zu den Hochleistungsabscheidern gehörenden Rotationswaschern wird die Waschflüssigkeit mechanisch durch rotierende Einbauten dispergiert.

Neben rotierenden Scheiben kommen dabei auch Bauformen zum Einsatz, bei denen die Waschflüssigkeit über drehende und feststehende Ringe aus Schlagstäben zerteilt wird (Desintegratoren, vgl. Bild F.2-23).

Bild F.2-24 zeigt einen Vergleich des Energiebedarfs unterschiedlicher Naßabscheider in Ab-

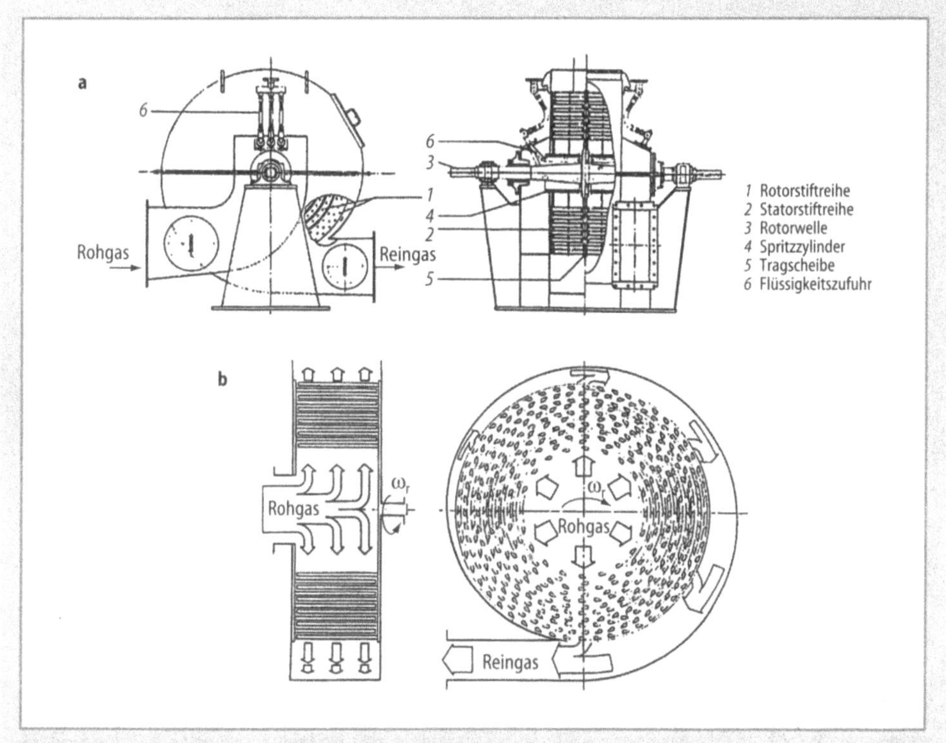

Bild F.2-23 Radialdesintegrator. **a** Aufbau, **b** Gastransport

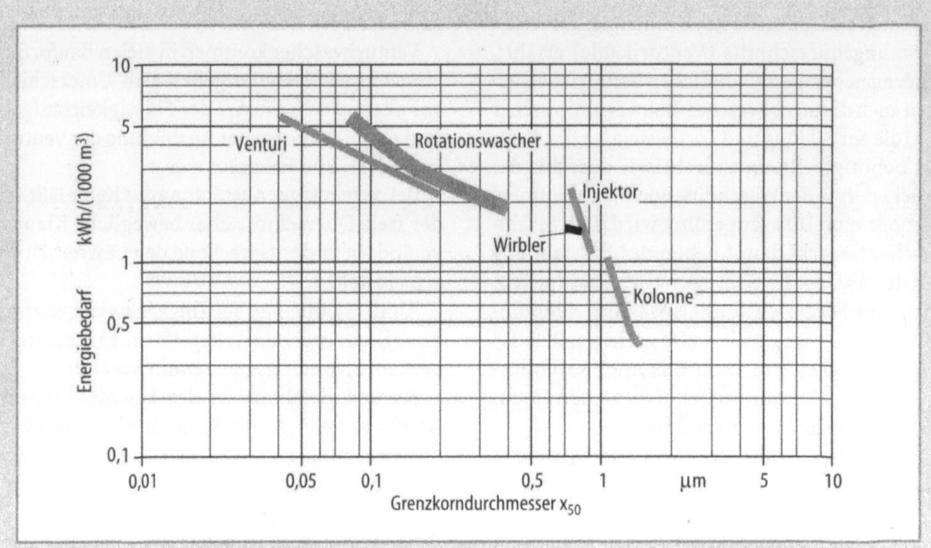

Bild F.2-24 Vergleich unterschiedlicher Naßentstauber

Tabelle F.2-2 Vergleich unterschiedlicher Naßentstauber

Venturi	Rotationswascher	Wirbelwascher	Injektor	Kolonne
Hochleistungs-entstauber	Hochleistungs-entstauber	Entstaubungsleistung: mittel	Entstaubungsleistung: gering bis mittel	Entstaubungsleistung: gering bis mittel
Lastenanpassung durch Klappen (Rechteckkehle) oder Einbauten (Ringspalt)	Lastenanpassung über Drehzahl in weitem Bereich möglich	praktisch keine Lastanpassung möglich	geringe Möglichkeit zur Lastanpassung über Waschflüssig-keitsmenge	geringe Möglichkeit zur Lastanpassung über Waschflüssig-keitsmenge
Begrenzung der Bau-größe über Kehlenweite (max. d = 120 mm), bei größeren Weiten Probleme mit Dispergierung	Begrenzung der Bau-größe bei rot. Scheiben ($d_s \sim 500$ mm) (Kolonne ~ 1000 mm), weniger Probleme bei Desintegratoren	wegen fehlender Flüssigkeitszufuhr sehr wartungsarm	Baugrößenbeschränk. ähnlich Venturi, mehr Stufen erbringen kaum verbesserte Entstau-bung, aber bessere Absorption	effektive Entstaubung nur bei Gleichstrom-betrieb, dadurch Überschreiten der Flutgeschwindig-keiten möglich
Gasgeschwindigkeiten zwischen 50 und 150 m/s in der Kehle, dadurch hoher gas-seitiger Druckverlust	axiale Gasgeschw. bei Scheibenweite um 1 m/s, geringer Druckverlust; Desintegrator kann zum Gastransport dienen	Gasgeschwindigkeit in Wirbelzone zwischen 10 und 30 m/s. Höhere Geschw. senken Flüssigkeitsniveau im Eingangsbereich: geringere Effektivität	Energie zur Entstau-bung wird allein von Waschflüssigkeit auf-gebracht; Gasge-schwindigkeit bis zu 25 m/s	Gasgeschwindigkeit um 1 m/s
geringe Verklebungs-neigung, Gefahr von Schaumbildung	geringe Verklebungs-neigung, kaum Gefahr von Schaumbildung	geringe Verklebungs-neigung, Gefahr von Schaumbildung sehr groß	geringe Verklebungs-neigung, Gefahr von Schaumbildung	Verklebungsneigung, Gefahr von Schaumbildung sehr groß

hängigkeit vom Grenzkorndurchmesser. Man erkennt, daß bei einzelnen Naßabscheidern auch eine wesentliche Steigerung des Energieaufwands kaum zur Verbesserung der Abscheideleistung führt (Injektor, Kolonne, Wirbler). Der Wirbelwa-scher ist dabei aufgrund seiner Bauart nahezu in-variant im Hinblick auf den Gasvolumenstrom. Der Grenzkorndurchmesser bei Venturi- und Rotationswascher kann mit steigender Energie-zufuhr deutlich verkleinert werden.

Tabelle F.2-2 faßt die Eigenschaften wichtiger Naßentstauber zusammen.

F.2.2.2.3 Einsatzgebiete

Naßarbeitende Staubabscheider werden in vielen Bereichen der stoffumwandelnden Industrie eingesetzt. Schwerpunkte bilden die chemische und die Hüttenindustrie.

Gründe, die für den Einsatz von Naßentstaubern sprechen, sind vor allem:
- *Die Staubabscheidung läßt sich im selben Apparat mit einer anderen verfahrenstechnischen Aufgabe verbinden, z. B.:*
  - Gaskühlung,
  - Direkteindampfung,
  - Gasabsorption,
  - Gastransport.
- *Sicherheitstechnische Belange*
  - Der Staub ist explosibel oder leicht entzündlich,
  - Es besteht die Gefahr der Bildung explosibler oder leicht brennbarer Brenngas/Luft-Gemische.
- *Die abzuscheidenden Staubpartikeln neigen im trockenen Zustand zum Verkleben und lassen sich daher auf mechanischem Wege nicht von Apparateteilen (Niederschlagselektroden, Filterflächen) abreinigen.*

Im Vergleich zu anderen Hochleistungsentstaubern (Faserfilter, Elektrofilter) zeichnen sich Naßabscheider durch niedrigere Investitionskosten aus. Sie erfordern aber i. allg. höhere energetische Aufwendungen. Daneben können die Kosten für die Aufbereitung der Waschflüssigkeit ein erhebliches Ausmaß erreichen. Dabei gehört zur Aufbereitung der Waschflüssigkeit nicht nur die Entfernung der darin enthaltenen Feststoffpartikeln, sondern auch die Behandlung von Komponenten, die sich in der Flüssigkeit gelöst haben.

F.2.2.2.4 Tropfenabscheider

Zur Abscheidung der im Anschluß an die Naßabscheidung im Gasstrom befindlichen Waschflüssigkeitstropfen kommen prinzipiell alle bekannten Arten von Entstaubern in Frage (vgl. Bild F.2-25). Filternde Abscheider sind in ihren Einsatzmöglichkeiten aber vor allem wegen der bestehenden Verstopfungs- und Verkrustungsgefahr beschränkt. Gegebenenfalls wird man eine Waschung verkrusteter Filterelemente vornehmen.

Bei den meisten eingesetzten Tropfenabscheidern handelt es sich nicht um Hochleistungsabscheider, da einerseits die abzutrennenden Tropfen i. allg. erheblich größer als Staubpartikel und daher leichter abzutrennen sind und da andererseits durch Hochleistungsabscheider ein erheblich größerer Energiebedarf für den gesamten Gasreinigungsprozeß anfallen würde.

Am häufigsten werden Trägheitsabscheider verwendet, die aus Lamellen aufgebaut sind. Daneben kommen auch Prallblechabscheider zum Einsatz. Letztere sind allerdings weniger zur Abtrennung feinerer Tropfen geeignet.

Hinter Venturiabscheidern kommen vor allem Zyklone in Betracht. Diese erlauben aufgrund ihres geringeren Grenzkorndurchmessers eine wirksamere Abtrennung der insbesondere bei hohen Gasgeschwindigkeiten relativ kleinen Tropfen (vgl. Bild F.2-26).

Abscheider	Umlenkabscheider		Fliehkraftabscheider	Filtrationsabscheider
Bauformen	Lamellen	Prallbleche	Zyklon	Drahtgestrickpakete
Druckverlust/Pa	50 – 200	10 – 50	500 – 1500	bis 5000
minimaler Grenztropfendurchmesser/μm	5 – 10	50	1 – 5	0,1 – 1

Bild F.2-25 Übersicht über Bauformen von Tropfenabscheidern

Arbeiten über Tropfenabscheider wurden vor allem von Bürkholz [F.2.28] durchgeführt. Bild F.2-27 zeigt beispielhaft für einige Tropfenabscheider die von Bürkholz ermittelte Beziehung zwischen Grenztropfendurchmesser und gasseitigem Druckverlust.

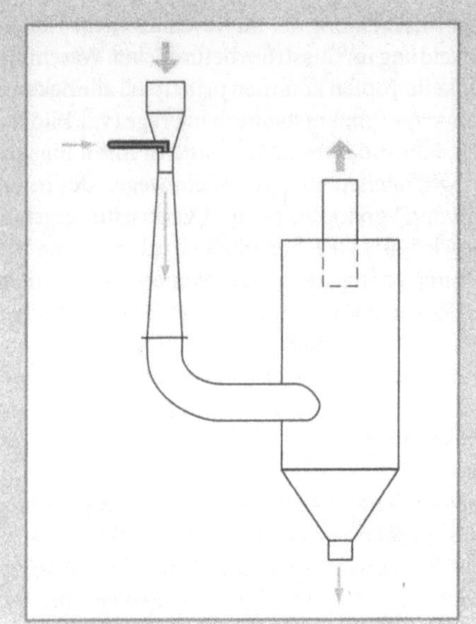

Bild F.2-26 Beispiel für eine Kombination Wascher – Tropfenabscheider (Venturiwascher mit Zyklon als Tropfenabscheider)

F.2.2.3 Filtrationsabscheider

Die Staubabscheidung wird beim filternden Abscheider durch das Passieren des staubbeladenen Gasstroms durch ein poröses Medium bewirkt. Dieses kann aus Fasern (Gewebe, Vliese, Filze), Granulaten (Sinterkerzen, Schüttschichten) oder gelochten Flächen (Lochfolien) aufgebaut sein. Durch die Ab- bzw. Einlagerung der Staubpartikeln baut sich ein Widerstand für die Gasströmung auf, der als Filterdruckverlust bezeichnet wird. Wird der abgeschiedene Staub in periodischen Abständen vom Filtermedium entfernt, spricht man von Abreinigungsfiltern, anderenfalls von Speicherfiltern [F.2.29, F.2.30, F.2.13].

F.2.2.3.1 Abscheidemechanismen

Die klassische Filtrationstheorie geht von der Partikelabscheidung am Einzelelement (Einzelfaser, Schüttschichtkorn oder Einzelpore) aus und unterscheidet die in Bild F.2-28 dargestellten Abscheidemechanismen [F.2.31, F.2.32].

Aufgrund der komplexen Zusammenhänge zwischen Gas- und Partikelbewegung sowie der sehr schwer erfaßbaren Haftbedingungen ist es bis heute nicht gelungen, die Abscheidewirksamkeit insgesamt rechnerisch zu erfassen. Ein Grund hierfür ist auch, daß bei Abreinigungsfiltern die Abscheidemechanismen am Einzelelement nur

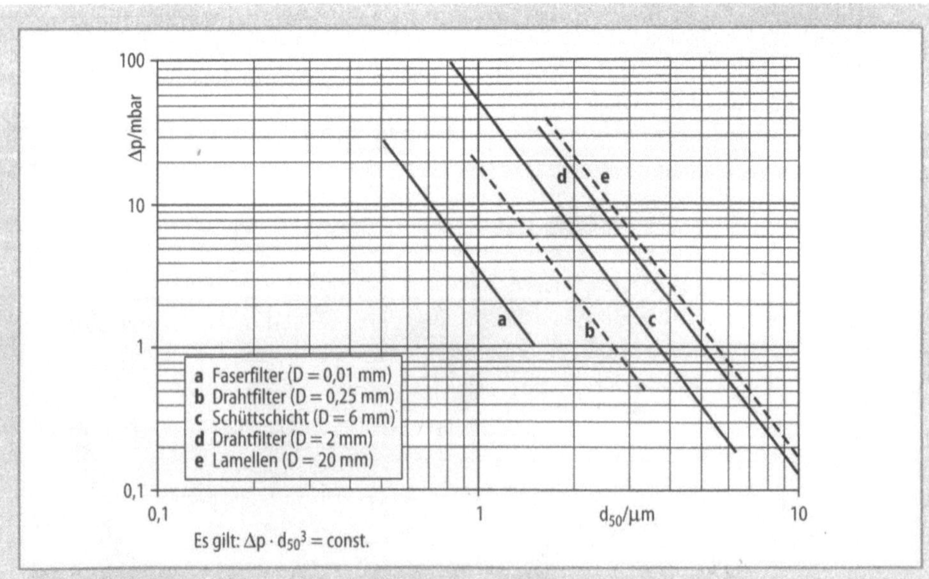

Bild F.2-27 Beziehung zwischen Druckverlust und Grenztropfendurchmesser d_{50} (nach Bürkholz)

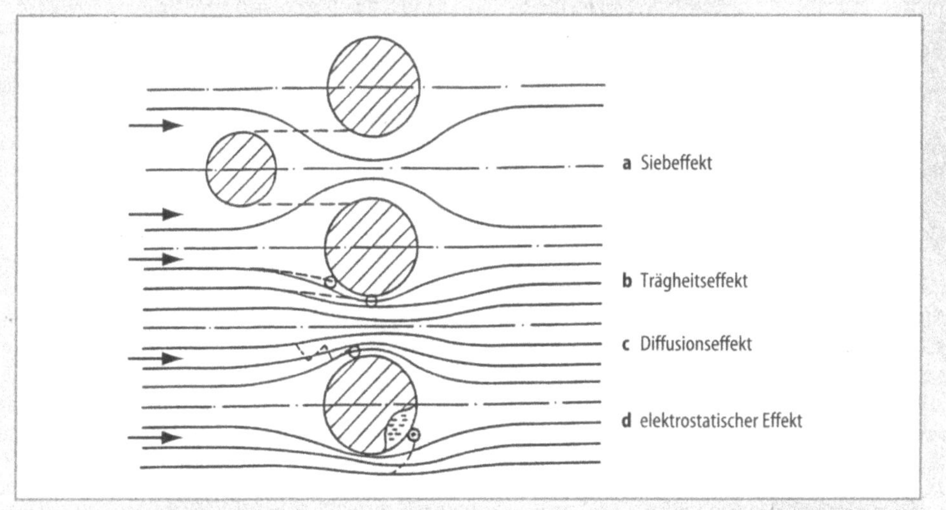

Bild F.2-28 Abscheidemechanismen an Einzelfasern

in einer relativ kurzen Filteranfangsphase wirksam sind. In dieser Phase ist, besonders bei offenporigen Filtermedien, ein gewisser Staubschlupf meßbar. Nach der Ausbildung einer geschlossenen Staubschicht auf dem Filtermedium übernimmt der Staubkuchen die eigentliche Abscheidung und das Filtermedium dient nur noch als Träger. Da die Poren im Filterkuchen stets kleiner sind als die Staubpartikeln, aus denen er aufgebaut ist, erfolgt dann eine nahezu absolute Abscheidung infolge Siebwirkung. Die mittleren Reingasstaubkonzentrationen liegen meist unter 20 mg/m³, wobei auch Werte < 5 mg/m³ leicht erreichbar sind.

F.2.2.3.2 Druckverlust

Beim Durchströmen eines porösen Mediums erfolgt ein Druckabfall, der sich bei der Staubfiltration aus mehreren Anteilen zusammensetzt (Bild F.2-29). Obwohl der Anteil des sauberen Filtermediums gegenüber den Anteilen von Staubschicht und Staubeinlagerung relativ gering ist, wird die Luftdurchlässigkeit häufig zur Auswahl des Filtermediums herangezogen. Die Luftdurchlässigkeit gibt nach DIN 53 877 den spezifischen Luftmengenstrom in l/dm² min an, der bei einer Druckdifferenz von 2 mbar durch ein textiles Flächengebilde strömt. Sie liegt für technisch übliche Filtermedien zwischen 200 und 500 l/dm² min.

Für die Beurteilung des Widerstands von Filtermedien im Filtrationsbetrieb ist besser ein

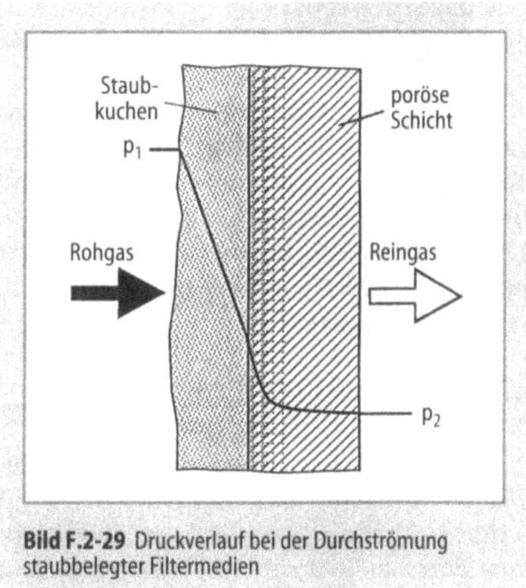

Bild F.2-29 Druckverlauf bei der Durchströmung staubbelegter Filtermedien

Exponentialansatz zu verwenden. Aus der theoretischen Betrachtung eines durchströmten Kapillarsystems läßt sich eine vereinfachte Gleichung für den Filterdruckverlust ableiten:

$$\Delta p = k \cdot \eta^m \cdot w^n \qquad \text{(F.2.28)}$$

k Strömungskonstante
η dynamische Viskosität
m Viskositätsexponent
w Anströmgeschwindigkeit
n Strömungsexponent.

Die Strömungskonstante und die Exponenten sind von der Struktur des porösen Mediums abhängig. Der Strömungsexponent liegt bei textilen Filtermedien zwischen 1,1 und 1,4. Für den Viskositätsexponenten wurden Werte zwischen 1,1 und 1,6 gemessen [F.2.33].

Der Widerstand der Staubschicht hängt vom Aufbau des Staubkuchens und von der Schichthöhe ab. Analog Gl. (F.2.28) läßt sich für den Druckverlust ansetzen:

$$\Delta p = k_s \cdot c_{Roh} \cdot w^{n_s+1} \cdot t_F \qquad \text{(F.2.29)}$$

Hierin berücksichtigt die Materialkonstante k_s die physikalische Beschaffenheit der Staubschicht und n_s den staubabhängigen Strömungsexponenten. Beide Größen hängen von der Korngrößenverteilung und der Oberflächenbeschaffenheit des Staubs sowie vom Lückengrad der Staubschicht ab. Sie müssen für den jeweiligen Einsatzfall experimentell ermittelt werden. Der Druckverlust der Staubschicht hängt weiterhin linear von der Rohgas-Staubkonzentration und der Filterzeit ab. Die Anströmgeschwindigkeit geht dagegen wegen $1 < n_s < 2$ überquadratisch ein. Der Wahl der Filterflächenbelastung ist deshalb größte Aufmerksamkeit zu schenken.

Der Druckverlust aufgrund von Staubeinlagerung ins Filtermaterial läßt sich theoretisch nicht abschätzen oder gar berechnen. Er hängt von der Filtermaterialbeschaffenheit, den Staubeigenschaften, den Haftbedingungen zwischen Staub und Filtermaterial und nicht zuletzt von der Abreinigungseffektivität ab.

F.2.2.3.3 Abreinigungseffektivität

Nach Erreichen eines vorgegebenen maximalen Druckverlustes oder in periodischen Abständen wird bei Abreinigungsfiltern der Filterkuchen vom Filtermaterial entfernt. Dies erfolgt heute fast ausschl. pneumatisch mittels Druckluftstoß (Pulse Jet) oder Rückspülung (Reverse Air). Die mechanische Abreinigung mittels Klopfung oder Vibration wird nur noch in kleineren Filtereinheiten angewandt.

Bei der Abreinigung unterscheidet man grundsätzlich zwischen der On-Line-Abreinigung (während des Filterbetriebs) und der Off-Line-Abreinigung (bei abgeschaltetem Filtervolumenstrom). Voraussetzung für die apparatetechnisch einfachere und kostengünstigere On-Line-Abreinigung ist, daß die vom Filtermaterial abgeblasenen Staubpartikeln ausreichend aneinander haften, so daß sie in größeren Agglomeraten in den Staubbunker sedimentieren können.

Dies ist besonders bei erhöhten Gastempera-turen nicht immer gegeben, da hier die Agglomerationsneigung der Stäube eingeschränkt wird. Der abgeschiedene Staub wird dann zwar bei der Abreinigung kurzzeitig vom Filtermaterial entfernt, anschließend jedoch von der sofort wieder einsetzenden Filterströmung zur Filteroberfläche zurücktransportiert. Dies führt, wenn auch manchmal erst nach längeren Betriebszeiten, zu einer Quasiverstopfung des Filters.

Eine andere Gefahr für die Abreinigung besteht in der Unterschreitung der Taupunktstemperatur, die bei Anwesenheit von SO_3 im Rauchgas bis zu 180 °C betragen kann. Bei Unterschreitung des Taupunkts kondensiert Feuchtigkeit aus, die neben einem chemischen Angriff auf das Filtermaterial zu einer Verklebung und Verkrustung des Filterkuchens führt.

F.2.2.3.4 Auslegung und Dimensionierung

Bei der Auslegung von Filtrationsabscheidern ist man bis heute auf Erfahrungswerte bestehender Anlagen oder auf Ergebnisse experimenteller Voruntersuchungen angewiesen. Der Grund hierfür sind die äußerst komplexen Zusammenhänge zwischen dem Filtermedium und den Staub- und Gaseigenschaften, die theoretisch nur unter stark vereinfachenden Annahmen zu erfassen sind. Die entscheidenden Betriebsgrößen für die Auslegung sind:

- spez. Filterflächen-
  belastung m^3/m^2 h oder
      m^3/m^2 min
- bzw. Filteranström-
  geschwindigkeit   cm/s
- Druckverlust am
  Filtermedium   Pa oder mbar
- Abscheidegrad   %
- bzw. Reingasstaubgehalt mg/m^3 i. N.

F.2.2.3.5 Wahl der Filterflächenbelastung

Die Wahl der Filterflächenbelastung und damit die Dimensionierung des Abscheiders erfolgt mit Hilfe von Grundwerten, Kennwerten und Faktoren, die für eine Vielzahl unterschiedlicher Systeme und Anwendungsfälle der Literatur zu entnehmen sind [F.2.34-F.2.36]. Beispielsweise zeigt Bild F.2-30 die Vorgehensweise bei der Berechnung der effektiven Filterflächenbelastung nach Flatt [F.2.36].

Für den Grundwert A werden in einer Grundwerttabelle für verschiedene Staubarten und Anwendungsgebiete Werte mit einer Bandbreite von bis zu 40 % angegeben. Dieser Grundwert ist dann mit einem Systemkennwert, der die Abreinigungsmethodik berücksichtigt, sowie 7 Einflußfaktoren zu multiplizieren. Richtwerte für diese Faktoren werden ebenfalls in tabellarischer Form oder in Diagrammen angegeben. Technisch übliche Werte für die Filterflächenbelastung liegen zwischen 30 und 150 m³/m² h.

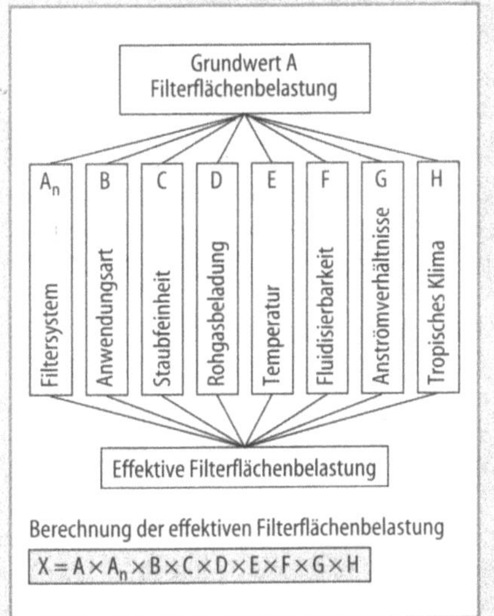

Bild F.2-30 Berechnung der Filterflächenbelastung (aus [F.2.36])

F.2.2.3.6 Bauarten

Filternde Abscheider werden in einer Vielzahl unterschiedlicher Bauarten hergestellt. Die gebräuchlichsten Bauarten sind Schlauch- und Taschenfilter in Rund- und Reihenbauweise (Bild F.2-31). Dabei wird je nach Abreinigungsverfahren zwischen Druckstoß-, Rückspül- und Klopffilter unterschieden. Für kleinere Gasvolumenströme werden auch Kerzen- und Patronen- und Schüttschichtfilter eingesetzt. Für sehr große Gasmengen, beispielsweise im Kraftwerksbereich, werden sogenannte „Bag-Houses" gebaut [F.2.37].

F.2.2.3.7 Wahl des Filtermaterials

Bei der Wahl des Filtermaterials sind folgende Kriterien zu beachten:
— mechanische Eigenschaften (Reißfestigkeit, Berstdruck, Formbeständigkeit)
— Filtrationseigenschaften (Struktur, Stärke und Dichte des Filtermediums, Faserstruktur)
— thermische Beständigkeit (Brennbarkeit, Erweichung, Zersetzung)
— chemische Resistenz (Säuren, Laugen, Feuchtigkeit)

Bei vielen Einsatzfällen spielt die Temperaturbeständigkeit die entscheidende Rolle bei der

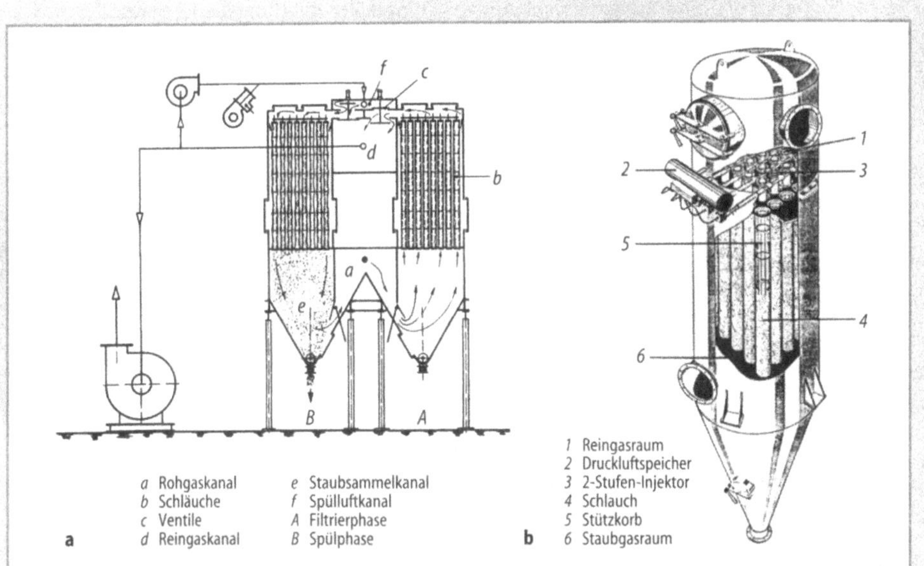

Bild F.2-31 Bauarten filternder Abscheider (aus [F.2.35]) **a** Reihenfilter mit Rückspülabreinigung, **b** Rundfilter mit Druckstoßabreinigung

Filtermaterialauswahl. Es lassen sich drei Temperaturbereiche unterscheiden:
- Niedertemperaturbereich   20 - 140 °C,
- Heißgasbereich   140 - 500 °C,
- Hochtemperaturbereich   500 - 1250 °C.

Für den Niedertemperaturbereich stehen heute eine Vielzahl von Filtermaterialien, meist aus Kunststofffasern hergestellt, zur Verfügung, die kostengünstig sind und hohe Standzeiten aufweisen. Man ist deshalb bestrebt, die Filtertemperatur unter 140 °C abzusenken. Dies ist jedoch oft nicht möglich, da es dann zu Kondensationen und dadurch bedingte Korrosionen in nachgeschalteten Anlagenkomponenten kommen kann. Des weiteren besteht bei thermischen Prozessen stets die Gefahr kurzfristiger Temperaturerhöhungen, die schnell zur Zerstörung der Niedertemperatur-Materialien führen können. In solchen Fällen sollten auch bei Betriebstemperaturen unterhalb 140 °C Filtermaterialien eingesetzt werden, die kurzzeitige Temperaturspitzen bis 300 °C sicher überstehen. Für solche Temperaturen werden z. Z. die in Tabelle F.2-3 aufgeführten Materialien in größerem Umfang eingesetzt [F.2.38].

Eine Neuentwicklung stellen die Lochfolien dar, deren prinzipielle Eignung für die Rauchgasentstaubung in langjährigen Pilotversuchen nachgewiesen wurde [F.2.39, F.2.40]. Bei diesem Filtermedium handelt es sich um feingelochte Nickelfolien mit einer Wandstärke zwischen 0,05 und 0,2 mm und Lochgrößen < 0,1 mm. Aufgrund ihrer gleichmäßigen Struktur, ihrer sehr glatten Oberfläche sowie der hohen Porosität zeichnen sich diese Folien durch niedrige Druckverluste und gute Abreinigbarkeit aus.

Tabelle F.2-3 Filtermaterialien für die Heißgasfiltration

Material	Einsatztemperatur	
	Dauer	Spitze
Polyphensulfid (PPS, Ryton)	180	230
Aramid (Nomex)	200	240
Glas (silikonisiert)	250	300
Polytetrafluoräthylen	250	280
Teflon/Glas (Tefaire)	250	280
Polyimid (P 84)	260	300
Nickellochfolien (Veco)	350	400
Edelstahlfasern (Bekipor)	500	550

Für Filtertemperaturen bis 1250 °C stehen heute eine Reihe keramischer Filterelementen zur Verfügung, die teilweise schon mehrjährig industriell im Einsatz sind [F.2.41, F.2.42]. Es handelt sich hierbei im wesentlichen um keramische Faserelemente und um Sinterkeramikkerzen, die sich im wesentlichen durch ihre Festigkeit, ihr Eigengewicht und ihren Druckverlust unterscheiden. Erste Anlagen zur Hochtemperaturfiltration sind bereits im Einsatz.

F.2.2.4 Elektrische Abscheider

Elektrische Abscheider, auch Elektrofilter oder Elektroentstauber genannt, werden zur Abtrennung fester und auch flüssiger Teilchen aus Gasen eingesetzt.

F.2.2.4.1 Allgemeiner Aufbau

In der einfachsten Ausführung besteht ein Elektrofilter aus einem vertikalen zylindrischen Rohr, in dem axial ein dünner Draht elektrisch isoliert aufgespannt ist (Bild F.2-32). Legt man zwischen Draht und Rohr eine gleichgerichtete Hochspannung an und leitet durch das Rohr einen mit Staubteilchen beladenen Gasstrom, so ist das Gas am Ausgang weitgehend von den Teilchen befreit. Letztere werden vorzugsweise an der Innenseite des Rohrs und zum geringen Teil am Draht niedergeschlagen. Prinzipiell spielt es keine Rolle, in welcher Richtung das Rohr durchströmt wird. Für den Dauerbetrieb werden Draht und Rohrinnenwand durch Klopfimpulse in bestimmten Abständen abgereinigt. Bei korrekter Auslegung fällt der niedergeschlagene agglomerierte Staub in den darunter befindlichen Bunker.

Die Gasgeschwindigkeit in einem Elektrofilter liegt größenordnungsmäßig bei 1 m/s, das Niederschlagsrohr weist einen Durchmesser von etwa 200 – 400 mm auf. Müssen größere Gasvolumenströme entstaubt werden, kann man mehrere Filterelemente zu parallelen Rohrbündeln zusammenfassen und diese gemeinsam elektrisch versorgen. Dabei wird, um Material und Raum zu sparen, häufig eine hexagonale Wabenstruktur benutzt.

Der typische industrielle Einsatz von Elektrofiltern liegt bei der Entstaubung großer Volumenströme. In der Regel verwendet man dabei die Bauart des Platten- oder Gassenfilters. Die Funktion der rohrförmigen Niederschlagselektroden wird durch Niederschlagsplatten übernommen, die parallel zueinander angeordnet sind

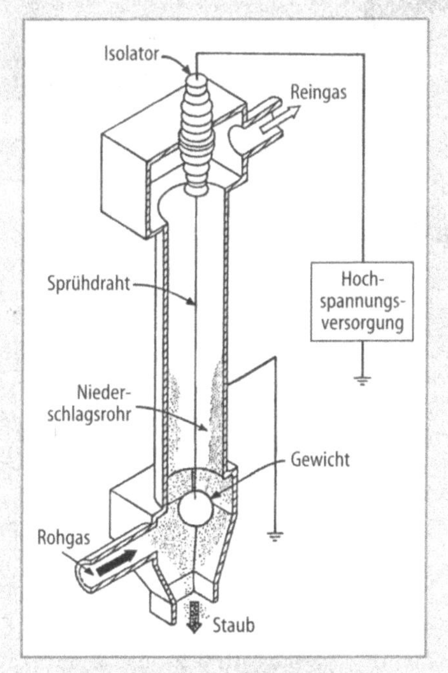

Bild F.2-32 Prinzipieller Aufbau eines Röhrenelektrofilters (nach A.W. Bright [F.2.43])

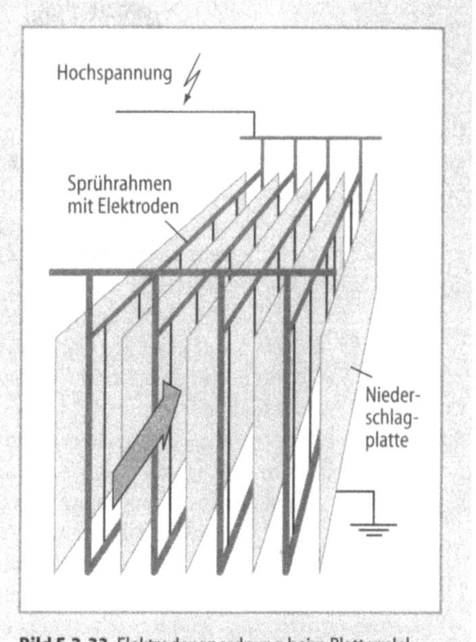

Bild F.2-33 Elektrodenanordnung beim Plattenelektrofilter

und zahlreiche Gassen bilden (Bild F.2-33). Entlang einer Gasse sind jeweils mittig mehrere Drähte oder andere drahtartige Gebilde gespannt, die man insgesamt als Sprühelektroden bezeichnet. Das Gas durchströmt die Anordnung i.d.R. horizontal. Die vertikale Durchströmung ist vergleichsweise selten.

Die Abreinigung der Staubniederschläge an den Sprüh- und Niederschlagselektroden erfolgt zumeist trocken, in besonderen Einsatzfällen hingegen naß. Im ersten Fall schlagen Klopfhämmer in periodischen Zeitintervallen gegen die Befestigungsvorrichtungen der Niederschlagselektroden bzw. gegen die Einspannvorrichtungen der Sprühelektroden. Der Klopfimpuls setzt sich bis zu den eigentlichen Elektroden fort, wodurch der dort niedergeschlagene Staub abplatzt und sich in einzelne Agglomerate aufteilt. Diese fallen in die an der Unterseite des Filters befindlichen Staubsammelbunker. Bei der Naßabreinigung werden die Elektroden mit einer Waschflüssigkeit bedüst, die den Staub mit sich in die Bunker nimmt. Im Spezialfall der Abscheidung von Flüssigaerosolen kann auf eine Bedüsung u.U. verzichtet werden.

Durch Verlängern eines Filters unter Beibehaltung des Querschnitts läßt sich die Abscheidung prinzipiell bis zu jedem gewünschten Grad erhöhen. In der Praxis sieht das bei Hochleistungsfiltern so aus, daß der Gesamtfilter aus mehreren hintereinander angeordneten Einzelfiltern oder sog. Feldern besteht, die in einem gemeinsamen Gehäuse untergebracht sind. Zu den verschiedenen Vorteilen gehört, daß die Klopfung mit der weitgehend erforderlichen Abreinigung der Elektroden handhabbar bleibt. Außerdem können in den einzelnen Feldern die jeweiligen Staub-Gas-Bedingungen durch beispielsweise speziell angepaßte Sprühelektroden und Klopfintervalle und durch eine eigene Spannungsversorgung besser berücksichtigt werden.

Ein wichtiger Faktor für die ordnungsgemäße Funktion eines Elektrofilters ist die Durchströmung der Gassen, die möglichst gleichmäßig erfolgen sollte. Bypass-Strömungen oberhalb und unterhalb der Gassen müssen unbedingt vermieden werden. Die gleichmäßige Anströmung der Gassen wird durch geeignete Einbauten in der Eingangshaube erreicht. Dazu gehören Lochvorhänge sowie Umlenk- und Leitbleche, die u.U. individuell auszuführen sind. Die Bypass-Strömungen verhindert man durch Abschottungen im Decken- und Bunkerbereich. Besondere Maßnahmen im Bereich der Ausgangshaube werden nur in Einzelfällen vorgenommen.

Wird an einem Elektrofilter bei Null beginnend die Spannung U sukzessive erhöht, so fließt wegen der isolierenden Wirkung des Gases zwischen Sprüh- und Niederschlagselektroden zunächst kein Strom. Dies ändert sich ab der sog. Koronaeinsatzspannung U_0. Oberhalb davon wird das Gas leitfähig. Es fließt ein stetiger Koronastrom I, der mit weiterer Erhöhung der Spannung überproportional stärker wird. Schließlich erfolgt zwischen den Elektroden ein elektrischer Durchbruch oder Überschlag, der einem Kurzschluß ähnlich ist. Ein Elektrofilter funktioniert nur mit einem Koronastrom und wird i.d.R. mit Spannungen dicht unterhalb des Überschlags betrieben. Der Koronastrom wird oft bzgl. der Niederschlagsfläche angegeben, d.h. als spezifischer Filterstrom. Größenordnungsmäßig macht dieser bis zu 0,5 mA/m² aus. Bild F.2-34 zeigt die typische Strom-Spannungs-Charakteristik. Der Kurvenverlauf oberhalb der Koronaeinsatzspannung bis zur Überschlagsspannung kann näherungsweise durch $I \sim U(U\text{-}U_0)$ beschrieben werden.

Die Ursache dafür, daß dem Überschlag ein Koronastrom vorausgeht, liegt in der starken Asymmetrie zwischen Sprüh- und Niederschlagselektrode. Die von der Niederschlagselektrode ausgehenden elektrischen Feldlinien laufen alle zur Sprühelektrode, in deren unmittelbarer Umgebung sie aufgrund des vergleichsweise geringen Krümmungsradius entsprechend dicht gedrängt sind. Dies entspricht einer hohen Feldstärke. Unter diesen Bedingungen läuft in der nächsten Umgebung der Sprühelektrode ein sog. Koronapro-

zeß ab, der sich bei negativ gepolter Sprühelektrode wie folgt beschreiben läßt:

- Durch Höhenstrahlung, Radioaktivität oder thermische Prozesse werden ständig einzelne Elektronen freigesetzt.
- Im elektrischen Feld erfährt jedes freie Elektron eine der Feldstärke entsprechende Beschleunigung.
- In unmittelbarer Sprühelektrodennähe ist das Feld so stark, daß das beschleunigte Elektron beim Aufprall auf ein Gasmolekül aus diesem ein Elektron herausschlagen kann.
- Die nun insgesamt 2 freien Elektronen werden wieder beschleunigt. Die Freisetzung von weiteren Elektroden wiederholt sich. Die Zahl der freien Elektronen nimmt lawinenartig zu.
- Mit jeder Beschleunigung entfernen sich die Elektronen von der Sprühelektrode. Mit dem Abstand wird das Feld immer schwächer, bis schließlich die Stoßenergie der Elektronen für die Ionisierung nicht mehr ausreicht.
- Jenseits dieser Koronagrenze lagern sich die Elektronen an elektronegative Gasmoleküle wie z.B. CO_2, H_2O, O_2 oder SO_2 an.
- Die durch Elektronenanlagerung gebildeten negativen Gasionen werden durch das elektrische Feld zur Niederschlagselekrode bewegt. Dort geben sie ihre Ladung ab.
- Der einmal mit einem freien Elektron gestartete Prozeß wird dadurch aufrechterhalten, daß die positiven Gasmoleküle, die durch das Herausschlagen der Elektronen entstehen, zur Sprühelektrode beschleunigt werden. Beim Aufprall können Elektronen aus der Elektrodenoberfläche freigesetzt werden. Unterstützt wird diese Elektronenemission durch das Auftreffen von γ-Quanten, die sich in Folge von Rekombinationsvorgängen bilden.
- Wenn ausgehend von 1 freien Elektron nur 2 weitere von der Sprühelektrode emittiert werden, müßte die Zahl der freien Elektronen grenzenlos wachsen. Dies wird durch die zunehmenden negativen Ladungen zwischen den Elektroden verhindert, die jeweils ein eigenes elektrisches Feld besitzen. Durch Überlagerung mit dem Hauptfeld kommt es im Bereich der Sprühelektrode zur Feldabschwächung, wodurch die Elektronenzunahme schließlich gestoppt wird. Es fließt ein gleichmäßiger Strom zwischen Sprüh- und Niederschlagselektrode (stabile Koronaentladung).

Die Einflüsse auf die Strom-Spannungs-Charakteristik sind zahlreich und komplex. Ein Pa-

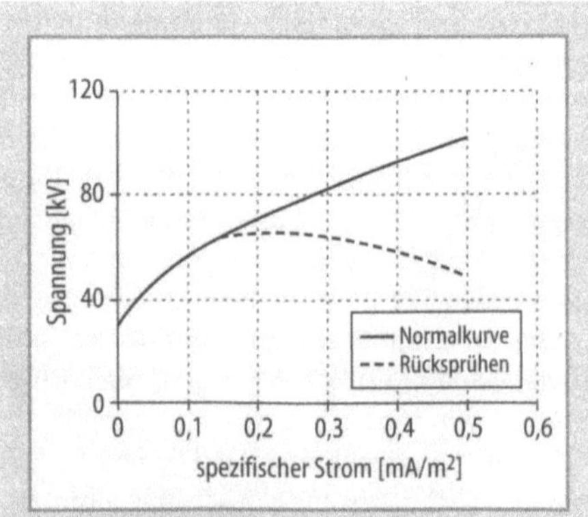

Bild F.2-34 Typische Strom-Spannungs-Charakteristiken

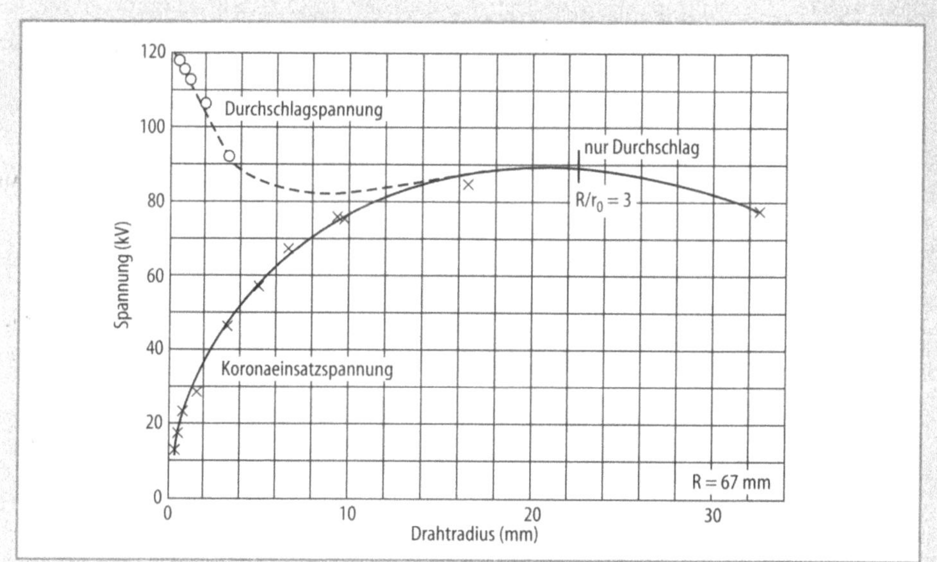

Bild F.2-35 Einfluß des Drahtradius auf Koronaeinsatz- und Überschlags-Spannung (nach F.W. Peek [F.2.44])

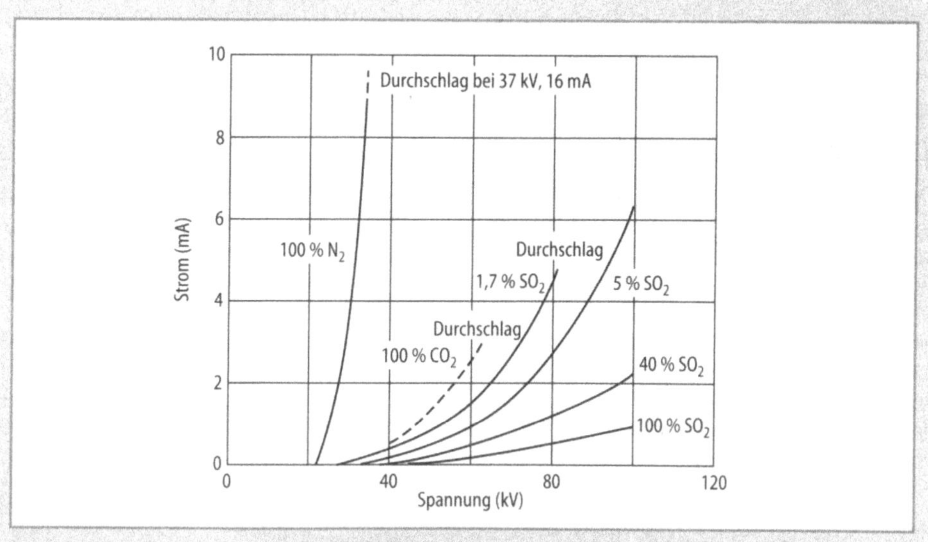

Bild F.2-36 Einfluß der Gaszusammensetzung auf die elektrische Charakteristik (nach H.J. White [F.2.46])

rameter ist die Elektrodengeometrie. Bild F.2-35 zeigt dies am Beispiel eines Röhrenfilters. Das Verhältnis Rohr-/Drahtradius darf einen bestimmten Betrag (theoretisch = e) nicht überschreiten, da sonst der Überschlag unmittelbar erfolgt. Mit kleiner werdendem Drahtradius wird die Koronaeinsatzspannung abgesenkt.

Von Bedeutung ist auch der Einfluß der Gassenbreite auf den Arbeitsbereich, das ist das Intervall zwischen Koronaeinsatz- und Überschlagsspannung. Mit größerer Breite erhöht sich die Überschlagsspannung nahezu proportional [F.2.45].

Von erheblichem Einfluß auf das Strom-Spannungsverhalten sind auch die Gasdaten wie Druck, Temperatur und die Gaszusammensetzung. Bild F.2-36 zeigt, wie mit den stark elektronegativen SO_2-Molekülen der Strom verringert wird. Liegt ein Gas vor, das keine Elektronen anzulagern vermag, wie etwa N_2, so ist eigentlich keine stabile Koronaentladung möglich. Allerdings reichen schon Spuren anderer Gase, wie beispielsweise H_2O, aus, wieder ein Intervall zwischen Koronaeinsatz- und Überschlagsspannung zu schaffen.

Zum Einfluß von Temperatur und Druck läßt sich allgemein sagen, daß mit zunehmender Temperatur sowohl Koronaeinsatz als auch Überschlagsspannung abgesenkt werden. Zunehmender Gasdruck wirkt tendenziell entgegengesetzt [F.2.47].

F.2.2.4.3 Teilchenaufladung und Abscheidung

Der Koronastrom hat den Zweck, über die erzeugten Gasionen elektrische Ladungen bereitzustellen, die auf die abzuscheidenden Staubteilchen übertragen werden. Dazu gibt es 2 Mechanismen, die sich in gewisser Weise ergänzen.

1) Feldaufladung
Befindet sich ein Staubteilchen zwischen den Elektroden, so treffen einige elektrische Feldlinien die Teilchenoberfläche und treten auf der anderen Seite wieder aus. Da die Bewegung der Gasionen entlang der Feldlinien verläuft, wird das Staubteilchen demzufolge mit den Ionen quasi bombardiert. Beim Auftreffen geben sie ihre Ladung an das Teilchen ab, das dadurch zunehmend aufgeladen wird. Eine Grenze ist erreicht, wenn das zunehmende eigene elektrische Feld des Teilchens das Hauptfeld im Bereich der Ionenauftreffseite gerade kompensiert. Dann gehen keine Feldlinien mehr in das Teilchen hinein. Die Grenzladung Q_E eines kugelförmigen Teilchens mit der Dielektrizitätszahl ε_r seines Materials berechnet sich nach der Formel [F.2.48]

$$Q_E = 12\pi \frac{\varepsilon_r \varepsilon_0}{\varepsilon_r + 2} E\, r^2$$

E lokale Feldstärke
ε_0 elektrische Feldkonstante
r Kugelradius.

Im Elektrofilter wird diese Grenzladung praktisch spontan erreicht.

2) Diffusionsaufladung
Wie alle Gasmoleküle unterliegen auch die Ionen einer zufallsartigen thermischen Bewegung (Diffusion), die der Bewegung entlang der Feldlinien überlagert ist. Die Staubteilchen werden dadurch zusätzlich bombardiert und aufgeladen. Bei ausschließlicher Diffusionsaufladung erhalten sie in der Zeit t die Ladung [F.2.49]

$$Q_D = 4\pi\varepsilon_0\, Q_E^{-1}\, r\, k\, T \cdot \ln\left(1 + \frac{r\,\bar{v}\,N_0\,Q_E^2}{4\,\varepsilon_0\,k\,T}\,t\right)$$

k Boltzmann-Konstante
T Temperatur,
$\bar{v}$ Quadratmittel der Ionengeschwindigkeit
N_0 Ionenkonzentration
Q_E Elementarladung

Der Formel nach ist die Aufladung unbegrenzt, denn die thermische Energie einiger Ionen ist immer wieder groß genug, um gegen das Feld des geladenen Teilchens bis zur Oberfläche durchzukommen und die Teilchenladung weiter zu erhöhen. Eine Begrenzung der Aufladung erfolgt theoretisch durch die Feldemission von Elektronen und den glühelektrischen Effekt, praktisch aber durch die eingeschränkte Verweilzeit im Filter.

Feldaufladung und Diffusionsaufladung erfolgen simultan. Bei den im Elektrofilter üblichen Feldstärken kann man aber davon ausgehen, daß bei Teilchendurchmessern > 1 µm die Feldaufladung dominiert. Bei Teilchen < 1 µm ist es die Diffusionsaufladung. Im Zwischenbereich tragen beide Mechanismen effektiv zur Aufladung bei.

Jedes geladene Staubteilchen erfährt im elektrischen Feld eine Kraft, die gleich dem Produkt aus Ladung Q und Feldstärke E ist. Die Teilchen werden dadurch zur Niederschlagselektrode beschleunigt, bis ein Gleichgewicht mit dem Strömungswiderstand erreicht ist. Dies tritt praktisch sofort ein. Mit dem Widerstandsgesetz nach Stokes und der Cunningham-Korrektur gilt:

$$QE = 3\pi\mu\, d_p\, w\left(1 + A\frac{\lambda}{d_p}\right)^{-1}$$

μ Gasviskosität
d_P Teilchendurchmesser
w Gleichgewichtsgeschwindigkeit
A Cunningham-Zahl ($1{,}4 \leq A \leq 1{,}8$)
λ mittlere freie Weglänge der Gasmoleküle

Setzt man in die obigen Gleichung die Sättigungsladung der Feldaufladung ein, so erhält man für größere Teilchen unter Fortfall der Cunningham-Korrektur die „Wanderungsgeschwindigkeit" w:

$$w = \frac{\varepsilon_r \varepsilon_0}{\varepsilon_r + 2} E_Q\, E\, \frac{d_p}{\mu}$$

E_Q ist hier die Feldstärke, die zur Aufladung des Teilchens führte. Der Gleichung zufolge werden Teilchen > 1 μm um so schneller zur Niederschlagselektrode bewegt, je größer sie sind. Die Praxis bestätigt dies im wesentlichen.

Für Teilchen < 1 μm, die praktisch der Diffusionsaufladung unterliegen, erhält man

$$w = 2\frac{\varepsilon_0}{Q_E} E \frac{kT}{3\mu}\left(1+A\frac{\lambda}{d_P}\right)\cdot\ln\left(1+\frac{d_P\, v\, N_0\, Q_E^2}{8\varepsilon_0\, kT}t\right)$$

Hier gilt, daß die Teilchen um so schneller zur Niederschlagselektrode driften, je kleiner sie sind. Zusammenfassend kann man sagen, daß für die Teilchengeschwindigkeit zur Niederschlagselektrode im Teilchenbereich zwischen 0,1 und 1 μm ein Minimum existiert. Dies wird experimentell weitgehend bestätigt.

Die beiden Gleichungen zeigen aber außerdem, wie wichtig für eine hohe Wanderungsgeschwindigkeit die Stärke des elektrischen Felds ist. Ein Elektrofilter wird daher i. d. R. mit der maximal möglichen Spannung betrieben.

Die Teilchenaufladung läßt sich in analoger Weise zur vorherigen Beschreibung auch mit positiv gepolter Sprühelektrode bewerkstelligen. Die Teilchen werden dann positiv geladen, die Wanderungsgeschwindigkeit errechnet sich jedoch wie zuvor. Vorteilhaft ist in der industriellen Anwendung aber die negative Korona, da hierbei die Überschlagsspannung deutlich höher ist. Die positive Koronaentladung erzeugt hingegen praktisch kein Ozon. Sie wird deshalb vorzugsweise in der Klimatechnik verwendet.

Ausgehend von einer Wanderungsgeschwindigkeit w zur Niederschlagselektrode, die sich beim Eintritt der Staubteilchen in das Filter praktisch spontan einstellt, entwickelte W. Deutsch [F.2.50] unter weiteren vereinfachenden Annahmen wie
- das Gas strömt gleichmäßig durch den Filter,
- in jedem Querschnitt sind die Teilchen infolge einer erheblichen Turbulenz homogen verteilt,
- zur Niederschlagselektrode gelangende Teilchen bleiben haften,

eine Abscheidegleichung, die heute nach ihm benannt wird:

$$c_{\text{rein}} = c_{\text{roh}}\cdot e^{-w\frac{A}{\dot{V}}}$$

c_{rein}, c_{roh} Staubkonzentration im Rein- bzw. Rohgas
A Abscheidefläche
$\dot{V}$ Gasvolumenstrom

Für ein Plattenelektrofilter der Gassenlänge L und Gassenbreite b, das mit der Gasgeschwindigkeit v durchströmt wird, erhält man explizit

$$c_{\text{rein}} = c_{\text{roh}}\cdot e^{-w\frac{2L}{vb}}$$

Infolge der insgesamt doch wesentlich komplexeren Vorgänge gibt es teilweise erhebliche Unterschiede zwischen den mit der Deutsch-Gleichung berechneten und den gemessenen Reingaswerten. Man geht deshalb heute den quasi umgekehrten Weg und berechnet aus den Meßwerten mittels der Deutsch-Gleichung eine effektive Wanderungsgeschwindigkeit, die dann eine verfahrenstechnische Kenngröße darstellt. Sie beschreibt in anschaulicher Weise die Abscheidequalität eines Elektrofilters.

Der Deutsch-Gleichung zufolge wird bereits am Filteranfang der meiste Staub ausgeschieden. Die in Bild F.2-37 dargestellten Messungen verdeutlichen dies.

Bei längeren Filtern stimmt der exponentielle Zusammenhang nicht mehr so gut. Dies liegt z. T. daran, daß vom meist polydispersen Staub bevorzugt die größeren Teilchen niedergeschlagen werden. Nach deren Entfernung verbleiben dem Filterende vorzugsweise die schwerer abscheidbaren Teilchen, d. h. die Filterwirksamkeit läßt dort nach. Dies und der Effekt, daß auch mit kleiner werdender Gasgeschwindigkeit die Wanderungsgeschwindigkeit zurückgeht (Bild F.2-

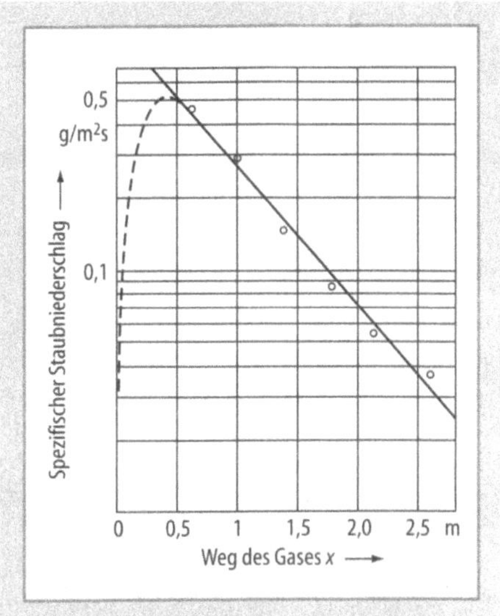

Bild F.2-37 Spezifischer Staubniederschlag als Funktion des Gaswegs (nach W. König [F.2.51])

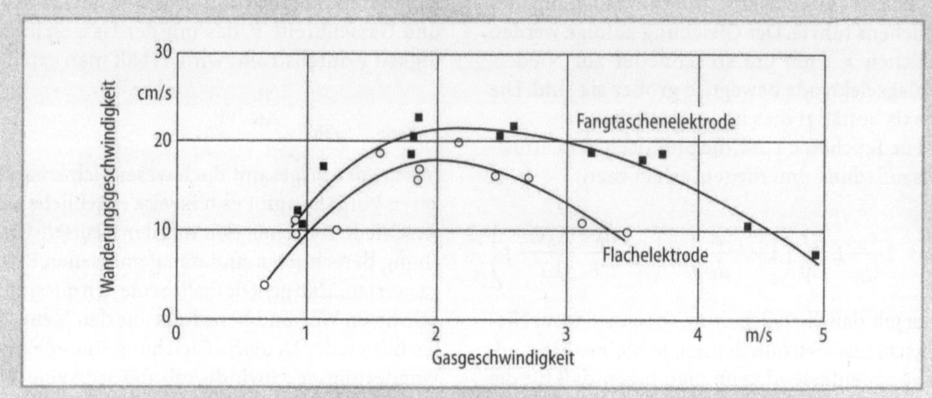

Bild F.2-38 Einfluß der Gasgeschwindigkeit auf die Wanderungsgeschwindigkeit (nach J. Dalmon, H.J. Lowe [F.2.52])

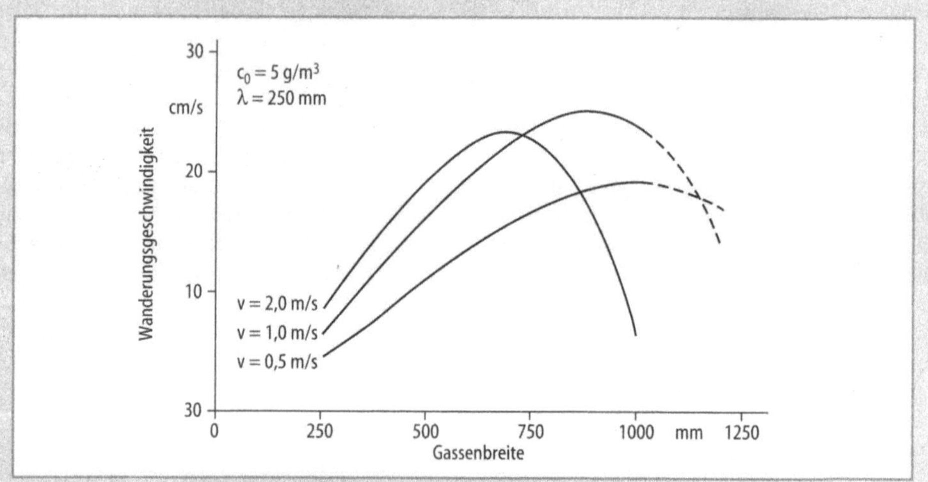

Bild F.2-39 Einfluß der Gassenbreite auf die Wanderungsgeschwindigkeit (nach E. Weber, H. Wiggers [F.2.54])

38) wird in einer Abscheidegleichung nach Matts und Öhnfeld berücksichtigt [F.2.53]:

$$c_{\text{rein}} = c_{\text{roh}} \cdot e^{-\left(w_k \frac{A}{V}\right)^k}$$

Unter Einführung eines Exponenten k, der je nach Anwendungsfall etwa zwischen 0,4 und 0,8 liegt, wird eine verfahrenstechnische Kenngrösse, der w_k-Wert, definiert. Die Matts-Öhnfeldt-Gleichung ermöglicht es, Änderungen hinsichtlich Filterlänge und Gasgeschwindigkeit auf vergleichsweise einfache Art abzuschätzen.

Die Zunahme der effektiven Wanderungsgeschwindigkeit mit größer werdender Gassenbreite (Bild F.2-39) ist ein Effekt, dessen Ursachen noch nicht völlig geklärt sind. Die experimentellen Tatsachen haben aber dazu geführt,

daß man die Gassenbreite auf mittlerweile typische 400 mm heraufgesetzt hat. Diese Entwicklung ist möglicherweise noch nicht abgeschlossen.

F.2.2.4.4 Problembereiche

Sobald sich auf den Niederschlagselektroden ein Staubniederschlag aufgebaut hat, müssen die elektrischen Ladungen, die mit den weiteren sich niederschlagenden Teilchen herangeführt werden, die Staubschicht durchdringen. Die Staubschicht hat einen elektrischen Widerstand. Es entsteht nach dem Ohmschen Gesetz ein Spannungsabfall und damit verbunden ein elektrisches Feld in der Schicht. Dieses Feld ist um so stärker, je höher der spezifische Widerstand des

Staubniederschlags ist. Ist der Widerstand zu groß, wird die Durchbruchsfeldstärke im Schichtinnern erreicht. Es kommt zu lokalen elektrischen Überschlägen. Dadurch wird zuvor niedergeschlagener Staub wieder in die Gasse geschleudert. Dieser Vorgang, der Rücksprühen genannt wird, kann die Abscheidewirksamkeit erheblich vermindern. Elektrisch macht er sich dadurch bemerkbar, daß bei allmählicher Stromerhöhung die Spannung plötzlich zurückgeht (Bild F.2-34).

Als kritisch werden spezifische Staubwiderstände $> 10^{11}$ Ω cm angesehen. Will man Rücksprühen vermeiden, kann man prinzipiell zwei verschiedene Wege gehen. Zum einen wird durch verfahrenstechnische Maßnahmen für eine Absenkung des Widerstands gesorgt. Zum anderen werden hochspannungstechnische Maßnahmen zur Absenkung des Filterstroms vorgenommen. Der spezifische Widerstand einer Staubschicht beruht auf 2 Stromleitungsmechanismen. Bei Temperaturen $< 100\,°C$ sind Teilchenoberflächen und Zwischenräume mehr oder minder mit Wassermolekülen bedeckt bzw. ausgefüllt. Der Strom kann durch die Feuchtigkeitsschichten relativ gut fließen, d.h. der Widerstand ist vergleichsweise gering. Mit steigender Temperatur wird die Feuchtigkeit ausgetrieben. Der Widerstand nimmt zu, und zwar so lange, bis der Strom fast ausschl. durch das Teilchenmaterial geht. Hier greift dann die für Festkörper meist gültige Regel, daß mit zunehmender Temperatur der Widerstand sinkt. Wie an Hand von Bild F.2-40 zu sehen ist, läßt sich aufgrund dieser Gegebenheiten der Staubwiderstand prinzipiell durch eine geeignete Änderung der Temperatur und/oder durch eine Konditionierung des Gases mit Wasserdampf absenken.

Oft ist es im Rahmen eines Prozesses nicht möglich, Temperatur oder Feuchte in der gewünschten Weise abzuändern. Dann läßt sich u.U. der Gasstrom durch Zugabe einer anderen Gaskomponente konditionieren. Das Konditionierungsmittel muß die Eigenschaft haben, an der Stauboberfläche zu adsorbieren bzw. von der dortigen Feuchteschicht absorbiert zu werden und dabei die elektrische Leitfähigkeit zu erhöhen. Ein Beispiel ist die Konditionierung von Rauchgasen aus schwefelarmen Kohlen mit Hilfe von SO_3. Schon Spuren von lediglich $20-30$ ppm können ausreichen, den spezifischen Staubwiderstand in entscheidender Weise herabzusetzen [F.2.55].

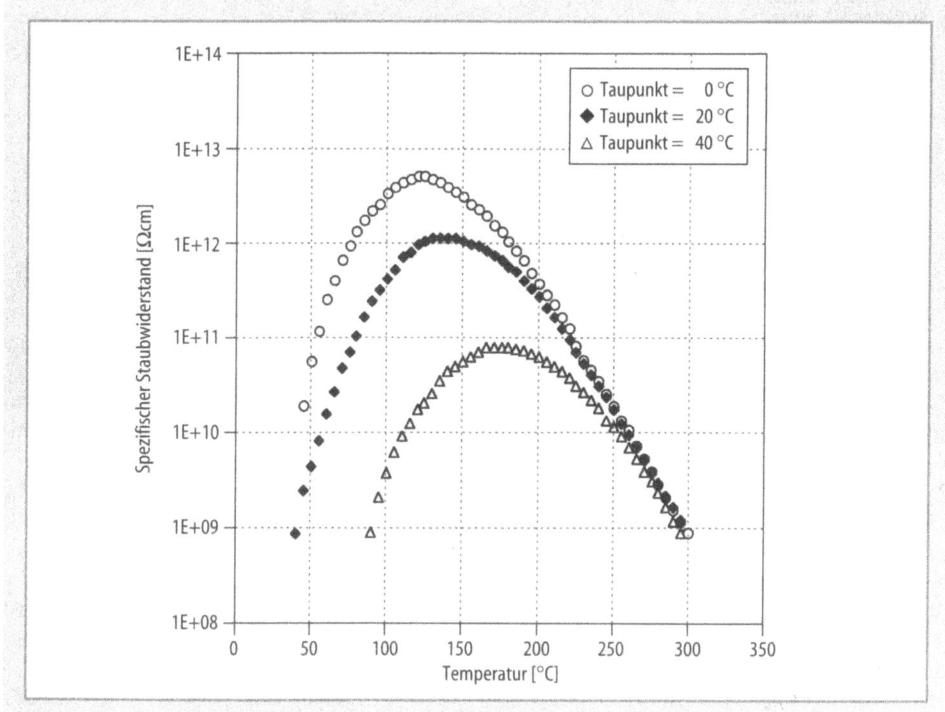

Bild F.2-40 Spezifischer Staubwiderstand in Abhängigkeit von Temperatur und Feuchte

Die Leitfähigkeit des Staubmaterials kann auch zu hoch sein. Treffen beispielsweise metallische Partikel auf die Niederschlagselektrode, so werden sie momentan entladen und durch Influenz nachfolgend umgekehrt aufgeladen. Sind dann die Haftkräfte nicht ausreichend, werden die Teilchen von der Niederschlagselektrode sofort wieder weggerissen. Als untere Grenze für den spezifischen Staubwiderstand werden etwa $10^5\,\Omega$ cm erachtet.

Ein anderes Problem stellt sich ein, wenn die Teilchen sehr fein und gleichzeitig der Staubgehalt sehr hoch ist. Die von der Korona erzeugten und auf die Staubteilchen übertragenen Ladungen verbleiben infolge der vergleichsweisen Unbeweglichkeit der Teilchen für längere Zeit im Elektrodenzwischenraum. Die zahlreichen Einzelfelder der Teilchen bewirken dann im Bereich der Sprühelektrode eine deutliche Absenkung des resultierenden Gesamtfelds (Raumladungseffekt). Dadurch wird die dort stattfindende Produktion neuer Ladungen eingeschränkt, der Koronastrom geht zurück. Im Bereich der Niederschlagselektroden wird durch die Raumladungen hingegen das Feld verstärkt. Dies setzt die Überschlags- und damit verbunden die einstellbare Filterspannung herab. In extremen Fällen kann ein Elektrofilter durch den Raumladungseffekt nahezu unwirksam werden.

Als obere Temperaturgrenze der Elektrofiltration hat man lange Zeit ca. 500 °C angesehen, da dann die Überschlagsspannung praktisch auf die Koronaeinsatzspannung abgesenkt ist. Neuere Untersuchungen zeigen aber, daß man u.U. auch weit oberhalb dieser Temperatur arbeiten kann. In speziellen Anwendungsfällen steht das Gas unter Druck, wodurch die Überschlagsspannung im Gegenzug angehoben wird. Ein anderer nutzbarer Effekt ist die thermische Elektronenemission aus dem Material der Sprühelektrodenoberflächen, die ab ca. 700 °C deutlich einsetzt und den üblichen Koronamechanismus entbehrlich macht.

F.2.2.4.5 Elektrische Versorgung

Der Grundaufbau einer modernen Hochspannungsversorgung ist in Bild F.2.-41 dargestellt. Mit einem Transformator wird die Netzspannung auf größenordnungsmäßig 100 kV heraufgesetzt und mit einem Halbleitergleichrichter anschließend gleichgerichtet. Der negative Pol geht zum Sprühsystem des Elektrofilters, während der andere Pol über eine geerdete Leitung mit dem Gehäuse bzw. den Niederschlagselektroden in Verbindung steht. Die Steuerung der Hochspannung erfolgt mit einem Thyristorpaar am Eingang des Transformators. Durch Verstellen des Zündzeitpunkts wird die Hochspannung variiert. Zur Regelung werden primär- und sekundärseitig des Transformators Strom und Spannung erfaßt und mit einer speziellen Regeleinheit zugeführt.

Die Regelung ist typischerweise so angelegt, daß die Filterspannung der mit den Betriebsbedingungen schwankenden Überschlagsspannung folgt und jeweils dicht darunter liegt. Dazu wird die Filterspannung fortlaufend angehoben, zuerst stark und dann immer schwächer. Ein schließlich eintretender Überschlag wird mit einer Spannungsabsenkung beantwortet, wobei zuvor evtl. eine kurzzeitige Abschaltung zur Löschung eines entstandenen Lichtbogens erfolgt. Die Spannung wird danach sofort wieder wie zuvor allmählich hochgeregelt. Für diese Regelung ist charakteristisch, daß fortlaufend einzelne Überschläge zur Ermittlung der momentanen Durchbruchsspannung provoziert werden. Die Aufwärtsregelung, die Ansprechempfindlichkeit auf Überschläge, die Löschzeit und die Spannungsabsenkung sind einstellbare Parameter, die vor Ort und jeweils im Einzelfall zu optimieren sind.

Da die Optimalwerte mit den Betriebsbedingungen schwanken, ist häufig der Einsatz eines Mikroprozessors von Nutzen. Für die verschiedensten Betriebsbedingungen können dann die zugehörigen Optimaleinstellungen ermittelt, gespeichert und automatisch eingesetzt werden. Dabei sind u.U. Strom- und bzw. Spannungsbegrenzungen sinnvoll. Außerdem läßt sich insbesondere die durchschnittliche Anzahl der Wischer, das sind kurzzeitige selbst verlöschende Überschlage, errechnen und zur Verfeinerung der Regelung einsetzen. Ein weiterer Vorteil einer Mikroprozessor-Regelung ist die Möglichkeit der automatischen Erkennung und Beantwortung von Rücksprühen.

Mit der trägheitslosen Thyristor-Steuerung kann eine Betriebsart verwirklicht werden, die man Pulsen nennt. Diese zeichnet sich dadurch aus, daß im Wechsel kurzzeitige, sehr hohe Spannungspulse und darauf folgend vergleichsweise niedrige Werte angesteuert werden. Angewendet wird das Pulsen speziell bei hochohmigen Stäuben, die zum Rücksprühen neigen. Häufig läßt sich damit der w-Wert erheblich verbessern. Die Wirkung dürfte u.a. auf die deutliche Redu-

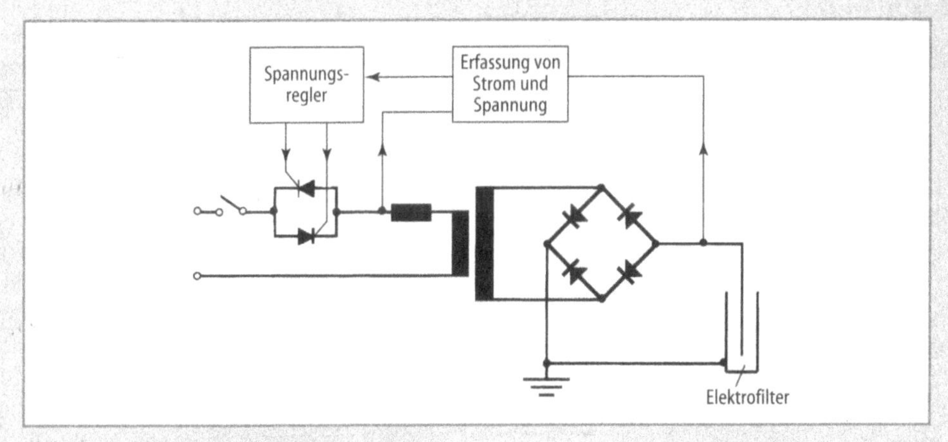

Bild F.2-41 Schema einer Hochspannungsversorgung

zierung des mittleren Filterstroms zurückzuführen sein. Die Optimierung der Spannungswerte und der Puls- und Pausenzeiten wird vor Ort vorgenommen. Die Pulsdauer liegt technisch bedingt oberhalb von 10 ms.

Eine Variante des Pulsens besteht darin, einer vergleichsweise geringen Basisspannung kurzzeitige Extrempulse von µs-Dauer zu überlagern. Zur Abgrenzung dieser µs-Pulse wird die andere Variante oft als Semi-Pulsen bezeichnet. Die Erfolge sind vergleichbar. Beide Arten haben noch den Vorteil gemein, im Einzelfall bei einem ausreichend bemessenen Elektrofilter durch eine geschickte Wahl der Pulsparameter den nicht zu vernachlässigenden Energieverbrauch der Hochspannungsversorgung erheblich vermindern zu können.

F.3 Schadgasabscheidung

F.3.1 Grundlagen

Aufgabe der Schadgasabscheidung ist es, schädliche Gaskomponenten entweder durch chemische Reaktion in unschädliche umzuwandeln und/oder sie aus einem Gasgemisch abzutrennen. Hierfür kommt eine Reihe von Methoden in Frage, die teilweise einzeln oder auch in Kombination angewandt werden. Neben der eigentlichen Entfernung von Schadgaskomponenten gehören zu den Emissionsminderungstechniken zumeist auch weitergehende Schritte zur Behandlung der Verfahrensprodukte.

Bei der Abtrennung von Gasen aus Gemischen werden die angewandten Methoden nach unterschiedlichen Gesichtspunkten eingeteilt. Es wird zwischen physikalischen und chemischen Trennmethoden unterschieden, wobei chemische Trennmethoden durch das Auftreten von chemischen Bindungen in zumindest einem Teilschritt charakterisiert werden. Eine andere Unterscheidung kann über die am Trennprozeß mitwirkenden Phasen getroffen werden. Die Trennung kann homogen innerhalb einer Phase oder auch heterogen unter Beteiligung mehrerer Phasen erfolgen. Eine andere Bewertung der Abscheidemethoden legt die An- oder Abwesenheit von Wasser, wäßrigen Lösungen oder anderen Flüssigkeiten zugrunde.

Man unterscheidet danach zwischen nassen und trockenen Methoden. Zur Reinigung von Abgas und -luft werden vor allem die in Bild F.3-1 zusammengestellten Methoden angewandt.

Bei der als rein physikalische Methode einzustufenden Kondensation wird die Abtrennung der Schadgase durch deren selektiven Übergang vom gasförmigen in den kondensierten Zustand bewirkt. Bei der gleichfalls physikalisch wirksamen Permeation erfolgt die Abscheidung über selektiv durchlässige Membranen.

Im Gegensatz zu den beiden genannten Methoden ist bei Ad- und Absorption sowohl ein rein physikalischer (Kondensation, Physisorption) als auch ein chemischer Ablauf (Chemisorption) möglich.

Adsorption bedeutet die Bindung von Molekülen an der Grenzfläche einer festen oder flüssigen Phase. Der letztgenannte Vorgang ist jedoch ohne Bedeutung für technische Trennverfahren. Neben der Gasphase, aus der die Trennung erfolgt, und der festen Phase (Adsorbens) wird als zusätz-

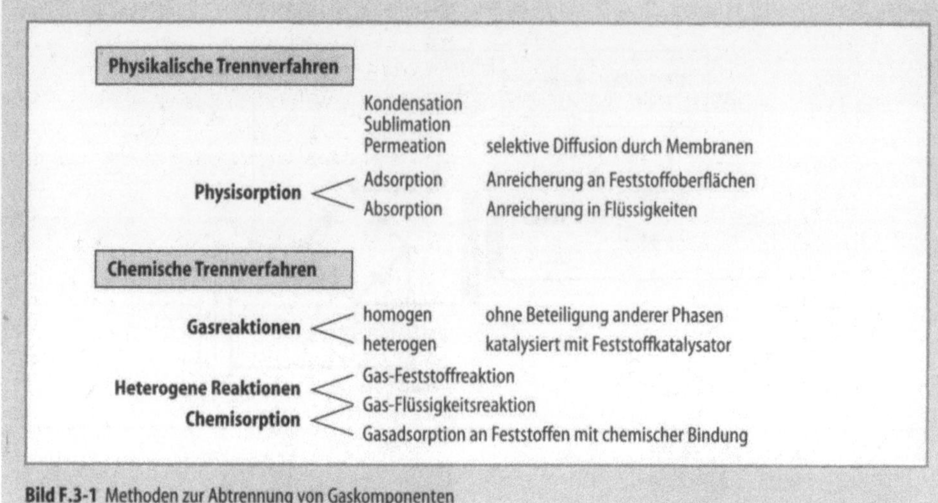

Bild F.3-1 Methoden zur Abtrennung von Gaskomponenten

liche weitere Phase noch die adsorbierte Schicht gebildet. Dabei läuft der Chemisorptionsvorgang so ab, daß die zunächst physikalisch gebundenen Moleküle oder Atome noch eine chemische Bindung eingehen. Die chemische Adsorption ist auch der erste Teilschritt heterogen katalysierter Gasreaktionen, bei denen der Katalysator in fester Phase vorliegt, wie bei der chemischen Reaktion zwischen Gasen und Feststoffen (heterogene Gas-Feststoff-Reaktionen).

An der Absorption sind grundsätzlich 2 Phasen beteiligt, Gas und Flüssigkeit. Folgt dem Schritt der physikalischen Bindung im Inneren einer Flüssigkeit noch eine chemische Umsetzung, so kommt es zur Chemisorption, die auch als heterogene Gas-Flüssigkeits-Reaktion betrachtet werden kann. Anders als bei der chemischen Adsorption wird nicht nur eine chemische Bindung gebildet, sondern es entstehen chemische Reaktionsprodukte, die z.T. beim anschließenden Überschreiten der Löslichkeit in eine andere Phase wechseln können (Feststoffe, Gase).

Die Emissionsminderung mit Hilfe homogen oder heterogen katalysierter Gasreaktionen kann als alleinige Maßnahme nur dann eingesetzt werden, wenn die dabei erzielten Produktstoffe ohne weitere Behandlung im Abgas belassen werden dürfen. Dies ist i.d.R. nur dann der Fall, wenn es sich bei den Produktstoffen um natürliche Bestandteile der Luft handelt.

Für Abscheidemethoden, bei denen die abzutrennenden Gaskomponenten von der Gasphase in eine andere Phase wechseln müssen (Absorption, Adsorption, heterogen katalysierte Gasreaktionen, heterogene Gas-Feststoff-Reaktionen), gilt grundsätzlich, daß die Geschwindigkeit des Stoffdurchgangs proportional zur Größe der Grenzfläche zwischen den beteiligten Phasen wächst. Bei der Adsorption ist außerdem auch die im Gleichgewicht aufnehmbare Menge an Schadgas direkt proportional zur Grenzschichtgröße. Daher ist bei den genannten Methoden die Schaffung einer möglichst großen Phasengrenzschicht eine wichtige Grundaufgabe.

Oft werden mehrere Methoden in einem Verfahren kombiniert, wobei die wichtigste angewandte Methode maßgebend für die Verfahrensbezeichnung wird. Beispielsweise bezeichnet man Prozesse als Sprühsorptionsverfahren, bei denen der Hauptanteil des Abscheidevorgangs durch Absorption der Schadgase in versprühten Flüssigkeiten oder Feststoffsuspensionen erfolgt. Nachfolgende Adsorptionsschritte und heterogene Gas-Feststoff-Reaktionen, die an den durch Trocknung entstehenden Feststoffpartikeln eintreten, leisten einen geringeren Beitrag zur Abscheidung und bleiben bei der Namensgebung unberücksichtigt.

Eine gewisse Sonderstellung bei den Mehrphasenprozessen nehmen biologische Verfahren ein. Als biologische Verfahren bezeichnet man Prozesse, bei denen Mikroorganismen entweder an der Abtrennung der Gaskomponenten oder an der Weiterbehandlung von Produktstoffen beteiligt sind.

Während eine Reihe von Minderungsverfahren eine weitgehende vorherige Entstaubung voraussetzt, können einige Prozesse ohne Beeinträchtigung durch Stäube ablaufen oder sogar eine kombinierte Entstaubung ermöglichen. Beispielsweise können Absorption und Naßentstaubung bei Vorliegen geeigneter Bedingungen in einem einzigen Aggregat durchgeführt werden.

Allgemeine Grundlagen der bei der Gasabscheidung eingesetzten thermischen und chemischen Stofftrennverfahren können u. a. folgenden Quellen [F.3.1–F.3.9] entnommen werden. Mehr anwendungsorientierte Angaben sind u. a. in [F.3.10–F.3.12] zu finden.

F.3.2 Kondensationsverfahren

Kondensationsverfahren dienen der Abtrennung kondensierbarer Bestandteile. Sie werden bisher vor allem zur Rückgewinnung von Lösemitteln aus gewerblichen oder industriellen Abgasströmen eingesetzt. Dabei steht bis heute zumeist die Wiedergewinnung eines Wertstoffs und weniger die Einhaltung von Emissionsgrenzwerten im Vordergrund des Interesses, da die Einhaltung rechtlicher Vorgaben, beispielsweise der TA Luft, Kühltemperaturen erfordert, die i. d. R. unterhalb von etwa –40 °C liegen.

Grundsätzlich bietet sich der Einsatz von Kondensationsverfahren dann an, wenn vergleichsweise kleine Abgasvolumenströme mit einer relativ hohen Konzentration kondensierbarer Komponenten vorliegen. Aufgrund der Probleme bzgl. der Einhaltung der Emissionsgrenzwerte kommen Kondensationsverfahren, die mit Wasser als Kühlmittel arbeiten, in diesen Fällen nur zur Vorabscheidung vor anderen Prozessen (z. B. Adsorptionsverfahren) in Frage. Die Vorschaltung des Kondensationsverfahrens kann dabei zu erheblichen Einsparungen bei Investitions- und Betriebskosten der nachgeschalteten Gasreinigungsstufen führen.

Im Bereich der chemischen und pharmazeutischen Industrie werden in neuerer Zeit für kleine hochkonzentrierte Gasvolumenströme in Einzelfällen Kondensationsverfahren als alleinige Gasreinigungsverfahren eingesetzt. Dabei wird mit Kondensationstemperaturen von –100 °C und weniger gearbeitet. Der Kondensator zur Niederschlagung der abzutrennenden Gaskomponenten wird dabei über einen Gaskreislauf gekühlt, der seinerseits durch indirekten Wärmetausch mit flüssigem Stickstoff auf die erforderlichen niedrigen Temperaturen gebracht wird [F.3.13]. Besondere Probleme können sich bei solchen Tieftemperatur-Kondensationsverfahren durch das Ausfrieren von Eis, CO_2 und anderen festen Komponenten ergeben, was zu einem Verstopfen von Anlagenteilen oder zu Beeinträchtigungen des Wärmetauschs führt. Die auskondensierten Feststoffablagerungen, vor allem Eisablagerungen, können durch alternierende Erwärmung beseitigt werden.

F.3.3 Permeationsverfahren

Ähnlich wie Kondensationsprozesse werden auch die Permeationsverfahren, insbesondere auf dem Gebiet der Luftreinhaltung, bisher noch vergleichsweise selten und überwiegend zur Ergänzung anderer Emissionsminderungstechniken eingesetzt.

Beim Trennmechanismus der Gaspermeation ist zwischen mikroporösen und porenfreien Membranen [F.3.14, F.3.15] zu unterscheiden.

In mikroporösen Membranen, bei denen die mittlere freie Weglänge der Gasmoleküle nach der kinetischen Gastheorie sehr viel größer als die Porenweite ist, erfolgt der Stofftransport durch Knudsendiffusion (vgl. F.3.4.2). Die entsprechenden Diffusionskoeffizienten verhalten sich umgekehrt proportional zur Wurzel aus der Molekülmasse, wodurch sich ein massenabhängiger Trenneffekt ergibt. Besonders große Moleküle werden darüber hinaus möglicherweise durch Sperreffekte zurückgehalten.

Bei porenfreien Membranen ist eine selektive Durchlässigkeit für bestimmte Moleküle aufgrund spezieller Wechselwirkungen zwischen passierenden Komponenten und Membran gegeben. Die Gaspermeation besteht in diesem Fall nicht mehr nur aus einem einzigen Diffusionsschritt, sondern kann näherungsweise durch folgende 3 Teilschritte beschrieben werden:
- Sorption des Gases in der Membranoberfläche,
- Diffusion des Gases durch die Membran,
- Desorption des Gases aus der Membranoberfläche heraus.

Mikroporöse Membranen lassen bevorzugt kleinere Moleküle passieren. Dadurch bleiben abzutrennende große Schadgasmoleküle als Retentat zurück. Da in diesem Fall die Hauptkomponenten des zu reinigenden Gases unter erhöhtem Druck die Membran mit entsprechend großem Druckverlust zu passieren hätten, sind mikroporöse Membranen zur Emissionsminderung weniger geeignet. Entsprechende Membranen werden vor allem zur Erzeugung niedermolekularer Reingase wie Helium oder Wasserstoff eingesetzt.

Der Einsatz semipermeabler Membranen für die Gaspermeation erfordert i. allg. erhöhte Drükke auf der Retentatseite, was zu vergleichsweise hohen Druckverlusten führen kann. Es ist daher anzustreben, die semipermeablen Membranen mit möglichst geringer Schichtdicke und in Parallelschaltung einzusetzen. Um die dadurch bewirkte mechanische Instabilität abzufangen, werden die Membranen in Kompositbauweise ausgeführt, wobei die eigentliche Membranschicht durch eine stabile hochporöse und gut gasdurchlässige Trägerschicht gestützt wird.

Die gegenwärtig in der Luftreinhaltetechnik verwendeten nichtporösen Membranen haben zumeist eine selektive Durchlässigkeit für Kohlenwasserstoffe [F.3.16, F.3.17]. Auf der Permeatseite kann zur Erhöhung der Triebkraft für die Permeation eine Partialdrucksenkung durch Kühlungskondensation oder Adsorption vorgenommen werden. Umgekehrt lassen sich semipermeable Membranen auch zur weitergehenden Anreicherung der Wertstoffe von Rektifikations- und Adsorptionsverfahren einsetzen.

F.3.4 Adsorptionsverfahren

F.3.4.1 Grundlagen

Bei den Adsorptionsverfahren werden die abzutrennenden Gaskomponenten (*Adsorptive*) selektiv an die Oberflächen von Feststoffen (*Adsorbentien*)gebunden und können in einem anschließenden Regenerationsschritt (*Desorption*) wieder in die Gasphase überführt werden. Bei der Adsorption vermindern sich die Freiheitsgrade der Gasmoleküle und damit die Entropie im Adsorptionssystem. Nach dem Zweiten Hauptsatz der Thermodynamik wird die Entropieabnahme des Systems durch Wärmeabgabe an die Umgebung kompensiert. Adsorptionsvorgänge verlaufen daher grundsätzlich exotherm.

Die Bindung der adsorbierten Moleküle an den Feststoff (*Adsorbens*) erfolgt physikalisch (van-der-Waals-Kräfte) mit Adsorptionsenergien, die vergleichbar zur Kondensationsenthalpie von Gasen (ca. 40 kJ/mol für Wasser) sind. Die physikalisch ablaufende Adsorption wird auch kurz als Physisorption bezeichnet.

Bei der Chemisorption bewirkt die Ausbildung einer chemischen Bindung Energieänderungen, die zumeist ein Mehrfaches des Wertes für die physikalische Adsorption betragen. Außerdem läuft die Chemisorption wie chemische Reaktionen als aktivierter Vorgang ab, d. h., zur Beschleunigung der Adsorptionsgeschwindigkeit wird eine Aktivierungsenergie erforderlich, die thermisch aufzubringen ist. Chemisorptionsvorgänge starten daher i. allg. erst oberhalb eines gewisses Mindesttemperaturniveaus, bei dem die Aktivierungsenergie zur Überwindung der kinetischen Hemmung zur Verfügung steht.

Grundsätzlich nimmt die im Gleichgewicht adsorbierbare Gasmenge mit sinkender Temperatur und/oder steigendem Partialdruck (entsprechend steigender Konzentration oder Beladung im Gas) der abzutrennenden Gaskomponenten (*Adsorptive*) bei allen Adsorptionsvorgängen zu. Die im Gleichgewicht adsorbierbare Gasmenge ist i. allg. direkt proportional zur Größe der angebotenen Feststoffoberfläche. Für die physikalische Adsorption unterschiedlicher Gaskomponenten an einem bestimmten Adsorbens gilt i. d. R., daß die Gleichgewichtsbeladung bei gleichem Druck und gleicher Temperatur um so grösser ist, je stärker die intermolekularen Wechselwirkungen der Gasmoleküle sind. Als Maß für die dabei bestimmenden van-der-Waals-Kräfte kann man die absoluten Siedetemperaturen der zu adsorbierenden Komponenten annehmen. Allerdings treten in gewissem Umfang Abweichungen durch spezifische Wechselwirkungen zwischen einzelnen Adsorbentien und Gaskomponenten auf.

Die Abhängigkeit der adsorbierten Menge von der Gasbeladung (Konzentration, Partialdruck) bei konstanter Temperatur wird durch Adsorptionsisothermen wiedergegeben. Nach der sogenannten BET-Klassifikation [F.3.18–F.3.20] unterscheidet man fünf Grundtypen von Adsorptionsisothermen, wie sie in Bild F.3-2 schematisch dargestellt sind. Dabei ist jeweils die adsorbierte Menge in willkürlichen Einheiten über dem sog. relativen Druck, dem Verhältnis von Partialdruck zu Sättigungsdampfdruck der adsorbierenden Komponente, aufgetragen. Der Sättigungsdruck stellt den größten im Gleichgewicht erreichbaren Partialdruck dar, deshalb ergeben sich in den Darstellungen maximale relative Drücke von 1.

Wie man Bild F.3-2 entnehmen kann, weist im Bereich niedriger Drücke ($p/p_0 <$ ca. 0,4) Typ II den gleichen Verlauf wie Typ IV auf. Typ III entspricht in diesem Druckbereich die Kurve des Typs V. Bei p/p_0-Werten > ca. 0,4 zeigen jeweils die Isothermen von Typ II und III bzw. Typ IV und V ähnliche Verläufe. Diese Befunde sind wie folgt zu deuten: Bei den Isothermen von Typ II

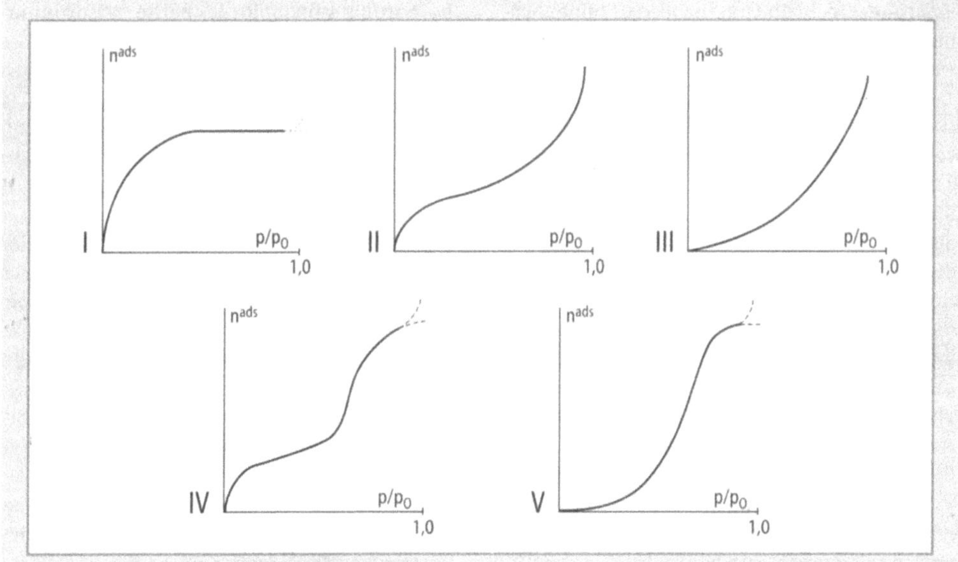

Bild F.3-2 Isothermentypen nach der BET-Klassifikation

und III erfolgt die Adsorption an einer glatten, nichtporösen Feststoffoberfläche. Bei den Isothermen IV und V liegen poröse Systeme vor, bei denen in Poren kleineren Durchmessers Kapillarkondensation einsetzt. Der Vorgang der Kapillarkondensation kann beispielsweise durch die Kelvin-Gleichung beschrieben werden:

$$\ln \frac{p_r}{p_\infty} = -\frac{2\sigma V_l}{RT \cdot r}$$

p_r Sättigungsdampfdruck über einer Kapillaren
p_∞ Sättigungsdampfdruck über einer glatten Oberfläche
V_l Molvolumen der Flüssigkeit
R allgemeine Gaskonstante
T absolute Temperatur
r Radius des Flüssigkeitsmeniskus
σ Oberflächenspannung.

Die Unterschiede zwischen Typ II und III bzw. IV und V bei relativen Drücken p/po <0,4 ergeben sich wie nachstehend beschrieben.

Sind die Wechselwirkungen zwischen den Molekülen der adsorbierten Schicht untereinander stärker als die Wechselwirkung zwischen Adsorbens und adsorbierten Molekülen, und den adsorbierten Molekülen untereinander („schwache Adsorption"), so ergibt sich bei niedrigen relativen Drücken zunächst nur eine geringe Zunahme der adsorbierten Menge mit dem Partialdruck, mit wachsender Adsorptionsschicht nehmen die intermolekularen Kräfte zwischen den adsorbierten Molekülen und damit auch die Steigung der Adsorptionsisothermen zu.

Bei den Isothermen II und IV liegt „starke" Adsorption vor, d. h. daß die Wechselwirkung zwischen adsorbierter Schicht und Adsorbens erheblich größer ist als die Wechselwirkung der adsorbierten Moleküle untereinander.

Zur Beschreibung des Gleichgewichtszustands bei konstanter Adsorptionstemperatur wurde in der Literatur eine große Zahl unterschiedlicher Isothermengleichungen beschrieben. Die Übereinstimmung der rechnerischen Adsorptionsisothermen mit experimentellen Werten beschränkt sich i. d. R. dabei auf vergleichsweise kleine Beladungsbereiche der Adsorbentien.

Gerade bei technischen Adsorptiv-/Adsorbens-Systemen variieren die für die Adsorption maßgebenden Parameter in komplizierter Weise:
– spezifische Oberflächengröße,
– Korngrößenverteilung,
– Porengrößenverteilung,
– Kristallgitter,
– Gitterbaufehler,
– Benetzbarkeit,
– Oberflächenspannung,
– Wechselwirkungen der Moleküle in der Gasphase
– Wechselwirkungen der Moleküle in der Adsorptionsschicht.

Es ist daher nicht überraschend, daß keine allgemeingültigen Isothermengleichungen gefunden werden konnten.

Wie die Diskussion der BET-Isothermen-Klassifikation bereits zeigte, sind bei der Adsorption keine linearen Abhängigkeiten zwischen Gaskonzentration (oder Partialdruck) und adsorbierter Menge (oder Konzentration) zu erwarten, da sich der Adsorptionsmechanismus in allen Fällen bedeckungsabhängig ändert. Insbesondere ist auch für den Grenzfall kleiner Konzentrationen bzw. niedriger Oberflächenbedeckungsgrade keine lineare Abhängigkeit zu erwarten, da sich gerade in diesem Bereich energetische Inhomogenitäten der Adsorbensoberfläche besonders stark auswirken. Daher ist i. d. R. auch keine Henry-Isotherme (Proportionalität von sorbierter Menge zu Partialdruck oder Konzentration der zu sorbierenden Gaskomponente) als Grenzgesetz zu erwarten, wie das näherungsweise bei der physikalischen Absorption der Fall ist.

Eine gewisse Bedeutung zur Beschreibung der physikalischen Adsorption bei geringeren Bedeckungsgraden (maximal bis zu etwa 1 – 2 Molekülschichten) besitzt demgegenüber die ursprünglich empirisch gefundene, später auch theoretisch hergeleitete Adsorptionsisotherme nach Freundlich:

$$n = c \cdot p^{\mathrm{m}}$$

Die adsorbierte Menge (hier als Molzahl n angegeben), ist proportional zum Partialdruck p der adsorbierenden Komponente hoch eine Konstante m. Die Konstanten c und m sind dabei i. d. R. empirisch zu ermitteln.

Eine andere Adsorptionsisothermengleichung, die von Brunauer, Emmet und Teller [F.3.21] hergeleitet wurde, die sog. BET-Isotherme, hat für die Beschreibung der physikalischen Gasadsorption eine ähnliche Bedeutung wie die van-der-Waals-Gleichung für reale Gase: Diese Beziehung beschreibt qualitativ das Adsorptionsverhalten korrekt, erzielt aber durch teilweise ungenaue Modellvoraussetzungen keine besonders große quantitative Genauigkeit

$$\frac{n}{n_{\mathrm{m}}} = \frac{C \cdot \dfrac{p}{p_0}}{\left[1 - \dfrac{p}{p_0}\right] \cdot \left[1 + (C-1) \cdot \dfrac{p}{p_0}\right]}$$

n adsorbierte Molzahl,
p Partialdruck der adsorbierenden Komponente,

p_0 Sättigungsdampfdruck bei der Adsorptionstemperatur,

C Konstante, die ein Maß für die Adsorptionsenergie darstellt,

n_{m} statistische monomolekulare Schicht, die zur gleichmäßigen Bedeckung der Oberfläche erforderlich ist (Monoschichtkapazität).

Mit Hilfe der BET-Gleichung lassen sich spezifische Oberflächengrößen von Feststoffen durch physikalische Adsorption bestimmen. Bei bekanntem Platzbedarf für ein adsorbiertes Molekül läßt sich über die Monoschichtkapazität die von n_{m} Molen eingenommene Oberfläche angeben. Die Anwendung der BET-Gleichung zur Bestimmung der spezifischen Oberflächengröße ist in [F.3.22] und [F.3.23] näher erläutert.

Eine weitere wichtige Adsorptionsisotherme, mit der eine größere Anzahl von Chemisorptionsvorgängen beschreibbar ist, wurde von Langmuir hergeleitet:

$$\theta = \frac{n}{n_{\mathrm{m}}} = \frac{k^{\mathrm{ads}} \cdot p}{k^{\mathrm{des}} + k^{\mathrm{ads}} \cdot p}$$

mit

$$K = k_{\mathrm{ads}} / k_{\mathrm{des}}$$

ergibt sich

$$\theta = \frac{n}{n_{\mathrm{m}}} = \frac{p}{K + p}$$

p Partialdruck der adsorbierenden Komponente,
$k^{\mathrm{ads}}, k^{\mathrm{des}}$ Geschwindigkeitskonstanten der Ad-, Desorption,
K Gleichgewichtskonstante für die Adsorption,
θ Bedeckungsgrad.

Der Bedeckungsgrad θ ist definiert als Verhältnis von tatsächlich adsorbierter Menge zu maximal adsorbierbarer (bei Chemisorption nur eine Molekülschicht) Menge. Die Mengen sind wie bei den anderen bereits erwähnten Isothermengleichungen als Molzahlen angegeben. Die Langmuir-Isotherme strebt für große p-Werte gegen den Maximalwert der Bedeckung $\theta = 1$. Formal ist die Bedeckungsabhängigkeit ähnlich wie bei einer Physisorptionsisotherme des Typs I der BET-Klassifikation. Bei letzterer wird allerdings der asymptotische Kurvenverlauf durch das Füllen von Mikroporen und nicht durch die Absättigung chemischer Bindungen bestimmt.

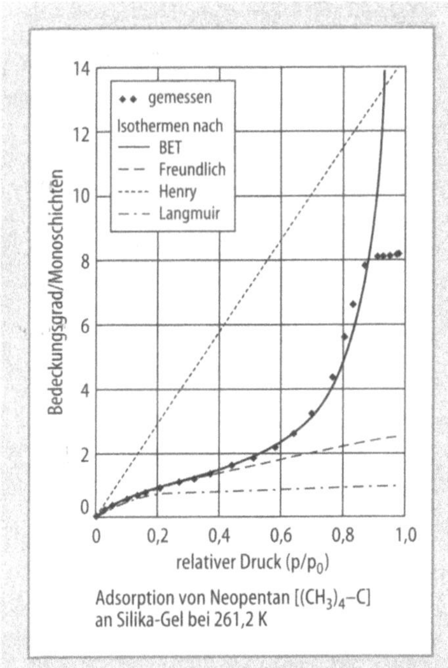

Bild F.3-3 Vergleich zwischen experimentellen Ergebnissen und Isothermengleichungen

Bild F.3-3 zeigt für die Adsorption eines Kohlenwasserstoffs an Silikagel einen Vergleich zwischen experimentellen Werten und angepaßten Isothermen. Es handelt sich dabei um Physisorption. Wie man sieht, wird die beste Übereinstimmung zwischen Theorie und Experiment mit der BET-Gleichung erzielt. Die Henry-Gerade zeigt erwartungsgemäß die geringste Übereinstimmung. Während die Freundlich-Isotherme fast bis zu einem Bedeckungsgrad von 2 Monoschichten gültig bleibt, ergeben sich bei der Langmuir-Isothermen, die ja eigentlich nur bei Chemisorption gilt, größere Abweichungen.

F.3.4.2 Adsorbentien

Die für die Gasabscheidung benötigte große Phasengrenzfläche wird durch den Einsatz von Adsorbentien mit großer spezifischer Oberfläche erzeugt. Hierfür kommen prinzipiell in Frage:
- sehr feinkörnige Feststoffe,
- poröse Feststoffe, die durch ihr Porensystem über eine große innere Oberfläche verfügen.

Die Verwendung feinkörniger Feststoffe ist i. allg. mit einer Reihe prinzipieller Nachteile verbunden:

- Feststoffschichten aus feinkörnigem Material weisen vergleichsweise hohe Gasdruckverluste auf.
- Die Erzeugung feinkörnigen Materials (z.B. durch Zerkleinern oder durch Hochtemperaturpyrolyse) erfordert einen großen Energieaufwand.
- Die Abtrennung im Gas dispergierter Adsorbenspartikel ist vergleichsweise aufwendig.
- Feine Feststoffpartikelschüttungen können nur mit relativ niedrigen Gasgeschwindigkeiten angeströmt werden, wenn ein Mitreißen durch den Gasstrom vermieden werden soll.

Aufgrund der genannten Probleme kommen bei Adsorptionsverfahren vorrangig grobkörnige Adsorbentien zum Einsatz, die aber infolge Porosität eine sehr große innere Oberfläche aufweisen.

Geeignete poröse Materialien entstehen vor allem durch chemische Umsetzungen, bei denen sich ein festes Ausgangsmaterial in ein anderes unter Abspaltung gasförmiger oder flüssiger Reaktionsprodukte umwandelt, wobei die Reaktionstemperatur weit unterhalb des Schmelzpunkts liegt, so daß sich das neu entstandene Kristallgitter nur unzulänglich ausbilden kann. Infolge der im Vergleich zur Schmelztemperatur niedrigen Reaktionstemperatur erfolgen keine Ausheil- oder Sinterprozesse, so daß ein System aus Kristalliten gebildet wird, zwischen denen große gaszugängige Lücken ein ausgedehntes Porensystem bilden. Die Poren werden nach ihrer Weite d eingeteilt in
- Makroporen   (d > 50 nm),
- Mesoporen   (2 nm < d < 50 nm),
- Mikroporen   (d < 2 nm).

Die Größe der Poren nimmt dabei entscheidenden Einfluß sowohl auf die Kinetik des Adsorptionsvorgangs als auch auf die Aufnahmefähigkeit des Adsorbens.

Im Vergleich zum Antransport an die äußere Oberfläche des porösen Feststoffkorns, für den man modellmäßig den diffusiven Durchtritt durch eine laminare Grenzschicht annehmen kann, ist prinzipiell bei allen für die technische Adsorption interessanten Adsorbentien davon auszugehen, daß der sich anschließende Transport im Porensystem des Korns (Korndiffusion) sehr viel langsamer abläuft und damit geschwindigkeitsbestimmend wird. Eine wesentliche Ursache hierfür ist der sich durch das Porensystem gegenüber dem äußeren Gasraum verengende freie Diffusionsquerschnitt. Im Extremfall von sog. Molekularsieben (natürliche und synthetische Zeolithe, hochgradig mikroporöse Aktivkokse und -kohlen) kann die Durchlässigkeit der Poren so eingeschränkt sein, daß diese für größere Moleküle unpassierbar werden, wodurch ein Siebeffekt eintritt. Im Bereich der Meso- und insbesondere der Mikroporen ist oft die sich aus der kinetischen Gastheorie ergebende mittlere freie Weglänge der Gasmoleküle erheblich grösser als die Porenweite, so daß es nicht mehr zu Stößen zwischen den Gasmolekülen kommt und diese ohne aufeinanderzutreffen von Wand zu Wand fliegen. Bei dieser als Knudsen-Diffusion bekannten Transportart werden die Gasmoleküle, sofern keine adsorptive Bindung erfolgt, unelastisch in einer Cosinusverteilung gestreut. In den teilweise ebenfalls vorhandenen Makroporen kann der Transport wie in der Grenzschicht zumeist durch laminare Diffusion ablaufen.

Parallel zum Transport in der Gasphase des Porensystems erfolgt „Oberflächendiffusion" in der Adsorptionsschicht. Dabei bewegen sich die adsorbierten Moleküle entlang der Feststoffoberfläche, ohne den Bereich des Adsorptionspotentials zu verlassen. Die Diffusionskoeffizienten liegen bei dieser Transportart in der gleichen Grössenordnung wie die für Flüssigkeiten (ca. 10^{-10} – 10^{-9} m²/s). Obwohl diese Diffusionskoeffizienten damit deutlich kleiner als die für die Gasphase sind, kann diese Transportart dennoch zur überwiegenden im Porensystem werden. Bei besonders effektiven Adsorbentien ist die Molekülkonzentration in der adsorbierten Schicht erheblich größer als die in der Gasphase [F.3.24, F.3.25].

Bei mikroporösen Adsorbentien mit Porenweiten im Bereich der Molekülgröße liegt praktisch kein echter Gasphasentransport mehr vor, da dann die Moleküle ausschließl. unter dem Einfluß des Adsorptionspotentials bewegt werden. Zum Transport durch Engstellen wird dann eine vergleichsweise hohe Aktivierungsenergie benötigt (aktivierte Spaltdiffusion).

Wichtige chemische Reaktionen, die zur Bildung oberflächenreicher Porensysteme führen, sind die Verkohlung kohlenstoffhaltiger Materialien, die Dehydratisierung von Hydroxiden oder die Abspaltung von Kohlendioxid aus Carbonaten. So entstehen z. B. aus Hydraten oder Carbonaten oberflächenreiche Oxide

$$2\ Al(OH)_3 \rightarrow Al_2O_3 + 3\ H_2O$$

$$H_2SiO_3 \rightarrow SiO_2 + H_2O \ .$$

Durch Verkohlung und nachträgliche chemische Behandlung (Aktivierung) bilden sich aus Holzmaterialien Aktivkohlen oder aus Kohlen Aktivkokse.

Tabelle F.3-1 gibt eine Übersicht über wichtige Adsorbentien. Oberflächengrößen von mehreren 100 m²/g setzen dabei ein ausgeprägtes Mesoporensystem voraus. Für Oberflächengrößen oberhalb von etwa 500 m²/g und insbesondere von 1000 m²/g und mehr ist das Vorhandensein von Mikroporen Vorbedingung. Weitergehende Angaben zu einzelnen technischen Adsorbentien sind zu finden bei [F.3.26–F.3.32].

Die für die Abgasreinigung technisch wichtigsten Adsorbentien sind Aktivkohlen und -kokse. Die Bedeutung dieser Stoffe ergibt sich neben ihren großen spezifischen Oberflächen vor allem aus der Tatsache, daß unpolare Stoffe wie organische Lösemittel sehr gut (Isotherme vom Typ I der BET-Klassifikation), polare Stoffe wie z. B. Wasser dagegen vergleichsweise schlecht adsorbiert werden (Isothermen vom Typ III bzw. Typ

Tabelle F.3-1 Charakteristische Daten von Adsorbentien

Adsorbens	Spezifische Oberfläche m²/g	Porenvolumen cm³/g	Schüttdichte kg/m³
Aktivkohle für Gasadsorption (Korndurchmesser 1 – 8 mm)	1000 – 1500	0,5 – 0,8	300 – 400
Aktivkoks	> 100	0,3 – 0,4	300 – 400
Kieselgel, engporig	600 – 800	0,3 – 0,45	700 – 800
Kieselgel, weitporig	250 – 350	0,3 – 0,45	400 – 800
Tonerdegel	300 – 350	0,1 – 0,4	700 – 800
Molekularsieb	500 – 1000	0,25 – 0,4	600 – 900

V der BET-Klassifikation). Adsorbentien auf Kohlenstoffbasis weisen daher i. allg. eine relativ hohe Selektivität gegenüber zurückzugewinnenden Lösungsmitteln auf. Die deutlich geringere Wasseradsorption ermöglicht bzw. erleichtert die Regeneration beaufschlagter Adsorbentien mit Wasserdampf.

F.3.4.3 Adsorberarten

Die Adsorber werden zumeist danach bezeichnet, wie die Adsorbentien im Apparat eingebracht sind und in welchem Bewegungszustand sie sich befinden.

Grundsätzlich können die Adsorbentien wie folgt angeordnet sein:
- in Form eines Festbetts (Festbettadsorber),
- in einem Fließ- oder Wanderbetts (Wanderbettadsorber),
- in einem Wirbelbett (Wirbelbettadsorber),
- in einer Flugstaubwolke (Flugstromadsorber).

Bild F.3-4 zeigt schematisch den Aufbau einiger Adsorberarten (vgl. hierzu [F.3.33, F.3.34]).

Flugstromadsorber erfordern die Nachschaltung eines Entstaubers, um das schadgasbeladene Adsorbens aus dem Gasstrom entfernen zu können.

Festbettadsorber besitzen gegenüber den anderen genannten Bauformen eine Reihe prinzipieller Vorteile:
- Das Adsorbens ist ruhend angeordnet und braucht nicht bewegt zu werden.
- Infolge der ruhenden Anordnung des Adsorbens wird kein Transportsystem für den Feststoff benötigt.
- Der Reibungs- und Bruchverschleiß des Adsorbens ist wegen der ruhenden Anordnung minimal.
- Der apparative Aufbau ist vergleichsweise einfach.

Den Vorteilen, die sich vor allem aus dem einfachen apparativen Aufbau ergeben, steht der grundsätzliche Nachteil gegenüber, daß der Adsorptionsvorgang im Festbett instationär verläuft und daß für einen kontinuierlichen Anlagenbetrieb mindestens ein weiterer Adsorber erforderlich ist. Dieser wird anstelle des ersten zugeschaltet, um nach erfolgter Beladung dessen Regeneration zu ermöglichen.

In einer speziellen Ausführung als Rotationsadsorber wird das zylindrisch aufgebaute Festbett in tortenförmige Segmente unterteilt und durch eine langsame Rotationsbewegung um die Zylinderachse so bewegt, daß einzelne Segmente regeneriert werden, während durch den größten Teil des Zylinderquerschnitts der zu reinigende Gasstrom geführt wird. Rotationsadsorber werden sowohl mit horizontaler als auch mit vertikaler Rotationsachse gebaut.

F.3.4.4 Regeneration beaufschlagter Adsorbentien

Die Regeneration gasbeaufschlagter Adsorbentien erfolgt bei physikalisch adsorbierten Komponenten durch Desorption, d. h. durch Umkehrung des Adsorptionsvorgangs. Auch bei chemisorbierten Gasbestandteilen ist grundsätzlich

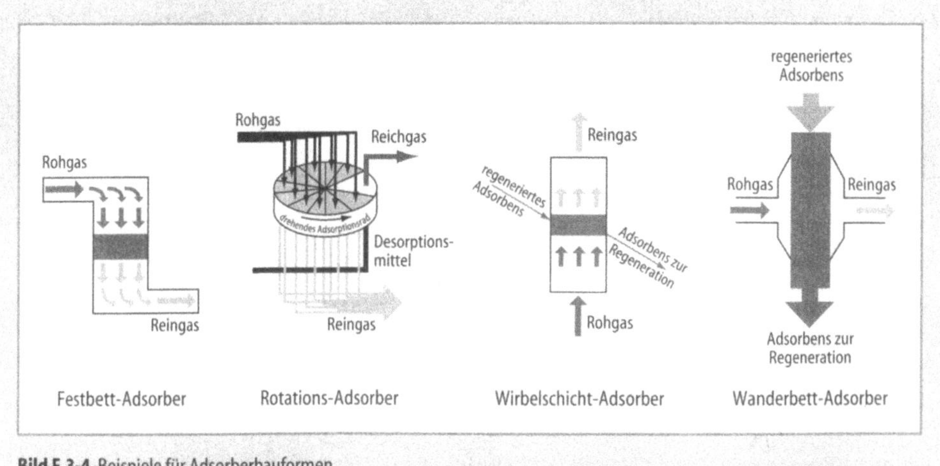

Bild F.3-4 Beispiele für Adsorberbauformen

eine Regeneration durch Desorption möglich, sofern nicht durch anschließende irreversible chemische Umsetzungen Reaktionsprodukte gebildet werden, die sich einer thermischen Abspaltung widersetzen. Chemische Reaktionsprodukte können oft durch weitere chemische Reaktionen oder auch durch Auswaschen mit Lösungsmitteln (in einfachen Fällen Wasser) von der Adsorbensoberfläche entfernt werden.

Die Desorption als Umkehrung des Adsorptionsprozesses kann erfolgen, indem man die Lage des Adsorptionsgleichgewichts durch mindestens eine der folgenden Maßnahmen in die Richtung geringerer Aufnahmefähigkeit des Adsorbens verschiebt:
- Temperaturerhöhung,
- Partialdrucksenkung durch
  - Gesamtdruckerniedrigung,
  - Behandeln mit einem Gas, das die zu desorbierende Komponente in geringerer Konzentration oder gar nicht enthält,
  - selektives Entfernen der Komponente aus der Gasphase z. B. durch Kondensation oder mit Hilfe semipermeabler Membranen.

Technisch wird bei Adsorptionsprozessen vor allem die Desorption mit Wasserdampf durchgeführt, wobei sowohl eine Partialdrucksenkung der zurückzugewinnenden Komponenten als auch eine Temperaturerhöhung bewirkt wird.

Neben Wasserdampf dienen oft noch Heißluft oder auch das Reingas als Regenerationsmedium. Nach der Regeneration mit heißem Dampf oder Gas ist der Adsorber vor der erneuten Nutzung zur Gasabscheidung zunächst wieder auf die niedrigeren Adsorptionstemperaturen zu kühlen. Dies geschieht i. d. R. mit Hilfe von Reingas oder kalter Umgebungsluft.

Der apparative Aufbau von Desorptionsapparaten entspricht, sofern die Desorption bei kontinuierlichen Prozessen nicht schon ohnehin im gleichen Apparat durchgeführt wird, im wesentlichen dem der Adsorber. Im Vergleich zur Adsorption läuft die Desorption bei Anwendung höherer Temperaturen infolge der dann erheblich beschleunigten Transportkinetik i. allg. schneller ab. Probleme können sich teilweise durch irreversible chemische Veränderungen an Adsorbentien oder in der Adsorptionsschicht ergeben.

Wenn, wie es beim technischen Einsatz von Adsorptionsprozessen meist der Fall ist, nach der Desorption die regenerierten Gaskomponenten im Gemisch mit einem Trägergas vorliegt, bedarf es weiterer Verfahrensschritte. Bild F.3-5 gibt eine Übersicht für die Regeneration mit Wasserdampf. Dabei ist die Löslichkeit der wiederzugewinnenden Komponenten in Wasser von entscheidender Bedeutung.

F.3.4.5 Technischer Einsatz von Anlagen und Verfahren

Adsorptionsverfahren [F.3.35] werden oft angewandt, wenn besonders niedrige Reingasgehalte angestrebt werden. Für größere Gasvolumenströme sind bei Adsorptionsprozessen im Vergleich zu Absorptionsverfahren zumeist deutlich höhere Investitions- und Betriebskosten zu erwarten, die bis zum Dreifachen der Kosten für die letztgenannten Verfahren ausmachen können. Demgegenüber ergeben sich Vorteile für relativ kleine zu reinigende Gasströme bei der Adsorption, da hier die für Kleinanlagen oft unverhältnismäßig hohen Kosten für den Flüssigkeitskreislauf entfallen. Die Mehrkosten der Adsorption gegenüber anderen Gasreinigungsmethoden kön-

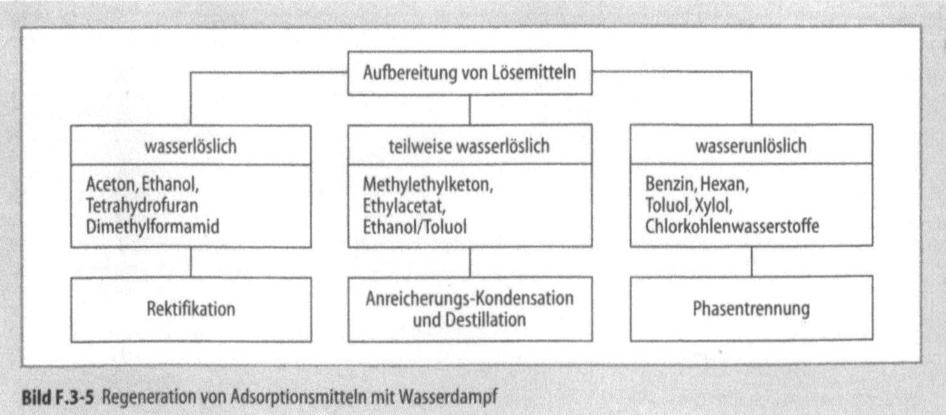

Bild F.3-5 Regeneration von Adsorptionsmitteln mit Wasserdampf nen vor allem dann mehr als ausgeglichen werden, wenn als Regenerationsprodukt der Adsorption ein Wertstoff gewonnen werden kann. Eine der Hauptanwendungen technischer Adsorptionsverfahren zur Luftreinhaltung liegt daher im Bereich der Lösemittelrückgewinnung. Die Mehrzahl der technisch eingesetzten Adsorptionsverfahren arbeitet mit Aktivkohle oder anderen kohlenstoffhaltigen Materialien als Adsorbens.

Bild F.3-6 zeigt das Schema eines Verfahrens zur Lösemittelrückgewinnung, bei dem das Lösemittel weitgehend wasserunlöslich ist und durch Phasentrennung nach erfolgter Regeneration mit Wasserdampf zurückgewonnen werden kann.

Die meisten Adsorptionsverfahren, die zur technischen Gasreinigung eingesetzt werden, basieren auf Physisorption. In der Vergangenheit bestanden Ausnahmen im wesentlichen nur bei heterogen katalytischen Verfahren, die fälschlich als Adsorptionsprozesse betrachtet wurden, obwohl nur der erste Reaktionsschritt, wie stets bei der heterogenen Katalyse, als Chemisorption anzusehen war.

Neuerdings hat mit der Adsorption von elementarem Quecksilber durch Aktivkohlefilter bei der Abfallverbrennung ein ausgesprochener Chemisorptionsprozeß an Bedeutung gewonnen. Dabei ist bekannt, daß die Aufnahmefähigkeit von Aktivkohlen und -koksen dadurch erheblich gesteigert werden kann, daß man die Adsorbenti-

en einer NO_x- und SO_x-haltigen Rauchgasatmosphäre aussetzt. Dies wird deutlich erkennbar an der in Bild F.3-7 dargestellten Adsorptionsisotherme von Quecksilber an Aktivkohle. Für diese unter definierten Laborbedingungen aufgenommene Adsorptionsisotherme wurde die Beaufschlagung mit oxidierend wirkenden Gasoxiden durch die Behandlung mit Schwefel- bzw. Salpetersäure simuliert. Wie man Bild F.3-7 entnehmen kann, ist die Abscheidegradsteigerung durch Säurebehandlung erheblich. Ferner ist ersichtlich, daß es sich bei der Adsorption des elementaren Quecksilbers um einen Chemisorptionsvorgang handelt, bei dem die beteiligten Adsorptionsplätze nur einen Bruchteil der gaszugängigen Oberfläche ausmachen, die mit Hilfe der physikalischen Adsorption nach der N_2-BET-Methode bestimmt wurde.

Anders ist die Situation bei der Abscheidung von $HgCl_2$, das bei der Rauchgasreinigung in thermischen Abfallentsorgungsanlagen ebenso wie polychlorierte organische Verbindungen (Dioxine und Furane) überwiegend durch physikalische Adsorption gebunden wird. Neben der Adsorption durch Kohlenstoff-Adsorbentien werden auch Anstrengungen unternommen, anorganische und organische Spurenstoffe mit Hilfe hydrophobierter Zeolithe abzuscheiden, die z. B. speziell für die Abscheidung von elementarem Quecksilber und Quecksilberchlorid adaptiert werden. Diese Stoffe können ggf. ther-

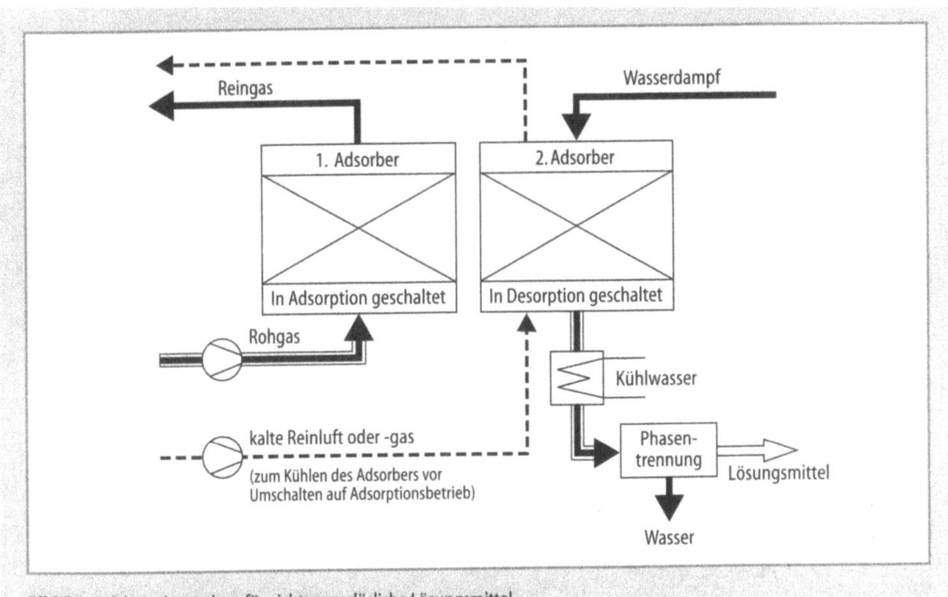

Bild F.3-6 Adsorptionsanlage für nichtwasserlösliche Lösungsmittel

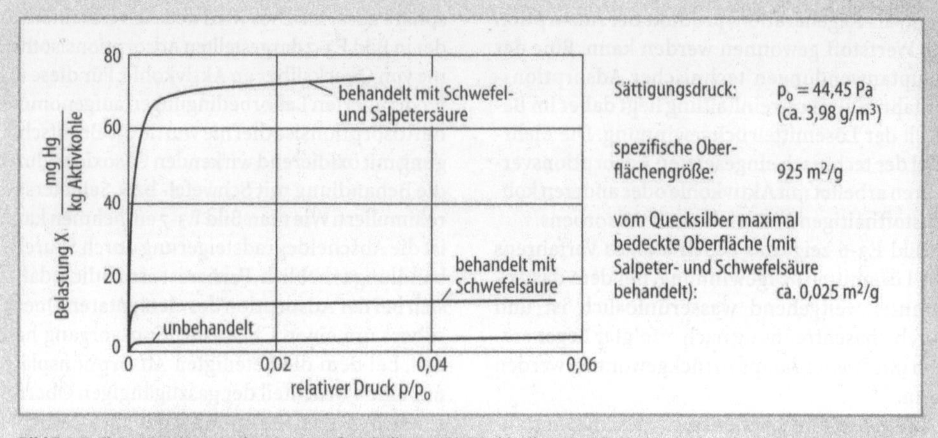

Bild F.3-7 Chemisorption von elementarem Quecksilber an Aktivkohlen bei 104 °C

misch regeneriert werden und bieten darüber hinaus den Vorteil, daß sie im Gegensatz zu Aktivkohle nicht brennbar sind.

F.3.5 Absorptionsverfahren

F.3.5.1. Grundlagen

Bei Absorptionsverfahren werden die abzutrennenden Gaskomponenten (*Absorptive*) im Inneren einer kondensierten (i. allg. flüssigen) Phase (*Absorbens*) gebunden und können in einem anschließenden Regenerationsschritt (Desorption) wieder in die Gasphase überführt werden. Da sich bei der Absorption ähnlich wie bei der Adsorption die Entropie der sorbierten Moleküle gegenüber der Gasphase vermindert, verläuft der Absorptionsvorgang exotherm.

Die Bindung der absorbierten Moleküle erfolgt physikalisch (van-der-Waals-Kräfte) mit einer Absorptionsenergie, die vergleichbar zur Kondensationsenthalpie von Gasen (ca. 40 kJ/Mol oder kleiner) ist. Bei der Chemisorption bilden sich nach der physikalischen Einbindung der Gaskomponenten durch chemische Reaktion neue Produktstoffe. Da die Enthalpieänderungen bei chemischen Reaktionen i. allg. erheblich größer als die Kondensationsenthalpie sind, ergeben sich bei der Chemisorption Absorptionswärmen, die vergleichbar zu denen der chemischen Reaktionen sind. Die Chemisorption ist wie eine chemische Reaktion ein aktivierter Vorgang.

Grundsätzlich nimmt die im Gleichgewicht absorbierbare Gasmenge (wie bei der Adsorption) mit sinkender Temperatur und/oder steigendem Partialdruck (entsprechend steigender Konzen-

tration oder Beladung im Gas) der abzutrennenden Gaskomponenten bei allen Absorptionsvorgängen zu. Für die physikalische Absorption unterschiedlicher Gaskomponenten durch ein bestimmtes Absorbens gilt i. d. R., daß die Gleichgewichtsbeladung bei gleichem Druck und gleicher Temperatur um so größer ist, je stärker die intermolekularen Wechselwirkungen der Gasmoleküle sind. Als Maß für die dabei bestimmenden van-der-Waals-Kräfte kann man die absoluten Siedetemperaturen der zu absorbierenden Komponenten annehmen. Allerdings treten in gewissem Umfang Abweichungen durch spezifische Wechselwirkungen zwischen einzelnen Absorbentien und Gaskomponenten auf.

Die Abhängigkeit der absorbierten Menge von der Gasbeladung (Konzentration, Partialdruck) wird bei konstanter Temperatur durch Absorptionsisothermen wiedergegeben. Für idealisierte Systeme (Gültigkeit des idealen Gasgesetzes für die Gasphase, ideale Lösungen ohne chemische Reaktionen und ohne wesentliche Wechselwirkung der physikalisch absorbierten Moleküle mit den Lösungsmitteln) gilt ein linearer Zusammenhang zwischen Gasbeladung und Flüssigkeitsbeladung (Henry-Gesetz)

$$c^g = K_H \cdot c^{abs}$$

oder

$$p = K_H \cdot c^{abs} .$$

Dabei bezeichnet man K_H als Henry-Konstante. Diese besitzt folgende anschauliche Bedeutung: In den Einheiten Pa/(mol/l) gibt sie an, welcher Druck in Pa aufgebracht werden muß, um eine bestimmte Beladung der Flüssigkeit in mol/l zu erreichen. Die Löslichkeit eines Gases ist also um so höher, je größer die Henry-Konstante ist.

Das Henry-Gesetz ist für nicht zu hohe Partialdrücke für viele Systeme ohne chemische Reaktionen gut erfüllt.

Tabelle F.3-2 zeigt Henry-Konstanten für die Löslichkeit einer Reihe von Gasen in Wasser bei einer Temperatur von 25 °C. Außerdem sind für die zu absorbierenden Gaskomponenten die Siedepunkte angegeben. Man erkennt, daß im wesentlichen die Henry-Koeffizienten der Gaskomponenten mit steigenden Siedetemperaturen abnehmen, d.h. die Löslichkeit der Gaskomponenten steigt.

Stellt sich bei der Chemisorption ein chemisches Gleichgewicht ein, für das die Konzentration der nicht umgesetzten physisorbierten Komponente bekannt ist, so ist für diese oft das Henry-Gesetz weiterhin gültig.

Da die Chemisorption über das chemische Gleichgewicht auch durch die Konzentration des Reaktionspartners beeinflußt werden kann, ist es möglich, Chemisorptionsvorgänge mit so grosser Geschwindigkeit ablaufen zu lassen, daß der flüssigkeitsseitige Widerstand für die Stoffübertragung vernachlässigbar klein im Vergleich zum gasseitigen Stoffübergang wird. Entsprechende Voraussetzungen sind vor allem bei der Absorption von Gaskomponenten in Wasser gegeben, die unter Bildung einer mittelstarken bis starken Säure oder Lauge reagieren. Tabelle F.3-3 zeigt für einige Gaskomponenten und deren korrespondierenden Säuren Geschwindigkeitskonstanten der Umsetzung mit Wasser (nach [F.3.36]). Wie zu ersehen ist, bewegen sich die Geschwindigkeitskonstanten der Solvatolyse starker Säuren in einem

Bereich, wie er sonst von schnellen Gasreaktionen bekannt ist. Daher und wegen des großen Aufnahmevermögens, das Wasser für diese Komponenten aufweist, können Chlorwasserstoff, Fluorwasserstoff und Schwefeltrioxid mit vergleichsweise geringem Aufwand bereits durch Wasser ohne Zusatz von Hilfsstoffen absorbiert werden. Zum Vergleich sind in Tabelle F.3-4 für einige Gaskomponenten die Löslichkeiten zusammengestellt, wie sie sich aus Luft von 25 °C bei Normaldruck mit einem Volumenanteil von jeweils 0,1 % ergeben.

In vielen Fällen wird eine Absorption mit den für eine wirkungsvolle Emissionsminderung erforderlichen Abscheidegraden erst durch Zuga-

Tabelle F.3-3 Kinetik der Dissozation von Säuren in Wasser bei 298 K

Säure	Anion	K_{diss} mol/l	K_{ion} s^{-1}
HSO_4^-	SO_4^{2-}	$1{,}00 \cdot 10^{-02}$	$1{,}00 \cdot 10^{+09}$
HF	F^-	$7{,}08 \cdot 10^{-04}$	$7{,}08 \cdot 10^{+07}$
H_2CO_3	HCO_3^-	$1{,}70 \cdot 10^{-04}$	$7{,}98 \cdot 10^{+06}$
C_6H_5COOH	$C_6H_5COO^-$	$6{,}31 \cdot 10^{-05}$	$2{,}21 \cdot 10^{+06}$
CH_3COOH	CH_3COO^-	$1{,}82 \cdot 10^{-05}$	$8{,}19 \cdot 10^{+05}$
H_2S	HS^-	$5{,}75 \cdot 10^{-08}$	$4{,}32 \cdot 10^{+03}$
$SO_2 + H_2O$	HSO_3^-	$1{,}58 \cdot 10^{-02}$	$3{,}17 \cdot 10^{+06}$
$CO_2 + H_2O$	HCO_3^-	$4{,}47 \cdot 10^{-07}$	$2{,}50 \cdot 10^{+02}$

$K_{diss} \equiv$ Dissoziationskonstante der Säure
$K_{ion} \equiv$ Geschwindigkeitskonstante der H^+-Dissoziierung

Tabelle F.3-4 Löslichkeit von Gasen in Wasser

Gas	Löslichkeit	
	$kmol/m^3$	kg/m^3
N_2O	$5{,}3 \cdot 10^{-6}$	$2{,}3 \cdot 10^{-4}$
NO	$4{,}3 \cdot 10^{-6}$	$1{,}3 \cdot 10^{-4}$
N_2	$6{,}6 \cdot 10^{-7}$	$1{,}8 \cdot 10^{-5}$
O_2	$1{,}2 \cdot 10^{-6}$	$3{,}8 \cdot 10^{-3}$
SO_2	$4{,}3 \cdot 10^{-3}$	$0{,}28$
HCl	$7{,}1$	263
HF	11	187

bei einem Gesamtdruck von 1,013 bar, Temperatur 298,15 K, Gaskonzentration 1000 vpm

Tabelle F.3-2 Daten zur Physisorption in Wasser bei 298,15 K

Adsorptiv	Siedepunkt K	HENRY-Konstante $10^5 \cdot Pa \cdot m^3 \cdot kmol^{-1}$
Helium	4,5	2630
Neon	27,2	2240
Argon	87,5	718
Xenon	166,1	200
Wasserstoff	20,4	1300
Stickstoff	77,2	1550
Sauerstoff	90,0	803
Methan	113,0	755
Ethan	183,0	589
Chlormethan	249,0	95,2
Benzol	353,0	5,51

Tabelle F.3-5 Beispiele für Absorptiv/Absorbens-Kombinationen

Anorgan. Absorptive	Absorbentien
Halogenwasserstoffe (HCl, HF, HBr), Schwefeltrioxid	Wasser
Schwefeldioxid	wäßrige Lösungen von NaOH, KOH, $Ca(OH)_2$, NH_3, Na_2CO_3, $MG(OH)_2$, Na_2SO_3, Na-acetat, Na-citrat; wäßrige Suspensionen von MgO, CaO, $CaCO_3$
Schwefelwasserstoff, Kohlenoxidsulfid	Methanol, wäßrige Lösungen von NaOH, K_2CO_3, Ethanolamine
Chlor	Natronlauge ($p_H > 11$), Sulfitlauge
Kohlenoxidchlorid	Natronlauge
Ammoniak	Schwefelsäure, Phosphorsäure
Stickstoffdioxid	Wasser, alkal. Lösungen
Stickstoffmonoxid	wäßrige Lösungen von $KMnO_4$, wäßrige Lösungen von Sulfiten und Fe^{2+}-Komplexsalzen (Komplexbilder z.B. Edta ≡ Ethylen-diamin-tetraacetic-acid)

Organ. Absorptive	Absorbentien
Thioalkohole, Thioether	Hypochlorit-Lösung
organische Säuren, Phenole, Kresole	Laugen
Amine	Säuren
Aldehyde	Ammoniakwasser, Sulfit-Lösungen
Alkohole	$KMnO_4$-Lösung, Hypochlorit-Lösungen, Peroxo-Säuren

be chemisch wirkender Zusatzstoffe erreicht. Tabelle F.3-5 gibt eine Übersicht über eine Reihe von Absorbens-/Absorptivkombinationen.

Neben wäßrigen Lösungen kommen für spezielle Gasreinigungsprobleme auch anders zusammengesetzte Absorbentien in Frage. Als überwiegend physikalisch wirkende Abscheidemedien können z.B. Siliconöle sowie mono- und polymere Alkohole und Ether eingesetzt werden. Polymere Ether sind dabei in der Lage, eine große Anzahl unterschiedlicher anorganischer und organischer Absorptive sowohl mit polarem als auch unpolarem Charakter zu binden. Tabelle F.3-6 zeigt entsprechende Löslichkeitswerte für einen Polyether. An diese Art von Absorbentien sind vor allem folgende Forderungen zu stellen:

– gute chemische und thermische Beständigkeit,
– hohe Selektivität gegenüber den Absorptiven,
– geringer Dampfdruck bei Adsorptionsbedingungen,
– leichte Regenerierbarkeit,
– kostengünstige Verfügbarkeit des Absorbens.

Bild F.3-8 gibt die Temperaturabhängigkeit des Dampfdrucks für einen zur Absorption verwendeten Polyether wieder.

Tabelle F.3-6 Gaslöslichkeit verschiedener Gase in Tetraethylenglykoldimethylether

Summen-formel	Bezeichnung	$H/bar \cdot l \cdot mol^{-1}$
CH_4	Methan	112
C_2H_6	Ethan	17
C_2H_4	Ethen	13
C_2H_2	Ethin	1,6
C_3H_8	n-Propan	7,5
C_4H_{10}	n-Butan	3,2
C_5H_{12}	n-Pentan	1,4
C_6H_{14}	n-Hexan	0,68
C_6H_6	Benzol	$3,0 \cdot 10^{-2}$
C_7H_{16}	n-Heptan	0,3
C_4H_4S	Tiophen	$1,4 \cdot 10^{-2}$
CH_3SH	Methylmercaptan	0,33
O_2	Sauerstoff	112
CO	Kohlenmonoxid	> 230
CO_2	Kohlendioxid	7,5
COS	Kohlenoxidsulfid	3,2
CS_2	Schwefelkohlenstoff	0,31
H_2	Wasserstoff	> 230
HCN	Cyanwasserstoff	$3,4 \cdot 10^{-3}$
H_2S	Schwefelwasserstoff	1,17
NH_3	Ammoniak	1,6
SO_2	Schwefeldioxid	$8,0 \cdot 10^{-2}$

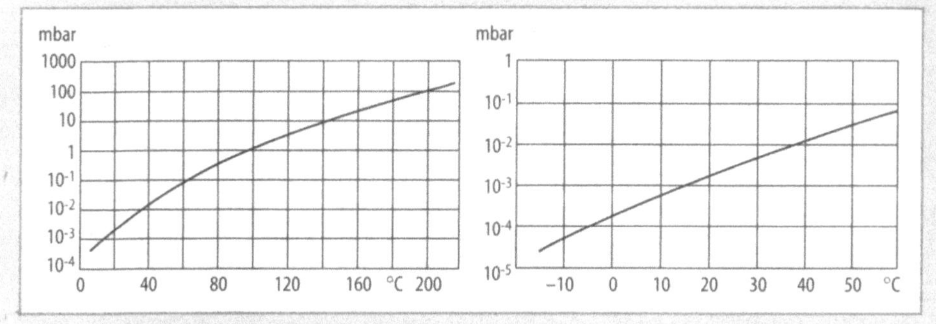

Bild F.3-8 Dampfdruck von Tetra-ethylenglycol-dimethylether CH_3-O-C_2H_4-O-C_2H_4-O-C_2H_4-O-C_2H_4-O-CH_3

Für den Einsatz bei extremen Temperaturen können geschmolzene Salze als Absorbentien dienen, wenn bereits aus prozeßtechnischen Gründen eine weitgehende Reinigung erforderlich wird und außerdem eine Abkühlung der Gase vor deren Reinigung unerwünscht ist. Als basische Abscheidemedien für Temperaturen von bis zu ca. 750 °C zur Niederschlagung von Stäuben und von sauren Gaskomponenten mit hoher Wirksamkeit wurden Eutektika von Alkalihydroxiden und -carbonaten erprobt [F.3.37, F.3.38]. Diese Stoffe verhalten sich bei hohen Temperaturen im Hinblick auf ihre chemischen und physikalischen Eigenschaften weitgehend ähnlich wie konzentrierte Alkalilaugen bei Umgebungstemperatur. Dementsprechend lassen sich bei hohen Temperaturen auch Abscheidegrade für SO_2, HCl und HF von bis zu über 95 % erreichen.

Für noch höhere Temperaturen von bis zu über 1400 °C, wie sie teilweise bei der Entwicklung neuer Kohlenumwandlungsprozesse angestrebt werden, kommen basische Gemische mit Calciumverbindungen als reaktiven Komponenten in Betracht. Entsprechende Salzgemische, teilweise auch Gemische von Kohlenaschen mit alkalischen Komponenten erbrachten in Laborversuchen bei Temperaturen > 1400 °C Abscheidegrade von bis zu über 85 % für SO_2, HCl und HF [F.3.39].

F.3.5.2 Absorberarten

Während bei der Adsorption die Aufgabe der Schaffung einer großen Grenzfläche zwischen den beteiligten Phasen durch den Einsatz von Adsorbentien großer spezifischer Oberfläche gelöst wird, ist dies bei der Absorption vom Absorber zu leisten. Ein wichtiger Nebeneffekt ist dabei die Dispergierung von Flüssigkeitspartikeln im Gasstrom, die in nachgeschalteten Tropfenabscheidern abzutrennen sind, damit ein Auswurf der Tropfen oder von deren Inhaltsstoffen vermieden wird. Zur Tropfenabscheidung sind grundsätzlich alle trockenen Entstaubungsverfahren geeignet. Eine nähere Beschreibung der Tropfenabscheider ist in Abschn. F.2.2.2 zu finden.

Für die Erzeugung großer Grenzflächen zwischen Gasen und Flüssigkeiten steht eine Vielzahl von Methoden zur Verfügung und dementsprechend groß ist auch die Zahl der Absorptionsapparate.

Eine Möglichkeit zur Unterscheidung der Absorber besteht darin, sie nach der Art der Einbauten in 3 Gruppen zu unterteilen, wie dies in Tabelle F.3-7 beschrieben wird. Dabei sind aus Gründen der Übersicht nur typische Einzelbeispiele für die einzelnen Gruppen benannt worden.

Bild F.3-9 zeigt in schematischen Darstellungen den Aufbau einzelner Absorber.

Bei der Auswahl eines geeigneten Absorbers steht zunächst das Absorptiv-/Absorbens-System im Vordergrund. Bei guter Löslichkeit und schneller Absorptionskinetik wird man möglichst einfach aufgebaute Absorber wählen. Zu beachten ist dabei allerdings, daß oft angestrebt wird, weitere Aufgaben wie Entstaubung, Feuchtigkeitssättigung oder Kühlung in dem gleichen Apparat durchzuführen. Dann sind auch die für diese Verfahrensschritte geltenden Optimierungskriterien zu berücksichtigen. Außerdem kann die Anwesenheit von Stäuben, auch wenn sie nicht abgeschieden werden sollen, unerwünschte Nebenwirkungen wie Verkleben, Verstopfen oder auch chemische Reaktionen mit der Waschflüssigkeit bewirken.

Grundsätzlich kann eine hocheffektive Naßentstaubung zusammen mit einer Schadgasab-

Art der Einbauten	Ohne	Feststehend, bewegt	Rotierend
Absorbertyp	Oberflächenabsorber, Sprühabsorber, Venturiabsorber, Injektorabsorber, Rieselrohrabsorber, Zentrifugalabsorber	Füllkörperkolonnen, Bodenkolonnen, Wirbelschichtabsorber, Wirbelstromwascher	Kreuzschleier- (Ströder-) Absorber, Desintegrator, Tellerabsorber

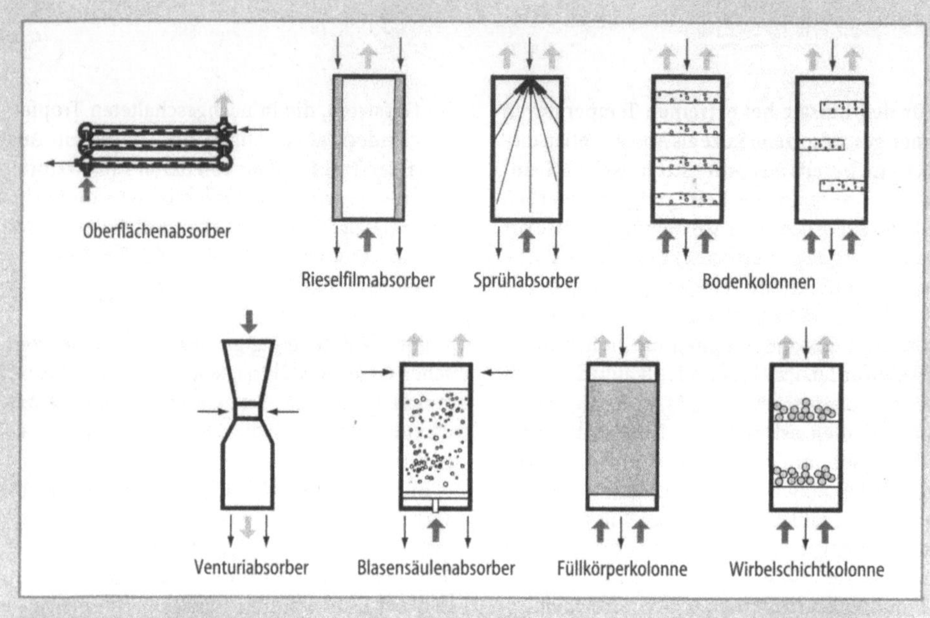

Bild F.3-9 Beispiele für Absorberbauarten

scheidung in einem einzigen Apparat durchgeführt werden, wenn die abzuscheidenden Gaskomponenten gut löslich sind und mit einer schnellen Absorptionskinetik eingebunden wird. Dies ist beispielsweise bei der Absorption von Komponenten in Wasser oder wäßrigen Lösungen der Fall, die nach der Absorption starke bis mittelstarke Säuren (vgl. Tabelle F.3-3) bzw. deren Anionen bilden (Absorption von SO_x, HCl, HF). In diesem Fall können Hochleistungsnaßentstauber wie Venturi- und Rotationswascher als Apparate zur simultanen Entstaubung und zur Gasabscheidung eingesetzt werden.

Grundsätzlich ist bei der Planung von Absorptionsanlagen zunächst vom bautechnisch einfachsten und energetisch günstigsten Apparat auszugehen. Man wird daher vor allem bestrebt sein, einbaulose Absorber anzuwenden. In dieser Gruppe sind Oberflächenabsorber sowie Rieselfilmabsorber als alleinige Apparate zur Luftreinhaltung weniger geeignet. Sie verfügen – bezogen auf das Absorbervolumen – über vergleichsweise kleine Austauschflächen zwischen Gas und Flüssigkeit. Beide Absorber kommen beim heutigen Stand der Technik daher praktisch nur noch als Vorabscheider bei hochkonzentrierten Gasen in Betracht, insbesondere dann, wenn die gasbeladene Flüssigkeit ein wertvolles Produkt (z. B. eine marktfähige oder leicht aufbereitbare Säure) darstellt. Rieselfilmabsorber werden außerdem noch im Rahmen von Forschungstätigkeiten verwendet, um bei relativ gut definierter Phasengrenzfläche Kennzahlen für den Stoffaustausch zu ermitteln.

Sprühabsorber, bei denen die Waschflüssigkeit durch Druckdüsen in Form feiner Tropfen über den Querschnitt des Waschturms möglichst gleichmäßig verteilt werden, sind besonders einfach aufgebaut und weisen daher nur relativ geringe Investitionskosten auf. Sie verursachen infolge fehlender Einbauten bei großem Gasströmungsquerschnitt nur geringen gasseitigen Druckverlust, der ggf. bei Gleichstromführung noch durch die kinetische Energie der Waschflüssigkeit verringert oder sogar in einen Druckgewinn gewandelt werden kann. Allerdings sind Sprühtürme zur Abscheidung von Feinstäuben relativ uneffektiv, so daß sie bei staubhaltigen Gasen nur dann Verwendung finden sollten, wenn keine simultane Entstaubung erforderlich ist.

Wird eine simultane Hochleistungsentstaubung benötigt, dann bieten sich aus der Gruppe der einbaulosen Wascher vor allem Venturiabscheider an. Vergleichbare Entstaubungs- und Gasabscheideleistungen werden mit Rotationswaschern erreicht. Diese weisen gegenüber Venturiabscheidern höhere Investitions- und Betriebskosten auf, sind aber insbesondere auch bei veränderlichen Gasvolumenströmen über die Drehzahl besser regelbar.

Demgegenüber gestatten Injektorwascher nur mittlere Entstaubungsleistungen, wobei aller-

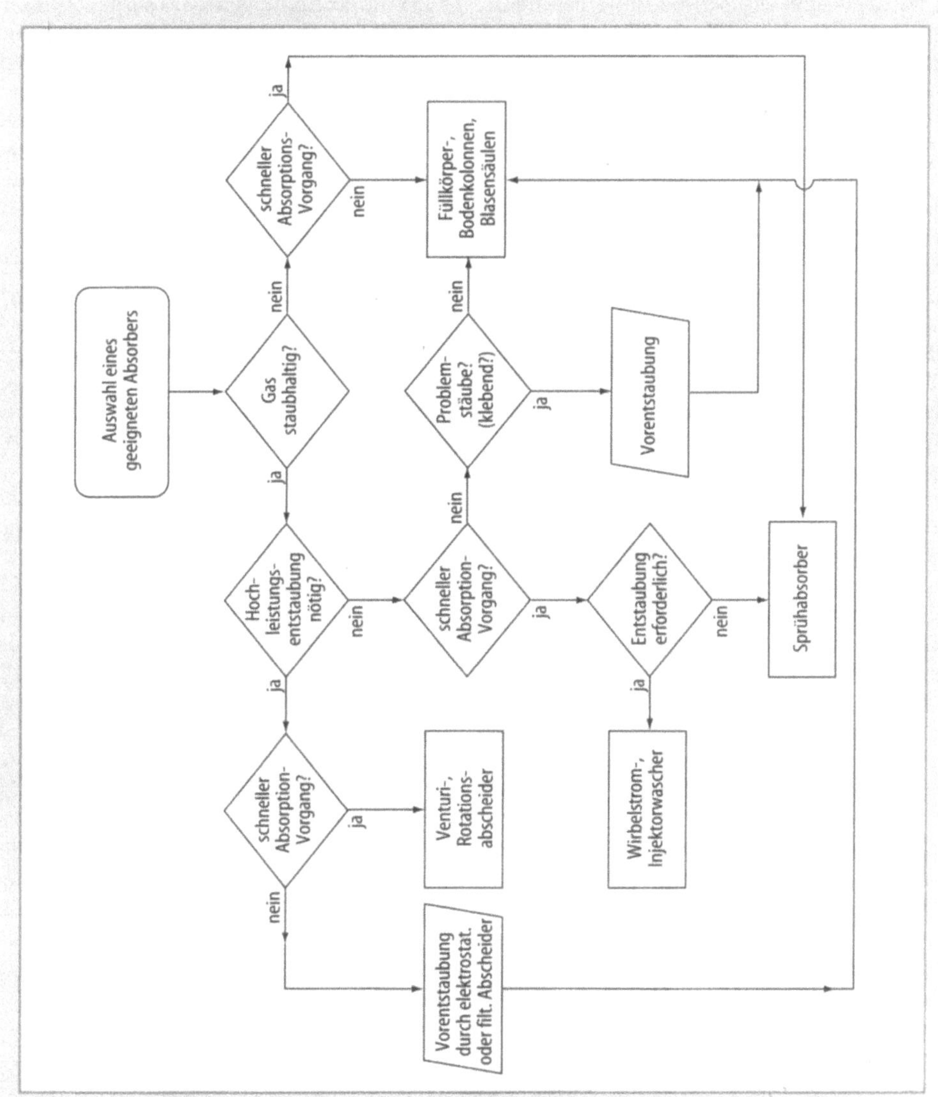

Bild F.3-10 Auswahlkriterien für Absorber

dings durch die längere Kontaktzeit zwischen Gas und Flüssigkeit bei mäßig schneller Absorptionskinetik höhere Gasabscheidegrade erzielt werden können, die sich durch Hintereinanderschaltung mehrerer Injektorwascher noch verbessern lassen.

Blasensäulenabsorber, bei denen im Gegensatz zu den bisher betrachteten Apparaten die Gas-Flüssigkeits-Grenzfläche nicht durch Dispergieren der Flüssigkeit im Gas, sondern durch Verteilen des Gases in der Flüssigkeit in Form feiner Blasen erreicht wird, können als sehr wirkungsvolle Stoffaustauschapparate betrieben werden. Sie sind aber aufgrund des hydrostatischen Drucks der von den Gasblasen überwunden werden muß, sehr energieintensiv und daher für die Reinigung größerer Gasvolumenströme weniger geeignet.

Ein sehr intensiver Stoffaustausch wird durch Füllkörper- und Bodenkolonnen ermöglicht, die allerdings aufgrund der Einbauten und infolge der Energieaufnahme der auf den Böden bzw. im Füllkörperbereich dispergierten Flüssigkeit einen vergleichsweise hohen Energiebedarf aufweisen. Im allgemeinen sind Füllkörper- und Bodenkolonnen sehr empfindlich gegen Verkleben oder Verstopfen durch Stäube. Wenn eine möglichst effektive Entstaubung gewünscht wird und wenn Absorptionsgleichgewicht und -kinetik bzw. der angestrebte Reingasgehalt es zulassen, können Füllkörperkolonnen auch im Gleichstrom betrieben werden.

Bei einer besonderen Kolonnenbauform, der Wirbelschichtkolonne, wird dem Verkleben dadurch entgegengewirkt, daß durch das im Gegenstrom von unten nach oben bewegte Gas die auf den Böden befindlichen Kunststoffhohlkugeln gegeneinander bewegt. Dadurch werden etwaige Feststoffanlagerungen abgerieben.

Bild F.3-10 zeigt eine Übersicht über die Vorgehensweise bei der Auswahl von Absorbern in Abhängigkeit von vorgegebenen Gas- und Staubbedingungen der zu reinigenden Gase.

F.3.5.3 Regeneration beaufschlagter Waschflüssigkeiten

Die Produktstoffe von Physisorptionsverfahren sind grundsätzlich regenerierbar durch Desorption infolge Temperaturerhöhung oder durch Absenkung des Partialdrucks der Absorptive. Irreversible Chemisorptionsprozesse (z. B. Absorption von Säuren in Laugen mit hoher Überschußkonzentration) machen i. d. R. eine weitere chemische Behandlung erforderlich.

Die Desorption kann allgemein in ähnlichen Apparaten wie die Absorption stattfinden. Eine Regeneration ist nicht erforderlich, wenn die gasbeaufschlagte Waschflüssigkeit bereits ein marktfähiges Produkt oder eine Vorstufe darstellt, die weiter aufbereitet werden kann. In einigen Fällen kann auch ein in aufwendigen mechanischen, thermischen und chemischen Regenerationsschritten als Reichgas zurückgewonnenes Absorptiv als Chemierohstoff einen vergleichsweise hohen Marktwert haben (z. B. Reichgas-SO_2 als Ausgangsstoff für die Elementarschwefelgewinnung nach dem Claus-Prozeß).

Weitere wichtige Möglichkeiten der Gewinnung von Produktstoffen aus Absorptionsprozessen bestehen in der Gewinnung von Düngemitteln (z. B. Nitrate, Ammoniumsalze), Baustoffen (z. B. Stuckgips) oder Bauhilfsstoffen. Grundsätzlich ist auch eine Überführung in weitgehend inerte Mineralstoffe möglich, z. B. $CaSO_4$ (Anhydrit) als Endprodukt der Entschwefelung oder CaF_2 (Flußspat) als Endprodukt der Fluorwasserstoffabscheidung.

Organische Komponenten können grundsätzlich durch chemische und elektrochemische Oxidation oder auch auf biologischem Weg durch adaptierte Mikroorganismen zu Kohlendioxid und Wasser abgebaut werden, wobei der letztgenannte Verfahrensschritt einen Übergang zu den biologischen Gasreinigungsverfahren darstellt (vgl. Abschn. F.3.7).

Neben den i. d. R. erwünschten Produkten des Absorptionsvorganges der abzutrennenden Gaskomponenten ist i. allg. auch mit Nebenreaktionen anderer Gase (z. B. Sauerstoff, Kohlendioxid) aber auch fester Spurenstoffe zu rechnen, die sowohl die Qualität der Produktstoffe als auch die Eigenschaften der im Kreislauf geführten Waschflüssigkeit und von ggf. abzugebendem Abwasser beeinflussen können.

F.3.5.4 Technischer Einsatz von Anlagen und Verfahren

Absorptionsanlagen unterschiedlicher Größen werden in vielen Bereichen von Industrie und Gewerbe zur Luftreinhaltung eingesetzt. Absorptionsverfahren werden in einigen VDI-Richtlinien, z. B. [F.3.40] und [F.3.41], beschrieben.

Rauchgasentschwefelung

Anlagen für Gasvolumenströme von bis zu über 2 Mio. m³ i. N./h werden bei der Rauchgasentschwefelung in Kraftwerken eingesetzt. Weltweit – und auch in Deutschland (über 80 %) – werden dazu überwiegend Waschverfahren eingesetzt, die mit wäßrigen Kalksteinsuspensionen arbeiten und als Produktstoff Gips ($CaSO_4 \cdot 2\,H_2O$) erzeugen, der zu Stuckgips ($CaSO_4 \cdot 1/2\,H_2O$) gebrannt werden kann. In Einzelfällen kann der Gips auch deponiert oder bei Braunkohlekraftwerken in den Lagerstätten mit dem Abraum verfüllt werden.

Bei großen Kraftwerksblöcken erfolgt die Entschwefelung oft über mehrere parallel geschaltete Anlagen. Es sind aber durchaus auch Waschtürme bis in den Bereich von über 1 Mio. m³ i. N./h gebaut worden.

Kalksteinsuspensionen werden bei der Absorption bevorzugt, da dieses Absorptionsmittel i. allg. besonders kostengünstig zur Verfügung steht. Kalkstein ($CaCO_3$) kann direkt durch Aufmahlen der Abbauprodukte natürlicher Kalksteinvorkommen erhalten werden. Demgegenüber ist für die Herstellung von gebranntem Kalk (CaO) und Kalkhydrat (gelöschter Kalk, $Ca(OH)_2$) ein erheblicher Energieaufwand für die Calcinierung des Rohmaterials erforderlich, was zu mehrfach höheren Preisen für diese Stoffe führt.

Neben SO_x werden auch Halogenwasserstoffe, bei Kohlekraftwerken im wesentlichen Chlor- und Fluorwasserstoff, mit hohen Abscheidegraden abgeschieden. Fluorwasserstoff wird zu besonders schwer löslichem Calciumfluorid (CaF_2, Flußspat) umgesetzt, das zusammen mit dem Gips ohne Beeinträchtigung der Baustoffqualität abgeschieden werden kann. Das Calciumsalz des Chlorwasserstoffs (Calciumchlorid, $CaCl_2$) ist sehr gut wasserlöslich. Da im Rauchgas Schwermetalle, die schwerlösliche Chloride bilden können, nur in Spuren vorkommen, reichern sich die Chloridionen im Waschkreislauf an. Um eine Übersättigung und eine Beeinträchtigung der Gipsqualität durch Chlorideinschlüsse zu vermeiden, ist es erforderlich, aus dem Waschflüssigkeitskreislauf Calciumchlorid in dem Umfang zu entfernen, in dem HCl mit dem Rauchgas eingetragen wird.

Vor allem zur Verbesserung der Gipsqualität werden Halogenwasserstoffe oft in einer Vorwaschstufe abgetrennt, wobei auch ein großer Teil der Schwermetallkomponenten anfällt. Daneben wird auch das in Konzentrationen von wenigen mg/m³ vorhandene SO_3 weitgehend in der Vorwaschstufe abgeschieden. SO_2 passiert die Vorwaschstufe, da diese bei pH-Werten unterhalb von 2 stark sauer betrieben wird, so daß sich praktisch keine Anionen der schwefligen Säure bilden und SO_2 nur physikalisch gelöst werden kann. Die physikalische Löslichkeit ist vernachlässigbar, da die Flüssigkeitstemperatur durch direkten Wärmetausch mit dem Rauchgas vergleichsweise hoch ist, was eine Abnahme der physikalischen Löslichkeit bewirkt. Außerdem ergibt sich eine Verringerung des physikalischen Aufnahmevermögens durch gelöste Fremdionen und Gase. Bild F.3-11 zeigt ein stark vereinfachtes Schema einer zweistufigen Rauchgasentschwefelung.

Nach der Physisorption des Schwefeldioxids wird dieses in schweflige Säure überführt, die abhängig vom pH-Wert in HSO_3^-- und SO_3^{2-}-Ionen dissoziieren kann (vgl. Bild F.3-12) Bei Abwesenheit katalytisch wirksamer Schwermetallionen (z.B. Fe^{3+}, Mn^{2+}) ist Sauerstoff auch bei

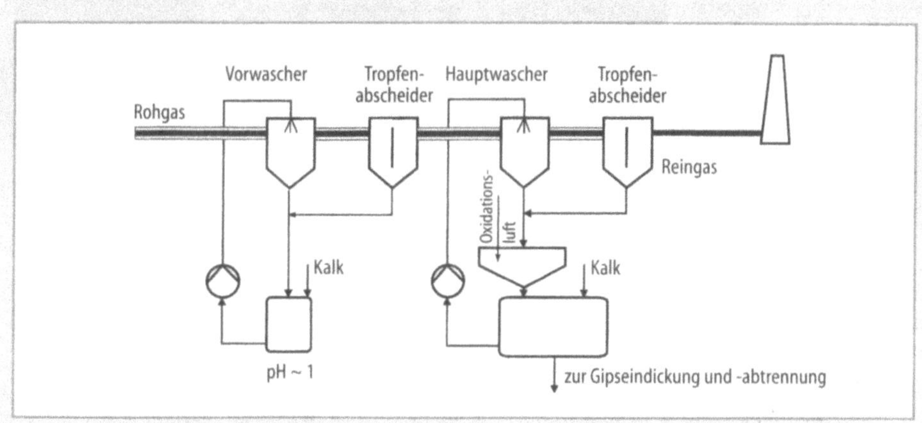

Bild F.3-11 Zweistufige Rauchgasentschwefelung

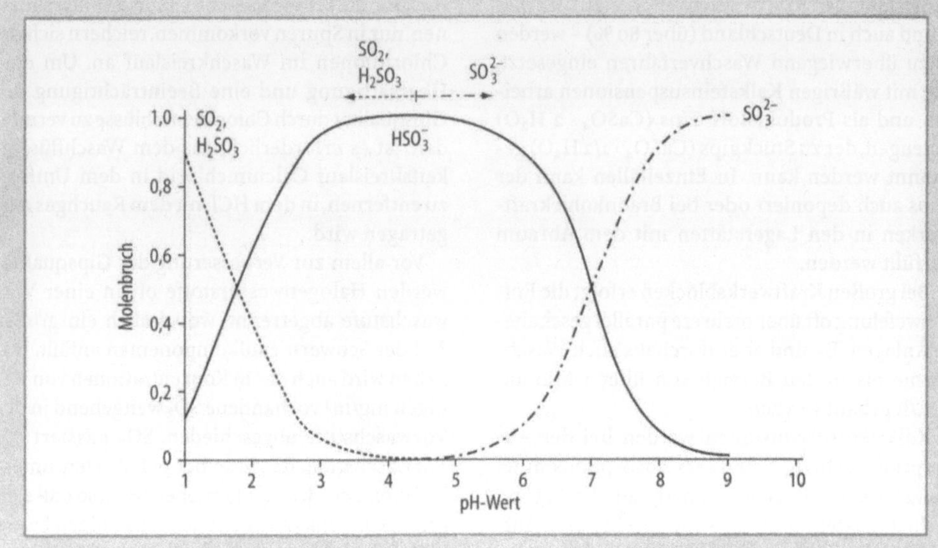

Bild F.3-12 Anteil von undissoziierter Schwefeliger Säure sowie deren Ionen in Abhängigkeit vom pH-Wert

hohen Konzentrationen nicht in der Lage, SO_3^{2-}-zum SO_4^{2-}-Ion zu oxidieren. Die Oxidation des HSO_3^--Ions wird durch H^+-Ionen katalysiert. Die HSO_3^--Oxidation ist von 2. Ordnung in bezug auf die H^+-Ionen-Konzentration. Eine Absenkung des pH-Werts um eine Stufe bewirkt also eine Anhebung der Oxidationsgeschwindigkeit um 2 Zehnerpotenzen. Andererseits wird die chemische Löslichkeit durch sinkende pH-Werte zurückgedrängt. Die Absorption des SO_2 ist daher zweckmäßig bei pH-Werten unterhalb von etwa 5,4; jedoch oberhalb von etwa 3 durchzuführen.

F.3.6 Verfahren mit katalytischen und nichtkatalytischen Gasreaktionen

Im allgemeinen laufen bei diesen Verfahren Redox-Reaktionen ab, bei denen die zu mindernden Komponenten entweder oxidiert (Kohlenwasserstoffverbindungen, Kohlenmonoxid, Ammoniak) oder reduziert (Stickoxide) werden. Die angewandten Oxidationsmittel (meist Sauerstoff) werden dabei reduziert, während die Reduktionsmittel (Ammoniak, Kohlenmonoxid, Wasserstoff) oxidiert werden. Die Redox-Vorgänge können als homogene Gasreaktionen ohne Beteiligung anderer Phasen ablaufen. Sie können aber auch durch feste Stoffe katalysiert werden. Die homogenen Gasphasenreaktionen erfolgen dabei i. allg. nach komplizierten Radikalkettenme-

chanismen mit einer Vielzahl von Teilreaktionen. Sehr viele Gaskomponenten können sowohl durch homogene Gasphasenreaktionen als auch heterogen katalysiert gemindert werden (NO_x-Reduktion, Nachverbrennung). Da Katalysatoren i. allg. eine Verminderung der Aktivierungsenergie für die erwünschten Reaktionen bewirken, können katalysierte Reaktionen bei niedrigeren Temperaturen und oft auch mit einer höheren Selektivität für die erwünschten Umsetzungen ablaufen. Diesen Vorteilen katalytischer Verfahren stehen i. allg. Nachteile gegenüber durch erhöhte Aufwendungen für:
– Reaktoren,
– Katalysatoren,
– Gasreinigung zum Schutz der Katalysatoren,
– Überwindung des Druckverlustes von Katalysatoreinbauten,
– größeren Platzbedarf.

Bei heterogen katalysierten Reaktionen wird die Aktivierungsenergie dadurch gesenkt, daß der Reaktionsweg dahingehend geändert wird, daß mindestens eine der beteiligten Komponenten nicht mehr aus der Gasphase, sondern aus dem chemisorbierten Zustand heraus reagiert.

Bild F.3-13 zeigt schematisch Reaktionswege für katalysierte und nichtkatalysierte Gasreaktionen. In beiden Fällen ergibt sich die gleiche Reaktionsenthalpie. Durch den Weg über den chemisorbierten Zustand wird bei der Katalyse

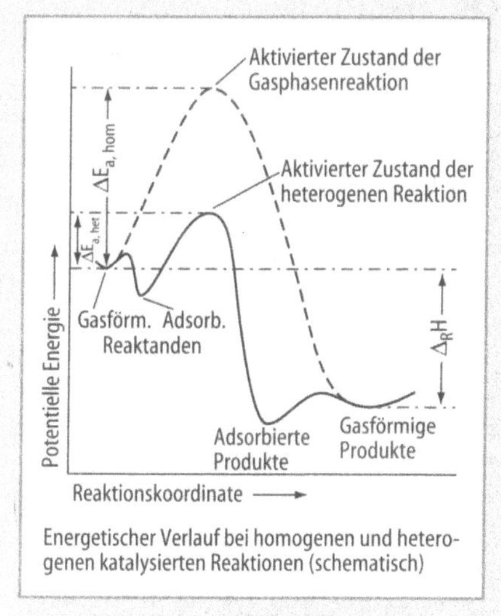

Bild F.3-13 Einfluß von Katalysatoren auf den Reaktionsweg

die Aktivierungsenergie erniedrigt. Die Reaktion kann in diesem Fall schon bei geringeren Temperaturen mit höherer Geschwindigkeit ablaufen.

Ist nur eine Einzelkomponente chemisorbiert und die übrigen Reaktanden reagieren aus der Gasphase, spricht man von einem Eley-Rideal-Mechanismus, sind mehrere chemisorbierte Komponenten am Reaktionsmechanismus beteiligt, so liegt ein Langmuir-Hinshelwood-Mechanismus vor. Eine sichere Unterscheidung zwischen beiden Mechanismen ist oft nicht möglich, und grundsätzlich ist zumeist mit einer Adsorption mehrerer Komponenten zu rechnen, so daß zumeist kein reiner Eley-Rideal-Mechanismus vorliegt. Andererseits gestaltet sich die Beschreibung der Katalyse für diesen Mechanismus besonders einfach. Dieser Mechanismus wird u. a. für die NO_x-Reduktion an einer Reihe von Katalysatoren angenommen.

Besondere Bedeutung für die Minderung organischer Verbindungen haben bei den im Rahmen dieses Abschnitts zu betrachtenden Gasreinigungsmethoden die Verfahren der thermischen und katalytischen Nachverbrennung. Auf die letztgenannten Prozesse wird zunächst eingegangen, bevor weitere Verfahren mit katalytischen und nichtkatalytischen Gasreaktionen diskutiert werden. Katalytische Verfahren werden in [F.3.42] beschrieben.

F.3.6.1 Thermische und katalytische Nachverbrennung

Die Nachverbrennungsverfahren haben die Aufgabe, oxidierbare Abgaskomponenten durch Verbrennung in unschädliche Stoffe umzuwandeln [F.3.43, F.3.44]. Im wesentlichen handelt es sich dabei um organische Verbindungen, meist Kohlenwasserstoffe, aber auch anorganische Gase wie z. B. Schwefelwasserstoff oder Stickoxide. Die Nachverbrennung kann sowohl rein thermisch als auch katalytisch erfolgen, wobei die katalytische Nachverbrennung bevorzugt bei geringen Schadstoffkonzentrationen angewandt wird. Die thermische Nachverbrennung wird bei hohen Schadstoffkonzentrationen oder bei Anwesenheit von Katalysatorgiften im Abgas eingesetzt. Bei sehr hohen Schadstoffkonzentrationen und entsprechend hohem Energieinhalt der Abgase können diese ohne Zusatzenergie verbrannt werden und man spricht dann von Flammenverbrennung.

F.3.6.1.1 Thermische Nachverbrennung (TNV)

Grundlagen der Verbrennung

Voraussetzung für eine vollständige Verbrennung ist neben einer ausreichend hohen Temperatur eine gute Vermischung von Brenngas und Luft sowie eine ausreichende Luftmenge. Bei Luftmangel kommt es zu einer unvollständigen Verbrennung und die Abgase enthalten noch Reste an Unverbranntem. Durch einen zu hohen Luftüberschuß wird die Verbrennungstemperatur herabgesetzt und die Verbrennung wird ebenfalls unvollständig oder setzt bei Unterschreiten der Zündtemperatur ganz aus.

Die Zündtemperatur ist die Temperatur, bei der die Verbrennung einsetzt und die Verbrennungswärme ausreicht, um das nachströmende Brennstoff-Luft-Gemisch auf diese Temperatur zu bringen. Sie wird nach DIN 51794 ermittelt [F.3.45]. In Tabelle F.3-8 sind beispielhaft die Zündtemperaturen stöchiometrischer Brennstoff-Luft-Gemische aufgeführt [F.3.46, F.3.47].

Eine weitere Voraussetzung für die Zündung eines Brennstoff-Luft-Gemischs ist die Konzentration der brennbaren Stoffe. Sie muß innerhalb der Zündgrenzen (Explosionsgrenzen) liegen. Die untere Zündgrenze wird durch Brennstoffmangel, die obere Zündgrenze durch Brennstoffüberschuß gekennzeichnet.

Tabelle F.3-8 Zündtemperaturen und Zündgrenzen stöchiometrischer Gas-Luftgemische

Gasart	Chemische Formel	Zündtemperatur in Luft [°C]	Zündbereich in Luft [Vol.-%]
Brenngase			
Kohlenmonoxid	CO	605	12,5 – 74,0
Wasserstoff	H_2	585	4,0 – 76,0
Methan	CH_4	595	5,0 – 15,0
Propan	C_3H_8	470	2,1 – 9,5
Stickstoffhaltige Abgase			
Blausäure	HCN	535	5,4 – 46,6
Ammoniak	NH_3	630	15,0 – 28,0
Stickstoffmonoxid	NO	605	12,5 – 74,0
Methylamin	CH_3NH_2	430	5,0 – 20,7
Dimethylformamid	$HCON(CH_3)_2$	440	2,2 – 16
Chlorverbindungen			
Methylchlorid	CH_2Cl_2	605	13,0 – 22,0
Dichlorethylen	CH_2CCl_2	460	6,2 – 16,0
o-Dichlorbenzol	$C_6H_4Cl_2$	640	2,2 – 12,0
Schwefelverbindungen			
Schwefelwasserstoff	H_2S	270	4,3 – 45,5
Schwefelkohlenstoff	CS_2	102	1,0 – 60,0
Kohlenstoffoxysulfid	COS	–	11,9 – 29,0
Methylmercaptan	CH_3SH	–	4,1 – 21,0

Tabelle F.3-9 Verbrennungstechnische Daten von gas- und dampfförmigen Brennstoffen

Brennstoff/Verbindung	Formel	Mindestluftbedarf $[m^3_{Luft}/m^3_{Br.st.}\ i.N.]$	Mindestrauchgasmenge $[m^3_{Rauchgas}/m^3_{Br.st.}\ i.N.]$
Acethylen	C_2H_2	11,9	12,4
n-Butan	C_4H_{10}	31,0	33,4
Buthylen	C_4H_8	28,6	30,9
Ethan	C_2H_6	16,7	18,1
Ethylen	C_2H_4	14,3	15,3
Kohlenmonoxid	CO	2,4	2,9
Methan	CH_4	9,5	10,5
Propan	C_3H_8	23,8	25,8
Propylen	C_3H_6	21,4	22,9
Wasserstoff	H_2	2,4	2,9

Nach der Zündung ist für die vollständige Umsetzung der Brenngase ein Mindestbedarf an Sauerstoff bzw. Luft erforderlich. Die Mindestluftmengen sowie die sich daraus ergebenden Mindestrauchgasmengen erhält man aus Verbrennungsrechnungen, deren Ergebnisse für technisch wichtige Brennstoffe in Tabelle F.3-9 aufgeführt sind [F.3.47, F.3.48].

Um unvollkommene Verbrennungszustände sicher zu vermeiden, muß im realen Brennerbetrieb die tatsächliche Luftmenge stets größer als die Mindestluftmenge sein. Dieses Verhältnis wird als Luft(überschuß)zahl bzw. Luftverhältnis λ bezeichnet und liegt je nach Brennstoff- und Brennerart zwischen 1,1 und 1,4.

Die Verbrennungstemperatur (Brennkammertemperatur) hängt von den Energieinhalten der zu- und abgeführten Massenströme, dem Brennwert der brennbaren Stoffe sowie dem Wärmetransport durch Abstrahlung bzw. Wärmetauscher ab. Sie liegt bei der TNV i. d. R. zwischen 800 und 900 °C und kann in Sonderfällen (z. B.

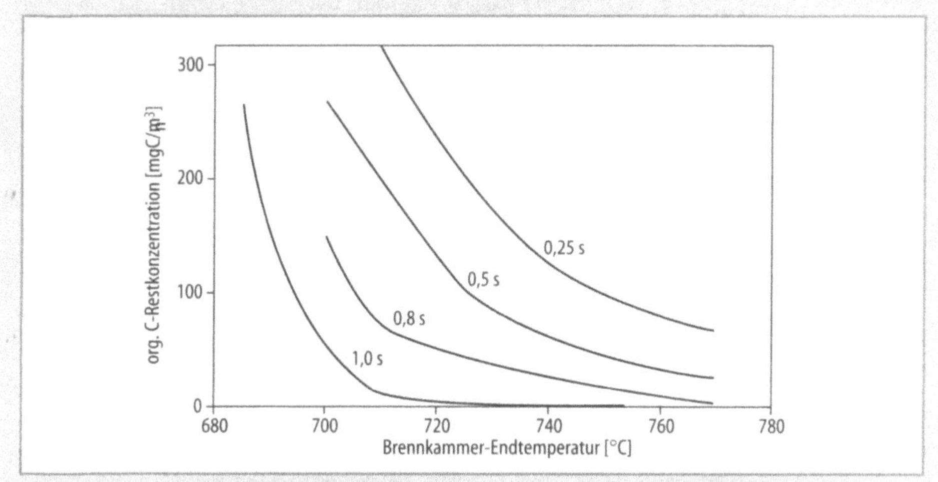

Bild F.3-14 C-Umsatz als Funktion der Verbrennungstemperatur und der Verweilzeit (aus [F.3.50])

Sondermüllverbrennung) aus Sicherheitsgründen auf über 1200 °C erhöht werden (vgl. Abschn. H.2.2).

Um eine hohe Abgasreinheit zu erreichen, sind Mindestverweilzeiten in der Brennkammer zwischen 0,3 und 1 s einzuhalten [F.3.49]. Grundsätzlich gilt, daß mit steigender Brennkammertemperatur und zunehmender Verweilzeit die Konzentration an organischen Verbindungen im Reingas abnimmt. Bild F.3-14 verdeutlicht dies am Beispiel der Verbrennung von n-Heptan [F.3.50]. Dies gilt jedoch nicht für Schadgase, die durch die Verbrennung entstehen, wie z. B. Stickoxide, deren Bildung durch hohe Temperaturen begünstigt wird.

Auswahl und Dimensionierung von TNV-Anlagen

Die Hauptkomponente einer TNV-Anlage ist die Brennkammer bzw. ein Thermoreaktor. Die Auswahl dieser Komponente richtet sich primär nach der Größe des zu reinigenden Gasvolumenstroms und dem geforderten Reinheitsgrad der Abgase. Dieser wiederum wird entscheidend durch die Brennkammertemperatur und die Verweilzeit beeinflußt.

Bei den Bauarten der Brennkammern unterscheidet man grundsätzlich zwischen Ganzmetall-Brennkammern und ausgemauerten Brennkammern. Eine Bauart der Ganzmetall-Brennkammern ist der sogenannte Combustor [F.3.51], bei dem der Brenner und die Brennkammer eine kompakte Einheit bilden (Bild F.3-15). Beim Combustor werden das zu reinigende Abgas, die

Verbrennungsluft und der Zusatzbrennstoff durch mehrmalige Umlenkung intensiv vermischt und anschließend in einer hochturbulenten Drallflamme verbrannt. Aufgrund der intensiven Vermischung wird der erforderliche Schadstoffumsatz auf kleinstem Raum und bei relativ kurzen Verweilzeiten erreicht [F.3.52].

Brennkammern mit feuerfester Ausmauerung zeichnen sich durch ein gleichmäßiges Temperaturprofil über dem Brennraum aus, das aufgrund der hohen Wärmespeicherkapazität der Ausmauerung auch bei schwankenden Heizwerten der Abgase erhalten bleibt. Bedingt durch das höhere Gewicht und den zumeist größeren Abmessungen sind die Investitionskosten dieses Brennkammertyps jedoch zumeist höher als bei den Ganzmetall-Brennkammern.

Bei Thermoreaktoren (Bild F.3-16) werden die kalten Rohgase in keramischen Schüttungen, die wechselweise von Roh- und Reingas durchströmt werden, umgesetzt [F.3.52, F.3.53]. Mit Hilfe dieser regenerativen Wärmetauscher wird bei dieser Verfahrensvariante der Bedarf an Zusatzenergie z.T. erheblich reduziert [F.3.54].

Die Dimensionierung der Brennkammer hängt im wesentlichen von dem effektiven Gasvolumenstrom und damit von der Brennkammertemperatur sowie von der erforderlichen Verweilzeit der Gase in der Brennkammer ab. Das notwendige Brennkammervolumen V_{Bk} ergibt sich somit aus

$$V_{Bk} = V_G \cdot t_G \tag{3.71}$$

V_G [m³ i.B./s] effektiver Gasvolumenstrom
G [s] Verweilzeit.

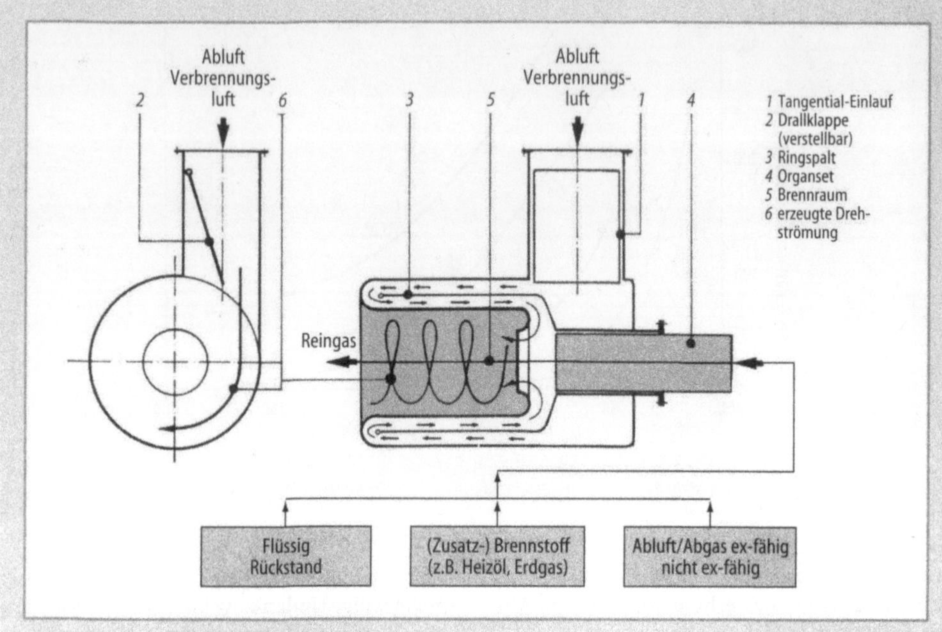

Bild F.3-15 Funktionsprinzip eines Combustors (aus [F.3.52])

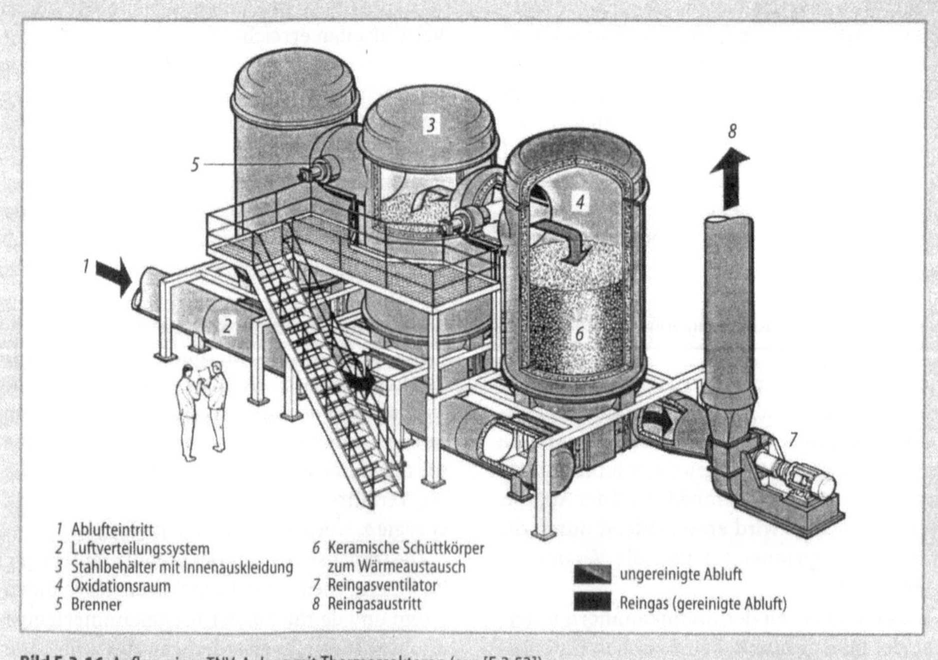

Bild F.3-16 Aufbau einer TNV-Anlage mit Thermoreaktoren (aus [F.3.53])

Für das Verhältnis von Durchmesser zu Länge wählt man in der Praxis meist einen Wert von 1:2,5. Werden neben gasförmigen Schadstoffen zusätzlich flüssige oder feste Stoffe verbrannt, so kann sich das Verhältnis auf 1:10 erhöhen [F.3.49]. Je nach Art und Zusammensetzung der zu reinigenden Abgase können neben der Brennkammer weitere Reinigungsstufen erforderlich wer-

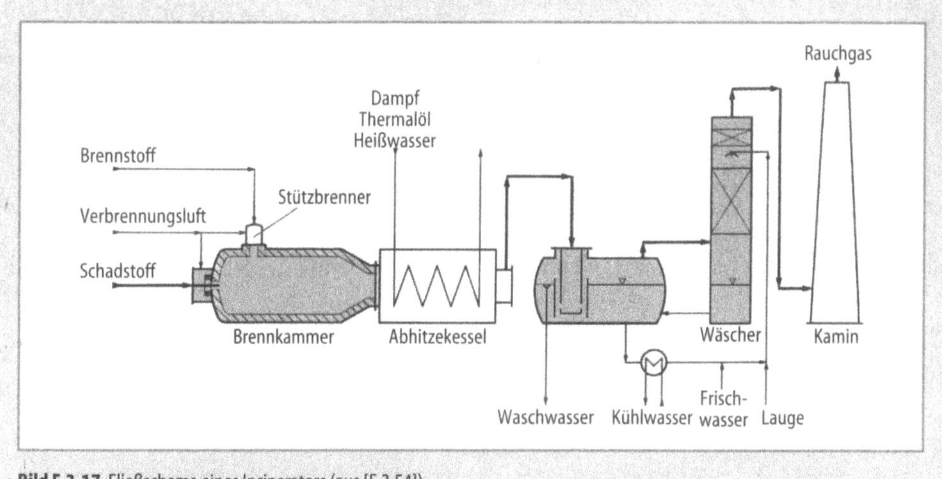

Bild F.3-17 Fließschema eines Incinerators (aus [F.3.54])

den. Bild F.3-17 zeigt beispielhaft eine TNV-Anlage für die Reinigung von chlor- und schwefelhaltigen Abgasen [F.3.55]. Bei der Verbrennung dieser Abgase entsteht HCl und SO_2 sowie in geringen Mengen Cl_2 und SO_3. Diese Stoffe werden meistens durch Neutralisation mit Natronlauge oder Soda in einem Gaswäscher aus dem Rauchgas entfernt. Solche kompletten TNV-Anlagen werden oft auch als Incineratoren bezeichnet [F.3.56].

F.3.6.1.2 Katalytische Nachverbrennung (KNV)

Durch den Einsatz von Katalysatoren wird die Aktivierungsenergie für die Oxidation abgesenkt und die Reaktionsgeschwindigkeit erhöht. Dadurch kann der Verbrennungsprozeß auf einem niedrigen Temperaturniveau zwischen 200–450 °C ablaufen. Die Wirkungsweise von Katalysatoren und die Reaktionsmechanismen werden im Abschn. F 3.6 näher beschrieben.

Bei der KNV werden ausnahmslos feste Stoffe als Katalysatoren verwendet, es handelt sich also um eine heterogene Katalyse. Es werden überwiegend Trägerkatalysatoren eingesetzt, bei denen die katalytisch wirksame Masse auf einem keramischen oder metallischem Träger aufgebracht wird [F.3.57]. Nur vereinzelt werden Vollkatalysatoren verwendet, die nur aus der aktiven Komponente bestehen. Die Katalysatorbelastung, ausgedrückt als Raumgeschwindigkeit bezogen auf den Normzustand, liegt bei der KNV zwischen 5000 und 20000 m³ i. N./h m³ [16]. Dabei werden Umsatzgrade bis zu 99 % erreicht. Typische Einsatzfälle für die KNV zeigt Tabelle F.3-10.

Bauarten

Bei industriellen KNV-Anlagen werden bevorzugt Wabenkatalysatoren eingesetzt, wenn niedrige Druckverluste verlangt sind. Daneben finden Schüttgutkatalysatoren und katalytisch beschichtete Metallnetze Verwendung. Den prinzipiellen Aufbau einer KNV-Anlage zeigt Bild F.3-18.

Im Regelfall liegt die Temperatur des Rohgases unter der notwendigen Reaktionstemperatur für eine katalytische Oxidation. Das Rohgas wird deshalb zunächst in einem Wärmetauscher im Gegenstrom zum gereinigten Abgas vorgewärmt und anschließend, falls notwendig, in einem Vorwärmer auf die erforderliche Katalysator-Eintrittstemperatur (Anspringtemperatur) erhitzt. Das heiße Gas-Luftgemisch durchströmt dann den Katalysatorreaktor und wird durch die exotherme Oxidation nochmals erwärmt. Nach Abgabe von 50–70 % des Wärmeinhalts an das Rohgas im Wärmetauscher kann das so abgekühlte Reingas entweder weiterer Nutzung (z. B. Wassererwärmung) zugeführt oder direkt an die Atmosphäre abgegeben werden. Die in Bild F.3-18 angegebenen Temperaturen wurden an einer KNV-Anlage für die Reinigung von lösemittelhaltigen Abgasen aus der Verarbeitung von Verpackungsfolien ermittelt [F.3.44].

Katalytische Motorabgasreinigung

Für die Abgasreinigung bei Viertakt-Ottomotoren sind heute 3 KNV-Verfahren im Einsatz [F.3.44]:

Tabelle F.3-10 Einsatzbereiche für die Katalytische Nachverbrennung

Einsatzbereich	Schadstoff		Verbrennungstemperatur [°C]	Umsatz [%]
	Art	C-Konzentration [mgC/m³ i.N.]		
Drahtlackierung	Lösemittel	ca. 7000	300 – 350	> 97
Räucherei	u.a. Gujakol	< 350	400	ca. 97
Futtermitteltrockner	u.a. Amine	ca. 70	410	c. 71
Druckerei	Lösemittel	< 3000	380	ca. 99
PVC-Verarbeitung	Weichmacher	1500	380	83 – 90
Bremsbelagtrockner	u.a. Phenol	280	380	76
Eisenlackierung	Lösemittel	< 540	360	77
Stärketrockner	Olefine, Nitrite u.a.	< 200	400	ca. 70

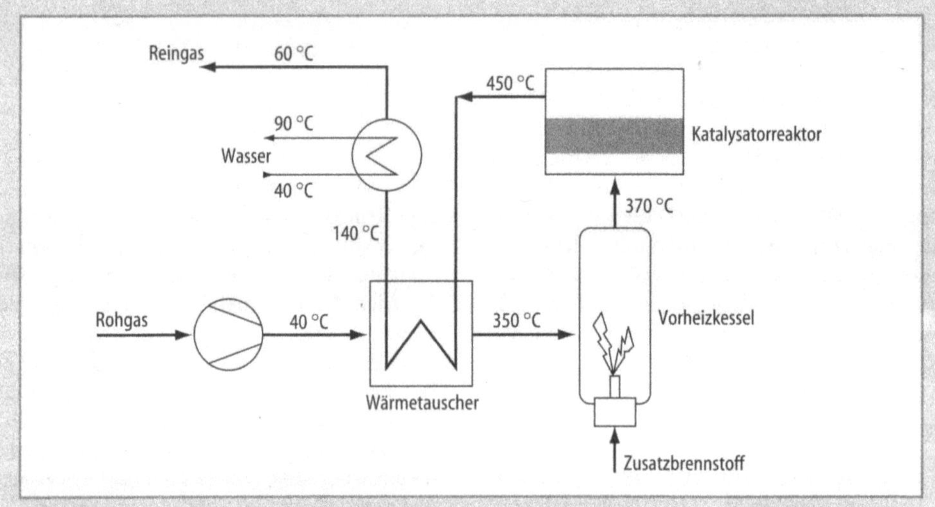

Bild F.3-18 Fließschema einer Katalytischen Nachverbrennungsanlage (nach[F.3.42])

– Einbett-Oxidations-Katalysator,
– Doppelbettverfahren,
– Einbett-Drei-Wege-Katalysator.

Beim Einbett-Oxidations-Katalysator werden die im Motorabgas enthaltenen Kohlenwasserstoffe und das Kohlenmonoxid zu Wasserdampf und Kohlendioxid umgesetzt. Der Stickoxidgehalt wird kaum beeinflußt. Das Doppelbettverfahren arbeitet zweistufig; in der ersten Stufe werden die Stickoxide reduziert, anschließend werden in der zweiten Stufe nach Zugabe von Sekundärluft die Kohlenwasserstoffe und das Kohlenmonoxid oxidiert. Das wirksamste Verfahren mit dem Einbett-Drei-Wege-Katalysator arbeitet nach dem in Bild F.3-19 dargestellten Prinzip. Die Oxidation der Kohlenwasserstoffe und des Kohlenmonoxids erfolgt bei diesem Verfahren parallel mit der Reduktion des Stickstoffmonoxids, wenn das Luftverhältnis λ zwischen 0,97 und 1,01, dem sog. λ-Fenster, eingestellt wird. Diese Einstellung erfolgt über die λ-Sonde, die die Sauerstoffkonzentration vor dem Katalysator mißt und danach die einzuspritzende Benzinmenge regelt.

Die Katalysatoren selbst bestehen heute zumeist aus keramischen Wabenkörpern, die mit einer rauhen Zwischenschicht aus Aluminiumoxid (wash-coat) versehen sind. Auf dieser Zwischenschicht, die zur Vergrößerung der wirksamen Oberfläche dient, ist das katalytisch wirksame Material (Platin bzw. Platin-Rhodium-Legierungen) aufgebracht.

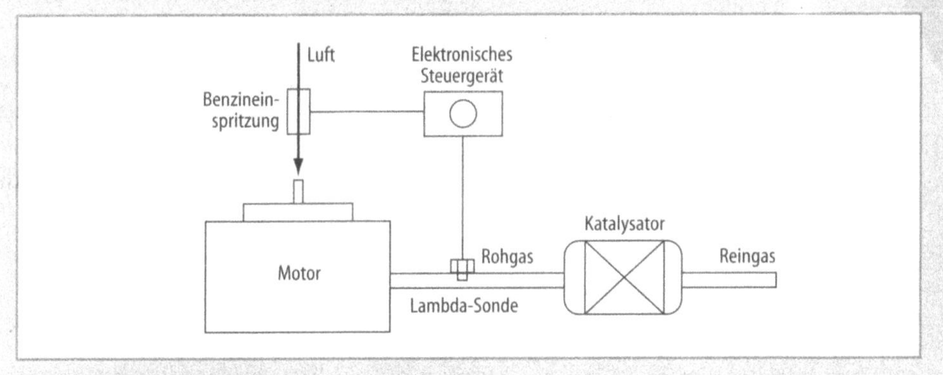

Bild F.3-19 Prinzip der Otto-Motor-Abgasreinigung mit Einbett-Drei-Wege-Katalysator

F.3.6.2 Stickoxidreduktion

Die Reduktion von Stickoxiden kann sowohl nichtkatalytisch als auch katalytisch durchgeführt werden. Als Reduktionsmittel kommen bei Anwesenheit von Sauerstoff Ammoniak und organische Verbindungen mit Aminogruppen (u.a. primäre, sekundäre, tertiäre Amine, Harnstoff) in Betracht. Bei weitgehender Abwesenheit von Sauerstoff (z.B. Motorabgase) kommen auch Reduktionsmittel wie Wasserstoff, Kohlenwasserstoffe oder Kohlenmonoxid zum Einsatz.

Mit Ammoniak kann die Reduktion der Stickoxide NO und NO_2 katalytisch wie nichtkatalytisch durch die gleichen Bruttoreaktionen beschrieben werden [F.3.58–F.3.60]:

$$4\,NH_3 + 6\,NO \Leftrightarrow 5\,N_2 + 6\,H_2O \tag{1}$$
$$4\,NH_3 + 4\,NO + O_2 \Leftrightarrow 4\,N_2 + 6\,H_2O \tag{2}$$

$$8\,NH_3 + 6\,NO_2 \Leftrightarrow 7\,N_2 + 12\,H_2O \tag{3}$$
$$4\,NH_3 + 2\,NO_2 + O_2 \Leftrightarrow 3\,N_2 + 6\,H_2O \tag{4}$$

$$4\,NH_3 + 7\,O_2 \Leftrightarrow 4\,NO_2 + 6\,H_2O \tag{5}$$
$$4\,NH_3 + 5\,O_2 \Leftrightarrow 4\,NO_2 + 6\,H_2O \tag{6}$$
$$2\,NH_3 + 2\,O_2 \Leftrightarrow N_2O + 3\,H_2O \tag{7}$$
$$4\,NH_3 + 3\,O_2 \Leftrightarrow 2\,N_2 + 6\,H_2O \tag{8}$$

$$8\,NH_3 + 12\,NO + 5\,O_2 \Leftrightarrow 10\,N_2O + 12\,H_2O \tag{9}$$
$$16\,NH_3 + 12\,NO_2 + 7\,O_2 \Leftrightarrow 14\,N_2O + 24\,H_2O \tag{10}$$

In den Rauchgasen fossiler Feuerungen und auch bei der Abfallverbrennung spielen NO (mit i.d.R. über 95 Vol.% Anteil) und NO_2 die wichtigste Rolle als Schadgaskomponenten. Wie man sieht, lassen sich die Reduktionsreaktionen für die Stickoxide (1–4) sowohl mit als auch ohne Beteiligung von Sauerstoff formulieren, wobei sich bei Sauerstoffabwesenheit formal ein geringerer molarer Sauerstoffbedarf je mol zu reduzierenden Stickoxids ergibt. Neben diesen erwünschten Reaktionen des Ammoniaks mit den Stickoxiden zu Wasser und elementarem Stickstoff kann Ammoniak auch durch Sauerstoff zu NO und NO_2 oxidiert werden (Reaktionen 5 und 6). Diese Reaktionen erfolgen sowohl bei katalytischen wie auch bei nichtkatalytischen Verfahren bevorzugt bei höheren Temperaturen. Daher beobachtet man bei der Reduktion von Stickoxiden mit Ammoniak bei höheren Temperaturen grundsätzlich zunächst eine Verringerung des NO_x-Minderungsgrads, dem sich eine Zunahme des NO_x-Gehalts anschließt. Weitere unerwünschte Reaktionen sind die Bildung von elementarem Stickstoff ohne NO_x-Reduktion nach Reaktion 8 sowie die Bildung von N_2O (Lachgas) nach den Umsetzungen in 7, 9 und 10.

F.3.6.2.1 Katalytische Stickoxidreduktion

Bei der katalytischen Stickoxidreduktion in sauerstoffhaltigen Rauchgasen findet fast ausschließlich Ammoniak als Reduktionsmittel Verwendung. Die nachfolgende Aufzählung gibt eine Übersicht über Katalysatoren und die an ihnen ablaufenden Reduktionsmechanismen [F.3.61].
a) Zeolithe,
   Keramkatalysatoren (aktive Komponente: Oxide von z.B. V, Mo, W, Cr)
   Eley-Rideal-Mechanismus:
   NH_3 wird an sauren Zentren chemisorbiert.
   Reaktionspartner reagieren aus der Gasphase.
   $\ln(1-\eta) = -k/SV$
   Reaktion pseudoerster Ordnung in bezug auf NO.
   Bei Zeolithen: Zusätzlich Molekularsiebeffekt.

b) Aktivkohlen und Kokse,
Keramkatalysatoren (aktive Komponente: Platinmetalle)
Langmuir-Hinshelwood-Mechanismus:
Alle Reaktionsteilnehmer chemisorbieren und reagieren in der Adsorptionsschicht.
NO_x kann bei Abwesenheit anderer Reduktionsmittel direkt durch C reduziert werden.

Einige der bei sauerstoffhaltigen Gasatmosphären eingesetzten Katalysatoren arbeiten auch bei Sauerstoffgehalten von < 1 % und bei reduzierend wirkenden Bedingungen.

Bild F.3-20 zeigt für eine Reihe von Metalloxid-Katalysatoren typische Abscheidekurven, wie sie bei einem molaren NH3/NO-Verhältnis von ca. 1 und einem O_2-Gehalt von 5 Vol % erhalten werden. Wie man der Darstellung entnimmt, ergeben sich in Abhängigkeit von der Zusammensetzung unterschiedliche Kurven für den NO-Abscheidegrad als Funktion der Temperatur. Erwartungsgemäß tritt in allen Fällen zunächst eine Zunahme des Abscheidegrads mit der Temperatur auf. Nach Erreichen eines Maximums ist bei der Mehrzahl der Materialien ein Absinken des NO-Abscheidegrades zu beobachten, das auf die zunehmende Oxidation des Ammoniaks zu NO zurückzuführen ist.

Die katalytische NO_x-Reduktion an diesen Metalloxidkatalysatoren erfolgt nach einem Eley-Rideal-Mechanismus, bei dem Ammoniak in einem schnellen Chemisorptionsschritt gebunden wird und anschließend mit NO aus der Gasphase einen aktivierten Komplex bildet, der unter Bildung von Wasserdampf und Stickstoff zerfällt. Die Kinetik läßt sich mit der Abscheidegleichung ln $(1-\eta) = -k/SV$ beschreiben, die eine Reaktion pseudoerster Ordnung in bezug auf Stickstoffmonoxid voraussetzt. Der Abscheidegrad η kann für einen Katalysator mit der Aktivitätskonstante k als Funktion der Raumbelastung SV des Katalysators (Verhältnis Gasvolumenstrom/Katalysatorvolumen) wiedergegeben werden. Eine entsprechend einfache Beschreibung des Abscheideverhaltens ist für Katalysatoren, die anderen Abscheidemechanismen genügen, nicht möglich. In Bild F.3-21 sind beispielhaft Abscheidegrade von Katalysatoren als Funktion von SV dargestellt. Als Parameter wurde die Katalysatorkonstante k gewählt. Diese nimmt bei industriellen Katalysatoren Werte zwischen etwa 4000 h^{-1} und 7500 h^{-1} an.

Beim Übergang zu sauerstoffarmen Gasbedingungen besteht insbesondere bei Katalysatoren mit Platinmetallen als aktiver Komponente die Gefahr der Bildung von N_2O (Lachgas) als Nebenprodukt der NO_x-Reduktion.

Besondere Probleme können sich bei allen Katalysatortypen dadurch ergeben, daß saure Gasbestandteile (SO_x, HCl, HF, CO_2 und auch NO_2) mit NH_3 bei Unterschreiten entsprechender Gleichgewichtstemperaturen feste oder schmelzflüssige Salze bilden (vgl. Bild F.3-22), die auf der Katalysatoroberfläche einen gasun-

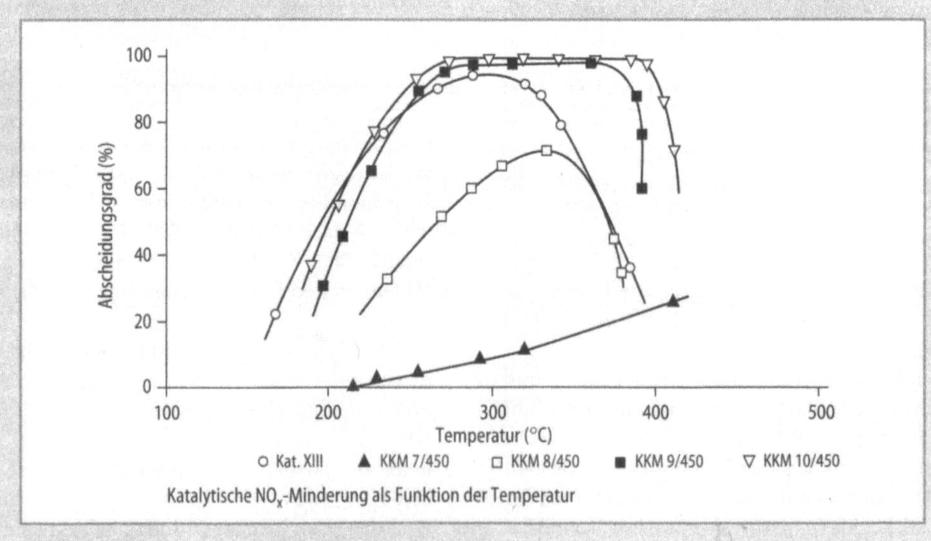

Bild F.3-20 Temperaturabhängigkeit der katalytischen Stickoxidreduktion

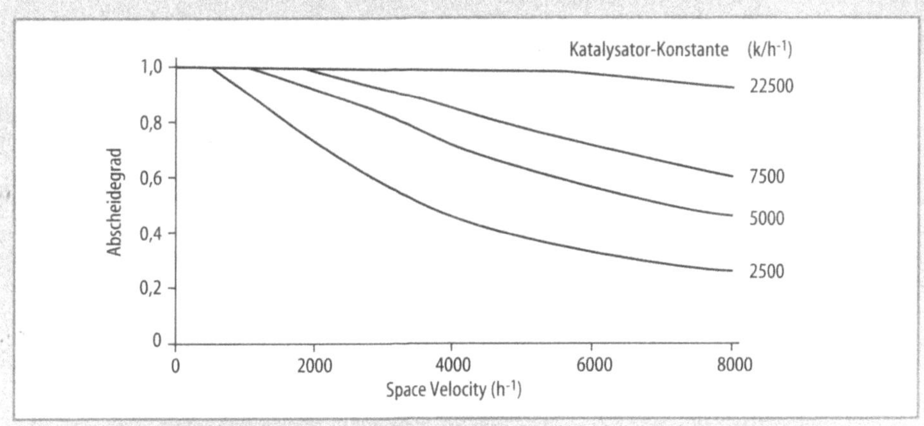

Bild F.3-21 Abscheidegrad in Abhängigkeit von der Space Velocity

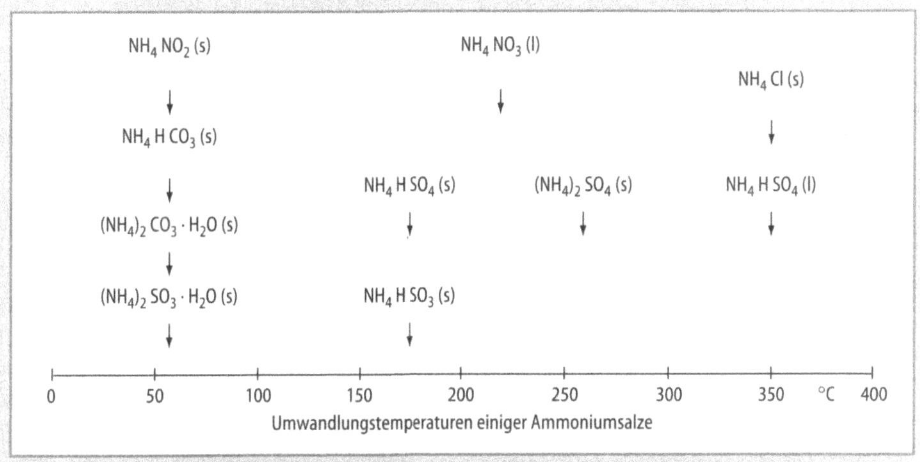

Bild F.3-22 Gleichgewichtstemperaturen für die Bildung von Ammoniumsalzen

durchlässigen Belag und damit eine Deaktivierung bewirken [F.3.62]. In oxidierender Atmosphäre kann dieser Effekt verstärkt werden durch die Oxidation von SO_2 zum Anhydrid der Schwefelsäure, das mit Ammoniak neben anderen Sulfaten Ammoniumhydrogensulfat bildet. Diese Substanz kann als klebender schmelzflüssiger Film nicht nur Katalysatoren, sondern auch nachgeschaltete Aggregate wie z. B. Wärmetauscherflächen in ihrer Funktion beeinträchtigen und außerdem sehr korrosiv wirken. Neben einer Deaktivierung durch Ammoniumsalze, flüchtige Siliciumverbindungen oder auch durch Arsenoxide (vor allem bei Schmelzkammerfeuerungen mit Ascherückführung), Phosphate (vor allem bei der Verwertung von Klärschlamm oder Biomasse) können bei $DeNO_x$-Katalysatoren auch Vergiftungen der aktiven sauren Zentren durch Alkalien eintreten, wodurch die Chemisorption des Ammoniaks verhindert wird.

Probleme mit der Deaktivierung durch Ammonium-Schwefel-Verbindungen oder durch Phosphate und Arsenverbindungen können weitgehend vermieden werden, wenn die Katalysatoren nach einer entsprechenden Gasreinigung in einem weitgehend schadgas- und partikelfreiem Rauchgasstrom angeordnet werden (Low-Dust-Verfahren). Gegenüber der Installation im staubhaltigen Gas vor einem Luftvorwärmer (High-Dust-Verfahren) hat dies allerdings den Nachteil, daß eine Wiederaufheizung des Gases erforderlich wird. Staubfreie Rauchgase können andererseits mit Katalysatoren bestückt werden, die feinere Strömungskanäle aufweisen als dies für High-Dust-Katalysatoren wegen der Verstopfungsgefahr der Fall ist.

Die für hohe Abscheidegrade erforderlichen großen spezifischen Oberflächen werden erreicht, indem poröse Aktivkohlen und -kokse, Zeolithe und Trägermaterialien wie Aluminiumoxid, Aluminiumsilikate oder Titandioxid eingesetzt werden. Titandioxid hat sich besonders bei schwefeloxidhaltigen Rauchgasen bewährt, da es bei hoher Aktivität weitgehend resistent gegen den Angriff von Schwefeltrioxid und Schwefelsäure ist. Demgegenüber kommen Aluminiumoxid und Aluminiumsilikate wegen mangelnder Säurebeständigkeit vor allem für den Einsatz nach einer Entschwefelung in Frage. Auch bei Aktivkohle oder -kokskatalysatoren ist eine Entschwefelung vorzuschalten. In diesem Fall allerdings, da die vergleichsweise niedrigen Reaktionstemperaturen um 130 – 150 °C zu einer Deaktivierung durch Ammoniumsulfit- bzw. Ammoniumhydrogensulfit-Beläge führen würden.

Neben einer großen inneren Oberfläche, die i. allg. durch die Porosität des Trägermaterials gegeben ist, ist ein gut gaszugängiges äußeres Strömungskanalsystem erforderlich (vgl. Bild F.3-23), das durch Anordnung der Katalysatoren in Schüttschichten, Bienenwaben- (meist mit rechtecki-

	Abmessungen (mm)		spez. Oberfläche (m^2/m^3)
Kugeln	4		1100
	6		740
	10		444
	a	b	
Waben	9	7	437
	10	7	387
	14	10	278
	7	5	556
	10	7	388
	14	10	277
Platten	11	5	224
	13	7	200
	16	10	154

Bild F.3-23 Spezifische Oberfläche von Katalysatorelementen

gem oder auch mit sechseckigem Strömungsquerschnitt) oder Plattenform zur Verfügung gestellt wird.

Für großtechnische Anwendungen kommen überwiegend Bienenwaben mit Rechteckquerschnitt zum Einsatz, die aus Vollmaterial geformt sind.

Bei den Plattenkatalysatoren werden neben Vollmaterialien z. T. auch beschichtete Metallplatten verwendet. Für kleinere und mittelgroße Anwendungen werden auch Entwicklungen wie katalytisch aktivierte Filterelemente [F.3.63] oder katalytisch aktive Wärmetauscherelemente angestrebt.

F.3.6.2.2 Nichtkatalytische Stickoxidminderung

Die nichtkatalytische Stickoxidminderung durch homogene Gasphasenreaktion bei hohen Temperaturen läuft mit Ammoniak in einem vergleichsweise engen Temperaturfenster zwischen etwa 850 und 950 °C mit deutlichen Umsetzungsgraden ab (vgl. Bild F.3-24). Neben den Werten für Ammoniak sind auch Ergebnisse für Methylamin (CH_3NH_2) und Ethylendiamin ($C_2H_4(NH_2)_2$) angegeben. Bei den beiden letztgenannten Reduktionsmitteln liegt das Optimum der NO_x-Reduktion im Vergleich zum Ammoniak bei niedrigeren Temperaturen.

Anders als bei der katalytischen NO_x-Reduktion mit Metalloxidkatalysatoren ist der Abscheidegrad nicht unabhängig von der NO-Rohgaskonzentration, sondern nimmt mit sinkendem NO-Gehalt stark ab. Zur Erzielung hoher Abscheidegrade von bis zu über 90 % ist i. allg. die Zugabe von mehr als 1 mol NH_3 je mol NO erforderlich. Dadurch ergeben sich zwangsläufig vergleichsweise hohe, nicht umgesetzte NH_3-Gehalte im Reingas, die mit dem Rohgas-NO-Gehalt bei konstanter NH_3-Zugabe-Stöchiometrie stark anwachsen und Werte von einigen 10 mg/m^3 bei Rohgasgehalten von ca. 1000 ppm ausmachen können. Da das optimale Temperaturfenster bei industriellen Kesseln auch bei mehreren NH_3-Injektionsebenen selten mit der erforderlichen Präzision eingehalten werden kann, strebt man an, durch die Wahl anderer Reduktionsmittel oder auch durch Zusatzstoffe das Temperaturfenster zu verbreitern und insbesondere im Hinblick auf niedrigere Temperaturen auszudehnen. In Bild F.3-25 sind neben NO-Abscheidegraden, die mit dem Reduktionsmittel NH_3 erzielt wurden, vergleichbare Kurven für Ethylendiamin und Methylamin angegeben. Man sieht da-

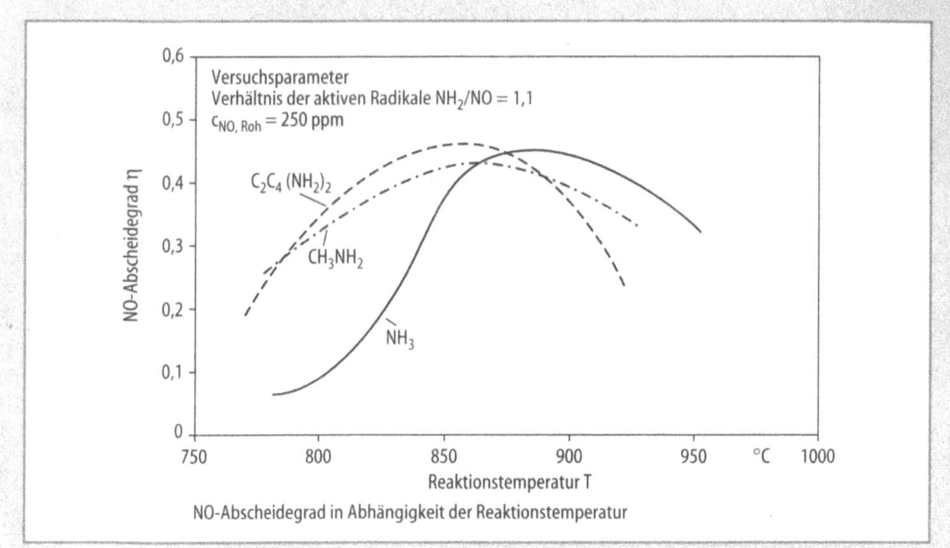

Bild F.3-24 NO-Abscheidung mit unterschiedlichen Reduktionsmitteln

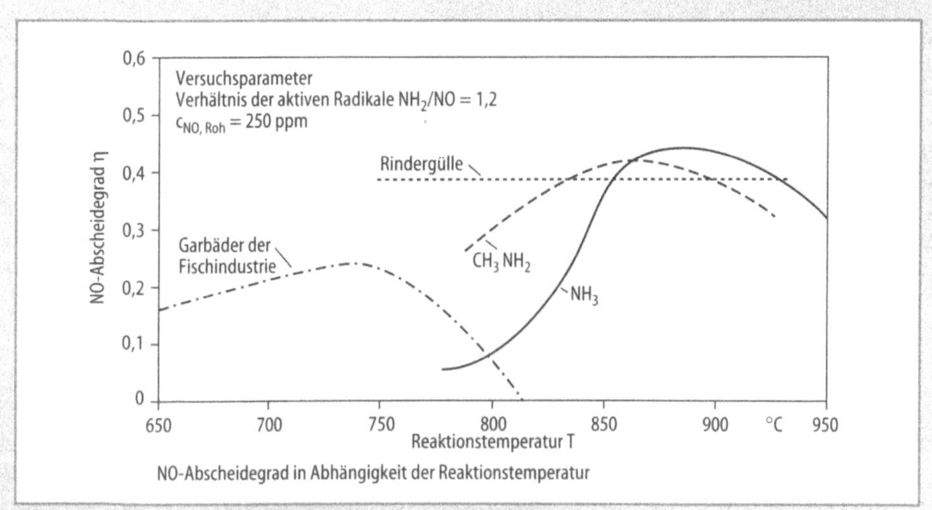

Bild F.3-25 NO-Abscheidegrad von Gülle im Vergleich zu anderen Reduktionsmitteln

bei, daß die Amine eine Verschiebung des Reduktionsfensters zu niedrigen Temperaturen bewirken. Interessant ist, daß sich mit Naturstoffen wie Gülle oder Garbädern aus der Fischindustrie NO-Reduktionswirkungen erzielen lassen, die besonders im Fall der Gülle, über einen vergleichsweise weiten Bereich konstant bleiben [F.3.64].

Als Konkurrenzverfahren zur katalytischen NO_x-Abscheidung dürften Trennprozesse mit homogenen Gasreaktionen vor allem dann zu betrachten sein, wenn nicht zu hohe Abscheidegrade gefordert werden, so daß sich der zu erwartende NH_3-Reingasgehalt in Grenzen hält.

F.3.6.3 Andere katalytische Verfahren

Neben der katalytischen Oxidation von polychlorierten Dioxinen und Furanen, die in neuerer Zeit als Spezialfall der katalytischen Oxidation bei der Abfallverbrennung eingeführt wurde, wird in einzelnen Industriebereichen, vor al-

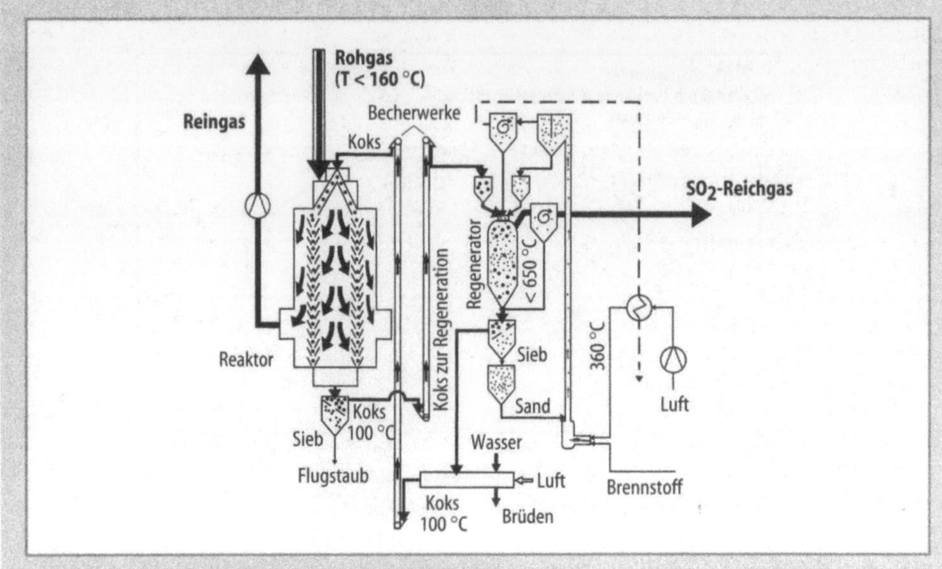

Bild F.3-26 Rauchgasentschwefelung mit einem Aktivkoksverfahren

lem bei der chemischen und der petrochemischen Industrie, mit katalytischen Verfahren zur Abscheidung von Schwefelverbindungen gearbeitet.

Schwefelwasserstoff oder Schwefeldioxid werden durch Aktivkohlen oder -kokse katalytisch zu Schwefeltrioxid oxidiert und reagieren mit Wasser zu Schwefelsäure. Dies kann dann entweder naß durch Auswaschen vom Katalysator entfernt werden oder durch Reaktion bei hoher Temperatur mit dem Kohlenstoff des Katalysatormaterials in Schwefeldioxid-Reichgas überführt werden. Dieses steht dann als Chemierohstoff zur Verfügung.

Bild F.3-26 zeigt beispielhaft ein stark vereinfachtes Anlagenschema für die Abscheidung von Schwefeldioxid mit einem katalytischen Aktivkoksverfahren. Dabei wird SO_2 bei Temperaturen von 150 °C und weniger am Aktivkokskontakt zum SO_3 oxidiert. Das an die Koksoberfläche gebundene SO_3 wird bei höheren Temperaturen (> etwa 400 °C) mit Hilfe des Kokses zu einem Reichgas reduziert, wobei sich der Kohlenstoff zu Kohlenmonoxid umwandelt.

F.3.7 Verfahren mit Gas-Feststoff-Reaktionen

Verfahren mit Gas-Feststoff-Reaktionen werden vor allem zur Abscheidung saurer Gasbestandteile (SO_x, Halogenwasserstoffe, H_2S) eingesetzt. Dementsprechend finden als Abscheidemedien zumeist basisch reagierende Substanzen wie Calciumverbindungen ($CaCO_3$, $Ca(OH)_2$, CaO, $CaOMgO$, $CaOMgCO_3$) Verwendung. Für den Übergang aus der Gasphase an die Feststoffoberfläche ist i. allg. der erste Teilschritt die Adsorption an der Feststoffoberfläche. Hierfür gelten damit die entsprechenden kinetischen und Gleichgewichtsbedingungen wie bei der Adsorption. Wegen dieses ersten Adsorptionsschritts werden Verfahren mit Gas-Feststoff-Reaktionen oft irreführend als Chemisorptionsverfahren bezeichnet, obwohl der nachfolgende Schritt der heterogenen Gas-Feststoff-Reaktion keine Sorption (Aufnahme einer Komponente aus der Gasphase in einer kondensierten Phase) darstellt. Vielmehr entsteht durch die chemische Umsetzung eine vollkommen neue Phase (vgl. [F.3.65]).

Wie schnell und mit welchem Umsetzungsgrad die chemische Umsetzung des Feststoffs erfolgt, wird vor allem durch die Diffusion der Gaskomponenten in das Feststoffinnere bestimmt, wobei diese die Adsorptionsschicht und die gebildeten Produktschichten zu passieren haben. Bei Gas-Feststoff-Reaktionen ist damit zumeist die Diffusion im Feststoffinneren der geschwindigkeitsbestimmende Schritt. Diese Diffusion ist ein aktivierter Prozeß, der exponentiell mit wachsender Temperatur schneller wird.

Insbesondere im Fall größerer Moleküle wie z.B. SO_x kann der Transport teilweise so stark behindert werden, daß sich die Umsetzung oft nur auf die oberflächennahen Schichten beschränkt. Bei solchen Systemen wird dann nicht nur die Umsetzungsgeschwindigkeit, sondern auch der Umsatzgrad von der Größe der spezifischen Oberfläche bestimmt. Beispielsweise setzt man zur Abscheidung von Schwefeldioxid durch Calciumverbindungen bei Temperaturen unterhalb von ca. 800 °C vorteilhaft besonders oberflächenreiche Calciumhydroxide mit Oberflächengrößen > 20 und bis zu 60 m²/g ein. Bei Temperaturen von ca. 800–850 °C, wie sie im Bett von Wirbelschichtfeuerungen herrschen, können auch Carbonate Verwendung finden, die sich unter diesen Bedingungen unter Abspaltung von CO_2 in oberflächenreiches Calciumoxid umwandeln. Temperaturen von 900 °C und mehr bewirken ein Sintern des Calciumoxids und damit geringere Umsetzungsgrade und niedrigere Umsetzungsgeschwindigkeiten.

Unter optimalen Temperatur- und Verweilzeitbedingungen, wie sie beispielsweise in zirkulierenden Wirbelschichtfeuerungen realisierbar sind, werden Entschwefelungsgrade von bis zu über 90 % erreicht bei molaren Kalk- zu Schwefelverhältnissen von weniger als 2.

Bei der Zugabe von Kalkverbindungen zur Kohle von Staubfeuerungen oder bei der Injektion von Kalk in das Rauchgas von Kohle oder Ölfeuerungen werden aufgrund ungünstiger Temperatur- und Verweilzeitverhältnisse zumeist molare Ca/S-Verhältnisse von deutlich über 4 benötigt, um Schwefeleinbindegrade von etwa 60–70 % zu erreichen. Dabei läßt sich auch keine wesentliche Verbesserung erzielen, wenn Kalkhydrat großer spezifischer Oberfläche anstelle von Kalkstein eingesetzt wird.

Die Abscheidung von Halogenwasserstoffen durch Calciumverbindungen bei Temperaturen > 750 °C ist thermodynamisch ungünstig. Bei üblichen Feuchtigkeits- und CO_2-Gehalten werden gemäß den folgenden Reaktionsgleichungen die Zersetzung der Calciumhalogenide begünstigt.

$$CaO + 2\,HCl \quad \Leftrightarrow \quad CaCl_2 + H_2O \qquad (1)$$
$$CaO + 2\,HF \quad \Leftrightarrow \quad CaF_2 + H_2O \qquad (1a)$$
$$CaCO_3 + 2\,HCl \quad \Leftrightarrow \quad CaCl_2 + H_2O + CO_2 \qquad (2)$$
$$CaCO_3 + 2\,HF \quad \Leftrightarrow \quad CaF_2 + H_2O + CO_2 \qquad (2a)$$
$$Ca(OH)_2 + 2\,HCl \quad \Leftrightarrow \quad CaCl_2 + 2\,H_2O \qquad (3)$$
$$Ca(OH)_2 + 2\,HF \quad \Leftrightarrow \quad CaF_2 + 2\,H_2O \qquad (3a)$$

Die Hochtemperaturabscheidung kann aber bei sehr hohen Halogengehalten (z. B. bei der Verbrennung von Sonderabfällen) vorteilhaft zur Vorabscheidung eingesetzt werden. Optimale

Chlorwasserstoffabscheidegrade in Rauchgasen lassen sich bei trockener Niederschlagung mit Reaktionstemperaturen zwischen ca. 300 und 400 °C erreichen. Dabei ist die Reaktionskinetik hinreichend schnell, ohne daß es zu gleichgewichtsthermodynamischen Einschränkungen kommt.

Wesentliche Verbesserungen der Reaktionskinetik bei relativ niedrigen Temperaturen werden bei sog. halb- oder quasitrockenen Verfahren erzielt, bei denen die Feststoffe intermediär mit Wasser in Kontakt gebracht werden, das anschließend durch den Wärmeinhalt des Rauchgases verdampft wird. Dabei wird der heterogenen Gas-Feststoff-Reaktion ein chemischer Absorptionsschritt vorgeschaltet.

Ein wesentlicher Nachteil der Prozesse mit heterogenen Gas-Feststoff-Reaktionen ist, daß i. allg. vergleichsweise große Mengen an festen Reaktionsprodukten anfallen, deren Aufbereitung zu Wertstoffen oder auch nur zur Deponierung sehr oft aufwendig und kostenintensiv ist. Außerdem können bei der Zugabe großer Additivmengen zum Gasstrom erhebliche Mehraufwendungen für die nachzuschaltenden Entstauber erforderlich werden.

F.3.8   Biologische Verfahren

Biologische Verfahren der Abluftreinigung gewinnen immer mehr an Bedeutung. Ihre Einsatzmöglichkeiten sind vor allem dort zu sehen, wo Abluft kleinerer Konzentrationen gereinigt werden muß. Dies können organische Verbindungen wie beispielsweise Lösungsmittel oder geruchsintensive Gemische sein. Auch anorganische Komponenten wie Ammoniak und Schwefelwasserstoff können entfernt werden. Einen Überblick über die derzeit gängigen Verfahren und Verfahrensvarianten der biologischen Abluftreinigung gibt Bild F.3-27. Wie bei den schon lange etablierten Verfahren der biologischen Abwasserreinigung müssen auch hier einige Voraussetzungen erfüllt sein, die eine Tätigkeit der Mikroorganismen ermöglichen.

F.3.8.1   Voraussetzungen für die biologische Abluftreinigung

Um ausreichende Abbaugeschwindigkeiten zu erhalten, müssen folgende Bedingungen erfüllt sein:
- die Abluftinhaltsstoffe sind wasserlöslich,
- sie sind biologisch abbaubar,

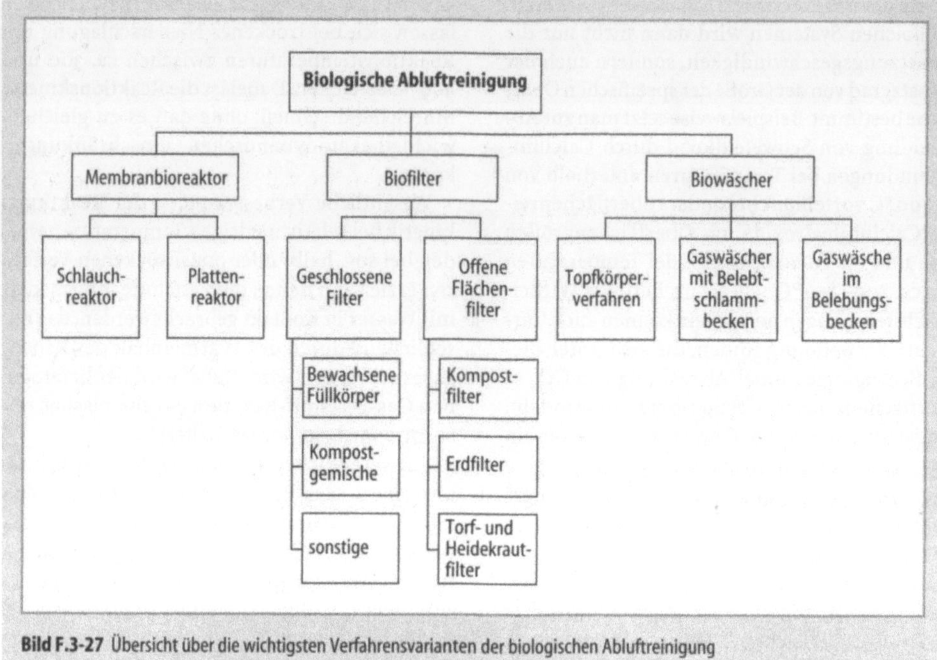

Bild F.3-27 Übersicht über die wichtigsten Verfahrensvarianten der biologischen Abluftreinigung

– die Ablufttemperaturen liegen zwischen 5 und 60 °C,
– die Abluft enthält keine toxischen Substanzen.

Wie bei der biologischen Abwasserreinigung erfolgt der Abbau durch Mikroorganismen. Je nach Abluftkomponenten sind daran mehr oder minder zahlreiche Bakterienarten sowie Aktinomyzeten und Pilze beteiligt. Alle diese Mikroorganismen sind von einem Wasserfilm umgeben, der für ihre Abbau- und Stoffwechseltätigkeit notwendig ist. Die Abluftinhaltsstoffe müssen demnach zumindest eine gewisse Wasserlöslichkeit aufweisen, um überhaupt zu den abbauenden Mikroorganismen zu gelangen.

Der Abbau selbst führt im günstigen Fall zu einer vollständigen Mineralisation, d. h. zu Kohlendioxid und Wasser. Organische Verbindungen, die Heteroatome wie Stickstoff, Chlor oder Schwefel enthalten (z. B. Amine, chlorierte Kohlenwasserstoffe, Mercaptane), können je nach Wasserlöslichkeit und Abbaubarkeit ebenfalls entfernt werden. Allerdings entstehen dabei mineralische Endprodukte (beispielsweise Nitrat, Salzsäure, Schwefel und Schwefelsäure), die den pH-Wert des Filtermaterials oder Waschwassers verändern und bei höheren Konzentrationen toxisch wirken können. Derartige Produkte entstehen auch bei der biologischen Umsetzung der sehr geruchsintensiven anorganischen Gase Ammoniak und Schwefelwasserstoff. Abgesehen von den hier dargestellten Ausnahmen werden beim Abbau keine Abfallstoffe produziert. Die Abluftinhaltsstoffe werden somit nicht in andere Umweltbereiche verlagert, sondern tatsächlich beseitigt.

Wie bei allen mikrobiellen Vorgängen müssen auch hier bestimmte Umweltbedingungen eingehalten werden, die eine Lebenstätigkeit der Mikroorganismen ermöglichen. Dazu gehören erträgliche Temperaturen (5 – 60 °C), aber auch günstige pH-Bereiche (ca. pH 5 – pH 8), niedrige Salzkonzentrationen sowie eine ausreichende Versorgung mit Nährstoffen und Spurenelementen (Stickstoff, Phosphor, Kalium u.a.) [F.3.66].

Steigende Temperaturen beschleunigen meist die mikrobielle Abbaugeschwindigkeit, allerdings wird gleichzeitig die Wasserlöslichkeit der Abluftbestandteile verringert.

Eine Optimierung der Verfahren durch Temperatursteigerung ist daher nur sehr begrenzt möglich.

Von entscheidender Bedeutung ist weiter der Stoffübergang aus der Gasphase in den Flüssigkeitsfilm bis hin zu den Mikroorganismen. Möglichst große Kontaktflächen sind entscheidend für die Leistungsfähigkeit der Anlagen [F.3.67].

F.3.8.2 Biofilter

Beim Biofilterverfahren sind die Mikroorganismen auf einem festen Filtermaterial angesiedelt. Die Abluft wird durch dieses Material gedrückt, dabei werden die Abluftinhaltsstoffe zunächst sorbiert und anschließend von den Organismen verwertet. Bei der Sorption spielen sowohl Absorptions- als auch Adsorptionsvorgänge eine Rolle. Als Filtermaterialien werden derzeit eingesetzt:
- verschiedene Komposte (u.a. Müll- und Rindenkompost),
- Fasertorf/Reisig,
- gehäckseltes Holz und Rinde,
- Kokosfasern,
- Schaumglas und andere poröse Materialien,
- inerte Zuschlagstoffe mit Blähton, Lavabims, Polystyrol u.a. sowie Mischungen aus diesen Materialien.

Die zusätzlich notwendigen anorganischen Nährstoffe wie Stickstoff, Phosphor usw. finden sich z.T. in ausreichender Menge in den Filtermaterialien. Bei überwiegend inerten Materialkomponenten oder hohen Abluftkonzentrationen müssen diese Nährstoffe jedoch zusätzlich zugegeben werden.

Der Aufbau eines einfachen Biofilters geht aus Bild F.3-28 hervor. Die Filterschicht wird je nach Filtermaterial und Abluftkomponenten auf eine Höhe von 0,8 m bis max. 3,0 m aufgeschüttet. Auch der Druckverlust ist vom Filtermaterial (und natürlich auch vom Volumenstrom) abhängig. Im allgemeinen rechnet man mit spezifischen Druckverlusten von ca. 500 – 2000 Pa/m Filterhöhe. Die Verweilzeiten der Abluft in der Filterschicht liegen meist bei wenigen Sekunden bis zu ca. 30 s bei schlecht wasserlöslichen oder schlecht abbaubaren Stoffen [F.3.68]. Durch den intensiven Kontakt der Abluft mit dem feuchten Filtermaterial ist die Luft wasserdampfgesättigt, wenn sie das Filter verläßt. Dadurch können im Filter sehr schnell Austrocknungserscheinungen auftreten, was zu Rissen und Spalten und damit zu einer inhomogenen Verteilung der Abluft führen kann. Die Wirkung des Biofilters wird demnach ganz wesentlich von einer sorgfältigen Überwachung und Regelung der Feuchtigkeit beeinflußt. Im allgemeinen wird die zu behandelnde Rohluft mit Hilfe eines Wäschers schon vor Eintritt in das Biofilter befeuchtet [F.3.69].

Die Dimensionierung eines Biofilters wird hauptsächlich von der Abluftzusammensetzung bestimmt. Bei geruchsintensiver Abluft wird das Filter so angelegt, daß eine Raumbelastung von ca. 100 – 250 m³ Luft je m³ Filtermaterial und Stunde eingehalten wird. Bei industrieller Abluft mit Lösungsmittelanteilen richtet sich die Größe des Filters nach der Abbaugeschwindigkeit, je nach Substanz können ca. 10 bis zu 100 g Lösungsmittel je m³ Filtermaterial und Stunde abgebaut werden. Aus diesen Zahlen wird ersichtlich, daß Biofilter beträchtliche Dimensionen annehmen können. Zur Reinigung von 100 000 m³/h Abluft sind demnach Filtervolumina von ca. 1000 m³ notwendig. Um den Platzbedarf zu verringern, werden Biofilter auch als
- Hochfilter auf Flachdächern,
- Etagenfilter mit bis zu 5 Etagen,
- geschlossene Containerfilter (stapelbar)
ausgeführt. Eine weitere Verringerung des Platzbedarfs ist aufgrund von Optimierungen des Filtermaterials zu erwarten.

F.3.8.3 Biowäscher

Der Biowäscher beruht auf dem seit vielen Jahrzehnten bewährten Verfahren der biologischen Abwasserreinigung. In einem vorausgehenden

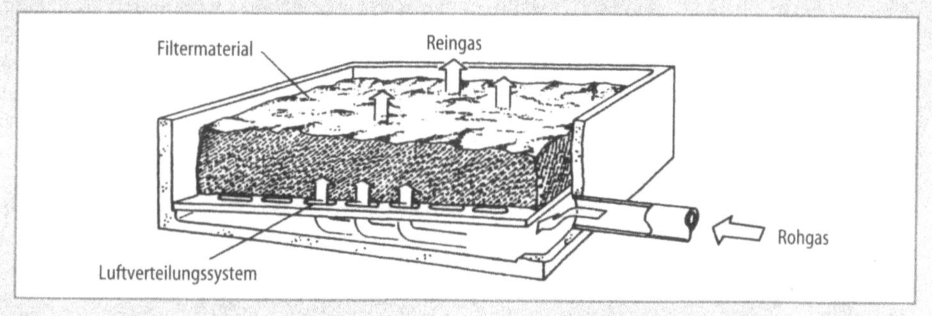

Bild F.3-28 Aufbau eines einfachen Biofilters in Form eines Flächenfilters (nach [F.3.68])

Schritt erfolgt die Absorption der Abluftinhalts-
stoffe in der Wäscherflüssigkeit. Hierzu werden
die aus der Verfahrenstechnik bekannten Wä-
schervarianten eingesetzt [F.3.70].

In den Bildern F.3-29 und F.3-30 werden die
beiden Varianten des Biowäscher-Verfahrens dar-
gestellt. Eine dritte Möglichkeit besteht darin, die
Abluft direkt auf einer Kläranlage in das Bele-
bungsbecken einzublasen.

Beim Tropfkörperverfahren besiedeln die Mi-
kroorganismen die Füllkörper und werden gleich-
zeitig mit Kreislaufwasser berieselt. Absorption

und Abbau der gelösten Stoffe finden hier also
am selben Ort statt.

Diese beiden Vorgänge werden beim Biowä-
scher nach dem Belebungsverfahren getrennt.
Das Waschwasser-Mikroorganismen-Gemisch
wird bei dieser Variante mit Düsen fein versprüht.
Zusätzliche Prallflächen sorgen für weitere Kon-
taktflächen mit der Abluft. Der Abbau der gelö-
sten Stoffe findet hier in einem separaten Bele-
bungsbecken statt, das entsprechend der Abbau-
geschwindigkeit dimensioniert werden muß. Die
Mikroorganismen im Belebungsbecken müssen
mit Sauerstoff versorgt werden, durch die hier-
zu notwendige Belüftung können Abluftstoffe
wieder desorbiert werden. Die Abluft aus dem
Belebungsbecken wird deshalb meist ebenfalls
dem Biowäscher zugeführt.

Die ausreichende Nährstoffversorgung des
Biowäschers muß für einen ordnungsgemäßen
Betrieb sichergestellt und regelmäßig kontrol-
liert werden. Bei gut wasserlöslichen und abbau-
baren Substanzen sind die Dimensionen des Bio-
wäschers erheblich geringer als die des Biofil-
ters. Investitionskosten und vor allem Betriebs-
kosten liegen jedoch deutlich höher, vor allem
aufgrund der hohen Kreislauf-Wassermenge.

Die Gasgeschwindigkeiten in Biowäschern lie-
gen meist bei 1 – 3 m/s, die Berieselungsdichten
betragen etwa 10 – 30 m³/m²h, bezogen auf die
Querschnittsfläche des Wäschers. Je nach Wä-
scherausführung und Abluftzusammensetzung
kann von einem Wasser-Luft-Verhältnis von
1:1000 bis 1:300 ausgegangen werden. Das be-
deutet, daß zur Reinigung von 10 000 m³/h Ab-
luft beispielsweise eine Wassermenge von
10 – 33 m³/h umgepumpt werden muß.

F.3.8.4 Neue Verfahrensentwicklungen

Mit neuen Entwicklungen wird versucht, die
Vorteile der biologischen Verfahren – keine Ver-
lagerung von Abluftbestandteilen, kostengün-
stige Verfahren – mit größerer Betriebssicher-
heit und kleinerem Raumbedarf zu verbinden.
Wesentlich ist außerdem die Erfassung zusätzli-
cher Abluftinhaltsstoffe, speziell schwer wasser-
lösliche Lösemittelbestandteile.

Bei Biofiltern geht die Entwicklung hin zu
kleineren und kompakten Anlagen, die oft auch
transportabel sind. Mit speziellen Filtermateri-
algemischen und besseren Anströmeinrichtun-
gen können hohe Belastungen von bis zu
600 m³/m³h sowie eine deutlich bessere Be-
triebssicherheit erreicht werden [F.3.71].

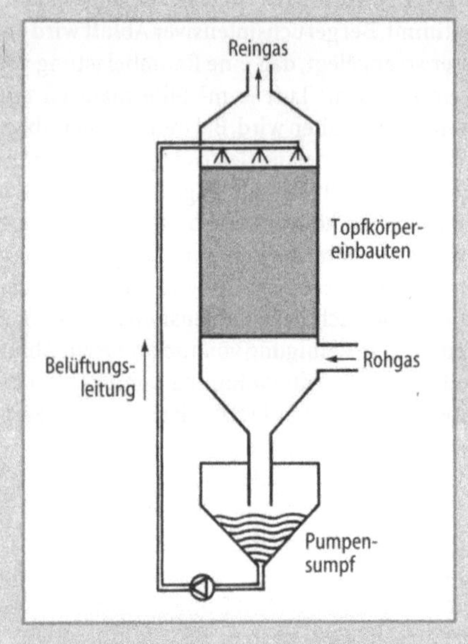

Bild F.3-29 Aufbau eines Tropfkörperbiowäschers

Bild F.3-30 Aufbau eines Biowäschers nach dem Be-
lebtschlammverfahren

Auch eine Umkehr der Strömungsrichtung sowie ein häufiger Wechsel zwischen Aufwärts- und Abwärtsströmung scheint sich günstig auf das Verfahren auszuwirken.

Mit neuen Wäschervarianten wird versucht, die Leistungsfähigkeit der Biowäscher weiter zu erhöhen. Besonders aussichtsreich scheint dabei die Anwendung von Bodenkolonnen in Kombination mit hohen Mikroorganismenkonzentrationen zu sein. Bei etwas höheren Druckverlusten können so Abbauleistungen von z.B. 1300 g Methanol je m^3 und Stunde erreicht werden [F.3.72].

Durch Zugabe von hochsiedenden und nicht wasserlöslichen Lösungsmitteln als zweite flüssige Phase können auch schwer wasserlösliche Stoffe absorbiert werden. Diese wasserunlösliche Phase wird in Anteilen von bis zu 30 % zugesetzt, die Regeneration dieser Phase erfolgt ebenfalls durch mikrobiellen Abbau im Belebungsbecken [F.3.73].

Das Biomembranverfahren wurde speziell für schwer wasserlösliche und leicht flüchtige Stoffe entwickelt. Zwischen Rohluft und abbauenden Mikroorganismen befindet sich eine Membran, in der sich die schwer wasserlöslichen Abluftkomponenten anreichern. Durch Permeation wandern diese Stoffe dann zu den (teilweise direkt aufwachsenden) Mikroorganismen, wo sie abgebaut werden. Halbtechnische Versuche zeigen hohe Abbauleistungen bei aromatischen Kohlenwasserstoffen und niedrig chlorierten Verbindungen [F.3.74].

F.3.8.5 Anwendungsbereiche und Grenzen der biologischen Abluftreinigung

Insgesamt sind in Deutschland mehrere hundert Anlagen der biologischen Abluftreinigung in Betrieb, wobei der Schwerpunkt derzeit eindeutig bei den Biofiltern liegt. Einsatzgebiete sind geruchsintensive Abgase aus Kompost- und Kläranlagen, aus der Landwirtschaft und der Fischverarbeitung. Immer häufiger werden diese Verfahren auch zur Reinigung industrieller Abluft genutzt, beispielsweise in Gießereien, Gelatinefabriken, Druckereien in der Kunststoffherstellung, bei Lackierereien, der Holzverarbeitung usw.

Nach heutigem Kenntnisstand ist die Anwendung biologischer Verfahren dann sinnvoll, wenn die Abluftkonzentrationen nicht größer als 1000 – 1500 mg/m^3 org.C sind, in günstigen Fällen kann auch Abluft bis zu 2000 mg/m^3 behandelt werden.

Höhere Konzentrationen würden sehr große Anlagendimensionen erfordern. Überdies kann ab diesen Konzentrationen auch die katalytische bzw. thermische Nachverbrennung sinnvoll eingesetzt werden.

Das Potential der biologischen Abluftreinigung wird bisher nur zu einem geringen Teil genutzt. Nach einer neueren Studie könnten ca. 200 000 t organischer Abluftinhaltsstoffe pro Jahr biologisch behandelt werden [F.3.75]. Die derzeit tatsächlich beseitigte Schadstoffmenge wird auf etwa 4000 t/a geschätzt. Dies entspricht nur 2 % der möglichen Anwendungen.

Literatur

[F.2.1] El-Zaiat, R. E., u.a.: Investigation on a Modified Louvred Inertia Air Filter, Aerosol Sci. a. Technol. 16 (1992) 21–42

[F.2.2] Solbach, W.: Über die Gas- und Staubbewegung im Drallabscheider, Staub 21 (1961) 413–416

[F.2.3] Hermes, K. u. Leschonski, K.: Theoretische und experimentelle Untersuchung eines einfachen Umlenkabscheiders für grobe Partikeln, Chem.-Ing.-Tech. 55 (1983) 47–48

[F.2.4] Schubert, H., u.a.: Klassieren in turbulenten Zweiphasenströmungen, Aufber.-Techn. 27 (1986) 295–306

[F.2.5] Feifel, E.: Zyklonentstaubung, neuere Anschauungen und Ergebnisse, Mitt. VGB, Heft 92 (1943) 52–57

[F.2.6] Barth, W.: Berechnung und Auslegung von Zyklonabscheidern aufgrund neuerer Untersuchungen, BWK 8 (1956) 1–9

[F.2.7] Smith, J. L.: An Experimental Study of the Vortex in the Cyclone Separator, Journal Basic Engineering, Dec. 1962, 602–618

[F.2.8] Muschelknautz, E.: Auslegung von Zyklonabscheidern für die technische Praxis, Staub 30 (1970) 187–195

[F.2.9] Muschelknautz, E.: VDI-Wärmeatlas, 5. Aufl., Kapitel Lj, 1–9

[F.2.10] Euteneuer, G.-A.: Gegensinnig drehende Längswirbel in den Wandgrenzschichten drallbehafteter Strömungen, Acta Mech. 26 (1977) 129–137

[F.2.11] Bühler, K.: Instabilitäten spiralförmiger Strömungen im Zylinderspalt, ZAMM 64, T180–T184 (1984)

[F.2.12] Krames, J. und Büttner, H.: The Dust Cyclone – a High Efficiency Wet Separator, Chem. Eng. Technol. 17 (1994) No. 1

[F.2.13] Löffler, F.: Staubabscheiden, Georg Thieme: Stuttgart, New York 1988, S. 102–160

[F.2.14] Weber, E., Brocke, W.: Apparate und Verfahren der industriellen Gasreinigung, Band 1: Feststoffabscheidung, S. 174–308 R. Oldenbourg, München, Wien 1973

[F.2.15] Barth, W.:Grundlegende Untersuchungen über die Reinigungsleistung von Wassertropfen, Staub 19 (1959) 175–180

[F.2.16] Calvert, S.:How to Choose a Particulate Scrubber Chem. Eng. 29 (1977) 54–68

[F.2.17] Calvert, S. et al.: Scrubber Handbook, A.P.T. Inc., Riverside, Calif. (1972)

[F.2.18] Calvert, S.: Upgrading Existing Particulate Scrubbers, Chem. Eng. 24 (1977) 133–140

[F.2.19] Calvert, S.: Venturi Scrubber Performance, et al., J. A. P. C. A. 22 (1972) 529–532

[F.2.20] Calvert, S.: Engineering Design of Fine Particle Scrubbers, A. P. C. A. 24 (1974) 929–934

[F.2.21] Calvert, S., et al.: Scrubber Performance for Particle al., Collection AIChE Symp. Ser. No. 137: 70 (1974) 357–364

[F.2.22] Yung, S.-C., Calvert, S., Barbarika, H. F.: Venturi Scrubber Performance Model, EPA-Bericht 600-2-77-172 (Aug. 1977)

[F.2.23] Schuch, G.: Theoretische und experimentelle Untersuchungen zur Auslegung von Naßabscheidern, Dissertation Universität Karlsruhe (1978)

[F.2.24] Schuch, G., Löffler, F.: Über die Abscheidewahrscheinlichkeit von Feststoffpartikeln an Tropfen in einer Gasströmung durch Trägheitseffekte, Verfahrenstechnik 12 (1978) 302–306

[F.2.25] Semrau, K. T.: Neuere Erkenntnisse auf dem Gebiet der Naßentstauber, Staub 22 (1962) 184–188

[F.2.26] Semrau, K. T.: Practical Process Design of Particulate Scrubbers, Chem. Eng. 84 (1977) 87–91

[F.2.27] VDI-Richtlinie 3679 Naßarbeitende Abscheider, Mai 1980

[F.2.28] Bürkholz, A.: Die Beschreibung der Partikelabscheidung durch Trägheitskräfte mit Hilfe einer dimensionsanalytisch abgeleiteten Kennzahl Chem.-Ing.-Tech. 58 (1986) 548–556

[F.2.29] Batel, W.: Entstaubungstechnik. Berlin, Heidelberg, New York: Springer 1972

[F.2.30] Weber, E.; Brocke, W.: Apparate und Verfahren der industriellen Gasreinigung; Band 1, Feststoffabscheidung; München, Wien: Oldenbourg 1973

[F.2.31] Albrecht, F.: Theoretische Untersuchungen über die Ablagerung von Staub aus strömender Luft und ihre Anwendung auf die Theorie der Staubfilter; Physikalische Zeitschrift 23 (1931) 48–56

[F.2.32] Sell, W.: Staubabscheidung an einfachen Körpern und in Luftfiltern. Forschungsheft 347 Berlin: VDI-Verlag 1931

[F.2.33] Schulz, R.: Untersuchungen zur Staubabscheidung aus Gasen mit Filtrationsabscheidern bei hohen Temperaturen und hohen Drücken. Fortschritt-Berichte VDI, Reihe 3, Nr. 156. Düsseldorf: VDI-Verlag 1988

[F.2.34] Beth – Handbuch Staubtechnik. Maschinenfabrik Beth, 2. Aufl. Lübeck: Selbstverlag 1964

[F.2.35] Taschenbuch Entstaubungstechnik Filtermedien. Intensiv-Filter, 3. Aufl. Langenberg: Selbstverlag 1989

[F.2.36] Löffler, F.; Dietrich, H.; Flatt, W.: Staubabscheidung mit Schlauchfiltern und Taschenfiltern; Vieweg-Verlag, Braunschweig/Wiesbaden 1984

[F.2.37] Donovan, R. P.: Fabric Filtration for Combustion Sources. New York: Marcel Dekker 1985

[F.2.38] Schulz, R.; Weber, E.: Kriterien für den Einsatz von Filtrationsabscheidern zur Rauchgasreinigung. Entsorgungspraxis 11 (1993) Nr. 6, 470–475

[F.2.39] Schulz, R.; Weber, E.: Staubabscheidung mit gelochten Metallfolien. Staub-Reinhaltung der Luft 49 (1989) Nr. 6, 201–204

[F.2.40] Schulz, R.; Schröter, K.: Untersuchungen zur trockenen Gasreinigung mit Lochfolienfiltern bei Braunkohlenfeuerungen. Luft und Kältetechnik (1993)

[F.2.41] Hilligardt, Th.: Heißgasfiltration mit Filterelementen aus Faserkeramik. Staub-Reinhaltung der Luft 50 (1990) 107–111

[F.2.42] Durst, M.: Erfahrungen mit keramischen Filterelementen bei der Heißgas-Filtration. BWK 42 (1990) Nr. 10, 610–614

[F.2.43] A. W. Bright: Fundamentals of Dust Precipitation in an Electrostatic Field. Filtration and Separation, Vol. 16, No. 3, May/Hune 1979, pp. 284–292

[F.2.44] F. W. Peek: Dielectric Phenomena in High Voltage Engineering. 3rd Ed., McGraw-Hill, New York 1929

[F.2.45] H. Wiggers: Untersuchungen an einem Laborelektrofilter, insbesondere über den Einfluß der Gasgeschwindigkeit und der Gassenbreite auf das Abscheideverhalten. Dissertation Universität GH Essen, 1982, Fortschritts-Berichte der VDI-Zeitschriften, Reihe 3, Nr. 67

[F.2.46] H.J. White: Entstaubung industrieller

Gase mit Elektrofiltern. VEB Deutscher Verlag für Grundstoffindustrie, Leipzig 1969

[F.2.47] H.-G. Pape: Möglichkeiten und Wirksamkeit der elektrostatischen Staubabscheidung bei hohen Drücken und Temperaturen. Dissertation, Universität Essen, Fortschritts-Berichte der VDI-Zeitschriften, Reihe 3, Nr. 90, Düsseldorf: VDI-Verlag 1984

[F.2.48] M.M. Pauthenier, M. Moreau-Hanot: La Charge des Particules Spériques Dans un Champ Ionisé. Journal de Physique et le Radium 3, 1932, pp. 590–613

[F.2.49] H.J. White: Particles charging in electrostatic precipitation. Transactions of the American Institute of Electrical Engineers, 1951, Vol. 70, pp. 1186–1191

[F.2.50] W. Deutsch: Bewegung und Ladung der Elektrizitätsträger im Zylinderkondensator. Annalen der Physik, IV. Folge, Bd. 68, 1922, S. 335–344

[F.2.51] W. König: Zum Verhalten des Staubes im Elektrofilter, Energie, Jahrg. 18, Nr. 5, Mai 1966

[F.2.52] J. Dalmon, H.J. Lowe: Experimental Investigations into the Performance of Electrostatic Precipitators for P.F. Power Stations, Centre National de la Recherche Scientifique: La physique de forces electrostatiques et leurs applications, Grenoble 1960, Bd. 102, Colloques Internationaux, pp. 363–379

[F.2.53] S. Matts, P.-O. Öhnfeldt: Die Gasreinigung in Fläkt-Elektrofiltern, Sonderdruck aus Fläkten/SF Review 1963–1964 (Original: Efficient gas cleaning with SF electrostatic precipitators, Fläkten (1963–64), pp. 93–110)

[F.2.54] E. Weber, H. Wiggers: Experiments with Wide Ducts in Eletrostatic Precipitators, 4th Symposium on the Transfer and Utilization of Particulate Control Technology, Houston, October 1982, Vol. 2 of Proceedings (EPA/600/9-84/025B), pp. 111–125

[F.2.55] S. Oglesby, G.B. Nichols: Electrostatic Precipitation, Marcel Dekker Inc., New York 1978

[F.3.1] Grassmann, P.; Widmer, F.: Einführung in die Thermische Verfahrenstechnik, de Gruyter, 2. Aufl. 1974

[F.3.2] Mersmann, A.: Thermische Verfahrenstechnik (Grundlagen und Methoden), Springer, Berlin 1980

[F.3.3] Sattler, K.: Thermische Trennverfahren: Grundlage, Auslegung, Apparate, VCH, Weinheim 1988

[F.3.4] Sherwood, T.; Pigford, R.; Wilke, C.: Mass Transfer, McGraw Hill, New York 1975

[F.3.5] Treybal, R.E.: Mass Transfer Operations, Second Edition, McGraw Hill, New York 1968

[F.3.6] Fitzer, E.; Fritz, W.; Emig, G.: Technische Chemie. Einf. i. d. Chem. Reaktionstechnik, 4. Aufl. Springer, Berlin 1995

[F.3.7] Westerterp, K.R.; van Swaaij, W.P.M.; Beenackers, A.A.C.M.: Chemical Reactor Design and Operation, John Wiley & Sons, New York 1984

[F.3.8] Brauer, H.: Stoffaustausch, einschl. chemischer Reaktionen, Verlag Sauerländer, Aarau 1971

[F.3.9] Kast, W.: Adsorption aus der Gasphase, Ingenieurwissenschaftliche Grundlagen u. techn. Verfahren, VCH, Weinheim 1988

[F.3.10] Menig, H.: Luftreinhaltung durch Adsorption, Absorption, Oxidation, Deutscher Fachzeitschriften Verlag Braun & Co., Wiesbaden 1977

[F.3.11] Brauer, H.; Varma Y.B.G.: Air Pollution Control Equipment, Springer, Berlin 1981

[F.3.12] Fritz, W.; Kern, H.: Reinigung von Abgasen, 2. Aufl., Vogel, Würzburg 1990

[F.3.13] Herzog, F.; Schulte, M.: Umwelt 28 (1998), S. 49–53

[F.3.14] Rautenbach, R.; Welsch, K.: Chem.-Ing.-Tech. (1994) S. 229

[F.3.15] Barrer, R.M.: Surface Aspects of Flow in Microporous Membranes. In: Everett, D.H.; Ottewill, R.H. (Hrg.): Surface Area Determination, London 1970, S. 227–245

[F.3.16] Wnuk, R.; Bergfort, A.; Chmiel, H.: Staub Reinhalt. d. Luft (1993), S. 47

[F.3.17] Ohlrogge, K.; Peinemann, K.V.; Wind, J.: Energie (1993) S. 29

[F.3.18] Brunauer, S.; Deming, L. S.; Deming, W. S.; Teller E.: J. Amer. chem. Soc. 62 (1940) S. 1723

[F.3.19] Gregg, S. J.; Sing, K. S. W.: Adsorption, Surface Area and Porosity, Academic Press, London 1967

[F.3.20] Sing, K.S.W.: Ber. Bunsenges. physik. Chem. 79 (1975), S. 724–734

[F.3.21] Brunauer, S.; Emmet, P.H.; Teller, E.: J. Amer. chem. Soc. 60 (1938), S. 309

[F.3.22] DIN 66131: Bestimmung der spezif. Oberfläche von Feststoffen durch Gasadsorption nach Brunauer, Emmett u. Teller (BET)

[F.3.23] DIN 66132: Bestimmung der spezif. Oberfläche von Feststoffen durch Stickstofadsorption (Einpunktverfahren nach Haul und Dümbgen)

[F.3.24] Haul, R.; Hübner, K.: Ber. Bunsenges. physik. Chem. 79 (1975), S. 777–788

[F.3.25] Haul, R.A.; Hübner, K.: Final Report of

the RILEM/IUPAC Int. Symp., Sept. 1973, Prag, Beitrag C-119

[F.3.26] Vohler, O.: Aktivkohle. In: Ullmanns Encyklopädie der technischen Chemie, Bd. 14, S. 620–633, 4. Aufl. Verlag Chemie, Weinheim 1979

[F.3.27] Capelle, A.; de Vooys, F.: Activated Carbon, Norit N.V., Amersfoort 1983

[F.3.28] Weis, R.: Kieselgel. In: Ullmanns Encyklopädie der technischen Chemie, Bd. 21, S. 458–462, 4. Aufl. Verlag Chemie, Weinheim 1979

[F.3.29] Schepers, B.: Aktive Tonerde. In: Ullmanns Encyklopädie der technischen Chemie, Bd. 7, S. 326–327, 4. Aufl. Verlag Chemie, Weinheim 1979

[F.3.30] Pupper, L.: Molekularsiebe. In: Ullmanns Encyklopädie der technischen Chemie, Bd. 17, S. 9–18, 4. Aufl. Verlag Chemie, Weinheim 1979

[F.3.31] Jüntgen, H., Knoblauch, K. Schröter, H.J.: Ber. Bunsenges. physik. Chem. 79 (1975), S. 824–826

[F.3.32] Richter, E.; Pilarcyk, E.; Jüntgen, H.: Fundamentals in Adsorption. In: Fortschritte der Vt., Bd. 19, S. 255–292, VDI-Verlag Düsseldorf

[F.3.33] Krill, H.; Menig, H.: Adsorption. In: Ullmanns Encyklopedia of Industrial Chemistry, Vol. 7, 6. Aufl. Verlag Chemie, Weinheim 1995

[F.3.34] Krill, H.: Adsorptive Gasreinigung – eine Bestandsaufnahme, VDI-Berichte 1034, VDI Verlag, Düsseldorf 1993

[F.3.35] VDI-Richtlinie 3674: Abgasreinigung durch Adsorption

[F.3.36] Eigen, M.: Angewandte Chemie 75 (1963), S. 489–508

[F.3.37] Hübner, K.; Schürmann, B.: Hochtemperaturgasreinigungsverfahren mit geschmolzenen Salzen und Metallen. VDI-Berichte Nr. 363: Gasreinigung bei hohen Temperaturen u. Drücken, S. 109–115, VDI Verlag , Düsseldorf 1980

[F.3.38] Weber, E.; Hübner, K.; Pape, H.-G.; Schulz, R.: Environment International, Vol. 6 (1981)

[F.3.39] Hübner, K.: Process for the sorption of gaseous components at high temperatures (>900°C). In: High Temperature Gas Cleaning, Ed.: Schmidt, E. et al. Karlsruhe 1996, S. 349–360

[F.3.40] VDI-Richtlinie 3675: Abgasreinigung durch Absorption

[F.3.41] VDI-Richtlinie 2443: Abgasreinigung durch oxidierende Gaswäsche

[F.3.42] VDI-Richtlinie 3476: Katalytische Verfahren der Abgasreinigung

[F.3.43] Abgasreinigung durch thermische Verbrennung, VDI-Richtlinie 2442, Juni 1987

[F.3.44] Katalytische Verfahren der Abgasreinigung, VDI-Richtlinie 3476, Juni 1990

[F.3.45] Prüfung von Mineralölkohlenwasserstoffen. Bestimmung der Zündtemperatur, DIN 51794, Januar 1978

[F.3.46] Gase-Handbuch. Broschüre 90.1001, 3. Aufl. Messer Griesheim, Düsseldorf

[F.3.47] Baum, F.: Luftreinhaltung in der Praxis. R. Oldenbourg, München Wien 1988

[F.3.48] Menig, H.: Luftreinhaltung durch Adsorption, Absorption und Oxidation. Deutscher Fachschriften-Verlag Braun & Co., Wiesbaden 1977

[F.3.49] Fritz, W.; Kern, H.: Reinigung von Abgasen. Vogel, Würzburg 1990

[F.3.50] Ruhl, E.: Thermische und katalytische Abgasreinigung. CZ-Chemie-Technik 1 (1972) Nr. 5, 219–224

[F.3.51] Wiebe, H.; Carlowitz, O.: Überlegungen zur Konzeption wirtschaftlicher thermischer Abluftreinigungsanlagen. Staub – Reinhaltung der Luft 43 (1983) Nr. 2, 58–61

[F.3.52] Abluftreinigung. Firmenschrift 2489/ 3.0/8.93/Br. KEU-CITEX Energie- und Umwelttechnik, Krefeld

[F.3.53] LTG-Abluftreinigungssysteme. Firmenschrift 120-1 (0793), LTG, Stuttgart

[F.3.54] Aufbau und Einsatzschwerpunkte der regenerativen thermischen Oxidation (RTO). Firmenschrift Dürr, Stuttgart

[F.3.55] Incineratoren. Firmenschrift 7/90, Caloric, Gräfeling

[F.3.56] Kurz, G.; Güthoff, H.: Incineratoren. Chemie-Anlagen + Verfahren 21 (1988) Nr. 1

[F.3.57] Strutz, J. Wiehl, J.: Trägerkatalysatoren für Chemie und Industrie. Chemie Technik (21) 1992, Nr. 3, 14–21

[F.3.58] Wiehl, J.: Katalytische Abluftreinigung bei industriellen Anlagen. Firmendruck. W.C. Heraeus, Hanau

[F.3.58] Weber, E.; Hübner, K.: Beitrag zur 3. Jahrestagung d. VDI-Gesellschaft Energietechnik, Darmstadt 1986

[F.3.59] Weber, E.; Hübner, K.: Übersicht über rauchgasseitige Verfahren zur Stickoxidminderung. Staub, Reinhaltung der Luft. Anwendungsreport Rauchgasreinigung 1986, S. 12–16

[F.3.60] Weber, E.; Hübner, K.: Energie (1986) S. 10–15

[F.3.61] Weber, E.; Hübner, K.: VGB Sondertagung Versuchsanlagen zur Nox-Emissionsminderung, Essen (1986) Ergänzungsband VGB Handbuch B 301 a

[F.3.62] Hübner, K. in VGB Tagungsband, TB 310, NOx-Minderung bei Feuerungen, VGB Essen 1984

[F.3.63] Hübner, K.; Weber, E.; Pape, A.: Simultaneous removal of gaseous and particulate components from gases by catalytically activated ceramic filters. In: High Temperature Gas Cleaning, Ed.: Schmidt, E.; et al., Karlsruhe 1996

[F.3.64] Gillmann, P.; Sievers, U.; Weber, E., Schwarte, M.: BMFT-Forschungsbericht 032 6597 A: Versuchsanlage zur Stickoxidminderung in Rauchgasen mit Abfallstoffen aus der chemischen Industrie und der Landwirtschaft 1992

[F.3.65] VDI-Richtlinie 3928: Abgasreinigung durch Chemisorption

[F.3.66] Bardtke, D.: Mikrobiologische Voraussetzungen für die biologische Abluftreinigung; Biologische Abluftreinigung, Expert Verlag, Ehningen, S. 1 ff. (1990)

[F.3.67] Sabo, F.: Behandlung von Deponiegas im Biofilter, Stuttgarter Berichte zur Abfallwirtschaft, Bd. 47, Erich Schmid, Bielefeld (1991)

[F.3.68] VDI 3477: Biologische Abgas-/Abluftreinigung, Biofilter VDI-Richtlinie, Dezember 1991

[F.3.69] Fischer, K.: Biofilter: Aufbau, Verfahrensvarianten, Dimensionierung, Biologische Abluftreinigung, Expert, Ehningen, S. 35–54 (1990)

[F.3.70] Kohler, H.: Behandlung geruchsintensiver Abluft in Wäschern unter Verwendung einer Belebtschlammsuspension. Dissertation Universität Stuttgart, Fortschr.-Ber. VDI-Z., Reihe 15, Nr. 22 (1982)

[F.3.71] Bardtke, D.; Fischer, K.; Sabo, F.: Entwicklung und Erprobung von Hochleistungsbiofiltern. Abschlußbericht 89/005/03 Projekt Europäisches Forschungszentrum für Maßnahmen zur Luftreinigung (PEF), Karlsruhe 1992

[F.3.72] Wolff, F.: Biologische Abluftreinigung mit einem neuen Biowäscherkonzept, VDI-Berichte 735, S. 99–108 (1989)

[F.3.73] Schippert, E.: Das Biosolv-Verfahren von Keramchemie zur Absorption von schwer wasserlöslichen Lösemitteln, VDI-Berichte 735, S. 161–178 (1989)

[F.3.74] Fischer, K.: Vergleichende Untersuchungen: Biofilter- oder Biomembranverfahren zur Reinigung lösemittelhaltiger Industrieabluft. Biotechniques for air pollution abatement and odour control policies, A.J. Dragt, J. van Ham, Elsevier, Amsterdam, S. 97–102 (1992)

[F.3.75] Bardtke, D; Sabo, F.; Fischer, K.: Systemstudie zur Erfassung und Bilanzierung organischer Schadstoffemissionen im Hinblick auf den Einsatz biologischer Abluftreinigungsverfahren. Abschlußbericht zum Forschungsvorhaben 01VQ86103BMFT (1990)

Ergänzende Literatur

Umweltbundesamt Materialien 8/78 Handbuch Staubabscheider Erich Schmidt Verlag, Berlin 1978

Gewässerschutz und Abwasserbehandlung

G.1 Gewässergüte und Selbstreinigung der Gewässer

G.1.1 Einleitung

G.1.1.1 Der Begriff „Gewässergüte"

Mit dem Begriff „Gewässergüte" ist kein feststehender Inhalt verbunden. Dieser ergibt sich erst aus den vorgegebenen Kriterien über Schutzziele bzw. Nutzungsansprüche, d.h. aus Vorstellungen über das Gewässer und seine erwünschte Beschaffenheit [G.1.1].

So wird beispielsweise die Gewässergüte unter dem Kriterium „natürliches Gewässer" insbesondere durch den Gewässerverlauf, dessen Morphologie und durch die Einbindung des Gewässers in die Landschaft gekennzeichnet, während unter dem Kriterium „Trinkwassernutzung" die Gewässergüte insbesondere unter dem Gesichtspunkt der Beschaffenheit des Wasserkörpers beurteilt wird.

Beim umfassenden Gewässergüte-Begriff wird das Gewässer insgesamt als Teil der Landschaft und als Ökosystem und damit vom Gewässer selbst her beurteilt, wobei als Maßstab ein sich auf natürliche Weise einstellender Gewässerzustand zugrunde gelegt werden müßte.

Im engeren Sinne bedeutet der Begriff „Gewässergüte" den Zustand des Wasserkörpers der Gewässer selbst. Die Beschreibung und Beurteilung dieses Zustands erfordert jedoch Kriterien, die sich erst aus Zielvorstellungen und Anforderungen an die Gewässer ergeben. Diese können unterschiedlich sein, je nachdem auf welche Nutzungsanforderungen hin die Gewässergüte beurteilt werden soll.

In den folgenden Ausführungen werden im wesentlichen die Fragen der Gewässergüte im engeren Sinne behandelt.

G.1.1.2 Bedeutung der Gewässerart für die Gewässergüte

Unter dem Gesichtspunkt der Wasserbeschaffenheit lassen sich die Gewässer grundsätzlich in Süßwasser bzw. Salzwasser führende einteilen. Hinsichtlich der Erscheinungsformen sind zu unterscheiden:
- Fließende Oberflächengewässer, wie frei fliessende Bäche, Flüsse, Ströme, gestaute Fließgewässer und Kanäle sowie vom Meer beeinflußte Tideflüsse,
- stehende Oberflächengewässer, wie natürliche Teiche und Seen, künstliche Teiche, Talsperren und Kanäle sowie salzhaltige Brackgewässer, Küstengewässer und Ozeane,
- Grundwässer in Porengrundwasserleitern und in klüftigem bzw. karstigem Untergrund.

Bei der Beschreibung und Beurteilung der Gewässergüte sind diese verschiedenen Erscheinungsformen der Gewässer stets zu berücksichtigen. So kann beispielsweise Wasser gleicher Qualität in Fließgewässern einen Gewässergütezustand „gut" bewirken, während in einem stehenden Gewässer der Gütezustand als „bedenklich" einzustufen wäre.

G.1.1.3 Anforderungen an die Gewässergüte

Wie vorstehend dargelegt, ist der Begriff „Gewässergüte" stets mit Vorstellungen über den gewünschten Zustand des Gewässers verbunden. Neben den allgemeinen Zielvorstellungen „natürliches Gewässer", „naturnahes Gewässer", „von menschlichen Einwirkungen unbeeinflußtes Gewässer" spielen jedoch Vorstellungen über die Anforderungen an die Gewässer hinsichtlich unterschiedlicher Nutzungen eine entscheidende Rolle. So ist die Gewässergüte bzgl. der Trinkwassergewinnung insbesondere unter dem Gesichtspunkt des Aufwands für die Wasseraufbereitung zu sehen. Für Baden und Sport stehen hygienische und ästhetische Aspekte im Vordergrund. Für die landwirtschaftliche Nutzung sind Schadstoff- und Salzgehalt von besonderer Bedeutung. Bei Betriebswasser für die Industrie sind spezifische Anforderungen durch den Produktionsprozeß vorgegeben, während für Kühlwasserzwecke vorrangig die Wassertemperatur und zu Ablagerungen und Verstopfung führende Wasserinhaltsstoffe für die Beurteilung der Gewässergüte ausschlaggebend sind.

G.1.1.4   Zielvorstellungen zur Gewässergüte

Bei der Formulierung von Zielvorstellungen zur Gewässergüte einzelner Gewässer ist neben den allgemeinen ökologischen Anforderungen und den Anforderungen aus Sicht der Nutzungen auch der Gesichtspunkt zu berücksichtigen, daß einzelne Gewässerarten über den Wasserkreislauf miteinander in Verbindung stehen und somit Anforderungen für einen gewissen Gewässerabschnitt auch für die davorliegenden Gewässerabschnitte zu gelten haben. So ist bspw. bei der Zielsetzung „Grundwassersanierung" nicht nur das Güteziel „Trinkwassergewinnung" zu berücksichtigen, sondern auch die Zielsetzung für die aus diesem Grundwasservorkommen gespeisten Fließgewässer. In gleicher Weise müssen die Zielsetzungen für die Fließgewässer auch die Zielsetzungen für die von diesen Fließgewässern beeinflußten Küstengewässer und Meeresabschnitte berücksichtigen.

G.1.2   Einflüsse auf die Gewässergüte

G.1.2.1   Allgemeines

Die Beschaffenheit von Gewässern, und damit auch ihre Güte, wird sowohl durch natürliche als auch zivilisatorische Einflüsse bestimmt. Im folgenden werden schwerpunktmäßig die zivilisatorischen Einflüsse dargestellt, wobei die Wirkung auf Fließgewässer, stehende Gewässer und Grundwasser zu unterscheiden ist. Für diese ist die ökologische Situation jeweils völlig anders zu beurteilen [G.1.2]. Während beim stehenden Gewässer der Faktor „Lichteinstrahlung" das System beherrscht, ist es beim Fließgewässer die Strömung und beim Grundwasser der durchströmte Bodenkörper.

G.1.2.2   Einflüsse auf die Gewässergüte von Fließgewässern

Die Gewässergüte von Fließgewässern wird sowohl von natürlichen (s. Tabelle G.1-1) als auch zivilisatorischen Einflüssen (s. Tabelle G.1-2) bestimmt. Nachstehend sollen schwerpunktmäßig einige wesentliche zivilisatorische Einflüsse dargestellt werden.

G.1.2.2.1 Mengenentzug

Durch Entnahme von Wasser aus dem Fließgewässer, sei es durch Ausleitung zum Zwecke der Wasserkraftgewinnung oder der Wasserversorgung der Bevölkerung, Industrie oder Landwirtschaft, wird das Wasserregime der unterhalb liegenden Gewässerstrecke beeinflußt. Die Zeiten der Niedrigwasserführung verlängern sich bei zusätzlicher Verminderung des Niedrigwasserabflusses. Dies führt im Gewässer zu verringerter Abflußgeschwindigkeit und verstärkter Sedimentation, daraus folgend zu einer veränderten Ökologie mit meist verringerter Selbstreinigungskraft in dieser Gewässerstrecke. Der Mengenentzug wirkt sich nur unwesentlich aus, wenn die entzogene Menge unterhalb der Entnahmestelle als gereinigtes Abwasser wieder eingeleitet wird.

G.1.2.2.2 Abflußerhöhung

Eine Abflußerhöhung im Fließgewässer kann sich durch Überleitung von Wasser aus einem anderen Einzugsgebiet ergeben. Eine derartige Überleitung würde grundsätzlich zu einer Verbesserung der Gewässergüte führen, wenn dadurch insbesondere der Niedrigwasserabfluß erhöht würde. Häufig werden jedoch solche Überleitungen für die Wasserversorgung von Siedlungen vorgenommen. In diesem Fall wird der erhöhte Abwasseranteil im Gewässer zu einem ungünstigeren Verhältnis von Frischwasser zu Abwasser führen, was dann die Gewässergüte doch nachteilig beeinflussen kann.

Die Abflußerhöhung im Einzugsgebiet selbst sowohl durch verstärkte Versiegelung der Oberflächen von Baugebieten und Straßenflächen

Tabelle G.1-1 Überblick über die wichtigsten natürlichen Einflüsse auf die Gewässerbeschaffenheit [G.1.3]

Einflüsse bedingt durch	Erfassungsmöglichkeiten/Bemerkungen
Meteorologie Lufttemperatur Luftfeuchte Luftdruck Strahlungshaushalt (Ein- und Abstrahlung, Temperatur und Licht) Windbewegung Niederschlag	Die Einflußgrößen lassen sich leicht messen; die Einflüsse auf die Gewässerbeschaffenheit sind theoretisch und im Labor weitgehend erforscht, die Anwendung der Ergebnisse auf die Gewässer stößt teilweise auf praktische Schwierigkeiten
Morphologische und chemische Beschaffenheit (Gewässer und Umland) Oberirdischer Abfluß Fließstrecke Flach- und Tiefzonen Turbulenzgrad einer Strömung Sedimentation, Transport und Erosion Beschaffenheit von Boden und Untergrund Wechselbeziehungen zwischen Wasserkörper, Grundwasser und Untergrund	Viele Einflußgrößen können nicht genau gmessen, beschrieben oder abgegrenzt werden, die Einflüsse selbst sind meist sehr stark, Einzelheiten sind jedoch bisher mehr qualitativ als quantitativ bekannt.
Biologisch-biochemische Aspekte Uferbewuchs Wasserpflanzen und -tiere	Die Einflußgrößen sind z.T. meßbar, sie können mit gewissem Vorbehalt beschrieben werden. Die Einflüsse sind komplexer Natur und ihre Bedeutung ist umstritten.

Tabelle G.1-2 Überblick über die zivilisatorischen Einflüsse auf die Gewässerbeschaffenheit [G.1.3]

Einflüsse bedingt durch	Erfassungsmöglichkeiten/Bemerkungen
Mikroklima Änderungen von Strahlungshaushalt, Luftaustausch, Verdunstung Bodenbewuchs im Einzugsgebiet Belastung aus Niederschlägen	Die meisten Einflußgrößen lassen sich einfach ermitteln, ihre Auswirkungen auf die Gewässerbeschaffenheit sind nicht immer gering und oft schwer feststellbar.
Morphologische und chemische Beschaffenheit (Gewässer und Umland) Ufer- und Sohlausbildung Begradigung, Vertiefung, Stau, Rückhalt Wasserentnahme, -ableitung, -umleitung Niedrigwasseraufhöhung Grundwasseraustausch	Die Einflußgrößen sind verhältnismäßig gut zu erfassen. Die Einflüsse führen im allgemeinen zu nachhaltigen Veränderungen der Gewässerbeschaffenheit. Meist überlagern oder kompensieren sich jedoch mehrere Einflüsse, so daß einzelne Auswirkungen nur schwer verfolgt oder nachgewiesen werden können.
Biologisch-biochemische Aspekte Nutzungsänderungen im Einzugsgebiet (Intensivierung der Landwirtschaft, toxische Einflüsse, Entwässerungen von Landschaftsteilen usw.) Gewässerbenutzung (Fischereiliche Maßnahmen, Erholungsmaßnahmen) Einleitungen (Abwasser, Kühl-, Mischwasser)	Gewässerbelastungen aus Abwassereinleitungen sind i.d.R. leicht meßbar. Die Auswirkungen im Gewässer sind –abgesehen von tiefgreifenden Veränderungen der Gewässerbeschaffenheit – mit physikalisch-chemischen Meßmethoden oft nur unsicher oder nur mi großem Aufwand feststellbar (Verdünnung, Zeit-, Abfluß-, Temperaturabhängigkeit); dasselbe gilt meist auch für Auswirkungen der Boden- und Gewässerbenutzungen. In vielen Fällen erweisen sich Ergebnisse biologischer Untersuchungsmethoden als geeignetere Meßgrößen.

(Dichtung der Flächen, Ausweitung der Bauge-
biete und des Straßennetzes), durch Änderung
der Landnutzung im landwirtschaftlich/forst-
wirtschaftlichen Bereich (Umbruch von Wiesen
in Ackerflächen, Verringerung der Gewässer-
randstreifen, Entwaldung, Befestigung land-
wirtschaftlicher und forstwirtschaftlicher We-
ge) als auch durch Änderungen am Gewässer (Be-
schleunigung des Abflusses im Gewässer durch
Begradigung des Flußlaufs und Reduzierung der
Überschwemmungflächen) verursacht werden.

Ein auf diese Weise erhöhter Abfluß im Ein-
zugsgebiet des Gewässers wird den Jahresabfluß
im Gewässer nur wenig beeinflussen, da der er-
höhte Oberflächenabfluß mit einer verringerten
Grundwasserneubildung verbunden ist. Dage-
gen wird die Niedrigwasserführung des Gewäs-
sers vermindert und der Hochwasserabfluß er-
höht. Beides wird die Gewässergüte ungünstig
beeinflussen.

G.1.2.2.3 Einleitung von Stoffen über den Abwasserpfad

Bei der Einleitung von Stoffen über den Abwas-
serpfad sind grundsätzlich 2 unterschiedliche
Belastungsarten zu unterscheiden:
- die Grundbelastung aus den Abflüssen mehr
  oder weniger gut arbeitender Abwasserreini-
  gungsanlagen,
- die Stoßbelastung infolge kurzfristiger Verrin-
  gerung der Reinigungsleistung von Abwasser-
  reinigungsanlagen infolge eines Schadensfalls
  in der Industrie oder im Verkehrsbereich und
  infolge von Starkniederschlägen im Siedlungs-
  gebiet.

Bezüglich der *Grundbelastung* sind folgende Pa-
rametergruppen (s. Abschn. G.1.3) zu unterschei-
den:
a) Inhaltsstoffe, die sich infolge von Abbauvor-
   gängen im Gewässer verringern, wie alle ab-
   baubaren organischen Stoffe, Stickstoffver-
   bindungen usw.,
b) Inhaltsstoffe, die sedimentieren, wie Sand,
   Grobstoffe, ausfällbare Stoffe (Phosphate,
   Schwermetalle usw.) [G.1.4],
c) Inhaltsstoffe, die eine Giftwirkung auf Gewäs-
   serflora und -fauna ausüben, wie Schwerme-
   talle, Pestizide, Fungizide, Herbizide, Haus-
   halts- und Industriechemikalien.

Die Stoffgruppe unter a) beeinflußt im wesent-
lichen den Sauerstoffhaushalt der Fließgewäs-

ser und die Zusammensetzung der biologischen
Lebensgemeinschaften (s. Abschn. G.1.3.5).

Die Stoffgruppe unter b) führt zu erhöhten
Schlammablagerungen im Gewässer, die sich ins-
besondere in Bereichen mit geringer Fließge-
schwindigkeit (z.B. in Stauhaltungen) bilden.
Durch Abbauvorgänge in diesen Ablagerungen,
insbesondere aber durch Remobilisierung die-
ser Ablagerungen bei Hochwasserabflüssen, wird
die Gewässergüte ungünstig beeinflußt.

Inhaltsstoffe mit Giftwirkung nach c) treten in
der Grundbelastung nur in geringen Konzen-
trationen auf. Sie können sich jedoch infolge ku-
mulativer und synergistischer Wirkung ungün-
stig auf die Gewässerflora und -fauna und damit
auf die Gewässergüte auswirken.

Stoffliche *Stoßbelastungen* über den Abwasser-
pfad ergeben sich regelmäßig bei Starknieder-
schlägen durch Abschwemmungen von Ablage-
rungen auf Straßenoberflächen und insbeson-
dere durch Schlammablagerungen im Kanalnetz.
Diese Belastungen beeinflussen die Gewässer-
güte sowohl durch die anaeroben Abbauproduk-
te der Schlammablagerungen als auch durch die
Trübstoffe. Betroffen sind davon im besonderen
empfindliche Organismen.

Eine weitere Ursache von Stoßbelastungen
sind Schadensfälle im Industrie- und Verkehrs-
bereich, die direkt oder indirekt (über das Kanal-
netz) auf das Gewässer einwirken. Die Gewässer-
güte wird dabei meist durch Schädigung der Ge-
wässerorganismen (Giftwirkung) kurzfristig be-
einträchtigt.

G.1.2.2.4 Einleitung von Stoffen über Oberflächenabschwemmungen

Natürlicherweise werden bei Starkniederschlä-
gen Stoffe aus den an die Fließgewässer angren-
zenden Flächen in die Gewässer abgeschwemmt.
Derartige Stoffe sind zumeist Bodenpartikel und
Pflanzenteile, aber auch die in der Landwirt-
schaft eingesetzten natürlichen und künstlichen
Dünger und Chemikalien [G.1.5]. Durch Ände-
rung der Nutzung (Umwandlung von Wald bzw.
Wiesen in Ackerland) und vermehrte Erschlie-
ßung des Geländes (Gräben mit Sohlschalen, be-
festigte Wirtschaftswege) werden diese Ab-
schwemmungen begünstigt und damit die Bela-
stung der Gewässer erhöht.

Die Befestigung von Flächen außerhalb von
Siedlungsgebieten durch Straßenbau, Bau von
Flughäfen usw. führt ebenfalls zu einer zusätzli-
chen Belastung der Fließgewässer. Neben einer

Grundbelastung mit Schadstoffen (Mineralöl, Kraftstoffe, Reifenabrieb) können vor allem Unfälle mit Tankfahrzeugen und mit Fahrzeugen für sonstige gefährliche Stoffe zur Schädigung der Gewässer führen.

G.1.2.2.5 Einleitung von Stoffen über den Grundwasserpfad

Die meisten in das Grundwasser eingeleiteten Stoffe (s. Abschn. G.1.2.4) gelangen nach mehr oder weniger langer Zeit in das zugeordnete Vorflutgewässer. Als Schadstoffe kommen dabei hauptsächlich der Pflanzennährstoff Nitrat und die in der Landwirtschaft eingesetzten Pestizide und deren Abbauprodukte in Frage.

Dazu kann in Gebieten mit pufferschwachen Böden über die mit Luftschadstoffen (überhöhte Gehalte an CO_2, SO_2, NO_x, SO_3) angereicherten Niederschläge indirekt eine Versauerung der Gewässer bewirkt werden, was mit tiefgreifenden biozönotischen Veränderungen im Gewässer verbunden sein kann [G.1.3, G.1.6–G.1.8].

G.1.2.2.6 Änderung der Wassertemperatur

Eine Erhöhung der Gewässertemperatur durch Abwasser- bzw. Kühlwassereinleitungen beeinflußt den Sauerstoffgehalt des Gewässers ungünstig. Infolge der bei erhöhter Temperatur verstärkten Abbauvorgänge vergrößert sich der Sauerstoffbedarf. Gleichzeitig sinkt aber mit zunehmender Temperatur die Sauerstoffaufnahme des Wassers, was insgesamt zu einem absinkenden Sauerstoffgehalt im Gewässer führt. Mit der Temperatur ändert sich jedoch auch die Gewässerflora und -fauna, da kälteliebende Arten (z.B. Salmoniden) verdrängt werden.

G.1.2.2.7 Eingriffe in die Gewässermorphologie

Die Selbstreinigungskraft der Fließgewässer und damit auch deren Gewässergüte werden in starkem Maße von der Gewässermorphologie beeinflußt. Natürliche Gewässer sind in ihrer Linienführung und Querschnittsgestaltung i.d.R. sehr vielfältig und bieten damit den Lebensgemeinschaften in und am Gewässer ein Mosaik unterschiedlicher Biotope [G.1.9]. Diese Vielfalt ist für die Dynamik und Elastizität der Fließgewässer beim Abbau unterschiedlicher und wechselnder Belastungen und damit letztlich auch für deren Güte von großem Vorteil. Die Kanalisierung eines Flusses bzw. dessen Ausbau mit gleich-

mäßigem Gefälle und gleichbleibendem Fließquerschnitt und einer meist damit verbundenen Einrichtung von Stauhaltungen hingegen bewirkt neben der ästhetischen Beeinträchtigung des natürlichen Landschaftsbilds eine Verarmung an Biotopen, eine verstärkte Erosion an der Gewässersohle bzw. erhöhte Schlammablagerungen in den Staubereichen und insgesamt eine Verminderung der Sauerstoffaufnahme des Gewässers.

G.1.2.2.8 Eingriffe in die Ufervegetation

Die Gewässergüte eines Fließgewässers wird in erheblichem Umfang von der Vegetation im Uferbereich und den gewässernahen Flächen (Gewässerrandstreifen) beeinflußt. Dabei spielen zwei wesentliche Faktoren eine Rolle. Zum einen die Gehölzvegetation, die infolge der Beschattung der Wasseroberfläche die Erwärmung des Gewässers verzögert und durch den verringerten Lichteinfall die Photosynthese von Algen und den Aufwuchs von Plankton zurückdrängt [G.1.9]. Dies hat sowohl Einfluß auf die Selbstreinigungskraft der Fließgewässer (s. Abschn. G.1.4.1) als auch auf die Sekundärbelastung mit organischen Stoffen.

Ein zweiter Faktor sind die unmittelbar an das Gewässer angrenzenden Uferstreifen (Gewässerrandstreifen) und deren Bewuchs. Sofern diese Randstreifen natürlich bewachsen und ausreichend breit (5 – 10 m auf jeder Uferseite) sind, erfüllen sie neben der ökologischen Funktion als Lebensraum für die mit dem Gewässer eng verbundenen Amphibien und sonstigen Lebewesen und, als die Landschaftsteile vernetzende Verbindung, auch eine Aufgabe als Schutzzone für das Gewässer vor Einflüssen der Landwirtschaft (Belastung mit Pflanzenschutzmitteln, Abschwemmungen von den Ackerflächen).

Eingriffe in die Ufervegetation und zu schmale Gewässerrandstreifen sind demzufolge sowohl bzgl. der Selbstreinigungskraft des Gewässers als auch der Belastung mit Schadstoffen aus der Landwirtschaft von Nachteil.

G.1.2.3 Einflüsse auf die Gewässergüte stehender Gewässer

Die Gewässergüte stehender Gewässer wird von einer Reihe von Faktoren bestimmt, wie der morphologischen Gestalt des Gewässers (Tiefe, Flachwasserzone, Ufergestaltung), Hydrologie (Zufluß, Abfluß, Wasservolumen), Klima (Temperatur, Wind, Sonneneinstrahlung) sowie von Belastungen durch Einleitungen (über den Abwasserpfad, den Luftpfad, über Zuflüsse) und durch Aktivitäten am Gewässer (Baden, Sport, Erholung).

Zivilisatorische Einflüsse ergeben sich insbesondere durch Eingriffe in die Hydrologie, durch vielfältige stoffliche und thermische Belastungen sowie durch Eingriffe in die Uferzonen.

G.1.2.3.1 Hydrologische Einflüsse

Im Gegensatz zu Fließgewässern sind stehende Gewässer langsamer reagierende Systeme, wobei die Erneuerungsrate, d. h. das Verhältnis zwischen Zufluß und Wasservolumen, eine entscheidende Rolle spielt. Bei hoher Erneuerungsrate wird die Wassermasse in relativ kurzer Zeit durch die Zuflüsse ausgetauscht.

Sind die Zuflüsse weniger belastet, so wirken sich hohe Erneuerungsraten günstig auf die Qualität des stehenden Gewässers aus. In diesem Fall wird z. B. eine Wasserentnahme im Einzugsgebiet zum Zweck der Trinkwasserversorgung oder eine Überleitung von Zuflüssen in ein anderes Einzugsgebiet zum Zweck der Energieerzeugung die Gewässergüte nachteilig beeinflussen.

Bei belasteten Zuflüssen kann hingegen eine Umleitung dieser Zuflüsse (z. B. in einer Abwasserringleitung) trotz Verringerung der Erneuerungsrate vorteilhaft sein.

G.1.2.3.2 Eintrag von Schadstoffen

Der Eintrag von organischen Kohlenstoffverbindungen in ein stehendes Gewässer über Zuflüsse oder direkte Abwassereinleitungen führt zu einer Erhöhung des Stoffumsatzes und kann so z. B. kurzfristig zu einer vermehrten Fischproduktion führen. Auf längere Sicht muß jedoch auch infolge erhöhter Planktonproduktion mit zunehmenden Schlammablagerungen und verstärkter Belastung des Sauerstoffhaushalts gerechnet werden.

In gleicher Weise wirkt die Zufuhr von Pflanzennährstoffen, wie Nitrat und insbesondere Phosphat, über den Abwasserpfad, die Abschwemmung landwirtschaftlich genutzter Flächen und über den Luftpfad. So reicht 1 g Phosphat zur Entwicklung von 115 g Algenzellmasse aus:

$$106\,CO_2 + 16\,NO_3^- + HPO_4^{2-} + 122\,H_2O +$$
$$19\,H^+ \rightarrow C_{106}H_{263}N_{16}P_1$$

(Summenformel für Algenzellmasse)

Zu deren aerober Zersetzung werden wiederum 142 g Sauerstoff benötigt. Besonders gefährdet sind dabei flache Seen, die vollständig lichtdurchflutet sind und dadurch eine hohe spezifische Produktionsrate für Algen besitzen.

Während die sonstigen Schadstoffbelastungen ähnlich wie bei Fließgewässern wirken (s. Abschn. G.1.2.2.3–G.1.2.2.6), muß bei wenig gepufferten Seen mit tiefgreifenden biozönotischen Veränderungen bei Eintrag von Säuren über den Luftpfad (CO_2, SO_2, NH_x, SO_3) gerechnet werden [G.1.6–G.1.8].

G.1.2.3.3 Aktivitäten am und im Gewässer

Menschliche Aktivitäten am und im Gewässer durch Schiffahrt, Baden, Sport und Erholung und damit verbundene Baumaßnahmen wirken zunächst auf die Gewässergüte im weiteren Sinne durch Veränderung des Landschaftsbilds und Beeinträchtigung der Ufervegetation.

Die Gewässergüte im engeren Sinne wird direkt durch Belastungen aus dem Schiffs- und Wassersportverkehr (Mineralöl, Ruß) und dem Badebetrieb (Sonnenöl, Urin usw.), indirekt durch die Schädigung oder Zerstörung der für die Selbstreinigungsvorgänge im See wesentlichen Vegetation im Flachwasser und Uferbereich beeinflußt.

G.1.2.4 Einflüsse auf die Grundwassergüte

Die Beschaffenheit des Grundwassers ist zunächst von der Wirkung der filternden und abbauenden obersten Bodenschichten und des Grundwassers abhängig. Die damit gegebene Wasserqualität kann direkt durch Einleitung von Schadstoffen (z. B. Nitrat) und indirekt durch Beeinflussung der biochemischen, chemischen oder physikalischen Vorgänge im Untergrund (z. B. Lösung von Eisen) beeinträchtigt werden. Solche Gefährdungen gehen lokal von Siedlungen mit Industrie und Gewerbe und flächenhaft von Landwirtschaft und Verkehr aus. Im einzelnen bestehen nachfolgend genannte Gefährdungsquellen.

G.1.2.4.1 Altlasten

Als Altlasten werden die Flächen bezeichnet, von denen nach fachlicher Beurteilung Gefahren oder Beeinträchtigungen für die menschliche Gesundheit oder die Umwelt, und vorwiegend für das Grundwasser ausgehen. Solche Altlasten sind:

- Altablagerungen, wie stillgelegte und nicht gesicherte Deponien, Aufhaldungen und Auffüllungen für kommunale Abfälle, Industrieabfälle, militärische Kampfmittel, kontaminierte Schlämme und Bauschutt,
- großflächige Bodenbelastungen mit Schadstoffen,
- Altstandorte, wie stillgelegte Betriebsflächen von Betrieben, in denen mit umweltgefährdenden Stoffen umgegangen wurde (z. B. Betriebe der Metallverarbeitung, Kokereien, Hüttenwerke, Gaswerke, chemische Industrie, Erdölindustrie usw.).

In der Bundesrepublik Deutschland wurden bis Ende 1993 138.722 Altlasten erfaßt, darunter ca. 60 % Altablagerungen und 40 % Altstandorte. Insgesamt wird mit etwa 250.000 Altlasten gerechnet [G.1.10].

G.1.2.4.2 Undichte Kanäle

Die Kanalisation der Städte und Gemeinden in Deutschland ist vielfach überaltert (erste Kanalisation: Hamburg 1842) und nicht mehr ausreichend dicht. Während undichte Kanäle, die unterhalb des Grundwasserspiegels liegen, z.T. große Mengen an Fremdwasser (bis zu 100 % der Abwassermenge) aufnehmen, geben undichte Kanalisationen über dem Grundwasserspiegel Schmutzwasser an das Erdreich ab, so daß die Gefahr einer Grundwasserverschmutzung besteht. Hinweise darauf geben beispielsweise Meßergebnisse über den Nitratgehalt des Grundwassers in der Nähe undichter Kanäle. Besonders grundwassergefährdend sind jedoch chlorierte Kohlenwasserstoffe (CKW). So konnten beispielsweise in Hessen von 30 Grundwasserschadensfällen mit CKW 8 eindeutig auf undichte Kanäle zurückgeführt werden. Das Gefährdungspotential für Deutschland kann aus der Tatsache abgeschätzt werden, daß 300.000 km öffentliche und 600.000 km private Abwasserkanäle verlegt sind.

G.1.2.4.3 Verwertung und Beseitigung von Schlämmen

Klärschlämme aus der Abwasserreinigung und von Kleinkläranlagen, Abfälle aus Tierhaltungen und aus der Lebensmittelindustrie werden gelegentlich landwirtschaftlich verwertet und damit beseitigt. Das Aufbringen solcher Stoffe auf Kulturflächen in zu hohen Konzentrationen oder zur falschen Jahreszeit kann zu direkten und indirekten Beeinträchtigungen des Grundwassers führen. Direkte Beeinträchtigungen ergeben sich in erster Linie durch Infiltration mineralischer Komponenten (hauptsächlich Stickstoffverbindungen), indirekte Beeinträchtigungen durch Bildung von Abbauprodukten beim Abbau organischer Substanz in den obersten Bodenschichten (O_2-Entzug, CO_2-Produktion, Lösung von Eisen aus dem Untergrund).

G.1.2.4.4 Überdüngung von Flächen

Während 1950 auf landwirtschaftlich und gärtnerisch genutzten Flächen in Deutschland etwa 25 kg Stickstoff (N) pro Hektar ausgebracht wurden, betrug der rechnerische Stickstoffbilanzüberschuß der Landwirtschaft Deutschlands im Jahr 1985 ca. 100 kg N/ha landwirtschaftlicher Fläche [G.1.11]. Vor allem die viehhaltenden Betriebe tragen bei relativ hohen Bilanzüberschüssen zur direkten Abschwemmung in die Oberflächengewässer und zur Nitratverlagerung in das Grundwasser bei [G.1.12]. Daneben sind noch Flächen mit Sonderkulturen, aber auch Grünland, das zum Zweck des Ackerbaus umgebrochen wird, besonders gefährdend. Weitere Gefahren von Stickstoffbilanzüberschüssen gehen von der TA Siedlungsabfall vom April 1993 aus, die zu ca. 5 – 6 Mio. t Komposttrockenmasse führen wird, wie auch von der nach dem Kreislaufwirtschaftsgesetz von 1994 geforderten stofflichen Verwertung der Klärschlämme.

G.1.2.4.5 Pflanzenbehandlungsmittel

In Deutschland gibt es ca. 300 zugelassene Pflanzenbehandlungsmittel-Wirkstoffe, aus denen etwa 1800 verschiedene Präparate in einem Umfang von etwa 30.000 t/a hergestellt und vertrieben werden [G.1.13, G.1.14]. Da ein Teil dieser Wirkstoffe bzw. deren Abbauprodukte nicht oder nur sehr langsam abgebaut werden, muß mit einer langfristigen flächenhaften Kontamination des Grundwassers gerechnet werden (s. Tabelle G.1-3).

G.1.2.4.6 Luftverunreinigungen

Durch Emissionen von Verkehr, Energieerzeugung und sonstigen Verbrennungsprozessen in Haushalt, Gewerbe und Industrie gelangen Schadstoffe wie Staub, Gase, (NO_x, SO_2, CO_2 usw.), Oxide von Zink, Blei, Kupfer und anderer Metalle so-

Tabelle G.1-3 Nach Absetzungen im Jahr 1994 bedeutende PSM-Wirkstoffe (aus [2.12])

Kategorie der abgesetzten Menge	Produktgruppen				
	Herbizide	Fungizide	Insektizide	Wachstums-Regulatoren	Sonstige
> 1000 t	Isoproturon				
	Glyphosat				
> 500 t	Metamitron	Schwefel		Chlormequat	
	Dichlorprop P	Metiram			
	Mecoprop P	Fenpropimorph			
> 200 t	Metazachlor	Kupferoxychlorid			
	Bentazon	Anilazin			
	Metolachlor	Maneb			
	Bifenox	Prochloraz			
	Chlortoluron				
	MCPA				
	Terbuthylazin				
	EPTC				
	Prosulfocarb				
	Chloridazon				
	Pyridat				
	Fluroxypyr				
	Diuron				
> 100 t	Ethofumesat	Dichlofluanid		Ethephon	Metam-Natrium
	Trifluralin	Tebuconazol			Metaldehyd
	Triallat	Carboxin			
	Pendimethalin	Expoxiconazol			
	Cyanamid				
	Carabetamid				
	Haloxyfob				
	Bromoxynil				
	Methabenzthiazuron				
	Eisen-II-Sulfat				
	Phenmedipham				
> 50 t			Dimethoat		
			Paraffinöl		
			Methiocarb		
			Methamidophos		
			Parathion		
			Oxydemethonmethyl		
gesamte Anzahl gemeldeter Wirkstoffe (Summe: 218)	72	62	56	4	24

wie Phenole usw. über das Niederschlagswasser in den Untergrund. Während kalkhaltige Böden durch ihr Puffervermögen einen gewissen Schutz vor einer Grundwasserkontamination bieten, muß bei kalkarmen Untergründen mit einer direkten und, infolge von Lösungsvorgängen, indirekten Grundwasserbeeinträchtigung gerechnet werden.

G.1.2.4.7 Transport und Umschlag
        wassergefährdender Stoffe

In Deutschland sind etwa 60.000 chemische Stoffe im Verkehr, mit etwa 1 Mio. Zubereitungen. Davon wurden etwa 1421 in den Katalog wassergefährdender Stoffe aufgenommen [G.1.15]. Bei Transport und Lagerung können diese Stoffe durch Unfälle in das Grundwasser gelangen. Als Gefahrenquellen kommen infrage:
- Unfälle auf Land- und Stadtstraßen,
- Unfälle beim Umschlag und der Lagerung auf Industrie- und Gewerbeflächen,
- Unfälle auf Güterbahnhöfen und Gleisstrekken.

Von den ca. 18.000 jährlichen Unfällen mit Chemikalien entfallen in Deutschland ca. 90 % auf den Mineralöltransport.

G.1.2.4.8 Eintrag über Oberflächengewässer

Schadstoffe aus Oberflächengewässern können in das Grundwasser gelangen, wenn der Grundwasserspiegel tiefer als der Wasserspiegel des Oberflächengewässers liegt, so etwa bei Hochwasser oder im Bereich von Grundwasserentnahmen (Uferfiltration).

Besonders gefährdet sind dabei Grundwasservorkommen im Bereich der beim Abbau von Kies und Sand beim Braunkohletagebau entstehenden künstlichen Seen, da hier meist eine Sohlabdichtung fehlt. Als Gefährdungsursachen spielen dabei besonders die in Abschn. G.1.2.4.7 dargestellten Unfälle im Verkehrs- und Industriebereich eine Rolle.

G.1.3 Beschreibung und Kennzeichnung der Gewässergüte

G.1.3.1 Grundsätzliches

Da der Begriff „Gewässergüte" mit keinem feststehenden Inhalt verbunden ist, sondern sich erst aus Vorstellungen über das Gewässer und seine erwünschte Beschaffenheit ergibt (s. Abschn. G.1.1]., ist die Beschreibung und Kennzeichnung der Gewässergüte an die Kriterien für diese Gewässergüteziele gebunden.

In erster Linie spielen dabei die Nutzungsansprüche eine Rolle, wobei Nutzungsansprüche sowohl hinsichtlich der natürlichen Funktion des Gewässers als System zur Sammlung, Speicherung und Ableitung des Wassers und als Ökosystem als auch hinsichtlich der verschiedenen anthropogenen Nutzungsarten zu betrachten sind (s. Bild G.1-1).

Zur Beschreibung und Kennzeichnung der Gewässergüte hinsichtlich dieser einzelnen Nutzungsarten werden unterschiedliche Merkmale bzw. Kriterien eingesetzt (s. Bild G.1-2). Für die Beschreibung des Gütezustands des Wasserkörpers kommen dabei hygienische, ästhetische, physikalische, chemische und biologische Kriterien in Betracht. Während die ersten vier Kriterien im wesentlichen eine Aussage über den momentanen Gütezustand erlauben, geben die biologischen Merkmale den langfristigen Zustand des Gewässers wieder, weil jede Lebensgemeinschaft zu ihrer Formation eine bestimmte Zeitspanne benötigt und dabei auch auf einzelne Extremereignisse reagiert.

G.1.3.2 Kennzeichnung der Fließgewässer als natürliche Ökosysteme

Die Beurteilung der Wassergüte von Fließgewässern unter dem Gesichtspunkt ihrer Eigenschaft als Lebensraum von Tieren, Pflanzen und Mikroorganismen kann durch verschiedene Parameter vorgenommen werden.

G.1.3.2.1 Biologische Parameter – Saprobienindex

Die direkteste Methode zur Bestimmung der Gewässergüte unter ökologischen Gesichtspunkten ist die Erfassung der im Gewässer vorkommenden Biozönosen von Tieren, Pflanzen und Mikroorganismen. Da diese ständig den sich periodisch und aperiodisch ändernden Bedingungen im Wasserkörper ausgesetzt sind, kann aufgrund der vorgefundenen Arten eine Aussage über den längerfristigen Zustand des Gewässers gegeben werden, wobei meist ungünstige Belastungszustände und nicht durchschnittliche Verhältnisse maßgebend sind. Die Beschaffenheit des Ufers, der Gewässersohle und die hydrologischen Verhältnisse beeinflussen dabei ebenfalls die Wirkung der Wasserinhaltsstoffe auf die Organismen [G.1.17].

Die Klassifizierung der Organismengruppen nach ihren Umweltansprüchen wurden zuerst von Kolkwitz und Marson [G.1.18] in einem Saprobiensystem mit den Saprobiestufen
- oligosaprob (gering verunreinigt),
- mesosaprob (mäßig verunreinigt),
- polysaprob (stark verunreinigt)
vorgenommen. Im Laufe der Zeit wurden dazu

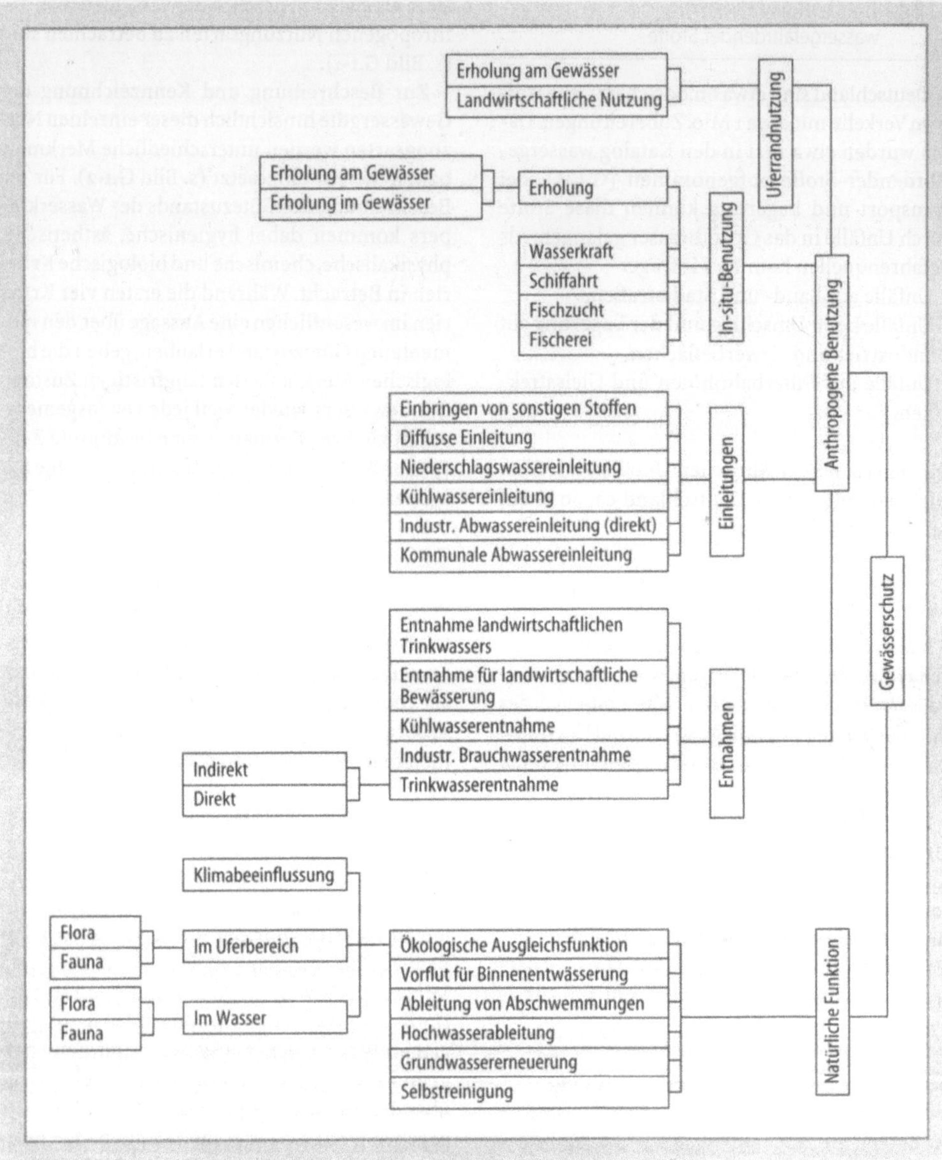

Bild G.1-1 Hierarchische Systeme der Gewässernutzungen [G.1.16]

zahlreiche Varianten entwickelt [G.1.19–G.1.21] und letztlich in den Deutschen Einheitsverfahren [G.1.17] mit 7 Saprobiebereichen und Saprobieindices von 1,0–4,0 genormt (s. Tabellen G.1-4, G.1-5).

Der Saprobienindex S wird dabei als Mittelwert aller in die Wertung einzubeziehender Einzelorganismen (Taxa) gefunden. Dabei wird neben dem Saprobiewert der Einzelorganismen (s), deren Indikatorqualität (G) und Häufigkeit des Vorkommens (Abundanzziffer A) berücksichtigt. Der Saprobienindex ergibt sich somit zu

$$S = \Sigma s(A \cdot G)/\Sigma(A \cdot G)$$

G.1.3.2.2 Sauerstoffhaushalt als Güteparameter

Der Sauerstoffgehalt von Fließgewässern ist ein weiteres wesentliches Merkmal für deren Güte. Einerseits bestimmt er das Vorkommen von

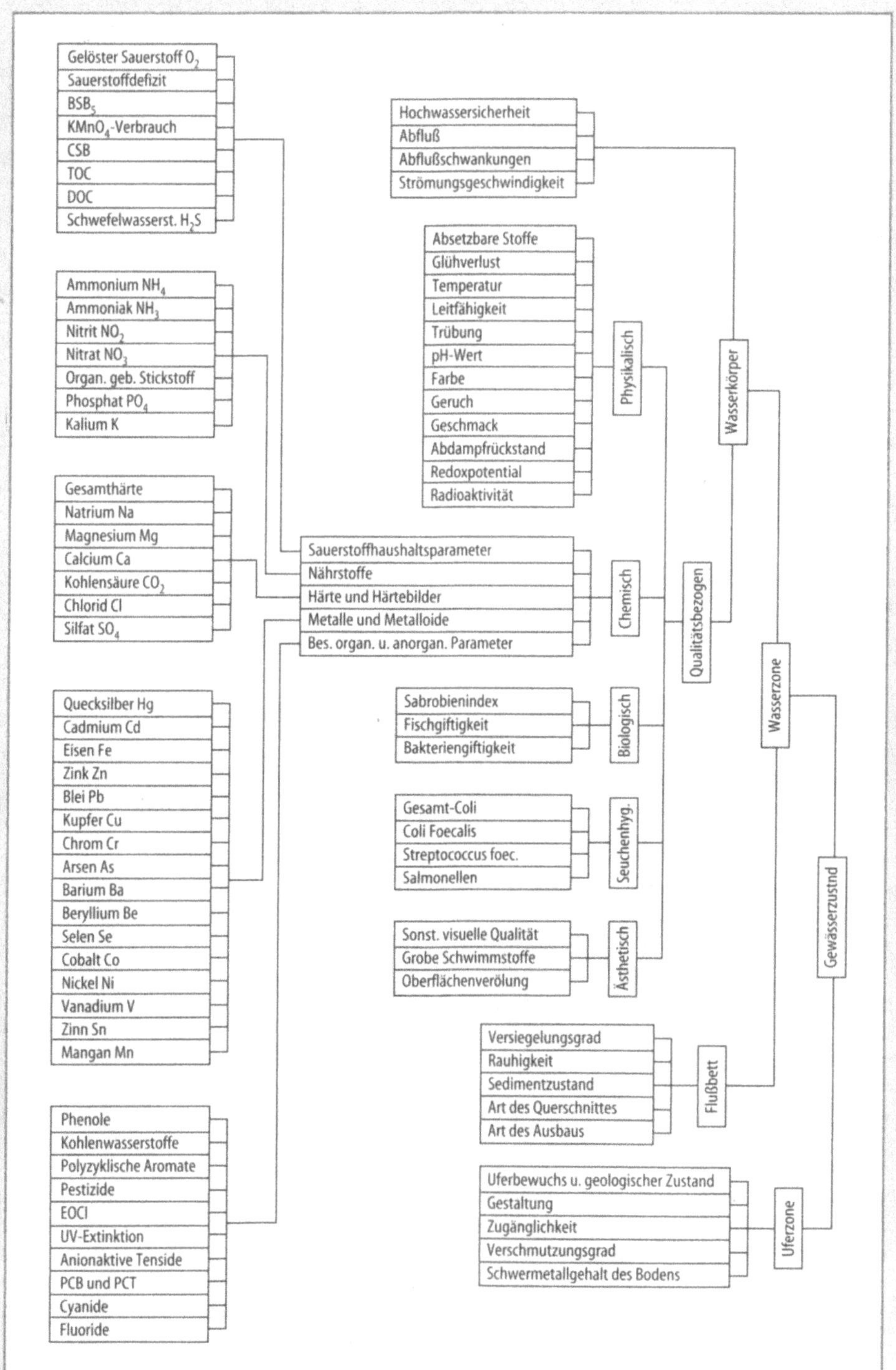

Bild G.1-2 Hierarchisches System der gewässerzustandsbeschreibenden Merkmale

Lebewesen (Fischen, Krebsen usw.) und andererseits ist er ein Indikator für Belastungen mit organischen Stoffen. Demzufolge besteht ein enger Zusammenhang zwischen Saprobität und Sauerstoffzehrung [G.1.23] bzw. Biochemischem Sauerstoffbedarf (BSB$_5$) [G.1.24].

G.1.3.2.3 Gewässergüteindex chemisch

Die Zustandsbeschreibung von Gewässern mit chemischen Einzelparametern bringt den Nachteil mit sich, daß durch die Vielzahl möglicher Einzelparameter die Übersicht verloren geht. Aus diesem Grunde ist vielfach versucht worden, durch Parameterbündelung bzw. -mischung einen chemischen Güteindex zu erarbeiten [G.1.25]. Ein solcher Gewässergüteindex wurde z.B. für die Nährstoffe und organischen Inhaltsstoffe durch Mittelwertbildung aus den Einzelindices für die Parameter CSB, BSB, Gesamt- und Ammoniumstickstoff sowie Gesamt- und Phosphat-Phosphor gebildet (s. Tabelle G.1-6).

Tabelle G.1-6 Berechnung und Interpretation des Gewässergüteindex chemisch [G.1.17]

BSB$_5$ unfiltriert		CSB unfiltriert		Gesamt-Stickstoff unfiltriert	
O$_2$ mg/l	Index	O$_2$ mg/l	Index	N mg/l	Index
0 – 2	1,0 – 1,7	0 – 10	1,0 – 1,6	0 – 2	1,0 – 1,5
2 – 4	1,7 – 2,2	10 – 30	1,6 – 2,3	2 – 5	1,5 – 2,0
4 – 7	2,2 – 2,6	30 – 50	2,3 – 2,8	5 – 10	2,0 – 2,5
7 – 15	2,6 – 3,4	50 – 90	2,8 – 3,5	10 – 15	2,5 – 3,0
15 – 22	3,4 – 4,0	90 –120	3,5 – 4,0	15 – 25	3,0 – 4,0
> 22	4,0	> 120	4,0	> 25	4,0

Gesamt-Phosphor unfiltriert		Ammonium-Stickstoff		Gesamt-Stickstoff unfiltriert	
P mg/l	Index	N mg/l	Index	P mg/l	Index
0 – 0,4	1,0 – 2,0	0 – 0,4	1,0 – 2,2	0 – 0,1	1,0 – 2,0
0,4 – 1,0	2,0 – 2,8	0,4 – 0,8	2,2 – 2,7	0,1 – 0,5	2,0 – 2,8
1,0 – 1,5	2,8 – 3,2	0,8 – 1,6	2,7 – 2,9	0,5 – 1,0	2,8 – 3,3
1,5 – 2,0	3,2 – 3,6	1,6 – 3,1	2,9 – 3,2	1,0 – 2,0	3,3 – 4,0
2,0 – 2,5	3,6 – 4,0	3,1 – 6,2	3,2 – 3,5	> 2,0	4,0
> 2,5	4,0	6,2 – 12,4	3,5 – 4,0		
		>12,4	4,0		

Aus den Indices der oben aufgeführten Parameter wird der Gewässergüteindex chemisch durch Mittelwertbildung gewonnen. Dieser kann als Maß der Belastung eines Gewässers mit organischen Stoffen sowie mit Nährsalzen interpretiert werden.[a]

[a]
1,0 – 1,4	nicht belastet bis sehr gering belastet
1,5 – 1,7	kaum belastet
1,8 – 2,2	mäßig belastet
2,3 – 2,6	deutlich belastet
2,7 – 3,1	stark belastet
3,2 – 3,4	sehr stark belastet
3,5 – 4,0	außerordentlich stark belastet

Eine Gewässergüteklassifizierung für an Schwebstoffe adsorbierte Gehalte an Schwermetallen und Arsen schlägt Reinke [G.1.26] vor. Derartige Parametermischungen sind jedoch meist zweifelhaft und für Planungszwecke ungeeignet, da die Einzelparameter nicht gegeneinander aufgewogen werden können.

G.1.3.2.4 Gewässergüteklassifizierung

Der Wunsch, den Gewässergütezustand unter Berücksichtigung verschiedener Parametergruppen zu beschreiben, hat zu einer Vielzahl von Versuchen geführt. Die Darstellung von Parameterkollektiven durch Bündelung kann die Übersichtlichkeit über den Gewässerzustand erhöhen, wie beispielsweise bei der Darstellung der IAWR-Kennzahlen [G.1.22] oder beim „Geoakkumulationsindex" von Müller [G.1.27].

Eine Parametermischung hingegen ist, selbst bei unterschiedlicher Gewichtung der Einzelparameter, meist fragwürdig. So sagt beispielsweise ein niedriger „Gewässergüteparameter chemisch" (Abschn. G.1.3.2.3) nichts über die tatsächliche Gewässergüte aus, wenn sich dieser aus einem sehr hohen Ammoniumstickstoffgehalt (Index 4) und sonst niedrigen Parameterwerten errechnet. Eine Ausnahme bildet die Gewässergüteklassifizierung entsprechend der LAWA-Gütekartierung, bei der die Saprobitätsanalyse durch einige zusätzliche chemische Parameter abgesichert wird (s. Bild G.1-3).

G.1.3.3 Kennzeichnung der Gewässergüte stehender Gewässer

Die Beschaffenheit des Wasserkörpers stehender Gewässer ist unter natürlichen Bedingungen weitgehend abhängig von der Morphologie des Gewässers selbst, von klimatischen Bedingungen sowie von Beschaffenheit und Größe der Zuflüsse. Dabei spielt insbesondere die Primärproduktion organischer Stoffe eine Rolle, die ein Maß für die Trophie eines Gewässers ist [G.1.28] (s. Tabelle G.1-7).

Die Primärproduktion beruht auf dem biochemischen Prozeß der Photosynthese, bei dem mit Hilfe der Strahlungsenergie aus CO_2, Wasser, Nitrat, Phosphat und weiteren Spurenstoffen organische Substanz aufgebaut wird [G.1.29]. Da die Primärproduktion stark von der Lichteinstrahlung und der Wassertemperatur abhängt, findet die Photosynthese in der lichtdurchfluteten tropogenen Zone statt, was dazu führt, daß

Güteklasse	Grad der organischen Belastung	Saprobienindex	Kennfarbe	Chemische Parameter			Wichtige Indikatororganismen	Fische
				BSB_5	$NH_4 \cdot N$	$O_2 \cdot$ Minima		
I	unbelastet bis sehr gering belastet	1,0 – <1,5	dunkelblau	1	höchstens Spuren	>8	Steinfliegenlarven, Hakenkäfer	Bachforelle
I–II	gering belastet	1,5 – <1,8	hellblau	1 – 2	um 0,1	>8	Steinfliegenlarven, Strudelwürmer, Hakenkäfer Köcherfliegenlarven	Bachforelle Äsche
II	mäßig belastet	1,8 – <2,3	grün	2 – 6	<0,3	>6	Hakenkäfer, Eintagsliegenlarven, Köcherfliegenlarven, Kleinkrebse, Schnecken Blütenpflanzen	Barbe Äsche Flußbarsch Nase Hecht
II–III	kritisch belastet	2,3 – <2,7	gelbgrün	5 – 10	<1	>4	Egel, Schnecken, Moostierchen, Kleinkrebse, Grünalgenkolonien, Muscheln	Karpfen Aal Schleie Brachsen
III	stark verschmutzt	2,7 – <3,2	gelb	7 – 13	0,5 bis mehrere mg/l	>2	Wasserasseln, Egel, Wimpertierchenkolonien, Schwämme	Plötze Schleie
III–IV	sehr stark verschmutzt	3,2 – <3,5	rotorange	10 – 20	mehrere mg/l	>2	Zuckmückenlarven, Schlammröhrenwürmer, Wimpertierchen	
IV	übermäßig verschmutzt	3,5 – <4,0	rot	>15	mehrere mg/l	>2	Schwefelbakterien, Geißeltierchen, Wimpertierchen	

Bild G.1-3 Gewässergüteklassifizierung nach LAWA [G.1.22]

in flachen, warmen Seen eine höhere spezifische Primärproduktion zu erwarten ist als in tieferen und kälteren Seen. Demzufolge sind auch große Unterschiede in der Primärproduktion innerhalb eines Seenkörpers zu erwarten. Die höchsten Produktionsraten sind im Epilimnion im Bereich des Litorals und Bentals zu erwarten, während im Metalimnion nur noch geringe und im Hypolimnion keinerlei photoautotrophe Produktion mehr stattfindet. Seen können daher nach Thienemann [G.1.30] in gemäßigten Klimazonen als wenig produktiv (oligotroph) cha-

Tabelle G.1-7 Trophiestufen stehender Gewässer nach [3.19]

Beschreibung der Trophiestufen

Oligotroph
Produktion schwach aufgrund geringer Verfügbarkeit der Nährstoffe. Phytoplanktonentwicklung ganzjährig gering; Sichttiefe groß durch geringe Planktondichte. Sauerstoffsättigung des Tiefenwassers am Ende der Stagnationperiode noch über 70 %.

Mesotroph
Produktion höher als beim oligotrophen Gewässer aufgrund höherer Verfügbarkeit der Nährstoffe; Phytoplanktonentwicklung mäßig bei großer Artenvielfalt mit Maximum im Frührjahr; Sichttiefe mittelgroß; Sauerstoffsättigung des Tiefenwassers am Ende der Stagnationperiode zwischen 30 % und 70 %.

Eutroph
Produktion stark aufgrund hoher Verfügbarkeit der Nährstoffe; Phytoplanktonentwicklung hoch, deswegen Sichttiefe gering; regelmäßig Algenblüten möglich; oberste Wasserschicht durch die Assimilationstätigkeit der Algen zeitweise mit Sauerstoff übersättigt; gegen Ende des Sommers regelmäßig starker Sauerstoffmangel in tieferen Wassrschichten.

Hypertroph
Produktion sehr stark aufgrund hoher, oft den Bedarf der Pflanzen übersteigender Verfügbarkeit der Nährstoffe; Sichttiefe sehr gering durch starke Phytoplanktonentwicklung; Algenblüten ganzjährig; tagsüber Sauerstoffübersättigungen der obersten Wasserschicht, nachts Sauerstoffmangel durch Zehrungsvorgänge; in den tieferen Wasserschichten bereits im Sommer Sauerstoffmängelzustände häufig, dabei zeitweise Freisetzung von Schwefelwasserstoff.

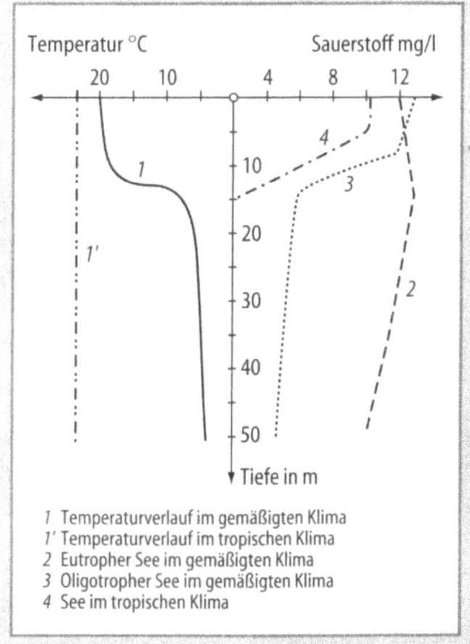

1 Temperaturverlauf im gemäßigten Klima
1' Temperaturverlauf im tropischen Klima
2 Eutropher See im gemäßigten Klima
3 Oligotropher See im gemäßigten Klima
4 See im tropischen Klima

Bild G.1-4 Vertikale Sauerstoffverteilung in Seen während der Sommerstagnation

rakterisiert werden, wenn das Volumenverhältnis von Epilimnion zu Hypolimnion < 1 ist, und als eutroph für ein Volumenverhältnis > 1. Ein besserer Indikator für Produktion und Stoffumsatz stehender Gewässer ergibt sich jedoch aus der vertikalen Sauerstoffverteilung. Infolge der stabilen Temperaturschichtung stehender Gewässer (Wasser mit 4 °C hat die größte Dichte)

kann im eutrophen Gewässer während der Stagnationsperiode der Sauerstoff im Hypolimnion weitgehend aufgezehrt werden, während bei oligotrophen Gewässern nur eine geringe Zehrung zu erwarten ist (s. Bild G.1-4).

G.1.3.4 Kennzeichnung der Güte von Grundwasservorkommen

Die Beschaffenheit des Grundwassers wird maßgeblich vom jeweiligen Grundwasserträger, aber auch von der Beschaffenheit des zur Grundwasserbildung führenden Wassers (s. Abschn. G.1.2.4) und von den Vorgängen bei der Passage durch die unterschiedlichen Bodenschichten bestimmt.

Die geologische Formation des Grundwasserträgers bedingt einerseits die Ergiebigkeit des Grundwasservorkommens [G.1.31], aber auch die grundsätzliche Beschaffenheit des Grundwassers. Zu unterscheiden sind dabei einmal die Porengrundwässer, die meist eine nur wenig wechselnde Wasserbeschaffenheit aufweisen, sowie die Quell-, Kluft- und Karstgrundwässer, bei denen u. U. von Oberflächeneinträgen beeinflußte, rasch wechselnde Wasserqualitäten auftreten können. Charakteristische Vertreter der Porengrundwasserträger sind die quartären und tertiären Kiese und Sande, während Quell-, Kluft- und Karstgrundwasser häufig in Schichten des Juras und Trias auftreten.

Die chemische Beschaffenheit der Grundwasservorkommen wird ebenfalls maßgeblich von der geologischen Formation des Grundwasserträgers abhängig. Eine wesentliche Charakteristik ist dabei der Mineralgehalt, der durch den Trockenrückstand bzw. durch die „Wasserhärte" gekennzeichnet werden kann. Harte Wässer, d. h. Wässer mit einem hohen Gehalt an Erdalkalien, treten insbesondere in den Formationen der Kreide, des Juras, des Keupers und des Muschelkalks auf, während weiche Wasser häufig in quartären und tertiären Kiesen und Sanden sowie in Sandstein- und Urgestein-Formationen anzutreffen sind. Eine besondere Form mineralreicher Grundwässer sind die sog. „Mineralwässer".

Diese sind gekennzeichnet durch einen hohen Anteil an festen, gelösten Bestandteilen (mind. 1000 mg/l) bzw. einen hohen Kohlensäuregehalt (mind. 250 mg/l), einen Gehalt an seltenen, pharmakologisch wichtigen Bestandteilen (z.B. Brom, Jod (> 1 mg/l), Arsen, Fluor, Schwefel (> 1 mg/l), Eisen (> 10 mg/l), Radium ($> 10^{-7}$ mg/l) bzw. eine hohe Ursprungstemperatur (mind. 20 °C).

G.1.3.5 Nutzungsbezogene Gewässergütebeschreibung

Im Gegensatz zur Beschreibung und Kennzeichnung der Gewässergüte unter dem Gesichtspunkt des natürlichen Vorkommens lassen sich bei der Kennzeichnung der Gewässergüte unter nutzungsbezogenen Aspekten eindeutigere Richt- bzw. Grenzwerte formulieren. Diese orientieren sich an den Kriterien für die jeweilige Nutzung, wobei in denjenigen Fällen, in denen das Wasser vor seiner Nutzung aufbereitet werden kann, die zur Verfügung stehenden Aufbereitungstechniken berücksichtigt werden.

Für die unterschiedlichen Nutzungsarten wie Trinkwasser- und Brauchwassergewinnung, Baden, Sport, Erholung, Gesundheit, Landwirtschaft und Fischerei liegen z.T. derartige Richtlinien bzw. Vorschriften von zuständigen Organisationen bzw. Behörden vor.

G.1.3.5.1 Gewässergüte und Trinkwassernutzung

Die Beurteilung der Güte eines Gewässers unter dem Gesichtspunkt seiner Nutzung zum Zweck der Trinkwasserversorgung hat sich zunächst an den Güteanforderungen für Trinkwasser zu orientieren. Hierzu gibt es eine Reihe von Regelungen, die empfehlenden (DIN 2000 [G.1.32], WHO-Standards [G.1.33]) oder gesetzlichen (EG-Richtlinie [G.1.34], Trinkwasserverordnung [G.1.35]) Charakter haben. Soll Wasser direkt aus Gewässern für Trinkwasserzwecke verwendet werden (z.B. Grundwasser), so muß die Gewässergüte den Anforderungen an Trinkwasser entsprechen.

Gewässer, die diesen Anforderungen nicht genügen, lassen sich erst nach entsprechender Aufbereitung zur Trinkwasserversorgung nutzen. Eine Reihe gelöster und ungelöster Wasserinhaltsstoffe können verhältnismäßig einfach und gut aus dem Wasser entfernt werden (z.B. suspendierte Stoffe), andere Stoffe lassen sich nur mit sehr hohem technischen Aufwand (z.B. Nitrat) bzw. sehr hohen Kosten (z.B. Salze) entfernen. Dies schließt auch die bereits in sehr geringen Konzentrationen toxischen Stoffe (z.B. Pestizide, Schwermetalle) ein.

Die Beurteilung eines Gewässers bzgl. seiner Eignung zur Trinkwassernutzung muß daher in erster Linie die Möglichkeiten der Trinkwasseraufbereitung berücksichtigen. Im DVGW-Arbeitsblatt W 251 [G.1.36] sind aus diesem Grund 2 Kennwerte für die wichtigsten Parameter aufgeführt:
- Normalanforderungen an Rohwasser, bis zu denen Trinkwasser allein durch natürliche Gewinnungs- und Aufbereitungsverfahren hergestellt werden kann und
- Mindestanforderungen an Rohwasser, bis zu denen unter Zuhilfenahme der gegenwärtig bekannten und bewährten chemisch-physikalischen Verfahren ein den Qualitätskriterien entsprechendes Trinkwasser, allerdings mit wesentlich kleinerer Sicherheitsspanne, hergestellt werden kann.

Werden selbst diese höheren Grenzwerte überschritten, so läßt sich dennoch mit sehr weitgehenden Aufbereitungsmaßnahmen der Vorschrift entsprechendes Trinkwasser erzeugen. In diesem Fall ist es aber unbedingt erforderlich, umgehend weitere Reinhaltemaßnahmen für das Gewässer zu ergreifen.

Die von der EG 1975 erlassene Oberflächenwasser-Richtlinie [G.1.37] gibt für 3 Kategorien von Aufbereitungsverfahren Grenzwerte an:

Kategorie A1: einfache physikalische Aufbereitung und Entkeimung, z.B. Schnellfilterung und Entkeimung.

Kategorie A2: normale physikalische und chemische Aufbereitung und Entkeimung, z.B. Vorchlorung, Koagulation, Flockung, Dekantierung, Filterung und Entkeimung.

Kategorie A3: physikalische und chemische Aufbereitung, Oxidation, Adsorption und Entkeimung, z.B. Brechpunktchlorung, Koagulation, Flockung, Dekantierung, Filterung, Oxidation Adsorption, Entkeimung.

Nach der Richtlinie sind die Mitgliedstaaten dazu verpflichtet, Oberflächengewässer, aus denen Trinkwasser gewonnen wird, so zu sanieren, daß sie zukünftig mindestens den Anforderungen der Kategorie A2 genügen. Ausnahmen sind von der Kommission zuzulassen. Grundwasser, Brackwasser und zur Anhebung des Grundwasserspiegels bestimmtes Wasser unterliegen dieser Richtlinie nicht. Problematisch an der EG-Richtlinie ist, daß sie eigentlich eine Fließgewässerrichtlinie ist (z.B. sind die P-Werte für stehende Gewässer viel zu hoch) und daß einige, für die Trinkwasserqualität wichtige Stoffgruppen (z.B. organische Halogenverbindungen) nur unzureichend erfaßt werden [G.1.38].

G.1.3.5.2 Gewässergüte und Brauchwassernutzung

Der Anteil des Brauch- bzw. Betriebswassers für gewerbliche und industrielle Zwecke an der Gesamtwassernutzung ist sehr hoch. In Deutschland liegt der Anteil des Brauchwassers bei etwa 72 %, während auf die Trinkwasserversorgung etwa 19 % und auf die landwirtschaftliche Nutzung 9 % entfallen [G.1.39]. Bei Brauchwasser wird allerdings der größte Teil (81 %) für Kühlwasserzwecke, 2 % für Kesselspeisewasser und 17 % für sonstiges Betriebswasser benötigt.

Die Anforderungen an die Qualität des Brauchwassers sind je nach Nutzungszweck sehr unterschiedlich, so daß sich kaum einheitliche Qualitätsstandards festlegen lassen [G.1.40].

G.1.3.5.3 Gewässergüte und Freizeitnutzung

Die Nutzung der Gewässer zum Baden, zu sportlicher Betätigung und zur Erholung stellt an die Gewässer hygienische und ästhetische Ansprüche.

An Oberflächengewässer sind Qualitätsansprüche international in der EG-Richtlinie 76/160/EWG über die Qualität der Badegewässer [G.1.41] und national in der III. Durchführungsverordnung zum Gesetz über die Vereinheitlichung des Gesundheitswesens [G.1.42] festgelegt.

Die EG-Richtwerte gelten für Badegewässer, in denen üblicherweise eine große Anzahl von Personen badet („EG-Gewässer"). Für die übrigen, zu Badezwecken zugelassenen Gewässer gelten die bundesdeutschen Richtlinien.

Grundwässer werden hauptsächlich als Thermal- bzw. Mineralwässer für Bade- und Heilzwecke genutzt. Hierfür gelten besondere Vorschriften der Bundesländer.

G.1.3.5.4 Gewässergüte und landwirtschaftliche Nutzung

Gewässer werden von der Landwirtschaft zur Bewässerung von Freilandkulturen (vornehmlich Beregnung) und Gewächshaus- bzw. Unterglaskulturen sowie für die Viehtränke genutzt. Die Güteanforderungen an das Wasser für diese 3 Nutzungsbereiche sind verschieden [G.1.43].

Bei der Verwendung als Beregnungswasser für Freilandkulturen sind folgende Faktoren von Einfluß: Pflanzenbestand, Bodenart, Bodenwasserhaushalt, Klima, Beregnungswassermenge, Bewässerungsmethode. Die von Ruf [G.1.43] oder im LAWA-Merkblatt Nr. 7 [G.1.44] angegebenen Richt- und Grenzwerte sind daher stets unter Berücksichtigung der oben genannten Einflußfaktoren anzuwenden.

Für Unterglaskulturen gelten i.d.R. niedrigere Richt- und Grenzwerte als bei Freilandkulturen, da der Bedarf an Bewässerungswasser infolge der ganzjährig erforderlichen Bewässerung durchschnittlich um den Faktor 7 höher liegt.

Das Wasser für die Viehtränke sollte i.allg. Trinkwasserqualität aufweisen. Werden wenig belastete Gewässer als Tränke genutzt, so können nach Ruf [G.1.43] veränderte Höchst- und Richtwerte angenommen werden.

G.1.3.5.5 Gewässergüte und fischereiliche Nutzung

Fische sind einer der Hauptindikatoren für die Kennzeichnung der Güte von Fließ- und stehenden Gewässern als natürliche Ökosysteme (s. Abschn. G.1.3.2 und G.1.3.3). Unter ökologischen und wirtschaftlichen Gesichtspunkten ist es erforderlich, die Fischpopulationen vor den unheilvollen Folgen des Einleitens von Schadstoffen in die Gewässer, so vor allem vor der zahlenmäßigen Verringerung und bisweilen sogar vor der Auslöschung bestimmter Arten zu bewahren. Mit dieser Begründung wurde von der Europäischen Gemeinschaft eine Richtlinie über „die Qualität von Süßwasser, das schutz- oder verbesserungsbedürftig ist, um das Leben von Fischen zu erhalten" beschlossen [G.1.45], in der Richt- und Grenzwerte für physikalisch-chemische Parameter in Salmoniden und Cypriniden-Gewässern festgelegt sind. In dieser Richtlinie fehlen jedoch relevante Werte für Pestizide und Schwermetalle mit Ausnahme von Zink und Kupfer, die in der Teichwirtschaft eine gewisse Bedeutung besitzen [G.1.46], obwohl die Richtlinie nicht auf Fischteiche anzuwenden ist. Entsprechende Werte wurden jedoch von der Environmental Protection Agency, USA [G.1.47] angegeben. Neben diesen fischtoxikologischen Werten lassen sich Gütekriterien auch unter lebensmittelrechtlichen Aspekten und der Bioakkumulation entwickeln [G.1.46].

G.1.3.6 Beschreibung der Gewässergüte durch Gewässergütemodelle

G.1.3.6.1 Zielsetzung

Die vielfältigen Einflüsse auf die Gewässergüte und die Vielzahl von zu berücksichtigenden Parametern haben schon frühzeitig [G.1.46] zu Bemühungen geführt, die Vorgänge und Veränderungen durch mathematische Gewässergütemodelle zu erfassen. Dabei waren unterschiedliche Zielsetzungen gegeben [G.1.47–G.1.51]. Entweder sollten die Modelle eine Analyse des funktionellen Zusammenhangs zwischen den Elementen des zu untersuchenden Systems ermöglichen (Erklärungsmodell) oder zur Optimierung von Sanierungsmaßnahmen bei Vorliegen komplexer Entscheidungssituationen eingesetzt werden (Entscheidungsmodell).

G.1.3.6.2 Grundsätzlicher Aufbau der Modelle

Modelle bestehen grundsätzlich aus dem Eingabeteil, der vereinfachten und abstrahierten Beschreibung des Gewässers (eigentliches Gewässergütemodell) sowie dem Ausgabeteil. Die einzelnen Modelle können sich in allen 3 Teilen unterscheiden.

Im Eingabeteil können Einzelwerte oder mit Hilfe von Modellbausteinen errechnete Eingabegrößen eingegeben werden.

Das Modell selbst kann ein lediglich datenproduzierendes „Black-Box-Modell" oder ein „naturwissenschaftliches Modell" sein, das aus unterschiedlichen, sich gegenseitig beeinflussenden Modellbausteinen besteht.

G.1.3.6.3 Modelltypen

Je nach Fragestellung können unterschiedliche Modelltypen zur Beschreibung und Beurteilung der Gewässergüte eingesetzt werden [G.1.51]:

- Erklärungsmodelle, die der Analyse des funktionalen Zusammenhangs zwischen den Elementen des zu untersuchenden Systems dienen,
- Entscheidungsmodelle, die zur Ableitung optimaler Entscheidungen bei komplexen Entscheidungssituationen eingesetzt werden,
- deterministische Modelle, die den kausalen Zusammenhang zwischen Elementen des natürlichen Systems erfassen,
- stochastische Modelle, die zufällige Beobachtungen beschreiben und mit Mitteln der Statistik Zusammenhänge zwischen Variablen erfassen,
- strukturorientierte Modelle, die möglichst viele Teilvorgänge im Gewässer erfassen und ihre funktionalen Zusammenhänge beschreiben,
- verhaltensorientierte Modelle, mit deren Hilfe über Meßwerte und modellspezifische Beiwerte eine globale Beschreibung des Verhaltens des Gewässers oder eines Vorgangs erfolgt,
- statische Modelle, die von der Zeit unabhängige Ergebnisse liefern und
- dynamische Modelle, mit deren Hilfe der Einfluß zeitlich variabler Größen auf die interessierenden Parameter verfolgt werden kann.

G.1.3.6.4 Gewässergütemodelle für Fließgewässer

Die einfachste Form der Gewässergütemodelle für Fließgewässer ist der *Abwasserlastplan nach Imhoff* [G.1.52]. Dieses Modell geht von der Annahme aus, daß die Mikroorganismen im Fließgewässer in gleichen Zeiträumen dt die Verschmutzung L um gleiche Prozentsätze dL abbauen

$$\mathrm{d}L/\mathrm{d}t = -K_\mathrm{L} \cdot L \qquad (\text{G.1.1})$$

und integriert

$$L_\mathrm{t} = L_0 \cdot e^{-KL \cdot t} \qquad (\text{G.1.2})$$

L_t Verschmutzung [kg BSB/d] bzw. Einwohnerlast [EW/1/s] nach der Fließzeit
L_0 Verschmutzung an der Einleitungsstelle
t Fließzeit [d]
K_L Selbstreinigungsbeiwert [1/d]

Aus diesem Abwasserlastplan wurde der *Lastverteilungsplan* entwickelt [G.1.53], der den Anteil der Restverschmutzung der einzelnen Einleiter aufzeigt.

Schon zuvor wurde das erste *Gewässergüte-*

modell von Streeter und Phelps [G.1.46[für die Beschreibung der Selbstreinigung von Fließgewässern und deren Sauerstoffgehalt entwickelt. Dabei wird ebenfalls von der Annahme ausgegangen, daß in Fließgewässern in gleichen Zeiträumen gleiche Prozentsätze der Verschmutzung durch aerobe Mikroorganismen abgebaut werden. Der dafür aus dem Wasserkörper entnommene Sauerstoff (BSB) wird nun der natürlichen Sauerstoffaufnahme des Gewässers aus der Luft über die Wasseroberfläche gegenübergestellt. Diese Sauerstoffaufnahme ist maßgeblich von der Differenz zwischen der Sauerstoffsättigung O_S und dem im Wasser vorhandenen Sauerstoffgehalt O_G, d.h. dem Sauerstoffdefizit $O_D = O_S - O_G$ abhängig, wobei auch hier in gleichen Zeiträumen dt das Sauerstoffdefizit O_D um gleiche Prozentsätze dO_D verringert wird

$$dO_D/dt = - K_D \cdot O_D \qquad (G.1.3)$$

und integriert

$$O_{Dt} = O_{Do} \cdot e^{-KL \cdot t} \qquad (G.1.4)$$

O_{Dt} Sauerstoffdefizit des Fließgewässers zur Zeit t

O_{Do} Sauerstoffdefizit an der Einleitungsstelle

t Fließzeit

K_D Wiederbelüftungsbeiwert

Somit ergibt sich die Sauerstoffhaushaltsgleichung zu

$$dO_{Dt}/dt = K_L \cdot L_t - K_D \cdot O_{Dt} \qquad (G.1.5)$$

und integriert

$$O_{Dt} = [K_L \cdot L_o/(K_D - K_L)] \cdot$$
$$(e^{-KL \cdot t} - e^{-KD \cdot t}) + O_{Do} \cdot e^{-KD \cdot t} \qquad (G.1.6)$$

Aus dieser Gleichung läßt sich dann z.B. der kritische Sauerstoffgehalt O_{Gmin} im Gewässer ermitteln (Bild G.1-5) zu

$$O_{Gmin} = O_S - (K_L/K_D) \cdot L_o \cdot e^{-KL \cdot tkrit} \qquad (G.1.7)$$

mit

$$t_{krit} = [1/(K_D - K_L)] \cdot \ln[(K_D/K_L) \cdot$$
$$(1 - O_{D0} \cdot (K_D - K_L)/(L_o \cdot K_L))] \qquad (G.1.8)$$

Die in der Streeter-Phelps-Gleichung verwendeten Beiwerte K_L und K_D enthalten eine Fülle von Einzeleinflüssen wie z.B. die Gewässercharakteristik, die Wassertemperatur, den Abbau der Kohlenstoff- und Stickstoffverbindungen, die Primär- und Sekundärproduktion im Gewässer, die toxi-

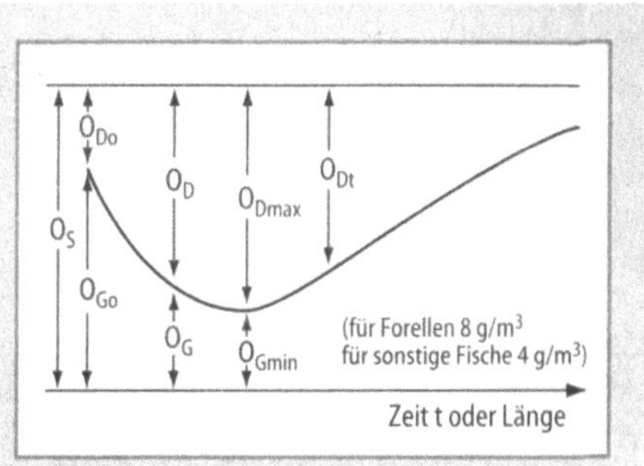

Bild G.1-5 Sauerstoffhaushalt eines belasteten Fließgewässers

schen Einflüsse, den physikalischen und biologischen Sauerstoffeintrag, die Sedimentationsprozesse und Abbauvorgänge im Flußsediment. Diese Einflüsse können nun in erweiterten Modellen detaillierter berücksichtigt werden. Eine vergleichende Zusammenstellung der in der Bundesrepublik Deutschland häufig verwendeten Gewässergütemodelle für Fließgewässer ist vom ATV-Fachausschuß 2.2 „Modellrechnung in der Wassergütewirtschaft" [G.1.49] erstellt worden.

G.1.3.6.5 Gewässergütemodelle für
       stehende Gewässer

Wie für Fließgewässer, so sind auch für stehende Gewässer, d.h. Seen und Talsperren, eine Vielzahl von Güte-Simulationsmodellen in der Anwendung [G.1.54]. Die Modelle unterscheiden sich nach der Diskretisierung der Gewässer in Volumen-Elemente. Grundsätzlich sind nach Stefan [G.1.55] 4 Dimensionen zu unterscheiden:

0. Dimension (0 DIM): der gesamte Wasserkörper wird als völlig durchmischt betrachtet und lediglich die zeitliche Veränderung wird simuliert,
1. Dimension (1. DIM): die horizontale Schichtung wird berücksichtigt,
2. Dimension (2. DIM): sowohl horizontal als auch vertikale Gradienten können berechnet werden,
3. Dimension (3. DIM): Gradienten können in allen Raumrichtungen variiert werden.

Im Gegensatz zu den Fließgewässern stehen bei der Gütesimulation stehender Gewässer neben der Wassertemperatur und dem Sauerstoffgehalt die Güteparameter Phosphor und Stickstoff sowie Algen-/Chlorophyll-Gehalt im Vordergrund.

Eine Zusammenstellung von Gütemodellen haben Hagen und Kleeberg [G.1.54] vorgenommen. Dabei wurden empirische (Emp.), deterministische (Det.) und Regressions (Reg.)-Modelle unterschieden.

G.1.3.6.6 Gewässergütemodelle für Grundwasser

Gütemodelle für Grundwasservorkommen wurden in erster Linie für die Erfassung der Stoffausbreitung bei Schadensfällen entwickelt. Die Qualität der Aussagen derartiger Modelle wird stark durch die Beschaffenheit des jeweiligen Grundwasserleiters (Aquifer) bestimmt. Da es generell an ausreichenden Meßdaten über die i. allg. sehr heterogen beschaffenen Grundwasserleiter fehlt, ist die Qualität der Ergebnisse, auch komplexer Modelle, vielfach nicht befriedigend [G.1.56]. Die Bedeutung der Modelle liegt nicht nur in der Möglichkeit zur Simulation realer und hypothetischer Fälle, sondern sie leisten auch einen wichtigen Beitrag zur Klärung der Wirkungsmechanismen in Grundwasserleitern [G.1.57].

Bei den Grundwassergütemodellen spielen neben den Strömungsvorgängen insbesondere die Stofftransportvorgänge wie Speicherung und Adsorption, konvektiver, diffuser und dispersiver Transport sowie der Abbau und die Lösung von Stoffen eine Rolle. Die Grundwassergütemodelle bestehen daher als Basis aus einem Strömungsmodell, in das ein oder mehrere Transportmodelle integriert sind.

Als Strömungsmodell-Typen kommen analytische Modelle und numerische 2-dimensionale (2D) und 3-dimensionale (3D) Modelle jeweils für stationäre oder instationäre Strömung in Frage. Dabei werden zur Lösung Gleichungslöser, Differenzenverfahren oder Finite-Elemente-Verfahren eingesetzt.

Bei der Modellierung der Stofftransportvorgänge sind 3 Arten der Behandlung gebräuchlich [G.1.58]: analytische Lösungen (einfachste Strömungsbedingungen, einfachste Randbedingungen, Homogenitätsannahmen), Lösungen unter Vernachlässigung der Diffusion/Dispersion (Bestimmung der Bahnkurven, Berechnung der Konzentrationsentwicklung längs von Bahnkurven, Bestimmung mittlerer Laufzeiten) und numerische Lösung der vollständigen Gleichung (Differenzenverfahren, Finite-Elemente-Verfahren, Charakteristiken-Verfahren, Random-Walk-Verfahren).

Ein wesentlicher Punkt bei der Anwendung von Gütemodellen für Grundwasser ist eine ausreichende Eichung des Modells an Messungen im Untersuchungsgebiet sowie ausreichende Eingabedaten für die Strömungs- (Durchlässigkeit, Speicherkoeffizient, Grundwasserneubildung durch Niederschlag, Höhe der Aquifersohle bzw. Aquifermächtigkeit, Zugaben und Entnahmen von Wasser, Leakage-Faktor, Gewässerstand, Gewässersohle, festgelegte Grundwasserhöhen, Randzuflüsse) und die Transportmodellierung (durchflußwirksame Porosität, Dispersivitäten, Zugaben und Entnahmen von Schadstoff, Zerfallskonstante, Adsorptionsparameter).

G.1.4 Beeinflussung der Gewässergüte

G.1.4.1 Grundsätzliches

Je nachdem unter welchen Gesichtspunkten die Gewässergüte von Oberflächengewässern und Grundwasser beurteilt und verbessert werden soll, werden unterschiedliche Maßnahmen und Hilfen am und im Gewässer sinnvoll sein. Die beiden grundsätzlich unterschiedlichen Zielsetzungen sind dabei:
- das Gewässer in seiner Eigenschaft als natürliches Ökosystem und Teil der Landschaft zu erhalten bzw. zu entwickeln (s. Abschn. G.1.3.2– G.1.3.4) und
- die Gewässergüte so zu beeinflussen, daß die vorgesehenen Nutzungen mit möglichst geringen Einschränkungen und ohne hohen Aufwand ermöglicht werden (s. Abschn. G.1.3.5).

Für *Oberflächengewässer* kommen als Maßnahmen zur Verbesserung der Gewässergüte (s. Abschn. G.1.2.2 und G.1.2.3) einerseits die Verminderung der Einleitung von Schmutzstoffen und Wärme mit Abwasser- und Regenwasserabflüssen aus Siedlungen und Industriegebieten und mit diffusen Einleitungen aus der freien Landschaft in Frage. Andererseits können Hilfen im Gewässer, welche die Selbstreinigungskraft des Gewässers erhöhen, wie Gewässergestaltung, Beeinflussung des Abflusses im Gewässer und Belüftung des Gewässers, ebenfalls zu einer Verbesserung der Gewässergüte führen. Den Maßnahmen zur Verminderung der Einleitung von Schmutzstoffen sollte dabei Vorrang eingeräumt werden, da sie die Ursachen der Gewässerbelastung angehen.

Bei *Grundwasser* ist in erster Linie die Minimierung von Schadstoffeinträgen (s. Abschn. G.1.2.4) u. U. aber auch die Erhöhung der Grundwasserneubildung durch Maßnahmen der Entsiegelung gedichteter Flächen, der Rückbau von Drainagen und verstärkte Ausweisung von Feuchtbiotopen und Überschwemmungsgebieten in Betracht zu ziehen.

G.1.4.2 Verringerung der Belastung aus Abwassereinleitungen

Gewässer müssen zwangsläufig mit Abwasser belastet werden, sofern seine Entstehung nicht verhindert werden kann bzw. sofern es nicht verdampft wird. Die Belastung läßt sich jedoch durch Entnahme der Schmutzstoffe in Kläranlagen sowie durch Reduzierung der Abwasser- und Schmutzmengen am Entstehungsort reduzieren.

Für die Gewässerbelastung sind dabei neben der im Kläranlagenablauf verbleibenden Restschmutzkonzentration (z.B. in mg/l) insbesondere die mit dem Ablauf abgegebene Restfracht an Schmutzstoffen (z.B. in g/s) von Bedeutung. Bei Spitzenabflüssen erhöht sich diese Fracht selbst bei gleichbleibender Ablaufkonzentration. Demzufolge führt jede Wassersparmaßnahme bzw. jedes Fernhalten unverschmutzten Wassers von der Abwasserkanalisation zu einer Verringerung der Gewässerbelastung.

Die in Deutschland angestrebte [G.1.59] Gewässergüteklasse 2 (mäßig belastet) (s. Abschn. G.1.3.2.4 und G.1.3.3) würde sich durch die Entfernung der den Sauerstoffhaushalt der Gewässer belastenden Stoffe (s. Abschn. G.1.2.2.3) aus dem häuslichen, gewerblichen bzw. kommunalen Abwasser am wirtschaftlichsten in mechanisch-biologischen Kläranlagen erreichen lassen. Lediglich bei empfindlichen Gewässern wie Fließgewässer mit einem ungünstigen Frischwasser-/Abwasser-Verhältnis [G.1.60] und stehenden Gewässern reichen diese Maßnahmen zur Erzielung einer Gewässergüteklasse 2 nicht mehr aus. Dann sind einerseits weitergehende Abwasserreinigungsmaßnahmen, wie die zusätzlich die Reduzierung des Gehalts an Pflanzennährstoffen, wie Phosphor (z.B. durch chemische Fällung) und Stickstoff, aber auch weitere, in den folgenden Abschnitten beschriebene Maßnahmen erforderlich [G.1.61].

Enthalten Abwässer Stoffe oder Stoffgruppen, die wegen der Besorgnis einer Giftigkeit, Langlebigkeit, Anreicherungsfähigkeit oder einer krebserzeugenden, fruchtschädigenden oder erbgutverändernden Wirkung als gefährlich zu bewerten sind (gefährliche Stoffe), so müssen diese Abwässer möglichst am Entstehungsort nach dem Stand der Technik behandelt werden.

Für das Einleiten von Abwasser aus kommunalen Abwasseranlagen in Gewässer sind für die Europäische Union die in der EU-Richtlinie 91/271/EWG [G.1.62] festgelegten Anforderun-

Tabelle G.1-8 Anforderungen an die Einleitung von Abwasser aus kommunalen Abwasseranlagen in Gewässer (Auszug aus der EU-Richtlinie 91/271/EWG [G.1.62] und der Rahmenverwaltungsvorschrift der BRD [G.1.63])

	EU-Richtlinie 91/271/EWG		Rahmen-Verwaltungsvorschrift BRD Größenklasse in kg/d BSB₅				
	allgemein > 10⁴ EW mg/l %	für empfindliche Gebiete, z.B. Bodenseee, Rhein, Obere Donau je nach Anlagengröße > 2000 EW	1 > 60	2 60 – > 300	3 300 – > 1200	4 1200 – > 6000	5 > 6000
Biochemischer Sauerstoffbedarf BSB$_5$	25 70 – 90	25 70 – 90	40	25	20	20	15
Chemischer Sauerstoffbedarf CSB	125 75	125 75	150	110	90	90	75
Suspendierte Schwebstoffe gesamt	35 90	35 90					
Ammoniumstickstoff NH$_4$-N	[a]	[a]	[a]	[a]	10	10	10
Stickstoff gesamt	[a]	15 10 0 – 80			18	18	18
Phosphor gesamt	[a]	2 2 80 80	[a]	[a]	[a]	2	1

[a] keine Begrenzung

gen maßgebend, die für die Bundesrepublik Deutschland in der Allgemeinen Rahmen-Verwaltungsvorschrift [G.1.63] teilweise noch verschärft sind (s. Tabelle G.1-8).

Belastungen des Grundwassers mit Abwasser treten ungewollt bei undichten Abwasseranlagen (s. Abschn. G.1.2.4.2 und [G.1.64–G.1.66] und gezielt bei der Versickerung von Abwasser (Abwasserverregnung, Abwasserverrieselung usw.) auf. Eine Verringerung der Belastung läßt sich durch Sanierung der schadhaften Kanäle erzielen. Für die alten Länder der BRD werden bei geschätzten jährlichen Abwasserverlusten von ca. 300 Mio. m³ dafür Sanierungskosten von 50 – 100 Mrd. DM notwendig werden [G.1.65]. Vorbeugend werden heute bereits für Abwasserkanäle in Wassergewinnungsgebieten zum Schutze des Grundwassers besondere Sicherheitsvorkehrungen vorgeschrieben [G.1.67].

G.1.4.3 Verringerung der Belastung aus Regenwassereinleitungen von Siedlungsgebieten

Niederschlagswasser, das in Siedlungsgebieten fällt und dort nicht zur Versickerung gelangt, nicht weiter genutzt wird oder nicht verdunstet, muß über Mischwasserkanalisationen gemeinsam mit dem Abwasser oder über getrennte Regenwasserkanalisation dem Gewässer zugeführt werden. Dieses Wasser ist in geringem Maße durch Schmutzstoffe aus der Luft, in stärkerem Maße durch Abschwemmungen von den Abflußflächen (erheblich in Gemeinden mit landwirtschaftlichen Betrieben, bei Industrieflächen und bei ungenügender trockener Straßenreinigung) und stark bei Vermischung mit Abwasser im Mischsystem belastet.

Die Gewässerbelastung läßt sich vermindern durch:
- Reduzierung der Regenabflüsse in die Gewässer

Die Regenabflüsse aus Siedlungsgebieten in die Gewässer lassen sich auf vielfältige Weise reduzieren. Die wirkungsvollste Art ist, die Abflüsse erst gar nicht entstehen zu lassen, d.h., z.B. Gehwege, Plätze, Auffahrten usw. möglichst durchlässig zu gestalten. Lassen sich Regenabflüsse so nicht vermeiden (z.B. Dachabflüsse), so können diese in oberirdischen oder unterirdischen Versickerungsanlagen dem Grundwasser zugeführt werden. Umstritten ist dabei, unter welchen Umständen und für welche Abflußflächen derartige Versickerungen als unschädlich für das Grundwasser anzusehen sind und ob einfache Vorreinigungsmaßnahmen als notwendig erachtet werden [G.1.68–G.1.73]. Mit der Nutzung von Niederschlagswasser für Bewässerungszwecke (Gärtnereien, Hausgärten) oder im Haushalt für Toilettenspülung und Wäsche waschen, lassen sich ebenfalls direkt bzw. indirekt die Abflüsse in Gewässer reduzieren [G.1.74]. Die dazu notwendigen Speicherräume bzw. Zisternen bewirken dabei meist eine Verminderung der Spitzenabflüsse im Kanalnetz.

- Reduzierung der im Regenfall in die Gewässer eingeleiteten Schmutzfracht
Die Reduzierung der Regenabflüsse aus Siedlungsgebieten in die Kanalisation vermindert auch grundsätzlich die Belastung der Gewässer mit Schmutzstoffen. Dabei wird selbst bei gleichbleibender Schmutzkonzentration im Kläranlagenablauf die eingeleitete Restschmutzfracht um das Produkt aus Ablaufkonzentration mal reduziertem Regenabfluß vermindert. Je dünner das Gebiet besiedelt ist, um so höher ist der Anteil des Regenabflusses am jährlichen Gesamtabfluß und um so stärker wirkt sich eine Reduzierung des Regenabflusses auf die Gewässerbelastung aus (s. Tabelle G.1-9).

Tabelle G.1-9 Der jährliche Trockenwetter- und Regenwetterabfluß nach [G.1.68]

	100	200	300	400	500
Einwohnerdichte [E/ha]	100	200	300	400	500
Spezifischer Abwasseranfall [l/E · d]	60	100	150	200	250
TWA [10^3 m³/ha · a]	2,2	7,3	16,4	29,2	45,6
Abflußbeiwerte ψ_a [1]	0,3	0,4	0,5	0,6	0,7
Regenwasserabfluß bei 800 mm Niederschlag pro Jahr [10^3 m³/ha · a]	2,4	3,6	4,0	4,8	5,6
Jährlicher Regenwasserabfluß [1]	1,1	0,5	0,25	0,16	0,12

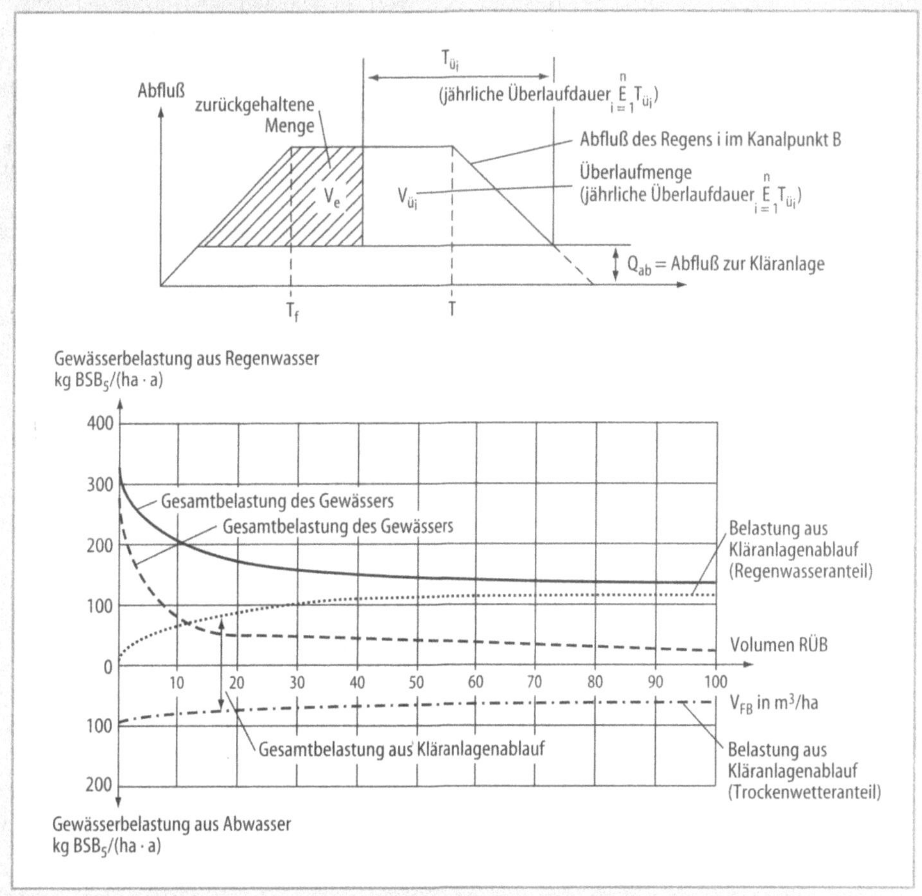

Bild G.1-6 Gewässerbelastung bei Anordnung von Regenüberlaufbecken durch die Überlaufmenge $V_ü$ des Beckenüberlaufs $B_ü$ (direkt) und durch den Anteil an der Restverschmutzung des Kläranlagenablaufs (indirekt) nach [G.1.76]

– Eine weitere Entlastung kann in der Mischkanalisation durch die Anordnung von Regenüberlauf- oder Regenrückhaltebecken bzw. in der Regenwasserkanalisation durch Regenklärbecken erfolgen [G.1.75]. Die Gewässerbelastung nimmt dabei mit zunehmendem spezifischen Beckeninhalt V_{FB} (m³/ha) ab (s. Bild G.1-6). Die direkte Entlastung von der in den Becken aufgespeicherten Regenmenge wird allerdings durch die zunehmende Belastung über den Kläranlagenablauf wieder etwas reduziert [G.1.76].

G.1.4.4 Verminderung diffuser Belastungen aus der freien Landschaft

Oberflächengewässer und Grundwässer werden nicht nur aus Siedlungsgebieten, sondern auch aus der freien Landschaft mit Schmutz- bzw. Schadstoffen belastet (s. Abschn. G.1.2.2.4, G.1.2.2.5, G.1.2.4).

Für die *Grundwässer* spielen dabei zunächst die Belastungen eine Rolle, die sich mittelbar aus der Bodennutzung ergeben, d.h. insbesondere Belastungen aus der Landwirtschaft infolge des Einsatzes von Pflanzenschutzmitteln, Handelsdünger, Wirtschaftsdünger usw. Eine Verminderung dieser Belastungen läßt sich erreichen (s. [G.1.77], Anlage 1) durch

– ordnungsgemäße Landbewirtschaftung mit standortgemäßer Flächennutzung, vielseitiger Fruchtfolge, langer Bodenbedeckung, schonender Bodenbehandlung bei Bearbeitung und Befahren, Stickstoffdüngung nach guter fachlicher Praxis (z.B. N_{min}-Methode) und Anwendung von Pflanzenschutzmitteln nach guter fachlicher Praxis unter Berücksichtigung der Grundsätze integrierten Pflanzenschutzes,

und in verstärktem Maße durch

- Beschränkung der ordnungsgemäßen Landbewirtschaftung mit Verminderung der bedarfsgerechten Stickstoffversorgung, Beschränkung des Einsatzes von Wirtschaftsdünger, Verpflichtung zur Bodenbedeckung durch Pflanzenbewuchs (Begrünung) und Reduzierung der Bodenbearbeitung.

Mittelbare Belastungen über den Luftpfad lassen sich nur durch globale Maßnahmen zur Emissionsminderung, z. B. im Bereich des Kfz-Verkehrs oder von Verbrennungsanlagen, vermindern.

Die Maßnahmen zur Verminderung der Grundwasserbelastung wirken sich auch belastungsmindernd auf die *Oberflächengewässer* aus, da diese als Vorfluter aus den Grundwasservorkommen gespeist werden. Zusätzlich kann die Belastung der Oberflächengewässer reduziert werden durch

- Verringerung von Abschwemmungen aus landwirtschaftlich genutzten Flächen mit sachgemäßer Bodenbearbeitung, Grüneinsaat über die Winterperiode, vegetationsgerechtes Ausbringen von Handels- und Wirtschaftsdünger und Extensivierung der Bodennutzung,
- Anordnung von Grünstreifen entlang von Gewässern, Gräben usw. mit dem Ziel, nicht vermeidbare Abschwemmungen vor dem Gewässer zurückzuhalten,
- Einleitung von Abflüssen überörtlicher Straßen und Wegen über Gräben und Mulden mit Selbstreinigungs- und Versickerungswirkung.

G.1.4.5 Erhöhung der natürlichen Selbstreinigungskraft von Fließgewässern durch Gewässerausbau

Oberflächengewässer besitzen eine natürliche Selbstreinigungskraft, die bewirkt, daß sich die Wassergüte im Laufe der Zeit bzw. im Verlauf des Gewässers verbessert. Dabei spielen sich mechanische Sedimentationsvorgänge und biochemische Abbauvorgänge ab. Bis zu einem gewissen Grad lassen sich diese Vorgänge durch eine entsprechende Gewässergestaltung beeinflussen.

Durch einen Aufstau des Gewässers und der damit verbundenen Erhöhung der Aufenthaltszeit und verringerten Fließgeschwindigkeit des Wassers werden sowohl die Sedimentation als auch der biochemische Abbau erhöht [G.1.78].

Derartige Maßnahmen, wie sie beispielsweise durch den Bau der Ruhrstauseen verwirklicht wurden [G.1.79], sind jedoch nur bei einem wenig verschmutzten Gewässer hilfreich, da sonst der Sauerstoffgehalt des Gewässers zu stark beansprucht wird und anaerobe Verhältnisse im Gewässer, insbesondere in dessen Sohlbereich, zu befürchten sind.

Flußmorphologische und hydraulische Veränderungen in Fließgewässern, z. B. im Zuge von Renaturierungsmaßnahmen, können auch bei höher belasteten Gewässern zu einer Verbesserung der Selbstreinigungskraft führen [G.1.80, G.1.81]. Dazu gehören

- Schaffung rauher Sohlabschnitte mit erhöhter Turbulenz zur Verbesserung des Sauerstoffeintrags,
- Schaffung wechselnder Gewässerquerschnitte mit wechselnden Fließgeschwindigkeiten und Sedimentationsbereichen,
- strömungsaktives Anschließen bestehender Altarme an den Fluß mit zielorientierter Gestaltung des Altarms mit Pflanzenfiltern, Ruhezonen für verstärkte Sedimentation und größere Verweilzeit für den mikrobiologischen Abbau,
- Neuschaffung von Überflutungszonen zur Nutzung der Sedimentations- und Umsetzungsprozesse im Ausuferungsbereich und zur Schaffung guter Lebensbedingungen für die Filtrierer.

Die beiden letzten Maßnahmen wirken sich besonders bei mengenmäßigen Stoßbelastungen günstig aus [G.1.81, G.1.82]. Durch Bepflanzungen im Ufer- und Stillwasserbereich läßt sich infolge vergrößerter Aufwuchsflächen für Mikroorganismen, durch Sauerstoffeintrag über Pflanzen und durch verbesserte Sedimentation ebenfalls die Selbstreinigungskraft des Gewässers verbessern. Übermäßiger Algenbewuchs im Gewässer wird durch die Schattenwirkung von Ufergehölzen eingegrenzt. Dadurch wird auch gleichzeitig einer verstärkten Erwärmung des Gewässers entgegengewirkt.

G.1.4.6 Erhöhung der natürlichen Selbstreinigungskraft durch technische Hilfen im Gewässer

Neben dem Ausbau des Gewässers lassen sich weitere gezielte Hilfen zur Unterstützung des Selbstreinigungsvermögens von Fließgewässern anwenden [G.1.78, G.1.83, G.1.84]. Derartige Maßnahmen sollten allerdings lediglich als So-

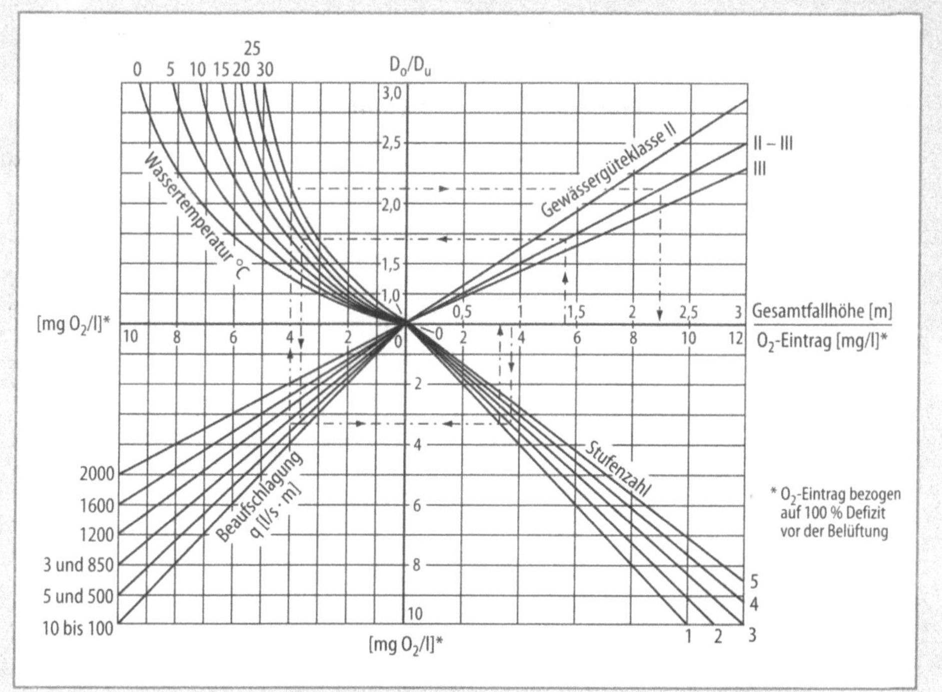

Bild G.1-7 Sauerstoffeintrag an Wehren nach [G.1.85]

fortmaßnahme zur Beseitigung akuter Gewässergüteprobleme angesehen werden und sollten die notwendigen Maßnahmen zur Verringerung der Gewässerbelastungen nicht ersetzen.

Eine mögliche Maßnahme ist die *künstliche Belüftung* des Gewässers zu Zeiten, in denen der Sauerstoffgehalt unter die für Fische erträglich Grenzkonzentration von 3–4 mg O_2/l zu fallen droht [G.1.85]. Als Verfahren kommen dafür in Frage:

- Überfall über Wehre oder Sohlabstürze (s. Bild G.1-7): Die Erhöhung der Sauerstoffkonzentration dC errechnet sich zu

$$dC = dh \cdot e \cdot (C_s - C_o)$$

  dh Fallhöhe am Wehr in m,
  e Sauerstoffeintragsbeiwert in 1/m nach Bild G.1-7,
  C_s Sauerstoffsättigungswert in mg/l,
  C_o Sauerstoffkonzentration im Oberwasser in mg/l.

- Luftblasenverfahren mit Belüftern auf der Gewässersohle oder darüber: Feinblasige Belüftung mit Porenweiten von etwa 0,1 mm, mittelblasige Belüftung durch gelochte Rohre oder Platten mit Lochweiten bis zu 5 mm, grobblasige Belüftung mit größeren Lochweiten oder durch offene Rohrbelüfter.

- Turbinenbelüftung: Die Luft kann hinter dem Laufrad im Unterdruckbereich oder vor dem Laufrad im Überdruckbereich zugegeben werden. Die Turbinenleistung geht dabei etwa um folgenden Betrag zurück:

$$N_r = 3,6 \cdot a \cdot Q \cdot dC \text{ in kW}$$

  a 0,5 kW je kg O_2-Eintrag,
  Q Durchfluß in m³/s,
  dC Zunahme des Sauerstoffgehalts in mg/l.

- Oberflächenbelüftung: Schwimmende Belüfter saugen sauerstoffarmes Wasser an und verspritzen es hochturbulent über die Oberfläche des Gewässers. Im Einsatz sind Belüftungskreisel, Belüftungswalzen und Geräte mit Unterwassermotorpumpen. Für stehende Gewässer, bei denen die Temperaturschichtung erhalten bleiben soll, wird die Belüftung auf das Hypolimnium durch die in Bild G.1-8 dargestellte Belüftungsapparatur beschränkt.

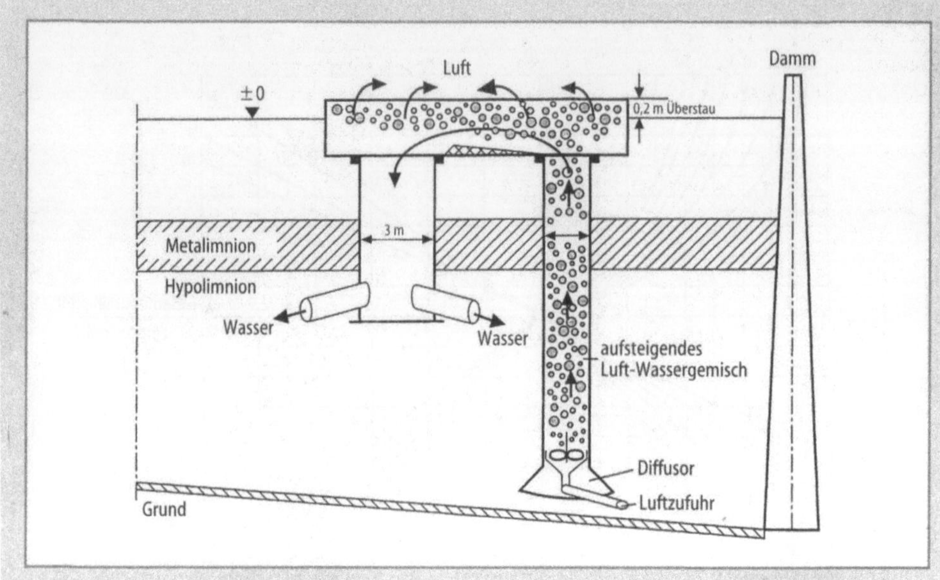

Bild G.1-8 Belüftungsapparatur zur Belüftung des Hypolimnions eines Sees nach [G.1.85]

Besteht die Möglichkeit, die Niedrigwasserführung von Fließgewässern durch *Anreicherung* mit wenig belastetem Wasser zu erhöhen, so wird sich die Selbstreinigungskraft durch Verbesserung der Sauerstoffversorgung sowie Vergrößerung des Wasserkörpers und der benetzten Fläche verbessern. Die Anreicherung kann erfolgen durch

- Zuschußwasser aus Speicherbecken im Einzugsgebiet [G.1.86 – G.1.90],
- Überleitung aus fremden Flußgebieten [G.1.91],
- Rückpumpen bei gestauten Flüssen [G.1.92 – G.1.95].

Größere *Ablagerungen* an faulfähigem Schlamm auf der Gewässersohle können den Sauerstoffhaushalt und damit die Selbstreinigungskraft des Gewässers vermindern. Die Ausbaggerung des Bodenschlamms kann in diesem Fall eine Hilfe sein. Die Ausspülung des Schlamms, z. B. durch Ziehen von Wehrverschlüssen, ist ebenfalls sehr wirksam [G.1.78]. Die Probleme werden dadurch aber nur flußabwärts verlagert.

Der *Zusatz von Chemikalien* zur Oxidation organischer Schmutzstoffe bzw. von Schwefelwasserstoff (Nitrat, Chlor) oder zur Bekämpfung übermäßiger Algenbildung (Kupfersulfat, Chlor) kann nur eine Notmaßnahme sein und dient nicht einer Verbesserung der Selbstreinigung von Gewässern.

G.1.4.7 Verringerung der Wärmebelastung von Gewässern

Gewässer werden häufig durch Kühlwasser aus Kraftwerken und Industriebetrieben mit Abwärme belastet. Die Selbstreinigungsvorgänge in diesen Gewässern laufen bei den dann höheren Wassertemperaturen schneller ab, so daß eine Schmutzbelastung mit organischen Stoffen rascher aerob abgebaut wird. Mit zunehmender Temperatur nimmt jedoch der Sauerstoffsättigungswert des Wassers und damit das Sauerstoffdefizit und die Sauerstoffaufnahmerate ab, was den Sauerstoffhaushalt zusätzlich zum erhöhten Sauerstoffbedarf für den aeroben Abbau belastet, so daß der Sauerstoffgehalt im Gewässer abnimmt. Dadurch sind insbesondere die Fischbestände beeinflußt, die zusätzlich Ansprüche an die Höhe der Wassertemperatur und an deren Schwankungsbreite stellen. Aus diesem Grund werden in wasserrechtlichen Bestimmungen vielfach die folgenden Begrenzungen für Fischgewässer vorgeschrieben (s.a. [G.1.96, G.1.97]):

- maximale Gewässertemperatur T_{max}
  sommerwarme Gewässer
  (z.B. Flachlandflüsse)   28 °C
  sommerkühle Gewässer
  (z.B. Hochgebirgsflüsse)   25 °C
  Salmonidengewässer   18 °C

– maximale Gewässeraufwärmung über die natürliche Temperatur dT_G

sommerwarme Gewässer	5 °C
sommerkühle Gewässer	3 °C

Werden diese Grenzwerte für die Gewässer- bzw. Kühlwassertemperatur überschritten, so können folgende Maßnahmen ergriffen werden:

1. Umstellung der Frischwasserdurchlaufkühlung auf eine Ablaufkühlung (s. Bild G.1-9),
2. Umstellung der Frischwasserkühlung in eine offene bzw. geschlossene Kreislaufkühlung (s. Bild G.1-10),
3. Anordnung gesonderter Kühlteiche (s. Bild G.1-11).

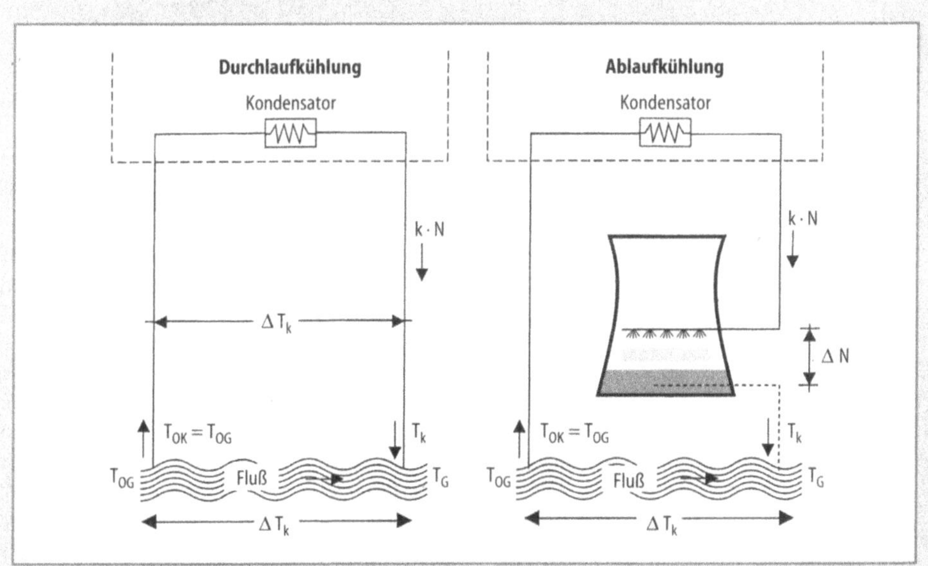

Bild G.1-9 Möglichkeiten der Frischwasserkühlung

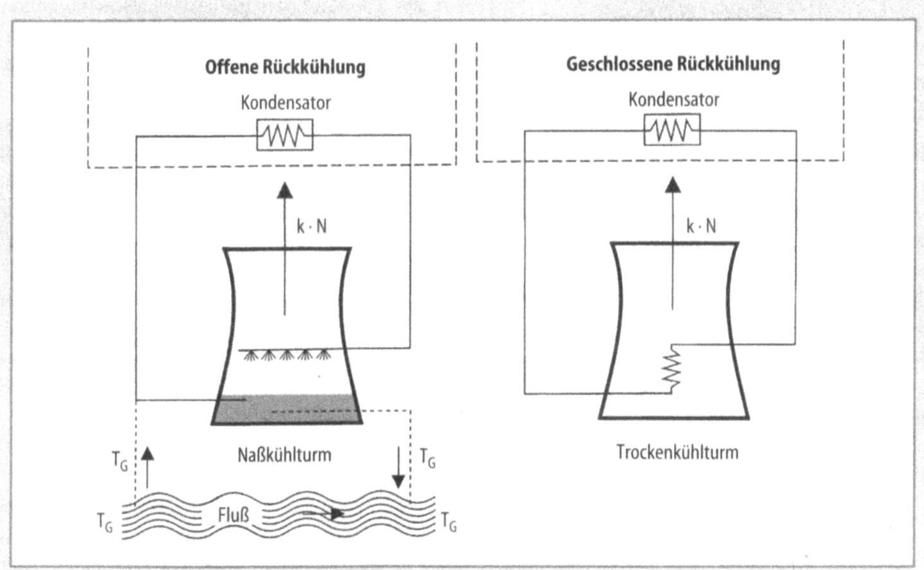

Bild G.1-10 Möglichkeiten der Kreislaufkühlung

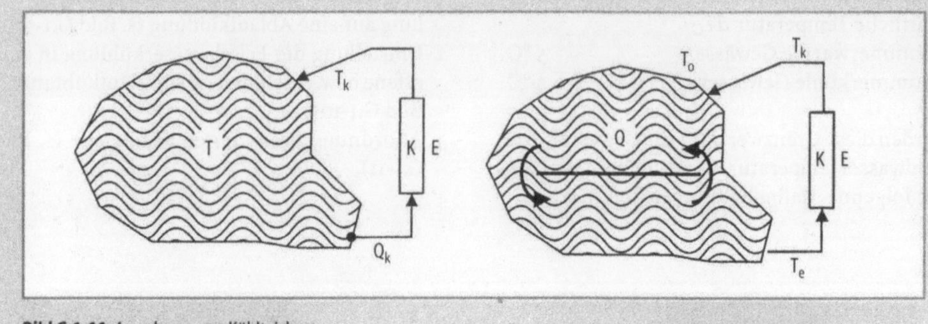

Bild G.1-11 Anordnung von Kühlteichen

Aus der eingeleiteten Kühlwasserleistung $k \cdot N$ läßt sich die Temperaturerhöhung im Gewässer dT_G ermitteln zu

$$dT_G = T_G - T_{oG} = (0{,}24 \cdot k \cdot N)/Q_G \text{ in } °C$$

T_G Temperatur des Gewässers nach der Kühlwassereinleitung

T_{oG} Temperatur des Gewässers vor der Kühlwassereinleitung

k Abwärmefaktor (k = 1,25 für konventionelle Kraftwerke, k = 2,0 für Kernkraftwerke)

N abgegebene elektrische Leistung in MW

Q_G Abfluß im Gewässer in m³/s

Für eine festgelegte maximale Temperaturerhöhung im Gewässer dT_G kann die erforderliche Rückkühlleistung dN ermittelt werden zu

$$dN = k \cdot N - 4{,}2 \cdot Q_G \cdot dT_G \text{ in MW}$$

G.1.4.8 Hilfen für stehende Gewässer

Hilfen für die Verringerung der Eutrophierung stehender Gewässer bestehen in erster Linie darin, die Zuflüsse vor der Einleitung ungereinigter Abwässer zu schützen. Dabei sind in den Abwasserreinigungsanlagen nicht nur die organischen Abwasserinhaltsstoffe, sondern auch die Pflanzennährstoffe N und P zu eliminieren. In Einzelfällen kann auch eine gesonderte Reinigung dieser Zuflüsse in Frage kommen [G.1.83]. Im stehenden Gewässer selbst kann durch Belüftung und Zugabe von Fällmitteln die Eutrophierung zurückgeführt werden [G.1.61, G.1.84].

G.1.5 Gewässergütebewirtschaftung

G.1.5.1 Rechtliche Grundlagen

In den meisten Staaten, so auch in der Bundesrepublik Deutschland, werden die natürlichen oberirdischen und unterirdischen Gewässer als Gemeingut angesehen. Deren Bewirtschaftung obliegt demzufolge der öffentlichen Hand nach Maßgabe der geltenden Gesetze. In der Bundesrepublik ist die diesbezügliche Gesetzgebungskompetenz den einzelnen Bundesländern überlassen. Der Bund hat allerdings gemäß Art. 75 Nr. 4 Grundgesetz die Rahmenkompetenz für den Wasserhaushalt mit dem Wasserhaushaltsgesetz [G.1.98] ausgefüllt.

Nach Art. 148 des Vertrags zur Gründung der EWG sind jedoch Bund und Länder verpflichtet, die von den Europäischen Gemeinschaften erlassenen Richtlinien in ihrer Gesetzgebung zu berücksichtigen.

Für die Gewässergütebewirtschaftung haben die folgenden Richtlinien besondere Bedeutung:
- Übereinkommen zur Verhütung der Meeresverschmutzung vom Lande aus (75/437/EWG, geändert durch Änderungsprotokoll 87/57/EWG),
- Richtlinie des Rates über die Qualitätsanforderungen an Oberflächenwasser für die Trinkwassergewinnung in den Mitgliedstaaten (75/440/EWG, geändert durch Art. 12 der Richtlinie 79/869/EWG),
- Richtlinie des Rates über die Qualität der Badegewässer (76/160/EWG),
- Richtlinie des Rates betreffend die Verschmutzung infolge Ableitung bestimmter gefährlicher Stoffe in die Gewässer der Gemeinschaft (76/464/EWG),
- Richtlinie des Rates über die Qualität von Süß-

wasser, das schutz- oder verbesserungsbedürftig ist, um das Leben von Fischen zu erhalten (78/659/EWG),
- Richtlinie des Rates über den Schutz des Grundwassers gegen Verschmutzung durch bestimmte gefährliche Stoffe (80/68/EWG),
- Richtlinie des Rates über die Behandlung von kommunalem Abwasser (91/271/EWG),
- Richtlinie des Rates zum Schutze der Gewässer vor Verunreinigungen durch Nitrat aus landwirtschaftlichen Quellen (91/676/EWG).

Die geplante Rahmenrichtlinie der Europäischen Union über den Schutz und die mengen- und gütemäßige Verbesserung aquatischer Ökosysteme wird eine zentrale Richtlinie für die Gewässergütebewirtschaftung sein.

Die EU-Richtlinien sind in verschiedene Gesetze und Verordnungen von Bund und Ländern übernommen worden. Dabei sind für die *Wassergüte der Gewässer* das Wasserhaushaltsgesetz des Bundes (WHG) [G.1.98] und die darauf aufbauenden Landeswassergesetze (z.B. [G.1.99]) von zentraler Bedeutung. In diesen Gesetzen sind die Eigentumsverhältnisse der Gewässer, die Benutzung und Reinhaltung der Gewässer sowie die Bewirtschaftung und Überwachung der Gewässer geregelt, mit besonderen Bestimmungen für oberirdische Gewässer im Binnenland, für Küstengewässer und für Grundwasser.

Aus der großen Anzahl weiterer rechtlicher Vorschriften sind für die Gewässergüte von größerer Bedeutung
- das Abwasserabgabengesetz [G.1.100], in dem geregelt ist, daß für die Benutzung der Gewässer zur Ableitung der Restschmutzfrachten aus Abwasseranlagen eine Abgabe zu entrichten ist,
- die auf dem Wasserhaushaltsgesetz § 7a basierende Allgemeine Rahmen-Verwaltungsvorschrift über Mindestanforderungen an das Einleiten von Abwasser in Gewässer [G.1.101] mit z.Zt. 48 Allgemeinen Verwaltungsvorschriften für Abwasserarten unterschiedlicher Herkunft.

In diesen Anhängen sind die Anforderungen an das Einleiten von Abwasser nach dem Stand der Technik (Entwicklungsstand technisch und wirtschaftlich durchführbarer fortschrittlicher Verfahren, Einrichtungen oder Betriebsweisen, die als beste verfügbare Techniken zur Begrenzung von Emissionen praktisch geeignet sind) festgelegt.

Zum *Gewässer als Lebensraum* für Tiere und Pflanzen, als Teil der Landschaft und als Erholungsraum für den Menschen sind verschiedene gesetzliche Vorschriften maßgebend.

Im Wasserhaushaltsgesetz (WHG) [G.1.98] (bzw. den entsprechenden Wassergesetzen der Länder) sind entsprechende Ausführungen in den Abschnitten Unterhaltung (§ 28 WHG) und Ausbau (§ 31) sowie in darauf basierenden Wasserbaumerkblättern der Verwaltung (z.B. [G.1.102]) enthalten.

Substanziellere Aussagen zum Thema sind dem Bundesnaturschutzgesetz (BNatschG) [G.1.103] als Rahmengesetz und den einzelnen Landesgesetzen (z.B. [G.1.104]) zu entnehmen. Als Ziel und Aufgabe werden darin festgelegt, daß Natur und Landschaft im dicht besiedelten und unbesiedelten Bereich so zu schützen, zu pflegen und zu entwickeln sind, daß
1. die Leistungsfähigkeit des Naturhaushalts,
2. die Nutzungsfähigkeit der Naturgüter,
3. die Pflanzen- und Tierwelt,
4. die Vielfalt, Eigenart und Schönheit von Natur und Landschaft als Lebensgrundlagen des Menschen und als Voraussetzung für seine Erholung in Natur und Landschaft nachhaltig gesichert sind.

G.1.5.2 Gewässergüteplanung, Überwachung und Unterhaltung von Gewässern

G.1.5.2.1 Zuständigkeiten

Güteplanung, Überwachung und Unterhaltung von Gewässern ist in den einzelnen Bundesländern der Bundesrepublik Deutschland entsprechend den geltenden Wassergesetzen unterschiedlich geregelt (s. Tabelle G.1-10 und [G.1.105]).

Der Vollzug des Wasserhaushaltsgesetzes und der länderspezifischen Wassergesetze obliegt den Wasserbehörden, die meist 3stufig gegliedert sind:
1. oberste Wasserbehörde: zuständiges Ministerium oder zuständiger Senat,
2. höhere oder obere Wasserbehörde: Regierungspräsidium, Bezirksregierungen oder Landesämter,
3. untere Wasserbehörde: Stadt- und Landkreisverwaltungen.

Zentrale fachtechnische Aufgaben werden meist von Landesanstalten für Wasserwirtschaft bzw. Umweltschutz wahrgenommen, die ihrerseits der obersten Wasserbehörde zugeordnet sind.

Tabelle G.1-10 Gewässergütebewirtschaftung in der Bundesrepublik Deutschland

Bundesland	Gewässergüteplanung				Gewässergüteüberwachung				
	Wasserwirtschaftlicher Rahmenplan	Bewirtschaftungspläne	Reinhalteordnungen	Abwasserbeseitigungspläne	Wasserbuch	Gewässerschau, Gewässeraufsicht	Einleitungsüberwachung	Gewässergüteüberwachung u. -messung	Gewässergütedaten
Baden-Württemberg	O	O	O, H	O	H	B, D, N	G	L	L
Bayern	O	W		W	N	W	W	H, W	L
Berlin			O		O	O	O	L	B
Brandenburg	O, L	O, L	O, L	L	B	B	J, L	L	L
Bremen	H	H	O	H	H	V, B	B	O	O
Hamburg	O	O			B	B	B	U	B
Hessen	H, N	H, N	H, N	H, V	H	W		L	L
Mecklenburg-Vorpommern	O	O	O	O	O	K	L	L, V	L, V
Niedersachsen	O, H	H	O	S	O	B, V	W, J	L, W	L
Nordrhein-Westfalen	B, V	B, V		S, V	O	B	U, J	L, U	
Rheinland-Pfalz	O	O		O	H	W	W	L	L
Saarland	O	O	O	O	O	N (L)	L, J	B, L	L
Sachsen	O	O	H	H	N, H	N	L	L, V	L, V
Sachsen-Anhalt	O, H	H	O	B	O	B, V	U, J	U, J	L, U
Schleswig-Holstein	O	O	O	O	H	W, N	H, W	L, W	
Thüringen	O	O		H	H	U	U, J	L	L

B Wasserbehörde, Umweltbehörde   U Umweltamt
O Oberste Wasserbehörde   K Kommission
H Höhere oder Obere Wasserbehörde   V Gewerbeaufsichtsamt
N Untere Wasserbehörde   G Gewerbeaufsichtsamt
L Landesanstalt   J Institut
W Wasserwirtschaftsamt   S Städte und Gemeinden
D Gewässerdirektion

Den oberen und unteren Wasserbehörden stehen zur fachtechnischen Beratung Wasserwirtschaftsämter, Ämter für Umweltschutz, Gewerbeaufsichtsämter oder Gewässerdirektionen zur Verfügung.

Für die Gewässergüteplanung sind meist die obersten Wasserbehörden zuständig; sie beauftragen aber häufig die oberen Wasserbehörden und fachtechnischen Behörden mit der Durchführung der Planung. Die Gewässergüteüberwachung liegt meist in den Händen der oberen und unteren Wasserbehörden, die sich wiederum der fachtechnischen Landesämter und Ämter für Wasserwirtschaft bzw. Umweltschutz bedienen.

Die Gewässerunterhaltung obliegt i.d.R. den Eigentümern der Gewässer. In Baden-Württemberg beispielsweise steht das Bett eines Gewässers 1. Ordnung im öffentlichen Eigentum des Landes, das eines Gewässers 2. Ordnung innerhalb des Gemeindegebiets im öffentlichen Eigentum dieser Gemeinde. Alle anderen oberirdischen Gewässer sind private Gewässer (§ 3 WG [G.1.99]).

G.1.5.2.2 Gewässergüteplanung

Die Gewässergüteplanung ist in die allgemeine wasserwirtschaftliche Planung einzubeziehen. Der Wasserwirtschaftliche Rahmenplan muß dabei den nutzbaren Wasserschatz, die Erfordernisse des Hochwasserschutzes und die Reinhaltung der Gewässer berücksichtigen (§ 36 WHG [G.1.98].

Soweit die Ordnung des Wasserhaushalts es erfordert (z.B. wenn zu erhaltende oder künftige öffentliche Wasserversorgung beeinträchtigt werden kann oder wenn zwischenstaatliche Vereinbarungen oder Beschlüsse es erfordern), stellen die Länder Bewirtschaftungspläne auf, die dem Schutz der Gewässer als Bestandteil des Naturhaushalts, der Schonung der Grundwasservorräte und den Nutzungserfordernissen Rechnung tragen (§ 36 WHG [G.1.98]).

Für oberirdische Gewässer können die Länder durch Verordnung Reinhalteordnungen einführen (§ 27 WHG [G.1.98]), in denen Mindestanforderungen an die Einleitung von Stoffen festgelegt werden.

In bezug auf die Abwasserbeseitigung stellen die Länder Abwasserbeseitigungspläne auf, in denen insbesondere die Standorte für bedeutsame Anlagen zur Behandlung von Abwasser, ihr Einzugsbereich, Grundzüge für die Abwasserbehandlung sowie die Träger der Maßnahmen festzulegen sind.

G.1.5.2.3 Überwachung der Gewässergüte

Die Wasserbehörden der Länder sind zur Überwachung der Gewässer verpflichtet (§ 21 WHG [G.1.98]). Sie bedienen sich dabei häufig ihrer technischen Fachbehörden. In Baden-Württemberg sind dies z. B. die Gewässerdirektionen bzw. das Landesamt für Umweltschutz Baden-Württemberg (§ 82 WG [G.1.99]). Bei Bundeswasserstraßen können diese Aufgaben auch teilweise an die Behörden der Wasser- und Schiffahrtsverwaltung übertragen werden.

Für die einzelnen Gewässer sind Wasserbücher zu führen (§ 37 WHG [G.1.98], §§ 114 – 118 WG [G.1.99]). In diese Wasserbücher sind einzutragen:
- Erlaubnisse und Bewilligungen sowie alte Rechte und Befugnisse,
- Wasserschutzgebiete und Quellschutzgebiete,
- Überschwemmungsgebiete,
- Entscheidungen der Verwaltungsbehörden über die Benutzung, die Unterhaltung und den Ausbau der Gewässer, über die Unterhaltung und den Bau von Dämmen, die den Hochwasserabfluß beeinflussen sowie über Bauten und sonstige Anlagen in, über und an oberirdischen Gewässern,
- Hinweise auf gerichtliche Urteile, das Gewässer oder die Dämme betreffend.

Zur Überprüfung des Zustands der Gewässer mit Dämmen, Überschwemmungsgebieten und Wasserschutzgebieten führen die Wasserbehörden, deren technische Fachbehörden oder beauftragte Wasserverbände mit den Beteiligten regelmäßig eine Wasserschau durch. Dabei werden Män-

gel, widerrechtliche Benutzungen usw. festgestellt und deren Beseitigung veranlaßt.

Zur Überwachung des Gütezustands von Oberflächengewässern und Grundwässern richten die Länder wasserwirtschaftliche Meßnetze ein und stellen entsprechende Meßprogramme auf. Damit befaßt sind meist den Fachministerien zugeordnete Landesanstalten (s. Tabelle G.1-10).

Die behördliche Überwachung der Gewässernutzungen (§ 21 WHG [G.1.98]) wird von den Fachbehörden (z. B. den Ämtern für Wasserwirtschaft und Bodenschutz) durchgeführt. Die Benutzer selbst sind verpflichtet, die Einhaltung der Auflagen durch Untersuchungen und Messungen zu überprüfen und ein Betriebstagebuch zu führen (Eigenkontrolle [G.1.106]). Darüber hinaus müssen die Benutzer von Gewässern, die an einem Tag mehr als 750 m³ Abwasser einleiten, mindestens einen Betriebsbeauftragten für Gewässerschutz (Gewässerschutzbeauftragter) bestellen (§§ 21a – 21g WHG [G.1.98]). Dieser Gewässerschutzbeauftragte hat die Einhaltung von Vorschriften, Bedingungen und Auflagen im Interesse des Gewässerschutzes zu überwachen und auf die Einführung geeigneter Verfahren zur Vermeidung, Verminderung oder Behandlung der anfallenden Abwässer und Reststoffe hinzuwirken.

Eine wichtige Rolle bei der Überwachung von Fließgewässern spielen auch die Fischer und deren Organisationen. Durch ihre genaue Kenntnis des Gewässers und ihre häufige Anwesenheit sind sie in der Lage, Unregelmäßigkeiten und Schadensfälle rasch zu erkennen und an die Wasserbehörden bzw. Wasserpolizei weiterzumelden.

G.1.5.2.4 Unterhaltung von Gewässern

Die Unterhaltung eines Gewässers umfaßt die Erhaltung eines ordnungsgemäßen Zustands für den Wasserabfluß, wobei den Belangen des Naturhaushalts Rechnung zu tragen ist (§ 28 WHG [G.1.98]). Sie obliegt den Eigentümern der Gewässer, den Anliegern und denjenigen Eigentümern von Grundstücken und Anlagen, die aus der Unterhaltung Vorteile haben oder die Unterhaltung erschweren (§ 29 WHG [G.1.98]). Die Unterhaltungslast kann jedoch auch Wasser- und Bodenverbänden oder Zweckverbänden übertragen werden.

Zur Unterstützung der Unterhaltspflichtigen sind verschiedene Initiativen ergriffen worden. So z. B. in Baden-Württemberg durch die Gründung von Gewässernachbarschaften mit 46 Nachbarschaftsbezirken, denen jeweils die unterhaltspflichtigen Städte, Gemeinden, Wasserverbände und Bauhöfe der Wasserwirtschaftsverwaltung angehören, und deren Aufgabe die Fortbildung und der Erfahrungsaustausch auf dem Gebiet der Gewässerpflege ist.

Insbesondere zur Betreuung kleinerer Gewässer sind eine große Zahl von Bachpatenschaften durch Schulen, Schulklassen, Vereine oder sonstige Interessengruppen entstanden. Diese sollen die Gemeinden bei der Unterhaltung von Gewässern oder Gewässerabschnitten durch Beobachtung des Gewässers, Bepflanzung des Ufers, Pflegen der Bepflanzung und Säubern des Gewässers und seiner Ufer unterstützen [G.1.107]).

G.1.5.3 Wassergütewirtschaftliche Meßnetze und Meßprogramme

G.1.5.3.1 Art und Aufgabe wassergütewirtschaftlicher Meßnetze

Bei der Erfassung und Überwachung der Wassergüte von Gewässern sind grundsätzlich Grundwasser, Fließgewässer und stehende Gewässer zu unterscheiden.

Mit einem Grundwassermeßnetz sollen geogen bedingte Stoffgehalte und natürliche Schwankungsbreiten der Stoffgehalte in unbelasteten Grundwasservorkommen erfaßt, langfristige Veränderungen und flächenhafte bzw. punktförmige anthropogene Belastungen erkannt, die Grundwasserbeschaffenheit und begleitende Maßnahmen überwacht sowie eine Informations- und Dokumentationsbank zur Grundwasserbeschaffenheit aufgebaut werden. Die Netzdichte wird dabei von der Nutzung des Grundwassers zur Wasserversorgung und vom Gefährdungspotential durch Industriestandorte und landwirtschaftliche Intensivkulturen beeinflußt. Eine Sonderform der Grundwassermeßnetze sind die Quellwassermeßnetze. Im Zusammenhang mit der Messung wechselnder Quellschüttungsmengen lassen sich damit kurzfristige Änderungen der Grundwasserbeschaffenheit feststellen.

Gewässergütenetze für Fließgewässer sollen es erlauben, einen aktuellen Überblick über den allgemeinen Gütezustand der Fließgewässer zu gewinnen, besondere Belastungszustände bzgl. toxischer Schadstoffeinträge (Giftstöße) oder erhöhter Belastungen aus Einleitungsstellen zu erkennen (Alarmüberwachung) und Kenndaten

für Steuerungs- und Bewirtschaftungsmaßnahmen zu erfassen.

Die gegenüber Fließgewässern langsamere Dynamik der Änderung der Wassergüte von Seen und sonstigen stehenden Gewässern erfordert auch eine andere Überwachungs- und Untersuchungsstrategie. Dabei ist zu unterscheiden zwischen Untersuchungen im Seekörper selber und in den Zuflüssen zum See. Die Untersuchungen konzentrieren sich neben der Überwachung auf akute Schadensfälle, auf die langjährige Entwicklung der Eutrophierungsvorgänge und Sauerstoffverhältnisse im gesamten Wasserkörper.

G.1.5.3.2 Grundwasserbeschaffenheitsmeßnetze

Angesichts einer zunehmenden Beeinträchtigung der Grundwasserbeschaffenheit in Deutschland wurde von der Länderarbeitsgemeinschaft Wasser LAWA ein „Rahmenkonzept zur Erfassung und Überwachung der Grundwasserbeschaffenheit" [G.1.108] erarbeitet, auf dessen Basis die einzelnen Bundesländer länderspezifische Überwachungskonzepte entwickelten (z. B. [G.1.109 – G.1.112]).

So hat z. B. Baden-Württemberg ein mehrstufiges Grundwasserbeschaffenheitsnetz aufgebaut [G.1.113], bestehend aus einem Basismeßnetz mit 113 Meßstellen, einem Grobrastermeßnetz mit weiteren 449 Meßstellen, einem Quellmeßnetz mit bisher (1991) 40 Meßstellen, einem Verdichtungsmeßnetz Wasserversorgung mit weiteren 620 Meßstellen, einem Verdichtungsmeßnetz Industrie mit bisher (1991) 85 Meßstellen und einem Verdichtungsmeßnetz Landwirtschaft mit bisher (1991) 204 Meßstellen. Bis 1996 soll das Beschaffenheitsmeßnetz etwa 5000 Meßstellen umfassen.

Der Umfang der Untersuchungen wird im wesentlichen vom Untersuchungsziel bestimmt.

G.1.5.3.3 Wassergütemeßnetze für Fließgewässer

Die von Wassergütemeßnetzen für Fließgewässer zu erfüllenden Aufgaben (s. Abschn. G.1.5.3.1) können auf verschiedene Weise gelöst werden [G.1.105]. So hat beispielsweise Bayern ein relativ einfach aufgebautes Gewässergütemeßnetz [G.1.114] mit 114 Hauptmeßstellen, die alle nach dem Grundmeßprogramm CH (Chemie) und Bio (Biologie) untersucht werden. Nordrhein-Westfalen hat ein 4stufiges Meßnetz vorgesehen [G.1.115] mit einem Basismeßnetz mit ca. 3500 Meßstellen, einem Intensivmeßnetz mit ca. 250

Tabelle G.1-11 Umfang der chemisch-physikalischen Untersuchungen im Gewässerschutzüberwachungssyzem Nordrhein-Westfalen

Basismeßstellen	Intensivmeßstellen	Trendmeßstellen
2 × in 5 Jahren *Grundmeßprogramm* Abfluß Wassertemperatur pH-Wert Leitfähigkeit Chlorid Ammonium-N Nitrat-N BSB5 TOC Sauerstoffgehalt Gesamt-Phosphat-P Abfiltrierbare Stoffe	Jährlich vorgesehener Untersuchungs-umfang, mindestens jährlich: 4 × Grundmeßprogramm und *1 × Erweitertes Grundmeßprogramm* Nitrit-N Gesamt-Stickstoff DOC Kalium Natrium Calcium Aluminium Magnesium Sulfat Weitere Untersuchungsgruppen je nachProblemstellung	13 × jährlich Grundmeßprogramm Erweitertes Grundmeßprogramm Schwermetelle Komplexbilder AOX sowie über 150 organische Einzelstoffe der Tabelle im Anhang mit unterschiedlicher Häufigkeit
Zahl der überwachten Stellen ca. 3.500	Zahl der überwachten Stellen bis zu 250	Zahl der überwachten Stellen 91

Meßstellen, einem Trendmeßnetz mit 91 Meßstellen und einem Alarmmeßnetz mit 13 Stationen (s. Tabelle G.1-11). In Baden-Württemberg besteht ein biologisches Meßnetz mit ca. 1600 Meßstellen und zusätzlich ein 5stufiges technisches Meßnetz mit 90 hydrochemischen Probenahmestellen, 43 Standardmeßstationen, 12 erweiterten Standardmeßstationen, 4 Hauptmeßstationen und 3 zentralen Hauptmeßstationen [G.1.116].

G.1.5.3.4 Gewässergütemeßstationen

Gewässergütemeßstationen dienen der fortlaufenden Messung und Aufzeichnung von Wassergüteparametern, hydrologischen und meteorologischen Daten, einer regelmäßigen Probenahme sowie der Fernübertragung von Meßwerten [G.1.118 – G.1.121]. Bei der Meßwerterfassung muß besonderes Gewicht auf die digitale Registrierung und Vorverarbeitung bzw. deren Fernübertragung zur Zentrale gelegt werden.

G.1.5.4 Gewässergütekartierung

G.1.5.4.1 Fließgewässer

Mit der Gewässergütekartierung soll der Gütezustand eines Gewässers übersichtlich dargestellt werden. Aus ihr geht hervor, in welchen Gewässerabschnitten schwerpunktmäßig Verbesserungen notwendig sind und ob Nutzungen eingeschränkt werden müssen (s. Bild G.1-12).

Für die Kartierung können 2 unterschiedliche Formen gewählt werden:
- die Kennzeichnung der Güte entlang des Flußlaufs, häufig durch farbige Markierung oder entsprechende Schraffur,
- die Kennzeichnung der Güte an einzelnen Meßpunkten, häufig ebenfalls durch farbige Markierung oder Eintragung verschiedener Parameter an den jeweiligen Meßstellen.

Je nach Zielsetzung werden unterschiedliche Qualitätsmerkmale oder -parameter dargestellt. Am verbreitetsten ist die Darstellung des biologisch-ökologisch-chemischen Gewässergütezustands, z.B. in der Form der „Gewässergütekarte" der Länderarbeitsgemeinschaft Wasser (LAWA [G.1.122]).

Andere Darstellungen beschreiben beispielsweise:
- die Belastung mit biologisch abbaubaren, organischen Stoffen und deren Abbauprodukten aus Abwasser [G.1.123],
- den Mindestsauerstoffgehalt im Gewässer [G.1.123],
- den Säurezustand des Gewässers [G.1.124],
- den Salzgehalt des Gewässers [G.1.125],
- den Gehalt an Schadstoffen wie Schwermetalle oder organische Schadstoffe [G.1.125],
- den Eutrophierungsgrad [G.1.125],
- die morphologische Gewässergüte [G.1.117].

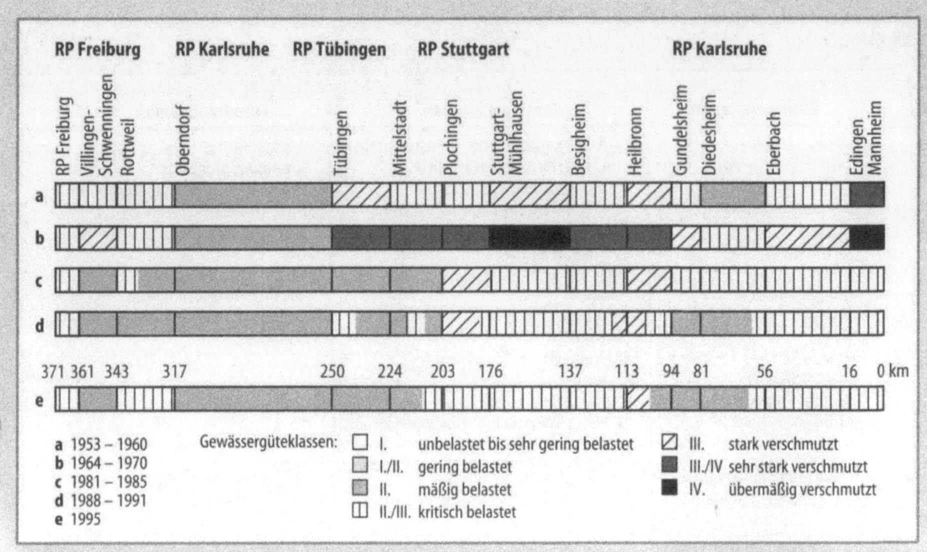

Bild G.1-12 Entwicklung des Gütezustandes (biologisch-ökologisch) des Neckars zwischen 1953 und 1991 nach [G.1.1.24]

G.1.5.4.2 Stehende Gewässer

Durch die besonderen hydrologischen, biologischen und chemischen Verhältnisse in einem See können die für die Gewässergütekartierung von Fließgewässern entwickelten Gewässergütesysteme nur zum Teil und nur bedingt für die Kartierung stehender Gewässer verwendet werden [G.1.126].

Durch die Temperaturschichtung des Wasserkörpers und geringe Turbulenz ist die Gewässergütekartierung des freien Wassers in Abhängigkeit von der Jahreszeit und der Wassertiefe in verschiedenen Seebereichen durchzuführen [G.1.126]. Dabei werden als trophieanzeigende Gewässergütekriterien für die Kartierung neben dem Sauerstoffgehalt die Nährstoffverhältnisse, die Sichttiefen und die planktischen Lebensgemeinschaften herangezogen.

Neben der Wassergüte spielt der Gütezustand des Seebodens für die Beurteilung des längerfristigen Gütezustands eines Sees eine wichtige Rolle und sollte daher gesondert kartiert werden [G.1.126, G.1.127]. Bei der Kartierung des Seebodens sind die Lebensgemeinschaften der Uferzone und des Seegrunds gesondert zu betrachten. Daneben spielen für die Gütebeurteilung der Gehalt an abbaufähigen organischen Stoffen sowie an remobilisierenden Phosphorverbindungen im Sediment eine Rolle.

G.1.5.4.3 Grundwasser

Die natürliche Grundwasserbeschaffenheit wird in erster Linie durch die geogenen Bedingungen im Grundwasserleiter bestimmt. Daraus ergeben sich je nach geologischem Aufbau des Untergrunds Grundwasserlandschaften mit jeweils unterschiedlichen hydrochemischen Eigenschaften des Grundwassers, die sich kartenmäßig darstellen lassen [G.1.109]. Dabei sind häufig oberflächennahe Grundwässer und Tiefengrundwässer gesondert zu erfassen. Eine andere Form der Grundwassergütekartierung ist die nutzungsbezogene Darstellung der Grundwassergüte. Mit ihrer Hilfe läßt sich eine optimale Nutzungsplanung erstellen [G.1.128] (s. Bild G.1-13 und Tabelle G.1-12).

G.1.5.4.4 Gewässersediment

Eine besondere Form Gewässergütekartierung ist die Darstellung des Gütezustands der Gewässersohle bzw. der Sedimente. Die Sedimente wirken sich auf Güte des darüber liegenden Wasserkörpers dann aus, wenn die abgelagerten Stoffe remobilisiert werden. Bei stehenden Gewässern handelt es sich dabei in erster Linie um organische Stoffe und Phosphorverbindungen (s. Abschn. G.1.5.4.2). In Fließgewässern sind besonders die bei Hochwasser remobilisierbaren Schwermetalle von Bedeutung [G.1.129].

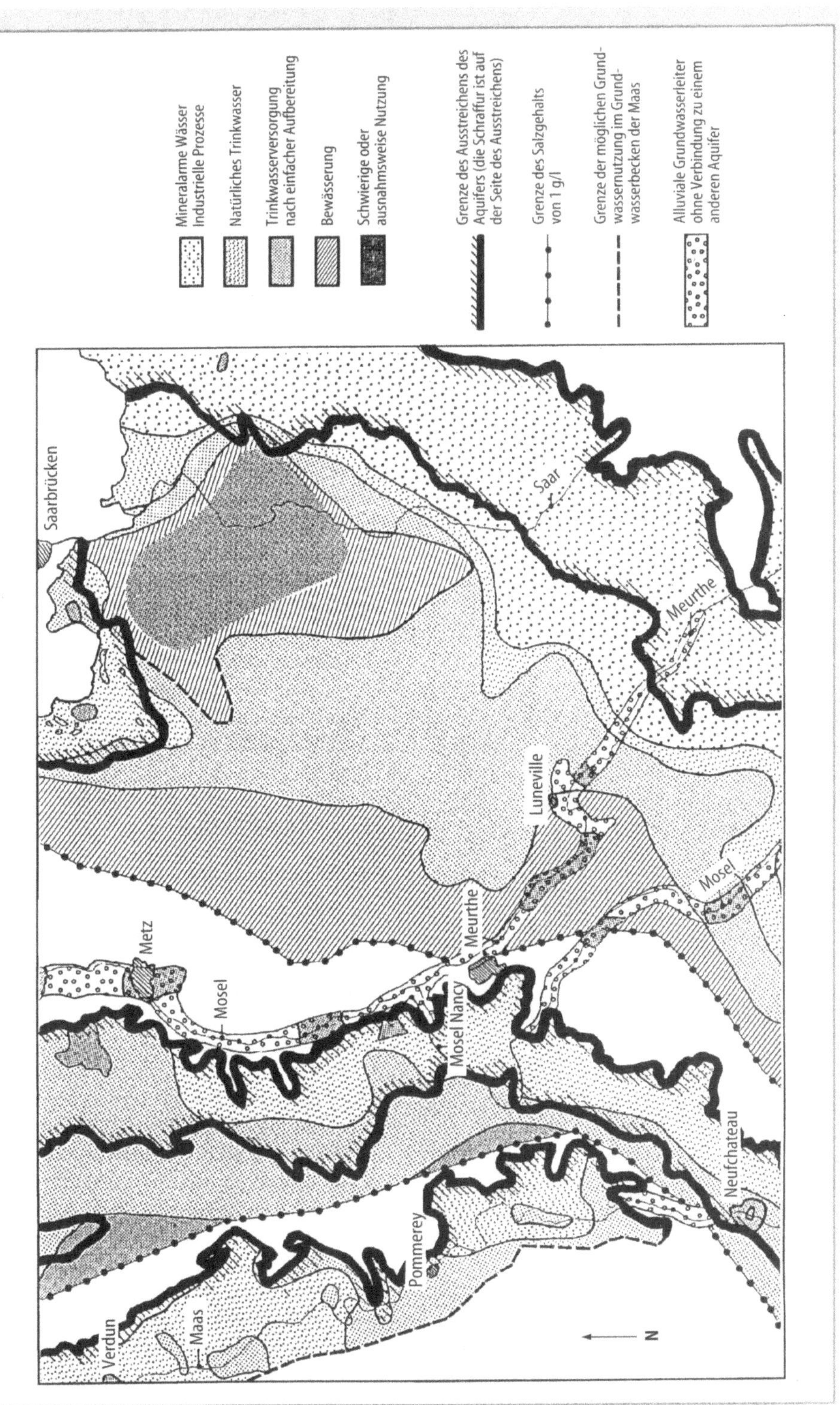

Bild G.1-13 Ausschnitt aus der Grundwassergütekarte der „Agence de l'eau rhin-meuse" [G.1.128]

Tabelle G.1-12 Maximalwerte für unterschiedliche, nutzungsbezogene Qualitätsklassen für Grundwasser

Klasse	Nutzung	Coliforme /ml	Leitfähigkeit µs/cm	Härte °F	NH_4^+ mg/l	NH_3^- mg/l	O mg O_2/l	Mg^{++} mg/l	Cl^- mg/l	SO_4^{--} mg/l	Fe mg/l	Mn mg/l	pH	Andere Schadstoffe
1	Mineralstoffarmes Wasser/ Industrielle Prozesse	0	250	10	0,1	20	1	70	50	50	0,05	0,05	/	/
2	Natürliches Trinkwasser (Landwirtschaft)	0	1000	30	0,5	50	2	125	250	250	0,2	0,1	6,5 – 8,5	Fluor < 1,5 CN < 0,01
3	Trinkwasserversorgung nach einfacher Aufbereitung (Landwirtschaft)	0	1500	50	0,5	50	4	125	250	250	1,5	0,5	5 – 8,5	Fluor < 1,5 CN < 0,2
4	Bewässerung (Landwirtschaft)	zu vermeiden	3000	70	1	100	8	200	500	400	/	/	5 – 9	Bor < 1
5	Schwierige oder ausnahmsweise Nutzung	Höhere Gehalte als in Klasse 4												

Aufgabe einer ordnungsgemäßen Wassergütebewirtschaftung ist dafür zu sorgen, daß sowohl Gewässerbelastungen möglichst vermieden, zumindest aber so begrenzt werden, daß die gewünschte Gewässergüte erreicht wird, aber auch daß das Gewässer als Teil der Landschaft und in seiner Selbstreinigungskraft erhalten bzw. wiederhergestellt wird.

Für größere, nicht übermäßig belastete Gewässer werden meistens Mindeststandards für die Abwasserbehandlung festgelegt (s. Abschn. G.1.5.1) und Regeln für eine naturnahe Gestaltung aufgestellt [G.1.102]. Bei stärker belasteten Gewässern reichen oft die Mindestanforderungen an Abwassereinleitungen nicht mehr aus, um einen gewünschten Gewässergütestandard (z.B. Gewässergüteklasse II [G.1.117, G.1.130]) zu erreichen. In solchen Fällen ist es sinnvoll, ein Sanierungsprogramm aufzustellen, das sämtliche Möglichkeiten zur Verbesserung der Gewässergüte einschließt und die folgenden Punkte umfaßt:
– Sanierungsobjekt und Sanierungsziel,
– Erfassung des Zustands,
– Sanierungsmaßnahmen,
– Umsetzung des Sanierungsprogramms.

G.2 Kanalisation

G.2.1 Aufgabenstellung und Anforderungen

Die schnelle und schadlose Ableitung von Schmutz- und Regenwasser aus städtischen Siedlungsgebieten ist aus Gründen der Volksgesundheit zwingend notwendig. Bereits im Altertum gab es Ableitungskanäle für Abwasser, wie z.B. in Babylon, Jerusalem, Rom. Das Wissen um die Notwendigkeit und um die Technik dieser Abwasserableitung ging mit den Völkerwanderungen in Europa verloren. In den städtischen Ansiedlungen ab dem 16. Jh. gab es Versitzgruben im Hof neben dem Hausbrunnen, später auch sog. Faulgräben an den tieferliegenden Rückseiten der Gebäude. Aus diesen Faulgräben entstanden im Laufe der Zeit die größten hygienischen Probleme, da sich keiner für deren Räumung und Wartung verantwortlich fühlte. Außerdem wurden die in der Nähe liegenden Hausbrunnen zur Trinkwasserversorgung z. T. durch das Abwasser der Versitzgruben und den darin enthaltenen Krankheitskeimen gespeist.

Der Ausgangspunkt der modernen Kanalisation war England. Die große Cholera-Epidemie 1831 führte dort zur Gründung einer übergeordneten Gesundheitsbehörde. In Untersuchungen wurde nämlich festgestellt, daß in den tief gelegenen, feuchten Stadtgebieten wesentlich mehr Krankheitsfälle als in den hoch gelegenen, trockenen Gebieten auftraten. Aus diesen Erkenntnissen und den daraus geschaffenen gesetzlichen Regelungen konnte z.B. einem Ort eine Kanalisation vorgeschrieben werden, wenn die jährliche Sterblichkeitsziffer im Durchschnitt der letzten 7 Jahre größer als 23 Personen je 1000 Einwohner war. Das entsprach einer mittleren Lebenserwartung von rd. 43,5 Jahren. Heute beträgt sie dagegen 72 – 78 Jahre.

In Deutschland gab es zwar ebenfalls Cholera-Epidemien, aber keine übergeordnete Behörde. Daher führte erst der große Brand 1842 in Hamburg dazu, daß dort die erste Kanalisation in Deutschland entworfen und gebaut wurde. Aber auch danach dauerte es noch bis zum Ende der 60er Jahre des letzten Jahrhunderts, ehe andere größere Städte wie z.B. Frankfurt/Main, Stettin, Danzig, Berlin, Breslau, Karlsruhe, München diesem Beispiel folgten. Heute sind in Deutschland rd. 87 % der Bevölkerung an eine öffentliche Kanalisation angeschlossen.

Durch die gezielte und vermehrte Einleitung von Abwässern aus der Kanalisation in die Gewässer wurden die Probleme von den bewohnten Gebieten in die Gewässer verlagert. Dort wurden die Mißstände wie z.B. Fischsterben, Fäulnisvorgänge mit Geruchsbelästigungen, Schwierigkeiten mit der Wasserversorgung sehr schnell deutlich. Die konsequente Folge war, daß die Abwässer im 20. Jh. vor der Einleitung zunächst mechanisch, später biologisch geklärt wurden. Damit konnten die Gewässer wesentlich entlastet werden. Durch den zunehmenden Abwasseranfall stellte sich im Laufe der Jahrzehnte aber heraus, daß biologische Kläranlagen allein nicht ausreichen, den Gütezustand der Gewässer auf Dauer zufriedenstellend zu verbessern. Vor allem die Verschmutzung des Vorfluters bei stärkeren Regenereignissen aus den Entlastungsanlagen der Mischwasserkanalisation und die Verschmutzung des Regenwassers aus der Trennkanalisation führten in neuerer Zeit zu der Forderung, bei Regenwetter das abfließende Misch- und Regenwasser zusätzlich, größtenteils biologisch zu reinigen. Neben der schnellen Ableitung des Schmutz- und Regenwassers dient die Kanalisation heute daher auch der Rückhaltung und Behandlung des Regenwetterabflusses.

Daher bestehen die grundsätzlichen Anforderungen an eine moderne Kanalisation darin, daß unter Berücksichtigung der auftretenden Bau- und Betriebskosten das Abwasser ohne Umweltverschmutzungen, ohne Gesundheitsgefährdung der Öffentlichkeit und des Betriebspersonals abgeleitet werden kann. Allgemein ist deshalb im einzelnen zu gewährleisten:
- Begrenzungen der Überlastung der Abwasserkanäle,
- Begrenzung der Überflutung von Anwesen, unterirdischen Verkehrswegen und Unterführungen auf eine vorgegebene Häufigkeit,
- Ausschluß von Gefahren für die Gesundheit oder das Leben der Öffentlichkeit und des Betriebspersonals,
- Ausschluß der Gefährdung bestehender, angrenzender Bauten und Leitungssysteme (z.B. Gas, Wasser),
- Schutz der Gewässer vor Verschmutzungen im Rahmen festgelegter Grenzen
- Verstopfungsfreier Kanalisationsbetrieb,
- Vermeidung von Geruchsbelästigung und Giftigkeit,
- Zugänglichkeit für Wartungszwecke,
- Wasserdichtheit entsprechend den vorgegebenen Prüfbedingungen,
- Erhaltung der Bausubstanz und Erreichung der betriebsgewöhnlichen Nutzungsdauer.

Aus diesen generellen Anforderungen ergeben sich entsprechende Maßnahmen bei der Planung, beim Bau und Betrieb von Kanalisationen.

G.2.2 Entwässerungssysteme

G.2.2.1 Mischsysteme

Zu Beginn der modernen Kanalisation im letzten Jahrhundert wurde das anfallende Schmutzwasser zusammen mit dem Fremd- und Regenwasser in einem gemeinsamen Kanal, dem Mischwasserkanal, abgeleitet. Dabei kann der Regenabfluß bei starken Regenereignissen mehr als das 100fache des Schmutzwasserabflusses betragen. Die Abflußquerschnitte wachsen daher mit zunehmendem Einzugsgebiet stark an. Um aus technischen und wirtschaftlichen Erfordernissen die Querschnitte zu begrenzen, werden an geeigneten Stellen Regenentlastungsbauwerke – dies sind Regenüberlaufbecken, Stauraumkanä-

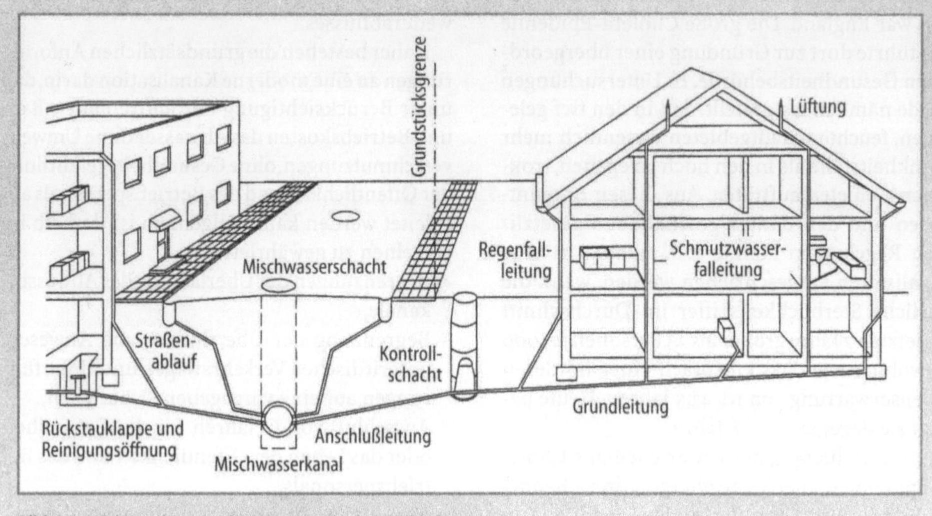

Bild G.2-1 Schemaskizze zur Entwässerung nach dem Mischsystem

le, Regenüberläufe – oder Regenrückhaltebecken angeordnet.

Das Mischsystem bietet sich überall dort an, wo
- die Wege zu den Gewässern im Einzugsgebiet lang sind,
- gutes Geländegefälle vorliegt,
- der Grundwasserstand tief liegt,
- die Bebauung eng und die Straßen schmal sind,
- ein Klärwerk mit guter Pufferungswirkung besteht,
- Gewässer belastbar sind.

Da beim Mischsystem nur ein Kanal für die Ableitung aller Abwasserarten benötigt wird, ist es meist kostengünstig zu erstellen. Daher werden heute in Deutschland rd. 67 % der an eine Kanalisation angeschlossenen Bevölkerung mit einem Mischsystem entsorgt (Bild G.2-1).

G.2.2.2 Trennsystem

Bei diesem System wird das häusliche, gewerbliche und industrielle Schmutzwasser im Schmutzwasserkanal abgeleitet. Der Regenabfluß und gezielt eingeleitetes unverschmutztes Fremdwasser, wie z.B. Bach-, Quell-, Brunnen-, Kühl-, Drän- oder Grundwasser, werden dagegen getrennt davon im Regenwasserkanal abgeführt. Während das Schmutzwasser in das Klärwerk gelangt und dort biologisch gereinigt wird, kann das Regenwasser in natürliche oder künstliche Vorfluter eingeleitet werden. Dabei kann je

nach Verschmutzung dieses Regenwassers vorher eine Behandlung in Regenklärbecken notwendig werden.

Das Trennsystem bietet sich dort an, wo
- die Wege zu den Gewässern im Einzugsgebiet kurz sind,
- geringes Geländegefälle vorliegt,
- der Grundwasserstand hoch liegt,
- die Trennung der Abwasserarten gut möglich und überwachbar ist,
- die Bebauung weitläufig und die Straßen breit sind,
- die Verschmutzung der Oberflächen gering ist,
- das Klärwerk geringe Pufferungswirkung besitzt,
- die Abwasserreinigung in Kleinkläranlagen bis 50 Einwohnerwerten erfolgt,
- die Gewässer sehr wenig belastbar sind.

Da beim Trennsystem zwei Kanäle zur Ableitung der Abwasserarten erforderlich sind, betragen die Baukosten i.d.R. 40 – 60 % mehr als beim Mischsystem (Bild G.2-2).

G.2.2.3 Modifiziertes Mischsystem

In neuerer Zeit wird gelegentlich das modifizierte Mischsystem angewandt, um die Gewässerbelastung zu verringern. Es erfordert wie das Trennsystem 2 getrennte Kanäle. Im Mischwasserkanal wird das Schmutzwasser und das stärker verschmutzte Regenwasser, z.B. von Straßen, gewerblichen Flächen, abgeleitet. Im zweiten

 | Gewässerschutz und Abwasserbehandlung

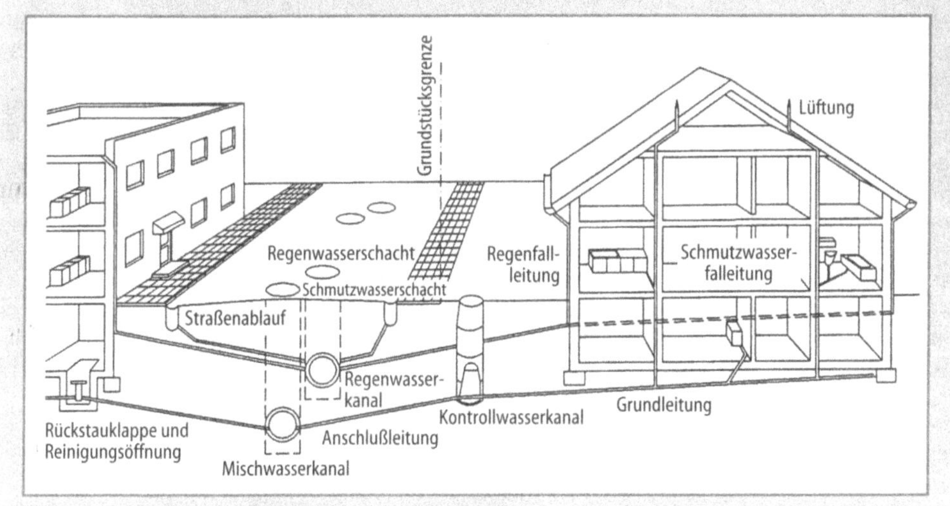

Bild G.2-2 Schemaskizze zur Entwässerung nach dem Trennsystem

Kanal wird nur geringer verschmutztes Regenwasser, z. B. von Dachflächen, abgeführt.

Die Einsatzbereiche sind die gleichen wie beim Mischverfahren. Da aber 2 Kanäle benötigt werden, müssen die Straßen und Wege ausreichend breit sein. Die Baukosten liegen in der gleichen Größenordnung wie beim Trennsystem.

G.2.2.4 Sonderverfahren

Das weniger verschmutzte Regenwasser von privaten Dach- und Hofflächen sollte aus wasserwirtschaftlichen Gründen (Grundwasseranreicherung, Dämpfung der Hochwasserabflüsse, Erhöhung der Niedrigwasserabflüsse in den Gewässern) möglichst versickert werden. Jedoch ist die Regenwasserversickerung an einige Voraussetzungen geknüpft:
- Der Untergrund muß ausreichend durchlässig sein.
- Der Grundwasserstand soll nicht zu hoch sein. Zwischen höchstem Grundwasserstand und Versickerungsebene soll noch eine rd. 1 m dikke biologisch aktive Deckschicht vorhanden sein.
- Die Versickerungsanlagen sollen außerhalb der Wasserschutzzone I und II liegen.
- Der Abstand zu Bauwerken soll mind. 6 m betragen.

Weniger verschmutztes Regenwasser kann auf Versickerungsflächen, in Versickerungsmulden, in Versickerungsrohren oder -rigolen und in Versickerungsschächten in den Untergrund eingebracht werden.

Bei der Flächenversickerung wird das Niederschlagswasser offen und ohne wesentlichen Aufstau entweder direkt durch die durchlässig befestigte Oberfläche (z. B. bei Mineralbeton oder durchlässigen Pflasterungen) oder flächenhaft in den begrünten Seitenräumen neben undurchlässig befestigten Flächen (z. B. bei Schulhöfen und Sportanlagen) versickert. Die Flächenversickerung eignet sich besonders bei wasserwirtschaftlich unbedenklichen Hofflächen, Rettungszufahrten, Parkwegen, ländlichen Wegen, Campingplätzen und Sportanlagen.

Die Muldenversickerung ist eine Variante der Oberflächenversickerung, bei der eine zeitweise Speicherung in einer Mulde erfolgt. Die Muldenversickerung kann bei Grundstücken mit wirtschaftlich ungenutzten Grünflächen, aber auch für die Seitenräume von Fuß- und Radwegen sowie untergeordneten Wegen und Plätzen, vorgesehen werden.

Bei der Rohr- und Rigolenversickerung wird das Niederschlagswasser oberirdisch in einen kiesgefüllten Graben (Rigolenversickerung) oder unterirdisch in einem in Kies eingebetteten perforierten Rohrstrang (Rohrversickerung) geleitet, dort zwischengespeichert und entsprechend der Versickerungsfähigkeit des umgebenden Bodens verzögert in den Untergrund abgegeben.

Eine Kombination von Rohr- und Rigolenversickerung ist möglich. Rohr- und Rigolenversickerungsanlagen werden zweckmäßig an der

Sohle oder in den Sohllinien begrünter Speichermulden angeordnet.

Bei der Schachtversickerung wird das Niederschlagswasser in einem durchlässigen Schacht zwischengespeichert und verzögert in den Untergrund abgegeben. Die Versickerungsrate eines einzelnen Schachtes ist z. B. durch die Standardmaße der Brunnenringe (DIN 4034) und durch die Tiefenbeschränkung (z. B. durch die Höhenlage des natürlichen Grundwasserstandes) i. allg. begrenzt. Daher werden Versickerungsschächte, insbesondere für Einfamilienhausgrundstücke bzw. andere kleinere, abflußwirksame Flächen, eingesetzt.

Im ländlichen Bereich mit sehr weitläufiger Bebauung sind die herkömmlichen Entwässerungssysteme (Misch-, Trennsystem) sehr teuer. Daher wird versucht, das Regenwasser auf den Grundstücken zu versickern oder über offene Gräben abzuleiten. Das anfallende Schmutzwasser kann dann entweder mit einem Schmutzwasserkanal mit freiem Gefälle oder in einem Druck- oder Unterdrucksystem (Vakuumsystem) abgeleitet werden.

Beim Drucksystem fließt das Schmutzwasser einem Schacht auf dem Grundstück zu, in dem sich eine Tauchmotorpumpe befindet. Diese fördert das Abwasser in ein Leitungsnetz, das unter Druck steht. Die Fließvorgänge im Druckleitungsnetz werden durch Druckluftspülstationen, die mehrmals täglich Druckluft in unterbelastete Anfangsstrecken einblasen, geregelt und unterstützt. Die Druckleitungen besitzen einen relativ kleinen Durchmesser (mind. 60 mm) und werden in geringer Tiefe (frostfrei) dem Geländeverlauf folgend verlegt.

Beim Unterdrucksystem wird im geschlossenen Rohrsystem durch Vakuumpumpen in Behältern der Vakuumstation gegenüber der Atmosphäre ein Unterdruck von 0,6 – 0,7 bar (0,06 – 0,07 Mpa) erzeugt (wie bei Flugzeug- und Schiffsentwässerung). Der Unterdruck setzt sich durch das gesamte Rohrnetz bis zu den Hausanschlußventilen fort. Beim Öffnen dieser Ventile wird das Schmutzwasser und danach oder gleichzeitig Luft in das Rohrsystem eingesaugt. Die Luft durchströmt die Rohrleitung in Richtung Vakuumstation und fördert damit gleichzeitig das Schmutzwasser. Für den Schmutzwassertransport ist eine weitgehende Trennung von Luft und Wasser erwünscht, die durch die Leitungsverlegung (Hoch- und Tiefpunkte) erreicht wird. Der Mindestdurchmesser der Rohrleitung beträgt 65 mm.

Beim Unterdrucksystem können nur Geländehöhenunterschiede von max. 4 m überwunden werden. Daher ist sein Einsatz auf weitgehend flaches Einzugsgebiet beschränkt.

Wichtig ist beim Druck- und Unterdrucksystem, daß das Leitungsnetz absolut dicht erstellt sein muß. Andernfalls würde beim Drucksystem Abwasser in den Untergrund gepreßt, beim Unterdrucksystem würde die Entwässerung verfahrensbedingt versagen. Daher dürfen solche Systeme nur von spezialisierten Fachfirmen erstellt werden. Außerdem bedürfen diese Systeme einer ständigen Überwachung und Unterhaltung.

G.2.3 Abwasseranfall

G.2.3.1 Allgemeine Grundsätze

Die in einem Entwässerungsnetz abfließenden Abwässer setzen sich aus dem häuslichen, gewerblichen und industriellen Schmutzwasser Q_s, dem Fremdwasser Q_f und dem Regenwasser Q_r zusammen. Der Schmutzwasseranfall kann i. allg. ohne wesentliche Schwierigkeiten ermittelt werden. Demgegenüber ist eine zuverlässige Ermittlung des abzuleitenden Fremd- und Regenwassers schwieriger.

Da beim Mischsystem das gesamte Abwasser abgeleitet wird, ist der Mischwasserkanal für den gesamten auftretenden Abfluß mit

$$Q_m = Q_s + Q_f + Q_r$$

zu bemessen. Beim Trennsystem mit seiner getrennten Ableitung von Schmutz- und Regenwasser sind die einzelnen Kanäle für folgende Abflüsse auszulegen:

Regenwasserkanal $\quad Q_{ges} = Q_r$
Schmutzwasserkanal $\quad Qges = Q_s + Q_f$.

Aus Sicherheitsgründen wird zur Bemessung des Schmutzwasserkanals häufig das Fremdwasser Q_f so groß wie der Schmutzwasserabfluß angesetzt.

G.2.3.2 Schmutzwasserabfluß

Der häusliche Schmutzwasserabfluß ist vom Wasserverbrauch der Bevölkerung und der jeweiligen Siedlungsdichte abhängig. Der Wasserverbrauch ist aufgrund der unterschiedlichen Lebensgewohnheiten, der Wohnkultur und der Lebensansprüche der Bevölkerung verhältnismäßig hohen Schwankungen unterworfen. Darüber hinaus können auch regionale Belange und die

Größe der Wohnsiedlung von Bedeutung sein. Dies gilt im besonderen Maße für Gemeinden in Ballungsräumen.

Nach neueren Statistiken beträgt der häusliche Wasserverbrauch in Deutschland im Jahresmittel rd. 140 l je Einwohner und Tag (l/(E·d)). Der Abwasseranfall beträgt unter Einschluß kleinerer, nicht abwasserintensiver Gewerbebetriebe heute schon im Mittel 196 l/(E·d). Dies entspricht annähernd einem Spitzenabfluß von rd. 3,9 l/s und 1000 Einwohner (l/(s·1000 E)).

Auch wenn für die Zukunft nicht mit einem ungehemmten Wasserverbrauchsanstieg gerechnet werden muß, sollte wegen des großen Planungszeitraums eines Kanalnetzes von mehr als 50 Jahren zur Dimensionierung der Kanalquerschnitte in Spitzenzeiten mit einem häuslichen Abwasseranfall von

$$q_\text{n} = 5\ \text{l/(s} \cdot 1000\ \text{E)}$$

gerechnet werden. Für die Berechnung von Sonderbauwerken können wegen kürzerer Planungszeiträume aber durchaus auch geringere Werte angesetzt werden. Gerade zum Nachweis von Zwischenzuständen bietet sich ein Schmutzwasseranfall von 3,5–4 l/(s·1000 E) an.

Für den gewerblichen und industriellen Abwasseranfall sind zusätzliche Überlegungen anzustellen. Bei bestehenden größeren Gewerbe- und Industriebetrieben sind Befragungen und Erhebungen und ggf. Abwassermessungen durchzuführen. Dies gilt auch z.B. für Hotels, Erholungsheime, Sanatorien, Kasernen, Campingplätze usw. Der Wasserverbrauch aus dem öffentlichen Wassernetz und aus eigenen Wassergewinnungsanlagen ist dabei zu berücksichtigen.

Bei geplanten Gewerbe- und Industriebetrieben können meist keine genauen Angaben über die Art und die Größe der anzusiedelnden Betriebe gemacht werden. Es wird daher für die Bemessung von Kanälen empfohlen, gewerbliche und industrielle Schmutzwasserabflußspenden zwischen 0,5 l/(s·ha) und 1,5 l/(s·ha) anzusetzen.

G.2.3.3 Fremdwasserabfluß

Das Fremdwasser kann aus eindringendem Grundwasser (undichte Stellen), aus unerlaubten Anschlüssen von Drän- und Regenwasser (Fehlanschlüsse) oder aus eingeleitetem Oberflächenwasser (Schachtabdeckungen u. dgl.) bestehen.

Der Fremdwasseranfall im Schmutzwasserkanal (Trennsystem) wird häufig als Vielfaches des häuslichen, gewerblichen und industriellen Schmutzwasseranfalls bestimmt. Der Fremdwasseranfall in der Mischkanalisation wird meist über eine Abflußspende zwischen 0,05 l/(s·ha) und 0,15 l/(s·ha) errechnet, wenn der Grundwasserspiegel im Bereich der erstellten Kanäle liegt. Liegt er tiefer als die Kanalsohle, wird er vernachlässigt.

G.2.3.4 Regenabfluß

Die Berechnung des Regenabflusses erfolgt aus der Erkenntnis, daß starke Regenfälle nur kurz andauern, schwache Regen dagegen länger anhalten. Bei gleicher statistischer Regenhäufigkeit nimmt die Regenspende mit zunehmender Regendauer ab.

Ein vereinfachter Ansatz zur Regenabflußbestimmung besteht darin, nur wenige ausgewählte Starkregenereignisse der Vergangenheit heranzuziehen, die zu großen Abflüssen geführt haben. Eine Aussage über die Auftrittshäufigkeit dieser Regen ist aber schwierig.

Deshalb erfolgt bisher allgemein eine statistische Aufbereitung stärkerer Regen vor der Abflußberechnung. Dabei werden Regenspendenlinien gewonnen, die wiederum zur Ableitung von Modellregen mit konstanten oder variablen Regenspenden dienen.

Die Regenspendenlinien beschreiben einen gesetzmäßigen Zusammenhang zwischen der Regenspende r, der Regenhäufigkeit n und der Regendauer T. Sie werden durch Auswertung von Meßstreifen der Schreibregenmesser gewonnen, die in vielen Städten aufgestellt sind und seit vielen Jahren betrieben werden. In Bild G.2-3 sind beispielhaft derartige Regenspendenlinien aufgetragen.

Für die Berechnung des Kanalnetzes wird aus diesem Diagramm für die gewählte Regendauer die zugehörige Regenspende entnommen. Dabei wird bei einem „Blockregen" vereinfachend angesetzt, daß sich die Regenspende innerhalb der Regendauer nicht verändert.

Die Regenhäufigkeit n wird meist aus wirtschaftlichen Überlegungen festgelegt. Dabei sollte aber auch die Verkehrssicherheit, das Gelände- und Sohlengefälle der Kanäle beachtet werden. Eine Überlastung des Kanalnetzes durch stärkere Regen (kleinere Regenhäufigkeiten) verursacht in flachen Entwässerungsgebieten einen geringeren Anstieg der Wasserspiegellinie als bei steiler verlegten Kanälen. Die Gefahr von Rückstauschäden ist daher bei stei-

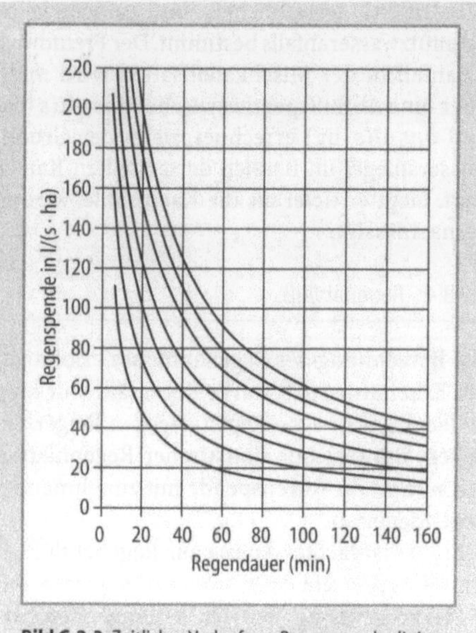

Bild G.2-3 Zeitlicher Verlauf von Regenspendenlinien

ler geneigten Kanälen größer als bei flach verlegten.

Bei der Berechnung von Kanalnetzen wurde bisher in Deutschland üblicherweise eine einjährliche Regenhäufigkeit angesetzt. Zukünftig sollten jedoch für städtische Gebiete, Innenstadtbereiche und wichtige Industrie- und Gewerbegebiete seltenere Regen mit kleinerer Regenhäufigkeit (zweijährlich, fünfjährlich) zugrunde gelegt werden.

Bei einigen der konventionellen Berechnungsverfahren für Kanalnetze wird der Regenabfluß unter der Bedingung ermittelt, daß die maßgebenden Regendauern so groß wie die größte rechnerische Fließzeit im Kanalnetz anzusetzen ist.

Die kleinste zu berücksichtigende Berechnungsregendauer gibt den Bereich für die Wahl einer konstanten Regenspende an, auch wenn die Fließzeit kürzer als diese kleinste Regendauer ist. Für länger anhaltende Regen gleicher Häufigkeit wird die Regenspende aus der Regenspendenlinie abgelesen.

Der bisher weithin gebräuchliche Bemessungsregen mit einer kürzesten Regendauer von 15 min sollte nur für flache Einzugsgebiete mit geringem Anteil befestigter, wasserundurchlässiger Flächen angesetzt werden. Wegen der geringen Verzögerungen auf den befestigten Flächen treten bei kurzen Starkregen häufig Überlastungen in den Anfangshaltungen von Kanalnetzen auf. Um in diesen Kanalstrecken unzulässigen Rück-

stau zu vermeiden, sind in Abhängigkeit von der Flächenneigung des Einzugsgebiets und vom Anteil der wasserundurchlässigen Flächen kürzeste Regendauern von 5 bzw. 10 min zu wählen. Die kürzeste Regendauer nimmt dabei mit der Zunahme der Flächenneigung und der wasserundurchlässigen Flächen ab.

Die Oberflächenbeschaffenheit, die Neigung und die Längenentwicklung eines Einzugsgebiets bestimmen den Anteil des Regens, der auf einer bestimmten Fläche zum Abfluß gelangt. Ein Teil des niedergegangenen Regens versickert, verdunstet oder wird in den Vertiefungen der Oberfläche zurückgehalten und am Abfließen gehindert. Das Ableitungsvermögen einer Entwässerungsfläche wird durch den Spitzenabflußbeiwert ausgedrückt:

$$\psi_s = \frac{\text{Abflußspende}}{\text{Regenspende}}$$

Eine genaue Bestimmung des Spitzenabflußbeiwerts hat für die herkömmliche Kanalnetzbemessung besondere Bedeutung. Er hängt entscheidend vom Anteil der befestigten Flächen wie Dächer, Straßen, Einfahrten, Höfe usw. ab. Aber auch die Geländeneigung, die Regenspende und die Regendauer haben große Auswirkungen auf den Spitzenabflußbeiwert und damit auf den Regenabfluß. Der Spitzenabflußbeiwert ψ_s schwankt zwischen 0,0 (wasserdurchlässige Einzugsfläche) und 0,96 (die gesamte Einzugsfläche ist wasserundurchlässig).

Der Regenabfluß wird bei den herkömmlichen Berechnungsverfahren üblicherweise über die Größe der Einzugsgebietsfläche, den Spitzenabflußbeiwert und die maßgebende Regenspende, der Regendauer und der Regenhäufigkeit errechnet.

Berechnungsmethoden für den Regenabfluß

Allgemeines

Der Nachweis des Abflußvermögens bestehender und die Dimensionierung neuer Regen- und Mischwasserkanäle kann mit ihren Sohlengefällen sowohl mit herkömmlichen als auch mit neuartigen Berechnungsmethoden erfolgen. Dabei sind heute folgende herkömmliche Berechnungsverfahren üblich:

- Zeitbeiwertverfahren,
- Zeitabflußfaktorverfahren,
- Flutplanverfahren,
- Summenlinienverfahren.

All diesen Verfahren ist gemeinsam, daß sie den Regenabfluß aus Bemessungsregen konstanter Regenintensität innerhalb der zugrunde gelegten Regendauer (Blockregen) errechnen. Darüber hinaus arbeiten diese Verfahren grundsätzlich mit dem Spitzenabflußbeiwert ψ_s. Der maßgebende Abfluß im Kanalnetz wird aus empirischen Ansätzen mit Hilfe der Fließzeit bestimmt.

Die neuartigen Berechnungsmethoden errechnen den Regenabfluß dagegen getrennt auf der Oberfläche und im Kanalnetz. Hierfür gibt es auch getrennte Abflußmodelle, welche versuchen, die hydraulischen Verhältnisse auf der Oberfläche und im Kanalnetz wirklichkeitsnah nachzuvollziehen. In diesen Modellteilen werden hydrologische und hydraulische Formeln angesetzt. Der Vorteil dieser Methoden ist, daß natürlich gefallene Regenereignisse mit unterschiedlichen Intensitäten während der Regendauer nachgerechnet werden können. Die Modelle können daher an gemessenen, in der Vergangenheit aufgetretenen Regenabflüssen kalibriert werden.

Die Modellteile für den Oberflächenabfluß und den Kanaltransport sind sehr komplex, so daß der Regenabfluß im Kanalnetz nur mit Hilfe der EDV gelöst werden kann. Bei den herkömmlichen Verfahren könnte demgegenüber eine Berechnung notfalls von Hand in Listenform erfolgen.

Berechnungsansätze für herkömmliche Verfahren

Bei den Regenabflußberechnungen mit dem Zeitbeiwertverfahren wird vorausgesetzt, daß der größte Regenabfluß dann auftritt, wenn die maßgebende Regendauer gleich der größten Fließzeit im Kanalnetz ist.

Sind die Einzugsgebietsformen, die Gefälleverhältnisse oder die Befestigungsgrade sehr ungleichmäßig, dann trifft die Bemessungsbedingung „Regendauer gleich Fließzeit" nicht mehr zu. Es ist dann zu prüfen, ob mit entsprechenden Korrekturrechnungen oder mit anderen Berechnungsverfahren bessere Ergebnisse zu erzielen sind.

Das Zeitabflußfaktorverfahren berücksichtigt die zeitlich veränderlichen Einflußgrößen auf der Oberfläche des Einzugsgebiets, wie z. B. Bodenverhältnisse, Oberflächenbeschaffenheit, Flächenneigung, Versickerung usw. Mit der Regenspendenlinie und einem zeitlich veränderlichen Abflußbeiwert wurden Zeitabflußfaktoren bestimmt, deren Größen von verschiedenen Nei-

gungsbereichen abhängen. Der größte Regenabfluß wird auch hier mit der Bemessungsbedingung „Regendauer gleich Fließzeit" errechnet.

Die Anwendungsgrenzen bei diesem Verfahren sind die gleichen wie beim Zeitbeiwertverfahren.

Das Flutplanverfahren ist ein grafisches Verfahren, wobei der angenommene Blockregen in eine trapezförmige Abflußkurve umgewandelt wird. Die sich so ergebenden Flutkurven müssen für jede betrachtete Kanalstrecke grafisch aufgetragen und unter Berücksichtigung der Fließzeit zeitgerecht überlagert werden.

Das Verfahren ist sehr aufwendig, da zu Beginn der Berechnung nicht feststeht, welcher Regen den größten Abfluß liefert. Daher müssen iterativ mehrere Regen einer vorgegebenen Regenhäufigkeit angesetzt werden.

Das Summenlinienverfahren ist ebenfalls ein grafisches Verfahren und wurde aus dem Flutplanverfahren entwickelt. Es wird jedoch lediglich die Anlauflinie der Flutkurven in einem um 180° gedrehten Koordinatensystem aufgezeichnet und durch Aufsummierung der Einzelwerte die Summenlinie ermittelt. Mit Hilfe einer transparenten Regenharfe, die durch eine Maßstabsverzerrung der Ordinate die veränderliche Regenspende in Abhängigkeit von der Regendauer berücksichtigt, wird der größte Regenabfluß bestimmt. Hierzu fährt man mit dem Koordinatenpunkt der Regenharfe auf der Summenlinie entlang und liest den Größtwert zwischen Summenlinie und Regenharfe ab.

Das Summenlinienverfahren berücksichtigt die unterschiedlichen Einflußgrößen im Einzugsgebiet im Vergleich zu den anderen herkömmlichen Verfahren am besten. Es kann daher auch zur Überprüfung neuartiger Berechungsverfahren herangezogen werden.

Berechnungsansätze für neuartige Methoden

Während bei den herkömmlichen Verfahren der Oberflächenabfluß rechnerisch unverzögert und als rechteckförmige Ganglinie in das Kanalsystem eingerechnet wird, erfolgt bei den neuartigen Berechnungsmethoden eine Aufspaltung in den Oberflächenabfluß und in den Kanalabfluß. Dabei wird gelegentlich der Oberflächenabfluß noch einmal in die Abflußbildung und die Abflußkonzentration unterteilt.

Grundsätzlich können hydrologische und hydrodynamische Vorgehensweisen unterschieden werden, wobei auch Verknüpfungen innerhalb einzelner Programmabschnitte vorkommen. Die einzelnen Berechnungen sind wegen ihrer Komplexität nur mit Computern möglich.

Die beim Abfluß von Regenwasser in Kanalnetzen bebauter Gebiete insgesamt ablaufenden Vorgängen lassen sich in folgenden Teilprozesse untergliedern:

Belastungsbildung. Zeitlich verteilt fällt in der Einzugsgebietsfläche ein Regen, der für den Niederschlag-Abfluß-Prozeß als Gesamtniederschlag zur Verfügung steht.

Abflußbildung. An der Oberfläche der Teilfläche erfolgt die Aufteilung des Gesamtniederschlags in „Verluste" und dem Kanalnetz zufliessende „abflußwirksame Niederschläge".

Abflußkonzentration. In der Teilfläche fließt der „abflußwirksame Niederschlag" über Oberfläche, Rinnen usw. zur Abflußganglinie zusammen, welche in das Kanalnetz gelangt.

Abflußtransformation. Im Kanalnetz erfolgt nach Überlagerung mit dem dort vorhandenen Zufluß von oberhalb der instationäre Transport mit Translations- und Retentionseffekten.

Bei der Abflußbildung setzen sich die „Verluste" aus Benetzungs-, Mulden-, Verdunstungs- und Versickerungsverlusten zusammen. Die einzelnen Verluste hängen dabei von Art und Neigung der Einzugsfläche ab.

Bei der Abflußkonzentration kann der zeitliche Verlauf des Regenabflusses auf unterschiedliche Weise nach hydraulischen und hydrologischen Methoden bestimmt werden. Beiden Methoden ist gemeinsam, daß der abflußwirksame Niederschlag gleichmäßig verteilt über die Einzugsgebietsflächen angenommen wird. In hydraulischen Ansätzen wird idealisierend von einem Abfluß in einem „sehr breiten Rechteckgerinne mit geringer Fließtiefe" ausgegangen (Schichtabflußmodell). Die Berechnung erfolgt auf Basis der Kontinuitäts- und Bewegungsgleichung. Die maßgebenden Eingangsgrößen sind neben der Intensität des wirksamen Niederschlags Gefälle, Oberflächenrauheit und Fließlänge. Wegen der in Teilflächen von Kanalnetzen tatsächlich vorhandenen, sehr komplexen Oberflächen- und Abflußverhältnisse, wurden hydrologische Ansätze für die Abflußkonzentration entwickelt, mit denen die Vorgänge vereinfachend, aber zutreffend beschrieben werden können, z.B. mit Einheitsganglinien.

Bei der Abflußtransformation wurden für den Abflußvorgang im Kanalnetz hydrologische und hydrodynamische Berechnungsmethoden ent-

wickelt. Bei den hydrologischen Methoden, zu denen auch die meisten herkömmlichen Berechnungsverfahren zählen, werden ähnlich wie bei der Abflußkonzentration Übertragungsfunktionen angesetzt. Diese sollen die beim Abfluß im Kanalnetz auftretenden Translations- und Retentionseffekte erfassen.

Typisch für die hydrologischen Methoden sind getrennte Abfluß- und Wassertiefenberechnungen. Zunächst werden die Abflüsse ermittelt. Danach wird unter Annahme des Normalabflusses über eine Fließformel (oder über Teilfüllungskurven) die zum Maximalabfluß gehörende Wassertiefe berechnet. Tritt im Kanalnetz Rückstau oder Vollfüllung (Druckabfluß) auf, so verlieren die Übertragungsfunktionen mit wachsendem Grad der Abweichung vom Normalabfluß bzw. der Überlastung immer mehr ihre Gültigkeit.

Die hydrodynamischen Berechnungsmethoden gehen von den beiden Saint Venantschen Gleichungen für den instationären, ungleichförmigen Abfluß (Kontinuitäts-, Bewegungsgleichung) aus. Diese beiden Differentialgleichungen sind über die Wassertiefe miteinander gekoppelt und nicht geschlossen lösbar. Daher werden die Differentialgleichungen in Differenzengleichungen überführt und entweder mit expliziten oder impliziten Rechenverfahren gelöst. Dabei hat die Wahl der Differenzquotienten und der Weg- und Zeit-Intervalle großen Einfluß auf Konvergenz, Genauigkeit und Aufwand der Berechnungen. Abfluß und Wassertiefen werden bei diesen Methoden gleichzeitig berechnet. Der Bedarf an Rechenzeit und Speicherplatz ist erheblich höher als bei den hydrologischen Methoden.

Anwendungsbereiche

Die Auswahl der am besten geeigneten Berechnungsmethoden muß in jedem Einzelfall in Abhängigkeit von der Zielsetzung der Berechnung und der Charakteristik des Kanalnetzes von einem erfahrenen Fachmann vorgenommen werden. Die richtige Auswahl einer vom Ansatz her geeigneten Berechnungsmethode allein garantiert noch keine zuverlässigen Berechnungsergebnisse, wenn die Erhebung der Berechnungsgrundlagen oder die Durchführung der Berechnung fehlerhaft ist. Je komplizierter die Berechnungsgrundsätze sind, desto höher ist i.d.R. der Berechnungsaufwand und desto schwieriger sind Fehler in der Berechnung aufzufinden (z.B. bei den neuartigen Berechnungsmethoden).

Tabelle G.2-1 Anwendungsbereiche von Kanalnetzberechnungsmethoden

Anwendungsbereich	Berechnungsmethoden		
	Einfache, herkömmliche Verfahren[a]	Hydrologische Methoden[b]	Neuartige hydrodynamische Methoden
Auslegung kleinerEntwässerungssysteme	E	E	*
Auslegung großer Entwässerungssysteme	–	E	*
Überprüfung der Überflutungshäufigkeit	–	–	E/D
Nachrechnung bestehender Systeme	–	E/D	E/D
Planung von Ausläufen/Entlastungen	–	E/D	E/D
Qualitative Auswirkungen auf Vorfluter	–	E	E/D
Quantitative Auswirkungen auf Vorfluter	–	E	E/D
Echtzeit-Kontrolle eines Kanalnetzes	–	E/D	*

E Oberflächenabfluß auf einfache Weise berücksichtigt
D Oberflächenabfluß auf detaillierte Weise berücksichtigt
– Nicht anwendbar
* Im allgemeinen nicht empfohlen

[a] Zeitbeiwertverfahren, Zeitabflußfaktorverfahren
[b] Flutplanverfahren, Summenlinienverfahren, neuartige hydrologische Methoden

Als Orientierungshilfe dienen die in Tabelle G.2-1 aufgeführten Anwendungsbereiche für die verschiedenen Berechnungsmethoden.

G.2.4 Sonderbauwerke

G.2.4.1 Abwasserpumpwerke

Kanalnetze werden üblicherweise mit einem solchen Sohlengefälle ausgestattet, daß das Abwasser allein durch die Schwerkraft mit freiem Wasserspiegel in den Kanälen abfließen kann. Gelegentlich werden Pumpstationen benötigt, um extreme Tiefenlagen der Kanäle zu vermeiden oder um tief oder weit entfernt liegende Siedlungsgebiete zu entwässern. Pumpwerke werden vielfach auch vor Kläranlagen oder in den Auslaßkanälen von Regenüberläufen oder Regenüberlaufbecken errichtet, wenn dort die Überlaufschwellen tiefer als die Wasserstände im Gewässer angeordnet sind.

Pumpwerke werden häufig zusammen mit einer anschließenden Druckleitung errichtet. Die damit erzielbare Abwasserableitung ist im Gegensatz zum Kanal, der wegen seines stetigen Sohlengefälles zwangsläufig in die Tiefe gebaut werden muß, von den örtlichen topographischen Verhältnissen unabhängig. Die Druckleitung ist nur frostfrei zu verlegen, kann aber sonst dem Geländeverlauf angepaßt werden.

Die Pumpwerke selbst werden üblicherweise mit Kreiselpumpen ausgerüstet, mit denen die Abwässer gehoben und über größere Entfernungen transportiert werden können.

Die maschinen- und elektrotechnischen Anlagen müssen als wesentlicher Bestandteil der Pumpwerke so ausgewählt, bemessen und angeordnet werden, daß bei Berücksichtigung ausreichender Reserven die gleiche Sicherheit wie bei der Abwasserableitung im freien Gefälle erreicht wird.

Die Grundvoraussetzung eines Abwasserpumpwerks ist ein automatischer, störungsfreier und gefahrloser Betrieb, bei dem die Wartungsarbeiten auf ein Minimum beschränkt bleiben. Bei der Planung eines Abwasserpumpwerks müssen daher Überlegungen angestellt werden über:

– Bau- und Betriebskosten,
– Energieverbrauch,
– Erfordernisse für den Betrieb und für die Instandhaltung,
– Ausfallrisiko und sich daraus ergebende Konsequenzen,
– Gesundheit und Sicherheit der Öffentlichkeit und des Betriebspersonals,
– Auswirkungen auf die Umwelt (Lärm, Geruch usw.).

Für die Bemessung des Abwasserpumpwerks sind

– der zeitlich veränderlicher Abwasseranfall,
– die unterschiedliche Abwasserbeschaffenheit,
– die Fördermenge und Förderhöhen,
– die Naß- oder Trockenaufstellung der Pumpen,
– die Schaltzahl der Pumpen und die Größe des Pumpensaugraums,
– der Mindestkugeldurchgang der Pumpen,

– die Erweiterungsmöglichkeit und
– der Durchmesser der Druckleitung und die Strömungsgeschwindigkeit des Abwassers von entscheidender Bedeutung.

Der Abwasseranfall ist stündlichen, täglichen und jahreszeitlichen Schwankungen unterworfen. Außerdem ist zu bedenken, daß mit zunehmender Besiedlung des Einzugsgebiets der Abwasseranfall steigt. Das Abwasser kann aus Regen-, Misch- und Schmutzwasser bestehen. Schmutz- und Mischwasser werden immer absetzbare Stoffe, größere Festkörper, Textilien und Schwimmstoffe enthalten. Eine Textil-Ballenbildung auf der Zulaufseite des Pumpwerks ist daher nicht auszuschließen. Diese Abwassereigenschaften sind für die Pumpenauswahl sehr wichtig.

Weiterhin muß mit einer hohen, durch das Abwasser verursachten Aggressivität gerechnet werden. Durch Schadensfälle, verbotene Einleitungen und außergewöhnliche Betriebsumstände können in der Kanalisation und damit auch im Saugraum des Abwasserpumpwerks toxische und explosive Gemische auftreten.

Da die geförderten Abwassermengen i.d.R. stark schwanken, treten wegen des vorgegebenen Querschnitts und der Länge der Druckleitung unterschiedliche Rohrreibungsverluste auf. Diese müssen zusammen mit dem geodätischen Höhenunterschied der Pumpen bewältigt werden. Dies kann z.B. mit einer Drehzahlverstellung des Pumpenantriebs erfolgen.

Bei größeren Abwasserpumpwerken werden die Pumpen üblicherweise trocken aufgestellt. Die Pumpen sind dabei getrennt vom Pumpensaugraum in einem gesondert zugänglichen sauberen, „trockenen" Pumpenraum untergebracht. Die Pumpen und Motoren sind also jederzeit „trockenen" Fußes zu überwachen.

Bei kleineren Abwasserpumpwerken oder bei Regenwasserpumpwerken werden die Pumpen manchmal auch „naß" aufgestellt (Tauchmotorpumpen). Die Pumpen hängen dabei im Pumpensaugraum und werden durch das zufließende Abwasser überstaut. Da bei einer solchen „Naßaufstellung" kein eigener Pumpenraum benötigt wird, sind die Baukosten geringer als bei einer „Trockenaufstellung". Allerdings ist die Wartung der naß aufgestellten Pumpen unhygienisch. Außerdem sind die Betriebskosten häufig höher als bei trocken aufgestellten Pumpen.

Um eine ausreichend lange Lebensdauer der Antriebsmotoren für die Pumpen zu gewährleisten, sollten die Pumpen nicht zu häufig ein- und ausgeschaltet werden. Üblicherweise sollte die maximale Schaltzahl 10- bis 15mal pro Stunde betragen. Die Schaltzahl wird wesentlich von der Größe des Pumpensaugraums beeinflußt, der wiederum vom Abwasseranfall abhängt.

Damit ein Abwasserpumpwerk ohne mechanischem Rechen und äußerst problematische Entfernung des Rechenguts auskommt, müssen die Pumpen ebenso wie die Armaturen und Druckleitungen einen freien Kugeldurchgang von 100 mm besitzen. Nur dann können Verstopfungen und eine Störung des Pumpbetriebs ausgeschlossen werden. Zerkleinerungseinrichtungen vor dem Abwasserpumpwerk sind nur in Ausnahmefällen vorzusehen (z.B. bei weit abgelegenen Liegenschaften).

Im Laufe der Zeit kann sich das Einzugsgebiet vergrößern oder die Abwassermenge zunehmen. Dies sollte bereits bei der Planung und beim Bau eines Abwasserpumpwerks durch eine Erweiterungsmöglichkeit berücksichtigt werden.

Bei der Festlegung des Durchmessers der Druckleitung ist folgendes zu beachten:
– Die minimale Strömungsgeschwindigkeit in der Druckleitung sollte 0,7 m/s betragen, um Ablagerungen und Verstopfungen zu vermeiden.
– Die maximale Strömungsgeschwindigkeit sollte 2,5 m/s nicht überschreiten, damit die Energieverluste und damit die Betriebskosten nicht zu groß werden. Außerdem besteht bei großen Geschwindigkeiten die Gefahr von Druckstößen und damit Bruch der Druckleitung.
– Eine wirtschaftliche Strömungsgeschwindigkeit in Druckleitungen liegt bei 1,0 – 1,2 m/s.
– Außerdem ist darauf zu achten, daß die Aufenthaltszeit des Abwassers in der Druckleitung nicht zu groß wird, weil sonst das Abwasser anfault. Am Ende der Druckleitung entstehen dann giftige Gase und Geruchsbelästigungen sowie Korrosionsschäden im anschließenden Kanal.

Die Pumpen selbst sind üblicherweise Kreiselpumpen, die nach Einschaufelrad, Freistromrad, Schneckenkanalrad und Dreikanalrad unterschieden werden. Die erreichbaren Förderhöhen betragen zwischen 3 und 10 bar. Wird das Abwasser nur von einem tieferen auf ein höheres Niveau gefördert (ohne Druckleitung), werden sog. Schneckenpumpen eingesetzt. Damit lassen sich i.d.R. Förderhöhen von 5 – 6 m erreichen.

Die Ableitung von Starkregenabflüssen in der Kanalisation, die relativ selten auftreten, erfordern große Kanalquerschnitte. Diese wiederum verursachen hohe Investitionskosten. Durch die Anordnung von Regenrückhaltebecken werden die Regenabflußspitzen verkleinert, da das abfliessende Regenwasser im Rückhaltebecken gespeichert und zeitlich verzögert in das unterhalb liegende Kanalnetz abgeleitet wird. Das gesamte abfließende Regenwasser verbleibt somit im Rückhaltebecken und im Kanalnetz. Das Schema in Bild G.2-4 verdeutlicht die Funktion des Regenrückhaltebeckens.

Der Bau von Regenrückhaltebecken kann aus Kostengründen, örtlichen Zwangspunkten und aus Gewässerschutzgründen notwendig werden. Kosten können entscheidend sein, wenn der weiterführende Kanal aufgrund seiner Länge und seines Querschnitts wesentlich teurer als das Rückhaltebecken ist. Örtliche Zwangspunkte sind z. B. gegeben, wenn ein bestehendes Kanalnetz unterhalb des Rückhaltebeckens zu klein ist und nicht verändert werden kann. Gewässerschutzaspekte können z. B. vorliegen, wenn an Stelle eines Regenauslasses in ein Gewässer (z. B. beim Trennsystem oder bei einem Regenüberlauf) ein Regenrückhaltebecken angeordnet werden muß. Dadurch können entweder Hochwasserabflußspitzen oder ein erhöhter Schmutzfrachteintrag aus der Kanalisation in das Gewässer vermieden werden.

Die Bemessung von Regenrückhaltebecken erfolgt bisher ähnlich wie die von Kanalisationen mit vorgegebenen Regenhäufigkeiten. Da aber bei extremen Starkregen Überschwemmungen im unmittelbaren Bereich der Regenrückhaltebecken auftreten und daher ein größeres Schadensaufmaß verursachen können, sind Rückhaltebecken für größere Sicherheiten als Kanalnetze auszulegen. Dafür gibt es speziell abgeleitete Bemessungsdiagramme.

Eine neuere, verbesserte Bemessung von Regenrückhaltebecken ist dadurch möglich, daß die Regenereignisse der Vergangenheit in ihrem tatsächlichen Intensitätsverlauf und ihrer zeitlichen Aufeinanderfolge digital erfaßt und als Vorgabe für ein hydrologisches Berechnungsmodell (s. Abschn. G.2.4.3) verwendet werden. Dadurch entsteht aus jedem erfaßten, intensitätsvariablem Regenereignis ein zeitlich zugeordnetes Abflußereignis, das nur von der jeweils vorgegebenen Kanalisation abhängt (Langzeitsimulation). Voraussetzung dafür sind entsprechend lange Regenaufzeichnungen von mind. 15 Jahren und ein geeignetes hydrologisches Abflußmodell. Die erforderliche Größe des Regenrückhaltebeckens wird danach durch eine statistische Auswertung der Überlaufereignisse bei unterschiedlich vorgegebenen Beckenvolumina ermittelt.

Regenrückhaltebecken können als offene Erdbecken (z. B. beim Trennsystem) oder als unterirdische, geschlossene Stahlbetonbecken (z. B. beim Mischsystem) angelegt werden.

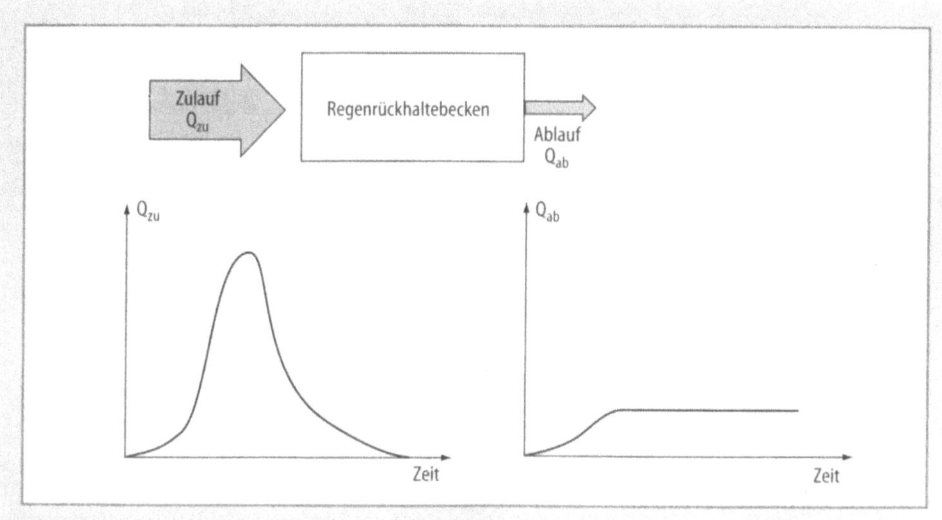

Bild G.2-4 Funktionsschema eines Regenrückhaltebeckens

Zur Verkleinerung der Kanalquerschnitte können beim Mischsystem auch Regenüberläufe (RÜ) und Regenüberlaufbecken (RÜB) bzw. Stauraumkanäle vorgesehen werden. Voraussetzung dafür ist, daß ein Gewässer in unmittelbarer Nähe verläuft, in das bei stärkeren Regenereignissen Mischwasser (Schmutz- und Regenwasser) eingeleitet wird. Bei Regenüberläufen erfolgt lediglich eine Vermischung, bei Regenüberlaufbecken und Stauraumkanälen dagegen eine zusätzliche Behandlung. Dafür wird jedoch aus den Regenüberläufen aufgrund der größeren Abflüsse in das unterhalb liegende Kanalnetz seltener und weniger Mischwasser als aus Regenüberlaufbecken in das Gewässer abgeschlagen. Beide unterschiedlichen Regenentlastungsanlagen werden im Kanalnetz fast ausschl. unterirdisch in Stahlbeton errichtet (Bild G.2-5 und G.2-6).

Die Berechnung von Regenüberläufen erfolgt nach der sog. kritischen Regenspende, bei der Regenüberläufe gerade noch kein Mischwasser in das Gewässer abschlagen dürfen. Diese kritische Regenspende beträgt heute üblicherweise rd. 15 l/(s · ha) oder rd. 10 – 15 % der Regenspende, die i. d. R. zur Querschnittsbestimmung der Kanäle verwendet wird. Da sich mit zunehmender Netzgröße die Regenabflußwellen im Kanalnetz verflachen und deshalb die Regenüberläufe seltener anspringen, kann die kritische Regenspende mit zunehmender Fließzeit der Abflußwellen in gewissem Umfange abgemindert werden. Es muß aber immer ein Mindestmischverhältnis von Regenabfluß zu Trockenwetterabfluß von 7:1 gewährleistet sein.

Mit dem Bau von Regenüberlaufbecken bzw. Stauraumkanälen im Mischsystem soll ein optimaler Schutz der Gewässer unter Einbeziehung wirtschaftlicher Überlegungen erreicht werden.

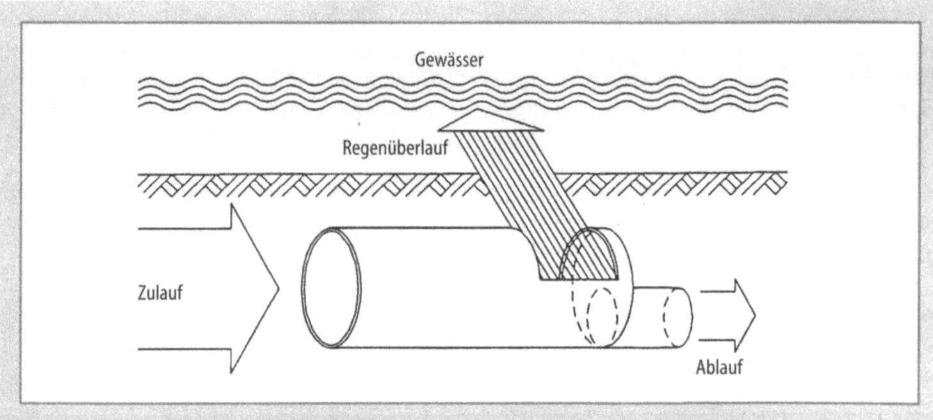

Bild G.2-5 Schemaskizze eines Regenüberlaufs

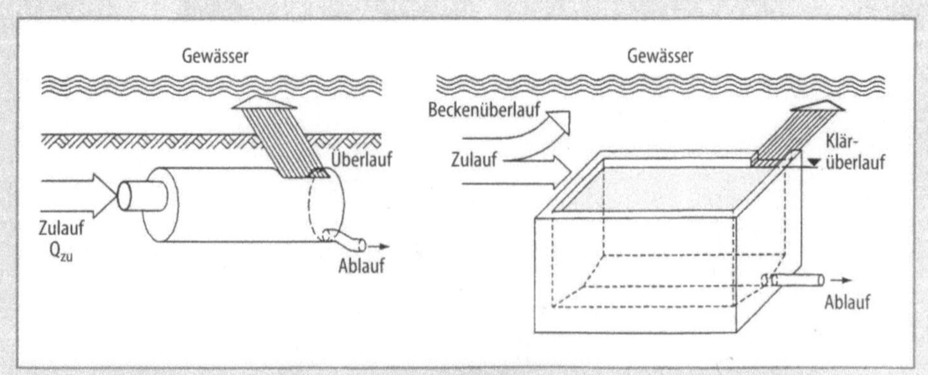

Bild G.2-6 Schemaskizze eines Stauraumkanals und eines Regenüberlaufbeckens

Daher müssen die insgesamt entlasteten Schmutzfrachten aus diesen Regenentlastungsanlagen und aus der Kläranlage sowie die Entlastungshäufigkeiten, -dauern, und -konzentrationen minimiert werden. Es sind daher bei Regenwetter die Zuflüsse und die stoßartigen Belastungen der Gewässer aus solchen Regenentlastungsanlagen zu begrenzen. Außerdem muß gewährleistet sein, daß die Reinigungsleistung der nachgeschalteten Kläranlage bei Regenwetter nicht zurückgeht.

Für die Bemessung von Regenüberlaufbecken und Stauraumkanälen bei leistungsfähigen Gewässern gibt es 2 grundsätzlich verschiedene Methoden:
- vereinfachtes Bemessungsverfahren,
- detailliertes Nachweisverfahren mit Schmutzfrachtberechnungen auf Basis einer Langzeitsimulation.

Ausgangspunkt für beide Methoden ist ein erforderliches Volumen für das Gesamteinzugsgebiet einer Kläranlage. Zu seiner Ermittlung bzw. zur Bestimmung der zulässigen Entlastungsrate des jährlichen Regenabflusses gehen nachfolgende charakteristische Ausgangsdaten ein:
- Größe der Teileinzugsgebietsflächen,
- Jahresniederschlagshöhe,
- Fließzeit,
- mittlere Neigung der Entwässerungsfläche,
- Trocken- und Mischwasserabfluß,
- Konzentration des Trockenwetterabflusses,
- Regenabfluß aus Gebieten mit Trennsystem,
- Starkverschmutzer,
- Kanalablagerungen.

Entscheidend für die Bemessung ist die mittlere Schmutzkonzentration im überlaufenden Mischwasser, die vom Mischverhältnis zwischen mittlerem Regen- und Schmutzwasserabfluß abhängt. Je stärker das entlastete Mischwasser verschmutzt ist, um so weniger darf entlastet werden und um so größer wird das erforderliche Speichervolumen. Wie bei Regenüberläufen ist auch für Regenüberlaufbecken ein Mindestmischverhältnis zwischen Mischwasserabfluß und Trockenwetterabfluß von 7:1 vor Beginn der Überlauftätigkeit einzuhalten.

Die Ermittlung des erforderlichen Gesamtspeichervolumens erfolgt für das gesamte Einzugsgebiet oberhalb des letzten Entlastungsbauwerks vor der biologischen Reinigungsstufe einer Kläranlage. Die zur Bemessung benötigten Flächen, Abflüsse, Fließzeiten, Schmutzkonzentrationen und Gebietskenngrößen beziehen sich

auf diesen Punkt im Kanalnetz. Um die zulässige Jahresentlastungsrate für den Regenwasserabfluß einhalten zu können, bedarf es eines bestimmten Speichervolumens im Kanalnetz. Auf dieses Gesamtvolumen können unter bestimmten Voraussetzungen vorhandene Speicherräume in Regenbecken und im Kanalnetz angerechnet werden. Allerdings ist immer ein Mindestvolumen für Regenüberlaufbecken zwischen ca. 5–8 m³/ha zu erstellen, da die Regenwasserbehandlung nicht allein durch ein ausreichend großes Volumen im Kanalnetz gewährleistet werden soll. Anderseits ist das Gesamtvolumen zur Regenwasserbehandlung der Mischkanalisation aus Kostengründen auf max. 40 m³/ha (bezogen auf die wasserundurchlässige befestigte Fläche) zu begrenzen.

Nach der Ermittlung des Gesamtvolumens zur Regenwasserbehandlung im Gesamteinzugsgebiet werden dann mit den vereinfachten Bemessungsverfahren die einzelnen Regenentlastungsbauwerke (RÜ, RÜB) nach den Normalanforderungen bemessen und die Volumen einzelner Regenüberlaufbecken und Stauraumkanäle mit einer schematisierten Aufteilung des Gesamtvolumens bestimmt.

Die Vorgehensweise bei der Bemessung einzelner Regenüberlaufbecken entspricht der Ermittlung des erforderlichen Gesamtspeichervolumens. An jedem Regenüberlaufbecken einer Mischkanalisation muß für das oberhalb liegende Einzugsgebiet ein bestimmtes Gesamtvolumen zur Mischwasserspeicherung vorhanden sein. Die Bemessungsgrößen zur Feststellung der zulässigen Entlastungsrate werden jeweils für das gesamte Einzugsgebiet oberhalb des betrachteten Beckens erhoben.

Nach der Feststellung der zulässigen Entlastungsrate kann für das gesamte oberhalb liegende Einzugsgebiet das erforderliche Volumen ermittelt werden. Zieht man davon das oberhalb dieses Beckens bereits vorhandene anrechenbare Speichervolumen ab, so erhält man die erforderliche Größe des betrachteten Regenüberlaufbeckens. Es ist zu überprüfen, ob dieses Volumen zur Einhaltung der hydraulischen Bedingungen ausreicht und das erforderliche Mindestvolumen nicht unterschritten wird.

Das vereinfachte Bemessungsverfahren darf nur unter folgenden Voraussetzungen angewandt werden:
- Der Drosselabfluß aus dem Regenüberlaufbecken darf an keinem Becken im Netz größer sein als der anteilige Kläranlagenzufluß.

- Es dürfen höchstens 5 Regenüberlaufbecken unmittelbar hintereinander geschaltet werden.
- Die Anzahl der Regenüberläufe im Gesamteinzugsgebiet eines Regenüberlaufbeckens darf nicht größer als 5 sein.
- Regenrückhaltebecken innerhalb des betrachteten Einzugsgebiets müssen wesentlich größere Abflüsse als die Regenüberlaufbecken besitzen. Sie werden bei der Bemessung der Überlaufbecken vernachlässigt.

Werden diese Voraussetzungen nicht eingehalten, ist ein detailliertes Nachweisverfahren mit Schmutzfrachtberechnungen (Langzeitsimulation) anzuwenden. Dabei werden allgemein aus historischen Regendaten mit Hilfe einer Langzeitsimulation die Regenwetterabflüsse und ihre Beschaffenheit in Mischkanalisationen errechnet. Die Ergebnisse sind statistische Aussagen über Menge, Häufigkeit und Dauer des abfließenden Regenwassers bzw. der überlaufenden Schmutzfracht aus Mischsystemen. Damit lassen sich wiederum konkrete Hinweise für die Anordnung, die Bemessung, die Gestaltung, den Betrieb und die Wirksamkeit von Regenüberlaufbecken, Stauraumkanälen und Regenüberläufen ableiten.

Die Bemessung der Regenüberlaufbecken mit den detaillierten Nachweisverfahren vollzieht sich nach der Bestimmung des Gesamtvolumens in folgenden Schritten:
- Ermittlung der zulässigen, modellspezifischen CSB-Entlastungsfracht für das vorher ermittelte Gesamtspeichervolumen,
- Ermittlung des Sanierungsbedarfs für das Kanalnetz,
- Planung von Maßnahmen, wie z. B. Umleitungskanäle, neue Regenüberlaufbecken, Regenrückhaltebecken, Regenüberläufe,
- Vorschlag für Volumina der einzelnen Regenüberlaufbecken bzw. Stauraumkanäle,
- Nachweis für sämtliche vorgesehene Regenentlastungsbauwerke, daß die in der Vorberechnung ermittelte zulässige CSB-Entlastungsfracht nicht überschritten wird.

Diese Art der Bemessung ist ein Iterationsprozeß mit dem Ziel, eine optimale Konzeption in wasserwirtschaftlicher und wirtschaftlicher Sicht zu entwickeln und die bei Sanierungen von Kanalnetzen bestehenden Zwangspunkte optimal zu berücksichtigen. Mit den Berechnungen läßt sich auch aufzeigen, wie sich Standortwahl, Art und Größe der Regenwasserbehandlungsanlagen und ihre Betriebsweise auf das Entlastungsverhalten in den einzelnen Punkten und im gesamten Kanalnetz auswirken.

Werden mit diesen Verfahren mehrere Varianten aufgestellt und dafür die Bau- und Betriebskosten ermittelt, so können damit insgesamt optimale Lösungen für die Regenwasserbehandlung in der Mischkanalisation gefunden werden. Dies ist mit dem vereinfachten Bemessungsverfahren nur im eingeschränkten Umfang möglich.

Werden außerdem weitergehende Anforderungen an die Regenwasserbehandlung gestellt, z. B. bei leistungsschwachen Gewässern, ist grundsätzlich ein detailliertes Nachweisverfahren anzuwenden.

Die Regenüberlaufbecken werden nach Fang- und Durchlaufbecken unterschieden. Eine Sonderform ist der Stauraumkanal, bei dem das erforderliche Volumen zur Regenwasserbehandlung in vergrößerten Kanalquerschnitten bereitgestellt wird.

Fangbecken sind anzuordnen, wenn ein ausgeprägter Spülstoß zu erwarten ist. Dies ist i. d. R. bei kleinen Einzugsgebieten mit kurzen Fließzeiten der Fall. Sie speichern einen Mischwasserspülstoß, wenn dieser zu Beginn des Abflußereignisses auftritt. Sie werden vom Überlaufwasser nicht durchflossen. Der gespeicherte Inhalt muß, wie auch beim Durchlaufbecken, zur biologischen Reinigungsstufe der Kläranlage abgeleitet werden.

Fangbecken werden im wesentlichen für den Abfluß nicht vorentlasteter Entwässerungsflächen vorgesehen, wenn die Fließzeit beim Berechnungsregen im Kanalnetz bis zum Becken nicht mehr als 15 – 20 min beträgt.

Mit zunehmender Größe des Einzugsgebiets ist mit immer ausgeglicheneren Verschmutzungskonzentrationen ohne ausgeprägte Spülstöße zu rechnen. In diesem Fall sind Durchlaufbecken vorzusehen, welche auf eine mechanische Klärung des Mischwassers abzielen. Durchlaufbecken haben im Gegensatz zu Fangbecken einen Klärüberlauf (KÜ), der nach Füllung des Beckens anspringt und mechanisch geklärtes Mischwasser dem Gewässer zuführt. Zur Begrenzung des maximalen Beckendurchflusses wird i. d. R. ein Beckenüberlauf vorgeschaltet. Durchlaufbecken wirken bis zur Füllung als Speicher und danach für einen Teilzufluß als Absetzbecken mit Überlauf in das Gewässer. Nach Ende des Regenereignisses muß der Beckeninhalt ebenfalls zur biologischen Reinigungsstufe der Kläranlage abgeleitet werden.

 Gewässerschutz und Abwasserbehandlung

Durchlaufbecken werden i.d.R. angeordnet, wenn
- die Fließzeit beim Berechnungsregen im Kanalnetz bis zum Becken mehr als 15–20 min beträgt oder wenn keine ausgeprägten Spülstöße mehr zu erwarten sind,
- diesen Becken andere Entlastungsbauwerke vorgeschaltet sind.

G.2.4.4 Regenklärbecken

Bei trennkanalisierten Entwässerungsgebieten herrscht über die Notwendigkeit der Regenwasserbehandlung noch große Unklarheit. Das von befestigten Verkehrsflächen ablaufende Niederschlagswasser ist unterschiedlich stark mit mineralischen und organischen Stoffen verunreinigt. Die Menge und Konzentration der einzelnen Verschmutzungen ist sehr unterschiedlich. Sie hängen z.B. von der Verkehrsdichte, vom jeweiligen Regenereignis, von der Dauer der vorausgegangenen Trockenperioden und von der Jahreszeit ab.

Neuerdings scheint sich aber herauszukristallisieren, daß eine mechanische Klärung des Regenwassers nur bei stärker verschmutzten Einzugsflächen, wie z.B. Gewerbe-, Industriegebiete, Hauptverkehrsstraßen, vorzusehen ist. Dafür werden spezifischen Regenklärbeckenvolumina von 10 m³/ha, in gemischten Gebieten mit teilweise nicht verschmutzten Oberflächen i.M. 5 m³/ha für die befestigten, wasserundurchlässigen Flächen gewählt. Dagegen wird eine Regenwasserbehandlung bei gering verschmutzten Flächen, wie z.B. reine oder allgemeine Wohngebiete, Wohnstraßen, nicht als notwendig erachten.

Es gibt zwei Arten von Regenklärbecken:
- ständig gefüllte Regenklärbecken,
- nicht ständig gefüllte Regenklärbecken.

Die ständig gefüllten Regenklärbecken besitzen einen Überlauf und einen Schlammabzug. Ihnen ist ein Entlastungsbauwerk vorgeschaltet, das den Zulauf auf den Bemessungsabfluß begrenzt. Sie sind i.d.R. dann anzuordnen, wenn der Regenwasserkanal bei Trockenwetter ständig oder zeitweilig Wasser führt. Bei einer Beckenentleerung zum Klärwerk würde dieses Wasser das Klärwerk unnötig belasten. In diesen Regenklärbecken sollen die absetzbaren und aufschwimmenden Stoffe des Beckenzuflusses möglichst weitgehend entfernt werden. Der abgesetzte Schlamm ist schadlos zu beseitigen. Diese Beckenart wird häufig als offenes Erdbecken erstellt, das bei guter Gestaltung durchaus in städtische Grünzonen oder Parks eingegliedert werden kann.

Nicht ständig gefüllte Regenklärbecken sollen wie beim Mischverfahren als Fangbecken mit Beckenüberlauf oder als Durchlaufbecken mit Becken- oder Klärüberlauf ausgebildet werden. Sie sind dann anzuordnen, wenn der Regenwasserkanal bei Trockenwetter kein oder nur wenig Wasser führt, das in den Schmutzwasserkanal übergeleitet wird.

Der Beckeninhalt ist nach Regenende möglichst der Kläranlage zuzuführen. Dabei dürfen keine Stoffe in das Klärwerk gelangen, die den Klärwerksbetrieb stören können, wie z.B. größere Mengen mineralischer Abspülungen. Diese Beckenart wird häufig als offenes Stahlbetonbecken errichtet.

G.2.4.5 Düker

Kanäle, die mit freiem Wasserspiegel verlegt werden, haben gelegentlich kreuzende Hindernisse in ihrem Trassenverlauf, wie z.B. U-Bahn, Gewässer, zu überwinden. Dazu werden Düker als Kreuzungsbauwerke vorgesehen, die das jeweilige Hindernis als Druckleitung unterfahren.

Der Querschnitt des Dükers ist dem stark schwankenden Abfluß im Kanal anzupassen und erforderlichenfalls in zwei oder gar drei getrennte Leitungsquerschnitte aufzuteilen. Der einwandfreie Betrieb eines Dükers erfordert jeweils ein
- Dükereinlaufbauwerk,
- Dükerauslaufbauwerk,
- Entleerungsbauwerk.

Das Dükereinlaufbauwerk hat die Aufgabe, die zufließenden Abwassermengen den verschiedenen Dükerleitungen zuzuführen. Es werden i.d.R. mind. zwei Dükerleitungen für den Trocken- und den Regenwetterabfluß notwendig sein.

Die Trennung der unterschiedlichen Abwassermengen kann mit einer Überlaufschwelle erfolgen. Dadurch werden die Ablagerungen am Einlauf des Regenwasserdükers vermindert. Eine separat angehängte Spülwasserkammer, die mind. das 2,5fache Volumen der zu spülenden Dükerleitungen haben sollte, spült in einem vorgegebenen Zeitintervall die Dükerleitungen.

Aus betrieblichen Gründen werden Schächte für Schieber bzw. Dammbalken unmittelbar vor dem Einlauf angeordnet. Zum Schutz von Personen sind bauliche Sicherheitsvorkehrungen vorgesehen.

Die Dükerüberleitungen werden zweckmäßig unterschiedlich stark geneigt. Der abfallende Ast am Anfang ist stärker zu neigen als der aufsteigende Ast. Manchmal wird der abfallende Ast sogar senkrecht ausgebildet.

Am Tiefpunkt der Dükerleitungen wird ein Entleerungsbauwerk angeordnet. Der zu- und abgehende Dükerast soll jeweils über einen Schieber verfügen, so daß jeder Dükerast separat entleerbar ist. Das Entleerungsbauwerk muß über einen Pumpensumpf verfügen, um die anfallenden Entleerungsmengen abzupumpen. Dies kann mit einer transportablen Pumpe erfolgen. Der stationäre Einbau einer Pumpe ist bei guter hydraulischer Ausbildung nicht erforderlich.

Während bei kurzer Dükerleitung die Entleerung beider Dükeräste gemeinsam praktikabel ist, empfiehlt es sich bei längeren Dükerästen, eine getrennte Entleerungsmöglichkeit für jeden Dükerast vorzusehen.

Am Ende der aufsteigenden Dükeräste werden im Dükerauslaufbauwerk Betriebsschieber mit Entlüftungen vorgesehen. Unterhalb der Schieber werden die getrennten Dükerrohre mit höher angeordneten Auslaufsohlen wieder zusammengefaßt, um die Ansammlung von Schmutzstoffen zu vermindern.

G.2.5 Kanalbau

G.2.5.1 Offene Bauweise

Städtische Kanäle liegen überwiegend in öffentlichen Straßen, so daß die Aufbrucharbeiten auf ein Minimum beschränkt werden müssen. Daher werden in Deutschlands Städten nur Rohrgräben mit senkrechten Wänden, die durch einen Verbau abgestützt sind, erstellt. Bei diesem Baugrubenverbau werden folgende Ausführungsarten unterschieden:
- waagerechter und senkrechter Holzverbau,
- senkrechter Verbau mit Trägerbohlenwänden, Kanaldielen, Spundwänden und Schlitzwänden.

Der waagerechte und senkrechte Holzverbau ist nur bei standfesten Böden möglich. Bei weniger standfesten und vor allem bei wasserhaltigen Böden ist ein senkrechter Verbau erforderlich, wobei Kanaldielen oder Spundwände vor dem Ausschachten eingerammt, eingerüttelt oder auch eingepreßt werden.

Wenn durch Erschütterungen die Standfestigkeit benachbarter Gebäude gefährdet und das Einpressen von Spundbohlen infolge ungünstiger Bodenverhältnisse nicht möglich ist, wird in vielen Fällen eine Trägerbohlenwand zum Verbau eingesetzt. Steht jedoch Grundwasser an, sind vorhergehende Wasserhaltungsarbeiten erforderlich.

In neuerer Zeit werden in der Kanalisation bei sehr schwierigen Boden- und Grundwasserverhältnissen in Sonderfällen auch Schlitzwände eingesetzt. Dieses Verfahren kann unter bestimmten Voraussetzungen bis zu einer Tiefe von 10 m durchaus eine wirtschaftliche Alternative zum Vortriebsverfahren darstellen.

Eine nicht verbaute, offene Baugrube mit Böschungen wird nur im freien Gelände, wenn keine Hindernisse vorliegen, angewendet.

Das Verlegen der Kanalleitung mit Einzelrohren setzt eine trockene Baugrube voraus. Bei Grundwasserandrang ist daher eine Wasserhaltung mit Dränrohren, Filterbrunnen oder mit Vakuumbrunnen erforderlich. Nach der Rohrverlegung ist der Kanalstrang auf Wasserdichtheit zu prüfen.

Um das Kanalrohr durch statische Überlastungen zu schützen, ist im Bereich der Grabensohle ein Rohrauflager aus Sand, Kies oder Beton zu schaffen. Außerdem muß seitlich und bis 30 cm über dem Rohrscheitel geeignetes, gut verdichtungsfähiges Bodenmaterial eingefüllt und lagenweise vorsichtig verdichtet werden. Darüber kann anderes Bodenmaterial eingebracht werden, das aber ebenfalls verdichtungsfähig sein muß. Parallel zur Verfüllung der Baugrube muß der Verbau stufenweise entfernt werden. Beim senkrechten Verbau mit Kanaldielen oder Spundwänden ist seine Entfernung frühestens nach teilweiser Grabenverfüllung möglich.

Die Kanalrohre bestehen aus Steinzeug, Beton oder Stahlbeton. Dabei eignen sich Steinzeugrohre wegen ihrer außerordentlichen chemischen Widerstandsfähigkeit besonders für Schmutzwasserkanäle. Guß-, Faserzement- und Kunststoffrohre werden für öffentliche Kanäle nur in seltenen Fällen eingesetzt. Die in gewissen Abständen zur Überprüfung und Wartung der Kanalisation wichtigen Schächte bestehen heute fast ausschließl. aus Betonfertigbauteilen (Schachtringe). Nur das Schachtunterteil im Bereich des Kanalrohrs wird mit Ortbeton erstellt.

G.2.5.2 Geschlossene Bauweise

Die geschlossenen Bauweisen für Abwasserkanäle werden dann angewandt, wenn eine offene

Bauweise nicht möglich (z.B. Verkehrsbehinderung, Gewährleistung der jederzeitigen Zufahrt) oder zu teuer ist. Die geschlossenen Bauweisen gewinnen in Deutschland immer mehr in städtischen Zentren an Bedeutung. Die Verfahren werden um so wirtschaftlicher, je mehr man die Umweltbelastungen der offenen Bauweise, wie z.B. Verkehrsbehinderungen, Lärmbelästigungen, Erschwernisse für die Anwohner, in die gesamten Kostenüberlegungen einbezieht. Für große Querschnitte stehen bereits bewährte Verfahren des Tunnelbaus zur Verfügung. Für die Kanalisation wurde diese Technik mit dem Rohrvortrieb kombiniert.

Nach der Größe des Querschnitts unterscheidet man zwischen
- nicht begehbaren (≤ DN 800) und
- begehbaren Querschnitten (> DN 800).

Bei den *nicht begehbaren Querschnitten* gibt es Bodenverdrängungs- und Preßverfahren, wobei Kombinationen möglich sind.

Eine besondere Bedeutung kommt dem nicht begehbaren, gesteuerten Rohrvortrieb zu. Die verwendeten Durchmesser betragen DN 250 – DN 800. Die Vortriebslängen betragen üblicherweise ca. 100 – 200 m. Die Bodenförderung kann mit einer Schnecke erfolgen, oder es wird eine Spülförderung mit Wasser in einer geschlossenen Leitung vorgesehen.

Der gesteuerte Rohrvortrieb mit begehbaren Durchmessern wird wie folgt unterteilt:
- Teilschnittmaschine mit rotierendem Fräskopf mit und ohne Druckluft,
- Vollschnittmaschine mit Hydroschild und flüssigkeitsgestützter Ortsbrust und hydraulischem Bodentransport,
- Vollschnittmaschine mit Erddruck, gezielter Bodenentnahme mit Schnecken und anschließender hydraulischer Förderung.

Bei den geschlossenen Bauverfahren mit begehbaren Querschnitten besitzt der Schildvortrieb die größte Bedeutung. Darunter wird ein Rohrvortrieb mit Bodenabbau durch ein Schild verstanden.

Der Bodenabbau an der Ortsbrust kann bei standfesten Böden und ohne Grundwasserandrang manuell oder teilmechanisch erfolgen (z.B. pendelnde Fräsköpfe). Bei Grundwasserzutritt erfolgt z.B. beim Hydroschild die Stützung der Ortsbrust durch eine Bentonitsuspension. Die Druckregelung in der Stützflüssigkeit erfolgt in Abhängigkeit von den Erd- und Wasserdruckverhältnissen und in Abstimmung mit der Vorschubgeschwindigkeit. Für den Bodenabbau kann der Schild wie eine Fräseinrichtung ausgebildet werden. Der Transport des gelösten Bodens erfolgt hydraulisch mit Hilfe der Bentonitsuspension. Über Pumpen und Leitungen wird das Boden-Bentonit-Gemisch zu einer außenliegenden Separieranlage gefördert, wo eine Trennung der Materialien stattfindet.

Eine Sonderform des Verfahrens mit flüssigkeitsgestützter Ortsbrust besteht darin, daß in einer vorderen Druckkammer eine rotierende Fräseinrichtung den gelösten Boden absaugt, so daß ein Durchmischen von Bentonitsuspension und Boden vermieden wird. Ein ständiges Umpumpen der gesamten Stützflüssigkeit wie beim Hydroschild ist also nicht erforderlich.

Eine weitere Variation der Vollschnittmaschine besteht in der Ausbildung eines Erddruckschilds.

Dieses Verfahren ist auch in schwierigen Bodenverhältnissen mit hohen Grundwasserständen einsetzbar. Dieser modernste Schildtyp verwendet ein Boden-Wassergemisch zur Abstützung der Ortsbrust. Durch die gezielte Entnahmemenge des abgebauten Bodens werden Erddruck und Druck in der Schildkammer im Gleichgewicht gehalten.

G.2.5.3 Betrieb einer Kanalisation

Damit eine Kanalisation ihre Funktionen einwandfrei erfüllen kann, muß sie nach dem Bau regelmäßig, arbeitstechnisch sicher und wirtschaftlich instandgehalten werden. Darunter versteht man die Überwachung, Reinigung, Wartung, Schadensbehebung und Übernahme gewisser Sonderaufgaben. Für diese Arbeiten sind ausreichendes und gut ausgebildetes Personal, leistungsfähige Fahrzeuge und Geräte erforderlich. Außerdem müssen Intervalle für die Instandhaltung vorgegeben sowie Dienst- und Betriebsanweisungen ausgearbeitet werden, die gesetzliche Vorgaben, Richtlinien und den Unfallschutz berücksichtigen.

Der ordnungsgemäße Betrieb einer Kanalisationsanlage setzt folgendes voraus:
- Zuordnung der Aufgaben und klar abgegrenzte Verantwortungsbereiche des Personals.
- Die genaue Ortskenntnis des Kanalnetzes mit seinen betrieblichen Einrichtungen und Anlagenteilen.
- Die Kenntnis der betrieblichen Zusammenhänge innerhalb des Kanalnetzes sowie der

Störungsmöglichkeiten und deren Beseitigung.

Unter Überwachung versteht man die Kontrolle der einzelnen Entwässerungseinrichtungen (Kanäle, Schächte, Sonderbauwerke) auf ihre Funktionsfähigkeit in allen erforderlichen Bereichen. Sie erfolgt in regelmäßigen Zeitabständen, so daß ein ordnungsgemäßer Betrieb aller Anlagen des Kanalnetzes gewährleistet ist. Die Ergebnisse der Überwachung werden dokumentiert.

Die Überwachung kann durch Befahren, Begehen, Spiegeln, Fotografieren und Kanalfernsehen sowie durch sonstige Meßtechniken erfolgen. Filme, Fotos und Videobänder können zur Beweissicherung bzw. Dokumentation aufgehoben werden.

Bei der Reinigung werden Ablagerungen auf der Kanalsohle mit Hochdruckspülfahrzeugen, mit kombinierten Hochdruckspül- und Saugfahrzeugen oder mit motor- oder handbetriebenen Winden beseitigt. Wurzeleinwüchse von Bäumen, harte Ablagerungen oder Inkrustationen werden mit speziellen Fräsgeräten, z.B. Robotern, entfernt.

Unter Wartung sind alle Arbeiten und Maßnahmen zu verstehen, die die Funktionsfähigkeit und Sicherheit der Kanalisation auf Dauer gewährleisten. Die notwendigen Arbeiten sollten standardisiert, in regelmäßigen Zeitabständen durchgeführt und in einem Arbeitsplan mit Rückmeldung festgelegt sein. Besonders an Sonderbauwerken sind auch Wartungsarbeiten an elektrotechnischen und maschinellen Einrichtungen, wie z.B. Schieber, Rückstauklappen, Schaltanlagen, Pumpen, durchzuführen.

Die Schadensbehebung ist zur Erhaltung des Kanalnetzes ständig erforderlich. Sie beschränkt sich auf die Schadensbeseitigung und bauliche Veränderungen geringen Umfangs, die sich z.B. bei der Überwachung sowie nach Reinigungs- oder Straßenbauarbeiten als notwendig erweisen. Die erforderlichen Bauarbeiten, wie z.B. Auswechseln von Schachtabdeckungen, Schachterneuerung, Abdichten von Muffen, werden entweder mit eigenen Kolonnen oder von Fremdunternehmern durchgeführt.

Zusätzlich sind noch gewisse Sonderaufgaben wie z.B. Rattenbekämpfung, Einleiterüberwachungen und Hochwasserschutzmaßnahmen zu übernehmen.

G.3 Techniken der Abwasserreinigung

G.3.1 Mechanische Abwasserreinigung

G.3.1.1 Übersicht

Die mechanischen Verfahren stellen die kostengünstigste Möglichkeit dar, um ungelöste Stoffe aus Abwasser zu entnehmen. Sie werden deshalb zumeist als erster Schritt einer Abwasserbehandlung mit dem Ziel eingesetzt, im Rohabwasser vorhandene partikuläre Stoffe möglichst weitgehend zu eliminieren (englisch: „Primary Treatment"). Neben der Eliminationswirkung haben die Anlagen zur mechanischen Reinigung auch die Aufgabe, die Anlagenteile der nachfolgenden Abwasserbehandlung vor Stör- und Sperrstoffen zu schützen.

Die Wirkung vieler biologischer oder chemisch/physikalischer Verfahren zur Abwasserreinigung basiert auf der Überführung von gelösten in ungelöste Stoffe. Mechanische Verfahren sind deshalb oft auch unverzichtbare Bestandteile, um z.B. Schlämme vom Abwasser zu separieren.

Im folgenden werden die am häufigsten eingesetzten Verfahren zur mechanischen Abwasserreinigung behandelt:
- *Rechen-, Siebanlagen* zur Entfernung von Grob- und Faserstoffen,
- *Sandfänge* zur Entfernung mineralischer Feststoffe,
- *Absetzbecken* zur Entfernung organischer und/oder mineralischer Schlämme,
- *Leichtstoffabscheider, Flotationsanlagen* zur Entfernung von Schwimmstoffen, Ölen und Fetten.

G.3.1.2 Rechen, Siebanlagen

G.3.1.2.1 Verfahrensgrundsätze und Behandlungsziele

Rechen- und Siebanlagen haben die Aufgabe, dem der Kläranlage zufließenden Abwasser grobe Schwebstoffe zu entnehmen. Es handelt sich dabei im wesentlichen um Papier, Speisereste, Zellstoffmaterialien, Kunststoffteile. Bei industriellem Abwasser können die partikulären Inhaltsstoffe je nach Branche sehr unterschiedliche zusammengesetzt sein und z.T. aus Textilfasern, Putzwolle u.ä. bestehen, aber auch aus Lebensmittelresten.

Die Eliminationswirkung von Rechen- und Siebanlagen beruht darauf, daß Partikel oberhalb einer bestimmten Größe beim Durchfließen des Abwassers durch den Rechenrost bzw. das Sieb zurückgehalten werden. Damit der Rechen sich nicht zusetzt, muß er geräumt werden. Dies kann in Intervallen (diskontinuierlich) oder fortlaufend (kontinuierlich) geschehen.

G.3.1.2.2 Technische Ausführung

Hinsichtlich der technischen Ausführung ist zunächst zwischen Rechen- und Siebanlagen zu unterscheiden. Bild G.3-1 gibt einen Überblick über diese beiden Gruppen mit den am häufigsten eingesetzten Untervarianten.

Rechenanlagen

Rechenanlagen sind zumeist als Stabrechen ausgebildet, deren funktionales Element als Rechenrost bezeichnet wird. Der Rechenrost besteht aus vertikal oder geneigt nebeneinander angeordneten Rechenstäben und wird in einem vom Abwasser durchströmten Gerinne quer zur Fließrichtung eingebaut.

Rechenanlagen werden in Abhängigkeit von der Spaltweite e des Rechens in Schutzrechen, Grobrechen, Feinrechen, Feinstrechen (Bild G.3-1) eingeteilt. Je nach gewählter Spaltweite unterscheidet sich auch der bevorzugte Einsatzbereich, wobei die Übergänge je nach Anforderung der folgenden Abwasserbehandlungsschritte fließend sein können.

Im Zulauf von Abwasserbehandlungsanlagen werden am häufigsten Stabrechen eingesetzt, die mit einem Winkel von 70°–90° zur Horizontalen in das Rechengerinne eingebaut werden. Die Spaltweite maschinell geräumter Stabrechen beträgt zumeist min. 8–10 mm. In Abhängigkeit von der Art der automatischen Rechenguträumung wird zwischen Mitstromrechen und Gegenstromrechen (DIN 19554) unterschieden. Die Räumer können mittels umlaufender Ketten, mit Seilen, über Zahnstangen und Zahnräder oder hydraulisch angetrieben werden.

Zur Regelung der Rechenguträumung wird zumeist die Wasserspiegeldifferenz zwischen Ober- und Unterstrom des Rechens als Regelgröße verwendet. Überschreitet die Wasserspiegeldifferenz einen bestimmten Wert, so wird der Räumvorgang ausgelöst. Dadurch werden die Räumintervalle dem tatsächlichen Rechengutanfall angepaßt. Es empfiehlt sich, diese Regelung mit einer Zeitsteuerung zu überlagern, die auch bei geringer Rechengutbelegung in bestimmten Maximalabständen eine Räumung auslöst.

Eine gute Übersicht über die z. Zt. auf dem Markt üblichen Ausführungsarten von Stabrechen findet man im ATV-Handbuch „Mechanische Abwasserreinigung" [G.3.1]. Bild G.3-2 zeigt 2 Ausführungsbeispiele

Verursacht durch die ansteigende Menge problematischer Feststoffe im Abwasser, insbesondere Kunst- und Faserstoffe, geht die Tendenz zur Verringerung der Spaltweiten von Rechenanlagen. Hierzu können neben den weiter unten beschriebenen Siebanlagen Feinstrechen einge-

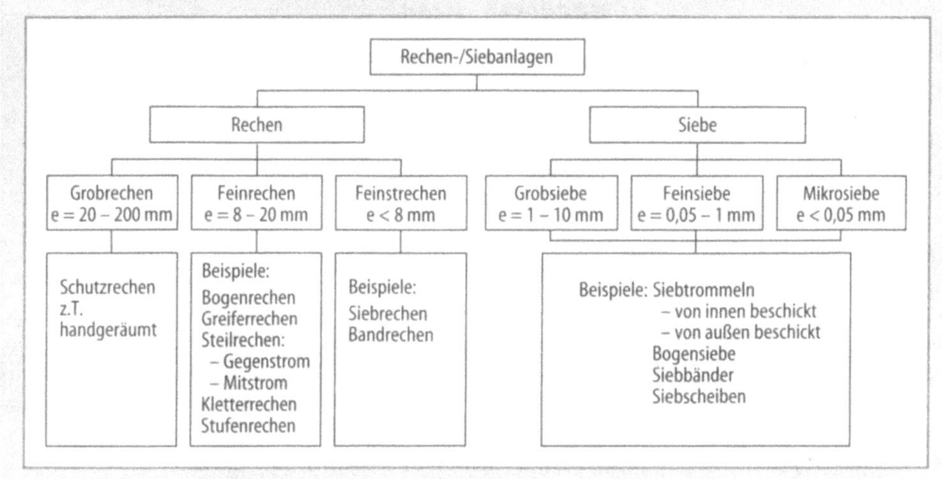

Bild G.3-1 Gliederung der Rechen und Siebe nach der Spaltweite e

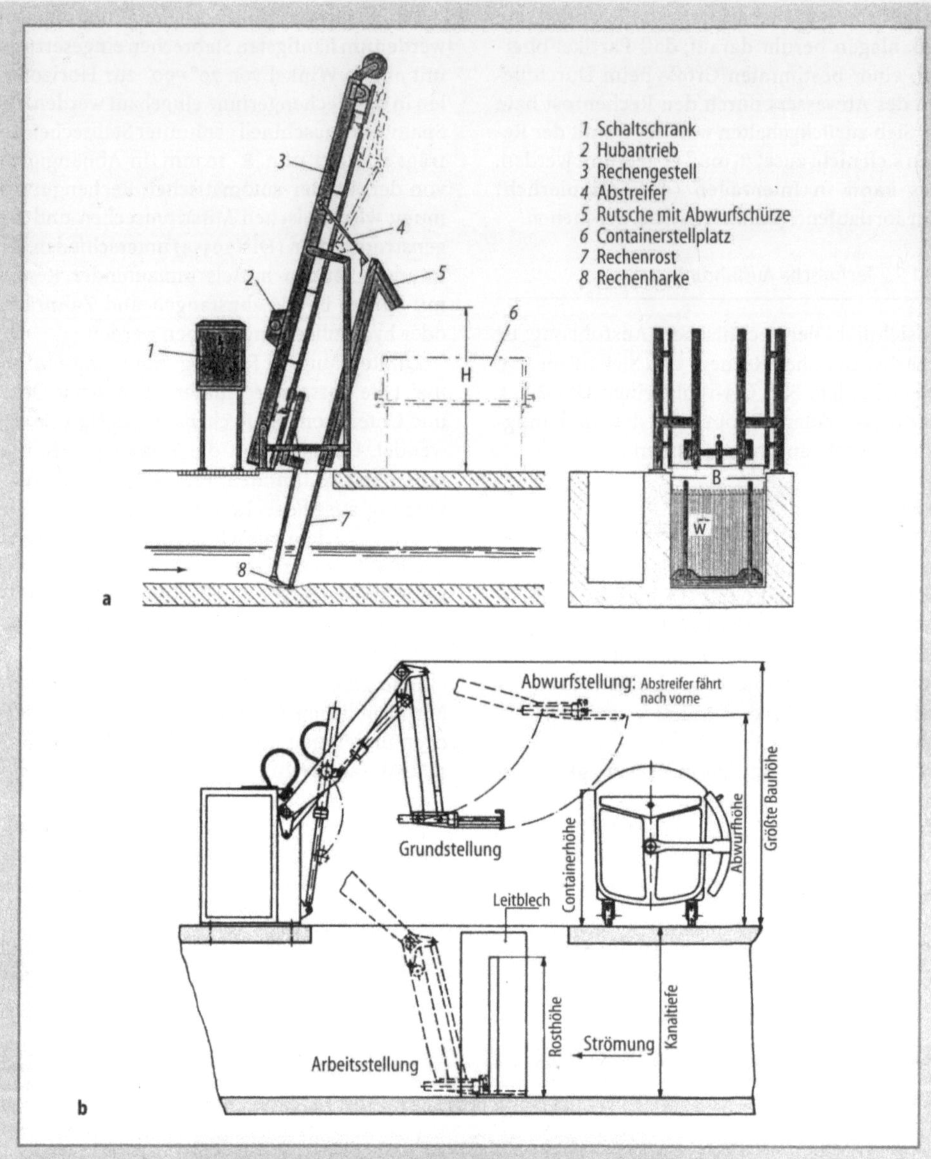

Bild G.3-2 Beispiel für verschiedene Bauarten von Stabrechen. **a** Mitstromrechen (Fa. Windhoff); **b** Gegenstromrechen (Fa. Hütten)

setzt werden, die Spaltweiten von $e = 1 - 8$ mm aufweisen können (DIN 19569). Zu beachten ist: Feinstrechen haben generell deutlich höhere Fließverluste als Feinrechen, so daß die Durchsatzleistung bei vorgegebenem Durchflußquerschnitt geringer ist. Bei größeren Anlagen kommt man i. allg. nicht umhin, einem Feinstrechen einen Grobrechen vorzuschalten, um die erforderliche Leistungsfähigkeit des Feinstrechens zu erhalten (zweistufige Rechenanlage).

Siebanlagen

Neben den Feinstrechen werden zunehmend auch Siebanlagen zur Entfernung von Rechengut eingesetzt. Siebanlagen werden gemäß DIN 19569 nach der Größe der Sieböffnung e eingeteilt in:

- Grobsiebe (e ≥ 1 mm),
- Feinsiebe (e ≤ 1 mm),
- Mikrosiebe (e < 0,05 mm).

Als erste Stufe einer Abwasserbehandlungsanlage, also zur Vorreinigung von Rohabwasser, haben nur die Grobsiebe Bedeutung, die in der Praxis mit Spaltweiten zwischen 1 mm und 8 mm eingesetzt werden.

Hinsichtlich der technischen Gestaltung unterscheiden sich die angebotenen Systeme erheblich voneinander. Besonders bei kleineren Durchflußmengen bis ca. 100 l/s haben sich Siebtrommeln mit integrierter Siebgutförderung und Siebgutpresse durchgesetzt. Diese kombinierten Anlagen zeichnen sich durch eine kompakte Bauweise aus. Die Transportentfernung und die Abwurfhöhe des Rechenguts sind aufgrund der Neigung und der maximalen Länge der integrierten Entwässerungs- und Förderschnecke begrenzt. Durch Kombination von Siebanlage und Sandfang in einer Maschine entstanden die sog. Kompaktanlagen, die zunehmend Verbreitung in kleinen Kläranlagen finden.

Eine weitere Variante der Siebanlagen sind horizontale Siebtrommeln, die entweder von außen nach innen oder von innen nach außen durchströmt werden (s. Bild G.3-3).

Zur Reinigung der Siebanlagen werden entweder rotierende Bürsten oder Spritzdüsen bzw. eine Kombination aus beidem eingesetzt. Durch Rotation der Siebtrommel wird die belegte Siebfläche in bestimmten Intervallen an der Reinigungseinrichtung vorbeigeführt, wobei das Siebgut entfernt wird. Wie bei Rechenanlagen auch, kann die Auslösung der Trommeldrehung und des Reinigungsvorgangs über die Wasserspiegeldifferenz zwischen Ober- und Unterstrom der Siebanlage bzw. über den Aufstau vor der Siebanlage geregelt werden.

Ganz ohne mechanische Reinigungseinrichtungen kommen statische Siebanlagen, z. B. Bogensiebe, aus, bei denen das Siebgut ausschl. durch die Abwasserströmung abtransportiert wird. Ihr Einsatz ist jedoch nur zu empfehlen, wenn sich Abwassermenge und -zusammensetzung wenig ändern und die zu entfernenden Stoffe keine feinen und faserbildenden Bestandteile enthalten. Bei der Siebung von Rohabwasser auf kommunalen Kläranlagen haben sie sich nicht durchgesetzt. Auf Kläranlagen werden sie vereinzelt anstelle von Absetzbecken eingesetzt, um Schlamm aus Biofilmanlagen (z. B. Tropfkörpern) grob abzuscheiden. Ebenso sind sie zur Vorbehandlung definierter Teilströme in Industriebetrieben geeignet.

Zu beachten ist bei der Planung von Siebanlagen, daß es bei hohen Wassermengen und entsprechend schneller Belegung der Siebe mit Siebgut zu erheblichen hydraulischen Problemen kommen kann. Für solche Fälle sind Sicherheitsmaßnahmen (Notumlauf, mehrstraßige Ausführung) vorzusehen, um ein unkontrolliertes Überlaufen der Zulaufgerinne zu vermeiden.

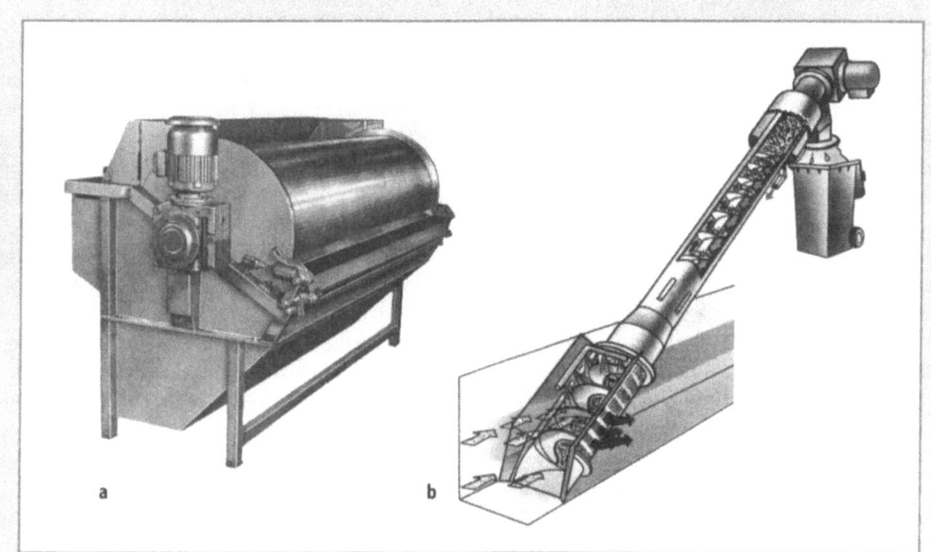

Bild G.3-3 Ausführungsbeispiele für Siebanlagen. **a** Siebtrommel; **b** Siebanlage mit integrierter Siebgutförderung (Fa. Noggerath & Co)

Mikrosiebe werden zur weitestgehenden Abtrennung feinster Feststoffpartikel aus speziellen industriellen Abwasserströmen eingesetzt. Im Bereich der kommunalen Abwasserreinigung können sie z. B. zur Nachreinigung hinter Absetzbecken angeordnet werden, um die Suspensagehalte im Ablauf einer Kläranlage weitestgehend zu minimieren [G.3.2] und stellen damit eine Alternative zu Filtrationsverfahren dar.

Rechengutpressen

Die aus Rechen- und Siebanlagen ausgetragenen Feststoffe sind sehr voluminös und enthalten noch viel Wasser. Zur Verminderung des Lager- und Transportvolumens ist deshalb eine Kompaktierung und Entwässerung des Rechenguts geboten. Die einfachste Lösung besteht darin, das geräumte Rechengut direkt in einen Container abzuwerfen, der mit einer Entwässerungseinrichtung (perforierter Doppelboden, Auslauföffnung) versehen ist. Das sich allmählich bildende Preßwasser kann so abgeführt werden; die Volumenreduzierung ist aber gering. Dieses System eignet sich deshalb allenfalls für sehr kleine Anlagen.

Aufgrund der gestiegenen Entsorgungskosten ist heute eine Entwässerung und Kompaktierung des Rechen- bzw. Siebguts in Rechengutpressen Stand der Technik. Am häufigsten werden hierzu Kolben- oder Schneckenpressen eingesetzt. Je nach Arbeitsprinzip wird das Rechengut mit einem Hydraulikstempel oder mit der sich drehenden Schnecke in das anschließende Rohr gedrückt, das am Anfang perforiert ist. In diesem perforierten Abschnitt kann das Preßwasser austreten und ablaufen; es wird in den Zulauf der Kläranlage zurückgeführt. Das gepreßte Rechengut wird in dem Rohr zum Rechengutcontainer oder zu einer Fördereinrichtung transportiert. Durch entsprechende Neigung und Länge des Rohres kann man die Abwurfhöhe in Grenzen an die örtlichen Erfordernisse anpassen.

Waschanlagen für Rechengut und Siebgut

Im Siebgut aus der Vorreinigung kommunaler Abwässer sind hohe Anteile organischer Inhaltsstoffe (Kotstoffe, Speisereste, Toilettenpapier usw.) enthalten, die zu Problemen bei der Entsorgung führen können. Dies gilt besonders beim Einsatz von Anlagen mit Spaltweiten < 8 mm. Durch eine Wäsche des Rechen- bzw. Siebguts ist es möglich, die Menge der zu entsorgenden Reststoffe und den Gehalt organischer Bestandteile zu reduzieren.

Das Grundprinzip aller technischen Konzepte zur Rechengutwäsche ist eine intensive Durchmischung des Rechenguts mit dem Waschwasser. Dies kann geschehen, indem mechanisch vorgereinigtes Abwasser durch Spritzdüsen mit dem Rechengut vermischt wird oder ein Gemisch aus Abwasser und Rechengut in einem Mischreaktor mechanisch verwirbelt wird. Die organischen Partikel werden dabei zerkleinert und aus dem Rechengut ausgewaschen. Das Waschwasser wird nach der Rechengutwäsche in einer Rechengutpresse abgeschieden und mit den ausgewaschenen Inhaltsstoffen in den Zulauf der Kläranlage zurückgeführt.

G.3.1.2.3 Auslegung und Bemessung von Rechen- und Siebanlagen

Im Gegensatz zu Stabrechen, für die es einen allgemein gültigen Bemessungssatz gibt [G.3.1], ist man bei Feinstrechen und Sieben auf die Angaben des jeweiligen Herstellers angewiesen. Die dort genannten Leistungsangaben beziehen sich oft auf eine saubere Maschine und Klarwasser. Bei der Auslegung für den praktischen Anwendungsfall müssen jedoch selbstverständlich der Feststoffgehalt des Abwassers und der im Betrieb zu erwartende Belegungsgrad des Siebs berücksichtigt werden. Im Zweifelsfall empfehlen sich Probeläufe vor Ort, bevor die Entscheidung für ein System und dessen Dimensionierung getroffen wird.

Folgende Empfehlungen sollten bei der Auslegung von Rechen- und Siebanlagen beachtet werden:

- Die erforderliche maximale Durchsatzleistung wird durch die Förderleistung von evtl. vorhandenen Zulaufpumpwerken bestimmt.
- Zur Vermeidung von Sandablagerungen soll die Fließgeschwindigkeit vor dem Rechen mindestens 0,5 m/s betragen. Sie soll aber nicht über 1,5 m/s liegen, damit kein Rechengut infolge erhöhter Strömungsenergie den Rechen passieren kann.
- Bei größeren Abwassermengen sind Rechenanlagen mehrstraßig auszuführen. Die Anzahl der jeweils betriebenen Anlagen kann dann den aktuellen Zuflüssen angepaßt werden. Ein weiterer Grund ist die Schaffung einer ausrei-

chenden Redundanz für wartungs- und reparaturbedingte Betriebsunterbrechungen.
- Rechen sind so anzuordnen, daß sie gleichmäßig angeströmt werden. Eine einseitige Anströmung, z. B. infolge von Umlenkungen im Oberwasser, führt zu erhöhtem Verschleiß der Räumeinrichtung durch einseitige Belastung.
- Materialauswahl: Feuerverzinkungen und Beschichtungen halten der mechanischen Beanspruchung oft nicht stand. Deshalb sollten zumindest die direkt mit Abwasser in Berührung kommenden Teile (Siebe, Rechenstäbe, Räumeinrichtung) aus Edelstahl hergestellt werden.
- In unserer Klimazone sind Rechenanlagen schon aus Gründen des gesicherten Winterbetriebs in Gebäuden aufzustellen. Dies gilt auch für die Rechengutbehälter (Container), da gefrorenes Rechengut nicht entleert werden kann. Auch aus Emissionsgründen ist i. allg. ein Rechengebäude erforderlich. Aus Arbeitsschutz- und Sicherheitsgründen muß das Gebäude zwangsbelüftet werden (etwa 5 Luftwechsel/h).
- Elektrische Schaltanlagen sollten aus Korrosionsschutzgründen immer in einem separaten Raum angeordnet werden. Durch eine Zwangsbelüftung von außen ist sicherzustellen, daß die aggressive Atmosphäre aus dem Rechengebäude nicht in den Schaltraum gelangt.

G.3.1.2.4 Reststoffe aus Rechen- und Siebanlagen

Menge und Beschaffenheit des zu entsorgenden Rechen- bzw. Siebguts hängen von der Durchgangsweite der Rechenanlage ab. Nach Imhoff [G.3.3] ist im Zulauf einer kommunalen Kläranlage bei einem Feinrechen mit einer Rechengutmenge von etwa 5–15 l/(E × a) zu rechnen. Beim Einsatz einer Siebung sind bis zu 35 l/(E × a) zu entsorgen.

Charakteristische Kennwerte für ungepreßtes Rechen- bzw. Siebgut sind:
- Dichte 0,7 – 0,8 t/m^3
- Wassergehalt 85 – 90 %.

Mit einer Rechengutpresse kann der Wassergehalt auf ca. 70 – 80 % reduziert werden.

Die genannten Rechen- und Siebgutmengen können nur grobe Anhaltswerte sein. Die tatsächlich zu entsorgenden Reststoffmengen variieren stark in Abhängigkeit von den jeweiligen Randbedingungen und Abwassereigenschaften. Im Zweifelsfall, z. B. bei speziellen Industrieab-

wässern, sollten die Mengen in Versuchen ermittelt werden.

G.3.1.3 Sandfänge

G.3.1.3.1 Verfahrensgrundsätze und
          Behandlungsziele

Sandfänge sind vom Abwasser durchflossene Gerinne bzw. Beckenbauwerke, in denen im Abwasser enthaltene mineralische Partikel abgeschieden werden. Dabei wird das höhere spezifische Gewicht der mineralischen Feststoffe genutzt, um sie im Schwerkraftfeld aus dem Abwasserstrom zu entnehmen. Neben der Partikeldichte ist nach dem Stokeschen Gesetz die Größe der Partikel entscheidend für ihre Abscheidung in einem Sandfang.

Der im Zulauf einer Abwasserbehandlungsanlage enthaltene Sand stammt im wesentlichen aus der Entwässerung von Straßen und anderen befestigten Oberflächen. Regen kann den Sandanfall temporär erhöhen, da neben dem von Oberflächen abgespülten Sand auch im Kanal abgelagerte mineralische Partikel aufgewirbelt und zur Kläranlage transportiert werden („Spülstoß").

Üblicherweise wird der Sandfang als Bestandteil der mechanischen Abwasserreinigung der Rechen- bzw. Siebanlage nachgeschaltet. Das Ziel der Abwasserbehandlung im Sandfang ist es, die nachfolgenden Stufen der Abwasserbehandlung zu schützen und Sandablagerungen, z. B. im Belebungsbecken, zu verhindern. Ist die Sandabscheidung unzureichend, so sind langfristig Probleme in den weiteren Behandlungsstufen zu befürchten, z. B.:
- Ablagerungen in den folgenden Becken,
- erhöhter Verschleiß an allen mechanischen Teilen, wie Pumpen, Rührwerken, Räumeinrichtungen,
- Zusetzen von Rohleitungen durch Versandung, insbesondere im Bereich von Schlammtrichtern und Schlammleitungen.

Soll eine möglichst vollständige Abscheidung der mineralischen Partikel im Sandfang erreicht werden, so wird andererseits eine möglichst geringe Abscheidewirkung bzgl. organischer Partikel angestrebt. Die Dimensionierung von Sandfanganlagen ist deshalb als Optimierungsprozeß zu verstehen. Als Grundregel ist jedoch zu berücksichtigen, daß im Zweifelsfall immer einer möglichst vollständigen Sandabscheidung der Vorrang gegeben werden sollte, und eine etwas höhere organische Belastung des Sandfangguts in Kauf genommen werden kann.

Zu unterscheiden sind 2 grundsätzlich unterschiedliche verfahrenstechnische Lösungen
– der unbelüftete Sandfang und
– der belüftete Sandfang,
die beide in verschiedenen technischen Formen ausgebildet werden können. Langsandfänge, die im folgenden näher betrachtet werden, sind am häufigsten vertreten. Daneben sind Rundsandfänge (belüftet und unbelüftet) sowie weitere herstellerspezifische Lösungen möglich [G.3.4]. Außerdem kann man zur Sandabscheidung auch Hydrozyklone einsetzen. Ihr Einsatz bleibt auf spezielle Anwendungsfälle in der Industrieabwasserreinigung oder als Teil sog. Sandwaschanlagen beschränkt.

G.3.1.3.2 Technische Ausführung

Unbelüfteter Langsandfang

Unbelüftete Langsandfänge gehören zu den Flachsandfängen. Sie bestehen aus Gerinnen mit rechteckigem oder trapezförmigem Fließquerschnitt. Optimal für die Funktion eines unbelüfteten Langsandfangs wäre die Einhaltung einer konstanten horizontalen Fließgeschwindigkeit von $v = 0{,}2 - 0{,}3$ m/s. Bei dieser Geschwindigkeit wird der Sand relativ vollständig abgeschieden, während die organischen Inhaltsstoffe in Schwebe gehalten und mit in die nachfolgenden Stufen verfrachtet werden. In der Praxis schwanken die Abwassermengen im Zulauf einer Abwasseranlage aber zumeist stark. Bei großen Kläranlagen kann man dieses Problem lösen, indem man mehrere Sandfänge parallel anordnet und in Abhängigkeit von der Wassermenge eine oder mehrere Kammern betreibt. Weiterhin ist es möglich, im gewissen Rahmen die Fließtiefe der Durchfluß-

menge anzupassen, z.B. durch entsprechend geformte Überfallwehre im Ablauf des Sandfangs. Für die Beschreibung der Geometrie gelten die in Bild G.3-4 dargestellten Symbole und Beziehungen. Typische Abmessungen von unbelüfteten Sandfängen sind:

$$I_{SF} < 30 \text{ m}$$
$$h_{SF} = 0{,}02 - 0{,}07 \, I_{SF}$$
$$b_{SF} \geq 0{,}40 \text{ m}$$

Belüfteter Langsandfang

Beim belüfteten Sandfang ist auch bei unterschiedlichen Durchflußmengen eine sehr gleichmäßige Wirkung zu erreichen. Die Sedimentation der mineralischen Stoffe wird durch eine mittels Belüftung erzeugte gleichmäßige Umwälzströmung kontrolliert. Somit ist die Strömungsgeschwindigkeit im Wasserkörper weitgehend unabhängig von der aktuellen Durchflußmenge. Langsandfänge bestehen aus einem Gerinne ($15 \text{ m} < I_{SF} < 60 \text{ m}$) mit an einer Längswand angeordneten Belüftungsvorrichtungen. Die Sohle wäre idealerweise halbkreisförmig profiliert, mit einer in der Mittel liegenden Sandsammelrinne. In der Praxis wird das Gerinne aus Kostengründen, wie in Bild G.3-5 dargestellt, profiliert. Zur Belüftung werden grobblasige Belüfter (Belüftungsrohre) eingesetzt, die einen Abstand von ca. $0{,}5 - 1{,}0$ m haben. Zur Einstellung der optimalen Luftmenge sollten die Sandfanggebläse regelbar ausgeführt sein.

In Bild G.3-5 ist ferner der in das Bauwerk integrierte Fettfang dargestellt. Dabei handelt es sich um ein schmaleres Gerinne, das durch eine Tauchwand vom eigentlichen Sandfang abgetrennt wird. Hier werden, unterstützt durch die flotierende Wirkung der Luft, aufschwimmende Stoffe, wie im Zulauf vorhandene Fette, abgeschieden.

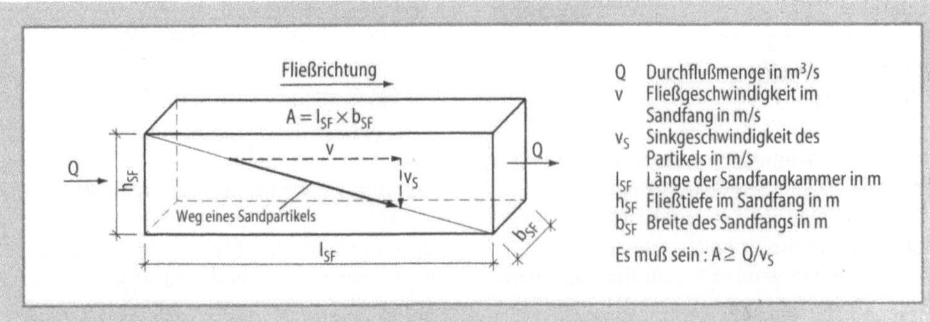

Bild G.3-4 Geometrische Zusammenhänge für Absetzvorgänge im Sandfang (verändert nach [G.3.1])

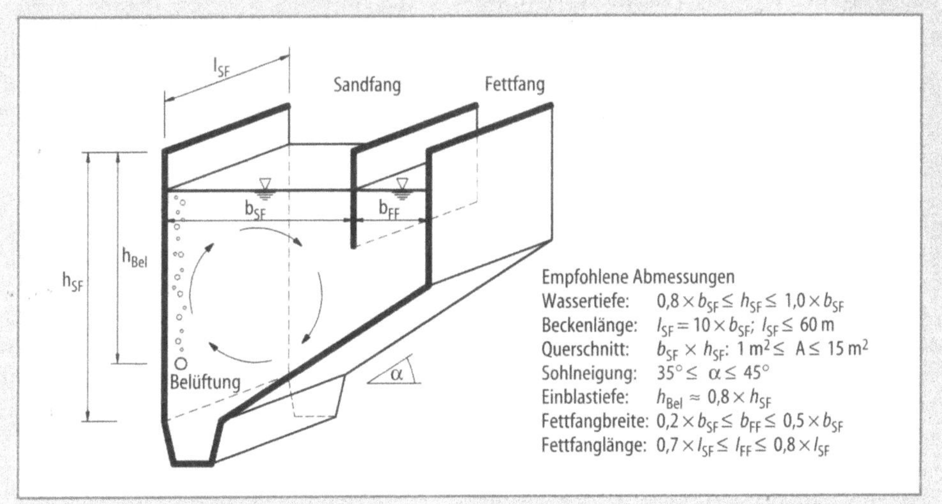

Bild G.3-5 Sektion eines belüfteten Sandfangs mit Fettfang und Angaben zu üblichen geometrischen Kennwerten

Die zu erwartende Abscheideleistung eines belüfteten Sandfangs beträgt:
> 90 % für mineralische Partikel mit ø > 0,2 mm,
> 50 % für mineralische Partikel mit ø 0,1 mm.

Für feinere Partikel < 0,07 mm wird kaum noch eine Abscheideleistung erreicht.

Vereinzelt gibt es auch Sandfänge, in denen die Walze hydraulisch, d.h. durch das Zuführen von Wasser über die Sandfanglänge, erzeugt wird. Gegenüber belüfteten Sandfängen haben diese den Vorteil, keinen Sauerstoff in das Abwasser einzutragen. Damit wird ein für die biologische Nährstoffelimination ungünstiger Vorabbau von organischen Verbindungen vermieden.

Räumung und Entwässerung des Sandfangguts

Heute gehört eine automatische Räumeinrichtung aus Gründen des Arbeitsschutzes zum Standard einer Sandfangausrüstung. Bei Langsandfängen können fahrbare Räumerbrücken mit Räumschilden oder in Längsrichtung an der Sohle angeordnete Räumschnecken eingesetzt werden. Der Sand wird durch diese Räumeinrichtungen in Sammeltrichter geschoben und von dort weiter gefördert. Er kann auch durch an der Räumerbrücke befestigte Pumpen direkt in eine Sandsammelrinne gefördert werden. Dann fließt das Sand-Wasser-Gemisch in der Rinne zur Weiterbehandlung. In Rundsandfängen werden zumeist Rundräumer eingesetzt, die von einer zentralen vertikalen Welle angetrieben werden.

Die zur Sandförderung eingesetzten Pumpen müssen robust und leicht zu reinigen und zu warten sein. Oft werden Drucklufttheber („Mammutpumpen") eingesetzt, die zwar einen niedrigen mechanischen Wirkungsgrad haben, aber sehr robust und verschleißfest sind.

Das als Sand-Wasser-Gemisch geförderte Sandfanggut muß anschließend entwässert werden. Dazu können in Abhängigkeit von den technischen Randbedingungen z.B. Pendel-/Pilgerschrittklassierer, Schneckenklassierer oder Hydrozyklone eingesetzt werden. In diesen Maschinen sollen gleichzeitig auch feine organische Partikel vom Sand getrennt werden.

Bei kleineren Anlagen werden z.B. Hydrozyklone auf die Räumerbrücke montiert, so daß kein separater Anlagenteil erforderlich wird. Problematisch ist dabei oft der Winterbetrieb, bei dem durch Einfrieren die Anlage teilweise oder ganz ausfallen kann. Bei separater Anordnung werden die Klassierer meist in einem Gebäude aufgestellt und über Rohrleitungen oder Gerinne beschickt.

G.3.1.3.3 Bemessung von Sandfängen

Unbelüftete Sandfänge: Maßgebend bei der Bemessung unbelüfteter Sandfänge ist der maximale Abwasserzufluß, mit dem folgende Größen zu berechnen sind:
- Die Flächenbeschickung $q_A = Q/A$ in m³/ (m²×h), die von der Sinkgeschwindigkeit der abzuscheidenden Sandpartikel abhängt. Um

Sand der Körnung 0,2 mm abzuscheiden, muß $q_A \leq 20$ m/h sein.

- Die horizontale Strömungsgeschwindigkeit (v in m/s). Sie soll $v \leq 0,3$ m/s für die maximale Abwassermenge sein.

Belüftete Sandfänge: Um Sande mit Korndurchmessern von $\geq 0,2$ mm weitestgehend, d.h. zu über 90 %, abzuscheiden, muß die Verweilzeit im belüfteten Sandfang mindestens $t_R = 10$ min sein. Als weiteres Bemessungskriterium soll die horizontale Fließgeschwindigkeit $v \leq 0,2$ m/s sein. Die seitlich parallel zur Sandfangkammer angeordnete Fettfangtasche ist nach Stein (1992) mit einer Flächenbeschickung von $q_A = 25$ m/h bei maximalem Zufluß zu bemessen. Empfohlen wird eine Fettfanglänge von 70 – 80 % der Sandfanglänge.

Detailliertere Hinweise zur Bemessung von Sandfängen sind in der einschlägigen Literatur, z.B. [G.3.1], zu finden.

G.3.1.3.4 Menge, Beschaffenheit und Entsorgung von Sandfanggut

Im Zulauf kommunaler Kläranlagen sind während Trockenwetterphasen im wesentlichen feine Sande mit Korndurchmessern zwischen 0,1 und 0,3 mm enthalten, wobei der größte Anteil im Bereich um 0,2 mm liegt. Die Menge der im Kläranlagenzulauf enthaltenen mineralischen Partikel beträgt bei Trockenwetter 10 – 60 g/m³. Bei Regenereignissen können jedoch auch abgelagerte Sande aus dem Kanalnetz mit Durchmessern von bis zu 3 mm der Kläranlage zufließen.

Die zu entsorgende Sandfanggutmenge hängt stark von den örtlichen Gegebenheiten ab. Bei kommunalem Abwasser schwanken die Werte i. allg. zwischen 20 und 200 l pro 1000 m³ Abwasser bzw. zwischen 2 und 5 l/Einwohner und Jahr [G.3.3].

Bei Industrie- und Gewerbeabwasser können die Verhältnisse sich deutlich davon unterscheiden, so daß allgemeingültige Angaben nicht möglich sind.

Üblicherweise liegt der organische Anteil im Sandfanggut auch bei großzügig bemessenen Sandklassierern deutlich über 5 %, so daß nach Beendigung der Übergangsfrist der TA Siedlungsabfall eine Ablagerung des unbehandelten Sandfangguts auf Deponien nicht mehr in Frage kommen wird. Aus diesem Grunde werden in neuerer Zeit vermehrt Anlagen zur Sandwäsche ein-

gesetzt. Die Sandwäsche hat das Ziel, die organische Restverschmutzung des Sandfangguts zu reduzieren. Neben der Einhaltung der Deponiekriterien der TA Siedlungsabfall wird angestrebt, den Sand soweit zu reinigen, daß er als Baustoff im Erdbau verwendet werden kann [G.3.5].

G.3.1.4 Absetzbecken

G.3.1.4.1 Verfahrensgrundsätze und Behandlungsziele

Absetz- und Sedimentationsbecken werden eingesetzt, um suspendierte Feststoffe mittels Schwerkraft vom Abwasser zu trennen. Es handelt sich dabei im Gegensatz zu den in Sandfängen abgeschiedenen Stoffen zumeist um Schlämme organischer und/oder anorganischer Natur, die zur Flockenbildung neigen. Absetzbecken werden zumeist kontinuierlich mit sehr niedriger Fließgeschwindigkeit vom Abwasser durchströmt, wobei aufgrund der Dichteunterschiede eine Trennung des Klarwassers von sedimentierenden Feststoffen erreicht wird. Letztere sinken zu Boden und können abgeschieden werden. In selteneren Fällen werden Absetzbecken auch diskontinuierlich betrieben (Chargenbetrieb).

Entsprechend dem Einsatzort und der Aufgabenstellung können Absetzbecken innerhalb von Abwasserbehandlungsanlagen an verschiedenen Stellen integriert werden, z.B. als

- Vorklärbecken: Hier haben sie die Aufgabe, im Rohwasser vorhandene Suspensa, die nicht mineralischer Natur sind und somit den Sandfang passieren, abzutrennen. Da sich an Vorklärbecken zumeist weitere Behandlungsstufen anschließen, ist ein Abscheidegrad von $\eta = 70$ % der im Zulauf enthaltenen abfiltrierbaren Stoffe ausreichend.
- Nachklärbecken: In diesem Fall ist das Absetzbecken oft die letzte Stufe vor Einleitung des gereinigten Abwassers in ein Gewässer. Deshalb muß hier der in der vorangegangenen (biologischen oder chemisch/physikalischen) Behandlungsstufe gebildete Schlamm weitgehend abgeschieden werden. Vom erreichten Abscheidegrad hängt die Reinigungsleistung der gesamten Abwasserbehandlung maßgeblich ab. In Abläufen gut funktionierender Nachklärbecken liegen die Feststoffgehalte unter 10 – 20 mg/l.
- Eindicker: Hier kommt es nicht so sehr auf eine gute Qualität des Klarlaufs an. Das Ziel ist vielmehr die Erreichung möglichst hoher Fest-

stoffgehalte im sedimentierten Schlamm, um das zu behandelnde Schlammvolumen zu verringern.

G.3.1.4.2 Technische Ausführung

Absetzbecken können unterschiedlich ausgebildet werden. Eine Einteilung der konventionellen Sedimentationsbecken nach Geometrie und Räumsystem zeigt Bild G.3-6.

Horizontal durchströmte Becken

Absetzbecken werden in der Abwassertechnik vorwiegend als horizontal durchströmte Becken eingesetzt. Dabei können sie als von innen nach außen durchströmte Rundbecken oder als längsdurchströmte Rechteckbecken ausgebildet sein. All diesen Becken sind folgende Konstruktionselemente gemeinsam:

- Abwasserverteilung im Beckenzulauf, d.h. in Beckenmitte bei Rundbecken bzw. an einer Schmalseite bei Rechteckbecken. Die Verteilungseinrichtung muß so gestaltet sein, daß das zufließende Abwasser gleichmäßig über den gesamten Beckenquerschnitt verteilt wird. Die kinetische Energie muß weitestgehend umgewandelt werden. Kurzschlußströmungen sind zu vermeiden.
- Klarwasserabzug über den Beckenradius bei Rundbecken bzw. am dem Zulauf gegenüberliegenden Beckenende bei Rechteckbecken. Dazu können Überfallwehre eingesetzt werden, die als Zahnschwellen nach DIN 19558 aus-

gebildet werden. Durch große Wehrlängen werden auch bei wechselnden Durchflüssen gleichbleibend geringe Überfallhöhen von wenigen Zentimetern erreicht. Auch andere Lösungen, wie dicht unterhalb des Wasserspiegels angeordnete gelochte Rohre, sind möglich und finden zunehmend Anwendung. Entscheidend zur Sicherstellung eines feststoffarmen Ablaufs ist der gleichmäßige Abzug des Klarwassers über den Beckenumfang bzw. die Beckenbreite.

- Schlammräumsystem: Da der Schlamm auf der gesamten Beckensohle sedimentiert, muß er mechanisch gesammelt und entfernt werden. Der geräumte Schlamm soll eine möglichst hohe Feststoffkonzentration haben, um den Schlammvolumenstrom zu minimieren.
- Schwimmstoffentfernung: In den meisten Fällen ist nicht auszuschließen, daß ein Teil der abzutrennenden Partikel nicht absinkt, sondern zur Wasseroberfläche aufschwimmt. Deshalb sollten Absetzbecken über Einrichtungen zur Sammlung und Ableitung von Schwimmstoffen verfügen.

Bild G.3-7 zeigt Schnitte eines rechteckigen und eines runden Absetzbeckens. Generell sind mit Schild- bzw. Bandräumern höhere Feststoffgehalte im abgezogenen Schlamm zu erreichen, da der Schlamm im Trichter eindickt. Baulich ist aufgrund der geneigten Beckensohle und der tiefen Trichter die Erstellung von Becken mit Schildräumern jedoch aufwendig, weshalb besonders bei schwierigen Baugrundverhältnissen

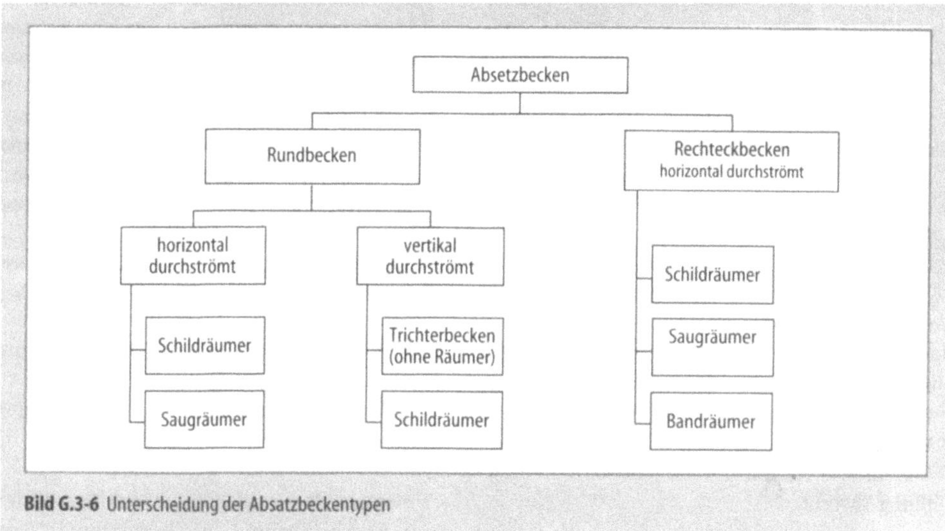

Bild G.3-6 Unterscheidung der Absatzbeckentypen

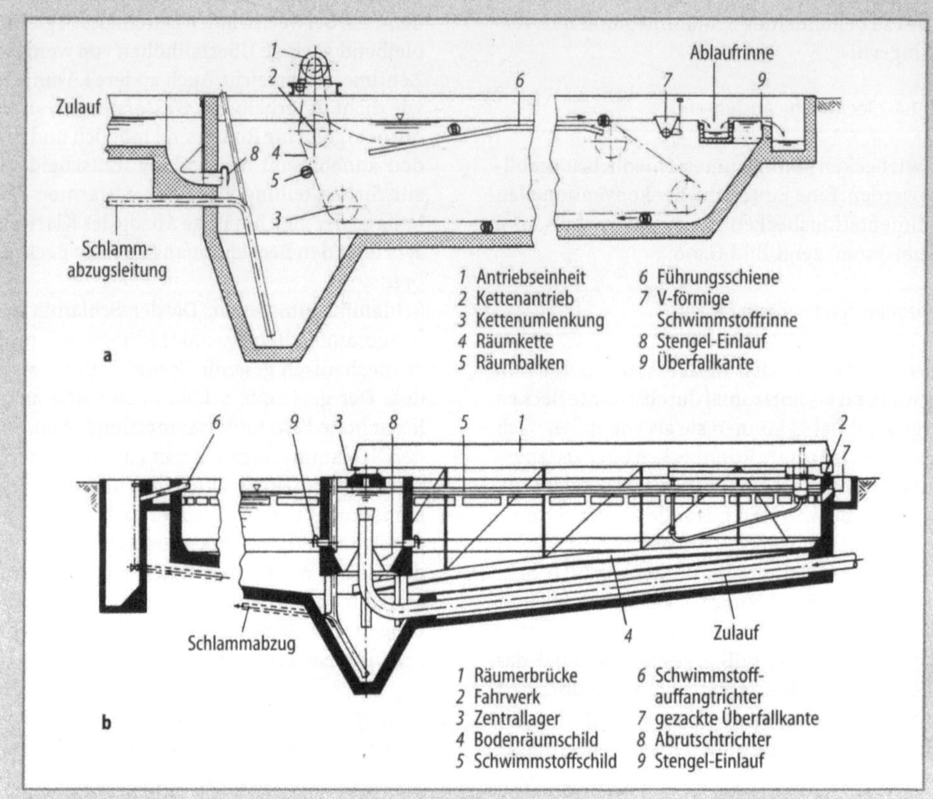

Bild G.3-7 Schnitte durch ein rechteckiges (**a**) und ein rundes (**b**) Absetzbecken (Fa. Passavant)

oft Saugräumer bevorzugt werden. Bei Längsbecken haben sowohl Schild- als auch Saugräumer den Nachteil, daß der Schlamm nur diskontinuierlich geräumt wird. Das kann besonders bei erhöhten Zulaufmengen zu Schlammabtrieb im Klarwasser führen. Hier sind Ketten- bzw. Bandräumer das überlegene System, bei dem allerdings die Zahnräder und Ketten dem Abwasser ständig ausgesetzt sind und einem entsprechenden Verschleiß unterliegen.

Vertikal durchströmte Becken

Vertikal durchströmte Becken werden überwiegend als Rundbecken ausgebildet. Sie sind im Verhältnis zu ihrem Durchmesser sehr tief, so daß die Abwasserströmung vorwiegend vertikal aufwärts gerichtet ist. Ihr Einsatz ist auf kleine Beckendurchmesser bis 12 m begrenzt. Die Sohle wird oft als Trichter ausgebildet, in den der sedimentierte Schlamm ohne mechanische Räumung absinkt.

Lamellenklärer

Die hydraulische Leistung von Sedimentationsbecken kann gesteigert werden, wenn geneigte Flächen in Form von Lamellen oder Röhren in den Wasserkörper eingesetzt werden. Die Lamellen werden als vorgefertigte Pakete aus Kunststoff eingebracht. Die Feststoffe müssen dann nur bis auf die schräggestellten Flächen sedimentieren, wo sie sich sammeln und nach unten abrutschen. Voraussetzungen für das Funktionieren von Lamellenklärern (auch Parallelplattenabscheider genannt) sind:
- gleichmäßige Anströmung der Klärflächen,
- vollständiges Abrutschen des Schlamms bis unter die Pakete,
- gleichbleibend glatte Oberflächen der eingebauten Pakete,
- vollständige Flockenbildung vor Eintritt des Abwassers in den Lamellenklärer.

Unterschieden werden Lamellenklärer nach ihrer Durchströmung in Gleichstrom-, Gegen-

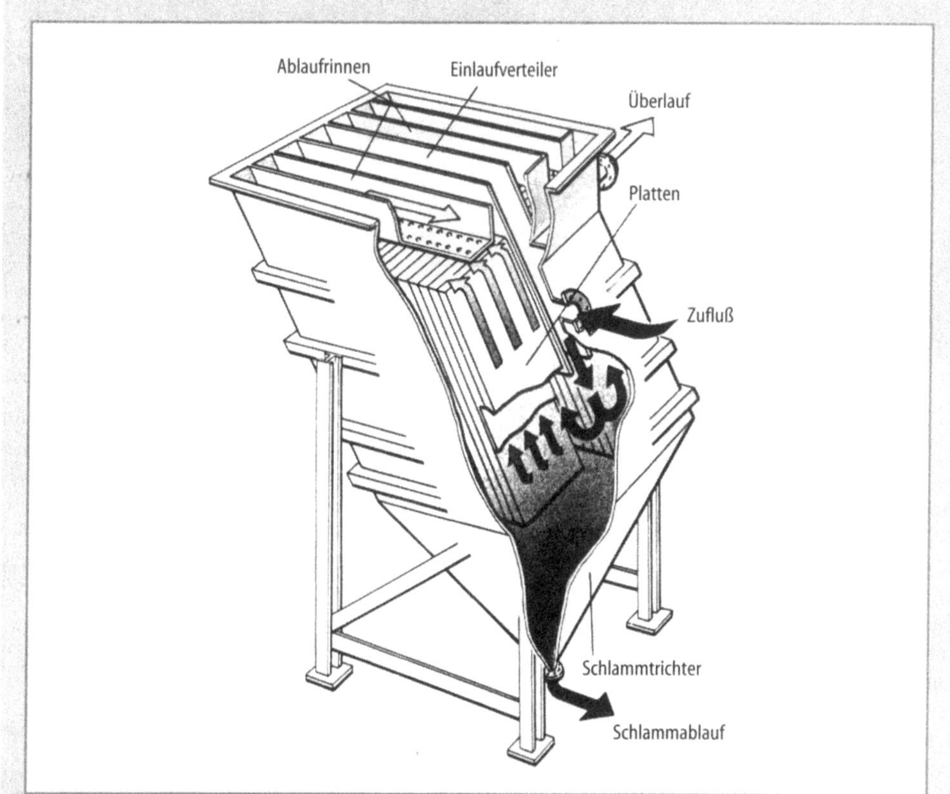

Bild G.3-8 Prinzip eines Lamellenklärers (Werkszeichnung Fa. Axel Johnson Engineering)

strom-, Querstrom- und Kreuzstromabscheider. Am häufigsten werden Gegenstromabscheider eingesetzt, wobei die Neigung der Absetzflächen gegen die Horizontale 55–60° beträgt. Üblich sind Plattenabstände im Bereich von 40–80 mm (Bild G.3-8).

Sonderformen

Es gibt eine Vielzahl von Sonderformen für Absetzbecken. Genannt werden sollen hier die Kombinationsbecken, bei denen in der Beckenmitte ein Flockungsreaktor integriert ist. Sie eignen sich besonders zur chemischen Fällung oder zur Neutralisation und Flockung von Industrieabwässern. Das Abwasser reagiert nach Einleitung in das Becken mit den dort zudosierten Chemikalien, so daß ein Flockungsbecken als separates Bauwerk entfallen kann. Um die Effizienz der Fällung/Flockung zu steigern, kann der sedimentierte Schlamm in den Flockungsreaktor zurückgeführt werden („Schlammkontaktverfahren").

G.3.1.4.3 Bemessung von Absetzbecken

Die wesentliche Bemessungsgröße für die Dimensionierung aller Absetzbecken ist die Flächenbeschickung:

$$q_A = Q/A$$

q_A Flächenbeschickung [m/h]
Q Durchflußmenge [m³/h]
A Oberfläche des Absetzbeckens [m²]

Anschaulich ist dies die abfließende Abwassermenge bezogen auf die Oberfläche des Absetzbeckens. Sie muß kleiner sein als die Sinkgeschwindigkeit der abzuscheidenden Schlammpartikel.

Ein weiteres Bemessungskriterium ist die Aufenthaltszeit im Absetzbecken, die mit der Flächenbeschickung über die Beckentiefe nach folgender Gleichung gekoppelt ist:

$$t_R = Q/V = h/q_A$$

t_R mittlere Aufenthaltszeit [h]

Einsatz als	Flächenbeschickung q_A (m/h)	Aufenthaltszeit t_R (h)	Beckentiefe h (m)
Vorklärung	2,5 – 4,0	0,5 – 1,0	2,0 – 2,5
Nachklärung nach Belebungsanlagen	0,5 – 1,0	4,0 – 7,0	3,0 – 4,5
Nachklärung nach Tropfkörperanlagen	0,4 – 1,0	1,5 – 4,0	2,5 – 3,5
Nachklärung nach Anaerobanlagen	0,2 – 0,5	8,0 – 15,0	3,0 – 4,0
Sedimentation nach Fällung/Flockung	0,7 – 1,2	2,5 – 6,0	2,0 – 4,0

V Volumen des Absetzbeckens [m³]
h Wassertiefe des Absetzbeckens [m]

Anschaulich ist t_R die durchschnittliche Verweilzeit des Abwassers im Absetzbecken. Faustwerte zur Auslegung von Absetzbecken für bestimmte Einsatzbereiche enthält Tabelle G.3-1. Besonders bei der Schlammabtrennung im Rahmen chemisch/physikalischer Behandlungsanlagen wie Flockung/Fällung, Neutralisation ist jedoch im Einzelfall über die Bemessung zu entscheiden. Zur Charakterisierung der Sedimentationseigenschaften von Schlämmen dient der Schlammvolumenindex

$$SVI = SV/c_{TS}$$

SVI Schlammvolumenindex [ml/g]
SV Schlammvolumen nach 30 min Absetzdauer im 1 l-Standzylinder [ml/l]
c_{TS} Feststoffgehalt im Zulauf zum Absetzbecken [g/l]

Wenn genaue Angaben über Dichte und Konzentration der abzuscheidenden Partikel vorhanden sind, können als Bemessungsgrößen auch die Schlammvolumenbeschickung $(Q \times SV/A)$ oder die Feststoffflächenbeschickung $(Q \times c_{TS}/A)$ verwendet werden.

Besondere Bedeutung haben Nachklärbecken von Belebungsanlagen. Dort kommt es nicht nur darauf an, einen feststoffarmen Ablauf zu erzeugen. Es muß außerdem der sedimentierte Schlamm als sog. Rücklaufschlamm wieder in das Belebungsbecken zurückgeführt werden. Dieser Schlamm enthält die aktive Bakterienmasse, die für die biologischen Umsetzungsvorgänge im Belebungsbecken benötigt wird. Je höher die Konzentration im Rücklaufschlamm ist, um so höher kann auch die Belebtschlammkonzentration und damit die Umsatzleistung im

Belebungsbecken sein. Damit ist die Funktion des Nachklärbeckens mit entscheidend für die Abbauleistung im Belebungsbecken. Ein detaillierter Bemessungsansatz hierzu ist z.B. in [G.3.1] zu finden.

Übliche Abmessungen für horizontal durchströmte Absetzbecken sind:
Rechteckbecken: $L < 50$ m; $B < 10$ m;
                    Verhältnis $L/B = 5:1 - 10:1$;
                    Sohlneigung 1:100
Rundbecken: ø < 60 m: Sohlneigung 1:15

Zur Sicherstellung gleichmäßiger Ablaufverhältnisse sollten die Beschickungen der Überfallkanten q folgende Werte nicht überschreiten:
Vorklärbecken: $q \leq 30$ m³/(m × h)
Nachklärbecken: $q \leq 12$ m³/(m × h)

Üblich für die Auslegung von Lamellenklärern ist eine auf die horizontale Projektion der Abscheiderflächen bezogene Flächenbeschickung von $q_A = 0{,}5{-}0{,}8$ m/h.

G.3.1.4.4 Menge und Beschaffenheit der Reststoffe

Art und Menge der anfallenden Schlämme werden von der Abwasserzusammensetzung bestimmt. Die Feststofffracht kann mittels einer Massenbilanz abgeschätzt werden, wenn die Feststoffkonzentration im Zulauf sowie die Abscheideleistung des Absetzbeckens bekannt sind. Das zu entnehmende Schlammvolumen, das weiterbehandelt werden muß, ist um so geringer, je höher die Feststoffkonzentration des Schlamms ist. Folgende Richtwerte können genannt werden:
- Vorklärbecken kommunaler
  Kläranlagen: $30-50$ kg/m³,
- Nachklärbecken kommunaler
  Kläranlagen: $8-15$ kg/m³,

– Absetzbecken chemisch/
physikalischer Anlagen: 10 – 40 kg/m³ .

Bei tiefen Schlammtrichtern in Verbindung mit diskontinuierlicher Räumung sind bis zu 60 kg/m³ erreichbar. Eine Verbesserung der Absetzbarkeit und des Eindickverhaltens der Schlämme kann in vielen Fällen durch Zugabe von Flockungshilfsmitteln (organische Polymere) erreicht werden.

G.3.1.5 Leichtstoffabscheider

G.3.1.5.1 Verfahrensgrundsätze und Behandlungsziele

Zur Abtrennung von Partikeln, die leichter als das umgebende Medium (also Wasser) sind, kann wie bei der Sedimentation der Dichteunterschied zur Phasentrennung genutzt werden. Dabei schwimmen die Partikel auf und bilden eine Flotatschicht, die aus dem System entfernt werden muß.

Zu unterscheiden sind nach ihrem Einsatzbereich, aber auch nach der technischen Ausbildung
– Leichtflüssigkeits- und Fettabscheider einfacher Bauweise zur Abwasservorbehandlung vor der Einleitung in ein öffentliches Kanalnetz,
– Flotationsanlagen als Teil eines Abwasserbehandlungsprozesses.

Als Alternative zur Sedimentation wird die Flotation eingesetzt, wenn die zu entfernenden Partikel (z. B. Öle, Fette) eine geringe Dichte haben. Solche Stoffe flotieren in einem Absetzbecken ohne weiteres. Dies macht man sich in einfachen Leichtstoffabscheidern zunutze. Deshalb sollten auch die Absetzbecken immer mit Schwimmschlammräumern ausgerüstet werden, wenn Leichtstoffe im Zulauf vorhanden sein können.

In technischen Flotationsanlagen werden Gasblasen im Wasser fein dispergiert, so daß sie sich an den Oberflächen der abzuscheidenden Partikel anlagern. Die so gebildeten Agglomerate weisen ein geringes spezifisches Gewicht auf, so daß die Aufstiegsgeschwindigkeit der Partikel erhöht wird. Sogar Schlämme mit höherer Dichte als Wasser können auf diese Weise mittels Flotation abgetrennt werden. Dies ist besonders dann vorteilhaft, wenn es sich um Schlämme handelt, die zur Bildung voluminöser Flocken neigen (z. B. Schlämme aus der biologischen Behandlung mit sehr geringen mineralischen Anteilen, leichte Hydroxidschlämme). Die Aufstiegsgeschwindigkeit

ist größer als die Sinkgeschwindigkeit beim Einsatz der Sedimentation, was zu geringeren Beckenabmessungen führt. Außerdem ist im Vergleich zu Absetzbecken die erzielbare Feststoffkonzentration des Flotats höher.

G.3.1.5.2 Technische Ausrüstung

Leichtflüssigkeits- und Fettabscheider

Als Vorbehandlungsanlagen zum Einsatz in der Grundstücksentwässerung gibt es Fett- und Leichtflüssigkeitsabscheider in Fertigteilbauweise. Sie werden außerhalb von Gebäuden ins Erdreich eingelassen. Ihr Einsatzbereich ist primär die Behandlung von Abwässern aus kleinen bis mittleren Betrieben, z. B. Lebensmittelverarbeitung, Großküchen, Tankstellen usw. vor der Einleitung in das öffentliche Kanalnetz. Die Durchflußmengen dieser einfachen Abscheider sind begrenzt (DIN 1999, 4040). Den Abscheidern ist zumeist ein Schlammfang, ebenfalls als Fertigteil, vorgeschaltet, um Sinkstoffe vor Eintritt des Abwassers in den Leichtstoffabscheider zu entfernen.

Die Anlagen sind sehr einfach unter Verzicht auf maschinelle Einrichtungen aufgebaut. Sie werden in Intervallen bzw. in Abhängigkeit von der angesammelten Flotatmenge mit Saugwagen angefahren und entleert. Bei hohen Anteilen dispergierter Öle ist eine ausreichende Abscheidung oft nicht möglich. Dann kann die Flotationswirkung durch einen Koaleszensfilter verbessert werden. Dabei wird das Abwasser durch den Filter geleitet, der aus feinem hydrophoben Material besteht, z. B. aus Kunststoffgittern. Die emulgierten Ölpartikel vereinigen sich bei Kontakt mit den Kunststoffflächen zu größeren Tröpfchen, die schließlich aufschwimmen und so abgeschieden werden (Bild G.3-9).

Fertigteilanlagen zeichnen sich durch kompakte Bauweise, einfachen Aufbau und Betrieb aus und stellen daher insgesamt für kleinere Gewerbebetriebe eine kostengünstige Lösung zur Vorbehandlung vor der Einleitung ins öffentliche Kanalnetz dar. Bei hochemulgierten Fetten und Ölen ist die Abscheideleistung begrenzt. Eine unbefriedigende Reinigungsleistung kann auch durch zu lange Entleerungs- und Reinigungsintervalle verursacht werden.

In Abhängigkeit von der Abwassermenge können auch aufwendigere Konstruktionen zum Einsatz kommen, bei denen die abgeschiedenen Stoffe quasi-kontinuierlich entnommen werden. Sol-

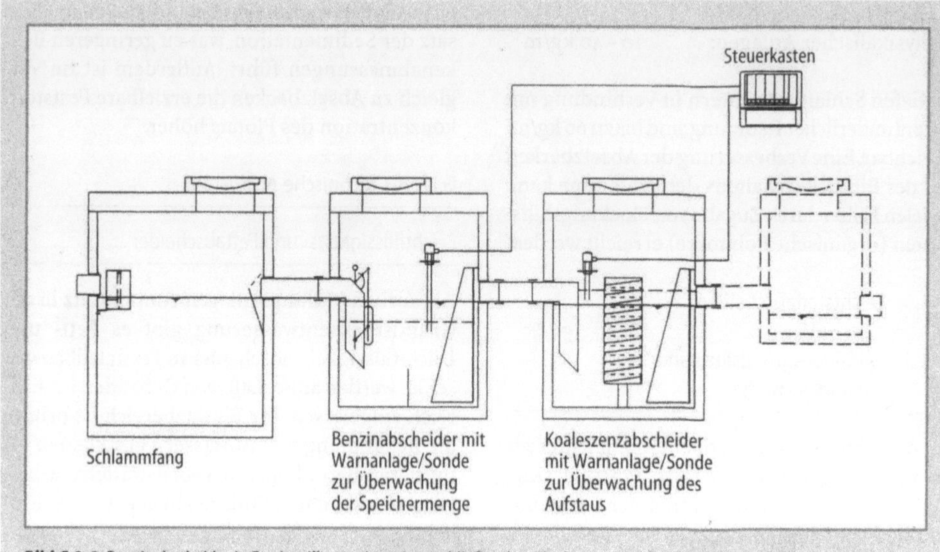

Bild G.3-9 Benzinabscheider in Fertigteilbauweise mit anschließendem Koaleszenzabscheider (Fa. Dywidag)

che Anlagen werden zumeist innerhalb von Gebäuden aufgestellt. Die Reststoffentsorgung ist dadurch vereinfacht, weil nur die abgeschiedenen Stoffe und nicht der gesamte Abscheiderinhalt entsorgt werden muß. Außerdem werden Geruchsemissionen minimiert.

Flotationsanlagen

Die Wirkung der vorgenannten einfachen Verfahren zur Leichtstoffabscheidung beruht auf rein physikalischen Mechanismen. Sollen Öle und Fette abgeschieden werden, die in feindisperser oder in emulgierter Form vorliegen, reicht dies nicht aus. In Flotationsanlagen kann eine Abscheidung solcher Stoffe erreicht werden. Darüber hinaus ist auch eine Abtrennung von Schlämmen, die schwerer sind als Wasser, in Flotationsanlagen möglich. Von den verschiedenen Verfahren zur Erzeugung der Gasblasen hat sich in der Praxis der Abwasserbehandlung das Verfahren der Druckentspannungsflotation durchgesetzt. Dabei wird ein unter Überdruck mit Luft übersättigter Wasserstrom mit dem zu behandelnden Abwasser vermischt und in das Flotationsbecken geleitet. Dort entspannt sich das Wasser, so daß die überschüssige Luft in feinsten Gasblasen (ø 50–80 µm) frei wird. Sie lagern sich an vorhandene Partikel an, die gebildeten Agglomerate steigen auf und bilden die Flotatschicht. Um den Wasserverbrauch nicht unnötig zu erhöhen, wird zumeist zur Luftsätti-

gung unter Druck ein Teilstrom (der sog. Recyclestrom) aus dem Ablauf der Flotation entnommen, in einem Druckkessel mit Luft gesättigt und anschließend mit dem Zulauf vermischt und in das Flotationsbecken geleitet.

Aufbau und Funktion einer Druckentspannungsflotation verdeutlicht Bild G.3-10. Als Flotationsbecken kommen Rund- oder Längsbekken zum Einsatz, die je nach Baugröße in Stahl oder Beton ausgeführt sein können. Zur Flotaträumung werden Schild- oder Bandräumer eingesetzt. Es ist zu beachten, daß zur Sicherstellung einer guten Abscheideleistung die Ausbildung stabiler Agglomerate (Flocken) von entscheidender Bedeutung ist. Deshalb ist fast immer eine Dosierung von Flockungshilfsmitteln, z. B. organischen Polymeren, im Zulauf zur Flotation erforderlich. Dies empfiehlt sich auch, wenn emulgierte Fette abgeschieden werden sollen. In diesem Fall kann die Emulsionsspaltung auch durch die Dosierung anorganischer Chemikalien wie Eisen- oder Aluminiumsalze unterstützt werden. Zu beachten ist weiterhin, daß auch in Flotationsbecken ein Teil der Partikel aus dem Abwasser sedimentiert. Auf eine Bodenschlammräumung kann deshalb nicht verzichtet werden. Gegenüber einer reinen Sedimentation ist die Flotation mit höheren Betriebskosten verbunden, die sich neben den Kosten für Chemikalien vor allem aus dem Energiebedarf für die Druckerzeugung (ca. 0,1–0,3 kWh/m³ Abwasser) ergeben.

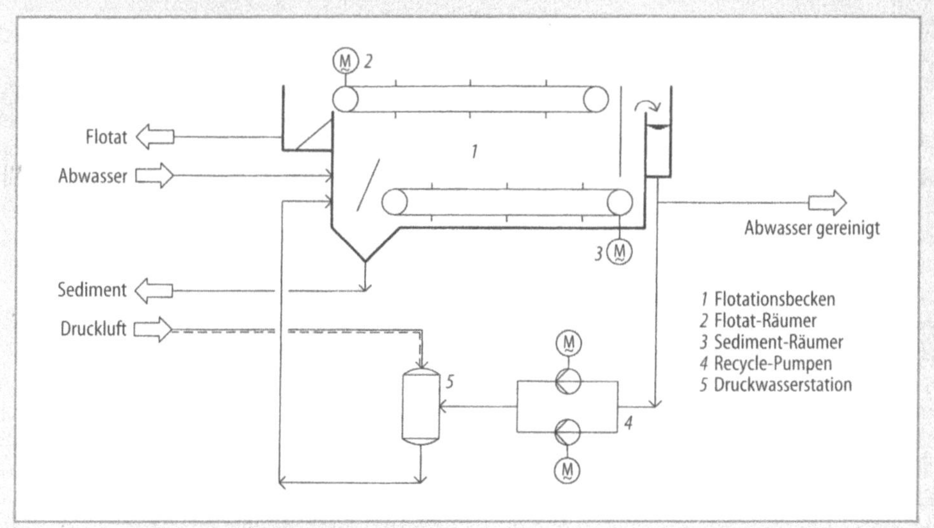

Bild G.3-10 Fließbild einer Druckentspannungsflotation (Fa. Roediger)

G.3.1.5.3 Bemessung

Öl- und Fettabscheider in einfacher Bauweise werden einschl. der zugehörigen Schlammfänge nach DIN 1999 bzw. DIN 4040 bemessen. Weichen Randbedingungen von den dort genannten ab, sind im Einzelfall Versuche erforderlich. Auch für die Auslegung von Flotationsanlagen sind Versuche mit den zu behandelnden Abwässern zu empfehlen. Dabei sind nicht nur Geometrie des Flotationsbeckens sowie Leistung von Pumpen, Verdichtern und Räumeinrichtungen festzulegen. Ebenso wichtig für die Abscheideleistung und die späteren Betriebskosten ist die Optimierung der dosierten Chemikalienart und -menge.

Da die Flotation schneller abläuft als eine Sedimentation, sind bei gleicher Wassermenge Flotationsbecken deutlich kleiner als Absetzbecken. Folgende Erfahrungswerte können angegeben werden:

Durchflußzeit t_R: 15 – 40 min

Recyclestrom: 10 – 50 % vom Zulauf, Pumpenauslegung für 80 %

Luftbedarf: 15 – 50 l/m³ Abwasser, Betriebsdruck 5–7 bar

Abwasserflächenbelastung $q_{A,Z}$: 3 – 8 m/h

Feststoffflächenbelastung B_A: 5 – 20 kg/(m² × h)

Die möglichen Abscheideleistungen von Flotationsanlagen liegen bei 95 – 99 % bezogen auf die im Zulauf vorhandenen Öle und Fette. Feststoffe können zu 80 – 99 % abgeschieden werden; im Ablauf können bei guter Funktion Feststoffgehalte von etwa 10 mg/l eingehalten werden.

G.3.1.5.4 Menge und Beschaffenheit der Reststoffe

Bei den einfachen Leichtstoffabscheidern ohne technische Räumeinrichtung ist davon auszugehen, daß pro Entleerung einmal der gesamte Abscheiderinhalt zu entsorgen ist. Bei Fettabscheidern im Lebensmittelbereich wird eine wöchentliche Entleerung empfohlen, in der Praxis jedoch oft nicht eingehalten.

Art und Menge des in Flotationsanlagen anfallenden Flotatschlamms werden von der Abwasserzusammensetzung bestimmt. Die Frachten können mittels einer Massenbilanz abgeschätzt werden, wenn die Konzentrationen im Zulauf sowie die Abscheideleistung des Abscheiders bekannt sind. Das zu entnehmende Schlammvolumen, das weiterbehandelt werden muß, ist um so geringen, je höher die erreichte Flotationskonzentration ist. Es können Konzentrationen von 50 – 150 kg/m³ erreicht werden.

G.3.2 Grundlagen chemisch-physikalischer Verfahren

G.3.2.1 Neutralisation

Aus den Produktionsprozessen fallen saure oder alkalische Abwässer an, die vor der Ableitung in die öffentliche Abwasseranlage neutralisiert werden müssen. Für bestimmte Grundoperationen der Abwasserbehandlung und der Brauchwasseraufbereitung müssen konkrete pH-Bereiche eingesteuert werden, wie z. B. bei den Redoxreaktionen, der Fällung oder der Entcarbonisierung. Biologische Klärprozesse erfordern einen ausgeglichenen Bereich zwischen pH 7 und 8. Die Einleitungserlaubnis von Abwässern in die öffentliche Abwasseranlage (Kanalisation, Pumpwerke und Kläranlage) schreiben pH-Wert-Grenzen von 6,5 – 8,5 vor [G.3.6, G.3.7].

In der Abwassertechnik handelt es sich bei der Neutralisation nicht um die exakte Einstellung auf pH 7, sondern um die Einsteuerung auf spezifische pH-Werte und pH-Bereiche.

Saure Abwässer werden mit basischen „Neutralisationsmitteln" in den erforderlichen pH-Bereich gebracht. Im allgemeinen sind dies:
- NaOH   Natronlauge,
- $Ca(OH)_2$ Kalkmilch,
- Na_2CO_3 Soda.

Natronlauge, als 30 – 40 %ige Lösung, läßt sich gut dosieren.

Kalkmilch, als 5 – 10 %iges Reagenz, muß durch Auflösen von Kalkhydrat unmittelbar am Anwendungsort hergestellt werden. Längere Zuleitungen sind zu vermeiden, da sehr leicht Verstopfungen in den Rohrleitungen entstehen können. Es fällt mehr Schlamm an; in manchen Fällen ist das sogar erwünscht, um Sorptions- und Flokkungseffekte zu nutzen. Durch einen Überschuß an Calziumionen werden Metalle, z. B. Nickel, aus Komplexen durch Umkomplexierung gefällt (s. Abschn. G.3.2.2).

Sodalösung ist ein schwaches Neutralisationsmittel, das jedoch bei der Hydroxid-Carbonat-Fällung den Fällungs-pH-Bereich wirksam erweitert.

Alkalische Abwässer werden mit sauren Neutralisationsmitteln behandelt, dies sind:
- H_2SO_4 Schwefelsäure,
- HCl   Salzsäure,
- H_2CO_3 Kohlensäure.

Die Schwefelsäure wird in 50 – 90 %iger Form, die Salzsäure mit 20 – 33 % dosiert. Die Kohlensäure ist ein schwaches Neutralisationsmittel, sie wird durch Einleiten von Rauchgas CO_2 in das zu behandelnde Abwasser erzeugt.

Die pH-Einstellung wird über einen pH-Meß- und Regelkreis gesteuert [G.3.8], der aus einer oder mehreren pH-Meßelektroden, dem Meßverstärker und den Reglern für die Dosierorgane der basischen oder sauren Neutralisationsmittel besteht (Bild G.3-11).

Die Reagenzdosierung kann in einer
- Auf-Zu-Regelung,
- Impulsregelung,
- Proportionalregelung

erfolgen, wobei die Proportionalregelung am sparsamsten ist. Vor dem Aufbau eines Regelkreises muß für jeden Anwendungsfall von dem zu behandelnden Wasser eine Pufferkurve aufgenommen werden, um zu erkennen, ob das Wasser durch seine Inhaltsstoffe stark oder schwach gepuffert ist. Die Regelung gelingt am besten, wenn ein gepuffertes System vorliegt [G.3.9]. Dies gilt besonders für Durchflußanlagen.

Die pH-Einstellung ist eine Zeitreaktion. Deshalb muß bei Durchlaufanlagen aufgrund empirischer Daten das Volumen der Reaktoren entsprechen vorgehalten werden.

Für schwach saure Abwässer, die jedoch keine Carbonat-, Sulfat- oder Phosphationen enthalten dürfen, eignen sich Filter aus stückigem Kalkstein $CaCO_3$ oder halbgebranntem Dolomit $CaCO_3 + MgO$.

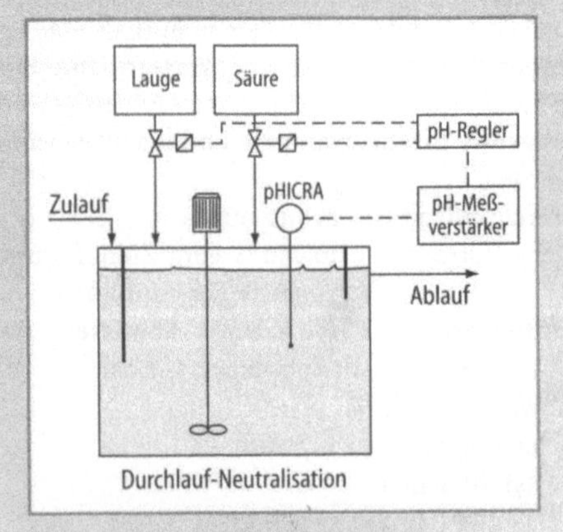

Bild G.3-11 pH-Meß- und Regelkreis [G.3.8]

G.3.2.2 Fällung

G.3.2.2.1 Grundlagen

Aus einer Ionenlösung fällt ein schwerlösliches Salz aus, wenn das Produkt der Ionenaktivitäten das Löslichkeitsprodukt überschreitet:

$$Fe^{++} + 2\,OH^- \rightarrow Fe(OH)_2$$

$$K_F = \frac{1}{{}^a Fe^{++} \cdot {}^a(OH)^-} = \frac{1}{K_L} \quad pK_F = -pK_L$$

Die Gleichgewichtskonstante K_f ist danach der reziproke Wert des Löslichkeitsprodukts. Steht ein Bodenkörper AX mit der Lösung seiner Ionen A^+ und X^- nach der Gleichung

$$(AX)_f \Leftrightarrow A^+ + X^-$$

im Gleichgewicht, so gilt für das Löslichkeitsprodukt

$$K_L = a_{A^+} \cdot a_{X^-} = c_{A^+} \cdot \gamma_{A^+} \cdot c_{X^-} \cdot \gamma_{X^-}$$

wobei c = Konzentration, γ = Aktivitätskoeffizient, K_L = Löslichkeit sind. Die pK-Werte der thermodynamischen Löslichkeitsprodukte bei 20 °C stellen sich beim Vergleich zwischen den in der Praxis angewendeten Formen der Hydroxid-Carbonat- und Sulfidfällung sehr unterschiedlich dar (Tabelle G.3-2). Die Werte sind aus idealen Lösung bestimmt; sie geben aber dennoch eine Aussage über die Wirksamkeit der verschiedenen Fällungsformen wieder.

Die Anwesenheit fremdioniger Elektrolyten [G.3.10], die nicht mit dem Bodenkörper reagieren, erhöht die Löslichkeit des Niederschlags durch starke interionale Wechselwirkungen (Debey-Hückel). Der Zusatz steigender Mengen eines gleichionigen Elektrolyten erhöht die Löslichkeit ebenfalls. Die Löslichkeit wird weiterhin durch die Anwesenheit komplexbildender Elektrolyte beeinflußt, die mit dem zu fällenden Metallion reagieren. Die Löslichkeit nimmt mit steigender Temperatur zu (van't Hoffsche Regel).

Es muß betont werden, daß die in der Literatur genannten Löslichkeitsprodukte aus Messungen an idealen Lösungen resultieren, die keine störenden Elektrolyte und die Metallionen in sehr niedriger Konzentration enthalten. In der Praxis der Abwasserbehandlung treten solche „idealen" Lösungen nicht auf. Die Fällung muß hier aus konzentrierten Lösungen mit z.T. extremen gesamtionalen Konzentrationen vorgenommen werden, wobei die Neutralsalzmenge die Konzentration des zu fällenden Metallions um Zehnerpotenzen übersteigen kann. Hinzu kommt die Anwesenheit stark komplexbildender Ione in sehr unterschiedlichen Konzentrationen [G.3.10].

G.3.2.2.2 Fällung von Metallionen

Zu den „gefährlichen Stoffen" gehören nach Wasserhaushaltsgesetz WHO § 7a und zugehöriger Abwasserherkunftsverordnung folgende Metallionen:

Hg Cd Cu Ni Cr Pb Se As Sb Mo
Ba Be Co Tl Te Ag V .

Entsprechend den Mindestanforderungen der Rahmen-Abwasserverwaltungs-Vorschrift [G.3.11] sind sie aus dem Abwasser bis unter die folgenden Konzentrationen zu entfernen:

0,05	mg/l	Hg
0,1	mg/l	As Cd CrVI Ag
0,5	mg/l	Pb Crges Cu Ni
1,0	mg/J	Co Se
3,0	mg/l	Fe Al

Als Fällmittel kommen folgende Reagenzien zur Anwendung:

NaOH	Natronlauge,
$Ca(OH)_2$	Kalkmilch,
Na_2CO_3	Soda,
Na_2S	Natriumsulfid,
TMT	Trimerkaptotriazin,
DMDTC	Dimethyldithiocarbamat,

wobei z.T. Kombinationen der Fällmittel oder eine Sulfidnachfällung angewendet wird.

Tabelle G.3-2 pK_L-Werte der thermodynamischen Löslichkeitsprodukte bei 20 °C

Fällung als	$(OH)_n^-$	CO_3^{--}	S^{--}
Hg	–	–	53
Pb	17	14	28
Cd	14	12	28
Ni	15	7	26
Zn	17	11	24
Fe^{++}	13		
Fe^{+++}	38		
Cu	19	10	37
Cr^{+++}	29		
Al	32		

$pK_L = -n$; Löslichkeitsprodukt $= x \cdot 10^{-n}$ mol/l

Aufgrund der wassersparenden Prozeßführungen mit integrierten Vorreinigungen treten die zu behandelnden Restabwässer hoch konzentriert mit sehr großen Neutralsalzgehalten auf [G.3.10]. Es liegen Konzentrationsrelationen von mg:g vor. Die Löslichkeit der Fällungsprodukte wird dadurch signifikant beeinflußt und größer; bei Zink ist dies besonders stark ausgeprägt. Der Einfluß kann durch einen Überschuß an OH^--Ionen überwunden werden, was jedoch den pH-Wert erhöht und bei der Fällung mit Natronlauge zu löslichen Hydroxokomplexen des Aluminium, Blei, Zink und Chrom führt [G.3.6] (Bild G.3-12). Durch die Verwendung von Kalkmilch bilden sich schwerlösliche Ca-Salze der Hydroxokomplexe des Chroms und des Zinks. Blei und Nickel fallen mit Natronlauge oder mit Kalkmilch erst bei relativ hohen pH-Werten. Durch die Zugabe von Soda zur Natronlauge kann bei Cadmium und Blei schon bei niedrigeren pH-Werten eine Fällung erreicht werden, da sie schwerlösliche Carbonate bzw. basische Carbonate bilden. Chrom bildet dagegen leicht lösliche Carbonatokomplexe. Im allgemeinen sind die Fällungs-pH-Bereiche für die amphoteren Metalle bei der Anwendung von Natronlauge enger [G.3.10].

Die Erfahrungen zeigen immer deutlicher, daß die in den gesetzlichen Anforderungen vorgeschriebenen Metallkonzentrationen bei der Fällung mit Natronlauge nicht immer eingehalten werden können. Abhilfe schafft hier die Kombination der Fällmittel

$$NaOH + Na_2CO_3\ bzw.$$
$$NaOH + Ca(OH)_2$$

wie aus Bild G.3-13 zu entnehmen ist [G.3.10. G.3.12].

Eine weitestgehende Fällung ist als Metallsulfid zu erreichen [G.3.13]. Als Fällmittel kommen Natriumsulfid oder Organosulfide, z. B. Trimerkaptotriazin TMT, zur Anwendung. Die Organosulfide bilden besonders schwerlösliche Niederschläge. Überschüsse des Fällmittels lassen sich mit Fe^{++}-Ionen zurücknehmen. Für Quecksilber und Cadmium ist die Sulfidfällung obligatorisch. Bei Anwesenheit von Komplexbildnern wie z. B.

- Ammoniak,
- Triethanolamin,
- Ethylendiamintetrazetat EDTA,
- Nitrilotriazetat NTA,
- Quadrol,
- Citronensäure,
- Weinsäure,
- Gluconsäure,

kann die Fällung auf verschiedene Weise vorgenommen werden. Metalle, die keine amphoteren Hydroxide bilden, wie z. B. Cadmium, Nickel, Kupfer sowie Eisen oder Zinn, lassen sich aus schwachen Komplexen bei pH-Werten über 12 fällen. Kupfer und Nickel können aus den starken EDTA- oder NTA-Komplexen mit einem Überschuß an Kalkmilch durch Ca-Umkomplexierung ausgefällt werden. Kupfer wird mit Organosulfiden aus allen Komplexen gefällt [G.3.14, G.3.15].

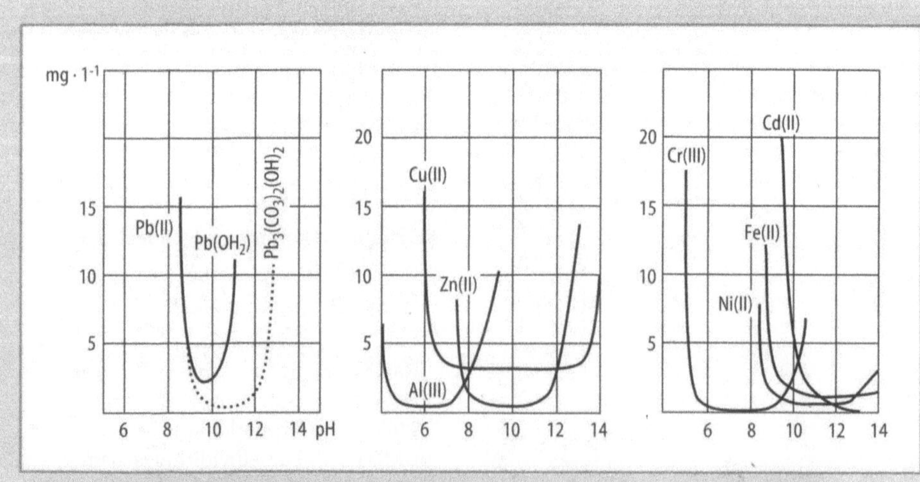

Bild G.3-12 Löslichkeit der Metallhydroxide in Abhängigkeit vom pH-Wert [G.3.10]

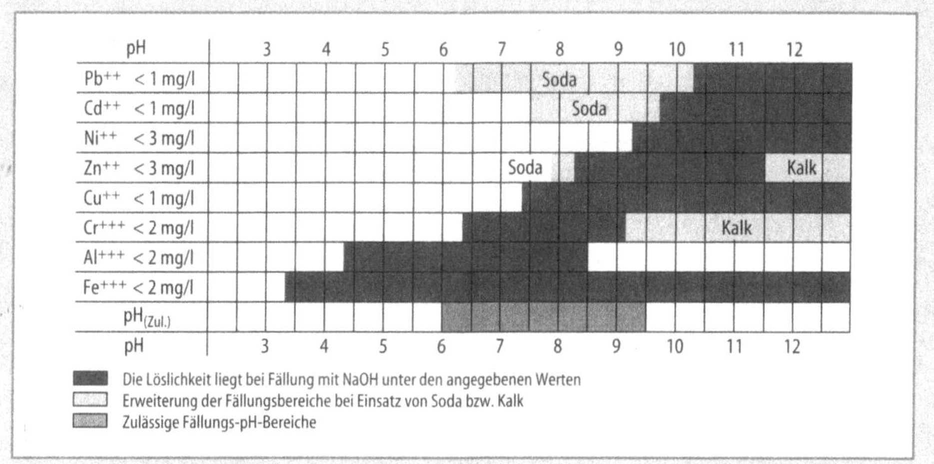

Bild G.3-13 Fällungs-pH-Bereiche der wichtigsten Metalle und die Kombination von Natronlauge mit Soda und Kalkmilch [G.3.6, G.3.9]

Die besten Effekte werden aus komplexhaltigen Abwässern mit der Sulfidfällung erreicht.

Bei Anwesenheit mehrerer Metalle wird sich der Abscheidegrad durch

Mischkristallbildung,
Adsorption von Me^{++}-Hydroxiden an Me^{+++}-Hydroxiden,
Kollektorfällung von Me^{++}/Me^{+++}-Verbindungen

verbessern. Generell erhöht sich der Fälleffekt von Me^{++}-Ionen bei Gegenwart von Fe^{+++}- oder Al^{+++}-Ionen [G.3.14].

Aufgrund der vielfältigen Einflüsse auf den Wirkungsgrad der Fällung sind die in der Literatur beschriebenen Löslichkeitsprodukte lediglich eine Information über die Größenordnung einer Fällung. Im praktischen Anwendungsfall muß für jedes Abwasser und für jeden Teilstrom durch Experimente mit den verschiedenen Fällmitteln und deren Kombinationen die optimale Fällungsform gefunden werden.

G.3.2.2.3 Fällung von Anionen

Die Fällung von Fluoridionen erfolgt mit Kalkmilch als CaF_2 bis unter 10 mg/l, wenn keine komplexe Einbindung erfolgte. Liegt das Fluor als Tetrafluoroborat BF_4^- oder als Hexafluorosilikat SiF_6^{--} vor, ist keine Fällung möglich. Aus Hexafluoroaluminat AlF_6^{---} kann Fluor bis unter 50–60 mg/l gefällt werden. Ammoniumionen hemmen die Fällung von Fluor [G.3.12].

Sulfationen lassen sich mit Kalkmilch als Calziumsulfat $CaSO_4$ bis auf ca. 1400 mg/l SO_4^{--} ausfällen [G.3.12].

Phosphationen bilden mit Fe^{++} basische Phosphate und mit Al^{+++} Phosphate, die schwerlöslich sind und eine Fällung bis zu Konzentrationen um 1 mg/l PO_4–P erlauben. Bei pH-Werten > 10 bildet sich mit Kalkmilch schwerlöslicher Hydroxoapatit.

G.3.2.3 Oxidation – Reduktion

Viele Vorgänge in der Natur und auch bei der Abwasserbehandlung beruhen auf Oxidations-/Reduktionsreaktionen. Ein System, das einen Akzeptor und einen Donator von Elektronen umfaßt, ist ein Redox-System.

$$Red \rightarrow Ox^{nx} + ne^-$$
$$Fe^{++} \rightarrow Fe^{+++} + 1\,e^-$$

Es gibt keine Oxidation ohne Reduktion und keine Reduktion ohne Oxidation. Jede Redox-Gleichung

$$A_{red} + B_{ox} \Leftrightarrow A_{ox} + B_{red} \quad \Delta E$$

setzt sich aus den Halbreaktionen

$$A_{red} \rightarrow A_{ox} + E$$
$$B_{ox} \rightarrow B_{red} - E$$

zusammen, denen ein spezifisches Halbstufenpotential E zukommt (Tabelle G.3-3). Je größer die Differenz der Halbstufenpotentiale, um so größer wird die Triebkraft der Redox-Reaktion.

Tabelle G.3-3 Normalpotentiale E_0 von Redox-Halbreaktionen (bei 25 °C)

Oxidierte Form		Reduzierte Form		E_0 V
CNO^-	$+ \; 2\,H^+ + 2\,e^-$	CN^-	$+ \; H_2O \; + \;$ ca.	$-0{,}9$
SO_4^{--}	$+ \; 2\,H^+ + 2\,e^-$	SO_3^{--}	$+ \; H_2O \; +$	$-0{,}096$
$2\,H^+$	$+ \; 2\,e^-$	H_2	$+$	$\pm 0{,}00$
Fe^{+++}	$+ \; e^-$	Fe^{++}	$+$	$+0{,}783$
NO_3^-	$+ \; 2\,H^+ + 2\,e^-$	NO_2^-	$+ \; H_2O \; +$	$+0{,}834$
O_2	$+ \; 4\,H^+ + 4\,e^-$	$2\,H_2O$	$+ \qquad +$	$+1{,}229$
Cr_2O_7	$+ \; 14\,H^+ + 6\,e^-$	$2\,Cr^{+++}$	$+ \; 7\,H_2O \; +$	$+1{,}33$
Cl_2 (gel.)	$+ \; 2\,e^-$	$2\,Cl^-$	$+$	$+1{,}40$
H_2O_2	$+ \; 2\,H^+ + 2\,e^-$	$2\,H_2O$	$+ \qquad +$	$+1{,}774$
O_3	$+ \; 2\,H^+ + 2\,e^-$	O_2	$+ \; H_2O \; +$	$+2{,}074$

(Die Spalten sind durch $\Leftrightarrow$ zwischen Oxidierter und Reduzierter Form verbunden.)

G.3.2.3.1 Oxidation

Im Rahmen der Abwasserbehandlung kann eine Oxidation verstanden werden als:
- Elektronentransfer: Oxidation = Elektronenverlust; Reduktion = Elektronenaufnahme
- Einführung von Sauerstoff in das Molekül bis hin zur Verbrennung zu CO_2 und Wasser.

Als Oxidationsmittel [G.3.16, G.3.9] stehen zur Verfügung:
- Luftsauerstoff,
- technischer Sauerstoff,
- Ozon O_3,
- Wasserstoffperoxid H_2O_2,
- Hypochlorit $HOCl^-$,
- Peroximonosulfat S_2O_5 (Caroat),
- Peroxidisulfat $S_2O_8^{--}$.

Luftsauerstoff wird heute vorwiegend für die biologischen aeroben Abbauprozesse angewendet. Für die chemischen Grundoperationen ist er ein zu träges Oxidans.

Technischer Sauerstoff führt zu einem erhöhtem Sauerstoffangebot in der Reaktion und vermindert die Abgasmenge auf etwa 2 %. Die Wirkung kann durch Katalysatoren erhöht werden. Bevorzugt werden heterogene Katalysatoren auf einem festen Trägermaterial angewendet, die sich leicht aus der Flüssigphase abscheiden lassen. Als Trägermaterialien dienen A-Kohle, Graphit, polymere Harze, Aluminiumoxide oder Silicate, die mit Metallen oder Metalloxiden imprägniert sind [G.3.16]. Katalytisch wirken Platin, Nickel, Titan, Cobald, Mangan, Molybdän und Wolfram. Ozon mit einem Halbstufenpotential von –2,07 V ist sehr reaktionskräftig. Es wird an der Anwendungsstelle durch stille elektrische Entladung im Ozongenerator, bei geringerem Bedarf aus Luft und bei größeren Mengen aus technischem Sauerstoff, erzeugt. Beim Gebrauch von Ozon sind entsprechende Sicherheitsvorkehrungen und eine Abgasbehandlung vorzunehmen, da Ozon bei einem MAK-Wert von 0,1 ppm giftiger ist als Chlor (0,5 ppm) oder Blausäure (10 ppm). Um eine optimale Ausbeute zu erreichen, ist eine feinstblasige Verteilung des Ozons im Wasser notwendig [G.3.17]. Die Oxidationsreaktionen mit Ozon finden im sauren pH-Bereich statt. Hohe Salzgehalte im Abwasser schränken die Anwendung wegen des Ozonzerfalls ein.

Wasserstoffperoxid erfordert einen relativ geringen apparatetechnischen Aufwand und läßt sich als Flüssigkeit gut dosieren. Es kommt als 35-, 50- und 75%ige Lösung in den Handel. Die Wirkung kann durch den Zusatz von Eisen-II-Salzen als homogenen Katalysator verstärkt werden (Fentons Reagenz) [G.3.16].

Die Wirkung von Ozon und Wasserstoffperoxid läßt sich durch UV-Bestrahlung steigern, wobei Hydroxylradikale OH^0 entstehen:

$$O_3 + hn \;\rightarrow\; O^* + O_2$$
$$O + H_2O \;\rightarrow\; 2\,OH^0$$
$$H_2O_2 + hn \;\rightarrow\; 2\,OH^0$$

Die Wirkung der OH^0-Radikale wird durch Radikalfänger, wie z. B. Carbonate, Hydrogencarbonate, Ammonium oder Alkylverbindungen, abgebremst. Durch pH-Verschiebungen läßt sich die Auswirkung vermindern [G.3.18]. Beim Ozon-UV-Verfahren werden bevorzugt Hg-Niederdruckstrahler (185 nm) eingesetzt, während die

   Gewässerschutz und Abwasserbehandlung

Hg-Hochdruckstrahler (245 nm) eine wirtschaftliche Umsetzung der H_2O_2-UV-Technik ermöglichen [G.3.19]. Voraussetzung für die UV-Technologie ist blankes Abwasser; Farb- und Trübstoffe müssen vorher abgetrennt werden. Zur Zeit wird an der Optimierung der Strahler und an der Erhöhung der Ausbeute durch TiO_2-Reflektoren gearbeitet [G.3.20].

Bei der Anwendung von Chlor oder Hypochlorit ist immer das $HOCl^-$ das wirksame Oxidans. Die Entgiftung des Cyanidions in den Galvanikabwässern ist die bekannteste Applikation [G.3.10]. Es empfiehlt sich, auch in Zukunft die Reaktion mit Hypochlorid anzuwenden, da sie gut zu steuern ist und eine sichere Oxidation des CN^- bis zu CO_2 und N ermöglicht. Denn nicht nur bei der Verwendung von Chlor bilden sich in Gegenwart organischer Stoffe halogenierte Verbindungen; auch bei der Ozonierung oder der Oxidation mit Hydroxylradikalen und Peroxysulfaten kann in Gegenwart von Chloridionen eine Bildung halogenierter organischer Verbindungen eintreten [G.3.18].
Peroximonosulfat (Caroat) und Peroxidisulfat hydrolysieren und stehen dann im Gleichgewicht mit Wasserstoffperoxid:

$$HSO_5^- + H_2O \Leftrightarrow H_2O_2 + SO_4 + H^+$$
$$S2O8 + 2\,H_2O \Leftrightarrow H_2O_2 + 2\,SO_4^{--} + 2\,H^+$$

Anwendung finden die Peroxisulfate bei der Zerstörung von organischen Komplexbildnern, Cyaniden, Tensiden, Pflanzenschutzmitteln usw. [G.3.10]. Neueste Versuche mit Peroxidisulfat-Recycling-Zellen erlauben die Rückgewinnung von Peroxidisulfat und elementarem Kupfer aus den Arbeitslösungen der Leiterplattenherstellung mit Hilfe einer Membran-Elektrolysezelle [G.3.21].

Die „Chemische Naßoxidation" ist eine Verfahrenstechnik, die in neuester Zeit immer größere Anwendung findet, um die gesetzlichen Auflagen zum Rückhalt refraktärer Stoffe aus Abwässern und hochkonzentrierten Teilströmen zu erfüllen. Es wird dabei nicht die vollständige Umsetzung zu CO_2 und Wasser angestrebt, sondern ein Cracken der Moleküle und die Einführung funktioneller Gruppen, um den weiteren biologischen Abbau zu ermöglichen. Spezielle Anwendungsbereiche sind in der Chemischen Industrie [G.3.19, G.3.22] oder bei der Deponiesickerwasser-Behandlung [G.3.23, G.3.24] zu finden.

Bei der katalytischen Niederdruck-Naßoxidation mit Sauerstoff wird in Abkehr von der Verwendung hoher Drucke und Temperaturen, die erhebliche technische Probleme aufwarfen, nunmehr bei Temperaturen unter 200 °C und bei 2 – 5 bar gearbeitet. Ziel ist, die organischen Stoffe soweit anzuoxidieren, daß sie einem biologischen Abbau zugänglich werden. Das Abwasser wird unter Druck erwärmt und, wie Bild G.3-14 zeigt, in einen mehrstufigen Blasensäulenreaktor geleitet. Als Oxidationsmittel dient reiner Sauerstoff in feinblasiger Verteilung. Die katalytische Wirkung geht von Eisen-II-Salzen und chinonbildenden organischen Stoffen aus. Die Verweilzeit liegt bei 1 – 2 h. Das Verfahren ist besonders für die hochkonzentrierten Teilströme mit CSB-Belastungen über 5000 – 50.000 mg/l geeignet, wie Bild G.3-15 zeigt. Die Reaktoren werden bei Betriebstemperaturen bis 150 °C mit Emaille oder PTFE ausgekleidet; bei höheren Temperaturen werden Titan oder Titan-Palladium-Legierungen angewendet.

Die Naßoxidation mit H_2O_2 wird durch Anregung mit UV-Hochdruckstrahlern beschleunigt.

Bei der Naßoxidation mit Ozon erfolgt die UV-Anregung mittels Niederdruckstrahlern [G.3.24]. Es wird auch ohne UV-Kombination gearbeitet, um Störungen durch Hydroxylradikalfänger zu umgehen. Dabei wird das Abwasser über einen Festbettkatalysator geleitet. Das Ozon reagiert

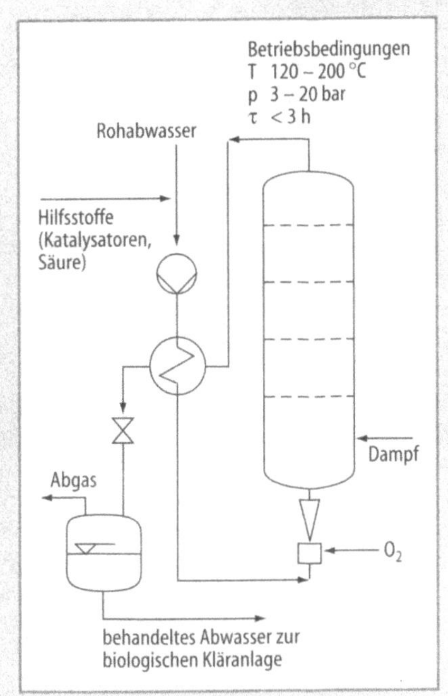

Bild G.3-14 Verfahrensschema der katalytischen Niederdruck-Naßoxidation [G.3.22]

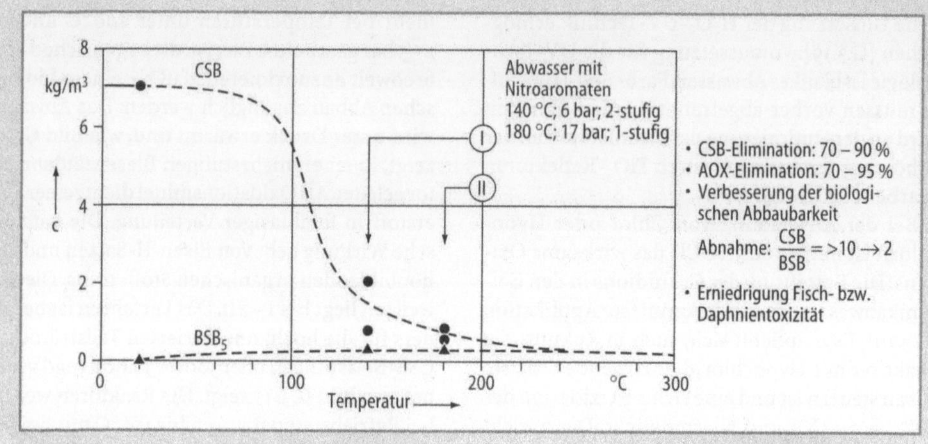

Bild G.3-15 Wirkung der katalytischen Niederdruck-Naßoxidation auf konzentriertes industrielles Abwasser [G.3.22]

in einer heterogenen katalytischen Oberflächen-reaktion direkt mit den organischen Stoffen [G.3.19].

Mit dieser Technologie werden vor allem leicht-flüchtige CKW, Huminsäuren, Pestizide, Cyanide und andere Komponenten der Sickerwässer er-faßt. Bei AOX und CSB liegen die Eliminations-raten um 95 % [G.3.24].

G.3.2.3.2 Reduktion

Als Reduktionsmittel werden in der Abwasser-technik [G.3.9] folgende Stoffe angewendet:
- Natriumhydrogensulfit $NaHSO_3$,
- Natriumdithionit $Na_2S_2O_4$,
- Eisen-II-Verbindungen,
- Hydrazin N_2H_4,
- Amidosulfonsäure H_2NSO_3H,
- Natriumborhydrid $NaBH_4$,
entsprechend der Grundgleichung

$$H_2 \rightarrow 2\,H^+ + 2\,e^-$$

Als Katalysatoren verstärken Nickel, Rhodium, Platin und Palladium die Reduktionsreaktionen [G.3.16].

Die bekannteste Anwendung ist die Redukti-on des Chrom-VI in die 3wertige Form, um die Fällung des Chroms auszuführen. Die Redukti-on erfolgt im pH-Bereich < 2,5 mit Natriumhy-drogensulfit. Bei Chargenbetrieb kann im alka-lischen Medium mit Natriumdithionit reduziert werden. Für geringe Chromatgehalte eignet sich auch Fe-II [G.3.16, G.3.10, G.3.12, G.3.9].

Nitrithaltige Abwässer werden reduktiv mit Amidosulfonsäure und oxidativ mit Natriumhy-pochlorit oder Wasserstoffperoxid behandelt [G.3.12].

Ein spezielles Anwendungsgebiet der Reduk-tion ist die elektrolytische Abscheidung gelöster Metalle wie Kupfer, Gold oder Silber an einer Ka-thode, um die Wertstoffe wiederzugewinnen [G.3.10, G.3.12].

G.3.2.4 Ionenaustausch

G.3.2.4.1 Grundlagen

Der Ionenaustausch ist eine Anreicherungstech-nik mit dem Ziel, Wasserkreisläufe zu schließen und Wertstoffe wiederzugewinnen.

Im Ionenaustauschverfahren werden die Kati-onen durch stark-saure Kationen-Austauscher in der H-Form und die Anionen durch schwach-basische Anionen-Austauscher in der OH-Form gebunden. Wenn auch die Anionen der schwa-chen Säuren zu entfernen sind, muß als weitere Stufe ein stark-saurer Anionen-Austauscher in der OH-Form zugeschaltet werden.

Der Austausch verläuft nach den Gleichungen

$$R\text{–}H + Na^+ \Leftrightarrow R\text{–}Na^+ H^+$$
$$2\,R\text{–}H + Cu^{++} \Leftrightarrow R_2\text{–}Cu + 2\,H^+$$
bzw.
$$2\,R\text{–}OH + CrO_4^{--} \Leftrightarrow R_2\text{–}CrO_4 + 2\,OH^-$$
$$R\text{–}OH + CN^- \Leftrightarrow R\text{–}CN + OH^-$$

R ist der Harzkörper mit der austauschaktiven Gruppe. Die Regeneration entspricht der Glei-chungsrichtung nach links. Die Regenerate ent-halten dann die ausgetauschten Ionen in einem Volumen, das nur noch 0,2 – 1 % der durchgesetzten Wassermenge entspricht und als Charge behandelt werden kann.

Die makromolekularen Strukturen der Austauscher bestehen hauptsächlich aus Copolymerisaten von Styrol und Divinylbenzol. Innerhalb der Strukturen bestimmen Radikal-Gruppen den sauren oder basischen Charakter des Austauschers. Der Austauscher wirkt monofunktional, wenn nur eine Sorte von Radikalen enthalten ist, z.B. HCO_2^- oder HSO_3^-. Polyfunktionale Austauscher enthalten dagegen zwei verschiedene Radikale, z.B. HCO_3-R-O_3SH.

Man unterscheidet prinzipiell zwischen starken und schwachen Austauschern. Die starken Kationen-Austauscher tragen HSO_3-Gruppen und die schwachen HCO_2-Gruppen zur Bindung von Ca, Mg und Na. Die schwachen Anionen-Austauscher für die Anionen starker Säuren enthalten Amin-Gruppen und die starken Anionen-Austauscher für die Anionen der schwachen Säuren quaternäre Amine als wirksame Gruppen.

Polyfunktionale Austauscher vereinen die Eigenschaften schwacher und starker Austauschergruppen.

Als Selektivaustauscher mit Chelateffekt werden Harze mit
- Aminophosphat-,
- Aminodiacetat-,
- Aminodioxim-,
- Thiol-,
- Thioharnstoff-Gruppen
verwendet, um z.B. Blei, Zink und Quecksilber zurückzuhalten.

Katalytisch wirkende Harze sind Polymere mit Palladium und analogen Metallen [G.3.6] (s. Abschn. G.3.2.3).

An die Eigenschaften der Ionenaustauscher-Harze sind folgende Anforderungen zu stellen:
- unlöslich unter den Anwendungsbedingungen,
- gleichmäßige Größe und Homogenität, ø 0,3 – 1,2 mm,
- bei der Beladung bzw. der Regeneration darf die Volumenänderung nicht zum Platzen der Granulate führen.

Ionenaustauscher können nur in Gegenwart einer flüssigen Phase und bei begrenzten Abwasserkonzentrationen arbeiten. Weiterhin müssen filtrierbare Stoffe, organische Abwasserkomponenten, gelöste Gase und starke Oxidationsmittel ferngehalten bzw. vor der Aufgabe solcher Abwässer in einer Vorbehandlung beseitigt werden.

Für den Betrieb von Ionenaustauscher-Anlagen gibt es Serien-, Reihen- und Straßenschaltungen (Bild G.3-16) und als Beschickungsformen [G.3.9]:
- Festbettverfahren mit und ohne Gegenstromregeneration,
- Rinsebettverfahren mit Gegenstromregeneration,
- Schwebebettverfahren mit Gegenstromregeneration,
- Liftbettverfahren mit Gegenstromregeneration,
- Mischbettverfahren.

Bei kleineren Abwassermengen werden Ionenaustauscher-Patronen mit externer Regeneration angewendet.

Zur Beschreibung der Ionenaustauscher dienen folgende Kenngrößen [G.3.6, G.3.25]:
- Austauscherkapazität, ausgedrückt in Grammäquivalent pro Volumeneinheit. Die Durchbruchskapazität entspricht der praktischen Kapazität.

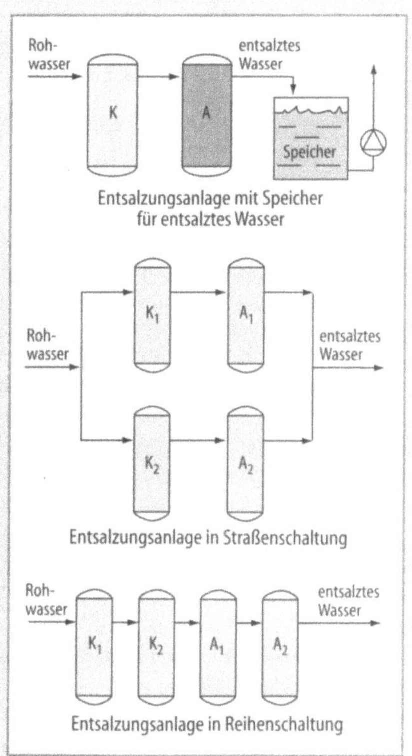

Entsalzungsanlage mit Speicher für entsalztes Wasser

Entsalzungsanlage in Straßenschaltung

Entsalzungsanlage in Reihenschaltung

Bild G.3-16 Schaltungsmöglichkeiten von Ionenaustauschern [G.3.9]

- Das Bettvolumen ist der Volumendurchsatz pro Stunde bezogen auf das Harzvolumen.
- Der Ionenflux entspricht dem Produkt aus Bettvolumen und der Salinität des Wassers.
- Die Regenerationsrate: Grammäquivalent des Regenerationsmittels pro Grammäquivalent der eluierten Ionen mal 100; sie ist immer größer als 100 %.
- Ionenschlupf ist die Konzentration der zu entfernenden Ionen im Ablauf,
- Durchbruch ist die maximale Konzentration des erlaubten Schlupfes.

G.3.2.4.2 Anwendungsbereiche

Das Aufgabenfeld der Ionenaustauscher bei der Abwasserbehandlung erstreckt sich auf:
- Kreislaufführung von Spülwässern,
- Stabilisierung von Prozeßbädern,
- Rückgewinnung von Wertstoffen,
- Polishing von behandelten Abwässern,
wie im folgenden exemplarisch dargestellt wird.

Kreislaufführung von Spülwässern in der Metallindustrie [G.3.6, G.3.10, G.3.12]

Das Spülwasser wird zuerst über einen Filter gegeben, um Feststoffe abzutrennen. Die Entsalzung erfolgt in der Reihe
- stark-saurer Kationen-Austauscher in der H-Form,
- schwach-basischer Anionen-Austauscher in der OH-Form.

Müssen für spezielle Anwendungen der Spülwässer auch Carbonat-, Silikat-, Borat- oder Cyanid-Ionen entfernt werden, kann ein
- stark-basischer Anionen-Austauscher
nachgeschaltet werden. Die Regeneration erfolgt mit Salzsäure bzw. mit Natronlauge. Die Regenerate sind die eigentlichen Abwässer, die gemeinsam mit abgearbeiteten Konzentraten aufgrund des kleinen Volumens in Chargen behandelt werden. Durch das Kreislaufverfahren mittels Ionenaustauscher wird die Abwassermenge auf ca. 0,2–1 % der Gebrauchswassermenge gesenkt.

Die Ionenaustauscher-Kreislaufanlage in der Leiterplattentechnik (Bild G.3-17) und die Trennung von komplexbildnerhaltigen Teilströmen ist die Voraussetzung für die Chargenbehandlung der Restabwässer. Dabei ist zu beachten, daß peroxidhaltige Abwässer nicht auf die Ionenaustauscher gelangen, da diese die Harze irreversibel durch Oxidation zerstören. Peroxide müssen vorher reduziert werden [G.3.12].

Bei der Stabilisierung von Chromsäurebädern mit Kreislaufführung werden das dreiwertige Chrom sowie Eisen, Kupfer und Nickel an einem stark-sauren Kationen-Austauscher festgehalten [G.3.6].

Stabilisierung salzsaurer Beizen [G.3.6, G.3.10, G.3.25]

Durch hohe Eisenkonzentrationen wird die Aktivität der Beizen herabgesetzt. Der Eisenkomplex wird an einen stark-basischen Anionen-Austauscher in der Chloridform gebunden. Hierdurch kann das Beizbad länger verwendet werden. Der Komplex auf dem Harz wird mit Wasser abgelöst; es entsteht eine Eisenchloridlösung, die anderweitig, z.B. zur P-Fällung in kommunalen Kläranlagen genutzt werden kann.

Zur Stabilisierung schwefelsaurer Al-Anodisierbäder kann der optimale Aluminiumgehalt dadurch eingehalten werden, daß mit einem Retardationsverfahren die freie Säure an einen Anionen-Austauscher gebunden wird und die Metallsalze den Austauscher passieren. Bei der Regeneration mit Wasser wird die Säure wieder freigesetzt [G.3.26].

Die Rückgewinnung von Chrom-VI aus Spülwässern erfolgt mit einer starken Kationen- und schwachen Anionenaustauscher-Kombination. Das Bichromat-Ion wird mit Natronlauge eluiert. Ein Teil des Eluats wird über einen starken Kationen-Austauscher gegeben. Die daraus resultierende Chromsäure wird mit dem verbliebenen Teil des alkalischen Eluats gemischt, wodurch eine verkaufsfähige Natriumbichromatlösung entsteht. Das entsalzte Spülwasser geht in den Kreislauf zurück [G.3.6].

Zur Kupfer- und Ammoniakrückgewinnung aus den Abwässern der Synthesefaserherstellung arbeitet man je nach Wasserqualität mit starken oder schwachen Kationen-Austauschern und regeneriert mit Schwefelsäure. Das Kupfersulfat und das Ammonsulfat können verkauft werden [G.3.6].

Für die Rückgewinnung von Quecksilber und Edelmetallen eignen sich spezifische Kationen-Austauscher. Sie binden Hg^{++} auch in Gegenwart von Chloridionen im sauren Bereich. Bei der Behandlung der verbrauchten Reaktionslösungen der CSB-Bestimmung werden Quecksilber und Silber festgehalten, während Eisen und Chrom nicht aufgenommen werden [G.3.25].

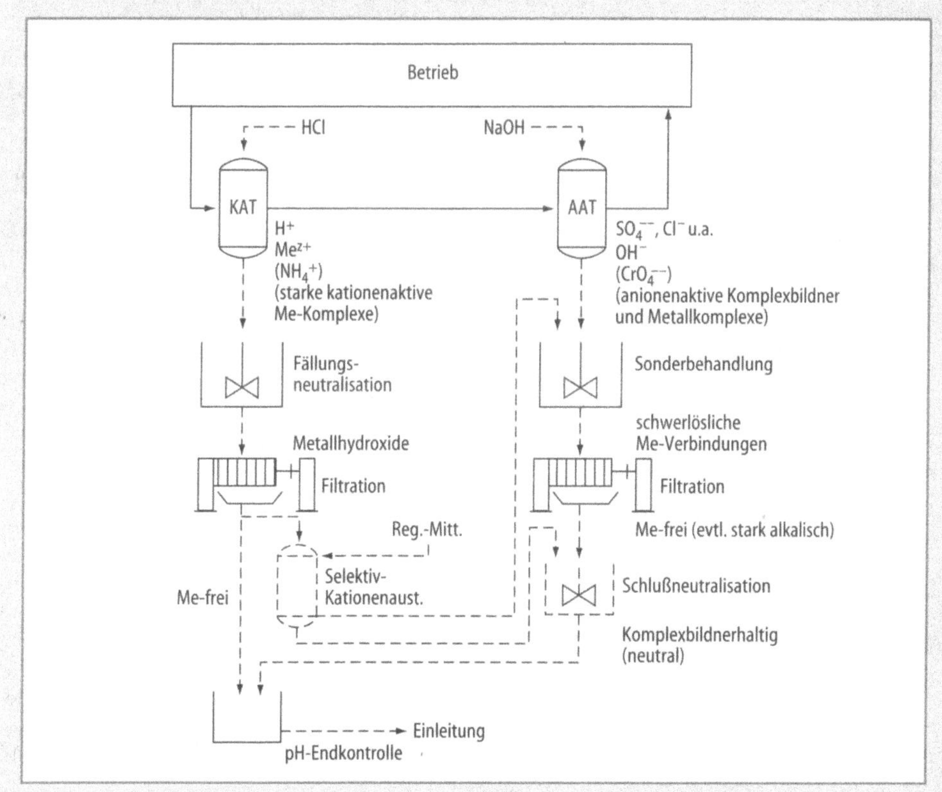

Bild G.3-17 Behandlung der im Kreislauf geführten Spülwässer bei der Leiterplattenherstellung [G.3.26]

Gold wird aus den Spülwässern mittels stark-basischer Anionen-Austauscher zurückgewonnen. Nach der Beladung der Austauscherpatronen werden diese in Scheideanstalten verhüttet [G.3.12].

Das „Polishing" kann mit Hilfe selektiv wirkender Kationen-Austauscher vorgenommen werden, wenn im Ablauf der Abwasserbehandlung noch Metallkonzentrationen über den Mindestanforderungen vorliegen [G.3.12] (s. Abschn. G.3.2.2).

Mit den Ionenaustauschern sind ähnliche Trenntechniken wie in der Chromatografie möglich, um verschiedene Ionen, Elektrolyte von Nichtelektrolyten oder verschiedene Nichtelektrolyte voneinander zu trennen [G.3.6].

G.3.2.5 Adsorption

Die Adsorption ist ein Anreicherungsverfahren, um aus wässerigen oder gasförmigen Phasen Stoffe zu entfernen und sie an Fest- oder Flüssigphasen zu binden. Gasphasen entstehen beim Strippen leichtflüchtiger Stoffe aus Abwässern, wobei die Adsorption die zweite Stufe einer Abwasserbehandlung darstellt, damit aus einem Abwasserproblem kein Abluftproblem wird. (s. Abschn. G.3.2.6)

Adsorption im System flüssig/fest

Mit dem Adsorptionsverfahren werden aus mittel- bis schwachbelasteten Abwässern gelöste organische Stoffe entfernt, die biologisch schwer abbaubar oder toxisch sind.

Die Wirkung eines Adsorbens hängt von folgenden Kriterien ab:

- der spezifischen inneren Oberfläche, die bei den natürlichen Materialien zwischen 40 und 800 m²/g und bei synthetischen Adsorbern zwischen 600 und 1200 m²/g liegen kann.
- der Adsorbat-Adsorbens-Bindung; bei den unpolaren Adsorbern sind es van der Waalsche und bei den polaren Materialien Dipol- oder Ionenaustauschkräfte.
- der Kontaktzeit, die als Belastung in Bettvolu-

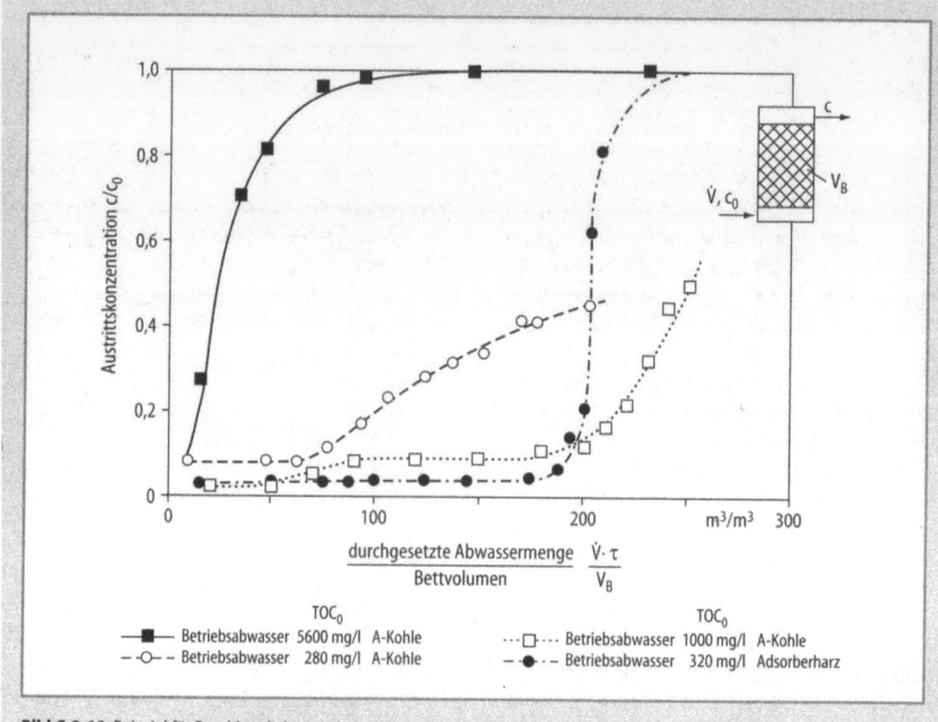

Bild G.3-18 Beispiel für Durchbruchskurven beim Adsorptionsverfahren [G.3.27]

men pro Stunde angegeben wird, bis ein Durchbruch von etwa 10 % der Zulaufkonzentration austritt [G.3.26] (Bild G.3-18).

Die angereicherte Materie wird in einem Regenerationsschritt vom Adsorbens abgelöst, das Konzentrat weiterbehandelt oder entsorgt und das Adsorbens wiederverwendet.

Zwischen der auf dem Adsorbens festgelegten Stoffmenge und der in Gleichgewicht dazu stehenden Restkonzentration im Abwasser gilt nach Freundlich folgende Beziehung:

$$\frac{x}{m} = C_e^{1/n} \cdot k$$

wobei x/m die Menge Stoff x auf der Menge Adsorbens m, C_e die Gleichgewichtskonzentration des Stoffs im Wasser, k und n Energiekonstanten sind, die von der Wechselwirkung Adsorbat-Adsorbens bei gegebener Temperatur abhängen (Isothermen).

Da die Adsorberoberfläche sehr heterogen sein kann und die Stoffe im Abwasser in unterschiedlicher Konzentration und differierender Adsorbierbarkeit, z.T. mit Verdrängungseffekten vorliegen, müssen für den jeweiligen Anwendungsfall die spezifischen Isothermen und die Kinetik an verschiedenen Adsorbermaterialien experimentell bestimmt werden [G.3.6, G.3.28].

Als Adsorbermaterialien stehen in großer Auswahl zur Verfügung [G.3.27–G.3.29]:
- Aktivkohlen,
- Aluminiumoxid,
- Adsorberharze,
- Silikate,
- Braunkohlen- und Steinkohlenkokse,
- Eisen- oder Aluminiumhydroxide.

Die Aktivkohle, granuliert oder in Pulverform, verfügt über eine spezifische innere Oberflächen von über 400 m²/g. Sie ist für die Adsorption unpolarer organischer Stoffe geeignet, wobei die Bindung über van der Waalsche Kräfte erfolgt. A-Kohle ist seit langem aus der Trinkwasseraufbereitung bekannt. In der Abwassertechnik wird A-Kohle bevorzugt auf leichtflüchtige Stoffe wie CKW angewendet, da sich diese leicht mit Dampf desorbieren lassen. Die Entfernung von Farbstoffen, Geruchsbildnern und anderen biologisch schwerabbaubare Stoffen sind weitere Anwendungsbereiche. In Störfallsituationen mit toxischen Stoffen hat sich das Einstreuen von Pulverkohle bewährt.

Adsorberharze besitzen ein hochpolymeres Grundgerüst mit funktionellen Gruppen (Festionen, Gegenionen). Die Bindung erfolgt über Allgemeinadsorption und Wechselwirkung mit funktionellen Gruppen, so daß eine Auslegung zur Adsorption bestimmter Stoffe und Stoffgruppen möglich ist. Weiterhin werden hochporöse Adsorberharze ohne funktionelle Gruppen mit spezifischen Oberflächen von 400–1500 m²/g angewendet.

Mit Adsorberharzen werden leichtflüchtige Stoffe, vor allem jedoch die schwerflüchtigen organischen Verbindungen, wie z.B. die als „gefährlich" bezeichneten PCP, PCB, Dioxine, Furane, Polycyklen, Aromaten, festgehalten.

Die Abreicherung der Abwässer erfolgt sowohl aus schwach als auch aus stark belasteten Abwässern bis in den Mikrogrammbereich [G.3.30–G.3.32]. Durch spezielle Adsorberharze zur Bindung von Tensiden aus Abwasserteilströmen, Prozeßbädern und Spülwässern wird in der Galvanik die Kreislaufführung verbessert [G.3.33].

Aluminiumoxid wird für die Anreicherung polarer Stoffe verwendet. Neben organischen makromolekularen Verbindungen lassen sich auch Phosphate, Fluoride und z.T. Schwermetalle durch elektrochemische Bindungsformen festhalten. Die spezifischen Oberflächen liegen bis zu 1200 m²/g.

Aluminiumoxid hat sich vor allem bei der Reinigung von Abwässern der Zellstoff-, Papier- und Kartonindustrie zur Abtrennung des Lignings und der Hemizellulose bewährt [G.3.34].

Silikate, Bentonite oder Montmorillionite sind in der Natur vorkommende Adsorbermittel mit sehr unterschiedlicher spezifischer Oberfläche zwischen 40 und 800 m²/g. Sie werden z.B. zur Bindung organischer Stoffe bei Ölunfällen wirkungsvoll angewendet.

Braunkohlen- und Steinkohlenkokse werden stückig oder in Pulverform zur Adsorption von z.B. Farbstoffen oder als Polishing für Suspensa benutzt [G.3.27].

Eisen- und Aluminiumhydroxid-Schlämme werden in statu nascendi im Abwasser gebildet und dienen der Adsorptionsflockung von Suspensa und Kolloiden.

In der technischen Gestaltung der Adsorption unterscheidet man zwischen
- Perkolation in Kolonnen mit gekörntem Adsorbens und

- Einrührverfahren mit pulverförmigem Adsorbens.

Bei der Perkolation [G.3.28] wird das Abwasser entweder von oben oder von unten über die mit granuliertem Adsorbens gefüllten Kolonnen geleitet, die parallel oder mit 2–4 Kolonnen in Serie geschaltet sind. Nach Beladung der ersten Kolonne bis rd. 10 % Durchbruch erfolgt deren Regeneration.

Harz- und Kohle-Adsorber werden auch als Wechselpatronen bei kleinen Abwassermengen im gewerblichen Bereich eingesetzt, die Regeneration erfolgt extern und zentral [G.3.32].

Beim Einrührverfahren wird pulverisierte A-Kohle zugesetzt, um z.B. in biologischen Kläranlagen den Anteil schwer abbaubarer Spurenstofe durch Adsorption zu erfassen [G.3.35]. Die Abtrennung des pulverförmigen Adsorbens ist jedoch schwierig. Bei Störfällen kann das Einrührverfahren eine große Hilfe sein.

Für den sicheren Betrieb von Adsorberkolonnen ist es zwingend notwendig, die Schwebestoffe in einer Vorfiltration sorgfältig abzutrennen, um Belegungen der Adsorberoberfläche zu vermeiden [G.3.30]. Ebenfalls ist die Ausfällung von Eisenhydroxiden oder Härtebildnern auf dem Adsorbens zu vermeiden.

Wenn nicht technische Gründe es ausschließen, sollte das Adsorbens regeneriert werden [G.3.28]. Bei leichtflüchtigen oder wasserdampfflüchtigen Stoffen wird die Regeneration der A-Kohle oder der Harze mit Dampf durchgeführt [G.3.30, G.3.33]. Nach der Beladung wird das Abwasser aus der Kolonne mit Wasser und Deionat verdrängt und mit 1,2-bar-Dampf bis auf rd. 10 % desorbiert. Das Abkühlen erfolgt mit Kondensat und Deionat, um Ausfällungen von Härtebildnern auf der Adsorberoberfläche zu vermeiden. Bei Harzen sollte die Abkühlung langsam erfolgen, um den Austauscher nicht zu verändern [G.3.30]. Für die Ablösung der schwerflüchtigen Stoffe von Adsorberharzen eignen sich Methanol, Isopropanol oder Aceton, die nach der Destillation wieder verwendet werden. Bei der gemeinsamen Adsorption von z.B. Phenolen und Aromaten lassen sich zuerst die Phenole mit Natronlauge und dann die Aromaten mit Aceton ablösen [G.3.32, G.3.33].

A-Kohle und Aluminiumoxid werden thermisch regeneriert. In einem ersten Schritt bis etwa 400 °C werden die leichter flüchtigen Komponenten desorbiert und die festhaftenden Stoffe einer Pyrolyse bis 700 °C unterworfen. Bei A-

Kohle wird über 700 °C hinaus die Regeneration in Gegenwart von CO_2 und Wasserdampf fortgesetzt. Die Verluste erreichen bei der Regeneration der A-Kohle etwa 10 % und bei Aluminiumoxid etwa 2 % [G.3.28].

G.3.2.6 Extraktion

In der Praxis der Abwasserbehandlung unterscheidet man zwischen der
- Flüssig-Flüssig-Extraktion (Solventextraktion) und der
- Gas-Flüssig-Extraktion (Strippen),

um Stoffe aus dem Abwasser zu entfernen. Häufig wird der Massentransfer aus der flüssigen Phase in die Gasphase als ein Teilgebiet der Destillation betrachtet.

G.3.2.6.1 Flüssig-Flüssig-Extraktion, Solventextraktion

Die Flüssig-Flüssig-Extraktion beruht auf der unterschiedlichen Löslichkeit eines Stoffs in zwei Flüssigkeiten die miteinander in Grenzflächenkontakt stehen. Wird eine Lösung des Stoffs 1 in der Flüssigkeit 2 mit der Flüssigkeit 3 geschüttelt, so wandert ein Teil des Stoffs 1 in das Lösemittel 3, das mit der Flüssigkeit 2 nicht oder nur sehr wenig mischbar ist.

Die Aufgabe der Extraktion ist entweder die Anreicherung des Stoffs 1 in 3 oder die Befreiung der Flüssigkeit 2 von Stoff 1.

Die Beladungen des Abgebers 2 und des Aufnehmers 3 an Extrakt 1:

$$\frac{\text{Extraktes im Abgeber in g}}{\text{Abgeber in l}} = C_1$$

$$\frac{\text{Extraktes im Abgeber in g}}{\text{Abgeber in l}} = C_2$$

stehen nach Nernst im Gleichgewicht:

$$\frac{C_1}{C_2} = k = \text{VF} \qquad \frac{1}{k} = \text{E}$$

k ist von der Temperatur, dem pH-Wert und dem Salzgehalt abhängig. Je kleiner k wird, um so besser ist der Extraktionseffekt des Systems Wasser/Lösemittel, ausgedrückt im Verteilungsfaktor VF. Der reziproke Wert von k gibt an, um wieviel mal größer die Konzentration eines extrahierbaren Stoffs im Lösemittel als in der wässerigen Phase ist. In Tabelle G.3-4 sind die Verteilungskoeffizienten E von einigen Lösemitteln gegenüber einer 2%igen Phenollösung zusammengestellt [G.3.36].

Tabelle G.3-4 Verteilungskoeffizienten verschiedener Lösemittel gegenüber einer wässerigen 2 %igen Phenollösung [G.3.37]

	E	t [°C]
Leichtbenzin	0,2	20
Benzol	2,0	20
Alkanol	12,0	20
Diäthyläther	17,0	20
Dipropyläther, normal	17,0	20
Butylalkohol	19,0	20
Phenosolvan (Diisopropyläther)	20,0	20
Trikresylphosphat	28,0	20
Äthylacetat	36,0	22
Isopropylester	45,0	20
Phenosolvan (Butylacetat)	49,0	22
Phenosolvan (Butylacetat)	38,0	60
Xylenyldiphenylphosphat	60,0	20

In der Verfahrensführung unterscheidet man zwischen der Extraktion mit oder ohne Gegenstrom, die über eine oder mehrere Extraktionsstufen erfolgen kann; vorwiegend wird die Gegenstromextraktion angewendet. Die Extraktion besteht aus 4 Teilschritten:
- Mischung von Abwasser und Extraktionsmittel,
- Trennung der Phasen,
- Aufbereitung der Extraktphase: Lösemittelrückgewinnung, Konzentrierung,
- Aufbereitung des extrahierten Abwassers: Entfernung von Lösemittelresten.

Als Operationseinheiten werden verwendet:
- Extraktionskolonnen, meist Füllkörpersäulen,
- Extraktoren mit getrenntem Mischer-Scheider-Prinzip,
- Extraktionszentrifugen.

Voraussetzung für einen störungsfreien Betrieb der Extraktion ist die Abtrennung von Schwebestoffen in einer Vorfiltration und die Vermeidung einer Emulsionsbildung.

Anwendung findet die Solventextraktion in der Abwasserreinigung, z.B. bei der Abtrennung von:
- Phenolen, Aromaten, Polycyklen, Heterocyklen,
- schwerflüchtigen halogenierten organischen Verbindungen.

Der bekannteste Anwendungsfall ist die Entphenolung von Gaskondensaten der Kokereien mit dem Ziel, die Abwasserbelastung zu mindern

Tabelle G.3-5 n-Octanol/Wasser-Verteilungskoeffizient (K_{ow}) für organische Stoffe als Indikator einer Bioakkumulation [G.3.38]

Verbindung	Wasserlöslichkeit mg/l	Log K_{ow}
Benzol	1.710	2,13
Toluol	470	2,69
p-Dichlorbenzol	79	3,38
Naphthalin	30	3,37
Tetrachlorethylen	400	2,60
Chloroform	7.950	1,97
4,4 'PCB	0,062	5,58
2.4.5.2.'4.'5'-PCB	0,00095	6,72

und Wertstoffe zu gewinnen [G.3.36]. Mit der Entphenolung nach dem Benzol-Lauge-Verfahren erreicht man bei Ausgangskonzentrationen von über 2000 mg/l Phenole, einen Extraktionseffekt von über 95 %. Mit dem Phenosolvanverfahren nach Lurgi, das nicht mit einer Extraktionskolonne, sondern mit einem mehrstufigen Kastenextraktor arbeitet, werden Effekte von über 98 % und Ablaufkonzentrationen um 10 mg/l Phenole erreicht [G.3.36].

Im Rahmen des prozeßintegrierten Umweltschutzes gewinnt die Behandlung von Teilströmen mit Hilfe der Solventextration immer größere Bedeutung [G.3.37, G.3.38].

Die Lösemittel müssen folgende Eigenschaften besitzen:
- nur begrenzt mit dem Abwasser mischbar,
- große Dichteunterschiede zu Wasser für eine schnelle Phasentrennung,
- keine irreversiblen Veränderungen der extrahierten Stoffe,
- bei hoher Selektivität ein gutes Lösevermögen für den zu extrahierenden Stoff.

In der Praxis werden als Extraktionsmittel angewendet:
- Benzol,
- Diisopropylether,
- Diisopropylketon,
- Butylazetat,
- Heptan,
- n-Butanol,
- Mineralöl u. a.

Die extraktive Anreicherung von sog. „gefährlichen" Stoffen in der Umwelt, vor allem in Fettgeweben, stellt eine ernstzunehmende Bioakkumulation dar. Mit Hilfe des „n-Octanol/Wasser-Verteilungskoeffizienten" [G.3.39] kann die Tendenz einer nichtionisierten organischen Verbindung beschrieben werden, aus der wässerigen Phase in die Lipidphase überzugehen. Damit ist auch eine Aussage über die prinzipielle Extrahierbarkeit von Stoffen aus der wässerigen Phase (Tabelle G.3-5) möglich.

G.3.2.6.2 Gas-Flüssig-Extraktion, Strippung, Resorption

Im Abwasser gelöste oder als zweite Phase vorhandene flüchtige Stoffe werden durch Ausblasen mit einem Inertgas oder mit Dampf ausgetrieben. Der Vorgang wird durch die Henrysche Gleichung beschrieben:

$$p = \mathrm{H} \cdot x$$

nach der bei gegebener Temperatur der Partialdruck p eines Gases zu seinem Molenbruch x in der flüssigen Phase im Gleichgewicht steht. H ist die Henry-Konstante. In Tabelle G.3-6 sind für einige Stoffe die Konstanten zusammengestellt. Je niedriger p in der Gasphase, um so weiter wird die Konzentration des Stoffs in der wässerigen Phase abgesenkt.

Für den Phasentransfer gilt, daß der Massenübergang N durch die Grenzfläche S der Gleichung

$$N = K_f \cdot S \, (C_{if}-C_f) = K_g \cdot S \, (C_g-C_{ig})$$

folgt, in der C_f und C_g die Stoffkonzentrationen in der Flüssig- und der Gasphase sind und C_{if} und C_{ig} die Konzentrationen an der Grenzfläche darstellen. Nur C_f und C_g können gemessen werden. K_f und K sind Transferkoeffizienten in der Flüssigkeits- und der Gasphase, die von der Grenzfläche und der Turbulenz abhängen. Die Gleichung besagt, daß für einen effektiven Phasentransfer beim Strippen folgende Fakten wichtig sind [G.3.6]:
- das Einstellen eines möglichst großen Konzentrationsgefälles zwischen Flüssigphase und Gasphase an der Grenzfläche; der Konzentrationsgradient wirkt als Triebkraft,
- das Schaffen einer möglichst großen Gas/Flüssigkeits-Oberfläche,
- das Erreichen einer möglichst großen Turbulenz und Mischung zwischen beiden Phasen.

Das zum Ausblasen verwendete Inertgasvolumen wird in einem großen Überschuß zur wässerigen Phase angewendet, um die Stoffkonzentration im Gasstrom extrem niedrig zu halten.

Tabelle G.3-6 Löslichkeiten von Normal-Litern-Gasen in Wasser bei 0 °C und 1 bar Gasdruck

Temperatur °C	Gas							
	Air	O_2	N_2	CO_2	H_2S	Cl_2	NH_3	SO_2
0	0,0288	0,0489	0,0235	1,713	4,621	4,610	1135	75,00
5	0,0255	0,0429	0,0208	1,424	3,935	3,750	1005	62,97
10	0,0227	0,0380	0,0186	1,194	3,362	3,095	881	52,52
15	0,0205	0,0342	0,0168	1,019	2,913	2,635	778	43,45
20	0,0187	0,0310	0,0154	0,878	2,554	2,260	681	36,31
25	0,0172	0,0283	0,0143	0,759	2,257	1,985	595	30,50
30	0,0161	0,0261	0,0134	0,665	2,014	1,769	521	25,87
35	0,0151	0,0244	0,0125	0,592	1,811	1,570	460	22,00
40	0,0143	0,0231	0,0118	0,533	1,642	1,414	395	18,91
50	0,0131	0,0209	0,0109	0,437	1,376	1,204	294	15,02
60	0,0123	0,0195	0,0102	0,365	1,176	1,006	198	11,09
70	0,0118	0,0183	0,0097	0,319	1,010	0,848		8,91
80	0,0116	0,0176	0,0096	0,275	0,906	0,672		7,27
90	0,0115	0,0170	0,0095	0,246	0,835	0,380		6,16
100	0.0115	0,0169	0,0095	0,220	0,800			
110		0,0172		0,204				
120		0,0176		0,194				
130		0,0183						
140		0,0192						

Tabelle G.3-7 Löslichkeit von hydrophoben Lösungsmitteln in Wasser bei 20 °C in mg/l

Cyclohexan	50
Dichlorbenzole	70 – 130
Xylole	190
Ethylbenzol	210
Trichlorethylen	270
Toluol	470
Chlorbenzol	490
Perchlorethylen	740
Diethylphtalat	1000
1,1,1-Trichlorethan	1300
Nitrobenzol	1900
Schwefelkohlenstoff	2000
1,2-Dichlorpropan	2800
Chloroform	8200
1,2-Dichlorethan	8600
Methylenchlorid	19600

Aus Bild G.3-19 ist deutlich die Abhängigkeit des Strippens von Aromaten und CKW von der Löslichkeit der Stoffe im Wasser zu erkennen. Je größer die Wasserlöslichkeit, um so langsamer erfolgt die Desorption und um so größer wird der energetische Aufwand.

Der Anwendungsbereich des Strippens bei der Behandlung von Wässern, vor allem von Prozeßteilströmen [G.3.40] oder von kontaminierten Grundwässern, ist weit gestreckt.

Zu strippende Stoffe sind z.B.:
- Ammoniak NH_3,
- Schwefelwasserstoff H_2S und Merkaptane,
- Cyanwasserstoff HCN,
- Kohlenwasserstoffe,
- leichtflüchtige halogenierte Kohlenwasserstoffe CKW,
- Osmogene.

Als Strippgase werden verwendet:
- Luft,
- Stickstoff,
- Dampf.

Als Operationseinheiten dienen Kolonnen mit:
- Einbauten von Böden,
- Füllkörpern,
- Packungen,

in denen Abwasser und Strippgas im Gegenstrom aufeinandertreffen. Die wässerige Phase sollte möglichst frei von Schwebestoffen sein.

Der Gesamtdruck in der Gasphase kann durch Vakuum weiter abgesenkt werden.

Der Strippeffekt wird durch Erhöhen der Temperatur vergrößert. Bei Temperaturen in Nähe des Siedepunkts des Stoffs dient auch der eigene Dampf als Strippgas.

Der Strippeffekt wird durch die Löslichkeit der flüchtigen Stoffe im Wasser stark beeinflußt, wie Tabelle G.3-7 von einigen halogenorganischen Stoffen und anderen flüchtigen Lösemittel zeigt.

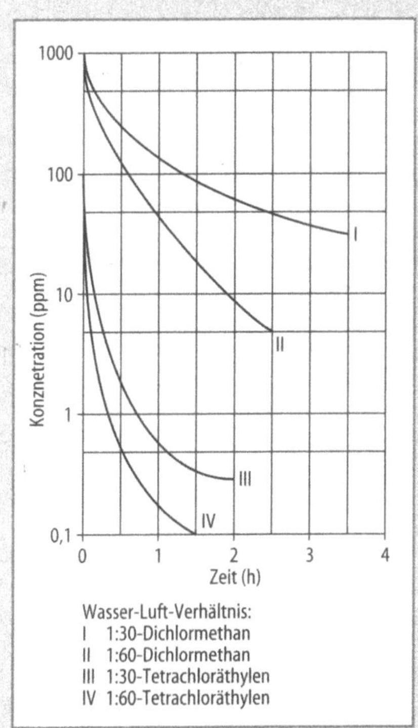

Bild G.3-19 Desorptionskurven von Aromaten und CKW beim Strippen [G.3.41]

Bild G.3-20 zeigt das Schema einer HCN- und H₂S-Strippanlage zur Entcyanisierung von Kokereiabwasser mit der auch eine Trennung von H₂S und HCN möglich ist [G.3.41]. In einer ersten Stufe werden bei einem Luft/Wasser-Verhältnis von 10 : 1 zunächst 90 % des H₂S und etwa 10 % das HCN gestrippt und in einer zweiten Stufe bei einem Luft/Wasser-Verhältnis von 100 : 1 das HCN in einer Größenordnung von über 95 %; die Betriebstemperatur liegt um 50 °C.

Eine spezielle Form des Strippens stellt der Treibstrahl-Grenzschicht-Verdampfer dar [G.3.42] um leichtflüchtige CKW aus Abwässern bis auf Konzentrationen um 1 mg/l AOX zu befreien. Über eine Strahldüse wird das Abwasser als Flüssigkeitstreibstrahl injiziert. Konzentrisch dazu wird über eine Ringdüse Druckluft eingeblasen. Durch den entstehenden Druckunterschied zwischen Flüssig- und Gasphase erfolgt der Phasenübergang.

Die beladenen Strippgase dürfen nicht in die Atmosphäre abgegeben werden, um aus einem Abwasser- nicht ein Abluftproblem zu schaffen. Die Abgasbehandlung erfolgt mittels
- Verbrennen brennbarer Stoffe bei hoher Temperatur,
- Adsorption an Aktivkohle oder Adsorberharzen,

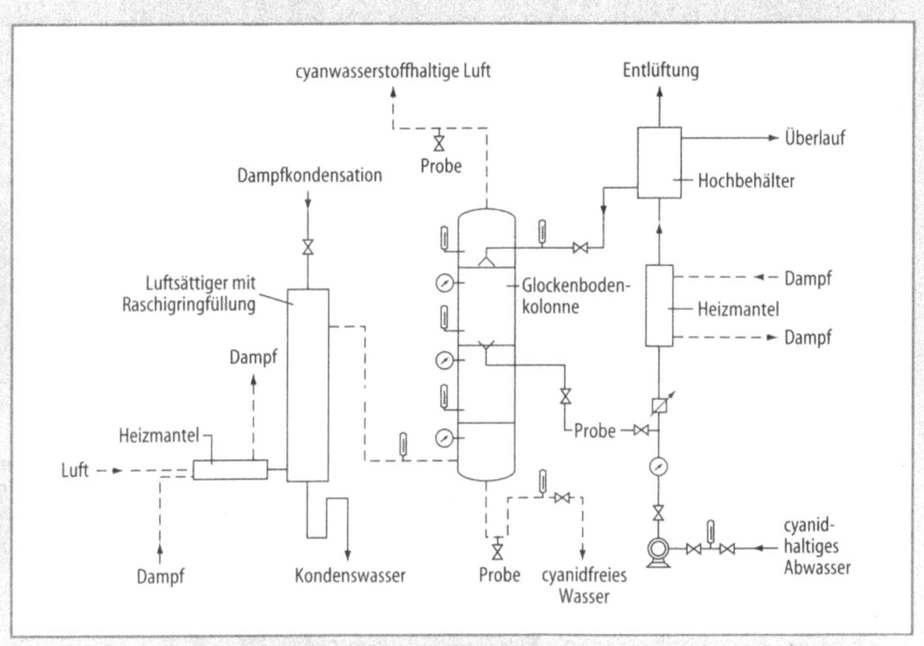

Bild G.3-20 Anlage zum Strippen von HCN und H₂S aus Kokereiabwasser (nach [G.3.42])

– Adsorption und Lösung in Flüssigphasen wie Wasser, Säuren oder Laugen,
– Adsorption und Abbau in wässerigen Bakterienlösungen oder Biofiltern.

Bekannte Anwendungsfälle sind das Strippen leichtflüchtiger halogenierter Kohlenwasserstoffe aus industriellen und gewerblichen Abwässern oder aus kontaminierten Grundwässern. Die Strippgase werden i. d. R. in Adsorbern abgereichert und im Kreislauf gefahren.

Die NH_3-Strippung ist nur aus konzentrierten Lösungen wirtschaftlich. Das NH_3 des Strippgases wird in einer anschließenden Stufe zu Starkwasser oder mit Schwefelsäure zu Ammonsulfat umgesetzt; es gibt Absatzprobleme.

Die biologische Reinigung der Strippgase [G.3.43] wird bei der Geruchsbekämpfung angewendet, um die meist gut biologisch abbaubaren Osmogene zu beseitigen.

G.3.2.7 Verdampfen, Trocknen, Destillieren

Beim Verdampfen und Trocknen wird Wasser abgedampft, um Lösungen aufzukonzentrieren und Flüssigphasen einzuengen. Bei der Destillation werden leichtflüchtige oder wasserdampfflüchtige Stoffe aus der wässerigen Phase entfernt. Die thermischen Verfahren sind für den integrierten Umweltschutz von großer Bedeutung, da sie die Rückführung von Stoffen und Wasser in den Produktionsprozeß ermöglichen. Das Eindampfen mit gekoppelter Trocknung dient als Vorstufe der Verbrennung oder der Volumenverringerung von nicht mehr verwendungsfähigen Reststoffen, wodurch die Deponierung erleichtert wird.

Zur Überführung des Wassers in den gasförmigen Zustand werden rd. 700 kcal/kg entsprechend rd. 2930 kJ/kg benötigt. Der Betrag errechnet sich aus der Verdampfungswärme von 540 kcal/kg bzw. 2261 kJ/kg sowie einer Wärmemenge für das Aufheizen des Abwassers auf Siedetemperatur und für allgemeine Wärmeverluste. Die Kondensationswärme der Brüden wird in Wärmetauschern zurückgewonnen.

G.3.2.7.1 Verdampfen

Das Verdampfen wird als Konzentrierungsschritt vor allem dann angewendet, wenn in der wässerigen Phase nur geringe Mengen an leichtflüchtigen oder mit Wasserdampf flüchtigen Stoffen enthalten sind und die zu konzentrierenden Stof-

fe sich unter den Bedingungen des Eindampfens nicht zu wasserdampfflüchtigen verwandeln. Anwendung findet das Verdampfen bei
– konzentrierten Prozeßlösungen und Abwasserteilströmen,
– Aufkonzentrierung von Badflüssigkeiten und den 1. Spülwässern in der Galvanik mit dem Ziel der Kreislaufführung,
– Konzentrierung von Abwässern mit biologisch nicht- oder schwerabbaubaren Stoffen als Vorstufe einer Verbrennung.

Die Abwasserkomponenten können sowohl anorganische Elektrolyte und Salze als auch organische schwerflüchtige Verbindungen sein.

Beim Verdampfen sind die Inhaltsstoffe zu beurteilen, ob
– während des Verdampfens Reststoffe ausfallen, die Ablagerungen bilden,
– thermische Zersetzungen auftreten, die zu Verkrustungen und Verharzungen führen,
– sich wasserdampfflüchtige Stoffe in den Brüden anreichern,
– es zu Schaumbildungen kommen kann.

Je nach der Stoffzusammensetzung und deren störenden Eigenschaften sind die Apparate auszugestalten durch
– mechanische Entfernung von Inkrustationen und dem Austrag von Feststoffen,
– kurze Aufenthaltszeiten im Bereich der Wärmeübergangsflächen oder niedere Temperaturdifferenzen zwischen Heiz- und Siederaum,
– Zugabe von Entschäumern,
– Zugabe von Komplexbildnern um Inkrustationen zu mindern,
– spezielle Behandlung der Brüden,
– Puffer- und Ausgleichsbecken um eine möglichst gleichmäßige Auslastung der Verdampfer und eine möglichst gleichmäßige Zusammensetzung der Abwässer zu erhalten,
– Wahl geeigneter Werkstoffe, die sowohl die korrosiven Eigenschaften als auch die Konzentrationen der Restlösung berücksichtigen.

Im Fall der weiteren Verwertung der Restlösungen sind die thermischen Kriterien der Stoffe besonders zu beachten, um Zersetzungen während des Verdampfungsvorgangs zu vermeiden.

Als Apparaturen kommen zur Anwendung:
– Tauchbrennverdampfer,
– Dünnschichtverdampfer,
– Umlaufverdampfer,

- Vakuumverdampfer mit integrierter Wärme-
  pumpe,
- Rekompressionsverdampfer,
- IR-Strahlungsverdampfer,
- Verdunster.

Beim Tauchbrennverdampfer [G.3.23] wird in ei-
nem Rohr, das in die zu verdampfende Flüssig-
keit hineinragt ein Brennstoff verbrannt und da-
durch ein unmittelbarer Wärmeübergang er-
zeugt, ohne daß Verkrustungen entstehen. Die
Energiekosten sind relativ hoch. Eine aufwendi-
ge Rauchgasreinigung ist erforderlich.

Im Dünnschichtverdampfer [G.3.23] wird das
Abwasser mit einem Wischer auf der Verdamp-
feroberfläche verteilt. Während der Flüssigkeits-
film nach unten fließt, verdampft das Wasser. Es
kann bis zur Trocknung eingeengt werden. Pro-
bleme entstehen durch Verschleiß der Wischer
und durch Beläge auf der Wärmetauscherober-
fläche, vor allem bei wechselnder Zusammen-
setzung der Abwässer.

Im Umlaufverdampfer [G.3.23] sind Wärme-
tauscher und Ausdampfgefäß getrennt. Beim Be-
trieb der Wärmetauscher unterscheidet man
zwischen der
- Wirbelschichttechnik und
- der Seedingtechnik.

Bei Wirbelschichtbetrieb [G.3.44] werden der
Flüssigphase Feststoffteilchen zugesetzt, um Be-
läge von der Wärmetauscheroberfläche abzutra-
gen. Die Tauscher sind aus hochlegierten metalli-
schen Werkstoffen oder aus carbonfaserverstärk-
ten Grafitrohren mit hoher Korrosionsbestän-
digkeit [G.3.45].

Im Seedingverfahren, das bei relativ gleichmä-
ßiger Zusammensetzung der Salzkomponenten
anwendbar ist, fördert man das Auskristallisie-
ren durch die Zugabe von Impfkristallen (See-
ding).

Das Schema eines Vakuumverdampfers mit
integrierter Wärmepumpe [G.3.46] zeigt Bild
G.3-21. Der Aufbau erfolgt modular; mit einer
Wärmepumpe werden mehrere Verdampfer be-
trieben. Durch die indirekte Heizung-Kühlung
ist eine große Auswahl spezifischer Werkstoffe
möglich. Es können auch externe Wärmequel-
len, z.B. ein Blockheizkraftwerk herangezogen
werden [G.3.47]. Die Leistungen liegen zwischen
100 und 15.000 l/h, bedingt durch die Modul-
bauweise. Als Energieverbrauch wird mit 0,1 –
0,3 kWh/l Destillat, bezogen auf Wasser, gerech-
net. Mit diesem Verdampfertyp ist ein Recycling

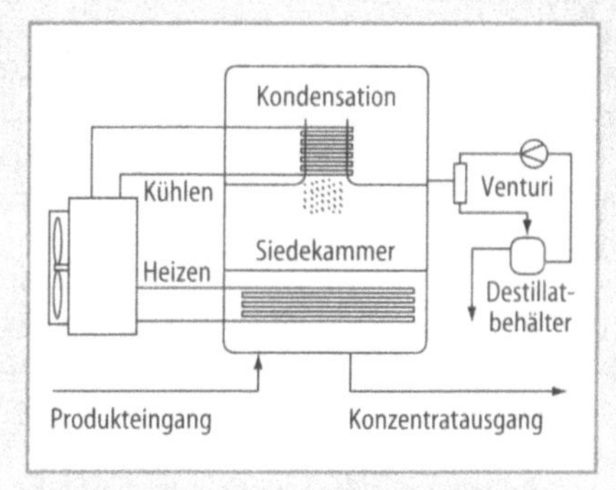

Bild G.3-21 Vakuumverdampfer mit integrierter Wär-
mepumpe [G.3.47]

von konzentrierten Spülwässern, Aufkonzen-
trierung von Lösungen bis zur Kristallisation
oder die Einengung von Prozeßbädern möglich.
Zur weitgehenden Rückgewinnung des Wassers
aus Abwässern, um Kreisläufe zu schließen, dient
der thermische Rekompressionsverdampfer
[G.3.46]. Bei 50 °C Betriebstemperatur liegt der
Energieverbrauch bei rd. 20 kWh/m³ Destillat.
Der Dampf wird zum Vorwärmen genutzt.

Der IR-Strahlungsverdampfer [G.3.48] vermei-
det die Inkrustationen an den Wärmetauscher-
oberflächen dadurch, daß die Wärmestrahlung
auf eine große Flüssigkeitsoberfläche in Schub-
kästen einwirkt und eine rd. 1 mm dicke Oberflä-
chenschicht zum Sieden kommt. Der Dampf wird
mit Heißluft abtransportiert.

Bei einem Durchsatz von 100 l/h sind Anlagen
von 10 – 30 m³/h möglich. Der Gasverbrauch liegt
bei rd. 8 kg/h.

Bei den Verdunstern werden große Luftmen-
gen mit Wasser gesättigt, wobei entweder Ener-
gie aufgewendet oder Wärme entzogen wird
[G.3.49]; sie unterscheiden sich dadurch von den
Verdampfern, in denen unter Aufwendung von
Energie eine mit Wasser gesättigte Gasphase er-
zeugt wird. Verdunster werden z.B. zur Aufkon-
zentrierung warmer 1. Galvanikspülbäder ange-
wendet, wobei die beim Galvanisieren zwangs-
weise aufgenommene Joulsche Wärme als Ver-
dampfungsenergie genutzt wird.

Anwendung findet das Verdampfen in der Che-
mischen Industrie und der Deponiesickerwas-
serbehandlung als Vorstufe der Trocknung und
Verbrennung und in der Galvanik, um Kreisläu-
fe zu schließen [G.3.26].

Um das Wasser zu rezirkulieren und CSB und
Pestizide zu entfernen, wird die Eindickung von
Wollwaschwässern vorgenommen [G.3.50]. Da-

Abwassern mit 30–45 m³/h und einem CSB um 60.000 mg/l sowie 8–20 g/h Pestiziden wird in einer Verdampferstufe eingeengt und das Konzentrat verbrannt. Das Kondensat in der Menge von 28–42 m³/h mit 200–400 mg/l CSB und weniger als 80 ug/l Pestizide wird in den Prozeß zurückgeführt.

Mittels der CURT-Verdampfertecologie [G.3.51] ist es möglich, eine abwasserfreie Galvanik aufzubauen [G.3.46]. Durch die Aufkonzentrierung der 1. Spülwässer in einem Vakuumverdampfer mit integrierter Wärmepumpe und Rückführung des Elektrolyten in die Bäder sowie durch das völlige Eindampfen der aus der Abschlußfällung entstandenen Neutralsalze mit rd. 90 % NaCl im thermischen Rekompressionsverdampfer von 10 g Salz/l auf 300 g/l, werden 100 % des Wassers in den Betrieb rezirkuliert. Das Konzentrat in einer Menge von etwa 30 l/h aus 1000 l/h wird in einem Vakuumtrockner eingedampft. Aus einem solchen Galvanikbetrieb werden nur noch Feststoffe und Schlämme ausgetragen.

Die Behandlung von Deponiesickerwasser ist ein neues Anwendungsfeld der Verdampfertechnik [G.3.23]. Um die Verdampfer kleiner zu dimensionieren, ist es angebracht, eine Hyperfiltration vorzuschalten, in der die Ausgangsmenge des Abwassers auf etwa 20–40 % vermindert werden kann (s. Abschn. G.3.2.8).

G.3.2.7.2 Trocknung

Zur Trocknung von Verdampferkonzentraten [G.3.52] eignen sich z.B.
- Granuliertrockner und
- Dünnschichttrockner.

Im Granuliertrockner durchströmt erhitzte Luft oder überhitzter trockener Dampf eine Wirbelschicht aus bereits getrocknetem Granulat von unten nach oben. Der Produkteintrag erfolgt über eine Düse. Dem feuchten Produkt wird durch die Trockenluft Wasser entzogen, gleichzeitig findet ein Aufwuchs auf das Granulat in der Wirbelschicht statt. Das Granulat wird über ein Überlaufwehr abgezogen und die Trockenluft im Kreislauf gefahren.

Der Dünnschichttrockner arbeitet analog dem Dünnschichtverdampfer. Durch den Einbau von Pendelelementen wird auf der Wärmetauscheroberfläche ein turbulenter Film erzeugt und ein hoher Stoffaustauschkoeffizient erzielt; gleichzeitig wird die Wandverkrustung minimiert.

Mit Wirbelschicht- und Dünnschichttrocknern lassen sich 90–98 % Trockensubstanz erreichen.

G.3.2.7.3 Destillation

Die Destillation wird in der Abwassertechnik vor allem bei der Rektifikation und der Rückgewinnung von Lösemitteln der Extraktion angewendet.

Als Abwasserbehandlungsverfahren sei exemplarisch die destillative Ammoniakabtrennung aus wässerigen Lösungen genannt. Der Vorteil liegt in der direkten Rückführung des NH_3-Starkwassers in den industriellen Prozeß.

G.3.2.8 Membranfiltration

Die Membranfiltration ist ein Anreicherungsverfahren ohne Phasenwechsel. In Abhängigkeit von der Permeabilität der Membran werden ungelöste Stoffe, Makromoleküle und Ionen vor der Membran zurückgehalten.

Bild G.3-22 zeigt den schematischen Aufbau der Membranfiltration. Der Zulauf wird über eine Pumpe mit einem bestimmten Druck in den Membranmodul gefördert und der Druck p_k im Modul durch einen Druckregler im Konzentratablauf eingestellt. Aufgrund der transmembranen Druckdifferenz zwischen Konzentrat- und Permeatseite (Umgebungsdruck) wird Wasser durch die Membran gepreßt. Der Durchsatz errechnet sich nach der allgemeinen Gesetzmäßigkeit

$$Q_w = k_w \cdot (\Delta P - \Delta \pi) \frac{A}{D} k_t$$

Der Permeatstrom Q ist proportional der folien- und abwasserspezifischen Konstanten k_w, dem auf die Membran wirkenden Druck $(\Delta P - \Delta \pi)$,

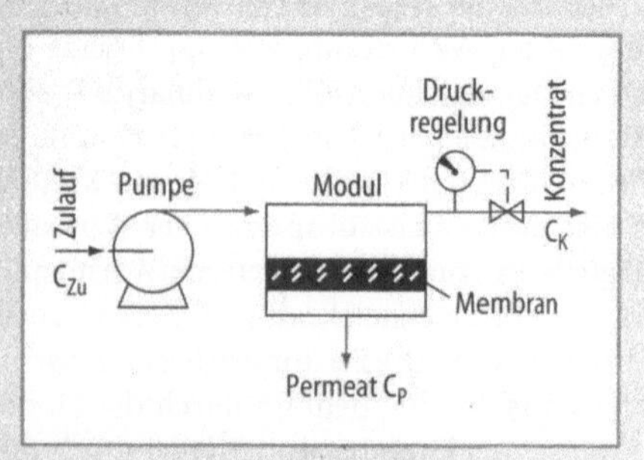

Bild G.3-22 Prinzip der Membranfiltration [G.3.54]

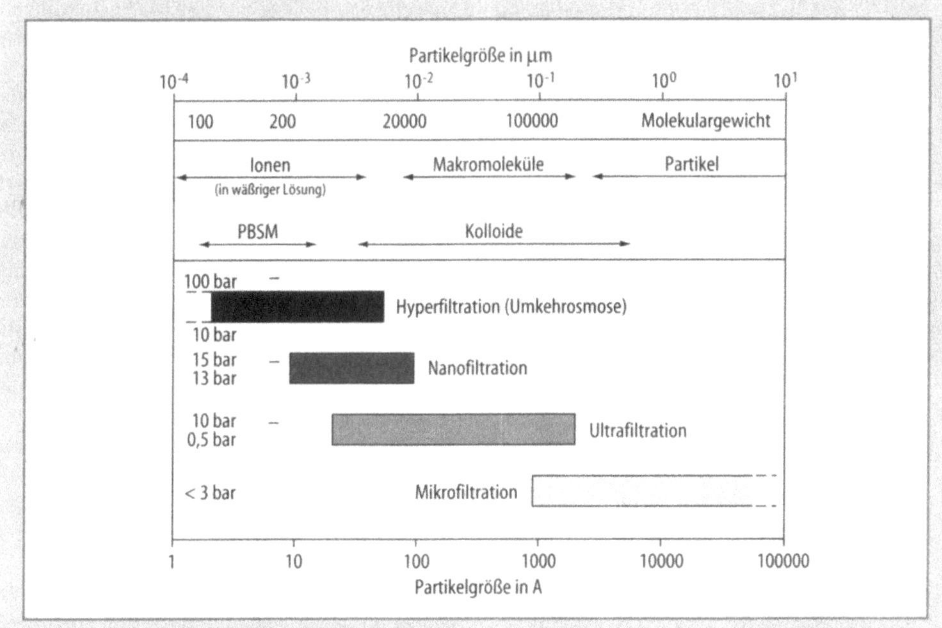

Bild G.3-23 Anwendungsbereiche der Membranfiltration [G.3.54]

der Membranoberfläche A und der umgekehrt proportionalen Membrandicke D. Der Ausdruck ($\Delta P - \Delta\pi$) besagt, daß die transmembrane Druckdifferenz ΔP um die entgegen gerichtete osmotische Druckdifferenz $\Delta\pi$ vermindert wird. Durch höhere Geschwindigkeiten vor der Membran läßt sich $\Delta\pi$ mindern. k_t ist der Temperaturkoeffizient der Wasserviskosität; je höher die Temperatur, um so größer wird der Flux [G.3.6].

Unter dem Oberbegriff Membranfiltration versammeln sich in Abhängigkeit von Permeabilität und Arbeitsdruck die Verfahrensvarianten (Bild G.3-23) [G.3.53]
– Mikrofiltration MF,
– Ultrafiltration UF,
– Nanofiltration NF,
– Hyperfiltration (Umkehrosmose) HF.

Als Membranmaterialien [G.3.9, G.3.54] stehen je nach Aufgabenstellung zur Verfügung:
– Zelluloseazetatderivate für HF,
– Polyamid NF,
– Polysulfon UF, MF,
– Grafit MF,
– Polypropylen MF,
– Keramik Siliziumcarbid.

Die anorganischen Membranen weisen im Vergleich zu den organischen Polymermembranen eine Reihe von Eigenschaften auf, die im industriellen Abwasserbereich bedeutsam sind z. B. hohe Fluxraten, kompakte Bauweisen, hohe thermische, chemische und mechanische Beständigkeit und Regenerierfähigkeit. Als Materialien kommen zur Anwendung Siliziumcarbid SiC oder Kohlenstoff-Membranrohre mit innen aufgesinterten Oxidschichten.

Die Membranen werden aufgabenspezifisch in folgenden Modulformen [G.3.6, G.3.54] angewendet:
– Tubularmodule,
– Plattenmodule,
– Rohrscheibenmodule,
– Wickelmodule.

Tubularmodule mit 6 mm Durchmesser und einer Packungsdichte von 450 m²/m³ werden für die Mikro- und Ultrafiltration zur Abtrennung von abfiltrierbaren Stoffen und Biomassen verwendet. Bei Packungsdichte von 12 – 14 m²/m³ können in der Ultra-, Nano- und Hyperfiltration stark verschmutzte Abwässer behandelt werden. Ein Einzelrohr-Austausch ist gut möglich.

Der Rohrscheibenmodul ist eine Weiterentwicklung der Plattenmodultechnik mit den Vorteilen des einfachen Aufbaus und Wechsels der Membrankissen. Die Packungsdichte liegt bei 200 – 250 m²/m³.

Die Fließstrecken sind durch einen Crossflow-Effekt kurz. Der Rohrscheibenmodul wird bei der Ultra-, Nano- und Hyperfiltration bei mittel- bis schwachbelasteten Abwässern angewendet.

Im Wickelmodul sind bis zu 6 Membransätze um ein Druckrohr mit Endplatten aufgerollt. Die Packungsdichte ist mit 900 m²/m³ sehr hoch.

Verwendung finden die Wickelmodule bei der Nano- und Hyperfiltration. Sie eignen sich nur für gering verschmutzte Wässer, die keine Kolloide und hoch-molekulare Stoffe enthalten. Wikkelmoule sind nicht rückspülbar; die Membranen lassen sich elementweise auswechseln.

Bei den Membranstrukturen wird unterschieden zwischen:
- homogenen Membranen mit quasi zylindrischen Löchern,
- asymmetrischen Membranen; auf einem grobporigen Stützgerüst ist eine sehr dünne permeable Oberfläche aufgebracht, um den Permeationswiderstand, der von der Membrandicke beeinflußt wird, deutlich zu verringern,
- Kompositmembranen; auf einer asymmetrischen Membran ist eine permselektive Oberfläche aufgebracht. Die Wirkungen beider Membranschichten ergänzen sich gegenseitig.

G.3.2.8.1 Anwendungsbereiche

Die Mikrofiltration hält abfiltrierbare Stoffe, Großmoleküle und Biomassen zurück. Wichtig ist sie als Vorstufe zu Hyperfiltration und vor Rohrscheiben- und Wickelmodulen, um blokkierende Großmoleküle und Flocken weitestgehend abzutrennen. Eine periodische Rückspülung mit Wasser oder Gas erhöht die Standzeit [G.3.53, G.3.54].

Die Ultrafiltration soll partikuläre Stoffe, Kolloide oder Mikroorganismen zurückhalten. Die Ausbeute liegt bei 90–95 %. Es werden Zelluloseazetatderivate, Polymermembranen, aber auch anorganische Membranen angewendet. Zu beachten ist, daß Wickelmodule in diesem Anwendungsfall nicht rückspülbar sind. Bevorzugt werden Tubularmodule [G.3.54].

Bei der Nanofiltration werden mehrwertige Ionen, Härtebildner und organische Stoffe zurückgehalten. Mit ladungsneutralen Stoffen bewirkt ein Siebeffekt und mit geladenen Stoffen eine elektrostatische Wechselwirkung mit der Membran die Trennwirkung. Es werden Wickelmodule und Kompositmembranen mit negativer Oberflächenladung verwendet [G.3.53]. Der Abscheidegrad liegt bei mehrwertigen Anionen um 90–99 % und bei einwertigen Ionen zwischen 30 und 40 %.

Gelöste organische Stoffe, gemessen als Chemischer Sauerstoffbedarf CSB, werden um 90 % zurückgehalten. Die Nanofiltration ist als Vorstufe der Hyperfiltration und vor Eindampfern sehr wirksam [G.3.54].

Die Hyperfiltration, früher mit Umkehrosmose bezeichnet, läßt aufgrund der „dicken" Membran nur die Wassermoleküle bevorzugt diffundieren. Die asymmetrischen Membranen aus Zelluloseazetat oder Polyamid werden zunehmend durch die Kompositmembranen aufgrund des höheren Permeatfluxes der extrem dünnen Trennschicht ersetzt. In Form der Wickelmodule kann die Packungsdichte bis 1000 m²/m³ erreichen. Die Hyperfiltration wird zur Abtrennung organischer Stoffe und zur Entsalzung eingesetzt [G.3.54].

Als Anwendungsbereiche bei der Abwasserbehandlung sind exemplarisch zu nennen:
- Deponiesickerwasserbehandlung [G.3.55, G.3.56, G.3.57],
- Emulsionsspaltung [G.3.9, G.3.58],
- Kreislaufpflege von Bohr- und Schleifölemulsionen [G.3.9],
- Aufarbeitung von ölhaltigen Wässern und Kondensaten [G.3.59],
- Reinigung von Wässern der Fahrzeugwäsche [G.3.9, G.3.55],
- Aufkonzentrierung von Lackbädern [G.3.9],
- Behandlung hochkonzentrierter organischer Abwässer mit schwerabbaubaren Stoffen [G.3.54, G.3.56, G.3.57, G.3.61],
- Abscheidung suspendierter Stoffe in Abläufen der Abwasserbehandlung [G.3.61].

G.3.2.8.2 Permeation, Pervaporation, Elektrodialyse

Bei der Mikrofiltration besteht eine bevorzugt selektive Passage von Wasser durch die Membran. Bei der Permeation wird dagegen eine selektive Passage für eine oder mehrere flüchtige Komponenten in eine Gasphase möglich. Bei der Pervaporation werden flüchtige Stoffe aus einem Flüssigkeitsgemisch abgetrennt, wobei unter Anwendung von hydrophilen Membranen das Wasser selektiv durchtritt und bei organophilen, hydrophoben Membranen die organischen Stoffe passieren [G.3.6, G.3.62]. Bei der Dialyse erlauben die Membranen den Durchtritt von Ionen, nicht von Wasser. Die Dialysemembranen können anionische oder kationische Ladungen tra-

 Gewässerschutz und Abwasserbehandlung

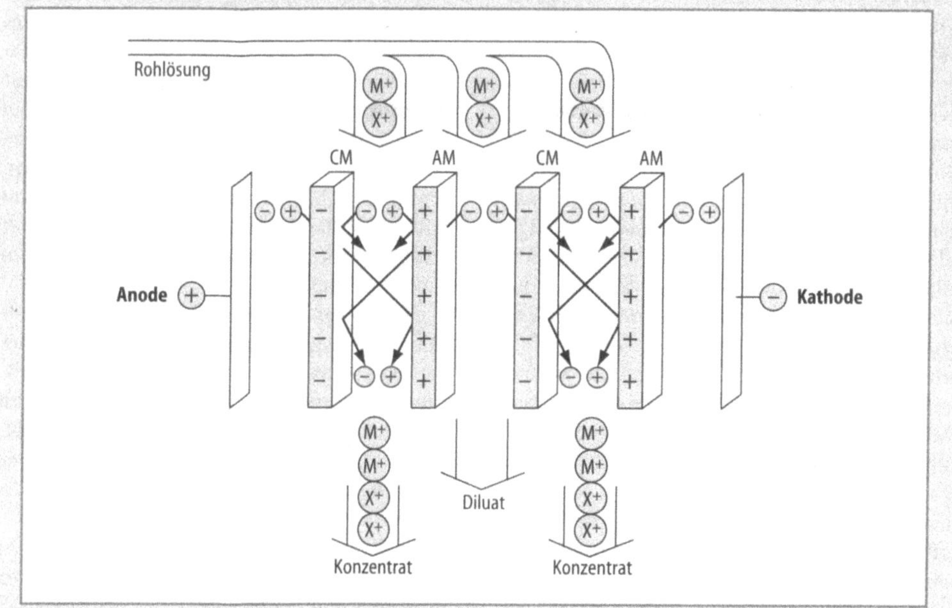

Bild G.3-24 Prinzip der Elektrodialyse [G.3.64]

gen und somit für den Ionentransfer spezifisch wirken [G.3.6, G.3.63].

Die Elektrodialyse ist ein Trennverfahren, bei dem mit Hilfe von Kationen- und Anionen-Austauschermembranen ionogene Bestandteile einer wässerigen Lösung durch die Kraft eines elektrischen Felds abgetrennt und aufkonzentriert werden (Bild G.3-24). Elektrodialyseeinheit besteht aus einer Vielzahl alternierend angeordneter Kationen- und Anionen-Austauschermembranen, die sich zwischen einer Kathode und einer Anode befinden. Beim Anlegen eines Gleichstroms wandern die Kationen durch die Kationen-Austauschermembran in Richtung Kathode und die Anionen durch die Anionen-Austauschermembran in Richtung Anode. Es entsteht wechselweise eine Abreicherung der salzhaltigen Lösung in der Diluatzelle und eine Anreicherung in der Konzentratzelle. Spazer sorgen für die Zu- und Abfuhr der Lösungen.

Mit der Elektrodialyse können die beim Galvanisierprozeß in das Spülwasser verschleppten Salze soweit aufkonzentriert werden, daß sie in das Prozeßbad zurückgeführt werden.

Mit der Elektrodialyse lassen sich Nickel, Kupfer, Zink und Cadmium sowie Härte- und Phosphatiersalze zurückgewinnen.
Als Anoden werden Titan mit Platin und als Kathoden rostfreier Stahl verwendet [G.3.64].

Diese Technologien stellen eine Entwicklungsrichtung dar, die für den prozeßintegrierten Umweltschutz zur Behandlung und Auftrennung komplexer konzentrierter Wässer von sehr großer Bedeutung sein wird.

G.3.3 Biologische Verfahren der Abwasserbehandlung

G.3.3.1 Biologische Grundlagen

Wird ungereinigtes Abwasser in ein Fließgewässer eingeleitet, so bilden die absetzbaren Schlammstoffe in Gebieten mit geringer Strömungsgeschwindigkeit Faulschlammbänke aus. Werden diese Ablagerungen durch Veränderung der Strömung aufgewirbelt, bewirken sie eine schnelle Abnahme der Sauerstoffkonzentration im Gewässer. In gleicher Weise beanspruchen die gelösten Schmutzstoffe des Abwassers den Sauerstoffhaushalt des Gewässers, was sich im Extremfall in einem totalen Fischsterben durch völligen Sauerstoffschwund auswirkt.

Diese Abnahme der Sauerstoffkonzentration im Gewässer beruht auf der Tatsache, daß die biologisch abbaubaren, organischen Schmutzstoffe des Abwassers von den im Gewässer lebenden Mikroorganismen unter Sauerstoffverbrauch zur Energiegewinnung eliminiert werden. Will man daher den Sauerstoffhaushalt vor einer Überlastung schützen, muß man die O_2-zehrenden Stoffe (abwasseranalytisch als BSB_5 erfaßt) und die N-Verbindungen aus dem Abwasser vor der Ableitung in das Gewässer möglichst weitgehend entfernen.

Die Abwasserreinigungsverfahren wurden daher zunächst mit dem Ziel einer Verminderung der BSB_5-Konzentration entwickelt. Folgerichtig mißt man daher auch den Wirkungsgrad einer Kläranlage an der BSB_5-Abnahme bzw. der CSB/BSB_5-Ablaufkonzentration und bemißt sie nach der BSB_5-Belastung (B_R, B_{TS}) bzw. dem daraus resultierenden Schlammalter. Alle Verfahrensvarianten, die über diese BSB_5-Elimination hinaus das Ziel verfolgen, die biologisch persistenten Stoffe (abwasseranalytisch als Rest-CSB bestimmt) und die eutrophierenden Stoffe (P- und N-Verbindungen) zu erfassen, sind daher der weitergehenden Abwasserreinigung zuzuordnen.

Die absetzbaren Stoffe kann man in der mechanischen Abwasserreinigungsstufe durch Rechen, Absetzbecken, Flotation u. ä. entfernen. Eine Elimination der fein suspendierten, kolloidal und echt gelösten Stoffe ist auf diesem Wege jedoch nicht möglich.

Eine verfahrenstechnische Lösung für eine biologische Reinigung bietet die Natur mit der Selbstreinigung der Gewässer an. Wird Abwasser in ein Gewässer eingeleitet, so bildet sich innerhalb einer gewissen Einarbeitungs- und Adaptationsphase genau die Lebensgemeinschaft an Organismen (Biozönose) aus, die für den Abbau der spezifischen Schmutzstoffe optimal geeignet ist. Die Aufgabe eines biologischen Abwasserreinigungsverfahrens besteht somit darin, den natürlichen Selbstreinigungsprozeß in ein technisches Verfahren umzusetzen, mit dessen Hilfe alle O_2-zehrenden Stoffe aus dem Abwasser vor der Einleitung in ein Gewässer eliminiert werden können. Die an der Selbstreinigung beteiligten Organismen kann man nach ihrem Lebensraum grob in zwei Gruppen einteilen. Die Aufwuchsorganismen besiedeln alle im Gewässer befindlichen Oberflächen, wie z. B. Steine, Wasserpflanzen, Uferbefestigungen, Wehre u. ä. Demgegenüber wird der freie Wasserkörper von suspendierten Organismen wie Bakterienflocken, Plankton, Kleinkrebsen usw. bis hin zu Fischen besiedelt. Da es sich bei der Abwasserreinigung um den mikrobiellen Aufschluß der hochmolekularen Schmutzstoffe handelt, interessiert hier nur die Mikroorganismen-Biozönose.

Nach der Morphologie und den Strömungsverhältnissen des Flusses haben bei kleinem Flußquerschnitt (entsprechend große Aufwuchsfläche im Verhältnis zum Wasservolumen) die Aufwuchsorganismen und im breiten, tiefen Fluß die freischwimmenden Organismen den größeren Anteil am Selbstreinigungsprozeß. Insgesamt ist die Organismenmasse im Verhältnis zum Wasservolumen aber so gering, daß der Selbstreinigungsprozeß nur langsam – innerhalb von Tagen – abläuft.

Für die Umsetzung des Selbstreinigungsprozesses in ein technisches Verfahren bedeutet dies, daß man entweder bei gleicher, langsamer Reaktionsgeschwindigkeit große Reaktorvolumina (z. B. Teiche) bereitstellen, oder die Reaktionsgeschwindigkeit wesentlich erhöhen muß, um gleiche Reinigungsleistungen in kurzer Zeit d.h. in kleinen Reaktionsvolumina zu erzielen.

Zusammengefaßt müssen bei der Entwicklung eines kleinräumigen, biologischen Abwasserreinigungsverfahrens folgende Voraussetzungen erfüllt werden:
1. Erhöhung der Biomassenkonzentration,
2. Deckung des erhöhten O_2-Bedarfs,
3. Gewährleistung eines optimalen Kontakts zwischen Biomasse, Abwasserinhaltsstoffen und gelöstem Sauerstoff.
4. Nichterreichen schädlicher Grenzkonzentrationen von Hemm- und Giftstoffen bzw. Hemmfaktoren im Reaktor.

Um die Selbstreinigungskapazität der frei im Vorfluter suspendierten Organismen zu nutzen, wurde das Belebungsverfahren entwickelt. Verfahrenstechnisch erforderlich ist dafür, daß die Mikroorganismen im Belebungsbecken Aggregationen (Belebtschlammflocken) bilden, die im Nachklärbecken sedimentieren. Trennt man auf diese Weise die Biomasse vom gereinigten Abwasser und führt sie in das Reaktionsbecken zurück, kann man dort eine Anreicherung der Biomassenkonzentration erreicht werden. Diese Kombination von belüftetem Reaktionsraum (Belebungsbecken), nachgeschaltetem Sedimentationsbecken (Nachklärbecken) und Rückführung der abgetrennten Biomasse (Rücklaufschlamm) ist die Grundlage des Belebungsverfahrens. Mit dieser Verfahrenskombination können die für die Intensivierung des Reinigungsprozesses aufgestellten Voraussetzungen erfüllt werden. Die Abtrennung und Rückführung der Biomasse ermöglicht eine hohe Biomassenkonzentration und damit einen hohen Stoffumsatz im Reaktionsbecken (Voraussetzung 1). Der erhöhte O_2-Bedarf kann durch Einsatz maschineller Belüftungseinrichtungen gedeckt werden (Voraussetzung 2). Eine intensive Vermischung der suspendierten Biomasse mit dem Abwasser und dem zugeführten Sauerstoff ist durch geeignete technische Maßnahmen zu erreichen (Voraussetzung 3).

Belebter Schlamm

Der belebte Schlamm ist der eigentliche Träger des biologischen Reinigungsprozesses. In seiner Biomasse ist das enzymatische Potential manifestiert, das zur Umsetzung der hochmolekularen Schmutzstoffe zu den gewünschten anorganischen Endprodukten der Abwasserreinigung bzw. zur Inkorporation in die Biomasse benötigt wird. Darüber hinaus fungieren die Flocken auch als Adsorptionsflächen, an denen biologisch inerte Stoffe gebunden werden können. Die physikalische, chemische und biologische Beschaffenheit der Biomasse wird durch die Abwasserzusammensetzung und das Reinigungsverfahren beeinflußt und kann daher von Anlage zu Anlage und auch innerhalb einer Anlage im Laufe der Zeit unterschiedlich sein.

Die physikalisch-chemische Beschaffenheit

Voraussetzung für die Funktion des Belebungsverfahrens ist die Abtrennung der Biomasse vom gereinigten Abwasser durch Sedimentation im Nachklärbecken. Es können sich im Belebtschlamm auf Dauer nur Organismen behaupten, die absetzbare Flocken bilden, an diese angeheftet sind oder zumindest diese als Lebensraum nutzen. Auch wenn bei neueren Verfahrenstechniken eine Biomassenabtrennung durch Flotation oder Zentrifugation erfolgen sollte, ist eine Flockenbildung notwendig.

Der Belebtschlamm besteht normalerweise aus unregelmäßig geformten Flocken zwischen 50 und 300 μm Durchmesser und einem spezifischen Gewicht > 1.

Die chemische Zusammensetzung des Belebtschlamms wird durch die Biomasse selbst (Bakterien, Protozoen, Pilze) und durch organische (Faserstoffe, Stärkekörner u.ä.) und anorganische (Carbonate, Phosphate, Metallhydroxide, Schluff, Ein- und Anlagerungen bestimmt. Der Anteil der einzelnen Komponenten ist abhängig von der Schlammbelastung (hohe Schlammbelastung = hoher Organismenanteil), der Abwasserbeschaffenheit und dem Wirkungsgrad der Vorklärung. In Anlagen ohne Vorklärung (z.B. Belebungsgräben) enthält der Belebtschlamm besonders hohe Anteile an anorganischen und inerten, organischen Stoffen. Die organische Trockensubstanz (oTS) liegt bei Anlagen mit Vorklärung zwischen 70 und 85 %.

Die biologische Beschaffenheit

Die Ausbildung der Belebtschlammflocken kann sehr unterschiedlich sein. In schwach belasteten Anlagen findet man mehr kompakte Flocken, die meist einen dunkleren Kernbereich und eine hellere Randzone erkennen lassen (Bild G.3-25). Der innere Bereich besteht überwiegend aus anorganischem Material (z.B. Calciumphosphat, Eisen- und Aluminiumhydroxid) und unbelebten organischen Stoffen. Die Randzonen bilden die lebenden, aktiven Organismen, die in eine schleimartige Matrix eingebettet sind. In hoch belasteten Anlagen bilden die Flocken oft sternförmige Auswüchse der Randzonen, in denen die einzelnen Bakterien zu sehen sind (Bild G.3-26).

Aktiv am aeroben Reinigungsprozeß beteiligt können nur die Flockenanteile sein, in die sowohl die gelösten Schmutzstoffe als auch der Sauerstoff diffundieren kann.

Die geringe morphologische Differenzierung der Organismen in der Belebtschlammflocke gibt

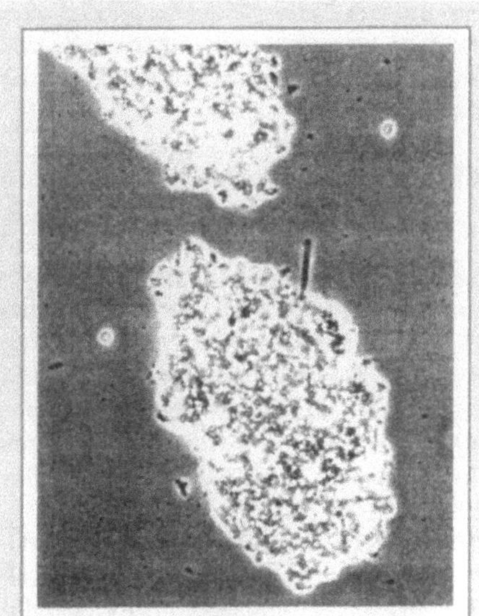

Bild G.3-25 Kompakte Belebtschlammflocke aus schwachbelasteter Belebungsanlage

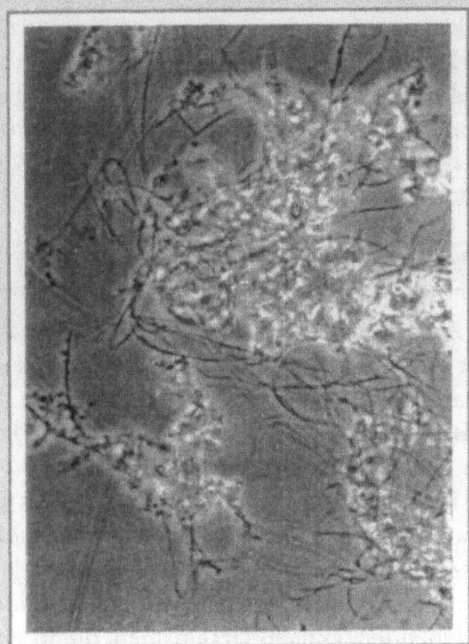

Bild G.3-26 Locker strukturierte Belebtschlammflocke aus hochbelasteter Belebungsanlage

jedoch keinen Hinweis auf die Artenvielfalt der beteiligten Bakterien.

Bei der mikroskopischen Betrachtung eines belebten Schlamms fallen die Protozoen wesentlich stärker als die morphologisch eintönigen Bakterien auf. Trotzdem ist ihr Anteil am Reinigungsprozeß gegenüber den Bakterien nur gering. Da sie sich vorwiegend von Bakterien und feinsten suspendierten Schmutzstoffteilchen ernähren, tragen sie im wesentlichen nur zu einer Verminderung der Trübung des gereinigten Abwassers bei.

G.3.3.1.1 Suspendiertes Wachstum von Mikroorganismen

Die Mikroorganismen (belebter Schlamm) verwandeln die zugeführten Nährstoffe (Zulauf BSB_5) z.T. im Energiestoffwechsel zur Energiegewinnung in anorganische Endprodukte (CO_2, H_2O, NO_3^-), z.T. im Baustoffwechsel in körpereigene Stoffe (Wachstum, Vermehrung), wobei Energie aus dem Energiestoffwechsel benötigt wird (Bild G.3-27).

Die Endprodukte des Energiestoffwechsels und das nicht abgebaute Substrat sind im Kläranlagenablauf enthalten (End-BSB_5). Die Endprodukte des Baustoffwechsels bilden den „Überschußschlamm" und müssen weiter behandelt werden. Von dem Verhältnis der zugeführten Nährstoff-

menge (kg BSB_5/m³ · d) zur vorhandenen Mikroorganismenmenge (kg TS/m³) ist es abhängig, wie hoch die Konzentration an nicht abgebautem Substrat im Ablauf (End-BSB_5) und die Überschußschlammenge ist. Für die Bemessung einer biologischen Reinigungsanlage ist daher die BSB_5-Schlammbelastung (B_{TS}) [kg BSB_5/kg TS · d] bzw. das Schlammalter t_{TS} [d] der wichtigste Wert.

Kohlenstoff- und Energiequellen

CO_2 können außer Mikroorganismen mit Photosynthese nur solche Organismen nutzen, die Energie aus der Oxidation anorganischer Komponenten beziehen. Die Umsetzung von CO_2 in Biomasse ist ein reduktiver Prozeß, der viel Energie verlangt. In diese Stoffwechselgruppe gehören die autotrophen Nitrifikanten wie die Ammoniumoxidierer *Nitrosomonas*, *Nitrosococcus* und die Nitritoxidierer wie *Nitrobacter*, *Nitrococcus*. Diese Bakterien oxidieren NH_4 zu NO_2 bzw. NO_3 und beziehen aus dieser Oxidationsreaktion ihre Stoffwechselenergie. Diese Organismen sind auf eine gute Sauerstoffversorgung in einem Schlamm mit hohem Schlammalter angewiesen.

Alle anderen Mikroorganismen im belebten Schlamm beziehen sowohl Kohlenstoff als auch ihre Energie aus organischen Quellen. Daneben können bestimmte Substanzen in sehr niedrigen Konzentrationen als sog. Wachstumsfaktoren genutzt werden. Dies sind organische Nährstoffe wie Aminosäuren, Purine und Pyrimidine, die in Proteine und Nukleinsäuren eingebaut werden. Ferner fallen darunter Vitamine, die für Coenzyme und prosthetische Gruppen benötigt werden. Wachstumsfaktoren sind essentiell und können nicht selbst synthetisiert werden.

Stickstoffquellen

Stickstoff ist in der Zelle in reduzierter Form enthalten. Viele Mikroorganismen sind auf reduzierte Stickstoffquellen wie Aminosäuren, Pepton oder NH_4 als N-Quellen angewiesen.

Organisch gebundener Stickstoff wird durch die Ammonifikation in NH_4 überführt.

Phosphorquellen

Sowohl organisch als auch anorganisch gebundenes Phosphat kann den Mikroorganismen des belebten Schlamms als P-Quelle dienen. Phosphor kann von vielen Mikroorganismen als Re-

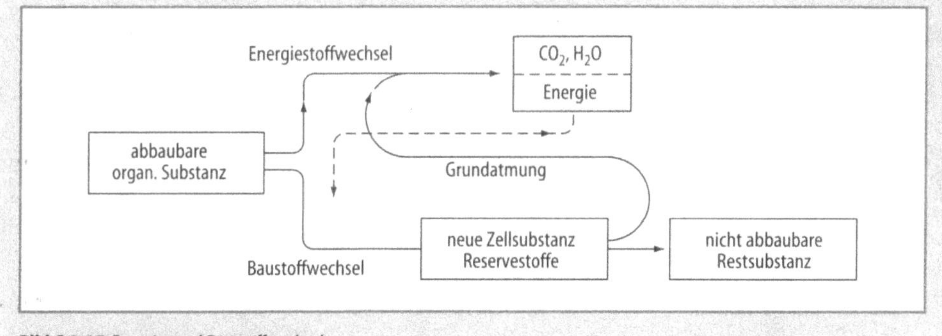

Bild G.3-27 Energie- und Baustoffwechsel

servestoff in Form von Polyphosphat gespeichert werden.

Suspendiertes Wachstum, Wachstumsrate und K_s-Wert

Für das Überleben von Mikroorganismen in einer Biozönose ist grundsätzlich die Wachstumsrate der Organismen unter den gegebenen Milieu- und Substratbedingungen entscheidend. Langfristig wird die Art dominieren, die die höchste Nettovermehrungsrate aufweist. Die gegebenen Bedingungen sind charakterisiert durch Substratkonzentrationen, Sauerstoffgehalt, pH, Temperatur, Turbulenz, Schwerkräfte, Freßfeinde usw. Eine Koexistenz mehrerer Mikroorganismenarten ist dann möglich, wenn sie die gleiche Nettovermehrungsrate aufweisen. Abgesehen von einer „Eingewöhnungszeit", in der sich Organismen auf neue Lebensbedingungen einstellen, wachsen sie unter konstanten Milieubedingungen exponentiell. Die Biomasse nimmt dabei zu nach

$$X(t) = X_0\, e^{\mu t}$$

wobei X_0 die Biomasse zum Zeitpunkt $t = 0$ darstellt und μ die relative Wachstumsrate mit der Einheit l/t ist.

Die Wachstumsrate ist in erster Linie von der Nährstoff- und auch der Sauerstoffkonzentration abhängig. In Anlehnung an die Enzymkinetik nach Michaelis-Menten wird die Abhängigkeit der Wachstumsrate von der Konzentration eines bestimmten Substrats durch das Monod-Modell beschrieben nach:

$$\mu = \mu_{max}\, S/(K_s + S)$$

wobei μ_{max} die maximale Wachstumsrate ist, die erreicht wird, wenn das Substrat S im Überschuß vorhanden ist und daher nicht limitierend wirkt. K_s ist dabei diejenige Substratkonzentration, bei der die Wachstumsrate gerade $^1/_2\,\mu_{max}$ ist.

Als enzymatische Reaktion folgt die Wachstumsrate jedoch in Abhängigkeit vom Substratangebot einer Sättigungskurve.

Bei steigender Substratkonzentration (Bild G.3-28), durch Zunahme der CSB-Konzentration, wird eine maximale Wachstumsrate (μ_{max}) erreicht, die auch bei weiterer Erhöhung des Substratangebots nicht überschritten werden kann. Ein wichtiger Wert zur Charakterisierung der Wachstumskinetik von Mikroorganismen ist der K_s-Wert, der die Substratkonzentration bezeichnet, bei der gerade $^1/_2\,\mu_{max}$ erreicht ist. Das Verhältnis μ_{max} zu K_s-Wert ist für die verschiedenen Organismen entscheidend im Hinblick auf ihre wachstumskinetischen Eigenschaften.

Ist die Wachstumsrate in einem kontinuierlich durchflossenen System deutlich kleiner als μ_{max}, dann stellen sich Substratkonzentrationen ein, die $< K_s$ sind. Die sich einstellende Substratkonzentration ist dann näherungsweise proportional zur Wachstumsrate bzw. Durchflußrate

$$S\ \mu \cdot Ks/\mu_{max} \quad \text{oder} \quad \mu\ S \cdot \mu_{max}/K_s$$

In Bild G.3-29 sind die Wachstumsraten von drei verschiedenen Modellorganismen (MO) als Funktion von S dargestellt. MO_1 hat ein niedriges μ_{max} und einen hohen K_s-Wert. MO_2 dagegen weist ein höheres μ_{max} und einen hohen K_s-Wert auf. Das Verhältnis von μ_{max}/K_s von MO_2 ist größer als bei MO_1.

MO_3 wiederum hat eine geringeres μ_{max} und einen geringeren K_s-Wert; das Verhältnis μ μ_{max}/K_s ist jedoch größer als bei MO_2. Daraus ergibt sich, daß MO_2 in der Konkurrenz gegenüber MO_1 bei allen Substratkonzentrationen „gewinnt". Im Gegensatz dazu ist in der Kon-

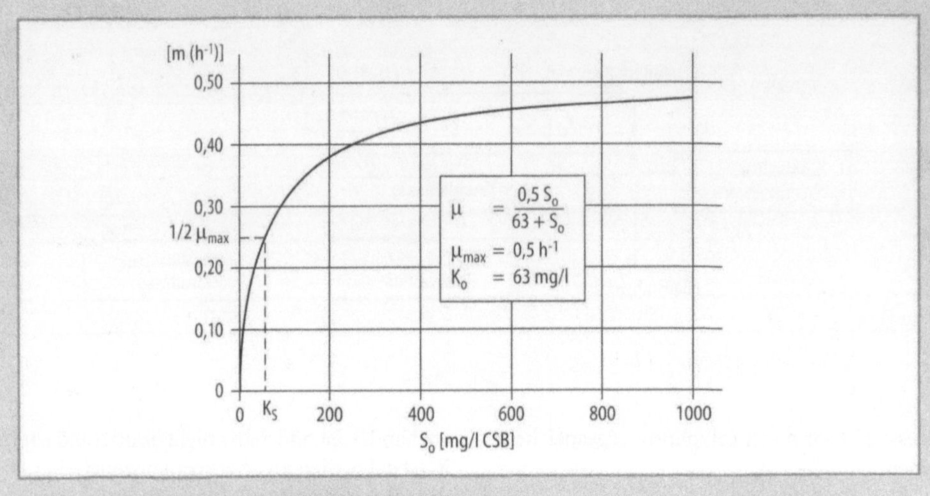

Bild G.3-28 Abhängigkeit der Wachstumsrate von der Abwasserkonzentration

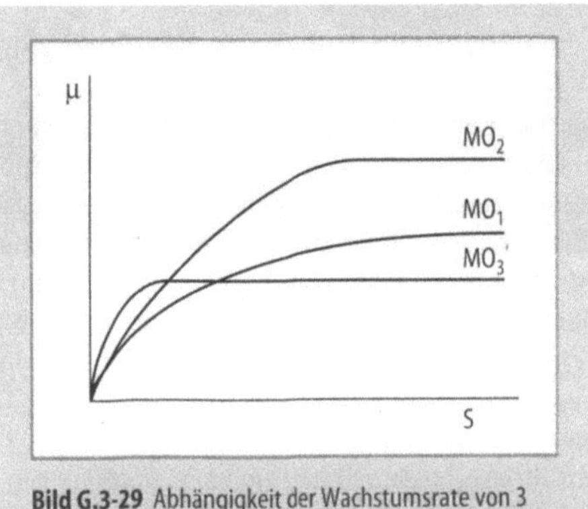

Bild G.3-29 Abhängigkeit der Wachstumsrate von 3 Modellorganismen MO_1, MO_2, MO_3, von der Konzentration des Substrats

kurrenz zwischen MO_2 und MO_3 der Organismus MO_3 bei niedrigen und MO_2 bei hohen Substratkonzentrationen im Vorteil. Bei niedrigen Substratkonzentrationen „gewinnt" MO_3, bei hohen Substratkonzentrationen dominiert letztlich MO_2.

Vergleicht man in Reinkultur gemessene Parameter von typischen Bakterien aus belebtem Schlamm wie:
- *Acinetobacter* (P-Elimination, μ_{max} 0,6 h^{-1}, K_s = 7 mg/l),
- *Citrobacter* (fakultativ anaerobes Enterobacterium, μ_{max} = 0,3 h^{-1}, K_s = 5 mg/l),
- *Typ 021N* (fadenförmiger Blähschlammbildner, μ_{max} = 0,16 h^{-1}, K_s <1 mg/l),

so entspräche im aeroben Milieu das Wachstumsverhalten von Citrobacter dem von MO_1

das von Acinetobacter und das Verhalten von Typ 021N dem des Modellorganismus.

Durch Besetzung unterschiedlicher ökologischer Nischen im belebten Schlamm ist in der Praxis trotz der weit auseinander liegenden μ_{max} und K_s-Werte eine Koexistenz der Arten möglich.

Nimmt man typische Betriebsdaten kommunaler Kläranlagen mit mittlerer bis niederer Belastung, Substratkonzentrationen im Zulauf der Größenordnung von einigen 100 mg/l BSB bzw. ein Schlammalter von 2 – 10 d an (48 – 240 h, entsprechend einer Wachstumsrate von 0,5 – 0,1 d^{-1} (0,02 – 0,004 h^{-1})) und vergleicht diese Parameter mit den kinetischen Daten der o. g. Organismen, so zeigt sich, daß eine Kläranlage in einem Bereich betrieben wird, in dem die Wachstumsrate weit unter dem maximalen Wert liegt (μ << μ_{max}). Daher ist die Substratkonzentration in der Anlage und damit auch im Ablauf weit unter K_s (S << K_s). Da die Zulaufwerte der Anlagen weit über K_s liegen, folgt, daß die Anlage in dieser Betriebsweise den überwiegenden Anteil des Substrats entfernt. Dagegen würde beim Betrieb mit geringerer Biomasse und geringerem Schlammalter, d. h. in der Nähe von μ_{max} die Reinigungsleistung der Anlage sinken.

Durch Rückführung der Biomasse wird es möglich, das Reaktorvolumen und damit die Aufenthaltszeit zu verringern und trotzdem gute Ablaufwerte zu erzielen. Die Wachstumsrate darf allerdings nicht unter der Rate der Entnahme von Überschußschlamm liegen (Schlammalter), sonst wird der Organismus aus der Anlage eliminiert.

In Belebungsanlagen entspricht der Bakterienertrag der Überschußschlammproduktion. Geht man von der Faustregel aus

Überschußschlammproduktion
0,5–1 kg TS/1 kg abgebauter BSB

und nimmt man an, daß 1 g Glucose etwa 580 mg gemessenem BSB entspricht, so kommt man mit belebtem Schlamm beim Umsatz von BSB in die gleiche Größenordnung für den Zellertrag wie bei Reinkulturen von heterotrophen Bakterien.

G.3.3.1.2 Wachstum auf Trägermaterial

Der *Tropfkörperrasen* ist ein typisches Beispiel für einen Biofilm, d. h. für ein Wachstum reinigender Mikroorganismen auf einem Trägermaterial. Biofilme bzw. Biofilmverfahren werden zunehmend auch für gezielte Abbauprozesse (z. B. Nitrifikation) eingesetzt. Biofilme sind das Resultat der Fähigkeit von Mikroorganismen zur
- Anhaftung und zum
- Wachstum

an Oberflächen. Sie bestehen hauptsächlich aus Wasser (70–90 % des Naßgewichts). Die Organismen werden im Biofilm durch extrazelluläre Polymere (EPS, 70–95 % des Trockengewichts) zusammengehalten; sie liegen dicht nebeneinander und bilden organisierte Konsortien verschiedener Mikroorganismengattungen. Bakterien in Biofilmen sind im Vergleich zu suspendierten Organismen geschützter.

Die ökologischen Vorteile des Wachstums von Mikroorganismen in Biofilmen liegen in
- dem Erhalt/der Anreicherung von Nährstoffen/Spurenelementen in der Gel-Matrix,
- dem Schutz vor
  - pH-Wert-Schwankungen,
  - Salz/Biozidwirkungen,
  - Austrocknung,
- der Entwicklung von Mikrokonsortien
  - Symbiosen,
  - Aufbau von Nahrungsketten (Abbau von Zellulose, Nitrifikation),
  - ökologische Nischen (anaerobe Zonen in aeroben Biofilmen).

In Bild G.3-30 sind die wesentlichen Konzentrationsverläufe in einem Biofilm dargestellt.

Die aerobe obere Schicht ist durch intensive aerobe Stoffwechselprozesse (Atmung, Nitrifikation und eine hohe Konzentration an Protozoen und Würmern) gekennzeichnet. Die Übergangsschicht aerob-anaerob ist durch eine hohe Lysis-Rate der Mikroorganismen gekennzeich-

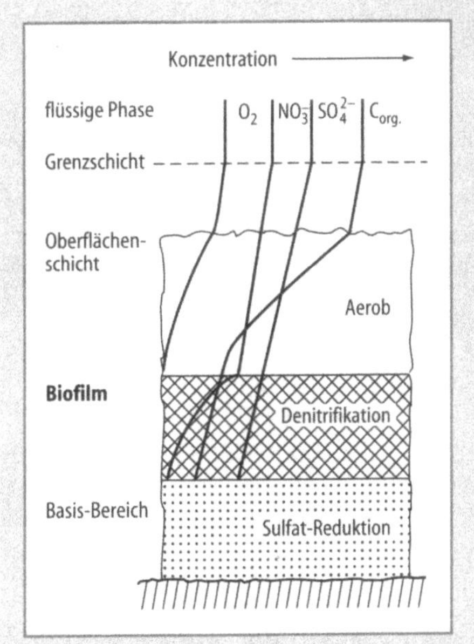

Bild G.3-30 Konzentrationsverläufe in einem Biofilm mit vertikaler Kompartimentierung [G.3.65]

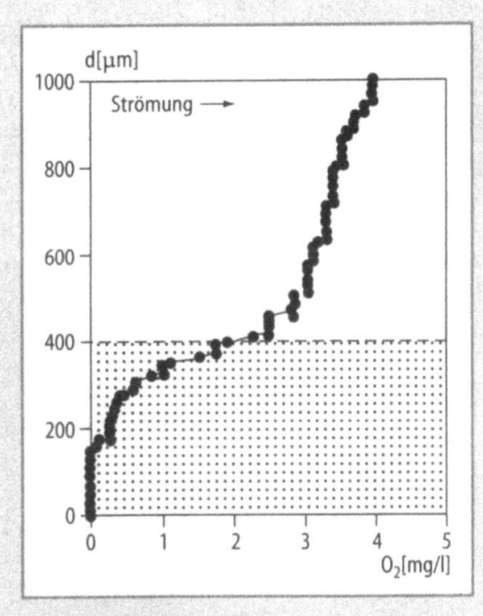

Bild G.3-31 O_2 Konzentrationsgradient im Biofilm (nach [G.3.65])

net. Die tieferen Schichten sind durch anaerobe Milieuzustände und die Parallelität verschiedener anaerober Gärungen charakterisiert. Es finden in erster Linie Versäuerungen wie z. B.

$$CH_3CH_2CH_2COO^- + H_2O \rightarrow 2\ CH_3COO^- + 2\ H^+ + 2\ H_2$$

statt, aber auch Umsetzungen der Sulfate, die prinzipiell wie folgt ablaufen:

$$8\,[\mathrm{H}] + \mathrm{SO_4^{2-}} \rightarrow \mathrm{H_2S} + 2\,\mathrm{H_2O} + 2\,\mathrm{OH^-}\,.$$

Eine wesentliche Größe für die Einschätzung der biologischen Aktivität ist die Dichte des Biofilms, der noch mit Sauerstoff versorgt ist (aerobe Stoffwechselvorgänge). Bild G.3-31 zeigt charakteristische O_2-Profile durch Biofilme, die sich beim biologischen Abbau von häuslichem/industriellem Abwasser bilden.

Die Organismen im Tropfkörper

Rieselt Abwasser über die Oberfläche des Tropfkörperfüllmaterials, so entwickelt sich sehr schnell ein feiner Überzug aus Bakterien, Pilzhyphen und Protozoen. Dieser Belag von anfangs < 0,1 mm kann bis auf 10 – 12 mm Dicke anwachsen.

Dabei tritt eine Differenzierung im Bewuchs und der Nährstoff- und Sauerstoffversorgung auf (Bild G.3-32). Die Masse des Tropfkörperrasens besteht aus Bakterien und Pilzhyphen, die als ein schleimiger Belag die Oberfläche überziehen. In und auf diesem Belag leben Protozoen, niedere Würmer (Nematoden), höhere Würmer (z.B. Borstenwürmer) und Insektenlarven als Sekundärbesiedler, denen der Tropfkörperrasen und adsorbierte Schmutzstoffe als Nahrung dienen. Die Abwasserschmutzstoffe werden beim Kontakt des Abwassers mit dem Tropfkörperrasen an den Oberflächen adsorbiert und gelangen durch die Strudelbewegungen der Organismen und durch Diffusionsvorgänge in die

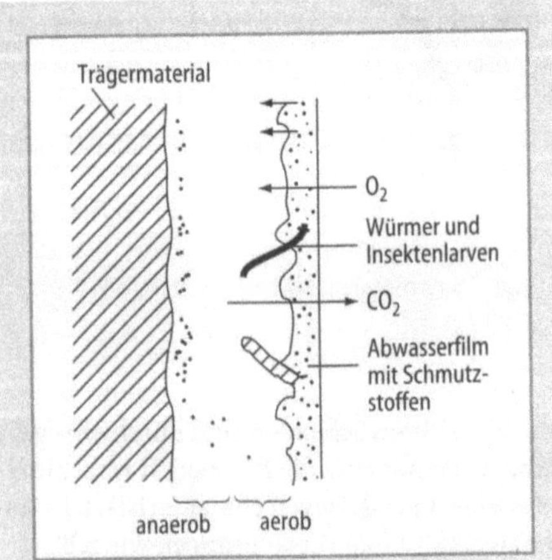

Bild G.3-32 Schematischer Aufbau des Tropfkörperrasens [G.3.66]

tieferen Schichten des Rasens. In gleicher Weise wird der Sauerstoff aus dem Gasraum über dem Abwasserfilm aufgenommen. Bis zu einer Schichtdicke von ca. 1,5 mm reichen diese Transportmechanismen aus, um den gesamten Rasen mit Nährstoffen und Sauerstoff zu versorgen. Die Abbauprozesse verlaufen dann aerob, die Organismen sind gut mit Nährstoffen versorgt. Nimmt die Schichtdicke des Tropfkörperrasens weiter zu, so tritt in den tieferen Schichten ein Mangel an Nährstoffen und Sauerstoff auf. Die Stoffwechselprozesse werden anaerob, und die Organismen werden nicht mehr ausreichend mit Nährstoffen versorgt. Dadurch erfolgt eine gewisse *Mineralisation* des Tropfkörperrasens, er verliert seine schleimige Konsistenz und damit seine Haftfähigkeit. Diese Teile des Belags lösen sich daher leichter von den Oberflächen und können ausgespült werden.

Neben Bakterien- und Pilzbelägen greifen aber auch die höheren Lebewesen – stärker als im Belebungsverfahren – in den Wirkungsmechanismus des Tropfkörpers ein. Protozoen (Flagellaten, Ciliaten, Rhizopoden), Rädertierchen, Nematoden u.ä. sorgen durch ihre Bewegung und das Herbeistrudeln der Nahrung für Strömungsvorgänge innerhalb der Rasenschicht und begünstigen dadurch den Stoffaustausch und die O_2-Versorgung.

Aber auch höhere tierische Lebewesen, wie Borstenwürmer, Fadenwürmer und Insektenlarven finden hier ihren Lebensraum. Sie ernähren sich von den Bestandteilen des Tropfkörperrasens. Da sie natürlicherweise die besonders dicken Rasenpartien aufsuchen, tragen sie durch ihre Freßtätigkeit und Bewegungsaktivität zur Auflockerung der Beläge bei und wirken so einer Verstopfung entgegen (s. Bild G.3-33).

Eine besondere Rolle spielen dabei die Larven der Tropfkörperfliege (*Psychoda alternata*, Familie der Schmetterlingsmücken). Die wenig flugtauglichen Tropfkörperfliegen können besonders im Sommer in großen Mengen an der inneren Tropfkörperwand emporkriechen und werden dann leicht vom Wind z.B. in nahegelegene Wohngebiete verfrachtet. Eine Massenentwicklung tritt besonders im Sommer auf, da der Entwicklungszyklus stark temperaturabhängig ist.

Wachstum anaerober Mikroorganismen auf Trägermaterialien

Nach heutigem Kenntnisstand ist die vollständige anaerobe Mineralisierung von organischer

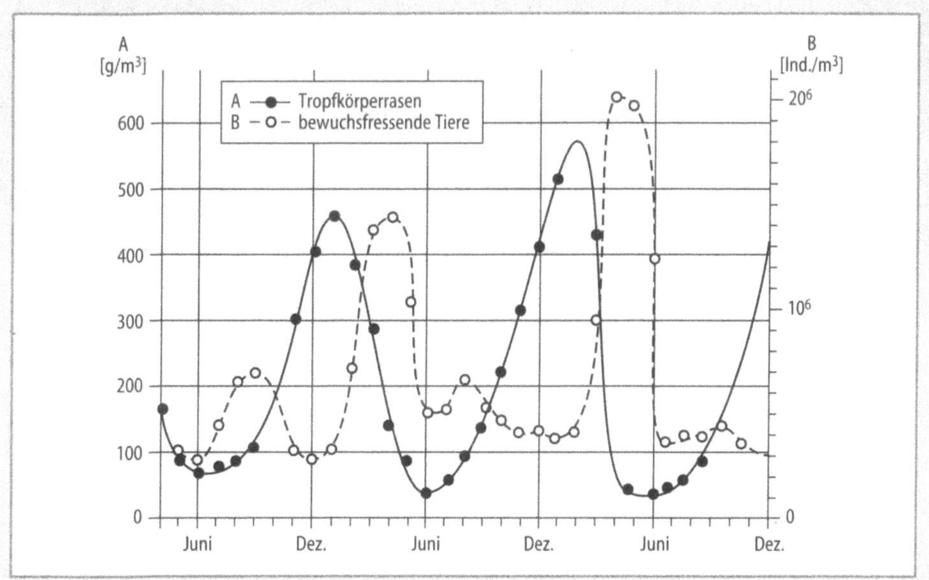

Bild G.3-33 Wechselwirkung zwischen bewuchsfressenden Tieren und Dichte des Tropfkörperrasens in Abhängigkeit von der jahreszeitlichen Temperatur [G.3.67]

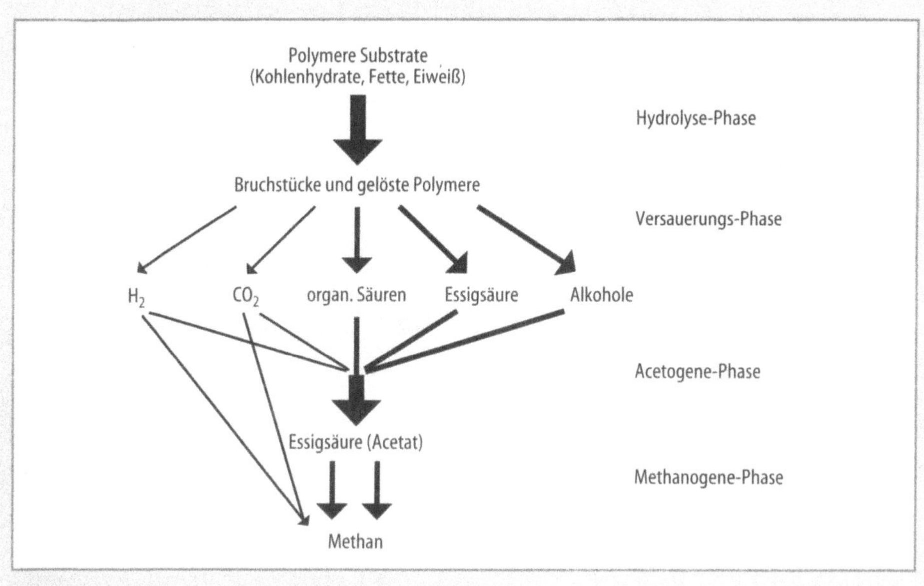

Bild G.3-34 Schema des mehrstufigen anaeroben Abbaus [G.3.66]

Substanz → CH_4 + CO_2 nur möglich, wenn eine enge räumliche und physiologisch miteinander verbundene Mikroorganismen Biozönose vorliegt. Diese aggregieren entweder miteinander zu sog. Pellets (aktivkohleähnliche mm große Partikel) oder wachsen auf Trägern auf. Es erfolgt ein *vierstufiger Abbau* polymerer Stoffe bis zum Methan (s. Bild G.3-34).

1. In der *Hydrolysephase* müssen die hochmolekularen, oft ungelösten Stoffe durch Enzyme in gelöste Bruchstücke überführt werden.
2. In der *Versäuerungsphase* werden von ver-

schiedenen fakultativ und obligat anaeroben Bakterienarten kurzkettige organische Säuren (z. B. Buttersäure, Propionsäure. Essigsäure), Alkohole, H_2 und CO_2 gebildet. Von diesen Zwischenprodukten können die Methanbakterien jedoch nur Essigsäure, H_2 und CO_2 direkt zu Methan umsetzen.

3. Somit müssen in der *acetogenen Phase* die im 2. Abbauschritt gebildeten organischen Säuren und Alkohole zu Essigsäure umgebaut werden. Die acetogenen Bakterien müssen aus reaktionskinetischen Gründen eng mit den Methanbakterien vergesellschaftet sein.

4. In der *methanogenen Phase* wird hauptsächlich aus Essigsäure und H_2 und CO_2 Methan gebildet.

Der Abbau eines komplexen organischen Stoffs zu Methan kann jedoch nur so schnell vonstatten gehen, wie für die methanogenen Bakterien verwertbare Substrate bereitgestellt werden. Der Umbau der „Bruchstücke" in der Versäuerungsphase sowie die Methanbildung aus Acetat in der methanogenen Phase verlaufen i. d. R. ohne Schwierigkeiten.

So gesehen ist die acetogene Phase der geschwindigkeitslimitierende Schritt des Endabbaus.

Da durch die Konzentration an methanisierten Substraten auch die Menge und Zusammensetzung des Faulgases bestimmt wird, kann man aus der Gasentwicklung auch auf die Aktivität der Acetogenen Phase schließen. Die acetatbildende Stufe stellt also für die Vergärung biologisch leicht angreifbarer Polymere den „Flaschenhals" des Stoffumsatzes dar. Bei biologisch schwer abbaubaren Abwasserinhaltsstoffen kann jedoch auch die Hydrolysestufe zum geschwindigkeitslimitierenden Schritt werden. Denn erst dann, wenn die fermentativen Bakterien die Polymere in für die nachfolgenden Bakteriengruppen angreifbare Substanzen zersetzt haben, kann ein vollständiger Abbau bis zu CO_2 und CH_4 stattfinden.

Physiologische Bedingungen der Methangärung

Betrachtet man die wichtigsten physiologischen Randbedingungen anaerober Mikroorganismengesellschaften, so sind neben den physikalischen Bedingungen (Temperatur, pH-Wert, Redoxpotential) das CNP-Verhältnis und die Konzentration an Spurenelementen entscheidend.

Die Bildung von Methan wurde in einem Temperaturbereich von 0 – 97 °C beobachtet. Aus einer heißen Quelle Islands wurde *Methanothermus spec* isoliert, dessen Temperaturoptimum bei 83 °C liegt. Die Methanbildung im psychrophilen Bereich, d. h. bei Temperaturen zwischen 10 und 20 °C wurde in den letzten Jahren verstärkt untersucht. Die meisten bisher isolierten Methanbakterien haben jedoch ein Temperaturoptimum im mesophilen Bereich von 33 – 45 °C (s. Bild G.3-35), wenige sind thermophil (Temperaturoptimum 50 – 55 °C). Wichtig ist die Einhaltung des gewählten Temperaturbereichs, da bereits kleine Temperaturabweichungen drastische Leistungseinbrüche bewirken.

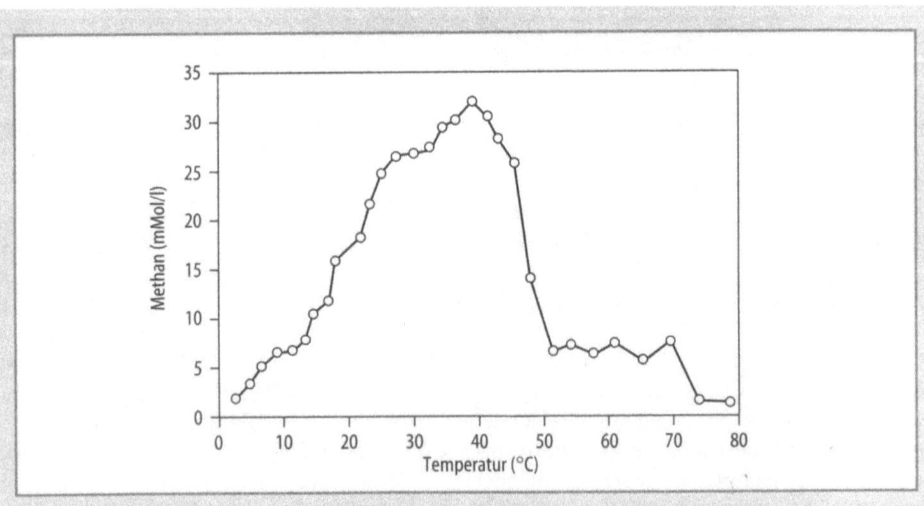

Bild G.3-35 Temperaturabhängigkeit der Methanbildung beim anaerobem Abbau von einem Industrieabwasser

Die meisten Methanbakterien haben ihr pH-Optimum im neutralen Bereich.

Unter pH 6 sinkt die Aktivität der Methanbakterien, während die acidogenen Bakterien noch weiterhin aktiv sind. Dies hat einen weiteren Säureanstieg und schließlich ein Übersäuern der Anaerobanlage zur Folge. Bei pH-Werten > pH 8 inhibieren darüber hinaus Ammoniak und Schwefelwasserstoff die Methanbildung.

Die an der anaeroben Nahrungskette beteiligten Mikroorganismen benötigen, wie alle anderen Mikroorganismen auch, neben organischen Substanzen als Kohlenstoff- und Energiequelle, Nährsalze und Spurenelemente. Das CNP-Verhältnis in der Trockenmasse von Bakterien beträgt etwa 100:28:6. Für Methangärungen werden Werte zwischen 700:5:1 und 400:3:1 als erforderlich angegeben. Spurenelemente wie Nikkel, Kobalt, Molybdän. Wolfram und Selen müssen ebenfalls entsprechend ihrer Konzentration in der Bakterientrockenmasse im Nährmedium bzw. Abwasser vorhanden sein (s. Tabelle G.3-8). In der Praxis sind allerdings bei hohen Sulfatgehalten die verfügbaren Schwermetallkonzentrationen aufgrund der Ausfällung schwerlöslicher Sulfide niedriger.

Tabelle G.3-8 Spurenelementbedarf beim anaeroben Abbau organischer Verbindungen

Element	Konzentrationsbereich (ppm)
Kalium	75 – 250
Schwefel	50 – 100
Natrium	45 – 200
Magnesium	10 – 40
Eisen	10 – 200
Calcium	0 – 75
Nickel	0,5 – 30
Kobalt	0,5 – 20
Molybdän, Wolfram und Selen	etwa 0,1 – 0,35
Zink	0 – 3

Methanisierung einzelner organischer Verbindungen

Für fast alle organischen Verbindungen lassen sich Disproportionierungsgleichungen zu Methan und Kohlendioxid formulieren:

$$C_nH_aO_h + \left(n - \frac{a}{4} - \frac{b}{2}\right)H_2O \rightarrow$$
$$\left(\frac{n}{2} - \frac{a}{8} + \frac{b}{4}\right)CO_2 + \left(\frac{n}{2} + \frac{a}{8} - \frac{b}{4}\right)CH_4$$

Theoretisch ergibt sich hieraus für die Methanisierung von Glucose und anderen Kohlenhydraten ein Methananteil von 50 %, der in der Praxis aufgrund der CO_2-Löslichkeit in Wasser höher liegt. Für die stark oxidierte Ameisensäure liegt der Methananteil nur bei 25 %, für Methanol und andere Alkohole dagegen bei 75 % (s. Bild G.3-36). Aus der stofflichen Zusammensetzung der Bakterien ergibt sich für die Methanisierung von Klärschlamm ein Methangehalt von 42 %, der in

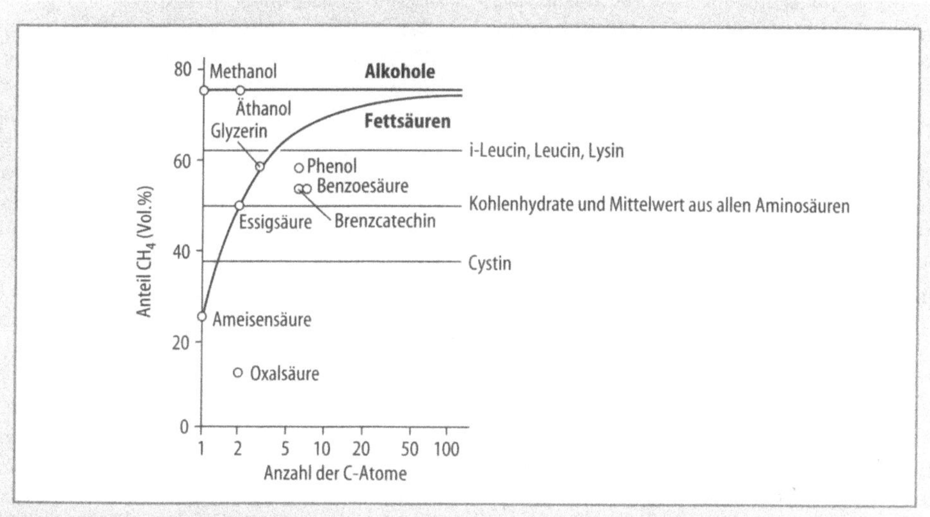

Bild G.3-36 Methananteile bei der Methanisierung organischer Verbindungen

Tabelle G.3-9 Einfluß der chemischen Struktur auf die mikrobiologische Abbaubarkeit

Chemische Substanzklasse	Geringe mikrobiologische Abbaubarkeit
Aliphatische Kohlenwasserstoff	Höheres Molekulargewicht: gesättigt (anaerob)
Halogenierte aliphatische Kohlenwasserstoffe	Verzweigt: polychloriert
Aromatische Verbindungen – Benzoat – Nitroaromaten	Meta-substituiert di- und trintro-substituiert
Halogenierte aromatische Verbindungen	Di- und trisubstituiert: meta-substituiert (aerob) Chlor- und Fluor-substituiert
Polychlorierte Biphenyle (PCBs)	Tetrachloriert
Polymere Verbindungen	Molekulargewicht > 20.000: zahlreiche Seitenketten

der Praxis (CO_2-Löslichkeit) allerdings bei mind. 65 % liegt. Bei der Reinigung organisch hochbelasteter Industrieabwässer werden Methankonzentrationen von 55–85 % im Biogas erreicht.

Grenzen des anaeroben mikrobiologischen Abbaus

Nach dem „Prinzip der mikrobiellen Unfehlbarkeit" sind alle biosynthetisch entstandenen Verbindungen auch biologisch abbaubar. Unter anaeroben Bedingungen gilt dies jedoch nur in eingeschränktem Maße: Bei Kohlenwasserstoffen, Äthern und Lignin wurde unter anaeroben Bedingungen ein sehr langsamer, teilweise Jahre dauernder Abbau beobachtet.

Während sich gesättigte aliphatische Kohlenwasserstoffe unter anaeroben Bedingungen als persistent erwiesen, wurden in den letzten Jahren für ungesättigte Kohlenwasserstoffe zahlreiche Abbaureaktionen beschrieben. Bei polymeren Verbindungen steigt die Persistenz mit zunehmender Molekülgröße, Zahl der Seitenketten und der Substituenten (s. Tabelle G.3-9). Neben der chemischen Struktur entscheiden jedoch auch die Konzentration einer Verbindung und nicht zuletzt ihre Toxizität auf Mikroorganismen über ihre Persistenz.

Für mikrobiell nur langsam metabolisierbare Verbindungen sind optimale physiologische Bedingungen unerläßlich.

G.3.3.1.3 Umsetzungen von Stickstoff und Phosphor

Biologische Stickstoffelimination

Stickstoff ist im Abwasser i. d. R. in reduzierter Form enthalten, d. h. in Form von Eiweiß-, Harnstoff- und Ammoniumverbindungen. Um die Gesamtheit dieser Stickstofffracht (Ges.-N, TKN)

aus dem Abwasser auf biologischem Wege zu entfernen, müssen mehrere unterschiedliche Stoffwechselprozesse, die von verschiedenen Bakterienarten durchgeführt werden, harmonisch ineinander greifen. Die Abfolge dieser Stoffwechselschritte soll erläutert werden.

Ammonifikation
Unter Ammonifikation versteht man die Umsetzung der Eiweiße und des Harnstoffs (s. Reaktionsgleichung) bis zum Ammonium (NH_4^+) bzw. Ammoniak (NH_3).

$$O = C \overset{\displaystyle\diagup NH_2}{\diagdown NH_2} + H_2O \rightarrow 2\,NH_3 + CO_2$$

Diese Prozesse laufen bereits in der Kanalisation und im Vorklärbecken ab. Um die weiteren Schritte verstehen zu können, sollen noch kurz einige Begriffe erklärt werden.

Die *aerobe Energiegewinnung* erfolgt hauptsächlich durch die Reaktion von Wasserstoffionen, wobei als „Wasserstoffdonator" (bzw. Elektronendonator) organische und anorganische Substrate und als „Wasserstoffakzeptor" (bzw. Elektronenakzeptor) Sauerstoff und z. B. Nitrationen fungieren. Da diese Stoffwechselprozesse durch Enzyme gesteuert werden, gilt die von Monod und Michaelis-Menten erkannte Gesetzmäßigkeit der Abhängigkeit der *Stoffwechsel-* bzw. *Wachstumsgeschwindigkeit* von der Substratkonzentration.

Nitrifikation
Die aeroben, heterotrophen Bakterien gewinnen sowohl die Energie als auch den Kohlenstoff aus organischen Substraten (BSB_5). Die Nitrifikanten haben ihren Stoffwechsel dagegen in der Weise verändert, daß sie an Stelle organischer Stoffe

Ammonium als H-Donator verwenden. Da sie außerdem noch anorganisches CO_2 als Kohlenstoffquelle nutzen, ordnet man sie den autotrophen Bakterien zu, d.h., sie benötigen keine organischen Stoffe zum Leben wie die heterotrophen Organismen.

An der Oxidation vom Ammonium zum Nitrat sind immer zwei Bakteriengruppen beteiligt, die Ammoniumoxidierer (z.B. *Nitrosomonas*) und die Nitritoxidierer (z.B. *Nitrobacter*), die folgende Reaktionsschritte durchführen:

Nitrosomonas:
$$NH_4 + 1,5\,O_2 \rightarrow NO_2^- + H_2O + 2\,H^+$$

Nitrobacter:
$$NO_2^- + 0,5\,O_2 \rightarrow NO_3^-$$
$$\overline{NH_4^- + 2\,O_2 \rightarrow NO_3^- + H_2O + 2\,H^+}$$

Insgesamt werden also durch die Stoffwechseltätigkeit der Nitrifikanten Ammoniumverbindungen unter O_2-Verbrauch zu Nitrat oxidiert, wobei H^+-Ionen entstehen, die eine Absenkung des pH-Werts bewirken.

Der Energiegewinn aus der Oxidation der anorganischen Stoffe ist für die Nitrifikanten jedoch sehr gering, was z.B. in dem geringen Zellertrag pro umgesetztes Substrat zum Ausdruck kommt. So benötigt das heterotrophe Bakterium *Escherichia coli* zur Bildung von 1 g Zelltrockenmasse nur 2 g Glucose, das autotrophe Bakterium *Nitrosomonas* dagegen 30 g NH_3. Daraus resultiert auch die langsame Wachstumsgeschwindigkeit der Nitrifikanten, die außerdem stark temperaturabhängig ist. In Tabelle G.3-10 sind die max. Wachstumsraten (l/d), d.h. die Anzahl der Teilungen pro Tag und die sich daraus ergebenden Generationszeiten (h), d.h. die Zeit zwischen den Teilungsschritten, in Abhängigkeit von der Temperatur dargestellt.

Den für das Wachstum erforderlichen Kohlenstoff beziehen die Nitrifikanten aus dem reichlichen CO_2-Angebot, das beim BSB_5-Abbau durch die heterotrophen Bakterien anfällt.

Der Sauerstoffbedarf für die Nitrifikation läßt sich aus der Reaktionsgleichung

$$NH_4^+ + 2\,O_2 \rightarrow NO_3^- + H_2O + 2\,H^+$$

berechnen. Er beträgt 4,6 g O_2/g NH_4 – N.

Einflußparameter auf die Nitrifikation
Die Nitrifikation von Abwässern mit hohen Ammoniumkonzentrationen bereitet solange keine Schwierigkeiten, wie ein ausreichendes Schlammalter vorhanden ist, keine toxischen Inhaltsstoffe auftreten, ein gleichmäßiger Abwasseranfall hinsichtlich Konzentration und Menge vorhanden ist und stabile Betriebsbedingungen (Sauerstoffgehalt, Temperatur, pH-Wert) eingehalten werden können. Da hochkonzentrierte Abwässer jedoch hauptsächlich im industriellen Bereich auftreten, sind die o.g. Voraussetzungen hier selten erfüllbar. Jede Instabilität birgt jedoch gerade bei konzentrierten Abwässern die Gefahr einer unvollständigen Nitrifikation bis zum völligen Erliegen der Abbauprozesse.

Einfluß des pH-Werts
Wie die Reaktionsgleichung zeigt, werden bei der Nitrifikation H^+-Ionen gebildet, durch die der pH-Wert beeinflußt wird. Die H^+-Ionen reagieren mit den Hydrogencarbonationen im Wasser, wobei Kohlendioxid entsteht

$$H^+ + HCO_3^- \rightarrow CO_2 + H_2O\,.$$

Das CO_2 wird jedoch durch die Belüftung weitgehend ausgeblasen, so daß der pH-Wert bei normalen NH_4-Konzentrationen und nicht zu weichem Wasser kaum verändert wird. In besonderen Fällen (Wasser geringer Härte, hohe NH_4-Konzentrationen) kann der pH-Wert jedoch deutlich absinken, wodurch besonders die Nitrifikation selbst gehemmt wird, wenn der optimale pH-Bereich von 7,5 – 8,5 unterschritten wird.

Tabelle G.3-10 Wachstumsraten der Nitrifikanten in Abhängigkeit von der Temperatur

Temp. [°C]	Nitrosomonas		Nitrobacter	
	l/d	h	l/d	h
10	0,29	82,6	0,58	41,4
20	0,76	31,6	1,04	23,1
30	1,97	12,2	1,87	12,8

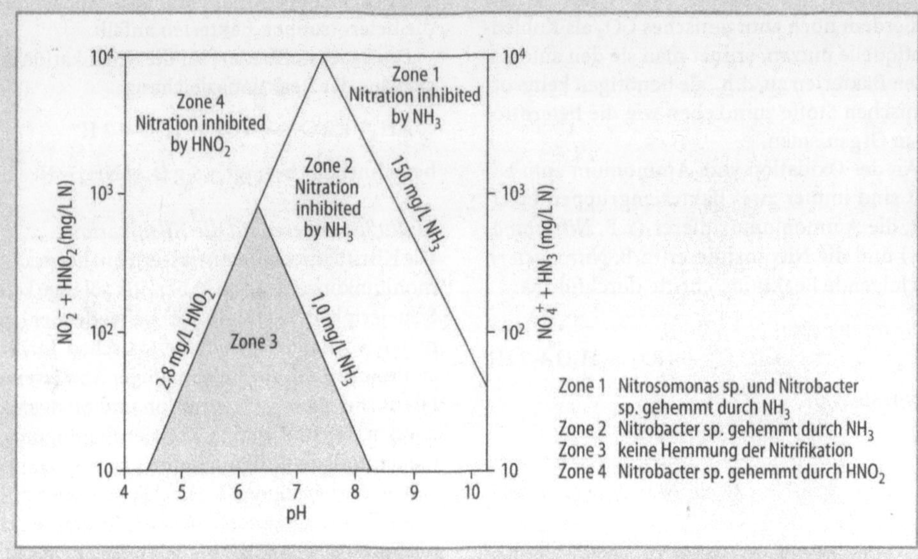

Bild G.3-37 Hemmung der Nitrifikation durch NH$_3$ und HNO$_2$ in Abhängigkeit vom pH-Wert

Außerhalb des pH-Bereichs von 7,5–8,5 entstehen vermehrt die undissoziierten Formen von Ammonium (NH$_3$) und Nitrit (HNO$_2$). Bei einem Abfall des pH-Werts in einem System und in Anwesenheit von Nitrit liegt Nitrit in der undissoziierten Form (HNO$_2$) vor. Bei höheren pH-Werten im System liegt Ammonium als Ammoniak (NH$_3$) vor.

Beide undissoziierten Verbindungen sind toxisch für die Nitrifikation. Ab einer Konzentration > 2,5 mg/l HNO$_2$ wird die Umsetzung von Nitrit zu Nitrat signifikant beeinflußt. Für die Ammoniakkonzentration wurde als Grenzwert 150 mg/l ermittelt, bei dessen Überschreitung die Umsetzung von Ammonium zu Nitrit gehemmt wurde. Die Umsetzung von Nitrit zu Nitrat wurde schon bei Ammoniakkonzentrationen > 1 mg/l gehemmt. Bild G.3-37 zeigt die Hemmung der Nitrifikation durch die undissoziierten Formen in Abhängigkeit vom pH-Wert.

Nitritakkumulation
Eine enge physiologische Verknüpfung der Bakteriengruppen *Nitrosomonas* und *Nitrobacter* ergibt sich besonders aus der Tatsache, daß hohe Ammoniumkonzentrationen auf *Nitrobacter* toxisch wirken, d.h. *Nitrosomonas* muß für *Nitrobacter* nicht nur das Nitrit bereitstellen, sondern auch hohe NH$_4$-Konzentrationen abbauen.

Bei manchen Abwasserarten erfolgt die Nitrifikation nur bis zum Nitrit. Wie schon erwähnt, reagiert der Nitritoxidierer *Nitrobacter* empfindlich auf hohe NH$_4$-Konzentrationen. Sind im Abwasser die NH$_4$-Konzentrationen so hoch, daß sie nicht sofort durch *Nitrosomonas*-Arten abgebaut werden können, werden die *Nitrobacter*-Arten gehemmt und die Nitrifikation bleibt auf der Nitritstufe stehen.

Hemmung durch toxische Stoffe
Neben dem pH-Wert, der Temperatur und dem Sauerstoffgehalt können auch toxische Abwasserinhaltsstoffe die Nitrifikation hemmend beeinflussen. Die hohe Empfindlichkeit der Nitrifikanten gegenüber toxischen Stoffen erklärt sich aus ihrer geringen Wachstumsgeschwindigkeit. Es gibt eine Vielzahl toxisch wirkender Stoffe, die in einem Gesamtabwasser aber selten genauer identifiziert werden können. Eine Zuordnung des Hemmeinflusses zu bestimmten industriellen Einleitern oder bestimmten Abwasserteilströmen kann dagegen, sofern eine getrennte Erfassung möglich ist, i.d.R. durch Batchversuche erfolgen.

Bild G.3-38 zeigt ein Beispiel, wie durch Batchversuche der Einfluß eines industriellen Einleiters (hier aus der Textilindustrie) auf die Nitrifikationsleistung abgeschätzt werden kann.

Der Ausgangspunkt der Kurven zeigt den Zustand ohne industriellen Einfluß (bei 0 % Textilabwasser), d.h. die N-Umsatzraten bei Belastung eines kommunalen, belebten Schlamms mit aus-

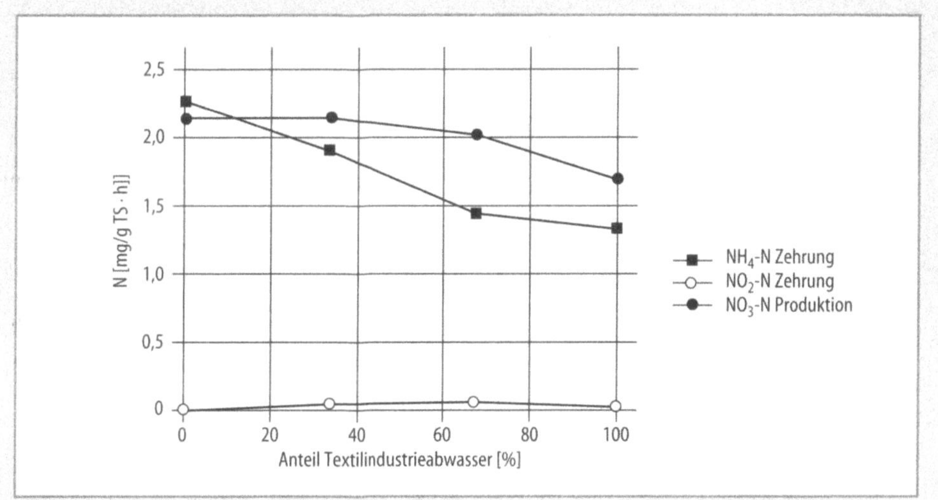

Bild G.3-38 Die Nitrifikationsgeschwindigkeit mit verschiedenen Mischungen Textilindustrieabwasser und kommunalem Abwasser [G.3.68]

schließlich kommunalem Abwasser. In weiteren Ansätzen wurde der Anteil des industriellen Abwassers erhöht. Aus den Kurvenverläufen wird der Hemmeffekt, den das industrielle Abwasser auf die Nitrifikationsleistung ausübt, deutlich.

Eine Adaptation von Nitrifikanten an problematische Abwasserinhaltsstoffe ist möglich. Voraussetzung hierfür ist jedoch, daß die Stoffe in möglichst gleichbleibender Konzentration ständig auftreten. Stoßbelastungen, z.B. aus Reinigungsvorgängen oder Störfällen im Produktionsprozeß, führen nicht zur Ausbildung einer angepaßten Biozönose und sind oftmals für die Beeinträchtigung der Nitrifikation verantwortlich.

Denitrifikation

Im Gegensatz zur Oxidation reduzierter N-Verbindungen bei der Nitrifikation erfolgt bei der Denitrifikation eine Reduktion oxidierter N-Verbindungen (Nitrat, Nitrit) zum elementaren Stickstoff (N_2). Verläuft die Reaktion bis zum Ammonium (NH_4^+), so spricht man von Ammonifikation.

Bei der Denitrifikation dient das Nitration den Denitrifikanten an Stelle des Luftsauerstoffs als terminaler Wasserstoffakzeptor.
Nach der Formel

$$2 NO_3^- + 2 H^+ + 10 [H] \rightarrow N_2 + 6 H_2O$$

werden von den 10 [H] 10 Elektronen auf die zwei N^{5+} übertragen, wodurch die Stickstoffe zu elementarem Stickstoff (N^0) entladen werden

und die 10 H^+-Ionen sich mit den Nitratsauerstoffionen zu H_2O verbinden. Da bei der Denitrifikation organisches Substrat wie bei der Sauerstoffatmung zu CO_2 und H_2O abgebaut wird, bezeichnet man den Prozeß auch als „Nitratatmung!", wie das Beispiel der „Veratmung" von Methanol (als H-Donator) zeigt:

„Sauerstoffatmung":
$$2 CH_3OH + 3 O_2 \rightarrow 2 Co_2 + 4 H_2O$$

„Nitratatmung" (Denitrifikation):
$$5 CH_3OH + 6 NO_3 \rightarrow 5 CO_2 + 7 H_2O + 3 N_2 + 6 OH^-$$

Da der Energiegewinn bei der „Nitratatmung" gegenüber der „Sauerstoffatmung" um etwa 10 % geringer ist, wird von den Organismen bei Anwesenheit von Sauerstoff (aerobes Milieu) immer die O_2-Atmung bevorzugt und nur bei O_2-Mangel auf Denitrifikation umgeschaltet.

Die Denitrifikanten unterscheiden sich daher im aeroben Milieu nicht von anderen heterotrophen Bakterien. Die Fähigkeit zur Nitratatmung ist jedoch bei vielen Bakterienarten vorhanden, d.h. artenreiche Biozönosen, wie z.B. auch belebte Schlämme, enthalten meist Denitrifikanten.

Für den Ablauf der Denitrifikation lassen sich somit folgende Tatsachen ableiten:
- Im belebten Schlamm sind nach einer Einarbeitungszeit von einigen Tagen Denitrifikanten in ausreichender Menge enthalten.
- Im Wasser muß der Sauerstoff nur in chemisch

gebundener Form als Nitration enthalten sein, gasförmiger Sauerstoff darf nicht zur Verfügung stehen, d. h. es müssen anoxische Verhältnisse herrschen.

- Es müssen biologisch abbaubare organische Substrate als H-Donatoren vorhanden sein.
- Der Nitratstickstoff wird in gasförmigen Stickstoff, der nur begrenzt in Wasser löslich ist, umgewandelt.
- Die H^+-Ionenkonzentration nimmt ab bzw. die OH^--Ionenkonzentration nimmt zu, d. h. der pH-Wert wird zum Alkalischen hin verschoben.

Als *Zwischenprodukte der Denitrifikation* entstehen verschiedene Stickstoffoxide (Bild G.3-39).

Der Mechanismus der Entstehung von Stickstoffmonoxid und Lachgas als Produkte ist noch nicht zufriedenstellend geklärt. Sowohl eine vermehrte NO- als auch N_2O-Entstehung ist unter physiologisch ungünstigen Bedingungen, wie z. B. einem niedrigen pH-Wert, in Gegenwart von toxischen Stoffen oder hohen Sauerstoffkonzentrationen zu finden.

Die *energetische Betrachtung der Denitrifikation* (Tabelle G.3-11) macht deutlich, daß der Energiegewinn der Organismen um so höher ist, je weitgehender sie die verfügbaren N-Oxide reduzieren können. Der Gesamtenergiegewinn verteilt sich unterschiedlich auf die Einzelschritte (Werte bezogen auf je 1 Mol Glucose als Einheit). Beim ersten Schritt vom Nitrat zum Nitrit werden 2/3 des Energiegewinns frei.

Einflußparameter auf die Denitrifikation
Eine funktionierende Denitrifikation in einer Kläranlage ist von vielen Faktoren abhängig. Im folgenden sollen die wichtigsten besprochen werden.

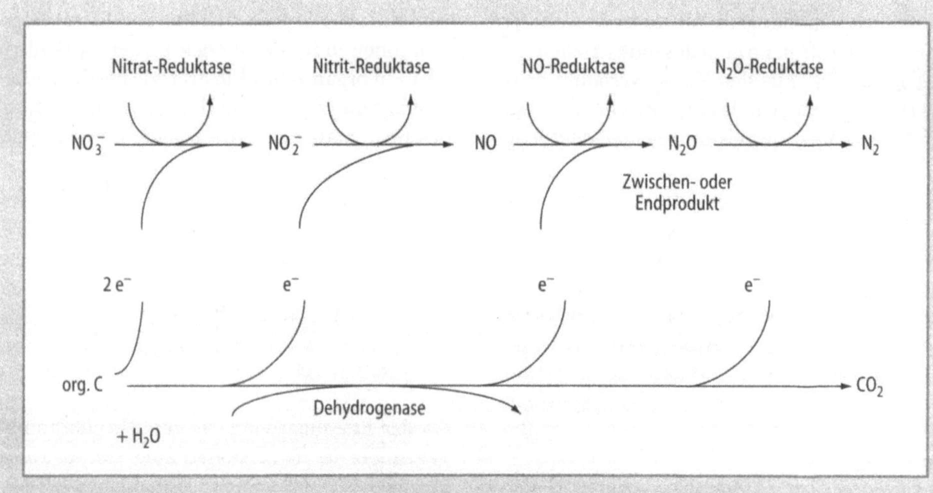

Bild G.3-39 Stoffwechselschema für die heterotrophe Denitrifikation

Tabelle G.3-11 Energiegewinn bei den Zwischenschritten der Denitrifikation bezogen auf 1 Mol Glucose als Substrat

Zwischenschritte	Energiegewinn (kJ/Mol)	NO_3-Atmung (%)	O_2-Atmung (%)
$NO_3^- \rightarrow NO_2^-$	1946	72	67
$NO_2^- \rightarrow N_2O$	632	23	22
$N_2O \rightarrow N_2$	134	5	4
$NO_3^- \rightarrow N_2$	2712	100	94
O_2-Atmung	2876		100

Gewässerschutz und Abwasserbehandlung

Substratqualität
Die Denitrifikationsrate belebter Schlämme steht in direktem Zusammenhang mit der Verwertbarkeit der C-Quelle für die Stickstoffreduktion. Die Substratqualität beeinflußt die Geschwindigkeit der Denitrifikation und damit die Menge des denitrifizierbaren Nitrats. Bild G.3-40 zeigt, daß bei zwei verschiedenen belebten Schlämmen eine Palette möglicher Substrate zu sehr unterschiedlichen Denitrifikationsraten führte. Die Denitrifikationsrate war bei Zugabe niederer Fettsäuren immer deutlich höher als mit Alkoholen, beispielsweise Methanol, das als Kohlenstoffquelle oft zum Einsatz kommt.

Einfluß des pH-Werts
Während der Denitrifikation werden OH^--Ionen gebildet, so daß der pH-Wert zum Alkalischen hin verschoben wird. Da bei der Nitrifikation ein Abfall des pH-Werts zu verzeichnen ist, wird die Säurekapazität in einer Kläranlage mit Nitrifikation/Denitrifikation in nur geringem Maße zurückgehen. Der pH-Bereich für die Denitrifikation ist relativ groß (5,8 – 9,2), trotzdem kann durch extreme pH-Werte die Denitrifikation gehemmt werden.

Nitritakkumulation
Die dissimilatorische Denitrifikation erfolgt in verschiedenen Einzelschritten, wobei u. a. Nitrit als Zwischenprodukt entstehen kann. Es gibt Denitrifikanten, die Nitrat nur bis zum Nitrit reduzieren können. Nitrit wirkt hemmend auf heterotrophe Mikroorganismen, d. h. die Denitrifikation kann durch Anwesenheit von Nitrit zum Erliegen kommen. Wie bei der Nitrifikation scheint die undissoziierte Form des Nitrits (HNO_2) auch bei der Denitrifikation die Hemmung zu verursachen. In kommunalen Kläranlagen ist eine Nitritakkumulation, außer bei Anfahrphasen oder Störungen, kaum bekannt. Bei der ungehemmten Reaktion liegt die Umsatzgeschwindigkeit mit Nitrit als Wasserstoffakzeptor ca. 1,5 – 2 mal so hoch wie mit Nitrat, so daß es im Normalfall nicht

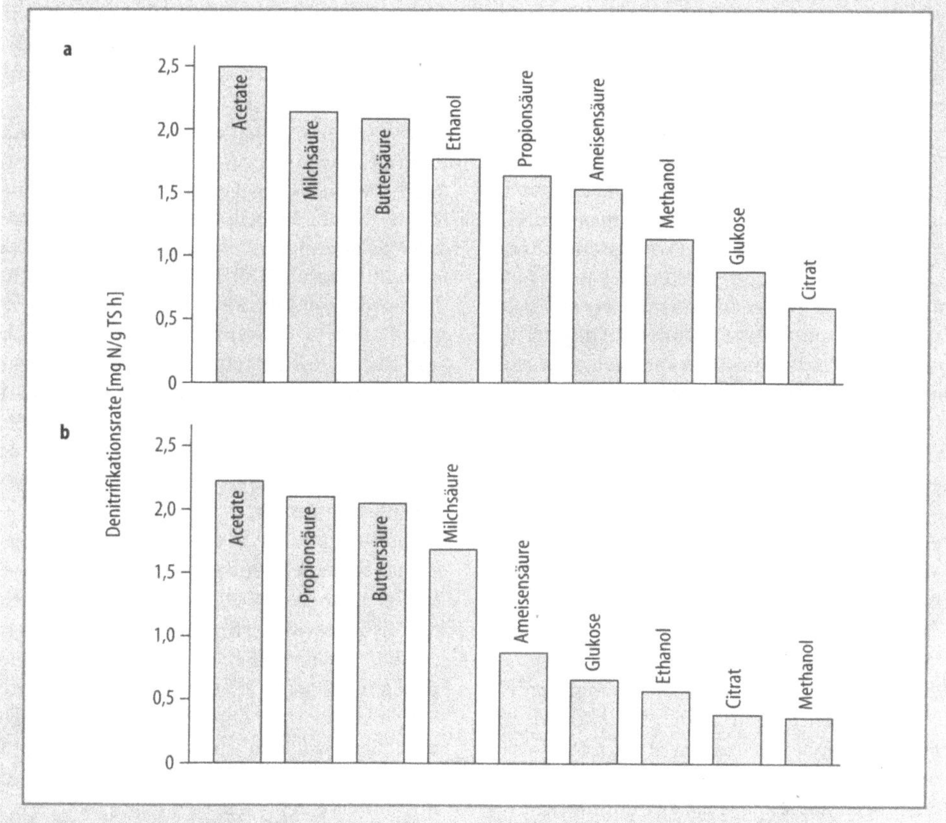

Bild G.3-40 Denitrifikationsraten zweier unterschiedlicher belebter Schlämme nach Zugabe verschiedener Substrate zu einer Anreicherung von Nitrit kommen kann [G.3.69].

Phosphor ist ein wichtiges Bioelement; dies verdeutlichen besonders die zahlreichen organischen P-Verbindungen. die am Aufbau lebender Materie grundlegend beteiligt sind (ATP, DNS, RNS, Phosphorlipide usw.). Phosphor wird mit vielen Nahrungs- und Gebrauchsgütern dem Bereich „Mensch und Haushalt" zugeführt. Betrachtet man die verschiedenen P-Austragsmöglichkeiten, so ergibt sich, daß der Hauptstrom über den Kanalisationsweg fließt. Je Einwohner gelangen durch Nahrungsmittelreste und Ausscheidungen täglich ca. 1,9 g P in das Abwasser.

Bei der chemischen P-Elimination werden die Phosphate in schwer lösliche Eisen-, Aluminium- oder Calcium-Verbindungen überführt und durch Sedimentation abgetrennt. Je nach Zugabestelle des Fällmittels unterscheidet man zwischen 3 Verfahren: Vorfällung, Simultan- und Nachfällung. Die Nachteile der chemischen Fällung von Phosphat liegen in den Kosten für den Fällmitteleinsatz, dem zusätzlichen Fällschlamm und in der Aufsalzung der als Vorfluter dienenden Gewässer.

Durch die genannten Nachteile der chemischen P-Elimination gewinnen biologische Phosphoreliminierungsverfahren zunehmend an Bedeutung. Phosphor wird von den Organismen als lebensnotwendiger Nährstoff im Bau- und Energiestoffwechsel benötigt und daher immer aus der Umgebung aufgenommen. In normal belasteten Belebungsanlagen können auf diesem Wege bis zu 30 % des Phosphors aus dem Abwasser im belebten Schlamm gebunden werden.

In den Mischbiozönosen belebter Schlämme sind Mikroorganismen verschiedener Gattungen, wie z. B. *Acinelobacter spec.*, aber auch einige fadenförmige Bakterien, wie z. B. *Microthrix parvicella*, in der Lage, auch ohne vorherigen Mangel Phosphor über den augenblicklichen Bedarf (zum Wachstum) hinaus, aufzunehmen. Der Phosphor wird als Polyphosphatgranula (Volutin) in den Zellen gespeichert und ggf. an die Flocken des belebten Schlamms angebunden.

Die vermehrte biologische Phosphoraufnahme durch aerobe Organismen ist von einem Wechsel zwischen aeroben und anaeroben Lebensbedingungen abhängig. Im Belebungsbecken erfolgt dann eine erhöhte Aufnahme von Phosphat durch Bakterien, wenn im vorgeschalteten unbelüfteten Becken Phosphat freigesetzt wird. Um eine ungestörte Rücklösung von Phosphat unter anaeroben Bedingungen zu ermöglichen, sollte möglichst kein Sauerstoff, auch nicht in gebundener Form in Nitrat, vorliegen.

Bis heute sind die verschiedensten Verfahren entwickelt worden, in denen die Phosphorentfernung entweder im Haupt- oder im Nebenstrom erfolgt. All diese Verfahren beruhen auf einer Modellvorstellung, die im folgenden anhand einer vereinfachten Darstellung erläutert werden soll (Bild G.3-41). Welche Organismen tatsächlich hauptverantwortlich für die biologische Phosphorelimination sind, ist bis heute nicht geklärt. Aus diesem Grund wird i. d. R. von Bio-P- oder Poly-P-Organismen gesprochen. Die Gattung *Acinetobacter* galt lange Zeit als wichtigste polyphosphatspeichernde Organismengruppe. Daher orientiert sich die Modellvorstellung an dieser Bakteriengattung.

In der strikt *anaeroben Stufe* kommt es zum Zusammenwirken von zwei Bakteriengruppen. Fakultativ anaerobe Organismen vergären leicht abbaubare organische Abwasserinhaltsstoffe zu kurzkettigen Fettsäuren (u. a. zu Acetat), die den phosphatspeichernden Organismen als Substrat dienen; diese Organismen sind nach der Modellvorstellung obligat aerob, d. h. sie können nur bei Anwesenheit von Sauerstoff Substrate unter Energiegewinn verwerten und sich vermehren. Sie haben jedoch gegenüber anderen aeroben Bakterien den Vorteil, ihren Polyphosphatspeicher als Energiequelle nutzen zu können, um so auch im anaeroben Milieu Reservestoffe, z. B. Poly-β-hydroxybuttersäure (PHB), zu synthetisieren. Die dafür notwendige Energie wird durch den Abbau des Polyphosphatspeichers gewonnen, der mit einer Rücklösung von Phosphat ins umgebende Medium verbunden ist. Aus der Menge des freigesetzten Phosphats kann demnach auf die Aktivität dieses Stoffwechselprozesses geschlossen werden.

Im Zulauf sind z. B. ca. 10 – 12 mg/l Gesamt-P enthalten, in der wäßrigen Phase der anaeroben Becken können die Orthophosphatkonzentrationen bis auf ca. 50 – 60 mg/l Phosphat-P ansteigen.

Anhand der Menge an rückgelöstem Phosphat kann man auf den Anteil der biologischen P-Elimination an der Gesamt-P-Elimination schließen, da die Rücklösung im anaeroben Milieu (Entladung von P) in direkter Beziehung zur P-Aufnahme in der aeroben Phase steht.

Die Phosphatrücklösung wird in erster Linie durch den Anteil an leicht abbaubaren gelösten

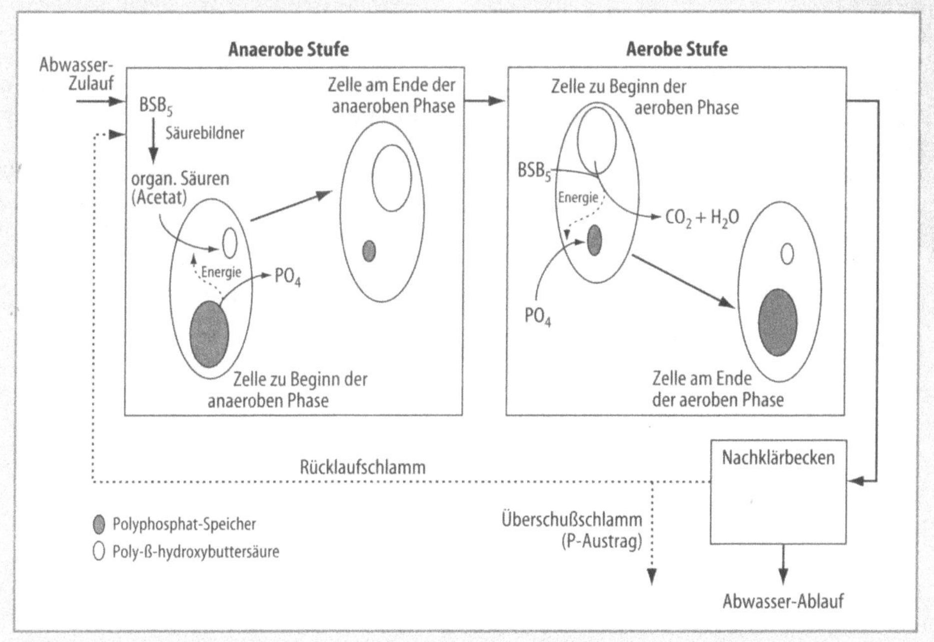

Bild G.3-41 Vereinfachte Darstellung der Stoffwechselprozesse bei Phosphorelimination [G.3.71]

Stoffen, vor allem organischen Säuren, im Zulauf zum Anaerobbecken bestimmt. Für die Elimination von 1 mg/l P werden ca. 20 mg/l leicht abbaubare Substanzen, gemessen als CSB, verbraucht [G.3.70]. Einer der maßgebenden Faktoren ist somit die Zusammensetzung des zufließenden Abwassers. Je größer der Anteil an leicht abbaubarem CSB am Gesamt-CSB ist, desto größer ist die zu erwartende Effizienz der Entfernung von Phosphat.

Gestört wird der Prozeß der Rücklösung durch Nitrat. Ist Nitrat im Bio-P-Becken vorhanden, tritt eine Nahrungskonkurrenz zwischen denitrifizierenden und biologisch P-eliminierenden Organismen auf. In der Regel beginnt die P-Rücklösung erst, wenn streng anaerobe Verhältnisse herrschen bzw. wenn keine Denitrifikation mehr stattfindet.

In der anschließenden *aeroben Stufe* wird der „Energiespeicher" wieder aufgefüllt, in dem von den Organismen Phosphat aus dem Medium aufgenommen und als Polyphosphat in den Zellen akkumuliert wird. Die für diesen Prozeß notwendige Energie wird durch den oxidativen Abbau vor allem der Reservestoffe, aber auch exogener Substrate gewonnen. Die schnell verwertbaren endogenen Substrate (z.B. PHB), die in dieser Stufe als Kohlenstoff- und Energiequelle

zum Wachstum dienen, befähigen die Zellen außerdem, sich schnell auf die neuen aeroben Bedingungen einzustellen und sofort mit der Zellvermehrung zu beginnen. So haben die phosphatspeichernden Bakterien einen Konkurrenzvorteil gegenüber anderen Organismen, welche völlig auf externe Substrate angewiesen sind, und können sich in der Biozönose des belebten Schlamms anreichern.

Einflußfaktoren auf die biologische P-Elimination sind neben einer ausreichenden Sauerstoffversorgung in der aeroben Stufe insbesondere die Abwasserqualität des Zulaufs und die Temperatur.

Von besonderer Bedeutung ist dabei der leicht abbaubare Anteil am Gesamt-CSB, der sowohl für die Denitrifikation als auch für die biologische P-Elimination als Substrat zur Verfügung stehen muß. Liegt genügend gut abbaubarer CSB (20 mg/l CSB/1 mg P) vor, dann haben über einen weiten Belastungsbereich weder die Phosphorkonzentration im Zulauf noch die Schlammbelastung einen signifikanten Einfluß auf die P-Elimination.

Auch bei günstigen Verhältnissen für eine biologische Phosphorelimination im Abwasser ist nach aktuellem Kenntnisstand *die biologische Phosphorelimination eine Kombination aus Ein-*

lagerung in die Zellen, P-Anlagerung an die Zellen und die Matrix des belebten Schlamms. Versuche (Bild G.3-42) mit radioaktiv markiertem Phosphat ergaben, daß mindestens ca. 15 % des entfernten „eingelagerten" Phosphats locker ein- oder angebunden in der Schlammatrix vorliegen.

Absinkende Abwassertemperaturen haben auf die sog. biologische P-Elimination in den technischen Anlagen, betrachtet man den P-Ablaufwert der Anlagen, i. d. R. keinen signifikanten Einfluß. Auf die Zusammensetzung der Mischbiozönosen der belebten Schlämme jedoch haben sie einen deutlichen Effekt. Mikrobiologische Arbeiten von [G.3.71] über die wichtigsten Einflußfaktoren auf die biologische P-Elimination in Kläranlagen haben ergeben, daß mit absinkenden Abwassertemperaturen der Anteil der fakultativ anaeroben Bakteriengattungen in den belebten Schlämmen zunehmen und, daß diese bei abnehmenden Abwassertemperaturen auch diejenigen sind, die für die biologische P-Elimination verantwortlich sind. Bild G.3-43 dazu zeigt,

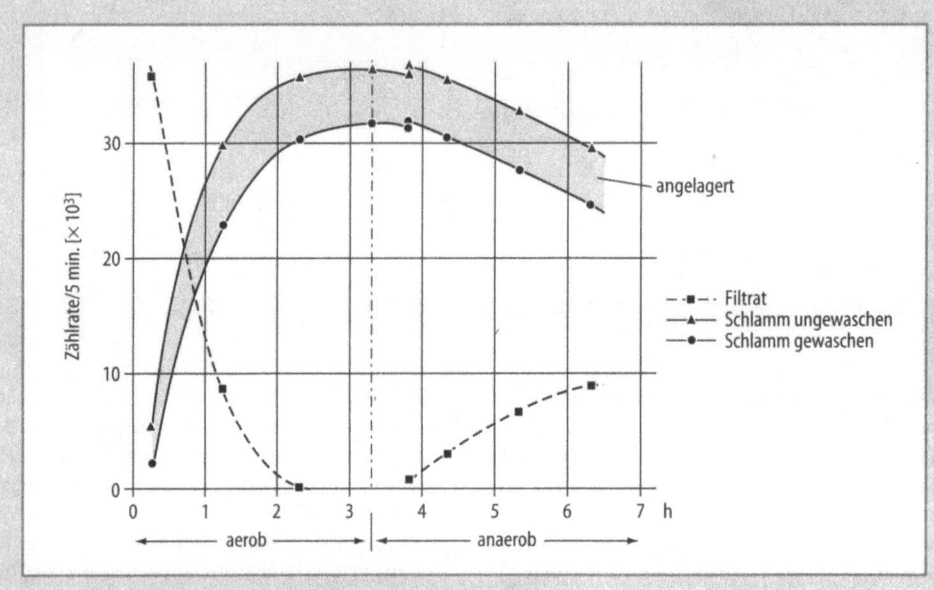

Bild G.3-42 Aufnahme und Rücklösung von Phosphat, markiert mit ^{32}P

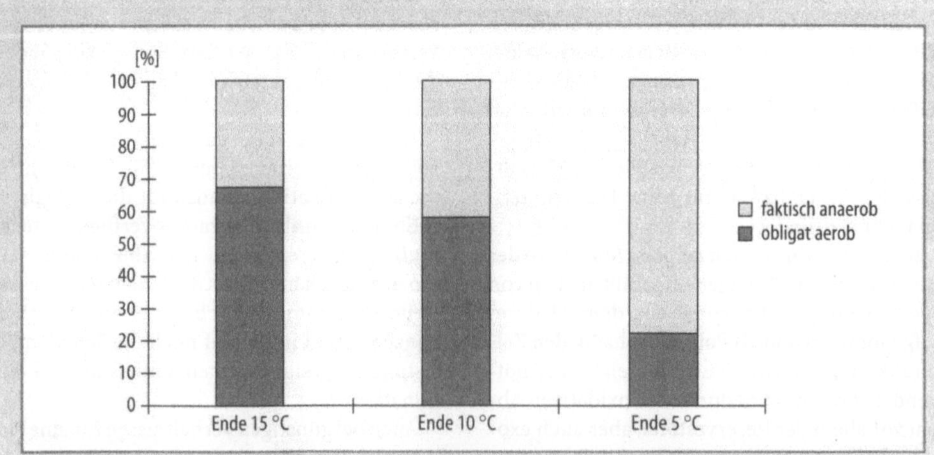

Bild G.3-43 Anteil der aeroben und der fakultativ anaeroben bzw. fermentativen Isolate an den insgesamt polyphosphatspeichernden Stämmen bei verschiedenen Temperaturen [G.3.71]

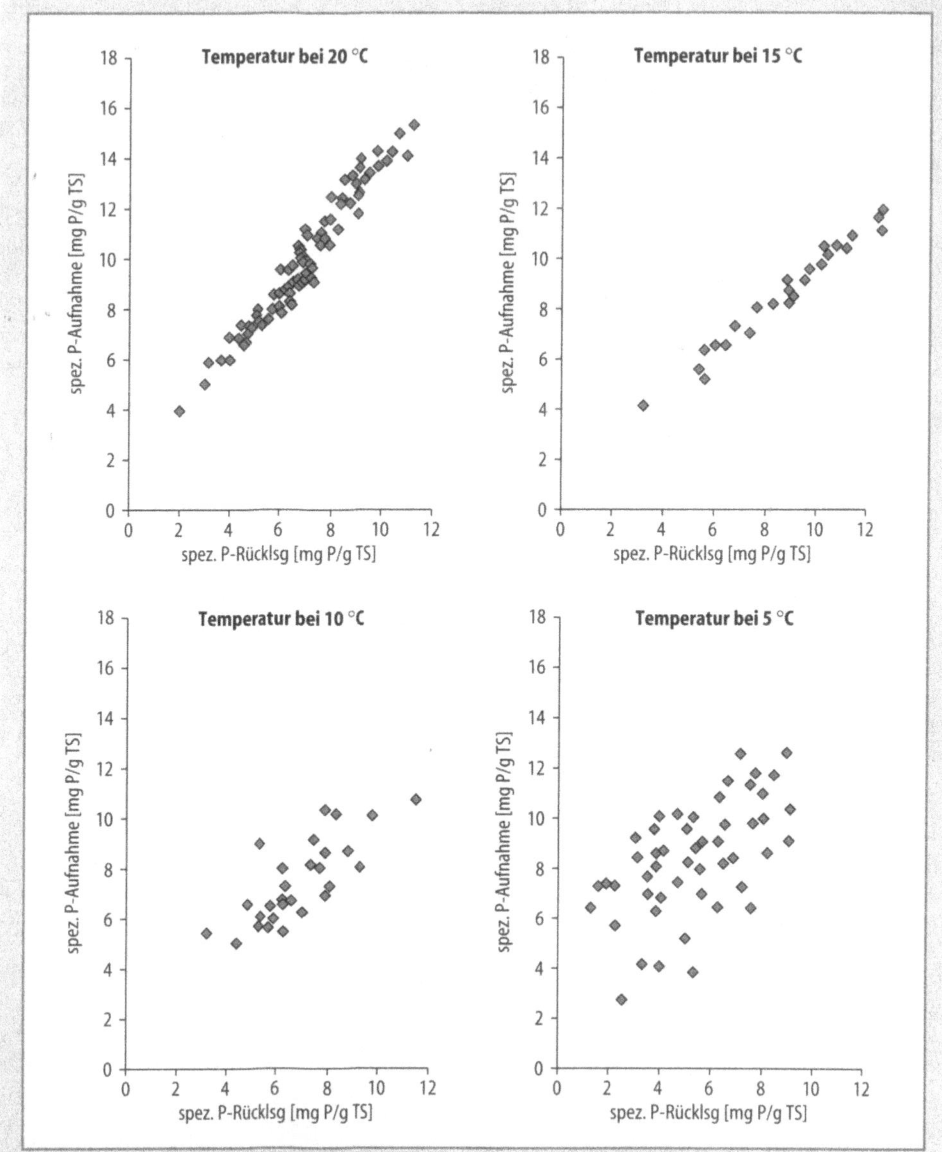

Bild G.3-44 Zusammenhang zwischen der Rücklösung von Phosphat im Anaerobbecken und der Aufnahme von Phosphat im Belebungsbecken bei Temperaturen zwischen 20 und 5 °C [G.3.71]

daß mit abnehmender Abwassertemperatur der Anteil an obligat aeroben Bakterien an der Gruppe der Bio-P-Organismen deutlich abnimmt.

Damit verknüpft ist darüber hinaus auch die Auflösung der Gültigkeit des Mechanismus der P-Elimination bei kälteren Temperaturen. Bild G.3-44 demonstriert, daß sich mit der Abnahme der Temperatur in den biologischen Reinigungsstufen die Abhängigkeit zwischen spezifischer P-Rücklösung und P-Aufnahme auflöst.

G.3.3.1.4 Ursachen und Bekämpfung von Bläh- und Schwimmschlamm

Zustandsbeschreibung auf den biologischen Kläranlagen

Das Belebungsverfahren als biologische Reinigungsstufe hat sich weltweit in den letzten Jahrzehnten durchgesetzt. Verfahrenstechnisch ist es für eine effiziente Reinigung allerdings notwendig, daß einerseits ein möglichst aktiver Schlamm im Belebungsbecken reinigt, d.h. die Abwasserinhaltsstoffe veratmet und nitrifiziert, andererseits die stoffwechselaktiven Mikroorganismen in einer aggregierten Form „immobilisiert" vorliegen. Dann können sedimentierbare Flocken gebildet werden, die sich im Nachklärbecken gut absetzen.

Die Voraussetzung dafür, daß sich die Mischbiozönose der belebten Schlämme überhaupt in Form von Flocken zusammenschließt und auf einem mineralischen Kern quasi aufwächst, ist die geringe Substratkonzentration, unter der die Organismen im Belebungsbecken leben. In einem volldurchmischten Becken entspricht dabei die Substratkonzentration für die Bakterien der im Ablauf. Ist die Substratkonzentration hingegen deutlich erhöht, wie z.B. bei Stoßbelastungen, werden viele neue Bakterien gebildet und der Anteil an frei vorliegenden, nicht in Flocken gebundenen Bakterien nimmt nicht selten deutlich und signifikant zu. Dabei kann es sich auch um fadenförmig wachsende Organismen handeln, die sowohl bei sehr hohen als auch bei sehr niedrigen Substratkonzentrationen Wachstumsvorteile gegenüber den flockig wachsenden Bakterien erlangen.

Die Probleme, die durch fadenförmig wachsende Mikroorganismen in Abwasserreinigungsanlagen auftreten können, sind:
- Blähschlamm,
- Schwimmschlamm,
- Schaum.

Dabei bilden sich Blähschlamm und Schwimmschlamm in bzw. auf den Belebungs- und Nachklärbecken aus und Schaum sowohl in den belebten Stufen als auch in den Faulbehältern (z.B. im Falle des massenhaften Vorkommens von *Microthrix parvicella)*.

Unter *Blähschlamm* wird definitionsgemäß ein belebter Schlamm verstanden, der einen Schlammindex ISV > 150 ml/g TS aufweist, was als Kriterium seiner verminderten Absetzfähigkeit gelten kann.

Bei *Schwimmschlamm* flotiert der belebte Schlamm an die Grenzfläche zwischen Wasser und Luft und schwimmt auf der Wasseroberfläche. Die TS-Konzentration ist im Schwimmschlamm i.d.R. sehr hoch (TS-Konzentrationen bis zu > 30 gTS/„l" kommen vor). Die Biomasse liegt stark verdichtet vor, mit relativ hoher Viskosität und die Schwimmschlammschicht kann bis zu mehreren 10 cm mächtig werden.

Schaum, d.h. eine stabile, grobblasige, pudding-ähnliche Matrix, ist zum einen eine Übergangsform vom Schwimmschlamm zum mit „Gas aufgeblasenen und viskosen Schwimmschlamm = Schaum", und ist zum anderen aber auch eine eigenständige Erscheinung, verursacht durch wenige fadenförmige Mikroorganismen.

Bei Schaum auf Anlagen, die nicht eingearbeitet werden oder sonst ungewöhnlichen Verhältnissen, wie Störungen usw., unterliegen, handelt es sich i.d.R. um viskose Mikroorganismenanreicherungen, die sich durch eine schlechte Entwässerbarkeit und ihre Überlebensfähigkeit auch im anaeroben Milieu (Faulbehälter) auszeichnen.

Grundlagen

Die Ursachen der Blähschlamm- und Schwimmschlammentwicklung sind letztlich in den Faktoren zu suchen, die eine Verschiebung des biologischen Gleichgewichts im belebten Schlamm zugunsten des massenhaften Vorkommens fadenförmiger Bakterien bewirken. Dafür kommen Nährstoffkomponenten, Temperatureinflüsse, Sauerstoffkonzentrationsunterschiede u.ä. in Frage. Ferner fördern höhere Frachten bestimmter industrieller Indirekteinleiter die Blähschlammneigung in den entsprechenden biologischen Kläranlagen. Zu diesen industriellen Abwässern gehören z.B. Abwässer aus der Lebensmittelindustrie (Molkereien, Brauereien, Getränkeindustrie, Papier- und Textilindustrie). In den biologischen Kläranlagen, in denen die genannten industriellen Abwässer behandelt werden, taucht sehr häufig als dominanter, fadenförmiger Organismus das Bakterium Typ 021 N auf. Selektierend für bestimmte andere fadenförmige Bakterien wie z.B. *Thiothrix spec., Haliscomenobacter hydrossis* wirken Sauerstoffmangelzustände in der Belebung bzw. signifikante Frachten angefaulten Abwassers (Effekt von organischen Säuren, Sulfiden). Auch kann ein Mangel an N und/oder P zum vermehrten Anwachsen fadenförmiger Bakterien führen. Nicht selten wirken auch mehrere Faktoren gleichzeitig, wenn ein Blähschlammereignis auftritt (z.B. beim Anfaulen von kohlehydratreichem Abwasser treten organische Säuren als Produkte auf und es bilden sich Sulfide).

Die biologischen Ursachen für die Durchsetzung fadenförmiger Mikroorganismen in den Mischbiozönosen der belebten Schlämme liegen in den Wachstumscharakteristika der verschiedenen vorhandenen Organismengruppen.

Die Fadenorganismen haben gegenüber den in einer Flocke gebundenen Organismen eine relativ große Oberfläche in bezug auf das Volumen der Zellen. In einem schwachbelasteten, volldurchmischten Becken stehen die Nährstoffe den Organismen ständig nur in einer sehr geringen Konzentration zur Verfügung, woraus eine geringe Wachstumsrate resultiert. Die relativ größere Oberfläche verschafft unter diesen Bedingungen den fadenförmigen Bakterien einen Wachstumsvorteil und wird i. d. R. mit einer hohen Substrataffinität der fadenförmigen Bakterien kombiniert. Der verbleibende Substratrest, der nachbleibt, nachdem die Fadenförmigen in kurzer Zeit sehr viel Substrat aufgenommen haben, ermöglicht dann den flockenförmigen Bakterien nur noch ein eingeschränktes Wachstum. Bild G.3-45 stellt diesen Zusammenhang graphisch dar.

Der fädige Organismus I erreicht seine halbmaximale Wachstumsrate bereits bei einer sehr geringen Substratkonzentration während der kompakte, flockenförmig wachsende Organismus II erst bei erheblich höheren Substratkonzentrationen zu seiner maximalen Wachstumsrate gelangt. Bei niedrigen Substratkonzentrationen (z. B. in Anlagen mit Nitrifikation/Denitrifikation/Bio-P) ist der fädig wachsende Organismus im Wachstumsvorteil und kann sich evtl. durchsetzen.

Bei der Einschätzung der Entwicklung einer Schlammstruktur zu einem flockig oder eher fadenförmig dominierten Schlamm ist aber ferner die Abhängigkeit des Wachstumsverhaltens der Bakterien vom Sauerstoffgehalt zu beachten.

Denn es ist mittlerweile bekannt, daß eine ganze Reihe fadenförmiger Blähschlamm- und Schwimmschlammbildner (allen voran *Microthrix parvicella*) sowohl sehr gut an niedrige Substrat- als auch an niedrige Sauerstoffkonzentrationen angepaßt sind.

Die verfahrenstechnische Lösung zur Blähschlammbekämpfung, folgernd aus diesen grundlegenden Zusammenhängen, war die Empfehlung und erfolgreiche Realisierung von sog. Selektoren (ATV-AG 2.6.1):
- aerobe Selektoren, die bei einer Raumbelastung von $B_R = 10$ kg/m^3·d betrieben werden sollten,
- anoxische/anaerobe Selektoren, die für eine Raumbelastung von $B_R = 2,5$ kg/m^3·d ausgelegt sein sollten.

Selektoren wurden dann in den letzten Jahren recht erfolgreich eingesetzt, insbesondere dann, wenn die Blähschlammneigung in einer biologischen Kläranlage durch bestimmte industrielle Einleiter verursacht war.

Ende der 80er überwog die fachliche Meinung, daß im Falle kommunaler Anlagen ein Selektoreffekt auch durch ein hochbelastetes anaerobes/anoxisches Vorbecken bei einer biologischen Phosphorelimination erreicht werden könnte. Bei angestrebter Denitrifikation oder biologischer Phosphorelimination im Selektor sollte dieser nur gerührt werden und die Verweilzeiten in solchen (Selektoren) sollten wesentlich länger sein als in einem aeroben Selektor (> 20 – 30 min).

Diese Empfehlungen haben sich in der Praxis insofern als falsch erwiesen, als Bio-P-Anlagen

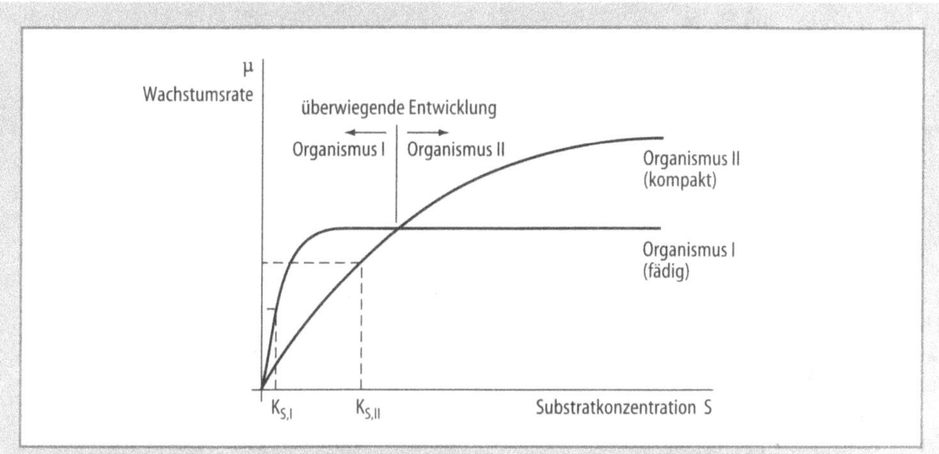

Bild G.3-45 Unterschiedliche Wachstumsraten zweier Organismen in Abhängigkeit von der Substratkonzentration [G.3.66]

mit sehr spezifischen Problemen durch fadenförmig wachsende Mikroorganismen zu tun haben, die sich nicht den „klassischen" Vorstellungen über den Zusammenhang von Wachstumsrate und Substratkonzentration fadenförmiger und flockig wachsender Mikroorganismen [G.3.72] zuordnen lassen.

Besonderheiten der Schlammstruktur in biologischen Kläranlagen mit N- und P-Elimination

Die spezifischen Probleme bestehen in:
- Schwimmschlamm, häufig verursacht durch *Microthrix parvicella*,
- Schaum auf den Becken und in den Faulbehältern,
- die Tendenz zur Bildung von Schäumen.

Ein wesentlicher Unterschied zur Schlammstruktur in den früheren Anlagen liegt in der Stabilität der Schäume, die mechanisch bisher kaum zu zerstören sind. Sie sind meist schokoladenbraun und sehr viskos. Die Biomasse der Schäume besteht aus verschiedenen fadenförmigen Mikroorganismen, die i.d.R. in eine viskose Matrix eingebettet sind. Die schäumende Biomasse überlebt auch in den Faulbehältern, so daß diese z.T. erheblich schäumen. In Extremfällen führt dies dazu, daß nur ein Teil des Faulbehältervolumens genutzt werden kann, da sonst die Faulbehälter im wahrsten Sinne des Wortes „überlaufen".

Eines der wesentlichen Ergebnisse einer Umfrage und Untersuchung, die von uns 1994/95 zum Problem „Schaum in Faulbehältern" in Norddeutschland durchgeführt wurde, ist der Befund, daß das Schäumen in den Faulbehältern mikrobiell verursacht ist. Die Mikroorganismen wachsen fadenförmig und weisen i.d.R. deutlich hydrophobe Zelleigenschaften auf. Sie wachsen in den belüfteten Stufen. Ferner sind sie befähigt, Schwimmschlammschichten an der Grenzfläche zwischen Wasser und Luft aufzubauen, in denen sich einerseits Fett und Tenside usw. und andererseits die Organismen anreichern. Schäumen in Faulbehältern ist ursächlich mit dem Schäumen in den Belebungsbecken verknüpft. Die anaeroben belebten Schlämme entgasen sehr schlecht, so daß mit extremem Schäumen auch häufig eine geringere Methangasausbeute verbunden ist.

Typische Mischbiozönosen fädiger Mikroorganismen in Bio-P-Anlagen
Die umfassende Untersuchung belebter Schlämme aus Nitrifikation/Denitrifikations- und Bio-P-Anlagen ergab, daß im Schlamm und Schaum am häufigsten *Microthrix parvicella* als dominantes fädiges Bakterium zu finden ist. Daneben sind Fäden der Art *Nostocoida limicola II* und/oder Typ 0092 sehr verbreitet. Ferner sind in den Schäumen auf Bio-P-Anlagen NALOs (Nocardia-like organisms) zu finden, die allerdings im Faulbehälter i.d.R. nicht weiter schäumen (wie *Microthrix parvicella*-Schäume).

Die mikroskopische Bestimmung der Fadenpopulationen im belebten Schlamm zeigt, daß sich in Bio-P-Anlagen verschiedene typische Mischbiozönosen ausprägen. Die häufigste ist eine Kombination aus *Microthrix parvicella* (meist dominant), Typ 0092 und *Nostocoida limicola*. Die Mischbiozönose der Fädigen braucht den synergistischen Effekt einer niedrigen Schlammbelastung, eines Wechsels von anaeroben, anoxischen und aeroben Milieuzuständen und eine Abwasserzusammensetzung, die zumindest zeitweise Fett und/oder Tenside enthält. Alle drei Fädige, *Microthrix, Nostocoida* und Typ 0092, können unter aeroben Bedingungen Phosphate speichern. Darüber hinaus bildet *Microthrix* wie auch die Bio-P-Organismen im Anaeroben PHB-Granula aus. *Microthrix p.* führt genau wie die flockigen Bio-P-Organismen biologische P-Elimination durch, allerdings wesentlich langsamer als die flockenförmig wachsenden Bakterien.

Der Organismus verwertet leicht abbaubares Substrat in Form organischer Säuren und baut daraus Polyhydroxybuttersäure auf. Mit der Verwertung dieser Reserve in den aeroben Becken bzw. im Schaum erlangt *Microthrix p.* dann schnell seine maximale Wachstumsrate und in der Folge einen entsprechenden Selektionsvorteil in der Mischbiozönose der belebten Schlämme.

Microthrix p. kommt jedoch nicht nur vermehrt in Bio-P-Anlagen vor, sondern auch in Anlagen, die nur biologisch Stickstoff eliminieren. Es wird von *Microthrix* berichtet, daß er auf Stickstoff in reduzierter Form angewiesen ist. Dieser Nährstoffanspruch geht einher mit der Beobachtung, daß *Microthrix p.* in vollständig nitrifizierenden Anlagen tatsächlich seltener zu finden ist. In der Praxis paßt dies mit dem Tatbestand zusammen, daß *Microthrix p.* bei wärmeren Wassertemperaturen, also im Sommer, bei voll nitrifizierenden Anlagen verdrängt oder zumindest vermindert werden kann.

Ein typischer jahreszeitlicher Gang des Vorkommens von *Microthrix p.* ist in Bild G.3-46 dar-

gestellt. Das vermehrte Vorkommen von *Micro-thrix p.*, mit einem deutlichen Effekt auf den ISV, stellt sich eindeutig in Abhängigkeit der Wassertemperatur ein. Bei der für das Bild ausgewerteten Anlage handelt es sich um eine, die nicht ganzjährig voll nitrifiziert und denitrifiziert. Entsprechend sind insbesondere im Winter optimale Bedingungen für *Microthrix p.* gegeben mit
– niedriger Wassertemperatur,
– Angebot an reduziertem Stickstoff,
– Angebot an kurzkettigen organischen Säuren.

(Insbesondere der letztgenannte Punkt ist speziell in Bio-P-Anlagen als zusätzlicher Selektionsfaktor gültig.)

Auch *Nostocoida limicola II* kann Bio-P-Anlagen insofern als ökologische Nische nutzen, als der Organismus besonders befähigt ist, anaerobe Zustände zu überleben. Er kann sich ferner in Schaumschichten anreichern, da *Nostocoida limicola* aktiv oberflächenaktive Substanzen wie Lipide und Phospholipide ausscheidet.

Typ 0092 wurde schon früher als ein typischer Blähschlammorganismus in industriellen Abwässern, z. B. aus der Fleisch- und Lebensmittelverarbeitung, gefunden. Dabei fiel die Besonderheit auf, daß der Organismus leicht flotiert und auf Fette als Substrat angewiesen ist.

Die beschriebenen 3 Mikroorganismen haben in Kläranlagen mit biologischer Stickstoff- und Phosphorelimination eine neue ökologische Nische gefunden, in der sie sich insbesondere in den Schäumen gut entwickeln können.

Neben dem hier als exemplarisch vorgestellten biozönotischen System gibt es noch eine Reihe weiterer typischer Mischbiozönosen. Sie bestehen bei Abwässern mit höheren durchschnittlichen Abwassertemperaturen um > 25 °C aus z. B. NALOs, Typ 0041 (manchmal auch 021N) und *Nostocoida limicola II*.

Kommen z. B. Sauerstoffdefizite (1 mg/l O_2) in den Anlagen vor, bilden sich Mischbiozönosen aus, die durch die Fädigen *Microthrix parvicella*, *Haliscomenobacter hydrossis* und Typ 1701 charakterisiert werden. Diese mikrobielle Lebensgemeinschaft verursacht eher einen typischen Blähschlamm und eine weniger signifikante Schaumbildung.

Zusammenfassend stellt sich die Situation unter besonderer Berücksichtigung der Anlagen mit weitergehender Reinigung wie folgt dar:
1. Es gibt sehr viel seltener als früher klassischen Blähschlamm. Wenn er auftritt, so ist er nicht ursächlich durch die biologische Stickstoff- und Phosphorelimination bedingt, sondern durch Stoßbelastungen, Industrieeinflüsse, Sauerstoffmangelzustände, selten durch einen N-, häufiger durch einen P-Mangel usw.
2. Die fädigen Mikroorganismen, die sich in Anlagen mit Stickstoffelimination durchsetzen, sind an gering O_2-Gehalte und an ein relativ enges Substratspektrum (z. B. Fettsäuren) angepaßt.
3. Die „leichten" Schlämme in Bio-P-Anlagen haben die Neigung zu flotieren, so daß sie sich typischerweise an der Grenzfläche zwischen

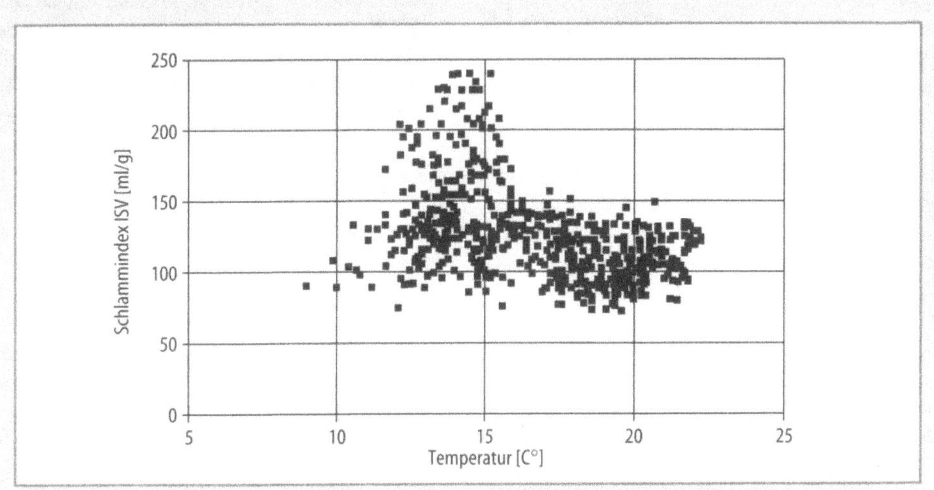

Bild G.3-46 Abhängigkeit des Schlammindexes, dominiert durch *Microthrix parvicella*, von der Temperatur im Belebungsbecken

Wasser und Luft als Schaum- oder Schwimm-schlammschicht ausbilden. Die flotierte Bio-masse besteht aber nur bei höheren Wasser-temperaturen vorwiegend aus Actinomyceten (*Nocardia spec.*). Typischerweise dominiert *Microthrix parvicella* als Schwimmschlamm-organismus.

4. Die typischen Schäume sind z.T. viskos und stabil; sie können in den Faulbehältern weiter-schäumen und werden durch oberflächenak-tive Substanzen stabilisiert.

Möglichkeiten der Bekämpfung

Blähschlamm

Für die Blähschlamm verursachenden Fäden, die eine – im Verhältnis zur Wachstumsrate der heterotrophen, flockenförmig wachsenden Bio-masse – geringere Wachstumsrate und einen kleinen K_s-Wert aufweisen, wie z.B. *Haliscome-nobacter hydrossis,* Typ 021 N (mit Einschrän-kungen), *Thiothrix spec.,* Typ 1701, konnten ae-robe Selektoren mit kurzen Schlammkontakt-zeiten von max. bis 30 min eine längerfristige Schlammstrukturverbesserung bewirken. Dabei ist entscheidend, daß mind. > 50 % des Rück-laufschlamms über eine hochbelastete Vorstufe geführt werden. Ferner ist wichtig, daß die Sub-stratkonzentration hoch ist ($B_R > 10$ kg/m³·d).

Schwimmschlamm

Grundsätzlich kann ein ausgeprägter Schwimm-schlamm durch verschiedene fadenförmige Mi-kroorganismen verursacht sein, wobei die wich-tigsten sind:
- durch Actinomyceten (z.B. *Nocardia spec.*) ver-ursachte Schwimmschlämme,
- durch *Microthrix parvicella* verursachter Schwimmschlamm.

In beiden Fällen gilt, daß Selektoren nicht wirk-sam sind. Dies ist begründet durch die Fähigkeit beider Organismen, ihre ökologische Nische in dem System „belebter Schlamm" wahrzunehmen. Beide existieren vermehrt, d.h. sie reichern sich in der Grenzschicht zwischen Wasser und Luft an, haben ausgeprägte hydrophobe Zelleigen-schaften und dadurch die Fähigkeit zu flotieren. Die z.Zt. wirksamste Abhilfemaßnahme ist ein effektiver Schwimmschlammabzug, der gewähr-leistet, daß die relativ langsam wachsenden Schwimmschlammorganismen ständig aus dem System entfernt werden. Damit ist es i.d.R. mög-lich, das Problem deutlich zu mindern. Insbeson-

dere die jahreszeitlich bestimmten, temperatur-abhängigen *Microthrix*-Vorkommen treten je-doch dennoch auf (bei kalten Temperaturen). Schwimmschlämme, verursacht durch *Nocardia amarae*, erscheinen hingegen bevorzugt bei wär-meren Abwassertemperaturen.

Schaum

Für die Schaumbekämpfung gelten im Prinzip die Maßnahmen, die für den Schwimmschlamm vorgestellt wurden. Die Schaumproblematik er-streckt sich jedoch, wie oben erwähnt, nicht nur auf die Belebungs- und Nachklärbecken, son-dern auch auf die Faulung. Durch Mikroorganis-men verursachte Schäume, insbesondere durch *Microthrix* p., schäumen auch nach mehreren Ta-gen unter anaeroben Verhältnissen, die Fäden zer-fallen nicht und die Viskosität des Schaums bleibt erhalten. Ein Abzug des Schaums aus dem Sy-stem ist notwendig, um eine spürbare Entla-stung zu erreichen. Die Erhöhung der Schlamm-belastung führte in mehreren Praxisbeispielen zur Minderung des Schaumproblems, wenn der Schaum durch *Microthrix parvicella* verursacht wurde.

G.3.3.2 Naturnahe Verfahren

Die heute wichtigste Anwendung naturnaher Ver-fahren zur biologischen Abwasserreinigung sind Kläranlagen für kleine Anschlußgrößen. Sie sind insbesondere in Siedlungsgebieten mit Streubau-weise oder für Einzelanwesen geeignet.

Dabei steht eine Vielzahl von Verfahrenstech-niken und Anlagentypen zur Verfügung, die hin-sichtlich ihres Leistungsvermögens und der Be-triebssicherheit eine große Schwankungsbreite aufweisen. Eine Übersicht über die verschiede-nen Verfahrensmöglichkeiten zeigt Bild G.3-47.

G.3.3.2.1 Teiche und Bodenfilter

Teiche – Grundlagen, betriebliche Besonderheiten, Verfahren

Die Nutzung von Teichen zur Reinigung von Ab-wasser ist eines der ältesten Verfahren, das sich aus der Einleitung von Abwasser in natürliche, stehende Gewässer entwickelt hat. Im Gegensatz zu den Belebungs- und Tropfkörperverfahren, bei denen die biologischen Selbstreinigungspro-zesse auf „kleinem Raum" konzentriert und in-tensiviert werden, laufen in den „großräumigen" Teichvolumina die natürlichen Selbstreinigungs-

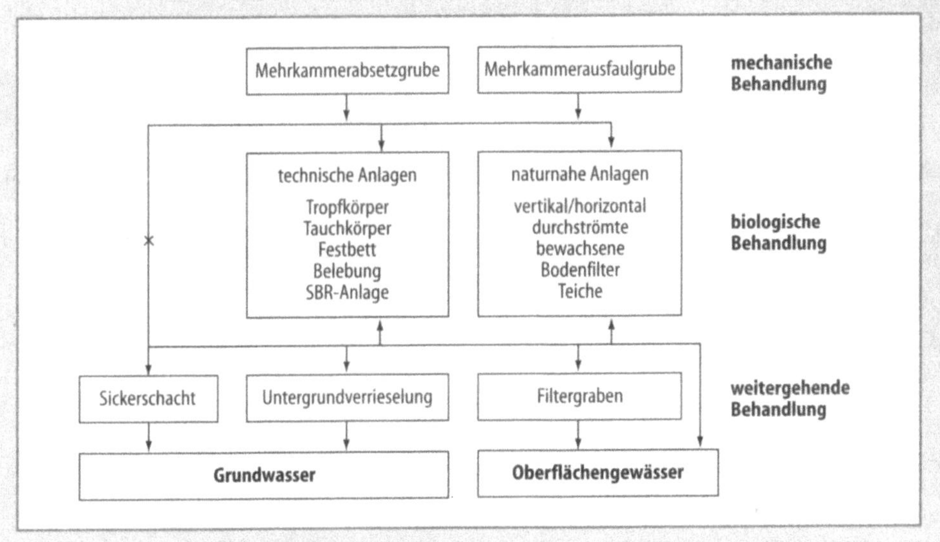

Bild G.3-47 Verfahren zur Abwasserreinigung in Kleinkläranlagen nach Oldenburg u. Sekoulov

prozesse zwar kontrolliert, aber unbeeinflußt ab. Lediglich der Sauerstoffeintrag und die Wasserumwälzung wird in manchen Fällen durch technische Maßnahmen beeinflußt. In Deutschland ist die Anwendung der Teichverfahren durch die Forderung nach weitgehender Elimination der N- und P-Verbindungen eingeschränkt. In außereuropäischen Gebieten können Teichverfahren jedoch gute Lösungen bieten.

Um den gewünschten Reinigungserfolg unter wirtschaftlichen Gesichtspunkten zu erreichen, ist es daher erforderlich, die Faktoren, die die Selbstreinigungsprozesse beeinflussen (z.B. Temperatur, Belichtung, Sauerstoffaufnahme) zu kennen und bei Bemessung und Betrieb der Teichanlagen zu berücksichtigen.

Grundlagen

Die Biozönose umfaßt das gesamte Artenspektrum eines natürlichen Gewässers und ist nicht auf die heterotrophen, aeroben Organismen der „kleinräumigen Verfahren" beschränkt. An dem Reinigungsprozeß sind daher beteiligt:
- aerobe und anaerobe *heterotrophe* Mikroorganismen, die primär die organischen Schmutzstoffe z.T. unter Sauerstoffverbrauch umsetzen,
- *autotrophe* Organismen (z.B. Phytoplankton, Algen. Wasserpflanzen, Schilf), die dem Wasser anorganische Salze (Phosphate, Nitrate usw.) entziehen. Durch Photosynthese tragen sie darüber hinaus in Abhängigkeit von der Be-

lichtung Sauerstoff in das Wasser ein und entziehen dem Wasser Kohlendioxid,
- *tierische* Lebewesen (z.B. Zooplankton, Wasserflöhe, Insektenlarven, Fische), die am Ende der „Freßkette" stehen.

Die Organismen leben sowohl im freien Wasser aktiv beweglich oder passiv schwebend (Plankton), als auch als Aufwuchs auf Oberflächen (Steine, Wasserpflanzen) und auf und im Bodenschlamm. Die Zusammensetzung der Biozönose ist abhängig von Temperatur, Belichtung, Sauerstoff- und Nährstoffangebot und kann daher im Laufe des Jahres einem mehrfachen Wechsel unterliegen. Durch die Verweilzeit – besonders der Aufwuchsorganismen – im Teich können sich auch langsam wachsende Organismen mit langen Generationszeiten in der Biozönose entwickeln, so daß eine Adaption an schwer abbaubaren Substanzen eintreten kann. Obwohl danach auch die langsam wachsenden Nitrifikanten gute Entwicklungsmöglichkeiten haben müßten, ist in Teichen eine Nitrifikation nur durch sehr geringe Belastung zu erreichen. Die Sauerstoffversorgung der Nitrifikanten in der Grenzfläche Wasser/Bodenschlamm ist i.d.R. unzureichend und die Verweilzeit der suspendierten Biomasse im Teich („Ausschwemm-Reaktor") zu gering.

Im Laufe des Jahres stellen sich gelegentlich Massenentwicklungen (z.B. *Algenblüten*) ein. Diese brechen entweder durch Erschöpfung einer Nährstoffkomponente (z. B. Phosphat) wieder zusammen oder werden durch die Massenentwicklung eines Folgeorganismus der Freßkette abgelöst (z. B. Planktonalgen → Wasserflöhe).

Die natürliche *Sauerstoffversorgung* des Teiches erfolgt sowohl durch physikalische als auch durch biologische Prozesse. Die *physikalische O_2-Aufnahme* wird durch die Diffusion des Luftsauerstoffs an der Grenzfläche Wasser/Luft bewirkt. Sie ist daher abhängig von der Grenzflächenerneuerung, d. h. Umwälzung durch Wind, dem Verhältnis Oberfläche zu Volumen, der Temperatur und dem O_2-Defizit.

Bei *Eisdeckung* im Winter wird die physikalische O_2-Aufnahme unterbunden. Klareis läßt soviel Licht durch, daß durch die – zwar in ihrer Zahl stark reduzierten Grünpflanzen – noch eine O_2-Produktion erfolgt. Bei Schneebedeckung der Eisfläche wird die Photosynthese durch den völligen Lichtmangel gestoppt.
Je nach Verhältnis von Oberfläche zu Volumen, der Jahreszeit und der Belastung des Teichs mit O_2-zehrenden Stoffen bilden sich daher im Wasser und im Bodenschlamm aerobe und/oder anaerobe Zonen aus.

Bei der Photosynthese erfolgt weiterhin eine Entnahme des im Wasser gelösten, bzw. im Bikarbonat gebundenen CO_2 durch die Pflanzen. Bei Auftreten von Wasserblüten kann es daher zur *biogenen Entkalkung* kommen, d. h. das Bikarbonat fällt als Calciumcarbonat aus:

$$Ca(HCO_3)_2 \Leftrightarrow CaCO_3 + H_2O + CO_2$$

Bei einer weiteren CO_2-Entnahme durch Photosynthese kann auch das im Carbonat gebundene CO_2 beansprucht werden, d. h. es wird letztlich Calciumhydroxid gebildet

$$CaCO_3 + H_2O \Leftrightarrow Ca(OH)_2 + CO_2$$

Dadurch kann im Gewässer ein *Anstieg des pH-Werts* bis in den stark alkalischen Bereich eintreten.

Die *Temperatur* weist in den flachen Teichen starke Unterschiede zwischen nach 0 °C im Winter und über 20 °C im Sommer auf. Dadurch werden sowohl die biologischen Abbauprozesse als auch der O_2-Eintrag (O_2-Sättigung und O_2-Defizit) betroffen. Die Abnahme der Stoffwechselgeschwindigkeiten, bzw. der Reinigungsleistung im Winter und die verminderte physikalische O_2-Aufnahme im Sommer muß daher berücksichtigt werden.

Betriebliche Besonderheiten
Die *Durchflußzeit* beträgt je nach Art des Teichverfahrens mehrere Tage bzw. Wochen.

Dadurch können erhebliche Stoßbelastungen durch Abwassermenge und -konzentration ausgeglichen werden, d. h. Teiche besitzen eine hohe *Pufferkapazität*. Sie sind daher in der Lage, z. B. Stoßbelastungen von Industriebetrieben oder auch das Regenwasser des Siedlungsgebiets mit aufzunehmen.

Beschreibung der Teichverfahren
Für kommunales Abwasser kommen vier Teicharten zur Anwendung.

Absetzteiche
Sie dienen hauptsächlich der Abscheidung der absetzbaren Stoffe des Rohabwassers und deren Ausfaulung. Aufgrund der hohen BSB_5-Belastung überwiegt im gesamten Wasserkörper die O_2-Zehrung gegenüber der O_2-Aufnahme, d. h. die Absetzteiche sind im Wasser und im Bodenschlamm anaerob. Die Durchflußzeit des Abwassers beträgt bei Trockenwetterzufluß mindestens einen Tag. Die BSB_5-Abnahme liegt daher auch nur zwischen 30 und 60 %. Diese Teiche werden i. d. R. als Vorstufe einer mehrstufigen Teichanlage eingesetzt.

Unbelüftete Abwasserteiche
Sie dienen sowohl der Abwasserreinigung als auch der Schlammbehandlung. Sie werden so schwach belastet, daß die O_2-Zufuhr über die Teichoberfläche gegenüber der O_2-Zehrung überwiegt, so daß mindestens der obere Wasserkörper immer aerob ist. Im unteren Bereich und im Bodenschlamm stellen sich dagegen meist anaerobe Verhältnisse ein. Da die Sauerstoffzufuhr als limitierender Faktor von der Teichoberfläche abhängt, bezieht man die mögliche Belastung auf die Oberfläche (g BSB_5/m²·d) und nicht auf das Teichvolumen bzw. die darin enthaltene Biomasse. Im Sommer können die O_2-Verhältnisse durch die zusätzliche biogene Belüftung tagsüber besser sein.

Der unbelüftete Teich sollte höchstens 1,0 – 1,5 m tief sein, um eine gute Belichtung und Umwälzung durch Windeinfluß gewährleisten. Bei etwa 20 Tagen Durchflußzeit können BSB_5-Ablaufwerte < 30 mg/l erreicht werden. Die temperaturabhängige Abnahme der Reinigungsleistung im Winter muß bei der Bemessung ganzjährig betriebener Teiche berücksichtigt werden. Es ist sinnvoll, das erforderliche Gesamtvolumen auf

 Gewässerschutz und Abwasserbehandlung

drei Teiche zu verteilen, die nacheinander durchflossen werden. Dadurch können sich unterschiedliche Biozönosen mit jeweils spezifischen Reinigungsleistungen ausbilden.
- Im 1. Teich überwiegen die heterotrophen Mikroorganismen, die die organischen Stoffe aerob in der Wasserphase und anaerob im abgesetzten Schlamm umsetzen.
- Im 2. Teich überwiegen die autotrophen Organismen (Planktonalgen), die für weitgehend aerobe Verhältnisse sorgen, anorganische Salze aufnehmen und zur weiteren Eliminierung der Schmutzstoffe beitragen.
- Im 3. Teich entwickeln sich oft Zooplankter (Wasserflöhe u. ä.), die das Phytoplankton aus dem 2. Teich konsumieren („Klarphase").

Unbelüftete Teiche haben den Vorteil, daß keine maschinellen Einrichtungen und damit auch nur geringe Wartungsarbeiten notwendig sind. Nachteilig ist jedoch der große Platzbedarf durch die Begrenzung der Wassertiefe und die unzureichende Nitrifikation, Denitrifikation und P-Elimination.

Belüftete Teiche

Will man Teiche mit geringer Oberfläche und größerer Tiefe (2 – 3 m) zur biologischen Abwasserreinigung einsetzen, ist eine zusätzliche Sauerstoffzufuhr erforderlich. Bei der Wahl der Belüftungseinrichtung muß berücksichtigt werden, daß die aktive Biomasse nicht nur als suspendierte Flocken im freien Wasserkörper enthalten (ca. 50 g/m³ TS), sondern auch zu einem wesentlichen Teil an der Grenzfläche Wasser/Bodenschlamm angesiedelt ist. Die Belüfter müssen daher nicht nur den notwendigen Sauerstoff eintragen, sondern gleichzeitig durch eine möglichst gerichtete Umwälzung für einen optimalen Austausch an der Grenzfläche Wasser/Bodenschlamm sorgen. Zur Abscheidung der suspendierten Stoffe wird dem belüfteten Teich bzw. den belüfteten Teichen i.d.R. ein ungelüfteter Teich nachgeschaltet. Meist wählt man zwei belüftete Teiche (je 7 d Durchflußzeit) und einen unbelüfteten Teich (2 – 3 d Durchflußzeit), in denen die verschiedenen Abbauprozesse nacheinander ablaufen können. In richtig bemessenen Abwasserteichen kann ganzjährig eine sehr wirksame Elimination der organischen Verunreinigung (< 20 mg/l BSB_5) und Schlammbehandlung erreicht werden. Für eine weitergehende Erfassung des Stickstoffs und der Phosphorverbindungen sind zusätzliche Maßnahmen, z.B. erheblich verminderte Belastung, Fe-Dosierung, erforderlich.

Schönungsteiche

Schönungsteichen werden Belebungs- oder Tropfkörperanlagen nachgeschaltet, um bei besonders hohen Anforderungen an die Wasserqualität den Ablauf der biologischen Kläranlagen weiter zu verbessern. In der Regel werden sie als ein- oder mehrstufiger, unbelüfteter Teich ausgeführt. Nur bei höherer Belastung und kurzer Durchflußzeit (< 2 Tage) kann eine künstliche Belüftung notwendig sein. Um eine Rücklösung von Phosphaten im abgesetzten Schlamm zu vermeiden, sollten die Teiche bis in die Schlammoberfläche aerob sein. In den Schönungsteichen wird bei Durchflußzeiten von ca. 2 Tagen eine weitere Abnahme der BSB_5-Konzentration um 60 – 70 % und der CSB-Konzentration um 50 – 60 % erreicht. Besonders gut ist die Abnahme der absetzbaren Stoffe und der Keimzahlen.

Schönungsteiche entsprechen weitgehend einem natürlichen Biotop und fügen sich gut in die Landschaft ein. Diese Wirkung kann durch Bepflanzungen mit höheren Wasserpflanzen (Schilf, Binsen) im Einlauf-, Überlauf- oder Ablaufbereich erhöht werden.

G.3.3.2.2 Bewachsene Bodenfilter/Pflanzenkläranlagen

Verfahrensvarianten, Betriebsstabilität

Die Bezeichnung Pflanzenkläranlage ist kein geformter Begriff aus der Abwassertechnik, sondern ein Wort des allgemeinen Sprachgebrauchs. Pflanzenkläranlagen/Pflanzenbeete werden wie folgt definiert: Bei Pflanzenbeeten wird Abwasser einem mit ausgewählten Sumpfpflanzen (Helophyten) bewachsenen Bodenkörper zugeführt. Dieser soll zum Zweck der Behandlung des Abwassers vertikal oder horizontal durch- oder überströmt werden.

Die treffendste Bezeichnung für die Pflanzenbeete ist die des „Bewachsenen Bodenfilters", da hieraus die Bedeutung des Bodens bei der Reinigung des Abwassers ersichtlich wird und nicht die Pflanzen irrtümlich in den Mittelpunkt gestellt werden.

Im folgenden wird jedoch der Begriff „Pflanzenkläranlage" beibehalten, da er am häufigsten verwandt wird und allgemein verständlich ist.

Verfahrensvarianten

Pflanzenkläranlagen sind die Weiterentwicklung der Abwasserreinigung durch Landbehandlung, wie z. B. Verregnungs- und Verrieselungsverfahren. Ausgehend von den Pionierarbeiten von Seidel und Kickuth in den 50er, 60er und 70er Jahren wurden seit Ende der 70er Jahre Pflanzenkläranlagen sehr kontrovers diskutiert. Widersprüchliche Forschungsergebnisse führten anfangs zu sehr unterschiedlichen Bemessungsempfehlungen.

Es entstanden zahlreiche Verfahrensvarianten von Pflanzenkläranlagen, die anhand wesentlicher Kriterien unterschieden werden [G.3.73]:

- *Stellung im System:*
  1. zur biologischen Abwasserreinigung oder
  2. zur Nachreinigung/Schönung nach vorangegangener mechanischer und/oder biologischer Abwasserreinigung
- *Vorbehandlung:* mit oder ohne mechanische Vorreinigung
- *Bodenkörper:* verschiedene Substratmaterialien (Kies, Sand, Schluff, Lehm) homogener und geschichteter Bodenkörper
- *Bepflanzung:* Mono- und Mischkulturen, überwiegend *Phragmites australis* (Gemeines Schilf), daneben auch Arten von *Typha* (Rohrkolben), *Iris* (Schwertlilie), *Juncus* (Binse) und *Schoenoplectus* (Teichsimse)
- *Beschickung:* intermittierende (stoßweise) oder kontinuierliche Beschickung der Pflanzenbeete oder alternierende Aufbringung des Abwassers, d.h. wechselweiser Betrieb mehrerer, parallel angeordneter Beete
- *Durchströmung:* die Bodenkörper können vertikal oder horizontal durchströmt oder oberflächlich überströmt werden

Die Erfahrungen beim Betrieb von Pflanzenkläranlagen bestätigen die Bedeutung der Kriterien *Bodenkörper, Durchströmung und Beschickung* für die Reinigungsleistung, von denen insbesondere die Hydraulik und O_2-Verhältnisse im Pflanzenbeet beeinflußt werden.

Aus diesem Grund wurde in einigen Bundesländern vorgeschrieben, daß Pflanzenbeete aus nichtbindigem, grobkörnigem Boden aufzubauen sind und den Bodenkörper durchsickern müssen. Sie können in Horizontalfilter aus einem kiesigen oder sandigen Bodenmaterial, Vertikalfilter oder in kombinierte, mehrstufige Systeme eingeteilt werden.

Wirkungsweise und Leistungsfähigkeit von Pflanzenkläranlagen

Der Abbau der Abwasserinhaltsstoffe in Pflanzenbeeten basiert auf komplexen physikalischen, chemischen und biologischen Prozessen, die aus dem Zusammenwirken von Bodenmikroorganismen, Pflanzen und Abwasser resultieren. Danach ist die Reinigung auf folgende „primäre Abbaumechanismen" zurückzuführen:

- mechanischer Rückhalt suspendierter und disperser Stoffe durch die Filter- und Siebwirkung des Bodens,
- Adsorption kolloidaler Stoffe im mineralischen Bodenkörper und an organischer Substanz,
- Kationen- und Anionenaustausch an Tonmineralien, Huminstoffe und Eisenoxide,
- Abbau und Umsetzungen von Abwasserinhaltsstoffen durch Verwertung im Energie- und Baustoffwechsel der Mikroorganismen,
- Verwertung von Abwasserinhaltsstoffen zum Aufbau pflanzlicher Biomasse.

Eliminierungs- und Abbaumechanismen werden von vielen Faktoren, wie der Bodenart, dem Aufbau des Beets, der Bodenhydraulik und der Beschickungsart beeinflußt. Hierauf basiert die große Schwankungsbreite der Reinigungsleistungen unterschiedlicher Verfahrensvarianten (s. Tabelle G.3-12). Die erreichbaren Ablaufkonzentrationen von Pflanzenbeeten in Abhängigkeit von ihrer Durchströmungsrichtung und Ausle-

Tabelle G.3-12 Durchschnittliche Reinigungsleistung von Pflanzenkläranlagen unterschiedlicher Verfahrensvarianten bzw. Durchströmung [G.3.75, G.3.76]

Verfahrensvariante	BSB_5 (%)	CSB (%)	NH_4-N (%)	N_{ges} (%)	P_{ges} (%)
alle	79,1	69,5	30,0	39,6	47,1
horizontal	80,3	65,6	34,0	39,8	31,7
vertikal	96,1	87,4	65,6	38,0	58,5
vertikal	98,6	95,4	99,6	70,0	99,4

Tabelle G.3-13 Erreichbare Ablaufkonzentrationen von Pflanzenkläranlagen [G.3.74]

Verfahren	Bemessung	Ablaufkonzentration			
		BSB_5	CSB	NH_4-N	P_{ges}
Vertikalfilter	3 m³/E	10	60	20	5
1,0 m tief, Stoßbeschickung	5 m³/E	5	40	10	2
Horizontalfilter	3 m²/E	40	150	50	5
0,6 m tief, kontinuierlich beschickt	10 m²/E	10	60	30	2

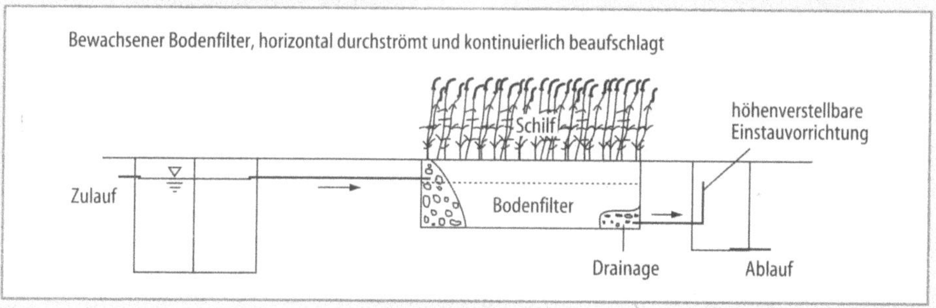

Bild G.3-48 Bewachsener Bodenfilter, horizontale Durchströmung [G.3.77]

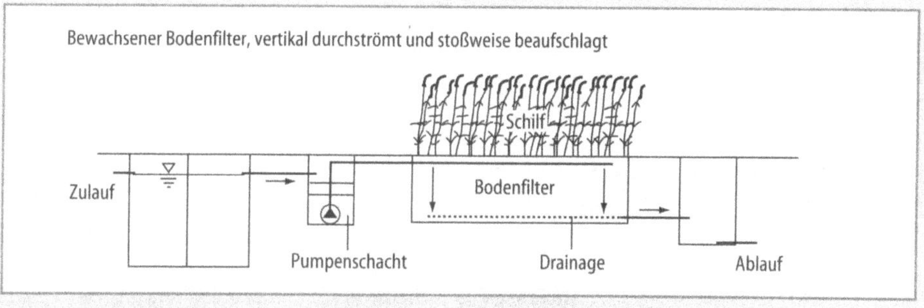

Bild G.3-49 Bewachsener Bodenfilter, vertikale Durchströmung [G.3.77]

gungsgröße nach [G.3.74] sind Tabelle G.3-13 zu entnehmen.

Kohlenstoffverbindungen, erfaßt durch die Summenparameter BSB_5 und CSB, werden im Bodenkörper mikrobiell abgebaut. In Abhängigkeit von der Sauerstoffversorgung des Pflanzenbeets erfolgt eine rasche aerobe Mineralisation bis zu den Endprodukten oder ein langsamer ablaufender anaerober Abbau, der vorwiegend zur Bildung organischer Zwischenprodukte (organische Säuren, Alkohole) oder reduzierter Endprodukte (CH_4, H_2S) führt. Aufgrund der besseren O_2-Versorgung in intermittierenden und beschickten Vertikalfiltern im Vergleich zu Horizontalfiltern (kontinuierlich beschickt) sind Vertikalfilter bzgl. des Abbaus organischer Verbindungen leistungsfähiger.

Bei einem horizontal durchströmten Beet wird das Abwasser auf der Stirnseite aufgebracht und nach Durchströmen des Bodens auf der gegenüberliegenden Seite in Drainrohren wieder gesammelt.

Da bei einem Horizontalfilter (Bild G.3-48) ohne Einstau das Abwasser im Bodenkörper nur ungefähr die Hälfte des Bodens durchflossen wird, besitzen diese Verfahrensvarianten zur Erzielung gleicher Reinigungsleistungen im Vergleich zu den Vertikalfiltern einen größeren

Flächenanspruch. Bahlo und Wach (1992) z.B. veranschlagen für Horizontalfilter eine einwohnerspezifische Fläche von ca. 10 m²/E.

Demgegenüber haben Vertikalfilter (Bild G.3-49) einen vergleichsweise geringen Flächenanspruch mit 4 – 5 m²/E und 3 m²/E nach [G.3.74], die als relativ knapp zu bewerten sind. Eine Verteilung des Abwassers über die ganze Beetoberfläche hat eine vollständige Durchströmung des Bodenkörpers zur Folge. Das Abwasser wird häufig stoßweise über Sickerrohre auf den Boden aufgebracht und nach vertikalem Passieren des Bodenkörpers in Drainrohren gefaßt.

Der Anteil der Pflanzen an der Reinigungsleistung wird von vielen Autoren als gering eingeschätzt. Die Funktion der Pflanzen liegt in der Erhöhung bzw. Erhaltung der Durchlässigkeit in der Rhizosphäre, den Eintrag von Luftsauerstoff in den Boden, Bereitstellung einer Kohlenstoffquelle für Bakterien und einer weitgehenden Reduzierung der Geruchsemission.

**Betriebsstabilität von Pflanzenkläranlagen –
Ursachen des „soil clogging"**

Pflanzenkläranlagen zeichnen sich durch eine hohe Betriebsstabilität aus. Die Betriebsstabilität und damit eng verknüpft die Leistungsfähigkeit von Pflanzenkläranlagen und Bodenfiltern hängt wesentlich von der Bodenhydraulik ab und kann insbesondere durch das Auftreten von Kolmation herabgesetzt werden.

Der Einsatz von bindigen Böden in Anlagen nach dem Wurzelraumverfahren führte aufgrund der geringen Wasserdurchlässigkeit dieser Bodensubstrate häufig zu geringen Infiltrationsraten, oberflächlichem Abfluß, Erosionsrinnenbildung und dem Auftreten von Kurzschlußströmungen. Aufgrund dessen begann in den 80er Jahren der Bau von Pflanzenkläranlagen mit sandig-kiesigem Bodenmaterial.

Neben dem Einsatz ungeeigneter Bodensubstrate können dem Auftreten von Verstopfungen auch andere Ursachen zugrunde liegen. Im Bodenkörper der Pflanzenkläranlagen finden sowohl Prozesse statt, die zum Verstopfen der Poren führen, als auch solche, die die hydraulische Leistungsfähigkeit erhöhen. Art und Umfang der kolmationsfördernden und der kolmationsreduzierenden Prozesse entscheiden über die langfristige Leistungsfähigkeit eines Pflanzenbeetes.

Zu den kolmationsfördernden Prozessen gehören:
- Bildung von Biomasse („Überschußschlamm") durch die Zufuhr organischer Substanz. Analog zu den Vorgängen in der konventionellen Abwassertechnik ist davon auszugehen, daß auch in den Pflanzenbeeten die Biomasseproduktion von der Raumbelastung, der Temperatur und der Art der Abbauprozesse (anaerob/aerob) abhängig ist,
- Ausbringung eines Abwassers mit einem hohen Anteil abfiltrierbarer oder schleimiger Stoffe (Suspensaeintrag), die infolge der Filterwirkung des Bodenkörpers im Beet verbleiben,
- Wurzel- und Rhizomwachstum der Sumpfpflanzen in bewachsenen Bodenfiltern,
- Stoffe, die aufgrund elektrostatischer und van der Waalsscher Kräfte sowie Adsorption im Beet verbleiben (Karbonatausfällung, Eisenoxidation/Verockerung),
- Erhöhung der Lagerungsdichte des Bodens durch äußere Kräfte,
- Gaseinschlüsse, z.B. bei der Bildung von molekularem Stickstoff oder Stickoxiden bei der Denitrifikation im Bodenkörper.

G.3.3.3 Aerobe Belebungsverfahren

G.3.3.3.1 Grundlagen der Belebungsverfahren

Verfahrensbeschreibung

Unter dem Begriff Belebungsverfahren versteht man die biologische Abwasserreinigung mit Hilfe suspendierter Mikroorganismen (belebter Schlamm), die in der Lage sind, Flocken zu bilden und dadurch im System angereichert werden. Das Belebungsverfahren wurde 1914 von Ardern und Lockett in England entwickelt und ist heute aufgrund seiner Vielzahl von Verfahrensmöglichkeiten (Nitrifikation, Denitrifikation, biologische Phosphorelimination) das weltweit am häufigsten eingesetzte Verfahren zur biologischen Abwasserreinigung.

Das Belebungsverfahren besteht mindestens immer aus einem belüfteten Becken, in dem die biologischen Reinigungsprozesse stattfinden und dem nachgeschalteten Nachklärbecken, in dem die flockenbildenden Mikroorganismen aus der Wasserphase abgetrennt, zwischengespeichert, eingedickt und ins Belebungsbecken zurückgegeben werden. Durch diese Biomassenrückführung (Rücklaufschlamm) wird die hydraulische Verweilzeit von der Verweilzeit des Schlamms entkoppelt und die Mikroorganismenkonzentration im Becken erhöht, so daß gegenüber dem Durchlaufreaktor bzw. den großvolu-

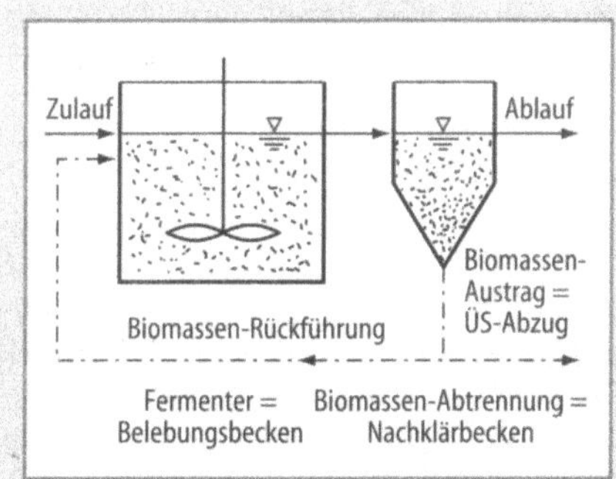

Bild G.3-50 Verfahrensschema eines Belebungsverfahrens [G.3.66]

migen naturnahen Verfahren ein wesentlich geringeres Beckenvolumen erforderlich ist. Bei einem aus einem volldurchmischten Becken bestehenden Belebungsbecken ist im Prinzip die gelöste Schmutzstoffkonzentration im Becken identisch mit derjenigen im Nachklärbecken (dort erfolgt kein weiterer Abbau) und auch identisch mit der Ablaufkonzentration in das Gewässer (wenn kein weiteres Bauteil, wie z. B. ein Filter, nachgeschaltet ist). Die gewachsene überschüssige Biomasse (Überschußschlamm) ist aus dem System abzuziehen. Bild G.3-50 zeigt das Grundschema eines Belebungsverfahrens.

Erforderliche Randbedingungen der Belebungsverfahren

Da im Belebungsbecken im Gegensatz zu einem Gewässer eine deutlch höhere Mikroorganismendichte vorliegt, müssen dort ständig folgende Randbedingungen gewährleistet sein:
1. *Ausreichende Sauerstoffversorgung* der Mikroorganismen durch künstliche Belüftung. Der Sauerstoffbedarf der Mikroorganismen ergibt sich aus der erforderlichen Grundatmung der Mikroorganismen und aus der für den Abbau der Kohlenstoffverbindungen und der Oxidation der Stickstoffverbindungen erforderlichen Sauerstoffmenge. Die Grundatmung hängt vor allem von der Substratbelastung der Organismen und der Temperatur ab. Bei geringer Belastung und bei hoher Temperatur erhöht sich der Anteil der Grundatmung deutlich. Die Substratatmung hängt direkt von der Substratfracht des Abwassers ab, die als Biologischer Sauerstoffverbrauch (BSB$_5$) angegeben wird, d. h. bereits einen Sauerstoffverbrauch darstellt. Tatsächlich wird im Belebungsbek-

ken aber nur ein Teil der BSB$_5$-Fracht „veratmet", (der Anteil ist abhängig von der Belastung) während der andere Teil durch Adsorptions- oder Einlagerungsvorgänge der Bakterien mit dem Überschußschlamm aus dem Abwasser entfernt wird. Für die Oxidation der Stickstoffverbindungen von Ammoniumstickstoff zu Nitratstickstoff sind stöchiometrisch betrachtet pro Gramm Stickstoff 4,6 g Sauerstoff erforderlich, während bei einer vollständigen Denitrifikation (Umwandlung von Nitratstickstoff in elementaren Stickstoff) 2,9 g Sauerstoff zurückgewonnen werden können.
2. *Ausreichende Umwälzung* um einerseits Ablagerungen zu vermeiden, vor allem aber um ständig einen guten Kontakt und damit optimale Diffusionsvorgänge zwischen den Mikroorganismen, den Schmutzstoffen und dem Sauerstoff zu ermöglichen.
3. *Gewährleistung günstiger Milieubedingungen,* die die Mikroorganismen nicht hemmen bzw. in ihrer Leistungsfähigkeit beeinträchtigen. Dazu gehört, daß Hemm- und Giftstoffe bestimmte Grenzkonzentrationen nicht erreichen dürfen und daß der pH-Wert im Bereich zwischen pH 6 und pH 9 liegen sollte.

Einflußgrößen auf die Belebungsverfahren

Die Größe des Belebungsbeckenvolumens ist direkt abhängig:
1. Von der Anzahl Mikroorganismen pro m³ Beckenvolumen, die hilfsweise über den organischen *Trockensubstanzgehalt* bestimmt wird.
2. Von der erwarteten Leistung der Mikroorganismen, die durch den Parameter *Schlammbelastung* beschrieben wird.

Einflußgröße Trockensubstanzgehalt
Um den gleichen Faktor, um den die Anzahl der Mikroorganismen in einem Kubikmeter Beckenvolumen erhöht werden kann, reduziert sich das erforderliche Gesamtvolumen. Ziel muß also sein, eine hohe Konzentration von Mikroorganismen dauerhaft im System zu etablieren. In der Praxis wird zur Beurteilung der Mikroorganismenkonzentration der durch Differenzwägung und Trocknung bestimmte Trockensubstanzgehalt im Belebungsbecken (TS$_{BB}$ in kg TS/m³) gemessen, der jedoch auch den ca. 30%igen anorganischen Anteil enthält und keine Unterscheidung in aktiven und inaktiven organischen Anteil erlaubt. Der erreichbare Trockensubstanz-

gehalt im Belebungsbecken TS_{BB} wird mittels einer einfachen Mischungsrechnug ermittelt. Gemischt wird der bekannte Abwasserzufluß Q mit einem gemessenen Trockensubstanzgehalt TS_0 und der in seiner Größe noch zu wählende Rücklaufschlammstrom Q_{RS} mit dem zu ermittelnden Trockensubstanzgehalt TS_{RS}. Das Verhältnis Rücklaufschlammenge zu Abwasserzuflußmenge wird dabei Rücklaufverhältnis ($RV = Q_{RS}/Q$) genannt. Das Rücklaufverhältnis kann nur soweit gesteigert werden, wie die hydraulischen Verhältnisse des Nachklärbeckens dies erlauben. Als maximales Rücklaufverhältnis für Trockenwetter empfiehlt die ATV ein Rücklaufverhältnis von 1,5. Wichtigste Einflußgröße auf den erreichbaren Trockensubstanzgehalt im Belebungsbecken ist damit die erreichbare Rücklaufschlammkonzentration, die ihrerseits wiederum abhängig ist von dem gewählten Schlammräumsystem, der Eindickzeit und vor allem von dem Schlammindex. Der Schlammindex ISV [ml/g], der das Volumen angibt, welches von 1 g Schlamm eingenommen wird, ist damit oftmals der begrenzende Faktor bei der Erhöhung der Trockensubstanzkonzentration.

Einflußgröße Schlammbelastung
und Schlammalter
Der Parameter Schlammbelastung B_{TS} [kg BSB/ (kg TS·d)], der als zweiter Parameter direkt proportional die erforderliche Beckengröße festlegt, beschreibt die Schmutzfracht, die pro Tag den Mikroorganismen zugeführt wird, und kann somit als Leistung der Mikroorganismen verstanden werden. Steigert man die Schlammbelastung, erhöht sich aufgrund der zusätzlichen Substratfracht die Mikroorganismenmenge, wodurch die Aufenthaltszeit der Mikroorganismen im System, die man als Schlammalter t_{TS} [d] bezeichnet, verringert wird. Die Schlammbelastung ist mit dem Schlammalter durch nachfolgende Beziehung miteinander verknüpft, wobei der Parameter $ÜS_B$ [kg/kg] die auf die BSB-Fracht bezogene Überschußschlammproduktion darstellt. Er berücksichtigt z.B. den Aspekt, daß der Fällschlamm bei der Ermittlung des Schlammalters zwar erfaßt wird, aber, da er keine Mikroorganismen enthält, keine Reduktion der Schlammbelastung erlaubt.

$$B_{TS} = 1/(t_{TS} \cdot ÜS_B)$$

Die Aufenthaltszeit der Mikroorganismen im System, d.h. das Schlammalter, kann jedoch nur so weit verringert werden, wie die Mikroorga-

nismen an Zeit benötigen um nachzuwachsen, ansonsten würden sie aus dem System ausgeschwemmt werden. Es muß also gelten:

Schlammalter der Mikroorganismen im System > Kehrwert der Wachstumsrate.

Die Nitrifikanten wachsen bei Wachstumsraten von ca. $\mu = 0{,}47$ [1/d] (d.h. nach ca. 2 Tagen haben sie sich verdoppelt) deutlich langsamer als die BSB-abbauenden heterotrophen Bakterien, so daß die Nitrifikanten für die Auslegung einer Belebungsanlage maßgeblich sind. Um die Nitrifikanten im System zu halten, muß das Schlammalter ausreichend groß sein und damit die Schlammbelastung ausreichend gering. Das Schlammalter ist damit der entscheidende Bemessungsparameter. Berücksichtigt man noch einen Sicherheitsfaktor SF und den Temperatureinfluß auf die Wachstumsrate erhält man folgendes Mindestschlammalter zur Gewährleistung einer stabilen Nitrifikation

$$\min t_{TS} = 1/\mu \cdot SF \cdot 1{,}103^{(15-T)} \quad [d]$$

eingesetzt für $T = 10\,°C$ und einen Sicherheitsfaktor von 2,3 erhält man als Mindestschlammalter

$$\min t_{TS} = 1/0{,}47 \cdot 2{,}3 \cdot 1{,}103^{(15-10)} = 8 \text{ Tage}$$

Ist keine Nitrifikation gefordert, sondern lediglich ein Abbau der organischen Stoffe, kann die Wachstumsrate der autotrophen Organismen eingesetzt werden so daß sich dann ein deutlich geringeres Mindestschlammalter bzw. eine höhere mögliche Schlammbelastung ergibt.

Die beiden Parameter Schlammbelastung und Schlammalter legen somit fest, welche Bakteriengruppen sich im System anreichern, d.h. welche Aufgabenstellung in dem Belebungsbecken erreicht werden kann. Beabsichtigt man eine bestimmte Aufgabenstellung wie z.B. die Nitrifikation, muß man somit die Mindestwerte für die Schlammbelastung und das Schlammalter einhalten.

Einflußgröße Temperatur
Die Leistungsfähigkeit von Mikroorganismen wird maßgeblich durch die Temperatur bestimmt. Mit steigender Temperatur steigt bis zu einer für die jeweiligen Organismen optimalen Temperatur die Aktivität stark an. Nach Überschreiten der optimalen Temperatur fällt die Aktivität stark ab, es beginnt die Denaturierung des Zelleiweißes. Der Temperatureinfluß unterscheidet sich teilweise erheblich von Bakteriengruppe zu Bakte-

riengruppe. Als Faustwert kann davon ausgegangen werden, daß sich bei einer Temperaturerhöhung um 10 °C die Bakterienaktivität verdoppelt. Die Nitrifikanten sind besonders temperaturabhängig, bei ihnen tritt bereits nach 7 °C Temperaturerhöhung eine Verdopplung der Stoffwechselaktivität ein. Der Temperatureinfluß wird durch eine Exponentialgleichung mit folgender Form beschrieben

$$v_T = v_{15} \cdot 1{,}103 \text{ (T-15)}$$

Der Temperatureinfluß wird bei der Ermittlung des Mindestschlammalters, der spezifischen Überschußschlammproduktion und dem Sauerstoffverbrauch berücksichtigt.

Einflußgröße Substratkonzentration
Biologische Umsetzungsprozesse sind konzentrationsabhängig, d.h., je höher die Substratkonzentration im Reaktor ist, desto höher ist die Umsatzgeschwindigkeit. Jede Organismengruppe hat jedoch eine maximale Umsatzgeschwindigkeit, die auch dann nicht weiter erhöht werden kann, wenn die Substratkonzentration weiter gesteigert wird. Der Zusammenhang zwischen der Substratkonzentration S und der Substratumsatzgeschwindigkeit v wird durch die Michaelis-Menten-Gleichung (s. Bild G.3-51) beschrieben.
  Die Gleichung lautet:

$$v = v_{max} \cdot \frac{S}{K_m + S}$$

v Abbaugeschwindigkeit (z.B. mg Substrat/ $(l \cdot h)$)
v_{max} maximal möglich Abbaugeschwindigkeit $(mg/(l \cdot h)$)
S Substratkonzentration im Reaktor (mg/l)
K_m die Substratkonzentration, bei der die halbe maximale Umsatzgeschwindigkeit erreicht wird, auch Michaelis-Menten-Konstante genannt (mg/l)

Die maximale Abbaugeschwindigkeit v_{max} und die Halbwertskonstante K_m sind bakterienspezifisch. Im folgenden sollen die beiden Grenzbereiche der Michaelis-Menten-Beziehung am Beispiel von Bild G.3-51 betrachtet werden. Ab einer Substratkonzentration von ca. 40 mg/ kann durch eine Erhöhung der Substratkonzentration die Umsatzgeschwindigkeit kaum noch gesteigert werden. Man spricht dann von einer Gleichung 0. Ordnung (Die Michaelis-Menten-Beziehung lautet dann im Grenzfall: $v = v_{max}$). Dagegen führt im Bereich von ca. 0–5 mg/l eine Erhöhung der Substratkonzentration zu einer nahezu linearen Erhöhung der Umsatzgeschwindigkeit. Man spricht von einer Gleichung 1. Ordnung, die Michaelis-Menten-Gleichung lautet für diesen Grenzfall $v = v_{max} \cdot S / K_m$
  Betrachtet man ein volldurchmischtes Belebungsbecken liegt der BSB_5-Wert im Becken im Bereich von 10-20 mg/l, die NH_4-N-Konzentration üblicherweise zwischen 0,5 und 5 mg/l. Die Umsatzgeschwindigkeit der BSB-abbauenden

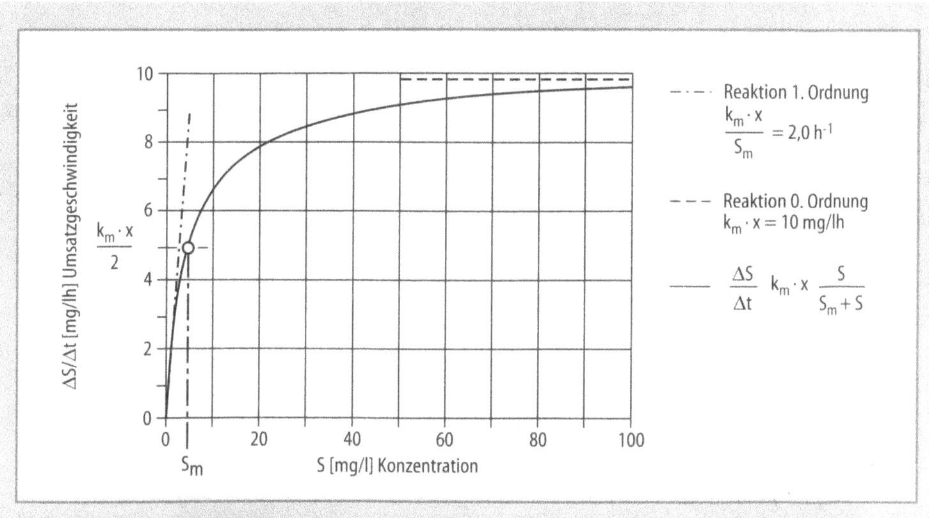

Bild G.3-51 Michaelis-Menten-Beziehung

Organismen befindet sich in diesem Konzentrationsbereich im steilen Kurvenbereich (Gleichung 1. Ordnung), es liegt eine große Leistungsreserve vor. Die Umsatzgeschwindigkeit der Nitrifikanten liegt hingegen bereits im gekrümmten bzw. flachen Kurvenbereich mit der Folge, daß nur eine kleine Leistungsreserve vorliegt, so daß Zuflußspitzen nicht vollständig abgebaut werden.

Bei der statischen Bemessung einer Belebungsanlage wird die Substratkonzentration als Einflußgröße nicht betrachtet. Um ein „Durchschlagen" von NH_4-N-Spitzen zu vermeiden, muß die Schwankung der NH_4-N-Zuflußfracht bei der Bemessung berücksichtigt werden.

G.3.3.3.2 Reaktortypen

Reaktortypen

Im allgemeinen unterscheidet man folgende 3 Reaktortypen, die in Bild G.3-52 dargestellt sind.

1. Vollständiges Mischbecken oder Rührkessel
   Das Becken wird als vollkommen durchmischt angesehen. Als Folge dieser intensiven Durchmischung herrscht überall im Becken die gleiche Konzentration, die identisch mit der Ablaufkonzentration ist.
2. Kaskadenbecken
   Das Beckenvolumen ist in mehrere Teilbecken unterteilt, die vom Abwasser nacheinander durchflossen werden. Jedes Teilbecken wird als vollständiges Mischbecken angesehen. Die Ablaufkonzentration von Becken 1 entspricht der Zuflußkonzentration von Becken 2.
3. Rohrreaktor oder Pfropfenreaktor
   Wählt man eine sehr große Anzahl von Kaskadenbecken erhält man den Rohrreaktor. Bei diesem Modell geht man von einer sehr gleichmäßigen Durchströmung des Beckens ohne jede Vermischung in Fließrichtung aus. Die Konzentration hat am Beckenanfang ihren höchsten Wert und nimmt kontinuierlich bis zum Beckenende ab.

Einfluß der Vermischung

Die örtlich und zeitlich im Belebungsbecken vorliegenden Substratkonzentrationen werden einerseits durch Abbauvorgänge und andererseits durch die Vermischung des Reaktorinhalts mit dem Abwasserzufluß beeinflußt. Im folgenden wird zunächst ausschl. der Vermischungsaspekt berücksichtigt. Unter Vermischung versteht man dabei sowohl Mischungsvorgänge, die Konzentrationsunterschiede ausgleichen als auch die durch den Zuflußstrom bedingte Flüssigkeitsverdrängung. Bild G.3-52 enthält für jeden Reaktortyp den zeitlichen Verlauf der Ablaufkonzentration nach einmaliger und kontinuierlicher Erhöhung der Zulaufkonzentration.

Während bei dem Mischbecken sofort ein Anstieg in der Ablaufkonzentration zu verzeichnen ist, reagiert der Ablauf aus dem Rohrreaktor deutlich später. Beim Rohrreaktor folgt jedoch dann ein steiler Anstieg. Unter dem Aspekt der Vermischung ist daher der Rohrreaktor nachteilig, da eine Stoßbelastung sehr viel direkter in den Ablauf durchschlagen kann als dies bei einem volldurchmischten Reaktor der Fall wäre.

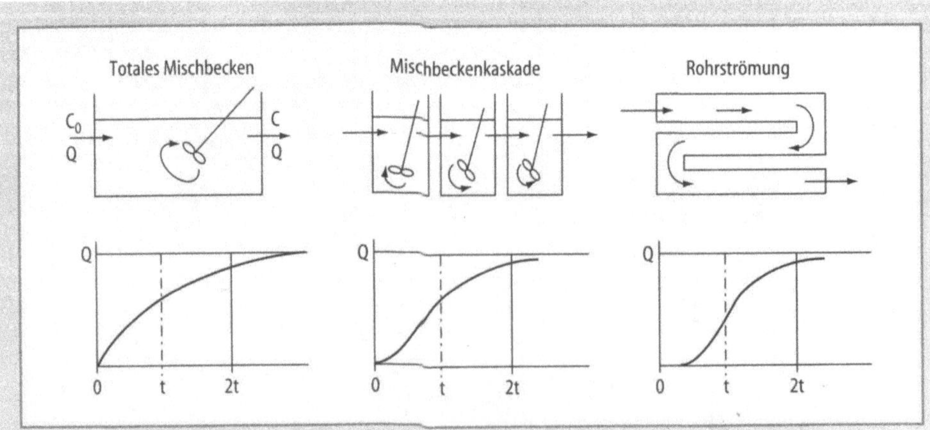

Bild G.3-52 Reaktortypen und Ablaufkonzentration bei Erhöhung der Konzentration

In der in Bild G.3-53 dargestellten Simulationsrechnung von Pöpel wird für alle drei Reaktortypen die gemeinsame Betrachtung von Abbaukinetik und Vermischung vorgenommen. Bei der Abbaukinetik wird dabei unterschieden zwischen der Abbaukinetik 1. Ordnung (Abbaugeschwindigkeit steigt direkt proportional zur Substratkonzentration), durch die vereinfacht das Abbauverhalten von BSB-abbauenden heterotrophen Organismen beschrieben wird und dem Abbau nach der Enzymkinetik nach Michaelis-Menten (s. Abschn. G.3.3.3.1), in deren gekrümmten bzw. flachen Bereich das Abbauverhalten der autotrophen Organismen (Nitrifikanten) beschrieben wird. Die kinetischen Parameter wurden dabei so gewählt, daß für eine Zulaufkonzentration von 100 % und eine Aufenthaltszeit von $t = 1{,}0$ im Rohrreaktor sowohl bei Kinetik 1. Ordnung wie auch bei der Enzymkinetik ein Abbaugrad von 95 % erreicht wird.

Es zeigt sich, daß bei normaler Konzentration (100 %) der Abbau 1. Ordnung beim Rohrreaktor bereits nach 0,54 Zeiteinheiten zu 80 % erfolgt ist, während dieser Abbaugrad beim Mischreaktor erst nach 1,34 Zeiteinheiten erreicht wird. Bei der Enzymkinetik ist bei normaler Konzentration (100%) der Vorteil des Rohrreaktors bereits geringer – 0,77 statt 0,96 Zeiteinheiten. Bei Zunahme der Zuflußkonzentration von 100 auf 200 % sind bei der Enzymkinetik kaum noch Unterschiede zwischen den Reaktoren festzustellen.

Als Ergebnis bleibt festzuhalten, daß bei einer Abbaukinetik nach der 1. Ordnung (BSB-Abbau) die Rohr- und Kaskadenreaktoren einen deutlichen Vorteil gegenüber dem Mischreaktor aufweisen, der darauf zurückzuführen ist, daß aufgrund der in diesen Reaktoren erhöhten Konzentration ein erhöhter Abbau stattfindet. Für die Abbaukinetik nach der Michaelis-Menten-Beziehung (Nitrifikanten) ist der Vorteil des Rohrreaktors deutlich geringer, vor allem bei hohen Zuflußkonzentrationen kann die Leistung durch die Wahl eines entsprechenden Reaktors nicht mehr verbessert werden.

Die mathematische Beschreibung der Vermischungs- und Abbaureaktionen für die einzelnen Beckentypen ist bei Pöpel beschrieben.

Anwendung in der Praxis

Die oben beschriebenen Beckentypen sind Idealfälle, die in der Realität lediglich angenähert erreicht werden. In der Praxis werden am häufigsten Mischbecken eingesetzt, wobei es sich aufgrund der verfahrenstechnischen Aufgabenstellung oft um eine Aneinanderreihung von mehreren Mischbecken handelt (Anaerob-, Denitrifikations-, Nitrifikationsbecken).

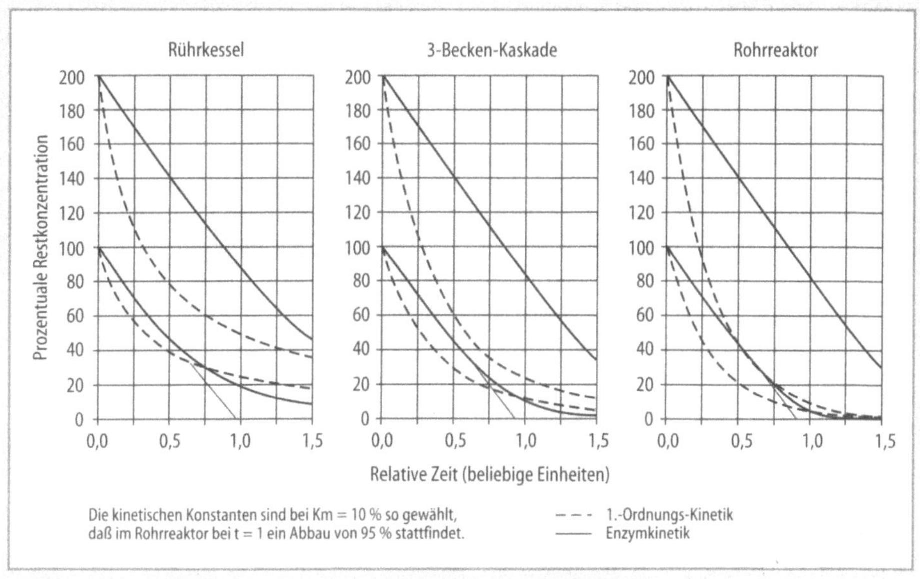

Bild G.3-53 Einfluß der Abbaukinetik und der Vermischung bei den Reaktortypen

Kaskaden- und Rohrreaktoren sind wegen des oben beschriebenen Vorteils vor allem in Fällen einzusetzen, wo alleiniger Kohlenstoffabbau gefordert ist. Sie finden jedoch in zunehmendem Maße auch bei den auf Stickstoffelimination ausgelegten Anlagen Interesse, weil in diesen Anlagen das Verhältnis Denitrifikationsvolumen zu Nitrifikationsvolumen entsprechend den jeweiligen Anforderungen variiert werden kann. Darüber hinaus hat eine Kaskadenanordnung den Vorteil, daß durch die unterschiedlich hohen Konzentrationen im Reaktor die Blähschlammgefahr reduziert wird (s. Abschn. G.3.3.3.5).

G.3.3.3.3 Einstufige Verfahren zur C- und N-Elimination

Der Kohlenstoff wird beim Belebungsverfahren durch Oxidation, Adsorption und Überführung in Biomasse eliminiert. Der Wirkungsgrad der C-Elimination hängt dabei in einem weiten Bereich von der Schlammbelastung B_{TS} [kg BSB$_5$/ kg TS·d] ab.

Bei steigender Schlammbelastung nimmt der Anteil der Adsorption zu, wobei der BSB$_5$-bezogene Sauerstoffbedarf abnimmt, weil der echte Abbau geringer wird. Bei sinkender Schlammbelastung werden die absorbierten Stoffe weitgehend abgebaut, die Aktivität des Schlamms verringert sich bis hin zur Stabilität (weitgehende Verminderung der Faulfähigkeit des belebten Schlamms).

Die C-Elimination ohne N-Elimination steht im Vordergrund bei kleinen Anlagen, bei denen aufgrund der gesetzlichen Vorschriften eine Stickstoffelimination nicht erforderlich ist, bei Anlagen mit Schlammstabilisierung sowie bei Belebungsanlagen für Abwässer ohne N-Überschuß (N-Gehalt des Abwassers ist nicht größer als der Bedarf an N für das Biomassenwachstum) und bei Anlagen mit nachgeschalteter N-Elimination.

Bei Erfüllung der für das Belebungsverfahren erforderlichen Randbedingungen (Sauerstoffversorgung, Umwälzung, Biomassenrückführung) ist bei gleicher Schlammbelastung für den Erfolg des Verfahrens unwesentlich, mit welcher Feststoffkonzentration und in welcher geometrischen Reaktorform (Beckentiefe) die Belebungsanlage realisiert ist.

Bei der biologischen Stickstoffelimination ist grundsätzlich folgende Randbedingung verfahrenstechnisch zu berücksichtigen:

- Im Rohabwasser liegt der Stickstoff überwiegend in reduzierter Form (NH$_4$-N, org. N) vor.
- Die Oxidation des Stickstoffs zu NO$_3$-N erfordert aerobe Verhältnisse im biologischen Reaktor.
- Zur Denitrifikation des gebildeten Nitrats wird leicht abbaubares organisches Substrat benötigt, das vor einer Belüftung im Rohabwasser enthalten ist oder extern dosiert werden muß.

Ziel der Verfahrenstechnik zur Stickstoffelimination ist es, das im Zulauf enthaltene, leicht abbaubare organische Substrat weitgehend für die Denitrifikation verfügbar zu machen.

Bei üblichem kommunalem Abwasser mit einem BSB$_5$-TKN-Verhältnis von ≥ 4 ist eine weitgehende Denitrifikation ohne die Zugabe einer externen Kohlenstoffquelle (z.B. Methanol) möglich. Die im folgenden aufgeführten Verfahren haben sich für eine weitgehende Stickstoffelimination bewährt.

a) Vorgeschaltete Denitrifikation (Bild G.3-54)
Das in der Nitrifikationsstufe gebildete Nitrat wird über eine interne Rezirkulation und die externe Rückführung des Rücklaufschlamms in den vorgeschalteten Denitrifikationsreaktor geführt.

Das im Rohabwasser enthaltene, leicht abbaubare Substrat steht somit weitgehend für die Denitrifikation zur Verfügung.

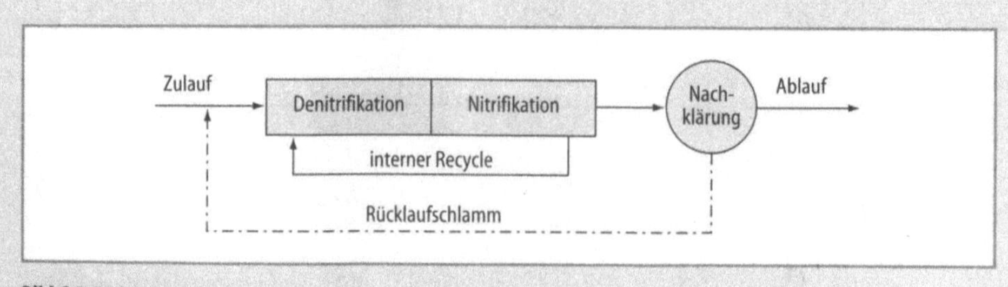

Bild G.3-54 Vorgeschaltete Denitrifikation

Die Rückläufe müssen gepumpt werden, wobei die Förderhöhe bei entsprechender Anordnung der Becken gering ist. Werden hierfür regelbare Pumpen eingesetzt, kann der NO_3-N-Gehalt am Ende der Denitrifikationszone (Soll $\approx 1-2$ mg NO_3-N/l) als Regelgröße eingesetzt werden. Die Begrenzung der internen Recyclemenge auf das der aktuellen Denitrifikationskapazität entsprechende Maß ist sinnvoll, um die Energiekosten zu optimieren und den unerwünschten Eintrag von gelöstem Sauerstoff in die Denitrifikationszone zu minimieren.

Zur Anpassung der anoxischen und aeroben Zonen an die durch Einfluß von Temperatur und Abwassercharakteristik veränderlichen erforderlichen Größen ist es empfehlenswert, zwischen permanent anoxischen und aeroben Zonen variable Zonen einzurichten, die sowohl als anoxische als auch als aerobe Zonen betrieben werden können.

b) Intermittierende Denitrifikation (Bild G.3-55)
Bei der intermittierenden Denitrifikation wird das Belebungsbecken kontinuierlich beschickt, abwechselnd belüftet (Nitrifikationsphase) und unbelüftet (Denitrifikationsphase) betrieben.

Durch die Zufuhr von Rohabwasser während der belüfteten Phase geht ein entsprechender Anteil des leicht abbaubaren Substrats für die Denitrifikation verloren, damit ist die spezifische Denitrifikationskapazität bei diesem Verfahren geringer als bei der vorgeschalteten Denitrifikation.

Eine interne Rezirkulation ist bei der intermittierenden Denitrifikation nicht erforderlich, weil das Belebtschlamm-Abwasser-Gemisch durch die intermittierende Belüftung einem Wechsel von aeroben und anoxischen Bedingungen unterworfen wird. Die Häufigkeit des Wechsels vom aeroben zum anoxischen Milieu innerhalb der Aufenthaltszeit des Abwassers im Belebungsbecken ergibt in Analogie zum Rücklaufverhältnis beim vorgeschalteten Verfahren den theoretisch möglichen Wirkungsgrad der Denitrifikation. Der tatsächliche Wirkungsgrad ist insbesondere vom Sauerstoffbedarf der Biomasse und dem Angebot an leicht abbaubarem Substrat in der unbelüfteten Phase abhängig.

Ein Nachteil dieses Verfahrens gegenüber der vorgeschalteten Denitrifikation besteht darin, daß die Belüftungsinstallation im gesamten Belebungsbecken angeordnet und die Belüfterkapazität höher ausgelegt werden muß, weil der Sauerstoff nicht kontinuierlich, sondern innerhalb der aeroben Phasen eingetragen werden muß.

c) Alternierende Denitrifikation (Bild G.3-56)
Die alternierende Denitrifikation ist ein diskontinuierliches Verfahren, bei dem wie bei der intermittierenden Denitrifikation belüftete und unbelüftete Phasen im Belebungsbecken abwechseln, der Zulauf aber alternierend jeweils in den unbelüfteten Bereich eingeleitet wird.

Der beim intermittierenden Verfahren nachteilige Verbrauch leicht abbaubaren Substrats in der belüfteten Phase entfällt hierbei. Für die Zulaufaufteilung sind entsprechende Regelungsorgane mit angepaßter Steuerung erforderlich.

In der Gruppe der alternierenden Verfahren gibt es zahlreiche Verfahrensvarianten, die sich wie folgt einteilen lassen:
Anzahl der Reaktoren einer Funktionseinheit
- 2 Reaktoren: Biodenitro-Verfahren (Patentschutz ist ausgelaufen)
- 3 Reaktoren: bekannt als Tricycle-Verfahren (Patent-Nr. DE 3833009C2 und weitere nicht patentierte Verfahrensvarianten)
Art der Beschickung
- kontinuierlich während der unbelüfteten Phase,
- diskontinuierlich patentiert als Jülicher Abwasserreinigungsverfahren (Patent-Nr. EP 0284 976 B1)

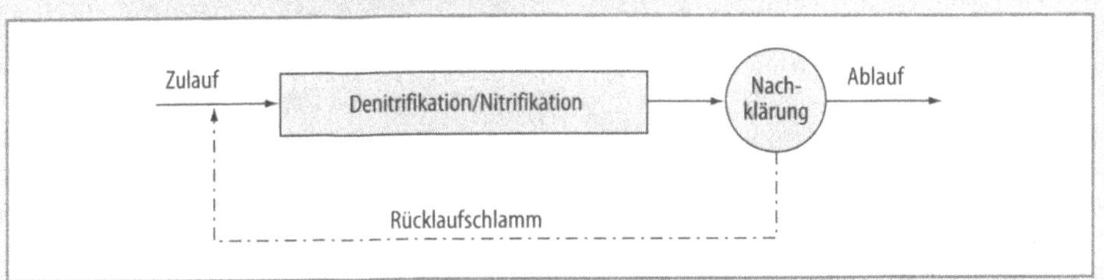

Bild G.3-55 Intermittierende Denitrifikation

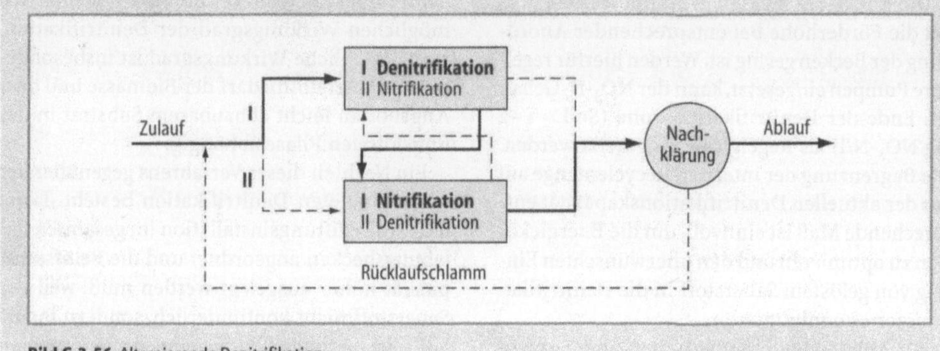

Bild G.3-56 Alternierende Denitrifikation

Führung des Ablaufs
- kontinuierlich aus allen beteiligten Reaktoren, hierbei ist ein Nachbelüftungsbecken erforderlich,
- jeweils aus dem belüfteten Bereich, dieses erfordert eine entsprechende Ablaufregelung.

d) Simultane Denitrifikation (Bild G.3-57)
In simultan betriebenen Belebungsbecken stellen sich zwischen anoxischen und nitrifizierenden Bereichen Mischzonen ein, in denen das Milieu weder für die Nitrifikation noch für die Denitrifikation optimal ist. Aus diesem Grund wird die simultane Denitrifikation nur bei Stabilisierungsanlagen mit Erfolg eingesetzt, weil dort die Aufenthaltszeit des Abwassers im System wesentlich größer ist als es für die Stickstoffelimination bei einer klaren Zonierung erforderlich wäre.

Simultananlagen neigen zu Blähschlammbildung, weil in den Bereichen mit niedriger Sauerstoffkonzentration (< 0,5 mg O_2/l) fädige Bakterien mit gegenüber flockenbildenden größerer spezifischer Oberfläche Wachstumsvorteile haben.

Simultananlagen werden häufig als Umlauf- oder als Rundbecken mit umlaufender Belüftung gebaut.

Die Abgrenzung zwischen Umlaufbecken mit Betrieb als simultane bzw. vorgeschaltete Denitrifikation besteht in der Ausbildung wirksamer anoxischer und aerober Bereiche. Bei der vorgeschalteten Denitrifikation im Umlaufgraben wird der Zulauf in der Denitrifikationszone zugegeben und die Kontaktzeit in der Denitrifikationszone so groß gewählt, daß eine gezielte weitgehende Denitrifikation stattfindet. Aufgrund der zur Verbindung einer Schlammabsetzung erforderlichen Mindestfließgeschwindigkeit von $v_{min} =$ 0,30 m/s ergeben sich hierbei relativ lange Bek-

ken, die mehrere Fließrichtungswechsel erforderlich machen können. Sind diese Randbedingungen sichergestellt, ist eine Bemessung als vorgeschaltete Denitrifikation möglich.

e) Nachgeschaltete Denitrifikation (Bild G.3-58)
Bei der nachgeschalteten Denitrifikation wird das Abwasser erst nitrifiziert und in einer nachgeschalteten Stufe denitrifiziert. Da das gesamte Abwasser vor der Denitrifikation durch den belüfteten Bereich geführt wurde, ist das leicht abbaubare Substrat bereits verbraucht und eine Denitrifikation ohne weitere Maßnahmen nur begrenzt und mit geringer spezifischer Geschwindigkeit über das von den Bakterien adsorbierte oder gespeicherte Substrat möglich.

Die Umfahrung der belüfteten Stufe mit einem Teilstrom würde zwar leicht abbaubares Substrat für die Denitrifikation in die nachgeschaltete Stufe leiten, führt aber gleichzeitig durch das in diesem Teilstrom nicht oxidierte Ammonium zu einer Ablaufverschmutzung.

Aus den genannten Gründen wird die nachgeschaltete Denitrifikation beim Belebungsverfahren nur mit externer Kohlenstoffzugabe betrieben.

Die bei den anderen Verfahren stattfindende Nutzung des im Nitrat gespeicherten Sauerstoffs zur Oxidation der im Abwasser enthaltenen organischen Stoffe ist bei der nachgeschalteten Denitrifikation nicht möglich, und darum ist der Sauerstoffbedarf entsprechend höher.

Bei Abwässern mit geringer Säurekapazität ist zu beachten, daß sich der Rückgewinn der Säurekapazität durch die Denitrifikation in der nachgeschalteten Stufe in der Nitrifikationsstufe nicht auswirkt. Durch die Dosierung von externem Kohlenstoff entsteht zusätzlicher Überschußschlamm.

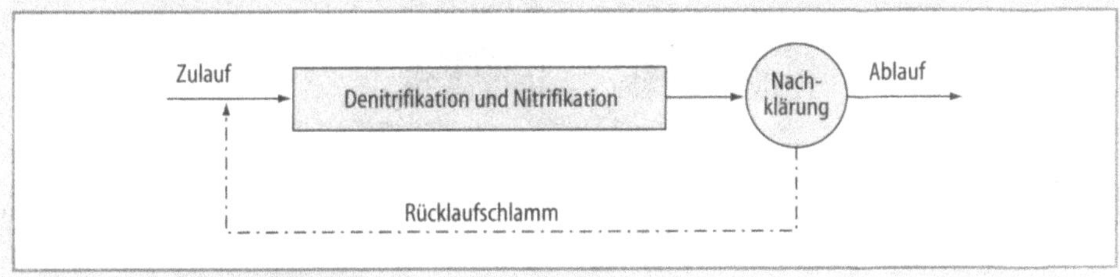

Bild G.3-57 Simultane Denitrifikation

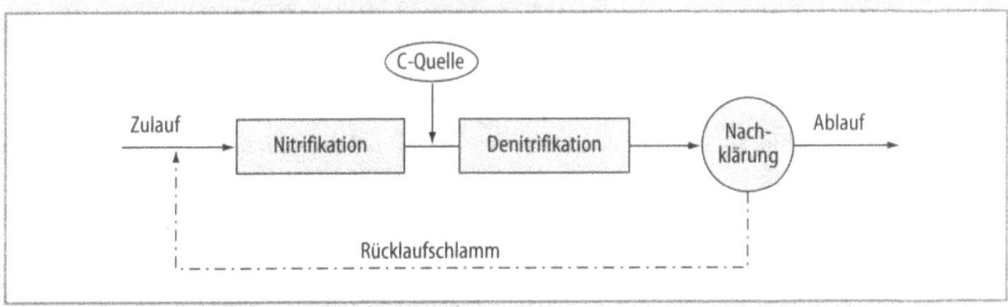

Bild G.3-58 Nachgeschaltete Denitrifikation mit externer C-Quelle

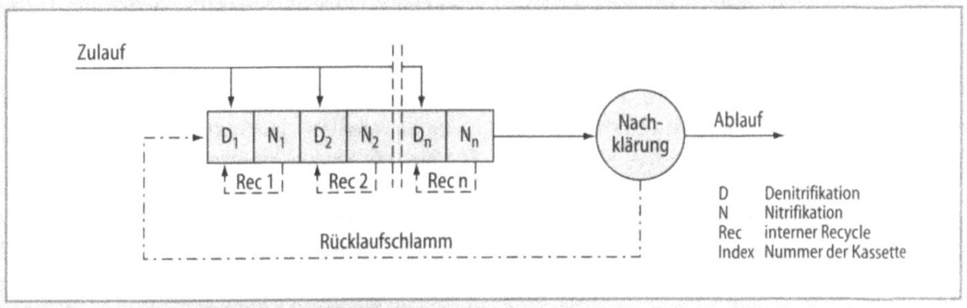

Bild G.3-59 Kaskadendenitrifikation mit verteilter Zulaufführung

Zur Regelung der Kohlenstoffdosierung empfiehlt sich eine Regelung über den Nitratgehalt im Ablauf, ggf. ist ergänzend eine kontinuierliche CSB-Kontrolle über den Ersatzparameter Extinktion sinnvoll.

Bei nachgeschalteter Denitrifikation ist eine vollständige Denitrifikation erreichbar.

f) Kaskadendenitrifikation mit verteilter Zulaufführung (Bild G.3-59)

Die Kaskadendenitrifikation mit verteilter Zulaufführung ist ein kontinuierliches Verfahren, bei dem zwei oder mehrere Denitrifikations-/Nitrifikationskassetten in Reihe geschaltet werden. Der Rücklaufschlamm wird in die erste Kassette geleitet, der Rohwasserzulauf verteilt in den Denitrifikationszonen zugegeben. Hieraus ergeben sich die im folgenden näher beschriebenen Vorteile des erhöhten Feststoffgehalts in den vorderen Kassetten und des Nitratzuflusses in die unbelüfteten Zonen.

a) Erhöhter Feststoffgehalt in den ersten Kassetten

Der Feststoffgehalt in einem Reaktor ergibt sich aus der Mischkonzentration von Zulauf und Rücklaufschlamm. Bei konventionellen Verfahren ist ein Rücklaufschlammfluß von $Q_{RS} = 1{,}0 \cdot Q_0$ üblich.

Bei der Kaskadenanlage wird in den vorderen Kassetten nur ein Teil des Zulaufs mit dem ge-

System	2er Kaskade	3er Kaskade	4er Kaskade
Zulaufaufteilung	$^{1}/_{2}$ / $^{1}/_{2}$	$^{1}/_{3}$ / $^{1}/_{3}$ / $^{1}/_{3}$	$^{1}/_{4}$ / $^{1}/_{4}$ / $^{1}/_{4}$ / $^{1}/_{4}$
Erhöhung der Feststoffgehalte			
– in der 1. Kassette	1,33	1,50	1,60
– in der 2. Kassette	1,00	1,20	1,33
– in der 3. Kassette	–	1,00	1,14
– in der 4. Kassette	–	–	1,00
Im Mittel	1,16	1,23	1,27
Volumeneinsparung	14,3 %	18,9 %	21,2 %

samten Rücklaufschlamm gemischt. Hieraus ergeben sich höhere Feststoffgehalte in den vorderen Kassetten (Tabelle G.3-14).

Da der Feststoffgehalt im Belebungsbecken im Hinblick auf die Begrenzung der Ablaufkonzentration von Feststoffen aus der Nachklärung begrenzt ist, kann bei Nutzung der Kaskadentechnik die in der obigen Tabelle aufgeführte Volumeneinsparung gegenüber den konventionellen Verfahren angesetzt werden.

b) Theoretisch möglicher Denitrifikationsgrad

Das in der Nitrifikationszone der vorderen Kassette gebildete Nitrat wird in die Denitrifikationszone der nachfolgenden Kassette geführt. Hierdurch ergibt sich in Abhängigkeit der Anzahl n der Kassetten des Zuflusses ein theoretisch möglicher Denitrifikationsgrad η_{DN} von

$$\eta_{DN} = 1 - \frac{1}{n \cdot (1,0 + Q_{Rec})}\,(\%)$$

Der Recyclestrom Q_{Rec} ist dabei die Summe aus dem Rücklaufschlammstrom und einem möglichen zusätzlichen internen Recycle innerhalb der Denitrifikations-/Nitrifikationskassetten.

Bei einer 3er-Kaskade ergibt sich beispielsweise mit einem Rücklaufschlammstrom von 100 % ohne einen zusätzlichen internen Recycle ein theoretisch möglicher Denitrifikationsgrad von 83,3 %. Bei einer vorgeschalteten Denitrifikation wäre zur Erreichung des gleichen Wirkungsgrads dagegen ein wesentlich höheres Rücklaufverhältnis (Summe intern und extern) von 500 % erforderlich. In die Denitrifikationszonen wird bei der 3er-Kaskade ein sauerstoffbeladender, für die Denitrifikation daher ungünstiger Volumenstrom aus den Nitrifikationskassetten und der Nachklärung von $4,0 \cdot Q_0$, bei der vorgeschalteten Denitrifikation von $5,0 \cdot Q_0$ geführt.

Komponenten der Bemessung von Belebungsanlagen auf Stickstoffelimination

Die heute gebräuchlichen Bemessungsansätze (ATV A 131; HSG-Ansatz entwickelt von der Hochschulgruppe) basieren auf gleicher Grundlage [G.3.78].

Bezüglich der *Nitrifikation* ist das aerobe Schlammalter der Bemessungswert. Das erforderliche aerobe Schlammalter errechnet sich aus dem Kehrwert der maximalen Wachstumsrate der Nitrifikanten (bei der Bemessungstemperatur). Da im praktischen Betrieb die tatsächliche Wachstumsrate der Nitrifikanten deutlich unter der maximalen liegt, ist ein entsprechender Zuschlag festzulegen, der je nach Anlagengröße zwischen 2,3 und 2,9 liegt. Der Einfluß der Sauerstoffkonzentration und der NH_4-N-Konzentration im Reaktor auf die Wachstumsrate kann über MONOD-Abhängigkeiten beschrieben werden.

Es wird davon ausgegangen, daß die *Denitrifikation* proportional zur Kohlenstoffatmung im Denitrifikationsreaktor OVC_D ist.

Die Kohlenstoffatmung im Gesamtbecken OVC ist die Summe aus endogener Atmung und Substratatmung. Für die Denitrifikation wirksam ist nur die Atmung im Denitrifikationsanteil V_D des Gesamtvolumens. Die Atmungsgeschwindigkeit beträgt unter anoxischen Bedingungen nur ca. 75 % der aeroben Atmung.

Wenn der Zulauf in die Denitrifikationszone geführt wird, ist dort eine spezifisch höhere Zehrung als im übrigen Reaktor zu erwarten. Hierfür wird ein Faktor α angesetzt, der vom Denitrifikationsanteil V_D und der Rezirkulation abhängt [G.3.79].

Damit beträgt die für die Denitrifikation nutzbare Zehrung OVC_D im Denitrifikationsanteil V_D nach dem HSG-Ansatz:

$$OVC_D = \alpha \cdot 0{,}75 \cdot OVC \cdot V_D = 2{,}86/1.000 \cdot NO_3\text{-}N_D$$
$$\text{Sauerstoffverbrauch} \quad \text{Sauerstoffangebot}$$

OVC O_2-Bedarf infolge C-Atmung (kg O_2/d)
NO_3-N_D zu denitrifizierende Stickstofffracht (kg/d)
2,86   stöchiometrischer Sauerstoffgehalt des Nitrats (kg O_2/kg NO_3-N)

Bei der Bemessung wird V_D so groß gewählt, daß der Sauerstoffverbrauch dem im zu denitrifizierenden Nitrat enthaltenen Sauerstoff entspricht.

Der erreichbare Denitrifikationsgrad ist neben der Zehrung auch von der Nitratzufuhr in die Denitrifikationszone durch entsprechende Recycleführung oder Phasenwechsel abhängig.

Bemessung nach A131

Die im ATV A 131 (1991) empfohlenen Bemessungswerte gelten für Abwässer mit folgenden Voraussetzungen:
- CSB-/BSB_5-Verhältnis $\cong 2{,}0$,
- BSB_5/TKN-Verhältnis $\geq 4{,}0$.

Zuerst ist der zu erwartende Schlammindex ISV und die mit dem Räumsystem sicherzustellende Eindickzeit t_E festzulegen. Daraus ergibt sich der betriebssicher erreichbare Feststoffgehalt TS_{BS} an der Beckensohle zu

$$TS_{BS} = \frac{1000}{ISV} \cdot 3\sqrt{t_E}$$

Der Bodenschlamm wird während des Räumvorgangs mit dem Kurzschlußstrom zwischen Einlauf und Schlammabzug verdünnt, so daß sich eine Abminderung der Feststoffkonzentration im Rücklaufschlamm TS_{RS} gegenüber der im Bodenschlamm TS_{BS} ergibt:

- $TS_{RS} \approx 0{,}7 \cdot TS_{BS}$ bei Schildräumern
- $TS_{RS} \sim 0{,}5\text{--}0{,}7 \cdot TS_{BS}$ bei Saugräumern

Damit liegen die erreichbaren Feststoffgehalte in der Belebungsanlage bei Auslegung auf Stickstoffelimination, einem Schlammindex von ISV = 100 – 150 ml/g (für $B_{TS} > 0{,}05$; Abwässer mit geringen organischen Anteilen), dem Einsatz von Schildräumern ($TS_{RS}/TS_{BS} = 0{,}7$), der maximalen Eindickzeit ($t_E = 2$ h) und einem Rücklaufschlammverhältnis RV von 100 % bei $TS_{BB} = 4{,}4 – 2{,}9$ g/l.

Der Bemessungsweg für die Belebungsbecken führt über die tabellarische Festlegung des erforderlichen Gesamtschlammalters in Abhängigkeit von der Ausbaugröße der Kläranlage und dem projektierten Denitrifikationsanteil.

Das Volumen wird bei Vorgabe des Gesamtschlammalters und der Feststoffkonzentration im Belebungsbecken TS_{BB} über die Berechnung des spezifischen Überschußschlammanfalls berechnet.

Die Nitratablaufkonzentration wird über die in Tabelle G.3-15 angegebene Stickstoffbilanz

Tabelle G.3-15 Stickstoffbilanz

Komponente	Parameter	Fallbeispiel[a]
Stickstoff im Zulauf	NH_4-N_o	42,5 mg/l
	org. N_o	20,0 mg/l
	NO_3-N_o	0,0 mg/l
	Ges. N_o	62,5 mg/l
Stickstofffestlegung im Überschußschlamm 4 – 5 % des eliminierten BSB_5	$N_{ÜS}$	14,1 mg/l
Denitrifizierter Stickstoff (A 131, Tab. 4)	N_D	37,5 mg/l
Stickstoff im Ablauf	NH_4-N_e	1,0 mg/l
	org. N_e	2,0 mg/l
	NO_3-N_e	7,9 mg/l
	Ges. N_e	10,9 mg/l
Summe aus eliminiertem Stickstoff und Stickstoff im Ablauf	$N_{ÜS} + N_D +$ Ges. N_e	62,5 mg/l

[a] Fallbeispiel mit folgenden Randbedingungen:
spez. BSB_5-Fracht   50 g/E · d
spez. N-Fracht   10 g/E · d
spez. Abwasseranfall   160 l/E · d
spez. Denitrifikationskapazität:
  0,12 kg NO_3-N_D/kg BSB_5

kontrolliert und ggf. der oben gewählte Denitrifikationsanteil angepaßt.

Im A 131 sind weitere Angaben zur Bemessung der Sauerstoffzufuhr und zur Säurekapazitätsberechnung enthalten.

Bemessung nach dem Hochschulgruppenansatz

Anfang 1988 hat sich eine Gruppe von Mitarbeitern und Mitarbeiterinnen der siedlungswasserwirtschaftlichen Lehrstühle und Institute von 11 Hochschulen zu einem Erfahrungsaustausch zusammengefunden, um die Grundlagen für die Bemessung von Belebungsanlagen auf Nitrifikation und Denitrifikation zusammenzutragen und daraus einen gemeinsamen Ansatz zu entwickeln. Bis dahin wurden für die Dimensionierung der Belebungsanlagen verschiedene Bemessungsansätze benutzt, die sehr unterschiedliche Bemessungsergebnisse bei gleichen Eingangsdaten lieferten.

Nitrifikation

Die Belebungsanlage muß so ausgelegt sein, daß das Schlammalter größer als der reziproke Wert des tatsächlichen Nitrifikantenwachstums (Wachstumsrate abzüglich Sterberate) ist. Da sich die Nitrifikanten nur im aeroben Teil des Belebungsbeckens vermehren können, wurde der Begriff „aerobes Schlammalter" $t_{TS,aerob}$ eingeführt:

$$\text{erf. } t_{TS,\,aerob} = \frac{1}{(\mu_A - b_A \cdot f_{T,bA})} = \frac{V_N \cdot TS_{BB}}{\ddot{U}S}\,(d)$$

$t_{TS,aerob}$ aerobes Schlammalter (d)

μ_A aktuelle Wachstumsrate (1/d)

$b_A \cdot f_{T,bA}$ Sterberate unter Temperatureinfluß (1/d)

V_N Nitrifikationsvolumen (m³)

TS_{BB} Feststoffgehalt in der Belebungsanlage (kg/m³)

$\ddot{U}S$ Überschußschlammproduktion (kg/d)

Im HSG-Ansatz ist weiterhin ein Sicherheitsfaktor SF enthalten, der eine mögliche Hemmung der Nitrifikanten durch toxische Abwasserinhaltsstoffe und Unsicherheiten bei der Festlegung der kinetischen und stöchiometrischen Parameter berücksichtigen soll (nicht eine mangelnde O_2-Versorgung). Der Sicherheitsfaktor SF wird auf das aerobe Schlammalter bezogen (Empfehlung der Hochschulgruppe: SF = 1,25).

Die Schwankungen der Stickstoffzulauffracht und die daraus resultierenden NH_4-N-Ablaufkonzentrationen können im HSG-Ansatz grob über den Schwankungsfaktor S berücksichtigt werden (Bild G.3-60). Der *Schwankungsfaktor S* ist dabei das Verhältnis der zu nitrifizierenden Stickstofffracht in der 2-h-Probe während der Tagesspitze zur im Mittel zu nitrifizierenden Stickstofffracht über den Tag:

$$S = \frac{\left(N_{n,Sp} - NH_4 - N_{e,Sp}\right) \cdot Q_{Sp}}{\left(N_{n,m} - NH_4 - N_{e,m}\right) \cdot Q_{d/24}}$$

$N_{n,Sp}$ nitrifizierbare Stickstoffkonzentration im Zulauf zur Belebungsstufe in der Tagesspitze (mg/l)

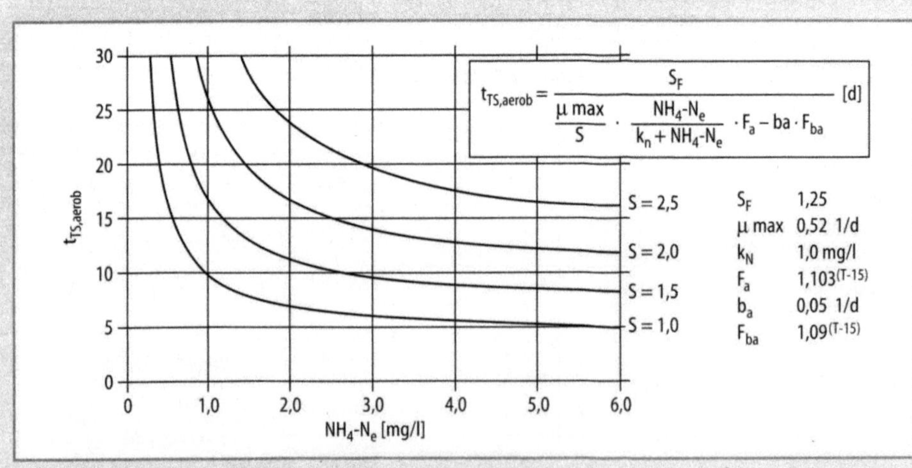

Bild G.3-60 Zusammenhang zwischen erf. aeroben Schlammalter $t_{TS,aerob}$, dem Schwankungsfaktor S und der NH_4-N-Ablaufkonzentration in der Tagesspitze und im Tagesmittel nach HSG-Ansatz

$N_{n,m}$ nitrifizierbare Stickstoffkonzentration im Zulauf zur Belebungsstufe im Tagesmittel [mg/l]
Index e Ablauf
Q_{Sp} Zufluß in der Tagesspitze [m³/h]
$Q_{d/24}$ Zufluß im Tagesmittel [m³/h]
$NH_4-N_{e,Sp}$ Überwachungswert für die NH_4-N-Konzentration im Ablauf

Die Nitrifikation ist mit einem Absinken der Säurekapazität verbunden, da pro Mol produziertem Nitrat (NO_3) 2 Mol H^+ frei werden. Bei der Denitrifikation wird davon ein Mol H^+ wieder verbraucht.

Denitrifikation
Bei der Bemessung wird angesetzt, daß über die Rezirkulation genau so viel Nitratsauerstoff in die Denitrifikationszone geführt wird, wie die Biomasse verbrauchen kann.

Der Sauerstoffbedarf für die Kohlenstoffatmung wird dabei wie folgt berechnet [G.3.80]:

$$OVC = 0{,}56 \cdot \eta \cdot BSB_5 + \frac{0{,}15 \cdot t_{TS} \cdot F}{(1 + 0{,}17 \cdot t_{TS}\, F)}$$

η Wirkungsgrad des BSB_5-Elimination [-]
BSB_5 BSB_5-Tagesfracht [kg/d]
t_{TS} Schlammalter [d]
F Faktor zur Berücksichtigung des Einflusses der Temperatur T [°C] = $1{,}072^{(T-15)}$

Die Anwendung des HSG-Ansatzes ist ohne den Einsatz eines EDV-Programms sehr aufwendig. Entsprechende Programme werden auf dem Markt angeboten.

Der wesentliche Vorteil bei der Anwendung des HSG-Ansatzes in EDV-gestützter Form liegt für den Anwender in der Möglichkeit, verschiedene Belastungsfälle in kürzester Zeit berechnen und die Systemparameter dabei detailliert verfolgen zu können.

Anwendung der dynamischen Simulation

Der Abwasserzufluß zu einer Kläranlage unterliegt üblicherweise im Hinblick auf Menge und Zusammensetzung erheblichen Schwankungen. Die Zuflußwassermenge und die Verteilung der Schmutzfrachten wird in Abhängigkeit von Größe und Charakteristik des Einzugsgebiets, dem Verhalten der Einwohner, dem Abwasseranfall in der angeschlossenen Industrie und der Charakteristik des Kanalnetzes (Gefälle, Pumpwerke usw.) einen Tages-, Wochen- und Jahresgang aufweisen.

Auch die betrieblichen Randbedingungen sind veränderlich, wie z.B. die Temperatur, der Feststoffgehalt oder die Schlammabsetzeigenschaft. Die Kläranlage muß die gesetzlichen Überwachungswerte aber zu jedem Zeitpunkt einhalten. Die weitergehende Abwasserreinigung bedient sich dabei verschiedenartiger und komplexer Prozesse, um dieses Ziel wirtschaftlich und betriebssicher zu erreichen.

Die Planer und Betreiber sind daher gezwungen, sich detailliert mit der Wahl der maßgebenden Belastungsdaten, den verfügbaren Verfahrenstechniken, den entsprechenden Bemessungsverfahren und den betrieblichen Randbedingungen auseinanderzusetzen. Die Simulation gewinnt dabei als Arbeitsmittel zunehmend an Bedeutung.

Grundsätzlich lassen sich folgende Einsatzbereiche der dynamischen Simulation unterscheiden:
Planung
- Überprüfung von Entwurfskonzepten
- Erkennen der maßgeblichen Belastungsfälle
- Überprüfung von Regelungskonzepten
- Festlegung von Betriebsweisen bei vorsehbaren Betriebsstörungen
Betrieb
- Plausibilitätskontrolle der Meßwerte
- Überprüfung der aktuellen Fahrweise durch vergleichende Berechnungen
- Festlegung der Regelungsparameter
Schulung
- Ausbildung an den Hochschulen
- Trainingsprogramme für Kläranlagenbetreiber

Je nach Fragestellung werden zweckmäßig vereinfachte oder detaillierte Modelle eingesetzt.

Die Güte der Berechnungsergebnisse eines dynamischen Modells hängt davon ab, wie exakt die Randbedingungen und die beteiligten Prozesse beschrieben werden können, und ob eine Kalibrierung möglich ist.

Bei der Bemessung von Belebungsanlagen bereitet die Abschätzung der künftig zu erwartenden Tagesfrachten für CSB, BSB_5, TKN und P Schwierigkeiten. Veränderungen in der Anzahl und dem spezifischen Schmutzanfall der zu entsorgenden kommunalen und industriellen Abwassereinleiter und Veränderungen im Kanalnetz müssen vom aktuellen Zustand auf die Lebenszeit einer Belebungsanlage bezogen hochgerechnet werden.

Vor diesem Hintergrund ist die Entwicklung eines einfachen dynamischen Modells zu sehen, das in der Bemessungspraxis erfüllbare Anforderungen an die Eingabedaten stellt und dennoch eine grobe Abschätzung des Verhaltens einer Belebungsanlage erlaubt.

Detaillierte reaktionskinetische Modelle, wie z.B. Modelle auf Basis des IAWPRC-Ansatzes [G.3.81], können dagegen bei entsprechender Beschreibung der Zulauf- und Betriebsparameter das Verhalten einer Belebungsanlage realitätsnah beschreiben und sind daher insbesondere im Hinblick auf den Einsatz zur Prozeßkontrolle als sinnvolles Hilfsmittel anzusehen.

a) Vereinfachtes Simulationsmodell

Auf Basis des oben beschriebenen HSG-Ansatzes ist ein vereinfachtes Simulationsmodell entwickelt worden, daß die Beurteilung einer Belebungsanlage unter veränderten Belastungs- und Betriebsbedingungen erlaubt [G.3.80].

Die Auswirkung von Belastungsschwankungen durch erhöhte Frachten oder Wassermengen (z.B. Mischwasserzufluß) auf die Ablaufkonzentrationen von NH_4-N und NO_3-N kann mit dem Modell nachvollzogen werden.

Die Grundidee des vereinfachten dynamischen Ansatzes ist, daß die Tagesganglinie für die Parameter NH_4-N und NO_3-N unter Zugrundelegung einer mittleren, im Berechnungszeitraum konstanten Schlammzusammensetzung berechnet wird. Diese mit dem HSG-Ansatz berechnete mittlere Schlammzusammensetzung resultiert aus der Belastung und der Betriebsweise eines Zeitraums von 1–2 Schlammaltern vorher.

Als Randbedingungen sind zusätzlich zu den für den HSG-Ansatz notwendigen Angaben das Fließschema und ggf. die Regelstrategien, die Belastungsganglinie und der Gleichgewichtszustand zu definieren. Die Ablaufganglinien von NH_4-N und NO_3-N ergeben sich dann als Antwort des Systems auf die Belastungsganglinie.

Als wesentliche Vereinfachung in diesem Ansatz ist die Darstellung des organischen Substrats als eine Fraktion (BSB_5) zu sehen. In der Realität reagieren die Mikroorganismen auf die verschiedenen organischen Abwasserinhaltsstoffe mit sehr unterschiedlichen Stoffwechselgeschwindigkeiten. Die Prozesse der Adsorption von Substrat und der Hydrolyse werden vernachlässigt. Eine Veränderung der Biomasse durch die Stoffwechseltätigkeit wird nicht berücksichtigt.

Die Bedeutung des vereinfachten Modells für die Bemessung von Belebungsanlagen liegt darin, daß ohne die für detaillierte Modelle erforderlichen und bei in Planung befindlichen Anlagen nicht mögliche Kalibrierung das dynamische Verhalten abgeschätzt werden kann. Damit ist z.B. die Wirkung von Ausgleichsvolumina im Zulaufbereich, die zu einer Vergleichmäßigung der Belastung führen, quantifizierbar oder der Einfluß variabler Zonen in Belebungsbecken, die sowohl belüftet als auch unbelüftet betrieben werden können, nachweisbar. Beide genannten Maßnahmen führen häufig zu sehr wirtschaftlichen Verfahrenskonzepten.

Das vereinfachte Modell wurde am Institut für Siedlungswasserwirtschaft und Abfalltechnik der Universität Hannover entwickelt und wird von der gemeinnützigen Entwicklungsgesellschaft für angewandten Umweltschutz, EAU, Hannover, vertrieben (Stand 1999).

b) Detaillierte Modelle

Die detaillierten Simulationsmodelle arbeiten auf Basis von Stoffbilanzen und stellen den Abwasserreinigungsprozeß mit zeitlich veränderlichen Systemparametern dar.

Grundlage der heute überwiegend eingesetzten detaillierten Modelle ist das IAWPRC-Modell Nr.1. Darin werden 8 Prozesse zum Wachsen und Sterben der heterotrophen und autotrophen Bakterien unter aeroben und anoxischen Bedingungen und zur Stoffhydrolyse berücksichtigt.

Es werden im Modell 11 Stoffgruppen unterschieden.

Zur Beschreibung von Wachstum und Absterben der Biomasse, Einfluß der Milieubedingungen (Temperatur, Substratbedingungen, Sauerstoffkonzentration, Alkalität) und Zusammensetzung der verschiedenen Schlämme sind 28 kinetische und 11 stöchiometrische Parameter zu definieren.

Die Darstellung der Verknüpfung der Stoffgrößen untereinander durch die Prozesse und den Stoffwechsel wird übersichtlich in Matrixschreibweise dargestellt [G.3.81].

Eine ausführliche Beschreibung der einzelnen Parameter und der Prozeßkinetik ist Gujer (1985) zu entnehmen.

Das IAWPRC-Modell wurde von Wentzel et al. (1991) um die Prozesse der biologischen Phosphatelimination erweitert.

Für die Anwendung der detaillierten Modelle ist von besonderer Bedeutung, daß sich in der Praxis auftretende Verfahrenskonzepte darstellen lassen. Somit sollte ein Programm eine flexible Systemkonfiguration ermöglichen.

Neue Programme verfügen über Bibliotheken, in denen Standardbausteine für Zulaufganglinien, Reaktoren, Verteilerbauwerke, Regelungstechnik etc. enthalten sind und per Maus auf der Bedienoberfläche zu Anlagen zusammengebaut werden können.

Entwicklungstendenzen

Die Weiterentwicklungen der Belebungsverfahren haben einen geringeren Platzbedarf und einen wirtschaftlicheren Betrieb zum Ziel.

Durch die Konstruktion *tiefer Belebungsbecken* wird der Flächenbedarf geringer. Tiefe Becken werden zweckmäßig mit Druckbelüftungssystemen ausgestattet, wobei die erhöhten Temperaturen an den Belüftungsmembranen zu beachten sind. Flotationseffekte in der Nachklärung durch die Bildung von Gasbläschen können die Absetzung des belebten Schlamms behindern. Durch die Anordnung vertikal durchströmter, tiefer Nachklärbecken mit tiefliegender Schlammschicht oder die Anordnung einer Flotation anstelle einer Nachklärung kann ein betriebssicherer Schlammrückhalt gewährleistet werden.

Zur *Stabilisierung der Schlammabsetzeigenschaften* werden aerobe Selektoren eingesetzt, insbesondere bei Industrieabwassereinfluß.

Die Abhängigkeit des erforderlichen Reaktorvolumens von der Absetzbarkeit des belebten Schlamms wird bei *Membranverfahren* aufgehoben, indem anstelle einer Nachklärung der Ablauf über in die Belebungsbecken eingehängte Membranen entnommen wird. Die Membranen sind mit Unterdruck zu betreiben und regelmäßig zu spülen bzw. zu reinigen.

Betriebskosteneinsparungen sind bei unveränderter Ablaufqualität nur durch Energieeinsparung, durch den gezielten Einsatz geeigneter Meß-, Steuer- und Regeltechnik und einer begleitenden Optimierung, z. B. durch dynamische Simulation, möglich.

G.3.3.3.4 Verfahren zur biologischen Phosphorelimination

Die Elimination der Phosphorverbindungen aus Abwasser ist auf chemischem und biologischem Wege möglich. Die *biologische* Phosphatelimination hat gegenüber der chemischen Fällung folgende Vorteile
- kein Fällmittelbedarf,
- kein Anfall von Fällschlamm,
- keine Beeinträchtigung der Nitrifikanten.

Die Verfahrenstechnik der biologischen Phosphatelimination wurde ursprünglich in Südafrika entwickelt und funktioniert unter den dortigen Bedingungen (hohe Abwassertemperatur, hohe Schmutzstoffkonzentrationen) sehr gut. Durch Anpassung der Verfahrenstechnik und der Bemessung wird die biologische Phosphatelimination heute im deutschsprachigen Raum in weit über 100 Kläranlagen gezielt und mit Erfolg eingesetzt und entspricht damit den allgemein anerkannten Regeln der Technik [G.3.82].

Das Prinzip der biologischen Phosphatentfernung beruht darauf, Bakterien mit erhöhtem Phosphatgehalt im Kreislauf des belebten Schlamms anzureichern. Diese speziellen Bakterien legen sich einen Phosphatspeicher an, den sie unter bestimmten Randbedingungen nutzen können und somit einen Wachstumsvorteil gegenüber den anderen konkurrierenden Bakterien erlangen [G.3.83]. Der Phosphor wird mit dem Überschußschlamm aus dem System entfernt.

Durch Anordnung von einem Becken im Zulaufbereich zur Kläranlage, in dem zwar das Substrat des Abwassers, aber kein gelöster oder gebundener Sauerstoff vorhanden ist (anaerobe Verhältnisse), können die Bakterien mit Phosphatspeicher leicht abbaubares Substrat aufnehmen und in Form einer schnell verwertbaren Speicherform, so z. B. PHB (Poly-β-Hydroxybuttersäure) speichern. Die dafür benötigte Energie gewinnen sie über Rücklösung (Aufspaltung) ihres energiereichen Phosphatspeichers. In der anschließenden belüfteten Stufe wird der Phosphatspeicher weiter aufgefüllt und der im anaeroben Becken gebildete Speicherstoff (PHB) im Bau- und Energiestoffwechsel verbraucht. Durch diesen Selektionsvorteil gegenüber Bakterien ohne Phosphatreserven reichern sich die Bakterien mit erhöhtem Phosphatgehalt im Schlamm an. Mit der Entfernung des Überschußschlamms (zugewachsene Bakterienmasse) aus dem System werden somit erhöhte Phosphatfrachten entfernt.

Die Zufuhr von gelöstem Sauerstoff oder Nitrat in das anaerobe Vorbecken beeinträchtigt die biologische Phosphorelimination, weil das im Rohabwasser enthaltene, leicht abbaubare Substrat zunächst aerob und anoxisch abgebaut wird, bevor sich die für Bio-P-Bakterien vorteilhaften anaeroben Milieubedingungen einstellen können.

Der Vorgang der Phosphatrücklösung unter anaeroben Verhältnissen und der Phosphataufnahme unter aeroben Verhältnissen wird in Bild G.3-61 verdeutlicht.

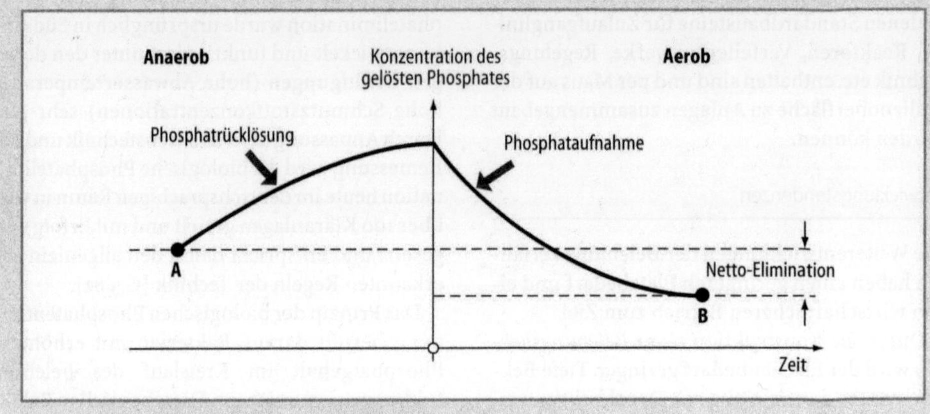

Bild G.3-61 Phosphatrücklösung und -aufnahme bei der biologischen Phosphatelimination

Es sind heute eine Vielzahl von Bakterien bekannt, die unter entsprechenden verfahrenstechnischen Randbedingungen in erhöhtem Maße Phosphat speichern. Dabei ist eine Einteilung in Obligat-Aerobier, wie z.B. Acinetobacter und Pseudomonas und Fakultativ-Anaerobier wie *Microthrix parvicella*, möglich [G.3.71]. Die fakultativ anaeroben Bakterien lösen unter anaeroben Verhältnissen kein Phosphat zurück.

Aus Untersuchungen von Jardin [G.3.84] ist abzuleiten, daß durch die Einlagerung anorganischer Feststoffe bei der biologischen Phosphatelimination mit einem Mehrschlammanfall von ca. 3 g TS pro g eliminiertem Phosphat gerechnet werden muß. Zum Vergleich dazu beträgt der Schlammanfall bei chemischer Fällung bspw. bei Verwendung von Eisensalzen 6,8 g TS pro g eliminiertem Phosphat (ATV A 131).

Als positive Einflußgrößen auf die Effizienz der biologischen Phosphatelimination sind zu benennen:
- ein hoher Gehalt an leicht abbaubaren organischen Inhaltsstoffen im Zulauf zur anaeroben Stufe,
- die Verhinderung der Zufuhr von gelöstem Sauerstoff oder gebundenem Sauerstoff (z.B. Nitrat, NO_3-N) in die anaerobe Zone,
- eine ausreichende Kontaktzeit in der anaeroben Zone ($\geq$ 0,75 h),
- eine ausreichende Sauerstoffversorgung in der nachfolgenden Belüftungsstufe,
- ein ausreichendes Schlammalter (> 3 Tage) in der Belebungsanlage,
- die Verhinderung einer P-Rücklösung in der Schlammbehandlung und damit einer Anlagenrückbelastung.

Aus verfahrenstechnischer Sicht werden Hauptstromverfahren und Nebenstromverfahren unterschieden. Bei dem in der überwiegenden Zahl der Anwendungsfälle eingesetzten Hauptstromverfahren wird der Phosphor mit dem Überschußschlamm aus dem System entfernt. Wird demgegenüber unter gezielter Ausnutzung der biologisch verursachten Phosphatrücklösung aus einem Teilstrom mit hoher Phosphatkonzentration Phosphat ausgefällt, wird dieses als Nebenstromverfahren bezeichnet. Die Fällung wird dabei mit Kalk durchgeführt, denn bei einer Fällung mit Metallsalzen könnte aufgrund der erforderlichen stöchiometrischen Dosierung der Vorteil der biologisch erzeugten hohen Phosphatkonzentration nicht ausgenutzt werden.

In der Praxis wurden bisher auch aus patentrechtlichen Gründen eine Vielzahl von *Verfahrenstechniken* eingesetzt, die sich z.T. nur unwesentlich unterscheiden.

In Verbindung mit der biologischen Stickstoffelimination wird häufig das Phoredox-Verfahren (Bild G.3-62) eingesetzt, bei dem vor die Denitrifikationsstufe ein vom Rücklaufschlamm und dem Zulauf durchflossenes anaerobes Becken zur Erzeugung der selektiv wirkenden Phosphatrücklösung geschaltet wird. Der nitratreiche Recycle aus der Nitrifikationsstufe wird nicht in das P-Rücklösebecken, sondern in das Denitrifikationsbecken geführt.

Im Rücklaufschlamm muß insbesondere bei Abwässern mit einem ungünstigen BSB_5/TKN-Verhältnis zeitweise mit erhöhten Nitratwerten gerechnet werden, die dann zu einem Nitrateintrag in das Anaerobbecken führen. Um eine hieraus resultierende Beeinträchtigung der Bio-P zu

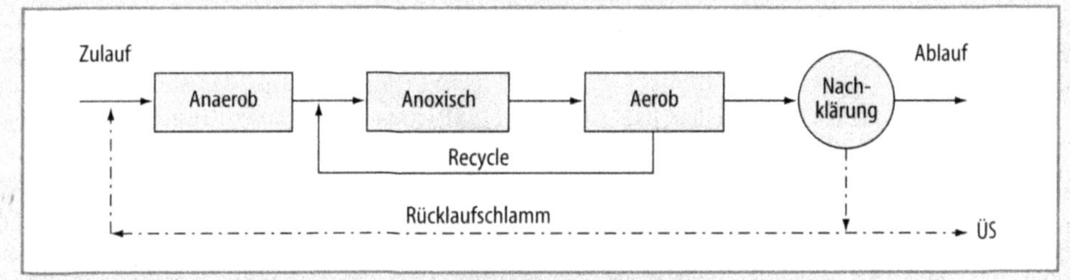

Bild G.3-62 PHOREDOX-Verfahrensschema zur biologischen Phosphatelimination

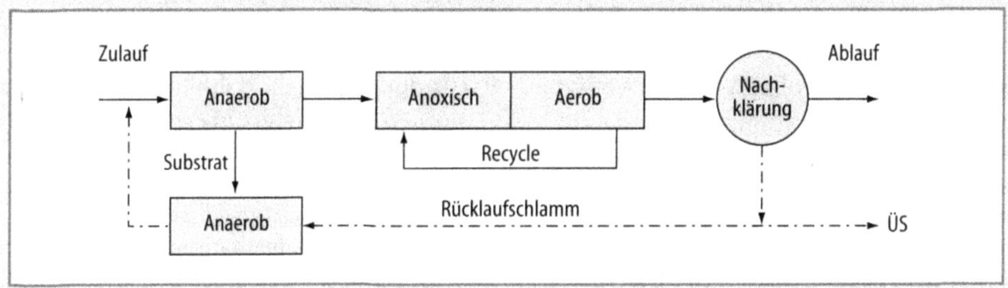

Bild G.3-63 ISAH-Verfahrensschema zur biologischen Phosphorelimination

verhindern, wird beim ISAH-Verfahren ein Denitrifikationsbecken in den Rücklaufschlammstrom geschaltet (Bild G.3-63).

Durch die Rezirkulation aus dem Anaerobbecken in das Rücklaufschlammdenitrifikationsbecken wird das für die Denitrifikation erforderliche Substrat zur Verfügung gestellt, ohne leicht abbaubares Substrat aus dem Zulauf zu verbrauchen. Wenn nur geringe Nitratgehalte im Rücklaufschlamm enthalten sind, wirkt das Rücklaufschlammdenitrifikationsbecken als P-Rücklösebecken. Als ausgeführte Anwendungsbeispiele zum ISAH-Verfahren können u.a. die Klärwerke Hildesheim, Wernigerode und Weißenfels genannt werden.

Die Verfahrenstechniken zur Bio-P lassen sich mit den gebräuchlichen Verfahren zur biologischen Stickstoffelimination kombinieren. Bei diskontinuierlichen Verfahren wird das anaerobe Volumen durch eine anaerobe Phase ersetzt. Zu beachten ist hierbei, daß in der unbelüfteten Phase bei intermittierenden Systemen aufgrund der P-Rücklösung erhöhte P-Ablaufwerte auftreten können und daher ein Nachbelüftungsbecken erforderlich wird.

Die *Bemessung* von Bio-P-Anlagen kann überschlägig nach dem ATV-Merkblatt M 208 über die Kontaktzeit im P-Rücklösebecken erfolgen ($t_K \geq 0{,}75$ h).

Das P-Rücklösebecken kann aus wirtschaftlichen Gründen als im Denitrifikationsvolumen enthalten angesetzt werden, wenn bei Temperaturen über der Bemessungstemperatur ein entsprechender Volumenanteil des im Bemessungslastfall belüfteten Volumens anoxisch betrieben und der nitratreiche Recycle nicht am Anfang des unbelüfteten Volumens zugegeben wird. Bei Randbedingungen gemäß Bemessungslastfall ist kein anaerobes Volumen vorhanden, es ist eine ergänzende chemische P-Fällung erforderlich. Da durch die Fällmittelzugabe i.d.R. die Schlammabsetzeigenschaften verbessert werden, ist für diesen Lastfall kein zusätzliches Reaktorvolumen erforderlich.

Detailliertere Ansätze zur Bemessung und Berechnung von Anlagen zur Bio-P gehen von einer Fraktionierung des CSB im Zulauf aus, um Klassen unterschiedlicher Abbaubarkeit zu ermitteln [G.3.85, G.3.87].

Bei einer Bemessung unter Zuhilfenahme der CSB-Fraktionierung stellt sich in der Praxis das Problem, daß neben der aufwendigen Analytik die ermittelte CSB-Aufteilung bereits im Tagesgang starken Schwankungen unterworfen ist und eine Abschätzung für die vorgesehene Anlagenbetriebsdauer gefordert ist.

Für den rechnerischen Nachweis und die Betriebsoptimierung bei vorhandenen Anlagen mit der Möglichkeit einer Modellkalibrierung sind dagegen detaillierte Simulationsmodelle mit CSB-Fraktionierung mit Erfolg einsetzbar [G.3.80].

Zusammenfassend ist festzustellen, daß sich innerhalb von rund 8 Jahren (1986–1994) die Verfahrenstechnik zur biologischen Phopshatelimination vom Stand der Wissenschaft zur allgemein anerkannten Regel der Technik entwickelt hat und heute weit verbreitet mit wirtschaftlichem Vorteil gegenüber der chemischen Fällung eingesetzt wird.

G.3.3.3.5 Zweistufige Verfahren

Vor- und Nachteile gegenüber einstufigen Verfahren

Als zweistufige Verfahren bezeichnet man Anlagen, in denen zwei voneinander unabhängige Schlammkreisläufe vorliegen, d. h. die Abwasserreinigung erfolgt nacheinander von zwei unterschiedlichen biologischen Lebensgemeinschaften. Sind z. B. zwei Belebungsanlagen hintereinander geschaltet, spricht man bei der Nachklärung der ersten Stufe oft von der Zwischenklärung. Verfahren, bei denen in einem nachgeschalteten biologischen Filter lediglich die Reststoffe weiter eliminiert werden, werden üblicherweise nicht als zweistufige Verfahren bezeichnet.

Nach dem Arbeitsbericht der ATV-Arbeitsgruppe 2.6.5 (1989) sind in Deutschland 227 zweistufige Anlagen in Betrieb. Die wichtigsten Verfahrenskombinationen sind: Belebung – Belebung (53 Anlagen); Tropfkörper – Belebung (71 Anlagen) und Belebung – Tropfkörper (62 Anlagen). Der größere Teil der Anlagen bestand zunächst aus einstufigen Anlagen, die im Rahmen einer Erweiterungs- oder Sanierungsmaßnahme dann zweistufig ausgebaut wurden. Durch die ab 1989 geforderte Denitrifikation ab Kläranlagengrößen > 10.000 EGW und bedingt durch die bei zweistufigen Anlagen möglichen Schwierigkeiten bei der Denitrifikation (s. nachfolgend) sind Neubauten zweistufiger Anlagen in Deutschland seltener als einstufige Anlagen. Möglichkeiten der Umgestaltung bestehender Anlagen werden am Ende des Abschnitts vorgestellt.

Vorteile der zweistufigen Verfahren
1. Durch die hohe Substratkonzentration in der 1. Stufe ist die Umsatzgeschwindigkeit der Mikroorganismen erhöht (s. Abschn. G.3.3.3.1). Die erhöhten Bakterienumsatzraten führen zu kleineren erforderlichen Belebungsbeckenvo-

lumen. Die erhöhte Umsatzrate gilt jedoch hauptsächlich nur für Bakteriengruppen, deren Umsatzrate als Gleichung 1. Ordnung dargestellt werden kann, das sind vor allem die BSB-abbauenden heterotrophen Organismen (s. Abschn. G.3.3.3.2).
2. Durch das in der 1. Stufe vorhandene große Anpassungsvermögen der Umsatzgeschwindigkeit an die zufließenden Substratverhältnisse ist eine zweistufige Anlage mit einer hohen Prozeßstabilität ausgestattet.
3. Aufgrund des hohen Schmutzstoffadsorptionsvermögen in der 1. Stufe sind die durch Störstoffe und Giftstoffe verursachten Probleme in der 2. Stufe deutlich reduziert.
4. Bedingt durch die hohe Substratkonzentration ist die Gefahr der Blähschlammbildung reduziert (gilt jedoch nur für die 1. Stufe).

Nachteile der zweistufigen Verfahren
1. Der Betrieb ist qualitativ aufwendiger und erfordert daher ggf. einen erhöhten Betriebs- und Wartungsaufwand.
2. Die hohe Schlammbelastung in der 1. Stufe führt zu einer erhöhten spezifischen Schlammproduktion.
3. Der entscheidende Nachteil liegt in der Verschlechterung des C/N- und des C/P-Verhältnisses in der 1. Stufe, was einerseits eine reduzierte Denitrifikationsleistung sowie andererseits schlechtere Voraussetzungen für eine biologische Phosphorelimination schafft. Da in der ersten Stufe bereits ca. 50 – 70 % der organischen Verschmutzung eliminiert wird, ist für die in der 2. Stufe zu erfolgende Denitrifikation meist nicht mehr ausreichend Substrat vorhanden. Verschärfend kommt hinzu, daß das notwendige, leicht abbaubare Substrat weitgehend in der 1. Stufe verbraucht wird.

Zweistufiges Belebungsverfahren

Beim zweistufigen Belebungsverfahren unterscheidet man zwischen der konventionellen zweistufigen Belebung und dem Adsorptions-Belebungsverfahren (A-B-Verfahren). Bild G.3-64 zeigt die beiden Verfahrensschemata.

Die konventionelle zweistufige Belebungsanlage besteht aus einer Vorklärung und zwei nacheinander durchflossenen Belebungsanlagen, wobei die Schlammbelastung in der 1. Stufe meist zwischen 0,8 und 2 kg BSB_5/(kg·d) liegt. Der Überschußschlamm aus der 2. Stufe wird gegebenenfalls zur Eindickung in die Vorklärung gegeben.

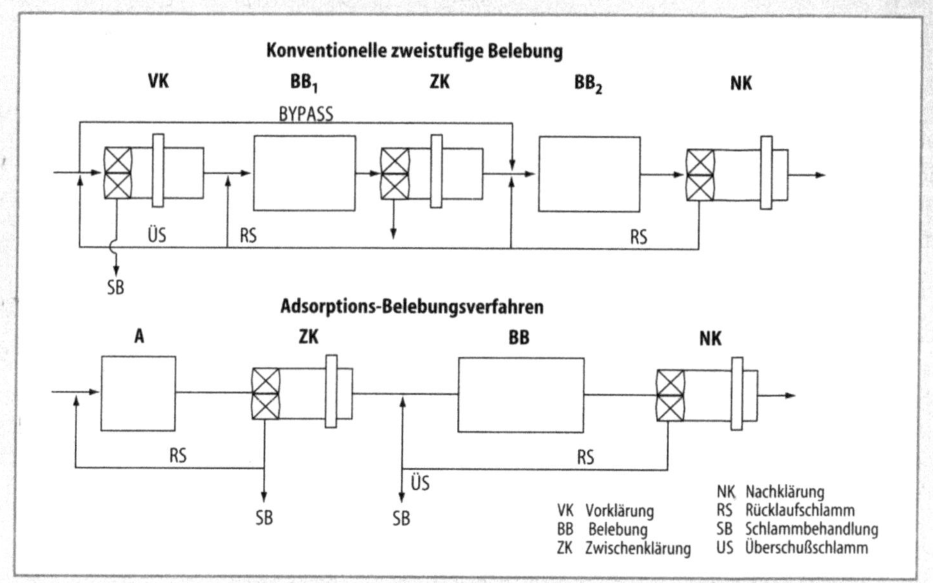

Bild G.3-64 Betriebsschema zweistufiger Belebungsanlagen

Das A-B-Verfahren nach Böhnke wird durch eine sehr hohe Schlammbelastung charakterisiert, i. d. R. um 5 kg BSB_5/(kg·d), in der A-Stufe bei gleichzeitig strikter Trennung der unterschiedlichen Biozönosen zwischen der Adsorptionsstufe und der Belebungsstufe in der Form, daß der Überschußschlamm der 2. Stufe nicht der 1. Stufe zugeführt wird. Auf eine Vorklärung wird verzichtet, es wird höchstens eine Grobentschlammung vorgeschaltet. Der Trockensubstanzgehalt in der 1. Stufe liegt meist zwischen 1,5 und 3,5 g/l. Die Bemessung der ersten Stufe erfolgt mit Hilfe der oben angegebenen Werte für Schlammbelastung und Trockensubstanzgehalt. Der erreichbare BSB-Abbaugrad der 1. Stufe beträgt bei konventioneller Betriebsweise ca. 70 %, beim A-B-Verfahren ca. 60 %. Eine Bemessung der 2. Stufe kann mit Hilfe des ATV-Arbeitsblatts A 131 nur überschlägig erfolgen. Die genauere Bemessung ist nach dem Hochschulgruppenansatz zu führen, wobei die dazu notwendigen Größen der kinetischen Parameter teilweise noch nicht genau bekannt sind. Der Korrekturfaktor für die verlangsamte Atmung in dem Denitrifikationsbecken sollte mit $f_D = 0{,}60$ angesetzt werden. Von besonderer Bedeutung für die Bemessung der 2. Stufe ist auch der richtige Ansatz der Überschußschlammproduktion.

Tropfkörper – Belebung

Mit der Kombination Tropfkörper – Belebung kann man hohe Konzentrationen an organischer Substanz – z. B. durch industriellen Abwassereinfluß – mit geringem Energieaufwand abbauen. Der Tropfkörper ist dabei als sog. Hochlast- oder Spültropfkörper auszulegen, d. h., durch eine entsprechende Höhe und eine hohe hydraulische Beschickung wird eine hohe Spülkraft erzeugt. Das Füllmaterial besteht aus Kunststoffelementen (größere Oberfläche, geringere Verstopfungsgefahr).

Bei den Tropfkörper-Belebungsverfahren unterscheidet man zwischen Verfahren mit und ohne Zwischenklärung. Wird eine Zwischenklärung gewählt, kann sie sehr klein gehalten werden, da ein Abtrieb von Tropfkörperschlamm in die nachfolgende Belebung dort einen guten Haftgrund für die Organismen darstellt und somit die Schlammabsetzeigenschaften verbessern kann. Nachteilig gegenüber der Kombination Belebung – Belebung ist die geringere Prozeßstabilität, da Schwankungen der Zulaufbeschaffenheit auch zu signifikanten Schwankungen der Tropfkörper-Ablaufkonzentrationen führen.

Es bestehen Möglichkeiten eine TK-BB-Anlage auch so umzubauen, daß im Tropfkörper eine gezielte Denitrifikation vorgenommen werden kann (s. Abschn. G.3.3.4.4).

Die Verfahrenskombination Belebung – Tropfkörper ist ebenfalls in der Praxis häufig anzutreffen. Während in der Belebung der organische Anteil reduziert wird, erfolgt in dem Tropfkörper die Nitrifikation. Bei dieser Verfahrenskombination ist jedoch eine Denitrifikation sehr aufwendig.

Umgestaltung zweistufiger Anlagen zur Denitrifikation

Die Problematik der Denitrifikation bei zweistufigen Anlagen wurde zu Beginn des Abschnitts beschrieben. Im folgenden sollen kurz Möglichkeiten aufgezeigt werden, wie bei Beibehaltung der Zweistufigkeit eine Denitrifikation ermöglicht werden kann.

Grundsätzlich ist eine Zweistufigkeit dort sinnvoll, wo bzgl. der Denitrifikation besondere Randbedingungen herrschen. Dies trifft z. B. zu bei:
- hohem Nitratgehalt im Rohabwasser, so daß die 1. Stufe aus einer Denitrifikationsstufe bestehen kann,
- einer im Verhältnis zur organischen Belastung geringen Stickstofffracht, so daß eine betriebsstabile weitgehende Denitrifikation – wenn überhaupt erforderlich – in der 2. Stufe erfolgen kann (Einige Abwässer aus der Lebensmittelindustrie beinhalten wenig Stickstoff.),
- geringen Anforderungen an die Denitrifikation.

Liegen diese besonderen Randbedingungen nicht vor, sollte zunächst versucht werden, die Stickstofffracht, die aus der Schlammbehandlung resultiert, zu verringern. Dies kann durch Speicherung und gezielte Zugabe in Schwachlastzeiten oder durch eine getrennte Schlammwasserbehandlung erfolgen.

Als verfahrenstechnische Änderungen zur Verbesserung der Denitrifikation kommen folgende Maßnahmen in Betracht:
- Begrenzung der Abbauleistung der 1. Stufe, z. B. mit Hilfe eines Bypaß,
- Auflösung der strengen Zweistufigkeit, z. B. durch Rückpaß oder durch Schlammaustausch zwischen beiden Stufen,
- Zugabe von externem Substrat (teuer, zusätzliche organische Belastung, zusätzlicher Schlammanfall),
- nachgeschaltete 3. Stufe (Filter) zur Restdenitrifikation mit Zugabe externen Substrats.

G.3.3.3.6 Sonderverfahren

Übersicht Sonderverfahren

Die nachfolgend vorgestellten Sonderverfahren mit suspendierter Biomasse lassen sich unterteilen in:
1. Verfahren mit besonderer Form der Reaktoren
   - Deep-Shaft
   - Verfahren mit großer Beckentiefe
   - Bayer-Turmbiologie
   - Biohoch-Reaktor
2. Verfahren ohne konventionelle Nachklärung
   - Flotationsverfahren
   - Membranverfahren
3. Verfahren mit Batch-Betrieb
   - SBR-Verfahren
4. Verfahren mit Sauerstoffbegasung
5. Verfahren mit Selektionsdruck
   - Selektorverfahren

Deep-Shaft-Verfahren

Beim Deep-Shaft-Verfahren (Bild G.3-65) besteht der Belebungsbeckenraum aus einem 50–160 m tiefen Schacht aus zwei ineinander liegenden Rohren und aus einem daran oberirdisch angeschlossenen Kopfbecken (Head-Tank), das der Entgasung dient. Das Abwasser wird im Innenrohr (Downcomer) nach unten geführt und fließt im äußerem Rohr (Riser) wieder hoch. Die Wasserbewegung wird dabei beim Airlift-Verfahren ausschl. durch den Auftrieb erzeugt, der aus der Luftzugabe resultiert. Aufgrund der langen Einwirkdauer und des hohen Drucks ist bei diesem Verfahren eine gute Sauerstoffausnutzung gegeben. Nach einer Startbelüftung im Riser erfolgt die Betriebsbelüftung im Downcomer auf etwa 1/3 der Beckentiefe und ermöglicht so eine sehr gute Sauerstoffausnutzung.

Die Vorteile dieses Verfahrens im Vergleich zu konventionellen Verfahren sind:
- äußerst geringer Platzbedarf,
- geringer Energiebedarf aufgrund guter Sauerstoffausnutzung,
- geringe Abluftmenge,
- keine Auskühlung des Abwassers.

Nachteilig ist vor allem, daß es nur bei günstigen Untergrundverhältnissen anwendbar ist.

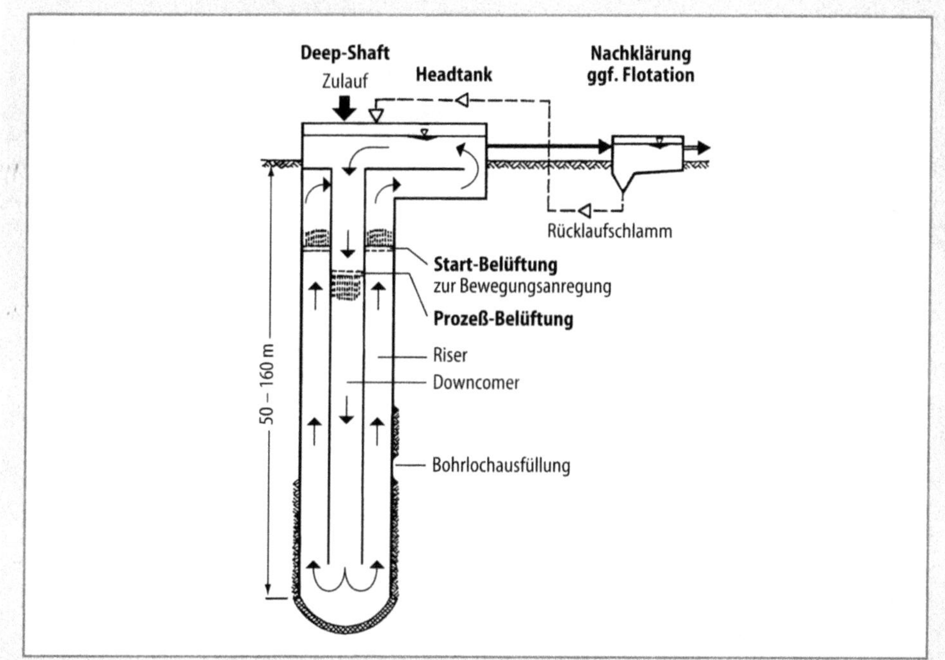

Bild G.3-65 Deep-Shaft-Verfahren

Verfahren mit großer Beckentiefe

Bei den Belebungsbecken, die derzeit meist eine Tiefe zwischen 3,5 und 6 m aufweisen, geht die Tendenz zu tieferen Becken (8 – 12 m, in Sonderfällen mehr). Dafür spricht neben dem geringeren Platzverbrauch die günstigere Sauerstoffausnutzung und der Vorteil bei Geruchsproblemen (geringere Abluftmenge sowie kleinere zu überbauende Fläche).

Die günstigere Sauerstoffausnutzung und dadurch bedingt der geringere Energiebedarf resultiert sowohl aus der längeren Einwirklänge als auch aus dem höheren Partialdruck. Dem steht jedoch ein erhöhter Energiebedarf zur Überwindung des größeren Wasserdrucks gegenüber. Bild G.3-66 zeigt, daß der Sauerstoffertrag mit zunehmender Wassertiefe bis zu einem Maximum von ca. 17 m steigt.

Bei tiefen Becken ist zu berücksichtigen, daß die aufgrund der geringen Luftzufuhr reduzierte CO_2-Ausstrippung u. a. Korrosionsprobleme verursachen kann und daß bei einem Wechsel zwischen tiefen Belebungs- und flachen Nachklärbecken im Nachklärbecken ungewollte Ausgasungsprozesse stattfinden können, die den Feststoffabtrieb erhöhen können.

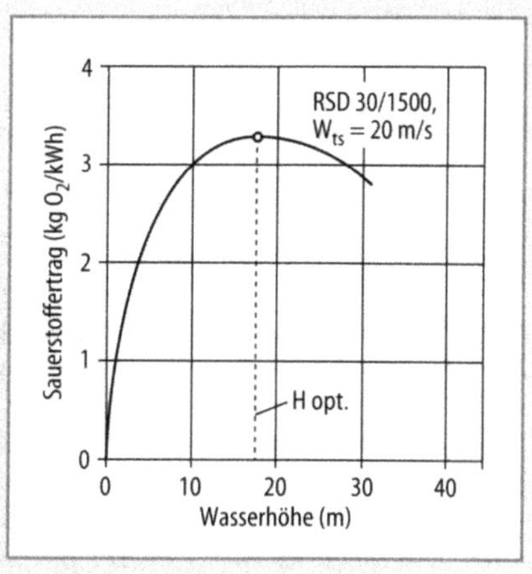

Bild G.3-66 Sauerstoffertrag in Abhängigkeit zur Wasserhöhe

Bekannte Sonderverfahren mit großen Beckentiefen sind die *Bayer-Turmbiologie* (12 – 30 m hoher Stahlzylinder mit außen angehängtem ringförmigen Nachklärbecken) und der *BIO-HOCH-Reaktor* der Firma UDHE (s. Bild G.3-67). Beide verwenden zur Belüftung besondere Injektordüsen.

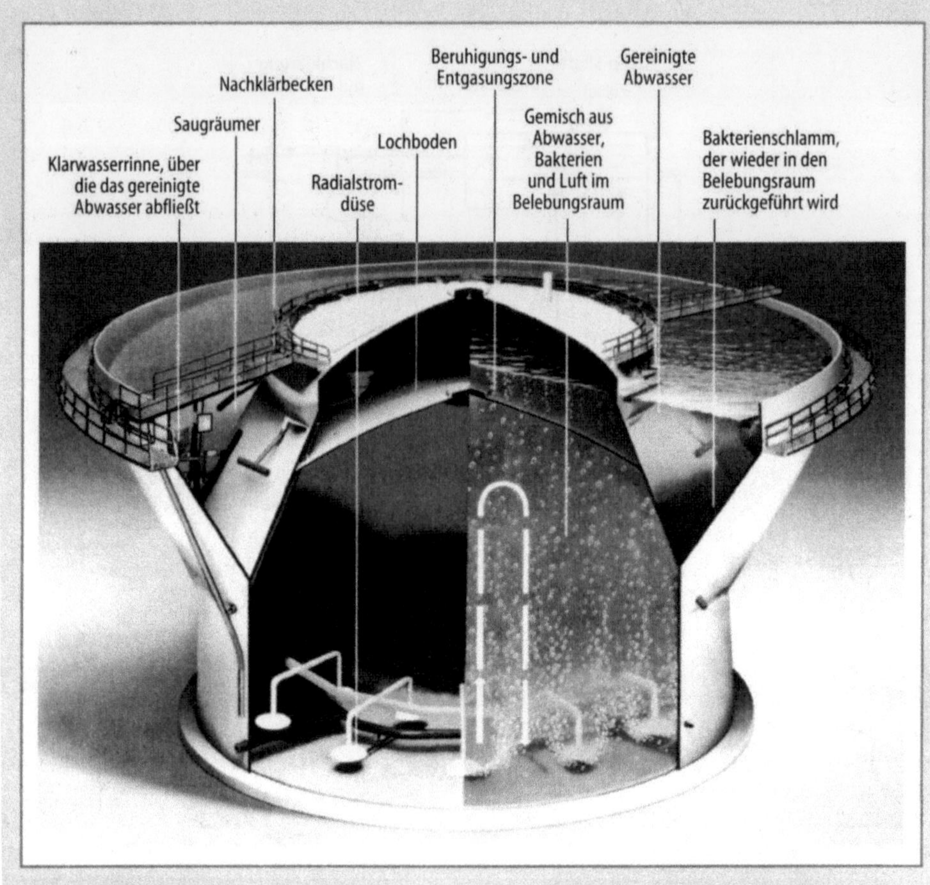

Bild G.3-67 Biohoch-Reaktor

Verfahren ohne konventionelle Nachklärung

Alternativen zur Biomassenabtrennung einer konventioneller Nachklärung sind die Flotations- und Membranverfahren.

Diese Alternativen sind vor allem dann interessant, wenn der Belebtschlamm sich aufgrund seiner hohen Fädigkeit schlecht abtrennen läßt und/oder, wenn die Belebungsbecken mit einer erhöhten Biomassenkonzentrationen gefahren werden sollen. Bei den Flotationsverfahren ist eine Biomassenerhöhung gegenüber einer konventionellen Belebungsanlage um den Faktor 2–3, bei den Membranverfahren bis zu einem Faktor 6–8 möglich, wobei sich im gleichen Verhältnis das erforderliche Beckenvolumen reduziert.

Weiterer Vorteil ist der geringere Platzbedarf für die Biomassenabtrennung. Eine Flotation benötigt ca. die Hälfte der Nachklärbeckenfläche, die Membranverfahren noch deutlich weniger, wobei die Mikrofiltrationsverfahren aufgrund der vollständigen Integration in das Belebungsbecken sogar keinen Flächenverbrauch aufweisen.

Flotationsverfahren

Bei den Flotationsverfahren erfolgt die Belebtschlammabtrennung und -eindickung statt in einem Nachklärbecken in einer Flotationsanlage. Die Flotationsanlage ist in ihrer Bauart identisch mit den häufig eingesetzten Flotationsanlagen zur Überschußschlammeindickung. Dabei hat sich das Verfahren der Druckentspannungsflotation mit Recyclestrom bewährt.

Neben den oben aufgeführten Vorteilen ist der Einsatz einer Flotationsanlage dann sinnvoll, wenn tiefe Belebungsbecken geplant sind, weil beim Flotationsverfahren die aus dem Wechsel von tiefen Belebungsbecken und flachen Absetzbecken resultierenden Ausgasungen kein Problem darstellen. Nachteilig sind die gegenüber einer Nachklärung erhöhten Bau- und Betriebskosten (Energiebedarf ca. 0,08–0,15 kWh/m³) sowie der erhöhte Betriebsaufwand.

Membranverfahren
Bei den Membranverfahren unterscheidet man die Ultrafiltrations- und die Mikrofiltrationsverfahren.

Bei dem von der Wehrle-Werk AG patentierten Biomembrat-Verfahren wird das Belebungsbecken im Überdruck (meist 3 bar) gefahren, die Biomassenabtrennung und Rückführung erfolgt mittels Ultrafiltration. Weitere Vorteile neben der erhöhten Biomassenkonzentration, der kompletten Rückhaltung der Nitrifikanten, der Nichterfordernis einer Nachklärung und dem Blähschlammaspekt, sind die weitestgehende Keimfreiheit und die durch den Überdruck bedingte erhöhte Sauerstoffausnutzung. Aufgrund des hohen Energiebedarfs für die Ultrafiltrationsmembran (wegen des hohen erforderlichen Drucks und der hohen Recyclerate sind 5–10 kWh/m³ erforderlich) wird dieses Verfahren vor allem bei hochkonzentrierten Abwässern (u. a. zur Sickerwasserbehandlung) eingesetzt. Problematisch ist jedoch die Zerstörung der Flockenstruktur durch die Scherkräfte beim Pumpen. Dies hat zur Folge, daß die Aktivität der Mikroorganismen teilweise sehr eingeschränkt wird. Der bei den Mem-

branverfahren häufig genannte Vorteil der geringen Überschußschlammproduktion liegt neben der oft geringen Schlammbelastung vermutlich auch daran, daß durch die Zerstörung der Flockenstruktur die Protozoen verbesserte Substratverhältnisse vorfinden und daher mehr Mikroorganismen fressen.

Eine interessante Alternative zur Ultrafiltration stellt der Einsatz der Mikrofiltration dar. Dabei handelt es sich um in das Belebungsbecken eingetauchte Membranplatten oder Rohrmodule, die bei einem Unterdruck von 0,05–0,4 bar das feststofffreie Wasser heraussaugen. Die notwendige Überströmgeschwindigkeit für die Membranen wird durch die unter den Membranplatten installierten Belüftungselemente erreicht. Der Energieverbrauch beträgt lediglich 0,1–0,4 kWh/m³, Probleme mit Scherkräften treten nicht auf. In Japan sind derzeit 17 Anlage in Betrieb (Kubota-Verfahren, Bild G.3-68), in Kanada und den USA ca. 80 Anlagen (ZENO-Gem), die jedoch überwiegend nur mit geringen Durchsatzmengen arbeiten.

SBR-Verfahren
Eine SBR-Anlage (Sequencing-Batch-Reactor oder auch Aufstauverfahren genannt) besteht aus einem Speicherbecken, in dem das zufließende Abwasser gesammelt wird, und einem oder mehreren SBR-Behältern, die diskontinuierlich beschickt werden. Wird das Speicherbecken mit einem Schlammräumer ausgestattet, kann es die Funktion eines Vorklärbeckens übernehmen. In dem SBR-Behälter finden sämtliche biologische Reaktionsprozesse sowie der Absetzvorgang zeitlich nacheinander in einem Becken statt. Der Prozeßablauf ist durch die zeitliche Folge von Füll-, Reaktions-, Sedimentations- und Entleerungsphase gekennzeichnet (s. Bild G.3-69). Zur Stickstoffelimination ist es sinnvoll, das Abwasser innerhalb eines Zyklus in mehreren Schüben zuzugeben. Mit dem zugegebenen Abwasser wird dann jeweils das von der vorherigen Abwasserzugabe gebildete Nitrat denitrifiziert. Die Entleerung erfolgt bis auf ein Restvolumen, das den sedimentierten belebten Schlamm enthält.

Der Vorteil des Verfahrens besteht darin, daß der Prozeßablauf von der Beeinflussung durch hydraulische Zulaufschwankungen unabhängig ist; das bedeutet, daß die jeweiligen Teilprozesse genau so lange erfolgen, bis das jeweilige Reinigungsziel erreicht ist. Dies setzt jedoch eine aufwendige und betriebsstabile Prozeßsteuerung voraus. Weiterhin ist von Vorteil, daß sich durch

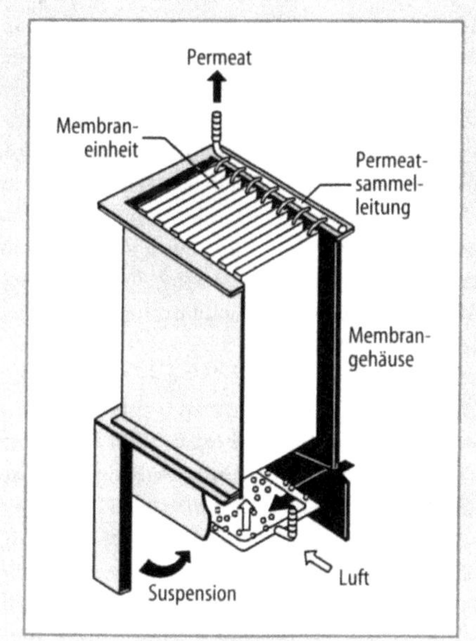

Bild G.3-68 Kubota-Verfahren

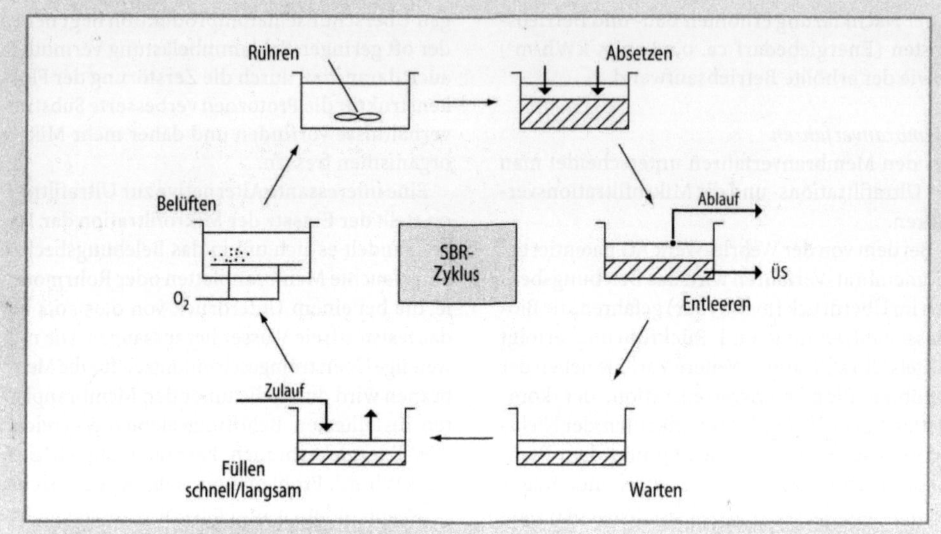

Bild G.3-69 Schematische Darstellung eines SBR-Zyklus

die stoßweise Beschickung ein gut absetzbarer belebter Schlamm bildet, so daß dieses Verfahren auch bei zu Blähschlamm neigenden Industrieabwässern geeignet ist.

Ein Nachteil des Verfahrens ist, daß sämtliche Becken mit allen erforderlichen technischen Ausrüstungen zu versehen sind, z. B. einer ausreichenden Belüfterkapazität. Unwirtschaftlich wird das Verfahren vor allem dann, wenn sehr stark schwankende Abwassermengen ein sehr großes vorgeschaltetes Speicherbecken erfordern.

Allgemein anerkannte Bemessungsregeln können dem ATV Merkblatt M 210 entnommen werden. Im Grundsatz kann man die SBR-Anlagen aber analog zu den kontinuierlich durchflossenen Anlagen bemessen, wobei die Befüll-, Sedimentations- und Abzugszeiten zusätzlich berücksichtigt werden müssen. Bei der konstruktiven Ausgestaltung ist ein besonderes Augenmerk auf die Abzugseinrichtung zu legen um eine schnelle und saubere Trennung der Klarphase zu gewährleisten.

Reinsauerstoff-Verfahren

Reinsauerstoffanlagen sind meist übliche Belebungsverfahren mit Oberflächenbelüften, wobei statt Luft (21 Vol.% O_2) Reinsauerstoff (98 Vol.%) zugegeben wird. Zur besseren Ausnutzung des Sauerstoffs werden die Becken abgedeckt und als Kaskadenbecken ausgebildet. (s. Bild G.3-70). Die Reinsauerstoff-Versorgung erfolgt mit technischem Sauerstoff durch Anfuhr oder durch Ei-

generzeugung mit Molekularsieben (PSA-Anlagen) oder in Luftzerlegungsanlagen (Tieftemperaturanlagen).

Reinsauerstoff-Verfahren finden Verwendung, wenn bei hochkonzentriertem Abwasser lediglich die Reduktion der organischen Verbindungen gefordert ist, so daß die Anlage auf eine hohe Schlammbelastung ausgelegt ist. Um den daraus resultierenden hohen Sauerstoffbedarf zu decken, kann eine Reinsauerstoffbegasung günstig sein, vor allem wenn wegen Geruchsproblemen eine geringe Abluftmenge gewünscht ist. Im Vergleich zu konventionellen Belebungsanlagen kann in der Reinsauerstoffanlage ein etwas höherer Schlammgehalt gefahren werden. Die Wirtschaftlichkeit einer Anlage ist jedoch wegen des hohen Gesamtenergieaufwandes kritisch zu prüfen (der Energieaufwand für den Sauerstoffeintrag beträgt ca. 0,25–0,3 kWh/kg O_2 und für die Sauerstofferzeugung ca. 0,4–0,45 kWh/kg O_2).

Selektorverfahren

Unter einem Selektor versteht man ein vorgeschaltetes hochbelastetes Kontaktbecken, das der Bekämpfung von Blähschlamm dient. In dem Selektor wird ein Teil oder der gesamte Rücklaufschlamm mit dem kompletten Abwasserzufluß vermischt und gelangt erst danach in das Belebungsbecken. Der belebte Schlamm wird damit zyklisch einer sehr hohen Substratkonzentration ausgesetzt, mit der Folge, daß der fadenförmige

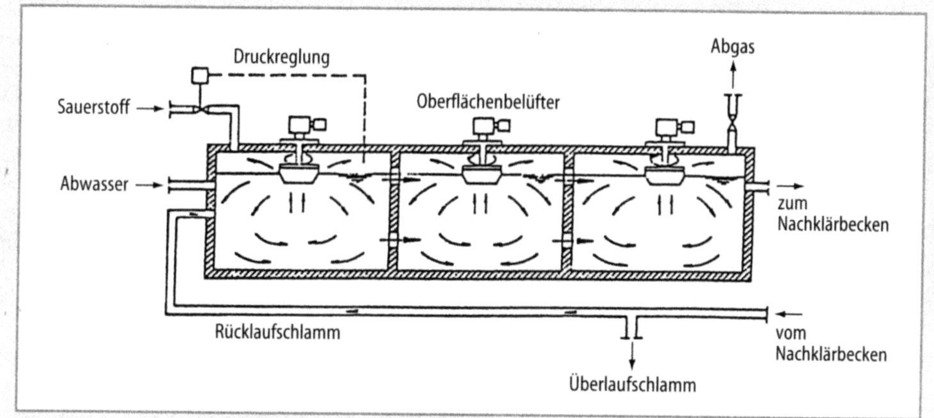

Bild G.3-70 Reinsauerstoff-Verfahren mit 3 Kaskadenstufen

Blähschlamm in der Hochlastzone geschwächt und damit im System reduziert wird.

Bei der Auslegung eines Selektors ist die Kontaktzeit (Aufenthaltszeit bezogen auf Zulauf und Rücklaufschlamm) die wichtigste Größe. Sie beträgt meist 0,1–0,2 h und ist abhängig von der Konzentration und der Temperatur des Abwassers. Als Raumbelastung sollte nach dem Arbeitsbericht der ATV-Arbeitsgruppe 2.6.1 $B_R = 10$ kg/(m³· d) angestrebt werden. Die spezifische Sauerstoffzufuhr zum aeroben Selektor sollte etwa doppelt so hoch wie für das Belebungsbecken gewählt werden.

Bei speziellen Fadenorganismen wurden auch Erfolge mit anoxischen und anaeroben Selektoren erzielt, die im wesentlichen auf die Adsorptions- und Stoffwechseleigenschaften der flokkenbildenden Bakterien zurückzuführen sind.

Während die Selektoren bei Belebungsanlagen ein zusätzliches Bauteil zur Blähschlammbekämpfung darstellen, sind einige Belebungsverfahren von sich aus in der Lage, einen Selektionsdruck zur Blähschlammbekämpfung aufzubauen. Dazu gehören die Kaskadenverfahren, SBR-Verfahren und das Nogco-Puls-Verfahren (durch alternierende Beschickung von zwei Belebungsbecken wird der erforderliche Substratgradient erreicht).

G.3.3.4 Aerobe Biofilmverfahren

G.3.3.4.1 Allgemeines

Abweichend von der DIN 4045 wählen die ATV-Fachausschüsse den Begriff Biofilmverfahren als Oberbegriff für alle Verfahren, in denen die biologischen Umsetzungsprozesse vor allem durch sessile Mikroorganismen erfolgen, die den sog. Biofilm bilden.

Die ersten Konzepte zur biologischen Abwasserreinigung im 19. Jh. fußten auf Biofilmverfahren. Vor allem die Tropfkörper, 1893 von Corbett entwickelt, fanden in der jüngeren Vergangenheit weite Verbreitung, 1991 wurde in den alten Bundesländern das Abwasser von 22 Mio. Einwohnerwerten durch Tropfkörper biologisch behandelt (Rüdiger, 1995). Die heutigen Ansprüche an die biologische Abwasserreinigung erfordern unterschiedliche Reinigungsschritte, die oft nur durch spezielle Mikroorganismengruppen erfolgen können, die häufig zudem noch geringe Wachstumsraten aufweisen (z. B. Nitrifikanten oder Mikroorganismen zur Elimination schwer abbaubarer Stoffe). Da die Biofilmverfahren eine weitestgehende Immobilisierung dieser Organismen und damit eine Maximierung der Organismenzahl im Reaktor ermöglichen, wird ihnen heute besondere Aktualität und ein hohes Entwicklungspotential zugesprochen. Die biologischen Grundlagen der Biofilmprozesse sind in Abschn. G.3.3.1 dargestellt.

G.3.3.4.2 Vergleich zwischen Belebungs- und Biofilmverfahren

Die Biofilmsysteme werden heute vor allem dann eingesetzt, wenn ein sehr weitreichender Rückhalt und damit die Anreicherung von Biomasse in einem System gefordert ist. Dies ist insbesondere bei sich langsam vermehrenden Mikroorganismen (z. B. bei Nitrifikanten) sowohl im aeroben wie im anaeroben Milieu der Fall.

Biofilmverfahren haben i. allg. im Vergleich zu den Belebungsverfahren folgende Vor- und Nachteile, wobei die unterschiedlichen Biofilmsysteme weitere spezielle Vor- und Nachteile aufweisen, auf die in den entsprechenden Abschnitten eingegangen wird.

Vorteile

- Biofilmverfahren ermöglichen oft einen höheren Gehalt an Mikroorganismen im Reaktor.
- Langsam wachsende Mikroorganismen (z. B. die Nitrifikanten) können in Form eines Biofilms einfacher angereichert werden.
- Eine zusätzliche Phasentrennung zur Rückführung von Biomasse in den Reaktor ist nicht notwendig. Auf eine Nachklärung kann evtl. verzichtet werden.
- Die sessilen (festsetzenden) Mikroorganismen können sich besser an das Milieu anpassen. Die Reinigungsprozesse laufen stabiler ab.

Nachteile

- Bedingt durch die geringere Durchflußzeit können Mengen- und Konzentrationsstöße schlechter gepuffert werden.
- Um ein Verstopfen zu verhindern ist eine weitreichende Vorklärung ggf. sogar eine Vorfällung erforderlich.
- Bei getauchten Biofilmen ist eine höhere O_2-Konzentration (meist $4-6$ mg/l statt 2 mg/l) erforderlich, um eine ausreichende Diffusion zu ermöglichen.

G.3.3.4.3 Verfahrenstechnischer Überblick der Biofilmverfahren

Die ATV-Fachausschüsse 2.6 und 2.8 haben die aeroben Biofilmverfahren gemäß Tabelle G.3-16 gegliedert.

Tabelle G.3-16 Gliederung der aeroben Biofilmverfahren

Biofilmsystem	Reaktortyp
Festbettreaktor	– Tropfkörper – Tauchkörper – biologische Filter
Kombinierte Verfahren	– im Belebungsbecken ortsfest eingebaute Aufwuchsflächen – rotierende Aufwuchsflächen – schwebende Auswuchsflächen (Moving-bed)
Wirbelbettreaktor	– Reaktor mit stark expandierendem Füllkörpermaterial

Während die Tauchkörper in Tabelle G.3-21 bei den Festbettreaktoren aufgeführt sind, werden sie oft den kombinierten Verfahren zugeordnet. Die Schwebebettverfahren (Moving-bed) werden in dieser Gliederung den Kombinierten Verfahren zugeordnet. Die biologischen Filter können einerseits auf den Schwerpunkt Suspensaelimination mit gewolltem biologischen Nebeneffekt ausgelegt werden oder als vollständiger Ersatz für eine biologische Reinigungsstufe eingesetzt werden (Abschn. G.3.3.4.7).

G.3.3.4.4 Tropfkörper

Verfahrensbeschreibung

Die in Deutschland häufigste Art von Biofilmreaktoren ist der Tropfkörper. Beim Tropfkörper handelt es sich um einen mit Füllkörpermaterial komplett gefüllten Behälter, über dem das Abwasser mittels eines Drehsprengers flächig verteilt wird und anschließend durch den Füllkörper hindurchrieselt. Die Sauerstoffversorgung der Biomasse erfolgt mit Hilfe der Außenluft ohne technische Maßnahmen.

Zu einer Tropfkörperanlage (s. Bild G.3-71) gehört meistens ein Beschickungspumpwerk sowie oft ein nachgeschaltetes Nachklärbecken zur Abtrennung des sich bildenden Tropfkörperschlamms. Um die notwendige Spülkraft des Abwassers zu erhöhen, ist meistens ein Rücklauf notwendig. Obwohl bei einem Tropfkörper häufig ein Nachklärbecken nachgeschaltet ist, gehört es nicht wie bei dem Belebungsverfahren zwingend dazu.

Da der Tropfkörper einen Rohrreaktor darstellt, erhält man eine über die Tropfkörperhöhe verschiedenartig ausgebildete Organismenzusammensetzung. Während sich z. B. in einem Schwachlasttropfkörper im oberen Bereich die BSB-abbauenden Organismen ansiedeln, erhöht sich mit zunehmender Tiefe der Anteil der Nitrifikanten. Findet eine Veränderung der Zuflußkonzentration statt, verschieben sich die Organismenzonen.

Verfahrensvarianten

Tropfkörper werden je nach Reinigungsziel unterteilt in:

- Hochlasttropfkörper mit alleiniger CSB/BSB-Elimination,
- Tropfkörper mit gleichzeitiger CSB/BSB-Elimination und Nitrifikation,

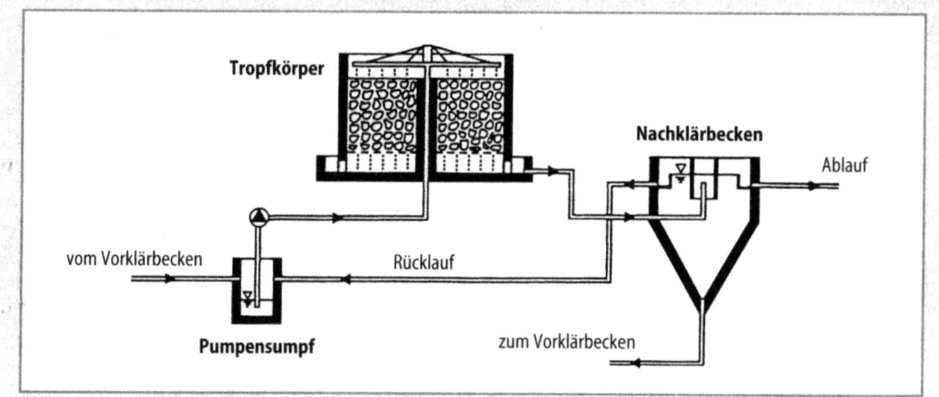

Bild G.3-71 Fließschema einer Tropfkörperanlage [G.3.67]

- Tropfkörper als reine Nitrifikationsstufe (meist als 2. Stufe),
- zur Denitrifikation eingesetzter Tropfkörper.

Hochlasttropfkörper mit alleiniger CSB/BSB-Elimination eignen sich als erste biologische Stufe vor allem bei nicht zu Verstopfungen neigendem Industrieabwasser, da sie kostengünstig einen weitreichenden Abbau organischer Inhaltsstoffe ermöglichen. In der Vergangenheit wurden sie häufig zur Erhöhung der Kläranlagenkapazität einer bereits bestehenden biologischen Stufe vorangestellt. Wird eine Denitrifikation gefordert, ist ggf. die Leistung des Hochlasttropfkörpers zu reduzieren (z. B. durch teilweise Bypaßumgehung) um ausreichend organische Verschmutzung für die Denitrifikation bereitzuhalten.

Untersuchungen zeigen, das vorhandene Tropfkörper auch erfolgreich zur Denitrifikation eingesetzt werden können. Dies erfordert eine weitreichende Kapselung des Tropfkörpers, damit kein Luftsauerstoff in den Tropfkörper gelangt, da zur Denitrifikation anoxische Verhältnisse erforderlich sind. Die Kapselung erfolgt durch eine Abdeckung und durch Einstau der Ablaufrinnen.

Eine Phosphorelimination in Tropfkörpern durch Metallsalzzugabe in den Zulauf ist nicht zu empfehlen, da es zu Ablagerungen und Verstopfungen des Materials kommen kann.

Bemessung

Die Bemessung von Tropfkörpern, die von überwiegend häuslichem Abwasser beschickt werden, und an die keine über die Mindestanforderungen hinausgehenden Anforderungen gestellt werden, erfolgt üblicherweise nach dem ATV-Arbeitsblatt A 135. Dort wird in Abhängigkeit vom Anforderungsniveau (mit oder ohne Nitrifikation) und dem Füllmaterial (Lavabrockenfüllung oder Kunststoff-Füllelemente mit spezifischen Oberflächen zwischen 100 und 200 m^2/m^3) als Bemessungswert eine einzuhaltende BSB_5-Raumbelastung (B_R = 0,2–0,8 kg BSB_5/($m^3 \cdot$ d) angegeben, aus der dann das erforderliche Tropfkörpervolumen errechnet wird. Neben dem ausreichenden Volumen ist auf eine richtig gewählte Tropfkörperhöhe (übliche Höhen zwischen 2,8 und 4,2 m) zu achten, die aus der als zweiten Bemessungswert angegebenen Flächenbeschickung ($q_{A(1+RV)}$ = 0,5 – 1,8 m/h) errechnet wird.

Liegt nicht überwiegend häusliches Abwässer vor oder werden weitergehende Anforderungen gestellt, ist das Bemessungsverfahren von Wolf zu empfehlen. Dort wird nacheinander die erforderliche Festbettoberfläche für den Abbau organischer Stoffe und für die Nitrifikation errechnet, wobei davon ausgegangen wird, daß die Nitrifikation erst dann einsetzt, wenn die BSB_5-Flächenbelastung unter einen bestimmten Wert gefallen ist. Die erreichbare Nitrifikationsleistung [g/$m^2 \cdot$d] hängt maßgeblich von der Temperatur und der Zuflußkonzentration ab. Es wird empfohlen die maßgebliche BSB_5-Flächenbelastung sowie die Nitrifikationsleistung und die Abbaukonstante in Versuchen zu ermitteln. Erfahrungswerte hierzu sind bei Wolf angegeben. Für die Bemessung von Hochlasttropfkörpern liegen keine einheitlichen Bemessungsansätze vor. In der Praxis werden bei gut abbaubaren organischen Abwässern BSB_5-Raumbelastungen von ca. 2 kg $BSB_5/(m^3 \cdot d)$ gefahren und damit BSB-Wirkungsgrade von ca. 50–70 % erreicht.

G.3.3.4.5 Tauchkörper

Verfahrensbeschreibung

Unter Scheibentauchkörpern (die häufigste Form der Tauchkörper) versteht man einen auf einer Welle sitzenden Scheibenkörper, der teilweise in eine vom Abwasser durchflossene Wanne eintaucht und sich dabei langsam dreht. Dabei werden meist mehrere Einheiten nacheinander angeordnet. Man unterschiedet zwischen dem Tauchkörperverfahren ohne Schlammrückführung, wie in Bild G.3-72 dargestellt (Schwerpunkt liegt auf Festbett) und den Tauchkörperverfahren mit Schlammrückführung (kombiniertes Verfahren).

Beim unbelüftetem System sind die Wanne und der Tauchkörper so auszubilden, daß eine ausreichende Turbulenz gewährleistet ist, um Schlammablagerungen zu vermeiden und eine ausreichende Belüftung zu ermöglichen. Bei einer Walzenumdrehung folgt nach dem Kontakt mit dem Abwasser jeweils eine Belüftungsphase oberhalb des Wasserspiegels. Der dabei aufgenommene Sauerstoffvorrat muß zur Deckung der Zehrungsvorgänge in der Eintauchphase und zur Aufrechterhaltung aerober Verhältnisse in der Wanne ausreichen.

Tauchkörperanlagen erfordern einen hohen Investitionsaufwand, haben jedoch außerordentlich geringe Betriebskosten, da weder für die Abwasserbelüftung (Belebungsverfahren) noch für die Abwasserhebung (Tropfkörperverfahren),

sondern lediglich für das langsame Drehen der Scheiben Energie erforderlich ist. Zum Schutz gegen Witterungseinflüsse sind Tauchkörper einzuhausen. Sie sind sehr wirtschaftlich bei kleinen und mittleren Anlagen mit im Verhältnis hohen Stickstofffrachten und werden daher häufig bei der Sickerwasserreinigung eingesetzt.

Bemessung

Die Bemessung kann nach dem ATV-Arbeitsblatt A135 oder nach Wolf erfolgen. Da die biologische Reinigung sowohl auf dem Festbett als auch im Abwasserinhalt der Wanne stattfindet, die Reinigungsleistung der suspendierten Biomasse bei unbelüfteten Tauchkörpern aber rechnerisch nicht berücksichtigt wird, können höhere Reinigungsleistungen pro m² Festbettfläche erreicht werden als bei reinen Festbettreaktoren. Da das Verhältnis Wannenvolumen zu Bewuchsfläche aber einen nicht unerheblichen Einfluß auf die Reinigungsleistung hat, geht die Bemessung nach ATV A135 davon aus, daß je 1 m² rotierender Festbettfläche mindestens 4 l Wasser in der Wanne zu Verfügung stehen müssen. Maßgebender Wert für die Bemessung von Tauchkörpern ist die BSB_5-Flächenbelastung. Bei Kaskadenanordnung ist es sinnvoll, die einzelnen Kaskaden getrennt zu berechnen.

G.3.3.4.6 Biologische Filter

Die biologischen Filter können einerseits auf den Schwerpunkt Suspensaelimination mit gewolltem biologischen Nebeneffekt ausgelegt werden (Wirkungsschwerpunkt Filtration) oder als voll-

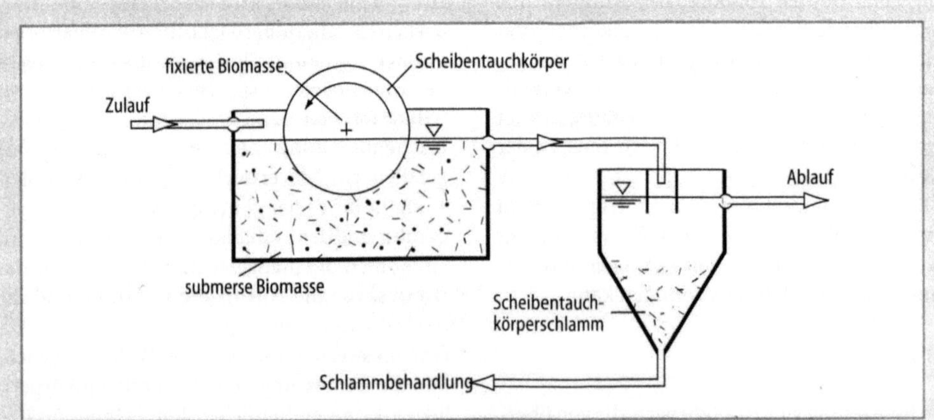

Bild G.3-72 Schema einer Scheibentauchkörperanlage ohne Schlammrückführung [G.3.67]

ständiger Ersatz für eine biologische Reinigungsstufe fungieren (Wirkungsschwerpunkt Festbettreaktor). Dabei ist die verfahrenstechnische Ausgestaltung je nach Anwendung prinzipiell gleich, Ziel ist es jeweils, durch Schaffung anwendungsspezifischer Milieuverhältnisse (aerob, anoxisch, anaerob) sessile Mikroorganismen auf dem Filtermaterial anzusiedeln, um je nach Schwerpunkt die Schwebstoffentnahme oder den Abbau organischer Verbindungen und Stickstoff zu erreichen.

Eine Übersicht über die derzeit am Markt verfügbaren biologischen Filter gibt Barjenbruch. Demnach ist eine Vielzahl von Verfahren für beide Einsatzbereiche zu verwenden. Das weltweit am häufigsten, großtechnisch angewandte Verfahren ist die BIOFOR-Anlage der Firma Philipp Müller (58 Anlagen weltweit, Stand 1996). In Deutschland werden die Anlagen überwiegend zur Restnitrifikation eingesetzt. Da die meisten biologischen Filter in nur sehr geringer Anzahl als biologische Hauptstufe fungieren, wird in diesem Kapitel auf eine ausführliche Beschreibung verzichtet.

Eine Ausnahme stellt das erst vor kurzem entwickelte BIOSTYR-Verfahren der Firma OTV dar, das meistens als biologische Hauptstufe eingesetzt wird (Bild G.3-73). Es handelt sich um ein aufwärts durchströmtes Schwebebettfilter mit Überstau. Das zu behandelnde Abwasser wird direkt über Einlauföffnungen unterhalb des Filterbetts zugeführt. Der Düsenboden befindet sich oberhalb des Filterbetts, so daß die Filterdüsen nur mit gereinigtem Abwasser in Berührung kommen. Die Prozeßluft wird im Gleichstrom im unteren Drittel des Filterbetts zugeführt, so daß sich im unteren Filterbereich anoxische und im oberen Bereich aerobe Milieubedingungen einstellen. Durch Rückführung des nitrathaltigen Filterablaufs kann somit in einem einzigen Reaktor gleichzeitig nitrifiziert und denitrifiziert werden. Als Filtermaterial wird schwimmendes, feinkörniges Polystyren (ca. 2–4 mm) verwendet. Durch den aufwärts gerichteten Abwasserstrom wird das Filtermaterial gegen den oben liegenden Düsenboden gedrückt, wodurch der Feststoffrückhalt begünstigt wird. Die maximalen NH_4-N-Abbauleistungen liegen bei ca. 0,7 kg NH_4-N/(m³·d), die maximalen NO_3-N-Abbauleistungen betragen ca. 1,0 kg NO_3-N/(m³·d). Wegen der kurzen Verweilzeiten im Reaktor wird zur Gewährleistung einer sicheren Denitrifikation gut abbaubares Substrat – z. B. Methanol – benötigt.

Barjenbruch vergleicht eine BIOSTYR-Anlage mit einer Belebungsanlage nach ATV-A131 und kommt zu dem Ergebnis, daß der Vorteil der BIOSTYR-Anlage vor allem in dem um den Faktor 9 geringeren Reaktorvolumen liegt, während eine Belebungsanlage hinsichtlich Reinigungsleistung und Prozeßstabilität die besseren Ergebnisse liefert. Bei den Kosten ist in dieser Untersuchung das Belebungsverfahren bei den Herstellungskosten ca. 25 % und bei den Betriebskosten ca. 17 % günstiger.

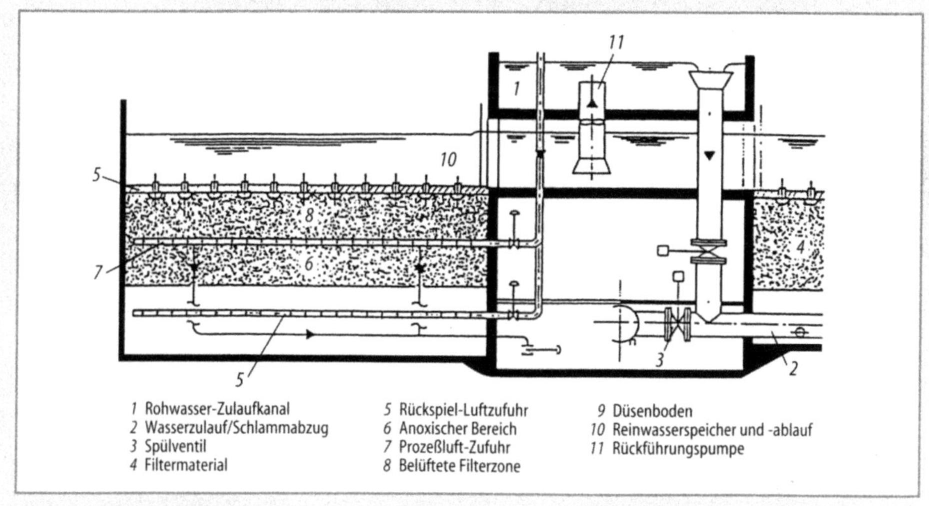

1 Rohwasser-Zulaufkanal	5 Rückspiel-Luftzufuhr	9 Düsenboden
2 Wasserzulauf/Schlammabzug	6 Anoxischer Bereich	10 Reinwasserspeicher und -ablauf
3 Spülventil	7 Prozeßluft-Zufuhr	11 Rückführungspumpe
4 Filtermaterial	8 Belüftete Filterzone	

Bild G.3-73 BIOSYR-Anlage

Die kombinierten Verfahren stellen eine Kombination der Belebungsverfahren und der reinen Biofilmverfahren dar, wobei der Grundgedanke ist, die Vorteile der jeweiligen Verfahren (s. Abschn. G.3.4.2) miteinander zu verbinden. Wählt man Verfahren mit Schlammrückführung, überwiegt meist der Reinigungsanteil der suspendierten Biomasse; ist keine Schlammrückführung vorgesehen, hat der Biofilm den höheren Reinigungsanteil. Die Übergänge zu den Hauptverfahren sind dabei oft fließend. Während z. B. die Scheibentauchkörper hier bei den Festbettreaktoren aufgeführt werden, gehören die Scheibentauchkörper mit Biomassenrückführung zu den kombinierten Verfahren. Ebenso gehören die getauchten, feststehenden Festbettreaktoren entweder zu den Festbettreaktoren oder, bei entsprechender Rückführung der suspendierten Biomasse, zu den kombinierten Verfahren. Die Schwebebettverfahren (Moving-bed) werden in dieser Gliederung den kombinierten Verfahren zugeordnet.

Ortsfest eingebaute Aufwuchsflächen

Bei diesen Verfahren werden vollständig eingetauchte Festbetten über der Druckbelüftung im Becken fest montiert. Es können fast alle auf dem Markt befindlichen Kunststofffüllmaterialien für Tropfkörper eingesetzt werden. Meist werden die Einzelelemente zu herausnehmbaren größeren Einheiten (Rahmen) zusammengestellt, wobei das Gesamtvolumen des Festbetts bis zu ca. 60 % des Beckenvolumens beträgt (Bild G.3-74).

Bei getauchten Festbetten besteht einerseits die Gefahr der Schlammablagerung im Bereich der Belüftungselemente als auch die Gefahr der Verstopfung der Festbetten. Beim nachfolgend dargestellten Bio-2-Schlammverfahren wurde die Verstopfungsgefahr dadurch reduziert, daß die ausschl. unter dem Festbett angeordnete Belüftung im Becken eine Wasserwalze induziert, so daß der Tauchkörper ständig durchströmt wird.

Beim sog. Ring-Lace-Verfahren werden als Tauchkörper elastische Schnüre mit einer Vielzahl elastisch angeordneter Schlaufen verwendet, wobei die Schnüre in einem Rahmengestell zu sog. Vorhängen (Laces) zusammengestellt werden. Der Vorteil gegenüber den Festbetten besteht in der geringeren Verstopfungsanfälligkeit.

Rotierende Aufwuchsflächen

Die Verfahren mit rotierenden Aufwuchsflächen unterscheiden sich von den in Abschn. G.3.3.4.5 dargestellten Scheibentauchkörperverfahren dadurch, daß mit Schlammrückführung gearbeitet wird. Da durch die Schlammrückführung ein hoher Anteil suspendierter Biomasse vorliegt, muß zusätzlich Sauerstoff eingetragen werden. Dies geschieht entweder, indem das Scheibenrad mit

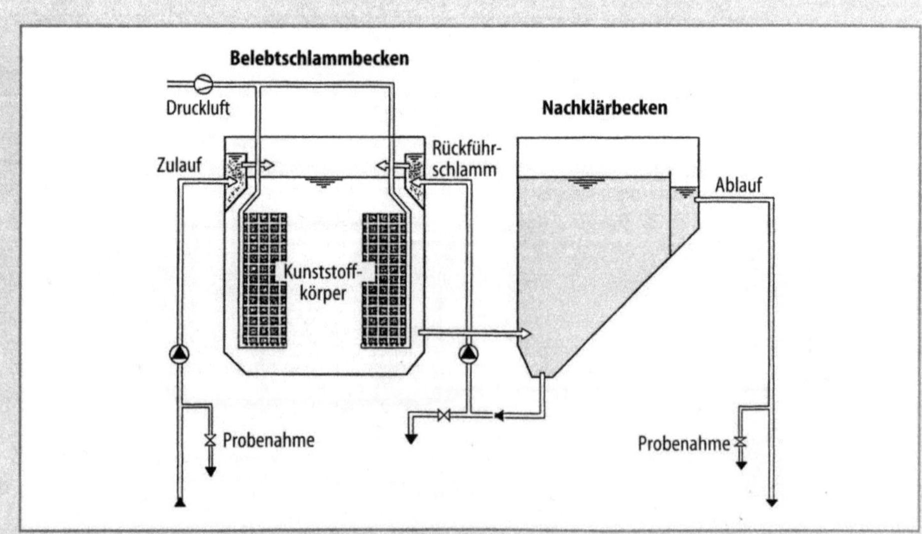

Bild G.3-74 Verfahrensschema einer Anlage mit getauchten Festbettkörpern

Lufttaschen ausgestattet ist, die in der Wasserphase die vorher aufgenommene Luft abgeben (z. B. System Stählermatic), oder durch separate Druckbelüftung (z. B. ENVIREX SBC-Verfahren).

Schwebende Aufwuchsflächen

Beim Verfahren mit schwebenden Aufwuchsflächen bildet sich der Biofilm auf frei im Belebungsbecken schwebenden kleinen Kunststoffkörpern, die mit zunehmendem mikrobiellem Bewuchs in den Schwebezustand übergehen bzw. durch die Belüftung in Schwebe gehalten werden. Durch ein engmaschiges Gitternetz im Ablauf des Reaktors kann man einen Großteil der Biomasse ständig im Becken halten. Beim Linpor-Verfahren der Firma Linde werden poröse Schaumstoffkörper verwendet, die bis zu 25 gTS/l – bezogen auf das Trägervolumen – enthalten können, wobei der Volumenanteil im Becken meist zwischen 10 und 30 % liegt.

Schwebebettverfahren

Die mit einem deutlich höheren Füllungsgrad an schwebenden Aufwuchsflächen arbeitenden Schwebebettverfahren haben keine Schlammrückführung. Beim Kaldnes-Verfahren der Firma Purac sind die Becken zu ca. 70 % mit hohlen gezackten Polyethylenzylindern gefüllt und erreichen so eine effektive spezifische Wachstumsfläche von 350 m²/m³ Beckenvolumen. In Skandinavien wurde dieses Verfahren bereits 15 mal großtechnisch realisiert, in Deutschland sind derzeit 2 Anlagen in Betrieb. Voraussetzung für einen störungsfreien Betrieb ist eine gute Vorabscheidung der Feststoffe im Rohabwasser.

Bemessung

Aufgrund der Vielzahl der verschiedenen Anlagentypen liegen keine einheitlichen Bemessungsansätze vor. Der Arbeitsbericht der ATV-Arbeitsgruppe 2.6.4 „Kombinierte Verfahren" enthält einen Bemessungsansatz, der sich an die ATV A131-Bemessung anlehnt, wobei der gesamte Feststoffgehalt aus suspendierter und sessiler Biomasse berücksichtigt wird. Es wird empfohlen, vor einer Planung halbtechnische Versuche durchzuführen.

G.3.3.4.8 Wirbelbettverfahren

In einem Wirbelbettreaktor erfolgt die Reinigung nahezu ausschl. von der auf dem Trägermaterial wachsenden sessilen Biomasse. Das spezifisch schwerere Trägermaterial (z. B. Quarzsand) wird durch die Beschickung mit Abwasser ständig in einem fluidisierten Zustand gehalten. Um die für die Fluidisierung erforderliche Geschwindigkeit zu erreichen, ist zusätzlich ein hoher Recyclestrom erforderlich. Die Trägermaterialien sind so zu wählen, daß sie mit einer hohen Fixierkapazität ausgestattet sind und bei geringer Bettexpansion mit geringen Recyclemengen fluidisiert werden können. Die hohe Mikroorganismendichte

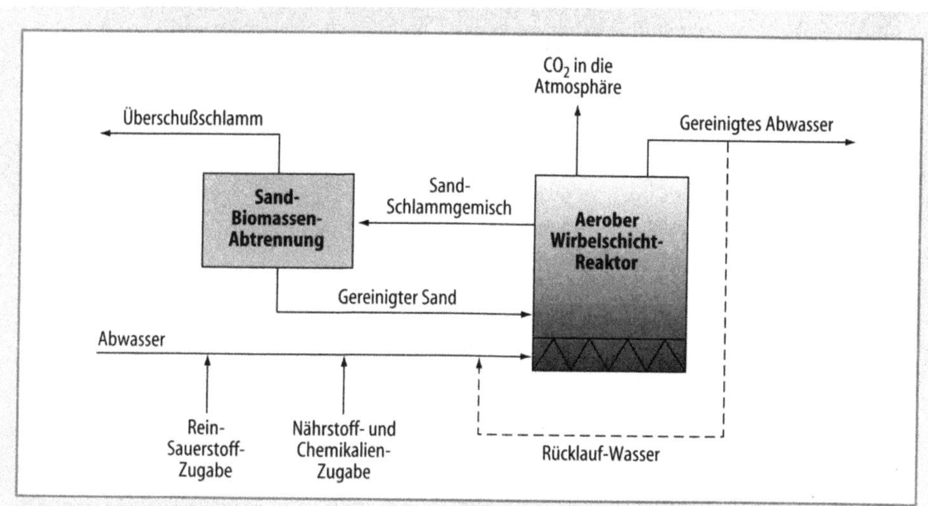

Bild G.3-75 Schematische Darstellung eines aeroben Wirbelbettreaktors

erfordert häufig Reinsauerstoffbegasung. Die überschüssige Biomasse wird bei einigen Reaktortypen in einem separaten Bauteil von dem Trägermaterial getrennt (s. Bild G.3-75), andere Reaktoren sind mit einer Beruhigungszone im Reaktorkopf ausgestattet, in der die Strömungsgeschwindigkeit so weit verringert wird, daß das Trägermaterial nach unten sinkt, während die spezifisch leichtere Biomasse ausgetragen wird. Der Hauptvorteil der Wirbelbettverfahren liegt in der hohen Biomassenkonzentration im Reaktor (> 20 gTS/l), die daher kleine Reaktorbaugrößen erlaubt. Aufgrund der schlanken Bauform gehen damit ausgesprochen geringe Grundflächenverbräuche einher. Die bisher vor allem in der Anaerobtechnik mit Erfolg eingesetzten Wirbelbettreaktoren finden zunehmend auch bei der aeroben Reinigung Interesse.

G.3.3.5 Anaerobe Verfahren

Bei den anaeroben Verfahren unterscheidet man zwischen den Verfahren der anaeroben Schlammstabilisierung (Schlammfaulung) und denen der anaeroben Abwasserreinigung. Die nachfolgenden Betrachtungen beschränken sich auf die Verfahren der anaeroben Abwasserreinigung, deren Bedeutung in jüngster Zeit erheblich zugenommen hat. In der Bundesrepublik gibt es derzeit (1998) ca. 130 großtechnische Anwendungen.

Die Einsatzgebiete beschränkten sich bisher auf relativ hoch belastete Abwässer mit einem CSB zwischen 3000 und 40.000 mg/l aus der Nahrungsmittelindustrie (Zucker-, Stärke-, Hefe-, Obst- und Gemüsefabriken, Brennereien) sowie aus der Papier- und Zellstoffindustrie oder Tierkörperverwertungsanstalten. In den letzten 10 Jahren sind Reaktoren entwickelt worden, die sehr hohe Biomassenkonzentrationen ermöglichen, wodurch die Anaerobtechnik auch bei niedriger belasteten Abwässern mit einem CSB zwischen 1500 und 3000 mg/l, z.B. in Brauereien, Molkereien sowie in der Fruchtsaft- und Erfrischungsgetränkeindustrie, erfolgreich einzusetzen ist.

Die anaeroben Verfahren haben folgende Vorteile:

1. Die spezifische Überschußschlammproduktion beträgt für die versäuernden Organismen ca. 0,15 kg TS/kg CSB und für die Methan bildenden Bakterien lediglich ca. 0,05 kg TS/kg CSB, so daß die Überschußschlammproduktion um den Faktor 3–10 niedriger liegt als bei den aeroben Verfahren.

2. Da anaerobe Prozesse unter Sauerstoffabschluß erfolgen, entfällt die bei aeroben Verfahren erforderliche teure Belüftung. Der Energiebedarf anaerober Verfahren für Beschickungspumpen und Umwälzung ist somit vergleichsweise gering.

3. Durch die anaerobe Umwandlung organischer Stoffe entsteht Biogas, das bei einem Methangehalt zwischen ca. 60 und 80 % einen Heizwert von ca. 7 – 9 kWh/m³ aufweist und damit im Mittel fast dem Heizwert von Naturgas entspricht.

4. Anaerobe Reaktoren werden in einer Bandbreite der CSB-Raumbelastung von 3–30 kg CSB/(m³·d) betrieben und bedingen bei hoher Belastung geringe Behältervolumina. Da es sich i. d. R. meist um hohe Reaktoren handelt, erfordern sie einen geringen Platzbedarf.

5. Anaerobverfahren eignen sich besonders für Kampagnebetriebe (z. B. Zucker- und Fruchtsaftindustrie), da die anaerobe Biomasse auch nach mehrmonatiger Ruhephase innerhalb weniger Tage wieder aktiv ist.

6. Manche aerob nicht abbaubaren Stoffe können anaerob abgebaut werden (z.B. Pektin, höher chlorierte Aliphate (Perchlorethylen) und Aromaten (PCB, Pentachlorphenol) und weitere substituierte Aromaten (Nitroaromaten)).

Als Nachteile der Anaerobtechnik sind aufzuführen:

1. Der CSB-Wirkungssgrad liegt i. d. R. zwischen 70 und 80 %; die Elimination von Stickstoff und Phosphor ist vernachlässigbar gering und erfolgt lediglich in dem Maße, wie diese Nährsalze für den Aufbau neuer Biomasse erforderlich sind. Beide Fakten verdeutlichen, daß eine anaerobe Abwasserreinigung lediglich ein *Vorbehandlungsverfahren* ist; eine aerobe Nachbehandlung ist daher i. d. R. unverzichtbar.

2. Der geringe Energiegewinn der anaeroben Bakterien führt zu einer geringen Wachstumsrate. Die hat zwar den geringen Überschußschlammanfall zum Vorteil, bedingt aber auf der anderen Seite die Erfordernis eines sehr guten Biomassenrückhalts. Als weitere Konsequenz ist bei einigen Anaerobsystemen mit einer langwierigen Einfahrphase zu rechnen. Diese kann durch die Verwendung von ausreichend Startbiomasse auf wenige Monate zur Adaptierung an das Substrat verkürzt werden.

3. Anaerobsysteme sind empfindlicher gegenüber Temperatur-, pH-Wert-, Konzentrations- und Belastungsschwankungen als aerobe Sy-

steme. Aufgrund der pH-Wert-Sensibilität muß bei höher belasteten Systemen ($B_R > 8$ kg CSB/ ($m^3 \cdot$ d) der pH-Wert im Zulauf zum Methanreaktor häufig neutralisiert werden; der Neutralisationsmittelbedarf kann dabei einen erheblichen Teil der Betriebskosten ausmachen.

G.3.3.5.1 Biologische Grundlagen und wichtige Einflußgrößen auf den anaeroben Abbau

Der aerobe Belebtschlamm ist eine Mischbiozönose aus sehr vielen verschiedenen Bakterienarten. Jede dieser Bakterienarten baut die organischen Abwasserinhaltsstoffe in die Endprodukte CO_2, H_2O und eigene Zellmasse um. Im Gegensatz dazu werden beim anaeroben Abbau die organischen Schmutzstoffe zum größten Teil nacheinander von verschiedenen Bakteriengruppen bis zu den Endprodukten CH_4, CO_2, H_2S (Biogas) sowie eigene Zellsubstanz abgebaut. Der Prozeß verläuft daher in einstufigen Anlagen nur dann störungsfrei, wenn es gelingt, die Stoffwechselschritte der verschiedenen Bakterienarten mit gleicher Geschwindigkeit nacheinander ablaufen zu lassen [G.3.66].

Nach heutigem Kenntnisstand verläuft der Prozeß des anaeroben Abbaus in 4 Stufen (Bild G.3-76), die sich wie folgt beschreiben lassen [G.3.88]:

1. In der *Hydrolyse-Phase* müssen die hochmolekularen, oft ungelösten Stoffe (Polymere) durch Enzyme in gelöste Bruchstücke (Monosaccaride, Aminosäuren, Fettsäuren) überführt werden.

2. In der *Versäuerungs-Phase* werden von verschiedenen im wesentlichen fakultativen Bakterienarten in der Flüssigphase kurzkettige organische Säuren (z. B. Essigsäure, Propionsäure, Buttersäure, Valeriansäure, Milchsäure) sowie Alkohole (Methanol, Äthanol) und in der Gasphase H_2 und CO_2 gebildet. Von diesen Zwischenprodukten können die Methanbakterien jedoch nur Essigsäure, H_2 und CO_2 direkt zu Methan umsetzen.

Der als Versäuerungsphase bezeichnete Abbauschritt ist dadurch gekennzeichnet, daß sich der Energiegehalt (CSB) des Abwassers nur wenig ändert und der pH-Wert infolge der Säureproduktion sinkt und geruchsintensive Stoffe entstehen.

3. In der *Acetogenen-Phase* werden organische Säuren und Alkohole zu Essigsäure umgebaut. Der Abbauschritt von, z. B. Propionsäure zu Essigsäure, kann nur dann stattfinden, wenn das Reaktionsprodukt H_2 durch die Bildung von CH_4 in der nachfolgenden methanogenen Phase ständig aus der Umgebung entfernt wird, also ein konstant niedriger Partialdruck des Wasserstoffs aufrechterhalten wird.

4. In der *methanogenen Phase* wird hauptsächlich aus Essigsäure sowie aus H_2 und CO_2 von obligat anaeroben Methanbakterien Methan

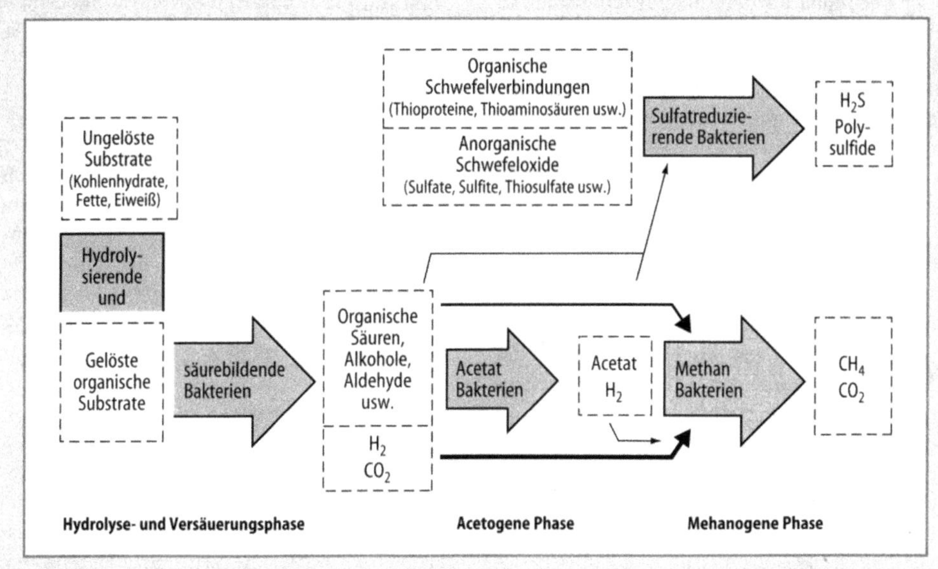

Bild G.3-76 Anaerober Aufbau organischer Substanz [G.3.94]

gebildet. Man kann zwei Gruppen von Stämmen unterscheiden. Die erste Gruppe bildet aus H_2, CO_2, Ameisensäure, bzw. Methanol, Methan. Der Energiegewinn für die Bakterien ist mit 106–145 kJ/mol CH_4 relativ hoch; sie wachsen daher relativ schnell und sind vergleichsweise pH-tolerant. Die zweite, wesentlich artenärmere Gruppe bildet das Methan aus Essigsäure. Der Energiegewinn aus dieser Reaktion ist um etwa 60 % geringer. 2/3 der Methanbildung läuft über den Essigsäureabbau. Da die Bakterien vergleichsweise langsam wachsen und sie sehr empfindlich gegenüber Veränderungen der Umweltbedingungen sind, bestimmen sie in vielen Fällen den Wirkungsgrad und die Stabilität der anaeroben Abwasserreinigungsanlage.

Abhängig vom Substrat (Abwasser) stellt eine dieser Abbaustufen den geschwindigkeitslimitierenden Schritt für den Abbau dar. Bei feststoffreichen Abwässern ist häufig die Hydrolyse geschwindigkeitslimitierend, während es bei anderen Abwässern die acetogene Phase oder die methanogene Phase ist [G.3.89].

Wie komplex die Vorgänge beim anaeroben Abbau sind, soll anhand folgender Reaktion aufgezeigt werden:

Der Abbau der organischen Säuren in der Methan-Phase führt zu einer pH-Wert-Anhebung. Wird durch Überlastung des Systems die Methanbildungskapazität überschritten, so kommt es zu einer Akkumulation der Abbauprodukte der viel leistungsfähigeren Säurebakterien. Die Akkumulation organischer Säuren führt zu einem Absinken des pH-Werts, zu einer verringerten Gasproduktion, zu einem Anstieg des CO_2^--Gehalts im Biogas sowie zu einem Anstieg des Redox-Potentials, was bis zum „Umkippen" des Prozesses führen kann.

Organische Säuren/Säurespektrum
<hr>

Einen sehr einfach und rasch bestimmbaren Betriebsparameter stellt das Säurespektrum im Ablauf der Reaktoren dar. Mit Hilfe der Gaschromatographie ist es mit geringem Aufwand möglich, die Konzentration der drei wesentlichen Komponenten Essigsäure, Propionsäure und Buttersäure zu bestimmen. Sowohl die absoluten Meßwerte als auch vor allem ihre Veränderung über die Zeit ergeben einen guten Einblick in das Abbauverhalten des Reaktors. Dies gilt für einen Versäuerungsreaktor ebenso wie für einen Methanreaktor. Insbesondere im Methanreaktor ist z. B. das plötzliche Ansteigen der Propionsäurekonzentration im Reaktor ein sicheres Zeichen eines beginnenden Ungleichgewichts zwischen Säureangebot und Methanisierungskapazität.

pH-Wert
<hr>

Der pH-Wert stellt eine entscheidende Betriebsgröße bei der anaeroben Reinigung dar. Gegebenenfalls bedarf es einer pH-Wert-Regulierung, die jedoch erhebliche Chemikalienkosten verursacht. Zur Abschätzung, ob eine pH-Wert-Regulierung erforderlich ist, bedarf es neben der Kenntnis des pH-Werts im Rohabwasser noch weiterer Informationen, z. B. über Alkalität, organische oder anorganische Säurekonzentrationen und Ammoniumkonzentrationen.

Ammonium- und Kjeldahlstickstoff
<hr>

Ammonium ist als Nährstofflieferant (Nährsalz-Minimum CSB:N:P 800:5:1) für das Bakterienwachstum von Bedeutung. Sehr hohe Ammoniumkonzentrationen, die auch durch Freisetzung des Ammoniums aus organischen Stickstoffverbindungen entstehen, können eine Hemmung der Methanbildung bewirken. Der Konzentrationsbereich ab dem mit einer Hemmung infolge Ammoniak zu rechnen ist, hängt vom pH-Wert ab. Bei NH_4-N-Konzentrationen um 3000 mg/l treten bei pH 7 noch keine Hemmungen auf, während bei pH 8 bereits Konzentrationen unter 1000 mg/l NH_4-N hemmend wirken [G.3.88, G.3.90].

Nitratstickstoff
<hr>

Wird im Industriebetrieb Salpetersäure verwendet, so gelangt Nitrat in das Abwasser. Mit Nitrat wird Sauerstoff in das Anaerobsystem geführt, was hemmend auf die Methanbildung wirkt. Durch eine Denitrifikationsstufe vor dem Anaerobreaktor kann dieser Gefahr entgegengewirkt werden [G.3.91, G.3.92].

Sulfat- und Sulfitschwefel
<hr>

Durch die Reduktion von Sulfat- und Sulfitschwefel zu Schwefelwasserstoff kommt es bei höheren Konzentrationen zu Toxiditäts- sowie Geruchsproblemen durch die vermehrte Bildung von H_2S und letztlich auch zu Korrosionsproblemen bei der Gasverwertung. Zur Entschwefelung des

Gases wird Natronlauge oder Raseneisenerz oder seit neuestem biologische Verfahren eingesetzt.

Spurenelemente

Das Fehlen von Spurenelementen (besonders Co, Ni, Se) im Abwasser führt zu Hemmungen im anaeroben Abbau. Eine Literaturauswertung zu erforderlichen Mindestkonzentrationen sowie hemmenden Maximalkonzentrationen liefert der ATV-Fachausschuß 7.5 (heute ATV-Arbeitsgruppe 7.5.1.).

Temperatur

Methanreaktoren werden üblicherweise mesophil mit Temperaturen zwischen 33 und 38 °C betrieben. Dies resultiert daraus, daß die meisten Methanbakterien ihren optimalen Temperaturbereich zwischen 30 und 45 °C haben. Im Temperaturbereich zwischen 10 und 30 °C nimmt die Aktivität konstant zu; zwischen 30 und 40°C weist sie ihr Optimum auf und fällt danach drastisch ab. Wie Erfahrungen u. a. mit Brauereiabwasser und kommunalem Abwasser gezeigt haben, kann ein anaerober Abbau auch bei von Natur aus kalten Abwässern in einem Temperaturbereich zwischen 15 und 30°C erfolgreich ablaufen. Voraussetzung hierfür ist, daß sehr viel Biomasse angereichert wird, so daß die verminderte Schlammaktivität bei der Abbauleistung nicht ins Gewicht fällt.

G.3.3.5.2 Anaerobe Reaktoren

Das wesentliche Kriterium für die Gliederung anaerober Verfahrenstechnik ist die Art der Biomassenanreicherung. Bild G.3-77 zeigt die möglichen Arten des Biomassenrückhalts. In Tabelle

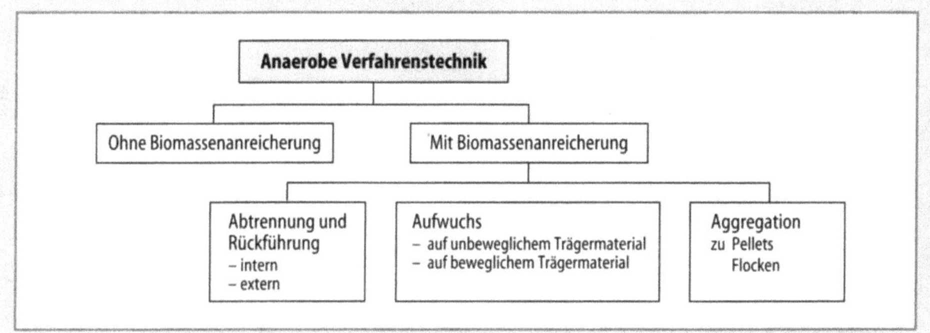

Bild G.3-77 Gliederung anaerober Verfahrenstechnik [G.3.93]

Tabelle G.3-17 Typische Einsatzgebiete und Belastungen großtechnischer Anaerobreaktoren

Reaktortyp	Raumbelastung [kg CSB/(m³ · d)]	Zulaufkonzentration $C_{0,CSB}$ [mg/l]	Aufstromgeschwindigkeit [m/h]
anaerobes Belebungsverfahren	2 – 6	5.000 – 10.000	–
Schlammbettreaktor	i.d.R. 10 $T = 20\,°C$ $B_R = 4 - 6$ $T = 35\,°C$ $B_R = 15 - 24$	1.500 – 20.000	1 – 3 i.d.R. 1
Hochleistungs-Schlammbettreaktor	i.d.R. 20 $T = 20\,°C$ $B_R = 7 - 13$ $T = 35\,°C$ $B_R = 15 - 25$	1.500 – 40.000	3 – 10 inkl. Rezirkulation
Festbettreaktor	3 – 30	5.000 – 70.000	0,1 – 1 inkl. Rezirkulation
Wirbelbettreaktor	20 – 30	1.500 – 6.000	10 – 30 inkl. Rezirkulation

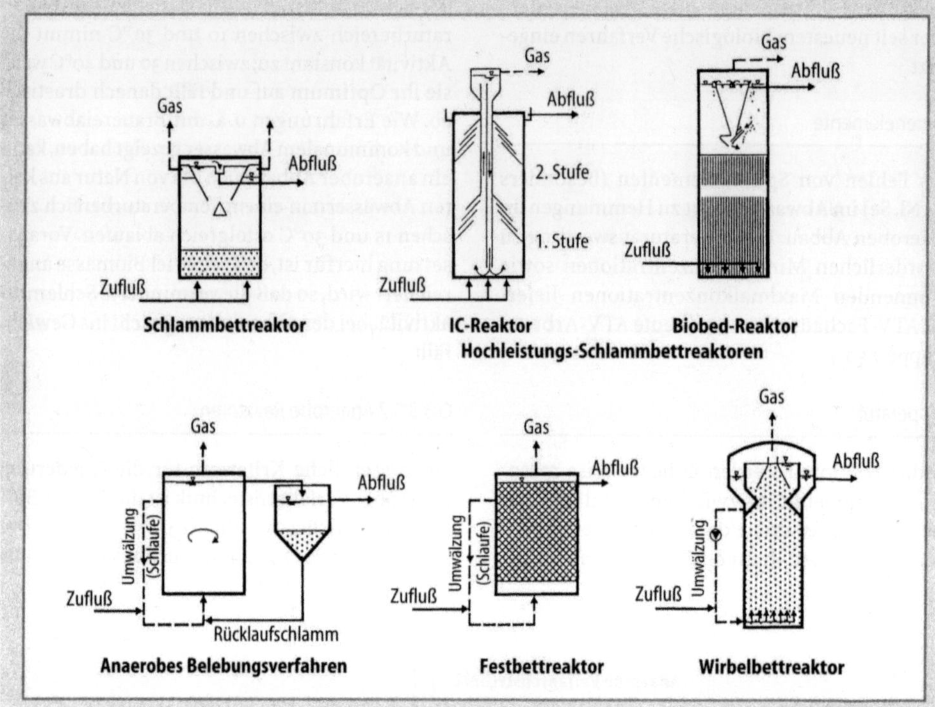

Bild G.3-78 Grundtypen anaerober Reaktoren ([G.3.94] erweitert)

G.3-17 erfolgt dann die Zuordnung der entsprechenden Reaktortypen, wobei auch die Unterschiede der einzelnen Reaktoren bzgl. der Biomassenkonzentration, -anreicherung, -abtrennung und -wachstum dargestellt sind.

Es gibt die grundsätzlichen Möglichkeiten der Biomassenabtrennung und -rückführung (anaerobes Belebungsverfahren), der Immobilisierung auf ortsfestem (Festbettreaktoren) oder beweglichem Trägermaterial (Wirbelbettreaktoren) als auch der Aggregation zu Flocken oder Pellets (Schlammbettreaktoren, Hochleistungs-Schlammbettreaktoren). Diese zur anaeroben Behandlung industrieller Abwässer gebräuchlichen Reaktortypen sind in Bild G.3-78 dargestellt. Daneben gibt es modifizierte Reaktoren und verschiedene Hybridreaktoren, die die Vorteile verschiedener Systeme miteinander verbinden sollen.

Bei den Anaerobreaktoren gibt es keine allgemeingültigen Begriffsdefinitionen, so daß in der Literatur unterschiedliche Namen für denselben Reaktor genutzt werden, die nachfolgend in Klammern angegeben sind.

Ausschwemmreaktor (Rührkessel, CSTR (Continuously stirred tank reactor))

Diese Reaktoren gehören zu den klassisch-konventionellen Reaktoren, die ohne Rückhalt der Biomasse arbeiten. Der Biomassengehalt richtet sich nach dem Verhältnis von Wachstumsgeschwindigkeit zu mittlerer Durchflußzeit. Wird die Durchflußzeit kürzer als die Generationszeit, bricht der Anaerobprozeß mangels Biomasse zusammen. Der Ausschwemmreaktor wird daher nur dort sinnvoll eingesetzt, wo eine Trennung von Biomasse und Substrat unmöglich ist, so z. B. bei der Schlammfaulung oder der anaeroben Behandlung stark feststoffhaltiger Substrate, wie z. B. Gülle, Schlachthof- und Grünabfälle.

Anaerobes Belebungsverfahren (Kontaktschlammverfahren, Contact-Process)

Da die Biomasse in nicht fixierter Form vorliegt, kommt der Biomassenabscheidung und Rückführung eine entscheidende Bedeutung zu. Die Biomassenabscheidung erfolgt i. d. R. durch Sedimentation, d. h. durch interne oder externe konventionelle Absetzbecken oder Lamellenklärer.

Da der Anaerobschlamm auch außerhalb des Re-
aktors noch nachgast und dadurch flotiert, be-
darf es häufig einer Entgasungseinheit zwischen
Methanreaktor und Abscheideeinheit. Diese Ent-
gasung kann z. B. durch Vakuumentgasung, Strip-
pung, Kühlung oder langsam laufende Rührwer-
ke erfolgen [G.3.95]. Das anaerobe Belebungs-
verfahren weist im Vergleich zu den nachfol-
gend beschriebenen Hochleistungsverfahren
(Schlammbett, Festbett, Wirbelbett) nicht so
hohe Biomassenkonzentrationen im Reaktor
auf und wird daher mit verleichsweise niedrige-
ren Raumbelastungen (um ca. 5 kg CSB/(m³· d)
betrieben. Ihr wesentlicher Vorteil liegt jedoch
in einem wenig störanfälligen Betrieb, wobei vor
allem keine Verstopfungsprobleme auftreten.

Schlammbettreaktor (UASB-Reaktor
(Upflow anaerobic sludge blanket reactor))

Das Prinzip der Schlammbettreaktoren beruht
auf der Bildung granulierten Schlamms, der auf-
grund seiner Größe (Durchmesser bis zu mehre-
ren Millimetern) und seiner kompakten runden
Form sehr gute Absetzeigenschaften besitzt und
daher nicht so einfach aus dem System ausge-
schwemmt wird. Dieser Schlamm reichert sich am
Boden des Reaktors in Konzentrationen von 80 –
100 g/l bei oTS-Gehalten um 80 % als Schlamm-
bett an, wobei das Schlammbett maximal etwa
die Hälfte des Wasserstands ausmachen sollte.
Die Abwasserzuführung erfolgt von unten in das
Schlammbett. Im oberen Teil der Reaktors befin-
det sich der Dreiphasenabscheider, in dem neben
der Entgasung eine weitestgehende Abtrennung
der Feststoffe vom Abwasser erfolgt. Die erforder-
liche Umwälzung wird in erster Linie durch die
Gasentwicklung beim anaeroben Abbau erreicht.

Insbesondere bei feststoffarmen, relativ nied-
rig belasteten Abwässern ist dieses Verfahren
gut geeignet. Ab einem CSB > 20.000 mg/l sind
Schlammbettreaktoren nicht mehr gut geeignet.
Feststoffe, hohe Kalzium-Konzentrationen
> 500 mg/l (Karbonatausfällungen) und hohe
Fettkonzentrationen führen zu einer Unterbin-
dung der Pelletisierung oder schwemmen sie aus.

Schlammbettreaktoren sind die z. Z. weltweit
verbreitesten Reaktoren. Ein besonderer Vorteil
des Verfahrens liegt in der Pelletbildung, die so-
wohl eine schnelle Inbetriebnahme nach teil-
weise monatelanger Betriebspause als auch eine
einfache Handhabbarkeit der Mikroorganismen
(z. B. als Impfschlamm bei Neuinbetriebnahmen)
ermöglicht.

Hochleistungs-Schlammbettreaktor (EGSB-Reaktor
(Expanded granular sludge blanket reactor))

Als Weiterentwicklung des Schlammbettreak-
tors können der *IC-Reaktor* sowie der *Biobed-
Reaktor* bezeichnet werden, die in der englisch-
sprachigen Literatur auch als *EGSB-Reaktoren*
bezeichnet werden. Durch eine Optimierung der
Dreiphasenabscheider sowie durch einen inten-
siveren Kontakt zwischen Abwasser und Biomas-
se, bewirkt durch eine schlankere Bauform so-
wie eine Abwasserrezirkulation, ist es gelungen,
einen wesentlich höher belastbaren Reaktortyp
zu entwickeln. Der IC-Reaktor (Internal Circu-
lation) besteht vereinfachend beschrieben aus
zwei übereinander angeordneten UASB-Reakto-
ren, wobei die Gasentwicklung des unteren Teils
als Antrieb für die interne Zirkulation (Mammut-
pumpeneffekt) dient. Beim Biobed-Reaktor wird
durch eine außen liegende Umwälzung die ge-
wünschte Aufstromgeschwindigkeit erreicht. Ein
weiterer Vorteil der Rückführung bereits behan-
delten Abwassers liegt in der Rückgewinnung von
Pufferkapazität, so daß gegenüber konventionel-
len Schlammbettreaktoren Neutralisationsmit-
tel eingespart werden.

Festbettreaktor (Anaerober Filter
(Fixed-Film-Reactor))

Die im Festbettreaktor enthaltenen Besiedlungs-
flächen erhöhen die Biomassenkonzentration im
System und verringern das Problem des Schlamm-
rückhalts. Es gibt aufwärts oder abwärts durch-
strömte Reaktoren, wobei der aufwärts durch-
strömte Reaktor den Regelfall darstellt. Festbett-
reaktoren sind bis zu 90 % mit geordnet gepack-
ten oder geschütteten Aufwuchsmaterialien ge-
füllt, die der Biomasse als Aufwuchsfläche dienen.
Nachdem in der Vergangenheit eine Vielzahl na-
türlicher Materialien (Kies, Lavaschlacke, Aktiv-
kohle, Muscheln, Blähton, Granitsplitter usw.)
erprobt wurden, sind in jüngster Zeit nahezu
ausschl. Kunststoffträgermaterialien eingesetzt
worden. Sie bieten den Vorteil einer geringen Ver-
stopfungsgefahr, bedingt durch eine größere Po-
rosität bei gleichzeitig hoher spezifischer Ober-
fläche und geringem spezifischem Gewicht
[G.3.96 – G.3.98].

Festbettreaktoren werden effizienter im Auf-
strom betrieben, es sei denn, die Abwässer sind
feststoffreich. Nur in diesen Fällen empfiehlt sich
ein Abstrombetrieb, bei dem eine geringere Ver-
stopfungsgefahr besteht. Einsatzgebiete sind hier

speziell sehr hoch belastete Abwässer mit einem CSB zwischen 10.000 und 70.000 mg/l.

Wirbelbettreaktor (Fluidised-Bed-Reactor)

Beim Wirbelbettreaktor wird das Trägermaterial (i. d. R. Sand, aber auch Bims oder Kunststoffpellets) durch Aufstromgeschwindigkeiten von 10 – 30 m/h, hervorgerufen durch hohe Rezirkulationsraten, in Schwebe gehalten. Dabei muß die Umwälzung einerseits groß genug sein, um das Trägermaterial in Schwebe zu halten, andererseits kann eine zu hohe Umwälzung zu einer Ablösung der Biomasse vom Trägermaterial führen. Beim Wirbelbettreaktor befindet sich das Trägermaterial in einer ständigen Bewegung, wobei die Bettexpansion 50 % und mehr beträgt. Zur Erzielung hoher Raum-Zeit-Ausbeuten von 20 kg CSB/ ($m^3 \cdot d$) und mehr ist es zwingend erforderlich, die Methanreaktoren mit einer möglichst konstanten Menge feststofffreiem und ausreichend versäuertem Abwasser zu beschicken. Aus diesem Grund sind alle großtechnischen Anlagen zweistufig, d. h. mit getrennter Versäuerungsstufe errichtet worden. Bei den großtechnisch betriebenen Anlagen ist das zu behandelnde Abwasser mit einem durchschnittlichen CSB zwischen 1500 und 3600 mg/l relativ niedrig belastet.

G.3.3.5.3 Ein- und zweistufige Verfahren

Da die Methanbakterien, auch in Verbindung mit den acetogenen Bakterien, nur die niederen organischen Säuren (Ameisensäure und Essigsäure) sowie CO_2, H_2 und Methanol als Substrat verwenden können, stellt die Hydrolyse und Versäuerung der Abwasserinhaltsstoffe die wesentliche Voraussetzung für einen hohen Wirkungsgrad der anaeroben Reinigung dar. Dies gilt unabhängig davon, ob die Hydrolyse und Versäuerung räumlich von der Methanstufe getrennt wird (2stufiges Verfahren) oder ob nur ein Reaktor vorhanden ist (1stufiges Verfahren).

Aus biologischer Sicht ist es daher logisch, statt des einstufigen ein zweistufiges Verfahren anzuwenden. Hier werden in der 1. Stufe die Substrate hydrolisiert und versäuert, während in der 2. Stufe die acetogene und methanogene Phase ablaufen. Aus der biologisch sinnvollen Verfahrenstechnik eines zweistufigen Betriebs ergeben sich weitere Vorteile, wie größere Betriebssicherheit gegenüber Belastungsschwankungen und schnellere Einarbeitung bei der Inbetriebnahme; insbesondere, wenn der Versäuerungsreaktor zugleich als anaerobes Misch- und Ausgleichsbecken vorgesehen ist. Dies ist u. a. auch als Wochenausgleich für Industriebetriebe, die nicht die ganze Woche hindurch Abwasser produzieren, sinnvoll, um die Methanstufe konstant zu beschicken.

Als nachteilig sind die erheblich höheren Investitionen und Betriebskosten zu nennen, auch wenn das Reaktorvolumen durch eine Zweistufigkeit erheblich reduziert werden kann. Ein zweistufiges Verfahren bietet bei einem schwierig hydrolisierbaren bzw. versäuerbaren Abwasser (z. B. cellulosehaltige Wässer) keinen Vorteil. Ebenso kann bei stark gepufferten Abwässern eine getrennte Versäuerungsstufe dann unsinnig sein, wenn es den Säurebildnern nicht gelingt, ein für sie günstiges Milieu mit niedrigem pH-Wert zu erreichen (d.h. die Zweistufigkeit bietet dann gegenüber der 1stufigen Anlage keinen Vorteil).

Lettinga und Hulshoff-Pol [G.3.99] weisen darauf hin, daß bei der Verwendung von Schlammbettreaktoren nur eine Versäuerung von 20 – 40 % (d.h. 20 – 40 % des filtrierten CSB liegen in Form organischer Säuren vor) sinnvoll ist, um die Bildung von granuliertem Schlamm nicht zu verhindern. Sie empfehlen eine substratabhängige Aufenthaltszeit in der Versäuerung von 6 – 24 h. Abhängig von der Abwasserbelastung (CSB > 10 g/l) sollte der Versäuerungsreaktor mit einer Absetzeinheit ausgerüstet werden, um den Versäuerungsschlamm vom Schlammbettreaktor fernzuhalten.

G.3.3.5.4 Anwendungsbereiche/Reaktorauslegung

Es kann nicht gesagt werden, welcher Reaktortyp der effizienteste ist, da dies wesentlich von dem zu behandelnden Abwasser abhängt. Vergleichende Untersuchungen der verschiedenen Reaktortypen führten bei unterschiedlichen Abwässern zu unterschiedlichen Ergebnissen. Eine Auswertung bestehender Großanlagen im Hinblick auf eine Zuordnung der Einsatzgebiete verschiedener Reaktorsysteme erfolgte erstmals von Weiland und Rozzi [G.3.100].

Für die Bemessung von Anaerobreaktoren liegen aufgrund der verschiedenen Reaktortypen und der verschiedenen Industrieanwendungen keine einheitlichen Bemessungsansätze vor. Die Auslegung erfolgt auf Grundlage halbtechnischer Versuche oder in Anlehnung an andere Großanlagen mit ähnlichen Randbedingungen, wobei die Durchführung halbtechnischer Versuche vor Ort immer anzuraten ist.

Als Bemessungswerte dienen die CSB-Raumbelastung, die Aufenthaltszeit im Reaktor und die Aufstromgeschwindigkeit. Überschlägig können nach eigenen Erfahrungen Werte gemäß Tabelle G.3-17 angesetzt werden.

Der Aufbau einer Anaerobstufe (Feststoffabscheidung, Nährsalzdosierung, Misch- und Ausgleichstank mit Versäuerungsfunktion, Versäuerungsreaktor mit oder ohne Feststoffabscheidung, pH-Wert-Regulierung, Biogasentschwefelung usw.) und die Dimensionierung des Methanreaktors selbst sind u. a. abhängig von:
- der Abwasserbelastung,
- der Abwasserzusammensetzung,
- der Komplexizität der Abwasserinhaltsstoffe und ihrer biologischen Abbaubarkeit,
- der Abwassertemperatur,
- der angestrebten Eliminationsleistung,
- dem angestrebten Grad der Schlammstabilisierung.

Deshalb können keine detaillierten Aussagen zum Aufbau einer Anaerobanlage oder zu ihrer Dimensionierung getroffen werden. Hilfreich ist es für den „Neuling" immer, nach bereits bestehenden Anlagen für den entsprechenden Abwassertyp zu schauen, um daraus Rückschlüsse auf den erforderlichen Anlagenaufbau zu erhalten. (Umfangreiche Zusammenstellungen großtechnischer Erfahrungen finden sich bei Bischofsberger et al. [G.3.101] sowie bei Böhnke et al. [G.3.102]). Zusätzlich müssen jedoch vor dem Bau einer großtechnischen Anlage über einige Monate halbtechnische Versuche durchgeführt werden, weil die Erfahrung gezeigt hat, daß jeder Industriebetrieb seine Eigenheiten hat, so daß selbst innerhalb eines Industriezweigs die Abwässer unterschiedlich sind. Auf diese Weise ist es z. B. möglich, den Abbau störende oder hemmende Abwasserinhaltsstoffe herauszufinden, wodurch negative Erfahrungen, z. B. mit Desinfektionsmitteln, nicht erst an der Großanlage gesammelt werden müssen. Obwohl die Versuche viel Geld kosten, kann dennoch auf lange Sicht mehr Geld gespart werden.

G.3.3.6   Filtrationsverfahren

Allgemeine Grundlagen der Filtrationsverfahren

Grundsätzlich sind bei der Abwasserfiltration unterschiedliche Vorgänge für den Stoffrückhalt wirksam. Die *Siebung* ist ein physikalischer Vorgang, bei dem Partikel zurückgehalten werden, die größer als die Öffnungen im Sieb sind.

Bei der *Filtration* dagegen werden durch chemisch-physikalische Mechanismen partikuläre Abwasserinhaltsstoffe in einem mit feinkörnigem Material gefüllten Filterraum zurückgehalten, die kleiner als die Öffnungen im Filter sind. Durch gezielte Dosierung von Fällungsmittel (FM) sowie Flockungshilfsmittel (FHM) können auch kolloidal oder echt gelöste Stoffe in abscheidbare Flocken überführt und anschließend mittels der Filtration abgetrennt werden *(Flockungsfiltration)*.

Von einer *biologischen Filtration* spricht man, wenn zusätzlich zur Filterwirkung mit einer modifizierten Betriebsweise sessile Mikroorganismen angesiedelt werden, die oxidativ oder reduktiv auch gelöste Abwasserinhaltsstoffe entfernen können.

Bei der Behandlung des Ablaufs biologischer Kläranlagen lassen sich diese drei Wirkungsweisen in der Praxis nicht trennen; für die Bezeichnung ist wesentlich, auf welcher Wirkung der Schwerpunkt liegt. Bei der Auslegung muß sichergestellt werden, daß keine Funktionsstörung durch gegenseitige Beeinflussung stattfindet.

Die grundlegenden Filtermechanismen beruhen auf zwei Vorgängen (Bild G.3-79):
1. Dem *Partikeltransport*, der von hydraulischen und physikalischen Faktoren abhängt wie der Wasserbewegung (Einfang durch Porenverzweigung oder Verengung, Translation) und der Partikelbewegung (Sedimentation, Massenträgheit, Diffusion (Brownsche Molekularbewegung bei Teilchen < 1 µm))
2. Die *Partikelanlagerung* beruht auf folgenden Vorgängen: van der Waals'sche Kräfte, elektrokinetische Kräfte, Sorption durch chemische Reaktionen, biologische Reaktionen.

Für die praktische Anwendung werden eine Vielzahl von Filtrationsverfahren angeboten. Man unterscheidet, ob die Filterwirkung an der Oberfläche (Flächenfiltration), quasi in einer Ebene, oder räumlich über die Tiefe des Filterbetts (Raumfiltration) verteilt vonstatten geht. Hierzu zählen auch die sowohl abwärts als auch aufwärts durchströmten biologischen Filter, in denen neben ihrer eigentlichen Hauptaufgabe, dem Feststoffrückhalt, biochemische Vorgänge (z. B. Nitrifikation, Denitrifikation) ablaufen. Die prinzipielle Auswahl des geeigneten Filtrationsverfahrens hängt einerseits von der Zulaufsituation wie vorgeschaltete Anlagestufen, Abwasserbe-

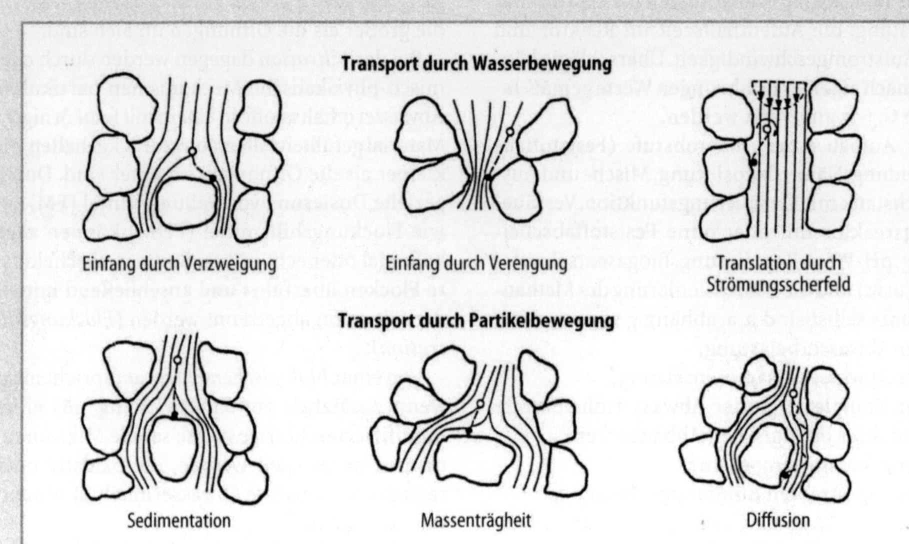

Bild G.3-79 Schematische Darstellung der Transportmechanismen in Filtern

Tabelle G.3-18 Auswahlkriterien für den Einsatz von Filtrationsverfahren

	AFS	CSB (gelöst)	NH$_4$-N	NO$_3$-N	P (gelöst)
Flächenfiltration	+	0	0	0	0
Raumfiltration	+ +	0	0	0	0
Flockungsfiltration nach Simultanfällung oder erhöhter biologischer P-Elimination	+ +	+	0	0	+ +
zusätzlich biologisch intensiviert	+	+	+[a]	+[a]	+ +
Raumfiltration und Aktivkohleadsorption	+ +	+ +[b]	0	0	+
Bilogisch intensivierte Filtration					
biologische Hauptstufe	+	+	+	+	+
nachgeschalteter DN-Filter	+	0	0	+	0
nachgeschalteter N-Filter	+	0	+	0	0

0   keine bis geringe Wirkung   [a] je nach Betriebsweise: belüftet/anoxisch
+   gute Wirkung   [b] Rückhalt schwerabbaubarer Substanzen möglich
+ + sehr gute Wirkung

schaffenheit (Partikelgröße und Ladung usw.), Abwasservolumenstrom und Schwankung usw. und andererseits von der geforderten Ablaufqualität ab (Tabelle G.3-18).

Aufgabenstellung und Einsatzgebiete der Filtration

Die ursprüngliche Aufgabe der Abwasserfiltration ist die Entnahme der im biologisch gereinigten Abwasser enthaltenen suspendierten Stoffe (Partikel > 1 μm). Obwohl es keine Mindestanforderungen für die abfiltrierbaren Stoffe im Ablauf kommunaler Anlagen gibt, kommt den suspendierten Stoffen aufgrund der homogenisierten Probe indirekt eine Wirkung auf die Überwachungswerte zu. Suspensa aus Abläufen von Nachklärungen kommunaler Kläranlagen machen i.d.R. folgende Anteile der Summenparameter bzw. der Nährstoffe aus:

- 0,8 – 1,6 g CSB/g TS
- 0,3 – 1,0 g BSB$_5$/g TS
- 0,015 – 0,5 g ges.P/g TS (der höhere Wert gilt für Simultanfällung und Bio-P)
- ca. 0,10 g N/g TS

 Gewässerschutz und Abwasserbehandlung

Somit werden von einem Restsuspensagehalt von z. B. 20 mg TS/l (Bemessung der Nachklärung nach A131) bereits 16–32 mg CSB/l bzw. 6–20 mg BSB5/l sowie 0,3–1 mg ges.P/l und 2 mg org. N/l verursacht. Dieses wirkt sich insbesondere bei großen Kläranlagen (z. B. > 100.000 E) aus, die verschärfte Ablaufwerte einzuhalten haben. Aber auch weitergehende immissionsrechtliche Anforderungen können eine Filtration direkt erforderlich machen (z. B. Bodenseerichtlinie, Dringlichkeitsprogramm Schleswig-Holstein, Allgemeine Güteanforderung für Fließgewässer in Nordrhein-Westfalen).

Nachfolgende Aufgaben und Einsatzzwecke können von der Abwasserfiltration übernommen werden:

- *Entnahme* der aus dem Nachklärbecken ausgeschwemmten *Partikel* (strukturierte Flockenreste oder feindispergierte Bruchstücke von Flocken des belebten Schlamms), die teilweise sauerstoffzehrend wirken. (Beeinflussung von: AFS, CSB, BSB5 und org. N bzw. ges. P (soweit in die Partikel inkorporiert))
- Zusätzliche Elimination gelöster *Phosphorverbindungen* durch Zugabe von Fällungschemikalien *(Flockungsfiltration)*. Beeinflussung von: AFS, ges.P und gel. P, CSB, BSB5, und org. N (soweit in die Partikel inkorporiert)
- Elimination *schwer abbaubarer Stoffe* durch Zugabe von Aktivkohlepulver in Verbindung mit einer Flockungsfiltration. Hierdurch erfolgt eine zusätzliche CSB- und AOX-Entnahme.
- Bei weitestgehender Abwasserreinigung (UV-Entkeimung, Membranverfahren, Ionenaustauscher, Aktivkohledosierung usw.) können Filter auch als Zwischenstufe (vorwiegend in der Industrieabwasserreinigung) dienen. Hier werden sie zur weitgehenden *Feststoffentnahme* genutzt.
- Zusätzliche biologische oxidative und/oder reduktive Prozesse durch sessile Mikroorganismen auf dem Filtermaterial (Abschn. G.3.3.6.5).
  - (Rest)-Nitrifikation bei Belüftung (zusätzliche Beeinflussung von: NH_4-N, P (begrenzte Fällmittelzugabe möglich))
  - (Rest)-Denitrifikation bei Zugabe einer C-Quelle (zusätzliche Beeinflussung von: NO_3-N, P (begrenzte Fällmittelzugabe möglich))
  - Einsatz als biologische Hauptstufe (Beeinflussung von: CSB, BSB5, NH_4-N oder NO_3-N, org. N, P, AFS).

Als Entscheidungshilfe für die Auswahl des geeigneten Filterverfahrens gibt Tabelle G.3-18 wichtige Hinweise.

G.3.3.6.1 Flächenfiltration

Die Flächenfiltration ermöglicht den Rückhalt kleiner und großer Partikel über eine dünne Filterschicht (0,3–0,6 m) aus Kies oder Sand sowie über Siebe oder Tücher. Die abzufiltrierenden Partikel werden vorwiegend durch den Siebeffekt an der Filteroberfläche zurückgehalten. Im Laufe der Zeit verengen sich die Filterporen durch ab- und eingelagerte Partikel, die sich wie ein „Kuchen" auf dem Filtermedium absetzen. Diese Feststoffschicht ist zwar sehr filterwirksam, erfordert aber ein häufiges Spülen. Aufgrund der fehlenden Tiefenwirkung bleibt das Einsatzgebiet auf die Suspensaabscheidung beschränkt. Zum Teil wird auch eine begrenzte Rest-P-Elimination erreicht.

Flächenfiltrationsverfahren werden unterschieden in Kornhaufenfilter, Tuchfilter und Mikrosiebe.

Als *Kornhaufenfilter* werden verschiedene Filtersysteme angeboten. In der Praxis werden Zellenfilter, die automatische Schwerkraftfiltration und das sogenannte Nachklärbeckenfilter eingesetzt.

Zellenfiltern (Bild G.3-80) bestehen aus einem Filterbett mit einer ca. 30–60 cm hohen Sand- oder Sand/Anthrazitschicht. Bei geringer Bauhöhe wird das Bett durch vertikale Trennprofile in schmale Segmente aufgeteilt. Das Filtermedium, das auf porösen Filterbodenplatten aufgelagert ist, wird abwärts durchströmt. Da der Druckverlust schnell ansteigt, muß in kurzen Zeitabständen gespült werden. Die Spülung erfolgt zellenweise (quasikontinuierlich) im Gegenstrom ausschl. mit Wasserspülung, wobei das Spülabwasser mittels fahrbarer Spülwasserhaube abgezogen wird. Nach Schweizer Erfahrungen kommt es aufgrund der fehlenden Luftspülung häufig zu Materialverbackungen, so daß sich das Verfahren weniger bewährt hat.

In der Schweiz werden seit Anfang der 80er Jahre 4 Zellenfilter (A_F = 29–93 m²; H_{ges} = 0,3 m) mit einer mittleren Filtergeschwindigkeit von ca. 5 m/h bei Trockenwetterzufluß betrieben. Bei relativ niedrigen Suspensa- und Phosphorzulaufwerten konnten die Anforderungen erfüllt werden [G.3.103].

Die Besonderheit der *automatischen Schwerkraftfilter (ASF)* (Bild G.3-81) liegt in der Spülung

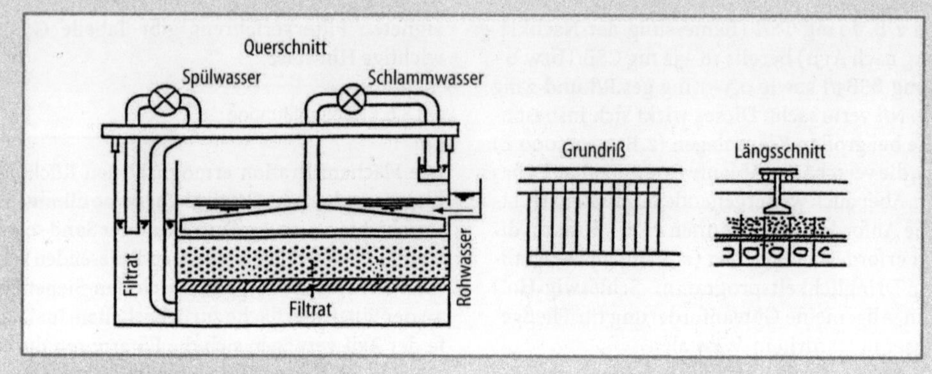

Bild G.3-80 Oberflächenfilter als Zellenfilter

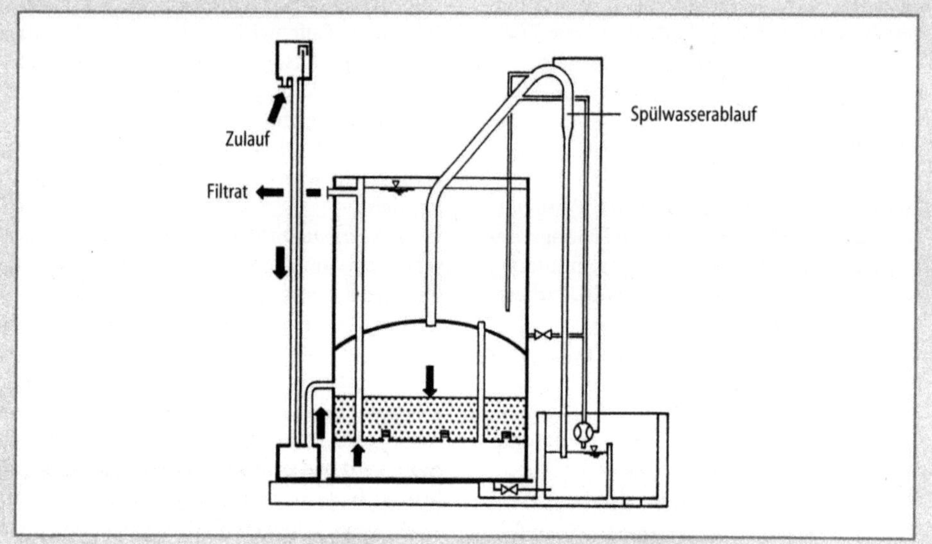

Bild G.3-81 Prinzipskizze des automatischen Schwerkraftfilters (Betriebszustand) [G.3.104]

nach dem Differenzdruckprinzip, die sich selbsttätig ohne externe Bedienung auslöst.

Das zu filtrierende Abwasser wird über eine Falleitung und ein Umlenk- und Entlüftungsgefäß in die Rohwasserkammer geführt und durchströmt die 0,6 m starke Filterschicht von oben nach unten. Als Filtermaterial kommen wahlweise Quarzsand (0,7 – 1,2 mm), Anthrazit (1 – 2 mm) oder eine Kombination aus beidem zum Einsatz.

Nach Befüllung eines obenliegenden Spülwasserspeichers wird das Filtrat über eine Steigleitung abgeführt. Mit zunehmender Belegung des Filterbetts vergrößert sich der Druckverlust, wodurch der Wasserspiegel in der Spülleitung ansteigt. Kurz vor Erreichen des Umlenkpunkts in der Spülleitung springt das automatische Evakuierungssystem an und saugt die Luft aus der Spülleitung. Hierdurch entsteht ein Sog, der Wasser über die Heberwirkung aus der Spülleitung fördert. Durch die Verbindung zwischen Filtratwasserspeicher und Polsterraum wird jetzt Spülwasser von unten nach oben durch das Filterbett gesaugt. Wenn der Wasserstand im Spülwasserspeicher die Öffnung des Unterbrecherrohrs erreicht hat, wird durch die in die Spülleitung eingesaugte Luft der Spülvorgang unterbrochen [G.3.105].

Betriebsprobleme können durch unzureichende Regenerierung des Filtermaterials infolge einer relativ geringen und während des Spülprozesses abnehmenden Spülgeschwindigkeit (30 <

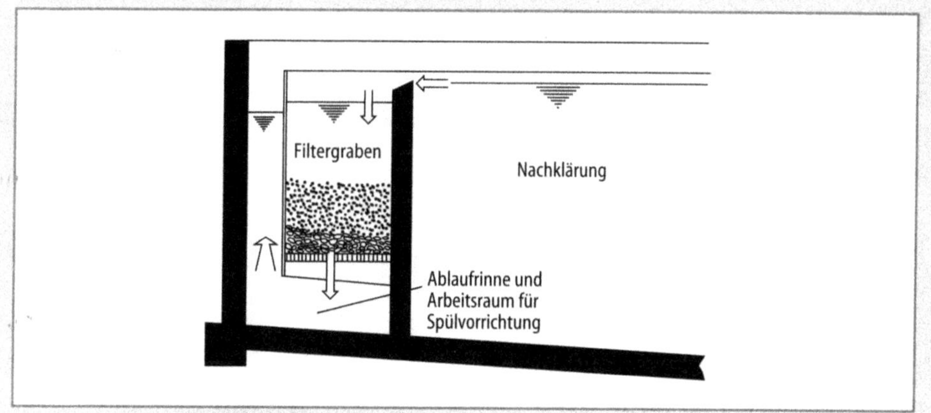

Bild G.3-82 Querschnitt eines Nachklärbeckenfilters [G.3.1]

$v_{Spl.}$ < 44 m/h) auftreten. Durch eine zusätzliche Unterstützung der Filterregenerierung mittels Luftspülung kann bei Bedarf Abhilfe geschaffen werden (Bild G.3-81).

Die automatischen Schwerkraftfilter werden bisher in Deutschland in etwa 20 vorwiegend kleineren Anlagen (A_F = 3,5 – 90 m²) eingesetzt, wobei nur wenige Betriebsergebnisse vorliegen. Zur weitergehenden P-Elimination wurden einige Filter im Flockungsbetrieb gefahren. Die mittleren Ablaufwerte aller Anlagen liegen jedoch > 0,5 mg ges.P/l.

Bei den *Nachklärbecken-Filter* (Bild G.3-82) wird anstelle der Ablaufrinne der Nachklärung ein abgetrennter Ringraum auf die Wandkonsolen aufgesetzt, in den ein Dünnschichtfilter (H = 20 – 30 cm) installiert ist. Als Filtermaterial kommt Quarzsand der Körnung (3 – 5 mm) mit einem erhöhten Feinkornanteil zum Einsatz.

Die Spülung erfolgt partiell durch eine am Rundräumer befestigte Spülvorrichtung. Beim Spülen wird das Filterbett mit Druckluft aufgewirbelt und gleichzeitig mit einer „Spülharke" Wasser in den unteren Teil des Filterbetts gepreßt. Die Schmutzstoffe treiben in den Überstauraum und werden von einer nachfahrenden Skimmeinrichtung aufgenommen und zum Mittelbauwerk abgeführt.

Bisher wurden zwei Filteranlagen dieses Typs errichtet, deren Leistungsfähigkeit und Wirkparameter derzeit in der Praxis überprüft werden.

Tuchfilter

Die Tuchfiltration nimmt eine nicht genau definierbare Stellung zwischen Oberflächenfiltern und Sieben ein. Der Wirkungsschwerpunkt liegt im Siebeffekt, wobei sich je nach Gewebestruktur des Filtertuchs durch zurückgehaltene Partikel eine Art Filterkuchen aufbaut, durch den auch kleinere Partikel als die Tuchöffnungen zurückgehalten werden. In der Abwassertechnik werden vorwiegend Tücher mit einem „maximalen Porendurchmesser" von 10 – 100 µm Porenweiten verwendet [G.3.106].

Zur Ausführung kommen *Trommelfilter*, deren Weiterentwicklung die *Scheibenfilter* sowie vertikal aufgestellte *Modulfilter* (Plattenfilter). Bei allen Systemen wird während des Reinigungsvorgangs der Filtrationsbetrieb nicht unterbrochen, so daß von einer kontinuierlichen Filtration gesprochen werden kann.

Bei den *Trommelfiltern* (Bild G.3-83) wird ein Filtertuch auf gelochte Trommeln aus Stahlblechen gespannt (Tuchfläche 0,2 – 20 m²). Pro m² Grundfläche können ca. 2,6 m² Filterfläche installiert werden. Das Abwasser durchfließt die Filtertrommel von außen nach innen, wobei das gereinigte Abwasser durch eine Hohlwelle abgeführt wird.

Über eine Niveaumessung wird die Auslösung der Tuchreinigung gesteuert. Hierzu wird die Trommel in Bewegung versetzt. Die Reinigung erfolgt durch Absaugen des Tuchs bei gleichzeitigem „durchwalken" nach dem Staubsaugereffekt [G.3.107]. Bei anderen Systemen wird die Reinigung durch einen reinwasserseitigen Hochdruckdüsenbalken und eine Absaugvorrichtung gewährleistet.

Bei den *Scheibenfiltern* (Bild G.3-84) sind bis zu 12 Filterscheiben auf einem Zentralrohr angeordnet. Eine Scheibe besteht aus mehreren Seg-

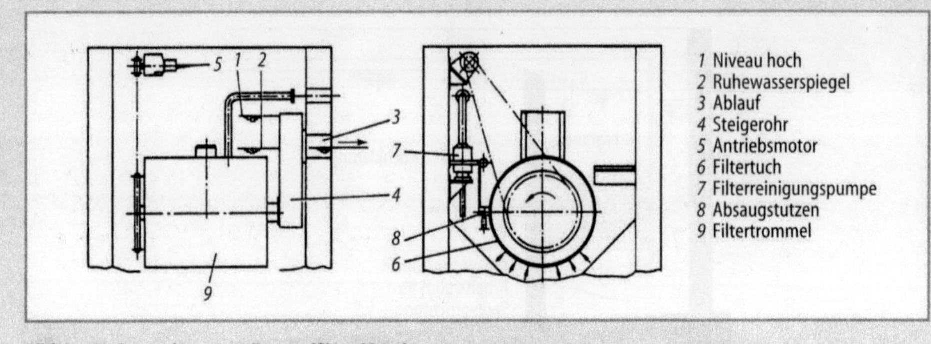

Bild G.3-83 Prinzipskizze eines Trommelfilters [G.3.1]

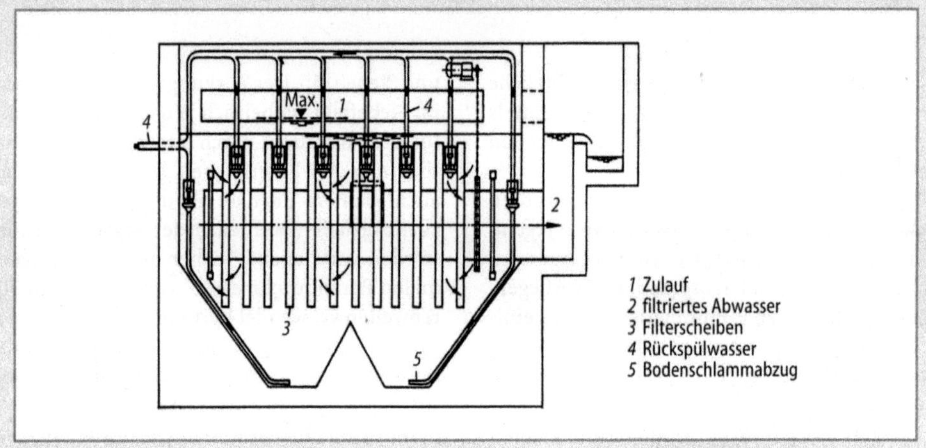

Bild G.3-84 Prinzipskizze eines Scheibenfilters [G.3.1]

menten, die mit dem Filtertuch bespannt sind. Der spezifische Flächenbedarf beträgt 3,8 m² A_F/m² $A_{Grdf.}$. Das Abwasser durchströmt das Filtertuch von außen nach innen und wird über das gemeinsame Zentralrohr abgeleitet.

Bei Erreichen eines vorgegebenen Differenzdrucks wird das Filter in Rotation versetzt und mittels Absaugen gereinigt. Zusätzlich können in periodischen Abständen vollautomatische Intensivreinigungen durch Abspritzen bei hohem Druck (ca. 15–20 bar) durchgeführt werden.

Die *Modulfilter* bestehen aus Filterplatten, die vertikal in Becken oder Behälter eingebaut und horizontal vom zu reinigenden Abwasser durchflossen werden. Die Filterplatten sind als Steckrahmen ausgeführt, in den das Filtertuch und ein Kunststoffstützgewebe getrennt eingespannt sind. Hierdurch ist ein einfaches Auswechseln der Module möglich. Es können ca. 2,2 m² Filtertuch je m² Grundfläche angeordnet werden.

Die Tuchreinigung wird über Niveaudifferenz (ca. 20 cm) ausgelöst. Hierzu sind rein- und rohwasserseits zwei Spülbalken installiert, die vertikal verfahren werden und für eine kombinierte Saug- und Druckspülung im Gegenstrom sorgen (Dauer ca. 1 min.).

Tuchfilter kommen sowohl zur Behandlung von bereits nachgeklärtem Abwasser als auch bei kleineren Anlagen, vor allem in Kombination mit Tauch- oder Tropfkörpern an Stelle einer Nachklärung zum Einsatz. In Deutschland sind Trommel- und vertikale Modulfilter mit Filterflächen zwischen 6 und 720 m² in Betrieb.

Vergleichende Untersuchungen [G.3.108] zwischen Sand- und Tuchfiltern als Nachreinigung haben ergeben, daß bei Partikelgrößen > 10 μm die Elimination annähernd gleich gut war, während sich bei Partikeln < 10 μm, die vorwiegend bei der Phosphatfällung auftreten, deutliche Vorteile für die Raumfiltration zeigten. Neuere Untersuchungen mit modifizierten Scheibenfiltern (Polstoff) lassen bessere Leistungen erkennen [G.3.109].

Da das Einsatzfeld der Tuchfilter vorwiegend in der unterstützenden Schwebstoffentnahme bei Flockenabtrieb aus der Nachklärung bei Starkwindeinfluß, Schlammentartung, hohem ISV sowie zu gering bemessenen Nachklärungen liegt, können die Schwebstoffgehalte im Zulauf bis zu 150 mg AFS/l betragen.

Mikrosiebe (Microstrainer)

Als Mikrosiebung wird die rein mechanische Siebung durch engmaschige monofile Gewebe (aus Metall- oder Kunststoff) mit Öffnungsweiten des Siebgewebes zwischen 10 und 65 µm bezeichnet. Die Gewebe sind auf horizontal gelagerten, rotierenden Trommeln aufgespannt und werden zumeist im freien Gefälle von innen nach außen durchflossen. Die Siebtrommel dreht sich mit einer Umfangsgeschwindigkeit von bis zu 50 m/min. Die Wasserspiegeldifferenz in der Siebkammer wird üblicherweise so eingestellt, daß die Trommel zu ca. 2/3 eingetaucht ist. Die auf der inneren Siebseite angelagerten Partikel können eine „Anschwemmfilterschicht" bilden, so daß auch Teilchen zurückgehalten werden können, die kleiner als die Öffnungsweite der Maschen sind.

Die Reinigung des Siebgewebes erfolgt durch eine Hochdruckabspritzung (bis zu ca. 7 bar), wobei das Spülabwasser über eine zentral in der Trommel angeordnete Ablaufrinne abgeführt wird. Zusätzlich können innenliegende Abspritzvorrichtungen vorgesehen werden. In der Praxis werden in gewissen Abständen saure Reinigungs-

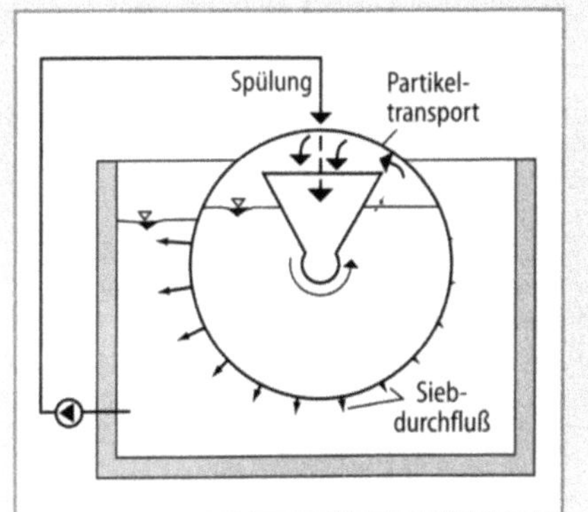

Bild G.3-85 Funktionaler Schnitt durch eine Mikrosiebanlage [G.3.110]

chemikalien dem Spülwasser zugegeben. Die Steuerung der Abspritzung erfolgt über die Zunahme der Wasserspiegeldifferenz zwischen Innen- und Außenseite der Trommel.

Mikrosiebe (Bild G.3-85) werden vorwiegend bei kleineren Kläranlagen mit Tauch- oder Tropfkörpern als biologische Stufe an Stelle einer Nachklärung eingebaut. Großtechnische Betriebsergebnisse zur Nachreinigung von biologisch behandeltem nachgeklärtem Abwasser liegen für die Anlagen in Wiesbaden (350.000 E, $A_{Sieb} =$ 403 m², Maschenweite 20 µm) sowie des Lehrklärwerks Stuttgart-Büsnau (10.000 E, $A_{Sieb} =$ 24 m², Maschenweite 20 µm) vor. In Wiesbaden [G.3.111] wurden bei einer Filtergeschwindigkeit zwischen 8 und 12 m/h und AFS-Zulaufwerten zwischen 4 und 21 mg AFS/l Ablaufgehalte von 2,5 – 6,0 mg AFS/l erzielt und aufgrund der vorgeschalteten Simultanfällung ein mittlerer Wirkungsgrad der P-Elimination von 32 % erreicht. In Stuttgart-Büsnau wurde bei Filtergeschwindigkeiten zwischen 10 und 18 m/h in 80 % der Fälle ein AFS-Ablaufgehalte < 6,2 mg/l eingehalten [G.3.112].

G.3.3.6.2 Raumfiltration

Bei der Raumfiltration wird angestrebt, das gesamte Filtermedium für den Filtrationsvorgang zu nutzen, wobei das Filtermedium in ein, zwei oder mehr Schichten mit unterschiedlichen Materialien und Körnungen ausgebildet wird. Dadurch wird eine höhere Feststoffbeladungskapazität geschaffen, die sich in längeren Standzeiten und höherem Partikelrückhalt gegenüber der Flächenfiltration widerspiegelt. Die angewendeten Verfahren der Abwasserfiltration lassen sich hinsichtlich Filtermedium, Filterschichten, Durchströmungsrichtung, Spültechnik und Einsatzzweck unterscheiden. In der Abwasserpraxis kommen überwiegend abwärts durchströmte, zweischichtige Raumfilter für größere Anlagen, kontinuierliche gespülte Einschichtfilter für kleinere Ausbaugrößen und aufwärts durchströmte belüftete Einschichtfilter zur Rest-Nitrifikation sowie aufwärts durchströmte Einschichtfilter zur (Rest)-Denitrifikation zum Einsatz.

Abwärts durchströmte Raumfilter

Bei der Abwärtsfiltration wird das Filtermedium (ein- oder zwei Schichten) von oben nach unten durchströmt. Bei Zweischichtfiltern wird zur Erzielung einer Raumwirkung für die obere Schicht

ein grobes, spezifisch leichteres Material einge-
baut, das die Grobabscheidung der Partikel über-
nimmt. Im unteren Teil des Filtermediums ge-
währleistet ein feineres, spezifisch schweres Ma-
terial die Feinfiltration. Die Wahl der einzelnen
Filterschichthöhen ist abhängig von den Anfor-
derungen an den Betrieb und die Qualität. Das
Kornspektrum der jeweiligen Schicht sollte fol-
gende Ungleichförmigkeit nicht überschreiten:

$$U = d_{60}/d_{10} \leq 1{,}5$$

Der Feinkornanteil ist möglichst gering zu hal-
ten, um Flächenfiltrationseffekte zu vermeiden.
Das Filterbett lagert i. d. R. auf einer *Stützschicht*,
die ein Ausspülen des Filtermaterials mit dem
Filtrat verhindern soll und zur besseren Vertei-
lung der Spülmedien (Wasser, Luft) beiträgt. Die
neueste Entwicklung ist, daß bei Wahl kleinerer
Filterdüsen, die auf die Körnung der Feinschicht
abgestimmt sind, auf eine Stützschicht verzich-
tet werden kann.

Unterhalb des Filterbetts ist ein *Düsenboden*
angeordnet, der das gesamte Filtermedium und
die Stützschicht trägt. Er besteht aus einer hori-
zontal angeordneten Lochplatte, in die *Filterdü-
sen* – bewährt haben sich ca. 64 Stck./m² – ein-
geschraubt sind. Die Düsen sorgen für eine gleich-
mäßige Verteilung des Spülwassers und der Spül-
luft.

Um die Flockenbildung nicht zu behindern, ist
der Filterzufluß schonend in den Überstauraum
einzuleiten, da dieser als Flockungszone dient.
Man unterscheidet je nach Art der Filterspülung
zwei Typen der Abwärtsfiltration:
- *Durchlaufspülung* (Rinnenfilter; Bild G.3-86):
  das Spülwasser durchfließt während der ge-
  samten Wasserspülphase den Überstauraum
  und tritt über die Schlammwasserrinne aus.
  Der i. d. R. höhere Schlammwasseranfall (6 –
  10 %) und die erforderliche Freibordhöhe ha-
  ben bewirkt, daß dieses System im Abwasser-
  bereich weniger angewendet wird.
- *Aufstauspülung* (Klappenfilter; Bild G.3-87):
  hier erfolgen Spülwasserzufuhr und Ableitung
  zu unterschiedlichen Zeiten. Das Spülwasser
  wird über eine stirnseitig knapp über dem Fil-
  termaterial angeordnete Schlammwasserklap-
  pe abgeführt. Dieses System hat sich durch die
  freie Wahl der Spülgeschwindigkeit sowie den
  geringeren Schlammwasseranfall (3 – 6 %) in
  der Praxis weitgehend durchgesetzt.

Zur diskontinuierlichen Filterbettregenerierung
werden nach bestimmten Kriterien (Zeit, Diffe-
renzdruck usw.) speziell abgestimmte Spülungen
durchgeführt.

Um die in der Filtrationsphase zurückgehalte-
nen Schmutzstoffe aus dem Filterbett zu entfer-

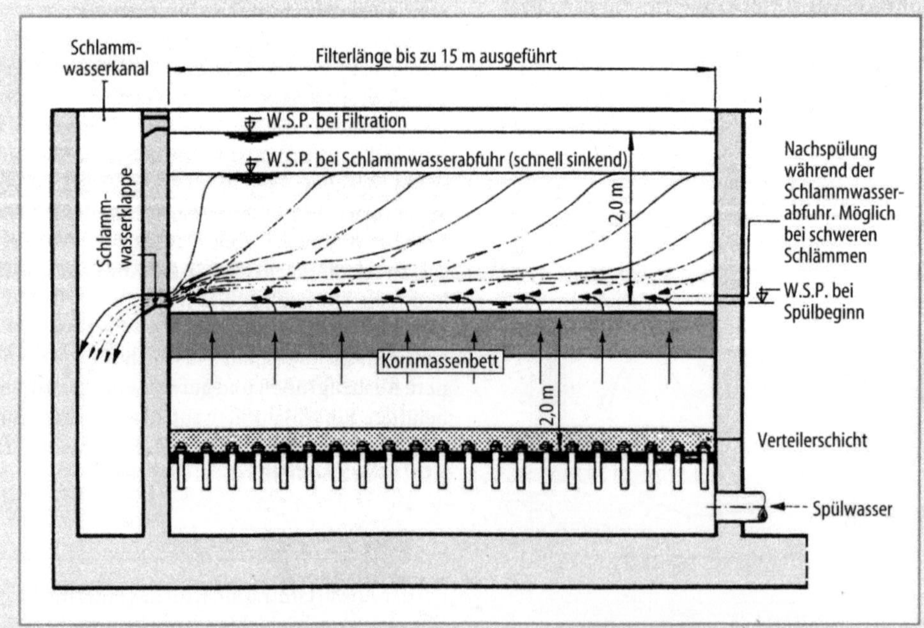

Bild G.3-86 Grundprinzip abwärts durchströmter Filter mit Durchlaufspülung (während der Spülung) [G.3.113]

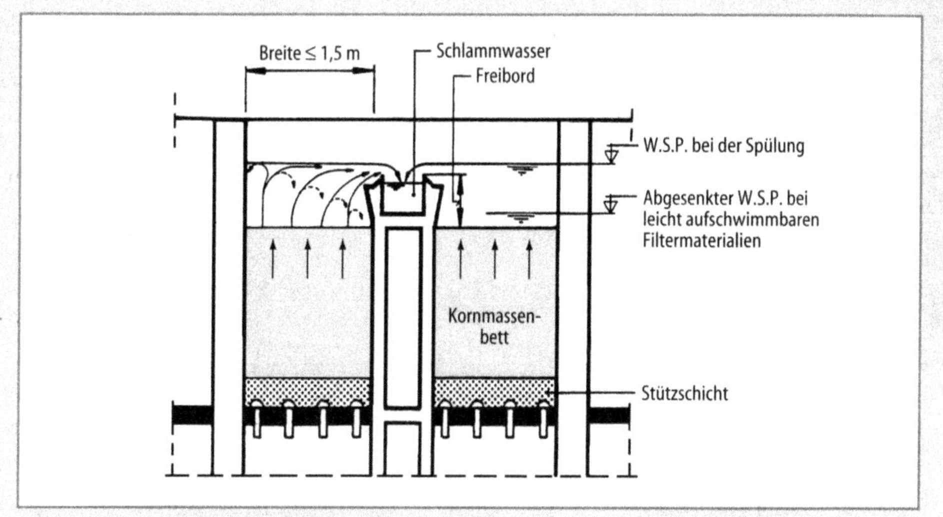

Bild G.3-87 Grundprinzip abwärts durchströmter Filter mit Aufstauspülung (während der Spülung) [G.3.113]

nen, müssen bei Raumfilter diskontinuierlich *Filterspülungen* durchgeführt werden. Für den Spülvorgang werden einzelne Filterzellen außer Betrieb genommen, so daß für diesen Vorgang Reservezellen eingeplant werden müssen. Für eine einwandfreie Funktion des Filterbetriebs ist eine optimal angepaßte Spülung von grundlegender Bedeutung. Folgende Bedingungen sind zu erfüllen:
- gründliche Säuberung des Filterbetts,
- minimale Kosten (Energie, Beckenvolumen) und Spüldauer,
- die während der Spülung zerstörte Schichtung des Filtermaterials muß wieder hergestellt werden,
- keine Filtermaterialverluste,
- geringe Rückbelastung der Kläranlage.

Als Spülwasser wird zwischengespeichertes Filtrat verwendet. Filtersysteme mit reiner Wasserspülung sind nicht geeignet. Ein wirksamer Schmutzaustrag und eine Klassierung des Materials wird üblicherweise bei einer Filterbettausdehnung von ca. 20 % erreicht. Bei der Berechnung der Spülgeschwindigkeit sind die rheologischen Eigenschaften des Wassers (Detergentien usw.) und der Temperatureinfluß zu berücksichtigen [G.3.114]. Die Spülung erfolgt in verschiedenen Spülphasen, die über automatische Spülprogramme an die spezifischen Verhältnisse angepaßt werden. Ein Spülprogramm kann wie folgt aufgebaut sein:

1. *Luftspülung (ca. 2–5 min.)* des eingestauten Filtermaterials mit v_L = ca. 70–100 m/h zum Aufbrechen der Filtermaterialoberfläche.
2. *Kombinationsspülung (ca.1,5–3,0 min.)* (i.d.R. nur bei Aufstauspülung) mit v_L = ca. 75–100 m/h und v_W = 10–30 m/h; hohe Turbulenz zur effektiven Ablösung des Materials.
3. *Klar- und Klassierspülung (ca.3–8 min)* mit Wassergeschwindigkeiten bis zu 100 m/h. Es werden die Feststoffe ausgetragen, dabei muß eine Fluidisierung und eine Klassierung der Filtermaterialien erreicht werden.

Die Bandbreiten der Spülwasserparameter sind in Tabelle G.3-19 zusammengestellt. Verschiedene Absetzversuche erbrachten, daß die Schlammwässer aus der Filterspülung sehr gute Sedimentationseigenschaften aufweisen.

Die abwärts durchströmte Raumfiltration ist in Deutschland großtechnisch schon seit 1984 (Stuttgart-Mühlhausen) erprobt. Barjenbruch [G.3.104] untersuchte die Betriebsergebnisse von 6 großtechnischen abwärts durchströmten zweischichtigen Raumfilter Die Filtergröße lag zwischen 20 und knapp 2000 m², d.h. bis zu einer Anschlußgröße von 1.000.000 E (Tabelle G.3-20).

Für die Schwebstoffentnahme, die das Hauptreinigungsziel dieses Filterverfahrens darstellt, ergibt sich ein sehr geringer mittlerer Ablaufwert (1,5 mg AFS/l). Die Auswertung der Unterschreitungshäufigkeit zeigt eine hohe Prozeßstabilität

Tabelle G.3-19 Mittelwerte und Bandbreiten der Schlammwasserparameter [G.3.104]

	AFS [mg/l]	oTS [%]	CSB [mg/l]	gesamt P [mg/l]	TKN [mg/l]	gesamt N [mg/l]
Anzahl	17	6	17	17	8	11
Mittelwert	610	61	247	9,0	23,8	36,3
Maximum	1760	79	1075	37,0	46,0	106,0
Minimum	80	42	37	0,5	11,0	1,6

Tabelle G.3-20 Betriebsergebnisse abwärts durchströmter zweischichtiger Raumfilter (6 Anlagen) in Deutschland [G.3.104]

Raumfilter	AFS_o [mg/l]	AFS_e [mg/l]	η^a [%]	$gesP_o$ [mg/l]	$gesP_e$ [mg/l]	η^a [%]	CSB_o [mg/l]	CSB_e [mg/l]	η^a [%]
Mittelwert	9,2	1,5	79	0,70	0,67	32	37	29	28
Maximum	4,0	0,1	68	0,30	0,20	25	28	15	14
Minimum	14,3	2,3	87	0,90	2,00	37	45	47	38

[a] Wirkungsgrade bedingt durch die Auswertung nicht zugehörig

(85%-Fraktil-Wert 2,0 mg AFS/l) bei jedoch relativ niedrigen AFS-Zuläufen.

Die gute Suspensaentnahmeleistung wird am Beispiel verschiedener großtechnischer Schweizer Anlagen bestätigt [G.3.115]. Demnach wird mit der Raumfiltration bei AFS-Zulaufwerten zwischen ca. 7 und 20 mg AFS/l ein 85 %-Wert der Unterschreitungshäufigkeit im Ablauf < 2,5 erzielt.

Aufwärts durchströmte Filter

Beim aufwärts durchströmten Filter wird die Raumwirkung durch die in Strömungsrichtung abnehmenden Korngrößen und Porenquerschnitte erreicht. Üblicherweise wird Material gleicher Dichte eingesetzt. Aufwärts durchströmte Raumfilter ohne biologische Wirkung werden aufgrund ihrer Nachteile, wie plötzlicher Durchbruch aufgrund örtlich begrenzter Auflockerungen, höherer Spülwasserverbrauch sowie Verstopfungsgefahr der Filterdüsen, in Deutschland nicht mehr eingesetzt.

G.3.3.6.3 Betrieb als Flockungsfilter

Die Kombination Fällung/Flockung kann in drei Verfahrenstechniken unterschieden werden [G.3.116]:

- Flockung in *Kombination* mit *Sedimentation* oder *Flotation* und nachgeschalteter *Filtration* (auch als Kompaktverfahren). Aus wirtschaftlichen Gründen ist dieses Verfahren weniger gebräuchlich.
- Bei der *Flockenfiltration* werden die in separaten Flockungsreaktoren gebildeten Makroflocken im Filterbett zurückgehalten. Bei zu großen und zu festen Flocken können durch zu hohe Flächenbeladung nur geringe Filterlaufzeiten erzielt werden.
- Bei der *Flockungsfiltration* ist der Flockungsprozeß vor dem Filter noch nicht abgeschlossen. Die Makroflockung beginnt bereits im Überstauraum, sollte zum Großteil aber erst im Filterbett vonstatten gehen, um einen möglichst guten Raumeffekt zu erzielen.

Um eine möglichst weitgehende P-Elimination zu erzielen, ist neben der Flockenseparation, das Dosierverhältnis (β-Wert), die Sicherstellung optimaler Reaktionsbedingungen (Dosierstelle, Reaktionsstrecke, Dosierrate usw.) und das verwendete Fällmittel von Bedeutung. Die Prozeßbedingungen sind an die vier Reaktionsphasen der Fällungsmechanismen anzupassen [G.3.117]:
1. *Schnellmischphase* (erf. Zeit T: 0,1 – 1s), in der Dosierung und möglichst gleichmäßige Vermischung der Reaktionspartner erfolgen soll

(hoher Energieeintrag; G-Wert 1500 – 7000 1/s, Energieeintrag ca. 1,4–5,5 Wh/m³).

2. *Destabilisierungsphase (erf. Zeit T: 0,1 – 1s)*, wo einerseits die Fällung gelöster Stoffe stattfindet und andererseits bei Flockungsprozessen die Bildung von Metallhydroxokomplexen, die ihrerseits dann im Wasser schwebende Kolloide anlagern oder umschließen und ausflokken (hoher Energieeintrag s. Pkt. 1).

3. *Mikroflockungsphase (perikinetisch) (erf. Zeit T: 15–30s)*, in der eine Aneinanderreihung entstabilisierter Suspensa bzw. Fällprodukte zu Mikroflocken erfolgt, die aber noch zu klein und zu leicht sind, um zu sedimentieren, wohl aber abfiltriert werden können (mittlerer Energieeintrag).

4. *Makroflockungsphase (orthokinetisch)* (erf. Zeit T: 10 – 30 min), hier erfolgt nun die Zusammenballung (Aggregation) vieler Mikroflocken zu abtrennbaren Makroflocken. Dieser Prozeßabschnitt sollte im Filterbett stattfinden (niedriger Energieeintrag, G-Wert 40 – 60 1/s).

Für eine möglichst gute Einmischung und Destabilisierung sollte die Dosierung der Chemikalien an Stellen erhöhter durchflußbedingter Turbulenz (z. B. hydraulischen Wechselsprung) erfolgen. Bei der Flockungsfiltration erweist sich das Schneckenpumpwerk als besonders geeignete Dosierstelle.

Flockungsfilter werden üblicherweise als Kombination mit der Simultanfällung und/oder der biologischen P-Elimination betrieben. Zur Vermeidung der Überlastung des Filters mit Feststoffen ist der PO_4-P-Gehalt im Zulauf auf Werte von ca. 1,0 – 1,5 mg PO_4-P/l zu begrenzen. Als Richtwert für den β-Wert kann ein Verhältnis von 2,0 mol Fe/mol P genannt werden. Bei großen Anlagen kann eine frachtproportionale Fällmittelzugabe sinnvoll sein. Den Einfluß verschiedener Fällmittel in Abhängigkeit des β-Werts auf den Wirkungsgrad der Flockungsfiltration zeigt Bild G.3-88.

Zur Unterstützung der Flockenbildung können Flockungshilfsmittel (FHM) verwendet werden. Die Zugabe anionischer Polymere (0,05 – 0,4 mg WS/l) hat sich bewährt, wobei ein zeitlicher Abstand zur FM-Dosierung von 20 – 30 s zu beachten ist [G.3.115].

Da es sich bei der Flockungsfiltration im Grunde um kein eigenes Filtrationsverfahren handelt, sondern nur um die Vorbehandlung des zu reinigenden Abwassers, können nahezu alle Filtrationsverfahren im Fällungs-/Flockungsbetrieb gefahren werden. In der Praxis werden zweischichtige, abwärts durchströmte Raumfilter, kontinuierlich gespülte Sandfilter, Trockenfilter, aufwärts durchströmte Raumfilter, automatische Schwerkraftfilter in dieser Weise betrieben [G.3.104].

Die besten Ergebnisse erzielen abwärts durchströmte zweischichtige Raumfilter mit Fällung/Flockung, die gezielt für die Entnahme von Phosphor und Suspensa ausgelegt und betrieben werden. Mit diesen Verfahren können i. d. R. folgende Ablaufwerte sicher erzielt werden:

– AFS < 5,0 mg/l
– ges. P < 0,5 mg/l

Des weiteren kann eine CSB-Entnahme von bis zu 50 % erwartet werden.

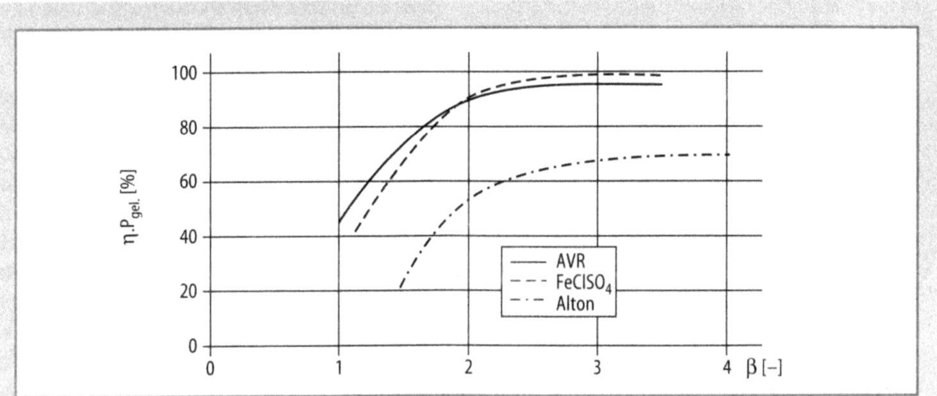

Bild G.3-88 Wirkungsgrad der P-Elimination (bezogen auf gel. P) in Abhängigkeit des β-Werts bei verschiedenen Fällmitteln [G.3.118]

Sonderverfahren der Raumfiltration sind die *kontinuierlich betriebenen Filter*, bei denen der Filtrationsvorgang während der Spülung nicht unterbrochen wird. Spülwasserpumpen, Spül- und Schlammwasserspeicher sowie eine SPS zur Steuerung der Spülung sind i. allg. nicht erforderlich. Ebenfalls kann auf Reservefilterzellen verzichtet werden. Aufgrund der Reinigungstechnik des Materials handelt es sich i. d. R. um Einschichtfilter. Hierzu zählen:

- kontinuierlich gespülte, vertikal durchströmte Einschichtfilter,
- kontinuierlich arbeitende, radial (horizontal) durchströmte Filter.

Kontinuierlich gespülte, vertikal durchströmte Einschichtfilter

Es gibt verschiedene Varianten dieser Systeme, die sich allerdings nur geringfügig unterscheiden, daher soll hier nur das allgemeine Funktionsprinzip des aufwärts durchströmten kontinuierlich spülenden Einschichtfilters (Filterbetthöhe ca. 1,5 – 2,0 m) beschrieben werden, das nach dem Gegenstromprinzip (Bild G.3-89) arbeitet.

Das Schmutzwasser strömt aufwärts durch eine Verteilerkonstruktion in das Filterbett. Der

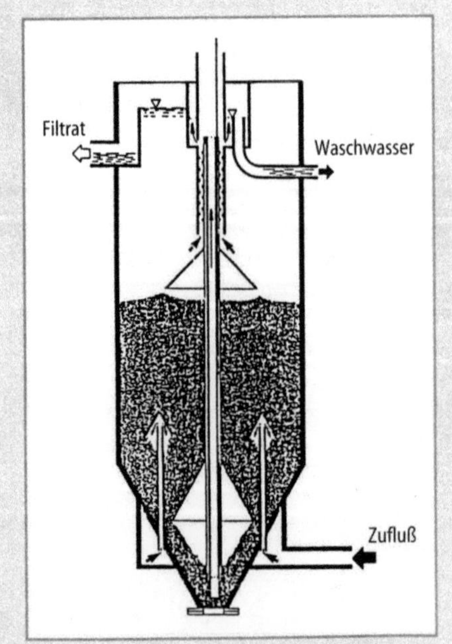

Bild G.3-89 Prinzipskizze eines kontinuierlich betriebenen Filters (aufwärts und vertikal durchströmt)

mit Schmutz beladene Sand bewegt sich nach unten und wird von dort durch eine interne oder externe Filtermaterialpumpe (z. B. Mammutpumpe) zum Materialwäscher transportiert, der im oberen Teil des Filters oder auch als externe Waschzelle angeordnet werden kann. Dort wird der Sand vom Schlamm getrennt, mit Filtrat gewaschen und zur Oberfläche des Filterbetts zurückgeführt, wo er wieder am Reinigungsvorgang teilnimmt. Das Spülwasser verläßt das Filter durch einen separaten Ausfluß. Um eine kontinuierliche Materialbewegung zu erhalten, ist, unabhängig von der Verschmutzung des Filterbetts, ein ständiger Spülstrom erforderlich, der daher zu einem erhöhten Spülwasseranfall führt (bis zu 30 % von Q_{zu}).

Die Filterbehälter werden je nach Anlagengröße in vorgefertigter Stahlbauweise oder in Stahlbeton ausgeführt.

In Deutschland wird bisher auf kommunalen Kläranlagen als Sonderbauweise überwiegend das DYNA-Sandfilter eingesetzt, das bevorzugt bei kleineren Ausbaugrößen zur Anwendung kam [G.3.104]. Auch dieses Verfahren hat sich bewährt und es werden Ablaufwerte bzgl. AFS von 5 mg/l und ges. P von 0,5 mg/l erzielt

Kontinuierlich arbeitende, radial durchströmte Filter

Beim Radial-Filter handelt es sich um ein horizontal durchströmtes, kontinuierlich gespültes Feinkornfilter.

Das Rohabwasser wird gleichmäßig mittels einer zentrischen Zulaufkammer über den Längsschnitt des Filterbetts verteilt. Es durchströmt dann das Filterbett radial von innen nach außen und fließt über eine Ringkammer an der Außenwand zum verstellbaren Überlauf ab. Die Reinigung des Filtermaterials erfolgt kontinuierlich, in dem über eine Mammutpumpe verschmutztes Material aus der Spitze des Behälterkonuses in den Aufstromklassierer gefördert wird. Das Spülwasser wird über ein Wehr abgezogen und das gereinigte Korn fällt im Gegenstrom nach unten und wird gleichmäßig über die Filterfläche verteilt. Als Korngröße werden die Siebfraktionen 0,71 – 1,25 mm und 0,4 – 0,8 mm eingesetzt.

Die radiale Filtration stellt bei geringer Grundfläche eine große Filterfläche zur Verfügung, die sich aus der Multiplikation der Filterhöhe und dem mittleren Durchmesser ergibt. Dies bietet Vorteile bei geringem Platzangebot.

In der Praxis kommt das Filter z. Z. zur Bodenreinigung, zur Reinigung von Abwässern der

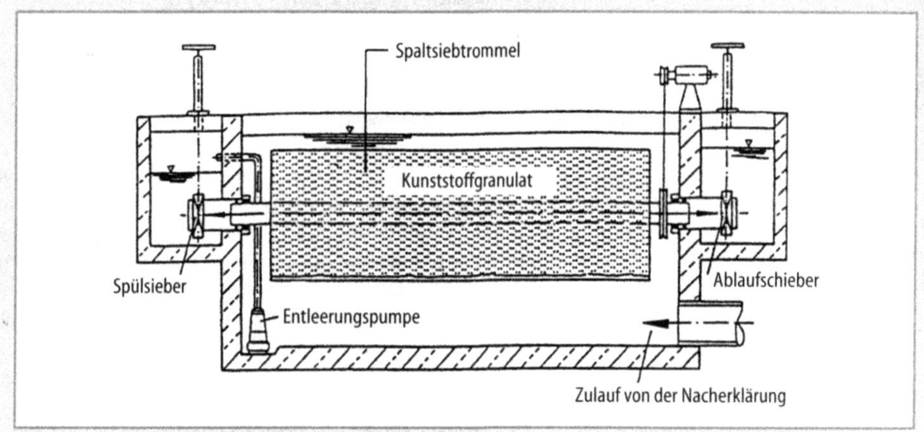

Bild G.3-90 Schema der Filtertrommel (System K) als Sonderverfahren der Raumfiltration [G.3.1]

Rauchgasreinigung und in der Metallindustrie zum Einsatz. Bisher liegen für den kommunalen Bereich noch keine Erfahrungen vor.

Das *Filtertrommelsystem* (Bild G.3-90) besteht aus einer Spaltsiebtrommel, die um ihre ebenfalls als Spaltsieb ausgebildete Rohrachse drehbar in einem Durchflußbecken angeordnet ist. Die Filtertrommel ist nicht ganz vollständig mit einem schwimmenden Kunststoffgranulat (Polypropylen, d = 2 – 5 mm) gefüllt. Das Rohwasser wird radial durch das zylindrische Filtermedium zum zentrischen Auslaufrohr geführt. Im Filtrationsbetrieb wird die Trommel nicht bewegt.

Die Reinigung des Filtermaterials erfolgt, indem nach einer gewissen Filterlaufzeit (ca. 1 bis 3 Tage) das Ablaufrohr abgesperrt und die Trommel in eine langsame Rotation versetzt wird. Da der Filterraum nicht vollständig mit dem Granulat gefüllt ist, rollt durch die Drehbewegung das Filtermaterial im Filterraum ab, so daß durch die dabei erzeugte Turbulenz des Wassers die angelagerten Partikel abgespült werden. Sie werden über das zentrische Ablaufrohr nach Öffnung eines Spülschiebers abgeleitet.

Das Trommelfilterverfahren wurde auf drei Kläranlagen im Vergleich zur konventionellen Raumfiltration erprobt [G.3.119]. Bei Partikelgrößen zwischen 120 und 300 μm wurden gleichwertige AFS-Wirkungsgrade erreicht. Für kleinere Partikelgrößen (< 100 μm) wurden jedoch mit dem Trommelfilterverfahren (Korngröße 2 – 5 mm) ca. 40 % geringere AFS-Wirkungsgrade erzielt.

Flotationsfilter stellen als Kompaktverfahren eine Kombination aus Flockung, Flotation und Filtration dar. Flotationsfilter kommen zur weitergehenden Abwasserreinigung, aber auch in der Industrie oder Trinkwasseraufbereitung zur Anwendung. Sie können sowohl in Rundbauweise als auch in Rechteckbauweise ausgeführt werden.

Die zweite Variante ist bereits seit Mitte der 70er Jahre auf zwei Kläranlagen mit einer Filterfläche von 20 bzw. 30 m² in Betrieb. Die mittleren AFS-Ablaufgehalte sind mit ≤ 5,0 mg AFS/l durch die vorgeschaltete Flotation äußerst niedrig. Es werden ebenfalls im Mittel sehr niedrige P-Gehalte von ≤ 0,5 mg ges. P/l erreicht [G.3.104].

Bemessung und Entwurf von Abwasserfiltern

Bei der Dimensionierung einer Filteranlage kann unterschieden werden zwischen der *Bemessung*, bei der unter Berücksichtigung der Prozeßvariablen die Hauptabmessungen bestimmt werden und der technischen Umsetzung – dem *Entwurf* –, bei der die Filterkonstruktion, das Filtermaterial, die Betriebsparameter und die maschinen- und regeltechnische Ausstattung festgelegt werden.

Für eine optimale Auslegung sowie einen sicheren und wirtschaftlichen Betrieb sind folgende Einflußfaktoren zu berücksichtigen [G.3.120]:
- *Eigenschaften der Suspension*
  - chemische Oberflächenladung der Partikel
  - Partikelgrößenverteilung
  - Flockenstärke
- *Konditionierung der Suspension*
  - Art der Dosierung von Fe- oder Al-Salzen

- Art der Dosierung von Polyelektrolyten
- Flockung (Energieeintrag, Durchflußzeit)
- *Filtergeschwindigkeit*
- *Eigenschaften des Filters*
  - Nutzbare Druckhöhe
  - Art der Filtermaterialien
  - Korngröße, Form, Rauhigkeit, Porosität
  - Höhe und Aufbau des Filterbettes
- *Erwünschte Ablaufqualität*
  - abfiltrierbare Stoffe (AFS)
  - Partikelzahl
  - Phosphor (bei Zugabe FM)

Die *Bemessung* in der Praxis erfolgt im wesentlichen aufgrund von Erfahrungswerten, speziellem Firmenwissen oder halbtechnischen Vorversuchen. Die erforderliche Filterfläche wird wie folgt über die Filtergeschwindigkeit festgelegt:

$$\text{erf. } A = \frac{Q}{v_F}$$

A Filterfläche [m²]
v_F Filtergeschwindigkeit [m/h]
Q Zulaufvolumenstrom [m³/h]

Bei Raumfiltern können in Abhängigkeit vom gewählten Filtrationsverfahren folgende Filtergeschwindigkeiten angenommen werden, wobei jeweils die maximale Filterfläche maßgebend ist [G.3.121] (Tabelle G.3-21).

Für die Oberflächenfilter sowie für Tuchfilter und Mikrosiebe liegen nur wenige Literaturangaben hinsichtlich der zulässigen Filtergeschwindigkeit vor:

- Oberflächen- $v_{F,MW} = 9{,}0{-}10{,}0$ m/h [20]
  filtration: $v_{F,MW} = 8{,}0{-}10{,}0$ m/h [14]
- Tuchfilter: $v_{F,MW} = 8{,}0{-}12{,}0$ m/h [14]
              $v_{F,MW} = 8{,}0$ m/h   [21]

Tabelle G.3-21 Bemessungsfiltergeschwindigkeiten für Raumfilter [G.3.121]

	Trockenwetterzufluß, $v_{F,TW}$ [m/h]	Mischwasserzufluß, $v_{F,MW}$ [m/h]
unbelüftetes Raumfilter	7,5	15,0
Flockungsfiltration	6,0 – 8,0	15,0
belüftetes Raumfilter	5,0	10,0

- Mikrosiebe: $v_{F,MW} = 5{,}0{-}20$ m/h   [12]
                $v_{F,MW} = 17{,}0{-}25$ m/h [26]

Bei der Tuchfiltration und der Mikrosiebung kommen eher die kleineren Filtergeschwindigkeiten zur Anwendung.

Die Filterbetthöhe als weiterer Hauptparameter kann nach A 203 nicht mit einem mathematisch-empirischen Ansatz berechnet werden. In Abhängigkeit von Durchströmungsrichtung, Filtrationsverfahren und Anzahl der Schichten wird jedoch ein üblicher Bereich der Filterbetthöhe zwischen 1,2 und 3,0 m angegeben. Von verschiedenen Autoren wird empfohlen, die Speicherfähigkeit für Suspensa bzw. die Raum- oder Flächenbeladung zur Bestimmung der Schichthöhen heranzuziehen. Unter Berücksichtigung einer Reserve für Betriebsstörungen können folgende Bemessungswerte für die AFS-Raumbeladung angenommen werden [G.3.122]:
- einfache (flache) Sandfilter: 1–1,5 kg AFS/m³
- Raumfilter ohne Flockung: 3–4,0 kg AFS/m³
- Raumfilter mit Flockung: 2,5   kg AFS/m³

Bei der Flockungsfiltration müssen auch die Partikel berücksichtigt werden, die aufgrund der Fällungsmechanismen entstehen. Der zusätzliche Schlammanfall kann mit hinreichender Genauigkeit mit folgendem Ansätzen berechnet werden:
- Fällung mit Eisensalzen:
  $$m_{Fe} = B_{d,gelPo} \cdot (1{,}42 \cdot \eta + 3{,}45 \cdot \beta)$$
- Fällung mit Aluminiumsalzen:
  $$m_{Al} = B_{d,gelPo} \cdot (1{,}42 \cdot \eta + 2{,}52 \cdot \beta)$$

m Feststoffzunahme aus Fällung/Flockung [kgTS/d]
η Wirkungsgrad der P-Elimination bezogen auf gel P [–]
β relative Fällmittelmenge Mol Me/Mol P
$B_{d,gelPo}$ gelöste P-Fracht im Zulauf des Filters

Zentrales Element einer Filteranlage ist das Medium, an dem die Feststoffe zurückgehalten werden. Dieses gilt auch für die Biofiltration. Verwendung finden Kornschüttungen verschiedener Materialien. Grundsätzlich muß ein *Filtermaterial* weitgehend inert gegen mechanischen, chemischen und biologischen Angriff sein. Bei der Auswahl muß berücksichtigt werden, daß folgende Materialeigenschaften den Filtrationsvorgang beeinflussen:
- Kornform, Korngröße, Oberflächenbeschaffenheit und spez. Oberfläche wirken sich auf die Reinigungsleistung aus.

Tabelle G.3-22 Kenndaten der eingesetzten natürlichen und aufbereiteten Filtermaterialien [Literaturauswertung]

Material	Kornform und -struktur/Festigkeit	$v_{\text{Spül.}}$[a] [m/h]	Gesamt-porosität [–]	Rohdichte [g/cm³]	spez. Oberfläche [m²/m³]
Basalt 0,7 – 1,25/1,0 – 1,6	gebrochen, kantig; rauhe Oberfläche/ hohe Festigkeit	65 – 100	0	2,9	3.566
Quarzsand 0,7 – 1,25/1,2 – 2,0	abgerundet; glatte Oberfläche/ hohe Festigkeit	45 – 130[b]	0	2,5	2.988
Anthrazit 1,4 – 2,5/2,5 – 4,0	gebrochen, kantig; glatte Oberfläche/ geringe Festigkeit	55/90[b]	0	1,4	1.883
Bims 1,4 – 2,5	kantig abgerundet; poröse, rauhe Oberfläche/geringe Festigkeit	55	0,7	0,7	k.A.
Blähschiefer 1,4 – 2,5/2,5 – 4,0	kantig abgerundet; poröse, rauhe Oberfläche/geringe Festigkeit	60/90[b]	0,5	1,1	1.575
Biolite[c] ø 1 – 8	gebrochen oder rund, rauhe und poröse Oberfläche/mittlere bis hohe Festigkeit	30	ca. 0,5	1,4 – 1,8	500 – 2000
Polystyren	poröse Oberfläche, abgerundet	k.A.	0,39	0,45[d]	1.050

[a] erforderlich Spülgeschwindigkeit für eine ausreichende Ausdehnung (ca. 20 – 30 % der Schichthöhe), abhängig von Körnung und Bewuchs
[b] je nach eingesetzter Körnung
[c] Angaben Philipp Müller
[d] Angabe Firmenprospekt OTV

– Körnungsbereich, Ungleichförmigkeitsgrad sowie Unter- und Oberkornanteil beeinflussen den Filterbetrieb.

– Dichte, Sinkgeschwindigkeit sowie die erforderliche Fluidisierungsgeschwindigkeit haben Einfluß auf das Spülverhalten und die Materialkombinierbarkeit.

Bei mehrschichtigen Filtern ist die Materialauswahl und Kornabstufung an die Erfordernisse der Spülung anzupassen. Die Materialdichten sind so abzustimmen, daß sich das Material nach der Spülung nicht vermischt. Üblicherweise ist ein Verhältnis der Dichten von Ober- und Unterschicht zwischen ca. 1,8 und 2,0 geeignet. Ein ausreichendes spezifisches Gewicht verhindert den Austrag des Materials bei der Spülung. Des weiteren ist zu berücksichtigen, daß mit Belegung des Filtermaterials mit einem Biofilm, sich die notwendige Spülgeschwindigkeit um ca. 15 % vermindert [G.3.123].

Wichtige Kennwerte der in der Praxis eingebauten Materialien sind in Tabelle G.3-22 zusammengefaßt. Basalt, Quarzsand, Anthrazit und Bims sind natürliche (unbehandelte) oder mechanisch gebrochene Produkte. Bei Blähschiefer und Blähton, die auch unter dem Produktnamen Biolit vertrieben werden, handelt es sich um thermisch aufbereitete Materialien, die bei regulier-

ter Aufheizgeschwindigkeit ($T = 1100 – 1250\ °C$) eine wesentliche Volumenzunahme erfahren. Bei Polystyren, das aufgrund der geringen Dichte in Schwimmkornfiltern Verwendung findet, handelt es sich um ein Produkt auf Basis geschäumter Recyclingkunststoffe.

Für eine gute Anlagerung hat sich vor allem rauhes, kantiges Material bewährt. Umfangreiche Materialuntersuchungen haben ergeben, daß sich für Mehrschichtfilter hinsichtlich Haltbarkeit, Kombinierbarkeit und Spülverhalten die Kombination Quarz als Unterschichtmaterial (i.d.R. $d = 0,71 – 1,25$ mm) und Anthrazit als Oberschichtmaterial (i.d.R. $d = 1,4 – 2,5$ mm) am besten bewährt hat [G.3.124].

G.3.3.6.5 Biologische Filtration

Wirkungsweise

Die Biofiltration kombiniert die Prozesse der biologischen Reinigung des Abwassers und der Schwebstoffelimination. Sie kann als biologische Hauptstufe und zur Nachreinigung zum Abbau von Kohlenstoffverbindungen, zur (Rest)-Nitrifikation oder (Rest)-Denitrifikation eingesetzt werden. Bei Einsatz eines Biofilters als biologische Hauptstufe erfolgt die P-Elimination i.d.R. mittels chemischer Vorfällung und/oder Nachfällung. Eine begrenzte Simultanfällung auf das Biofilter ist ebenfalls möglich. Die biologische Phosphorelimination ist in Biofiltrationsanlagen bislang nur halbtechnisch erprobt.

Durch das feinkörnige Trägermaterial (bis max. 8 mm ø) wird neben der biologischen Stoffumsetzung eine Filtrationswirkung erreicht. Dadurch wird einerseits der bei den biologischen Umsetzungsprozessen produzierte Überschußschlamm und andererseits die im Abwasserzulauf enthaltenen Suspensa weitgehend im Filterbett zurückgehalten. Durch die hohe Biomassenkonzentration auf dem Trägermaterial können große Umsatzleistungen erzielt werden. Dieses führt zu kleinen Reaktoren. Da bei Biofiltrationsanlagen keine Nachklärung erforderlich ist, wird eine weitere Platzeinsparung erreicht. Allerdings ist die Suspensaelimination mit Biofiltern nicht so weitgehend wie bei der konventionellen Raumfiltration. Suspensakonzentrationen im Ablauf von < 5 mg AFS/l, wie sie von konventionellen Raumfiltern erreicht werden, können i. allg. nicht eingehalten werden.

Einsatzmöglichkeiten

Die Einsatzbereiche von Biofiltrationsanlagen auf Kläranlagen sind sehr vielseitig. Sie können zur Restreinigung als kombinierte Verfahrensweise (Bild G.3-91) eingesetzt werden [G.3.1]:
– nachgeschaltete Restnitrifikation und Rest-P-Elimination,
– nachgeschaltete Restdenitrifikation und Rest-P-Elimination,
– nachgeschaltete (Rest)-Nitrifikation und Restdenitrifikation sowie Rest-P-Elimination,
oder sie übernehmen die gesamte biologische Reinigung des Abwassers (Biofiltration als biologische Hauptreinigungsstufe; Bild G.3-92)
– mehrstufige Biofiltration mit nachgeschalteter Nitrifikation und Denitrifikation,
– Biofiltration mit vorgeschalteter Denitrifikation,
– mehrstufige Biofiltration mit vor- und nachgeschalteter Denitrifikation,
– einstufige Biofiltration mit vorgeschalteter Denitrifikation im Zweizonenfilter (z. B. Schwimmfilter).

Aufgrund ihres geringen Raumbedarfs finden Biofilter im wesentlichen bei begrenzten Platzverhältnissen, schwierigem Baugrund, geruchsemmissionsbedenklichen Standorten sowie bei der Erweiterung vorhandener Kläranlagen Anwendung.

Verfahrenstechniken

Grundsätzlich sind biologisch intensivierte Filter eine Weiterentwicklung der klassischen Raumfilter, die bzgl. der Bauweise, Gestaltung und der technischen Ausrüstung sowie der Spülung große Ähnlichkeiten (Filterbehälter, dem Filterbett und einem Düsenboden usw.) aufweisen.

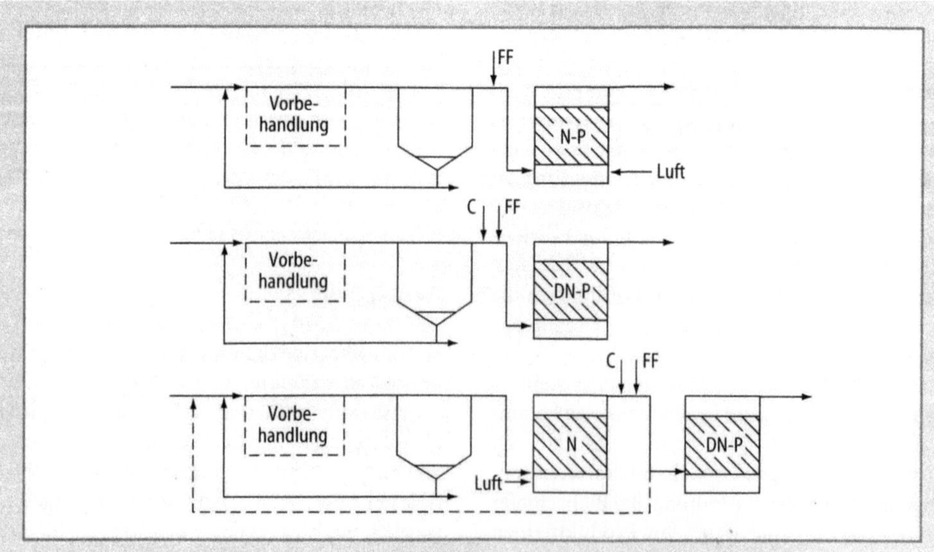

Bild G.3-91 Beispiele für kombinierte Verfahrensweise mit Biofiltration als Nachreinigungsstufe [G.3.1]

 Gewässerschutz und Abwasserbehandlung

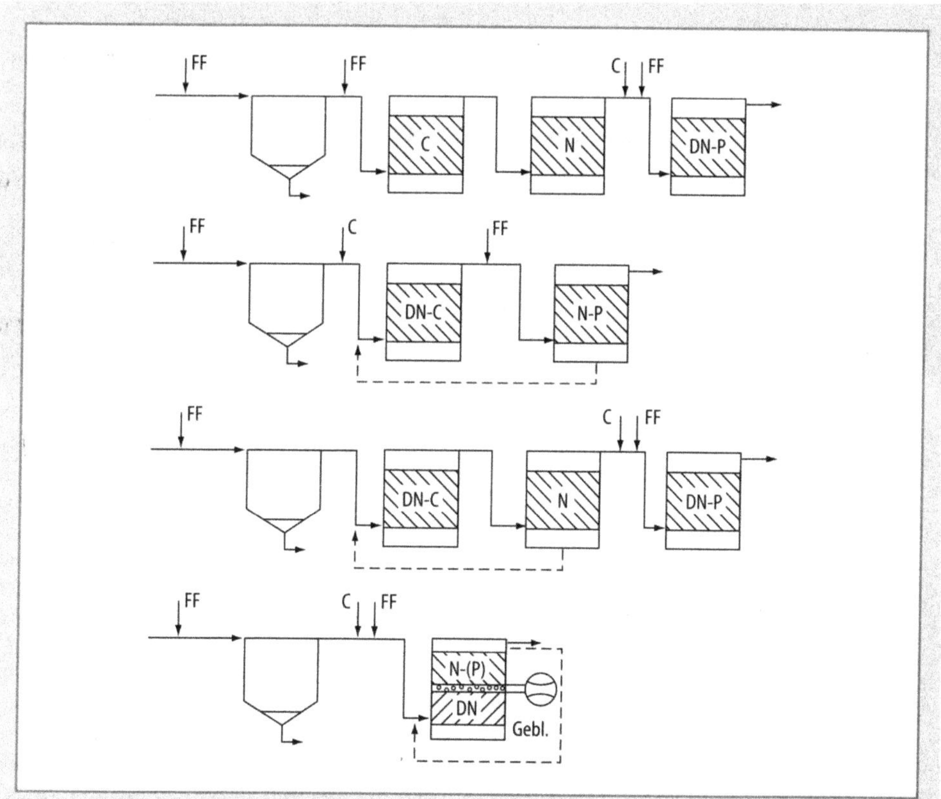

Bild G.3-92 Beispiele für den Einsatz der Biofiltration als biologische Hauptstufe [G.3.1]

Tabelle G.3-23 Bauarten und Betreibsweise von Biofiltern

Durchströmungs-richtung	Richtung der Prozeßluft	Filteregime	Dichte des Filtermaterials	Art der Spülung
Auftstromfilter	Gleichstrom	überstaute Filter	schwimmend ($\rho < 1{,}0\ g/cm^3$)	kontinuierlich
Abtstromfilter	Gegenstrom	Trockenfilter	nicht schwimmendes ($\rho > 1{,}0\ g/cm^3$)	diskontinuierlich

Zeilen sind nicht an die Spalten gekoppelt, Kombinationen sind möglich

Für die aeroben Abbauvorgänge sind zusätzlich Belüftungseinrichtungen vorzusehen, während für die Denitrifikation Dosiereinrichtungen für eine C-Quelle zu installieren sind. Zusätzlich sind bei den diskontinuierlich betriebenen Systemen Pumpen und Gebläse für die Spülung sowie Spülwasserspeicher erforderlich. Biofilter können je nach Bauart und Betriebsweise nach verschiedenen Kriterien klassifiziert werden (Tabelle G.3-23).

Filtertypen, bei denen keine direkte Belüftung des Filterbetts erfolgt, sondern das Abwasser nur vorbelüftet wird, können ebenfalls zu den biologischen Filtern gezählt werden, obwohl ihre biologische Leistungsfähigkeit durch den O_2-Sättigungswert z. B. für die Nitrifikation auf ca. 2,0 mg NH_4-N/l begrenzt ist. Die grundsätzlichen Betriebsweisen biologischer Filter sind in Bild G.3-93 dargestellt.

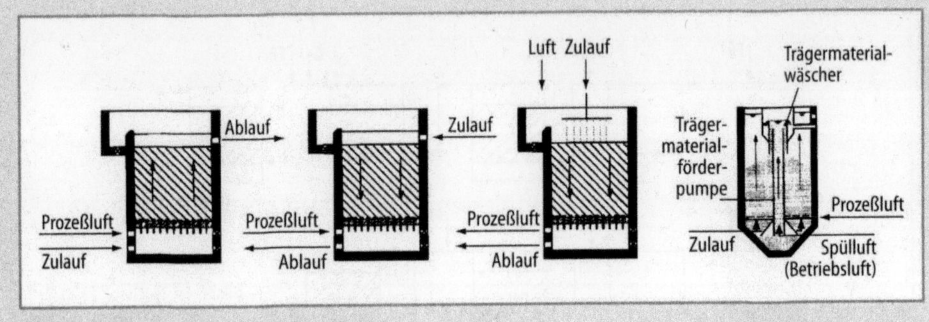

Bild G.3-93 Betriebsweisen biologischer Filter

Systemrandbedingungen

Der Einsatz von Biofiltern als Hauptstufe erfordert eine ausreichende vorgeschaltete *Schwebstoffelimination*. Hohe Konzentrationen an abfiltrierbaren Stoffen im Zulauf der Biofiltration beschleunigen die Belegung des Filterbetts und erhöhen die Spülhäufigkeit. Im Mittel sind i. d. R. Schwebstoffkonzentrationen < 50–70 mg/l AFS im Biofilterzulauf anzustreben. Des weiteren sind „sperrige" Stoffe wie Ohrenstäbchen und auch Blätter sicher zurückzuhalten. Diese Anforderung kann mit einer einfachen Vorklärung häufig nicht erfüllt werden, daher wird meistens eine Siebung kombiniert mit einer Vorfällung und Flockung eingerichtet oder die Vorklärstufe teilweise mit Lamellenseparatoren ausgerüstet. Für die Biofiltration zur Restreinigung stellt diese Anforderung i. allg. kein Problem dar, da diese meistens mit nachgeklärtem Abwasser aus der Belebung beschickt werden.

Unabhängig von der Anordnung der *Denitrifikationsstufe* sind die meisten denitrifizierenden Biofiltrationen auf externe Kohlenstoffquellen angewiesen. Dadurch ergeben sich nicht nur zusätzliche Betriebsmittelkosten sondern auch eine erhöhte Überschußschlammproduktion. Die wesentlichen Eigenschaften und die erforderlichen Dosiermengen der verschiedenen Produkte sind in Tabelle G.3-24 zusammengestellt. Die Kosten sind sehr schwankend und hängen von der Transportentfernung sowie vom jeweiligen Marktpreis ab. In der Praxis hat sich Methanol bewährt. Hierbei ist jedoch eine Adaptationszeit der Mikroorganismen an Methanol von ca. 1 Monat bei der Inbetriebnahme und bei stark schwankenden Zulaufwerten zu berücksichtigen.

Bei der vorgeschalteten Denitrifikation ist zu bedenken, daß ein Großteil des CSB bereits durch die Vorfällung/Flockung in der Vorklärung abgeschieden wird, wobei der als Feststoff vorliegende CSB/BSB sowieso für die Denitrifikation nicht verfügbar ist. Da außerdem nitrifizierende Biofiltrationsanlagen intensiv belüftet werden, liegt der Sauerstoffgehalt im Ablauf nitrifizierender Biofiltrationsanlagen je nach geforderter Elimination zwischen 2 und 4 mg/l. Mit der Rezirkulation des nitratreichen Abwassers aus der Nitrifikationsstufe werden daher auch entsprechende Mengen an Sauerstoff in die vorgeschaltete anoxische Stufe/Zone eingetragen. Der O_2-Eintrag hat zur Folge, daß einerseits der für die Denitrifikation verfügbare anoxische Bereich kleiner wird, andererseits das C/N-Verhältnis für die Denitrifikation durch die aerobe CSB-Zehrung derart reduziert wird, daß die Zugabe einer externen Kohlenstoffquelle erforderlich wird.

Bemessung biologischer Filter

Wegen der komplexen Vorgänge und Prozeßbedingungen in Biofilmsystemen gibt es derzeit noch keine allgemeingültige Bemessungsrichtlinie zur Dimensionierung biologischer Filter. Deshalb ist man bei der Auslegung auf empirische Kenngrößen der Verfahren angewiesen, die vor allem auf Erfahrungswerten der Herstellerfirmen beruhen.

Zur Bestimmung der Hauptabmessungen der Systeme sind als wichtigste Kenngrößen die *Abbauleistung*, die *Raumbelastung* sowie die *Filtergeschwindigkeit* zu nennen.

Um der deutschen Überwachungsstrategie zu genügen, muß die Bemessung so erfolgen, daß auch bei Spitzenbelastung die geforderten Ablaufwerte eingehalten werden können. Daher ist als Bemessungsfracht die Maximalbelastung (z. B. der 2-h-Mittelwert der Tagesspitze) anzusetzen.

Tabelle G.3-24 Übersicht der wichtigsten Kenndaten verschiedener Industriesubstrate

Substrat	Struktur	Dichte kg/l	g CSB/ g Substrat	g Substrat/ gNO$_3$-N [a]	g TS/ gNO$_3$-N	Schlammanfall gTS/gNO$_3$-N$_{DN}$
Methanol	CH_3OH	0,79	1,5	1,9	2,5 [b]	0,53
Ethanol	C_2H_5OH	0,78	2,1	1,4	2,0 [b]	0,82
Essigsäure	CH_3COOH	1,06	1,067	2,7	3,5 [b]	0,55
Natriumacetat	CH_3COONa	1,00	0,78	2,7	4,6 – 7,5 [b]	0,55
Glucose	$C_6H_{12}O_6$	1,00	1,07	2,7	4,7 – 8,4 [b]	0,4
Acetol-20	k.A.	1,09	0,7	k.A.	5 [c]	0,73
Acetol-100	k.A.	0,88	1,7	k.A.	3 [c]	0,82
ALKOTAT-40	k.A.	1,09	0,75	k.A.	3,5 [c]	0,73

[a] stöchiometrisch
[b] unter Berücksichtigung der Biomassenproduktion
[c] Herstellerangaben

Das erforderliche *Filtervolumen* kann mit der geforderten Ablaufkonzentration über die *Raumbelastung* bzw. die *Abbauleistung* folgendermaßen bestimmt werden:

$$V = \frac{B_h}{B_{R,h}}$$

B_h maximale Stundenfracht [kg/h]

$B_{R,h}$ zulässige max. stündliche Raumbeladung; entweder direkt aus Messung oder über 24stel des Tageswertes $B_{R,d}/24$ [kg/ (m³·h)]

Die erreichbaren Raumumsatzleistungen (Tabelle G.3-25) sind von der spezifischen Abwasserzusammensetzung, der Abwassertemperatur, vom gewählten Filterverfahren, dem Trägermaterial und dem Einsatzzweck abhängig. Zum Beispiel sind bei höherer organischer Belastung kleinere NH$_4$-N-Raumabbauleistungen anzusetzen. Bei der Rest-Nitrifikation sind Abminderungen vorzunehmen, wenn das Filter über längere Zeiträume nur mit geringen Ammoniumgehalten beschickt wird.

Die Umsatzleistungen können für die jeweilige Abwassertemperatur mit der modifizierten van´t-Hoff-Arrhenius-Gleichung umgerechnet werden. Für die *Nitrifikation* ergibt sich eine Leistungssteigerung von *4 – 8 %* je Grad Temperaturanstieg; bei der *Denitrifikation* kann ein Anstieg von *5 – 12 %* pro °C angesetzt werden, wobei der Einfluß der Temperatur nicht überschätzt werden sollte [G.3.104].

Die erforderliche *Netto-Filterfläche* (ohne Reserven für Spülung oder Bumping usw.) berech-

Tabelle G.3-25 Raumumsatzleistungen von Biofiltern [G.3.1]

	D$_{BR}$ Stundenwerte kg/(m³ · h)	D$_{BR}$ Tageswerte kg/(m³ · d)
BSB$_5$	0,17 – 0,29	4 – 7
CSB	0,29 – 42	7 – 10
Nitrifikation (NH$_4$-N)	0,004 – 0,063 (max. 0,083)	0,1 – 1,5 (max. 2,0)
Denitrifikation (NO$_2$-N, NO$_3$-N)	0,033 – 0,017 (max. 0,208)	0,8 – 4,0 (max. 5,0)

net sich wie bei der Raumfiltration. Sie ist abhängig von der Zulaufcharakteristik und vom Einsatzzweck des Filters (Nitrifikation, Denitrifikation, Suspensaelimination usw.). Im Normalbetrieb und bei Trockenwetter sind *Filtergeschwindigkeiten* von $v_F = 2 - 8$ m/h üblich. Bei Mischwasserzufluß und bei Spülung anderer Zellen können auch v_F-Werte von 10 – 15 m/h gefahren werden. Bei Systemen mit vorgeschalteter Denitrifikation und Nitrifikation ist die hydraulische Belastung aus der Nitrat-Rückführung zu beachten.

Betriebsergebnisse biologischer Filter

Eine Vergleichbarkeit verschiedener Ergebnisse von Biofiltern ist aufgrund der unterschiedlichen Randbedingung nur eingeschränkt gewährlei-

Tabelle G.3-26 Biofilteranlagen in Deutschland für den kommunalen Einsatz (Stand 12/98) (nach [G.3.125] erweitert)

Ort	Größe [EW]	Art der Reinigung	Lieferant	Stand
Ahlen	126.000	Vollreinigung	Philipp Müller	in Betrieb
Duisburg-Huckingen	135.000	Vollreinigung	CT	in Bau
Hagen	1.000	Vollreinigung	Preussag	in Betrieb
Herford	250.000	Vollreinigung	OTV	in Betrieb
Wiesbaden-Biebrich	130.00	Vollreinigung	noch nicht vergeben	
Vlotho	25.000	Vollreinigung	Philipp Müller	in Betrieb
Lemgo	120.000	nachgeschaltete Nitrifikation u. Denitrifikation	WABAG	in Betrieb
Marburg	130.000	nachgeschaltete Nitrifikation u. Denitrifikation	CT	in Bau
Mechernich	20.000	nachgeschaltete Nitrifikation u. Denitrifikation	Lurgi Bamag	in Betrieb
Mettmann	70.000	nachgeschaltete Nitrifikation u. Denitrifikation		in Planung
Nordhorn	135.000	nachgeschaltete Nitrifikation u. Denitrifikation	Lurgi Bamag	in Betrieb
Ratzeburg	ca. 2.000	nachgeschaltete Nitrifikation u. Denitrifikation	Axel Johnson	in Betrieb
Rostock	300.000	nachgeschaltete Nitrifikation u. Denitrifikation	Philipp Müller	in Betrieb
Cloppenburg	190.000	nachgeschaltete Nitrifikation	Philipp Müller	in Betrieb
Hückelhoven Ratheim	180.000	nachgeschaltete Nitrifikation	noch nicht vergeben	
Ahrensburg	50.000	nachgeschaltete Denitrifikation	Philipp Müller	in Betrieb
Celle	65.000	nachgeschaltete Denitrifikation	WABAG	in Bau
Frankfurt/Main	ca. 1,2 Mio.	nachgeschaltete Denitrifikation	Philipp Müller	in Bau
Grüneck	120.000	nachgeschaltete Denitrifikation	WABAG	in Bau
Gütersloh – Obere Lutter	165.000	nachgeschaltete Denitrifikation	WABAG	in Betrieb
Lütjenbrode	50.000	nachgeschaltete Denitrifikation	Axel Johnson	in Bau
Starnberg	180.000	nachgeschaltete Denitrifikation	WABAG	in Bau

stet. Generell hängt die Reinigungsleistung vor allem von folgenden Einflußgrößen ab:
- vorgeschaltete Verfahrensstufe,
- Umfang der multifunktionellen Nutzung (Zielgrößen: NH_4-N, ges.P, AFS, CSB),
- Raumbeladung bzw. NH_4-N-Ablaufgehalte der vorgeschalteten Stufe,
- Abwasservolumenstrom und Schwankung (Filtergeschwindigkeit),
- Abwassertemperatur,
- Betrieb des biologischen Filters (z. B. Spülintervalle).

Obwohl es relativ lange gedauert hat, bis die ersten Biofilteranlagen in Deutschland gebaut wurden, so sind doch mittlerweile eine Vielzahl von Anlagen mit den unterschiedlichsten Aufgaben in Betrieb und im Bau. Eine Übersicht der Anlagen in Deutschland gibt Tabelle G.3-26. Weiterhin sind seit Anfang der 90er Jahre 10 aufwärts durchströmte Filter (bis zu 3500 m²) überwiegend nach dem BIOFOR-Verfahren mit dem Einsatzziel der Rest-Nitrifikation in Betrieb.

Die Größenordnung geht von kleinen bis zu relativ großen Kläranlagen mit mehreren 100.000 Einwohnerwerten Anschlußgröße. Die größte Kläranlage von der Kapazität her ist die Kläranlage Frankfurt mit einer maximalen Auslegungswassermenge von 6,8 m³/s. Bezüglich der spezifischen Fracht ist die Kläranlage Gütersloh besonders erwähnenswert, die Nitratzulaufkonzentrationen bis zur Höhe von 100 mg NO_3-N/l verarbeiten kann.

Die *Trockenfiltration* wird im kommunalen Bereich nur wenig verwendet. Beim Einsatz zur *Rest-Nitrifikation* kann das begrenzte NH_4-N-Angebot die Nitrifikationsleistung limitieren, so daß sich bei einer mittleren nitrifizierten NH_4-H-Konzentration von 1,0 mg/l eine durchschnittliche NH_4-N-Raumabbauleistung von 0,1 kg NH_4-

$N/(m^3 \cdot d)$ errechnet. Bei unbegrenztem Ammoniumangebot können mit der Trockenfiltration und der Materialkombination Anthrazit/Basalt Raumabbauleistungen bis zu $2 \text{ kg } NH_4\text{-}N/(m^3 \cdot d)$ erzielt werden [G.3.123].

Kraft [G.3.126] untersuchte in einem abwärtsdurchströmten, halbtechnischen Zweischichtfilter die Einflüsse der Filtergeschwindigkeit, der Gasbildung und der Fällungs-Flockungsprozesse auf die *nachgeschaltete Denitrifikation*. Bei Dosierung von Methanol mit einem CSB/N-Verhältnis von 4,1 wurden bei Filtergeschwindigkeiten von 5, 7,5 und 10 m/h Wirkungsgrade von über 90 % erreicht. Bei steigender Filtergeschwindigkeit konnte ein geringfügiger Abfall der Leistung festgestellt werden. Bis zu einer Nitratraumbelastung von $2 \text{ kg } NO_3\text{-}N/(m^3 \cdot d)$ arbeitete das System sehr stabil. Durch die Gasbildung war es notwendig, das Gas durch kurze Spülstöße auszutragen. Eine Spülgeschwindigkeit von 15–20 m/h bei einer Spüldauer von 2 min erwies sich als ausreichend, um eine Standzeit von 24 h zu erlangen. Bei gleichzeitiger Fällung konnte eine Beeinträchtigung der Denitrifikationsleistung bei großer Eisenzugabe festgestellt wer-

den. Ebenfalls verschlechterte sich die Denitrifikation aufgrund von Phosphormangel bei P-Ablaufwerten um 0,1 mg/l. Der zusätzliche Schlammanfall durch die Denitrifikation wurde zu $0,25 \text{ kg oTS/kg } CSB_{eli.}$ bestimmt. Einen Vergleich verschiedener Untersuchungen zur Denitrifikation im Filter liefert Tabelle G.3-27.

Untersuchungen an *kontinuierlich gespülten biologischen Filtern* zur *(Rest-)Nitrifikation* mit Basalt $(d = 1,25 – 2,5 \text{ mm}; U = 1,5)$ ergaben, daß bei höherer Filtergeschwindigkeit größere NH_4-N-Raumabbauleistungen erreicht werden, wobei jedoch etwas erhöhte Ammoniumablaufkonzentrationen auftreten (Tabelle G.3-28) [G.3.126].

Versuche zur *nachgeschalteten Denitrifikation* an einer großtechnischen, *kontinuierlich gespülten Filtration* $(A = 40 \text{ m}^2)$ erbrachten mittlere Denitrifikationsraten von $1,0 \text{ kg/}(m^3 \cdot d)$ bei einer denitrifizierten Nitratmenge von bis zu 23 $\text{mg } NO_3\text{-}N/l$ [4]. Bei niedrigem Nachtzufluß und somit geringer NO_3-N-Belastung wird fast vollständig denitrifiziert $(NO_3\text{-}N_e < 4,0 \text{ mg/l})$. Während der Tagesspitze steigen die Nitratablaufwerte auf ca. 13 mg/l an, da die maximale Denitrifikationsleistung überschritten wird.

Tabelle G.3-27 Vergleich denitrifikationsleistugnen verschiedener Filtersysteme zusammengestellt in [G.3.104]

Autor	SR	LB	v_F [m/h]	Substrat	CSB/Nitrat	Nitrat C_o [mg/l]	Nitrat C_e [mg/l]	$DB_{R,NO3\text{-}N}$ [kgNO$_3$-N/(m$^3 \cdot$ d)]
Wilderer (1994)	ab	GA	4,5	Methanol	< 3,8	6 – 25	2 – 10	k.A.
Kraft (1992)	ab	HA	7,5	Methanol	4,1	20	0,2 – 0,4	1,96
Strohmeier (1994)	auf	GA	–	Methanol	–	–	–	2,5
Rogalla (1992)	auf	GA	3 – 5	Rohabwa.	5,2	–	12	1,0
Koopmann (1990)	auf	HA	6,6	Methanol	> 5,0	10,5	1	1,0
Barjenbruch (1994)	auf	GA	4,6	ACETOL100	6,1	21,9	7,9	0,8

SR Durchströmungsrichtung   LB Anlagenmaßstab
auf aufwärts   HA halbtechnisch
ab abwärts   GA großtechnisch

Tabelle G.3-28 Nitrifikationsraten und Betriebsergebnisse bei Rest-Nitrifikation [G.3.127]

v_F [m/h]	NH_4N_o [mg/l]	NH_4N_e [mg/l]	$B_R NH_4$-N [kg/(m$^3 \cdot$ d)]	$DB_R NH_4$-N [kg/(m$^3 \cdot$ d)]	η [%]	AFS_o [mg/l]	AFS_e [mg/l]	η [%]
10,0	20,0	2,5	1,3	1,1	88	23 – 5	4 – 1	≈ 83
14,3	25,0	4,0	2,1	1,8	84	10 – 4	4 – 2	≈ 50

$T \sim 13,5\,°C; pH = 6,0$

Die kombinierten Verfahren wurden z.T. parallel zu den Biofiltern entwickelt. Durch Zuordnung der einzelnen Funktionen (Denitrifikation, Nitrifikation, Filtration) auf getrennte Reaktoren ist eine bessere Anpassung an die jeweiligen Aufgabenstellung möglich. Zum Einsatz kommen:

- vorgeschaltete belüftete Trägerbiologie mit anschließender Raumfiltration,
- weitergehende Entnahme gelöster Stoffe durch Aktivkohleadsorbtion.

Beim Verfahren der „Klarwassernitrifikation", bei dem nachgeklärtes Abwasser in einer *belüfteten Trägerbiologie* restnitrifiziert wird, kommen als Trägermaterial schwebende Schaumstoffwürfel oder Festbettmaterial aus Kunststoff zur Anwendung. Im Anschluß an diese Restnitrifikationsstufe ist zur Suspensaabscheidung und zur Rest-P-Elimination eine Flockungsfiltration nachgeschaltet (Bild G.3-94).

Versuchstechnisch konnten mit diesen Systemen eine Raumumsatzleistung von 0,7 kg NH_4-$N/(m^3 \cdot d)$ erreicht werden [G.3.104]. Um verschärfte Anforderungen (NH_4-N-Ablaufgehalte von < 3 bzw. < 1 mg/l) einzuhalten, wurden in der Praxis bisher vorbelüftete Reaktorvolumina zwischen 250 und 5000 m^3 mit einem 30 % Trägervolumenanteil ausgeführt.

Zur weiteren Verbesserung der CSB-Elimination, vor allem des biologisch nicht abbaubaren Anteils ist eine Kombination *adsorptiv wirkender Substanzen* mit der *Filtration* möglich. Dieses Verfahren bietet sich vor allem bei stark industriell geprägtem Abwasser (z.B. Textilindustrie) an, das noch Farbstoffe usw. enthält. Grundsätzlich lassen sich zwei Varianten unterscheiden:

- Verwendung von Kornkohle (1,0 – 6,0 mm) in Kontaktsäulen mit vorgeschalteter Raumfiltration zur Vermeidung einer zu schnellen Verstopfung mit Suspensa,
- Zugabe pulverförmiger Aktivkohle (PAK; 10 – 50 µm) in den Filterzulauf oder ein separates Mischbecken.

Folgende Vorteile sprechen für den Einsatz von PAK [G.3.1]:

- Pulverkohle ist deutlich günstiger als Kornkohle,
- die erforderlichen Kontaktzeiten sind nachweisbar geringer als bei Kornkohle (20 – 40 min),
- vorhandene Reaktionsräume können genutzt werden,
- Pulverkohle kann vorgehalten und bedarfsweise dosiert werden.

Bei der Kombination mit der Raumfiltration wird die PAK in der Filterschicht zurückgehalten und zusätzlich beladen. Bei Rückführung des Spül-

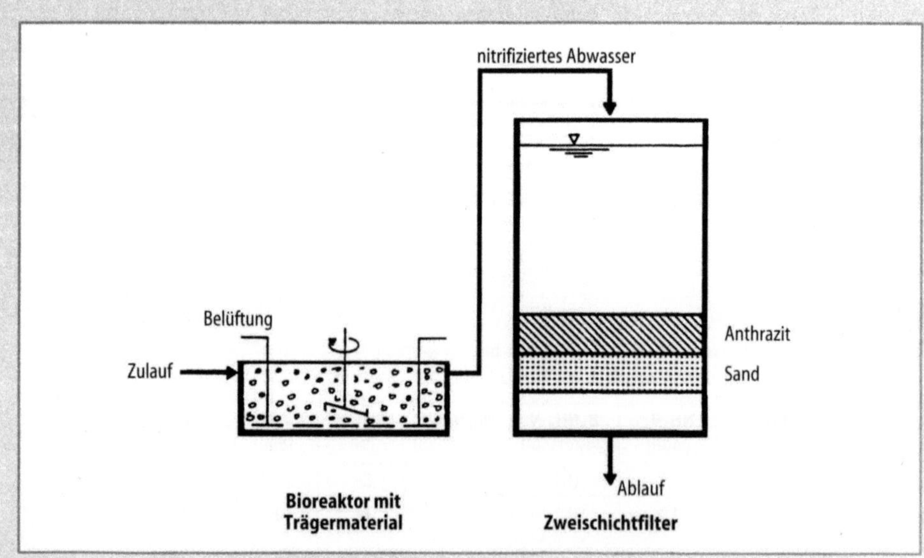

Bild G.3-94 Beispiel eines Raumfilters mit vorgeschalteter Trägerbiologie (Variante Schaumstoffträgermaterial [G.3.104])

wassers in die Belebung hat sie dort Verweilzeiten entsprechend des Schlammalters und kann bedingt durch das höher konzentrierte Medium zusätzlich beladen werden.

Wegen des Staubanteils in der Pulverkohle ist eine ästhetisch einwandfreie Entnahme im Filter nur mit einer Hilfsflockung bei Zugabe geringer Mengen Aluminiumsulfat (ca. 0,5 mg Al^{3+}/l) und eines kationischen Polyelektrolyts (ca. 0,2 mg/l) möglich [G.3.127].

Beim Einsatz zur Behandlung von biologisch vorgereinigtem Abwasser überwiegend aus der Textilindustrie konnten mit einer PAK-Dosierung von 50 mg/l eine Durchsichtsfarbigkeitszahl (DFZ) < 0,3 in 90 % der Fälle unterschritten werden, die als Hinweis der Entfärbung gilt. Der CSB von i.M. 40 mg/l konnte auf 25 mg/l ohne und auf 12 mg/l mit PAK-Zugabe gesenkt werden. Die Entnahme der AOX verursachenden Substanzen betrug dabei 70 %.

Da die Pulverkohle eine zusätzliche Feststoffbeladung für das Raumfilter darstellt, wurde die Filtergeschwindigkeit auf 5 m/h begrenzt. Die Filterlaufzeiten lagen bei 8 – 24 h [33].

Zur Regenerierung kann die Kohle extern, zentral thermisch regeneriert werden. Dieses erscheint jedoch nur bei Anwendung von Kornkohle als wirtschaftlich.

G.3.4 Schlammbehandlung

G.3.4.1 Entstehen und Aufkommen

Leider entstehen bei der Abwasserbehandlung Rückstände. Neben Rechen- und Sandfanggut ist der Klärschlamm nicht nur von der Menge her in vielen Fällen problematisch. Auch seine Zusammensetzung kann zu Problemen führen. Er besteht aus mineralischen/anorganischen und organischen Stoffen sowie einem – je nach Behandlungsstufe – hohen Wasseranteil.

In den Vorklär-/Absetzbecken der mechanischen Stufe der Kläranlage fällt Klärschlamm aus den absetzbaren Stoffen an. Hier ist der Anteil der mineralischen Stoffe (GR = Glührückstand) etwa 30 %, der der organischen Stoffe (GV Glühverlust) etwa 70 %. In der biologischen Behandlungsstufe werden die gelösten organischen Stoffe – Kohlen- und Stickstoffverbindungen – durch enzymatisch gesteuerte mikrobielle Stoffwechselprozesse in Energie (Energiestoffwechsel) bzw. Entstehung neuer Zellen (Baustoffwechsel) umgesetzt. Je nach Schlammbelastung bzw. Schlammalter in der biologischen Stufe wird

ein Belebtschlamm erzeugt, dessen Schlammzuwachs als Überschußschlamm dem Prozeß entzogen wird. Hier beträgt das Verhältnis von GR zu GV etwa 60:40. In der sog. 3. Reinigungsstufe (hier ist nicht die Stickstoffelimination gemeint) wird i.d.R. durch chemische Reaktionen Phosphor eliminiert. Eisen- oder Aluminiumsalze reagieren mit Phosphat zu Eisen- bzw. Aluminiumphosphaten, die schwer lösbar sind und deshalb als absetzbare Flocke dem Abwasser entnommen werden können. Der Glührückstand liegt je nach Anordnung des Fällpunkts (Vorfällung vor der biologischen Stufe – Simultanfällung in der biologischen Stufe – Nachfällung in separaten Anlagenteilen hinter der biologischen Stufe) bei etwa 100 %.

Die besondere Problematik des Klärschlamms besteht sowohl in seinem hohen Wasseranteil als auch in seinen Inhaltsstoffen. Der Wasseranteil des in der mechanischen Stufe anfallenden Primärschlamms beträgt etwa 97 – 98 %. Dieser Wert steigt für den Überschußschlamm aus der biologischen Stufe auf mehr als 99 % an. Für eine Kläranlage mit 100.000 Einwohnern (E) ergeben sich die je nach Behandlungsstufe in Bild G.3-95 dargestellte Mengenverhältnisse.

Die organischen Inhaltsstoffe des rohen Schlamms gehen sehr schnell in saure Gärung über, wobei Wasserstoff, Kohlendioxyd/Kohlensäure und Schwefelwasserstoff entstehen. Die Folge ist ein unerträglicher Geruch. Der Klärschlamm ist seuchenhygienisch nicht unbedenklich, zudem ist er neben den für die landwirtschaftliche Verwertung positiven Nährstoffen auch mit anorganischen und organischen Schadstoffen belastet. Im wesentlichen sind das neben Schwermetallen Dioxine, Furane, PCB usw. Dies bildet zwar für die Verwertung des Klärschlamms ein erhebliches Problem, resultiert allerdings aus dem besonderen Glücksfall, daß die genannten Schadstoffe naturgemäß ohne gezielte Maßnahmen an den Klärschlamm angelagert bzw. inkorporiert werden, was von unschätzbarem Vorteil für den Kreislauf des Wassers ist.

Die Abschätzung von Klärschlammengen werden meist auf die an die Kläranlage angeschlossenen Einwohner (E) und die je nach Kläranlagentyp anfallende Feststoffmenge (g/E·d) sowie den Wassergehalt (WG) [G.3.130] (Tabelle G.3-29) bezogen.

Durch Verminderung der organischen Substanz des Klärschlamms werden bei der anaeroben Stabilisierung/Faulung die letztgenann-

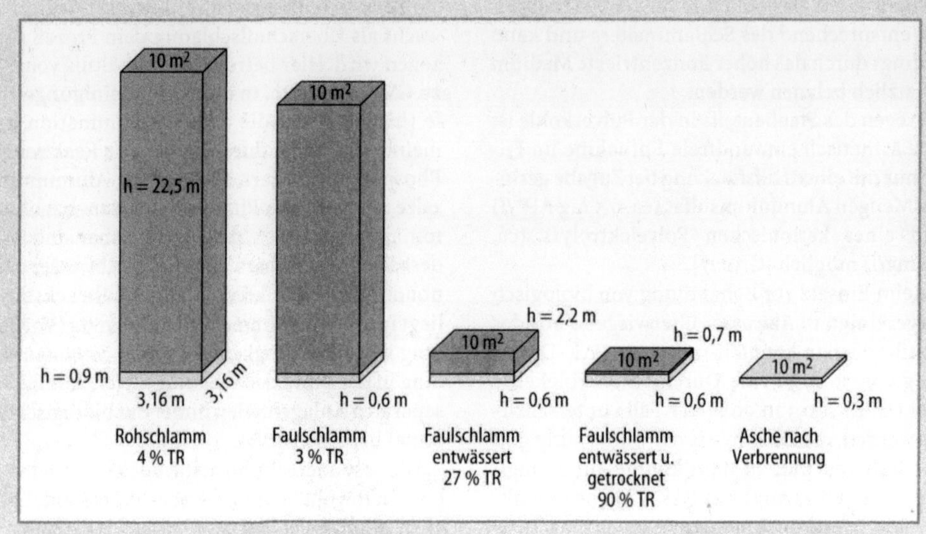

Bild G.3-95 Klärschlammenge und Feststoffgehalte nach einzelnen Verfahren der Schlammbehandlung – für 100.000 E /Tag

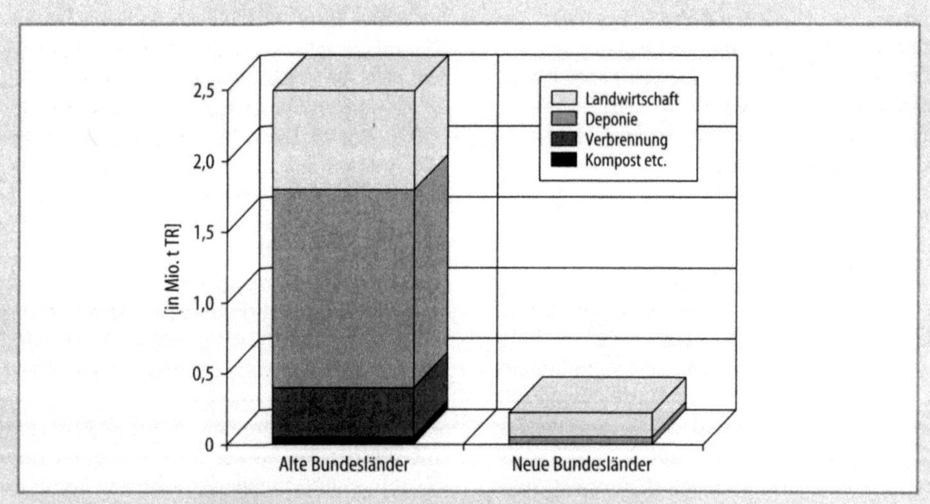

Bild G.3-96 Klärschlammaufkommen und -entsorgung in Deutschland im Jahr 1990

Tabelle G.3-29 Klärschlammtrockenmasse in Abhängigkeit von der Behandlungsart

Behandlung	roh	gefault
	g/(E · d)	g/(E·d)
Mechanik	45	30
Biologie	35	20
Vorfällung	20	15
Simultanfällung	10	10
Nachfällung	15	15

ten Feststoffmengen erreicht. Die Angaben liegen auf der sicheren Seite, sollten allerdings je nach Betrachtungsziel (Dimensionierung der nachfolgenden Behandlungsstufen) um 25 % für das Wochenmittel nach oben bzw. unten angepaßt werden.

Pöpel [G.3.131] hat genauere Übersichten für Anlagen mit unterschiedlichen Schlammbelastungen in Abhängigkeit von der Aufenthaltszeit in der Vorklärung aufbereitet.

Für die BRD ergeben sich, nach alten und neuen Bundesländern getrennt, erhebliche Unterschiede beim Klärschlammaufkommen (Bild G.3-96)

G.3.4.2 Schlammstabilisierung

Ziel der Schlammstabilisierung ist es, den Klärschlamm in einen Zustand zu überführen, der es gestattet, ihn ohne wesentliche Geruchsemission weiter zu behandeln/zu entsorgen.

Der organische Anteil des der Kläranlage entnommenen rohen Schlamms enthält Kohlehydrate, Eiweiß und Fette. Diese werden durch sehr schnell einsetzende mikrobielle Umsetzungsprozesse ab- bzw. umgebaut. Auf die dabei entstehenden Gerüche bei unkontrollierten Abläufen wurde bereits hingewiesen.

Der Prozeß kommt zum Erliegen, wenn
- die Lebensbedingungen für die Organismen nicht vorhanden sind oder
- die organische Substanz soweit mineralisiert ist, daß kein hinreichender Nährboden mehr für die Organismen besteht.

Der erstgenannte Punkt kann leicht durch eine Erhöhung des pH-Werts über 10 (z. B. durch Kalkzugabe) oder durch die Reduktion des Wassergehalts (WG) unter 30 % erreicht werden. Allerdings liegt hier nur ein zeitlich begrenzter Erfolg vor, da unter üblichen Umweltbedingungen der pH-Wert bald sinken bzw. der Wassergehalt ansteigen wird. Damit liegen dann wieder Bedingungen vor, die die beschriebene saure Gärung ermöglichen. Somit sind die genannten Verfahren nur dann anwendbar, wenn andere Möglichkeiten zeitweise nicht zur Verfügung stehen.

Zeitlich unbefristet wirkt die Abminderung der organischen Stoffe/Mineralisierung. Dieses Ziel wird mit der Verbrennung vollständig erreicht. Mit den biologischen Verfahren der aeroben und anaeroben Stabilisierung wird der Abbau der organischen Substanz nicht vollständig erreicht. Der Prozeß nähert sich asymptotisch einem Gleichgewichtszustand, ohne das Ende der Mineralisation zu erreichen. Die so erreichbare relative Stabilität ist für die Praxis ausreichend, da nach diesen Verfahren der organische Anteil um etwa die Hälfte reduziert wurde und keine unangenehmen Gerüche mehr entstehen.

G.3.4.2.1 Aerobe Schlammstabilisierung

Bei der Überbelüftung des Klärschlamms wird der organische Feststoff zu den anorganischen Stoffen CO_2, H_2O und NO_3 oxidiert. Dies geschieht bei Energiegewinn (Energiestoffwechsel) bzw. bei Neubildung von Zellen (Baustoffwechsel).

Genutzt wird diese Möglichkeit bei Verzicht auf die Vorklärung in der biologischen Stufe der Kläranlage. Bei einer Schlammbelastung ≤ 0,05 kg/kg·d und einem Schlammalter von mehr als 20 Tagen wird der Klärschlamm simultan stabilisiert. Bei Abnahme der Temperatur ist das Schlammalter allerdings deutlich zu erhöhen. Bei 10 °C sollte es 40 Tage nicht unterschreiten. Gleichzeitig nitrifiziert und denitrifiziert die Anlage und ist unempfindlich gegen eine unterschiedliche Abwasserzusammensetzung (Stoßbelastung). Dieses Verfahren wird wirtschaftlich bei Größen bis zu 30.000 EW (heute auch bis zu 40.000 EW) eingesetzt.

Bei der getrennten aeroben Stabilisation wird der Klärschlamm in einem separaten Belüftungsbecken weiter mit Sauerstoff versorgt. Die Aufenthaltszeit soll 20 Tage nicht unterschreiten. Es ist unbedingt notwendig, dem Becken nur „frischen" Klärschlamm zuzuführen, da sonst durch Strippeffekte Aerosole ausgetrieben werden. Der Energieaufwand ist relativ hoch (bis 18 kWh/m³ Klärschlamm), so daß in der Praxis dieses Verfahren kaum realisiert wurde. Es ist aber geeignet, zeitlich begrenzte Phasen/Umbauarbeiten in ihren Auswirkungen abzumildern.

Die freiwerdende Energie bei der aeroben Stabilisation wird mit dem Ziel der Selbsterhitzung des Klärschlamms bei der aeroben-thermophilen Stabilisation (ATS) bei Temperaturen von ca. 50 °C und einer Aufenthaltszeit von 5 – 7 Tagen genutzt. Gleichzeitig werden bei geeigneter Betriebsweise Salmonellen, Wurmeier und Enteroviren abgetötet, so daß der Klärschlamm seuchenhygienisch unbedenklich ist. Der Klärschlamm soll möglichst gut eingedickt sein, damit die Zufuhr organischer Inhaltsstoffe hoch und damit die Energieausbeute je m³ Behandlungsvolumen gut ist. Der Sauerstoffeintrag wird mit Ejektorbelüftern, Tauchbelüftern oder Druckluftbelüftungssystemen mit getrennter Durchmischung [G.3.132] gesichert. Besondere Maßnahmen sind gegen häufig auftretende große Schaumbildung zu treffen. Das Verfahren ist relativ energieintensiv, was durch eine Wärmerückgewinnung aus dem behandelten Schlamm abgemindert wird.

Aerob stabilisierter Klärschlamm ist in vielen Fällen nicht genügend stabilisiert, um tatsächlich geruchsfrei zu sein. Zweckmäßig ist es, in nachgeschalteten Teichanlagen den Klärschlamm unter einer Wasserschicht als Geruchsverschluß anaerob weiter zu stabilisieren. Dies ergibt nach einer Zwischenlagerung von mehr als einem Jahr auch erheblich bessere Entwässerungsergebnisse im Rahmen der weiteren Behandlung.

G.3.4.2.2 Anaerobe Schlammstabilisierung

Unter Luftabschluß entwickelt sich im Faulbehälter ein Milieu, in dem die Biomasse weitgehend umgesetzt wird. Man unterscheidet dabei heute mindestens 3 Phasen:
- Versäuerung
  Fakultativ anaerobe Bakterien veratmen den gelösten Sauerstoff oder gewinnen diesen aus den organischen Stoffen.
- Acetogene Phase
  Acetogene Bakterien bereiten die Stoffe der Versäuerungsphase für die 3. Phase der methanogenen Bakterien auf.
- Methanogene Phase
  Methanbakterien, die sich ohne Sonnenenergie und Chlorophyll von anorganischen Stoffen ernähren können, mineralisieren die aufbereiteten Stoffe.

Voraussetzungen für die Faulung sind im wesentlichen folgende:
- Bei der mesophilen Faulung (Temperaturbereich 30–37 °C) sollte eine Aufenthaltszeit von 15–20 Tagen nicht unterschritten werden.
- Bei der thermophilen Faulung (Temperaturbereich um 52 °C) sollte die Aufenthaltszeit mehr als 7 Tage betragen. Die thermophile Faulung spart somit Bausubstanz, ist aber empfindlicher bei Milieuänderungen.
- Der pH-Wert ist bei geringen Schwankungen um bzw. etwas über 7 einzustellen.
- Der Faulbehälterinhalt ist gut durchzumischen und gleichmäßig zu beschicken. Dabei sollte der Klärschlamm einen Feststoffgehalt von 5–6 % beinhalten.

Bei guter Faulung wird ein nahezu geruchsfreier dunkler Faulschlamm, der seuchenhygienisch nicht einwandfrei ist, produziert. Gleichzeitig fällt Faulgas an (30 % CO_2, 70 % CH_4), das aufgrund seines hohen Energiegehalts (23.000 kJ/m^3) ein wesentlicher Faktor für die Energiebilanz der Kläranlage ist.

Die Wirtschaftlichkeit der Faulung setzt bei Anlagen > 30.000 EW ein, wobei den relativ hohen Investitionskosten wesentliche Betriebsvorteile gegenüberstehen. In diesem Zusammenhang sind über das Erreichen der Geruchsfreiheit bzw. der Ablagerungsfähigkeit hinaus zu nennen:
- Der Klärschlamm wird nach Fest- und Inhaltsstoffen homogenisiert.
- Der Feststoffabbau durch Mineralisierung beträgt 20–30 %.
- Das gewonnene Faulgas (15–20 l/E·d) kann über die reine Aufwärmung des Klärschlamms hinaus im Rahmen eines Blockheizkraftwerks (BHKW) zur Gewinnung elektrischer Energie oder zum Antrieb der Gebläse für die Sauerstoffversorgung der biologischen Stoffe eingesetzt werden. Die Abwärme der Gasmotoren dient dann der Faulbehälter- und Gebäudeheizung.
- Bei richtiger Betriebsweise kann der Faulbehälter zudem als Energie- und Feststoffspeicher genutzt werden.

G.3.4.3 Schlammeindickung

Die wirtschaftliche Behandlung des Klärschlamms setzt eine möglichst weitgehende Volumenverminderung voraus. Dies gilt auch für die Stabilisierung, da z. B. bei der Faulung durch eine Aufkonzentration der Feststoffe vor dieser Stufe Behältervolumen eingespart wird und im nachfolgenden Betrieb weniger Wasser aufzuheizen ist.

Bei mittelmäßig eindickbaren Schlämmen erreicht man mit der Eindickung 4–7 % Trockenrückstand – TR. Dieser geringe Wert kann nicht darüber hinwegtäuschen, daß bei einer Eindickung von 1,5 % auf 6 % TR nur noch 25 % des ursprünglichen Volumens weiter zu behandeln sind.

Das Schlammwasser wird dem Kläranlagenzulauf wieder zugeführt. Je nach Abwasserbeschaffenheit und Abwasserbehandlungsverfahren kann dabei diese Rückbelastung für die Kläranlage wesentlich sein. Insbesondere die zusätzlich zurückgeführten Stickstofffrachten können zu Engpässen bei der Einhaltung der geforderten Einleitungsbedingungen/Überwachungswerte führen. Bei der Dimensionierung der Kläranlage sind deshalb die entsprechenden Frachten zu berücksichtigen. Eine Einleitung der Schlammwässer in den Nachtstunden bei verminderter Zulauffracht ist von Vorteil. Dies erfordert entsprechende Stauräume. Eine Vorbehandlung des Schlammwassers der Eindikung allein in separaten Behandlungsanlagen ist dagegen kaum zu vertreten.

G.3.4.3.1 Schwerkrafteindicker

In den Absetzbecken der abwassertechnischen Stufen (Vorklärbecken, Nachklärbecken) kann der Klärschlamm in Trichtern unterhalb der eigentlichen Becken einfach und kostengünstig eingedickt werden. Die Ergebnisse sind allerdings nicht optimal (für Primärschlamm sind 2,5–3,0 % TR erreichbar). Lange Aufenthaltszeiten in den Trichtern verbieten sich wegen der dann erforderlichen großen Volumina und der Gefahr, daß frisches Abwasser angesäuert wird (Geruch).

Bessere Eindickergebnisse werden in separaten Schwerkrafteindickern erzielt. In Standeindickern wird eine Tagesmenge Klärschlamm eingefüllt und eingedickt. Für den Betriebsablauf – Füllen – Eindicken – Entleeren – sind drei Eindicker erforderlich.

Standeindicker können auch nach Faulbehältern eingesetzt werden, da der Klärschlamm auch ohne weitere Behandlungsschritte nach der Füll- und Eindickphase soweit abgekühlt ist, daß Konvektion das Eindickergebnis nicht oder kaum verschlechtert.

Der Nachteil der Standeindicker, daß die im Mittel erreichbaren Feststoffgehalte durch die im Bereich der Schlammzone nach oben abnehmende Konsistenz vermindert werden, wird in Durchlaufeindickern, die kontinuierlich beschickt werden, vermieden (Bild G.3-97).

Das abgetrennte Schlammwasser verläßt über Überfallkanten den Eindicker. Der Feststoff sedimentiert auf den nach innen schwach geneigten Sohlen und wird mit einem Räumer zur mittig liegenden Trichterspitze geschoben. Die Oberfläche des Eindickers wird durch die Absetz-/

Eindickeigenschaften des Klärschlamms bestimmt. Die Oberflächenfeststoffbelastung beträgt bei Schlamm der mechanischen Stufe und Faulschlamm 50–80, bei Überschußschlamm der biologischen Stufe 20–50 kg TR/m²·d. Die Tiefe der Eindick- und Konsolidierungszone, die maßgebend für die erreichbaren Feststoffgehalte ist, bestimmt sich nach der Aufenthaltszeit des Klärschlamms. Rohschlämme sollten nicht über 36 h gestapelt werden, um Faulvorgänge und damit verschlechterte Eindickeigenschaften zu vermeiden.

G.3.4.3.2 Flotation

Besteht Klärschlamm aus voluminösen, nur schwer durch Sedimentation aufkonzentrierbaren Feststoffen, bietet die Flotation eine verfahrenstechnische Möglichkeit.

In einen Druckkessel wird Wasser aus dem Ablauf der Flotationsanlage unter Druck ≤ 5 bar mit Luft versetzt. Zurückgeführt (Recyclingverfahren) wird dieses Wasser dem Klärschlamm hinter einem Entspannungsventil zugesetzt. Durch die Entspannung werden feine Luftbläschen freigesetzt (Sprudelwasserflasche), die im engen Kontakt mit der Klärschlammflocke diese über den verringerten Auftrieb an die Schlammoberfläche und darüber hinaus (Eisbergeffekt) anheben. Das so erzeugte Flotat ist feststoffreicher als der einem Eindicker entnommene Klärschlamm. Allerdings ist die Entnahme des Flotats nicht unkritisch und führt zu einer Verschlechterung der zunächst erreichten Ergebnisse.

Die Räumkonstruktion für das Flotat besteht aus Schilden, die die oberste Schicht des „Eis-

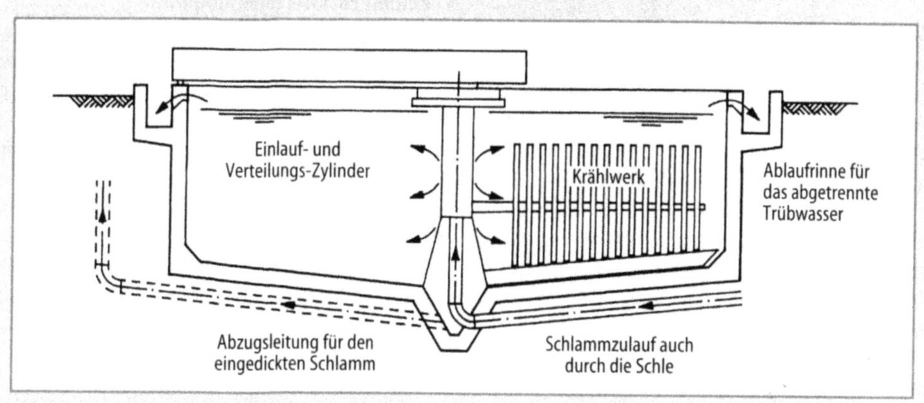

Bild G.3-97 Rundeindicker mit Krählwerk

bergs" über Schrägen aus den Becken hinausschieben oder aus Absaugbalken, die über die Beckenoberfläche geführt werden. Ein unterer Räumer hat die nicht flotierbaren Stoffe von der Beckensohle zu entfernen. Flotationsanlagen sind einzuhausen (Wind, Winter). Sie haben sich in der kommunalen Klärtechnik nur in Einzelfällen durchgesetzt.

G.3.4.3.3 Eindickzentrifuge

Bei geringem Raumbedarf – allerdings spezifisch hohen Energiekosten – kann Klärschlamm auch maschinell in Siebtrommeln mit sehr hohem Einsatz an Flockungshilfsmitteln (s. Abschn. G.3.4.3.4) oder in Zentrifugen eingedickt werden.

Es wurden spezielle Zentrifugen zur Überschußschlammeindickung entwickelt, die sich allerdings technisch nicht haben durchsetzen können. Heute werden im wesentlichen Dekantierzentrifugen (s. Abschn. G.3.4.4.3) eingesetzt, die in verschiedenen Details dem speziellen Anwendungsfall der Eindickung angepaßt wurden. Diese Aggregate werden meist vor der Faulung eingesetzt, weil die statischen Eindicker überlastet sind und/oder die Faulbehälter durch wachsende Schlammengen überlastet wurden. Die erreichbaren Feststoffgehalte für Überschußschlamm betragen 4–6 % TR und sind bei einem Abscheidegrad von 75–85 % auch ohne die Zugabe von Flockungshilfsmitteln zu erreichen. Der schlechte Wirkungsgrad ist bei entsprechender Dimensionierung der Kläranlage meist ohne Belang und vermeidet Schwierigkeiten in bzw. nach der Faulung, die bei der Zugabe von Flockungshilfsmitteln entstehen können.

G.3.4.3.4 Schlammkonditionierung

Ziel der Eindickung und Entwässerung ist es, die feste von der flüssigen Phase des Klärschlamms möglichst sauber zu trennen. Dies läßt sich zumindest bei der Entwässerung ohne Konditionierung nicht sinnvoll erreichen, da die Klärschlämme ein großes Wasserbindevermögen besitzen. Die Menge des gebundenen Wassers und die Intensität der Bindekräfte ist von der Partikelgrößenverteilung, dem organischen Trockenrückstand sowie von den Anteilen kolloidaler und gelartiger Inhaltsstoffe abhängig.

DIN 4045 definiert den Begriff Konditionierung: Verfahren zur Verbesserung von Schlammeigenschaften, z. B. der Entwässerungseigenschaften.

Man unterscheidet bei der Konditionierung zwischen
– chemischen,
– physikalischen und
– thermische Verfahren.

Zu den chemischen Verfahren gehört der Einsatz anorganischer sowie organischer Konditionierungsmittel.

Im anorganischen Bereich werden meist Eisen- oder Aluminiumsalze eingesetzt. Weiter kann die Zugabe von Kalk notwendig sein, um den pH-Wert einzustellen, eine Enthärtung des Wassers vorzunehmen und/oder ein Stützgerüst im Klärschlamm bei der Entwässerung unter hohen Drücken (Strukturverbesserung) aufzubauen. Anorganische Konditionierungsmittel tragen in den Klärschlamm einen eigenen Feststoffanteil ein, der bis zu einem Drittel der erreichten Feststoffwerte steigen kann.

Als organische Konditionierungsmittel werden wasserlösliche Polymere mit hohem Molekulargewicht (Polyelektrolyte) verwandt. Man unterscheidet nach der Ladungsart nichtionogene von den ionogenen Polymeren; nach der Lieferform feste von flüssigen Polymeren.

Die Wirkungsmechanismen der Polyelektrolyte sind sehr komplex. Fein suspendierte Teilchen oder Kolloide sind im kommunalen Klärschlamm meist negativ geladen und stoßen sich wegen ihrer gleichnamigen elektrostatischen Ladung gegenseitig ab. Mit der Zufuhr positiver Ionen (kationische Polyelektrolyte) erfolgt die Entladung der Teilchen. Dies ermöglicht den Zusammenschluß einzelner Teilchen zu Mikroflokken (Koagulation) sowie zu einer weiteren Vernetzung von Feststoffteilchen (Flockulation).

Organische Konditionierungsmittel erzeugen keinen Feststoff im Schlamm.

Durch die Zugabe mechanisch wirkender Konditionierungsmittel (z. B. Asche, Kohle, Sande) wird die Struktur des Schlamms ohne chemische Reaktionen verändert/verbessert.

Im Rahmen der thermischen Konditionierung wird die Zellstruktur des organischen Feststoffs so verändert, daß auch Adsorptions- und Innenwasser freigesetzt wird. Neben der Gefrierkonditionierung (–20 °C; kaum verbreitet) nahm die hoch- (180–230 °C) und niederthermische (60–80 °C) Konditionierung einen breiten Raum ein. Die Rückbelastung der Kläranlage durch die thermisch behandelten Schlammwässer ist allerdings sehr hoch. Dies führte mit den gleichzeitig auftretenden, sehr starken Gerüchen zu einem Rückgang der Anwendung thermischer Konditionierung.

G.3.4.4 Schlammentwässerung

Einer der wesentlichsten Verfahrensschritte zur Volumenreduzierung des Klärschlamms ist die Entwässerung. Die früher häufig hierzu eingesetzten natürlichen Verfahren der Trockenbeete, Schlammplätze und Schlammlagunen sind aus verschiedenen Gründen kaum noch einsetzbar. Dies ist verständlich, weil der Landschaftsverbrauch bei diesen Verfahren hoch ist und die Fragen einer Grundwasserbelastung durch austretendes Drainwasser nicht immer gelöst wurden. Auf der anderen Seite stellen die natürlichen Entwässerungsverfahren ausgesprochen preiswerte Möglichkeiten zur Volumenreduktion des Klärschlamms, z. B. vor der landwirtschaftlichen Nutzung, bei kleinen bis mittleren Kläranlagen dar.

Wenn bei der natürlichen Entwässerung Platz und auch relativ viel Zeit (3 – 6 Monate) benötigt wird, um Feststoffgehalte von 20 – 25 % zu erreichen, so vermindert man beim Einsatz maschineller Entwässerungsaggregate sowohl den notwendigen Platz als auch die zur Entwässerung erforderliche Zeit. Von Nachteil bleibt allerdings, daß Energie- und Personalaufwand erheblich zunehmen.

Die anzustrebenden Entwässerungsergebnisse wurden früher mit dem Ziel betrachtet, Transport- und/oder Deponiekosten zu minimieren. Bei dieser Betrachtung machte es Sinn, sich mit einem Feststoffgehalt von 25 – 30 % zu begnügen. Mit der seinerzeitigen Forderung des Deponiemerkblatts auf einen Feststoffgehalt von 35 %, der für das zu deponierende Gut erreicht werden sollte, ergaben sich für die Entwässerungsmaschinen besondere Anforderungen. Im Vorfeld der Technischen Anleitung Siedlungsabfall, die das Deponieren von nichtthermisch behandeltem Klärschlamm nach einer „Übergangsfrist" von längstens bis zum Jahr 2005 untersagt, wurde zur Beurteilung der Deponiefähigkeit die Scherfestigkeit des Klärschlamms – gemessen mit der Laborflügelsonde – entwickelt und in vielen Fällen festgelegt.

Zusammenfassend ist festzustellen, daß die Deponiefähigkeit des Klärschlamms i. d. R. nur beim Einsatz von Kammerfilterpressen bei einer Konditionierung mit Eisen und Kalk erreicht wird. Der Einsatz von Bandfilterpressen und Zentrifugen bleibt somit als Zwischenschritt vor einer weiteren Behandlung – z. B. der Trocknung und/oder Verbrennung – erhalten.

G.3.4.4.1 Bandfilterpressen

Bei den statischen Entwässerungsverfahren nehmen die kontinuierlich arbeitenden Bandfilterpressen einen wesentlichen Marktanteil ein. Es steht eine Vielzahl von Konstruktionsformen zur Verfügung. Voraussetzung für den Einsatz einer Bandfilterpresse ist ein Klärschlamm, der bei entsprechender Konditionierung hinter der Vorentwässerung einen standfesten, kompressiblen Filterkuchen erzeugt. Das Entwässerungs-

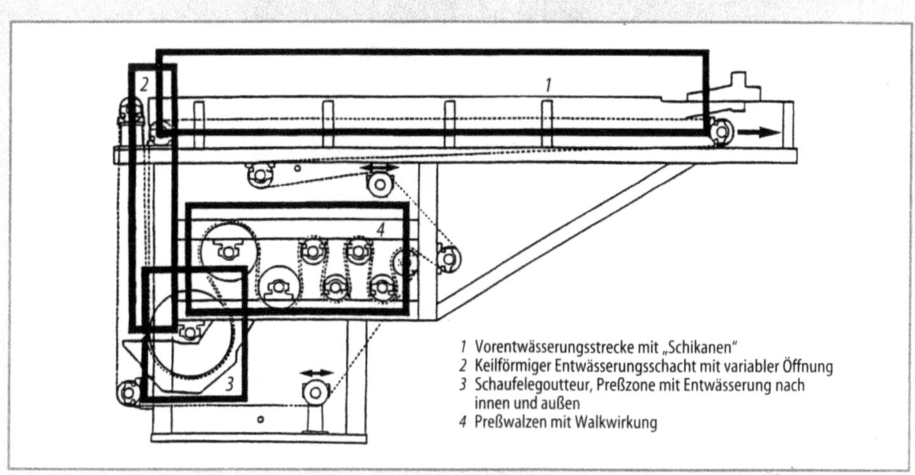

Bild G.3-98 Entwässerungsstufen einer Bandfilterpresse (Zeichnung Bellmer)

ergebnis liegt bei mittelmäßig entwässerbaren Schlämmen ebenso wie bei Zentrifugen normaler Bauart zwischen 18 und 30 % Feststoff.

Der Grundaufbau der Pressen besteht aus zwei endlosen Bandfiltern, auf bzw. zwischen denen der Klärschlamm unter langsam steigendem Druck (Bild G.3-98) entwässert wird.

Der konditionierte Klärschlamm wird über eine regelbare Schlammpumpe der Vorentwässerung zugeführt und durch entsprechende Einrichtungen auf dem Siebband gleichmäßig verteilt. Hinter der Vorentwässerung, in der lediglich das Eigengewicht des Klärschlamms die Entwässerung unterstützt, wird der Druck in einer zweiten Entwässerungsstufe meist kontinuierlich angehoben. In der dritten Entwässerungsstufe wird der so erreichte Druck weiter erhöht. Die vierte und letzte Druckstufe ist je nach Schlamm und Fabrikat unterschiedlich ausgebildet. Häufig werden gute Ergebnisse erzielt, wenn in einem sog. „S-Zug" die Siebbänder gegeneinander verschoben und damit Restwassermengen durch eine Umlagerung des Filterkuchens freigegeben werden.

Eine Bandfilterpresse kann durch die stufenlose, regulierbare Schlammzuführung, die Bandgeschwindigkeit sowie die Bandspannung und die Einstellung der Druckrollen in ihren Ergebnissen eingestellt werden.

Die Lebensdauer der Bandfilter ist höchst unterschiedlich und im wesentlichen von der Schlammzusammensetzung beeinflußt.

G.3.4.4.2 Kammerfilterpressen

Diese diskontinuierlich arbeitenden Entwässerungsmaschinen bestehen im wesentlichen aus einer Reihe einzelner Filterplatten. Zwischen diesen bildet sich durch den eingepreßten Schlamm der Filterkuchen aus (Bild G.3-99). Die Dichtung zwischen den Platten wird meist durch das Filtertuch, das auf den Platten aufliegt, hergestellt. Das Material der Platten ist in vielen Fällen Sphäroguß (Korrosionsprobleme) bzw. Polyäthylen. Die letztgenannten Platten verformen sich aufgrund des niedrigen E-Moduls bei relativ niedrigen Differenzdrücken.

Der Schlamm wird mit geeigneten Pumpen durch einen oder mehrere Füllkanäle in die Filterkammern mit einem Druck von bis zu 16 bar gepreßt. Je nach Plattengröße muß mit einem entsprechenden Gegendruck das Filterplattenpaket zusammengedrückt werden. In der Filterplatte sind i. d. R. Ablaufrillen für das durch das Filtertuch und das evtl. vorhandene Stützgewebe laufende Wasser eingearbeitet, die das Filtrat abführen. Mit dem Preßvorgang baut sich auf dem Filtertuch der Filterkuchen auf. Der Filtratdurchsatz nimmt gleichzeitig ab. Wird eine vorgegebene Filtratablaufmenge unterschritten, ist der Preßvorgang beendet. Die Presse kann entleert werden. Dazu ist Platte für Platte seitlich zu verfahren. Der Filterkuchen fällt dann durch sein Eigengewicht von den Filtertüchern in die Kuchenvorlage. Dieser Vorgang ist zu kontrol-

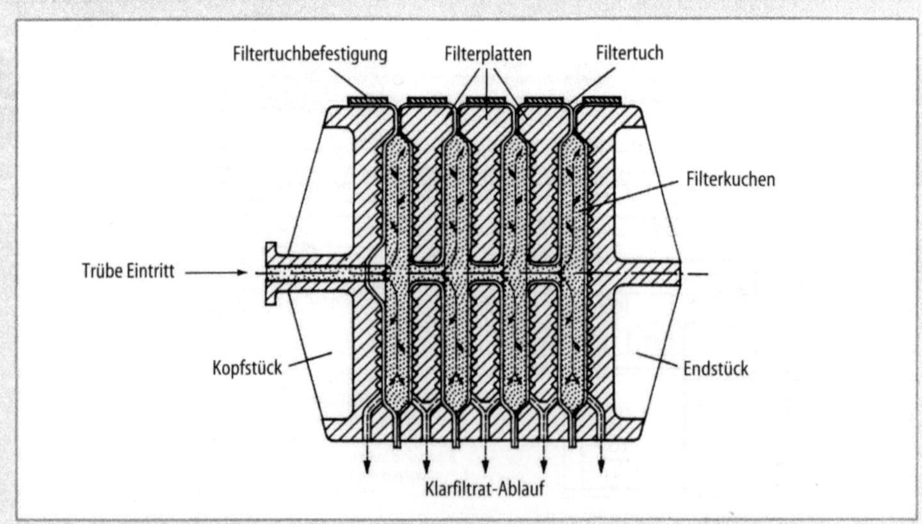

Bild G.3-99 Entwässerungsvorgang in einer Kammerfilterpresse lieren, da der Filterkuchen vollständig abfallen muß.

Der Filtrationsvorgang erfordert ein annähernd inkompressibles Stützgerüst. Dieses wird bei der Konditionierung mit Eisen und Kalk erreicht, ergibt aber einen eigenen Feststoffanteil im entwässerten Klärschlamm. Zwischenzeitlich liegen auch gute Ergebnisse mit polyelektrolytkonditioniertem Klärschlamm vor. Der verfahrenstechnische Aufwand ist in diesen Fällen etwas größer. Die Anforderungen für die Deponiefähigkeit werden allerdings unabhängig vom Glühverlust nicht erreicht.

Ein Filtrationsvorgang dauert etwa 1–3 h. Je nach Schlammart und Konditionierung sind die Filtertücher nach einer gewissen Chargenzahl zu waschen. Eine automatische Waschanlage reinigt die Tücher mit einem Spüldruck von 70–100 bar. Genügt das Waschen nicht, sind die Filtertücher mit 3–5%iger Salzsäure zu säuern.

Die Entwässerungsergebnisse betragen bei der Polyelektrolytkonditionierung 28–38 % TR, bei der Eisenkalkkonditionierung 35–45 % TR (einschl. des Feststoffanteils aus der Konditionierung).

G.3.4.4.3 Zentrifugen

Ein künstlich erzeugtes Schwerefeld wird in den Zentrifugen benutzt, um die feste Phase des Klärschlamms von der flüssigen Phase zu trennen. Mit dem Einsatz der Polyelektrolyte gelang es, einen Abscheidegrad von 96 % i.d.R. einzuhalten. Es können theoretisch beliebig niedrige Eingangsfeststoffwerte gefahren werden.

Bei der Entwässerung kommunalen Klärschlamms werden Vollmantelschneckenzentrifugen (Dekanter) eingesetzt (Bild G.3-100).

In die sich drehende Zentrifugentrommel wird durch das Einlaufrohr der geflockte Schlamm eingeführt. Die Zentrifugalkräfte bewirken das Absetzen der Feststoffflocken an der inneren Trommelwandung, während sich das Zentrat als innenliegender Ring ausbildet. Wesentliches Merkmal eines Dekanters ist die Verjüngung eines Trommelendes (Konus) auf einen Durchmesser, der kleiner als der am gegenüberliegenden Ende vorhandene Wehrdurchmesser ist. Die etwas schneller als die Trommel umlaufende Transport- und Austragsschnecke hat die Aufgabe, die auf den Trommelwandungen abgesetzten Feststoffe in Richtung Konus zum Austrag zu transportieren. Je nach Einstellung der Wehrscheiben ist dabei eine größere oder kleinere Klärteichtiefe in der Flüssigkeitszone des Dekanters für die Aufenthaltszeit in der Zentrifuge und damit für die Sedimentationsdauer maßgebend. Die Länge der Trockenzone ist mit ausschlaggebend für den Feststoffgehalt im Austrag.

Die Steuermöglichkeiten eines Dekanters sind neben Durchsatz und Flockungshilfsmitteldosierung auch der Wehrscheibenradius, die Trommeldrehzahl und die Differenzdrehzahl. Die Differenzdrehzahl bestimmt die Umdrehungszahl, mit der die Schnecke im Vergleich zur rotierenden Trommel gefahren wird. Es ist üblich, die Differenzdrehzahl automatisch in Abhängigkeit vom Drehmoment der Schnecke zu regeln.

Die Forderung, möglichst hohe Feststoffgehalte im Austrag der Dekanter zu erreichen, führ-

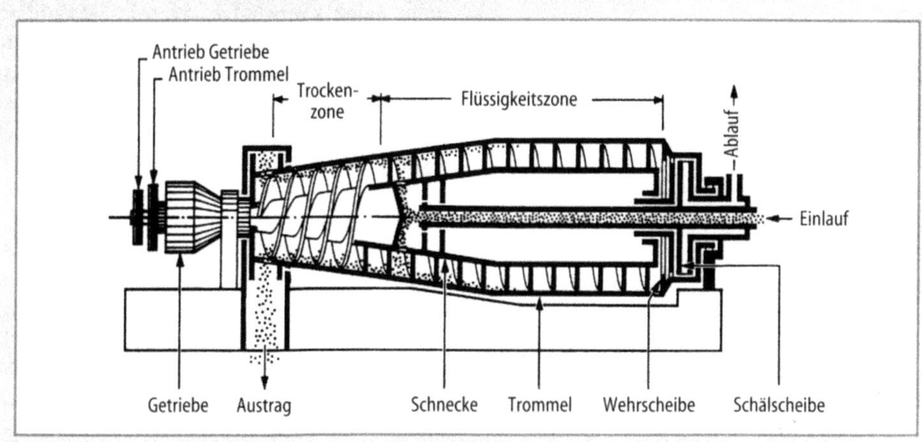

Bild G.3-100 Schnitt durch eine Vollmantelschneckenzentrifuge te zu den sog. Hochleistungszentrifugen. In ihnen wird der Klärschlamm unter deutlich höheren g-Zahlen entwässert. Zusätzlich sind Schnecke und Konus je nach Fabrikat so ausgeprägt, daß der entwässerte Klärschlamm vor dem Austrag noch einmal gewalkt und gepreßt wird, um Restwassermengen zu entziehen.

G.3.4.4.4 Sonstige Verfahren

Die unterschiedliche Größe der Kläranlagen sowie der Hang, immer höhere Feststoffgehalte anbieten zu können, hat eine Fülle von Sonderaggregaten im Bereich der Entwässerung entstehen lassen.

Für kleinere Anlagen können u. a. der Entwässerungscontainer, in dem der Klärschlamm das abfließende Schlammwasser mittels durchlässigen Boden- bzw. Wandbereichen abgibt, sowie der Trevira-Schwerkraftfilter (TSF), der mit konditioniertem Klärschlamm gefüllt wird und das Schlammwasser durch die Textilflächen ablaufen läßt, genannt werden.

Besonders hohe Entwässerungsgrade können mit der High Intensity Press (HIP), die nach dem Prinzip einer kontinuierlich arbeitenden Membranfilterpresse auf Basis der Dünnschichtfiltration aufgebaut ist, erreicht werden. Sie soll als Nachentwässerungsmaschine hinter Bandfiltern oder Zentrifugen eingesetzt werden. Der besonders hohe Preßdruck wird hydraulisch aufgebaut. Die Maschine konnte sich bisher in der Praxis noch nicht durchsetzen.

Mit der Sico-WAP wurde ein Aggregat entwickelt, das über den sehr kleinen Abstand von Drainagetüchern bei einem relativ kleinen Kammervolumen gute Entwässerungsergebnisse verspricht.

Für die genannten Sonderaggregate liegen für den Einsatz kommunalen Klärschlamms keine durchgehenden Betriebserfahrungen vor.

Ein Übergang von der Entwässerung zur Trocknung wird mit dem System der Centridry ermöglicht. Der in der innenliegenden Zentrifuge entwässerte Klärschlamm wird über Austragsorgane in den die Zentrifuge umhüllenden Trockner abgespritzt. Entwässerter Klärschlamm und die tangential eingeleiteten Heißgase werden im Gleichstrom über die Länge der Zentrifuge getrocknet. Dabei wird der Klärschlamm auf 50 – 60 % TR getrocknet.

G.3.4.4.5 Schlammwasser – Belastung und Behandlung

Die Schlammwässer der Eindickung und der Entwässerung weisen insbesondere für ausgefaulten Klärschlamm erhebliche Schmutz- und Nährstofffrachten aus.

Die Stickstoffbelastung ist in diesem Zusammenhang von besonderer Bedeutung. Eine Umfrage hat für Gesamtstickstoff Werte zwischen 260 und 1.800 mg/l und für Ammoniumstickstoff Werte zwischen 70 und 1.460 mg/l ergeben. Diese Streuung wird im wesentlichen durch die Abwasserbeschaffenheit und die Verfahrenstechnik der Kläranlage beeinflußt.

Als Behandlungsverfahren zur Eliminierung dieser Belastung sind grundsätzlich zwei Wege denkbar:
- Mitbehandlung in der Belebtschlammanlage für Nitrifikation und Denitrifikation oder
- separate Vorbehandlung, bspw. mit Konditionierung und Strippung.

Die Mitbehandlung in der Biologie führt zu entsprechend größerem Bauvolumen und wird in vielen Fällen durch ein nicht ausreichendes Substratangebot im Abwasser begrenzt. Die separate Schlammwasserbehandlung wird heute i.d.R. entweder im Rahmen einer Luft- oder Dampfstrippung durchgeführt.

Vorteil der Mitbehandlung in der Kläranlage ist, daß keine gesonderten Reststoffe anfallen, wogegen bei der Strippung Ammoniumsulfat (aus der Luftstrippung) bzw. Ammoniak (aus der Dampfstrippung) anfällt. Ammoniumsulfat konnte früher im Bereich der Düngemittelindustrie eingesetzt werden. Diese Möglichkeit besteht heute kaum noch. Ammoniak kann im Rahmen der Rauchgasbehandlung in Kraft-werken bei der Entstickung eingesetzt werden. Hier ergeben sich Grenzfälle, da das Ammoniak nicht immer genügend rein angeboten werden kann.

G.3.4.5 Schlammtrocknung

Der Einsatz einer Klärschlammtrocknungsanlage ist in aller Regel einer Verbrennungsanlage (Mono- oder Müllverbrennung bzw. Kraftwerk) vorzuschalten. Eine Teiltrocknung ist für die beiden erstgenannten Beispiele dann einzurichten, wenn die Klärschlammentwässerung nicht genügend hohe Feststoffgehalte erzeugt, um einen wirtschaftlichen Betrieb zuzulassen.

Sollte der Klärschlamm nach der Trocknung transportiert werden müssen, ist vollgetrockneter Schlamm vorzuziehen.

Für den Betreiber von Kläranlagen ist somit – wie in allen übrigen Behandlungsstufen auch – zunächst zu klären, wie und wo er seinen Klärschlamm nach der Trocknung weiter behandelt bzw. entsorgt, bevor er sich für die Art des zu wählenden Trocknungsverfahrens entscheidet.

G.3.4.5.1 Grundlagen

Die Trocknungsverfahren lassen sich nach der Art der Wärmeübertragung als Konvektions- bzw. Kontakttrocknung klassifizieren. Bei der Konvektionstrocknung um- bzw. überströmt ein Trocknungsgas (Rauchgas, heiße Luft usw.) das zu trocknende Gut. Dabei wird Wärme aus dem Trocknungsgas an das Gut übertragen, Wasser wird aus dem Gut verdampft und von dem Trocknungsgas aufgenommen und abgeführt. Das zu trocknende Gut steht in direktem Kontakt zum Wärmeträger (daher auch Direkttrocknung) (Bild G.3-101).

Bei der Kontakttrocknung wird das auf einer durch einen Wärmeträger (Thermalöl, Dampf usw.) beheizten Fläche (Wärmetauscherfläche) ruhende, zu trocknende Gut erwärmt, ohne in direkten Kontakt mit dem Wärmeträger zu treten (Indirekttrocknung). Das verdampfte Wasser wird gemeinsam mit durch Undichtigkeiten in das System eintretender Leckluft bzw. durch eine gezielt zugeführte Trägerluftmenge abgeführt.

Zunehmend wird bei der Klassifizierung Direkt-/Indirekttrocknung nicht mehr ausschl. das Trocknungsaggregat, sondern das Gesamtsystem betrachtet.

Der prinzipbedingte Nachteil der großen, einer Kondensation bzw. weiteren Behandlung zuzuführenden Brüdenmenge bei der Konvektionstrocknung, kann dadurch kompensiert werden, daß das Trocknungsgas im Kreislauf gefahren wird und nur ein Teilstrom, der etwa der Brüdenmenge bei der Kontakttrocknung entspricht, abgezogen wird.

Ein wesentliches Kriterium bei der Auswahl des Trocknungssystems ist auch der Wärmeträger, der zur Klärschlammtrocknung notwendig ist. Hauptunterscheidungskriterium ist dabei die Druckstufe – davon abhängig die Temperatur –, mit der das Trocknungsaggregat zu betreiben ist. Dampf, Druckwasser und Thermalöl sind aus physikalischen Gründen nur unter Druck einzusetzen. Für Thermalöl sind dabei nicht die hohen Druckstufen notwendig, wie dies bei Dampf bzw. Druckwasser erforderlich ist. Damit unterliegen die mit Druck beaufschlagten Aggregate der Druckbehälterordnung.

Die Teiltrocknung umfaßt den Bereich, der sich durch die nach der Entwässerung vorgenommenen thermischen Trocknung eines Klärschlamms unterhalb 85 %TR einstellt. Die Volltrocknung liegt in ihren Feststoffgehalten oberhalb dieses Punktes.

Die Volltrocknung muß in aller Regel ein Granulat erzeugen, um sicherheitstechnischen Aspekten (Brand- und Explosionsschutz) genügen

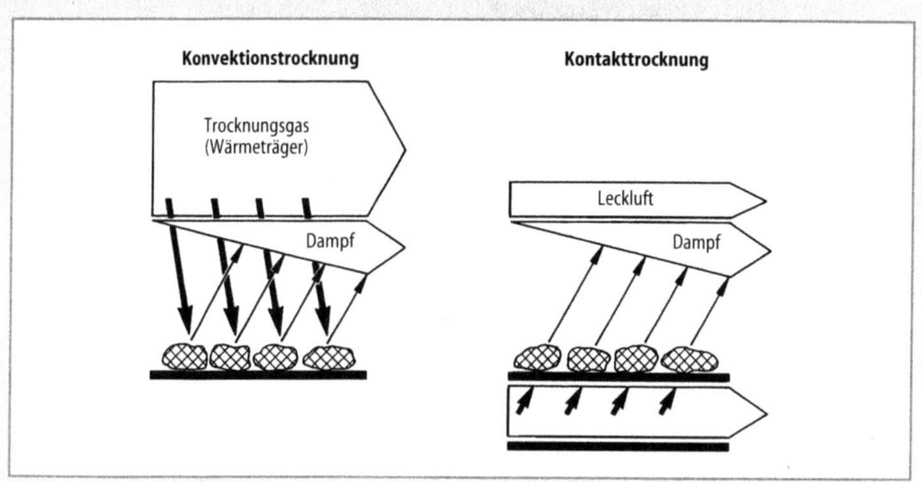

Bild G.3-101 Wärme- und Stoffübertragung bei der Klärschlammtrocknung

zu können. Getrockneter Klärschlamm mit seinen relativ hohen organischen Bestandteilen stellt einen näherungsweise mit Braunkohle vergleichbaren Brennstoff und damit verbundenem, ähnlichem Gefahrenpotential dar.

G.3.4.5.2 Verfahren

Bei der Klärschlammtrocknung werden im wesentlichen die folgenden Trockner eingesetzt:
- Dünnschichttrockner,
- Knettrockner,
- Scheibentrockner,
- Wirbelschichttrockner,
- Bandtrockner,
- Trommeltrockner,
- Solartrockner.

Die Reihenfolge dieser Darstellung entspricht nicht den Marktanteilen, die die einzelnen Trockner z.Z. im Klärschlammbereich besitzen.

Bild G.3-102 zeigt die einzelnen Arbeitsbereiche, in denen die genannten Trockner eingesetzt werden können. Wesentliches Unterscheidungskriterium ist dabei der Einsatz zur
- ausschließlichen Teiltrocknung,
- ausschließlichen Volltrocknung,
- Durchtrocknung vom entwässerten Klärschlamm bis zur Volltrocknung.

Lediglich Dünnschicht-, Knet-, Solar- und Bandtrockner haben technisch die Möglichkeit, über die Leimphase hinweg (etwa zwischen 45 und 60 % TR) durchzutrocknen.

Für den Bandtrockner ist es wichtig, daß der entwässerte Schlamm aufgrund seines Feststoffgehalts bereits hinter der Aufgabe auf das Band – der Klärschlamm wird hier durch eine Matrize gepreßt – ein lockeres Haufwerk bildet, durch das die Trocknungsluft hindurchstreichen kann. Sollte der Klärschlamm nicht genügend standfest sein, würden die Preßlinge (Würstchen) auf dem Band eine für die Trocknungsluft nahezu undurchdringliche Schicht ergeben. Dies würde dann zu einem ungenügenden Trocknungsverlauf und -ergebnis führen.

Dünnschicht- und Knettrockner sind ebenfalls geeignet, bereits hinter der Teiltrocknung das Trockengut auszutragen, können somit sowohl für die Teiltrocknung als auch für die Volltrocknung eingesetzt werden.

Scheiben- und Trommeltrockner erreichen eine Volltrocknung erst nach Rückmischung. Da die Aggregate nicht geeignet sind, den Klärschlamm über die Leimphase hinweg zu trocknen, wird feines Trockengut in den entwässerten Klärschlamm rückgemischt. Das Mischgut hat einen Feststoffgehalt, der oberhalb der Leimphase liegt. Scheiben- und Trommeltrockner unterscheiden sich darin, daß der Scheibentrockner ebenfalls zur Teiltrocknung eingesetzt werden kann – der Trommeltrockner nicht.

Eine besondere Stellung nimmt der Wirbelschichttrockner ein. In ihm kann Klärschlamm

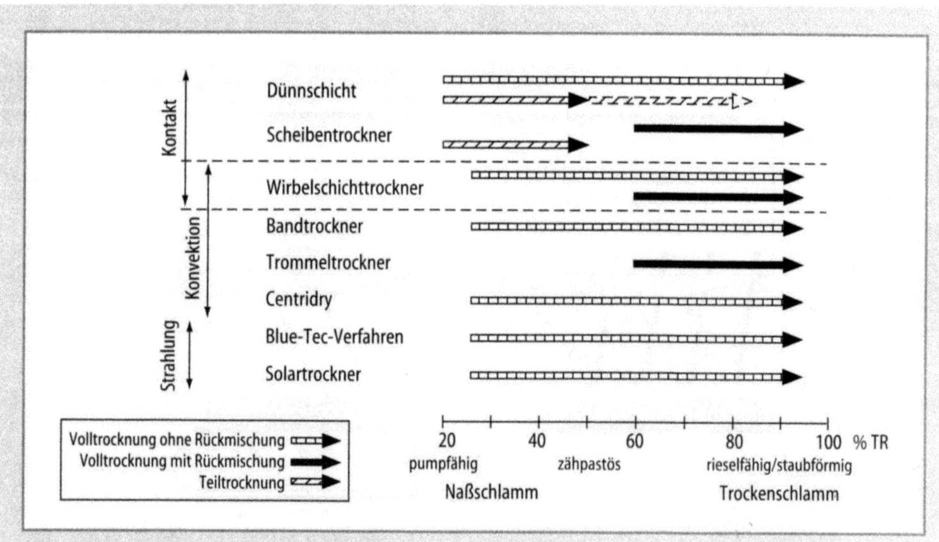

Bild G.3-102 Arbeitsbereiche verschiedener Trocknertypen

nur vollgetrocknet werden. Allerdings kann meist auf eine direkte Rückmischung wie beim Scheiben- und Trommeltrockner verzichtet werden. Indirekt liegt diese Rückmischung allerdings vor, da der entwässerte Klärschlamm in die Wirbelschicht – sie besteht aus getrocknetem Klärschlamm – eingeführt wird und hier innerhalb der Wirbelschicht indirekt der gleiche Effekt wie bei der Rückmischung eintritt.

Solartrockner nutzen die natürliche Möglichkeit der Luft, Feuchtigkeit von einem Medium – hier Klärschlamm – abzutransportieren. Je nach Temperatur, Luftmenge und relativer Luftfeuchtigkeit können preiswert hohe Trockengehalte mit geringem Aufwand an Technik erreicht werden. Für kleinere Kläranlagen ist dieses Verfahren gut geeignet.

G.3.4.6 Schlammverbrennung und -vergasung

Die technische Anleitung Siedlungsabfall verlangt nach einer Übergangzeit bis längstens zum Jahr 2005, daß auch Klärschlämme nur dann deponiert werden dürfen, wenn sie einen organischen Feststoff von $\leq 5\,\%$ beinhalten. Dies bedeutet, daß der Klärschlamm zu verbrennen bzw. oxidativ so zu behandeln ist, daß das geforderte Ziel erreicht wird. Gleichzeitig nimmt der Klärschlamm damit das geringstmögliche Volumen ein, die organischen Inhaltsstoffe sind zerstört bzw. umgebaut und der Energieinhalt des Klärschlamms ist verfahrenstechnisch genutzt.

Aus dem Zwang zur Entsorgung des Klärschlamms, den dargestellten Deponieanforderungen sowie der mangelnden Akzeptanz bei der landwirtschaftlichen Nutzung des Klärschlamms ergibt sich somit zumindest für große Anlagen die Forderung nach einer thermischen Behandlung.

G.3.4.6.1 Grundlagen

Bei der hier betrachteten Verbrennung bildet der organische Anteil des Klärschlamms ein hohes Energiereservoire (22.000 – 24.000 kJ/kg). Andererseits ist das anhaftende Wasser aufzuheizen und zu verdampfen. Einschließlich der unvermeidbaren Wirkungsgradverluste kann dennoch bei guten Entwässerungsergebnissen Rohschlamm autark verbrannt werden. Gleiches gilt für ausgefaulten Schlamm, der naturgemäß einen geringeren Energieinhalt hat, wenn er höher entwässert bzw. teilgetrocknet wird.

Die Reststoffe des Verbrennungsprozesses (Asche und Rauchgas) sind gesondert zu betrachten. Die Asche kann heute in weiten Bereichen nach Aufbereitung verwertet werden. So kann sie z. B. im Rahmen des Bergbaus eingesetzt werden. Das Rauchgas hat den Grenzwerten der 17. Verordnung zum Bundesimmissionsschutzgesetz (17. BImSchV) zu genügen. Diese sehr strengen Anforderungen gelten ausschl. für Abfallverbrennungsanlagen und limitieren die Grenzwerte erheblich unter den Emissionswerten, z. B. von Großfeuerungsanlagen (13. BImSchV). Insbesondere ist die Emission für Dioxine und Furane auf $\leq 0{,}1$ ng TE/Nm^3 begrenzt. Bei Einsatz von Klärschlamm in Kraftwerken tritt nach den Vorgaben der 17. BImSchV eine Mischrechnung in Kraft, nach der dann die abgeminderten Emissionswerte der Kraftwerke mit denen der Abfallverbrennungsanlagen anteilmäßig bestimmt werden.

G.3.4.6.2 Monoklärschlammverbrennung

In der Bundesrepublik wird kommunaler und industrieller Klärschlamm in mehr als 26 Anlagen allein verbrannt. Überwiegend werden Wirbelschichtöfen (Bild G.3-103) (andere Systeme sind Etagenöfen bzw. Etagenwirbler), in denen die vorgeheizte Verbrennungsluft von unten durch einen Düsenbogen in den Ofenraum eintritt, eingesetzt. Oberhalb des Düsenbogens befindet sich eine Quarzsandschicht, die durch die Verbrennungsluft fluidisiert wird. Die Nachbrennraum-

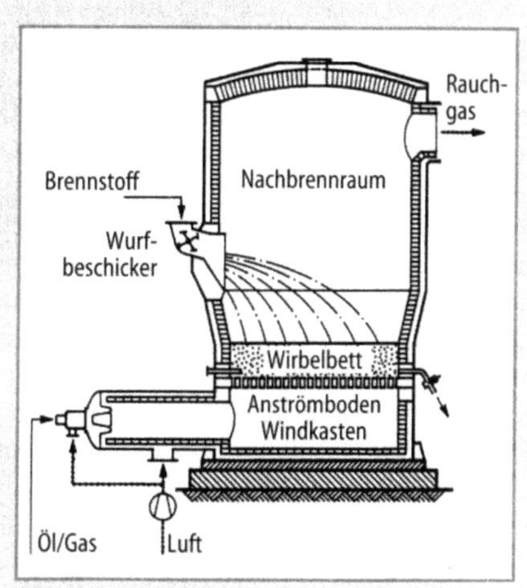

Bild G.3-103 Wirbelschichtofen mit Wurfbeschicker und Brennkammer temperaturen liegen oberhalb von 850 °C. Der Klärschlamm wird in die Wirbelschicht vom Ofenkopf oder mittels Lanzen oder Wurfbeschickern eingetragen. Die Asche wird mit dem Rauchgasvolumenstrom ausgetragen und in der Rauchgasbehandlung abgeschieden. Die Vorgaben der 17. BImSchV werden nach Entstaubung und zweistufigen Wäschen i. d. R. eingehalten. Ein besonderes Augenmerk ist der Quecksilberproblematik zu widmen.

G.3.4.6.3 Mitverbrennung in Müllverbrennungsanlagen

In der Bundesrepublik werden in 8 Anlagen Klärschlämme gemeinsam mit Hausmüll verbrannt. Dabei ist der Klärschlamm teilweise nur entwässert bzw. teilweise getrocknet. Die Zugabe des Klärschlamms in den Verbrennungsprozeß kann ein Problem darstellen, da der Klärschlamm aufgrund seines im Vergleich zum Müll unterschiedlichen Brennverhaltens besondere Maßnahmen erfordert. Der hohe Ascheanteil ergibt für die Auslegung der Rauchgasbehandlung spezielle Ansätze.

Grundsätzlich ist die Technologie der gemeinsamen Verbrennung gelöst. Schwierigkeiten treten allerdings häufig dann auf, wenn der für die Entsorgung des Mülls Zuständige nicht gleichzeitig auch für die Klärschlammentsorgung verantwortlich ist.

G.3.4.6.4 Mitverbrennung in Kraftwerken

Die Kapazität der vorhandenen Kraftwerke ist im Vergleich zu den anfallenden Klärschlammmengen enorm. So würde z.B. ein einziger mittelgroßer Block eines Kraftwerks genügen, um den in Nordrhein-Westfalen anfallenden Klärschlamm mit zu verbrennen.

Seit Ende der 80er Jahre gibt es deshalb erhebliche Anstrengungen, Klärschlamm als Energieträger in Kraftwerken einzusetzen. Die genehmigungstechnischen Vorgaben sind eindeutig und erlauben diese Nutzung. Die technischen Schwierigkeiten liegen in einer Erweiterung der Rauchgasbehandlung, die bei den enormen Rauchgasmengen der Kraftwerke zu erheblichen Kosten für den Klärschlamm führen. Die rechtlichen Fragen entzünden sich vorwiegend vor dem Hintergrund der Mischrechnung nach der 17. BImSchV, da die Bilanzierung der Schadstoffe, die über den Klärschlamm/Abfall eingetragen werden, schwerlich möglich ist. Zukunftsträchtig ist die Entsorgung der Verbrennungsrückstände, die für die Kraftwerke bereits heute gelöst ist und z.B. bei einer Schmelzkammerfeuerung von einem eluatfreien Material ausgehen kann.

G.3.4.6.5 Sonstige Verfahren

Neben dem Verfahren der direkten Verbrennung bestehen Möglichkeiten der Entgasung, Vergasung, Mitbehandlung sowie Naßoxidation (Bild G.3-104).

Als Entgasung, auch Pyrolyse oder Verschwelung genannt, wird die thermische Zersetzung von organischem Material unter Luftabschluß bezeichnet. In dem Verfahren entsteht Pyrolyseöl (Verwendung in der Petrochemie) sowie Pyrolysekoks und -gas. Beides muß mit dem Ziel der Energiegewinnung einer weiteren Verbrennung oder Vergasung zugeführt werden, da sie Problemstoffe beinhalten.

Eine Vergasung des Klärschlamms tritt ein, wenn organisches Material in gasförmige Produkte durch Zugabe von Wasserdampf und Sauerstoff umgewandelt wird. Der Temperaturbereich beträgt mind. 850 °C, für die Schlackeeinschmelzung mind. 1300 °C. Bekannt sind die Verfahren der Festbettdruckvergasung, der Flugstromvergasung sowie der Wirbelschichtvergasung. Der Klärschlamm ist für diese Verfahren unterschiedlich aufzubereiten. Das Endprodukt besteht aus Granulat bzw. verglaster Schlacke/Asche.

Neben der Mitbehandlung des Klärschlamms in Müllverbrennungsanlagen und Kraftwerken sind das Schwelbrennverfahren und des Thermoselectverfahren anzuführen. In der Konversionstrommel beim Schwelbrennverfahren wird der getrocknete Klärschlamm gemeinsam mit Müll und anschließend durch eine Hochtemperaturverbrennung zu einem Schmelzgranulat umgesetzt. Im Thermoselectverfahren wird der ebenfalls getrocknete Klärschlamm mit vorgepreßten Restabfällen in einen Entgasungskanal geführt und danach bei Temperaturen > 2000 °C vergast. Es entsteht Schmelzgranulat sowie Synthesegas, wogegen beim Schwelbrennverfahren gereinigtes Rauchgas anfällt.

Die nasse Oxidation organischer und anorganischer Verbindungen bei hohem Druck und hohen Temperaturen bei Zugabe von Sauerstoff in den 5%igen Feststoff ergibt eine weitgehende Umsetzung der organischen Substanz. – Im Ver-Tech-Verfahren wird z.Z. in einem Schacht von

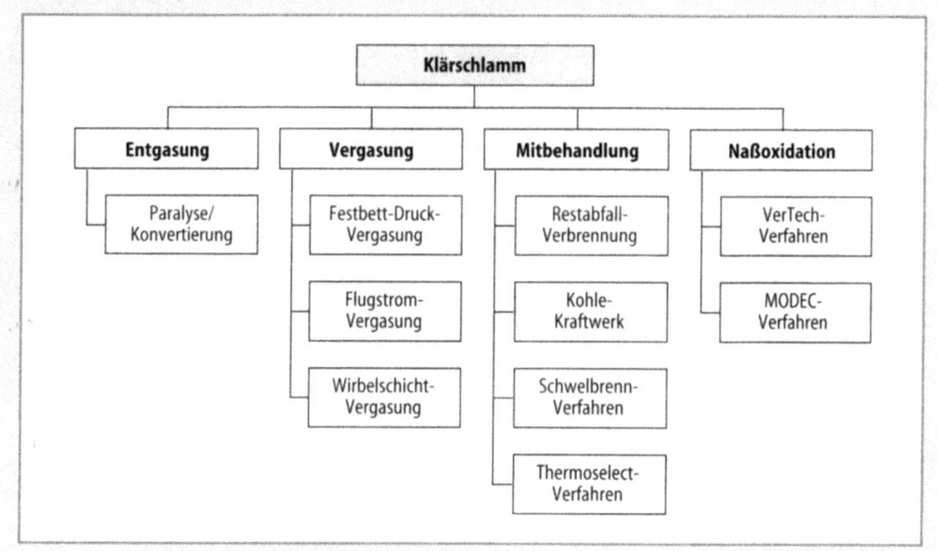

Bild G.3-104 Einige Verfahrensvarianten zur thermischen Klärschlammbehandlung (nach [G.3.133])

1200 m Tiefe der erforderliche Druck ohne Pumpenleistung aufgebaut. Die notwendigen Reaktionstemperaturen werden nach Vorheizung durch die Reaktion aufgebracht. Der Energieüberschuß kann genutzt werden. Der oxidierte Klärschlamm kann in üblichen Entwässerungsaggregaten weitgehend entwässert werden. Das anfallende Schlammwasser ist allerdings vor Einleitung in eine kommunale Kläranlage vorzubehandeln.

G.3.4.6.6 Asche- und Schlackenverwertung

Die anfallenden Rückstände sind nach den Vorgaben des Abfallwirtschafts- und Kreislaufgesetzes – soweit sie nicht vermeidbar sind – zu verwerten. Die bisher als staubförmige Asche anfallenden Rückstände der Monoklärschlammbehandlungsanlagen können im Bergbau eingesetzt werden. Die Verdämmung von Hohlräumen ist unter Zusatz von Bindemitteln als geeigneter Weg einer Verwertung anerkannt. Die technisch mögliche und an wenigen Stellen realisierte Aufbereitung der Asche zu Baumaterialien (z. B. Pflastersteine) ergibt einen sehr hohen zusätzlichen Investitions- und Betriebskostenbedarf.

Zukunftsträchtig scheint die Verwertung der aus der Schmelzkammerfeuerung gewonnenen verglasten Asche zu sein. Hier sind verschiedene Wege des Recycling (Straßenunterbau usw.) gangbar.

G.3.5 Emissionen aus Abwasseranlagen

G.3.5.1 Beurteilung von Emissionen

G.3.5.1.1 Allgemeine Einführung

Bestehende oder in Planung befindliche Abwasser-/Kläranlagen leisten durch die Abwasserbehandlung einen maßgeblichen Beitrag zum Schutz der Umwelt, insbesondere zum Schutz des Wasserdargebots. Allerdings gehen von diesen Anlagen – je nach Bau-, Ausrüstungs- und Unterhaltungszustand – quantitativ und qualitativ stark unterschiedliche Emissionen aus.

Tabelle G.3-30 zeigt eine Übersicht zu allen (theoretisch) denkbaren Emissionen aus Kläranlagen (entnommen aus Fehr [G.3.133]).

Bei Neuplanungen von Abwasser-/Kläranlagen ist gemäß Wasserhaushaltsgesetz (WHG) durch die Planer, nach den „Regeln der Technik", d.h. den allgemein anerkannten Regeln der Technik (a.a.R.d.T.) und in Bereichen, in denen mit wassergefährdenden Stoffen umgegangen wird, auch nach dem Stand der Technik (S.d.T.) zu planen, zu bauen und durch den Betreiber der fachgerechte Betrieb und die Unterhaltung der Anlagen sicherzustellen. Schon im Rahmen der Planung sind daher die möglichen Emissionen aus Kläranlagen (Staub, Geruch, Aerosole, Schall/Geräusch, Erschütterungen, Licht, Wärme, Strahlung) detailliert zu betrachten, zu be-

Tabelle G.3-30 Emissionen aus Abwasserbehandlungsanlagen [G.3.133]

Spaltenkopf: *Emissionen ((x) eher gering)* / *Quellen*. Die Spalten Staub, Geruch, sonst. Schäd. und Aero-sole sind unter der übergeordneten Überschrift **Luftverunreinigungen** zusammengefasst.

Quellen	Staub	Geruch	sonst. Schäd.	Aero-sole	Geräusche	Erschütterungen	Licht	Wärme	Strahlung
1 Einlauf		x							
2 Rechenanlagen		x			(x)				
3 belüftete Sandfänge		(x)			x				
4 Vorklärbecken		(x)							
5 Belebungsbecken		(x)		(x)	x				
6 Tropfkörper		(x)							
7 Nachklärbecken									
8 Gewinnung und Förderung des Rohschlamms		x			x				
9 Förderung des Rücklaufschlamms					x				
10 Aerobe Schlammstabilisation		(x)		x	(x)				
11 Anaerobe Schlammstabilisation		x							
12 Eindickung		x							
13 Schlammentwässerung		x	(x)		x	(x)			
14 Schlammtrocknung		x	(x)		x	(x)		x	
15 Schlammverbrennung		x	x		x	(x)		x	
16 Gasverwertung (Fackel)							x	(x)	
17 Entseuchung durch									
– Pasteurisierung		x							
– Bestrahlung									x
18 Schlammdeponie		x			(x)				
19 Einbringung in den Landbau		x			(x)				
20 Regenbecken		x			x				
21 Versorgungs- und allgem. Betriebseinrichtungen									
22 Verkehrswege					x		x		
23 Meßtechnik									x

werten und auf ein unvermeidbar (geringes) Maß zu minimieren (u. a. UVP-Gesetz). Weitergehende Ausführungen zu den einschlägigen Aspekten der

– wasserrechtlichen Bestimmungen des Bundes und der Länder
– immissionsschutzrechtlichen und zivilrechtlichen Bestimmungen sowie
– baurechtlichen Anforderungen

in Verbindung mit Emissionen aus Abwasseranlagen können dem ATV-Merkblatt M 204 [G.3.134] entnommen werden.

Bei bestehenden Klär-/Abwasseranlagen gelten prinzipiell gleiche Grundaussagen zum Minimierungsgebot von Emissionen, doch werden meistens erst dann weitergehende bzw. modernere Anlagen bzw. Verfahren zur Emissionsvermeidung oder -minderung geplant und nachgerüstet, wenn es zu massiven Protesten und Beschwerden von Betroffenen gekommen ist.

Wie aus Tabelle G.3-30 ersichtlich ist, werden die Hauptemissionen aus Abwasseranlagen (z. B. Pumpwerke, Kanäle, Kläranlagen, Regenbecken, Anlagen zur Schlammbehandlung) im wesentlichen über den Luftpfad/Luftverunreinigungen (Geruch und Aerosole) in die Umwelt/Umgebung getragen, sowie durch Schall bzw. Geräusche verursacht.

Die Emissionen aus Erschütterungen, Licht, Wärme und Strahlung stellen im Regelfall nur eine untergeordnete Ebene dar oder sind nur in Sonderfällen besonders zu bewerten; aus diesem Grund werden nachfolgend lediglich die Hauptemissionen *Geruch*, *Aerosole* und *Schall* betrachtet.

Oftmals stehen sich in der Planungs- und Genehmigungsphase für solche Maßnahmen auch konträre Auffassungen (und manchmal auch Unkenntnis) zu Möglichkeiten, Forderungen, Leistungsfähigkeit/Wirksamkeit und Verhältnismäßigkeit von Emissionen und deren Vermeidungs- und Minimierungstechnologien gegenüber. In den nachfolgenden Abschnitten sind die grundlegenden Fakten, Meßverfahren, Bewertungsmaßstäbe und technischen Möglichkeiten zur Vermeidung und Minimierung von Emissionen dargestellt. Aufgrund des Themenumfangs kann an vielen Stellen nur ein grober Überblick über die Grundlagen gegeben werden, die Sichtung und Zuhilfenahme der genannten, weiterführenden Literatur wird daher empfohlen.

G.3.5.1.2 Geruchsemissionen

Allgemeine Angaben

Bei Geruchsemissionen aus Abwasserbehandlungs-/Kläranlagen handelt es sich i.d.R. um Emissionen ohne akut-toxikologische Relevanz. Während es bei den Schadstoffemissionen um potentielle Gefährdungen geht, die nach dem Besorgnisgrundsatz weitestgehend ausgeschlossen werden müssen, handelt es sich bei den Abwassergerüchen um potentielle Belästigungen, die nach den Abwägungskriterien und unter Beachtung der örtlichen Verhältnisse zu vermeiden sind. Insoweit ist nach [G.3.135] und [G.3.134] die praktische Eignung von Emissionsminderungsverfahren von den im jeweiligen Fall vorliegenden spezifischen Randbedingungen und sich hieraus ergebenden Erfordernissen abhängig.

Geruchsemissionen aus Abwasserbehandlungsanlagen (nach [G.3.134]) treten auf , wenn
- im Abwasser bereits geruchsaktive Substanzen in gelöster Form vorliegen (primäre Osmogene, z.B. aus gewerblich- industriellen Prozeßabwässern in Form von (gelösten) Produktresten, die ständig oder zeitweise zu branchentypischem Geruch führen),
- sich im Verlauf des Fließwegs oder bei der Abwasserreinigung, z.B. durch Abwässer aus Schlammbehandlungsanlagen, geruchsaktive Substanzen durch biochemische Umsetzungsprozesse bilden (sekundäre Osmogene) und
- bei entsprechendem Lösungsgleichgewicht diese geruchsaktiven Substanzen an der Phasengrenzfläche zwischen Abwasser und Atmosphäre ausgasen können (Strippung).

Meßverfahren

Geruch ist die Eigenschaft einer Gruppe von Chemikalien, den sog. Geruchsstoffen, konzentrationsabhängig den menschlichen Geruchssinn zu aktivieren und somit eine Geruchsempfindung auszulösen.

Es gibt zwar allgemeine Merkmale von Geruchsstoffen, die z.B. unter Zuhilfenahme der GC-MS und/oder FID-Meßtechnik [G.3.134] gemessen werden können, einheitliche physikalische oder chemische Eigenschaften, die eine Klassifikation zulassen, gibt es jedoch nicht. Dieses erschwert die Erfassung und Bewertung von Gerüchen.

Da es z. Z. noch keine chemisch-physikalischen Meßgeräte zur Ermittlung der Gerüche bzw. der Geruchsstoffkonzentrationen gibt, aber auftretende Gerüche quantifiziert und qualitativ bewertet werden müssen, erarbeitete die Kommission „Reinhaltung der Luft" die VDI-Richtlinien 3881 und 3882 „Olfaktometrie" [G.3.136, G.3.137].

In diesen Richtlinien werden einheitliche Meßverfahren beschrieben und einzelne Begriffe definiert, so daß es dadurch möglich geworden ist, Gerüche zu erfassen und zu bewerten [G.3.138, G.3.139]. Die wichtigsten Begriffsdefinitionen sind nachfolgend wiedergegeben:

Olfaktometer
Olfaktometer sind Meßgeräte/Apparaturen, in denen eine Gas- bzw. Abluftprobe (Geruchsstoffprobe) mit geruchsstoffreier Neutralluft definiert verdünnt und Testpersonen (Probanden) als Riechprobe angeboten wird.

Geruchsschwelle
Die Konzentration an Geruchsträgern an der Geruchsschwelle führt bei 50 % der Gesamtheit (Anzahl der Probanden) zu einem Geruchseindruck. Die Geruchsstoffkonzentration ist an dieser Schwelle, der Geruchsschwelle, definitionsgemäß 1 GE/m^3.

Geruchseinheit (GE)
1 GE ist diejenige Menge Geruchsträger (Teilchenzahl), die – verteilt in 1 m^3 geruchsstoffreier Neutralluft – entsprechend der Definition der Geruchsschwelle gerade eine Geruchsempfindung auslöst. 1 GE/m^3 ist zugleich der Skalenfixpunkt für die Geruchsstoffkonzentration.

Geruchsstoffkonzentration (GE/m^3)
Die Geruchsstoffkonzentration der zu messenden Geruchsprobe wird durch Verdünnung mit Neutralluft (geruchsfrei) bis zur Geruchsschwelle bestimmt. Entsprechend der Volumenströme von Geruchsprobe und Neutralluft bei Erreichen der Geruchsschwelle ergibt sich der Zahlenwert der Geruchsstoffkonzentration.

Geruchsintensität
Stärke der Geruchsempfindung, die durch einen Geruchsreiz ausgelöst wird („nicht wahrnehmbar" bis „extrem stark").

Hedonische Wirkung
Wirkung eines Geruchsstoffs, der durch die Einordnung des Reizes zwischen den Merkmalen „äußerst angenehm" und „äußerst unangenehm" beschrieben wird.

Von Köster [G.3.140] sind die Geruchsstoffkonzentrationen einzelner Kläranlagenteile aus 15 verschiedenen Kläranlagen zusammengestellt worden und in Tabelle G.3-31 wiedergegeben.

Bei der Interpretation der Daten ist zu beachten, daß diese nur beispielhaften Charakter haben können und nur Tendenzen aufzeigen. Besondere Ausgangssituationen an anderen Abwasserbehandlungsanlagen können deutlich andere Geruchsstoffkonzentrationen (ständig oder zeitweise) ergeben.

Generell ist aber feststellbar, daß insbesondere die Gerüche aus den Anlagenteilen der Schlammbehandlung bzw. die mit Strippeffekten verbundene Rückführung von Abwasserteilströmen aus Schlammbehandlungsanlagen für die Geruchsstoffemissionen bzw. die Immissionsbewertung von entscheidender Bedeutung sind.

Besonders hinzuweisen ist auf die sehr intensiv riechenden, schwefelhaltigen (z.B. Schwefelwasserstoff) und die stickstoffhaltigen Verbindungen (z.B. Ammoniak). Diese Geruchsstoffe können zu sehr hohen Geruchsstoffkonzentrationen führen und eine weitreichende, sowie umfangreiche Verfahrenstechnik zur Abluftfassung und -reinigung erforderlich machen.

Bewertung der Geruchsemissionen/-immissionen

Die von einer Abwasserbehandlungsanlage emittierten Gerüche breiten sich im umliegenden Luftraum aus, werden transportiert und dabei verdünnt. Maßgeblich für die Immissionssituation in der Umgebung der Abwasserbehandlungsanlage sind die Emissionsquellstärken, sowie die meteorologischen und topographischen Ausbreitungsbedingungen. Wichtige meteorologische Ausbreitungsparameter nach [G.3.141] sind u.a.:
– Windrichtung,
– Windgeschwindigkeit,
– Turbulenzen,
– Sonneneinstrahlung,
– Bewölkungsverhältnisse,
– kurzzeitige Bodeninversionen.

Es gibt grundsätzlich 2 Möglichkeiten, die Geruchsimmissionen, d.h. die Geruchswahrnehmungshäufigkeiten in % der Jahresstunden, in einem Beurteilungsgebiet zu ermitteln [G.3.142].

Rasterbegehungen
Hierbei wird ein Raster über das Beurteilungsgebiet gelegt. Jeder Rasterkreuzungspunkt wird zu unterschiedlichen Tages- und Jahreszeiten von verschiedenen Probanden mehrmals unabhängig voneinander angegangen. Der Proband verweilt 10 min am jeweiligen Punkt und notiert seine Geruchswahrnehmung.

Die Begehungen erstrecken sich über mind. ein halbes Jahr. Man erhält somit eine Information [G.3.143] zur Geruchswahrnehmungshäufigkeit an jedem Rasterkreuzungspunkt. Ergänzt werden kann diese Methode durch die in VDI 3883 beschriebene Möglichkeit der Befragung von ortsansässigen Personen. Auf diese Weise ist es möglich, die zeitliche und räumliche Geruchseinwirkung, speziell auch die Vorbelastung, auf das Beurteilungsgebiet zu ermitteln. Nachteilig

Tabelle G.3-31 Zusammenstellung der Geruchsstoffkonzentrationen (GE/m³) aus 15 verschiedenen Kläranlagen [G.3.140]

Abwasserteil	Geruchsstoffkonzentrationen GE/m³	
Zulaufrinne	67 – 399	(971/1260)
Abwasserhebewerk	72 – 745	(5636)
Rechenhaus / Einlaufbauwerk ⎤– *	47 – 306	504
bel. Sandfang	42 – 279	(872/1067)
Rechen- u. Sandfanggut	65 – 162	(3157)
Vorklärung	72 – 266	(bis 1080)
Belebung (hochbelastet)	67 – 275	
Belebung (normalbelastet)	34 – 170	
Belebung (stabilisiert)	20 – 60	
Tropfkörper	50 – 104	
Zwischenklärung	24 – 218	
Nachklärung	26 – 100	
Schlammgerinne	34 – 169	
Schlammteil		
Voreindicker	170 – 36712	
Nacheindicker	141 – 9824	
Faulbehälter, Schlammtaschen	278 – 63000	
MSE, Raumluft	038 – 421	
entwässerter Schlamm	053 – 1972	
Fäkalschlamm	1000 – 37000	
Trübwässer	400 – 15400	

*Raumluft

ist insbesondere, daß diese Verfahren relativ zeitaufwendig sind [G.3.144, G.3.142].

Ausbreitungsrechenmodelle
Mit Hilfe von Geruchsausbreitungsmodell-Rechnungen können nicht nur Geruchsimmissionen berechnet, sondern auch Minderungsmaßnahmen vorgeschlagen bzw. simuliert werden, die es ermöglichen, vorgegebene Geruchsimmissionsbegrenzungen einzuhalten.

Grundsätzlich gliedert sich die Immissionsprognose in 4 Bearbeitungsschritte:
- Ermittlung der Emissionsbedingungen,
- Messung der Vorbelastung des Immissionsorts,
- Berechnung der Zusatzbelastung durch die Immission,
- Ermittlung der Gesamtgeruchsbelastung am Immissionsort.

Eine weitergehende Beschreibung der Vorgehensweise zur Berechnung von Ausbreitungsmodellen ist u.a. in [G.3.141, G.3.134, G.3.144, G.3.142] gegeben.

Bei der Berechnung der Geruchsimmissionen aus Abwasseranlagen wird i.d.R. eine Überschreitungshäufigkeit für eine gegebene Grenzkonzentration betrachtet (weniger als x GE an y % der Jahresstunden). In jüngerer Zeit werden zunehmend auch Modellberechnungen angestellt, um „Geruchsspitzen" (Überschreitungsdauer der Geruchsschwelle im Sekunden- oder Minutenbereich) abschätzen zu können.

Bundesweit gibt es keine einheitliche Regelung bzgl. der zulässigen Immissionsgrenzwerte aus Abwasseranlagen. Die einzelnen Länder haben unterschiedliche Regelungen, die z.Z. noch in der Prüfung bzw. Diskussion sind.

Aktuelle Erlasse bzw. Entwürfe dazu zielen mehr auf die Begrenzung der „deutlich wahrnehmbaren Gerüche" ab, wobei neuere Untersuchungen von Frechen [G.3.145] zeigen, daß in der Umgebung von Kläranlagen Gerüche ab 4 GE/m³ als deutlich empfunden werden. Geruchseinwirkungen sind i.d.R. als erhebliche Belästigungen zu werten, wenn die Summe der vorhandenen Vorbelastung und die prognostizierte Zusatzbelastung (gemäß Ausbreitungsberechnung) die angegebenen Immissionswerte in Wohngebieten an 10 % der Jahresstunden und in Gewerbe- und Industriegebieten an 15 % der Jahresstunden überschreitet.

Für den Neubau von Kläranlagen gilt in mehreren Bundesländern im Rahmen der Bauleitplanung der „Abstandserlaß", wonach nur mit einem „geringfügigen" Belästigungspotential durch Gerüche zu rechnen ist, wenn diese Anlagen einen Abstand von mind. 300 m zu Wohngebieten haben [G.3.146, G.3.147, G.3.135].

In Bild G.3-105 ist eine schematische Übersicht über die Gesamtzahl der Maßnahmen zur Geruchsminderung und -vermeidung auf Kläranlagen/Abwasseranlagen (aus [G.3.141]) dargestellt.

Die wirkungsvollste Methode zur Geruchsminimierung ist, Gerüche erst gar nicht entstehen zu lassen bzw. sie auf das absolut unvermeidbare Maß einzuschränken. Größtmögliche Sauberkeit im gesamten Bereich der Abwasseranlagen gehört ebenso dazu wie die sofortige Abfuhr von Sieb-, Rechen- und Sandfanggut, ausreichende Sauerstoffversorgung der Anlagen zur biologischen Reinigung des Abwassers, gasdichter Verschluß aller Schlammbehälter und Abdeckung aller offenen Schächte, aus denen Gerüche austreten können. Auch die Verhinderung/Minimierung von Ablagerungen in Kanälen, Gerinnen, Schächten und Becken gehört zu den primären Maßnahmen der Geruchsminimierung.

Chemikalienzugabe
Geruchsemissionen können durch gezielte und ausreichende Anwendung von Chemikalien, z.B. Chlorverbindungen, erfolgreich gemindert werden. Es kann Chlorgas, Chlorkalk, Chloramin und auch Chlorbleichlauge eingesetzt werden. Im Klärwerk Nürnberg [G.3.141] konnten mit der Zugabe von etwa 20 g Aktivchlor/m³ Abwasser gute Geruchsminderungen erzielt werden.

Schwimmkugeln
Das Austreten von Gerüchen kann durch Abdecken von Wasserflächen mit Schwimmkugeln zwar eingeschränkt werden, Gase aber, wie z.B. Schwefelwasserstoff, die unter den Schwimmkugeln weiterhin gebildet und frei werden, durchdringen diese Schicht fast ungehindert und machen diese z.T. unwirksam.

Geruchskorrigenten
Unter Geruchskorrigenten versteht man nach Abendt [G.3.141] Stoffe, die mechanisch als Aerosole einer geruchsbeladenen Luft zu dem Zweck zugemischt werden, die Luft geruchlos oder wenigstens angenehmer riechend zu machen.

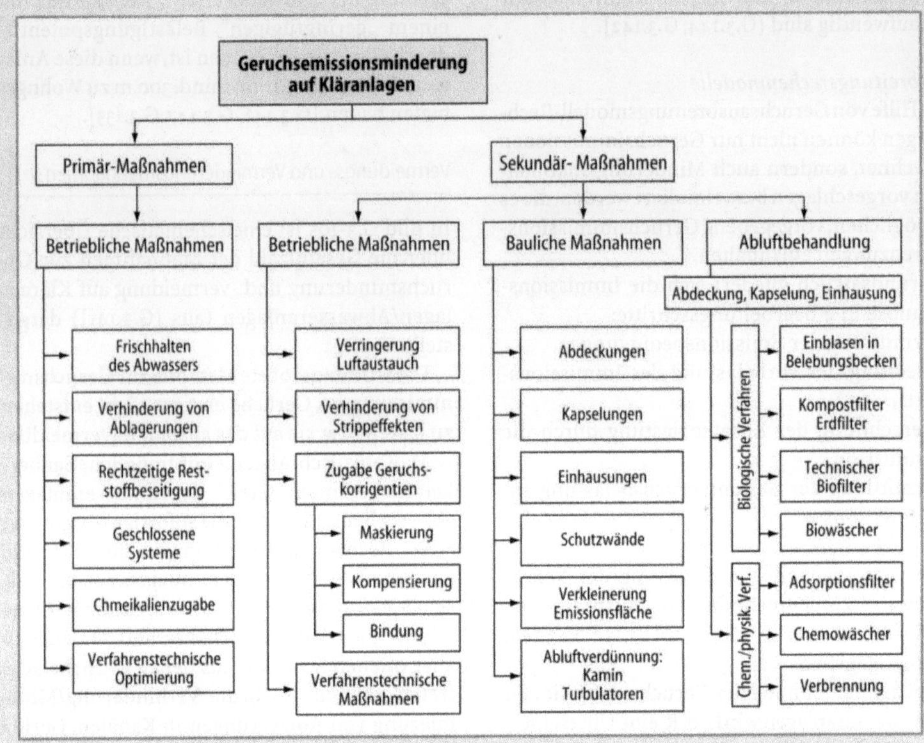

Bild G.3-105 Maßnahmen zur Minderung und Vermeidung von Geruchsemissionen aus Abwasseranlagen [G.3.141]

Die bisherigen, praktischen Erfahrungen mit Geruchskorrigenten haben aber gezeigt, daß die Anwendung dieser Stoffe nicht als dauerhafte Lösung zur Emissionsminderung bzw. -vermeidung empfohlen werden kann.

Abluftkamine

Abluftkamine können Abluftvolumenströme nicht reinigen, sie können diese nur bis unter die Geruchsschwelle verdünnen. Mit dem Abluftkamin wird der Abluftstrom so hoch über dem Gelände emittiert, daß im Immissionsmaximum am Immissionsort die Geruchsschwelle aber noch nicht wieder überschritten wird.

Insgesamt ist aus der Praxis zu empfehlen, Kapselungen, Abdeckungen und/oder Einhausungen mit Abluftfassung sowie Absaugungen zur Abluftreinigung zu betreiben, sofern die Vermeidungs- und Verminderungsmaßnahmen nicht den geforderten Erfolg gezeigt haben. Kapselungen, Abdeckungen und Einhausungen ohne Abluftfassung und -reinigung sind nur zulässig, wenn die Ex-Schutz- und die Arbeitsschutzrichtlinien eingehalten werden [G.3.135, G.3.134]; den

Fragen der erhöhten Korrosionsschutzanforderungen ist besondere Aufmerksamkeit zu widmen. Die Verfahren zur Abluftreinigung werden in Abschn. G.3.5.2. beschrieben.

G.3.5.1.3 Aerosole

Allgemeine Angaben

Zu einer Ausbreitung von Krankheitserregern aus dem Abwasser kann es auch durch Aerosole kommen. Im Aerosol sind alle Krankheitserreger enthalten, die auch primär im Abwasser vorhanden sind. Dabei handelt es sich im wesentlichen um Krankheitserreger des Magen- und Darmtrakts, die mit den Fäkalien ins Abwasser gelangen. Sie können Überlebenszeiten von Stunden, Tagen, bis zu vielen Monaten haben und stellen somit ein gewisses Potential für die gesundheitliche Gefährdung des Personals und der betroffenen Anlieger dar. Aerosole können im Winter auch durch Eisbildung auf Maschinen und Bauwerken erhöhte Gefahren- und Unfallquellen hervorrufen; im ATV Lehr- und Handbuch, Bd. IV (dort Tabelle 11.3-1) sind die möglichen

Auswirkungen von Aerosolen aus Abwasseranlagen zusammengefaßt (aus [G.3.148]).

Überall dort, wo durch heftige Turbulenzen Luftblasen in das Abwasser eingebracht werden, entstehen (ggf. sichtbare) Wrasen, Schwaden oder Nebel. Diese Aerosolbildung erfolgt insbesondere über Sohlabstürzen offener Gerinne, Ein- und Auslaufbauwerken über belüfteten Becken (einschließlich Stripp- und Sandfangbecken), bei nicht abgedeckten Tropfkörpern sowie Schneckenpumpwerken und Abwasserverregnungsanlagen.

Meßverfahren

Als Aerosole bezeichnet man hinreichend stabile Suspensionen von Schwebstoffen in Gasen. Schwebstoffe sind Feststoffe oder Flüssigkeitspartikel mit Durchmessern von 0,003 bis max. 50 μm, die bereits durch geringste Strömungsgeschwindigkeiten oder Turbulenzen in Schwebe gehalten werden und kaum natürlicher Sedimentation unterliegen.

Es gibt noch kein anerkanntes oder vereinheitlichtes Verfahren zur qualitativen und/oder quantitativen Messung von Aerosolkonzentrationen, -dichten oder -frachten.

In früheren Untersuchungen wurde vorwiegend die Menge an Keimen (KBE = koloniebildende Einheiten, z. B. KBE/m³) in der Luft oberhalb oder neben den Behandlungsanlagen gemessen und dargestellt [G.3.149]. In neueren Untersuchungen, z. B. Kunst, 1993 [G.3.150], werden außerdem die Gesamtkoloniezahl, coliforme Keime und E. coli gemessen.

Die grundlegenden Meßergebnisse der Arbeiten von Wanner, 1975, zu Aerosolemissionen aus Belüftungsanlagen sind in [G.3.149] dargestellt.

Bewertung der Aerosolemissionen

Generell ist aus allen durchgeführten Untersuchungen und Messungen abzuleiten, daß die Art der Belüftungseinrichtungen maßgeblich für die Aerosolfracht bzw. die Verfrachtung koloniebildender Keime ist. Die Verkeimung der unmittelbaren Umgebung von belüfteten Becken kann zwar erheblich sein, doch ist in fast allen untersuchten Fällen belegt worden, daß bereits in einem Abstand von < 20 – 25 m nur noch eine sehr geringfügige, der üblichen Umweltsituation entsprechende Verkeimung der Umgebungsluft zu messen war. Eine Übersichtsdarstellung dazu zeigt Tabelle G.3-32.

Tabelle G.3-32 Austrag von Keimen aus Abwasseranlagen im Vergleich zu anderen Meßstellen/Umgebungssituationen [G.3.151]

Meßstelle	Keime/m³	Literatur
Oberflächenbelüfter alter Bauart, 1 m über Wsp.	bis 184.000	[G.3.149]
Oberflächenbelüfter neuerer Bauart, 1 m über Wsp.	< 500	[G.3.150]
25 m in Windrichtung neben Belebungsbecken	< 100	[G.3.150]
Direkt oberhalb von Biofiltern	100 – 2500 i.M. 350	Böhnke (1987)
20 m in Windrichtung neben Biofilter	20 – 100	Böhnke (1987)
Normale Luft (Feld/Wiese)	100 – 500	Malz (1982)
Stark belegte Räume	800 – 1000	Malz (1982)
Wohnsiedlungen	1000 – 1200	Malz (1982)
Straßenkreuzungen	> 1200	Malz (1982)
Rheinfall bei Schaffhausen in 300 m Abstand	1000 – 4500	Malz (1982)

Hinsichtlich der hygienischen und epidemologischen Aspekte der Aerosolemissionen aus Abwasseranlagen ist bereits vor mehr als 30 Jahren bei der Untersuchung Berliner Kanalarbeiter festgestellt worden, daß „eine besondere Gefährdung der Arbeiter und der Bevölkerung durch Abwässer nicht erkennbar ist." [G.3.148]. Eine ausführliche Studie im Auftrag der US-amerikanischen EPA (Environmental Protection Agency), die weit mehr als 5000 Personen im Einzugsgebiet von Abwasseranlagen erfaßte, nennt als Gründe, daß ein Infektionsrisiko noch nie nachgewiesen werden konnte, u. a. folgende Punkte:

- Die Dichte spezifisch pathogener Keime in Aerosolen ist niedrig und sinkt schnell mit dem Abstand zur Quelle.
- Mit einem Atmungsvolumen von rd. 1 m³/h inhaliert eine Person nur sehr wenige Mikroorganismen, es sei denn, daß sie für eine sehr lange Zeit ununterbrochen der Quelle ausgesetzt ist.
- Die Immissionswerte lagen offensichtlich unterhalb des Infektionsminimums.
- Mikroorganismen im Abwasser sind in erster Linie Organismen, die nicht über die Atemwege zu Infektionen führen.
- Im Umkreis von Abwasseranlagen entwickeln die Betroffenen eine nicht spezifische Immunität.

Nach dem Stand des heutigen Wissens kann ein Gesundheitsrisiko in der Umgebung von Abwasseranlagen unter normalen Verhältnissen grundsätzlich verneint werden. Das Personal von Kläranlagen weist keine höhere Häufigkeit von Erkrankungen auf, als in der übrigen Bevölkerung festgestellt worden ist [G.3.148].

Dennoch sollten in Verbindung mit der Minimierung der Geruchsemissionen sinnvolle Vorkehrungen getroffen werden, die Aerosolbildung und -emission zu vermindern.

Vermeidungsmaßnahmen

Folgende Maßnahmen zur Vermeidung der Aerosolbildung und -emissionen aus Abwasseranlagen haben sich – meist in Verbindung mit Maßnahmen zur Minderung der Geruchsemissionen – in der Praxis bewährt [G.3.148, G.3.135]:
– vorbeugende Maßnahmen zur Vermeidung übermäßiger Spritzwasserbildung, wie z. B. das Herabführen von Falleitungen unter die Wasseroberfläche,
– unvermeidbare Turbulenzbildungen sollten in geschlossenen Schächten/Räumen ablaufen, damit die Aerosole sich an den Wänden niederschlagen und zurückfließen können,
– Einbau von Leitwänden und Prallblechen bei Oberflächenbelüftern (z.B. „Schutzbleche" oder Gummischürzen über/vor/hinter Belüfterwalzen oder Einbau neuerer abgedeckter Belüfterwalzen mit minimierter Aerosolbildung [G.3.150],
– ausreichend hohe Freiborde oberhalb des Wasserspiegels, um die Ausbreitung von Aerosolen zu vermindern (z.B. an der Oberkante von Tropfkörperdrehsprengern),
– Teil- oder Vollabdeckung kleinerer und mittlerer Behälter und/oder Beckenoberflächen, zumeist in Verbindung mit der Absaugung und Reinigung von Abluft,
– evtl. sind auch Windabweiser, feinmaschige Textilnetze sowie dichte Bepflanzungen geeignete Zwischenlösungen.

Bei neueren Kläranlagen werden zunehmend auch Brauchwassernetze eingerichtet, die mit dem gereinigten Abwasser der Kläranlage betrieben werden, um Frisch- bzw. Trinkwasser einzusparen. Dieses ist an vielen Verbrauchsstellen auch sinnvoll, z.B. Reinigungswasser für Fußbodenreinigungen, Spülwasser für Schlammbehandlungsmaschinen usw., doch muß beachtet werden, daß der Einsatz von Hochdruckreinigern nur mit einem Anschluß an das Frischwassernetz gemäß UVV- und Arbeitsstättenrichtlinien zulässig ist, da es beim Einsatz dieser Reiniger zu sehr großer Aerosolbildung kommt.

G.3.5.1.4 Lärmemissionen

Allgemeine Angaben

Abwasseranlagen können durch ihre zahlreichen maschinellen Einrichtungen und Anlagen zu Lärmbelästigungen führen. Auch das Medium „Abwasser" selbst verursacht, z.B. bei Abstürzen oder Aufwirbelungen, Geräusche.

Im Gegensatz zu Gerüchen und Aerosolen sind der Lärm bzw. Geräusche exakt meßbar. Weil Abwasseranlagen im 24-h-Betrieb gefahren werden, kann es besonders in den Nachtstunden zu Überschreitungen von Immissionsrichtwerten kommen, vor allem bei ungünstigen Wetterlagen.

Bei den von Kläranlagen emittierten Geräuschen handelt es sich im Regelfall um Luftschall. Für die Durchführung der zur Beurteilung der Wirkung von Geräuschen auf das menschliche Gehör notwendigen Emissions- und Immissionsmessungen liegt eine Reihe von DIN-Normen und VDI-Richtlinien vor, die der Reproduzierbarkeit und Bewertung der Meßergebnisse dienen. Sie sind zusammen mit den für den Schutz vor gehörschädigendem Lärm erlassenen Gesetzen und Verordnungen, z.B. in [G.3.148] dargestellt.

Meßverfahren

Mechanische Schwingungen elastischer Medien erzeugen Schall. Entsprechend dem Medium, in dem der Schall auftritt, wird zwischen Luft-, Körper- und Flüssigkeitsschall unterschieden. Die an einer Schallquelle entstehenden Luftdrücke breiten sich in der umgebenden Luft als Schallwellen (unter Normbedingungen mit einer Geschwindigkeit von rd. 343 m/s) aus. Die Form der Ausbreitung hängt von der Schallquelle ab und kann durch Hindernisse, Bewuchs und Witterungsbedingungen (insbesondere Wind) stark beeinflußt werden.

Für die Schallpegelmessung werden Präzisionsschallpegelmesser nach DIN 45633 (bzw. IEC 651) verwendet. Für orientierende Messungen mit geringerem Genauigkeitsanspruch können auch Schallpegelmesser nach DIN 45634 (bzw. IEC 651) benutzt werden [G.3.148]. Die sich ergebende Meßgröße ist der Schalldruckpegel L_p in dB.

Die Lautstärke und auch Lästigkeit, mit der ein Schallereignis empfunden wird, hängt von Schalldruck und Frequenz ab. Da das menschliche Ohr frequenzabhängig reagiert, ist das physikalische Maß des Schalldrucks dB (Dezibel) für eine Bewertung des menschlichen Schallempfindens unzureichend. Die meisten Geräusche der Technik werden daher nach einem korrigierten, A-bewerteten Schallpegel dB (A) angegeben und beurteilt.

Die wichtigste Geräuschemissionskenngröße einer Maschine bzw. Anlage ist daher der A-Schalleistungspegel dB (A). Er ist unabhängig von den akustischen Eigenschaften der Umgebung, stellt somit eine maschinen- bzw. anlagenspezifische Kenngröße dar und ist ein Maß für die in die Umgebung abgestrahlte Schalleistung. In Tabelle G.3-33 sind beispielhaft einige Schall-quellen/-emissionen von Abwasseranlagen zusammengestellt [G.3.148, G.3.152].

Hinsichtlich der Berechnungsverfahren zu Lärmemissionen und -immissionen ist hervorzuheben, daß logarithmische Gesetzmäßigkeiten die Grundlage für die Bewertung und Ausbreitung des Schalls/Lärms darstellen [G.3.152, G.3.144]. Daher gelten u. a. folgende Grundaussagen zur Bewertung von Schall- bzw. Lärmemissionen:

– Die Addition zweier gleichstarker Schallquellen, d.h. die Verdoppelung der Schallintensität/Schalleistung, erhöht den Schallpegel lediglich um 3 dB; z.B. 80 dB + 80 dB = 83 dB!
– Die Schallpegelerhöhung durch eine zweite, unterschiedlich starke Schallquelle ist u. a. in ([G.3.148] dort Kap.11) dargestellt. Wird z.B. eine Schallquelle von 80 dB von einer zweiten

Tabelle G.3-33 Lärmquellen bei Abwasseranlagen (zusammengestellt aus [G.3.148] und [G.3.152])

Bauwerke/Anlage	Lärm durch	Schalleistungspegel dB(A)	Bemerkungen
Kanalisation	Abwasser		selten Lärmemissionen
Pumpwerke			
– Schneckenpumpwerke	Abwasser Maschinen	79 – 105 65	hauptsächlich Wassergeräusche moderne Bauart mit GFK-Abdeckung
– Kreiselpumpwerke	Antriebe	78 – 85	relativ geringe Emissionen
Rechenanlagen	Antriebe und Ketten	90 – 100	hohe Werte bei schlechter Wartung
Belüftete Sandfänge	Gebläse und Luftblasen	80 – 95	relativ geringe Emissionen
Vorklärbecken	Abwasser	77 – 100	Überfall/Abstürze
Belebungsbecken			
– Kreiselbelüfter	Abwasser	100 – 122	in Abhängigkeit von Eintauchtiefe, Bauart und Anschlußleistung
– Mammutrotoren alte Bauart neue Bauart	Abwasser	99 – 115 56 – 82	in Abhängigkeit von Bauart und Anschlußleistung gekapselte Betonbrücke
– Druckbelüftung (feinblasig)	Abwasser	90 – 100	in Abhängigkeit vom spezifischen Luftvolumen und der Beckenoberfläche
– bei Trennung von Belüftung und Umwälzung		82 – 89	Schrägstrom-Becken
Tropfkörper	Abwasser	90 – 100	Drehsprenger
Schlammbehandlung			
– Gasfackel		62	geringe Lärmemission
– Siebbandpresse		75	
– Zentrifugen		85 – 95	
– Seperatoren		92 – 95	
Gasmotoren		92 – 95	
Verdichter u. Gebläse		94 – 99	
Kompressoranlagen und Gasmotoren		> 98	bei mehr als 30 kW install. Leistung

mit 86 dB überlagert, ergibt sich eine Pegelerhöhung von ca. 1 dB und der Gesamtschallpegel zu 86 dB + 1 dB = 87 dB.
- Eine Minderung des Schalleistungspegels um rd. 10 dB (A) wird in vielen Fällen (subjektives Empfinden) als Halbierung der Lautstärke bzw. als Halbierung der Schallemission empfunden.

Das menschliche Gehör beurteilt einen Ton nach seiner Lautstärke (gemessen als Schalldruckpegel) und seiner Höhe (Frequenz). Der Schalldruckpegel, der gerade noch zu einer Wahrnehmung führt, wird als Hörschwelle bezeichnet.

Nach [G.3.144] versteht man unter Geräuschen Schallsignale im Hörbereich (20 – 16.000 Hz). Wirken diese Geräusche auf den Menschen störend, belästigend oder gar schädigend, so spricht man von Lärm. Lärm gehört zu den schädlichen Umwelteinwirkungen im Sinne des Bundesimmissionsschutzgesetzes (BImSchG) [G.3.152], die „nach Art, Ausmaß und Dauer geeignet sind, Gefahren, erhebliche Nachteile oder erhebliche Belästigungen für die Allgemeinheit oder die Nachbarschaft herbeizuführen".

Die Forschung über die Lärmwirkungen auf Menschen ist noch nicht abgeschlossen, die bekannten Wirkungen reichen von der physischen (Störung, Ärger) über die vegetative (Gereiztheit, Schlafstörungen) bis zur physiologischen (Vertaubung, Hörverlust) Beeinträchtigung [G.3.148, G.3.144]. Eine Beurteilung von Lärm wird sich daher mit dem Problem des „Zumutbaren" befassen müssen. Zwangsläufig ist diesbezüglich ein breiter Bemessungsspielraum gegeben. Da menschliche Aktivitäten meist in irgendeiner Form mit Schallemissionen verbunden sind, geht das BImSchG von einer „zumutbaren Belastung" aus; nur eine „erhebliche Belästigung" ist hiernach rechtlich relevant und zu vermeiden. Die Problematik besteht darin, daß kein allgemeingültiger Emissionswert mit dem Tatbestand „erhebliche Belästigung" definiert werden kann.

Im Planfeststellungs- und/oder Genehmigungsverfahren werden üblicherweise die maßgeblichen Immissionsrichtwerte nach TA Lärm bzw. Baunutzungsverordnung festgelegt.

Die Vorschriften der TA Lärm [G.3.154] decken den Bereich des Immissions- oder Nachbarschaftsschutzes ab. Der höchste dort überhaupt zugelassene Immissionsrichtwert beträgt 70 dB (A), die Fragen der Gehörschädigung spielen dabei keine Rolle. Aus der TA Lärm ist ersichtlich, daß, je nach Lage der lärmemittierenden Abwasserbehandlungsanlage und der Gebietsausweitung der von ihr beeinflußten Nachbarschaft, dort die für die Tag- bzw. Nachtstunden (22.00 – 6.00 Uhr) angegebenen Immissionsrichtwerte maßgebend sind (30 – 70 dB (A)).

Um die Gefahr der Gehörschädigung beim Betriebspersonal zu vermeiden, müssen im Inneren von (Lärmschutz-)Gebäuden alle technisch-wirtschaftlichen Maßnahmen getroffen werden, um im Arbeitsbereich Lärmpegel > 90 dB (A) auszuschließen. Wo dieses nicht möglich ist, sind bei Ausführung längerer Inspektions- und Wartungsarbeiten gemäß UVV Lärm [G.3.155] persönliche Schallschutzmittel zu tragen. Oberhalb von 85 dB (A) ist der Arbeitgeber verpflichtet, Gehörschutzmittel zur Verfügung zu stellen. Im Übrigen sollten durch Mittel der Automatisierung, der Fernbedienung und -überwachung die Arbeiten in stark lärmbelasteten Bereichen weitgehend reduziert werden. Es empfiehlt sich ferner, bei lärmintensiven Teilanlagen (Gasmotorenstation, Gebläsestation, Schlammentwässerungsmaschinen) innerhalb dieser Gebäude eine schallgekapselte Warte als dezentrale Bedienstelle bzw. konstruktive Maßnahmen zur Minderung der Schallemissionen (Geräuschdämpfung s. Abschn. G.3.5.3.) vorzusehen.

G.3.5.2 Abluftreinigung

G.3.5.2.1 Bemessung und Luftwechselzahlen

Bevor die genaue Größe einer Abluftbehandlungsanlage bestimmt werden kann, müssen Angaben/Annahmen zu den erforderlichen Luftwechselzahlen erarbeitet bzw. festgelegt werden. Dabei ist bei eingehausten Kläranlagen-Betriebsteilen besonders zu beachten, daß im Winter erhebliche Probleme durch sehr kalte Luft (Frosterscheinungen) innerhalb der eingehausten Anlagenteile entstehen können, wenn zu hohe Luftwechselzahlen gewählt werden. Es ist also bei der lufttechnischen Anlage für eingehauste Anlagenteile ein Optimum zwischen erforderlichem Energieeinsatz zur notwendigen Luftaufwärmung im Winterbetrieb und den wünschenswerten bzw.

Literaturquelle	Anlagenteil/Art des Raums	Luftwechsel in h^{-1}
ATV-Merkblatt M 255	nicht begehbare Räume (z.B. abgedeckte Eindicker, Schlammsilos, Filtratbehälter, Tropfkörper, Absetzbecken, Belebungsbecken, Schlammpumpwerke)	0,5 – 9; im Mittel 2 – 3
	begehbare Räume (z.B. umbaute Zulaufpumpwerke, Rechen, Sand- und Fettfänge, Flotationsanlagen, Eindicker, Schlammsilos)	2 – 4; im Mittel 2 – 3,5
	Räume, in denen häufig oder ständig gearbeitet wird (z.B. Räume der Schlammkonditionierung und der maschinellen Schlammentwässerung)	1 – 18; im Mittel 4 – 7
ATV-M 204	Einhausung, nicht begehbar (z.B. Kapselungen, Abdeckungen)	1 – 10; im Mittel 3 – 4
	Einhausung, begehbar, kein Arbeitsplatz	2 – 15; im Mittel 3 – 4
	Einhausung, begehbar, Arbeitsplatz	1 – 18; im Mittel 3 – 4
MURL	nicht begehbare Räume	2 – 3
	Räume, in denen nicht ständig gearbeitet wird	2 – 3,5
NRW (1987)	Räume, in denen ständig gearbeitet wird	4 – 7
BAGUV (1989)	in Kanälen ein Luftstrom von 600 m³/h und m²	./.
	sonstige Bauwerke (z.B. Pumpensümpfe, Schieberbauwerke)	6 – 8

erforderlichen Luftwechselzahlen zu finden. Eine Übersicht zu den empfohlenen Luftwechselzahlen aus verschiedenen Fachtexten und Regelwerken enthält Tabelle G.3-34.

G.3.5.2.2 Physikalisch-chemische Verfahren

Zu den physikalischen Verfahren zählen nach [G.3.144, G.3.142]
- adsorptive Bindung, meist an Aktivkohle,
- absorptive Bindung, Reinwasserwäscher, in der betrieblichen Praxis bisher aber ohne Bedeutung.

Aktivkohlefilter entnehmen die Geruchsstoffe entsprechend ihrer jeweiligen Adsorptionsisotherme aus der Abluft. Die Aktivkohle befindet sich in Platteneinheiten oder Filterpatronen; auch geschüttete A-Kohle in Filtergehäusen ist im Einsatz. Da Feuchtigkeit und die Beladung mit Partikeln/Staub die Effektivität des Aktivkohlefilters relativ rasch beeinträchtigen, ist beim Einsatz in Abwasserbehandlungsanlagen fast immer eine Konditionierung (Entfeuchtung/Entstaubung) der zugeführten Abluft erforderlich [G.3.148].

Besonders gute Ergebnisse mit Aktivkohlefiltern werden dort erreicht, wo eine möglichst gleichbleibende und definierte Abluftzusammensetzung gegeben ist.

Die beladene Aktivkohle muß nach einer Standzeit, die von der Beaufschlagung und Belastung mit adsorbierbaren Inhaltsstoffen abhängt und sehr unterschiedlich sein kann, geeignet behandelt werden; insofern handelt es sich bei diesem Verfahren lediglich darum, die Geruchsstoffe zu verlagern. Die beladene/verbrauchte A-Kohle wird i.d.R. regeneriert und wieder eingesetzt, kann aber auch verbrannt werden.

Da die Abluft aus Abwasseranlagen fast immer einen hohen Feuchtigkeitsgehalt hat, der energieaufwendig gemindert werden muß und dadurch bei Aktivkohleanlagen erhebliche Betriebskosten entstehen, sind diese Verfahren nur bei relativ kleinen Abluftvolumenströmen (< 12.000 m³/h) mit biologisch nicht oder nur schwer abbaubaren Inhaltsstoffen im Einsatz.

Zu den chemischen Verfahren werden nach [G.3.144, G.3.142] die
- chemischen Wäscher,
- Trockenozonisierung (noch ohne praktische Relevanz),
- katalytische Oxidation und
- thermische Oxidation gezählt.

Chemische Wäscher
Die Wirkung der chemischen Wäscher beruht auf dem Zusammenwirken der Adsorption der Geruchsstoffe im Waschwasser und der chemischen Bindung der im Waschwasser adsorbier-

ten Stoffe. Hinsichtlich der Bauformen werden nach [G.3.148] Venturiwäscher (Strahlgaswäscher), Verrieselungswäscher und Waschbettwäscher unterschieden. Der Chemikalieneinsatz zur Bindung der Geruchsstoffe richtet sich nach der chemischen Reaktion des Geruchsstoffs; Säuren für alkalisch reagierende Gerüche (z. B. Ammoniak) und Laugen für sauer reagierende Gerüche (z. B. H_2S oder organische Säuren). Die Zusammensetzung der Geruchsstoffe erfordert in manchen Fällen das Hintereinanderschalten saurer und alkalischer Wäscher. Es empfiehlt sich, vor der Auswahl eines bestimmten Wäschertyps bestehende Anlagen zu besichtigen und die Erfahrungen der Betreiber in die Entscheidungen mit einzubeziehen.

Bevorzugte Chemikalien für den Einsatz in chemischen Wäschern sind heute Wasserstoffperoxid (H_2O_2) und Ozon (O_3), da bei diesen Verbindungen keine schädlichen Rückstände mehr im Waschwasser verbleiben. Problematisch ist in anderen Anwendungsfällen, wo z. B. noch Chlorverbindungen eingesetzt werden, der entstehende Eigengeruch der Wäscherabluft und die Weiterbehandlung bzw. Entsorgung der Wäscherrückstände (beladene Säuren und Laugen).

Katalytische Oxidation
Bei der katalytischen Oxidation (nach [G.3.148]) werden die Geruchsstoffe verbrannt, wobei aber im Gegensatz zur thermischen Oxidation geringere Temperaturen notwendig sind und zur Beschleunigung der Reaktion ein Katalysator eingesetzt wird. Aufgrund der sehr stark schwankenden Abluftzusammensetzung aus Abwasserbehandlungsanlagen ist dieses Verfahren im Abwasserbereich derzeit noch ohne nennenswerte Bedeutung.

Thermische Oxidation
Bei der thermischen Oxidation werden die Geruchsstoffe bei sehr hohen Temperaturen verbrannt. Um eine möglichst weitgehende Oxidation zu gewährleisten, sollten mindestens 800 °C erreicht werden. Aufgrund der sehr hohen technischen Anforderungen an derartige Verbrennungsanlagen, ist diese Verfahrenstechnik für die Behandlung größerer Abluftvolumenströme aus Abwasseranlagen aus Kostengründen noch nicht von Bedeutung. Lediglich bei Verfügbarkeit einer modernen Kesselanlage (z. B. für die Faulbehälterbeheizung) ist die Mitverbrennung kleinerer und extrem belasteter Abluftteilströme möglich und sinnvoll.

G.3.5.2.3 Biologische Verfahren

Zu den biologischen Verfahren werden
- Biofilter (gemäß VDI 3477),
- Biowäscher (gemäß VDI 3478) und das
- Einblasen in die Belebung
gerechnet. Bezogen auf den Anteil aller Behandlungsverfahren ist zu bemerken, daß die biologischen Verfahren der Abluftreinigung bei Abwasserbehandlungsanlagen einen Anteil von fast 80 % erreicht haben.

Biofilter
Das Biofilter ist das derzeit am häufigsten eingesetzte und wirtschaftlichste Verfahren zur Desodorierung der Abluft aus Abwasserbehandlungsanlagen. Voraussetzung ist, daß die Abluftinhaltsstoffe biologisch abbaubar sind und – wie bei den anderen Methoden und Verfahren auch –, daß diese Anlagen nach den gültigen Regeln der Technik (VDI 3477) geplant, gebaut, betrieben und unterhalten werden.

Biofilter bestehen im wesentlichen aus 3 Elementen:
- Gebläsestation mit Einrichtungen zur Konditionierung der zu behandelnden Abluft,
- Abluftverteilungssystem und
- Filtermaterial.

In Bild G.3-106 (aus [G.3.156]) ist der schematische Aufbau einer Biofilteranlage dargestellt.

Die zu behandelnde Abluft wird vom Ventilator in das System gefördert; in jedem Fall sollte ein Befeuchter zur Maximierung der Abluftfeuchte (> 95 % r. F.) eingebaut und betrieben werden, um ein Austrocknen des Biofiltermaterials zu vermeiden.

Das horizontal verlegte Luftverteilungssystem verteilt die Abluft unterhalb des Spaltenbodens und dient auch dazu, abtropfendes Kondensat abzuführen. Die zu behandelnde Abluft durchströmt das Filtermaterial von unten nach oben und entweicht an der Oberfläche gereinigt in die Umgebungsluft.

Die Geruchsstoffe der Abluft werden an der Oberfläche des Biofiltermaterials adsorbiert bzw. absorbiert und von den im feuchten Milieu wachsenden (natürlich vorkommenden) Mikroorganismen biologisch oxidiert.

Maßgeblich für die Reinigungsleistung der Biofilteranlagen ist u. a. die Wahl des Filtermaterials und eine ausreichende Einarbeitungszeit. Als Filtermaterial können Fasertorf, Heidekraut Baumrinde, Wurzelfaserholz oder Gemische die-

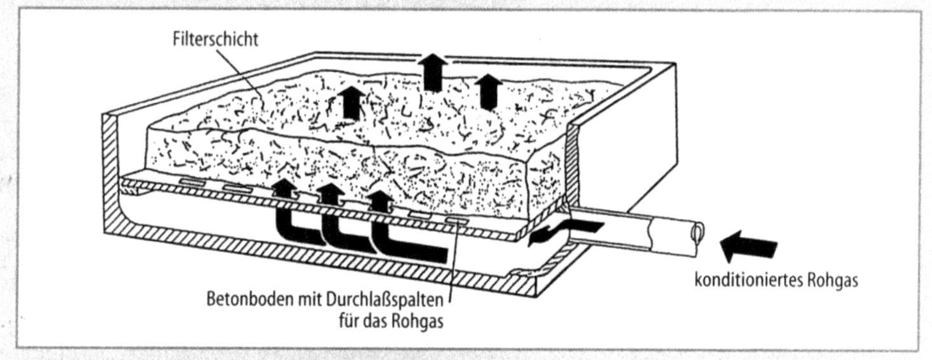

Bild G.3-106 Prinzip eines Biofilters (aus [G.3.156])

ser Materialien zum Einsatz kommen. Sehr gute Reinigungsergebnisse werden mit voll ausgereiftem Rindenhumus als Filtermaterial erreicht. Die Filtermaterialien werden in einer Höhe zwischen 0,8 und 1,5 m aufgebracht und erreichen bei kommunalen Kläranlagen Standzeiten von 5 und mehr Jahren.

Die Bemessung der Biofilteranlagen erfolgt aufgrund der langjährigen und umfangreichen Betriebserfahrungen anhand der Parameter
- Filterflächenbeschickung
    bis max. 200 m³/m²·h
    im Mittel 50 bis 120 m³/m²·h
- Filterraumbelastungen
    bis etwa 50.000 GE/m³ Filtermaterial·h

Die Reinigungsleistungen betragen weit mehr als 95 % und erreichen Reingaskonzentrationen bis unter 100 GE/m³; allerdings ist auch zu beachten, daß Biofilter-Materialien einen waldbodenähnlichen Eigengeruch bis zu 150 GE/m³ haben können.

Biowäscher
Das Verfahrensprinzip der Biowäscher (VDI 3478) beruht auf dem Austausch der Geruchsstoffe aus der Gasphase in eine Waschflüssigkeit (Absorbens) und dem anschließenden biologischen Abbau dieser (gelösten und biologisch abbaubaren) Substanzen durch Mikroorganismen/Belebtschlamm.

Biowäscher können grundsätzlich danach unterschieden werden, ob die Absorbensregeneration (der biologische Abbau der Geruchsstoffe) nach dem
- Belebtschlammprinzip, also in einem separaten, belüfteten Becken mit Nachkläreinheit, oder dem

- Tropfkörperprinzip, d. h. biologischer Abbau an einen Füllkörperrasen,
stattfindet.

Für den Schadstoffabbau müssen neben der ausreichenden Sauerstoffversorgung auch genügende Mengen an Phospor- und Stickstoffverbindungen sowie Spurenelemente im Substrat vorhanden sein.

Kommt es durch Sauerstoffmangel zu anaeroben Prozessen im Biowäschersystem, findet nur noch ein ungenügender biologischer Abbau statt, und es entstehen möglicherweise andere (unangenehmere) Geruchsstoffe (Fäulnisgeruch). Die Belebtschlammkonzentration in der Waschflüssigkeit sollte ca. 5 – 7 g TS/l betragen; die Bemessung der Biowäscher ist in [G.3.157] ausführlich beschrieben.

Obwohl Biowäscher insbesondere bei großen Abluftvolumenströmen sehr gute Reinigungsleistungen zu wirtschaftlich günstigen Bedingungen erbringen, ist ihre absolut erreichbare Reingaskonzentration (250 – 350 GE/m³) oftmals nicht so gut wie die der Biofilteranlagen [G.3.158]. Sehr vorteilhaft gegenüber Biofilteranlagen kann aber der wesentlich geringere Platzbedarf für Biowäscheranlagen sein.

Einblasen in die Belebung
Zur Reinigung der Abluft ist es auch möglich, diese mit in das (belüftete) Belebungsbecken einzublasen. Da fast alle Geruchsstoffe biologisch abbaubar/oxidierbar sind und im Belebungsbecken die dazu notwendigen Mikroorganismen ohnehin verfügbar sind, bietet es sich an, die zu behandelnde Abluft mit in das Belebungsbecken zu führen.

Diese Art der Abluftbehandlung ist relativ preisgünstig, einfach und auch nachträglich zu

Tabelle G.3-35 Vergleich der spezifischen Investitionen und Betriebskosten verschiedener Abluftbehandlungsverfahren [G.3.138] und [G.3.159]

Spezifische Investitionen (je m³ Abluft/Stunde)	
Basis: ca. 20.000 m³/h	
Biofilter	8,00 – 25,00 DM/m³ · h
Gaswäsche	8,00 – 50,00 DM/m³ · h
Thermische Oxidationsanlagen (TNV/KNV/RTO)	25,00 – 50,00 DM/m³ · h
Spezifische Betriebskosten (je 1000 m³ Abluft)	
Basis: ca. 20.000 m³/h	
Biofilter	0,50 – 1,50 DM/m³ · h
Gaswäsche	1,00 – 5,00 DM/m³ · h
Thermische Oxidationsanlagen (TNV/KNV/RTO)	3,00 – 15,00 DM/m³ · h

installieren, so daß die Grenzen zwischen einem eigenständigen Abluftbehandlungsverfahren und einer verfahrenstechnischen Betriebsumstellung fließend sind.

Besonderes Augenmerk ist aber auf die notwendige, höherwertige Ausstattung der Gebläse und Abluftleitungen sowie der Belüfterwerkstoffe zu richten, da die eingeblasene Abluft fast immer deutlich höhere Konzentrationen an aggressiven Inhaltsstoffen (z.B. Schwefelwasserstoff, Ammoniak) enthält, als die übliche Umgebungsluft und dadurch erheblich größere Korrosionsprobleme entstehen, als in den normalen „Luftleitungen".

In Tabelle G.3-35 ist eine Grobübersicht zu Investitionen und Betriebskosten nach [G.3.138] und [G.3.159] wiedergegeben, aus der die Wirtschaftlichkeit biologischer Abluftbehandlungsverfahren im Vergleich zu anderen Verfahren ersichtlich wird.

G.3.5.3 Geräuschdämpfung

G.3.5.3.1 Technische Möglichkeiten zur Geräuschminderung

Die wirkungsvollste und kostengünstigste Möglichkeit, Lärmemissionen zu mindern, besteht darin, bereits im Stadium der Vorplanung von Abwasserbehandlungsanlagen Emissionsprognosen und Immissionsberechnungen durchzuführen. Dazu stehen heute anerkannte und ausgereifte Berechnungsverfahren und praktische Erfahrungen zur Verfügung, z.B. zitiert in [G.3.148, G.3.152, G.3.144], mit denen Genauigkeiten von ca. ± 3 dB (A) am Immissionsort erreicht werden können.

Bei der Standortwahl einer Kläranlage ist, sofern Geräuschemissionen von Bedeutung sind, auf den Abstand zur nächsten Bebauung (i. allg. > 300 m), auf die Topografie des Geländes der Umgebung, auf Bewuchs und dergleichen zu achten. Besonders kritisch sind Wohnbebauungen in Hanglagen, wenn die Abwasseranlage z. B. in einer flachen Talsohle angeordnet werden soll.

Errechnen sich aus der Immissionsprognose Überschreitungen des Immissionsrichtwerts, so müssen je nach Größe der Überschreitung schon bei der Planung weitergehende Minderungs- bzw. Dämpfungsmaßnahmen getroffen und umgesetzt werden. Diese können (nach [G.3.148]) je nach Größe wie folgt geordnet werden:

- Überschreitungen bis 7 dB (A)
  Umsetzung von Dämpfungsmaßnahmen, z. B. Abdeckungen, verfahrenstechnische Umstellungen, veränderte Anordnung von Klärwerksgebäuden zur Veränderung der Schallabstrahlung,
- Überschreitungen bis 15 dB (A)
  zusätzlich zu o. g. Maßnahmen sind in jedem Fall Lärmschutzwälle bzw. Lärmschutzwände vorzusehen,
- Überschreitungen von 15–20 dB (A)
  zusätzliche Überbauungen, Einhausungen und Kapselungen von Anlagen und Einrichtungen, die üblicherweise nicht innerhalb von Gebäuden untergebracht sind. Die zusätzlichen Kosten für derartige Maßnahmen können so hoch werden, daß es evtl. wirtschaftlicher ist, einen anderen Standort für die Abwasseranlage zu suchen.
- Überschreitungen von mehr als 20 dB (A)
  In diesen Situationen lassen sich die Immissionsrichtwerte nur noch mit einem sehr hohen Zusatzaufwand und nur in Ausnahmefällen erreichen. Hier ist dringend zu empfehlen, einen anderen Standort für die Abwasseranlage zu suchen.

Sind bei Neuplanungen oder auf bestehenden Abwasseranlagen zusätzliche Maßnahmen zur Geräuschdämpfung erforderlich, gibt es u. a. folgende Möglichkeiten:

Schneckenpumpwerke
Abdeckungen (Minderungen bis 20 dB (A)), Höherziehen von Seitenwänden (Schallabstrahlung

nach oben), vollständige Überbauung, Auskleidung von Seitenwänden mit adsorbierenden Materialien

Rechenanlagen
Einhausungen, sorgfältige und umfassende Wartung

Sandfänge
Aufstellung der Gebläse in geschlossenen Räumen, ausreichende Bemessung der Luftleitungen (v < 3 – 4 m/s), Einbau von Kompensatoren zwischen Rohrleitungen und Gebläsen, Anordnung von Lärmschutzwänden oder Einhausung in einer Halle (Ex-Schutz und Korrosionsschutzfragen beachten)

Überfälle und Rinnen
Aufstauen von Wasserspiegeln, Minimierung von Absturzhöhen, Anordnung schiefer Ebenen, keine scharfkantigen Umlenkungen

Belüftungsbecken
Teilweise oder vollständige Abdeckung der Becken (meist nur in Verbindung mit Geruchsminderungsmaßnahmen vertretbar), Anordnung von Lärmschutzhauben über Motoren und Getrieben (Minderung 2 – 3 dB (A)), Erhöhung der Beckenwände (Minderung 5 – 8 dB(A)), Anordnung von Lärmschutzwällen/Wänden (Minderung bis zu 10 dB (A)), Anordnung von Gebläsestationen in geschlossenen Gebäuden. Beim Einsatz von Mammutrotoren ist auf weitestgehende Kapselung der Geräte zu achten. Die verfahrenstechnische Trennung von Belüftung und Umwälzung ist empfehlenswert.

Tropfkörperanlagen
Höherziehen der Seitenwände, Abdeckungen

Zentrale Einrichtungen
Grundsätzliche Anordnung schallintensiver Maschinen und Aggregate in geschlossenen Gebäuden (s. a. Abschn. G.3.5.3.2), z. B.:
- Gebläse, Verdichter, Kompressoren,
- Gasmaschinen, Notstromanlagen (evtl. Einbau von Schalldämpfern),
- Separatoren, Zentrifugen, Kammerfilterpresse,
- Antriebe von Schnecken-, Rechen- und Siebanlagen.

Grundsätzlich ist auch darauf zu achten, daß die vorgeschriebenen Wartungen, regelmäßigen Inspektionen und rechtzeitige Instandsetzungen (Schmierungen, Austausch defekter oder schadhafter Teile, Beseitigen von Unwuchten an schlagenden Maschinenteilen usw.) maßgeblich dazu beitragen, die Lärmemissionen aus Abwasseranlagen zu mindern. Außerdem sollte auch bei allen Lärmminderungsmaßnahmen dem bei Geruchs- und Aerosolemissionen geltenden Grundsatz entsprochen werden, daß wirkungsvolle Emissionsminderungstechniken möglichst dicht an der Quelle ansetzen sollten.

G.3.5.3.2 Konstruktive Maßnahmen in Gebäuden

Hervorzuheben ist, daß innerhalb geschlossener Gebäude sehr effiziente Maßnahmen zur Minderung der Schallemissionen getroffen werden können, hier aber das Wartungs- und Betriebspersonal dem Lärm direkt ausgesetzt ist. Zum Schutz dieser Mitarbeiter sind daher insbesondere die Bestimmungen der „Verordnung über Arbeitsstätten" (ArbStättV) und die Unfallverhütungsvorschriften (UVV) zu beachten und umzusetzen.

Bei sorgfältiger bauakustischer Bemessung der Umfassungsbauteile von Gebäuden, in denen Anlagen mit hohen Schallemissionen betrieben werden, läßt sich die Geräuschimmission in der Nachbarschaft auf das erforderliche Maß reduzieren [G.3.148, G.3.144].

Allgemeine Hinweise
- Kapselung von Maschinen
  Minderung des Schalleistungspegels um bis zu 25 dB (A) bei Flächengewichten von > 15 kg/m^2,
- Einbau von Schalldämpfern bei Be- und Entlüftungsleitungen
  Minderung des Schalleistungspegels um bis zu 40 dB (A),
- Gebäudeöffnungen möglichst zur Leeseite hin anordnen,
- schrägverzahnte Getriebe, Gleitlager, Graugußbauteile und nicht zu hohe Drehzahlen von Maschinen mindern die Lärmemission,
- Anordnung von Raumfugen (Mauerwerksfugen > 10 cm) zur Minderung des Körperschalls, die auch durch Fundamente und Decken zu führen sind.

Wände und Decken
- schallabsorbierende Verkleidungen zur Minderung des Luftschalls (Minderung um bis zu 15 dB (A) bei geringen Flächengewichten und bis zu 25 dB (A) bei Flächengewichten von mehr

als 15 kg/m² bei mehrschaligem Aufbau der Dämmung); als Materialien stehen zur Verfügung: Holzwolle, Glasfaserwerkstoffe, Gipskartonplatten, Kunststoffmaterialien, Mineralwolle, Lochbleche, Schalldämmfolie,
- bei gelochten Platten sollte der Lochflächenanteil rd. 20 % betragen und aus möglichst vielen und kleinen Löchern bestehen,
- Verwendung von Akustik- oder Lochziegeln bzw. Vielloch-Akustik-Klinkern.

Fundamente
- fachgerechte Ausführung von Maschinenfundamenten (getrennt von der tragenden Konstruktion),
- ggf. Einbau von Schwingungsdämpfern an den Maschinenlagern.

Türen
- möglichst klein gestalten,
- hohes Flächengewicht (evtl. mit Sandfüllung) und guter Falzdichtung.

Fenster
- möglichst klein gestalten, keine großen Fensterwände anordnen,
- Schallschutzfenster und/oder Doppelfenster in unterschiedlicher Stärke und in unabhängigen, elastisch gebetteten Rahmenkonstruktionen verwenden; die Scheiben sollten in einem Neigungswinkel zueinander angeordnet sein.

Rohrleitungen
- elastische Lagerungen und/oder elastische Anschlüsse, Einbau von Schwingungsdämpfern/ Kompensatoren,
- Entdröhnung von Hauben und Membranen (z. B. durch Gewichtsveränderung).

Bei bestehenden Anlagen bzw. nachträglichen Emissionsminderungsmaßnahmen ist durch eine kompetente Planung/Beratung vorab zu klären, ob einzelne oder umfassende, weiterreichende Maßnahmen zu ergreifen sind, um die Lärmimmissionsrichtwerte ständig und sicher einzuhalten. Es ist aber unstrittig, daß das naturwissenschaftliche und technische Wissen vorhanden und Verfahren/Baustoffe verfügbar sind, um Abwasseranlagen so auszustatten, daß von ihnen keine Lärmemissionen ausgehen, die die Umwelt/ Nachbarschaft beeinträchtigen.

Literatur

[G.1.1] DN 4049, Teil 2 (Hydrologie: Begriffe der Gewässerbeschaffenheit, 1.2) 4/1990

[G.1.2] Hartmann, L. (1992) Biologische Abwasserreinigung. Springer-Verlag Berlin-Heidelberg-New York

[G.1.3] DVWK Schriftenreihe, Heft 45

[G.1.4] Wilhelmi, M.; Schäfer, M.; Fuchs, S.T.; Hahn, H.H. (1997) Ein neuer Ansatz zur Ermittlung und Bewertung von Schwermetallen in Flußsystemen.

[G.1.5] Rübel, A.; Bierl, R. (1997) Dynamik der Pflanzenschutzmittelbelastung in Oberflächenabflüssen aus Rebanbauflächen. Fachgruppe Wasserchemie, Jahrestagung 1997

[G.1.6] Lehmann, R.; Hamm, A. (1998) Pufferschwache Räume in der Bundesrepublik Deutschland. Die Geowissenschaften 6

[G.1.7] Gebhardt, H.; Kreimes, K.; Linnebach, M. (1987) Untersuchungen zur Beeinträchtigung der Ei- und Larvenstadien von Amphibien in sauren Gewässern. Natur und Landschaft 1

[G.1.8] Bauer, J.; Fischer-Scherl, T. (1987) Biologische Untersuchungen zur Gewässerversauerung in nordostbayerischen Fließgewässern. Fischer und Teichwirt 7

[G.1.9] Wolf, P.; Borchardt, D. (1992) Flankierende Maßnahmen im Gewässerschutz. Berichte der ATV Nr. 42

[G.1.10] Franzius, V.; Wolf, K.; Brandt, F. (1996) Handbuch der Altlastensanierung. R. v. Dekker. Stand: Nov. 1996

[G.1.11] Bach, M. (1987) Die potentielle Nitratbelastung des Sickerwassers durch die Landwirtschaft der Bundesrepublik Deutschland. Diss. Gött, Bodenkundl. Ber. 93

[G.1.12] Döhle, H. (1996) Landbauliche Verwertung stickstoffreicher Abfallstoffe, Komposte und Wirtschaftsdünger. Wasser und Boden, 48. Jg. 11

[G.1.13] Umweltbundesamt (1995) Umweltdaten Deutschland 1995

[G.1.14] Schlichtig, B. (1996) Photochemische Oxidation pflanzenschutzmittelhaltiger Abwässer mittels UV-Licht und Wasserstoffperoxid. Stuttgarter Berichte zur Siedlungswasserwirtschaft, Band 141, R. Oldenbourg Verlag

[G.1.15] Katalog wassergefährdender Stoffe

[G.1.16] Doetsch, P. (1987) Entwicklung und exemplarische Anwendung eines Verfahrens zur nutzungsadäquaten Quantifizierung zur Gewässergüte (NAGGI), S. 337–372

[G.1.17] Deutsche Norm DIN 38410 (1987) Biologisch-ökologische Gewässeruntersuchung. 12/1987

[G.1.18] Kolkwitz, R.; Marson, M. (1902) Grundsätzliches für die biologische Beurteilung des Wassers nach seiner Flora und Fauna. Mitt. K. Prüfamt. Wasservers. Abwasserbes. Berlin-Dahlem 1, 33–72

[G.1.19] Liebmann, H. (1947) Die Notwendigkeit einer Revision des Saprobiensystems und deren Bedeutung für die Wasserbeurteilung. Ges. Ing. 68, 33–37

[G.1.20] Fjerdingstad, E. (1965) Taxonomy and saprobic valency of benthic phytomicro-organisms. Int. Rev. ges. Hydrobiol. 50, 475–604

[G.1.21] Sládecek, V. (1973) System of water quality from the biological point of view. Erg. Limnol. 7, 1–218

[G.1.22] Länderarbeitsgemeinschaft Wasser (LAWA) (1976) Die Gewässergütekarte der Bundesrepublik Deutschland, Mainz

[G.1.23] v. Tümpling, W. (1996) Über den Zusammenhang zwischen Saprobiezustand und Faktoren des Sauerstoffhaushaltes in Fließgewässern. Verh. Int. Verein. Limnol. 16

[G.1.24] Klotter, H.E.; Handtge, E. (1967) Über die Auswertung biologischer Gewässeruntersuchungen und ihre Relationen zum Biochemischen Sauerstoffbedarf. Die Wasserwirtschaft 57

[G.1.25] Ministerium für Ernährung, Landwirtschaft, Umwelt und Forsten Baden-Württemberg (1987) Gütezustand der Gewässer in Baden-Württemberg. 4. Wasserwirtschaftsvorhaltung Heft 16, Stuttgart 1/87

[G.1.26] Reinke, H. (1994) Ergebnisse der Schadstoffemissionsmessungen. 33. Fortbildungslehrgang der BWK-Landesverbände Sachsen-Anhalt und Niedersachen/Bremen – Schutz der Nordsee vor Stoffeinträgen. BWK-Reihe Heft 2/94

[G.1.27] Förstner, U.; Müller, G. (1974) Schwermetalle in Flüssen und Seen

[G.1.28] Elster, H.-J. (1958) Das limnologische Seentypensystem, Rückblick und Ausblick. Ver. int. Ver. Limnol. 13

[G.1.29] Schwoerbel, J. (1977) Einführung in die Limnologie. UTB 31 Gustav Fischer

[G.1.30] Thienemann, A. (1928) Der Sauerstoff im eutrophen und oligotrophen See. Die Binnengewässer 4, Verlag Schweizerbart, Stuttgart

[G.1.31] Mutschmann, J., Stimmelmayr, F. (1996) Taschenbuch der Wasserversorgung. Franck-h'sche Verlagshandlung Stuttgart

[G.1.32] DIN 2000 (1973) Zentrale Trinkwasserversorgung. Fachnormenausschuß Wasserwesen im Deutschen Institut für Normung e.V., Berlin

[G.1.33] WHO – Weltgesundheitsorganisation (1984) Guidelines for Drinking-Water Quality, Volume I: Recommendations. Genf

[G.1.34] Richtlinie 80/778/EWG vom 15. Juli 1980 über die Qualität von Wasser für den menschlichen Gebrauch, i.d.F. vom 23.12.91

[G.1.35] Verordnung über Trinkwasser und Wasser für Lebensmittelbetriebe (Trinkwasserverordnung – TrinkwV) vom 5. Dezember 1990, i.d.F. vom 26.02.93

[G.1.36] DVGW-Regelwerk: Arbeitsblatt W 251 vom August 1996: Eignung von Fließgewässern für die Trinkwasserversorgung

[G.1.37] Richtlinie des Rates vom 16. Juni 1975 über die Qualitätsanforderungen an Oberflächengewässer für die Trinkwassergewinnung in den Mitgliedstaaten (75/440/EWG), i.d.F. vom 23.12.91

[G.1.38] Bernhardt, B. (1985) Nutzungsbezogene Gewässerzustandsbeschreibung für die Trinkwassernutzung. Referat zum Symposium „Gewässergüte und Bewirtschaftungsplanung" vom 4. und 5.9.1984. Gewässerschutz – Wasser – Abwasser Bd. 73, Aachen

[G.1.39] Haug, H.-P. (1993) Menge und Zusammensetzung des Abwassers. In: Pöpel: Lehrbuch für Abwassertechnik und Gewässerschutz, Kapitel I.1, Deutscher Fachschriftenverlag, Wiesbaden

[G.1.40] Salomon, H. (1985) Nutzungsbezogene Gewässerzustandsbeschreibung für die Betriebswasserversorgung. Referat zum Symposium „Gewässergüte und Bewirtschaftungsplanung" vom 4. und 5.9.1984. Gewässerschutz – Wasser – Abwasser Bd. 73, Aachen

[G.1.41] III. Durchführungsverordnung zum Gesetz über die Vereinheitlichung des Gesundheitswesens. Bundesgesundheitsblatt vom 10.6.1966, 9. Jg. Nr. 1

[G.1.42] Althaus, H. (1985) Nutzenbezogene Gewässerzustandsbeschreibung für die Bade- und Wassersportnutzung. Referat zum Symposium „Gewässergüte und Bewirtschaftungsplanung" vom 4. und 5.9.1984. Gewässerschutz – Wasser – Abwasser Bd. 73, Aachen

[G.1.43] Ruf, M. (1985) Güteparameter für die fischereiliche Gewässernutzung. Referat zum Symposium „Gewässergüte und Bewirtschaftungsplanung" vom 4. und 5.9.1984. Gewässerschutz – Wasser – Abwasser Bd. 73, Aachen

[G.1.44] Landesamt für Wasser und Abfall Nord-rhein-Westfalen (1991) LWA-Merkblatt Nr. 7: Allgemeine Güteanforderungen für Fließge-wässer (AGA). Düsseldorf, Dezember 1991

[G.1.45] Quality Criteria for Water (1976). U.S. Environmental Protection Agency Office of Water Planning and Standards, Washington DC 20460, Juli 1976

[G.1.46] Streeter, H.W.; Phelps, E.B. (1925) A Study of the Pollution and Natural Purificati-on on the Ohio River. Public Health Bulletin 146, US Public Health Service, Washington

[G.1.47] ATV-Fachausschuß 2.2 „Modellrech-nung in der Wassergütewirtschaft" (1976) 1. Ar-beitsbericht „Eingrenzungen der Gewässerty-pen für Modellrechnungen aus ingenieur-mäßiger und naturwissenschaftlicher Sicht". Korrespondenz Abwasser 4/1976

[G.1.48] ATV-Fachausschuß 2.2 „Modellrech-nung in der Wassergütewirtschaft" (1977) 2. Ar-beitsbericht „Häufig verwendete Gewässergü-temodelle in der BRD". Korrespondenz Ab-wasser 10/1977

[G.1.49] ATV-Fachausschuß 2.2 „Modellrech-nung in der Wassergütewirtschaft" (1987) Ver-gleichende Zusammenstellung häufig ver-wendeter Gewässergütemodelle in der Bun-desrepublik Deutschland – überarbeitete und erweiterte Fassung Dez. 1986". Korrespondenz Abwasser 6/1987

[G.1.50] Seyfried, C.F. (1979) Wassermengen-wirtschaft, Wassergütewirtschaft. DVGW – Fortbildungskurse Wasserversorgungstech-nik für Ingenieure und Naturwissenschaftler, Haus der Technik, Essen (Sept. 1979)

[G.1.51] Abwassertechnische Vereinigung ATV (1982) Lehr- und Handbuch der Abwasser-technik Bd. I. 3. Aufl. Berlin-München. Verlag W. Ernst u. Sohn

[G.1.52] Imhoff, K. (1947) Die Abwasserlast der deutschen Flüsse. Gesundheitsingenieur 4

[G.1.53] Pöpel, F. und Hunken, K. (1957) Der Last-verteilungsplan und die Gütedauerlinie der Gewässer. GWF Das Gas- und Wasserfach 36

[G.1.54] Hagen, N.; Kleeberg, H.-B. (1993) Güte-Simulationsmodelle für stehende Gewässer – Eine Literaturanalyse. Mitteilungen des Insti-tuts für Wasserwesen der Universität der Bun-deswehr München 47

[G.1.55] Stefan, H.E.; et al. (1988) Surface Water Quality Models: Modeler's Perspective. Proc. Int. Symp. on Water Quality Modeling of Agri-cultural Non-Point Sources, Part 1; 19.-23.06.88. Utah State Univ.

[G.1.56] Stahl, G. (1992) Einige Anmerkungen zum Gebrauch mathematischer Modelle der Stoffausbreitung im Aquifer. Wasser und Bo-den 9

[G.1.57] Schubert, J. (1993) Grundwassermodel-le für Uferfiltration. Das Gas- und Wasserfach gwf 134

[G.1.58] Kinzelbach, W. (1992) Numerische Me-thoden zur Modellierung des Transports von Schadstoffen im Grundwasser. Schriftenreihe gwf Wasser-Abwasser Bd. 21. München-Wien R. Oldenbourg

[G.1.59] Ministerium für Umwelt Baden-Würt-temberg (1992) Gütezustand der Gewässer in Baden-Württemberg. Wasserwirtschaftsver-waltung Heft 27

[G.1.60] Regierungspräsidium Stuttgart (1989) Gewässersanierungsprogramm Glems

[G.1.61] Dittrich, M.; Heiser, A.; Koschel, R. (1997) Steuerung der natürlichen Kalzitfäl-lung zur Sanierung eutropher Seen am Bei-spiel des Schmalen Luzin. Fachgruppe Was-serchemie, Jahrestagung 1997

[G.1.62] Richtlinien des Rates vom 21. Mai 1991 über die Behandlung von kommunalem Ab-wasser (91/271/EWG)

[G.1.63] Allgemeine Rahmen- und Verwaltungs-vorschrift über Mindestanforderungen an das Einleiten von Abwasser in Gewässer – Rahmen-AbwasserVwV – i. d. F. vom 31. Juli 1996: An-hang 1 Gemeinden

[G.1.64] Hornef, H. (1985) Undichte Abwasser-kanäle – Probleme und Aufgaben. Korrespon-denz Abwasser 32

[G.1.65] Keding, M.; Stein, D.; Witte, H. (1987) Ergebnisse einer Umfrage zur Erfassung des Istzustandes der Kanalisationen in der BRD. Korrespondenz Abwasser 34

[G.1.66] Müller, K.W.; Schmidt-Bleek, F. (1988). Kanal undicht: Gefahr fürs Grundwasser. Ent-sorgungspraxis 5

[G.1.67] Abwassertechnische Vereinigung ATV (1992) Abwasserkanäle und -leitungen in Was-sergewinnungsgebieten. Arbeitsblatt A 142, 10/1992

[G.1.68] Pöpel, F. (1993) Lehrbuch für Abwasser-technik und Gewässerschutz. Abschnitt I.1.5 Menge und Zusammensetzung des Abwas-sers, Abschnitt I.3.3 Entwässerungssysteme und -verfahren. Deutscher Fachschriftenver-lag, Wiesbaden 1975/1993

[G.1.69] Abwassertechnische Vereinigung ATV (1990) Bau und Bemessung von Anlagen zur dezentralen Versickerung von nicht schädlich verunreinigtem Niederschlagswasser. Arbeitsblatt A 138, 1/1990

[G.1.70] Sieker, F. (1992) Technische Möglichkeiten bei der Umsetzung von Versickerungskonzepten. awt Abwassertechnik 6/1992

[G.1.71] Leschber, R.; Pernak, K.-D. (1992) Verhalten und Verbleib von Schadstoffen bei der Versickerung von Niederschlagswasser. awt Abwassertechnik 6

[G.1.72] Anselm, O. (1992) Beispiele zur Versikkerung von Niederschlagswasser. awt Abwassertechnik 6

[G.1.73] Feldmann, K. (1992) Versickerung im Beispiel. Städtebau, Voraussetzungen, abwassertechnische Konsequenzen, Kosten. awt Abwassertechnik 6

[G.1.74] Mayer, M. (1993) Nutzung von Regenwasser zur Einsparung von Trinkwasser. Diplomarbeit am Institut für Siedlungswasserbau, Wassergüte- und Abfallwirtschaft der Universität Stuttgart

[G.1.75] Abwassertechnische Vereinigung ATV (1992) Richtlinien für die Bemessung und Gestaltung von Regenentlastungsanlagen in Mischwasserkanälen. Arbeitsblatt A 128. 4

[G.1.76] Krauth, Kh.; Stotz, G. (1985) Minimierung des Schmutzstoffeintrags aus Siedlungsgebieten in Vorfluter. Schlußbericht zum Forschungsvorhaben der Deutschen Forschungsgemeinschaft. Kr. 624/3-2

[G.1.77] Land Baden-Württemberg (1993) Verordnung des Umweltministeriums über Schutzbestimmungen in Wasser- und Quellschutzgebieten und die Gewährung von Ausgleichsleistungen (Schutzgebiets- und Ausgleichsverordnung –SchALVO) i.d.F. vom 24.5.1993

[G.1.78] Imhoff, K.; Imhoff, K.R. (1993) Taschenbuch der Stadtentwässerung. R. Oldenbourg Verlag, München

[G.1.79] Imhoff, K.R. (1965) Über die Reinigungsleistung der Ruhrstauseen. das Gas- und Wasserfach gwf

[G.1.80] Spalthoff, G.; Schröder, W. (1993) Flußmorphologische und hydraulische Veränderungen nach der Renaturierung der Mümling bei Höchst i.O. Wasser und Boden 12

[G.1.81] Frutiger, A.; Gammeter, S. (1993) Biologische Aspekte des Gewässerschutzes in überbauten Gebieten. Natur und Mensch 5

[G.1.82] Imhoff, K.: Jahresberichte des Wupperverbandes 1938 und 1941

[G.1.83] Bernhardt, H.; Lüsse, B. (1997) Bedienungsarme Filteranlagen zur Verminderung des Nährstoff-Eintrages in Oberflächengewäs-

ser. Fachgruppe Wasserchemie, Jahrestagung 1997

[G.1.84] Deppe, T.; Benndorf, J. (1997) Bekämpfung von Microcystis-Massenentwicklungen in einem hypotrophen Brauchwasserspeicher. Fachgruppe Wasserchemie, Jahrestagung 1997

[G.1.85] DVGW Regelwerk (1985) Maßnahmen zur Sauerstoffanreicherung von Oberflächengewässern. Merkblatt W 250 (8/1985)

[G.1.86] Prüss, M. (1952) Talsperrenwirtschaft an der Ruhr. Gas- und Wasserfach 10

[G.1.87] Möhle, H. (1994) Wasserwirtschaftliche Probleme an Industrieflüssen. Wasserwirtschaft 1/55

[G.1.88] Knop, E. (1955) Kommunalwirtschaft 1955, 382

[G.1.89] König, H.W. (1992) Die Biggetalsperre. Gas- und Wasserfach GWF 26

[G.1.90] Imhoff, K.R. (1977) Bewirtschaftung und weiterer Ausbau der Ruhrtalsperren. Wasserwirtschaft 7/8

[G.1.91] Schmidt, F. (1973) Überregionaler Ausgleich zwischen Wasserüberschuß- und Wassermangelgebieten in Baden-Württemberg. Wasserwirtschaft 9, 277

[G.1.92] Imhoff, K. (1943) Wasser schaffen durch Rückpumpen. D. Wasserwirtschaft 1943, 124

[G.1.93] Prüss, M. (1954) Der Ruhrverband und Ruhrtalsperrenverein als Muster gemeinwirtschaftlicher Wasserwirtschaft. Städtehygiene 9, 210

[G.1.94] Knop, E. (1954/55) Zur Frage des Wasserausgleichs durch Talsperren und Rückpumpwerke. Wasserwirtschaft 6/1954/55, 141

[G.1.95] Zander, H. (1970) Die Gründung des Wasserverbandes Westdeutsche Kanäle. Gasund Wasserfach 19, 584

[G.1.96] Richtlinie des Rates vom 18. Juli 1978 über die Qualität von Süßwasser, das schutz- oder verbesserungsbedürftig ist, um das Leben von Fischen zu erhalten (78/659/EWG), Amtsblatt der Europäischen Gemeinschaften Nr. L 222 vom 14.8.78

[G.1.97] Landesamt für Wasser und Abfall Nordrhein-Westfalen (1991) LWA-Merkblatt Nr. 7: Allgemeine Güteanforderungen für Fließgewässer (AGA). Düsseldorf, Dezember 1991

[G.1.98] Gesetz zur Ordnung des Wasserhaushalts (Wasserhaushaltsgesetz – WHG) in der Fassung vom 12.11.1966

[G.1.99] Wassergesetz für Baden-Württemberg in der Fassung vom 1.7.88

[G.1.100] Gesetz über die Abgaben für das Einleiten von Abwasser in Gewässer (Abwasserabgabengesetz – AbwAG) in der Fassung vom 6.11.90

[G.1.101] Allgemeine Rahmen-Verwaltungsvorschrift über Mindestanforderungen an das Einleiten von Abwasser in Gewässer – Rahmen-Abwasser VwV i. d. F. vom 31.07.1996 mit 48 Allgemeinen Verwaltungsvorschriften für spezifische Abwasserarten

[G.1.102] Merkblatt des Ministeriums für Ernährung, Landwirtschaft, Umwelt und Forsten über die Berücksichtigung der Belange von Naturschutz, Landschaftspflege, Erholungsvorsorge und Fischerei bei wasserbaulichen Maßnahmen an oberirdischen Gewässern (Wasserbaumerkblatt) vom 30.6.80

[G.1.103] Gesetz über Naturschutz und Landschaftspflege (Bundesnaturschutzgesetz – BNatSchG) vom 20.12.76, zuletzt geändert am 22.4.93

[G.1.104] Gesetz zum Schutz der Natur, zur Pflege der Landschaft und über Erholungsvorsorge in der freien Landschaft (Naturschutzgesetz – NatSchG) vom 21.10.75, zuletzt geändert am 19.11.91 (Baden-Württemberg)

[G.1.105] Ministerium für Umwelt Baden-Württemberg (1992) Gütezustand der Gewässer in Baden-Württemberg 7. Wasserwirtschaftsverwaltung H. 27. Stuttgart, April 1992

[G.1.106] Verordnung des Umweltministeriums Baden-Württemberg über die Eigenkontrolle von Abwasseranlagen (Eigenkontrollverordnung – EigenkontrollVO) vom 9.8.89

[G.1.107] Ministerium für Ernährung, Landwirtschaft, Umwelt und Forsten Baden-Württemberg (1985) Bachpatenschaften – aktiver Umweltschutz entlang eines Gewässers (4/85)

[G.1.108] Länderarbeitsgemeinschaft Wasser LAWA (1983) Rahmenkonzept zur Erfassung und Überwachung der Grundwasserbeschaffenheit – Grundwasserüberwachungskonzept 1983. Nov. 1983

[G.1.109] Ministerium für Umwelt Baden-Württemberg (1987) Handbuch Hydrologie Baden-Württemberg, Teil 6.2: Grundwasserüberwachungsprogramm – erste Ergebnisse aus dem Basismeßnetz 1985/86. Stuttgart

[G.1.110] Großsteinbeck, J.; Rocker, W. (1984) Grundwasserüberwachung in Nordrhein-Westfalen. Forum Städte-Hygiene 35, Hannover-Berlin

[G.1.111] Landesamt für Wasser und Abfall Nordrhein-Westfalen (1985) Grundwasserbericht 84/85, Düsseldorf

[G.1.112] Möhle, K. (1991) Gewässerüberwachung in Baden-Württemberg am Beispiel des Neckars. 3. Neckar-Umwelt-Symposium 7./8.10.91. Heidelberger Geowissenschaftliche Abhandlungen, Bd. 48, Heidelberg 1991

[G.1.113] Umweltministerium Baden-Württemberg (1992) Umweltdaten 1991/92. Stuttgart

[G.1.114] Bayerisches Landesamt für Wasserwirtschaft (1993) Gewässerbeschaffenheit in Bayern. Gewässerkundliche Daten 1991 – Fließgewässer. München

[G.1.115] Landesamt für Wasser und Abfall Nordrhein-Westfalen (1992) Gewässergütebericht '91'. Düsseldorf

[G.1.116] Landesanstalt für Umweltschutz Baden-Württemberg (1992) Jahresbericht 1991. Berichte der Landesanstalt für Umweltschutz Baden-Württemberg Heft 4. Karlsruhe

[G.1.117] Regierungspräsidium Stuttgart (1989) Gewässersanierungsprogramm GLEMS. Stuttgart

[G.1.118] Ottmann, E. (1979) Gewässergütemeßstationen in Bayern. Wasser und Boden 8

[G.1.119] Fleig, H.; Boes, M. (1979) Gewässergütemeßstationen in Baden-Württemberg. Wasser und Boden 8

[G.1.120] Gorsler, M.; Staschen, G. (1980) Der Einsatz von automatischen Meßstationen zur Überwachung der Gewässerbeschaffenheit in Niedersachsen. Wasser und Boden 8

[G.1.121] Diehl, P.; Krauß-Kalweit, J.; Lüthje, S. (1997) Die neue Rheingütestation Worms. Wasser und Boden, 49. Jg., 1/97

[G.1.122] Länderarbeitsgemeinschaft Wasser (LAWA) (1990) Die Gewässergüte der Bundesrepublik Deutschland

[G.1.123] Ministerium für Ernährung, Landwirtschaft, Umwelt und Forsten Baden-Württemberg (1987) Gütezustand der Gewässer in Baden-Württemberg 4. H 16 EM-58-86. Stuttgart, Januar 1987

[G.1.124] Ministerium für Ernährung, Landwirtschaft, Umwelt und Forsten Baden-Württemberg (1986) Neckar. EM-12-86. Stuttgart

[G.1.125] Agence de l'eau rhin-meuse (1989) La qualité des eaux superficielles – Actualisation 1986-1988. Metz, Juni 1989

[G.1.126] Hamm, A. (1969) Erläuterungen zur Gewässergütekartierung bayerischer Voralpenseen. Münchner Beiträge zur Abwasser-, Fischerei- und Flußbiologie, Bd. 15 „Der Wassergüteatlas". München

[G.1.127] Naumann, E. (1961) Die Reinhaltung des Bodensees – eine Lebensfrage für Südwest. Bodenwasserversorgung. Stuttgart

[G.1.128] Agence de l'eau rhin-meuse (1989) La qualité des eaux souterraines des principaux aquifers du bassin rhin-meuse. Metz, Januar 1989

[G.1.129] Müller, G. (1985) Unseren Flüssen geht's wieder besser. Bild der Wissenschaft H.10, Stuttgart

[G.1.130] Regierungspräsidium Tübingen (1989) Aktionsprogramm zur Sanierung oberschwäbischer Seen. Tübingen

[G.3.1] ATV (1997) ATV-Handbuch Mechanische Abwasserreinigung, 4. Aufl. Ernst & Sohn, Berlin

[G.3.2] Grau, A.; et al. (1996) Mikrosiebung als nachgeschaltete Behandlungsstufe zur weitergehenden Reinigung. abwassertechnik 1/96, S. 19

[G.3.3] Imhoff, K. (1993) Taschenbuch der Stadtentwässerung, 28. Aufl. R. Oldenbourg, München, Wien

[G.3.4] ATV (1998) Sandabscheideanlagen, Arbeitsbericht der ATV-Arbeitsgruppe 2.5.1 „Sandfänge". Korrespondenz Abwasser 3/98, S. 535–549

[G.3.5] Klinger, H.; Barth, H. (1994) Entwicklung einer Sandrecyclinganlagen auf Kläranlagen. Korrespondenz Abwasser 1/94, S. 48–53

[G.3.6] Degremont (1991) Water Treatment Handbook, Sixth Edition, Vol. 1 + 2, Lavoisier, Paris

[G.3.7] ATV (1994) Handbuch für Ver- und Entsorger, Bd. 3, 4. Aufl. F. Hirthammer, München

[G.3.8] Endres & Hauser (1989) Abwasser-Meß- und Regeltechnik, Endres & Hauser, Maulburg, S. 81–96

[G.3.9] Eisenmann (1992) Leitfaden Umwelttechnik, S. 58–60 Eisenmann KG. Böblingen

[G.3.10] Hartinger, L (1991) Handbuch der Abwasser- und Recyclingtechnik für die metallverarbeitende Industrie, 2. Aufl. Carl Hanser, München, Wien

[G.3.11] Allg. Rahmenabwasserverwaltungsvorschrift (1989) Anhang 40 Metallbearbeitung, GMBI, S. 523–524

[G.3.12] ATV (1991) Abwasser in der metallverarbeitenden Industrie. ATV-Hinweis H 765

[G.3.13] Ritz, J. (1992) Schwermetallentfernung mit Sukfid und Organosulfid. GWA Bd. 136, 1992, S. 327–347

[G.3.14] Hartinger, L. (1989) Maßnahmen zur Verringerung der Schwermetalle, Galvanotechnik, 1989, S. 401–407

[G.3.15] Fischwasser, K. (1992) Fällung von Schwermetallen aus Komplexbildner enthaltenden Abwässern GWA Bd. 136, 1992, S. 381– 391

[G.3.16] Sell, M. (1992) Katalytische Verfahren in der Trinkwasseraufbereitung und Abwasserreinigung. UTA, S. 343–346

[G.3.17] Oswald, E. (1989) Industrie-Abwasser-Behandlung mit Ozon. Gütling News, H 4, Gütling, Fellbach

[G.3.18] Steensen, M. (1993) Chemische Naßoxidation zur weitergehenden Sickerwasser-Reinigung. Korr. Abwasser, S. 308–316

[G.3.19] Köppke, K.E. (1993) Industrielle Abwasserbehandlung mit chemischer Naßoxidation. Korr. Abwasser, S. 62–67

[G.3.20] Gulyas, H.; Sekulov, I. (1993) Chemische oxidative Entfernung refraktärer Stoffe aus biologisch behandeltem Abwasser. 4. Symp. Industrieabwasser, GWA Bd 143, im Druck

[G.3.21] Thiel, W.; Matschiner, H. (1993) Membran-Elektrolysezellen zur Elektrosynthese von Peroxidisulfat und zum oxidativen Abbau von Schadstoffen. 4. Symp. Industrieabwasser GWA Bd. 143, im Druck

[G.3.22] Holzer, K. (1991) Behandlung von Industrieabwässern mit Kat.-Niederdruck-Naßoxidation. Umwelt, S. 179–181

[G.3.23] ATV (1993) Deponieabwasserbehandlung. ATV-Arbeitsbericht. Korr. Abwasser, S. 378–380

[G.3.24] Leitzke, O. (1990) UV/Ozon-Kombinationsverfahren zur Wasserbehandlung. WLB, S. 24–25

[G.3.25] Bayer AG (1988) Lewatit TP 214 zur Rückgewinnung von Quecksilber und Edelmetallen. Technische Informationen. Bayer AG Leverkusen

[G.3.26] Bueb, M. (1990) Verminderung der Abwasseremissionen in der Chemischen Industrie durch Verfahrensumstellung und Teilstrombehandlung. Korr. Abwasser, S. 542–558

[G.3.27] Pilchowski, K. (1991) Adsorptive Entfernung von chlorierten C_2-Kohlenwasserstoffen aus Wässern. GWA Bd. 125, S. 245–266

[G.3.28] VCI (1988) Adsorptive Abwasserreinigung, 3. Verfahrensbericht zur Abwasserreinigung. VCI Frankfurt

[G.3.29] Preuß, F.R. (1991) Einsatz von Adsorptionsverfahren zur Behandlung von Textilabwässern. GWA Bd. 125, S. 267–274

[G.3.30] Bauer, I. (1990) Verfahrenstechniken zur Behandlung von CKW- und AOX-haltigen Abwässer der Industrie. GWA Bd. 112, S. 385– 410

[G.3.31] Klassert, A. (1991) Entfernung von Phenolen und polycyklischen Aromaten aus Abwässern mit Adsorberharzen. GWA Bd. 125, S. 333–355

[G.3.32] Bayer AG (1990) Entfernung von CKW durch Adsorberharze. Technische Informationen, Bayer AG Leverkusen

[G.3.33] Bayer AG (1989) Entfernung von Tensiden durch Adsorberharze. Technische Informationen, Bayer AG Leverkusen

[G.3.34] Feldmühle (1986) Verfahren zum Reinigen von Abwässern der Zellstoff-, Papier- und Kartonindustrie mittels Al_2O_3. Patentschrift DE 2418888169 C2

[G.3.35] Menzel, U.; Rott, U. (1991) Untersuchungen zum optimierten Einsatz pulverisierter Aktivkohlen zur weitergehenden Abwasserreinigung. Korr. Abwasser, S. 1178–1191

[G.3.36] Wurm, H.J. (1973) Untersuchungen über die Wirtschaftlichkeit der wichtigsten phys.-chem. Verfahren zur Entphenolung von Kokereiabwasser. GWA Bd. 13

[G.3.37] VCI (1976) Abwasserreinigung durch Extraktion. 5.] Verfahrenabericht zur Abwasserbehandlung, VCI, Frankfurt

[G.3.38] Ullmann (1981) Encyklopädie der Technischen Chemie. Bd. 6, S. 450–451

[G.3.39] Paustenbach, D.J. (1989) The Riskmanagement of Environmental Hazards. Wiley, N.Y., S. 55

[G.3.40] Bradke, H.J. (1985) Neuere Methoden zur Vorbehandlung von schwerabbaubaren Stoffen am Anfallort. GWA Bd. 75, S. 743–780

[G.3.41] Malz, F. (1959) Entcyanisierung von Kokereiabwasser. Vom Wasser, S. 217–236

[G.3.42] Zimpel, J. (1989) Verfahrenstechniken zur Vorbehandlung von Abwässern mit gefährlichen Stoffen in Gewerbe und Industrien. GWA Bd. 112, S. 411–442

[G.3.43] Krill, H.; Meuig, H. (1992) Biologische Verfahren zur Abluftreinigung. UTA, S. 147–161

[G.3.44] Konstandt, H.G. u.a. (1992) Eindampfung von UO-Konzentrat aus einer Sickerwasserreinigung. Stuttgarter Berichte zur Abfallwirtschaft, Bd 45

[G.3.45] Schumacher (1992) Umwelt und Trokkentechnik. Firmenschrift, Schumacher, Crailsheim

[G.3.46] Czeska, B. (1993) 100% Effluent Recycle in German Zn-Plating Facility. SUP/FIN USA, Prescipt

[G.3.47] Schilling, R. (1992) Abwasserfreier Galvanikbetrieb bei Einsatz eines Blockheizkraftwerkes als Teil der Entsorgungsanlage. WAP, S. 76–83

[G.3.48] Schilling, R. (1993) Stoffstromgetrennte Entsorgung von CIP-Abwässern. WAP, S. 134–140

[G.3.49] Hartinger, L. Hasler, J. (1989) Stand der Technik der Abwasservorbehandlung in der Metallbearbeitung. IWS Bd 6, S. 79–104

[G.3.50] Timmer, G. u.a. (1993) Biofiltration als Verfahren zur Abwasserreinigung und Pestizidentfernung. Korr. Abwasser, S. 764–780

[G.3.51] Czeska, B. CURT-Verdampfer-Technologie. Fa. Galvatex, Freiburg

[G.3.52] Kiefer, M. (1993) Reststoff-Behandlung. Korr. Abwasser, S. 356–363

[G.3.53] Hagemeyer, G.; Gimbel, R. (1993) Membranfiltrationsverfahren in der Trinkwasseraufbereitung. WAP, S. 82–88

[G.3.54] Bäuerle, U.; Marquardt, K. (1992) Aufbereitung organisch/anorganisch hoch belasteter Abwässer mit Reststoffminimierung. GWA Bd. 136. S. 135–194

[G.3.55] Hansmann, M.: Keramikmembranen in der Ultra- und Querstrom-Mikro-Filtration. Jahrbuch der Umwelttechnik 92/93, MPV, Gütersloh

[G.3.56] Wagner, F.; Wienands, H. (1992) Biologie und Membrantechnik zur Abwasserreinigung. WAP, S. 88–94

[G.3.57] Loll, U.; Reinert D. (1993) Sickerwasserreinigung mit dreifacher Umkehrosmose und Konzentratbehandlung. WAP, S. 9–15

[G.3.58] Spei, B. (1993) Emulsionsspaltung. UTA, S. 204–211

[G.3.59] Scheffels, G. (1992) Ultrafiltrationsanlage für Kompressor-Kondensat. Drucktechnik (1992), S. 43–44

[G.3.60] Schünemann (1991) Querstrom-Mikrofiltration. Firmeninfo, Schünemann u. Co, Bremen

[G.3.61] Rautenbach, R.; Mellis, R. (1989) Membran Processes. J. Wiley

[G.3.62] Friedl, A. u.a. (1993) Recycling und Abfallreduzierung durch den Einsatz der Pervaporation. Entsorgungspraxis (1993), S. 150–154

[G.3.63] Strathmann, H. u.a. (1992) Entwicklung von bipolaren Membranen und ihre technische Nutzung. Dechema Monografie 125 (1992), S. 83–100

[G.3.64] Hahnewald (1992) Elektrodialyse zur Rückgewinnung von Metallen aus Spülwässern. Info, Hahnwald GmbH, Dresden

[G.3.65] Flemming, H.-C. (1991) Biofilme und Biotechnologie, Teil I: Entstehung, Aufbau, Zusammensetzung und Eigenschaften von Biofilmen, gwf Wasser. Abwasser, 132, Nr. 4, S. 197 ff.

[G.3.66] Mudrack, K.; Kunst, S. (1994) Biologie der Abwasserreinigung. 4. Aufl., Stuttgart, Jena, New York

[G.3.67] Hawkes, H.A. (1963) The Ecology of Waste Water Treatment. Oxford, Pergamon Press

[G.3.68] Hulsbeek, J.; Kunst, S. (1994) Untersuchungen wichtiger biologischer Umsatzgeschwindigkeiten belebter Schlämme als Voraussetzung der Bemessung. KA 41 (1994), S. 42–47

[G.3.69] Abeling, U. (1993) Stickstoffelimination aus Industrieabwässern – Denitrifikation über Nitrit –. Veröff. des Inst. f. Siedlungswasserwirtschaft und Abfalltechnik der Universität Hannover, Bd. 86, Hannover

[G.3.70] Hulsbeek, J. (1995) Bestimmung von Parametern zur Beschreibung der Prozesse bei der biologischen Stickstoff- und Phosphorentfernung in Abwasserreinigungsanlagen. Veröff. des Inst. f. Siedlungswasserwirtschaft und Abfalltechnik der Universität Hannover, Bd. 90, Hannover

[G.3.71] Helmer, C. (1994) Einfluß von Temperatur und Stoßbelastungen auf die Mikroflora der belebten Schlämme in Bio-P-Anlagen. Veröff. des Inst. f. Siedlungswasserwirtschaft und Abfalltechnik der Universität Hannover, Bd. 87, Hannover

[G.3.72] Chudoba, J.; Ottova, V.; Madera, V. (1973) Control of Activated Sludge Filamentous Bulking I/II.II. Water Research 7 (19973), S. 1163–1182, S. 1389–1406

[G.3.73] ATV (1996) Arbeitsblatt A 262 (Entwurf), Grundsätze für Bemessung, Bau und Betrieb von Pflanzenbeeten für kommunales Abwasser bei Ausbaugröße bis 1000 Einwohnerwerte

[G.3.74] Bahlo, K.; Wach, G. (1992) Naturnahe Abwasserrreinigung, Planung und Bau von Pflanzenkläranlagen. ökobuch-Verlag, Staufen

[G.3.75] Börner, T. (1992) Einflußfaktoren für die Leistungsfähigkeit von Pflanzenkläranlagen. Schriftenreihe WAR, Nr. 58, Inst. f. Wasserversorgung, Abwasserbeseitigung und Raumplanung der TH Darmstadt

[G.3.76] Kunst, S.; Flasche, K. (1995) Untersuchungen zur Betriebssicherheit und Reinigungsleistung von Kleinkläranlagen mit besonderer Berücksichtigung der bewachsenen Bodenfilter. Inst. f. Siedlungswasserwirtschaft und Abfalltechnik der Universität Hannover, Abschlußbericht, Forschungsvorhaben AZ 32-201 00091

[G.3.77] Bahlo, K. (1996) Reinigungsleistung und Bemessung von vertikal durchströmten Bodenfiltern mit Abwasserzirkulation. Dissertation, Universität Hannover

[G.3.78] Kayser, R. (1987) Bemessung von Belebungsanlagen zur Stickstoffentfernung. Veröffentlichungen des Instituts für Stadtanwesen, TU Braunschweig, Heft 42

[G.3.79] Hofmann, H. (1986) Konzeption und Bemessung der vorgeschalteten Denitrifikation beim Belebungsverfahren. Berichte aus Wassergütewirtschaft und Gesundheitsingenieurwesen, Institut für Bauingenieurwesen, TU München, Heft 72

[G.3.80] Hartwig, P. (1993) Beitrag zur Bemessung von Belebungsanlagen mit Stickstoff- und Phosphorelimination. Veröffentlichungen des Instituts für Siedlungswasserwirtschaft und Abfalltechnik der Universität Hannover, Heft 84

[G.3.81] IAWPRC (1986) Activated Sludge Model No. 1, Scientific and Technical Report No. 1 der IAWPRC

[G.3.82] ATV-MERKBLATT M 208 (1994) Biologische Phosphorelimination. Abwassertechnische Vereinigung ATV, Hennef

[G.3.83] Kunst, S. (1991) Untersuchungen zur biologischen Phosphorelimination im Hinblick auf ihre abwassertechnische Nutzung. Veröffentlichungen des Instituts für Siedlungswasserwirtschaft und Abfalltechnik der Universität Hannover, Band 77

[G.3.84] Jardin, N. (1995) Untersuchungen zum Einfluß der erhöhten Phosphorelimination auf die Phosphordynamik bei der Schlammbehandlung. Dissertation TH Darmstadt. Schriftenreihe WAR, Band 87

[G.3.85] Water Research Comission (1984) Theory, design and operation of nutrient removal activated sludge processes. Research Report, Water Research Comission, Pretoria, Republic of South Africa

[G.3.86] Maurer, M.; Gujer, W. (1994) Prediction of the performance of enhanced biological phosphorous removal plants. Water Science and Technology, Band 6, S. 333–343

[G.3.87] Scheer, H. (1994) Vermehrte biologische Phosphorelimination, Bemessung und Modellierung in Theorie und Praxis. Veröffentlichungen des Instituts für Siedlungswasserwirtschaft und Abfalltechnik der Universität Hannover, Band 88

[G.3.88] Kroiss, H.: Anaerobe Abwasserreinigung. Wiener Mitteilungen Wasser Abwasser Gewässer, Bd. 62, Wien 1985

[G.3.89] ATV-Fachausschuß 7.5: Geschwindigkeitsbestimmende Schritte beim anaeroben Abbau von organischen Verbindungen in Abwässern. Korrespondenz Abwasser, 41. Jg. (1994), H. 1, S. 101–107

[G.3.90] ATV-Fachausschuß 7.5: Technologische Beurteilungskriterien zur anaeroben Abwasserbehandlung. Korrespondenz Abwasser, 40. Jg. (1993), H. 2, S. 217–223

[G.3.91] Bode, H.: Beitrag zur Anaerob-Aerob-Behandlung von Industrieabwässern. Veröffentlichungen des Instituts für Siedlungswasserwirtschaft und Abfalltechnik der Universität Hannover, H. 64 (1985)

[G.3.92] Austermann-Haun, U.; Seyfried, C.F.; Rosenwinkel, K.-H.: Full scale experiences with anaerobic pre-treatment of wastewater in the food and beverage industry in Germany. Wat. Sci. Tech., Vol. 36, No. 2–3, (1997), S. 321–328

[G.3.93] ATV-Fachausschuß 7.5: Anaerobe Verfahren zur Behandlung von Industrieabwässern. Korrespondenz Abwasser, 37. Jg. (1990), H. 10, S. 1247–1251

[G.3.94] Seyfried, C.F.: Verfahrenstechnik der anaeroben Abwasserreinigung – Theorie und Praxis –. In: Preprints GVC-Tagung „Verfahrenstechnik der mechanischen, thermischen, chemischen und biologischen Abwasserreinigung", Baden-Baden, 17.–19.10.1988, Band 2, S. 99–136

[G.3.95] Saake, M.: Abscheidung und Rückhalt der Biomasse beim anaeroben Belebungsverfahren und in Festbett-Reaktoren. Veröffentlichungen des Instituts für Siedlungswasserwirtschaft und Abfalltechnik der Universität Hannover, H. 68 (1986)

[G.3.96] Kennedy, K.J.; Droste, R.L.: Anaerobic wastewater treatment in downflow stationary fixed film reactors. Wat. Sci. Tech., Vol. 24, No. 8, (1991), S. 157–178

[G.3.97] Young, J.C.: Factors affecting the design and performance of upflow anaerobic filters. Wat. Sci. Tech., Vol. 24, No. 8, (1991), S. 133–156

[G.3.98] Austermann-Haun, U.: Inbetriebnahme anaerober Festbettreaktoren. Veröffentlichungen des Instituts für Siedlungswasserwirtschaft und Abfalltechnik der Universität Hannover, H. 93, (1997)

[G.3.99] Lettinga, G.; Hulshoff-Pol, L.W.: UASB-process design for various types of wastewaters. Wat. Sci. Tech., Vol. 24, Nr. 8, (1991) S. 87–107

[G.3.100] Weiland, P.; Rozzi, A.: The start-up, operation and monitoring of high-rate anaerobic treatment systems: Discusser's report. Wat. Sci. Tech., Vol. 24. No. 8, (1991), S. 257–277

[G.3.101] Bischofsberger, W.; Temper, U.; Pfeiffer, W.; von Mücke, J.; Carozzi, A.; Steiner, A.: Stand und Entwicklungspotentiale der anaeroben Abwasserreinigung unter besonderer Berücksichtigung der Verhältnisse in der Bundesrepublik Deutschland. Mitteilungen der Oswald-Schulze-Stiftung, Heft 7 (1986)

[G.3.102] Böhnke, B.; Bischofsberger, W.; Seyfried, C.F. (Hrsg.): Anaerobtechnik Handbuch der anaeroben Behandlung von Abwasser und Schlamm. Springer Verlag 1993

[G.3.103] Koch, M; Kappler, J.; Jost, B. (1992) Betriebserfahrungen mit der Flockungsfiltration im Kanton Zürich, in: Dokumentation und Schriftenreihe aus Wissenschaft und Praxis der ATV, Heft 31, St. Augustin

[G.3.104] Barjenbruch M. (1997) Leistungsfähigkeit und Kosten von Filtern in der kommunalen Abwasserreinigung. Veröffentlichung des Instituts für Siedlungswasserwirtschaft und Abfalltechnik der Universität Hannover, Heft 97

[G.3.105] Wagner, V. (1989) Automatische Schwerkraftfilter, ATV-Seminar zur Verminderung von Feststoffen im KA-Ablauf, 12. u. 13.01.1989

[G.3.106] Nyhuis, G. (1990) Suspensaentnahme mittels Tuchfiltration, Korrespondenz Abwasser 37. Jg., Heft 10

[G.3.107] Nyhuis, G. (1987) Tuchfiltration in der Abwasserreinigung, Phoenix International, Heft 5

[G.3.108] Boller, M. (1985) Full scall experience with tertiary contact filters, Chemical Water and Wastewater Treatment, Scgr.-Reihe Verein Wa Bo Lu 62, G. Fischer Verlag Stuttgart/New York

[G.3.109] Seyfried, C.F.; Rosenwinkel, K.H.; Grabbe, U. (1996) Neue Erkenntnisse bei der Tuchfiltration, 9. Fachtagung „Weitergehende Abwasserreinigung als Beitrag zum Schutz von Nord- und Ostsee", Hamburger Berichte zur Siedlungswasserwirtschaft, Heft 18

[G.3.110] Roth, M. (1982) Wahl von Mikrosieben oder Kornfiltern unter Berücksichtigung der Filtrierbarkeit des Abwassers, Stuttgarter Berichte zur Siedlungswasserwirtschaft, Band 75

[G.3.111] Grau, A.; Zimmermann, E. (1991) Mikrosiebung im Klärwerk Wiesbaden, Berichte der ATV, Nr. 41 S. 465–472

[G.3.112] Roth, M. (1998) Erfahrungen mit der Mikrosiebung zur weitergehenden Abwasserreinigung im Lehr- und Forschungsklärwerk Stuttgart-Büsnau, in Vorbereitung

[G.3.113] Voß, K. (1981) Spülung von Kornmassenfiltern aus praktischer Sicht. Brunnenbau,

Bau von Wasserwerken, Rohrleitungsbau, (bbr), 32. Jg. (1981), H. 2, S. 43–47

[G.3.114] Seyfried, C.F. (1991) Grundlagen der Filtration und Flockungsfiltration sowie Auslegung entsprechender Anlagen, Fortbildungsstudium „Weitergehende Abwasserreinigung", Seminarveranstaltung am 20. Juli 1991 in München

[G.3.115] Boller, M. (1992) Verfahren zur Abwasserfiltration, in: Dokumentation und Schriftenreihe aus Wissenshaft und Praxis der ATV Heft 31, St. Augustin

[G.3.116] Hibbeln, K. (1982) Untersuchungen zur weitergehenden Abwasserreinigung durch Abwasserfiltration mit Flockungsmittelzugabe – Flockungsfiltration – GWA, Bd. 55, Aachen

[G.3.117] Grohmann, A. (1981) Über die Anwendung der Flockenbildung in Rohren zur Wasserreinhaltung und Phosphatelimination, Wasser-Abwasser-Forschung, Heft Nr. 14, S. 194–209

[G.3.118] Seyfried, C.F.; Barjenbruch, M.; Scheer, H. (1992) Abschlußbericht über die Untersuchungen zur weitergehenden Abwasserreinigung auf dem KW Westerland, Gutachten des Instituts für Siedlungswasserwirtschaft und Abfalltechnik der Universität Hannover, (unveröffentlicht)

[G.3.119] Dohmann, M.; Baumann, A. (1995) Untersuchungen über den Einsatz eines Filtertrommelsystems zur weitergehenden Abwasserreinigung, Gutachten des Instituts für Siedlungswasserwirtschaft der RWTH Aachen, (unveröffentlicht)

[G.3.120] Boller, M. (1988) Verfahren zur Abwasserfiltration, ATV Fortbildungskurs F2 in Fulda vom 2.–4.11.1988

[G.3.121] ATV – Abwassertechnische Vereinigung e.V. (1995) Abwasserfiltration ATV A 203, Vertrieb GFA (4/1995)

[G.3.122] Seyfried, C.F.; Barjenbruch, M. (1993) Grundlagen der Filtrationstechnik und Hinweise zur Bemessung von Raumfiltern; Wasser und Boden, 45. Jg., Heft 5, S. 320–325

[G.3.123] Kraft, A. (1990) Weitergehende Abwasserreinigung mit einem biologisch intensivierten Filtrationsverfahren – Trockenfiltration, Veröffentlichungen des Instituts für für Siedlungswasserwirtschaft und Abfalltechnik der Uni Hannover, Heft 75

[G.3.124] Kraft, A. (1992) Abwasserfiltration in abwärts durchströmten Überstaufiltern; Dokumentation und Schriftenreihe aus Wissenschaft und Praxis der ATV, Heft 31, St. Augustin

[G.3.125] Gassen, M. (1998) Erste Erfahrungen über den Betrieb und die Wirtschaftlichkeit von Festbettreaktoren auf deutschen Kläranlagen, GWA, Heft 165, 31. Essener Tagung 25.3-27.3.1998

[G.3.126] Kraft, A. (1994) Simultane Denitrifikation im Abwasserfilter, awt-Abwassertechnik, Heft 1

[G.3.127] Dohmann, Dorgeloh, Sanz. (1994) Untersuchungen zum Einsatz von DynaNitro-Reaktoren zur Suspensa-Entnahme, zur Restnitrifikation und zur Phosphorelimination, Teil III, Abschlußbericht des ISA Aachen (unveröffentlicht) 10/1994

[G.3.128] Mayer, V. (1984) Anwendung von Aktivkohlepulver in zweischichtigen Schnellsandfiltern zur weitergehenden Abwasserreinigung, GWF Wasser/Abwasser (192), Nr. 8, S. 373–380

[G.3.129] Menzel, U.; Rott, U. (1991) Untersuchungen zum optimierten Einsatz pulverisierter Aktivkohle zur weitergehenden Abwasserreinigung, Korrespondenz Abwasser (38), Nr. 9, S. 1178–1191

[G.3.130] Imhoff, K.; Imhoff, K.R. (1993) Taschenbuch der Stadtentwässerung, 28. Aufl., R. Oldenbourg Verlag München Wien

[G.3.131] Pöpel, H.J. (1993) Auswirkungen der Nährstoffelimination auf Menge, Zusammensetzung und Behandlung des Klärschlamms, Schriftenreihe WAR 66, Darmstadt

[G.3.132] ATV (1996) ATV-Handbuch Klärschlamm, 4. Aufl., Ernst & Sohn Verlag, Berlin

[G.3.133] Fehr, G.; Tempel, K. (1995) Methoden und Maßstäbe zur fachlichen Beurteilung der Umweltauswirkungen für Kläranlagen, Korrespondenz Abwasser, 7/95, S. 1120

[G.3.134] ATV (1996) Merkblatt M 204, Stand und Anwendung der Emissionsminderungstechnik bei Kläranlagen – Gerüche – Aerosole, Oktober 1996

[G.3.135] ATV (1988) Merkblatt M 255, Geruchsemissionen aus Abwasseranlagen, Juli 1988

[G.3.136] VDI 3881: Olfaktometrie. Geruchsschwellenbestimmung, Blatt 1–4

[G.3.137] VDI 3882: Olfaktometrie. Geruchsintensität und hedonische Wirkung; Teil 1–2

[G.3.138] Hübner, R. (1996) Kosten von Behandlungsanlagen. Seminarbeitrag „Geruch – Messung und Beseitigung", BUB-Seminar 29.10.1996, Hannover

[G.3.139] Schön, M.; Hübner, R. (1995) Geruch – Messung und Beseitigung, Vogel Buchverlag, Würzburg

[G.3.140] Köster, W. (1993) Auswirkungen von Prozeßwässern und Fäkalschlämmen auf die Geruchsemissionen von Kläranlagen und Möglichkeiten der Minimierung dieser Emissionen, Korrespondenz Abwasser, 12/93, S. 1934

[G.3.141] Abendt, R.-W. (1993) Beispiele zur Vermeidung und Verminderung von Geruchsemissionen aus kommunalen Abwasserbehandlungsanlagen. ATV-Seminar Emissions- und Immissionsprobleme bei Abwasseranlagen. Gerüche – Aerosole – Geräusche – am 9./10.3.1993 in Magdeburg

[G.3.142] Medrow, W. (1993) Ermittlung von Geruchsemissionen in der Umgebung von Kläranlagen mit Hilfe eines Ausbreitungsmodells. ATV-Seminar Emissions- und Immissionsprobleme bei Abwasseranlagen. Gerüche – Aerosole – Geräusche – am 9./10.3.1993 in Magdeburg

[G.3.143] VDI 3940: Bestimmung der Geruchsstoffimmissionen durch Begehungen, Mai 1991, Entwurf

[G.3.144] Klauwer, E. (1993) Maßnahmen zur Minderung und Vermeidung von Geräuschemissionen anhand von Beispielen aus der Praxis. ATV-Seminar Emissions- und Immissionsprobleme bei Abwasseranlagen. Gerüche – Aerosole – Geräusche – am 9./10.3.1993 in Magdeburg

[G.3.145] Frechen, F.B. (1993) Sensorische Methoden: Olfaktometrie und Begehung, Schriftenreihe WAR, Band 68, S. 13, Darmstadt

[G.3.146] Abstandserlaß des Landes Nordrhein-Westfalen, RdErl. des MURL i.d.F. vom 24.11.1994

[G.3.147] Abstandserlaß des Landes Sachsen-Anhalt, RdErl. des MU vom 26.8.1993

[G.3.148] ATV (1985) Lehr- und Handbuch der Abwassertechnik, Bd. IV, 3. überarb. Aufl.

[G.3.149] Wanner, H.U. (1975) Mikrobielle Verunreinigung der Luft durch Belebtschlamm, Zentralblatt Bakt. Hyg. 1. Abt. Orig. B 161, S. 46

[G.3.150] Kunst, S. (1993) Untersuchung des Einflusses verschiedener Belüftungssysteme auf die Verkeimung der Umgebung, Korrespondenz Abwasser, 5/93, S. 716

[G.3.151] Saake, M. (1995) Biofilter – Anlagen zur Abluftbehandlung auf Kläranlagen. Veröffentlichungen des Instituts für Siedlungswasserwirtschaft und Abfallwirtschaft der Universität Hannover, Heft 94, 1995, S. 16

[G.3.152] Freimuth, H. (1993) Geräusche – Physikalische Grundlagen und Schallpegelmessungen als Hilfsmittel bei Bestandsaufnahmen und Prognosen. ATV-Seminar Emissions- und Immissionsprobleme bei Abwasseranlagen. Gerüche – Aerosole – Geräusche – am 9./10.3.1993 in Magdeburg

[G.3.153] BImSchG: Gesetz zum Schutz vor schädlichen Umwelteinwirkungen durch Luftverunreinigungen, Geräusche, Erschütterungen und ähnliche Vorgänge, Bundes-Immissionsschutzgesetz vom 15.03.1974, Bundesgesetzblatt I S. 721

[G.3.154] TA Lärm: Technische Anleitung zum Schutz gegen Lärm vom 16.07.1968. Beilage zum Bundesanzeiger Nr. 137 vom 26.07.1968

[G.3.155] UVV Lärm: Unfallverhütungsvorschrift 28 „Lärm" der Berufsgenossenschaft der Gas- und Wasserwerke (VBG 121 vom 01.10.1990)

[G.3.156] VDI 3477: Richtlinie; Biologische Abgas-/Abluftreinigung. Biofilter, Düsseldorf 12/1991

[G.3.157] VDI 3478: Richtlinie; Biologische Abgas-/Abluftreinigung. Biowäscher, Düsseldorf Entwurf 11/1994

[G.3.158] Seibt, M. (1996) Gerüche aus Entsorgungsanlagen. Seminarbeitrag „Geruch – Messung und Beseitigung", BUB-Seminar 29.10.1996, Hannover

[G.3.159] Saake, M. (1993) Möglichkeiten und Grenzen des Einsatzes von Biowäschern und Biofiltern in Industrie, Gewerbe und Kommunen. HdT-Veranstaltung, 17.2.1993. Biotechnologische Abluftbehandlung in Kläranlagen sowie Gewerbe- und Industriebetrieben

Ergänzende Literatur

Böhnke, B. (1987) Standzeituntersuchungen an Kompostfiltern und Ausarbeitung von Bau- und Betriebsanleitungen für Erd- und Kompostfilter im Bereich von Kläranlagen, Institut für Siedlungswasserwirtschaft der RWTH Aachen

Deutsches Institut für Normung e.V.:
DIN 4040 (EN 1825) Abscheideranlagen für Fett
DIN 1999 (EN 858) Abscheider für Leichtflüssigkeiten
DIN 19551 Kläranlagen, Rechteckbecken
DIN 19552 Kläranlagen, Rundbecken
DIN 19554 Kläranlagen, Rechenbauwerke
DIN 19558 Kläranlagen, Überfallwehr und Tauchwand
DIN 19569 Teil 2, Kläranlagen, Baugrundsätze

Dichtl, N. (1995) Parallelplattenabscheider in der Industrieabwasserreinigung. WasserAbwasserPraxis 4/95, S. 50–52

DVGW (1985) DVGW-Regelwerk Merkblatt W 250

Ermittlung zum Stand der Technik der Lärmminderung bei genehmigungsbedürftigen Anlagen nach 4. BImSchV – Klärwerke, Umweltbundesamt Berlin, 1987

Franta, J.; et al. (1992) Mechanische Abwasserreinigung durch Siebung. Korrespondenz Abwasser 6/92, S. 907–909

Grabbe, U.; Obenaus, F. (1995) Untersuchungen zur Tuchfiltration – Hinweise zu Bemessung und Betrieb, awt-Abwassertechnik, Heft 3

Grohmann, W.; Pöpel. H.J. (1993) Aerob-thermophile Klärschlammstabilisierung – verbesserte Zukunftsaussichten durch optimierte Mischung und Belüftung? Schriftenreihe WAR 66, Darmstadt

Gujer, W. (1985) Ein dynamisches Modell für die Simulation von komplexen Belebtschlammanlagen. Habilitationsschrift am IGW der ETHZ, Zürich, und der EAWAG

Hamm, A. (1969) Erläuterungen zur Gewässergütekartierung bayerischer Voralpenseen. Münchner Beiträge zur Abwasser-, Fischerei- und Flußbiologie, Bd. 15. R. Oldenbourg, München

Hamm, A. (1968) Nomogramm zur Ermittlung der Gewässergüteklassen von Fließgewässern. Wasser- und Abwasserforschung 5

Hosang/Bischof (1993) Abwassertechnik, 10. Aufl. Teubner, Stuttgart

IAWR (1974) Vorschlag der IAWR zur Bewertung der Gewässerqualität am Beispiel des Rheins. IAWR Sonderdruck Nr. 917 zur 7. Arbeitstagung in Basel

Imhoff, K. (1966) Taschenbuch der Stadtentwässerung. München-Wien, R. Oldenbourg

Kinzelbach, W. (1992) Grundwassermodellierung – Lehrgang Nr. 15 198/85.073 an der Technischen Akademie Esslingen

Koopmann, B.; Stevens, C.M.; Sonderlick, C.A. (1990) Denitrifikation in a moving bed upflow sandfilter, Resarch Journal WPCF, Vol. 62, No. 3, S. 239–245, May/June 1990

Krauth, Kh. (1991) Erhöhung der Biomasse durch Ultrafiltration bei aerob und anaerob betriebenen Bioreaktoren. Korr. Abwasser, S. 1150–1164

Kunz, P. (1992) Behandlung von Abwasser, 3. Aufl. Vogel, Würzburg

Landesamt für Wasser und Abfall Nordrhein-Westfalen (1991) LWA-Merkblatt Nr. 7: Allgemeine Güteanforderungen für Fließgewässer (AGA). Düsseldorf, Dezember 1991

Lärmschutz an Kläranlagen, Minister für Arbeit, Gesundheit und Soziales des Landes Nordrhein-Westfalen, Düsseldorf 1978

Lübbe, E. (1985) Nutzungsbezogene Gewässerzustandsbeschreibung für die landwirtschaftliche Nutzung (Pflanzenbewässerung und Viehtränke). Referat zum Symposium „Gewässergüte und Bewirtschaftungsplanung" vom 4. und 5.9.1984. Gewässerschutz – Wasser – Abwasser Bd. 73, Aachen

Malz, F. (1982) Bakterielle Beeinflussung der Umgebung von Kläranlagen durch Aerosole. 15. Essener Tagung, 10.-12.03.1982

Mikrosiebung als nachgeschaltete Behandlungsstufe zur Schwebstoffelimination, Passavant Firmenprospekt 5/93

Reid, G.K. (1961) Ecology of inland waters and estuaries. Reinhold publ. corp. New York

Reimann, K. (1966) Messung und Bewertung der toxischen Hemmung im Verlaufe der Selbstreinigung. Die Wasserwirtschaft 56

Richtlinie des Rates vom 18. Juli 1978 über die Qualität von Süßwasser, das schutz- oder verbesserungsbedürftig ist, um das Leben von Fischen zu erhalten (78/659/EWG), Amtsblatt der Europäischen Gemeinschaften Nr. L 222 vom 14.8.78

Richtlinie des Rates vom 8. Dezember 1975 über die Qualität der Badegewässer (76/160/EWG), Amtsblatt der Europäischen Gemeinschaften Nr. L 31 vom 5.2.76

Rogalla, F.; Badard, M.; Hansen, F.; Dansholm P. (1992) Upscaling a compact nitrogen removal process, Wat. Sci. Techn., Vol. 26, No. 5-6, pp. 1067–1076

Rudolph, J. (1993) AOX-Elimination und AOX-Produktion bei der Ozonierung. Korr. Abwasser, S. 1298–1306

Schmedtje, U.; Kohmann, F. (1988) Bewertung von Fließgewässern – Aussagekraft und Grenzen biologischer und chemischer Indizes. Wasser und Boden 11

Seibt, M. (1996) Geruchsmessungen und -Prognosen. Seminarbeitrag „Geruch – Messung und Beseitigung", BUB-Seminar 29.10.1996, Hannover

Seyfried, C.F. (1994a) Mechanische Vorreinigung – Rechen, Sandfang Vorklärung. ATV-Kurs H2 (Abwasserreinigung), Fulda 05.10.– 07.10.1994

Seyfried, C.F. (1994b) Rechen, Siebe und Sandfänge – Betriebserfahrungen und Entwicklungen, Schriftenreihe WAR, TH Darmstadt, Bd. 75

Stein, A. (1992) Ein Beitrag zur Gestaltung belüfteter Sandfänge. Korrespondenz Abwasser 4/92, S. 518–524

Strohmeier, A. (1994) Einsatzmöglichkeiten der Filtration, ATV-Kurse zur Abwasser- und Abfalltechnik, Kurs H/2-Abwasserreinigung S. 17.1–17.21, ATV Hennef

Strohmeier, A. (1994) Einsatzmöglichkeiten und großtechnische Erfahrungen mit der Biofiltration zur N- und P-Entfernung, ÖWAV Seminar 2: Abwasserreinigungskonzepte – Internationaler Erfahrungsaustausch über neue Entwicklungen, Wien 1994

VCI (1985) Abwasserreinigung durch Strippen. 10. Verfahrensbericht zur Abwasserbehandlung, VCI, Frankfurt

VDI 3476: Katalytische Verfahren der Abgasreinigung, Düsseldorf 06/1990

VDI 2243: Abgasreinigung durch oxidierende Gaswäsche, Düsseldorf 01/1980

Wilderer, P.; Böhm, B; Eichinger, J. (1994) Denitrifikation in einer nachgeschalteten Sandfilteranlage als kostengünstige Ausbaualternative für bestehende Klärwerke, 24. Abwassertechnisches Seminar, Berichte aus Wassergüte- und Abfallwirtschaft TU München, Heft 117

Wolf, P. (1974) Simulation des Sauerstoffhaushaltes in Fließgewässern. Stuttgarter Berichte zur Siedlungswasserwirtschaft Bd. 53. Kommissionsverlag R. Oldenbourg, München

Abfallwirtschaft

H.1. Einführung

H.1.1 Abfallbegriffe und Abfallentstehung

Stoffe, Produkte und Abfälle werden im Kreislaufwirtschaftsgesetz (KrW-/AbfG) 1994, § 3 unterschieden nach den in Bild H.1-1 dargestellten Kriterien.

Abfälle zur Verwertung oder Beseitigung (Oberbegriff hierfür ist „Entsorgung") können entstehen aus
- jedem nicht mehr verwendeten Produkt nach unterschiedlich langer Benutzung oder Lebensdauer, z.B.
  - die Tageszeitung als kurzlebiges Produkt nach 1 Tag,
  - das Auto bzw. das Fernsehgerät nach 10–15 Jahren oder
  - das Gebäude als langlebiges Produkt nach 30–500 Jahren.
- der Produktion bei der Gewinnung von Rohstoffen, Vorprodukten und der Herstellung von Gütern
- aus der Aufbereitung und Reinigung anderer Umweltgüter, z.B.
  - Klärschlamm aus der Reinigung von Abwasser oder
  - Stäube und Rauchgasreinigungsrückstände aus der Abluftreinigung.

In Bild H.1-2 ist die Anwendung abfallwirtschaftlicher Prinzipien der Wiederverwendung, Verwertung und Aufkonzentrierung von Schadstoffen dargestellt. Aus einer großen Menge von beladenem Rauchgas eines Verbrennungsprozesses wird ein mengenmäßig weit dominierendes, in die Atmosphäre ableitbares Reingas aufbereitet und die geringe Menge der Abfälle der Abgasreinigung möglichst weitgehend, evtl. nach zusätzlicher Aufbereitung, der Verwertung zu-

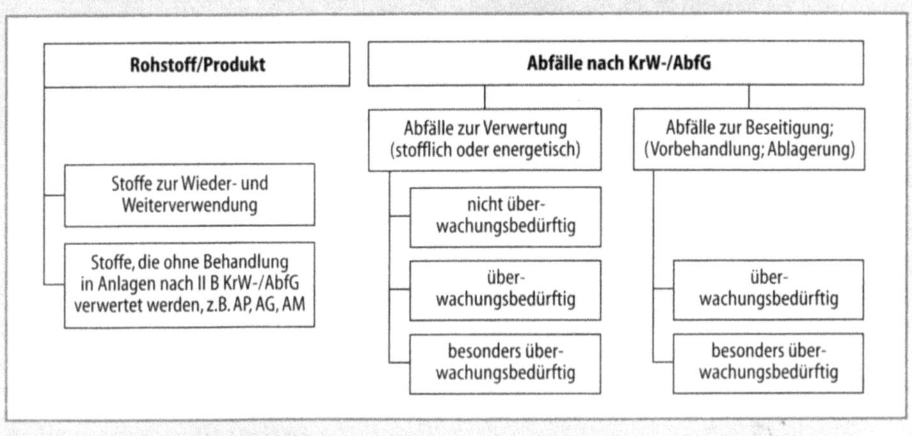

Bild H.1-1 Zuordnung von Stoffen nach dem KrW-/AbfG

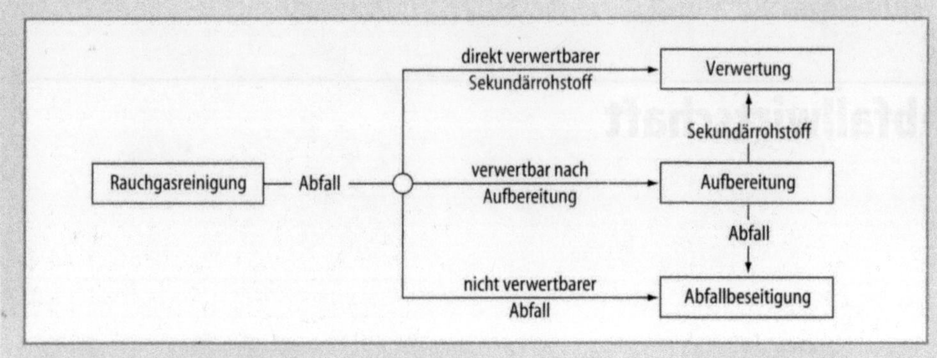

Bild H.1-2 Minimierung von Abfall bei der Rauchgasreinigung

Tabelle H.1-1 Beispiele für Zuordnung von Abfallarten zu Entsorgungswegen nach TA Abfall 1990, Anhang C

Abfall-Schlüssel-Nr.	Bezeichnung	Massen-abfall	Entsorgungshinweis mit Priorität						
			CPB	HMV	SAV	HMD	SMD	UTD	sonstiges
52723	Entwicklerbäder		1		2				
54802	Säureharz und Säureteer		1		1				
55509	Druckfarbenreste				1				
57801	Shredderrückstände (Leichtfraktion)	M			1	2	2		Mono-deponie

CPB chemisch/physikalische oder biologische Behandlungsanlage
HMV Hausmüllverbrennungsanlage oder sonstige Verbrennungsanlage außerhalb der TA Abfall, Teil 1
SAV Sonderabfallverbrennungsanlage
HMD Hausmülldeponie (→ besser: Siedlungsabfalldeponie)

SAD Sonderabfalldeponie
UTD Untertagedeponie
MD Monodeponie
M Massenabfall
1; 2; ... 1 bzw. 2. Priorität für die Entsorgung

geführt (z. B. REA-Gips bzw. Rückgewinnung von HCl oder NaCl aus der Abscheidung saurer Rauchgasbestandteile). Der nicht verwertbare Abfall wird dadurch weitestgehend minimiert.

Im Gegensatz zu Luft- und Wasseremissionen bleiben in der Abfallwirtschaft ein großer Teil dauerhafter und dauerhaft wirksamer Abfälle übrig. Wegen möglicher Langzeitwirkungen, z. B. mögliche Grundwasserbelastungen unter Deponien, sind höchste Anforderungen an Entsorgungsanlagen nach dem Stand der Technik zu stellen.

H.1.2   Abfallarten

Besondere Bedeutung für die Klassifizierung von Abfällen hat die Abfallbestimmungsverordnung (AbfBestV vom 01.10.1990) mit insgesamt 389 Abfallarten sowie der Anhang C der TA Abfall, Teil 1, der diesen Abfallarten vorrangige Entsorgungswege zuordnet. Die AbfBestV verwendet fünfstellige Schlüsselnummern (vgl. Tabelle H.1-1) mit den Hauptgruppen der Tabelle H.1-2.

Die AbfBestV wird ersetzt durch den EWC (European Waste Catalogue 94/904/EWG; Amtsblatt der Europäischen Gemeinschaften Nr. L 356/14 vom 31.12.1994; VO zur Einführung des Europ. Abfallkatalogs EAKV vom 10.09.1996) mit sechsziffrigen Abfallschlüsseln.

Tabelle H.1-2 Hauptgruppen der Abfallschlüssel nach AbfBestV

Nr. der Abfall-Hauptgruppe	Abfallart
1	Pflanzliche und tierische Abfälle
3	Abfälle mineralischen Ursprungs sowie Veredelungsprodukten
5	Abfälle aus Umwandlungs- und Syntheseprozessen
9	Siedlungsabfälle

Häufig wird der Begriff „Siedlungsabfall" als Oberbegriff für folgende Abfallarten verwandt:
- Hausmüll,
- Geschäftsmüll,
- Sperrmüll,
- hausmüllähnliche Gewerbeabfälle,
- Straßenkehricht,
- Marktabfälle,
- Park- und Gartenabfälle,
- Baustellenabfälle,
- Klärschlamm und
- Rechengut.

Die mengenmäßig dominierenden Abfallarten Bauschutt, Bodenaushub und Straßenaufbruch sowie die produktionsspezifischen Abfälle sollten demgegenüber nicht unter „Siedlungsabfall", sondern separat bilanziert werden. Eine detaillierte Empfehlung zur Verwendung sinnvoller Definitionen für die im Bereich der öffentlichen Abfallentsorgung anfallenden Abfallarten findet sich bei Ketelsen [H.1.1].

H.1.3 Abfallmengen

Aufgrund des Umweltstatistikgesetzes werden regelmäßig die auf öffentlichen Anlagen und im Bereich des produzierenden Gewerbes anfallenden Abfallmengen erhoben [H1.2], aus denen man z. B. die in Tabelle H.1-3 genannten Mengen für öffentliche Anlagen entnehmen kann. Von den insgesamt dort anfallenden Abfallmengen wa-

Tabelle H.1-3 An öffentliche Anlagen in der BRD angelieferte Abfallmengen [H.1.2]

| Abfallart | Jahr | Angelieferte Abfälle zur Beseitigung (100 t/a) an öffentliche Anlagen der BRD | | | | | | |
| | | | davon | | | | | |
		gesamt	Deponien gesamt	SIA-Deponien	MVA	Kompostierung	sonstige	Außerdem an U-Stationen, Sammelstellen
gesamt	1975	58.722	53.159		5.086	430	47	703
	1977	64.377	57.754	45.612	5.424	537	662	1.366
	1980	84.834	76.262	47.600	6.487	471	1.807	2.963
	1984	86.101	77.394	43.768	7.539	663	504	6.525
	1987	99.534	88.494	45.263	8.462	724	1.854	8.541
	1990	104.971	90.943	45.366	8.719	1.423	3.885	9.377
	1990[a]	144.489	130.271	78.056	8.804	1.515	3.899	9.670
	1993[a]	110.522	90.774	51.546	9.156	2.397	8.195	8.641
Hausmüll, Sperrmüll, hmä. Gewerbeabfälle, Straßenkericht, Marktabfälle, kompostierbareorg. Abfälle = Siedlungsabfall	1975	31.012	25.757		4.191	335	1	666
	1977	28.985	23.295	22.860	5.119	481	89	1.007
	1980	31.698	24.876	24.876	6.253	442	127	2.507
	1984	29.604	21.704	21.308	7.185	546	169	3.597
	1987	31.288	22.112	21.505	7.962	630	583	4.341
	1990	35.966	25.211		8.198	1.361	1.186	5.194
	1990[a]	55.217	44.329		8.273	1.429	1.186	5.471
	1993[a]	40.017	27.840		8.552	2.241	1.384	4.725
	1995[a]				10.870			
Bodenaushub, Bauschutt, Straßenaufbruch = Bauabfall	1975	22.202	22.201		< 1	< 1	< 1	19
	1977	28.458	28.379		–	–	79	1
	1980	44.237	43.772		4	–	511	227
	1984	46.546	46.537	15.453	–	6	2	2.572
	1987	56.962	56.055	15.261	9	5	892	3.372
	1990	57.981	55.704		11	3	2.264	3.822
	1990[a]	69.993	67.715		11	3	2.264	2.822
	1993[a]	58.895	52.726		100	4	6.064	3.537
Sonstige feste produktionsspezifische Abfälle; Schlämme aus Industrie und Gewerbe	1975	1.937	1.885		39	6	19	4
	1977	4.167	3.708		262	–	197	76
	1980	3.709	3.221		105	< 1	383	42
	1984	5.014	4.708	4.124	254	4	48	269
	1987	5.104	4.778	4.105	261	4	61	351
	1990	7.303	6.731		311	59	382	308
	1990[a]	14.210	13.423		315	77	396	319
	1993[a]	8.823	7.746		313	23	740	275

[a] mit neuen Bundesländern   SIA Siedlungsabfall

ren nur etwa 1/3 Siedlungsabfälle. Die beseitigte Rest-Siedlungsabfallmenge ist ab 1990 deutlich zurückgegangen, die stofflich verwerteten Mengen sind stark gestiegen und das Abfallpotential etwa konstant geblieben.

Maßgeblich für abfallwirtschaftliche Gesamtbilanzen ist das Abfallpotential:

$$\text{Abfallpotential} = \frac{\text{beseitigter Abfall} +}{\text{verwerteter Abfall}}$$

Abfallmengenprognosen müssen folgende Einflußfaktoren berücksichtigen:

- Prognosen zur Produktion und zum Konsum mit unterschiedlicher Lebensdauer. Bei den kurzlebigen abfallrelevanten Grundstoffen, z.B. Papier/Pappe bei den Siedlungsabfällen, gehen die Veränderungen des Verbrauchs aktuell in die Veränderungen der Abfallmengen ein; bei langlebigen Gütern geschieht dies mit entsprechender Zeitverzögerung.
- Einwohnerentwicklung
- Einfluß von gesetzlichen Vorgaben, z.B.
  - Verwertungsangebote (z.B. Einführung neuer Systeme zur getrennten Erfassung),
  - Rücknahmeverpflichtungen oder Ersatzsysteme (z.B. Verpackungsverordnung, 1991, seitdem stagnierender bzw. rückläufiger Verbrauch von Papier/Pappe und Behälterglas; Altautoverordnung, 1997),
  - Phosphorelimination in der Abwasserreinigung mit der Folge steigender Klärschlammmengen,
  - Entschwefelung von Rauchgasen bei Verbrennungsprozessen (z.B. Gipsproduktion),
  - neue Begriffsdefinitionen mit geänderten statistischen Zuordnungen,
- Veränderung von Qualitätsstandards für Sekundärrohstoffe oder Produkte aus Sekundärrohstoffen sowie von Umweltstandards (z.B. höhere Anforderungen an die landwirtschaftliche Verwertung von Klärschlämmen),

- Kostenentwicklung bei der Abfallentsorgung (z.B. teurere Restentsorgung begünstigt die Abfallvermeidung und -verwertung).

H.1.4 Abfallzusammensetzung

Zu unterscheiden sind zunächst *chemische Abfallanalysen und Sortieranalysen*. Bezüglich der chemischen Analysen wird auf die Abschn. M.2 und M.3 (Meß- und Analysentechnik) verwiesen. Vorschriften zur Probenahme finden sich z.B. in der TA Siedlungsabfall (TASI) [H.1.3] im Anhang A (vgl. Tabelle H.1-4):

Auf die nach DIN genormten Vorschriften für die *chemische Analyse* wird ebenfalls im Anhang A der TASI [H.1.3] hingewiesen, wobei zu unterscheiden ist zwischen Analysen

- der *Originalsubstanz* (z.B. für das Verhalten der Abfälle bei der Verwertung, der Verbrennung und Ablagerung) sowie
- des *Eluates* (z.B. für das Verhalten der Abfälle bei der Ablagerung).

Sortieranalysen im Hausmüll [H.1.1] erfolgen stoff- oder produktbezogen manuell aus möglichst repräsentativen geschichteten Stichproben nach Sortierfraktionen, deren Art und Zahl sich an der gestellten Aufgabe orientiert (vgl. Bild H.1-3 und Tabelle H.1-5).

Aufgrund der Heterogenität muß bei Gewerbeabfällen anstelle einer Stichprobensortieranalyse mit anderen (Sortier-)Verfahren gearbeitet werden, zu denen Ketelsen [H.1.1] detaillierte Empfehlungen und Alternativen gibt:

- Quantitative Analyse der entsorgten und verwerteten Mengen auf der Basis von Mengenstatistiken (Erhebungen im Altstoffhandel, Auswertung von Begleitscheinen, Auswertungen der Statistiken von Entsorgungsanlagen),
- Befragung der Abfallerzeuger,
- Analyse aller auf den Entsorgungsanlagen an-

Tabelle H.1-4 Vorgaben zur Probenahme nach TASI bzw. PN 2/78 bzw. PN 78D der LAGA

	Anzahl der Einzelproben	**Mindestprobemenge**
Bei homogenem Abfall (z.B. flüssig, pumpfähig, Stäube)	1 Probe pro Lieferung	1000 g bzw. ml
Bei heterogenem Abfall	1 Probe je angefangene 5 t oder 5 m³	1000 g bzw. ml[a]

[a] ggf. erhöhte Probemenge bei grobstückigem Abfall

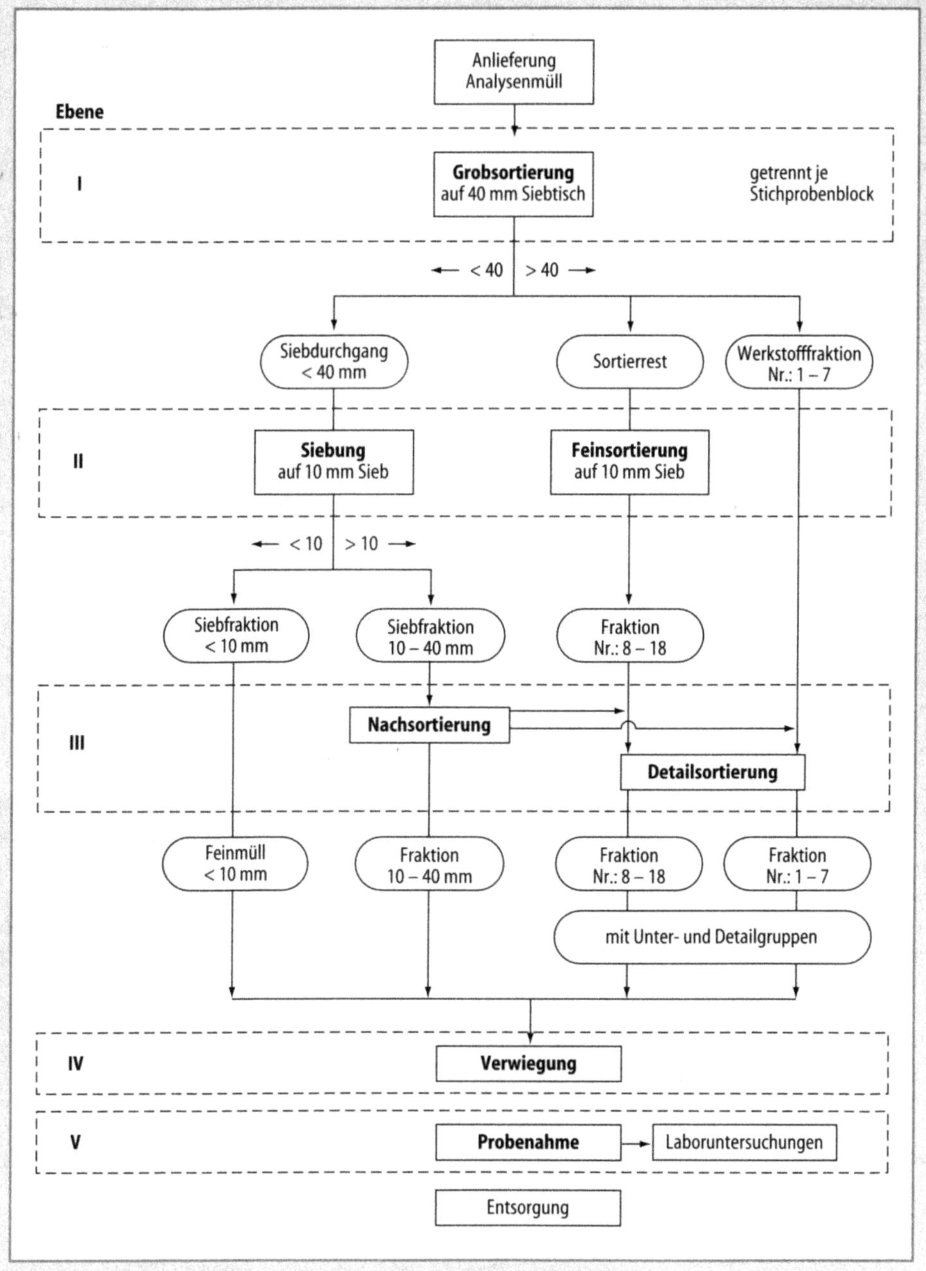

Bild H.1-3 Verfahrensablauf einer Hausmüllsortieranalyse

gelieferten Abfälle durch visuelle Klassifikation und Herkunftsanalyse durch Anliefererbefragung,

– Analyse der vorhandenen Gewerbestruktur und Hochrechnung über branchenspezifische Abfallkenngrößen.

Tabelle H.1-5 Beispiel für Sortierfraktionen bei einer Hausmüllsortieranalyse

Grobsortierung	Feinsortierung

1. Papier
  1.1 Papier I, stapelbar (Zeitungen, Zeitschriften)
  1.2 Papier I, sonstiges $\geq$ DIN A4 und unverschmutzt
	8. Papier und Pappe II (Papierschnitzel, Hygienepapier)

2. Pappe I	9. Papierverbund (Getränkeverpackungen)

3. Glas I, Ganzglas und Bruchstücke $\geq$ 50 mm
  3.1 Weißglas
  3.2 Grünglas
  3.3 Braunglas
	10. Kunststoffe II, Gummi

	11. Glas II, (Glasbruch < 50 mm)
	12. Inertstoff, Mineralien (Steine, Porzellan, Keramik)

4. Bekleidung
  4.1 Textilien
  4.2 Schuhe, Gummi, Leder
	13. Holz

	14. Verbundstoffe (z.B. Haushaltgeräte)

5. Kunststoff I
  5.1 Folien, überwiegend PE
  5.2 Becher, Blister, Flaschen
  5.3 sonstige Verpackungskunststoffe (Styropor, Schaumstoff, Mischkunststoff)
  5.4 sonstige Kunststoffe
	15. Problemabfälle (Batterien, Farbdosen, Altmedikamente, Spraydosen usw.)

	16. Windeln, Binden
	17. Gartenabfall (nach Feinsortierung verbliebener Sotierrest, z.B. Gemüse- und Gartenabfälle)

6. Fe-Metall (magnetisch)	18. Küchenabfall
	  18.1 für die Bioabfallkompostierung zugelassene Küchenabfälle
	  18.2 für die Bioabfallkompostierung nicht zugelassene Abfälle, z.B. Speisereste

7. Ne-Metall	
Σ Fraktion 1 – 7: Summe der trockenen Werkstoffe	19. Siebfraktion 10 – 40 mm
	20. Feinmüll < 10 mm
Unterscheidung nach Stückgrößen: I = großstückig/verwertbar II = kleinstückig/nichtverwertbar	

H.1.5 Technische und rechtliche Vorgaben

Ergänzend zu Abschn. B.3 und B.6 (Abfallrecht) seien hier vor allem als technische Vorschriften noch einmal genannt:
- die TA Abfall, Teil 1 (für besonders überwachungsbedürftige Abfälle (= Sonderabfälle) vom 23.04.1990,
- die TA Siedlungsabfall vom 29.05.1993,
- das Kreislaufwirtschafts- und Abfallgesetz KrW-/AbfG [H.1.2] in Kraft ab 07.10.1996.

Neben detaillierten technischen Vorschriften zu einzelnen Verfahren ist danach folgende Hierarchie für die Vermeidung und Entsorgung von Abfällen zu berücksichtigen:

1. Vermeidung
   - quantitativ (Reduzierung der Abfallmenge)
   - qualitativ (Reduzierung der Schadstoffgehalte, Verbesserung der stofflichen Verwertbarkeit
2. Stoffliche Verwertung, soweit
   - sie technisch möglich,
   - die wiedergewonnenen Stoffe vermarktbar,
   - die Kosten nicht unzumutbar,

   – die Verwertung insgesamt ökologisch vorteilhaft ist oder energetische Verwertung (Heizwert $H_{u,roh} > 11.000$ kJ/kg; Feuerungswirkungsgrad > 75%)
3. (Vor-)Behandlung (z.B. thermisch mit Energieverwertung oder biologisch (biologischer Abbau organischer Substanz))
4. schadarme Ablagerung

Verkürzt bedeutet dies: Vermeidung vor Verwertung vor Beseitigung. Als Abgrenzung zwischen Verwertung und Beseitigung werden an einen Abfall zur Verwertung folgende Ansprüche gestellt:
- positiver Marktwert (mindestens sollten Kosten der Verwertung nicht außer Verhältnis zu denen der Beseitigung stehen),
- der verwertete Anteil sollte höher als der zu beseitigende Anteil sein,
- der Schadstoffgehalt sollte niedrig sein.

H.1.6 Bewertungsverfahren

Für die ökologische Bewertung von Produkten und Verfahren zur Abfallverwertung und -behandlung können vorteilhaft Ökobilanzen ein-

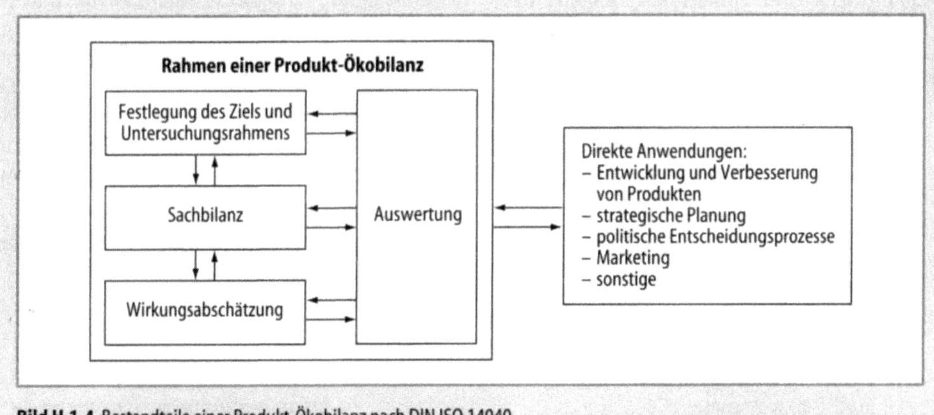

Bild H.1-4 Bestandteile einer Produkt-Ökobilanz nach DIN ISO 14040

gesetzt werden. Hierbei erfolgt eine möglichst weitgehend objektive ökologische Bilanz einer Prozeßkette (z. B. Lebenszyklus eines Produkts mit Auflistung der (primären) einzelnen Umweltauswirkungen [H.1.4] „von der *Wiege* (Rohmaterialgewinnung) über die Herstellung und die Verwendung bis zur *Bahre* (Abfallbeseitigung)".

Als ähnliche Begriffe werden verwandt:
- Product-Life-Cycle-Assessment (LCA),
- Produktlinien-Analyse (PLA) bzw.
- Produkt-UVP (vgl. hierzu [H.1.5, H.1.6].

DIN/EN/ISO 14040 „Produkt-Ökobilanz" schlägt die in Bild H.1-4 dargestellte Systematik vor.

Das UBA schlägt für das *Standardmodell einer Ökobilanz* folgende Arbeitsschritte vor:
- *Festlegung des Bilanzierungsziels* und des Untersuchungsrahmens („goal and scope definition")
  - Zweck,
  - Produkt,
  - Bezugsgröße; *funktionelle Einheit* als Maß für den Nutzen des Produktsystems; Vergleich für gleiche Leistung, z. B. 1000 l Füllvolumen bei Verpackungen oder m² Oberflächeneinheit, die bei einem Anstrich für eine bestimmte Zeit geschützt ist),
  - Bilanzraum; Systemgrenzen; Abschneidekriterien; ausgenommen ist i. d. R. die Ökologie der im Prozeß verwendeten Anlagen (Bauten; Installationen) und zugehörige menschliche Tätigkeit,
- *Sachbilanz* („Life cycle inventory") mit
  - Vertikalanalyse (Gliederungsmodule der Produktions-, Distributions-, Gebrauchs- und Entsorgungsphasen),

- Berücksichtigung der Lenbensweg-Kriterien (z. B. Nutzungsdauer, Umlaufzahlen, Altstoffeinsatz usw.),
- Horizontalanalyse (Aufbereitung der einzubeziehenden Kategorien und Indikatoren (z. B. Luft- und Wasserbelastung)),
- Auswahl der Daten

mit *quantitativ* erfaßbaren Faktoren:
- Verbrauch an Rohstoffen und Hilfsstoffen (Bringezu/Schmidt-Bleek [H.1.7] empfehlen als ersten wesentlichen Bewertungsparameter die Material-Intensität (MIPS = Material-Input pro Service-Einheit),
- Nebenprodukte,
- atmosphärische Schadstoffe (z. B. CO_2, NO_x, SO_x usw.),
- Wasserverbrauch und -belastung,
- feste Abfälle (ggf. differenziert nach Abfallart oder -qualität),
- Energiebedarf (teilweise auch als Leitparameter geeignet),
- Temperatur, Abwärme,
- Temperatur, Abwärme,
- Flächenverbrauch,
- Lärm,

und *qualitativ* erfaßbaren Faktoren wie
- potentielle Gefährdungen (Betrieb von AKWs, Stauwehre, Chlorchemie, …),
- Veränderungen in der Geographie (Absenkung des Grundwasserspiegels, Entstehung von Halden, …),
- Veränderungen in der optischen Erscheinung der Umwelt (Landschaftsschäden),
- Ressourcenknappheit (evtl. auch quantitativ).

Die Ergebnisse der Sachbilanz sind transparent und nachvollziehbar in eine Matrix der quantifizierbaren Umweltbelastungen aufzunehmen sowie ergänzend in eine systematisierte Übersicht der lediglich qualitativ zu beschreibenden Belastungen.

- *Wirkungsabschätzung* („Impact assessment")
  - Abschätzung der Wirkungen der in der Sachbilanz ermittelten Einzelfaktoren anhand folgender 10 Wirkungskategorien [H.1.6]:
    1. Verbrauch von Rohstoffen
    2. Treibhauseffekt
    3. Ozonabbau
    4. Beeinträchtigung der Gesundheit des Menschen
    5. Direkte Schädigung von Organismen und Ökosystemene
    6. Bildung von Photooxidantien
    7. Versauerung von Böden und Gewässern
    8. Eintrag von Nährstoffen in Böden und Gewässer
    9. Flächenverbrauch
    10. Lärmbelastung
  - evtl. hierzu gewichtete Zusammenfassung der einzelnen Wirkungspotentiale über Äquivalenzfaktoren in vergleichbaren Bilanzräumen (dies ist allerdings z.T. schon „Bilanzbewertung")
- *Auswertung* („Interpretation")
  - Gesamtbewertung der Sachbilanz und Wirkungsabschätzung

Lentz et al. [H.1.8] vergleichen als Beispiel für eine Produkt-Ökobilanz:
- Einweg-Höschenwindeln (EHW) oder
- Mehrweg-Waschwindeln (EWW).

Zunächst werden hierzu die Vergleichsparameter festgelegt, die Grenzen der „Rückverfolgung" und die Vorprodukte für die Rohstoffgewinnung, Rohstoffaufbereitung, Produktherstellung, Konsumtion und Benutzung bzw. Wiederaufbereitung. Mit entsprechenden Annahmen für den Materialbedarf, Windelwechsel und zur Windelwäsche (Wasser- und Waschmittelverbrauch, anteiliger Einsatz von Weichspülern und Trocknern) errechnen die Autoren die in Tabelle H.1-6 wiedergegebene Ökobilanz.

Unbefriedigend ist hierbei, daß ohne Gewichtung einzelner Parameter und Wirkungsfelder (z.B. unterschiedliche Luft- oder Wasserschadstoffe) bei nicht durchgängiger Vorteilhaftigkeit einer Variante keine eindeutigen Schlüsse für die Wahl der ökologisch optimalen Variante gelingt. Ansätze zu einer zusammenfassenden Normierung sind dagegen Äquivalenzfaktoren (z.B. CO_2-

Äquivalente, Energieäquivalenzwerte) und die normierende Bewertung verschiedener Wirkungsfelder vom Schweizerischen Bundesamt für Umwelt, Wald und Landschaft nach dem Prinzip der „ökologischen Knappheit" [H.1.4] als kritische Volumina pro kg Produkt für die Bereiche Luft und Wasser und Abfall:

$$\frac{\text{Emission (mg oder g)}}{\text{Grenzwert (z.B. g/m}^3\text{ oder mg/dm}^3\text{)}} = \text{kritisches Volumen (dm}^3\text{ oder m}^3\text{)}$$

Hierbei bedeuten:

Emission — spezifische Umweltbelastung durch einen bestimmten Parameter (z.B. SO_2 im Abgas in g/kg bzw. CSB im Abwasser in g/kg eines bestimmten produzierten Stoffs

Grenzwert — gesetzlich zugelassener Grenzwert, z.B. für die Abluft die MIK-Werte (max. Immissionskonzentrationen bei dauernder Belastung) in mg SO_2/m^3 oder beim Abwasser die nach den Rahmenverwaltungsvorschriften zulässigen Werte in mg CSB/dm^3

kritisches Volumen — Rechengröße, bei der durch die Emission eine entsprechende Anzahl von m^3 Luft oder dm^3 Wasser bis zur Grenzkonzentration verschmutzt würden

Tabelle H.1-6 Ausgewählte Parameter für die Sachbilanz einer Ökobilanz Einwegwindel/Waschwindel (Bezug: alle Kleinkinder in der alten BRD)

		Einwegwindelhose	Baumwollwaschwindel
Rohstoffbedarf	t/a	143.000	37.000
Energiebedarf			
gesamt	GJ/a	5.600	4.200
regenerierbar	GJ/a	1.700	–
nicht regenerierbar	GJ/a	3.900	4.200
Wasserverbrauch/ Abwassermenge	Mio. m^3/a	17,7	16,0
CSB-Fracht	1000 t/a	7,0	14,4
BSB-Fracht	1000 t/a	2,5	6,4
Abfallmenge	t/a	143.000	2.000
+ Klärschlamm	t/a	??	5.000 t TR/a

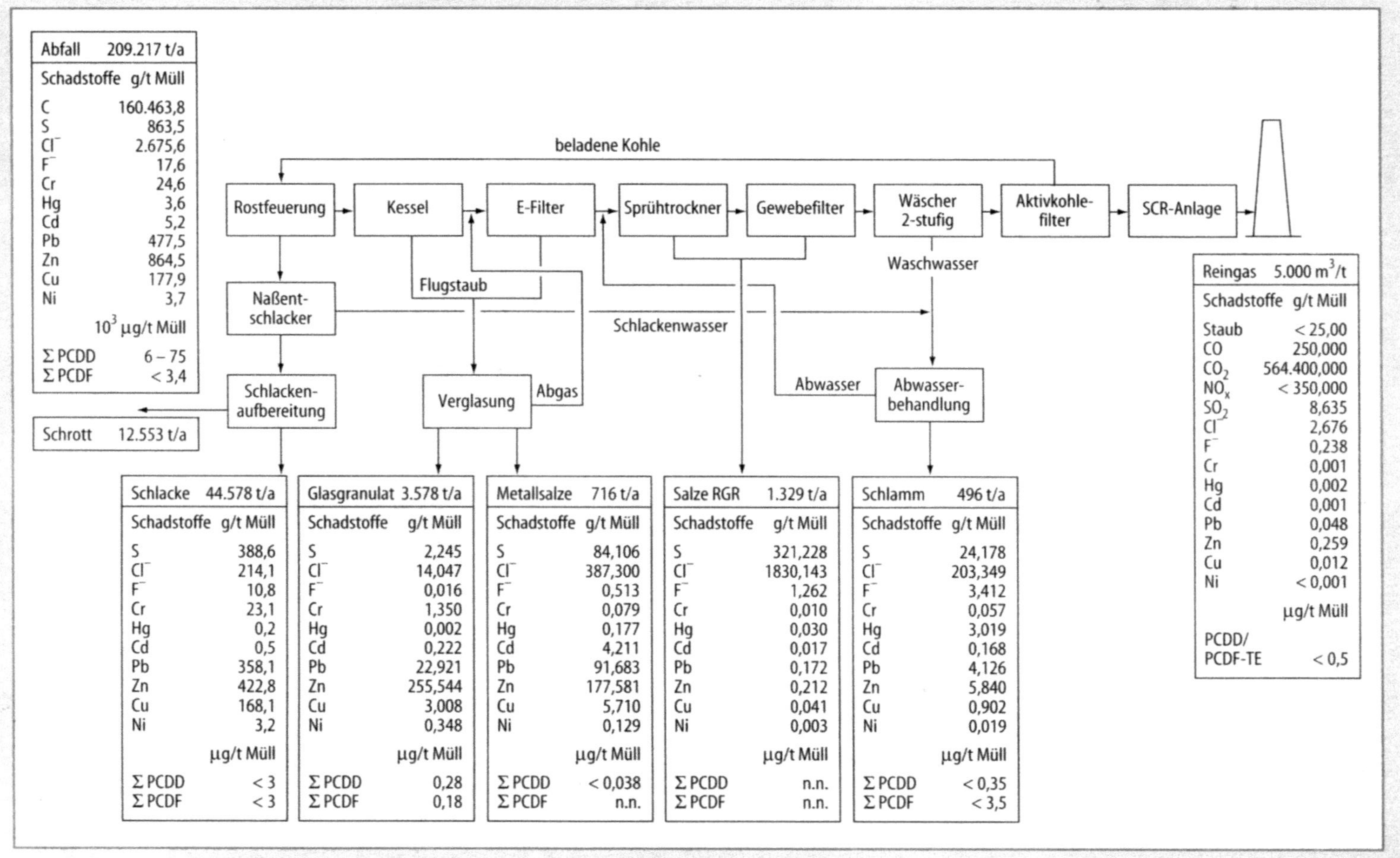

Bild H.1-5 Input-Output bei der Restmüllverbrennung auf dem Rost (nach [H.1.9])

Die für einzelne Schadstoffe berechneten Teil-„kritische-Volumina" werden im gleichen Wirkungsfeld zu einem gesamten kritischen Volumen addiert. Insgesamt besteht das Ökoprofil dann aus:

- Energie-Äquivalenzwert (MJ/kg) = Energie$_{thermisch}$ (MJ/kg) + Energie$_{el}$ (kWh/kg) · 3,6/η_{el}
  mit η_{el} = 0,38 nach UCPTE 88 und 3,6 aus 3,6 MJ = 1 kWh,
- kritische Luftmenge   in m³/kg,
- kritische Wassermenge   in dm³/kg,
- festes Abfallvolumen   in cm³/kg

Nach dem Prinzip der Ökofaktoren kann eine Zusammenfassung (Aggregierung) aller Umweltbelastungen erfolgen [H.1.4]:

$$\text{Ökofaktor} = 1/F_k \cdot F/F_k \cdot 10^{12}$$

F   tatsächliche Gesamtbelastungsfracht in einem Land (z.B. Schweiz)

F_k max. zulässige Gesamtbelastungsfracht in einem Land

1   1 Ökopunkt

10^{12} Maßstabsfaktor

Diese Zusammenfassung – obwohl eigentlich von allen erwünscht für eine objektive Bewertung der Rangfolge von Varianten – wird als idealtypische Lösung von vielen als „methodisch unlösbar, pseudo-objektiv und nicht konsensfähig abgelehnt" (z.B. [H.1.6]).

Behandlungsverfahren in der Abfallwirtschaft werden häufig mit Input-/Output-Bilanzen bewertet. Wenn keine Neubildung von Stoffen im Verfahren selbst stattfindet, läßt sich damit z.B. aus der Bilanzierung der Schadstoffkonzentrationen in den Outputströmen einer Müllverbrennungsanlage, also in der Rostasche (Schlacke), der Kesselasche, den E-Filterstäuben und den Rauchgasreinigungsrückständen, der Input an Schadstoffen im Rohabfall bilanzieren und auch die Verteilung auf die unterschiedlichen Austragspfade (Bild H-1-5).

H.1.7   Produkt-, stoffgruppen- oder verfahrensspezifische Lösungen

Die Entsorgung von Abfällen kann in verfahrens-, stoffgruppen- und auch produktspezifische Lösungen unterschieden werden.

Beipiele für verfahrensspezifische Lösungen
- Vorrotte gemischter Siedlungsabfälle vor der Ablagerung (mechanisch/biologische Behandlung),
- Verbrennung gemischter Siedlungsabfälle vor der Ablagerung (thermische Behandlung),
- Ablagerung gemischter Abfälle.

Beispiele für stoffgruppenspezifische Lösungen
- Rückführung von Altpapierfasern in die Papierherstellung oder von Glasscherben in die Behälterglasproduktion,
- Rückführung von Blei, Polypropylen und Altsäure aus der Aufbereitung von Starterbatterien,
- Rückführung von organischer Substanz und Nährstoffen bei der landwirtschaftlichen Schlammverwertung.

Beispiel für produktspezifische Lösungen
- Wiederverwendung von Getränke-Mehrwegflaschen.

Die vorgenannten Beispiele zeigen, daß die produktspezifischen Lösungen als aufwendigste Form der Abfallvermeidung zuzuordnen sind, die stoffgruppenspezifischen Lösungen – mit einem ebenfalls noch hohen Aufwand der Getrennthaltung – der stofflichen Verwertung und die verfahrensspezifischen Lösungen mit einem möglichst breiten Anwendungsspektrum auf möglichst viele Abfallbestandteile im wesentlichen nur der Restabfallentsorgung. Die Anfang der 70er Jahre in der damaligen BRD häufig reinen verfahrensspezifischen Lösungen sind bis heute zunehmend durch die differenzierteren stoffgruppen- und produktspezifischen Lösungen ersetzt und ergänzt worden. Die Festlegung der vorzugswürdigen Alternativen sollte allerdings zukünftig vermehrt auch die 4 Bedingungen der TA Siedlungsabfall für die Verwertung (vgl. Abschn. H.1.5) bzw. entsprechend auch für die Vermeidung berücksichtigen.

H.2   Abfallbehandlung

H.2.1   Mechanische Abfallaufbereitung

Im Rahmen der Umsetzung der Gesetzgebung des Bundes und der Länder befindet sich die Abfallwirtschaft in einem Umbruch, der auch die Zielsetzung der mechanischen Aufbereitung von Haushaltsabfälle beeinflußt. Zur Aufbereitung gelangt zukünftig nur noch ein von Wertstoffen stark abgereicherter Restabfall, so daß eine weitere Abtrennung einzelner Wertstoffe im Rahmen der Restabfallbehandlung derzeit nicht sinnvoll erscheint.

Gegenwärtig und zukünftig kann man 4 Anwendungsbereiche mit jeweils unterschiedlicher Zielsetzung für mechanische Aufbereitungsverfahren definieren:

1. Gewinnung von Wertstoffen oder Brennstoff aus Müll (BRAM):
- Trennung in Stoffströme mit gleichen Eigenschaften (Stoff, Heizwert)
- Homogenisierung
2. Vorbehandlungsstufe vor der Verbrennung:
- Zerkleinerung und Homogenisierung
- Einstellung von Parametern der nachfolgenden Verbrennung
3. Bestandteil der mechanisch-biologischen Restabfallbehandlung:
- Trennung in Stoffströme mit gleichen Eigenschaften (Anteil kompostierbaren Materials)
- Zerkleinerung und Homogenisierung
- Einstellung von Parametern der nachfolgenden Rotte
4. Aufbereitung von Rohstoffen (Wertstoffen) vor der Verwertung:
- Automatische Sortierverfahren (Glas, Metall, Papier, Kunststoffe)
- Detektion und Sortierung von Wertstoffgemischen

H.2.1.1 Zerkleinerung

Zerkleinern ist das Überführen eines Aufgabeguts in eine feinere Körnung. Jede Zerkleinerung dient der spezifischen Oberflächenvergrößerung. Für die Auswahl der richtigen Zerkleinerungsmaschine werden folgende Informationen benötigt:
- die physikalischen Eigenschaften der zu zerkleinernden Stoffe, wie Ausgangskörnung, Aufbau, Härte, Sprödigkeit und Spaltbarkeit,
- der Verwendungszweck, wie z.B. weiteres Aufbereiten oder chemische Reaktion,
- die geforderten Eigenschaften des Fertigguts, wie Korngrößenverteilung, Kornform, gewünschter Schwerpunkt eines Korngrößenbereichs oder auch selektiv zerkleinertes Fertiggut.

Zur Erzielung einer gewünschten Korngrößenverteilung bei minimalem Verbrauch an Betriebs- und Verschleißstoffen sind die Betriebsparameter und die Möglichkeiten der Steuerung für die einzelnen Zerkleinerungsmaschinen erforderlich. Zur Kennzeichnung von Zerkleinerungsaggregaten haben Terzek und Savage 2 abhängige Größen bei der Hausmüllzerkleinerung erfaßt:
- die Endkörnung,
- den spezifischen Arbeitsbedarf [H.2.1].

Die Parameter der Endkörnung sind:
- Aufgabekörnung,
- Feuchte,
- minimaler Spalt und Rostöffnung,
- Verschleiß der Zerkleinerungswerkzeuge,
- Drehzahl.

Die Parameter des spezifischen Arbeitsbedarfs sind:
- Aufgabekörnung,
- Endkörnung,
- kritische Bestandteile,
- Feuchte,
- Durchsatz und Drehzahl.

Die Aufgabekörnung als Einflußgröße für die Zerkleinerung und anschließende Sortierung von Hausmüll ist eine selten gemessene Größe im Betrieb einer Anlage. Je nach Sammelfahrzeug und Behältergröße kann die Korngröße des Abfalls über 2 oder 3 Größenordnungen variieren.

In Bild H.2-1 sind die wichtigsten Stoffgruppen als Korngrößenverteilungsfunktion aus der Untersuchung in Heidenheim dargestellt. Wie aus Bild H.2-1 deutlich wird, verlaufen die einzelnen Stoffgruppen sehr unterschiedlich und bieten so die Möglichkeit, mit Hilfe geeigneter Zerkleinerungsaggregate eine selektive Trennung der Wert- und Ballaststoffe vorzunehmen.

Die Zerkleinerung des heterogenen Körnergemischs wird durch die verschiedenen Aggregate unterschiedlich aufbereitet, wodurch wiederum je nach Mühleneinsatz verschiedene nachgeschaltete Trennaggregate erforderlich werden.

Zur Zerkleinerung von Hausmüll in schnell laufenden Mühlen werden Hammer- und Prallmühlen eingesetzt. Diese haben die Eigenschaft, den Müll verstärkt selektiv zu zerkleinern, d.h. die harten und spröden Stoffe sowie die nassen Materialien intensiver zu zerschlagen als die weichen, mittelharten und trockenen Müllbestandteile. Graphisch läßt sich dieses Phänomen in einer Korngrößenverteilungsdichtekurve darstellen. Diese wird aus einem Histogramm der verschiedenen Kornklassen geteilt durch die Kornklassenbreite entwickelt.

Bei genauer Betrachtung der zerkleinerten Müllbestandteile läßt sich feststellen, welche In-

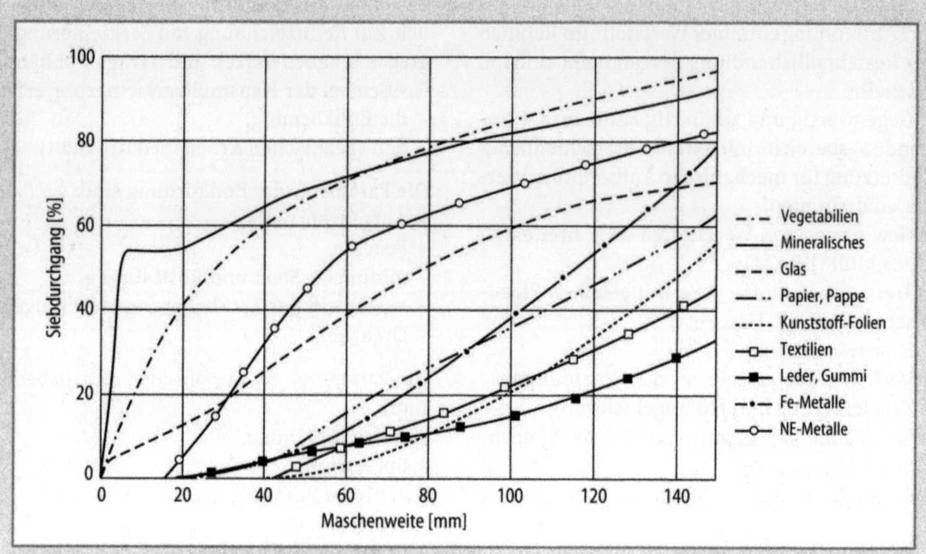

Bild H.2-1 Korngrößenverteilungsfunktion für die verschiedenen Inhaltsstoffe des Hausmülls aus Heidenheim, August 1984 [H.2.1]

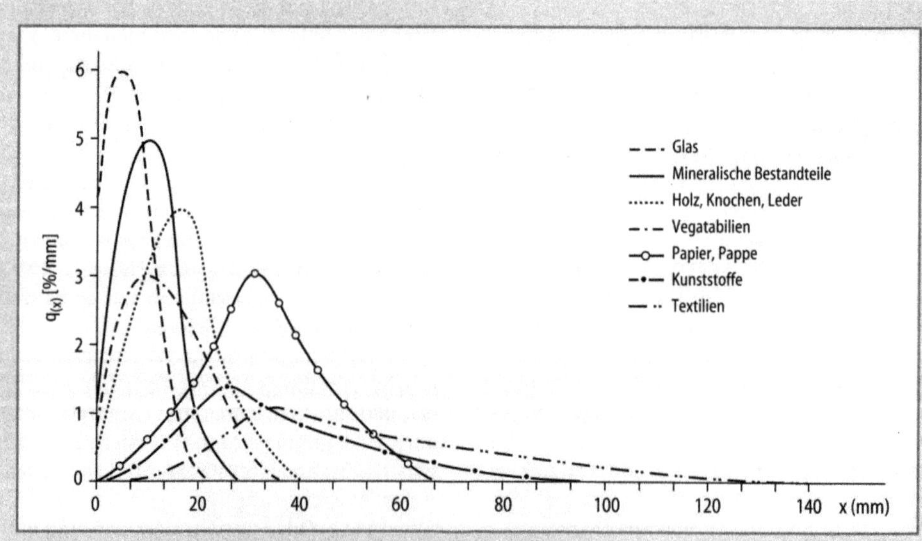

Bild H.2-2 Korngrößenverteilung der einzelnen Abfallinhaltsstoffe nach der Zerkleinerung mit einer Hammermühle (Rostweite 80 mm) [H.2.1]

haltsstoffe des Abfalls entsprechende Korngrössenbereiche bilden. In Bild H.2-2 wird die selektive Zerkleinerung anhand der einzelnen Stoffgruppen des Hausmülls in der Korngrößenverteilungsdichte deutlich. Aus Praxisversuchen kann beispielsweise festgestellt werden, daß ca. 95 % des Glases im zerkleinerten Materialgemisch < 20 mm ist, während die wertbestimmenden Stoffe Papier, Pappe, Kunststoffe zu 80 – 90 % > 20 mm sind.

Aus Bild H.2-3 wird deutlich, daß die Zerkleinerung mit einer Rotorschere von der einer Hammermühle abweicht. Glas und Mineralisches werden weniger stark zerkleinert und haben daher das Maximum bei höheren Korngrößen, während Papier, Pappe, Folien usw. relativ gleichmässig über das gesamte Korngrößenspektrum ver-

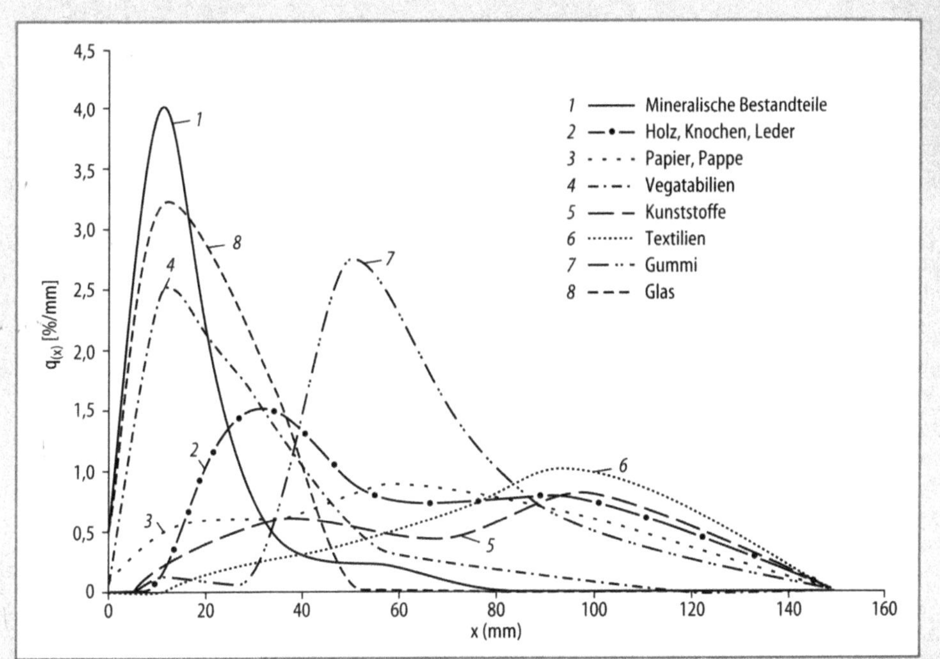

Bild H.2-3 Korngrößenverteilungsdichtekurven der einzelnen Abfallinhaltsstoffe nach der Zerkleinerung mit der Rotorschere [H.2.1]

teilt sind. Diese Fraktion bildet ein weniger ausgeprägtes Maximum. Damit werden die Trennungsmöglichkeiten durch nachgeschaltete Sortieraggregate erschwert. Für eine Zerkleinerung vor der Kompostierung kann diese gespreizte Korngrößenverteilung jedoch sehr sinnvoll sein, da so eine gute Luftdurchlässigkeit in der Miete durch grobe Stücke gewährleistet wird.

H.2.1.2 Sortieren und Klassieren eines Stoffgemischs

Bei der Trennung eines Stoffgemischs unterscheidet man zwischen Sortierung und Klassierung. Dabei werden bei der Sortierung stoffliche Eigenschaften (Dichte, Benetzbarkeit, Steifigkeit, magnetische und elektrische Eigenschaften usw.) und bei der Klassierung die Partikelgröße und -form genutzt.

Nicht immer ist jedoch eine so klare Einteilung der Vorgänge in den Aggregaten möglich, da z. B. in Windsichtern und Sichtertrommeln sowohl eine Klassierung als auch eine Sortierung stattfindet. In diesem Fall kommt es zu einer sortierenden Klassierung.

In Tabelle H.2-1 sind verschiedene Aggregate zur Stofftrennung einschl. der genutzten Eigen-

schaften von unterschiedlichen Herstellern zusammengefaßt.

Aggregate zur Sortierung und Klassierung sind durch den langjährigen Einsatz im Bereich der Aufbereitung von Abfällen und Wertstoffen ständig weiterentwickelt worden. Die Umsetzung neuer gesetzlicher Regelungen wie die Verpackungsverordnung führte zu Weiter- und Neuentwicklungen. Insbesondere für Verpackungsmaterialien der Leichtfraktion wurden Aggregate entwickelt, die die Flug-, Roll- und Haftfähigkeit ausnutzen.

H.2.1.2.1 Klassieren

Das am meisten angewandte Verfahren in Sortieranlagen ist die Klassierung mit verschiedenen Siebaggregaten.

Die Siebaggregate trennen Stoffe unterschiedlicher Korngrößen in die jeweiligen Korngrößenklassen. Bei der Siebung von Hausmüll kann neben der Klassierung nach der Korngröße auch gleichzeitig eine Sortierung nach Stoffen auftreten, wie aus der Beschreibung der Abfallzusammensetzung deutlich wird. Somit können Siebmaschinen auch zur sortierenden Klassierung verwendet werden.

Aggregat	Nr.	Genutzte Eigenschaft	Anwendungen	Ausführung	Hersteller/Betreiber
Sieb	1	Partikelgröße	Trennung in Kornklassen	Schwing-, Spannwellen, Trommelsieb	Lindemann, Klasmann-Deichmann, Brauer, Herbold, Voest-Alpine, Bühler, Mogensen, Bezner
Windsichter	2	Gleichfälligkeit	Trennung in Leicht- und Schwerfraktion	Vertikal-, Zickzack-, Rotationswindsichter, Zyklon	Tollemache, Alpine, Bühler, Bezner, Hazemag
Hydrosortierer, Stromklassierer	3	Sinkgeschwindigkeit, Fliehkraft	Trennung von Kunststoffen	Hydrozyklon, Schwimm-sink-Trennung, Flachbodenzyklon	Thyssen-Hentschel, KHD, AKW
Ballistischer Seperator	4	Steifigkeit	Trennung in Leicht-, Mittel- und Schwerfraktion		Sellberg, PLM, Fischer
Flotation	5	Benetzbarkeit	Deinking, Trennung von Kunststoffen	Flotationszellen	Refakt
Schrägbandsortierer	6	Haftfähigkeit, Rollfähigkeit	Trennung in „flächig", „rollend leicht" und „rollend schwer"		Bezner
Sichtertrommel	7	Haftfähigkeit	Trennung in flächen- und körperförmige Fraktion		Horstmann, Bezner
Drehteller	8	Form, Haftfähigkeit	Trennung in flächen- und körperförmige Fraktion		Lindemann
Magnetscheider	9	Magnetisierung	FE-Metallseparierung	Überband-, Trommelmagnete	Wagner, Steinert, Eriez.
Elektrosortierung	10	Oberflächenleitfähigkeit	NE-Metallabtrennung, Papier-Kunststofftrennung	Wirbelstromseperator, Hochspannungsschneider, Korona-Walze	Wagner, Steinert, Eriez., Hamos, Goudsmit
Automatisches Klauben	11	Impulsverhalten, Trägheit	Farbglassortierung, Kunststoffsortierung	Pneumatische oder mechanische Auslenkung	S+S Elektronics, Hamos, BFI

Bei der Siebklassierung erfolgt die Trennung nach der charakteristischen Länge der Körner mit Hilfe einer Trennfläche (Siebboden), in der sich viele geometrisch angenäherte Öffnungen befinden. Körner, die bei der Bewegung über den Siebboden hinweg in einer passenden Lage kleiner als die Öffnungen sind, können diese passieren und ins Feingut gelangen. Die anderen verbleiben auf dem Siebboden und bilden das Grobgut.

Da eine technische Siebung nur einen unvollkommenen Trennprozeß darstellt, kann ein gewisser Anteil des Unterkorns im Grobgut verbleiben.

Der Siebgütegrad ist eine Kenngröße für die Trennschärfe eines Siebvorgangs und wird durch das Verhältnis der Feinkornanteile im Siebdurchgang und im Aufgabegut ausgedrückt, wobei die Voraussetzung gilt, daß kein Fehlüberkorn im Durchgang vorhanden ist.

Feinkörnige, feuchte, faserige und klebrige Haufwerke neigen zum Verstopfen der Siebmaschinen. Die offene Siebfläche wird verkleinert und der Siebdurchsatz nimmt ab. Um Verstopfungen zu verhindern, werden bestimmte Siebkonstruktionen für schwierig zu siebende Güter eingesetzt oder verschiedene Siebhilfen benutzt. Wichtige Siebhilfen sind Bürsten, Ketten, Siebheizungen, Luftstöße und Zusatzwasser zum Aufheben der Kapillarkräfte zwischen aneinanderklebenden Teilchen.

Unzerkleinerter, aber auch zerkleinerter Hausmüll gehört aufgrund der faserigen und klebrigen Struktur sowie der teilweise hohen Feuchtigkeit im Aufgabegut zu den siebschwierigsten Gütern. Er ist auf konventionellen Siebmaschinen kaum absiebbar. Siebtrommeln und bestimmte Wurfsiebe konnten bisher erfolgreich eingesetzt werden. Andere Siebformen (z.B. Schwingsieb, Rüttelsieb) sind nur für bestimmte Abfallkomponenten (Glas, Mineralien, Metalle usw.), jedoch nicht für das Abfallgemisch geeignet, da bereits nach einer kurzen Betriebszeit von ca. 2 – 6 h die

Siebroste je nach Textilanteil und Feuchtegehalt verlegt sind.

Die Siebklassierung kann ja nach Ziel der Sortierung sowohl vor als auch nach der Zerkleinerung des Hausmülls eingesetzt werden. Ein Vorteil der Rohmüllsiebung liegt in der eingesparten Primärzerkleinerung mit ihren hohen Verschleiß- und Energiekosten.

Der Nachteil einer vorgeschalteten Rohmüllsiebung liegt in erster Linie bei der geringen spezifischen Siebleistung aufgrund großer Pappen, Papiere und Kunststoffe, der erhöhten Verstopfungsgefahr durch Textilien, Draht usw., der aufwendigen Öffnung von Mülltüten und anderen Behältnissen und der notwendigen händischen Vorsortierung sperriger Müllkomponenten.

Die Praxisausführungen führten zu einer Auswahl geeigneter Siebmaschinen für den Einsatz in Recyclinganlagen. Dazu gehören:
- Trommelsiebe,
- Spannwellensiebe,
- ballistische Seperatoren.

Der Durchsatz und die Trennleistung einer *Siebtrommel* sind durch die Lochweite, den Durchmesser, die Drehzahl, die Einbauten und den Neigungswinkel der Trommel gekennzeichnet. Die Leistungsfähigkeit der Siebtrommel kann durch geeignete Mitnehmer und Wandkonstruktionen (Polygonsieb) noch verbessert werden. Für die Planung und die technische Auslegung von Siebtrommeln wurden eine Reihe praktischer Faustformeln entwickelt. Um einen Siebgütegrad von 90 % zu erreichen, muß sowohl die Verweilzeit in der Trommel als auch die Siebfläche groß genug sein und es sollte eine Trommelbeladung von 0,1 Mg/m² nicht überschritten werden.

Das *Spannwellensieb* hat sich als verstopfungsfreies und leistungsfähiges Aggregat insbesondere bei der Absiebung von Kompost bewährt.

Für die Trennung des zerkleinerten Hausmülls in die 3 Fraktionen Schwer-, Leicht- und Feinfraktion wurde der *ballistische Separator* entwickelt.

Alle drei hier vorgestellten Siebmaschinentypen sind für den Einsatz in Recyclinganlagen geeignet. Ausschlaggebend für die Trennleistung ist das entsprechende optimale Aggregat sowie die richtige Dimensionierung für den gewünschten Anwendungsfall.

In Bild H.2-4 ist der Siebgütegrad für verschiedene Siebmaschinen nach der Primärzerkleinerung als Funktion der Flächenbelastung der Siebe durch das Überkorn dargestellt. Neben den technischen Mängeln, die z.B. beim Trommelsieb in Eskilstuna sichtbar werden, wird auch die schlechte Betriebsführung in verschiedenen Anlagen in bezug auf die Überlastung der Aggregate deutlich. Außerhalb des Bildes liegen die Ergebnisse mit dem Spannwellensieb in Landskrona. Bei einer Flächenbelastung durch das Überkorn von 0,8 Mg/m² Sieböffnung und Stunde konnte ein Siebgütegrad von immerhin 55 % erreicht werden.

Das Verfahren der *Windsichtung* zur Klassierung von Haufwerken beruht auf der Gleichfälligkeit im aufsteigenden Luftstrom. Gleichfälligkeit bedeutet, daß verschiedene Teilchen gleiche Endfallgeschwindigkeiten erreichen. Wenn Teilchen gleichfällig sind, dann müssen diese unter

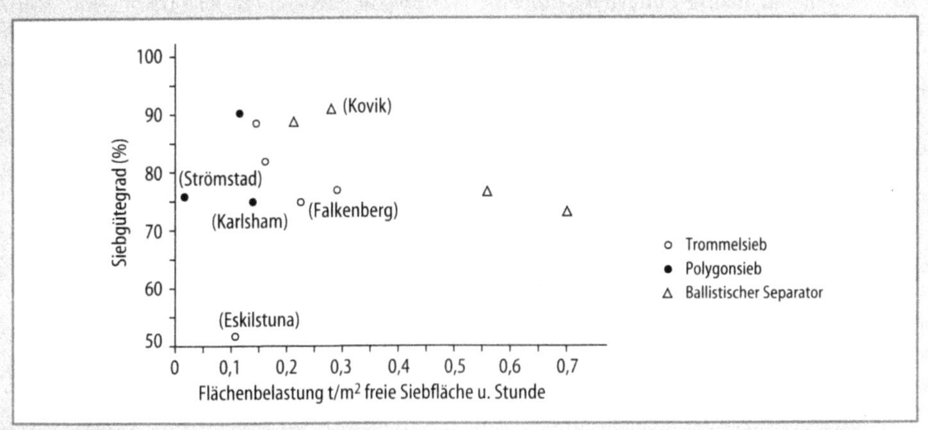

Bild H.2-4 Siebgütegrad verschiedener Siebmaschinen nach der Verkleinerung in Abhängigkeit zur Flächenbelastung der Siebe durch das Überkorn [H.2.3]

gleichen Anfangsbedingungen gleiche Bahnen beschreiben.

Der Sichter trennt nach der Sinkgeschwindigkeit der Teilchen, wobei die Sinkgeschwindigkeit in der Praxis in unübersichtlicher Weise von der Kornform und vom jeweiligen Stoff abhängt. Als Faustregel genügt für die Praxis, daß der Windsichter nicht nach der Korngröße, sondern nach der Dicke trennt. Bei der Windsichtung von Müll kommt noch hinzu, daß jede Abfallstoffgruppe ein anderes spezifisches Gewicht hat und daher die Kornscheide, bezogen auf die Dicke der Stoffe, unterschiedlich ausfällt.

Eine Reihe verschiedener Windsichtertypen wurde für Kompostanlagen [H.2.4] und für Hausmüll [H.2.5 – H.2.8] getestet. Von den ursprünglich unterschiedlichsten Gerätetypen werden überwiegend 2 Arten in der Hausmüllaufbereitung eingesetzt: Zick-Zack- und Rotationswindsichter und im Bereich der Wertstoffsortierung horizontale Windsichter.

Obwohl Windsichter, wie die Praxis gezeigt hat, als erstes Klassieraggregat nach der Zerkleinerung keinen Sinn machen und der spezifische Energieverbrauch relativ hoch liegt, können sie für die nachgeschaltete Trennung sehr nützlich sein.

Nach einem Trommelsieb kann der Windsichter aus dem Überkorn vor allem schadstofffreiche Bestandteile (Kunststoff-Formkörper, NE- und Fe-Metalle, Gummi und Leder), große und nasse Stoffe (Vegetabilien) und schlecht zerkleinerte Abfallkomponenten, die die Brennstoffkonfektionierung stören würden (Textilien), entfernen. Dazu muß das Sieb nach der Zerkleinerung besonders die feinen aschehaltigen Korngrößenklassen nachhaltig entfernen, um ein aschearmes Endprodukt herstellen zu können.

Bei der Bauschuttaufbereitung hingegen wird das flugfähige Material wie Papier, Holz, Kunststoff von der gebrochenen Steinefraktion getrennt.

H.2.1.2.2 Sortieren

Beim Sortieren werden die physikalischen Eigenschaftsunterschiede der zu trennenden Feststoffteilchen ausgenutzt. Dabei wird grundsätzlich zwischen *Dichtesortieren, Flotieren, Magnet- und Elektrosortieren* usw. unterschieden. Diese verschiedenen Methoden wurden für die Sortierung von Glas, Aluminium, Kupfer, Kunststoff-Folien aus dem Wertstoff- und Abfallgemisch untersucht. Insgesamt erwiesen sich die Apparate als zu teuer und ungeeignet für den gemischten Hausmüll. Nur *Setzherde* als Steinausleser in Kompostierungsanlagen und Magnetscheider haben in der Praxis eine Verwendung gefunden.

Die *Magnetsortierung* erfolgt weitgehend durch Überbandmagnete, die die Eisenteile aus dem Müll herausziehen und über ein umlaufendes Band quer zur Förderrichtung des Mülltransports austragen. Eine wirksame Magnetscheidung setzt voraus, daß die ferromagnetischen Teile durch eine entsprechende Vorzerkleinerung bzw. Auflockerung weitgehend einzeln dem Magneten zugeführt werden. Die Größe der Eisenteile ist nicht begrenzt, da Magnete für die Entfernung nahezu aller Gewichtsgrößen zur Verfügung stehen. Überbandmagnete werden i. d. R. zur groben magnetischen Vorsortierung zerkleinerter und nicht zerkleinerter Siedlungsabfälle eingesetzt. Während sich die magnetische Sortierung nach der Zerkleinerung als erfolgreich erwiesen hat, sind bisher alle Versuche, ein gutes ferromagnetisches Produkt durch Ausheben der FE-Metalle vor dem Zerkleinerungsaggregat zu erzielen, gescheitert. Wie Tabelle H.2-2 deutlich zeigt, ist die Wiedergewinnungsrate der Magnetscheidung vor der Zerkleinerung ausreichend, jedoch führt die Verunreinigung durch Hausmüllbestandteile in der Schrottfraktion zu keinem marktgängigen Produkt.

Neben der Handlese für Glas aus der getrennten Sammlung wurden zur Abtrennung von Keramik und Fehlfarben *Farbsortiermaschinen* entwickelt, die mit einer Sensorik das zu sortierende Gut nach der Opazität abtasten. Diese Sensorik basiert entweder auf Infrarotstrahlung oder auf optoelektronischen Signalen. Sie ist sowohl zur Farbglas- als auch zur Fremdstoffsortierung (Keramik, Steine) geeignet. Wird durch die Sensoren das auszusortierende Material erkannt, dann wird als Steuerungsmechanismus

Tabelle H.2-2 Wiedergewinnungsraten und Verunreinigungen der Schrottfraktion bei Einsatz von Magnetschneidern vor der Zerkleinerung des Hausmülls [H.2.1]

Schrottfraktion	Anteil %	Wiedergewinnungs-rate %
Fe-Schrott	48,1	98,9
Fe-Blech	35,2	87,6
Hausmüll-bestandteile	16,7	
Summe	100,0	

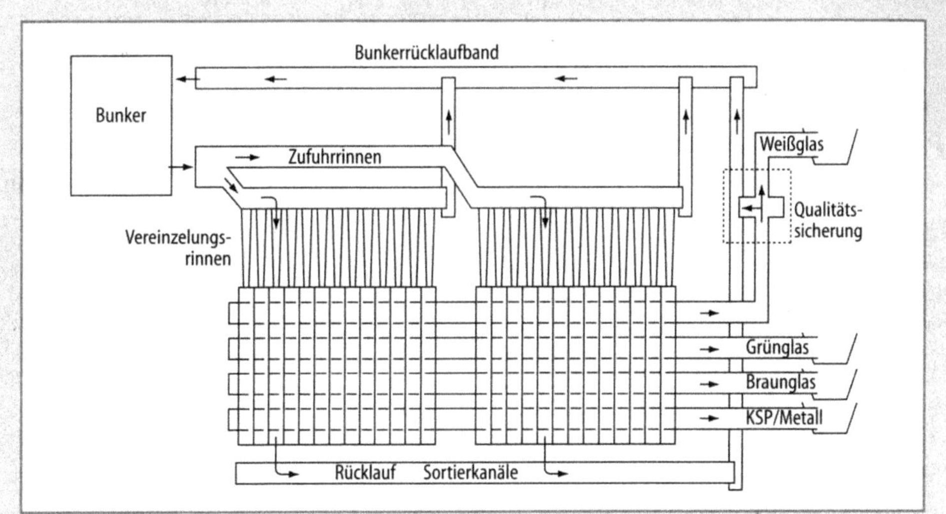

Bild H.2-5 Darstellung eines Blocks zur Farbsortierung von Altglasscherben [H.2.9]

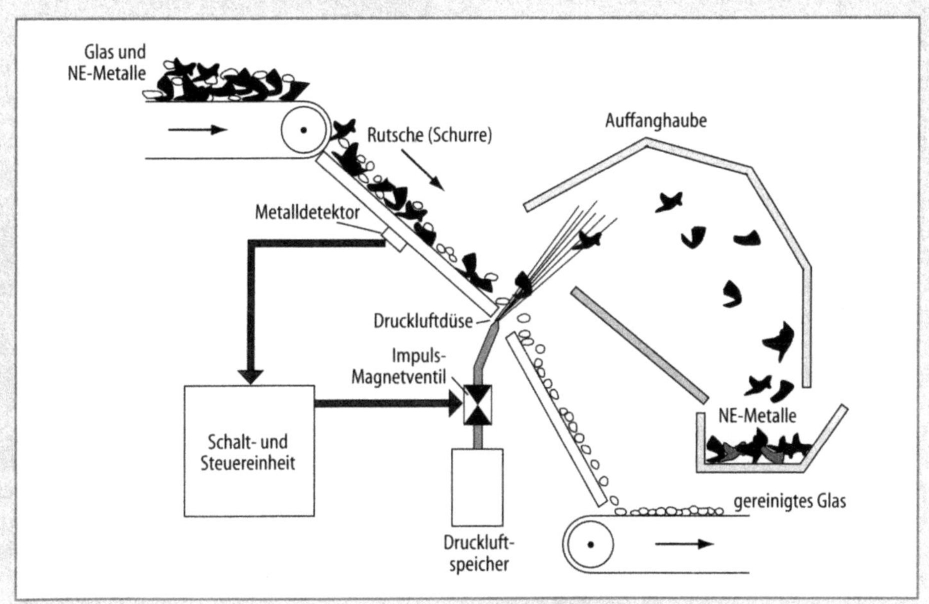

Bild H.2-6 Prinzipskizze Wirbelstromscheider [H.2.1]

ein kurzer Luftstoß aktiviert, der zum Auswurf des Teilchens führt.

Nach einer Vorbehandlung (Siebung, Sortierung, Zerkleinerung, Sichtung) wird der zur optischen Sortierung vorgesehene Altglasanteil kontinuierlich aus einem Glasbunker abgezogen und über Zufuhr- und Vereinzelungsrinnen in die Sortierkanäle gefördert (Bild H.2-5).

Die vereinzelten Glasscherben durchlaufen die Weiß-, Grün-, Braunglaserkennung und die Erkennung der nicht transparenten Materialien (Keramik, Steine, Porzellan). Mittels dieser Farbsortieranlagen wird eine Reinheit des Weißglases von ca. 99,7 % erreicht.

Im Rahmen der Altglasaufbereitung werden zur Abtrennung von Nichteisen(NE)-Metallen verstärkt auch *Nichteisenmetallscheider* eingesetzt. Ihr Einsatzgebiet ist jedoch wesentlich vielfältiger und reicht von der Aufbereitung von Verpackungsabfällen der DSD-Leichtfraktion (Getränkekartons mit Aluminiumschicht, Aluminiumdosen usw.) bis zur Aufbereitung von Elektronikschrott.

Die NE-Scheidung basiert auf der magnetischen Induktion von Wirbelströmen. Wirbelströme entstehen, wenn sich ein Leiter in einem zeitlich oder räumlich sich ändernden Magnetfeld befindet oder darin bewegt wird. Nach der Lenzschen Regel erzeugen diese Ströme ihrerseits ein Magnetfeld, das dem sie erzeugenden Feld entgegengerichtet ist. Dabei wird eine Kraft auf den Leiter ausgeübt, die ihn aus dem Ursprungsfeld herausbeschleunigt.

Das aufzubereitende Gut wird vereinzelt auf einem Förderband einem starken Magnetfeld zugeführt. die induzierten Wirbelströme bewirken in den Metallteilen eine große Abstoßungskraft, die, z.B. mit Druckluft unterstützt, zum „Wegfliegen" der Teile führt (Bild H.2-6).

H.2.1.3 Verfahrenskombinationen

H.2.1.3.1 Gewinnung von Brennstoffen

Heizwertreiche Bestandteile können in einem verfahrenstechnischen Grundkonzept mit Zerkleinerung, Magnetscheidung und anschließender Klassierung für die nachfolgende Verbrennung aufbereitet werden (Bild H.2-7).

Variationen der Anordnung dieser Grundaggregate wirken sich auf die Qualität und Quantität des BRAM aus. So folgen beim Verfahren 1 nach der Zerkleinerung 2 Windsichter und 1 Siebtrommel, was sich besonders bei Pappe und Textilien bemerkbar macht. Wie weitergehende Untersuchungen gezeigt haben, bleibt innerhalb einer bestimmten Verfahrenstechnik die Zusammensetzung auch bei schwankender Müllzusammensetzung relativ konstant. Ein höherer Anteil an Brennbarem macht sich durch eine größere Ausbeute bemerkbar. Als vorgeschaltete Anlage vor einer Verbrennung würden bereits 3 Aggregate für die Zerkleinerung, Siebung und Magnetscheidung zur Herstellung eines angereicherten Brennstoffs ausreichen.

Eine mechanische Vorbehandlung vor der energetischen Verwertung wird zukünftig stärkere Bedeutung erlangen. Zur Erreichung des geforderten Glühverlustes von < 5 % sollte möglichst homogenes Brennmaterial eingesetzt wer-

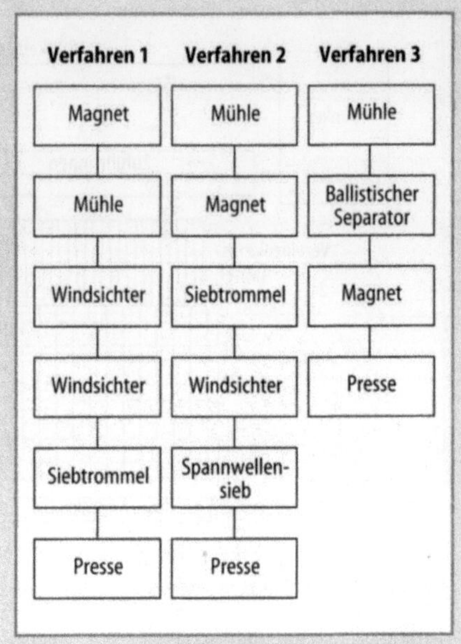

Bild H.2-7 Darstellung der Fließbilder der untersuchten Verfahrenskombination zur Herstellung von BRAM aus Wiener Hausmüll

den. Homogenes Brennmaterial führt u.a. zu einem besseren Ausbrand und verringert somit die organischen Reste in der Schlacke [H.2.10].

In der Müllverbrennungsanlage Göppingen (Bild H.2-8) wurde eine Drehtrommel zur Homogenisierung des Materials eingesetzt. Durch die Rückführung warmer Abluft aus der Verbrennung wird gleichzeitig eine Vortrocknung des Materials erreicht. Das Material (Müll und Klärschlamm) verbleibt bei 0,8 – 3 U/min mind. 8 h in der Homogenisierungstrommel und wird auf ca. 80 °C aufgeheizt. Diese Verfahrenskonzeption führt zu einer Vergleichmäßigung des Inputs und somit auch zur kontinuierlichen und gleichmäßigen Wärmefreisetzung sowie zu einer Verringerung der Belastung der Anlagenteile.

H.2.1.3.2 Mechanisch-biologische Vorbehandlung von Restabfall

Unter diesem Oberbegriff werden verschiedene verfahrenstechnische Varianten der Kombination mechanischer Stufen zur Zerkleinerung, Schad- und Wertstoffabtrennung bzw. -anreicherung und der biologischen Umsetzung durch aerobe und/oder anaerobe Reaktionen zusammengefaßt. Mechanisch-biologische Vorbehandlungsverfahren basieren auf den Verfahren zur BRAM-

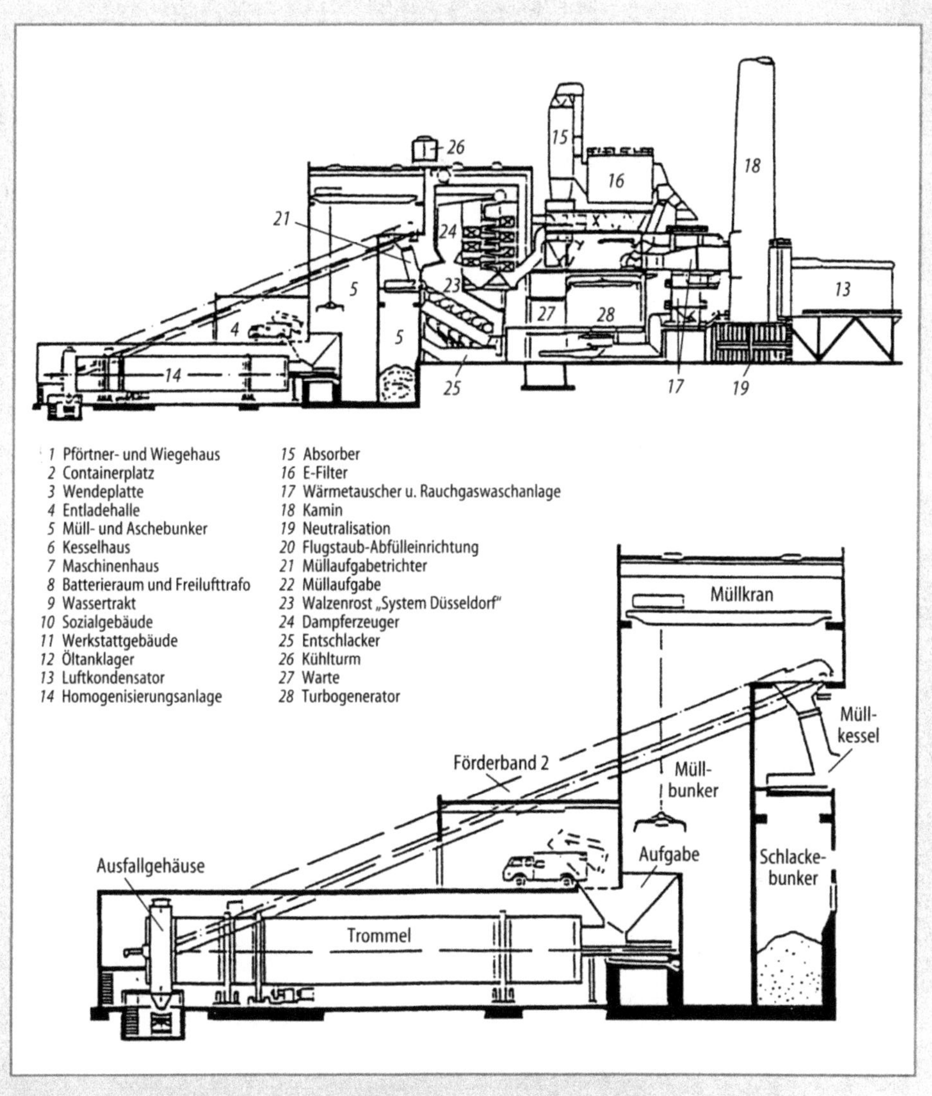

Bild H.2-8 Göppinger Verfahren zur Müllhomogenisierung

Gewinnung. Dies wird auch in Bild H.2-9 deutlich, wo beispielhaft das Verfahrensfließbild der Kehrichtbehandlungsanlage Hard (Schweiz) dargestellt ist. Dabei werden bereits die Möglichkeiten der mechanisch-biologischen Vorbehandlung auch in Verbindung mit der thermischen Vorbehandlung deutlich.

In Abhängigkeit vom Ausgangsstoff (insbesondere bei der Zugabe von Klärschlamm) muß eine Homogenisierung vorgesehen werden. Für die biologische Stufe stehen aerobe und anaerobe Verfahren zur Auswahl.

Eine Analyse bereits bestehender bzw. in Planung befindlicher Anlagen ermöglicht eine Verallgemeinerung der verschiedenen Verfahrenskonzeptionen auf 8 Verfahrensschritte [H.2.12] (Bild H.2-10).

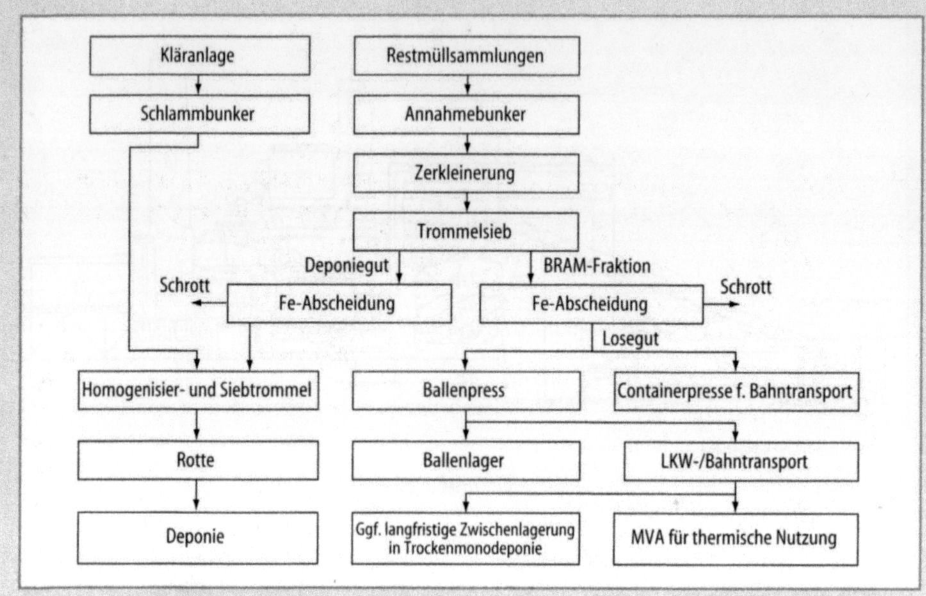

Bild H.2-9 Verfahrensfließbild einer mechanisch-biologischen Anlage mit BRAM [H.2.11]

Marburg	Gießen	Verfahrensschritte	Düren	Aßlar
GW, HM, KS	GW, HM	Ausgangsstoffe	GW, HM, KS	GW, HM
Grobsortierung	Grobsortierung	1. Aufbereitungsschritt	Grobsortierung	Grobsortierung
differenzierte Siebung	Siebung > 100 < 240	2. Aufbereitungsschritt	differenzierte Siebung	differenzierte Siebung
Sortierung	Sortierung	3. Aufbereitungsschritt	Teilstromzerkleinerung, Sortierung	Sortierung
Zerkleinerung, Teilstrom	Zerkleinerung	4. Aufbereitungsschritt	Zerkleinerung	Zerkleinerung, Teilstrom
Magnetscheidung	Magnet- und Schwerstoffabscheidung	5. Aufbereitungsschritt	Magnetscheidung	Magnetscheidung
Homogenisierung	Homogenisierung	6. Aufbereitungsschritt	Homogenisierung	Homogenisierung
mehrstufige Rotte	mehrstufige Rotte	7. Aufbereitungsschritt	mehrstufige Rotte	einstufige Rotte
Deponie	Inertstoffdeponie Schwerstoffdeponie Kunststoffdeponie inaktive Deponie	8. Aufbereitungsschritt	Deponie	Inertstoffdeponie Brennstoffdeponie Reststoffdeponie

Bild H.2-10 Aufbereitungsschritte der mechanisch-biologischen Restabfallbehandlung

Die Bedeutung der thermischen Abfallbehandlung insbesondere für belastete und organisch angereicherte Abfallarten wird in Zukunft weiter zunehmen. So zielen neue gesetzliche Vorschriften darauf ab, den Glühverlust der Abfälle bei der Ablagerung auf 3 bzw. 5 % zu begrenzen [H.2.13]. Dies dürfte ohne den Einsatz thermischer Behandlungsverfahren kaum erreichbar sein.

Wesentliche Ziele moderner thermischer Verfahren zur Abfallbehandlung sind [H.2.14]:
- Gefährdungs- und Schadstoffpotentiale weitestgehend zu verringern,
- Abbau organischer Bestandteile (einschl. pathogener Keime),
- Reduzierung (Menge und Volumen) und Inertisierung der Restabfälle bei möglichst großer stofflicher und/oder energetischer Verwertung.

Die thermische Abfallbehandlung umfaßt verschiedene Verfahrenstechniken, die wie folgt in direkte Verbrennungs- und in Kombinationsverfahren einteilbar sind:

Direkte Verbrennungsverfahren
- Abfallverbrennung
  • mit Luft
  • mit Sauerstoff
Kombinationsverfahren
- Pyrolyse
- Vergasung
- Erzeugung von festen Brennstoffen

Direkte Verbrennungsverfahren enthalten als wesentlichen Entsorgungsschritt die Zersetzung und weitgehende Oxidation von Abfallbestandteilen bei hohen Temperaturen (etwa 900 °C – 1100 °C bei Siedlungsabfällen [H.2.15] und über 1200 °C bei Sonderabfällen [H.2.16, H.2.17]), wobei die organischen Komponenten zu Kohlendioxid und Wasser und die anorganischen Substanzen in mineralisierte Schlacke umgewandelt werden. Die Verbrennungsvorgänge und die Inertisierung des verbleibenden Restabfalls lassen sich prinzipiell durch Erhöhung der Prozeßtemperatur und der Sauerstoffkonzentration (nicht zu verwechseln mit dem Luftüberschuß) positiv beeinflussen.

Darüber hinaus bietet sich der Einsatz schadstoffarmer Abfallfraktionen z. B. in Kohlefeuerungen (vor allem Schmelzkammerfeuerungen) oder Industriefeuerungen (wie der Zementherstellung) an, wobei prozeßbedingte hohe Verbrennungs-

temperaturen und lange Materialverweilzeiten zu einem hohen Inertisierungsgrad der Verbrennungsrückstände führen.

Die indirekt arbeitenden thermischen Kombinationsprozesse wandeln die organischen Inhaltsstoffe in zumeist mehreren Prozeßstufen um, oder bereiten sie so auf, daß sie in weiterer Bearbeitungsstufen vor allem energetisch, seltener stofflich genutzt werden können.

Bei der Pyrolyse (oder auch Entgasung) erfolgt die thermische Zersetzung des organischen Materials unter weitgehender Sauerstoffabwesenheit vor allem zu Brenn- oder Synthesegasen, kondensierbaren Komponenten und festen zumeist kohlenstoffhaltigen Produkten, während bei der Vergasung der Kohlenstoffanteil mit Vergasungsmitteln (z. B. Wasserdampf, Luft oder Sauerstoff) zu Kohlenmonoxid und -dioxid sowie Wasserstoff umgesetzt wird. Die bei der Vergasung anfallenden festen und flüssigen Produkte sind im Vergleich zur Pyrolyse nahezu frei von kohlenstoffhaltigen Bestandteilen. Die Vergasungsverfahren haben außer in speziellen Sonderfällen bei der Abfallbehandlung keine große Bedeutung und werden daher nicht eingehender betrachtet.

Die Erzeugung fester Brennstoffe (BRAM) aus Abfällen erfordert z. B. bei Hausmüll eine Separierung hochenergetischer Müllfraktionen (insbesondere Papier, Pappe und Kunststoffe), die ggf. mit Additiven zur Einstellung gleichbleibender Produktqualität und emissionsarmer Verbrennung versetzt werden.

Welche der vorgenannten thermischen Behandlungstechniken letztendlich einzusetzen ist, wird von der Abfallart (s. Abschn. H.1.2, wie Siedlungsabfälle, Sonderabfälle einschl. Krankenhausabfälle, Altlasten und Abfälle aus der Landwirtschaft und Tierhaltung) und Abfalleigenschaften bestimmt. Bedeutsame Abfalleigenschaften hinsichtlich einer thermischen Verwertung sind:
- chemische Zusammensetzung,
- Konsistenz und Dichte,
- Form, Größe und Größenverteilung der Partikel,
- stoffspezifische Emissions- und Rückstandsbildung.

Eine Übersicht der am Markt befindlichen Verfahren und deren Verfahrensspezifizierung findet sich in Tabelle H.2-3.

Tabelle H.2-3 Übersicht thermischer Verfahren zur Abfallbehandlung und deren wesentliche Merkmale

Trocknung	Pyrolyse	Vergasung	Verbrennung	Verfahrenssynonym, Apparate
Rost (auch mit Sauerstoffanreicherung, Wasserkühlung)				Vorschub-, Rückschub-, Walzenrostfeuerung
Etagenofen		Wirbelschicht		Etagenwirbler
Wirbelschicht (stationäre, rotierende oder zirkulierende)				Rowitec, Thermitec
Rost		Drehrohr		Duotherm
Drehrohr		Schmelzkammerkessel		Schwel-Brenn-Verfahren
Entgasungskanal	Festbettvergaser	GM/GuD/HK		Thermoselect
Brikettierung	Festbettvergaser	GM/GuD/HK		GSP-Vergaser
Drehrohr	Flugstromvergasung	GM/GuD/HK		Noell-Konversionsverfahren
Wirbelschichtvergaser (Luft)		GM/GuD/HK		Ökogas, Wikonex
Staub-, Rost-, Wirbelschichtfeuerung für Kohle und Abfall				Mischfeuerung

GM Gasmotor GuD Gas- und Dampfturbinenprozeß HK Heizkraftwerk

H.2.2.1 Grundlagen der thermischen Abfallaufbereitung

H.2.2.1.1 Abfallverbrennung

Neue Entwicklungen in der Abfallverbrennung optimieren die Verbrennungsführung (z. B. Steuerung der Luftzuführung mittels Infrarotkameras [H.2.18]), minimieren die Rauchgasmengen (z. B. durch Umstellung von Luft- auf Wasserkühlung der Roste [H.2.19]) oder verwenden geeignete Verbrennungssysteme bei minimaler Schadstoffentstehung und hohem Inertisierungsgrad. Außerdem erfolgt eine Anpassung von Gasreinigungssystemen gemäß dem Fortschritt der technischen Entwicklung und den gesetzlichen Anforderungen.

Vorgänge bei der Verbrennung

Der Reihe nach und teilweise sich überlagernd, laufen folgende physikalischen und chemischen Vorgänge bei der Abfallverbrennung ab:
Trocknung – Entgasung –
Vergasung – Verbrennung

Trocknung. Erwärmung des Materials auf über 100 °C mit Verdampfung des Wassers aus den Abfällen.

Entgasung. Thermische Zersetzung von organischem Material unter weitgehendem Ausschluß eines Vergasungsmittels. Dabei werden flüchtige Stoffe im Temperaturbereich zwischen 250 °C und 900 °C ausgetrieben.

Vergasung. Umsetzung von kohlenstoffhaltigem Material bei hohen Temperaturen zu gasförmigem Brennstoff unter Verwendung von Vergasungsmitteln. In der Vergasungszone findet hauptsächlich die partielle Oxidation der aus der Entgasung stammenden „fixen Kohlenstoffe" statt. Die Temperatur liegt in der Vergasungszone i. d. R. zwischen 800 und 1100 °C.

Verbrennung. Oxidation des „Einsatzguts". Es wird mit einem Luftüberschuß verbrannt, um den Heizwert des Brennstoffs optimal auszunutzen und die Kohlenstoffverbindungen möglichst vollständig zu oxidieren. Während Trocknung, Ent- und Vergasung endotherm verlaufen, ist die Verbrennung exotherm.

Für den optimalen Prozeßablauf ist es erforderlich, die Heizwerte von Abfällen zu kennen.

Zur Bestimmung unbekannter Heizwerte eignen sich kalorimetrische Untersuchungsmethoden (s. u. a. DIN 51 900) oder häufig auch Näherungsberechnungen unter Einbeziehung von Elementaranalysen:

$$H_u = 34,8\ C + 93,9\ H + 10,5\ S + 6,3\ N - 10,8\ O - 2,5\ W$$

in MJ/kg mit folgenden Gehalten [in kg/kg]:

C Kohlenstoff	N Stickstoff
H Wasserstoff	O Sauerstoff
S Schwefel	W Wasser

Bei Anwendung von Elementaranalysen zur Heizwertbestimmung ist aber der Bindungscharakter der Elemente unberücksichtigt (z.B. anorganisch oder organisch, aliphatisch oder aromatisch), so daß genauere Informationen nur durch Verbrennungsversuche an großtechnischen Anlagen zu erhalten sind. Regionale und saisonale Schwankungen des Heizwerts zeigen jedoch, daß zu hohe Anforderungen an die Heizwertbestimmung insbesondere bei Hausmüll unangemessen sind.

Neben dem Heizwert sind die angebotene Sauerstoffmenge und -konzentration im Verbrennungsraum weitere wesentliche Einflußgrößen. Bild H.2-11 zeigt den Zusammenhang zwischen O_2-Gehalt (bei Verwendung von Verbrennungsluft) und Feuerungstemperatur bei ausgewähltem Hausmüll und Sonderabfall [H.2.20]. Der für eine Verbrennung benötigte Mindestbedarf an Sauerstoff läßt sich wie folgt berechnen:

$$O_2 = 2,67\ C + 8\ H + - O + S\ [kg/kg]$$

Wie bei allen realen technischen Verbrennungsvorgängen erfordert insbesondere auch die Abfallverbrennung eine überstöchiometrische Zugabe von Sauerstoff (als Sauerstoffüberschuß oder Luftzahl bezeichnet), die vor allem von der Feuerungsart abhängig ist. Eine Erhöhung der Sauerstoffkonzentration (durch O_2-Anreicherung) führt i. allg. zu verbesserten Ausbrandbedingungen und verringert außerdem Aufwand und Größe für Gasreinigung und Rauchgasableitung.

Für die Dimensionierung der Feuerungsanlage ist neben O_2-Gehalt und Verbrennungstemperatur insbesondere die Partikelgröße von Bedeutung. In Bild H.2-12 (typisch für Flugstromfeuerungen) und Bild H.2-13 (typisch für Drehrohr- oder Rostfeuerungen) sind Ausbrandzeiten kohlenstoffhaltiger Partikel abhängig vom Partikeldurchmesser und der Verbrennungstemperatur aufgeführt. Je nach Partikelgröße können die Ausbrandzeiten zwischen < 1 s bis zu > 10 min und bei Hausmüll aufgrund der Heterogenität auch deutlich darüber liegen. Weitergehende Angaben zum Thema Verbrennungsvorgänge und Feuerungsanlagendimensionierung sind nachzulesen in [H.2.21, H.2.22].

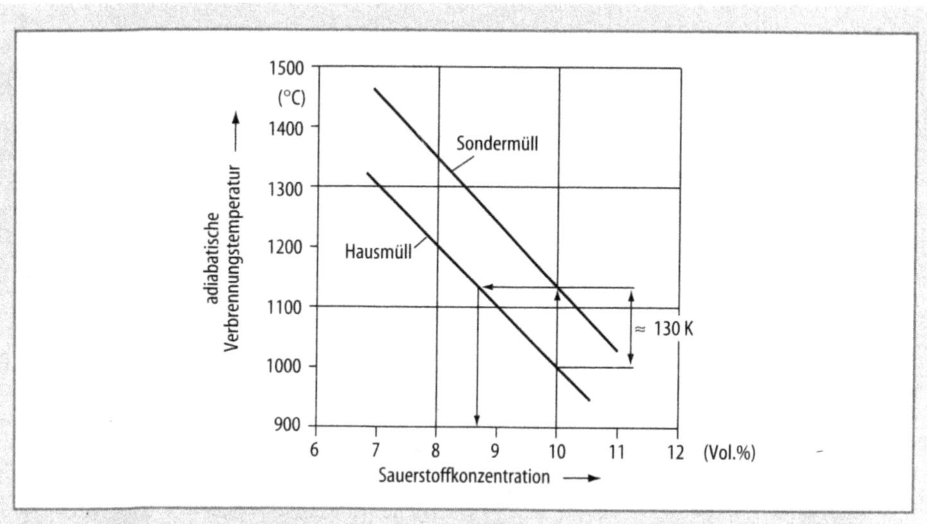

Bild H.2-11 Einfluß der O_2-Rauchgasgehalte auf die Verbrennungstemperatur am Beispiel ausgewählter Abfallstoffe

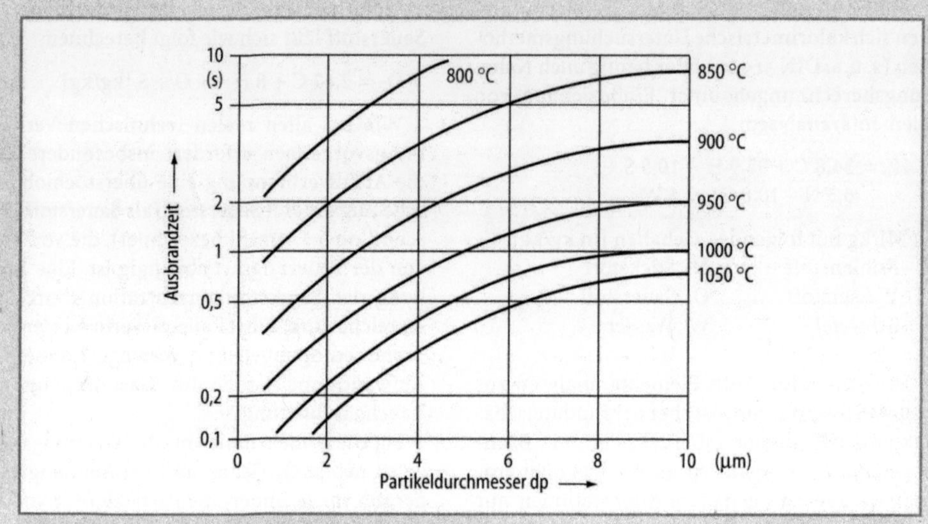

Bild H.2-12 Ausbrandzeiten von kohlenstoffhaltigen Partikeln als Funktion des Partikeldurchmessers

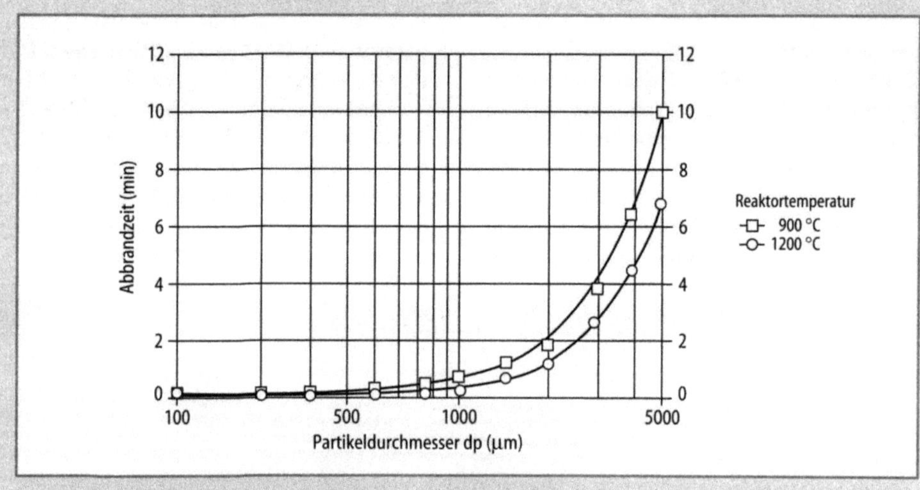

Bild H.2-13 Ausbrandzeiten von Kokspartikeln als Funktion der Partikelgröße

H.2.2.1.2 Pyrolyse

Die Pyrolyse führt bei weitgehendem Ausschluß von Sauerstoff und hohen Temperaturen zur Zerstörung der chemischen Bindungen insbesondere der organischen Stoffe. Die Zersetzungsproduktbildungen werden neben der Temperatur und der Aufheizrate durch die Anwesenheit katalytisch wirkender Stoffe beeinflußt. Als Produkte fallen Schwelgase, teer- und ölhaltige Komponenten sowie feste Rückstände an.

Vorgänge bei der Pyrolyse

Trocknung. Wasserabspaltung zwischen 100 und 120 °C.

Abhängig von den gewählten Reaktionstemperaturen unterscheidet man weiter in

Niedertemperaturpyrolyse. Aufbrechen aliphatischer Bindungen sowie von Sauerstoff-, Stickstoff- und Schwefel-Kohlenstoffverbindungen bei Temperaturen < 550 °C, wobei höhere Anteile an flüssigen Spaltprodukten (Öle und Teere) gebildet werden.

Mitteltemperaturpyrolyse. Im Temperaturbereich zwischen 550 und 800 °C entstehen in der Hauptsache gasförmige, kurzkettige Kohlenwasserstoffe sowie koksartige Feststoffe und in geringerem Umfang flüssige (insbesondere auch aromatische) Produkte.

Hochtemperaturpyrolyse. Zersetzung der organischen Bestandteile im Temperaturbereich zwischen etwa 800 und ca. 1100 °C, wobei in der Gasphase der Wasserstoffanteil und in den festen Reaktionsprodukten der Kohlenstoff dominant werden.

Während die vollständige Verbrennung organisches Material zu Kohlendioxid und Wasser und damit zu den Grundbausteinen der Photosynthese zurückführt, wird bei der Pyrolyse der Versuch gemacht, aus dem organischen Material Kohlenwasserstoffbausteine zu erhalten. Bei inhomogenen Abfallgemischen (wie z. B. Hausmüll) lassen sich jedoch unter vertretbarem Aufwand zumeist keine gleichbleibenden Produktmengen und -qualitäten erreichen. Vorteile der Pyrolyse gegenüber der Verbrennung bestehen, insbesondere bei sortenreinen Abfallstoffen, in einem veränderten Emissionsverhalten und in einer besseren Verwertbarkeit der Metallfraktionen.

H.2.2.2 Verfahrenstechnik der Abfallverbrennung

H.2.2.2.1 Feuerungssysteme und Anlagenaufbau

Anlagen zur Verbrennung von Abfällen bestehen im wesentlichen aus folgenden verfahrenstechnischen Teilbereichen:
- Annahme und Lagerung,
- Aufbereitung und Beschickung,
- Verbrennung,
- Rauchgasreinigung,
- Rückstandsbehandlung.

Bild H.2-14 zeigt den Anlagenaufbau einer Hausmüllverbrennungsanlage und Bild H.2-15 den einer Sonderabfallverbrennungsanlage [H.2.23, H.2.24]. Eine wesentliche Anlagenkomponente ist dabei das Feuerungssystem, das primär über den Inertisierungsgrad der Abfälle und die Schadstoffbildung entscheidet. Grundsätzlich kommen für die Verbrennung von Abfällen folgende Feuerungssysteme zur Anwendung:
- Rostfeuerungsofen,
- Drehrohrofen,
- Etagenofen,

- Wirbelschichtofen,
- Muffelofen,
- Staubfeuerungen als Mischfeuerungen.

In Bild H.2-16 sind die Feuerungssysteme und deren Klassifizierungsmerkmale dargestellt. Neben den typischen Gasgeschwindigkeiten sind weitere Daten wie der Mindestluftbedarf, mögliche Feuerungstemperaturen sowie Anforderungen an die Abfallkonditionierung (Verteilung und Größe der Abfallpartikel) aufgeführt. Darüber hinausgehende Informationen zu den Feuerungssystemen sind nachfolgend beschrieben.

Drehrohrofen

Drehrohröfen sind zylindrische, rotierende Öfen, deren Achse zur Waagerechten schwach geneigt ist (1 – 3°), etwa 8 – 12 m Länge und Durchmesser zwischen 1 und 5 m aufweisen. Sie können bis zu 20 % ihres Hohlraumvolumens mit Brenngut gefüllt werden. Durch die Ofenrotation wird das Brenngut durchgemischt und zum tiefergelegenen Ende des Drehrohrs befördert. Dabei wird es immer wieder von neuem mit der feuerfesten, heißen Ausmauerung in Kontakt gebracht, so daß neben festen auch pastöse und flüssige Abfälle mit relativ hohem Wassergehalt weitgehend problemlos verbrannt werden können. Drehrohröfen sind das bevorzugte Feuerungssystem für Sonderabfälle.

Etagenofen

Etagenöfen besitzen eine zylindrische Form und sind stehend angeordnet. Das Brenngut (z. B. Klärschlamm) wird durch Krählarme über Teller bewegt, die etagenförmig untereinander gesetzt sind. Je nach Art der Rauchgasführung werden Gleichstrom- und Gegenstromanlagen unterschieden. Während Etagenöfen bei heterogenen Abfällen wie Hausmüll eine aufwendige Abfallaufbereitung benötigt, braucht man im Vergleich bei Rost- und Drehrohrfeuerungen i.allg. keine mechanische Aufbereitung (Zerkleinerung) des Abfalls – mit Ausnahme von Sperrmüll – vor der Verbrennung.

Muffelöfen

Muffelöfen sind mit einer feuerfesten Ausmauerung versehene Brennkammern, die zur Erzielung hoher Temperatur geeignet sind. Sie fin-

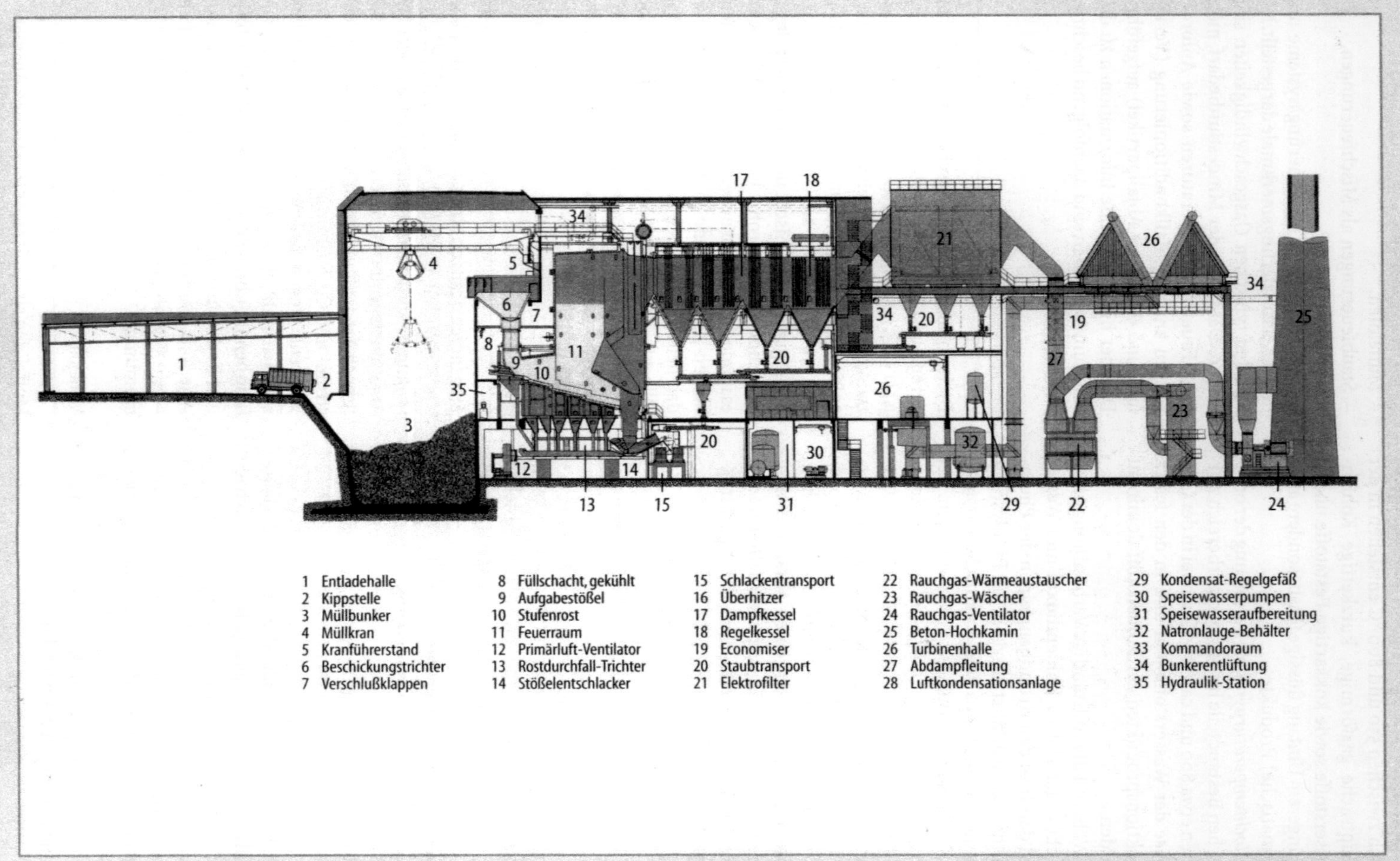

Bild H.2-14 Schematische Darstellung einer Müllverbrennungsanlage (Mülldurchsatz 20 t/h, Dampfleistung 45 t/h)

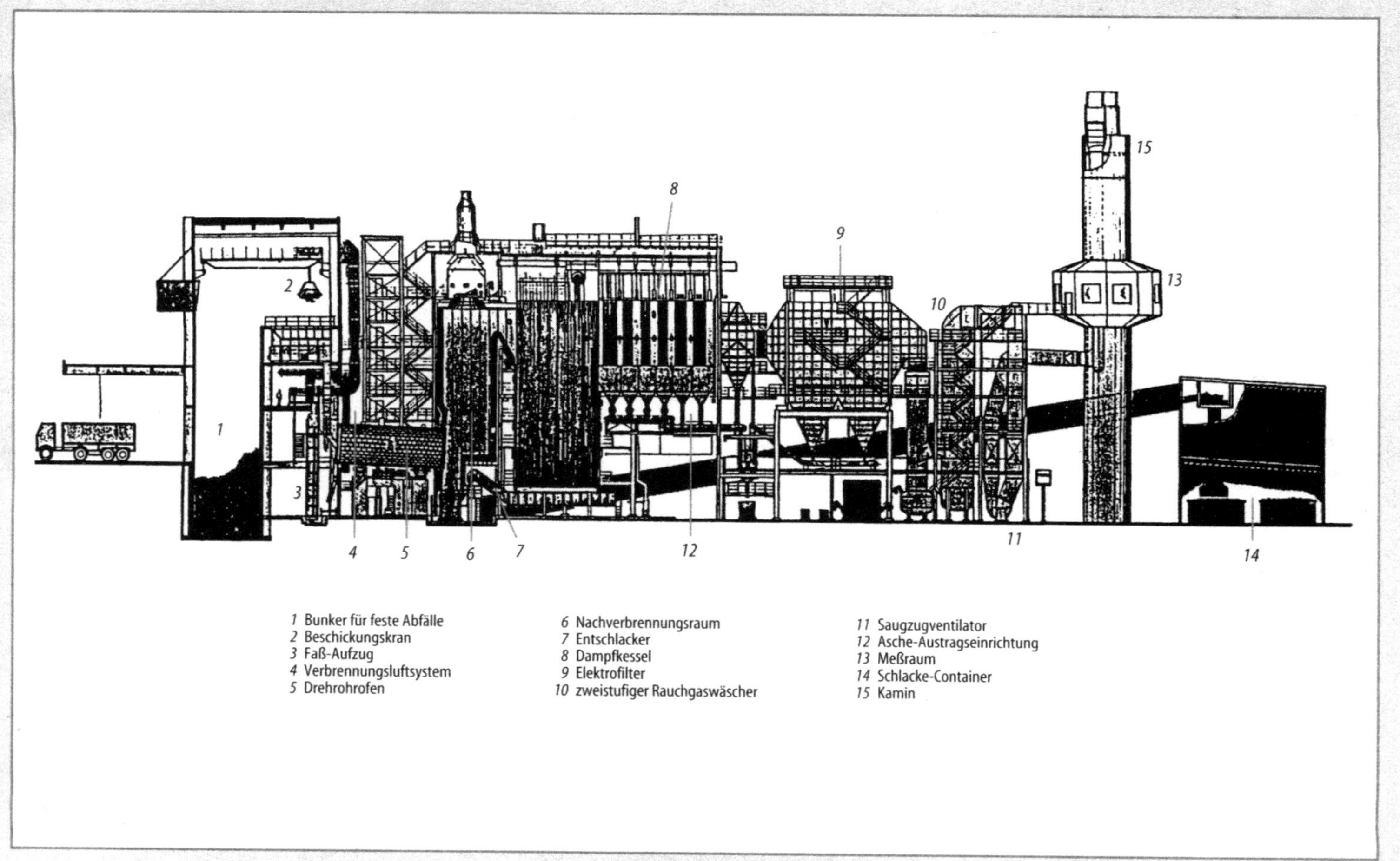

Bild H.2-15 Sonderabfallverbrennungsanlage RZR-Herten

Ausführung	Drehrohr-Ofen	Etagen-Ofen	Schacht-Ofen	Rost-feuerung	Stationäre WS	Rotierende WS	Zirkulierende WS	Staub-feuerung
Typische Gasge-schwindigkeiten (m/s)	5 – 8	5 – 8	< 0,3^a	ca. 0,3^a– 8	0,1 – 2,5	5	8 – 10	> 8
Typische Fest-stoff-Verweil-zeit (h)	0,5 – 2	0,5 – 1,5	bis 3	1,5	0,2 – 1	0,1 – 0,5	0,05 – 0,2	0,01 – 1 s
Mindestluft-bedarf λ	1,6 – 3,5	1,5 – 2,5	bis 2	1,3 – 1,6	1,1 – 1,5	1,1 – 1,4	1,1 – 1,3	1,05 – 1,15
Max. Feuerungs-temperatur (°C)	bis 1500	bis 1000	bis 1400	bis 1200	bis 1000	bis 1000	bis 1000	1100 – 1500
Partikelgrößen (mm)	0,01 – 300	0,1 – 200	1 – 300	0,5 – 400	1 – 20	0,2 – 30	0,15 – 20	0,01 – 0,8
mittlere Partikel-größe (mm)	20	20	30	50	2	0,4	0,25	0,1

^{a} Gasgeschwindigkeit in der Schüttung

Bild H.2-16 Feuerungssysteme und deren Klassifizierungensmerkmale

den vorwiegend bei der Verbrennung kleinerer Sonderabfallmengen (z. B. Krankenhausabfälle) Anwendung.

Rostfeuerungsofen

Dieses Feuerungssystem wird insbesondere bei der Verbrennung von Siedlungsabfall eingesetzt. Bei Gegenstromführung können feuchte Abfälle vorgetrocknet werden, bei trockenen Abfällen kann eine Gleichstromführung von Brenngut und Abgas auf dem Rost eine Frühzündung vermeiden. Verschiedene Möglichkeiten der Feuerraumgestaltung mit Temperaturprofilen und Gasstromverläufen zeigt Bild H.2-17 [H.2.25].

Je nach gewünschter Funktion gibt es verschiedene Rostarten: Wanderrost, Vorschubrost, Rückschubrost, Walzenrost sowie Stufenschwenkrost.

Zur optimalen Gestaltung und Betriebsfahrweise von Rostfeuerungen (vor allem Einstellungen zur Luftverteilung) im Hinblick auf eine schadstoffarme Verbrennung bieten sich Simulationsmethoden an, mit deren Hilfe gleichmässige Verbrennungsbedingungen (insbesondere gleichmäßige Temperaturverteilungen und Strömungszustände) einstellbar sind.

Bild H.2-18 zeigt den schematisch dargestellten Brennraum einer Rostfeuerung und die auftretenden CO-Konzentrationen vor und nach Optimierung unter Einsatz von Simulationstechniken [H.2.26]. Die so durchgeführte Optimierung der Verbrennungsverhältnisse liefert eine gleichmäßigere Temperaturverteilung und damit auch geringere Schadstofffrachten (neben CO- auch geringere NO_x- und Kohlenwasserstoffemissionen) sowie reduzierte Korrosionseinflüsse im Bereich der Kesselanlage. Die durch Simulationstechniken optimierten Temperaturverteilungen im Brennraum und im Kesselbereich gibt Bild H.2-19 wieder, wobei die Einstellung der Luftzuführung sowie die Brennluftmengenverteilung wesentliche Optimierungsparameter sind.

Wirbelschichtofen

Wirbelschichtöfen bestehen im wesentlichen aus zylindrischen, vertikal angeordneten, ausgemauerten Brennkammern. Bei der Wirbelschichtfeuerung unterscheidet man stationäre, rotierende und zirkulierende Ausführungen. Die Verbrennung in der Wirbelschicht findet recht schnell bei vergleichsweise niedrigen Temperaturen im Bereich zwischen 800 und 900 °C statt. In die Wirbelschicht werden flüssige oder gasförmige Abfälle über Düsen quer zur aufsteigenden Luft eingebracht. Feste Abfälle werden dem Wirbelbett von oben zugeführt. Während des Anlagenbetriebs darf der Erweichungspunkt der Asche nicht überschritten werden. Durch Agglomeration bilden sich sonst größere Partikel, die den Wirbelvorgang zum Erliegen bringen. Außerdem muß das Brenngut in möglichst enger Korngrößenverteilung vorliegen, was eine spezielle Abfallaufbereitung notwendig machen kann.

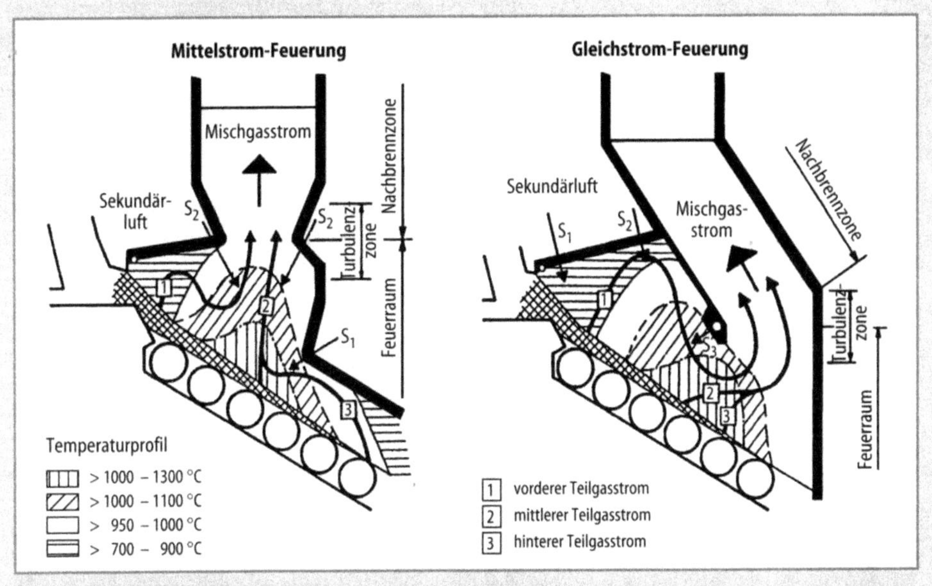

Bild H.2-17 Teilgasstromverlauf und Temperaturprofil für Mittel- und Gleichstromfeuerung bei MVA

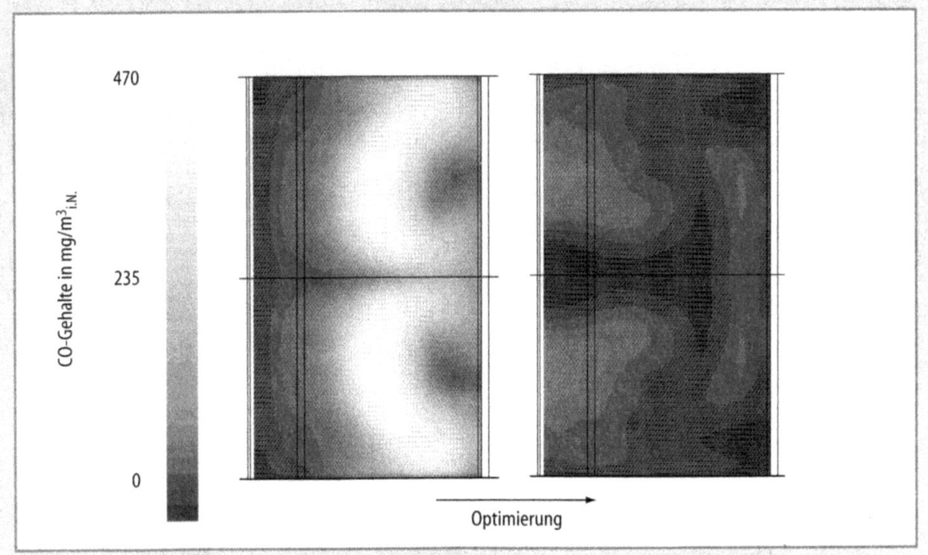

Bild H.2-18 CO-Gehalte in einer MVA-Rostfeuerung vor und nach der Optimierung durch Simulationstechnik

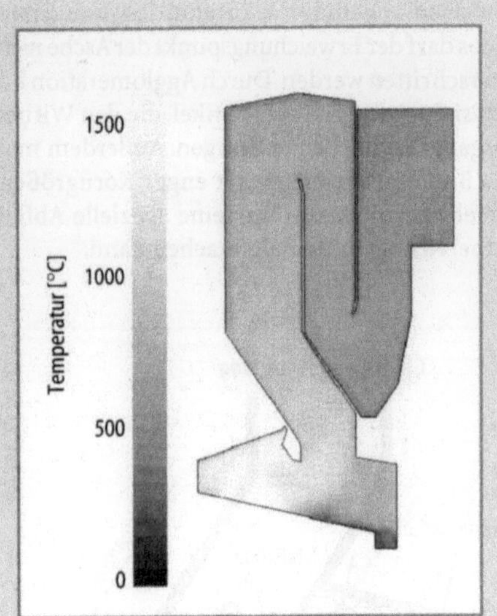

Bild H.2-19 Temperaturverteilung im Brennraum und im Kesselbereich einer Rostfeuerung für die Verbrennung von Hausmüll

Mischfeuerung

Unter Mischfeuerungen versteht man große Kohlefeuerungen, in denen überwiegend Kohle (ca. 95 %) und ein geringer Abfallanteil verbrannt wird. Durch den hohen Kohleanteil wird eine sehr homogene Verbrennung erzielt, wobei vor allem Staub- und Wirbelschichtfeuerungen geeignet sind.

Daneben kommen grundsätzlich auch Drehrohröfen der Zementindustrie sowie Hochöfen in Frage. Der Einsatz von Zementdrehrohröfen und Hochöfen ist – abhängig von der Abfallfraktion – insofern eingeschränkt, weil die Einhaltung einer hohen Produktqualität unbedingt zu gewährleisten ist. Darüber hinaus kann die Gefahr der Überlastung von Abgasreinigungssystemen bei Produktionsanlagen bestehen.

Energienutzung aus der Abfallverbrennung

Der Wärmeinhalt des Abfalls kann in Form von Wärme oder elektrischem Strom genutzt werden. Verfahrens- und Anlagenvarianten sind folgende:
- Müll-Fernheizwerk (Erzeugung von Dampf oder Heißwasser mit niedrigem Druck),
- Müll-Heizkraftwerk (Erzeugung von Dampf oder elektrischer Energie mit einer Gegendruckturbine),
- Müllkraftwerk (Stromerzeugung mit hohem thermodynamischen Wirkungsgrad im Kondensationsbetrieb),
- kombiniertes Müll- und Fossilbrennstoff-Kraftwerk (wie das Müllkraftwerk, jedoch integrierter Anlagenteil in einem fossil gefeuerten Kraftwerk).

Etwa 98 % der verbrannten Abfälle werden in Anlagen mit Wärmeverwertung durchgesetzt, wobei die Kraft-Wärme-Kopplung überwiegend zum Einsatz kommt.

H.2.2.2.2 Emissions- und Rückstandssituation

Die bei der Abfallverbrennung auftretenden Schadstoffe werden entweder direkt aus den Inhaltsstoffen des Abfalls oder nach chemischer Umwandlung freigesetzt bzw. bei der Verbrennung oder in der Abkühlphase der Rauchgase gebildet. Für zulässige Emissionen fester und gasförmiger Schadstoffe aus Abfallverbrennungsanlagen gelten die in der 17. BImSchV festgelegten Werte. Diese sind technisch nur dann erfüllbar, wenn Abfallverbrennungsanlagen mit hochwirksamen Rauchgasreinigungssystemen ausgestattet sind. Hierzu gehören (s. a. Abschn. F.1):
- Hochleistungsstaubabscheider (Elektrofilter, filternde Entstauber, wenn möglich im Hochtemperaturbereich),
- mehrstufige Rauchgaswäsche (unter Produktgewinnung),
- Stickoxidminderung (vorteilhaft ist dabei der Einsatz von Reststoffen als Reduktionsmittel wie z. B. Gülle [H.2.27, H.2.28]),
- Adsorptionsfilter (auf der Basis von Aktivkohle, künstlichen oder natürlichen Zeolithen) zur Abscheidung schädlicher Spurenstoffe wie z. B. polychlorierte Dioxine und Furane sowie Hg.

Aus den vorgenannten Rauchgasreinigungssystemen fallen abhängig von der Abfallart und -zusammensetzung wie auch von der Feuerungs- und Abgasreinigungstechnik unterschiedliche Rückstände an:
- Schlacken bzw. Aschen aus der Verbrennung,
- Flugstäube aus der Rauchgasentstaubung,
- Stoffe aus Schadgasreinigung und Abwasserbehandlung.

Pro Tonne Siedlungsabfall werden etwa 300 – 400 kg und pro Tonne Klärschlamm bis zu über 500 kg Rückstände produziert. Bei Sonderabfällen ist der Rückstandsanteil i. d. R. deutlich niedriger.

Der in den Rückständen auftretende Schadstoffanteil erfordert – wenn ein hohes Verwertungspotential der Produkte angestrebt wird – zumeist den Einsatz spezieller Aufbereitungstechniken. Bild H.2-20 zeigt den Verbleib wichtiger Schadstoffe bei der Verbrennung von Siedlungsabfällen, wobei berücksichtigt werden muß, daß es sich um Mittelwerte ohne den Einsatz eines NO$_x$-Minderungsverfahrens oder eines Aktivkohlefilters handelt.

Die Verwertung von Schlacke aus Abfallverbrennungsanlagen wird durch Auslaugung von Salzen und Schwermetallen und verschärfte Grenzwertgestaltung problematischer, so daß zusätzliche Aufbereitungsverfahren unerläßlich werden. Ein geeignetes Aufbereitungsverfahren sowohl für Schlacken als auch für Flugstaub kann die Verglasung der Rückstände bei hohen Temperaturen (meist oberhalb 1300 °C) sein. Organische Spurenstoffe werden dabei vollständig zerstört und die Eluierbarkeit von Schwermetallen nimmt ebenfalls deutlich ab.

Der Einsatz von Mischfeuerungen kann prinzipiell ebenfalls zu verbesserter Rückstandsgestaltung (insbesondere für Schlacke und Flugstäube im Hinblick auf Schadstofflösevorgänge) führen, wenn geeignete Abfallfraktionen sowie Brennstoff/Abfallmischungen Verwendung finden. In Bild H.2-21 sind Ergebnisse von Eluatuntersuchungen dargestellt, wobei als Ausgangsmaterial verschiedene Verbrennungsrückstände aus Mischfeuerungen eingesetzt wurden [H.2.29]. Die Substituierung von Braunkohleanteilen durch Papierfraktionen oder Klärschlamm führte, wie Bild H.2-21 zeigt, bei einer Reihe von wasserlöslichen Schadstoffen zu niedrigeren Eluatwerten. Art und Menge der entstehenden Rückstände bei der Abscheidung gasförmiger Schadstoffe werden im wesentlichen durch die Verfahrensweise der Schadstoffabscheidung beeinflußt [H.2.14, H.2.30]. Bei nassen Verfahren mit vorgeschalteter Feststoffabscheidung rechnet man mit einem Anfall von 8–15 kg/t Reststoff, die bei entsprechender Aufbereitung teilweise zu marktfähigen Wertstoffen wie Gips und Salzsäure verarbeitet werden können.

Bei der Abscheidung toxisch relevanter Spurenstoffe (z. B. Hg, polychlorierte Dioxine oder Furane) werden in neuerer Zeit Anstrengungen unternommen, die eine Substitution hocheffek-

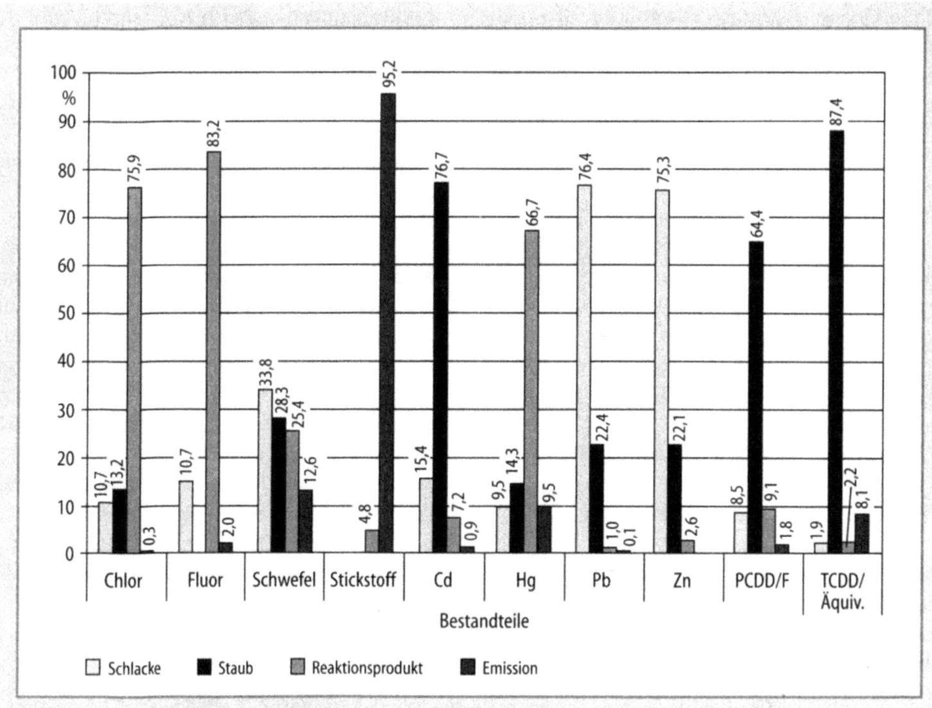

Bild H.2-20 Anfall wichtiger Schadstoffe bei der Hausmüllverbrennung

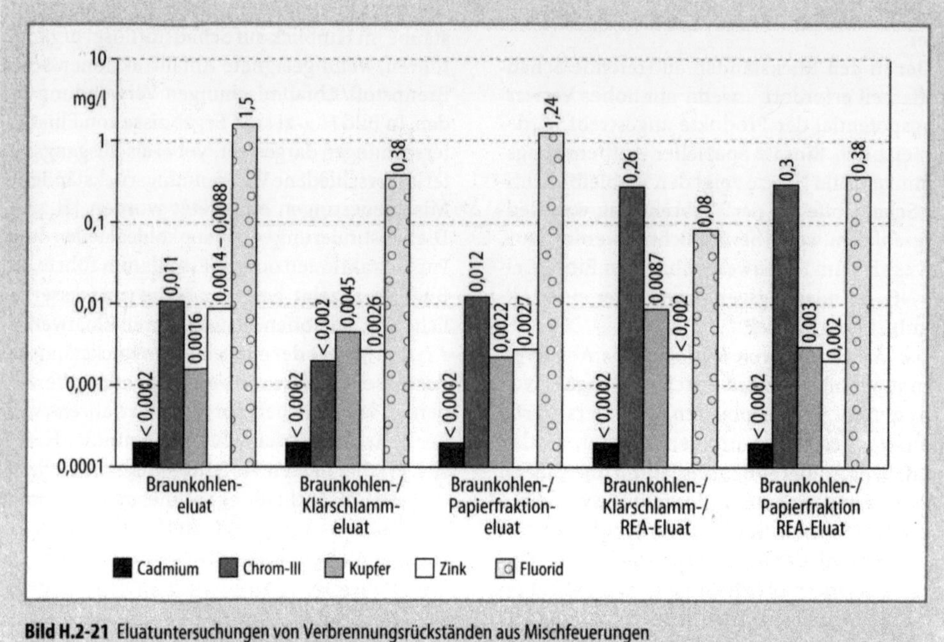

Bild H.2-21 Eluatuntersuchungen von Verbrennungsrückständen aus Mischfeuerungen

tiver, aber schwer handhabbarer Adsorbentien (wie z. B. Aktivkohle aufgrund der Staubexplosions- und Brandgefahr sowie der problematischen Deponieeignung) durch Stoffe wie z. B. natürliche Zeolithe (in Form von Phonolith) ermöglichen, die nicht brennbar und außerdem regenerierfähig und besser handhabbar sind.

H.2.2.3 Verfahrenstechnik der Abfallpyrolyse

H.2.2.3.1 Pyrolysesysteme und Anlagenaufbau

Eine Einteilung der in der Bundesrepublik Deutschland angebotenen Pyrolysetechniken kann wie folgt vorgenommen werden:
- Pyrolyse mit direkt gekoppelter Produktverbrennung (Gas oder Gas-/Kokskomponentenverbrennung),
- Pyrolyse mit indirekter Produktverbrennung (z. B. Gasturbine),
- Pyrolyse mit stofflicher Verwertung.

Bild H.2-22 zeigt eine Pyrolyseanlage, bei der Shreddermüll sowohl stofflich als auch thermisch verwertet werden soll [H.2.31]. Gegenüber einer Abfallverbrennung unterscheidet sich der Anlagenaufbau i. d. R. dadurch, daß eine zusätzliche Produktaufbereitung in mehr oder minder grossem Umfang notwendig wird, während sich die Abgasreinigung aufgrund veränderter Schadstoffemissionen vereinfachen soll.

Ein zentrales technisches Problem der endotherm ablaufenden Pyrolyseverfahren ergibt sich in der Zuführung der notwendigen Prozeßwärme, wobei folgende Varianten denkbar sind:
- Wärmetauscherflächen (z. B. Reaktorwand),
- inerte Wärmeträger (z. B. Quarzsand),
- partielle Verbrennung von Abfallanteilen oder Zusatzbrennstoffen,
- elektrische Beheizung.

Die Pyrolyseprodukte können jedoch hinsichtlich Qualität und Menge durch die Verwendung inerter Wärmeträger oder partieller Verbrennung nachteilig beeinflußt werden. Diese Techniken ermöglichen jedoch eine gegenüber den anderen Verfahrensarten gleichmäßige und effektive Produkterwärmung.

Als Pyrolysereaktor eignen sich grundsätzlich die aus der Abfallverbrennung bekannten Systeme, wobei jedoch Drehrohr- und Schachtreaktoren bevorzugt eingeplant und für den Praxiseinsatz optimiert wurden.

H.2.2.3.2 Emissions- und Rückstandssituation

Die Pyrolyse von Abfällen kann prinzipielle Vorteile bzgl. Menge und Toxizität der gasförmigen

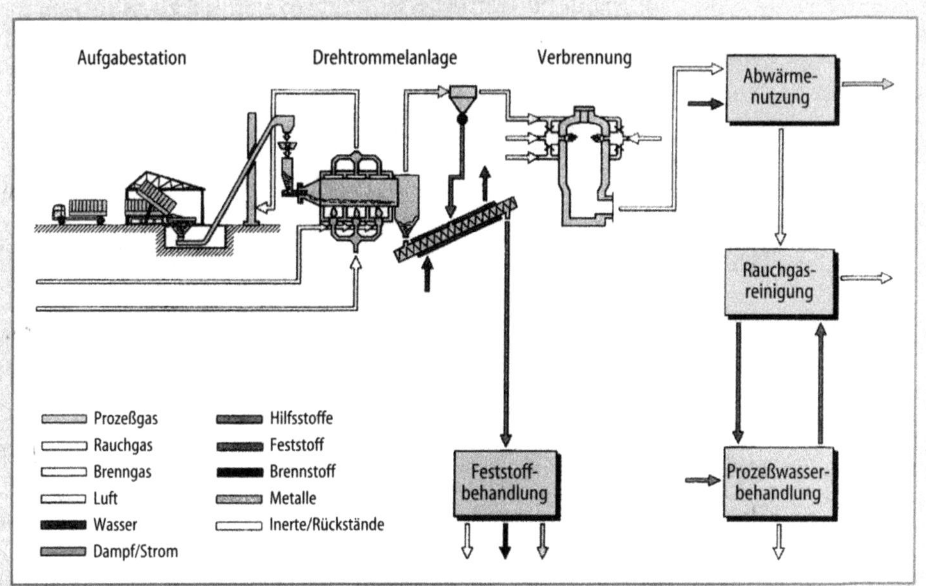

Bild H.2-22 Pyrolyseanlage zur stofflichen und thermischen Verwertung von Schreddermüll [19]

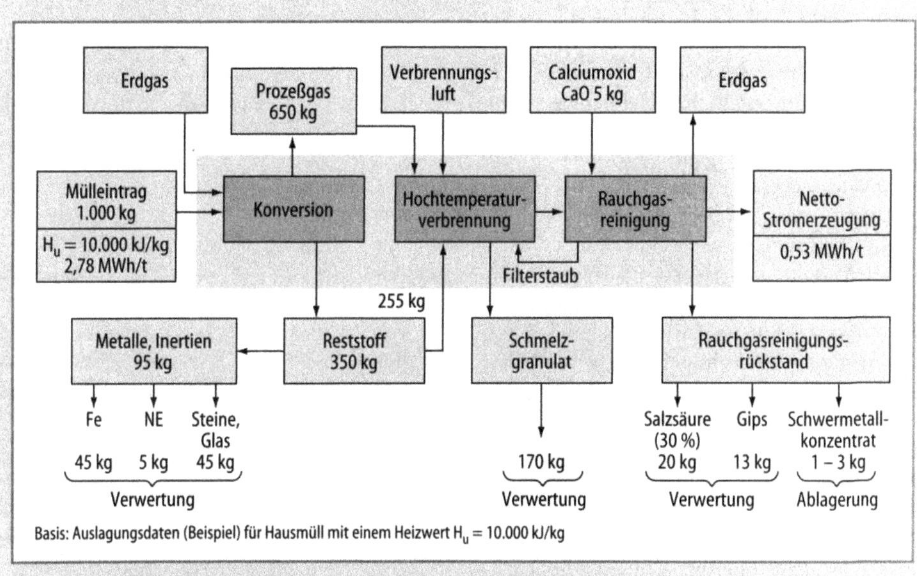

Bild H.2-23 Massen- und Energiebilanzen für das Schwelbrennverfahren

Emissionen im Vergleich zur Verbrennung aufweisen. So wurden bei dieser Verfahrensweise vergleichsweise geringe PCDD/F-Emissionen gemessen. Dem steht jedoch ein erhöhter Schadstoffgehalt der Pyrolyserückstände gegenüber, was eine Weiterbehandlung dieser Rückstände erforderlich macht. Werden diese Rückstände, die einen hohen Kohlenstoffgehalt besitzen, verbrannt, so werden die Vorteile der geringeren gasförmigen Emissionen teilweise wieder aufgehoben.

Eine interessante Weiterentwicklung der klassischen Pyrolyseverfahren kann das Schwelbrennverfahren (kombinierte Pyrolsegas- und Pyrolysekoksverbrennung) oder das Thermoselectverfahren (Pyrolysegaseinsatz in Gasmotoren und partielle Pyrolysekoksverbrennung mit reinem Sauerstoff) darstellen. In Bild H.2-23 sind Massen- und Energiebilanzen für das Schwelbrennverfahren dargestellt [H.2.30]. Insbesondere über das Thermoselectverfahren fehlen bislang noch umfassende praxisgerechte und bewertbare Untersuchungsergebnisse. Vorliegende Daten werden z. T. kontrovers diskutiert [H.2.32].

H.2.2.4 Brennstoff aus Müll (BRAM)

Es wurden verschiedene Verfahren mit dem Ziel entwickelt, aus Hausmüll, Klärschlamm oder deren Teilfraktionen einen energetisch hochwertigen Brennstoff herzustellen, der gegenüber zu verbrennendem Rohmüll vor allem folgende Vorteile besitzen soll:
- hoher, gleichmäßiger Heizwert,
- niedriger Wasser- und Ascheanteil,
- geringer Schadstoffanteil (Schwermetalle, Chlor, Schwefel),
- geruchsfrei, einfach lagerfähig und gut transportierbar.

BRAM-Produkte ohne wesentliche Stoffzuschläge bestehen im wesentlichen aus Papier, Pappe und Kunststoffen. Der Heizwert liegt in der Grössenordnung zwischen 12.000 und 20.000 kJ/kg. BRAM kann auch bei der ab ca. 1995 in der BRD entwickelten mechanisch-biologischen Abfallbehandlung anfallen.

Bei der Verbrennung der verschiedenen BRAM-Sorten ist ebenfalls die 17. BImSchV (ggf. anteilig nach der Mischungsregel) einzuhalten und es kann auf eine Abgasreinigung nicht verzichtet werden, wodurch der Absatz dieses Brennstoffs erschwert wird. Besonders die Chlor-, Staub- und Schwermetallgehalte der Rauchgase überschreiten die zulässigen Werte beträchtlich, wenn nur Abfallfraktionen als Ausgangsmaterial für die BRAM-Herstellung dienen. Durch zusätzliche Sortierungsmaßnahmen versucht man die Schadstoffgehalte des BRAM weiter zu senken.

Die Verbrennung von BRAM, auch ohne spezielle abfallspezifische Rauchgasreinigung, ist in Feuerungssystemen möglich, bei denen aufgrund der Reaktionsführung eine zwangsläufige Einbindung der Schadstoffe in die Produkte des Prozesses zu erwarten ist, wie z. B. bei der Verfeuerung in Zementdrehrohröfen.

H.3 Abfallsammlung/Abfalltransport

H.3.1 Abfallsammlung

H.3.1.1 Aufgaben der Sammlung

Die Sammlung von Abfällen hat in der Abfallwirtschaft folgende Aufgaben:
- Aus Gründen der öffentlichen Sicherheit und Ordnung bzw. der Hygiene ist eine regelmässige Erfassung der vom Abfallerzeuger abgegebenen Abfälle nötig. Nach Untersuchungen von Jager et al. [H.3.1] ist eine *14tägliche* Hausmüll-Sammlung heute hygienisch akzeptabel. Das Bundesgesundheitsamt rät allerdings bei Restmüll und bei Bioabfall zu einer *wöchentlichen* Abfuhr.
- Getrennte Sammlung beim Abfallerzeuger nach Stoffgruppen als Vorsortierung für eine qualitativ hochwertige stoffliche Verwertung. Dafür ist bereits beim Abfallerzeuger eine entsprechende Ausstattung notwendig, z. B. in der Küche 2 – 3 Abfallbehälter, auf dem Werksgelände eines Gewerbebetriebs Trennung nach Sonderabfall, Altstoffen und Restabfall, geteilte Papierkörbe im Büro oder Altstoffbehälter auf den Grundstücken. Die Vorteile und Nachteile einer gemischten oder getrennten Sammlung sind aus Bild H.3-1 ersichtlich.

H.3.1.2 Sammelsysteme

Die Organisation der Sammlung und Sammelsysteme muß sich an folgenden Einflußgrößen orientieren:
- Art (Wirtschaftstruktur; Bebauung, Standplätze) und Größe des Sammelgebiets,
- einwohnerspezifische Menge und Dichte der zu sammelnden Abfälle,
- Qualitätsanforderungen der nachfolgenden Entsorgung,
- Gewährleistung der Erkennung der individuellen Inanspruchnahme der Entsorgungsleistung für die Gebührenabrechnung.

Im Gegensatz zum Trinkwasser und Abwasser mit einer Transportmasse von ca. 150 kg/E*d (davon > 95 % Wasser als Transportmedium), wofür Rohrleitungen als Stetigfördersysteme mit hoher Leistung eingesetzt werden, werden beim Hausmüll nur ca. 1 kg/E*d, bei Einzelsystemen der getrennten Sammlung sogar nur bis zu 0,1 kg/E*d transportiert, also weniger als 1 % der Abwassermenge eines Einwohners.

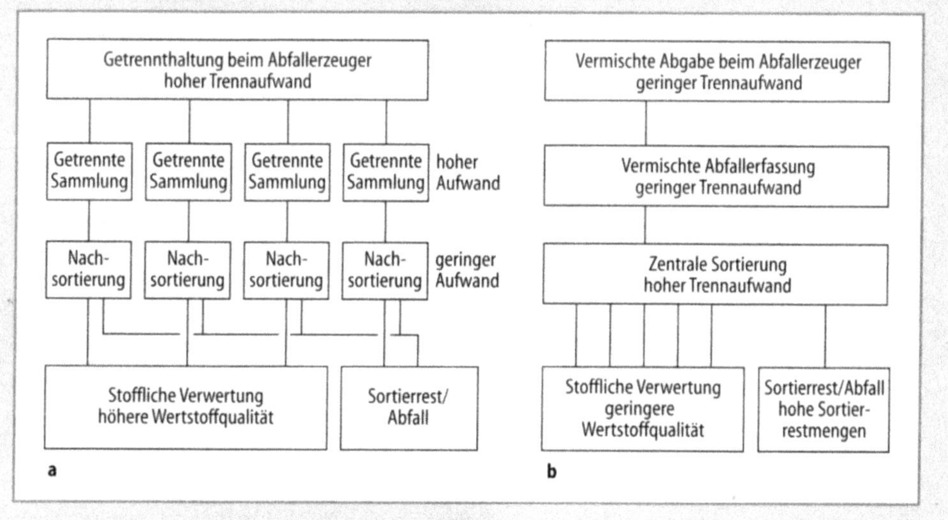

Bild H.3-1 Verfahrensschritte sowie Vor- bzw. Nachteile bei der getrennten (**a**) bzw. gemischten (**b**) Sammlung

Behälter und Fahrzeuge: Dies wird auch zukünftig das Regelsystem zur Erfassung fester Abfälle aus dem privaten und gewerblichen Bereich bleiben.

Rohrsammlung und -transport. Pneumatisch: nur in Verbindung mit Fallschächten für abfallintensive Flächen (Hochhausbebauung, Bürokomplexe) eine wirtschaftlich akzeptable Alternative. Nachteilig ist hierbei – neben hygienischen Problemen –, daß eine getrennte Erfassung von Wertstoffen stark erschwert ist.

Rohrsammlung und -transport. Hydraulisch: Bei diesem in den USA häufiger eingesetzten System werden die leicht zerkleinerbaren Küchenabfälle über Küchenabfall-Zerkleinerer unter der Spüle in der Küche mit dem übrigen Abwasser über die bestehende Schmutzwasser-Kanalisation mit zur Kläranlage abgeschwemmt.

Die Vorteile bei der Hygiene und beim Komfort der Abfallentsorgung sind vergleichsweise gering gegenüber den Nachteilen durch Betriebsstörungen in der Kanalisation durch Ablagerungen sowie erhöhten Abwasser- und Schlammanfall. Der *hydraulische Transport* von Küchenabfällen und der Einbau von Küchenabfallzerkleinerern ist daher in der BRD über die Entwässerungssatzungen der Städte und Gemeinden *verboten.*

Behälterlos/systemlos: Für Sperrmüll und andere Großteile sowie teilweise für die Altpapiersammlung

H.3.1.3 Sammelbehälter

Dies sind feste, überwiegend nach DIN genormte Behälter, passend zur Schüttung bzw. zum Ladesystem am Fahrzeug. Sie werden wie folgt unterschieden:

Umleerbehälter (verbleiben nach der Entleerung auf dem Grundstück des Abfallerzeugers):
ME   Mülleimer 35 – 50 l (veraltet)
MT   Mülltonnen 60 – 110 l (veraltet)
MGB Müllgroßbehälter 60, 80, 120, 240, 660, (770 nur in Stahl), 1100 l
MC   Müllcontainer ≥ 2200 l

Wechselbehälter werden mit dem Inhalt bei der Abfuhr von einem Fahrzeug übernommen und gegen einen anderen mitgebrachten geleerten Behälter ausgetauscht. Sie werden nur für Abfälle mit Schüttgewichten ≥ 300 – 400 kg/m³ und oder für Behältervolumina ≥ 5 m³ eingesetzt:
GAB Gleitabsetz- oder -abroll-Container ≥ 10 m³
AK   Absetzkipper ≥ 4 m³

Einwegbehälter: Müllsäcke von 35 bis ca. 160 l aus PE oder Papier. Für PE-Säcke ist der Materialverbrauch ca. 3 – 4 mal höher als bei PE-MGB bzw. es entsteht für die „Verpackung des Abfalls" ca. 0,5 – 3 Gew.-% zusätzliches Müllgewicht. Dafür treten allerdings bei Säcken sehr geringe Sammelzeiten und -kosten auf wegen des Fortfalls der Rückstellung des geleerten Behälters (Tabelle H.3-1, Bild H.3-2 und H.3-3).

Tabelle H.3-1 Abfallbehälter

Behälter-system	Sammelsystem und Normung		Behälter-Leergewicht Stahl	Behälter-Leergewicht Kunststoff	Personalstärke für Abfuhr 1 Fahrer + … Lader
l bzw. m^3	–		kg	kg	–
ME 35/50[a]	U	DIN 6628	7,7/9,5	2,9/3,3	1 + (1 bis 2) B
MT 110[a]	U	DIN 6629	25	6	1 + (2 bis 4) M
MS 35/50/90[b]	E	z.T. DIN 55465	–	…/0,04/…	1 + (0 bis 2) B
MGB 60 (auch als DU)	U	–	–	6,0	1 + (0 bis 2) B
MGB 80 (auch als DU)	U	DIN EN 840-1	–	7,7	1 + (0 bis 2) B
MGB 120 (auch als DU)	U	DIN EN 840-1	26[c]	11	1 + (0 bis 2) B
MGB 240 (auch als DU)	U	DIN EN 840-1	31[c]	16	1 + (0 bis 2) B (bzw. M)
MGB 360 (auch als DU)	U	DIN EN 840-1	–	23	1 + (0 bis 2) B (bzw. M)
MGB 660 (auch als DU)	U	–	–	45 – 52	1 + (0 bis 2) M (bzw. B)
MGB 770 (auch als DU)	U	DIN EN 840-3	120 – 140	48 – 58	1 + (0 bis 2) M (bzw. B)
MGB 1100 (auch als DU)	U	DIN EN 840-3	150 – 170	65 – 92	1 + (0 bis 2) M (bzw. B)
MGB 2,5; 4,5; 5,0 m^3	U	DIN 30737/38	200 – 400[d]	–	1 + 0 (1) M
MEKAM 140; 210; 260	U				1 + (1 bis 2) B
GAB 4 – 40 m^3	W	DIN 30722	1200 – 3400[d]	–	1 + 0 M
AK 4 – 20 m^3	W	DIN 30720	400 – 2100[d]	–	1 + 0 M

U   Umleerbehälter
W   Wechselbehälter
E   Einwegbehälter
DU Diamond-Umleer-System

B   Benutzertransport
M   Mannschaftstransport

[a] veraltet, nicht mehr (neu) einsetzen (EG-Recht verlangt rollbare Behälter mit Griffhöhe ≥ 900 mm)
[b] Müllsäcke: 50 l RM-Sack 60 × 80 cm; 35 l WS-Sack 50 × 65 cm; DSD-Sack Hannover (mit Falte) 57 × 82 cm
[c] nur für Sonderfälle (z.B. ölhaltige Abfälle in Werkstätten) oder für Abfälle mit Glutresten (bei Hausbrand)
[d] Anhaltswerte, je nach Hersteller verschiedene Sonderausführungen möglich

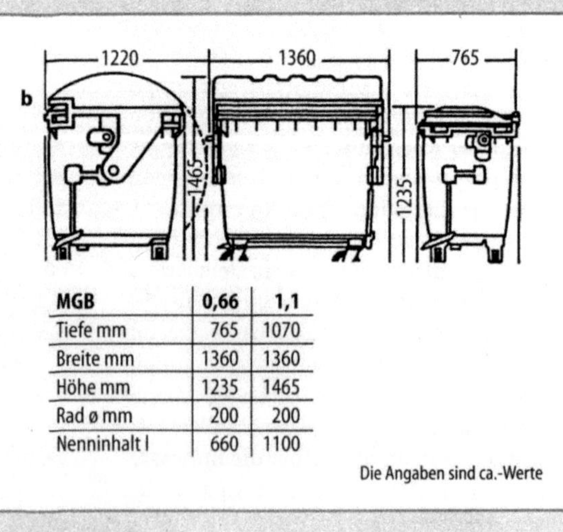

MGB	120 l	240 l
Tiefe mm	552	730
Breite mm	482	580
Höhe mm	933	1067
Eigengewicht kg	11,2	16,1
Rad ø mm	200	200
Nenninhalt l	120	240

MGB	0,66	1,1
Tiefe mm	765	1070
Breite mm	1360	1360
Höhe mm	1235	1465
Rad ø mm	200	200
Nenninhalt l	660	1100

Die Angaben sind ca.-Werte

Bild H.3-2 Sammelbehälter MGB 120/240 (**a**) und MGB 660/1100 (**b**)

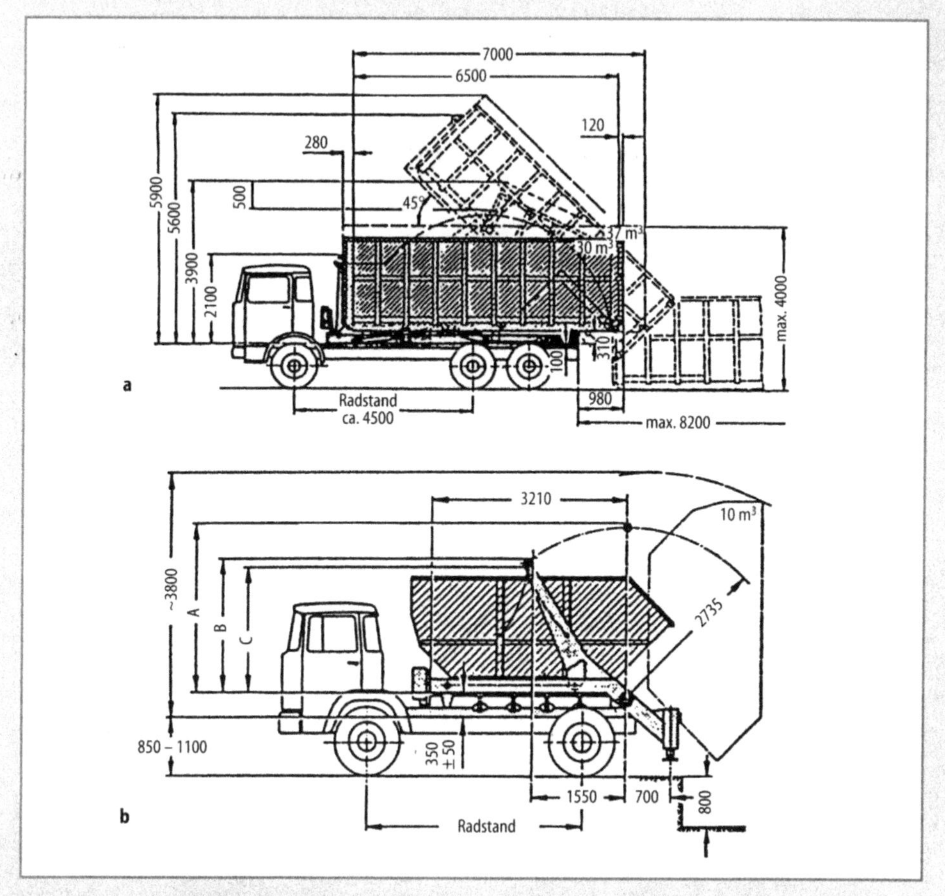

Bild H.3-3 Gleitabrollbehälter GAB (**a**) und Absetzkipper AK (**b**)

Aufgrund der fehlenden Fixkosten im Vergleich zu festen MGB sind Säcke prädestiniert für die Sammlung von geringen Abfallgewichten pro Anfallstelle, z.B. also für AP, AG, AK, AM und DSD-Leichtverpackungen (vgl. Bild H.3-4). Für Bioabfall und für Restmüll sind die Sack-Behälterkosten höher als die MGB-Behälterkosten.

Die *Behälterstandplätze* sind nach Bauordnung und Satzung der Abfallentsorgung im Rahmen von Bauanträgen mit großen Reserven festzulegen (Abfallmengensteigerung; getrennte Sammlung für 3 – 4 verschiedene Fraktionen berücksichtigen). Standplätze möglichst ≥ 15 m von der Straßenkante, ohne Stufen, frei zugänglich anlegen.

Für wassergefährdende Stoffe oder brennbare, flüssige oder pastöse Abfälle werden Spezialbehälter verwendet, und zwar meistens Wechselbehälter, die den Anforderungen der technischen Regeln für brennbare Flüssigkeiten (TRbF) und den Gefahrgutverordnungen Straße bzw. Bahn (GGVS/GGVE) entsprechen.

Als *Mindestbehältervolumen-Angebot* für die Hausmüllabfuhr ist von den Verwaltungsgerichten 30 – 35 l/E · Woche anerkannt (geregelte Abfuhr, Sperrmüllmenge). Auch bei Mehrbehältersystemen für die getrennte Sammlung sollte ein Mindestangebot für Restmüll von ca. 15 – 25 l/E · Woche aufrechterhalten werden, um saubere Wertstoffe bei der getrennten Sammlung zu gewährleisten.

Das Volumen von Sammelbehältern errechnet sich wie folgt:

$$VB \cdot (l) = \frac{G_E \cdot E}{\varrho \cdot 52 \cdot L_W} \cdot S$$

$VB \cdot (l)$ rechnerisches Mindestbehältervolumen

G_E (kg/E·a) Abfallgewicht pro Einwohner und Jahr

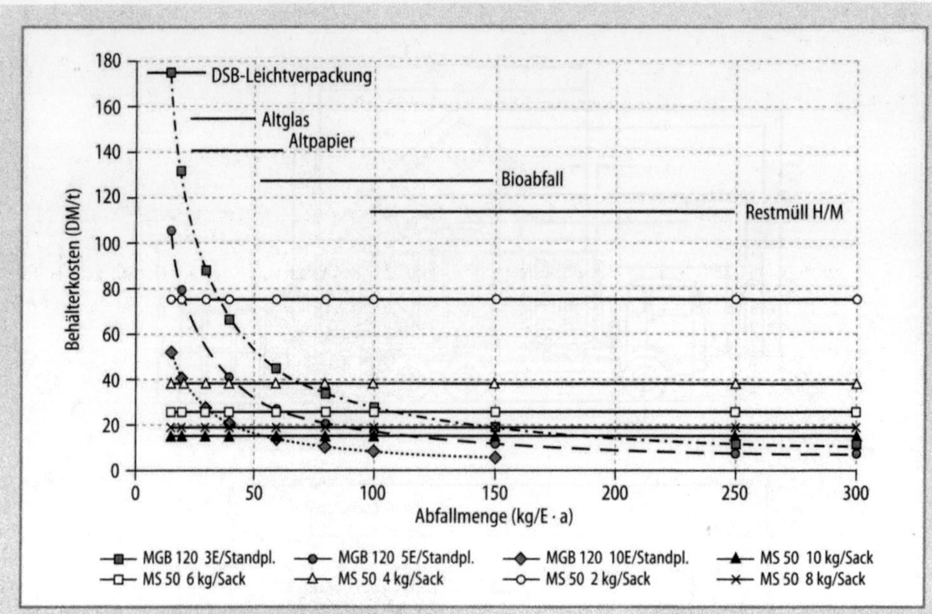

Bild H.3-4 Behälterkosten bei MGB und Säcken

Tabelle H.3-2 Erfaßbare Mengen und Schüttgewichte bei verschiedenen Systemen der Sammlung

Erfaßte Fraktion bzw. Erfassungssystem	Spezifische Menge kg/(E · a)	Schüttgewicht kg/m³
Restmüll	100 – 300	90 – 200
Altglas		
Einstoffbehälter	20 – 40	250 – 300
Sack	20 – 30	250 – 300
Altpapier		
Einstoffbehälter	40 – 60	80 – 120
Sack	15 – 50	100 – 150
Bundsammlung	15 – 40	150 – 250
Altkunststoff (Sack)	5 – 10	25 – 50
Mehrstoffbehälter trockene WS (ohne AG)	55 – 85	60 – 120
Leichtstoffbehälter des Dualen Systems (ohne AG und AP)	15 – 25	25 – 70
Bioabfall		
Bringsysteme Grünabfall	5 – 30	
Holsystem Sack und Sack	30 – 60	
Biotonne, nur Küchenabfall	30 – 70	
Biotonne gesamt (häufig)	70 – 105	200 – 300
Biotonne (Bereich)	30 – 160	
Straßensammlung	2 – 20	
Straßensammlung 14tägig und Container	55	

E an Sammelbehälter angeschlossene Einwohner

ϱ (kg/l)   Schüttgewicht des Abfalls

52   Wochen pro Jahr

L_W (1/W)   Leerungen pro Woche

S Spitzenfaktor (zu berücksichtigende Relation zwischen Spitzenanfall zu durchschnittlichem Anfall) oder = 1/mittlerer Füllgrad

Das errechnete Mindestbehältervolumen VB^* wird dann auf die nächste genormte Behältergröße V_B auf- (oder ab-)gerundet. Das einwohnerspezifische Behältervolumenangebot beträgt dann:

$$VB_{EW}\,(l/E \cdot \text{Woche}) = \frac{V_B}{E} \cdot L_W$$

Weitere wichtige Festlegungen sind (s. Tabelle H.3-2):

Raumgewicht: Schüttgewicht mal Füllgrad der Behälter

Füllgrad: gefülltes Behältervolumen/Normalbehältervolumen

Bereitstellungsgrad: Zahl der zur Abfuhr bereitgestellten Zahl der ausgegebenen Behälter (bei Mannschaftstransport der Behälter = 1)

H.3.1.4 Getrennte Sammlung

H.3.1.4.1 Planungsgrundlagen

Für die Wertung oder Einführung von Systemen der getrennte Sammlung zur stofflichen Verwertung muß man das gesamte Verwertungspotential der betreffenden Stoffgruppe kennen. Es setzt sich aus folgenden 3 Blöcken zusammen:

1) Im Haus- bzw. Restmüll enthaltener Wertstoff anhand einer Sortieranalyse
2) Anderweitig entsorgte Menge (Eigenkompostierung bei Bioabfall; Kamin bei Altpapier (AP) usw.)
3) Bereits über eine bestehende getrennte Sammlung erfaßte Menge (z.B. Container für Altpapier (AP), Altglas (AG) und Gartenabfälle) sowie über Direktanlieferungen bei Entsorgungsanlagen.

Der Erfassungsgrad einer getrennten Sammlung wird als Quotient (3)/((1)+(3)) berechnet. Die Erfassungsgrade eines Systems wachsen mit dem Komfort (z.B. Holsysteme besser als Bringsysteme), der Dauer und dem Bekanntheitsgrad eines Systems sowie seiner abfallwirtschaftlichen Sinnhaftigkeit.

H.3.1.4.2 Systemübersicht zur getrennten Sammlung

Bei den im Bild H.3-5 dargestellten Systemen zur getrennten Sammlung werden folgende Kategorien unterschieden:

- *integriert:* Wertstoffe und Restmüll werden ab Haus in einem oder mehreren Behältern, jedoch in einem Arbeitsgang mit demselben Fahrzeug gesammelt,
- *additiv:* zusätzliche Wertstoffsammlung in getrennten Fahrzeugen und Behältern; nicht alternierend,
- *teilintegriert oder alternierend:* additive Wertstoffsammlung ab Haus im Wechsel (alternierend) mit Restmüllsammlungsterminen,
- *Einstoffsammlung:* Sammlung nur *eines* vorsortierten Altstoffs in (jeweils) einem Behälter, z.B. nur AP in AP-Monobehälter, AG im Depotcontainer,
- *Sammlung mehrerer Einzelstoffe:* z.B. AG oder AP in getrennten Säcken bzw. einzelnen Kammern eines Mehrkammerbehälters,
- *Mischstoffsammlung:* Sammlung gemischter Wertstoffe zur nachträglichen Sortierung in einzelne Altstoffe,
- *Holsystem:* Erfassung von Wertstoffen ab Grundstück des Abfallerzeugers,
- *Bringsystem:* Erfassung von Wertstoffen, nachdem sie vom Erzeuger zu einem Sammelplatz oder Container außerhalb des eigenen Grundstücks gebracht wurden

H.3.1.4.3 Bringsysteme

Bringsysteme unterscheiden sich von Holsystemen durch geringere Kosten für Behälter und Sammlung sowie geringere Erfassungsquoten und zeichnen sich meist durch hohe Wertstoffqualität aus. Bekannte Systeme sind:

- Container für Altglas, Altpapier, Altmetall, Altkleider, Altbatterien,
- Recyclingsstationen, Wertstoff- und Betriebshöfe, Problemabfallsammelstellen,
- Rückgabesysteme (z.B. Altmedikamente beim Apotheker, Altautos beim Altauto-Verwerter.

H.3.1.4.4 Holsysteme

Am häufigsten werden für Holsysteme der getrennten Sammlung Müllgroßbehälter MGB 60 – 1100 l eingesetzt, deren Farbe und Art der Einwurföffnung an die speziellen Einsatzzwecke angepaßt sind, z.B. braun für die Biotonne, gelb für die Sammlung von Leichtstoff-Verpackungen im Rahmen des Dualen Systems oder blau für die Altpapiertonne.

Nach Tabelle H.3-2 ist die Erfassung von Bioabfällen mit der *Biotonne* die abfallwirtschaftlich wirkungsvollste Maßnahme mit ca. 50 – 150 kg/E·a erfaßten schadstoffarmen Rohstoffen für die Kompostierung. Bei dem Sammelgut sollte ent-

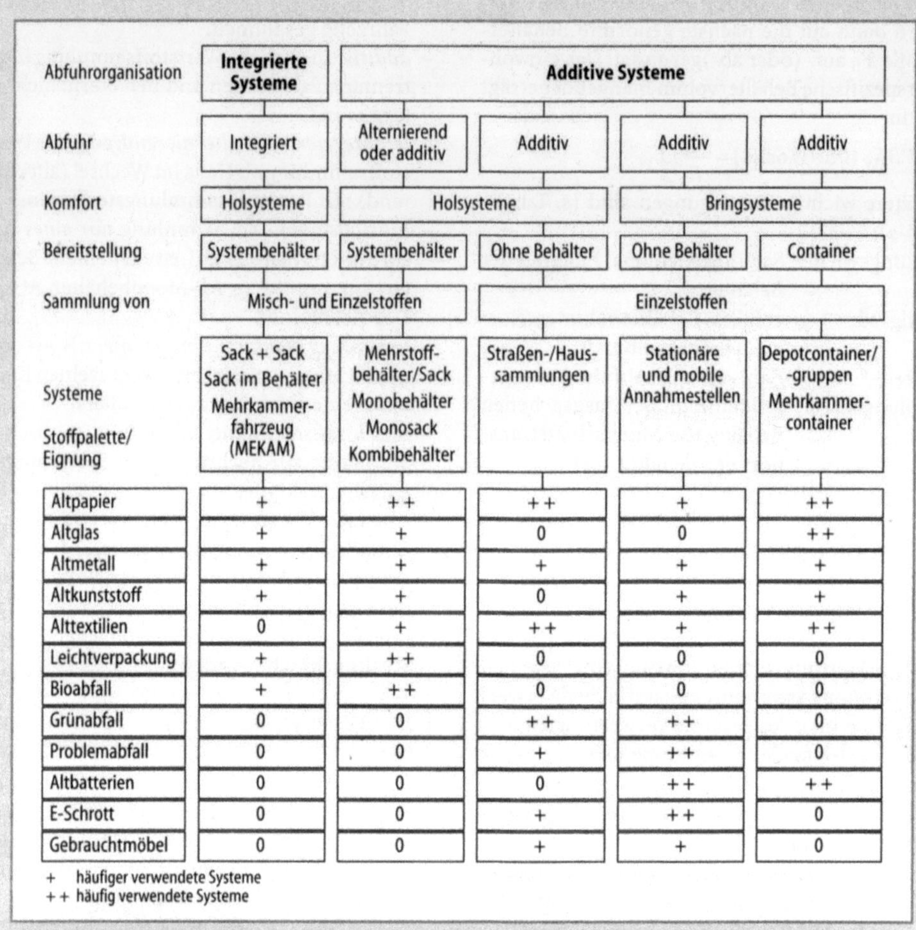

Abfuhrorganisation	Integrierte Systeme	Additive Systeme			
Abfuhr	Integriert	Alternierend oder additiv	Additiv	Additiv	Additiv
Komfort	Holsysteme	Holsysteme		Bringsysteme	
Bereitstellung	Systembehälter	Systembehälter	Ohne Behälter	Ohne Behälter	Container
Sammlung von	Misch- und Einzelstoffen		Einzelstoffen		
Systeme Stoffpalette/ Eignung	Sack + Sack Sack im Behälter Mehrkammerfahrzeug (MEKAM)	Mehrstoffbehälter/Sack Monobehälter Monosack Kombibehälter	Straßen-/Haussammlungen	Stationäre und mobile Annahmestellen	Depotcontainer/ -gruppen Mehrkammercontainer
Altpapier	+	+ +	+ +	+	+ +
Altglas	+	+	0	0	+ +
Altmetall	+	+	+	+	+
Altkunststoff	+	+	0	+	+
Alttextilien	0	+	+ +	+	+ +
Leichtverpackung	+	+ +	0	0	0
Bioabfall	+	+ +	0	0	0
Grünabfall	0	0	+ +	+ +	0
Problemabfall	0	0	+	+ +	0
Altbatterien	0	0	0	+ +	+ +
E-Schrott	0	0	+	+ +	0
Gebrauchtmöbel	0	0	+	+	0

+   häufiger verwendete Systeme
+ + häufig verwendete Systeme

Bild H.3-5 Systeme zur getrennten Sammlung

Tabelle H.3-3 Empfehlungen für die Auswahl kompostierbarer Stoffe mit der Biotonne

Kompostierbar	Bedingt kompostierbar	Nicht kompostierbar
Obst- und Gemüseabfälle Kartoffelschalen Tee- und Kaffesatz (einschl. Filterpapier) Küchentücher Zeitungspapier zum Einwickeln Garten- und Blumenabfälle Haustierstreu Eierschalen, Haare	Speisereste (Salzgehalt) Fleisch und Fisch Milchprodukte Mehlprodukte Saucen, Mayonaise Altpapier	Kunststoff, Alufolien Verbundpackungen behandelte holzreste Asche Wegwerfwindeln

sprechend Tabelle H.3-3 nach der Eignung für die Kompostierung und der Kompostqualität unterschieden werden.

Als Sonderform des MGB ist das *Mehrkammersystem* MEKAM zu nennen, bei dem ein vertikal geteilter MGB mit zwei verschiedenen Abfallfraktionen befüllt und von einem Zweikammerfahrzeug als integriertes Holsystem abgefahren wird [H.3.2].

Als flexibles Holsystem werden *Abfallsäcke*, besonders für die Erfassung von geringen Mengen verschiedener Fraktionen (im Landkreis Hannover z.B. für 7 Wertstoff-Fraktionen), in Gebietsstrukturen mit individueller Bebauung, eingesetzt. In Verbindung mit einem Restmüllsack spricht man hier von dem System „Sack + Sack". Besondere Bedeutung hat die Sacksammlung im Rahmen des Dualen Systems für die Leichtstoffverpackungen bekommen.

Behälterlos werden Großgegenstände (z.B. Kühlschränke, Schrott) und teilweise Altpapier in Form verschnürte Bündel gesammelt.

H.3.1.5 Sammelfahrzeuge

An die Fahrzeuge werden für Sammlung und Transport unterschiedliche Ansprüche gestellt:
- *Sammlung:* möglichst wendig, d.h. *kleines* Fahrzeug,
- *Transport:* möglichst große Nutzlast, also *grosses* Fahrzeug.

Die Müllsammel-Fahrzeuge stellen daher meistens einen Kompromiß für diese beiden Aufgaben dar. Wegen der geringen Raumgewichte von Hausmüll, Sperrmüll und Gewerbeabfällen von nur $0,05 - 0,2$ t/m^3 benötigen die Fahrzeuge eine Verdichtung vor dem Transport. Mögliche Verdichtungsgrade sind abhängig von der Art der Abfälle und der weiteren Behandlung. Hausmüll kann im Müllfahrzeug auf ca. $0,4 - 0,6$ t/m^3 verdichtet werden. Zulässige Nutzlasten für die Fahrzeuge ergeben sich wie folgt:

Zulässiges Gesamtgewicht nach STVZO =
16/ 24 – 27/32 – 35/40 t bei 2-/3-/4-/5-Achs-Fahrzeugen
- Fahrgestellgewicht
- Aufbaugewicht
- Gewicht der Schüttung
= zulässige Nutzlast ca. 5,5 – 7/10 – 12/15 – 18/20 – 22 t bei 2-/3-/4-/ bzw. 5-Achs-Fahrzeugen
bei Ladevolumina von (8) –16/18–23/25–32/35– 42 m^3 in 2-/3-/4- bzw. 5-Achs-Fahrzeugen (verpreßt) bzw. max. ca. 70 m^3 unverpreßt in 5-Achs-Fahrzeugen.

Fahrzeugaufbauten haben unterschiedliche Systeme für Förderung, Verdichtung und Entladung:
- *Drehtrommelfahrzeuge* mit einem Laderaum einer um die Längsachse rotierenden Trommel und schneckenförmigen Leitblechen an der Trommelinnenwand; Hinterschüttung speziell für den Hausmüll,
- *Preßmüllfahrzeuge* mit einem Laderaum mit verschieblicher Vorderwand und von hinten fördernden und pressenden Aggregaten, Hinterschüttung,
- Laderaum mit hinterer fester (nur für die Entleerung öffnender) Rückwand und vorderer *Überkopf-* oder *Seitenschüttung* mit Stopfpresse. Dieser Fahrzeugtyp wird auch mit 1-Mann-Rechts-Lenkung beim Sammeln eingesetzt und kann mit abnehmbarem Ladeaufbau für den Ferntransport mehrerer Aufbauten benutzt werden,
- Zwei- oder mehrkammerige Fahrzeugaufbauten für die integierte getrennte Sammlung,
- Vakuum-Sammelfahrzeuge zur Entleerung von Vakuumtanks (entwickelt in Schweden [H.3.3]).

Schüttungen dienen zum mechanisierten, staubarmen Entladen der Systembehälter, entweder nur für einzelne Behältergrößen 35 – 50 l-ME/60 – 110 l-MT/60 – 360 l MGB/660 – 1100 l MGB oder zur Reduzierung der Sammelwege für die Behältergruppen MGB 60 – 1100 l mit der integriert arbeitenden Kammschüttung.

Mit der Behälter-Schüttung lassen sich Systeme zur leistungsbezogenen Gebührenerhebung kombinieren:
- *Identifikations-Systeme* zur Erkennung von Behältern und Abfallart; Zählen der Schüttvorgänge über automatische Lesesysteme und EDV-Auswertung,
- *Wäge-Systeme* mit den Leistungsmerkmalen der Identifikation, zusätzlich jedoch Errechnung der einzelnen geschütteten Abfallgewichte aus der Differenz der Wägung der vollen und geleerten Behälter oder
- Systeme zur *Messung des verfüllten Behältervolumens.*

Das Gebührenrecht fordert für die *Gebührenveranlagung* einen praktikablen, aber möglichst wirklichkeitsnahen Wahrscheinlichkeitsmaßstab. Dieser kann durch die Identifikation bzw. besser noch durch die Verwiegung oder Füllvolumenmessung der Behälter beim Laden erreicht werden. Der Anreiz zur Verringerung der Abfallmengen durch verursachungsgerechte Gebühren kann bei der Individualnutzung kleinerer Behälter erreicht werden, bisher jedoch nicht bei der anonymen Nutzung größerer Behälter.

Für *Müllsäcke* sind zwar keine Schüttungen notwendig, aber zur Vermeidung von Hebearbeit für das Ladepersonal erwünscht. Müllsäcke können in Verbindung mit (mobilen) Umschlagstationen auch in nicht verdichtenden Fahrzeugen gesammelt werden. Dabei ist aber auf die Vermeidung zu hoher körperlicher Belastung des Ladepersonals achten (Sackgewichte möglichst < 10 kg).

Abfallarten mit hohem Raumgewicht (z.B. > 300 – 400 kg/m³), insbesondere Bauabfälle, Klärschlämme usw., können unverdichtet mit Fahrzeugen für die Aufnahme von *Wechselbehältern* (Absetzkipper- oder Gleit-Abroll-Container) abgefahren werden.

Als Sammel- und Transportfahrzeuge für Depotcontainer-Umleersysteme in der getrennten Sammlung werden i. allg. großvolumige nicht verdichtende Fahrzeugaufbauten eingesetzt.

Für die *Tourenplanung* der Sammelfahrzeuge werden die Zeitrestriktionen eines Arbeitstages und z. T. mit Hilfe der EDV eine Minimierung der Sammelwege berücksichtigt [vgl. H.3.4].

H.3.2 Transport

Der Mülltransport als Bindeglied zwischen Müllsammlung (beendet mit Laden des letzten Sammelbehälters) und der Behandlung oder Ablagerung erfolgt im Direkttransport im Sammelwagen oder nach Umladen in Umschlagstationen in Spezialtransportfahrzeugen, im Sonderfall auch in Rohrleitungen.

Die *Transportzeit tT* für einen einfachen Transportweg *WT* (km) bei einer mittleren Transportgeschwindigkeit *v* (km/h; z. B. const. 20 – 60 km/h, je nach Verkehrssituation) und eine Be- und Entladezeit *tE* (h) betragen zusammen:

$$tT, E \text{ (h)} = 2 \cdot WT/v + tE$$
oder
$$tT, E \text{ (h)} = (a \cdot WT + b) + tE$$

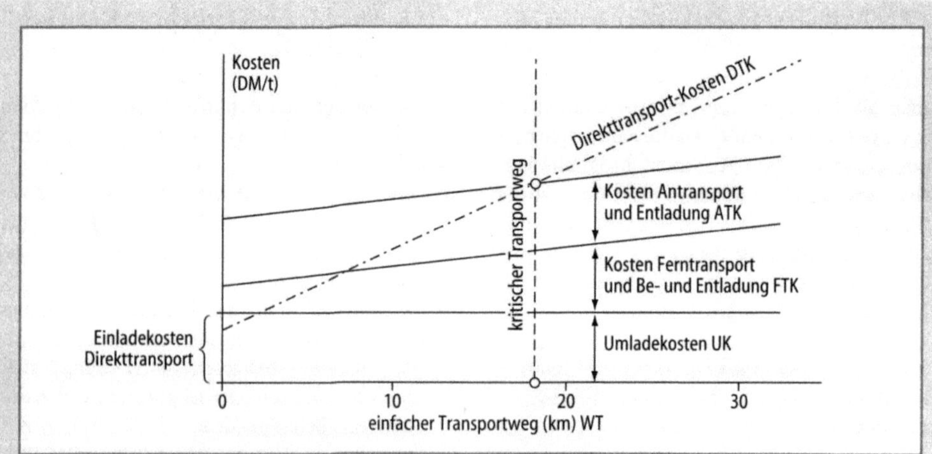

Bild H.3-6 Kostenvergleich zwischen Direkt- und Ferntransport mit Umschlag

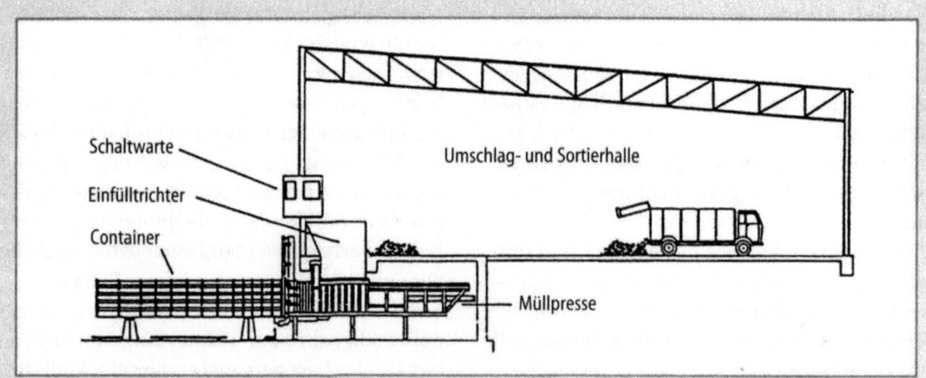

Bild H.3-7 Umschlagstation Hamburg (Quelle: Stadt Hamburg; zitiert in [H.3.5])

a 0,014 – 0,025

b 0,006 – 0,10 als von der Verkehrssituation abhängigen Konstanten

tE 10 – 25 min Entladezeit auf der Entsorgungsanlage

Die *Transportkosten KT* errechnen sich für Fahrzeugkosten *KFz* (DM/h) mit einer Abfallnutzlast *NL* (t) zu:

$$KT\,(\text{DM/h}) = KFz/NL \cdot [2 \cdot (b + a \cdot WT) + tE]$$

Für die Beurteilung von Standortvarianten für Anlagen zur Behandlung oder Ablagerung aus Sicht des Transportaufwandes kann der jeweilige mittlere Transportweg *MWT* bzw. die Σ Transportarbeit *TA* dienen:

$$MWT\,(\text{km}) = \frac{AM_1 \cdot WT_1 + AM_2 \cdot WT_2 + \ldots + AM_n \cdot WT_n}{\sum\limits_{i=1}^{i=n} AM_i}$$

$$= \frac{\Sigma\ \text{Transportarbeit}\ TA}{\Sigma\ \text{Abfallmenge}}$$

wobei *AM*$_i$ die Abfallmenge des Anfallorts *i* darstellt mit dem zugehörigen Transportweg *WT*$_i$. Im transportoptimalen Standort (*„Punkt kleinster mittlerer Transportentfernung"*, fälschlicherweise oft als „Schwerpunkt" bezeichnet) werden die Σ Transportarbeit und der mittlere Transportweg minimal.

Der Direkttransport im Sammelfahrzeug ist wegen der geringen Nutzlasten und der hohen Personalkosten durch das mitfahrende Sammelpersonal auf kurze Transportentfernungen begrenzt. Beim Ferntransport im Spezialfahrzeug besteht gegenüber dem Direkttransport ein Kostenvorteil durch geringere Personalkosten (nur 1 Fahrer beim Straßentransport, beim Schienentransport anteilig noch geringer) und höhere Nutzlast pro Transporteinheit. Andererseits müssen die Antransportkosten und die Umschlagkosten berücksichtigt werden. Die Kostengrenze zwischen Direkttransport im Sammelfahrzeug und Ferntransport im Spezialfahrzeug ergibt sich bei einem „kritischen Transportweg", wo die Direkttransportkosten (*DTK*) = Antransportkosten (*ATK*) + Umschlagkosten (*UK*) + Ferntranportkosten (*FTK*) sind (vgl. Bild H.3-6) zu ca.:

Straßentransport

    1 Fahrer + 4 Lader   10–15 km
    1 Fahrer + 2 Lader   15–25 km
    1 Fahrer + 1 Lader   25–35 km

Bahntransport
    ab ca. 40 km

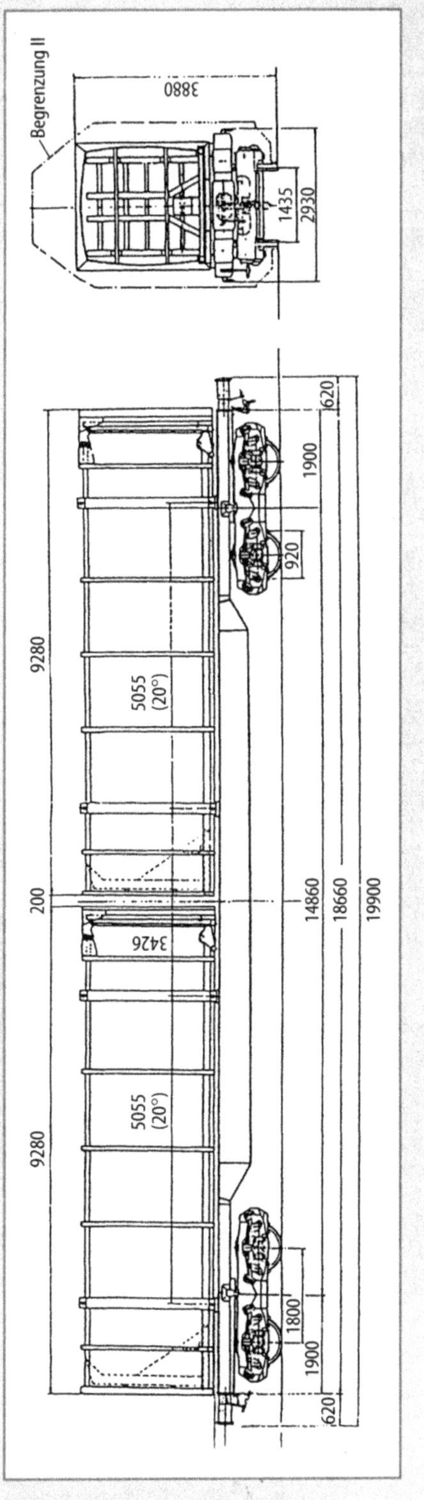

Bild H.3-8 Waggon mit Abfallcontainer

Der Umschlag erfolgt in geschlossenen Hallen über Flach- oder Tiefbunker bzw. direkt über Pressentrichter. Stopf- oder Vorkammerpressen befüllen dann Container, die beim Straßentransport mit 5-Achs-Sattelaufliegern oder beim Bahntransport mit Spezialwaggons transportiert werden (vgl. Bild H.3-7 und Bild H.3-8).

H.4 Stoffliche Verwertung

H.4.1 Grundlagen

Die stoffliche Verwertung ist begrifflich von der Abfallvermeidung abzugrenzen, wie dieses z.B. in der VDI-Richtlinie 2243 „Konstruieren recyclinggerechter technischer Produkte (Entwurf Mai 1991)" mit den folgende Varianten des Recyclings getan wird:

Verwendung: Weitgehende Beibehaltung der Produktgestalt (hohes Wertniveau), sonst auch „Vermeidung",
– Wiederverwendung: erneute Benutzung des gebrauchten Produkts für den gleichen Verwendungszweck,
– Weiterverwendung: erneute Benutzung des gebrauchten Produkts für einen anderen Verwendungszweck.

Verwertung: Mit Auflösung der Produktgestalt und damit größerem Wertverlust,

– Wiederverwertung: wiederholter Einsatz von Altstoffen und Produktionsabfällen bzw. Hilfs- und Betriebsstoffen in einem gleichartigen wie dem bereits durchlaufenen Produktionsprozeß; durch Aufbereitung möglichst dem originären Rohstoff gleichwertige Werkstoffe,
– Weiterverwertung: Einsatz von Altstoffen und Produktionsabfällen bzw. Hilfs- und Betriebsstoffen in einem von diesen noch nicht durchlaufenen Produktionsprozeß; hierbei entstehen Werkstoffe oder Produkte mit anderen Eigenschaften und/oder anderer Gestalt.

Im Rahmen der stofflichen Verwertung im Dualen System Deutschland (DSD) wird auch von *werkstofflicher* Verwertung (Verwertung als Kunststoff), *rohstofflicher* Verwertung (Verwertung von Kunststoffvorprodukten aus der Hydrolyse) oder von *baustofflicher* Verwertung (Parkbänke, Gittersteine aus Mischkunststoffen) gesprochen.

Für den Absatz der aus der stofflichen Verwertung gewonnenen Altstoffe ist die Gewährleistung höchstmöglicher Qualität der Altstoffe die wichtigste Voraussetzung. Abgesehen von der Sortiergenauigkeit von Sortieranlagen wird die Altstoff-Qualität maßgeblich von der *Altersstruktur* und dem *Wertverlauf* eines mit Altstoffen hergestellten Materials bestimmt.

Wenn bei der Produktion eines Materials ausser dem primären Rohstoff ein gleichbleibender Anteil x_R an Altstoff eingesetzt wird, läßt sich bei

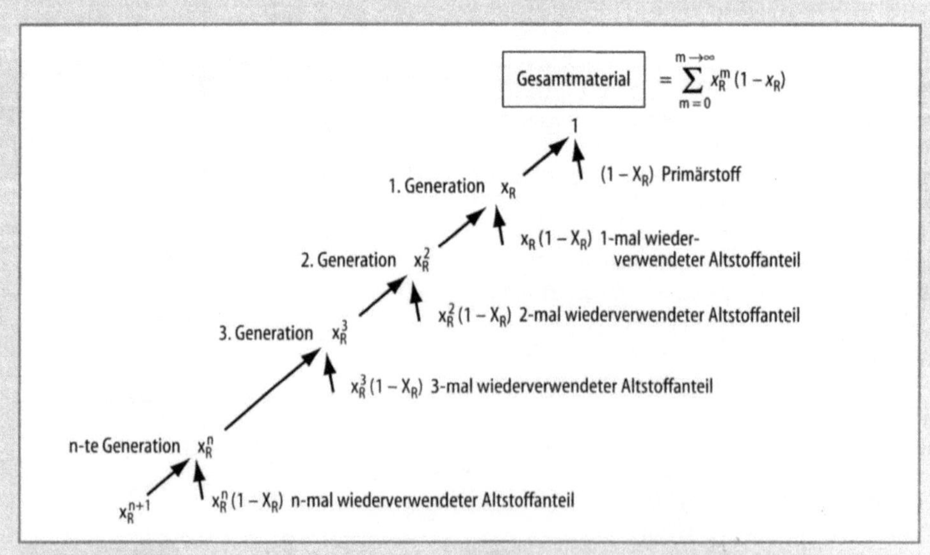

Bild H.4-1 Stammbaum eines mit einem Altstoffanteil x_R hergestellten Materials nach „unendlich" wiederholtem Recycling

einem (unendlich oft) wiederholten Kreislauf Rohstoff $\rightarrow$ Altstoff $\rightarrow$ Rohstoff das Gesamtmaterial nach Bild H.4-1 als Summe der unterschiedlich häufig recycelten Altstoffanteile („Stammbaum") beschreiben.

Es wird danach also neben dem Primäranteil $(1 - x_R)$ nicht ein Anteil x_R von einmal recyceltem Material eingesetzt, sondern eine Summe von Anteilen an

$$\sum_{m=1}^{m \rightarrow \infty} x_R^m (1 - x_R) \text{ m-mal wiederverwendetem, unterschiedlich altem Altstoff.}$$

Der Altersaufbau eines Materials mit unterschiedlichem Altstoffeinsatz x_R in Bild H.4-2 zeigt bei zunehmendem Altstoffeinsatz deutlich, wie die jüngeren Generationsanteile zunehmend durch ältere, qualitativ meistens schlechtere Altstoffanteile ersetzt werden.

Der Wertverlauf von Rohstoffen kann beim Recycling starke Unterschiede aufweisen. Er kann im günstigsten Fall, z.B. beim Einsatz aufbereiteter und farbreiner Scherben für die Glasschmelze, ein dem Primärmaterial gleichwertiges Produkt (werterhaltendes Recycling) aus Altstoffen gewonnen werden. Für die Behälterglasproduktion ist daher auch ein sehr hoher Altstoffeinsatz ohne Qualitätseinbuße möglich. In der Mehrzahl der Fälle tritt jedoch ein Wertverlust während des Recyclings durch Qualitätsverluste beim Gebrauch (z.B. durch Oxidationsprozesse beim Kunststoff) oder auch bei der Altstoffaufbereitung (z.B. Verkürzung der Faserlängen bei der Altpa-

pieraufbereitung) sowie durch unerwünschte und technisch bzw. wirtschaftlich nicht wieder separierbare Vermischungen (z.B. Legierungszusätze bei Metallen oder Vermengung von Eisenschrott mit NE-Schrott bei der Schrottaufbereitung) auf.

Nach Untersuchungen von Göttsching [H.4.1] erleidet z.B. Altpapier bei der Aufbereitung und Produktion einen Qualitätsverlust (Bild H.4-3), der nach m Zyklen die ursprüngliche Qualität Q_0 wie folgt abmindert, wobei die Konstanten ΔQ und b für unterschiedliche Papier-Primärrohstoffe stark differieren:

$$Q_m = Q_0 \cdot (1 - \Delta Q)^{mb}$$

Je höher der Altstoffeinsatz desto höhere Anforderungen sind an die Qualität der Altstoffe zu stellen. Die Verfahren der Altstoffgewinnung und -aufbereitung sind daher vorrangig auf die Erhaltung einer höchstmöglichen Qualität auszurichten, um die aufbereiteten Altstoffe möglichst auf oder nahe der Qualitätsstufe originärer Rohstoffe einsetzen zu können („Recycling" statt „Downcycling"). Da jede Stofftrennung in Sortieranlagen nie mit 100% Wirkungsgrad erfolgt, sollte z.B. die Vermischung vor der Sortieranlage so gering wie möglich gehalten werden. Einmal Getrenntes sollte möglichst durchgängig getrennt gehalten werden. Irreversible, schädigende Vermischungen müssen gänzlich vermieden werden.

Steigende Verwertungs- und Einsatzquoten erfordern schon bei gleichbleibender Produktqua-

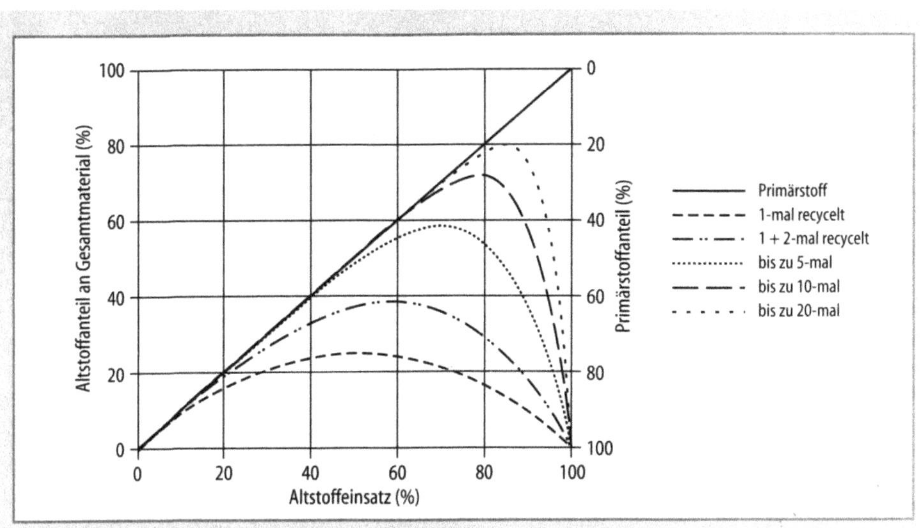

Bild H.4-2 Altersstruktur eines Materials in Abhängigkeit unterschiedlicher Altstoffeinsätze x_R

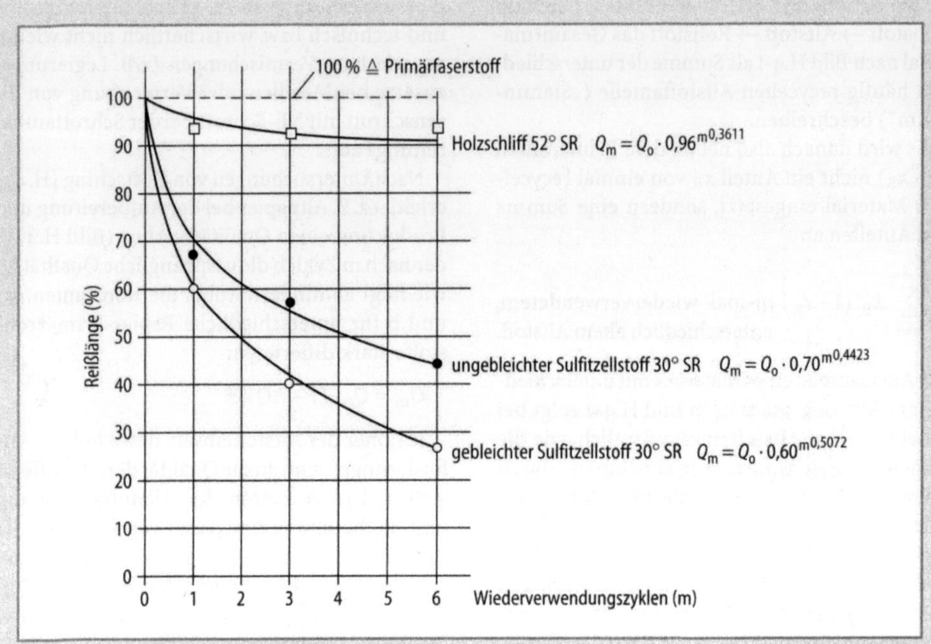

Bild H.4-3 Qualitätsverlust unterschiedlicher Papierfasern beim Recycling (nach [H.4.1])

lität des Fertigprodukts höhere Qualitäten der Altstoffe, und zwar nicht nur für die zusätzlich verwerteten Altstoffmengen, sondern für die gesamten verwerteten Altstoffmengen. Außer dem höheren Aufwand für die Steigerung der Erfassungsquoten ist die Qualitätssteigerung nur durch das Zusammenwirken von geeigneteren Erfassungssystemen und höherer Sortiereffektivität zu erreichen.

Als Erfassungssystem von Altstoffen sind in der Abfallwirtschaft grundsätzlich die beiden folgenden Wege möglich:
- gemischte Erfassung aller Abfallstoffgruppen mit nachträglicher zentraler Sortierung (Beispiele in der BRD: Anlagen in Neuss, Haus Forst, Dusslingen)
  Vorteile: geringer Aufwand beim Abfallerzeuger und bei der Erfassung (Behälter, Sammlung);
  Nachteile: hoher Sortieraufwand, niedrige Altstoffqualität durch Vermischung, begrenzte Vermarktbarkeit,
- getrennte Erfassung einzelner Altstoffe oder Erfassung von Altstoffgruppen (vgl. Abschn. H.3.1.4)
  Vorteile: geringer Sortieraufwand, hohe Altstoffqualität mit erleichtertem Absatz;
  Nachteile: hoher Arbeitsaufwand beim Abfall-

erzeuger und bei der Erfassung (Behälterzahl, Standplatzprobleme für Behälter, verschiedene Sammelfahrzeuge, Sammel- und Transportfahrten), notwendige Begrenzung der Erfassung auf wenige relevante Altstoffarten.

Bei der gemischten Erfassung aller Abfallstoffgruppen zeigte sich immer wieder, daß trotz verbesserter Sortiertechnik Altpapier, Altkunststoff und Altglas ebenso wie der gewonnene Kompost die Qualitätsnormen der Abnehmer nicht oder nur bei günstigster Marktlage erfüllen konnten. Stattdessen mußten zweitklassige Downcycling-Verwertungen gesucht werden, wie „Brennstoff aus Müll" (BRAM) für Altpapier und Altkunststoff, „Deponiekompost" für gemischte organische Abfälle oder „Hydrolyse" für Altkunststoffe aus den Sammlungen in der Zuständigkeit des Dualen Systems Deutschland (DSD).

Unabdingbare Voraussetzung für stoffliche Verwertung ist daher die getrennte Erfassung von Altstoffen und kompostierbarem Material an der Quelle, vor jeder Vermischung beim Abfallerzeuger. Im kommunalen Bereich werden für die getrennte Sammlung die in Bild H.3-5 gezeigten Systeme eingesetzt. Hierbei sind die unterschiedlichen Schüttgewichte in Tabelle H.4-1 zu berücksichtigen.

Tabelle H.4-1 Schüttgewichte von Wertstoffkomponenten in kg/m³

Wertstoff	In MGB 240	In Containern
Altglas (AG)	250 – 300	275 – 325
Altpapier (AP)		
• Deinking	140 – 160	150 – 250
• Pappe	40 – 60	
• Misch	80 – 160	100 – 200
Altkunststoff (AK)		
• Styropor	10 – 15	
• Folien	25 – 50	
• Hohlkörper	35 – 55	
• Becher/Blister	20 – 45	
Alttextilien (AT)		45 – 70
Altmetall (AM)		
• Weißblechdosen	80 – 105	
• NE-Metallverpackung	30 – 45	
trockene Wertstoffe		
(AP, AG, AK, AM)	100 – 170	
(AP, AK, AM)	70 – 100	
DSD-Leichtstoffe		35 – 55
-Verbunde		50 – 120
Küchenabfall	250 – 400	
Bioabfall	160 – 280	
Grünabfall		200
Kompost aus Bioabfall		500 – 750

H.4.2 Verwertung von Altpapier (AP)

Papier als einer der mengenmäßig bedeutsamsten Altstoffe ist ein flächiger Werkstoff aus Fasern, vornehmlich pflanzlicher Herkunft, die sich nach Freilegung, Suspendierung und Entwässerung durch chemische Bindungen über Nebenvalenzen verbinden. Diese Bindung ist durch Zugabe von Wasser reversierbar. Diese Reversierbarkeit der Bindung wird beim Einsatz von Altpapier in der Papierproduktion genutzt. Rohstoffe für die Papierherstellung in der BRD sind heute in der Reihenfolge der eingesetzten Mengenanteile:
- Altpapier
- Zellstoff = verbleibender Anteil des Holzes nach chemischer Abtrennung des Lignins (ca. 50% des Holzes) als
  - *Sulfatzellstoff,* in der BRD nicht hergestellt, nur importiert; alkalisches Sulfatverfahren mit wäßriger Lösung von Natronlauge, Natriumsulfid und manchmal auch Soda bei 170 – 190 °C 4 – 6 h gekocht; häufig Eindampfung der Lauge und Rückgewinnung der Kochchemikalien; Sulfatzellstoff schwierig

bleichbar, bisher nur begrenzter Verzicht auf Chlorbleiche möglich; hohe Festigkeit,
  - *Sulfitzellstoff,* überwiegend inländische Herstellung; saures Sulfitverfahren mit wäßriger Lösung von Magnesium- oder Calciumbisulfit; nach Eindampfen der Kochsäure auch hier thermische Verwertung und Rückgewinnung von Chemikalien; Zellstoff geringerer Festigkeit, aber leichter bleichbar (auch ohne Chlor, mit Sauerstoff, H_2O_2 oder O_3),
  - *Organosolv-* oder *ASM*-Verfahren; Kombination von saurem oder alkalischem Aufschluß mit Lösemittelprozessen (Methanol),
  - *Halbzellstoff* (Zellstoff mit Restanteilen von Lignin),
- Holzschliff für holzhaltige (am Licht vergilbende) Papiere, z.B. Zeitungspapier; mechanisch, thermo-mechanisch und chemo-thermo-mechanisch,
- Hilfs- und Füllstoffe: Leime, Weißstoffe (Kalk, Kaolin usw.),
- Lumpen, z.B. für Geldscheinpapier.

Als Produkte unterscheidet man (abgekürzt als PKK):
- Papier
  Flächengewicht nach DIN 6730 < 150 g/m²
- Pappe
  Flächengewicht nach DIN 6730 > 600 g/m²
- Karton
  Flächengewicht nach DIN 6730 > 150 – 600 g/m²

Altpapier (AP) fällt in unterschiedlichen Anfallstellen an, z.B.:
- Papierverarbeitung: große Mengen pro Anfallstelle, sortenrein, unverschmutzt, auch höhere Altpapierqualitäten,
- auspackendes Gewerbe: mittlere bis größere Mengen, nur Verpackungs-Altpapiere,
- Haushalte, Verwaltungen, kleinere Geschäfte: geringe Mengen pro Anfallstelle, insgesamt aber großes Potential, gemischte untere Qualitäten.

Während die unteren Altpapiersorten meist im Überfluß vorhanden sind, fehlen stets die besseren Sorten aus der Papierverarbeitung mit der Folge höherer Preise für diese Sorten. Hohe AP-Einsatzquoten zeigen nach Tabelle H.4-2 die Verpackungs- und Zeitungspapiere.

Aus Tabelle H.4-3 erkennt man, daß die Papierabfallmengen seit 1990 als Erfolg der abfallwirtschaftlichen Bemühungen und auch der Verpackungsverordnung bei stagnierendem Papier-

Tabelle H.4-2 Altpapiereinsatzquoten (%) in graphischen Papieren in der BRD (nach BVSE-Jahresberichten)

Papier- und Pappsorten	1985	1990	1992	1994	1996
Verpackungspapiere	92	92	93	94	95
Druck-, Presse- und Administrationspapiere	12	18	20	28	36
davon Zeitung		68	72	108	116
davon sonstiges		6	7	7	13
Hygienepapiere	30	55	62	69	68
technische und Spezialpapiere	43	39	41	44	46
Einsatzquote gesamt	46	49	52	56	60

Tabelle H.4-3 Zeitreihen zu Papierverbrauch, Papierherstellung, AP-Aufkommen und Papierabfall in der BRD (nach VDP- und BVP-Statistiken)

1	2	3	4	5	6	7	8	9	10	11
	AP-Verbrauch	AP-Aufkommen	AP-Ausfuhr	AP-Einfuhr	AP-Einsatzquote[a]	AP-Rücklaufquote[b]	AP-Preisindex B12	Verbrauch Papier + Pappe	Erzeugung Papier + Pappe	Papierabfall[c]
Jahr	1000 t	1000 t	1000 t	1000 t	%	%	'85 = 100	1000 t	1000 t	1000 t
1950	470	414	–	54	30,0	25,9	–	1.600	1.565	1.186
1955	892	804	7	100	35,5	28,1	–	2.857	2.515	2.053
1960	1.319	1.174	35	206	38,4	26,7	101,5	4.396	3.434	3.222
1965	1.823	1.593	56	289	45,1	27,5	98,1	5.791	4.039	4.198
1970	2.511	2.403	184	320	45,6	31,5	110,5	7.621	5.504	5.218
1975	2.416	2.373	228	355	45,9	34,2	75,7	6.936	5.266	4.563
1980	3.168	3.282	527	429	41,8	33,9	116,0	9.678	7.580	6.396
1985[d]	4.300	4.668	911	565	46,5	43,4	100,0	10.745	9.239	6.077
1990	6.212	6.803	1.398	784	48,6	44,0	6,3	15.461	12.773	8.658
1995	8.599	10.531	3.212	1.141	58,0	66,6	61,9	15.823	14.827	5.292
1996	8.888	10.921	2.958	934	60,3	70,6	12,2	15.471	14.733	4.550

[a] AP-Einsatzquote = AP-Aufkommen/Verbrauch von Papier und Pappe
[b] AP-Rücklaufquote = AP-Verbrauch/Produktion von Papier und Pappe
[c] Papierabfall = Verbrauch von Papier und Pappe – AP-Aufkommen
[d] ab 1985 teilweise geänderte Bezugsbasis

verbrauch und weiter steigendem Altpapieraufkommen (Spalte 11) erstmals rückläufig sind.

Die zeitliche Entwicklung der Erlöse für gemischtes Altpapier (Bild H.4-4) verläuft bis 1985 mit gemäßigten Schwankungen in Zyklen, die – abgesehen von den Einflüssen der Erdölkrisen – für eine marktwirtschaftlich orientierte Erfassung typisch sind. Der völlige Preisverfall ab 1986 ist durch danach nur abfallwirtschaftlich vorgegebene Intensität der Erfassung ohne Rücksicht auf die marktwirtschaftlichen Randbedingungen zu erklären. Diese Entwicklung ist zudem typisch für Industriestaaten mit niedrigen Rohstoffpreisen und hohen Lohnkosten, wo ein eigenwirtschaftliches Recycling zunehmend durch ein abfallwirtschaftlich subventioniertes Recycling ersetzt werden muß.

Die AP-Sortierung und -Aufbereitung muß die Wirkung aller Vorgänge bei der Herstellung, Verarbeitung und Verwendung von Papier rückgängig machen, bis wieder eine verwendungsfähige Fasersuspension vorliegt. Zunächst erfolgt i. d. R. eine Handsortierung (vgl. Bild H.4-5) beim AP-Handel, in Gewerbeabfallsortieranlagen o. ä. zur Abtrennung von papierfremden Bestandteilen und produktionsschädlichen Papieren und Pappen sowie zur Abtrennung bestimmter Altpapiersorten.

Danach folgt eine Feinaufbereitung des Altpapiers in der Papierfabrik mit einer mehrstufigen

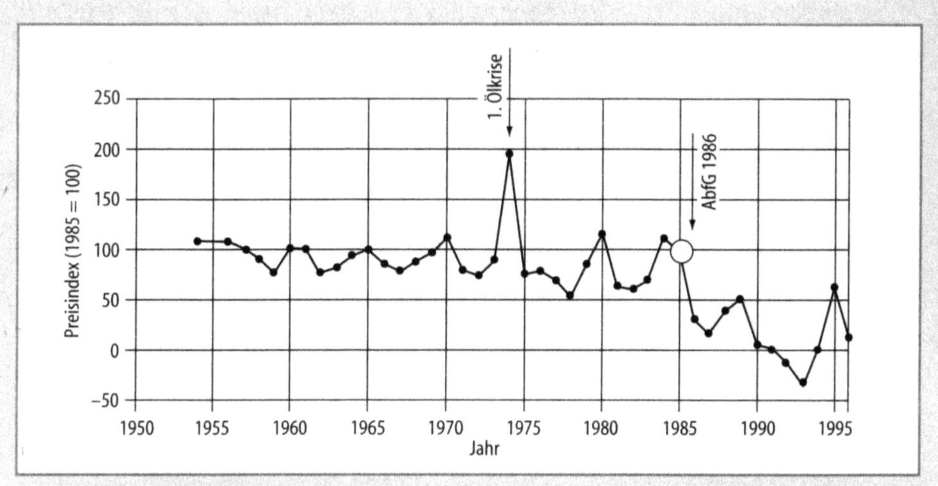

Bild H.4-4 Entwicklung des Preisindex für gemischtes Altpapier

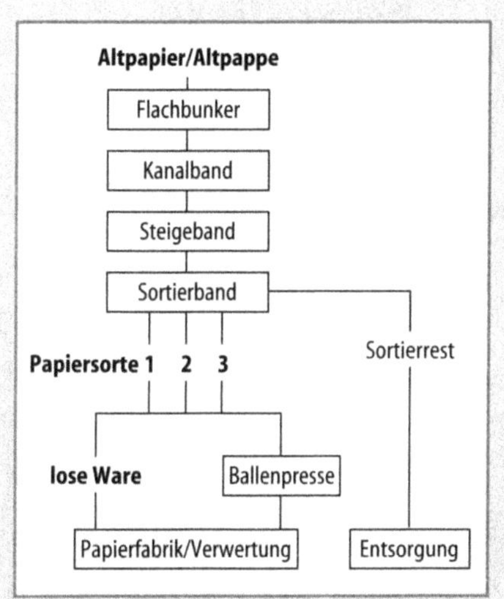

Bild H.4-5 Verfahrensschema einer Handvorsortieranlage für Altpapier

Verfahrenskette, wobei je nach produzierter Papiersorte einzelne der in Bild H.4-6 gezeigten Stufen entfallen können.

Bei Vergleichen zwischen AP- und Zellstoff-Einsatz muß berücksichtigt werden, daß den Papiermachern von luftfeuchtem Altpapiergewicht nur knapp 70 % als nutzbarer Faserstoff bleiben, während der Rest auf ca. 10 % Wasser, über 10 % Füllstoffe und Abfall entfällt.

Für den Einsatz von Zellstoff, Holzstoff oder Altpapier werden vom Umweltbundesamt in Bild H.4-7 Daten zum Frischwasserverbrauch, zur Abwasserbelastung und zum Energiebedarf gegeben, wobei Altpapier im Mittel die geringsten Belastungen aufweist.

Angesichts der Absatzprobleme für Altpapier unterer Qualitäten in der Papierproduktion müßte Altpapier mehr als bisher auch außerhalb der Papierindustrie genutzt werden. Bisher werden aber nur wenige Prozent des Altpapiers dort stofflich verwertet. Mengenmäßig relevant ist dagegen die energetische Verwertung, die gleichzeitig für eine Ausschleusung minderwertiger Faserqualitäten im Altpapier sorgt (Tabelle H.4-4).

Nach Ersatz der bleihaltigen Druckfarben in den Jahren 1970–1985 [vgl. H.4.3] ist Altpapier heute eine schwermetallarme Stoffgruppe, so daß aus dieser Sicht eine Zugabe bei der Bioabfallkompostierung unbedenklich wäre. Zu berücksichtigen sind für die Eignung von Altpapier für die Kompostierung jedoch auch die Gehalte an organischen Schadstoffen, z.B. an organischen Chlorverbindungen aus der Chlorbleiche, deren Anwendung allerdings rückläufig ist.

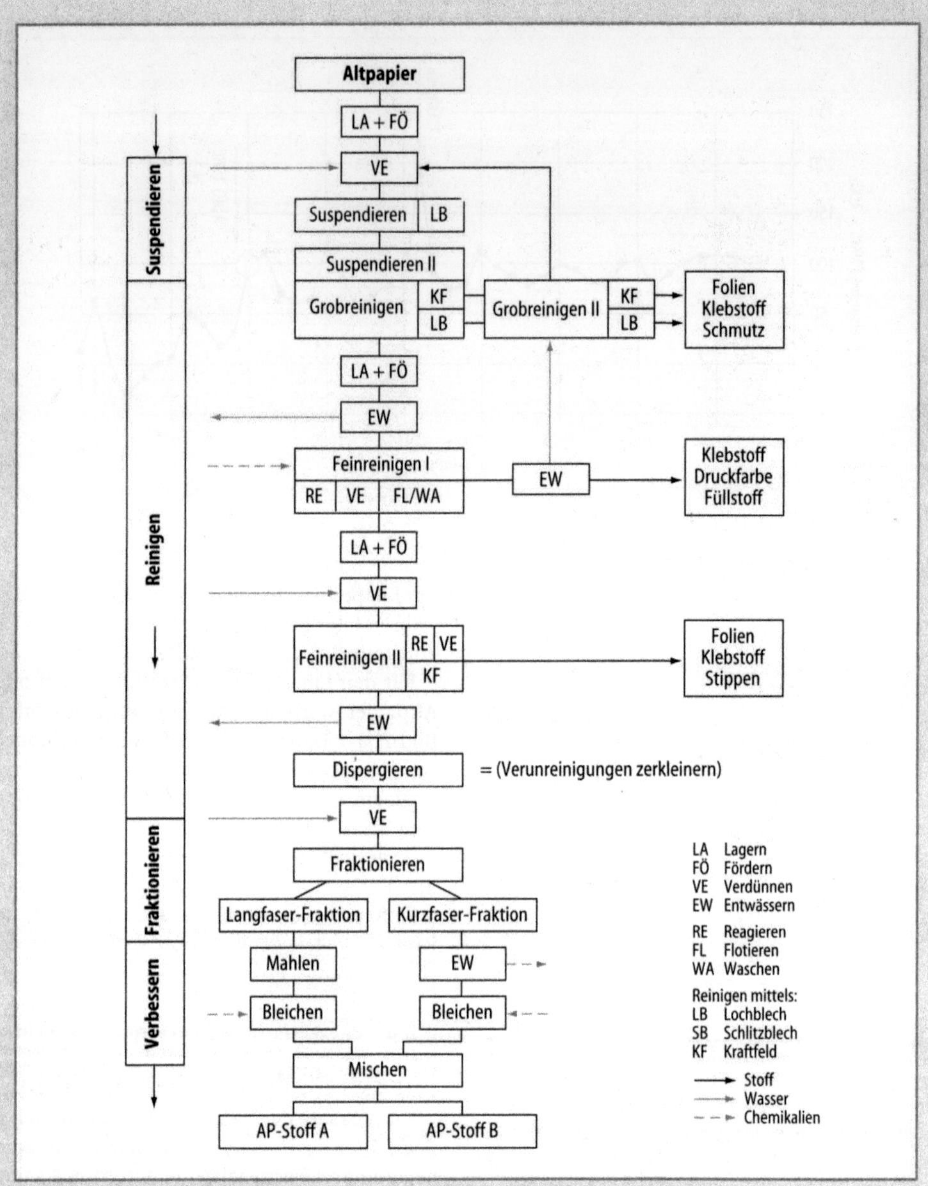

Bild H.4-6 Verfahrensstufen der AP-Aufbereitung in der Papierfabrik (nach [H.4.2])

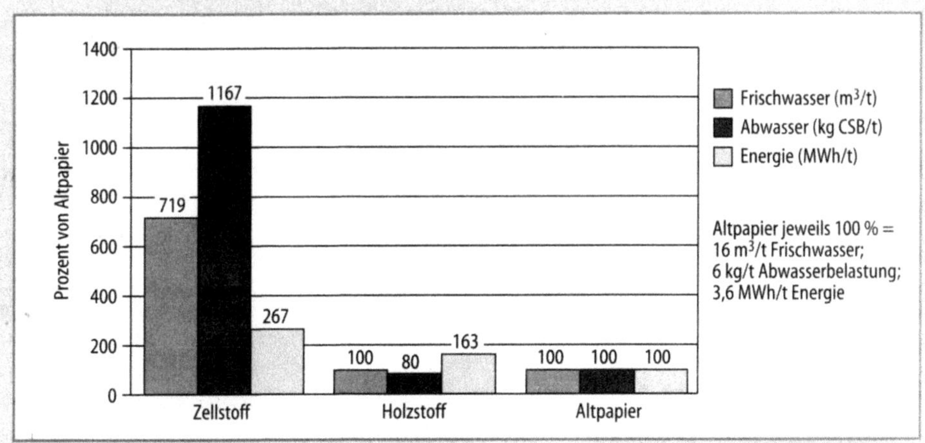

Bild H.4-7 Ökologisches Profil für Papier aus Zellstoff, Holzstoff und Altpapier [BVP (1990) nach Daten des UBA]

Tabelle H.4-4 Alternativen der AP-Verwertung außerhalb der Papierindustrie

Nutzung	Prozeß	Verwendungszweck
Nutzung der Fasereigenschaften	Trockene Verarbeitung	Spanplatten, Paletten, Formteile, *Wärmematerial*, Einstreu für die Viehhaltung
	Nasse Verarbeitung	*Faserplatten* (z.B. Rigips, Fermacell); Blumentöpfe Pflanzkübel
Nutzung der chemischen Eigenschaften	Hydrolyse, Vergärung	Glucose, Alkohol, Protein
	Pyrolyse	Gas, Öl, Koks
Energetische Verwertung	Verbrennung	*Dampf, Strom*
	Blähmittel	Ziegelherstellung
Biologische Nutzung	Kompostierung	Kompost

H.4.3 Altglas (AG)

Altglas kann weder in der Müllverbrennung noch in der Deponie verwertet oder abgebaut werden. Für eine stoffliche Verwertung ist Glas dagegen ein idealer Wertstoff, der auch bei mehrfachem Recycling – im Gegensatz zu Papier und Kunststoff –, abgesehen von Vermischungen, z. B. durch Fehlfarben oder NE-Metalle, keinen Qualitätsverlust erleidet.

Für die Glasherstellung werden je nach Glasart, z. B. Flachglas, Behälterglas, Bleikristall, unterschiedliche, untereinander nicht verträgliche Rezepturen verwandt. Für die Produktion des im Siedlungsabfall dominierenden Behälterglases (vor allem Getränkeflaschen und Konservenglas) werden die in Bild H.4-8 genannten Rohstoffe verwandt, die in ihrem Vorkommen nicht als selten bezeichnet werden können. Allerdings werden an deren Reinheit hohe Anforderungen gestellt. Umweltbelastend bei der Glasherstellung wirken die Salzfracht ($CaCl_2$) aus der Sodaproduktion und der relativ hohe Energiebedarf für die Schmelze.

Beide Umweltbelastungen lassen sich mindern, wenn anstelle originärer Rohstoffe Altglasscherben eingesetzt werden: Lubisch [H.4.4] gibt eine Energieeinsparung für die Schmelze und die Primärrohstoffe von ca. 4,0 GJ/t Scherbeneinsatz gegenüber dem Einsatz originärer Rohstoffe an.

Die dosierten, gemischten Zuschlagstoffe schmelzen in beheizten Glaswannen ohne Scherbenzusatz bei Temperaturen von 1500–1600 °C. Mit Scherbenzusätzen kann die Temperatur dagegen bis auf 1300–1400 °C abgesenkt werden. Scherbenschmelzen sind mit 100 % Altglas (AG)

möglich und werden z. B. für die Grünglasschmelze heute schon praktiziert (Bild H.4-9).

Altglas fällt im Gegensatz zum Altpapier wenig im Gewerbeabfall und Sperrmüll an, sondern ganz überwiegend in den Haushalten. Der Behälterglasverbrauch für den privaten und kleingewerblichen Bereich lag nach den Erhebungen des BMU für die Verpackungsverordnung 1991 in der BRD bei 3.813.000 t/a bzw. differenziert nach Bundesländern bei 39 – 55 kg/(E*a) und verteilte sich etwa zu 50% auf Weißglas, zu 30% auf Grünglas und zu 20% auf Braunglas (Tabelle H.4-5).

Das Behälter-AG wird in der BRD im Rahmen der Erfassung über das „Duale System Deutschland" fast ausschl. im Bringsystem über farbgetrennte Container (weiß, grün, braun) erfaßt, weil hiermit AG mit den geringsten Verunreinigungen und farbgetrennt gewonnen werden kann. Als Alternativen können Altglas-Einstoffbehälter oder auch Wertstoffsäcke im Holsystem eingesetzt werden.

Für die Sammlung des AG aus den Containern werden Lkw mit offenen Aufbauten und Hakenkran für die Aufnahme der Container eingesetzt. Der Transport erfolgt mit diesen Lkw und in Einzelfällen auch mit der Bahn zu ca. je 30 Aufbereitungsanlagen bzw. Glashütten. Bei der gesamten

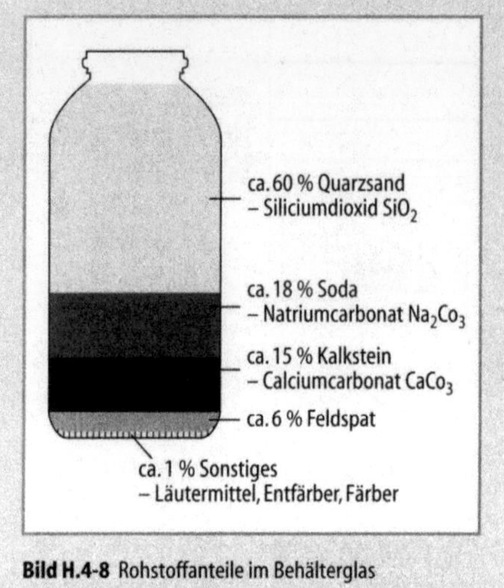

Bild H.4-8 Rohstoffanteile im Behälterglas

Bild H.4-9 Behälterglas-Herstellung

Abfallwirtschaft

Erfassung des AG sollte darauf geachtet werden, daß das Glas möglichst wenig zerbrochen und damit gut aufbereitbar in die Aufbereitungsanlagen gelangt.

In diesen Sortieranlagen (vgl. Bild H.4-10) werden *organische Stoffe*, z. B. Papier und Kunststoff, *Eisen, Blei und Zinn, Aluminium* sowie *Porzellan, Keramik und Steine* von den Glasscherben getrennt. Hierbei werden von der Glasindustrie wegen der möglichen Störeinflüsse scharfe Anforderungen an ofenfertige Scherben gestellt (s. Tabelle H.4-6). Problematisch ist dabei die Einhaltung der Grenzwerte für Keramik und NE-Metalle.

Bis 1994 mangelte es an farbseparierten Weißglas- und Braunglasscherben, während andererseits Grün- und Farbmischglasscherben im Überangebot und nur schwer vermarktbar waren. Grünglasschmelzen laufen daher bereits mit bis zu 100 % Altglasscherbeneinsatz. Systeme für eine mechanische Sortierung nach den Glasfarben weiß (halbweiß), grün, (lichtgrün) und braun

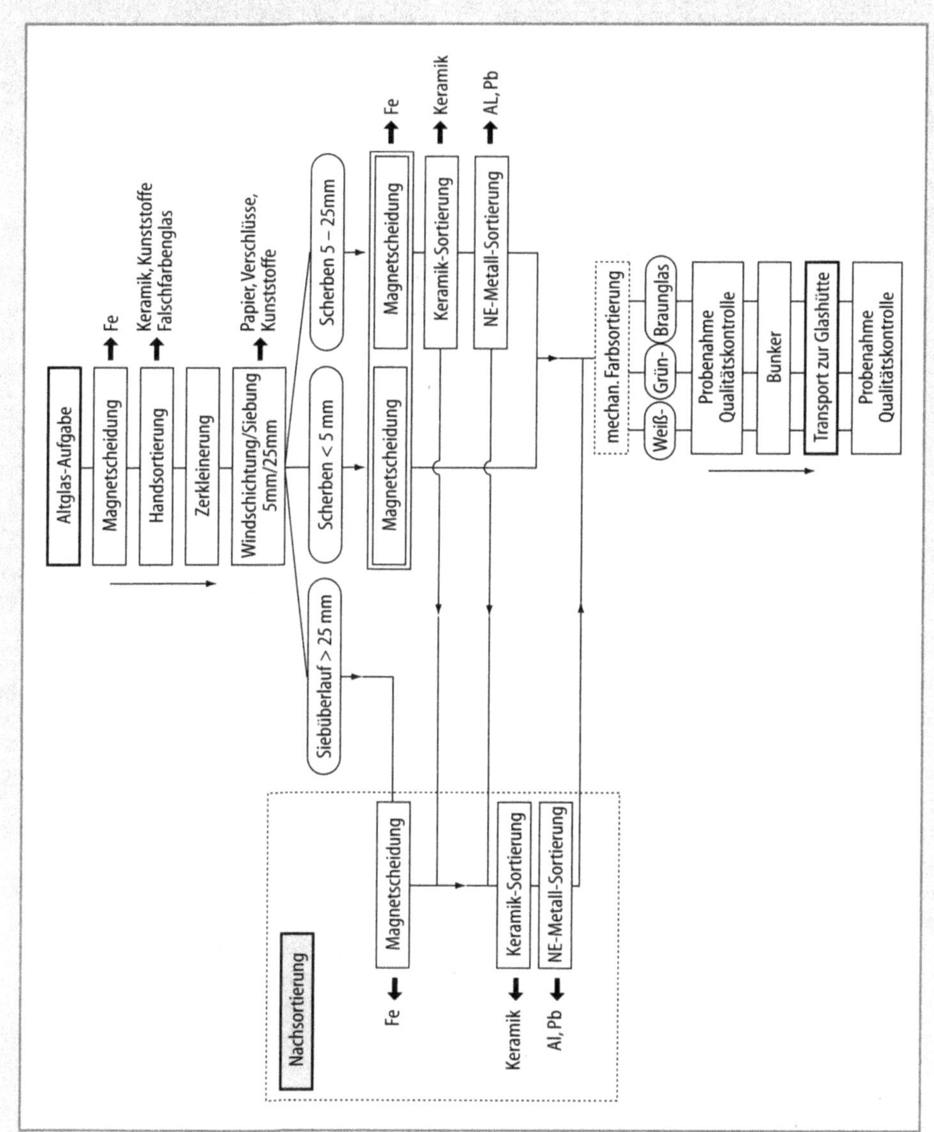

Bild H.4-10 Verfahrensschema einer AG-Aufbereitungsanlage

Tabelle H.4-5 Behälterglasproduktion und AG-Erfassung und -Verwertung in der BRD [H.4.5]

1	2	3	4	5	6	7	8	9	10
				AltglasVerwertung			AG-Inlands-Verwertung		Gesamte
Jahr	BG-Produktion	BG-Inlands-absatz	im Inland	gesamt BG In- und Ausland	alternative Verwertung	Import/Export-saldo	in dt. Bg-Produktion	vom BG-Inlands-absatz	Verwertung BG-Inland-absatz
Jahr	t/a	t/a	t/a	t/a	t/a	t/a	%	%	%
1974		2.307.874	150.000			–		6	
1980		2.457.529	566.474			73.985		23	
1990		3.324.061	1.791.124			–		54	
1991		3.655.397	2.295.423			– 7.211		63	
1992	4.390.000	3.797.992	2.228.924	2.460.000		– 68.521	51	59	65
1993	4.200.000	3.693.206	2.390.279	2.600.000		– 58.410	57	65	70
1994	4.432.000	3.694.096	2.721.659	2.868.436	40.968	147.666	61	74	78
1995	4.580.000	3.718.400	2.713.446	3.000.000		4.711	59	73	81
1996	4.500.000	3.601.350	2.754.594	3.100.000	80.000	– 21.690	61	76	86

Tabelle H.4-6 Anforderungen an Störstoffgehalte und Fehlfarben in Altglasscherben [H.4.5]

Begrenzte Stoffe	Anforderungen im Rahmen des DSD [g/t]	
Feuchte	< 2 %	
Organische Stoffe (Papier, Kunststoff)	< 500	
Magnetische Metalle	< 5	
Leichtmetalle	< 5	
Blei	< 1	
Ton, Keramik, Steine	< 25	
	Unaufbereitet	Aufbereitet
Grün- in Braunglas	< 5 %	< 5 %
Grün- in Weißglas	< 1 %	< 0,1 %
Braun- in Grünglas	< 10 %	< 5 %
Braun- in Weißglas	< 2 %	< 0,5 %
Weiß- in Braunglas	< 5 %	< 5 %
Weiß- in Grünglas	< 15 %	< 5 %

sind ab ca. 1994 in mehreren Aufbereitungsanlagen in der Anwendung und entlasten den Altglasmarkt vom früheren Überangebot an Grün- und Mischglas.

H.4.4 Altkunststoff (AK)

Kunststoffe können nach ihren Haupteigenschaften in folgende Gruppen eingeteilt werden:
- Thermoplaste: lineare oder verzweigte, aber nicht in ihren Polymerketten vernetzte Polymere (Ketten von Monomeren), die beim Erwärmen reversibel bis zur Fließfähigkeit erweichbar sind. Recycling über die Schmelze ist daher möglich.
- Duroplaste: synthetische Kunststoffe, zum Fertigprodukt ausgehärtet aus der Reaktion mehrerer fließfähiger Vorprodukte. Die Härte ist bis zu den Grenztemperaturen des Polymerabbaus wenig veränderlich.
- Elastomere: nicht schmelzbare, dauerelastische Kunststoffe (z. B. PUR).

Für die Abfallwirtschaft sind mengenmäßig neben den Fluidoplasten (z. B. Leim, Lack) und Elastomeren (z. B. Kautschuk) die Gruppen der Thermoplaste (z. B. PE, PP, PVC, PS, PA) und Duroplaste (z. B. PUR, EP, UP) bedeutsam.

Nur bei den Thermoplasten ist eine direkte *werkstoffliche* Wiederverwertung durch erneutes Einschmelzen möglich. Alle anderen Kunststoffe können nur durch Zerlegung in die Ausgangsstoffe *rohstofflich* oder thermisch verwertet werden (vgl. Tabelle H.4-9).

Kunststoff wird für die in Bild H.4-11 dargestellten Einsatzgebiete verbraucht.

Für 1995 wird in der BRD genannt [H.4.6, BVSE 1997]:
- eine Polymerproduktion von 11 Mio. /ta
- ein Kunststoffverbrauch (vermutlich ohne Fluidoplaste) von 6,1 Mio. t/a sowie
- eine Abfallmenge von 3,0 Mio. t/a, davon 1,3 Mio. t/a verwertet (davon 0,485 Mio. t/a über das DSD) und 1,7 Mio. t/a beseitigt.

Die Differenz aus dem Verbrauch und der Abfallmenge führt zu einem wachsenden Lager langlebiger Produkte, insbesondere Baumaterialien, und zu zukünftig steigenden Kunststoffabfallmengen.

Neben den in Tabelle H.4-7 dargestellten Hauptbestandteilen können Kunststoffe Weichmacher (org. Verbindungen, z. B. in PVC weich), Stabilisatoren (schwermetallhaltig mit Pb, Cd (vor allem in Bauprofilen aus PVC hart), Zn und Sn), Licht- und Flammschutzmittel sowie Farbpigmente (meist schwermetallhaltig (Cd (stark rückläufig), Cr, Cu, Ni, Pb, Zn) und Schwermetallkatalysatoren (Titan in PE-HD und PP, Chrom in PE-HD) enthalten. Nähere Angaben hierzu in [H.4.7, H.4.8].

Kunststoffabfälle im Hausmüll setzen sich etwa wie folgt zusammen:

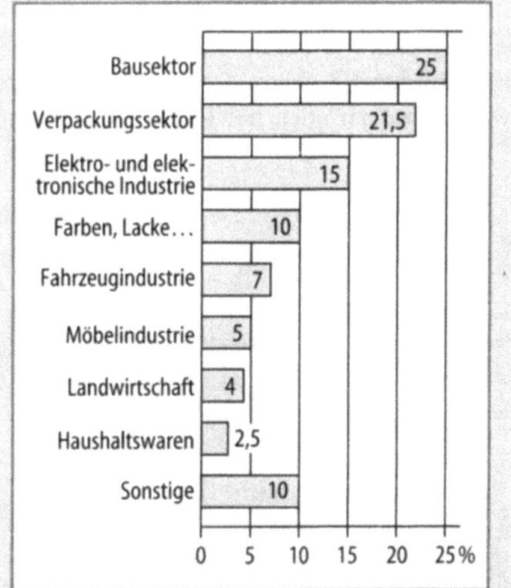

Bild H.4-11 Einsatzgebiete von Kunststoffen 1993 [Verband Kunststofferzeugende Industrie (1994)]

- 60 – 65 Gew. % PE, geringe Anteile PP
- 15 – 20 Gew. % PS
- 10 – 15 Gew. % PVC
- 5 – 10 Gew. % sonstige (PUR, PA, PTFE)

Für die *Abfallverbrennung* ist zunächst bedeutsam, daß die Kunststoffe außer der für die Produktion aufgewendeten Energie je nach der chemischen Zusammensetzung (s. oben) hohe Heizwerte enthalten, die z. T. mit dem Heizwert von Heizöl vergleichbar sind. Geringere Heizwerte ergeben sich nur beim PVC durch den hohen Cl-Anteil, beim PTFE (mengenmäßig unbedeutend) durch den F-Anteil oder beim Silikon durch Ersatz des C durch Si. Kunststoffabfälle eignen sich wegen des hohen Heizwerts auch zur thermischen Verwertung (vgl. § 6 KrW-/AbfG).

Kunststoffgemische im Siedlungsabfall enthalten u. a. PVC (geschätzt im Hausmüll ca. 0,6 und im Gewerbeabfall ca. 2 Gew. %, i. M. ca. 1 %). In Müllverbrennungsanlagen (MVA) wird der Cl-Anteil im PVC zu HCl umgewandelt und anschließend über eine abwasserfreie Rauchgaswäsche in Form von trockenem Salz als $CaCl_2$ oder NaCl abgeschieden. Aus 1 t PVC werden bei stöchiometrischer Umsetzung

$$(23 + 35)/35 \cdot 0,57 \quad = 0,94 \text{ t NaCl oder}$$
$$(40 + 2 \cdot 35)/35 \cdot 0,57 = 0,90 \text{ t } CaCl_2.$$

Wegen erheblich überstöchiometrischer Dosierung sind stets > 1 t Salz/1 t PVC als Sonderabfall zu entsorgen, wodurch 1 t PVC die gesamte Verbrennung mit 5 – 10 DM/t Müll bzw. 500 – 1000 DM/t PVC belastet. Zu fordern wäre entweder eine kostenfreie Rücknahme des anteiligen Salzes durch die PVC-Hersteller oder auch eine Abnahmegarantie zum Zweck der Verwertung in der Chloralkali-Elektrolyse. Als Alternative wird in

Tabelle H.4-7 Zusammensetzung einiger Kunststoffe

Kunststoffart	Anteil in Gew.-%						Heizwert
	C	H	O	N	Cl	F	kj/kg
PE	85,7	14,3	–	–	–	–	46.000
PP	85,7	14,3	–	–	–	–	46.00
PS	92,3	7,7	–	–	–	–	40.500
PUR	62,1	3,4	18,4	16,1	–	–	24.000
PA	63,7	9,7	14,2	12,4	–	–	33.400
PVC	38,7	4,8	–	–	56,8	–	18.000
PTFE	24		–	–	–	76	8.400
Gemischte Kunststoffe im Hausmüll							18.300 (H_u) 26.200 (H_o)

einigen Anlagen die aus dem Rauchgas ausgewaschene Salzsäure als HCl-Dünnsäure an die chemische Industrie zurückgegeben.

Über die Beeinflussung der Bildung von PCDD/PCDF- oder Chlorbenzol-Emissionen durch erhöhte PVC-Gehalte liegen z.T. gegensätzliche Untersuchungsergebnisse vor [z.B. H.4.9, H.4.10]. Auch sehr aufwendige Verbrennungsversuche in der MVA Würzburg unter Beteiligung des Kernforschungszentrums Karlsruhe [H.4.11] mit Zusätzen von 7,5 und 15 Gew. % Kunststoffresten (also auch entsprechend erhöhten PVC-Gehalten) ergaben keine Verschlechterung bei der Roh- und Reingasemission. Offensichtlich reichen für die „De-Novo-Synthese" von PCDD/PCDF auch die Gehalte an Chloriden im übrigen Abfall aus. Schwermetalle aus den Kunststoffen sind dagegen ein bedeutender Schadstoffanteil in den Rohgas-Emissionen bzw. in den Stäuben und Rauchgasreinigungsrückständen.

Bei der *Deponierung und Kompostierung* von Abfall ist das Polymergerüst der synthetischen Kunststoffe selbst nicht biologisch abbaubar, sondern allenfalls einzelne Hilfs- und Füllstoffe (z.B. Weichmacher; vgl. [H.4.8]. Für spezielle abbaubare Kunststoffe bieten sich folgende Möglichkeiten [H.4.12] (s. Tabelle H.4-8):
- gezieltes Einarbeiten labiler Stellen in der Polymerkette,
- photochemisch abbaubare Kunststoffe (Zerfall unter UV-Licht),
- *biologisch abbaubare* Kunststoffe, z.B. auf Cellulosebasis (Cellulosediacetatfolien) oder „Biopol" von ICI auf der Basis von PHBV oder andere Kunststoffe auf Stärkebasis oder Polycaprolacton [H.4.8]. Nachteilig für den Einsatz dieser Kunststoffe sind ihr noch sehr hoher Preis und ihre begrenzte Einsetzbarkeit, z.B. nicht für die Verpackung von Nahrungsmitteln.

Da außerdem der biologische Abbau nicht nur in der Kompostierung oder Deponie stattfinden würde, sondern auch bei längerem Gebrauch

Tabelle H.4-8 Auswahl einiger auf dem deutschen Markt befindlicher biologisch abbaubarer Polymere (nach [H.4.13])

Handelsname	Material	Vertreiber	Auf dem Markt als	ca. Preis
Biopol	Natürlicher Polyester aus PHBV	Zeneca Bio Products	Verpackung (Flaschen) Kompostiersäcke	25 DM/kg
Bioceta	Celluloseacetat mit Weichmacher	Franz Rascher GmbH & Co Chemiewerkstatt KG	Grablichter, Verpackung	11 DM/kg
Flo-pak Bio8	Extrudierte hydroxypropilierte Stärke	FLO-PAK GmbH	Geschäumte Chips als Verpackungspolster	50 DM/m³
MaterBi	Polyester-/Stärke-Mischung	Novamont Sales; Europe Montesdison Deutschland	Kugelschreiber, Farbbandkassetten; Kompostiersäcke	3 – 9 DM/kg
Tone-Polymere	Synthetisches Polyester aus Policaprolacton	Union Carbide Chem. Düsseldorf		5,90 US$/kg
Renatur	Extrudierte Stärke	Storpack; H. Reichenecker GmbH & Co	Geschäumte Chips als Verpackungspolster	50 DM/m³

Tabelle H.4-9 Entsorgungswege und Nutzungsmöglichkeiten bei Altkunststoffen mit Prioritäten

Priorität	Entsorgungsweg	Nutzung	Gewonnenes Produkt
1. 2.	Regranulierung Umschmelzen in sortenreine und gemischte Kunststoffe	*Werkstofflich;* makromolekulare Struktur; Erhalt wesentlicher Anteile des Energieaufwands für die Herstellung	Regranulat, Verarbeitung zu Kunststoffprodukten
3. 4.	Hydrierung Pyrolyse	*Rohstofflich*; organische Grundstruktur	Chemische Grundstoffe; Gase und/oder Öle
5.	Verbrennung	*Thermisch*; Heizwert	Energie
6.	Deponie	Verzicht auf Material- und Heizwert	–

oder beim Recycling-Kreislauf, ist der Nutzen der Bioabbaubarkeit von Kunststoffen umstritten wegen des unkontrollierten Zerfalls von Recycling-Produkten und der unvermeidbaren Vermischung von biologisch abbaubaren und nicht abbaubaren Kunststoffen bei der Altkunststofferfassung und -verwertung.

Bei einer Ökobilanz [H.4.14] von biologisch abbaubaren und fossil basierten Kunststoffen haben die biologisch abbaubaren bei einer Entsorgung über die Kompostierung und der fossil basierten über das DSD und mit dem Rest über 70 % Ablagerung und 30 % die thermische Behandlung

- den Vorteil des geringeren Rohstoffverbrauchs (Erdöl), aber
- die Nachteile keiner stofflichen Verwertung und keiner Nutzung des Energieinhalts (bei thermischer Behandlung oder energetischer Verwertung), sondern meistens eines Energiebedarfs für die Kompostierung.

Ein grundsätzlicher ökologischer Vorteil der biologisch abbaubaren Kunststoffe ist nach [H.4.14] nicht erkennbar (Tabelle H.4-9).

Bei der getrennten Sammlung von Kunststoff macht sich der Gebrauchsvorteil, das leichte Gewicht, nun auch bei der Erfassung wieder bemerkbar. Das niedrige Schüttgewicht von Altkunststofen von nur 10 – 55 kg/m³ verursacht – verglichen mit z.B. Altglas – wesentlich höhere Erfassungskosten.

Erschwerend für die werkstoffliche Verwertung der Kunststoffe ist die große Sortenvielfalt und die Unverträglichkeit vieler Kunststoffe untereinander. Nach Tabelle H.4-10 sind z.B. alle

Tabelle H.4-10 Verträglichkeit unterschiedlicher Kunststoffe (nach [H.4.12])

	PS	SAN	ABS	PA	PC	PMMA	PVC	PP	PE-LD	PE-HD	PET
PS	1										
SAN	6	1									
ABS	6	1	1								
PA	5	6	6	1							
PC	6	2	2	6	1						
PMMA	4	1	1	6	1	1					
PVC	6	2	3	6	5	1	1				
PP	6	6	6	6	6	6	6	1			
PE-LD	6	6	6	6	6	6	6	6	1		
PE-HD	6	6	6	6	6	6	6	6	1	1	
PET	5	6	5	5	1	6	6	6	6	6	1

1 gut mischbar;   6 schlecht mischbar

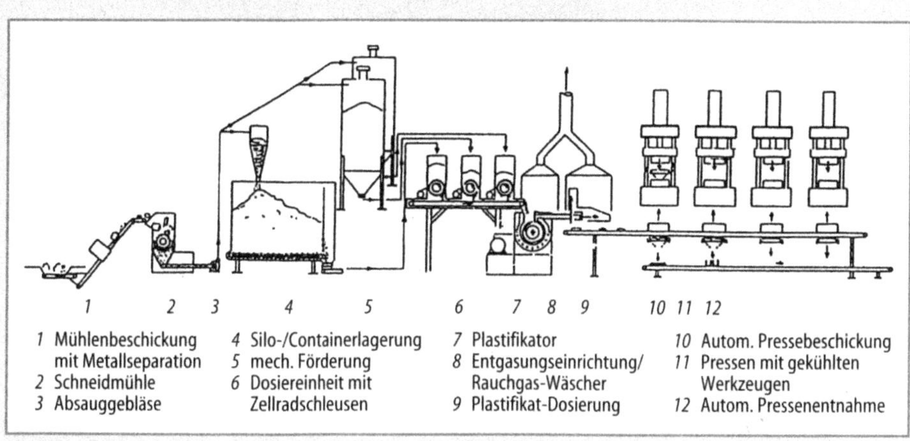

1 Mühlenbeschickung mit Metallseparation
2 Schneidmühle
3 Absauggebläse
4 Silo-/Containerlagerung
5 mech. Förderung
6 Dosiereinheit mit Zellradschleusen
7 Plastifikator
8 Entgasungseinrichtung/ Rauchgas-Wäscher
9 Plastifikat-Dosierung
10 Autom. Pressebeschickung
11 Pressen mit gekühlten Werkzeugen
12 Autom. Pressenentnahme

Bild H.4-12 Aufbereitungsverfahren für gemischte Kunststoffabfälle der Fa. Recycoplast [H.4.8]

Thermoplaste untereinander nicht verträglich. Da eine getrennte Sammlung unterschiedlicher Kunststoffarten nur bei Großanfallstellen möglich ist, müssen für ein werterhaltendes „Re"-cycling daher die Kunststoffarten aufwendig sortiert werden, sonst bleibt nur ein „Down"-cycling zu Kunststoffgemischen sehr geringer Qualität. Für diese Kunststoffgemische besteht jedoch nur ein sehr begrenzter Markt, so daß diese Form des Recyclings nur wenig angewendet werden kann.

Bei Verzicht auf Trennung der einzelnen Kunststoffarten reicht eine vereinfachte Verfahrenstechnik (vgl. auch Bild H.4-12) mit den Stufen:

- Fremdstoff-Sortierung (Fe, NE, sonstige Störstoffe)
- Agglomeration, Zerkleinerung
- Plastifizierung
- Ausformung

Produkte mit großen Wandstärken, die sonst aus Holz oder Beton angeboten werden, z. B. Palisaden, Blumenkübel, Parkbänke, Begrenzungspfähle, Rasengittersteine oder Bakenfüße, lassen sich mit dieser Technik herstellen.

Anspruchsvollere Produkte oder mit Neuware vergleichbares Regranulat läßt sich nur herstellen, wenn das Kunststoffgemisch in die einzelnen Kunststoffsorten manuell oder besser mechanisiert getrennt wird. Für die mechanisierte Sortierung wird vorrangig die unterschiedliche Dichte beim Flotieren und Zyklonieren ausgenutzt:

PE HD	0,94 – 0,96 g/cm³	
PVC hart	1,38 – 1,40 g/cm³	
PE LD	0,91 – 0,94 g/cm³	
PVC weich	1,20 – 1,53 g/cm³	
PP	0,90 – 0,91 g/cm³	
PTFE	2,14 – 2,20 g/cm³	
PS	1,05 – 1,10 g/cm³	
PA	1,04 – 1,15 g/cm³	
PUR	1,15 – 1,23 g/cm³	

Andere mechanische Verfahren zur Trennung von Kunststoffarten, wie die Röntgenfluoreszensanalyse, Massenspektroskopie, Infrarotspektroskopie, die thermo-optische Erkennung oder

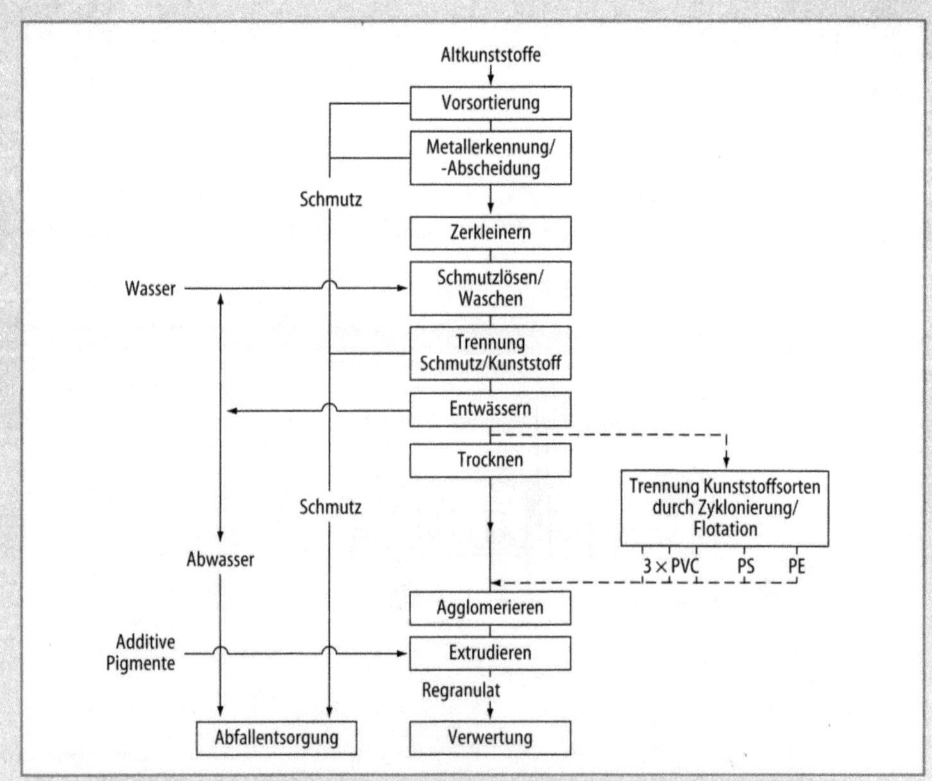

Bild H.4-13 Verfahrensschema zur Aufbereitung von Altkunststoffen (z.B. AKW-Verfahren in Blumenrod/Coburg)

Bild H.4-14 Vergleich des Reaktionsprinzips Pyrolyse und Hydrierung (nach [H.4.16])

Tabelle H.4-11 Zusammensetzung der Destillate aus der Umsetzung von PE-/PP-Gemischen (nach [H.4.16])

	Pyrolyse Gew. %	Hydrierung Gew. %
Methan	23,1	1,1
Ethen	19,0	–
Gasförmige Kohlenwasserstoffe	20,5	7,0
Kettenförmige Kohlenwasserstoffe	4,9	87,7
Benzol	16,6	0,2
Toluol, Xylole	7,8	0,2
Höhere Aromaten	8,1	–
Hochsiedende Kohlenwasserstoffe	–	3,8

auch die optische Bilderkennung sind in der Erprobung (Bild H.4-13).

Als Alternative zur werkstofflichen Verwertung kann, wenn die AK-Gemische physikalisch nicht trennbar oder nicht plastifizierbar sind oder keine wirtschaftlich sinnvolle Verwertungsmöglichkeit besteht, die rohstoffliche Verwertung mit Gewinnung von Chemierohstoffen, besonders Ölen und z. T. auch Gasen, angesehen werden über [H.4.12] (s. Bild H.4-14 und Tabelle H.4-11):

- Alkolyse (z. B. angewandt für PUR-Schaum oder für Autositzreste [H.4.12],
- Hydrierung [vgl. H.4.12, H.4.15], z. B. in der Kohle-Öl-Anlage, Bottrop (KAB). Hier werden die zerkleinerten und agglomerierten DSD-Kunststoffe zunächst auf ca. 2000 ppm dehalogeniert

und dann gemeinsam mit Raffinerie-Vakuumrückständen bei 300 bar Wasserstoffdruck und 475 °C hydriert. Das entstehende hochwertige Syncrude-Öl geht dann wieder in die Raffinerie als Einsatzprodukt für die Polymerisation.

- Dehalogenierung und nachfolgende Destillation bei der BASF [vgl. H.4.15] ebenfalls für zerkleinerte und agglomerierte DSD-Kunststoffe, die zunächst bei 300 °C in Kunststofföl gelöst, dann bei 400 °C durch Visbreaking abgebaut und anschließend destillativ aufgetrennt werden.
- Vorgeschaltete degradative Extrusion zum Abbauen und Dehalogenieren und anschließendes Steamcracken [vgl. H.4.15],
- Einsatz von DSD-Kunststoffen nach mechanischer Aufbereitung oder nach degradativer Extrusion als Reduktionsmittel im Hochofenprozeß (bei den Stahlwerken Bremen (Klöckner) [vgl. H.4.15] für 80.000 t/a ab Mitte 1995),
- Pyrolyse (z. B. [H.4.12] zur Erzeugung von Chemierohstoffen in Form von Gas und Öl, z. B. die Wirbelschicht-Pyrolyse für AK.

H.4.5 Bauabfälle

H.4.5.1 Definitionen, Mengenaufkommen und Verwertung

In Anlehnung an die TA Siedlungsabfall vom Mai 1993 sind in Tabelle H.4-12 die Bauabfallarten und deren Definitionen zusammengestellt.

Bauschutt und Baustellenabfälle (sowie Baumischabfälle) fallen überwiegend im Hochbau an, während Bodenaushub und Straßenaufbruch dem Tiefbau zuzuordnen sind.

Tabelle H.4-12 Definitionen der Bauabfallarten (in Anlehnung an TA Siedlungsabfall)

Abfallart	LAGA-Schlüssel	Definition	Erläuterungen bzw. Hauptinhaltstoffe
Bauabfälle	–	Bauschutt, Bodenaushub, Straßenaufbruch, Baustellenabfälle	Sammelbegriff für alle Abfälle aus Bautätigkeiten
Bauschutt	314 09	Mineralische Stoffe aus Bautätigkeiten, auch mit geringfügigen Fremdanteilen	Beton und Stahlbeton, Kalksandsteine, Ziegel, Mörtel
Boden-aushub	314 11	Nicht kontaminiertes, natürlich gewachsenes oder bereits verwendetes Erd- oder Felsmaterial	Steine, Kies, Sand, Ton, Lehm, Torf
Straßen-aufbruch	314 10	Mineralische Stoffe, die hydraulisch, mit Bitumen oder Teer gebunden oder ungebunden im Straßenbau verwendet werden	Ungebundene Stoffe, z.B. Schotter, gebundene Stoffe wie Asphalt- und Betonaufbruch
Baustellen-abfälle	912 06	Nichtmineralische Stoffe aus Bautätigkeiten, auch mit geringfügigen Fremdanteilen	Hölzer, Verpackungsmaterial, Reste von Baumaterial, -chemikalien, -hilfsstoffen, Materialien aus Innenausbau (Böden, Dämmstoffe usw.)
Baumisch-abfälle	–	In der Praxis häufig vorkommende Vermischung von Bauschutt, Bodenaushub und Baustellenabfällen	Offiziell nicht definierter, jedoch häufig verwendeter Begriff

Tabelle H.4-13 Aufkommen und Verwertung von Bauabfällen (Bezug: alte Bundesländer) und bundesweit angestrebte Verwertungsziele gemäß Entwurf von Zielfestlegungen der Bundesregierung, Stand Juni 1992

	Aufkommen 1989	Verwertung 1989		Aufkommen 1991	Verwertung 1990		Verwertungs-ziel 1994	Verwertungs-ziel 1995
	Mio. t/a	Mio. t/a	%	Mio. t/a	Mio. t/a	%	%	%
Bodenaushub				167,9	53,7	32	– b	– b
Bauschutt	22,6	3,7	16	34,1	9,6	29	50	60
Straßenaufbruch	20,4	11,2	55	21,4	14,8	71	80	90
Baustellenabfälle[a]	10,0	–	–	10,0	–	–	30	40

[a] Es handelt sich z.T. um Baumischabfälle gemäß o.g. Definition (Tabelle H.4-12).
[b] Unbelasteter Erdaushub ist zu verwerten und soll nicht auf Deponien, außer zu Rekultivierungszwecken, abgelagert werden. Sofern eine unmittelbare Verwertung nicht möglich ist, soll zwischengelagert werden.

Die abfallwirtschaftlichen Ziele der Bundesregierung bzgl. Bauschutt, Bodenaushub, Straßenaufbruch und Baustellenabfällen sind wie folgt zusammenzufassen [H.4.17]:
- Bereits bei der Entwicklung neuer Baustoffe, Bauprodukte und Bauweisen sind Abfallvermeidung, stoffliche Verwertung und umweltverträgliche Entsorgung zu berücksichtigen.
- Der Anfall von Baurestmassen als Abfall ist durch geeignete Maßnahmen (z.B. Ablaufgestaltung bei Abbrüchen, direkte Wiederverwendung auf der Baustelle) soweit möglich zu vermeiden.
- Die Verwertung hat Vorrang vor der Ablagerung.
- Die verwertbaren Bestandteile sollen an den Anfallstellen getrennt erfaßt und nicht auf Deponien abgelagert werden.
- Stoffe, die eine Aufbereitung behindern würden, sollen getrennt erfaßt und verwertet bzw. beseitigt werden.
- Bauabfälle sind von schadstoffhaltigen Abfällen gemäß § 14, Abs. 1 AbfG getrennt zu halten.

Die Verwertungsziele der Bundesregierung bis zum Jahr 1995 sind im Vergleich zum Bauabfallaufkommen bzw. zu derzeitigen Verwertungsquoten in Tabelle H.4-13 zusammengestellt, wobei intern verwertete sowie in Kleinbetrieben anfallende Mengen aufgrund der Erhebungsmethode nicht enthalten sind.

H.4.5.2 Stofftrennung durch kontrollierten Rückbau von Bauwerken

Die Zusammensetzung der Bauabfälle aus dem Hochbaubereich ist von der Entwicklung des Baustoffeinsatzes der letzten Jahrzehnte abhängig unter Berücksichtigung der Nutzungsdauer für Bauwerke (Tabelle H.4-14). Der Gewichtsanteil für Beton und sonstige Baustoffe im Hochbau stieg in der Vergangenheit stark an, während der Mauerwerks- und Mörtelanteil entsprechend rückläufig war.

Durch Auswertungen von Ausschreibungsunterlagen (Tabelle H.4-15) oder aus vereinzelt veröffentlichten Stoffbilanzen kontrollierter Abbrüche (Rückbau mit handgeführten Werkzeugen) wird ersichtlich, daß die Bausubstanz auch im Hochbau sich aus häufig bis zu 90 Gew. % mineralischen Stoffen zusammensetzt, die für eine Aufbereitung und Verwertung oder zumindest für

Tabelle H.4-14 Baustoffeinsatz im Hochbau, Angaben in Gew. % (nach [H.4.18])

Baustoff Jahr	1949	1961	1973	1987
Transportbeton	0	2	25	41
Ortbeton und Betonfertigteile	28	45	27	13
Mauerwerk	46	31	24	15
Mörtel, Estrich u.ä.	19	15	11	8
Sonstiges (Dämmstoffe, Stahl, Holzfaser- und Gipskartonplatten u.a.m.)	7	7	13	23

Tabelle H.4-15 Massenbilanz ausgewählter Bauwerke, ermittelt aus Ausschreibungsunterlagen [H.4.19]

Bauweise Tragende Konstruktion Nutzung		Massivbau Beton Wohngebäude	Skelett Beton Büro	Massivbau Beton, Ziegel Schule
Baujahr		1988	1989	1982
Grundfläche	m²	2.084	–	2.132
Umbauter Raum	m³	58.307	–	16.420
Gesamtmasse	t	31.500	19.146	11.550
nicht berücksichtigte Bauelemente		Dach, Fassade, Innenausbau	–	–
Beton	Gew. %	83,12	39,01	65,45
Keramische Baustoffe/Ziegel		0,41	0,47	7,73
Sand, Kies		1,43	26,41	8,06
naturstein		–	–	0,22
Estrich		5,92	24,77	–
Mörtel		2,19	0,48	12,87
Glas	Gew. %	0,00	–	–
Asbestzement		–	–	0,01
Gipsdielen, -karton		3,26	–	0,00
Bewehrungsstahl	Gew. %	2,59	1,60	1,85
Baustahl		–	–	0,02
Sonstige Metalle		0,01	0,02	0,09
Holz	Gew. %	–	–	0,00
Bitumische Baustoffe		0,03	7,11	3,17
Teerhaltige Baustoffe		–	–	0,02
Mineralische Dämmstoffe		0,88	0,06	0,12
Kunststoff, Dämmstoffe		0,05	0,03	0,06
Dichtungsmaterialien (Bitumin., Kunststoff)		0,03	0,03	0,13
Sonstige Kunststoffe		0,09	0,02	0,03
Anstriche, Klebstoff		0,00	0,01	0,11
Sonstige Materialien		–	0,00	–

eine Ablagerung auf Inertstoffdeponien geeignet sind. Beim herkömmlichen Abbruch (i. d. R. Bagger oder Fallbirne) entstehen Baumischabfälle, die kostspielig sortiert oder auf Siedlungsabfalldeponien entsorgt werden müssen. Durch Rückbau und Vortrennung auf der Baustelle können bei steigenden Deponiepreisen zunehmend Entsorgungskosten gespart werden. Dieser Einsparung steht der deutlich höhere Aufwand des kontrollierten Rückbaus gegenüber, so daß nur eine Wirtschaftlichkeitsbetrachtung unter Einbeziehung notwendiger Transporte im Einzelfall Aufschluß über die effektive Kostenersparnis geben wird. Größenordnungsmäßig kann davon ausgegangen werden, daß bei Entsorgungskosten > 200 DM/t für Baumischabfälle kontrollierte Rückbauverfahren wirtschaftlich interessant werden.

Der weitaus größte Teil der Baumischabfälle stammt jedoch aus dem Bereich der Sanierung/Renovierung von Gebäuden, so daß gerade in diesem Bereich eine Stofftrennung notwendig ist. Bei größeren Baustellen ist folgende Trennung zu empfehlen (Sammlung in der Nähe der Hauptanfallstelle in verschließbaren Containern zur Vermeidung von Fremdeinwürfen):
- trockene Wertstoffe (Folien, Pappe, EPS),
- unbehandeltes Holz,
- Fe-Metalle,
- Bauschutt (Steine, Sand, Beton, Mauerwerk),
- Sonderabfälle (Lackierabfälle, Verpackungen mit schädlichen Restinhalten, Putzlappen, Batterien, unbekannte Flüssigkeiten, teerhaltige Materialien, Asbest usw.),
- Baustellenabfälle (verschmutzte Wertstoffe, Dämmstoffe, Kabelreste, behandelte Hölzer, Schleif- und Tapetenreste usw.),
- hausmüllähnliche Gewerbeabfälle (Pausenabfälle, Büroabfälle).

H.4.5.3 Technik der Bauschuttaufbereitung

Zur wirtschaftlichen Verwertung von Bauschutt ist eine Trennung am Entstehungsort nach Arten und Qualitäten unabdingbar. Im einfachsten Fall kann eine Verwertung unbelasteten Materials ohne jede Aufbereitung bei Grubenrekultivierungen, Lärmschutzwällen oder als Deponieunterbaumaterial erfolgen.

Ein Marktwert ist jedoch nur durch Aufbereitung zu erzielen, wobei je nach Vormaterial und eingesetzter Technik mehr oder weniger definierte Produktqualitäten erzeugt werden. Grundsätzlich sind folgende Aufbereitungstechniken zu unterscheiden:
- stationäre, semimobile, mobile und vollmobile Anlagen (letztere selbstfahrend auf Raupenfahrwerk),
- Anlagen mit ein- oder zweistufigem Brechvorgang,
- trockene und nasse Aufbereitung (z. B. Windsichtung bzw. Aufschwemmverfahren).

Die Durchsatzleistungen liegen zwischen 50 – 400 t/h. Höhere Produktqualitäten lassen sich von Einzelfällen abgesehen nur in semimobilen und stationären Anlagen > 150.000 t/a wirtschaftlich herstellen.

Nach Erfahrungswerten können für unterschiedliche Anlagengrößen folgende sinnvolle Brecherkombinationen angeben werden [H.4.20]:
- Die Prallmühle als Universalgerät (auch bei einstufigen Anlagen) bis 100.000 t/Jahr,
- Backenbrecher und Prallmühle als zweistufige Zerkleinerung ab 100.000 t/Jahr,
- Walzenbrecher und Prallmühle als zweistufige Zerkleinerung ab 120.000 t/Jahr.

Neben der Zerkleinerung sind Sieb- bzw. Klassiermaschinen weitere zentrale Bestandteile von Anlagen zur Bauschuttaufbereitung. Siebe (bzw. Roste) erfüllen hierbei folgende Funktionen:
- Entfernung grober Störstoffe – Vorsortierung (Bechersiebe, Rollensiebe, Stangensizer, häufig jedoch Bagger mit speziellem Greifer),
- Absiebung der Feinfraktion < 45 mm vor dem Brecher zur Verschleißminderung (Spannwellensiebe, Schwingsiebe, Trommelsiebe, Disk-Scheider),
- Absiebung des Überkorns nach dem Brecher und Rückführung zum Brecher,
- Klassierung des Produkts in verschiedene, marktgerechte Korngrößenklassen (i. d. R. 0 – 8 mm, 8 – 16 mm, 16 – 32 mm und 32 – 45 mm oder als Gemisch 0 – 45mm).

Zur Abscheidung von Leichtstoffen können zusätzlich Sichter (Stromklassierer) ggf. auch Schrägsortierer eingesetzt werden. Da nasse Verfahren (Hydroklassierer wie Aquamator, Hydro-Trommelabscheider) zu Problemen bei der Abwasser- und Schlammentsorgung führen, werden trockene Verfahren (Windsichter) bevorzugt.

Neben den genannten Aggregaten werden Magnetabscheider für Eisenmetalle, kontinuierliche Förderanlagen und frei bewegliches Gerät (Rad-

Tabelle H.4-16 Kosten der Bauschuttaufbereitung nach Untersuchungsergebnissen von Stoll et al. [H.4.21]

Durchsatz	t/a	50.000	100.000	150.000	200.000	250.000	300.000
Fixkosten	DM/t	21,54	11,39	8,00	6,32	5,30	4,62
Variable Kosten	DM/t	6,78	4,37	3,57	3,16	2,92	2,76
Gesamtkosten	DM/t	28,32	15,76	11,57	9,48	8,22	7,38

lader, Bagger) zur Beschickung der Anlage und zum Verladen benötigt.

Die Kosten der Bauschuttaufbereitung (Kapital- und Betriebskosten) schwanken je nach Anlagenausstattung und -durchsatz in weiten Bereichen (Tabelle H.4-16). Unter Berücksichtigung üblicher Ablagerungsgebühren und Verkaufserlöse ist erst ab Durchsätzen > 200.000 t/a ein ausreichender Gewinn zu erwirtschaften [H.4.21].

Umweltbelastungen entstehen durch Staub und Lärm (und ggf. Erschütterungen), so daß durch Entstaubungsanlagen, absenkbare Haldenbänder, Wasserbedüsungssyteme und Lärmkapselungen entsprechende Vorsorge zu treffen ist.

H.4.5.4 Verwertung von Straßenaufbruch

Der Anteil der Asphaltbefestigungen beim klassifizierten Straßennetz der alten Bundesländer liegt bei ca. 95 % (nur beim Autobahnbau wird noch ein nennenswerter Anteil an Beton verwendet). Die gesamte anfallende Menge an Ausbauasphalt wird auf 10 – 12 Mio t/a geschätzt, wovon ca. 50 % verwertet werden. Demgegenüber sind die durch Rückformen der Fahrbahnoberfläche verwerteten Asphaltmassen von 200.000 – 300.000 t/a [H.4.22] relativ unbedeutend.

Der mittlere Bitumenanteil in Asphalten beträgt ca. 5 % und stellt bei einem Bitumenpreis von bis zu 500 DM/t einen hohen Wert dar, so daß Ausbauasphalt nach LAGA-Richtlinie 1994 getrennt auszubauen ist und soweit möglich wieder im Straßenoberbau eingesetzt werden soll. In anderen Einsatzbereichen wird der Bindemittelgehalt des Ausbauasphaltes nicht genutzt (Downcycling).

Bei der Wiederverwendung von Asphalt sind grundsätzlich die Baustellenverfahren (Erneuerung nur der Deckschicht bei großen Flächen und geringer Verkehrsbehinderung) und die Mischanlagenverfahren zu unterscheiden. In Chargenmischanlagen kann die Erwärmung des (vorher gebrochenen) Asphaltgranulats entweder durch

die heißen Mineralstoffe oder gemeinsam mit den Mineralstoffen oder durch gesonderte Vorrichtungen erfolgen (Tabelle H.4-17).

Dem Stand der Technik folgend haben die einzelnen Bundesländer für ihren Zuständigkeitsbereich in eigenen Richtlinien Sonderregelungen für die Zugabe von Ausbauasphalt bei der Herstellung von Asphaltmischgut erlassen und ständig modifiziert.

Bei einer geschätzten jährlichen Mischgutproduktion von 40 Mio. t (alte Bundesländer) ist aufgrund verschiedener Modellrechnungen nachgewiesen worden, daß bei den früher geltenden Mengenbegrenzungen nicht der gesamte anfallende Ausbauasphalt in bituminös gebundenen Schichten wiederverwendet werden kann [H.4.23]. Diesem Mengendruck konnte durch die fortlaufende Anpassung der Länderregelungen an den Stand der Technik bereits teilweise begegnet werden.

Während Ausbauasphalte mit Bitumen als Bindemittel als problemlos gelten, sind bei pechhaltigen Asphalten besondere Anforderungen zu stellen. Pech (früher als Teer bezeichnet) wird heute als Bindemittel aus Arbeitsschutzgründen nicht mehr eingesetzt, ist aber in vorhandenen Straßenbelägen z.T. im Gemisch mit Straßenbaubitumen (Pechbitumen) enthalten. Der Ausbau pechhaltiger Schichten ist nach Möglichkeit zu vermeiden. Falls ein Ausbau unvermeidlich ist, ist eine Verwertung im Straßenbau anzustreben, wobei Heißmischverfahren aus arbeitsmedizinischen Gründen bedenklich sind (Emissionen krebserzeugender PAK) und demnach derzeit den Kaltbauweisen der Vorzug zu geben ist. Folgende Zielvorgaben sind dabei zu erfüllen [H.4.24]:
- dauerhafte, wirksame Bindung des pechhaltigen Straßenaufbruchs,
- Minimierung des Hohlraumanteils der eingebauten Schicht,
- Minimierung des Wasserzutritts zur eingebauten Schicht.

Tabelle H.4-17 Varianten der Wiederverwendung von Asphalt

Baustellenverfahren	
Reshape	Wiederherstellung des Deckenmaterials ohne Mischgutzugabe; das Deckenmaterial wird mit verbesserter Ebenheit wieder eingebaut.
Repave	Wiederherstellung mit Mischgutzugabe, aber ohne Mischen (das rückgeformte, noch heiße Deckenmaterial wird mit einer Lage aus neuem Mischgut heiß auf heiß überbaut).
Remix	Wiederherstellung mit Mischgutzugabe (es wird in das alte heiße Deckenmaterial neues Mischgut oder zusätzliches Bindemittel eingemischt).
Mischanlagenverfahren	
Kaltzugabe	Zugabe von kaltem Asphaltgranulat direkt in den Mischer, die Mineralstoffwaage oder Siebumgehungstasche (bei Wassergehalten < 3 % können 20 – 30 % Asphaltgranulat direkt zugegeben werden).
Zugabe in den Heißelevator	Die Zugabe des Asphaltgranulats in den Auslauf der Trockentrommel oder den Heißelevator ist zwischen Kalt- und Heißzugabe einzuordnen.
Heißzugabe	Zugabe in die Trockentrommel (Stirn- oder Mittenzugabe), wobei Zugabemengen von 40 – 50 % möglich sind.
Zugabe über eine Parallel- oder Doppeltrommel	Die Trocknung und Erwärmung des Asphaltgranulats erfolgt schonend in einer separaten Trockentrommel. Hierdurch können bei Tragschichten bis zu 80 % Zugabemenge erreicht werden. Fundationsschichten sind schon zu 100 % aus Asphaltgranulat hergestellt worden.

Kalt gebundener pechhaltiger Straßenaufbruch darf nur im eingeschränkten Einbau unter wasserundurchlässigen Schichten eingesetzt werden. Der Einbau soll gemäß den Merkblättern der Forschungsgesellschaft für Straßen- und Verkehrswesen FGSV erfolgen (FGSV-Nr. 755 „Merkblatt für die Wiederverwendung pechhaltiger Ausbaustoffe im Straßenbau unter Verwendung von Bitumenemulsionen" und FGSV-Nr. 826 „Merkblatt für die Verwendung von Ausbauasphalt und pechhaltigem Straßenaufbruch in Tragschichten mit hydraulischen Bindemitteln"). Die Vermischung von pechhaltigem Straßenaufbruch mit Ausbauasphalt ist unzulässig. Neben den Regelungen der FGSV-Merkblätter existieren vorläufige Regelungen einzelner Bundesländer (Zusammenstellung in [H.4.25]).

H.4.5.5 Sortierung und Aufbereitung von Baumischabfällen

Ziele der Baumischabfallsortierung sind die Abtrennung mineralischer Stoffe von den übrigen Materialien (Baustellenabfälle) und darauf basierend die Erzeugung verwertbarer Produktqualitäten sowohl aus den mineralischen Stoffen als auch, soweit möglich, aus den sonstigen Altstoffen. Aufgrund hoher Verschmutzungsgrade sind allerdings aus Baumischabfällen aussortierte Folien und Pappen schwer absetzbar. Zusammen mit den Metallen bilden sie überdies i. allg. nur einen Anteil von < 5 Gew. % am Input-

material einer Sortieranlage, so daß die Reduzierung der Abfallmenge allein hierdurch relativ unbedeutend bleibt.

Holz wird häufig nach behandelten und unbehandelten Hölzern sortiert, wobei nur für letztere Verwertungsmöglichkeiten hauptsächlich in der Spanplattenindustrie existieren. Für mit Holzschutzmitteln behandelte Hölzer, wie sie im Baugewerbe den Regelfall darstellen, sind bis auf einzelne Anwendungen (zweifelhafte Verwertung von teerölimprägnierten Bahnschwellen im Garten- und Landschaftsbau) keine Verwertungsmöglichkeiten bekannt. Gemäß TA Abfall bzw. AbfBestV vom 03.04.90 handelt es sich bei Holzabfällen mit organischen oder anorganischen schädlichen Verunreinigungen (Abf.-Schl.-Nr. 172 13 und 172 14) um besonders überwachungsbedürftige Abfälle, die vorrangig in Sonderabfallverbrennungsanlagen bzw. auf Sonderabfalldeponien entsorgt werden sollen. Schon aufgrund des hohen Mengenanfalls erfolgt die Entsorgung derzeit jedoch in Hausmüllverbrennungsanlagen und auf Hausmülldeponien. Insgesamt ist die Entsorgung behandelter Hölzer noch als Bereich mit eher geringem Problembewußtsein und grossen Wissensdefiziten einzuschätzen [H.4.27].

Erfahrungsgemäß [H.4.28, H.4.29] enthalten Baumischabfälle derzeit etwa 60 – 80 Gew. % mineralische Anteile, so daß neben der Schadstoffentfrachtung die Verwertung dieser Inertstoffe vordringliches Ziel der Baumischabfallaufbereitung ist. Die mineralische Feinfraktion

<10–20 mm kann evtl. als Füllstoff abgegeben werden, sofern eine ausreichende Qualität erzeugt wird und sich insbes. die Sulfatbelastung und der organische Anteil in Grenzen halten. Für die mineralische Grobfraktion ist ein Aufbereitungsprozeß wie bei reinem Bauschutt zweckmäßig.

Als Aufbereitungsreste verbleiben 20 bis 40 Gew.% der Baumischabfälle, so daß die Aufbereitung dieser Abfälle die Deponie zu 60–80 Gew.% entlastet. Die Baumischabfallsortierung stellt damit einen wichtigen Baustein integrierter Abfallwirtschaftskonzepte dar.

Da auf personalintensive Handsortierungen (Altstoff- und Störstoffauslese) bei der Baumischabfallaufbereitung bisher nicht verzichtet werden kann und der verfahrenstechnische Aufwand insgesamt höher ist als bei der Bauschuttaufbereitung, muß auch mit deutlich höheren Kosten von bis zu 100 DM/t gerechnet werden. Die Durchsätze derartiger Anlagen bewegen sich meistens um oder unter 50.000 t/a.

H.4.5.6 Prüfkriterien, Beurteilung der Umweltverträglichkeit und Vermarktungschancen von Recyclingbaustoffen

Der Einsatz von Recyclingbaustoffen darf weder zu Schäden am Bauwerk noch zu Umweltbeeinträchtigungen führen. Es sind daher für verschiedene Anwendungsbereiche die Eigenschaften gemäß Tabelle H.4-18 zu prüfen.

Tabelle H.4-18 Zu prüfende Eigenschaften bei der Verwertung von Recyclingbaustoffen (FGSV-Merkblatt über die Verwendung von industriellen Nebenprodukten im Straßenbau, Teil: Wiederverwendung von Baustoffen, 1985)

	Zu prüfende Eigenschaften	A	B	C1	C2	D1	D2	E	F	G1	G2	H
	Verwendungsbereiche							Oberbau				
1	Stoffliche Zusammensetzung	●	●	●	●	●	●	●	●	●	●	●
2	Widerstand gegen Verwitterung (DIN 52106)		●					●	○	●	●	●
3	Widerstand gegen Frost		●					●	○	●	●	●
4	Raumbeständigkeit	○		○	○	●	●	●	●	●	●	●
5	Korn-, Rohdichte		●	●	●	●	●	●	●	●	●	●
6	Korngrößenverteilung	○	●	●	●	●	●	●	●	●	●	●
7	Kornform				○	○		●		●	●	●
8	Anteil an gebrochenen Körnern		○					○		●	●	●
9	Kornfestigkeit		●					●	○	●	●	●
10	Schädliche Bestandteile nach DIN 4226								●			●
11	Affinität zu bit. Bindemitteln									●	●	
12	Verhalten in der Trockentrommel									●	●	
13	Proctordichte	○	●	●	●	●	●	●	●			
14	Verformungsmodul, Standfestigkeit Haufwerksfestigkeit, Scherfestigkeit	○	○	●	●	○	○	●				
15	Zeit-Setzungsverhalten	○		●	●	○		○				
16	Frostempfindlichkeit				●			●	●			
17	Begrünbarkeit	○										
18	Chemisch-pysikalische Einwirkung auf Bauteile	○	○	○	○	○	○	○	○	○	○	○
19	Einwirkung auf Umwelt	○	○	○	○	○	○	○	○	○	○	○

● zu prüfen
○ unter bestimmten Umständen zu prüfen

A Lärmschutzwälle
B Ungeb. Verkehrsflächen und Wegebau
C1 Unterbau
C2 Hinterfüllung und Überschüttung
D1 Verfüllung von Leitungsgräben
D2 Bodenverfestigung und Untergrundverbesserung
E Tragschichten ohne Bindemittel
F Hydraulisch gebundene Tragschichten
G1 Tragschichten mit bitumin. Bindemitteln
G2 Bit. Deck- und Binderschichten
H Betontragschichten

Richtlinie		RAL-RG 501/2 (kontaminierte Böden)	LAGA Technische Richtlinie	LAGA Technische Richtlinie	TA Siedlungs- abfall (Anhang B)
Erscheinungsjahr		08/1991	09/1994	09/1994	05/1993
Spezifizierung		Güteklasse I	Z 0	Z 2	Deponieklasse I
Beschreibung		generell einsetzbar	uneingeschränkt. Einbau	eingeschränkter Einbau	Inertstoffdeponie
Feststoffkriterien					
Glühverlust	% der TS	–	–	–	3,0
TOC	% der TS	–	–	–	1,0
Extrahierb. lipophile Stoffe	% der OS	–	–	–	0,4
Extrahierb. Org. Halogene EOX	mg/kg	0,10	1,00	15,00	–
Kohlenwasserstoffe KW	mg/kg	100,00	100,00	1.000,00	–
Polycycl. Aromat. KW PAK (Σ 16 PAK nach US/EPA)	mg/kg	1,00	1,00	20,00	–
Einkernige Aromaten BTEX	mg/kg	0,10	< 1,00	5,00	–
LCKW (aliphatische CKW)	mg/kg	0,10	< 1,00	5,00	–
PCB (Σ 6 PCB n. DIN 51527	mg/kg	0,05	0,02	1,00	–
Chlorbenzole, gesamt	mg/kg	0,05	–	–	–
Chlorphenole, gesamt	mg/kg	0,01	–	–	–
Cyanide, gesamt CN⁻	mg/kg	5,00	1,00	100,00	–
Arsen As	mg/kg TS	1/(15)	20,00	150,00	–
Cadmium Cd	mg/kg TS	0,1/(1)	0,60	10,00	–
Chrom Cr	mg/kg TS	1/(500)	50,00	600,00	–
Kupfer Cu	mg/kg TS	3/(80)	40,00	600,00	–
Quecksilber Hg	mg/kg TS	0,02/(500)	0,30	10,00	–
Nickel Ni	mg/kg TS	2/(500)	40,00	600,00	–
Blei Pb	mg/kg TS	2/(80)	100,00	1.000,00	–
Thallium Tl	mg/kg TS	0,02/(0,5)	0,50	10,00	–
Zink Zn	mg/kg TS	5/(200)	120,00	1.500,00	–
Eluatkritierien					
pH-Wert	–	ist anzugeben	6,5 – 9,0	5,5 – 12,0	5,5 – 13,0
Leitfähigkeit	µS/m	ist anzugeben	500	1.500	10.000
Arsen As	µg/l	200	10,0	60	200
Cadmium Cd	µg/l	20	2,0	10	50
Chrom Cr	µg/l	50	15,0	150	–
Chrom VI Cr VI	µg/l	–	–	–	50
Kupfer Cu	µg/l	1.000	50,0	300	1.000
Quecksilber Hg	µg/l	1	0,2	2	5
Nickel Ni	µg/l	50	–	–	200
Blei Pb	µg/l	200	20,0	200	200
Thallium Tl	µg/l	–	< 1,0	5	–
Zink Zn	µg/l	5.000	100,0	600	2.000
Org. Kohlenstoff TOC	µg/l	–	–	–	–
Sulfat SO₄	µg/l	ist anzugeben	50	150	–
Clorid Cl⁻	µg/l	ist anzugeben	10	30	–
Fluorid F⁻	µg/l	ist anzugeben	–	–	5.000
Ammonium-N NH₄–N	µg/l	ist anzugeben	–	–	4.000
Cyanid, gesamt CN⁻	µg/l	50	< 10	100	–
Cyanid, l. freis. CN⁻	µg/l	–	–	50	100
Phenolindex	µg/l	100	< 10	100	200
Adsorbierb. Org. Halog. AOX	µg/l	500	–	–	300
Kohlenwasserstoffe KW	µg/l	1.000	–	–	–
Polycycl. Aromat. KW PAK	µg/l	5	–	–	–

Zusätzlich ist die Umweltverträglichkeit der Sekundärbaustoffe zu beurteilen. Hierzu existieren in aktuellen, häufig im Hinblick auf Altlastensanierungen erstellten Richtlinien mehrerer Bundesländer Feststoff- und Eluatkriterien. Einen sehr umfassenden, in Tabelle H.4-19 nur teilweise wiedergegebenen Kriterienkatalog enthält [H.4.30]. Die früher unbefriedigende Situation der fachlich kaum begründbaren, unterschiedlichen Länderregelungen (Zusammenstellung z.B. in [H.4.31]) hat sich durch die 1994 herausgegebene LAGA-Richtlinie „Anforderungen an die stoffliche Verwertung von mineralischen Reststoffen/Abfällen" einheitlicher gestaltet. Zwei der dort genannten 3 Einbauklassen (Zuordnungswerte Z 0 für uneingeschränkten Einbau und Z 2 für eingeschränkten Einbau mit definierten technischen Sicherungsmaßnahmen) sind in Tabelle H.4-19 den Werten der TA Siedlungsabfall für Deponieklasse 1 (Inertstoffdeponie = Zuordnungswert Z 3 nach LAGA-Richtlinie) gegenübergestellt.

Die allgemeinen Marktchancen von Recyclingbaustoffen lassen sich durch den Vergleich des Bauschuttaufkommens (mit zusätzlichen Anteilen an Straßenaufbruch) mit dem Bedarf bzw. der Produktion an natürlichen Mineralstoffen grob abschätzen. Nach Untersuchungen von Stein [H.4.32] kann mit Recyclingbaustoffen in etwa folgender Bedarf abgedeckt werden:
- ca. 30 % der Baustoffe mit geringen Qualitätsanforderungen,
- ca. 5 % des Gesamtverbrauchs an Kies und Sand,
- ca. 3 % des gesamten Verbrauchs körniger Mineralstoffe.

Allein für den Straßenbau werden jährlich in den alten Bundesländern 250–300 Mio. t Mineralstoffe benötigt. Der Gesamtbedarf wird mit etwa 500 Mio. t/a angegeben [H.4.33].

Für nach Stoffgruppen unterschiedene Recyclingbaustoffe werden die Verwendungsbereiche nach Tabelle H.4-20 empfohlen. Der Haupteinsatzbereich ist derzeit in Frostschutz- und Schottertragschichten des Straßenunterbaus zu sehen. Grundsätzlich sollte eine Verwertung auf möglichst hohem Niveau angestrebt werden, so daß für ein wirkliches „Recycling" die Sekundärbaustoffe zukünftig verstärkt in ihrem ursprünglichen Verwendungsbereich einzusetzen wären (Tabelle H.4-21).

Die Erwartungen seitens der potentiellen Anwender (Bauunternehmen) von Recyclingbau-

Tabelle H.4-20 Verwendungsmöglichkeiten der Stoffgruppen in verschiedenen Anwendungsbereichen (FGSV-Merkblatt über die Verwendung von industriellen Nebenprodukten im Straßenbau, Teil: Wiederverwendung von Baustoffen, 1985)

Stoffgruppen	A	B	C1	C2	D1	D2	E	F	G1	G2	H
							Oberbau				
1 Asphalt	●	●	○	○	○	○	○	○[a]	●[b]	●[b]	
2 Beton, Betonwerksteine	●	●	●	●	●	●	●	●	○		●
3 sonst. hydr. geb. Materialien	●	●	●	●	●	●	●	●	○		●
4 Naturwerksteine, gebr. ungebr. Materialien, Gleisschalter	●	●	●	●	●	●	●	●	●	●	●
5 Kies, Sand	●	●	●	●	●	●	●	●	●	○	●
6 sonst. mineralische Massen (z.B. bindige und verwitterungsempfindliche Stoffe)	●	○	●	○	○	○					
7 Ziegel, Mauerwerk, Steinzeug	●	●	●	○	●	●	○	○			○[a]

● Verwendung möglich
○ Verwendung bedingt möglich

[a] Als Beimengung zu den Stoffgruppen 2 bis 5 je nach Laboruntersuchung oder aufgrund von Praxiserfahrungen
[b] Siehe „Merkblatt für die Erhaltung von Asphaltstraßen – Teil: Bauliche Maßnahmen – Wiederverwenden von Asphalt"

A Lärmschutzwälle
B Ungeb. Verkehrsflächen und Wegebau
C1 Unterbau
C2 Hinterfüllung und Überschüttung
D1 Verfüllung von Leitungsgräben
D2 Bodenverfestigung und Untergrundverbesserung

E Tragschichten ohne Bindemittel
F Hydraulisch gebundene Tragschichten
G1 Tragschichten mit bitumin. Bindemitteln
G2 Bit. Deck- und Binderschichten
H Betontragschichten

stoffen sind auf der Grundlage von Umfrageergebnissen in Tabelle H.4-22 zusammengestellt. Akzeptanzprobleme, die einer Verwertung entgegenstehen können, existieren hauptsächlich bei den Produktqualitäten. Gesicherte Qualitäten, die dem RAL-Gütezeichen genügen [H.4.35], sind nur mit relativ aufwendiger Aufbereitungstechnik zu erzielen. Bei durch Eigen- und Fremdüberwachung gesicherter Qualität sowie einer marktgerechten Produktpalette und Preisnachlässen gegenüber Neuware sind gute Marktchancen gegeben.

Tabelle H.4-21 Einsatzgebiete für Sekundärbaustoffe [H.4.34]

Einsatzbereich	Anteil in %
Landschaftsbau, Rekultivierung	3,3
Unterbau, Dammbau, Lärmschutzwall	6,6
Bodenverbesserung, Bodenverfestigung	16,4
Frostschutz-, Schottertragschicht	59,4
Ungebundene Verkehrsflächen, Wegebau	7,4
Kanalbau	3,4
Zwischenlager	3,5

H.5 Abfallablagerung

H.5.1 Grundlagen

Hatte sich an der Technik, wie sich der Mensch seiner Abfälle durch Ablagern entledigte, jahrtausendelang vom Abfallhaufen vor der Steinzeitsiedlung bis zu den Müllplätzen in der Nähe unserer Dörfer und Städte wenig geändert, so bewegen wir uns in der Bundesrepublik Deutschland etwa seit den 70er Jahren mit großen Schritten aus der „Steinzeit der Deponietechnik" hinaus. Trotz der Fortschritte kann die derzeit noch übliche Praxis der Ablagerung von unbehandelten Abfällen in zwar basisgedichteten, aber sonst offenen Deponien zu erheblichen Belastungen der Umwelt führen. Mögliche Emissionen wie organisch belastetes Sickerwasser, Deponiegas, Gerüche, Lärm, Staub, Papier- und Kunststoffverwehungen sowie das z.T. massenhafte Auftreten von Vögeln und Ungeziefer prägen das negative Image herkömmlicher Deponien. Kurzfristiges und langfristiges Ziel der Deponietechnik muß die Vermeidung bzw. Verminderung der Umweltbelastungen sein.

In der TA Abfall und der TA Siedlungsabfall, dem untergesetzlichen Regelwerk zum gültigen Kreislaufwirtschafts- und Abfallgesetz, finden

Tabelle H.4-22 Umfrageergebnisse zur Akzeptanz von Recycling-Baustoffen bei potentiellen Anwendern [H.4.36]

Anforderungsprämissen	
– Qualitätssicherung	75 %
– Reinheitsgrad	60 %
– Sieblinie	60 %
– Verarbeitungseigenschaften	60 %
– Sortiment	45 %
– Materialdosierung	40 %
Hauptverwendungsgebiete	
– Straßenunterbau	60 %
– Deckschicht	56 %
– Erdbau	60 %
– Tiefbau	35 %
– anteilige Einsetzbarkeit	45 %
Genannte Hauptmängel von Recycling-Baustoffen	– nicht frostbeständig – verunreinigt – hoher Ziegelanteil – hohe chemische Kontamination – Holz- und PVC-Reste
Gründe für die Ablehnung von Recycling-Baustoffen	– undifferenzierte Angaben – veraltete Vorschriften – keine vorhandene DIN-Vorschriften – Preis – Garantie – Umweltverträglichkeit

sich hierzu umfassende Regelungen. Der Schwerpunkt dieses Beitrags liegt auf den Anforderungen der TA Siedlungsabfall (abgekürzt TA Si) an Deponieneuplanungen und Altdeponien, die grundsätzlich seit dem 01.06.1993 zu beachten sind. Für Altdeponien gelten Übergangsvorschriften, wonach die Schritte eines technischen und organisatorischen Nachrüstprogramms spätestens zum 01.06.2005 umgesetzt sein müssen. Spätestens zu diesem Termin ist auch der Ablagerungsbetrieb für Rohabfälle einzustellen.

Mehrere andere europäische Länder, z. B. die Niederlande, Österreich und die Schweiz, verfolgen eine ähnliche Strategie für die Ablagerung, indem nur noch ausreichend stabilisierte Abfälle abgelagert werden sollen.

H.5.2 Anforderungen an Deponien und Zuordnungskriterien

H.5.2.1 Neue Deponien

Abfälle zur Beseitigung, die nach
- Abfallvermeidung
- Abfallverwertung
- Abfallbehandlung

verbleiben, müssen umweltverträglich abgelagert werden (vgl. Bild H.5-1). Dabei sind (Zitat TA Si Nr. 10.1):

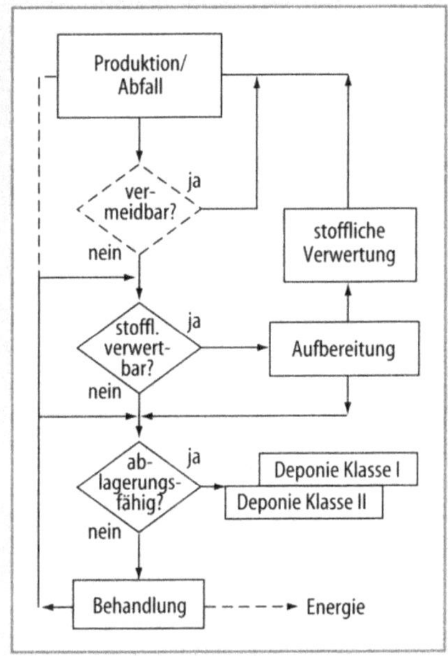

Bild H.5-1 Leitbild TA Siedlungsabfall (nach [H.5.1])

„Deponien so zu planen, zu errichten und zu betreiben, daß

a) durch geologisch und hydrogeologisch geeignete Standorte,
b) durch geeignete Deponieabdichtungssysteme,
c) durch geeignete Einbautechnik für die Abfälle,
d) durch Einhaltung der Zuordnungswerte nach Anhang B

mehrere weitgehend voneinander unabhängig wirksame Barrieren geschaffen und die Freisetzung und Ausbreitung von Schadstoffen nach dem Stand der Technik verhindert werden. Durch die Einhaltung der Zuordnungswerte nach Anhang B soll insbesondere erreicht werden, daß sich praktisch kein Deponiegas entwickelt, die organische Sickerwasserbelastung sehr gering ist und nur geringfügige Setzungen als Folge eines biologischen Abbaus von organischen Anteilen in den abgelagerten Abfällen auftreten.“

Im Anhang B und unter der Nr. 4.2 TA Si wird nach den Deponieklassen I und II unterschieden. Für sie gelten spezifische Zuordnungswerte und Anforderungen an die Abdichtungssysteme, die unter Nr. 10.4 TA Si erläutert werden.

Basierend auf dem o. g. Grundsatz werden zu den Kriterien a) und c) sowie zur Minimierung möglicher Umweltbelastungen unter den Nrn. 10.3 und 10.6 der TA Si detaillierte Anforderungen formuliert. Diese gelten grundsätzlich für beide Deponieklassen. Für die Deponieklasse II sind die wichtigsten allgemeinen und spezifischen Merkmale in der Tabelle H.5-1 zusammengefaßt.

Bei den Zuordnungswerten von Abfällen zu Deponien werden im Anhang B der TA Si neben Eluatkriterien auch Stoffkenngrößen aufgeführt (s. Tabelle H.5-2). Von den Stoffkenngrößen ist der Glühverlust mit max. 3 % bei Deponien der Klasse I und max. 5 % bei Deponien der Klasse II umstritten, weil hiermit faktisch die thermische Behandlung festgeschrieben wird und der Glühverlust nur für thermisch behandelte Abfälle das Ablagerungsverhalten charakterisiert. Für eine ebenfalls mögliche biologische Stabilisierung fehlen in der TA Si bisher geeignete Beurteilungsparameter.

Der verwaltungs- und genehmigungsrechtlich schwierige Weg, die Ablagerung von Abfällen aus der mechanisch-biologischen Vorbehandlung (kurz MBV-Abfall) über die Ausnahmeregelung unter der 2.4 der TA Siedlungsabfall im Einzelfall genehmigt zu bekommen, würde mit der Ergänzung derartiger Parameter vereinfacht. Es würde auch Rechtssicherheit für die Verfüllung

Tabelle H.5-1 Anforderungen an Deponien der Klasse II zu Standort und Technik

Standortanforderungen	• Deponieaufstandsfläche mind. 1 m über dem max. zu erwartenden GW-Druckspiegel (nach Setzungen) • Geologische Barriere: natürlicher, homogener und schwach durchlässiger Untergrund mit hohem Schadstoffrückhaltepotential oder Einbau einer homogenen Ausgleichsschicht mit $k_f \leq 10^{-7}$ m/s • Ausschlußkriterien: Karst-, Trinkwasserschutz-, Überschwemmungs- und Naturschutzgebiete; Waldschutz und Biotopfläche • Standorteignungsprüfung: $\geq$ 300 m Abstand zu Siedlungsgebieten; Lage in Erdbeben-, Hangrutsch- und Erdfallgebiet: Prüfen der geologischen u.a. Verhältnisse (TA Si 10.3)
Basisabdichtung	• Einfache Kombinationsdichtung mineralische Schicht: $(3 \times 0{,}25$ m$)$, $k_f \leq 5 \times 10^{-10}$ m/s $d \geq 0{,}75$ m Kunststoffdichtungsbahn: $d \geq 2{,}5$ mm • Dachprofilartige Oberfläche der Dichtung • Quergefälle $\geq$ 3 % und Längsgefälle $\geq$ 1 % nach Setzungen • Entwässerungsschicht: $d \geq 0{,}3$ m, $k_f \geq 1 \times 10^{-3}$ m/s • Maximale Leitungslänge der Sickerrohre = 300 m (DIN 19 667) • Hydraulischer Nachweis auf $q = 6$ l/(s × ha) • Spül- und kontrollierbare Sickerrohre; freies Gefälle zu außerhalb liegenden Entwässerungsschächten • Vertikale Durchdringung des Dichtungssystems unzulässig
Oberflächenabdichtung	• Dichtungsauflager $d \geq 0{,}5$ m • Gasdränschicht $d \geq 0{,}3$ m, falls mit Gas zu rechnen ist oder gasgängiges Auflager (s.o.) • Einfache Kombinationsdichtung: mineralische Schicht: $(2 \times 0{,}25$ m$)$, $k_f \leq 5 \times 10^{-9}$ m/s $d \geq 0{,}5$ m Kunststoffdichtungsbahn: (bevorzugt aus Recyclaten) $d \geq 2{,}5$ mm • Gefälle der Oberflächendichtung $\geq$ 5 % nach Abklingen der Setzungen • Entwässerungsschicht auf der Kunststoffdichtungsbahn: $d \geq 0{,}3$ m • Rekultivierungsschicht: $d \geq 1{,}0$ m
Sickerwasser und sonstiges Wasser	• Sickerwasserverminderung beim Aufbau des Deponiekörpers (TA Si); dito durch Zwischenabdichtung nach TA Abfall • Sickerwasser ist zu fassen und zu behandeln, ebenso Oberflächenwasser und anderes Wasser • Sickerwasserreinigung nach der Rahmen-Abwasserverwaltungsvorschrift Anhang 51
Gas	• Fassung, Behandlung und Verwertung einsetzen, wenn Gas nachgewiesen wurde oder mit der Entstehung zu rechnen ist • Aktive Entgasung 6 Monate nach Ablagerungsbeginn • Kondensatableitung und -behandlung erforderlich • Bei ausschließl. horizontaler Gasdränage: Horizontalabstand: $\approx$ 30 m Vertikalabstand: $\approx$ 5 – 10 m • Vertikale Kies- und Schottersäulen auf Müllpolster aufsetzen

bestehender Altdeponien mit MBV-Abfällen, die Glühverluste > 5 % aufweisen, über den 01.06.2005 hinaus geschaffen werden.

Neben den deponie- und abfalltechnischen Grundsätzen, die in der TA Si unter Nr. 10.1 benannt sind und unter den Nrn. 10.2 – 10.5 näher ausgeführt werden, gelten auch Anforderungen an die Organisation und das Personal sowie an die Information und Dokumentation (Nr. 6). Für Deponien werden diese Maßgaben unter Nr. 10.6 „Betrieb" konkretisiert. Maßnahmen zum Abschluß und für die Nachsorgephase von Deponien werden unter Nr. 10.7 aufgelistet:

– obere Abdichtung abgeschlossener Abschnitte,
– Schlußabnahme,
– Betrieb der Entsorgungsanlagen für Deponiegas und Abwasser, Fortführung der Kontrollen und der Dokumentation bis zur Entlassung aus der Nachsorge.

H.5.2.2 Altdeponien

Deponien, deren Betrieb noch nicht abgeschlossen ist, deren Errichtung und Betrieb zum Zeitpunkt des Inkrafttretens der TA Siedlungsabfall zugelassen war oder deren Vorhaben im Rahmen eines Planfeststellungsverfahrens öffentlich bekannt gemacht worden war, werden als „Altdeponien" bezeichnet. Diese Begriffsbestimmung macht deutlich, daß Altdeponien Anlagen unterschiedlichsten Standards sein können.

Die Bandbreite kann reichen von
– Gesamte Deponie ohne Basisabdichtung, ohne Sickerwasserfassung und/oder -behand-

Tabelle H.5-2 Zuordnungskriterien für Deponien (Anhang B TA Si)

Nr.	Parameter	Dim.	Deponiekl. I	Deponiekl. II	TA Abfall	EG
1	Festigkeit[a]					
1.01	Flügelscherfestigkeit	KN/m^2	≥ 25	≥ 25	≥ 25	–
1.02	Axiale Verformung	%	≤ 20	≤ 20	≤ 20	–
1.03	Einaxiale Druckfestigkeit	KN/m^2	≥ 50	≥ 50	≥ 50	–
2	Organischer Anteil des Trockenrückstandes der Originalsubstanz[b]					
2.01	bestimmt als Glühverlust	Masse-%	≤ 3	$\leq 5^c$	≤ 10	–
2.02	bestimmt als TOC	Masse-%	≤ 1	≤ 3	–	–
3	Extrahierbare lipophile Stoffe der Originalsubstanz	Masse-%	$\leq 0,4$	$\leq 0,8$	≤ 4	–
4	Eluatkriterien					
4.01	pH-Wert		5,5 – 13,0	5,5 – 13,0	4 – 13	4 – 13
4.02	Leitfähigkeit	µs/cm	≤ 10.000	≤ 50.000	≤ 100.000	–
4.03	TOC	mg/l	≤ 20	≤ 100	≤ 200	40
4.04	Phenole	mg/l	$\leq 0,2$	≤ 50	≤ 100	20
4.05	Arsen	mg/l	$\leq 0,2$	$\leq 0,5$	≤ 1	0,2
4.06	Blei	mg/l	$\leq 0,2$	≤ 1	≤ 2	–
4.07	Cadmium	mg/l	$\leq 0,05$	$\leq 0,1$	$\leq 0,5$	–
4.08	Chrom-VI	mg/l	$\leq 0,05$	$\leq 0,1$	$\leq 0,5$	0,1
4.09	Kupfer	mg/l	≤ 1	≤ 5	≤ 10	2
4.10	Nickel	mg/l	$\leq 0,2$	≤ 1	≤ 2	0,4
4.11	Quecksilber	mg/l	$\leq 0,005$	$\leq 0,02$	$\leq 0,1$	0,02
4.12	Zink	mg/l	≤ 2	≤ 5	≤ 10	2
4.13	Fluorid	mg/l	≤ 5	≤ 25	≤ 50	10
4.14	Ammonium-N	mg/l	≤ 4	≤ 200	$\leq 776,5$	200
4.15	Cyanide, leicht freisetzbar	mg/l	$\leq 0,1$	$\leq 0,5$	≤ 1	0,2
4.16	AOX	mg/l	$\leq 0,3$	$\leq 1,5$	≤ 3	0,6
4.17	Wasserlöslicher Anteil (Abdampfrückstand)	Masse-%	≤ 3	≤ 6	≤ 10	–

[a] 1.02 kann gemeinsam mit 1.03 gleichwertig zu 1.01 angewandt werden. Die Festigkeit ist entsprechend den statischen Erfordernissen für die Deponiestabilität jeweils gesondert festzulegen. 1.02 in Verbindung mit 1.03 darf dabei insbesondere bei kohäsiven, feinkörnigen Abfällen nicht unterschritten werden.

[b] 2.01 kann gleichwertig zu 2.02 angewandt werden; Anforderung gilt nicht für verunreinigten Bodenaushub, der auf einer Monodeponie abgelagert wird.

[c] Gilt nicht für Aschen und Stäube aus nicht genehmigungsbedürftigen Kohlefeuerungsanlagen nach dem BImSchG.

Anmerkung: Ausnahmen von den Zuordnungswerten der Nummern 1 und 2 sind gem. Nr. 4.2.4 unzulässig

lung, ohne (ausreichende) Gasfassung und -behandlung, ohne Abfallvorbehandlung

bis hin zu

– Gesamte Deponie mit kombinierter Basisabdichtung, Sickerwasserfassung und -behandlung, Gasfassung, -behandlung und -nutzung, mechanisch-biologischer Vorbehandlung für das aktuelle Abfallaufkommen.

Da die TA Siedlungsabfall nicht unmittelbar nach Inkrafttreten umgesetzt werden konnte, wurden für Altdeponien Anforderungen (Nr. 11.2) und Übergangsvorschriften (Nr. 12) formuliert. Altdeponien sind schrittweise während einer 12-jährigen Übergangszeit, die am 01.06.1993 begann und am 01.06.2005 endet, an die Anforderungen nach Tabelle H.5-1 anzupassen. Wenn der Abfall aus Gründen mangelnder Behandlungskapazität die Zuordnungskriterien des Anhangs B nicht erfüllen kann, kann die zuständige Behörde die Ablagerung auf Altdeponien oder getrennten Abschnitten von Deponien der Klasse I oder II längstens bis zum 01.06.2005 zulassen.

Je geringer der technische Ausrüstungsstand der Altdeponien ist, um so höher ist der Nachrüstungsbedarf. Das Nachrüstprogramm wird dem Deponiebetreiber von der zuständigen Behörde per nachträglicher Anordnung aufgegeben. Die Fristen zur Umsetzung der Anforderungen an Altdeponien sind in Tabelle H.5-3 zusammenge-

Tabelle H.5-3 Fristen zur Umsetzung der Anforderungen der TA Siedlungsabfall an Altdeponien [H.5.2]

Datum	Behörde	Betreiber
1.6.1995	Anordnung nach TA Si Nr. 11.2	Nachrüstungsprogramm aufstellen
1.6.1995	Anordnung nach TA Si Nr. 12.2	Ab jetzt Erstellung von jährlichen Erklärungen zum Deponieverhalten
1.6.1996	Anordnung nach TA Si Nr. 11.1	
1.6.1997		Vorlage vollständiger und prüffähiger Pläne zum Nachrüstprogramm
1.6.1999	Anordnung oder Zulassung des Nachrüstprogramms nach § 31 Abs. 3 KrW-/AbfG oder Ablauf der Einwendungsfrist im Planfeststellungsverfahren	
1.6.1999		Erhöhung der Einbaudichte und Reduzierung der nativ-organischen Bestandteile
1.6.1999		Einhaltung der Anforderungen an Organisation und Personal sowie Information und Dokumentation
1.6.2001		Einhaltung der Zuordnungswerte bei Bauabfalldeponien
1.6.2002		Einhaltung der Anforderungen nach TA Si Nr. 7 (Anlagenbereiche u.a.)
1.6.2005		Einhaltung der Zuordnungswerte bei allen Deponien
1.6.2005		Einhaltung der Mindestanforderungen an die Deponietechnik (Nachrüstprogramm)

stellt. Betroffen sind neben den technischen Einrichtungen zur Gas- und Sickerwasserbehandlung auch die in Abschn. H.5.2.1. angesprochenen Bereiche „Betrieb" sowie „Abschluß und Nachsorge".

H.5.3 Flächenbedarf und Erscheinungsbild der Deponie

Bei Deponieneuplanungen kann nach den folgenden 4 funktionalen Einheiten unterschieden werden:

1. Eingangsbereich einschl. Betriebs- und Verwaltungsgebäude
2. Straßen und Wege zur inneren Erschließung
3. Ablagerungsbereich
4. Gas-, Abwasser- und Oberflächenwasserbehandlungsanlagen.

Auf der Basis planerischer Empfehlungen und politischer Beschlüsse können am Deponiestandort mit der o.g. Mindestausstattung zusätzliche Flächen für Anlagen zur Aufbereitung, Sortierung und Abfallbehandlung vorgesehen werden. Es ist von Vorteil, für diese „Entsorgungszentren" darüber hinaus weitere Flächen zu berücksichtigen. Da auf Deponien nahezu je-

derzeit größere und kleinere Baumaßnahmen durchgeführt werden, sollte z.B. eine ausreichend bemessene Bauvorbereitungsfläche eingeplant werden. Die Randbedingungen für die Flächenfestlegung eines Abfallentsorgungszentrums sind Tabelle H.5-4 zu entnehmen.

Das Erscheinungsbild des Ablagerungsbereichs wird zunächst dadurch geprägt, daß zukünftig hauptsächlich Hochdeponien zum Einsatz kommen sollen. Gruben- oder Hangdeponien können grundsätzlich auch geplant werden, wenn die freie Vorflut des Sickerwassers zu den außerhalb des Ablagerungsbereichs anzulegenden Entwässerungsschächten möglich ist. Nach den Vorgaben der TA Siedlungsabfall ergeben sich weiterhin maximal mögliche Abmessungen. Die Ablagerungsfläche ist max. 300 m breit, die Länge ergibt sich aus dem geplanten Deponievolumen und der gewählten Höhe. Die Höhe beträgt wegen der Begrenzung der Breite und der Böschungsneigung max. 40 m. Die Randbedingungen für das Erscheinungsbild der Deponie sind Tabelle H.5-5 zu entnehmen. Angepaßt an die Deponieumgebung kann es erforderlich sein, geringere Höhen zu planen. Zu beachten ist hierbei eine Mindestneigung der Böschung von 1:10, mit der nach Abklingen der Setzungen die

Tabelle H.5-4 Grobgliederung der Flächen für ein Abfallentsorgungszentrum (AEZ)

	Grobgliederung der Flächen	Einzelnutzungen	Zuordnung zum AEZ-Betrieb/-Standort	Erforderl. Grundlagen/ Vorgaben z. Ermittlung	Bemerkungen/ Erläuterungen
1.	Aktive Deponiefläche	Abfallablagerung	Notwendig	• Jahreabfallmenge • Deponielaufzeit • Abfallbehandlung • Einbautechnik • Deponietyp • Deponiegeometrie	z.B. bei Haldendeponie, Grundfläche der Halde
2.	Infrastrukturflächen	• Kleinanlieferbereich • Containerabstellplatz • Eingangsbereich, -kontrolle • Sicherstellungshalle • Betriebsstraßen und Wirtschaftswege • Betriebsgebäude, Hallen und Parkplätze • Sickerwasser-, Oberflächenwasser- und Deponiegasbehandlung (inkl. Speicherbereich) • Begrünung und Trennzonen	Notwendig	Zunächst Schätzung aufgrund von Erfahrungswerten, genaue Ermittlung im Rahmen eines Entwurfes	
3.	Bauvorbereitungsflächen	• Zwischenlagerung von Baustoffen • Aufbereitung von Baustoffen • Prüffelder für Deponiebautechnik • Stellflächen für Fahrzeuge und Geräte • Bauleitung, Lager etc.	Notwendig	Schätzung aufgrund typischer Bauabläufe	Bisher bei Deponieplanungen kaum berücksichtigt
4.	Flächen zur Behandlung von Restabfällen	• Mechanisch-biologische (aerobe bzw. anaerobe) bzw. • chemisch-physikalische Behandlung	Vorteilhaft	Schätzung aufgrund typischer Bauabläufe	Bisher bei Deponieplanungen kaum berücksichtigt
5.	Periphere Anlagen	• Bodenbörse • Zwischenlager für Klärschlamm, Holz • Lager für Heizwertreiche Fraktionen • Schlackeübergabe • Bodenabbaufläche • Bodenzwischenlager	Je nach regionalen Gegebenheiten vorteilhaft, Handlungsbasis: politischer Beschluß	Grundsätzliche Beschlüsse zur Zentralisierung/Dezentralisierung abfalltechnischer Anlagen	Bei Erweiterung der Deponie zum Entsorgungszentrum
6.	Korrektivfläche	• Unvorhergesehenes zur späteren Anpassung der Planung	Vorteilhaft	Parzellenscharfer Standort und konkrete Planung	
7.	Zusatzflächen	• Ausgleichsflächen • Schutzbepflanzung • Deponiezufahrtstraße	Je nach Standort außerhalb der AEZ-Fläche festzulegen	Parzellenscharfer Standort und konkrete Planung	

vorgegebene Mindestneigung von 1:20 eingehalten wird.

Bei großen zentralen Deponien kann die Deponiebreite auf max. 600 m festgelegt werden. Dann ist unter der Deponie ein befahrbarer Stollen anzulegen, von dem aus die Sickerwasserdräns nach rechts und links bis zum Deponierand hin kontrolliert werden können. Aus der

Verdoppelung der Deponiebreite ergibt sich theoretisch auch eine Verdoppelung der Deponiehöhe.

Für Deponieneuplanungen empfehlen Doedens et al. [H.5.3] Deponievolumina von mind. 1 Mio. m³. Die Laufzeit sollte entsprechend der abzulagernden Menge für mind. 20 Jahre, ggf. länger, gewählt werden.

Geometrische Deponieparameter	Vorlage	Begründung	Hinweis
Deponietyp	Haldendeponie	Entwässerungstechnisch günstigste Form (Lanzeitsicherheit)	Nds. Standorterlaß 11/1991 TA Siedlungsabfall 05/1993
Deponiebreite (ohne Stollenlösung)	300 m	Leitungslängen von mehr als 300 m bei Dränleitungen sind zu vermeiden (Kontrollier- und Reparierbarkeit), ebenso Schachtbauwerke im Ablagerungsbereich	DIN 19 667, 05/1991
Deponielänge	Variabel		
Deponiehöhe über Gelände	max. 40 m	Zwangsbedingung aus Breite und Generalneigung der Böschungen	Nach aktuellen Deponieplanungen üblich 25 – 40 m
Generalneigung der Böschung	1:3	oder flacher aus Gründen der Landschaftsplanung und zur Vermeidung des Abrutschens der oberen Abdichtung (im Kuppenbereich Böschungsneigung 1:10)	LAGA-Deponiemerkblatt 1979 und aktuelle Deponieplanungen
Bermenabstand	8 – 10 m	Als Fahrweg und zur Sicherung der oberen Abdichtung gegen Abrutschen	LAGA-Deponiemerkblatt 1979
Bermenbreite	5 m	Fahrweg mit seitlicher Entwässerung	

H.5.4 Bautechnische Lösungen

Der Ablagerungsbereich muß an der Basis und nach Verfüllung an der Oberfläche abgedichtet werden. Grundsätzlich werden für Deponien der Klasse II Kombinationsdichtungen aus mineralischen Schichten und einer Kunststoffdichtungsbahn und für Deponien der Klasse I mineralische Dichtungen gefordert (s. Bild H.5-2.). Varianten beim Dichtungsaufbau auf der Grundlage von Weiterentwicklungen und neuen Techniken sind zugelassen, wenn diese den oben beschriebenen Standardlösungen vergleichbar sind. Ein wesentlicher Punkt bei der Herstellung der Abdichtungssysteme ist die Überwachung anhand eines Qualitätssicherungsplans (nach DIN 55350), wie ihn die TA Abfall vorschreibt. Die mineralische Dichtung ist i. d. R. kein Industrieprodukt, sie bedarf von Fall zu Fall der Nachbesserung, z. B. mittels Bentonit. Es dürfen nur zugelassene Dichtungsbahnen eingesetzt werden. Für den Preßverbund zwischen mineralischer Dichtung und Dichtungsbahn ist ein Gutachten zu erstellen, was u. a. die Standsicherheit in Abhängigkeit von der Sohlneigung und der Deponiehöhe beinhaltet.

Details zur Ausbildung der Dichtungsschicht sind der Tabelle H.5-1. zu entnehmen. Das zugehörige Entwässerungssystem muß sich an DIN 19667 orientieren (s. Bild H.5-3.). Sickerwassersammelschächte an den Endpunkten der Entwässerungsleitungen sind wie oben bereits erwähnt außerhalb des Deponiekörpers anzulegen. Es ist zu gewährleisten, daß von dort aus die Funktionskontrolle des Deponieabdichtungssystems gem. Anhang G der TA Abfall vorgenommen werden kann:
- Höhenvermessung der Sickerrohre zur Dokumentation von Verformungen,
- Kamerabefahrungen zur Detektion von Verkrustungen mit evtl. anschließender Spülung der Rohre,
- Aufnahme von Temperaturprofilen in den Sickerrohren.

Verschiedentlich werden über die Dichtungsanforderungen der TA Siedlungsabfall hinausgehende Konzepte verfolgt, um die Akzeptanz von Deponien der Klasse II bzw. bis zum 01.06.2005 abzuschließende Altdeponien zu erhöhen:
- Einbau der Dichtungssysteme und der Abfälle unter einem Dach (vgl. TA Abfall Nr. 9.6.4.2),
- kontrollierbare Oberflächenabdichtung, realisierbar als Dränschicht mit Kontrolldräns und Dichtungsbahn unter der Kombi-Dichtung,
- kontrollierbare Basisabdichtung, realisierbar als Dränschicht mit Kontrolldräns und Dichtungsbahn unter der Kombi-Dichtung.

Bei diesen Sicherheitskonzepten unter dem Stichwort „Trockendeponie" wird der Niederschlagswasserzutritt während des Betriebs (Dach) und

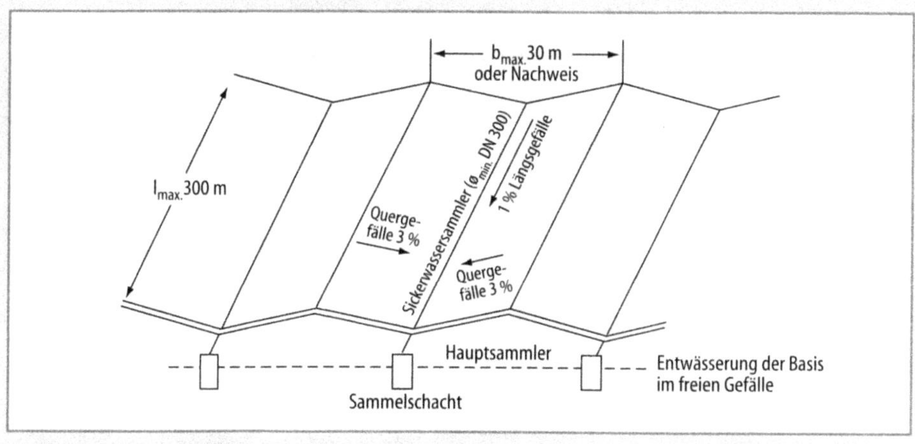

Bild H.5-2 Deponieabdichtungssysteme nach TA Si. **a** Deponieoberflächenabdichtung, **b** Deponiebasisabdichtung

Bild H.5-3 Sickerwasserfassung nach DIN 19667

nach Abschluß (kontrollierbare Dichtung) konsequent verhindert. Diese Rahmenbedingungen widersprechen insbesondere bei der Ablagerung unvorbehandelter Abfälle allerdings dem Ziel, den „Restabbau" in überschaubaren Zeiten zu gewährleisten. Denn der Wassergehalt und die

Wasserbewegung spielen für die Aufrechterhaltung biochemischer Umsetzungsprozesse eine ganz wesentliche Rolle [H.5.4].

H.5.5 Deponiebetrieb

Die Anforderungen an den Deponiebetrieb im besonderen sind unter den Nrn. 10.6 und 10.7 und an Abfallentsorgungsanlagen i. allg. unter Nr. 6 der TA Siedlungsabfall beschrieben. Folgende Aspekte werden dort behandelt:
- Aufbau- und Ablauforganisation,
- Personal,
- Information und Dokumentation (Betriebsordnung, -handbuch, -tagebuch, Berichtswesen),
- Betrieb (Betriebsplan, Sickerwasser- und Gasbehandlung),
- Abschluß und Nachsorge,
von denen 2 Bereiche herausgegriffen werden:

Die *Dokumentation* des Deponiebetriebs wird durch ein einheitliches System der Datenerfassung und -auswertung vereinfacht. Bei Neuplanungen sollte eine integrale Planung der Hardware- und Softwarekomponenten für die im Deponiebereich zu erfassenden Betriebsstellen erfolgen (s. Bild H.5-4). Die Information der zuständigen Behörde soll jeweils zum 31.03. für das zurückliegende Jahr über einen Jahresbericht und eine Erklärung zum Deponieverhalten vorgenommen werden (s. hierzu Bild H.5-5).

Der *Einbau der Abfälle* soll gem. TA Siedlungsabfall hohlraumarm und verdichtet erfolgen. Dies kann für alle Abfälle nach dem Dünnschichtverfahren mittels Kompaktoren erfolgen. Für Schüttgüter, wie Schlacken und MBV-Abfälle, können auch die aus dem Straßenbau bekannten Glattmantelwalzen eingesetzt werden.

H.5.6 Sickerwasser

H.5.6.1 Sickerwassermengen und -qualitäten

Solange auf Altdeponien umsetzbare organische Anteile abgelagert werden, wird, gefördert durch infiltrierten Niederschlag und den Feuchtigkeitsgehalt der Abfälle, organisch belastetes Sickerwasser anfallen. Auf Deponien mit MBV-Abfällen bzw. mit Abfällen der thermischen Behandlung wird ein eher anorganisch belastetes Sickerwasser erfaßt. In Tabelle H.5-6 sind die wichtigen Sickerwasserinhaltsstoffe für unterschiedliche Deponietypen als grobe Richtwerte den Anforderungen an die Einleitung gegenübergestellt. Wird ein Wasserzutritt zugelassen oder besser zeitlich begrenzt und kontrolliert vorgenommen, so führt die daraus resultierende Auslaugung zu langsam abnehmenden Sickerwasserbelastungen. Dieser Effekt wird bei Rohabfällen durch die Produkte der endlichen biochemischen Umsetzungsprozesse überlagert (s. Bild H.5-6).

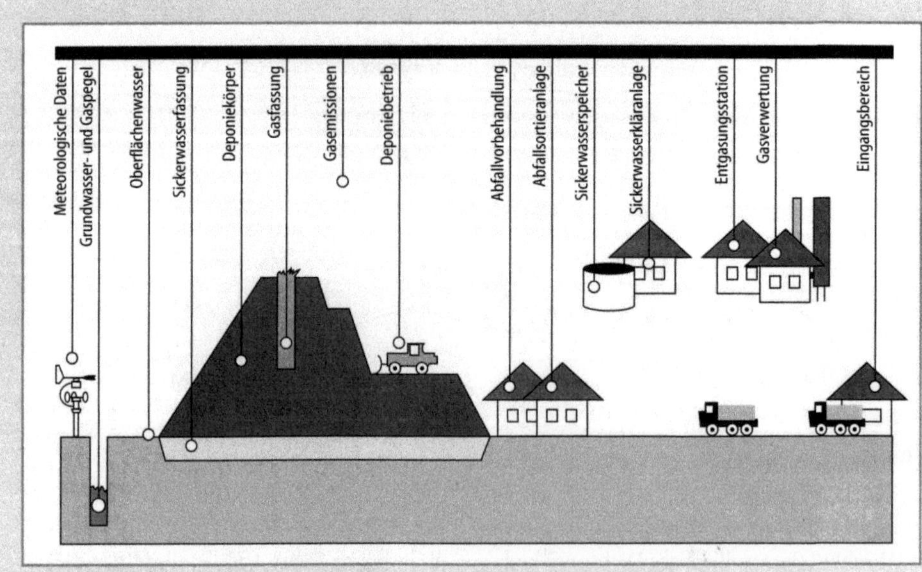

Bild H.5-4 TA Siedlungsabfall-konforme Datenerfassung auf Deponien

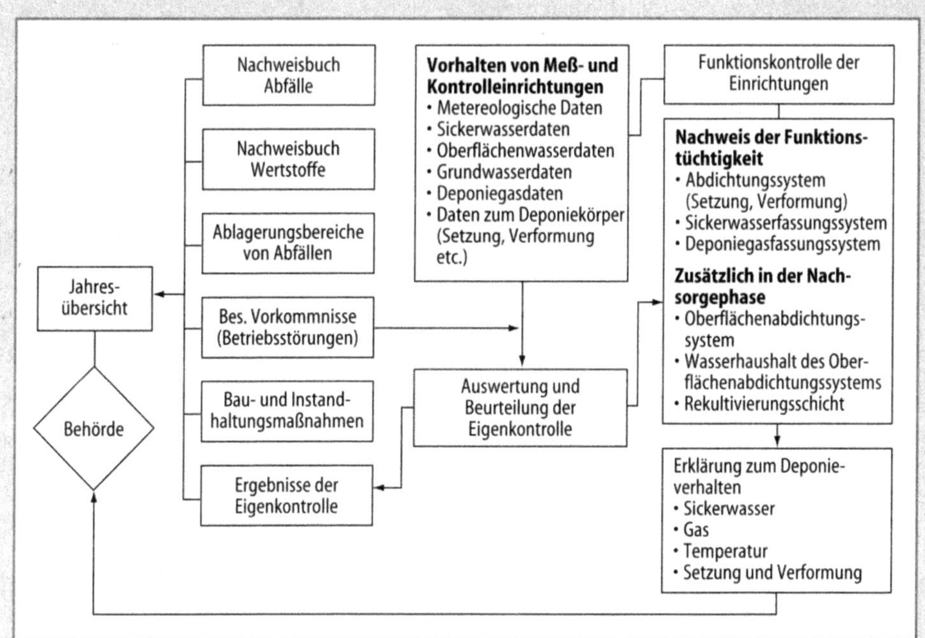

Bild H.5-5 Jahresübersicht und Erklärung zum Deponieverhalten als Jahresauswertung des Betriebstagebuchs (6.4.3 TaSi)

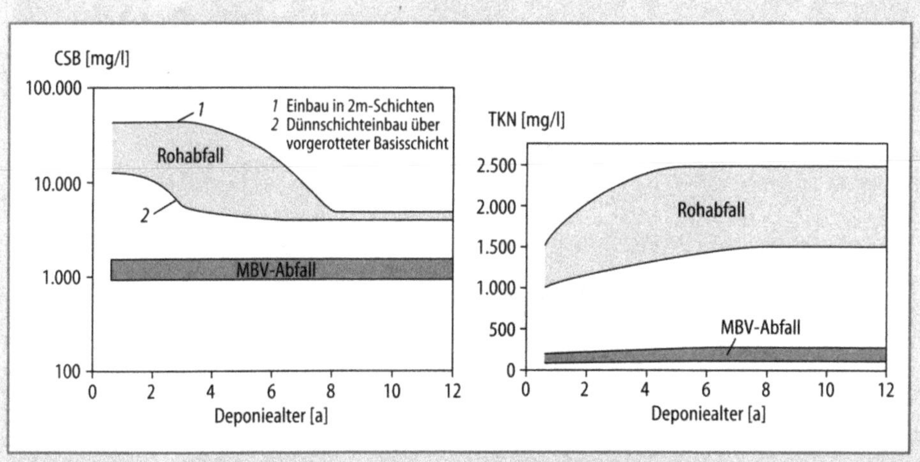

Bild H.5-6 Verlauf von CSB und Kjeldahl-Stickstoff im Sickerwasser in Abhängigkeit vom Abfall und Deponiealter

Die Sickerwassermenge (s.a. [H.5.4, H.5.5]) kann aus den klimatischen Bedingungen am Deponiestandort und dem Rückhaltevermögen der Abfälle nach folgender Wasserhaushaltsgleichung abgeschätzt werden:

Sickerwasserabfluß =
Niederschlag – Verdunstung – Rückhalt
$Q_S = N - V - R$

In den meteorologischen Stationen auf Deponien oder des Deutschen Wetterdienstes wird der Niederschlag gemessen und die potentielle Verdunstung rechnerisch nach Haude ermittelt.

Sich verändernde Eigenschaften des abzulagernden Abfalls haben Einfluß auf die Wasserhaltekapazität und den Durchlässigkeitsbeiwert der abgelagerten Stoffe. Für den sich daraus ergebenden Rückhalt R ist zu bedenken, daß er

Tabelle H.5-6 Inhaltsstoffe für Deponiesickerwasser und wichtige Einleitgrenzwerte als Auszug aus der Rahmen-Abwasser-VwV; Anhang 51 in den Fassungen von 1989 und 1996

Parameter	Einheit	Inhaltsstoffe Rohsickerwasser				Einleitungsgrenzwerte	
		Deponietyp				Anhang 51	
		Rohabfall-Deponie mit Kombi-Dichtung		Neue Deponie			
		Saure Phase	Methanphase	mit MBV-Abfall	Klasse II[a]	1989	1996
Biochemischer Sauerstoffbedarf innerhalb von fünf Tagen BSB_5	mg/l	$\geq$ 5.000	400	150	< 100	20	20
Chemischer Sauerstoffbedarf CSB *Direktleitung* abhängig von der Sickerwasserkonzentration:		$\geq$ 15.000	4.000	1.500	20 – 1.500		
< 4.000 mg/l	mg/l					200	200
> 4.000 mg/l	Red. %					95	95
Indirektleitung	mg/l					400	–
Ammonium-Stickstoff $NH_4^+ - N$	mg/l	800	1.500	150	1 – 150	50	–
Nitrit-Stickstoff $NO_2^- - N$	mg/l	i.d.R. 0	i.d.R. 0	–	–	–	2
Summe aus $NO_3^- - N$, $NO_2^- - N$ und $NH_4^+ - N$	mg/l	800	1.500	ges. N 250	k.A.	–	70
Abdampfrückstand (Salze)	g/l	10	10	10	0,5 – 30	–	–
Adsorbierbare organische Halogene AOX	mg/l	2	4	1,5	0,01 – 4,5	0,5	0,5
Giftigkeit gegenüber Fischen als Verdünnungsfaktor GF	–	7	10	k.A.	k.A.	2	2
Leitfähigkeit	mS/cm	15	18	10	5 – 30	–	–

Schwermetalle sind mit Ausnahmen von Zink i.d.R. ohne Bedeutung; Blei und Kupfer können bei Schlacke erhöht sein.

[a] entspr. Deponieklasse II TA Si. Es liegen bisher hauptsächlich Eluattests und nur wenige Sickerwasseranalysen vor.

k.A.   keine Angaben

nur einmal ausgenutzt werden kann. Nach Ausschöpfung der Wasserhaltekapazität entspricht die Sickerwasserneubildung dem Niederschlag abzgl. der Verdunstung. Hierin ist u. a. die Forderung der TA Siedlungsabfall nach Abdeckung bzw. Abdichtung abgeschlossener Deponieabschnitte begründet. Wird die Wasserhaltekapazität überschritten, was bei Altdeponien durch die fortschreitende Umsetzung organischer Substanz zu Deponiegas und den damit verbundenen Masseverlust geschehen kann, sind Rückhalteverluste RV zu berücksichtigen. Die Rückhalteverluste korrelieren mit der Gasproduktion.

Für die Anwendung der Wasserhaushaltsgleichung spielen die folgenden Punkte eine Rolle. Die tatsächliche Verdunstung an der Abfalloberfläche ist geringer als die potentielle Verdunstung nach Haude. Einflußfaktoren f_V und $f_{N/V}$ sind die Neigung und Oberflächenbeschaffenheit (Durchlässigkeit, kein bis spärlicher Bewuchs) sowie das

Verhältnis von Niederschlag und Verdunstung. In das Bilanzglied Rückhalt geht neben der Qualität der Abfälle noch die Aufbaugeschwindigkeit ΔH in m/a ein: $R = r \times \Delta H$. Der spezifische Rückhalt r und ΔH sind voneinander abhängig. Es wird daher nicht gelingen, durch einen schnellen Aufbau die Sickerwasserbildung gegen Null zu führen, da sich r gegenläufig zu ΔH verhält. Das heißt zusammengefaßt: sowohl für die Verdunstung als auch für den Rückhalt bzw. den Rückhalteverlust spielen deponiespezifische Faktoren eine Rolle. Ein möglicher Oberflächenabfluß von der Deponiefläche ist i.d.R. belastet, wird dem Sickerwasser zugeschlagen und daher auch in der erweiterten Bilanzgleichung nicht aufgeführt:

$$Q_S = N - f_V \times f_{N/V} \times V_{Haude} - r \times \Delta H + RV$$

Mit Hilfe von EDV-Programmen aufgestellte Prognosen sind mit den im Rahmen der Kontrolle erfaßten Meßwerten zu vergleichen, um darüber zu einer fortlaufend vorzunehmenden Eichung der Bilanzglieder zu kommen. Sickerwasserprognosen mit Hilfe des bisher üblichen Faustwerts $Q_S = 0{,}25 \times N$ führen leicht in die Irre, wie das folgende Beispiel belegen soll. Dabei wurden die Bilanzglieder für einen seit 5 Jahren in Betrieb befindlichen offenen Deponieabschnitt anhand der gemessenen Sickerwasserabflußspende geeicht:

$Q_S = 800$ mm/a $- 0{,}75 \times 0{,}7 \times 540$ mm/a $-$ 85 mm/m $\times 3$ m/a $+ 63{,}5$ mm/a $= 325$ mm/a entsprechend ca. $0{,}4 \times N$ oder 9 m³/(ha × d).

H.5.6.2 Sickerwasserbehandlungsverfahren

H.5.6.2.1 Einführung

Die Sickerwasserbehandlung nach dem Stand der Technik erfordert einen hohen apparativen Aufwand, wenn gewährleistet werden soll, daß die geforderten Einleit-Grenzwerte auch eingehalten werden. Für die direkte Einleitung in einen Vorfluter sind schärfere und weitergehende Anforderungen zu beachten als für die indirekte Einleitung in eine kommunale Kläranlage. Das Behandlungskonzept der Wahl muß neben der Reinigungsleistung und geringen spezifischen Kosten sehr flexibel auf wechselnde Sickerwasserzusammensetzungen und Sickerwassermengen reagieren können. Dies ist meist nur durch ein ausreichend bemessenes Pufferbecken in Kombination mit einer überdimensionierten Anlage

Tabelle H.5-7 Verfahren der Abwasserreinigung [H.5.6]

	Verfahren	Abkürzung
1	Adsorption	Ads
2	Flockung	Flo
3	Fällung	Fäl
4	Flotation	Flot
5	Sedimentation	Sed
6	Filtration	Fil
7	Mikrofiltration	Mik
8	Ultrafiltration	Ult
9	Nanofiltration	Nan
10	Umkehrosmose	UO
11	Elektrodialyse	Ele
12	Flüssigmembrantechnik	Flü
13	Extraktion	Ext
14	Ionenaustausch	Ion
15	Transmembrane-Destillation	TrD
16	Verdampfung	Ver
17	Trocknung	Tro
18	Strippung	Stri
19	Absorption	Abs
20	Biologische Verfahren	Bio
21	Chemische Oxidation	ChO
22	Naßoxidation	NaO
23	Thermische Oxidation	ThO

möglich. Außerdem muß das Konzept zur Charakteristik des Sickerwassers der jeweiligen Deponie passen. Tabelle H.5-7 beinhaltet 23 Grundverfahren der Abwasserreinigung, von denen allerdings nur ein Teil sinnvoll zur Sickerwasserbehandlung eingesetzt werden kann.

Da Einzelverfahren i.d.R. nicht in der Lage sind, alle Parameter auf die geforderten Grenzwerte der Rahmen-Abwasserverwaltungsvorschrift zu § 7a Wasserhaushaltsgesetz zu bringen, ist der Einsatz von Verfahrenskombinationen sinnvoll. Die zulässigen Schadstoffkonzentrationen für die wichtigen Sickerwasserinhaltsstoffe sind dem Auszug aus Anhang 51 zur Rahmen-AbwVwV in Tabelle H.5-6 zu entnehmen. Für die Direkteinleitung werden oft noch schärfere Überwachungswerte festgelegt.

Geeignete Einzelverfahren bzw. Verfahrenskombinationen zur Sickerwasserreinigung sind im folgenden dargestellt (s. dazu Bild H.5-7).

H.5.6.2.2 Biologische Verfahren

Die Ziele der biologischen Verfahren sind im wesentlichen die Umsetzung und Eliminierung von Stickstoffverbindungen mit der Hydrolyse von organischem Stickstoff, der Oxidation von Ammonium (Nitrifikation) und der Reduktion oxidierten Stickstoffs zu elementarem Stickstoff (De-

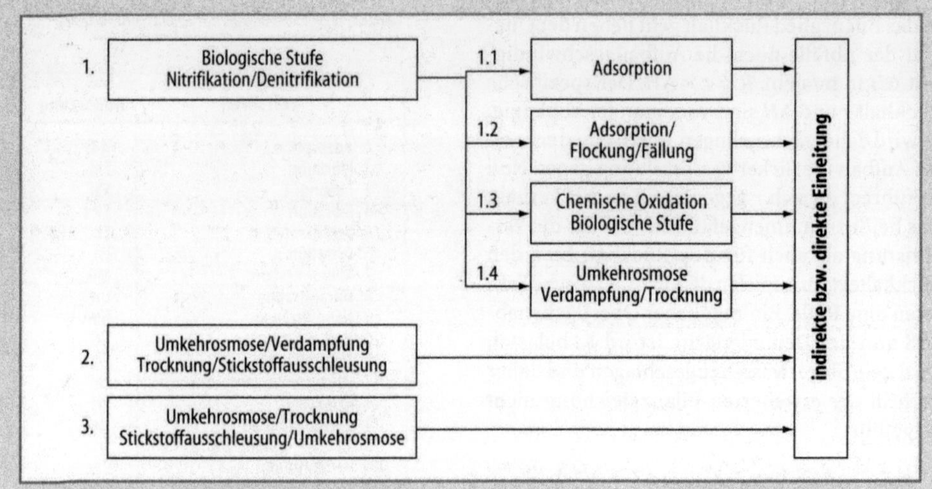

Bild H.5-7 Verfahrenskombinationen zur Sickerwasserbehandlung (nach [H.5.8])

Bild H.5-8 Mögliche Bauformen von Reaktoren und Trenneinrichtungen zur biologischen Sickerwasserreinigung [H.5.7] nitrifikation) sowie der Abbau organischer Kohlenstoffverbindungen.

Für die Leistungsfähigkeit einer biologischen Reinigungsstufe ist die Vermischung von Biozönose, Hilfsstoffen und Sickerwasser von entscheidender Bedeutung. Bei nicht trägerfixierter Biozönose kommt das Rückhaltevermögen der Trenneinrichtung als wichtiger Faktor hinzu. Neben den klassischen Verfahren Belebung und Tauch- bzw. Tropfkörper gewinnt das Reaktorbelebungsverfahren mit nachgeschalteter Ultrafiltration in jüngster Zeit Bedeutung (s. Bild H.5-8). Die Ultrafiltration als Trenneinrichtung gewährleistet einen sicheren Rückhalt der Biomasse (auch Bläh- und Schwimmschlamm) und ermöglicht die Einstellung hoher Trockensubstanzgehalte. Dadurch können hohe Raumumsätze erzielt und Reaktorvolumina minimiert werden. Die Ultrafiltration hält nicht nur abfiltrierbare Stoffe effektiv zurück, sondern auch schwer abbaubare Inhaltsstoffe, was zu einer verbesserten Reinigungsleistung führt.

H.5.6.2.3 Biologische Stufe/Aktivkohleadsorption

Diese Verfahrenskombination sieht eine biologische Reinigungsstufe mit nachgeschalteter Adsorption mittels Aktivkohle vor. Ziel des physikalischen Verfahrens der Festbettadsorption unter Verwendung von Aktivkohle ist im wesentlichen die Reduzierung des CSB und der AOX. Bezüglich der übrigen relevanten Parameter muß das Abwasser im Abfluß der Bio-Stufe bereits Einleitungsbedingungen aufweisen. Das biologisch vorgereinigte Sickerwasser wird durch Behälter geleitet, die mit Aktivkohle gefüllt sind. Die Aktivkohle wird mit den adsorbierbaren Stoffen beladen und nach Erschöpfung der Beladungskapazität gegen Neukohle ausgetauscht. Die erschöpfte Aktivkohle kann fast vollständig reaktiviert werden und steht danach erneut der Sickerwasserreinigung zur Verfügung (Bild H.5-9).

H.5.6.2.4 Biologische Stufe/Chemische Oxidation

Bei dieser Verfahrenskombination wird das Sickerwasser biologisch vorbehandelt und dann durch chemische Oxidation weiter gereinigt. Die chemische Oxidation dient wie die Aktivkohleadsorption der Reduzierung des CSB und der AOX, weswegen die betrieblichen Randbedingungen für die Bio-Stufe den vorgenannten entsprechen. Als Oxidationsmittel stehen zur Zeit Ozon und Wasserstoffperoxyd zur Verfügung. In vielen Anwendungsfällen wird unterstützend eine UV-Bestrahlung durchgeführt. Das Verfahren befindet sich seit dem ersten Einsatz Anfang der 90er Jahre in einem fortlaufenden Optimierungsprozeß, der insbesondere auf die Reduzierung des erheblichen Bedarfs an elektrischer Energie hinzielt (Bild H.5-10).

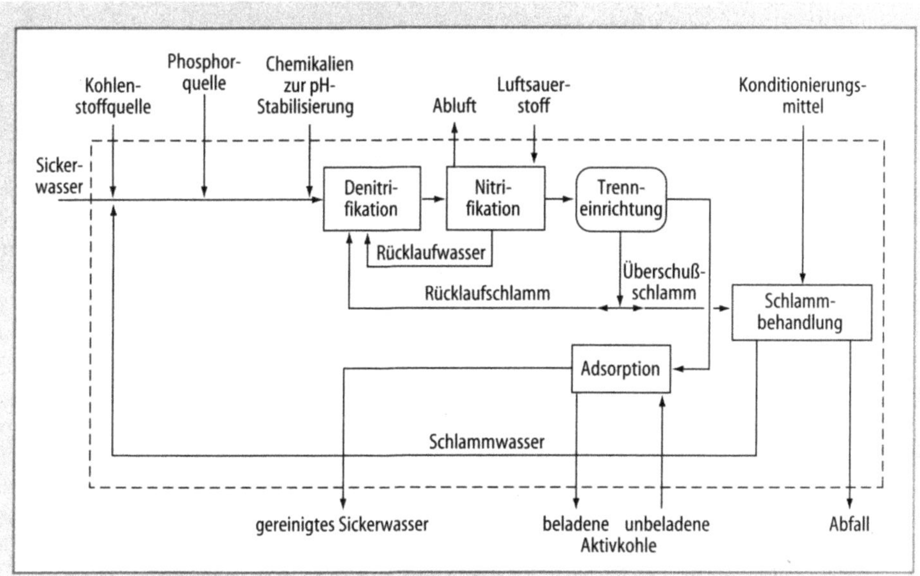

Bild H.5-9 Grundfließbild Bio-Stufe mit Nitrifikation und Denitrifikation/Aktivkornkohle-Adsorption

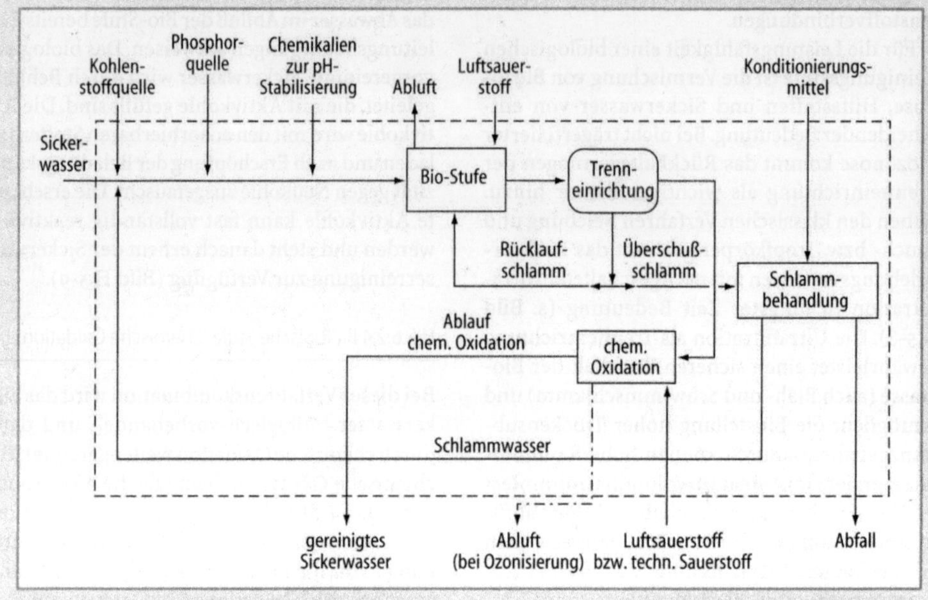

Bild H.5-10 Grundfließbild Bio-Stufe/chemische Oxidation

H.5.6.2.5 Biologische Stufe/Umkehrosmose/ Verdampfung/Trocknung

Hier ist die Umkehrosmose das abflußbestimmende Verfahren. Die dabei eingesetzten Membranen halten nicht nur die als CSB und AOX analysierten Inhaltsstoffe sondern alle im biologisch vorbehandelten Sickerwasser verbliebenen Verbindungen weitgehend zurück.

Das Abwasser wird in einen gereinigten Teilstrom (Permeat) und einen aufkonzentrierten Teilstrom (Konzentrat) getrennt. Das Konzentrat ist mit den Inhaltsstoffen angereichert, muß weiterbehandelt und entsorgt werden. Die Trennung erfolgt mit Hilfe semipermeabler (halbdurchlässiger) Membranen, die durchlässig für Wasser, nicht aber für die gelösten Moleküle (z. B. Salze) sind.

Die Membranen befinden sich in Modulen, durch die das Sickerwasser unter einem Druck von 40–150 bar gepumpt wird. Die Module werden je nach Bedarf zu größeren Einheiten, den sog. Blöcken zusammengeschaltet.

In der ersten Umkehrosmose-Stufe wurden bisher verschmutzungsunempfindliche Rohr- oder Plattenmodule verwendet. Neuerdings können auch Wickelmodule eingesetzt werden, die für den Betrieb mit belastetem Abwasser durch den Einsatz größerer Abstandshalter (wide-spacer) ange-

paßt wurden. Der Gefahr einer Belagbildung wird bei allen Systemen durch eine hohe Anströmgeschwindigkeit entlang der Membranoberfläche (Cross-Flow-Betrieb) begegnet.

Permeat mit Konzentrationen unterhalb der zulässigen Grenzwerte kann indirekt oder direkt eingeleitet werden. Das Konzentrat wird einer Verdampferanlage zugeführt. Dort findet eine Wasserabtrennung statt, bis ein noch pumpfähiges Konzentrat entsteht. Das abgetrennte Wasser wird vor die Umkehrosmose zurückgeführt, das Konzentrat einer Trocknung unterzogen. Das Umkehrosmosekonzentrat kann bei kleineren Mengen ökonomisch aber auch direkt dem Trockner zugeführt werden.

Im Trockner wird dem Konzentrat wiederum Wasser entzogen. Das dabei entstehende Destillat wird vor die Verdampferanlage zurückgeführt. Aus dem Konzentrat ensteht als Reststoff der Abdampfrückstand. Dieser besitzt nur noch geringe Wasseranteile (< 5 %) und enthält die Schadstoffe des Sickerwassers (Salze und Organika). Der Abdampfrückstand muß entweder in eine Untertage-Deponie verbracht werden oder in Zwischenlagern deponiert werden, bis z. B. eine Umarbeitung zu verwertbaren Stoffen realisierbar ist.

Nitrate und ihre Verbindungen finden sich potenziert in den Konzentraten der Umkehrosmose und der Eindampfung wieder. Sie sind nach derzeitigem Kenntnisstand einmal wegen ihres niedrigen Schmelzpunkts für Anbackungen und Klumpenbildung im Trockner verantwortlich. Der zweite und wesentliche Punkt für die Begrenzung der Nitratabflußkonzentrationen ist in der Bildung eines exotherm reagierenden Abdampfrückstands zu sehen. Nach neueren Erkenntnissen darf der Gehalt an Nitratsalzen max. 10 Gew.% des Abdampfrückstands betragen, wenn Probleme vermieden werden sollen [H.5.9].

Hier werden die oben genannten Vorteile der biologischen Behandlung ins Gegenteil verkehrt, wenn nicht mit einem hohen Aufwand für Betriebsmittel (Dosierung externer Kohlenstoffquellen) und an betrieblicher Überwachung weitestgehend denitrifiziert wird.

H.5.6.2.6 Biologische Stufe/Nanofiltration/Konzentratbehandlung

Bei geringer Abwasserbelastung oder geringeren Anforderungen an die Reinwasserqualität kann die Umkehrosmose nach der biologischen Vorbehandlung durch eine Nanofiltrations-Stufe ersetzt werden. Die Nanofiltration liegt in ihrer Trennwirkung zwischen der Ultrafiltration und der Umkehrosmose. Organische Inhaltsstoffe und zwei- bzw. höherwertige Salze werden

zurückgehalten. Die Behandlung des Nanofiltrations-Konzentrats kann klassisch mittels Eindampfung und Trocknung bei etwa um 50 % reduzierter Salzfracht oder über eine Aktivkohle-Adsorption bzw. chemische Oxidation erfolgen. Mit den im Nebenstrom angeordneten Adsorptions- bzw. Oxidations-Stufen wird die organische Konzentratfracht (CSB und AOX) in einem für diese Systeme günstigen Konzentrationsfenster reduziert, Salze werden wegen der Kreislaufführung aufkonzentriert. Die Salzfracht wird entweder zeitweilig über einen Abzug entlastet oder bis zur Gleichgewichtskonzentration (Zufluß = Permeatabfluß) hochgefahren. Das Grundfließbild entspricht in den wesentlichen Komponenten (Bio-Stufe ggf. mit Ultrafiltration, Nanofiltration und Konzentratbehandlung) dem Bild H.5-11.

H.5.6.2.7 Mehrstufige Umkehrosmose/Verdampfung/Trocknung/Stickstoffausschleusung

Ist wegen einer vorwiegend anorganischen Abwasserbelastung bzw. aufgrund der in Abschn. H.5.6.2.5 beschriebenen Probleme der Einsatz einer biologischen Reinigungsstufe wenig sinnvoll, kann das Sickerwasser direkt einer mehrstufigen Umkehrosmose zugeführt werden. In der ersten UO-Stufe kommen Tubular- oder Plattenmodule bzw. die neu entwickelten Wide-Spa-

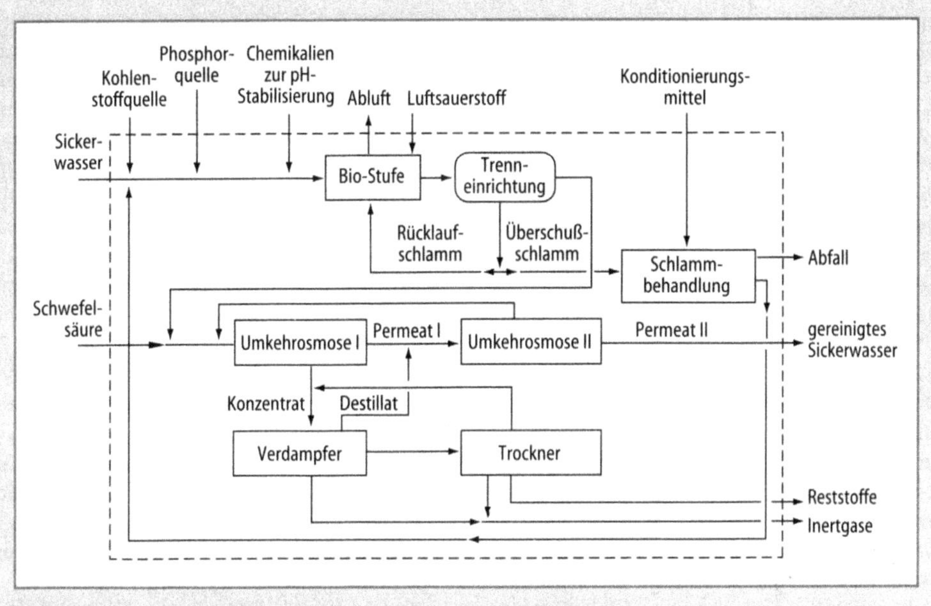

Bild H.5-11 Grundfließbild Bio-Stufe/Umkehrosmose/Verdampfung/Trocknung

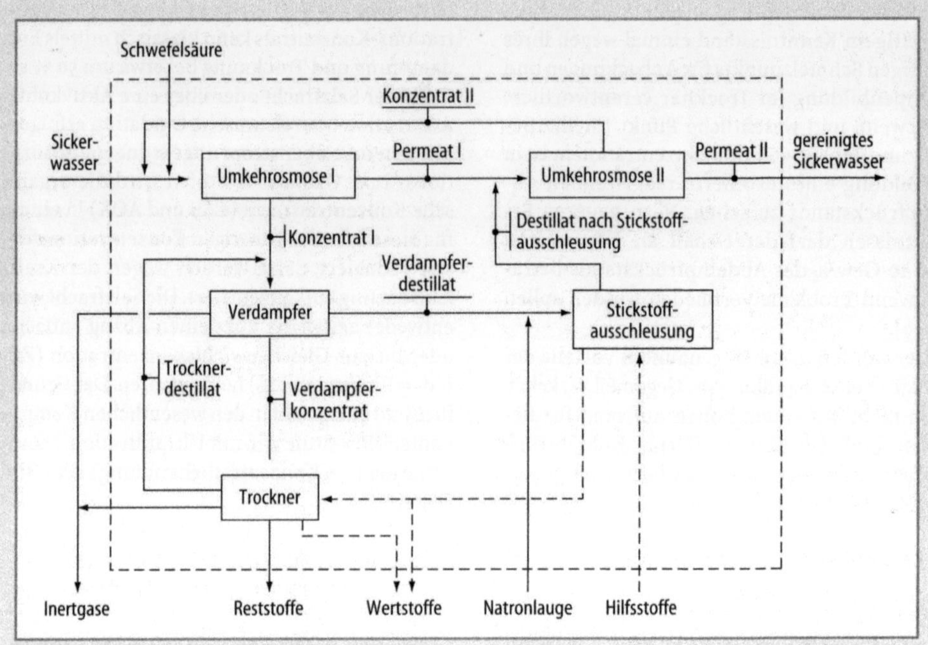

Bild H.5-12 Grundfließbild Umkehrosmose I und II/Verdampfung/Trocknung/Stickstoffausschleusung

cer-Wickelmodule zum Einsatz. Der Zufluß zur 2. oder ggf. 3. Stufe ist vorgereinigt, so daß dort in jedem Fall die kompakten und kostengünstigen Wickelmodule verwendet werden können. Die Anzahl der einzusetzenden Stufen richtet sich nach der Abwasserbelastung und dem gewünschten Reinigungsergebnis. Das Konzentrat wird wiederum durch Verdampfung und Trocknung behandelt. Zu ergänzen ist ggf. eine Stickstoffausschleusung, da Ammoniak im thermischen Prozeß ausgestrippt wird, wenn der pH-Wert der Konzentrate nicht im sauren Bereich konditioniert wird. Der Abdampfrückstand dieser Verfahrenskombination ist nicht reaktiv und neigt nicht zur Klumpenbildung (Bild H.5-12).

H.5.6.2.8 Auswahl eines Sickerwasserbehandlungsverfahrens

Die Auswahl einer bestimmten Verfahrenskombination zur Sickerwasserbehandlung muß sich an der Sickerwasserbelastung und an den Anforderungen für die Einleitung orientieren. Unter diesen Prämissen werden keine Neuentwicklungen, sondern Weiterentwicklungen der vorhandenen Verfahrenstechniken in bedarfsgerechter Kombination erwartet. Hierbei werden nicht die anspruchsvollen, technisch realisier-

baren Systeme sondern die robusten, einfachen und in der Folge kostengünstigen Systeme im Vordergrund stehen.

Für eine Direkteinleitung ist grundsätzlich das Sickerwasser jeglichen Deponietyps gem. Tabelle H.5-6 einer Behandlung zu unterziehen. Geeignet ist im Prinzip jede der vorgenannten Verfahrenskombinationen, wobei wegen des hohen betrieblichen Einsatzes Abstriche bei dem System Bio-Stufe mit Umkehrosmose, Eindampfung und Trocknung zu machen sind. Je höher der Grad der Abfallvorbehandlung, um so geringer ist der Aufwand für die Sickerwasserbehandlung. Für ein Sickerwasser der Deponieklasse II reicht unter günstigen Voraussetzungen der Einsatz der Aktivkohleadsorption oder der chemischen Oxidation ohne vorherige biologische Vorbehandlung aus.

Für eine Indirekteinleitung ist der Behandlungsaufwand für jegliches Sickerwasser reduzierbar, so daß für Deponien mit MBV- bzw. thermisch behandelten Abfällen evtl. auf eine Behandlung verzichtet oder auf Aktivkohleadsorption oder chemische Oxidation ohne vorherige biologische Vorbehandlung gesetzt werden kann.

Die Angabe von Umsetzungs- bzw. Rückhalte-Wirkungsgraden als Auswahlkriterium für die einzelnen Verfahrensbausteine ist schwierig. Generell läßt sich sagen, daß hohe Zuflußkonzentrationen auch hohe Wirkungsgrade ermöglichen. Ob darüber hinaus auch die Anforderungen an die Einleitung einzuhalten sind, ist anhand von Erfahrungswerten oder über Versuche zu klären. Von Einfluß sind dabei das Schlammalter bzw. die Durchflußzeit bei der Bio-Stufe, der Betriebsmitteleinsatz bzw. die Reaktionszeit bei der Aktivkohle und der chemischen Oxidation sowie die Art der Membranen und Anzahl der Stufen bei der Druckfiltration (Umkehrosmose und Nanofiltration).

H.5.7 Deponiegas

H.5.7.1 Einführung

Ausgelöst durch Niederschläge und den Feuchtigkeitsgehalt wird der biologisch abbaubare Anteil der Abfälle (Kohlehydrate, Fette, Eiweiß u. a.) vorwiegend unter anaeroben Bedingungen zu Methan und Kohlendioxid umgesetzt. Das produzierte Deponiegas stellt einerseits einen Energieträger dar, ist aber zunächst als potentielle Umweltbelastung zu betrachten (s. Tabelle H.5-8). Daraus ergibt sich die Notwendigkeit zur Deponieentgasung.

Eine Pflicht zur Erfassung und Behandlung von Deponiegas ließ sich in der Vergangenheit grundsätzlich sowohl aus dem Abfallgesetz als auch aus dem Bundes-Immissionsschutzgesetz

herleiten. Die weitestgehenden Regelungen finden sich im Anhang C der TA Siedlungsabfall. Da MBV-Abfälle nur wenig und die Abfälle der thermischen Behandlung nahezu gar kein Deponiegas produzieren werden, sind die Anforderungen hauptsächlich bei Altdeponien für unvorbehandelte Abfälle zu beachten. Die Deponie-Betriebsart mit Rohabfällen wird trotz der Kann-Bestimmung unter Nr. 12 TA Si bis zum 01.06.2005 den Regelfall darstellen. Die Beherrschung der Emission Deponiegas ist damit nach wie vor aktuell, zumal nicht wenige Deponien in diesem Bereich Nachrüstbedarf haben und das Gas auch in der Nachsorgephase behandelt werden muß.

H.5.7.2 Gasproduktionsmodell

Auf die Grundlagen der Gasbildung wird unter Hinweis auf die Literatur [H.5.10, H.5.11] hier nicht näher eingegangen. Als Gaspotential wird jene Gasmenge definiert, die aus einer Gewichtseinheit Abfall unter optimalen Bedingungen in der Deponie entsteht. Die theoretische, spezifische Gasproduktion G_e (m³/t Abfall) kann aus dem Kohlenstoffgehalt des Substrats Abfall errechnet werden. Zur Berechnung des Kohlenstoffgehalts muß die Menge der einzelnen angelieferten Abfallarten bekannt sein. Nach dem Gesetz der idealen Gase werden bei der biochemischen Umsetzung von 1 kg Kohlenstoff (TC) 1,868 m³ Gas gebildet, unabhängig von den dabei entstehenden Anteilen von Kohlendioxid (CO_2) und Methan

Tabelle H.5-8 Mögliche Umweltbelastungen und -gefährdungen durch Deponiegas

	Quelle	Emissionspfad	Einwirkungsort	Wirkung	Maßnahmen
1	Originäres Deponiegas	Deponie, Boden, Undichtigkeiten	Schächte, Keller	Erstickung	Be- und Entlüftung, Raumluftmessung
2	Luftverdünntes Deponiegas	wie 1	Schächte, Keller, geschlossene Räume und Umgebung	Explosionsgefahr	Be- und Entlüftung, Raumluftüberwachung
		–	Inneres der Entgasungseinrichtung	Explosionsgefahr	Aktiver und passiver Ex-Schutz
3	Gasmigration	Boden	Abdeckboden, umgebender Boden	Pflanzenschäden (Verdrängung von Luftsauerstoff)	Aktive Entgasung ggfs. in Verbindung mit oberer Abdichtung
4a	Spurengase H_2S, CO, FCKW	wie 1 und 5	wie 1 – 3	Toxidität i.d.R. überlagert durch 1	wie 1 – 3
4b	Kohlendioxid	wie 1 und 5	wie 1 – 3	Toxidität, MAK 5 ‰	wie 1 – 3
5	Geruch des Gases	Ausbreitung in der Luft	Deponieumgebung	Geruchsbelästigung	Aktive Entgasung, obere Abdichtung

(CH_4). Die Gasproduktion wird als Modellansatz mit folgenden Formeln bestimmt.

Die theoretische, spezifische Gasproduktion aus einer einmalig abgelagerten Müllmenge beträgt nach der Zeit t

$$G_{e,t} \ (m^3/t) = 1{,}868 \cdot TC \cdot (1 - e^{-k \cdot t})$$

Die tatsächliche, spezifische Gasproduktion beträgt

$$G_{t,t} \ (m^3/t) = 1{,}868 \cdot TC \cdot f_{a0} \cdot f_a \cdot f_o \cdot (1 - e^{-k \cdot t})$$

Davon können system- und zeitbedingt gefaßt werden

$$G_{a,t} \ (m^3/t) = 1{,}868 \cdot TC \cdot f_{a0} \cdot f_a \cdot f_o \cdot f_s \cdot (1 - e^{-k \cdot t})$$

Hierbei bedeuten:

$1{,}868$ m^3 Gas pro kg TC (m^3/kg)

TC Kohlenstoffgehalt (kg/t)

k Zeitbeiwert (ca. 0,05 bis 0,15) (1/a)

t Zeit zwischen dem rechnerischen Beginn und dem betrachteten Jahr der Gasproduktion (a)

f_{a0} Anfangszeitfaktor zur Berücksichtigung der Gasproduktion während des ersten halben Jahres nach erfolgter Ablagerung oder bei der Abfallbehandlung(-)

f_a Abbaufaktor; Verhältnis von unter optimalen Bedingungen vergasbarem zu gesamtem TC (-)

f_o Optimierungsfaktor; Verhältnis von unter praktischen Deponiebedingungen zu unter optimalen Abbaubedingungen im Versuch vergastem TC (-)

f_s systembedingter Fassungsgrad; Verhältnis der unter Deponiebedingungen bei laufender Entgasung gefaßten zur tatsächlich produzierten Gasmenge; fs = 0 bis 1 (-)

Die zu einem bestimmten Zeitpunkt t nach erfolgter Ablagerung faßbare Menge beträgt für eine Müllmenge M (t/a):

$$Q_{a,t} \ (m^3/a) = 1{,}868 \cdot M \cdot TC \cdot f_{a0} \cdot f_a \cdot f_o \cdot f_s \cdot k \cdot e^{-k \cdot t}$$

Von dem produzierten Gas können unter Standardbedingungen, Entgasung eines abgeschlossenen Deponieabschnitts über Gasbrunnen mit einem Einzugsradius von 25 m im Unterdruckbetrieb, ca. 50 % erfaßt werden ($f_s = 0{,}5$). Die Gasfassungsrate bei einem Deponieabschnitt, auf dem die obere Abdichtung aus Ton und/oder einer Dichtungsbahn aufgebracht worden ist, kann dann auf 70 bis zu 100 % ($f_s = 0{,}7$–1) ansteigen. Voraussetzung für eine korrespondierende, hohe Gasausbeute ist, daß der Wassergehalt und die Wasserbewegung für die Aufrechterhaltung biochemischer Umsetzungsprozesse über eine entsprechende Zuführung unter die Abdichtung kontrolliert werden.

Die Gasproduktion wird im folgenden für die Bedingungen einer Modelldeponie mit 100.000 t/a Abfallanlieferung, 20 Jahren Betriebszeit und 3 unterschiedlichen Betriebsweisen berechnet:

Q_{t1}: Deponie mit schnellem Aufbau in 2-m-Schichten, variierte Parameter:

$k = 0{,}07; f_{a0} = 0{,}95; f_o = 0{,}65; f_a = 0{,}7$

Q_{t2}: Deponie mit Dünnschichteinbau und

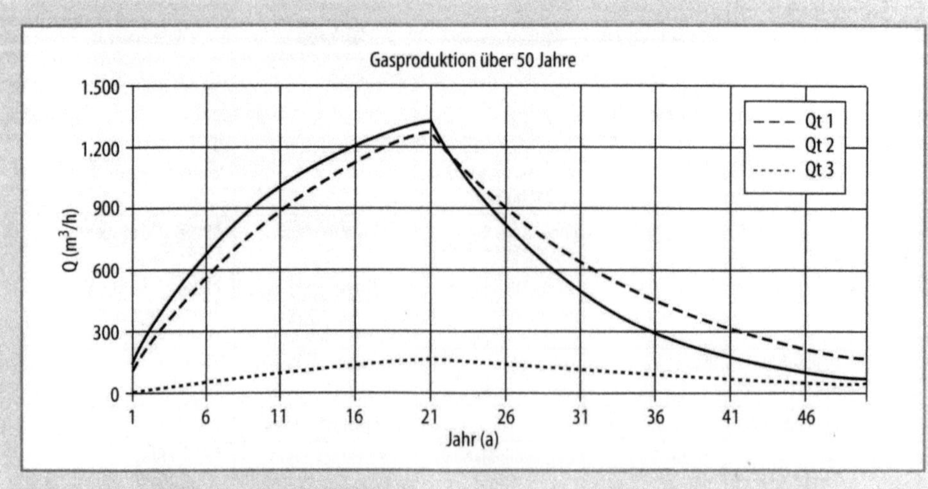

Bild H.5-13 Gasmengenprognose einer Modelldeponie

langsamem Höhenwachstum, variierte Parameter:

$k = 0{,}10; f_{a0} = 0{,}80; f_o = 0{,}7; f_a = 0{,}7$

Q_{t3}: Deponie mit MBV-Abfall, variierte Parameter:

$k = 0{,}04; f_{a0} = 0{,}30; f_o = 0{,}5; f_a = 0{,}5$

Die Modelle 1 und 2 beschreiben Rohabfall-Deponien, das Modell 3 steht für die Gasproduktion von MBV-Abfall. Durch die Rotte sind ca. 70 % der organischen Substanz umgesetzt ($f_{a0} = 1-0{,}7 = 0{,}3$), das Stabilat ist reaktionsträge ($k = 0{,}04$) und einer biochemischen Umsetzung kaum mehr zugänglich ($f_o = 0{,}5; f_a = 0{,}5$). Die Kurven der Gasproduktion sind Bild H.5-13 zu entnehmen. Die Gasproduktion des MBV-Abfalls ist so gering, daß bis zum Aufbringen der oberen Abdichtung aus dem Blickwinkel der Emissionsbegrenzung auf eine Gasfassung verzichtet werden kann.

Die berechneten Gasmengen beziehen sich auf originäres und nicht auf abgesaugtes Deponiegas. Im Absaugbetrieb wird bei offener Deponiefläche wegen des angelegten Unterdruckes Luft angesaugt, so daß die erfaßte Gasmenge um die mehr oder weniger großen Stickstoffanteile erhöht ist (vgl. Absch. H.5.7.3.).

H.5.7.3 Gasqualität

Für eine relativ kurze Phase nach der Ablagerung kann das in den oberen Müllagen produzierte Deponiegas Wasserstoff und mehr oder weniger große Anteile von Stickstoff nach der Nutzung des Sauerstoffs der Luft für aerobe Vorgänge oder durch Denitrifikationserscheinungen enthalten (s. Bild H.5-14). Deponiegas enthält weiterhin Beimengungen von Spurengasen, die mit den angelieferten Abfällen auf die Deponie gelangen (z. B. (F)CKW), oder Produkte chemischer oder biochemischer Reaktionen (z. B. Schwefelverbindungen).

Originäres, außenluftfreies und getrocknetes Deponiegas (Deponiegas ist normalerweise wassergesättigt) besteht fast ausschl. (ca. 99 Vol.%) aus den beiden geruchsfreien Komponenten Methan CH_4 (50–60 Vol.%) und Kohlendioxid CO_2 (40–50 Vol.%). Bei einem intakten Entgasungssystem werden sich die Konzentrationen im ruhenden bzw. aktiv abgesaugten Gas wie folgt einstellen:

Originäres Gas:
$CH_4 = 55-60\ \%$
$CO_2 = 40-45\ \%$

Abgesaugtes Gas:
$CH_4 = 40-45\ \%$
$CO_2 = 35-40\ \%,$
$N_2 = 20\ \%$
$O_2 < 1\ \%$

Die weiteren Komponenten, die zwar in ihrer Summe nur selten 1 Vol.% überschreiten, sind trotzdem entscheidend für die Wirkung als Geruchsstoff (besonders Mercaptane, Ammoniak, Schwefelwasserstoff) oder als Schadgas. Die Schadwirkung kann aus dem Blickwinkel der

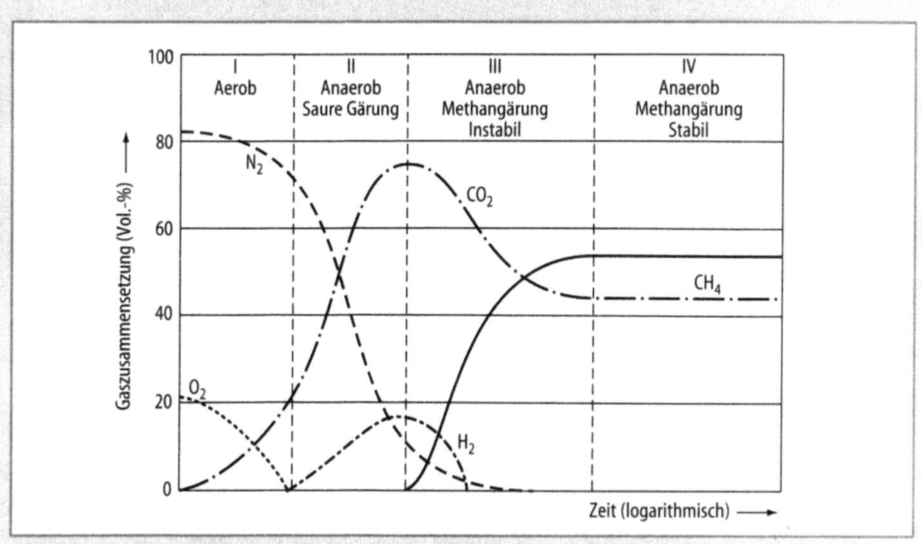

Bild H.5-14 Veränderung der Deponiegaszusammensetzung in Abhängigkeit von der Zeit [H.5.12]

Stoff	Summen-formel	Wertebereich (mg/m^3)	Übliche Konzentration (mg/m^3)	MAK-Werte (mg/m^3)
Kohlenwasserstoffe (KW)				
Alkane		Einzelwerte von 0 – 400 Summe: 18 – 824	0 – 7,4	von k.A. – 2.950
Alkene		Einzelwerte von 0,04 – 350 Summe: 18 – 412	2 – 45	k.A.
Cycloalkane		Einzelwerte von 0,03 – 11 Summe: 2 – 17	0 – 7,4	von 1.015 – 1.050
Benzol	C_6H_6	0,03 – 7	0,9 – 1,9	TRK: 18
Ethylbenzol	C_8H_{10}	0,5 – 236		440
1,3,5 Methylbenzol	C_9H_{12}	10 – 25		k.A.
Toluol	C_7H_8	0,2 – 615	0,6 – 23	380
Xylol	C_8H_{10}	0,2 – 383	<1 – 7,4	440
Schwefelverbindungen				
Mercaptane	C_nH_mS	–	4 – 45	1,5
Schwefelwasserstoff	H_2S	–	5 – >120	15
Halogenierte KW				
Trichlorfluormethan	CCl_3F	1 – 84	nn – 4,7	5.600
Dichlordifluormethan	CCl_2F_2	4 – 119	4,4 – 16,9	5.000
Chlortrifluormethan	$CClF_3$	0 – 10	<0,5	4.330
Dichlormethan	CH_2Cl_2	0 – 6	nn – <0,5	360
Trichlormethan	$CHCl_3$	0 – 2	nn – <0,5	50
Tetrachlormethan	CCL_4	0 – 0,6	nn	65
Chlorethen	C_2H_3Cl	0 – 264	0,3 – 14,3	k.A.
Dichlorethen	$C_2H_2Cl_3$	0 – 294	0,4 – 42,2	1,2 Dichloret.: 790
Trichlorethen	C_2HCl_3	0 – 182	0,1 – 7,6	270
Tetrachlorethen	C_2Cl_4	0,1 – 142	0,1 – 7,5	345
Chlorbenzol	C_6H_5Cl	0 – 0,2	0,1 – 0,7	230
Chlordifluormethan	$CHClF_2$	–	1,3 – 6,6	1.800
Dichlortetrafluorethan	$C_2Cl_2F_4$	–	1,6 – 7,8	7.000
Chlormethan	CH_3Cl	–	nn – <0,5	105
Dichlorfluormethan	$CHCl_2F$	–	0,4 – 1,7	45
Trichlorfluormethan	$C_2Cl_3F_3$	–	nn – <0,1	k.A.
1,1,1 Trichlorethan	$C_2H_3Cl_3$	–	nn – <0,6	1.080

nn   nicht nachweisbar
k.A.   keine Angabe
MAK maximale Arbeitsplatzkonzentration

Luftverunreinigung (MAK- oder MIK-Werte) oder der Beeinträchtigung einer Gasnutzung (H$_2$S, HKW) gewertet werden. Angaben über Spurengaskonzentrationen im Deponiegas sind Tabelle H.5-9 zu entnehmen. Danach werden MAK-Werte im originären Gas grundsätzlich nicht überschritten. An der Oberfläche nicht gedichteter Deponien wird austretendes Deponiegas durch die Umgebungsluft bzw. deren Bewegung unmittelbar um den Faktor 10^3–10^4 verdünnt. Eine Gefährdung des Deponiebetriebspersonals auf der Fläche ist damit auszuschließen. Die früher übliche, aufwendige Analytik gem. Tabelle H.5.9. sollte daher heute auf das im Anhang C der TA Si geforderte Maß mit der Bestimmung von CH_4, CO_2, O_2, N_2, Σ Chlor, Σ Fluor, Σ Schwefel, Benzol und Vinylchlorid ergänzt um organische Siliziumverbindungen zurückgeschraubt werden. Für eine Beurteilung der Schadwirkung reicht der reduzierte Analysenumfang aus, was bei Verdachtsmomenten spätere detaillierte Untersuchungen nicht ausschließt.

Die Geruchsbelastung von Deponiegas in Abhängigkeit von der CH_4-Konzentration (C_{CH4} in ppm) kann wie folgt abgeschätzt werden:

$$0{,}2 \cdot C_{CH4} < GW < 8 \cdot C_{CH4}$$

Das heißt, bei 55 % $CH_4 \equiv 550.000$ ppm kann der Geruchswert GW $1{,}1 \cdot 10^5$ bis zu $4{,}4 \cdot 10^6$ Geruchseinheiten (vgl. VDI-Richtlinie 3881) pro m³ Gas betragen. Bei Siedlungsabfalldeponien stellt der untere einen üblichen Wert dar (vgl. [H.5.11]).

H.5.7.4 Gasfassung

Gemeinhin wird zwischen horizontalen und vertikalen *Gaskollektoren* unterschieden. In der Bundesrepublik wurden bisher überwiegend vertikale Systeme zur Deponieentgasung eingesetzt. Diese bieten, wenn sie als Ziehschächte mit dem Abfalleinbau wachsen, ebenso wie die horizontalen Dräns die Möglichkeit der Gasfassung schon während des Deponieaufbaus. Mit dieser Maß

nahme können gleichzeitig die Geruchsemissionen des Schüttbereichs minimiert werden.

Die Gaskollektoren werden einzeln über *Gassammelleitungen* mit den am Deponierand aufgestellten *Gassammelstationen* verbunden. Über *Gasansaugleitungen* wird das erfaßte Deponiegas von den Gassammelstellen zur Gasfördereinrichtung transportiert

Das aus der Deponie abgesaugte wassergesättigte Gas mit einer Temperatur von ca. 35 °C kühlt sich in den Sammel- und Ansaugleitungen ab. Das dabei ausfallende Kondenswasser (temperaturabhängig 10 – 25 g/m³ Gas) wird in Abscheidern mittels Schwerkraft vom Gasstrom abgetrennt. Die *Kondensatabscheider* sind in Tiefpunkten der Gasansaugleitungen in auftriebssicheren Schachtbauwerken installiert. Vor der Gasfördereinrichtung wird ein letzter zentraler Kondensatabscheider vorgesehen. Die Gasfassung ist als Schema in Bild H.5-15 und der Schnitt eines vertikalen Gaskollektors in Bild H.5-16 dargestellt.

Gefaßtes Gas muß grundsätzlich einer Behandlung zugeführt werden. Notwendige Vorraussetzung zur Erfüllung dieser Maxime ist ein funktionstüchtiges Leitungssystem. Der herkömmliche Müllkörper ist ein weicher, setzungsgefährdeter Baugrund (Setzungsmaß 10 – 20 % der Deponiehöhe). Die Gassammelleitungen müssen nach dem Anschluß der Gaskollektoren zunächst auf diesem labilen Boden verlegt werden. Da Deponiegas wassergesättigt ist, kommt es bei Abkühlungen zur Kondensation und zum Verschluß der Leitungen im Bereich von Setzungen.

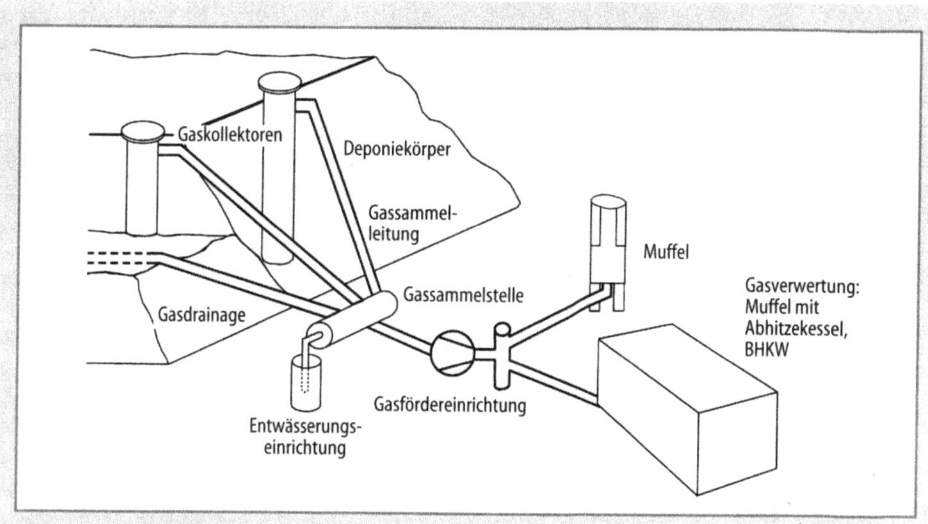

Bild H.5-15 Deponieentgasung nach GUV 17.4

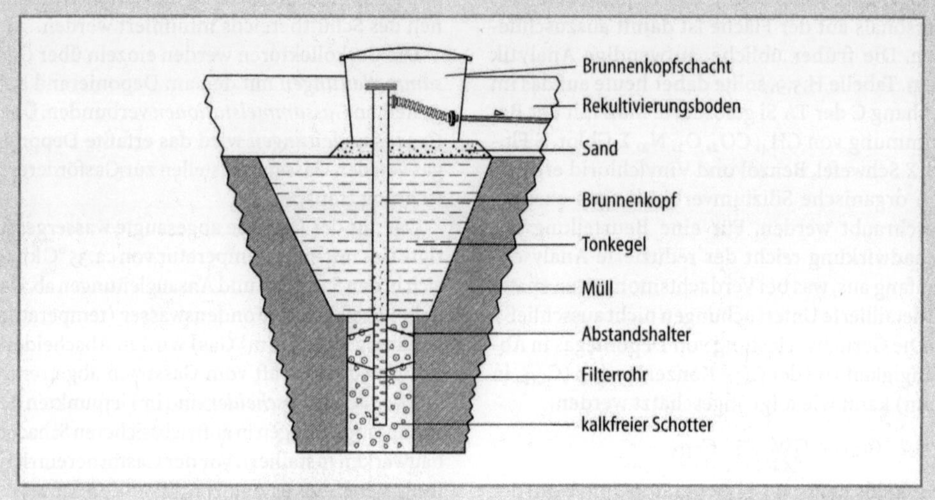

Bild H.5-16 Schnitt durch einen vertikalen Gaskollektor

Das Gefälle der Deponieoberfläche soll gem. TA Siedlungsabfall nach Abschluß der Setzungen > 5 % sein. Dies ist ein Ansatzpunkt zur Minimierung des o. g. Problems.

In diesem Zusammenhang hat es sich als vorteilhaft erwiesen, jeden Gaskollektor mit einer eigenen Sammelleitung zur Sammelstation zu führen. Der Einzelanschluß hat den Vorteil, daß von der Sammelstation am Deponierand die Gasbrunnen überwacht und ihre Einstellung hinsichtlich Gasmenge, Gasqualität und Unterdruck überprüft werden kann. Die Gasansaugleitungen werden im gewachsenen Boden mit einem Gefälle von > 1 % verlegt. Das Gefälle ergibt sich aus bautechnischer Sicht und hat auch die Aufgabe, das Kondensat sicher zu den Abscheidern zu führen.

Die Gasfassung wird nach Kreislaufwirtschafts- und Abfallgesetz genehmigt. Für die Überwachung ist ein umfassendes Programm in der TA Si insbesondere im Anhang C vorgegeben. Die Untersuchungen unter dem Arbeitstitel „Wirkungskontrolle der Entgasung und Gasuntersuchungen" sind auch auf die im folgenden beschriebene Gasbehandlung und -nutzung anzuwenden.

H.5.7.5 Gasförderstation und Gasbehandlung

Die Gasförderstation besteht aus folgenden wesentlichen Elementen (s. Bild H.5-17):
- druckstoßfestes Gasförderaggregat,
- Analyse bzw. Sicherheitsanalyse,
- Meßtechnik (Temperatur, Druck),
- Be- und Entlüftung,
- verbindende Rohrleitungen,
- (Sicherheits-)Armaturen (Ventile, Schnellschlußventile, Deflagrationssicherungen u. a.),
- E-Technik inkl. Schaltanlage,
- Gebäude,
- Raumluftüberwachung.

Das gefaßte Gas kann thermisch genutzt oder muß schadlos beseitigt werden. Schwachgas aus dem Randbereich der Deponie kann i. d. R. nur thermisch oder über Kompostfilter desodoriert werden (s. Bild H.5-18). Für die Behandlung des Deponiegases stehen folgende Verfahren zur Verfügung:

A Abfackelungsanlagen für Methankonzentrationen c_{CH_4} > 30 Vol.% im gefaßten Gas

B Biofilter für c_{CH_4} < 30 Vol.% im gefaßten Gas

C Nicht-katalytische Oxidationsanlagen ebenfalls für c_{CH_4} < 30 Vol.%

Gasabfackelungsanlagen und damit auch die Gasförderstation als Nebenanlage sind gem. der 4. BImSchV nach § 19 BImSchG zu genehmigen. Die Anlagen zu C stellen eine neue Entwicklung dar, bei der das Gas in einem 1200 °C heißen Keramikbett flammenlos oxidiert wird. Das Gas muß wie beim Biofilter durch Zuluftbeimischung auf 20 – 50 % der unteren Explosionsgrenze verdünnt werden, das sind 1 – 2,5 % CH_4.

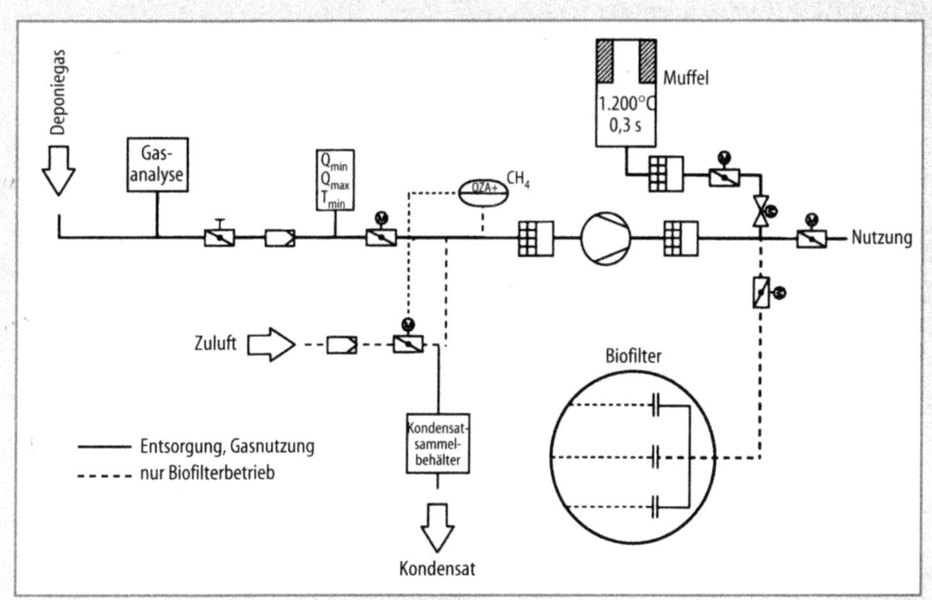

Bild H.5-17 Verfahrensfließbild Entgasungsanlage (konstruktiver Ex-Schutz)

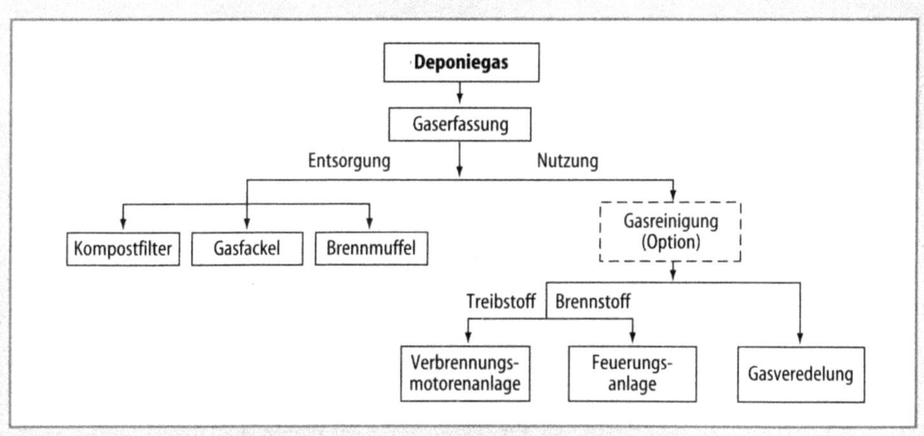

Bild H.5-18 Entsorgungs- und Nutzungswege von Deponiegas

H.5.7.6 Gasnutzung

Deponiegas weist etwa den halben Heizwert von Erdgas auf (Heizwert von Methan = 10 kWh/m³, bei 50 % Methan = 5 kWh/m³). Derzeit werden folgende Verfahren zur Verwertung des Deponiegases praktiziert bzw. geplant:

- Stromerzeugung in Verbrennungsmotoren evtl. mit Abwärmenutzung (Blockheizkraftwerk),
- Strom- und Wärmeerzeugung in Gas- und/oder Dampfturbinen,
- Dampferzeugung in einer Feuerungsanlage evtl. mit Stromerzeugung,
- Nutzung als Ersatzbrennstoff in Industriebetrieben,
- Nutzung als Fahrzeugtreibstoff,
- Aufbereitung zu Erdgasqualität.

Die Spurengase, insbesondere die (F)CKW und neuerdings auch organische Siliziumverbindungen beeinträchtigen die Nutzungsmöglichkeiten des Deponiegases:

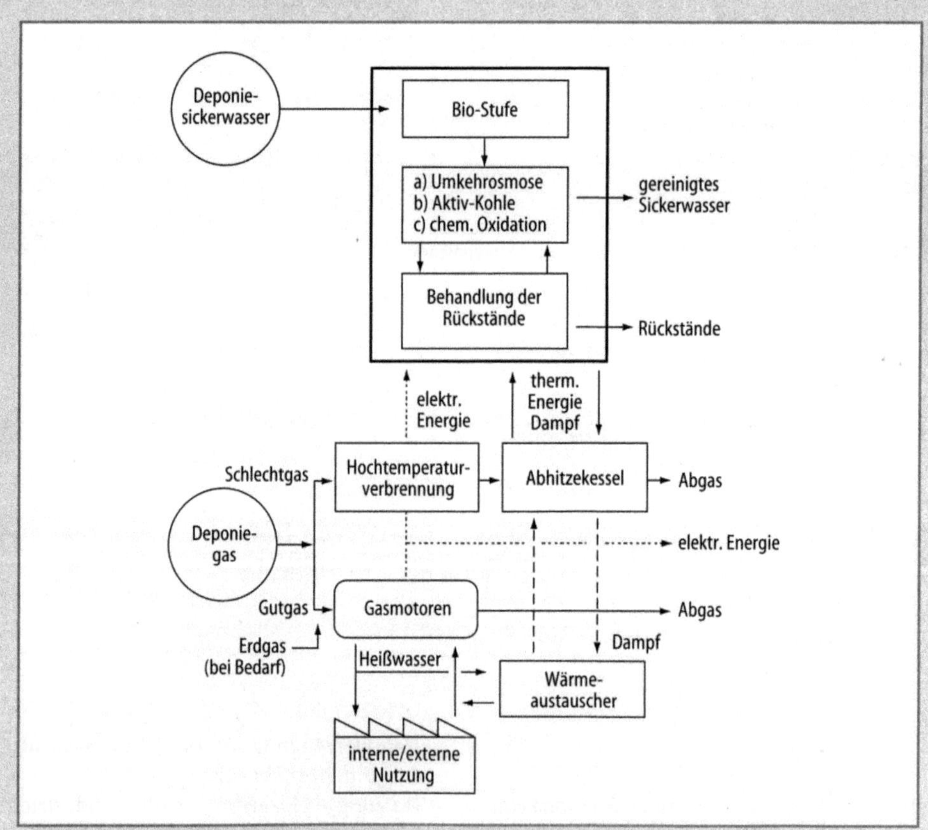

Bild H.5-19 Entsorgungs- und Nutzungswege von Deponiegas in Verbindung mit der Sickerwasserbehandlung [H.5.7]

– bei Verwertung in Verbrennungsmotoren; Σ Chlor < 50 mg/m³ und Σ Fluor < 10 mg/m³, Si < 15 mg/m³,
– bei Verwertung/Verbrennung in Feuerungs-anlagen mit definierten Verbrennungsbedingungen (Verbrennungstemperatur $T = 1200$ °C, Verweilzeit $t_R > 0,3$ s); Σ Chlor < 200 mg/m³ und Σ Fluor < 20 mg/m³.

Die Grenzwerte für die Verwertung in Verbrennungsmotoren dienen dem Schutz der Maschinen vor Korrosionsschäden. Die Grenzwerte für Feuerungs- bzw. Abfackelungsanlagen sind aus den Emissionswerten der TA Luft herzuleiten, die mit denen für Verbrennungsmotoren in Tabelle H.5-10 aufgeführt sind.

Die zu erwartenden Chlor-, Fluor- und Schwefeloxid-Emissionen sind (ohne Gasaufbereitung) von der Zusammensetzung des Rohgases abhängig. Die Emissionen an Stickoxiden, Staub, Kohlenmonoxid, Dioxinen und Furanen sind durch die Technik der Gasverbrennung zu beeinflussen.

Die Wirtschaftlichkeit der Gasnutzung hängt vom Grad der Abfallbehandlung sowie vom deponieeigenen Energiebedarf und der praktizierten Eigennutzung ab (s. Bild H.5-19). Für den Energieexport kann der Deponiebetreiber nur geringe Gutschriften erwirtschaften, während er sich bei der Eigennutzung Fremdbezugspreise gutschreiben kann.

Gasnutzungsanlagen sind i.d.R. gem. der 4. BImSchV nach § 19 BImSchG zu genehmigen. Eine Genehmigung nach § 10 BImSchG kommt für Feuerungsanlagen mit einer Feuerungsleistung > 1 MW in Betracht.

H.5.7.7 Sicherheitstechnisches Konzept

Das sicherheitstechnische Konzept für Deponiegasfassungs- und verwertungsanlagen muß die möglichen Wirkungen der Komponenten des Deponiegases berücksichtigen (vgl. Tabelle H.5-8). Die möglichen Stellen für Betriebsstörungen und Gefahren sind aufzulisten und in einem Konzept die erforderlichen Maßnahmen zu beschreiben. Das sicherheitstechnische Konzept ist von einem Sachverständigen (z.B. TÜV, DMT) zu prüfen. Verhaltensregeln für das Betriebspersonal, z.B. beim Betreten von Schächten, sind umfassend in den Sicherheitsregeln für Deponien (GUV 17.4) der BAGUV beschrieben.

H.5.8 Rekultivierung

Bei Rohabfall-Deponien können auf der Grundlage der Mindestansprüche von Pflanzen für die Standortfaktoren Bodenluft, -wasser und -temperatur Grenzwerte festgelegt werden, deren Unter- bzw. Überschreitung eine akute Beeinträchtigung der Pflanzenentwicklung auf der Oberflächenabdeckung bewirkt. Wachstumshemmende Wirkungen ergeben sich z.B., wenn in der Bodenluft ein Sauerstoffgehalt von 12 % unter- und ein Kohlendioxidgehalt von 5 % überschritten wird. Nähere Ausführungen zu diesem Thema sind der Literatur zu entnehmen [H.5.13]. Die Grenzwerte sind im Hinblick auf die Rekultivierungsmöglichkeiten zu beachten, wenn Ergebnisse von Boden- und Gasuntersuchungen, die im Rahmen der Untersuchungen zur Wirkungskontrolle der Entgasung erlangt werden, ausgewertet werden.

Nach der TA Siedlungsabfall sind Deponien grundsätzlich mit einer oberen Abdichtung zu versehen. Die Rekultivierungsschicht oberhalb der Abdichtung ist ein extremer Pflanzenstandort, da der Wurzelraum nach unten begrenzt und lokal Staunässe möglich ist. Die Dicke der Rekultivierungsschicht ist in Abhängigkeit vom gewünschten Bewuchs bzw. als Vorgabe der TA Siedlungsabfall zu 1 m (Gräser) bis zu 2 m (Gehölze) zu wählen. Der Durchwurzelung der Dichtungsbahn ist entweder durch die Wahl der Baumaterialien oder durch die Auswahl der Pflanzen zu begegnen. Wird auf die Auflage eines wurzelabweisenden Geotextils verzichtet, kann davon ausgegangen werden, daß die Wurzeln vernäßte, verdichtete und damit sauerstoffarme Bodenzonen meiden. Zu beachten ist weiterhin der Angriff nagender u.a. Lebewesen auf die Dichtungsbahn. Für die Rekultivierungsplanungen sollte unbedingt ein Landespfleger hinzugezogen werden.

H.5.9 Nachsorgephase von Deponien

Unter Nr. 10.7.2 der TA Siedlungsabfall wird ausgeführt, daß Deponien der Nachsorge bedürfen. Konkret ist dort festgelegt, daß Langzeitsicherungsmaßnahmen und Kontrollen gemäß Anhang G der TA Abfall vom Betreiber solange durchzuführen sind, bis die zuständige Behörde ihn aus der Nachsorge entläßt. Weiterhin *soll* gem. § 36 Abs. 2 KrW-/AbfG die zuständige Behörde den Inhaber verpflichten, das Deponiegelände zu rekultivieren und sonstige Vorkehrungen zum gemeinwohlverträglichen Nachsorgebetrieb zu treffen. Gemäß § 32 Abs. 3 KrW-/AbfG *kann* die zuständige Behörde verlangen, daß der Inhaber einer Deponie für die in § 36 genannten Maßnahmen nach Stillegung Sicherheit leistet.

Die Entsorgungsträger haben in aller Regel begonnen, für die Nachsorgekosten Rückstellungen zu bilden, was durch gesetzliche Regelungen gedeckt und vor dem Hintergrund der Abfallgesetze und Verordnungen als vorausschauend zu würdigen ist. Zu den ansatzfähigen Kosten im Sinne des Kommunalabgabengesetzes zählen *vorhersehbare* Kosten für die Nachsorge.

Nach dem oben Gesagten ergeben sich folgende wesentliche Kostengruppen:

- Betriebliche Maßnahmen zur Vorsorge gegen Beeinträchtigungen entsprechender Schutzgüter (Deponieentgasung, Sickerwasserbehandlung usw. nach Nr. 11.2 TA Si)
- Rekultivierungs- und Abdichtungsmaßnahmen auf der Basis des Planfeststellungsbeschlusses und nachträglicher Anordnungen der zuständigen Behörde (§ 32 Abs. 4, § 36 KrW-AbfG, Nr. 11.2 TA Si)
- Kontrolle, Datenerfassung, Datenauswertung und Berichtswesen nach den Vorgaben der TA Si auf der Basis nachträglicher Anordnungen der zuständigen Behörde (Nrn. 6.4, 10.6, 10.7 etc. TA Si)

Die Höhe der Rückstellungen wird durch die Summe der genannten Komponenten beeinflußt, wobei als kostenrelevante technische Bereiche die Oberflächenabdichtung und Rekultivierung, Deponiegasfassung und -behandlung sowie Sickerwasserfassung und -behandlung mit den zugehörigen Wartungs- und Unterhaltungsarbeiten zu werten sind. Die Kontrollen gem. Anhang G der TA Abfall sind darüber hinaus entsprechend zu erfassen.

Neben den rein technischen Gesichtspunkten kann die Zeitdauer der einzelnen Maßnahmen im Zusammenhang mit der Nutzungsdauer der Einzelkomponenten als kostenrelevant eingestuft werden. Hierdurch wird insbesondere die Häufigkeit der erforderlichen Reinvestitionen bestimmt. Die Ermittlung der deponiespezifischen Rückstellungshöhe erfolgt auf der Grundlage von Maßnahmen, die sich im wesentlichen aus den standortbezogenen Planfestellungsunterlagen und den dazugehörigen Planunterlagen sowie den nachträglichen Anordnungen der zuständigen Behörde ergeben.

Durch eine Behandlung der abzulagernden Abfälle kann das Emissionspotential der Deponie ganz wesentlich beeinflußt werden. Hierdurch würde einem weiteren Grundsatz unter Nr. 10.1 TA Si genügt, wonach ein Betrieb anzustreben ist, der den erforderlichen Aufwand für Nachsorgemaßnahmen und deren Kontrollen so gering wie möglich hält. Dies hat Einfluß auf den Kostenausgabenplan, da z.B. Reinvestitionen für die Gasbehandlung in der Nachsorgezeit entfallen und diejenigen für die Sickerwasserbehandlung geringer ausfallen können.

Für die Entlassung aus der Nachsorge ist die Erstellung der Jahresberichte und der Erklärungen zum Deponieverhalten in der Betriebs- und Nachsorgephase die Beurteilungsbasis.

Abkürzungsverzeichnis

f_i	Variabler Faktor
T	Temperatur (°C)
8.760	Stunden pro Jahr (h/a)
Q	Gasvolumenstrom (m³/Zeiteinheit)
G	(spezifische) Gasmenge (m³ oder m³/t)

Indizes für Q und G

a	Ausbeute
B	Betrieb
e	Theoretisch erzeugbar
t	Tatsächlich produzierbar
t	Zeit

Wasserhaushaltsgleichung

ΔH	Schütthöhengeschwindigkeit (m/a)
N	Niederschlag (mm/a)
Q_S	Sickerwasserabfluß (mm/a)
R	Rückhalt (mm/a)
RV	Rückhalteverlust (mm/a)
V	Verdunstung (mm/a)
V_{HAUDE}	potentielle Verdunstung nach HAUDE (mm/a)
f_V	Verdunstungsfaktor (-)
$f_{N/V}$	Niederschlags-/Verdunstungsfaktor (-)
r	Spezifischer Rückhalt (mm/m)

Abkürzungen

BAG	Bundesverband der Unfallversicherungsträger
BG	Berufsgenossenschaft
BImSchG	Bundes-Immisionsschutzgesetz
BImSchV	Bundes-Immisionsschutzverordnung
C_x	Konzentration der Verbindung x, z.B. $C_{N_2} \equiv$ Stickstoffkonzentration
DMT	Deutsche Montan-Technik
(F)CKW	(Fluorierte) chlor. Kohlenwasserstoffe
GUV	Gemeinde-Unfallversicherungsverbände
GW	Geruchswert
HKW	Halogenierte Kohlenwasserstoffe
MAK	Maximale Arbeitsplatz-Konzentration
MIK	Maximale Immissions-Konzentration
MBV	Mechanisch-biologische Vorbehandlung
TA	Technische Anleitung

TA Si	TA Siedlungsabfall
t_R	Verweilzeit
TÜV	Technischer Überwachungsverein
UEG	Untere Explosionsgrenze
WG	Wassergehalt

H.6 Abfallwirtschaftskonzepte

H.6.1 Ziele integrierter Abfallwirtschaft

Die Probleme der Abfallwirtschaft werden zunehmend komplexer und erfordern immer differenziertere Lösungsansätze. Aufgabe und Ziel integrierter Abfallwirtschaft ist es, durch Kombination aller verfügbaren Strategien zur Vermeidung, Verwertung und Entsorgung von Abfällen und Reststoffen das zu entsorgende Abfallaufkommen zu minimieren und die anfallenden Restabfallmengen nach dem Stand der Technik umweltverträglich zu behandeln und danach abzulagern (vgl. Abschn. H.1.5).

Um die Ziele einer rückstandsarmen Kreislaufwirtschaft zu erreichen, müssen – die Gesetze der Entropie nicht außer Acht lassend – alle Stoff- und Produktströme möglichst lange durch eine Kombination von Strategien auf einer Ebene gehalten werden wie in Bild H.6-1 dargestellt.

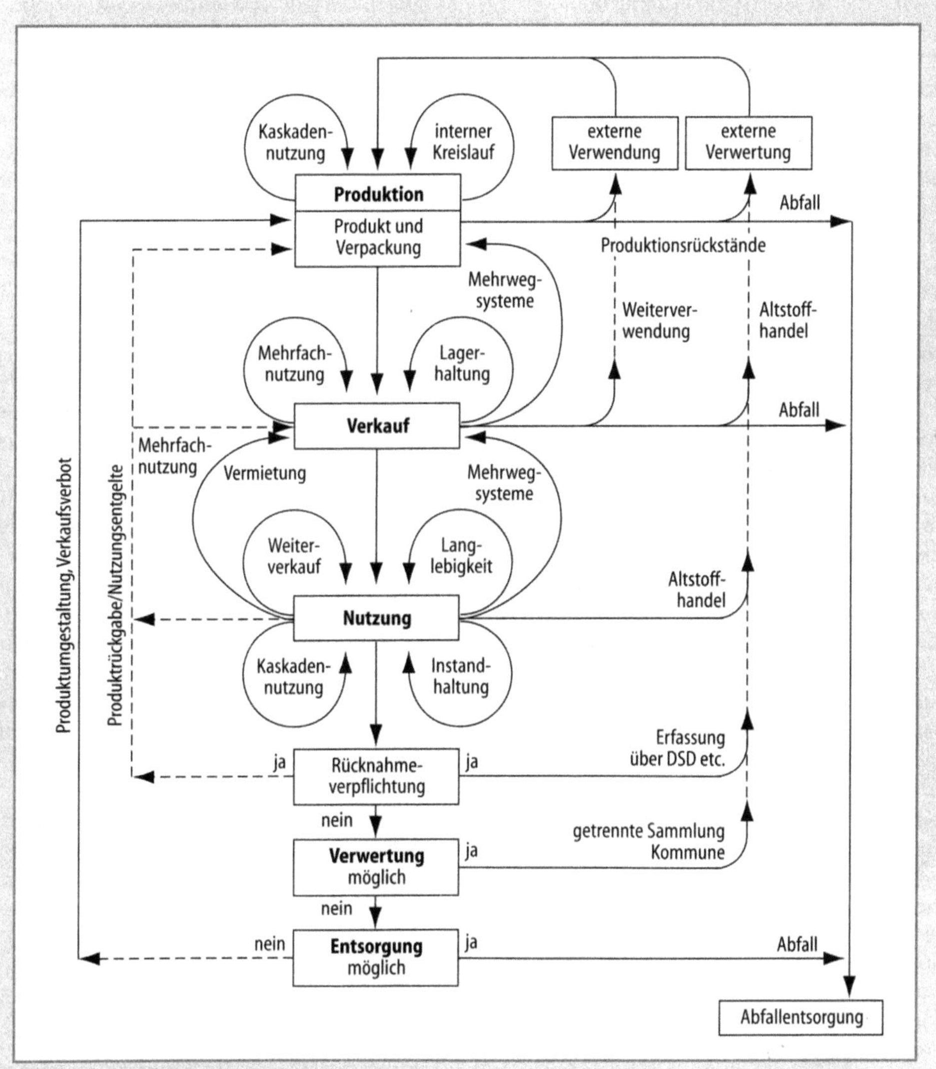

Bild H.6-1 Kreislaufstrategien zur Vermeidung und Verwertung von Produkt- und Stoffströmen

Dazu müssen auf allen Ebenen von Produktion, Verkauf und Nutzung die rechtlichen, technischen und logistischen Rahmenbedingungen geschaffen und die dafür notwendigen Maßnahmen umgesetzt werden.

Aufgabe des Abfallwirtschaftskonzepts ist es, basierend auf der Analyse des Ist-Zustands, die örtlichen abfallwirtschaftlichen Ziele zu bündeln und die vorgesehenen Maßnahmen zur Vermeidung, Verwertung und Restabfallentsorgung zu konkretisieren. Abfallwirtschaftskonzepte sind damit Grundlage für das abfallpolitische und -wirtschaftliche Handeln in den Gebietskörperschaften.

H.6.2 Entwicklung der Konzepte und der rechtlichen Vorgaben

Konzepte zur „Abfallbeseitigung" waren Anfang der 70er Jahre geprägt durch die Suche nach dem technisch und wirtschaftlich sinnvollsten System der Entsorgung. Dabei war es damals das Ziel, möglichst für unterschiedliche Abfallarten oder -stoffgruppen universell geeignete Verfahren anzuwenden, z.B. die Deponie, die geeignet war zur Aufnahme aller Abfälle (organische und inerte Stoffe; Co-Disposal von Hausmüll und Sonderabfällen) oder die Kompostierung gemischter Siedlungsabfälle.

Demgegenüber ist es das Ziel moderner integrierter Abfallwirtschaftskonzepte, neben der Priorität der Abfallvermeidung, eine sehr weit aufgefächerte Palette unterschiedlicher Abfallarten und Stoffgruppen separat zu belassen und sie spezifischen Verfahren der Erfassung, Behandlung, Sortierung sowie der stofflichen Verwertung und biologischen oder thermischen Behandlung zuzuführen.

Vor etwa 15 Jahren hat man begonnen, auf einzelne Entsorgungsregionen bezogene Konzepte zur integrierten Abfallwirtschaft zu erstellen. Diese Entwicklung wurde u. a. initiiert vor dem Hintergrund steigender Abfallmengen, knapper werdender Entsorgungskapazitäten und zunehmender Kenntnis über die Probleme und ökologischen Risiken der Abfallentsorgung. Sie wurde begünstigt durch eine zunehmend detailliertere Kenntnis der Abfallzusammensetzung sowie durch die „Wiederbelebung" der getrennten Sammlung, besonders durch neue Holsysteme, wie den Mehrstoffbehälter, die Biotonne oder den Wertstoffsack.

Diese zunächst freiwillige Erstellung von Konzepten ist inzwischen zur Pflichtaufgabe der entsorgungspflichtigen Körperschaften erklärt worden. Seit 1988 wurde diese Pflicht in die Landesabfallgesetze aufgenommen.

Im Anhang der TASI wurde vom Bundesumweltministerium ein Leitfaden für die Aufstellung integrierter Abfallwirtschaftskonzepte als „Ergänzende Empfehlung zur TASI" mit aufgenommen. Mit der strukturellen Vorgabe sollte bundesweit ein einheitlicher Standard und eine Vergleichbarkeit der Konzepte sichergestellt werden.

Das 1996 in Kraft getretene KrW-/AbfG verpflichtet alle öffentlich rechtlichen Entsorgungsträger, Abfallwirtschaftskonzepte aufzustellen. Die Anforderungen an die Abfallwirtschaftskonzepte sind von den Ländern zu regeln (§ 19 Abs. 5).

Darüber hinaus wird die Forderung zur Erstellung von Abfallwirtschaftskonzepten erweitert auf gewerbliche Abfallerzeuger, die ein bestimmtes jährliches Abfallaufkommen überschreiten[1] (§ 19 Abs. 1; vergleichbare Regelungen waren schon 1996 in einigen Landesabfallgesetzen enthalten).

H.6.3 Inhalt und Struktur von Abfallwirtschaftskonzepten

Mit der „empfehlenden Vorgabe" von Leitlinien zur Aufstellung integrierter Abfallwirtschaftskonzepte wird durch die Vorgabe eines Mindeststandards die Vergleichbarkeit der Konzepte gewährleistet, ohne daß damit eine mit Rücksicht auf den eigenen Wirkungskreis der Gebietskörperschaften bundeseinheitliche Konzeption der Abfallwirtschaft verbunden wäre.

Abfallwirtschaftskonzepte sollen einen zusammenfassenden Überblick über den Stand der integrierten Abfallwirtschaft im Gebiet der entsorgungspflichtigen Gebietskörperschaften liefern, Perspektiven und Handlungsnotwendigkeiten aufzeigen und damit als Leitlinie künftigen abfallwirtschaftlichen Handelns in der Region dienen.

Inhaltlich sollten die regionalen Abfallwirtschaftskonzepte über den rechtlich gesteckten Rahmen, der eine Beschränkung auf den juristischen Abfallbegriff vorsieht[2], hinausgehen

---

[1] Nach § 19 KrW-/AbfG bei > 2000 kg/a besonders überwachungsbedürftiger Abfälle oder > 2000 Mg/a überwachungsbedürftiger Abfälle je Abfallschlüssel

[2] z.B. soll das Abfallwirtschaftsprogramm nach NAbfG § 5 nur für die *Abfälle, die die Körperschaft zu entsorgen hat,* die notwendigen Maßnahmen zur Vermeidung, zur Verwertung und zur Entsorgung aufzeigen.

und auch die örtlichen Maßnahmen Dritter im Bereich der Abfälle zur Verwertung mit aufnehmen (DSD-Aktivitäten, Maßnahmen karitativer und gewerblicher Organisationen, Verwertungsaktivitäten des Altstoffhandels im Gewerbe usw.), soweit entsprechende Daten verfügbar sind.

Die örtlichen Abfallwirtschaftskonzepte sollten daher mindestens die nachfolgenden Punkte behandeln:

1. Zielsetzung und Leitlinien des Abfallwirtschaftskonzepts
2. Darstellung der abfallrechtlichen Rahmenbedingungen,
   - z.B. Vorgaben durch KrW-/AbfG, LAbfG, EU-Richtlinien, Verwaltungsvorschriften (TA Siedlungsabfall, Abfallentsorgungspläne der Länder sowie Verordnungen nach §§ 23, 24 KrW-/AbfG usw.)
3. Analyse und Bewertung des Ist-Zustands (Grundlagenermittlung)
3.1 Infrastrukturdaten
   - Beschreibung des Entsorgungsgebiets (Größe, Struktur, Bevölkerung, Wirtschaft, Verkehr),
   - Entwicklung von Bevölkerung und Gewerbe im Entsorgungsgebiet je nach Datenlage und soweit für Abfallprognosen erforderlich
3.2 Entsorgungsstrukturen
   - Beschreibung bestehender und in Planung befindlicher Systeme und Anlagen (Erfassungssysteme, Behandlungsanlagen, Deponien usw.),
   - Darstellung der organisatorischen und rechtlichen Strukturen der Entsorgung (z.B. Regiebetrieb, beauftragte Dritte usw.)
3.3 Stand der Vermeidung und Verwertung
   - Beschreibung laufender Aktivitäten und bestehender Systeme zur Abfallvermeidung, Schadstoffentfrachtung und Abfallverwertung, unterschieden nach Abfallherkunft (Haushalte, Gewerbe, öffentliche Einrichtungen) und rechtlicher Zuständigkeit (öffentliche Entsorgungsträger, DSD, Abfallerzeuger etc.)
   - Verbleib der getrennt erfaßten Abfälle zur Verwertung (Absatzmarktanalyse)
3.4 Abfallmengenstruktur
   - Differenzierte Mengenanalyse nach Abfallarten, Herkunft und Verbleib auf der Basis eindeutig (einheitlich) definierter Abfallarten und Zuordnungskriterien (s. hierzu [H.6.1]),
   - Normierung der Abfallmengen zwecks Vergleich- und Übertragbarkeit der Daten (Umrechnung von Mg/a in kg/E·a bzw. kg/B·a, B = Beschäftigte nach Arbeitsstättenzählung)
   - Plausibilitätskontrolle der ermittelten Abfalldaten und Statistiken
3.5 Abfallzusammensetzung (vgl. Abschn. H.1.4)
Zur Ermittlung der Abfallzusammensetzung stehen für die verschiedenen Abfallarten angepaßte Analyseverfahren zur Verfügung, die entsprechend den örtlichen Randbedingungen und den spezifischen Fragestellungen der Untersuchung zu modifizieren sind. Vorrangig sollen folgende Abfallarten analysiert werden:
   - *Hausmüll* aus privaten Haushalten getrennt nach Gebietsstruktur, Behälterart, Abfuhrrhythmus,
   - *Geschäftsmüll* (gemeinsam mit Hausmüll abgefahren) getrennt nach Branche und Behälterart,
   - *Sperrmüll* (nur Straßensammlung) getrennt nach Gebietsstruktur, System der Hausmüllentsorgung usw.,
   - *„Gewerbeabfall"* als Summe der sonstigen Selbst- und Direktanlieferungen zu den Entsorgungsanlagen privater und gewerblicher Herkunft (hausmüllähnlicher Gewerbeabfall, Bauabfall, produktionsspezifischer Abfall, Kleinmengenselbstanlieferung usw.)

Die Gewerbeabfallanalyse kann durch eine Befragung und Begehung ausgewählter, relevanter Gewerbebetriebe ergänzt werden.

Die Angaben zur Zusammensetzung sollten zwecks Vergleichbarkeit und Plausibilitätskontrolle grundsätzlich sowohl in Gew. % als auch in kg/E·a, die Gewerbeabfälle zusätzlich in kg/B·a angegeben werden

3.6 Zusammenfassende Bewertung des Ist-Zustands:
   - Bewertung der aktuellen abfallwirtschaftlichen Strukturen,
   - Erfolgskontrolle bisher schon umgesetzter Maßnahmen,
   - bewertender Vergleich zum erreichten Stand der Vermeidung und Verwertung,
   - Herausarbeiten von Handlungsdefiziten und Schlußfolgerungen für die zukünftige Konzeption
4. Integriertes Abfallwirtschaftskonzept
4.1 Darstellung der Möglichkeiten zur Vermeidung, Schadstoffentfrachtung, Verwertung und Restabfallbehandlung

    – Darstellung der möglichen Maßnahmen und verfügbaren Verfahren, Systeme, Anlagen zur Vermeidung, Verwertung, Behandlung und Ablagerung,
    – Aus- und Bewertung vorliegender Erfahrungen aus anderen Gebietskörperschaften mit Überprüfung der Übertragbarkeit auf die örtlichen Verhältnisse,
    – Auswahl ortsbezogener Planungsvarianten mit Angabe der Auswahlkriterien und Bewertung der Verfahrensalternativen

4.2 Zusammenstellung der geplanten Konzeption

    – Beschreibung, Erläuterung und Abstimmung aller geplanten und teilweise schon umgesetzten Maßnahmen, Systeme und Systemkombinationen, Anlagen im Rahmen eines integrierten Gesamtkonzepts für die Teilschritte
       – Vermeidung,
       – Erfassung (Sammlung und Transport),
       – Behandlung (Sortierung, Aufbereitung, Kompostierung, Verbrennung usw.),
       – Verwertung, Verbleib,
       – Ablagerung
        differenziert nach Abfallherkunft bzw. Abfallerzeuger (zielgruppenorientiert) sowie nach Abfallarten und Abfallfraktionen (stoffgruppenorientiert, Beispiel s. Abschn. H.6.4)

5. Abfallprognose
    – Prognose auf der Ebene des Abfallpotentials (Summe der Abfälle zur Verwertung und Beseitigung) unter Beachtung der Wechselwirkungen zwischen Vermeidung, Verwertung und Beseitugung,
    – Abschätzung der zu erwartenden Entwicklung des Abfallpotentials unter Berücksichtigung der Einflußfaktoren
       – Bevölkerungsentwicklung,
       – regionale konjunkturelle und wirtschaftliche Entwicklung,
       – bundesweite Entwicklung im Konsum- und Produktionsbereich,
       – Veränderung abfallrechtlicher Rahmenbedingungen,
       – Entwicklung in der Abwasserableitung und -reinigung,
       – sonstige regionalspezifische Einflüsse
    Die Abschätzung von Vermeidungspotentialen sollte dabei nicht über pauschale Ansätze (wie z.B. Ansatz prozentualer Wunschquoten auf den gesamten Abfall oder auf einzelne Abfallfraktionen) erfolgen, sondern immer nur bei Nachweis konkreter überregionaler Entwicklungen (wie z.B. Rückgang im Verbrauch bestimmter Verpackungsmaterialien als indirekte Folge der Verpackungsverordnung) oder konkreter regionaler abfallwirtschaftlicher Maßnahmen (wie z.B. Rückgang an Gartenabfällen im Hausmüll durch definierte Fördermaßnahmen der Eigenkompostierung etc.).

    – Prognose der Abfallmengen zur Verwertung und deren Verbleib abhängig von Einflußfaktoren
       – Angebot vorhandener bzw. geplanter Verwertungssysteme von öffentlich-rechtlichen und privaten Entsorgungsträgern sowie von Betrieben,
       – Entwicklung auf den Verwertungs- und Absatzmärkten,
       – Entwicklung abfallrechtlicher Rahmenbedingungen
    Hier sind insb. die Wechselwirkungen zwischen den Trägern der Verwertungsmaßnahmen zu beachten, die unmittelbare Auswirkungen auf den Verbleib und den bilanzstatistischen Zugriff auf die zu verwertenden Abfallmengen haben.
    – Berechnung der nach Vermeidung und Verwertung zur Beseitigung verbleibenden Restabfallmengen und deren Zusammensetzung unter Berücksichtigung der Abfallgebührenentwicklung
    – Berechnung der voraussichtlichen Eigenschaften der künftigen Restabfälle (Wassergehalt, Glühverlust, Heizwert, Rotte- und Vergärungseigenschaften usw.)

6. Auswirkungen des Abfallwirtschaftskonzepts
    – Darstellung der quantitativen und qualitativen Auswirkungen (vgl. Pkt. 5),
    – Darstellung des notwendigen Anlagenbedarfs mit Angabe von Kosten, Verfügbarkeit, Umweltauswirkungen,
    – Bilanzierung von Menge und Qualität der anfallenden Reststoffe,
    – Nachweis der Entsorgungssicherheit,
    – Personalbedarf und Kostenübersicht,
    – Zeitplan der Entscheidungsabfolge und Umsetzung der einzelnen Maßnahmen

7. Fortschreibung des Abfallwirtschaftskonzepts
    – Dokumentation des Standes der Umsetzung des Abfallwirtschaftskonzepts,
    – Anpassung des Konzepts an geänderte abfallrechtliche und -wirtschaftliche Rah-

menbedingungen sowie an die Entwicklung des Standes der Technik im Abfallbereich,
- Fortschreibung entsprechend den abfallrechtlichen Vorgaben, mind. alle 4–5 Jahre.

H.6.4 Beispiele für Abfallwirtschaftskonzepte

Beispielhaft werden in Bild H.6-2 die wesentlichen Bausteine eines Abfallwirtschaftskonzepts für den Bereich private Haushalte, Kleingewerbe und öffentliche Einrichtungen aufgezeigt und nachfolgend erläutert.

H.6.4.1 Abfallvermeidung

Der Bereich der Abfallvermeidung sollte dabei mind. den nachfolgenden kommunalen Handlungsspielraum ausschöpfen:

1. Vorbildfunktion der öffentlichen Hand
   - im eigenen Wirkungsbereich durch ein an ökologischen Zielen orientiertes Beschaffungs- und Auftragswesen
2. Lenkung durch Beratung und Information
   - Abfallwirtschaftsberatung in der öffentlichen Verwaltung, bei Haushalten und beim Gewerbe
3. Lenkung durch finanzielle Anreize
   - durch verursachergerechtere Gebühren,
   - durch Förderung der Eigenkompostierung
4. Vorhaltung von abfallvermeidender Logistik wie
   - Einrichtung von Sperrmüll- bzw. Gebrauchtartikelbörsen,
   - Anschaffung und Vermietung von Geschirrmobilen,
   - Einrichtung von Boden(vermittlungs-)börsen,
   - Verwertung von Grünabfällen am Anfallort durch Zerkleinerung und Wiederaufbringen vor Ort (z. B. als Mulch)
5. Vollzug des Reststoffvermeidungsgebots gem. § 5 Abs. 1 Nr. 3 BImSchG

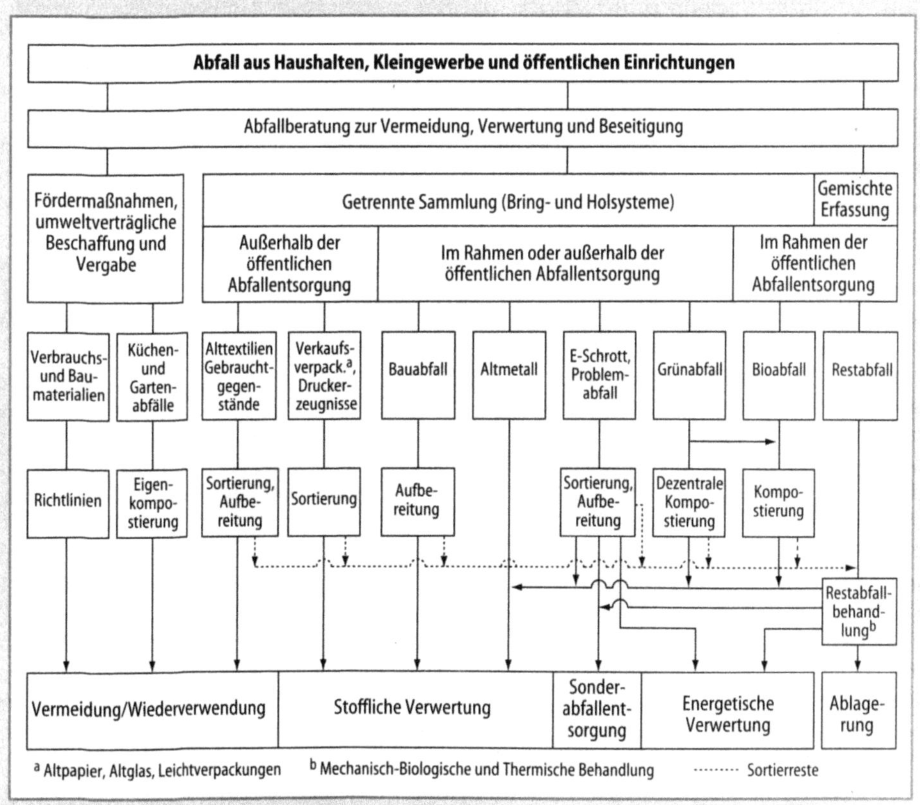

Bild H.6-2 Konzept zur Vermeidung, Verwertung und Entsorgung von Abfällen aus privaten Haushalten, Kleingewerbe und öffentlichen Einrichtungen

Ein Konzept zur Schadstoffentfrachtung sollte mind. auf folgenden 5 Bausteinen basieren:

1. Intensive, getrennte Erfassung von Problemabfällen aus Haushalten und aus der öffentlichen Verwaltung über Bring- und Holsysteme
2. Erfassung von Sonderabfallkleinmengen (< 2000 kg pro Jahr und Erzeuger) aus der öffentlichen Verwaltung und dem Gewerbe
3. Erfassung von Elektro- und Elektronikgeräten
4. Auslese von Schadstoffen im Rahmen der Sortierung von Gewerbe- und Baustellenabfällen
5. Aufbereitung ölverunreinigter Böden.

Der zentrale Baustein im Verwertungskonzept ist die

– Getrennthaltung und getrennte Erfassung verwertbarer und schadstoffbelasteter Abfallfraktionen. Nur durch die konsequente Verpflichtung aller privaten und gewerblichen Abfallerzeuger zur Getrennthaltung und getrennten Überlassung wird die Verwertbarkeit der Abfallfraktionen sichergestellt.

Die Verpflichtung zur Getrennthaltung, die in LAbfG, in der TA Siedlungsabfall sowie im KrW-/AbfG als Verpflichtung festgeschrieben ist, ist örtlich durch eine entsprechende Satzungsgestaltung rechtlich abzusichern

– durch den Ausschluß von der Entsorgung für Stoffe, für die gesetzliche Rücknahmeverpflichtungen nach § 23, 24 KrW-/AbfG bestehen, z. B. für Verpackungen,

– durch Ausschluß von der Restabfallbehandlung und Ablagerung für Abfälle, die der Getrennthaltungspflicht unterliegen und für die Verwertungs- und Sortieranlagen zur Verfügung stehen sowie die Zuweisung dieser Abfälle oder Abfallgemische zu den Sortier-, Aufbereitungs- und Verwertungsanlagen,

und durch das Angebot entsprechender Sammelsysteme, Behandlungsanlagen und Verwertungskapazitäten praktisch umzusetzen.

Die Getrennthaltungspflicht sollte sich mind. auf die Abfallfraktionen Papier, Pappe, Glas, Metall, Kunststoff, Verbunde, Textilien, Holz, organische Abfälle, Problemabfälle, Sonderabfallkleinmengen, Elektro- und Elektronikgeräte, Bauschutt, Erdaushub erstrecken. Darüber hinaus wird mit der sog. Sperrmüllbörse ein Angebot zur sinnvollen Wiederverwendung von Gebrauchtmöbeln eröffnet.

In der Praxis wurden 1995 im Siedlungsabfallbereich Verwertungsquoten zwischen 20 und 40 % erreicht. Mit den in Kap. H.6 beschriebenen je nach örtlichem Siedlungsabfallpotential Verwertungsquoten zwischen 45 und 55 % erreichbar (Bild H.6-3).

Mit Intensivierung der getrennten Sammlung werden sich die bisher rechnerischen Erfassungsquoten nach eigenen Berechnungen voraussichtlich im dargestellten prognostizierten Bereich entwickeln. Die zunehmende Streubreite ergibt sich durch unterschiedliche Abfallpotentiale und Wertstoffgehalte im Siedlungsabfall in den Gebietskörperschaften. Die dargestellten Grenzlinien decken den Bereich festgestellter Siedlungsabfallpotentiale in den Gebietskörperschaften zwischen ca. 400 und 800 kg/E·a ab. Zur Erreichung gleicher Zielquoten müssen örtlich demnach je nach vorhandenem Abfallpotential zwischen 200 und 400 kg/E·a verwertet werden. Abweichungen vom prognostizierten Bereich können sich bei Veränderung der Bezugsgröße „Siedlungs*abfall*potential" ergeben (Einfluß der Abfallvermeidung oder Verlagerungen auf sonstige Verwertungswege).

Unterschiede in der Größenordnung der berechneten Verwertungsquoten für die verschiedenen Abfallfraktionen resultieren aus unterschiedlichen Bezugsgrößen, d. h. bei abweichender Abgrenzung zwischen Wirtschaftsgut- und Abfallverwertung, sowie je nach Verfügbarkeit von Daten über den Umfang an Verwertung außerhalb der öffentlichen Abfallentsorgung.

Die Planung abfallwirtschaftlicher Anlagen erfordert aufgrund der langen Realisierungszeiten von Anlagen die Abschätzung der voraussichtlichen Entwicklung der Abfallmengen. Aufgrund der vielfältigen sich überlagernden Einflußfaktoren sollten Prognosen möglichst nah am tatsächlichen Abfallpotential berechnet werden und nicht auf den Bereich der Abfälle zur Beseitigung begrenzt bleiben (Problem: Datenverfügbarkeit!).

Notwendig ist ferner eine differenzierte Prognose nach Abfallarten. Dabei entzieht sich die

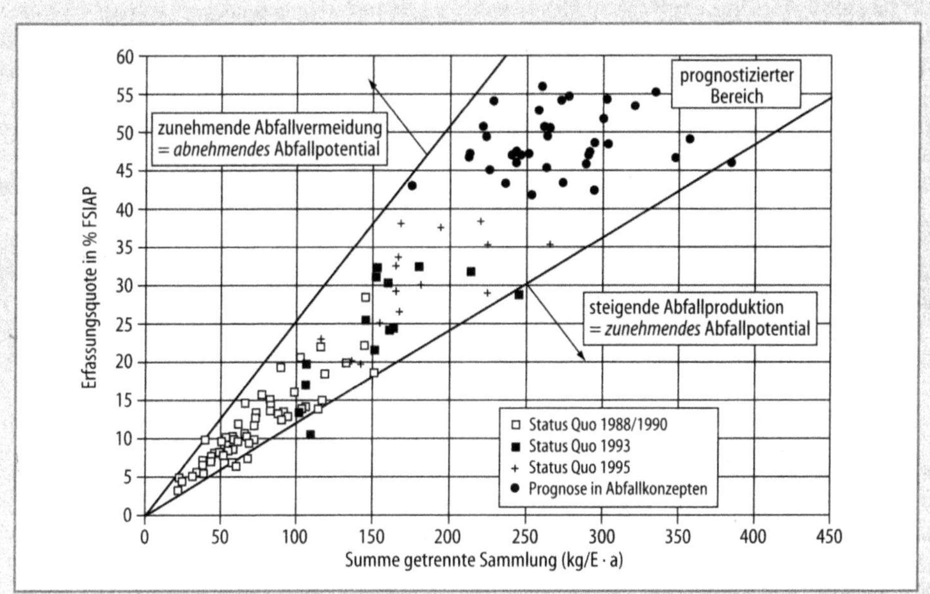

Bild H.6-3 Entwicklung der erreichten und prognostizierten (erreichbaren) Sammelmengen und Erfassungsquoten im Siedlungsabfallbereich

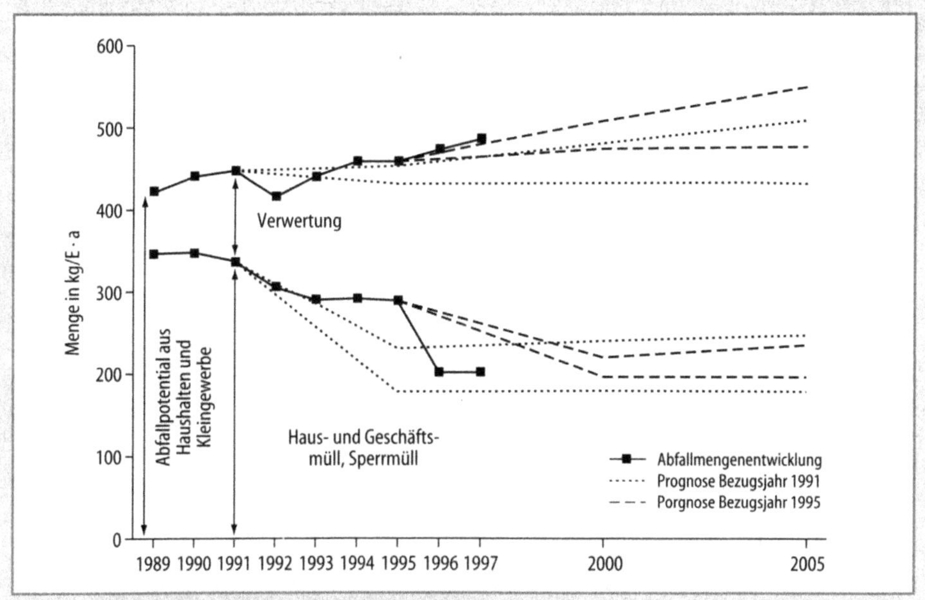

Bild H.6-4 Prognose des einwohnerbezogenen Abfallaufkommens im Bereich Haushalte und Kleingewerbe nach Umsetzung des Abfallwirtschaftskonzepts (aufgezeigt am Beispiel eines norddeutschen Landkreises)

Entwicklung in den Bereichen Bauabfall, Klärschlamm und prod.-spez. Abfall i.d.R. einer exakten Prognose. Das nachfolgende Beispiel beschränkt sich daher auf den Bereich Haushalte und Kleingewerbe (Bild H.6-4).

Im vorliegenden Beispiel wurde für einen Landkreis 1991 eine Prognose erstellt, die 1995 fortgeschrieben wurde. In der ersten Prognose wurde entsprechend der Zielvorgabe im Abfallwirtschaftskonzept des Kreises die Umsetzung aller abfallwirtschaftlichen Maßnahmen bis zum Jahr 1995 unterstellt. Nachdem die Einführung der Biotonne nicht im Zeitrahmen realisiert werden konnte, wurde die Prognose an die Zielvorgaben des Landes angepaßt, die eine Umsetzung aller abfallwirtschaftlichen Maßnahmen bis zum Jahr 2000 vorsehen.

Die Entwicklung der Restabfallmengen ist geprägt von einer Phase der Optimierung der Systeme zur Erfassung der trockenen Wertstoffe (bis 1993) und der Einführung der Biotonne als letztem mengenrelevanten Baustein der Verwertung. Seit 1996 liegt die Restabfallmenge im Prognosekorridor.

Die Abfallpotentialkurve liegt im oberen Bereich des Prognosekorridors, hervorgerufen durch eine zunehmende Verlagerung von Gewerbeabfällen in den Bereich der Haus- und Geschäftsmüllabfuhr. Diese Verlagerungsbewegungen sind mithin nicht auf einen Abfallpotentialanstieg zurückzuführen, sondern gehen einher mit einer entsprechenden Reduktion der Gewerbeabfallmengen in der Wechselbehälterabfuhr.

Ein anderes Beispiel (Bild H.6-5) zeigt die Abfallmengenentwicklung und -prognose für den gesamten Restabfall. Prognosen wurden auch hier für die Bezugsjahre 1993 und 1995 erstellt. Auf der Deponie im dargestellten Beispiel wurden in den vergangenen Jahren aufgrund sehr günstiger Deponiegebühren von 20 DM/Mg überdurchschnittlich hohe Mengen an hausmüllähnlichem Gewerbeabfall, Bau- und produktionsspezifischen Abfällen angeliefert. Schon frühzeitig ließ sich absehen, daß mit steigenden Gebühren und Auswirkungen des KrW-/AbfG diese hohen Mengen künftig nicht mehr angedient werden würden.

Eine Bestätigung des Prognoseansatzes ist an dem tatsächlich eingetretenen dramatischen Rückgang der abgelagerten Abfallmenge gemäß Abfallbilanz ersichtlich.

H.6.6.1 Änderung der Zusammensetzung der Restabfälle durch Vermeidung und Verwertung

Die Zusammensetzung der Restabfälle ändert sich nicht ausschlaggebend durch Maßnahmen zur Vermeidung und Verwertung, da hiervon gleichermaßen trockene und organische Bestandteile des Restabfalls betroffen sind. Dies gilt insbesondere für den Bereich der festen Siedlungsabfälle.

Exemplarisch wird dies an der konkreten Entwicklung in Bild H.6-6 verdeutlicht. Trotz deutlichem Rückgang der Hausmüllmenge von 207 auf 88 kg/E·a ist die prozentuale Zusammensetzung annähernd gleich geblieben. Lediglich die Fraktionen, die keiner Verwertung zugeführt

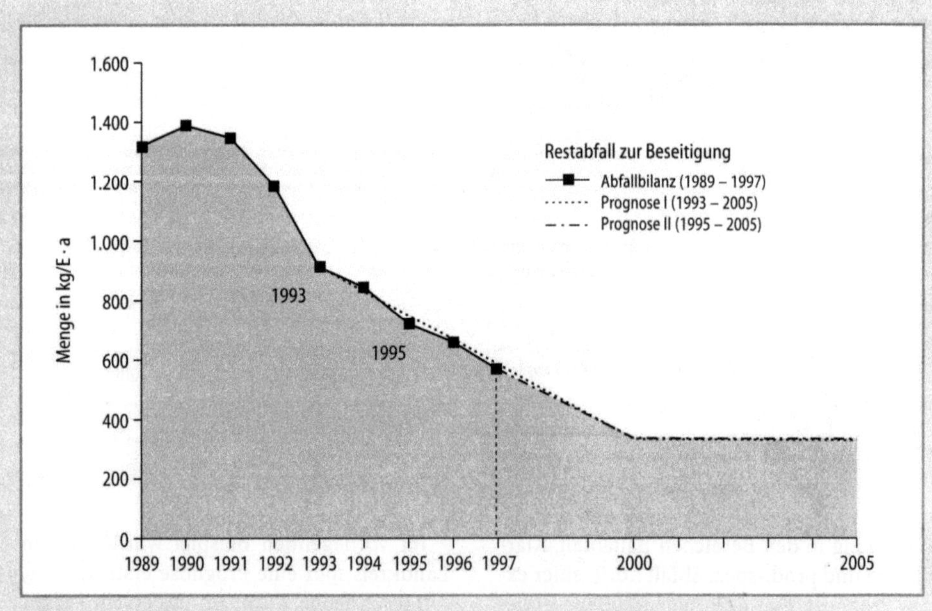

Bild H.6-5 Prognose und reale Entwicklung der Restabfallmengen in einem norddeutschen Landkreis in kg/E · a

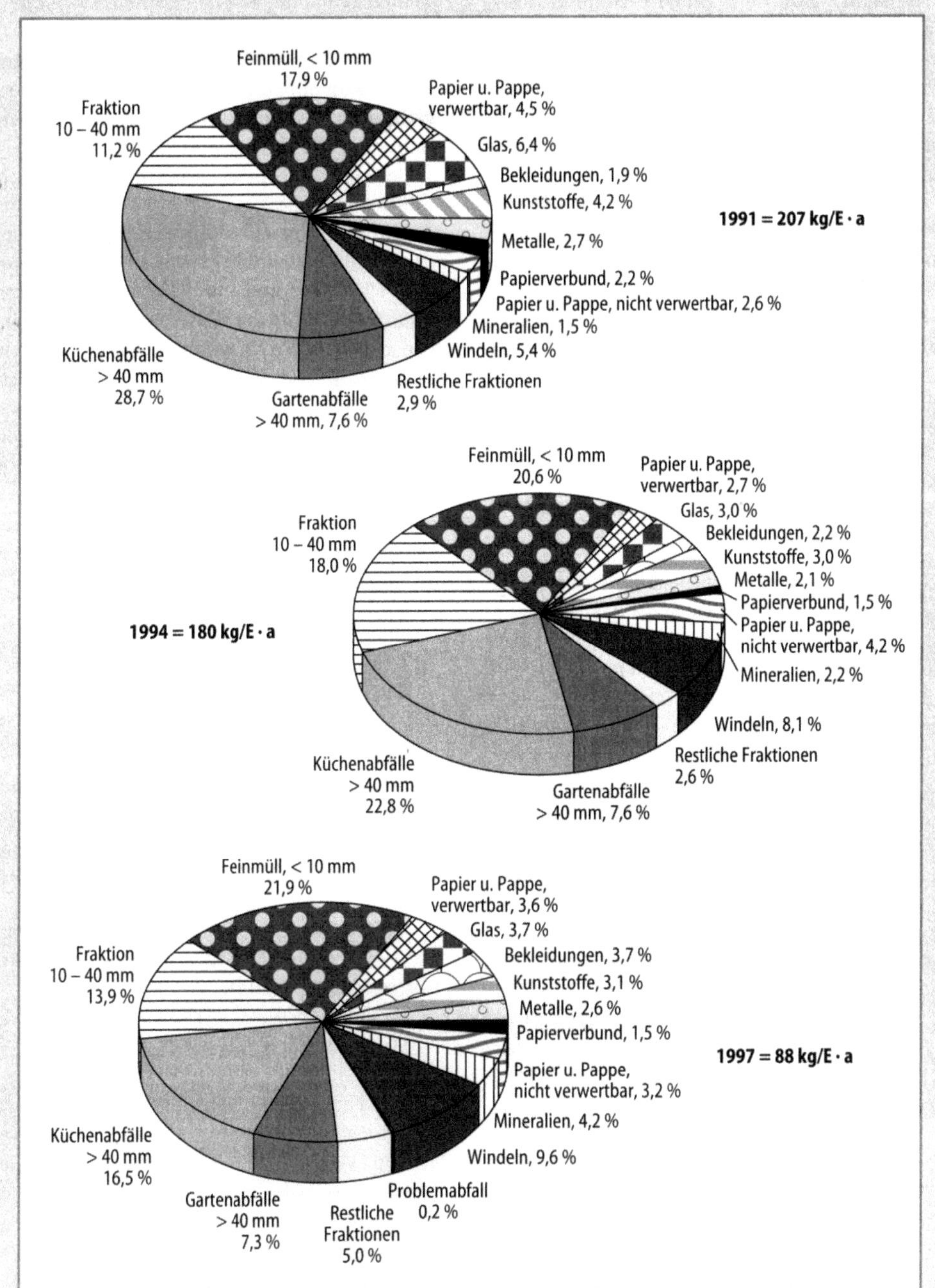

Bild H.6-6 Entwicklung der Hausmüllmenge und -zusammensetzung in einem norddeutschen Landkreis

werden, „reichern" sich prozentual an. So stieg z. B. der relative Windelanteil von ca. 5 auf 10 % an, die absolute Menge an Windeln blieb mit ca. 10 kg/E · a in den Jahren annähernd konstant.

H.6.6.2 Eigenschaften der Restabfälle

Die Eigenschaften der zu beseitigenden Restabfälle haben sich analog zur Zusammensetzung in den letzten Jahren nicht wesentlich geändert.

Auch nach weitestgehender getrennter Erfassung der Bio- und Grünabfälle verbleiben die organischen Gehalte im Restabfall auf einem Niveau von ca. 60 % TS (gemessen als Glühverlust). Zur Erfüllung der Anforderungen der TASI ist damit eine thermische Vorbehandlung der Abfälle vor der Ablagerung erforderlich.

Im Zuge von Ausnahmengenehmigungen wurde die Ablagerung von biologisch vorbehandelten Abfällen zugelassen.

Ob die Zuordnungskriterien für Deponien der Klasse II im Anhang B der TASI generell modifiziert werden, oder es weiterhin für die Ablagerrung von biologisch verbehandelten Abfällen einer Ausnahmegenehmigung im Einzelfall bedarf, bleibt abzuwarten.

H.6.7 Zusammenfassung

Nach eigenen Berechnungen lassen sich mit heute umsetzbaren abfallwirtschaftlichen Maßnahmen und verfügbaren Techniken bei den aktuellen abfallwirtschaftlichen Rahmenbedingungen im *Siedlungsabfallbereich* Verwertungsquoten bis zu 55 % erreichen, die in dieser Größenordnung als Zielquote für Abfallwirtschaftskonzepte angesehen werden können.

Zusammen mit intensiven Verwertungsanstrengungen im Klärschlamm-, Bauabfall- und produktionsspezifischen Abfallbereich können je nach örtlichem Aufkommen deutlich höhere Gesamtverwertungsquoten zwischen 70 und 90 % erzielt werden, die aus der überragenden Mengenrelevanz von Bau- und produktionsspezifischen Abfällen resultieren. Für bewertende Vergleiche wird daher empfohlen, Verwertungsquoten differenziert nach den jeweiligen Abfallgruppen zu berechnen.

Das Instrument des Abfallwirtschaftskonzepts und der Abfallbilanz hat sich zum gegenwärtigen Stand als „Auslöser" zur systematischen Erhebung und Analyse der abfallwirtschaftlichen und -statistischen Ausgangssituation in den Gebietskörperschaften bewährt, um darauf aufbauend Zielkonzeptionen als Leitlinien des regionalen abfallwirtschaftlichen Handelns zu entwickeln und vorhandene Defizite aufzuzeigen und kurzfristig beheben zu können. Mit der regelmäßigen Fortschreibung der Abfallwirtschaftskonzepte kann der erreichte Stand der Umsetzung des Konzepts dokumentiert, der Erfolg bisher schon realisierter Maßnahmen analysiert werden, um darauf aufbauend das Konzept den ggf.

geänderten abfallwirtschaftlichen und -rechtlichen Rahmenbedingungen anzupassen.

Abfallwirtschaftskonzepte bedeuten mithin eine Abkehr vom pragmatischen Handeln hin zu integrierten Lösungsansätzen im Rahmen zielorientierter Handlungsstrategien.

Den Gebietskörperschaften obliegt es, die notwendigen satzungsrechtlichen, anlagentechnischen und motivationsfördernden Rahmenbedingungen zu schaffen, um die heute *berechenbaren* Vermeidungs- und Verwertungsquoten künftig auch *realisieren* zu können. Unabhängig von dem uneingeschränkten Vorrang der Vermeidung und Verwertung vor der Restabfallentsorgung bedarf es auch weiterhin zur Gewährleistung der Entsorgungssicherheit der Ausweisung ausreichender Entsorgungskapazitäten für die Restabfälle. Um Anlagenüberkapazitäten zu vermeiden, bedarf es einer Abstimmung zwischen zwischen kommunaler und privater Entsorgungswirtschaft.

H.7 Biologische Abfallbehandlung

H.7.1 Einleitung

Biologische Verfahren können auf verschiedenen Ebenen Teilaufgaben in der Abfallwirtschaft erfüllen:
- Abfallvermeidung durch Eigenkompostierung;
- Abfallverwertung durch Kompostierung und Vergärung verschiedener qualitativ hochwertiger Abfallprodukte;
- Abfallbehandlung durch Verrottung und Vergärung des Restmülls.

Als Technologien kommen Aerobverfahren (Kompostierung/Verrottung) und Anaerobverfahren (Vergärung/Fermentation) zum Einsatz, wobei sowohl im Bereich der Verwertung als auch im Bereich der Restabfallbehandlung anaerobe Technologien allein nicht zu den gewünschten Zielen führen. Sie bedürfen i. d. R. einer aeroben Nachbehandlung. Zu den klassischen Formen der Biotechnologien in der Abfallwirtschaft sind weiterhin die biologische Bodensanierung und die Abluftreinigung zu zählen.

H.7.2 Rechtlicher Rahmen

Für die verschiedenen Handlungsoptionen sind in Tabelle H.7-1 die entscheidenden abfall- und

	Eigenkompostierung	Verwertung	Restabfallbehandlung
Allgemeine Rechtsgrundlagen	Kreislaufwirtschafts- und Abfallgesetz (KrW-/AbfG)	Kreislaufwirtschafts- und Abfallgesetz (KrW-/AbfG) Bioabfallverordnung (BioAbfV)	Kreislaufwirtschafts- und Abfallgesetz (KrW-/AbfG) TA Siedlungsabfall EU-Deponieverordnung (Entwurf)
Genehmigungsrecht		Genehmigungsverfahren nach Bundes-Immissionsschutz-Gesetz (BImSchG) ggf. nach Baurecht	Genehmigungsverfahren nach Bundes-Immissionsschutz-Gesetz (BImSchG)

genehmigungsrechtlichen Regelwerke aufgeführt.

H.7.3 Organische Abfälle

H.7.3.1 Geeignete Abfälle zur Vermeidung und Verwertung

Als organische Rohstoffe werden ausschl. Abfallarten verwendet, bei denen die Herstellung qualitativ hochwertiger Kompostprodukte sichergestellt ist. Organische Abfälle, die sich für die Eigenkompostierung eignen, sind auch für die Verwertung verwendbar.

Die Eigenkompostierung wird im üblichen Wortgebrauch der Vermeidung zugeordnet, ist aber abfallwirtschaftlich als Verwertungsverfahren anzusehen. Sie ist die älteste Form der Verwertung organischer Abfälle aus Haushaltungen. Sie ist gleichzeitig der ökologisch sinnvollste Weg, da auf Sammlung, Transport und Behandlung der Abfälle verzichtet werden kann und die damit verbundenen Umweltbelastungen entfallen. Trotz dieses offensichtlich einfachen Lösungsansatzes, die Müllmengen zumindest in begrenztem Umfang zu reduzieren, wird diese Chance bisher nur von den wenigsten erkannt und aufgegriffen.

Auf exakte Daten über Abfallmengen, die derzeit über den Weg der Eigenkompostierung entsorgt werden bzw. zukünftig entsorgt werden könnten, kann nicht zurückgegriffen werden. Auf Grundlage einer groben Einschätzung wird in Deutschland gegenwärtig über den Weg der Eigenkompostierung eine Gesamtmenge an Kompostrohstoffen von ca. 3 – 7 Mio. Mg/a verwertet [H.7.1].

Umfrageergebnisse zeigen, daß dort, wo entsprechende Gartenflächen vorhanden sind, die Eigenkompostierung von ca. 30 % der Bevölkerung praktiziert wird. Maßgebend für die Effizienz ist der Umfang, mit der die Eigenkompostierung betrieben wird. Nur ein sehr geringer Anteil der Eigenkompostierer gibt tatsächlich alle organischen Abfälle auf den eigenen Komposthaufen. Die Mehrheit entsorgt Küchenabfälle, Unkräuter und Zitrusfrüchte, befallene Pflanzenteile sowie große Mengen an Rasenschnitt und Laub über die Bio- oder Restmüllabfuhr [H.7.1]. In ländlich strukturierten Gebieten ist die Bereitschaft, auch Küchenabfälle über die Eigenkompostierung zu verwerten höher als in vorstädtisch und städtisch strukturierten Gebieten (Tabelle H.7-2).

Nicht über Eigenkompostierung verwertete organische Abfälle werden über spezielle Sammelsystem getrennt erfaßt und der Verwertung zugeführt.

Über die Biotonne getrennt gesammelte Küchen- und Gartenabfälle werden als *Bioabfälle* bezeichnet. Ergänzend zu den nativ-organischen Abfällen aus Küche und Garten können auch Schmutzpapiere über die Biotonne gesammelt und kompostiert werden. Küchenabfälle fallen mit ca. 30 – 70 kg/E*a an. Das Potential an Gartenabfällen liegt je nach Gebietsstruktur zwischen ca. 20 und 300 kg/E*a. Für den Personenkreis der Eigenkompostierer eignet sich die Biotonne als Ergänzung für die Entsorgung hygienisch nur bedingt geeigneter Kompostrohstoffe.

Eine Abgrenzung der Bioabfälle zu den *Grünabfällen* erfolgt über die Art des Rotteausgangsmaterials und die Art der Sammlung. Ausgangsmaterialien für Grünabfälle können sein: Gartenabfälle aus privaten Gärten und öffentlichen Anlagen, forst- und landwirtschaftliche Abfälle sowie geeignete organische Gewerbeabfälle. Die Sammlung erfolgt i.d.R. über Bringsysteme.

Tabelle H.7-2 Art und Umfang der praktizierten Eigenkompostierung

Gebietsstruktur	Alle Küchenabfälle	Teilmengen Küchenabfälle	Alle Gartenabfälle	Teilmengen Gartenabfälle
Städtisch und vorstädtisch	4 %	18 %	24 %	55 %
Ländlich	7 %	31 %	38 %	49 %

Tabelle H.7-3 Abfallspezifische Kenngrößen zu den Verfahren der mechanisch-biologischen Restabfallbehandlung

	Nach Einführung der Biotonne		Vor Einf. d. Biotonne
	Städtisch	Ländlich	Städtisch/ländlich
TS-Gehalt (%)	70,0	68,4	62,4
o TS-Gehalt (%)	59,4	59,2	64,1
o TS bio-Gehalt[a] (%)	38,3	39,1	50,2
Heizwert Hu (kJ/kg FS)	10.300	10.000	8.900
Heizwert Ho (kJ/kg TS)	16.900	16.800	16.800

[a] biologisch abbaubarer Teil der organischen Substanz

H.7.3.2 Geeignete Abfälle zur Restabfallbehandlung

Auch bei der weitestgehenden Ausschöpfung abfallreduzierender Maßnahmen mit den z.Z. zur Verfügung stehenden Mitteln der Vermeidung und Verwertung verbleibt eine erhebliche Menge an sog. Restmüll. Für die biologische Restmüllbehandlung kommen Abfallarten in Frage, die relevante Mengen an biologisch abbaubarer organischer Substanz aufweisen. Hierzu gehören aus dem Hausmüll vor allem: Windeln, Holz, Teilmengen der Textilien, Bioabfall- und Papierreste, Kartonverbundverpackungen. Ebenso zählen hierzu organische produktionsspezifische Abfälle, die aufgrund ihrer minderen Qualität nicht für die Erzeugung qualitativ hochwertiger Komposte verwendbar sind. Nicht zuletzt müssen auch Abfälle aus der Abwasseraufbereitung Berücksichtigung finden, wie z.B. Klärschlamm und Sandfang.

Tabelle H.7-3 zeigt planungsrelevante Kenngrößen aus dem Resthausmüll unterschiedlicher Gebietsstrukturen mit und ohne vorgeschalteter Getrenntsammlung von Bioabfällen. Der Anteil biologisch abbaubarer Komponenten im Restabfall aus ländlichen und städtischen Sammelgebieten mit installierter Biotonne ist nahezu gleich. Geringere Anteile an nativ-organischen Abfällen im städtischen Restmüll werden durch höhere Papieranteile ausgeglichen. Deutlich größere Mengenanteile biologisch abbaubaren Abfalls enthält Restmüll aus Sammelgebieten ohne Getrennterfassung von Bioabfällen.

H.7.4 Zuordnung einzelner Abfallarten zu den verschiedenen biologischen Behandlungstechnologien

Die verschiedenen Abfallarten und -komponenten Verwertung und zur Restabfallbehandlung müssen hinsichtlich ihrer Eignung für die zwei unterschiedlichen biologischen Verfahrenstechnologien differenziert betrachtet werden. Zur Charakterisierung der organischen Abfallstoffe müssen prozeßtechnische Parameter und biochemische Kenngrößen wie z.B. Wassergehalt, pH-Wert, C/N-Verhältnis, Art und Menge der organischen Substanz und Strukturgehalt herangezogen werden. Im aeroben Behandlungsprozeß werden organische Komponenten in größerem Umfang ab- bzw. umgebaut als im anaeroben Prozeß. So werden holzige Bestandteile ausschl. aerob abgebaut (Bild H.7-1).

Hinsichtlich ihrer prozeßtechnischen und biochemischen Parameter sind *Bio- und Grünabfälle* sowohl einem aeroben als auch einem anaeroben mikrobiellen Abbauprozeß zugänglich

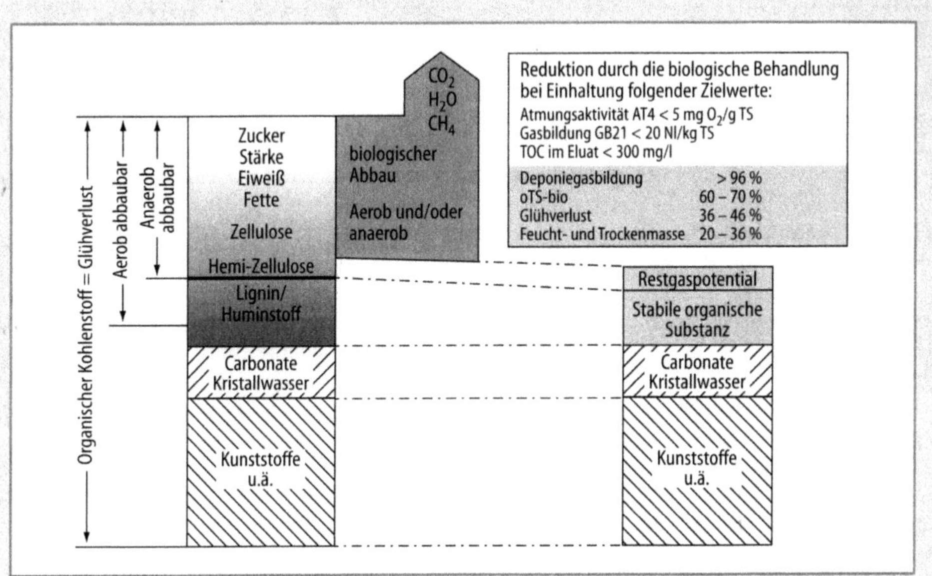

Bild H.7-1 Charakterisierung der organischen Substanz im Restabfall

Tabelle H.7-4 Prozeßparameter und Nährstoffgehalte von Bio- und Grünabfällen (Angaben in % TS)

	H_2O in der FS	pH-Wert	Glühverlust	C/N	N ges	P_2O_5	K_2O	CaO	MgO
Bioabfälle	52–80	5,5–7,6	34–81	14–36	0,6–2,1	0,3–1,5	0,6–2,1	2,2–6,8	0,2–1,7
Grünabfälle	35–62	4,6–7,8	32–70	15–76	0,3–1,9	0,4–1,4	0,4–1,6	0,7–7,4	0,3–1,2

Tabelle H.7-5 Kategorisierung der Bio- und Grünabfälle für die geeignete biologische Behandlungsart

	Kategorie 1	Kategorie 2
Bioabfälle	Vorwiegend ländliches Sammelgebiet	Vorwiegend städtisches Sammelgebiet
Wassergehalt	mittel bis hoch	hoch
Struktur	mittel	gering
Schüttgewicht	mittel	hoch
Störstoffgehalt	gering bis mittel	mittel bis hoch
Geruchsemissionen	mittel bis hoch	hoch
Sickerwasseremissionen	mittel	mittel bis hoch
Grünabfälle	Baum- und Strauchschnitt, Rinde, Sägemehl und -späne, Stroh, Trester, Einstreu aus Schachtöfen, Laub, Beetabdeckmaterial, Kleintiermist, Freidhofabfälle	Gras- und Rasenschnitt, Speisereste aus Großküchen und Kantinen, Panseninhalte, Marktabfälle, Fruchthofabfälle, Friedhofabfälle

(Tabelle H.7-4). Aufgrund von Praxiserfahrungen können getrennt erfaßte Kompostrohstoffe hinsichtlich der Anforderungen an die Behandlungstechnik und Qualitätssicherung jedoch in zwei Kategorien eingestuft werden (Tabelle H.7-5). Zur Verarbeitung der unterschiedlichen Kompostrohstoffe bedarf es einer entsprechend angepaßten Anlagen- und Verfahrenstechnik. Bioabfälle der Kategorie 1 und holzreiche Grünabfälle sind vorzugsweise der aeroben Behandlung zuzuführen. Die sehr nassen, strukturarmen organischen Abfälle (Kategorie 2) sind im besonderen Maße für die Vergärung mit nachgeschalteter Kompostierung geeignet.

Die Höhe des Störstoffgehalts ist entscheidend für die Konzeptionierung der Materialaufbereitung und Konfektionierung, hat jedoch keine Bedeutung für die Art der biologischen Behandlungstechnologie. Mit zunehmenden Störstoffgehalten steigen die Anforderungen an die Aufbereitungstechnologie. In ländlichen Sammelgebieten liegen Störstoffgehalte zwischen 0,5 und 1,5 %, während die Werte in städtischen Gebieten zwischen 1,5 und 5 % liegen.

Für die Restabfallbehandlung von *Haus- und Geschäftsmüll* eignen sich sowohl aerobe als auch anaerob/aerobe Verfahren. Bisher durchgeführte biochemische Untersuchungen von Haus- und Geschäftsmüll zeigen, daß ca. 80 – 90 % der biologisch abbaubaren Komponenten auch einem anaeroben Abbau zugänglich sind. *Sperrmüll*, *hausmüllähnlicher Gewerbeabfall* und *Baustellenabfälle* sind aufgrund ihrer stofflichen Zusammensetzung nur begrenzt für eine biologische Behandlung geeignet. Der Schwerpunkt der Behandlung liegt in der mechanischen Aufbereitung wie Zerkleinerung, Siebung und Sichtung. Einer biologischen Behandlung sind nur die holzigen Bestandteile und Papier/Pappe, in begrenztem Umfang auch Textilfaserabfälle, zuzuführen. Als biologisches Behandlungsverfahren kommt hier die Aerobtechnologie in Frage. Nicht verwertbare, ausgefaulte *Klärschlämme* sind ausschl. in einem aeroben Prozeß weiterzubehandeln.

H.7.5 Konzeptionen zur Verwertung und Restabfallbehandlung

H.7.5.1 Verwertung organischer Abfälle

H.7.5.1.1 Ausgangssituation

Die Verwertung organischer Haushaltsabfälle als integrierter Bestandteil der Abfallwirtschaft hat erst mit Beginn der 90er Jahre an Bedeutung gewonnen. In den 70er und 80er Jahren wurden lediglich 3 % des Hausmülls über den Weg der Gesamtmüllkompostierung mehr oder weniger verwertet. Als Grund hierfür war in erster Linie die minderwertige Kompostqualität und hieraus resultierende Absatzprobleme zu nennen.

Alle zum damaligen Zeitpunkt vorliegenden Erkenntnisse zeigten, daß eine nennenswerte Schadstoffminimierung im Kompost nur durch die separate Erfassung und Kompostierung der nativ-organischen Fraktion des Hausmülls erreicht werden kann. Seit Mitte der 80er Jahre wurde in mehreren Gebietskörperschaften die Getrenntsammlung der Küchenabfälle über ein zusätzliches Sammelgefäß, der Biotonne, erprobt. Die erzielten Ergebnisse führten zu den erhofften besseren Kompostqualitäten (s. Abschn. H.7.5.1.4) und schafften somit die Voraussetzung für eine Wiederbelebung der Kompostierung.

Aus der in Würzburg und Witzenhausen entwickelten Idee der Getrenntsammlung und Kompostierung von Bioabfällen hat sich nach anfänglichem Belächeln (1982–1986) und kritischer Beobachtung aus der Distanz mit Wohlwollen (1987–1988) ein anerkanntes Verfahren zur Verwertung von organischen Haushaltsabfällen etabliert und ist mittlerweile fester Bestandteil integrierter Abfallentsorgungskonzepte. Ende 1997 waren ca. 70 % der Bundesbürger an das Getrenntsammlungssystem Biotonne angeschlossen.

H.7.5.1.2 Status quo betriebener Verwertungsanlagen

Getrennt gesammelte Bio- und Grünabfälle werden z. Z. auf 594 Kompost- und Vergärungsanlagen mit einer jährlichen Verarbeitungskapazität von 8,4 Mio. Mg verarbeitet (Tabelle H.7-6). Verfahren zur Feststoffvergärung haben erst Mitte der 90er Jahre an Bedeutung gewonnen. Insgesamt sind 44 Vergärungsanlagen in Betrieb. Vergärungstechnologien gewinnen zunehmend an Bedeutung sowohl im Anlagenneubau als auch im Rahmen von Ausbaumaßnahmen und Ersatzbeschaffungen.

Tabelle H.7-6 Verwertete Bio- und Grünabfallmengen sowie betriebene Kompost- und Vergärungsanlagen, Stand 12/97 [H.7.2]

Anlagenart	Anzahl[a]	Verarbeitungskapazität
Kompostanlagen	550	7.200.000 Mg/a
Vergärungsanlagen	44	1.200.000 Mg/a

[a] Anlagen > 1.000 Mg/a

Anforderungen an die Verfahrenstechnik und den Anlagenbau

Für den Anlagenbau werden Zielvorgaben definiert. Sie gelten für Aerob- und Anaerobverfahren gleichermaßen (Tabelle H.7-7).

Entsprechend Menge, Art und Zusammensetzung der organischen Abfallstoffe können geeignete Systeme definiert und miteinander kombiniert werden. Ebenso nehmen standortspezifische Kriterien, infrastrukturelle Rahmenbe-

Tabelle H.7-7 Anforderungen Verfahrenstechnik und Anlagenbau

Erzeugung eines qualitativ hochwertigen Kompostes	Minimierung v. Emissionen
Minimierung des Störstoffgehalts	Abluft (Geruch, Schadstoffe, Keime
Vollständige Hygienisierung	Abwasser
Erreichen des gewünschten Rottegrads und der Pflanzenverträglichkeit bei Fertigkomposten	Staub
Unterbindung der Bildung phytotoxischer Zwischen- und Abbauprodukte	Lärm
Minimierung v. Nährstoffverlusten	
Einstellung optimaler Voraussetzungen für die Konfektionierung, Lagerung, Vermarktung und Anwendung	

Tabelle H.7-8 Standards im Anlagenbau, Kompostierung und Vergärung

Standard 1 Extensive Verfahren	Standard 2 Intensive Verfahren
Geringe Verarbeitungskapazität, bis ca. 10.000 Mg/a	Hohe Verarbeitungskapazität, ab ca. 6.500 Mg/a
Geringe Automatisierungsgrad	Hoher Automatisierungsgrad
Geringe verfahrens- und bautechnische Aufwendung	Hohe verfahrens- und bautechnische Aufwendung, u.a. Einhausung emissionsrelevanter Bereiche
Geringe Aufwendungen zur Abluftfassung und -behandlung	Hohe Aufwendungen zur Abluftfassung und -behandlung

dingungen des Entsorgungsgebiets und genehmigungsrechtliche Voraussetzungen Einfluß auf die Wahl des Behandlungsverfahrens. Generell können Anlagenbau und Verfahrenstechnik in zwei Standards untergliedert werden. Anaerobverfahren sind generell den Intensivverfahren zuzuordnen (Tabelle H.7-8).

Kompostierungsverfahren

Der Verfahrensablauf auf Kompostanlagen kann in 3 Abschnitte unterteilt werden:
1. Anlieferung und Aufbereitung;
2. Kompostierungsprozeß;
3. Konfektionierung und Lagerung des erzeugten Kompostes.

1) Anlieferung und Aufbereitung

Sämtliche auf der Kompostanlage anliefernden Fahrzeuge werden im Eingangsbereich gewogen. Anschließend werden die Kompostrohstoffe – getrennt nach Art – auf sog. Flachbunkern angeliefert. Die Anlieferungsflächen sind mit einer Basisabdichtung ausgelegt, um anfallendes Sickerwasser erfassen und abführen zu können. Das Betriebspersonal nimmt bei sämtlichen Anlieferungen optische Kontrollen des Kompostrohstoffs vor. Stark verunreinigtes sowie nicht zur Kompostierung zugelassenes Material wird abgewiesen. Auf der Anlieferungsfläche findet i. d. R. eine erste Entnahme grober Störstoffe statt. Baum- und Strauchschnitt wird auf einem separaten Lagerplatz bis zur Zerkleinerung zwischengelagert. Speziell in den Sommermonaten werden von den angelieferten Bioabfällen starke Geruchsemissionen freigesetzt. In Abhängigkeit vom Standort und der Größe der Anlage wird daher der Anlieferungsbereich eingehaust und die geruchsbeladene Abluft gefaßt und gereinigt.

Je nach Ausgangsmaterial, Kompostierungsverfahren und Anlagentechnik wird das Material entsprechend aufbereitet, mit dem Ziel der Minimierung vorhandener Störstoffe und der Optimierung des Bioabfalls für den Rotteprozeß.

Aus betriebswirtschaftlichen Gründen kann auf Klein- und Kleinstanlagen (bis ca. 10.000 Mg/a) keine aufwendige Verfahrenstechnik installiert werden. Auf dieser Art von Kompostanlagen können nur Kompostrohstoffe der Kategorie 1 verarbeitet werden, wie sie in Tabelle H.7-5 beschrieben sind. Zur Anwendung kommt hier lediglich eine manuelle grobe Störstoffauslese auf der Anlieferungsfläche. Zusätzlich werden Störstoffe unmittelbar nach den

Umsetzvorgängen von den Mieten abgesammelt. Der Hauptteil der Störstoffe wird erst nach Abschluß der Rotte durch verschiedene Siebschritte abgetrennt.

Bioabfälle der Kategorie 2, wie z. B. aus Innenstadtbereichen mit höheren Störstoffanteilen, müssen einer technischen Störstoffseparierung zugeführt werden. Auch bei Bioabfällen der Kategorie 1 wird, zumindest bei größeren Kompostanlagen ab einer jährlichen Verarbeitungskapazität von ca. 6.500 Mg, eine intensive Störstoffauslese vorgenommen. Durch Vorabsiebung des Frischmaterials bei einem Siebschnitt von ca. 80 mm reichert sich der überwiegende Störstoffanteil im Überlauf an. Bei den relativ geringen Siebüberlaufmengen ist eine manuelle Störstoffauslese praktikabel. Durch Fe-Scheider werden zuvor zusätzlich Fe-Metalle abgeschieden. Bei der Konzeptionierung der Sortierstationen müssen die Belange der Arbeitshygiene im besonderen Maße berücksichtigt werden.

In Abhängigkeit von der eingesetzten Rottetechnik müssen die Bio- und Grünabfälle für die biologische Behandlung durch Zerkleinerung, Siebung, Homogenisierung und Einstellung eines optimalen Nährstoff- und Wasserhaushalts konfektioniert werden (Bild H.7-2).

2) Kompostierungssysteme

Die hauptsächlich angewendeten Verfahren lassen sich je nach Belüftungs- und Umsetztechnik sowie Art der Kapselung in drei verschiedene Verfahrenstechnologien einteilen. Der eigentliche Unterschied der verschiedenen Kompostierungsverfahren liegt in den verschiedenen Vorrottesystemen. Die nachgeschalteten Bereiche Nachrotte, Konfektionierung und Lagerung sind i.d.R. nicht verfahrensabhängig.

a) Mietenkompostierung
   – Dreiecksmiete
   – Tafelmiete
b) Zeilen-/Tunnelkompostierung
c) Boxen-/Containerkompostierung

In der *Vorrotte* werden die leicht abbaubaren organischen Stoffe von Mikroorganismen abgebaut. Emissionen wie Sickerwasser und Geruch treten zum überwiegenden Teil in dieser Phase

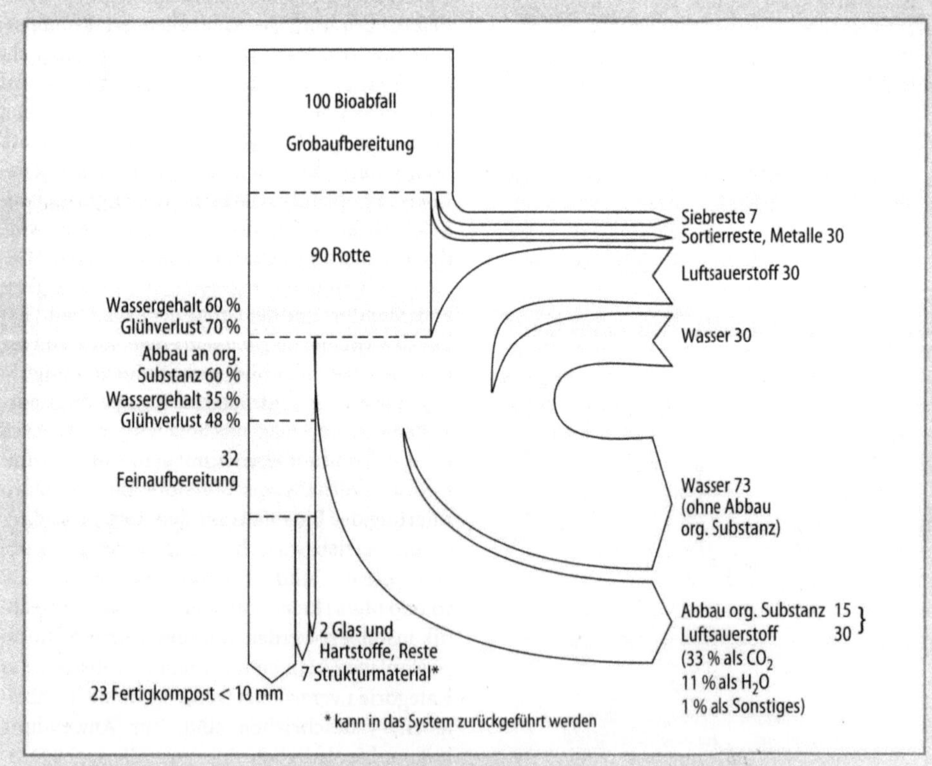

Bild H.7-2 Massenbilanz einer Kompostierungsanlage [H.7.3]

auf; dies begründet bei problematischen Standorten den Einsatz aufwendiger Vorrotteverfahren mit besonderen Einrichtungen zur Emissionskontrolle und Rottesteuerung.

Bioabfälle und andere Abfälle mit entsprechend hohem Wassergehalt und ungenügendem Strukturanteil sowie hohem Gehalt an leicht abbaubarer organischer Substanz müssen in der Vorrotte (bis ca. 6 Wochen) intensiv gesteuert werden. Das Rottegut muß ständig ausreichend mit Sauerstoff versorgt sein, damit keine anaeroben Verhältnisse entstehen, die zu Qualitätseinbußen und Geruchsemissionen führen.

Nach heutiger Kenntnis muß für die Kompostierung bei Einhaltung der für den Rotteprozeß günstigen Bedingungen zum Erreichen von Rottegrad II–III eine Rottedauer von 1–5 Wochen und für Rottegrad IV–V 6–12 Wochen veranschlagt werden.

Die Kompostierung in *Dreiecks- bzw. Walmenmieten* wird hauptsächlich auf kleineren, *offen überdachten Kompostanlagen* praktiziert. Das Rottegut wird in Dreiecksmieten je nach Anteil an Strukturbildnern von etwa 1,50–2,20 m Höhe und 2,80–4,00 m Basisbreite aufgesetzt. Diese Mietenform hat eine relativ große Oberfläche im Verhältnis zum Volumen sowie geringe Diffusionswege von Zu- und Abluft zum Mietenrand. Bei ausreichend großem Luftporenvolumen, wie bei Bioabfällen der Kategorie 1, ist daher eine künstliche Belüftung nicht erforderlich. Der Sauerstoffeintrag wird durch mehrmaliges Umsetzen der Mieten gewährleistet. Zur Verbesserung der Rotte und zur Verminderung der Sikkerwasseremissionen, werden i. d. R. die Rottebereiche überdacht oder mit Folien abgedeckt. Zum gegenwärtigen Zeitpunkt stellt die offene Mietenkompostierung, überdacht bzw. teilweise überdacht, mit 327 Anlagen (Stand 1997/98) das am häufigsten praktizierte Verfahren zur Kompostierung von Grün- und Bioabfällen der Kategorie 1 dar [H.7.3]. Kompostanlagen mit unbelüfteten Mieten in der Größenordnung bis zu 10.000 Mg/a haben sich in der Praxis bewährt.

Als klassisches intensives Kompostierungssystem ist das quasi-dynamische *Tafelmietenverfahren*, das nach der offen überdachten Mietenkompostierung am häufigsten eingesetzt wird, zu nennen. Ziel des Tafelmietenverfahrens ist es, das aufbereitete Rottegut unter optimaler Flächenausnutzung zu kompostieren. Es ist sowohl für die Vorrotte (bis Rottegrad III) als auch für die Nachrotte (bis Rottegrad V) geeignet. Das aufbereitete Rottegut wird bis ca. 2,50 m Mietenhöhe zu einer Tafel mit automatischen Eintragssystem aufgesetzt. Bei dieser Mietenhöhe und -form ist das Verhältnis von Mietenoberfläche zum Mietenvolumen so gering, daß eine künstliche Belüftung unumgänglich wird. Für die im Bild H.7-2 dargestellte Massenbilanz ist bei einem Restsauerstoffgehalt in der Abluft von ca. 15 Vol.-% mit einem Luftvolumen von ca. 3000 – 7000 m³ pro Mg Input-Feuchtmasse zu rechnen. Zum Einsatz kommen Saug- und/oder Druckluftverfahren. Das Umsetzen der Tafelmiete erfolgt mit sog. Schaufelradverfahren dessen Funktionsweise Bild H.7-3 darstellt.

Bei der *Zeilenkompostierung* handelt es sich um eine abgewandelte Form des Tafelmietensystems, wobei die Tafelmiete in Längsrichtung durch Betonwände segmentiert ist, auf denen das Umsetzsystem geführt wird. Aufnahme und Umsetzen des Rotteguts erfolgt über eine Aufnahme- bzw. Fräswalze, die analog dem „Schaufelrad-Verfahren" konzipiert ist. Im Unterschied zum „Schaufelrad-Verfahren" wandert die Aufnahmefräse nicht entlang des Mietenkörpers, sondern nimmt die gesamte Breite des Mietenkörpers ein.

Boxen- und Containerkompostierung sind im Verfahrensablauf sehr ähnlich. Hierbei erfolgt die Intensivrotte in einem angeschlossenen zwangsbelüfteten Raum mit vollständiger Ablufterfassung und -reinigung. Das Fassungsvermögen der Rottereaktoren beträgt je nach Verfahren zwischen 20 und 180 m³. Der Eintrag des Kompostrohstoffs erfolgt je nach Anbieter per Radlader oder mit automatischen Eintragssystemen. Nach Ablauf der Intensivrotte in der Box liegt ein sogenannter Frischkompost vor. Je nach Aufenthaltsdauer kann der Rottegrad II (7–10 Tage) oder III (10–20 Tage) erreicht werden. Die Nachrotte erfolgt auf dem Weg der Mietenkompostierung. Gegenüber dem reinen Mietenkompostierungsverfahren erlauben die Container/Boxen-Systeme weitergehende Steuerungsmöglichkeiten des Rotteprozesses. Mit diesem System können verschiedene Rotteausgangsmaterialien problemlos getrennt voneinander verarbeitet werden. Durch Modulbauweise sind derartige Anlagen flexibel ausbaufähig (Bild H.7-3).

In der *Nachrottephase* wird aus dem vorgerotteten Material Fertigkompost hergestellt. Das Rottegut weist in dieser Phase einen geringeren spezifischen Sauerstoffbedarf auf, ebenso ist die Geruchsentwicklung wesentlich geringer als während der Vorrotte, eine Zwangsbelüftung ist i. d. R. nicht zwingend erforderlich. Ein kontrol-

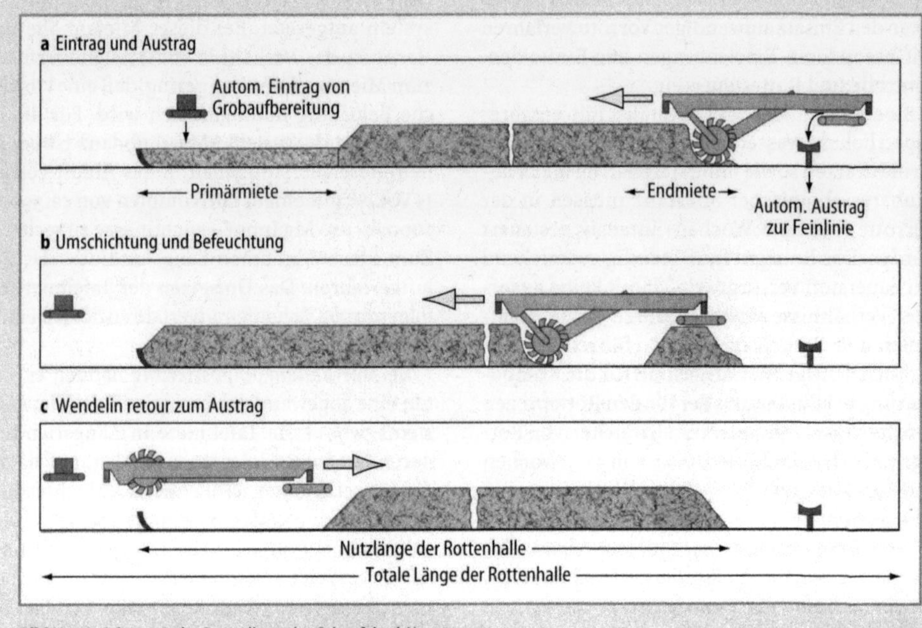

Bild H.7-3 Schematische Darstellung des Schaufelrad-Umsetzsystems

lierter Rotteverlauf ist in der Nachrotte nur gewährleistet, wenn das Material durch Überdachung oder Folienabdeckung vor Niederschlägen geschützt wird. Durch starke Regenfälle kann das Material in dieser Rottephase vernässen, die Eigentemperatur reicht nicht mehr aus, um das Rottegut zu trocknen. Die Konfektionierung wird erschwert, da zu feuchtes Material nur bedingt siebfähig, keinesfalls aber absack- und lagerungsfähig ist.

3) Konfektionierung und Lagerung des erzeugten Kompostes

In der Feinaufbereitung wird der Reifekompost zu einem vermarktungsfähigen Produkt aufbereitet. Als Mindestausrüstung der Feinaufbereitung werden Siebstufen eingesetzt, in der mehrere Korngrößenfraktionen (<40 mm, <20 mm und <10 mm) hergestellt werden können. In speziellen Absatzgebieten kann eine weitere Aufbereitung des Fertigkompostes sinnvoll sein. Hierzu gehört insbesondere die Herstellung von Kultursubstraten unter Verwendung verschiedener Zuschlagstoffe, wie z. B. Rinde, Ton, Torf, Granulate. Hierfür müssen die Komposte weitgehend frei von Glaskomponenten und Steinen sein. Die Installation eines Hartstoffscheiders ist dann als zusätzliche Komponente der Feinaufbereitung erforderlich.

Beim Kompostabsatz liegen die Vermarktungsschwerpunkte im Frühjahr und im Herbst, so daß eine Lagerkapazität von 3–5 Monaten vorgehalten werden muß. Zum Schutz vor Niederschlägen muß die Lagerfläche überdacht werden, auf Kleinanlagen eignen sich zum Schutz vor Vernässung durch Niederschlagswasser auch atmungsaktive Vliese. Für unterschiedliche Verkaufsprodukte, wie z. B. verschiedene Körnungen, Substratmischungen etc., sind Lagerboxen bereitzustellen.

Vergärungsverfahren

Die gezielte Vergärung organischer Abfälle wird im Bereich der Abwasserreinigung (Klärschlamm) und der Landwirtschaft (Gülle) seit längerem praktiziert. Die Anaerobtechnik zur Verarbeitung von Bioabfällen wurde im Laufe der letzten 10 Jahre entwickelt.

Verfahrenssysteme

Nach der Aufbereitung erfolgt der eigentliche Prozeß der Vergärung als Einstufen- bzw. Zweistufenprozeß. Im einstufigen Prozeß werden Hydrolyse und Methanisierung räumlich voneinander getrennt durchgeführt.

Einstufige Verfahren sind durch eine relativ einfache Verfahrenstechnik gekennzeichnet und werden sowohl als Naß- als auch als Trockenverfahren angeboten. Sie können mesophil als auch thermophil betrieben werden. Die im Vergleich zum zweistufigen Verfahren geringere zeitspezifische Abbauleistung kann durch eine längere Aufenthaltszeit im Reaktor ausgeglichen werden. Die Aufenthaltsdauer beträgt je nach Verfahren zwischen 15 und 30 Tage (Tabelle H.7-9).

Beim zweistufigen Verfahren wird die Hydrolyse vorwiegend in einer festen Phase und die Methanisierung in einer flüssigen Phase durchgeführt. Zweistufige Verfahren sind durch eine relativ aufwendige Verfahrenstechnik gekennzeichnet. Ihr Vorteil gegenüber den einstufigen Verfahren liegt in einer höheren zeitspezifischen Abbauleistung. Die Aufenthaltsdauer beträgt zwischen 5 und 15 Tagen.

Aufbereitung, Nachrotte, Konfektionierung und Lagerung erfolgen im wesentlichen analog den Verfahrensschritten, wie sie bei der Kom-

Tabelle H.7-9 Einteilungskriterien für Vergärungsanlagen von Feststoffen [H.7.5]

Wassergehalt im Methanreaktor	naß: TS ca. 10 % (± ca. 2 %) seme-trocken: TR ± 20 % trocken: TS >25 % (meist 30 – 35 %)
Temperatur	mesophil: ca. 35 – 37 °C thermophil: ca. 55 – 60 °C
Prozeßführung	einstufig (naß oder trocken) zwei- oder mehrstufig mit Feststoffseparation hinter 1. Stufe (naß) zwei- oder mehrstufig ohne Feststoffseparation hinter 1. Stufe (naß)
Betriebsweise	semikontinuierlich diskontinuierlich (Batch)
Art der Durchmischung	Rühren (naß) Umwälzen (naß) (teils mit Gas) Perkolieren (trocken)

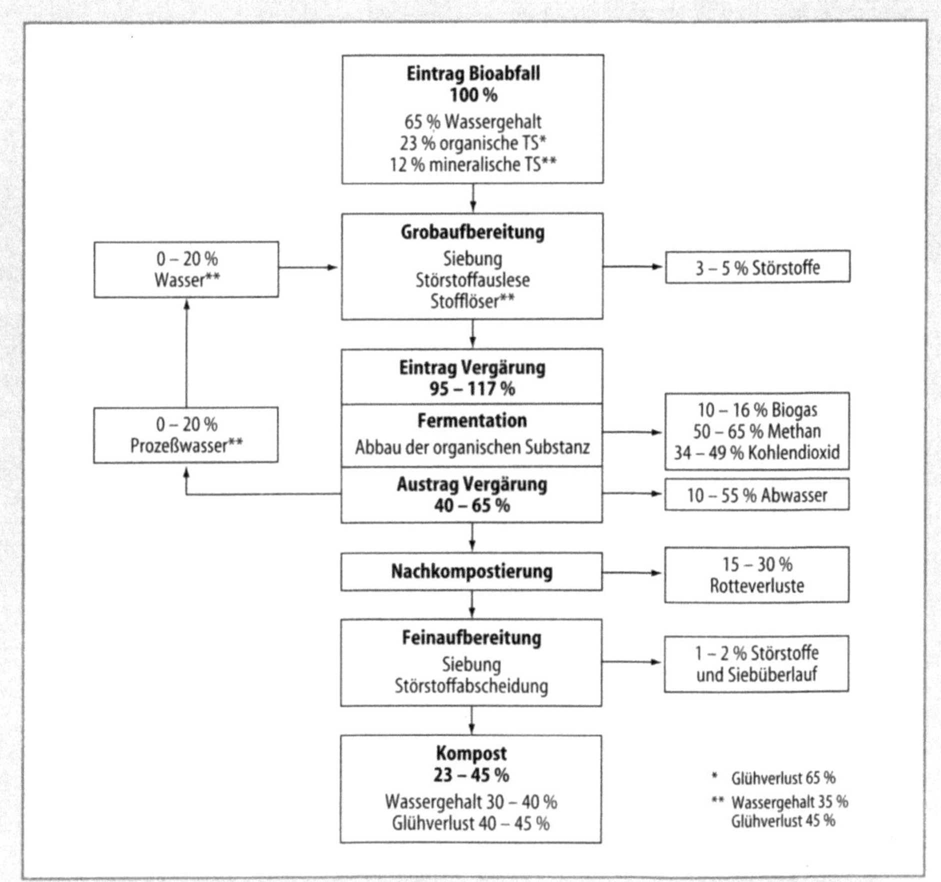

Bild H.7-4 Massenbilanz der Bioabfallvergärung

postierung beschrieben sind. Als Abfallstoffe kommen hauptsächlich die in Tabelle H.7-5 aufgeführten organischen Abfälle der Kategorie 2 mit hohen Wassergehalten und geringer Struktur in Betracht. Die Massenbilanz der Bioabfallvergärung ist Bild H.7-4 zu entnehmen.

Exemplarisch werden nachfolgend zwei Verfahrenskonzeptionen beschrieben.

BTA-Verfahren (naß/zweistufig). Die organischen Abfallstoffe werden nach der Zerkleinerung einer sog. nassen Vorbehandlung in einem Auflösebehälter unterzogen. Hierbei handelt es sich um einen nach unten konisch zulaufenden Stahlbehälter mit bis zu 20 m³ Nutzvolumen, einem Siebboden (8 mm Lochgröße), einem Leichtstoffrechen und einer Schwerstoffschleuse. Zuerst werden Prozeßwasser und Abfallstoffe in den Behälter eingefüllt, so daß eine Suspension mit 90 Gew.% Wassergehalt entsteht. Beide Phasen werden durchmischt, wobei gleichzeitig ein Auftrennen der faserigen Stoffe erfolgt. Die Rohsuspension wird über das Lochsieb am Boden abgepumpt, Störstoffe bleiben im Behälter zurück. Anschließend wird erneut Prozeßwasser eingepumpt und die Leichtstoffe über einen Rechen aus der Flüssigkeit entfernt. Grobe Schwerstoffe werden über eine Schwerstoffschleuse abgezogen.

Die Rohsuspension wird in einem Fest-Flüssig-Trennungsaggregat in einen Feststoffstrom und eine Flüssigphase getrennt. Die Hydrolyse erfolgt mit ungelösten, die Methanisierung fast ausschl. mit gelösten organischen Stoffen. Im Hydrolysereaktor sollen noch ungelöste organische Komponenten in Lösung gebracht werden. Während der gesamten Verweilzeit der Feststoffe im Reaktor von 2–3 Tagen, wird der Reaktorinhalt zwei- bis fünfmal über die Fest-Flüssig-Trennung entwässert. Mit der Flüssigphase aus der Fest-Flüssig-Trennung wird ein Methanreaktor beschickt.

Das Gas der Hydrolysestufe enthält ca. 40% CH_4, das aus der Methanisierungsstufe bis zu 70% CH_4. Neben Hydrolysereststoffen von 20 Gew.% des Input-Materials fallen bis zu 500 l Abwasser pro Tonne Ausgangsmaterial an. Mit diesem Verfahren wird die organische Substanz um bis zu 70% abgebaut [H.7.6]. Zur Herstellung von Reifekompost müssen die Hydrolysereststoffe einer drei- bis sechswöchigen Nachrotte unterzogen werden.

DRANCO-Verfahren (trocken/einstufig). Das Verfahren DRANCO (DRy ANaerobic COmpo-

sting) ist ein (semi-)kontinuierlich beschickter Einstufenprozeß zur Vergärung fester organischer Abfälle im thermophilen Temperaturbereich, d. h. bei rd. 55 °C Gärtemperatur. Die biogenen Abfälle gelangen nach einer Zerkleinerung in den Gärbehälter. Vor dem Eintritt werden sie mit ausgegorenem Material zur Beimpfung mit Bakterien durchmischt. Der zylindrische, stehende Gärbehälter wird über eine externe Schlaufe durchmischt. Der optimale Trockensubstanzgehalt des Gärguts im Fermenter liegt zwischen 30 und 35 %. Bei sehr nassem Substrat muß u. U. durch vermehrte Rückführung von ausgepreßtem Material der Trockensubstanzgehalt im Gärbehälter angehoben werden. Nach einer Gärzeit von 2–3 Wochen kann das Substrat ausgepreßt werden. Da das Verfahren DRANCO ein Einstufenprozeß ist, ist der apparative Aufwand gegenüber einem zweistufigen Prozeß entsprechend geringer. Ebenso wie beim BTA-Verfahren müssen die Vergärungsrückstände einer Nachrotte unterzogen werden.

Biogas

Erzielbare Biogaserträge sind in Tabelle H.7-10 aufgeführt. Über die Biogasverwertung erzeugte Energie deckt den gesamten Energiebedarf einer Vergärungsanlage.

Verfahrensvergleich
Kompostierungsverfahren eignen sich grundsätzlich für alle organischen Abfallstoffe, während bei den Vergärungsverfahren holzige Bestandteile ausgeschlossen sind. Vorteile der Vergärung liegen in den Bereichen Flächenbedarf, Geruchsemissionen und Energiebilanz, während die Vorteile bei der Kompostierung in den Berei-

Tabelle H.7-10 Kenngröße Biogas einstufiger und zweistufiger Vergärungsverfahren

	Einstufig Behandlungszeit 12 – 20 Tage	Zweistufig Behandlungszeit 4 – 10 Tage
Biogasertrag (Nm³/Mg Input)	80 – 110	80 – 120
CH_4-Gehalt (%)	60 – 70	60 – 70
Heizwert (KWh/Nm³)	6,0 – 6,5	6,0 – 6,5

chen geringere Abwasseremissionen, höhere Betriebs- und Entsorgungssicherheit und höhere Prozeßstabilität des biologischen Prozesses zu finden sind (Bild H.7-4).

H.7.5.1.4 Kompostqualität

Die Qualität von Bioabfallkompost wird maßgeblich von Art und Zusammensetzung der verwerteten Kompostrohstoffe bestimmt. Als wesentliche Einflußfaktoren gelten neben der Art der Kompostrohstoffe vor allem deren Reinheitsgrad, aber auch Bodenqualität und Immissionen im jeweiligen Sammelgebiet. Zusätzlich wirkt sich die zum Einsatz kommende Verfahrenstechnik und die Art der Rotteführung nachhaltig auf die Kompostqualität aus. Qualitätsuntersuchungen dienen der Erfolgskontrolle und liefern grundlegende Daten für die Optimierung sowohl der Getrenntsammlung als auch der Rottesteuerung. Ebenso dienen sie als Grundlage für die sachgerechte Kompostanwendung; sie sind damit auch ein wesentlicher Bestandteil von Marketingstrategien.

Komposte sollten folgende Qualitätsmerkmale aufweisen:
- hoher Gehalt an wertgebende Inhaltsstoffen (Pflanzennährstoffe, organische Substanz);
- geringer Anteil an Fremdstoffen (Glas, Metalle, Kunststoffe und Steine);
- gute Pflanzenverträglichkeit besitzen;
- unbedenkliche Gehalte an Schwermetallen und organischen Schadstoffen;
- unbedenkliche Gehalte an Krankheitserregern und Unkrautsamen;
- in Abhängigkeit der Anwendung rieselfähig und staubfrei (Landwirtschaft) oder stabilisiert und salzarm (Substratherstellung).

Komposte eignen sich aufgrund ihres Gehalts an organischer Substanz, Pflanzennährstoffen und basisch wirkenden Bestandteilen Kalzium ((Ca) und Magnesium (Mg)) sowohl als Dünge- als auch als Bodenverbesserungsmittel. Durch Kompostausbringung und der damit verbundenen Zufuhr organischer Substanz werden die Struktureigenschaften des Bodens verbessert und dessen mikrobielle Aktivität erhöht. Gleichzeitig wirkt die basische Reaktion des Kompostes der fortschreitenden Bodenversauerung entgegen. Im Hinblick auf die Pflanzenernährung ist eine praxisübliche Kompostgabe von jährlich 5–10 Mg (TS) geeignet, den Mikronährstoffbedarf von Kulturpflanzen zu decken, und bei mittleren Gehalten von 0,6 % Phosphor (P_2O_5) und 1,1 % Kalium (K_2O) können die durchschnittlichen Endzüge landwirtschaftlicher Kulturen ausgeglichen werden. Aufgrund der geringen Verfügbarkeit des organisch gebundenen Stickstoffs (N) und dessen langsame Freisetzung, ist eine bedarfsgerechte Stickstoffversorgung hingegen nur begrenzt möglich (Tabelle H.7-11).

Die Kompostverwertung im Substratbereich setzt im Gegensatz zur landwirtschaftlichen Verwertung einen geringen Nährstoff- und Salzgehalt sowie eine besonders gute Pflanzenverträglichkeit voraus. Diese Bedingungen können insbesondere Komposte mit hohem Grüngutanteil erfüllen (Tabelle H.7-12).

Tabelle H.7-11 Wertgebende Bestandteile im Kompost[a]

| | Kenngröße[b] | | |
	Median	10 % Perzentil	90 % Perzentil
N ges (% TS)	1,3	0,8	1,9
P_2O_5 ges (% TS)	0,6	0,4	1,1
K_2O ges (% TS)	1,1	0,6	1,7
MgO ges (% TS)	0,7	0,3	1,3
CaO ges (% TS)	4,0	2,2	7,1
N lösl. (mg/l FS)	208,5	33,0	633,5
P_2O_5 lösl. (mg/l FS)	906,0	395,4	1591,6
K_2O lösl. (mg/l FS)	3329,0	1553,1	5587,5
MgO lösl. (mg/l FS)	22,8	145,6	370,0

[a] Berechnungsgrundlage: 1571 Analysen der Zentralen Auswertungsstelle der Bundesgütegemeinschaft Kompost e.V. im Jahre 1996
[b] Mittelwert als Median
10 % Perzentil: 10 % d. Analysen liegen unter diesem Wert
90 % Perzentil: 10 % d. Analysen liegen über diesem Wert

Tabelle H.7-12 Pflanzenverträglichkeit der erzeugten Komposte[a]

| Kenngröße[b] | Pflanzenverträglichkeit in der Prüfmischung bei | |
	25 % Kompost	50 % Kompost
Median	109,1 %	101,9 %
10 % Perzentil	94,7 %	74,2 %
90 % Perzentil	142,4 %	135,0 %

[a] Berechnungsgrundlage: 1571 Analysen der Zentralen Auswertungsstelle der Bundesgütegemeinschaft Kompost e.V. im Jahre 1996
[b] Mittelwert als Median
10 % Perzentil: 10 % d. Analysen liegen unter diesem Wert
90 % Perzentil: 10 % d. Analysen liegen über diesem Wert

Als vorbeugende Bodenschutzmaßnahme dürfen gemäß BioAbfV i. d. R. nur Komposte mit nachweislich niedrigen Schwermetallgehalten (Tabelle H.7-13) ausgebracht werden. Die maximale Aufwandmenge innerhalb von 3 Jahren beträgt in Abhängigkeit vom Schwermetallgehalt 20 oder 30 Mg Komposttrockenmasse. Die höhere Aufwandmenge von 30 Mg setzt eine besonders geringe Belastung voraus. Die produzierten Komposte weisen sehr hohe Qualitätsstandards auf, so daß sie in allen Anwendungsgebieten in nutzbringenden Mengen eingesetzt werden können.

Störstoffe beeinträchtigen das optische Erscheinungsbild des Kompostes und somit dessen Vermarktung. Der Anteil an Fremdstoffen (> 2 mm), insbesondere Glas, Metall und Kunststoff darf entsprechend den Anforderungen der BioAbfV einen Höchstwert von 0,5 % nicht übersteigen (Tabelle H.7-14). Steine > 5 mm werden bis zu einem Anteil von 5 % toleriert.

Letztendlich ist auch die seuchen- und phytohygienische Unbedenklichkeit der Rotteendprodukte sicherzustellen, damit durch deren Ausbringung keine Beeinträchigung der Gesundheit von Mensch und Tier durch Freisetzung oder Übertragung von Krankheitserregern zu besorgen ist. Da im Rahmen der Bioabfallsammlung regelmäßig Krankheitserreger und Unkrautsamen erfaßt werden, haben die einzelnen Rotteverfahren die Hygienisierung zu gewährleisten und unter Beweis zu stellen.

Die hygienisierende Leistungsfähigkeit einer Kompostanlage ist einmalig anhand einer direkten Prozeßprüfung zu ermitteln. Dabei werden widerstandsfähige Erreger (*Plasmodiophora brassicae*, Tabak-Mosaik-Virus, Tomatensamen und Salmonellen) durch den Rotteprozeß geführt, damit der Hygienisierungserfolg abschließend anhand deren Inaktivierungsrate bewertet werden kann. Darüber hinaus ist ein kontinuierlicher Hygienenachweis anhand arbeitstäglicher Temperaturmessungen im Rottekörper und durch regelmäßige Endproduktkontrollen zu erbringen. Da die Temperatureinwirkung einen wesentlichen Einfluß auf die Abtötung von Krankheitserregern und Unkrautsamen besitzt, ist eine zweiwöchige Mietentemperatur von > 55 °C oder eine einwöchige von > 65 °C nachzuweisen. Im Rotteendprodukt dürfen keine Salmonellen und maximal zwei keimfähige Samen je Liter Kompost enthalten sein.

Tabelle H.7-14 Gehalt an Fremdstoffen im Kompost[a]

Kenngröße[b]	Fremdstoffe > 2mm		
	gesamt	davon Glas	davon Kunststoffe
Median	0,10 %	0,04 %	0,02 %
10 % Perzentil	0,02 %	0,00 %	0,00 %
90 % Perzentil	0,36 %	0,21 %	0,12 %

[a] Berechnungsgrundlage: 1571 Analysen der Zentralen Auswertungsstelle der Bundesgütegemeinschaft Kompost e.V. im Jahre 1996

[b] Mittelwert als Median
10 % Perzentil: 10 % d. Analysen liegen unter diesem Wert
90 % Perzentil: 10 % d. Analysen liegen über diesem Wert

Tabelle H.7-13 Schwermetallgehalte im Kompost (Angaben in mg/kg TS)[a]

Parameter	Mittelwert [H.7.7]	Mittelwert [H.7.7]	10 % Perzentil[b]	90 % Perzentil[b]	Grenzwert A[c]	Grenzwert B[d]
Blei (Pb)	85,0	52,0	30,8	89,8	150,0	100,0
Cadmium (Cd)	0,7	0,5	0,3	0,9	1,5	1,0
Crom (Cr)	39,0	22,5	13,9	40,7	100,0	70,0
Kupfer (Cu)	33,0	43,7	28,0	68,6	100,0	70,0
Nickel (Ni)	28,0	14,3	7,8	26,5	50,0	35,0
Quecksilber (Hg)	k.A.	0,2	0,1	0,3	1,0	0,7
Zink (Zn)	307,0	184,6	130,0	278,0	400,0	300,0

[a] Berechnungsgrundlage: 1571 Analysen der Zentralen Auswertungsstelle der Bundesgütegemeinschaft Kompost e.V. im Jahre 1996
[b] Mittelwert als Median
10 % Perzentil: 10 % d. Analysen liegen unter diesem Wert
90 % Perzentil: 10 % d. Analysen liegen über diesem Wert
[c] Ausbringungsmenge < 20 t Komposttrockenmasse innerhalb von 3 Jahren
[d] Ausbringungsmenge < 30 t Komposttrockenmasse innerhalb von 3 Jahren (BioAbfV)

Die Kompostanwendung dient unterschiedlichen Zielen:
- Bestandteil von Kultursubstraten,
- Bodenersatz und Bodenverbesserung,
- Düngung,
- Förderung der Bodenfruchtbarkeit,
- Erosionsschutz,
- Technische Zwecke, u. a. Filterbau, Lärmschutz.

Die Einsatzgebiete für die Kompostanwendung sind in Tabelle H.7-15 dargestellt.

H.7.5.2 Biologische Restabfallbehandlung

H.7.5.2.1 Ausgangssituation

Durch ein abfallwirtschaftliches Stoffstrommanagement sollen die Siedlungsabfälle so aufbereitet und gelenkt werden, daß der größte Teil dieser Abfälle einer Wiederverwertung zugeführt werden kann. Ist eine Wiederverwertung aus ökologischen, ökonomischen oder technischen Gründen nicht möglich, sind die verbleibenden Teilströme (Restabfälle) entsprechend ihren stofflichen Eigenschaften so zu behandeln, daß eine umweltverträgliche und nachsorgefreie Ablagerung möglich ist [H.7.7].

Neben den rein thermischen Verfahren kristallisieren sich drei grundlegend unterschiedliche Behandlungsformen mit integrierter biologischer Behandlungsstufe heraus.

Mechanisch-biologische Vorbehandlung mit Einbindung der Deponie (stoffspezifische Behandlung). In der mechanischen Stufe abgetrennte heizwertreichen Fraktionen werden thermisch behandelt oder energetisch verwertet. Die verbleibende Fraktion, gekennzeichnet durch einen hohen Gehalt an Wasser und biologisch abbaubaren Stoffen, wird biologisch stabilisiert und anschließend deponiert.

Mechanisch-biologische Vorbehandlung vor der thermischen Behandlung zur Reduzierung der thermisch zu behandelnden Abfallmengen und zur Verbesserung der Verbrennungseigenschaften.

Mechanisch-biologische Trockenstabilisierung zur Erzeugung eines heizwertreichen Restabfalls für die energetische Verwertung. Das hergestellte Trockenstabilat wird bei Bedarf mittel- bis langfristig zwischengelagert bis ausreichend Kapazitäten für die energetische Verwertung verfügbar sind.

Tabelle H.7-15 Anwendungsgebiete der abgesetzten Bio- und Pflanzenkomposte

Garten- und Landschaftsbau	32 %
Hobby- und Kleingärtner	15 %
Erwerbsgartenbau	10 %
Garten-, Friedhofs- u. Straßenbauämter	8 %
Weinbau	1 %
Landwirtschft	10 %
Substratherstellung	2 %
Technische Anwendungen	2 %
Deponieabdeckung	5 %
Sonstiges	15 %

H.7.5.2.2 Status quo betriebener MBA

Bei den Verfahren der mechanisch-biologischen Restabfallbehandlung existiert z. Z. kein bundesweit anerkannter Stand der Technik. Die bisher geplanten und realisierten Anlagen der MBA unterscheiden sich hinsichtlich der Zielsetzung sowie im verfahrens- und bautechnischen Standard – analog der biologischen Verwertungsverfahren – beachtlich voneinander (Tabelle H.7-16). Bei den neueren Anlagen und den in Bau bzw. Planung befindlichen Anlagen in der Bundesrepublik Deutschland gewinnen die technisch aufwendigen Aufbereitungs- und Behandlungsverfahren an Bedeutung.

H.7.5.2.3 Anlagen- und Verfahrenskonzeptionen

Mechanisch-biologische Restabfallbehandlung mit Einbindung der Deponie

Anforderungen an die Anlagen- und Verfahrenstechnik
Das Hauptziel der Technischen Anleitung Siedlungsabfall (TASi) besteht darin, daß von deponierten Abfällen möglichst geringe Umweltgefährdungen ausgehen. Der Abbau der in unvorbehandelt abgelagerten Abfällen enthaltenen Biomasse ist die Hauptursache für das Auftreten von Gasemissionen und organischen Sickerwasserbelastungen. Abfälle sollen so vorbehandelt werden, daß diese negativen Umweltauswirkungen weitestmöglich vermieden werden. Um dieses Ziel zu erreichen, sind im Anhang B der TASi Zuordnungskriterien aufgelistet, die die abzulagernden Abfällen aufweisen müssen.

Nach jetzigem Kenntnisstand ist ein einzelner dieser Parameter, der Glühverlust mit seinem

Tabelle H.7-16 Kurzprofil der in Betrieb befindlichen Anlagen zur mechanisch-biologischen Restabfallbehandlung (Stand 12/98)

* Zahl = Behandlungsdauer in Wochen
** mit Zwangsbelüftung und Umsetzen
[a] Pilotanlage Druckstoß-belüftungsverfahren

Nr.	Anlagenstandort (Deponiename/Stadt bzw. Landkreis)	Bundesland	Inbetriebnahme	Ziel der MBA: MBA vor Deponierung	Ziel der MBA: Stoffspezifische Behandlung	Ziel der MBA: MBA vor Therm. Behandlung	Einhausung: Aufbereitung eingehaust	Einhausung: Vorrotte eingehaust	Einhausung: Nachrotte eingehaust	Rottetrommel	Intensivrotte: Tafelmietenrotte	Intensivrotte: Tunnel-/Zeilenrotte	Intensivrotte: Dreiecksmietenrotte	Intensivrotte: Boxen-/Containerrotte	Vergärung	Extensivrotte: Tafelmietenrotte	Extensivrotte: Dreiecksmietenrotte	Extensivrotte: Kaminzugvefahren	Durchsatz (Gesamt-Anlagen-Input) Mg/a
MBA-Anlagen in Betrieb																			
1	Waldorf/Lk Calw	Baden-Württ.	1994	X												32			30.000
2	Hasenbühl/Schwäbisch-Hall	Baden-Württ.	1976	X												24		X	42.000
3	Biberach/Lk Biberach	Baden-Württ.	1988		X		X	X						3		6			35.000
4	Quarzbichl/Lk Bad Tölz-Wolfratshsn.	Bayern	1995		X		X			X	4						7		35.000
5	Erbenschwang//Lk Weilh.-Schongau	Bayern	1997		X		X	X				8							22.000
6	Aßlar/Lahn-Dill-Kreis	Niedersachsen	1997			X	X	X						1					120.000
7	Wilhelmshaven Nord	Niedersachsen	1993	X												48		X	60.000
8	Piesberg/Stadt u. Lk Osnabrück	Niedersachsen	1996	X												24		X	40.000
9	Osternburg/Stadt Oldenburg	Niedersachsen	1973	X			X									24		X	86.000
10	Lüneburg/Ges. f. Abfallwirtschaft	Niedersachsen	1996		X		X	X	X		16								29.000
11	Sedelsberg/Lk Cloppenburg	Niedersachsen	1995	X												24		X	60.000
12	Bassum/Lk Diepholz	Niedersachsen	1997		X		X	X	X		8				X				52.000
13	Wiefels/ZVA Friesland-Wittmund	Niedersachsen	1997	X			X	X			2					30	30	30	61.000
14	Horm/Lk Düren	Nordrh.-Westf.	1995		X		X	X				2							150.000
15	Haus Forst/Erftkreis	Nordrh.-Westf.	1993	X			X					<1							115.000
16	Neuss/Lk Neuss	Nordrh.-Westf.	1981	X								<1							70.000
17	Kirchberg/Rhein-Hunsrück-Kreis	Rheinland-Pfalz	1995	X												24		X	35.000
18	Meisenheim/Lk Bad kreuznach	Rheinland-Pfalz	1994	X			X									48		X	50.000
19	Stadt Flensburg/Lk Schleswig-Flensb.	Schlesw.-Holst.	1972	X			X	X		X	6								58.000
20	Lk Stendal[a]	Sachsen-Anhalt	1998	X				X											
21	Pösnick/ZWECKERND Salle/Orla	Thüringen	1998		X	?	X	X						4					17.000
22	Swanebeck/Lk Havelland	Brandenburg	1998	X			X									24		X	29.000
23	Grund-Schwalheim/Wetteraukreis	Hessen	1998			X	X	X				1							45.000
24	Linkenbach/Lk Neuwied u. Altenkirchen	Rheinland-Pfalz	1998		X		X	X			3								60.000

gesamt in Betrieb: 1.301.000

Grenzwert von 5 %, der Grund dafür, daß nur thermisch behandelte Abfälle deponiert werden dürften. In der Fachwelt besteht weitgehend Einigkeit darüber, daß der Glühverlust zwar zur Überprüfung der Leistungsfähigkeit von Müllverbrennungsanlagen geeignet ist, nicht aber für die Beschreibung des Deponieverhaltens von mechanisch-biologisch vorbehandelten Abfällen [H.7.8–H.7.11]. Auch die Einhaltung des Parameters TOC_{Eluat} von 100 mg/l gestaltet sich problematisch. Nach derzeitigem Wissensstand ist die Einhaltung dieses Werts durch MBA zwar prinzipiell möglich, jedoch sind dafür Rottezeiten von 5–12 Monaten erforderlich.

Im Rahmen von Ausnahmegenehmigungen für die Deponierung von mechanisch-biologisch behandelten Abfällen über das Jahr 2005 hinaus (TASi Ziffer 1.2 und 2.4) werden Anforderungen an den Stabilisierungsgrad aufgestellt. Sie gelten für biologische Behandlungsverfahren vor der Deponie und sind alternativ zum Glühverlust zu verwenden. Nach jetzigem Diskussionsstand eignen sich nachfolgende Parameter und Grenzwerte zur Beschreibung bzw. zur Begrenzung der biologischen Aktivität:
- Atmungsaktivität AT_4 5 mg O_2/g TS;
- Gasbildung (GB_{21}) 20 Nl/kg TS;
- TOC_{Eluat} 300 mg/l.

Aus deponiebautechnischer Sicht sind zwei weitere Forderungen zu stellen:
- Wassergehalt des zu deponierenden Materials geringfügig niedriger als der optimale Proctorwassergehalt $(w < W_{Pr})$. Der Wert liegt bei ca. 30–35 % H_2O.
- Mindestbegrenzung der Korngröße auf < 80 mm.

Durch Einhaltung dieser Anforderungen soll sichergestellt werden, daß das Material hochdicht eingebaut (ca. 1,3 Mg/m³) werden kann und entsprechend geringe Durchlässigkeitsbeiwerte von ca. 10^{-8} m/s aufweist.

Anlagen- und Verfahrenstechnik
Die einzelnen Verfahrensbereiche bei der mechanisch-biologischen Restabfallbehandlung decken sich mit den Verfahren zur Bio- und Grünabfallkompostierung (s. Abschn. H.7.5.1). In Bild H.7-5 ist schematisch ein Verfahrensfließbild mit entsprechendem Massenstrom von MBA-Anlagen vor der Deponie dargestellt.

Angepaßt an die jeweiligen Behandlungsverfahren und -ziele werden unterschiedliche mechanische Aufbereitungsmethoden eingesetzt. Ziel der Vorbehandlung ist die Stoffstromauftrennung und die Konfektionierung für die nachfolgende stoffspezifische Behandlung.

Zur biologischen Stabilisierung kommen die gleichen Kompostierungs- und Vergärungsverfahren zum Einsatz, wie sie bei der Grün- und Bioabfallverwertung Anwendung finden. Oberstes Ziel ist ein größtmöglicher Abbau der organischen Komponenten, um die gewünschten Stabilisierungsziele zu erreichen. Zum jetzigen Zeitpunkt kommen überwiegend Aerobverfahren zum Einsatz (Tabelle H.7-17). Erfahrungen mit Anaerobtechnologien liegen erst seit kurzem vor.

Leistung der MBA
Die Massenreduktion während der biologischen Behandlung wird durch die Abnahme des Wassergehalts und der Trockensubstanz bestimmt. Bei einem Abbau der organischen Substanz von ca. 65 %, einem Wassergehalt von ca. 30 % im Endprodukt, findet eine Massenreduktion der Feuchtmasse von ca. 30–45 % statt.

Neben den Massenverlusten spielt für die *Volumenreduktion* die Strukturveränderung des Rotteprodukts durch rotteprozeßbedingte Mineralisation sowie durch Zerkleinerungswirkung der Aufbereitungs-, Umsetz- und Nachbehandlungsprozesse eine entscheidende Rolle. Durch die biologisch-mechanische Restabfallbehandlung werden Einbaudichten von 1,4 Mg/m³ erreicht. Unbehandelter Müll weist dagegen Einbaudichten von lediglich 0,9 Mg/m³ auf. Bei Zugrundelegung der Input- und Output-Massen sowie der jeweiligen Einbaudichten kann durch die biologisch-mechanische Restabfallbehandlung der Deponie-Volumenbedarf um bis zu 70 % reduziert werden.

Die geforderten Stabilisierungsgrade AT_4 von 5 mg O_2/g TS, GB_{21} von 20 Nl/kg TS und TOC_{Eluat} von 300 mg/l werden je nach Intensität des biologischen Behandlungsprozesses nach ca. 8–20 Wochen erreicht (s. Bild H.7-6). Die alleinige anaerobe Behandlung führt – mit Ausnahme des TOC_{Eluat} – nicht zu den gewünschten Zielen. Eine aerobe Nachbehandlung ist zwingend erforderlich. Erzielbare Biogaserträge zeigt Tabelle H.7-18.

Die Vorgaben der TA Siedlungsabfall bzgl. der *bodenmechanischen Eigenschaften* der zu deponierenden Abfälle werden eingehalten [H.7.10, H.7.8, H.7.12]. Die geforderten hohen Einbaudichten und geringen Durchlässigkeitsbeiwerte sind bei den zuvor beschriebenen Stabilisie-

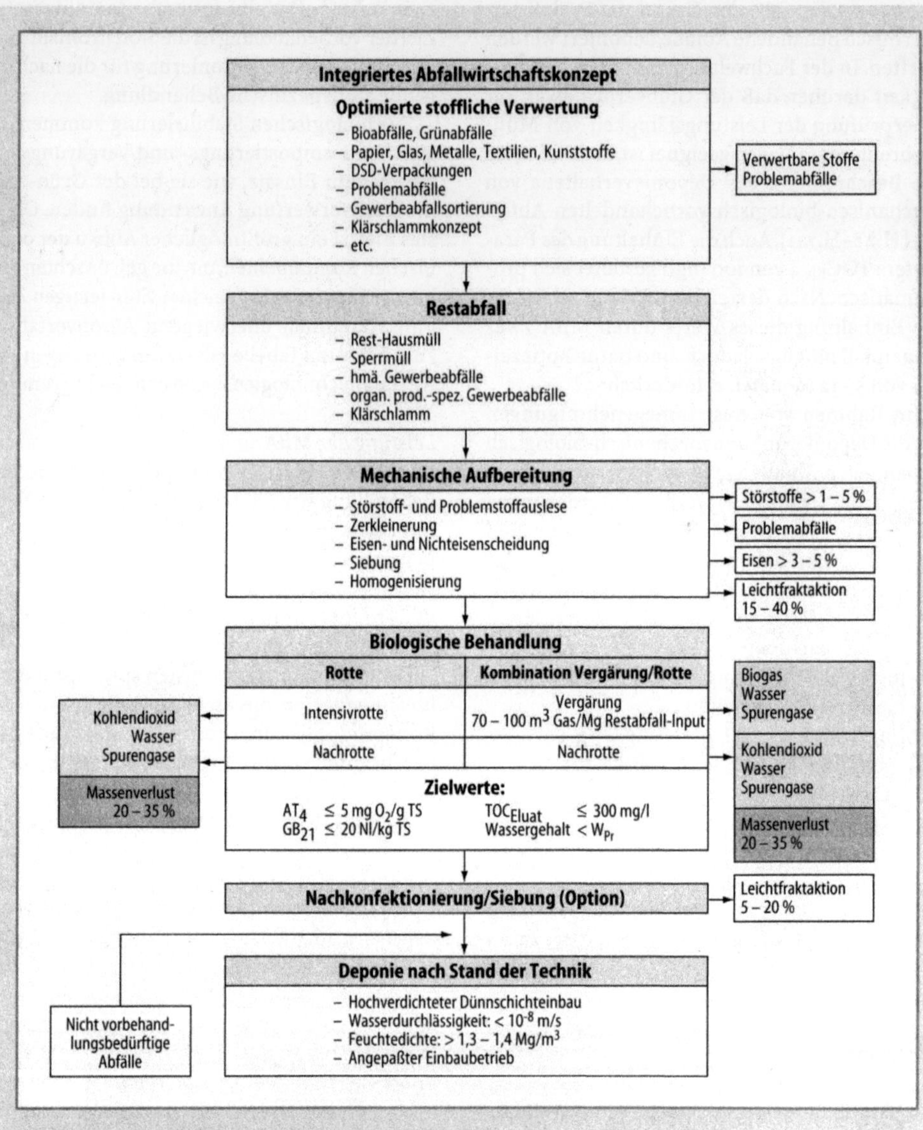

Bild H.7-5 Verfahrensfließbild und Massenstrom einer MBA

Tabelle H.7-17 Abbauleistungen und Massenbilanz der Vergärungsstufe [H.7.14]

	Input	Output	Massenverringerung berechnet über		
			Verwiegung	oTS-Abbau	Biogasproduktion
FS	165 Mg	145 Mg	12 %		
H₂O	60 %	67 %			
TS	65 Mg	48 Mg	27 %	31 %	27 %
oTS	58 %	39 %	51 %	52 %	–

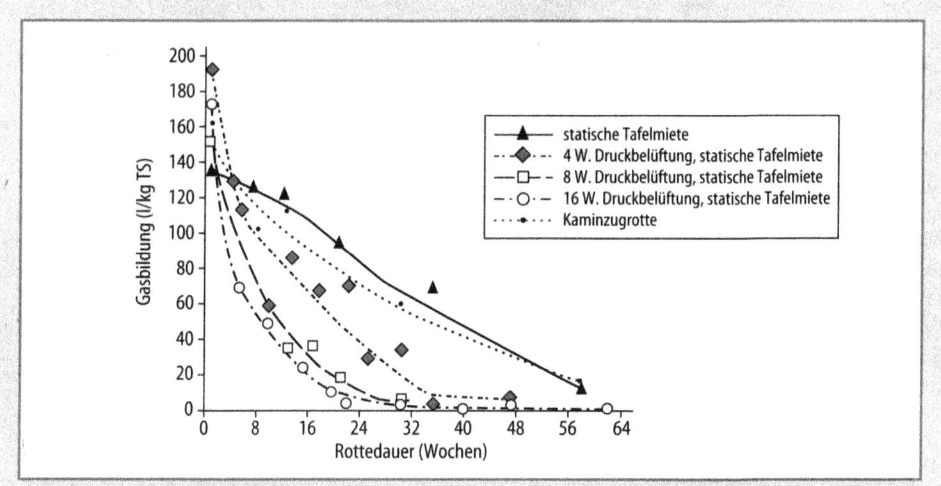

Bild H.7-6 Veränderung der Gasbildung während der biologischen Behandlung

Tabelle H.7-18 Spezifische Biogaserträge bei der Restabfallvergärung [H.7.13]

		Quarzbichl BRV AG	Ravensburg BRV AG	ZAW Donau-Wald (Müller, 1995)
Vergärungsverfahren		einstufige Trockenvergärung	einstufige Trockenvergärung	zweistufige Naßvergärung
Durchschnittl. Aufenthaltszeit	(Tage)	18,5	26	7,1
Biogasertrag				
Bezogen auf die in die Vergärungs-stufe gelangten Abfälle	(m³/Mg TS) (m³/Mg oTS)	221 380	190 – 210 310 – 340	237 391
Bezogen auf den Gesamtanlagen-input (vor der mechan. Aufbereitung)	(m³/Mg FS) (m³/Mg TS)	71 113	64 – 70 –	83 133
Methangehalt des Biogases	(Vol.-%)	67	63	65

rungsgraden, bei entsprechender Korngrößen-begrenzung und gezielter Deponierungstechnik erreichbar (Tabelle H.7-19).

Trockenstabilatverfahren
Im Trockenstabilatverfahren erfolgt eine biologische Trocknung der anfallenden Abfallmengen. Entwickelt wurde das Verfahren von der Fa. HerHof. Mittlerweile bieten auch andere Anlagenbauer dieses Verfahren an.

Während bei der biologischen Behandlung vor der Deponie der Rotteverlust zum überwiegenden Teil auf den Abbau an organischen Materialien zurückzuführen ist, wird beim Trockenstabilatverfahren eine Mengenreduktion durch Trocknung des Materials erzielt. Der Wasserge-halt nach der Trocknung liegt unterhalb 15 %, ein Abbau der oTS-bio erfolgt lediglich zu 5 %. Wertstoffe, wie Eisen und Nichteisenmetalle, werden in der Aufbereitung bzw. Konfektionierung abgetrennt. Das klassische Trockenstabilatverfahren wurde mittlerweile weiterentwickelt und um den Baustein Inertfraktionausschleusung erweitert (Bild H.7-7).

H.7.6   Emissionen

Die emissionsrelevanten Verfahrensbereiche von biologischen Verwertungs- und Behandlungsanlagen sind in Tabelle H.7-20 dargestellt. Als wesentlich sind Abluft- und Sickerwasseremissionen zu nennen.

Tabelle H.7-19 Emissionsrelevante Verfahrensbereiche bei biologischen Abfallbehandlungstechnologien

Verfahrensschritt	Aggregat/ Verfahrensbereich	Emissionen über	
		Wasser	Luft
Anlieferung	Bunker	Preß-/Sickerwasser	Geruch, Staub, sonstige Verwehungen, Mikroorganismen, organische und anorganische Schadstoffe, Lärm
Vorbehandlung	Aufbereitung (Zerkleinerung, Siebung, Entschrottung, Mischung)	Preß-/Sickerwasser	Geruch, Staub, sonstige Verwehungen, Mikroorganismen, organische und anorganische Schadstoffe, Lärm
Rotte (Aerob-Stufe)	Mieten, Container, Tunnel, Reaktor, Trommel	Preß-/Sickerwasser, Kondenswasser	Geruch, Staub, sonstige Verwehungen, organische und anorganische Schadstoffe, Mikroorganismen, Lärm
Vergärung (Anaerob-Stufe)	Reaktor, Entwässerung	Prozeßwasser	organische und anorganische Schadstoffe über Biogas und Biogasverwertung
Konfektionierung	Sieb, diverse Scheider	keine	Geruch, Staub, sonstige Verwehungen, Mikroorganismen, Lärm
Abluftreinigung	Abluftfilter/-wäscher	Kondenswasser	Geruch, organische und anorganische Schadstoffe, Mikroorganismen
Abwasserreinigung	Auffangbehälter, Kläranlage	Abwasser	Geruch
Abtransport	Ladeaggegate, Straßen, Transportfahrzeuge	Verkehrsflächenwasser	Geruch, Staub, Verwehungen, Lärm

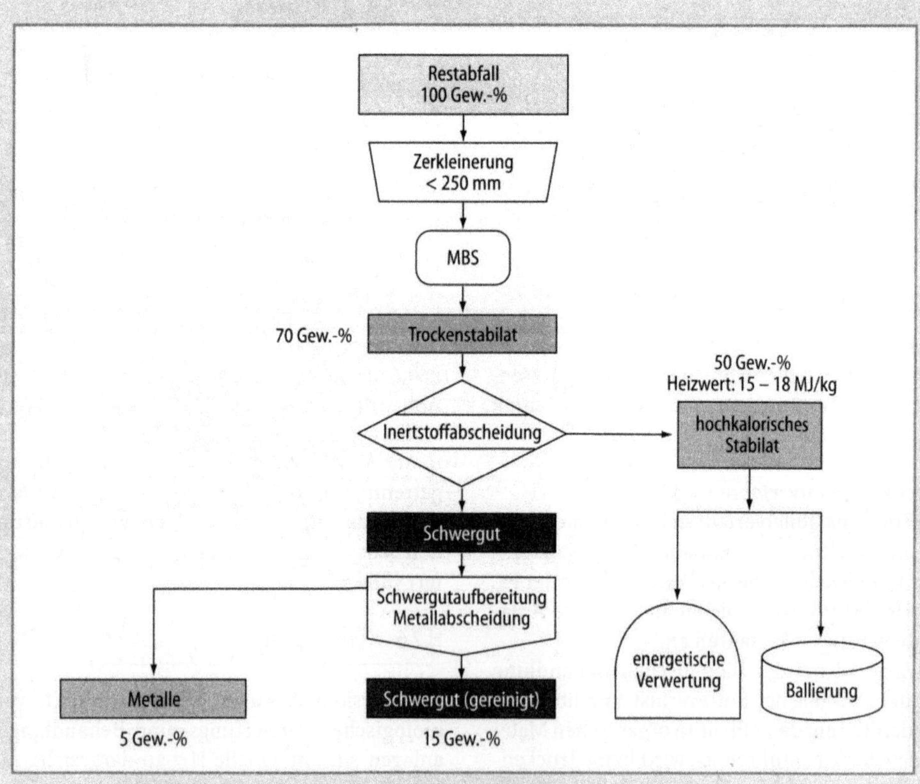

Bild H.7-7 Verfahrensfließbild einer Anlage zur Trockenstabilatherstellung (Angaben Fa. HerHof)

Tabelle H.7-20 Filterwirkungsgrade für 2stufige Biofiltersysteme bestehend aus Luftwäscher und Container-Biofilter [H.7.21–H.7.25]

Parameter	Filterwirkungsgrad (%)
Organische Verbinungen	
Aldehyde	75
Alkane (außer Methan)	75
Alkohole	90
Alkylacetate	85
AOX	40
Aromatische KW (Benzol)	40
Aromatische KW[a]	80
Chlorbenzole	50
Chlorphenole	40
CKW	50
Ether	60
FCKW	20
Ketone	85
Methan	50
NMVOC	83
Organische Säuren (Summe)	80
PAK/PCB/PCDD/F	40
Terpene	80
TOC	82
Geruch	95 – 99
Anorganische Verbindungen	
Ammoniak	90
Schwefeldioxid	50
Schwermetalle	30

[a] Toluol, Xylole und Ethylbenzol

H.7.6.1 Abluftemissionen

H.7.6.1.1 Geruch

Im Rahmen von Genehmigungsverfahren sowie der Akzeptanz von Abfallbehandlungsanlagen in der Bevölkerung kommt der Geruchsfreisetzung eine wesentliche Bedeutung zu. Dies trifft für Verwertungs- und Behandlungsverfahren gleichermaßen zu.

Je nach standortspezifischen Bedingungen müssen geruchsemittierende Arbeitsbereiche, wie Materialanlieferung, Aufbereitung und Vorrotte, gekapselt und die geruchsbeladene Abluft gefaßt und gefiltert werden. Gleiches gilt für die Abluft aus den Be- und Entlüftungssystemen.

Geruchskonzentrationen im Rotteverlauf verschiedener Versuche zur Restmüllverrottung sind in Bild H.7-8 dargestellt (logarithmische Darstellung). Mit zunehmender Rottedauer ist eine

deutliche Abnahme der Geruchsintensität zu beobachten. Während der Nachrotte von Rückständen aus der Restabfallvergärung treten ähnlich hohe Geruchsemissionen auf [H.7.13]. Bedingt durch die kürzere Rottedauer ergibt sich jedoch eine geringere Geruchsfracht je Tonne Restabfall.

Aus Erfahrungswerten bei der Bioabfallkompostierung haben sich folgende Orientierungsdaten herauskristallisiert. Bei offenen bzw. nicht gekapselten Rotteverfahren muß ein Abstand von mind. 500 m zur nächsten Wohnbebauung eingehalten werden. Ab einer Verarbeitungskapazität von ca. 10.000 Mg/a muß grundsätzlich zumindest der geruchsintensive Bereich gekapselt bzw. eingehaust werden, um die geruchsbeladene Abluft zu fassen und zu desodorieren. Die Notwendigkeit weitergehender Reduzierungen der Geruchsemissionen ist im Einzelfall standortspezifisch zu entscheiden.

In der biologischen Abluftreinigung sind z. Z. hauptsächlich Biofilter und Biowäscher oder auch eine Kombination beider Verfahren im Einsatz. Für die Bioabfallkompostierung ermittelten Dammann et al. [H.7.17] für einen auf 30.000 m³ Abluft Mg/h ausgelegten Flächen-Biofilter einen Geruchsabscheidegrad von ca. 95 %. In verschiedenen anderen Untersuchungen wurden Biofilterwirkungsgrade bis zu 99 % ermittelt [H.7.18, H.7.19]. Für ein 2stufiges Reinigungssystem mit Biofilter und Biowäscher kann daher von Geruchs-Reduktionsraten zwischen 95 und 99 % ausgegangen werden.

H.7.6.1.2 Schadstoffemissionen

Luftseitige Schadstoffemissionen in relevanten Mengen treten nur bei der Restabfallbehandlung auf. Vorliegende Abluftemissionsmessungen bei der mechanisch-biologischen Restabfallbehandlung zeigen, daß mit der Selbsterhitzung des Rottematerials zu Beginn der Rotte ein Freiwerden leichtflüchtiger Schadstoffe verbunden ist. Danach sinken die Schadgaskonzentrationen schnell ab (Bild H.7-9).

Bei Genehmigungen von MBA-Anlagen sind die Vorgaben der TA Luft zu berücksichtigen. Die wesentlichen für die MBA relevanten Stoffe wurden im Rahmen verschiedener Forschungsvorhaben untersucht.

Die Grenzwerte der TA Luft für Massenströme und Konzentrationen der einzelnen organischen sowie anorganischen Verbindungen werden von den ermittelten Rohgaswerten z.T. sehr

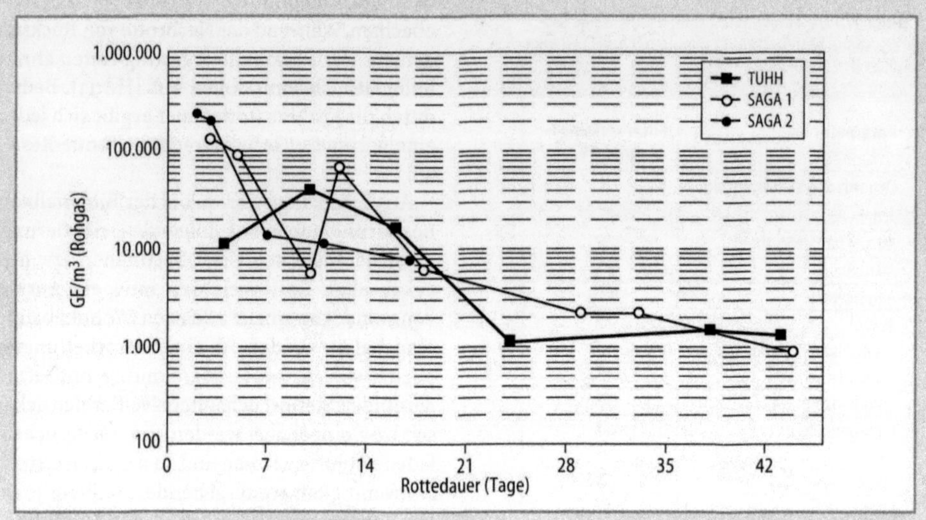

Bild H.7-8 Geruchskonzentration im Verlauf der Restabfallverrottung; Forschungsvorhaben des Landes Hessen und der SAGA [H.7.15] sowie des Landes Schleswig-Holstein [H.7.16]

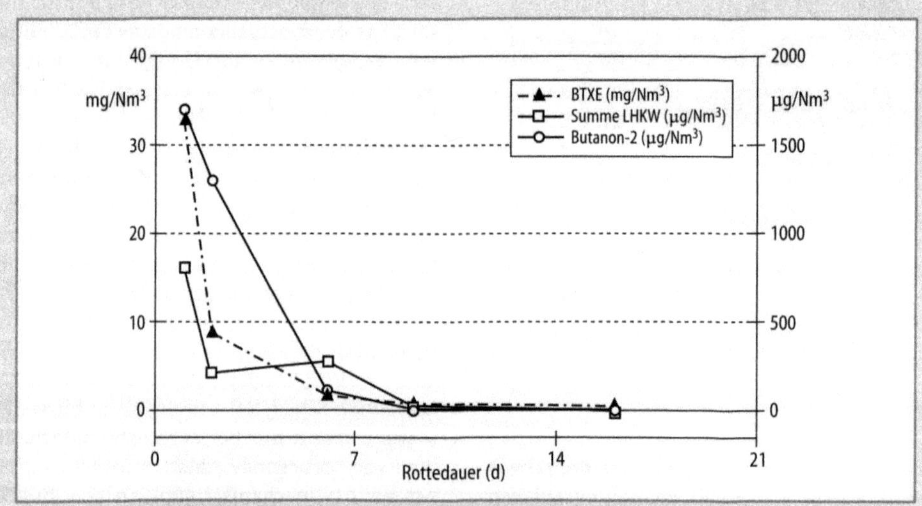

Bild H.7-9 Abluftkonzentrationen (Rohgas) bei der aeroben Behandlung von Restabfällen in einem druckbelüfteten Rottesystem, Ergebnisse aus dem Forschungsvorhaben des Landes Hessen und der SAGA

deutlich unterschritten. Als relevanter Parameter hat sich jedoch die Summe organischer Verbindungen nach Anhang E der TA Luft herausgestellt.

Der Massenstrom-Grenzwert (Summe Organik Anhang E) wird vom Rohgas einer MBA-Anlage ab einer jährlichen Behandlungskapazität von 45.000 Mg Abfall erreicht, während der Konzentrationsgrenzwert zu 48 % ausgeschöpft wird (Tabelle H.7-21).

Theoretisch könnte eine MBA demnach bis zu einer Anlagengröße von 45.000 Mg/a ohne Abluftreinigung betrieben werden, während größere Anlagen mit Filtersystemen zur Unterschreitung des Konzentrationsgrenzwerts von 150 mg/m³ ausgerüstet werden müßten. Aufgrund des Minimierungsgebots der TA Luft für Geruch und krebserzeugende Stoffe ist jedoch die Reinigung der Abluft aus MBA-Anlagen grundsätzlich erforderlich. Da die Hauptemissi-

Tabelle H.7-21 Ausschöpfung der Grenzwerte der TA Luft durch eine MBA mit einer jährlichen Behandlungskapazität von 45.000 Mg MBA-Input [H.7.20]

	MBA-Input 45.000 Mg/a	
	Rohgas	Reingas
Fracht organischer Verbindungen nach Anhang E (g NMVOC/Mg MBA-Input)	ca. 580	ca. 95
Ausschöpfung des Massenstromgrenzwerts von 3000 g NMVOC/h	100 %	16 %
Durchschnittskonzentration 10wöchige Rotte (mg NMVOC/Nm^3)	72	12
Ausschöpfung des Konzentrationsgrenzwerts von 1500 mg NMVOC/Nm^3	48 %	8 %

onsfracht zu Rottebeginn auftritt, wird eine Ablufterfassung und -reinigung für die ersten 14 Rottetage als zwingend erforderlich erachtet. Die Notwendigkeit einer weitergehenden Emissionsbegrenzung zur Geruchsminimierung bleibt von dieser Forderung unberührt. Sie ist im Einzelfall standortspezifisch zu entscheiden.

Unter Berücksichtigung der in Tabelle H.7-20 aufgeführten Filterwirkungsgrade ergeben sich die in Tabelle H.7-21 dargestellten Reingaswerte. Die durchschnittliche NMVOC-Konzentration im Reingas einer 10wöchigen Intensivrotte läge rechnerisch mit 12 mg/m^3 im Bereich des TOC-Grenzwert der 17. BImSchV und damit deutlich unter dem Grenzwert der TA Luft für die Klasse 3 (150 mg/m^3).

H.7.6.2 Abwasseremissionen

Beim Betrieb biologischer Behandlungsanlagen fallen unterschiedliche Abwasserarten an, die je nach Belastungsgrad, gefaßt und ggf. behandelt werden müssen. Die verschiedenen Abwasserströme werden separat in voneinander getrennten Entwässerungssystemen gefaßt und ihrer weiteren Verwendung zugeführt.

Anfallendes *Regenwasser von den Dachflächen* ist i.d.R. unbelastet und kann daher direkt abgeleitet werden. Falls die geologischen Verhältnisse dies zulassen, kann es am Entstehungsort versickern und somit dem Aquifer unmittelbar zugeführt werden.

Das von den *Verkehrsflächen* der Kompostanlage abzuleitende Niederschlagswasser weist in geringen Mengen organische Belastungen auf, die sich aus dem Betrieb der Anlage ergeben. Der Verschmutzungsgrad beträgt etwa 400 – 800 mg/l CSB und 200 – 400 mg/l BSB$_5$. Das Einleiten in den Vorfluter ist daher nicht gestattet.

H.7.6.2.1 Bio- und Grünabfallkompostierung

Sickerwässer entstehen bei der Kompostierung durch hohe Feuchtigkeitsgehalte der Ausgangsmaterialien sowie durch die bei der Rotte freiwerdenden Zell- und Preßwässer sowie Prozeßwasser. Darüber hinaus fällt bei nicht überdachten Rotteabschnitten nach Niederschlägen Mietendurchflußwasser bzw. Oberflächenabflußwasser an. Die Prozeßwässer (10 – 80 l/Mg) werden nahezu ausschl. in der ersten, thermophilen Rottephase freigesetzt und weisen eine hohe organische Belastung auf. Der chemische Sauerstoffbedarf (CSB-Wert) liegt im Mittel zwischen 30.000 und 40.000 mg O_2/l, wobei Spitzenwerte bis 70.000 mg O_2/l gemessen wurden. Die BSB$_5$-Werte liegen zwischen 10.000 und 45.000 mg O_2/l (Mittelwert 17.000 mg O_2/l [H.7.26]. Belastete Kondensate und Sickerwässer dürfen nur in geschlossenen Anlagen zurückgeführt werden.

Je nach Art der Belüftung (Saug- und Druckbelüftung) und Art der Abluftreinigung fallen unterschiedliche Mengen an *Kondensatwasser* an. Bei der Abluftfilterung durch das System Kondensatscheider mit anschließendem Biofilter fallen bis zu 350 l Kondensatwasser an. Die CSB-Werte liegen im Bereich von 500 – 2.000 mg O_2/l. Abwässer aus der Saugbelüftung weisen eine ähnliche Qualität wie Abwässer aus dem Rotteprozeß auf.

H.7.6.2.2 Restabfallbehandlung

Bei der aeroben Behandlung von Restabfall mit dem Ziel der Deponierung kann der Betrieb i.d.R. abwasserfrei gefahren werden. Sicker- oder Preßwässer treten aufgrund des geringen Wassergehalts im Restabfall nur in sehr geringen Mengen auf. Diese Abwassermengen können vollständig in den Behandlungsprozeß zurückgeführt werden. Auch die bei der Vergärung freiwerdenden Abwässer können als Prozeßwasser zur Bewässerung der Nachrotte verwertet werden, so daß auch bei dieser Behandlungskonzeption ein abwasserfreier Betrieb möglich ist. Der zusätzliche Wasserbedarf liegt bei einer ca. 10wöchigen Rottedauer (vollständig eingehaust mit Zwangsbelüftung) bei ca. 250–380 l und bei einer 6wöchigen Rottedauer zwischen 120 und 240 l/Mg Restabfall.

Bei den Behandlungsvarianten, bei denen die mechanisch-biologische Restabfallbehandlung als Vorschaltanlage mit sehr kurzen Rottezeiten von lediglich einer Woche vor der thermischen Behandlung konzipiert ist, können Abwasseremissionen durch Kondensate aus der Abluftreinigungsanlage in relevanter Größenordnung auftreten. Beim Trockenstabilatverfahren nach HerHof, bei dem der Trocknungsprozeß über einen Zeitraum von 7–10 Tagen durchgeführt wird, fallen bis zu 180 l Kondensat/Mg Restabfall an.

Literatur

[H.1.1] Ketelsen, K. (1993) Grundlagen für ingegrierte Abfallwirtschaftskonzepte und abfallwirtschaftliche Planungen. Veröff. des ISAH der Univ. Hannover 1993, Heft 85

[H.1.2] Öffentliche Abfallbeseitigung. Umweltschutz, Fachserie 19, Reihe 1.1 u. 1.2, 1975–1987, Metzler-Pöschel-Verlag, Stuttgart, 92 S. (Fachserie 19, Reihe 1.2; Metzler-Poeschel-Verlag)

[H.1.3] Technische Anleitung Siedlungsabfall. Dritte Allgemeine Verwaltungsvorschrift zum Abfallgesetz; Technische Anleitung zur Verwertung, Behandlung und sonstigen Entsortung vom 14.5.1993, Bundesanzeiger Nr. 99a vom 29.5.1993

[H.1.4] Habersatter, K. et al., (1991) Ökobilanzen von Packstoffen – Stand 1990. Schriftenreihe Umwelt Nr. 132 des Schweizerischen Bundesamtes für Umwelt, Wald und Landschaft, Bern, Februar 1991

[H.1.5] UBA (1993) Ökobilanzen für Produkte. Bedeutung – Sachstand – Perspektiven. Texte des UBA 38/92, 113 S.

[H.1.6] UBA (1995) Ökobilanz für Getränkeverpackungen. UBA-Texte 52/95

[H.1.7] Bringezu, S.; Schmidt-Bleek, F. (1994) Ermittlung der Materialintensität von Produkten und Dienstleistungen als ein neuer methodischer Ansatz der Ökobilanzierung. Vortragsmanuskript bei UTECH, Berlin 1994

[H.1.8] Lentz, R.; Franke, M.; Thome-Kozmiensky, K.-J. (1989) Vergleichende Umweltbilanzen für Produkte am Beispiel von Höschen- und Baumwollwindeln. In: Konzepte der Abfallwirtschaft, EF-Verlag, S. 367–392

[H.1.9] Elsässer, R.F.; Kohnle, K.-D.; Mross, R. (1991) Ökologische Gegenüberstellung von

Restmülldeponie und Restmüllverbrennung. AbfallwirtschaftsJournal 3, Nr. 1/2, S. 56–68

[H.2.1] Bilitewski, B. (1985) Recyclinganlagen für Haus- und Gewerbeabfälle, Grundlagen – Technik – Wirtschaftlichkeit – Umweltwirkungen, Beiheft 21 zu Müll und Abfall

[H.2.2] Wucke, A.: Automatisierung von Detektions- und Aufbereitungsverfahren für Verpackungen aus Haushaltsabfällen, Diplomarbeit an der TU Berlin, 1992

[H.2.3] Montin, T.; Persson, P.-E.; Sundquist, S.: Separering – Kompostering Fältrapport fran 19 svenska avfallsverk, Statens Naturvardsverk, Rapport SNV PM 1804 (1984), 2 Bde.

[H.2.4] Fricke, K.; Müller, W.; Wallmann, R.: Die Verfahren zur biologisch-mechanischen Restmüllbehandlung (BMA). In: Wiemer, K.,; Kern, M. (Hrsg.): Biologische Abfallbehandlung, Baeza-Verlag, Witzenhausen 1993, S. 1011–1065

[H.2.5] Barton, J.R.: Test Report. Byker Plant Operation, 13-17 September 1982, Warren Spring Laboratory, Stevenage, G.B.

[H.2.6] Barton, J.R.; Poll, A.J.; Wheeler, P.: Investigation into the performance of screens and air classifiers in the processing of urban waste, CEC Seminar, Luxemburg, 25-27 Sept. 1984

[H.2.7] Dah-Nien Fan: On the air classified light fraction of shredded municipal solid waste, Resource Recovery and Conservation (1975)

[H.2.8] Vesilind, A.P.; Rimer, A.E.: Unit Operations in Resource Recovery Engineering, Prentice-Hall, Inc., Englewood Cliffs, N.J. (1981)

[H.2.9] Bilitewski, B.; Vogel, G.: Die Analyse von Müllströmen durch Recyclinganlagen im Hinblick auf den Anlagenbetrieb und die Auswahl und Auslegung von Anlagenteilen. In: Thomé-Kozmiensky, K.J. (Hrsg.): Materialrecycling durch Abfallaufbereitung, Freitag Verlag Berlin, Bd. 5 (1983)

[H.2.10] Christmann, A.: Einfluß einer Brennstoffvorbehandlung auf den Prozeß einer Müllverbrennungsanlage. Technische Mitteilungen des HDT Essen; 78. Jahrgang (1985) 5, S. 213–218

[H.2.11] Firmenprospekt der Fa. Bühler, Braunschweig

[H.2.12] Wiemer, K.: Die Bedeutung mechanisch-biologischer Verfahren vor dem Hintergrund der TASi. In: Wiemer, K.; Kern, M. (Hrsg.): Biologische Abfallbehandlung, Baeza-Verlag, Witzenhausen 1993, S. 927–982

[H.2.13] TA Siedlungsabfall. Dritte Allgemeine Verwaltungsvorschrift zum Abfallgesetz, 1. Auf. 1993, Rehm Verlagsgruppe Jehle-Rehm

[H.2.14] Rat von Sachverständigen für Umwelt-
fragen. Abfallwirtschaft; Sondergutachten
September 1990, Metzler-Poeschel Stuttgart

[H.2.15] VDI-Richtlinie 2114. Emissionsminde-
rung. Thermische Abfallbehandlung, Verbren-
nung von Hausmüll und hausmüllähnlichen
Abfällen, Juni 1992

[H.2.16] VDI-Richtlinie 3460. Emissionsminde-
rung. Thermische Abfallbehandlung, Verbren-
nung von Sonderabfällen, Dezember 1991

[H.2.17] VDI-Richtlinie 2301. Emissionsminde-
rung, Verbrennen von Abfällen aus Kranken-
häusern und sonstigen Einrichtungen des Ge-
sundheitswesens, Januar 1993

[H.2.18] Büttenbender, B.; Hansen, W.: Das EVT-
Müllverbrennungssystem im Hinblick auf die
neuesten gesetzlichen Anforderungen. BWK-
Brennstoff-Wärme-Kraft Nr. 10, Spezial: Ther-
mische Reststoffentsorgung, Oktober 1995

[H.2.19] Morgas, A.: Konzeptionierung einer
wassergekühlten Rostfeuerung für die Ver-
brennung von Siedlungsabfällen, Universität
Essen, Institut f. Umweltverfahrenstechnik,
Diplomarbeit (1996)

[H.2.20] Steinmüller, Thermische Sonderabfall-
und Reststoffentsorgung, Geschäftspapiere

[H.2.21] Görner, K.: Technische Verbrennungssy-
steme, Springer-Verlag, Berlin Heidelberg 1991

[H.2.22] Reimann, D.O.; Hämmerli-Wirth, H.:
Verbrennungstechnischen Bedarf-Entwick-
lung-Berechnung-Optimierung, Abfallwirt-
schaftsjournal 4 (1992), Heft Nr. 8 und 12

[H.2.23] Lurgi GmbH, Abfall entsorgen…, 1990,
Geschäftspapiere

[H.2.24] Abfallentsorgungs-Gesellschaft Ruhr-
gebiet AGR, RZR-Herten: Rohstoffrückgewin-
nungs-Zentrum-Ruhr; Geschäftspapiere, 3.
Aufl. Essen 1992

[H.2.25] Christmann, A.; Horch, K.: Emissions-
minderung bei Müllverbrennungsanlagen
durch Primärmaßnahmen, VGB Kraftwerks-
technik, 67. Jahrgang, Heft Nr. 4, April 1987

[H.2.26] Görner, K.; Klasen, T.: Simulation und
Optimierung einer Müllverbrennungsanlage.
VDI-Fachtagung: Modellierung und Simula-
tion von Dampferzeugern und Feuerungen,
1./2. April 1998

[H.2.27] Weber E.; Gillmann P.; Sievers U.;
Schwarte M.: Stickoxidminderung mit Gülle
als Reduktionsmittel. Energieanwendung 40
(1991), S. 195–196

[H.2.28] Weber E.; Gillmann P.: Stickoxidminde-
rung mit Gülle bei Abfallverbrennungsanlagen,
März 1993, interne unveröffentlichte Studie

[H.2.29] Gillmann, P.: Beiträge des Instituts für
Umweltverfahrenstechni zu aktuellen Proble-
men der Abfalltechnik. VDI Fortschritt-Be-
richte Reihe 15:Umwelttechnik, Nr. 195, „Tech-
nische Entwicklungen im Hinblick auf neue
Abfallkonzepte", 1998

[H.2.30] VIK Berichte Nr. 208. Thermische Ver-
fahren zur energetischen und stofflichen Ver-
wertung und Entsorgung von Abfall. VIK Ver-
band der Industriellen Energie- und Kraft-
wirtschaft e.V., Oktober 1996

[H.2.31] Thyssen Still Otto GmbH, Pyrolyse-
technik zur Wertstoff- und Energierückgewin-
nung, Geschäftspapiere

[H.2.32] Informationsschrift:„Wunsch und Wirk-
lichkeit", Thermoselect und Müllverbrennung
(RMVA), FDBR Fachverband Dampfkessel-
Behälter und Rohrleitungsbau e.V.

[H.3.1] Jager, E.; Gaube, J.; Rüden, H. (1991) Ab-
fallwirtschaftsJournal 3, (1991), Nr. 4, S. 188–193

[H.3.2] Gallenkemper, B.; Doedens, H. (1988)
Getrennte Sammlung von Wertstoffen des
Hausmülls. Abfallwirtschaft in Forschung und
Praxis, Band 21, ESV-Verlag, Berlin, 1988

[H.3.3] Torstensson, A. (1994) Mobile Vacuum
Handling System. ISWA Times 2/1994, S. 15

[H.3.4] Otten, H.; (1993) Müll-Handbuch, Verlag
E. Schmidt, Berlin, Ziff 2516

[H.3.5] Cord-Landwehr, K. (1994) Einführung
in die Abfallwirtschaft. Verlag G. Teubner, Stutt-
gart, 1994, 278 S.

[H.3.6] Kessler, P.; Ueberholz, R. (1989) Planung,
Bau und Betrieb der Umladestation des
Rhein-Sieg-Kreises in Troisdorf. Müll und Ab-
fall 21. (1989), S. 229–242

[H.4.1] Göttsching, L. (1975) Recycling in der Pa-
pierindustrie. Wochenblatt für die Papierfa-
brikation (1975), S. 687–697

[H.4.2] Baumgarten, H. L. (1987) Techno-öko-
nomische Probleme bei der Erzeugung und
Verwendung von Altpapierstoff. Recycling
von Holz, Zellstoff und Papier (1987), EF-Ver-
lag, Berlin, S. 89–93

[H.4.3] Bremer, H. (1986) Druckfarben – wirk-
lich eine Schwermetallquelle im Altpapier?
Das Papier (1986), Heft 10, V 46–V 52

[H.4.4] Lubisch, G. (1989) Verwertung von Alt-
glas aus der Sicht der Glasindustrie. VDI-Se-
minar 43-49-02 Januar 1989 „Stoffl. Verwer-
tung von Abfall- und Reststoffen", Manus-
kriptband, S. 255–270

[H.4.5] BV Glas und Mineralfaser (1991) Quali-
tätsvorschriften für Altglas (Scherben), Stand
6.5.1991

[H.4.6] Sartorius, I. (1997) Abbaubare Kunststoffe aus der Sicht der Industrie. Manuskript bei Fachtagung „Biologisch abbaubare Kunststoffe", 19./20.02.1997, Würzburg

[H.4.7] Brahms, E.; Eder, G. (1988) Abfallaufkommen und Schadstoffbelastung von Erzeugnissen aus Papier und Kunststoff. Dissertation an der TU Berlin (1988), 299 S.

[H.4.8] Härdtle, G.; Marek, K.; Bilitewski, B.; Kijewski, K. (1991) Recycling von Kunststoffabfällen. Beiheft zu Müll und Abfall Nr. 27, 2. Aufl., 1991, 114 S.

[H.4.9] Martin, J.E.; Zahlten, M. (1989) Betriebs- und Inputvariantenversuche an einer Müllverbrennungsanlage... Abfallwirtschafts-Journal 5/1989, S. 2–11

[H.4.10] Karasek, F.M.; et al. (1983) GC-MS Study on the Formation of PCDD/PCDF from PVC in a municipal Incinerator. J. Chromat. 270. (1983), S. 227–234

[H.4.11] Kerber, G. (1994) Rauchgasemissionen bei veränderlichen Kunststoffanteilen im Restabfall. Bericht ohne Quellenangabe, 1994, 25 S.

[H.4.12] Menges, G.; Michaeli, W.; Bittner, M.; (Hrg.) (1992) Recycling von Kunststoffen. C. Hanser-Verlag, München Wien 1992

[H.4.13] Püchner, P. (1994) Biologisch abbaubare Kunststoffe in der Abfallwirtschaft. Entsorgungspraxis 11/1994, S. 35–39

[H.4.14] Beitz/ Pourshirazi(1987) in Recycling von Kunststoffen 1; hrg. von Thomé-Kozmiensky/Käufer, EF-Verlag, Berlin 1987

[H.4.15] Menges, G (1995) Das Recycling von Kunststoff-Abfällen aus Verkaufsverpackungen – Vergleich der Verfahren in ökonomischer, ökologischer und energetischer Sicht. 4. Münsteraner Abfallwirtschaftstage, Heft 8 der Veröff. des Labors für Abfallwirtschaft (LASU) der FH Münster, 1995, S. 411–438

[H.4.16] Löffler, W. (1989) UK-Wessling-Verfahren zur Wiederaufbereitung von Altkunststoffen. In: Stoffliche Verwertung von Abfall- und Reststoffen. VDI-Seminar 43-49-02, 18.-20.01. 1989, Düsseldorf; Manuskriptband S.121 ff.

[H.4.17] Wieczorek, B. (1993) Kreislaufwirtschaft in der Bauindustrie. Umwelt, 1993, H. 9, S. 365–366

[H.4.18] Walker, I.; Tränkler, J. (1993) Untersuchungen zur künftigen Verwertbarkeit von Bauschutt. Studie des Inst. für Siedlungswasserwirtschaft der RWTH Aachen 1993

[H.4.19] Lechner, P.; Mostbauer, P.; Schachermayer, E.; Lahner, T.; u.a. (1991) Fachgrundlage zur Beurteilung der Deponiefähigkeit von Bauschutt. Hrsg. Bundesmin. für Umwelt, Jugend und Familie, Schriftenreihe der Sektion V; Bd. 1, Wien 1991, 189 S.

[H.4.20] Offermann, H. (1988) Recycling von Bauschutt – Technische und ökonomische Kriterien bei der Verfahrenswahl. Mitteilungen aus dem Fachgebiet Baubetrieb und Bauwirtschaft, Univ. Gesamthochschule Essen, Bd. 7, 1988, 191 S.

[H.4.21] Stoll, M. (1993) Kosten des Baustoff-Recyclings. In: Hiersche (Hrg.), Baustoff-Recycling 94/95, Stein Verlag, 1993, S. 119–133

[H.4.23] Friedmann, A. (1992) Wiederverwendung von Ausbauasphalt – Situation und zukünftige Möglichkeiten, Die Asphaltstraße, 1992, H. 5, S. 44–49

[H.4.23] Tappert, A. (1987) Ausbauasphalt zwischen Deponie und Deckschicht – Technische und wirtschaftliche Grenzen der Wiederverwertung. Straße und Autobahn, 1990, H. 3, S. 98–105

[H.4.24] LAGA (1994) Anforderungen an die stoffliche Verwertung von mineralischen Reststoffen/Abfällen – Technische Regeln. Länderarbeitsgemeinschaft Abfall (LAGA), Stand 07.09.1994. In: Hösel/Schenkel/Bilitewski/Schnurer, Müll-Handbuch, E. Schmidt Verlag, Kennz. 8669, Lfg. 3/95, 62 S.

[H.4.25] Peffekoven, W. (1993) Wiederverwendung von Asphalt und pechhaltigen Ausbaustoffen. Straße + Autobahn, 1993, H. 8, S. 476–481

[H.4.26] BfS (1993) Tabellarische Zusammenstellung der Sonderregelungen für die Zugabe an Ausbauasphalt bei der Herstellung von Asphaltmischgut. Stand Mai 1993 zusammengestellt von der Bundesanstalt für Straßenwesen, Bergisch Gladbach, 2 S.

[H.4.27] Schenke, H.-D. (1991) Die Entsorgung imprägnierten Holzes – Probleme und Lösungsansätze. In: „Probleme und Perspektiven eines umweltverträglichen Holzschutzes", UTECH Berlin, Febr. 1991

[H.4.28] Doedens, H.; Bogon, H. (1990) Grundlagen für ein aktualisiertes Abfallwirtschaftskonzept im Lk Diepholz – Teilbereiche Gewerbeabfälle, produktionsspez. Abfälle und Baurestmassen, unveröff. Gutachten, 1990

[H.4.29] Wrage, B. (1993) Aufkommen und Sortierung von Bauabfällen. Recycling in der Bauwirtschaft, Hrg. K.J. Thomé-Kozmiensky, EF-Verlag, Berlin 1987, S. 257–273

[H.4.30] RAL-RG 501/2 (1991) Aufbereitung zur Wiederverwendung von kontaminierten Böden und Bauteilen. Hrg.: RAL Deutsches Institut für Gütesicherung und Kennzeichnung e.V., Beuth Verlag, Berlin, August 1991, 16 S.

[H.4.31] Geiseler, J.; Bialucha, R. (1994) Wasserwirtschaftliche Anforderungen an industrielle Nebenprodukte und Recycling-Baustoffe im Straßenbau, Straße + Autobahn, 1994, H. 2, S. 65–70

[H.4.32] Stein, V. (1987) Recycling von Bauschutt und sein Einfluß auf den Markt natürlicher mineralischer Baustoffe. Recycling in der Bauwirtschaft, Hrg. K.J. Thomé-Kozmiensky, EF-Verlag, Berlin 1987, S. 196–202

[H.4.33] Freund, H.-J. (1993) Aufkommen an Baureststoffen und wiederverwertbaren Mengen. In: Hiersche (Hrg.), Baustoff-Recycling 94/95, Stein Verlag, 1993, S. 17–32

[H.4.34] Krass, K. (1991) Baustoffrecycling als Chance für den praktizierten Umweltschutz. Vortrag anläßlich des FORUM-Führungskräfteseminars zur Abfallwirtschaft, Frankfurt a. M. 1991

[H.4.35] RAL-RG 501/1 (1985) Recycling-Baustoffe für den Straßenbau. Hrg.: RAL Deutsches Institut für Gütesicherung und Kennzeichnung e.V., Beuth Verlag, Berlin, Febr. 1985, 22 S.

[H.4.36] Meyer, S. (1993) Chancen und Instrumentarien zur Vermarktung von Baustoffrecyclingprodukten. Bilitewski (Hrg.), Recycling von Baureststoffen, EF-Verlag, Berlin 1993, S. 331–350

[H.5.1] Ketelsen, K.: Grundlagen für integrierte Abfallwirtschaftskonzepte und abfallwirtschaftliche Planungen. Veröffentlichungen des ISA der Universität Hannover, Heft 85. Hannover 1993

[H.5.2] Poos, P.-M.: Neue Entwicklungen im Abfallrecht und in der Abfalltechnik. Haase Energietechnik GmbH: Abfallwirtschaft – quo vadis 1996? Tagungsband Neumünster 1996, S. 13–27

[H.5.3] Doedens, H.; Bogon, H.; Kirschner, K.-E.: Ist eine Zentrallisierung der mechanisch-biologischen Behandlung und Ablagerung von Siedlungsabfällen sinnvoll? Müll und Abfall 26. Jg. (1994) [Heft 4], S. 574–590

[H.5.4] Doedens, H.: Möglichkeiten zur Minimierung der Sickerwassermengen. Entsorgungspraxis Spezial (1989) [Heft 9], S. 11–13

[H.5.5] Ehrig, H.-J.: Sickerwassermenge und -qualität. Entsorgungspraxis Spezial (1989) [Heft 9], S. 6–10

[H.5.6] Kollbach, J.St.: Vergleich und Bewertung von Sickerwasserreinigungsverfahren. Hg. Enviro Consult und Ing.-Büro für Abfallwirtschaft: Deponiesickerwasserreinigung. Tagungsband München 1991, S. 131–177

[H.5.7] Dahm, W.; Kollbach, J.S.; Gebel. J.: Sickerwasserreinigung. Berlin: EF-Verlag 1994

[H.5.8] Albers, H.: Vergleichende Betrachtung von Verfahrenskombinationen zur Reinigung von Haus- und Sondermülldeponie-Sickerwasser. Veröffentlichungen des Zentrums für Abfallforschung der TU Braunschweig, Heft 3. Kayser, R.; Henning, A. (Hrg.) Behandlung von Sickerwässern aus Abfalldeponien. Braunschweig, 1988, S. 389–422

[H.5.9] Albertsen, A.; Holz, F; Martens, J.: Stoffliche Reaktionen im Reststoff bei Sickerwasseranlagen mit biologischer Vorbehandlung. Müll und Abfall 27. Jg. (1995), S. 707–716

[H.5.10] Tabasaran, O. (1976) Überlegungen zum Problem Deponiegas. Müll und Abfall 8. Jg. (1976) [Heft 7], S. 204–210

[H.5.11] Weber, B.: Minimierung von Emissionen der Deponie. Veröffentlichungen des ISA der Universität Hannover, Heft 74. Hannover 1990

[H.5.12] Farquhar, G.J.; Rovers, F.A.: Gas Production during Refuse Decomposition. Water, Air and Soil Pollution (1973) [Heft 7], S. 483–495

[H.5.13] Boll, Fr.-W.; Doedens, H.; Hebbelmann, H.; Schlüter, U.; Weber, B.: Auswirkungen der aktiven Entgasung auf die Möglichkeiten der Rekultivierung von Hochdeponien. Müll und Abfall 20. Jg. (1988), S. 112–122

[H.6.1] Ketelsen, K.: Grundlagen für integrierte Abfallwirtschaftskonzepte und abfallwirtschaftliche Planungen. Veröffentl. des Instituts für Siedlungswasserwirtschaft und Abfalltechnik, Universität Hannover, Heft 85, 1993

[H.7.1] Fricke, K., Vogtmann H. und Hahn G. (1993) Eigenkompostierung und Biotonne in ländlichen Gebieten – ein Widerspruch? In: Fricke, Thomé-Kozmiensky, Neumüller (Hrsg.), Integrierte Abfallwirtschaft im ländlichen Raum, EF-Verlag Berlin, 143-154

[H.7.2] Kern, M. (1999) Input und Output. In: Müllmagazin 1/1999, Rhombos-Verlag, Berlin, 24-27

[H.7.3] Bidlingmaier, W., Vagedes, M., Kranert, M., Widmann, R., Strauch, D., Kehres, B. und Gottschall, R. (1999) Die abfallrechtlichen Rahmenbedingungen der Bio- und Grünabfallkompostierung, Eugen Ulmer, Stuttgart

[H.7.4] Edelmann, W., Engeli, H., und Kull, T. (1993) Stand der Anearobtechnik aus technologischer und entsorgungsbezogener Sicht. In: Biologische Abfallbehandlung, Wiemer und Kern (Hrsg.), BAEZA-Verlag Witzenhausen

[H.7.5] Scherer, P.A. (1997) Verfahren der Vergärung. In: Thomé-Kozmiensky: Biologische Abfallbehandlung. EF-Verlag, Berlin, 373–395.

[H.7.6] Hausgartenkomposte in: Bundesgütegemeinschaft Kompost (Hrsg.) (1995): Humuswirtschaft & Komposte, H. 1, S. 24

[H.7.7] Bilitewski, B., Stegmann, R., Heilmann, A., K. Soyez, Heyer, K.-U. und Thrän, D. (1997) Stoffstrommanagement am Beispiel der Siedlungsabfälle. In: Müll und Abfall Sonderheft 33, 15–25

[H.7.8] Bidlingmaier, W. und Streff, L. (1993) Verhalten von biologisch vorbehandeltem Restmüll bei der Ablagerung. In: Fricke, Thomé-Kozmiensky, Neumüller (Hrsg.), Integrierte Abfallwirtschaft im ländlichen Raum, EF-Verlag Berlin, 249–258

[H.7.9] Lepom, P. und Henschel, P. (1993) Verfahren zur Charakterisierung des biologisch abbaubaren Anteils der organischen Substanz, Müll und Abfall 7, S. 530

[H.7.10] Müller, W. und Fricke, K. (1993) Mechanisch-biologische Restmüllbehandlung unter Berücksichtigung der Aerob- und Anaerobtechnik, in: Fricke, K., Thomé-Kozmiensky, K.J. und Neumüller, G. (1993) Integrierte Abfallwirtschaft im ländlichen Raum, EF-Verlag für Energie- und Umwelttechnik, Berlin, S.259– 523

[H.7.11] Völker, M., 1991: Ist der Glühverlust ein sinnvoller Parameter für die Beurteilung von Industrieabfällen? – Müll und Abfall 12, S. 825–827.

[H.7.12] Maile, A., Halfmann, A., Kraft, E., Scheelhaase, T. und Bidlingmaier, W. (1999) Abschlußbericht Verbundvorhaben: Mechanisch-biologische Behandlung vor der Deponie – Bodenmechanische Kennwerte – Entwurf

[H.7.13] Fricke, K., Müller, W., Hake, J., Turk, T. (1997) Vergärungsverfahren als integraler Bestandteil der mechanisch-biologischen Restabfallbehandlung. Sonderdruck aus der Zeitschrift Abfallwirtschaftsjournal, 11

[H.7.14] Dach, J. und. Müller, W (1998) Gasentwicklung und Sickerwasserbelastung von Deponien mit mechanisch-biologisch vorbehandelten Abfällen. In: Friedrich/Fricke: Gleichwertigkeitsnachweis nach Ziffer 2.4 TASi für die Ablagerung von mechanisch-biologisch vorbehandelten Abfällen.110 Abfallwirtschaft

in Forschung und Praxis Erich-Schmidt-Verlag; Berlin

[H.7.15] Müller, W. und Wallmann, R. (1996) Vorversuche zur mechanisch-biologischen Restabfallbehandlung; in: Mechanisch-biologische Restabfallbehandlung unter Einbindung thermischer Verfahren für Teilfraktionen; Schriftenreihe WAR 90, Darmstadt; S. 157–184

[H.7.16] Leikam, K. und Stegmann, R. (1997) Ablagerungsverhalten mechanisch-biologisch vorbehandelter Abfälle, VDI-Seminar: Planung von mechanisch-biologischen Restabfallbehandlungsanlagen (MBA), Düsseldorf 3.–4. März 1997, VDI, Eigenverlag

[H.7.17] Damann, B., Wiese, B., Heining K. und Stegmann, R. (1996) Weitergehende Elimination von Gerüchen aus Kompostwerken. In: Neue Techniken der Kompostierung, Dokumentation des 2. BMBF-Statusseminars vom 6.–8.11.1996, Economica-Verlag, Hamurg, S. 459–476

[H.7.18] VDI 1991: BDI-Richtlinie 3477 „Biofilter“

[H.7.19] Sabo, F. (1991) Behandlung von Deponiegas im Biofilter. Stuttgarter Berichte zur Abfallwirtschaft, Stuttgart, Erich-Schmidt-Verlag, Bielefeld

[H.7.20] Wallmann, R. (1999) Ökologische Bewertung der Mechanisch-bologischen Restabfallbehandlung und der Müllverbrennung auf Basis von Energie- und Schadgasbilanzen. Schriftenreihe des ANS 38

[H.7.21] Saake, M. und Hübner, R. (1989) Einsatz von Biofiltern zur Behandlung lösemittelhaltiger Abluft, Seminar „Biologische Abgasreinigung“, 23./24. Mai 1989, Köln

[H.7.22] Fischer, K., Bardtke, D., Eitner, D., Homans, W.J., Janson, O., Kohler, H., Sabo F. und Schirz, S. (1990) Biologische Abluftreinigung, Wasser Luft und Boden 212, expert-Verlag, Ehningen bei Böblingen

[H.7.23] Fricke, K. und Müller, W. (1993) Mechanisch-biologische Restmüllbehandlung unter Berücksichtigung der Aerob- und Anaerobtechnik; in: Integrierte Abfallwirtschaft im ländlichen Raum; Fricke, Thomé-Kozmiensky u. Neumüller (Hrsg.); EF-Verlag für Energie- und Umwelttechnik GmbH, Berlin; S. 259–522

[H.7.24] Doedens, H. und Cuhls, C. (1997) MBA vor Deponie – neue Erkenntnisse aus laufenden Forschungsvorhaben, Vortrag auf dem VDI-Seminar 43-98-02 „Planung von mechanisch-biologischen Behandlungsanlagen“ vom 3.–4. März 1997 in Düsseldorf.

[H.7.25] Doedens, H., Cuhls, C. und Mönkeberg,

F. (1998) Bilanzierung von Umweltchemikalien bei der biologischen Vorbehandlung von Restabfällen, Tagungsband zum BMBF-Statusseminar „Verbundvorhaben mechanisch-biologische Behandlung von zu deponierenden Abfällen", 17.–19. März 1998, Potsdam

[H.7.26] Roth, T., (1991) Sickerwasser aus der Bioabfallkompostierung. Dissertation Gh Kassel.

Ergänzende Literatur

Bergs et al.: TA Siedlungsabfall. Technische Anleitung zur Verwertung, Behandlung und sonstigen Entsorgung von Siedlungsabfällen mit Erläuterungen. Abfallwirtschaft in Forschung und Praxis, Bd. 61, E. Schmitt-Verlag Berlin 1993

Bredenbals, B.; Weber, H.; Willkomm, w. (1993) Recycling, Rückbau und umweltgerechte Baustellenentsorgung. VBR-Recycling-Leitfaden. Hrg.: VBR e.V., Bonn 1993, 110 S.

BRV (1993) Richtlinie für Recycling-Baustoffe. Hrg.: Österreichischer Baustoff-Recycling-Verband BRV, 2. Aufl. 1993, 25 S.

FGSV-Arbeitspapier nr 28/1 (1992) Umweltverträglichkeit von Mineralstoffen, Teil: Wasserwirtschaftliche Verträglichkeit. Forschungsgesellschaft für Straßen- und Verkehrswesen (FGSV), Köln 1992, 17 S.

Gallenkemper, B. u. Doedens; H. (1988) Getrennte Sammlung von Wertstoffen des Hausmülls – Planungshilfen zur Bewertung und Anwendung von Systemen der getrennten Sammlung. Abfallwirtschaft in Forschung und Praxis, Bd. 21, Erich Schmidt Verlag, Berlin

Gawalpanchi, R.R.; Berthonex, P.M.; Ham, R.K.: Particle Size Distritugion of Milled Refuse, Waste Age 9/10 (1973)

Gewiese, A. (1993) Recycling-Potential an Baureststoffen und Anforderungen an die Genehmigung von Baustoff-Recycling, Steinbruch und Sandgrube, 1993, H. 9, S. 46–52

Göttsching, L. (1990) Papier in unserer Welt – Ein Handbuch. Econ-Verlag, Düsseldorf, 345 S.

Henselder-Ludwig: TA Siedlungsabfall. Dritte Allgemeine Verwaltungsvorschrift zum Abfallgesetz – Textausgabe mit einer Einführung, Anmerkungen und ergänzenden Materliaien, Bundesanzeiger, Köln, 1993

Hiersche, E.-U. (1991) Aufkommen an alternativen Baustoffen. In: Hiersche (Hrg.), Baustoff-Recycling 1992, Stein Verlag, 1991, S. 20–27

Hösel, H.; Schenkel, W.; Schnurer, H.: Müllhandbuch. Erich-Schmidt-Verlag, Berlin, Loseblattausgabe, 6 Bände

Krass, K. (1993) Anfall, Aufbereitung und Verwertung von industriellen Nebenprodukten und Recycling-Baustoffen. Straße und Autobahn, 1993, H. 12, S. 720–724

Lützow, W.; Patuska, G. (1987) Materialprüfung zur Beurteilung mehrmals wiederverarbeiteter Thermoplaste. In: Recycling von Kunststoffen 1; hrg. von Thomé-Kozmiensky/Käufer; EF-Verlag, Berlin 1987

Ministerium für Umwelt, Baden Württemberg. Luft – Boden – Abfall. Leitfaden Siedlungsabfälle Heft 14

Müller, H.; et al. (1997) Organische und anorganische Schadstoffe im Papier. Müll-Handbuch; Ziff. 8614.8, Lieferg. 8/97, 18 S.

Pothmann, D. (1997) Altpapierverwertung in der Papierfabrik. Müll-Handbuch; Ziff. 8614.4, Lieferung 8/97, 10 S.

Reinhardt, J.J.; Ham R.K.: Final Report on an Demonstration Project at Madison, Wisc.; to Investigate Milling of Solid Wastes, U.S. EPA-3-G06-EC-00000-00S1 (1973), Vol. 1

Schubert, H.: Aufbereitung fester mineralischer Rohstoffe, Bd. 1, 3. Aufl. VEB Leipzig 1975

Stratton, F.E.; Alter, H.: Application of Bond Theory to Solid Waste Shredding, J. Environ. Engl., Vol. 104 (1978), No. EE1

Terzek, G.J.: Significance of Size Reduction in Solid Waste Management, U.S. EPA-600/2-77-131, Cincinnati, Ohio /1977)

Terzek, G.J.; Shiflett, G.R.: Parameters covering refuse comminution, Resource Recovery and Conversation 1 (1977)

Thomé-Kozmiensky, K.J.: Brennstoff aus Müll, Freitag Verlag, Berlin 1984

Thomé-Kozmiensky, K.J.: Energiegewinnung durch emissionsarme Verbrennung von Rückständen in Kleinanlagen, Bd. 2, Freitag Verlag, Berlin 1981

Thomé-Kozmiensky, K.J.: Materialrecycling durch Abfallaufbereitung, Bd. 5, Freitag Verlag, Berlin 1983

Thomé-Kozmiensky, K. (Hrg.) (1989) Sammlung, Umschlag, Transport von Abfällen. EF-Verlag, Berlin, 371 S.

Tidden, F. und Tyroller, I. (1993) Bilanz einer zweistufigen Vergärungsanlage zur Behandlung von Restabfällen. In: Fricke, Thomé-Kozmiensky, Neumüller (Hrsg.), Integrierte Abfallwirtschaft im ländlichen Raum, EF-Verlag Berlin

Verordnung über die Vermeidung von Ver-
packungsabfällen (VerpackV) vom 12.06.1991,
Bundesgesetzblatt, Jahrg. 1991, S. 1234–1238

2. Allg. Verwaltungsvorschrift zum Abfallgesetz
(TA Sonderabfall) vom 23.04.1990, GMBl. 1990,
S. 169 ff. sowie S. 856 und GMBl. 1991, S. 469

Altlastensanierung und Bodenschutz

J.1 Wechselwirkungen mit der Umwelt

J.1.1 Ursachen der Altlasten

In der Entwicklungsgeschichte der Menschen bestanden Abfälle im weitesten Sinne aus Resten erbeuteter Tiere, Produktionsrückständen in der Landwirtschaft und Ausscheidungen von Menschen und Haustieren. Diese Abfälle waren weitestgehend organischer Natur und Bestandteil von Nahrungsketten. Mikroorganismen sorgten für die Rückführung organischer in anorganische Substanzen, die wiederum Nährstoffe für den Aufbau photosynthesefähiger Pflanzen und Algen waren und sind. Stoffkreisläufe waren geschlossen. Innerhalb dieser im quasi Gleichgewicht befindlichen Systeme haben sich Menschen, Tiere und Pflanzen an bestimmte Stoffkonzentrationen in ihrem Umfeld angepaßt. Diese Anpassung erforderte Zeit.

Die industrielle Epoche hat nun eine Fülle von Substanzen in die Umwelt gebracht, an die der weitaus überwiegende Teil der belebten Materie nicht angepaßt ist. Es werden mehr synthetisch erzeugte Stoffe in die Umwelt entlassen, als durch physikalische, chemische und biochemische Prozesse wieder in den Stoffkreislauf zurückgeführt. Dadurch ergibt sich eine Speicherung im System. Die wesentlichen Speicher solcher Stoffe sind die Atmosphäre (z. B. FCKW), die Gewässer und der Boden. Die Luft und das Wasser sind Medien, in und mit denen die Substanzen – auch im Boden – hauptsächlich transportiert und verteilt werden; hinzu kommen die Lebewesen und die Transportsysteme der Menschen, die für eine Verteilung sorgen.

Stoffkonzentrationen, die unter bestimmten Voraussetzungen zu Altlasten erklärt werden, resultieren zum einen im wesentlichen aus der Ablagerung von Abfällen aus dem häuslichen, gewerblichen, industriellen und militärischen Bereich, zum anderen aus dem Eindringen in den Boden und dem Speichern von Stoffen im Untergrund an den Standorten, wo sie produziert und mit ihnen umgegangen wurde.

J.1.2 Begriffsdefinition „Altlast"

Von Stoffansammlungen im Boden können Gefahren ausgehen. Im Ordnungsrecht wird unter einer Gefahr eine Lage verstanden, in der ein Zustand bei ungehindertem Ablauf des Geschehens mit hinreichender Wahrscheinlichkeit zu einem Schaden für die öffentliche Sicherheit führen würde. Der Schaden braucht nicht mit Gewißheit erwartet werden. Nach dem Abfallgesetz Nordrhein-Westfalens vom 21.06.1988 [J.1.1] ist das Schutzgut die öffentliche Sicherheit und Ordnung, nach dem Hessischen Abfallwirtschafts- und Altlastengesetz vom 10.07.1989 [J.1.2] ist es das Wohl der Allgemeinheit.

Bevor die Gefährdung des Schutzguts, die von einer Ansammlung von Stoffen auf einem Standort ausgeht, nicht behördlicherseits festgestellt ist, wird i. allg. von einer Altlastenverdachtsfläche gesprochen. Erst nach einer Untersuchung der Fläche und der Bewertung der Ergebnisse durch ein Gremium von Fachleuten kann die Behörde zu der Überzeugung kommen, daß mit hinreichender Wahrscheinlichkeit ein Schaden für die genannten Schutzgüter zu besorgen ist. Dann ist die Altlastenverdachtsfläche zu einer Altlast zu erklären. Eine Altlast ist danach das Ergebnis einer behördlichen Entscheidung.

J.1.3 Einteilung der Altlasten-verdachtsflächen

Die Länder der Bundesrepublik Deutschland erfassen die Altlastenverdachtsflächen nach folgenden Kriterien:

Altablagerungen als
- stillgelegte Anlagen zum Ablagern von Abfällen,
- Grundstücke, auf denen vor Inkrafttreten des jeweiligen Abfallgesetzes Abfälle abgelagert worden sind.

Altstandorte als
- Grundstücke stillgelegter Anlagen, in denen mit umweltgefährdenden Stoffen umgegangen worden ist, soweit es sich um Anlagen der gewerblichen Wirtschaft oder im Bereich öffentlicher Einrichtungen gehandelt hat,
- Grundstücke, auf denen im Bereich der gewerblichen Wirtschaft und öffentlicher Einrichtungen mit umweltgefährdenden Stoffen umgegangen worden ist.

Ausgenommen ist der Umgang mit radioaktiven Stoffen und Kernbrennstoffen, das Aufbringen von Klärschlamm, Fäkalien, Abwasser oder ähnlichen Stoffen, von festen Stoffen, die aus oberirdischen Gewässern entnommen worden sind, sowie das Aufbringen und Anwenden von Dünge- und Pflanzenbehandlungsmitteln. Darüber hinaus werden militärische und Rüstungsaltlastenverdachtsflächen erfaßt.

Unter militärischen Altlastenverdachtsflächen werden die im Zuständigkeitsbereich des Militärs im Zusammenhang mit kriegerischen Handlungen entstandenen Flächen verstanden. Altstandorte sind im wesentlichen Truppenunterkünfte, Depots von Waffen und Munition, Fliegerhorste und Truppenübungsplätze. Darüber hinaus wurden Munition und chemische Kampfstoffe auf dem Lande in Oberflächengewässern und im Meer gelagert. Dadurch entstanden militärische Altablagerungen.

J.1.4 Stand der Altlastenerfassung

Das Umweltbundesamt hat mit Stand vom November 1993 folgende Zahl von Altablagerungen und Altstandorten mitgeteilt [J.1.3] (Zahlen gerundet).

	Altablage-rungen	Altstand-orte	Summe Altlastenver-dachtsflächen
Alte Länder	55.000	14.000	69.000
Neue Länder	31.000	39.000	70.000
Gesamt	86.000	53.000	139.000

In vielen Ländern sind die Altstandorte noch unzureichend erfaßt. Die Gesamtzahl der Altlastenverdachtsflächen außerhalb des militärischen Bereichs wird auf Grundlage der vorhandenen Ermittlungen auf ca. 245.000 geschätzt.

Militärische Altlastenverdachtsflächen sind ca. 7.500 erfaßt, davon 64 % in den neuen, 36 % in den alten Ländern. Auch diese Zahl wird sich auf ca. 10.000 (Schätzung) erhöhen.

J.1.5 Einteilung in Stoffgruppen

Stoffe können, in gewissen Mengen pro Zeiteinheit, von Organismen und Sachgütern aufgenommen oder in Kontakt gebracht, Schäden verursachen. Bezogen auf die menschliche Gesundheit wurden in verschiedenen Bereichen Grenz- und Richtwerte von Konzentrationen verschiedener Stoffe in den Umweltmedien Luft, Boden und Wasser vorgegeben:
- zum Schutz der menschlichen Gesundheit und der Umwelt (z. B. Trinkwasser)
- zur unmittelbaren Abwehr von Mißständen (Sanierung der Altlasten)

Altlasten sind als Mißstand anzusehen, dessen Behebung anzustreben ist. Im Zusammenhang mit der Behebung des Mißstands und zum Schutz der menschlichen Gesundheit wurden Stoffgruppen definiert, denen besondere Aufmerksamkeit zu widmen ist. In Anlehnung an die sog. Berliner Liste sind die in Tabelle J.1-1 aufgeführten Gruppen zu beachten.

Die Erscheinungsformen sind für die Abschätzung der Ausbreitung in den Umweltmedien bedeutsam.

J.1.6 Böden

Der Begriff Altlast ist i. allg. mit einer Landoberfläche verbunden. Das anstehende Gestein ist mit Schadstoffen verunreinigt. Im Untergrund erfolgt der Transport von Stoffen von der Verdachtsfläche zu den Schutzgütern. Die Wahl der Sanierungsverfahren von Altlasten hängt im wesentlichen von der Art der anstehenden Böden

Tabelle J.1-1 Relevante Stoffe im Zusammenhang mit der Altlastenproblematik

	Aggregatzustand			Im Wasser gelöst	Im Boden angelagert
	fest	flüssig	gasförmig		
Anorganische Stoffe					
Metalle	X			X	XX
Sonstige anorganische Stoffe				XX	
Organische Stoffe					
Aliphatische Kohlenwasserstoffe (Mineralöle)		XX	X	XX	
Aromatische Kohlenwasserstoffe		XX	X	XX	
Monoaromatische Kohlenwasserstoffe					
Polycyclische aromatische Kohlenwasserstoffe		XX	X	XX	
Substituierte Kohlenwasserstoffe					
Aliphatische halogenierte Kohlenwasserstoffe		XX	X	XX	
Aromatische halogenierte Kohlenwasserstoffe		X	X	XX	
Phenole und Alkohole		XX	X	XX	
Pestizide		X		XX	
Biologische Stoffe (Viren, Bakterien, Hefen, Pilze)				X	X

ab. Unter diesem Gesichtspunkt wird der Boden charakterisiert, in dem die gefährlichen Stoffe lagern, sich ausbreiten, aus denen sie entfernt oder in denen sie fixiert werden müssen.

Mit dem Begriff Boden wurde in der Vergangenheit die oberste belebte Zone der Lithosphäre verstanden, in der Pflanzen ihre Wurzeln entwickeln. Kunze [J.1.4] versteht unter dem Boden (Pedosphäre) die Schnittmenge von Lithosphäre, Hydrosphäre, Atmosphäre, Biosphäre und Anthroposphäre. Gerade im Zusammenhang mit Altlastenverdachtsflächen und Altlasten erhält diese Definition besondere Bedeutung.

Bei den Festgesteinen wird grob zwischen Eruptivgesteinen, Sedimentgesteinen und metamorphen Gesteinen unterschieden.

Die Lockergesteine entstanden durch fluviatile und äolische Ablagerungen von Verwitterungsprodukten der Festgesteine. Sie werden nach dem Durchmesser der einzelnen Elemente in Größenklassen eingeteilt (Tabelle J.1-2).

Die Hohlräume, durch die der Transport der Schadstoffe erfolgt, lassen sich in Festgesteinen wie folgt untergliedern [J.1.5]: Poren, Trennfugen, Karsterscheinungen und anthropogene Hohlräume. In den Sedimentgesteinen kann zwischen Primärporen und Sekundärporen unterschieden werden. Die Primärporen sind die Hohlräume zwischen den Körnern. Bei den Sekundär-

Tabelle J.1-2 Korngrößenfraktionen (DIN 4022)

Kornfraktion		Korndurchmesser (mm)
Steine	X	60,000
Kies	G	60,000 – 2,000
Sand	S	02,000 – 0,060
Schluff	U	00,060 – 0,002
Ton	T	00,002

poren handelt es sich um Hohlräume zwischen Körneraggregaten. Darüber hinaus werden Grobporen durch die Einwirkung von Tieren und Pflanzen gebildet. Dazu zählen die Schrumpfrisse in Böden mit hohen Ton- und Schluffanteilen, die bei der Austrocknung entstehen.

Eine Groborientierung über die Durchlässigkeit der Gesteine gibt Tabelle J.1-3. Von den Festgesteinen sind die wesentlichen Sedimentgesteine ausgewählt worden, die in Deutschland vorkommen. In Anlehnung an Krapp [J.1.6] ist nur der Schwerpunktbereich aufgenommen, in denen die Durchlässigkeiten i. allg. liegen.

Neben der Durchlässigkeit interessiert häufig auch das Wasserhaltevermögen. Bild J.1-1 gibt den pf-Wert der verschiedenen Kornfraktionen als Funktion des Wassergehalts bezogen auf den Hohlraumanteil (Sättigungsgrad) an. Oberhalb

Tabelle J.1-3 Durchlässigkeit wesentlicher Gesteine (Groborientierung)

	Durchlässigkeit (k_f) (m/s)
Festgesteine	
Dolomit	$10^0 - 10^{-1}$
Kalkstein	$10^{-1} - 10^{-2}$
Mergelstein	$10^{-2} - 10^{-3}$
Kalksandstein	$10^{-3} - 10^{-4}$
Quarzit	$10^{-4} - 10^{-5}$
Sandstein	$10^{-5} - 10^{-6}$
Sand- und Tonstein in Wechsellagerung	$10^{-6} - 10^{-7}$
Schluffstein	$10^{-7} - 10^{-8}$
Tonstein	$10^{-8} - 10^{-9}$
Metamorphite	$< 10^{-9}$
Sedimente[a]	
Steine	$> 10^{-0}$
Kiese	$10^{-0} - 10^{-3}$
Sand	$10^{-3} - 10^{-6}$
Schluff	$10^{-6} - 10^{-9}$
Ton	$< 10^{-9}$

[a] Die angegebenen Durchlässigkeiten beziehen sich auf den Grundwasserbereich.

von pf = log $h_c/h_{co}2$ wird das Wasser gegen die Schwerkraft durch die Kapillarkraft gehalten.

In der durchwurzelten Bodenzone ist die Gefügebildung für die Durchlässigkeit von großer Bedeutung. Bei den Bodenklassen Steine, Kies und Sand liegen weitgehend Einzelkorngefüge vor. Die Durchlässigkeit wird von Poren zwischen den Steinen und Körnern bestimmt. Bei ton-, humus- und metalloxidhaltigen Böden ist das Sekundärgefüge vorherrschend. Die feinsten Bodenteilchen können durch Ionen, organische Bestandteile (Humus, Feinwurzeln, Stoffwechselprodukte der Bodentiere) und durch Metalloxide verkittet sein. Es können sich gröbere Gefügeelemente aufbauen und absondern. Die Durchlässigkeit wird durch die Hohlräume zwischen den Aggregaten (Sekundärporen) oder Grobporen bestimmt. Der Übergang von Böden mit grobkörnigen zu feinkörnigen Materialien mit den genannten Inhaltsstoffen ist fließend. Tabelle J.1-4 enthält einige Bodentypen mit ihren

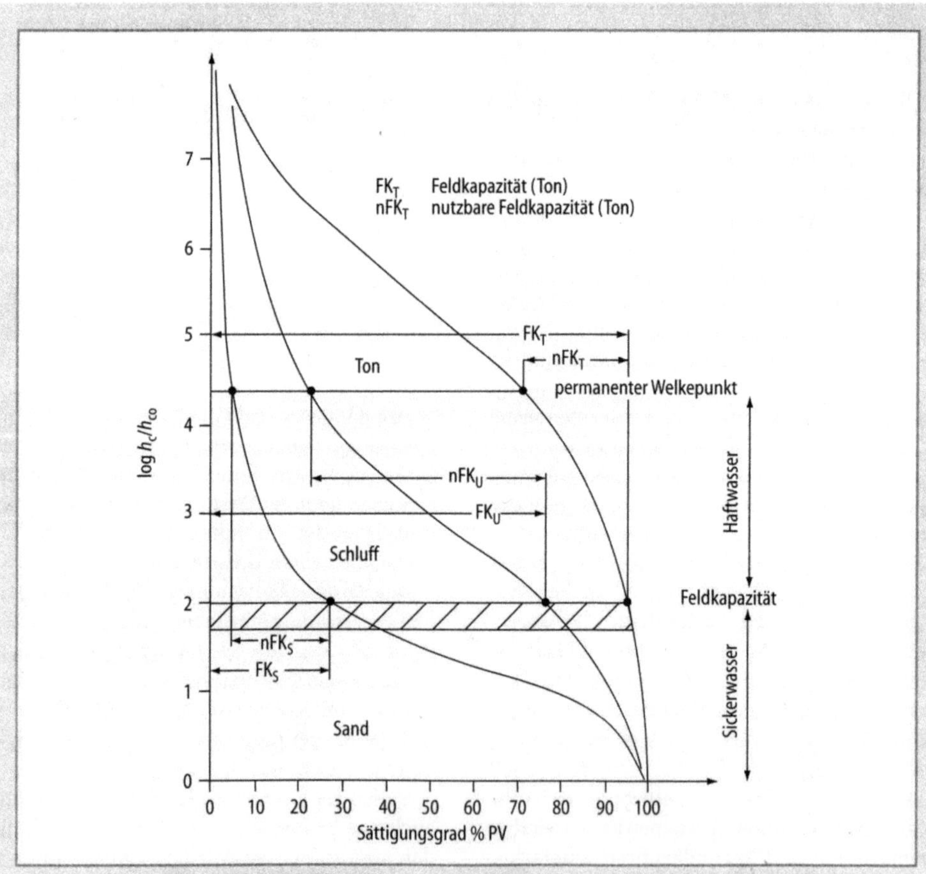

Bild J.1-1 Abhängigkeit des pf-Wertes (=log h_c/h_{co}) vom Sättigungsgrad verschiedener Bodenarten

Tabelle J.1-4 Bodentypen, Verbreitung und Eigenschaften

Bodentyp	Horizonte	Durchlässigkeit	Speicher-fähigkeit (Kapillarität)	Chemische Eigen-schaften	Biologische Aktivität	Verbreitung
Ranker	A-C	groß	klein	kalkarm	gering	Hoch- + Mittel-gebirge; Kammlagen
Rendzina	0-A-C	groß	klein	kalkhaltig alkalisch große Natrium u. Calcium-Reserve	groß	Kalke und Dolomite, Mittel-, Oberdevon, Unterkarbon, Mesozoikum des Hügellandes
Braunerde	A-B-C	mittel-gering	mittelgroß	a) sauer pH <4 möglich b) basenreich pH = 7	gering	Großflächig in kalk-freien Gesteinen des Devons, Karbons, Perm, Trias
Para-braunerde	A-B-C	mittel, gering im B-Horizont	mittel	a) sauer-neutral Sorption im A-Horizont	gering, bei pH > 5 gut	Kalkhaltige Sedimente (Löß, Geschiebemergel) Moränen
Podsol	0-A-B-C	gut-groß	gut-gering	sauer Nährstoff-armut	gering	Silikatarme Sande (N.W.-Deutschland)
Pseudo-gley	A-S	gut, schlecht im Stauhorizont	gut	sauer	gering	Lokale Verbreitung, abhängig von vorhandenen Stauschichten
Gley	A-G	gering	groß	sauer - neutral	gering-mäßig	Täler-Flußauen Neubildungen Norddeutschlands

Eigenschaften, die in Deutschland häufig anzu-treffen sind.

Für die Ausbreitung von Stoffen sind noch fol-gende Eigenschaften der Böden bedeutungsvoll:

Kalkgehalt

Saure Niederschläge mobilisieren Schwermetal-le. Kalk im Boden führt zu einer Neutralisierung der Wässer und zur Erhöhung des pH-Werts. Bei pH-Werten > 4 sind die Schwermetalle im Bo-den i.allg. nicht beweglich.

Humusgehalt

Die Ausbreitungsmobilität der von im Wasser gelösten organische Stoffe ist aus zwei Gründen vom Humusgehalt abhängig. Zum einen werden die organischen Inhaltsstoffe an den Humusteil-chen adsorbiert, zum anderen ist in Humusbö-den eine dichte Bakterienpopulation vorhan-den. Viele organische Produkte werden von Spe-zialisten als Nahrung aufgenommen und bio-chemisch abgebaut. Der Abbau muß allerdings nicht gleich in der ersten Stufe zu harmlosen Pro-dukten führen.

Biologische Aktivität

Auch in tieferen Bereichen des Untergrunds und in Grundwasserleitern sind Bakterien, Hefen und Pilze vorhanden, die zum Abbau organi-scher Stoffe fähig sind. Die Populationsdichte ist in tieferen Bereichen jedoch als Folge des i.allg. geringen Nahrungsangebots klein gegenüber der Populationsdichte im Oberboden. Bei einem Zustrom von Nahrung in Form von Schadstof-fen aus Altlastenverdachtsflächen erfolgt eine Vermehrung der Spezialisten, denen das Nah-rungsangebot bekömmlich ist [J.1.7].

J.1.7 Schadstoffausbreitung in der gesättig-ten und ungesättigten Bodenzone

Stoffe entweichen aus Altablagerungen und Alt-standorten und dringen in den Untergrund ein.

Hier können sie sich als eigenständige Phasen in gasförmigem oder flüssigem Zustand ausbreiten. Auch können sie im Wasser gelöst oder in der Bodenluft aufgenommen werden und bewegen sich mit oder innerhalb dieser Medien.

Bezüglich des Aggregatzustands werden gasförmige, flüssige und feste Phasen unterschieden. Die wesentlichen physikalischen Eigenschaften sind die Dichte, die Viskosität und die Oberflächenspannung. Mit Blick auf Wechselwirkungen zwischen Phasen sind weiter zu nennen: Dampfdruck, Löslichkeit und Benetzbarkeit [J.1.8].

Bei Mehrphasensystemen liegen Fluide mit Grenzflächen vor, die die Phasen mit unterschiedlichen physikalischen Eigenschaften trennen. Über die Phasengrenzen finden Stoffaustauschvorgänge statt. Aus Flüssigkeiten treten Moleküle in die umgebende Luft über. Ein solcher Vorgang kann an der Grenzfläche zweier verschiedener oder auch gleicher Flüssigkeiten erfolgen. Chlorierte Kohlenwasserstoffe verdampfen in die umgebende Luft und lösen sich im Wasser. Aus einem stark kontaminierten Wasser mit höherer Dichte und Viskosität gegenüber der reinen Flüssigkeit treten Stoffe in relativ sauberes Wasser über. Die Ursache für diese Stoffübergänge ist letztlich die Wärmebewegung der Moleküle in den jeweiligen Fluiden und deren Beweglichkeit. Räumlich definierte Phasengrenzen liegen dann vor, wenn Stoffe in unterschiedlichen Aggregatzuständen in einem System vorkommen oder bei gleichen Aggregatzuständen aus unterschiedlichen Molekülen bestehen [J.1.9].

Es werden homogene und heterogene Phasen unterschieden. Die homogenen Phasen bestehen als Fluide aus einem Molekül. Hierzu zählen die chlorierten Wasserstoffe. Aus vielen verschiedenen Molekülgruppen sind u.a. die Mineralöle aufgebaut. Leichtflüchtige Komponenten verdampfen schnell in die umgebende Luft und leichtlösliche Gruppen gehen schnell in die Wasserphase über. Bei den schwerflüchtigen und schwerlöslichen Bestandteilen gehen diese Übergänge langsamer vonstatten. Da der Gehalt an leichtflüchtigen oder leichtlöslichen Komponenten schnell abnimmt, ist die Menge an Stoffen, die die Mineralölphase verläßt, eine Funktion der Zeit [J.1.10].

Auch die Luft ist eine heterogene Phase, da sie aus mehreren Gasen zusammengesetzt ist. Fliessende Übergänge zwischen heterogenen und homogenen Phasen bilden sich aus, wenn die Konzentration von Stoffen so groß wird, daß sich die physikalischen Eigenschaften der weniger oder mehr belasteten Flüssigkeiten und Gase voneinander unterscheiden.

Mit Blick auf die Ausbreitung von Stoffen im Untergrund wird zwischen einer ungesättigten und einer gesättigten Zone unterschieden. In der ungesättigten Zone liegen unter normalen Verhältnissen die beiden Phasen Luft und Wasser im Hohlraum von Fest- oder Lockergesteinen vor. Im Grundwasserbereich ist der Hohlraum

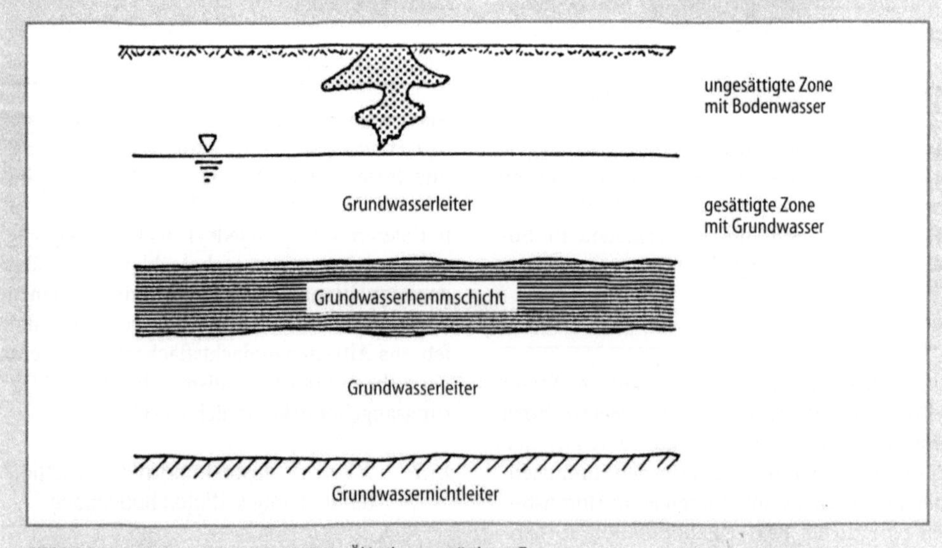

Bild J.1-2 Ungesättigte und gesättigte Zone, Öl in der ungesättigten Zone

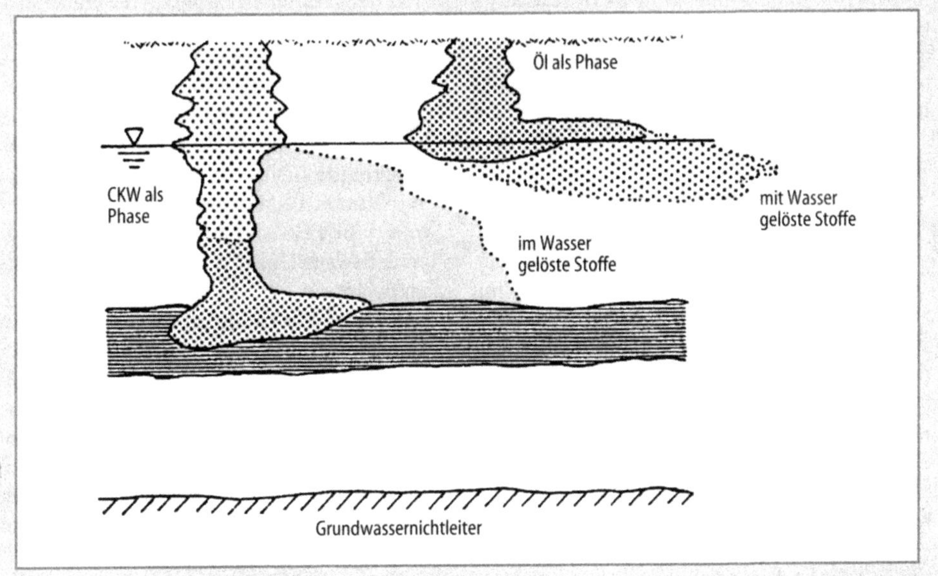

Bild J.1-3 Ausbreitung von Schadstoffen als Phase und im Wasser gelöst

nur mit Wasser gefüllt (gesättigt). Sowohl in der ungesättigten als auch in der gesättigten Zone können Bereiche mit größerer und geringerer Durchlässigkeit des Gesteins abwechseln (Bild J.1-2).

Hat eine Flüssigkeit als Phase eine geringere Dichte als Wasser (Mineralöle), kann diese Phase bis zur Grundwasseroberfläche gelangen. Dort wird sie sich oberhalb der Grundwasseroberfläche, im sog. Kapillarraum, horizontal ausbreiten. Am Ort der größten Flüssigkeitskonzentration taucht die Phase in das Grundwasser ein. Die Phase schwimmt einem Eisberg vergleichbar auf dem Grundwasser (Bild J.1-3). Eine Flüssigkeit mit größerer Dichte als Wasser (chlorierte Kohlenwasserstoffe) sinkt in den gesättigten Bereich ein und breitet sich der Schwerkraft folgend in die Tiefe hin aus, bis die Phase durch das Auflösen im Wasser aufgebraucht ist oder eine wenig durchlässige Schicht ein weiteres Absinken behindert (Geometrie des Grundwasserleiters). An einer solchen Schicht kann eine horizontal gerichtete Bewegung erfolgen. Chlorierte Kohlenwasserstoffe dringen aber auch in wenig durchlässige Schichten (Tone) als Phase ein.

In Festgesteinen erfolgt die Ausbreitung vornehmlich in Trennfugen oder karstigen Hohlräumen, in Lockergesteinen im Porenhohlraum.

Im Untergrund können in den Hohlräumen der Gesteine mehrere Phasen nebeneinander vorliegen. In der ungesättigten Zone ist es neben der Bodenluft und dem Wasser die eingedrungene Phase (Mineralöle, Aromate, chlorierte Kohlenwasserstoffe); in der gesättigten Zone sind es nur Wasser und die eindringende Phase. Im ersten Fall liegt ein Dreiphasensystem, im zweiten Fall ein Zweiphasensystem vor. Bei dieser Definition wird die feste, unbewegliche Feststoffphase des Gesteins nicht betrachtet. Die Beweglichkeit der Phasen hängt im wesentlichen vom Sättigungsgrad ab. Ein Maß für die Beweglichkeit ist die durch das Gesetz von Dary definierte Durchlässigkeit k_f.

$$v_f = k_f \cdot \text{grad } H$$

v_f Filtergeschwindigkeit (m/s)
k_f Durchlässigkeit (m/s)
H Potential der wirkenden Kräfte (m)

Die Durchlässigkeit k_f ist eine Funktion der Flüssigkeitseigenschaften Dichte und Viskosität und der Permeabilität der Gesteine:

$$k_f = \frac{\varrho \cdot g}{\eta} \cdot k_o$$

ϱ Dichte (kg/m³)
g Erdbeschleunigung (m/s²)
η Viskosität (kg/ms)
k_o Permeabilität (m²)

Bei Mehrphasensystemen wird die Durchlässigkeit und die Permeabilität eine Funktion des Sättigungsgrads. Der Sättigungsgrad gibt das Verhältnis des Volumens einer Phase zum Hohlraumvolumen an:

$$S = \frac{V_{\text{Ph}}}{V_{\text{H}}}$$

S Sättigungsgrad
V_{Ph} Volumen der Phase (m³)
V_{H} Hohlraumvolumen (m³)

Zur Berücksichtigung der Abhängigkeit der Durchlässigkeit (Permeabilität) vom Sättigungsgrad wird die sog. relative Durchlässigkeit (Permeabilität) eingeführt. Es wird die sättigungsabhängige Durchlässigkeit (Permeabilität) auf die Durchlässigkeit (Permeabilität) bei Vollsättigung bezogen:

$$k_{\text{r}} = \frac{k_{\text{fu}}}{k_{\text{f}}} = \frac{k_{\text{ou}}}{k_{\text{o}}}$$

k_{r} Relative Durchlässigkeit (Permeabilität)
k_{fu} Durchlässigkeit bei Teilsättigung (m/s)
k_{ou} Permeabilität bei Teilsättigung (m²)

Bild J.1-4 zeigt die relative Durchlässigkeit (Permeabilität) zweier Phasen in einem Zweiphasensystem als Funktion des Sättigungsgrads für Luft und Wasser. An die Stelle von Wasser kann ein Mineralöl oder ein chlorierter Kohlenwasserstoff treten. In der Praxis würde eine solche Phase in trockenen Sand eindringen.

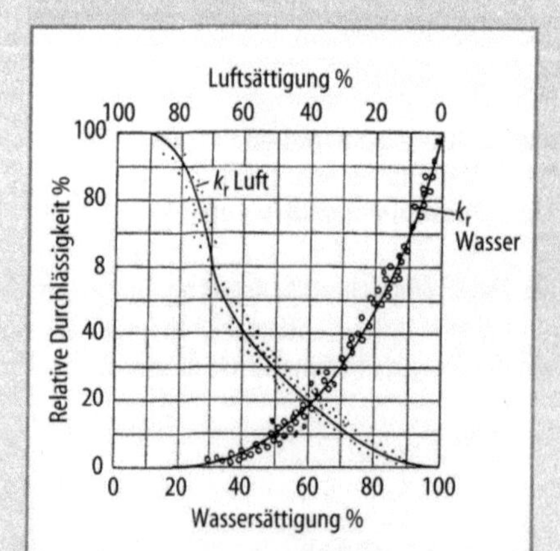

Bild J.1-4 Relative Durchlässigkeit von Luft und Wasser im Sand

In der gesättigten Zone tritt die eindringende Phase an die Stelle der Luft.

Bild J.1-4 zeigt, daß die relative Durchlässigkeit des Wassers eine starke Verminderung erfährt, wenn der Sättigungsgrad von 100 % auf z.B. 70 % abnimmt. Im Bereich kleiner Sättigungsgrade fällt die relative Durchlässigkeit auf Werte unter 1 %. Bei einem Sättigungsgrad von 10 % würde sich ein Mineralöl im Boden kaum noch bewegen. Es ist dann auch nicht mehr abpumpbar.

Bild J.1.5 gibt Linien gleicher relativer Durchlässigkeit für 3 Phasen in einem Dreiphasensystem wieder. Auch hier wird deutlich, daß sich die Phasen bei geringen Sättigungsgraden kaum noch bewegen und damit nicht abpumpbar sind. Bei dieser Betrachtung geht es auch um die Frage, bei welchen Sättigungsgraden hydraulische Maßnahmen ihren Sinn unter dem Gesichtspunkt der Wirtschaftlichkeit verlieren. In Sanden liegt die Grenze bei Sättigungsgraden zwischen 20 und 25 %. Der verbleibende Rest kann sich aber i.allg. im Wasser lösen und mit diesem transportiert werden. In diesem Fall haben sich Sanierungs- und Sicherungsmaßnahmen auf das belastete Wasser zu konzentrieren.

Gelöste Stoffe im Wasser breiten sich in der ungesättigten Zone mit dem versickernden Niederschlagswasser vornehmlich in vertikaler Richtung aus. Durch die Aufnahme von Wasser durch die Pflanzenwurzeln kann die nach unten gerichtete Strömung umgekehrt werden. Auch horizontal gerichtete Strömungskomponenten treten dadurch auf, sind aber örtlich begrenzt.

Im Grundwasser folgen die Stoffe der allgemeinen Strömungsrichtung, die jedoch durch die Wasserentnahme über Brunnen beeinflußbar ist. Bild J.1-3 zeigt, daß sich im Wasser lösliche Stoffe, die aus einem oberflächennahen Ölkörper hervorgehen, vornehmlich im oberflächennahen Bereich des Grundwasserleiters ausbreiten. Durchdringen chlorierte Kohlenwasserstoffe als Phase größere Mächtigkeiten des Grundwasserleiters, gehen über diese Mächtigkeit Stoffe in die Lösung. Die horizontale Ausbreitung der Stoffe erfolgt dann auch über die gesamte Tiefe des Grundwasserleiters.

Die gelösten Stoffe unterliegen der Dispersion, der Adsorption, chemischen oder biochemischen Einflüssen; die biologischen Stoffe (Bakterien, Viren) der Mortalität. Alle Prozesse führen zu einer Verminderung der Konzentration der jeweils betrachteten Substanzen im Wasser. Biochemische Abbauprozesse können allerdings

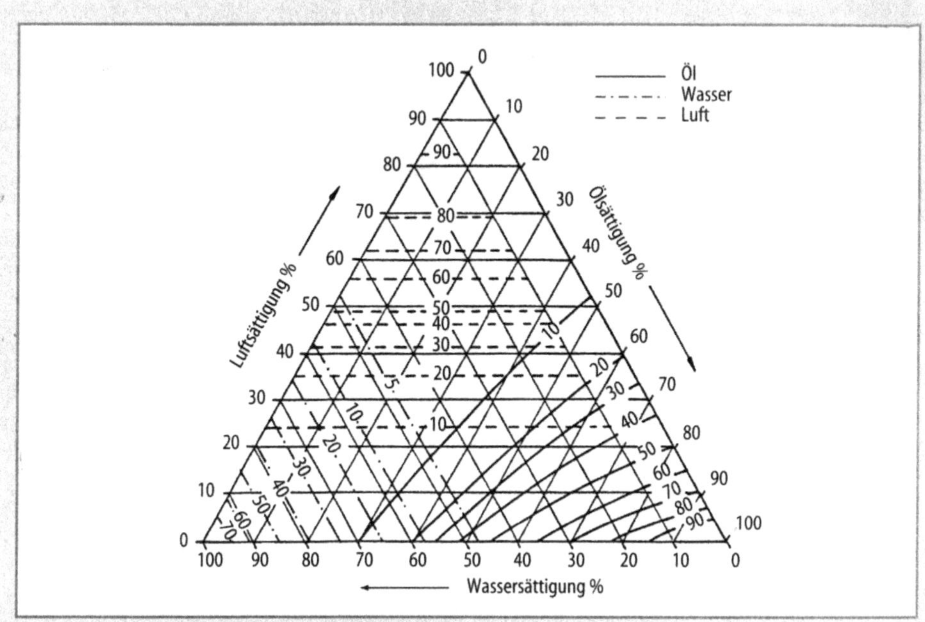

Bild J.1-5 Relative Durchlässigkeit eines Dreiphasensystems Luft – Wasser – Öl im Sand

auch den Aufbau von Reaktionsprodukten zur Folge haben, deren Schädlichkeit die der Ausgangsprodukte übertreffen kann.

J.1.8 Schutzgüter

Die von Altlastenverdachtsflächen ausgehenden Gefahren wurden i. allg. mit der Wirkung von Schadstoffen auf die belebte und unbelebte Natur und auf Sachgüter verknüpft. In der Biosphäre [J.1.18] ist die menschliche Gesundheit das höchste Schutzgut. Wasser, Boden und Luft sind die Medien, in und mit denen sich Schadstoffe ausbreiten und zu den Teilsystemen der Biosphäre gelangen. Der Mensch steht am Ende von Nahrungsketten, innerhalb derer ebenfalls Stoffe transportiert werden. Schließlich sind es auch Sachgüter, die eine Verbindung altlastverdächtiger Flächen zu den Menschen herstellen, wie Bild J.1-6 zeigt. Der Kontakt zwischen den Stoffen und dem menschlichen Körper ergibt sich aus der kontaminierter Medien und deren Aufnahme über die Atemwege oder die Verdauungsorgane. Sie wirken auf die Physis des Menschen.

Das Wohnen und Leben auf einer Altlastenverdachtsfläche kann zu einer psychischen Belastung mit Rückwirkungen auf die Physis werden. Der wirtschaftliche Ruin von Firmen, die zur Sanierung verunreinigter Grundstücke ge-

zwungen werden, verursacht ebenfalls psychische Wirkung bei Betroffenen. Hier wirken andere als stoffliche Wirkungspfade auf die menschliche Gesundheit.

Das letzte Beispiel zeigt auf, daß über der menschlichen Gesundheit noch höherwertige Schutzgüter existieren, es sind dies die Sicherheit und Ordnung und darüber das Wohl der Allgemeinheit. Das Wohlergehen des Einzelnen muß hinter dem Wohl der Allgemeinheit zurückstehen. Aus dieser Sicht werden die Schutzgüter wie folgt geordnet:

Physische Welt

Wasser – Boden – Luft
↓
Sachgüter

Pflanzen – Tiere
↘
Physis des Menschen

Welt der Gefühle (psychische Welt)
↓
Psyche des Menschen

Welt der Produkte des menschlicen Geistes
↓
Sicherheit und Ordnung
Wohl der Allgemeinheit

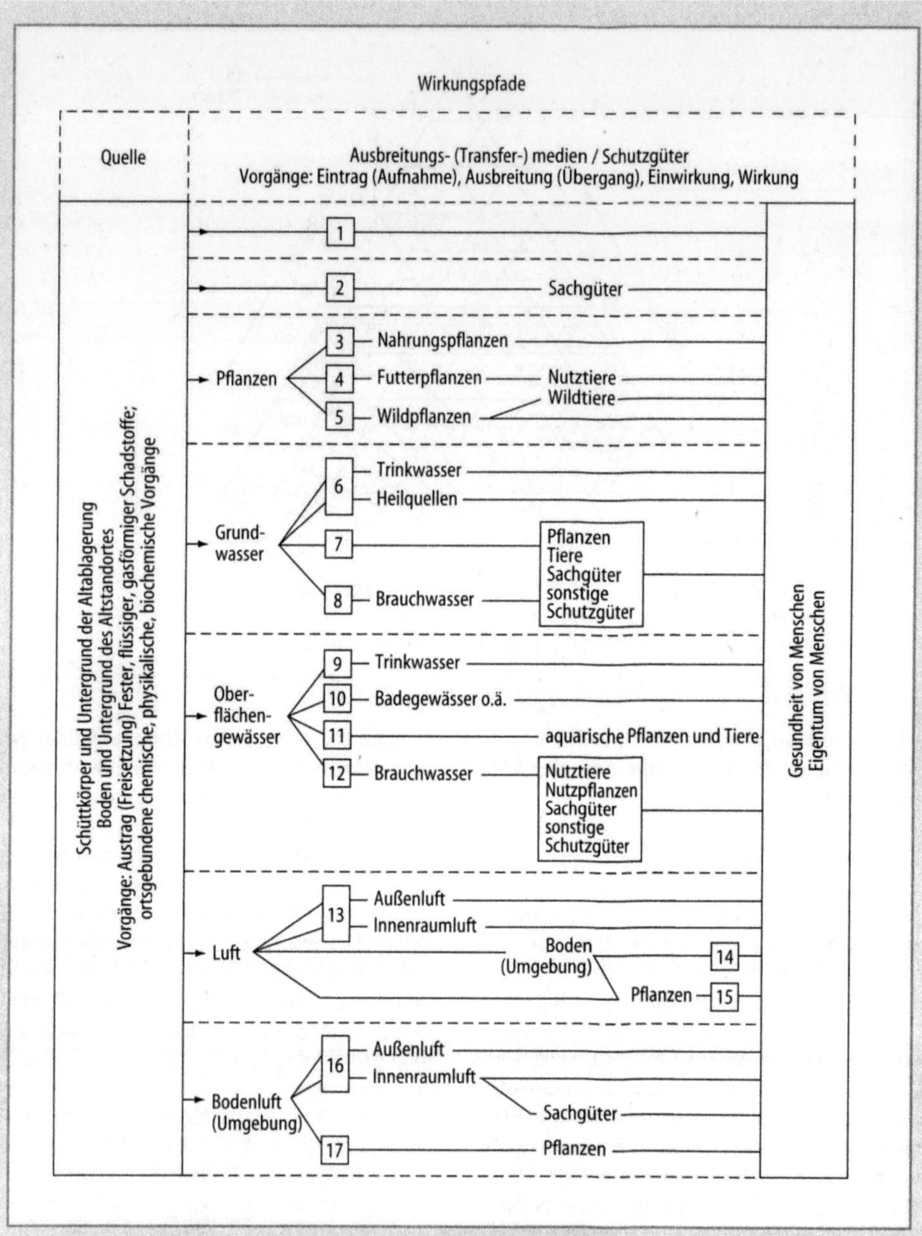

Bild J.1-6 Vereinfachte Übersicht über mögliche Wirkungspfade bei Altablagerungen und Altstandorten (aus [J.1.20])

Die Zuordnung der Schutzgüter zu drei verschiedenen, aber miteinander verbundenen Welten erfolgt in Anlehnung an Popper und Lorenz [J.1.19].

J.1.9 Nutzungscharakteristik der Schutzgüter

Der Nutzungsaspekt im Zusammenhang mit Altlasten ist vornehmlich anthropozentrischer Art und auf die physische Welt ausgerichtet. Die Luft dient vornehmlich dem Menschen zur Versorgung mit Sauerstoff und zur Aufnahme von

Kohlendioxid, das den photosynthesefähigen Pflanzen und Algen als Nährstoff dient.

Das Wasser ist das bedeutendste Nahrungsmittel der Lebewesen. Mit Blick auf die menschliche Ernährung unterliegt es vielfältigen Qualitiätsanforderungen, deren Nichterfüllung zu Nutzungseinschränkungen führen kann.

Trink-, Mineral- und Heilwässer sowie Wasser für die Notversorgung sind Beispiele für verschiedene Nutzungen im Zusammenhang mit der Ernährung.

Besondere Bedeutung kommt dem Grundwasser zu. Etwa 75 % des in Deutschland genutzten Trinkwassers kommt aus dem Untergrund.

Das Wasser als Lebensraum rückt in zunehmendem Maße in das Bewußtsein der Menschen. Durch die Einteilung der Güte der Oberflächengewässer in verschiedene Klassen nach biologischen Indikatoren wurde in Deutschland in diesem Bereich ein Schritt in eine naturalistische Betrachtung getan. Ein naturnahes Gewässer mit einer angepaßten Wasserqualität dient der Erhaltung eines leistungsfähigen Naturhaushalts.

Der Boden erfüllt ähnlich viele Nutzungsansprüche wie das Wasser. Er dient u. a. als Baugrund für Wohnungen, öffentliche Einrichtungen, Gewerbe- und Industrieanlagen, ist Ausgangsprodukt für Baustoffe, Erholungs-, Sport-, Spiel- und Verkehrsflächen, Abgrabungs- und Aufschüttungsflächen, dient dem Aufbau pflanzlicher Produkte, Tieren als Lebensraum, Pflanzen als Nährstofflieferant. Lühr [J.1.18] weist auf die Nutzung des Bodens als Archiv der Kultur und Naturgeschichte hin.

Die Nutzungscharakteristik der Schutzgüter „Sicherheit und Ordnung" und „Allgemeinwohl" dienen als Rechtsgrundlage für die Existenz einer friedlichen menschlichen Gemeinschaft in Wechselbeziehung mit der belebten und unbelebten Natur und den von Menschen geschaffenen Sachgütern.

J.1.10 Auswirkungen von Altlasten auf die Umwelt

In Abschn. J.1.8 wurde die Umwelt in 3 Bereiche eingeteilt, die physische, die psychische und die Welt der Produkte des menschlichen Geistes [J.1.19]. Nach der Darstellung der Belastungspfade zwischen Altlastenverdachtsflächen und den Schutzgütern folgen hier einige Hinweise über den Umfang und das Ausmaß von Wirkungen, die von Altlastenverdachtsflächen ausgegangen sind. Verläßliche Zahlen über den Flächenverbrauch von Altablagerungen und Altstandorten liegen noch nicht vor. Die Übergabe altlastenverdächtiger Flächen an private Nutzer stellt in den neuen Ländern ein entwicklungshemmendes Problem dar. Bei ca. 90.000 geschätzter Verdachtsflächen und einer angenommenen mittleren Flächengröße von 5.000 m² pro Fall ergibt sich eine Gesamtfläche von 45.000 ha, die vorwiegend in urbanen Gebieten liegt und vor einer Freistellung nicht genutzt werden kann.

Darüber hinaus befinden sich im militärischen Bereich zahlreiche Anlagen in der Untersuchung. Die von der ehemaligen Nationalen Volksarmee und den ehemaligen sowjetischen Streitkräften benutzten Fläche betragen rund 500.000 ha [J.1.17], die mit Blick auf eine Weiternutzung durch die Bundeswehr oder die Überleitung in eine zivile Nutzung weitgehend auf Altlasten hin untersucht werden müssen.

Untersuchungen der Ursachen der Grundwasserverschmutzung in einem urbanen Raum von Mull et al. [J.1.21] haben eindeutig die Priorität von Altlastenverdachtsflächen als Hauptverursacher der festgestellten Kontaminationen ergeben. Hochrechnungen auf das Flächenland Niedersachsen haben nach Stoffeinträgen aus landwirtschaftlich genutzten Arealen Altlastenverdachtsflächen als diejenigen Quellen identifiziert, die zur Verschlechterung der Grundwasserqualität beitragen [J.1.22]. Mit dem weiteren Ausbau von Kläranlagen zur Reinigung kommunaler und industrieller Abwässer wird die Qualität des Grundwassers immer bedeutungsvoller für die Güte des Wassers, das in den Flüssen abfließt.

Die Verschmutzung der Luft durch Altlastenverdachtsflächen ist mehr ein örtliches Problem. Im allgemeinen sind es Dämpfe organischer Flüssigkeiten, die in die Bodenluft geraten und von dort in die Atmosphäre oberhalb der Bodenoberfläche. Hier kann es zu Konzentrationen kommen, die auf Organismen schädigend wirken. Die Bildung explosiver Gasgemische ist nicht ausgeschlossen. Schadstoffemissionen in die Luft liefern einen Beitrag zur Verstärkung des Treibhauseffekts. Fluorchlorkohlenwasserstoffe sind als sog. Ozonkiller bekannt.

Gegenüber Emittenten wie Kraftwerken, Autos und Heizungsanlagen ist der Einfluß der Altlastenverdachtsflächen auf die Verschmutzung der Luft unter überregionalen Aspekten jedoch als gering einzustufen.

Es wurde schon mehrfach darauf hingewiesen, daß Sachgüter und Organismen mit Schadstoffen in Kontakt geraten können, die über und in den Medien Wasser, Luft, Boden transportiert werden. Schadstoffe, die sich im Boden befinden, werden von Pflanzen über die Wurzeln mit dem Bodenwasser aufgenommen und gelangen damit in die Nahrungskette.

Neben der Wirkung der Schadstoffe auf die physische Welt besteht der Einfluß auf die Psyche der Menschen, die auf oder in der Nähe von Altlastenverdachtsflächen wohnen oder ihre Arbeitsstätte haben. Die Sanierung von Altlasten oder das Verbot, eine kontaminierte Fläche zu nutzen, kann zu wirtschaftlichen Schwierigkeiten führen, die u. a. zum Verlust von Arbeitsplätzen führen können.

Auf der anderen Seite hat die Altlastenproblematik zu einer großen Zahl von Aktivitäten geführt. Das Management der Altlastenerkundung und Sanierung hat in kommunalen und staatlichen Verwaltungen zum Aufbau zahlreicher Fachabteilungen geführt. Es sind im Gewerbe und in der Industrie Zweige entstanden, die sich mit der Sanierung von Altlasten beschäftigen. Sie erhalten Unterstützung durch Forschungsarbeiten an Hochschulen und anderen Forschungseinrichtungen. Zu der Altlastenproblematik liegt umfangreiche Literatur vor. Die Vereinigung Ingenieurtechnischer Verband Altlasten (ITVA) ist entstanden, in der Vertreter der Wissenschaft, der Verwaltung und der Praxis Erfahrungen austauschen. Diese Erfahrung wird besonders zur Vermeidung weiterer Belastungen der Umwelt eingesetzt.

Es ist eine Fülle von Gesetzen, Vorschriften, technischen Anleitungen usw. entstanden, die den Rahmen für Maßnahmen im nachsorgenden und präventiven Umweltschutz zum Wohle der Allgemeinheit setzen.

J.1.11 Geogene und ubiquitäre Grundbelastung

Die wesentlichen Belastungspfade zwischen Altlastenverdachtsflächen und den Menschen laufen über die Nahrungskette Pflanze, Tier, Mensch; ergeben sich aus der Aufnahme von Wasser und durch die Berührung belasteter Böden. Der größte Teil des in Deutschland konsumierten Wassers (ca. 75 %) kommt aus dem Untergrund oder hat als Oberflächenwasser eine Untergrundpassage durchlaufen.

Aus diesem Grund werden vornehmlich für das Grundwasser und für Kulturböden Anhaltswerte über Gehalte an Stoffen gegeben, die aus Gesteinen stammen, daher geogenen Ursprungs sind oder aber als Folge menschlicher Aktivitäten sich weit in den genannten Medien verbreitet haben und damit ubiquitär sind. An Stoffkonzentrationen, die geogenen Ursprungs sind, haben sich die Organismen im Laufe ihrer Entwicklung i. allg. angepaßt. Ubiquitär vorkommende Stoffkonzentrationen, vor allem organischer Substanzen, verursachen i. d. R. keine nachweisbaren Schäden im menschlichen Körper. Die Waldschäden zeigen an, daß diese Aussage nicht auf pflanzliche Organismen zutrifft.

Zur Verdeutlichung dieser Aussagen sind für die genannten Bereiche Grundwasser und Kulturböden geogene und ubiquitäre Grundbelastungen angegeben. In Relation dazu stehen Stoffkonzentrationen, die im Trinkwasser und in Kulturböden als zulässig und damit unschädlich angesehen werden. Die geogen bedingten und ubiquitär vorhandenen Belastungen liegen i. allg. noch weit unter den Grenzwerten.

Bezogen auf das Grundwasser sind Untersuchungsergebnisse von Schleyer und Kerndorff [J.1.16] an Rohwasserproben aus zahlreichen Förderbrunnen von Wasserwerken in den alten Ländern der Bundesrepublik Deutschland herangezogen worden. Als geogene Grundbelastung bezogen auf anorganische Substanzen wird der 84 1-Perzentilwert der jeweiligen Verteilung angesehen. Für die organischen Stoffe (ubiquitäre Grundbelastung) ist es der 95'-Perzentilwert. Die Referenzwerte sind der Trinkwasserverordnung (TrinkwV) [J.1.12] und der Niederländischen Liste [J.1.14] entnommen.

Für den Bereich Kulturboden sind Untersuchungsergebnisse von Kloke [J.1.15] und aus dem Schweizer Bundesgesetz für den Umweltschutz übernommen worden.

J.1.12 Expositionsrisiken und Ableitung toxikologischer Grenzwerte

Toxikologische Stoffe sind giftige Stoffe, die bereits in niedriger Konzentration bei kurz- oder langzeitiger Aufnahme zu einer Schädigung des Organismus führen. Toxische Effekte beinhalten insgesamt: (1) akute, (2) subakute, (3) chronische Toxizität, (4) Synergismus, (5) Antagonismus, (6) Teratogenität, (7) Mutagenität, (8) Karzinogenität.

Die Aufnahme der Stoffe erfolgt i. allg. auf folgenden Wegen:
- Durchtritt der Stoffe durch die Haut (dermale Aufnahme)
- über die Atemwege (pulmonale Aufnahme)

Tabelle J.1-5 Werte physikalisch-chemischer Parameter und geogen bedingte Konzentrationen (mg/l) anorganischer Substanzen im Wasser als Richtwerte für maximale geogene Belastungen

	Lockergestein	Festgestein	Grenzwert/Trinkwasser
Leitfähigkeit (μs/cm)	660	900	2.000
pH-Wert	6,6–7,4	6,1–7,6	6,5–9,5
Calcium	120	130	400
Magnesium	25	40	50
Eisen	3	0,5	0,2
Mangan	0,3	0,1	0,05
Nitrat	(< 5)	15	50
Ammonium	0,3	0,1	0,5
Cyanid	< 1	< 1	50
Sulfat	105	125	240
Chlorid	55	70	250
Aluminium	0,04	0,2	0,2
Fluorid	0,2	0,3	1,5

– über die Verdauungsorgane (orale Aufnahme).

Die Belastungspfade, auf denen der Kontakt mit den Schadstoffen erfolgt, sind demnach die Luft, der Boden, das Wasser und die Nahrungsmittel. Hohe Expositionsrisiken bestehen für Personen, die in die Untersuchung und Sanierung von Altlasten vor Ort einbezogen sind, auf kontaminierten Böden arbeiten (Landwirte) oder spielen (Kinder), auf Altlasten wohnen und über die Atemwege Schadstoffe aufnehmen oder Pflanzen konsumieren, die auf kontaminierten Standorten gewachsen sind.

Für die toxikologische Bewertung solcher Aufnahmen sind Grundlagen ermittelt worden [J.1.11], aus denen Grenz-, Richt-, Schwellen-, Orientierungs- und Prüfwerte [J.1.13] abgeleitet wurden, die in der Praxis der Orientierung in den Bereichen Arbeitsschutz und Sanierungsnotwendigkeit Entscheidungshilfen geben, um die schädigende Aufnahme von Schadstoffen zu vermeiden.

Grenzwerte sind u. a. in der Trinkwasserverordnung [J.1.12] enthalten (s. Tabellen J.1-5 bis J.1-7). Schadstoffgehalte im Trinkwasser dürfen die Grenzwerte nicht überschreiten.

Richtwerte dienen der Orientierung über zulässige Konzentrationen, die nicht wesentlich überschritten werden sollten. Sie sind in der Trinkwasserverordnung enthalten. Auch die in den Tabellen J.1-5 und J.1-6 enthaltenen Werte über geogene und ubiquitäre Grundbelastungen sind als Richtwerte zu verstehen.

Schwellenwerte sind z. B. die in der Niederländischen Liste [J.1.14] angegebenen C-Werte. Ein Auftreten von Schadstoffkonzentrationen in Wasser und Boden größer als die Schwellenwerte

Tabelle J.1-6 Konzentrationen (μg/l) für Schwermetalle geogener Herkunft im Grundwasser

	Lockergestein [J.1-16]	Festgestein	Trinkwasser	A-Wert Niederl. Liste
Chrom	1,0	1,5	50	20
Nickel	5,5	5,5	50	20
Kupfer	12	–	100[a]	20
Silber	< 0,1	< 0,1	10	10
Zink	150	230	100[a]	50
Blei	2	205	40	20
Cadmium	0,1	0,2	5	1
Quecksilber	< 0,1	< 0,1	1	02
Arsen	1,5	4,5	10	10
Selen	0,1	< 00,1	10	–

[a] Richtwerte, keine Grenzwerte

Tabelle J.1-7 Leitwerte für ubiquitäre Grundbelastungen des Grundwassers mit organischen Substanzen [J.1-16]

		Leitwert	A-Wert Niederl. Liste	Grenzwert/TrinkwV
DOC	(mg/l)	4,3	–	–
AOX	(µg/l)	13,1	–	–
Summe PAK	(µg/l)	< 0,1	–	0,2
Summe PCB	(µg/l)	< 0,1	0,01	0,5
Summe Tenside:				
anionische	(mg/l)	< 0,1	–	0,2
nichtionische	(mg/l)	< 0,1	–	0,2
Dichlormethan	(µg/l)	< 0,1	–	10,0
Trichlormethan	(µg/l)	0,6	–	–
Tetrachlormethan	(µg/l)	< 0,1	–	3,0
1,1,1-Trichlorethan	(µg/l)	0,2	–	10,0
Trichlorethan	(µg/l)	1,1	–	10,0
Tetrachlorethan	(µg/l)	1,2	–	10,0
Benzol	(µg/l)	< 0,1	0,2	–
Toluol	(µg/l)	< 0,1	0,5	–
Xylole	(µg/l)	< 0,1	0,5	–
Phenol	(µg/l)	–	0,5	0,5
Summe PBSM	(µg/l)	0,11	–	0,5

Tabelle J.1-8 Gehalte an organischen Substanzen, die in Kulturböden toleriert werden können (Niederländische Liste) [J.1-14]

	Gehalt in mg/kg TS A-Wert der Niederl. Liste		Gehalt in mg/kg TS A-Wert der Niederl. Liste
Aromatische Verbindungen		**Chlorierte Kohlenwasserstoffe**	
Benzol	0,01	Alipathische (indiv.)	0,10
Etylbenzol	0,05	Alipathische (gesamt)	0,10
Toluol	0,05	**Übrige Verunreinigungen**	
Xylole	0,05	Tetrahydroturan	0,10
Phenole	0,02	Pyndin	0,10
Aromaten (gesamt)	0,10	Tetrahydrothiophen	0,10
Polycyclische Kohlenwasserstoffe		Cyclohexanon	0,10
Naphtalin	0,10	Styrol	0,10
Anthracen	0,10	Benzin	20,00
Phenantren	0,10	Mineralöl	100,00
Flioranthen	0,10		
Pyren	0,10		
3,4-Benzpyren	0,05		
Polycyclische Kohlenwasserstoffe (gesamt) (Pcks)	0,10		

sollte zu Maßnahmen führen, die Wirkungspfade zu unterbrechen, auf denen Schadstoffe Organismen und schließlich zum Menschen gelangen.

Prüfwerte sind u. a. die B-Werte in der Niederländischen Liste. Werden Konzentrationen in der Größe der Prüfwerte gefunden, sollte dieser Tatbestand zu eingehenden Untersuchungen der Gefährdung Anlaß geben.

Gefährliche Belastungen und Risiken für die menschliche Gesundheit bestehen dann, wenn Schadstoffkonzentrationen die in den Tabellen J.1-5 bis J.1-9 angegebenen Grundbelastungen wesentlich überschreiten. Wesentlich heißt, daß Grenzwerte erreicht oder überschritten werden. Solche Befunde sollten Maßnahmen zur Folge haben, die Expositionsrisiken zu mindern. In zunehmendem Maße wird deutlich, daß die Öko-

Element	Gehalt nach Kloke [J.1.15]		Gehalt nach Schweizer Bundesgesetz		A-Wert der Niederl. Liste
	mg/kg TS				
Arsen	10,00 – 5.000,0		–		20
Bor	5 – 20		–		–
Beryllium	0,1 – 5		–		–
Brom	1 – 10		–		–
Cadmium	0,01 – 1		um 0,1		1
Cobald	1 – 10		1 – 10		20
Chrom	2 – 50		2 – 50		100
Kupfer	1 – 20		1 – 20		50
Fluor	50 – 200		–		200
Gallium	0,1 – 10		–		–
Quecksilber	0,01 – 1		um 0,1		0,5
Molybdän	0,2 – 5		1 – 5		10
Nickel	2 – 50		12 – 40		50
Blei	0,1 – 20		0,1 – 20		50
Antimon	0,01 – 0,5		–		–
Selen	0,01 – 5		–		–
Zinn	1 – 20		–		20
Thallium	0,01 – 0,5		0,1 – 0,5		–
Titan	10 – 5.000		–		–
Uran	0,01 – 1		–		–
Vanadium	10 – 100		–		–
Zink	3 – 50		20 – 100		200
Zirkon	1 – 300		–		–

nomie Grenzen für solche Maßnahmen setzt. Die Notwendigkeit von Maßnahmen kann durch Untersuchungsbefunde und deren Bewertung unter Beachtung toxikologischer Grenzwerte begründet werden. Die Durchführung von Sofortmaßnahmen, Sicherungen oder Sanierungen ist häufig eine Frage der Verfügbarkeit von finanziellen Mitteln. Die Überschreitung von Grenzwerten begründet die Notwendigkeit zum Handeln, führt aber nicht zwingend zu einer Minderung des Expositionsrisikos.

J.2 Erkundung und Bewertung von Altlasten

J.2.1 Vorbemerkungen und Zielsetzungen

Erkundung und Bewertung von Altlasten sind alle Maßnahmen, die erforderlich sind, um die von Altstandorten und Altablagerungen für Schutzgüter ausgehenden Gefährdungen abzuschätzen und den ggf. erforderlichen weiteren Handlungsbedarf zur Gefahrenabwehr zu begründen. Bei widerlegter Gefahrensituation ist der Altstandort/die Altablagerung aus dem Altlastverdacht begründet zu entlassen. Ausgehend

von den Elementen des Gefahrentatbestands bei einer Altlast (Bild J.2-1) sind dazu hinreichende Informationen bzgl.
- Schadherd
- potentiellen Pfaden der Schadstoffausbreitung
- Schutzgütern
- ggf. vorhandenen Barrieren für den Schadstoff am Schadherd bzw. Schutzgut
zu erheben (Erkundung).

Die Gefährdungsabschätzung setzt je nach Komplexität eines Verdachtsfalls und dessen Umfelds eine mitunter sehr aufwendige Erkundung voraus. Andererseits kann der Gefahrenverdacht vielfach sehr schnell ausgeräumt werden.

Um mit vertretbarem und dem konkreten Verdachtsfall angepaßtem finanziellen, personellen und zeitlichen Aufwand eine endgültige Aussage zur Gefahrensituation zu erhalten, erfolgen Erkundung und Bewertung nach einem abgestuften Konzept. Dabei wechseln sich Handlungsschritte (Erkundungsstufen) mit Entscheidungsprozessen zum begründeten Ausscheiden bzw. Weiterführung in der Behandlung ab.

Dieses Prinzip wird in den deutschen Bundesländern und auch international verfolgt, jedoch

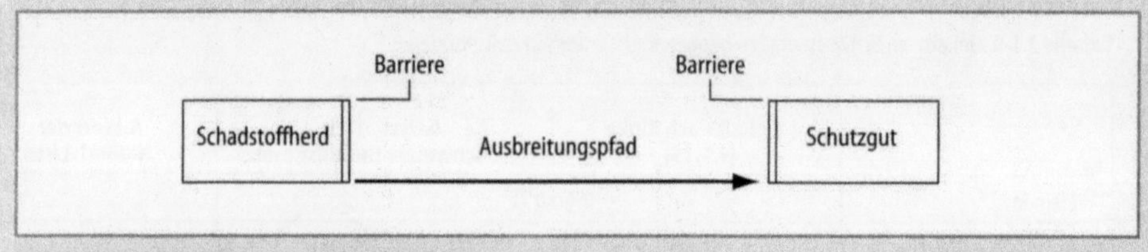

Bild J.2-1 Elemente des Gefahrentatbestands einer Altlast

schreiben landesspezifische Regelungen eine teilweise abweichende Anzahl von Schritten und Feinregelungen vor. Bewertungsergebnisse sind deshalb zwischen diesen Ländern nur bedingt vergleichbar, was Nachteile bei länderübergreifenden Vorhaben zur Altlastenbehandlung und bei statistischen Auswertungen nach sich zieht. Die Bemühungen von Bund und Ländern sind deshalb verstärkt auf eine Vereinheitlichung der Vorgehensweise gerichtet.

Folgende *Erkundungsphasen* enthalten alle Konzepte:
- die flächendeckende *Erfassung von Verdachtsfällen* als potentielle Schadherde auf der Basis ortskonkreter Kenntnis von Altablagerungen und Altstandorten. Diese Verdachtsfälle werden in einigen Ländern sofort einer „formalen Erstbewertung" auf der Grundlage branchen- bzw. abfallspezifischer Erfahrungswerte und flächenmäßig vorhandener Informationen zur (hydro-)geologischen und Nutzungssituation unterzogen;
- eine *beprobungsfreie Phase* der Informationsgewinnung und Auswertung auf der Basis von Dokumenten zur Historie des Verdachtsfalls und vorhandener Erkundungen des Umfelds;
- eine *technische Erkundung* zur gezielten Ermittlung fehlender Informationen zur Gefahrensituation. Diese Phase wird i.d.R. in zwei bis drei Teilphasen untergliedert, entsprechend dem Screening-Verfahren von wenigen, oft summarischen Informationen zu detaillierten Einzelinformationen.

Mit jeder Erkundungsphase wird ein höheres Kenntnis- bzw. Beweisniveau erreicht, auf dem eine besser abgesicherte Abschätzung der Gefahrensituation und Handlungsentscheidung erfolgt. Spätestens nach der technischen Erkundung muß eine endgültige Entscheidung zur Notwendigkeit von Maßnahmen zur Abwehr von Umweltgefahren fallen. Für diese zur Altlast gewordenen Verdachtsfälle schließen sich vorbereitende, durchführende und nachsorgende Phasen der Sanierung an. Das Beispiel einer landesspezifischen Regelung dieses abgestuften Konzepts zur Altlastenbehandlung zeigt das Stufenprogramm Sachsens (Bild J.2-2).

Die *Bewertung* eines Altlastverdachtsfalls stellt ein Hilfsmittel zur Abschätzung der Umweltgefährdung dar und muß einer Reihe von Anforderungen genügen.

1. Ein Bewertungsverfahren ist ein nachvollziehbarer, weitestgehend objektiver Algorithmus zur Quantifizierung der Gefahrensituation.
2. Das Bewertungsergebnis ermöglicht einen Vergleich des Gefährdungspotentials mehrerer Altlasten und damit die Priorisierung hinsichtlich des weiteren Handlungsbedarfs.
3. Der Algorithmus berücksichtigt medienübergreifend unterschiedliche Pfade der Schadstoffausbreitung zu verschiedenen Schutzgütern.
4. Die Bewertung muß neben der Interpretation bereits geschädigter Schutzgüter vor allem die Prognose der Exposition aus dem Schadherd einbeziehen.
5. Das Verfahren muß dem Erkundungsniveau angepaßt sein und in seinem Ergebnis die Genauigkeit der Eingangsdaten widerspiegeln.

Die je nach Kenntnisstand mit einer mehr oder weniger hohen Genauigkeit eingehenden Bewertungsdaten (Datenspanne) können zu einer Minimalbewertung (Kombination aller „günstigen" Daten) bzw. zu einer Maximalbewertung (Kombination aller „ungünstigen" Daten) verarbeitet werden. Die Differenz zwischen beiden Bewertungsergebnissen ist Ausdruck der Genauigkeit des Kenntnisstands. Die Minimalbewertung kann bei Überschreitung einer zu definierenden Marke akute Umweltgefährdung signalisieren, die Maximalbewertung bei Unterschreitung einer ebenfalls zu definierenden Marke begründete Entlassung aus dem Gefahrenverdacht.

Der arithmetische oder besser der gewichtete Mittelwert definiert die am wahrscheinlichsten

Beweisniveau (BN)	Handlung	Entscheidung zum weiteren Handlungsbedarf
	Ersterfassung (Verdachtsfalldatei)	
BN 0	Formale Erstbewertung	↓E 0 – 1
	Historische Erkundung E 0 – 1	
BN 1	Bewertung auf BN 1	↓E 1 – 2 A B
	Orientierende Erkundung E 1 – 2	
BN 2	Bewertung auf BN 2	↓E 2 – 3 C A B
	Detailerkundung einschl. integraler Betrachtung E 2 – 3	
BN 3	Bewertung auf BN 3	↓E 3 – 4 C B
	Sanierungsuntersuchung E 3 – 4	
BN 4	Sanierungsentscheid	
	Sanierung	A Ausscheiden
	Sanierungskontrolle	B Belassen
		C Überwachen
		E Erkundung

Bild J.2-2 Stufenprogramm der Altlastenbearbeitung in Sachsen

zu erwartende Höhe der Umweltgefährdung und sollte als Kriterium für die Priorisierung der Verdachtsfälle in ihrer weiteren Behandlung genutzt werden.

Das Bewertungsergebnis ist bei der Begutachtung und der behördlichen *Festlegung des Handlungsbedarfs* stets als Hilfsmittel mit der Verbindlichkeit zu verwenden, die Ausgangsdaten und Algorithmus festlegen. Eine fachspezifische kritische Betrachtung der Altablagerungen und Altstandorte aus interdisziplinärer Sicht ersetzen Bewertungsverfahren nicht. Das trifft besonders für die Wechselwirkungen mehrerer Altlasten in einem Untersuchungsgebiet mit Schutzgütern (integrale Betrachtung) sowie für komplizierte geologische Verhältnisse und Schadstoffspektren zu.

Die endgültige Festlegung von Gefahrenlage und Handlungsbedarf geschieht auf der Basis von Gutachten und Bewertungsergebnis. Länderspezifisch erfolgt dies entweder durch eine interdisziplinäre Altlastenbewertungskommission oder durch separate Stellungnahmen der Fachdisziplinen in den Umweltbehörden.

Unter fachlich-juristischen Aspekten unterscheidet das Sondergutachten Altlasten [J.2.1] die Gefahrenlage grob wie folgt:

„Unter *akuter Gefährdung* wird dabei in Übereinstimmung mit dem polizei- und ordnungsrechtlichen Gefahrenbegriff ein Zustand verstanden, der schon Schäden bzw. Beeinträchtigungen der Schutzgüter verursacht hat oder bei ungehindertem Ablauf des Geschehens in überschaubarer Zukunft mit hinreichender Wahrscheinlichkeit zu einem Schaden an einem oder mehreren Schutzgütern der öffentlichen Sicherheit führen wird.

Bei festgestellter akuter Gefährdung bereits auf niederem Beweisniveau kann die Behörde Sofortmaßnahmen zur Gefahrenabwehr anordnen, ohne daß alle Erkundungsstufen durchlaufen sind.

Von *latenter Gefährdung* wird dann gesprochen, wenn schädliche oder nachteilige Umwelteinwirkungen oder Gesundheitsbeeinträchtigungen mit einer gewissen Eintrittswahrscheinlichkeit, die im Sinne des polizeirechtlichen Gefahrenbegriffs als noch nicht hinreichende Wahrscheinlichkeit bezeichnet wird, erst zukünftig zu besorgen sind oder durch Nutzungsänderungen hervorgerufen werden können."

Die Umweltbehörden der Länder führen zur Unterstützung des Vollzugs *Altlastenkataster*, in denen grundsätzliche Informationen zu den bekannten Verdachtsfällen, deren Erkundungsstand und des jeweiligen Bewertungsergebnisses aufgenommen werden. Statistische Vergleiche der Altlastensituation zwischen den Ländern sind mit Vorsicht zu behandeln, da sowohl der Stand der flächendeckenden Verdachtsfallerfassung als auch die Interpretation der Altlastendefinition zur Einbeziehung von noch betriebenen Deponien und Betriebsstandorten stark voneinander abweichen.

Nach Auswertung einer Vielzahl erkundeter Altlasten zeichnen sich folgende Tendenzen ab:

1. Von Altstandorten geht statistisch ein oft höheres Gefährdungspotential aus als von Altablagerungen. Wesentliche Ursachen dafür sind die meist geringere Entfernung zu Siedlungsgebieten und der hohe Umsatz an umweltgefährdenden Stoffen.
2. Die häufigsten Gefährdungssituationen betreffen das Grundwasser sowohl als Schutzgut als auch als Pfad über das Trinkwasser zum Mensch. Die hohe Löslichkeit dieses Mediums, seine Mobilität und die schwere Erkennbarkeit von Kontaminationen gestalten Gefahrenabwehrmaßnahmen aufwendig und langwierig.
3. Nach gründlicher flächendeckender Verdachtsfallerhebung kann bei der deutlichen Mehrzahl der Fälle der Gefahrenverdacht widerlegt werden.

J.2.2 Erfassung und Erstbewertung

J.2.2.1 Zielsetzung

Eingepaßt in den unter Abschn. J.2.1 dargelegten Handlungsrahmen läßt sich die *Zielstellung* für die Erhebung bzw. Erfassung von Altlastenverdachtsfällen wie folgt umreißen:

Als ersten Schritt einer systematischen integralen Altlastenbehandlung (s. Bild J.2-3) sind flächendeckend für einen bestimmten Betrachtungsraum (das Territorium einer Gemeinde, eines Kreises oder eines Landes, aber auch ein Trinkwasserschutz- oder ein Sanierungsgebiet) *alle* Altlastenverdachtsfälle (AvF) zu erheben, rechentechnisch zu erfassen und einer rechnerge-

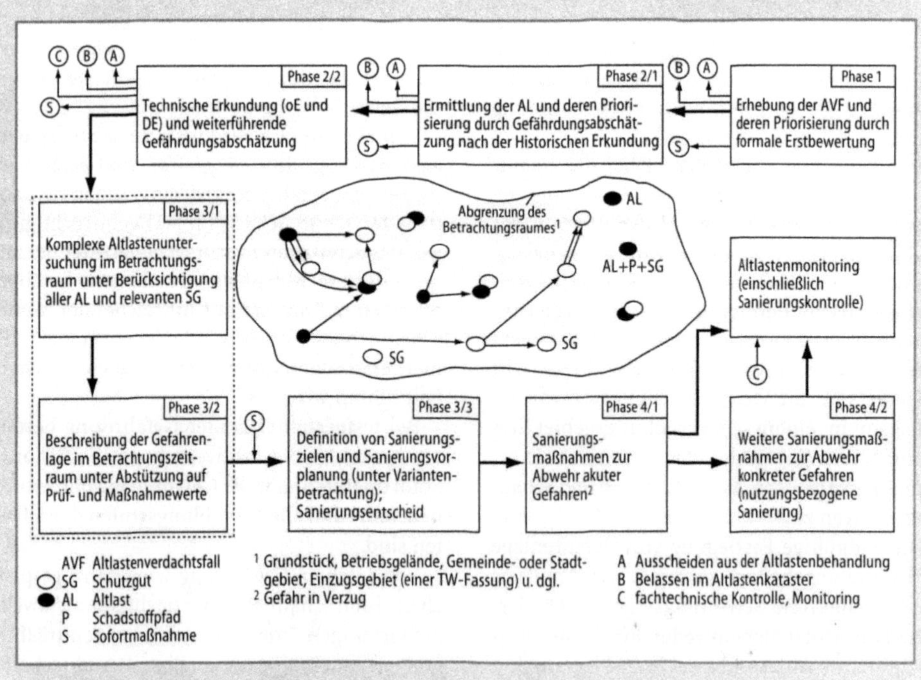

Bild J.2-3 Strukturbild der Systematischen integralen Altlastenbhandlung

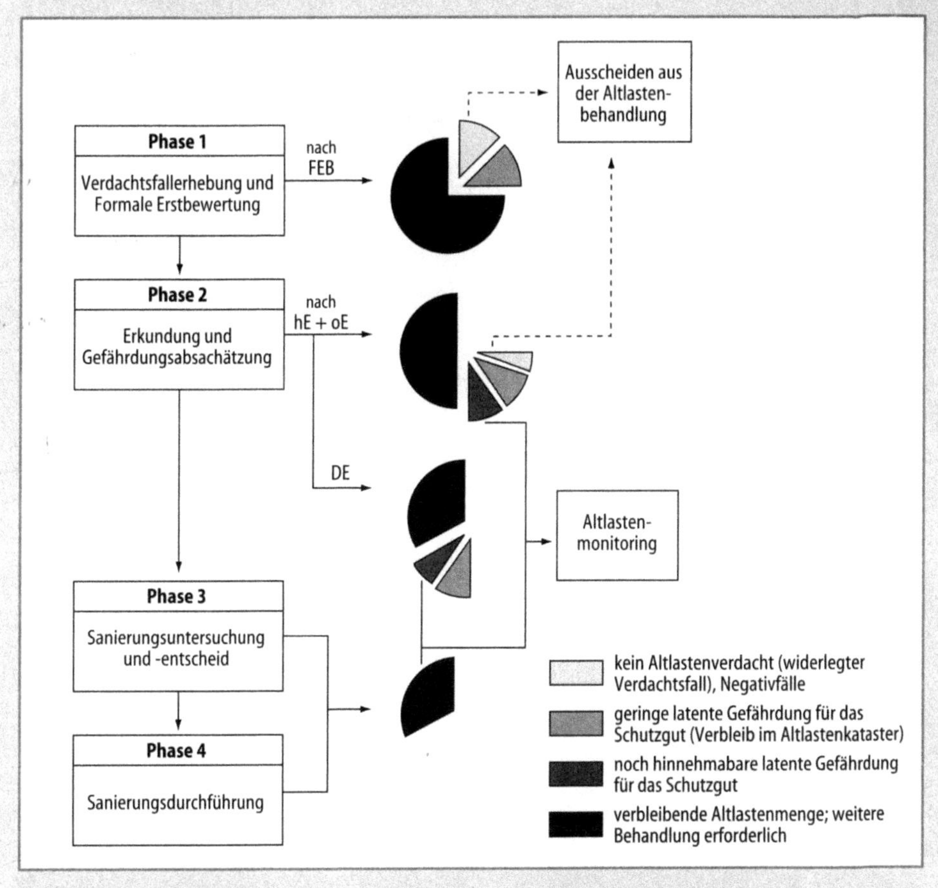

Bild J.2-4 Selektion der Verdachtsfälle bei der Altlastenbehandlung

stützten formalen Erstbewertung mit anschließender Priorisierung zuzuführen.

Nur auf diese Weise ist es im Sinne einer ökologisch intelligenten Verfahrensweise möglich,
- unter Ansatz einer Bagatellgrenze die Fälle zu ermitteln, bei denen sich der Altlastenverdacht offensichtlich nicht oder kaum bestätigt hat (diese Fälle scheiden aus der weiteren Behandlung ganz bzw. vorläufig aus, Bild J.2-4);
- und die verbleibende Fallmenge einer weiteren differenzierten Behandlung (sowohl hinsichtlich Erkundungsumfang bzw. -aufwand als auch hinsichtlich der zeitlichen Reihenfolge) gemäß Bild J.2-3 und J.2-4 zuzuführen.

J.2.2.2 Generelles Vorgehen bei der Erhebung und Priorisierung von Altlastenverdachtsfällen

Was die Verdachtsfallerhebung betrifft, gibt es zwischen den zivilen und militärischen sowie speziellen bergbaulichen Bereichen signifikante Unterschiede hinsichtlich der verwendbaren Informationsquellen und der praktischen Durchführung. Ohne auf spezielle Länder- oder Bundesregelungen einzugehen, läßt sich jedoch das generelle Vorgehen anhand von Bild J.2-5 erläutern.

Für den jeweiligen Betrachtungsraum gilt es, in einem *ersten Rechercheschritt* flächendeckend anhand von Karten, Stadtplänen, Adreßbüchern und sonstigen Unterlagen über Flächennutzungen in diesem Gebiet, zeitlich soweit wie möglich zurückreichend, Verdachtsflächen zu ermitteln. Diese sind zweckmäßigerweise nach Verdachtsfallarten oder -gruppen zu ordnen (z.B. nach Branchen bei Standorten oder nach Formen/ Arten bei Ablagerungen). Im Anschluß an Ortsbegehungen und Befragung von Zeitzeugen (Anwohnern, Betriebsangehörigen u.a.) über Realnutzungen, Besonderheiten, Vorkommnis-

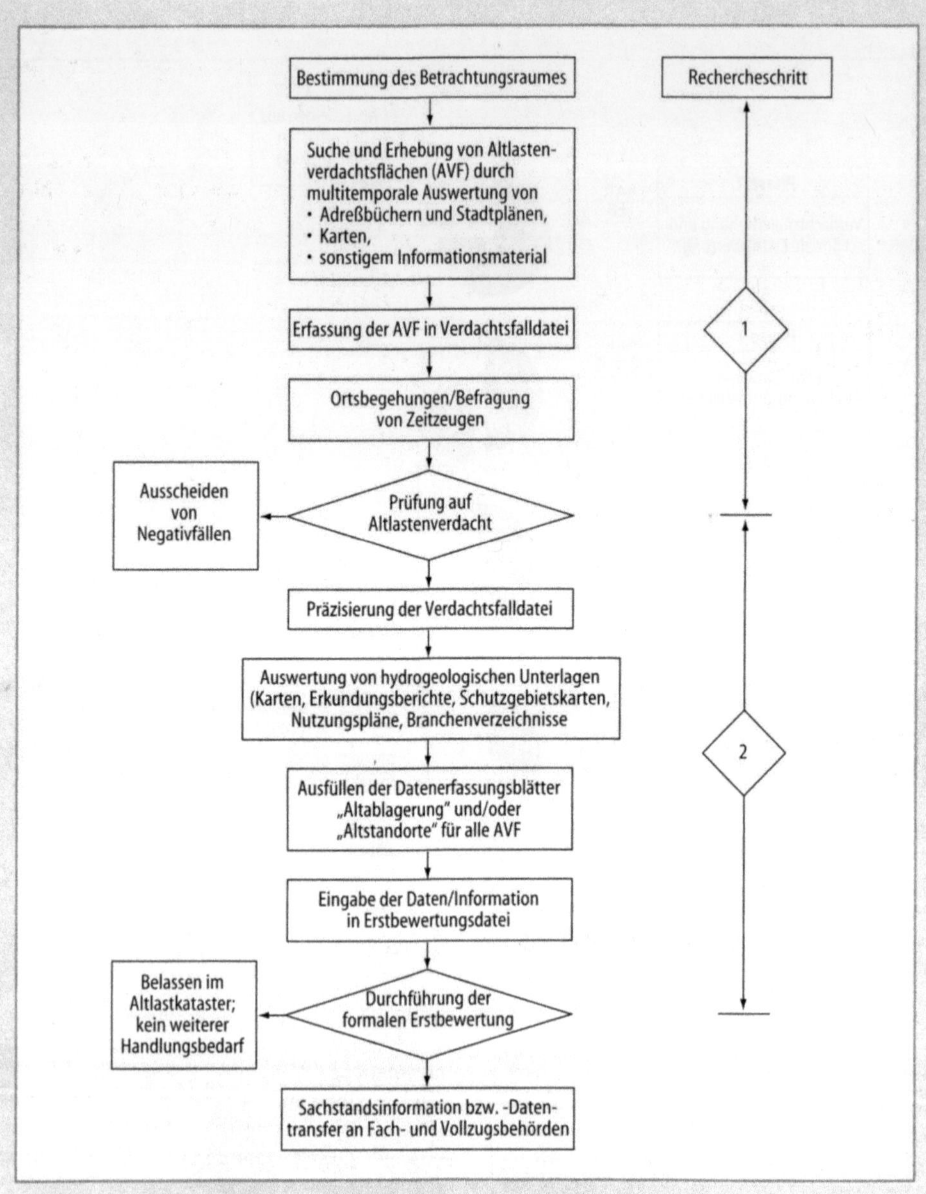

Bild J.2-5 Ablaufplan der Erhebund und Bewertung von Altlastenverdachtsflächen im zivilen Bereich

sen und dergl. können unverdächtige Fälle ausgesondert werden.

In einem *zweiten Rechercheschritt* sind für den einzelnen Standort zusätzliche Informationen zu sammeln, insbesondere über ansässige Branchen oder abgelagerte Schadstoffe sowie über die dabei/dafür genutzten Anlagen bzw. Teilflächen. Unerläßlich sind aber auch bestimmte (Basis-)Informationen über die hydrogeologische Situaton am Standort sowie über die Lage dessel-

ben zu Schutzgütern im näheren und weiteren Umfeld.

Die Informationen aus dem 1. und 2. Rechercheschritt müssen soweit vollständig sein, daß mit ihnen das Ausfüllen von Datenerfassungsblättern möglich ist. Auf ihrer Grundlage erfolgt dann die formale Erstbewertung (FEB) des gesamten Kollektivs der Verdachtsfälle im Betrachtungsraum.

Vorbemerkung

Die generelle Forderung, eine Erhebung/Erfassung, Bewertung und Priorisierung von Altlastenverdachtsfällen (AVF) auf DV-Füße zu stellen, ist durch die i. d. R. sehr große Fallzahl sowie durch das Erfordernis, ständig funktionierende Informationslinien zwischen den zuständigen Behörden auf der Basis moderner Kommunikationsmittel aufzubauen, begründet.

Die verfügbaren Informationen über die Einzelfälle sind bei der Erstbewertung i. allg. zunächst lückenhaft. Im wesentlichen stützt sie sich auf erfahrungsorientierte Kriterien zur Abschätzung des Gefahrstoffpotentials (Branche und Fläche bzw. abgelagerte Abfälle und Volumen), und zur Abschätzung der Freisetzungs- und Ausbreitungsmöglichkeiten (Sohllage zum Grundwasserspiegel/Untergrunddurchlässigkeit). Auf der anderen Seite ist der AVF in seiner Beziehung zu bestehenden oder geplanten Nutzungen (Standortgegebenheiten) zu berücksichtigen.

Die Bewertung der AVF als Emissionsquelle mit Gefahren für die öffentliche Trinkwasserversorgung wird mit besonderem Gewicht vorgenommen, parallel aber auch für Wohnbebauung und andere sensible Nutzungen.

Anwendung findet das Verfahren der FEB in Deutschland bisher in Niedersachsen (für Altablagerungen) und in den neuen Bundesländern (für Altablagerungen und Altstandorte). Dazu wurde es in PC-lauffähige DV-Programme umgesetzt.

Nachfolgend wird die in Sachsen zur Anwendung gebrachte Lösung vorgestellt [J.2.2].

Formale Erstbewertung von Altablagerungen

Bewertungsparameter sind
- Schadstoffinventar der Ablagerung,
- Volumen der Ablagerung,
- Entfernungsangaben zu sensiblen Schutzgütern (Bebauung, Schutzgebiete, Vorbehaltsgebiete, Trinkwassergewinnungsanlagen und Vorfluter),
- Bodendurchlässigkeit (k_f-Wert),
- Sohllage der Ablagerung zum Grundwasserspiegel.

Die Verknüpfung der Bewertungsparameter nach dem Bewertungsalgorithmus „Altablagerungen" ermöglicht eine Punktbewertung zwischen 0 (min.) und 100 (max.).

Eine Reihe von Informationsparametern werden zusätzlich erhoben.

Zur ordnungsgemäßen und einheitlichen Datenerfassung mittels PC wurde ein Erfassungsblatt entwickelt, für das in [J.2.2] sowohl ein Schlüsselverzeichnis als auch Ausfüllhinweise vorgegeben wurden. Eine Abfalliste mit Stoffnummern und Gefährdungsklassen vervollständigt die Unterlagen in [J.2.2].

Formale Erstbewertung von Altstandorten

Bewertungsparameter sind
- kontaminierte Fläche mit Genauigkeitskennung und Flächenklasse,
- Entfernungsangaben (analog Ablagerungen),
- Bodendurchlässigkeitsstufe (max./min.),
- Sohllage der Kontamination bzw. von Bauwerken zum Grund-wasserspiegel,
- Kontaminationsart (nach Branchenschlüssel).

Die Verknüpfung der Bewertungsparameter zeigt der Bewertungsalgorithmus „Altstandorte" in Bild J.2-6, nach dem eine Punktbewertung zwischen 0 (min.) und 367 (max.) möglich ist.

Auch bei den Altstandorten werden ergänzend eine Reihe von Informationsparametern erhoben.

In [J.2.2] wurden dem DEB ein Schlüsselverzeichnis mit Erläuterung der Schlüssel, Ausfüllhinweise und ein Branchenschlüsselverzeichnis beigefügt.

Darstellung und Interpretation der FEB-Ergebnisse

In den Bildern J.2-7 und J.2-9 sind Darstellungen gewählt worden, wie sie z. B. in Sachsen seit 1992 in der Fach- und Vollzugspraxis Verwendung finden. Durch Priorisierung bzw. Unterteilung des Fallkollektivs an Hand der Bewertungszahlen in die Fallgruppen I, II und III (nach Ermessensentscheid) ist es möglich, klare Vorgaben für die weitere Behandlung der Verdachtsfälle zu formulieren.

1. Gruppe I scheidet vorläufig aus der weiteren Bearbeitung aus. Diese Gruppe entspricht den in den Bildern J.2-4 und J.2-5 dargestellten Fällen B.
2. Gruppe III ist eine Untermenge von AM1 in Bild J.2-4 und als sehr dringlich einzustufen. Sie sollte so schnell wie möglich in die Phase 2 der Altlastenbehandlung (s. Bild J.2-3) übergeleitet werden.

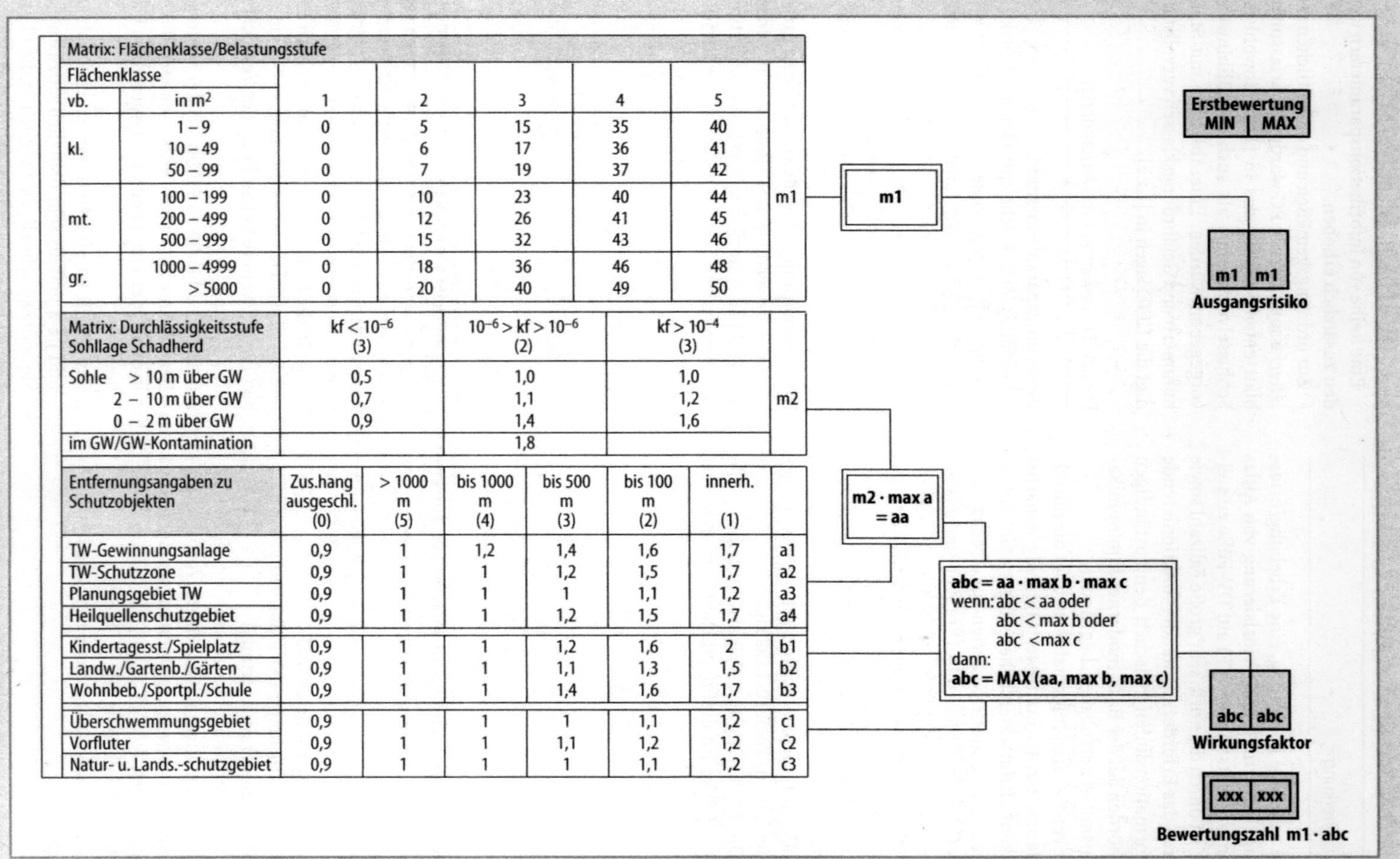

Matrix: Flächenklasse/Belastungsstufe							
Flächenklasse		1	2	3	4	5	
vb.	in m²	1	2	3	4	5	
kl.	1 – 9	0	5	15	35	40	
	10 – 49	0	6	17	36	41	
	50 – 99	0	7	19	37	42	
mt.	100 – 199	0	10	23	40	44	m1
	200 – 499	0	12	26	41	45	
	500 – 999	0	15	32	43	46	
gr.	1000 – 4999	0	18	36	46	48	
	> 5000	0	20	40	49	50	

Matrix: Durchlässigkeitsstufe Sohllage Schadherd	$kf < 10^{-6}$ (3)	$10^{-6} > kf > 10^{-6}$ (2)	$kf > 10^{-4}$ (3)	
Sohle > 10 m über GW	0,5	1,0	1,0	
2 – 10 m über GW	0,7	1,1	1,2	m2
0 – 2 m über GW	0,9	1,4	1,6	
im GW/GW-Kontamination		1,8		

Entfernungsangaben zu Schutzobjekten	Zus.hang ausgeschl. (0)	> 1000 m (5)	bis 1000 m (4)	bis 500 m (3)	bis 100 m (2)	innerh. (1)	
TW-Gewinnungsanlage	0,9	1	1,2	1,4	1,6	1,7	a1
TW-Schutzzone	0,9	1	1	1,2	1,5	1,7	a2
Planungsgebiet TW	0,9	1	1	1	1,1	1,2	a3
Heilquellenschutzgebiet	0,9	1	1	1,2	1,5	1,7	a4
Kindertagesst./Spielplatz	0,9	1	1	1,2	1,6	2	b1
Landw./Gartenb./Gärten	0,9	1	1	1,1	1,3	1,5	b2
Wohnbeb./Sportpl./Schule	0,9	1	1	1,4	1,6	1,7	b3
Überschwemmungsgebiet	0,9	1	1	1	1,1	1,2	c1
Vorfluter	0,9	1	1	1,1	1,2	1,2	c2
Natur- u. Lands.-schutzgebiet	0,9	1	1	1	1,1	1,2	c3

Bild J.2-6 Formale Erstbewertung Altstandorte (Sächsisches Landesamt für Umwelt und Geologie 2/94)

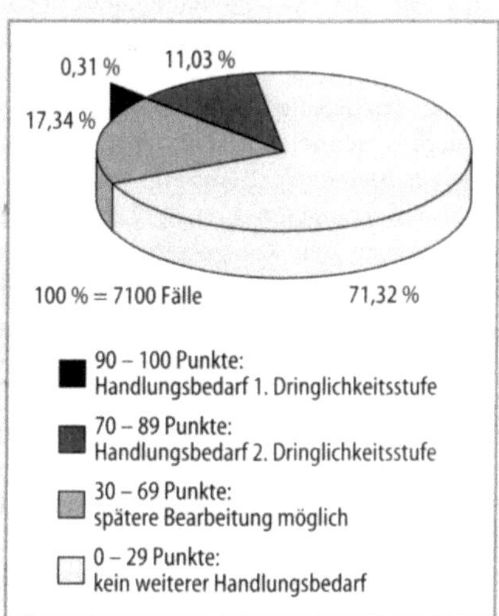

Bild J.2-7 Verteilung der Ergebnisse der formalen Erstbewertung von Altablagerungen/Deponien im Freistaat Sachsen

3. Gruppe II ist die Restmenge von AM1 in Bild J.2-4. Sie kann als weniger dringlich eingestuft und nach einem – den Finanzierungsmöglichkeiten angepaßten – gesonderten Terminplan zeitlich gestreckt der o.g. Phase 2 zugeführt werden.

J.2.3 Erkundung und Gefährdungsabschätzung

J.2.3.1 Beprobungsfreie Phase

Die beprobungsfreie Phase dient im wesentlichen folgenden Zielen:
- Abschätzung der Umweltgefährdung auf der Basis aller dokumentierten Informationen, Ermittlung des erforderlichen Handlungsbedarfs
- Ermittlung des/der Polizeipflichtigen (Handlungsstörer, Zustandsstörer)
- Schaffung einer Informationsgrundlage für die Planung einer nachfolgend ggf. erforderlichen technischen Erkundung oder Überwachung (örtliche und stoffliche Eingrenzung vermuteter Schadherde, Ausbreitungspfade, Schutzgüter)

Die *beprobungsfreie Erkundung* (Baden-Württemberg, Sachsen: Historische Erkundung, Niedersachsen: gezielte Nachermittlung) hat das Ziel, alle branchentypischen bzw. standortspezifischen und für die Abschätzung der Umweltgefährdung

des Verdachtsfalls relevanten verfügbaren Informationen umfassend zusammenzutragen. In die Recherche sind sowohl Informationen zur historischen Entwicklung der Altablagerung/des Altstandorts (potentieller Schadherd), als auch solche zum Umfeld mit seinen Bedingungen für die Ausbreitung von Schadstoffen (Schwerpunkt Hydrogeologie) und den schutzwürdigen Objekten einzubeziehen.

Als *Datenquellen* dienen in der Phase
- Akten in staatlichen und kommunalen Einrichtungen
  (Bereiche Umwelt, Geologie, Bau, Gewerbeaufsicht, Ordnung, Polizei, Grundbuchamt, Bergaufsicht u.a.).
- Akten und Unterlagen privater Unternehmen/ Personen
  (Bauunterlagen, Fotodokumentationen, Verfahrensbeschreibungen, Unterlagen zur Beschaffung, Absatz und Entsorgung von Rohstoffen/Produkten/Abfällen, behördliche Auflagen, Havariedokumentationen usw.)
- Pläne, Karten, Fernerkundungsbilder
  (Genehmigungspläne, Baupläne, Bestandspläne; thematische Karten zur Geologie, Hydrogeologie, Hydrologie, Schutzgebiete; Kataster- bzw. Flurstückskarten; Luftbilder verschiedener Zeiträume und Aufnahmetechniken/Sensoren)
- Untersuchungsberichte, Meßergebnisse, Gutachten vorrangig in staatlichen Einrichtungen
  (Erkundungen zu Geologie/Rohstoffen/Hydrologie/Havarien/Bauvorhaben usw., Meßnetze zur Überwachung von Umwelt bzw. technischer Anlagen)
- öffentliche und private Archive
  (Schwerpunkt: kommunale Archive, Firmenchroniken)
- Personenbefragungen
  (Mitarbeiter von Firmen und kommunalen Behörden, Grundstückseigentümer, Anwohner, Zeitzeugen, Deponiewärter u.a.)
- Ortsbegehung
  (aktueller Zustand und Nutzung, sichtbare Schäden, gefährdete Schutzgüter, Fotodokumentation)

Die Art der *Auswertung und Dokumentation* der erhobenen Informationen ist länderspezifisch festgelegt. In der beprobungsfreien Phase werden i.d.R. folgende Teildokumentationen gefordert:
- verbale Beschreibung des Verdachtsfalls (Lage, Zustand, Untergrundverhältnisse, vermu-

tete Art und Menge von Schadstoffen, Datenqualität)
- EDV-gerechte Erfassung relevanter Daten zur Fallbeschreibung und Gefährdungsabschätzung auf Formblättern bzw. Datenerfassungsprogrammen.
- formale Bewertung und Interpretation der Umweltgefährdung, Vorschlag zum weiteren Handlungsbedarf
- Quellennachweis mit Fundstellen
- Fotodokumentation
- Skizzen/Zeichnungen zu markanten Sachverhalten (Lageskizze, Veränderungen der Topographie, unterirdische Anlagen usw.)

Die *formale Bewertung* stellt den Versuch einer Quantifizierung und damit Vergleichbarkeit der Verdachtsfälle eines Landes dar.

Als Beispiel eines von vielen Ländern teilweise modifiziert nachvollzogenen Bewertungsverfahrens sind in Bild J.2-8 Bewertungsschema und Matrix zur Ableitung des Handlungsbedarfs aus dem errechneten Risiko der Umweltgefährdung aus Baden-Württemberg dargestellt.

Alle Bewertungsverfahren der Länder verknüpfen Daten zu den Kategorien Schadstoffherd, Ausbreitungspfad und Lage/Bedeutung von gefährdeten Schutzgütern zu einer Bewertungszahl, deren Größe Anhaltspunkt für die Umweltgefährdung ist.

Die nach dem Bewertungsergebnis geordneten Altablagerungen und Altstandorte werden von den zuständigen Behörden nach einer Kontrolle und Bestätigung bzw. Korrektur der Bewertung zu Prioritätslisten für den weiteren Handlungsbedarf zusammengestellt (vgl. Bild J.2-9).

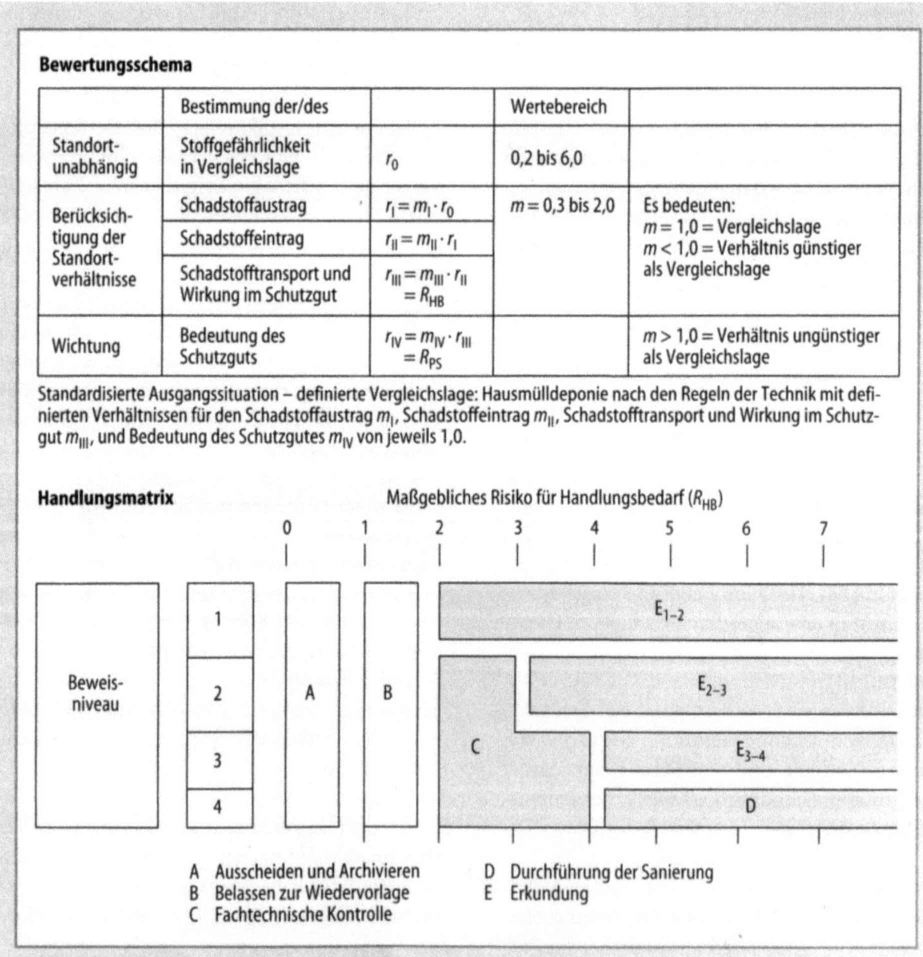

	Bestimmung der/des		Wertebereich	
Standortunabhängig	Stoffgefährlichkeit in Vergleichslage	r_0	0,2 bis 6,0	
Berücksichtigung der Standortverhältnisse	Schadstoffaustrag	$r_I = m_I \cdot r_0$	$m = 0{,}3$ bis $2{,}0$	Es bedeuten: $m = 1{,}0$ = Vergleichslage $m < 1{,}0$ = Verhältnis günstiger als Vergleichslage
	Schadstoffeintrag	$r_{II} = m_{II} \cdot r_I$		
	Schadstofftransport und Wirkung im Schutzgut	$r_{III} = m_{III} \cdot r_{II}$ $= R_{HB}$		
Wichtung	Bedeutung des Schutzguts	$r_{IV} = m_{IV} \cdot r_{III}$ $= R_{PS}$		$m > 1{,}0$ = Verhältnis ungünstiger als Vergleichslage

Bild J.2-8 Bewertungsschema und Handlungsmatrix nach Bade-Württemberg

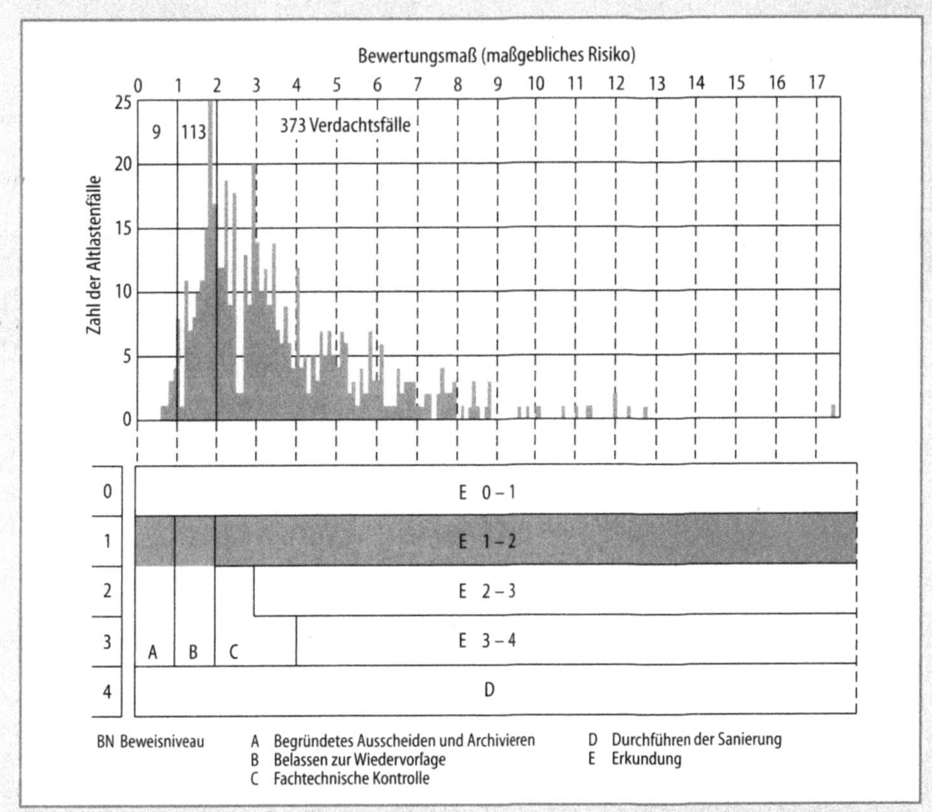

Bild J.2-9 Bewertungsergebnis von Verdachtsfällen nach der historischen Erkundung (BN 1) und Zuordnung zum weiteren Handlungsbedarf

Gleichzeitig erfolgt die Aufnahme relevanter Daten in das Altlastenkataster des Landes.

Um Probleme mit der Anerkennung von Erkundungsergebnissen durch die zuständigen Umweltbehörden zu vermeiden, sind die landesspezifischen Regelungen zur Altlastenerkundung vor der Erkundung zu erfragen.

J.2.3.2 Technische Erkundung und Gefährdungsabschätzung

Die *technische Erkundung* hat zum Ziel, alle für eine abschließende Gefährdungsabschätzung erforderlichen und in der beprobungsfreien Phase nicht ermittelten Daten durch gezielte Messungen und Untersuchungen zu gewinnen. Nach der technischen Erkundung ist mit Hilfe der Gefährdungsabschätzung zu entscheiden, ob der Verdachtsfall

a) als *Altlast* in die Sanierungsphase überführt werden muß, da die festgestellte Gefahrenlage (akute oder konkrete Gefährdung von Schutzgütern) nicht akzeptiert werden kann und Maßnahmen zur Gefahrenabwehr erforderlich sind;

b) endgültig *aus dem Altlastenverdacht entlassen* werden kann, da eine Gefährdung von Schutzgütern vernachlässigbar gering ist;

c) einer weiteren *fachtechnischen Kontrolle* unterliegen muß, falls eine festgestellte latente Gefahrenlage eine künftige konkrete bzw. akute Gefährdung nicht ausschließen läßt.

Inhalt und Aufwand der technischen Erkundung sind dem konkreten Verdachtsfall anzupassen. In den Ländern sind zwei bis drei *Stufen der technischen Erkundung* (Screening) vorgeschrieben. Die erste Stufe (orientierende Erkundung, Orientierungsuntersuchung) soll mit vergleichbar geringem Aufwand klären,

– ob die nach der Auswertung der Unterlagen vermutete Kontamination vorliegt (Ja-Nein-Entscheidung),
– welches Stoffspektrum im Groben vorliegt,
– welche Teilflächen kontaminiert sind,

– ob sich die Schadstoffe bereits weiter ausgebreitet haben,
– welche Untergrund- und Umgebungsverhältnisse für eine Stoffausbreitung zu Schutzgütern vorliegen.

In dieser ersten Stufe sind i. d. R. nur wenige Probenahmen und Meßpunkte sowie ein einfaches Analysenspektrum (Summen- und Leitparameter) erforderlich.

Die zweite (und ggf. dritte) Stufe der technischen Erkundung (Detailerkundung, nähere Erkundung) klärt für die nach der ersten Stufe verbliebenen Schadherde
– das genaue Schadstoffspektrum
– das räumliche Ausmaß der Schadstoffbelastung im Detail
– die expositionsbedingte Belastung von Schutzgütern.

Neben einer meist deutlich höheren Anzahl von Meß- und Probenahmepunkten und einem erweiterten Analysenspektrum können Modelle zur Prognose des Schadstoffverhaltens und Betrachtungen zum Einfluß weiterer Altablagerungen und Altstandorte erforderlich sein.

Die *Gefährdungsabschätzung* ist wie bei der beprobungsfreien Phase durch die Länder geregelt, ebenso Inhalt und Gliederung der Dokumentationen.

J.2.4 Rechtliche Probleme bei der Erfassung und Bewertung von Altlasten

Die Altlastenproblematik ist durch die Gesetzgebung des Bundes bisher nur in Teilbereichen geregelt, da man sich erst in der jüngeren Vergangenheit ihrer Bedeutung bewußt geworden ist. Altlastenrelevante Regelungen finden sich im Kreislaufwirtschafts-/Abfallgesetz (KrW-/AbfG) bzw. im Wasserhaushaltsgesetz (WHG) des Bundes. Diese Normierungen sind allerdings sowohl in ihrem sachlichen als auch zeitlichen Anwendungsbereich beschränkt. So ist der Anwendungsbereich des WHG auf Ablagerungen beschränkt, die nach dem Inkrafttreten des WHG (01.03.1960), aber vor dem Inkrafttreten des AbfG (11.06.1972), vorgenommen wurden.

Zudem enthält das WHG selbst keine speziellen Eingriffsermächtigungen.

Das KrW-/AbfG erfaßt wiederum nur solche Altlasten, die auf Abfallablagerungen zurückgehen, und auch das nur mit zeitlichen Beschränkungen. So kommen hinsichtlich in Betrieb befindlicher ortsfester Abfallanlagen, die vor dem Inkrafttreten des AbfG betrieben wurden oder mit deren Errichtung begonnen wurde, nach § 35 KrW-/AbfG nachträglich Bedingungen, Befristungen und Auflagen, sowie im Falle erheblicher Beeinträchtigungen des Wohls der Allgemeinheit die vollständige oder teilweise Betriebsuntersagung in Betracht. Die Rekultivierungs- und Verhütungspflicht gemäß § 36 Abs. 2 KrW-/AbfG gilt nur für nach dem Inkrafttreten des AbfG stillgelegte Anlagen. Eine Sanierung auf Grundlage des KrW-/AbfG für vor diesem Zeitpunkt stillgelegte Anlagen scheidet damit aus.

Inzwischen ist allerdings das Bundesbodenschutzgesetz (BBodSchG) mit einem Kapitel Altlasten verabschiedet worden, in welchem diese definiert werden und auch Regelungen im Hinblick auf ihre Erkundung und Sanierung normiert sind. Nach Inkrafttreten dieses Gesetzes am 01.03.1999 sind diese Regelungen zu beachten und verdrängen landesrechtliche Regelungen, soweit sich die Anwendungsbereiche überdecken.

Definiert ist der Altlastenbegriff bislang in neueren Landesgesetzen, so in den Landesabfallgesetzen der Länder Bayern, Baden-Württemberg, Brandenburg, Hessen, Mecklenburg-Vorpommern, Niedersachsen, Nordrhein-Westfalen, Rheinland-Pfalz, Sachsen-Anhalt und Thüringen. Altlasten sind nach den vorgenannten Gesetzen einschl. des BBodSchG i. d. R. Altablagerungen (stillgelegte Abfallbeseitigungsanlagen sowie sonstige Grundstücke, auf denen Abfälle behandelt, gelagert oder abgelagert wurden) oder Altstandorte (Grundstücke stillgelegter Anlagen und sonstige Grundstücke, auf denen mit umweltgefährdenden Stoffen umgegangen worden ist), von denen wesentliche Beeinträchtigungen des Wohls der Allgemeinheit oder Gefährdungen für die Umwelt ausgehen.

Darüber hinaus gilt derzeit in Sachsen noch das Erste Gesetz zur Abfallwirtschaft und zum Bodenschutz von 1991, geändert lediglich durch das Aufbaubeschleunigungsgesetz von 1994. Zwar beinhaltet dieses keine Definition des Altlastenbegriffs, die Altlastenproblematik erfährt jedoch unter Verwendung der vorgenannten Kategorien von Altablagerungen und Altstandorten eine rechtliche Regelung als Teilbereich des Bodenschutzes.

Zur Durchführung von Erkundungs- oder Sanierungsmaßnahmen bzgl. Altlasten können in Anlehnung an das allgemeine Polizeirecht nach derzeitiger Rechtslage prinzipiell

1. der Verursacher der Altlasten (Handlungsstörer) und
2. Grundstückseigentümer und der Inhaber der tatsächlichen Gewalt über ein Altlastengrundstück (Zustandsstörer)
herangezogen werden.

Das BBodSchG dehnt den Kreis der Verantwortlichen wesentlich aus. Danach wird zur Sanierung auch verpflichtet sein, wer nach handelsrechtlichem oder gesellschaftsrechtlichem Rechtsgrund für eine juristische Person einzustehen hat, der ein Grundstück, das mit einer schädlichen Bodenveränderung oder einer Altlast belastet ist, bewirkt und der das Eigentum an einem solchen Grundstück aufgibt.

Die Auswahl, wen die Behörde in Anspruch nimmt, wenn mehrere Verpflichtete in Frage kommen, ist nach pflichtgemäßem Ermessen zu treffen, wobei die einzelnen Landesgesetze diese Ermessenbestätigung z.T. näher ausgestaltet haben. Grundsätzlich hat die Behörde sich daran zu orientieren, von welchem Verpflichteten die Gefahr am schnellsten und wirksamsten beseitigt werden kann. Darüber hinaus kann es auch gerechtfertigt sein, mehrere Verpflichtete gleichzeitig in Anspruch zu nehmen.

Des weiteren regeln die genannten Gesetze z.T. auch, wie zu verfahren ist, wenn die Verpflichteten nicht oder nicht rechtzeitig in Anspruch genommen werden können und wer die Kosten für Maßnahmen der Altlastenerkundung oder -sanierung zu tragen hat. In der Regel ist dies der Verpflichtete, soweit Erkundungsmaßnahmen nicht der Behörde im Rahmen der Amtsermittlung obliegen.

Eine Ausnahme von dieser Regel kann sich allerdings in den neuen Bundesländern unter den Voraussetzungen von Artikel 1 § 4 Abs. 3 des Umweltrahmengesetzes (UmwRG) der ehemaligen Deutschen Demokratischen Republik vom 29.06.1990 (GBl. I Nr. 42, S. 649) in der Fassung durch Artikel 12 des Gesetzes zur Beseitigung von Hemmnissen bei der Privatisierung von Unternehmen und zur Förderung von Investitionen vom 22.03.1990 (BGBl. I S. 766) ergeben (sog. Altlastenfreistellung). Demnach können Eigentümer, Besitzer oder Erwerber von Anlagen und Grundstücken, die gewerblichen Zwecken dienen oder im Rahmen wirtschaftlicher Unternehmungen Verwendung finden, von der Verantwortung für durch den Betrieb der Anlage oder die Benutzung des Grundstücks vor dem 01.07.1990 verursachte Schäden freigestellt werden, wenn dies unter Abwägung der Interessen des Antragstellers, möglicherweise geschädigter Dritter, der Allgemeinheit und des Umweltschutzes geboten ist. In der Anwendungspraxis der neuen Länder wird allerdings in aller Regel nicht von Verantwortung selber freigestellt, sondern nur von der Kostenlast, die sich aus der ordnungsrechtlichen Inanspruchnahme ergibt. Damit stehen die oben dargestellten Verantwortlichen weiterhin zur ordnungsrechtlichen Inanspruchnahme durch die zuständigen Behörden in vollem Umfang zur Verfügung.

Weitere Eingriffsermächtigungen zur Anordnung von Erkundungs- oder Sanierungsmaßnahmen finden sich schließlich in den Allgemeinen Polizeigesetzen der Länder. Danach hat die Polizei diejenigen Maßnahmen zu treffen, die ihr nach pflichtgemäßem Ermessen erforderlich erscheinen, um Gefahren abzuwenden oder zu beseitigen.

Diese Ermächtigungsgrundlage ist allerdings gegenüber den vorgenannten Eingriffsregelungen nachrangig, d. h., die nach den Polizeigesetzen zuständigen Behörden dürfen nur dann tätig werden, wenn Gefahr im Verzug ist. Dies ist insbesondere dann der Fall, wenn die Gefahr schon von solcher Intensität ist, daß ein Vorgehen der an sich nach den Fachgesetzen zuständigen Behörden aus zeitlichen Gründen nicht mehr abgewartet werden kann. Im Hinblick auf die Erfassung von Altlasten ist im übrigen der Schutz personenbezogener Daten von zentraler rechtlicher Bedeutung. Nach der Rechtsprechung des Bundesverfassungsgerichts zum Recht auf informationelle Selbstbestimmung setzt die Erfassung und Verarbeitung personenbezogener Daten eine gesetzliche Grundlage voraus, in der Umfang und Zweck der Datenverarbeitung geregelt sind. Außerdem werden Schutzvorkehrungen in Form von Aufklärungs-, Auskunfts- und Löschungspflichten sowie ein amtshilfefester Schutz gegen Zweckentfremdung durch Weitergabe- und Verwendungsverbote verlangt. Auch hier gibt es keine abschließende einheitliche Regelung auf Bundesebene. Das BBodSchG untersagt lediglich die Übermittlung personenbezogener Daten. Soweit eine Datenübermittlung zwischen Bund und Ländern zur Erfüllung der Aufgaben des BBodSchG notwendig ist, sieht das Gesetz den Abschluß einer Verwaltungsvereinbarung zwischen Bund und Ländern zur Regelung von Umfang, Inhalt und Kosten des gegenseitigen Datenaustausches vor. Die genannten Landesgesetze, die spezielle altlastenrechtliche Normierung enthalten, befassen sich nicht alle mit den datenschutzrechtlichen Aspekten der Altlastenerfassung. Soweit dies der Fall ist, ist eine Altlastenerfassung daher immer nur in Einzelfällen zulässig, wenn die Voraussetzungen einer speziellen altlastenrechtlichen oder allgemeinen polizeirechtlichen Eingriffsermächtigung gegeben sind.

J.2.5 Geophysikalische Methoden

J.2.5.1 Voraussetzungen

Seit ca. 75 Jahren dienen geophysikalische Verfahren der Erkundung tiefliegender Lagerstätten von Erzen, Energierohstoffen und Grundwasser. Dabei ist ein umfangreiches Instrumentarium entwickelt worden. Große Erfahrungen in der digitalen Interpretation wurden gewonnen. Die Anwendung geophysikalischer Verfahren in der Umwelttechnik erfordert dagegen eine Neuorientierung, da die bisher störenden Oberflächeneffekte nun Gegenstand der Messungen sind.

Hierfür müssen keine neuen Methoden entwickelt werden. Es ist jedoch erforderlich, erprobte Verfahren anzupassen: z. B. muß engmaschiger gemessen werden, um präzise Aussagen für geringe Tiefen zu erzielen. Außerdem sollten vorhandene Kenntnisse über den technischen, geologischen und hydrogeologischen Aufbau einer Altlast in die Interpretation einfließen. Die Kombination mehrerer geophysikalischer Methoden ist zu empfehlen, um sichere Ergebnisse zu erzielen.

J.2.5.2 Aufgaben

Die Geophysik wird hauptsächlich zur Erkundung von Kontaminationen des Bodens und des Grundwassers eingesetzt. Gegenüber punktbezogenen Bohrungen, Rammsondierungen oder Schürfen arbeitet sie raum- bzw. flächendeckend, zerstörungsfrei und kostensparend. Ihre Messungen bieten eine höhere Arbeitssicherheit als übliche mechanische Aufschlußverfahren. Sie ist besonders gut geeignet, die Ausmaße überdeckter Altlasten oder Schadstofffahnen von der Erdoberfläche aus festzustellen.

J.2.5.3 Methoden

J.2.5.3.1 Geomagnetik

Die Messung der Totalintensität mit dem Protonenmagnetometer ist meßtechnisch einfach, schnell und kostengünstig. Körper mit starker Magnetisierung, wie Eisenschrott, Blechdosen oder stahlarmierte Betonplatten, rufen starke magnetische Anomalien hervor, sofern sie in Tiefen bis zu ca. 3 m lagern. Diese Begrenzung geht auf die Verringerung des Feldes magnetischer Körper in Abhängigkeit von der dritten Potenz der Entfernung zurück. Es gilt für den Betrag des

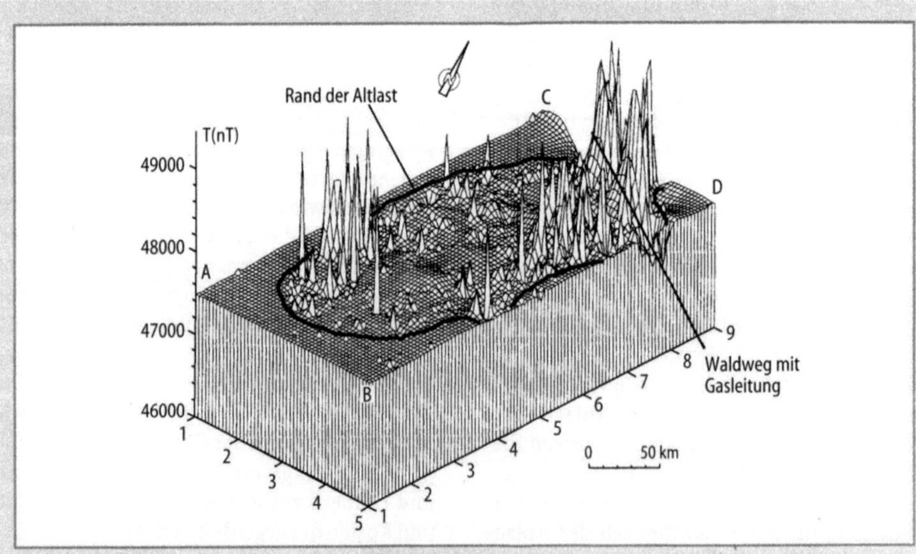

Bild J.2-10 Raumbild der magnetischen Totalintensität an einer Industrie- und Hausmülldeponie – ihre Ausdehnung wird durch magnetische Anomalien deutlich markiert (Thor GmbH)

Feldes B einer homogen magnetisierten Kugel mit dem Dipolmoments m auf der Dipolachse im Abstand r (μ_o Permeabilität im Vakuum):

$$B = \frac{\mu_o \cdot m}{2\pi} \cdot \frac{1}{r^3}$$

Das magnetische Verhalten von Körpern geht von zwei Magnetisierungen aus. Die induzierte Magnetisierung wird vom Erdmagnetfeld bewirkt, die remanente Magnetisierung ist dagegen permanent und hängt von der thermischen Vorgeschichte des Materials ab. Stark magnetisch sind vor allem ferrimagnetische Minerale mit Spinellstrukturen und ferromagnetische Stoffe mit großer Magnetisierbarkeit (Suszeptibilität). Außerdem gibt es dia- und paramagnetische Stoffe, die indessen so schwache magnetische Eigenschaften aufweisen, daß sie bei der Erkundung nicht ins Gewicht fallen.

Magnetische Erkundungen werden meist mit dem Protonenmagnetometer vorgenommen, das die Totalintensität in nT (Nanotessla) mißt. Bei der Auswertung ist die Inklination (Neigung gegen die Horizontale) des Magnetfeldes zu beachten. Sie bewirkt, daß magnetische Objekte in unseren Breiten in der Mitte zwischen ihren positiven und negativen Anomalien zu suchen sind.

Die Umgrenzung von Hausmülldeponien, mancher Bau- oder sogar Erddeponien kann ma-

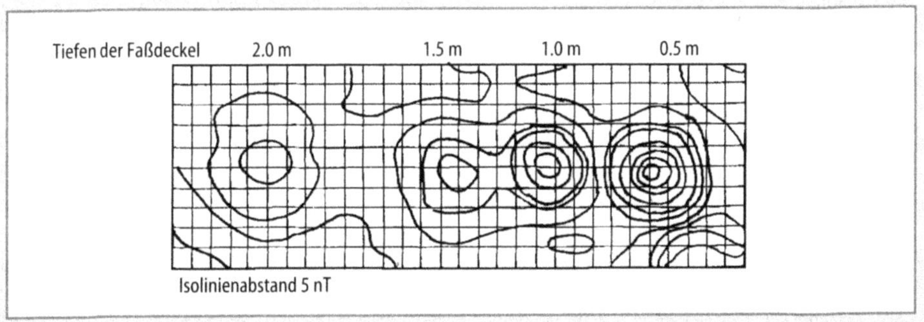

Bild J.2-11 Magnetische Anomalien vier aufrecht stehender Stahlfässer in verschiedenen Tiefen (Scintrex)

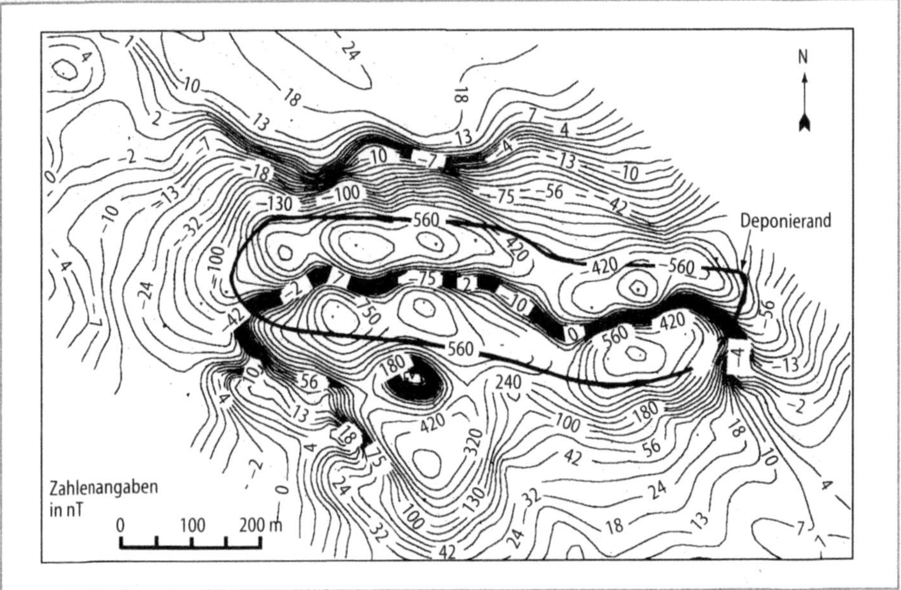

Bild J.2-12 Magnetische Isolinien der Hausmülldeponie Hannover nach Hubschrauberüberfliegung (BGR)

gnetisch bestimmt werden, da fast immer irgendwelche Eisenteile enthalten sind (Bild J.2-10). Innerhalb des Deponiekörpers lassen sich Ansammlungen von Schrott und Alteisen gut lokalisieren. Allerdings verhindert die weite Streuung kleiner magnetischer Objekte im Hausmüll den Nachweis einzelner Eisenteile. Dies gilt insbesondere für die Suche nach einzelnen Fässern (Bild J.2-11), da deren schwaches magnetisches Feld von vielen kleinen Feldern überlagert wird. Auch aus der Luft zeichnen sich Hausmülldeponien deutlich als starke magnetische Anomalien ab. Allerdings gehen dabei Einzelheiten verloren. Ihre Lage und Ausdehnung kann jedoch aus den aeromagnetischen Daten errechnet werden (Bild J.2-12).

J.2.5.3.2 Geoelektrik

Mit gleich- oder wechselstromgespeisten Meßverfahren werden Körper im Untergrund, die besondere elektrische Widerstände besitzen, nachgewiesen. Die Geoelektrik ist auch bei nichtmagnetischen Stoffen, wie Kupfer, Blei oder Zink anwendbar. Deshalb läßt sich die Grenze überdeckter Deponien geoelektrisch genau festlegen. Darüber hinaus werden größere Tiefen als bei der Geomagnetik erschlossen. Gut leitende Einlagerungen, wie z.B. feuchte salzhaltige Rückstände, Industrieschlämme oder Nichteisenschrott, lassen sich bis zur Deponiesohle aufspüren.

Besonders wichtig ist das geoelektrische Aufsuchen von Kontaminationsfahnen im Grundwasser. Erfahrungsgemäß weisen Sickerwässer von Hausmülldeponien und von vielen Industriemülldeponien erhöhte Salzgehalte auf. Deshalb sind ihre elektrischen Widerstände besonders gering und markieren die Kontaminationen für den geoelektrischen Nachweis. Geoelektrische Untersuchungen sind überdies preiswert und liefern schnell Informationen über die räumliche Ausdehnung und Beschaffenheit von Altlasten.

Der Abstand der Elektroden und Sonden und ihre Meßanordnung regelt die Eindringtiefe (Bild J.2-13), die nach einer Faustregel ca. 1/3 der gesamten Auslage beträgt. Vergrößerungen dieses Abstandes ermöglichen die Erkundung in verschiedenen Niveaus unter der Erdoberfläche (Bilder J.2-14 und J.2-15).

Die *geoelektrische Kartierung* dient der Suche nach einzelnen, kontaminierten Körpern oder Deponiegrenzen. Elektroden und Sonden werden in einem engmaschigen, rechtwinkeligen Netz angeordnet. Gebräuchlich sind Netze mit 1 – 3 m Maschenweite. Der Strom wird von zwei außen liegenden geerdeten Elektroden eingespeist und die entstandene Spannung zwischen innen eingesteckten, nicht polarisierbaren Sonden abgegriffen. In Bild J.2-16 wird dargestellt, daß die geoelektrische Kartierung zur Auswahl des Standorts einer geplanten Deponie erfolgreich eingesetzt werden kann.

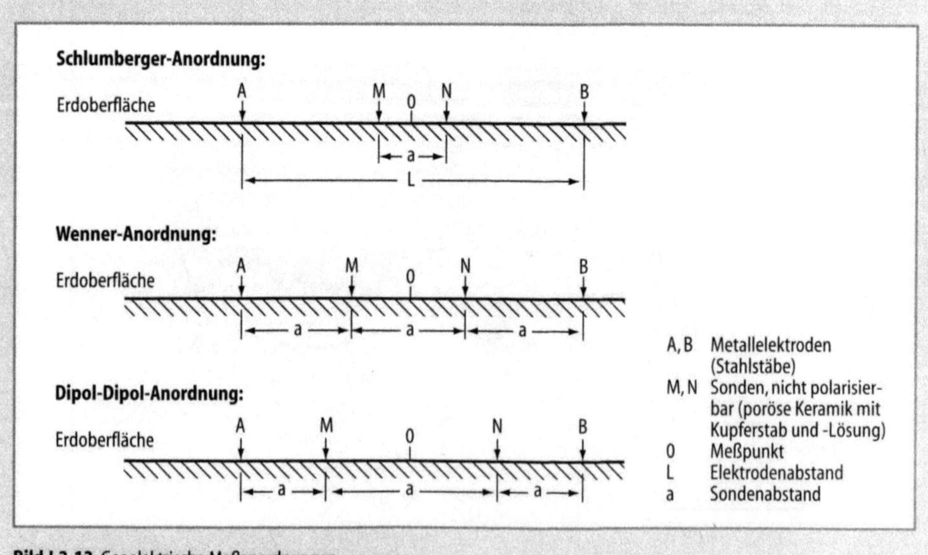

Bild J.2-13 Geoelektrische Meßanordnungen

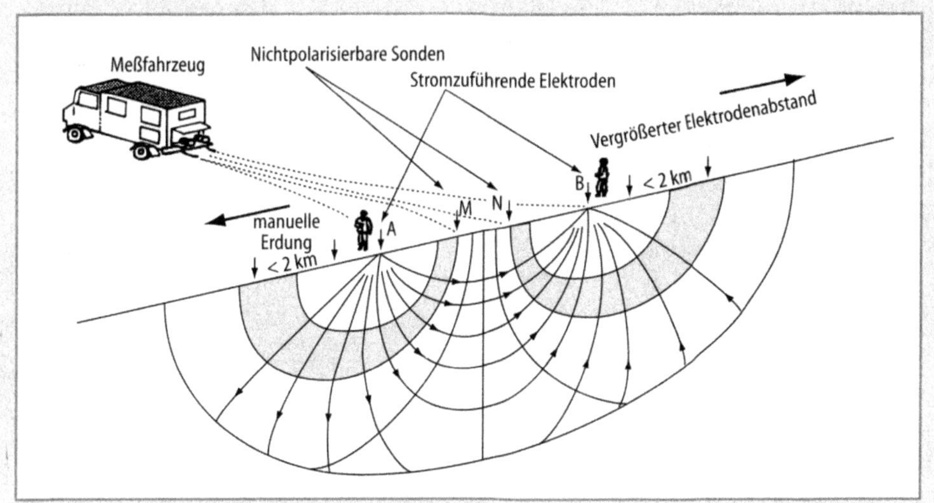

Bild J.2-14 Meßprinzip der geoelektrischen Tiefensondierung

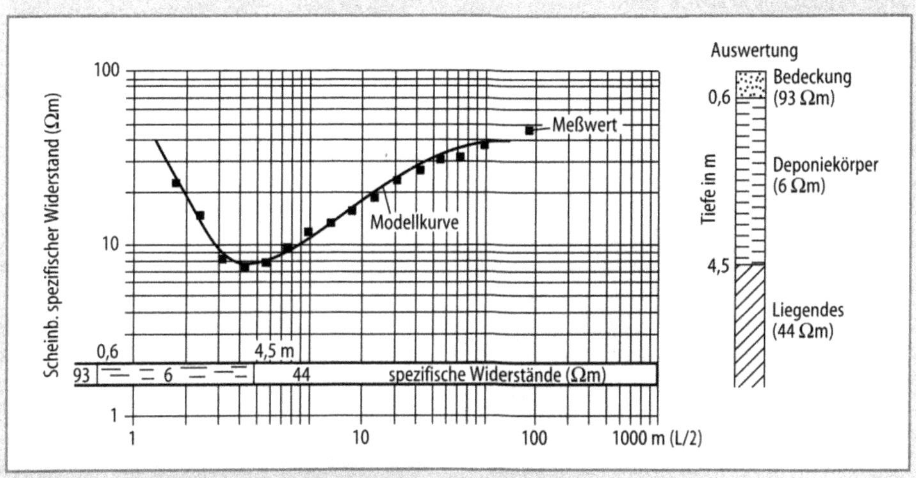

Bild J.2-15 Geoelektrische Tiefensondierung in einer Altlast

Für jede Meßanordnung muß ein Geometriefaktor **K** berücksichtigt werden, wenn der scheinbare spezifische Widerstand berechnet werden soll. Für diese Faktoren gilt:

$$\mathbf{K}\;Schlumberger \;=\; \frac{\pi}{a}\,\{(L/2)^2 - (a/2)^2\}$$

$$\mathbf{K}\;Wenner \;=\; 2\,\pi\,a$$

$$\mathbf{K}\;Dipol\text{-}Dipol \;=\; \pi\,a \cdot n(n+1)\,(n+2)\,a$$

$$\rho_2\;spez.\;Widerstand \;=\; \mathbf{K} \cdot U/I\;[\Omega m]$$

$$L \;=\; A, B$$
$$a \;=\; M, N$$
$$n \;=\; \text{Vielfaches des Sonderabstands } a$$

Bei *geoelektrischen Tiefensondierungen* wird der Abstand der stromeinspeisenden Elektroden nicht konstant gehalten, sondern ständig vergrößert (Bild J.2-14). Bei konstantem Sondenabstand dringt dadurch die Messung immer tiefer in den Untergrund ein. Es entsteht ein Säulenprofil, ähnlich dem Ergebnis einer Bohrung (Bild J.2-15 rechts). Anstelle von Bohrkernen wird hier jedoch die Tiefe bzw. die Mächtigkeit und der scheinbare spezifische Widerstand der Ablagerungen wiedergegeben.

Die Auswertung von Sondierungskurven (Bild J.2-15) kann mit Hilfe von Modellkurven oder

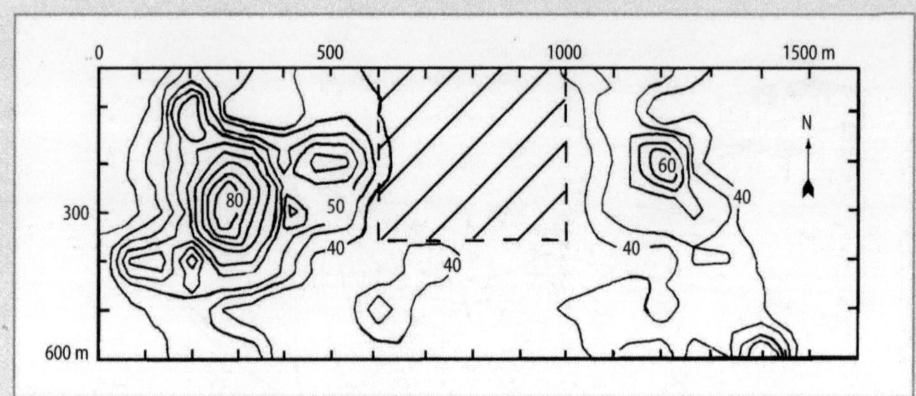

Bild J.2-16 Geoelektrische Standortkartierung (Zahlen in Ωm). Das schraffierte Gebiet (< 40 Ωm) ist als geologische Barriere geeignet

DV-Programmen erfolgen. Dabei kann es geschehen, daß für eine Sondierung mehrere gleichwertige Ergebnisse erzielt werden (Äquivalenzprinzip). Für die Auswahl der plausibelsten Lösung und die Koordinierung zu geoelektrischen Profilen müssen Daten aus der Vorgeschichte von Altorten oder aus der Geologie herangezogen werden. Diese Aufgabe sollte indessen nur erfahrenen Fachleuten übertragen werden.

Natürliche *elektrische Eigenpotentiale* bzw. deren Verteilung an der Erdoberfläche liefern Hinweise über Inhomogenitäten im Untergrund. Zu unterscheiden ist zwischen Redox- oder Reduktions-/Oxidationspotentialen und kinetischen Potentialen, die durch Bewegungen von Wässern oder Gasen im Boden entstehen. Die Redox-Potentiale sind meist größer (20 –> 100 mV) als die Fließpotentiale (1 – 10 mV).

Eigenpotentialmessungen sind technisch einfach. Man benötigt zwei nicht polarisierbare Sonden und ein Voltmeter. Sie können zur Erfassung oxidierender Metalleinlagerungen oder von Fließvorgängen im Untergrund eingesetzt werden. Die ineinandergreifenden elektrochemischen und elektrokinetischen Wechselwirkungen sowie die nicht bestimmbare Lage der Plus- und Minuspole einer Eigenpotentialquelle erschweren jedoch die Interpretation (Bild J.2-17).

Die gleichzeitige wiederholte Registrierung vieler Sonden (Scannermethode) führt zur Eliminierung kurzzeitiger Störspannungen. Aber auch damit ist es z. B. nicht möglich, Teeröle oder andere Kohlenwasserstoffe, die keine elektrischen Eigenschaften besitzen, aufzuspüren.

Die Methode der *Induzierten Polarisation (IP)* beruht auf der Anlagerung von Ionen und Elektronen an Mineraloberflächen oder an Grenzflächen des Porensystems der Gesteine. Die dabei entstehende Aufladung M und ihre transiente Entladung sind die Meßparameter des Verfahrens (Bild J.2-18). Man unterscheidet:

1. Metallische Polarisation an Mineralen oder Gegenständen mit metallischer Stromleitung und hohem Glanz. Sie erzeugt starke IP-Anomalien.
2. Grenzschichtpolarisation als Aufladung der Gesteine zwischen innerer Porenoberfläche und Porenwasser. Sie ruft nur schwache IP-Anomalien hervor. Bei salinaren Wässern geht jede Aufladung verloren.

IP-Messungen sind z. B. einzusetzen, wenn zwischen der Schadstoffkonzentration und dem Nebengestein keine Widerstandsunterschiede bestehen. Es können ggf. Tone von salzwassererfüllten Sanden unterschieden werden. Außerdem können galvanische Schlämme, glasierte Tonscherben oder größere Mengen bedrucktes Papier (Makulatur) lokalisiert werden.

Die Resultate der *Elektromagnetik* (Wechselstromverfahren) entsprechen denen der Gleichstrommessungen. Ihr Vorteil liegt in der größeren Schnelligkeit der induktiven Anregung und der besseren Erkennung steil stehender Strukturen, insbesondere im Festgestein. Zwischen koplanaren Sender- und Empfängerspulen, die jeweils von einer Person getragen werden, induziert das elektromagnetische Feld in gut leitenden Altlasten sekundäre elektrische Ströme.

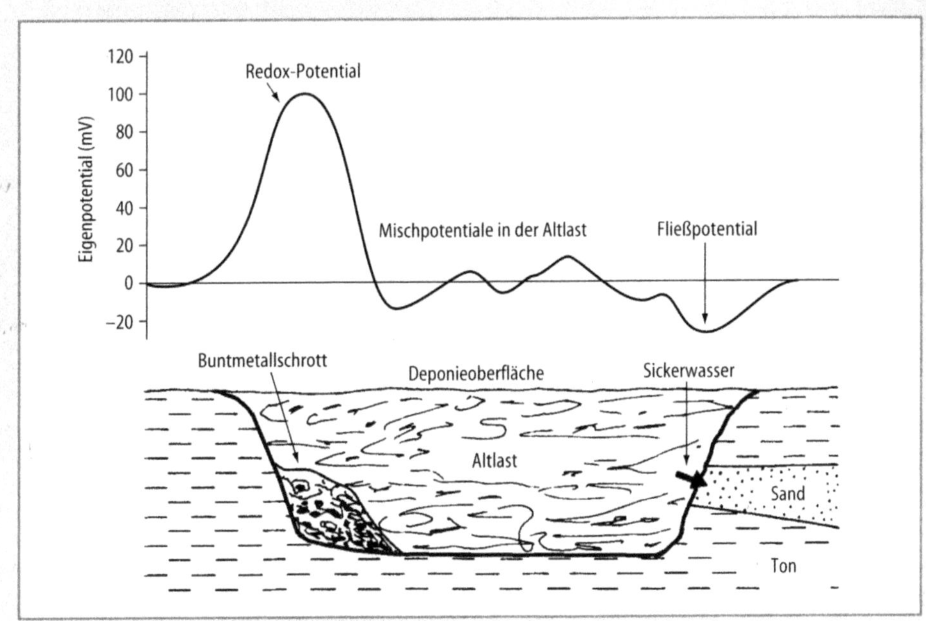

Bild J.2-17 Verschiedene Eigenpotentialquellen

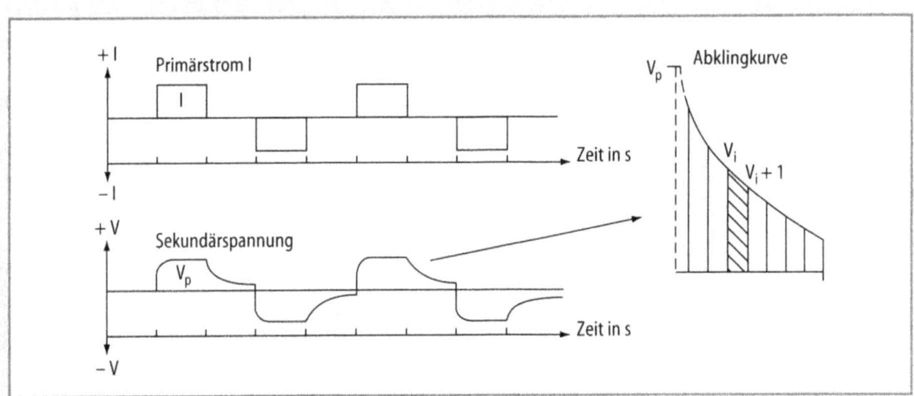

Bild J.2-18 Meßprinzip der induzierten Polarisation

Das resultierende Feld wird vom Empfänger aufgenommen. Aus dem Vergleich mit dem Primärfeld kann Lage und Form leitfähigen Materials abgeleitet werden. Je höher die Frequenz gewählt wird, um so geringer ist die Eindringtiefe. Das Nomogramm (Bild J.2-19) verdeutlicht diese Beziehung.

Durch die Abstrahlung vieler Frequenzen können auch mit der Elektromagnetik Tiefensondierungen vorgenommen werden. Allerdings steigt der Energiebedarf bei Abnahme der Frequenz. Mit tragbaren Akkumulatoren sollten deshalb 200 Hz nicht unterschritten werden. Ab 10.000 Hz wird die Eindringtiefe zu klein. Je nach Frequenz liegt die maximale Erkundungstiefe zwischen 40 und 80 % des Abstands der Sende- und Empfangsspule.

Das Verfahren hat sich bei der Flächenkartierung von Industriebrachen bewährt. Hervorzuheben ist die große Genauigkeit bei der Erfassung von Strukturen in geringer Tiefe. In Bild J.2-20 zeichnen die Isolinien die Umrisse der verdeckten Fundamente eines ehemaligen Walzwerks mit der Präzision einer Bauzeichnung nach. Aus-

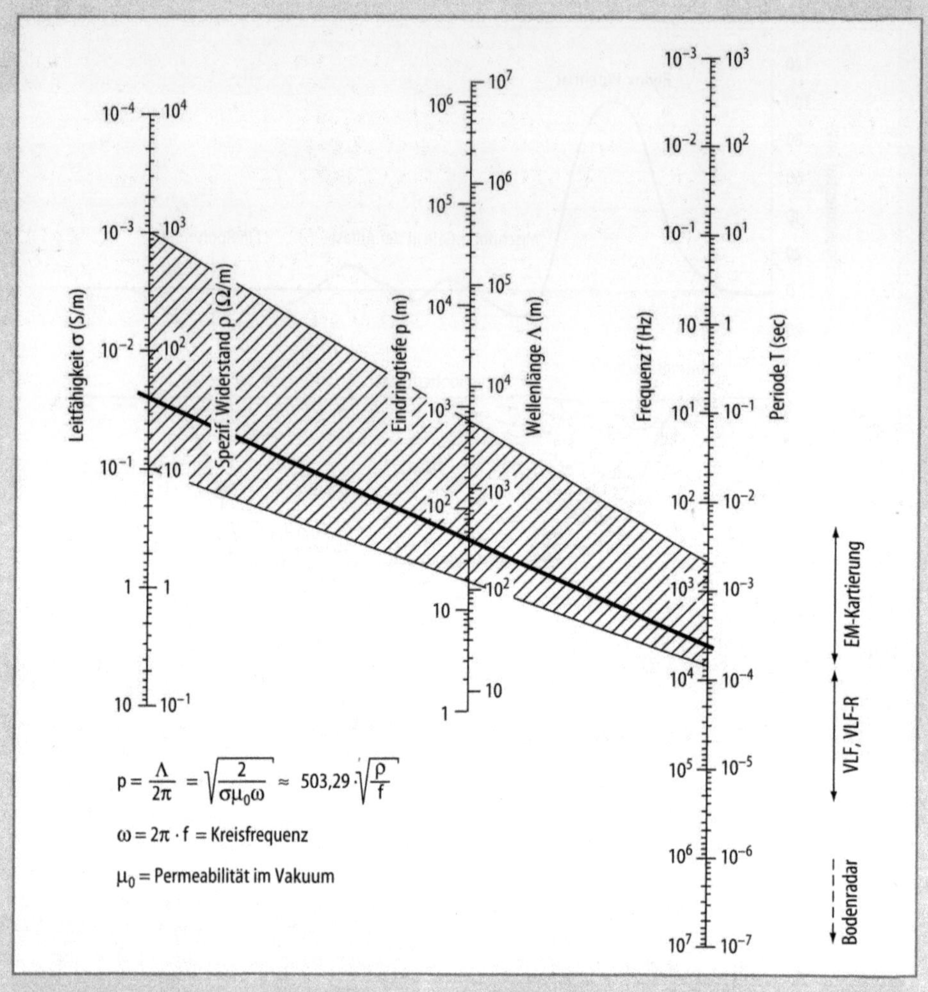

$$p = \frac{\Lambda}{2\pi} = \sqrt{\frac{2}{\sigma \mu_0 \omega}} \approx 503{,}29 \cdot \sqrt{\frac{\rho}{f}}$$

$\omega = 2\pi \cdot f = $ Kreisfrequenz

$\mu_0 = $ Permeabilität im Vakuum

Bild J.2-19 Nomogramm: Beziehungen spez. Widerstand, Eindringtiefe und Frequenz elektromagnetischer Wellen. Der für die Elektromagnetik optimale Frequenzbereich ist schraffiert

serdem können steilstehende Kluftgrundwasserleiter, Verwerfungen oder Spalten als Sickerwege von Schadstoffimmissionen im Festgestein lokalisiert werden.

Bei der *VLF*-Methode (VLF steht für „Very Low Frequency"), sind die Frequenzen von 12–24 kHz für die Telekommunikation sehr niedrig; für die elektromagnetische Erkundung jedoch schon zu hoch. Ihre geringe Eindringtiefe von 10–15 m nimmt man indessen gern in Kauf, da kein Sender benötigt wird. Von Vorteil ist außerdem, daß die Meßgeräte klein und tragbar sind. Extrem starke, weit entfernte und fest installierte Sender strahlen das VLF-Feld rund um die Erde aus. Es dient der U-Boot-Navigation. Nachteilig ist, daß dieses, nahezu homogene Feld,

kleine Strukturen nicht mehr erfaßt. Außerdem können geologische Strukturen, die sich in Richtung der Feldlinien erstrecken, nicht nachgewiesen werden.

Das *Bodenradar* oder das *Elektromagnetische Reflexionsverfahren (EMR)* wird bei Flacherkundungen angewendet. Dabei wird die Reflexion hochfrequenter elektromagnetischer Wellen von 80 MHz bis 1 GHz an Materialgrenzen genutzt, an denen sich die Dielektrizitätskonstante und/oder die elektrische Leitfähigkeit ändern. Bei den Messungen werden Sender und Empfänger über den Untergrund gezogen und ein kontinuierliches Reflexionsprofil aufgenommen. Die Laufzeit der reflektierten Signale ist vom durchstrahlten Material abhängig. Wie bei der Reflexionsseismik kann daraus die Tiefenlage des Reflektors bestimmt werden.

Ziele des Bodenradars sind vorwiegend kleine Objekte. Es können sowohl metallische als auch nichtmetallische Rohrleitungen, Kabel, Fundamente und Hohlräume geortet werden.

Die Methode eignet sich auch für Altlasten mit geringer Überdeckung. Die meisten Radarreflexionen weisen auf kleinräumige Bodenstrukturen hin. Aber auch organische Schadstoffkonzentrationen können erfaßt werden (Bild J.2-21). Dies beruht auf den sehr unterschiedlichen Dielektrizitätskonstanten (e) von 80 für Wasser und < 8 für organische Stoffe und Flüssigkeiten. Obwohl Kohlenwasserstoffe sich deutlich im Radarbild von feuchten Lockergesteinen abzeichnen, können ähnliche Reflexionen auch durch Zunahme des Sandgehaltes bzw. des Widerstands entstehen. Wegen der hohen Dielektrizitätskonstante des Wassers ist bei der Auswertung und Beurteilung besondere Sorgfalt und Vorsicht geboten. Jeder Regen verändert den Bodenwassergehalt und damit auch die Radargramme. Radarmessungen, die vor und nach einem Schauer aufgenommen wurden, liefern deshalb unterschiedliche Resultate.

J.2.5.3.3 Seismik

Die seismischen Methoden beruhen auf den unterschiedlichen elastischen Eigenschaften der Gesteine. Eine künstlich durch Hammerschlag, Fallgewicht, Vibratoren oder Sprengung erzeugte Wellenfront pflanzt sich vom Anregungszentrum nach allen Seiten im Gestein fort. Es entstehen Kompressions- oder Longitudinalwellen, die P-Wellen genannt werden, und Scher- oder Transversalwellen, die als S-Wellen bezeichnet werden. Beide werden an Schichten reflektiert, an denen sich die Elastizität und die Fortpflanzungsgeschwindigkeit ändern. Nach unterschiedlichen Laufwegen werden sie an der Erdoberfläche von Geophonen registriert. Aus der Laufzeit zur Schichtgrenze und zurück wird die seismi-

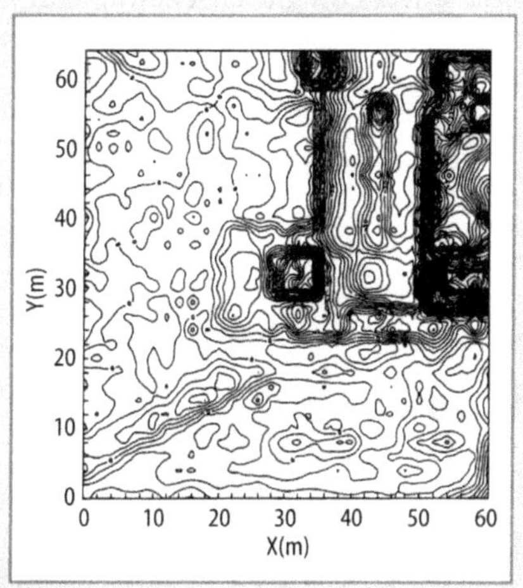

Bild J.2-20 Elektromagnetische Kartierung von Walzwerksfundamenten. Inphase-Isolinien der Frequenz 7040 Hz (Thor)

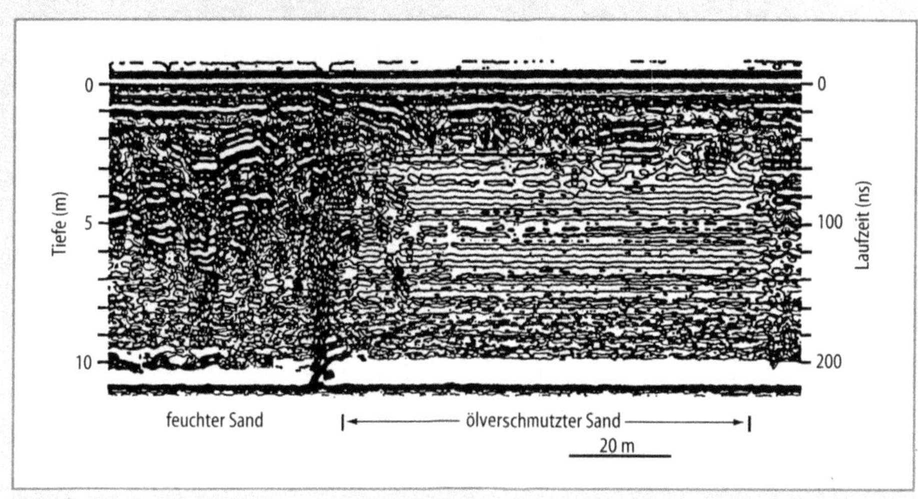

Bild J.2-21 Radargramm einer KW-Kontamination (Olhoeft, Denver)

sche Geschwindigkeit und die Tiefenlage der Grenzflächen abgeleitet.

P-Wellen sind schneller als S-Wellen. Dagegen geben S-Wellen Detailstrukturen besser wieder. In Lockergesteinen und Flüssigkeiten entwickeln sie sich jedoch nur schwach. Die Anregung der S-Wellen erfordert viel Energie und ihre Registrierung einen hohen Aufwand. Deshalb werden bei flachgründigen Untersuchungen häufig nur die P-Wellen ausgewertet.

Seismische Wellen durchlaufen nicht nur den Untergrund, sondern breiten sich auch als Oberflächenwellen an der Erdoberfläche aus und stören flachgründige Untersuchungen. Die seismischen Geschwindigkeiten steigen meist zur Tiefe an, je älter und verfestigter die Schichten sind.

Die *Refraktionsseismik* nutzt die Brechung an Schichtgrenzen mit höheren seismischen Geschwindigkeiten im Liegenden. Die refraktierten Wellen laufen an der Grenzfläche zweier Schichten entlang und geben dabei ständig Energie nach oben ab. Voraussetzung ist, daß ein kritischer Einfallwinkel zur Grenzfläche eingehalten wird.

Auf der Erdoberfläche registrieren Geophone die refraktierte und eine direkte Welle, die innerhalb der obersten Schicht läuft. Da die refraktierte Welle sich mit der größeren Geschwindigkeit der unteren Schicht ausbreitet, überholt sie ab ei-

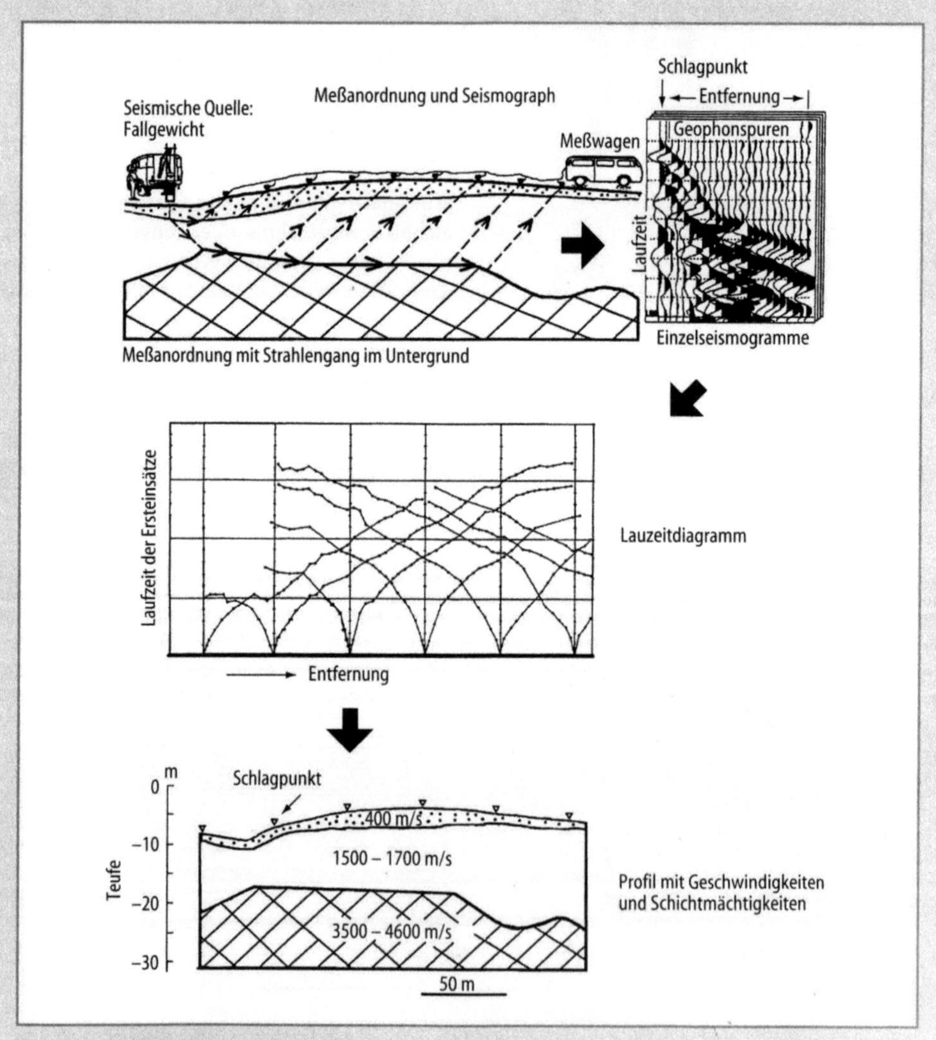

Bild J.2-22 Schema der Refraktionsseismik

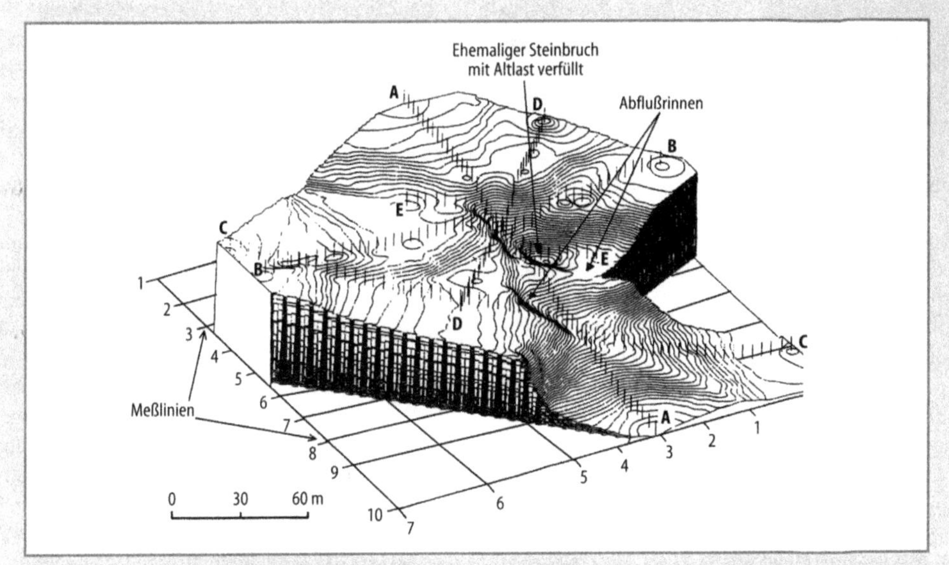

Bild J.2-23 Refraktionsseismische Darstellung des Untergrunds einer Altlast

ner bestimmten Entfernung die direkte Welle. Aus dieser Entfernung können die Tiefenlage der Grenzfläche und die Werte für die seismischen Geschwindigkeiten beider Schichten abgeleitet werden (Bild J.2-22).

Die seismische Refraktion dient vorwiegend der Erkundung der Strukturen unterhalb von Altlasten. Vor allem die Oberflächen grundwasserstauender Schichten (Bild J.2-23) sind ihr Ziel. Die Abgrenzung von Deponien ist leider nicht immer möglich, da die seismischen Geschwindigkeiten von deponiertem Material und Lockergesteinen gleich sein können.

Die *Reflexionsseismik* registriert die an Schichtgrenzen *direkt reflektierten Wellen* auf der Erdoberfläche. Für die seismische Reflexion ist eine Zunahme der Wellengeschwindigkeit zum Liegenden nicht erforderlich. Da bisher Reflexionen bis 100 m Tiefe nicht ausgewertet werden konnten, wurde diese Methode an Altlasten selten angewendet. Nun sind jedoch hochfrequente Sender und Geophone verfügbar, die Reflexionen aus Tiefen < 20 m erfassen können.

Reflexionsseismische Messungen sind mit hohem Aufwand verbunden. Gleichwohl lohnt sich ihr Einsatz, wenn die Tiefen und der geologische Aufbau vieler, untereinander liegender Schichten bestimmt werden müssen. Sie können auch dort angewendet werden, wo tiefliegende Strukturen mit Kontaminationen des Grundwassers zu erkunden sind.

J.2.5.3.4 Weitere Verfahren der Umweltgeophysik

In der *geothermischen Erkundung* von Altlasten wird die Temperatur an der Erdoberfläche oder in der Tiefe gemessen. Bei Infrarot-Messungen (IR) wird die Erdbodentemperatur als Strahlungstemperatur berührungslos mit Thermalscannern, meist vom Flugzeug oder Hubschrauber aus, aufgenommen. Diese Methode ist wegen ihrer hohen Kosten, ihrer Abhängigkeit von Sonneneinstrahlung und Verdunstung und wegen der geringen Wärmestromdichte über Deponien, nur in Ausnahmefällen geeignet. In jedem Fall ist zu fordern, daß die *Befliegung bei trockenem Wetter* und zwischen 2 und 5 Uhr in der Nacht erfolgen sollte. Sogar über Altlasten, in denen Kadaver durch Zersetzung die Temperatur stark erhöhen, zeichnet sich am Tage hauptsächlich die Sonneneinstrahlung ab.

Für direkte Temperaturmessungen im Boden können spezielle Rammsondierungen vorgenommen werden. Über periodische Messungen an einem Basispunkt müssen die Tagesvariationen bestimmt und die Meßwerte entsprechend korrigiert werden. Alle Temperaturmessungen sollten in einem regelmäßigen Meßraster mit Meßpunktabständen von nur wenigen Metern und *nur nachts* durchgeführt werden.

Radioaktive Altlasten sind Folgen des Uranabbaus, der Nuklearmedizin oder des Betriebs von Kernkraftwerken. Ihr Nachweis ist schwierig, da selbst starke Quellen unter einer Tonabdeckung > 2 m nicht mehr zu entdecken sind. Meist wird nur die energiereichste Gammastrahlung gemessen. Alpha- und Betastrahlungen sind energiearm und haben nur geringe Reichweite. Als Meßgerät sollte möglichst ein Gammastrahlenspektrometer verwendet werden. Dieser Scintillationszähler mißt nicht nur die gesamte Gammastrahlung, sondern auch das Energiespektrum der Strahlungsanteile ^{40}K (das in Tonen, Ziegeln usw. vorkommt), U und Th.

Die Einheit radiometrischer Messungen ist das Becquerel (Bq). Einem Becquerel entspricht 1 Zerfall pro Sekunde. Früher galt die Maßeinheit Curie (Ci): 1 Ci entspricht $3,7 \cdot 10^{10}$ Bq. Da Angaben in Bq immer sehr große Zahlen erreichen, hüte man sich davor, die in dieser Maßeinheit erfaßte Radioaktivität überzubewerten!

Im § 5 der deutschen Strahlenschutzverordnung sind die allgemeinen Dosisgrenzwerte für den menschlichen Körper in Millisievert (mSv) festgelegt.
- Keimdrüsen, Gebärmutter, rotes Knochemark
  0,3 mSV
- Knochenoberfläche, Haut
  1,8 mSV
- alle anderen Organe und Gewebe
  0,9 mSV

Die alte Einheit *rem* wird wie folgt umgerechnet:

$$1 \, Sv = 1 \frac{J}{kg} = 100 \, rem \qquad J \, (Joule)$$

Die *Gravimetrie* nutzt die Veränderungen des Schwerefelds der Erde durch Inhomogenitäten der Dichte aus. Zur genauen Erfassung müssen von den registrierten, relativen Schwerewerten bekannte orts- und zeitabhängige Referenzwerte abgezogen werden: z. B. Gezeitenwirkung, Höhe des Meßpunkts zum Bezugsniveau (Freiluftkorrektur), Geländerelief in der Umgebung (topographische Korrektur), Gesteinsschicht zwischen Meß- und Bezugsniveau (Bouguer-Korrektur).

Die Schweremessungen werden mit hochempfindlichen Federwaagen, den Gravimetern, ausgeführt. Die Änderungen der Federlängen stehen im direktem Verhältnis zu den Änderungen des Schwerefelds. Voraussetzung für die Anwendung im Umweltbereich sind hinreichend große Dichteunterschiede zwischen Altlasten und den umgebenden Gesteinen. In vielen Fällen ist diese Differenz jedoch zu gering, um die Altlast von ihrer geologischen Umgebung zu unterscheiden. Deshalb werden Schweremessungen nur selten in der Umwelterkundung verwendet.

Die *aerogeophysikalische Erkundung* vom Flugzeug oder Hubschrauber aus lohnt sich insbesondere bei der Erkundung großer, altlastverdächtiger Flächen. Dabei hat sich eine Kombination von Magnetik, Radiometrie und Elektromagnetik bewährt. Bei der Elektromagnetik sollten Frequenzen zwischen 3000 und 10.000 Hz verwendet werden. VLF-Signale mit höheren Frequenzen haben eine geringere Eindringtiefe und verminderte Auflösung. Sie sind deshalb nur bedingt für die Altlastenerkundung aus der Luft geeignet.

Die Einsatzmöglichkeiten geophysikalischer Methoden in Bohrlöchern werden in Tabelle J.2-1 beschrieben. Fast alle geophysikalischen Verfahren können in Bohrlöchern mit Durchmessern > 80 mm „gefahren" werden. Für detaillierte Angaben steht umfangreiche Literatur zu Verfügung.

Tabelle J.2-1 Bohrlochmessungen (umfangreiches Spezialgebiet)

Bohrlochverrohrung / Methode — Füllung	ohne — Wasser/Spülung	Stahl — Wasser/Spülung	Kunststoff — Wasser/Spülung	ohne — ohne	Bemerkungen — geeignet für/Besonderheiten
Gammalog: Natürliche Breitbandstrahlung [SL]	●	●	●	●	Tonige Gesteine, Bauschutt; Scintillometermessung
Gamma-Spektrallog: Nat. Strahlg: ^{40}K, U, Th- [SL]	●	●	●	●	Festgesteine z.B. Granit, Gneis; auch bei Stahlverrohrung
Dichtelog [D]	●	✱	✱	—	Porosität, Verdichtungsgrad; eigene Gammastrahlenquelle
Neutronlog [N]	●	✱	✱	●	Porosität, Wassergehalt; eigene starke Neutronenquelle
Elektriklog: Große, Kleine, Normale [ES]	●	—	—	—	Grundwasser, Deponieaufbau; Gleichstromverfahren
Mikrilog: spez. Widerstand, detailliert: [ML]	●	—	—	—	Feinablagerung, Mikrostrukturen; Elektrodenabstand < 10 cm
Laterolog: fokussiertes Elektriklog [FEL, LL]	●	—	✱	—	Ablagerungsgrenzen, Feinschichtung; fokussiertes Gleichstromverfahren horizontal ausgerichtet
Induktionslog (fokussiert): Leitfähigkeit: [IEL]	●	—	✱	—	Genaue Ablagerungsgrenzen; hochfrequenter Wechselstrom
Eigenpotentiallog: [EP]	●	—	—	—	Sickerwassersalzgehalt; elektrisches Potential zur Erdoberfläche
Salinometerlog: Spülungswiderstand: [SAL]	●	●	●	—	Wasserzufluß, Korrektur elektr. Meßdaten; kleiner Elektrodenabstand
Temperaturlog: [T]	●	●	●	—	Wasserzufluß, Deponietemperatur
Akustiklog oder Soniclog: Schallgeschwindigkeit [SV]	●	—	—	—	Geschwindigkeit elastischer Wellen, Verdichtungsgrad; Ultraschallsender u. -empfänger
Drucklog: [P]	●	●	●	—	Grundwasserstand
Kaliberlog: Bohrlochdurchmesser [CAL]	●	●	●	●	Bohrloch ⌀, Rohrflansche; Andruck an Bohrlochwand
Abweichungslog: Abweichung vom Lot [DV]	●	✱	✱	●	Neigung und Richtung der Bohrlochabweichung; Pendel u. Kreisel- oder Magnetkompaß
Probenahme/Wasser, Spülung [SAMP]	●	●	●	—	Beprobung des Wassers, der Spülung im Bohrloch; Standmessung
Flowmeterlog [FLOW]	✱	✱	✱	—	Vertikale Wasserströmung, Zuflüsse; Meßflügeldrehzahl
Fernsehlog [TV]	●	●	●	●	Sichtkontrolle der Verrohrung bzw. der Bohrlochwand

● anwendbar   ✱ bedingt anwendbar   — nicht anwendbar

Tabelle J.2-2 Geophysikalische Verfahren für die Altlastenerkundung

Methode	Hausmüll	Industrieabfall	Schadstoffahne	Untergrund
Geomagnetik	+	+	–	–
Geoelektrische Kartierung	+	+	+	–
Geoelektrische Tiefensondierung	++	+	+	+
Elektromagnetische Kartierung	++	+	++	✳
Georadar	+	✳	✳	–
Refraktionsseismik	✳	✳	–	++
Reflexionsseismik	✳	✳	–	++

++ gut geeignet   + geeignet   ✳ bedingt geeignet   – nicht geeignet

Tabelle J.2-3 Spezifische Widerstände

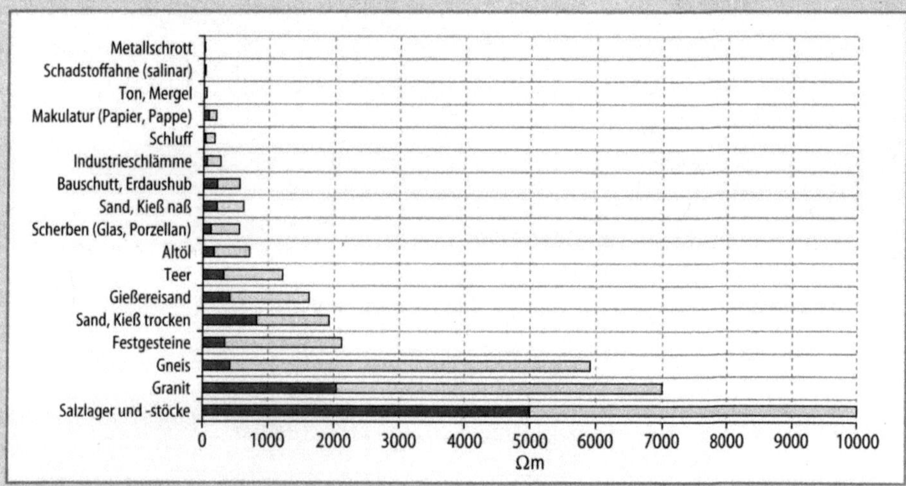

Tabelle J.2-4 Parameter der Georadar-Messungen

Stoff/ Gestein	K	σ (ms/m)	v (m/ns)	a (dB/m)
Luft	1	0	0,3	0
Grundwasser	**80**	0,01	0,33	$2 \cdot 10^{-1}$
Meerwasser	**80**	$3,0 \cdot 10^{4}$	0,01	0,1
Sand, trocken	44	0,01	0,15	0,01
Sand, naß	25	$0,1^{-1}$	0,06	0,03
Ton, fett	5 – 35	0,05	0,06	1,0 – 300
Tonschiefer	5 – 15	0,03	0,09	1,0 – 100
Kalkstein	6	$0,5^{-2}$	0,12	0,04
Granit	5	0,1 – 1	0,13	0,01
Steinsalz	6	0,1 – 1	0,13	0,01

K Dielektrizitätskonstante
σ Elektrische Leitfähigkeit
v Elektrische Geschwindigkeit
a Dämpfung

 Altlastensanierung und Bodenschutz

Tabelle J.2-5 Seismische Geschwindigkeiten

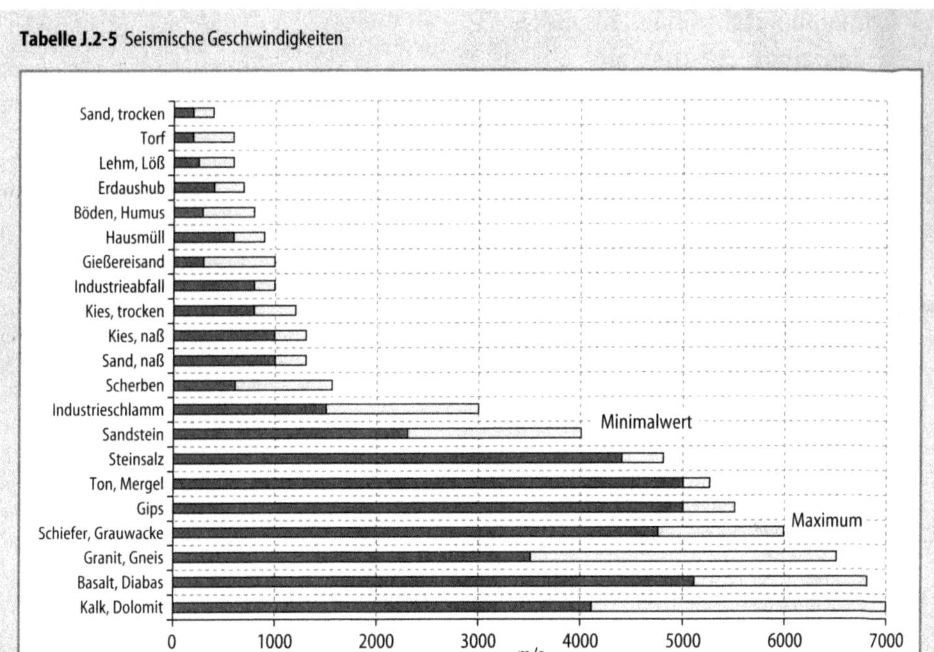
Sand, trocken
Torf
Lehm, Löß
Erdaushub
Böden, Humus
Hausmüll
Gießereisand
Industrieabfall
Kies, trocken
Kies, naß
Sand, naß
Scherben
Industrieschlamm
Sandstein
Steinsalz
Ton, Mergel
Gips
Schiefer, Grauwacke
Granit, Gneis
Basalt, Diabas
Kalk, Dolomit
Minimalwert
Maximum
0
1000
2000
3000
4000
5000
6000
7000
m/s

Tabelle J.2-6 Kalkulation geophysikalischer Methoden, verglichen mit Bohrkosten

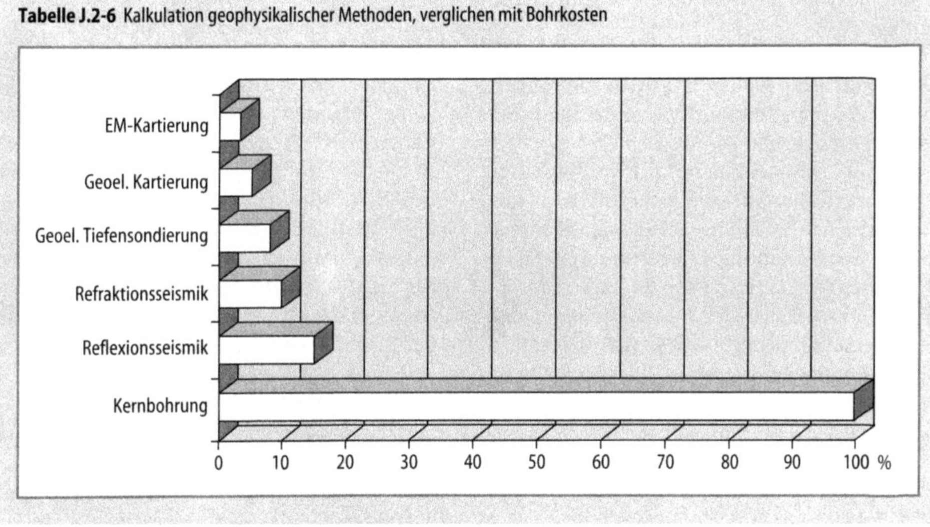
EM-Kartierung
Geoel. Kartierung
Geoel. Tiefensondierung
Refraktionsseismik
Reflexionsseismik
Kernbohrung
0
10
20
30
40
50
60
70
80
90
100 %

J.3 Handlungsstrategien für die Sanierung von Altlasten

J.3.1 Einleitung

Die Sanierung von Altlasten wird, sofern keine Gefahr für die öffentliche Sicherheit und Ordnung besteht, im Zeichen knapper Haushaltsmittel der öffentlichen Hand und reduzierter Investitionsbereitschaft bzw. hoher Renditeerwartungen der Grundstückseigentümer nur dann betrieben, wenn eine möglichst anspruchsvolle Folge- oder Wiedernutzung mit entsprechenden Erlösen (Verkauf, Pacht) der sanierten Flächen realisierbar ist.

Dabei führt der seit Jahren große Bedarf an städtebaulichen Entwicklungsflächen zu verstärkten Bemühungen, Industriebrachen einer neuen Nutzung zuzuführen. Dem angestrebten Flächenrecycling steht jedoch entgegen, daß diese Industriebrachen oft Altlasten aufweisen, die saniert werden müssen. Die Sanierung dieser Altlasten soll dem bestehenden Gefährdungspotential, der zukünftigen Nutzung, den technischen Möglichkeiten der Sanierungsverfahren und den zur Verfügung stehenden Finanzmitteln Rechnung tragen.

Die Maßnahmen zur Altlastensanierung sind insbesondere bei großen Projekten zur Wiedernutzbarmachung bzw. zum Flächenrecycling mit einer Vielzahl weiterer Aufgaben und Arbeiten verknüpft oder beeinflussen sich wechselseitig, z.B. Abbruch und Umbau von oberirdischen und unterirdischen Gebäuden, Erdbaumaßnahmen und Geländegestaltung, Erschließungsmaßnahmen durch Straßen, Wege, Ver- und Entsorgungsleitungen usw. Daher ist zu berücksichtigen, daß Altlastensanierung nicht eine in sich abgeschlossene Aktivität sondern eine (Teil-)Aufgabe im komplexen Gefüge der Wiedernutzbarmachung bzw. des Flächenrecyclings darstellt.

J.3.2 Relevante Umweltbelange

Untersuchungen und Maßnahmen zur Altlastensanierung sind in Abhänigkeit der aktuell bestehenden bzw. zukünftig geplanten Nutzung nach folgenden Gesichtspunkten unterschiedlich zu begründen.

Bei aktuell bestehender bzw. zukünftig unveränderter Nutzung ergibt sich eine Überprüfung der Altlastensituation nur aus spezifischen Verdachtsmomenten (Umgang mit umweltrelevanten Stoffen, Leckagen, Unfälle usw.) hinsichtlich möglicher Umweltgefahren. Sofern dabei Altlasten nachgewiesen werden, die zu beheben sind, werden primär Gefahrenabwehrmaßnahmen durchgeführt. Möglicherweise ist zunächst auch eine Überwachung der festgestellten Verunreinigung ausreichend.

Umfangreichere bzw. weitergehende Anforderungen zur Altlastensanierung ergeben sich häufig durch die Stillegung bzw. die Wiedernutzbarmachung von Betriebs- und Produktionsstätten sowie die Wiedernutzbarmachung von Brachflächen infolge der Überplanung für eine geänderte und möglicherweise höherwertige Nutzung. Dementsprechend sind neben der Gefahrenabwehr je nach Sensibilität der geplanten bzw. zu realisierenden (Wieder-)Nutzung auch Aspekte der Vorsorge zu berücksichtigen.

Bei der Stillegung von Betriebsflächen ist im wesentlichen darauf zu achten, daß nach Einstellung bzw. Verlassen des Betriebs von dieser Fläche keine Gefahr für die öffentliche Sicherheit und Ordnung ausgeht. Dies ist beispielsweise für Anlagen und Betriebsflächen des Bergbaus im Bundesberggesetz (BBergG) eindeutig geregelt. Für bergbauliche Betriebsflächen ist nach dem Ende der Bergaufsicht sicherzustellen, daß „auch noch nach Einstellung des Betriebes der Schutz Dritter vor den von dem Betrieb verursachten Gefahren für Leben und Gesundheit sichergestellt werden muß" (§ 55 Abs. 2 Nr. 1 BBergG), und daß „die Sicherstellung der Wiedernutzbarmachung der Oberfläche" (§ 55 Abs. 2 Nr. 2 BBergG) gewährleistet sein muß. Für diese Wiedernutzbarmachung muß allerdings nicht jede denkbare Nutzung, wenigstens jedoch eine geordnete Nutzungsart, z.B. als Grünfläche, möglich sein. Hierbei ist auch das öffentliche Interesse zu beachten (§ 4 Abs. 4 BBergG).

Die Ermittlung und Beurteilung möglicher Gefahren und Umweltbelange unter dem Gesichtspunkt bauplanungsrechtlicher Vorsorge erfordert nach dem Baugesetzbuch (BauGB) [J.3.1], daß die Bauleitpläne eine menschenwürdige Umwelt sichern und die natürliche Lebensgrundlagen schützen und entwickeln. Hierbei sind nach § 1 Abs. 5 BauGB hinsichtlich der Belange der menschlichen Gesundheit und der Gefahrenvorbeugung die allgemeinen Anforderungen an gesunde Wohn- und Arbeitsverhältnisse sowie die Sicherheit der Wohn- und Arbeitsbevölkerung bzw. hinsichtlich weiterer Umweltschutzbelange und des vorsorgenden Umweltschutzes unterschiedlichen Fragestellungen des Gewässerschutzes, der Luftreinhaltung und der Abfallwirtschaft zu berücksichtigen.

Im Zuge des Baugenehmigungsverfahrens (Bauantrag) sind gemäß der Landesbauordnungen (z. B. BauO NW [J.3.2]) weitere Prüfungen und Betrachtungen vorzunehmen, die im einzelnen detaillierter und kleinräumiger die Altlastensituation erfassen und bewerten.

Hinsichtlich der Altlastensituation erfolgen z. B. in Nordrhein-Westfalen unter Berücksichtigung des Baugesetzbuches (BauGB) § 5, Abs. 1 und der Landesbauordnung NRW (BauO NW) § 3, Abs. 1 zunächst gröbere und dann detailliertere Prüfungen zu folgenden Punkten, die die allgemeinen Anforderungen der Bereiche „Gesundheitsschutz", „Abfallwirtschaft" und „Grundwasserschutz" berücksichtigen:
- Migration verunreinigter Bodenluft,
- unmittelbarer Kontakt mit dem Boden,
- Aufnahme über die Nahrungskette,
- grundsätzliche Nutzbarkeit des Grundwassers,
- grundsätzliche Verwertung/Behandlung/Entsorgung von belastetem Bodenaushub und sonstigen Abfällen.

Dabei sind allgemein die grundsätzliche Sanierbarkeit unter technischen, rechtlichen und finanziellen Aspekten sowie die Konsequenzen einer Bebauung hinsichtlich möglicher Erschwernisse, Unverhältnismäßigkeiten und technischer Behinderungen für eine ggf. später erforderliche Sanierungsmaßnahme zu bewerten.

Sowohl die Anforderungen des BBergG bei der Entlassung von Anlagen und Betriebsflächen aus der Bergaufsicht als auch die im Zuge der bauplanungsrechtlichen Vorsorge gemäß Baugesetzbuch und der Landesbauordnungen zu berücksichtigenden möglichen Gefahren und Umweltbelange erfordern eine detaillierte, schrittweise Untersuchung mit historischer Recherche, Gefährdungsabschätzung, Sanierungsuntersuchung sowie Sanierungsplanung zur Vorbereitung der Sanierungsmaßnahme.

Die Notwendigkeit für die Durchführung einer Sanierung ergibt sich direkt mit der Feststellung einer akuten Gefährdung für die derzeitige Nutzung und die diesbezüglich zu berücksichtigenden Schutzgüter der betrachteten Fläche. Bei einer latenten Gefährdung muß nicht unmittelbar ein Handlungsbedarf bestehen. In diesen Fällen ergibt sich meistens erst durch die Änderung der Nutzung bzw. eine höherwertige Folgenutzung ein Handlungs- bzw. Sanierungsbedarf.

J.3.3 Zielsetzungen und Handlungsfelder

Alle Verfahren und Maßnahmen zur Altlastensanierung sowohl hinsichtlich der Gefahrenabwehr als auch der Vorsorge gehen von den Wirkungszusammenhängen des Wirkungssystemes Altlasten aus (Bild J.3-1) [J.3.3]:

Emission – Transmission – Immission

Eine Gefährdung ist dann gegeben, wenn ein zu schützendes Objekt unzulässigen Einwirkungen (Immission) von Schadstoffen ausgesetzt ist, die an einer Schadstoffquelle frei werden (Emission) und über einen oder mehrere Gefährdungspfade zum Schutzgut gelangen (Transmission).

Die Schadstoffquelle ist eine Altlast an der umweltgefährdende Stoffe freigesetzt werden. Die Migration von Schadstoffen auf den Transmissionspfaden kann in flüssiger, gasförmiger und fester Phase erfolgen. In flüssiger Phase können Schadstoffe durch Fließvorgänge (Konvektion, Dispersion) und Konzentrationsunterschiede (Diffusion) über Grund-, Sicker- und Oberflächenwasser transportiert werden. Schadstoffe in fester Phase können durch Bodenumlagerungen (Baumaßnahmen), durch Bodenbearbeitung (Garten- und Feldbau, Bodenlebewesen) und Staubverwehungen (Winderosion) weiter in der Umwelt verteilt werden. In der Gasphase verbreiten sich Schadstoffe in der Umwelt über Diffusion in der Bodenluft sowie mittels Konvektion und Diffusion in der atmosphärischen Luft.

Eine Beseitigung der Gefährdung erfordert die Ausschaltung eines der drei Elemente Quelle, Weg oder Objekt (Bild J.3-1). Diese Maßnahmen sind hinsichtlich ihrer Wirkung unterschiedlich zu bewerten:
- Schutz des Objekts
  Dies bedeutet, das Schutzgut der Schadstoffimmission zu entziehen, d. h. auszuweichen. Das kann durch Nutzungseinschränkungen

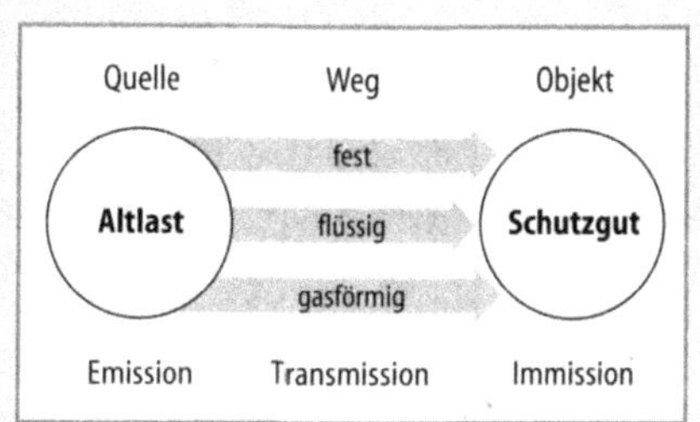

Bild J.3-1 Wirkungssystem Altlasten [J.3.3]

oder Evakuierung erreicht werden. Dabei bleibt der Schadstoff jedoch vorhanden und kann sich weiter ausbreiten. Ein solches Vorgehen in Form von Schutz- und Beschränkungsmaßnahmen ist deshalb nur zur Verminderung einer akuten Gefährdung sinnvoll, weitere Maßnahmen müssen folgen, da der Schadstofftransport aus der Altlast in Richtung des Schutzguts nicht verhindert wird.
– Unterbrechung des (Schadstofftransport-) Wegs
Der Transport und die Ausbreitung von Schadstoffen bzw. die Schadstofftransmission kann durch bautechnische Maßnahmen unterbunden werden. In der Regel kann die Schadstofftransmission weitgehend vermindert, aber nie vollständig verhindert werden. Zur Verminderung der Schadstofftransmission lassen sich folgende Verfahren bzw. Maßnahmen einsetzen: Einkapselung, Immobilisierung, passive pneumatische und passive hydraulische Maßnahmen. Der Schadstoff an sich bleibt an der Quelle vorhanden, d.h., zur Gefahrenabwehr wird eine Sicherung durchgeführt.
– Beseitigung der Quelle
In ihrer Wirkung am weitesten geht die Beseitigung der Quelle weiterer Schadstoffemissionen durch Dekontamination. Dieses Ziel ist durch aktive pneumatische und aktive hydraulische Maßnahmen, mikrobiologische, thermische sowie Wasch- und Extraktionsverfahren zu erreichen. Dabei gilt einschränkend, daß i. allg. eine vollständige Dekontamination, d. h. eine vollständige Beseitigung aller Schadstoffe, nicht erreicht werden kann und eine Restbelastung bestehen bleibt. Auch der Rat von Sachverständigen für Umweltfragen hat hierzu festgestellt, „daß es in den meisten Fällen nicht mehr möglich ist, die absolute Nullbelastung für die Schutzgüter an Altlastenstandorten wiederherzustellen, die künftig jede Art von Nutzung ermöglichen würde" [J.3.4].

Zur Sanierung von Altlasten werden aus den vorstehenden Zusammenhängen vier Handlungsfelder (Art der Maßnahme) definiert, denen verschiedene Maßnahmen und Verfahren, deren Einsatzmöglichkeiten (Ort der Durchführung) sowie Überwachungs- und Nachsorgeprogramme zugeordnet sind (Bild J.3-2) [J.3.4]:
– Schutz- und Beschränkungsmaßnahmen, um das Schutzgut vor schädlichen Immissionen zu bewahren,
– Sicherungsmaßnahmen zur Unterbrechung der Schadstofftransportwege bzw. der Transmission von Schadstoffen,
– Dekontaminationsmaßnahmen zur Beseitigung der Kontaminationsquelle und Verhinderung zukünftiger Emissionen aus Altlasten in die Umwelt,
– Umlagerung des unbehandelten Materials aus der Kontaminationsquelle vom Altstandort auf eine Deponie.

Schutz- und Beschränkungsmaßnahmen werden i. d. R. entweder als Sofortmaßnahme durch die zuständige Behörde angeordnet oder nach Abschluß und Auswertung von Gefährdungsabschätzung und Sanierungsuntersuchung durch den Gutachter empfohlen und nachfolgend als Zwischenlösung umgesetzt, bis weitere Sanierungsmaßnahmen eingeleitet werden [J.3.4]. Hierzu zählen beispielsweise Nutzungseinschränkungen, Evakuierung, Betretungsverbote, Zwischenlagerung in geeigneten und gesicherten Behältern usw. Nur in seltenen Fällen, bei geringfügigen Kontaminationen können Schutz- und Beschränkungsmaßnahmen eine endgültige Lösung des Altlastenproblems ohne weitere Maßnahmen bewirken, beispielsweise bei tolerierbaren Belastungen der Schutzgüter für zukünftig weniger sensibler Flächennutzung.

Sicherungsverfahren und -maßnahmen haben zum Ziel, im Boden oder Grundwasser enthaltene Schadstoffe an ihrer weiteren Ausbreitung (Emission) über die Grenzen der Altlast hinaus zu hindern bzw. eine Gefährdung relevanter Schutzgüter (Immission) zukünftig auszuschließen, also einen Schadstofftransport über die Gefährdungspfade (Transmission) zu unterbinden. Die Ursache der Gefährdung, nämlich die Altlast selbst, wird jedoch nicht beseitigt. Sicherungsmaßnahmen müssen langfristig wirksam sein, um eine wirksame Gefahrenabwehr zu gewährleisten, und i. d. R. auf unbeschränkte Zeit betrieben werden. Daher müssen sich Sicherungsverfahren durch Langzeitstabilität und Reparaturmöglichkeit auszeichnen. Sicherungsmaßnahmen kommen immer dann zur Anwendung, wenn unter Abwägung der technischen und ökonomischen Rahmenbedingungen eine Dekontamination (noch) nicht möglich ist, z. B. bei großräumigen und heterogenen Altablagerungen. Wenn eine dauerhafte Gefahrenabwehr von Altlasten durch Sicherungsmaßnahmen gewährleistet ist, sind sie neben den Dekontaminationsmaßnahmen als gleichwertige Sanierungs-

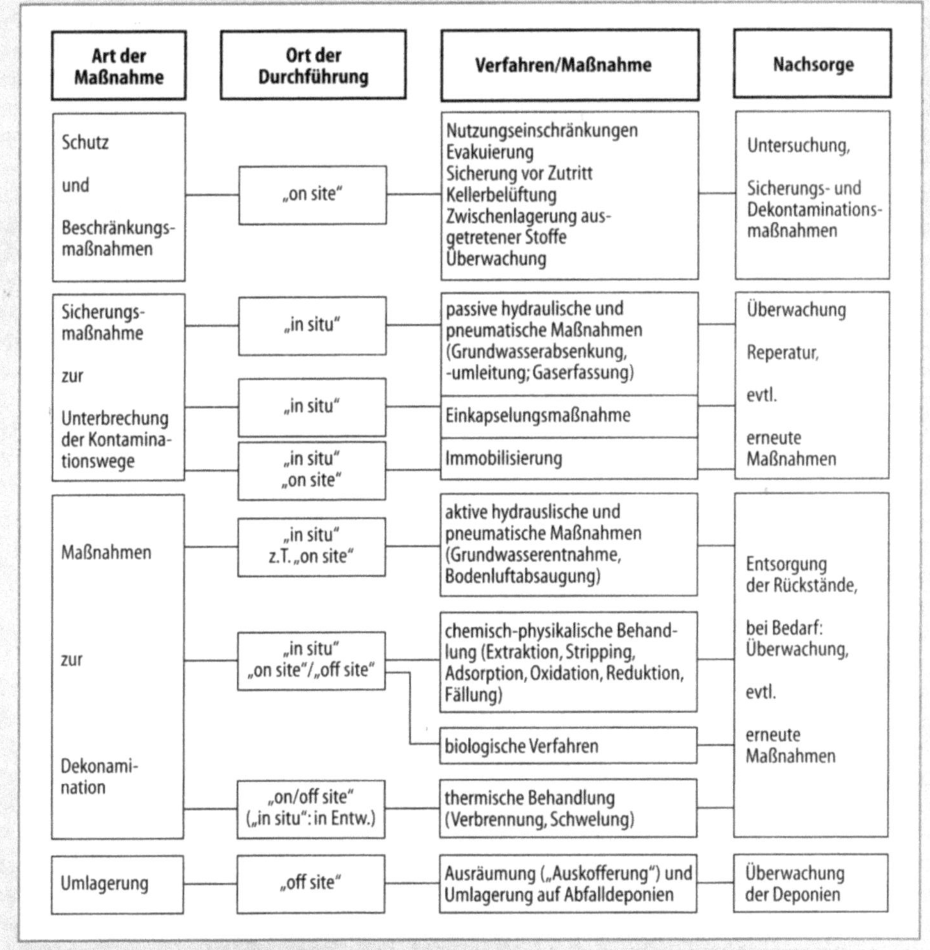

Art der Maßnahme	Ort der Durchführung	Verfahren/Maßnahme	Nachsorge
Schutz und Beschränkungsmaßnahmen	„on site"	Nutzungseinschränkungen Evakuierung Sicherung vor Zutritt Kellerbelüftung Zwischenlagerung ausgetretener Stoffe Überwachung	Untersuchung, Sicherungs- und Dekontaminationsmaßnahmen
Sicherungsmaßnahme zur Unterbrechung der Kontaminationswege	„in situ"	passive hydraulische und pneumatische Maßnahmen (Grundwasserabsenkung, -umleitung; Gaserfassung)	Überwachung Reperatur, evtl. erneute Maßnahmen
	„in situ"	Einkapselungsmaßnahme	
	„in situ" „on site"	Immobilisierung	
Maßnahmen zur Dekonamination	„in situ" z.T. „on site"	aktive hydrauslische und pneumatische Maßnahmen (Grundwasserentnahme, Bodenluftabsaugung)	Entsorgung der Rückstände, bei Bedarf: Überwachung, evtl. erneute Maßnahmen
	„in situ" „on site"/„off site"	chemisch-physikalische Behandlung (Extraktion, Stripping, Adsorption, Oxidation, Reduktion, Fällung)	
		biologische Verfahren	
	„on/off site" („in situ": in Entw.)	thermische Behandlung (Verbrennung, Schwelung)	
Umlagerung	„off site"	Ausräumung („Auskofferung") und Umlagerung auf Abfalldeponien	Überwachung der Deponien

Bild J.3-2 Maßnahmen zur Abwehr und Beherrschung von Umweltauswirkungen aus Altlasten [J.3.4]

maßnahmen anzusehen [J.3.4, J.3.5]. Sicherungsmaßnahmen werden auch als primär wirkungsorientierte Maßnahmen [J.3.5] bezeichnet, „die die Ursache der Umweltbelastungen nicht beheben, deren Wirkung aber eingrenzen und dauerhaft beherrschbar machen, indem eine Nachsorge eingeplant ist [J.3.4, J.3.5].

Zur Sicherung von Altlasten sind folgende Verfahren und Maßnahmen anwendbar:

- Einkapselungsmaßnahmen (Oberflächen-, Vertikal- und Sohlabdichtungen),
- Immobilisierungsverfahren,
- passive pneumatische Maßnahmen,
- passive hydraulische Maßnahmen.

Dekontaminationsverfahren und -maßnahmen bewirken eine weitgehende und möglichst endgültige Lösung des Altlastenproblems. Je nach Konzeption und Wirkungsweise lassen sie sich in schadstoffseparierende (bzw. Trenn-) und schadstoffzerstörende (bzw. Umwandlungs-) Verfahren und Maßnahmen unterteilen. Durch schadstoffseparierende (bzw. Trenn-)Verfahren und Maßnahmen werden die Kontaminanten aus den Umweltmedien Boden, Wasser oder Luft extrahiert und konzentriert. Das Schadstoffkonzentrat wird dann in nachgeschalteten Behandlungsanlagen mittels Umwandlungsverfahren weiter behandelt oder nach einer Konditionierung auf einer Sonderabfalldeponie abgelagert. Die schadstoffzerstörenden (bzw. Umwandlungs-)Verfahren und Maßnahmen bewirken eine direkte Dekontamination der schadstoffbelasteten Umweltmedien durch physiko-chemische

Prozesse in weniger oder nicht toxikologisch relevante Verbindungen.

Die Maßnahmen zur Dekontamination von Altlasten werden auch als quellenorientierte Maßnahmen [J.3.5] bezeichnet. „Dekontaminationsmaßnahmen sind per se nicht immer die optimale Lösung…, ihre potentiellen Vorteile, vor allen ihr tendenziell endgültiger („finaler") Charakter, sind aber nur unter bestimmten Umständen gegeben. Die bei der Dekontamination zur Anwendung kommenden Umwandlungs- und Trennoperationen sind naturgemäß stets unvollständig. Daraus ergeben sich Restkontaminationen, die im voraus einzukalkulieren, mit der Hintergrundbelastung zu vergleichen und für die Folgenutzung zu berücksichtigen sind" [J.3.4, J.3.5].

Die Dekontaminationsverfahren und -maßnahmen lassen sich folgendermaßen zusammenfassen und zuordnen:
Schadstoffseparierung
- aktive pneumatische Maßnahmen,
- aktive hydraulische Maßnahmen,
- chemisch-physikalische Extraktions-, Wasch- und Trennverfahren, u.a. Bodenwäsche, Elektrokinetisches Verfahren.
Schadstoffzerstörung
- mikrobiologische Verfahren,
- thermische Verfahren.

Hinsichtlich der Zuordnung der pneumatischen und hydraulischen Maßnahmen in aktive (Dekontaminations-) und passive (Sicherungs-)Maßnahmen gilt einschränkend, daß dies nicht in allen Fällen eindeutig möglich ist, da über eine entsprechend lange Betriebszeit einer Sicherung auch eine Dekontamination erreicht werden kann. Die Einteilung in aktive und passive Maßnahmen und damit die Zuordnung zu den Handlungsfeldern „Dekontamination" und „Sicherung" beruht auf der Zielrichtung der Maßnahmen. Aktive pneumatische und hydraulische Maßnahmen zielen auf eine Beseitigung der Kontaminationsquelle direkt in der Altlast. Passive pneumatische und hydraulische Maßnahmen verhindern die weitere Ausbreitung der Schadstoffe und dienen der Unterbrechung der Transmissionswege in der Peripherie der Altlast.

Umlagerung kontaminierter Bodenmassen ohne vorherige Behandlungsschritte sind aus abfallwirtschaftlicher und abfallrechtlicher Sicht bedenklich und zu vermeiden, da das Altlastenproblem nicht gelöst wird. Eine Umlagerung der Altlast von Altstandort/Altablagerung A zur (Sonderabfall-)Deponie B ohne entsprechende Dekontaminationsmaßnahmen ist prinzipiell abzulehnen [J.3.4, J.3.5]. In besonderen Fällen, z.B. bei akuten Leckagen usw., kann eine Umlagerung aus technischen und ökonomischen Gründen sinnvoll sein, da durch kurzfristiges Handeln eine ansonsten unvermeidliche Transmission von Schadstoffen verhindert werden kann. Unter dem Begriff Umlagerung ist nicht die Reststoffentsorgung für die thermischen (Verbrennung, Versinterung, Verglasung usw.) und mikrobiologischen Dekontaminationsverfahren oder spezieller Sicherungsverfahren (On-Site-Immobilisierung) mit nachfolgender Deponierung der behandelten bzw. mengenmäßig verminderten Rückstände zu verstehen. In der Regel sind diese Reststoffe oder Rückstände in einer Deponieklasse geringerer Ordnung zu entsorgen als die unbehandelten, kontaminierten Ausgangsstoffe bzw. erfüllen durch die Behandlung überhaupt erst die Annahmekriterien der Deponie.

J.3.4   Sanierungskonzepte

Die Entscheidung zur Sanierung einer Altlast mittels Dekontamination oder Sicherung ist im Rahmen des Sanierungskonzepts detailliert herzuleiten und zu begründen. Umfangreiche Dekontaminationsmaßnahmen sind nur dann sinnvoll, wenn für diesen Bereich eine deutliche Verbesserung erreicht wird und eine Nutzung ohne Restriktionen (Multifunktionalität) erreicht werden kann. Sicherungsmaßnahmen können dann sinnvoll sein, wenn eine eingeschränkte Nutzung, insbesondere im oberflächennahen Bereich, ausreichend ist. Hierzu sind Umlagerungen bzw. Konzentrierungen verunreinigter Bodenchargen und deren gesicherter Einbau in einem Landschaftsbauwerk denkbar, z.B. in stark verunreinigten Flächenbereichen, die ohnehin gesichert werden müssen. In manchen Bundesländern sind die rechtlichen Rahmenbedingungen für Umlagerungen im Bereich einer Altlast durch Landesabfallgesetze (z.B. LAbfG NW) [J.3.6] geschaffen. Ab 01.03.1999 gelten durch das Bundesbodenschutzgesetz (BBodenSchG) [J.3.7] bundeseinheitlich diese Voraussetzungen. Diesbezüglich werden die konkurierenden abfallrechtlichen Limitierungen des Kreislaufwirtschafts-/Abfallgesetzes (KrW-/AbfG) [J.3.8] aufgehoben.

Zur erfolgreichen Durchführung der Sanierungsmaßnahme sind die nach dem Stand der

Technik zur Verfügung stehenden Sanierungsverfahren auf ihre Anwendung und Eignung zu prüfen. Hierzu stehen verschiedene methodische Ansätze zur Bewertung zur Verfügung (u. a. [J.3.3]).

Die Prüfung der Sanierungsverfahren geht von den standortspezifischen Gegebenheiten sowie von den vorgegebenen Sanierungszielen aus, die bei der Festlegung der Sanierungszonen berücksichtigt wurden. Bereits aus der Verfahrensbewertung in bezug auf die örtlichen Bodenverhältnisse und die vorhandenen Schadstoffe ergibt sich eine Vorauswahl prinzipiell geeigneter Sanierungsverfahren. Anschließend erfolgt eine Detailbewertung mit dem Ziel, eine Reihung der unter den standortspezifischen Gegebenheiten am besten geeigneten Sanierungsverfahren aufzustellen.

Die Entwicklung differenzierter Sanierungskonzepte zur Altlastensanierung erfordert umfassende Untersuchungen zu folgenden Arbeitsschritten, die hier nur zusammenfassend aufgelistet jedoch nicht im einzelnen erläutert werden können[J.3.9]:

- Erfassung der Ausgangssituation und Prüfung des Sanierungsbedarfs der Altlast anhand von Gefährdungsabschätzungen,
- Durchführung detaillierter Sanierungsuntersuchungen im Hinblick auf mögliche Sanierungsmaßnahmen,
- Festlegung der Handlungswerte und Sanierungsziele in Abhängigkeit der naturwissenschaftlich-technischen, juristischen, ökologischen und ökonomischen Rahmenbedingungen sowie der vorhandenen oder geplanten Nutzung,
- Festlegung von Sanierungszonen mit gleichem Kontaminationsmuster, geologischen, hydrogeologischen und ingenieurgeologischen Verhältnissen, Nutzungsabsichten und Sanierungszielen,
- Auswahl geeigneter Sanierungsverfahren für die Sanierungszonen,
- Bewertung des Kosten-Nutzen-Verhältnisses geeigneter Sanierungsverfahren bzw. Maßnahmenkombinationen,
- Zusammenfassung des Ist-Zustandes und Ausführung eines Sanierungsvorschlags (möglichst mit Alternativen) in einem Sanierungskonzept,
- Entscheidung für einen geeigneten Sanierungsvorschlag (Sicherung oder Dekontamination oder Kombination verschiedener Maßnahmen) aus dem Sanierungskonzept,

- Einholung notwendiger Genehmigungen zur Durchführung bzw. zum Betrieb der geplanten Sanierungsmaßnahmen,
- Schaffung ausreichender Finanzmittel zur kompletten Abwicklung der Maßnahme.

J.3.5 Kostenbewußte Sanierungsstrategien

Zur Sanierung von Altlasten, speziell zur Wiedernutzung bzw. zum Flächenrecycling von ehemals gewerblich oder industriell genutzten (Brach-)Flächen, sind häufig aufwendige Sanierungsmaßnahmen notwendig. Für die Entscheidungsfindung zur Durchführung dieser Sanierungsmaßnahmen sind differenzierte Sanierungskonzepte [J.3.9] erforderlich, die dem vorhandenen Gefährdungspotential der Altlast, der zukünftigen Nutzung, den technischen Möglichkeiten der Sanierungsverfahren sowie den zur Verfügung stehenden Finanzmitteln Rechnung tragen.

Das Ziel eines differenzierten Sanierungskonzepts besteht in der optimalen Lösung zur Auswahl geeigneter Maßnahmen zur Gefahrenabwehr, teils auch zur Vorsorge, und führt zur Beherrschung der Umweltauswirkungen aus Altlasten. Die vorgeschlagenen Sanierungsmaßnahmen sollen dem Grundsatz der Verhältnismäßigkeit der Mittel entsprechen, da die Wiederherstellung des Ursprungszustands nur in seltenen Fällen mit vertretbaren Kosten zu erreichen ist. Daraus ergeben sich im konkreten Einzelfall „Abwägungen zwischen nutzungsbezogener Altlastensanierung und altlastenbezogener Nutzung" [J.3.9].

In Abhängigkeit des zur Verfügung stehenden Finanzrahmens lassen sich in den meisten Fällen verschiedene Alternativen zur Sanierung einer Altlast aufzeigen. Unter Berücksichtigung knapper Finanzmittel enthält der Sanierungsvorschlag die unbedingt notwendigen Maßnahmen zur Gefahrenabwehr und strebt eine gleichwertige Nutzung an, also eine kostenoptimierte Lösung in Verbindung mit einer „altlastenbezogenen Nutzung" mit tolerierbaren Restbelastungen. Bei ausreichenden Finanzmitteln enthält der Sanierungsvorschlag weitergehende Sanierungsmaßnahmen im Sinne der Vorsorge und strebt eine höherwertige Nutzung oder Multifunktionalität an, also eine nutzungsoptimierte Lösung in Form einer „nutzungsbezogenen Altlastensanierung" zur weitergehenden Wiederherstellung des status quo ante der kontaminierten Fläche. Dazwischen gibt es zahlreiche Alternativen und Übergänge [J.3.9].

Unter Berücksichtigung des Spielraums zwischen „altlastenbezogener Nutzung" und „nutzungsbezogener Altlastensanierung" [J.3.9] muß man sich für die Wiedernutzung bzw. das Flächenrecycling und die damit verbundene Überplanung von Altlasten vergegenwärtigen, daß es intelligenter und differenzierter Konzeptionen und Planungen bedarf, die die Altlastensanierung vom Image des Investitionshemmnis befreien. Dabei kann man z. B. davon ausgehen, daß nach Selektion geeigneter bzw. preiswert zu sanierender, zu erschließender und damit wiedernutzbarer Flächen hieraus Erträge zu erzielen sind, die eine nachfolgende (Teil-)Sanierung der stärker belasteten Flächen erlauben, z. B. mit einer einfachen Form der Wiedernutzung entsprechend der Philosophie des BBergG. Unter diesen Zielsetzungen muß eine ökologische, aber vor allem auch ökonomische Lösung gefunden werden. Die Altlastensanierung kann und darf kein dauerhaftes Zuschußgeschäft sein.

Unter Beachtung dieser Limitierungen ist es unabdingbar, daß im Zuge der meist vorlaufenden Überplanung von Altlasten bei der Landschafts- und Städteplanung von idealisierten Gesamtgestaltungen solcher Flächen abgelassen wird. Das setzt voraus, daß sich die Folge- bzw. Wiedernutzung primär an der örtlichen Situation der Altlasten orientieren muß. In der Planung sind die Nutzungsformen so zu konzipieren bzw. gegenüber der ersten idealisierten Vorstellung so zu modifizieren, zu rotieren oder selektiv den geeigneten Flächen anzupassen, daß zur Realisierung einerseits soviel wie nötig (entsprechend der Nutzungssensibilität und der relevanten Expositions- und Gefährdungspfade), aber andererseits so wenig wie möglich Sanierungsaufwand betrieben werden muß. Hierdurch können Kosten entscheidend minimiert werden. Das bedeutet, daß z. B. keine sensiblen Nutzungen auf stark belasteten Flächen vorzusehen sind, wie es leider immer wieder vorkommt. Hinsichtlich der planerischen Konzeption ist zu berücksichtigen, daß die i. allg. besonders positiv zu bewertenden planungsrelevanten Details (kleinräumige Lage, Blickwinkel, Klima usw.) der Altlastensituation als ernstzunehmender Planungsrandbedingung unterzuordnen sind.

Das Gesamtkonzept zur Sanierung und Wiedernutzung einer Altlast muß durch die Einfachheit bestechen. Dies soll nicht bedeuten, daß aus der Altlast ein vollständig versiegelter Gewerbepark werden muß. Im Gegenteil: Wohnen auf Altstandorten ist durchaus realisierbar mit Spielbereichen, Nutzgärten usw. Dabei sollten die naturwissenschaftlich, ingenieurtechnisch geeigneten Flächen erst nach entsprechender Altlasten- und Baugrundbewertung dem Planer an die Hand gegeben werden. Durch diesen Ablauf wird vermieden, daß der Planer durch die willkürliche Festlegung der Nutzung den Aufbereitungsgrad und damit den Sanierungsaufwand vorgibt und bestimmt. Die manchen Landschafts- und Städteplanern eigene Gestaltungsoptimierung ohne Kostengrenzen führt sonst u. U. zu exorbitanten Gesamtkosten. In der Regel wird dieser Entwurf bzw. Gestaltungsvorschlag dann auf das naturwissenschaftlich-ingenieurtechnisch Machbare und Sinnvolle reduziert, mit der Folge, daß massive Beschwerden hinsichtlich der Altlasten- und Baugrundsituation bzw. der entsprechenden gutachterlichen Bewertung geführt werden. Die Wiedernutzung bzw. das Flächenrecycling von Altlasten kann nicht dadurch bestimmt werden, daß ein Gesamtentwurf unter altlastenspezifischen Limitierungen nicht realisierbar ist, oder daß essentielle Elemente für die optimierte Gestaltung unverzichtbar sind.

Abschließend ist nochmals festzustellen, daß die Altlasten ernstzunehmende Planungsrandbedingungen darstellen, die es in einer intelligenten und differenzierten Konzeption zur Sanierung und Wiedernutzung zu berücksichtigen gilt. Diese Konzeption sollte so einfach wie möglich und vom Investitionsaufwand in Teilschritten realisierbar sein, um dem Maßnahmenträger bzw. Bauherrn eine schrittweise Realisierung zu ermöglichen.

J.4   Techniken zur Sicherung von Altlasten

J.4.1   Überblick der Sicherungsverfahren

Sicherungsverfahren sind
- bautechnische Verfahren zur Verwahrung
  - Einkapselung
  - Immobilisierung
- passive hydraulische und pneumatische Maßnahmen.

Eine Einkapselung beinhaltet eines oder mehrere der folgenden Sicherungselemente:

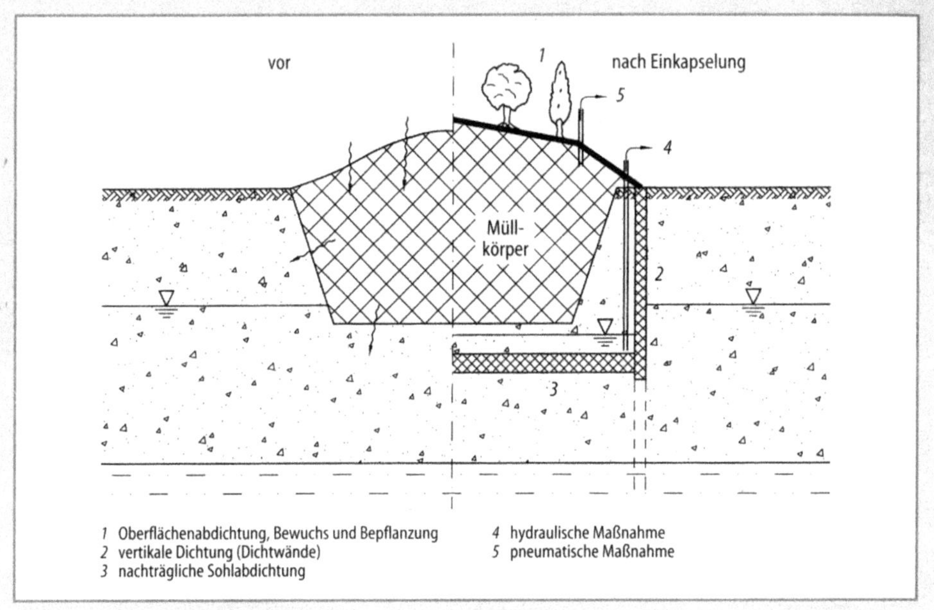

Bild J.4-1 Schema einer Einkapselung

– Oberflächensicherungssystem
– vertikale Abdichtung
– nachträgliche Sohlabdichtung.

Das Schema einer Einkapselung mit begleitenden pneumatischen und hydraulischen Maßnahmen zeigt Bild J.4-1.

Passive hydraulische und pneumatische Maßnahmen dienen der Abwehr von Gefahren, bei ausreichend langer Betriebsdauer bewirken sie eine Entfernung der Schadstoffe aus dem Untergrund. Die eigentliche hydraulische oder pneumatische Maßnahme muß dann mit der Reinigung des geförderten Mediums gekoppelt werden, und kann dann als Dekontaminationsmaßnahme eingestuft werden. Man spricht dann von aktiven hydraulischen und pneumatischen Maßnahmen.

Eine Umlagerung auf dem Standort gehört ebenfalls zu den Sicherungsverfahren, wenn der umgelagerte Boden gesichert wieder eingebaut wird.

J.4.2 Hydraulische Verfahren

J.4.2.1 Grundprinzip

Hydraulische Verfahren wirken durch Förderung, Ableitung oder Infiltration von Wasser auf den Grundwasserhaushalt, um eine im Untergrund vorhandene Verunreinigung zu beseitigen, deren Ausbreitung zu verhindern oder zu minimieren oder um eine vorhandene Grundwassernutzung gegen eine Verunreinigung abzuschirmen. Kurzfristig bewirkt das hydraulische Verfahren eine Sicherung, eine Dekontamination ist dann möglich, wenn sich die Verunreinigung in situ beseitigen läßt.

Die Anwendbarkeit hydraulischer Maßnahmen ist in Tabelle J.4-1 dargestellt.

Hydraulische Maßnahmen werden i.d.R. mit anderen Sanierungsverfahren kombiniert: Reinigung des geförderten Wassers oder bautechnische Eingriffe ins Grundwasser. Wasserreinigungsverfahren sind in Abschn. G.3 beschrieben, bautechnische Eingriffe ins Grundwasser werden in Abschn. J.4.5 erläutert.

Hydraulische Maßnahmen sind nur so lange wirksam, wie sie betrieben werden. Bei Außerbetriebnahme stellen sich nach einer gewissen Zeit die ursprünglichen Grundwasserverhältnisse wieder ein.

Die Fassung des Grundwassers ist möglich über
– Vertikalbrunnen,
– Horizontalbrunnen,
– Dränagegräben oder
– Horizontaldränagen

Kontamination	Hydraulische Maßnahme
Reinigungsmaßnahmen	
Gut mobilisierbare Verunreinigung, gut bis mittel durchlässiger Aquifer	Förderung und Reinigung des Grundwassers
Schwer mobilisierbare Verunreinigung	Zusätzlich unterstützende Maßnahme durch:
Gut abbaubare Verunreinigung, gering durchlässiger Aquifer	• Thermische Mobilisierung • Ultraschall • Zugabe von Lösungsmittel • Unterstützung des mikrobiellen Abbaus • Hydraulische Frakturierung
Freie Phase (aufschwimmend oder am Gewässergrund)	• Förderung der freien Phase • Förderung von Grundwasser und freier Phase
Leichtflüchtige Schadstoffe	In-Situ-Stripping, Unterdruckverdampferbrunnen
Abwehrmaßnahmen	
	Absenkung des GW-Spiegels zur Trockenlegung des Kontaminationskörpers, Infiltration mit Abwehrfunktion, Kombination von Leitwänden mit hydraulischen Maßnahmen

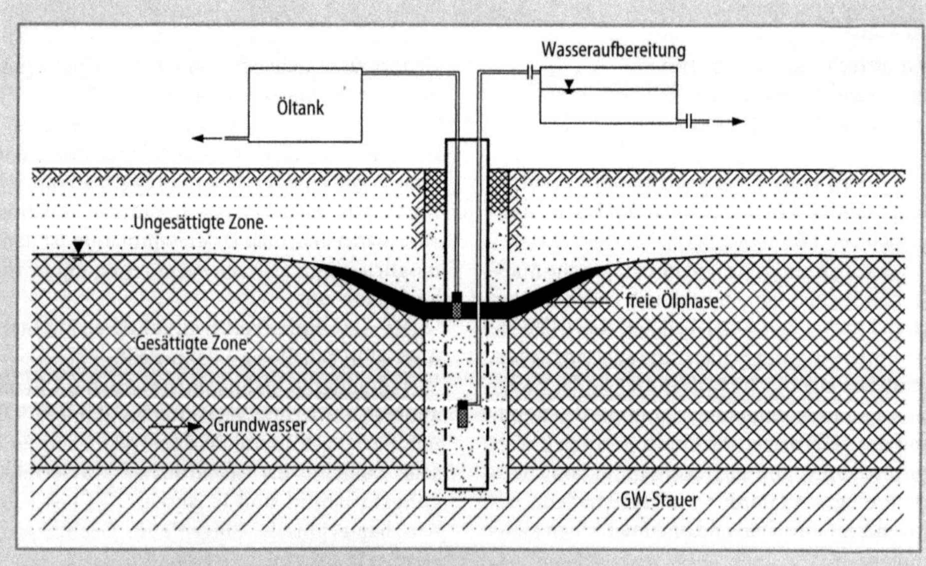

Bild J.4-2 Einfache Anordnung zur getrennten Entnahme von Grundwasser und freier Ölphase [J.4.1]

Die Entnahme von auf dem Grundwasser aufschwimmender oder auf der Sohle des Grundwasserleiters liegender Schadstoffphase ist gesondert zu betrachten.

Eine einfache Anordnung zur getrennten Entnahme von Grundwasser und freier Ölphase ist beispielhaft in Bild J.4-2 dargestellt.

J.4.2.2 Anwendungsbereiche

Für die Prüfung der Wirksamkeit sowie zur Konzeption hydraulischer Maßnahmen sind folgende Faktoren von Bedeutung:
- Art, Verteilung und Mobilität der Schadstoffe,
- Geologische Situation (Schichtaufbau, Schichtwechsel, Kornzusammensetzung),

- Hydrogeologische Situation (Grundwasserfließgeschwindigkeit und -richtung, Flurabstand, Grundwasserspiegelschwankungen, Aquifer-Mächtigkeit, Wasserdurchlässigkeit usw.),
- Phasengleichgewichte (Schadstoffe in wäßriger Phase gelöst, Schadstoffe als eigenständige flüssige Phase bei nichtwassermischbaren Kohlenwasserstoffen oder feste Phase bei einem ins Grundwasser reichenden Deponiekörper),
- Sorptions- und Rückhaltevermögen des Bodens, abhängig vom Anteil natürlicher organischer Substanzen und vom Tongehalt.

Typische Grundwasserverunreinigungen, die sich durch hydraulische Verfahren sanieren lassen, sind beispielsweise:
- aliphatische und aromatische Kohlenwasserstoffe (Otto-, Dieselkraftstoffe, Kerosin, Heizöl, Benzol, Toluol, Xylole usw.) in Produktphase auf dem Grundwasserspiegel aufschwimmend oder gelöst im Grundwasser,
- Halogenierte Kohlenwasserstoffe (LCKW, FCKW, PCB, PCP usw.) als Produktphase, teils auf dem Aquifer aufschwimmend, teils im Aquifer dispergiert, teils im Aquifer eingesunken (selten) oder gelöst im Aquifer über die gesamte Mächtigkeit des Aquifers verteilt,
- Polycyclische aromatische Kohlenwasserstoffe (PAK) gelöst im Grundwasser, selten als Produktphase (Teeröle) im Aquifer eingesunken, teils auch auf dem Aquifer aufschwimmend,
- Cyanide gelöst im Grundwasser,
- Ammonium, Nitrat, Nitrit, Sulfat, Sulfid, Phosphat, Borat, Chlorid, Bromid, Fluorid sowie weitere Kationen und Anionen gelöst im Grundwasser,
- Pestizide, Herbizide, Fungizide gelöst im Grundwasser.

J.4.3 Pneumatische Verfahren

J.4.3.1 Grundprinzip

Bei den pneumatischen Verfahren wird mit Hilfe geeigneter Aggregate Bodenluft aus den Porenräumen der ungesättigten Bodenzone abgesaugt (Bodenluftabsaugung), um leichtflüchtige Schadstoffe in der ungesättigten Bodenzone zu entfernen oder deren Ausbreitung im Untergrund zu verhindern. Die abgesaugte Bodenluft muß i. d. R. gereinigt werden. Reinigungstechniken sind in Teil F beschrieben.

Pneumatische Maßnahmen werden so lange durchgeführt, bis die Schadstoffkonzentration in der abgesaugten Bodenluft oder in der ungesättigten Bodenzone ausreichend niedrig ist. Eine vollständige Entfernung der Schadstoffe wird i. d. R. nicht erreicht.

J.4.3.2 Anwendungsbereiche

Der Einsatz pneumatischer Verfahren setzt einen ausreichend durchlässigen Untergrund voraus. Bei guter Durchlässigkeit des Untergrunds ($k_f < 10^{-3}$ m/s) kann eine Reichweite eines Absaugpegels von ca. 50 m erreicht werden, bei schlechter Durchlässigkeit ($k_f < 10^{-6}$ m/s) beträgt sie < 10 m. Auch bei klüftigem Festgestein sind pneumatische Verfahren einsetzbar.

Zur Planung einer Sanierungsmaßnahme mittels pneumatischer Verfahren sind folgende Stoffeigenschaften wichtig:
- Dampfdruck,
- Siedepunkt,
- Gasdichte,
- Sättigungskonzentration in Luft,
- untere und obere Explosionsgrenze,
- toxikologische Stoffdaten und
- arbeitsschutzrechtliche Grenzwerte.

Ein vereinfachtes Schema einer Bodenluftsanierungsanlage ist in Bild J.4-3 dargestellt.

J.4.4 Oberflächensicherung

J.4.4.1 Grundprinzip

Durch die Oberflächensicherung soll die Ausbreitung von Schadstoffen verhindert oder verringert bzw. ein unmittelbarer Kontakt mit den Schadstoffen unterbunden werden.

Technische Maßnahmen der Oberflächensicherung sind die Oberflächenabdichtung und die Oberflächenabdeckung. Zu den technischen Maßnahmen ist auch eine Überbauung zu zählen, die die Flächennutzung in die Oberflächensicherung integriert und damit eine besonders wirtschaftliche Maßnahme sein kann.

Oberflächenabdichtung und Oberflächenabdeckungen lassen sich von ihrem Aufbau her dadurch unterscheiden, daß die Oberflächenabdichtung ein mehrschichtiges System ist, deren Schichten jeweils spezifische Funktionen übernehmen, während die Oberflächenabdeckung i. allg. einschichtig ausgeführt wird. Die vorrangige Funktion der Oberflächenabdichtung ist

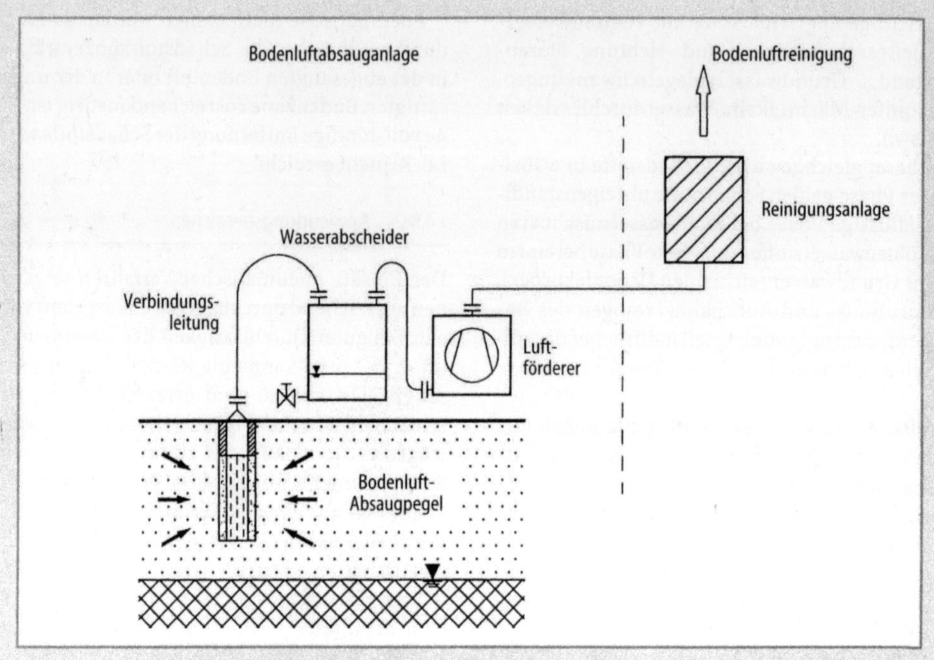

Bild J.4-3 Vereinfachtes Schema einer Bodenluftsanierungsanlage [J.4.2]

das Verhindern des Eintrags von Niederschlagswasser in die Altlast, die von der Oberflächenabdeckung nur bedingt erfüllt werden kann.

In Abhängigkeit von der Ausführungsart lassen sich mit einer Oberflächensicherung folgende Wirkungen erzielen [J.4.3]:

a) Das Niederschlagswasser soll am Eintreten in die Altlast gehindert werden, so daß die Sickerwasserneubildungsrate und der Sickerwasseraustritt aus der Altlast reduziert werden.

b) Die Emission flüchtige Schadstoffe oder Deponiegas und die Geruchsemission sollen vermindert werden.

c) Die Möglichkeit eines direkten Kontakts mit den Schadstoffen soll unterbunden werden.

d) Die Staub- und Abfallverwehung sowie der Austrag von Schadstoffen durch Wassererosion sollen unterbunden werden.

e) Der Schadstofftransport in der Wasser- oder Gasphase an die Geländeoberkante soll erschwert werden, wodurch eine Rekultivierung der Fläche möglich gemacht und das Pflanzenwachstum unterstützt werden kann.

f) Bei Betreiben einer Bodenluftabsaugung oder einer aktiven Entgasung sollen unbeabsichtigte Luftzutritte in die Altlast verhindert und damit die Wirksamkeit der Absaugung bzw. Entgasung verbessert werden.

g) Die Gefahr von Bränden, insbesondere in Altablagerungen, soll durch die Einschränkung möglicher Luftzutritte herabgesetzt werden.

h) Die Zugänglichkeit zur Altlast für Vögel und Nagetiere soll unterbunden werden, um eine Verschleppung von Schadstoffen in die Umgebung zu vermeiden.

i) Der optische Eindruck, insbesondere die Einbindung von Altablagerungen in die Landschaft, soll verbessert werden.

J.4.4.2 Anwendungsbereiche

Die Oberflächensicherung kann sowohl auf Altdeponien als auch auf Altstandorten eingesetzt werden. Der Aufbau muß auf die geplante Folgenutzung abgestimmt werden. Der Untergrund muß eine ausreichende Tragfähigkeit aufweisen und eine Oberflächenneigung, die für eine Entwässerung ausreichend ist und im Hinblick auf die Standsicherheit nicht zu steil ist.

Die Oberflächenabdichtung läßt eine Gasmigration direkt an die Atmosphäre nicht mehr zu. Dadurch kann es zu einer Zunahme der Gasmigration in den Untergrund kommen. Die Oberflächenabdichtung muß dann mit weiteren Maßnahmen wie z. B. aktiven oder passiven pneumatischen Maßnahmen kombiniert werden.

Die Art der Oberflächensicherung und des Abdichtungssystems ist im wesentlichen von folgenden Kriterien abhängig [J.4.3]:
- Tragfähigkeit und Setzungsverhalten des Untergrunds,
- Inhalt und Oberflächengestalt der Altlast,
- vorhandene und vorgesehene Flächennutzung,
- Möglichkeiten zur Sicherstellung der Nachsorge,
- erforderliche anfängliche und langfristige Dichtigkeit des Systems,
- erforderliche Standsicherheit des Systems,
- erforderliche Kontrollierbarkeit und Reparierbarkeit des Systems,
- erforderliche Realisierungsdauer,
- Materialverfügbarkeit,
- Wirtschaftlichkeit.

Es liegen Erfahrungen mit verschiedenen Abdichtungssystemen vor (nach [J.4.3] erweitert):
a) Mineralische Abdichtung (zweilagige mineralische Dichtungsschicht)
b) Kunststoffabdichtung (Dichtungselement aus Kunststoffdichtungsbahnen)
c) Kombinationsabdichtung (mineralische Dichtungsschicht oder Bentonitmatte im Verbund mit darüberliegenden, miteinander verschweißten Kunststoffdichtungsbahnen oder mit Asphaltbeton)
d) Asphaltbetondichtung (zweilagige Asphaltbetonschicht mit Tragschicht)
e) Abdichtung mit erweiterter Kapillarsperre (Kapillarsperre mit darüberliegender Dichtungsschicht)
f) Abdichtung mit integriertem Kontrollelement (zwei Dichtungselemente mit dazwischenliegender Kontrolldränage oder flächendeckendes Leckortungssystem).

Die einzelnen Schichten der Oberflächenabdichtungssysteme nach a) bis c) sind von oben nach unten:
- *Rekultivierungsschicht oder Oberbelag*
Sofern eine Rekultivierung der Flächen erfolgen soll, wird eine Rekultivierungsschicht als Wurzelraum für die Begrünung benötigt. Anderenfalls wird der Oberbelag je nach vorgesehener Nutzung gewählt.
Funktion: Witterungsschicht für die Dichtungsschicht (Schutz vor Frost, Austrocknung, Wasser- und Winderosion, Sonneneinwirkung), Vergleichmäßigung und Verminderung des Wasserzuflusses in die Entwässerungsschicht, ggf. Schutz vor mechanischen Einwirkungen aus der Befahrung, Wurzelraum bei vorgesehener Rekultivierung.
Material: lehmige Sande bis sandige Lehme oder Oberbelag nach vorgesehener Nutzung.
- *Entwässerungsschicht bzw. Dränrohre*
Funktion: Aufnahme und Abführung des durch die Rekultivierungsschicht bzw. den Oberbelag gesickerten Niederschlagswassers (Vermeidung von Staunässe), ggf. zusätzlicher Witterungsschutz der Dichtungsschicht, ggf. Schutz vor Wurzelwachstum bei vorgesehener Rekultivierung.
Material: grobkörnig mineralisch (Kiese, Sande), langzeitbeständige geotextile Dränmatten und/oder Dränrohre.
- *Dichtungsschicht*
Funktion: Sperre gegen Niederschlagswasser, Kondensat, gasförmige Schadstoffe, Deponiegas und Luft. Bei der Kombinationsabdichtung dient die Kunststoffdichtungsbahn zusätzlich als Wasserdampf- und Durchwurzelungssperre, die mineralische Dichtungsschicht stellt die Stützschicht für die Kunststoffdichtungsbahn und begrenzt die Wasserdurchlässigkeit der gesamten Dichtungsschicht bei evtl. örtlichen Leckstellen in der Kunststoffdichtungsbahn; die Kombination zweier im direkten Verbund zueinander liegender Dichtungselemente ermöglicht einen Fehlerausgleich.
Material: fein- oder gemischtkörnig mineralisch (z. B. Tone, Schluffe, ggf. Sande oder Kiese mit schluffigem oder tonigem Feinkornanteil mit oder ohne Vergütung mittels Tonmehl, Bentonit, Wasserglas o. ä.), ggf. Bentonitmatte, Kunststoffdichtungsbahnen (KDB), Asphaltbeton.
- *Ausgleichsschicht, ggf. Gasdränschicht*
Funktion: Tragschicht für den weiteren Aufbau, Feinplanum für die Dichtungsschicht, Schicht zur Druck- und Konzentrationsverteilung des Deponiegases (sofern vorhanden) unter der Dichtungsschicht.
Material: nicht bindig mineralisch (Kiese, Sande) oder langzeitbeständige geotextile Dränmatten.
- *Filter-, Trenn- und Schutzschichten*
Funktion: Filterung und Trennung verschiedener Bodenmaterialien, Schutz der Kunststoffdichtungsbahn.
Material: mineralisch (filterstabiler Aufbau) oder Geotextilien.
Lage an folgenden Grenzflächen:
- Rekultivierungsschicht/Oberbelag – Entwässerungsschicht (Trenn- und Filterschicht),

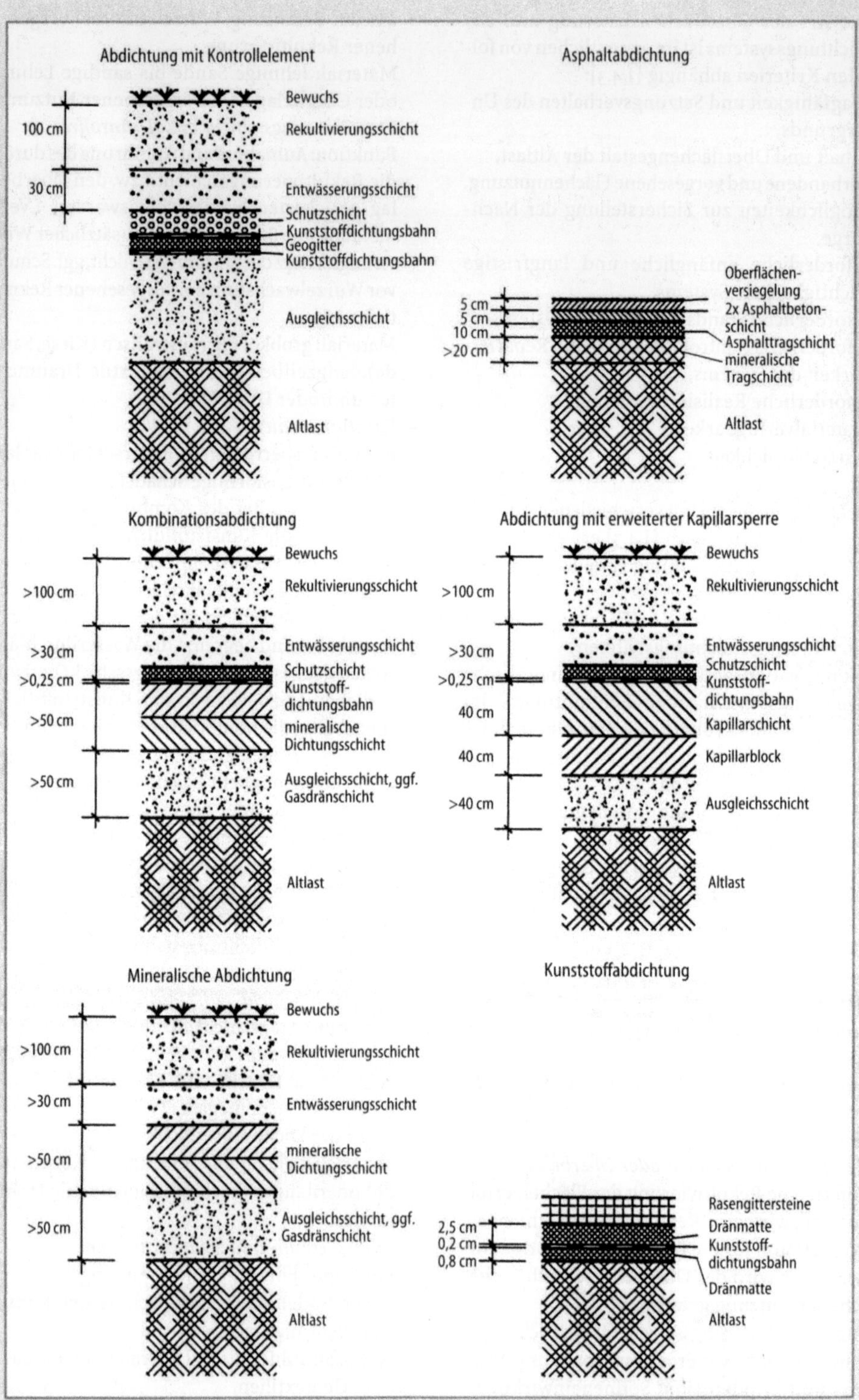

Bild J.4-4 Ausgewählte Abdichtungssysteme [J.4.3]

– Entwässerungsschicht – Dichtungsschicht
  (Schutzschicht),
– Dichtungsschicht – Dichtungsschicht
  (Schutzschicht),
– Dichtungsschicht – Ausgleichs- ggf. Gas-
  dränschicht (Trenn- und Filterschicht, ggf.
  Stützschicht),
– ggf. Ausgleichsschicht – Grobplanum
  (Trenn- und Filterschicht).

Eine Asphaltbetondichtung kann in dem vorbe-
schriebenen Mehrschichtensystem als Dich-
tungsschicht integriert werden, sie kann aber
auch als Teil der Überbauung auf Verkehrsflä-
chen nach den Regeln des Asphaltstraßenbaus
zur Ausführung kommen.

Die Kapillarsperre nutzt die Oberflächenspan-
nung an der Grenzfläche zwischen den luftge-
füllten Poren der feinkörnigen Kapillarschicht
mit den luftgefüllten Poren des darunter liegen-
den grobkörnigen Kapillarblocks. Infolge des Ge-
fälles der Kapillarschicht kann das versickernde
Niederschlagswasser in der Kapillarschicht ho-
rizontal abfließen. Solange die versickernde Nie-
derschlagsmenge geringer ist als die horizontal
abfließende Wassermenge, kann kein Wasser in
den Kapillarblock einsickern. Um die versickern-
de Wassermenge zu verringern, wird bei der er-
weiterten Kapillarsperre innerhalb der Kapillar-
schicht eine zusätzliche Dichtungsschicht ein-
gebracht.

Bei der Abdichtung mit integriertem Kontroll-
element wird zwischen zwei Dichtungselemen-
ten eine Kontrollschicht eingebaut. Diese Kon-
trollschicht soll die Detektion von Gas und Was-
ser in dieser Schicht oder die Veränderung von
physikalischen Kenngrößen durch ein Leckor-
tungssystem anzeigen. Bild J.4-4 zeigt ausge-
wählte Abdichtungssysteme [J.4.3].

Dagegen weist die Oberflächenabdeckung ei-
nen einfachen Aufbau auf. Für einen temporären
Einsatz können Planen, Folien oder Schaum
verwendet werden. Für einen langfristigen Ein-
satz ist an eine Bodenschicht mit gezielter Be-
grünung und Oberflächenprofilierung zu den-
ken.

Bei einer Überbauung kommt der Tragfähig-
keit des Untergrunds insofern besondere Bedeu-
tung zu, da bei zu geringer Tragfähigkeit eine
Tiefgründung im kontaminierten Bereich erfol-
gen müßte. Im Hinblick auf die Folgenutzung
des Standorts ist die Möglichkeit einer Gasmi-
gration zu prüfen. Es muß zunächst sicher ge-
stellt sein, daß diese Gasmigration nur im ge-

ringen Umfang auftreten kann und darüber hin-
aus Sicherungsmaßnahmen in Gebäude wie ei-
ne gasdichte Sohle oder pneumatische Maßnah-
men integriert werden.

Bei der Herstellung der Oberflächensicherung
ist eine Qualitätssicherung notwendig, deren Art
und Umfang [J.4.4] entnommen werden kann.
Oberflächensicherungen müssen so geplant wer-
den, daß eine einfache Kontrolle und Reparatur
möglich ist.

J.4.5 Vertikale Abdichtungen

J.4.5.1 Grundprinzip

Vertikale Abdichtungen werden als seitliche Bar-
rieren, Dichtwände, hergestellt. Sie sollen eine
horizontale Schadstoffausbreitung im Unter-
grund verhindern, z. B. bei
– einer Grundwasserströmung durch den Kon-
  taminationskörper,
– Vorliegen mobilisierbarer Schadstoffe ober-
  halb des Grundwasserspiegels,
– einer Migration gasförmiger Schadstoffe in
  der ungesättigten Bodenzone oder
– Schichtwasserzutritt zum Kontaminations-
  körper.

Darüber hinaus können sie zur räumlichen Be-
grenzung von hydraulischen Maßnahmen oder
von in situ-Dekontaminationsmaßnahmen ein-
gesetzt werden.

Vertikale Abdichtungen werden i. allg. in Kom-
bination mit einer Oberflächenabdichtung zur
Einkapselung der Altlast und/oder hydraulischen
Maßnahmen ausgeführt. Durch hydraulische
Maßnahmen innerhalb der Dichtwandumschlies-
sung kann ein niedrigerer Grundwasserspiegel
erzeugt werden als außerhalb, so daß ein hydrau-
lisches Gefälle von außen nach innen entsteht.
Damit wird eine Durchsickerung nach aussen
vermieden und eine Beanspruchung der Dicht-
wand durch Schadstoffe minimiert. In ihrer
Funktion als Gassperre wird die Dichtwand häu-
fig mit pneumatischen Maßnahmen kombiniert.

Dichtwände können mit verschiedenen Ver-
fahren hergestellt werden. Das jeweilige Verfah-
rensprinzip besteht darin, entweder Boden ent-
lang der Dichtwandtrasse auszuheben oder zu
verdrängen und statt dessen ein Dichtungsma-
terial einzubringen oder die Durchlässigkeit des
anstehenden Bodens durch unterschiedliche Ver-
fahren zu verringern.

[a] im wesentlichen begrenzt durch den vertretbaren technischen Aufwand

Prinzip	Dichtwand-system	Grundriß	Böden	Material	Tiefe (m)	Dicke (m)	k-Wert (m/s) mineral. Material
Aushub des anstehenden Bodens und Einbau eines Abdichtungsmaterials	Schlitzwand-Einphasen-Verfahren		bei Torf/Humin-säuren begrenzt anwendbar	Bentonit-Zement-Suspensionen mit/ohne Füllstoff	ca. 35	0,5 – 1,5	$\leq 5 \times 10^{-10}$
	Schlitzwand-Zweiphasen-Verfahren		wie vor	Bentonit-Zement-Suspensionen Erdbeton	> 50	0,4 – 1,5	$\leq 1 \times 10^{-10}$
	Schlitzwand-Kombinations-dichtung		wie vor	Bentonit-Zement-Suspensionen, Kunststoff-Dichtungsbahnen (z.B. PEHD)	ca. 35	> 0,6	wie oben
	überschnittene Bohrpfahlwand		keine Einschränkungen bei verrohrtem Boden	Erdbeton	ca. 20	0,6 – 0,8	$\leq 1 \times 10^{-10}$
	Schmalwand			Bentonit-Zement-Suspensionen mit Füllstoff	ca. 25	0,07 – 0,20	$\leq 1 \times 10^{-10}$
Verdrängung des anstehenden Bodens und Einbau eines Abdichtungsmaterials	Spundwand		rammfähige bzw. rüttelfähige	Stahl	ca. 25	0,01 – 0,02	–
	gerammte Schlitzwand			Erdbeton	15 – 20	0,4	$\leq 1 \times 10^{-9}$
Verringerung der Durchlässigkeit des anstehenden Bodens	Injektionswand		in injizierbaren	Zement-, Ton-Zement-Suspensionen, Silikat-Gele	> 100[a]	einstellbar	$\leq 1 \times 10^{-8}$
	Hochdruck-Injektionswand		auch in sehr feinkörnigen	Bentonit-Zement-Suspensionen mit/ohne Füllstoff	> 100[a]	0,2 – 0,8	$\leq 1 \times 10^{-10}$
	Gefrierwand			flüssiger Stickstoff, Gefrieranlage	> 100[a]	> 0,8 – 0,1	–

Tabelle J.4-3 Kurzbeschreibung der Dichtwandsysteme

Dichtwandsystem	Kurzbeschreibung
Schlitzwand-Einphasenverfahren	Aushub von Schlitzen unter der Stützwirkung einer Dichtwandsuspension, die nach Aushubende erhärtet
Schlitzwand-Zweiphasenverfahren	Aushub von Schlitzen unter der Stützwirkung einer Bentonitsuspension und Austausch der Suspension gegen die Dichtwandmasse im Kontraktorverfahren
Schlitzwand-Kombinationsdichtung	In einen hergestellten Schlitz wird ein flächiges dünnes Dichtungselement aus Kunststoff, Stahl oder Glas eingestellt, danach erhärtet die Dichtwandmasse bzw. die Stützsuspension wird ausgetauscht
Überschnittene Bohrpfahlwand	Überschnittenes Bohren ø 0,6 – 1,2 m und Füllen des Bohrlochs mit Dichtmasse
Schmalwand	Aneinandergereihtes überlagerndes Einrütteln oder Rammen und Ziehen eines I-Stahlprofils bei gleichzeitiger Verpressung der durch die Bohle entstehenden Hohlräume mit Dichtmaterial
Gerammte Schlitzwand	Aneinandergereihtes Einrammen eines geschlossenen Hohlkastens mit lösbarer Sohlplatte, Füllen des Kastens mit Dichtmasse und Ziehen des Kastens
Injektionswand	Einpressen eines Injektionsmittels in die Poren des Untergrunds mit Hilfe vertikaler oder geneigter Injektionsrohre
Hochdruck-Injektionswand	Herstellen von flächigen oder säulenartigen Dichtungselementen mit dem Hochdruck-Injektionsverfahren durch Auflösen der Bodenstruktur und Vermischen des Bodens mit dem Injektionsmittel unter hohem Druck
Gefrierwand	Gefrieren des Bodenwassers über in vertikale oder geneigte Bohrungen in geringen Abständen eingebrachte doppelwandige Gefrierrohre, so daß ein geschlossener Frostkörper entsteht

Zu jedem Verfahrensprinzip existieren wiederum mehrere Dichtwandsysteme, die sich durch das Herstellungsverfahren unterscheiden lassen, i. d. R. auch unterschiedliche Eigenschaften aufweisen.

Die Herstellungsverfahren sind im Spezialtiefbau sowie im Talsperren- und Wasserbau entwickelt worden und sind dort seit Jahren Stand der Technik. Dichtwände werden auch bei der Sanierung von Altlasten eingesetzt. Das Dichtungsmaterial für Dichtwände zur Einkapselung von Altlasten muß aber auf die spezifischen chemischen Beanspruchungen abgestimmt werden. Dies erfordert gezielte Untersuchungen in jedem Anwendungsfall.

Die Dichtwandsysteme, erreichbare Tiefen und die üblichen Dicken der Wände sind in Tabelle J.4-2 aufgeführt, dazu die i. allg. erzielbaren Materialdurchlässigkeiten. Eine Kurzbeschreibung der Herstellverfahren enthält Tabelle J.4-3.

J.4.5.2 Anwendungsbereiche

Dichtwände lassen sich in allen Lockergesteinen herstellen, in denen sich entweder ein ggf. mit Stützhilfe standfester Raum zur Einbringung der Dichtmasse herstellen läßt bzw. die rammbar oder injizierbar sind. Im Festgestein sind nur Verfahren mit bohrender oder fräsender Hohlraumerstellung und das Injektionsverfahren einsetzbar.

Die erreichbare Dichtwandtiefe ist überwiegend vom Herstellverfahren und vom Baugrund abhängig, kann aber auch durch die rheologischen Eigenschaften und das Erstarrungsverhalten der Dichtwandmasse limitiert sein. Für nahezu alle Schadstoffinhalte einer Altlast kann eine Dichtwand hergestellt werden.

Eine vollständige Einkapselung wird erzielt, wenn die Dichtwand die Altlast vollständig umschließt (geschlossene Wand) und in eine wasserstauende Bodenschicht (Stauer) einbindet. Wo diese in erreichbarer Tiefe nicht vorhanden ist, besteht grundsätzlich die Möglichkeit einer nachträglichen Sohlabdichtung.

Im Einzelfall kann auch eine nicht in den Stauer einbindende „schwebende" Dichtwand ausreichend wirksam sein, z. B. bei der Gefahr der Migration gasförmiger Schadstoffe oder der Mobilisierung von Flüssigkeiten, die leichter als Wasser sind und sich mit Wasser nicht mischen. Ebenso kann in anderen Fällen eine in einen Stauer einbindende, aber nicht geschlossene Dichtwand ausreichend sein.

Durch den Eingriff in den Grundwasserstrom werden die hydraulischen Verhältnisse durch Anstau auf der Anstromseite und Absenkung im Grundwasserabstrom verändert. Die Auswirkungen müssen im Einzelfall beurteilt werden.

Die Auswahl des geeigneten Dichtwandsystems und des zweckmäßigen Herstellungsverfahrens wird durch bodenphysikalische und geochemische Parameter sowie die Art der Altlast bestimmt.

In erster Linie sind folgende Kriterien maßgebend [J.4.5]:
- erforderliche Tiefe der Wand,
- Festigkeit des Untergrunds und des Grundwasserstauers, in den die Dichtwand ggf. einbindet,
- Beständigkeit gegenüber Schadstoffangriff bzw. zu erwartende Lebensdauer (Langzeitverhalten),
- Wirksamkeit,
- Verformbarkeit bei zu erwartenden Untergrundverformungen z. B. in Bergsenkungsgebieten
- Kontrollierbarkeit und Reparierbarkeit,
- Einbindung in den Grundwasserstauer,
- Schnelligkeit der Herstellung in akuten Fällen,
- Platzbedarf für die Durchführung der Baumaßnahme,
- Emissionen (Erschütterungen, Lärm),
- Entsorgungsbedarf für kontaminierten Aushub und Abwasser der Suspensionsaufbereitung,
- Arbeitsschutzmaßnahmen,
- Verwendungs- bzw. Entsorgungsmöglichkeit von mit Suspensionen vermischtem Aushub,
- Wirtschaftlichkeit.

Je nach Dichtwandsystem und Herstellungsverfahren werden unterschiedliche Dichtungsmaterialien eingesetzt, die entweder systembedingt oder in Abhängigkeit von Untergrundeigenschaften und Schadstoffen zu wählen sind.

Membranartige Dichtungselemente bestehen aus Stahl oder Kunststoff (i. allg. PEHD). Stahlbohlen können als alleiniges Dichtungselement eingebaut werden und zur Verbesserung der Beständigkeit beschichtet werden, Kunststoffdichtungsbahnen, die in vorbereitete Schlitze eingehängt werden, können zur Verhinderung einer Diffusion mit einer Einlage z. B. aus Aluminium versehen werden.

Mineralische Dichtungsmassen sind auf das Herstellungsverfahren und die Abdichtungsfunktion einzustellen. Für die Dauer des Herstellvorgangs müssen die rheologischen Eigenschaften den Anforderungen des Herstellverfahrens und des Untergrunds entsprechen, nach Fertigstellung der Wand müssen ausreichend niedrige Durchlässigkeit und hohe Beständigkeit erreicht werden.

In Dichtwänden können je nach Herstellungsverfahren verschiedene Dichtungsmassen eingesetzt werden. Vor Beginn der Abdichtungsmaßnahmen muß die Eignung durch Eignungsprüfungen nachgewiesen werden. Diese sind in E 3-2 der GDA-Empfehlungen [J.4.4] aufgeführt. Darin finden sich ebenfalls die Anforderungen an die Qualitätssicherung während der Bauausführung.

Schlitzwände können mit zementhaltigen und zementfreien Dichtwandmassen hergestellt werden. Alle Mischungen enthalten Bentonit. Zur Erhöhung des Feststoffanteils können innerhalb der Grenzen der Verarbeitbarkeit Füllstoffe wie z. B. Steinmehl zugegeben werden. In der Mischung mit Wasser weisen diese Dichtungsmassen eine ausreichende Fließfähigkeit in frischem Zustand auf. Nach dem Einbau erhärtet die Mischung und muß eine Mindestdruckfestigkeit erreichen, die höher ist als die umgebende Erddruckspannung. Die Festigkeitsentwicklung ist bei der Planung des Bauablaufs und bei längeren Arbeitsunterbrechungen zu berücksichtigen.

Wenn keine ausgeprägte Fließfähigkeit erforderlich ist, z. B. bei einer Bohrpfahlwand, kann Erdbeton verwendet werden. Dieser hat eine ähnliche Zusammensetzung wie Beton, d. h. Kiessand mit Porenfüller, allerdings sind die Zementanteile geringer oder nicht vorhanden.

Die wesentlichen Porenfüllstoffe sind Bentonit und/oder wenig aktives Tonmehl, ggf. durch Kunststoffbeimischungen ergänzt.

Arbeitsschutzmaßnahmen sind nach Art der Dichtungsmaterialien und des Herstellungsverfahrens erforderlich.

J.4.6 Nachträgliche Sohlabdichtung

J.4.6.1 Grundprinzip

Die nachträgliche Sohlabdichtung kann sinnvoll werden, wenn Oberflächensicherung und Dichtwände nicht ausreichen.

Nachträgliche Sohlabdichtungen werden durch zwei grundsätzlich verschiedene Verfahren hergestellt:

- durch die Vergütung des vorhandenen Bodenmaterials mittels Injektions- oder Düsenstrahlverfahren *oder*
- durch das Einbringen von Dichtungsschichten in dafür geschaffene flächige Hohlräume unter der Altlast mittels bergmännischer Verfahren.

Durch eine nachträgliche Sohlabdichtung in Verbindung mit der seitlichen Abdichtung wird eine Einkapselung gebildet, deren Umschließungsflächen sehr gering wasser- und schadstoffdurchlässig sind. Aber auch bei Einsatz einer Oberflächenabdichtung muß davon ausgegangen werden, daß aus der Einkapselung kontaminiertes Wasser in geringen Mengen abzupumpen und zu behandeln ist. Hierfür müssen Entnahmemöglichkeiten vorgesehen werden.

J.4.6.2 Anwendungsbereiche

Nachträgliche Sohlabdichtungen können insbesondere erforderlich werden, wenn
- eine Umlagerung aufgrund der Menge des kontaminierten Abfalls oder Bodens bzw. wegen dabei auftretender Gefährdungen nicht infrage kommt und
- wenn der Kontaminationskörper sich bis in den Grundwasserbereich erstreckt und
- wasserstauende Horizonte in technisch erreichbarer Tiefe zur Einbindung vertikaler Abdichtungen nicht anstehen und eine schwebende Dichtwand keine ausreichende Wirkung erzielt oder
- die natürlich anstehenden grundwasserstauenden Schichten unzulässig hohe Schadstoffdurchlässigkeiten aufweisen oder geologische Störungen vorhanden sind.

In Abhängigkeit von den eingesetzten Herstellverfahren sind nachträgliche Sohlabdichtungen in allen Bodenarten möglich (Lockergestein und Festgestein). Die Art der einzukapselnden Schadstoffe kann bestimmend sein für die Auswahl der Abdichtungsmaterialien.
Bergmännische Verfahren zur Herstellung nachträglicher Sohlabdichtungen sind bisher nicht ausgeführt worden und aufgrund der enormen Kosten nur in Ausnahmefällen denkbar.
Die Herstellung der nachträglichen Sohldichtungen mittels Injektionsverfahren erfordert Bohrungen, über die das Injektionsgut in die Poren und Klüfte des Untergrunds eingepreßt wird, wobei es die bevorzugten Wasserwege verschließt. Die Bohrungen sind folgendermaßen ausführbar:
- vertikal, durch den Schadstoffkörper hindurch,
- horizontal oder geneigt, zwischen parallelen Stollen oder Schächten neben der Altlast oder
- wannenförmig, mittels verlaufsgesteuerter Horizontalbohrung.

Die Dichtungsfläche wird durch die Überlappung der kugelförmigen Injektionskörper gebildet. Mit dem Düsenstrahlverfahren können säulenförmige oder lamellenartige Dichtungskörper hergestellt werden.

J.4.7 Immobilisierung

J.4.7.1 Grundprinzip

Verfahren zur *Immobilisierung* sind Sicherungsverfahren, mit denen kontaminierte Haufwerke derart behandelt werden, daß ein Austrag von Schadstoffen unterbunden bzw. minimiert wird. Dies wird über die Bildung stofflicher Barrieren durch Verziegeln, Verglasen, Verdichten, Stabilisieren oder Fixieren erreicht, in der Altlastensanierung jedoch überwiegend mit *Schadstoffeinbindung durch Verfestigung*. Eine Definition dieser Begriffe läßt sich aus [J.4.6, J.4.7] und [J.4.8] zusammenfassen:
- *Konditionieren*: Einbringen von Zuschlagstoffen zur Verbesserung der bodenphysikalischen Eigenschaften im Hinblick auf Transport und Ablagerung („Stichfestigkeit")
- *Verfestigung*: Verfahren der Einmischung von Bindemitteln und Herstellung eines mechanisch festen Produkts mit dem Ziel, die Handhabung bzw. die physikalischen Eigenschaften zu verbessern und die freie Oberfläche zu verringern
- *Stabilisierung*: Umwandlung des Reststoffs in eine stabilere chemische Form und Begrenzung der Löslichkeit der Inhaltsstoffe, z.B. durch Sorption, pH-Einstellung oder Veränderung chemischer Bindungsformen, als Ziel der Verfestigung
- *Fixierung*: Chemischer Einbau oder Chemiesorption durch Reaktionen zwischen Reststoff und Bindemittel
- *Einbindung*: Wirkungsmechanismus, mit dem o.g. Ziele erreicht werden.

Bei den Verfahren zur *Schadstoffeinbindung durch Verfestigung*, auf die sich die folgenden Ausführungen beziehen, erfolgt die Immobilisierung sowohl mittels chemischer und chemisch-physikalischer Mechanismen – Fällung, Oxidation/Reduktion, Sorption, pH-Verschiebung, Speichermineralbildung – als auch durch physikalische Einschließung – Makroeinkapselung, Mikroverfestigung.

Die jeweils wirksamen Einbindemechanismen können nach [J.4.8] wie folgt ermittelt werden:
– physikalische Verfahren: elektronenoptisch, röntgenographisch
– chemische Verfahren: phasenspezifische sequentielle Extraktionen
– konsekutive Desorptionsversuche
– physikalisch-chemische Verfahren: Bestimmung der Bindungsenthalpien

Während die Effekte der chemischen Einbindung versuchstechnisch nur schwer zu erfassen und reproduzierbar nachzuweisen sind, lassen sich physikalische Ziele wie Minimierung der Wasserdurchlässigkeit und langfristige mechanische Beständigkeit in standardisierten Testverfahren ermitteln. Daher wird diesem Aspekt der Schadstoffeinbindung eine erhebliche Bedeutung eingeräumt und diese Untersuchung oft vorrangig betrachtet. Insbesondere bei reaktiven, toxikologisch bedenklichen Kontaminationen reicht dies nicht aus [J.4.9]. Der Umweltrat betont [J.4.9], daß für die Anwendung von Immobilisierungsverfahren Mindestanforderungen an Bindungsmechanismen aufgestellt und diese, ebenso wie Freisetzungsmechanismen, bei den Prüfverfahren berücksichtigt werden müssen. Darüber hinaus sollte das Verhalten der Immobilisate im Zusammenhang mit Infiltration, Elution und Emission wissenschaftlich nachprüfbar ausgearbeitet werden, wie es bisher nur in wenigen Fällen, z.B. in [J.4.10], dokumentiert worden ist [J.4.9].

J.4.7.2   Anwendungsbereiche

Stehen Dekontaminationsverfahren nicht zur Verfügung oder können sie aus technischen oder wirtschaftlichen Gründen nicht eingesetzt werden, befürwortet der Umweltrat den Einsatz von Immobilisierungsverfahren, sofern Güteanforderungen aufgestellt und kontrolliert werden [J.4.9]. Die Schadstoffeinbindung durch Verfestigung wird zur Sanierung von Altablagerungen, Altstandorten und verunreinigten Betriebsgeländen eingesetzt. Behandelt werden:

– durch Schadstoffeintrag verunreinigter Boden
– Auffüllungen aus Schlacken, Stäuben, Bauschutt
– Reststoffe, Nebenprodukte aus Produktionsverfahren
– kontaminiertes Feinbruchmaterial aus dem Rückbau von Industrieanlagen
– kontaminierte Abbruchmassen – Beton, Mauerwerk – nach vorheriger Aufbereitung (Zerkleinerung, Klassierung)

Verfestigungsverfahren sind insbesondere auch für Böden mit hohem Feinkornanteil geeignet (Schluffanteil > 20 %) und relativ unempfindlich bzgl. der Korngrößenverteilung des Ausgangsmaterials. Schlämme können aufgrund ihrer geringen Eigenfestigkeiten nur durch Zugabe von Stützkorn oder sehr hoher Bindemittelanteile (50 – 100 Gew.%) die angestrebten Festigkeiten (1 MN/m²) erreichen. Grobkörniges Material (gebrochener Bauschutt) erfordert die Zugabe feinkörniger Füllstoffe.

Mit der Schadstoffeinbindung durch Verfestigung können anorganische Schadstoffe, insbesondere Schwermetalle, sowie bei Zugabe spezieller Additive bzw. Bindemittel auch organische Schadstoffe immobilisiert werden. Der Hauptanwendungsbereich liegt bei organischen und anorganischen Mischkontaminationen bei geringer bis mittlerer Konzentration. Leichtflüchtige Inhaltsstoffe können nicht eingebunden, aber bei Einsatz spezieller Mischanlagen vor der Verfestigung gezielt ausgetrieben und in Filteranlagen gefaßt werden. Hohe Gehalte an organischen Verunreinigungen erfordern hohe Bindemittelanteile und können sinnvoller mit thermischen Verfahren behandelt werden.

Je nach Ausgangsmaterial und Projektrandbedingungen – Material, Schadstoffkonzentration, Mengen, Sanierungszielwerte, räumliche Verhältnisse, künftige Nutzung – können die Verfestigungsprodukte am Standort wieder eingebaut, anderweitig als Baustoff verwendet oder müssen auf Deponien abgelagert werden. Material, das wieder eingebaut wird, kann als lastausgleichende Schicht oder zur Versiegelung tieferreichender Untergrundkontaminationen herangezogen werden. Neben dem Einsatz zur Geländemodellierung können manche Verfestigungsprodukte als Stützmaterial in Dämmen oder als Tragschicht eingesetzt werden. Darüberhinaus wurden bereits ölkontaminierte Böden bei der Herstellung von Asphaltmischgut verwendet. Ist weder eine freie noch eine eingeschränkte Verwertung möglich, d.h. muß das

Material aufgrund der Schadstoffgehalte auf Deponien verbracht werden, so kann es dort i.d.R. als Baustoff innerhalb des Ablagerungsbereichs eingesetzt werden. Darüberhinaus ist eine Verwendung unter Tage, z.B. als Bergbaumörtel, grundsätzlich möglich.

J.4.7.3 Verfahrensprinzip

Der Verfahrensablauf (Bild J.4-5) ist grundsätzlich für On-site- und Off-Site-Behandlungen gleich. In-Situ-Verfahren wurden bisher kaum eingesetzt, vorrangig aufgrund der schwierigen Nachweisführung für den Einbindeerfolg (Qualitätssicherung).

Nach dem Aushub des Bodens und dem Transport bzw. nach der Bereitstellung des Ausgangsmaterials an der Behandlungsanlage werden im ersten Verfahrensschritt Fremd- und Störstoffe separiert. Aussortiertes Holz und Kunststoffe werden entsorgt, über Magnetabscheider abgetrennte Metalle der Schrottverwertung zugeführt. Grobes Ausgangsmaterial wie Beton- oder Mauerwerksreste werden anschließend in einer Brechanlage den Erfordernissen der Mischanlage entsprechend zerkleinert. Vorgeschaltete Siebanlagen erzielen eine abgestufte Kornverteilung und damit eine Erhöhung der Dichtigkeit des Verfestigungsprodukts.

Die Beschickung der Mischanlage erfolgt in Abhängigkeit vom Material über Schneckenförderer (Staub), Dickstoffpumpen (Schlamm) oder Förderbänder (Boden, Bauschutt), die aus Emissionsschutzgründen abgedeckt bzw. geschlossen sein sollten.

In der zentralen Einheit, der Mischanlage, werden die Ausgangsstoffe mit Bindemitteln und Wasser intensiv vermengt. Je nach Verfahren werden hierzu Durchlaufmischer mit hoher Durchsatzleistung, jedoch geringerem Homogenisierungseffekt eingesetzt, oder chargenweise arbeitende Zwangsmischer, die durch intensive Verwirbelung sowohl einen Bindemittelaufschluß als auch eine gute Homogenisierung des Mischguts erreichen. Sie weisen jedoch geringere Durchsatzleistungen auf. Die eingebrachte Mischenergie wirkt sich entscheidend auf den Einbindeerfolg aus. Je heterogener das Ausgangsmaterial und komplexer die Schadstoffe, desto höher die Anforderungen an die Mischintensität (Mischzeit zwischen 90 s und 4 min, Wirbler).

Bei den meisten Verfahren wird erdfeuchtes Mischgut hergestellt, mit einem möglichst geringen Wassergehalt, der ausreicht, die Hydratation mineralischer Bindemittel zu bewirken, so daß sich das Mischgut mit üblichen Erdbaugeräten transportieren und einbauen läßt.

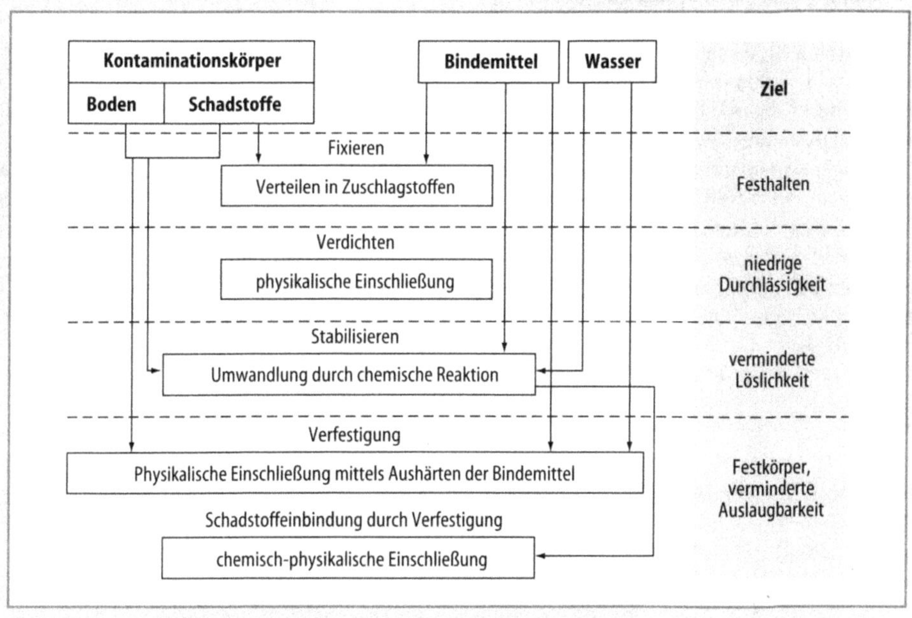

Bild J.4-5 Verfahrensfließband Schadstoffeinbindung durch Verfestigung

Die angestrebte hohe Dichtigkeit des verfestigten Materials wird durch einen lagenweisen Einbau mit sorgfältiger Verdichtung erreicht. Dabei wird das Porenvolumen soweit minimiert, daß i.d.R. trotz Zugabe von Bindemitteln zwar eine Massen-, jedoch keine oder nur eine geringe Volumenerhöhung zu verzeichnen ist. Nach dem Abbinden entsteht ein monolithisches, homogenes, betonähnliches Produkt mit geringer Durchlässigkeit. Alternativ können Formkörper, z.B. Blöcke von 0,5 – 1 m³, hergestellt werden, die nach dem Aushärten transportiert und abgelagert werden.

J.4.7.4 Übersicht Verfahrenstechniken

Eine klare Abgrenzung verschiedener Verfahrenstechniken ist bei der Schadstoffeinbindung durch Verfestigung nicht möglich. Die Verfahren unterscheiden sich vorwiegend durch die verwendeten Bindemittel, aber auch durch die eingesetzten Mischanlagen. Einen umfassenden Überblick über Verfahrensanbieter und Referenzen enthält [J.4.7]. Fast alle Verfahren beruhen auf dem Einsatz mineralischer Bindemittel, in erster Linie Zement oder Spezialbindemittel auf Zementbasis, aber auch Flugasche, Wasserglas, Kalk oder Gips. Zusätzlich werden Adsorbentien und Fällungsmittel, teilweise auch organische Bindemittel – Polymere und Thermoplaste – verwendet.

Für jede einzelne Sanierungsmaßnahme werden von den Anbietern Eignungsprüfungen durchgeführt, in deren Rahmen die einzusetzenden Bindemittel ausgewählt und nach Art und Dosierung optimiert werden, basierend auf den Erfahrungen mit ähnlichen Ausgangsstoffen. Üblicherweise werden 10 – 30 Gew.% Bindemittel und Additive, bezogen auf das feuchte Ausgangsmaterial, zugegeben. In Einzelfällen werden auch Bindemittelgehalte bis zu 100 Gew.% vorgeschlagen.

J.4.7.5 Anforderungen

Bisher fehlen für die Bodensanierung durch Immobilisierung klare gesetzliche Regelungen. In der Praxis wird daher für jeden Einzelfall ein Qualitätssicherungssystem zwischen Verfahrensanbieter, Gutachter, Auftraggeber und Genehmigungsbehörde abgestimmt und von dieser festgeschrieben. Basis hierfür bilden häufig die Güteanforderungen aus [J.4.6, J.4.11-J.4.13] oder [J.4.14].

Ziel der Immobilisierung ist die langfristig sichere Einbindung von Schadstoffen, d.h. die dauerhafte Minimierung des Schadstoffaustrags. Dazu ist in erster Linie das Auslaugverhalten im Elutionsversuch zu überprüfen. Zur Gewährleistung einer langfristig wirksamen Schadstoffeinbindung sind auch die mechanischen Eigenschaften zu untersuchen und ihre Beständigkeit nachzuweisen. Da Untersuchungen gezeigt haben, daß Produkte geringer Festigkeit mit der Zeit einen Anstieg des Schadstoffaustrags aufweisen können [J.4.14], und es derzeit kein standardisiertes Elutionsverfahren gibt, mit dem das Auslaugverhalten der eingebauten Verfestigungsprodukte wirklichkeitsgetreu und reproduzierbar simuliert werden kann, tritt die Ermittlung der mechanischen Eigenschaften oft in den Vordergrund.

Derzeit werden an Verfestigungsprodukte folgende Anforderungen gestellt [J.4.11, J.4.13]:
– die Prüfung der mechanischen Eigenschaften
  – Einaxiale Druckfestigkeit in Anlehnung an DIN 18136
    $q_u \geq 1$ MN/m2
  – Durchlässigkeitsbeiwert in Anlehnung an DIN 18130 in der Triaxialzelle ermittelt
    $k_f \leq 1 \cdot 10^{-9}$ m/s
    (Empfehlung des LWA: $k_f \leq 1 \cdot 10^{-10}$ m/s)
– Zerfallsbeständigkeit nach ENDELL, Zerfallsziffer $\leq 2\%$
– Untersuchung des Auslaugverhaltens.
  In der Altlastensanierung wird häufig die Vorgabe der TA-Abfall, Teil 1, Anhang H, eingesetzt, auch wenn es sich nicht um Abfälle handelt. Danach ist die Prüfung in Anlehnung an DIN 38 414, Teil 4, am unzerstörten Probekörper durchzuführen. Das LWA empfiehlt, bei großen Abfallmengen (> 10.000 t/a), ergänzend das Langzeitverhalten im Durchströmungsversuch in der Triaxialzelle (vgl. [J.4.15]) zu simulieren.

Für die Prüfung der Druckfestigkeit und der Durchlässigkeit werden zylindrische Probekörper mit einer Höhe und einem Durchmesser von 10 cm hergestellt. Der Zerfallsversuch wird an Bruchstücken aus der Festigkeitsprüfung durchgeführt. In der TA Abfall werden für den Auslaugtest zylindrische Probekörper mit einer Höhe und einem Durchmesser von 7 cm vorgeschlagen, die mit der 10fachen Wassermenge schonend zu eluieren sind (Magnetrührer). Die Beurteilung des Einbindeerfolgs sollte auf Basis der Schadstofffrachten, nicht der Konzentrationen erfolgen [J.4.9].

Da bei den meisten Verfestigungsverfahren hydraulische Bindemittel verwendet werden, wurde als Prüfzeitpunkt analog der Betontechnologie ein Probenalter von 28 Tagen festgelegt. Die Druckfestigkeit ist zusätzlich nach 14 und nach 56 Tagen zu ermitteln (LWA: nach 14 und nach 28 Tagen).

In Abhängigkeit von der geplanten Verwendung sind weitere Untersuchungen, z. B. zur Frostbeständigkeit, erforderlich. Liegen detaillierte Informationen zu den Einbaurandbedingungen vor, können modifi-zierte Elutionsversuche, z. B. mit simulierten In-Situ-Medien (Sickerwasser, kontaminiertes Grundwasser), durchgeführt werden. Insbesondere zur Beurteilung der Langzeitbeständigkeit sind Untersuchungen zur Ermittlung der Einbindemechanismen sinnvoll (s. Abschn. J.4.7.1).

J.4.7.6   Qualitätssicherung

Das Qualitätssicherungssystem besteht aus 3 Komponenten:
1. Eignungsprüfung
   - Beschreibung der Einzelkomponenten: Abfall, Bindemittel, Zusatzstoffe
   - Mechanische Eigenschaften der Verfestigungsprodukte: Durchlässigkeitsbeiwert, Druckfestigkeit, Zerfallsziffer
   - Auslaugverhalten der Verfestigungsprodukte: Elution in Anlehnung an DIN 38 414 Teil 4, ggf. zusätzlich Triaxialversuch
2. Güteüberwachung (Eigen- und Fremdüberwachung)
   - Prüfung der Einzelkomponenten
   - Kontrolle der Rezeptur
   - Betriebstagebuch: Protokolle der Mischanlage bzgl. Mischen, Transport, Einbau
   - Prüfung der Verfestigungsprodukte: Auslaugverhalten, mechanische Eigenschaften
3. Langzeitüberwachung (Kontrollprüfung)
   - Beständigkeitsprüfung
   - Grundwasserkontrolle bzgl. Qualität
   - ggf. Sickerwasserkontrolle bzgl. Menge und Qualität

Der Umfang der Überwachungsprüfungen ist einzelfallspezifisch festzulegen. Als Anhaltspunkt für die Güteüberwachung dient die Herstellung und Untersuchung von verdichteten Rückstellproben des Mischguts je 500 m³ verfe-

stigten Ausgangsmaterials. Die Prüfungen analog der Eignungtests sind für eine Teilmenge oder für alle Probekörper von einem Fremdgutachter durchzuführen.

J.5   Dekontamination

J.5.1   Überblick über Dekontaminationsmaßnahmen

Als Dekontaminationsmaßnahmen werden alle technischen Maßnahmen zusammengefaßt, die an der Schadstoffquelle ansetzen bzw. eine Separierung oder Zerstörung der Schadstoffe bewirken. Dekontaminationsmaßnahmen zielen auf eine weitgehende und möglichst endgültige Lösung des Altlastenproblems.

Je nach Konzeption und Wirkungsweise lassen sie sich in schadstoffzerstörende und schadstoffseparierende Maßnahmen unterteilen. Schadstoffzerstörende Maßnahmen bewirken eine direkte Dekontamination der schadstoffbelasteten Umweltmedien. Schadstoffseparierende Maßnahmen extrahieren und konzentrieren die Schadstoffe aus den Umweltmedien Boden, Wasser oder Luft. In nachgeschalteten Behandlungsanlagen muß das Schadstoffkonzentrat entsorgt werden. Die Dekontaminationsmaßnahmen lassen sich folgendermaßen zusammenfassen und zuordnen (Bild J.5-1)[J.5.1, J.5.2]:

Schadstoffzerstörung
- thermische Verfahren (Abschn. J.5.2)
- mikrobiologische Verfahren (Abschn. J.5.3)

Schadstoffseparierung
- aktive hydraulische Maßnahmen (Abschn. J.4.2)
- aktive pneumatische Maßnahmen (Abschn. J.4.3)
- chemisch-physikalische Extraktions-, Wasch- und Trennverfahren, u.a. Bodenwäsche (Abschn. J.5.4), Elektrokinetisches Verfahren (Abschn. J.5.5)

Für pneumatische und hydraulische Maßnahmen gilt einschränkend, daß eine eindeutige Zuordnung nicht in allen Fällen möglich ist, da über eine entsprechend lange Betriebszeit von Sicherungen auch eine allmähliche Dekontamination erreicht werden kann. Die Einteilung in aktive und passive Maßnahmen und damit die Zuordnung zu den Handlungsfeldern „Dekontamination" und „Sicherung" beruht auf der

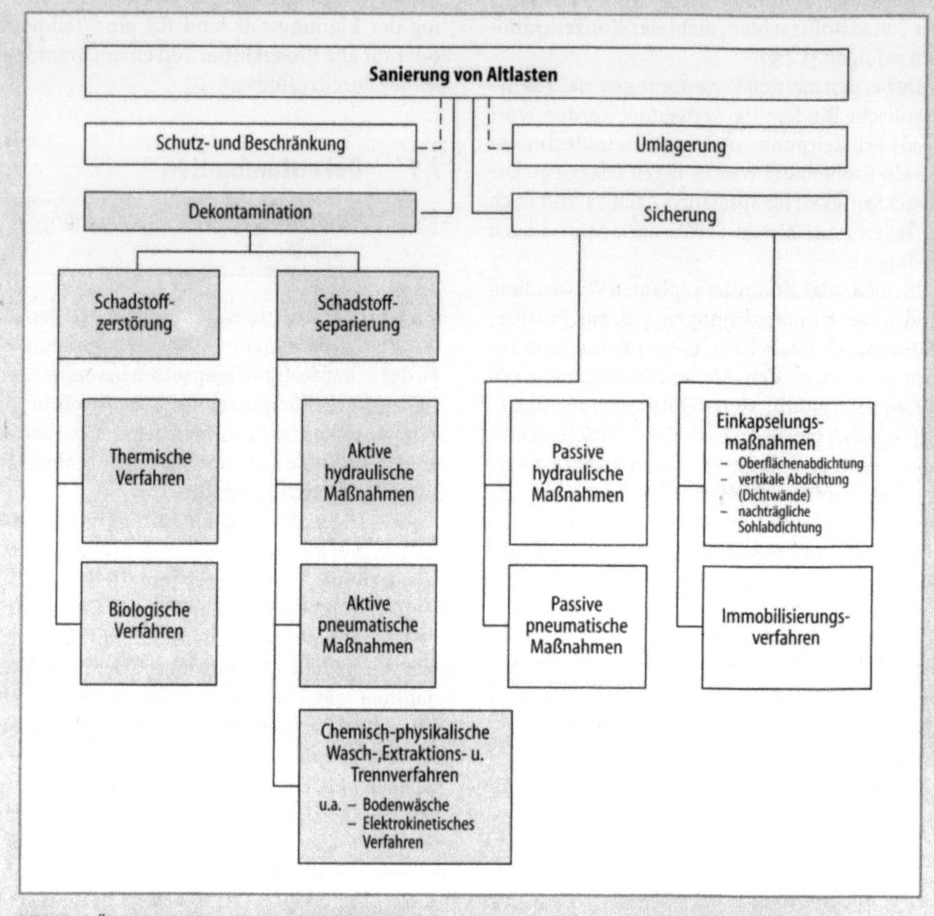

Bild J.5-1 Übersicht der Dekontaminationsmaßnahmen

Zielrichtung der Maßnahmen. Aktive pneumatische und hydraulische Maßnahmen zielen auf eine Beseitigung der Kontaminationsquelle direkt in der Altlast. Passive pneumatische und hydraulische Maßnahmen verhin- dern die weitere Ausbreitung der Schadstoffe und dienen der Unterbrechung der Transmissionswege in der Peripherie der Altlast. Um Wiederholungen zu vermeiden und eine übersichtliche Darstellung zu gewährleisten, werden die hydraulischen und die pneumatischen Maßnahmen zusammengefaßt in Abschn. J.4 „Techniken zur Sicherung von Altlasten" dargestellt.

J.5.2 Thermische Verfahren

Verfahren zur thermischen Altlastensanierung werden vor allem bei persistenten organischen Bodenverunreinigungen (wie z.B. polyaromatische oder polyhalogenierte Kohlenwasserstoffe) sowie in speziellen Fällen bei Schwermetallbelastungen eingesetzt. Ziele der thermischen Verfahren sind:

– Destabilisierung von adsorptiven und chemischen Bindungskräften durch thermische Einwirkung,
– pyrolytische und/oder oxidative Zerstörung freigesetzter Verbindungen (insbesondere organische Verbindungen),
– thermisch iniziierte Aufkonzentrierung oder Einbindung anorganischer Schadstoffe wie z.B. Schwermetalle.

Die thermische Dekontamination kann im Kontaminationskörper (in situ), nach Bodenaushub vor Ort (on site) oder nach Bodenaushub in einer zentralen Aufbereitungsanlage (off site) durchgeführt werden, wobei die Wahl der Sanierungsmethoden oft weniger aufgrund verfahrenstechnischer als vielmehr verwaltungsrechtlicher Vorgaben erfolgt. Der Sanierungsumfang wird zumeist durch humantoxikologische Untersuchungen festgelegt, wobei immer mehr eine nutzungsorientierte Schadstoffabreicherung und nicht eine Multifunktionalität der sanierten Flächen als Aufbereitungsziel angestrebt wird.

J.5.2.1 Grundlagen der thermischen Altlastensanierung

Die thermische Schadstoffabreicherung kann durch *Verdampfen*, *Vergasung*, *pyrolytische* oder *oxidative Zersetzung (Verbrennung)* sowie deren Kombinationen erfolgen. Tabelle J.5-1 zeigt eine Übersicht der verschiedenen thermischen Dekontaminationsverfahren [J.5.2]. Verfahrenstechnische Grundlagen dieser Techniken sind u. a. in Abschn. H.3.3 „Thermische Abfallbehandlung" beschrieben. Anders als bei den dort aufgeführten Behandlungsmethoden müssen jedoch bei der thermischen Dekontamination boden- und nutzungsspezifische Faktoren sowie die Bindungsform der Kontamination Berücksichtigung finden. Eine besondere Bedeutung kommt dabei der auf den belasteten Boden einwirkenden Temperatur zu.

Tabelle J.5-1 Prozesse bei der thermischen Dekontamination von Erdreich

Verfahrensbezeichnung Temperaturbereich °C (Feststoff)		Zweck	Zielprodukt(e) 1) Feststoffe 2) Gase	Beheizung/ Wärmeübergang: Ofentyp
Entgasung				
Niedertemperatur-Entgasung	bis 500	Austreiben flüchtiger Ausgangsstoffe oder Zersetzungsprodukte (Ver-/Ausdampfen Gasdestillation)	1) abgereinigtes Material: Gemisch aus anorganischen Bodenbestandteilen und Pyrolysekoks; biologisch inaktiv, aber mit Zusätzen revitalisierbar (nur bei Niedertemperatur-Verfahren) 2) Nachverbrennung	indirekt; in Drehrohr oder Schweltrommel
Mitteltemperatur-Entgasung	500 – 800			
Schwelung, Hochtemperatur-Entgasung	> 800 – 900			
Verglasung	bis 2000	Einschluß in Glas; Austreiben flüchtiger Stoffe	1) „In-Situ"-Glaskörper 2) ausgetriebene Stoffe zur Nachverbrennung	Lichtbogeneffekt („in situ")
Spülgas-destillation	300 – 800	Austreiben durch Spülung; behutsamere Bodenbehandlung; durch Reduktion weniger PAH-Reste	1) belebbarer Boden 2) ausgetriebene Stoffe zur Nachverbrennung in Stützflamme	direkt; in Schacht- oder Drehrohrofen
Vergasung				
Mitteltemperatur-Vergasung	600	Austreiben flüchtiger Stoffe (s.o.)	1) abgereinigtes Material (s.o.) 2) Brenngas (mit geringem Heizwert) bei ca. 1000 – 1200 °C verbrannt und anschließend gereinigt	indirekt; in Drehrohrofen
Hochtemperatur-Entgasung	1100 – 1600	Umsetzung von 20 – 30 % Ölkontamination zu Brenngas	1) deponiefähige Schlacke 2) Brenngas bis > 100 °C verbrannt	direkt; in Vergasungs-reaktorschacht
Verbrennung				
Mitteltemperatur-Verbrennung	300 – 900	Ausdampfung, Verbrennung	1) belebbarer Boden bzw. Bettasche (je nach Temperatur) 2) Rauchgas (zur Reinigung)	indirekt oder direkt; in Drehrohr- oder Wirbelschichtofen
	500 – 1000	Ausbrennen von flüchtigen oder zersetzbaren Schadstoffen; Fixieren von Schwermetallen in gesinterten Matrizen	1) „totgebrannter" Boden (Schlacke, „Backstein"), nicht belebbar; deponiefähig 2) Rauchgas (zur Reinigung)	indirekt; durch Strahlung in Infrarot-Durchlaufofen; oder mittels „In-Situ"-Wärmestrahlrohr
Hochtemperatur-Verbrennung	bis 1200 evtl. 1500			direkt; in Drehrohr- oder Wirbelschicht-ofen

Bei *Off-Site-* und *On-Site-Aufbereitungsverfahren* sind neben der Höhe der Temperatur weitere zu beachtende Parameter:
- Temperaturverteilung in Gasphase und Feststoff,
- Gasphasenzusammensetzung,
- Partikelgröße und -verteilung des Bodenmaterials,
- Strömungsführung,
- Form und Geometrie des Reaktionsraums.

Die thermischen Altlastenaufbereitung mit *In-Situ-Verfahren* beinhalten keine reaktor- und partikelspezifische Optimierungsmöglichkeiten, und werden im nachfolgenden Grundlagenkapitel nicht eingehender betrachtet.

Ablauf und Geschwindigkeit der thermischen Dekontamination bei Off-Site- oder On-Site-Verfahren lassen sich prinzipiell mit Ansätzen beschreiben, wie sie aus der Umsetzung von Kohle oder hochenergetischen Abfällen (z.B. thermisch vorgetrockneter Klärschlamm) bekannt sind [J.5.3, J.5.4]. Der kontaminierte Boden kann in diesen Modellansätzen als ballastreicher fester Energieträger angesehen werden.

Bei niedrigen bodenschonenden Prozeßtemperaturen werden gegenüber hohen Behandlungstemperaturen allerdings deutlich längere Feststoff-Verweilzeiten notwendig und zwar unabhängig davon, ob es sich um Pyrolyse, Vergasung oder Verbrennung handelt. Die Verweilzeit setzt sich aus verschiedenen Teilschritten zusammen und zwar:
- Aufheizen des Bodens,
- Entgasung leichtflüchtiger Bestandteile,
- teilweise chemische Umsetzung durch Verbrennung, Entgasung oder Vergasung von Bestandteilen
- Abbau der nichtflüchtigen Bestandteile wie z.B. Restkoks (je nach Temperatur auch Verglasung des Bodenmaterials),
- An- und Abtransport der Edukte und Produkte zwischen Gasphase und Feststoff.

Die für die thermische Dekontamination notwendige Verweilzeit wird somit durch das Zusammenwirken der Geschwindigkeiten chemischer Reaktionen und physikalischer Transportvorgänge bestimmt, als Grenzfall kann dabei der eine oder der andere Vorgang geschwindigkeitsbestimmend sein.

Aufheizvorgänge laufen bei kleineren in der Gasphase homogen verteilten Partikeln und hohen Temperaturen im Millisekundenbereich ab, so daß dieser Anteil an der Gesamtverweilzeit vernachläßigt werden kann [J.5.5]. Bei Verwendung von z.B. Drehrohr- oder Muffelreaktoren ist eine homogene Vermischung von Feststoff und Gas nicht gegeben und die Aufheizzeiten müssen ggf. mit berücksichtigt werden.

Unabhängig von der Prozeßtemperatur ist der langsamste und damit verweilzeitbestimmende Teilschritt bei der Abreicherung organischer Schadstoffe der Abbau nichtflüchtiger kohlenstoffhaltiger Bestandteile und die damit verbundenen Transportvorgänge. Quantitativ überschlägig läßt sich dieser Vorgang mit dem Modell des „schrumpfenden Feststoffkerns" (shrinking core model) beschreiben [J.5.6]. Dabei erfolgt die Reaktion an der äußeren Bodenschicht und wandert mit fortschreitender Reaktionszeit in den Feststoff hinein, wobei eine Schicht aus umgesetztem Material und vorhandenem inertem Feststoff verbleiben.

Unter den o.g. temperaturbezogenen Abhängigkeiten der Dekontamination und den modellspezifischen Annahmen des *shrinking core models* kann man für die *Verbrennung* folgende Verweilzeit-Berechnungsansätze verwenden [J.5.7]:

a) Chemische Reaktion als verweilzeitbestimmende Größe:
(Verbrennung Reaktion 1. Ordnung in bezug auf den O_2-Gehalt)
gilt mit folgenden Rahmenbedingungen $k_S << \beta$ und $k_S R_S << D_e$

$$t = \frac{\varrho_B R_S}{|\nu_C| M_C k_S c_{O2}} \left(1-(1-U_C)^{1/3}\right)$$

b) Diffusion des Sauerstoffs durch das poröse Bodenkorn:
Gilt mit folgenden Rahmenbedingungen $k_S << \beta$ und $k_S R_S >> D_e$

$$t = \frac{\varrho_B R_S^{\,2}}{6\,|\nu_C| M_C D_e c_{O2}} \left(3-3\,(1-U_C)^{2/3}-2\,U_C\right)$$

c) Stoffübergang als verweilzeitbestimmende Größe: (Diffusion durch die Gasgrenzschicht)
d) Gilt mit folgenden Rahmenbedingungen $k_S >> \beta$ und $k_S R_S << D_e$

$$t = \frac{\varrho_B R_S}{3\,|\nu_C| M_C \beta c_{O2}} U_C$$

mit

$$U_C = 1 - (R_K/R_S)^3$$

ρ_B Dichte des festen Reaktionspartners (kg/m^3)

c_{O_2} O_2-Konzentration in der Gasphase (mol/m³)

M_C Molare Masse (g/mol)

R_S Radius des kugelförmigen Bodenpartikel (m)

R_K variabler Radius der Reaktionsfläche (m)

U_C Umsatzgrad der Schadstoffe

v_C stöchiometrische Zahl des festen Reaktionspartners

β Stoffübergangskoeffizient (m/s)

k_S Reaktionsgeschwindigkeitskonstante (m/s)

D_e effektiver Diffusionskoeffizient von O_2 (m²/s)

Der Einfluß der Temperatur auf die Wahl der zu verwendenden Berechnungsansätze läßt sich wie folgt interpretieren:

Im Nieder- bis Mitteltemperaturbereich (etwa 500 – 700 °C) bestimmt die chemische Reaktion, bei höheren Temperaturen die Reaktionskinetik einschl. der Porendiffusion und bei hohen Temperaturen (oberhalb von 1000 – 1200 °C) die Grenzfilmdiffusion gasförmiger Edukte und Produkte die Geschwindigkeit der Dekontamination (s. Bild J.5-2).

Neben der Temperatur ist ein weiterer wesentlicher Verfahrensparameter der Partikeldurchmesser. Bild J.5-3 zeigt den Einfluß von Temperatur und Partikeldurchmesser auf die Reaktionsgeschwindigkeitskonstante k_S und auf den Stoffaustauschkoeffizient β bei der Verbrennung kohlenstoffhaltiger, nichtflüchtiger Partikel. Mit wachsendem Korndurchmesser wird danach der Stoffaustausch gegenüber der chemischen Reaktion für die Verweilzeit immer maßgebender.

Während bei der Verbrennung fossiler Energieträger Partikelgrößen < 100 µm bedeutsam sind, hat man bei der Dekontamination i.d.R. gröbere Partikel zu berücksichtigen, die zumeist auch über einen weiten Größenbereich verteilt sind. In Tabelle J.5-2 ist eine typische Partikelgrössenverteilung einer der Dekontamination zuzuführenden Altlast dargestellt [J.5.8]. Wie Tabelle J.5-2 zeigt, liegt ein weites Kornspektrum vor. Der Schluffanteil mit einer Größe unter 63 µm ist mit 12 % noch relativ gering, während der Grobanteil (> 4000 µm) mit 37,6 % sehr hoch ist, insbesondere da der ausgekofferte Boden bereits in einem Brecher vorzerkleinert wurde. Bei gleichmäßiger Verteilung der Schadstoffe in allen Kornfraktionen müssen als verweilzeitbestimmende Größe die Grobfraktionen Berücksichtigung finden. In der Praxis treten jedoch häufig Schadstoffe deutlich überproportional in den Feinfraktionen auf, und können somit verweilzeitbestimmenden Einfluß erhalten.

In den zuvor dargestellten Berechnungsansätzen ist ein verweilzeitentscheidender Faktor enthalten, der über den idealen Modellansatz hinaus bereits reales Reaktorverhalten in Grenzen mitberücksichtigt. Dies ist die mittlere Sauerstoffkonzentration im Reaktionsraum, die primär von der Art der gewählten Verbrennungseinrichtung und dem damit verbundenen Luftüberschuß λ bestimmt wird (s. Abschn. H.3.3).

In Analogie zur Verbrennung können bei der Vergasung oder der Pyrolyse Apparatedimen-

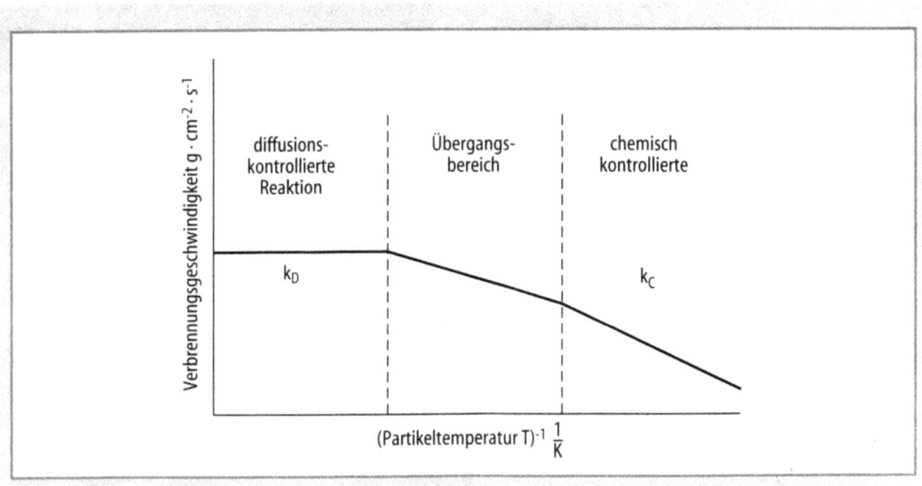

Bild J.5-2 Arrhenius-Diagramm zur Einteilung geschwindigkeitsbestimmender Einflußgrößen auf die Verbrennung

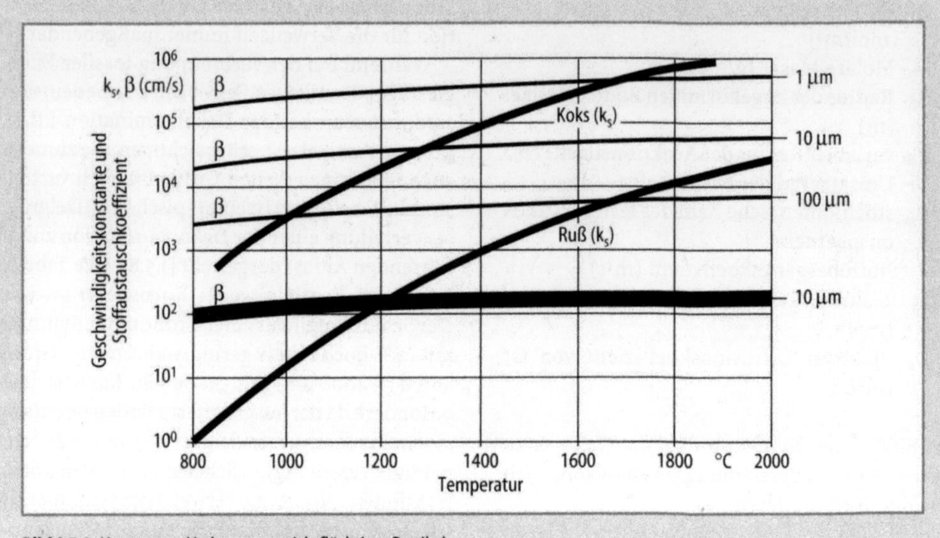

Bild J.5-3 Heterogene Verbrennung nichtflüchtiger Partikel

Tabelle J.5-2 Korngrößenverteilung einer mit Zink verunreinigten Altlast

µm	%
< 63	12,0
63 – 90	3,3
90 – 200	6,9
200 – 500	11,7
500 – 1000	11,0
1000 – 2000	8,3
2000 – 4000	9,2
> 4000	37,6

sionierungen mit Hilfe von Berechnungsansätzen überschlägig vorgenommen werden, die im Bereich der energetischen Nutzung fester Brennstoffe Anwendung finden [J.5.9]. Verfahrenstechnisch optimaler sowohl hinsichtlich des Dekontaminationserfolgs als auch in bezug auf die Unterdrückung von Schadstoff-Neubildungen lassen sich die Aufbereitungsprozesse gestalten, wenn hersteller- und anbieterunabhängige Technikumserprobungen mit spezifischen aufbereitungsrelevanten Bodenproben durchgeführt werden.

J.5.2.2 Voruntersuchung und Vorbehandlung der Altlast

Über die im Rahmen der Sicherungsmaßnahmen durchzuführenden Untersuchungen und Analysen hinaus können bei der thermischen Dekontamination weitere Voruntersuchungen erforderlich werden, die folgende Parameter erfassen sollen:

– Heizwert der Altlast,
– Schmelzverhalten des veraschten Bodens (DIN 51730) [J.5.10],
– Partikelverteilung und partikelgrößenbezogene Schadstoffgehalte,
– Bindung der Schadstoffe im Boden und Porenstruktur des Bodens.

Die letztgenannte Voruntersuchung in Kombination mit der Schadstoffart ist von besonderer Bedeutung für die Auswahl eines thermischen Dekontaminationsverfahrens. Tabelle J.5-3 zeigt mögliche Bindungsformen der Schadstoffe in der Altlast [J.5.2].

Liegen die Schadstoffe vor allem im gasförmigen Aggregatzustand vor, so werden „In-Situ"-Verfahren bevorzugt eingesetzt; liegen feste oder flüssige Schadstoffe mit hohen Dampfdrücken und schwachen Boden-Bindungskräften vor, so eignen sich vor allem Verdampfungsverfahren (in situ oder on site); liegen hohe Bindungskräfte vor, so werden Vergasungs-, Pyrolyse- und vor allem Verbrennungsverfahren notwendig. Der Einfluß der Kombinationswirkung Schadstoff und Boden zeigt sich z.B. deutlich bei der thermischen Dekontamination von mit chlororganischen Verbindungen belastete Böden [J.5.11]. Nachfolgend sind die benötigten Mindesttemperaturen aufgeführt, um die Konzen-

Tabelle J.5-3 Mögliche Bindungsformen von Schadstoffen in kontaminiertem Untergrund

Fester Aggregatszustand	Flüssiger Aggregatszustand	Gasförmiger Aggregatszustand

– lockere Einlagerung, Einschlüsse
– Agglomerate untereinander mit dem Untergrundmaterial durch
  • Adhäsion zwischen Partikel
  • Kapillarkräfte bei niedrigviskoser Flüssigphase
  • Adhäsion mit hochviskoser Flüssigkeitsphase (Verklebung mit plastischen Schadstoffen)
  • kristalline Brücken zwischen den Feststoffen
  • Gitterübergänge zwischen kristallinem Schadstoff und Bodenmineralien
  • verschiedene Arten der chemischen Bindung
	– lockere Einlagerung, Einschlüsse
	– Agglomerate untereinander mit dem Untergrundmaterial durch
	  • adsorptive Bindung auf den Partikeloberflächen (Verklebung mit plastischen Schadstoffen) und in Porenstrukturen in Abhängigkeit von der Benetzbarkeit
	  • kapillare Bindung in den Zwickeln zwischen Partikeln
	  • Lösung oder Adsorption in Bodenpartikeln
	  • chemische Bindungsformen
		– in Abhängigkeit vom Dampfdruck (hauptsächlich der Flüssigkeiten) und beim Vorhandensein von Hohlräumen
		– im Gleichgewicht mit A) und B) (adsorptierten bzw. gelösten Phasen der normalerweise gasförmigen Schadstoffe

tration der Insektizide Aldrin oder Dieldrin auf < 0,1 mg/kg Boden abzusenken:

	Dünensand	humöser Sand	Torf-Ton
Aldrin/ Dieldrin	350 °C	400 °C	> 450 °C

Eine sanierungsorientierte Vorbehandlungen der Altlast kann bei On-Site- und Off-Site-Verfahren von Bedeutung sein und zwar besonders dann, wenn große Inhomogenitäten im Boden auftreten (z.B. in Form von Fundamentresten oder Steinen), oder ein weites Kornspektrum vorliegt. Als Vorbehandlung reichen zumeist mechanische Klassier- und Zerkleinerungstechniken aus. Abhängig von der Beschaffenheit der Altlast kann auch der Einsatz von Magnetscheidern für die Abtrennung eisenhaltiger Materialien eine sinnvolle Erweiterung der Vorbehandlung sein. Bei In-Situ-Verfahren fehlen diese prozeßoptimierenden Möglichkeiten der Altlasten-Vorbehandlung weitgehend.

J.5.2.3 Verfahrensprinzipien zur thermischen Behandlung

Neben den Vorbehandlungsstufen (bei On-Site- und Off-Site-Verfahren) beinhalten die Anlagen folgende weitere Elemente:
– thermische Reaktoren zur Bodenaufbereitung,
– thermische Abgasnachverbrennung,
– Abgas- und Abwasserreinigung,
– Boden- und Reststoff-Nachbehandlung.

Die Durchsatzleistungen thermischer Behandlungsanlagen liegen bei mobilen On-Site-Verfahren zumeist < 10 t/h und können bei stationären Off-Site-Verfahren > 50 t/h erreichen. Technisch ausgeführte und erprobte Vergasungsverfahren fehlen aufgrund der zumeist kleinen Gehalte an wirtschaftlich verfügbaren Kohlenwasserstoffen weitgehend.

Bei den meisten marktfähig angebotenen thermischen Verfahren zur Dekontamination handelt es sich um Verschaltungen von Verdampfungs-, Pyrolyse- und/oder Verbrennungsverfahren, die als wesentliches Unterscheidungsmerkmal die auf den Boden einwirkende Temperatur besitzen. Nachfolgend werden daher die thermischen Sanierungsverfahren in Hochtemperatur- und Mitteltemperaturverfahren unterteilt sowie in Sonderverfahren abgehandelt.

J.5.2.3.1 Hochtemperaturverfahren

Bei den Hochtemperaturverfahren wird der voraufbereitete kontaminierte Boden Temperaturen > 600 °C (bei Verbrennungs- oder bei Pyrolysebedingungen) ausgesetzt. Als thermischer Reaktor werden in der Hauptsache Drehrohre oder Wirbelschichtapparate verwendet. Vorteile der Hochtemperaturverfahren sind der sehr hohe Inertisierungsgrad durch:
– weitgehende Zerstörung persistenter und/oder schwerflüchtiger organischer Verbindungen,
– Zersetzung anorganischer Verbindungen (wie z.B. halogen- oder schwefelhaltiger Substanzen),

– Ausdampfung und Aufkonzenrierung leicht-
flüchtiger Schwermetalle (wie Blei und Queck-
silber),
– Einbindung schwerflüchtiger Schwermetalle
in die Bodenmatrix (bei Temperaturen ober-
halb von 1000 – 1200 °C).

Die Zerstörung der organischen Schadstoffe fin-
det bei Hochtemperaturverfahren – anders als
bei Niedertemperaturverfahren – weitgehend
parallel mit der Schadstofffreisetzung aus dem
Boden statt, wobei auch temperaturresistente
mit großen Bindungskräften am Boden haften-
de Verbindungen erfaßt werden. Eine Reduzie-
rung der Abgasmenge und damit verbunden ei-
ne Verringerung des apparativen Aufwands zur
Abgasreinigung kann bei Verbrennungstechni-
ken durch den Einsatz sauerstoffangereicherter
Luft oder durch reine Sauerstoffanwendung er-
reicht werden.

Prinzipielle Nachteile der Hochtemperatur-
technik sind der höhere Energiebedarf, die auf-
wendigeren Maßnahmen zur Rekultivierung des
inertisierten Bodens und evtl. höhere Schad-
stoffgehalte (wie z.B. für NO_x, HCl und SO_2) im
zu reinigenden Abgas.

Anbieter für Hochtemperaturverfahren zur
thermischen Altlastensanierung sind u. a.:
– Boran, Berlin
– Thyssen Still Otto, Bochum
– Züblin, Stuttgart

Nachfolgend werden beispielhafte Verfahrens-
techniken vorgestellt:

Boran-Verbrennungsverfahren
Bei diesem Verfahren handelt es sich um eine ro-
tierende Wirbelschicht-Verbrennungsanlage,
bei der die mechanisch aufbereitete Altlast (Par-
tikeldurchmesser < 20 mm) über Auftragsschnek-
ken und über Verdrängerpumpen (Feinfrakti-
on) in den Reaktor aufgegeben wird. Die notwen-
dige Energie wird über Direktbeheizung (Heiz-
ölfeuerung) dem Reaktor zugeführt. Bild J.5-4
zeigt den schematischen Aufbau der Boran-An-
lage [J.5.12].

Die Dekontamination des Bodens (ca. 10 t/h)
erfolgt bei Temperaturen von etwa 900 °C und
mittleren Verweilzeiten von 45 – 60 min. Grobe
und spezifisch schwere Bodenbestandteile wer-
den bei deutlich kürzeren Verweilzeiten aus der
Wirbelschicht als sog. Bettasche (zumeist unter

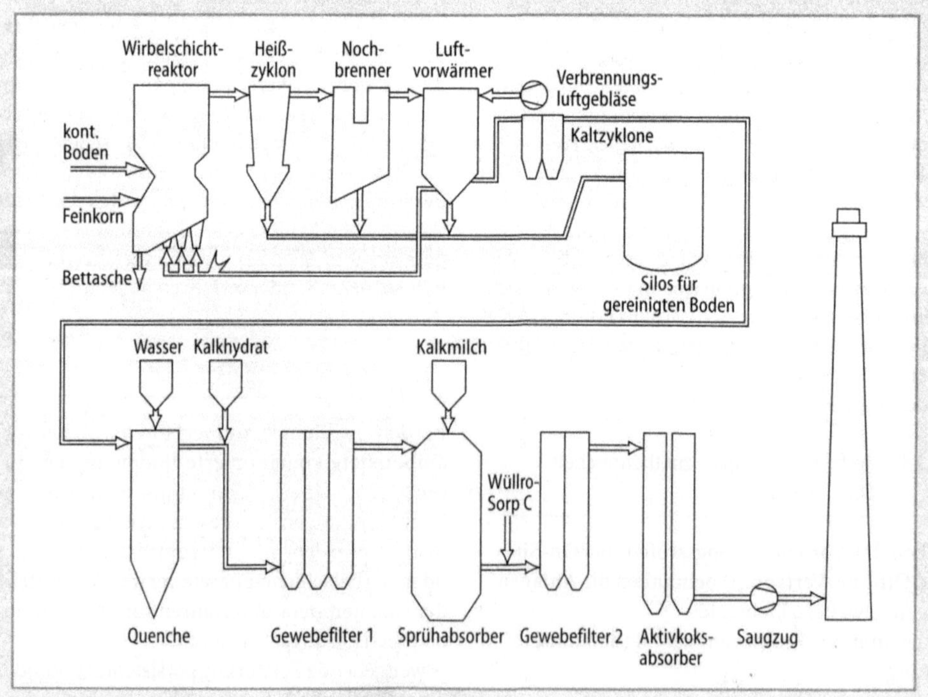

Bild J.5-4 Verfahrensschema der Boran-Altlastensanierungsanlage

10 – 15 Ma.%) ausgetragen. Der größte Bodenanteil verläßt die Wirbelschicht als Feinfraktion mit dem Rauchgas, und wird im wesentlichen in einem Heißgaszyklon abgeschieden (bis zu 85 % der Feinfraktion). Diese Hochtemperaturentstaubung reduziert ganz entscheidend die Neubildung von Schadstoffen (z. B. polychlorierte Dioxine und Furane) in den Rauchgasen. Die staubarmen Rauchgase werden anschließend einer Nachbrennkammer zugeführt, wobei organische Spurenstoffe bei 1200 °C weitgehend zersetzt werden sollen.

Wie Bild J.5-4 zeigt, gelangt das Rauchgas aus der Nachbrennkammer über einen Wärmeaustauscher in einen weiteren Staubabscheider (sog. Kaltzyklon) und danach in die Rauchgasreinigung zur Abscheidung saurer Schadgase (HCl, HF und SO_2) und Spurenstoffe. Diese Rauchgasreinigung ist wie folgt zusammengesetzt:
- Quenche mit nachgeschalteter trockener Kalkhydrataufgabe,
- Gewebefilter 1,
- Sprühabsorber mit Kalkmilchzugabe,
- Rohrreaktorstrecke mit Aufgabe für Wülfra-Sorp C,
- Gewebefilter 2,
- Aktivkoksadsorber.

In der Quenche werden die Rauchgase von ca. 350 auf 250 °C abgekühlt, nach Bedarf anschliessend mit Kalkhydrat versetzt und dadurch eine HF- und HCl-Vorabscheidung erreicht. Feste Reaktionsprodukte, unreagiertes Kalkhydrat und feine Bodenfraktionen werden durch ein Gewebefilter aus dem Gasstrom entfernt. Die hauptsächliche Abscheidung der sauren Schadgase erfolgt bei ca. 140 °C durch den Sprühabsorber (Kalkmilch-Zugabe) und die Zugabe von Kalkhydrat/Aktivkohlegemischen (Wülfrasorp C). Im Gewebefilter 2 werden die Reaktionsprodukte und das unreagierte Material vom Gasstrom abgetrennt. Leichtflüchtige Schwermetalle und evtl. noch vorhandene organische Spurenstoffe sollen bis zur analytischen Nachweisgrenze durch einen zweistufigen Aktivkoksadsorber reduziert werden. Durch die aufwendige Rauchgasreinigung können laut Herstellerangabe die strengen Emissionsgrenzwerte der 17. BImSchV eingehalten werden.

Thebora-Verbrennnugsanlage
(Thyssen Still Otto)
Hierbei handelt es sich um ein als stationäre Wirbelschicht ausgebildetes Verbrennungsverfahren mit einem Massendurchsatz von etwa 4 – 5 t kontaminiertem Boden pro h, wobei die maximale Partikelgröße 50 mm nicht überschreiten soll. Der über Einschubschnecken in die Wirbelschicht eingebrachte Boden wird bei Temperaturen zwischen 850 und 900 °C dekontaminiert. Die prozeßnotwendige Energiezufuhr erfolgt über Direktbeheizung in Form von Stützfeuerungen, die wahlweise mit Gas, Heizöl oder festen Brennstoffen betrieben werden können. Bild J.5-5 zeigt den schematischen Aufbau der Anlage [J.5.13].

Aus der Wirbelschicht wird dekontaminierter Boden als Bettabzug und rauchgasgetragen über einen Heißgaszyklon ausgeschleust. Der Boden wird gekühlt und angefeuchtet (ca. 5 – 10 % Wasser) und auf ein Freilager gegeben. Optional kann das Rauchgas in einer Nachverbrennungskammer auf Temperaturen von mind. 1200 °C angehoben werden, um besonders toxische Komponenten entsprechend der 17. BImSchV zu zerstören.

Die Rauchgase werden, wie Bild J.5-5 zeigt, aus der Nachbrennkammer oder dem Zyklon kommend einem Dampferzeuger und danach einer Stickoxidminderung (nur bei Verwendung einer Nachbrennkammer erforderlich) zugeführt. Anschließend erfolgt eine Reduzierung reaktiver saurer Schadgaskomponenten in einem Sprühabsorber. Die Reaktionsprodukte, unreagiertes Material sowie der Feinstaubanteil (ca. 3 % der Bodenfraktion) werden in einem nachgeschalteten Gewebefilter abgeschieden.

Nach Passieren eines Kreuzstrom-Wärmetauschers gelangt das Rauchgas in einen zweistufigen Schadgasabsorber, der eine basische (Na-OH) und eine saure (HCl) Reinigungsstufe enthält. Nach Wiederaufheizung wird das vorgereinigte Rauchgas zur Spurenstoffentfernung (z. B. Quecksilber oder polychlorierte Dioxine und Furane) einem Aktivkoksadsorber zugeführt.

Reststoffe bei der Thebora-Anlage sind neben dem dekontamierten Boden der aus dem Gewebefilter und der Kesselanlage anfallende Feststoffanteil. Nach Angaben des Herstellers wird ein Austausch der Aktivkoksschüttung (ca. 17 t) diskontinuierlich in einem Zyklus von ca. 3 Jahren notwendig.

Züblin-Verbrennungsverfahren
Die thermische Hochtemperaturdekontamination nach dem Züblin-Verbrennungsverfahren arbeitet mit einem direkt befeuerten Drehrohr-

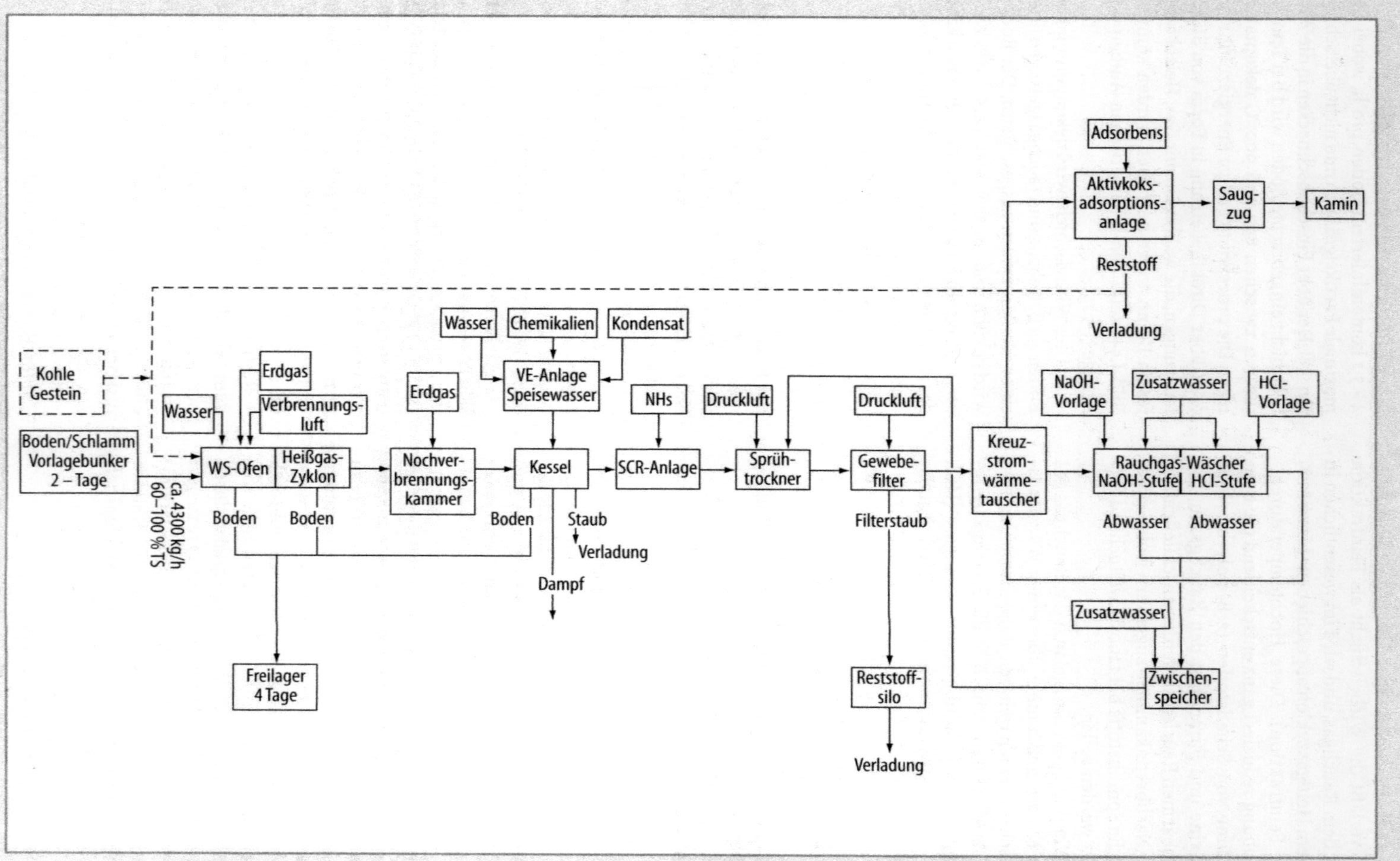

Bild J.5-5 Verfahrensschema der Thebora-Altlastensanierungsanlage

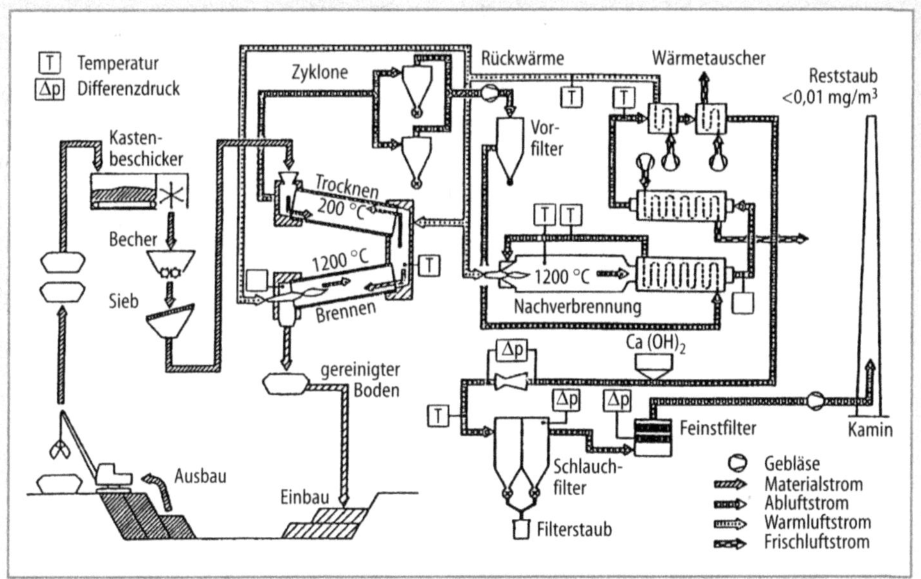

Bild J.5-6 Verfahrensschema der Züblin-Altlastensanierungsanlage

ofen bei Temperaturen – abhängig von der Altlast – von ca. 1000 – 1200 °C. Der kontaminierte Boden (ca. 5 t/h) wird mechanisch aufbereitet (maximale Partikelgrößen von 30 – 60 mm) und einer zweistufigen Drehrohrofenanlage zugeführt. Bild J.5-6 zeigt das Verfahrensschema der Anlage einschließlich Aufbereitung und Rauchgasreinigung [J.5.14]. In der ersten Drehtrommel wird der belastete Boden bei Temperaturen zwischen 200 – 400 °C durch Rauchgase getrocknet und in der zweiten bei Verweilzeiten von 30 – 60 min. und Temperaturen bis 1200 °C dekontaminiert. Der gereinigte Boden wird einem Bodenkühler mit Wärmerückgewinnung zugeleitet.

Die aus der Ofenanlage austretenden Rauchgase werden in einem Zyklon und einem nachgeschalteten Schlauchfilter vorentstaubt und danach einer Nachverbrennung zugeführt. Hier werden die noch im Rauchgas befindlichen organischen Spurenstoffe zerstört. Saure Schadgaskomponenten wie HCl, HF und SO_2 werden unter Verwendung eines Trockensorptionsverfahren abgeschieden, wobei Calciumhydroxid oder Calciumhydroxid/Aktivkoksgemische zum Einsatz kommen. Letztere sind vor allem bei simultaner Schwermetallabscheidung geeignet.

Die Abscheidung der festen Reaktionsprodukte und Feinstäuben erfolgt in einem Gewebe- und einem Kassetten-Feinstfilter. Nach Pas-

sieren des Kassettenfilters soll der Staubgehalt unter 0,01 m/mg/gm³ i. N. liegen. Das Rauchgas kann bei Bedarf wiederaufgeheizt und einer DeNo$_x$-Anlage zugeführt werden. Diese Verfahrenserweiterung ist allerdings im dargestellten Anlagenschema (Bild J.5-6) nicht enthalten.

J.5.2.3.2 Mitteltemperaturverfahren

Der kontaminierte Boden wird bei dieser Verfahrensvariante auf Temperaturen zwischen 300 und 600 °C erhitzt, so daß die gebundenen Schadstoffe freigesetzt und in den Gasstrom überführt werden. Die Gasphase wird anschließend in einer Nachbrennkammer bei Temperaturen über 1000 – 1200 °C oxidativ behandelt. Die organischen Bestandteile im Abgas werden dabei zerstört.

Bei Mitteltemperaturverfahren stellt die Nachbrennkammer die eigentliche Dekontamination dar, während bei Hochtemperaturverfahren die Schadstoffzerstörung schon weitgehend mit der Schadstofffreisetzung erfolgt. Dadurch bedingt ist die Reinigungsleistung und Schadstofffreisetzung der Mitteltemperaturverfahren insbesondere bei schwerflüchtigen Verbindungen geringer als bei Hochtemperaturverfahren. Vorteile des Verfahrens sind ein zumeist niedrigerer Energiebedarf sowie geringere apparative Ausgestaltung der Anlage. Außerdem kann der so bearbeitete Boden ohne große Nachbehandlung wiederverwendet werden.

Thermische Mitteltemperatur-Dekontaminationsverfahren werden u.a. von folgenden Firmen angeboten:
- Hochtief Umwelt, Essen,
- Ruhrkohle Umwelttechnik, Essen,
- Thyssen Still Otto , Bochum.

Hochtief-Dekontaminationsanlage
Mechanisch aufbereitete Altlasten (Partikelgrössen < 20 mm) werden nach diesem Verfahren zunächst in einem indirekt mit Dampf beheizten Trommeltrockner behandelt. Bei Temperaturen zwischen 100 und 120 °C werden dabei Wasser und leichtflüchtige organische Komponenten ausgetrieben. In einer zweiten Drehtrommel wird unter pyrolytischen Bedingungen (also unter Sauerstoffabschluß) bei 600 °C der Boden dekontaminiert und die Schadstoffe in die Gasphase überführt (s. Bild J.5-7) [J.5.15]. In einer an die Pyrolyse anschließenden Entgasungstufe werden noch evtl. anhaftende Schadgase durch Stickstoffspülung vom Boden getrennt.

Der gereinigte Boden wird in einer Kühltrommel gekühlt, befeuchtet und zwischengelagert. Die in den verschiedenen Prozeßstufen anfallenden Gase werden einer zentralen Verbrennungsstufe zugeführt, in der bei 1200 °C entsprechend der 17. BImSchV die Zerstörung der organischen Komponenten erfolgt. Die im Rauchgas befindliche Energie wird als direktes Heizgas (für die Pyrolyse) und über eine Dampferzeugerstufe teilweise genutzt. Die weitere Reinigung der Rauchgase findet in Form folgender Behandlungsstufen statt:
- Sprühtrocknung mit nachgeschalteter Adorbenszuführung,
- Gewebefilter zur gemeinsamen Staub- und Reaktionsgemischabscheidung,
- Venturi-Absorber mit saurer Waschlösung,
- Gegenstromwäscher mit alkalischer Waschlösung.

Nicht verwertbare feste Rückstände, die als Sonderabfall zu deponieren sind, fallen im Sprühtrockner und im Gewebefilter an.

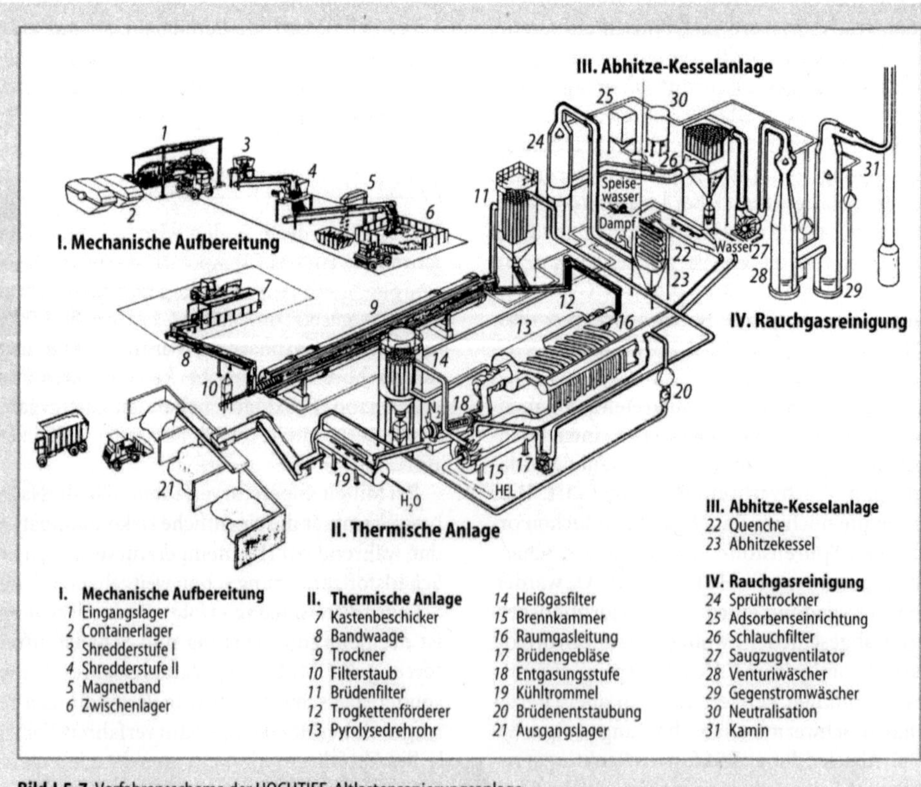

Bild J.5-7 Verfahrensschema der HOCHTIEF-Altlastensanierungsanlage

Ecotechniek-Verfahren
(Ruhrkohle Umwelttechnik)
Die mechanisch aufbereitete Altlast wird mit einer Partikelgröße < 80 mm einem Drehrohrofen zugeführt. Das Drehrohr enthält zwei Aufbereitungzonen und zwar eine indirekt über Rauchgase beheizte und eine mit Heizöl direkt beheizte Zone. Bei Temperaturen zwischen 350 und 600 °C werden die Böden bei Verweilzeiten von ca. 12–15 min. dekontaminiert. Der behandelte Boden wird anschließend mit 7–10 % Wasser vermischt, dadurch auch abgekühlt und dann zwischengelagert [J.5.16].

Bei der Abgasreinigung wird zwischen der Brüden- und der Rauchgasbehandlung unterschieden. Die Brüden – entstehender staubbeladener Wasserdampf bei der Bodenbefeuchtung – werden durch eine Beruhigungskammer geleitet und damit vorentstaubt. Der abgeschiedene Staub wird zumeist dem gereinigten Boden zugeführt. Eine weitergehende Staubabscheidung findet anschließend in einem Brüdenwäscher statt. Eine Minderung unerwünschte Brüdeninhaltsstoffe erfolgt abschließend in einem Herdofenkoksfilter.

Die aus dem Drehrohrofen kommenden Rauchgase werden vor Eintritt in eine Nachbrennkammer mit Hilfe eines Multizyklons vorentstaubt. Der Staub wird zur Nachbehandlung in die direktbeheizte Zone des Drehrohrs zurückgeführt. Das vorentstaubte Rauchgas wird durch rückgeführtes Rauchgas (in einem Wärmetauscher) aus der Nachbrennkammer erwärmt und danach in die Nachbrennkammer eingeleitet. Zusätzlich kann bei Bedarf das Rauchgas mit reinem Sauerstoff auf O_2-Gehalte von bis zu 25 % angereichert werden. Je nach Kontamination des Bodens werden Temperaturen in der Nachbrennkammer von 950–1200 °C eingestellt, wobei die Gasverweilzeiten über 2 s betragen. Nach Passieren des o. g. Wärmetauschers und eines Rekuperators (indirekte Vorwärmstufe des Drehrohrofens) wird das etwa 250 °C heiße Rauchgas einem Sprühabsorber und danach einem Elektrofilter zugeführt. Bis zu etwa 40 % des im Rauchgas enthaltenen Feststoffs wird im Sprühabsorber und der Rest im Elektrofilter abgeschieden.

Nach dem Elektrofilter ist ein zweistufiger Adsorber für die weitere Reinigung der Rauchgase zuständig. In der ersten Stufe (Herdofenkoks auf Braunkohlenbasis) werden im Gegenstromverfahren noch enthaltene saure Abgasbestandteile (HCl, HF und vor allem SO_2) sowie organische und anorganische Spurenstoffe gemindert. Die zweite Adsorberstufe (Aktivkohle auf Steinkohlenbasis) dient der Reduzierung der Stickoxide, wobei als Reduktionsmittel adsorptiv auf dem Aktivkoks gebundenes Ammoniak verwendet wird.

Rückstände aus dieser Verfahrenstechnik sind feste Sonderabfälle aus der Sprühabsorption, dem Elektrofilter und den Koksadsorbern, die deponiert oder thermisch aufbereiten werden.

Thyssen-Pyrolysetechnik
Kernstück dieses Verfahrens ist ein Pyrolyse-Drehrohrreaktor, der bei Temperaturen von ca. 550 °C in Abwesenheit von Sauerstoff mit organischen Schadstoffen belastete Böden dekontaminiert. Der Durchsatz der Anlage liegt bei etwa 5 t/h, wobei die Aufheizung des Bodens indirekt erfolgt. Der dekontamierte Boden soll nach Angaben des Herstellers frei von organischen Schadstoffen und damit direkt ablagerfähig sein.

Die entstehende Gasphase kann optional (abhängig insbesondere von der Altlast) einer Hochtemperaturverbrennung oder einer Kondensationsstufe zur Produktausschleusung (Pyrolyseöle) zugeführt werden. Die Aufbereitung der Abgase erfolgt anschließend in der Form, wie sie bereits im Thebora-Verfahren aufgezeigt wurde. Der Unterschied zur Hochtemperaturverbrennungstechnik soll eine kleinere zu behandelnde Abgasmenge sein.

J.5.2.3.3 Thermische Sonderverfahren

Die als thermische Sonderverfahren eingestuften Sanierungstechniken unterscheiden sich von den bislang dargestellten Verfahren zumeist nur durch spezielle auf einen Schadstoff hin optimierte Inertisierungsmethoden. Insbesondere die Zerstörung hochtoxischer Verbindungen wie polychlorierte Dioxine und Furane stand dabei im Vordergrund der Verfahrensentwicklungen, die schon zwischen 1980 und 1986 vor allem in den USA und den Niederlanden eingehender betrachtet und weiterentwickelt wurden [J.5.11, J.5.17].

Zwei interessante Techniken sollen an dieser Stelle kurz vorgestellt werden: Ein von der Fa. IT Corporation und ein von der Fa. Shirco Infrared Systems entwickeltes Verfahren.

Das IT-Corporations-Verfahren besteht aus folgenden Hauptschritten [J.5.17]:
– Desorption der Schadstoffe durch indirekte Beheizung in einem Drehrohrofen,

– Kondensation der in die Gasphase überführten Schadstoffe,
– photochemische Zersetzung der Schadstoffe durch Ultraviolettstrahlung.

Von Besonderheit gegenüber konventionellen Pyrolyseverfahren ist die Zerstörung chlororganischer Verbindungen durch photochemische Prozeßstufen. Die übrigen Verfahrensstufen wie Aufbereitung und Abgasreinigung sind weitgehend vergleichbar mit denen der Hochtemperatur- oder Mitteltemperaturverfahren.

Das Shirco-Infrared-System beinhaltet einen Infrarot-Ofen, der Verdampfung und Verbrennung der Schadstoffe bei Temperaturen bis zu 1000 °C ermöglicht [J.5.11]. Der kontaminierte Boden muß vor dem Eintritt in den Ofen mit einer Ölfraktion beaufschlagt werden, um die notwendige Prozeßenergie zu liefern. Dem Infrarot-Ofen wird eine konventionelle Nachbrennkammer zur Anhebung der Abgastemperatur auf bis zu 1250 °C nachgeschaltet. Zur Einhaltung der 17. BImSchV müssen die bereits mehrfach vorgestellten Techniken zur Rauchgasreinigung und Reststoffaufbereitung eingesetzt werden.

J.5.2.4 Nachbehandlung des gereinigten Bodens

Die Nachbehandlung thermisch gereinigter Böden wird beeinflußt durch die Verfahrenstechnik der Dekontamination (maßgebend ist die auf den Boden einwirkende Temperatur) und durch die geplante Nutzungsart des Bodens. Anders als bei extraktiven oder chemischen Dekontaminationsverfahren müssen bei thermischen Behandlungsmethoden keine zusätzlichen prozeßbezogenen Reagenzien aus dem gereinigten Boden entfernt werden. Vielmehr wird bei thermisch gereinigten Böden – vor allem bei Einsatz von Hochtemperaturverfahren – der hohe erzielte Inertisierungsgrad durch Zugabe von Nährstoffen und wasserhaltenden Substanzen dahingehend verändert, daß die Bodenmikroflora und die Bodenfauna in möglichst kurzer Zeit rekolonisiert werden kann. Bei niedertemperaturbehandelten Böden kann man davon ausgehen, daß zumindest Teile der organischen Bodenfraktion erhalten bleiben, und deutlich kürzere Rekolonisierungszeiten zu erwarten sind.

Untersuchungen in den Niederlanden haben gezeigt, daß thermisch behandelte Böden nach einem Zeitraum von etwa 1 Jahr ein volles Wachstum der Mikroflora aufweisen [J.5.18]. Der Vorgang kann beschleunigt werden, wenn dem iner-

tisierten Boden vor einer Verfüllung naturbelassener Boden zugemischt wird. Diese Maßnahmen sind jedoch nur dann erforderlich, wenn eine direkte Bepflanzung der dekontaminierten Böden angestrebt wird. Erfolgt dagegen z. B. ein Einsatz im Baugewerbe als Zuschlagstoff in Baustoffen oder als Füllmaterial im Tiefbau, so werden zumeist keine weiteren Nachbehandlungen notwendig. Vielmehr zeigt sich bei hochtemperaturbehandelten Böden eine positive Eigenschaft und zwar die auslaugsichere Gestaltung der Partikel im Hinblick auf die Freisetzung noch verbliebener Schwermetallgehalte.

J.5.2.5 Kosten der Verfahren

Die Kosten der thermischen Altlastensanierung sind allgemein schwer abschätzbar und können zumeist nur für den speziellen Einsatzfall, und auch hier nicht immer untereinander vergleichbar angegeben werden. Wesentlich für die Höhe der Kosten sind folgende Parameter:
– Menge, Lage und Homogenität der Altlast,
– Art der Kontamination (z. B. Notwendigkeit einer Abgas-Nachverbrennung),
– geforderter, erreichbarer Abreicherungsgrad,
– Heizwert, Wassser- und Inertanteil der Altlast
– Art und Umfang der Staub- und Schadgasabscheidung,
– Durchsatzleistung und Rückstandsgestaltung.

Da In-Situ-, On-Site- und Off-Site-Verfahren zur thermischen Altlastenbehandlung nicht unbedingt und in allen Fallen konkurrierend anzusehen sind, müssen auch nachfolgende Kostenangaben als grober Rahmenwert angesehen werden [J.5.10, J.5.19]:

in situ	on site	off site
200-500 DM/t	200-800 DM/t	300-1000 DM/t

Bei den dargestellten Kosten ist zu berücksichtigen, daß der Dekontaminationsgrad bei In-Situ-Verfahren am geringsten ist und solche Techniken vor allem bei relativ einfach handhabbaren Kontaminationen Anwendung finden. Die höchste Durchsatzleistung und damit die schnellstmögliche Aufbereitung von Altlasten liefert prinzipiell die Off-Site-Variante, wobei jedoch oft ein erheblicher zusätzlicher Zeitfaktor im Vergleich zu On-Site-Verfahren durch die aufwendigeren Genehmigungsverfahren hinzukommt.

Thermische Bodensanierungsverfahren können über einen weiten Anwendungsbereich eingesetzt werden, wobei der wesentliche Einsatz bei mit organischen Schadstoffen und leichtflüchtigen Schwermetallen verunreinigten Böden zu sehen ist. Die Eignung dieser Verfahren kann an folgenden Beispielen gezeigt werden:
- belastete Standorte mit petrochemischen oder lösemittelhaltigen Substanzen (z. B. Toluol, Benzol, Tri- und Perchlorethylen),
- Kokerei- und Gaswerksgelände (hochsiedende Steinkohlenteerderivate, Quecksilber, Arsen, Blei, Cadmium, Cyanide),
- Gelände der metallbearbeitenden und -verarbeitenden Industrie (z. B. mit Schwermetallen und organischen Schadstoffen angereicherte Galvanik-, Fett- und Lackschlämme),
- Rüstungsaltlasten und Gelände von Sprengstoffwerken,
- Lager- und Umschlagplätze (z. B. Heiz- und Altöle, Chemikalien),
- Erdreich mit polychlorierten organischen Verunreinigungen (z. B. Pestizide, polychlorierte Biphenyle oder Pentachlorphenole).

Bei Hochtemperaturverfahren kann man außerdem schwerflüchtige anorganische Spurenelemente eluierfest einbinden, wenn der Boden über den Schmelzpunkt seiner Bestandteile hinaus

Tabelle J.5-4 Thermische Reinigung kontaminierter Böden am Beispiel eines Kokereigeländes (Gehalte vor und nach der Reinigung, Reinigungsleistung)

Verunreinigung	Gehalt im Boden (mg/kg)		Reinigungsleistung (%)
	ungereinigt	gereinigt	
Phenol	200,0	< 0,80	> 99,60
Aliphatische kW	3546,0	< 11,00	> 99,70
BTX-Aromate			
– Benzol	120,0	< 0,10	> 99,90
– Toluol	140,0	< 0,10	> 99,90
– Xylol	250,0	< 0,10	> 99,90
PAKs			
– Dicyclopendatien	13,0	< 0,10	> 99,20
– Naphtalin	960,0	< 0,02	> 99,99
– Summe PAK (TVO)	3150,0	< 0,10	> 99,99
Quecksilber	15,3	< 0,10	> 99,40
Cyanic	564,0	< 0,50	> 99,90

Tabelle J.5-5 Thermische Reinigung kontaminierter Böden am Beispiel eines Kokereigeländes (Abluftwerte)

Schadstoff	Schadstoffgehalte in der Abluft $(mg/Nm^3)^a$	Grenzwerte (mg/Nm^3)	
		TA Luft	17. BImSchV
Staub	< 3,000	30,0	10,00
Chloride, HCl	< 0,710	50,0	10,00
Fluoride, HF	< 0,020	2,0	1,00
SO2	< 39,200	100,0	50,00
NOx	< 193,000	500,0	200,00
CO	< 3,000	100,0	50,00
Org. Kohlenstoffverbindungen	< 2,000	20,0	10,00
Arsen	0,001	1,0	0,50
Blei	0,004	1,0	0,50
Cadmium	< 0,001	0,2	0,05
Quecksilber	< 0,001	0,2	0,05
Cyanid	< 0,010	1,0	–

[a] bezogen auf 273 K, 1013 h Pa und 11 % O_2

erwärmt und dadurch verglast wird. Der Einsatz als Kulturboden und die Rekolonisierung der Bodenflora und -fauna wird aber durch diese Behandlung deutlich erschwert.

Die Reinigungsleistung thermische Bodensanierungsverfahren soll abschließend am Beispiel des Züblin-Hochtemperaturverfahrens (Dekontamination eines Kokereigeländes) aufgezeigt werden [J.5.14]. In Tabelle J.5-4 sind die Gehalte verschiedener Bodenschadstoffe vor und nach der thermischen Behandlung sowie die Reinigungsleistung des Verfahrens aufgeführt. Neben der hohen Reinigungsleistung, die bei allen dargestellten Schadstoffen über 99 % beträgt, muß außerdem positiv aus der Sicht des Umweltschutzes die Verwendung hocheffektiver Rauchgasreinigungskomponenten erwähnt werden, die geringe Schadstoffgehalte in den Abgasen thermischer Sanierungsverfahren gewährleisten. Tabelle J.5-5 zeigt zum o.g. Sanierungsbeispiel die gemessenen Abgaswerte im Vergleich zu den strengen vom Gesetzgeber vorgegebenen aktuellen Grenzwerten.

J.5.3 Biologische Verfahren

J.5.3.1 Grundprinzip

Biologische Verfahren nutzen die Fähigkeiten von Mikroorganismen, organische Substanzen als Nährstoffe (Substrate) verwerten und sie in unschädliche Naturstoffe wie CO_2, Wasser und Biomasse umwandeln zu können. Die Mikroorganismen nutzen dabei die zu entfernenden Substanzen als Energiequelle und zum Aufbau ihrer Zellen, wobei sowohl aerobe als auch anaerobe biochemische Prozesse möglich sind. Unter Mikroorganismen versteht man meist einzellige Organismen, die in Eukaryonten (Algen, Pilze, Protozoen) und Prokaryonten (Bakterien) unterschieden werden. Für den Abbau von Schadstoffen im Boden sind vorrangig Bakterien und Pilze von Bedeutung.

Der Angriff von Mikroorganismen auf organische Stoffe im Boden führt entweder zum vollständigen Abbau (Mineralisierung) oder zu einem Teilabbau, bei dem Stoffwechselprodukte (Metabolite) entstehen, die entweder von anderen Mitgliedern der Biozönose verwertet werden können oder aber im Boden verbleiben. Weiterhin können Ausgangssubstanz und Stoffwechselprodukte dem Kohlenstoffdepot des Bodens zugeführt werden, was man mit Humifizierung bezeichnet. Dabei spielt eine entscheidende Rolle,

daß der Schadstoff oder das entstehende Stoffwechselprodukt in die Bodenmatrix inkorporiert werden kann, wodurch die Verfügbarkeit der Schadstoffe oder des Metaboliten für die biochemische Reaktion rapide sinkt. Dieses Phänomen benutzt man derzeit in umfangreichen Entwicklungen, insbesondere für die Behandlung von PAK- und TNT- kontaminierten Böden, um gezielt durch einen mikrobiologischen Angriff die Schadstoffe so zu verändern, daß sie in Naturstoffe, wie z.B. Huminstoffe umgewandelt werden, von denen keine weitere Gefährdung ausgeht.

J.5.3.2 Voruntersuchungen

Die Entscheidung für ein biologisches Dekontaminationsverfahren ist von der Erfüllung folgender Voraussetzungen abhängig:

- die Schadstoffe im Boden sind mikrobiell abbaubar,
- die Schadstoffe sind im Boden bioverfügbar,
- es lassen sich im Boden die für den biologischen Abbau erforderlichen biologischen und physikalisch-chemischen (Milieu-)Bedingungen einstellen.

J.5.3.2.1 Abbaubarkeit der Schadstoffe

Tabelle J.5-6 enthält die Auflistung der Substanzgruppen, die als altlastenrelevant gelten, sowie die Beurteilung ihrer mikrobiellen Abbaubarkeit. Dabei ist ein Konzentrationsbereich, innerhalb dessen ein mikrobieller Abbau möglich ist, nicht allgemein zu definieren, sondern je nach Substanzklasse unterschiedlich. Ebenso läßt sich ein Wert für eine erreichbare Restkonzentration nicht allgemein festlegen, da diese von Art und Ausgangskonzentration der Schadstoffe und der einstellbaren Milieubedingungen abhängt.

Bisher wurden am häufigsten mit Mineralöl verunreinigte Böden biologisch gereinigt. Die Abbaubarkeit aliphatischer Kohlenwasserstoffe wie Benzin, Diesel und andere Mineralölderivate sind als gut zu bezeichnen.

Die Persistenz nimmt mit der Kettenlänge und dem Verzweigungsgrad zu, so daß für Verbindungen mit mehr als 25 Kohlenstoffatomen der Abbau sich verlangsamt, wenn nicht ganz zum Erliegen kommt.

Schwieriger ist die Reinigung von Böden aus dem Kohlenwertstoffbereich (Gaswerke, Kokereien), wo vor allem Kontaminationen von BTX-Aromaten (Benzol, Toluol, Xylole) und polyzy-

Tabelle J.5-6 Mikrobielle Abbaubarkeit altlastenrelevanter Stoffe

Substanzklasse	Prinzipiell gut abbaubar	Prinzipiell schwer abbaubar
Aliphatische Kohlenwasserstoffe (KW), Mineralöl-KW und deren Derivate	+	
Monozyklische aromatische (z.B. BTX-Aromaten) und heterozyklische (z.B. Pyridin, Chinolin) KW	+	
Polyzyklische aromatische KW (PAK)	+[a]	+[b]
Leichtflüchtige halogenierte, insbesondere chlorierte Kohlenwasserstoffe (LHKW)	+	
Polychlorierte Biphenyle (PCB)		+[c]
Polychlorierte Dibenzodioxine und Dibenzofurane (PCDD bzw. PCDF)		+[c]
Pestizide und deren Derivate		+[c]
Schwermetalle	nicht abbaubar	

[a] bis 4-Ring-PAK   [b] 5- und 6-Ring-PAK
[c] Einige niedrigchlorierte Congenere sind prinzipiell abbaubar/dehalogenierbar. Für hochchlorierte ist ein Abbau derzeit nicht nachweisbar.

klischen-aromatischen Kohlenwasserstoffen (PAK) vorliegen.

Während 4-Ring-PAK mittlerweile als gut abbaubar bezeichnet werden können, gelingt der Abbau von PAK mit 5 und mehr aromatischen Ringen nicht immer. Wenn hier ein Abbau gefunden wird, so ist dies begründet in dem sog. Cometabolismus, was bedeutet, daß die Mikroorganismen diese Aromaten nicht als alleinige Kohlenstoff- und Energiequelle benutzen, sondern sie nur in Gegenwart anderer Kohlenwasserstoffe (Cosubstrate) mitverwerten können.

In vielen Fällen erfolgreich ist die biologische Behandlung von Böden, die mit leichtflüchtigen, halogenierten Kohlenwasserstoffen (LCKW) kontaminiert waren.

Demgegenüber ist der Abbau polychlorierter Biphenyle (PCB) und polychlorierter Dibenzodioxine und Dibenzofurane (PCDD/PCDF) prinzipiell als sehr schwierig anzusehen. Bis heute ist ein wissenschaftlicher Nachweis der vollständigen Dehalogenierung polychlorierte Dioxine nicht gelungen.

Schwermetalle sind prinzipiell mikrobiell nicht abbaubar. Unter gewissen Bedingungen können sie durch Biosorption an Biomasse adsorbiert oder von Pflanzen aus dem Boden aufgenommen werden.

Durch Laborversuche läßt sich die prinzipielle mikrobielle Abbaubarkeit von Schadstoffen feststellen. Dabei ist zu beachten, daß die Beurteilung der Abbaubarkeit der Schadstoffe im Bo-

den des kontaminierten Geländes Untersuchungen am originären Boden in Suspension oder mit naturfeuchtem Probenmaterial erfordern.

J.5.3.2.2 Bioverfügbarkeit der Schadstoffe im Boden

In vielen Fällen ist nicht die eigentliche mikrobiologische Abbaubarkeit, sondern sind physikalisch-chemische Parameter wie Adsorption, Desorption, Diffusion sowie das Lösungsverhalten der im Boden oft in fester Phase vorliegenden Schadstoffe entscheidend für ihren Abbau bzw. ihre Abbaurate. Die Verfügbarkeit der Schadstoffe im Boden für die Mikroorganismen, die Bioverfügbarkeit, wird entscheidend beeinflußt von der Art der Bodenmatrix, d.h. ihrer stofflichen Zusammensetzung und Kornverteilung, aber auch von der Vorgeschichte der Kontamination. Hier stehen geeignete Methoden zur Beurteilung der Bioverfügbarkeit zur Verfügung.

Ein Ablaufschema für praxisnahe Voruntersuchungen zum Schadstoffabbau ist in Bild J.5-8 dargestellt. Geht man nach diesem Schema vor, so erhält man mit relativ geringem Aufwand zunächst die wichtige Entscheidung, ob eine mikrobiologische Sanierung möglich ist oder nicht. Ist die Bioverfügbarkeit der Schadstoffe im Boden nicht gegeben oder ist eine für Mikroorganismen toxische Kontamination nicht eliminierbar, so folgt daraus, daß dieser Boden nicht mikrobiologisch zu behandeln ist.

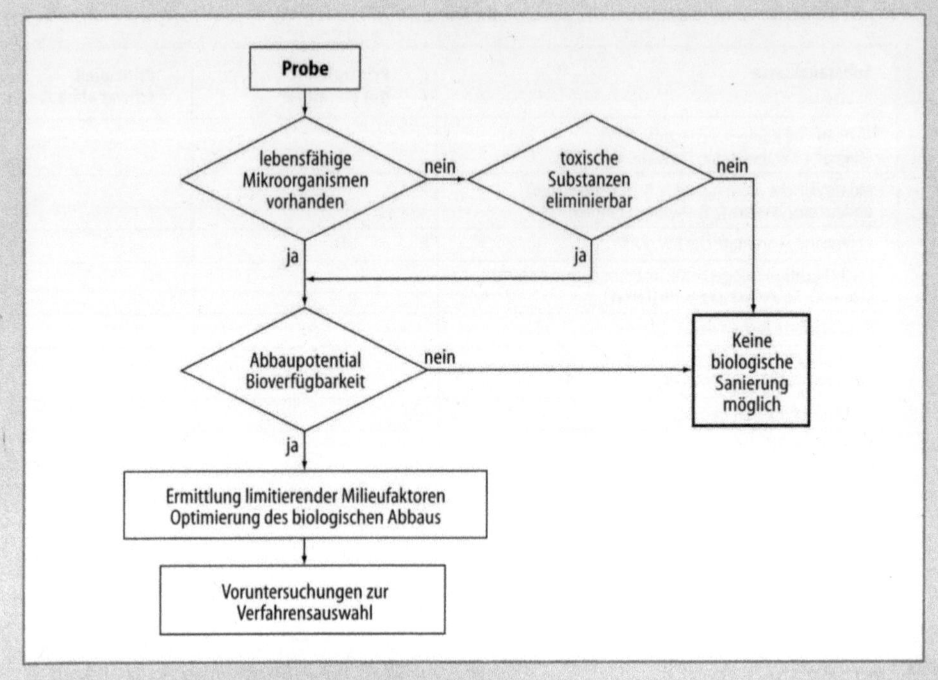

Bild J.5-8 Ablaufschema für Voruntersuchungen zum Schadstoffabbau

J.5.3.2.3 Einstellbarkeit der für den biologischen Abbau im Boden erforderlichen Bedingungen

Die physikalisch-chemischen und natürlich auch die geologischen Eigenschaften des Bodens entscheiden darüber, mit welcher Verfahrenstechnik der Boden mikrobiologisch dekontaminiert werden kann.

In Bild J.5-9 ist ein Ablaufschema für Untersuchungen zur Verfahrensauswahl dargestellt. Die Entscheidung für ein In-Situ- oder ein Ex-Situ-Verfahren ist u. a. abhängig von den hydrogeologischen Gegebenheiten des Untergrunds, dem Durchlässigkeitsbeiwert k_f, der Homogenität des Bodens sowie dessen Schluff- bzw. Feinkornanteil. Als Orientierungsgröße gilt der k_f-Wert. Die Praxis zeigt, daß bei k_f-Werten $< 10^{-5}$ m/s eine In-Situ-Behandlung nicht infrage kommt.

J.5.3.3 Verfahrensprinzipien der biologischen Bodenbehandlung

Welche Verfahrensmöglichkeiten prinzipiell bestehen, zeigt Bild J.5-10. Nach Durchführung der erforderlichen Voruntersuchungen mit möglichst weitgehender Bilanzierung der mikrobiologischen Abbauvorgänge erfolgt die Entscheidung für die Anwendung eines Ex-Situ- oder In-Situ-Verfahrens.

J.5.3.3.1 Ex-Situ-Verfahren

Diese Verfahren erfordern die Auskofferung des belasteten Bodens und dessen Behandlung entweder in Mieten oder in Reaktoren, was auf dem Gelände selbst (on site) oder nach einem zusätzlichen Transport in einer Bodenreinigungsanlage (off site) erfolgen kann.

Mietenverfahren
Die Mietenverfahren werden unterschieden in statische und dynamische Verfahren. Bei den statischen Mietenverfahren werden zur Realisierung der erforderlichen Milieubedingungen Versorgungsleitungen zur Bewässerung und Belüftung installiert. Ein Beispiel für den Aufbau einer statischen Miete ist in Bild J.5-11 gegeben.

Bei den dynamischen Mietenverfahren wird der aufgeschüttete Boden mit speziellen Wendeeinrichtungen in bestimmten Zeitspannen aufgenommen, homogenisiert und erneut aufgeschüttet. Bei diesem Wendevorgang werden, falls erforderlich, Wasser und Nährstoffe erneut zugesetzt.

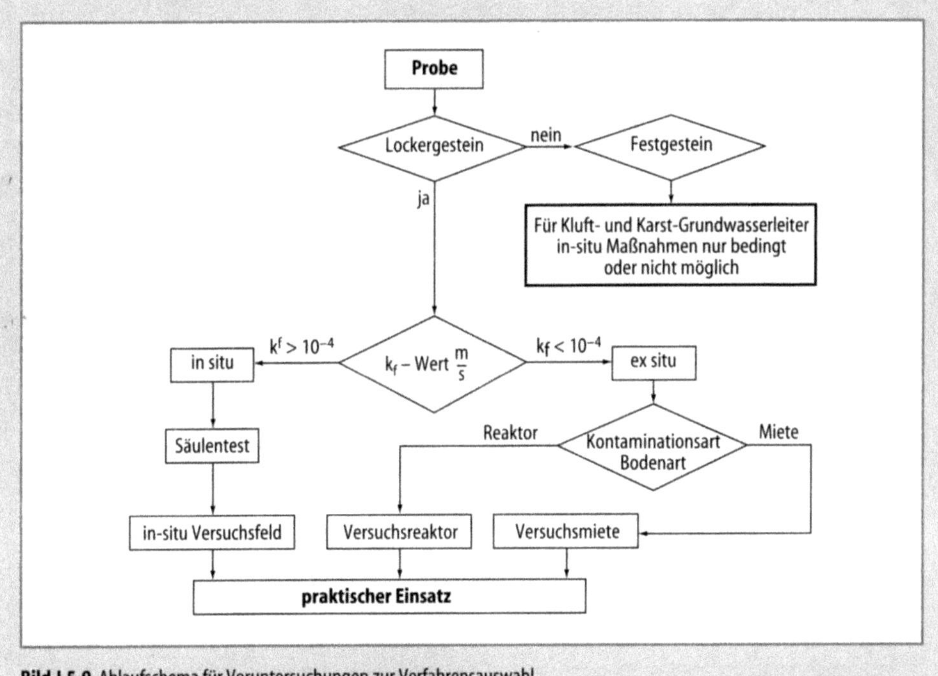

Bild J.5-9 Ablaufschema für Voruntersuchungen zur Verfahrensauswahl

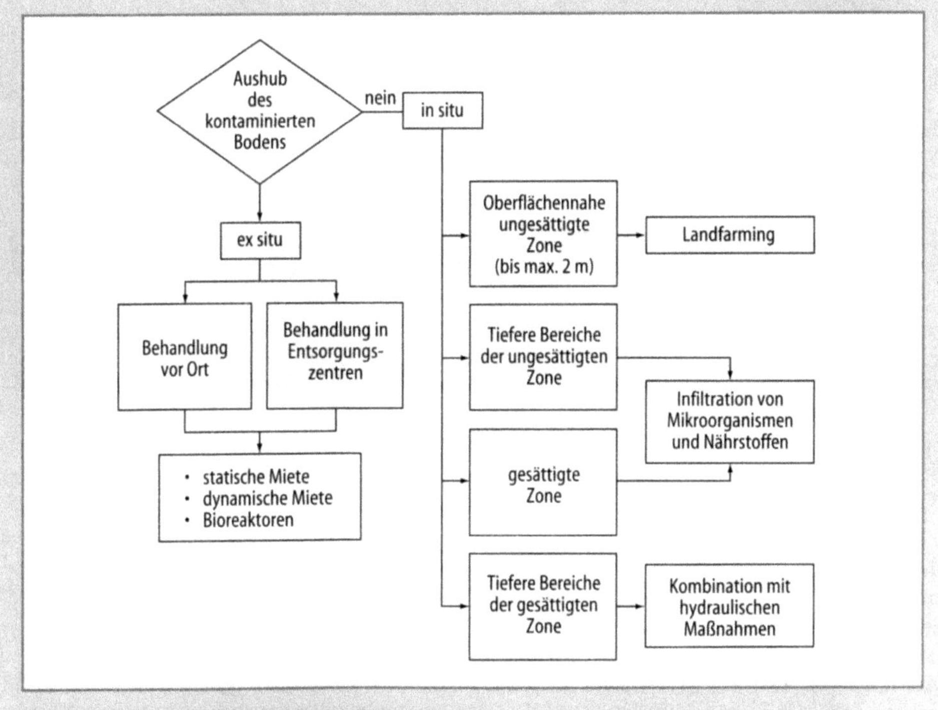

Bild J.5-10 Methoden der biotechnologischen Bodensanierung

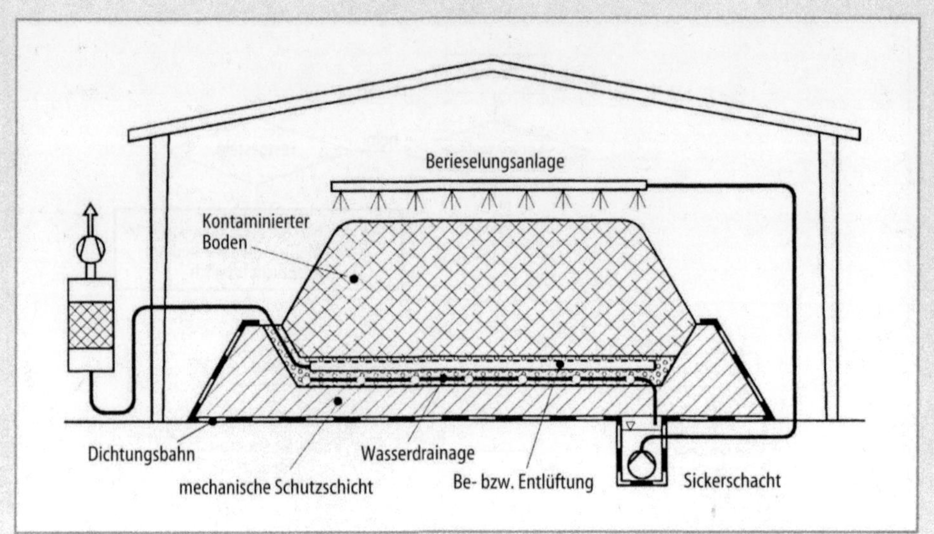

Bild J.5-11 Vereinfachtes Schema für Aufbau einer statische Miete

Bild J.5-12 Ansicht einer Anlage nach dem Trockenreaktorverfahren

Je nach Bodenart und Behandlungsweise kann die Schichthöhe der Mieten zwischen 1 und 3 m variieren. In bestimmten Fällen, in denen man ein Zusatzmittel zur Bodenstruktur hinzugibt, kann die Mietenhöhe sogar bis zu 5 m betragen. Die Mieten werden in Zelten bzw. Hallen betrieben. Durch die Einhausung werden die Milieubedingungen wie Feuchtigkeit, Temperatur usw. besser steuerbar und die Emission durch Prozeßwasser, flüchtige Stoffe und Staub vermieden bzw. gefaßt und falls erforderlich behandelt.

Reaktorverfahren

Die Reaktortechnik wird zur Verkürzung der Behandlungszeit, zur Behandlung von Böden mit hohem Feinstkornanteil und hohen Schadstoff-

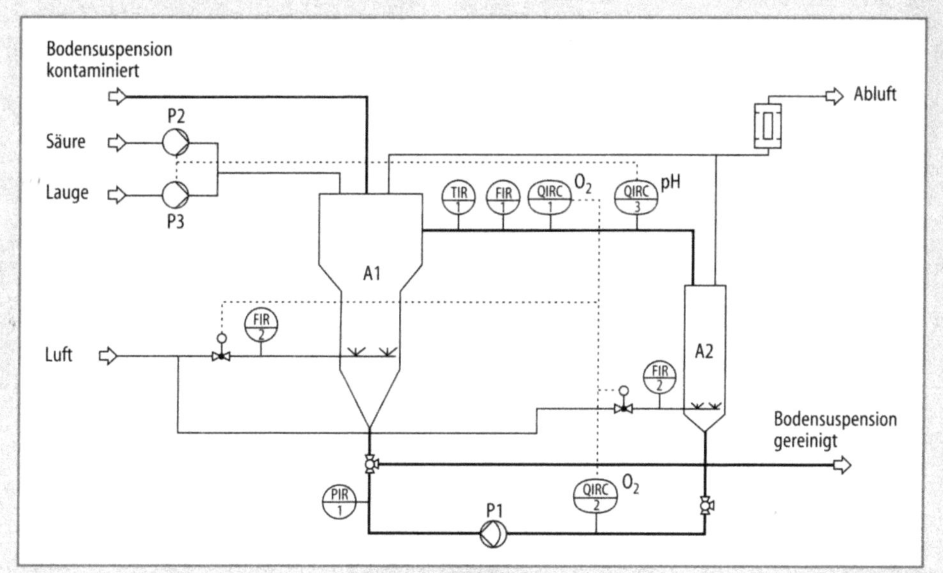

Bild J.5-13 Fließbild des DMT-BIODYN-Verfahrens (Suspensionsreaktorverfahren)

konzentrationen sowie für eine bessere Prozeßführung auch im Hinblick auf die Abluft- und Abwasserbehandlung eingesetzt.

Eine Einteilung der Verfahren läßt sich nach dem Wassergehalt des behandelten Bodens sowie nach der Konstruktionsart des Reaktors vornehmen. Nach dem Wassergehalt des Bodens kann zwischen Trocken- und Suspensionsverfahren unterschieden werden. Bei der Anwendung von Trockenverfahren (Bild J.5-12) wird der Boden bei einer Feuchte behandelt, die etwa 50 – 70 % seiner maximalen Wasserkapazität entsprechen. Die Behandlung erfolgt in Drehtrommelreaktoren oder in statischen Reaktoren, die in einem Gehäuse eine Mischeinrichtung besitzen. Das Prinzip dieser Verfahren entspricht weitgehend dem Prinzip des dynamischen Mietenverfahrens. In beiden Fällen wird der biologische Schadstoffabbau in dem Boden mit „natürlicher Feuchte" durch Bewegung und Belüftung des Bodens unterstützt. Auch die Behandlung von Boden-Kompost-Gemischen ist dem Trokkenverfahren zuzuordnen. Diese Trockenverfahren haben den Vorteil, daß der behandelte Boden nicht entwässert werden muß.

Sehr feinkörnige, bindige Böden oder Schlämme, z.B. aus einem Vorbehandlungsschritt wie der Bodenwäsche, sind mit einer solchen Technik nicht zu reinigen. Deshalb werden für die Behandlung feinkörniger und bindiger Böden Suspensionsverfahren (Bild J.5-13) eingesetzt. Der Gewichtsanteil des Bodens in der Suspension beträgt zwischen 30 und 50 Gew.%. Verwendet werden hierfür Rührkessel-, Airlift- und Wirbelschichtreaktoren. Da in Suspensionsreaktoren eine ideale Vermischung und eine Vereinzelung des Bodenkorns erzielt wird, wodurch die Oberfläche, an der die Mikroorganismen angreifen können, maximiert wird, lassen sich mit ihnen besonders hohe Umsatzraten erzielen.

J.5.3.3.2 In-Situ-Verfahren

Der In-Situ-Behandlung liegt die Vorstellung zugrunde, den Boden nicht auskoffern zu müssen und die gesättigte bzw. ungesättigte Bodenzone eines kontaminierten Geländes als integralen Reaktor für den mikrobiologischen Abbau der Schadstoffe einzusetzen. Die Durchlässigkeit des Bodens sowohl in der grundwassergesättigten als auch in der ungesättigten Zone ist eines der wesentlichsten Kriterien für die Auswahl des biologischen In-Situ-Verfahrens. Im Kluftgestein ist die Wasserwegsamkeit maßgebend. Je nach kontaminierter Zone kommen unterschiedliche Varianten in Frage. Für die oberflächennahe ungesättigte Zone ist die Methode des Landfarmings möglich, um die Zugabe von Nährstoffen bzw. Einstellungen der Millieubedingungen realisieren zu können. In tieferen Bereichen der ungesättig-

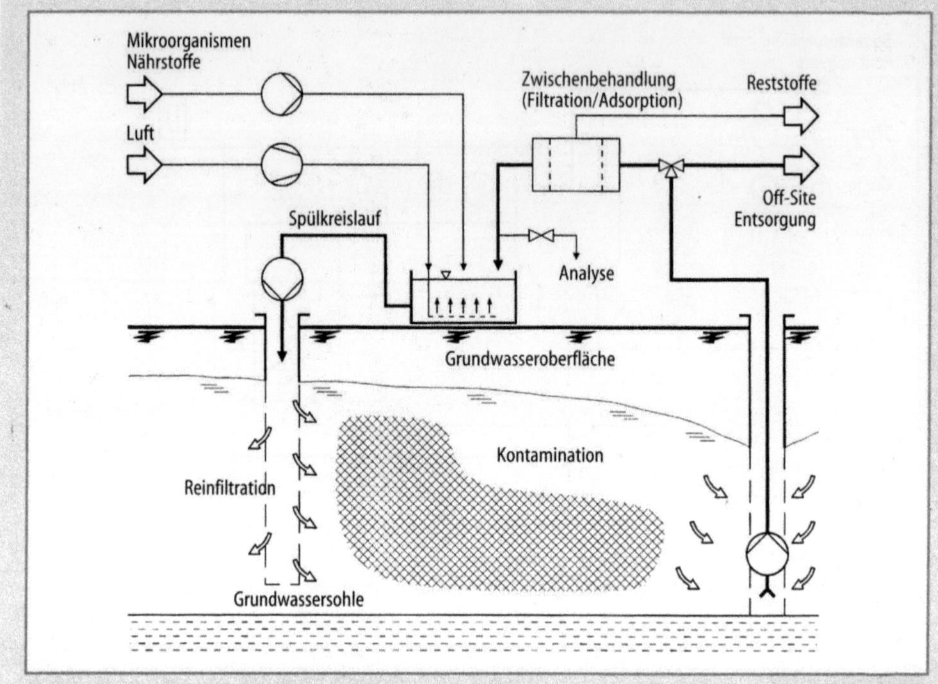

Bild J.5-14 Schema einer In-Situ-Sanierung in gesättigter Zone

ten Zone sowie in Bereichen der gesättigten Zone kommt die Infiltration von Mikroorganismen und Nährstoffen durch einen Spülkreislauf sowie die Kombination mit hydraulischen Maßnahmen zur Anwendung. Ein Beispiel für das Prinzip einer In-Situ-Behandlung mit Zwischenbehandlung und Infiltration des Grundwassers, alternativ Off-Site Entsorgung des kontaminierten Grundwassers, ist in Bild J.5-14 gegeben.

Für die Planung einer In-Situ-Maßnahme sind unter Verwendung der Daten der Sanierungsuntersuchungen zusätzliche mikrobiologische, geologisch-hydrogeologische und verfahrenstechnische Voruntersuchungen erforderlich (s. Abschn. J.5.3.2).

Entscheidend für den raschen aeroben Abbau der Schadstoffe ist die Verfügbarkeit von molekularem Sauerstoff, der im Wasser gelöst herangeführt werden muß. Hier kann die Zugabe eines Sauerstofflieferanten/Elektronenakzeptors (z.B. Wasserstoffperoxyd oder technischer Sauerstoff) Vorteile bringen.

Für die Sanierung unter anoxischen oder anaeroben Bedingungen (z.B. in der ungesättigten Zone) ist anstelle des Sauerstoffs die Zugabe eines anderen Elektronenakzeptors (z.B. Nitrat) für den mikrobiologischen Stoffwechsel erforderlich.

Bei den mit dem Wasser transportierten Elektronenakzeptoren ist ein an die Rahmenbedingungen (Hydrologie, Schadstoffe) angepaßter Einsatz notwendig.

Wegen der Komplexheit der meisten Schadensfälle ist i.d.R. die Kombination verschiedener Elektronenakzeptoren erforderlich, um einen möglichst vollständigen Abbau der Schadstoffe zu erreichen.

J.5.3.4 Sanierungsüberwachung

Bei jeder Verfahrensvariante ist eine regelmäßige Überwachung des Abbauprozesses erforderlich, um den mikrobiellen Reaktionsfortschritt zu verfolgen und bei instabilem Verlauf sofort eingreifen zu können. Für die Qualitätskontrolle bei Ex-Situ-Dekontaminationen müssen die Bodenproben so entnommen werden, daß ihre Analyse repräsentativ ist und vergleichbare Ergebnisse ermöglicht.

Bei In-Situ-Maßnahmen muß im Zu- und Abstrom des Grundwassers eine Anordnung von Meßstellen vorhanden sein, um durch regelmässige Probennahmen und Analysen eine Emission von Schadstoffen über den Wasserpfad zu erkennen und entsprechend eingreifen zu können.

Ein wichtiger Aspekt, nicht nur für die biologische Bodensanierung ist die Verwertung des gereinigten Bodens. Es ist sowohl eine bautechnische als auch eine vegetationstechnische Nutzung möglich. Die bautechnische Verwertung beinhaltet die Verfüllung z. B. in Lärmschutzwällen oder Straßenrandbefestigungen bzw. Gräben oder für deponietechnische Maßnahmen. Die vegetationstechnische Verwendung ist sehr weit zu sehen, von Dachbegrünungen und Parkbepflanzungen bis hin zu einer landwirtschaftlichen Nutzung. Die Verwendung des behandelten Bodens für eine landwirtschaftliche Nutzung erfordert die vorherige Erprobung auf großen Flächen mit Gräsern als Testsaat. Hier gibt es schon mehrere positive Beispiele, die belegen, daß der Anbau von Getreide als auch von Kartoffeln auf biologisch gereinigtem Boden nach einer solchen Erprobung zugelassen werden kann.

Entscheidend bei der Wiederverwendung der Böden ist eine toxikologisch-ökotoxikologische Bewertung, wofür Biotests eingesetzt werden, mit deren Hilfe die Wirkung gemessen wird, die von kontaminierten und behandelten Böden ausgeht. Biologische Tests haben sich als besonders vorteilhaft erwiesen, wenn Chemikalien oder Umweltproben komplexer Zusammensetzungen auf ihr Gefährdungspotential zu prüfen sind. Sie integrieren die Effekte aller wirksamen Stoffe, auch derjenigen, die bei der chemischen Analyse nicht berücksichtigt bzw. erfaßt werden.

Die zur Verfügung stehenden biologischen Testmethoden ermöglichen eine ökotoxikologische Bewertung für drei unterschiedliche Anwendungszwecke:

– Ergänzung der chemisch-stofflichen Charakterisierung von Böden durch eine summarische Wirkungserfassung im Rahmen der Erstbewertung eines Altstandorts,
– eine orientierende Verlaufskontrolle der mikrobiologischen Bodensanierung, wofür besonders sensitive Tests mit hinreichend kurzer Ansprechzeit erforderlich sind,
– eine Überprüfung des toxischen-ökotoxischen Potentials von Böden nach Abschluß einer Bodenreinigung.

Dabei sollen die Methoden eine Beurteilung ermöglichen, ob unter Berücksichtigung des Nutzungsbezugs noch eine Beeinträchtigung der Schutzgüter über die verschiedenen Transferpfade möglich ist.

J.5.3.6 Perspektiven

Die Erfahrungen in den ersten Jahren der biologischen Bodenreinigung waren sowohl von Erfolgen als auch von Mißerfolgen, u. a. von unseriösen Anbietern gekennzeichnet, so daß zunächst nur eine beschränkte Akzeptanz der biologischen Bodensanierung festzustellen war. Mittlerweile sind jedoch durch intensives und interdisziplinäres Arbeiten beachtliche Erfolge zu verzeichnen, so daß eine breite Akzeptanz für biologische Bodensanierungsmaßnahmen festzustellen ist.

Diese Akzeptanz ist u. a. daran zu erkennen, daß in den 1995 verfügbaren 70 stationären Anlagen zur Bodenreinigung mit einer Behand-

Tabelle J.5-7 Merkmale der biologischen Bodenreinigung

Merkmale	Anwendung	
	ex situ	in situ
Beseitigung bioverfügbarer Schadstoffe durch Mineralisation zu CO_2 und H_2O	+	+
Einsatz natürlich-vorhandener Mikroorganismen	+	+
Voruntersuchungen erforderlich für Sanierbarkeitstest und Abbauoptimierung	+	+
Behandlungsdauer abhängig von Art und Konzentration der Schadstoffe	+	+
Schwierige Prognose des Sanierungserfolgs		+
Flexible Anpassung an Standortgegebenheiten z.B. bei überbautem Gelände		+
Geringer Energieaufwand	+	+
Aufrechterhaltung bestimmter Milieubedingungen über die gesamte Behandlungszeit erforderlich	+	+
Eignung als Sofortmaßnahme bei Unfällen	+	

lungskapazität von ca. 2,0 Mio t/a ca. 0,9 Mio t/a biologisch gereinigt wurden. Das bedeutet, daß 45 % der gesamten Bodenreinigungskapazität in stationären Anlagen auf biologische Verfahren fällt. Für die On-Site-Behandlung ist eine Kapazität von etwa 0,4 Mio t/Jahr in der Bundesrepublik verfügbar.

In Tabelle J.5-7 ist ein Überblick über die Merkmale der biologischen Bodenreinigung und ihrer Anwendbarkeit gegeben.

Biologische Verfahren zur Bodendekontamination sind soweit entwickelt, daß sie sinnvolle Sanierungsziele erreichen und dies zu vertretbaren Kosten. Trotzdem bedarf es noch einer Weiterentwicklung von Verfahren und Verbesserungen der Milieubedingungen, insbesondere für Böden, die mit PAK, polychlorierten Biphenylen und Dioxinen als auch mit Nitroverbindungen belastet sind.

Die ursprüngliche Zielsetzung einer multifunktionellen Nutzung durch Wiederherstellung eines „natürlichen" Bodens ist in den meisten Fällen technisch und finanziell nicht realisierbar. Insofern muß die Verbesserung und Optimierung biologischer Bodensanierungsverfahren weiterbetrieben werden, um kostengünstige, technisch einfache und naturnahe Verfahren zur Verfügung zu haben.

J.5.4 Wasch- und Extraktionsverfahren

Grundsätzlich sollte man keinen Unterschied zwischen Wasch- und Extraktionsverfahren machen.

Aus technologischer Sicht ist es viel sinnvoller, diese beiden Verfahren unter dem Oberbegriff chemisch-physikalische Bodenreinigungsverfahren zusammenzufassen, denn der Unterschied besteht nur im Mechanismus des Schadstofftransports bzw. in der Wechselwirkung der beteiligten Phasen.

Die in diesem Abschnitt beschriebenen chemisch-physikalischen Reinigungsverfahren für kontaminierten Boden sind im Gegensatz zu den anderen Reinigungsverfahren, wie z. B. die thermische und die mikrobiologische Behandlung, keine „Schadstoffvernichtungsanlagen". In ihnen bleibt die Schadstoffmenge, -art und -zusammensetzung über den gesamten Prozeß konstant, d.h. die Schadstoffeintragsfracht entspricht immer der Schadstoffaustragsfracht, wobei eine gezielte Aufkonzentrierung in den Schadstoffaustragsströmen erreicht werden soll und muß.

Wegen seiner Ungefährlichkeit, seiner Verfügbarkeit und seines Preises wird bei den Waschanlagen sehr gerne Wasser als Extraktionsmittel eingesetzt. Ein Vorteil des Wassers ist weiter, daß Techniken zur Verfügung stehen, die es erlauben, die vom Boden abgelösten Schadstoffe aus dem Wasser zu entfernen. Da Wasser außerdem ein „natürlicher" Bodenbegleitstoff ist, kann auf seine vollständige Entfernung aus dem behandelten Boden verzichtet werden.

Das zum Einsatz kommende Wasser wird dabei als Dispersions-, Lösungs- und Transportmittel benutzt, wobei die Wirksamkeit ggf. durch Zusätze von Lösungsvermittlern, z. B. waschaktiven Substanzen, verstärkt werden kann. Dabei hängt die Auswahl natürlich von den zu entfernenden Schadstoffen ab.

Darüber hinaus können bei diesen Verfahren aber auch anorganische und organische Lösungsmittel zur Anwendung kommen.

Alle Bodenwaschverfahren besitzen eine grundsätzliche Gemeinsamkeit: Sie lösen mit Hilfe mechanischer Energie die Schadstoffe vom Bodenkorn ab und überführen sie in die flüssige und gasförmige Phase bzw. werden auf die Bodenfeinkornfraktionen und/oder auf einen anderen Adsorbator übertragen und mit diesen dann ausgeschleust.

J.5.4.1 Grundprinzip

Im allgemeinen sind in Bodenwaschanlagen folgende Verfahrensschritte, die im einzelnen weiter hinten näher beschrieben werden, notwendig:
- Vorbereitung des Aufgabeguts,
- Naß-/Dampfaufschluß,
- Abtrennung von Leicht-/Schwerstoffen,
- Feinstkornabtrennung,
- Prozeßwasserabtrennung und -behandlung,
- Spülung des gereinigten Bodens,
- Abwasserreinigung,
- Abluftreinigung.

Die Verknüpfung der Verfahrensschritte ist in Bild J.5-15 schematisch dargestellt.

J.5.4.2 Anwendungsbereiche für Bodenwaschverfahren sowie Voraussetzungen für deren Anwendung

Einen groben Überblick über boden- und schadstoffspezifische Eignung von Bodenwaschverfahren geben die Tabellen J.5-8 und J.5-9. Im konkreten Sanierungsfall können die Einsatzbedin-

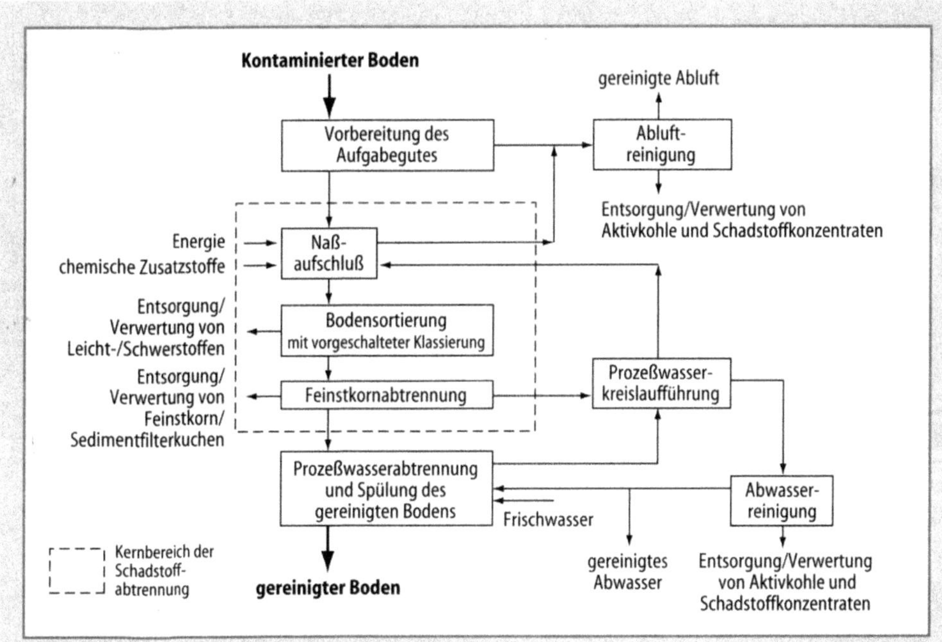

Bild J.5-15 Verfahrensschritte

Tabelle J.5-8 Bodenspezifische Eignung von Bodenwaschverfahren

Bodenart	Nicht geeignet	Mit Einschränkung	Geeignet
Kies[a]			x
Mittelsand[a]			x
Feinsand[a]			x
schluffiger Sand[a]			x
Lehm		x	
Ton[a]	x		
Bauschutt		x	
Schlamm		x	
Asche	x		

[a] Gemäß DIN 18196

gungen von den gemachten Angaben abweichen.

Wie aus Tabelle J.5-9 zu entnehmen ist, hat der Anteil an Bodenfeinstpartikeln einen großen Einfluß auf die Waschbarkeit von Böden. Als obere Grenze wird ein Anteil von 25 – 30 Gew.-% an Bestandteilen < 0,02 mm von den Anlagenbetreibern angegeben.

Generell kann gesagt werden, daß feinkörnige Bodenarten, u. a. Lehm, Ton, Löß, nur mit Einschränkungen hinreichend gereinigt werden können.

So müssen grundsätzlich die Schadstoffe für die Waschflüssigkeit und/oder den Wasserdampf zugänglich sein. Dies ist bei Stoffen, die in festen, blasigen Gesteinspartikeln (z. B. Schlacken) inkorporiert sind, normalerweise nicht der Fall. Hier stellt sich allerdings die grundsätzliche Frage, ob diese „Schadstoffe" unter normalen Umständen überhaupt Schäden anrichten können. Probleme wirft aber auch die Haftung der Schadstoffe an den Bodenkörnern auf. Dies gilt auch für die Bodenfeinstkörner. Verharzte Öle oder

Tabelle J.5-9 Schadstoffspezifische Eignung von Bodenwaschverfahren

Schadstoffart	Nicht geeignet	Mit Einschränkung	Geeignet
Mineralölkohlenwasserstoffe (MKW)			x
Polycyclische aromatischeKohlenwasserstoffe (PAK)		x	
Leichtflüchtige chlorierteKohlenwasserstoffe (LCKW)			x
Aromatische Kohlenwasserstoffe (AKW)			x
Polychlorierte Biphenyle (PCB)			x
Dioxine und Furane		x	
Cyanide			x
Schwermetalle		x	

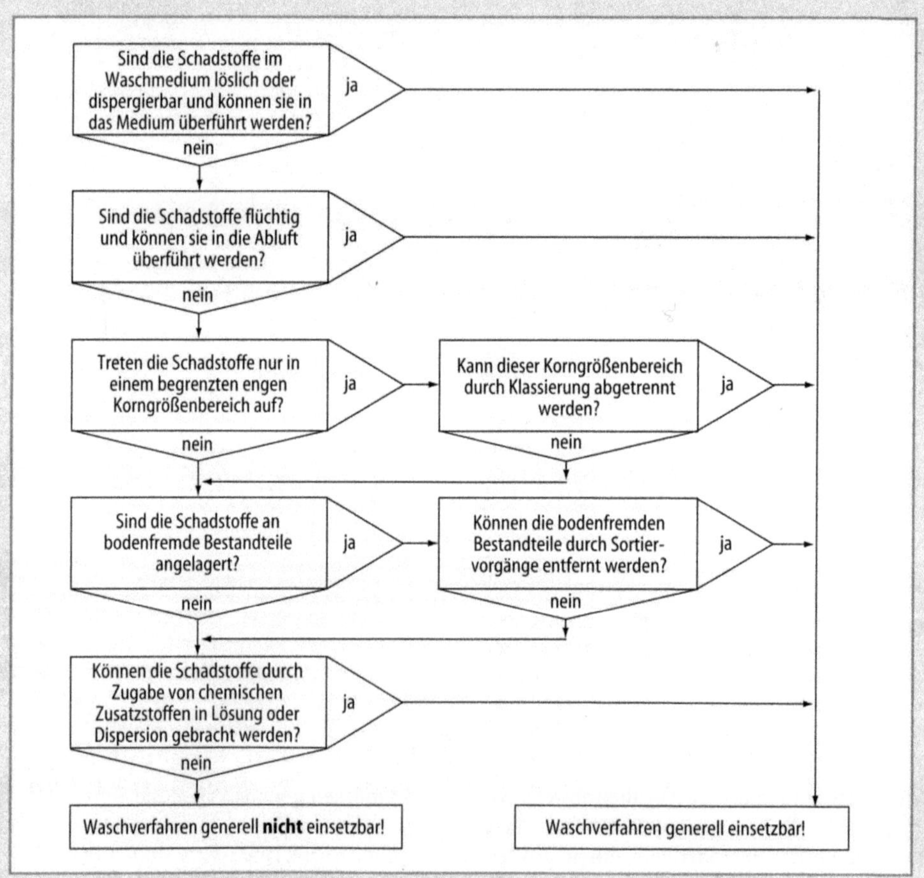

Bild J.5-16 Einsatz von Bodenwaschverfahren in Abhängigkeit von Art und Verteilung der Schadstoffe im Boden

auch gewisse Schwermetallverbindungen können z. B. mit porösen Mineralstoffen derart verkeilt sein, daß eine Trennung der beiden Komponenten mit Wasser auch unter hohem Energieeintrag nicht oder nur unvollkommen gelingt.

Ebenso können Schadstoffe, die die gleiche Dichte und Größe wie die Bodenkörner haben, nicht aus dem Boden herausgewaschen bzw. vom

 Altlastensanierung und Bodenschutz

Boden abgetrennt werden. Auch hier gilt wiederum, daß Ausnahmen nur die Regeln bestätigen. So können Schadstoffpartikel mit einer Korngröße < 1 mm dann abgetrennt werden, wenn sie Oberflächeneigenschaften haben, die sie vom Rest eindeutig unterscheidbar machen, so daß sie z. B. flottierbar sind.

Den Bodenwaschverfahren sind also Grenzen gesetzt, die durch die Art und Verteilung der Schadstoffe im Boden gegeben sind.

Die Beurteilung für die Einsatzmöglichkeiten von Bodenwaschverfahren kann nach Bild J.5-16 erfolgen.

J.5.4.3 Allgemeines Verfahrensprinzip

Die Schadstoffabtrennungsart vom Bodenkorn hängt im wesentlichen von der Bindungsart der Schadstoffe an den Bodenbestandteilen ab.

Grundvoraussetzung für den Reinigungsprozeß ist, daß zuerst der Bodenverbund durch Wasser- und Energieeintrag soweit aufgeschlossen wird, daß möglichst alle Kornoberflächen frei zugänglich sind.

In Abhängigkeit von der Art der Schadstoffe und deren Löslichkeit im Waschmedium wird durch den Energieeintrag während des Naßaufschlusses eine Ablösung der Schadstoffe von der Kornoberfläche und eine Überführung in das Prozeßwasser und die Prozeßluft erreicht. Hierbei können unterstützend chemische Hilfsstoffe eingesetzt werden. Im allgemeinen Fall liegen die Schadstoffe dann folgendermaßen vor:

a) im Waschmedium
  - gelöst (z. B. Salze nach Säurezugabe),
  - niedermolekular dispers,
  - kolloid dispers (Sol, Emulsion),
  - grob dispers (Suspension),

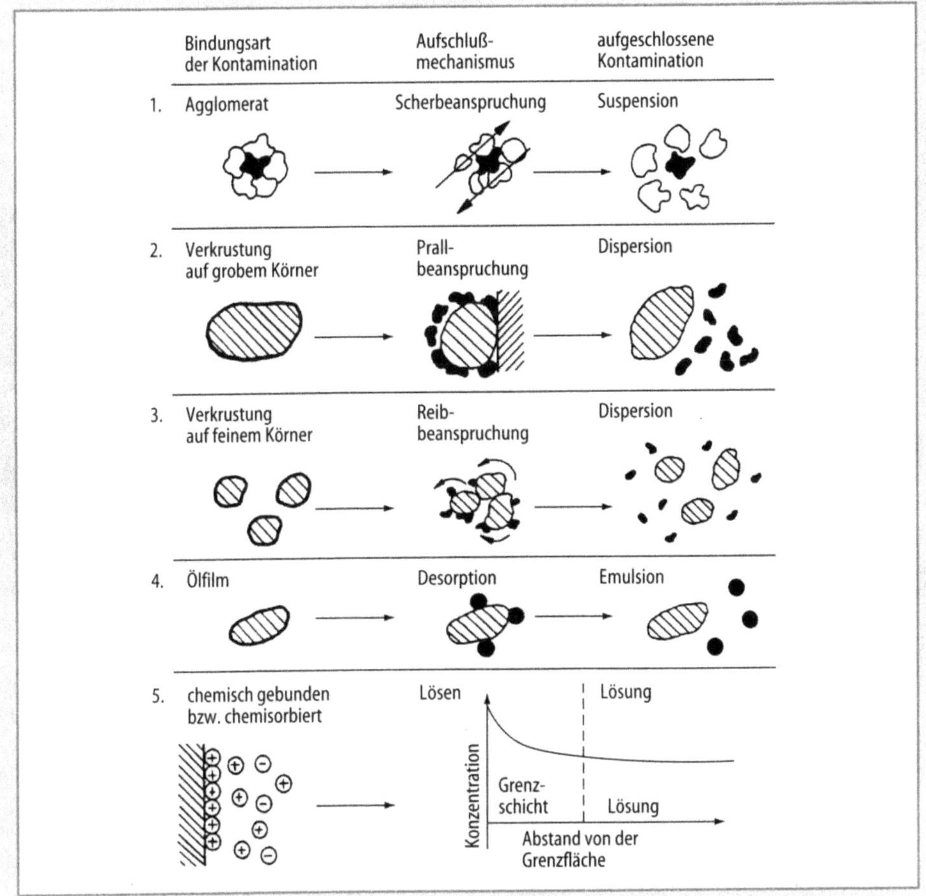

Bild J.5-17 Schadstoffaufschluß beim Läutern (NEESSE und GROHS 1990)

b) gebunden an Feinstbestandteile oder andere Adsorbatoren,
c) gebunden an Leicht-/Schwerstoffe,
d) als separate Phase,
e) in der Prozeßluft.

Einen guten Überblick des Schadstoffaufschlusses beim Waschprozeß gibt Bild J.5-17.

Weitere Schadstoffabtrennungsmechanismen sind Sortiervorgänge. Hierbei können aufgrund unterschiedlicher Dichten schadstoffhaltige Leicht-/Schwerststoffe aus dem Boden entfernt werden. Auf die Sortiertechnik wird in Abschn. J.5.4.4.4 noch näher eingegangen. Ebenso gehören hierzu Vorgänge, die unterschiedliche Grenzflächeneigenschaften besitzen, und mit Hilfe von Gasblasen in der Flüssigphase dispergierten Partikel (Feststoffteilchen, Tropfen, Moleküle, Ionen) Aggregate bilden, die aufgrund der geringen Dichte gegenüber dem umgebenden Medium zur Oberfläche der Flüssigkeit aufsteigen und eine abtrennbare Schaumschicht bilden. Dieser Flotationsvorgang kann sowohl zur Trennung von festen Feinstpartikeln in einem gering oder nicht belasteten Feststoffanteil und einem Schadstoffkonzentrat im eigentlichen Waschprozeß, als auch in der Prozeßwasserreinigung zur Abtrennung von dispergierten oder suspendierten Teilchen eingesetzt werden.

Aber auch die Klassierung wird im Bodenwaschprozeß eingesetzt. Mit diesem Verfahren können ebenfalls schadstoffhaltige, feste Feinstpartikel aus Böden abgetrennt werden. Zum Einsatz kommen hierbei insbesondere Hydrozyklone, aber auch Aufstromklassierer und Bogensiebe.

Auf die Feinstkornabtrennung wird in Abschn. J.5.4.4.5 näher eingegangen.

Die Naßmagnetfeldscheidung, die beim Bodenwaschprozeß zur Schadstoffabtrennung ebenfalls zur Anwendung kommen kann, wird in Abschn. J.5.4.4.1 abgehandelt.

An dieser Stelle dürfen die Schadstoffabtrennungsmethoden im Prozeßwasser und in der Prozeßabluft nicht unerwähnt bleiben. Sie gehören ebenso zum gesamten Waschprozeß und tragen zu der in der Einleitung bereits erwähnten, geforderten Schadstoffkonzentrierung bei.

J.5.4.4 Verfahrensschritte im einzelnen

Anhand des als Beispiel in Bild J.5-18 dargestellten Fließschemas der „Klöckner Oecotec Hochdruck-Bodenwaschanlage 2000" kann man sehr gut erkennen, daß Waschverfahren aus sehr vielen Verfahrensschritten bestehen und mit vielen Verfahrenskomponenten bestückt sind. Derart ausgerüstete Anlagen sind generell für alle waschbaren Böden und Schadstoffe einsetzbar. Die wesentlichen Behandlungsstufen werden im folgenden näher beschrieben. Auf die Behandlung der Emissionsstoffströme wird dazu in Abschn. J.5.4.5 eingegangen.

J.5.4.4.1 Vorbereitung des Aufgabeguts

Sofern der zu reinigende Boden gröberen Bauschutt, beispielsweise Mauerwerksreste, Betonbrocken, Buntsandstein (mit Kieselsäure verkittete Quarzkörper) o.ä. enthält, muß dieses Material einer Vorbehandlung unterzogen werden. Die Abtrennung dieser Bestandteile ist erforderlich, denn sie würden den weiteren Aufbereitungsprozeß stören und negativ beeinflussen.

Dabei erfolgt der Eintrag von Energie zum Zerkleinern mittels Brechern. Zu unterscheiden sind solche Geräte, die das Gestein derart auf Druck und Abscherung überbeanspruchen, daß das Material in kleine Fraktionen zerbricht, und solche, die das Material zerschlagen. Prall-/Schlagbrecher werden z. B. eingesetzt, wenn ein ausgeprägt inhomogenes Gefüge vorliegt. Der bevorzugte Brechverlauf längs der Korngrenzen fördert den Aufschluß. Bei unterschiedlichen Festigkeitseigenschaften der verwachsenen Bestandteile ist die Zerkleinerung selektiv, wobei weniger feste Gefüge fast völlig zerstört werden.

Auf diese Weise ist es möglich, im Inneren von Grobfraktionen befindliche, mobilisierbare Schadstoffe anschließend mit einer Bodenwaschanlage zu reinigen.

Backenbrecher finden Verwendung, wenn das Aufgabegut zu groß für den anschließenden Waschprozeß ist.

Die Abtrennung der o.g. Grobfraktionen erfolgt durch Siebung im Bereich von 30 – 100 mm, je nach Verfahrenstechnik des der Vorbereitung folgenden Naßaufschlusses.

Falls im Bereich der Absiebung und des Brechens kontaminierte Prozeßluft und/oder Staub oberhalb gültiger Grenzwerte entstehen, müssen die entsprechenden Anlagenkomponenten gekapselt sein und die Abluft einer Reinigungsanlage zugeführt werden. Auf diese Weise wird ein Schadstofftransport in die Umgebungsluft verhindert.

Eisenteile werden im Vorfeld mittels Magnetscheidung aus dem zu waschenden Material ent-

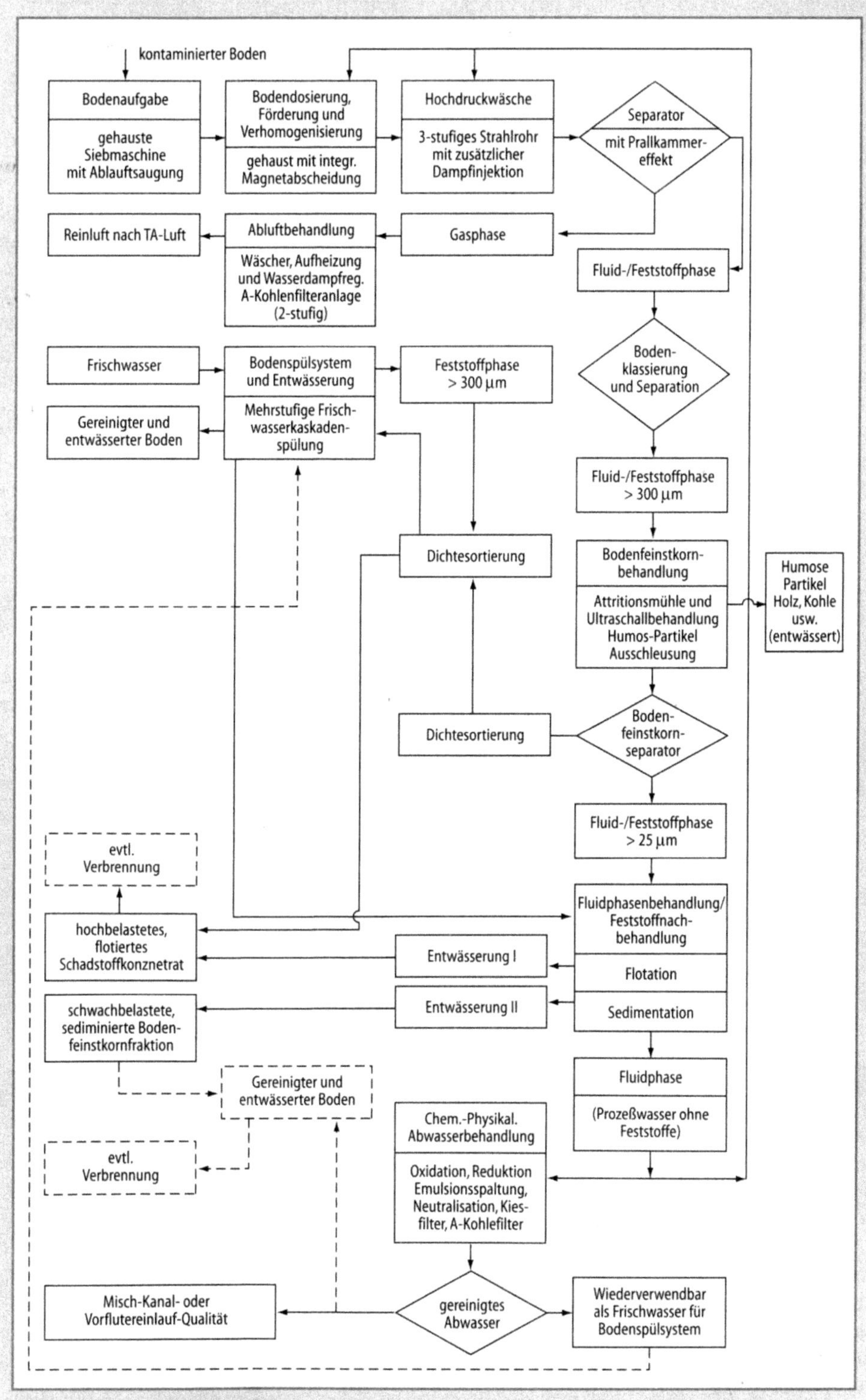

Bild J.5-18 Fließschema OECOTEC 2000

fernt. Auf diese Weise werden Anlagenzerstörungen weitgehend vermieden. Außerdem können auch schwermetallhaltige Verunreinigungen aus Böden zur Verminderung des Metallgehalts aussortiert werden. Die Magnetscheidung kann sowohl mit Trockenabscheidung bei trockenem Material, als auch mit Naßabscheidern bei feinkörnigen, suspendierten Materialien durchgeführt werden. Mit sog. Schwachfeldscheidungen können alle ferromagnetischen Stoffe abgeschieden werden. Stoffe, die eine geringere Suszeptibilität besitzen, müssen einer Starkfeldscheidung unterzogen werden. Dabei sollte eine Starkfeldscheidung generell einer Schwachfeldscheidung vorgeschaltet sein.

Folien, Pappen, Bauholz u. ä. sollten im Vorfeld durch Handsichtung entfernt werden. Auf diese Weise werden unnötige Anlagenstillstände vermieden.

J.5.4.4.2 Naßaufschluß und Schadstoffablösung mittels kinetischer Energie

In allen Waschverfahren wird zunächst einmal angestrebt, den Bodenverbund aufzuheben und eine Dispersion der Feststoffe zu erreichen. Hierzu ist der Einsatz kinetischer Energie unbedingt erforderlich. Die kinetische Energie kann auf vielfältige Weise zum Zweck der Reduzierung oder der vollständigen Aufhebung von Adhäsionskräften in eine Aufschlämmung eingetragen werden. In der Praxis haben sich Verfahren bewährt, die mit überwiegender Prall- oder Reibungsbeanspruchung arbeiten.

Apparate, die mit Prallbeanspruchung arbeiten, sind:
- Hochdruckwasserstrahlrohre,
- Zentrifugalapparate,
- Läutertrommeln (Kataraktwirkung).

Apparate, die mit Scher- und Reibungsbeanspruchung arbeiten, sind:
- Vibrationsschnecken,
- Attritionszellen,
- Schwerterwäscher,
- Läutertrommeln (Kaskadenwirkung),
- Wirbelbettreaktoren.

Aber nicht nur die Aufhebung des Bodenverbunds wird mit o. g. Apparaten erreicht, sondern auch die reine Ablösung der Schadstoffe von der Kornoberfläche.

So wird beim Klöckner Oecotec-Hochdruck-Bodenwaschverfahren auch sehr viel Luft mit

eingesetzt. Das eigentliche Strahlrohr ist in Bild J.5-19 dargestellt.

Das Strahlrohr selbst ist innen mit einem umlaufenden Düsenkranz bestückt. Eine Hochdruckpumpe fördert das zum Waschen benötigte Wasser mit etwa 350 bar Düsenvordruck in die Ringleitung. Damit stellt sich eine Düsenaustrittsgeschwindigkeit von etwa $V = 250$ mm/s ein. Die Wasserstrahlen bilden einen kegelförmigen Schleier und erzeugen nach dem Prinzip der Wasserstrahlpumpe eine Erniedrigung des Luftdrucks innerhalb des Strahlkegels auf etwa 0,8 bar. Damit wird der zudosierte Boden zusammen mit erheblichen Luftmengen in den Strahlkegel gefördert. Die dann einsetzende Verwirbelung der Bodenkörner, verbunden mit den hohen, in den Boden eingetragenen Schwerkräften, zusammen mit dem vorhandenen Unterdruck und der abrupten Abbremsung an einer Prallplatte führen nicht nur zur Homogenisierung des Bodenmaterials, sondern auch zur Absprengung der Schadstoffe von der Kornoberfläche.

Bei den Apparaten, die mit Scher-/Reibungskräften arbeiten, erfolgt deren Absprengung durch Dampfblasen. Diese Dampfblasenbildung, die auch als Kavitation bezeichnet wird, entsteht bei diesen Apparaten in der Flüssigkeitsströmung.

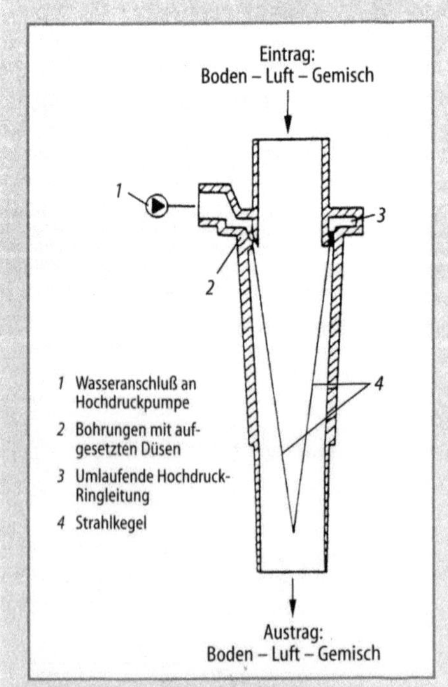

Bild J.5-19 Hochdruck-Strahlrohr (KLÖCKNER)

Nach der Bernoullischen Gleichung der Hydrodynamik kann der statische Druck in einer Flüssigkeit den Dampfdruck p der Flüssigkeit unterschreiten. Dann entstehen Dampfblasen, die nach Verlangsamung der Strömung wieder kondensieren. Die Dampfblasen fallen hierbei plötzlich zusammen, so daß Volumenelemente verschiedener Geschwindigkeit aufeinander, auf Feststoffe bzw. Wände aufprallen und dabei an diesen Zerstörungen oder Anfressungen und somit Ablösung von Schadstoffen hervorrufen. Bei Wasser mit der Temperatur = 20 °C tritt die Blasenbildung bei einer Strömungsgeschwindigkeit ab etwa 14 m/s ein. Derartige Geschwindigkeiten erreicht man bei intensivem Rühren. Es entstehen aufgrund der inneren Reibung der fluiden Phase Geschwindigkeitsgefälle quer zur Strömungsrichtung (Schergeschwindigkeit), die Zugspannungen, scherende und reibende Kräfte hervorrufen.

J.5.4.4.3 Schadstoffablösung mit Hilfsmitteln

Die Schadstoffablösung kann mit chemischen Hilfsmitteln und/oder Einsatz thermischer Energie noch erhöht werden.

Sattdampfinjektion
Bei der Sattdampfinjektion wird Wasserdampf mit Überdruck in die schon durchmischte Bodenaufschlämmung eingeblasen. Dabei kondensiert ein Teil des Dampfes. Dies führt zu einer kräftigen Durchwirbelung und einer Temperatursteigerung.

Bei 20 % Bodenfeuchte und einer Zugabe von 1 % Dampf bezogen auf die feuchte Bodenmasse erhält man z. B. eine Temperatursteigerung von etwa 16 K. Der Übergang der anhaftenden Schadstoffe auf fluide Trägermedien wird dadurch beschleunigt.

Erwärmung des Waschmediums
und des Bodens
Durch eine Erhöhung der Temperatur des Boden-Wasser-Gemisches läßt sich zumeist die Effizienz des Waschvorgangs erheblich verbessern. Dieser Effekt beruht u.a. auf der Zunahme der Löslichkeit von Salzen in Wasser (Bild J.5-20) sowie durch die Abnahme der dynamischen Viskosität von Flüssigkeiten bei steigender Temperatur (Bild J.5-21).

Hinzu kommt, daß mit steigender Temperatur vorhandene Bindekräfte insbesondere von polaren Stoffen reduziert bzw. aufgehoben werden.

In Bild J.5-22 ist die Mischtemperatur in Abhängigkeit der Bodenfeuchte und der Menge des erwärmten Zugabewassers für eine Ausgangstemperatur des Bodens von Tp = 10 °C und eine Temperatur des Waschwassers von Tz = 95 °C dargestellt.

Anorganische Verbindungen (Säuren/Basen)
Die in einem Dispersionsmittel verteilten Feststoffpartikel einer Suspension werden durch die Absorption bestimmter in ihr gelöster Ionen elektrisch aufgeladen. Auch im Kontakt mit reinem Wasser bildet sich eine elektrische Doppelschicht aus.

Die Stärke und teilweise auch das Vorzeichen der Ladung ist vom pH-Wert abhängig.

Durch Zugabe von gebranntem Kalk oder Kalkmilch kann der pH-Wert erhöht oder durch Zugabe von Säuren gesenkt werden.

Die elektrostatische Aufladung spielt eine erhebliche Rolle für die Stabilität von Suspensionen. Nur wenn die Aufladung von Boden- und Schadstoffpartikeln gleichnamig ist, erfolgt kein gegenseitiges Wiederanlagern von Feststoffteilchen, die bereits separiert worden sind.

Ein Maß für die Aufladung ist gegeben durch das sog. elektrokinetische oder Zeta-Potential, daß nach Smoluchowsky bestimmt wird aus der Beziehung

$$\zeta = \eta \cdot v/(\varepsilon_r \cdot \varepsilon_0 \cdot \Sigma).$$

Hierin ist η die Viskosität des Dispersionsmittels, v die Wanderungsgeschwindigkeit des dispergierten Teilchens im elektrischen Feld, Σ die elektrische Feldstärke, ε_r die Dielektrizitätszahl (relative Dielektrizitätskonstante) des Dispersionsmittels und ε_0 die elektrische Feldkonstante. Der Betrag des Zeta-Potentials liegt im Bereich 0 – 100 mV.

Kohlenwasserstoffe, Ruß, Fette und Tonmineralien laden sich bei der Dispersion in Wasser negativ auf. Die Aufladung verstärkt sich mit steigendem pH-Wert. Säuren und saure Salze verringern in niedriger Konzentration die negative Ladung der dispergierten Teilchen.

Organische Lösungsvermittler
(oberflächenaktive Substanzen/Komplexbildner)
Oberflächenaktive Substanzen, Tenside, haben die Eigenschaft, sich an der Oberfläche von Lösungen anzureichern und deren Oberflächenspannung zu mindern.

Die Ursache für diese Grenzflächenaktivität liegt im asymmetrischen Bau der Moleküle, die

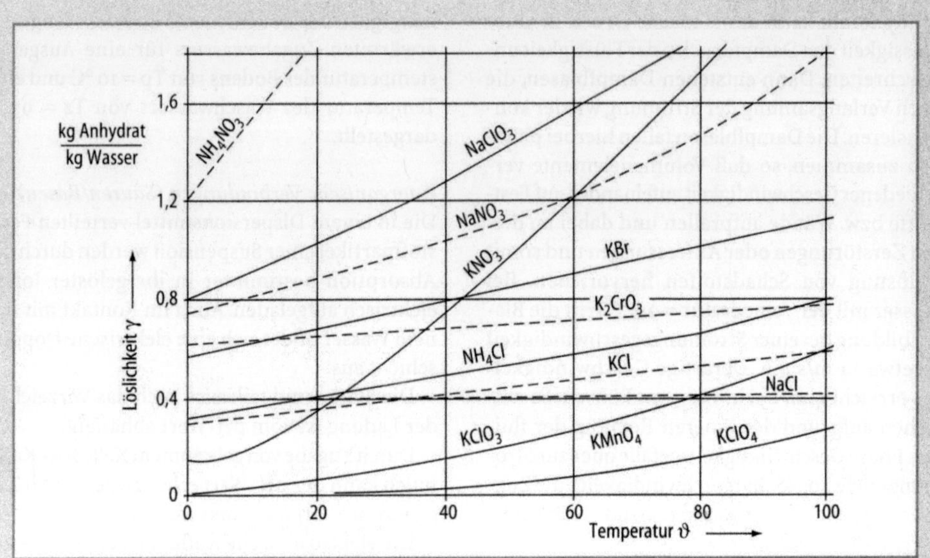

Bild J.5-20 Löslichkeitskurve für verschiedene anorganische Salze

Bild J.5-21 Kinematische Viskosität verschiedener Öle

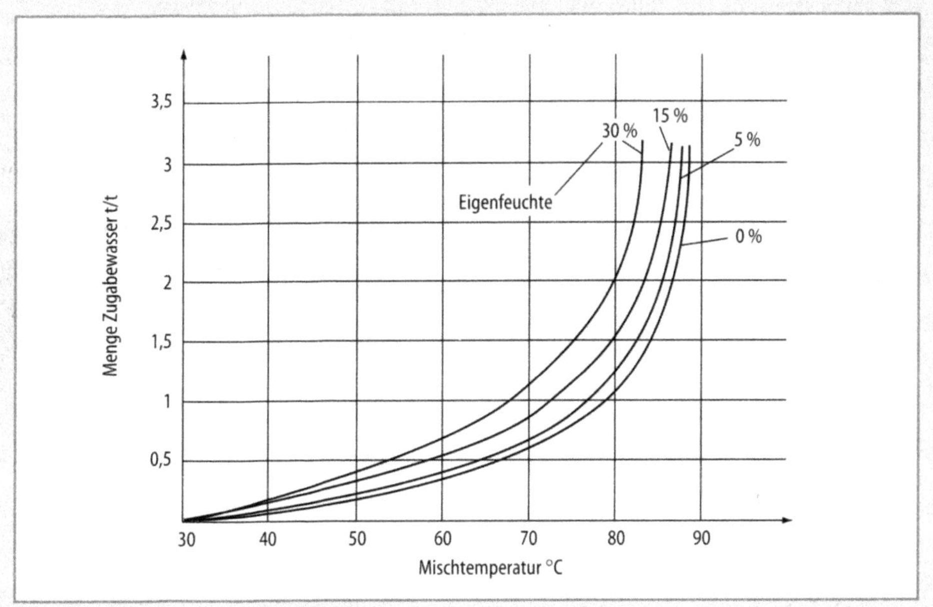

Bild J.5-22 Mischtemperatur des Boden-Wasser-Gemisches $T_z = 95\ °C$; $T_0 = 10\ °C$

aus einem wasserabweisenden (hydrophoben) und einem wasserfreundlichen (hydrophilen) Teil bestehen.

Mit steigender Tensidkonzentration sinkt zuerst die Ober- bzw. Grenzflächenspannung, bleibt aber dann bei einer für jedes Tensid charakteristischen Konzentration annähernd konstant.

Bei der Adsorption von Tensiden an festen Oberflächen ist die hydrophile Gruppe zur wäßrigen Phase hin orientiert. Sie bildet eine Hydratschicht. Diese verhindert das Entstehen von Haftflächen zwischen zwei einander genäherten Festkörperoberflächen. Weiterhin bewirken Tenside eine Umnetzung, d.h. die Verdrängung einer nicht-wasserlöslichen, die Oberflächen eines Feststoffteilchens bedeckenden Substanz.

Zu unterscheiden sind anionische, kationische und nichtionogene Tenside. Die Adsorption von anionischen Tensiden verstärkt die negative Aufladung der Partikel oder in Wasser nicht löslichen Flüssigkeitströpfchen. Kationische Tenside setzen die negative Ladung herab und können bei genügend hoher Konzentration zu einer Ladungsumkehr der suspendierten Partikel führen.

Nichtionogene, grenzflächenaktive Substanzen können nur durch die Änderung der Grenzflächenspannung ihre Wirkung entfalten.

Neben den grenzflächenaktiven Substanzen haben die Komplexbildner zur Lösungsvermitt-lung Bedeutung erlangt. Komplexbildner sind befähigt, mehrwertige Metallionen in wäßriger Lösung so zu binden, daß die Ionenkonzentrationen herabgesetzt werden. Dadurch können schwerlösliche Salze in Lösung gebracht werden. Vielfach wird Ethylen-Diamin-Tetraessigsäure (EDTA) als Komplexbildner eingesetzt.

J.5.4.4.4 Sortierprozesse

Wenn sich Schadstoffe in oder an Leichtstoffen (wie z.B. Holzkohle, Schlacke, Holz o.ä.) angelagert haben oder aber diese selbst bilden, ist eine Überführung dieser Schadstoffe in das Waschwasser nicht möglich. Wie bereits in Abschn. J.5.4.3 erwähnt, können derartige Bestandteile aus dem Boden durch Sortiervorgänge abgetrennt werden.

Die Leichtstoffe haben im Normalfall eine Feststoffdichte von $1{,}2-1{,}9\ g/cm^3$ und sind „leichter" als Sand (Feststoffdichte von $2{,}65\ g/cm^3$). In geeigneten Sortierapparaten werden die spezifisch leichten Stoffe abgetrennt. In Abhängigkeit von der Korngröße werden folgende Apparate angewandt:
- Setzmaschinen (> 2 mm),
- Aufstromsortierer (0,3 – 2 mm),
- Wendelscheider (Sortierspiralen (0,3 – 2 mm)),

- Flotationsapparate (z.B. Rührwerk, pneumatische Flotation (< 1 mm)).

In den Bildern J.5-23 bis J.5-26 sind die Prozeßmechanismen der o.g. verfahrenstechnischen Apparate dargestellt.

Für die Abtrennung von spezifisch schwereren Stoffen als Sand (Dichte > 4 g/cm³) sind diese Apparate natürlich auch geeignet.

Für optimale Betriebsbedingungen dieser Maschinen – dies gilt insbesondere für den Körnungsbereich – hat sich gezeigt, daß eine vorhergehende Klassierung erforderlich ist. Ebenso ist eine Zwischenbunkerung der anfallenden Stoff- bzw. Materialströme sehr sinnvoll – so können diese Apparate immer mit bestem Wirkungsgrad betrieben werden.

J.5.4.4.5 Feinstkornabtrennung

Die Summe der Oberfläche aller Einzelkörper eines Bodens wird als dessen spezifische Gesamtoberfläche (m²/g TS) bezeichnet. Diese steigt exponentiell mit abnehmender Größe der Einzelkörner. Man unterscheidet Makro- und Mikrooberflächen. Die Makrooberfläche stellt die idealisierende Oberfläche dar, die Mikrooberfläche dagegen die tatsächliche Oberfläche des Einzelkorns einschließl. der Oberflächen aller zugänglichen Poren und Klüfte.

Wegen der großen Oberfläche ist i. allg. die Restschadstoffbeladung des Bodens vornehmlich in den feinkörnigen Fraktionen zu suchen, wobei der Reinigungsaufwand mit abnehmendem Korndurchmesser überproportional zunimmt.

Unterhalb einer Korngröße von 0,01 – 0,02 mm können die zur Schadstoffablösung benötigten

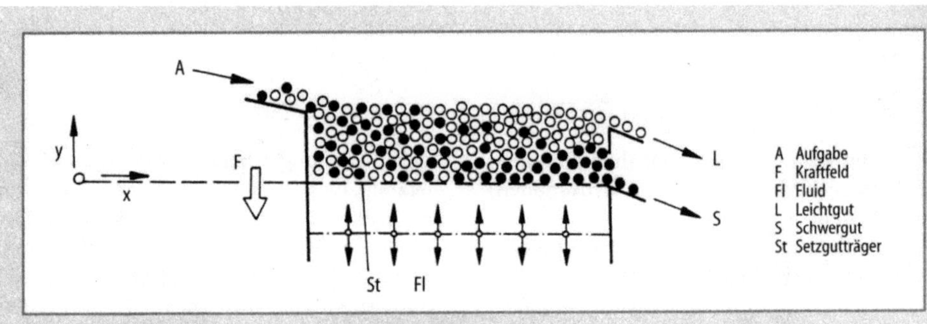

Bild J.5-23 Wirkprinzip der Sortierung im pulsierenden Aufstrom (Setzen)

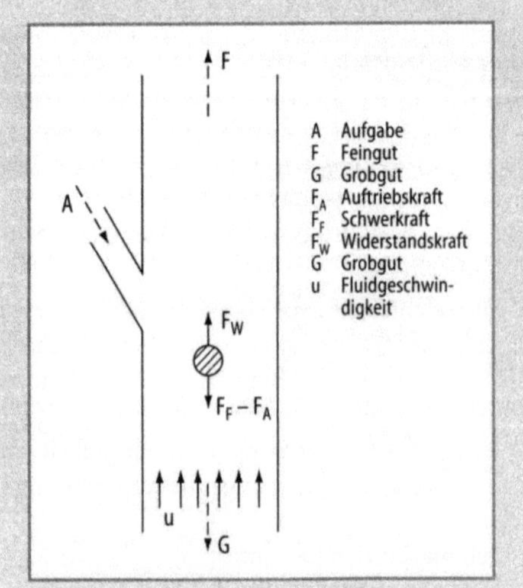

Bild J.5-24 Trennwirkung einer Gegenstromklassierung

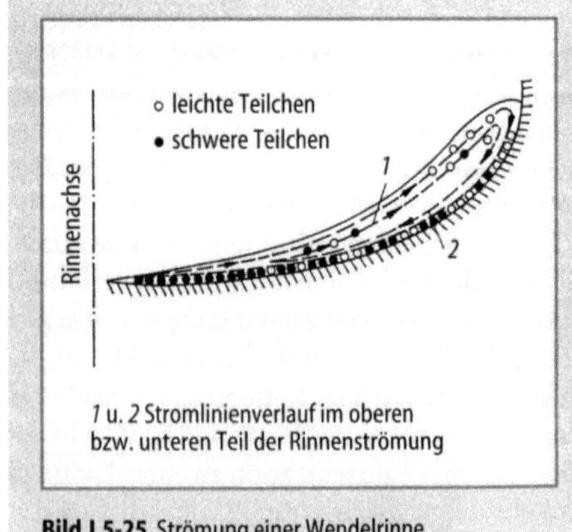

Bild J.5-25 Strömung einer Wendelrinne

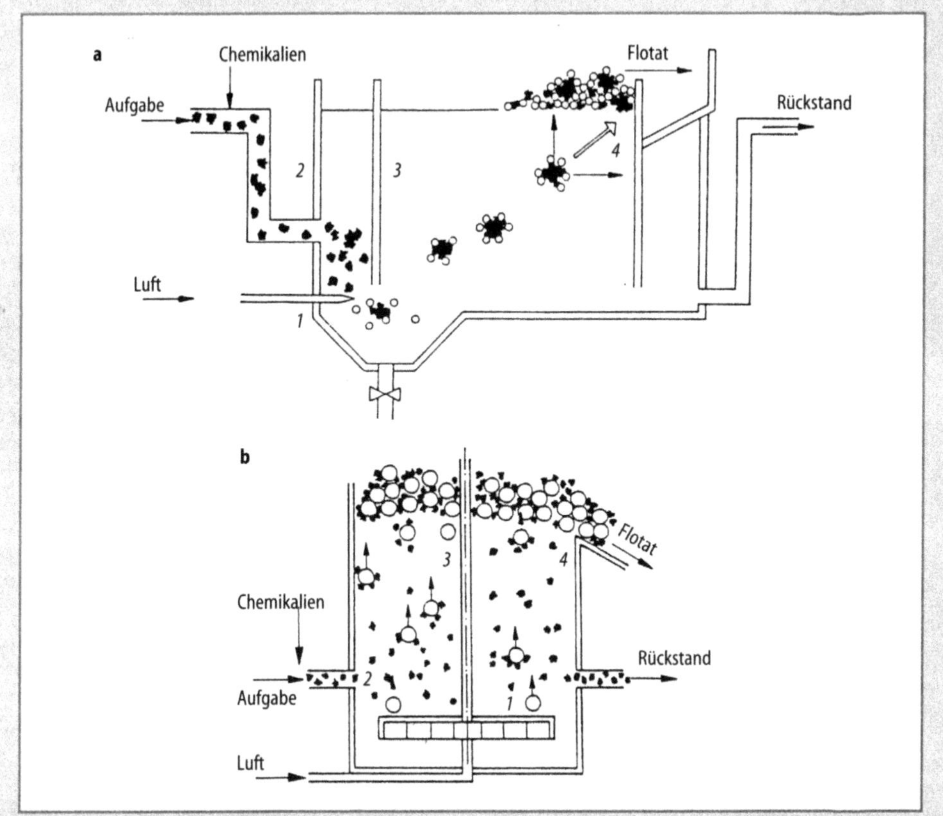

Bild J.5-26 Prozeßschritte bei der Flotation. **a** Blasenerzeugung mittels Düse, **b** Blasenerzeugung mittels Rührer

Kräfte gar nicht mehr wirtschaftlich aufgebracht werden. Aus diesem Grund werden die Feinstpartikel aus dem Bodenverbund ausgeschleust und entsorgt oder mit anderen Verfahren weiterbehandelt bzw. dekontaminiert.

Diese Feinstkornabtrennung erfolgt in drei aufeinanderfolgenden Schritten:
- Trennung des Feinstkorns von den schadstoffarmen, gröberen Bodenpartikeln (Klassierung),
- Abtrennung des Feinstkorns aus dem Prozeßwasser (Sedimentation),
- Entwässerung des Feinstkorns (Schlammentwässerung).

Hierbei werden für den ersten Verfahrensschritt i. d. R. Hydrozyklone eingesetzt. Die Klassierung erfolgt dabei in Zentrifugalkraftfeldern. Diese werden dadurch aufgebaut, indem man in ein rotationssymmetrisches Gehäuse die Suspension tangential einströmen läßt. Durch den entstehenden Wirbel rotiert die Flüssigkeit im ruhen-

den Gehäuse. Bild J.5-27 zeigt einen Hydrozyklon normaler Bauart.

Der Trennungsschnitt der beim Bodenwaschen eingesetzten Hydrozyklone liegt heute bei 0,01 – 0,02 mm.

Die Abtrennung des feinstkörnigen Bodenmaterials aus dem Prozeßwasserüberlauf des Hydrozyklons (Stoffstrom K_2 in Bild J.5-27) erfolgt durch Sedimentation und/oder Flotation.

Voraussetzung für die Sedimentation ist ein Dichteunterschied zwischen disperser Phase und Dispersionsmittel. Die durch Sedimentation abtrennbare, untere Teilchengröße liegt bei ca. 0,5 µm. Diese Größe ergibt sich aus der Brownschen Molekularbewegung, die Teilchen $< 0,05$ µm in Schwebe hält.

Zur Beschleunigung des Absetzvorgangs werden i. allg. Flockungsmittel zugesetzt. Sie bewirken eine Zusammenballung zu größeren Konglomeraten. Großtechnisch werden zur Sedimentation Absetzbehälter ohne oder mit Einbauten (z.B. Lamellenklärer) eingesetzt. Allen Absetzbek-

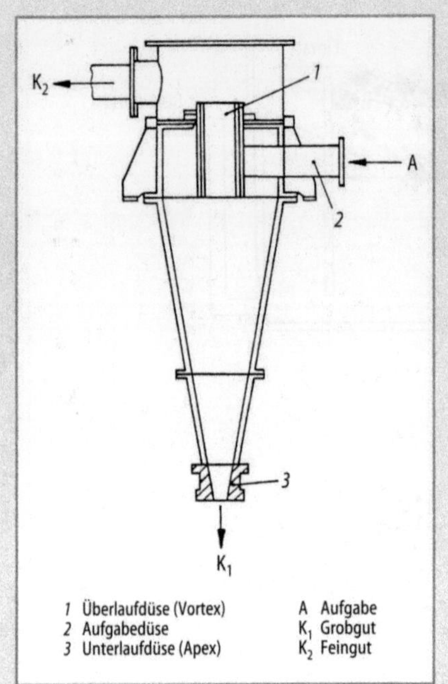

1	Überlaufdüse (Vortex)	A	Aufgabe
2	Aufgabedüse	K₁	Grobgut
3	Unterlaufdüse (Apex)	K₂	Feingut

Bild J.5-27 Hydrozyklon normaler Bauart (Schauenburg Maschinen- und Anlagen-Bau 1991/1)

ken bzw. Behältern ist gemeinsam, daß ihr Durchmesser im Verhältnis zur Tiefe relativ groß ist.

Die Abtrennung von Feinstpartikeln durch Flotation wurde in Abschn. J.5.4.4.4 bei der Beschreibung von Sortierprozessen bereits näher erläutert. Durch eine der Sedimentation vorgeschaltete Flotation kann in einigen Fällen eine erhebliche Minimierung des Schadstoffgehalts im Sedimentationsgut erzielt werden. Dies ist im Hinblick auf die beim Bodenwaschen immer angestrebte Schadstoffaufkonzentrierung von grosser Bedeutung.

Die Entwässerung des Sediments bzw. des Flotats erfolgt i.d.R. durch Filtrieren und Auspressen.

Filtrieren ist Abscheiden von Feststoffteilchen aus Suspensionen mit Hilfe eines porösen Filtermittels, das die feststofffreie Flüssigkeit, das Filtrat, durchläßt und den Feststoff als Filterkuchen zurückhält. Hierbei wird ein Druckgefälle zwischen Suspensions- und Filtratseite eingesetzt. Die Feststoffabscheidung kann an der Oberfläche des Filtermittels erfolgen (Oberflächenfiltration) oder durch Abscheiden von Feststoffteilchen im Inneren des Filtermittels durch molekulare Kräfte (Tiefenfiltration). Im letzten Fall können Teilchen abgeschieden werden, die kleiner als der Porendurchmesser des Filtermittels sind. Dazu muß eine genügend große Schichtdicke des Filtermittels vorhanden sein, die auch durch den abgeschiedenen Filterkuchen selbst aufgebaut werden kann.

Als Filtermittel werden Metall- oder Textilgewebe, verfilzte Faserschichten, lose Schüttungen kompakter oder poröser Körner und Membrane eingesetzt.

Von Auspressen spricht man, wenn aus breiartigen Massen der Flüssigkeitsanteil durch Anwendung hoher Druckgefälle möglichst weitgehend entfernt werden soll. Es ist vorteilhaft, kontinuierlich wirkende Filtermethoden einzusetzen. Zu dem kontinuierlich arbeitenden Vakuum- oder Druckfilter mit selbsttätigem Kuchenaustrag gehören die Vakuum-, Drucktrommelfilter-, die Bandfilter und Bandfilterpressen.

Neuerdings werden auch gerne diskontinuierlich arbeitende Kammerfilterpressen eingesetzt. Mit ihnen erreicht man einen sehr hohen Entwässerungsgrad.

J.5.4.4.6 Nachbehandlung des gereinigten Bodens

In der Nachbehandlung des gereinigten Bodens erfolgt die Abtrennung des Prozeßwassers und die Spülung des gewaschenen Bodens.

Da die über Klassierung ausgesonderten Kornfraktionen noch mit der Waschsuspension bedeckt sind und in den Zwickeln zwischen den Partikeln Flüssigkeitslamellen aufgrund der Oberflächenspannung anhaften, werden in diesem Volumen auch gelöste und dispergierte Stoffe mitgeschleppt.

Die eigentliche Entwässerung erfolgt mit Entwässerungssieben oder Vakuumbandfiltern. Durch Zugabe von nicht oder gering belasteter Waschflüssigkeit werden die Lösungen, Dispersionen verdünnt (gespült).

Der Massenanteil der Schadstoffe nimmt mit steigender Zahl der Spülstufen λ und mit wachsendem Spülverhältnis $n\lambda$ ab. Diese Abhängigkeit ist für eine Kaskadenspülung in Bild J.5-28a, für die Mehrfachspülung mit Frischwasser in Bild J.5-28b wiedergegeben. Das Spülverhältnis kann entweder durch Vergrößerung des Volumens der zugegebenen Spülflüssigkeit oder durch Verkleinerung des Restvolumens (größerer Entwässerungsgrad) angehoben werden.

Da der gereinigte Boden bestimmte, durch Gesetz oder Vorschrift gegebene Grenzwerte unterschreiten muß, ergeben sich Konsequenzen für das Spülverhältnis und die Anzahl der Spül-

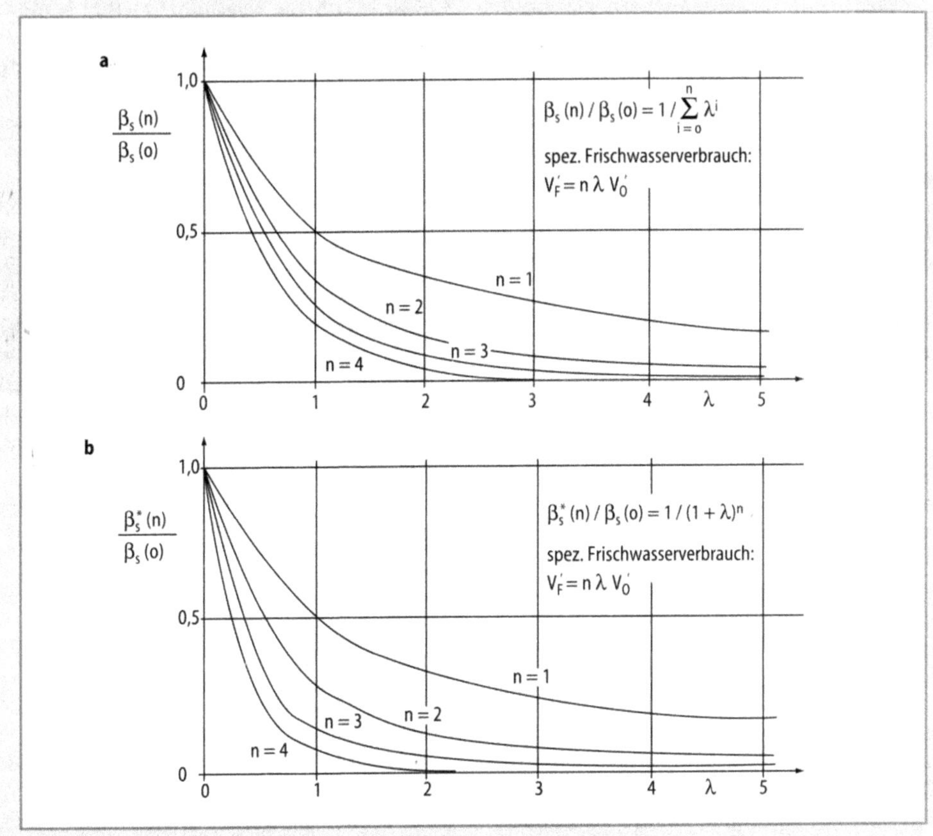

Bild J.5-28 **a** Kaskadenspülung mit Frischwasser, **b** Mehrfachspülung mit Frischwasser

stufen. Eine Erhöhung der Kaskadenstufenzahl ist mit einem entsprechenden Investitionsaufwand verbunden. Die Vergrößerung des Spülverhältnisses führt zu einem Mehrverbrauch von Frischwasser, der eine damit verbundene größere Wasseraufbereitung zur Folge hat.

J.5.4.4.7 Prozeßwasserführung und -aufbereitung

Da die Menge des Wassers, die mit dem verunreinigten Boden vermengt wird, ein Mehrfaches der Menge beträgt, die zur Benetzung der Bodenkornoberfläche und Füllung der kapillaren Zwischenräume benötigt wird, ist es sinnvoll, das Prozeßwasser im Kreislauf zu führen.

Hierzu muß es jedoch vorher gereinigt werden. Es müssen nicht nur die feinen Feststoffe entfernt werden, sondern auch flüssige, organische Schadstoffe, die im Wasser nicht oder nur wenig lösbar als kleine Tröpfchen verteilt sind und somit eine eigene Phase darstellen (Emul-

sion). Durch Zugabe von Spaltmitteln, Oxidationsmitteln und/oder pulverisierter Aktivkohle können Emulsionen aus dem Prozeßwasser entfernt werden.

Das gilt auch für kolloide Lösungen. Dies sind Lösungen von Makromolekülen oder Zusammenballungen von Molekülen in einem Teilchengrößenbereich von $1-10\,\mu m$. Hier haben sich Adsorptionsspaltmittel bestens bewährt. Auch diese Stoffe werden dann über die bereits beschriebenen Verfahrensschritte Sedimentation und/oder Flotation zusammen mit der Bodenfeinstfraktion dem Prozeßwasser entzogen.

Gespaltene Emulsionen können aber auch in freier, flüssiger Phase aus dem Prozeßwasser entfernt werden. Hierzu werden Abscheideapparate eingesetzt, die eine mechanische Trennung der sich aufgrund unterschiedlicher Dichte bildenden Phasen ermöglichen. Dabei kann die Dichte der dispergierten Flüssigkeit größer oder kleiner als die des Waschmediums sein.

Treten beide Dichtedifferenzen gleichzeitig auf, muß ein 3-Phasen-Abscheider eingesetzt werden.

Da die wäßrige Phase auch als Lösungsmittel für die echt löslichen Substanzen dient, muß, um einer Aufkonzentrierung bzw. einer Aufsalzung entgegenzuwirken, ein Teilstrom entnommen und einer chemisch-physikalischen Abwasserbehandlung unterzogen werden. Dabei ist die Menge des Teilstroms abhängig von der Schadstoffeintragsmenge – sie beträgt i.d.R. 10 %.

Das in der o.g. C-P-Abwasserbehandlung gereinigte Wasser kann je nach Reinigungsgrad wieder als Spülwasser für den gereinigten Boden eingesetzt werden.

Auf diese Weise kommt man einem komplett geschlossenen Wasserkreislauf sehr nahe. Es darf aber nicht verschwiegen werden, daß es viele Fälle gibt, wo das nicht möglich ist, und somit das gereinigte Abwasser über einen Indirekteinleiter entsorgt werden muß.

J.5.4.5 Emissionsstoffströmebehandlung

Die Behandlung der Emissionsstoffströme bei Bodenwaschanlagen ist ein zwingend erforderlicher Tatbestand. Nur so kann vermieden werden, daß über sog. Verdünnungseffekte erneute Umweltbelastungen entstehen. Bei Bodenwaschverfahren sind die Emissionspfade Abwasser und Abluft am wichtigsten. Diese beiden werden in den Abschn. J.5.4.5.1 und J.5.4.5.2 einzeln beschrieben.

Dem Schadstoffkonzentrataustrag und dessen Nachbehandlung, ein im weitesten Sinn ebensolcher Emissionsstoffstrom, ist ein eigener Abschnitt (Abschn. J.5.4.6) gewidmet.

J.5.4.5.1 Abwasserreinigung

Ziel der Abwasserreinigung ist es, die im Prozeßwasser enthaltenen Schadstoffe so weit zu entfernen, daß die Wiederverwendung als Spülwasser, anstelle von Frischwasser, möglich ist.

Die in der wäßrigen Waschlösung echt gelösten Substanzen sind durch eine mechanische Behandlung nicht zu entfernen. Hier müssen chemisch-physikalische Methoden angewendet werden.

Die Einwirkmöglichkeiten chemischer Verfahren bestehen darin, daß

a) nichtlösliche Verbindungen gebildet und abgeschieden werden (z.B. schwerlösliche Salze von Schwermetallen wie Sulfide),

b) die schädliche Belastung beseitigt wird (z.B. durch Neutralisation),

c) Stoffe mit festen Phasen Verbindungen eingehen, mit diesen entfernt und später durch Regenerieren der festen Phase wieder freigesetzt werden (Ionenaustauscher).

Zwischen chemischen und physikalischen Methoden ist die Adsorption einzuordnen, eine Anreicherung von Stoffen an einer Phasengrenzfläche. Bei erhöhter Temperatur tritt Desorption ein (Methode zur Rückgewinnung des Stoffs).

Die Adsorption organischer Verbindungen aus wäßriger Lösung erfolgt an einem Feststoff, der eine geringe Neigung zeigt, das Lösungsmittel (Wasser) aufzunehmen, also lipophile Eigenschaften (z.B. Aktivkohle) hat.

Je nach Schadstoffart kommt der Einsatz folgender Verfahren allein oder in Kombination in Betracht:

- Flotation*,
- Oxidation*,
- Reduktion*,
- Neutralisation*,
- Emulsionsspaltung*,
- Schwermetallfällung*,
- Adsorptionsverfahren* (Aktivkohle, Molekularsiebe),
- Kiesfilterung*,
- Feinstfilterung (Ultrafiltration, Umkehrosmose),
- Ionenaustauschverfahren,
- Desorptionsverfahren,
- elektrolytische Verfahren,
- Verdampfungsverfahren (Salzabscheidung),
- biologische Behandlungsverfahren.

Der Einsatz derartiger Techniken ermöglicht das Optimieren in der Abwasserreinigung. Ob ein derartiger Aufwand aber betrieben werden muß, hängt im Einzelfall immer von den Schadstoffen selbst und deren Mengen ab. Für Bodenwaschanlagen haben sich die mit * gekennzeichneten Verfahren bisher bestens bewährt. Mit ihnen lassen sich die Grenzwerte für Ürtliche Einleitbedingungen sowohl in die Kanalisation als auch in einen Vorfluter sicher erreichen.

J.5.4.5.2 Abluftaufbereitung

Viele Schadstoffe, insbesondere organische Substanzen, haben bei den in Bodenwaschanlagen üblichen Temperaturen bereits einen so hohen Dampfdruck, daß, wenn man sie nicht fassen würde, erhebliche neue Umweltbelastungen entstünden, und obendrein ein Arbeiten an diesen Anlagen unmöglich gemacht würde. Zusätzlich können bei den Apparaten, die in den Bodenwaschanlagen eingesetzt sind, leicht Aerosole entstehen. Über sie könnten in Wasser gelöste und dispergierte Schadstoffe ebenso ungehindert entweichen.

Aus diesem Grund müssen alle Anlagenbereiche, in den Schadstoffe entweichen können, gekapselt sein, und die Abluft über Zwangsförderung einer Reinigungsanlage zugeführt werden. Dies gilt insbesondere beim Einsatz von Dampf, ein in der letzten Zeit erfolgreich angewandtes Verfahren, um bessere Reinigungsleistungen in Waschanlagen zu erzielen.

Als Reinigungsverfahren für mitgeschleppte Substanzen können bei Bodenwaschanlagen folgende Verfahren eingesetzt werden:
a) mechanische Abtrennung (Staub, Tropfen),
b) Kondensation (Aerosole),
c) Absorption,
d) Absorption mit nachfolgender Fällungsreaktion im Absorptionsmedium,
e) Adsorption (Aktivkohle, Kieselgel oder Alumosilikate).

Bei der Adsorption mit Aktivkohle kann Einwegaktivkohle und/oder regenerierbare Aktivkohle eingesetzt werden. Falls regenerierbare Kohle zur Anwendung kommt, sollte eine Lösemittelrückgewinnungsanlage inkl. Stripper für das Kondensatwasser mit zum Anlageumfang gehören.

Auf diese Weise wird man der geforderten bestmöglichen Schadstoffaufkonzentrierung und somit einer Abfallmengenminimierung auf elegante Art gerecht.

Ebenso muß die Abluftmenge bei Bodenwaschanlagen durch technische Maßnahmen (z. B. Kapselung) so weit reduziert werden, daß die Gefahr, Grenzkonzentrationen durch Verdünnung zu unterschreiten, vermieden wird. Die Anforderungen an die gereinigte Abluft müssen die Grenzwerte der TA Luft weit unterschreiten. Eine kontinuierlich arbeitende Abluftmessung und -analyse sollte bei Bodenwaschanlagen obligatorisch sein.

J.5.4.6 Nachbehandlung der belasteten Restbodenfraktionen (Schadstoffkonzentratbehandlung)

Der Restbodenfraktion können die Schadstoffe durch Extraktion mit entsprechenden Lösungsmitteln entzogen werden. Das Extraktionsmittel muß selektiv Bestandteile des Stoffgemischs herauslösen und beladen abgetrennt werden. Aus der beladenen Extraktionsphase muß das Extraktionsmittel, z. B. durch Destillation, zurückgewonnen, der Destillationsrückstand verbrannt werden.

Ebenso kann man durch indirekte Beheizung unter Zuhilfenahme eines angelegten Vakuums die Schadstoffe aus diesen Restbodenfraktionen austreiben. Die Nachbehandlung der ausgetriebenen Gasphase ist hier unerläßlich.

Eine biologische Nachbehandlung der feinen Restbodenfraktionen ist aber auch möglich. Aufgrund der besseren Bioverfügbarkeit in Abhängigkeit von den Schadstoffen sollte der Abbau der Schadstoffe aber in geschlossenen Schlammreaktoren erfolgen. Feststoffgehalte von 30 % sollten hier wegen einer effizienten Abbauleistung nicht überschritten werden.

Kann eine weitere Reinigung der Restbodenfraktion nicht oder nur mit sehr großen Kosten durchgeführt werden, muß die Nachbehandlung darauf gerichtet sein, die Mobilität der Schadstoffe aufzuheben.

Durch Einlagerung der Restbodenanteile in Deponien ist eine Entsorgung möglich, wenn deren Aufbau gewährleistet, daß kein Übergang von belasteten Trägermedien ins Grund- und Oberflächenwasser oder in die Atmosphäre erfolgen kann.

Eine starke Immobilisierung der Schadstoffe kann dadurch erreicht werden, daß das Schadstoffkonzentrat in Kalk, Zement, Gips, Silikaten oder Beton verfestigt wird. Auch organische Bindemittel werden benutzt oder stehen in Erprobung.

J.5.4.7 Kosten der chemisch-physikalischen Bodenbehandlung

Kosten für das Bodenwaschen können nicht pauschal genannt werden.

Sie hängen nicht nur von den Schadstoffen, der Bodenstruktur, der Bodenmenge und der Bodenzusammensetzung, sondern auch von den für den Anlagenstandort gemachten Auflagen ab.

Unterscheiden muß man auch, ob es sich um eine Off-Site- oder On-site-Sanierung handelt. Ebenso muß berücksichtigt werden, ob die Schadstoffkonzentratentsorgung mit zum Entsorgungspreis/Waschpreis gehört oder nicht. Ein evtl. erforderlicher Arbeitsschutz beeinflußt den Waschpreis nicht unerheblich. Auch der geforderte Reinigungsgrad und damit die Wiederverwertbarkeit des gewaschenen Bodens ist ein die Kosten beeinflussender Faktor.

Von den Anlagenbetreibern werden für das Waschen nur Richtgrößen genannt. Diese bewegen sich zwischen 200 und 300 DM/t.

Ausnahmen bestätigen jedoch auch hier die Regel. Beim Kostenvergleich zwischen den einzelnen Anlagenbetreibern ist der Bewertung von im Boden versteckten Mängeln = Risiken (Änderung der Schadstoffe, Menge und Zusammensetzung) höchste Aufmerksamkeit zu schenken. Hierbei können die genannten Behandlungspreise sehr verzerrt werden und lassen somit einen direkten Preisvergleich nicht zu.

J.5.5 Elektrokinetisches Verfahren

J.5.5.1 Grundprinzip

Das elektrokinetische Verfahren, das auch als Elektrosanierung bekannt ist, basiert auf den elektrokinetischen Prozessen Elektroosmose, Elektrophorese und Elektrolyse, die durch die Erzeugung eines permanenten elektrischen Feldes hervorgerufen werden [J.5.20] Unter *Elektroosmose* ist die Bewegung der Bodenflüssigkeit oder des Grundwassers von der Anode zur Kathode zu verstehen. Für den elektroosmotischen Transport sind die Beweglichkeit, Hydratation sowie Ladung der Ionen und geladenen Teilchen, die Ionenkonzentration, die Viskosität der Porenlösung und die Dielektrizitätskonstante sowie die Temperatur von Bedeutung. Mit *Elektrophorese* wird die Bewegung aller elektrisch geladenen Teilchen, wie z.B. Kolloiden, Tonteilchen, die in der Porenlösung schwimmen, organischen Teilchen, Tröpfchen usw. in der Bodenflüssigkeit oder im Grundwasser bezeichnet. *Elektrolyse* wird die Bewegung von Ionen oder Ionenkomplexen in der Bodenflüssigkeit oder im Grundwasser genannt.

Neben dem erprobten elektrokinetischen Verfahren wird derzeit an weiteren Verfahren zum elektrochemisch induzierten Stoffumsatz gearbeitet [J.5.21] Beide Verfahrensgruppen werden auch als elektrochemische Verfahren zusammengefaßt. Da der Entwicklungsstand zum elektrochemisch induzierten Stoffumsatz noch relativ gering ist und eine Reihe von Fragen in weiteren Forschungsprojekten zu klären sind, wird im folgenden das elektrokinetische Verfahren beschrieben [J.5.20].

Bei der Elektrokinese wird im Boden ein elektrisches Feld mit Hilfe von Elektroden erzeugt. Die Elektroden werden in einer oder mehreren Reihen als Kathoden und Anoden angelegt und mit Strom beaufschlagt. Infolge des zugeführten Stroms wandern die geladenen Teilchen zu den Elektroden. Die positiv geladenen Metall- oder Schwermetallteilchen bewegen sich zur entgegengesetzt geladenen Kathode und werden von dieser über einen Spülkreislauf entfernt. Das gleiche gilt für negativ geladene Teilchen, die zur entgegengesetzt geladenen Anode wandern. An der Anode entstehen durch Elektrolyse H^+-Ionen, die über das Grund- oder Bodenwasser zur Kathode gelangen. Da die H^+-Ionen eine gute Austauschkapazität gegenüber den Metallen und Schwermetallen besitzen, erhöhen sie die Gesamtaustauschkapazität des Systems.

Der Sanierungserfolg ist bei der Elektrokinese hauptsächlich von der Zusammensetzung des Bodens sowie vom Wassergehalt und pH-Wert in der ungesättigten Bodenzone abhängig. Von besonderem Interesse sind dabei die Tonmineralien und die Mineralien, die Calcium (z.B. Kalk, Gips), Magnesium oder Eisen enthalten.

Folgenden Gleichgewichten kommt bei der Elektrokinese eine besondere Bedeutung zu [J.5.20]

$$\text{Me (Tonmineral)} \leftrightarrow Me^{n+} + \text{Tonmineral}^{n-}$$
$$\text{Me (OH)}_n \leftrightarrow Me^{n+} + n(OH)^-$$
$$Me_x(CO_3)_m \leftrightarrow x(Me)^{n+} + m(CO_3)^{2-}$$
$$HCO_3^- \leftrightarrow H^+ + CO_3^{2-}$$

Für das Symbol Me kann jedes Metallion, wie z.B. Natrium, Kalium, Calcium, Magnesium, Eisen usw. sowie die Schwermetalle Kupfer, Nickel, Blei, Chrom usw. eingesetzt werden.

Im Grundwasser wird die Metallionenkonzentration von den Löslichkeitsprodukten der Carbonate und Hydroxide der einzelnen Metallionen und vom pH-Wert der Lösung bestimmt. Mit abnehmendem pH-Wert nimmt die Metallionenkonzentration zu.

J.5.5.2 Anwendungsbereiche

Das elektrokinetische Verfahren weist gute Anwendungsmöglichkeiten bei bindigen Böden (Tone, Schluffe und Feinsande) auf, die aufgrund ihrer Struktur einen hohen Wassergehalt aufweisen. Das Verfahren ist bei Verunreinigungen durch Schadstoffe, die eine elektrische Ladung besitzen bzw. ionisiert vorliegen, insbesondere für Schwermetalle, theoretisch aber auch z.B. für

Cyanide, Phosphate, Nitrate, polare organische Substanzen (z.B. Chlorphenole), unpolare PAK und PCB geeignet. Die Elektrokinese läßt sich sowohl in situ, on site als auch off site einsetzen. Weiterhin können die elektrokinetischen Prozesse für eine unterirdische Abschirmung von kontaminierten Standorten und Altablagerungen eingesetzt werden. Dabei wird die Kontamination durch einen elektrokinetischen Schirm in einem bestimmten Bereich abgesichert und das Grundwasser dekontaminiert [J.5.22].

Die Effektivität des Verfahrens wird durch die chemische Zusammensetzung des zu behandelnden Bodens, den Feuchtegehalt des Bodens sowie seine Durchlässigkeit bestimmt. So ist die Wirksamkeit in Böden mit einer hohen Metallionenaustauschkapazität geringer als in einem Boden mit geringer Austauschkapazität. Durch Veränderung des Säuregehaltes des Bodens kann die Wirksamkeit der elektrokinetischen Reinigung verbessert werden.

Bei der elektrokinetischen Sanierung sollten Laborexperimente anhand repräsentativer Bodenproben durchgeführt werden, um Angaben zur Sanierungsdauer und zum Energieverbrauch zu erhalten. Je höher der Kontaminationsgrad ist, desto größer ist der Zeitraum und der Energieverbrauch für die Dekontamination [J.5.23]. Für die Anwendung elektrokinetischer Verfahren zur Altlastensanierung sind Zeiträume zwischen einem und mehreren Monaten, aber auch bis zu mehreren Jahren zu veranschlagen.

Die Kosten der elektrokinetischen Bodensanierung hängen desweiteren vom Kontaminationsgrad und der Kationenaustauschkapazität ab. Die Kosten resultieren hauptsächlich aus dem Energieverbrauch. Für die Behandlung von 1 t Bodenmaterial sind Kosten zwischen 100 und 350 DM anzusetzen. Der Durchschnittswert liegt nach [J.5.23] bei 130 DM/t Bodenmaterial; dabei ist das angestrebte Reinigungsergebnis zu berücksichtigen.

Bei einer elektrokinetischen Abschirmung sind für eine Kostenschätzung vor allem die Geschwindigkeit der Grundwasserströmung und der Verunreinigungsgrad von Bedeutung, d.h. bei einer geringen Grundwasserströmung oder einer geringen Kontamination sind die jährlichen Energiekosten gering. Jedoch mit der Zunahme der Grundwasserströmung oder der Erhöhung des Verunreinigungsgrads steigen die Kosten stark an.

Bisher sind eine Reihe erfolgreicher Labor- und Technikumsversuche, In-Situ-Feldexperimente sowie Sanierungsprojekte in der Literatur beschrieben (u.a. [J.5.23, J.5.21, J.5.24, J.5.25]).

Die Elektrokinese ist ein vorwiegend für feinkörnige (tonige, schluffige, feinsandige) Böden und hohe Grundwasserstände bzw. hohen Wassergehalt des Bodens entwickeltes Sanierungsverfahren. Da diese geologisch-hydrologische Situation in Deutschland nicht vorherrschend ist, hat die Elektrokinese hier keine große praktische Bedeutung erlangt.

J.5.5.3 Konzeption und Anlagentechnik

Die wesentlichsten Bauteile einer elektrokinetischen Anlage sind die Elektroden und ihre Ummantelung (Bild J.5-29). Die Elektroden können sowohl waagerecht als auch senkrecht eingesetzt werden. In der Regel werden bei Kontaminationen bis 1,5 m Tiefe die Elektroden waagerecht, bei größeren Tiefen senkrecht installiert. Anoden und Kathoden sind in spezielle Zirkulationssysteme eingebunden, in denen z.B. Wasser mit seinen chemischen Additiven zirkuliert, um das Reaktionsmilieu und die Elektroden zu beherrschen. Die Schadstoffionen werden unterirdisch

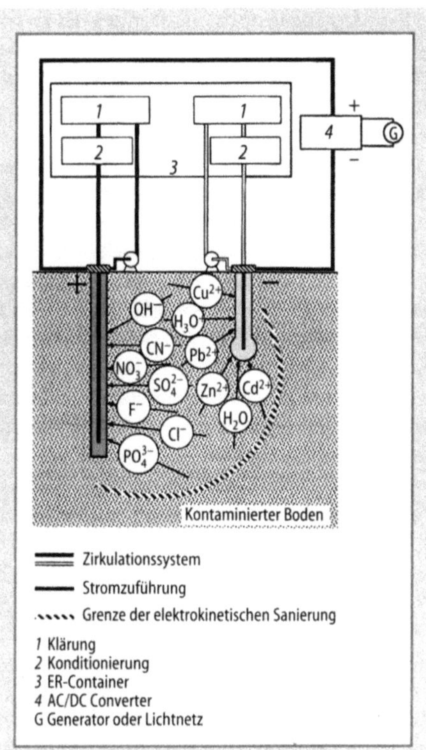

Bild J.5-29 Prinzip der Elektrokinese [J.5.20]

in der Flüssigkeit aufgefangen und oberirdisch einer Abwasserreinigungsanlage zugeführt, in der ihre Elimination stattfindet. Dazu sind Flüssigkeitsbehälter, Pumpen, Meß- und Regelinstrumente usw. notwendig, die genauso wie die Abwasserreinigungsanlage selbst in mobilen Containern untergebracht sind.

Bei der Abwasserreinigung fällt entweder ein Filtrat mit sämtlichen Metallhydroxiden oder eine sehr stark konzentrierte Metalllösung an. Erfahrungen haben ergeben, daß sich die Menge der zu entsorgenden Reststoffe i.d.R. auf maximal 0,5 % der gesamten Menge des kontaminierten Bodenmaterials beschränken.

J.5.6 Behandlung und Entsorgung der Reststoffe aus Dekontaminationsverfahren

Die bei der Dekontamination von Altlasten angewendeten Techniken – thermische, biologische und Wasch- und Extraktionsverfahren – erzeugen gereinigten Boden, der sofort oder nach entsprechender Konditionierung einer Wiederverwendung oder einer Verwertung zugeführt werden kann. Dabei entstehen eine oder mehrere Schadstoffphasen, in denen die unerwünschten Beimengungen und Anhaftungen des zu reinigenden Materials konzentriert vorliegen. Diese Reststoffe benötigen nun eine weitergehende Behandlung, um sie verwerten oder entsorgen zu können.

Die Zielsetzung der Reststoffminimierung führt i.d.R. zu einer Aufkonzentration von Schadstoffen, bei der eine stoffliche Verwertung zur Schließung von Stoffkreisläufen selten möglich ist. Der Umweltrat empfiehlt daher die Auftrennung der Reststoffe in deponiefähige Rückstände (Schadstoffkonzentrate z.B. für die Untertagedeponie) und in schwachkontaminierte, verwertbare Fraktionen [J.5.1], wobei physikalische Trennverfahren gegenüber chemischen Schlammbildungsreaktionen der Vorzug zu geben ist.

J.5.6.1 Übersicht Reststoffe

Prozeßbedingt fällt bei den Wasch- und Extraktionsverfahren, die eine Reinigung nur durch Trennung erreichen, die gesamte Schadstofffracht des aufgegebenen Materials als Reststoff in Form organischer und/oder schwermetallhaltiger Schlämme an. Diese hochkontaminierten Schlämme, deren Zusammensetzung vom Ausgangsmaterial abhängt, müssen weiterbehandelt oder abgelagert werden.

Thermische Dekontaminationsverfahren, die eine Reinigung durch hitzevermittelte Desorption und anschließende Oxidation der organischen Schadstoffe erreichen, produzieren in der erforderlichen Entstaubung und Rauchgasreinigung Reststoffe in Form von Filterstäuben, die mit anorganischen Verbindungen wie z.B. Schwefeloxiden, Chlor- und Fluorwasserstoffen oder Schwermetallen belastet sind.

Bei biologischen Verfahren, die unter Ausnutzung der natürlichen Abbaukompetenz der mikrobiologischen Flora eine Degradierung der Schadstoffe zu niedermolekularen Verbindungen ermöglichen, kann mit Schadstoffen belastetes oder mit zugesetzten Nährstoffen befrachtetes Abwasser auftreten, das behandelt werden muß.

J.5.6.2 Thermische Verfahren

J.5.6.2.1 Verbrennung, Verschwelung

Die Behandlung von Reststoffen kann durch Verbrennung oder Verschwelung erfolgen, wenn es sich bei den Kontaminationen der Schadstoffphase um austreibbare organische, anorganische und/oder chlorierte Verbindungen sowie flüchtige Schwermetalle handelt (Verfahrensbeschreibung s. Abschn. J.5.2). Eine Behandlung der bei den thermischen Verfahren selbst anfallenden Reststoffe aus der Rauchgasreinigung erfolgt meist in der erzeugenden Anlage selbst, sofern keine Deponierung erforderlich ist.

Durch die thermische Behandlung können die bei der Sanierung von Altlasten durch Bodenwäsche häufig anfallenden Restschlämme mit organischen Belastungen so behandelt werden, daß die Schadstoffphase drastisch verringert wird. Bei geeigneter Prozeßführung und passendem Schadstoffspektrum können Reststoffe rückstandsfrei behandelt und entsorgt werden.

J.5.6.2.2 Verglasung

Das Einschmelzen von Verbrennungsrückständen, auch Verglasen genannt, führt zu einer zuverlässigen Inertisierung und stellt damit ein Behandlungsprinzip dar, das zu einem deponiefähigen Produkt führt, das auch im Straßen- und Wegebau wiederverwendet werden kann. Von verschiedenen Herstellern werden unterschiedliche Verfahren angeboten [J.5.26-J.5.30]. Allen gemeinsam ist das Einschmelzen der aufgegebenen Schlacken und Flugstäube bei Temperaturen zwischen 1200 und 2000 °C und die beim Wiederabkühlen erzielte Einbindung der toxischen Verbindungen und Elemente. Neben diesem Schmelzgranulat fallen bei diesen Verfahren Salze aus der erforderlichen Abgasreinigung an, die abgelagert werden müssen.

Der Verbrauch fossiler Brennstoffe, der bei allen Verfahren zur Erzielung der hohen Ofentemperaturen nötig ist (z. B. 120 – 170 l/t beim Flammenkammerschmelzverfahren), stellt einen Nachteil dar.

J.5.6.3 Biologische Verfahren

Ein biologisches Verfahren für die Behandlung von Reststoffen aus einem Dekontaminationsverfahren ist die mikrobiologische Behandlung von Restschlämmen, die bei der Bodenwäsche

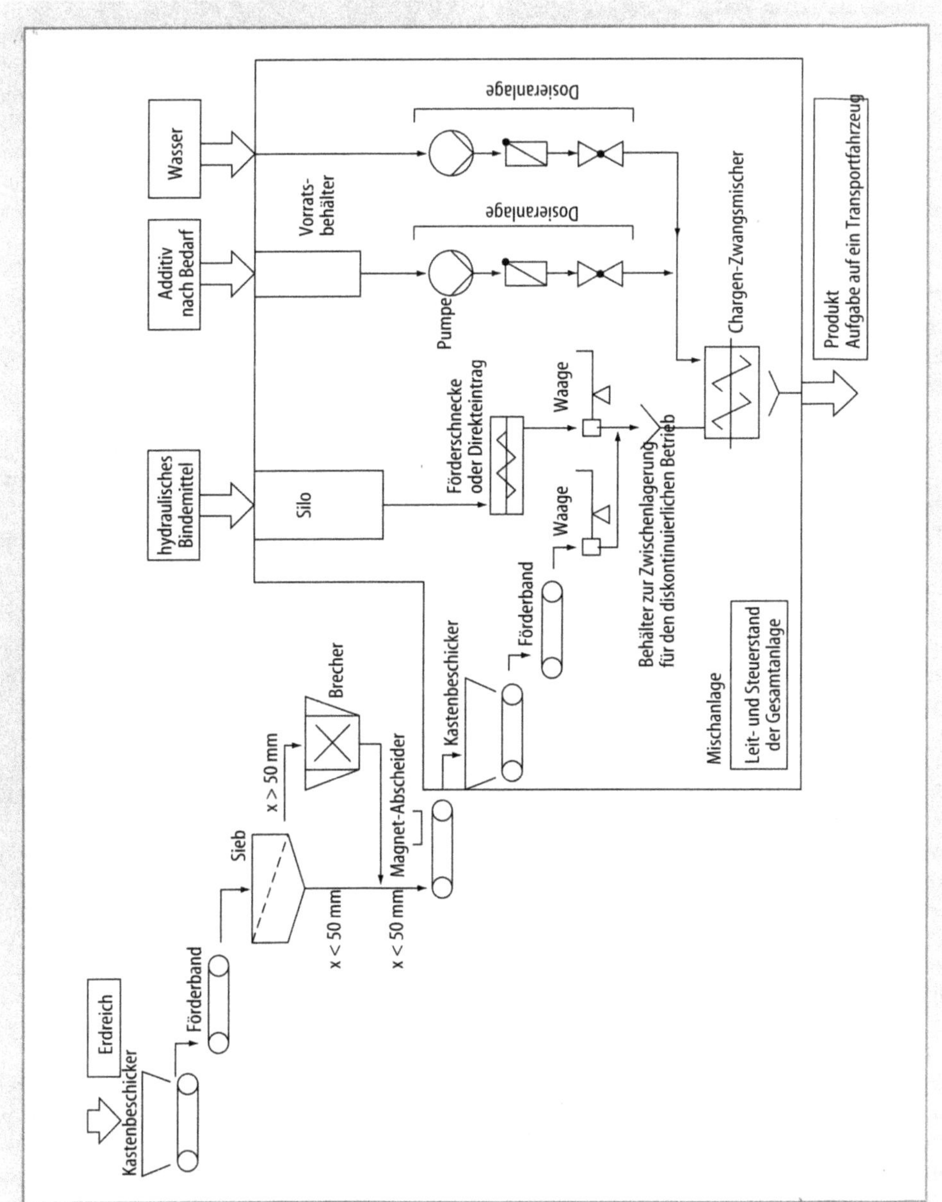

Bild J.5-30 Verfahrensfließbild Schadstoffeinbindung durch Verfestigung [s. Abschn. J.5.6.4]

anfallen. Diese Behandlung war Bestandteil eines Sanierungskonzepts für einen kontaminierten Gaswerkstandort [J.5.31]. In diesem Einzelfall konnte durch eine Off-Site-Behandlung in Mieten die standorttypische Kontamination mit polyzyklischen aromatischen Kohlenwasserstoffen innerhalb von sechs Monaten weitgehend abgebaut werden.

Trotz dieser erfolgreichen Anwendung sind biologische Verfahren für die Behandlung der hochkontaminierten Reststoffe aus Dekontaminationsverfahren weniger geeignet. Insbesondere durch die starke Anreicherung von Schwermetallen, wie sie typischerweise bei Filterstäuben aus Rauchgasreinigungen und in Abwasserschlämmen auftreten, erweisen sich diese Schadstoffphasen als zu toxisch, um in vertretbaren Zeiträumen abgebaut zu werden.

J.5.6.4 Verfestigung

Schadstoffeinbindung durch Verfestigung (Verfahrensbeschreibung s. Abschn. J.4.7) stellt ein Behandlungs- und Entsorgungsverfahren dar, das einen langfristigen Entzug der toxischen Stoffe aus der Bioverfügbarkeit zum Ziel hat.

Neben der Sanierung von Altlasten kann dieses Verfahren auch für die Immobilisierung von Reststoffen aus der Rauchgasreinigung angewendet werden. Die Einbindung der toxischen Stoffe erfolgt auf chemischem und physikalischem Wege. Die Herstellung eines schwer auslaugbaren Verfestigungskörpers kann teilweise sogar ohne, teilweise mit hydraulischen und organischen Bindemitteln und anderen Additiven erfolgen. Die Zugabe dieser Stoffe ist in erster Linie vom Schadstoffspektrum und der Konsistenz des Inputmaterials sowie den Güteanforderungen für den jeweiligen Verwendungszweck abhängig. Grundsätzlich gibt es für dieses Verfahren keine Einschränkungen für das zu behandelnde Material, jedoch lassen Wirtschaftlichkeitserwägungen bei zu hohen Bindemittel- und Additivanteilen eine direkte Deponierung von Reststoffen günstiger erscheinen (Bild J.5-30).

Der Einbindeerfolg ist jeweils unter Berücksichtigung der Bindungs- und Freisetzungsmechanismen durch Ermittlung möglicher Schadstofffrachten zu beurteilen. Trotz der Zugabe von Bindemitteln und Wasser (Massenmehrung) wird bei der Verfestigung von Filterstäuben und Salzen eine Volumenreduzierung erzielt. Für den Einsatz des Immobilisierungsverfahrens sind Güteanforderungen aufzustellen und zu kontrollieren; bundeseinheitliche Vorschriften liegen hierzu nicht vor (vgl. hierzu Abschn. J.4.7). Die Anforderungen, die an Deponiegüter zu stellen sind, werden i. allg. durch die unter Zugrundelegung eines auf den Einzelfall abgestimmten Qualitätssicherungssystems hergestellten Immobilisate erfüllt.

J.5.6.5 Deponierung

Die bei Dekontaminationsverfahren anfallenden Reststoffe sind wegen der hohen Konzentration an toxischen Stoffen ohne weitere Behandlung i. allg. nur für eine Ablagerung auf Sonderabfalldeponien geeignet. Filterstäube aus der Rauchgasreinigung müssen aufgrund der hohen Gehalte an Schwermetallsalzen unter Tage abgelagert werden.

Derzeit ist die Deponierung der Reststoffe mangels verfügbarer bzw. finanzierbarer Anlagentechnik bei fast allen stationären Bodenbehandlungsanlagen der Regelfall.

J.6 Bewertungsmodell zur Auswahl geeigneter Sanierungsverfahren (BESAL)

J.6.1 Einführung

Wird in einer Gefährdungsabschätzung für einen kontaminierten Standort ein Sanierungsbedarf aufgezeigt, so erfolgt anschließend die Sanierungsuntersuchung. Hier muß für jeden Einzelfall unter Beachtung der jeweiligen Standortrandbedingungen eine geeignete Sanierungslösung ermittelt werden.

Angesichts der hohen Zahl von bisher 140.000 erfaßten Verdachtsflächen in Deutschland ist dabei eine einheitliche und effektive Vorgehensweise in allen Phasen unbedingt erforderlich. Es besteht dringender Bedarf an strukturellen Hilfen, anhand derer ökologisch und ökonomisch sinnvolle Entscheidungen getroffen werden können.

Das in Abschn. J.6.2 dargestellte Bewertungsmodell soll für die Phase der Sanierungsuntersuchung eine strukturierte Vorgehensweise bei der Verfahrensauswahl ermöglichen. Es wurde im Rahmen eines an der Ruhr-Universität Bochum durchgeführten interdisziplinären Forschungsvorhabens im Auftrag des Ministers für

Umwelt, Raumordnung und Landwirtschaft NRW erarbeitet. Der vorliegende Beitrag gibt einen Oberblick über die dem Bewertungsmodell zugrundeliegende Struktur, die die Bearbeiter zu einer systematischen und nachvollziehbaren Vorgehensweise bei der Verfahrensauswahl führen. Nach Abschluß des z. Zt. durchgeführten Praxistests wird das Bewertungsmodell in Form eines Leitfadens veröffentlicht; zusätzlich ist eine EDV-Version in Bearbeitung.

J.6.2 Anforderungen an ein Bewertungsmodell

Die Auswahl des geeignetsten Sanierungskonzepts erfordert zahlreiche individuelle Entscheidungsschritte, die z. T. durch die Motive, die der Sanierungsuntersuchung zugrunde liegen, begründet sind, z. T. aber auch durch die örtlichen Randbedingungen beeinflußt werden:
- Entscheidung zwischen verschiedenen Nutzungsvarianten,
- räumliche Eingrenzung der zu sanierenden Standortbereiche,
- Entscheidung zwischen Schutz- und Beschränkungsmaßnahmen, Dekontamination, Sicherung und Umlagerung,
- Entscheidung zwischen möglichen Sanierungsverfahren (vergl. Tabelle J.6-1),
- Auswahl von Zusatzmaßnahmen, Zwischenlagerungsflächen, Anlagenstandort usw.

Angesichts der zahlreichen, zum Großteil standortabhängigen Einflußfaktoren bzgl. der Vor- und Nachteile der jeweiligen Handlungsalternativen und der vom Einzelfall abhängigen Bedeutung der einzelnen Beurteilungskriterien liegt eine komplexe Entscheidungssituation vor.

Mit wachsender Anzahl möglicher Handlungsalternativen und der Auswahl zugrunde liegender Zielsetzungen steigt der Bedarf nach geeigneten methodischen Hilfsmitteln zur Unterstützung des Auswahlvorgangs. Ein Bewertungsmodell, das den Entscheidungsprozeß in der Sanierungsuntersuchung abbildet und in geeigneter Weise strukturiert, kann zu einer erheblichen Vereinfachung der individuellen Entscheidung und darüber hinaus zur Vereinheitlichung der Vorgehensweise beitragen.

Die Entwicklung eines solchen Bewertungsmodells unterliegt stets dem Spannungsbogen zwischen akademischem Anspruch und praktischer Anwendbarkeit. In jedem Fall ist allerdings die Frage zu stellen, wie weit sich im Hinblick auf

Tabelle J.6-1 Mögliche Sanierungsverfahren und üblicher Einsatzort

Sanierungsverfahren	Üblicher Einsatzort
Dekontamination	
1. Thermische Verfahren	off site
2. Mikrobiologische Verfahren	
– In-Situ-Verfahren	in situ
– Mieten und Beete	on/off site
– Bioreaktoren	off site
3. Wasch- und Extraktionsverfahren	
– Waschverfahren	on/off site
– Extraktionsverfahren	on/off site
4. Elektrokinetische Verfahren	in situ
5. Aktive pneumatische Verfahren (Bodenluftabsaugung)	in situ
6. Aktive hydraulische Verfahren	in situ
Sicherung	
7. Einkapselungsverfahren	
– Oberflächenabdichtung	in situ
– vertikale Dichtwände	
– nachträgliche Basisabdichtung	
8. Immobilisierungsverfahren	
9. Passive pneumatische Vefahren	on/off site
10. Passive hydraulische Verfahren	in situ
	in situ

die praktische Anwendbarkeit etwas vereinfachen läßt, ohne daß wesentliche Aspekte vernachlässigt werden, da eine Vereinfachung stets Informationsverlust mit sich bringt [J.6.1].

Neben der Handhabbarkeit und Nachvollziehbarkeit sind von einem Bewertungsmodell folgende Eigenschaften zu fordern (vergl. z. B.: [J.6.2]):
- weitgehende Objektivität, d. h. Unabhängigkeit der Ergebnisse von der Person des Anwenders
- hohe Zuverlässigkeit, d. h. Eindeutigkeit bei wiederholter Anwendung
- hohe Validität, d. h. gute Übereinstimmung „zwischen dem, was ein Verfahren mißt, und dem, was es messen soll"

Unter Berücksichtigung der vielfältigen Ausgangssituationen bei der Sanierung von Altlasten ergeben sich darüber hinaus weitere Anforderungen:

Breite Anwendungsmöglichkeiten

Ein zu verallgemeinerndes Bewertungsmodell soll auf kleine Schadensfälle (z. B. Lösemittelschäden kleinen Ausmaßes) und auch auf komplexe Altlasten (z. B. Wohnbebauung auf einem ehemaligen Industriestandort) anwendbar sein.

Bevor eine Rangfolge der Handlungsalternativen unter Berücksichtigung der mit Präferenzen zu belegenden Vor- und Nachteile festgelegt werden kann, sind die wesentlichen Grundgedanken der einzelnen Sanierungslösungen zu erfassen, da ein Vergleich von nur unzulänglich durchdachten Lösungsalternativen das Ergebnis wertlos macht.

Nachvollziehbarer Umgang mit Informationsrisiken

Aufgrund der relativ „jungen" Problematik der Altlasten einerseits und der ständig fortschreitenden Entwicklung der Technologien andererseits liegen bisweilen erhebliche Informationsdefizite bezügl. Leistungsfähigkeit und Einsatzgrenzen der Sanierungsverfahren vor (vergl. z. B. [J.6.3]). Weiterere Unsicherheitsfaktoren stellen z. B. die räumliche Ausdehnung der kontaminierten Bereiche und auch die Angaben über Schadstoffinventar und -verteilung dar. Im Rahmen eines strukturierten Bewertungsmodells ist ein nachvollziehbarer Umgang mit diesen Informationsdefiziten vorzusehen.

Die o. g. Anforderungen sind als Grundlage für die Konstruktion eines geeigneten Bewertungsmodells zu sehen; im Sinne der praktischen Handhabbarkeit mußten bei der Entwicklung des Bewertungsmodells im Hinblick auf den Detailliertheitsgrad an einigen Stellen geeignete Kompromisse gefunden werden.

J.6.3 Zielsetzungen der Altlastensanierung

Wichtigste Zielsetzung einer Altlastensanierung ist die Verringerung des vorhandenen Gefährdungspotentials. Sanierungszielwerte für Dekontaminationsmaßnahmen und adäquate Vorgaben bei Sicherungsmaßnahmen sind im Einzelfall unter Berücksichtigung der Standortrandbedingungen schutzziel- und nutzungsbezogen festzulegen. Zur Bewertung des Erfolgs einer Sanierungsmaßnahme müssen weitere Zielsetzungen berücksichtigt werden, wie z. B.:

- möglichst geringer Einsatz von Energie und umweltrelevanten Stoffen,
- zeitliche Randbedingungen,
- Nutzungsbeschränkungen,
- möglichst hohe Sicherheit des Gesamtkonzepts.

Die systematisch (i. d. R. hierarchisch) geordnete Menge aller für eine Bewertungs- bzw. Auswahlsituation relevanten Ziele wird als Zielsystem bezeichnet (vergl. z. B. [J.6.4]). Bild J.6-1 stellt ein zu verallgemeinerndes Zielsystem für die Sanierung von Altlasten dar, in dem vier Hauptzielsetzungen durch drei bis fünf Nebenziele konkretisiert werden. Das als Grundlage für das Bewertungsmodell entwickelte Zielsystem kann bei der Mehrheit der Sanierungsfälle für die erforderliche Auswahlentscheidung angewendet werden, und erfaßt dabei alle wesentlichen Vor- und Nachteile möglicher Handlungsalternativen. Es ist so aufgebaut, daß sich die Erfüllung der Ziele der untersten Zielebene durch eine konkret beschreibbare Handlung bzw. Eigenschaft festlegen läßt. Die Haupt- und Nebenziele sind im Leitfaden ausführlich erläutert und begründet.

Monetär bewertbare Vor- bzw. Nachteile sind im Zielsystem nicht erfaßt, da das entwickelte Bewertungsmodell eine getrennte Betrachtung monetärer und nichtmonetärer Aspekte vorsieht.

J.6.4 Das Bewertungsmodell zur Auswahl geeigneter Sanierungsverfahren (BESAL)

Mit dem Bewertungsmodell für Altlastensanierungsverfahren soll erreicht werden, daß im Anwendungsfall ein möglichst objektiver Vergleich der verfügbaren Dekontaminations- und Sicherungsverfahren unter den standortspezifischen Bedingungen stattfindet. Der Aufbau des entwickelten Bewertungsmodells sieht mehrere Stufen und Teilschritte (s. Bild J.6-2) vor. Nachfolgend werden die einzelnen Stufen zur Bewertung und Auswahl geeigneter Sanierungsverfahren kurz vorgestellt.

J.6.4.1 Konkretisierung der Ausgangssituation für die Auswahl geeigneter Sanierungsverfahren

Als Voraussetzung für den Bewertungsprozeß werden im Einzelfall zahlreiche Eingangsinformationen benötigt, um die vorhandene Standortsituation konkretisieren zu können. Diese Eingangsinformationen ergeben sich in erster Linie

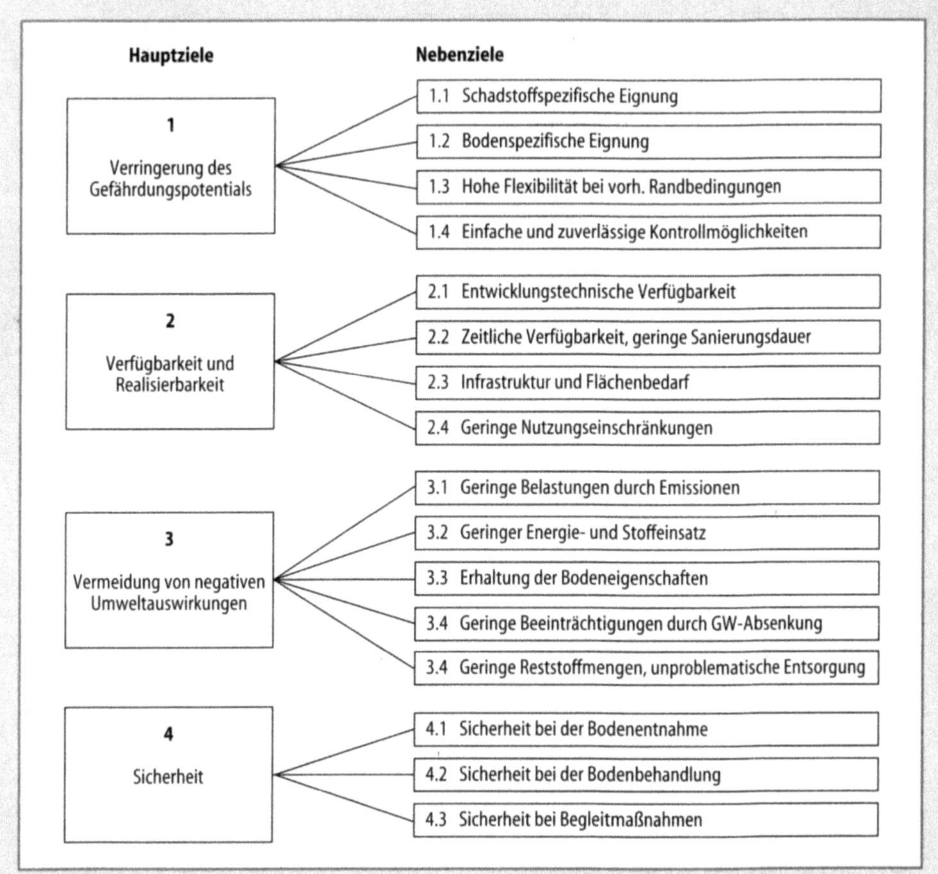

Bild J.6-1 Zielsystem „Standortbezogene Auswahl eines Sanierungskonzepts"

aus der Gefährdungsabschätzung, ggf. sind weiterführende Voruntersuchungen durchzuführen. Der Umfang und die Qualität der erforderlichen Informationen sind abhängig von der erreichten Stufe innerhalb des Auswahlverfahrens.

Große räumliche Ausdehnungen des zu untersuchenden Standortes, aber auch weitere Aspekte (z.B. Belastungsschwerpunkte und Muster) können eine Einteilung in Teilflächen erfordern. Sanierungsschwellenwerte dienen dabei der räumlichen Eingrenzung des Kontaminationsbereichs, der durch die Sanierungsmaßnahme erfaßt werden soll [J.6.5].

J.6.4.2 Vorauswahl

Die Gesamtzahl der Verfahren, die in der Bewertung für den Einzelfall zu betrachten sind, wird in einer sog. Vorauswahl reduziert. Die nachfolgenden differenzierten Bewertungsschritte (De-

tailbewertung) werden daher nur auf solche Verfahren angewendet, die unter den angetroffenen Standortbedingungen technisch geeignet sind. Die Vorauswahl sieht folgende Schritte vor:
- Vorauswahl geeigneter Dekontaminationsverfahren
  Als zu verallgemeinernde Ausschlußkriterien für die z. Zt. verfügbaren Dekontaminationsverfahren werden die Einsetzbarkeit der Technologien bei vorhandenen Bodenverhältnissen und bei dem jeweils gefährdungsrelevanten Schadstoffinventar zugrundegelegt.
- Vorauswahl geeigneter Sicherungsmaßnahmen
  Für jedes der Sicherungsverfahren liegen eigenständige Ausschlußkriterien (im Sinne einer Eingrenzung der jeweiligen Einsatzbereiche) vor, anhand derer im Einzelfall bezüglich der grundsätzlichen Einsetzbarkeit entschieden werden muß. So können z. B. passive pneuma-

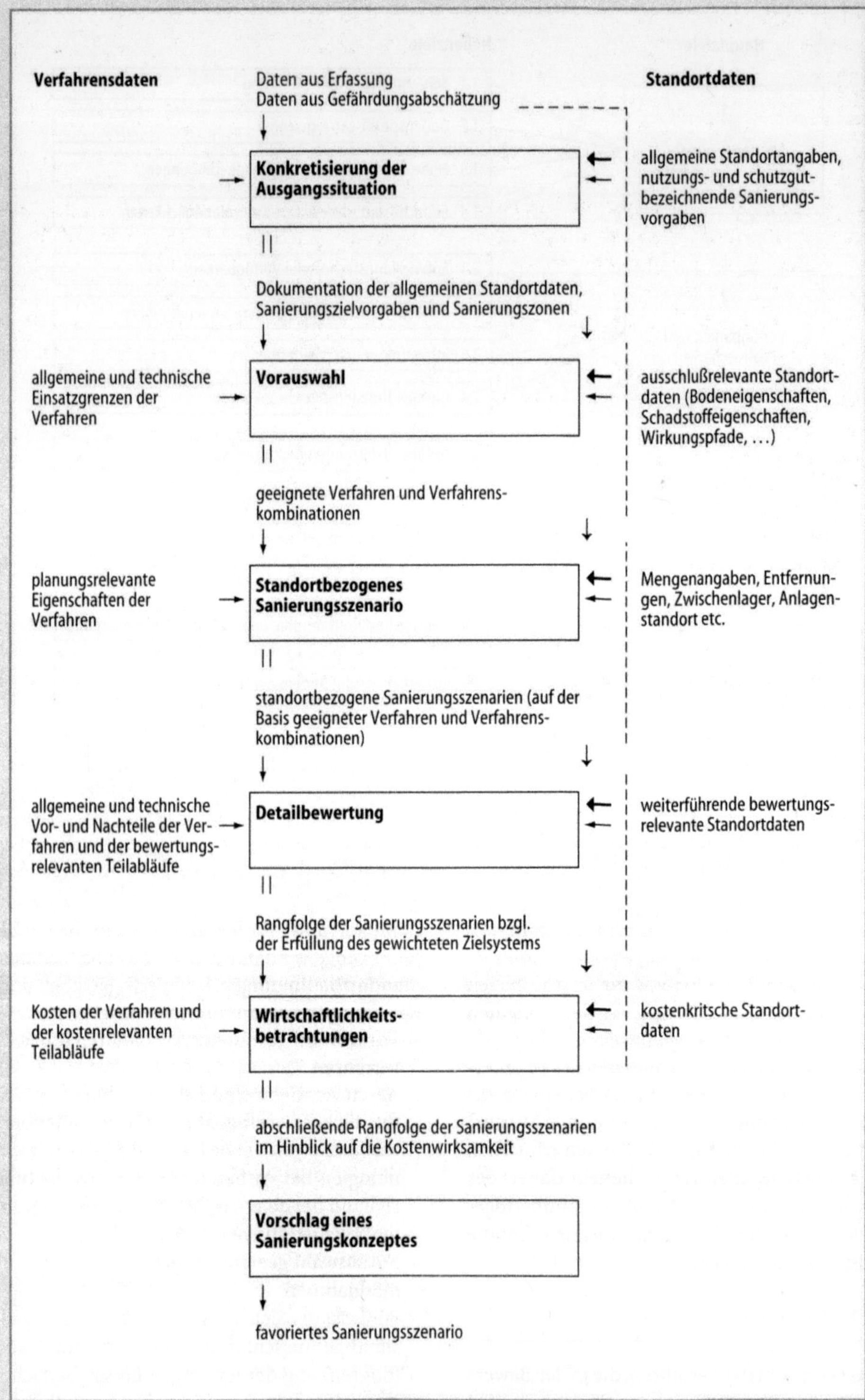

Bild J.6-2 Methodisches Vorgehen bei der Auswahl einer geeigneten Sanierungsmaßnahme

 Altlastensanierung und Bodenschutz

tische Verfahren nur für den Gefährdungspfad „Ausgasung" wirkungsvoll eingesetzt werden. Eine weitergehende Eingrenzung der Sicherungsverfahren, insbesondere der Einkapselungselemente, z.B. durch Festlegung auf bestimmte zu verwendende Materialien für ein Dichtwandsystem, erscheint in dieser Entscheidungsphase nicht sinnvoll.
- Vorauswahl von Verfahrenskombinationen
  Es besteht die Möglichkeit, in einem weiteren Vorauswahlschritt Verfahrenskombinationen auf ihre Einsetzbarkeit zu überprüfen. Dabei ist eine mehrstufige Behandlung (wie z.B. die Reinigung durch Waschverfahren mit anschließender mikrobiologischer Behandlung) ebenso denkbar wie die weitergehende Differenzierung in Einsatzbereiche für mehrere parallel durchzuführende Maßnahmen (z.B. Dekontamination der Konzentrationsschwerpunkte, Einkapselung der verbleibenden, geringer belasteten Bereiche).
- Plausibilitätsprüfung
  Als Plausibilitätskriterien werden solche Bewertungskriterien herangezogen, für die sich aus Erfahrung gezeigt hat, daß ein Ausschluß einzelner Verfahren bzw. Kombinationen bei Vorhandensein entsprechender Randbedingungen möglich und sinnvoll ist (z.B. Entwicklungsstand, zeitliche Aspekte).

Insgesamt wird dabei durch die Vorauswahl das Erreichen vorhandener Mindestzielerfüllungsgrenzen bzgl. des Zielsystems überprüft.

J.6.4.3 Entwicklung standortbezogener Sanierungsszenarien

Im Sinne einer standortbezogenen Sanierungsvorplanung sind durch die Bearbeiter anhand der gemäß Vorauswahl zur Verfügung stehenden Sanierungsverfahren standortbezogene Sanierungsszenarien zu entwickeln. Im Anwendungsfall ist zunächst eine stichwortartige Beschreibung des technologiespezifischen Sanierungsprinzips vorzunehmen. Anschließend erfolgt eine formalisierte Darstellung der jeweils bewertungsrelevanten Teilabläufe. Die Bearbeiter bekommen z.B. aus der Vorauswahl den Hinweis, daß thermische Verfahren grundsätzlich eingesetzt werden können. Bei der weiteren Vorgehensweise muß z.B. berücksichtigt werden, daß:
- der Boden ausgekoffert und transportiert werden muß,
- ggf. ein Zwischenlager erforderlich ist,
- ein Standort für die Anlage erforderlich ist,
- der behandelte Boden einer Wiederverwertung zugeführt werden muß.

J.6.4.4 Detailbewertung der Sanierungsszenarien

Das entwickelte Bewertungsmodell fordert in der Detailbewertung eine einzelfallbezogene, nutzwertanalytische Bewertung der alternativen Sanierungsszenarien. Dabei sind zwei alternative Vorgehensweisen vorgesehen:
- nutzwertanalytische Bewertung (quantitativ)
- modifizierte nutzwertanalytische Bewertung (qualitativ)

Die Bewertung erfolgt im Rahmen der nutzwertanalytischen Variante durch Bestimmung der Eignung (Teilnutzer) der alternativen Szenarien für sämtliche Nebenziele mit entsprechend begründeter Punktbewertung. Hierzu ist der einheitlich vorgegebene Bewertungsmaßstab heranzuziehen. Die Wertsynthese durch Aggregation der gewichteten Teilnutzen (Summen der Produkte aus Punktzahl und Gewichtungsfaktoren) führt zu einer Rangfolge der Sanierungsszenarien.

Die modifizierte nutzwertanalytische Variante sieht eine qualitative Beurteilung (hohe Zielerfüllung, geringe Zielerfüllung usw.) und zusätzlich eine vergleichende Reihung der Alternativen bzgl. der Nebenzielerfüllung vor. Die qualitativen Einzelbeurteilungen führen zu einem Verzicht der in der Nutzwertanalyse vorgesehenen additiven Wertsynthese. Die Rangfolge ist argumentativ unter Berücksichtigung der Einzelbeurteilungen zu bilden. Diese Vorgehensweise ist insbesondere bei vorhandener Unsicherheit der Einzelbeurteilungen sinnvoller, da kein mathematisch eindeutiges Ergebnis vorgespiegelt wird.

In beiden Fällen hat eine sorgfältige Begründung der vorgenommenen Beurteilungen, der Gewichtungen und der ermittelten Rangfolge durch die Bearbeiter zu erfolgen.

Die standortbezogene Konkretisierung der Zielvorgaben zur Sanierung einer Altlast wird einerseits unter Berücksichtigung der vorhandenen Einflußgrößen (z.B. Angabe der vorhandenen Bodenart, Bebauungssituation usw.) realisiert. Andererseits legen die Bearbeiter die Bedeutung der Zielvorgaben einzelfallorientiert und unter Berücksichtigung sämtlicher verfügbarer Standortdaten durch entsprechende Gewichtung jeweils neu fest.

J.6.4.5 Wirtschaftlichkeitsbetrachtungen

Das vorliegende Bewertungsmodell sieht im weiteren Verlauf eine qualifizierte Voranfrage zur Kostenschätzung der Alternativen vor. Aufgrund der großen Spannweiten der in der Literatur angegebenen Kosten von Sanierungsverfahren und der starken Einzelfallabhängigkeit der Kosteneinflußfaktoren erscheint eine Einbeziehung der Verfahrensanbieter in dieser Phase sinnvoll. Insbesondere bei einem Vergleich von Dekontaminations- und Sicherungsmaßnahmen kann die Durchführung von Kostenvergleichsrechnungen den Einfluß unterschiedlicher Kostenarten (Investitionskosten, Betriebskosten usw.) verdeutlichen (s. z. B. [J.6.6]).

Das Ergebnis der qualitativen Detailbewertung wird mit den ermittelten Kosten für die jeweiligen Sanierungsszenarien im Sinne von Kostenwirksamkeitsbetrachtungen zusammengeführt. Die „Wirksamkeit" einer Sanierungsmaßnahme wird dabei als Grad der Zielerfüllung bzgl. des gewichteten Zielsystems definiert. Durch Festlegung von Restriktionen (Kostenobergrenze, Wirksamkeitsuntergrenze) und weiteren Handlungsvorgaben (Kostenminimierung, ggf. unter Berücksichtigung unterschiedlicher Nutzenbeiträge) erfolgt eine weitere Eingrenzung der Entscheidungsalternativen. Die verbleibenden Maßnahmen gelten als optimal im Sinne des Bewertungsmodells.

J.6.4.6 Vorschlag eines Sanierungskonzepts

Durch abschließende Grundsatzüberlegungen wird ein Sanierungskonzeptvorschlag festgelegt und dem Entscheidungsträger unterbreitet. Bestandteil des Vorschlags ist stets die ausführliche Dokumentation des Bewertungsablaufs.

J.6.4.7 Strukturierte Informationsbasis

Wichtiger Bestandteil des Bewertungsmodells ist eine strukturierte Informationsbasis als Unterstützung für den Anwender. Aktuelle Veröffentlichungen und der Auswertung von Praxisfällen entnommenes Fachwissen wurden hierfür methodisch aufbereitet und den Stufen und Teilschritten des Bewertungsmodells zugeordnet. Dies sind insbesondere:

– strukturierte Hinweise auf im Einzelfall zu beschaffende Standortdaten,
– die Darstellung und Begründung typischer Anwendungsgrenzen der Dekontaminations- und Sicherungsverfahren,
– Beurteilungsregeln für Dekontaminations- und Sicherungsverfahren unter Berücksichtigung möglicher Standortrandbedingungen.

Durch die gut strukturierte Form dieser Informationen ist eine ständige Aktualisierung der Informationsbasis bei Vorliegen neuerer Erkenntnisse möglich, wobei die Struktur des Bewertungsmodells beibehalten werden kann.

J.6.5 Möglichkeiten und Grenzen der Anwendung

Das vorgestellte Bewertungsmodell geht von der Entscheidungssituation aus, daß in der Sanierungsuntersuchung unter Vorgabe einer konkreten Nutzung eine geeignete Sanierungslösung zu entwickeln ist. Es unterstützt die Anwender bei der Entscheidung und ermöglicht eine einheitliche und intersubjektivierbare Vorgehensweise. Bei einer vergleichenden Gegenüberstellung nutzungsbezogener Sanierungslösungen sind monetäre und nichtmonetäre Aspekte zu berücksichtigen. Das entwickelte Bewertungsmodell wird dieser Problemstellung aufgrund der Kombination von Nutzwertanalyse und Kostenwirksamkeitsbetrachtungen gerecht. Durch das Bewertungsmodell wird die Entscheidungssituation im Rahmen der Sanierungsuntersuchung mit hinreichender Genauigkeit abgebildet.

Das Bewertungsmodell sieht nach einer mehrstufigen Vorauswahl geeigneter Technologien die systematische Heranführung des Anwenders an standortbezogene Handlungsalternativen (Sanierungsszenarien) vor. Somit ist im Einzelfall gewährleistet, daß auch die aus dem Verfahrensablauf bzw. aus erforderlichen Begleitmaßnahmen resultierenden bewertungsrelevanten Aspekte behandelt werden

Da im Rahmen einer konkreten Sanierungsuntersuchung nicht alle fehlenden Informationen für alle möglichen Handlungsaltemativen ermittelt werden können, basiert das Ergebnis einer konkreten Anwendung in vielen Fällen auf plausiblen Abschätzungen bzgl. der Einzelbeurteilungen. Dies ist jedoch kein Argument, das gegen ein formalisiertes Bewertungsverfahren spricht. Vielmehr werden die im Einzelfall vorhandenen Informationsdefizite ja gerade durch ein formalisiertes Bewertungsverfahren aufgedeckt. Somit wird der Bedarf an weiterführenden Untersuchungen zur Bestätigung der getroffenen Annahmen mit dem Ergebnis des Bewertungsablaufs direkt aufgezeigt; in Machbarkeitsstudien können diese Annahmen bestätigt (bzw. im ungünstigen Fall) widerlegt werden.

Die vorgeschlagene Modifikation der zum Ergebnis der Detailbewertung führenden Wertsynthese sieht abweichend vom ursprünglichen Ansatz der Nutzwertanalyse den Verzicht auf ein quantitatives Ergebnis vor. Dabei wird die Wertsynthese der Einzelbeurteilungen argumentativ unter Berücksichtigung von Syntheseregeln vorgenommen und führt zu einer begründeten Rangfolge der Handlungsalternativen. Diese Vorgehensweise ist z. B. dann angemessen, wenn keine differenzierten Informationen bzgl. existentieller Fragen der verfahrensspezifischen Einsatzgrenzen verfügbar sind. Da die Rangfolge und die auf den Einzelbeurteilungen basierende Begründung gemeinsam das Ergebnis der Detailbewertung bilden, ist insgesamt die geforderte Transparenz und Nachvollziehbarkeit des Ergebnisses bei beiden Vorgehensweisen gewährleistet.

Die Qualität des Bewertungsmodells erweist sich erst durch die in NRW vorgesehene Anwendung in der Praxis. Dabei sollte in jedem Fall nach einem angemessenen Zeitraum eine Auswertung der Anwendungen stattfinden mit dem Ziel, die Erkenntnisse für eine Optimierung des Bewertungsmodells zu verwerten.

In jedem Fall ist durch die Einführung des Bewertungsmodells in die Praxis mit einer Effizienzsteigerung der Entscheidungsprozesse zu rechnen. Angesichts der auf bis zu 925 Mrd. DM geschätzten Gesamtkosten für die Altlastensanierung kann dies insb. auch zu einer deutlichen Kosteneinsparung führen (vergl. [J.6.7].

Literatur

[J.1.1] Weber, H. H., Neumaier, H. (Hrsg.) (1993): Altlasten, Berlin: Springer, S. 6

[J.1.2] Weber, H. H., Neumaier, H. (Hrsg.) (1993): Altlasten, Berlin: Springer, S. 7

[J.1.3] Umweltbundesamt (Franzius) (1993)

[J.1.4] Kunze, H. (1993): Boden. In: Bretschneider, H., Lecher, C., Schmidt, M. (Hrsg.): Taschenbuch der Wasserwirtschaft, 1. Aufl. Parey

[J.1.5] Coldewey, G., Krahn, L. (1991): Leitfaden zur Grundwasseruntersuchung in Festgesteinen bei Altablagerungen und Altstandorten, Minister für Umwelt, Raumordnung und Landwirtschaft, NRW

[J.1.6] Krapp, L. (1979): Gebirgsdurchlässigkeit im Linksrheinischen Schiefergebirge – Bestimmungen und verschiedene Methoden. Mitt.-Ing. und Hydrogeol., Aachen

[J.1.7] Kölbel-Boelke, J. (1988): Diversität heterotropher Bakteriengemeinschaften in einem pleistozänen, sandig kiesigen Grundwasserleiter bei Bocholt/Westfalen. Z. Dtsch. Geol. Ges.

[J.1.8] Ministerium für Erziehung, Landwirtschaft, Umwelt und Forsten (MELUF), Baden-Württemberg (1985). Leitfaden für die Beurteilung und Behandlung von Grundwasserverunreinigungen durch leichtflüchtige Chlorkohlenwasserstoffe, Heft 3

[J.1.9] Mull, R. Battermann, G., Boochs, G. (1979): Ausbreitung von Schadstoffen im Boden. DVWK Bonn

[J.1.10] Mull, R. (1969): Modellmäßige Beschreibung der Ausbreitung von Mineralölprodukten im Boden. Mitt. Inst. f. Wasserwirtschaft, Hydrologie und landwirtschaftl. Wasserbau, TU Hannover, Heft 15

[J.1.11] US-amerikanische Richtwerte bei der Bodensanierung: Rosenkranz, Einsele, Harreß (Hrsg.): Bodenschutz, Erich Schmidt

[J.1.12] Aurand, K., Hässelbarth, K., Lange-Asschenfeld, H., Steuer, W. (1991): Die Trinkwasserverordnung, 3. Aufl. Erich Schmidt

[J.1.13] DVWK-Schriften (1991): Sanierungsverfahren für Grundwasserschadensfälle und Altlasten – Anwendbarkeit und Beurteilung, Heft 98, Parey

[J.1.14] van Lidth de Jeude, J. W. (1988): Leidvaad Bodensanering, 4. Aufl. Staatuitgeverig, S Gravenhage, Niederlande

[J.1.15] Kloke, A. (1991): Vorschlag für ein „Drei-Bereiche-System" zur Bewertung der Schadstoffbelastung im Boden. In: Rosenkranz, Einsele, Harreß (Hrsg.): Bodenschutz, Erich Schmidt

[J.1.16] Schleyer, R., Kerndorff, H. (1992): Die Grundwasserqualität westdeutscher Trinkwasserressourcen. Weinheim: VCH Verlagsgesell.

[J.1.17] Mull, R. und Schröder, W. (1992): Contaminated Sites in the Ownership of Federal Defense Forces. In: Braun, A., Boehr, L., Karpe, A.-J. (Eds.): Conversion – Opportunities for Development and Environment. Berlin: Springer

[J.1.18] Lühr, H.-P. (1993): Schwellenwerte und Gefahrenpotentiale. In: Weber, Neumann

(Hrsg.): Altlasten, 2. Aufl. Berlin: Springer, S. 133–151

[J.1.19] Popper, K.R., Lorenz, K. (1988): Die Zukunft ist offen, Piper

[J.1.20] Fehlau K.-P. (1989): Aspekte der Altlastenbeurteilung aus behördlicher Sicht. Gas – Erdagas gwf. 130, H8, 428–433

[J.1.21] Mull, R., Härig, F., Pielke, M. (1992): Groundwater Management in the Urban Area of Hannover, Germany. Inst. of Water- and Environmental Management

[J.1.22] Mull, R. und Mull, F. (1994): Improvement of Groundwater Quality – Cost effectiveness considerations. Intern. Collog. Hydrotop 94, Marseille

[J.2.1] anonym: Sondergutachten Altlasten des Rates von Sachverständigen für Umweltfragen Bonn: Bundesministerium für Umwelt, Naturschutz und Rechtssicherheit, 1989

[J.2.2] anonym: Handbuch zur Altastenbehandlung in Sachsen, Teile 1-10; Dresden: Sächsisches Staatsministerium für Umwelt und Landesentwicklung (Hrsg.), 1994

[J.2.3] Bender, F. (Hrsg).: Methoden der angewandten Geophysik und mathematische Verfahren in den Geowissenschaften. – Angewandte Geowissenschaften Bd. 2; 1-766, Stuttgart: Enke 1985

[J.2.4] Berktold, A.; Schleicher, F.; Strobl, P.; Mathes, P.; Durlesser, H.P.: Möglichkeiten und Grenzen des VLF-R Verfahrens im Ingenieur/Umweltbereich. – Münchener Geophys. Mitt. 1, 65-86 1992

[J.2.5] Bredewout, J.W.: Detection of iron objects with magnetic and EM methods. – 52 EAEG Meeting. Copenhagen: 1990

[J.2.6] Bundesminister für Forschung und Technologie (Hrsg).: Buchveröffentlichungen des Verbundvorhabens „Methoden zur Erkundung und Beschreibung des Untergrundes von Deponien und Altlasten", Förderkennzeichen 146060 5 Ao 1996

[J.2.7] Förstner, U.: Umweltschutztechnik – 1-462, Berlin, Springer 1990

[J.2.8] Fraser, D.: Resistivity mapping with an airborne multi-coil electromagnetic system. Geophysics 43 (1978) 144-172

[J.2.9] Hering, E., Schulz, W.: Kernkraftwerke, Radioaktivität und Strahlenwirkung. – Düsseldorf: VDI-Verlag 1987

[J.2.10] Homilius., J.; Flathe, H., Mundry, E, Vogelsang, D.: Geophysik in der Wassererschliessung. In: Schneider, H. (Hrsg.): Die Wassererschließung, 3. Aufl. Essen: Vulkan 1-876, 1988

[J.2.11] Meyer, C. de Stadelhofen: Anwendung geophysikalischer Verfahren in der Hydrogeologie, – Springer Berlin, Heidelberg 1995

[J.2.12] Militzer, H.; Weber, F. (Hrsg.): Angewandte Geophysik, Band 1 und 2. Wien, New York: Springer 1984/85

[J.2.13] Mundry, E., Homilius, J.: Dreischichtmodellkurven für geoelektrische Widerstandsmessungen – Schlumberger Anordnung. – Schweizerbart, Stuttgart 1979

[J.2.14] Repsold, H.; Schneider, E.: Bohrlochmessungen bei der Wassererschließung in Schneider, H. (Hrsg.): Die Wassererschliessung, 3. Aufl. Essen: Vulkan 1988

[J.2.15] Rüter, H.; Elsen, R.: Geophysikalische Methoden bei der Altlastenerkundung. In Thome'-Kozmiensky, K. J. (Hrsg.) Altlasten 3, 89-115. Berlin, EF-Verlag, 1989

[J.2.16] Thierbach, R., Mayhofer, H.: Elektromagnetische Reflexionsmessungen in Salzlagerstätten. – Fifth international symposium on salt, 393-403, Hamburg 1978

[J.2.17] Vogelsang, D.; Schimer, W.; Strassburger, A.: Materialien zur Altlastenbearbeitung, Band 2 (Leitlinien zur Geophysik an Altlasten). Karlsruhe: Landesanstalt für Umweltschutz Baden Württemberg 1990

[J.2.18] Vogelsang, D.: Geophysik an Altlasten, Leitfaden für Ingenieure, Naturwissenschaftler und Juristen,. – Springer 2. Auflage: 1-179; Berlin, Heidelberg 1993

[J.2.19] Vogelsang, D.: Environmental Geophysics.-Springer 1-173; New York, Heidelberg, Berlin 1995

[J.2.20] Vogelsang, D.: Grundwasser. – Springer 1-264; New York, Heidelberg, Berlin 1998

[J.2.21] Wallach, G.: Erkundungsmethodische Grundlagen der Risikobewertung von Altlastverdachtsflächen. – Radex-Rdsch 3/4, 583-597, Leoben 1991

[J.2.22] Ward, S. H. (Hrsg.): Geotechnical and Environmental Geophysics, Publ. 1-248; Tulsa

[J.3.1] Baugesetzbuch (BauGB) vom 08.12.1986, zuletzt geändert BGBl I, S. 2253

[J.3.2] Landesbauordnung Nordrhein-Westfalen (BauO NW) vom 07.03.1995, GV. NW., S. 218

[J.3.3] Laßl, M., Beine, R. A., Egenolf, B., Grieseler, G., Krakau, u., Overmann, L. (1995): Leitfaden zur Auswahl von Sanierungsverfahren für Altlasten; in Selke / Hoffmann (Hrsg): Wiedernutzung von Industriebrachen, Economica, Bonn 1995, S. 1-126

[J.3.4] Rat von Sachverständigen für Umweltfragen: Sondergutachten Altlasten; Deutscher

Bundestag, 11. Wahlperiode, Drucksache 11/6191, Bonn 1989; (Metzler-Poeschel, Stuttgart 1990)

[J.3.5] Rat von Sachverständigen für Umweltfragen: Sondergutachten Altlasten; Deutscher Bundestag, 13. Wahlperiode, Drucksache 13/318, Bonn 1995; (Metzler-Poeschel, Stuttgart 1995)

[J.3.6] Abfallgesetz für das Land Nordrhein-Westfalen (Landesabfallgesetz LAbfG) vom 21.06.1988, zuletzt geändert durch Gesetz vom 07.02.1995 GV. NW. S.134 – SGV. NW. 74

[J.3.7] Gesetz zum Schutz des Bodens – Artikel 1 Gesetz zum Schutz vor schädlichen Bodenveränderungen und zur Sanierung von Altlasten (Bundes-Bodenschutzgesetz – BBodenSchG); BT-Drucksache 13/9637 vom 14.01.1998 und BT-Drucksache 13/6701 vom 14.01.1997

[J.3.8] Gesetz zur Förderung der Kreislaufwirtschaft und Sicherung der umweltverträglichen Beseitigung von Abfällen (Kreislaufwirtschafts- und Abfallgesetz – KrW-/AbfG) vom 27.09.1994 (BGBl. I S. 2705), zuletzt geändert am 17.03.1998 (BGBl. I S. 502)

[J.3.9] Laßl, M. (1992): Grundsätzliche Entwicklung von Sanierungskonzepten; in Jessberger, H.-L. (Hrsg): 8. Bochumer Altlastenseminar 1992 – Erkundung und Sanierung von Altlasten; Balkema, Rotterdam 1992, S. 167-180

[J.4.1] ITVA-Fachausschuß H1: Arbeitshilfe „Hydraulische Maßnahmen", Entwurf Januar 1998

[J.4.2] ITVA-Fachausschuß H1: Entwurf der Arbeitshilfe „Bodenluftsanierung". altlasten spektrum 1/96 (1996), S. 43-49

[J.4.3] ITVA-Fachausschuß H1: Arbeitshilfe „Oberflächensicherung", (Veröffentlichung in Vorbereitung)

[J.4.4] DGGT – Arbeitskreis: Empfehlungen des Arbeitskreises „Geotechnik der Deponien und Altlasten"., 2. Auf. Berlin: Ernst & Sohn 1993

[J.4.5] ITVA-Fachausschuß H1: Entwurf der Arbeitshilfe „Sicherung durch vertikale Abdichtung". altlasten spectrum 3/94 (1994) S. 164-171

[J.4.6] Gütegemeinschaft Recycling-Baustoffe : Ergänzung der RAL-RG 501/2, Anforderungen und Eluatwerte für die Aufbereitung zur Wiederverwendung von kontaminierten Böden und Bauteilen durch Immobilisierung/Verfestigung. Entwurf 1995

[J.4.7] Landesanstalt für Umweltschutz Baden-Württemberg: Handbuch Altlasten und Grundwasserschadensfälle, Immobilisierung von Schadstoffen in Altlasten. Materialien zur Altlastenbearbeitung (1994) [15]

[J.4.8] Wienberg, R., Förstner, U., Hirschmann, G.: Zur Verfestigung von Abfällen und den Prüfverfahren für verfestigte Abfälle. Vortrag der Fachtagung: Behandlung von Sonderabfall vor dem Hintergrund der TA Abfall, 08 – 11.05.1990 Berlin

[J.4.9] SRU (Der Rat der Sachverständigen für Umweltfragen): Altlasten II, Sondergutachten. Stuttgart: Metzler-Pöschel 1995

[J.4.10] Beckefeld, P.: Grundlagen und Einsatzmöglichkeiten der Schadstoffeinbindung durch Verfestigung. In: Jessberger, H.L. [Hrsg.]: Sicherung von Altlasten. A.A.Balkema, Rotterdam, Brookfield 1993

[J.4.11] ITVA-Fachausschuß „Technologien und Verfahren": Arbeitshilfe Schadstoffeinbindung durch Verfestigung als Möglichkeit der Immobilisierung. Ingenieurtechnischer Verband Altlasten e.V. [Hrsg.] 1994

[J.4.12] Länderarbeitsgemeinschaft Abfall (LAGA): Anforderungen an die stoffliche Verwertung von mineralischen Reststoffen/Abfällen, Technische Regeln 1994

[J.4.13] Landesamt für Wasser und Abfall Nordrhein-Westfalen: Beurteilung von Verfahren zur Verminderung der Mobilität von Schadstoffen in abzulagernden Abfällen. LWA-Materialien (1994) [1]

[J.4.14] N.N.: Entwicklung von Untersuchungsverfahren zur Beurteilung des Verhaltens von verfestigten Abfällen bei der Ablagerung auf Deponien und zur Festlegung von Güteanforderungen. Institut für Siedlungswasserwirtschaft und Institut für Grundbau und Bodenmechanik der TU Braunschweig, Forschungsbericht im Auftrag des RP Münster, Braunschweig 1986

[J.4.15] Beckefeld, P.: Schadstoffaustrag aus abgebundenen Reststoffen der Rauchgasreinigung von Kraftwerken – Entwicklung eines Testverfahrens. Mitteilung des Instituts für Grundbau und Bodenmechanik der TU Braunschweig 33 1991

[J.5.1] Rat von Sachverständigen für Umweltfragen: Sondergutachten Altlasten II; Deutscher Bundestag, 13. Wahlperiode, Drucksache 13/318, Bonn 1995; (Metzler-Poeschel, Stuttgart 1995)

[J.5.2] Rat von Sachverständigen für Umweltfragen: Sondergutachten Altlasten; Deutscher Bundestag, 11. Wahlperiode, Drucksache 11/6191, Bonn 1989; (Metzler-Poeschel, Stuttgart 1990)

[J.5.3] Field, M.A. et al. Combustion of Pulverized Coal The British Coal Utilisation Research Association, Leatherland 1967

[J.5.4] Zelkowski, J. Kohleverbrennung Band 8 der Fachreihe „Kraftwerkstechnik" 1986 VGB Kraftwerkstechnik GmbH, Essen

[J.5.5] Schröder, U., Gwosdz, A., Bartz, F.W. Berechenbarkeit von Kohlenstaubfeuerungen von Großdampferzeugern Babcock Mitteilungen Nr. 220, 1987

[J.5.6] Yagi, S., Kuni, I. Chem. Engng. Sci. 41, 1962

[J.5.7] Fitzer, Fritz, Technische Chemie Springer Verlag Berlin, Heidelberg 1989

[J.5.8] Titze, M. Gefährdungsabschätzung und Sanierungsmöglichkeiten einer Altlast am Beispiel eines ehemaligen Zinkhüttengeländes Diplomarbeit am Institut für Umweltverfahrenstechnik der Universität GH Essen, Dezember 1993

[J.5.9] Jüntgen, H., Heek, K.W. van Kohlevergasung – Grundlagen und technische Anwendung Bergbau Forschung GmbH, Essen Thiemig-Taschenbücher Band 94 1981

[J.5.10] DIN 51730, 1984 Bestimmung des Asche-Schmelzverhaltens

[J.5.11] De Leer, E.W.B., Fortschritte in der Behandlung von Böden, die mit chlor-organischen Verbindungen kontaminiert sind. Ein Vergleich zwischen den Niederlanden und den USA Zweiter internationaler TNO-BMFT Kongreß über Altlastensanierung, 1988 Kluwer Academic Publishers Dordrecht/Bosten/London

[J.5.12] Thermische Bodenreinigung in der Wirbelschicht Terra Tech 4/1994

[J.5.13] Thyssen Still Otto Firmenmitteilung 1994

[J.5.14] Nußbaumer, M., Gläser, E. Kritische Betrachtung der verfügbaren Technologien zur Reinigung kontaminierter Böden und deren Grenzen Vortrag Baugrundtagung 1990 in Karlsruhe, Sonderdruck

[J.5.15] Hochtief Nachricht Thermische Bodenreinigungsanlage Sonderdruck 10/1992

[J.5.16] Fischer, Kochling Praxisratgeber Altlastensanierung WEKA-Fachverlag Augsburg Mai 1994

[J.5.17] Hesel, R. et al. Technology demonstration of a thermal desorption-UV photolysis-process for decontaminating soils containing herbicide orange solving hazardous waste problems, Learning from Dioxins, J.H. Exner, Ed., ACS Symposium Series 338, 1987

[J.5.18] Kappers, F.I., Van Esbroek, M.L.P. Ökologische Gesundung dekontaminierter Böden. Zweiter internationaler TNO-BMFT Kongreß über Altlastensanierung, 1988 Kluwer Academic Publishers Dordrecht/Bosten/London

[J.5.19] Jessberger, H.L. Überblick über die Sanierungsmöglichkeiten von Altablagerungen und kontaminierten Standorten Seminar über Altlasten und kontaminierte Standorte, 2. April 1986

[J.5.20] Lagemann, R., Pool, W., Seffinga, G.A. 1991: Elektrosanierung: Sachverhalt und zukünftige Entwicklung; in: Jessberger, H.L. (Hrsg.): Erkundung und Sanierung von Altlasten; A.A. Balkema, Rotterdam, 1991, S. 173-182

[J.5.21] Rahner, D., Grünzig, H., Ludwig, G. 1995 Studie zur elektrochemischen Sanierung von Böden; in: TerraTech, Vereinigte Fachverlage, Mainz, 06/1995, S. 57-61

[J.5.22] Lagemann, R., Pool, W., Seffinga, G.A.: In situ-Bodensanierung durch elektrokinetischen Schadstofftransport; Firmeninformationen der Fa. Geokinetics, Delft, NL

[J.5.23] Lagemann, R., 1991: Elektrosanierung: Neue Technik für in situ- und On/Off-Site-Bodensanierung; in: Wasser, Luft und Boden; Vereinigte Fachverlage, Mainz, 7-8/1991, S. 83/84

[J.5.24] Goldmann, TH., Schlösinger, F, Rauner, ST. 1996: Versuche zur elektrokinetischen Sanierung eines mit Kupfer und Arsen Belasteten Bodens; in: TerraTech, Vereinigte Fachverlage, Mainz, 02/1996, S. 55-60

[J.5.25] Stichnothe, H., Czediwoda, A., Schönbucher, A. 1996: Fortschritte bei der elektrokinetischen Bodensanierung; in: TerraTech, Vereinigte Fachverlage, Mainz, 05/1996, S. 57-60

[J.5.26] Beinhoff, C.: Schmelzzyklonverfahren der KHD Humboldt Wedag AG (CORMIN). In: Reimann, D.O. (Hrsg.): Reststoffe aus der Rauchgasreinigung von Abfall- und Sonderabfallverbrennungsanlagen sowie von Kohlekraftwerken. Beihefte zu Müll und Abfall (1990), 29, 105-106

[J.5.27] Fujimoto, T.; Shin, K.; Shioyama, M.: Aufbereitung von Verbrennungsrückständen mit dem Hochtemperaturschmelzverfahren. Müll und Abfall, 21 (1989) (Nr. 2) 64-70

[J.5.28] Jochum, J.; Jodeit, H.; Wieckert, C.: Elektroschmelzverfahren der ABB. In: Reimann, D.O. (Hrsg.): Reststoffe aus der Rauchgasreinigung von Abfall- und Sonderabfallverbrennungsanlagen sowie von Kohlekraftwerken. Beihefte zu Müll und Abfall (1990), 29, 112-115

[J.5.29] Neubert, W.; Engelhardt, R.: Schmelzbehandlung beim KWU-Schwelbrennverfahren. In: Reimann, D.O. (Hrsg.): Reststoffe aus der Rauchgasreinigung von Abfall- und Sonderabfallverbrennungsanlagen sowie von Kohlekraftwerken. Beihefte zu Müll und Abfall (1990), 29, 107-111

[J.5.30] Pieper, H.; Zschocher, H.; Mayer-Schwinning, G.; Merlet, H.: SOLUR-Glasschmelzverfahren. In: Reimann, D.O. (Hrsg.): Reststoffe aus der Rauchgasreinigung von Abfall- und Sonderabfallverbrennungsanlagen sowie von Kohlekraftwerken. Beihefte zu Müll und Abfall (1990), 29, 116-118

[J.5.31] Balthaus, H.: In-Situ-Hochdruckbodenwäsche kontaminierter Böden nach dem System Holzmann. In: Franzius, Stegmann (Hrsg.): Handbuch der Altlastensanierung

[J.6.1] Schemel, H.-J. (1989): Methodische Hinweise zur Durchführung der UVP in Kommunen. In: Hübler, K.-H./ Otto-Zimmermann, H. (Hrsg.): Bewertung der Umweltverträglichkeit, Eberhard Blottner Verlag, Taunusstein

[J.6.2] Clauss, G., Ebner, H. (1967): Grundlagen der Statistik, Verlag Volk und Wissen, Frankfurt

[J.6.3] Stiezel, H.-J., Schött, W. (1993): Der Förderschwerpunkt „Modellhafte Sanierung von Altlasten" des Bundesministeriums für Forschung und Technologie; in: altlasten-spektrum 11 93, Erich Schmidt Verlag, Berlin

[J.6.4] Bechmann, A. (1988): Grundlagen der Bewertung von Umweltauswirkungen. In Handbuch der UVP, Erich Schmidt Verlag, Berlin

[J.6.5] MURL, Minister für Umwelt, Raumordnung und Landwirtschaft des Landes NRW (1991): Altlasten-ABC, Landwirtschaftsverlag, Münster

[J.6.6] Länderarbeitsgemeinschaft Wasser LAWA l 9901: Leitlinien zur Durchführung von Kostenvergleichsrechnungen, Gebr. Parkus KG, München

[J.6.7] Jessberger, H.L. (1993): Sicherung von Altlasten (Vorwort); 9. Bochumer Altlastenseminar, Balkema Verlag, Rotterdam

Ergänzende Literatur

Alef, K.: Biologische Bodensanierung, Methodenbuch VCH Verlagsgesellschaft mbH, Weinheim, 1994

Bartholome, E.: Ullmann Enzyklopädie der technischen Chemie, 4. Auflage Weinheim, Verlag Chemie, 1972

Beckefeld, P.; Knüpfer, J.: Untersuchungen verfestigter Reststoffe aus der Rauchgasreinigung. In: Reimann, D.O. (Hrsg.): Reststoffe aus der Rauchgasreinigung von Abfall- und Sonderabfallverbrennungsanlagen sowie von Kohlekraftwerken. Beihefte zu Müll und Abfall (1990), 29, 49-51

Brdicka, R./Dvorak, J.: Grundlagen der physikalischen Chemie Berlin, Deutscher Verlag der Wissenschaften, 1984

Busch, K. F., Luckner, L., Thiemer, K.: Lehrbuch der Hydrogeologie Gebrüder Bornträger, Stuttgart, 1993

Cook, A.M., Scholtz, R. und Leisinger, Th.: Mikrobieller Abbau von halogenierten aliphatischen Verbindungen. GWF-Wasser/Abwasser 129, 1988, S. 61-69.

DECHEMA: Mikrobiologische Reinigung von Böden; Beiträge des 9. DECHEMA-Fachgesprächs Umweltschutz 1991 und 1. Bericht des Interdisziplinären Arbeitskreises der DECHEMA „Umweltbiotechnologie – Boden" DECHEMA, Frankfurt/M., 1991

DECHEMA: Bewertung und Sanierung mineralöl-kontaminierter Böden; Resümee und Beiträge des 10. DECHEMA-Fachgesprächs Umweltschutz 1992 DECHEMA, Frankfurt/M., 1992

DECHEMA: Labormethoden zur Beurteilung der biologischen Bodensanierung; 2. Bericht des Interdisziplinären Arbeitskreises „Umweltbiotechnologie – Boden" DECHEMA, Frankfurt/M., 1992

DECHEMA: Biologische Testmethoden für Böden; 4. Bericht des Interdisziplinären Arbeitskreises „Umweltbiotechnologie – Boden", DECHEMA, Frankfurt/M., 1995

DECHEMA: In-Situ-Sanierung von Böden; Resümee und Beiträge des 11. DECHEMA-Fachgesprächs Umweltschutz 1996 DECHEMA, Frankfurt/M:, 1996

Deutscher Bundestag: Drucksache 11/6191, 1990 Sondergutachten „Altlasten" des Rates von Sachverständigen für Umweltfragen Verlag Dr. H. Heger, Bonn

Deutscher Bundestag: Drucksache 13/380, 1995 Sondergutachten „Altlasten II" des Rates von Sachverständigen für Umweltfragen Verlag Metzler u. Poeschel, Stuttgart 1995

DIN 4021, 1990. Aufschluß durch Schürfe und Bohrungen sowie Entnahme von Proben

Dott, W., Kämpfer, P.: Systematisierung der mikrobiologischen Untersuchung von Boden und Wasser, in Karl-J. Thome-Kozmiensky: Altlasten, EF-Verlag für Energie und Umwelttechnik GmbH, 1987

Doetsch, P., Dreschmann, P. (1992/1993): Verfahrensdokumente zur mikrobiologischen Bodenbehandlung. In Franzius, V.; Stegmann, R.; Wolf, K.; Brandt, E.: Handbuch der Altlastensanierung, Ordner 2, Kap. 5.4.1.1.0.0, Deckers-Verlag, G. Schenk, Heidelberg

Gesellschaft für Umweltverfahrenstechnik und Recycling/Ingenieurbüro für Altlastensanierung Dr. Sonnen/Trischler & Partner GmbH – Beratende Ingenieure Geotechnik, Umweltschutz: Handbuch Bodenwäsche, Handbuch Altlasten Bd. II Karlsruhe, Landesanstalt für Umweltschutz Baden-Württemberg, 1993

Hartinger, Dr., L.: Taschenbuch der Abwasserbehandlung, Bd. 1+2 Wien, Carl Hanser Verlag München 1988

Hennig, R.: Physikalisch-chemische Bodenreinigung nach dem Harbauer-Verfahren. In: Gossow, V. (Hrsg.): Altlastensanierung. Wiesbaden, Berlin: Bauverlag 1992

Ingenieurtechnischer Verband Altlasten (ITVA): Mikrobiologische Verfahren zur Bodendekontamination, ITVA-Arbeitshilfe, Berlin 1995

ITVA-Fachausschuß „Technologien und Verfahren": Arbeitshilfe Dekontamination durch Thermische Bodenreinigungsverfahren. Ingenieurtechnischer Verband Altlasten e.V. (Hrsg.), 1994

ITVA-Fachausschuß „Technologien und Verfahren": Arbeitshilfe Mikrobiologische Verfahren zur Bodendekontamination Ingenieurtechnischer Verband Altlasten e.V. (Hrsg.), 1994

Kästner, M., Mahro, B. u. Wienberg, R.: Biologischer Schadstoffabbau in Böden, Hamburger Berichte 5, Economica Verlag Bonn, 1993

Kleijntjents, R.H., 1991, Biotechnological slurry process for the decontamination of excavated polluted soil, Thesis TU Delft, The Netherlands

Klein, J.: Möglichkeiten und Grenzen der biologischen Reinigung PAK-kontaminierter Böden. altlasten-spektrum, Heft 1, 1993

Klein, J., Pfeifer, F., Sinder, Ch. and Mann, V.: Reinigung PAK kontaminierter Böden mit dem DMT-BIODYN-Verfahren, in: Sanierung kontaminierter Standorte, Erich Schmidt Verlag, Berlin 1995

Landesamt für Umweltschutz Baden-Württemberg: Handbuch „Mikrobiologische Bodenreinigung", Karlsruhe, 1991

Landesamt für Umweltschutz Baden-Württemberg: Hydraulische und pneumatische In-Situ Verfahren, Materialien zur Altlastenbearbeitung Band 16, Karlsruhe 1995

Länderarbeitsgemeinschaft Abfall LAGA [1991]: Informationsschriftt Altablagerungen und Altlasten; in: Abfallwirtschaft in Forschung und Praxis Band 37, zugleich: LAGAMitteilungen 15. Erich Schmidt Verlag, Berlin

Langguth, H.-R., Voigt, R.: Hydrogeologische Methoden. Springer Verlag, Berlin, Heidelberg, New York, 1980

Luyben, K., 1991, Engineering aspects of bioconversion processes, Plenary paper presented at the ACHEMA'91, Frankfurt a.M.

Mann, V., Klein, J., Pfeifer, F., Sinder, Ch. and Hempel, D.C.: Bioreaktorverfahren zur Reinigung feinkörniger, mit PAH kontaminierter Böden TerraTech 1995, 69-72.1995

Matthess, G.: Lehrbuch der Hydrogeologie Gebrüder Bornträger, Stuttgart, 1983

Ministerium für Umwelt, Raumordnung und Landwirtschaft des Landes Nordrhein-Westfalen: Grundwasseruntersuchung in Festgesteinen bei Altablagerungen und Altstandorten, Düsseldorf 1991

Neumaier, H., Weber, H.H.: Altlasten, Erkennen, Bewerten, Sanieren. Springer Verlag 1996

Oostenbrink, I.M., Kleijntjens, R.H., Mijnbeek, G., Kerkhof, L., Vetter, P., Luyben, K. Ch. A. M.:Biotechnological Decontamination of Oil and PAH polluted Soils and Sediments using the 4m³ Pilot Plant of the „Slurry Decontamination Process" in W.J. van den Brink et al. (eds.), Contaminated Soil'95, 863-872 Kluwer Academic Publishers, 1995

Salzwedel, J. [1986]: Wasserrechtliche Instrumente zur Durchführung einer Sanierung und zur Begrenzung des Sanierungsaufwandes; in: VDG (Hrsg,): Altlastensanierung aus der Sicht des Gewässerschutzes: Schriftenreihe der VDG 52, Bonn

Schlegel, H.G.:Allgemeine Mikrobiologie, Georg-Thieme Verlag, Stuttgart, 1985

Schubert, H.: Aufbereitung fester mineralischer Rohstoffe, Bd. 1-3 Leipzig, VEB Deutscher Verlag für Grundstoffindustrie, 1989

Sinder, Ch., Fuisting, J. and Klein, J.: Feinkörnige Böden sanieren Umwelt, Nr.5 (1994), 232-234

SRU, Rat von Sachverständigen für Umweltfragen [1989]: Sondergutachten „Altlasten"; Deutscher Bundestag, 11. Wahlperiode, Drucksache 11/6191

SRU (Der Rat der Sachverständigen für Umweltfragen): Sondergutachten „Altlasten", Sondergutachten Dezember 1989. Stuttgart: Metzler-Pöschel 1990

Stadtmüller, J. Thermische Behandlung organischer und schwermetallverunreinigter Böden.

Umwelt Technologie Aktuell, GIT Verlag Darmstadt, UTA 5/1994

van Afferden, M., Beyer, M. and Klein, J.: Significance of bioavailability for the removal of PAH-contaminated soils, DECHEMA Biotechnology Conferences Vol.5, Part B, 1009-1012, 1992

Weber, Dr., H.H.: Altlasten Erkennen, Bewerten, Sanieren Berlin/Heidelberg, Springer-Verlag, 1990

Lärmschutz und Lärmvermeidung

K.1 Quellen und Ursachen von Lärmbelastung

Hauptverursacher der Belästigung durch Geräusche ist der Straßenverkehr; mehr als 65 % der Bevölkerung fühlen sich durch ihn belästigt. Als eine weitere Belästigung ist der Fluglärm zu nennen [K.1.1, K.1.2].

Der Grund für die sich nicht ändernden Prozentwerte in der Belästigung liegt darin, daß trotz technischer Maßnahmen, z. B. durch die Verringerung der Lärmemission bei PKW, LKW und Flugzeugen, eine ständige Zunahme des Individualverkehrs zu verzeichnen ist. Dieser Zuwachs hat die positiven Effekte in der Lärmminderung weitgehend gemindert.

Weitere Belastungen durch Geräusche gehen vom Arbeitslärm aus sowie vom Lärm im Freizeitbereich. Ist beim Arbeitslärm in manchen Fällen noch mit Schallschutzmaßnahmen eine Minderung der Lärmbelästigung möglich oder diese ganz auszuschließen [K.1.3], so ist im Wohn- und Freizeitbereich eine gewisse „Machtlosigkeit" gegeben, denn hier liegt die Ursache oftmals in der Fremdverursachung (z. B. durch den Nachbarn). Auch Eigenverursachung (z. B. Freizeitarbeiten) trägt zur Lärmsteigerung bei.

→ Bild K1-1
→ Tabelle K.1-1
→ Tabelle K.1-2

K.1.1 Lokalisierung der Lärmquellen und Erfassung im Kataster

Um ein Kriterium für die Klassifizierung der Schallimmissionen zu erhalten, wird i.d.R. ein Plan aufgestellt, in dem durch Messungen ermittelte Lärmpegel eingetragen werden. Dieses sog.

Lärmkataster gibt Aufschluß über die genauen Emissionsorte und die daraus resultierenden Lärmbereiche. Das Kataster ist ein Ansatz zur Lärmminderung. Nur durch die Erfassung und Lokalisierung der Lärmquellen ist eine wirksame Lärmminderung möglich, die letztlich durch den § 47a des BImSchG [K.1.13] gefordert wird.

Grundlage hierfür sind auf der einen Seite die TA Lärm [K.1.14], die die zu erreichenden Eckdaten vorgibt. Auf der anderen Seite regeln staatliche Verordnungen über Arbeitsstätten [K.1.15], zusätzliche berufsgenossenschaftliche Vorschriften (VBG'en) [K.1.16] sowie Standards (DIN und VDI-Richtlinien) die zumutbare Lärmbelastung, indem sie Klassifizierungen der Lärmquellen innerbetrieblich und nach außen aufzeigen [K.1.17, K.1.18].

K.1.2 Schutz gegen Verkehrslärm

Unter den Begriff „Verkehrslärm" fallen alle Arten des Verkehrs, das heißt Straßen-, Schienen-, Wasser- und Luftverkehr [K.1.19].

K.1.3 Schutz gegen Industrie- und Baulärm

Grundsätzliches Problem im Zusammenhang mit Industrie- und Baulärm ist die sog. Lärmsanierung von Altanlagen. Bei der Planung von Neuanlagen ist aufgrund der zur Zeit gültigen rechtlichen Vorschriften der Lärmschutz schon berücksichtigt.

K.1.3.1 Sanierungsplanung

Einer sinnvollen Sanierungsplanung geht immer die Feststellung der Ist-Situation voraus. Aus den bekannten oder im Rahmen von Emis-

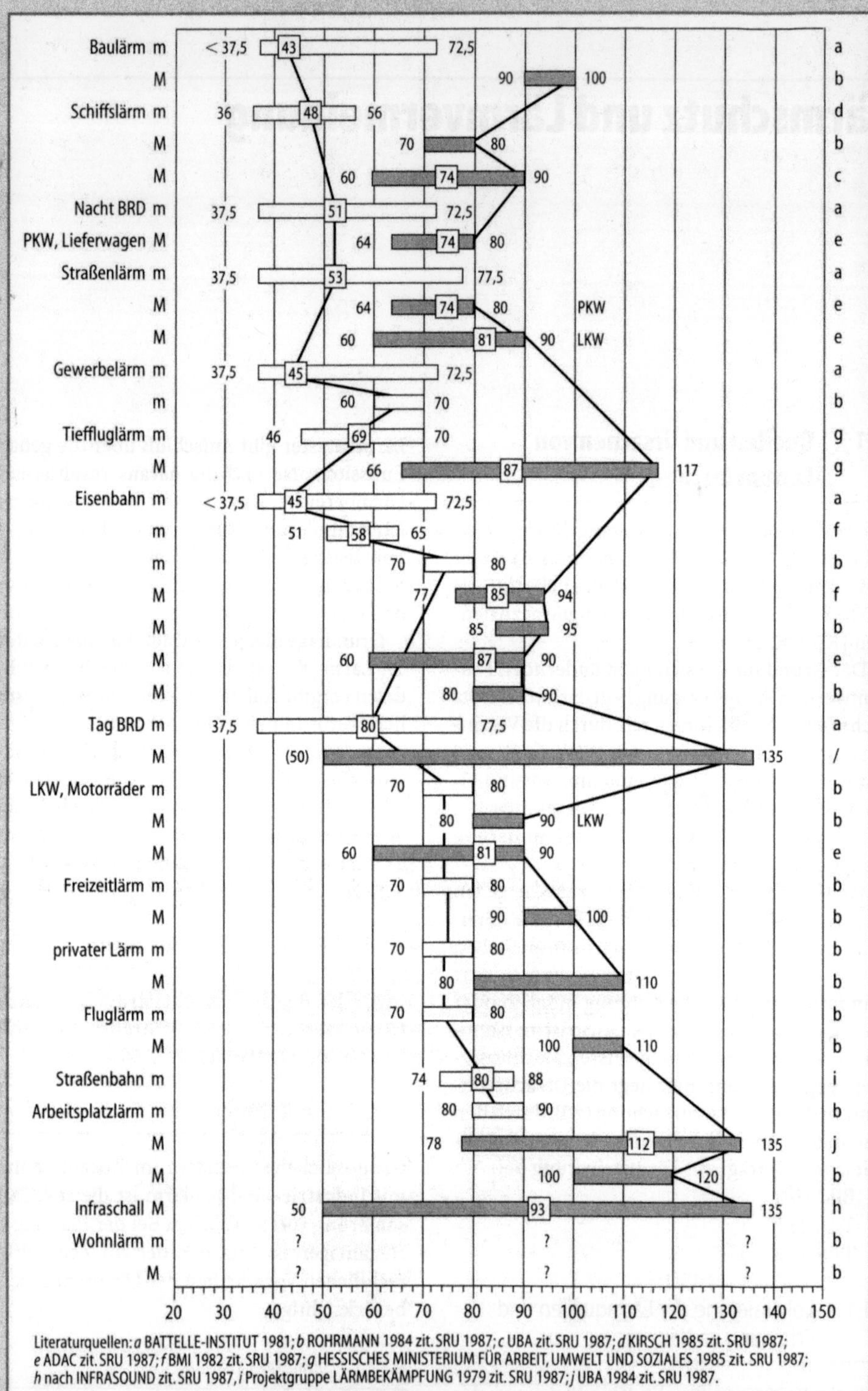

Bild K.1-1 Lärmarten geordnet nach 1. aufsteigendem Mittelungspegel (mittlerer Wert, m) und 2. aufsteigenden Maximalpegel (höchster Wert, M) in dB(A) nach unterschiedlichen Autoren

Tabelle K.1-1 Ergebnisse für die Bundesrepublik Deutschland nach Lärmpegel- und Gemeindegrößenklassen (kumulierte Prozentwerte) [Quelle: Battelle 1981]

| Tageszeit und Raum | | Taglärm | | | | | | Nachtlärm | | | | | |
| Lärmquelle / Pegelklasse [a] | Bundesrepublik Deutschland | Gemeindeklassengrößen [b] | | | | | Bundesrepublik Deutschland | Gemeindeklassengrößen [b] | | | | |
		5	4	3	2	1		5	4	3	2	1
Straßenverkehr > 75	–	1	–	–	–	–	–	–	–	–	–	–
> 70	3	3	4	4	5	2	–	1	–	–	–	–
> 65	8	8	10	9	9	7	2	2	1	2	5	2
> 60	17	22	24	24	14	12	5	5	5	6	8	3
> 55	34	46	45	46	22	26	11	11	14	13	13	9
> 50	52	72	66	66	32	39	22	28	32	26	20	1
Schienenverkehr > 75	–	–	–	–	–	–	–	–	–	–	–	–
> 70	–	1	–	1	–	–	–	–	–	–	1	–
> 65	1	2	1	4	2	–	1	–	1	2	3	–
> 60	5	8	6	9	7	–	4	3	3	6	7	–
> 55	13	20	15	21	17	1	11	121	11	16	16	1
> 50	26	40	33	30	36	3	21	3	26	26	33	3
Baustellen > 75	–	–	–	–	–	–	–	–	–	–	–	–
> 70	–	–	–	–	–	–	–	–	–	–	–	–
> 65	2	2	2	–	3	2	–	–	–	–	–	–
> 60	9	8	6	6	13	13	–	–	–	–	–	–
> 55	16	13	10	9	22	22	–	–	–	–	–	–
> 50	23	16	15	13	32	31	–	–	–	–	–	–
Gewerbe > 75	–	–	–	–	–	–	–	–	–	–	–	–
> 70	–	1	–	–	–	–	–	–	–	–	–	–
> 65	1	3	–	–	–	–	–	–	–	–	–	–
> 60	4	10	2	5	1	2	–	–	–	–	–	1
> 55	10	23	6	12	3	6	1	1	–	2	–	2
> 50	21	37	15	28	10	14	3	3	1	4	–	5
Gesamt > 75	–	1	1	–	–	–	–	–	–	–	–	–
> 70	4	4	5	6	3	–	1	1	1	–	1	–
> 65	14	16	16	14	16	12	3	3	3	3	8	2
> 60	35	45	39	37	34	29	9	10	10	8	15	4
> 55	61	78	67	65	56	52	23	26	27	25	28	12
> 50	80	94	87	84	78	71	41	53	55	42	45	21

[a] Pegelklassen ab 50 dB(A) [b] Größenklassen: 5 mehr als 500 000 Einwohner
4 zwischen 100 00 und 500 000 Einwohner
3 zwischen 20 000 und 100 000 Einwohner
2 zwischen 5 000 und 20 000 Einwohner
1 weniger als 5 000 Einwohner

sionsmessungen bestimmten Schalleistungspegeln der einzelnen Anlagen können auf der Grundlage der bekannten Abstrahlungs- und Ausbreitungsregeln die Immissionen in der Nähe der einzelnen Anlagen berechnet werden. Aus den Einzelimmissionen ergibt sich dann ein Abbild der Gesamtimmissionssituation.

Die Kontrollmessungen an einzelnen Punkten geben Aufschluß über die Qualität der Eingangsdaten. Treten größere Unterschiede auf, muß die Rechnung mit angepaßten Daten wiederholt werden [K.1.17].

Die Ergebnisse dieser Rechnung sind durch Linien gleichen Schalldrucks um das betrachtete Gebiet gekennzeichnet. Schlußfolgerungen über besonders lärmintensive und deshalb vorrangig zu behandelnde Anlagen können hieraus nicht ermittelt werden.

K.1.3.2 Lärmminderungspläne

Zur Planung der Lärmminderung existiert seit einiger Zeit das formale Instrument des Lärmminderungsplans nach § 47a des Bundes-Immissionsschutzgesetzes (BImSchG) [K.1.13], den al-

Tabelle K.1-2 Lärmarten geordnet 1. nach aufsteigendem Mittelungspegel (mittlerer Wert) und 2. nach aufsteigendem Maximalpegel (höchster Wert) in dB(A)

	Mittelungspegel		Maximalpegel	
Baulärm	[K.1.1] <	37,5 – 43 – 72,5	[K.1.4]	90 – 100
Schiffslärm	[K1.6]	36 – 48 – 56	[K.1.5] [K.1.4]	60 – 74 – 90 70 – 80
Nacht BRD	[K.1.1] <	37,5 – 51 – 72,5		
PKW, Lieferwagen Straßenlärm	[K.1.1] <	37,5 – 53 – 77,5	[K.1.7] [K.1.7] [K.1.7]	64 – 74 – 80 60 – 81 – 90 LKW 64 – 74 – 80 PKW
Gewerbelärm	[K.1.1] < [K.1.4]	37,5 – 45 – 72,5 60 – 70		
Tieffluglärm	[K.1.9]	49 – 59 – 70	[K.1.9]	66 – 87 – 117
Eisenbahn	[K.1.1] < [K.1.8] [K.1.4]	37,5 – 45 – 72,5 51 – 58 – 65 70 – 80	[K.1.8] [K.1.4] [K.1.7] [K.1.4]	77 – 85 – 94 85 – 95 60 – 81 – 90 80 – 90
Tag BRD	[K.1.1] <	37,5 – 60 – 77,5	(50) – (135)	
LKW, Motorräder	[K.1.4]	70 – 80	[K.1.4] [K.1.7]	80 – 90 60 – 81 – 90
Freizeitlärm	[K.1.4]	70 – 80	[K.1.4]	90 – 100
privater Lärm	[K.1.4]	70 – 80	[K.1.4]	80 – 110
Fluglärm	[K.1.4]	70 – 80	[K.1.4]	100 – 110
Straßenbahn	[K.1.11]	74 – 81 – 88		
Arbeitsplatzlärm	[K.1.4]	80 – 90	[K.1.12] [K.1.4]	78 – 112 – 133 100 – 120
Infraschall			[K.1.10]	50 – 93 – 135
Wohnlärm	[K.1.4]?		[K.1.4]?	

le Gemeinden im Rahmen ihrer Planungshoheit aufstellen sollten.

Lärmbelastungen (ausgedrückt durch die Isophonen um das betrachtete Gebiet), Immissionsempfindlichkeiten der untersuchten und der angrenzenden Gebiete, städtebauliche Ziele, Zahl der jeweils betroffenen Einwohner sowie der finanziellen und technischen Möglichkeiten werden im Plan erfaßt und daraus verbindlich die planerischen, gestalterischen und baulichen Maßnahmen festgelegt, um hohe Lärmbelastungen abzubauen oder gar nicht erst entstehen zu lassen. Die Planung soll nicht ausschl. objektbezogen sein, soll also nicht kleinräumig und damit nur bruchstückhaft betrieben werden, vielmehr sollen die Lärmminderungspläne großräumig angelegt sein, um die planerischen und gestalterischen Lösungen unter ganzheitlichem Aspekt vorzunehmen.

K.1.4 Schutz gegen Lärm im Wohn- und Freizeitbereich

In erster Linie ist es der Umgebungslärm, der im Wohn- und Freizeitbereich belästigend wirkt [K.1.20]. Hierbei sind sowohl der Straßenverkehr als auch Gewerbe- und Industrielärm beteiligt. Die Betreiber von Industrieanlagen sind nicht selten unter verfahrens- wie auch unter produktionstechnischen Gesichtspunkten gezwungen, kontinuierlich zu arbeiten, diese Anlagen stellen somit eine dauernde Lärmquelle dar. Aber auch Anlagen, die ausschl. im Sinne des Allgemeinwohls im 24 -h-Betrieb (7 Tage/Woche) arbeiten, sind hier zu berücksichtigen: Heizkraftwerke, Kläranlagen etc., die den normalen Tagesablauf des Bürgers unverzichtbar bestimmen. Bei den Verkehrsanlagen zählen hierzu Bahnhöfe, Flugplätze, die mit dem durch sie verursachten Lärm den Grad der Belästigung in der Freizeit bestimmen. Weiter sind in diesem Zusammenhang öffentliche Veranstaltungen, Nachbarschaftslärm durch Freizeitarbeiten und auch der selbst verursachte Lärm z. B. durch eine Bohrmaschine o. ä. zu erwähnen. Gerade in der Freizeit wird der Lärm als besonders störend empfunden. Hier besteht in der Tat Handlungsbedarf in Bezug auf effektive Lärmminderungsmaßnahmen wie z. B. lärmarme Konstruktionen von Bohrmaschinen, Sägen, Rührstäben etc.

K.1.5 Lärmminderung in der Maschinen- und Fahrzeugtechnik

K.1.5.1 Verfahrensänderungen

Vorrangig vor passiven Schallschutzmaßnahmen sollte angestrebt werden, die Emissionen zu verringern. Im Bereich der Maschinentechnik sind hier vor allem die lärmarmen Konstruktionen zu nennen, und im Bereich der Fahrzeugtechnik sollten vor allem Kapselungen der Antriebsgeräusche sowie die Verringerungen der Abrollgeräusche als emissionsmindernde Maßnahmen erforscht und angewandt werden.

Zu Maßnahmen an der Lärmquelle bieten sich eine Reihe von Ansatzpunkten an. Da wären in erster Linie (nach [K.1.21]) Änderungen der Arbeitsverfahren zu nennen: z. B. in der Fügetechnik Kleben oder Preßnieten statt Schlagnieten; Benutzung rückschlagfreier Kunststoffhämmer statt Stahlhämmer; Signierung (z. B. von Rohren) hydraulisch statt mit Einschlageisen.

Auch das Ersetzen eines lärmerzeugenden Maschinenteils kommt in Betracht: z. B. elektrischer Antrieb statt Preßluft; gummierte Keilriemen statt Ketten; hydraulische statt mechanische Kraftübertragung; Gummiräder statt Stahlräder (z. B. an Stetigförderern).

K.1.5.2 Konstruktionsmaßnahmen

Eine Beeinflussung der schallanregenden Kräfte kann etwa zu Frequenzänderungen eines rotierenden Teils führen; der Einbau von lärmmindernden Spezialdüsen beeinflußt den Druckluftaustritt an druckluftbetriebenen Maschinen; beim Stanzen kann die Schnittschlagdämpfung zur Lärmreduktion führen.

Die Verringerungen der Körperschallaufnahmefähigkeit (Körperschalldämpfung) lassen sich (nach [K.1.21]) durch eine Reihe von Maßnahmen erreichen: z. B. Grauguß statt Stahl; Kunststoff oder Mehrschichtenblech („Sandwich-Blech") statt Resonanzblech; Vergrößerung der Masse des schwingenden Körpers.

Auch Verminderungen der Körperschallausbreitung tragen oft erheblich zur Lärmminderung bei. Hier wären die Verhinderungen der Körperschallabstrahlung (Körperschallisolation zwischen Körpern) zu nennen, z. B. Gummipufferung von schwingenden Maschinenteilen; Verlegung von elastischen Stoffen zwischen Maschine und Fundament.

Das Herabsetzen der Körperschallabstrahlung, z. B. durch Aufspritzen oder Aufkleben körperschallmindernder Beläge (Entdröhnungsmittel) an Rutschen und Resonanzblechen führt oft zu ganz beachtlichen Schallpegelreduktionen.

Eine Verminderung der Schallreflexion auf der dem Schallerzeuger zugewandten Außenfläche eines Körpers wird durch schallschluckende poröse Stoffe erreicht. Dabei wird Schallschwingungsenergie in Wärme umgewandelt. Die Luftschalldämpfung erfolgt beispielsweise durch Mineralwolle, perforierte Raumwände und -decken, schallreflektierende und -schluckende Stoffe in Auspuffen.

Eine Verringerung des Luftschalls durch Absorption bei Schalldurchgang durch einen Körper wird als Luftschalldämmung bezeichnet. Die auf den Körper auftreffenden Schallwellen werden zum Teil reflektiert, absorbiert und dabei in Wärme umgewandelt (gedämpft), als Körperschall beim Durchgang weiter in ihrer Intensität verringert (gedämmt) und nach Durchgang abgestrahlt.

K.1.5.3 Fahrzeugtechnik

In der Fahrzeugtechnik können einige dieser Maßnahmen in die Produktion einfließen. Die Erfolge der letzten Jahre haben jedoch einen Stand der Technik bewirkt, daß fast nur noch die folgenden Maßnahmen übrigbleiben: die Motorkapselung, die Reduzierung der Abrollgeräusche durch neuartige Reifenprofile – in Verbindung mit sog. Flüsterasphalt – dann die Verringerung der Windgeräusche durch Anpassung der Karosserieform – inklusive wirksamer Maßnahmen zur Reduzierung von Impulslärm bei zuschlagenden Türen, Kofferklappen durch z. B. hydraulische, elektrische Zuziehhilfen.

Alle diese Maßnahmen sind jedoch nur wirklich effektiv, wenn nicht durch das stetige Ansteigen des Verkehrsaufkommens eine Zunahme des Geräuschpegels erfolgt.

K.2 Passive Schallschutzmaßnahmen

Im Bereich der passiven Schallschutzmaßnahmen muß unterschieden werden zwischen den Emissionsursachen und den Immissionsbereichen.

K.2.1 Maßnahmen im Industriebereich

So ist es in der Industrie bei Lärmarbeitsplätzen in der Regel Pflicht, sich mit Gehörschützern gegen Lärm und seine Wirkungen zu schützen. Hier gibt es mittlerweile eine große Anzahl an Möglichkeiten, sich individuell auszurüsten, ohne daß Belästigungen auftreten. Es gibt angepaßte Gehörschützer, die durch vorherigen Abdruck des Ohrs, individuell angefertigt werden und einen so hohen Wirkungsgrad erreichen, daß sowohl vom Tragekomfort als auch von der Effizienz keine Wünsche offen bleiben.

K.2.2 Verkehrsplanung und Maßnahmen

Schwieriger ist es, geeignete Maßnahmen in Bezug auf den Verkehr allgemein und im Wohn- und Freizeitbereich zu treffen. Im Verkehrsbereich sind die bisher bevorzugten Maßnahmen Schallschutzwände oder -wälle. Dadurch wird eine deutliche Reduzierung des Lärmpegels erreicht. Diese Maßnahmen sind jedoch gerade in Innenstädten kaum anwendbar, so daß hier in der Regel Lärmminderung durch Verkehrsführung und -planung erreicht wird. Im Wohn- und Freizeitbereich gewährleistet die effektivste Wirkung ein Abschirmen durch entsprechende Bauweise und eine konsequente Verwendung von Schallschutzfenstern. Die hierbei angestrebten Dämmwirkungen lassen sich durch doppelschalige Konstruktionen erreichen. Auch die Verstärkung der Dämpfung der Wände durch Vorsatzschalen oder durch Anbringen von lärmmindernden Materialien bringen erhebliche Entlastungen.

K.2.3 Maßnahmen im Baubereich

Eine Aussage darüber, wie sich die Verbesserung der Dämmung eines Bauteils auf die Gesamtdämmung auswirkt, ist kaum möglich. Deshalb ist die nachträgliche Verbesserung der Schalldämmung gegen tiefe Frequenzen wegen der Komplexität der Übertragungswege nur im Einzelfall und nicht selten zufällig möglich.

K.2.4 Maßnahmen im Sanitärbereich

Im Vordergrund der Beschwerden über Lärm im Hochbau stehen die Geräuschbelästigungen aus dem Sanitärbereich. Sie gehören zu den unangenehmsten Störungen in einem Wohnhaus. Ganz besonders gilt dies für Abwassergeräusche. Deshalb sind niedrige zulässige Schallpegel für Installationsgeräusche anzustreben.

Im Jahresbericht 1991 des Umweltbundesamts [K.2.1] wird über eine Erhebung zum Stand der Technik bei Sanitärinstallationen berichtet; hierbei wurden über eintausend Meßwerte aus Installationsgeräuschmessungen in 98 Gebäuden ausgewertet. Die Daten ließen erkennen, daß der in DIN 4109 [K.2.2] festgesetzte Wert von 35 dB(A) als zulässiger Schallpegel von Wasserinstallationen unrealistisch hoch und durch keinen technischen Zwang erforderlich ist. In der Regel kann davon ausgegangen werden, daß Werte von 30 dB(A) eingehalten und z. T. deutlich unterboten werden können, wenn die einschlägigen Verlegerichtlinien berücksichtigt und Planungs- und Ausführungsfehler vermieden werden.

K.3 Beurteilung prognostischer Verfahren zum Schallschutz

In den vorausgehenden Abschnitten wurde mehrfach dargestellt, welche Arten von Schallschutzmaßnahmen möglich und in der Praxis gängig sind. Durch sog. „Prognoseverfahren" ist es möglich, Schallimmissionen in der Umgebung von Anlagen aus Emissionsdaten unter Berücksichtigung der Pegelminderung auf dem Weg der Schallausbreitung zu berechnen.

K.3.1 Prognoseverfahren

Diese „Prognoseverfahren" sind einmal durch eine sog. „überschlägige Prognose" (ÜP) und zum weiteren durch eine „detaillierte Prognose" (DP) zu bewerkstelligen. Die Prognoseverfahren geben insofern einen Anhaltspunkt darüber, ob die berechneten und zu erwartenden Pegel die Immissionswerte unter- oder überschreiten.

K.3.1.1 Überschlägige Prognose (ÜP)

Eine überschlägige Prognose ist in all den Fällen ausreichend, in denen die nach den bestimmten und festgelegten Berechnungsverfahren ermittelten Beurteilungspegel zu keiner Überschreitung der Immissionswerte führen.

K.3.1.2 Detaillierte Prognose (DP)

In allen anderen Fällen ist eine detaillierte Prognose durchzuführen. Für die Schallausbreitung im Freien liegen zur Zeit Vorschriften über die Ermittlung der Geräuschimmission durch Prognose vor (vgl. Musterverwaltungsvorschrift zur Ermittlung, Beurteilung und Verminderung von Geräuschimmissionen ·durch den Länderausschuß für Immissionsschutz (LAI) [K.3.1]. Unter Beachtung der allgemeinen Vorschriften für die Schallimmissionsprognosen können immissionswirksame Leistungspegel einer Anlage dadurch berechnet werden, daß die Schalleistung aller Schallquellen abzüglich der Verluste auf dem Ausbreitungsweg als Summe der Schalleistungen ermittelt werden. Hierbei ist eine Rundummessung nach E DIN ISO 8297 (6/1990) vorzunehmen. Neben der Erfassung der Schalldruckpegel, Mittelungspegel und Einwirkzeiten ist die Beurteilungszeit zu berechnen.

K.3.1.3 Tageszeit

Für den Tag ergeben sich Teilbeurteilungszeiten, und zwar für die morgendliche Ruhezeit (6.00 – 7.00 Uhr), die Tageszeit (7.00 – 19.00 Uhr) und die abendliche Ruhezeit (19.00 – 22.00 Uhr), für die Nacht wird die ungünstigste volle Nachtstunde (nach VDI 2058 Blatt 1 [K.1.3]) zugrundegelegt.

K.3.2 Bedingungen zur Prognose-Errechnung

Bei einer Immissionsprognose sind alle Schallquellen der Anlage einschl. der Transport- und Verkehrsvorgänge zu berücksichtigen. Dabei gilt es, die Prognose vom höchsten Beurteilungspegel her anzusetzen. Die Genauigkeit der Immissionsprognose hängt von der Zuverlässigkeit der Eingabedaten ab. Diese sollten nach einem Meßverfahren (DIN 45635, Teil 1 (4/1984) [K.1.17]) mit der Genauigkeitsklasse 2 oder 1 bestimmt werden. Wichtig für die Ermittlung ist die Berücksichtigung der Schallausbreitung im Freien; hierzu sind entsprechende Regelwerke zu beachten (VDI 2714, (1/1988) [K.3.2]) sowie E VDI 2720 Blatt 1 (2/1991) [K.1.20]. Die schallausbreitungsgünstige Wetterlage, d.h. die Mitwindwetterlage ist im Prognoseverfahren anzuwenden. Diese Wetterlage ist für den vom Lärm Betroffenen die schalltechnisch ungünstigste Witterungsbedingung.

Besonders zu berücksichtigen ist die Erfassung tieffrequenter Geräusche. Überschreitet in schutzbedürftigen Räumen der C-bewertete Mittelungspegel den A-bewerteten um mehr als 20 dB (A), können nach Bundes-Immissionsschutzgesetz schädliche Umwelteinwirkungen vorliegen. Bei tieffrequenten Geräuschen ist es nicht immer möglich, die Prognose mit der erforderlichen Sicherheit durchzuführen.

K.3.3 Berechnung der Prognosen

K.3.3.1 Überschlägige Prognose (ÜP)

Bei der überschlägigen Prognose wird nur mit den A-Schallpegeln und mit Einzahlwerten für Schalldämmung und für die Einflüsse der Ausbreitungspegel gerechnet. Ergibt sich bei einer überschlägigen Prognose, daß an keinem Immissionsort der Immissionswert oder der für kurzzeitige Geräusche zulässige Pegel überschritten wird, kann auf die detaillierte Prognose verzichtet werden.

K.3.3.2 Detaillierte Prognose (DP)

Ist dies jedoch nicht der Fall, dann muß man bei der detaillierten Prognose in der Berechnung der Immissionspegel mindestens von den Oktavpegeln mit den Mittenfrequenzen 63 – 4000 Hz ausgehen. Weiterhin sind bei der DP die Bauschalldämmaße sowie die Lagen und Messungen von Hindernissen (Bebauung, Bewuchs, Schallschirme usw.) mit in die Prognose einzubeziehen. Weitere Faktoren für die Einbeziehung in die DP sind das Boden- und Meteorologiedämpfungsmaß, das Bewuchs- sowie das Bebauungsdämpfungsmaß. Des weiteren sind Einfügungsdämpfungsmaße und Abschirmungen o.a. einzubeziehen. Treten bei mehreren Schallquellen Geräuschspitzen auf, so ist statt der mittleren Pegel aller Schallquellen mit den maximalen Schalleistungspegeln der Schallquellen die Prognose durchzuführen.

Sollten durch Fremdgeräuscheinflüsse, durch Seltenheit von Mitwindbedingungen und ähnliche Einflüsse die Meßorte nicht nach TA Lärm festzulegen sein, so können auch Ersatzmeßorte festgelegt werden, die für den maßgeblichen Immissionsort auch kennzeichnende Geräuschsituationen darstellen können, so daß der Pegel des Anlagengeräuschs ausreichend weit über die

Fremd- und Drittgeräuschpegel herausragt. Anstelle der Ersatzmeßpunkte können auch Rundummessungen zur Ermittlung der immissionswirksamen Schalleistungspegel der Anlage vorgenommen werden.

K.3.4 Bewertung von Ton-, Informations- und Impulshaltigkeit

Bei der Bildung des Beurteilungspegels in den Prognoseverfahren (ÜP und DP) sind auch Zuschläge für Ton- und Informations- sowie Impulshaltigkeit vorzusehen. Zur Darstellung der Ergebnisse sind für beide Verfahren bestimmte Angaben erforderlich (Bezeichnung der Anlage, verwendetes Verfahren, Beschreibung des Betriebsablaufs der Anlage, die detaillierte Beschreibung der zum Betrieb der Anlage erforderlichen Einrichtungen und Nebeneinrichtungen, Lageplan und Liste der Schallquellen mit technischen Daten und Angaben über die geplanten Schallschutzmaßnahmen). Für die ÜP und DP sind dann zusätzlich noch weitere Angaben notwendig. Für die DP sind Angaben über die Schallquellen im Freien, insbesondere im Hinblick auf Schalleistungs-Oktavspektrum, Richtwirkungsmaße usw. erforderlich.

K.3.5 Handlungsbedarf

Bei regel- und sachgerechter Durchführung von Prognoseverfahren kann sich dringender Handlungsbedarf ergeben, wie dies aus den Jahresberichten des Umweltbundesamts bei der Besprechung der Erfassung von Geräuschdaten durch PKW, LKW und Eisenbahnverkehr schon geschehen ist. [K.3.3, S. 263 – 265]

K.4 Europäische Regelungen im NALS zur Lärmminderung

Die frühere VDI-Kommission „Lärmminderung" und der Normenausschuß „Akustik" haben sich als Folge und im Rahmen der EG-Vorschriften zu einem „Normenausschuß Akustik, Lärmminderung und Schwingungstechnik (NALS) im VDI und DIN" zusammengeschlossen. Sie beschäftigen sich von deutscher Seite aus mit der Bearbeitung von harmonisierten, internationalen sowie europäischen Normen in den Bereichen „Weiterentwicklung der Meß- und Erhebungsverfahren für Geräuschimmissionen" und „Erhebungs- und Beurteilungsverfahren für Geräusch- und Erschütterungimmissionen" sowie „Erarbeitung und Weiterentwicklung von Vorschlägen zur Minderung von Geräuschen und Erschütterungen". Ebenso wird durch den NALS der Stand der Technik umschrieben. Ungefähr 500 Fachleute aus Wirtschaft, Wissenschaft und öffentlicher Verwaltung arbeiten im NALS mit, so daß für Fragen der Lärmbewertung und des Lärmschutzes im Rahmen der EG harmonisierte und eindeutige Vorschriften erlassen werden.

Literatur

[K.1.1] Batelle-Institut: Belastung der Bevölkerung durch Lärm. Forschungsbericht 81 – 105 02 803/02. Bonn: Umweltforschungsplan des Bundesministers des Inneren – Umweltbundesamt 1981

[K.1.2] Rat von Sachverständigen für Umweltfragen: Umweltgutachten 1987. Stuttgart, Mainz: W. Kohlhammer 1987

[K.1.3] VDI 2058 Blatt 1; 9/1985: Beurteilung von Arbeitslärm in der Nachbarschaft

[K.1.4] Rohrmann 1984 zit. SRU 1987

[K.1.5] UBA 1981 zit. SRU 1987

[K.1.6] Kirsch 1985 zit. SRU 1987/Projektgruppe Lärmbekämpfung 1979 zit. SRU 1987

[K.1.7] ADAC 1984 zit. SRU 1987

[K.1.8] BMI 1982 zit. SRU 1987

[K.1.9] Hess. Ministerium für Arbeit, Umwelt und Soziales 1985 zit. SRU 1987

[K.1.10] nach Infrasound, 1985 zit. SRU 1987

[K.1.11] Projektgruppe Lärmbekämpfung 1979 zit. SRU 1987;

[K.1.12] UBA, 1984 zit. SRU 1987

[K.1.13] Bundes-Immissionsschutzgesetz (BImSchG): Gesetz zum Schutz vor schädlichen Umwelteinwirkungen durch Luftverunreinigungen, Geräusche, Erschütterungen und ähnliche Vorgänge vom 15.03.1974, BGB. 1:721; Novellierung vom 14.05.1990, BGB. 1:880 1990

[K.1.14] TA Lärm: Technische Anleitung zum Schutz gegen Lärm, allgemeine Verwaltungsvorschriften über genehmigungsbedürftige Anlagen nach §16 der Gewerbeordnung – GewO. Bundesanzeiger Nr. 137 vom 16. Juli 1968

[K.1.15] Verordnung über Arbeitsstätten (Arbeitsstätten-Verordnung – Arb.StättV) vom 20.03.1975 (BGB. 1 S. 729) zuletzt geändert durch VO vom 01.08.1983 BGBL. 1 S. 1057

[K.1.16] VBG – Hauptverband der gewerblichen Berufsgenossenschaften e.V. Sankt Augustin

(Hrsg.): Berufsgenossenschaftliche Grundsätze für arbeitsmedizinische Vorsorgeuntersuchungen. Stuttgart, Gentner Verlag, Loseblattsammlung; 2. Ausgabe Mai 1981, mit Ergänzungslieferungen 1991 Stuttgart

[K.1.17] DIN 45 635 Teil 1 (A401); 4/1984: Geräuschmessung an Maschinen; Luftschallemission, Hüllflächen-Verfahren; Rahmenverfahren für 3 Genauigkeitsklassen

[K.1.18] E DIN ISO 8297; 6/1990: Akustik; Ermittlung der Schalleistungspegel von Mehr-Quellen-Industrieanlagen für Zweck der Berechnung von Schalldruckpegeln in der Umgebung; Verfahren der Genauigkeitsklasse 2 (identisch mit ISo/DIN 8297/1988)

[K.1.19] Gesetz zum Schutz gegen Fluglärm vom Bundesgesetzblatt 1, 28, 282 – 287 (1971)

[K.1.20] E VDI 2720 Blatt 1; 2/1991: Schallschutz durch Abschirmung im Freien

[K.1.21] Skiba, Reinald: Taschenbuch Arbeitssicherheit. Erich Schmidt 1991

[K.2.1] UBA Umweltbundesamt (Hrsg.): Jahresbericht 1991. Berlin, S. 1 – 341 (1991)

[K.2.2] DIN 4109; 8/1992: Schallschutz im Hochbau

[K.3.1] LAI Länderausschuß für Immissionsschutz: Musterverwaltungsvorschrift zur Ermittlung, Beurteilung und Verminderung von Geräuschimmissionen (Entwurf), S. 1-65

[K.3.2] VDI 2714; 1/1988: Schallausbreitung im Freien

[K.3.3] UBA Umweltbundesamt (Hrsg.): Jahresbericht 1992. Berlin, S. 1 – 378 (1992)

Sicherheit im Umweltbereich

Technische Vorgänge und Zustände können ein erhebliches Gefahrenpotential in sich bergen, das beispielsweise im Fall der Betriebsstörung einer verfahrenstechnischen Anlage zu einer Gefährdung der Beschäftigten und auch der Umwelt führen kann. Für die Beurteilung der Sicherheit und die Festlegung der erforderlichen Schutzmaßnahmen ist Einvernehmen über das anzuwendende sicherheitstechnische Grundkonzept im technischen, rechtlichen und ebenso im politischen Bereich im Interesse aller Betroffenen unerläßlich. Absolute Sicherheit im Umweltbereich ist unerreichbar. Grundprinzip der Sicherheitstechnik ist es, aufgrund der Erfahrungen der Vergangenheit unsere Technik in der Gegenwart so zu gestalten, daß auch in Zukunft das immer vorhandene Restrisiko vertretbar gering ist, also unsere Technik „sicher" ist.

Dieses Kapitel widmet sich der Sicherheit von Anlagen der chemischen und petrochemischen Verfahrenstechnik, sowie anderer Anlagen, von denen Gefahren für Mensch und Umwelt, insbesondere bedingt durch Stofffreisetzung ausgehen können. Auf Sicherheitsaspekte kerntechnischer Anlagen wird an dieser Stelle aufgrund der sehr speziellen Problematik nicht eingegangen. Vielmehr wird hier die Anlagensicherheit unter dem Blickwinkel der Störfall-Verordnung angesprochen. Der Gesetzgeber hat dem hohen Gefährdungspotential verfahrenstechnischer Anlagen dadurch Rechnung getragen, indem 1980 die 12. Verordnung zur Durchführung des Bundes-Immissionsschutzgesetzes, die Störfall-Verordnung, erlassen wurde. Diese leitet sich aus der sog. Seveso-Richtlinie der Europäischen Gemeinschaft ab und stellt für Genehmigungs- und Überwachungsbehörden ein wesentliches Instrument dar, die Anlagensicherheit zu überwa-

chen und den Stand der Sicherheitstechnik fortzuschreiben. Natürlich sind auch Anlagenbetreiber an einem ausreichend hohen sicherheitstechnischen Niveau interessiert, da nur durch zuverlässige, sicher betriebene Anlagentechnik die Zahl der Betriebsstörungen und damit auch der Produktionsausfälle minimiert werden kann. Nur sichere Anlagen sind auf Dauer rentable Anlagen.

Auf der Ermächtigungsgrundlage des § 11 Abs. 1 Gerätesicherheitsgesetz (GSG) sind von der Bundesregierung für die überwachungsbedürftigen Anlagen Rechtsverordnungen erlassen worden, welche die Einzelheiten der besonderen Überwachung für jede Anlagenart vorschreiben. Hervorzuheben sind die jeweils zugehörigen Technischen Regeln, die für die einzelnen überwachungsbedürftigen Anlagearten Details der Ausrüstung, des Betriebs und der Überwachung festlegen. Die Einhaltung dieser Vorschriften, d. h. der Verordnungen nach § 11 Abs. 1 GSG und der Technischen Regeln ist grundlegende Voraussetzung (Basissicherheit) bei der Bewertung des Stands der Sicherheitstechnik im Sinn der Störfall-Verordnung. Bei Anlagen, die der Störfall-Verordnung unterliegen, kann bzw. muß über diesen (Mindest-)Stand der Sicherheitstechnik hinausgegangen werden, wenn dies nach Art und Ausmaß der zu vermeidenden Gefahren erforderlich oder bei vergleichbaren Anlagen erfolgt ist. In diesem Zusammenhang wird auf § 2 Abs. 3 der Störfall-Verordnung verwiesen, wonach der Stand der Sicherheitstechnik der „Entwicklungsstand fortschrittlicher Verfahren, Einrichtungen und Betriebsweisen ist, der die praktische Eignung einer Maßnahme zur Verhinderung von Störfällen oder zur Begrenzung ihrer Auswirkungen gesichert erscheinen läßt". Dies bedeutet, daß über die Regeln der Technik hinausgehende Maßnahmen nicht unbedingt in der Praxis erfolgreich eingesetzt oder erprobt sein müssen; entscheidend ist vielmehr die praktische Eignung einer Maßnahme oder Sicherheitsvorkehrung entsprechend dem technischen Entwicklungsstand.

Die Störfall-Verordnung erlaubt nur den Betrieb genehmigungsbedürftiger Anlagen, von denen eine ernste Gefahr im Fall einer Störung des bestimmungsgemäßen Betriebs nicht ausgehen kann. Um hier eine Entscheidung treffen zu können, muß die Sicherheit einer Anlage bewertet werden. Für besonders gefahrenträchtige Anlagen, die bestimmte Stoffe oberhalb festgelegter Mengenschwellen enthalten (s. Anhang II der Störfall-Verordnung), ist dazu die Erstellung einer Sicherheitsanalyse vorgeschrieben, worin der Betreiber nachweisen muß, daß seine Anlage sicher ist.

Für die Ermittlung von Gefahren und die Beurteilung der Sicherheit von Anlagen werden verschiedene systematische Methoden diskutiert und angewandt. Dabei ist bemerkenswert, daß jede systematische Methode ihre Stärken und Schwächen und ihre besonderen Einsatzgebiete hat.

In der Sicherheitsanalyse müssen die wesentlichen Untersuchungsschritte der Methoden deutlich werden, die zur systematischen Analyse der Anlage im Hinblick auf die sicherheitstechnisch bedeutsamen Anlageteile, die Gefahrenquellen, die Störfalleintrittsvoraussetzungen, die Störfallauswirkungen und die Maßnahmen und Vorkehrungen zur Anlagensicherung angewendet werden.

Zum Schutz von Boden, Wasser und Sachwerten müssen angemessene Maßnahmen getroffen werden. Das Ziel ist, die Funktionsfähigkeit und die mechanische Stabilität einer Anlage zu gewährleisten und ein unkontrolliertes Freisetzen von Schadstoffen und zerstörender Energie (Explosion, Brand) auszuschalten oder zumindest auf ein unbedenkliches Maß zu beschränken.

L.1 Gefährdungspotentiale im Umweltbereich

Die Umgebung eines Industriestandorts kann prinzipiell durch zwei Größen negativ beeinflußt werden:
- die verwendeten Produkte,
- die eingesetzte Technik.

Aufgrund der Vielzahl von Stoffen/Zubereitungen[1], die in der industriellen Produktion Verwendung finden, ist bei Stofffreisetzungen mit einem breiten Gefährdungspotential zu rechnen. Das Chemikaliengesetz [L.1.1] und die Gefahrstoffverordnung [L.1.2] klassifizieren die Stoffe/Zubereitungen entsprechend ihren Gefährdungsmerkmalen in folgende Kategorien:

Chemikaliengesetz	Kennzeichnung nach der Gefahrstoffverordnung
1. explosionsgefährlich	E
2. brandfördernd	O
3. hochentzündlich	F+
4. leichtentzündlich	F
5. entzündlich	
6. sehr giftig	T+
7. giftig	T
8. gesundheitsschädlich	Xn
9. ätzend	C
10. reizend	Xi
11. sensibilisierend	
12. krebserregend	
13. fruchtschädigend	
14. erbgutverändernd	
15. sonstige chronisch schädigende Eigenschaft	
16. umweltgefährlich	N

Gefährdungsmerkmale nach dem Chemikaliengesetz, denen keine direkten Symbole in der Gefahrstoffverordnung zugeordnet sind, werden durch weitere Systematiken wie R- und S-Sätze [L.1.2] beschrieben.

Zum Schutz von Beschäftigten, Dritter und zur Vermeidung von allgemein schädlichen Umwelteinwirkungen sind Anlagen, in denen mit diesen Verbindungen gearbeitet wird, besonderen gesetzlichen Bestimmungen unterworfen. Der Umfang der gesetzlichen Vorgaben richtet sich nach der Zuordnung der Anlagen in
- überwachungsbedürftige Anlagen,
- genehmigungsbedürftige Anlagen und
- Anlagen, die der Störfall-Verordnung unterliegen.

Wie aus Bild L.1-1 zu erkennen ist, überlappen sich die Anwendungsbereiche dieser Gesetze stark, so daß eine Anlage formal allen drei Bereichen zugeordnet sein kann.

---

[1] Im Sinne des Chemikaliengesetzes

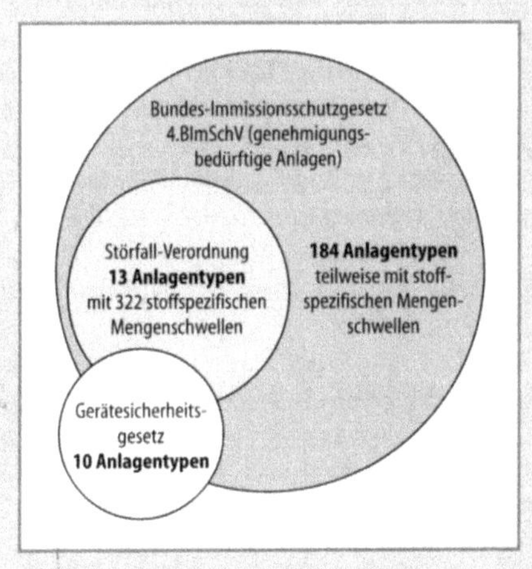

Bild L.1-1 Formale Zuordnung der Anlagen

Die Aufteilung in die drei o.g. Kategorien ist historisch bedingt. Prinzipielles Ziel ist es, den Umgang mit hohen Gefahrenpotentialen möglichst sicher zu gestalten, um so negative Auswirkungen auf Beschäftigte, Dritte sowie die Umgebung weitestgehend auszuschließen. Um dieses hohe Maß an Sicherheit erreichen zu können, ist eine integrale, medienübergreifende Sichtweise notwendig, an die die historisch entstandenen Rechtsvorschriften angepaßt werden müssen.

L.1.1 Überwachungsbedürftige Anlagen

Die elementaren Rechte eines jeden Bürgers sind im Grundgesetz verankert. Hier ist in Art. 2 Abs. 2 [L.1.3] – „Jeder hat das Recht auf körperliche Unversehrtheit" – die entscheidende Rechtsgrundlage für die Bereiche Immissionsschutz/Arbeitsschutz gegeben.

Dieser Anspruch wird z.B. in der Landesverfassung von NRW für den Bereich des Schutzes des Arbeitnehmers konkretisiert. So heißt es in Art. 24 Abs. 1 Landesverfassung NRW [L.1.4]: „Im Mittelpunkt des Wirtschaftslebens steht das Wohl des Menschen. Der Schutz seiner Arbeitskraft hat den Vorrang vor dem Schutz materiellen Besitzes".

Das Gesetz über technische Arbeitsmittel (Gerätesicherheitsgesetz) [L.1.5] definiert u.a. in § 1a seinen Anwendungsbereich.

„Dieses Gesetz gilt auch für die Errichtung und den Betrieb überwachungsbedürftiger Anlagen, die gewerblichen oder wirtschaftlichen Zwecken dienen oder durch die Beschäftigte gefährdet werden können ...".

Welche Anlagentypen als überwachungsbedürftig einzustufen sind, wird in § 2 Abs. 2a des Gerätesicherheitsgesetzes (GSG) aufgeführt: „Überwachungsbedürftige Anlagen im Sinne dieses Gesetzes sind:
- Dampfkesselanlagen,
- Druckbehälteranlage außer Dampfkesseln,
- Anlagen zur Abfüllung von verdichteten, verflüssigten oder unter Druck gelösten Gasen,
- Leitungen unter innerem Überdruck für brennbare, ätzende oder giftige Gase, Dämpfe oder Flüssigkeiten,
- Aufzugsanlagen,
- elektrische Anlagen in besonders gefährdeten Räumen,
- Getränkeschankanlage und Anlagen zur Herstellung kohlensaurer Getränke
- Acetylenanlagen und Calciumcarbidläger,
- Anlagen zur Lagerung, Abfüllung und Beförderung von brennbaren Flüssigkeiten,
- medizinisch-technische Geräte.

Zu den Anlagen gehören auch Meß-, Steuer- und Regeleinrichtungen, die dem sicheren Betrieb der Anlagen dienen..."

Der Zweck des Gerätesicherheitsgesetzes ist u.a. in § 11 Abs. 1 dargelegt. Sinngemäß ist er wie folgt beschrieben:

„Zweck dieses Gesetzes ist u.a. der Schutz der Beschäftigten und Dritter vor Gefahren durch Anlagen, die mit Rücksicht auf ihre Gefährlichkeit einer besonderen Überwachung bedürfen (überwachungsbedürftige Anlagen)."

In § 11 ist weiterhin festgeschrieben, daß die Bundesregierung nach Anhörung der beteiligten Kreise zu den enumerativ aufgeführten Anlagentypen (s. § 2(2a) GSG) entsprechende Rechtsverordnungen erläßt. Auf der Basis dieser Ermächtigungsgrundlage sind bisher folgende Verordnungen erlassen worden:
- Verordnung über Dampfkesselanlagen (DampfkV),
- Verordnung über Druckbehälter, Druckgasbehälter und Füllanlagen (DruckbehV),
- Verordnung über Gashochdruckleitungen (GashochdrLtgV),
- Verordnung über Aufzugsanlagen (AufzV),
- Verordnung über elektrische Anlagen in explosionsgefährdeten Räumen (ElexV),
- Verordnung über Getränkeschankanlagen (SchankV),
- Verordnung über Acetylenanlagen und Calciumcarbidanlagen (AcetV),
- Verordnung über Anlagen zur Lagerung, Ab-

füllung und Beförderung brennbarer Flüssigkeiten zu Lande (VbF),
– Verordnung über die Sicherheit medizinisch-technischer Geräte.

Durch diese Verordnungen sind im wesentlichen definierte technische Anforderungen an die jeweiligen Anlagentypen festgeschrieben. Weiterhin werden Bereiche wie Prüfungsintervalle, Einschaltung von Sachverständigen sowie erforderliche Verfahren, die für die rechtliche Zulassung der Anlage notwendig sind (Erlaubnis, Anzeige), festgelegt. Genauere Festlegungen technischer Art sind weiterhin in den entsprechenden Verwaltungsvorschriften sowie den „Technischen Regeln" (TRbF: Techn. Regel für brennbare Flüssigkeiten; TRB: Techn. Regel für Druckbehälter usw.) niedergelegt. Existiert kein spezielles Regelwerk, wird üblicherweise auf die „Allgemein anerkannten Regeln der Technik" verwiesen, die z. B. in Unfallverhütungsvorschriften (UVV) der Berufsgenossenschaften oder im DIN-Werk aufgeführt sind.

L.1.2   Genehmigungsbedürftige Anlagen

Die rechtlichen Grundzüge des Bundes-Immissionsschutzgesetzes (BImSchG) [L.1.6] und seiner zugehörigen Verordnungen sind bereits ausführlich in Kap. B dargelegt; daher wird hier nur kurz auf die rechtliche Definition der „Genehmigungsbedürftigen Anlagen" eingegangen. § 4(1) des BImSchG [L.1.6] sagt u. a. aus:

„Die Errichtung und der Betrieb von Anlagen, die auf Grund ihrer Beschaffenheit oder ihres Betriebes in besonderem Maße geeignet sind, schädliche Umwelteinwirkungen hervorzurufen oder in anderer Weise die Allgemeinheit oder die Nachbarschaft zu gefährden, erheblich zu benachteiligen oder erheblich zu belästigen, sowie von ortsfesten Abfallentsorgungsanlagen zur Lagerung oder Behandlung von Abfällen bedürfen einer Genehmigung."

Welche Anlagen im konkreten Fall genehmigungsbedürftig sind, ist in der 4. Verordnung zur Durchführung des Bundes-Immissionsschutzgesetzes (Verordnung über genehmigungsbedürftige Anlagen – 4. BImSchV) niedergelegt. Die technischen Anforderungen an diese Anlagen sind analog der überwachungsbedürftigen Anlagen sowohl in den entsprechenden Verordnungen oder Verwaltungsvorschriften als auch in technischen Regeln usw. aufgeführt (s. Bild L.1-2).

L.1.3   Anlagen nach der Störfall-Verordnung

In der Störfall-Verordnung (12. Verordnung zur Durchführung des Bundes-Immissionsschutzgesetzes, Fassung: 20.09.1991) sind für genehmigungsbedürftige Anlagen, die ein Stoffmengenpotential entsprechend den Anhängen der Verordnung besitzen (oder solche Stoffmengen im Verlauf eines Störfalls entstehen können), besondere Maßnahmen zur Verhinderung bzw. Begrenzung von Störfällen vorgegeben. Das heißt, es handelt sich um den Teil der genehmigungs-

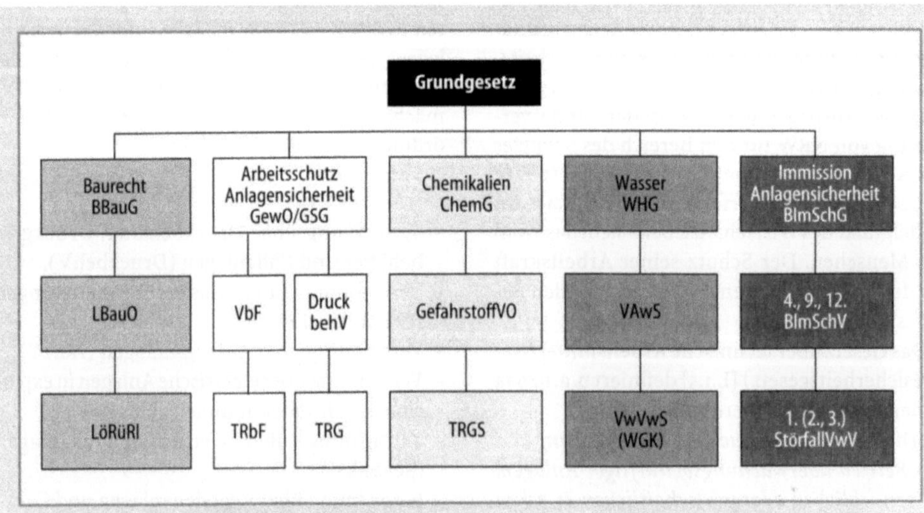

Bild L.1-2 Strukturbaum der Gesetze und Verordnungen

bedürftigen Anlagen mit einem besonders hohen Gefahrenpotential. Innerhalb der Störfall-Verordnung sind nochmals zwei Kriterien zu unterscheiden:
- Anlagen, die unter die Grundpflichten der Verordnung fallen,
- Anlagen, die unter die erweiterten Pflichten (z.B. Erstellung einer Sicherheitsanalyse) der Verordnung fallen.

Ziel sowohl der Grundpflicht als auch der erweiterten Pflichten ist es, einen Störfall durch die zu betrachtende Anlage im Rahmen der praktischen Vernunft [L.1.8] auszuschließen.

Für alle Anlagen, die in den Bereich der Störfall-Verordnung fallen, gilt, daß die Beschaffenheit und der Betrieb dieser Anlagen dem Stand der Sicherheitstechnik (Def.: § 2(3) Störfall-VO) entsprechen müssen (§ 3 Abs. 4 Störfall-VO).

Durch diese Forderung nach Einhaltung des Stands der Sicherheitstechnik sind die technischen Ansprüche an Störfall-Anlagen deutlich höher als an die bereits besprochenen überwachungsbedürftigen bzw. genehmigungsbedürftigen Anlagen. Das bisher heranzuziehende technische Regelwerk für die Anlagenauslegung kann hier also nur als Grundlage dienen, da die Einhaltung des Stands der Sicherheitstechnik Maßnahmen erfordert, die praktisch jeweils die fortschrittlichsten im Betrieb erprobten Sicherheitsvorkehrungen bedingt. Dieses dynamische Verhalten des Stands der Sicherheitstechnik erfordert vom Anlagenbetreiber quasi eine permanente Untersuchung seiner Sicherheitstechnik um festzustellen, ob sie noch ausreichend ist.

Eine ausführliche Darstellung sowohl der rechtlichen als auch technischen Anforderungen zum Bereich der Störfall-Verordnung sind in Kap. B aufgeführt.

An dieser Stelle sei angemerkt, daß aufgrund der Einführung der Seveso-II-Richtlinie [L.1.9], die ab Februar 1999 gilt, in der BRD einige wichtige Rechtsbegriffe angepaßt werden müssen.

So gilt die Seveso-II-Richtlinie nicht mehr *nur* für die nach deutscher Rechtssystematik definierten „Anlage" i.S. des BImSchG, sondern für den Betrieb. Der Betrieb ist als unter der Aufsicht eines Betreibers stehender Bereich, in dem gefährliche Stoffe in einer oder in mehreren Anlagen, einschl. gemeinsamer oder verbundener Infrastrukturen und Tätigkeiten vorhanden sind, definiert.

Somit sind bei Standorten z.B. der Großchemie zukünftig auch die bisher *nicht* der Störfall-VO unterliegenden Anlagenteile mitzubetrachten.

Weiterhin wird der bisher in der Störfall-VO geltende Begriff der „praktischen Vernunft" (s. Abschn. L.1.8) in Artikel 3 Nr. 7 der Seveso-II-Richtlinie durch die Einführung des Risikobegriffs (Wahrscheinlichkeit, daß innerhalb einer bestimmten Zeitspanne oder unter bestimmten Umständen eine bestimmte Wirkung eintritt) substituiert.

Somit ist davon auszugehen, daß in nächster Zeit durch die Anpassung des deutschen Umweltrechts an das EU-Recht zahlreiche Änderungen, auch im Bereich des BImSchG und somit auch in der Störfall-VO, anstehen.

L.2 Gefahren im Sinn der Störfall-Verordnung

Die Störfall-Verordnung ist die 12. Verordnung zur Durchführung des Bundes-Immissionsschutzgesetzes (12. BImSchV). Seit dem 1.September 1991 gilt eine Neufassung. Die letzte Änderung erfolgte durch die Verordnung vom 26.10.1993. Für den Vollzug der Störfall-Verordnung in der Fassung der Bekanntmachung vom 20.September 1991 gilt die 1. Allgemeine Verwaltungsvorschrift zur Störfall-Verordnung (1.StörfallVwV) vom 20.09.1993. Die 2. Allgemeine Verwaltungsvorschrift zur Störfall-Verordnung (2. StörfallVwV) vom 27.April 1982, zuletzt geändert durch Nr. 6 der 1.StörfallVwV gilt für die Durchführung der Störfall-Verordnung.

In Bezug auf Gefahren wird in der Störfall-Verordnung der Begriff „Ernste Gefahr" verwendet. Mit dem Begriff „Ernste Gefahr" wird der Störfall im Sinn der Störfall-Verordnung wie folgt bestimmt:

Ein Störfall im Sinne der Störfall-Verordnung ist eine Störung des bestimmungsgemäßen Betriebs, bei der ein Stoff nach den Anhängen II, III oder IV durch Ereignisse wie größere Emissionen, Brände oder Explosionen sofort oder später eine ernste Gefahr hervorruft (Störfall-VO, § 2 Abs. 1) (Bild L.2-1).

Eine ernste Gefahr im Sinn der Störfall-VO ist eine Gefahr, bei der
- das Leben von Menschen bedroht wird oder schwerwiegende Gesundheitsbeeinträchtigungen von Menschen zu befürchten sind,
- die Gesundheit einer großen Zahl von Menschen beeinträchtigt werden kann oder

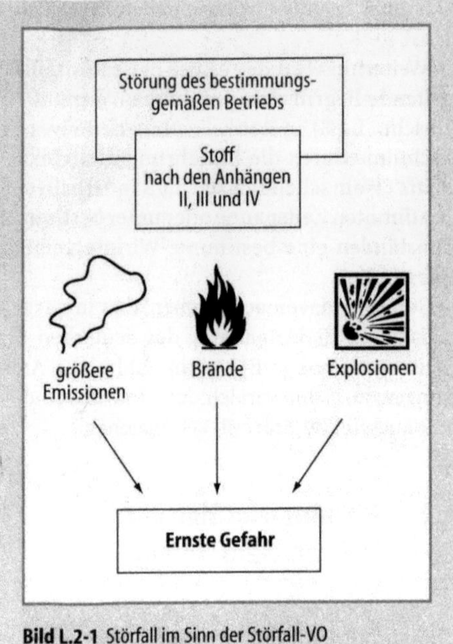

Bild L.2-1 Störfall im Sinn der Störfall-VO

– die Umwelt, insbesondere Tiere und Pflanzen, der Boden, das Wasser, die Atmosphäre sowie Kultur- oder sonstige Sachgüter geschädigt werden können, falls durch eine Veränderung ihres Bestands oder ihrer Nutzbarkeit das Gemeinwohl beeinträchtigt würde.

Dies bezieht sich nicht auf Personen, die verpflichtet sind, eingetretene Störungen des bestimmungsgemäßen Betriebs und ihre Folgen zu beseitigen (Störfall-VO, § 2 Abs. 2).

Eine Gefahr, bei der das Leben von Menschen bedroht wird oder schwerwiegende Gesundheitsbeeinträchtigungen von Menschen zu befürchten sind oder die Gesundheit einer großen Zahl von Menschen beeinträchtigt werden kann, kann für Menschen innerhalb und außerhalb einer Anlage eintreten, also auch für die Beschäftigten. Allerdings sind Personen, die verpflichtet sind, eingetretene Störungen des bestimmungsgemäßen Betriebs zu beseitigen, diesem Personenkreis nicht zuzurechnen. Ein Störfall kann nicht angenommen werden, wenn ausschl. Personen gefährdet werden, die verpflichtet sind, eingetretene Störungen des bestimmungsmäßen Betriebs und ihre Folgen zu beseitigen, und wenn die Gefährdung sie nur bei der Wahrnehmung dieser Aufgabe betrifft. Wenn Beschäftigte jedoch auch bei der Wahrnehmung ihrer Aufga-

ben als Bedienungspersonal ernsthaft gefährdet sind, ist ein Störfall gegeben, unabhängig davon, ob die betroffenen Personen darüber hinaus zur Beseitigung der Störung und ihrer Folgen verpflichtet sind (1.StörfallVwV, 2.7).

Soweit im Einzelfall, insbesondere durch Maßnahmen zum Schutz der Beschäftigten oder auf benachbarten Grundstücken oder wegen günstiger Umgebungsbedingungen der Anlagen eine ernste Gefahr nicht zu befürchten ist, kann die zuständige Behörde auf Antrag den Betreiber von den Pflichten nach § 5 Abs. 1 Nr. 3 und Abs. 2, § 7 Abs. 1, §§ 8 und 9 sowie § 11a der Störfall-Verordnung befreien. Die Befreiung soll befristet werden (Störfall-VO § 10 Abs. 1).

Es handelt sich hierbei im Einzelnen um folgende Pflichten:
– Betriebliche Alarm- und Gefahrenabwehrpläne, die mit den für Katastrophenschutz und allgemeine Gefahrenabwehr zuständigen Behörden abgestimmt sind, aufzustellen, fortzuschreiben und den Inhalt diesen Behörden mitzuteilen.
– Eine Person oder Stelle mit der Begrenzung der Auswirkungen von Störfällen zu beauftragen und diese der zuständigen Behörde zu benennen.
– Eine Sicherheitsanalyse anzufertigen, die unter anderem eine Beschreibung der sicherheitstechnisch bedeutsamen Anlageteile, der Gefahrenquellen und der Voraussetzungen, unter denen ein Störfall eintreten kann, enthalten muß.
– Die Sicherheitsanalyse dem Stand der Sicherheitstechnik und wesentlichen neuen Erkenntnissen, die für die Beurteilung der Gefahren von Bedeutung sind, anzupassen.
– Die Sicherheitsanalyse ständig gesichert bereitzuhalten und eine Ausfertigung bei der zuständigen Behörde zu hinterlegen und ggf. zu ergänzen.
– Personen, die von einem Störfall betroffen werden könnten, sowie die Öffentlichkeit in geeigneter Weise und unaufgefordert über die Sicherheitsmaßnahmen und das richtige Verhalten im Falle eines Störfalls zu informieren.

Eine Befreiung darf bei Anlagen nach
– Anhang I Teil 1 bei Erreichen oder Überschreiten der Mengenschwelle in Anhang II Spalte 2,
– Anhang I Teil 2 bei Erreichen oder Überschreiten der Mengenschwellen in Anhang III
nicht erteilt werden (Störfall-VO § 10 Abs. 2).

L.2.1 Gefahrenquellen, Entstehung von Gefahren

Zu den Sicherheitspflichten eines Betreibers gehört auch, die nach Art und Ausmaß der möglichen Gefahren erforderlichen Vorkehrungen zu treffen, um Störfälle zu verhindern. Dabei sind betriebliche Gefahrenquellen, umgebungsbedingte Gefahrenquellen und Eingriffe Unbefugter zu berücksichtigen, es sei denn, daß diese Gefahrenquellen oder Eingriffe als Störfallursachen vernünftigerweise ausgeschlossen werden können (Störfall-VO § 3). Gefahrenquellen sind Zustände oder Ereignisse, die geeignet sind, einen Störfall zu verursachen (2.StörfallVwV 3.2.4).

Betriebliche Gefahrenquellen sind z. B. Versagen oder Fehlfunktion von Anlageteilen, Energieausfall, Wärmeentwicklung, innerbetriebliche Verkehrsunfälle, Außerachtlassen von Vorschriften, Bedienungsfehler und Fehler bei Überwachung und Instandhaltung.

Bei den umgebungsbedingten Gefahrenquellen sind benachbarte Anlagen, benachbarte Verkehrsanlagen und naturbedingte Zustände oder Ereignisse zu berücksichtigen. Wobei unter benachbart nicht nur unmittelbar angrenzend sondern auch weiter entfernt liegend bedeuten kann. Entscheidend ist, ob die betrachtete Anlage im Gefahrenbereich der benachbarten Anlage bzw. Verkehrsanlage liegt. Gefahren für die betrachtete Anlage können durch Ereignisse in der Umgebung wie z. B. Brände, Explosionen, Erschütterungen, Trümmerwürfe sowie Freisetzungen akut toxischer und brennbarer Stoffe, insbesondere Gase, entstehen.

Beispiele für naturbedingte Gefahrenquellen sind Hochwasser, Flutwellen, Anstieg des Grundwasserspiegels, Erdrutsch, Erdabsenkungen, Erdbeben sowie orkanartiger Sturm.

In einer Sicherheitsanalyse muß eine Beschreibung der sicherheitstechnisch bedeutsamen Anlagenteile, der Gefahrenquellen und der Voraussetzungen, unter denen ein Störfall eintreten kann, enthalten sein (Störfall-VO § 7 Abs. 1). Hinsichtlich der Gefahrenquellen müssen die betrieblichen, die umgebungsbedingten und die Gefahrenquellen gleichgestellten Eingriffe Unbefugter beschrieben sein. Bei der Beschreibung der Gefahrenquellen bleiben störfallverhindernde Vorkehrungen außer Betracht (2. StörfallVwV, 3.2.4).

Ob eine Gefahrenquelle berücksichtigt sein muß, oder ob sie vernünftigerweise ausgeschlossen werden kann, ist insbesondere anhand praktischer Erfahrung zu entscheiden. Im Einzelfall können hierfür der allgemeine technisch-wissenschaftliche Kenntnisstand, Erfahrungen, die in Anlagen dieser oder vergleichbarer Art gewonnen wurden, oder Berechnungen, Abschätzungen oder Übertragung von Erkenntnissen (auch aus anderen Bereichen) maßgeblich sein. Für die Bewertung der Umgebung einer betrachteten Anlage fehlen bislang objektive Kriterien. In der Regel kann das gleichzeitige Wirksamwerden verschiedener, voneinander unabhängiger umgebungsbedingter Gefahrenquellen, wie Erdbeben und Hochwasser sowie das gleichzeitige, voneinander unabhängige Freiwerden von Stoffen, die erst im Zusammenwirken einen Stoff nach Anhang II zur Verordnung bilden können, ausgeschlossen sein (2. StörfallVwV, 3.2.4).

L.2.2 Systematische Analysemethoden zum Auffinden von Gefahrenquellen und deren Darstellung in der Sicherheitsanalyse

L.2.2.1 Systematische Analysemethoden

Die nach der Störfall-VO anzufertigende Sicherheitsanalyse ist eine aus sich heraus verständliche Dokumentation, in der der Betreiber die systematische Untersuchung aller für die Sicherheit der Anlage und ihres Betriebs bedeutsamen Umstände zusammenfaßt und bewertet. Der Betreiber muß aufgrund der Sicherheitsanalyse die Überzeugung von der Sicherheit seiner Anlage gewinnen können (2.StörfallVwV, 3.1.1).

In einer Sicherheitsanalyse müssen, in anderen Sicherheitskonzepten sollten die wesentlichen Untersuchungsschritte der Methoden deutlich werden, die zur systematischen Analyse der Anlage im Hinblick auf die sicherheitstechnisch bedeutsamen Anlageteile, die Gefahrenquellen, die Störfalleintrittsvoraussetzungen, die Störfallauswirkungen und die Sicherheitsvorkehrungen angewendet wurden. Die 2.Störfall-VwV nennt beispielhaft folgende deterministische Methoden der Verfahrens- und Regelungstechnik, sie läßt aber auch andere Methoden zu:
- Tabellarische Auflistungen
- PAAG-Verfahren
- Ausfalleffektanalyse   DIN 25448, Juni 1980
- Vorläufige Gefahrenanalyse
  DIN 25448, Juni 1980
- Fehlerbaumanalyse   DIN 25424, Juni 1977
- Störfallablaufanalyse   DIN 25419, Teil 1, Juni 1977, Teil 2, Febr. 1979

Die Anwendung der Methoden dient dazu, Gefährdungspotentiale, Gefährdungen und Störquellen, die aus der Konzeptionierung eines technisch Systems und der Systemumgebung resultieren, aufzudecken. Dies bedeutet im Einzelnen zum Beispiel die Suche nach Fehlern und deren Ursachen sowie nach Gefahrenquellen, das Abschätzen des möglichen Gefahrenpotentials und des Risikos, das Auffinden von Maßnahmen, um mögliche Gefahren zu verhindern, die Überprüfung der Bedienbarkeit sowie das Erkennen von möglichen Bedienungsfehlern. Die Methoden besitzen qualitativen wie auch quantitativen Charakter.

Tabellarische Auflistungen

Tabellarische Auflistungen zum Überprüfen von Anlagen, Anlageteilen und den darin verwendeten Komponenten sind einfach zu handhaben. Sie sind oft in Form von Fragelisten (Checklisten) ausgeführt. Damit kann z. B. abgefragt werden, ob bestimmte unerwünschte Ereignisse eintreten können, Fehlbedienungen möglich sind, sicherheitstechnische Einrichtungen vorhanden oder Einwirkungen aus der Umgebung zu unterstellen sind. Die Struktur kann beliebig verfeinert werden, so können z. B. auch Temperatur- und Druckbereiche, Werkstoffeigenschaften oder Gerätespezifikationen abgefragt werden.

Bei ihrer Erstellung müssen gute Sachkenntnisse, ausreichend Erfahrung, insbesondere auch Erkenntnisse aus Ereignissen für das zu überprüfende System vorhanden sein. Mit Tabellarischen Auflistungen lassen sich nur dann genaue Überprüfungen durchführen, wenn sie an das zu überprüfende System angepaßt sind.

Mit Tabellarischen Auflistungen können keine Ereignisabläufe oder Wechselwirkungen aufgezeigt werden. Sie eignen sich vielmehr für einen Soll/Ist-Vergleich.

PAAG-Verfahren

Das Grundkonzept des PAAG-Verfahrens, das in einem Team von Fachleuten (Tabelle L.2-1) durchgeführt wird, besteht darin bei jedem Teil einer Anlage die beabsichtigten Funktionen oder Handlungen in Frage zu stellen und unter Verwendung von Leitworten nach den Ursachen und Konsequenzen möglicher Abweichungen zu suchen und daraus ggf. notwendige Maßnahmen abzuleiten.

Der Name PAAG bedeutet:

Tabelle L.2-1 Beispiele für die Zusammensetzung eines PAAG-Teams

I	II	III
Teamleiter Schriftführer	Teamleiter Schriftführer	Teamleiter Schriftführer
Ingenieure verschiedener Fachrichtungen Chemiker	Projektingenieur Planungsingenieur Betriebsingenieur Meß- und Regelungsingenieur	Planungsingenieur Projektingenieur Chemiker Mitglied der Werkfeuerwehr Sicherheitsingenieur

– **Prognose**
– **Auffinden der Ursachen**
– **Abschätzen der Auswirkungen**
– **Gegenmaßnahmen**

Die Arbeitsschritte beim PAAG-Verfahren sind:
– Auswählen eines Anlageteils aus der insgesamt zu überprüfenden Anlage
– Definieren der Sollfunktion für dieses Anlageteil
– Formulieren von hypothetischen Störungen (Abweichungen von der Sollfunktion) durch Anwendung der Leitworte
– Überprüfen, ob diese Störungen realisierbar sind
– Abschätzen der möglichen Auswirkungen
– Auffinden von Gegenmaßnahmen
– Dokumentieren und Umsetzen bei der Planung bzw. in der konkreten Anlage.

Diese Arbeitsschritte werden bei allen Teilen einer Anlage oder eines Systems in der vorgegebenen Reihenfolge durchgeführt.

Die Sollfunktion beschreibt die Art und Weise, wie sowohl unter normalen als auch anormalen Bedingungen ein Verfahren ablaufen und die technische Ausrüstung arbeiten soll. Sie legt fest, wie ein Teil funktionieren soll bzw. dient dazu, den Zweck einer Einheit zu bestimmen. Die Sollfunktion muß so definiert werden, daß man die Leitworte anwenden kann (Tabelle L.2-2). Aus der Anwendung aller Leitworte auf die Sollfunktion ergeben sich gedachte Störungen (hypothetische Störungen). Für diese gedachten Störungen sind reale Ursachen zu suchen. Gibt es reale Ursachen, so sind die Auswirkungen abzuschätzen und nötigenfalls Gegenmaßnahmen zu ergreifen.

Tabelle L.2-2 Leitworte des PAAG-Verfahrens

Leitworte	Bedeutung
Nein oder Nicht (Kein oder Keine)	Die völlige Verneinung der Sollfunktion
Mehr	Quantitativer Zuwachs
Weniger	Quantitative Abnahme
Sowohl als auch	Qualitativer Zuwachs
Teilweise (zum Teil)	Qualitative Abnahme
Umkehrung	Das logische Gegenteil der Sollfunktion
Anders als	Völliger Austausch

Tabelle L.2-3 Beispiel für die Dokumentation der Prüfungsergebnisse

Anlage	ABC-Anlage
Anlagenteil	Rohrleitung zwischen Behälter B 10 und Reaktor R 3
Sollfunktion	Transportiere den Inhalt von B 10 nach R 3
1. Leitwort	Nein
Hypothetische Störung	Der Inhalt von B 10 wird nicht nach R 3 transportiert
Ursachen	1. Rohrleitung ist undurchlässig (verstopft) 2. B 10 ist leer 3. …
Auswirkungen	1. R 3 wird nicht befüllt 2. Beeinflussung der Reaktion in R 3 3. Druckanstieg in R 3 4. …
Maßnahmen	1. Wartung und Kontrolle der Rohrleitung 2. Füllstandsanzeige in R 3 und B 10 3. Druckmessung in R 3 4. …
2. Leitwort	Mehr
Hypothetische Störung	Es wird mehr als der Inhalt von B 10 nach R 3 transportiert
Ursachen	1. …
…	…
…	…

Die Dokumentation der Prüfungsergebnisse erfolgt auf Formblättern (Tabelle L.2-3). Sie enthält eine Auflistung der relevanten Störungen mit den zugrunde liegenden Ursachen und den bedeutsamen (nicht akzeptierbaren) Auswirkungen sowie den Gegenmaßnahmen. Sie sollte so ausführlich sein, daß sie zusammen mit dem Rohrleitungs- und Instrumentenfließbild für Fachleute mit Planungs- und Betriebserfahrung nachvollziehbar ist.

Ausfalleffektanalyse

Die Ausfalleffektanalyse ist ein Verfahren zur Untersuchung und qualitativen Bewertung der Ausfallarten von Komponenten eines Systems (Anlage/Anlageteil) und deren Auswirkungen (Effekte). Informationen zum Aufbau und zur Funktion des Systems müssen z.B. in Form von Systemspezifikationen, Funktionsbeschreibungen, Zeichnungen, Beschreibung der Einsatzbedingungen sowie Angaben über wesentliche Nahtstellen und Wechselwirkungen mit anderen Systemen vorliegen.

Die Ausfalleffektanalyse ist eine systematische Untersuchungsmethode, bei deren Durchführung ein zu untersuchendes System in einzelne Komponenten unterteilt wird. Komponenten sind, je nach Detailierungsgrad und Prüftiefe z.B. Pumpen, Ventile, Schalter bis hin zu den Bauelementen einzelner Geräte.

Die bestimmungsgemäßen Funktionselemente einer jeden Komponente werden benannt und daraus die möglichen Ausfallarten abgeleitet. Ursachen, die zu der Ausfallart führen wie auch Kriterien zum Erkennen der Ausfallart werden aufgezeigt. Die Ausfallarten werden bzgl. ihrer Auswirkungen auf das System und die Umgebung untersucht und bewertet.

Die Ausfalleffektanalyse läßt sich auch auf Tätigkeiten anwenden, um mögliche Bedienungsfehler zu ermitteln und zu bewerten, dabei ist das Bedienungspersonal als Funktionselement zu betrachten.

Für die Dokumentation werden Vordrucke verwendet. Die Vordrucke nach DIN 25448 enthalten in den Kopfzeilen grundsätzliche Informationen zum System und zu der betrachteten Komponente. Für die jeweils betrachteten Komponenten sind in tabellarischer Auflistung den Funktionselementen die Ausfallarten, Schadensbilder, Ursachen, Angaben zur Ausfallerkennung, vorhandene Gegenmaßnahmen, Ausfallauswirkungen und qualitative Ausfallbewertungen zugeordnet. Unter der Voraussetzung, daß alle Komponenten eines Systems ohne Ausnahme behandelt werden, liefert diese Methode alle Ausfallmöglichkeiten des Systems. Ausfallkombinationen werden jedoch nicht betrachtet.

Eine spezielle Form der Ausfalleffektanalyse ist die vorläufige Gefahrenanalyse, bei der nur diejenigen Komponenten eines Systems untersucht werden, denen Gefährdungspotentiale zugeordnet werden können.

Fehlerbaumanalyse

Bei der Durchführung der Fehlerbaumanalyse für ein System (Anlage/Anlageteil) wird ein unerwünschtes Ereignis vorgegeben mit dem Ziel, alle möglichen Ursachen und deren Verknüpfungen, die zu diesem unerwünschten Ereignis führen können, systematisch zu erfassen und darüberhinaus eine Aussage über Ausfallhäufigkeiten und Nichtverfügbarkeiten für das gesamte System und für Teile davon zu erhalten. Unerwünschte Ereignisse sind z. B. Behälterversagen oder Freisetzung gefährlicher Stoffe.

Der Fehlerbaumanalyse wird eine Systemanalyse vorgeschaltet, um genaue Kenntnis des Systems, der Systemfunktionen, der Hilfsquellen (Versorgungseinrichtungen) sowie der Umgebungsbedingungen zu erhalten.

Der Fehlerbaum ist eine graphische Darstellung der logischen Zusammenhänge zwischen den Fehlerbaumeingängen, die zu dem vorgegebenen unerwünschten Ereignis führen. Die Fehlerbaumeingänge und deren Verknüpfungen werden durch Bildzeichen nach DIN 25424 Teil 1 dargestellt.

Fehlerbäume können im Hinblick auf das Systemverhalten qualitativ und quantitativ ausgewertet werden. Bei der Auswertung ist oft wegen der Größe und Komplexität von Fehlerbäumen der Einsatz von Rechnern erforderlich.

Störfallablaufanalyse

Anders als bei der Fehlerbaumanalyse geht man bei der Anwendung der Störfallablaufanalyse davon aus, daß nach einem Anfangsereignis weitere Ereignisse und daraus folgend vernetzte Ereignisketten entstehen können, die zu einem Störfall (nicht akzeptierbaren Ereignis) führen können. Anfangsereignisse wie auch Folgeereignisse können z. B. Ausfälle oder Fehler bei Apparaten, Maschinen, Sicherheitseinrichtungen usw., Fehlhandlungen des Bedienungspersonals wie auch sonstige Einwirkungen sein.

Störfallablaufdiagramme ermöglichen es, komplizierte Ereignisketten in einfacher und übersichtlicher Weise darzustellen und zu analysieren. Um eine einheitliche graphische Darstellung von Störfallabläufen zu gewährleisten, sollten zur Erstellung der Störfallablaufdiagramme die Bildzeichen unter Berücksichtigung ihrer Bedeutung aus der DIN 25419 Teil 1 verwendet werden.

L.2.2.2 Darstellung in der Sicherheitsanalyse

Zum Auffinden von Gefahrenquellen bei sicherheitstechnisch bedeutsamen Anlageteilen sind systematische Prüfmethoden anzuwenden. In der Sicherheitsanalyse oder in einem Sicherheitskonzept ist die angewandte systematische Untersuchungsmethode zu nennen. Die wesentlichen Untersuchungsschritte und deren Ergebnisse sind darzustellen. Die vollständige Dokumentation einer Überprüfung braucht in Sicherheitsanalysen nicht enthalten zu sein.

Werden bekannte Verfahren (z. B. PAAG, Ausfalleffektanalyse) verwendet, so sollten diese benannt werden. Modifikationen der bekannten Verfahren sollten genannt und an Beispielen erläutert werden. Dies dient der Einschätzung der Möglichkeiten und Grenzen der verwendeten Modifikation. Unbekannte, z. B. firmeneigene Verfahren müssen in der Sicherheitsanalyse anhand von Beispielen erklärt werden.

Die tabellarische Form der Darstellung hat sich als besonders geeignet erwiesen. Sie ist aufgrund der guten Strukturierbarkeit gut nachvollziehbar und ermöglicht somit einen schnellen Zugriff auf die gewünschten Informationen.

Fortlaufende Meßstellen- und Apparatenummern (z. B. dem verfahrenstechnischen Ablauf angepaßt) erleichtern es, die Zusammenhänge zwischen Verfahrensdarstellung und Überprüfung schnell zu erkennen.

Erläuterungen zu den Schwerpunkten der systematischen Überprüfung sind wünschenswert. Hier können z. B. bereits einleitend die wesentlichen Gefahrenquellen mit den dazugehörigen störfallverhindernden und -begrenzenden Maßnahmen oder sonstigen Besonderheiten in Textform hervorgehoben werden. Auf diese Weise läßt sich schnell erkennen, auf welche Punkte ein besonderes Augenmerk gelegt wurde.

L.2.3 Abschätzung des Gefährdungspotentials von Industrieanlagen

L.2.3.1 Einführung

Zur Abschätzung des Gefährdungspotentials von Industrieanlagen ist grundsätzlich folgende Vorgehensweise möglich und sinnvoll. Ausgehend von einer Schadstelle in der Anlage (z.B. Riß in einer Rohrleitung, defekte Flanschdichtung, defekte Armatur, aufgerissene Berstscheibe) wird die an der „Quelle" zu erwartende Emission ermittelt. Für diesen ermittelten Emissionsmassenstrom (in g/s oder kg/s o.ä.) wird dann der weitere Ausbreitungsvorgang berechnet. Dazu eignet sich eine Ausbreitungsrechnung für den Luftpfad mit einem entsprechenden Ausbreitungsmodell. Für Wasser und Boden stehen grundsätzlich geeignete Modelle zur Verfügung. Ergebnisse dieser Ausbreitungsrechnung sind i.allg. Konzentrationen an einem vorher festgelegten Immissionsort (in mg/m^3, mg/kg oder vergleichbaren Dimensionen). Diese Konzentrationen können dann mit Grenzwerten verglichen werden. Ist die Grenzkonzentration (z.B. ein Störfallbeurteilungswert) an der Immissionsstelle überschritten, so werden an der Anlage Maßnahmen erforderlich, die den zu erwartenden Emissionsmassenstrom im Ereignisfall verringern. Das wäre z.B. im Fall der defekten Flanschdichtung die Wahl einer qualitativ hochwertigen Flanschdichtung, die folglich zu einer Reduktion bzw. Beseitigung des Emissionsmassenstroms führen würde.

Dies führt zu einer dem Gefahrenpotential der Anlage angepaßten technischen Ausrüstung. Die detaillierten Einzelschritte dieser Vorgehensweise werden im folgenden beschrieben.

L.2.3.2 Abschätzung von Leckgrößen

Hinsichtlich der freisetzbaren Stoffmenge sollte grundsätzlich im ersten Schritt vom Austritt der gesamten in einer Anlage oder einem Anlageteil vorhandenen Menge ausgegangen werden. Wird von einer geringeren Mengen ausgegangen, sollte dies nachvollziehbar und plausibel begründet werden. Meistens ist durch eine qualitativ hochwertige sicherheitstechnische Ausrüstung o.g. Szenario auf das Austreten einer Teilmenge zu reduzieren. Ein Ansatz zur Ermittlung dieser Teilmenge kann die Annahme einer Leckage in einem Anlageteil sein. Aus der Größe dieser Leckage ergeben sich häufig eine Reihe sicher-

heitstechnischer Maßnahmen, deren Kosten i.d.R.im Verhältnis zur Leckgröße steigen. Darum werden die getroffenen Annahmen zur Größe des Lecks und der sich daraus ergebenden Leckrate oft sehr kontrovers diskutiert. Um möglichst realitätsnahe Annahmen bei der Ermittlung einer Leckgröße zu treffen, müßte jeweils eine Einzelfallbetrachtung durchgeführt werden. Zuerst sollte eine vernünftigerweise nicht auszuschließende Leckage betrachtet werden. Bei der Annahme des Ereignisses, das zur Leckage führt, können z.B. die Ergebnisse aus Schadenshandbüchern der Sachversicherer [L.2.1] sowie Erkenntnisse aus realen Ereignissen aus der eigenen Anlage als auch aus fremden vergleichbaren Anlagen zugrunde gelegt werden.

Grundsätzlich ist eine Einteilung in quantifizierbare und nicht quantifizierbare Leckagen sinnvoll. Denkbare Ereignisse, die eine Leckage mit Stofffreisetzung nach sich ziehen können, sind:

Beispiele für quantifizierbare Leckagen
- Abriß eines Schlauchs beim Verladevorgang
- Abblasen über Sicherheitsventil
- Freisetzung über Berstscheibe
- Überfüllen/Auslaufen eines Behälters
- Leck durch Herausdrücken eines Dichtungssegments zwischen Flanschen
- Ausfall der Abgaskondensation/Abgasreinigung

Beispiele für nicht quantifizierbare Leckagen
- Leckage an einer Pumpe
- Riß in der Wandung eines Kompensators
- Riß in einer Rohrleitung/Flanschverbindung durch Druckstoß
- Allgemein: Risse in Schweißnähten bzw. in der Wärmeeinflußzone (WEZ) oder im Grundmaterial (interkristalline Korrosion, Lochfraß, Schwingungsrisse)
- Loch in einem Rohrkrümmer (durch Verschleiß)
- Aufreißen eines Schlauchanschlusses am Verbindungsstück
- Verschütten

Bei quantifizierbaren Leckagen läßt sich i.d.R. eine Leckgröße berechnen. Bei nicht quantifizierbaren Leckagen ist die Angabe einer genauen Leckgröße schwierig. Es bietet sich einerseits die Möglichkeit einer konservativen Abschätzung „nach oben", andererseits kann man auf Erfahrungswerte zurückgreifen. Mit der Abschät-

Tabelle L.2-4 Ergebnisse der Untersuchungen zu Leckgrößen in Rohrleitungen bzw. Behältern

Autor	Leckgröße (mm^2)	Bemerkungen
Prof. Dr. Strohmeier	2 – 100	gerechnet [L.2.2, L.2.7]
Prof. Dr. Brötz	6 – 900	$A = 0{,}01 \cdot D^2$ pauschale Angabe [L.2.3] (DN 80 – DN 300)
Prof. Dr. Friedel/Westphal	1 – 100	Erfahrungswerte L = 10 – 100 mm, b = 0,1 – 1 mm [L.2.5]
Rhein.-Westf. TÜV Essen	keine Angaben	kreis-/ellipsenförmige Rißfläche → kleine rißförmige Öffnung [L.2.8]
V. Kefer et al. KWU	6 – 14	reale Lecks, Biege-/Zugbeanspruchung [L.2.4, L.2.6]
R.P. Collier et al.	0,01 – 7	reale Lecks [L.2.4, L.2.6]

zung nach oben lassen sich leicht „Horrorszenarien" konstruieren. Man denke z. B. an die Annahme: Aufplatzen (in Längsrichtung) einer chlorführenden Leitung!

Der „Wahrheit" am nächsten käme die Auswertung realer Ereignisse. Es müßte allerdings eine ausreichend große Anzahl entsprechender Ereignisse ausgewertet werden, um halbwegs zuverlässige Ergebnisse zu erhalten. Für Risse in Rohrleitungen, Kompensatoren, Behältern und Apparaten ist die Angabe definierter Leckgrößen besonders problematisch.

In Tabelle L.2-4 sind einige in der Literatur veröffentlichten Verfahren bzw. Erfahrungen bzgl. der Größenordnungen von Leckagen zusammengestellt.

L.2.3.3 Mögliche Freisetzungsformen

Bei der Freisetzung von Gasen bzw. Flüssigkeiten unterscheidet man zwischen den folgenden Freisetzungsformen:

- Ausfließen von Flüssigkeit aus einem nicht unter Druck stehenden Behälter,
- Ausfließen von Flüssigkeit aus einem unter Druck stehenden Behälter,
- Ausströmen von Gasen mit Schallgeschwindigkeit oder kleiner,
- Ausströmen von druckverflüssigten Gasen
  - Gasphase → Hochgeschwindigkeitsstrahl,
  - Flüssigphase → 2-Phasen-Ausströmung,
- Ausströmen von über den Siedepunkt erwärmten, unter Druck stehenden Flüssigkeiten.

Die Ermittlungsverfahren der Leckagemassenströme sind der einschlägigen Literatur bzw. Software zu entnehmen.

L.2.3.4 Bildung eines Quellterms für die Ausbreitungsrechnung

Ob nach der Freisetzung eines Stoffs die Lachenabdampfung berechnet werden muß, oder ob direkt mit der Ausbreitungsrechnung mittels Gasausbreitungsmodell begonnen werden kann, bedarf jeweils einer besonderen Überlegung. So ist z. B. zu unterscheiden, ob sich nach der Freisetzung eine Lache ausbilden kann, oder ob der Stoff vollständig in Form einer Schwer- oder Leichtgaswolke (ohne Lachenbildung) abdriften wird. Im Falle einer Lachenbildung ist der abdampfende Massenstrom zu berechnen. Falls erforderlich muß ein spontan verdampfender Anteil berücksichtigt werden. Findet keine Lachenbildung statt, kann direkt mit der Ausbreitungsrechnung begonnen werden.

Die Lage der Austrittsöffnung kann ebenfalls von Bedeutung sein. So muß berücksichtigt werden, ob ein Austrittsstrahl senkrecht oder schräg nach oben gerichtet denkbar ist, oder ob die Austrittsrichtung parallel zum Erdboden bzw. direkt zum Erdboden gerichtet möglich sein könnte. Weiterhin muß die Höhe des Freisetzungsorts berücksichtigt werden. Ein in z. B. 20 m Höhe austretendes Schwergas kann, zum Erdboden abgesunken, sein Schwergasverhalten schon verloren haben.

Derartige Gedanken sind i. d. R. nicht mit exakten mathematisch-naturwissenschaftlichen Rechenmodellen berechenbar. Es muß vielmehr eine plausible Lösung durch sinnvolle Abschätzungen gesucht werden. Bei solchen Vorgehensweisen ist es allerdings wichtig, sich ein Bild über die Fehler bei der Abschätzung und deren Größenordnungen zu verschaffen. Annahmen sind „vernünftig konservativ" zu treffen.

L.2.3.5 Stofffreisetzung aus Flüssigkeitslachen

Kommt es infolge von Leckagen zur Freisetzung und Lachenbildung einer Flüssigkeit oder eines druck- bzw. kälteverflüssigten Gases, so wird sich das Medium abhängig von der Form und Be-

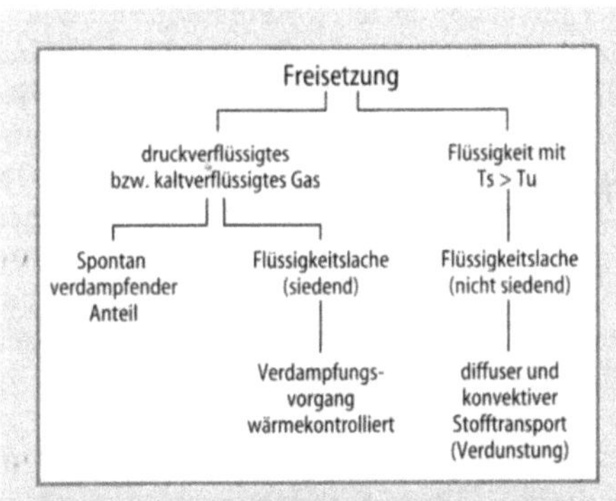

Bild L.2-2 Übersicht über verschiedene Freisetzungsformen

schaffenheit des Untergrunds ausbreiten und langsam oder schneller verdampfen. Folgende Einflußgrößen und Parameter müssen berücksichtigt werden:
- Art der Freisetzung, Zeitverhalten,
- Physikalische Daten der Flüssigkeit (Siedetemperatur, Verdampfungsenthalpie),
- Topologie und Beschaffenheit des Bodens,
- Atmosphärische Bedingungen (Sonneneinstrahlung, Turbulenzen, Windgeschwindigkeit).

Treibende Kraft für die Abdampfung von druck- bzw. kaltverflüssigtem Gas ist die Wärmeaufnahme des Mediums aus der Umgebung (nach der Freisetzung).

Auf weitere theoretische Grundlagen soll hier nicht eingegangen werden. Diese sind in der entsprechenden Fachliteratur nachzulesen.

Grundsätzlich muß unterschieden werden zwischen der Verdampfung von Flüssigkeiten, deren Siedepunkt über der Umgebungstemperatur liegt („Verdunstung") und der Verdampfung von druck- bzw. kaltverflüssigten Gasen mit einer Siedetemperatur (T_s) unterhalb der Umgebungstemperatur (T_u) (s. Bild L.2-2).

Einen großen Einfluß auf den aus der Lache verdampfenden/verdunstenden Stoffstrom $\dot{m}$ hat die Größe der Lachenoberfläche. In vielen Fällen ist die Ausbreitung der Lache durch äußere Hindernisse, wie z. B. Wände einer Tanktasse oder Aufkantungen behindert und somit ist dann die Geometrie der Lache vorgegeben.

Bei unbehinderter Lachenausbreitung muß die Lachengröße für die jeweils herrschenden Randbedingungen errechnet werden. Die Flüssigkeit breitet sich unter Einwirkung der Schwerkraft durch unterschiedliche Schichthöhen und

gehemmt durch Oberflächenkräfte und Bodenreibung solange aus, bis die Lache eine minimale Schichthöhe erreicht hat. Nach G. Opschoor [L.2.9] gilt für die minimale Höhe des Flüssigkeitsstandes ($h_{L,\,min}$) bei unbegrenzter Lachenausbreitung:

Untergrund	$h_{L,min}$
unebener, sandiger Boden	25 mm
ebener Sand, Kies	10 mm
Beton, Stein	5 mm

Aus bekanntem freigesetztem Stoffvolumen (V_{Stoff}) und bekannter Lachendicke $h_{L,min}$ läßt sich nun die Lachenfläche (A_{Lache}) einfach errechnen:

$$A_{Lache} = V_{Stoff}/h_{L,min} \qquad (L.1)$$

L.2.3.6 Ausbreitung von Gasen in der Atmosphäre

Wegen der Vielfalt der bei einer Stoffausbreitung in der Atmosphäre möglichen Einflußgrößen ist eine annähernd exakte Berechnung des zu erwartenden Ausbreitungsverhaltens nur mit einem sehr großen Rechenaufwand möglich. Aus diesem Grunde müßte der häufig benutzte Ausdruck „Ausbreitungsrechnung" besser als „Ausbreitungsabschätzung" bezeichnet werden.

Grundsätzlich wird zwischen Schwer- und Leichtgasausbreitung unterschieden. Da die Ausbreitungsmechanismen beider Gase unterschiedlichen physikalischen/meteorologischen Bedingungen unterliegen, müssen jeweils entsprechende Berechnungsmodelle angewandt werden. Im folgenden sind einige wichtige Einflußgrößen auf das Ausbreitungsverhalten von Stoffen in der Atmosphäre genannt:
- Turbulenz der Atmosphäre,
- Windgeschwindigkeit,
- Wetterlage,
- Temperaturschichtungen,
- Struktur der Erdoberfläche (Bodentopographie),
- Gebäude, Hindernisse,
- Auftrieb durch Thermik (z. B. Brand).

L.2.3.6.1 Ausbreitung schwerer Gase

Als schwere Gase müssen alle Gase mit einer höheren Dichte als die der Luft betrachtet werden. Es handelt sich dabei überwiegend um Gase mit einem hohen Molekulargewicht, die häufig druckverflüssigt gelagert bzw. transportiert werden.

Das Ausbreitungsverhalten schwerer Gase in der Atmosphäre ist mit herkömmlichen Verfahren, wie sie für neutrale bis leichte Gase entwickelt worden sind, nicht berechenbar. Die wesentlichen Gründe dafür liegen in der Eigendynamik der Schwergaswolke sowie in der stark stabilen Schichtung (großer Dichtesprung am Wolkenrand) innerhalb der Wolke, die eine turbulente Vermischung mit der Umgebungsluft erschweren. Ein Schwergasausbreitungsmodell ist in [L.2.10, L.2.11] beschrieben.

L.2.3.6.2 Ausbreitung leichter Gase

Als dichtenneutrale Gase, in der Umgangssprache auch „leichte Gase" genannt, werden solche Gase bezeichnet, deren Dichte ungefähr gleich der der Luft ist. Im Gegensatz zu den schweren Gasen ist die bestimmende Größe für das Ausbreitungsverhalten die turbulente Diffusion des Gases in die Umgebungsluft.

Ein Berechnungsverfahren für die Ausbreitung von dichtenneutralen bzw. leichten Gasen bietet die VDI-Richtlinie 3783 Blatt 1, „Ausbreitung von störfallbedingten Freisetzungen – Sicherheitsanalyse" [L.2.12]. Es existieren darüber hinaus noch eine Vielzahl von weiteren Modellen zur Berechnung der Leichtgasausbreitung.

L.2.3.7 Bewertung störfallbedingter Immissionen

Ob eine Stofffreisetzung eine schwerwiegende Gefahr herbeiführen kann, hängt von den Stoffeigenschaften und der Konzentration/Dosis des ausgetretenen Stoffs in der Umwelt ab. Bei störfallbedingten Freisetzungen sind i.d.R die Verteilungspfade Luft und/oder Wasser zu berücksichtigen. Feste Rückstände bedürfen sicherlich einer besonderen Überprüfung im Rahmen der Aufräumarbeiten, sind jedoch hinsichtlich einer schnellen Bekämpfung von Störungen oder der Analyse für die Katastrophenschutzplanung von sekundärer Bedeutung.

Folgende Arten einer Stoffaufnahme müssen im wesentlichen in Betracht gezogen werden:
- Inhalation
- Verschlucken
- Hautresorption

Die Erfahrung hat gezeigt, daß bei der Bewertung störungsbedingter Stofffreisetzungen in erster Linie die inhalative Aufnahme zu berücksichtigen ist. Direkter Stoffkontakt über die Haut oder ein Verschlucken ist meist nur für das Bedienungspersonal denkbar. Dieses ist i.d.R. ausreichend geschult und geschützt, so daß eine Gefährdung nur in besonderen Fällen anzunehmen ist.

Bei der Beurteilung der Wirkung eines Schadstoffs im Organismus müssen im wesentlichen folgende Punkte beachtet werden:
- Art der Aufnahme
- Verteilung im Körper
- eventuelle Biotransformationen
- Akkumulation/Abbau des Stoffs

L.2.3.7.1 Grenzwerte zur Bewertung zulässiger Konzentrationen/Dosen störungsbedingter Stofffreisetzungen – Übersicht und Anmerkung zur Eignung

Maximaler Arbeitsplatz-Konzentrations-Wert (MAK-Wert)

Die MAK-Werte werden von der Senatskommission der Deutschen Forschungsgemeinschaft zur Prüfung gesundheitsschädlicher Arbeitsstoffe herausgegeben.

Definition. Der MAK-Wert (maximale Arbeitsplatz Konzentration) ist die höchstzulässige Konzentration eines Arbeitsstoffs als Gas, Dampf oder Schwebstoff in der Luft am Arbeitsplatz, die nach dem gegenwärtigen Stand der Kenntnis auch bei wiederholter und langfristiger, i.d.R. täglich achtstündiger Exposition, jedoch bei Einhaltung einer durchschnittlichen Wochenarbeitszeit von 40 h (in Vierschichtbetrieben 42 h/ Woche im Durchschnitt von vier aufeinanderfolgenden Wochen) i. allg. die Gesundheit der Beschäftigten nicht beeinträchtigt und diese nicht unangemessen belästigt.

In der Regel wird der MAK-Wert als Durchschnittswert über Zeiträume bis zu einem Arbeitstag oder einer Arbeitsschicht integriert. Bei der Aufstellung von MAK-Werten sind in erster Linie die Wirkungscharakteristika der Stoffe berücksichtigt, daneben auch – soweit möglich – praktische Gegebenheiten der Arbeitsprozesse bzw. der durch diese bestimmten Expositionsmuster. Maßgebend sind dabei wissenschaftlich fundierte Kriterien des Gesundheitsschutzes, nicht die technischen und wirtschaftlichen Möglichkeiten der Realisation in der Praxis.

MAK-Werte werden ohne Anwendung von Sicherheitsfaktoren festgelegt. Sie stellen darum

i. d. R. den NOEL dar. Der NOEL (**N**o **O**bserved **E**ffect **L**evel) ist die Schwelle, unter der keine Effekte, bezogen auf das empfindlichste Organ, zu erwarten sind. Für krebserzeugende oder erbgutverändernde Stoffe lassen sich keine Wirkungsschwellen definieren.

Es wird hier ausdrücklich darauf hingewiesen, daß der MAK-Wert nicht als Grenzkonzentrationswert für den Fall einer störungsbedingten Stofffreisetzung (also als Störfallbeurteilungswert) benutzt werden kann. Soll der Nachweis erbracht werden, daß eine im Rahmen der Auswirkungsbetrachtungen errechnete Konzentration keine akute Gefährdung für Leib und Leben darstellt, so kann der MAK-Wert als „Hilfskonzentration" benutzt werden.

Die Festlegung der MAK-Werte wird ausführlich schriftlich begründet und zusammen mit den verwendeten Informationen veröffentlicht [L.2.13]. Da die Konzeption der Festlegung von MAK-Werten allgemein anerkannt ist, werden von diesen häufig Grenzwerte für andere Bereiche abgeleitet. Das ist nur dann zulässig, wenn die einzelnen Substanzen unter Berücksichtigung ihrer speziellen Eigenschaften und den jeweiligen Expositionsbedingungen betrachtet werden, nicht jedoch unter Verwendung konstanter Umrechnungsfaktoren.

Die „Toxikologisch-Arbeitsmedizinische Begründung von MAK-Werten" kann bei der Bewertung von Immissionskonzentrationen recht hilfreich sein. In diesen Begründungen wird über den allgemeinen Wirkungscharakter des Stoffes und über die Erfahrungen mit Menschen und Tieren berichtet.

„Threshold Limit Values (TLV)" sind in den Vereinigten Staaten von Amerika verwendete Werte, die den MAK-Werten in der Bundesrepublik Deutschland entsprechen. Sie werden von der American Conference of Governmental Industrial Hygienists (ACGIH) veröffentlicht.

LC_{50}-Wert

Der LC_{50}-Wert ist die berechnete Konzentration in der Atemluft, bei der unter standardisierten Versuchsbedingungen 50 % der Versuchstiere nach inhalativer (einatmender) Applikation eines Gifts oder Schadstoffs über eine bestimmte Zeitspanne hinweg sterben. Die Angabe erfolgt in mg/l, mg/m³, g/m³ oder ppm.

Neben Tierart und -geschlecht muß unbedingt die Expositionsdauer (die Zeit, die das Versuchstier der Konzentration ausgesetzt ist) an-

gegeben werden. Sie beträgt z. B. für Mäuse 2 h und für Ratten 4 h.

LC_{50}-Werte gehören wie die LD_{50}-Werte zu den Toxizitätswerten, die zur Klassifizierung der Giftigkeit von Substanzen herangezogen werden. Sie sind keine Stoffkonstanten, sondern haben biologisch bedingte Schwankungsbreiten.

LD_{50}-Wert

Der LD_{50}-Wert ist die berechnete Dosis (Menge), bei der unter standardisierten Versuchsbedingungen 50 % einer signifikant hohen Population einer definierten Tierart nach Gabe eines Gifts oder Schadstoffs starben. Es sind dabei die Applikationsart (Zuführungsart), Tierart und -geschlecht sowie die Zeitdauer der Applikation anzugeben (keine Inhalation).

LD_{50}-Werte gehören zu den Toxizitätswerten, die der Klassifizierung der Giftigkeit und damit dem Vergleich von Substanzen aus toxikologischer Sicht dienen. Es sind jedoch ebenfalls keine Konstanten, sondern sie haben biologisch bedingte Schwankungsbreiten. Die Angabe erfolgt in mg/kg Körpermasse (KM), selten in ppm.

LCL_0-Wert

Der LCL_0-Wert ist die geringste Konzentration der Substanz in der Atemluft, von der Todesfälle bei Mensch oder Tier bekannt sind. Die angegebenen Konzentrationen können mit Expositionen unter 24 h (akut) oder darüber (subakut oder chronisch) verbunden sein. Der Wert der LCL muß unterhalb dem der LC_{50} liegen.

LDL_0-Wert

Der LDL_0-Wert ist die niedrigste in der Literatur publizierte letale Dosis. Sie liegt unterhalb der LD_{50}-Schwelle. Es ist die niedrigste Dosis, bei der durch irgendeine Applikationsart über eine bestimmte Zeitspanne hinweg Todesfälle bei Mensch oder Tier bekannt sind, wobei die Applikation einmalig oder mehrmalig (in Portionen) erfolgte.

LC_{50}- und LD_{50}-Werte sowie LCL_0- und LDL_0-Werte sind für Stoffe gemäß Störfall-VO zum Teil dem „Handbuch Stoffdaten zur Störfall-Verordnung" [L.2.14] und/oder „RTECS" [L.2.15] zu entnehmen.

Als Immissionsgrenzwert für störfallbedingte Stofffreisetzungen sind LC_{50} und LD_{50} (auf Menschen übertragen) nicht anwendbar. Wie der Definition der Werte zu entnehmen ist, wären 50 % der Probanden bei Erreichen der LC_{50}/LD_{50}-Werts schon tot. Außerdem existiert nur in seltenen Fällen ein entsprechender Wert für Menschen. Wegen der bei der Umrechnung dieser Werte vom Tier zum Mensch entstehenden Unsicherheiten können die errechneten Werte schon aus diesem Grund nicht bedenkenlos übernommen werden.

Das gleiche gilt für LCL_0- und LDL_0-Werte, die zwar niedriger als LC_{50}- und LD_{50}-Werte sind, aber ebenfalls für Menschen nur für wenige Stoffe zur Verfügung stehen.

TDL_0-Wert

Der TDL_0-Wert ist die niedrigste Dosis einer Substanz, bei der durch irgendeine Verabreichungsart (außer Inhalation) über eine bestimmte Zeitspanne hinweg irgendeine akut toxische bzw. karzinogene (krebsbildende oder -verursachende), mutagene (erbgutverändernde) oder teratogene (embryo- bzw. fötusschädigende) Wirkung an Menschen oder Tieren festgestellt wurde.

TCL_0-Wert

Der TCL_0-Wert ist die geringste Konzentration einer Substanz in der Atemluft, bei der nach einer bestimmten Expositionsdauer irgendeine akut toxische bzw. karzinogene, mutagene oder teratogene Wirkung an Menschen und Tieren festgestellt wurde.

TDL_0- bzw. TCL_0-Werte stehen teilweise in der Literatur (z. B. [L.2.14]) i. d. R. auch für Menschen zur Verfügung. In Ermangelung besserer Werte können diese Angaben zur Beurteilung der hier betrachteten Immissionskonzentrationen/-dosen herangezogen werden. Es empfiehlt sich jedoch, diese Angaben durch weitere Werte zu verifizieren. Geeignet wäre dazu z. B. der IDLH-Wert.

IDLH-Wert

Das National Institute for Occupational Safety and Health (NIOSH) in den USA hat Grenzwerte für eine Reihe von Stoffen herausgegeben, bei denen das Tragen von Atemschutzmasken nicht zulässig ist und umgebungsluftunabhängiger Atemschutz angelegt werden muß. Die Beschäftigten sollen auch bei einer Störung des Schutzgeräts in die Lage versetzt werden, den gefährdeten Bereich selbständig verlassen zu können und dabei keine irreversible Gesundheitsschädigung zu erleiden. Es wurde eine Exposition von 30 min unterstellt. Diese Immediately Dangerous to Life or Health-Werte (IDLH-Werte) wurden größtenteils schematisch durch Anwendung eines Sicherheitsfaktors aus den Tierversuchen zur Bestimmung der LC_{50}-Werte abgeleitet. Hierdurch ergeben sich Ausreißer, deren Konzentration bei kritischer Betrachtung zu hoch ist, wie auch andere Werte, die zu einer Absenkung bis in die Größenordnung des MAK-Werts geführt haben. Die IDLH-Werte können daher nur eine Orientierung für die akzeptable Konzentration bei störungsbedingter Stofffreisetzung bieten, müssen jedoch für den konkreten Fall überprüft werden. Im Vergleich mit den TCL_0-Werten liegen IDLH-Werte normalerweise höher.

Störfallbeurteilungswert des VCI

Der Störfallbeurteilungswert des VCI ist die Konzentration eines Stoffs, die nach einer Einwirkungszeit von bis zu 60 min i. d. R. nicht das Leben von Menschen bedroht oder zu schwerwiegenden, irreversiblen Gesundheitsschäden führt.

Der Störfallbeurteilungswert ist als eine Planungsgröße für die Auslegung von Betriebsanlagen, für die zu treffenden störfallbegrenzenden Maßnahmen sowie als Hilfsgröße für Katastrophenschutzmaßnahmen zu verstehen.

Entsprechend der Definition der Beurteilungswerte können bei der Festlegung der Werte nur Wirkungen, die zu erheblichen Belästigungen bzw. zu reversiblen Gesundheitsschäden führen, toleriert werden. Kumulative Wirkungen, die erst nach längerer Zeit und wiederholter Exposition zum Tragen kommen, werden nicht berücksichtigt. Die Störfallbeurteilungswerte sind auf der Basis von toxikologischen und/oder arbeitsmedizinischen Erfahrungen über akute Effekte nach einmaliger Einwirkung über die Atemwege festgelegt. Soweit Erfahrungen am Menschen vorliegen, wurden diese experimentellen Untersuchungsergebnissen von Tieren vorgezogen.

Entsprechend der Definition der Störfallbeurteilungswerte und der Art der Ableitung ergibt sich, daß keine Relation zu den MAK-Werten besteht.

Unter der Technischen Richtkonzentration (TRK) eines gefährlichen Stoffs versteht man die niedrigste Konzentration als Gas, Dampf oder Schwebstoff in der Luft, die nach dem Stand der Technik erreicht werden kann (GefStoffV § 15 Abs. 6), und die als Anhalt für die zu treffenden Schutzmaßnahmen und die meßtechnische Überwachung am Arbeitsplatz heranzuziehen ist. Technische Richtkonzentrationen werden nur für solche gefährlichen Stoffe benannt, für die zur Zeit keine toxikologisch-arbeitsmedizinisch begründeten maximalen Arbeitsplatzkonzentrationen (MAK-Werte) aufgestellt werden können. Die Einhaltung der Technischen Richtkonzentration am Arbeitsplatz soll das Risiko einer Beeinträchtigung der Gesundheit vermindern, schließt dieses jedoch nicht vollständig aus.

L.3 Maßnahmen und Vorkehrungen zur Anlagensicherheit

L.3.1 Brand- und Explosionsschutz

Unter Brand- und Explosionsschutz versteht man sowohl Maßnahmen, die die Entstehung eines Brands oder einer Explosion verhindern, als auch solche, die den Auswirkungen eines Brands oder einer Explosion entgegenwirken. Brände und Explosionen bedeuten nicht nur für Produktionsanlagen und unmittelbar dort beschäftigte Menschen eine Gefahr. Ihre Wirkungen können auch weit über das Betriebsgelände hinaus eine Gefährdung für die nähere und weitere Umwelt darstellen. Der Brand- und Explosionsschutz kann in diesem Kapitel nur angerissen werden. Zur konkreten Problemlösung ist ein umfangreiches Regelwerk zu nutzen.

Ein Brand bedeutet immer eine Freisetzung von Stoffen, deren Art, Eigenschaften und Schädlichkeit sich aus den Reaktionsbedingungen und der Zusammensetzung der brennenden Materialien ergibt. Darüber hinaus können auch eingeleitete Löschmaßnahmen zu Umweltschäden führen. Umfang und Dauer von Brand und Löscharbeiten bestimmen das Ausmaß möglicher Schäden.

Im Gegensatz zu Bränden sind Explosionen (auch Verpuffungen und Detonationen) Ereignisse, bei denen große Energiemengen innerhalb kürzester Zeiten freigesetzt werden. Die primären Schadwirkungen beruhen daher in erster Linie auf Druckwellen, Trümmerwurf und Flammenfronten. Obwohl die Gefährlichkeit von Explosionen vor allem auf ihrer verheerenden Nahwirkung beruhen, ist eine Gefährdung der weiteren Umgebung nicht auszuschließen.

L.3.1.1 Grundlagen von Brand und Explosion

Um geeignete Maßnahmen zum Brand- und Explosionsschutz ergreifen zu können, müssen Ursachen und Ablauf von Bränden und Explosionen bekannt sein. DIN 14011 Teil 1, definiert Brennen als eine mit Flamme und/oder Glut ablaufende exotherme Reaktion zwischen einem brennbaren Stoff und Sauerstoff oder Luft. Sie verläuft im wesentlichen stationär. Bei einer Explosion hingegen handelt es sich um eine instationäre exotherme Reaktion, die sehr rasch abläuft und stets mit einem Drucksprung verbunden ist. Werden bei einem Brand ständig Reaktionspartner in die Reaktionszone nachgefördert, ist dies bei einer Explosion nicht erforderlich. Die Gesamtmenge der in einem bestimmten Volumen enthaltenen Reaktionspartner reagiert unmittelbar unter Ausbildung einer sich fortpflanzenden Flammenfront und einer Druckwelle.

Es soll darauf hingewiesen werden, daß wie z. B. bei einer Chlor-/Knallgasreaktion, nicht immer Sauerstoff der Reaktionspartner sein muß.

L.3.1.1.1 Brennbare Stoffe

Ein Brand kann nur dort entstehen, wo brennbare Stoffe vorhanden sind. Je nach Eigenschaften und Entzündlichkeit unterteilt man diese z. B. wie folgt:
- Brandfördernde Stoffe und Zubereitungen
  Wenn diese in Berührung mit anderen, insbesondere brennbaren Stoffen gebracht werden, reagieren sie so, daß eine sehr große Wärmemenge frei wird.
- Hochentzündliche Stoffe oder Zubereitungen
  Darunter versteht man flüssige Stoffe oder Zubereitungen, die einen Flammpunkt unter 0 °C und einen Siedepunkt von höchstens 35 °C besitzen.
- Leichtentzündliche Stoffe
  Dies sind Stoffe oder Zubereitungen, die sich bei Raumtemperatur an der Luft ohne Energiezufuhr entzünden oder mit einer Zündquelle im festen Zustand leicht entzündet werden können und nach Entfernen der Zündquelle weiterbrennen oder -glimmen. Außerdem fallen in diese Kategorie Stoffe, die im flüssigen

Zustand einen Flammpunkt unter 21 °C haben oder die bei Normaldruck als Gase mit Luft einen Zündbereich aufweisen. Schließlich zählen zu leichtentzündlichen Stoffen auch solche, die bei Kontakt mit Wasser oder feuchter Luft leichtentzündliche Gase in gefährlicher Menge entwickeln können.

Die *Verordnung über brennbare Flüssigkeiten (VbF)* teilt Flüssigkeiten mit Flammpunkten bis 100 °C in Gruppen und Gefahrklassen ein:

Gefahrklasse A: Flüssigkeiten mit einem Flammpunkt nicht > 100 °C, die hinsichtlich der Wasserlöslichkeit nicht die Eigenschaften der Gruppe B aufweisen

Gefahrklasse A I: Flüssigkeiten mit einem Flammpunkt < 21 °C

Gefahrklasse A II: Flüssigkeiten mit einem Flammpunkt von 21 – 55 °C

Gefahrklasse A III: Flüssigkeiten mit einem Flammpunkt über 55 – 100 °C

Gefahrklasse B: Flüssigkeiten mit einem Flammpunkt < 21 °C, die sich bei 15 °C in jedem beliebigen Verhältnis in Wasser lösen oder deren flüssige Bestandteile sich bei 15 °C in beliebigem Verhältnis in Wasser lösen.

Zu beachten ist, daß Flüssigkeiten der Gefahrklasse A III, die über ihren Flammpunkt erhitzt werden, in Gefahrklasse A I einzustufen sind [L.3.1]. Sicherheitstechnische Kenndaten einiger brennbarer Stoffe und Begriffsdefinitionen sind beispielhaft in Tabelle L.3-1 zusammengestellt.

L.3.1.1.2 Der Zündvorgang

Damit es zu einer Zündung und damit zu einem Brand oder einer Explosion kommen kann, müssen grundsätzlich drei Bedingungen gleichzeitig erfüllt sein:
- Vorliegen eines brennbaren Stoffs
- Vorhandensein von Luft oder Sauerstoff als Reaktionspartner
- Vorliegen einer Zündquelle ausreichender Energie

Als Voraussetzung für eine Explosion müssen die brennbaren Stoffe und die Luft bzw. der Sauerstoff ein explosionsfähiges Gemisch bilden. Dieses wird von der unteren und der oberen Explosionsgrenze begrenzt. Die Explosionsgrenzen sind gleichbedeutend mit der Brennstoffkonzentration im Gemisch, unter- bzw. oberhalb der eine Explosion gerade nicht mehr stattfinden kann. Unterhalb der unteren Explosionsgrenze ist ein Gemisch zu mager (Brennstoffmangel), oberhalb der oberen Explosionsgrenze zu fett (Sauerstoffmangel). Um eine brennbare Flüssigkeit entflammen zu können, muß die Umgebungstemperatur den stoffspezifischen Flammpunkt überschreiten. Nur dann verdampft soviel aus der Flüssigkeit, daß sich in der Gasphase direkt oberhalb z. B. einer Lache ein entzündliches Gemisch bilden kann.

Zündquellen können in erster Linie offene Flammen, heiße Oberflächen oder Funken sein. Daneben ist zu beachten, daß exotherme Zersetzung zu einer Überschreitung der Zündtemperatur und damit zur Entzündung führen können [L.3.2].

Tabelle L.3-1 Kenndaten brennbarer Stoffe [L.3.1]

Feste Brennstoffe	Glimmtemperatur[a] °C	Entzündungstemperatur[b] °C
Braunkohle	160	420
Holz	200	460
Papier	240	460
Baumwolle	250	480

[a] Glimmtemperatur = Temperatur, bei der Glimmbrand, z.B. durch heiße Oberfläche, eintritt.

[b] Entzündungstemperatur = Temperatur, bei der Verbrennung mit offener Flamme und selbständigem Weiterbrennen eintritt.

Flüssige Brennstoffe	Flammpunkt[c] °C	Zündtemperatur[d] °C	Gefahrenklasse n. VbF
Heizöl	55	220	A III
Benzin	-20 bis 55	240 bis 280	A I/A II
Benzol	-11	555	A I
Alkohol	12	425	B

[c] Flammpunkt (einer Flüssigkeit) = Temperatur, bei der Entwicklung eines entflammbaren Dampf-/Luft-Gemisches einsetzt, das durch Fremdzündung zu brennen beginnt (s. DIN 51758).

[d] Zündtemperatur (eines Staubes, Dampfes oder Gases) = Temperatur einer erhitzten Oberfläche, bei der Entzündung und Weiterbrennen des Brennstoff-/Luft-Gemisches eintritt (s. DIN 51794).

Gasförmige Brennstoffe	Zündtemperatur[a] °C
Acetylen	305
Butan	365
Methan	595
Wasserstoff	560

L.3.1.1.3 Brandtemperaturen, Brandverlauf, Brandklassen

Um Gefahrenpotentiale von Bränden beurteilen zu können, ist es notwendig, u.a. die möglichen Brandtemperaturen zu kennen. Tabelle L.3-2 nennt einige Beispiele.

Bei der Prüfung von Bauteilen oder Stoffen wird deren Feuerbeständigkeit nach DIN 4102 in einem Brandversuch nach der Einheitstemperaturzeitkurve (Bild L.3-1) ermittelt. Sie gibt den Temperaturanstieg sogenannter Standardbrände in Abhängigkeit von der Branddauer an und ermöglicht damit z. B. Aussagen über die Festigkeitsabnahme tragender Bauteile im Fall eines Brands.

Der Verlauf eines tatsächlichen Brands, der von Sauerstoffzufuhr, Wärmeabfuhr und auch baulichen Gegebenheiten bestimmt wird, läßt sich grob in vier Phasen aufteilen (Bild L.3-2).

Tabelle L.3-2 Brandtemperaturen [L.3.2]

Stoffe	Brandtemperatur °C
Holz, Kohlen	1100 – 1300
Stadtgas	1500
Koks	1600
Schwefel	1800
Wasserstoff	2000
Thermit	3000
Acetylen/Sauerstoff	3100
Phosphor	800
Magnesium	3100
Streichholz	800
Tabak (Zigaretten)	600 – 900 (beim Zug)

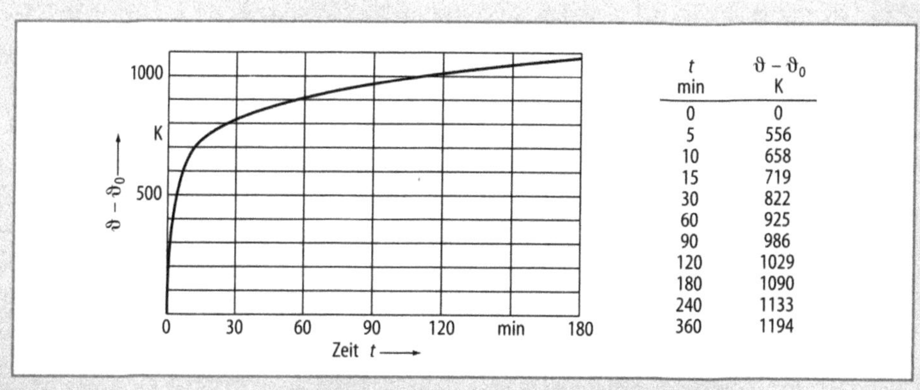

t min	$\vartheta - \vartheta_0$ K
0	0
5	556
10	658
15	719
30	822
60	925
90	986
120	1029
180	1090
240	1133
360	1194

Bild L.3-1 Einheitstemperaturzeitkurve [L.3-2]

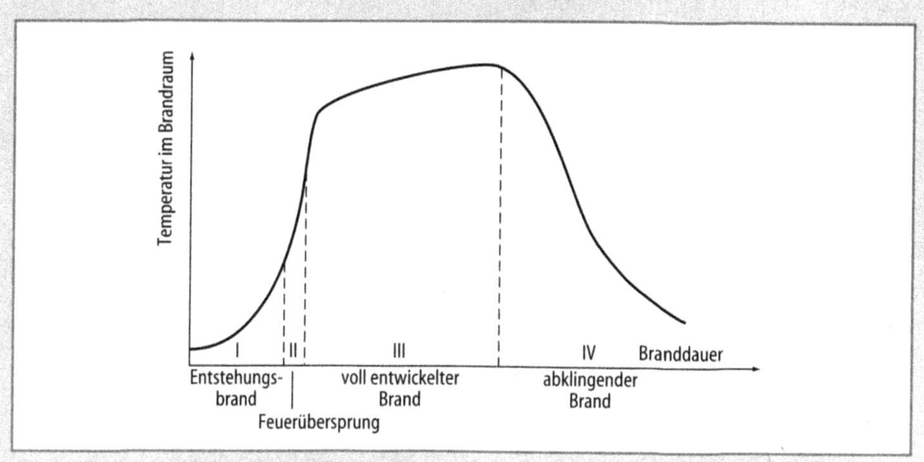

Bild L.3-2 Phasen des Brandverlaufs [L.3-2]

Nach der Europäischen Norm EN2 bzw. DIN EN2 sind Brände nach dem brennbaren Stoff in folgende Brandklassen unterteilt [L.3.2, L.3.3]:

Brandklasse A: Brände fester Stoffe, hauptsächlich organischer Natur, die normalerweise unter Glutbildung verbrennen

Brandklasse B: Brände von flüssigen oder verflüssigten Stoffen

Brandklasse C: Brände von Gasen

Brandklasse D: Brände von Metallen

L.3.1.1.4 Explosionsarten, sicherheitstechnische Kenngrößen

Neben der Explosion treten häufig die Begriffe Verpuffung, Deflagration und Detonation auf. Die Definitionen und Zuordnungen zueinander sind in der Literatur nicht immer einheitlich (Tabelle L.3-3).

Eine Verpuffung ist eine sehr langsame bzw. schwache Explosion mit einigen Metern pro Sekunde Ausbreitungsgeschwindigkeit und sehr kleinen Drucksprüngen von ca. 10 bar. Eine Deflagration ist in der gleichen Größenordnung anzusiedeln. Beide Formen treten auf, wenn sich das explosionsfähige Gemisch in der Nähe der Explosionsgrenzen befindet oder die zündfähige Masse gering ist. Von einer Detonation spricht man, wenn die Explosion mit einer Stoßwelle einhergeht, die sich mit einigen Kilometern pro Sekunde ausbreitet. Der Drucksprung kann in Extremfällen einige 1.000 bar betragen. Detonationen treten häufig bei vorkomprimierten Gemischen und in sehr engen Räumen auf. Typisch sind Rohrleitungsdetonationen. Dabei schlägt eine Explosion, die sich durch eine Rohrleitung fortpflanzt und ein vorkomprimiertes Gemisch unverbrannter Gase vor sich herschiebt, ab einem bestimmten Grad der Vorkomprimierung in eine Detonation um. Nach den Explosionsschutz-Richtlinien der BG-Chemie [L.3.4] deckt der Begriff Explosion den gesamten Bereich unterhalb einer Detonation ab. In Tabelle L.3-4 sind verschiedene Explosions- und Detonationsdrücke aufgeführt.

Die Lage der Explosionsgrenzen hängt u.a. vom Brennstoff, der Zündenergie, dem Ausgangsdruck und der -temperatur ab. Grundsätzlich vergrößert sich der Explosionsbereich mit größeren Werten der drei letztgenannten Größen.

Die letzte wichtige, bisher noch nicht genannte sicherheitstechnische Kenngröße, die beschreibt, wann ein explosionsfähiges Gemisch zur Zündung gelangen kann, ist die Mindestzündenergie. Das ist die Energie einer Zündquelle, unterhalb der das zündwilligste Gemisch eines Brenn-

Tabelle L.3-4 Explosions- und Detonationsdrücke [L.3.2]

Stoffe	Reaktionsgeschwindigkeit km/s	Explosions- bzw. Detonationsdruck bar
Wasserstoff in Luft	< Schallgeschwindigkeit	7,4
Aetylen in Luft	< Schallgeschwindigkeit	10,3
Acetylen-/Sauerstoff-Gemisch	2,4	< 100
Trotyl (TNT, Trinitrotoluol)	6,7	158.000
Tetryl	7,8	204.000
Mitropentan	8,3	232.000
Tetranitromethan-Toluol	9,3	

Tabelle L.3-3 Verpuffung, Explosion und Detonation [L.3.2]

Reaktion	Reaktionsgeschwindigkeit	Beispiele	Wirkungen
Verpuffung	unter Schallgeschwindigkeit	Gemische in der Nähe der Explosionsgrenzen	weiche Stichflammen Druckanstieg < 1 bar geringe Geräuschentwicklung
Explosion		günstiges Mengenverhältnis	harte, weitreichende Stichflammen Druckanstieg 7 – 10 bar heftiger Knall
Detonation	über Schallgeschwindigkeit	vorverdichtete Gemische Gemische mit reinem O_2 Sprengstoffe	Druckanstieg > 10 bar – > 200 000 bar äußerst heftiger Knall

stoffs mit Luft gerade nicht mehr zur Entzündung gebracht wird. Stoffe mit Mindestzündenergien < 10 mJ gelten als sehr zündempfindlich, < 3 mJ als extrem zündempfindlich. Die Mindestzündenergie legt in vielen Fällen Art und Umfang der Explosionsschutzmaßnahmen fest. Die Kenngrößen Glimmtemperatur, Entzündungstemperatur, Zündtemperatur und Flammpunkt wurden bereits in L.3.1.1.1 erläutert.

Die Auswirkungen von Explosionen werden durch die Kenngrößen maximaler Explosionsdruck und maximaler zeitlicher Druckanstieg beschrieben (Bild L.3-3). Der maximale zeitliche Druckanstieg ist die Steigung der Druck/Zeit-Kurve im Wendepunkt ihres ansteigenden Asts. Die Werte dieser Kenngrößen hängen ab vom Brennstoff, dem Vordruck und der Frage, ob es sich um eine verdämmte, teilverdämmte oder unverdämmte Explosion handelt. Bei einer vollständig verdämmten Explosion, z. B. in einem geschlossenen Behälter, stellen sich i. d. R. maximale Explosionsdrücke ein, die dem 7 – 10fachen des Ausgangsdrucks entsprechen. Explosionen im Freien, d. h. unverdämmte Explosionen, ergeben Druckspitzen von ca. 200 – 300 mbar. Grundsätzlich führen Staubexplosionen zu etwas höheren Drücken als Explosionen von Gas- bzw. Dampf-/Luft-Gemischen.

Bei Explosionen in geschlossenen Behältern ist der maximale Explosionsdruck unabhängig vom Behältervolumen. Die Volumenabhängigkeit des maximalen Druckanstiegs wird durch das kubische Gesetz beschrieben.

Brennbare Gase und Dämpfe
$$(\mathrm{d}p/\mathrm{d}t)_{\max}\ V^{1/3}=\mathrm{konst}=K_{\mathrm{G}}\ [\mathrm{bar}\cdot\mathrm{m}\cdot\mathrm{s}^{-1}]$$

Brennbare Stäube
$$(\mathrm{d}p/\mathrm{d}t)_{\max}\ V^{1/3}=\mathrm{konst}=K_{\mathrm{St}}\ [\mathrm{bar}\cdot\mathrm{m}\cdot\mathrm{s}^{-1}]$$

V Behältervolumen
$K_{\mathrm{G}}, K_{\mathrm{St}}$ Stoffkonstante

Wie in L.3.1.1.1 beschrieben, lassen sich brennbare Flüssigkeiten nach VbF in Gefahrklassen einteilen. Brennbare Stäube werden nach ihren K_{St}-Werten in Staubexplosionsklassen unterteilt:

St 1 $0 \leq K_{\mathrm{St}} \leq 200$
St 2 $201 \leq K_{\mathrm{St}} \leq 300$
St 3 $300 < K_{\mathrm{St}}$

Die K_{G}- und K_{St}-Werte und die maximalen Explosionsdrücke sind unmittelbare Grundlagen für die Auslegung konstruktiver Explosionsschutzmaßnahmen. Zusammen mit den anderen Kenngrößen können und müssen sie in verschiedenen Standardapparaturen experimentell bestimmt werden.

Staubexplosionen stellen eine besondere Problematik dar. Da Staubpartikeln eine erheblich höhere Dichte als Gasmoleküle besitzen, sind wirklich homogene Staub/Luft-Gemische in der Praxis sehr selten. Die Explosionsgrenzen bewegen sich bei brennbaren Stäuben bei 20-60 g/m³ bzw. 2 – 6 kg/m³. Aufgrund der genannten Inhomogenitäten kann es sein, daß infolge von Aufwirbelungen immer wieder ein explosionsfähiges Staub/Luft-Gemisch entstehen kann. Dabei ist insbesondere auf die Gefahr hinzuweisen, die von abgelagertem Staub ausgehen kann. Bei Stäuben kommt als zusätzliche Einflußgröße die Partikelgröße hinzu. Da sich die Reaktion an der Partikeloberfläche abspielt, nehmen die Explosionsauswirkungen mit abnehmender Partikel-

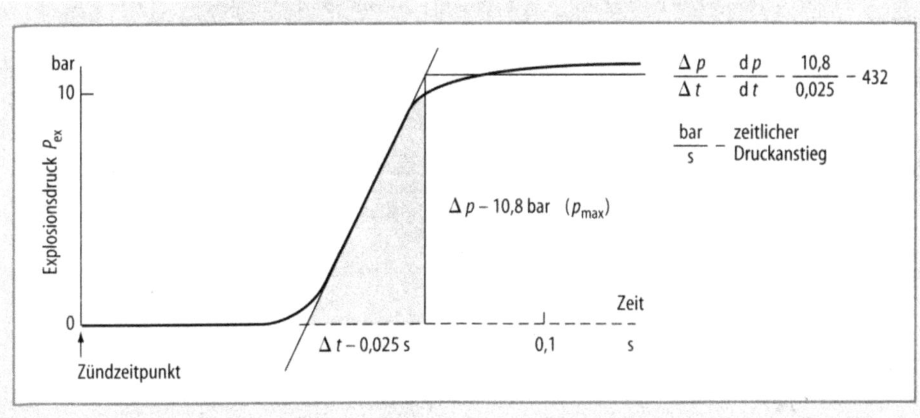

Bild L.3-3 Explosionsdruckverlauf [L.3-5]

größe, d.h. zunehmender spezifischer Oberfläche zu. Wenn auch gesagt wird, daß bei Partikelgrößen $>400\,\mu m$ eine Explosion nicht mehr möglich ist, ist doch zu beachten, daß 5 – 10 % Feinstaubanteil für eine Zündung bereits ausreichend sind.

L.3.1.2 Brandschutz

Unter Brandschutz versteht man Maßnahmen, die einem Schadenfeuer vorbeugen, Rettung von Personen im Brandfall ermöglichen, Sachschäden möglichst gering halten, eine wirksame Brandbekämpfung sicherstellen und Umweltschäden vermeiden. Entsprechend Bild L.3-4 unterscheidet man zwischen vorbeugenden und abwehrenden Maßnahmen.

L.3.1.2.1 Vorbeugender Brandschutz

Maßnahmen, die der Brandverhütung dienen, die Ausbreitung entstandener Brände verhindern, das Löschen von Bränden vorbereiten und die Rettung von Menschen ermöglichen, zählen zum vorbeugenden Brandschutz. Der vorbeugende Brandschutz umfaßt bauliche, betriebliche und organisatorische Maßnahmen [L.3.1, L.3.2].

Baulicher Brandschutz

Der bauliche Brandschutz bestimmt die Qualitäten von Baustoffen, Bauteilen und Bauweisen sowie die Festlegung von Brandabschnitten und Rettungswegen. Er ist durch Landesbauordnungen und dazugehörige Durchführungs- und Verwaltungsvorschriften geregelt (Bild L.3-5).

Insbesondere zu nennen ist DIN 4102. In ihr werden Baustoffe in Baustoffklassen (nichtbrennbare, schwerentflammbare, normalentflammbare, leichtentflammbare Baustoffe) eingeteilt und nach ihrer Feuerbeständigkeit unterschieden. Die Einteilung in Feuerwiderstandsklassen erfolgt nach der Einheitstemperaturkurve.

Innerhalb großer oder bei aneinandergereihten Gebäuden sind Brandwände vorzusehen, die die Bauten in einzelne Brandabschnitte unterteilen. Ihre Auslegung richtet sich u.a. nach der Musterbauordnung (MBO) sowie nach DIN 4102, Teil 3 und DIN 18230. Notwendige Öffnungen in den Brandwänden und Decken sind durch Feuerschutzabschlüsse nach DIN 4102, Teil 5 zu sichern, während sich die Gestaltung haustechnischer Anlagen nach DIN 4102, Teil 6 und ggf. DIN 18017 zu richten hat. Zum baulichen Brandschutz gehören auch Feuermelde- und Alarm-

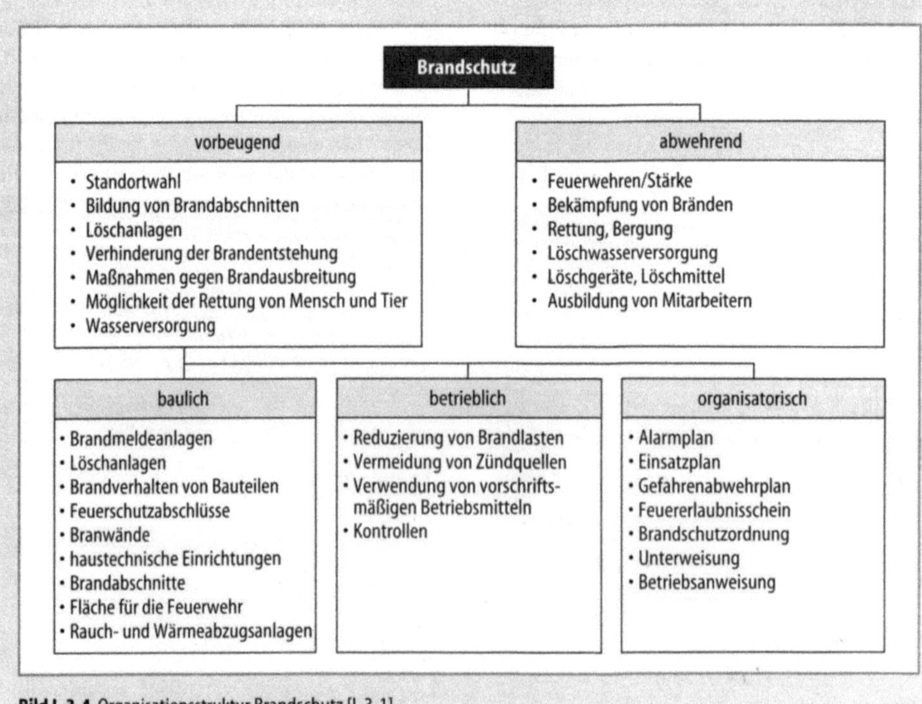

Bild L.3-4 Organisationsstruktur Brandschutz [L.3-1]

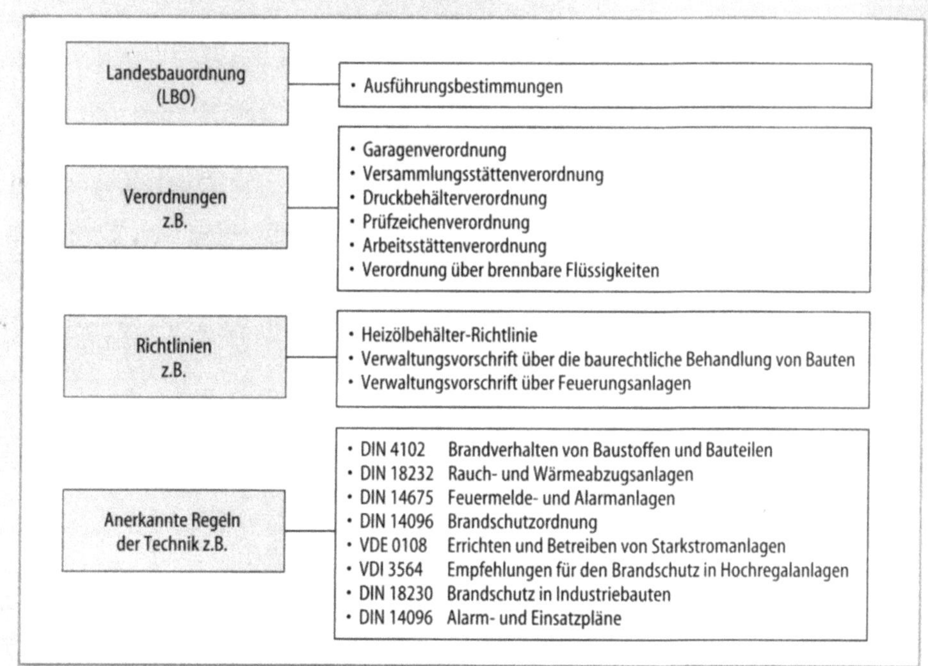

Bild L.3-5 Brandschutzbestimmungen [L.3-1]

anlagen nach DIN 14675 sowie Rauch- und Wärmeabzugsanlagen nach DIN 18232.

Das Ausbreiten von Bränden in Räumen bzw. Gebäuden sollen installierte Löschanlagen verhindern:

- Sprinkleranlagen (DIN 14490)
- Sprühwasseranlagen (DIN 14494)
- Schaumlöschanlagen (DIN 14493)
- Pulverlöschanlagen, CO_2-Löschanlagen, Berieselungsanlagen (DIN 14495)
- Feuerlöscher (DIN 14406)
- Löschdecken (DIN 14155)
- Kübelspritzen (DIN 14405)
- Wandhydranten (DIN 14461).

Wirkungsweise und Einsatzbereiche wichtiger Löschanlagen und Löschmittel sind in Tabelle L.3-5 zusammengefaßt.

In Zusammenhang mit dem baulichen Brandschutz ist nicht zuletzt die Errichtung und Unterhaltung von Flucht- und Rettungswegen zu erwähnen. Aufgrund ihrer Bedeutung gibt es hierzu in allen einschlägigen Rechtsvorschriften z.B. Landesbauordnung (LBO) Angaben und Richtlinien.

Betrieblicher Brandschutz

Die Maßnahmen des betrieblichen Brandschutzes sollen den baulichen Brandschutz ergänzen. Anhand einer innerbetrieblichen Analyse wird geklärt, welche Gefahrenquellen zu einem Brand führen bzw. welche Umstände zur Ausbreitung eines Brands beitragen können. Entsprechend den Ergebnissen sind geeignete betriebliche Brandschutzmaßnahmen zu treffen.

Organisatorischer Brandschutz

Zu den Angaben des organisatorischen Brandschutzes gehört zunächst die Festlegung der Verantwortungsbereiche für den Brandschutz. Das heißt, neben der Einrichtung einer übergeordneten Stelle (z.B. Leitstelle Brandschutz oder Sicherheit) sind Brandschutzbeauftragte zu ernennen und zu bestellen. Diese sind für eine entsprechende Kennzeichnung an Arbeitsplätzen und die Ausbildung und Unterweisung von Beschäftigten zuständig. Aufgaben der Leitstelle sind die Überwachung von Heißarbeiten, die Erstellung von Brandschutzordnungen, Alarm-, Gefahrenabwehr- und Brandschutzplänen, Brandschutzkontrollen (Brandschau) im Betrieb und

Tabelle L.3-5 Löschanlagen und Einsatzbereiche

Löschanlage	Löschmittel	Löscheffekt	Einsatzbereich
Sprinkler-löschanlagen	Wasser	Abkühlen des Brennstoffs = Kühleffekt	• geschlossenes System, naß oder trocken • nur die Sprinkler öffnen, die benötigt werden • Einsatz bei als normal anzunehmender Brandausbreitungs-geschwindigkeit • eher geringer Wasserschaden
Sprühwasser-löschanlagen	Wasser	Kühleffekt	• bei anzunehmender schneller Brandausbreitung • offenes System • großer gleichzeitiger Wasserverbrauch • eher große Wasserschäden
Schaum-löschanlagen	Schwerschaum Mittelschaum Leichtschaum	Stickeffekt und Kühleffekt	• bei brennbaren Flüssigkeiten durch Abdecken in Brand geratener Flächen • Schaden für z.B. elektronische Teile hoch
Pulver-löschanlagen	Trockenlösch-mittel auf Natrium-bikarbonatbasis	Inhibitionseffekt (Pulver-Inhibitor)	• alle Flammenbrände ohne Glutbildung • besonders brennbare Flüssigkeiten und Gase
Kohlensäure-löschanlagen	CO_2	Stickeffekt durch Herabsetzen der O_2-Konzentration in der Luft	• bei Bränden, die nicht mit Wasser (oder nur schwer) gelöscht werden können, z.B. leicht siedende, brennbare Flüssigkeiten, elektrische Anlagen. • Inertisierung explosionsgefährdeter Räume • keine Schäden z.B. für Rechner oder hochwertige Produkte
Halon-löschanlage[a]	Halon[a]	homogener Inhibitionseffekt	
Berieselungs-anlage	Wasser	Kühleffekt	• Kühlung von oberirdischen Behältern zur Lagerung brennbarer Flüssigkeiten

[a] Halon ist kein erlaubtes Löschmittel mehr, Halonlöschanlagen sind nicht mehr zulässig.

die Einrichtung einer Betriebs- oder Werkfeuerwehr [L.3.5, L.3.6].

L.3.1.2.2 Abwehrender Brandschutz

Unter abwehrendem Brandschutz werden alle organisatorischen und hilfeleistenden Maßnahmen, die Brandgefahren für Menschen, Gebäude und Anlagen bekämpfen verstanden.

Bekämpfung von Bränden/Brandgefahren

Um angemessene und schnelle Entscheidungen zur Brandbekämpfung treffen zu können, müssen auch indirekte Brandgefahren bekannt oder leicht erkennbar sein. Indirekte Brandgefahren können sich ergeben z.B. durch

Ausbreitung	Atemgift
Strahlung	Chemikalien
Explosion	Einsturz
Elektrizität	

Die Brandbekämpfung erfolgt durch Betriebsangehörige vor Ort, Betriebs- bzw. Werkfeuerwehren und öffentliche Feuerwehren [L.3.2].

Löschmittel, Löschgeräte

Die Wahl der Löschmittel richtet sich nach der Art des Brandes bzw. der brennenden Substanzen. Verschiedene Löschmittel und ihre Löscheffekte sind bereits in Tabelle L.3.5 genannt. In Tabelle L.3-6 sind Löschmittel den Brandklassen A, B, C und D zugeordnet.

Bei der Planung des abwehrenden Brandschutzes sind ggf. auch Rückhaltung und Entsorgung der eingesetzten Löschmittel zu berücksichtigen. Dies gilt insbesondere dann, wenn bei Bränden von Chemikalien oder Kunststoffen große Mengen kontaminierten Löschwassers anfallen können. Anlagen zur Rückhaltung von Löschwasser sind entsprechend den *Richtlinien zur Bemessung von Löschwasser-Rückhalteanlagen (LöRüRL)* auszulegen, wobei Wassergefährdungsklassen (WGK 1-WGK 3) und Sicherheitskategorien (K 1-K 4) zu berücksichtigen sind.

Feuerwehren

In Großbetrieben ist es mittlerweile oft üblich, eine eigene Feuerwehr zu unterhalten. Dies kann

Tabelle L.3-6 Zuordnung Löschmittel/Brandklassen [L.3.2]

Löschmittel	Kennbuch-stabe	A	B	C	D
Wasser	W	■			
Schaum	S	■	■		
BC-Pulver	P		■	■	
ABC-Pulver	PG	■	■	■	
D-Pulver	PM				■
CO_2	K		■ oder ■		
~~Halone~~[a]	~~HA~~	–	–	–	–

[a] Halon ist kein zulässiges Löschmittel mehr.

auf freiwilliger Basis geschehen, bei besonders brand- und explosionsgefährdeten Betrieben kann aber auch die Bezirksregierung die Einrichtung einer Feuerwehr anordnen. Man unterscheidet zwischen betriebsinternen Feuerwehren und anerkannten Werkfeuerwehren. Diese können von öffentlichen Feuerwehren (freiwillige oder Berufsfeuerwehren) ergänzt oder unterstützt werden [L.3.6, L.3.7].

Rettung und Bergung

Die Rettung und Bergung von Mitarbeitern aus dem Brandbereich obliegt der Feuerwehr. Die anschließende medizinische Versorgung erfolgt im allgemeinen durch die öffentlichen Rettungsdienste. Die Einrichtung eines betrieblichen Rettungsdienstes ist freiwillig. Sie ist jedoch genehmigungspflichtig und unterliegt strengen Vorschriften [L.3.7].

Ausbildung von Mitarbeitern

Hierbei handelt es sich um die Ausbildung von Beschäftigten zur Bekämpfung von Entstehungsbränden. Sie sollen Brandgefahren erkennen können und den Umgang mit Feuerlöschern und vergleichbaren Einrichtungen beherrschen, um Brände schon im Ansatz ersticken zu können (geregelt z. B. in der Unfallverhütungsvorschrift, Verband der gewerblichen Berufsgenossenschaften UVV-VGB 1).

L.3.1.3 Explosionsschutz

Grundsätzlich erfordern Handhabung und Lagerung brennbarer Gase, Flüssigkeiten oder Stäube Maßnahmen zum Explosionsschutz. In den Richtlinien für die Vermeidung der Gefahren durch explosionsfähige Atmosphäre mit Beispielsammlung, Explosionsschutzrichtlinien (EX-RL), Hauptverband der gewerblichen Berufsgenossenschaften, sind die Beurteilungskriterien und Maßnahmen zum Explosionsschutz zusammengefaßt [L.3.4].

L.3.1.3.1 Beurteilung der Explosionsgefahr

Von einer Explosionsgefahr, die angemessene Schutzmaßnahmen erfordert, ist immer dann auszugehen, wenn
- Stoffe gehandhabt oder gelagert werden, insbesondere in Behältern oder geschlossenen Räumen, die mit Luft oder auch anderen Stoffen explosionsfähige Gemische bilden können,
- die Menge an explosionsfähigem Gemisch so groß ist, daß die durch eine Explosion freigesetzte Energie Schäden anrichten kann. Nach einer Faustregel genügen 0,01 m³ einer explosionsfähigen Atmosphäre in einem geschlossenen Raum oder 1/10.000 des Raumvolumens,
- brennbare Feststoffe in Staubform vorliegen. Insbesondere von Staubablagerungen, die jederzeit aufgewirbelt werden und somit eine explosionsfähige Atmosphäre erzeugen können, gehen große Gefahren aus.

Als Explosionen auslösende Zündquellen können
- heiße Oberflächen,
- Flammen, heiße Gase,
- mechanisch erzeugte Funken,
- elektrische Anlagen,
- kathodischer Korrosionsschutz,
- statische Elektrizität,
- Blitzschlag,
- elektromagnetische Wellen,
- ionisierende Strahlungen,
- Ultraschall,
- adiabate Kompression,
- Stoßwellen und
- chemische Reaktionen
wirken.

Bei der Beurteilung möglicher Explosionsgefahren muß außerdem bedacht werden, daß sich explosionsfähige Stoffe oder Gemische ausbreiten können. Sie können z. B. durch Lüftungsöffnungen, Versorgungsschächte usw. auch in entfernte Räumlichkeiten gelangen und erst dort, wo nicht damit gerechnet wird, zur Explosion gebracht werden [L.3.5, L.3.8].

Man unterscheidet zwischen primärem und sekundärem Explosionsschutz. Maßnahmen des primären Explosionsschutzes verhindern die Bildung eines explosionsfähigen Gemisches. Sie sind vorrangig anzuwenden. Maßnahmen des sekundären Explosionsschutzes sind dann vorzusehen, wenn der primäre Explosionsschutz nicht greift. Durch sekundäre Maßnahmen ist in erster Linie eine Zündung auszuschließen, in zweiter Linie die Wirkung einer Explosion zu begrenzen. Maßnahmen des primären Explosionsschutzes sind in Tabelle L.3-7 zusammengestellt, während Sekundärmaßnahmen in Tabelle L.3-8 aufgelistet sind [L.3.6, L.3.8].

Die VDI-Richtlinie 2263 [L.3.9] läßt allerdings die Zündquellenvermeidung in Einzelfällen nach einer Sachverständigenprüfung als alleinige Schutzmaßnahme zu. Sie kann z. B. bei Stoffen mit hoher Mindestzündenergie ausreichend sein.

L.3.1.3.3 Beitrag der Beschäftigen zum Explosionsschutz

Technische Maßnahmen können zwar eine Explosionsgefahr minimieren, doch ohne Unterstützung und richtiges Verhalten der Betriebsangehörigen bleibt der Explosionsschutz lückenhaft. Beispiele für eine sinnvolle Einbindung der Beschäftigten in den Explosionsschutz zeigt Tabelle L.3-9. Richtiges Verhalten und Mitwirkung der Betriebsangehörigen kann z. B. durch schriftliche Betriebsanweisungen und Unterweisung vor Ort erzielt werden. Der Motivierung der Beschäftigen sollte der gleiche Stellenwert wie den technischen Einrichtungen des Explosionsschutzes beigemessen werden [L.3.6-L.3.8].

Tabelle L.3-7 Maßnahmen des primären Explosionsschutzes

Primärer Explosionsschutz	
Maßnahme	**Erläuterung**
Austausch des brennbaren Stoffs	z.B. Austausch von brennbaren Lösemitteln durch wässrige Lösungen, Druckübertragungsflüssigkeiten durch Halocarbonöle, brennbare pulverförmige Füllstoffe durch nicht brennbare
Konzentrationsbegrenzung	• fahren einer Anlage unterhalb der unteren Explosionsgrenze • fahren einer Anlage oberhalb der oberen Explosionsgrenze, aber hier sind besondere Schutzmaßnahmen beim An- und Abfahren erforderlich • schwer bei Stäuben zu erreichen, da selten homogene Verteilung der Staubmenge über das Raumvolumen
Inertisierung	Zugabe von gasförmigen Inertstoffen (Stickstoff, Kohlendioxid, Edelgase), Wasserdampf oder pulverförmigen Inertstoffen, so daß die Entstehung einer explosionsfähigen Atmosphäre behindert wird
Beseitigung von Staubablagerungen in der Umgebung von Apparaturen	Mit explosionsgeschützten Staubsaugern werden Staubmengen, die sich auch weiter von den Apparaten entfernt sammeln können, abgesaugt, um die Bildung einer durch Aufwirbelung entstehenden explosionsfähigen Atmosphäre zu verhindern.

Lüftung von Umgebung und Apparaturen	a) natürliche Lüftung: nur selten ausreichend , Gefahr der Bildung von Toträumen
	b) technische Lüftung: hoher Volumenstrom, jedoch müssen folgende Punkte beachtet werden:
	  • ständige Überwachung ist nötig
	  • Abluft darf nicht in den Bereich von Zündquellen geführt werden
	  • Zuluft darf nicht aus explosionsgefährdeten Bereichen kommen
	  • entsprechend der Dichteverhältnisse müssen Zu- und Abluftöffnungen angebracht werden

Objektabsaugung	Bei bekannten Austrittsquellen erfolgt eine Luftabsaugung direkt am Apparat, besonders bei Stäuben sehr viel effektiver als Lüftung. Es müssen die gleichen Punkte wie unter Lüftung b) beachtet werden.
Gaswarneinrichtung	• Überwachung der Atmosphäre im Inneren wie in der Umgebung von Anlagen • Überwachung in geschlossenen Räumen einfacher als Freianlagen • Ansprechpunkt bei Erreichen von 50% der unteren Explosionsgrenze • Kopplung z.B. mit zusätzlicher Lüftung möglich • müssen von einer von den Berufsgenossenschaften anerkannten Prüfstelle abgenommen werden

1. Sekundärer Explosionsschutz – Verhinderung der Entzündung explosionsgefährdeter Atmosphäre

Einteilung in	Gase, Dämpfe, Nebel, Stäube		
	Zone 0, 20	Zone 1, 21	Zone 2, 22
Explosionszonen für Bereiche, die durch Gase, Dämpfe, Nebel oder Stäube explosionsgefährdet sind	gefährliche exploionsfähige Atmosphäre ständig vorhanden	gefährliche exploionsfähige Atmosphäre gelegentlich vorhanden	gefährliche exploionsfähige Atmosphäre nur selten und dann kurzzeitig vorhanden
Vermeidung von Zündquellen, die auftreten			
bei	normalem und störungsfreiem Betrieb	normalem und störungsfreiem Betrieb	normalem und störungsfreiem Betrieb
bei	häufigen Betriebsstörungen	häufigen Betriebsstörungen	
bei	seltenen Betriebsstörungen		

2. Sekundärer Explosionsschutz: Beschränkung der Auswirkung einer Explosion

Maßnahme	Erläuterungen/Anmerkungen
Explosionfeste Bauweise	Konstruktion explosionsdruck- oder druckstoßfester Behälter nach Druckbeh V und AD-Merkblättern Besonders geeignet für Mühlen, Filter, Rohrleitungen, Fördereinrichtungen, in denen brennbare Stäube verarbeitet werden
Explosionsdruckentlastung	Einrichtungen, die eine Apparatur kurzfristig oder bleibend öffnen wie Berstscheiben, Explosionsklappen oder federbelastete Entlastungseinrichtungen (keine Sicherheitsventile). Druckentlastungseinrichtungen sollten sich direkt an der Apparatur befinden, nicht durch Einbauten versperrt sein, direkt ins Freie gelangen, Ausblasrohre sollten möglichst keine Krümmungen besitzen und müssen Rückstoßkräfte aufnehmen können. Die Flammenausbreitung im Austrittsbereich ist zu berücksichtigen Die Berechnung kann z.B. für Stäube nach VDI Richtlinie 3673, Druckentlastung bei Staubexplosion erfolgen Die Funktionsfähigkeit von wieder selbständig schließenden Einrichtungen muß durch Explosionsversuche nachgewiesen werden Der Einsatz ist fast überall möglich, Ausnahme: Apparaturen mit umweltgefährdenden oder toxischen Substanzen
Explosionsunterdrückung	Unterdrückungsanlagen bestehen aus Detektoren und Löschmittelvorratsbehältern. Bei anlaufender Explosion wird das Löschmittel schnell in das Apparaturinnere gebracht und verteilt sich dort gleichmäßig. Somit werden Explosionsflammen gelöscht. Als Detektoren werden thermoelektrische, optische oder Druckdetektoren verwendet. Bei Staubexplosionsgefahr sind optische Detektoren ungeeignet. Gut geeignete Löschmittel bei Gas/Luftgemsichen sind Löschpulver auf Ammoniumphosphat-Basis, Staub-/Luftgemischen Natriumbicarbonat. Weitere hochwirksame Löschpulver: Kryolithe und bestimmte Fluoride. Der Einsatzbereich erstreckt sich auf Apparaturen oder Behälter, die umweltgefährdende oder toxische Stoffe verarbeiten und wo somit eine Druckentlastung ins Freie nicht zulässig ist.
Begrenzung von Explosionen auf Teilbereiche von Apparaten (explosionstechnische Entkopplung)	Zur Verhinderung des Übergreifens von Explosionen auf verbundene Anlageteile werden flammendurchschlagsichere Einrichtungen eingesetzt: a) Explosionssichere Armaturen und dauerbrandsichere Armaturen, z.B. für Rohrleitungen mit L/D , 5 (sonst Gefahr der Detonation) • Zellradschleusen (Flammensperre für Staubexplosion) • Löschmittelsperren • Schnellschußschieber mit entsprechendem Detektor • Schnellschußventile • Explosionsschutzventile b) Detonationssichere Armaturen Dies sind im Prinzip Armaturen wie unter a), jedoch aufgrund der größeren Beanspruchung durch eine Detonation sehr viel stärker auszulegen

Tabelle L.3-9 Beitrag der Beschäftigten zum Explosionsschutz

Beitrag der Beschäftigten	Maßnahmen
• optimaler Einsatz von flexiblen Absaugvorrichtungen durch richtige Position zur Entstehungsstelle gefährlicher explosionsfähiger Atmosphäre • richtiger Umgang mit brennbaren Flüssigkeiten (Beachtung maximaler Strömungsgeschwindigkeiten, Absenken von Fallrohren bis auf Behälterboden, um Verspritzen und Versprühen sowie Freistrahl und damit verbundene gefährliche elktrostatische Aufladungen zu vermeiden • ordnungsgemäßes Absaugen von Staubablagerung • besondere Sorgfalt bei Instandsetzungsarbeiten (z.B. Schweiß-, Brenn- oder andere Feuerarbeiten sowie Schleif-, Bohr-, Schlag- oder Stemmarbeiten • Einhaltung der „Richtlinie für Zündgefahren infolge elektrostatischer Aufladung" (z.B. Schuhwerk, aber auch verschmutzte Erdungsklemmen etc.) • Einhaltung der Feuerverbote (Zigaretten, Feuerzeug etc.)	a) der Beschäftigten • Sicherheitsunterweisungen befolgen • Sicherheitsmaßnahmen unterstützen • Einrichtungen nur bestimmungsgemäß verwenden • Mängel sofort abstellen oder melden b) des Betriebs • Steigern des Sicherheitsbewußtseins • Auswahl von Personen, die Unterweisung vor Ort geben • Erstellen schriftlicher Betriebsanweisungen • Kontrolle der Mitarbeiter durch Sicherheitsbeauftragte (Rundgänge etc.) • Einsetzen entsprechender übergeordneter Sicherheitsgremien

L.3.2 Anlagensicherung mit Mitteln der Prozeßleittechnik

L.3.2.1 Einführung

In verfahrenstechnischen Anlagen der chemischen und petrochemischen Industrie, im Eisenhüttenbereich, in Anlagen zur Dampferzeugung, Abfallentsorgungsanlagen und Gefahrstofflagern sowie vielen anderen Anlagen sind sicherheitstechnische Schutzaufgaben zu bewältigen. Dies gilt im besonderen Maße für die Anlagen, die den Pflichten der Störfall-Verordnung [L.3.10] unterliegen. Die sicherheitstechnischen Anlagenschutzaufgaben können mit konventionellen, unmittelbar wirkenden Mitteln der Verfahrenstechnik wie z.B. Berstscheiben oder Sicherheitsventilen gelöst werden. Ebenso können Mittel der Prozeßleittechnik (PLT) zur Realisierung von sicherheitstechnischen Anlagenschutzaufgaben eingesetzt werden, bzw. Kombinationen aus konventionellen und prozeßleittechnischen Mitteln. (Der allgemeine Begriff „Prozeßleittechnik (PLT)" ersetzt die alten Begriffe „Meß-, Steuerungs- und Regelungstechnik (MSR)" und „Elektro-, Meß-, Steuerungs- und Regelungstechnik (EMSR)" die zunehmend verdrängt werden.)

Durch Kombination dieser Maßnahmen-Alternativen mit organisatorischen Maßnahmen lassen sich sicherheitstechnisch gleichwertige Lösungsvarianten finden, so daß bei der Realisierung die wirtschaftlichste Lösung berücksichtigt werden kann. Mittel der Prozeßleittechnik kommen immer auch dann zum Einsatz, wenn sich konventionelle Schutzeinrichtungen aus verfahrenstechnischen Gründen als ungeeignet erweisen.

Für bestimmte Schutzziele sind Sicherheitskonzepte im technischen Regelwerk festgelegt, die vorrangig beachtet werden müssen.

An dieser Stelle sei auf die Beachtung sowohl der einschlägigen Gesetze und Verordnungen als auch der anwendungsspezifischen Normen, der technischen Regeln, der Unfallverhütungsvorschriften und sonstiger Vorschriften hingewiesen (z.B. [L.3.14 – L.3.16])

Abschnitt L.3.2 widmet sich ausschl. der Anlagensicherung mit Mitteln der Prozeßleittechnik. Bild L.3-6 zeigt schematisch den typischen Aufbau eines prozeßleittechnischen Systems einer verfahrenstechnischen Anlage, in der die Anlagensicherung mit Mitteln der Prozeßleittechnik (PLT-Schutzebene) realisiert ist. Die Meßwertverarbeitung innerhalb der PLT-Schutzebene geschieht in dem dargestellten Beispiel mit einer sicherheitsgerichteten speicherprogrammierbaren Steuerung (SSPS) [L.3.11], die als moderne Alternative zu festverdrahteten Steuerungen den Stand der Technik repräsentiert.

Eine Zusammenstellung der in L.3.2 verwendeten Begriffe befindet sich unter L.3.2.7.

Die anspruchsvolle und immer komplexer werdende Aufgabenstellung der Anlagensicherung

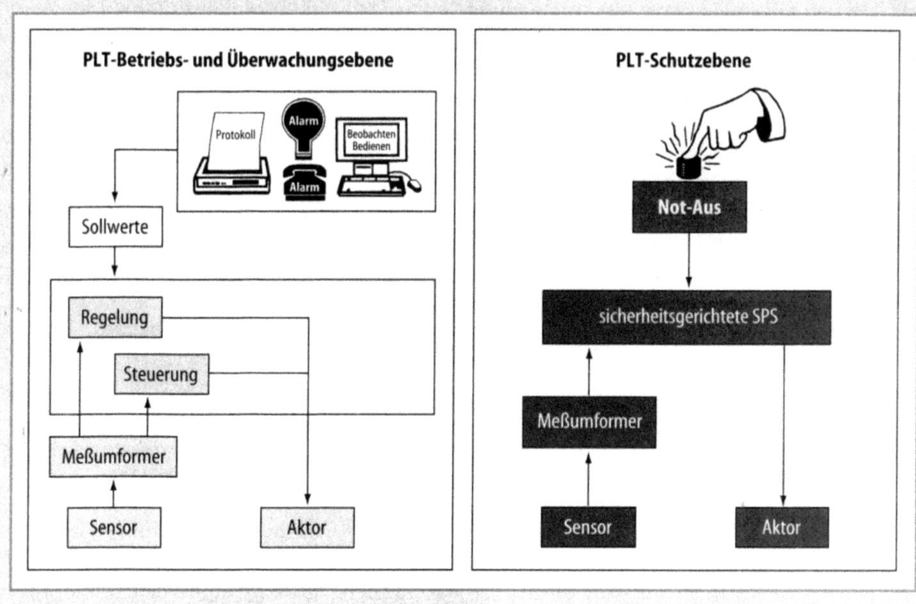

Bild L.3-6 Aufbau eines prozeßleittechnischen Systems

mit Mitteln der Prozeßleittechnik bedarf einer klaren Konzeption, die auf strukturierter, systematischer Vorgehensweise beruht.

Werden zur Sicherung verfahrenstechnischer Anlagen Mittel der Prozeßleittechnik eingesetzt, muß eine eindeutige Unterscheidung zwischen sicherheitsrelevanten Aufgabenstellungen und nicht sicherheitsrelevanten (betrieblichen) Erfordernissen getroffen werden.

Die Realisierung sicherheitstechnischer Schutzaufgaben mit Mitteln der Prozeßleittechnik setzt voraus, daß für deren aufgabengerechte Auslegung, Errichtung und Betrieb ein eindeutig definierter und abgegrenzter Funktionsumfang festgelegt wird. Dies geschieht als Teilaspekt in einer systematischen Sicherheitsbetrachtung der verfahrenstechnischen Anlage, die interdiziplinär zwischen Vertretern der Chemie, der Verfahrenstechnik, der Sicherheitstechnik, der technischen Anlagenüberwachung, der PLT-Fachabteilung und ggf. anderen Sachverständigen durchgeführt wird. Ziel ist die Festlegung von Maßnahmen, mit denen das Risiko soweit verringert wird, daß das verbleibende Risiko kleiner als das Grenzrisiko ist (s. L.3.2.3). Die festgelegten Maßnahmen können technischer oder organisatorischer Art sein.

Wesentliche Gesichtspunkte der Sicherheitsbetrachtung sind:

- mögliche unerwünschte Ereignisse,
- Wahrscheinlichkeit für Fehlzustände der Anlage, die zu unerwünschten Ereignissen führen können,
- Art und zu erwartender Umfang der Auswirkungen der unerwünschten Ereignisse.

Die Sicherheitsbetrachtung muß als Ergebnis liefern:

- Kenntnis und Spezifizierung der Anlagenteile, bei denen mit Fehlzuständen gerechnet werden muß,
- Kenntnis der Ursachen, die zu diesen Zuständen führen können,
- qualitative Bewertung der Risiken,
- Festlegung der Schutzziele und Formulierung der sicherheitstechnischen Aufgabenstellung für die Schutzeinrichtungen,
- Festlegung der Anforderungen an die sicherheitsbezogene Verfügbarkeit der Schutzeinrichtungen,
- Festlegung der Maßnahmen zur Sicherstellung des bestimmungsgemäßen Betriebs. Dazu gehören die Auswahl der Nicht-PLT-Schutzeinrichtungen und/oder der Mittel der Prozeßleittechnik zur Anlagensicherung.

Bei der Realisierung sicherheitstechnischer Schutzaufgaben mit Mitteln der Prozeßleittechnik hat sich folgende systematische Methodik bewährt:

1. Schritt: Klassifizierung der PLT-Einrichtungen gemäß ihrer Aufgabenstellung
2. Schritt: Abschätzung des mit Mitteln der Prozeßleittechnik abzudeckenden Risikos
3. Schritt: Festlegung der Anforderungen
4. Schritt: Zuordnung technischer und organisatorischer Maßnahmen

L.3.2.2 Klassifizierung der prozeßleittechnischen Einrichtungen gemäß ihrer Aufgabenstellung

Der erste Schritt ist die Klassifizierung der PLT-Einrichtungen. Die gesamte Prozeßleittechnik einer verfahrenstechnischen Anlage wird gemäß VDI/VDE 2180 [L.3.12] in PLT-Betriebs-, -Überwachungs-, -Schutz- und -Schadensbegrenzungseinrichtungen unterteilt. Es lassen sich grundsätzlich drei verschiedene Bereiche für den Betriebszustand eines Prozesses definieren:

Für den bestimmungsgemäßen Betrieb
- Gutbereich
- zulässiger Fehlbereich

Für den nicht bestimmungsgemäßen Betrieb
- nicht zulässiger Fehlbereich.

Der *Gutbereich* (Betriebsebene) ist so bestimmt, daß die Anlage keinen über die vorgesehene Abnutzung hinausgehenden Schaden nimmt und die Erzeugnisse den vorgesehenen Qualitätsanforderungen entsprechen, solange sich alle Prozeßgrößen in diesem Bereich bewegen. Prozeßgrößen sind z. B. Druck, Temperatur, Durchfluß, Konzentration usw.

Daran schließt sich der sog. *zulässige Fehlbereich* (Überwachungsebene) an. Die Anlage nimmt noch keinen Schaden. Stoffe werden nicht freigesetzt. Die Eigenschaften der Erzeugnisse liegen jedoch häufig außerhalb der Qualitätsanforderungen.

Außerhalb des zulässigen Fehlbereiches befindet sich der *nicht zulässige Fehlbereich* (Schutzebene mit PLT-Schutz- und PLT-Schadensbegrenzungseinrichtungen). Befinden sich eine oder mehrere Prozeßgrößen in diesem Bereich, ist durch diese Störung des bestimmungsgemäßen Betriebs eine Gefahrenquelle gegeben, die als Störfallursache u. U. nicht mehr ausgeschlossen werden kann. Je nach Stoffart und -menge, die freigesetzt werden kann, muß mit Zuständen gerechnet werden, die zu Personengefährdung und größeren Umweltschäden (Störfall im Sinn der Störfall-Verordnung) führen können. Entsprechend diesen 3 Bereichen ergibt sich eine Einteilung der PLT-Funktionen wie nachfolgend beschrieben.

PLT-Betriebseinrichtungen

Diese dienen dem bestimmungsgemäßen Betrieb der Anlage. Der bestimmungsgemäße Betrieb umfaßt insbesondere
- den Normalbetrieb,
- den Anfahr- und Abfahrbetrieb,
- den Probebetrieb sowie
- Inspektions-, Wartungs- und Instandsetzungsvorgänge.

PLT-Überwachungseinrichtungen

PLT-Überwachungseinrichtungen sprechen im bestimmungsgemäßen Betrieb einer Anlage bei solchen Zuständen an, bei denen eine oder mehrere Prozeßvariablen den Gutbereich verlassen, aber einer Fortführung des Betriebs aus Gründen der Sicherheit nichts entgegensteht, d. h., sie sprechen an der Grenze zwischen Gutbereich und zulässigem Fehlbereich von Prozeßgrößen an.

PLT-Überwachungseinrichtungen melden zulässige Fehlzustände der Anlage, um erhöhte Aufmerksamkeit oder einen manuellen Eingriff durch das Bedienungspersonal zu veranlassen, oder greifen zusätzlich selbsttätig ein, um Prozeßgrößen in den Gutbereich zurückzuführen. Zu den PLT-Überwachungseinrichtungen werden auch PLT-Einrichtungen gezählt, die unmittelbar wirkenden Schutzeinrichtungen (z. B. Sicherheitsventilen) und PLT-Schutzeinrichtungen vorgeschaltet sind, um deren Ansprechen möglichst zu verhindern.

PLT-Schutzeinrichtungen

Sofern Mittel der Verfahrenstechnik, d. h. unmittelbar wirksame Schutzeinrichtungen (wie z. B. Sicherheitsventile und Berstscheiben) aus verfahrenstechnischen Gründen nicht anwendbar oder allein nicht ausreichend sind, werden PLT-Schutzeinrichtungen zur Vermeidung von nicht bestimmungsgemäßen Betriebszuständen eingesetzt.

Im Gegensatz zu den Funktionen der PLT-Betriebs- und -Überwachungseinrichtungen liegt die Funktion der PLT-Schutzeinrichtung darin, einen unzulässigen Fehlzustand der Anlage zu verhindern. Kriterium für die Klassifizierung als

PLT-Schutzeinrichtung ist, daß bei deren Nichtvorhandensein mit solchen Zuständen der Anlage gerechnet werden muß, die unmittelbar zu Personenschäden oder schwerwiegenden Umweltschäden führen können. Dies beinhaltet auch das Entstehen einer ernsten Gefahr, hervorgerufen durch einen Störfall im Sinn der Störfall-Verordnung.

PLT-Schutzeinrichtungen sind störfallverhindernde Einrichtungen. Es sind daher sicherheitstechnisch bedeutsame PLT-Einrichtungen im Sinn der Störfall-Verordnung.

Die Funktionen der PLT-Schutzeinrichtungen haben in jedem Falle Vorrang gegenüber Funktionen der PLT-Betriebs- und -Überwachungseinrichtungen und sollten prozeßnah, d.h., mit möglichst einfacher und übersichtlicher Schaltungstechnik ausgeführt werden.

Die Ansprechhäufigkeit der PLT-Schutzfunktionen ist sehr gering im Gegensatz zu PLT-Betriebseinrichtungen, die laufend in den Prozeß eingreifen müssen. Es kann daher aus Gründen der Verfügbarkeit und im Hinblick auf Plausibilitätskontrollen vorteilhaft sein, Komponenten der PLT-Schutzeinrichtungen, wie z. B. Stellgeräte (Aktoren), als PLT-Betriebseinrichtungen mitzubenutzen. Solche gemeinsamen Komponenten sind dann entsprechend den hohen Anforderungen für PLT-Schutzeinrichtungen auszulegen.

PLT-Schadensbegrenzungseinrichtungen

PLT-Schadensbegrenzungseinrichtungen wirken im nicht bestimmungsgemäßen Betrieb und verringern bei Eintritt eines unerwünschten Ereignisses die Auswirkungen auf Personen oder Umwelt. In diesem äußerst seltenen Fall halten sie dadurch das Ausmaß des Schadens in Grenzen. PLT-Schadensbegrenzungseinrichtungen zählen zu den störfallbegrenzenden Maßnahmen im Sinn der Störfall-Verordnung und sind somit sicherheitstechnisch bedeutsam.

Werden zur Erkennung des unerwünschten Ereignisses PLT-Schadensbegrenzungseinrichtungen eingesetzt, so wird damit nicht eine Prozeßgröße, wie z. B. Druck oder Temperatur überwacht, sondern andere Größen, z. B. die Konzentration von möglicherweise freiwerdenden Gasen in der Umgebungsluft. Werden Stellgeräte betätigt, so ist üblicherweise ebenfalls nicht der Prozeß betroffen, sondern der gefährdete Bereich außerhalb der Behälter, Apparate und Rohrleitungen (Aktivierung von Dampfvorhängen usw.). PLT-Schadensbegrenzungseinrichtungen sind häufig mit Nicht-PLT-Schadensbegrenzungseinrichtungen und organisatorischen Maßnahmen gekoppelt. Die Wirkungsweise von PLT-Einrichtungen ist im Bild L.3-7 schematisch dargestellt. Beim Kurvenverlauf ① (Bild L.3-7) kann die Prozeßgröße verfahrensbedingt den unzulässigen

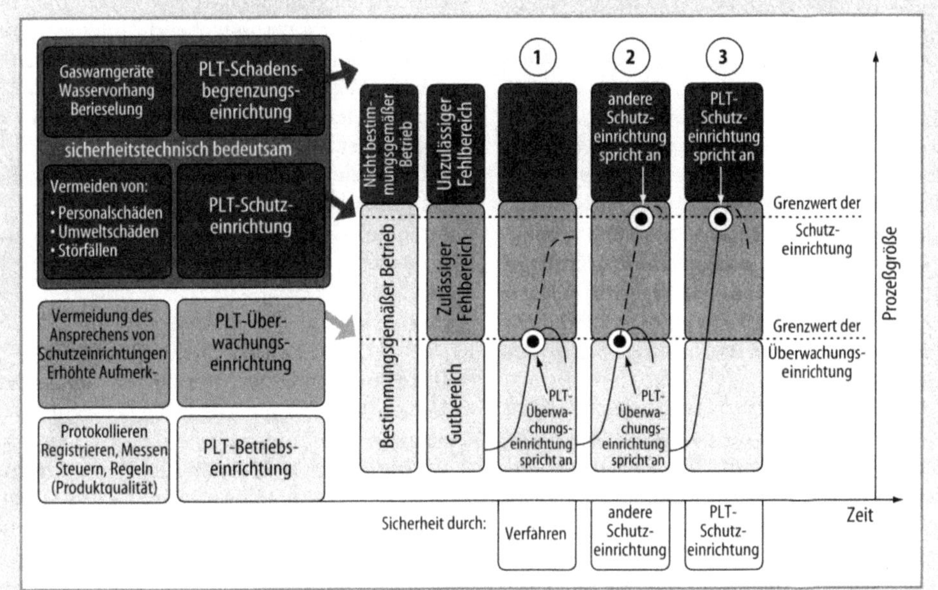

Bild L.3-7 Wirkungsweise von PLT-Einrichtungen gemäß VDI/VDE 2180

Fehlbereich nicht erreichen. Eine PLT-Überwachungseinrichtung ist daher ausreichend. Die Prozeßgröße wird durch einen selbstätigen oder – nach einer Meldung – auch manuellen Eingriff in den Gutbereich zurückgeführt.

Beim Kurvenverlauf ② kann die Prozeßgröße die Grenze zum unzulässigen Fehlbereich überschreiten. Da eine andere Schutzeinrichtung (wie Sicherheitsventil, Berstscheibe, Druckentlastungsklappe, Schnellschlußventil) vorhanden ist, wird eine vorgeschaltete PLT-Einrichtung, die das Ansteigen der Prozeßgröße meldet oder begrenzt, als PLT-Überwachungseinrichtung klassifiziert. Dies gilt unter der Voraussetzung, daß die beim Ansprechen der anderen Schutzeinrichtung (z. B. Öffnen eines Sicherheitsventils oder einer Druckentlastungsklappe) freiwerdenden Stoffe keine Personenschäden oder schwerwiegenden Umweltschäden (Störfall) hervorrufen.

Im Kurvenverlauf ③ verhindert die PLT-Einrichtung, daß die Prozeßgröße den unzulässigen Fehlbereich erreicht. Sie verhindert somit unmittelbar Personenschäden, Umweltschäden oder einen Störfall i.d.S. Störfall-Verordnung und ist daher als PLT-Schutzeinrichtung klassifiziert.

L.3.2.3 Abschätzung des mit Mitteln der Prozeßleittechnik abzudeckenden Risikos

Über den Einsatz von PLT-Einrichtungen zur Anlagensicherung, über ihre Aufgabenstellung und ihre Ausführung wird in einem zweiten Schritt innerhalb der Sicherheitsbetrachtung entschieden. Bei der Abschätzung des Risikos, welches von der PLT-Schutzeinrichtung abgedeckt werden muß, ist von dem Risiko auszugehen, das ohne Vorhandensein der zu betrachtenden PLT-Schutzeinrichtung anzunehmen wäre.

Der Risikobegriff ist in DIN 31000 definiert als Produkt aus Schadensausmaß und Wahrscheinlichkeit des Eintritts eines unerwünschten Ereignisses, was sich aber in der Praxis i.allg. nicht quantifizieren läßt.

Bei PLT-Schutzeinrichtungen kann der Aufwand für die Auslegung am qualitativ betrachteten Risiko gemäß DIN V 19250 ausgerichtet werden, auf der Basis von auf Erfahrungen beruhenden Abschätzungen. Eine alternative Vorgehensweise ist in Analogie zum technischen Regelwerk die einzelfehlertolerante Auslegung der kompletten PLT-Schutzeinrichtung vom Sensor bis zum Aktor.

Mittels des in der DIN V 19250 enthaltenen Risikographen, der die Parameter Schadensausmaß, Aufenthaltsdauer im Gefahrenbereich, Gefahrenabwehr und Eintrittswahrscheinlichkeit des unerwünschten Ereignisses qualitativ erfaßt, gelangt man zu acht Anforderungsklassen (AK 1 – AK 8). Je höher die Ordnungszahl der Anforderungsklasse ist, desto größer ist das von der PLT-Schutzeinrichtung zu beherrschende Risiko und um so höher sind i.d.R. die Anforderungen und die daraus resultierenden Maßnahmen.

In dem speziellen Fall verfahrenstechnischer Anlagen werden die Anforderungsklassen 7 und 8 nicht ausschl. durch PLT-Schutzeinrichtungen abgedeckt. Es sind dann zusätzlich Mittel der Verfahrenstechnik zum Anlagenschutz oder Änderungen der Prozeßführung notwendig, um eine Risikoreduzierung mindestens auf Anforderungsklasse 6 zu erreichen.

Es ist meistens nicht möglich, differenziert zu jeder Anforderungsklasse eine individuelle Anforderung mit entsprechenden Maßnahmenbündeln zu formulieren. Aus diesem Grund ist es zweckmäßig, sich auf lediglich zwei Risikobereiche oder Risikoklassen zu beschränken (VDI/VDE 2180):
- Risikobereich I:
  geringes abzudeckendes Risiko
- Risikobereich II:
  höheres abzudeckendes Risiko

Der Bereich geringeren Risikos enthält die Anforderungsklassen 1 – 4, wobei die Anforderungsklasse 1 meist schon durch Arbeitsschutzmaßnahmen abgedeckt ist. Dem Bereich höheren Risikos werden die Anforderungsklassen 5 und 6 zugeordnet.

Die Beziehung zwischen den acht Anforderungsklassen des Risikographen gemäß DIN V 19250 und den Risikoklassen I und II ist in Bild L.3-8 dargestellt [L.3.12, L.3.13].

L.3.2.4 Festlegung der Anforderungen

Der dritte Schritt der Methodik innerhalb einer Sicherheitsbetrachtung dient der Festlegung von Anforderungen.

Wegen ihrer sicherheitstechnischen Bedeutsamkeit müssen PLT-Schutzeinrichtungen so ausgelegt und betrieben werden, daß bei Auftreten eines als wahrscheinlich anzunehmenden passiven (nicht selbstmeldenden) Fehlers in der Schutzeinrichtung dennoch die Erfüllung der Schutzaufgabe erfolgt.

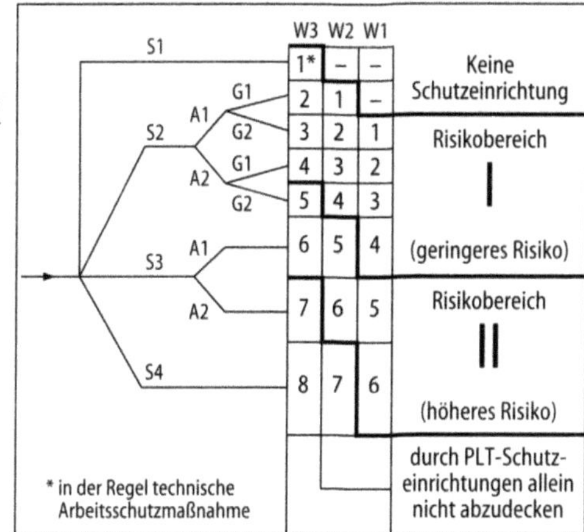

Bild L.3-8 Risikograph und Anforderungsklassen (Quelle: DIN V 19250, VDI/VDE 2180)

Bezüglich der Zuordnung zu den beiden Bereichen für das abzudeckende Risiko wird differenziert:

Risikobereich I. Ein passiver Fehler muß innerhalb einer Zeitspanne erkannt und beseitigt werden, in der vernünftigerweise nicht gleichzeitig mit der Störung des bestimmungsgemäßen Betriebs gerechnet werden muß.

Riskobereich II. Ein passiver Fehler darf die Fähigkeit der PLT-Schutzeinrichtung zur Ausführung der Schutzfunktion nicht beeinträchtigen. Er muß unabhängig vom Prozeßverhalten in einer Zeitspanne erkannt und beseitigt werden, in der vernünftigerweise nicht gleichzeitig mit dem Auftreten eines zweiten, unabhängigen Fehlers gerechnet werden muß.

L.3.2.5 Zuordnung technischer und organisatorischer Maßnahmen

Im vierten Schritt werden den beiden Risikobereichen technische und organisatorische Maßnahmen zugeordnet. Die Basis zur Erzielung einer hohen sicherheitsbezogenen Verfügbarkeit der PLT-Schutzeinrichtungen beider Risikobereiche bilden qualifizierte Fehlervermeidungs- und Fehlerbeherrschungsmaßnahmen technischer und organisatorischer Art.

Eine Übersicht über Maßnahmen zur Fehlervermeidung und -beherrschung gibt Bild L.3-9.

Als organisatorische Fehlervermeidungs- und -beherrschungsmaßnahmen kommen in Betracht:

- Funktionsprüfung vor der Erstinbetriebnahme inklusive deren Dokumentation
- Ständige Überwachung durch geschultes Betriebspersonal
- Regelmäßige Inaugenscheinnahme zur Feststellung äußerlich erkennbarer Mängel oder Schäden durch das PLT-Fachpersonal.
- Regelmäßig wiederkehrende Funktionsprüfungen einschließlich deren Dokumentation

In Analogie zu geltenden technischen Richtlinien [L.3.14, L.3.15] soll die Prüfung der gesamten PLT-Schutzeinrichtung, vom Sensor (Meßwertaufnehmer) über die Meßwertverarbeitung (z.B. sicherheitsgerichtete speicherprogrammierbare Steuerung) bis hin zum Aktor (Stellglied, z.B. Absperrarmatur), mindestens einmal pro Jahr erfolgen.

Neben diesen Basismaßnahmen läßt sich folgende Zuordnung weitergehender Maßnahmen zu den beiden Risikobereichen differenzieren:

Risikobereich I. Ein 1-kanaliger Aufbau der PLT-Schutzeinrichtung ist ausreichend. Bei erschwerten Betriebsbedingungen wird für einzelne Geräte (z.B. Meßwertaufnehmer) oder Baugruppen Redundanz erforderlich sein (Teilredundanz). Auch sind ggf. automatische Funktions-

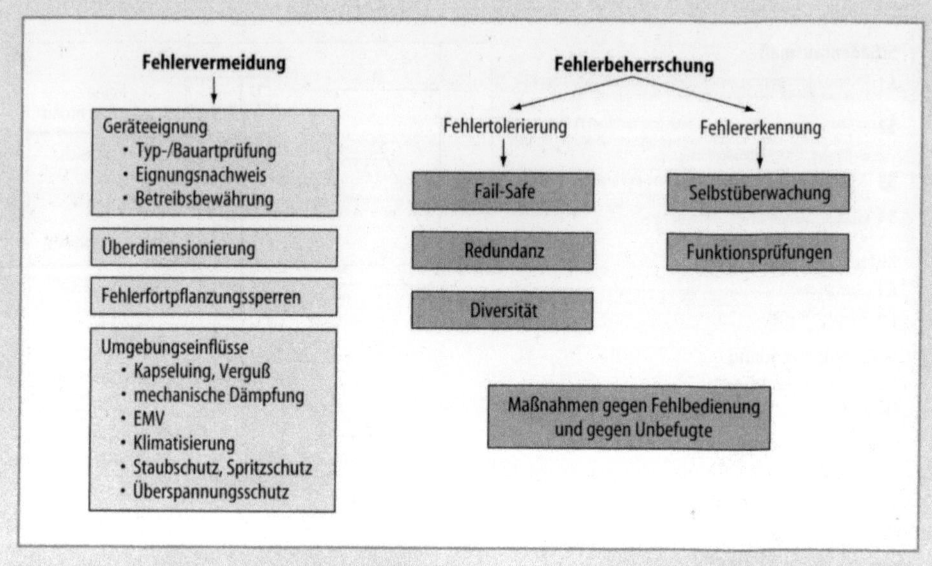

Bild L.3-9 Maßnahmen zur Fehlervermeidung und -beherrschung

überwachungen (z.B. Plausibilitätsprüfungen) einzusetzen.

Risikobereich II: Hier ist ein redundanter Aufbau für Sensoren und Aktoren der PLT-Schutzeinrichtung erforderlich. Die Meßwertverarbeitung wird entweder einkanalig selbstüberwachend oder redundant ausgeführt in 1 v.2-Schaltung.

Zur Meßwertverarbeitung können in beiden Risikobereichen jeweils festverdrahtete Gerätetechnik oder auch sicherheitsgerichtete speicherprogrammierbare Steuerungen eingesetzt werden.

Voraussetzung ist, daß diese für die in der Sicherheitsbetrachtung ermittelte Anforderungsklasse (gemäß Risikograph der DIN V 19250) zertifiziert, d.h. sicherheitstechnisch abgenommen sind, unter Einhaltung der im Prüfschein zugelassenen Anwendungsbereiche und geforderten Bedingungen [L.3.11].

L.3.2.6 Darstellung, Dokumentation und Kennzeichnung prozeßleittechnischer Einrichtungen zur Anlagensicherung

Für verfahrenstechnische Anlagen werden neben der verbalen Verfahrensbeschreibung auch bildliche Darstellungen in Grundfließbildern, Verfahrensfließbildern und Rohrleitungs- und Instrumentenfließbildern (RI-Fließbild) gemäß DIN 28004 angefertigt. Für die Darstellung der Prozeßleittechnik in den RI-Fließbildern gilt die DIN 19227, Teil 1, hinsichtlich der zu verwendenden graphischen Symbole und Kennbuchstaben.

Angaben über Auslegung, Zusammenwirken, Aufbau, räumliche Anordnung, Prüfung, Wartung und Überwachung von PLT-Einrichtungen zur Anlagensicherung müssen dokumentiert werden. Die Dokumentation soll u. a. enthalten:
- Darstellung des Verfahrensablaufs und der anlagenbezogenen Teile der Schutzeinrichtungen
- PLT-Stellenblätter mit Gerätespezifikationen
- Funktionspläne und PLT-Stellenpläne zur Darstellung der funktionsmäßigen Zusammenschaltung der Geräte
- Stromlaufpläne, Logikpläne, logische Zustände der binären Signale.

Alle wichtigen Komponenten der PLT-Schutzeinrichtungen müssen in der Dokumentation, vor Ort, im Schaltraum und in der Leitwarte als PLT-Schutzeinrichtung explizit gekennzeichnet werden.

L.3.2.7 Begriffe zur Prozeßleittechnik

L.3.2.7.1 Allgemeine Begriffe

Bestimmungsgemäßer Betrieb. Der bestimmungsgemäße Betrieb einer Anlage ist der Betrieb, für den die Anlage nach ihrem technischen Zweck bestimmt und ausgelegt ist. Er umfaßt den Normalbetrieb, den An- und Abfahrbetrieb, die Inbetriebnahme und Außerbetriebnahme, den Probebetrieb und Inspektions-, Wartungs- und Instandsetzungsvorgänge.

Bei bestimmungsgemäßem Betrieb befindet sich die Anlage im Gutzustand oder im zulässigen Fehlzustand.

Gefahr. Gefahr ist eine Sachlage, bei der das Risiko größer als das Grenzrisiko ist (DIN 31000, Teil 2).

Grenzrisiko. Das Grenzrisiko ist das größte noch vertretbare Risiko eines bestimmten technischen Vorgangs oder Zustands (DIN 31000, Teil 2).

Gutbereich. Der Gutbereich einer Prozeßgröße ist der für ihre Werte vorgesehene Bereich. Dieser Bereich ist so bestimmt, daß Güte und Menge der Erzeugnisse den vorgesehenen Anforderungen entsprechen.

Gutzustand. Der Gutzustand einer Anlage ist ein Betriebszustand, bei dem die Werte aller Prozeßgrößen in ihren Gutbereichen liegen.

Risiko. Das Risiko, das mit einem bestimmten technischen Vorgang oder Zustand verbunden ist, wird durch eine Wahrscheinlichkeitsaussage beschrieben, die die zu erwartende Häufigkeit des Eintritts eines unerwünschten Ereignisses und das beim Ereigniseintritt zu erwartende Schadensausmaß zusammenfaßt (DIN 31000-2). Das Risiko läßt sich i. allg. nicht quantifizieren. Es wird daher qualitativ betrachtet auf der Basis von auf Erfahrungen beruhenden Abschätzungen (DIN V 19250).

Schutz. Schutz ist die Verringerung des Risikos durch Maßnahmen, die die Wahrscheinlichkeit des Eintritts des betrachteten unerwünschten Ereignisses oder das Ausmaß des mit dem Ereignis verbundenen Schadens soweit verringern, daß das verbleibende Risiko kleiner als das Grenzrisiko ist (DIN 31000-2).

Sicherheit. Sicherheit ist eine Sachlage, bei der das Risiko nicht größer als das Grenzrisiko ist (DIN 31000-2).

Sicherheitsbetrachtung. Die Sicherheitsbetrachtung für eine Anlage ist die systematische Analyse der beim Betrieb dieser Anlage möglicherweise auftretenden Gefahren (s. Abschn. L.2.2). Die Sicherheitsbetrachtung wird interdisziplinär zwischen Fachleuten der Produktion, der Verfahrens- und Sicherheitstechnik, der technischen Anlagenüberwachung, der PLT-Technik und gegebenenfalls anderer Fachleute durchgeführt.

Sicherung von Anlagen mit Mitteln der Prozeßleittechnik. Darunter wird das Planen, Errichten und Betreiben von PLT-Schutz- und -Schadensbegrenzungseinrichtungen verstanden.

Unerwünschtes Ereignis. Ein unerwünschtes Ereignis ist ein Ereignis, das unmittelbar Personenschäden, Umweltschäden oder Sachschäden im Sinne von DIN 31000-2 verursachen oder durch das eine ernste Gefahr im Sinn der Störfall-Verordnung entstehen kann.

Unzulässiger Fehlbereich. Der Wert einer Prozeßgröße befindet sich im unzulässigen Fehlbereich, wenn mit einem unerwünschten Ereignis zu rechnen ist

Unzulässiger Fehlzustand. Der unzulässige Fehlzustand einer Anlage ist ein Betriebszustand, bei dem die Werte einer oder mehrerer Prozeßgrößen im unzulässigen Fehlbereich liegen.

Zulässiger Fehlbereich. Der zulässige Fehlbereich einer Prozeßgröße ist der Bereich zwischen Gutbereich und unzulässigem Fehlbereich. Da die Auslegung der Anlage diesen Bereich einschließt, bestehen aus sicherheitstechnischer Sicht keine Einschränkungen für den Weiterbetrieb der Anlage, wenn sich Werte von Prozeßgrößen im zulässigen Fehlbereich befinden.

Zulässiger Fehlzustand. Der zulässige Fehlzustand einer Anlage ist ein Betriebszustand, bei dem die Werte einer oder mehrerer Prozeßgrößen im zulässigen Fehlbereich und die anderen Prozeßgrößen in ihren Gutbereichen liegen.

L.3.2.7.2 Begriffe zur Signalbildung und -verarbeitung

Anregeteil. Der Anregeteil einer PLT-Einrichtung ist die Zusammenschaltung der Geräte und Programmbausteine, mit denen die Prozeßgröße gemessen oder ermittelt wird. Der Anregeteil beginnt beim Meßwertaufnehmer (Sensor) und endet am Eingang der Signalverarbeitungseinrichtung. Der Anregeteil kann aus mehreren Anregekanälen bestehen.

Auslöseeinrichtung. Eine Auslöseeinrichtung (Aktor) ist eine Einrichtung, mit der ein Stoff- oder Energiestrom verändert wird. Bei Schutzeinrichtungen ist dies ein Stoff-/Energiestrom des verfahrenstechnischen Prozesses (z. B. Heizdampf), bei Schadensbegrenzungseinrichtungen i. d. R. ein Stoffstrom außerhalb des Prozesses (z. B. Löschwasser).

Auslöseteil. Der Auslöseteil einer PLT-Einrichtung ist die Zusammenschaltung der Geräte und

Programmbausteine, die zum Übertragen und Ausgeben eines Auslösesignals notwendig sind. Der Auslöseteil beginnt am Ausgang der Signalverarbeitungseinrichtung und endet bei der Auslöseeinrichtung (Aktor). Der Auslöseteil kann aus mehreren Auslösekanälen bestehen.

Diversitäre (inhomogene) Redundanz. Bei diversitärer Redundanz sind die redundanten Kanäle unterschiedlich aufgebaut oder arbeiten nach unterschiedlichen Verfahren.

Fehlsignal. Ein Fehlsignal ist ein Grenzsignal, welches angibt, daß sich der Wert der zugehörigen Prozeßgröße in einem Fehlbereich befindet.

Grenzsignal. Das Grenzsignal ist das binäre Ausgangssignal eines Grenzsignalgebers.

Grenzsignalgeber. Ein Grenzsignalgeber ist ein Gerät oder ein Programmbaustein, der den Wert einer Prozeßgröße mit einem fest eingestellten oder einem veränderbaren Grenzwert vergleicht. Wird der Grenzwert über- oder unterschritten, so ändert sich das Grenzsignal.

Grenzwert. Der Grenzwert ist der Wert der von einem Grenzsignalgeber überwachten Prozeßgröße, bei dem sich das Grenzsignal ändern soll. Ein oberer Grenzwert liegt vor, wenn dem Gutbereich kleinere Werte der Prozeßgröße zugeordnet sind als dem Fehlbereich. Ein unterer Grenzwert liegt vor, wenn dem Gutbereich größere Werte der Prozeßgröße zugeordnet sind als dem Fehlbereich.

Gutsignal. Ein Gutsignal ist ein Grenzsignal, welches angibt, daß der Wert der zugehörigen Prozeßgröße in ihrem Gutbereich liegt.

Homogene Redundanz. Bei homogener Redundanz sind die redundanten Kanäle identisch aufgebaut.

m-von-n-Bewertung. Eine *m*-von-*n*-Bewertungseinrichtung gibt dann ein Fehlsignal aus, wenn von *n* Eingangssignalen mindestens m Signale Fehlsignale sind.

Redundanz. Redundanz ist das Vorhandensein von mehr funktionsbereiten technischen Mitteln als zur Erfüllung der vorgesehenen Funktionen notwendig sind, um erhöhte Sicherheits- oder Verfügbarkeitsanforderungen zu erfüllen.

Signalverarbeitungsteil. Ein Signalverarbeitungsteil ist der Teil einer PLT-Einrichtung, der die vom Anregeteil und von anderen Signalgebern (z.B. Tastern, Schaltern) kommenden Signale verknüpft und zu Ausgangssignalen verarbeitet, die auslösende oder meldende Funktionen haben.

Aktiver Fehler. Fehler, der ohne die aufgabengemäß festgelegten Bedingungen Schutzfunktionen auslöst.

Ausfallabstand. Der Ausfallabstand ist die zufällig verteilte Zeitspanne zwischen zwei Ausfällen einer nach Ausfall wieder instandgesetzten Betriebseinheit. Zur Beurteilung einer Betrachtungseinheit wird der mittlere Ausfallabstand: mean time between failures, (MTBF) herangezogen.

Ausfallzeit, Ausfalldauer. Die Ausfallzeit oder Ausfalldauer einer Betrachtungseinheit ist die zufällig verteilte Zeitspanne zwischen ihrem Ausfall und dem Zeitpunkt, zu dem sie wieder in Betrieb genommen werden kann. Zur Beurteilung einer Betrachtungseinheit wird die mittlere Ausfalldauer: mean down time (MDT) herangezogen.

Fail-Safe-Verhalten. Fähigkeit einer Betrachtungseinheit, bei Auftreten eines bestimmten Fehlers in einem sicheren Zustand zu verharren oder unmittelbar in einen sicheren Zustand überzugehen.

Fehlererkennungszeit. Die Fehlererkennungszeit ist die Zeitspanne vom Auftreten eines Fehlers bis zu seiner Erkennung.

Passiver Fehler. Fehler, der trotz aufgabengemäß erfüllter Bedingungen die Schutzfunktion (des betreffenden Kanals) blockiert.

Prüfabstand, Prüfintervall. Der Prüfabstand oder das Prüfintervall ist die Zeitspanne zwischen zwei Prüfungen einer Betrachtungseinheit.

Ruhesignalprinzip/Ruhestromprinzip. Das Ruhesignalprinzip ist ein Verfahren, daß bei der Signalbildung, -verarbeitung und -übertragung bewirkt, daß den Fehlsignalen die energielosen Signalzustände zugeordnet werden, so daß ein Wegfall der Hilfsenergie (z.B. durch Leitungsbruch, Kurzschluß oder Ausfall der Hilfsenergieversorgung) den energielosen Signalzustand ihres Ausgangssignals herbeiführt oder beibehält.

Selbstmeldender Fehler. Fehler, der sich im Augenblick des Auftretens zwangsläufig bemerkbar macht.

Selbstüberwachung. Eine Betrachtungseinheit ist selbstüberwachend, wenn sie unter dem Vorbehalt des Ausschlusses bestimmter Fehler so konstruiert ist, daß alle anderen Fehler erkannt werden.

Sicherheitsstellung. Die Sicherheitsstellung einer Auslöseeinrichtung ist der Zustand einer

Auslöseeinrichtung, den sie ohne Hilfsenergie unter Ausnutzung eines inneren Energiespeichers einnimmt oder beibehält. Sie ist so zu wählen, daß mit ihr der sichere Zustand/ein sicherer Zustand des Prozesses eingenommen oder beibehalten wird.

Mit der Sicherheitsstellung der Auslöseeinrichtung(en) ist i. d. R. der energieärmere Prozeßzustand des abzusichernden Anlageteils verbunden (Unterbrechung der Stoff-/Energiezufuhr oder Erhöhung der Stoff-/Energieabfuhr).

Unverfügbarkeit. Die Unverfügbarkeit (U) einer Betrachtungseinheit zu einem vorgegebenen Zeitpunkt ist die Wahrscheinlichkeit, sie zu diesem Zeitpunkt in einem nicht funktionsfähigen Zustand zu finden (U = 1 − V).

Verfügbarkeit. Die Verfügbarkeit (V) einer Betrachtungseinheit zu einem vorgegebenen Zeitpunkt ist die Wahrscheinlichkeit, sie zu diesem Zeitpunkt in einem funktionsfähigen Zustand anzutreffen.

Zuverlässigkeit. Die Zuverlässigkeit einer Betrachtungseinheit ist ihre Fähigkeit, eine vorgegebene Funktion innerhalb vorgegebener Grenzen und für eine vorgegebene Zeitdauer zu erfüllen (VDI/VDE 3541).

L.3.3 Bautechnische Maßnahmen und Vorkehrungen

L.3.3.1 Rückhalte- und Ableitungssysteme

Im Sinne des Schutzes vor schädlichen Emissionen/Immissionen ist der Rückhaltung und der Ableitung von gefährlichen Stoffen eine besondere Bedeutung zuzuordnen. Oft müssen aus technischen Systemen Reststoffe abgeführt oder diese Systeme, z. B. bei nicht betriebsgemäßer Druckerhöhung, mit der Möglichkeit einer gefahrlosen Stoffableitung versehen werden. Das stoffbezogene Gefahrenpotential kann z. B. in der Giftigkeit, Brennbarkeit und der Kanzerogenität liegen.

Die einfachste Möglichkeit der Stoffableitung aus technischen Systemen ist die Stoffableitung in die Atmosphäre. Vorteile dieser Möglichkeit liegen im geringen technischen Aufwand und damit verbunden entsprechend niedrigen Kosten. Dabei muß jedoch eine Gefährdung für Mensch und Umwelt ausgeschlossen sein, d. h., dies ist nur bei diesbezüglich unbedenklichen Stoffen möglich. Brennbare Stoffe, die ohne Bildung von gefährlichen Verbrennungsprodukten

abgefackelt werden können, lassen sich über die Fackel ableiten. Der Vorteil einer Fackel liegt darin, daß auch große Stoffmengen entsorgt werden können. Ein Nachteil liegt in der Einschränkung auf die o. g. Stoffe. Im wesentlichen unterscheidet man zwischen Bodenfackeln (große Austrittsdurchmesser, geringe Bauhöhe) und Hochfackeln (kleine Austrittsdurchmesser, große Bauhöhe).

Stoffe, deren stoffbezogenes Gefahrenpotential durch Verbrennen unschädlich gemacht werden kann, können durch eine thermische Nachverbrennung entsorgt werden. Diese unterscheidet sich durch höhere Verbrennungstemperaturen und längere Verweilzeiten des zu verbrennenden Stoffs in der heißen Zone der Fackel. Dieses wird i. allg. durch eine Stützfeuerung erreicht. Bei allen Stoffen, die sich a) verbrennen lassen und b) bei denen die unerwünschte Stoffeigenschaft (z. B. Giftigkeit) durch Verbrennung beseitigt wird, bietet sich damit ein breiter Anwendungsbereich. Ein Nachteil liegt darin, daß bei wässrigen Stoffen die Brennbarkeit nachläßt und damit die Anwendungsmöglichkeit der thermischen Nachverbrennung, mit zunehmender Feuchte des Stoffs immer mehr eingeschränkt wird.

Eine häufig genutzte Möglichkeit zur Reinigung gefährlicher Stoffe ist die Ableitung in einen Wäscher. Bei der Überlegung bzgl. des Einsatzes eines Wäschers ist zu beachten, daß nicht für alle zu reinigenden Stoffe Waschflüssigkeiten zur Verfügung stehen. Bei großen Stoffströmen besteht außerdem die Gefahr des Gasdurchbruchs durch den Wäscher. Dieses muß bei der Auslegung des Wäschers berücksichtigt werden. Ein sicheres Verfahren, Stoffe abzuleiten und aufzufangen, ist der Auffangbehälter. Sein Vorteil ist die emissionsfreie Ableitung von Stoffen, bezogen auf die Atmosphäre. Sollen nicht kondensierbare Gase aufgefangen werden, besteht sicherlich ein beachtenswerter Platzbedarf, was zu großen Behältern führen kann. Müssen diese Behälter dann noch druckfest ausgelegt werden, z. B. weil eine vollständige Druckentlastung des zu entleerenden Systems durch den Auffangbehälter nicht gewährleistet ist, so entstehen durch den derart auszulegenden Behälter hohe Kosten. Sollen kondensierbare Gase aufgefangen werden, läßt man diese üblicherweise von unten durch eine Kühlflüssigkeit in den Auffangbehälter perlen. Bei geeigneter Kühlflüssigkeit und Behältergröße können so mehrere Reaktoren durch einen einzigen Auffangbehälter abgesichert werden. Dabei kann sich der Bedarf nach einer großen Menge von Kühlflüssigkeit ergeben. Um unzulässigen Druckaufbau zu vermeiden, ist bei der Auslegung der Behälter die Kondensationszeit zu beachten.

Eine relativ neue Methode, ein kondensierbares Medium in einem Auffangbehälter aufzufangen und zu verflüssigen, ist der Strahlapparat. Das zu entsorgende und zu kondensierende Medium (Primärmedium) wird dabei durch eine Düse geleitet. Die Kühlflüssigkeit ist das Sekundärmedium. Mittels Strömung des Primärmediums wird das Sekundärmedium durch eine Querbohrung, die in die Düse mündet, angesaugt. Primär- und Sekundärmedium vermischen sich, was zu einer Kondensation des Primärmediums durch die Kälte des Sekundärmediums führt. Der Strahlapparat ist derart am Auffangbehälter angebracht, daß das Sekundärmedium, also die Kühlflüssigkeit, direkt aus der Flüssigkeit des Behälters angesaugt werden kann. Das Kühlmedium selbst befindet sich im Auffangbehälter. Mit dieser Konstellation lassen sich mehrere Reaktoren bei relativ geringem Platzbedarf absichern. Es ist jedoch darauf zu achten, daß bei 2-Phasenströmungen ein Flüssigkeitsabscheider erforderlich werden kann.

L.3.3.2 Abschott-und Entlastungssysteme

L.3.3.2.1 Einleitung/Übersicht

Beispiel für einen Schaden: Nach einem Rohrbruch in einer petrochemischen Anlage wurden ca. 4 t Flüssiggas freigesetzt, von denen ca. 1 t explodierte. Aufgrund fehlender fernbedienbarer Absperrarmaturen in dem betroffenen Teil der Anlage war es nicht möglich, das in der Anlage vorhandene Flüssiggas einzuschließen. Die gesamte Menge trat durch das entstandene Leck aus und brannte ab. Dies führte zu einem Großbrand, der 15 Tage andauerte [L.3.17]. Die anschließenden Diskussionen zwischen Betreiber und Aufsichtsbehörde führten zu der Installation eines Abschott- und Entlastungssystems (AES).

Dieses System soll bewirken, daß im Leckagefall die insgesamt freisetzbare Stoffmenge durch eine gezielte Abschottung und evtl. anschließender gezielter Entspannung minimiert wird. Eine Zündung von freigesetzten brennbaren Stoffen, d.h. eine Explosion bzw. ein Brand, kann durch ein solches System zwar nicht verhindert werden, jedoch werden die Auswirkungen (z.B. Großbrände, Folgeexplosionen) begrenzt. Kompo-

nenten eines Abschott- und Entlastungssystems sind:
- Detektionssystem zur Erkennung einer Stofffreisetzung,
- abschottbare Einheiten,
- Entlastungssysteme,
- Handlungsanweisung (Betriebsanweisung),
- Bedienungselemente.

Die möglichst schnelle Detektion einer Stofffreisetzung kann durch Installation eines geeigneten Detektionssystems in die betroffenen Anlagen (z.B. Sensoren eines Gaswarnsystems) erfolgen.

Desweiteren sind diese Anlagen derart mit fernbedienbaren Abschottarmaturen auszustatten, so daß sie in verfahrenstechnisch sinnvolle Sektionen (z.B. Anlagenabschnitte) unterteilt werden können. Abhängig von der jeweiligen Verfahrensführung ist zu untersuchen, inwieweit darüber hinaus eine gezielte Entspannung und/oder Entleerung der einzelnen Sektionen zur Minimierung der Freisetzungsmenge sinnvoll ist. Die Ansteuerung des AES soll manuell von der Meßwarte aus erfolgen.

Für den gezielten Einsatz des AES ist eine Handlungsanweisung (Betriebsanweisung) für das Personal in den Meßwarten erforderlich, aus der hervorgeht, unter welchen Randbedingungen eine Aktivierung zu erfolgen hat.

L.3.3.2.2 Struktur eines Abschott- und Entlastungssystems

Ein Abschott- und Entlastungssystem bietet die Möglichkeit, die Forderung nach sicherheitstechnischen Einrichtungen zur Begrenzung von Störfallauswirkungen zu erfüllen (§ 5 Abs. 1 Satz 2 der Störfall-Verordnung). Durch die Abschottung und gegebenenfalls durch die gezielte Entlastung einzelner Anlagebereiche kann die freisetzbare Stoffmenge reduziert werden. Schäden, die durch die Freisetzung von Stoffen zu einem Brand oder einer Explosion führen, können begrenzt werden.

Das Grundkonzept eines solchen Systems läßt sich, wie in Bild L.3-10 gezeigt, schematisch darstellen. Das AES besteht im wesentlichen aus den Schritten 3 – 5. Gegebenenfalls kann auch der Schritt 2 dem AES zugeordnet werden. Unter AES versteht man demnach ein System, welches die Forderung nach Reduzierung der Freisetzungsmenge durch gezieltes Abschotten und/oder Entlasten von festgelegten Anlageteilen ermög-

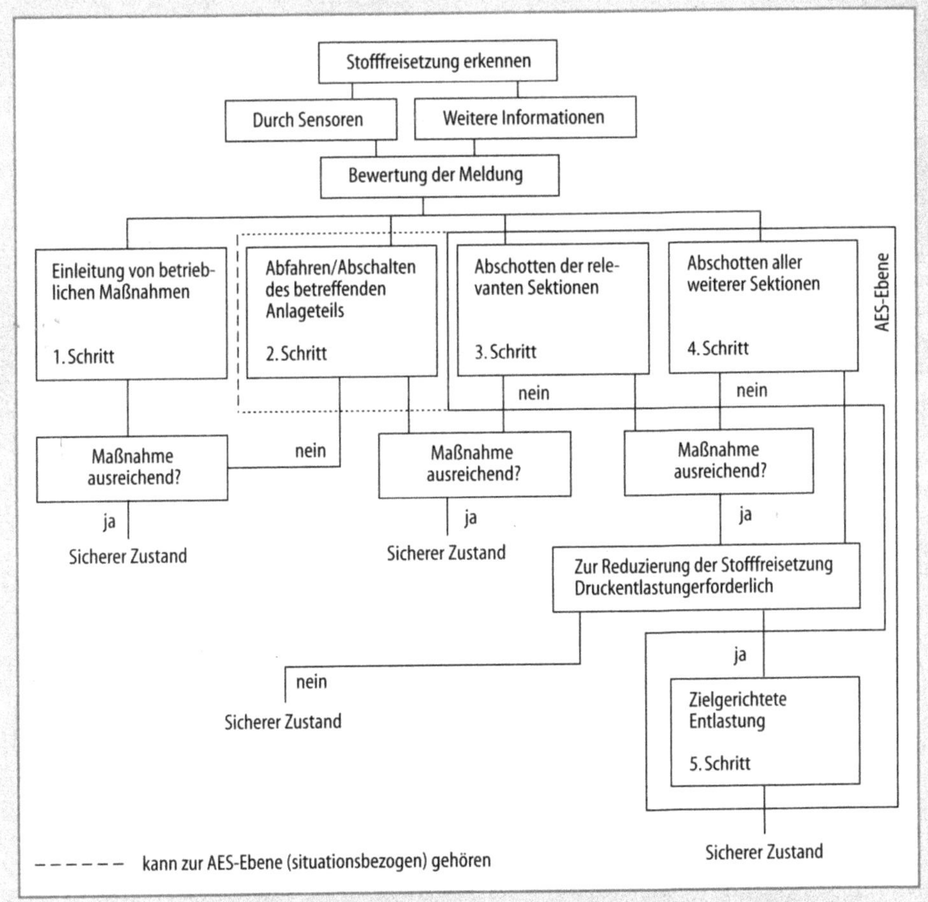

Bild L.3-10 Abschott- und Entlastungssystem (AES)

licht, kombiniert mit einer Detektion der Stofffreisetzung und einer Entspannungs- bzw. Entleerungsmöglichkeit.

Voraussetzung für die Einleitung dieser Schritte ist das „Erkennen der Stofffreisetzung" und die „Bewertung der Meldung". Es folgt die Erläuterung der einzelnen Schritte aus Bild L.3.10:

1. Schritt: Einleiten von betrieblichen Maßnahmen
Bei Feststellung einer kleinen, lokalisierbaren Leckage, deren Ursache bekannt ist, werden entsprechende betriebliche Maßnahmen eingeleitet (z. B. Nachziehen einer Flanschverbindung, Umschalten auf Ersatzpumpe).

2. Schritt: Abfahren/Abschalten des betreffenden Anlageteils
Mit Hilfe dieses Schritts ist es möglich, bestimmte Stoffströme abzuschalten. Desweiteren kön-

nen einzelne Anlagekomponenten (z. B. Pumpen, Verdichter) stillgelegt werden.

3. Schritt: Abschotten der relevanten Sektion
Bei Feststellen einer größeren Leckage wird die entsprechende Sektion abgeschottet. Dabei ist festzulegen, welche Anlagenkomponenten mit diesem Abschotten automatisch abgefahren werden müssen.

4. Schritt: Abschotten aller weiteren Sektionen
Ist die Abschottung einzelner Sektionen nicht ausreichend um die Freisetzungsrate zu begrenzen, sind alle Sektionen abzuschotten.

5. Schritt: Zielgerichtete Entlastung
Die abgeschotteten Sektionen, für die eine Entspannung/Entleerung sinnvoll ist, werden jeweils über Entspannungs- bzw. Entleerungsventile zielgerichtet in die Entspannungs- oder Entleerungssysteme entlastet. Dabei sind die Prioritäten festzulegen.

Erkennung einer Stofffreisetzung

Störungsbedingte Stofffreisetzungen können
zum einen das Betriebspersonal gefährden, zum
anderen kann durch eine Ausbreitung oder Zündung von Stoffen auch die Umgebung, d. h. Menschen, Tiere, Pflanzen, Wasser usw. beeinträchtigt werden. Auch wenn eine Anlage so konzipiert ist, daß Stofffreisetzungen im Rahmen der
praktischen Vernunft auszuschließen sind, müssen auch sekundäre Maßnahmen getroffen werden, die gewährleisten, daß Stofffreisetzungen
frühzeitig erkannt werden. Hierfür sind sowohl
organisatorische (z. B. Kontrollgänge des Betriebspersonals) als auch automatische Maßnahmen
(z. B. Gaswarnsysteme) sinnvoll. Welche Maßnahmen im einzelnen vorzusehen sind, ist sowohl vom Stoffinventar als auch von der Anlagengröße abhängig.

Bei einer Detektion durch organisatorische
Maßnahmen (z. B. Anlagenbegehungen) kann
vor Ort die Freisetzung und eventuell auch die
Ursache (z. B. Dichtungsversagen) erkannt werden.

Bei einer automatischen Detektion sind die
verwendeten Meßköpfe so anzuordnen, daß ein
Rückschluß auf den Ort der Freisetzung möglichst einfach erfolgen kann. Im Rahmen des
AES wird bevorzugt die automatische Detektion eingesetzt. Es ist nicht erforderlich, die tatsächliche Konzentration eines ausgetretenen
Stoffs mit hoher Genauigkeit zu messen oder zu
registrieren. Wichtiger ist das Erkennen einer
Überschreitung der festgelegten Alarmschwelle.
Auch ist es zum Auslösen eines Alarms nicht erforderlich, den freigesetzten Stoff genau zu identifizieren. Bei der Installation eines automatischen Systems sollte jedoch darauf geachtet werden, daß ausreichend Detailinformationen in der
Meßwarte eingehen und diese auswertbar sind.
In Neuanlagen ist grundsätzlich die automatische Detektionsmöglichkeit der organisatorischen Maßnahme vorzuziehen. Weitere Hinweise zu Gaswarneinrichtungen s. [L.3.18–L.3.20].

Bewertung der Meldung (Handlungsanweisung)

Nach Erkennen und Melden einer Stofffreisetzung erfolgt die Bewertung der Meldung. Das erfolgt durch das Betriebspersonal. Dieses muß innerhalb kurzer Zeit entscheiden, welche Schritte eingeleitet werden müssen. Dadurch können
sich weitgehende Konsequenzen für den weiteren Betrieb der Anlage ergeben. Deshalb sollte
dem Betriebspersonal eine Entscheidungshilfe
in Form eines Betriebshandbuchs, einer Betriebsanweisung oder einer Checkliste (im folgenden Handlungsanweisung genannt) zur Verfügung gestellt werden. Die Handlungsanweisung muß für alle in der Anlage denkbaren Ereignisse die einzuleitenden Maßnahmen enthalten. Die jeweiligen Maßnahmen sind abhängig
vom Ort und von der Größe der Stofffreisetzung.
Zur Entscheidungsfindung sollten Prozeßinformationen, wie z. B. Druck, Durchflußmenge,
-temperatur und meteorologische Informationen hinzugezogen werden.

Einteilung in abschottbare Einheiten

Neben der Vermeidung der Zündung z. B. einer
freigesetzten Flüssiggaswolke, ist eine Minimierung der Stofffreisetzungsmengen anzustreben,
um die Auswirkungen einer Explosion und die
Intensität eines möglichen Brands zu vermindern.

Der Zündung einer freigesetzten Wolke wird
durch ex-geschützte Ausführung der Apparate
entgegengewirkt. Dies bedeutet jedoch nicht, daß
eine Explosion oder ein Brand völlig ausgeschlossen werden können. Statische Entladungen, warme Anlageteile usw. sind potentielle Zündquellen. Daher sind zur Auswirkungsbegrenzung
Maßnahmen erforderlich, die die mögliche Freisetzungsmenge begrenzen. Dies kann durch die
Installation fernbedienbarer Armaturen erreicht
werden, die die Anlage in einzelne, verfahrenstechnisch sinnvolle Sektionen unterteilen. Darüber hinaus kann es im Einzelfall sinnvoll sein,
bestimmte Anlagebereiche gezielt zu entlasten,
d. h. durch fernbedienbare Armaturen die kritischen Bereiche gezielt zu entspannen bzw. zu
entleeren. Dadurch wird neben der Vermeidung
einer unzulässigen Druckbeanspruchung der
Anlagekomponenten auch die Leckagemenge reduziert.

Abschottarmaturen

Zweckmäßigerweise sollten zum Abschotten prozeßbedingt erforderliche Regelarmaturen verwendet werden, da jede zusätzliche Armatur eine potentielle Leckagestelle darstellt. Die zur Abschottung verwendeten Armaturen müssen jedoch alle fernbedienbar sein. Das gilt nicht für im Betrieb normalerweise geschlossene Armaturen (z. B. Probenahmearmaturen).

Es ist zu gewährleisten, daß die Armaturen bei Energieausfall in die verfahrenstechnisch sichere Stellung gehen. Ist diese Sicherheitsstellung der Abschottfunktion entgegengerichtet, so ist dafür zu sorgen (z. B. durch eine entsprechende Energiepufferung), daß auch bei Energieausfall im Gefahrenfall ein Schließen möglich ist.

Werden Armaturen verwendet, die nicht über Federkraft schließen, so sind die Antriebe entsprechend einer 30minütigen Feuerbeständigkeit zu isolieren. Ausnahmen gelten für solche Armaturen, die unter Berücksichtigung der betrieblichen und örtlichen Gegebenheiten im Rahmen der praktischen Vernunft nicht unterfeuert werden können. Weiter sind diese Armaturen mit einer Anzeige (z. B. durch Endlagenschalter) auszurüsten, die die Schließstellung signalisieren. Die Schließzeit der Abschottarmaturen muß unter Berücksichtigung der Armaturenart minimiert werden.

Entspannungssysteme

Eine weitere Minimierung der Freisetzungsrate kann dadurch erreicht werden, daß druckbeaufschlagte Anlageteile zielgerichtet entleert bzw. entspannt werden. Neben einer Reduzierung der Freisetzungsmenge kann damit im Brandfall auch die Gefahr eines BLEVE (Boiling Liquid Expanding Vapour Explosion) vermindert werden (falls ein BLEVE nicht vernünftigerweise ausgeschlossen werden kann).

Bei der Festlegung der abschottbaren Sektionen, für die eine Entleerung/Entspannung erforderlich ist, sind die spezifischen Prozeßparameter und die bei einer Entlastung zu erwartenden Temperatur- und Druckgradienten zu berücksichtigen.

Neben den Entlastungsarmaturen, die den zu erwartenden Anforderungen genügen müssen, sind darüber hinaus auch entsprechend konzipierte Auffang- bzw. Ableitvorrichtungen vorzusehen.

Entlastungsarmaturen

Sämtliche als Entlastungsarmaturen verwendeten Armaturen müssen fernbedienbar sein. Im Regelfall ist die sichere Stellung der Entlastungsarmaturen bei Energieausfall im Normalbetrieb die geschlossene Stellung. Deshalb ist eine Energiepufferung vorzusehen, die ein dreimaliges Schalten innerhalb von 30 min sicherstellt. Für den Fall, daß plausibel nachgewiesen werden kann, daß ein mehrmaliges Schalten nicht erforderlich ist, kann auf die Energiepufferung verzichtet werden.

Die Antriebe der Armaturen sind feuergeschützt auszuführen. Damit soll eine ca. 30minütige Funktionstüchtigkeit auch im Brandfall sichergestellt werden. Neben den Antrieben sind die Behälter für eine eventuelle Steuerluftpufferung gegen Brandeinwirkungen zu isolieren. Die Schutzwirkung muß mindestens für 30 min ausreichen, eine Isolierung für 90 min wäre jedoch sinnvoller. Eine Anzeige ist erforderlich (z. B. durch Endlagenschalter), die die Schließ- bzw. Offenstellung der Armatur signalisiert.

Es ist ein Konzept zu erstellen, in dem die zeitabhängige Druckabsenkung dargelegt wird. Als grober Anhaltswert könnte eine Druckabsenkung innerhalb von 15 min vom Verfahrensdruck auf den halben Auslegungsdruck angestrebt werden. Ausnahmen davon sind da möglich, wo z. B. aufgrund technischer Einschränkungen bzw. verfahrenstechnischer oder werkstoffspezifischer Parameter nur geringere Druckabsenkungen vertretbar sind. Kriterien für die Ermittlung der bei der Entspannung abzuführenden Menge könnten z. B. Druckabsenkung der Gasphase, Verdampfen der Flüssigphase und die unter Hitzeeinwirkung bei einem Brand verdampfende Menge sein.

Müssen mehr als zwei Sektionen entspannt werden, so ist eine Priorität festzulegen, nach der die betroffenen Sektionen nacheinander entspannt werden. Dabei sind die kritischen Fackeldaten, wie Rückdruck auf die Sicherheitsventile, Fackelgastemperatur und Gasmenge in der Hauptfackelgasleistung zu berücksichtigen.

Gassammelsystem/Fackelsystem

Zur zielgerichteten Entlastung einzelner abgeschotteter Bereiche ist ein System mit ausreichender Kapazität erforderlich. Es ist so auszulegen, daß mindestens zwei Sektionen gleichzeitig entspannt werden können. Bei der Auslegung sind benachbarte Sektionen mit zusammen größtem Inhalt zu berücksichtigen. Weiterhin ist bei der Auslegung des Fackelsystems zu beachten, inwieweit andere, benachbarte Anlagen durch die Störung ebenfalls zu einer Entlastung gezwungen werden können.

Bei der Ermittlung der maximal abzuführenden Stoffmenge sind neben der Freisetzung von

Gas auch die Verdampfung der Flüssigkeit und Erwärmen durch Brandeinwirkung zu berücksichtigen.

Handlungsanweisung

Die Wirksamkeit eines AES wird neben der technischen Ausführung der Komponenten überwiegend durch das richtige Verhalten des Bedienungspersonals bestimmt. Es ist daher erforderlich, daß für die Bedienung der AES-Ebenen pro Schicht mindestens zwei Personen bestimmt werden, die entsprechend geschult wurden. Es muß sichergestellt werden, daß von diesen mindestens eine immer in der Meßwarte anwesend ist. Zur Schulung und schnelleren Entscheidungsfindung ist eine Handlungsanweisung mit folgenden Inhalten zu erstellen:
- Es sind Aggregate zu benennen, die im Rahmen der Einzelabschaltung zu betätigen sind.
- Es sind Kriterien zu formulieren, wann eine Sektion abzuschotten ist.
- Es sind Kriterien zu formulieren, wann und wo und in welcher Reihenfolge ein Entlasten/ Entleeren zu beginnen hat.

Bedienungselement

Das Bedienungselement (Bedienungspult) in der Meßwarte ist als selbständige Einheit auszuführen und enthält Taster zur Aktivierung der einzelnen Funktionen.

Neben dem Bedienungselement ist eine Bildschirmüberwachung vorzusehen. Sie umfaßt die einzelnen Abschottsektionen sowie die Import- und Exportströme als Fließbilder in der Prozeßleittechnik. Bei Betätigung eines AES-Schritts muß die geänderte Armaturenstellung angezeigt werden, so daß direkt von der Meßwarte kontrolliert werden kann, ob die Schaltung erfolgreich durchgeführt wurde. Versagt z. B. eine Abschottarmatur, dann kann sofort der benachbarte Bereich abgeschottet werden.

Die Überwachung sollte in einer Gesamtübersicht abrufbar sein. Bei Bedarf muß zweckmäßigerweise das zur Abschottsektion gehörende Fließbild angezeigt werden können. Jedem Fließbild muß eine separate Anwähltaste zugeordnet werden. Es muß (z. B. auf einem Bildschirm) die Stellung der einzelnen Entspannungsarmaturen angezeigt werden.

L.3.4 Organisatorische und verhaltensbezogene Maßnahmen und Vorkehrungen

In diesem Abschnitt werden nichttechnische Maßnahmen und Vorkehrungen behandelt, wie sie für den sicheren Betrieb einer Anlage in Ergänzung zu den getroffenen technischen Maßnahmen erforderlich sind. Die folgenden Ausführungen betreffen Anlagen, die in den Anwendungsbereich der Störfall-Verordnung fallen, d. h. Anlagen, von denen eine ernste Gefahr ausgehen kann.

In der 2. Störfall-Verwaltungsvorschrift [L.3.21], die Aufbau und Inhalt der nach § 7 der Störfall-Verordnung anzufertigenden Sicherheitsanalyse festlegt, sind organisatorische störfallverhindernde, -begrenzende und ergänzende Maßnahmen explizit aufgeführt. Eine klare Unterscheidung zwischen organisatorischen und verhaltensbezogenen Maßnahmen wird dort und somit auch hier nicht getroffen.

L.3.4.1 Verhinderung von Störfällen

Eine besondere Bedeutung kommt organisatorischen Maßnahmen zur Verhinderung von Störfällen bei chemischen bzw. verfahrenstechnischen Prozessen zu, bei denen Beschäftigte betriebsmäßig manuell eingreifen können oder müssen. Dies kann in unterschiedlicher Form geschehen. So werden heute noch in vielen Fällen Stoffe von Hand zudosiert, entweder direkt, z. B. bei Feststoffen, durch eine Öffnung oder über eine Dosiervorrichtung. Hierbei besteht grundsätzlich die Möglichkeit von *Stoffverwechselungen*, die u. U. unerwünschte Reaktionen zur Folge haben und somit von sicherheitstechnischer Bedeutung sein können.

Die beste Lösung sind inhärent sichere Systeme, was vor dem Hintergrund möglicher Stoffverwechselungen die Verwendung von Stoffen bedeutet, die miteinander nicht bzw. nur in sicherheitstechnisch unbedenklicher Weise reagieren. Dies ist jedoch nicht immer möglich.

Stoffverwechselungen können auch durch Fehler bei der Anlieferung bedingt sein. Um Stoffverwechselungen sicher auszuschließen, sollten Einsatzstoffe bei ihrer Anlieferung auf Identität und Qualität geprüft werden, wobei eine Kontrolle der Lieferpapiere oft nicht ausreicht. Will man ganz sicher gehen, ist eine Analyse einzelner Proben im Labor erforderlich. Bei Lagerung in einzelnen Gebinden sind diese eindeutig zu kennzeichnen. Die Verwendung gleichartiger Behältnisse für unterschiedliche Stoffe sollte vermieden werden. Werden Stoffe über Rohrleitungen zudosiert, so sind diese, inkl. der Armaturen, stoffspezifisch zu kennzeichnen.

Dosierungsfehler, d. h. zu schnell/langsam, zu viel/wenig oder in falscher Reihenfolge, können ebenfalls sicherheitstechnische Bedeutung haben. Grundsätzlich sind technische Einrichtungen wie Dosierbandwaagen, Mengenzähler etc. vorzusehen. Organisatorisch lassen sich Dosierungsfehler nur mittels Betriebsanweisungen vermeiden. In derartigen Betriebsanweisungen werden durchzuführende Arbeitsgänge und Handgriffe in der einzuhaltenden Reihenfolge festgelegt. Die Durchführung sicherheitstechnisch bedeutsamer Arbeiten sollte von mindestens einem Beschäftigten, besser von zweien, durch Unterschrift quittiert werden.

Für Arbeitsvorgänge, die mit *Montagefehlern* verbunden sein können, sind ebenfalls detaillierte Betriebsanweisungen zu erstellen und einzuhalten. Wichtige Beispiele sind Verladevorgänge, die mit dem An- und Abflanschen von Verladearmen bzw. Schläuchen verbunden sind, und Reparaturarbeiten. Bei Verladevorgängen sind die Dichtheit der Verbindungen zu gewährleisten, das Wegrollen der Tankkraftwagen (TKW) bzw. Eisenbahnkesselwagen (EKW) und das Auffahren auf dieselben zu verhindern. Die Dichtheit läßt sich organisatorisch über eine manuelle Dichtheitsprüfung kontrollieren. Bei kritischen Stoffen sollte jedoch auf eine in eine Verriegelungsschaltung eingebundene automatische Dichtheitsprüfung zurückgegriffen werden.

Zum Schutz der TKW und EKW vor Wegrollen und Auffahren sind organisatorische Maßnahmen wie Ampeln, Schranken, Unterlegen von Keilen, Umlegen der Weiche usw. denkbar. Auch die Anwesenheit von Personal kann organisatorisch geregelt werden. Bei gefährlichen Stoffen sollten organisatorische durch technische Maßnahmen ergänzt werden, wie z. B. Verriegelungssysteme, die einen Verladevorgang z. B. bei nicht umgelegter Weiche verhindern, oder einen Totmannschalter, der diesen bei Abwesenheit des Personals unterbricht.

Ein weiteres, wichtiges Gebiet ist das Problem der *Fehlbedienungen* oder grundsätzlich *menschliches Fehlverhalten* bzw. nicht sicherheitsgerechtes Verhalten. Es wird zwischen nicht sicherheitsgerechtem Verhalten mit bewußtem Verstoßen gegen Verhaltensvorschriften und ungewollt zustandekommendem, nicht sicherheitsgerechtem Verhalten unterschieden [L.3.22]. Motivation für bewußtes Verstoßen gegen Verhaltens-

vorschriften kann ein Erreichen von Vorteilen sowie verringerter Zeitaufwand oder eine Geringbewertung von Nachteilen sein.

Zum letzteren zählt die geringe Erwartung disziplinarischer Maßnahmen. Dieser Zweig des nicht sicherheitsgerechten Verhaltens ist durch organisatorische Maßnahmen nur sehr eingeschränkt zu beherrschen. In erster Linie müssen den Beschäftigten in hinreichend kurzen Abständen die sicherheitstechnischen Folgen nicht sicherheitsgerechten Verhaltens nahegebracht werden. Disziplinarische Maßnahmen sind sicherlich nur im äußersten Notfall angeraten.

Beim Erreichen von Vorteilen als Motivation ist darauf hinzuwirken, daß ein Verstoß gegen Verhaltensvorschriften eben keine relevanten Vorteile bringt. Als mögliche organisatorische Maßnahmen sind hier ein Verzicht auf Akkordarbeit und Leistungsprämien zu nennen bzw. eine Honorierung sicherheitsgerechten Verhaltens.

Ungewollt zustandekommendes nicht sicherheitsgerechtes Verhalten kann seine Ursache in unzureichenden äußeren Arbeitsbedingungen und nicht hinlänglichen Leistungsvoraussetzungen haben. Unzureichende äußere Arbeitsbedingungen können aus einer dauernden Überforderung am Arbeitsplatz, wie z. B. einem zu großen Umfang der zu beachtenden Signale oder zu vielen Eingriffserfordernissen pro Zeiteinheit resultieren. Eine zweite Ursache können zeitweilig überfordernde Arbeitsbedingungen, wie eine Störung der Wahrnehmbarkeit von Signalen oder in Ausnahmesituationen entstehende Überforderungen sein. Der Gestaltung des Arbeitsplatzes und der Arbeitsbedingungen kommt somit eine hohe Bedeutung zu, wobei physiologische und psychologische Gesichtspunkte unter Einbeziehung arbeitswissenschaftlicher Erkenntnisse zu berücksichtigen sind.

Unzureichende Leistungsvoraussetzungen können ihre Ursache in mangelnder Qualifikation der Tauglichkeit aufgrund ungenügenden Wissens oder Könnens oder habitueller physischer Beeinträchtigungen haben. Weiterhin können zeitweilige Beeinträchtigungen infolge verminderter Zuwendung zur Aufgabe, routinehaften Vorgehens oder zeitweiser Schwächen der Körpersinne verantwortlich sein. Um unzureichende Leistungsvoraussetzungen hinreichend ausschließen zu können, sind neben einer sorgfältigen Personalauswahl vor allen Dingen dessen sorgfältige Ausbildung und in ausreichend kurzen Abständen wiederkehrende Schulungen erforderlich. Damit der Mensch nicht zum Risikofaktor im Produktionsprozeß wird, darf von ihm weder zu viel noch zu wenig verlangt werden, ein sog. mittleres Erregungspotential sollte stets vorhanden sein. Die individuelle Kompetenz, die Beschäftigte auszeichnet, muß ausreichend oft abgerufen werden, um erhalten zu bleiben. Bezogen auf die Anlagensicherheit bedeuten dies, daß Beschäftigte mit kritischen Situationen wie Betriebsstörungen umso besser fertig werden, je häufiger diese auftreten [L.3.23].

Da Anlagen normalerweise solche Situationen nicht in ausreichendem Maß liefern und auch nicht liefern sollen, können Beschäftigte bei auftretenden Ausnahmesituationen schnell überfordert sein, obwohl sie die nötige Kompetenz haben sollten. Von daher ist i.d.R. ein Simulations- bzw. Antihavarietraining erforderlich. Hierbei werden drei Varianten unterschieden. Beim theoretischen Training werden die Beschäftigten zum selbsttätigen Erkennen und Bewerten von Gefahrensituationen qualifiziert. Das praktische Training durch Simulierung der Handlungen wird i.d.R. ohne Unterbrechung des Betriebsablaufes durchgeführt. In Variantenbeispielen werden hier z.B. die Abgabe von Meldungen und das richtige Verhalten gemäß Alarmplan geübt. Turnusmäßige Revisionsarbeiten hingegen können genutzt werden, um ein praktisches Antihavarietraining mit Eingriff in den Produktionsablauf durchzuführen. Bei diesen Notfallübungen, die mindestens jährlich abgehalten werden sollten, besteht die Möglichkeit, adäquate Reaktionen auf eine Betriebsstörung in allen Konsequenzen zu üben.

Hinreichend große *Sicherheitsabstände* können ein wirksames Instrument zur Verhinderung von Störfällen sein, wobei grundsätzlich zwischen Sicherheitsabständen zwischen Anlage/Anlageteil und Umgebung und zwischen Anlagen/Anlageteilen untereinander zu unterscheiden ist. Letztere dienen zur Verhinderung des sog. Dominoeffekts. Sicherheitsabstände werden stoff- und anlagenspezifisch gewählt und sind im jeweiligen einschlägigen Regelwerk festgelegt.

Eine elementare, organisatorische, störfallverhindernde Maßnahme bei potentiellem Auftreten explosionsfähiger Gas/Luft-, Dampf/Luft- oder Staub/Luft-Gemische ist die Ausweisung von Ex-Zonen nach der ElexV [L.3.24]. Bei Staub/Luft-Gemischen unterscheidet man die Zonen 20, 21 und 22, ansonsten die Zonen 0, 1 und 2. Es ist anzumerken, daß im älteren Regelwerk, das allerdings für vor dem 20.12.1996 betriebene Anlageteile Gültigkeit hat, bei Staub/Luft-Gemischen lediglich die Zonen 10 und 11 unterschieden werden. Die Zoneneinteilung richtet sich nach der Wahrscheinlichkeit des Auftretens gefährlicher explosionsfähiger Atmosphäre.

- Zone 0, 20: ständig oder langzeitig
- Zone 1, 21: gelegentlich
- Zone 2, 22: selten und kurzzeitig
- Zone 10: langzeitig oder häufig
- Zone 11: gelegentlich durch Aufwirbeln

Die Zoneneinteilung regelt die Vermeidung von Zündquellen und hat insbesondere Auswirkungen auf die Ausführung elektrischer Betriebsmittel.

Als letzte organisatorische Maßnahme zur Verhinderung von Störfällen sollen der *Werksverkehr* und das *Rauchverbot* angesprochen werden. Das Rauchen ist auf dem gesamten Werksgelände zu untersagen mit Ausnahme bestimmter, dafür vorgesehener Räume. Der Werksverkehr sollte sich an der Straßenverkehrsordnung orientieren bei entsprechender Geschwindigkeitsbegrenzung auf ca. 20 – 30 km/h. Werkspezifische Sonderregelungen sind den Beschäftigten vertraut zu machen und Besuchern auf einem Merkblatt zur Kenntnis zu geben.

L.3.4.2 Begrenzung von Störfallauswirkungen

Bei der Begrenzung von Störfallauswirkungen kommt der *Feuerwehr* eine zentrale Bedeutung zu.

Grundsätzlich werden Feuerwehren aufgrund der Zeitspanne, die zwischen der Alarmierung und dem Beginn der Brandbekämpfung vergeht, in drei Klassen eingeteilt:

F_1: $t > 15$ min
F_2: $t < 15$ min
F_3: $t < 5$ min

Werkfeuerwehren erfüllen i.d.R. die Anforderungen der Klasse F_3. Grundsätzlich muß angemerkt werden, daß jede Feuerwehr nur so gut sein kann, wie die gewährleistete Löschwasserversorgung, die im Regelfall den Wert 3200 l/min erreichen sollte.

Eine weitere wichtige Voraussetzung für die sichere Beherrschung von Störfallauswirkungen sind *Rettungsdienste*, für jeden zugängliche Erste-Hilfe-Vorrichtungen und eine gute ärztliche Betreuung. Größere Werke bzw. Firmen unterhalten zumeist eigene Rettungsdienste und *werksärztliche Einrichtungen*. Die detaillierte Ausstattung und Ausgestaltung der Mittel und Einrichtungen zur Ersten Hilfe ist in der Arbeitsstätten-Richtlinie ASR 39/1 [L.3.25] festgelegt.

Um Anwesenden ein Verlassen des Gefahrenbereiches, Rettungsdiensten die Rettung Verletzter und der Feuerwehr einen gezielten Löschangriff zu ermöglichen, sind ausreichend *Flucht-, Rettungs- und Angriffswege* auszuweisen, deutlich zu kennzeichnen und ständig freizuhalten. Fluchtwege müssen unmittelbar ins Freie oder in einen sicheren Bereich führen. Die maximale Länge von Fluchtwegen in begehbaren Räumen ist in der Arbeitsstätten-Richtlinie ASR 10/1 [L.3.26] festgelegt und schwankt, je nach Gefährdungsgrad, zwischen 10 und 35 m.

Rettungswege müssen einen gesicherten Abtransport Verletzter gewährleisten und entsprechend der Bauordnungen der Länder ausgeführt sein. Hierbei ist insbesondere auf die notwendige Feuerwiderstandsklasse zu achten. Angriffswege für die Feuerwehr sollen einen umfassenden Löschangriff gewährleisten und müssen daher hinreichend breit sein und das potentielle Löschobjekt möglichst von allen Seiten zugänglich machen.

Gefahrenquellen, die sich durch technische Maßnahmen nicht verhindern oder beseitigen lassen, sind nach DIN 4844 [L.3.27] eindeutig zu *kennzeichnen*. Darüber hinaus kann die Unfallverhütungsvorschrift über Sicherheits- und Gesundheitsschutzkennzeichnung am Arbeitsplatz (VBG 125) [L.3.28] zu Rate gezogen werden.

L.3.4.3 Eingriffe Unbefugter

Unter dem Begriff „Unbefugte" sind Personen zu verstehen, die ohne Vorsatz in sicherheitsgefährdender Weise in betriebliche Abläufe eingreifen. Handlungen, die aus einem terroristischen oder verbrecherischen Antrieb herrühren, werden von der Störfall-Verordnung ausdrücklich nicht erfaßt und sind durch organisatorische Maßnahmen mit vertretbarem Aufwand auch nicht auszuschließen.

Organisatorische Grundlage, um Eingriffe Unbefugter sicher auszuschließen, ist ein gut funktionierender Werkschutz. Es ist dafür Sorge zu tragen, daß Besucher sich ausweisen und vor dem Betreten des Werks eine kurze Sicherheitsunterweisung erhalten, die insbesondere das Verhalten in Alarmsituationen behandelt. Es empfiehlt sich die Ausgabe eines Merkblatts. Besucher, die mit den Örtlichkeiten nicht vertraut sind, sollten zu ihrem Besuchsziel begleitet werden.

Reparaturarbeiten werden von betriebseigenen Abteilungen oder Fremdfirmen durchgeführt. Letztere sind mit den Gegebenheiten des Werks und des speziellen Betriebs vertraut zu machen. Für durchzuführende Arbeiten werden Erlaubnisscheine ausgestellt. Dies ist besonders wichtig bei Heißarbeiten, wie Schweißen, von denen auch die Werkfeuerwehr zu informieren ist. Vor Wiederinbetriebnahme reparierter Anlageteile sind diese von einem Sachkundigen zu prüfen, um Reparatur- und Montagefehler erkennen zu können. Es ist darauf hinzuweisen, daß die meisten Unfälle wie Explosionen, Brände bei oder nach Reparaturen auftreten.

L.3.4.4 Überwachung, Wartung, Prüfung

Verfahrenstechnische Prozesse werden von Meßwarten aus überwacht und gesteuert. Dort laufen alle verfahrens- und sicherheitstechnisch relevanten Signale zusammen. Dies gilt insbesondere für Störmeldungen und Alarme. Von der Meßwarte aus besteht die Möglichkeit, jederzeit in den Prozeß eingreifen zu können, sei es steuernd oder in Form eines sicherheitsgerichteten Abfahrens der Anlage oder von Teilanlagen. Alarme müssen in der Meßwarte optisch und akustisch angezeigt werden, eine Eliminierung des optischen Signals sollte erst nach Wiedererreichen des Gutbereichs möglich sein.

Alle Anlageteile müssen vor Errichtung und Betrieb und auch wiederkehrend geprüft werden. Prüfzyklen und -procedere können dem jeweiligen technischen Regelwerk entnommen werden. Neben den Technischen Regeln (TRB, TRbF usw.) sind hier VDI-Richtlinien und DIN-Normen zu nennen. Grundsätzlich müssen die Ergebnisse aller Prüfungen dokumentiert und diese Dokumentationen mindestens fünf Jahre aufbewahrt werden.

Bei sicherheitstechnisch bedeutsamen Anlageteilen weichen die erforderlichen Prüffristen zum Teil von den im Regelwerk festgelegten ab und sind letztendlich im Einzelfall unter Berücksichtigung der sicherheitstechnischen Relevanz festzulegen. So sollten z.B. sicherheitstechnisch bedeutsame PLT-Einrichtungen inkl. der fernbedienbaren Absperrarmaturen mindestens jährlich auf Funktion geprüft werden. Ob sich diese Funktionsprüfung auf den elektrischen Signalweg beschränkt oder auch die mechanische Ausführung umfaßt, hängt davon ab, ob es verfahrenstechnisch im Rahmen der Verhältnismäßigkeit möglich ist. So macht es keinen Sinn, eine Anlage nur zu Prüfzwecken extra abzufahren, da An- und Abfahrvorgänge stets die kritischsten Betriebszustände einer Anlage sind. Bei Behältern, bei denen mit Spannungsrißkorrosion zu rechnen ist, müssen die Prüffristen und das Prüfverfahren im Einzelfall festgelegt werden.

Die Prüfungen werden von anerkannten Sachverständigen, wie z. B. den Technischen Überwachungsvereinen (TÜV) durchgeführt. Große Firmen haben eine betriebseigene technische Überwachung aufgebaut, die diese Prüfaufgaben wahrnimmt. Dies hat sicherlich Vorteile, da diese Einrichtung auch an der Planung von Anlagen beteiligt wird und so bereits frühzeitig in sicherheits- und umwelttechnischen Fragen Einfluß nehmen kann. Erfahrungsgemäß wird dadurch ein relativ hoher Sicherheitsstandard erreicht.

L 3.4.5 Die betriebliche Alarm- und Gefahrenabwehrplanung

Die Aufstellung betrieblicher Alarm- und Gefahrenabwehrpläne zählt zu den erweiterten Pflichten der Störfall-Verordnung. Diese erweiterten Pflichten betreffen Anlagen, die im Anhang I der Störfall-Verordnung aufgezählt sind und deren Stoffinventare festgelegte und im Anhang II aufgeführte Mengenschwellen überschreiten.

Die Betreiber von Anlagen tragen die Verantwortung für die von ihnen aufgestellten Alarm- und Gefahrenabwehrpläne. Sie müssen mit der außerbetrieblichen Alarm- und Gefahrenabwehrplanung, die im Verantwortungsbereich der zuständigen Behörden liegt, abgestimmt sein. Ziel ist es, die Auswirkungen von Gefahrenzuständen so gering wie möglich zu halten. Die betrieblichen Alarm- und Gefahrenabwehrpläne enthalten die im Gefahrenfall zu treffenden Maßnahmen unter Festlegung ihres Ablaufs. Beide sind eng miteinander verzahnt und müssen nahtlos ineinander übergehen [L.3.29]. Bei der Erstellung der betrieblichen Alarm- und Gefahrenabwehrpläne ist die 3. Störfall-Verwaltungsvorschrift zugrundezulegen.

L 3.4.5.1 Betriebliche Alarmpläne

Die betrieblichen Alarmpläne sollen die Weitergabe aller Meldungen sicherstellen, die zur Verhinderung von Störfällen bzw. zur Begrenzung ihrer Auswirkungen dienen. Insbesondere müssen sie konkrete Handlungsanweisungen für festgelegte Personen bzw. Stellen enthalten. Es muß eine ständig einsatzbereite Stelle vorhanden sein

(z. B. Alarmzentrale), die Gefahrenmeldungen entgegennehmen und diese an interne und externe Stellen weitergeben kann. Diese Meldung soll folgende Angaben enthalten:
– Art der Gefahr oder des Ereignisses,
– Ort und Zeitpunkt,
– Anzahl der Verletzten, Art der Verletzungen,
– Person, die das Ereignis meldet,
– Anzahl der Personen, die sich noch im unmittelbaren Gefahrenbereich befinden können,
– Gefahren für die Umwelt.

In betrieblichen Alarmplänen werden Alarmfälle und -stufen festgelegt, die sich in einem differenzierten Alarmierungsschema niederschlagen. Dieses enthält ein detailliertes Alarmierungsverfahren mit den entsprechenden Alarmadressen. Die Alarmfälle richten sich nach der Art der Gefährdung, wie Stofffreisetzung, Brand oder Explosion. Grundsätzlich werden vier Meldekategorien unterschieden.

– *Kategorie D1*
Keine Auswirkungen außerhalb der Werksgrenzen.
Anlagenbetreiber, Polizei und Feuerwehr informieren sich gegenseitig. Maßnahmen der Behörden zur Gefahrenabwehr sind nicht erforderlich.
– *Kategorie D2*
Auswirkungen außerhalb der Werkgrenzen nicht auszuschließen.
Polizei und Feuerwehr legen Maßnahmen fest. Gegebenenfalls erfolgt eine abgestimmte Information an die betroffene Bevölkerung durch die Behörden, die auch begrenzte Maßnahmen durchführen.
– *Kategorie D3*
Gefährdung außerhalb der Werksgrenzen wahrscheinlich gegeben.
Zusätzlich zu den Maßnahmen der Kategorie D2 erfolgen eine Warnung der betroffenen Bevölkerung durch die Behörden und ein Einsatz von der Polizei, Feuerwehr und Rettungsdienst.
– *Kategorie D4*
Schwerer D3-Fall oder Katastrophenfall.
Zusätzlich zu den Maßnahmen der Kategorie D3 erfolgen gegebenenfalls Maßnahmen nach dem Katastrophenschutzplan.

Wichtige Alarmadressen innerhalb eines Werks sind neben der Alarmzentrale und der Werksleitstelle und -einsatzleitung z. B. die Feuerwehr, die Betriebsleitung, der Störfallbeauftragte, die Arbeitssicherheit, der Werkarzt und der Werkschutz. Außerbetriebliche Alarmadressen können neben Feuerwehr und Polizei die Katastrophenschutzbehörde, andere staatlichen Behörden, Entsorgungsunternehmen, Presse, Fernsehen, Rundfunk und die Nachbarschaft sein.

Wichtig ist die Festlegung eindeutiger Warnsignale, um die Warnung und Alarmierung von Beschäftigten und Dritten gewährleisten zu können. Darüber hinaus muß der betriebliche Alarmplan Treffpunkte für die Werkseinsatzleitung und Gefahrenabwehrkräfte und Sammelstellen für Beschäftigte und Dritte ausweisen.

L 3.4.5.2 Betriebliche Gefahrenabwehrpläne

Der betriebliche Gefahrenabwehrplan wird anlagenspezifisch erstellt und enthält alle notwendigen, in einem Gefahrenfall zu ergreifenden Maßnahmen in konkreter Form. Er basiert auf möglichen anlagen-, verfahrens- und stoffspezifischen Gefahrensituationen, wobei die Möglichkeiten Stofffreisetzung, Brand und Explosion zu berücksichtigen sind.

Der betriebliche Gefahrenabwehrplan muß ausführliche Informationen zur Beschreibung des Gefährdungspotentials der betrachteten Anlage enthalten. Hierzu gehören zum einen Angaben zu Stoffinhalten und Prozeßparametern, im wesentlichen Betriebsdrücke, -temperaturen und Aggregatzustände. Aussagefähige Stoffinformationen sind in Form von Sicherheitsdatenblättern nach DIN 52900 beizufügen. Diese enthalten neben physikalischen und toxikologischen Daten Angaben zu möglichen Zersetzungsprodukten und erforderlichen Bekämpfungsmaßnahmen, vor allem im Brandfall.

Zum anderen sind mit Hilfe von Übersichts- und Detailplänen Angaben zur Kanalisation und zu Auffangmöglichkeiten sowie zur Gewässer- und Umgebungssituation als Informationen in den betrieblichen Gefahrenabwehrplan aufzunehmen, die es der Werkseinsatzleitung ermöglichen, das Gefährdungspotential einer Anlage standortbezogen unabhängig von einer Störung eindeutig beurteilen zu können.

Um eine hinreichend zuverlässige Beurteilung vornehmen zu können, empfiehlt es sich, vorab im Rahmen innerbetrieblicher Vorarbeiten Auswirkungsbetrachtungen anzustellen. Hierbei sind grundsätzlich die Szenarien Stofffreisetzung, Brand und Explosion zu betrachten.

Entsprechend den ermittelten Gefährdungsstufen werden dann die in Abschn. L.3.4.5.1 genannten Meldekategorien wirksam und die notwendigen Maßnahmen können eingeleitet werden.

Für eine effiziente Handlungsweise muß ein betrieblicher Gefahrenabwehrplan außerdem folgende Fragen konkret beantworten:
- Welche passiven Schutzmaßnahmen für die Beschäftigten sind vorhanden?
- Welche anlagenspezifischen Besonderheiten, die für die Behebung bzw. Begrenzung einer Störung wichtig sein können, liegen vor?
- Wie sind betriebliche Kräfte zur Bekämpfung einer Störung und ihrer Auswirkungen einzusetzen?
- Wie können die Störung, ihre weitere Entwicklung und deren Auswirkungen überwacht werden?

Der Gefahrenabwehrplan muß sicherstellen, daß die Werkseinsatzleitung feststellen kann, ob die Beschäftigten und eventuelle Besucher den Gefahrenbereich vollständig verlassen haben. Abschließend ist als ein sehr wichtiger Schritt die Ermittlung des Ausbreitungsverhaltens aufgrund der konkret vorliegenden Störung vorzusehen. Da die Zeit und Möglichkeit für die Anwendung eines computergestützten Verfahrens i. d. R. nicht vorhanden sind, wird zumeist mit vorgefertigten Schablonen gearbeitet, mit denen das infolge einer Stofffreisetzung gefährdete Gebiet direkt abgeschätzt werden kann. Eine weitere, im Gefahrenabwehrplan vorzusehende Maßnahme ist die Bekämpfung von Folgeschäden.

Die betriebliche Alarm- und Gefahrenabwehrplanung muß eine schnelle, umfassende und sachkundige Beratung der öffentlichen Einsatzkräfte sicherstellen. Diese müssen jederzeit auf sachkundige und hinreichend bevollmächtigte Betreibervertreter zurückgreifen können.

Der Betreiber einer Anlage muß eine Person oder Stelle benennen, die den Ablauf organisatorischer und technischer Maßnahmen im Fall eines Störfalls sicherstellt und für eine Abstimmung und Koordinierung mit den für Katastrophenschutz und Gefahrenabwehr zuständigen Behörden sorgt. Diese Person oder Stelle muß über die entsprechenden Kenntnisse verfügen und ist befugt, erforderliche Sofortmaßnahmen einzuleiten (Störfall-Verordnung § 5 Abs. 2).

Bei Anlagen mit großem Gefährdungspotential, hoher Besiedelungsdichte des Umfelds, geringen Abständen zu Wohngebieten oder unzureichenden öffentlichen Kommunikationsverbindungen kann der Betreiber verpflichtet werden, eine geschützte Kommunikationsverbindung zu unterhalten. Diese muß dem Stand der Technik entsprechen und einen ungehinderten Nachrichtenfluß in beide Richtungen gewährleisten. Denkbar ist u. a. eine redundante oder diversitäre Auslegung.

Um eine reibungslose Umsetzung der betrieblichen Alarm- und Gefahrenabwehrplanung zu gewährleisten, müssen die Beschäftigten regelmäßig, d.h. mindestens halbjährlich unterwiesen werden. Hierbei ist das Schwergewicht auf einzuhaltende Sicherheitsbestimmungen und Verhaltensregeln bei Störfällen zu legen. Einmal im Jahr sind die im Gefahrenabwehrplan beschriebenen Maßnahmen in Form von Notfallübungen zu trainieren.

L 3.4.6   Sicherheitsmanagement

Die in den vorangegangenen Abschnitten genannten organisatorischen Maßnahmen sind nur sinnvoll, wenn eine gute Organisationsstruktur eine effektive Umsetzung gewährleistet. Unter Sicherheitsmanagement versteht man den organisatorischen Bereich zur Gewährleistung der Anlagensicherheit [L.3.30]. Der technische Bereich ist zumeist durch ein dichtes Regelwerk abgedeckt. Die technische Ausstattung einer Anlage muß dem Stand der Sicherheitstechnik entsprechen, der über das Regelwerk hinausgehen kann.

Im organisatorischen Bereich unterscheidet man zwischen Aufbau- und Ablauforganisation. Die Aufbauorganisation legt fest, wer für was zuständig ist und unterteilt sich in:
- Linien-Normalorganisation,
- Beauftragtenorganisation,
- Notfallorganisation.
Die Linien-Normalorganisation legt Zuständigkeiten, Kompetenzen und Verantwortlichkeiten im Normalbetrieb fest. Sie ist bzgl. Berichts-, Kontroll- und Überwachungspflichten sowie Handlungssträngen hierarchisch aufgebaut und muß transparent und eindeutig sein.

Nach § 52a BImSchG [M.1.6] muß der Betreiber einer Anlage der zuständigen Behörde mitteilen, auf welche Weise sichergestellt ist, daß die dem Schutz vor schädlichen Umwelteinwirkungen und sonstigen Gefahren dienenden Vorschriften und Anforderungen beim Betrieb beachtet werden. Hier spielen die Immissions- und Störfallbeauftragten eine wichtige Rolle, die nach den §§ 53 und 58a BImSchG zu bestellen sind.

Die genannten Beauftragten beraten den Betreiber, der verpflichtet ist, diese anzuhören und schriftlich begründen muß, wenn eine Einigung über von den Beauftragten vorgeschlagene Maßnahmen nicht erzielt werden kann. Bei der Bestellung ist darauf zu achten, daß Interessenkonflikte ausgeschlossen sind, d. h. die Aufgaben als Betreiber und Beauftragter sind strikt zu trennen.

Die Notfallorganisation regelt die Zuständigkeiten und deren Ineinandergreifen bei Betriebsstörungen und ist im betrieblichen Alarm- und Gefahrenabwehrplan (s. Abschn. L.3.4.5) dargelegt. Die Ablauforganisation betrifft
- die Planung und Errichtung von Anlagen,
- die Verfahrensentwicklung und
- das Betreiben von Anlagen und Verfahren
und regelt jeweils die Arbeitsschritte Überprüfung, Abnahme, Freigabe und Dokumentation.

Sinnvoll ist die Führung eines Betriebshandbuchs, das alle Dokumente von der ersten Entwurfplanung bis zur Inbetriebnahme nach der Genehmigung enthält. Darin enthalten sein sollten u. a. alle Prüf- und Freigabezertifikate und die nach § 7 der Störfall-Verordnung zu erstellende Sicherheitsanalyse. Parallel dazu sollte eine prozeßbezogene Verfahrensakte angelegt werden, die die Verfahrensentwicklung vom Labormaßstab bis zur Produktion dokumentiert. Sowohl das Betriebshandbuch als auch die Verfahrensakte sind permanent auf dem neuesten Stand zu halten und fortzuschreiben. Wichtig ist, daß in allen Fragen der Sicherheit ein Doppelcheck durchgeführt wird, d. h. die Freigabe eines Verfahrens darf z. B. nie durch eine verantwortliche Person allein erfolgen, sondern eine zweite befugte und kompetente Stelle sollte stets hinzugezogen werden.

Ein wichtiges Element der Aufbau- und Ablauforganisation bei Betreibern größerer Anlagenkomplexe ist die interne technische Anlagenüberwachung, die u. a. Aufgaben wahrnimmt, die sonst den Technischen Überwachungsvereinen obliegen.

Zu beachten ist, daß bei allen genannten Maßnahmen zum Sicherheitsmanagement, auch wenn sie gesetzlich vorgeschrieben und kontrolliert werden, die Eigenverantwortung des Betreibers die wesentliche Grundlage ist. Wenn ein Störfall eintritt, trägt letztendlich der Betreiber die alleinige Verantwortung für entstehende Folgen.

Daneben soll die Kommunikation zwischen Betreiber, Kommune und Feuerwehr im Fall von Betriebsstörungen behandelt werden. Sie ist

Voraussetzung für ein abgestimmtes Handeln interner und externer Einsatzkräfte. An dieser Stelle sei darauf hingewiesen, daß in der zum Februar 1999 umzusetzenden Seveso-II-Richtlinie der Europäischen Union dem Sicherheitsmanagement eine große Bedeutung beigemessen wird und der dortige Anhang III dazu Details regelt.

L 3.5 Schutz der Beschäftigten

L.3.5.1 Einleitung

Der Betrieb einer Anlage wird von zwei wesentlichen Schutzzielen geprägt: dem Umweltschutz und dem Arbeitsschutz. Während Maßnahmen des Umweltschutzes im wesentlichen dem Schutz der Allgemeinheit und der Nachbarschaft sowie ganz allgemein der Umwelt vor schädlichen Einwirkungen (vgl. u. a. § 1 BImSchG) dienen, ist das oberste Ziel des Arbeitsschutzes der umfassende Gesundheitsschutz in der Arbeitswelt. Die Anlagensicherheit, die als dritte Säule des Sicherheits- und Schutzsystems einer Anlage angesehen werden kann [L.3.31], dient sowohl dem Arbeitsschutz als auch dem Umweltschutz.

Der im folgenden betrachtete Schutz der Beschäftigten in technischen Anlagen mit erhöhtem Gefahrenpotential stellt einen Teilbereich des Arbeitsschutzes und der Anlagensicherheit dar. Der Begriff „Beschäftigte" wird, sofern sich Anforderungen nicht nur auf bestimmte Personengruppen beziehen, bewußt weit ausgelegt. Er umfaßt alle Personen, die sich innerhalb des Werksgeländes im Auftrag oder mit Zustimmung des Unternehmers dort aufhalten [L.3.1]. An dieser Stelle kann nur ein allgemeiner Überblick über die Problematik gegeben und einige Problemfelder angesprochen werden. Zur Sicherstellung des Arbeitsschutzes in störfallrelevanten Anlagen ist ein intensives Studium des Regelwerks und der Fachliteratur unerläßlich. Hinweise dazu werden im folgenden Abschnitt sowie im Literatur- und Quellenverzeichnis gegeben.

L.3.5.2 Arbeitsschutzrelevante Rechtsbereiche

Zum Schutz der Beschäftigten in Anlagen mit erhöhtem Gefahrenpotential gibt es eine Vielzahl von Rechtsvorschriften und technischen Regeln. Sie stellen Anforderungen an die Errichtung und den Betrieb von technischen Anlagen und geben Randbedingungen für die Durchführung bestimmter Tätigkeiten vor. Neben sehr allgemeinen Zielvorgaben stehen konkrete Regelungen für den Einzelfall.

Eine zentrale Vorschrift des betrieblichen Arbeitsschutzes stellt das 1996 erlassene Gesetz über die Durchführung von Maßnahmen des Arbeitschutzes zur Verbesserung der Sicherheit und des Gesundheitsschutzes der Beschäftigten bei der Arbeit (Arbeitsschutzgesetz – ArbSchG) dar, das u. a. den § 120a Gewerbeordnung (GewO) als ehemals zentrale Arbeitsschutzvorschrift abgelöst hat.

Das Arbeitsschutzgesetz geht von einem modernen Arbeitsschutzbegriff aus, der neben der Verhütung von Unfällen bei der Arbeit und arbeitsbedingten Gesundheitsgefahren auch Maßnahmen zur menschengerechten Gestaltung der Arbeit einschließt.

Der § 120 e GewO bildet eine Ermächtigungsgrundlage für die Arbeitsstättenverordnung (ArbStättV) und wurde ursprünglich auch als eine der Ermächtigungsgrundlagen der Störfall-Verordnung (StörfallV) herangezogen.

Zu einem weiteren wichtigen beim Betrieb technischer Anlagen zu berücksichtigenden Gesetz hat sich spätestens nach der Integration des Rechts der überwachungsbedürftigen Anlagen das Gerätesicherheitsgesetz (GSG) entwickelt. Dieses Gesetz regelt u. a. das Inverkehrbringen von technischen Arbeitsmitteln, denen Schutzausrüstungen gleichgestellt sind, sowie die Errichtung und den Betrieb überwachungsbedürftiger Anlagen. Das Recht der überwachungsbedürftigen Anlagen wird an anderer Stelle ausführlich beschrieben.

Zweck des Chemikaliengesetzes (ChemG) ist der Schutz des Menschen und der Umwelt vor schädlichen Einwirkungen gefährlicher Stoffe und Zubereitungen. Der mit „Maßnahmen zum Schutz von Beschäftigten" überschriebene § 19 ChemG ermächtigt die Bundesregierung, mit Zustimmung des Bundesrats, Rechtsverordnungen zu erlassen, die, „soweit es zum Schutz von Leben und Gesundheit des Menschen einschließlich des Schutzes der Arbeitskraft und der menschengerechten Gestaltung der Arbeit erforderlich ist, beim Herstellen oder Verwenden von Gefahrstoffen sowie bei Tätigkeiten in deren Gefahrenbereich Maßnahmen ... vorschreiben". Der Gesetzgeber hat mit dem Erlaß der Gefahrstoff-Verordnung (GefStoffV) von dieser Möglichkeit Gebrauch gemacht. Die GefStoffV und hier insbesondere die Abschnitte 5 „Allgemeine Umgangsvorschriften für Gefahrstoffe" und 6 „Zusätzliche Vorschriften für den Umgang mit krebserzeugenden und erbgutverändernden Gefahrstoffen" bilden die rechtliche Grundlage zum Schutz der Beschäftigten vor stoffbedingten Gefahren. Darüber hinaus werden in technischen Regeln zum Umgang mit Gefahrstoffen (TRGS) die Anforderungen der GefStoffV konkretisiert.

Regelten die bisher genannten Rechtsvorschriften in Hinblick auf den sicheren Betrieb einer Anlage im wesentlichen Teilbereiche (betrieblicher Arbeitsschutz, Gestaltung der Arbeitsstätte, technische Arbeitsmittel, überwachungsbedürftige Anlagen, gefährliche Stoffe), so fordert die ebenfalls auf den § 19 ChemG gestützte StörfallV eine umfassende Betrachtung der Gesamtanlage. Auf die Bedeutung der StörfallV für den Arbeitsschutz wird weiter unten vertieft eingegangen.

In den letzten Jahren wurde auch im Arbeitsschutzrecht das Anforderungspotential angehoben. Wurde früher die Einhaltung der *Regeln der Technik* als ausreichend angesehen, so wird inzwischen in fast allen Vorschriften (u. a. GSG § 11 Abs. 1 als Ermächtigung zum Erlaß von Rechtsverordnungen zum Schutz vor Gefahren durch überwachungsbedürftige Anlagen, GefStoffV § 19, StörfallV § 3 Abs. 4) die Einhaltung des Stands der Technik gefordert. Als Stand der Technik wird dabei der „Entwicklungsstand fortschrittlicher Verfahren, Einrichtungen und Betriebsweisen" angesehen, der „die praktische Eignung einer Maßnahme" entsprechend dem Schutzziel der jeweiligen Rechtsvorschrift „gesichert erscheinen läßt". Bei der Bestimmung des Standes der Technik sind insbesondere vergleichbare Verfahren, Einrichtungen oder Betriebsweisen heranzuziehen, die mit Erfolg im Betrieb erprobt worden sind (vgl. u. a. StörfallV § 2 Abs. 3, BImSchG § 3 Abs. 6, GefStoffV § 3 Abs. 9).

Neben den staatlichen Vorschriften bilden das auf der Basis der Reichsversicherungsordnung (jetzt Sozialgesetzbuch VII) erlassene Regelwerk der *Berufsgenossenschaften* sowie eine Vielzahl weiterer allgemein anerkannter Regeln (z. B. CEN, DIN, VDI, VDE) und gesicherter Erkenntnisse wichtige Grundlagen.

Die Arbeitsschutzgesetzgebung ist derzeit durch den Einfluß der Europäischen Union einem erheblichen Wandel unterworfen. Durch Richtlinien nach Artikel 100a des EWG-Vertrags, die der Schaffung eines europäischen Binnenmarkts dienen, werden einheitliche sicherheitstechnische Anforderungen (*Beschaffenheitsanforderungen*) an Produkte gestellt, die neben Si-

cherheit und Gesundheitsschutz für Beschäftigte am Arbeitsplatz auch generell die Sicherheit von Anlagen berühren können. Bei der Übernahme dieser Richtlinien in deutsches Recht besteht hinsichtlich der vorgegebenen Sicherheitsanforderungen kein Regelungsspielraum. Die auf den Art. 118a des EWG-Vertrags gestützten Arbeitsschutz-Richtlinien enthalten dagegen *Mindestanforderungen*, die bei der notwendigen Umsetzung in nationales Recht überschritten werden können. Im Rahmen dieser Umsetzung wird die bestehende Arbeitsschutzgesetzgebung überarbeitet.

L.3.5.3 Der Schutz der Beschäftigten in der Störfall-Verordnung

Die Störfall-Verordnung (StörfallV) verpflichtet den Betreiber einer Anlage, Vorkehrungen zur Störfallverhinderung und Vorsorge zur Störfallauswirkungsbegrenzung zu treffen und dabei den Stand der Sicherheitstechnik einzuhalten (StörfallV § 3). Als Maßnahmen zum Schutz der Beschäftigten werden in der StörfallV direkt nur Unterweisungspflichten im Zusammenhang mit der Alarm- und Gefahrenabwehrplanung genannt (StörfallV § 6 Abs. 1 Nr. 5). Da der zu schützende Personenkreis jedoch in der Störfall-Definition (StörfallV § 2 Abs. 1 u. 2) nicht eingegrenzt ist (Leben und Gesundheit von Menschen als Schutzgut), sind die Beschäftigten in das Schutzziel der StörfallV integriert. Das wird zusätzlich dadurch verdeutlicht, daß die StörfallV u. a. auf § 19 des ChemG gestützt ist. Somit muß die Anlage auch hinsichtlich ihrer möglichen Auswirkungen auf den Beschäftigten im Störungsfall kritisch untersucht werden. Die Grenzen werden durch den Anwendungsbereich der StörfallV vorgegeben. Außerhalb dieser Grenzen greifen andere Vorschriften (s. L.3.5.2).

Ausgangspunkt der Betrachtung ist die Frage nach möglichen *Aufenthaltsorten von Beschäftigten*. Hierzu gehören u. a.
- ständige Arbeitsplätze in der betrachteten Anlage oder in ihrem Einwirkungsbereich,
- sonstige dem Aufenthalt von Beschäftigten dienende Räume (z. B. Sozialräume, Kantine),
- Bereiche, in denen sich Beschäftigte nicht ständig aber gelegentlich aufhalten (z. B. Probenahmestellen, begehbare Anlagenteile) sowie
- innerbetriebliche Verkehrswege.

Für diese Bereiche sind die Gefahren und das daraus resultierende *Gefährdungspotential* für die

Beschäftigten zu ermitteln. Ursachen für eine mögliche Gefährdung können in den verwendeten Stoffen, dem Verfahren und den Arbeitsvorgängen/-verfahren begründet sein [L.3.32]. Aus der Sicht des Arbeitsschutzes sind neben Störungen des Normalbetriebs u. a. durch Technikversagen oder in Folge betriebsnotwendiger Eingriffe insbesondere Störungen der laut 1. Störfall VwV ebenfalls zum bestimmungsgemäßen Betrieb gehörenden Abweichungen vom Normalbetrieb wie

- die Inbetriebnahme,
- der An- und Abfahrbetrieb,
- der Probebetrieb,
- Instandhaltungsarbeiten sowie
- vorübergehende Außerbetriebnahmen

von Bedeutung.

Hier können z. B. im Normalbetrieb nicht vorhandene sicherheitsrelevante Betriebszustände (Explosionsbereiche) durchfahren werden (An- und Abfahren), in verstärktem Maße manuelle Eingriffe notwendig werden, Sicherheits- oder Überwachungseinrichtungen außer Funktion gesetzt worden sein oder Instandhaltungsarbeiten bei laufendem Betrieb oder in gefährdeten Bereichen durchgeführt werden.

Unter Berücksichtigung der möglichen Aufenthaltsorte von Beschäftigten und dem ermittelten Gefährdungspotential können die erforderlichen Schutzmaßnahmen getroffen und vorhandene auf ihre Eignung überprüft werden.

Da der Arbeitgeber auch nach ArbSchG verpflichtet ist, auf der Basis einer *Gefährdungsbeurteilung* „die erforderlichen Maßnahmen des Arbeitsschutzes unter Berücksichtigung der Umstände zu treffen, die Sicherheit und Gesundheit bei der Arbeit beeinflussen" (§ 3 ArbSchG), fliessen die sich aus den Betrachtungen nach der StörfallV und dem ArbSchG ergebenen Erkenntnisse zu einem umfassenden Gesundheitsschutz am Arbeitsplatz zusammen, der Technik, Arbeitsorganisation, Arbeitsbedingungen und soziale Beziehungen miteinander verknüpft.

Bei der Auswahl der Schutzmaßnahmen stellen *allgemeine Prinzipien der Arbeitssicherheit*, wie sie z. B. in § 4 des ArbSchG – Allgemeine Grundsätze – oder in § 19 der GefStoffV – Rangfolge der Schutzmaßnahmen – zum Ausdruck kommen, eine wesentliche Grundlage dar.

Darüber hinaus dürfen gemäß § 36 VBG 1 „gefährliche Arbeiten" „nur geeigneten Personen, denen die damit verbundenen Gefahren bekannt sind, übertragen werden". An Einzelarbeitsplätzen wird eine besondere Überwachung der Beschäftigten gefordert, sofern diese nicht überhaupt verboten sind (z. B. Befahren von Silos und Bunkern gem. § 12 VBG 112). Wenn es dort zu einer Störung kommen kann, die den Beschäftigten bzw. die Beschäftigte gefährden, muß durch entsprechende Maßnahmen sichergestellt sein, daß die mögliche Gefährdung minimiert wird.

Technische, organisatorische und verhaltensbezogene Maßnahmen und Vorkehrungen zur Anlagensicherheit wurden in den vorangegangenen Fachbeiträgen bereits ausführlich behandelt. Es ist zu beachten, daß zum Schutz der Beschäftigten, u. a. bedingt durch die Nähe der Anlage, besondere Maßnahmen notwendig sein können. Hier stellen die Stoffeigenschaften, die Verfahrensbedingungen und die Anlagentechnik die wesentlichen Einflußparameter dar.

Im Rahmen der StörfallV sind die Stoffeigenschaften von besonderer Bedeutung, die eine *akute Gefährdung* der Beschäftigten hervorrufen können. Demnach sind insbesondere explosionsgefährliche, hochentzündliche, leichtentzündliche, entzündliche und brandfördernde Stoffe und Zubereitungen, sowie Stoffe und Zubereitungen mit toxischen Eigenschaften (sehr giftig, giftig) entsprechend den Begriffsbestimmungen der GefStoffV i. V. m. den Anhängen II–IV der StörfallV zu betrachten. Hinzu kommen brennbare Stäube, die geeignet sind, explosionsfähige Staub-/Gasgemische zu bilden.

Relevante Verfahrensbedingungen können u. a. Druck, Temperatur, Menge und Reaktionsverhalten der eingesetzten Stoffe und Zubereitungen sowie möglicherweise entstehender Zwischenprodukte sein. Darüber hinaus sind die Stoffe zu betrachten, die bei einer Störung des bestimmungsgemäßen Betriebs entstehen können.

Stoffeigenschaften und Verfahrensbedingungen haben direkten Einfluß auf die Anlagentechnik. Mechanische und chemische Belastungen können Materialversagen verursachen. Davon ist der Beschäftigte in der Anlage direkt betroffen. In Abhängigkeit vom Gefährdungspotential können sich hieraus umfangreiche bauliche, technische und organisatorische Maßnahmen ergeben. Stichworte sind in diesem Zusammenhang Containmentlösungen, Doppelwandigkeit, aufwendige Dichtungstechnik, hochwertige Aggregatetechnik, sowie vorbeugende Instandhaltung.

Auch Maßnahmen, die der Anlagensicherheit dienen, können bei unsachgemäßer Ausführung zur Gefährdung von Beschäftigten führen. So ist sicherzustellen, daß Beschäftigte nicht durch das Ansprechen von Berstscheiben, Sicherheitsventilen oder Explosionsklappen, sofern eine derartige Entspannung ins Freie überhaupt noch zulässig ist, gefährdet werden. Wird in Entspannungsbehälter abgeleitet, dann ist sicherzustellen, daß die Konstruktion und Bemessung der Abblaseleitung und des Entspannungsbehälters der zu erwartenden Belastung entspricht und die Funktionssicherheit sichergestellt ist.

Im Einzelfall sind trotz der großen gemeinsamen Schnittmenge von Arbeits- und Umweltschutz im Bereich der Anlagensicherheit Zielkonflikte nicht immer auszuschließen. Ein Beispiel dafür sind CO_2-Löschanlagen. Hier steht dem Wunsch nach möglichst kurzen Auslösezeiten seitens der Brandbekämpfer die Forderung nach ausreichender Zeit für die Beschäftigten zum Verlassen des Brandabschnitts gegenüber.

Vorrangiges Ziel ist der störungsfreie Betrieb der Anlage. Bei Störungen müssen Maßnahmen greifen, die eine *unkontrollierte Entwicklung* verhindern. Darüber hinaus ist sicherzustellen, daß durch vernünftigerweise nicht auszuschließende Ereignisse keine ernste Gefahr für Beschäftigte hervorgerufen werden kann. Als Basis kann eine Auswirkungsbetrachtung dienen, die Aussagen über den möglichen Einwirkungsbereich eines Ereignisses zuläßt. Da derartige Abschätzungen in der Praxis oft sehr schwierig und ungenau sind, sollte der zu betrachtende Einwirkungsbereich nicht zu knapp bemessen werden.

Die in diesem Einwirkungsbereich liegenden Arbeitsbereiche sind einer detaillierteren Betrachtung zu unterziehen. Ein ausreichender Schutz läßt sich bei ständigen Arbeitsplätzen leichter realisieren als bei wechselnden Aufenthaltsorten (z.B. Anlagenläufer).

Ein typisches Beispiel für einen ständigen Arbeitsplatz im möglichen Einwirkungsbereich einer Anlage ist die Leitwarte. Hier ist häufig neben der Schutzfunktion auch der Funktionserhalt sicherzustellen, wenn beispielsweise mehrere Anlagen von einer zentralen Leitwarte gesteuert werden. So kann bei der Gefahr einer Stofffreisetzung z.B.

- eine Zuluftüberwachung mit Folgemaßnahmen,
- eine Überdruckhaltung oder
- eine Atemluftnotversorgung

notwendig werden.

Zum Schutz vor Explosionsauswirkungen sind u.a. Forderungen an die Anordnung von Türen, Fenstern und ggf. auch eine druckstoßfeste Ausführung des Gebäudes notwendig und zum Schutz vor Brandeinwirkungen sind entsprechende Anforderungen des baulichen Brandschutzes zu erfüllen.

Generell ist die Voraussetzung für ein frühzeitiges Eingreifen, aber auch für den rechtzeitigen eigenen Schutz, daß die Beschäftigten die Gefahr rechtzeitig *erkennen* (z.B. Gaswarngeräte), sich geeignet *schützen* (z.B. Fluchtmasken, persönliche Schutzausrüstung), die notwendigen *Maßnahmen einleiten* und den *Gefahrenbereich sicher verlassen* können. Entsprechende Flucht- und Rettungswege sind einzurichten, zu kennzeichnen, zu beleuchten und immer freizuhalten.

Für bestimmte in der StörfallV näher bestimmte Anlagen hat der Betreiber einen betrieblichen *Alarm- und Gefahrenabwehrplan* (StörfallV § 5 Abs. 1 Nr. 3) zu erstellen. Die Anforderungen, die die von der zuständigen Behörde im Rahmen ihrer Überwachungstätigkeit zu beachten hat, sind in der 3. StörfallVwV dargestellt.

Alarm- und Gefahrenabwehrpläne stellen zusammen eine Handlungsanweisung für den Gefahrenfall dar. Sie müssen eindeutige Regelungen insbesondere im Hinblick auf Zuständigkeiten und Vertretungen enthalten und in kurzer, übersichtlicher Form abgefaßt sein. In der Regel wird zur Entgegennahme der ersten Meldung eine ständig besetzte zentrale Notrufstelle benannt sein, die dann die weitere Alarmierung entsprechend dem Alarmplan vornimmt. Der Alarmplan dient der Sicherstellung des Informationsflusses und dem Erkennen einer Gefahr. In ihm sind die Namen und Telefonnummern der zu benachrichtigenden Einrichtungen bzw. Personen enthalten. Außerdem regelt er die Auslösung des Betriebsalarms, durch den Beschäftigte und Betriebsfremde vor der Gefahr gewarnt werden.

Die nötigen Informationen im Falle einer akustischen und/oder optischen Warnung sind der *Alarmordnung* zu entnehmen. Sie soll die verschiedenen Warnsignale eindeutig beschreiben und in kurzer, leichtverständlicher Form Hinweise zum richtigen Verhalten geben. Die Alarmordnung ist an exponierter Stelle auszuhängen und allen möglicherweise betroffenen Personen (z.B. auch Lieferanten, Fremdfirmen) in geeigneter Form bekanntzugeben.

Nach erfolgter Alarmierung greift der Gefahrenabwehrplan. Er richtet sich an die betrieblichen Vorgesetzten und enthält die notwendigen Informationen zur Gefahrenabwehr.

Zum Aufbau und Inhalt betrieblicher Alarm- und Gefahrenabwehrpläne sind in [L.3.29, L.3.33] ausführliche Erläuterungen enthalten.

Zur Sicherstellung des richtigen Verhaltens im Gefahrenfall müssen die betroffenen Beschäftigten über die für sie in den betrieblichen Alarm- und Gefahrenabwehrplänen für den Störfall enthaltenen Verhaltensregeln unterwiesen werden (§ 6 Abs. 1 Nr. 5 StörfallV). Darüber hinaus soll durch Notfallübungen sichergestellt werden, daß die Beschäftigten das theoretische Wissen auch praktisch umsetzen können. Außerdem können durch diese Übungen Schwachstellen des Alarm- und Gefahrenabwehrplans erkannt werden.

Die Information sonstiger „Personen, die von einem Störfall betroffen werden könnten", „über die Sicherheitsmaßnahmen und das richtige Verhalten im Fall eines Störfalls" regelt § 11a der StörfallV.

Für die Betreiber der Anlagen, die nicht den sog. „erweiterten Pflichten der StörfallV" unterliegen und dadurch keinen Alarm- und Gefahrenabwehrplan nach § 5 Abs. 1 Nr. 3 StörfallV erstellen müssen, ergibt sich eine ähnliche Verpflichtung aus anderen Rechtsvorschriften (z. B. Flucht- und Rettungsplan nach § 55 ArbStättV).

L.4 Stand der Sicherheitstechnik an ausgewählten Beispielen

L.4.1 Sicherheitstechnische Anforderungen an Gefahrgutlager

Die in diesem Abschnitt zusammenfassend dargestellten Konzepte stellen als Beispiel Lösungsansätze für die sichere Lagerung von Gefahrgut in ortsbeweglichen Gebinden dar. Prinzipiell sind keine pauschalen sicherheitstechnischen Anforderungen definierbar, da im Rahmen der Störfall-Verordnung immer die Einzelfallbetrachtung im Vordergrund steht. Somit sind die nachfolgend aufgeführten sicherheitstechnischen Aspekte auf den speziellen Fall jeweils nur teilweise anwendbar. Die Aufstellung gibt die markantesten Punkte in tabellarischer Form an.

1. Standort

Für die Qualität der Sicherheitsmaßnahmen in Gefahrgutlagern, die der Störfall-Verordnung unterliegen, ist aufgrund möglicher Gefährdungs-

interdependenzen (Vermeidung von Domino-Effekten mit Nachbaranlagen) der Standort von besonderer Bedeutung.

Genehmigungsrechtlich kommen für die Neuerrichtung solcher Anlagen nur folgende Standorte in Frage:
- Industriegebiet und
- Gewerbegebiet.

In diesem Zusammenhang sind auch weitere umgebungsbedingte Gefahrenquellen von Bedeutung:
- naturbedingte Gefahrenquellen (z. B. Hochwasser, Erdbeben),
- verkehrsbedingte Gefahrenquellen (z. B. Straßen, Einflugschneise eines Flughafens).

2. Lagerart

Grundsätzlich sind nachfolgend aufgeführte Lagerarten denkbar. Die jeweils wichtigsten sicherheitstechnischen Aspekte sind unter der entsprechenden Lagerart beschrieben.
Blocklager
Kennzeichnung der Lager-/Fahrfläche; Überstapelung; Größe der Blöcke; Abstände der Blöcke zueinander $\Rightarrow$ Zugänglichkeit für die Feuerwehr
Regallager
Stabilität der Regale; Durchschiebeschutz; Anfahrschutz
Hochregallager
Regale s. o.; Lagerlogistik $\Rightarrow$ chaotische Lagerung $\Rightarrow$ hochwertiges Rechnersystem
Sonderlager
z. B. Schüttung

3. Baustoffe

Bei Gefahrgutlägern steht im wesentlichen der aktive und passive Brandschutz im Vordergrund. In L.3.1 sind bereits die wichtigsten Aspekte des Brandschutzes dargestellt, so daß hier nur auf die wichtigsten lagerspezifischen Aspekte eingegangen wird.
Außen-/Innenwände
Feuerwiderstandsklasse entsprechend DIN 4102
Dach
wenigstens funkenflugsicher ·
Fußböden
chemikalienbeständig entsprechend § 19h Wasserhaushaltsgesetz bzw. Bescheinigung des Instituts für Bautechnik (IfBt)

4. Bauweise

Für unterschiedliche Bauweisen sind nachfolgend die wichtigsten Aspekte aufgeführt.

Brandabschnittsgröße

ohne stationäre Löscheinrichtungen sind Brandabschnittsflächen von max. 400 m² zulässig, da diese Flächen noch von der Feuerwehr beherrschbar sind [L.4.1]

Zugänglichkeit

Die Anlage sollte für die Feuerwehr über mindestens zwei Zufahrten erreichbar sein.

Kommissionierfläche

Ausreichende Trennung vom Lagerbereich; bei Betriebsruhe frei von Lagergut, z. B. kein Bereitstellen über Nacht; eventuell spezielle Schutzeinrichtungen.

Installation, Elektroinstallation

UVV 4, DIN/VDE 0100, DIN/VDE 0165, ElexV

Notstromversorgung

entsprechend z. B. VdS-Richtlinien für die Branddetektions- bzw. Brandbekämpfungseinrichtungen

Heizung

ausreichende Abstände zwischen Lagergut und Heizung sind zu beachten

Lüftung

für VbF-Raum bzw. Batschieladeraum, nach VbF vorgeschriebener Luftwechsel pro Stunde in Bodennähe, für Batterieraum in Deckennähe wirksam. Die Lüftung kann auch durch Gasdetektoren gesteuert werden (wodurch eine Reduzierung des Luftwechsels ermöglicht wird) was eine Senkung des Heizenergieverbrauchs bewirkt.

Blitzschutzanlage

DIN 57 185/VDE 0185

5. Stoffinformation und Stoffinventar

Folgende Informationen sollten von dem Betreiber wenigstens wöchentlich aktualisiert bereitgehalten werden.

Gefahrenmerkmale

Gefahrenmerkmale nach Gefahrstoff-VO, Transportrecht, z. B. GGVS oder IMDG, Sicherheitsdatenblätter gemäß 91/155/EWG; Lagermenge

Verpackung

Art der Verpackung; brennbarer Anteil

Löschmittel

zulässig: CO_2/Wasser/Schaum usw.

Zusammenlagerungsverbote

VCI-Konzept

Die oben aufgeführten Informationen sind wesentlicher Bestandteil der Lagerliste entsprechend § 6 (3) der Störfall-Verordnung. In dieser Liste sollten außerdem folgende Daten vorhanden sein:

– genauer Lagerort
– Bezeichnung des Stoffs, CAS-Nr./Stoff-Nr. nach Anhang II der Störfall-Verordnung
– Bezeichnung der Zubereitung (Hauptbestandteile, z. B. Lösungsmittel)
– Mengenangaben
– Aggregatzustand
– Verpackungsart
– Reaktionen mit Wasser
– wichtige Brandzersetzungsprodukte

6. Lagerstruktur

Um sowohl für den Betrieb als auch für die Feuerwehr einen möglichst schnellen Überblick über das Lager zu erreichen, ist die Erstellung eines Einlagerungsplans notwendig. In ihm sollten folgende Angaben enthalten sein:

– Zuordnung von Stoffen mit gleichen/ähnlichen Gefahrenmerkmalen zu einem Brandabschnitt
– Lagerklassenzuordnung (VCI-Konzept)
– Sicherheitstechnische Ausstattung der Brandabschnitte

Der in Bild L.4-1 aufgeführte Einlagerungsplan enthält diese Informationen [L.4.2].

7. Brandvorbeugung und Brandbekämpfung

Hierbei gilt es nachfolgendes zu beachten.

Elektroinstallation

s. Punkt 4, Bauweise

Gaswarnanlage

im Bereich für VbF-Produkte

Brandmeldeanlage

entsprechend VdS-Norm oder NFPA-Richtlinie

Branddetektoren

z. B.: Rauch-; Flammen-; Thermodifferential- oder Ionisationsmelder; Auslegung in 2-Gruppen-Abhängigkeit bzw. 2-Melder-Abhängigkeit (DIN/VDE 0833, Teil 2)

Bei der Brandbekämpfung ist folgendes besonders zu beachten:

Löschanlage

automatisch, d. h. selbstätiges Ansprechen. Art des Löschmediums: CO_2, Wasser, Schaum, AFFF, Pulver, usw.; Auslegung nach DIN, VdS, NFPA; **halbstationär**, d. h. Ansprechen nur durch Ein-

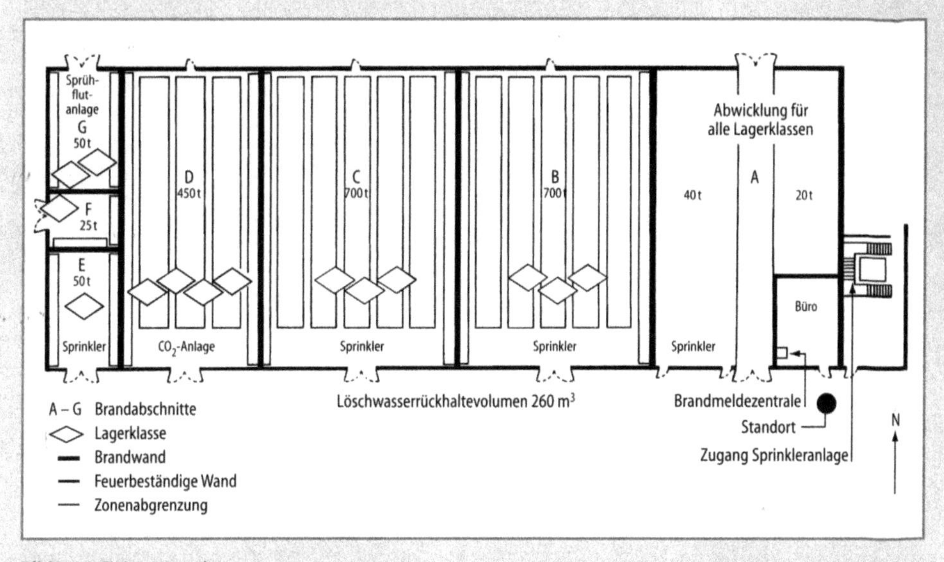

Bild L.4-1 Einlagerungsplan

greifen von Einsatzkräften möglich: Art des Löschmediums s. o.; nur möglich wenn Berufs-/Werkfeuerwehr vorhanden *und* Anfahrzeiten < 5 min vorliegen)

Art der Löschanlage
Sprühflut-, Sprinkler-, CO_2-Anlage, Hochdruckwassernebellöschanlage usw.; Verteilung der Düsen; Ansprechzeit (bes. bei Trockenanlagen) usw.

Löschwasserversorgung
für Löschanlage und Feuerwehr ausreichend?

Löschwasserrückhaltung
Aufkantung in der Halle (stationär, mobil); Rückhaltebecken oberirdisch/unterirdisch (nach VbF (TRbF 100) unterirdisch nicht zulässig), Zuleitungen flammendurchschlagsicher, Zwangsbelüftung des Raums)

Löschwasserrückhaltevolumen
Berechnung entsprechend der **Löschwasser-Rückhalte-Richtlinie (LöRüRl)**; wenn kein fest installiertes Löschsystem vorhanden, ist das so ermittelte Rückhaltevolumen *nicht* ausreichend. Erfahrungen aus Brandeinsätzen zeigen, daß in der ersten Stunde bei einem Vollbrand ca. 800 m³ Löschwasser anfallen.

8. Lagerverwaltung

Bei der Lagerverwaltung ist folgendes besonders zu beachten.

Lagerlisten
s. Punkt 5, Stoffinformation und Stoffinventar

Lagerlogistik
Ein-/Auslagerung sollte mittels eines EDV-gestützten Systems durchgeführt werden, das die Zusammenlagerungsverbote beinhaltet. Zusätzlich sind die Angaben des EDV-Systems durch den Lagermeister zu überprüfen.

Verzeichnis der verwendeten Abkürzungen

AFFF	Aqueous Film Forming Foam
ElexV	Verordnung über elektrische Anlagen in explosionsgefährdeten Räumen, in der Fassung vom 27.12.1993, BGBl.I S.2378
GGVS	Verordnung über die innerstaatliche und grenzüberschreitende Beförderung gefährlicher Güter auf Straßen (Gefahrgutverordnung Straße – GGVS), in der Fassung vom 26.11.1993, BGBl.I S.2022
IfBt	Institut für Bautechnik, Berlin
IMDG-Code	International Maritime Dangerous Goods Code
NFPA	National Fire Protection Association, 1 Batterymarck Park, PO Box 9101, Quincy MA 02269-9101
UVV	Unfallverhütungsvorschrift
VCI	Verband der Chemischen Industrie, Frankfurt
VbF	Verordnung über Anlagen zur Lagerung, Abfüllung und Beförde-

rung brennbarer Flüssigkeiten zu Lande (Verordnung brennbarer Flüssigkeiten) in der Fassung vom 13.12.1996, BGBl.I S.1937

VdS   Verband der Sachversicherer, Postfach 10 37 53, 50477 Köln

L.4.2 Sicherheitstechnische Anforderungen an Anlagen zur Lagerung von Mineralölerzeugnissen

Das Gefährdungspotential bei der Lagerung von brennbaren Flüssigkeiten in Anlagen nach Nr. 9.2 des Anhangs zur 4. BImSchV liegt erfahrungsgemäß in einer Freisetzung und in Brand geraten von Stoffen durch Leckagen aus Fördereinrichtungen und Armaturen sowie durch Überfüllen der Lagerbehälter. Die Einrichtungen, die zur Erkennung von Stofffreisetzungen, und die Maßnahmen, die zur Abwehr einer entstehenden ernsten Gefahr im Sinne der Störfall-Verordnung bestimmt sind, sollten den folgenden sicherheitstechnischen Anforderungen genügen.

Pumpen

Als primärer Brand- und Explosionsschutz ist der dichte Einschluß aller brennbaren Flüssigkeiten anzusehen.

Oftmals werden in der Praxis *Kreiselpumpen* mit einfachen Gleitringdichtungen eingesetzt, welche bei einem Dichtungsversagen größere Stoffmengen freisetzen. Das Erkennen von Stoffreisetzungen versucht man in der Praxis durch regelmäßige Anlagenbegehungen zu lösen, was aus sicherheitstechnischer Sicht besonders an arbeitsfreien Tagen bedenklich ist.

Aus diesen Gründen sollten *Pumpen* mit einfachen Gleitringdichtungen in separaten Auffangtassen errichtet werden. Die Auffangtassen sind mit Einrichtungen zur gezielten Ableitung von Leckagen und mit geeigneten technischen *Leckageerkennungssystemen* auszurüsten, die in der Meßwarte einen Alarm auslösen und ggf. selbständig den Pumpenmotor abstellen.

Generell sind bei *Kreiselpumpen* sicherheitstechnische Anforderungen gemäß Tabelle L.4-1 zu berücksichtigen

Dichtungen

An Rohrleitungen mit Flanschen die mit flachen Dichtleisten ausgeführt sind, werden in der Praxis *Dichtungen* in den unterschiedlichsten Bauformen eingesetzt. *Dichtungsmaterialien* müssen den Anforderungen der Fördermedien gerecht werden, wobei asbesthaltige Dichtungen nicht mehr tolerierbar sind.

In Abhängigkeit vom Gefährdungspotential der brennbaren Flüssigkeiten sind Mindestanforderungen gemäß Tabelle L.4-2 an *Flachdichtungen* zu berücksichtigen.

Beim Einsatz von *formschlüssigen Dichtleisten* ist der Einsatz von Weichstoffdichtungen ausreichend. Eine Ausnahme bilden die kanzerogenen und giftigen Stoffe. Hier sollten zur Minimierung der Permanentleckagen mindestens *Weichstoffdichtungen* mit Metalleinlagen verwendet werden.

Hauptaugenmerk bei *Absperrarmaturen* ist die Abdichtung der *Spindeldurchführungen* sowie die Beständigkeit gegen Unterfeuerung im Brandfall *(fire-safe)*.

Anzumerken ist, daß zwar von verschiedenen Herstellern Armaturen in Fire-Safe-Ausführung angeboten werden, aber die Flanschverbindungen i.d.R.nicht feuerbeständig ausgeführt wer-

Tabelle L.4-1

Stoff	Maßnahme
Brennbare Flüssigkeiten i.S.d. VbF[a] A I, A II, B	Doppelte Gleitringdichtungen mit Zwischenraumüberwachung
VbF A III	Einfache Gleitringdichtung
Giftige, kanzerogene Flüssigkeiten	Hermetisch dichte Pumpen

[a] Verordnung über Anlagen zur Lagerung, Abfüllung und Beförderung brennbarer Flüssigkeiten zu Lande (Verordnung über brennbare Flüssigkeiten – VbF) in der Fassung vom 27.12.1993, BGBl.I, S.2378

Tabelle L.4-2

Stoff	Maßnahme
Brennbare Flüssigkeiten i.S.d. VbF A I, A II, B	Weichstoffdichtungen mit Metallkern (z.B. Spießblechdichtungen)
VbF A III	Weichstoffdichtungen
Giftige, kanzerogene Flüssigkeiten	Metalldichtungen mit Auflage (z.B. kammprofilierte Dichtungen)

Tabelle L.4-3

Stoff	Maßnahme
Brennbare Flüssigkeiten i.S.d. VbF A I – A III, B	Stopfbuchspackung
Giftige, kanzerogene Flüssigkeiten	Faltenbalg mit nachgeschalteter Stopfbuchse und Zwischenraumüberwachung oder doppelte Stopfbuchse mit Zwischenlaterne

den können. Probleme bereiten hier die Längenänderung der Verbindungsschrauben unter thermischer Einwirkung sowie die nicht ausreichend realisierte Feuerbeständigkeit von Dichtungswerkstoffe.

Bei *Spindelabdichtungen* für sicherheitsrelevante Absperrarmaturen sind die Punkte gemäß Tabelle L.4-3 zu berücksichtigen:

Überfüllsicherung

Zum Schutz vor *Überfüllung* von Lagerbehältern sind bei der Handhabung von VbF AI-, AII- und B-Flüssigkeiten sowie giftigen und kanzerogenen Stoffen, Behälter neben der Füllstandsüberwachung zusätzlich mit eine bauartzugelassenen Überfüllsicherung auszurüsten.

Bei Ansprechen der *Überfüllsicherung* muß neben einem Alarm in der Meßwarte automatisch das Zulaufventil (Schnellschluß) geschlossen und der Pumpenmotor abgeschaltet werden.

Brandschutzmaßnahmen

Zur Lagerung von brennbaren Flüssigkeiten kommen in der Praxis *Flachbodentanks* sowie stehende oder liegende *Klöpperbodentanks* zum Einsatz. Zum Schutz vor einer möglichen Unterfeuerung sollten *Klöpperbodentanks* mit einer *Brandschutzisolierung (F 90)* versehen werden, unter der besonderen Berücksichtigung der Standsicherheit im Brandfall.

Generell ist bei der Lagerung brennbarer Flüssigkeiten wegen des Ausschlusses äußerer Einwirkungen (Brand, Trümmerwurf) und der leichten Detektion von Leckagen sowie der einfachen Brandbekämpfung der Lagerung in Tanks mit *Ringmänteln* der Vorzug zu geben.

Bei der Lagerung von giftigen und kanzerogenen Flüssigkeiten in *Flachbodentanks* sind diese mit einem *Ringmantel (4/5 der Höhe)* zu versehen. Der Zwischenraum Tank/Ringmantel ist mit einem geeigneten Erkennungssystem für mögliche Leckagen sowie mit einer stationären Beschäumungsanlage auszurüsten.

In der Praxis versucht man mögliche *Leckagen* und die daraus resultierende Brandgefahr durch regelmäßige Anlagenbegehungen zu erkennen. Da die Intervalle solcher Anlagenbegehungen sehr unterschiedlich sind (bis zu 24 h), empfehlen sich hier technische Lösungen.

Zur Erkennung von zündfähigen Dampf/Luft-Gemischen sollte ein *Gaswarnsystem* mit stationären Gasmeßköpfen vorhanden sein. Meßprinzip, Plazierung und Anzahl der Gasmeßköpfe müssen den örtlichen Gegebenheiten sowie den Stoffeigenschaften (Dampfdruck) gerecht werden. Die Alarmpunkte (10 – 20 % UEG) des *Gaswarnsystems* müssen so gewählt werden, daß eine sichere Gefahrenabwehr eingeleitet werden kann.

Zur sicheren Erkennung von Bränden in der Entstehungsphase bietet sich ein ausreichend dimensioniertes stationäres *Brandmeldesystem (Brandmelder)* an.

Zur Brandbekämpfung empfiehlt sich in Anlehnung an das bestehende Regelwerk mindestens eine *halbstationäre Löscheinrichtung.* Löschmittelart und -menge richten sich nach den Stoffeigenschaften und Menge der gelagerten VbF-Flüssigkeiten. *Löschwasserrückhaltung* und das daraus resultierende erforderliche Auffangvolumen muß ausreichend dimensioniert sein.

Literatur

[L.1.1] Gesetz zum Schutz vor gefährlichen Stoffen (Chemikaiengesetz – ChemG) in der Fassung vom 25.07.1994, BGBl.I S.168

[L.1.2] Verordnung zum Schutz vor gefährlichen Stoffen (Gefahrstoffverordnung – GefStoffV) in der Fassung vom 24.020.1997, BGBl.I S.311

[L.1.3] Grundgesetz der Bundesrepublik Deutschland vom 23. Mai 1949 zuletzt geändert am 20.12.1993. Deutsche Gesetze begründet von H. Schönfelder, Loseblattausgabe, Stand Feb. 1994. München: Beck

[L.1.4] Landesverfassung NRW vom 28.06.1950 zuletzt geändert am 24.11.1992, SGV NRW, Loseblattausgabe, Stand April 1994. Düsseldorf: Bargel

[L.1.5] Gesetz über technische Arbeitsmittel (Gerätesicherheitsgesetz – GSG) in der Fassung vom 19.06.1996, BGBl.I S.1019

[L.1.6] Gesetz zum Schutz vor schädlichen Umwelteinwirkungen durch Luftverunreinigungen, Geräusche, Erschütterungen und ähnliche Vorgänge (Bundes-Immissionsschutzgesetz – BImSchG) in der Fassung vom 09.10.1996, BGBl. I S.1498

[L.1.7] 4. Verordnung zur Durchführung des Bundes-Immissionsschutzgesetzes (Verordnung über genehmigungsbedürftige Anlagen – 4. BImSchV) in der Fassung vom 16.12.1996, BGBl. I S.1959

[L.1.8] Oberverwaltungsgericht Lüneburg (Beschluß 7 OVG B 16/83 vom 06.04.1984

[L.1.9] Richtlinie 96/82/EG des Rates vom 9. Dezember 1996 zur Beherrschung der Gefahren bei schweren Unfällen mit gefährlichen Stoffen. Amtsblatt der Europäischen Gemeinschaft Nr. L, S. 13 – 32 vom 14.01.1997

[L.2.1] Allianz Handbuch der Schadensverhütung 3. Auflage. Düsseldorf: VDI-Verlag 1984

[L.2.2] Brandl, H., Wiedemann, G., Strohmeier, K.: Banspruchung und Öffnungsquerschnitt von Lecks in druckbelasteten Komponenten Forschungsjournal Verfahrenstechnik 1 (1990)

[L.2.3] Brötz, W.: Gutachten Sicherheitstechnik NRW im Auftrag des MAGS, Stuttgart 1979

[L.2.4] Friedel, L., Westphal, F.: Modelle für die Berechnung der Leckraten aus druckführenden Apparaten und Rohrleitungen. Dechema Monographien Band 107. Weinheim: VCH (1987)

[L.2.5] Friedel, L., Westphal, F.: Mechanistic prediction Model for leakage rates through cracks 3 Rinternational, 28. Jahrgang, Heft 7, Aug. 1989

[L.2.6] Kefer, V., Kastner, W., Krätzer, W.: Leckraten bei unterkritischen Rohrleitungsrissen KWU Erlangen

[L.2.7] Strohmeier, K., Wiedemann, G.: Risikenanalysen Maschinenmarkt, Würzburg 92 (1986) 29

[L.2.8] Rheinisch Westfälischer TÜV, Essen Beurteilung von Schweißverbindungen an Behältern mit druckverflüsigten Gasen, April 1988

[L.2.9] Opschoor, G.: Cryogenics (1981) 281

[L.2.10] VDI 3783, Blatt 2: Ausbreitung von störfallbedingten Freisetzungen schwerer Gase, Sicherheitsanalyse, September 1992

[L.2.11] König-Langlo, G., Schatzmann, M.: Ausbreitung von störfallbedingten Freisetzungen schwerer Gase Staub-Reinhaltung der Luft 49 (1989) 241 – 247

[L.2.12] VDI 3783, Blatt 1: V.2.23 Störfall-leichte Gase, Juli 1994

[L.2.13] Deutsche Forschungsgemeinschaft. Toxikologisch-Arbeitsmedizinische Begründung von MAK-Werten. Verlag Chemie 1984

[L.2.14] Handbuch Stoffdaten zur Störfall-Verordnung Umweltforschungsplan des BMI – Luftreinhaltung – Forschungsbericht: 10409112 / UBA-FB 92-016, 4 Bände, Berlin 1992

[L.2.15] RTECS Registry of Toxic Effects of Chemical Substances and Users Guide Aldrich Chemie, Steinheim

[L.3.1] Berufsgenossenschaft der chemischen Industrie und Verein Deutscher Sicherheitsingenieure e.V.: Ratgeber Anlagensicherheit, Grundlagen und Anwendungshilfen zur Anlagensicherheit. Berlin: Kluge 1992

[L.3.2] Birth, K., Lemke, E., Polthier, K.: Handbuch Brandschutz, 5. Aufl. Landsberg, Lech: ecomed 1991

[L.3.3] v. Schwartz, E.: Handbuch der Feuer- und Explosionsgefahr, 6. Aufl. München: Ph. L. Jung 1964, Düsseldorf: Schwann

[L.3.4] Richtlinien für die Vermeidung der Gefahren durch explosionsfähige Atmosphäre mit Beispielsammlung. Explosionsschutz-Richtlinien (EX-RL) Hauptverband der gewerblichen Berufsgenossenschaften

[L.3.5] Bartknecht, W.: Explosionen, Ablauf und Schutzmaßnahmen, 2. Aufl., Berlin, Heidelberg, New York: Springer 1980

[L.3.6] Spohn, C.: Brand- und Explosionsschutz in verfahrenstechnischen Anlagen (Studienarbeit) Universität GH Essen, Inst. f. Umweltverfahrenstechnik, Essen, 1993

[L.3.7] Informationsgespräche C. Spohn und Fa. Solvay Deutschland GmbH, Zentralbereich Umweltschutz und Sicherheit. Rheinberg, 1993

[L.3.8] Berufsgenossenschaft der chemischen Industrie: Explosionsschutz in der chemischen Industrie ACHEMA '88

[L.3.9] VDI-Richtlinie 2263: Staubbrände und Staubexplosionen

[L.3.10] 12. Verordnung zur Durchführung des Bundes-Immissionsschutzgesetzes (Störfall-Verordnung – 12. BImSchV) vom 20.09.1991, BGBl. I S.1891

[L.3.11] Liste baumustergeprüfter speicherprogrammierbarer Steuerungen (SPS). Version 2.3, März 1995. TÜV Rheinland, Sicherheit und Umweltschutz GmbH und TÜV Product Service GmbH

[L.3.12] VDI/VDE-Richtlinie 2180: Sicherung von Anlagen der Verfahrenstechnik mit Mitteln der Prozeßleittechnik, 1998: Blatt 1: Einführung, Begriffe, Erklärungen; Blatt 2: Klassifizierung von PLT-Einrichtungen; Ausführung, Betrieb und Prüfung von PLT-Schutzeinrichtungen; Blatt 3: Bauliche und installations-technische Maßnahmen zur Funktionssiche-rung von PLT-Einrichtungen; Blatt 4: Berechnungsmethoden für Zuverlässigkeits-kenngrößen von Sicherungseinrichtungen

[L.3.13] DIN V 19250, Mai 1995: Leittechnik – Grundlegende Sicherheitsbetrachtungen für MSR-Schutzeinrichtungen

[L.3.14] AD-Merkblatt A 6, Juni 1986: Sicherheit-seinrichtungen gegen Drucküberschreitung, MSR-Sicherheitseinrichtungen

[L.3.15] TRbF 510, Mai 1989: Bau- und Prüf-grundsätze für Überfüllsicherungen

[L.3.16] DIN VDE 0116, Okt. 1989: Elektrische Ausrüstung von Feuerungsanlagen

[L.3.17] B. Droste, M. Mallon: Eine gezielte Aus-wertung von Unfällen beim Umgang mit Flüs-siggas. Zeitschr. Schadensprisma 3/90

[L.3.18] Sicherheitsregeln für Anforderungen an Eigenschaften ortsfester Gaswarneinrichtun-gen für den Explosionsschutz (ZH 1/8). Si-cherheitsregel des Hauptverbands der gewerb-lichen Berufsgenossenschaften, Zentralstelle für Unfallverhütung und Arbeitsmedizin, Fachausschuß Chemie. Köln: Heymanns 1988

[L.3.19] Grundsätze für die Prüfung der Funkti-onsfähigkeit ortsfester Gaswarneinrichtun-gen für den Explosionsschutz (ZH 1/8.1). Si-cherheitsregel des Hauptverbands der gewerb-lichen Berufsgenossenschaften, Zentralstelle für Unfallverhütung und Arbeitsmedizin, Fachausschuß Chemie. Köln: Heymanns 1987

[L.3.20] Umgebungsüberwachung von verfah-renstechnischen Freiluftanlagen durch Gas-detektoren. Abschlußbericht des F+E-Vorha-bens Nr. 104 09 215 des Umweltbundesamts vom 12. August 1991

[L.3.21] 2. Allgemeine Verwaltungsvorschrift zur Störfall-Verordnung, April 1982

[L.3.22] Fischer, H., Weißgerber, B.: Unfallgefähr-dungen erkennen TÜ 34 (1993) 31/37

[L.3.23] Geike, R.: Menschliches und technisches Versagen – Störfallursachen. Vortrag bei der Fachtagung „Abwehr betrieblicher Störfälle durch vorsorgendes Risikomanagement" der GUT, Berlin 1994

[L.3.24] Verordnung über elektrische Anlagen in explosionsgefährdeten Räumen, 1980

[L.3.25] Arbeitsstätten-Richtlinie 39/1 Mittel und Einrichtungen zur Ersten Hilfe Mai 1976

[L.3.26] Arbeitsstätten-Richtlinie 10/1 Türen und Tore, September 1985

[L.3.27] DIN 4844 Sicherheitskennzeichnung, Mai 1980

[L.3.28] Richtlinie 92/58/EWG des Rates über Mindestvorschriften für die Sicherheits- und/oder Gesundheitsschutzkennzeichnung am Arbeitsplatz vom 24.06.1992

[L.3.29] Wefers, H., Delling S., Schulz, T.: Hin-weise zur Herstellung und Prüfung von be-trieblichen Alarm- und Gefahrenabwehrplä-nen nach der Störfall-Verordnung LIS-Bericht Nr. 83, 1988

[L.3.30] Steinbach, J.: Betriebliche Sicherheits-organisation im Chemiebetrieb. Vortrag bei der Fachtagung „Abwehr betrieblicher Stör-fälle durch vorsorgendes Risikomanagement" der GUT, Berlin 1994

[L.3.31] Lemke, Mayer: Angewandte Sicherheit-stechnik. Handbuch des Arbeitsschutzes und der Sicherheit in Technik und Umwelt. Lose-blatt-Sammlung, Grundwerk. Landsberg, München: ecomed 1984

[L.3.32] Fragenkatalog zum Schutz der Beschäf-tigten bei Sicherheitsbetrachtungen nach Stör-fall-Verordnung. Sonderdruck der Bundesan-stalt für Arbeitsschutz, Dortmund, April 1991

[L.3.33] Wefers, Reimers: Die neue Störfallver-ordnung. Loseblatt-Sammlung, Grundwerk. Augsburg: WEKA 1991

[L.4.1] Klingsohr, K.: Einsatzgrenzen der Feuer-wehren Brandschutz, DFZ 2 (1986)

[L.4.2] Bayer Handbuch Lagerung, April 1988

Ergänzende Literatur

Battelle Institut e.V., Frankfurt am Main: Ver-gleich verschiedener Methoden zur Risikoab-schätzung bei Verfahrensanlagen – Endbe-richt. Im Auftrag des Bundesministeriums für Forschung und Technologie, Nov. 1985

DIN 28004, Mai 1988: Fließbilder verfahrens-technischer Anlagen

DIN 19227: Leittechnik. Graphische Symbole und Kennbuchstaben für die Prozeßleittechnik. Blatt 1, Okt. 1993: Darstellung und Aufgaben; Blatt 2, Feb. 1991: Darstellung von Einzelheiten

DIN V 0801, Jan. 1990: Grundsätze für Rechner in Systemen mit Sicherheitsverantwortung

DIN V 19251, Feb. 1995: Leittechnik – MSR-Schutz-einrichtungen – Anforderungen und Maß-nahmen zur gesicherten Funktion

DIN 31000, Teil 2, Dez. 1987: Allgemeine Leitsät-ze für das sicherheitsgerechte Gestalten tech-nischer Erzeugnisse. Begriffe der Sicher-heitstechnik, Grundbegriffe

Dreyhaupt, F. J.: VDI-Lexikon Umwelttechnik. Düsseldorf: VDI 1994

Euteneuer, U., Katzer, H., Wefers, H.: Sicherheitstechnische Überprüfung einer verfahrenstechnischen Anlage nach einem modifizierten PAAG-Verfahren am Beispiel eines Flüssiggaslagers. LIS-Bericht Nr. 88 (1989)

Euteneuer, U.; Kuboth, J.; Legner, C.; Schütz, M.: Prozeßleittechnik in Anlagen der chemischen Industrie – Anlagenschutz und sicherheitsrelevante Komponenten. Materialien Nr. 9, Landesumweltamt NRW, 1995

Euteneuer, U.: Sicherung von Anlagen der Verfahrenstechnik mit Mitteln der Prozeßleittechnik – Die neue VDI/VDE – Richtlinie 2180. TÜ Bd. 37 Nr. 11/12 (1996) 50-57

Fischbach, Holter-Hauke: Anlagensicherheit und Arbeitsschutz. II. Entwicklung und Bedeutung der Störfall-Verordnung. sicher ist sicher 06 (1992) 309 – 312

Holter-Hauke, Fischbach: Anlagensicherheit und Arbeitsschutz. I. Grundlagen. sicher ist sicher 05 (1992) 238 – 241

IEC 61508: Functional safety of electrical/electronical/programmable electronic safety-related systems, Dez. 1997

IEC 61511: Safety Instrumented Systems for the process industry

Internationale Sektion der IVSS für die Verhütung von Arbeitsunfällen und Berufskrankheiten in der chemischen Industrie: Risikobegrenzung in der Chemie, PAAG-Verfahren (HAZOP) Heidelberg 5/1990

Leitlinie für die Prüfung sicherheitsrelevanter MSR-Einrichtungen in Anlagen. VdTÜV-Merkblatt Druckbehälter 372, Juli 1997. VdTÜV e.V., Essen

Sicherheit und menschengerechte Gestaltung von Leitwarten, Länderanstalt für Arbeitsschutz NRW, 1996

Nabert, Schön: Sicherheitstechnische Kennzahlen brennbarer Gase und Dämpfe. Braunschweig: Deutscher Eichverlag 1980/1990

NAMUR-Empfehlung 31: Anlagensicherung mit Mitteln der Prozeßleittechnik. Stand 1.1.1993. NAMUR-Arbeitskreis AK 4.5 „Anlagensicherheit"

Netter, P.: Anlagensicherung mit Mitteln der Prozeßleittechnik. atp 75 Nr. 1 (1993) 45 – 51

Polke, M.: Prozeßleittechnik. München, Wien: Oldenbourg 1992

VDI Bildungswerk, Düsseldorf Methoden der Sicherheitsanalyse, Trainingsseminar, Juni 1994

VDI-Richtlinie 3673: Druckentlastung von Staubexplosionen

VDI/VDE 2180, Blatt 5 (Entwurf): Einsatz von sicherheitsgerichteten speicherprogrammierbaren Steuerungen (SSPS), Aug. 1998

VDI/VDE 3542: Sicherheitstechnische Begriffe für Automatisierungssysteme. Blatt 1, Dez. 1988: Qualitative Begriffe

Vollmar: Anlagensicherheit und Arbeitsschutz. III. Prüfungen aus der Sicht der behördlichen Praxis. sicher ist sicher 07/08 (1992) 410 – 412

Meß- und Analysetechnik

M.1 Luft

Unter den Begriffen Emission, Transmission und Immission sollen hier charakteristische Phänomene aus dem Bereich der Luftreinhaltung verstanden werden. Genau genommen gelten diese Begriffe für alle Bestandteile der Luft, des Wassers, des Bodens und alle Energiephänomene, wie z. B. Strahlung, Wärme, Schall und Erschütterung.

Emission. Übertritt luftverunreinigender Stoffe in die offene Atmosphäre. Der Ort des Übertritts ist die Emissionsquelle. Die Gesamtheit technischer Einrichtungen und Quellen wird als Emittent bezeichnet.

Transmission. Vorgänge, denen luftverunreinigende Stoffe in der offenen Atmosphäre unter dem Einfluß von Bewegungsphänomenen oder weiterer physikalischen und chemischen Reaktionen ausgesetzt sind.

Immission. Übertritt luftverunreinigender Stoffe von der offenen Atmosphäre in einen Akzeptor. Akzeptoren können Mensch, Tier, Pflanze, Boden, Materialien sein. Der Akzeptor kann am Übertritt aktiv oder passiv beteiligt sein, z. B. aktiv durch Adsorption und Deposition.

M.1.1 Emissionsmessungen

Die Notwendigkeit, Anlagen auf Einhaltung von Emissionsbegrenzungen zu überprüfen, ergibt sich aus den Vorschriften zum Immissionsschutz, z.B. dem Bundesimmissionsschutzgesetz, der technischen Anleitung zur Reinhaltung der Luft – TA Luft, der 13. BImSchV, der 17. BImSchV und der 2. BImSchV [M.1.1 – M.1.5]. Die in den einzelnen Vorschriften enthaltenen Anforderungen werden im Genehmigungsverfahren Bestandteil

der jeweiligen Auflagen und Nebenbestimmungen, unter denen eine Anlage betrieben werden darf. Dagegen handelt es sich bei der Festlegung zur Überprüfung von Leistungsmerkmalen (Garantienachweis) von Anlagenteilen und Abgasreinigungsanlagen um privatrechtliche Vereinbarungen. Es kann auch die kontinuierliche Messung bestimmter Emissionen unter Verwendung aufzeichnender Meßgeräte gefordert sein.

M.1.1.1 Aufgabenstellung und Meßplanung

Typische Aufgabenstellungen sind Messungen zur Überprüfung der Einhaltung von Emissionsbegrenzungen, der Nachweis vereinbarter Garantien für Produktions- und Abgasreinigungsanlagen (sog. Abnahmemessungen), Messung zur Kalibrierung kontinuierlicher Emissionsmeßeinrichtungen, Messungen zur Ermittlung des Emissionsverhaltens der Anlage nach Verfahrensumstellung, Betriebsstörungen, Umbau usw.

Bei der Durchführung von Messungen kommt der Meßplanung große Bedeutung zu. Vor der Meßplanung ist sicherzustellen, daß die Aufgabenstellung der Messungen genau definiert ist. Dadurch wird vorgegeben, welche Meßgrößen bei bestimmten Randbedingungen mit welcher Genauigkeit des Ergebnisses ermittelt werden müssen. Notwendige Komponenten des Meßplans sind das Vorwissen über die zu untersuchende Anlage, z. B. technische Daten der Anlage, Angaben über Betriebsverhalten, Einsatzstoff, Lage der Meßstellen usw. Dazu kommen die Kenntnisse über die auszuwählenden Meßverfahren, die Personaleinsatzplanung und den Zeitablauf hinzu. Hilfestellung bei der Erstellung von Meßplänen gibt die VDI-Richtlinie 2448 [M.1.6]. Bereits bei der Anlagenplanung sind

Festlegungen über die Art der durchzuführenden Messung, die Anordnung der Meßstutzen und die Einrichtung der Meßstellen erforderlich. Dabei sind die Zugänglichkeit der Meßstelle und die an die Abgasführungen gestellten Mindestanforderungen zu beachten. Die Richtlinie VDI 2066, Blatt 1 enthält u. a. Hinweise auf die an der Meßstelle notwendige Mindestlänge der Ein- und Auslaufstrecke der Abgasführung [M.1.7]. In der TA Luft wird gefordert: „Die Meßplätze sollen ausreichend groß, leicht begehbar, so beschaffen sein und ausgewählt werden, daß eine für die Emission der Anlage repräsentative und meßtechnisch einwandfreie Emissionsmessung ermöglicht wird". Weitere Anforderungen werden an Meßverfahren und -einrichtungen gestellt. Die TA Luft legt fest, daß Emissionsmessungen unter Beachtung bestimmter Richtlinien und Normen der Kommission Reinhaltung der Luft im VDI und DIN durchgeführt werden. Diese Richtlinien beschreiben den jeweilig gesicherten Stand der Meßtechnik. Die Qualität der eingesetzten Meßverfahren muß den Anforderungen der Meßaufgabe angemessen sein. Zur Leistungsbeschreibung werden Kenngrößen für Meßverfahren verwendet, wie sie in der Richtlinie VDI 2449, Blatt 1 und 2 definiert sind, z. B. Nachweisgrenze und Bestimmungsgrenze [M.1.8, M.1.9].

Im allgemeinen soll die Nachweisgrenze kleiner als ein Zehntel der Emissionsbegrenzung sein. Die Reproduzierbarkeit eines Meßverfahrens wird aus einer Meßreihe zeitgleicher Doppelbestimmungen mit zwei vollständigen Meßverfahren bestimmt. Damit kann die Standardabweichung des Meßverfahrens in Abhängigkeit von der Anzahl der Meßwertepaare und der Stoffkonzentration abgeschätzt werden. Soweit registrierende Meßverfahren eingesetzt werden, sind z. B. Linearität des Meßsignals, Totzeit, Anstiegszeit, Nullpunkt- und Empfindlichkeitsdriften von Bedeutung. Selbstverständlich ist dabei, daß das Meßverfahren den Bereich der zu erwarteten Meßwerte abdeckt. Entsprechende Auswahlüberlegungen gelten auch für die Messung von Bezugsgrößen, z. B. O_2-Gehalt und die Zustandsgrößen Temperatur, Feuchte, Druck.

M.1.1.2 Meßverfahren und Probenahme

Für eine Reihe genehmigungsbedürftiger Anlagen werden vom Gesetzgeber Meßsysteme zur kontinuierlichen Überwachung von Emissionen gefordert. So schreibt z. B. die Verordnung über Großfeuerungsanlagen vor, daß Meßeinrichtungen zur kontinuierlichen Überwachung der Emissionen an Staub, Kohlenmonoxid, Stickstoffoxiden und Schwefeloxiden zu installieren sind [M.1.3]. In der 17. BImSchV wird die kontinuierliche Ermittlung, Registrierung und Auswertung von Kohlenmonoxid, Gesamt-Staub, organischen Stoffen (angegeben als Gesamt-Kohlenstoff), gasförmigen anorganischen Fluor- und Chlorverbindungen, Schwefeldioxid- und -trioxid und Stickstoffmonoxid und Stickstoffdioxid gefordert [M.1.4]. Daneben sind weitere Abgasparameter, z. B. Sauerstoffgehalt, Abgasvolumenstrom und Temperatur registrierend zu erfassen. Weitere Festlegungen werden in der TA Luft getroffen [M.1.2]. In allen Fällen wird darauf hingewiesen, daß die Anlage mit geeigneten Meßeinrichtungen und Meßwertrechnern auszurüsten sind. Geeignete Meßeinrichtungen, die sog. Mindestanforderungen erfüllen, werden vom Bundesumweltministerium veröffentlicht.

M.1.1.2.1 Stäube

Für die Messung partikelförmiger Stäube stehen sowohl manuelle Meßverfahren als auch kontinuierlich registrierende Verfahren zur Verfügung. Die manuellen Meßverfahren und ein Teil der registrierenden Verfahren werden in der Richtlinienreihe VDI 2066 beschrieben. Bei der Messung mit registrierenden Verfahren sind die gesetzlichen Mindestanforderungen [M.1.10] und die Eignungsbekanntgaben zu beachten.

Die Verfahren zur manuellen Staubmessung haben sich bewährt. Jedoch können bei sehr geringen Staubgehalten < 1 mg/m³ und in feuchtem übersättigten Abgas, z. B. nach Wascher, Meßprobleme auftreten. Ebenso stehen für die kontinuierliche Messung geeignete Verfahren zur Verfügung; jedoch sind nicht alle Meßverfahren gleichermaßen für die verschiedenen Aufgabenstellungen geeignet. Zum Beispiel ist es nicht möglich, bei übersättigten Abgasen mit optischen Transmissionsmeßgeräten zu arbeiten. Gleiches gilt für geringe Staubgehalte bei Abgasführungen mit kleinen optischen Meßweglängen. Bei wasserdampfgesättigtem Abgas wird zur Lösung der Meßaufgabe mit einer extraktive Probe entnommen und wieder aufgeheizt. Die Meßprinzipien sind Streulichtmessung, radiometrische Messung und Transmissionmessung (bei genügend langer Meßstrecke). Bei geringen Staubgehalten kommen die empfindlicheren Streulichtmeßgeräte zum Einsatz.

Die Probenahme des die Partikeln enthaltenen Abgases muß weitgehend geschwindigkeitsgleich erfolgen, damit es wegen der Trägheit der Teilchen bei der Probenahme nicht zu einer Entmischung bzw. Verschiebung oder Größenverteilung der Partikeln und damit zu einer Veränderung des Massengehalts kommt. Ist die Absauggeschwindigkeit zu groß gewählt, wird ein zu geringer Staubgehalt gemessen oder umgekehrt. Dieser Effekt ist von der Größenverteilung der Partikeln abhängig. Bei Partikeln mit einem aerodynamischen Durchmesser < 0,7 µm ist dieser Trägheitseinfluß vernachlässigbar. Eine schematische Darstellung der geschwindigkeitsgleichen Absaugung zeigt Bild M.1-1. In der Regel ist eine Teilstromprobenahme im Meßnetz erforderlich. Dabei wird vorausgesetzt, daß in dem jeweiligen Netzpunkt die mittlere Geschwindigkeit und Massenstromdichte für den Teilquerschnitt vorliegen (s. VDI 2066, Blatt 1).

Die erforderliche Anzahl der Meßpunkte richtet sich nach der Strömungsverteilung und nach der Fläche des Meßquerschnitts. Je ungleichmäßiger die Gas- und Staubverteilung ist, umso mehr Meßpunkte sind vorzusehen. Weiterhin ist zu beachten, daß an der Meßstelle eine möglichst störungsfreie Strömung vorliegt. Es ist eine ungestörte Ein- und Auslaufstrecke von insgesamt dem 6fachen des hydraulischen Durchmessers erforderlich. Zur Sicherstellung einer möglichst störungsfreien Strömung soll der Meß-/Probenahmeplatz in einer geraden Strecke des Abgaskanals mit gleichbleibender Größe und Form angeordnet werden. Störungen durch einmündende Gasströme, Umlenkungen, Querschnittsveränderungen, Einbauten, Ventilatoren usw. sind nicht zulässig. Bei der gravimetrischen Staubmessung wird aus dem Hauptvolumenstrom über eine Entnahmesonde geschwindigkeitsgleich ein staubbeladener Teilgasvolumenstrom entnommen.

Dabei werden die im Teilgasvolumen enthaltenen Partikeln in einem Rückhaltesystem, z.B. Filter aus Glasfaser, Quarzfaser oder -watte, abgeschieden. Der Staubgehalt ergibt sich aus der durch Differenzwägung ermittelten Staubmasse und dem zeitgleich bestimmten Teilgasvolumen. Die gravimetrische Staubmessung wird in der Richtlinienreihe VDI 2066 in den Blättern 1, 2, 3 und 7 beschrieben [M.1.7, M.1.11 – M.1.13]. Die Partikelabscheidung erfolgt bei diesen Verfahren direkt im Abgaskanal (in-situ) unter den dort herrschenden Abgasbedingungen. Die Einsatzmöglichkeiten dieser In-Situ-Verfahren sind begrenzt, falls die Messung in wasserdampfübersättigtem Abgas erfolgt.

Beispiel. In VDI 2066, Blatt 3 wird für feuchte, gesättigte Abgase eine Probenahmeanordnung beschrieben, bei der das Filter außerhalb des Abgaskanals angeordnet wird. Dabei werden die Probenahmesonde und das Filter beheizt, damit die Abscheidung der Partikeln bei Temperaturen oberhalb der Abgastemperatur quasi trocken erfolgt. In diesem Zusammenhang wird darauf hingewiesen, daß in der Arbeitsgruppe zur Zeit ein Meßverfahren behandelt wird, das mit erwärmter Verdünnungsluft arbeitet, wodurch Kondensation vermieden wird und die Probenahme in-situ im Abgaskanal erfolgen kann.

Zur Ermittlung der Staubbeladung im Rohgas vor Staubfiltern kann das in Blatt 3 beschriebene Verfahren bei Staubbeladungen bis 200 g/m³ herangezogen werden. Dabei wird der Teilvolumenstrom auf ca. 4 m³/h verringert und eine Zweifachhülse mit entsprechend großer Staubspeicherkapazität eingesetzt.

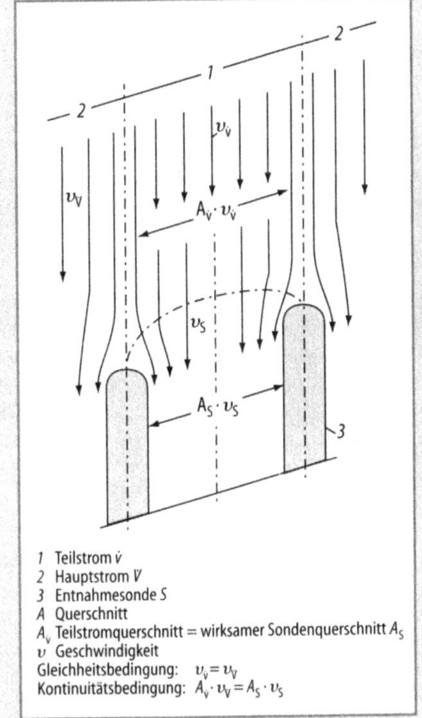

Bild M.1-1 Schema der geschwindigkeitsgleichen Teilstromentnahme

Das Meßverfahren nach VDI 2066, Blatt 2 ist in der Praxis für Staubgehalte im Bereich von ca. 1 – 1000 mg/ m³ erprobt. Zur Anwendung kommt in der Regel eine gestopfte Filterhülse. Für den Bereich < 20 mg/m³ wird das Filterkopfgerät mit einer Kombination von gestopfter Filterhülse und Planfilter eingesetzt. Bild M.1-2 zeigt die Meßanordnung nach Blatt 2. Das Meßverfahren nach Blatt 7 mit Planfilter ist zur Messung geringer Staubgehalte geeignet und in der Praxis im Konzentrationsbereich von 0,1 – 20 mg/m³ erprobt. Für den Konzentrationsbereich von 0,1 – 5 mg/m³ werden insbesondere an die Wägung erhöhte Anforderungen gestellt. Das System ist für Probegasvolumenströme bis 4 m³/h ausgelegt. Ein Beispiel für die konstruktive Ausführung des Planfilterkopfs zeigt Bild M.1-3.

Die relativen Nachweisgrenzen der einzelnen Staubmeßverfahren liegen bei einer Einsatzzeit von 0,5 h ca. bei

1 – 2 mg/m³	beim 12 bzw. 4 m³/h-Filterkopfgerät.
0,3 – 0,5 mg/m³	beim 40 m³/h-Filterkopfgerät
0,1 – 0,2 mg/m³	beim Planfilterkopfgerät

Bei höheren Probegasvolumenströmen oder längerer Meßdauer lassen sich auch günstigere Nachweisgrenzen erzielen. Bezogen auf den niedrigen Emissionswert von 10 mg/m³ liegen die aus Doppelbestimmungen ermittelten Meßunsicherheiten bei den 4 bis 40 m³/h-Geräten etwa zwischen ± 5 bis 10 % und beim Planfilterkopfgerät (Blatt 7) zwischen ± 4 bis 8 %, bezogen auf die Staubkonzentration von 10 mg/m³.

Partikelgröße

Zur Bestimmung der Partikelgröße von Stäuben in heißen und chemisch agressiven Abgasen sind nach dem heutigen Stand der Meßtechnik Kaskadenimpaktoren geeignet, die im Abgaskanal eine geschwindigkeitsgleiche Probenahme im Sinne der VDI 2066 mit gleichzeitiger Auftrennung in Partikelfraktionen vornehmen. Bei Messungen mit Kaskadenimpaktoren in Verbindung mit gravimetrischer Auswertung ergeben sich Massen-

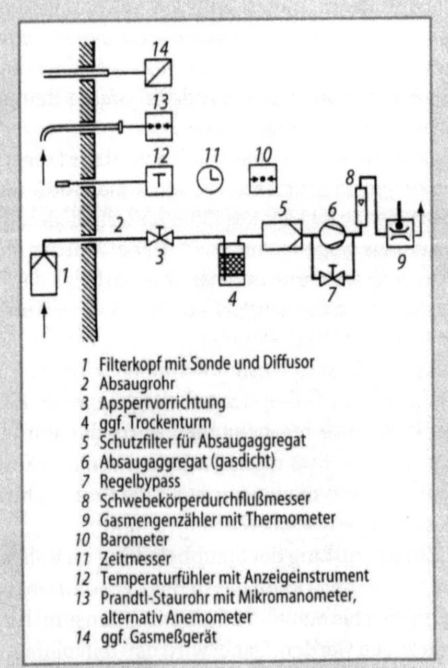

Bild M.1-3 Ausführungsbeispiel eines Planfilterkopfs

1 auswechselbare Entnahmesonde
2 Einlaufkonus
3 Überwurfmutter
4 Dichtung
5 Spannring
6 Filterhalter
7 Planfilter
8 Abschlußgehäuse
d_1 Gehäusedurchmesser (65 mm)
d_2 Filterdurchmesser (50 mm)
l_1 Einlauflänge der Sonde (10 mm)
l_2 Länge des Planfilterkopfs (100 mm)
α Öffnungswinkel des Einlaufkonus (30°)

Bild M.1-2 Schema der Meßanordnung nach VDI 2066 Blatt 2 und 7

1 Filterkopf mit Sonde und Diffusor
2 Absaugrohr
3 Apsperrvorrichtung
4 ggf. Trockenturm
5 Schutzfilter für Absaugaggregat
6 Absaugaggregat (gasdicht)
7 Regelbypass
8 Schwebekörperdurchflußmesser
9 Gasmengenzähler mit Thermometer
10 Barometer
11 Zeitmesser
12 Temperaturfühler mit Anzeigeinstrument
13 Prandtl-Staurohr mit Mikromanometer, alternativ Anemometer
14 ggf. Gasmeßgerät

verteilungen hinsichtlich des aerodynamischen Durchmessers der Partikeln. Dieses Verfahren ersetzt jedoch nicht die Messung des Gesamtstaubgehalts. Die Messung mit dem Kaskadenimpaktor wird in der Richtlinie VDI 2066, Blatt 5 ausführlich beschrieben [M.1.14].

Das Impaktorprinzip nutzt zur Abscheidung in Fraktionen die unterschiedliche Trägheit von Partikeln. Eine Impaktorstufe besteht prinzipiell aus den Elementen Düse und Prallplatte. Partikeln mit ausreichender Trägheit des in die Düse beschleunigten Partikelkollektivs treffen auf die Prallplatte und werden dort gesammelt. Bild M.1-4 zeigt im Schema das Prinzip der Impaktion von Partikeln. Die wichtigsten Abmessungen des Systems, von denen die Fraktionierung der Partikeln abhängig ist, sind die Düsenweite D, die Düsenlänge L und der Abstand S zwischen Prallplatte und Düse. Kaskadenimpaktoren bestehen aus hintereinandergeschalteten Impaktorstufen, die so ausgelegt sind, daß in den nachfolgenden Stufen Partikeln geringerer Trägheit abgeschieden und somit Fraktionen unterschiedlicher Partikelgröße erhalten werden. Die nicht abgeschiedenen Partikeln werden auf einem hinter den Stufen angeordneten Endfilter gesammelt.

Ohne Vorabscheider ist der in der VDI Richtlinie 2066, Blatt 5 beschriebene Impaktortyp mit Runddüsenkaskaden bei einem Staubgehalt zwischen 1 mg/m³ und 2 g/m³ einsetzbar. Es ist darauf zu achten, daß der Impaktor nicht überladen wird. Die maximal zulässige Gesamtbeladung wird bei ca. 100 mg erreicht. Mit Vorabscheider kann je nach Grobanteil des Staubs der Staubgehalt zwischen 5 mg/m³ und 25 g/m³ betragen.

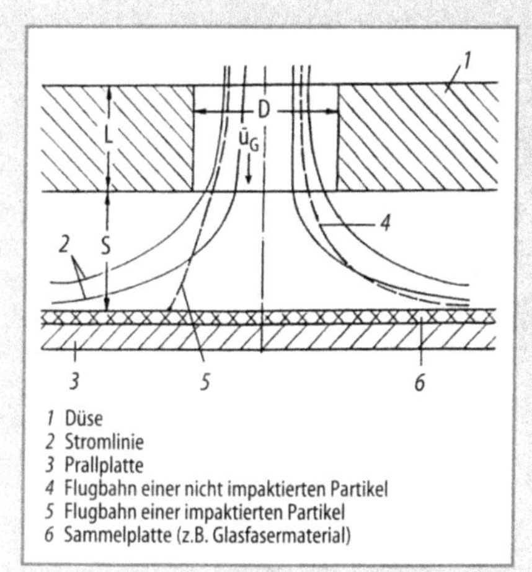

Bild M.1-4 Prinzip der Impaktion von Partikeln

Zur kontinuierlichen Messung von Stäuben werden überwiegend optische Verfahren, aber auch radiometrische Methoden eingesetzt. Soweit kontinuierlich arbeitende Meßeinrichtungen aufgrund behördlicher Anforderungen zur Emissionsmessung eingesetzt werden, sind die an diese Geräte gestellten Mindestanforderungen [M.1.10] zu beachten. Betriebliche Messungen sind davon nicht betroffen.

Optische Geräte
Bei optischen Verfahren ist zu unterscheiden zwischen Transmission/Opazität, Extinktion und Streulicht. Bei der photometrischen Staubmessung (in-situ) durchläuft ein Meßlichtstrahl den Abgaskanal, wobei er infolge von Absorption und Strahlung an den Partikeln einer Intensitätsschwächung unterliegt.

Das Verhältnis von empfangenem zu ausgesandtem Lichtstrom ist die optische Transmission T. Die Größe $(1 - T)$ wird als Opazität bezeichnet. Der Logarithmus des Kehrwerts der Transmission T ist die Extinktion E. Zwischen der Länge des Lichtwegs L und der Transmission T gilt bei konstanten Staubeigenschaften im Abgas das Lambertsche Gesetz:

$$T = e^{-E} = e^{-\epsilon L}$$

Der Extinktionskoeffizient ϵ hängt u.a. von den Eigenschaften des verwendeten Lichts, des zu messenden Staubs (Form, Farbe und Größenverteilung der Partikeln) sowie vom Staubgehalt c ab. Zwischen Staubgehalt c und Extinktionskoeffizient ϵ besteht innerhalb gewisser Grenzen ein linearer Zusammenhang, sofern andere Einflußgrößen konstant sind. Daraus ergibt sich mit ϵ' als Proportionalitätskonstante:

$$T = e^{-\epsilon' \cdot c \cdot L} \text{ bzw. } E = \epsilon' \cdot c \cdot L$$

Je nach Anwendungsfall ist zwischen Rauchdichtemeßgeräten und Staubgehaltsmeßgeräten zu unterscheiden. Bei den sog. Rauchdichtemeßgeräten wird nur die Transmission gemessen. Das Ziel dieser qualitativen Messung ist dabei die Ermittlung der Abgastrübung, z.B. als Sichtbarkeitsschwelle oder nach der Skala nach Ringelmann. Mehrere Geräte eignen sich für derartige Messungen, Hersteller sind z.B. Durag und Sick.

Bei Staubgehaltsmeßgeräten wird die Extinktion gemessen. Der Extinktion wird bei einer individuellen Kalibrierung mit Hilfe eines Staubmeßverfahrens (s. M.1.1.2.8) der Staubgehalt zugeordnet. Die Abhängigkeit des Meßsignals von den Partikeleigenschaften wird dabei mit einkalibriert. Bereits über viele Jahre hat sich bei der Anwendung dieses Meßprinzips gezeigt, daß sich die Größenverteilungen der Partikeln, die Dichte, die Farbe, der Lichtbrechungsindex der Stäube bei den verschiedenen Anlagen unterscheiden, jedoch bei derselben Ablage vergleichsweise konstant sind.

Bild M.1-5 zeigt die übliche Meßanordnung für ein photometrisches In-Situ-Staubgehaltsmeßgerät. Auf einer Seite des Abgaskanals ist der Meßkopf, auf der anderen Seite der Reflektor angebracht. Im Meßkopf sind die Lichtquelle, der photoelektrische Detektor fest zueinander justiert. Der Meßstrahl durchläuft die Meßstrecke zum Reflektor und zurück. Der Vergleichsstrahl durchläuft eine Referenzstrecke innerhalb des Meßkopfs. Durch Einsatz einer abwechselnd in die Meß- und Referenzstrecke eingeschobenen Blende erreichen beide Lichtstrahlen den photoelektrischen Detektor phasenverschoben. Das vom Detektor gelieferte elektrische Signal wird so weiterverarbeitet, daß das Ausgangssignal der Extinktion proportional wird.

Eine Reihe von geeigneten Meßgeräten ist vom Bundesumweltministerium veröffentlicht worden, dazu zählen u. a. Geräte der Hersteller Durag, Mannesmann/H & B und Sick.

Das Prinzip der Streulichtmessung beruht darauf, daß bei Durchtritt eines parallel gerichteten Lichtstrahls durch ein staubbeladenes Meßvolumen ein Teil des Lichts in abweichende Richtungen gestreut wird. Die Intensität des gestreuten Lichts hängt von den Eigenschaften des einfallenden Lichts, vom Winkel selbst und von den Eigenschaften der Partikeln ab. Auch hier gilt wie bei der Extinktionsmessung, daß in bestimmten Grenzen eine lineare Beziehung zu dem Staubgehalts- und Streulichtmeßsignal besteht. Die Streulichtmeßgeräte zeichnen sich gegenüber Extinktionsmeßgeräten durch eine deutlich höhere Empfindlichkeit aus. Die Nachweisgrenze liegt je nach Verfahren bei 0,1 mg/m³. Im praktischen Einsatz wurden Staubmassenkonzentrationen bis 100 mg/m³ bestimmt. Streulichtmeßgeräte werden sowohl als In-Situ-Geräte und mit extraktiver Probenahme eingesetzt. In beiden Fällen muß auf die Repräsentativität der Probenahme geachtet werden.

Das in der VDI-Richtlinie 2066, Blatt 6 beschriebene Streulichtmeßverfahren der KTN-KTNR der Firma Sigrist arbeitet z. B. nach dem Zweistrahlverfahren mit Vorwärtsstreuung unter einem Winkel von 15°. Bild M.1-6 zeigt das

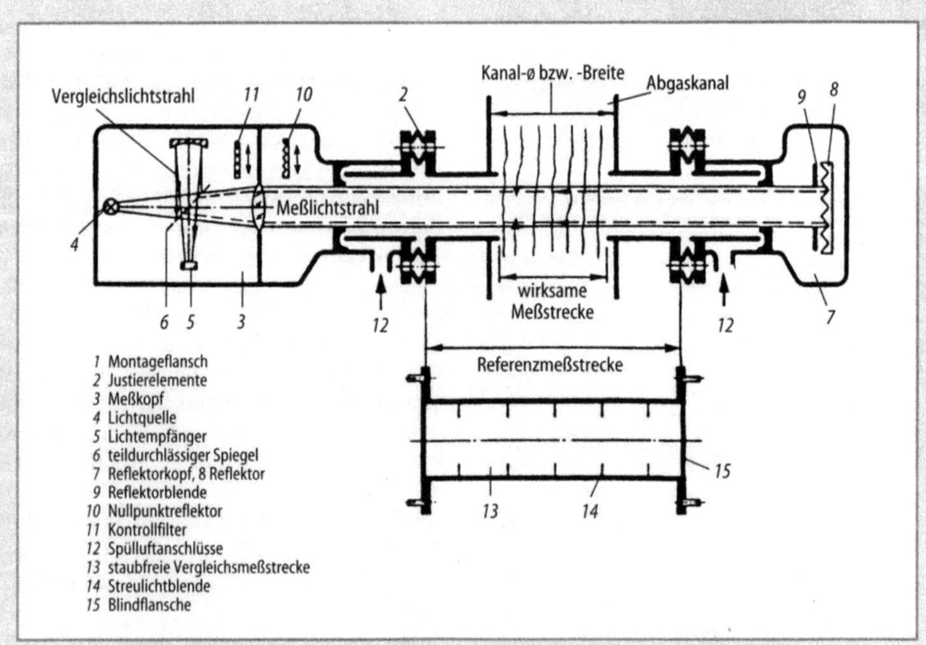

Bild M.1-5 Schema einer in-situ-Meßeinrichtung zur photometrischen Staubgehaltsmessung

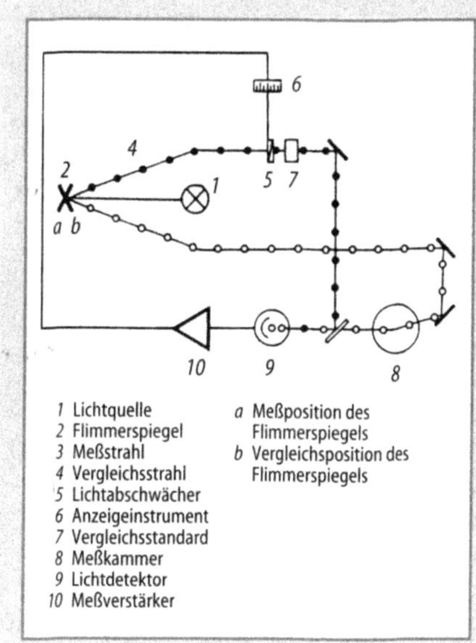

Bild M.1-6 Funktionsschema des Streulichtphotometers KTN/KTNR

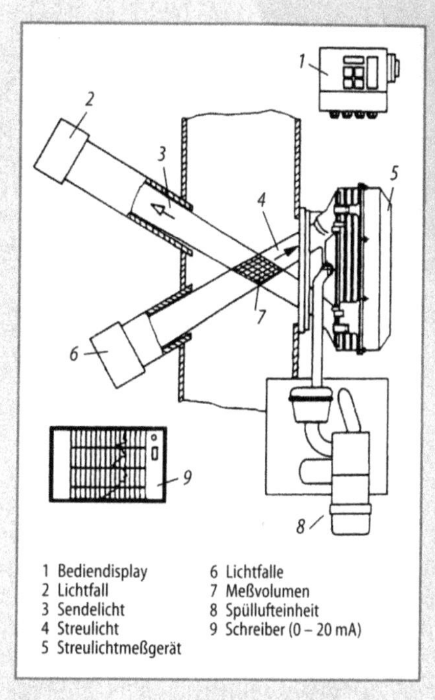

Bild M.1-7 In-situ-Streulichtmeßgerät (schematisch)

Schema, wie der von einer Lichtquelle (1) ausgehenden Lichtstrahl, über eine optische Strecke zum Flimmerspiegel (2) gelangt. Dieser lenkt das ankommende Licht in der Stellung (a) als Meßstrahl (3) über eine optische Strecke in die Meßkammer (8). Ein Teil des von der Probe erzeugten Streulichts wird in Vorwärtsrichtung unter einem Winkel von 15° von einem Lichtdetektor (9) empfangen und gemessen. In Position b wird das ankommende Licht als Vergleichsstrahl (4) durch einen Lichtabschwächer (5) und einen Vergleichsstandard (7) auf den Lichtdetektor geleitet. Die vom Lichtdetektor erzeugten Signalströme werden in einem Meßverstärker (10) verglichen und in ein Regelsignal umgewandelt, das über einen Lichtschwächer den Vergleichsstrahl verändert, und zwar so lange bis dessen Intensität des auf den Lichtdetektor gelangenden Streulichts der Probe entspricht. Das hier beschriebene Gerät wird mit einer extraktiven Probenahmeeinrichtung betrieben. Das Probenahmesystem ist bis 180 °C aufheizbar, wodurch auch nasse (wasserdampfgesättigte) Abgase kontinuierlich gemessen werden können. In einer weiteren Variante ist dieses Gerät auch als Rußzahlmeßgerät vom Bundesumweltministerium als geeignet eingestuft.

In-Situ-Streulichtphotometer werden von den Firmen Durag und Sick für die Messung geringer Staubgehalte und der Rußzahl angeboten.

Diese In-Situ-Streulichtmeßgeräte senden das Licht direkt in den Abgaskanal, das an der Kanalrückseite in einer Lichtfalle aufgefangen und absorbiert wird. Aus einem definierten Meßvolumen im Abgaskanal wird das Streulicht unter einem definierten Winkel empfangen und gemessen, z. B. im Bereich der 90°-Streuung bzw. der Rückwärtsstreuung. Bild M.1-7 zeigt die schematische Darstellung eines In-Situ-Streulichtmeßgerätes. Die Geometrie der Meßanordnung bedingt, daß das ausgemessene Streuvolumen nahe an der Wand liegt. Insofern können sich Schwierigkeiten bei der Installation dieser Gerätegeneration in dickwandigen Kanälen (z. B. gemauerte Kamine) ergeben.

In-Situ-Streulichtmeßgeräte sind für geringe Staubgehalte und Rußzahlen besonders geeignet und können auch bei kleinen Kanaldurchmessern eingesetzt werden.

Radiometrische Geräte
Bei der Staubmessung durch Beta-Strahlen-Absorption wird ein Teilgasstrom möglichst geschwindigkeitsgleich über eine Sonde aus dem Abgaskanal entnommen und auf ein schrittweise bewegtes Filterband gesaugt. Dabei werden die Staubpartikeln auf dem Filterpapier abgeschie-

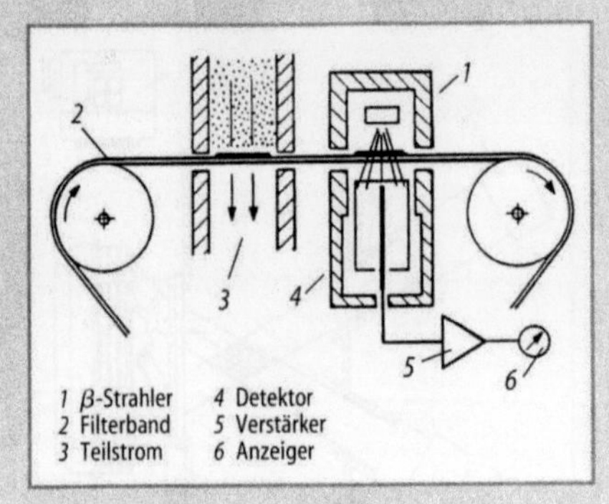

Bild M.1-8 Meßprinzip der radiometrischen Staubmessung (β-Strahlenabsorption)

den. Die auf dem Filterpapier abgeschiedene Staubmenge wird über die Schwächung gemessen, die eine Beta-Strahlung beim Durchtritt durch das bestaubte Filter erfährt. Als Strahlungsquelle wird eine radioaktive Probe geeigneter Aktivität, z. B. C 14 oder Kr 85 verwendet. Die durchgelassene Strahlung wird über einen Geiger-Müller-Zähler erfaßt. Ein Schema (Bild M.1-8) zeigt das Meßprinzip, wobei Filtration und Detektion in zwei Schritten erfolgen. Die Schwächung der Strahlungsintensität ist ein Maß für die abgeschiedene Staubmasse.

Radiometrische Meßgeräte werden von den Firmen Verewa (Staubgehalt, Rußzahl) und Fag Kugelfischer (Staubgehalt) angeboten. Das Rußzahlmeßgerät arbeitet dabei statt des Beta-Strahlers mit einem Reflektionsphotometer. Die Meßgeräte sind ebenso wie die optischen Meßverfahren mit einem Konventionsmeßverfahren im Meßnetz zu kalibrieren.

Beim β-Staubmeter F 904 (Verewa) wird aus dem Hauptgasvolumenstrom geschwindigkeitsgleich ein Teilvolumenstrom entnommen, vorgewärmte Verdünnungsluft zur Taupunktabsenkung feuchtigkeitsgesättigter Gase zugefügt und dann filtriert. Das Meßergebnis ist der Mittelwert des Staubgehalts, bezogen auf die eingestellte Zykluszeit.

Das Staubmeßgerät FH 62 E-NA mißt radiometrisch den aktuellen Staubgehalt. Nach einem automatischen Nullabgleich wird aus dem Kamin ein Teilstrom geregelt isokinetisch entnommen, der aufgeheizt und mit Frischluft verdünnt durch ein Meßfilter gesaugt wird. Durch die zunehmende Bestaubung des Filters wird ein zeitlich zunehmendes integrales Signal gewonnen. Aus dem Signal für die Massenzunahme und die Durchflußrate wird die Momentananzeige abgeleitet.

M.1.1.2.2 Staubinhaltsstoffe

Für Metalle und Metalloide sind Emissionsbegrenzungen im Konzentrationsbereich von 0,05 – 5 mg/m³ zu beachten. Die Grenzwerte sind dabei als Summenwert der Konzentration aus den staub- und gas- bzw. dampfförmigen Anteilen definiert. Vorrangig handelt es sich um die Stoffe: Antimon, Arsen, Beryllium, Blei, Cadmium, Chrom, Kobalt, Kupfer, Mangan, Nickel, Palladium, Platin, Quecksilber, Rodium, Selen, Tellur, Thallium, Vanadium, Zink und Zinn. Ein erprobtes Meßverfahren wird in der Richtlinie VDI 3868, Blatt 1 und 2 beschrieben [M.1.15, M.1.16]. Die beschriebene Meßanordnung setzt sich aus bewährten Instrumentarien der Emissionsmeßtechnik zusammen. Sie ist zweistufig aufgebaut und besteht aus einem System zur Partikelabscheidung in Anlehnung an das Verfahren der Richtlinie VDI 2066 und einer Absorptionsstufe in Form einer Waschflaschenbatterie in Anlehnung an die Emissionsmessung gasförmiger Stoffe, wie z. B. SO_2 und HCl.

Bild M.1-9 zeigt den Aufbau der Meßeinrichtung. Dem mit partikelgebundenen und filtergängigen Stoffen beladenen Abgasstrom wird isokinetisch ein Teilvolumenstrom entnommen. Die Partikeln werden mit einem Rückhaltesystem gemäß VDI 2066, Blatt 2 oder 7 abgeschieden. Die filtergängigen Stoffe werden durch ein beheiztes Entnahmerohr gesaugt. Ein Bypassvolumenstrom wird strömungsproportional einem oder mehreren parallelgeschalteten Absorptionssystemen zugeführt. Die Absorptionssysteme bestehen aus mindestens drei hintereinandergeschalteten, mit geeigneten Absorptionslösungen beschickten Gaswaschflaschen.

Die Absorptionslösung A basiert auf Salz- und Salpetersäure, die Absorptionslösung B auf Salpetersäure und Wasserstoffperoxid. Bei der Quecksilberbestimmung nach VDI 3868, Blatt 2 wird mit Kaliumpermanganat und verdünnter Schwefelsäure gearbeitet.

Bei den üblichen Bedingungen für eine Probenahme liegt die Nachweisgrenze des Verfahrens für die zu messenden Metalle überwiegend unterhalb von 0,01 mg/m³. Das Verfahren zur Quecksilberbestimmung ist für Konzentrationen > 5 µg/m³ geeignet.

Die wichtigsten Analysenmethoden sind Fluoreszenzanalyse (RFA), optische Emissionsspektrometrie mit induktiv gekoppelter Plasmaquelle (ICP-OES), Atomabsorptionsspektometrie (AAS), instrumentelle Neutronenaktivierungsanalyse

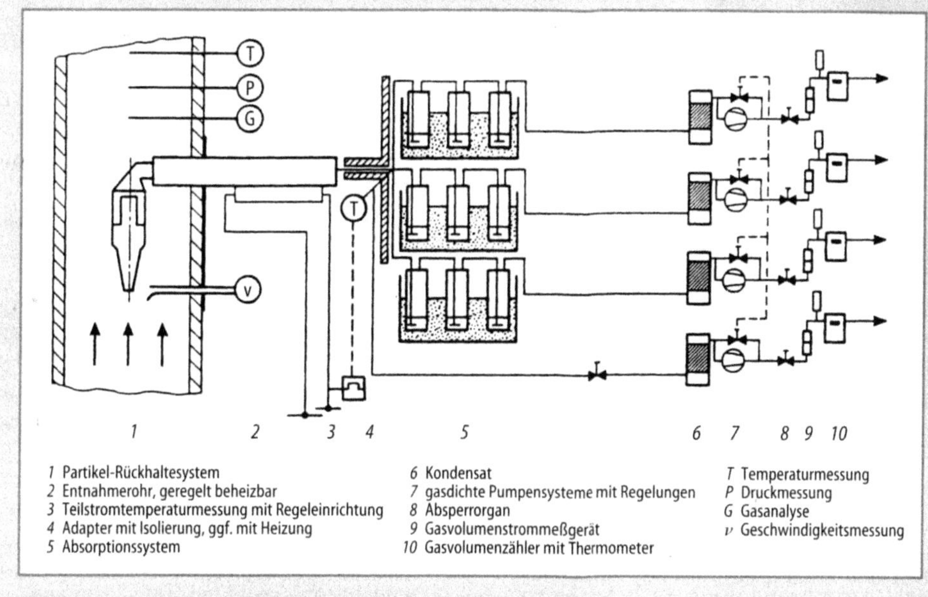

Bild M.1-9 Meßanordnung zur Erfassung partikel- und filterabhängiger Stoffe

(INAA). Die analytische Bestimmung der Elemente wird in der Richtlinienreihe VDI 2268 [M.1.17 – M.1.20] beschrieben. Dabei wird wegen der notwendigen Nachweisempfindlichkeit für viele Komponenten vorrangig die Atomabsorption eingesetzt.

M.1.1.2.3 Anorganische Gase

Für die Messung gasförmiger anorganischer Emissionen stehen bewährte Meßverfahren zur Verfügung. Die diskontinuierlichen Verfahren benutzen i.d.R. eine extraktive Probenahme, während bei den kontinuierlichen Meßverfahren entweder eine extraktive oder In-Situ-Probenahme durchgeführt wird.

Manuelle Methoden – Konventionsverfahren

Bei der Messung gasförmiger Emissionen ist ebenso wie bei der Staubmessung eine Probenahme im Meßnetz erforderlich, wenn die Konzentration nicht gleichmäßig über den Meßquerschnitt vorliegt. Es bestehen bei der Probenahme prinzipiell zwei Möglichkeiten, die mittlere Konzentration über den Abgasquerschnitt zu bestimmen.

An den einzelnen Meßpunkten wird entweder jeweils die örtliche Gaskonzentration und Geschwindigkeit bestimmt oder eine Teilmasse mit Hilfe einer Sammelphase entnommen. In diesem Fall ist die Probenahme proportional zur Geschwindigkeit im Abgaskanal durchzuführen. Entscheidend ist, daß der Sammelphase proportinal zum Massenstrom in der jeweiligen Kontrollfläche eine bestimmte Masse zugeführt wird. Wenn in der Kontrollfläche im Netz wegen einer höheren Abgasgeschwindigkeit ein höherer Teilmassenstrom vorliegt, ist der Absaugevolumenstrom der extraktiv arbeitenden Sammelphase auf die höhere Geschwindigkeit anzupassen. Das bedeutet jedoch nicht zwangsläufig eine isokinetische Probenahme wie bei der Staubmessung, sondern eine geschwindigkeits- oder massenproportionale Entnahme.

In der Regel erfolgt die Absaugung bei gasförmigen Emissionen mit deutlich unter der Strömungsgeschwindigkeit des im Abgas liegender Absaugegeschwindigkeit. Dabei beträgt der Teilvolumenstrom häufig 30 – 120 l/h und nicht 1 – 4 m³/h wie bei der Staubmessung. Bei der Probenahme sind geeignete Materialien, wie z.B. Glas, Quarz, Titan, Edelstahl, Polytetrafluorethylen, PTFE, zu verwenden. Im allgemeinen müssen die Sonden und Leitungen zur Vermeidung von Kondensation während der Messung beheizt werden.

Bei registrierenden Meßverfahren mit extraktiver Probenahme sind die Funktion und das Meßergebnis wesentlich von der Probegasaufbereitung abhängig. Das Probegas soll vor Eintritt in den Analysator staubfrei und trocken sein und möglichst keine korrosiven Gasanteile enthalten. Dabei müssen Volumenstrom, Druck und Temperatur in den durch das Meßverfahren vorgegebenen Grenzen liegen.

Schwefeloxide
Zur diskontinuierlichen Bestimmung der SO_2-Konzentration stehen zur Zeit vier handanalytische Verfahren zur Verfügung. Die Methoden werden in der Richtlinie VDI 2462, Blatt 1, 2, 3 und 8 beschrieben [M.1.21-M.1.24]. Das Verfahren nach Blatt 8 (H_2O_2-Thorin-Methode) wird wegen der geringen Nachweisgrenze und der nicht vorhandenen Querempfindlichkeit gegen Stickstoffoxide sehr häufig zur Emissionsmessung und als Referenzmeßverfahren zur Kalibrierung der kontinuierlichen Meßgeräte eingesetzt.

Die Entnahme des Abgasteilvolumenstroms erfolgt dabei über eine beheizte Entnahmesonde mit Quarzinnenrohr, dem ein beheiztes Quarzwollefilter zur Staubabscheidung nachgeschaltet ist. Danach durchströmt das Probegas zwei hintereinandergeschaltete, mit 3%iger Wasserstoffperoxidlösung gefüllte Waschflaschen. Die Temperatur der beheizten Entnahmesonde und des Quarzwollefilters sind so zu wählen, daß mit Sicherheit Kondensatbildung verhindert wird. Eine Temperatur von 200 – 220 °C ist dabei ausreichend. Das im Abgas enthaltene SO_2 wird quantitativ zu H_2SO_4 oxidiert. Bei der Messung wird auch das SO_3 miterfaßt, so daß die Methode als Summenverfahren im Sinne der Definition „Schwefeloxide ($SO_2 + SO_3$), angegeben als SO_2" arbeitet. Den schematischen Aufbau der Probenahmeeinrichtung nach VDI 2462, Blatt 8 zeigt Bild M.1-10. Die analytische Bestimmung erfolgt unter Zuhil-

fenahme einer Bariumperchlorat-Maßlösung, die mit dem zugesetzten Metallindikator Thorin bei Überschreiten des Löslichkeitsprodukts von Bariumsulfat einen Farbwechsel erzeugt.

Die Einzelbestimmung von SO_3 kann mit Hilfe des in Blatt 7 dieser Richtlinie beschriebenen Isopropanol-Verfahrens bestimmt werden [M.1.25]. Auch hier ist die Thorin-Reaktion Grundlage des Verfahrens. Statt der Oxidation in H_2O_2 findet eine Absorption mit Isopropanol statt.

Stickstoffoxide
Zur handanalytischen Messung von Stickstoffoxiden stehen vier Verfahren zur Verfügung, die in der Richtlinienreihe VDI 2456 beschrieben werden. Die in den Blättern 1 und 2 beschriebenen Verfahren „Phenoldisulfonsäure-Verfahren" und „Titrations-Verfahren" sind für hohe Konzentrationen im Bereich von g/m^3 geeignet [M.1.26, M.1.27]. Die in den Blättern 8 und 10 beschriebenen „Natriumsalicylat-Verfahren" und „Dimethylphenol-Verfahren" [M.1.28, M.1.29] werden wegen ihrer guten Nachweisgrenzen häufig als Referenzverfahren zur Kalibrierung kontinuierlicher Meßgeräte eingesetzt. Beim Dimethylphenol-Verfahren erfolgt die Probenahme über ein evakuiertes Gas-Sammelgefäß mit Hilfe einer kritischen Düse. Den schematischen Aufbau von Probenahme und Oxidationseinrichtung zeigen die Bilder M.1-11 und M.1-12.

Im Bypass wird das evakuierte Gas-Sammelgefäß mit dem Probengut auf etwa 500 mbar gefüllt und nach dem Druckausgleich (ca. 5 min) mit Ozon bis zum Druckausgleich aufgefüllt. Die Oxidation ist nach ca. 5 min beendet.

Beim Dimethylphenol-Verfahren werden NO und NO_2 in der Gasphase mit Ozon zu Di-Stickstoffpentoxid oxidiert. Die Absorption des Salpe-

Bild M.1-10 Probenahmeeinrichtung zur Messung von Schwefeloxiden (schematisch)

1 Entnahmesonde, beheizt
2 Filter mit Quarzwollefüllung, beheizt
3 Gaswaschflasche, Inhalt 250 ml, mit Fritte G2
4 Drosselventil
5 Saugpumpe
6 Gasvolumenmeßgerät mit Thermometer
7 Barometer
8 Trockenturm: nur bei Verwendung eines trockenen Gasvolumenmeßgeräts

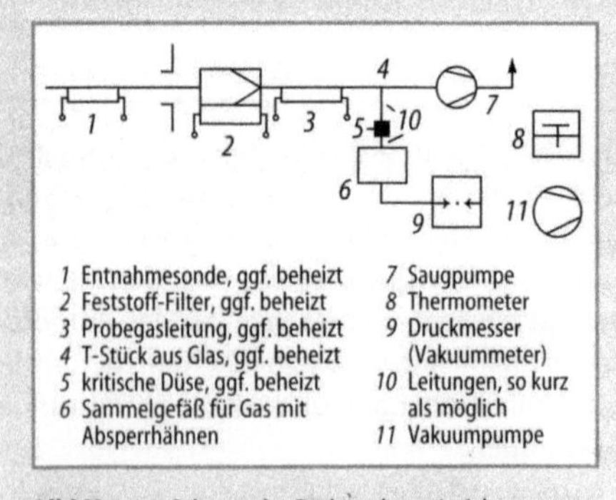

Bild M.1-11 Schema der Probenahmeeinrichtung zur Stickstoffoxidemissionsmessung

1 Entnahmesonde, ggf. beheizt
2 Feststoff-Filter, ggf. beheizt
3 Probegasleitung, ggf. beheizt
4 T-Stück aus Glas, ggf. beheizt
5 kritische Düse, ggf. beheizt
6 Sammelgefäß für Gas mit Absperrhähnen
7 Saugpumpe
8 Thermometer
9 Druckmesser (Vakuummeter)
10 Leitungen, so kurz als möglich
11 Vakuumpumpe

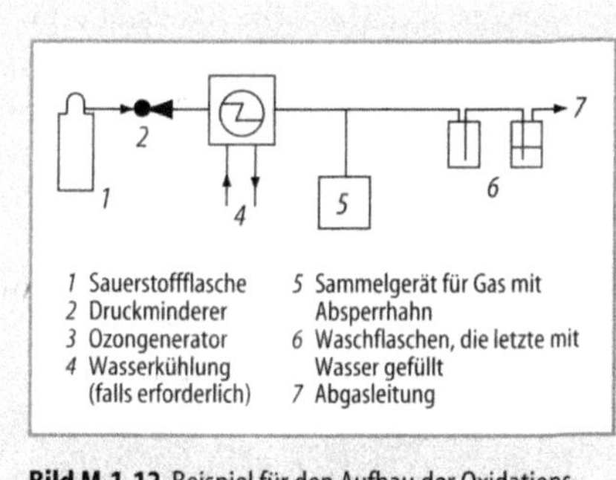

1 Sauerstoffflasche
2 Druckminderer
3 Ozongenerator
4 Wasserkühlung
(falls erforderlich)
5 Sammelgerät für Gas mit
Absperrhahn
6 Waschflaschen, die letzte mit
Wasser gefüllt
7 Abgasleitung

Bild M.1-12 Beispiel für den Aufbau der Oxidations-
einrichtung

tersäureanhydrids N_2O_5 erfolgt in Wasser unter Bildung der Salpetersäure. 2,6-Dimethylphenol (DMP) reagiert mit Salpetersäure in schwefel- und phosphorsaurer Lösung zu 4-Nitro-2,6-Dimethylphenol. In alkalischer Lösung wird das sich bildende 4-Nitro-2,6-Dimethylphenolat-Anion bei etwa 430 nm photometrisch vermessen. Die Nachweisgrenze beträgt etwa 15 mg/m^3 (berechnet als NO_2).

Die Anwesenheit von Ammoniak bis zu 150 ppm führt zu keinen Störungen. Sollten sich größere Anteile an SO_2 im Abgas befinden, besteht die Gefahr der Bildung anderer stickstoffhaltiger Produkte, z. B. N_2O. Dann wird das evakuierte Sammelgefäß für Gas nach der Druckmessung zuerst mit Ozon auf ca. 250 – 300 mbar gefüllt, danach erfolgt die Zugabe des Meßguts bis auf ca. 700 mbar und anschließend das Auffüllen mit Ozon bis zum Druckausgleich.

Wegen der kurzen Zeit bis zum Analysenergebnis wird dieses Verfahren vorrangig zur Kalibrierung kontinuierlicher Meßgeräte vor Ort eingesetzt. Das Verfahren hat sich in der Praxis bewährt.

Kohlenmonoxid

Zur handanalytischen Bestimmung der Kohlenmonoxidkonzentration steht als Referenzmeßverfahren das in der Richtlinie VDI 2459, Blatt 7 beschriebene Jod-Pentoxid-Verfahren zur Verfügung [M.1.30]. Grundlage des Verfahrens ist die Oxidation des im Probegas enthaltenen CO zu CO_2, wobei die Probe in einem Ofen bei hoher Temperatur über Jod-Pentoxid (J_2O_5) geleitet und eine äquivalente Menge Jod freigesetzt wird. Bei der Probenahme kann das Abgas nach Durchlaufen der Probenahmeeinrichtung direkt in den CO-Verbrennungsofen geleitet werden, oder die Probenahme erfolgt über Gassammelrohr mit anschließender Analyse im Labor. Häufig wird die Variante der Probenahme mit Gassammelrohr und Analyse im Labor gewählt. Zur Abtrennung von Störkomponenten (H_2O, SO_2, HCl, NO, Kohlenwasserstoffe) sind bei der Probenahme verschiedene Absorptionsvorlagen vorgeschaltet: Natronkalk zur Abscheidung saurer Gase (SO_2, CO_2, HCl) ggf. durch eine Waschflasche mit KOH-Lösung, IBr-Aktivkohle zur Abtrennung von Kohlenwasserstoffen, NO-Oxidationsmasse zur Oxidation von NO, Blaugel zur Trocknung.

Der Arbeitsbereich des Verfahrens reicht von 10 mg/m^3 – 1,25 kg/m^3 CO. Die relative Nachweisgrenze beträgt 2,5 mg/m^3 CO bei einem Probegasvolumen von 4 dm^3.

Fluorverbindungen

Gasförmige anorganische Fluorverbindungen lassen sich in Natronlauge absorbieren und entweder mit einer fluorsensitiver Elektrode oder photometrischer Methode quantifizieren. Ein handanalytisches Verfahren wird in der Richtlinie VDI 2470, Blatt 1 beschrieben [M.1.31]. Dabei erfolgt die Probenahme des Abgases über eine beheizte Quarzrohrentnahmesonde sowie zur Staubabscheidung über ein beheiztes Quarzwollefilter und falls erforderlich über ein beheiztes Feinfilter/Membranfilter in zwei oder drei mit Natronlauge gefüllten Absorptionsgefäßen.

Nach einer Wasserdampfdestillation wird die Lösung photometrisch nach der Alizarin-Komplexan-Methode oder potentiometrisch mit einer für Fluorionen-sensitiven Elektrode bestimmt. Bei der photometrischen Auswertung sind Querempfindlichkeiten praktisch nicht vorhanden, weil die sehr spezifische Nachweisreaktion erst nach der Abtrennung der Störsubstanzen erfolgt. Bei der Auswertung mit Elektrodenkette ist eine hohe Selektivität gegeben, jedoch ist zu beachten, daß Fluoridkomplexbildner wie Fe^{3+} oder Al^{3+} nicht in größeren Mengen in die Probelösung gelangen.

Die Nachweisgrenze beträgt 0,05 mg/F$^-$m^3.

Chlorverbindungen

Zur handanalytischen Bestimmung gasförmig anorganischer Chlorverbindungen bietet sich das in der VDI-Richtlinie 3480, Blatt 1 beschriebene Konventionsverfahren an [M.1.32]. Zur Probenahme wird das Abgas über eine beheizte Quarzglas-/ oder Borosilikatentnahmesonde, ein beheiztes Quarzwollefilter und die mit destilliertem Wasser gefüllten Absorptionsgefäße geführt.

Bei der analytischen Bestimmung kann zwischen drei verschiedenen Varianten der Chloridbestimmung gewählt werden: A: Titration nach Mohr, B: potentiometrische Titration, C: photometrische Bestimmung mit Quecksilberthiocyanat. Bei der Bestimmung von HCl-Gehalten bis 100 mg/m³ sind die Methoden B und C geeignet. Bei höheren Konzentrationen finden die Methoden A und B Anwendung.

Die relativen Nachweisgrenzen liegen bei Methode A bei 20 mg/m³, Methode B bei 2 mg/m³, Methode C bei 2,5 mg/m³.

Schwefelwasserstoff
Zur diskontinuierlichen Messung von Schwefelwasserstoff wird in der Regel das in der VDI-Richtlinie 3886, Blatt 2 beschriebene Verfahren der jodometrischen Titration eingesetzt [M.1.33]. Bei der jodometrischen Titration wird Schwefelwasserstoff in Cadmiumacetat-Lösung als Cadmiumsulfid gebunden, das nach der Trennung von der flüssigen Phase und Auflösung mit Salzsäure jodometrisch bestimmt wird. Die relative Nachweisgrenze beträgt 1 mg H_2S/m^3.

Das Verfahren ist allgemein anwendbar und besonders für die Untersuchung von Gasen mit höheren Schwefelwasserstoffkonzentrationen geeignet. Wird bei der analytischen Bestimmung der Cadmiumsulfid-Niederschlag durch Filtration abgetrennt und der weitere Analysengang mit dem Filterrückstand durchgeführt, so sind keine Querempfindlichkeiten zu erwarten.

Ammoniak
Für die diskontinuierliche Emissionsmessung von NH_3 stehen z. Zt. keine ganzheitlichen Richtlinien mit Beschreibung der Verfahrenskenngrößen zur Verfügung. Bei der Emissionsmessung von NH_3 verfährt man derzeit in Anlehnung an die in den Richtlinien zur Immissionsmessung beschriebenen Methoden. Zum Beispiel werden zur Probenahme beheizte Quarzrohre mit Verbindung bis zu den Absorptionsgefäßen in Quarz bzw. Glas verwendet. Die Temperatur des Probenahmesystems wird an die Abgastemperatur angepaßt, dabei darf eine Temperatur von 330 °C nicht überschritten werden. Der Staub wird über ein nachgeschaltetes, beheiztes Filter abgeschieden. Bei Verwendung von zwei hintereinandergeschalteten Impingern können ca. 2 m³/h durchgesaugt werden. Bei Waschflaschen ist der Durchsatz geringer.

Als Sorptionsmittel findet 0,1 N Schwefelsäure Anwendung. Danach erfolgt die Destillation des Ammoniaks aus alkalischer Lösung [M.1.34]. Dabei werden die Störkomponenten SO_2, NO,

NO_2 und HCl abgetrennt. Anschließend erfolgt die Umsetzung mit Nesslers Reagenz. Die Auswertung erfolgt photometrisch bei 450 nm. Ebenso ist eine Bestimmung mit einer geeigneten sensitiven Elektrode möglich.

Für die registrierende Messung gasförmiger anorganischer Emissionen steht eine Vielzahl eignungsgeprüfter Meßgeräte zur Verfügung. Die Meßprinzipien sind teilweise sehr unterschiedlich und reichen von der Photometrie über Konduktometrie, Chemilumineszenz, elektrochemische Zelle bis zur potentiometrischen Messung mit Hilfe ionensensitiver Elektrode. Die Probenahme erfolgt dabei entweder extraktiv oder in-situ.

Schwefeldioxid
Zur kontinuierlichen Messung der SO_2-Emission stehen mehrere photometrische Meßprinzipien mit extraktiver Probenahme und In-Situ-Probenahme zur Verfügung. Außerdem wird die Leitfähigkeitsmessung in Verbindung mit extraktiver Probenahme eingesetzt.

Zur Messung der Komponenten CO, SO_2 und NO werden häufig Absorptionsphotometer mit charakteristischen Absorptionsspektren im infraroten und ultravioletten Bereich eingesetzt.

Bei der einfachsten Meßanordnung für ein Absorptionsphotometer wird das Licht einer Strahlungsquelle zur Selektivierung auf die Meßkomponente durch ein optisches Filter spektral eingeengt, tritt durch eine vom Meßgas durchströmte Küvette und trifft auf einen Photodetektor, dem eine elektronische Signalverarbeitung nachgeschaltet ist. Ein Teil des Lichts wird von den Schadstoffmolekülen absorbiert. Die Lichtschwächung ist dabei ein Maß für die Schadstoffkonzentration. Eine schematische Darstellung des Prinzips zeigt Bild M.1-13. Bei dieser einfachen Anordnung ist mit Fehlern zu rechnen, daher verwendet man entweder eine periodische Nullpunktkorrektur oder einen Vergleichsstandard in Form eines zweiten Vergleichsfilters oder -gases. Dieser Vergleichsstandard kann entweder zeitlich verschoben – gegenphasig – in den Strahlengang (Einstrahlphotometer) gebracht werden, oder er befindet sich in einem parallel geführten Vergleichsstrahlengang (Zweistrahlphotometer).

Zur Sensibilisierung photometrischer Analysengeräte auf eine ausgewählte Meßkomponente werden dispersive oder nicht dispersive Verfahren

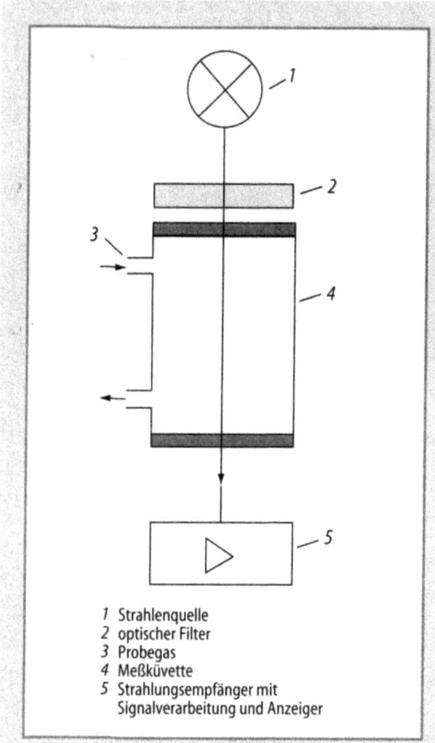

Bild M.1-13 Schema eines einfachen Absorptions-photometers

Bild M.1-14 NDIR-Photometer (schematisch)

verwendet. Bei den *dispersiven* Verfahren wird das Licht einer spektralbreitbandigen Strahlungsquelle vor der eigentlichen Messung mit Hilfe eines Spektrometers in seine spektralen Anteile zerlegt. Dazu können Prismengitter oder Interferenzfilter eingesetzt werden. Die *nichtdispersiven* Verfahren verzichten auf eine spektrale Zerlegung und benutzen zur Selektivierung die im Gerät gespeicherte Meßkomponente selbst. Nach Art der Speicherung unterscheidet man drei Verfahren.

Beim nichtdispersiven Infrarot (*NDIR*)-Verfahren wird der Strahlungsempfänger als Speicher verwendet. Die vom Strahler ausgehende Strahlung wird durch ein umlaufendes Blendenrad moduliert und erzeugt in den Empfängerkammern periodische Druckschwankungen, die entweder durch Membrankondensator oder Mikroströmungsdetektor erfaßt und in ein elektrisches Signal umgewandelt werden. Das Schema zeigt Bild M.1-14.

Beim Gasfilterkorrelations (*GFC*)-Verfahren dient als Speicher eine gasgefüllte Filterkammer, die auf einem Filterrad befestigt ist. Diese Filter-kammer wird periodisch abwechselnd mit einem mit N_2 gefüllten Gasfilter in den Strahlengang gebracht. Das Schema zeigt Bild M.1-15. Beim nicht-dispersiven Ultraviolett(*NDUV*)-Verfahren ist die Meßkomponente in der Strahlungsquelle gespeichert. Verwendet werden gasgefüllte Entladungslampen, die für die Meßkomponente charakteristische Spektrallinien emittieren. UV-Photometer arbeiten mit einem oder zwei Strahlengängen sowie mit einem oder zwei photoelektrischen Detektoren. Bei den *In-Situ*-Photometern befindet sich die Absorptionsmeßstrecke direkt im Abgaskanal, so daß das Probegas nicht mehr über ein Probenahmesystem der Meßküvette zugeführt werden muß. Das Photometer, bestehend aus photometrischem Detektor, Selektivierungseinrichtung und Auswerteelektronik, ist außerhalb des Abgaskanals angebracht. Je nach Meßkomponente arbeiten diese Photometer im IR- und im UV-Bereich. Es sind zwei Meßanordnungen möglich. In beiden Fällen befindet sich das eigentliche Photometer auf einer Seite des Abgaskanals. Auf der gegenüberliegenden Seite ist entweder die Strahlungsquelle oder ein Reflektor

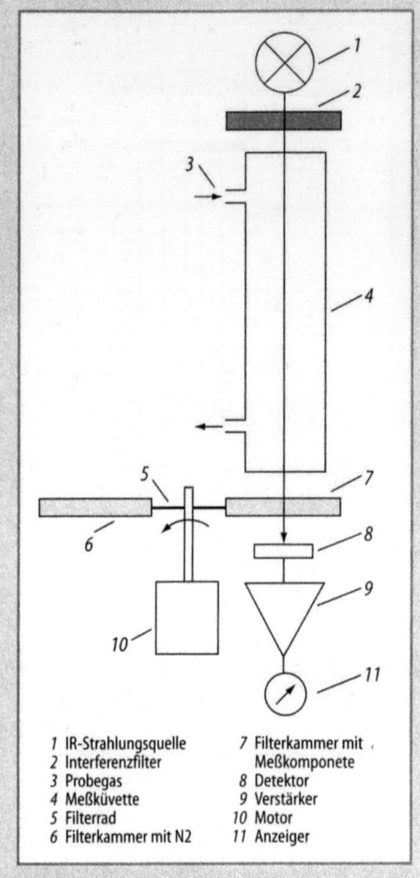

1 IR-Strahlungsquelle
2 Interferenzfilter
3 Probegas
4 Meßküvette
5 Filterrad
6 Filterkammer mit N2
7 Filterkammer mit Meßkomponete
8 Detektor
9 Verstärker
10 Motor
11 Anzeiger

Bild M.1-15 Gasfilter-Korrelationsverfahren (schematisch)

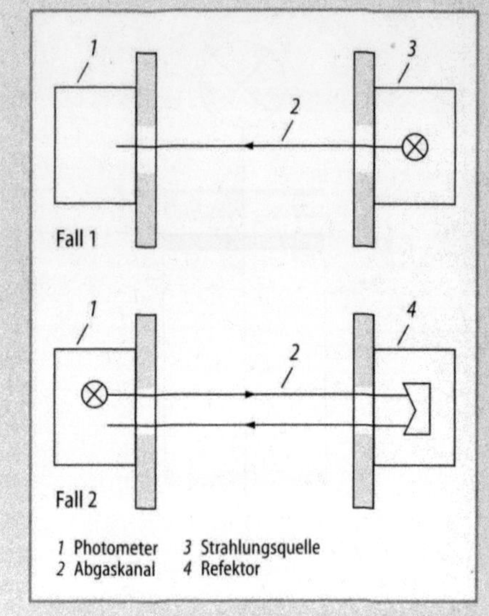

1 Photometer
2 Abgaskanal
3 Strahlungsquelle
4 Refektor

Bild M.1-16 Anordnung von in-situ-Photometern (schematisch) Einstrahl-/Zweistrahlverfahren

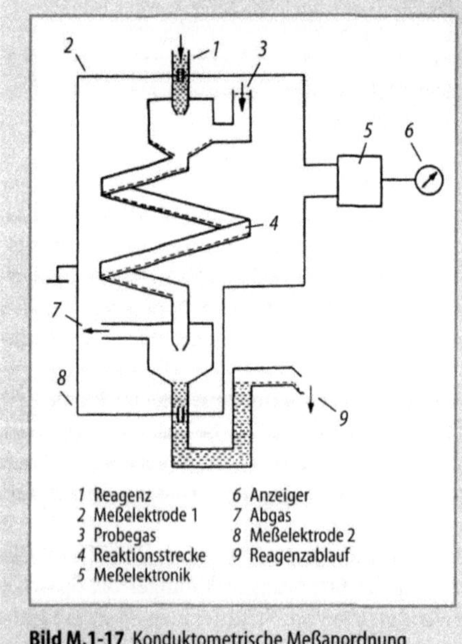

1 Reagenz
2 Meßelektrode 1
3 Probegas
4 Reaktionsstrecke
5 Meßelektronik
6 Anzeiger
7 Abgas
8 Meßelektrode 2
9 Reagenzablauf

Bild M.1-17 Konduktometrische Meßanordnung (schematisch)

angebracht. In diesem Fall durchläuft der Lichtstrahl die Meßstrecke zweimal (s. Bild M.1-16).

Bei der *Konduktometrie* wird das Probegas in ein geeignetes flüssiges Reagenz eingeleitet und die Leitfähigkeitsänderung nach erfolgter Reaktion der Flüssigkeit mit dem Gas gemessen. Bei der kontinuierlichen Konduktometrie werden Probegas und Reagenzflüssigkeit der Reaktionsstrecke kontinuierlich zugeführt (Bild M.1-17). Auf Konstanz der entsprechenden Massenströme und Kompensation des Temperatureinflusses ist bei den Meßverfahren zu achten.

Für die Meßkomponente SO_2 wurden bisher vom Bundesminister für Umwelt diverse Geräte als geeignet bekanntgegeben [M.1.10, M.1.35 – M.1.37].

Meßgeräte, die nach dem NDIR-Meßprinzip arbeiten, werden von den Firmen Maihak (Typreihe Unor), Mannesmann/H. u. B. (Typreihe Uras), Perkin-Elmer (Typreihe MCS 100 HW), Siemens (Typreihe Ultramat) angeboten. Das Meßprinzip der Typreihe Unor ist das der Zweistrahl-Differenzmessung mit einem Strahler und Doppelschichtdetektor. Bei der Meßgerätereihe Ultramat kommt je nach Typ entweder das Zweistrahl-Differenzmeßverfahren mit einem Strahler und Doppelschichtdetektor oder der Einstrahlanalysator mit Doppelschichtdetektor zur Anwendung. Bei dem Gerät der Firma Perkin-Elmer handelt es sich um ein Einstrahl-Photometer, das nach dem Bifrequenz-Verfahren arbeitet. Es handelt sich dabei um ein Mehrkomponentenmeßgerät mit sequentieller Messung. Bei der Typreihe Uras wird das Zweistrahl-Differenzmeßverfahren mit einem Strahler und Doppelschichtdetektor eingesetzt. Auf der Basis des NDUV-Meßprinzips werden Geräte von Maihak (Gerätetyp Defor 3) und von Rosemount (Gerätetyp SO$_2$-UV-Binos) angeboten. Beide Geräte arbeiten nach dem Zweistrahl-Differenz-Meßverfahren mit einem Strahler. Auf der Basis der Messung der elektrischen Leitfähigkeit wird von Wösthoff (Mikrogas-SO$_2$) ein Gerät angeboten, das mit Absorption in H$_2$O$_2$ arbeitet.

In-Situ-Meßgeräte für die Meßkomponente SO$_2$ werden von Opsis (Gerätetyp OPSIS AR 600) und von Sick (Gerätetyp GM 21, GM 30) angeboten. Das Gerät der Firma Opsis ist ein Einstrahlphotometer mit Messung des Absorptionsspektrums in einem bestimmten UV-Wellenlängenbereich. Die Geräte der Firma Sick sind Einstrahlphotometer mit Reflektoren. Dabei wird der Restlichtstrahl spektral zerlegt und das Absorptionsspektrum in einem bestimmten UV-Wellenlängenbereich bestimmt.

Stickstoffoxide
Zur kontinuierlichen Messung stehen mehrere Verfahren mit extraktiver und In-Situ-Probenahmetechnik zur Verfügung. Die Meßprinzipien sind Infrarot- und Ultraviolett-Absorption, Chemilumineszenzreaktion und amperometrische Messung mit elektrochemischer Meßzelle. In der Regel wird nur die Komponente NO selektiv gemessen. Allerdings befinden sich auch Meßgeräte zur selektiven Messung von NO$_2$ auf dem Markt. Die behördlichen Auflagen beziehen sich auf die Ermittlung der Summe Stickstoffoxide (NO+NO$_2$). Bei der Kalibrierung (Abschn. M.1.1.2.8) wird der NO$_2$-Anteil der Abgase mit einkalibriert, wenn NO-selektive Meßgeräte zur kontinuierlichen Messung eingesetzt werden und der NO$_2$-Anteil 5 bzw. 10 % nicht überschreitet. Die mit IR- und UV-Absorption arbeitenden Meßprinzipien wurden bereits im Abschnitt Schwefeloxide beschrieben. Beim Chemilumineszenz-Verfahren liegt die Reaktion von Stickstoffmonoxid mit Ozon zugrunde. Ein Teil der entstehenden Stickstoffdioxidmoleküle gelangt dabei in einen angeregten Zustand, wobei die Anregungsenergie zum Teil in einer Chemilumineszenz-

strahlung wieder abgegeben wird. Durch Intensitätsmessung der Strahlung im Wellenlängenbereich zwischen 600 und 660 nm läßt sich bei konstantem Druck, konstantem Volumenstrom und ausreichendem Ozonüberschuß die Stickstoffmonoxidkonzentration selektiv messen.

Geeignet für die NO/NO$_2$-Messung entsprechend den behördlichen Anforderungen sind z. B. folgende Meßgeräte:

Auf der Basis des NDIR-Meßprinzips werden von Maihak (Typreihe Unor), Mannesmann/H. u. B. (Typreihe Uras), Perkin-Elmer (Typ Spectran 647 IR, Typreihe MCS 100; Meßprinzip Einstrahlphotometer, Gasfilterkorrelationsverfahren mit zwei Miniaturküvetten je Meßkomponente, sequentielle Messung), Rosemount (Typ NO-iR Binos; Meßprinzip Zweistrahl-Differenzmeßverfahren mit einem Strahler mit Meß- und Ausgleichskammer), Siemens (Typreihe Ultramat) (s. Abschnitt Schwefeloxide), Meßgeräte angeboten.

Auf der Basis des NDUV-Meßprinzips arbeitet der Radas 1 G von Mannesmann H. u. B. (Gasfilterkorrelation mit umlaufender Filterküvette).

Auf der Basis der Chemilumineszenz arbeiten die Geräte von Ecophysics (Typ CLD 700, als Zweikanalgerät für NO und NO$_2$) und Rosemount (Typ 951). Geräte mit elektrochemischer Zelle werden von AEG Sensorsystem (Typ NO$_x$-Monitor 4000; Meßprinzip Dreigasdiffusionszellen) und MSI/Elektronik (Typ MSI/ 5600; Meßprinzip Dreielektrodenmikrozellen) angeboten.

Meßgeräte mit In-Situ-Probenahme werden von OPSIS (Typ OPSIS AR 602 Z, Meßprinzip – s. Abschnitt Schwefeldioxid) und Sick (Meßgerätetyp GM 30, Meßprinzip – s. Abschnitt Schwefeldioxid) angeboten.

Zur selektiven Messung von NO$_2$ stehen das Mehrkomponentensystem MCS 100 CD von Perkin-Elmer, das Mehrkomponentensystem AR 602 Z von OPSIS, der NO$_2$-UV-Binos von Rosemount und als Kombigerät der BINOS 1004 (NO + NO$_2$) zur Verfügung. Bei den Chemilumineszenz-Geräten besteht die Möglichkeit NO$_2$ aus der Differenzsumme NO + NO$_2$ zu bestimmen.

Kohlenmonoxid
Zur kontinuierlichen Messung von CO ist ebenfalls eine Reihe von Meßgeräten von den Behörden bekanntgegeben worden.

Auf der Basis des NDIR-Meßprinzips werden von Maihak (Typreihe Unor), Mannesmann/H. u. B. (Typreihe Uras), Perkin-Elmer (Typreihe Spectran und MCS 100), Rosemount (Typreihe

CO/IR Binos) und Siemens (Typreihe Ultramat) Meßgeräte angeboten. Die Meßprinzipien wurden bereits im Abschnitt Schwefeldioxid bzw. Stickstoffoxide behandelt.

Das von MSI-Electronic angebotene Gerät MSI 5600 arbeitet mit einer Dreielektrodenmikrobrennstoffzelle.

Als In-Situ-CO-Meßgerät steht das Einstrahlphotometer GM 900/Modell 9200 von Sick zur Verfügung. Es arbeitet mit Gasfilterkorrelation und einem Küvettenrad mit vier Küvetten im Sender.

Fluorverbindungen
Zur kontinuierliche Messung von Fluor bzw. anorganisch gasförmigen Fluorverbindungen wurden insgesamt zwei Meßgeräte von den Behörden bekanntgegeben, die nach dem potentiometrischen Meßprinzip arbeiten. Dabei wird das Probegas in eine gepufferte Elektrolytlösung eingeleitet und die durch die Meßkomponente veränderte Ionenkonzentration mit Hilfe einer fluorsensitiven Elektrodenkette gemessen.

Beim Sensimeter G von Bran u. Lübbe wird das Abgas kontinuierlich abgesaugt und durchströmt das im Sechsminutenrhythmus zyklisch das vorgelegte Pufferlösungsvolumen. Danach wird die angereicherte Pufferlösung der ionensensitiven Meßkette in der Meßzelle zugeführt. Die Messung ist daher nur quasi kontinuierlich.

Das Ionotox HF von Compur/Bayer mißt die Konzentration von Fluorwasserstoff und die anderen anorganischen gasförmigen, hydrolisierbaren Fluorverbindungen kontinuierlich. Das Meßgas wird kontinuierlich auf einen Verdüser gefördert, wobei das Meßgas mit der Absorptionslösung vermischt wird, die zur Potentialmessung kontinuierlich in den zwischen den Elektroden befindlichen Spalt geleitet wird. Verschiedene Stoffe führen zu Querempfindlichkeiten, so daß die Höhe der Konzentration dieser Stoffe begrenzt ist.

Chlorverbindungen
Für die kontinuierliche Messung gasförmiger anorganischer Chlorverbindungen werden verschiedene eignungsgeprüfte Meßgeräte angeboten, die nach den Meßprinzipien Potentiometrie, Leitfähigkeit und NDIR-Gasfilterkorrelation arbeiten. Alle Meßgeräte haben eine extraktive Probenahme und messen bis auf das Sensimeter G kontinuierlich.

Von Bran u. Lübbe werden das Sensimeter G und Ecometer angeboten. Meßprinzip ist die Potentiometrie mit ionensensitiver Elektrode. Das Sensimeter G arbeitet wie das gleichnamige HF-Gerät mit einer zeitlichen Sammelphase im Meßzyklus. Das Ecometer mit ionensensitiver Elektrode und einer Absorptionsstrecke mißt kontinuierlich. Von Perkin-Elmer werden das Spectran 677 IR und das MCS 100 HW als NDIR-Einstrahlphotometer mit Gasfilterkorrelation und von Wösthoff das Mikrogas HCL bzw. das Kombigerät Mikrogas HCl/SO_2 auf der Basis der Leitfähigkeitsmessung mit Absorption in H_2O_2 angeboten. (Differenzmessung mit zwei Leitfähigkeitszellen). Die Meßgeräte Ecometer und Spectran 677 IR werden in den VDI-Richtlinien 3480, Blatt 2 und 3 ausführlich im Prinzip, Geräteaufbau und Funktion, Kalibrierung, Auswertung und Verfahrenskenngrößen behandelt [M.1.38, M.1.39]. Das Leitfähigkeitsmeßgerät (Wösthoff) wird in der Richtlinie VDI 2462, Blatt 5 für die Meßkomponente SO_2 beschrieben.

Ammoniak
Zur Zeit werden auf dem Markt zur kontinuierlichen Messung von Ammoniak zwei Meßgeräte angeboten, welche die behördlichen Mindestanforderungen erfüllen.

Das In-Situ-Meßgerät OPSIS AR 602 Z für NH_3 arbeitet als NDUV-Einstrahlphotometer mit Sender und Empfänger. Dabei wird in einem bestimmten UV-Wellenlängenbereich das Absorptionsspektrum bestimmt. Der kleinste geprüfte Meßbereich war 0 – 20 mg/m³. Die Nachweisgrenze liegt bei etwa 0,5 mg/m³.

Das Gerät Mipan der Siemens AG arbeitet mit extraktiver Probenahme auf der Basis der Absorption elektromagnetischer Strahlung im Mikrowellenbereich. Der kleinste geprüfte Meßbereich beträgt 0 – 15 mg/m³. Die Nachweisgrenze liegt bei 0,2 mg/m³. Die Einstellzeit (90 %-Zeit) beträgt etwa 400 s.

M.1.1.2.4 Gasförmige organische Verbindungen

Die unter M.1.1.2.3 aufgeführten Hinweise, wie z. B. geschwindigkeitsproportionale Entnahme, Beheizung der Sonde, geeignete Materialien usw., gelten auch für die organischen Verbindungen. Zusätzlich ist zu beachten, daß organische Verbindungen möglichst nicht bei der Probenahme durch thermische Einwirkung oder Oxidation, Nitrierung, Chlorierung usw. verändert werden dürfen. In der Regel muß die Sammlung dieser Stoffe bei niedriger Temperatur erfolgen. Bei der Probenahme wird daher häufig das Abgas gekühlt oder nach dem Verdünnungsprinzip durch Zuführung eines geeigneten Mediums in der Temperatur abgesenkt. Je nach Stoff eignen sich als Sammelelemente für das Probegas Gassammelrohre (Gasmäuse); in Sorptionsapparaturen können Frittenflaschen oder Impinger mit flüssigen Absorptionsmitteln gefüllt, verwendet werden. Ebenso werden feste Sorbentien, wie z. B. Aktivkohle, Kieselgel, Florisil, Absorberharze oder verschiedene gaschromatographische Materialien eingesetzt.

Gesamt-organischer Kohlenstoff
Zur Charakterisierung des gesamten organischen Potentials eines Abgases wird häufig die Messung des Gesamt-C-Gehalts an flüchtigen organischen Verbindungen gefordert. Als handanalytisches Meßverfahren steht das in der Richtlinie VDI 3481, Blatt 2 beschriebene Kieselgel-Verfahren zur Verfügung [M.1.40].

Dabei wird das Probegas über eine ggf. beheizte Entnahmesonde durch zwei hintereinandergeschaltete mit Kieselgel gefüllte Sorptionsrohre geleitet. Jedoch werden einige der leichterflüchtigen Stoffe bis C_4/C_5 nicht quantitativ adsorbiert. Die Desorption erfolgt im Sauerstoffstrom bei erhöhter Temperatur mit nachfolgender Verbrennung zu CO_2, das entweder maßanalytisch durch acidimetrische Titration von nicht durch Bariumcarbonatfüllung verbrauchtes Bariumhydroxid oder coulometrisch durch Neutralisation einer Bariumhydroxidlösung bestimmt wird. Da mit dem Verfahren niedrigsiedende Substanzen nicht oder nur teilweise erfaßt werden, können sich je nach Gaszusammensetzung im Vergleich zu anderen Verfahren Unterschiede ergeben.

Die relative Nachweisgrenze beträgt bei titrimetrischem Nachweis 17 mg C/m^3 und bei coulometrischem Nachweis 2 mg C/m^3.

Zur Anwendung des Kieselgel-Verfahrens auch bei höheren Temperaturen und Feuchten als z. B. 20 °C Taupunkttemperatur und 25 °C vor der ersten Sorptionsstufe werden den Sorptionsrohren entweder Kondensatgefäße oder Kondensatgefäße mit Kühler vorgeschaltet. Dabei ist auch das Kondensat aufzuarbeiten, da es einen Anteil an organischen Verbindungen enthalten kann. Es ist dabei zu prüfen, inwieweit das im Abgas enthaltene CO_2, das im Kondensat zum Teil gelöst wird, zu Meßwertverfälschungen führen kann [M.1.41].

Chlorbenzole und Chlorphenole
Zur Probenahme chlorierter Benzole und Phenole können im Prinzip die gleichen Probenahmemethoden wie zur Probenahme von PCDD und PCDF bzw. PCB (s. M.1.1.2.6) eingesetzt werden. Eine Richtlinie mit abgesicherten Verfahrenskenngrößen ist zur Zeit nicht verfügbar. Im einzelnen ist auch zu prüfen, inwieweit die leichterflüchtigen Mono- und Dichlorverbindungen quantitativ gesammelt werden. Als geeignete Sammelphasen können Feststoffilter in Verbindung mit PU-Schaum oder Methoxyethanol oder Absorberharzen angesehen werden. Auch die Absorption in tiefkaltem Lösemittel, z. B. Methyldiglycol, wie sie im Vorentwurf der VDI-Richtlinie 2457, Blatt 2 [M.1.42] beschrieben wird, bietet sich an.

Leichtflüchtige Chorkohlenwasserstoffe
Leichtflüchtige Chlorkohlenwasserstoffe, wie Trichlorethan, Trichlorethen, Tetrachlorethan und Tetrachlorethen, werden z. B. in Anlagen zur Oberflächenbehandlung, zur Chemischreinigung und zur Extraktion eingesetzt. Die 2. BImSchV begrenzt die Emissionen der genannten leichtflüchtigen Halogenkohlenwasserstoffe, sowie von Trichlormethan.

Die Messung der Emissionen wird in der Richtlinie VDI 2457, Blatt 2 – 4, Ausgabe 1974 – 1976 für 1.1.1-Trichlorethan, Trichlorethen und Tetrachlorethen beschrieben. Dabei erfolgt die Absorption in einem flüssigen Sorbens und der Nachweis gaschromatographisch. Die Nachweisgrenze ist jedoch teilweise relativ hoch.

Die Probenahme und Analytik wird daher in letzter Zeit in Anlehnung an Immissionsmeßverfahren durchgeführt [M.1.43, M.1.44]. Zur Probensammlung werden Aktivkohleröhrchen eingesetzt, die mit Lösemitteln oder thermisch desorbiert werden. Die Probenahme selbst erfolgt mit ggf. auf Abgastemperatur beheizten Quarzsonden und nachgeschaltetem Staubfilter. Bei höherem Wasserdampfgehalt wird dem Staubfilter eine Kondensatflasche, ggf. gekühlt, nachgeschaltet. Das Kondensat wird ebenfalls gaschromatographisch auf die entsprechenden Komponenten hin untersucht. Ein weiteres Verfahren ist die in [M.1.42] beschriebene Methode mit Absorption in tiefkaltem Lösemittel.

Fluor-Chlor-Kohlenwasserstoffe
In der 2. BImSchV [M.1.5] werden ebenso die Emissionen von FCKW begrenzt, soweit es den dort genannten Geltungsbereich betrifft. Danach dürfen nur 1.1.2.2-Tetrachlor-1.2-Difluorethan

(R-112), 1.1.2-Trichlor-1.2.2-Trifluorethan (R-113) und Trichlorfluormethan (R-11) eingesetzt werden. Die Probenahme wird wie bei LCKW beschrieben durchgeführt. Der Stoff wird z. B. an Aktivkohle adsorbiert. Bei Komponenten mit niedrigem Siedepunkt können Gassammelrohre Anwendung finden. Die Quantifizierung erfolgt über GC/ECD.

Aromatische Kohlenwasserstoffe
Die Probenahme von aromatischen Kohlenwasserstoffen (Benzol, Toluol, Xylol und Ethylbenzol) kann in Anlehnung an Immissionsmeßverfahren mit den vorgenannten Probenahmetechniken erfolgen. Vorrangig werden als Sammelphase Aktivkohle, Tenax und tiefkaltes Lösemittel eingesetzt. Die Desorption der Aktivkohle erfolgt mit Lösemittel [M.1.45] oder thermisch, die Identifizierung über GC/FID oder ggf. GC/MS. Das bei der Probenahme evtl. anfallende Kondensat ist ebenfalls zu analysieren. Es wird dabei bei einem Probenahmevolumen von 20 dm^3 eine Nachweisgrenze von 5 µg/m^3 je Komponente erreicht.

Amine
Aliphatische Amine, z. B. Methylamin, Dimetylamin, Ethylamin, Propylamin, Butylamin, Hexylamin können in Anlehnung an die in der Richtlinie VDI 2467 für Immissionen beschriebene Methode quantifiziert werden, insbesondere in Abluft [M.1.46]. Die Sammlung erfolgt dabei in verdünnter Salzsäure. Amine werden als Alkylammoniumchloride absorbiert. Bei der Probenaufbereitung erfolgt die Umsetzung zu Dinitrophenylaminen. Die Bestimmung erfolgt mit Hilfe der HPLC mit UV-Absorptionsdetektion.

Bei aromatischen Aminen besteht die Möglichkeit der Anreicherung auf Silikagel-Röhrchen. Der Nachweis erfolgt über HPLC/UV.

Aldehyde
In der Richtlinie VDI 3862, Blatt 1 wird ein Emissionsmeßverfahren für kurzkettige Aldehyde beschrieben [M.1.47]. Dabei werden aliphatische Aldehyde C$_1$ – C$_3$ nach der MBTH-Methode in Absoptionslösung gesammelt und photometrisch ausgewertet. Das Verfahren ist nur bis zu einem SO$_2$-Gehalt im Abgas von 30 mg/m^3 verwendbar. Es handelt sich dabei um eine Summenmessung. In Blatt 2 dieser Richtlinie wird die Messung längerkettiger aromatischer Aldehyde sowie Ketone beschrieben [M.1.48] . Die Substanzen werden mit 2,4-Dinitrophenylhydrazin (DNPH-Ver-

fahren) zu entsprechenden Hydrazonen umgesetzt und als Einzelkomponente quantifiziert. Die Probenahme erfolgt über Waschflaschen mit Acetonitril, in dem das Hydrazin gelöst ist. Die Absorptionslösung wird ohne Aufarbeitung direkt chromatographiert. Die Detektion erfolgt mit HPLC und UV-Detektor. In Blatt 3 der Richtlinie VDI 3862 wird die Probenahme mit DNPH in salzsaurer Lösung beschrieben [M.1.49]. Die Hydrazone werden mit Tetrachlorkohlenstoff ausgeschüttelt. Die organische Phase wird mit HPLC chromatographiert und mit UV-Detektor bestimmt. Je nach Stoff werden Nachweisgrenzen bei einem Probenahmevolumen von 50 l zwischen 2 und 100 µg/m^3 erreicht. Von Nachteil ist, daß die Proben nur kurzfristig zwischengelagert werden können.

Acrylnitril
In der Richtlinienreihe VDI 3863, Blatt 1 – 3 werden drei Methoden zur Emissionsmessung von Acrylnitril beschrieben [M.1.50 – M.1.52].

In Blatt 1 erfolgt die Probenahme mit Gas-Sammelgefäß. Die Nachweisgrenze, die mit Flammenionisationsdetektor (FID) erreicht wird, beträgt 0,5 mg/m^3. Die mit Phosphor-Stickstoffdetektor (PND) erreichte Nachweisgrenze 0,05 mg/m^3. Bei höheren Wasserdampfgehalten ist das Verfahren nach Blatt 1 nicht einsetzbar. In Blatt 2 wird die Probenahme in tiefkaltem Lösemittel beschrieben. Die Nachweisgrenze beträgt bei 15 l Probegasvolumen mit FID 0,2 mg/m^3 und mit PND 0,05 mg/m^3. In Blatt 3 wird die Probenahme an Aktivkohle mit nachfolgender Desorption mit Dimethylformamid (DMF) beschrieben. Die Nachweisgrenze ist hier 12 µg/m^3 bei einem Probegasvolumen von 50 l. Der Nachweis erfolgt über GC mit Trennsäulenschaltung und zwei FID.

Alle drei Probenahmeeinrichtungen werden mit Probenahmesonde und Feststoffilter, die ggf. beheizt sein müssen, betrieben. Bei allen drei Verfahren ist darauf hinzuweisen, daß die Proben nur begrenzt lagerbar sind.

1,3-Butadien
In der Richtlinie VDI 3953 wird ein Emissionsmeßverfahren mit Absorption an Aktivkohle und Desorption mit Schwefelkohlenstoff beschrieben [M.1.53]. Die gaschromatographische Analyse erfolgt mit GC-FID-Headspace-Technik (Dampfraumanalyse). Die Nachweisgrenze liegt bei 0,2 mg/m^3 bei einem Probenahmevolumen von 30 l. Auf die begrenzte Lagerfähigkeit der Proben ist zu achten.

Vinylchlorid

Zur Bestimmung von Vinylchlorid wird in der Richtlinie VDI 3493, Blatt 1 eine gaschromatographische Bestimmungsmethode mit Probenahme in Gassammelgefäßen beschrieben [M.1.54]. Die Quantifizierung erfolgt dabei mit GC-FID. Die Nachweisgrenze wird mit 0,3 mg/m³ angegeben. In Ziffer 2.3 TA Luft wird die Emission auf 5 mg/m³ begrenzt. In Anlehnung an die in Richtlinie VDI 3494, Blatt 1 – 2 beschriebenen VC-Immissionsmeßverfahren [M.1.55-M.1.56], die mit Adsorption an Aktivkohle arbeiten, sollte es möglich sein, die Empfindlichkeit des Verfahrens zu erhöhen.

Registrierende Meßverfahren

Zur kontinuierlichen Emissionsmessung von Gesamt-C-konzentrationen werden überwiegend FID-Detektoren verwendet. Es gibt eine Reihe eignungsgeprüfter Meßgeräte, von denen ein Meßgerät nach dem Prinzip der Wärmetönung arbeitet. Der Flammenionisationsdetektor (FID) wird in der Richtlinie VDI 3481, Blatt 1 beschrieben [M.1.57]. Blatt 3 dieser Richtlinie aus dem Jahr 1992 geht insbesondere auf Lösemittel ein [M.1.58]. Die Grenzen der Anwendbarkeit des FID-Verfahrens und ein Vergleich mit anderen Methoden zur Bestimmung des Gesamt-Kohlenstoffgehalts in Abgasen werden in der gleichen Richtlinienreihe Blatt 6 behandelt [M.1.59].

Der Flammenisonisationsdetektor FID benutzt als Meßeffekt die Ionisation organisch gebundenen Kohlenstoffs in einer Wasserstoff-Flamme. Der dabei in einem elektrischen Feld auftretende Ionenstrom wird elektrisch verstärkt und gemessen. Er ist in einem weiten Bereich proportional der Anzahl der pro Zeiteinheit in die Flamme gebrachten Kohlenstoffatome. Der Molekülaufbau beeinflußt wesentlich die Oxidationseigenschaft des Kohlenstoffs und damit die Größe des Detektorsignals. Organische Verbindungen mit Heteroatomen, z. B. N, O, S oder Cl, werden i. allg. mit deutlich geringerer Empfindlichkeit angezeigt als die reinen Kohlenwasserstoffe mit der gleichen Anzahl von Kohlenstoffatomen pro Molekül.

Die unterschiedliche Anzeigeempfindlichkeit gegenüber verschiedenen organischen Verbindungen werden in „Responsefaktoren" ausgedrückt. Diese sind gerätespezifisch und dürfen nicht auf andere Gerätetypen übertragen werden. Je nach Empfindlichkeit (Meßbereich) und Gerätetyp ergeben sich im Einzelfall verschiede-

ne Anforderungen an die Qualität von Brenngas, Brennluft, Prüfgas und die Zusammensetzung des Probegases. Ein eignungsgeprüftes Gerät arbeitet nach dem Prinzip der Wärmetönung (Typ KM 2-CNHM-EM-ADOS). Dabei wird durch katalytische Oxidation der brennbaren Gaskomponenten exotherme Wärme erzeugt, die durch Temperaturmessung nachgewiesen wird. Hier besteht eine Querempfindlichkeit gegenüber CO. Katalysatoren werden durch Halogen-, Blei- und Siliziumverbindungen vergiftet.

Eignungsgeprüfte FID werden z. B. von Bayer-Diagnostics (Typreihe Compur), Bernath-Atomic (Typreihe BA 3000), JUM-Engineering (Typ FID VE 7), Mannesmann/H. u. B. (Typreihe Fidas), Siemens (Typreihe Fidamat), Testa (Testa Fid 123) angeboten.

Alle Geräte arbeiten mit extraktiver Probenahme.

M.1.1.2.5 Gerüche

Geruchsemissionen können von einer Vielzahl von gewerblichen und industriellen Anlagen ausgehen. Aufgaben der Meßtechnik sind z. B. die Bestimmung der Geruchsintensität auf der Basis der Bestimmung der Geruchsschwelle, die Abschätzung des Belästigungspotentials, Wirkungsgradbestimmungen von Verfahren zur Geruchsemissionsminderung (Rohgas/Reingas).

Zur Ermittlung von Gerüchen verwendet man als Sensor die menschliche Nase (Olfaktometrie). Die Olfaktometrie ist die kontrollierte Darbietung von Geruchsträgern und die Erfassung der dadurch beim Menschen hervorgerufenen Sinnesempfindungen. Geruchsempfindungen können auch dann hervorgerufen werden, wenn die Geruchskonzentration unterhalb derzeit erreichbarer Nachweisgrenzen von chemisch-physikalischen Meßverfahren liegen. Die Geruchsstoffkonzentration der zu messenden Gasprobe (Einzelstoff oder Stoffgemisch) wird durch Verdünnung mit Neutralluft bis zur Geruchsschwelle bestimmt. Dabei gilt: 1 Geruchseinheit (GE) ist diejenige Menge (Teilchenzahl) Geruchsträger, die – verteilt in 1 m³ Neutralluft – entsprechend der Definition der Geruchsschwelle gerade eine Geruchsempfindung auslöst. Die Einheit der Größe „Geruchsstoffkonzentration" ist die Geruchseinheit durch Volumeneinheit GE/m³. Unter Geruchsschwelle versteht man die Konzentration eines Stoffs oder Stoffgemischs, die bei 50 % eines Kollektivs von Probanden mit dem Geruchssinn wahrgenommen wird.

Die Grundlagen der Geruchsschwellenbestimmung werden in der Richtlinie VDI 3881, Blatt behandelt [M.1.60].

Zur Messung werden „Olfaktometer" eingesetzt; d. h. Apparaturen, in denen eine Gasprobe (Geruchsstoffprobe) mit Neutralluft definiert verdünnt wird, und anschließend Testpersonen (Probanden) als Riechprobe angeboten wird. Den Probanden werden mehrere Verdünnungsstufen angeboten. Die Probenahme kann dynamisch oder statisch sein. Bei der *dynamischen* Probenahme wird ein Teilstrom kontinuierlich aus dem Abgas-/Abluft-Strom entnommen. Das Olfaktometer ist mit einer T-Verbindung an der Probenahmeleitung angeschlossen, so daß dem Olfaktometer bei Bedarf ein ausreichendes Probenvolumen zugeführt wird. Bild M.1-18 zeigt das Schema.

Bei der *statischen* Probenahme wird die Geruchsstoffprobe in einen geeigneten Behälter gefüllt, der die Probe zum Olfaktometer transportiert und dort zur Untersuchung angeschlossen wird. Bild M.1-19 zeigt schematisch die Möglichkeiten bei der statischen Probenahme [M.1.61]. Die dynamische Probenahme bietet Vorteile bei konstanten Emissionsverhältnissen wegen der kurzen Zeit zwischen Probenahme und Analyse. Bei schnell wechselnden Konzentrationen ist das Verfahren nicht sinnvoll, weil sich im Verlauf der Einzelmessung das Probengut ändert und dadurch die Meßwerte größere Streuungen aufweisen. Mit der statischen Probenahme wird bei wechselnden Konzentrationen ein repräsentativer Mittelwert über die Probenahmezeit erreicht. Die Auswertung der Ergebnisse wird in [M.1.60, M.1. 62] beschrieben. Verschiedene Olfaktometer werden in [M.1.63] vorgestellt. Die Verfahrenskenngrößen sind [M.1.64] zu entnehmen.

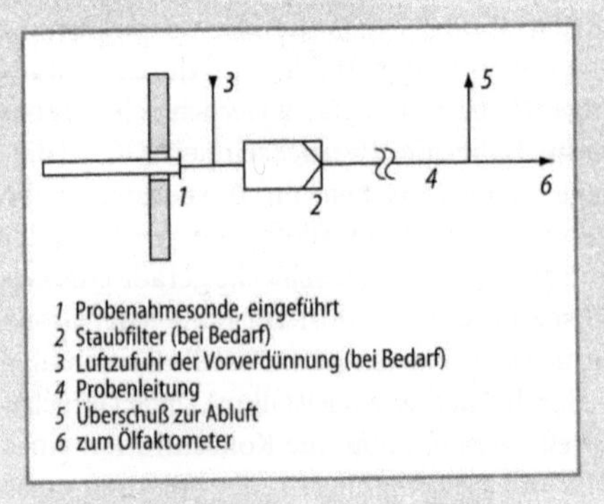

Bild M.1-18 Dynamische Probenahme (Gerüche)

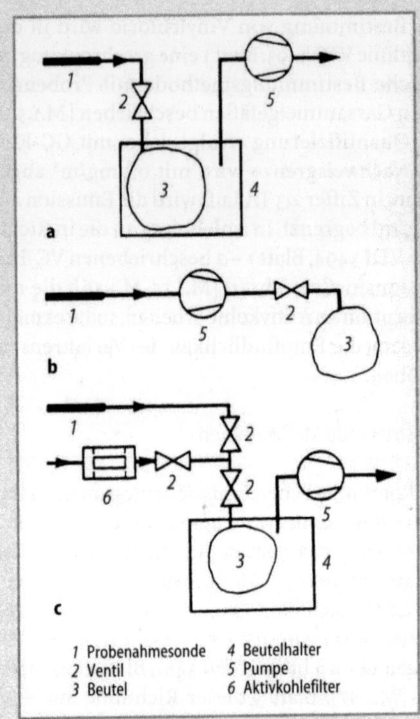

Bild M.1-19 Möglichkeiten statischer Probenahme (Gerüche). Füllung der Beutel durch Pumpensog (a), Pumpendruck (b), Pumpensog bei zusätzlicher Vorverdünnung mit gefilterter Luft (c).

Ebenso enthält diese Richtlinie Muster eines Meßprotokolls.

M.1.1.2.6 Organische Verbindungen im Spurenbereich

Zu den hochtoxischen, teilweise cancerogenen und mutagenen Umweltgiften gehören polychlorierte Biphenyle (PCB), polyzyklische aromatische Kohlenwasserstoffe (PAK) und polychlorierte Dibenzo-p-Dioxine (PCDD) und -Furane (PCDF). Die Abgaskonzentrationen dieser Verbindungen können je nach emittierender Anlage und Schadstoffkomponente in einem Bereich zwischen 0,001 und 1000 ng/m³ (ng = 10^{-9} g) liegen. Bei Abgastemperaturen zwischen 50 und 400 °C werden die Verbindungen je nach Siedelage gasförmig, als Feststoff, an Feststoffe sorbiert oder als Gemisch emittiert. Wegen der hohen Abgasvolumenströme industrieller Anlagen können i. d. R. nur teilstromentnehmende Verfahren eingesetzt werden. Wegen der Partikelphase hat die Probenahme isokinetisch zu erfolgen und sollte aus Gründen der Repräsentativität als Netzmessung durchgeführt werden. Entscheidend für die schonende Erfassung organischer Verbindungen ist eine Sammlung bei niedriger Temperatur (möglichst < 50 °C). Bei höheren Temperaturen muß der Probegasstrom durch Zumischung von Verdünnungsluft oder Wärmeentzug (Kühler) gekühlt werden.

Damit stehen auf der Basis der Verdünnungsmethode und der Kondensationsmethode zwei sich im Prinzip unterscheidende Probenahmemöglichkeiten zur Verfügung. Die Verdünnungsmethode wird in der Richtlinie VDI 3499, Blatt 1 [M.1.65] zur Bestimmung der PCDD und PCDF-Emissionen und in der Richtlinie VDI 3873, Blatt 1 [M.1.66] zur Bestimmung der PAK-Emissionen beschrieben. Diese Probenahmemethode wird gleichermaßen für die PCB-Emissionsmessung eingesetzt. Unterschiede bestehen lediglich bei der Probenaufbereitung bzw. Analytik. Zur Abkühlung wird dem Teilvolumenstrom getrocknete und gereinigte Luft zugemischt. Eine Taupunktunterschreitung von Wasser und damit anfallendes Kondensat wird dadurch vermieden. Bild M.1-20 zeigt das Schema der Probenahmeeinrichtung.

Mit Hilfe einer auf Abgastemperatur beheizten Entnahmesonde wird ein Teilvolumenstrom isokinetisch entnommen. In einem Mischrohr wird der Teilvolumenstrom durch Zufuhr getrockneter und gefilterter Luft unter 50 °C gekühlt. Anschließend wird das verdünnte Abgas

über ein Feststofffilter geleitet, in welchem die Feststoffe sowie die kondensierten und auf Partikeln sorbierten Anteile der organischen Verbindungen abgeschieden werden. Die Abscheidung der Stoffgruppen erfolgt bei der niedrigen Temperatur von etwa 40 °C praktisch quantitativ auf dem Feststofffilter. Zur Kontrolle kann ein festes Sorbens, z.B. Florisil, XAD-Adsorberharze, Porapak, PU-Schaum nachgeschaltet werden. Eine Verfahrensvariante besteht darin, daß statt dessen ein Planfilter und ein PU-Schaum als Sammelphase benutzt werden, so wie es bei Immissionsmessungen üblich ist. Diese Variante wurde in Ringversuchen zur CEN-Richtlinie für PCDD/F erprobt.

Kondensationsmethoden mit direkter Kühlung zur Bestimmung der PCDD und PCDF werden in der Richtlinie VDI 3499, Blatt 2 – 4 beschrieben [M.1.67-M.1.69]. Bild M.1-21 zeigt das Schema der Probenahmeapparatur nach Blatt 3 – Kondensatmethode/Gekühltes Absaugrohr – wahlweise mit Impinger oder Feststoffsorbens. Bei der Kondensationsmethode nach Blatt 3 z.B. wird das entnommene heiße Abgas in einem wassergekühlten Absaugrohr gekühlt, wobei das entstehende wäßrige Kondensat in einem ebenfalls gekühlten Kondensatabscheider gesammelt wird. Auf eine Feststoff-Filtration wird dabei derzeit verzichtet.

Anschließend wird das abgesaugte Teilvolumen zur Absorption entweder über zwei parallelgeschaltete mit organischem Lösemittel gefüllte Impinger-Straßen oder ein Feststoffadsorbens geleitet. Bei der Methode nach Blatt 4 wird als zusätzliches Sorbens PU-Schaum verwendet.

Zur Probenahme von PCB können die gleichen Probenahmetechniken wie bei PCDD/F angewandt werden. Allerdings gibt es derzeit keine verbindliche Richtlinie mit abgesicherten Verfahrenskenngrößen. Zur Bestimmung werden ähnliche Analysenschritte wie in der Dioxinanalytik benutzt, wobei bei der Auswahl der Trennmaterialien und Extraktionsmittel die spezifischen Stoffeigenschaften (Polarität, Lösungseigenschaften) der PCB zu berücksichtigen sind. In der TA Luft werden die beiden PAK Benzo(a)pyren und Dibenz(a, h)anthracen auf 0,1 mg/m³ begrenzt. Ein Meßverfahren ist in der Richtlinie VDI 3873, Blatt 1 beschrieben, das für die Messung an industriellen und gewerblichen Anlagen erprobt ist, und dessen Verfahrenskenngrößen bekannt sind [M.1.66]. Zur Probenahme wird dabei das in Bild M.1.20 dargestellte Verdünnungsverfahren eingesetzt. Die 4- bis 7-Ring-

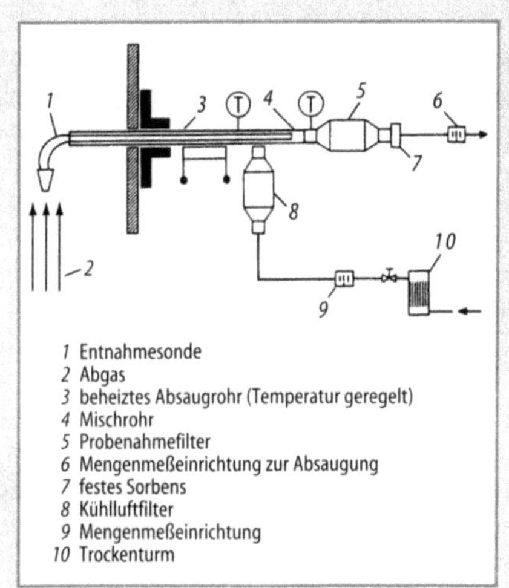

Bild M.1-20 Schematische Darstellung einer Probenahme nach der Verdünnungsmethode

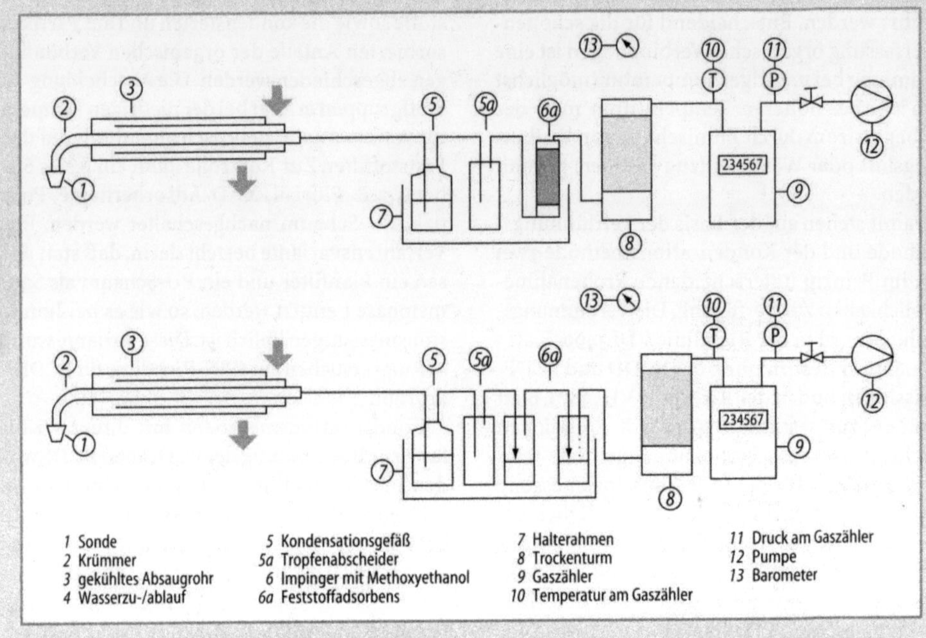

Bild M.1-21 Schematische Darstellung einer Probenahme nach der Kondensatmethode mittels gekühltem Absaugrohr

PAK haben etwa die gleiche Siedelage wie PCDD/F. Sie treten daher im Abgas als Gas, Feststoff, an Partikeln sorbiert und als Gemisch auf. Die 4- bis 7-Ring-Verbindungen werden quantitativ auf einem Filter abgeschieden. Zur Erfassung der leichterflüchtigen PAH mit 2 und 3 Ringen kann ein Feststoffsorbens, z. B. Porapak PS, nachgeschaltet werden. Auf die Möglichkeit der gleichzeitigen Sammlung von PAH, PCDD/F und PCB wird verwiesen. Die Probenahmezeiten (Sammelzeiten) für PAK sollten nicht länger als ca. 2 h dauern, damit die Invarianz der PAK-Profile erhalten bleibt. Verschiedene PAK sind sehr reaktiv.

M.1.1.2.7 Auswerterechner

Für eine Reihe genehmigungsbedürftiger Anlagen werden vom Gesetzgeber Meßsysteme zur kontinuierlichen Überwachung von Emissionen gefordert. Die Meßergebnisse sind fortlaufend automatisch auszuwerten und zu dokumentieren [M.1.67 – M.1.69]. Die Meßwerte der registrierenden Meßeinrichtung (Staub, SO_2, CO, NO usw.) werden unter Zugrundelegung der bei der Kalibrierung ermittelten Regressionskurven in die jeweiligen physikalischen Meßgrößen umgerechnet und über die Bezugszeit (i. d. R. 30 min)

gemittelt. Nach Umrechnung auf den Normzustand (1013 mbar, 273 K) und Bezugssauerstoffgehalt (z. B. 11 % O_2 bei Müllverbrennungsanlagen) werden die Konzentrationswerte in 20 Klassen einheitlicher Breite klassiert (Bild M.1-22). Diese Werte werden im eigentlichen Sinne nicht klassiert, sondern in Speicher gezählt. Der Emissionsgrenzwert liegt am Ende der Klasse 10. Werte, die das 2fache des Grenzwerts überschreiten, werden in die Klassen 21 und 22 gezählt.

Anmerkung. Zu beachten ist dabei, welche Auswertung durch den Gesetzgeber vorgeschrieben ist. Nach TA Luft und 13. BImSchV gilt z. B.: Emissionswerte gelten als eingehalten, wenn
- sämtliche Tagesmittelwerte den Emissionsgrenzwert
- 97 vH aller Halbstundenmittelwerte 6/5 des Emissionsgrenzwerts und
- sämtliche Halbstundenmittelwerte das 2fache des Emissionsgrenzwerts

nicht überschreiten.

Für Müllverbrennungsanlagen gelten davon abweichende Festlegungen und erfordern eine andere Art der Auswertung [M.1.4, M.1.68].

Die Klassengrenze dieser beiden Klassen entspricht dem bei der Kalibrierung festgestellten Toleranzbereich. In Klasse 23 wird die Anzahl der

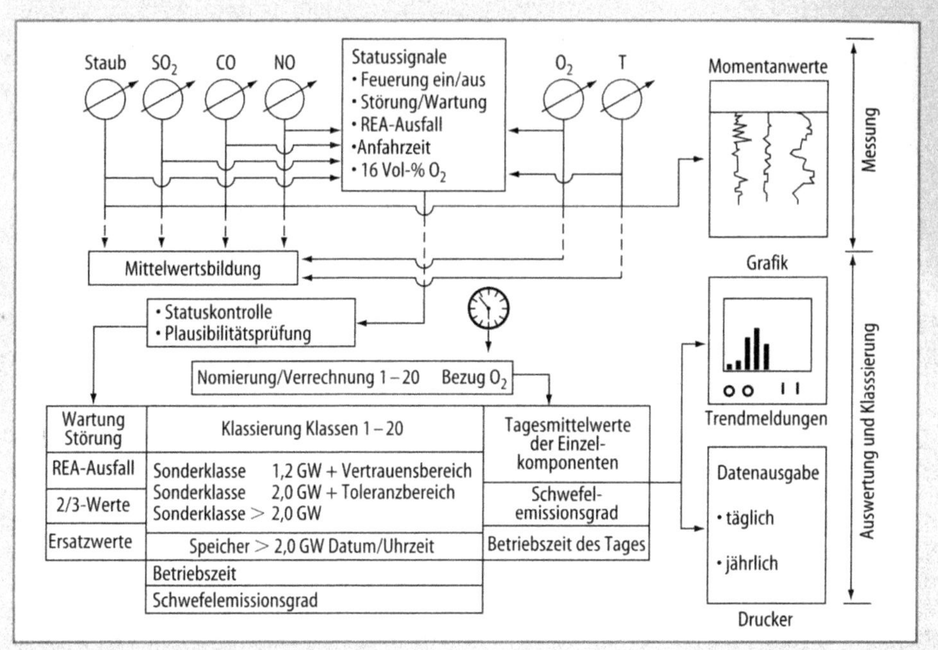

Bild M.1-22 Meßwerterfassung und -verarbeitung

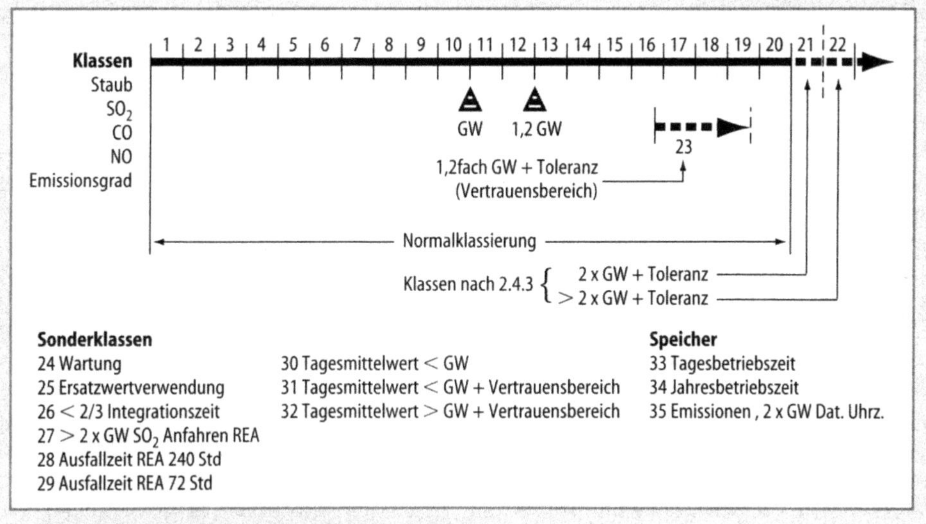

Bild M.1-23 Schema der Klassierung von Halbstundenmittelwerten

Halbstundenmittelwerte gespeichert, die das 1,2fache bis zur Grenze des Vertrauensbereichs überschreiten. Die Sonderklassen dienen zur Erfassung der Halbstundenmittelwerte, die durch Störungen oder Wartungsarbeiten an den Analysatoren mehr als 1/3 der Meßzeit mit keinen gültigen Meßwerten belegt waren.

Die Gesamtzahl dieser Werte einschl. der Werte, die beim An- oder Abfahren der Anlage weniger als 2/3 des Meßintervalls anstanden, werden zusätzlich in Klasse 26 gezählt. Bei Ausfall der Bezugsgröße Sauerstoff durch eine Störung der Meßeinrichtung verwendet der Auswerterechner einen Ersatzwert für O₂, welcher bei der Kalibrierung festgelegt wird. Alle Halbstundenmittelwerte, welche mit einem Ersatzwert gebildet wurden, werden normal klassiert, aber zusätzlich in der Klasse 25 gezählt. Neben der Verteilung der Tagesmittelwerte in drei Klassen (30, 31 und 32) werden die Betriebszeiten der Anlage für den Tag und das Jahr gespeichert und ausgewiesen. Die Klasse 35 dient zur Speicherung aller Grenzwertüberschreitungen des 2fachen Grenzwerts (Bild M.1-23).

Dabei wird die Uhrzeit und das Datum des Ereignisses miterfaßt. Die Datenausgabe der gespeicherten Werte aus den 20 Normalklassen, den Sonderklassen und den Speichern erfolgt täglich automatisch zu einer einmal gewählten Zeit. Ausserdem erfolgt die Ausgabe aller Daten nach Ablauf eines Kalenderjahrs. Die Tagesausdrucke dienen zur laufenden Dokumentation der Emissionsverhältnisse. Der Jahresausdruck dient zum Nachweis gegenüber der Aufsichtsbehörde.

M.1.1.2.8 Kalibrierung registrierender Meßgeräte

Zur Qualitätssicherung der Meßergebnisse registrierender Meßverfahren sind verschiedene Prüfungen in unterschiedlichen zeitlichen Abständen mit teilweise unterschiedlichem Prüfinhalt notwendig. Es ist hier zu unterscheiden zwischen geräteinterner Funktionsprüfung, Wartung, jährlicher Funktionskontrolle, Kalibrierung.

Die *geräteinterne* Funktionsprüfung besteht z.B. darin, daß in den Strahlengang bestimmte Prüfnormale eingeschwenkt werden, der elektrische Abgleich in bestimmten zeitlichen Abständen automatisch erfolgt oder permanent die Funktion bestimmter Bauteile, z.B. Pumpe, Strömungsmesser, überwacht wird.

In der Regel sind die Geräte in bestimmten zeitlichen Abständen vom Betreiber zu warten und zu überprüfen.

Dabei erfolgt eine Funktionsprüfung mit Hilfe von Justierhilfen, z.B. Gitterfiltern, Prüfgasen. Bei In-Situ-Meßeinrichtungen sind die optischen Grenzflächen zu reinigen. Luftfilter sind zu reinigen oder auszutauschen. Nullpunkt und Empfindlichkeit sowie Meßwertaufzeichnung sind zu kontrollieren. Bei Verfahren mit extraktiver Probenahme sind die Probenahmeheizung, Dichtigkeit der Leitungen, Probenahmefluß, Kondensatabfluß zu prüfen. Nullpunkt und Empfindlichkeit sind mit Justierhilfen (Prüfgas) zu prüfen bzw. einzustellen.

Für registrierende Meßgeräte wird eine jährliche Überprüfung auf *Funktion* der Meßwertanzeige der vollständigen Meßeinrichtung einschließlich Probenahme gefordert. Nach einer allgemeinen Überprüfung des Wartungszustands und bei extraktiven Probenahmesystemen einer Dichtheitsprüfung des Meßsystems sind je nach Meßsystem verschiedene Prüftätigkeiten erforderlich.

Hier sind z.B. zu nennen: Prüfung der Verschmutzung der optischen Bauteile oder des Probenahmesystems, Feststellung der zeitlichen Änderung von Null- und Referenzpunkt, Ermittlung der Querempfindlichkeit gegen CO_2, CO, NO, NO_2, SO_2, Wasserdampf; Überprüfung der Gerätefunktion durch Justierhilfen (Prüfgas, Prüflösungen, Prüffilter) oder andere gerätespezifische Vergleichsgrößen mit 3 – 4 Werten über den Meßbereich; spezifische Gerätefunktionen, z.B. Konstanz der Teilstromentnahme, Meßzyklusdauer, Reagenzdosierung und -zusammensetzung; Kontrolle der Meßwertübertragung zum Datenerfassungssystem [M.1.37, M.1.70].

Die registrierenden Meßeinrichtungen sind nach Inbetriebnahme einer neuen Anlage, nach wesentlichen Änderungen und in zeitlichen Abständen von drei bzw. fünf Jahren zu kalibrieren. Unter *Kalibrierung* versteht man die Ermittlung des Zusammenhangs zwischen der Geräteanzeige der vollständigen Meßeinrichtung und dem Meßobjekt in der Matrix des Abgases mit Hilfe von Vergleichsmessungen mit einem Konventionsverfahren [M.1.71, M.1.72]. Dazu sind vorher die wesentlichen Untersuchungspunkte gemäß Wartung und Funktionskontrolle durchzuführen. Die mit beiden Meßverfahren (registrierende Messung – Konventionsverfahren) zeitgleich ermittelten Meßgrößen werden gegenübergestellt und statistisch ausgewertet. Zur Kalibrierung von Staubmeßeinrichtungen sind im Regelfall mind. 12 – 15 Vergleichsmessungen mit dem Konventionsverfahren [M.1.7, M.1.73] – durchgeführt im Meßnetz über den Kanalquerschnitt – erforderlich. Daraus ergibt sich bereits die „netzbezogene" Analysenfunktion.

Bei Gasemissionsmeßgeräten gibt es prinzipiell zwei Möglichkeiten zur Ermittlung der Analysenfunktion. Vergleichbar zur Vorgehensweise bei der Staubmessung werden Vergleichsmessungen mit einem Konventionsverfahren, z.B. H_2O_2-Thorin-Methode zur SO_2-Bestimmung, VDI 2462, Blatt 8, als Netzmessung durchgeführt. Die Entnahme an den einzelnen Meßpunkten im Netz muß dabei geschwindigkeitsproportional durchgeführt werden. Dieser Vergleich ist möglichst bei wechselnden Quantitäten des Meßob-

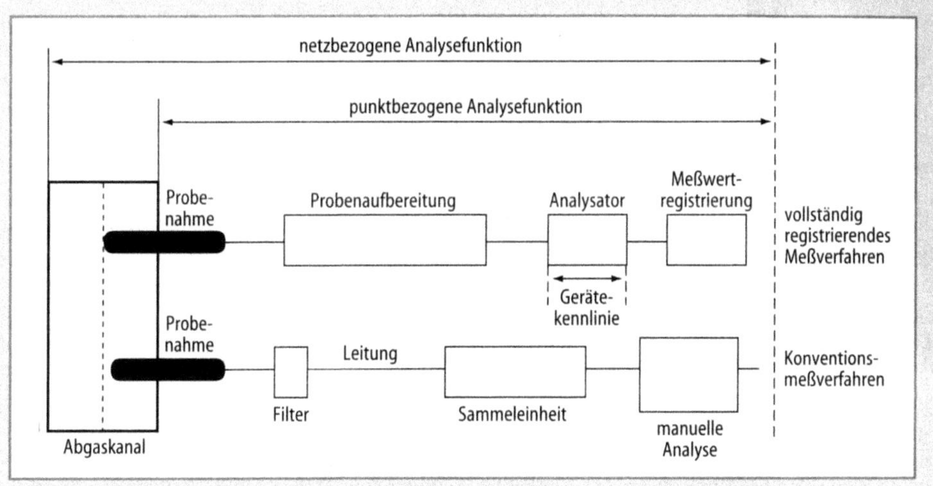

Bild M.1-24 Schema der Kalibrierung registrierender Emissionsmeßgeräte

jekts durchzuführen. Man erhält dann die netzbezogene Analysenfunktion.

Alternativ kann auch erst die „punktbezogene" Analysenfunktion ermittelt werden. Bei registrierenden Meßverfahren mit extraktiver Probenahme werden in einem ersten Schritt ca. 20 Vergleichsmessungen mit dem Konventionsverfahren an unmittelbar örtlich benachbarten Probenahmepunkten ausgeführt. Die statistische Auswertung liefert die punktbezogene Analysenfunktion für die Entnahme mit beiden Verfahren am gleichen Ort [M.1.71, M.1.72]. Bild M.1-24 zeigt im Schema den Unterschied zwischen Gerätekennlinie, punkt- und netzbezogener Analysenfunktion. Für viele Anwendungsfälle mit annähernd gleicher Konzentrationsverteilung über den Querschnitt ist diese punktbezogene Analysenform ausreichend. Sie erfaßt die gesamte Abgasmatrix und die zeitliche Änderung der Konzentration. Sinngemäß gilt diese Vorgehensweise auch für die linienförmige Probenahme von In-Situ-Meßgeräten. Auch wenn die punktbezogene Analysenfunktion zur Auswertung herangezogen wird, sind zusätzliche Netzmessungen zur Überprüfung der annähernden Gleichverteilung notwendig. Für alle Fälle mit ungleicher Verteilung der Konzentration ist diese punktbezogene Analysenfunktion durch zusätzliche Informationen (Messung) zur netzbezogenen Analysenfunktion zu erweitern. Im zweiten Schritt wird durch orientierende Netzmessung ein Korrekturfaktor ermittelt, der dazu führt, daß im Ergebnis die Repräsentativität des Meßpunkts verbessert wird. Die schrittweise Vorgehensweise wird für die Kalibrierung mit punktförmiger Probenahme empfohlen. Sie hat den Vorteil, daß der Aufwand für die Netzmessungen reduziert werden kann, indem zur Ermittlung der Korrekturfaktoren anstelle eines Konventionsverfahrens ein zweites kontinuierliches Emissionsmeßgerät eingesetzt wird, dessen Anzeige vorher mit der Anzeige des zu kalibrierenden ebenfalls extraktiv arbeitenden Geräts verglichen wurde. Bild M.1-25 zeigt schematisch die Sondenanordnung zur Bestimmung des Gerätefaktors eines zweiten registrierenden Verfahrens und die Vorgehensweise zur Erweiterung der punktbezogenen zur netzbezogenen Analysenfunktion.

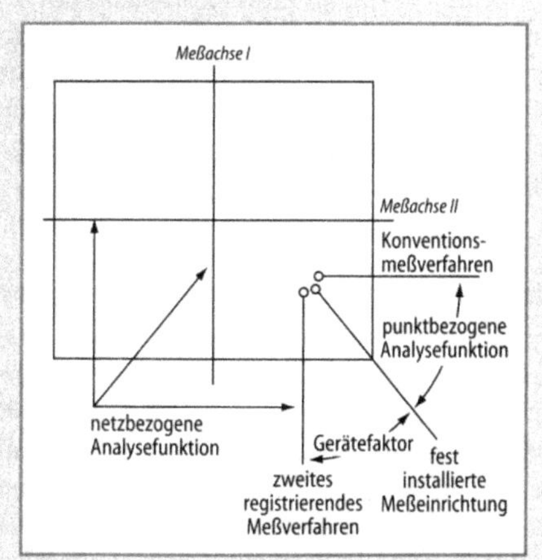

Bild M.1-25 Zusammenhang zwischen punkt- und netzbezogener Analysenfunktion, Bestimmung des Gerätefaktors, Sondenanordnung

Wird eine Meßeinrichtung mit linienförmiger Probenahme kalibriert, kann für die Netzmessung ebenfalls ein zweites kontinuierlich und extraktiv arbeitendes Meßgerät benutzt werden. Für das zweite Meßgerät wird durch Vergleichsmessungen mit dem Konventionsverfahren eine punktbezogene Analysenfunktion aufgestellt. Damit werden dann Netzmessungen durchgeführt. Die Mittelwerte aus den Netzmessungen werden der Anzeige des zu kalibrierenden Geräts zugeordnet.

M.1.2 Immissionsmessungen

Das Bundes-Immissionsschutzgesetz und seine nachgeschalteten Vorschriften sind die rechtliche Basis für Immissionsuntersuchungen auf dem Gebiet der Luftreinhaltung. Nach § 26 BImSchG kann die Behörde die Durchführung von Immissionsmessungen im Einwirkungsbereich einer Anlage anordnen, wenn schädliche Umwelteinwirkungen durch die Anlage zu befürchten sind. Nach § 28 BImSchG können bei genehmigungsbedürftigen Anlagen nach Inbetriebnahme oder einer wesentlichen Änderung sowie nach Ablauf von jeweils drei Jahren Immissionsuntersuchungen angeordnet werden. Nach § 29 BImSchG können auch kontinuierliche Immissionssmessungen unter Verwendung aufzeichnender Meßgeräte gefordert werden. Weitere Meßaufgaben ergeben sich aus § 40 „Verkehrsbeschränkung", §§ 44, 45 „Untersuchungsgebiete, Meßverfahren und Auswertung" sowie § 47 „Luftreinhaltepläne". Einzelheiten regelt z.B. die TA Luft als Erste Verwaltungsvorschrift des BImSchG. Sie enthält Immissionswerte (Nr. 2.5) zum Schutz vor Gesundheitsgefahren (M.2.5.1) und vor erheblichen Nachteilen und Belästigungen (M.2.5.2) sowie Vorschriften zur Ermittlung der Immissionskenngrößen (M.2.2.6), die mit den Immissionswerten verglichen werden.

M.1.2.1 Meßplanung

Grundsätzliche Aufgaben bei Immissionsmessungen sind gebiets- und anlagenbezogene Messungen. Bei „gebietsbezogenen" Messungen wird die Immissionsbelastung von Gebieten und damit der Bevölkerung, der Vegetation und von Sachgütern ermittelt. Die Lage der Probenahmestellen ist durch das zu beurteilende Gebiet vorgegeben. Bei „anlagenbezogenen" Messungen sollen die von einer oder mehreren Quellen verursachten Luftverunreinigungen ermittelt werden. Bei mobilen Messungen werden bevorzugt Meßorte in Luv und Lee der zu beurteilenden Emissionsquelle gewählt. Bei stationären Meßorten wird eine windrichtungsabhängige Auswertung der Meßdaten vorgenommen, um die Auswirkung der Quelle auf den Meßort zu ermitteln.

Durch die Meßplanung werden die räumliche Anordnung der Meßstellen und die zeitliche Abfolge der Messungen festgelegt. Dabei ist es das Ziel, die Immissionssituation in einem Gebiet oder an bestimmten Orten repräsentativ zu ermitteln, d.h., die Ergebnisse können mit Grenzwerten, Wirkungskriterien und mit Meßwerten aus anderen Gebieten und auch mit anderen Zeiten verglichen werden. Neben der jeweiligen Aufgabenstellung sind ausreichende Informationen über die Eigenschaften der Meßobjekte, die verwendeten Meßsysteme (kontinuierlich, diskontinuierlich), Auswerteverfahren, Definition von Immissionskenngrößen, zur Verfügung stehende Zeit, personelle Kapazitäten usw. für eine Meßplanung erforderlich.

Konkrete Vorgaben für die Meßplanung von Immissionsmessungen sind in der Bundesrepublik Deutschland in der Technischen Anleitung zur Reinhaltung der Luft, Vierte Allgemeine Verwaltungsvorschrift, Smog-Verordnung der Länder, Richtlinien der EG beschrieben. Die TA Luft macht unter Ziffer 2.6.2 „Kenngrößen für die Vorbelastung – Meßplan" Vorgaben zum Beurteilungsgebiet, Beurteilungsfläche, Meßhöhe, -zeitraum, -stellen, -verfahren, -häufigkeit, -werte. Anforderung an die Auswertung werden unter Ziffer 2.6.3 behandelt. Sogenannte Immissionswerte werden unter Ziffer 2.5 festgelegt. Es gilt: Der Immissionswert IW1 ist mit der Immissionskenngröße I1 zu vergleichen. Dabei ist I1 der arithmetische Mittelwert aller Meßwerte. Der Immissionswert IW2 ist mit der Immissionskenngröße I2 zu vergleichen. Dabei ist I2 der 98 %-Wert der Summenhäufigkeitsverteilung aller Meßwerte. (Bei Staubniederschlag ist I2 der höchste im Meßzeitraum ermittelte Monatsmittelwert). Die TA Luft gilt für genehmigungsbedürftige Anlagen. Die Meßvorschriften sind grundsätzlich für die Ermittlung der Immissionen im Einwirkungsbereich dieser Anlagen vorgesehen. Es handelt sich um „Flächen"-Belastungen.

Das Meßschema der TA Luft wird in der Bundesrepublik Deutschland auch sehr häufig für die Messung der Immissionsbelastung von Gebieten (Flächen) angewendet. Ergebnisse solcher Messungen sind in zahlreichen Veröffentlichungen über Luftreinhaltepläne und „Untersuchungsgebiete/Belastungsgebiete" enthalten. Regelmäßige Stichproben-Messungen nach dem TA Luft-Schema haben für die Luftüberwachung von Gebieten gegenüber automatisch betriebenen Meßnetzen an Bedeutung verloren. Die Überwachung der Luftqualität wird in der Bundesrepublik Deutschland von den Bundesländern wahrgenommen. Kontinuierliche Immissionsmessungen werden in jedem Bundesland – teilweise bereits seit Jahrzehnten – durchgeführt. Die Meßnetze wurden im Lauf der Jahre an neu hinzukommende Fragestellungen angepaßt, z.B. Smog-Verordnung, kraftverkehrsbezogene Messungen zur Durchführung von § 40, 2 BImSchG und wachsende Bedeutung von Ozon im Sommer.

Die 4. Allgemeine Verwaltungsvorschrift (Ermittlung von Immissionen in Untersuchungsgebieten) wird zur Zeit überarbeitet. Die Regelung erfaßt die kontinuierlich meßbaren Komponenten, wie z. B. SO_2, NO, NO_2, O_3, Schwebstaub und ausgewählte organische Verbindungen, wie Benzol, Toluol, Xylol sowie ausgewählte Staubinhaltsstoffe (Schwermetalle und Benzo(a)pyren). In Erfüllung der Richtlinien der Kommission der Europäischen Gemeinschaft in deutsches Recht wurde im Entwurf die 22. BImSchV (Verordnung über Immissionswerte) erstellt. Angesprochen sind Immissionsgrenzwerte für SO_2, Schwebstaub, NO_2, O_3 und Blei. Die Meßstellen sollen dort eingerichtet werden, wo Personen einer Gefährdung ausgesetzt sein können, Grenzwerte möglicherweise erreicht oder überschritten werden oder sonstige schädliche Umwelteinwirkungen durch Luftschadstoffe auftreten können. Diese Aufgabenstellung geht über das ursprüngliche Ziel – flächendeckende Messung – hinaus. Eine Teilumgestaltung der telemetrischen Meßnetze wird erforderlich sein.

M. 1.2.2   Meßverfahren

Zur Messung von Immissionen stehen sowohl diskontinuierliche als auch kontinuierliche Verfahren zur Verfügung. Bei diskontinuierlichen Verfahren handelt es sich meist um manuelle Meßmethoden mit Probenahme im Gelände und Analyse im Laboratorium.

Kontinuierlich arbeitende Geräte führen Probenahme und Analyse automatisch aus. Sie werden häufig in stationären Meßstationen mit telemetrischer Datenübertragung eingesetzt; werden aber auch im Rahmen von Stichprobenmessungen als mobile Meßstationen in Meßfahrzeugen verwendet. Kontinuierliche Messungen gestatten die zeitlich lückenlose Überwachung der Immissionen. Bei Immissionskomponenten mit höheren zeitlichen als räumlichen Schwankungen, z. B. in Stadtgebieten, ist die kontinuierliche Immissionsmessung von Vorteil. Für die Durchführung von Messungen im Rahmen der Smog-Verordnung sind kontinuierliche Methoden unerläßlich. Bisher stehen nur für eine begrenzte Anzahl von Substanzen, z. B. Staub, Schwefeldioxid, Stickstoffoxide, Kohlenmonoxid, Ozon, gasförmige organische Verbindungen als Summe, kontinuierlich arbeitende Geräte zur Verfügung.

Diskontinuierliche Verfahren haben Vorteile bei Stichprobenmessungen und bei einer Vielzahl gleichzeitiger Probenahmestellen im Gelände. Diskontinuierlich werden außerdem die Substanzen, für die bisher keine automatischen Geräte zur Verfügung stehen, gemessen. Meßgeräte zur

Tabelle M.1-1 Immissions-Referenzmeßverfahren

Komponente	Verfahren	Beschreibung
SO_2	TCM-Verfahren	VDI 2451, Bl. 3
NO_2	Saltzmann-Verfahren	VDI 2453, Bl. 1
O_3	KJ-Verfahren UV-Photometrie	VDI 2468, Bl. 1 VDI 2468, Bl. 6
CO	NDIR-Gerät	Eignungsgeprüftes NDIR-Gerät
Schwebstaub	Gravimetrisches Filterverfahren	VDI 2463, Bl.8

Tabelle M.1-2 Immissionsmeßverfahren gemäß TA Luft

Schwebstaub und Probenahme von Blei- und Cadmium-Verbindungen	VDI 2463, Bl. 1,4,7,8
Blei und anorganische Bleiverbindungen im Schwebstaub	VDI 2267, Bl. 2,3
Chlor	VDI 24 58, Bl. 1
Fluor und anorganische gasförmige Fluorverbindungen	VDI 2452, Bl. 2
Kohlenmonoxid	VDI 2455, Bl. 1,2
Schwefeldioxid	VDI 2451, Bl. 1, 2, 3, 4
Stickstoffdioxid	VDI 2453, Bl. 1, 3, 4, 5, 6
Staubniederschlag	VDI 2119, Bl. 2

kontinuierlichen Immissionsmessung müssen ebenso wie Emissionsmeßgeräte bestimmte gerätetechnische Verfahrenskenngrößen und Mindestanforderungen erfüllen.

Die Bekanntgabe geeigneter Geräte durch das Umweltministerium setzt den erfolgreichen Abschluß einer Eignungsprüfung voraus. Zur Qualitätssicherung von Immissionsmessungen wurden mit Rundschreiben des BMU vom 9.2.1988 verschiedene Meßverfahren als Referenzverfahren festgelegt (Tabelle M.1-1).

Die Referenzverfahren dienen insbesondere zur Absicherung von Kalibrierungen und der Überprüfung von Prüfgasen. Weitere Meßverfahren werden in der TA Luft verbindlich festgelegt (Tabelle M.1-2).

M.1.2.2.1 Stäube

Für die Messung von Schwebstaub stehen sowohl manuelle Meßverfahren als auch kontinuierlich registrierende Verfahren zur Verfügung. Die auf der Basis der Differenzwägung arbeitenden gravimetrischen Verfahren (diskontinuierlich) werden in der Richtlinienreihe VDI 2463 beschrieben. Kontinuierliche Meßgeräte auf der Basis der Radiometrie und der Resonanzfrequenzmessung sind eignungsgeprüft. Staubniederschlag wird in der Regel mit der in Richtlinie VDI 2119 beschriebenen Bergerhoff-Methode ermittelt.

Schwebstaub

Manuelle Methoden – Konventionsverfahren
Zu manuellen Schwebstaub-Immissionsmessungen werden vorrangig filtrierende Meßverfahren eingesetzt. Grundlage des Verfahrens ist die Sammlung der in der Außenluft dispergierten Partikeln auf geeigneten Filtern (z.B. Glasfaser-,

Quarzfaser-, Membranfilter). Die auf dem Filter abgeschiedene Partikelmasse wird durch Differenzwägung des Filters vor und nach der Probenahme unter definierten Bedingungen bestimmt.

Beim LIB-Gerät (VDI 2463, Blatt 4) beträgt der Probeluftvolumenstrom ca. 15 m³/h [M.1.74]. Das Probegasvolumen wird mit einem Gasvolumenzähler gemessen. Das Meßergebnis wird als Massenkonzentration angegeben. Bild M.1-26 zeigt den schematischen Aufbau der Probenahmeeinrichtung. Das in Blatt 9 beschriebene LIS/P-Filtergerät unterscheidet sich durch eine zusätzliche Anströmplatte unter dem Absaugtubus [M.1.75]. Das LIB-Gerät wurde für den stationären Einsatz entwickelt. Von Vorteil ist die genaue Messung des Probegasvolumens mit Hilfe einer Gasuhr und die relativ große sammelbare Staubmasse (bei ca. 370 m³/24h) für eine ggf. nachfolgende Staubinhaltsstoffbestimmung. Bei einer Probenahmedauer von drei Tagen und einem Probegasvolumen von ca. 1000 m³ wird die Apparatur mit bestimmten Modifikationen am Probenahmekopf auch zur Messung von PCDD/F eingesetzt.

Das in Richtlinie VDI 2463, Blatt 7 beschriebene Kleinfiltergerät eignet sich besser für einen mobilen Einsatz [M.1.76]. Der Volumendurchsatz beträgt ca. 3 m³/h. Die Messung des Volumenstroms bzw. des Volumens erfolgt mit Hilfe eines Flügelrad-Anemometers.

Im Rundschreiben des BMU vom 9.2.1988 [M.1.77] wird als Referenzverfahren für den Vergleich von nichtfraktionierenden Schwebstaub-Meßverfahren das in Richtlinie VDI 2463,

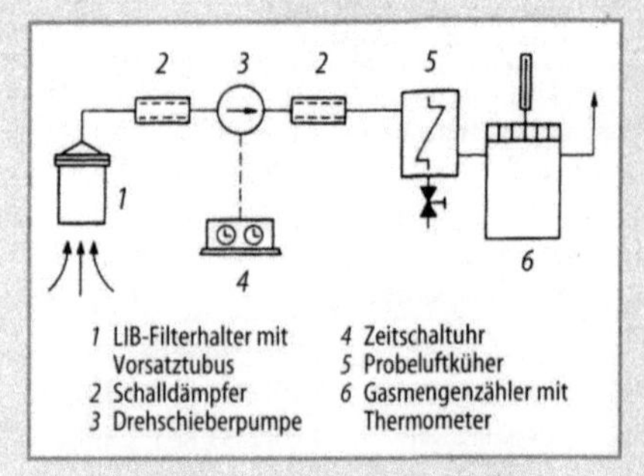

1 LIB-Filterhalter mit Vorsatztubus
2 Schalldämpfer
3 Drehschieberpumpe
4 Zeitschaltuhr
5 Probeluftküher
6 Gasmengenzähler mit Thermometer

Bild M.1-26 Beispiel für den Aufbau der Probenahmeeinrichtung nach dem LIB-Filter-Verfahren

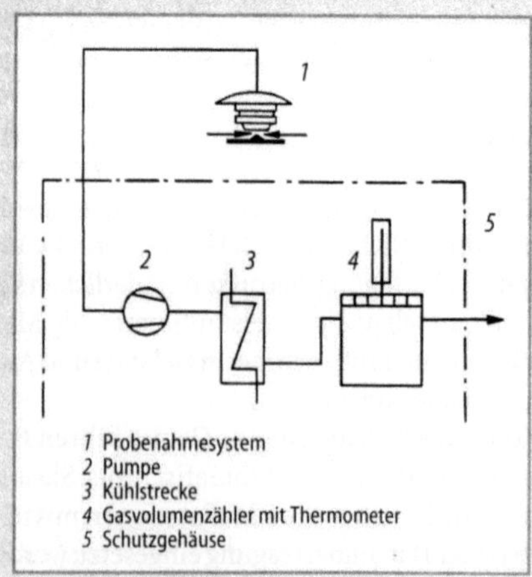

1 Probenahmesystem
2 Pumpe
3 Kühlstrecke
4 Gasvolumenzähler mit Thermometer
5 Schutzgehäuse

Bild M.1-27 Aufbauschema der Probenahmeeinrichtung nach VDI 2463, Blatt 8

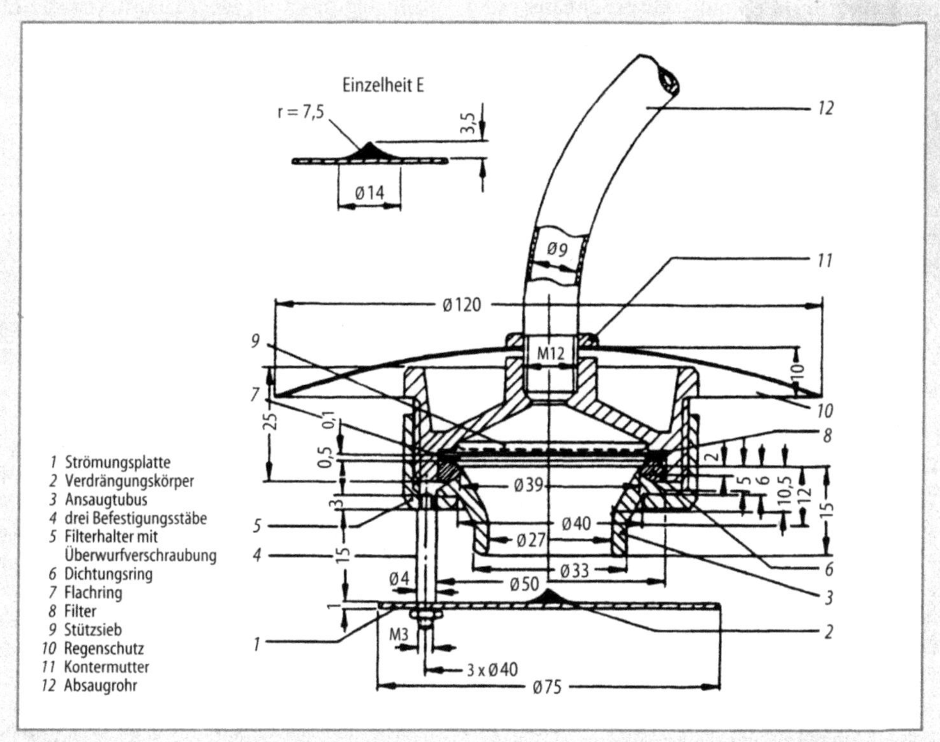

Bild M.1-28 Probenahmekopf der Probenahmeeinrichtung nach VDI 2463, Blatt 8 (Maße innen)

Blatt 8 beschriebene „Basisverfahren" benannt [M.1.78]. Bild M.1-27 zeigt das Aufbauschema der Probenahmeeinrichtung. Besondere Bedeutung kommt dem genau definierten Probenahmekopf zu, der aus einem sich erweiternden Absaugtubus (Eintritts-∅ 27 mm, End-∅ 39 mm, Filteraussen-∅ 50 mm) und einer vorgeschalteten Strömungsplatte besteht. Bild M.1-28 zeigt den Probenahmekopf. Die Spaltweite zwischen Absaugtubus und der Strömungsplatte beträgt 9 – 10 mm. Die Strömungsgeschwindigkeit in dem durch Absaugtubus und Platte gebildeten Ringspalt beträgt bei dem vorgeschriebenen Probeluftvolumen von 2,7 – 2,8 m³/h etwa 0,8 – 0,9 m/s. Im Bereich des Absaugtubus beträgt die Absauggeschwindigkeit etwa 1,3 – 1,4 m/s. Die Anströmgeschwindigkeit am Filter beträgt etwa 0,6 m/s.

Fraktionierende Staubmessungen sind derzeit in der Bundesrepublik nicht üblich. In anderen Ländern, z. B. USA, sind fraktionierende Messungen bis zu einem oberen Partikeldurchmesser von 10 μm („PM 10") mit Hinweis auf die Lungengängigkeit des Feinstaubs üblich. Eine PM 10-Messung ist mit entsprechenden Filterköpfen mit den hier gebräuchlichen Staubmeßgeräten

möglich. Bei der EG-Kommission wird zur Zeit eine EG-Richtlinie novelliert, die einen Grenzwert für PM 10 enthalten soll. Eine europäische Norm zur Messung von PM 10 ist beim Europäischen Komitee für Normung (CEN) in Vorbereitung.

Registrierende Meßverfahren
Zur registrierenden Schwebstaub-Immissionsmessung werden überwiegend radiometrische Meßsysteme auf der Basis Beta-Strahlen-Absorption eingesetzt (s. a. M 1.1.2.1). Ein Gerät arbeitet mit Messung der Änderung der Resonanzfrequenz eines staubbeaufschlagten Filtersystems. Bei der Staubimmissionsmessung mit Hilfe der Beta-Strahlenabsorption wird die Probeluft nach Passieren einer Ansaugeinheit durch ein schrittweise fortbewegtes Filterband gesaugt. Die abgeschiedene Staubmenge wird über die Schwächung der β-Strahlung bei Durchtritt durch den belegten Filter bestimmt (Strahlenquelle: C14 oder Kr85).

Beim Filtergerät BETA-Staubmeter F 703 (Verewa) wird die β-Strahlenabsorption des noch nicht mit Partikeln beladenen Filterbands (Nullmeßstelle) und der Strahlenabsorption des mit Partikeln beladenen Filterbands (Massenmeßstelle) ermittelt. Aus der Differenz der beiden Meßsignale ergibt sich ein massenabhängiges Signal für die auf dem Filterband abgeschiedenen Partikeln. Beim Filtergerät FH 62 I (FAG-Kugelfischer) wird die Masse der auf dem Filter abgeschiedenen Partikeln durch Messung der Änderung der β-Strahlenabsorption während der Probenahme bestimmt. Das Gerät arbeitet nach dem Zwei-Strahlprinzip mit einer Meßionisation und einer Vergleichsionisationskammer. Die Kompensations-Meßsignaldifferenz ist proportional zur abgeschiedenen Partikelmasse.

Die Meßverfahren werden in der Richtlinie VDI 2463, Blatt 5 und 6 einschl. der erzielten Verfahrenskenngrößen ausführlich beschrieben [M.1.79, M.1.80]. In beiden Fällen wird das Gerät mit konstantem Probeluftvolumenstrom betrieben. Das Meßergebnis ist die Massenkonzentration. Die eingesetzten Probenahmesysteme entsprechen den bundeseinheitlichen Anforderungen [M.1.81]. Die Geräte wurden mit dem Basisverfahren [M.1.78] verglichen. Die Prüfkriterien zeigen die Gleichwertigkeit. Die Geräte sind als geeignet eingestuft, und die Liste ist veröffentlicht.

Ein weiteres eignungsgeprüftes Schwebstaub-Immissionsmeßgerät ist das Teom 100 (Monitor Technologies) [M.1.36].

Die staubhaltige Probeluft wird mit einem Volumenstrom von ca. 3 l/min durch ein Filter geleitet, das Teil eines in Eigenresonanz schwingenden Systems ist. Der im Filter zurückgehaltene Staub vergrößert die schwingende Masse und verringert die Resonanzfrequenz. Die Frequenzänderung ist proportional der vom Filter aufgenommenen Staubmasse. Die zwischen Frequenz und Masse bestehende Beziehung ist durch Kalibrierung zu ermitteln. Die Datenausgabe erfolgt als Momentanwert und als Mittelwert über verschiedene Mittelungszeiten.

Staubniederschlag

Durch die in der TA Luft getroffene Festlegung ist das in der VDI-Richtlinie 2119, Blatt 2 beschriebene Bergerhoff-Gerät mit dem in der Bundesrepublik Deutschland am häufigsten eingesetzten Standard-Verfahren zur Bestimmung des Staubniederschlags [M.1.82]. Der Staubniederschlag wird in einem Haushaltskonservenglas (DIN 5071) mit einem Nenndurchmesser von 9,5 cm und einem Glasinhalt von 1,5 l, lichte Weite 8,9 cm, Auffangfläche 62,2 cm² gesammelt. Die Sammelprobe wird eingedampft und der Eindampfrückstand gravimetrisch bestimmt.

M.1.2.2.2 Anorganische Gase

Für die Messung gasförmiger anorganischer Immissionen stehen bewährte Geräte, die diskontinuierlich oder kontinuierlich arbeiten, zur Verfügung. Die Verfahren werden überwiegend in Richtlinien der Kommission Reinhaltung der Luft im VDI und DIN beschrieben. Behördliche Vorschriften nehmen darauf Bezug [M.1.2, M.1.83].

Manuelle Methoden / Konventionsverfahren

Bei diskontinuierlichen Meßmethoden werden zur Probenahme und zur Abscheidung der Luftinhaltsstoffe aus der Probeluft verschiedene Medien eingesetzt. Zur Abtrennung der gasförmigen von den partikelförmigen Luftverunreinigungen werden Feststoff-Filter eingesetzt. Auf die Fehlermöglichkeit, daß auch Gase durch den Filter, auf dem Filter gesammelten Staub oder durch Kondensat abgeschieden werden können, ist zu achten. Teilweise werden Denuder (Diffusionsabscheider) zur Abtrennung von Gasen und Partikeln eingesetzt, z. B. bei der Bestimmung von Aerosol-Schwefelsäure (VDI 3869, Blatt 1).

Schwefeldioxide
Als Referenzverfahren für SO_2-Immissionsmessungen wurde das in Richtlinie VDI 2451, Blatt 3 beschriebene Tetrachloromercurat-TCM-Verfahren festgelegt [M.1.84]. Beim TCM-Verfahren wird die Probeluft durch eine wäßrige Natriumtetrachloromercurat-Lösung (modifizierte Muenke-Waschflasche) geführt, in der Schwefeldioxid zum Disulfitomercurat- bzw. Dichlorosulfitomercurat-Komplex reagiert. Der Komplex bildet mit Formaldehyd und Pararosanilin eine rotviolette Sulfonsäure, deren Farbintensität photometrisch bei einer Wellenlänge zwischen 540 und 550 nm gegen eine Blindlösung aus den Reagentien gemessen wird (Standardabweichung der Analysenfunktion $\pm$ 0,03 mg SO_2/m³ im Konzentrationsbereich um 0,5 mg SO_2/m³, Nachweisgrenze 0,2 µg).

Das von Stratmann entwickelte und in der Richtlinie VDI 2451, Blatt 1 beschriebene Verfahren mit Sorption von SO_2 an Silikagel zeigt etwa vergleichbare Verfahrenskenngrößen [M.1.85]. Dabei wird der Umgang mit der Quecksilber enthaltenden Absorptionslösung (nach Blatt 3) vermieden.

Zur Probenahme wird die Luft zur Konditionierung unter Abscheidung von Staub, Schwefeltrioxid und Sulfaten durch eine mit 5 – 10 ml gefüllte Frittenflasche geführt. In dem nachgeschalteten konzentrierten Phosphorsäure-Absorptionsrohr wird das SO_2 an präpariertem Silikagel sorbiert. Die analytische Bestimmung erfolgt photometrisch bei 570 nm nach Bildung zu H_2S und Reaktion mit schwefelsaurer Ammoniummolybdat-Lösung unter Ausnutzung der Bildung von Molybdänblau.

Stickstoffoxide
Als Referenzverfahren für NO_2-Immissionsmessungen wurde das in VDI-richtlinie 2453, Blatt 1 beschriebene Saltzman-Verfahren bestimmt [M.1.86]. Beim Saltzman-Verfahren wird die Probe durch eine essigsaure Reaktionslösung geleitet, die N-Naphthyl-äthylen-diammoniumdichlorid und Sulfanilsäure enthält. Stickstoffdioxid setzt sich mit dieser Lösung zu einem roten Azofarbstoff um. Die Farbintensität ist ein Maß für die NO_2-Masse. Der Nachweis erfolgt photometrisch bei 550 nm. Zur Volumenbestimmung kann entweder mit kritischer Düse oder Gasmengenzähler gearbeitet werden. Der Volumenstrom liegt zwischen 30 und 50 l/h. Den beiden Frittenwaschflaschen ist zur Abscheidung von Essigsäuredämpfen ein Behälter mit Natron-Kalk und A-Kohle nachgeschaltet. Bild M.1-29 zeigt den Aufbau der Probenahmevorrichtungen. Die gleichzeitig in der Atmosphäre auftretenden Konzentrationen von Stickstoffmonoxid, Schwefelwasserstoff, Chlorwasserstoff und Fluorverbindungen haben keinen Einfluß auf das Meßergebnis, ebenso SO_2-Konzentrationen bis zu 500 μg/m³. Ozon-Konzentrationen bis ca. 200 μg/m³ stören die NO_2-Bestimmung nicht. Der Störeinfluß höherer O_3-Konzentrationen kann durch Vorschalten eines Baumwollegewebefilters ausgeschaltet werden. Die Nachweisgrenze des Verfahrens beträgt ca. 3 μg NO^2/m³.

Die Bestimmung der Stickstoffmonoxid(NO)-Konzentration wird in der Richtlinie VDI 2453, Blatt 2 beschrieben [M.1.87]. NO kann mit festen Oxidationsmitteln im Bereich der Immissionskonzentrationen zu NO_2 oxidiert und anschließend nach dem oben beschriebenen Verfahren bestimmt werden. Die Bestimmung von NO und NO_2 kann auch getrennt erfolgen. Dazu wird in einer Probe NO_2 nach Blatt 1 bestimmt. In einer zweiten Probe die Summe NO + NO_2 als Gesamt-Stickstoffdioxid. Beide Proben müssen gleichzeitig über die gleiche Ansaugleitung entnommen und parallel in zwei Probenahmeeinrichtungen verarbeitet werden. Die Verfahrenskenngrößen entsprechen den in Blatt 1 genannten Werten.

Kohlenmonoxid
Als Referenzverfahren zur Bestimmung der CO-Immissionen sind eignungsgeprüfte NDIR-Geräte zu verwenden.

Die in der TA Luft genannten VDI-Richtlinien 2455, Blatt 1 und 2 beschreiben die Geräte URAS 1 und 2 sowie UNOR 2, die nach dem Prinzip der nichtdispersiven Infrarotabsorption arbeiten [M.1.88, M.1.89]. Es handelt sich dabei um Geräte, die auch vom Prinzip her zur automatischen Messung eingesetzt werden (s. Kohlenmonoxid/Registrierende Meßverfahren).

Ozon
Als Referenzverfahren zur O_3-Immissionsmessung wurden die in den VDI-Richtlinien 2468, Blatt 1 und 6 beschriebenen Verfahren benannt

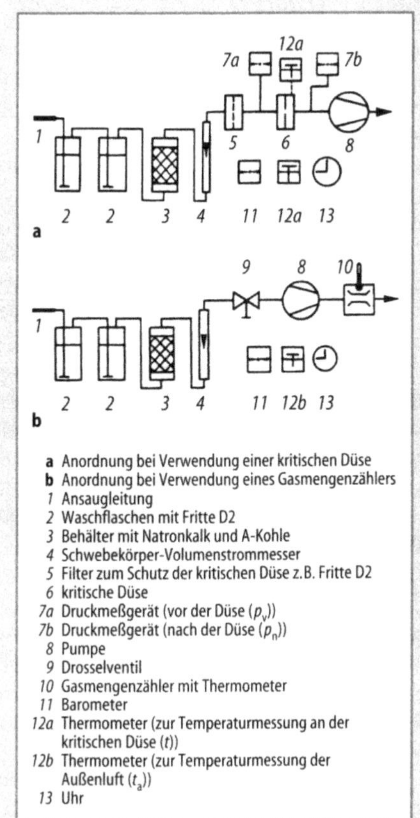

Bild M.1-29 Aufbau der Probenahmeeinrichtung zur NO_2-Immissionsmessung nach Saltzman

[M.1.90, M.1.91]. Beim *Kaliumjodid-Verfahren* erfolgt die Probenahme über zwei hintereinandergeschaltete Muenke-Waschflaschen, die eine wäßrige Lösung mit KJ, KBr, $Na_2HPO_4 \cdot 12$ H_2O und KH_2PO_4 bei einem pH-Wert von 6,8 enthält.

Grundlage des Verfahrens ist die Reaktion von Ozon in wäßriger Lösung mit Kaliumjodid. Der Reaktionsverlauf bzw. die Stöchiometrie ist vom pH-Wert der Lösung abhängig. Es wird von einem Ozon/Jod-Verhältnis von 1:1 ausgegangen. Die Extinktion der jodhaltigen Lösung ist dann ein Maß für die Ozon-Konzentration. Es handelt sich nicht um ein selektives Ozon-Meßverfahren, sondern um ein Summenmeßverfahren, das andere oxidierbare Stoffe miterfaßt. Wegen der starken Beeinflussung der Grundreaktion durch oxidierende und reduzierende Substanzen ist das Verfahren nur bei Verwendung eines reinen Ozon-Prüfgases zur Kalibrierung anderer Meßverfahren einzusetzen. Unter dieser Voraussetzung ist das Verfahren als Basismethode zur Kalibrierung von Meßverfahren sowohl für Ozon als auch für die Summe der oxidierenden Substanzen in gleicher Weise anwendbar. Die Nachweisgrenze beträgt 20 µg O_3/m³.

Das *direkte UV-photometrische Verfahren* nach VDI-Richtlinie 2468, Blatt 6 ist ebenfalls als Referenzverfahren benannt. Es dient zur Ermittlung der Volumenverhältnisse von Ozon-Prüfgasen, die in Ozongeneratoren hergestellt werden. Es kann zur Kalibrierung von Ozon-Analysatoren im Bereich von 20 – 2000 µg/m³ verwendet werden.

Die Bestimmung erfolgt durch Messung der UV-Absorption von Ozon in der Nähe der Quecksilber-Resonanzlinie bei 253,7 nm. Als Lichtquelle dient eine Hg-Niederdrucklampe. Die Hg-Resonanzlinie wird durch ein UV-Interferenzfilter bei 253,7 nm selektiert. Die Nachweisgrenze beträgt 20µg/m³.

Ein weiteres manuelles photometrisches Verfahren wird in der VDI-Richtlinie 2468, Blatt 5 beschrieben [M.1.92].

Das *Indigosulfonsäure-Verfahren* basiert auf der Reaktion von Ozon in schwachsaurer, wäßriger Lösung mit 5,5 '-Indigosulfonsäure. Die dadurch hervorgerufene Schwächung der Farbintensität der blauen Reaktionslösung wird im Wellenlängenbereich 600 – 630 nm photometrisch bestimmt. Die Probenahme erfolgt über zwei hintereinandergeschaltete Frittenwaschflaschen mit je 25 ml Lösung. Die Nachweisgrenze bei einem Probeluftvolumen von 20 l beträgt 10 µg O_3/m₃.

Fluorverbindungen

Die TA Luft benennt als Immissionsmeßverfahren für gasförmige anorganische Fluorverbindungen die in VDI-Richtlinie 2452, Blatt 2 beschriebene Methode [M.1.93]. Neben gasförmigen Fluorverbindungen treten in der Immission auch partikelförmige Fluorverbindungen auf. Entweder wird die Gesamt-Fluoridkonzentration oder nach Vorabtrennung der groben fluoridhaltigen Stäube die feinteiligen und gasförmigen Fluoride bestimmt. Das in VDI-Richtlinie 2452, Blatt 2 beschriebene Verfahren soll im wesentlichen die gasförmigen Fluor-Immissionen erfassen. Die Probenahmeluft wird über einen mechanisch wirkenden, einfachen Vorabscheider geführt. Die von der Hauptmenge der Partikeln befreite Probeluft wird durch ein mit Natriumcarbonat beschichteten Silberkugeln gefülltes Sorptionsrohr gesaugt. Die in dieser Sammelphase angereicherten Fluorionen werden mit einer fluoridhaltigen, sauren Pufferlösung eluiert und potentiometrisch mit Hilfe einer Lanthanfluorid-Elektrode analysiert. Die kleinste, mit ausreichender Sicherheit erfaßbare Probenkonzentration beträgt etwa 0,07 µg/m³.

In Blatt 3 der Richtlinie VDI 2452 [M.1.94] wird eine Variante des Silberkugelverfahrens mit vorgeschaltetem beheizten Membranfilter beschrieben. Als gasförmige Fluorverbindungen im Sinne dieser Richtlinie gelten alle fluorhaltigen anorganischen Substanzen, die nach Passieren eines beheizten Membranfilters mit 3 µm Porengröße in einer Sorptionsphase fixiert werden und im wäßrigen Milieu Fluoridionen bilden. Die Probenluft wird zur Abscheidung partikelförmiger Substanzen durch ein Membranfilter und anschließend zur Abtrennung der Meßkomponenten durch zwei Sorptionsrohre gesaugt, die mit sodabeschichteten Silberkugeln gefüllt sind. Das zweite Sorptionsrohr dient zur Kontrolle der quantitativen Fluorid-Absorption. Die in dieser Sammelphase angereicherten Fluoridionen werden je nach analytischen Verfahren mit Wasser oder Pufferlösung eluiert. Die Fluoridbestimmung wird wahlweise photometrisch oder mit einer ionenselektiven Lanthanfluorid-Elektrode vorgenommen. Die relative Nachweisgrenze beträgt 0,5 µg/ m³ (photometrisch) oder 0,1 µg/m³ (Elektrode).

Das in Blatt 1 der Richtlinie VDI 2452 beschriebene Impinger-Verfahren erfaßt die Summe der gas- und partikelförmigen anorganischen Fluor-Verbindungen [M.1.95].

Zur Absorption wird eine Natriumhydroxid-

Lösung verwendet. Aus der Absorptionslösung werden die Fluoridionen durch Schwefelsäure als Fluorwasserstoff freigesetzt, durch Destillation abgetrennt und im Destillat nach der Alizarin-Komplexan-Methode photometrisch oder mit der Elektrode bestimmt. Die Nachweisgrenze liegt von 0,5 – 1,0 μg/m^3.

Chlor / Chlorwasserstoff
Elementares Chlor tritt wegen des starken Reaktionsvermögens nur lokal und zeitlich begrenzt auf. In der TA Luft wird als Meßverfahren auf die VDI-Richtlinie 2458, Blatt 1 verwiesen [M.1.96]. Beim Methylorange-Verfahren wird die Luft durch eine schwefelsaure Methylorange-Lösung (Frittenwaschflasche) geleitet. Die Schwächung der Farbintensität ist ein Maß für die in der Probe enthaltene Chlormenge. Die Bestimmung erfolgt photometrisch bei einer Wellenlänge von 510 nm gegen die Absorptionslösung im Vergleich. Die relative Nachweisgrenze beträgt etwa 0,015 mg/m^3. Für die Komponente Chlorwasserstoff gibt es derzeit kein abgesichertes Verfahren. Die selektive Messung von Chlorwasserstoff, einwandfrei getrennt von Chloriden, ist derzeit nicht möglich.

Schwefelwasserstoff
In den VDI-Richtlinien 2454, Blatt 1 und 2 werden zwei erprobte Verfahren zur H$_2$S-Immissionsmessung beschrieben [M.1.97, M.1.98]. Beim *Molybdänblau Sorptionsverfahren* (Blatt 1) wird die Luftprobe (2 m^3/h) durch ein Sorptionsrohr geleitet, das mit Silbersulfat und Kaliumhydrogensulfat präparierte Glasperlen enthält. Der Schwefelwasserstoff wird dabei als Silbersulfid gebunden.

Bei der analytischen Bestimmung wird aus dem Silbersulfid mit Zinn(II)-chloridhaltiger Salzsäure Schwefelwasserstoff freigesetzt, der mit Ammoniummolybdat in schwefelsaurer Lösung zu Molybdänblau reagiert. Die Farbintensität der Lösung wird bei einer Wellenlänge von 570 nm photometrisch bestimmt. Das Meßverfahren zeigt keine oder nur geringe Querempfindlichkeit. Eine ausreichende Sorption des Schwefelwasserstoffs im Sorptionsrohr ist nur bei einer relativen Feuchte > 40 % sichergestellt. Die relative Nachweisgrenze beträgt 0,4 μg/m^3 bei einem Probevolumen von 1 m^3.

Eine vergleichbare Nachweisgrenze von 0,3 μg/m^3 zeigt das in Blatt 2 beschriebene *Methylenblau-Impingerverfahren*.

Bei der Probenahme wird die Luft (2 m^3/h) durch einen mit Cadmiumhydroxid-Suspension beschickten Impinger gesaugt. Schwefelwasserstoff wird zu schwerlöslichem Cadmiumsulfid umgesetzt. Nach Zentrifugieren und Dekantieren wird das im Niederschlag enthaltene Cadmiumsulfid mit Reagenzlösungen zu Methylenblau umgesetzt. Die Farbintensität der entstehenden Lösung wird photometrisch bei 660 nm gemessen.

Ammoniak
In der VDI-Richtlinie 2461, Blatt 1 und 2 werden das *Indophenol-Verfahren* und das *Nessler-Verfahren* beschrieben [M.1.99, M.1.100]. Beide Verfahren arbeiten mit Waschflaschen oder Impinger. Als Absorptionslösung wird verdünnte Schwefelsäure eingesetzt, wobei das Ammoniak als Ammoniumsulfat gebunden wird. Dieses wird mit Reagenzlösungen zu einem blauen Indophenolfarbstoff umgesetzt. Der Nachweis erfolgt photometrisch bei 630 nm. Beim Nessler-Verfahren wird das Ammoniak ggf. durch Destillation aus alkalischer Lösung von Störsubstanzen abgetrennt und dann mit Nesslers Reagenz umgesetzt. Der Nachweis erfolgt photometrisch bei 450 nm. Auf verschiedene Querempfindlichkeiten ist bei beiden Verfahren zu achten. Bei Einsatz von Impingern werden wegen des hohen Volumenstromes die geringsten Nachweisgrenzen erreicht:

Blatt 1: 3 μg NH$_3$/m^3, Blatt 2: 2,5 μg NH$_3$/m^3

Registrierende Meßverfahren

Für anorganische Gase stehen eignungsgeprüfte, kontinuierlich arbeitende Immissionsmeßgeräte für die Komponenten Schwefeldioxid, Stickstoffoxide, Kohlenmonoxid und Ozon zur Verfügung. Die Meßprinzipien sind Konduktometrie, nichtdispersive IR-Absorption, UV-Absorption, UV-Fluoreszenz, Chemiluminiszenz, Gasfilter-Korrelation. Die Meßprinzipien werden teilweise in Abschn. M.1.1 beschrieben.

Schwefeldioxid
Zur Messung der SO$_2$-Immission werden eignungsgeprüfte Geräte auf der Basis der Konduktometrie, UV-Absorption und UV-Fluoreszenz eingesetzt. Die beiden erstgenannten Meßprinzipien werden im Abschnitt Emission beschrieben.

Bei der UV-Fluoreszenzmessung wird die Probeluft durch eine UV-Lampe bestrahlt, wodurch die zu messenden Gasmoleküle zu einer Fluoreszenzstrahlung angeregt werden. Ein Photomultiplier dient als Empfänger, dessen Ausgangssig-

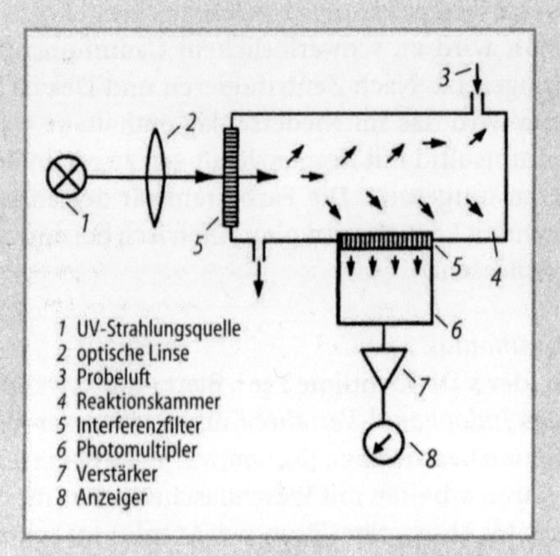

Bild M.1-30 Prinzip der UV-Fluoreszenz-Messung

Tabelle M.1-3 Eignungsgeprüfte SO_2-Immissionsmeßgeräte

Hersteller	Gerät	Meßprinzip
Environment S.A. (Ansyco)	AF 21 M	UV-Fluoreszenz
Horiba Europe	APSA 350 E	UV-Fluoreszenz
Monitor Labs	ML 8850 ML 8850 S	UV-Fluoreszenz UV-Fluoreszenz
Thermo Instrument Systems	TI 43 TI 43 a	UV-Fluoreszenz UV-Fluoreszenz
Opsis	AR 500	UV-Absorption (Fernmessung)
Wösthoff	Ultragas U 3 EK	Leitfähigkeit

Tabelle M.1-4 Eignungsgeprüfte NO_x-Immissionsmeßgeräte

Hersteller	Gerät
Columbia Scientific Ind. Corp. (Bestobell Mobrey)	CSI 1600
Eco Physics	CLD 700 AL
Environment S.A. (Ansyco)	AC 30 M
Horiba Europe	APNA 300 E APNA 350 E
Monitor Labs	ML 8440 ML 8840
UPK	8101 CTM

Tabelle M.1-5 Eignungsgeprüfte CO-Immissionsmeßgeräte

Hersteller	Gerät	Meßprinzip
Environment S.A. (Ansyco)	CO 10 M	Gasfilter-Korrelation
Horiba Europe	APMA 300 E APMA 350 E	NDIR
Monitor Labs	ML 8830	NDIR
Thermo Instrument Systems	TI 48	Gasfilter-Korrelation
Wösthoff	Ultragas U 3 D-CO Ultragas U 3 ED-CO	Leitfähigkeit

nal nach Verstärkung einem Anzeige- oder Registriergerät zugeführt wird. Ein vor den Empfänger geschalteter Interferenzfilter läßt nur die spezifische Fluoreszenzstrahlung des zu messenden Gases passieren. Die Intensität der Fluoreszenzstrahlung ist abhängig von der Konzentration der Meßkomponente und der Intensität der UV-Lichtquelle. Bild M.1-30 zeigt das Prinzip der UV-Fluoreszenz-Messung. Eignungsgeprüft sind z. B. die in Tabelle M.1-3 aufgeführten Geräte.

Das Meßgerät Ultragas U 3 EK wird in der Richtlinie VDI 2451, Blatt 6 beschrieben [M.1.101].

Stickstoffoxide
Zur Messung der Stickstoffoxid-Immission werden eignungsgeprüfte Geräte (s. Tabelle M.1-4) eingesetzt, die ausschl. nach dem Chemiluminiszenz-Prinzip arbeiten.

Bei den Geräten handelt es sich um Ein- oder Zweikanalgeräte. Die Messung erfolgt als NO und No_x. NO_2 wird aus der Differenz ermittelt.

Der Analysator Monitor Labs 8440 wird in VDI-Richtlinie 2453, Blatt 5 und der Analysator Bendix 8101 C in der 2453, Blatt 6 beschrieben [M.1.102, M.1.103].

Kohlenmonoxid
Zur Messung der Kohlenstoffmonoxid-Immission werden Meßgeräte eingesetzt, deren Meßprinzip die Leitfähigkeitmessung, die nichtdispersive-IR-Absorption (NDIR) und die Gasfilter-Korrelation ist (Tabelle M.1-5).

Ozon
Die OZON-Immissionsmeßgeräte arbeiten überwiegend mit UV-Absorption, ein Gerät mit Chemiluminiszenz. Der Meßeffekt dieses Bendix-Ozon-Monitors beruht auf der Chemiluminis-

Tabelle M.1-6 Eignungsgeprüfte OZON-Immissions-meßgeräte

Hersteller	Gerät	Meßprinzip
Columbia Scientific Ind. Corp. (Bestobell Morbey)	CSI 3100	UV-Absorption
Dasibi (Antechnica)	1008 AH	UV-Absorption
Horiba Europe	APOA 300 E APOA 350 E	UV-Absorption
Monitor Technologies	ML 8810	UV-Absorption
Thermo Instument Systems	TI 49	UV-Absorption
UPK	Bendix 8002	Chemie-luminiszenz

zenzreaktion in der Gasphase zwischen O_3 und C_2H_4. Das Gerät wird in der Richtlinie VDI 2468, Blatt 4 beschrieben [M.1.104]. Eignungsgeprüft sind z.B. Geräte gemäß Tabelle M.1-6.

M.1.2.2.3 Gasförmige organische Verbindungen

Zur diskontinuierlichen Immissionsmessung gasförmiger organischer Verbindungen steht eine Reihe von geprüften Verfahren zur Verfügung. Kontinuierlich kann zur Zeit die Summe organischer Verbindungen gemessen werden. Eignungsgeprüfte Geräte arbeiten nach dem Prinzip der Flammenionisation.

Manuelle Methoden – Konventionsverfahren

Bei der Probenahme gasförmiger organischer Verbindungen werden „Momentanprobenahmen" mit Gassammelgefäßen und über eine bestimmte Zeit „integrierte Probenahmen" mit Sammelphase eingesetzt. Es finden flüssige Sorbentien (gefüllt in Waschflaschen oder Impinger) und feste Sorbentien (z.B. Aktivkohle, Silikagel, Absorberharze, gaschromatographische Materialien, Aluminiumoxid) Anwendung. Der Nachweis erfolgt photometrisch und chromatographisch (Dünnschicht-, Hochleistungsflüssigkeits-, Kapillargas-Chromatographie).

Gesamt-organischer Kohlenstoff (Gesamt-C)
Zur Ermittlung des gesamten organischen Potentials, definiert als organisch gebundener Gesamt-Kohlenstoffgehalt, kann das in VDI-Richtlinie 3495, Blatt 1 beschriebene Verfahren einge-

setzt werden [M.1.105]. Das Probegas wird durch ein mit Kieselgel gefülltes Rohr geleitet. Die organischen Substanzen werden am Kieselgel adsorbiert, dabei werden Kohlenwasserstoffe bis C_4 einschl. nicht oder nicht quantitativ erfaßt. Nach der Probenahme wird das Sorptionsrohr zur Entfernung von ebenfalls sorbiertem CO_2 mit einem kohlendioxid- und kohlenwasserstofffreien Gas gespült. Die Desorption erfolgt im Sauerstoffstrom bei erhöhter Temperatur. Nachfolgend wird katalytisch zu CO_2 verbrannt. Die Mengenbestimmung erfolgt coulometrisch. Gegebenenfalls vorhandene Halogene und Schwefelverbindungen stören die Analyse und werden an Silberwolle sorbiert. Gegenüber Stickstoffverbindungen besteht im Bereich der Immissionskonzentration keine Querempfindlichkeit. Die Nachweisgrenze beträgt 0,3 mg C/m³.

Aldehyde
Formaldehyd-Immissionen können mit dem in VDI-Richtlinie 3484, Blatt 1 beschriebenen Sulfit-Pararosalinin-Verfahren bestimmt werden [M.1.106]. Die Probenahme erfolgt mit Hilfe einer Frittenwaschflasche, die mit 25 ml Absorptionslösung gefüllt wird. Grundsätzlich ist bidestilliertes Wasser zur Absorption geeignet. Bei gleichzeitiger Anwesenheit von Schwefeldioxid (Konzentration > 0,4 mg/m³) wird in einer Tetrachloromercurat (TCM)-Lösung absorbiert. Zur Analyse werden Reagenzlösungen (Pararosanilin- und Natriumsulfit-Lösung) zugegeben. Die Intensität des sich bildenden rotvioletten Farbstoffs wird photometrisch (570 nm) gemessen. Die Formaldehyd-Bestimmung wird durch die in atmosphärischer Luft normalerweise zu beachtenden Gehalte an Acetataldehyd, Acrolein, Amine, Ammoniak, Chlorwasserstoff, Stickstoffdioxid und Schwefelwasserstoff nicht gestört. Die Nachweisgrenze beträgt 4 µg/m³.

Amine
In der VDI-Richtlinie 2467, Blatt 1 und 2 wird für primäre und sekundäre alphatische Amine auf der Basis der Dünnschichtchromatographie (Blatt 1) und der Hochleistungs-Flüssigkeits-Chromatographie (HPLC) beschrieben [M.1.107, M.1.108]. Zur Probenahme werden mit verdünnter Salzsäure gefüllte Impinger oder Waschflaschen verwendet. Die relativen Nachweisgrenzen der Amine liegen bei Bestimmung mit HPLC und UV-Detektor zwischen 9 und 27 µg/m³ bei einem Probenahmevolumen von 50 l.

Phenole

Das in VDI-Richtlinie 3485, Blatt 1 beschriebene Verfahren ist nicht spezifisch für das Phenol, sondern stellt eine Summenbestimmungsmethode für die Verbindungsklasse der Phenole dar [M.1.109]. Die Probeluft wird über einen Standard-Impinger oder eine Muencke-Waschflasche mit verdünnter Natronlauge als Absorbens gesaugt. Das absorbierte Phenol wird nach Zugabe von p-Nitroanilin-Reagenz photometrisch bei einer Wellenlänge von etwa 490 nm bestimmt.

Die Farbreaktion des Reagenz ist nicht spezifisch für Phenol. Das Verfahren erfaßt auch andere gasförmige phenolische Verbindungen mit unterschiedlicher Empfindlichkeit. Störungen durch aromatische Amine und Schwefelwasserstoff können beim Muencke-Waschflaschen-Verfahren durch eine vorgeschaltete Filterpatrone verhindert werden. Eine eventuelle SO_2-Querempfindllichkeit kann durch Zugabe von Formaldehyd ausgeschlossen werden. Die relative Nachweisgrenze beträgt mit Impingern 0,8 µg Phenol/m³, bei Muencke-Waschflaschen 12 µg/m³.

Aliphatische Kohlenwasserstoffe

Eine Momentanprobenahme mit Gassammelgefäßen und gaschromatographischer Bestimmung niedrig siedender Kohlenwasserstoffe bis max. C_9 beschreibt VDI-Richtlinie 3482, Blatt 2 [M.1.110]. Dem Gaschromatographen ist eine zur Anreicherung dienende Vorsäule vorgeschaltet. Die Detektion erfolgt mit FID. Die Nachweisgrenzen liegen für Methan bei 2 µg/m³ und für $\geq C_6$-Aliphaten bei 10 µg/m³. Die obere Grenze des Verfahrens liegt bei 50 mg/m³.

Aromatische Kohlenwasserstoffe

Für aromatische Kohlenwasserstoffe ($C_6 - C_8$) in Luft mit Momentanprobenahme wird in VDI-Richtlinie 3482, Blatt 3 ein Verfahren bschrieben, das methodisch dem für aliphatische Kohlenwasserstoffe entspricht [M.1.111].

Substanz	Nachweisgrenze µg/m³
Benzol	2
Toluol	3
Ethylbenzol	5
Xylol	5

Das Verfahren wurde bis zu einer oberen Grenze von 50 mg/m³ erprobt. Im Hinblick auf die geforderten halbstündlichen Mittelwerte bietet sich die Probenahme durch Anreicherung an ein Sor-

bens an. In der VDI-Richtlinie 3482, Blatt 5 wird für Immissionsmessungen aromatischer Kohlenwasserstoffe bis C_9 die Anreicherung an Aktivkohle mit nachfolgender Desorption mit Schwefelkohlenstoff und gaschromatographischer Bestimmung über eine Säule mit polarer Trennphase beschrieben [M.1.112]. Bei 15 dm³ Probeluftvolumen liegt die relative Nachweisgrenze des Gesamtverfahrens bei etwa 2 µg/m³ für jede Komponente.

Organische Verbindungen

Mit Probenahme durch Anreicherung an Aktivkohle – wie vorab beschrieben – lassen sich prinzipiell Stoffe in einem Siedebereich von etwa 60 – 350 °C erfassen. In der Richtlinie VDI 3482, Blatt 4 wird das Verfahren auch für andere Komponenten als Aromaten beschrieben [M.1.113]. Die Adsorptionskapazität der A-Kohle im Sorptionsrohr bestimmt das Durchbruchsvolumen und begrenzt damit das Probeluftvolumen. Das Verfahren erfaßt auch leichtflüchtige Chlor-Kohlenwasserstoffe, wie z. B. Tri- und Perchlorethylen, Chlorbenzol. Bei einem Durchbruchvolumen von etwa 120 dm³ Probeluft für Benzol ergibt sich bis 25 mg Aktivkohle eine relative Nachweisgrenze von etwa 0,2 µg/m³.

In Blatt 6 der VDI-Richtlinie 3482 wird ein Verfahren beschrieben, das mit anreichernder Probenahme und thermischer Desorption arbeitet [M.1.114]. Das Verfahren kann mit Vorteil für solche Meßaufgaben eingesetzt werden, bei denen eine Vielzahl von Substanzen im Konzentrationsbereich bis unter 1 µg/m³ gemessen werden soll. Die thermische Desorption hat gegenüber der Fest-Flüssig-Extraktion den Vorteil, daß die gesamte Probe auf einmal injiziert wird, wodurch eine sehr niedrige Nachweisgrenze ermöglicht wird. Es können Substanzen in einem Siedebereich von ca. – 120 bis ca. 300 °C zusammen erfaßt werden.

Zur Probenahme können verschiedene Substanzen, Kombinationen von Substanzen und die Thermogradientenrohrtechnik Anwendung finden. Wichtig ist die Beachtung der jeweiligen Durchbruchvolumina. Die Sorptionsmittel verhalten sich i. d. R. im Hinblick auf ihr Absorptions-/Desorptionsverhalten unterschiedlich. Adsorptionsmittel, die niedrigsiedende Substanzen quantitativ anreichern, sind in Bezug auf höhersiedende Substanzen nur schwer vollständig zu desorbieren. Andererseits haben Sorptionsmittel mit guten Desorptionseigenschaften für höhersiedende Substanzen geringe Durch-

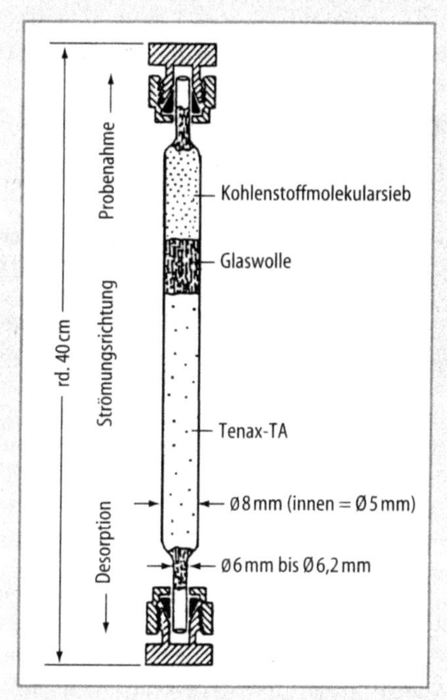

Bild M.1-31 Sorptionsrohr (Ausführungsbeispiel)

zwischen 0,01 – 2 μg/m³ (Ausnahme; cis-1,2-Dichlorethan 10 μg/m³) bei einem Probenvolumen von 30 dm³.

Vinylchlorid
In der Richtlinie VDI 3494, Blatt 1 [M.1.116] wird die Bestimmung von Vinylchlorid (VC, Chlorethan) mit Probenahme durch Adsorption an Aktivkohle, Desorption mit einem Gemisch von Dimethylacetamid (DMA) und Wasser im Volumenverhältnis 3:1 und anschließender gaschromatographischer Dampfraumanalyse (FID) beschrieben. Die Nachweisgrenze beträgt 5 μg VC/m³.

Blatt 2, VDI 3494 behandelt ebenfalls die Probenahme durch Adsorption an Aktivkohle [M.1.117]. Desorbiert wird mit Schwefelkohlenstoff, anschließend wird gaschromatographisch (FID) über eine Trennsäulenschalteinrichtung (Live-Chromatographie) analysiert. Die Nachweisgrenze beträgt ebenfalls 5 μg VC/m³.

Hinweis: In Blatt 3, VDI 3494 wird die quasikontinuierliche Messung von VC mit einer Taktzeit von etwa 4 min mit einem Gaschromatographen Model 755 GC, A.I.R. Instruments, beschrieben. Detektion mit FID oder PID.

bruchvolumina. In [M.1.114] wird ein sog. Kombirohr beschrieben, das als erste Stufe ein Sorptionsmittel (z. B. Tenax) für höhersiedende Substanzen enthält, wobei die durchbrechenden leichterflüchtigen Substanzen dann auf der Kohlenstoffphase (Kohlenstoffmolekularsiebe, Aktivkohle) sorbiert werden. Bild M.1-31 zeigt ein Ausführungsbeispiel. Es lassen sich Nachweisgrenzen von etwa 0,1 ng je Einzelkomponente und Probe erreichen. Bei einem Probenahmevolumen von 1 dm³ beträgt die relative Nachweisgrenze 0,1 μg/m³.

Leichtflüchtige Chlor-Kohlenwasserstoffe
Zur Bestimmung leichtflüchtiger halogenierter Kohlenwasserstoffe in Luft im Bereich der Immissionskonzentration wird in VDI-Richtlinie 3864, Blatt 1 ein Verfahren mit Sorption an Aktivkohle und Desorption mit n-Pentan oder Schwefelkohlenstoff beschrieben [M.1.115]. Zur Trennung werden Kapillarsäulen verwendet. Eingesetzt werden ECD-Detektoren bzw. parallel FID- und ECD-Detektoren oder zwei ECD mit zwei Trennsäulen unterschiedlicher Polarität. Die substanzspezifischen Durchbruchvolumina sind bei der Probenahme zu beachten. Die relativen Nachweisgrenzen sind sehr substanzspezifisch und liegen

Zur kontinuierlichen Immissionsmessung organischer Verbindungen stehen zur Zeit nur Verfahren zur Messung der Summe organischer Verbindungen (Gesamt-C) auf der Basis der Flammenionisation zur Verfügung. Das Meßprinzip wurde bereits im Kapitel Emission behandelt. Auf die VDI-Richtlinie 3483, Blatt 1, in der die Grundlagen der I-Messungen mit FID behandelt werden, wird verwiesen [M.1.118]. Ebenso auf die Blätter 2 und 4, worin bestimmte Geräte beschrieben werden [M.1.119, M.1.120]. Eignungsgeprüft sind die Geräte APHA 300 E und APHA 350 E von Horiba Europe. Das Gerät U 100 von Siemens ist nicht mehr im Lieferprogramm.

M.1.2.2.4 Gerüche

Die Messung von Gerüchen ist auch eine Fragestellung im Bereich der Immission. In Abschn. M.1.1.2.5 wurde bereits in das Thema Gerüche (Definition, Meßmethoden, Olfaktometer) eingeführt [M.1.60, M.1.62-M.1.64]. In der Richtlinie VDI 3490 wird die Bestimmung der Geruchstoffimmission durch Begehung beschrieben [M.1.121]. Das Verfahren basiert auf der Bestimmung des Geruchszeitanteils an definierten Ortspunkten. Dabei begeben sich Probanden an dem Meßpunkt und prüfen die Umgebungsluft während eines definierten Meßzeitintervalls auf Geruch (Einzelmessung). Das Verfahren beschreibt einen Ist-Zustand. Die Einzelmessungen werden im Rahmen einer Rastermessung durchgeführt, soweit eine flächenbezogene Aussage über die vorhandene Geruchsstoffimmission erforderlich ist. Für die Bestimmung der Kenngröße der Geruchsstoffimmission werden in Anlehnung an die TA Luft Einzelmessungen an den Meßpunkten eines Meßpunktrasters innerhalb eines Beurteilungsgebiets über die Beurteilungszeit von einem Jahr durchgeführt.

M.1.2.2.5 Organische Verbindungen im Spurenbereich

Zu den hochtoxischen, teilweise cancerogenen und mutagenen Umweltgiften gehören PCB, PAK und PCDD/PCDF (s. M.1.1.2.6). Im Bereich der Immission liegen die PAK-Konzentrationen im ng-Bereich, die PCB-Konzentration im pg-Bereich und die PCDD/PCDF (gerechnet mit Toxizitätsäquivalenten) im fg-Bereich (fg = 10^{-15}g). In der Außenluft liegen die PCDD/PCDF zum Teil partikelgebunden und zum Teil gasförmig bzw. filtergängig vor. Dies gilt gleichermaßen für höhersiedende PCB. Niedrigsiedende PCB werden in der Gasphase angetroffen. Bei den PAK liegen die Verbindungen mit mehr als vier Ringen als Feststoffe vor und können quantitativ auf geeigneten Filtern abgeschieden werden. Vierring-Verbindungen (z. B. Pyren, Fluoranthen) sind teilweise gasförmig bzw. filtergängig. Die Probenahme der interessierenden Verbindungen, z. B. Benzo(a)pyren, Dibenz(a, h)anthracen, erfolgt daher über Filter. Bei niedrigsiedenden PAK muß gegebenenfalls ein festes Sorbens (z. B. PU-Schaum, Adsorberharze) nachgeschaltet werden. Bei der Probenahme von PCDD/PCDF und PCB wird dem Feststoff-Filter z. B. ein PU-Schaum zur Abscheidung der nicht im Filter abgeschiedenen Substanzen nachgeschaltet.

Für Immissionsmessungen und Innenraumluftmessungen von PAK wird in der VDI-Richtlinie 3875, Blatt 1 ein Verfahren mit Probenahme und Analytik beschrieben [M.1.122]. Für die Probenahme wird das in der Richtlinienreihe 2463 in Blatt 9 beschriebene LIS/P-Filterverfahren, das LIB-Filterverfahren nach Blatt 4 oder das in Blatt 7 vorgestellte Kleinfiltergerät eingesetzt. Der Schwebstaub, an dem die PAK adsorbiert sind, wird auf Glasfaserfilter abgeschieden.

In einem mehrstufigen Verfahren werden die PAH extrahiert und in den Extrakten angereichert. Anschließend werden die polaren, nichtaromatischen Komponenten mittels Säulen-Chromatographie abgetrennt und die PAH in zwei Fraktionen geteilt, von denen die eine die PAH mit 2 – 3 Ringen, die andere die PAH mit 4 – 7 Ringen enthält. Aliquote der so gereinigten und angereicherten Lösungen werden in einen Gas-Chromatographen injiziert, die PAH auf einer Kapillarsäule getrennt und mit einem Flammenionisationsdetektot (FID) nachgewiesen werden. Die Auswertung erfolgt durch Vergleich der FID-Signale (Peaks) der Komponenten mit dem Signal eines inneren Standards, der dem Probenmaterial bereits vor der Extraktion in definierter Menge zugefügt wurde. Bei einer Probenahmezeit von 24 h und einem Luftvolumen von 350 m³ (LIS/P-Filtergerät) läßt sich eine Nachweisgrenze von 5 – 10 pg/m³ je Komponente erreichen. Voraussetzung ist dabei, daß die zu bestimmenden Einzelkomponenten im Meßbereich des Integrationssystems liegen. Anderenfalls kann für einige PAK die Nachweisgrenze bei 0,1 ng/m³ liegen.

Bei PCDD/PCDF-Immissionsmessungen wird zur Probenahme das LIB-Filterverfahren (VDI 2463, Blatt 4) mit einem Glasfaserfilter und nach-

Tabelle M.1-7 Nachweisgrenzen mit hochauflösender GCMS

Substanz	Nachweisgrenze fg/m³	Substanz fg/m³	Nachweisgrenze fg/m³
2,3,7,8-TCDD	0,5	2,3,7,8-TCDF	0,3
1,2,3,7,8-PeCDD	1,6	1,2,3,7,8-PeCDF	1,2
1,2,3,6,7,8-HxCDD	3,4	1,2,3,4,7,8-HxCDF	1,1
1,2,3,4,6,7,8-HpCDD	1,8	1,2,3,4,6,7,8-HpCDF	1,3
OCDD	3,0	OCDF	2,4

geschaltetem Polyurethan-Schaum eingesetzt. Das Verfahren wird in der VDI-Richtlinie 3498, Blatt 1 beschrieben [M.1.123]. Die Probenahmedauer beträgt i. d. R. 24 h und das Probeluftvolumen 350 – 380 m³. Das Volumen kann auf 1000 m³ erhöht werden. Der Probenahmefilter wird vor der Messung mit ^{13}C-markierten Standards präpariert. Der belegte Filter und der PU-Schaum werden im Labor in mehreren Schritten behandelt, wobei die PCDD/PCDF separiert werden. Es folgt die gaschromatographische Trennung mit massenspektrometrischer Bestimmung. Für ein Probenahmevolumen von 1000 m³, einem Endvolumen der Analysenlösung von ca. 20 µl und einem Injektionsvolumen von 1 µl sind mit hochauflösender GCMS z. B. folgende Nachweisgrenzen (in fg/m³) erreichbar (Tabelle M.1-7).

Zur PCB-Immissionsmessung kann die gleiche Probenahme verwendet werden. Allerdings existiert z. Zt. keine Richtlinie mit abgesicherten Verfahrenskenngrößen. Die PCB-Fraktion kann aus der gleichen Probe neben der PCDD/ PCDF-Fraktion separiert werden.

M.1.3   Untersuchungen im Laboratorium

Ein Teil der analytischen Arbeit wird im Laboratorium durchgeführt. Je nach Fragestellung werden auch mobile Laboratorien eingesetzt, wenn das Ergebnis auf den Fortgang der Untersuchungen Einfluß hat, z. B. akuter Schadensfall, Gefahrenabwehr, Optimierungsuntersuchungen. Bei der Bestimmung von Schwermetallen, anorganischen Gasen (HCl/HF, H_2S, NH_3), organischen Verbindungen (chloriert/nichtchloriert, PAK, PCDD/PCDF) werden in der Regel vor Ort die Proben genommen und dann im Laboratorium analysiert.

M.1.3.1   Schwermetalle im Feststoff und in der Gasphase

Messungen von Staubinhaltsstoffen (Schwermetalle) werden an Emissions- und Immissionsproben durchgeführt. Die TA Luft verweist in bezug auf die Komponente Blei als Bestandteil des Schwebstaubs auf die Richtlinie VDI 2267, Blatt 2 und 3 [M.1.124, M.1.125]. Darin wird die Messung der Blei-Massenkonzentration von Schwebstaub-Immissionen mit Hilfe der Röntgenfluoreszenzanalyse und der Atomabsorptionsspektrometrie beschrieben. Die Schwebstaubproben werden, wie in Abschn. M.1.2.2.1 beschrieben, genommen.

Bei der wellenlängendispersiven Röntgenfluoreszenzanalyse nach Blatt 2 wird durch die Primärstrahlung einer Röntgenröhre zur Röntgenfluoreszenz angeregt. Aus der Fluoreszenzstrahlung wird durch einen Analysatorkristall die für Blei charakteristische Strahlung isoliert und durch einen Szintillationszähler (Detektor) in Spannungsimpulse umgewandelt. Durch elektronische Meß- und Registriereinrichtungen werden die Impulse verstärkt, von Fremd- und Störimpulsen getrennt und je nach Meßwertausgabe registriert oder in einem Rechner verarbeitet. Durch Vergleich mit künstlich hergestellten Eichfiltern wird aus den Impulsraten der Bleilinie die Flächenmasse (µg Pb pro cm² Filterfläche) des Bleis auf dem Filter bestimmt. Unter Berücksichtigung der gesamten belegten Filterfläche und des durchgesetzten Luftvolumens wird daraus die Bleimassenkonzentration in der Außenluft berechnet.

Je nach Probenahmeverfahren liegt die Nachweisgrenze bei 0,03 µg Pb/m³ oder 0,2 µg Pb/m³. Der Meßbereich beträgt etwa 0,1 – 30 µg/m³. Praktisch gleiche Verfahrenskenngrößen werden mit der in Blatt 11 der Richtlinie VDI 2267 beschriebenen energiedispersiven Röntgenfluoreszenzanalyse (ED-RFA) erreicht [M.1.126]. Die Probenahme und der Vergleich mit Standards ist gleich wie im Blatt 2 beschrieben. Die Verfahren unterscheiden sich nur im Röntgenspektrometer.

Bei Bestimmung mit Hilfe der Atomabsorptionsspektrometrie werden die belegten Glasfaserfilter nach thermischer Vorbehandlung mit Salpetersäure und ggf. unter Zugabe von Perchlorsäure vollständig aufgeschlossen. Membranfilter werden direkt mit einem Salpetersäure/Perchlorsäure-Gemisch aufgeschlossen; stark silikathaltige Proben im PTFE-Gefäß. Die vom Rückstand getrennte klare Lösung wird dem Atomabsorptionsspektrometer zugeführt.

Die Atomabsorptionsspektromie (AAS) nutzt die Resonanzabsorption von freien Atomen bei Bestrahlung mit monochromatischem Licht. Zur Umwandlung der in der Probelösung vorliegenden Ionen durch Zufuhr von Wärmeenergie in eine Atomwolke bedient man sich einer Flamme (F-AAS) oder eines elektrisch geheizten Ofens (Graphitrohr; G-AAS). Die Intensitätsabnahme der Strahlung einer Blei-Strahlungsquelle infolge Resonanzabsorption in der Atomwolke ist ein Maß für die Bleikonzentration in der Aufschlußlösung. Die Kalibrierung des Spektrometers wird mit Hilfe von bleihaltigen Eichlösungen durchgeführt. Unbelegte Filter werden zur Blindwertermittlung verwendet.

Mit dem Graphitrohr läßt sich eine Nachweisgrenze von 0,05 $\mu g/m^3$ mit der Flamme 0,2 $\mu g/m^3$ erreichen (30 m^3 Probeluftvolumen). Das Verfahren ist für einen Bereich von 0,05 – 2 μg Pb/m^3 geeignet.

Die im Schwebstaub enthaltene Komponente Cadmium läßt sich gleichermaßen mit der AAS (i.d.R. Graphitrohrtechnik) bestimmen. Das Verfahren wird in VDI 2267, Blatt 6 beschrieben [M.1.127]. Die Nachweisgrenze beträgt dabei 0,4 ng Cd/m^3 bei 60 m^3 Probeluftvolumen.

Die im Schwebstaub enthaltenen Massenkonzentrationen von Chrom, Eisen, Kupfer, Mangan, Nickel und Zink lassen sich mit Hilfe der energiedispersiven Röntgenfluoreszenzanalyse bestimmen [M.1.128].

Inhaltsstoffe von Staubniederschlag, ermittelt mit dem Bergerhoff-Verfahren (VDI 2119, Blatt 2), können mit der AAS bestimmt werden. Für Blei und Cadmium wird das Verfahren in der Richtlinie VDI 2267, Blatt 4 und für Thallium in Blatt 7 beschrieben [M.1.129, M.1.130]. Beim Einsatz der Graphitrohrtechnik liegen die Nachweisgrenzen bei:

Substanz	Nachweisgrenze $\mu g/(m^2 \cdot d)$
Blei	2
Cadmium	0,1
Thallium	0,1

Die Analyse von Emissionsstäuben wird in der Richtlinienreihe 2268 behandelt. Die Probenahme der emittierten Stäube kann dabei nach VDI 2066, Blatt 2, 3 und 7 durchgeführt werden. In VDI 2268, Blatt 1 wird die Bestimmung der Elemente Ba, Be, Cd, Co, Cr, Cu, Ni, Pb, Sr, V, Zn mittels atomspektrometrischer Methoden beschrieben [M.1.131]. Nach gravimetrischer Bestimmung des Staubanteils wird vor dem eigentlichen Aufschluß die Quarzwatte und die Silikatmatrix in Flußsäure gelöst und als Siliciumtetrafluorid ausgetrieben. Der Rückstand wird anschließend entweder offen mit einem Gemisch von Salpetersäure und Wasserstoffperoxid oder unter Druck (Druckaufschluß) mit Salpetersäure-Flußsäure-Gemisch in eine lösliche Form überführt. Nach dem Druckaufschluß wird die überschüssige Flußsäure durch Behandlung mit Borsäure gebunden. Die so enthaltenen Probenlösungen werden verdünnt und mit Hilfe der Atomabsorptionsspektrometrie (F-AAS oder G-AAS) oder der optischen Emissionsspektrometrie (ICP-AES) analysiert.

Bei der induktivgekoppelten Argonplasma-Atomemissionsspektrometrie (ICP-AES) wird die Probenlösung über eine möglichst pulsationsfrei arbeitende Pumpe bzw. durch Unterdruck in ein Zerstäubungssystem befördert. Das dort entstehende Aerosol wird dann mit einem Argonstrom in ein induktiv gekoppeltes Hochfrequenzplasma (ICP) eingeführt, das duch Ionisierung und Anregung des Edelgases Argon gebildet wird. Bei den im Plasma herrschenden Temperaturen bis 10.000 K werden die zu bestimmenden Elemente im Probenaerosol angeregt. Die emittierte elementspezifische Strahlung wird mit Hilfe eines Emissionsspektrometers gemessen und zur quantitativen Elementbestimmung herangezogen Das Emissionsspektrometer ist ebenso wie bei der AAS-Methode zu kalibrieren.

Die analytischen Nachweisgrenzen der einzelnen Stoffe sind unterschiedlich und unterscheiden sich auch in Abhängigkeit von den Analysenverfahren (AAS oder ICP). Sie liegen in der Regel im unteren μg-Bereich (bezogen auf 2 g Quarzwatte).

In Blatt 2 wird die Bestimmung der Elemente As, Sb und Se mittels Atomabsorptionsspektrometrie nach Abtrennung über ihre flüchtigen Hydride beschrieben [M.1.132]. Der Aufschluß erfolgt wie in Blatt 1 beschrieben.

Zur anschließenden Analyse müssen die zu untersuchenden Elemente in einer definierten Oxidationsstufe vorliegen. Arsen und Antimon werden mit Kaliumjodid zur Oxidationsstufe +3 und Selen mit Salpetersäure zur Oxidationsstufe +4 reduziert. Die so erhaltenen Lösungen werden mit Natriumborhydrid ($NaBH_4$) versetzt. Dabei entstehen die flüchtigen Hydride der drei Elemente, die mit AAS vermessen werden. Die analytischen Nachweisgrenzen liegen bei As und Sb = 50 ng pro Probe, Se = 110 ng pro Probe (2 g Quarzwatte).

Mit der in Blatt 4 beschriebenen Graphitrohr-AAS [M.1.133] werden für die gleichen Elemente As, Sb, Se die nachfolgenden analytischen Nachweisgrenzen erreicht:

Substanz	Nachweisgrenze ng/Probe	Blindwerte ng/g Watte
Arsen	20	5
Antimon	50	20
Selen	20	5

In Blatt 3 wird die Bestimmung von Thallium mit G-AAS beschrieben. Bei 2 g Quarzwatte beträgt die analytische Nachweisgrenze 0,03 μg Tl pro Probe [M.1.134].

Bei Anwendung des in VDI-Richtlinie 3868, Blatt 1 beschriebenen Verfahrens sind neben den partikelgebundenen auch die filtergängigen Stoffe zu bestimmen (s. M.1.1.2.2). Die partikelgebundenen Inhaltsstoffe werden wie in VDI 2268, Blatt 1–4 beschrieben aufgeschlossen und analysiert. Die filtergängigen Stoffe können in der Regel unmittelbar aus der Absorptionslösung analysiert werden. Zur Bestimmung der Komponente Quecksilber eignet sich als Analysenverfahren die Kaltdampftechnik. Eine entsprechende VDI Richtlinie 3868, Blatt 2 ist in Vorbereitung.

M.1.3.2 Anorganische Gase

Zur Messung anorganischer Emissionen und Immissionen werden – soweit vorhanden – vorrangig kontinuierliche Meßverfahren eingesetzt. Zur Kalibrierung von registrierenden Emissionsmeßgeräten sind Vergleichsmessungen mit manuellen Konventionsmeßverfahren erforderlich, z. B. $SO_2 + SO_3$, $NO + NO_2$. Diese manuellen Verfahren werden in der Regel vor Ort eingesetzt und durchgeführt. Bei der Komponente CO erfolgt die analytische Bestimmung häufig im Labor.

Die vollständige Analyse vor Ort erfordert einen entsprechenden Meßplatz, der an geeigneter Stelle aufgebaut werden muß – ggf. unter Einbeziehung von dort vorhandenen Labormöglichkeiten – oder der in einem mobilen Labor-/Meßwagen zur Verfügung steht.

Viele manuelle Konventionsverfahren (Emission, Immission) für anorganische Komponenten verwenden die Photometrie zur Quantifizierung. Gleiches gilt auch für einige organische Komponenten. Daneben werden auch ionensensitive Elektroden eingesetzt. Photometrie und Potentiometrie lassen sich wegen ihres relativ einfachen Aufbaus prinzipiell vor Ort einsetzen. Falls es die Aufgabenstellung (Dringlichkeit der Ergebnisse, Haltbarkeit der Proben, Entfernung vom festeingerichteten Labor des Meßinstituts) erlaubt, wird in der Regel aus Gründen der Qualitätssicherung und ökonomischer Überlegungen so verfahren, daß die Probenahme vor Ort ausgeführt wird und die chemische Analyse im Stammlabor mit entsprechend eingerichteten Meßplätzen erfolgt. Diese Vorgehensweise bietet sich umso mehr an, wenn in den Analysengang zwischengeschaltete Schritte, z. B. Destillation, Zentrifugieren usw., notwendig sind. Die Ergebnisse können dabei je nach Laborausstattung auch zusätzlich durch andere, im Labor zur Verfügung stehende Methoden, überprüft werden.

Die bei den einzelnen Komponenten durchzuführenden Analysenschritte wurden bereits in den Abschnittten Emission und Immission kurz beschrieben. Auf die im Detail zu beachtenden Richtlinien wurde verwiesen.

M.1.3.3 Organische Verbindungen

Einige organische Verbindungen, z. B. Formaldehyd, Phenole, lassen sich photometrisch bestimmen. Daneben werden infrarotspektrometrische Verfahren eingesetzt. Die Grundlagen werden in VDI-Richtlinie 2460, Blatt 1 behandelt [M.1.135].

Für die Bestimmung organischer Einzelkomponenten wird vorrangig die Gaschromatographie (GC) in Verbindung mit verschiedenen Detektoren eingesetzt. Dabei kann in der Regel eine Reihe von Meßkomponenten in einem Analysengang bestimmt werden. Daneben wird die Hochleistungsflüssigkeitschromatographie (HPLC) eingesetzt.

Die Gaschromatographie beschreibt eine Methode, bei der eine Probe in der Dampf- oder Gasphase einem Trägergasstrom (Stickstoff, Helium) dosiert zugegeben wird und in einer Trennsäule durch Absorptions- und Desorptionsvorgänge an der Beschickung der Säulen in ihre Komponenten zerlegt wird. Eingesetzt werden gepackte Säulen und Kapillarsäulen. Gepackte Säulen sind

Tabelle M.1-8 Nachweisstärke von Detektionssystemen

Typ-(Detektoren)	Substanzen	Erfaßbare Absolutmenge
Wärmeleitfähigkeit (WLD)	anorganisch und organisch	µg
Flammenionisation (FID)	Kohlenwasserstoffe	ng
Elektroeinfang (ECD)	halogenierte Kohlenwasserstoffe	pg
Thermoionisation (PND, TID)	P- und N-haltige Substanzen	ng
Flammenphotometrie	P- und S-haltige	ng
Photoionisation (PID)	organische und einige anorganische Substanzen	pg – ng
Massenspektrometrie	anorganische und organische Substanzen	pg – ng

mit einem trennwirksamen Material gefüllt. Die Füllung kann aus einem festen Adsorptionsmaterial (Gas Solidchromatographie: GSC) oder aus einem Material bestehen, bei dem auf einen festen Träger eine flüssige Trennphase (Gas Liquidchromatographie: GLC) aufgebracht ist. Bei Kapillarsäulen wird die trennwirksame Schicht (flüssig oder fest) an der Innenwandung der Kapillare so aufgebracht, daß ein gasdurchgängiger Mittelkanal frei bleibt. Die Bestimmung der einzelnen Komponenten erfolgt in einem nachgeschalteten Detektionssystem. Kriterium für die Identität einer Verbindung sind Retentionszeit, -index. Es ist zu unterscheiden zwischen gruppen-, stoff- und unspezifischen Detektoren (Tabelle M.1-8).

M.1.3.4 Polyzyklische aromatische Kohlenwasserstoffe

Der Analyse von PAK mittels Kapillargaschromatographie in Verbindung mit FID ist eine umfangreiche Probenaufbereitung vorgeschaltet.

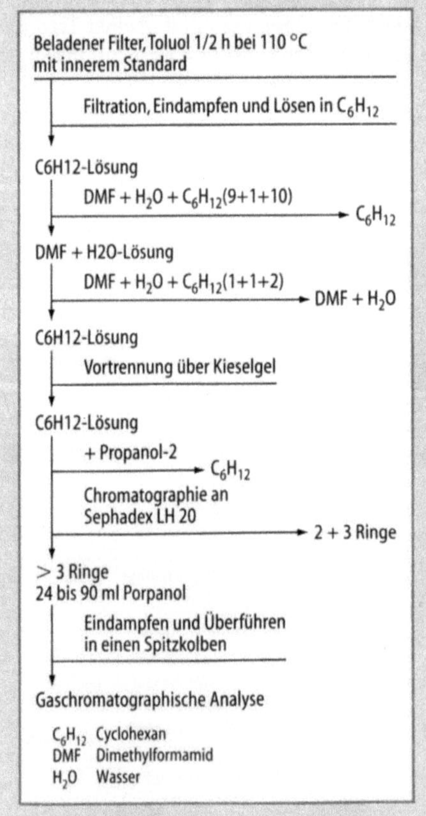

Bild M.1-32 Schema der Probenaufbereitung PAK

Das Schema der Probenaufbereitung zeigt Bild M.1-32 am Beispiel der Emissionsmessung. Die detaillierte Beschreibung des Analysengangs ist der Richtlinie VDI 3873, Blatt 1 zu entnehmen [M.1.66]. Die Aufarbeitung von Immissionsproben ist ähnlich. In diesem Zusammhang wird auf die VDI-Richtlinie 3875, Blatt 1 verwiesen [M.1.122].

M.1.3.5 Polychlorierte Dibenzodioxine und Furane

Die Analyse von Emissions- und Immissionsproben von PCDD und PCDF wird in den Richtlinien VDI 3499 und VDI 3498 beschrieben [M.1.65, M.1.123]. Vor Durchführung der Analyse mittels GC-MS ist eine Probenaufbereitung in mehreren Schritten erforderlich. Bild M.1-33 zeigt das Schema der Probenaufbereitung am Beispiel Emissionsmessungen. Nach Extraktion der Proben folgt eine mehrstufige Säulenchromatographie zur Abtrennung anderer organischer Fraktionen. Bei den Immissionsproben wird nach der ersten Aluminiumoxid-Säule statt der Reinigung durch eine Kombination gemischter Reinigungssäulen mittels einer HPLC-Säule durchgeführt. Bild M.1-34 zeigt das Schema. Wegen der umfangreichen Analysenvorschriften können die Verfahren hier nicht im Detail beschrieben werden. Auf die entsprechenden VDI-Richtlinien wird verwiesen.

M.1.3.6 Polychlorierte Biphenyle (PCB)

Bei der Analyse der PCB werden ähnliche Analysenschritte wie bei der Dioxinanalytik benutzt. So wird z. B. in einem VDI-Vorentwurf zur Messung von PCB in der Außenluft- und der Innenraumluft ein Verfahren beschrieben, das zur gleichzeitigen Analyse von PCDD/F verwendet werden kann. Emissionsproben auf der Basis der Probenahme mit Glasfaserfiltern und PU-Schaum können in gleicher Weise analysiert werden. Bild 1-35 zeigt das Schema der Probenaufbereitung. Bei kombinierter Analyse werden vor der Extraktion (Planfilter/PU-Schaum) ^{13}C-markierte PCDD/F- und PCB-Standards zugegeben. Der Probenextrakt wird nach Zugabe von 6 ml Dekan eingeengt und der „gemischten Säule" zugeführt. Eluiert wird mit 250 ml Hexan. Danach wird die Probe eingeengt, bis diese in Dekan vorliegt (6 ml) und auf die „Aluminiumoxidsäule" aufgegeben. Eluiert wird mit 60 ml n-Hexan (Vorlauf), 90 ml Toluol (PCB-Fraktion), 250 ml n-Hexan/Dichlormethan 1:1 (PCDD/F-Fraktion).

Bild M.1-33 Schema der Probenaufbereitung von Emissions-PCDD/F-Proben

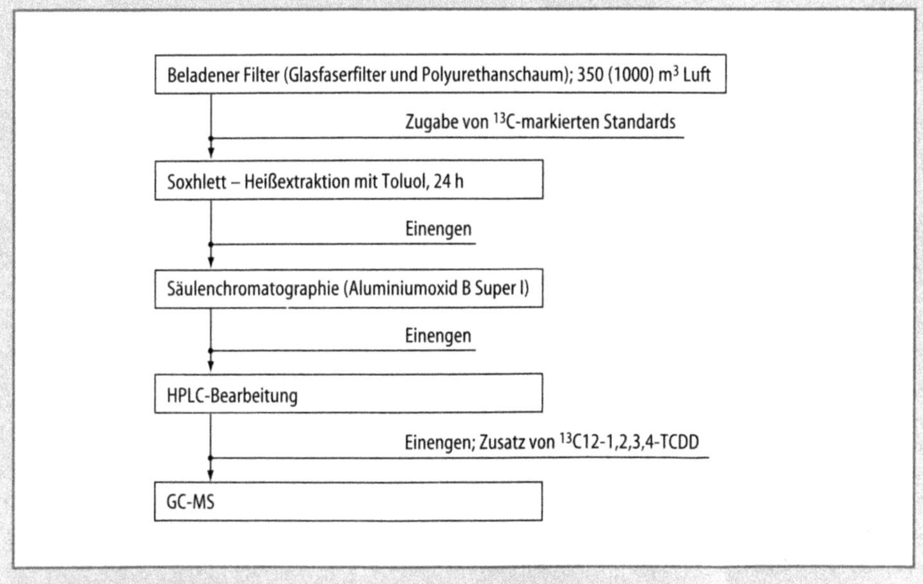

Bild M.1-34 Schema der Probenaufbereitung von Immissions-PCDD/F-Proben

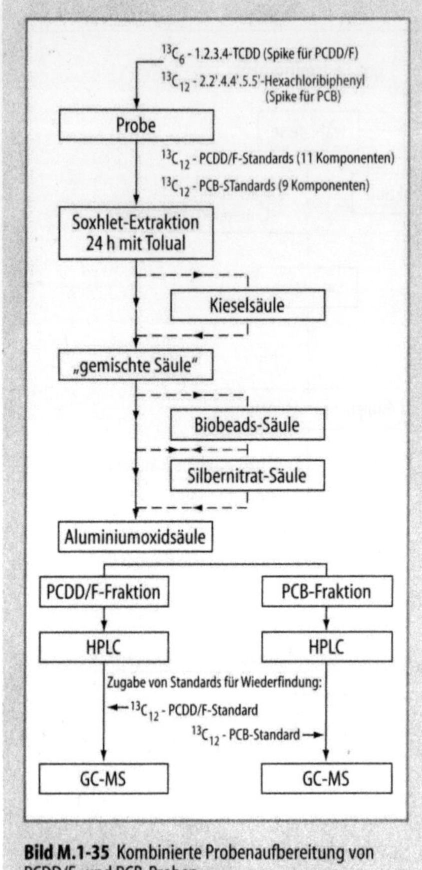

Bild M.1-35 Kombinierte Probenaufbereitung von PCDD/F- und PCB-Proben

Ein weiterer Reinigungsschritt erfolgt dabei mit Hilfe einer HPLC- Säule (s. VDI 3498).

M.2 Wasser/Abwasser

M.2.1 Untersuchungsschwerpunkte

M.2.1.1 Wassermatrices

M.2.1.1.1 Wasserarten

Die Bezeichnung bzw. Unterscheidung von Wasserarten erfolgt im wesentlichen nach drei verschiedenen Gesichtspunkten, nach dem Ort bzw. Art des Orts, wo es sich befindet, nach dem Verwendungszweck und nach seiner Zustands- bzw. Bindungsform (s. Tabelle M.2-1).

Wasser findet Verwendung u. a. als Nahrungsmittel, Lösungsmittel, zur Wärmeübertragung, als Transportmittel und Reaktionsmittel. Nach

Tabelle M.2-1 Wasserarten

Grundwasser	Brauchwasser
Oberflächenwasser	Kühlwasser
Niederschlagswasser	Kesselspeisewasser
Flußwasser	andere industrielle
Seewasser	Brauchwasser
Meerwasser	Abwasser
Trinkwasser	kommunales Abwasser
Rohwasser zur Trinkwasseraufbereitung	gewerbliches Abwasser
Badewasser	Sickerwasser
Mineral- und Heilquellenwasser	(Regenwasser)

seinem Gebrauch wird es i. d. R. zunächst Abwasser, welches unter geordneten wasserwirtschaftlichen Verhältnissen gereinigt und in den natürlichen bzw. Produktionskreislauf zurückgegeben wird. Für die unterschiedlichen Verwendungen, für die Einleitung in öffentliche Kanäle oder in Oberflächenwässer bestehen gesetzliche Regelungen über den Zustand (= Qualität). Die wichtigsten für den Bereich der Bundesrepublik Deutschland sind im nächsten Abschnitt zusammengefaßt.

Gesetzliche Vorgaben

Qualitätsziele in Gesetzen und Rechtsverordnungen werden als Grenzwerte, Mindestanforderungen oder Schwellenwerte formuliert, deren ökologische oder toxikologische Relevanz in der Regel durch wissenschaftliche Forschung nachgewiesen wurde. In manchen Fällen sind insbesondere kumulative oder synergistische Wirkungen mehrerer Komponenten nebeneinander experimentell nur sehr schwer oder gar nicht meßbar; diesem Problem wird bzw. muß dann durch weitere Herabsetzung der entsprechenden Werte Rechnung getragen werden [M.2.1].

Bei der Einhaltung der Gesetze stellen die meist sehr niedrigen Grenzwerte die zur Überwachung eingesetzte Analytik vor diffizile Probleme hinsichtlich der Bestimmung dieser Stoffe. Des weiteren ist die sehr komplexe Matrix von Einfluß auf diese Bestimmungsgrenzen als auch auf die Meßergebnispräzision bzw. Richtigkeit, und zwar je niedriger die Konzentration des zu bestimmenden Stoffes, um so stärker dieser Einfluß. Weitere Quellen der Meßergebnisunschärfe stellen Probenahme, Probenvorbereitung und das analytische Meßverfahren selbst dar.

Tabelle M.2-2 Grenz- und Richtwerte für Trinkwasser – Chemische Stoffe (Auszug)

Parameter (Berechnungsform)		Grenzwert mg/l	Parameter (Berechnungsform)		Grenzwert mg/l
Arsen	(As)	0,01	PAK (Σ 6)	(C)	0,0002
Blei	(Pb)	0,04	Org. Chlor-Verbindungen, Σ 4	(–)	0,01
Cadmium	(Cd)	0,005	Tetrachlorkohlenstoff	(CCl_4)	0,003
Chrom	(Cr)	0,05	PBM (Einzel-Substanzen)	(–)	0,0001
Nickel	(Ni)	0,05	PBM, Σ	(–)	0,0005
Antimon	(Sb)	0,002	oberflächenaktive Substanzen:		
Selen	(Se)	0,01	Methylen blau aktive Substanzen		
Quecksilber	(Hg)	0,001			0,2
Cyanid	(CN^-)	0,05	Dragendorf-Reag akt. Substanzen		
Fluorid	(F^-)	1,5			
Nitrat	(NO_3^-)	50,0			
Nitrit	(NO_2^-)	0,1	Phenole (C_6H_5-OH)		0,0005
			Chloroformextrahierbare Stoffe	(–)	1
			Kohlenwasserstoffe	(Kw)	0,01

Das Gesetz zur Ordnung des Wasserhaushaltes (WHG) [M.2.2] behandelt den Schutz für die stehenden und fließenden oberirdischen Gewässer, für das Grundwasser und für das Meer. Insbesondere regelt es die Benutzungen der Gewässer u. a. Entnahme und Einleitung von Wasser, Stau und Absenkung, Entnahme fester Stoffe aus Gewässern, Einbringen und Einleiten von Stoffen in Gewässer, Entnehmen, Fördern und Ableiten von Grundwasser und alle Maßnahmen, die nachhaltige schädliche Veränderungen an den Gewässern verursachen.

Das Wasserhaushaltsgesetz stellt das Basisrecht für die meisten anderen Rechtsvorschriften im Bereich Wasser dar.

Die *Richtlinie der Europäischen Gemeinschaft über die Qualitätsanforderungen an Oberflächenwässer für die Trinkwasserversorgung in den Mitgliedsstaaten* [M.2.3] ist auch in Deutschland Rechtsnorm. Sie enthält sog. Leitwerte „G" als Vergleichs- und Anhaltswerte und Grenzwerte „I" als Werte, die nicht überschritten werden dürfen.

Die *Guidelines for drinking water quality* (WHO) [M.2.4] enthalten Richtwerte und Grenzwerte, die bei der Erstellung von Richt- und Grenzwerten in der nationalen Gesetzgebung beachtet werden sollen.

Die *Richtlinie des Rates über die Qualität von Wasser für den menschlichen Gebrauch (EG-TW)* [M.2.5] enthält u. a. eine Aufzählung von organoleptischen und physikalisch-chemischen Parametern, unerwünschten Stoffen bzw. Stoffgruppen, toxischen Stoffen und mikrobiologischen Parametern mit entsprechenden Richtzahlen und zulässigen Höchstkonzentrationen, die in den Ländern der Europäischen Gemeinschaft beachtet werden müssen. Darüber hinaus sind dort Hinweise zur Häufigkeit der Untersuchungen gegeben.

Die *Verordnung über Trinkwasser und über Wasser für Lebensmittelbetriebe* (Trinkwasser VO, TVO) [M.2.6] enthält Vorschriften über die Beschaffenheit des Trinkwassers in der Bundesrepublik Deutschland, wobei die Verordnung zwischen zwingenden Grenzwerten und nach Möglichkeit einzuhaltenden Richtwerten unterscheidet. Insbesondere ist der einwandfreie hygienische Zustand nachzuweisen und Vorsorge zu treffen, daß dieser im Verteilungsnetz beibehalten bleibt (s. Tabelle M.2-2).

Die Grenzwerte der Trinkwasser-Verordnung stellen oft den Hintergrund dar für Qualitätsforderungen z. B. der Oberflächenwasserbeschaffenheit oder auch der gewerblichen und kommunalen Abwasserreinigung. Es muß jedoch darauf hingewiesen werden, daß z.B. die in der Anlage 7 genannten Richtwerte für Kupfer und Zink von 3 bzw. 5 mg/l in einer Größenordnung liegen, die im Zulauf zu einer Kläranlage die biologische Abwasserreinigung beeinträchtigen und die landwirtschaftliche Schlammverwertung unmöglich machen würden.

Oberflächenwasser zur Trinkwassergewinnung und Trinkwasser

Das Arbeitsblatt W 151 des Deutschen Vereins des Gas- und Wasserfaches e.V. (DVGW) [M.2.7] enthält Hinweise über Belastungsgrenzen für natürliche Wasseraufbereitung sowie für chemisch-physikalische Verfahren zur Aufbereitung von Oberflächenwasser für die Trinkwasserversorgung. Die darin genannten Werte gelten als Richt- bzw. Vergleichswerte ohne gesetzlichen Charakter.

Grundwasser

Das Grundwasser stellt ein besonders schützenswürdiges Gut dar, u. a. wegen seiner Bedeutung für die Trinkwassergewinnung (s. § 1 und § 34 WHG) [M.2.2]. Insbesondere durch Bodenbelastungen können lang anhaltende Schäden im Grundwasser verursacht werden. Hier üben dann auch eine Reihe von Gesetzen in anderen Bereichen des Umweltrechts Schutzwirkungen auf das Grundwasser aus, u. a. das Abfallgesetz mit der TA Sonderabfall [M.2.8], der TA Siedlungsabfall [M.2.9], das Düngemittelrecht [M.2.10], die Pflanzenschutzanwendungsverordnung [M.2.11], die Gülleverordnung [M.2.12] und die Klärschlammverordnung [M.2.13].

Grundwasserschutz erfordert die gemeinsame Betrachtung dieses Wassers und des Bodens, in dem bzw. unter dem es sich befindet. Da die Erneuerung des Grundwassers davon abhängig ist, daß Niederschlagswasser in den Boden eindringt, ist auch die Qualität des Niederschlagswassers von Bedeutung. Somit hat auch die Belastung der vom Niederschlag durchströmten Luftschicht Auswirkungen darauf. So wird sich z. B. im Regenwasser ein niedriger pH-Wert bei Anwesenheit von Schwefeldioxid oder Stickoxiden in der Atmosphäre einstellen. Deshalb muß hier auch die TA Luft [M.2.14] berücksichtigt werden. Zur Beurteilung einer Situation müssen die sehr komplexen Vorgänge im Boden wie Löslichkeit von Metallen, mikrobieller Um- bzw. Abbau organischer Stoffe, Adsorption von Substanzen usw. mit einbezogen werden. Abgesehen von dem Gebot, jegliches Einbringen von Fremdstoffen zu verhindern, sind Qualitätsziele für die Beschaffenheit der jeweiligen Nutzung definiert z. B. durch die TVO [M.2.6]. Untersuchungsprogramme für die Grundwasserbeschaffenheit sind dementsprechend meist nutzungsorientiert, entweder zur Aufklärung einer Bodenbelastung oder zur Prüfung der Eignung des Wasser für einen bestimmten Zweck. Vorrangig dienen hierzu Orientierungswerte wie sie in folgenden Listen aufgeführt sind.

Die Holländische Liste, *Leidrad bodemsaniering* [M.2.15], wurde vom Niederländischen Ministerium für Wohnungswesen, Raumordnung und Umwelt aufgestellt. Diese Liste enthält Richt-

werte für Boden- und Grundwasserkontaminationen zur Gefährdungsabschätzung von Altlasten. Genannt sind 57 Einzelstoffe oder Stoffgruppen sowie Referenzwerte für sieben weitere Ionen. Es sind drei Gruppen genannt:
– Referenzwert,
– Prüfwert für nähere Untersuchungen und
– Prüfwert für Sanierungsmaßnahmen.

Diese Daten werden vielfach zur Beurteilung benutzt, ohne daß sie rechtsverbindlichen Charakter besitzen.

Ähnlich orientiert sind die *Bewertungsverfahren zur Bestimmung des Gefährdungspotentials für das Grundwasser bei Altlasten und aktuellen Schadensfällen als Entwurf der Baubehörde Hamburg* [M.2.16] sowie die *Berliner Liste* [M.2.17]. Diese Liste enthält Richtwerte für Grundwasser unterteilt nach Wasserschutzgebiet, Urstromtal und Hoffläche. Enthalten sind 38 einzelne Parameter sowie Stoffe der Gefährdungsklassen 1, 2 und 3.

Die *Richtlinie für das Vorgehen bei physikalischen und chemischen Untersuchungen im Zusammenhang mit der Beseitigung von Abfällen* [M.2.18] enthält in der Anlage 6 ein Untersuchungsprogramm zur Überwachung von Grund-, Oberflächen- und Sickerwässer im Bereich von Abfallbeseitigungsanlagen mit insgesamt 41 Parametern.

Abwasser

Hinsichtlich der Be- und Entlastung der öffentlichen Gewässer stellen die um Abwasserableitung und -reinigung orientierten Gesetze und Rechtsverordnungen den wichtigsten Bereich dar. Diese Gesetze beschreiben u. a. die Zielvorstellung des Gesetzgebers über die Qualität der in öffentliche Gewässer einzuleitenden Abwässer, die sich daraus ergebenden Konsequenzen für die Reinigungsleistung von Abwasseranlagen in gewerblichen wie kommunalen Bereichen und üben auch wirtschaftlichen Druck auf Einleiter aus zur Verbesserung der Leistung solcher Anlagen. Durch Fortschritte in der wissenschaftlichen Forschung ist der Katalog der zu überwachenden Stoffe und Stoffgruppen in einer ständigen Weiterentwicklung begriffen. Dies hat zur Folge, daß Umweltschutzgesetze in bestimmten Abständen novelliert werden müssen, um neuen Erkenntnissen gerecht zu werden.

Das Gesetz für das Einleiten von Abwasser in Gewässer (AbwAG) [M.2.19] stellt durch Feststellung der Belastungsfracht aus einer Einleitung in Form von Schadeinheiten und Festlegung von Gebühren dafür die wichtigste Regelung dar. In diesem Gesetz werden Konzentrations- und Frachtschwellen festgelegt und damit eine untere Veranlagungsschwelle gegeben, die überschritten sein muß, damit Veranlagung erfolgt (s. Tabelle M.2-3). Um welche Gewässer es sich hier handelt ist in §1 des WHG [M.2.2] beschrieben.

Wenn Frachten über Messungen errechnet werden, ist die Wassermengenmessung möglichst genau durchzuführen (s. hierzu DIN 19559, Teil 1 u. 2 [M.2.20]).

Die Ermittlung der Zahl der Schadeinheiten erfolgt normalerweise aufgrund von Festlegungen im Abgabenbescheid (§ 4). Hierfür sind vom Abgabepflichtigen entsprechende Angaben erforderlich. Das Gesetz gibt ebenfalls Auskunft über Voraussetzung der Ermäßigung des Abgabesatzes bzw. auch über Erhöhungen der entsprechenden Gebühren. Die Gebühreneinheiten wurden zeitlich gestaffelt festgelegt, beginnend 1981 mit 12 DM je Schadeinheit, 1999 wird ein Satz von 90 DM je Schadeinheit erreicht.

Die Überwachung der Einhaltung der Angaben im Bescheid erfolgt durch staatliche oder staatlich anerkannte Institutionen. Diese Überwachungsanalysen bzw. auch die Festlegungsanalysen sind aus der homogenisierten, in bestimmter Weise dem Abwasser entnommenen Originalprobe auszuführen.

Die *Allgemeine Rahmen-Verwaltungsvorschrift über Mindestanforderungen an das Einleiten von Abwässer in Gewässer* (RahmenVwV) (DirekteinleiterVO) [M.2.21] basiert auf §7a des WHG [M.2.2], der Abwasserherkunftsverordnung [M.2.22] sowie für die abfallrechtlichen Belange auch auf dem Abfallgesetz. Sie enthält Angaben u. a. für die zulässigen Meß- und Analysenverfahren, in der Regel in DIN-DEV genormte Verfahren.

Zu dieser Verordnung gehören 52 Anhänge (Stand 1992), die branchenspezifische Mindestanforderungen formulieren. Im Anhang 48 dieser Verordnung werden abweichend von dieser Systematik Anforderungen an das Abwasser hinsichtlich bestimmter Einzelstoffe wie Cadmium, Hexachlorethylen, Hexachlorbenzol, Aldrin, Dieldrin, Endrin, Isodrin, DDT, PCP und Endosulfan genannt.

Die einzelnen Bundesländer haben *Verordnungen über die Genehmigungspflicht für die Einleitung von wassergefährdenden Stoffen in öffentliche Abwasseranlagen erlassen* [M.2.23], die sog. Indirekteinleiterverordnung. Insbesondere die Verordnung des Bundeslands Hessen nennt einen umfangreichen Katalog bestimmter Schwellenwerte und Schwellenfrachten.

In der *Allgemeinen Verwaltungsvorschrift über die nähere Bestimmung wassergefährdender Stoffe und ihrer Einstufung entsprechend ihrer Ge-*

Tabelle M.2-3 Schadeinheiten und Schwellenwerte des AbwAG

Parameter[a]	Schadeinheit kg	Schwellenwerte mg/l	kg/a	Bestimmungsmethode DIN-DEV
CSB	50	20	250	38409, H 41
Gesamt Phosphat (P)	3	0,1	15	38405, D 11 – 4
N anorg (als Σ NH_4-N $\quad$ NO_2-N $\quad$ NO_3-N	25	5	125	38406, E 5 – 2 38405, D 10 38405, D19
AOX	2	0,1	10	38409, H 14[b]
Hg	0,02	0,001	0,1	38406, E 12 – 3
Cd	0,1	0,005'	0,5	38406, E 19 – 3
Cr	0,5	0,05	2,5	38406, E 22
Ni	0,5	0,05	2,5	30406, E 22
Pb	0,5	0,05	2,5	38406, E 6 – 3
Cu	1,0	0,1	5	38406, E 22
Giftigkeit gegen Fische	$\dfrac{3000\ m^3}{GF}$	GF = 2		38412, L 31

[a] aus der nicht abgesetzten nach DIN 38402, A 30 homogenisierten Probe
[b] besondere Hinweise, s. Rahmen VwV Nr. 501

fährlichkeit [M.2.24] sind ca. 700 Stoffe bzw. Stoffgruppen genannt. Im Katalog wassergefährdender Stoffe [M.2.25] wurden 443 Stoffe und Stoffgruppen aufgeführt.

Die *Richtlinie des Rates der Europäischen Gemeinschaft über die Behandlung von kommunalem Abwasser* [M.2.26] enthält Grenzwerte und Forderungen für die Verringerungsrate im Klärprozeß, gestaffelt nach Anlagengröße, und nennt auch eine zulässige Zahl von Überschreitungen dieser Werte in Abhängigkeit von der Häufigkeit der Untersuchungen innerhalb eines Jahres.

Die Wasch- und Reinigungsmittel stellen Chemikalien mit einer sehr weiten Verbreitung dar. Sie müssen bestimmten Anforderungen hinsichtlich der Zusammensetzung und ihrer biologischen Abbaubarkeit genügen. Diese sind im *Wasch- und Reinigungsmittelgesetz* [M.2.27] sowie in der *Verordnung über die Abbaubarkeit anionischer und nichtionischer grenzflächenaktiver Stoffe* [M.2.28] angegeben.

Die *Rechtsverordnung über Art und Häufigkeit der Selbstüberwachung von Abwasserbehandlungsanlagen und Abwassereinleitungen* [M.2.29] enthält Anordnungen über die Kontrolle des Zustands und des Betriebs der Anlagen sowie einen Mindestumfang an Untersuchungsmerkmalen für das Abwasser. Ferner sind in der Verordnung alternative Verfahren und die dazugehörenden Bezugsverfahren genannt. Die alternativen Verfahren dienen der Vereinfachung der Untersuchungen. Ihre Anwendbarkeit muß mittels gelegentlicher Kontrolle durch Vergleich mit Bezugsverfahren geprüft werden.

In den *Landeswassergesetzen*, die weitere detailliertere Vorschriften u. a. auch für die Kontrollen enthalten, sind Kriterien der personellen und apparativen Mindestausstattung für die Zulassung von Labors für derartige Untersuchungen definiert. Zum Beispiel sind für Nordrhein-Westfalen diese Kriterien im *Runderlaß des Ministeriums für Umwelt, Raumordnung und Landwirtschaft für die Zulassung von Stellen zur Untersuchung von Abwasser bei genehmigungspflichtigen Indirekteinleitungen nach § 60a des Landeswassergesetzes Nordrhein-Westfalen* [M.2.30] zu finden.

M.2.1.2 Feststoffmatrices

Im Zusammenhang mit Umweltschutzfragen werden eine Reihe von unterschiedlichen Feststoffmatrices behandelt (s. Tabelle M.2-4).

Untersuchungsschwerpunkte bilden die Bereiche Abfall, Altlasten und Klärschlamm. Da der

Tabelle M.2-4

Boden
- nutzungsorientiert
- belastungsorientiert

Abfall, darin enthalten
- Siedlungsabfälle, darin enthalten
  - Klärschlamm
    - herkunftsorientiert
    - verwendungsorientiert
  - andere bei der Abwasserreinigung anfallenden Feststoffe (Sand, Rechengut)
- Sedimente/Ablagerungen in Gewässer

Verwertung, falls möglich, immer der Vorrang vor jeder anderen Beseitigungsart zu geben ist, muß die Untersuchung dieser Stoffe auch hierauf ausgerichtet werden.

Von den bei der Abwasserreinigung anfallenden Feststoffen im Klärschlamm, Rechengut, Sandfanggut und Rückständen aus der Kanalreinigung bzw. Sedimenten aus Gewässern, stellt der Klärschlamm die mengenmäßig bedeutenste Masse dar. Von den bislang genutzten Verfahren der Deponie, der landwirtschaftlichen Nutzung oder Verbrennung, scheidet in Zukunft wegen des Verbots der oberirdischen Deponierung von Abfällen mit mehr als 3 % organischen Stoffen, gemessen als TOC des Trockenrückstands [M.2.9], die Deponie für Klärschlamm aus. Ausnahmeregelungen sind in der TA Abfall angegeben [M.2.8].

Die landwirtschaftliche Nutzung von Klärschlamm wird im Abfallrecht durch die *Klärschlammverordnung* (AbfKlärV) [M.2.13] geregelt. Diese ist in einer novellierten Fassung seit dem 01. Juli 1992 in Kraft. Sie sieht Begrenzungen in der aufzubringenden Klärschlammenge vor und nennt Grenzwerte für bestimmte Schadstoffe im Klärschlamm und im Boden. Diese sind auch unter Beachtung der Europäischen Klärschlammverordnung aufgestellt worden. Die AbfKlärV verlangt die Bestimmung der wichtigsten Nährstoffgehalte im Klärschlamm und mit Ausnahme des Stickstoffs auch im Boden. In Tabelle M.2-5 sind die Grenzwerte zusammengefaßt.

Die zulässigen Analysenmethoden und Untersuchungshäufigkeiten sind ebenfalls angegeben. Für die Untersuchungsstelle gilt die Verpflichtung, erfolgreich an Ringversuchen teilzuneh-

Tabelle M.2-5 Grenzwerte Boden und Klärschlamm nach AbfKlärV und EG Klärschlamm

Parameter	AbfKlärV				EG-Richtlinie	
	Boden		Klärschlamm		Klärschlamm	
	pH > 6 mg/kg TR	pH 5–6 mg/kg TR	Boden pH > 6 mg/kg TR	Boden pH 5–6 mg/kg TR	mg/kg TR	Fracht in 10 Jahren kg/ha
Pb	100	100	900	900	750–1200	150
Cd	1,5	1	10	5	20–40	1,5
Cr	100	100	900	900	500–1200	20
Cu	60	60	800	800	1000–1750	120
Ni	50	50	200	200	300–400	30
Hg	1	1	8	8	16–25	1
Zn	200	150	2500	2000	2500–4000	300
PCB, Einzelsubstanzen, je	0,2					
AOX	500					
PCDD/F/TE [a]	0,0001					

[a] TCDD – Toxizitätsäquivalente

men, die von den einschlägigen Institutionen der Bundesländer durchgeführt werden. Die Bundesländer erlassen Durchführungsverordnun-

gen zur AbfKlärV, die zusätzlich beachtet werden müssen. Allgemeine Hinweise hierzu enthält ein *Entwurf des Bundesministeriums für Umwelt* [M.2-31].

Die Verbrennung von Klärschlamm oder Klärschlamm im Gemisch mit anderen Stoffen ist durch den Gesetzgeber nur indirekt geregelt. Welches Recht angewandt werden muß, hängt davon ab, ob es sich um Beseitigung eines Abfalls oder die Nutzung eines Wirtschaftsguts wie z.B. bei Klärschlamm-Kohle-Gemischen handelt. In einem Runderlaß des Ministers für Umwelt, Raumordnung und Landwirtschaft des Landes Nordrhein-Westfalen erfolgt eine Zuordnung zur Klärschlammentwässerung und Verbrennung zum Wasser-, Immissionsschutz- und Abfallrecht.

Hier sind das Abfallgesetz, der § 18 a des WHG, der § 51 des LWG-NW, das BImSchG und die TA Luft angesprochen. Insofern sind solche Produkte sowohl auf ihre Brennstoffeigenschaften als auch auf ihre Schadstoffgehalte zu untersuchen. Tabelle M.2-6 enthält die brennstofftypischen Parameter und die im Zusammenhang mit den Begrenzungen der TA Luft interessierenden Elemente, ergänzt durch einige organische Schadstoffe.

Die aus der Verbrennung zurückbleibenden Aschen und Stäube sollen nach Möglichkeit weiterverwendet werden [M.2.32, M.2.33]. In der Regel ist dafür ihre Zusammensetzung zu prüfen. Sowohl für Weiterverwendung als auch für eine notwendige Deponie ist das Auslaugverhalten zu

Tabelle M.2-6 Klärschlamm als Brennstoffe. *Untersuchungsprogramm* zur orientierenden Beurteilung von Klärschlamm und Klärschlamm-Kohle-Gemischen bei Verbrennung

Brennstoff-parameter	Spurenstoffe anorganisch	Spurenstoffe organisch
Trockenrückstand	Kadminium	PCB (6 n.
Aschegehalt 815 °C	Quecksilber	KlärschlVO)
Flüchtige Bestandteile	Thallium	EOX
Kohlenstoff, brennbar	Arsen	PAK (10 n. Loba)[c]
Kohlenstoff, (CO_3)	Kobalt	
Wasserstoff	Nickel	Naphathaline
Sauerstoff	Selen	Phenole
Stickstoff	Tellur	
Phosphor	Antimon	
Schwefel	Blei	
Chlor	Chrom	
Fluor	Mangan	
Brennwert	Vanadium	
Heizwert	Zinn	
Cyanid lfs [a]	Barium	
Cyanid ges [b]	Beryllium	
	Eisen	
	Kupfer	
	Molybdän	
	Zink	

[a] leicht freisetzbar
[b] gesamt
[c] Landesoberbergamt NRW

Tabelle M.2-7 Zuordnungskriterien für Deponien. Bei der Zuordnung von Abfällen zu Deponien sind die o.g. Zuordnungswerte, denen die im Anhang A genannten oder gleichwertige Analyseverfahren zugrunde liegen, einzuhalten

Nr.	Parameter		TA Siedlungsabfall Anhang B		Nr.	TA Abfall Anhang D
			Zuordnungswerte			Zuordnungswerte
			Dep. Klasse I	Dep. Klasse II		
1	Festigkeit					
1.01	Flügelscherfestigkeit	kN/m2	≥ 25	≥ 25	D 1.01	≥ 25
1.02	Axiale Verformung	%	≥ 20	≥ 20	D 1.02	4 20
1.03	Einaxiale Druckfestigkeit	N/m2	≥ 50	≥ 50	D 1.03	1 50
2.	Organischer Anteil des Trockenrückstands der Originalsubstanz[b]					
2.01	als Glühverlust	Masse %	≤ 3	≤ 5	D 2.01	≤ 10
2.02	als TOC	Masse %	≤ 1	≤ 3		
3	Extrahierbare lipophile Stoffe der Originalsubstanz[c]					
		Masse %	$\leq 0,4$	$\leq 0,8$	D 3.01	≤ 4
4	Eluatkriterien					
4.01	pH-Wert		5,5 – 13,0	5,5 – 13,0	D 4.01	4 – 13
4.02	Leitfähigkeit	µS/cm	≤ 1000	≤ 50000	D 4.02	≤ 100000
4.03	TOC	mg/l	≤ 20	≤ 100	D 4.03	≤ 200
4.04	Phenole	mg/l	$\leq 0,2$	≤ 50	D 4.04	≤ 100
4.05	Arsen	mg/l	$\leq 0,2$	$\leq 0,5$	D 4.05	≤ 1
4.06	Blei	mg/l	$\leq 0,2$	≤ 1	D 4.06	≤ 2
4.07	Cadmium	mg/l	$\leq 0,05$	$\leq 0,1$	D 4.07	$\leq 0,5$
4.08	Chrom-VI	mg/l	$\leq 0,05$	$\leq 0,1$	D 4.08	$\leq 0,5$
4.09	Kupfer	mg/l	≤ 1	≤ 5	D 4.09	≤ 10
4.10	Nickel	mg/l	$\leq 0,2$	≤ 1	D 4.10	≤ 2
4.11	Quecksilber	mg/l	$\leq 0,005$	$\leq 0,02$	D 4.11	$\leq 0,1$
4.12	Zink	mg/l	≤ 2	≤ 5	D 4.12	≤ 10
4.13	Fluorid	mg/l	≤ 5	≤ 25	D 4.13	≤ 50
4.14	Ammonium-N	mg/l	≤ 4	≤ 200	D 4.14	≤ 1000
	Chlorid	mg/l			D 4.15	≤ 10000
4.15	Cyanide, leicht freisetzbar	mg/l	$\leq 0,1$	$\leq 0,5$	D 4.16	≤ 1
	Sulfat	mg/l			D 4.17	≤ 5000
	Nitrit	mg/l	$\leq 0,3$	$\leq 1,5$	D 4.18	≤ 30
4.16	AOX	mg/l			D 4.19	≤ 3
4.17	Wasserlöslicher Anteil (Abdampfrückstand)	Masse %	≤ 3	≤ 6	D 4.20	≤ 10

[a] 1.02 kann gemeinsam mit 1.03 gleichwertig zu 1.01 angewandt werden. Die Festigkeit ist entsprechend den statischen Erfordernissen für die Deponiestabilität jeweils gesondert festzulegen. 1,02 in Verbindung mit 1.03 darf dabei insbesondere bei kohäsiven, feinkörnigen Abfällen nicht unterschritten werden.

[b] 2.01 kann gleichwertig zu 2.02 angewandt werden; Anforderung gilt nicht für verunreinigten Bodenaushub, der auf einer Monodeponie abgelagert wird.

[c] Gilt nicht für Aschen und Stäube aus nichtgenehmigungsbedürftigen Kohlefeuerungsanlagen nach dem BImSchG.

testen, i. d. R. nach DIN 38414, Teil 4 [M.2.34]. Die Beurteilung zur Zuordnung zu einer Deponieklasse erfolgt nach Anhang B der TA Siedlungsabfall bzw. Anhang D der TA Abfall nach der Beschaffenheit des Eluats (s. Tabelle M.2-7).

Zum Teil haben die Bundesländer eigene Deponierichtlinien festgelegt, ggf. als Entwurf wie z. B. Nordrhein-Westfalen [M.2.35]. Dieser Entwurf wird von den Behörden zur Beurteilung und Zuordnung zu einer Deponieklasse ebenfalls häufig herangezogen.

Zu Beginn des praktischen Teils einer Untersuchung steht in der Regel die Probenahme. Diese hat so zu erfolgen, daß das Ergebnis der Untersuchung die tatsächlichen Verhältnisse vor Ort wiedergibt; sie muß repräsentativ sein. Dies bedeutet, daß die Probe derart beschaffen ist, daß sie den zur Beurteilung des anstehenden Problems notwendigen Ausschnitt der Grundgesamtheit repräsentiert. Von gravierender Bedeutung sind die Qualitäts- und Mengenschwankungen der zu untersuchenden Grundgesamtheit, die beispielsweise wiederum in Zusammenhang mit dem Produktionsprozeß zu sehen sind. Weiterhin bedeutsam ist die Tatsache, daß aufgrund der zu erfassenden Konzentrationsniveaus vieler Parameter im μg/l-, ja sogar ng/l-Bereich, eine Vielfalt von Querkontaminationen zu beachten sind, so daß eine Probenahme parameterspezifisch gestaltet werden muß.

M.2.2.2   Probenahme in Wasser und Abwasser
[M.2.36, M.2.37]

Probenkonservierung [M.2.38]

Veränderungen von Proben können durch den Eintrag störender Stoffe in die Probe, den Austrag von Stoffen aus der Probe und durch physikalische, chemische und biologische Vorgänge in der Probe verursacht werden. Der Eintrag von störenden Stoffen in die Probe wird beispielsweise verursacht durch Verschleppung infolge unsachgemäß gereinigter Gefäße und Geräte, den Abrieb von Probenahmegeräten, Zugabe von verunreinigten Konservierungsmitteln und anderem mehr. Der Austrag flüchtiger Stoffe kann erfolgen durch Entweichen bei Entnahme der Probe durch Füllen oder Umfüllen, Diffusion in oder durch das Gefäßmaterial und Verschlüsse bzw. nicht vollständig gefüllter Probegefäße. Physikalische Einflüsse können bspw. zu einer Änderung der Sink- und Schwebstoffkonstellation (Koalugationsvorgänge) führen, wie dies bei Abwasserproben stets der Fall ist.

Chemische und biologische Veränderungen werden verursacht durch beispielsweise Oxidations- und Reduktionsmittel wie freies Chlor oder Nitrit- und Sulfidionen oder aber infolge bakterieller Tätigkeit. Diesen fehlerbildenden Einflüssen läßt sich entsprechend den Ursachen dadurch

entgegenwirken, indem durch fachgerechte parameterspezifische Säuberung der Gefäße und Probenahmegeräte der Eintrag an störenden Stoffen minimiert wird. Um ein Vertauschen von Flaschen und -verschlüssen aus unterschiedlichen Untersuchungsprogrammen, d.h. für beispielsweise Oberflächen- und Industrieabwässer zu verhindern, sollten für einzelne Matrices- und Parametergruppierungen bzw. Konservierungsverfahren und Konzentrationsniveaus die Gefäße und Geräte getrennt gehalten und aufbewahrt werden.

Der Austrag von flüchtigen Stoffen wird weitestgehend unterbunden, indem Probenahmeflaschen turbulenz- und luftblasenfrei gefüllt werden und eine geeignete Materialwahl – sei es Glas, Metall oder Kunststoff – für die Analyse der entsprechenden Parameter getroffen wird. Chemischen und biologischen Veränderungen kann durch Konservierungsmaßnahmen entgegengewirkt werden. Die Konservierung kann nach physikalischen, chemischen und biochemischen Methoden erfolgen.

Zu den physikalischen Methoden gehört das Kühlen bei $2 - 5\,°$C und das Tiefgefrieren bei $-18\,°$C.

Eine chemische Konservierung erfolgt durch Säurezugabe auf pH-Werte von < 2 und Laugezugabe auf pH-Werte von > 12.

Eine biochemische Konservierung kann durch Zugabe von $HgCl_2$ und $CHCl_3$ vorgenommen werden.

Für bestimmte Inhaltsstoffe (z. B. Quecksilber) werden bestimmte umfangreichere Konservierungsmaßnahmen vorgeschrieben, wie Tabelle M.2-8 zu entnehmen ist. Wird auf lichtempfindliche Parameter untersucht, ist die Verwendung von dunklen Aufbewahrungsgefäßen vorgeschrieben.

Reinigung von Probenahmegefäßen und -geräten

Der Aufwand für die sorgfältige Reinigung richtet sich nach Art und Konzentration der zu bestimmenden Parameter. Zur Bestimmung der sog. Basisparameter, wie z. B. CSB, BSB, Ammonium, orgN-Verbindungen im mg/l-Bereich, reicht in der Regel eine Reinigung der Glas- und Kunststoffgefäße mit phosphatfreien Laborspülmitteln bei $95\,°$C und das Nachspülen mit vollentsalztem Wasser aus. Fest anhaftende Bestandteile sollten vorab mechanisch oder unter zur Hilfenahme von Säuren entfernt werden. Für die Bestimmung im Spurenbereich bei organischen Parametern ist nachfolgend eine Reinigung mit dem Lösemittel wie z.B. Hexan und nachge-

Tabelle M.2-8 Konservierungsmaßnahmen

Parameter	Analyse-Verfahren	Material	Mittel	Konservierung[a]			
				Menge[b] ml/l	pH-Wert	Temp. °C	Dauer
CSB	DIN 38409 H 41	G, PE[c]	ohne			4, -18	24 h 14 d
BSB_5	DIN 38409 H 51	G ME	ohne		2 – 5	2 bis 5 -15 bis -20	3 d –
NH_4-N	DIN 38406 E 5–2	G, PE	ohne			4	36 h
NO_2-N[d,e]	DIN 38406 D 10	G	ohne			2 – 5	6 h
NO_3-N[d,e]	DIN 38406 D 9	G	ohne			2 – 5	6 h
Gesamt-Phosphor	DIN 38406 E 22	G, KG, Kunststoff	HNO_3[f]	1	< 2		1 Monat
Kadmium, Chrom Nickel, Kupfer	DIN 38406 E 22	G, KG, Kunststoff	HNO_3[f]	1	< 2		1 Monat
Quecksilber	DIN 38406 E 12 – 3	G, PTFE, HDPE	5g K_2Cr_2O7 + 500 ml HNO_3[f] pro Liter	2	< 1		mehrere Monate
Blei	DIN 38406 E 6 – 3	G	HNO_3[f,g]	1	< 2		1 Monat
AOX[h]	DIN 38409 H 14	G	HNO_3 10 mol/l		2	4	sobald als möglich

[a] Weitere Konservierungsmethoden sind in der DIN EN ISO 5667-3, 4.96, beschrieben
[b] Mindestzugabe, pH-Wert hat Priorität
[c] LAWA Merkblatt P1, Entwurf 12.06.1989
[d] So darf nur verfahren werden, wenn an der zu untersuchenden Matrix die Haltbarkeit überprüft worden ist, ansonsten ist die Bestimmung vor Ort notwendig
[e] Die Zugabe von 2N $NaOH/Na_2CO_3$ (15ml/l) ermöglicht in vielen Matrices die Konservierung bis zu einer Woche
[f] HNO_3 $\rho = 1{,}4$ g/ml
[g] Keine Schwefelsäurezugabe/Soll zwischen partikularen und gelösten Metallanteil unterschieden werden, so muß vor Ort *vor* dem Ansäuern durch 0,45 μm filtriert werden
[h] Oxidierende Chlorverbindungen müssen sofort nach dem Ansäuern durch Zusatz von Natriumsulfit reduziert werden. Flaschen blasenfrei-randvoll füllen und Metallkontakte vermeiden

schaltetem Ausheizen bei 160°C im Trockenschrank notwendig.

Stark verunreinigte Gefäße dürfen für die Probenahme nicht mehr verwendet werden (Memory-Effekt), sie sind sofort zu entsorgen.

Probenform

Ein wichtiges Kriterium, welches bei der Probenahme berücksichtigt werden muß, ist die Form der Probe, in welcher analysiert werden soll. In der Praxis wird im wesentlichen zwischen der Originalprobe, der sedimentierten, filtrierten und zentrifugierten Probe unterschieden.

Als *Originalprobe* bezeichnet man eine Wasserprobe ohne weitere Aufbereitungsschritte. Die Aufteilung einer solcher Probe ist nur nach Homogenisieren möglich, welches durch Rühren bei 700 – 900 U/min in einem geeigneten Gefäß vorgenommen wird [M.2.39].

Unter einer *sedimentierten Probe* versteht man ein unter definierten Bedingungen hergestelltes Sedimat (DIN 38409, Teil 9).

Unter einer *filtrierten Probe* versteht man das durch Filtration der Originalprobe gewonnene Filtrat. Je nach Problemstellung werden Filter entsprechender Porengröße verwendet, wie z. B. für die Bestimmung des DOC ein Membranfilter mit 0,45 μm oder für die Bestimmung des Filtrattrockenrückstandgehalts ein Filter mit der Durchflußdauer von 6 – 12 s, ermittelt nach DIN 53137.

Die Herstellung von Sedimat und Filtrat muß unmittelbar nach der Probenahme erfolgen, da durch Koagulationsvorgänge bedingt stets Veränderungen stattfinden.

Probenahmearten [M.2.40]

Bei den Probenahmearten unterscheidet man im wesentlichen zwischen *Stichprobe* und *Durch-*

schnittprobe. Während eine Stichprobe durch einen einmaligen Zugriff gewonnen wird, umfaßt die „qualifizierte Stichprobe" [M.2.41] mindestens fünf Stichproben, die, in einem Zeitraum von höchstens 2 h im Abstand von nicht weniger als 2 min entnommen, gemischt werden. Eine qualifizierte Stichprobe dauert somit mindestens 8 min. bzw. längstens 2 h.

Eine *Durchschnittsprobe* ist eine Mischprobe, die von Hand oder von automatischen Probenahmegeräten gesammelt wird. Beim Einsatz der Probenahmegeräte unterscheidet man zwischen der diskontinuierlichen bzw. Intervall-Probenahme und der kontinuierlichen Probenahme mit ihren jeweiligen Sonderfällen. Bei beiden Hauptarten unterscheidet man die gleichen Spezialfälle, die zeit-, durchfluß- und volumenproportionale bzw. kontinuierliche Probenahmen.

Bei *zeitproportionalen* Probenahmen werden in gleichen Zeitabständen gleich große Probenvolumina entnommen bzw. bei zeitkontinuierlichen Probenahmen ohne Unterbrechung in gleichen Zeitabschnitten gleiche Mengen entnommen.

Eine *durchflußproportionale* Probenahme ist so gestaltet, daß in gleichen Zeitabständen variable, dem jeweiligen Durchfluß proportionale Volumina entnommen werden.

Bei der durchflußkontinuierlichen Entnahme wird der entnommene Teilstrom proportional zum Durchfluß geregelt.

Die *volumenproportionale* Probenahme ist eine Entnahmetechnik, bei der nach einem Durchfluß eines konstanten Volumens eines Wasserkörpers gleich große Volumina entnommen werden.

Die *Intervall*-Probenahme kann sowohl von Hand als auch apparativ durchgeführt werden. Die Probenahme von Hand wird in der Regel mit einem Schöpfbecher durchgeführt. Die geschöpften Proben werden bei der Stich- und Durchschnittsprobe in einem geeigneten Gefäß gesammelt. Aus diesen Gefäßen werden dann nach gutem Durchmischen die Proben in die Probenbehältnisse gefüllt. Bei der Bestimmung von leichtflüchtigen Verbindungen wird das Probengefäß direkt in den Volumenstrom eingetaucht und gefüllt. Da die Probenahme von Hand sehr personalintensiv ist, werden an Dauerprobenahmestellen automatische Probenahmegeräte eingesetzt.

Automatische Probenahmegeräte [M.2.43] bestehen im wesentlichen aus einer Entnahmevorrichtung, dem Steuerteil, der Dosiereinrichtung, dem Probenverteiler und einer Probenaufbewahrungseinrichtung. Die Geräte sollten sowohl zeit-

als auch durchflußabhängige Proben entnehmen können. Daher sollte das Durchflußmeßgerät einen elektrischen Ausgang besitzen (Analogströme von 0 – 20 mA, besser 4 – 20 mA).

Bei den Probenahmegeräten wird im Prinzip zwischen zwei Geräten unterschieden. Das System der „frei fallenden Wasserweiche" und der „Vakuumprobenahme mit konstantem Volumen".

Bei den Systemen der frei fallenden Weiche wird mit einem konstanten Volumenstrom gefördert und in geregelten Zeitabständen durch Umlegen der Weiche der Wasserstrom als Probe in das Sammelgefäß gefüllt. Bei der Vakuumprobenahme mit konstantem Volumen wird mit Vakuum in das Dosiergefäß angesaugt und durch Heberwirkung ein konstantes Probevolumen herbeigeführt. Beide Systeme haben ihre Vor- und Nachteile. Beim ersteren System ist auf die verstopfungsanfälligen Pumpen hinzuweisen, während beim zweiten System durch Strippeffekte leicht flüchtige Inhaltsstoffe nicht mehr bestimmt werden können. Je nach Problemstellung ist eine entsprechende Auswahl zu treffen.

Organisation und Durchführung

Eine Probenahme, bei der die o. a. geführten Aspekte berücksichtigt werden, erfordert den Einsatz von fachlich qualifiziertem Personal, welches über die fehlerbildenden Einflüsse informiert und dementsprechend ausgebildet ist. Die Festlegung der Probenahmestellen erfolgt unter Beachtung der anstehenden Problematik und des Sicherheitsaspekts. Probenart und -form werden unter zusätzlicher Berücksichtigung parameterspezifischer Probleme festgelegt. Probenahmegefäße und Gerätschaften sowie Konservierungsmittel müssen gemäß der oben beschriebenen Hinweise bereitgestellt werden. Um die Zeitspanne zwischen der Probenahme vor Ort und der Aufarbeitung im Labor möglichst kurz zu halten, ist eine terminliche Abstimmung mit den in Frage kommenden Laboratoriumsbereichen notwendig. Der Probenehmer sollte über das Ziel der Untersuchung informiert werden und über die Örtlichkeiten genau Bescheid wissen. Ein *Probenahmeprotokoll*, das in Anlehnung an das Musterprotokoll in DIN/38402, Teil 11 auf die spezielle Problematik zugeschnitten ist, muß dem Probennehmer mitgegeben werden. Als Anlage können nach Bedarf Hinweise auf Besonderheiten bzlg. Sicherheit, Vorgehensweise und Transport mitgegeben werden. Protokoll und Probe müssen *gemeinsam* im Labor eintreffen!

M.2.2.3 Probenahme von Feststoffen aus dem Bereich Abwassertechnik

M.2.2.3.1 Allgemeines

Abwasser führt eine umfangreiche Palette von Verunreinigungen mit sich, welche sich einmal als feste Stoffe in Form von Sink-, Schweb- und Schwimmstoffen und zum anderen als gelöste und koloidale Stoffe darstellen.

Zu ihrer Entfernung wird gezielt auf ganz bestimmte Stoffgruppen die geeignete Verfahrenstechnik eingesetzt [M.2.42].

Grobe, sperrige, schwimmende Stoffe werden mit Rechen aus dem Wasser entfernt und als *Rechengut* entsorgt. Sinkstoffe werden in der Regel ihrer Dichte entsprechend im Sandfang bzw. einem nachgeschalteten Absetzbecken (Vorklärung) entfernt. Hier fallen *Sandfanggut* und *Vorklärschlamm* an. Die gelösten und koloidalen Stoffe sowie Feinstschwebstoffe werden in biologischen Reinigungsstufen entfernt. Hier fällt der sog. *Überschußschlamm* an. Überschuß- und Vorklärschlamm werden in der Regel nach einer Zwischeneindickung einem Faulbehälter zwecks anaerober Behandlung zur Stabilisierung zugeführt. Als Produkt fällt hier der *Faulschlamm* an. Der anfallende Faulschlamm kann über Trockenbeete oder maschinell entwässert werden bzw. direkt in Sammelbehältern aufgefangen werden. Sowohl feste als auch flüssige Faulschlämme werden ihrer Qualität und den gegebenen Möglichkeiten entsprechend als Wirtschaftsgut zur Nutzung in der Landwirtschaft und auf Rekultivierungsflächen verwendet, mit Kohle gemischt als Füllstoff der Zementindustrie zugeführt oder in geeigneten Kraftwerken bzw. speziellen Wirbelschichtöfen verbrannt. Als Rückstand fällt bei letzterem *Asche* an, die einer Entsorgung zugeführt werden muß. Alle diese Feststoffe müssen je nach Entsorgungsweg umfangreich auf die unterschiedlichsten Inhaltsstoffe untersucht werden. Darüber hinaus ist bei einer landwirtschaftlichen Nutzung gemäß AbfKlärV auch der *Boden*, auf dem der Schlamm aufgebracht wird, zu untersuchen.

Desweiteren fallen im Einzugsgebiet einer Abwasserbehandlungsanlage bei gestörter Wasserführung *Bachsedimente* und evtl. Kanalablagerungen an. Durch Hochwasser bedingt lagern sich auf Bermen der Bachbette Sinkstoffe als sog. *Anlandungen* oder Wülste ab.

M.2.2.3.2 Probenahme

Wie schon bei der Abwasserprobenahme angesprochen, muß bei der Probenahme von Feststoffen eine repräsentative Probe entnommen werden. Dies gestaltet sich je nach Konsistenz unterschiedlich schwierig. Bei den flüssigen oder dünnbreiigen Klärschlämmen ist die Problematik ähnlich der des Abwassers und in der Praxis gut beherrschbar. Aufwendiger wird indes die Probenahme von wasserärmeren Feststoffen, da hier je nach Heterogenität oder Inhomogenität für eine

Tabelle M.2-9 Probenahmegeräte (Auswahl)

Geräte	Art des Probeguts					
	Abwasser	Schlamm		Sedimente		Boden
		flüssig	stichfest	fest	schlammig	
Schneckenbohrer						●
Pürckheimer Bohrer			●			●
Spaten/Schaufel			●	●		●
Sedimentbagger				●		
Sedimentbohrer				●	●	
Schöpfer	●	●				
Eimer mit Seil	●					
Tauchbombe	●	●				
Probenahmegeräte (automatisch)	●					
Wasserfalle	●					

halbwegs zufriedenstellende Lösung des Problems größere Mengen Probegut mit entsprechender Misch- und Teiltechnik ggf. unter Zuhilfenahme von Großgeräten unter Erhalt der Repräsentation auf bei der chemischen Analyse eingesetzten Mengen reduziert werden muß. Eine Maßnahme, die vor allem bei nicht mahlfähigen Bestandteilen wie beispielsweise feinste Teerpartikel auf seine Grenzen stößt. Für die richtige Wahl der Geräte je nach Art des Probeguts s. Tabelle M.2-9.

Probenahme von Rechengut

Aufgrund der heterogenen Zusammensetzung des Rechenguts, welche mit der des Hausmülls vergleichbar ist, ist die Entnahme einer repräsentativen Probe nur mit großem Aufwand möglich. Ist ein Rechengutzerkleinerer installiert, empfiehlt es sich, über den Tag hinweg Rechengut in einer Menge von ca. 20 l Volumen zu sammeln und in dem Probenvorbereitungslabor mit Hilfe dort vorhandener Einrichtungen weiter zu verkleinern, um eine Probenreduzierung vornehmen zu können. Fehlt ein Rechenzerkleinerer, dann muß eine ausreichende Menge Rechengut mit anderem geeigneten Schneidwerk vorzerkleinert werden, um wie oben beschrieben bearbeitet zu werden.

Probenahme von Sandfanggut

Im Vergleich zum Rechengut hat das gewaschene, also von organischen Fäkalstoffen gereinigte Sandfanggut eine homogenere Zusammensetzung, so daß beispielsweise durch Beprobung aus dem Sammelcontainer mit Hilfe von Rillenbohrern etwa 5 l Probe entnommen und dem Labor zur Bearbeitung zur Verfügung gestellt werden können.

Probenahme von Faulschlamm/
Vorklärschlamm/Überschußschlamm

Je nach Problemstellung werden Proben während einer Pumpperiode mittels eines eigens dafür geschaffenen Abfüllstutzens aus der Schlammleitung und zwar zeitlich verteilt über die gesamte Pumpperiode entnommen. Es wird so mit der Entnahme von mindestens drei Stichproben eine Menge von etwa 20 l in einem Sammelbehälter aus geeignetem Material wie z. B. Aluminium gesammelt. Bei der Entnahme von Proben aus einer Schlammleitung ist auf eine ausreichende Vorlaufmenge zu achten, die sowohl ein Sauber-

spülen der Hauptleitung als auch der Abfülleinrichtung ermöglicht.

Wird der Schlamm in einem Silo gesammelt, von dem aus er der landwirtschaftlichen Nutzung zugeführt wird, ist eine Probenahme nach dem Mischen mit Rührwerken oder Umwälzeinrichtungen gegen Ende des Mischungsvorgangs durch Entnahme von Stichproben mittels eines Schöpfers an verschiedenen Stellen des Silos möglich, um etwa 20 l Probegut in einem Aluminiumgefäß zu sammeln.

Die Entnahme von entwässertem oder teilentwässertem Schlamm aus Schlammbeeten oder gar größeren Schlammteichen erweist sich als sehr schwierig. Aus flachen und flächenkleinen Schlammtrockenbeeten kann eine Mischprobe durch Entnahme von mind. 30 gleichmäßig verteilten Stichproben entlang der Umrandung in Schöpferreichweite entnommen werden. Läßt der abgelagerte Schlamm das Auflegen und Begehen von Brettern zu, so kann mit Hilfe dieser Technik eine über die Fläche besser verteilte Probenahme erfolgen.

Müssen Proben aus Flächen größeren, d. h. dann auch tieferen Schlammteichen entnommen werden, so ist das über die Fläche gleichmäßig verteilte Aufsetzen von Pontons sinnvoll. Von diesen aus können mit Hilfe von Bohrern oder speziellen Sedimentprobenahmegeräten Proben entnommen werden. Das Aufsetzen solcher Pontons und der Material- sowie der Personaltransport erfolgt zweckmäßigerweise mit einem Hubschrauber (Bild M.2-1).

Erfolgt die Entwässerung eines Schlamms maschinell, so kann durch die Entnahme von Filterkuchenstücken vom Förderband eine Durchschnittsprobe in einem Behälter von etwa 5 l über den gewünschten Zeitraum gesammelt werden. Das Probenahmeintervall richtet sich nach dem Probenahmezeitraum und sollte beispielsweise etwa 7 Eingriffe pro Zeitraum betragen.

Probenahme von Boden

Zur Entnahme von Bodenproben werden spezielle Bodenprobenstecher verwendet, wie beispielsweise der Pürckhauer Bohrer. Bei Flächen bis zu 1 ha kann bei einheitlicher Beschaffenheit eine Durchschnittsprobe aus mindestens 20 Stichproben, gleichmäßig über die Fläche verteilt, welche über eine Bearbeitungstiefe von etwa 30 cm entnommen, gemischt werden [M.2.43].

Bild M.2-1 Klärschlammprobenahme

Probenahme von Asche

Die Probenahme von Aschen erweist sich als sehr schwierig, da zur Vermeidung eines unkontrollierten Austritts von der Anfallstelle bis hin zur Sammelstelle (Silo), in einem geschlossenen System gearbeitet wird. Unter Berücksichtigung der Repräsentanz und der technischen Möglichkeiten (Temperaturprobleme, Förderart) müssen an geeigneten Stellen des Transportsystems Bypässe in Form von Abfüllstützen angebracht weren, an denen die Entnahme von Proben möglich wird. Es sollten hier mehrere Stichproben über einen vorgegebenen Zeitraum verteilt entnommen zu einer Durchschnittsprobe vereinigt werden.

Probenahme von Sedimenten

Bei der Entnahme von festeren Sedimenten kann der Sedimentbagger, bei lockeren Sedimenten der Sedimentbohrer eingesetzt werden. Letzterer ermöglicht bei fester Konsistenz eine ungestörte Probenahme, so daß der Schlamm auch schichtenweise untersucht werden kann. Will man keine Differenzierung vornehmen und nur Auskunft über die insgesamt im Bachbett liegende Masse

haben, so kann man mit Hilfe von Schaufeln Proben über den zu untersuchenden Streckenabschnitt entnehmen. Von dem am Ufer gesammelten und abgetropften kleinen Haufwerken entnimmt man dann Teilproben und mischt diese zu einer Mischprobe.

Probenahme von Kanalablagerungen

Diese Art Ablagerungen können je nach Art und Anhaftung mit Hilfe von entsprechendem Werkzeug, angefangen von der Schaufel bis hin zu Hammer und Meißel entfernt werden. Die so entnommenen Proben haben in der Regel keinen repräsentativen Charakter, sie dienen nur zur Vororientierung. Eine repräsentative Probe kann erst aus dem Haufwerk der Gesamtablagerung nach der Kanalsanierung entnommen werden.

Probenahme von Anlandungen

Auf den Bermen von Bachläufen angelandetes Sediment wird schon bei Schichtdicken unter 30 cm entfernt. Hier kann die Probenahme ähnlich erfolgen wie bei der Bodenprobenahme. Mit einem Rillenbohrer kann man beliebig oft bis zur Schichtdicke der Anlandungen einstechen und so über eine vorgegebene Strecke eine Durchschnittsprobe sammeln. Bei der Wahl des Abschnitts für den man eine Durchschnittsprobe sammeln möchte, sind seitliche Zuflüsse zu berücksichtigen, die sich auf die Sedimentzusammensetzung auswirken können.

Probenahmepersonal und -protokoll

Die Probenahme darf nur von geschultem Personal vorgenommen werden. Zu jeder entnommenen Probe gehören ein Probenahmeprotokoll, welches das Musterprotokoll nach DIN 38402 Teil 11 zur Grundlage hat und mindestens folgende Angaben enthalten muß: Datum und Zeitpunkt der Entnahme, Ort der Entnahme, Art der Probenahme, Besonderheiten, Name des Probenehmers und dessen Unterschrift.

Probenvorbereitung [Tabelle M.2-10]

In das Vorbereitungslabor gelangen eine Repräsentation garantierend, ausreichend große Mengen, welche durch die nachfolgend beschriebenen Techniken auf handhabbare Mengen reduziert werden müssen.

Je nach Umfang der Untersuchung werden bis zu 2 kg Trockenmasse Probengut benötigt. Das Probegut wird bei flüssigem Klärschlamm in dunkelbraunen Weithalsglasflaschen von 5 l Inhalt oder bei festen Klärschlämmen wie auch Anlandungen in 1 l-Glasflaschen angeliefert, falls schon am Ort der Probenahme eine sinnvolle Reduzierung des Volumens möglich war. Ist dies nicht zweifelsfrei möglich, wird dem Labor eine größere Menge (10 – 20 l Probegut) überstellt. Die Anlieferung erfolgt dann i. d. R. in Eimern oder speziellen Gefäßen aus Metall.

Soll auf leichtflüchtige Inhaltsstoffe untersucht werden, muß schon am Ort der Probenahme eine sog. Head-Space-Flasche gefüllt und luftdicht verschlossen werden. Die Abstimmung mit dem Labor ist hier ebenso notwendig, wie bei der Entnahme von Wasserproben.

Flüssiger Klärschlamm wird mit der Hilfe eines Rührwerks gemischt und in zwei Teilproben aufgeteilt, welche gemäß AbfKlärV wie zwei von einander unabhängige Einzelproben zu untersuchen sind. Jede dieser Teilproben wird entsprechend der weiteren Aufarbeitung wiederum aufgeteilt und nach dem Trocknen im Trockenschrank bei 105° C bzw. nach dem Trocknen mit der Tiefgefriertechnik in einer *Planetenkugelmühle* mit einem Mahlgeschirr aus Zirkonoxid auf die Korngröße von < 0,1 mm gemahlen. Bei einer Testsiebung müssen 95 % des Mahlguts ein Sieb dieser Feinheit passieren. Hat das Material einen etwas faserigen Charakter, wird es mit einer *Zentrifugalmühle* gemahlen.

Böden, Anlandungen und entwässerte Klärschlämme werden mit Hilfe einer *Teigknetmaschine* homogenisiert. Aus dieser Mischprobe werden Teilproben hergestellt, welche wie oben angeführt weiter verarbeitet werden.

In der Regel werden diese Proben mit der Planetenkugelmühle gemahlen. Heterogenes Material wie Rechengut wird erst in der *Schneidemühle* auf etwa < 5 – 8 mm vorzerkleinert, bevor es mit der Planetenkugelmühle gemahlen wird. Das Mahlgut wird im Labor durch spezielle Vorbereitungs-

Tabelle M.2-10 Probenvorbereitung, Geräteausstattung

Gerät	Material	Einsatz
Backenbrecher	Wolframcarbid	Zerkleinerung auf 10 – 0,1 mm
Schneidemühle	Edelstahl	Vorzerkleinerung von heterogenem Material (Rechengut, Hausmüll)
Teigknetmaschine	Aluminium (Rührwerk) Cr, Ni, Mo-Stahl (Gefäß)	Homogenisieren von pastösen Feststoffen
Tiefkühlschrank	Edelstahlauskleidung	Vorkühlen für die Gefriertrocknung
Gefriertrockner	Aluminiumschalen	Trocknen von Feststoffen und Schlämmen; zur Bestimmung organischer Inhaltsstoffe
Planetenkugelmühle	Zirkoniumoxid (Mahlgarnitur)	Feinmahlen von nichtfaserigen Feststoffen
Ultrazentrifugalmühle	Titan (Rotor, Sieb)	Feinmahlen von faserigen Feststoffen
Rollenstand		Homogenisieren von vorzerkleinertem und gemahlenem Material
Probenteiler	Edelstahl	Teilen von Mahlgut

schritte weiter aufbereitet und somit der analytischen Bestimmung zugänglich gemacht.

M.2.3 Ausblick

Rechtliche Regelungen im Umweltbereich unterliegen häufigen Wandlungen bzw. Ergänzungen, bedingt z.B. durch neue Erkenntnise über Schadstoffwirkungen und daraus folgend Umsetzungen durch den Gesetzgeber.

Ergänzend zu den im Text erwähnten Literaturzitaten möchten wir insbesondere auf folgende Veröffentlichungen hinweisen, die für das behandelte Thema größere Bedeutung haben: Für die Abfallentsorgung das Kreislaufwirtschaftsgesetzes [M.2.44], für die Beurteilung von Schadstoffkonzentration eine Sammlung von Richt- und Grenzwerten [M.2.45].

M.3 Abfall

Die Ergebnisse der Analysen von Abfallproben dienen meist als Grundlage für die Zuordnung zu einem bestimmten Entsorgungs- oder Verwertungspfad, z.B. der Beurteilung der Ablagerungsfähigkeit eines Materials, der Überprüfung der Eignung als Brennstoff einer Müllverbrennungsanlage oder der Kompostierbarkeit. Wird der zu entsorgende Abfall in einer technischen Anlage behandelt, so fallen je nach Art der gewählten Behandlungstechnik zur Überwachung des Prozesses und zur Qualitätskontrolle der Produkte weitere Messungen an. Die hier vorgestellten Untersuchungen beschränken sich auf die Reststoffe selbst. Auf die Darstellung von Messungen zur Emissionsüberwachung an gasförmigen Proben (z.B. Prozeßabgasen) oder flüssigen Proben (z.B. Sickerwasser) wird nicht eingegangen.

Zur Untersuchung fallen in erster Linie feste Abfälle, insbesondere Restmüll, und zur Ablagerung vorgesehene Stoffe wie Filterstäube an. Daneben gibt es für einige Abfallsorten, bei denen je nach Belastungsgrad des Materials die Entscheidung zwischen Entsorgung und Verwertung zu treffen ist, einen erhöhten Untersuchungsbedarf. Hierzu zählen Klärschlämme, Bauschutt, Schlacken, Erdaushub oder Shredderrückstände.

Diese zum Teil sortenreinen Fraktionen machen einen erheblichen Anteil am Gesamtmüllaufkommen aus. So übersteigt beispielsweise die Bauschutt- und Bodenaushubmenge das Hausmüllaufkommen etwa um das Fünffache. Neben der Entsorgung oder Behandlung gibt es gerade für diese beiden Fraktionen eine Reihe von Verwertungswegen (Straßenbau, Lärmschutzwälle, Bodenverfestigung u.a.), die bei ausreichend geringen Belastungen eingeschlagen werden können.

Die Kompostierung von Abfallstoffen nimmt hierzulande derzeit nur einen geringen Stellenwert ein. Zur Zeit werden nur etwa 2–3 Gew.-% der anfallenden Abfälle kompostiert.

Eine wesentlich größere Bedeutung kommt der Grün- und Biomüllkompostierung zu, die in einigen Bundesländern flächendeckend gefordert wird.

M.3.1 Gesetzliche Vorgaben

Die „Technische Anleitung zur Lagerung, chemisch/physikalischen, biologischen Behandlung, Verbrennung und Ablagerung von besonders überwachungsbedürftigen Abfällen", kurz „TA Sonderabfall", hat das Ziel, eine umweltverträgliche Abfallentsorgung (§ 4 Abs. 5 AbfG) zu gewährleisten. Die TA Sonderabfall in der Gesamtfassung der 2. Allgemeinen Verwaltungsvorschrift zum Abfallgesetz wurde am 12.3.1991 erlassen (BMU, Gemeinsames Ministerialblatt Nr. 8, S. 139, 1991). Der Anwendungsbereich der TA Sonderabfall beschränkt sich auf die besonders überwachungsbedürftigen Abfälle im Sinne von § 2 Abs. 2 AbfG. Geregelt werden die Verwertung und sonstige Entsorgung von Abfällen, nicht die Vermeidung, die nach § 14 Abs. 1 Nr. 3 und 4 AbfG geregelt wird.

Mit der TA Siedlungsabfall (TASi) sollen die Gebote zur Vermeidung und Verwertung der kommunalen Massenabfälle bundeseinheitlich konkretisiert und eine umweltverträgliche Abfallentsorgung sichergestellt werden. Sie ergänzt damit gleichermaßen die TA Sonderabfall wie die Verordnungen aufgrund des § 14 AbfG.

Die TASi gibt Mindestanforderungen für die Vorbereitung und die Planung integrierter Abfallwirtschaftskonzepte, die Planung, Errichtung und den Betrieb von Abfallbehandlungs- und -verwertungsanlagen und die Ablagerung von Abfällen vor. Sie unterscheidet im wesentlichen zwei Deponieklassen. Die TA Abfall ergänzt diese Systematik, indem sie entsprechende Regelungen für Sonderabfalldeponien trifft.
- Deponieklasse I nach TASi
- Deponieklasse II nach TASi
- Sonderabfalldeponien nach TA Abfall

In den jeweiligen Anhängen (für Deponieklasse I und II Anhang C der TA Siedlungsabfall, für Sonderabfalldeponien Anhang D der TA Abfall) sind die Zuordnungswerte, die für die Verbringung von Materialien auf die dort unterschiedenen Deponien einzuhalten sind, aufgeführt. Für die Untersuchung sind Bestimmungen aus der Originalsubstanz (organischer Anteil des Trockenrückstands der Originalsubstanz, Festigkeit und extrahierbare lipophile Stoffe) und aus dem wäßrigen Eluat unter Angabe des anzuwendenden Analyseverfahrens vorgegeben. Es fehlen jedoch i. d. R. Hinweise auf die Notwendigkeit der Modifikation der für die Eluatparameter vorgeschriebenen Methoden, die ursprünglich für die Analyse von Wasser und Abwasser entwickelt wurden.

Am 1. Juli 1992 ist die neue Verwaltungsvorschrift zum Vollzug der Klärschlammverordnung (AbfKlärV) als Bestandteil des Abfallrechts in Kraft getreten (BGBl. I S. 1410, 1501). Mit dieser Verordnung soll nach Ansicht der Bundesregierung einerseits die landwirtschaftliche Verwertung geeigneter Klärschlämme aus abfallwirtschaftlichen und ökologischen Gründen gesichert werden und andererseits sollen aber aus Vorsorgegründen nur solche Schlämme zum Einsatz kommen, deren Gehalt an Schwermetallen, organischen Schadstoffen und Düngestoffen negative Auswirkungen auf Mensch und Umwelt nicht erwarten lassen.

Im Anhang I der AbfKlärV sind sowohl eindeutige Vorschriften für die Probenahme als auch für die eigentlichen Untersuchungsmethoden festgelegt worden. Damit wird hier wie auch in anderen Verordnungen des Abfallrechts der Forderung entsprochen, daß gesetzlich fixierte Werte oder Bewertungen, die mit Hilfe von Messungen geprüft werden müssen, nur dann eindeutig und damit rechtsmittelfest bestimmt sind, wenn das Untersuchungsverfahren zur Ermittlung dieser Meßwerte ebenfalls festgelegt ist.

Auf europäischer Ebene wird dies in der EG-Richtlinie 86/276/EWG (Richtlinie des Rates über den Schutz der Umwelt und insbesondere der Böden bei der Verwendung von Klärschlamm in der Landwirtschaft) vom 12. Juni 1986 umgesetzt.

Im hessischen Abfallrecht wird seit 1990 die Entsorgung von Erdaushub und belasteten Böden geregelt (Erste VwV Erdaushub/Bauschutt; Verwaltungsvorschrift für die Entsorgung von unbelastetem Erdaushub und unbelastetem Bauschutt) [M.3.1]. Der Ergänzungserlaß von 1992 [M.3.2] beinhaltet Orientierungswerte für 18 im Eluat mit destilliertem Wasser und direkt aus dem Feststoff zu ermittelnde Parameter zur Abgrenzung von unbelastetem, belastetem und verunreinigtem Boden oder Bauschutt. In der Anlage ist eine Liste der für die untersuchenden Parameter anzuwendenden Analyseverfahren beigefügt, in die jedoch nur Verfahren aus der Wasser- und Abwasseranalytik aufgenommen wurden, obwohl für einige Parameter zumindest eine für Schlamm und Sedimente genormte Methode vorliegt. Für die Metalle wird der Königswasseraufschluß nach DIN 38414, Teil 7 vorgeschrieben; für die organischen Parameter heißt es lediglich „Analyse aus Originalsubstanz“, jedoch fehlt jeglicher Hinweis auf notwendige Clean-up-Schritte, die in den für die Wasseranalytik entwickelten Verfahren nicht enthalten sind.

Die Verwertung bzw. Entsorgung von Shredderrückständen ist in der 3. Allgemeinen Verwaltungsvorschrift zum Abfallgesetz im Entwurf vom 6.7.1990 (TA Shredderrückstände) geregelt. Die analytische Untersuchung dieser Rückstände wird dort in Anlehnung an die TA Abfall vorgegeben. Für die Bestimmung der PCB und Kohlenwasserstoffe werden im Anhang Probenahme und Analysenverfahren detailliert beschrieben. Die Frage der Qualitätskontrolle von Restmüll-Komposten und deren Ausgangsmaterialien wird unter anderem im 1994 überarbeiteten Entwurf des Merkblatts LAGA M 10 (Qualitätskriterien und Anwendungsempfehlungen für Kompost) [M.3.3] der Länderarbeitsgemeinschaft Abfall LAGA aufgegriffen. Es werden dort Sollbereiche und Grenzwerte für verschiedene Parameter festgelegt, und im Anhang 2 Angaben über einzusetzende Verfahren zur Analyse von Schadstoffen gemacht.

Zur Bewertung der Qualität von Grün- und Biomüllkomposten wird von der Bundesgütegemeinschaft Kompost e.V. das RAL-Gütesiegel Kompost vergeben. In dem in Zusammenarbeit mit dem Verband Deutscher Landwirtschaftlicher Untersuchungs- und Forschungsanstalten VDLUFA entwickelten Methodenbuch [M.3.4] werden die zur Untersuchung einzusetzenden analytischen Verfahren ausführlich beschrieben.

M.3.2   Probenahme

Bei der Planung und Durchführung der Probenahme von Abfall- oder Reststoffen sind in erster Linie die Fragestellung und der Anlaß der Untersuchung (Deklarationsanalyse, Identifikationsanalyse oder Prozeß bzw. Produktüberwachung bei der Abfallbehandlung) zu berücksichtigen, und anhand dessen über Beginn und Dauer der Probenahme sowie die Art der Messung (Einzelmessung oder Mittelwert über längere Zeiträume) zu entscheiden.

Die Grundregeln für die Probenahme aus Abfällen wurden von der LAGA in der Richtlinie PN 2/78 K (Grundregeln für die Entnahme von Proben aus Abfällen und abgelagerten Stoffen) [M.3.5] formuliert und sind in der Richtlinie PN 2/78 (Entnahme und Vorbereitung von Proben aus festen und schlammigen Abfällen) [M.3.6] konkretisiert.

Für einige spezielle Anwendungsfälle gibt es zwischenzeitlich eigens erstellte Vorschriften. So ist z. B. die Probenahme aus Shredderabfällen gemäß 3. Allgemeiner Verwaltungsvorschrift zum Abfallgesetz, Entwurf vom 6.7.1990 (TA Shredderrückstände) geregelt, die Entnahme von Proben aus Altöl ist in DIN 51 750 Teil 1 genormt.

In jedem Fall ist der zu untersuchende Abfall genau zu beschreiben, auch bzgl. seiner Eigenschaften, einschl. evtl. Veränderungen in der Beschaffenheit; ggf. ist auf Konservierungsmaßnahmen hinzuweisen. Die Probenahme ist zu erläutern (Art, Ort, Zeit, Grund, Veranlasser). Vom ggf. vorgegebenen Verfahren abweichende Vorgehensweisen, evtl. Störungen und Beobachtungen, die auf das Analysenergebnis von wesentlichem Einfluß sein können, sind festzuhalten.

M.3.3 Vor-Ort-Analytik/Schnellanalytik

In einigen Fällen besteht ein hoher Bedarf an raschen (Vorab-)Informationen über den aktuellen Belastungszustand eines Materials. Die für rasche Aussagen erforderlichen Meßinstrumentarien werden durch die sog. Schnellanalytik bereitgestellt, bei deren Einsatz u. a. folgende Aspekte zu berücksichtigen sind.

- Sollen vor Ort Ergebnisse erzielt werden, die unmittelbar das weitere Fortgehen anderer Tätigkeiten beeinflussen sollen, so spricht dies für den Einsatz der Schnellanalytik. Die Schnellanalytik kann in einem solchen Fall die Laboranalytik jedoch auf keinen Fall ersetzen, sondern lediglich sinnvoll ergänzen.
- Ist eine halbquantitative Aussage (Screening) ausreichend, so kann Schnellanalytik sinnvoll eingesetzt werden.
- Bezüglich der Kosten ist anzumerken, daß in den meisten Fällen bei regelmäßig zu messenden Parametern in großen Serien i. d. R. automatisierte Laboranalytik wirtschaftlicher ist als Schnellanalytik.

Elementare Voraussetzung für den Einsatz der Schnellanalytik in der Feststoffmatrix ist ein geeignetes Schnellelutions- oder Extraktionsverfahren. Die Elution bzw. Extraktion bestimmt daher auch die erzielbare Aussagequalität. Im Eluat oder Extrakt ist mit Hilfe der für den Bereich der wäßrigen Analysen entwickelten Verfahren nahezu jeder relevante Parameter bestimmbar. Zur Zeit sind Schnellmethoden für etwa 250 verschiedene Parameter auf dem Markt verfügbar.

Vom Landesumweltamt Nordrhein-Westfalen LUA-NRW wurde eine umfangreiche Datenbank mit einer „Übersicht kurzfristig verfügbarer Methoden der Schnellanalytik" [M.3.7] zusammengestellt. Darin sind für eine Vielzahl anorganischer, organischer und biologischer Parameter die derzeit kommerziell erhältlichen Schnellanalytik-Methoden inkl. ihrer Anwendungsbereiche zusammengestellt.

Im Bereich der anorganischen Analytik sind quasi alle relevanten Parameter quantitativ bestimmbar. Organische Parameter können häufig nur halbquantitativ ermittelt werden. Verfügbar sind hier photometrische Verfahren für Stoffe und Stoffgruppen wie Phenole, Alkohole, Tannin, Polyacrylsäure und Formaldehyd. Ausblasbare flüchtige Stoffe sind mittels Gasprüfröhrchen erfaßbar. Die wichtigste Rolle spielen jedoch Stoffgruppen, die mittels Immunoassays halbquantitativ analysiert werden können. Zu den hier in Frage kommenden Stoffen und Stoffgruppen zählen u. a. PCP, PCB, PAK, BTEX, KW, Nitroaromaten, TNT und Pestizide.

Letztlich entscheidendes Kriterium ist immer die Frage, welche Aussagen mit den zu erzielenden Ergebnissen in ihrer individuellen Qualität getroffen werden sollen. Danach können Art, Aufwand und Umfang der erforderlichen Analytik bemessen werden.

M.3.4 Probenaufbereitung

M.3.4.1 Probenvorbehandlung

Zur weiteren Analyse werden die Proben meist luft- oder gefriergetrocknet. Nach AbfKlärV kann für Klärschlämme alternativ eine Gefriertrocknung, Lufttrocknung oder Trocknung bei 40 °C vorgenommen werden. Je nachdem, welche analytische Untersuchung sich anschließt kann auch eine chemische Trocknung (z. B. Natriumsulfat) gewählt werden. Die Bestimmung der Trockenmasse erfolgt meist parallel mit einer separaten der Probe bei 105 °C.

Die Zerkleinerung des Probenguts ist die Voraussetzung für eine anschließende Einengung durch Teilung. Bei grobkörnigem Gut eignen sich am besten langsam laufende, eingekapselte Zerkleinerungsaggregate, die nicht an eine Absaugung angeschlossen sind. Eingesetzt werden hierzu Schneidmühlen, Schlagkreuzmühlen, Kugel- und Mörsermühlen.

Häufig müssen die Proben dennoch händisch vorsortiert werden, da unterschiedliche Härtegrade auch verschiedene Mühlentypen verlangen. Insbesondere größere Metallteile oder Edelstahl führen zu Problemen bei der Probenzerkleinerung.

Bei der Auswahl der Zerkleinerungsaggregate und bei allen folgenden Arbeitsvorgängen ist auf eine möglichst zu minimierende Kontamination der Proben zu achten. Hierzu zählen der Abrieb an den Mahlwerkzeugen, durch den ein unerwünschter Materialeintrag erfolgen kann.

M.3.4.2   Extraktion

Für medienübergreifende Betrachtungen von Stoffströmen sind Untersuchungen der Gesamtgehalte in Feststoffproben die Methode der Wahl. Solche Untersuchungen sind zur Bewertung von Produktionsanlagen, von Abfallbehandlungsanlagen, aber auch als Grundlage für Ökobilanzen von Produkten und Produktionsprozessen immer erforderlich.

Bei der Wahl der Extraktionsmethode zur Bestimmung der Gesamtgehalte aus Feststoffen muß grundsätzlich zwischen zwei Kategorien unterschieden werden. Zum einen in Extraktionen zur anschließenden Schwermetallbestimmung (bzw. Elementspurenanalytik), und zum anderen in Extraktionen mit organischen Lösemitteln zur anschließenden Bestimmung organischer Verunreinigungen.

M.3.4.2.1 Extraktion zur anschließenden Schwermetallbestimmung

Die Königswasseraufschlüsse zählen zu den zur Bestimmung anorganischer Verbindungen am häufigsten eingesetzten Verfahren und lassen sich für nahezu jede bei der Untersuchung fester Abfallstoffe relevante Matrix einsetzen. Vergleichbare Methoden wurden mit DIN 38414, Teil 7 (Aufschluß mit Königswasser zur nachfolgenden Bestimmung des säurelöslichen Anteils), E DIN ISO 11 466 (Extraktion von in Königswasser löslichen Spurenmetallen) und

VDLUFA A 2.4.3.1 (Bestimmung von Schwermetallen im Aufschluß mit Königswasser) veröffentlicht.

Diese Methoden werden zwar als Verfahren zur Bestimmung von Gesamtgehalten bezeichnet, tatsächlich können jedoch die Anteile der extrahierten Gehalte am Gesamtgehalt je nach Element und Matrix zwischen 50 und 100 % schwanken, da bestimmte Silikate und Oxide nicht aufgeschlossen werden.

Daneben werden in einigen Fällen auch Extraktionen mit siedender Salpetersäure HNO_3 in unterschiedlichen Konzentrationen vorgenommen, die analog dem Königswasseraufschluß durchgeführt werden.

Zur Ermittlung des Gesamtgehalts in Proben mit hohem Silikatanteil findet häufig die Druckaufschlußmethode mit einer Mischung aus Flußsäure, Perchlorsäure und Salpetersäure oder ein Mikrowellendruckaufschluß unter Zusatz von Flußsäure Anwendung.

M.3.4.2.2 Extraktion zur anschließenden Bestimmung organischer Verunreinigungen

Die für die Extraktion organischer Verbindungen aus Abfallproben, Klärschlämmen, Komposten oder Bauschutt geeigneten organischen Lösemittel sind je nach der zu untersuchenden Verbindungsklasse vor allem in Abhängigkeit von der sich anschließenden Detektionsmethode auszuwählen. Kriterien sind dabei neben den erwünschten möglichst hohen Extraktionsausbeuten und Selektivität vor allem minimale Störungen bei der gewählten Detektionsmethode.

M.3.4.3   Elutionsverhalten

Bei der Beurteilung der Ablagerungsmöglichkeiten für Abfälle sind Fragen des Gefährdungspotentials bzgl. verschiedener Schutzgüter (z.B. Sickerwasserbelastung mit daraus folgender Gewässergefährdung) von entscheidender Bedeutung. Die Anforderungen an das Eluat der Abfälle stellen ein wichtiges Kriterium dafür dar, ob ein Abfallstoff bzw. -stoffgemisch zur Ablagerung gelangen darf oder bei Überschreiten der zulässigen Grenzwerte einer Vorbehandlung unterzogen werden muß. Beim Elutionsverfahren soll das Auslaugverhalten der Abfälle oder Reststoffe gegenüber wäßrigen Systemen getestet werden, um eine Abschätzung z.B. der Transferwahrscheinlichkeit vom Feststoff in das Deponiesickerwasser zu ermöglichen.

Die Eluierbarkeit hängt im wesentlichen von der chemischen und physikalischen Beschaffenheit der Probe (Oberfläche, Lagerungsdichte, Durchlässigkeit etc.), der Beschaffenheit des eindringenden Wassers (pH-Wert, Temperatur usw.) und von Dauer und Art der Berührung zwischen Probe und Elutionsflüssigkeit ab. Die Vielzahl denkbarer Randbedinungen bei der Ablagerung und die Vielzahl möglicher Wechselwirkungen mit der natürlichen Umgebung bedingen die Schwierigkeiten bei der Entwicklung geeigneter Analyseverfahren für die Umweltüberwachung.

In den für die Abfalluntersuchung vorliegenden Regelwerken wird in den zugehörigen Anhängen die Eluatherstellung nach DIN 38414, Teil 4 mit destilliertem Wasser gefordert.

Im Eluat werden Art und Konzentration der gelösten Stoffe nach dem Verfahren der Wasseranalytik bestimmt. Gemessen werden beispielsweise Schwermetalle. Es erfolgt aber auch die Bestimmung des pH-Werts, der Leitfähigkeit des TOC, des Phenolindex, von Fluorid, NH_4-N, Chlorid, Cyanid, Sulfat, Nitrit, Nitrat, AOX und des wasserlöslichen Anteils.

Schwierigkeiten mit der Beurteilung der aus solchen Eluaten erhaltenen Ergebnissen ergeben sich immer dann, wenn es sich um in Wasser schwerlösliche Verbindungen handelt.

In der oben bezeichneten DIN-Vorschrift wird darauf hingewiesen, daß es zur Beantwortung besonderer Fragen (z.B. zur Klärung möglicher Wechselwirkungen innerhalb des Umgebungsbereichs) zweckmäßig sein kann, andere Elutionsflüssigkeiten als Wasser zu verwenden.

Die Beurteilung des Gefährdungspotentials durch die Mobilisierung von Schwermetallen im Zuge der Ablagerung von Abfällen läßt sich teilweise zweckmäßiger durch einen Auslaugtest ermitteln, der die Änderungen des chemischen Milieus während der zeitlichen Entwicklung des Feststoffes berücksichtigt.

Für leichtflüchtige Substanzen sind alle derzeit vorhandenen Elutionsverfahren nicht geeignet, da diese durch Schütteln bzw. den Gasraum ausgetragen werden.

M.3.4.3.1 Elution mit destilliertem Wasser nach DIN 38414 Teil 4 (DEV S4-Methode)

Dieses Verfahren ist in allen einschlägigen Verwaltungsvorschriften zur Überwachung von Reststoffen (z.B. TA Abfall, TASi; Erste VwV Erdaushub/Bauschutt, TA Shredderrückstände) die vorgeschriebene Methode.

Es ist wie auch bei anderen Analysen darauf zu achten, daß dem zu untersuchenden Material eine repräsentative Teilprobe entnommen wird. In der Regel ist das Material in dem Zustand zu untersuchen, in dem es einer weiteren Behandlung (z.B. Deponierung) zugeführt wird, jedoch sind grobstückige Anteile (Korngrößen über 10 mm) zu zerkleinern. Zu dieser Vorzerkleinerung existiert keine allgemeingültige Vorschrift.

Die Elution ist bei Raumtemperatur in einer Weithalsflasche (Ø 100 mm, Volumen 2000 ml) durchzuführen. Die Elutionsdauer beträgt 24 h. Dabei werden 100 g der Trockenmasse mit einem Liter destilliertem Wasser versetzt. Die Flasche wird verschlossen und 1 x/min über Kopf geschüttelt. Dabei soll aber eine weitere Zerkleinerung der Probe, z.B. durch Abrieb, vermieden werden. Nach Ablauf der Elutionsdauer wird das Eluat abgezogen. Dazu wird ein Filter mit einer Porenweite von 0,45 μm verwendet. Alternativ erfolgt die Abtrennung von Feststoff und Flüssigkeit über Zentrifugation oder einfaches Absitzenlassen.

Die Tatsache, daß die hohe Mobilisierbarkeit der Schwermetalle im sauren und teilweise auch alkalischen Milieu sowie die Pufferkapazität des Feststoffs unberücksichtigt bleiben, wird seit der Einführung der Methode kritisiert.

Die unbestrittene Stärke dieses Verfahrens ist die einfache Handhabung und die große Zahl an verfügbarem Datenmaterial sowie Richt-, Orientierungs- und Grenzwerten.

Die Reproduzierbarkeit der Ergebnisse ist in der Praxis jedoch häufig zweifelhaft. Ein nach DIN 38414, Teil 4 ermitteltes Analysenergebnis ist nur dann interpretierbar, wenn die Methode mit der die Trennung zwischen Feststoff und wäßriger Lösung erfolgt (Filter, Zentrifugation, Absitzenlassen), genau dokumentiert ist.

Eine Variation dieser Methode ist die sog. Kaskadenelution, bei der die insgesamt maximal eluierbare Fracht durch mehrfache Wiederholung des Elutionsvorgangs an derselben Probe abgeschätzt werden soll. Dabei wird die Elution so oft wiederholt, bis die im Filtrat festgestellten Konzentrationen konstant sind (z.B. NEN 7343).

M.3.4.3.2 Sonstige Elutionsverfahren

Alternativ zur etablierten DIN 38414, Teil 4 (DEV S4-Methode) bieten sich eine Reihe weiterer, teilweise für spezielle Anwendungszwecke entwickelte Elutionsmethoden (z.B. Trogverfahren für Straßenaufbruch, Methode zur Bestimmung der Humanverfügbarkeit über den Magen-Darm-Trakt) an, die sich durch die Art der Durchmischung oder die Variation des Elutionsmittels unterscheiden.

Eine Zusammenstellung verschiedener Elutionsverfahren für unterschiedliche Anwendungsbereiche, insbesondere für Abfälle, Reststoffe, verunreinigte Böden und Altlasten, liegt mit dem Entwurf der Länderarbeitsgemeinschaft Aball LAGA EA 94 vor.

pH-stat-Elutionsverfahren
Die von Obermann entwickelte Elution bei konstantem pH-Wert und/oder Redoxpotential, die in Verbindung mit einer Bestimmung der Säure- bzw. Basenkapazität vorgenommen wird, ermöglicht eine Abschätzung des Stoffverhaltens unter dem Einfluß vom vorbelastetem Grund- oder Regenwasser [M.3.8].

Bei pH-stat-Versuchen wird der pH-Wert der im Kreislauf befindlichen Elutionsflüssigkeit konstant gehalten. Je nach Milieu kann dabei im sauren oder im basischen Milieu eluiert werden. Dies kann insbesondere bei der Analyse von Schwermetallen, deren Löslichkeit stark vom pH-Wert der Lösung abhängt, für einige Elemente zu signifikant höheren Analyseergebnissen führen.

Schweizer Eluattest
In einem Schweizer Verfahren, das ausschl. zur anschließenden Schwermetallanalytik eingesetzt wird, wird durch das kontinuierliche Einleiten von CO_2 ein konstant niedriger pH-Wert erreicht. Das ständige Sättigen des Elutionsmittels mit Kohlendioxid während zweimal 24 h bewirkt einen erwünschten Zeitraffer-Effekt für die in die Abfallmatrix eingebundenen metallischen Inhaltsstoffe. Durch die Entnahme von Eluatproben nach 24 und 48 h erfolgt die Messung der Elutionsdynamik.

EPA-Methode
Die amerikanische Umweltbehörde US-EPA schlägt zur Untersuchung von festen, flüssigen und mehrphasigen Abfällen auf anorganische und organische Stoffe eine Elution der ($<$ 9,5 mm) vorzerkleinerten Fraktion über 30 min mit Essigsäure bei einem Feststoff-Flüssigkeitsverhältnis von 1:20 vor. Dabei können verschiedene pH-Werte des Elutionsmittels gewählt werden. Am Ende des Extraktionsvorgangs werden Feststoff und Flüssigkeit über einem Glasfaserfilter getrennt und der pH-Wert des erhaltenen Fitrates

ermittelt. Die Methode ist als EPA-Method 1311 erschienen.

M.3.5 Analytik

Eine ausführliche Methodensammlung wie sie z. B. für den Bereich der Wasser- und Abwasseranalytik mit den über das Deutsche Institut für Normung DIN, Deutschen Einheitsverfahren zur Wasser-, Abwasser- und Schlammuntersuchung" (DEV-Methoden) vorliegt, existiert für die Untersuchung von Abfällen nicht. Zu einzelnen Untersuchungsparametern wurden durch die Länderarbeitsgemeinschaft Abfall-LAGA auf nationaler Ebene, durch DIN/ISO oder die amerikanische Umweltbehörde US-EPA auf internationaler Ebene standardisierte Verfahren veröffentlicht.

In den meisten Fällen wird auf die wenigen für die Untersuchung von Böden oder Sedimenten vorliegenden Methoden verwiesen oder eine Untersuchung aus dem Eluat verlangt, die relativ einfach mit den Verfahren aus der oben genannten DEV-Sammlung durchgeführt werden kann. Viele Untersuchungsstellen haben für derartige Analysen Hausmethoden entwickelt, deren Vergleichbarkeit mit anderen Laboratorien jedoch kaum überprüft wurde.

Lediglich für die Untersuchung von Klärschlämmen nach AbfKlärV werden regelmäßig Ringversuche durchgeführt.

Untersuchungen an Restmüll oder anderen Abfallstoffen werden u. a. durchgeführt, um deren Einsatzfähigkeit als Brennstoff in der Müllverbrennung zu prüfen oder deren Ablagerungsfähigkeit oder Verwertbarkeit mit oder ohne entsprechende Vorbehandlung zu charakterisieren. Dazu werden meist folgende Parameter untersucht:

Neben den allgemeinen Angaben über Art, Herkunft, Menge, Art der Lagerung u. a. auch die Beschreibung des Aussehens (z. B. Farbe oder Homogenität), visuell erkennbarer Einzelkomponenten, der Konsistenz (z. B. fest, hygroskopisch, stichfest, pastös, flüssig, rieselfähig, staubförmig, stückig). Ferner können die Bestimmung von Dichte, Volumen, Restwassergehalt (freies Wasser, z. B. durch Zentrifugieren), Wasser- und Trockensubstanzgehalt (z. B. bei Schlämmen), Abdampf- und Glührückstand, Glühverlust und Heizwert, vor allem bei vorgesehener Verbrennung, von Bedeutung sein. Für die Deponierung kann es wichtig sein, die Löslichkeit des Abfalls in Wasser und seine Entflammbarkeit (z.B. durch genaue Bestimmung der Flammtemperatur) zu kennen.

M.3.5.1 Bestimmung der allgemeinen Parameter

Wassergehalt

Dieser relative simple Parameter erhält seine Bedeutung dadurch, daß nahezu alle nachfolgenden Bestimmungen auf die Trockenmasse bezogen werden und die Umrechnung auf die feuchte Probe das Ergebnis extrem beeinflußt.

Die Bestimmung der Trockenmasse erfolgt meist mit einer separaten der Probe bei 105 °C nach ISO 11 465 (Bestimmung der Trockensubstanz und des Wassergehalts) oder nach DIN 38414, Teil 2 (Bestimmung des Wassergehaltes und des Trockenrückstandes bzw. der Trockensubstanz). Vergleichbar ist die Methode nach VDLUFA A 2.1.1 (Bestimmung des Wassergehalts bzw. der Trockenmasse).

Es wird eine repräsentative Probe zusammengestellt, gewogen, bis zur Gewichtskonstanz (jedoch mind. 2 h) auf 105 °C gehalten und anschließend wieder gewogen. Der erhaltene Gewichtsverlust wird in Gew.-% als Wassergehalt angegeben.

Bei mineralischen Substanzen erfordert das Abtrennen des Kristallwassers jedoch oft höhere Temperaturen (180 °C).

Durch die relativen und absoluten Schwankungen der Abfallzusammensetzung verändert sich auch der Wassergehalt des Abfalls. Der Feuchtigkeitsgehalt hängt von der Jahreszeit und der herrschenden Witterung ab.

Glühverlust oder oTS
(organische Trockensubstanz)

Der organische Anteil eines Abfalls wird nach der TA Siedlungsabfall u.a. durch die Bestimmung des Glühverlusts festgestellt. Diesem Zuordnungswert kommt derzeit überragende Bedeutung zu, da ohne wirkungsvolle thermische Vorbehandlung (Müllverbrennung) die Grenzwerte kaum eingehalten werden können. Der Glühverlust darf für Deponieklasse I (Mineralstoffdeponie) nicht über 3 Massen-%, bei Deponieklasse II (Reststoffdeponie) nicht über 5 Massen-% liegen.

Als Glühverlust wird der nach dem Glühen der Trockenmasse des Abfalls unter bestimmten Bedingungen als Gas entweichende Materialanteil bezeichnet. Er wird auf die Trockenmasse bezogen und in Massen-% angegeben.

Der nach Bestimmung des Glühverlusts verbleibende Massenanteil der Probe wird als Glührückstand bezeichnet. Darunter wird der Gehalt einer Probe an nicht flüchtigen (anorganischen Verbindungen) verstanden. Dies ist der Anteil der Probe, der nach der Veraschung übrig bleibt. Nach der ursprünglich für Sedimente erstellten DIN 38414, Teil 3 wird dazu die entwässerte Probe bei 550 °C zum Glühen gebracht und verascht. Andere Vorschriften z.B. zur „Bestimmung der Zusammensetzung fester Abfälle" [M.3.9] lassen auch andere Temperaturen oder Temperaturbereiche (500 – 800 °C) zu. Der hierbei eintretende Gewichtsverlust wird der organischen Substanz gleichgesetzt. Dieser Anteil liegt im Durchschnitt bei unbehandeltem Hausmüll bei 40 – 60 %. Bei gutem Ausbrand werden bei der Müllverbrennung Glühverluste unter 3 % erreicht.

Alternativ zum Glühverlust kann man die gesamte organische Substanz auch direkt bestimmt werden. Der gesamte organisch gebundene Kohlenstoff TOC (Total Organic Carbon) analog DIN 38409, Teil 3 wird gemessen, indem man eine durch Ansäuern und Ausstrippen von Carbonaten befreite Probe getrocknet und in einem elektrischen Ofen im Sauerstoffstrom verbrannt wird. Das dabei aus den organischen Inhaltsstoffen gebildete CO_2 wird absorptionsspektrometrisch bestimmt. Der Zuordnungswert für Deponien in der TASi liegt bei 1 Massen-% für Deponieklasse I und bei 3 Massen-% für Deponieklasse II. Er liegt niedriger als der Zuordnungswert des Glühverlusts, da bei der Festlegung der Zuordnungswerte davon ausgegangen wurde, daß die Bestimmungsmethode des TOC eine bessere Näherung der organisch wirksamen Substanz liefert.

Brenn- bzw. Heizwert (H_o bzw. H_u)

Der obere Heizwert (H_o, auch Brennwert genannt) bezeichnet den Energiegehalt der Probe inkl. des Anteils, der zur Verdampfung des in der Probe enthaltenen Wassers notwendig ist. Für die Praxis von Verbrennungsanlagen ist diese Größe relativ uninteressant. Bei der Verbrennung von Müll ist der untere Heizwert H_u maßgebend. Darunter wird der nutzbare Energiebetrag verstanden, der nach dem Austreiben des Wasseranteils noch zur Verfügung steht. Da experimentell nur der Brennwert H_o bestimmt werden kann, muß der Wert für H_u rechnerisch unter Berücksichtigung des Wasseranteils am Probengewicht sowie durch Abzug der Verdampfungswärme des Wassers ermittelt werden.

Die Verbrennungswärme H_o erfolgt nach den für feste Brennstoffe geltenden Vorschriften der DIN 51708 mittels Kalorimeter, einem wärmeisolierten, verschließbaren Gefäß, in dem eine genau eingewogene Menge des zu untersuchenden Stoffs verbrannt wird, und die bei der Verbrennung abgegebene Wärmemenge von Wasser aufgenommen wird. Aus der Temperaturerhöhung des Wasser läßt sich der Heizwert berechnen. Speziell für Abfall geltende Vereinfachungen sind im Merkblatt 6 Ziffer 4 aufgeführt.

Beide Größen werden als Quotienten von der bei der Verbrennung freiwerdenden Energie und der Masse des verbrannten Stoffs ermittelt. Die Einheit ist dementsprechend z. B. kJ/kg.

pH-Wert
Der pH-Wert eines Materials ist vor allem dann von Interesse, wenn der Abfall oder Grünmüll einer Kompostierung zugeführt werden soll. Er beschreibt die Reaktion des Substrats und beeinflußt u. a. die Verfügbarkeit von Haupt- und Spurennährstoffen. Im Kompost sollte der pH-Wert im neutralen bis schwach alkalischen Bereich liegen. Dieser Bereich wird mit fortgeschrittener Rotte erreicht.

Die Bestimmung erfolgt beispielsweise entsprechend der im Methodenhandbuch zur Untersuchung von Kompost der Bundesgütegemeinschaft Kompost aufgeführten Methode oder gemäß Ö-Norm S 2023 (Kompost Untersuchungsmethoden) mittels pH-Glaselektrode in einer Aufschlämmung von lufttrockenen Material in 0,01 molarer $CaCl_2$-Lösung im Verhältnis 1:2,5 bis 1:10. Das Mischungsverhältnis ist unbedingt im Meßbericht anzugeben.

M.3.5.2   Bestimmung anorganischer Parameter

Bestimmung von Schwermetallen
Die Untersuchung von bei Verbrennungsprozessen anfallenden Schmelzschlacken, Sinterschlacken, Asche und Flugasche erfolgt meist aus dem Eluat, wobei die Schlacken i. d. R. Zuordnungskriterien zur Deponieklasse I nach TASi problemlos einhalten, die Flugaschen dagegen nur eine Ablagerung in Sonderabfalldeponien zulassen. Zur Bestimmung werden die für die Analytik von Wasser entwickelten atomspektrometrischen Untersuchungen (DIN-Normenreihe 38405 und 38406) eingesetzt. Als vergleichbares Verfahren ist die Bestimmung mit dem Induktiv-gekoppelten-Plasma ICP zugelassen. Diese Methoden wurden jedoch i. allg. nur für die Untersuchungen von Wasser und Abwasser überprüft. Störungen oder Interferenzen durch die teilweise beträchtlichen Salzgehalte aus der Matrix lassen sich häufig durch entsprechende Verdünnungen zufriedenstellend minimieren.

Inzwischen sind für eine Reihe von Metallen Methoden veröffentlicht oder im Entwurf, die speziell für die Untersuchung von Böden entwickelt wurden (z. B. Normenreihe E ISO/CD 11 047 Bodenbeschaffenheit; Bestimmung einzelner Schwermetalle; E VDI 3796 Teil 2 und 3; Bestimmung von Thallium in Böden), deren Übertragung auf Abfallproben in vielen Fällen gut gelingt.

Bei der Anwendung von Müllkomposten im Landbau ist meist weniger die Frage nach dem pflanzenverfügbaren Anteil bedeutsam, als vielmehr die Fragestellung, ob die Gesamtkonzentration nicht möglicherweise toxische Wirkung hat. Vor diesem Hintergrund ist der Übergang von den allgemein als Spurennährstoffen bezeichneten Elementen Kupfer, Zink, Bor, Mangan, Eisen, Molybdän und Kobalt zu den ausgesprochenen Schwermetallen wie z. B. Nickel, Blei und Cadmium fließend. Bei der Bestimmung dieser Bestandteile ist daher darauf zu achten, daß ein Aufschluß gewählt wird, der eine Aussage über den Gesamtgehalt ermöglicht.

Die Bestimmung von Schwermetallen in festen und schlammigen Abfällen erfolgt z. B. nach LAGA SM 2/79 (Bestimmung von Schwermetallen in festen und schlammigen Abfällen) als Gesamtgehaltsbestimmung. Dazu werden zwei Naßaufschlußverfahren und ein Schmelzaufschluß detailliert beschrieben. Es schließt sich eine atomabsorptionsspektrometrische Bestimmung an, die nach LAGA SM 1/78 (Bestimmung von Schwermetallen in Wasserproben und Eluaten mittels Atomabsorptionsspektrometrie) vorzunehmen ist.

Bestimmung von Cyanid
Die Bestimmung des bereits in kleinen Konzentrationen wirksamen Cyanids in Abfällen erfolgt nach LAGA CN 2/79 oder E DIN/ISO 11 262 als leicht freisetzbares Cyanid photometrisch. Dabei werden durch Zusatz von Salzsäure die leicht freisetzbaren Cyanide als Cyanwasserstoff ausgetrieben und in Natronlauge absorbiert. Die anschließende Bestimmung erfolgt nach Bildung eines Farbkomplexes photometrisch.

Bestimmung des Gesamtschwefel- und Chlorgehalts
Der Gesamtgehalt an Schwefel und Chlor einer

Abfallprobe, die als Brennstoff in der Müllverbrennung eingesetzt werden soll, ist zur Abschätzung des Emissionsverhalten von Interesse. Diese Elemente führen zu einer stark erhöhten Korrosivität des erhaltenen Abgases.

Die Bestimmung erfolgt entsprechend DIN 51 724, Teil 1 nach Aufschluß mittels Ionenchromatographischer Analyse.

Bestimmung des Gesamtstickstoffgehalts
Der Bestimmung des Stickstoffs kommt vor allem bei der Klärschlamm- und Kompostuntersuchung erhebliche Bedeutung zu, da Stickstoffverbindungen zu den Hauptnährstoffen gezählt werden. Dabei sind prinzipiell alle Verbindungen des Stickstoffs pflanzenwirksam, wobei der organisch gebundene Stickstoff mehr Langzeitwirkung besitzt. Vom anorganisch gebundenen Stickstoff sind insbesondere die Anteile an Nitrat- und Ammoniumstickstoff bedeutsam.

Die Bestimmung des Gesamtstickstoffgehalts erfolgt z.B. nach VDLUFA A 2.2.1 zum einen über die Kjeldahl-Bestimmung, mit der der Anteil des organischen gebundenen Stickstoffes sowie des Ammoniumstickstoffs erfaßt wird, und zum anderen über die photometrische oder ionenchromatographische Bestimmung des sehr gut wasserlöslichen Nitrats. Eine Methode zur Bestimmung des Gesamt-Stickstoffs einschl. Nitrat und Nitrit wird in dem Methodenhandbuch der VDLUFA unter A 2.2.3 beschrieben. Die Summe der dabei erhaltenen Gehalte entspricht für Kompostproben näherungsweise dem Gesamtgehalt. Angaben über den leicht verfügbaren Stickstoffanteil sind bei der landwirtschaftlichen Verwertung eines Kompostes wichtig. Die Bestimmung erfolgt nach VDLUFA nach Vorbehandlung mit normaler Schwefelsäure.

Zur Abschätzung des Emissionsverhaltens von als Brennstoff eingesetztem Abfall ist der Gesamtstickstoffgehalt bei der Müllverbrennung von Interesse. Die Bestimmung aus dem festen Brennmaterial erfolgt analog den oben beschriebenen Methoden zur Bestimmung des Kjeldahl- und Ammoniumstickstoffs aus Kompost und Bioabfall.

M.3.5.3 Bestimmung organischer
        Summenparameter

Mineralölkohlenwasserstoffe
Die Untersuchung von Abfällen auf Mineralölkohlenwasserstoffe erfolgt nach TASI oder TA Abfall entweder entsprechend DIN 38409, Teil 17 (Bestimmung von schwerflüchtigen lipophilen Stoffen) gravimetrisch oder entsprechend LAGA KW/85 (Bestimmung des Gehalts an Kohlenwasserstoffen in Abfällen) infrarotspektrometrisch. In beiden Fällen geht der Bestimmung die (umstrittene) Extraktion des Feststoffs mit 1,1,2-Trichlortrifluormethan voraus.

Extrahierbare organische Halogene (EOX)
Die extrahierbaren organischen Halogene (EOX) können nach Extraktion mit Hexan und anschließender Verbrennung in einer Wasserstoff-Sauerstoff-Flamme entsprechend DIN 38414, Teil 17 (Bestimmung von ausblasbaren und extrahierbaren organisch gebundenen Halogenen) z.B. argentometrisch als mineralisierte Halogene bestimmt werden.

M.3.5.4 Bestimmung organischer Einzel-
        und Gruppenparameter

Bestimmung der polychlorierten Biphenyle (PCB)
Nach AbfKlärV ist der PCB-Gehalt für Klärschlämme aus gefriergetrockneten Proben zu ermitteln. Nach Zugabe eines internen Standards (PCB 209) wird die Probe mit n-Hexan im Soxhlet extrahiert und die ggf. enthaltenen PCB-Kongeneren von störenden Begleitstoffen mit zwei alternativen säulenchromatographischen Reinigungsverfahren weitgehend befreit, durch Kapillargaschromatographie GC aufgetrennt und mit Elektroneneinfangdetektor ECD bestimmt.

Diese Methode wurde weitgehend für die Bestimmung in Schlamm und Sedimenten nach DIN 38414, Teil 20 (Schlamm und Sedimente: Bestimmung von polychlorierten Biphenylen) übernommen.

Die Bestimmung ausgewählter PCB-Einzelkomponenten und chlorierter Kohlenwasserstoffe in Böden, Klärschlämmen und Komposten nach VDLUFA erfolgt nach Extraktion der Probe mit einem Gemisch aus Wasser, Aceton und Petrolether mittels Gaschromatograhie und Elektroneneinfangdetektor GC-ECD.

Bestimmung der polychlorierten Dibenzo-p-dioxine (PCDD) und polychlorierten Dibenzofurane (PCDF)
Nach AbfKlärV ist der PCDD/F-Gehalt für Klärschlämme aus gefriergetrockneten Proben zu ermitteln. Nach Zugabe ^{13}C-markierter Standardsubstanzen wird die Probe mit Toluol extrahiert und einer anschließenden mehrstufigen Säulenchromatographie zur Abtrennung stören-

der Begleitsubstanzen unterzogen. Die Auftrennung der PCDD/F-Kongenere erfolgt Gaschromatographisch mit Massenselektiver Detektion GC-MS. Die Quantifizierung erfolgt dabei nach der Isotopenverdünnungsmethode. Zur Überprüfung des Grenzwerts werden die internationalen Toxizitätsäquivalente I-TEQ herangezogen.

Ein vergleichbares Verfahren wird zur Bestimmung der PCDD/F aus Komposten nach den Methoden der Bundesgütegemeinschaft Kompost vorgeschlagen.

Bestimmung der Polycyclischen Aromatischen Kohlenwasserstoffe (PAH)
Für die Untersuchung von Abfällen auf Polycyclische Aromatische Kohlenwasserstoffe schlägt die amerikanische Umweltbehörde mit US-EPA Method 610 eine Soxhletextraktion über 3 h mit Cyclohexan und anschließender Gaschromatographischer Detektion (Flammenionisationsdetektor FID) vor.

In den meisten Hausmethoden wird jedoch, nach unterschiedlichen, matrixangepaßten Extraktions- und Aufreinigungsschritten, die Flüssigchromatographische Trennung mit anschließender UV- und Fluoreszenzspektrometrischer Detektion (HPLC-UV/Fluoreszenzdetektion) bevorzugt.

M.3.5.5 Bestimmungen zur Charakterisierung der organischen Substanz

Es zeichnet sich seit längerer Zeit ab, daß der im Anhang B der TA Siedlungsabfall (TASi) vorgegebene Zuordnungswert von 100 mg/l TOC aus dem Eluat für die Deponieklasse II für Restabfälle (selbst wenn diese intensiv vorbehandelt werden) nur in Ausnahmefällen eingehalten werden kann. Darüber hinaus ist dieser Zuordnungswert nicht wissenschaftlich begründet, da die Höhe des TOC-Werts keine Aussage über das Gefährdungspotential bzw. die Toxizität der im Abfall enthaltenen organischen Verbindungen zuläßt.

Es gibt daher in jüngerer Zeit Bestrebungen, Untersuchungen zur Charakterisierung der biologisch abbaubaren Substanz und der Toxizität von Abfallproben zu entwickeln, um diese als Ersatz- bzw. Ergängzungsparameter im Anhang B der TASi einzufügen.

Zur Bestimmung der Toxizität von Abfällen werden routinemäßig Leuchtbakterien-, Algen- und Daphnientests eingesetzt.

Bei der Charakterisierung der biologisch abbaubaren Substanz werden zwei grundsätzlich verschiedene Ansätze verfolgt. Zum einen die Betrachtung der spontan einsetzenden mikrobielle Aktivität über biologische Testverfahren und zum anderen die Charakterisierung des organisch abbaubaren Anteils über chemische Parameter wie z. B. Oxidierbarkeit oder Löslichkeit in bestimmten Reagenzien.

M.3.5.5.1 Tests zur Beurteilung des biologisch-abbaubaren Anteils mittels biologischer Verfahren

Eine gewisse Bedeutung besitzt die Kenntnis der biologischen Stabilität. Sie ist mit ein ausschlaggebendes Kriterium für die Ablagerungsfähigkeit eines Abfalls. Der Einsatz biologischer Testverfahren zur Charakterisierung der organischen Substanz erlaubt eine Abbildung der tatsächlichen biologischen Aktivität.

Die biologischen Verfahren bewerten die spontan einsetzende mikrobielle Aktivität, deren Auswirkung (z. B. Sauerstoffzehrung, Wärmefreisetzung oder Methanbildung) im jeweiligen Test beobachtet und bewertet wird. Es ist jedoch eine starke Abhängigkeit von Aufbereitungszustand und Feuchtegehalt der Probe zu beobachten, die die Interpretation der erhaltenen Ergebnisse erschwert und eine Vergleichbarkeit der von verschiedenen Laboratorien erhaltenen Ergebnisse in den meisten Fällen nicht zuläßt.

Gasbildungsaktivität und -potential
Bei der Messung der Gasbildung wird eine Abschätzung des Gasbildungspotentials (d.h. Gasbildung in sehr langen Zeiträumen) angestrebt. Aus Praktibilitätsgründen muß jedoch die Untersuchung auf einen möglichst kurzen Zeitraum begrenzt werden, so daß letztendlich nur eine Gasbildungsaktivität für einen begrenzten Zeitraum ermittelt werden kann.

Vielfach werden zur Durchführung Hausmethoden angewendet, die sich zumeist an DIN 38414, Teil 8 (Bestimmung des Faulverhaltens) anlehnen. Dabei wird die Freisetzung von gasförmigen Verbindungen (insbesondere Methan) aus der Probe nach Zugabe anaerober Mikroorganismen im wäßrigen Milieu bestimmt.

Atmungsaktivität und -potential
Die Atmungsaktivität, d.h. die Bestimmung der durch aeroben, mikrobiologischen Abbau einer definierten Materialmenge in einer bestimmten

Zeiteinheit verbrauchten Menge Sauerstoff, wird zur Beurteilung des biologisch abbaubaren Anteils der organischen Abfallbestandteile herangezogen. Die Bestimmung der Aktmungsaktivität stellt eine reaktionskinetische Untersuchung der aeroben mikrobiologischen Umsetzung dar und wird, z.B. unter definierten Bedingungen, bei einer Versuchszeit von 2 oder 4 Tagen im Sapromaten gemessen.

Prüfung auf Kompostierbarkeit;
Selbsterhitzungsversuch
Der Selbsterhitzungsversuch gilt als wichtigster und aussagekräftigster Test für die Beurteilung der Kompostierbarkeit von Restmüll.

In DEWAR-Gefäßen wird eine vorzerkleinerte und angefeuchtete Probe thermisch isoliert belüftet. Setzt eine aerobe mikrobielle Tätigkeit ein, so ist dies mit einem Temperaturanstieg verbunden. Betrachtet werden die folgenden Meßgrößen: maximale Steigung der Temperatur, maximale Temperatur, Flächeninhalt unter der Temperaturkurve (72-h-Integral).

Aus dem Verlauf der Wärmeentwicklung kann auf den zeitlichen Fortschritt der Umsetzungsvorgänge und damit indirekt auf die Kompostierbarkeit der Probe geschlossen werden. Eine Probe kann als kompostierbar gelten, wenn innerhalb von 3 Tagen 40 °C erreicht werden. Über die Qualität einer tatsächlichen Kompostierung ist damit jedoch nichts ausgesagt.

M.3.5.5.2 Tests zur Beurteilung des biologisch-abbaubaren Anteils mittels chemischer Verfahren

In gewissen Grenzen folgt die biologische Abbaubarkeit der vorgenannten Stoffgruppen deren naßchemischer Oxidierbarkeit bzw. Löslichkeit in unterschiedlichen Löse- oder Aufschlußreagenzien. Die Verfahren hierzu wurden insbesondere zur Beurteilung der Rottefähigkeit von Abfällen entwickelt.

Gegenüber den biologischen Verfahren bieten diese Methoden vielfach den Vorteil, daß nahezu die gesamten deponieseits langfristig verfügbaren Stoffe auch in der Analyse erfaßt werden und darüber hinaus, eine Standardisierung und Mechanisierung der Verfahrensweisen relativ einfach zu leisten ist.

Korrigierter Glühverlust /
Van-Soest-Untersuchung
Die modifizierte Stoffgruppenanalyse [M.3.10]

erlaubt es, die als Glühverlust gemessene organische Substanz in einen mikrobiell abbaubaren und einen biologisch nicht oder nur sehr schwer abbaubaren Anteil zu differenzieren. Dabei wird von der Konvention ausgegangen, daß diejenige organische Substanz, die sich weder durch Behandlung mit saurer Detergenzienlösung noch durch Hydrolyse mit Schwefelsäure in Lösung bringen läßt, als mikrobiologisch weitestgehend inert einzustufen ist. Insbesondere werden Kunststoffe, Gummi, schwer bzw. nicht abbaubare Biopolymere wie Lignine und Humine, Kohle-, Koks- und Rußpartikel nicht als abbaubare organische Substanz erfaßt.

Der Wert für diesen sog. „korrigierten Glühverlust" GV_{korr} ist jedoch mit einem nicht unerheblichen Fehler durch die Gegenwart anorganischer, leicht löslicher Salze behaftet, der zu beträchtlichen Überbefunden führen kann. Durch eine parallele TOC-Bestimmung an den erstellten Eluaten/Extrakten oder die Durchführung der Bestimmung anhand von getrockneter als auch geglühter Originalsubstanz läßt sich der Fehler jedoch beseitigen.

Wirksame Organische Substanz WOS
Bei der Bestimmung der Wirksamen Organischen Substanz WOS wird die Löslichkeit der Probe in verschiedenen Detergentien als Beurteilungskriterium herangezogen [M.3.9]. Als Detergentien werden Heißwasser, Salzsäure (niedrig konzentriert), Salzsäure (hoch konzentriert), Natronlauge und konzentrierte Schwefelsäure eingesetzt. Die gewogene Probe wird den einzelnen Lösungsschritten unterzogen, abfiltriert und der Gewichtsverlust des jeweiligen Filterrückstands nach der Trocknung gegenüber der vorausgegangenen Probe gravimetrisch bestimmt. Abschließend erfolgt eine Glühverlustbestimmung der Originalprobe und des Filterrückstands, um aus der Differenz von Gesamt Organischer Substanz GOS (Glühverlust der Originalprobe) und nicht abbaubarer organischer Substanz (Glühverlust des Filterrückstands) den Anteil an Wirksamer Organischer Substanz WOS an der GOS zu ermitteln.

Diese arbeitsintensive Methode führt, genau wie bei der ähnlich strukturierten Methode zum korrigierten Glühverlust, über die Miterfassung anorganischer Salze in den Lösungsschritten häufig zu Überbefunden für die WOS.

Chromatmethode
Bei dieser indirekten Methode wird die Probe

analysenfein aufgemahlen und anschließend mit Kaliumdichromat in saurem Milieu gekocht, wobei die organischen Bestandteile durch das eingesetzte Dichromat oxidiert werden. Das nicht verbrauchte Oxidationsmittel wird über eine Rücktitration ermittelt.

Aufgrund der hohen Oxidationskraft des Dichromats handelt es sich hierbei um eine Methode, die eine Überbewertung des tatsächlich abbaubaren Anteils erwarten läßt.

M.4 Boden

Während im Bereich der Wasseranalytik bereits seit Jahrzehnten die eingesetzten Verfahren standardisiert, gesammelt und als „Deutsche Einheitsverfahren zur Wasser-, Abwasser- und Schlammuntersuchung" [M.4.1] durch das Deutsche Institut für Normung e.V. DIN veröffentlicht wurden, existiert eine vergleichbare Sammlung standardisierter und genormter Methoden für Bodenproben nicht.

Derzeit werden von den Untersuchungslaboratorien meist Hausmethoden oder modifizierte Methoden aus dem Bereich der Wasseranalytik zur Untersuchung von Bodenproben eingesetzt. So existieren für einige Parameter teilweise mehrere, sich in relevanten Arbeitsschritten grundsätzlich unterscheidende Methoden. Ihre Vergleichbarkeit ist insbesondere für den probenaufbereitenden Schritt häufig nicht gesichert. Werden z. B. unterschiedliche Aufschlußverfahren gewählt (Königswasser-, Mikrowellen-, Druck- oder Schmelzaufschluß als alternative Verfahren zur anschließenden Schwermetalluntersuchung) so führt dies i. d. R. aufgrund unterschiedlicher Mobilisierung der zu untersuchenden Schadstoffe zu abweichenden Ergebnissen. Viele der Hausmethoden sind darüber hinaus nicht ausreichend validiert, da ein Vergleich mit den von anderen Laboratorien erhaltenen Ergebnissen nicht stattgefunden hat, und die Ermittlung der Verfahrenskenndaten mit einem hohen zeitlichen und damit auch finanziellen Aufwand für die Laboratorien verbunden ist.

Um vergleichbare Ergebnisse zu erhalten, ist die Festlegung der Aufschluß-, Extraktions- oder Elutionsmethoden in den zur Bewertung herangezogenen Richtlinien unbedingt erforderlich.

Mit der Standardisierung von Verfahren im Bereich der Bodenanalytik sind derzeit auf nationaler und auf Länderebene verschiedene Gremien tätig.

Methodensammlungen wurden z. B. durch das Deutsche Institut für Normung e.V. DIN (Handbuch Bodenschutz) [M.4.2], den Verband Deutscher Landwirtschaftlicher Untersuchungs- und Forschungsanstalten VDLUFA (Methodenbuch Band I; Die Untersuchung von Böden) [M.4.3]; der Hessischen Landesanstalt für Umwelt HLFU (Stoffsammlung Laboranalytik bei Altlasten) [M.4.4] oder in Kooperation der Bundesanstalt für Materialprüfung und der Oberfinanzdirektion Hannover BAM-OFD (Anforderungen an Untersuchungsmethoden zur Erkundung und Bewertung kontaminationsverdächtiger/kontaminierter Flächen auf Bundesliegenschaften) [M.4.5] zusammengestellt.

International werden diese Aktivitäten durch das Arbeitsgremium ISO TC 190 der International Organization for Standardization ISO (Genf) gebündelt, um zukünftig für den Bodenbereich verbindliche Methoden festzusschreiben.

M.4.1 Methodensammlungen zur Bodenuntersuchung

Im Auftrag des Umweltbundesamtes UBA wurde 1994 vom Normenausschuß Wasserwesen NAW des Deutschen Instituts für Normung DIN erstmals der Entwurf für ein Methodenhandbuch Bodenschutz [M.4.2] vorgelegt, das eine Übersicht über die Verfahren zur Probenahme und Untersuchung von Böden auf chemische, physikalische und biologische Parameter liefert, die derzeit in Anwendung sind bzw. deren Fertigstellung als Normen oder Richtlinien u. ä. bevorstehen. Die einzelnen Verfahren sind dort in Form von Datenblättern angelegt, denen sich ein Kommentar und Vergleich mit ähnlichen Methoden anschließt.

Der Verband deutscher landwirtschaftlicher Untersuchungs- und Forschungsanstalten VDLUFA hält für die Untersuchung von landwirtschaftlich nutzbaren Bodenflächen eine ausführliche Methodensammlung (Methodenbuch Band I; Die Untersuchung von Böden; 1991) [M.4.3] bereit. Neben allgemeinen Hinweisen bzgl. Probenahme, Transport und Konservierung sowie Probenaufbereitung sind dort Verfahren für chemische, biologische, physikalische und mineralogische Untersuchungen sowie Feldmethoden zusammengestellt. Es werden insbesondere Methoden berücksichtigt, die eine Unterscheidung zwischen Gesamtgehalten und pflanzlich verfügbaren Anteilen zulassen. Viele der aufgeführten Verfahren werden in der Routineanalytik landwirtschaftlicher Böden angewendet. Verfahrenskenndaten sind jedoch nicht aufgeführt.

Die Verwaltungsvereinbarung der Oberfinanzdirektion OFD Hannover und der Bundesanstalt für Materialprüfung BAM vom 15.9.1995 formuliert „Anforderungen an Untersuchungsmethoden zur Erkundung und Bewertung kontaminationsverdächtiger/kontaminierter Flächen und Standorte auf Bundesliegenschaften" [M.4.5], in denen u. a. die derzeit eingesetzten analytischchemischen Verfahren zur Untersuchung von Böden aufgelistet sind. Eine Bewertung der Verfahren oder Hinweise auf mögliche Störungen werden nur in sehr beschränktem Umfang gegeben.

In den für unterschiedliche Untersuchungsanforderungen formulierten Richtlinien, Verwaltungsvorschriften u. ä. werden für die als relevant angesehenen Parameter Orientierungs- Grenz- oder Zuordnungswerte angegeben, wobei in vielen Fällen jedoch keine Angaben über die zur Bestimmung einzusetzenden Methoden gemacht werden.

Dies gilt z. B. für den 1993 erstmals vorgelegten Diskussionsentwurf für die „Verwaltungsvorschrift für die Feststellung und Sanierung von Altlasten" (Altlasten-VwV). Auch der inzwischen aktualisierte Entwurf vom August 1996 [M.4.6] enthält zwar einen ausführlichen Anhang mit Orientierungswerten für unterschiedliche Nutzungskategorien und schlüsselt Gruppenparameter wie leichtflüchtige halogenierte Kohlenwasserstoffe LHKW in die zu bestimmenden Einzelsubstanzen auf, macht aber nur wenige und allgemein gehaltene Aussagen zur Durchführung der zur Gehaltsbestimmung notwendigen Analytik.

Im hessischen Abfallrecht wird seit 1990 die Entsorgung von Erdaushub und belasteten Böden geregelt (Erste VwV Erdaushub/Bauschutt; Verwaltungsvorschrift für die Entsorgung von unbelastetem Erdaushub und unbelastetem Bauschutt) [M.4.7]. Der Ergänzungserlaß von 1992 [M.4.8] beinhaltet Orientierungswerte für 18 im Eluat mit destilliertem Wasser und direkt aus dem Feststoff zu ermitttelnde Parameter zur Abgrenzung von unbelastetem, belastetem und verunreinigtem Boden. In der Anlage ist eine Liste der für die zu untersuchenden Parameter anzuwendenden Analyseverfahren beigefügt, in die jedoch nur Verfahren aus der Wasser- und Abwasseranalytik aufgenommen wurden, obwohl für einige Parameter zumindest eine für Schlamm und Sedimente genormte Methode

vorliegt. Für die Metalle wird der Königswasseraufschluß nach DIN 38414, Teil 7 vorgeschrieben; für die organischen Parameter heißt es lediglich „Analyse aus Originalsubstanz", jedoch fehlt jeglicher Hinweis auf notwendige Clean-up-Schritte, die in den für die Wasseranalytik entwickelten Verfahren nicht enthalten sind.

M.4.2 Untersuchungsmethoden

M.4.2.1 Probenahme

Zu Beginn einer Bodenuntersuchung ist zunächst die Frage zu beantworten, welchem Zweck die Untersuchung dienen soll. So wird sich die Probenahme bei einem altlastenverdächtigen Areal wesentlich anders gestalten als das Probengewinnungsverfahren zur Feststellung des Nährstoffgehalts, bzw. -bedarfs einer Ackerfläche oder einer besonders sensiblen Nutzung der Bodenoberfläche, z. B. als Kinderspielplatz. Die Entscheidung über die Anzahl der zu entnehmenden Einzelproben, die Art der Probenahme (Einstichtiefe, gestörte oder ungestörte Probenahme) sind in Abhängigkeit von der vorgegebenen Aufgabenstellung zu treffen.

Werden Bodenproben so entnommen, daß das ursprüngliche Gefüge erhalten bleibt, wird von ungestörten Proben gesprochen. Diese volumenproportionale Gewinnungsmethode wird angewendet, um Aussagen über z. B. Porenvolumen, Porengrößenverteilung, Leitfähigkeit für Wasser, Luft und Wärme und ähnliche Eigenschaften treffen zu können. Solche Proben werden beispielsweise entsprechend DIN 19 681 mit einem Stechzylinder (Mindestinhalt von 100 cm$^{3)}$ schonend aus dem Bodenverband entfernt, um das Gefüge zu erhalten.

Zur Untersuchung von Bodenprofilen ist besonders vorsichtig vorzugehen. Der Stechzylinder sollte hier möglichst gleichmäßig horizontal bzw. vertikal eingeschlagen werden, um Stauchungen zu vermeiden.

Für chemisch-analytische Untersuchungen werden i. d. R. Bodenproben aus gestörter Lagerung entnommen. Gestörte Proben werden massenproportional z. B. entsprechend DIN 19 671 mit einem Kammerbohrer gewonnen.

Die Anzahl der zu entnehmenden Proben soll die zu untersuchende Fläche repräsentieren, d. h., es ist vorher festzulegen mit welcher Genauigkeit die Parameter bzw. ihre räumliche Verteilung bestimmt werden sollen. Um den horizontalen Unregelmäßigkeiten der Bodenzusammensetzung zu begegnen, gewinnt man die Einzelproben von einer über die zu untersuchende Fläche zufallsverteilten Anzahl von Meßpunkten. Wird eine (Teil-)Fläche als annähernd homogen angesehen, kann durchaus eine Mischprobe ausreichend sein. Benötigt werden bei relativ homogen erscheinenden Ackerböden 10 – 20 Einzelproben pro 10000 m², die zu einer Mischprobe vereinigt werden. Die Einstichtiefe geht dabei je nach Durchwurzelung von 10 – 20 cm bis zu 1 m für besondere Untersuchungen (z. B. Nährstoffeinwaschungen).

Bei der Untersuchung altlastenverdächtiger Böden muß individuell nach Verdacht und Augenschein vorgegangen werden. Hier ist eine genaue Kartographierung bzw. Protokollierung der Probeentnahmeorte und -tiefe nötig. Selbstverständlich verbietet sich hier in aller Regel die Anfertigung von Mischproben.

Da die Zusammensetzung des Bodens nicht nur in räumlicher Hinsicht, sondern auch zeitlich gesehen starken Schwankungen ausgesetzt ist, sind die Probenahmeprogramme je nach Fragestellung auch hinsichtlich der zeitlichen Verläufe zu planen. So ist beispielsweise der Gehalt des disponiblen Stickstoffs von der Jahreszeit, vom Temperaturverlauf der letzten Tage, von der Niederschlagsmenge und nicht zuletzt auch vom Pflanzenwuchs abhängig.

Da sich die Zusammensetzung der Proben aufgrund mikrobiologischer Aktivitäten fortlaufend ändern kann, ist eine rasche Analyse zumindest der zeitlich stark schwankenden Parameter anzustreben.

Die Dokumentation der Probenahme und die Erstellung ausführlicher Probenahmeprotokolle sind wesentliche Voraussetzungen für die Aussagekraft der erhaltenen Ergebnisse. Die Protokolle sollten mindestens die nachfolgend aufgeführten Punkte enthalten:
- Durchführende Institution / Probenehmer
- Zeitpunkt der Probenahme / Meteorologische Bedingungen
- Ort und genaue Lage der Probenahmepunkte bzw. flächen einschl. Lageskizze
- Probenahmeart (Einzelprobe, Mischprobe)
- Aufschlußart und Probenahmegerät (Material)
- Probenansprache
- Probengefäße und Konservierung
- Probenkennzeichnung
- Vor-Ort-Untersuchungen

Eine ausführliche Anleitung hinsichtlich der Erstellung von Probenahmeprogrammen und Pro-

benahmeverfahren bieten die Entwürfe E DIN/ISO 10 381 (Bodenbeschaffenheit – Probenahme) bzw. ISO/CD 10 381 (Soil quality – sampling) sowie VDLUFA A 1.0.

M.4.2.2 Probenaufbereitung

Nach dem Transport ins Labor umfaßt die Probenvorbehandlung das Wägen, Auftrennen der Fraktionen, Teilen, Trocknen und Zerkleinern des Materials.

Üblicherweise wird die Fraktion > 2 mm abgesiebt und der Probenanteil < 2 mm zur Analyse herangezogen.

Es ist unbedingt zu vermeiden, aus einer Probe mit einem Spatel oder ähnlichem eine Teilmenge zu entnehmen, da durch die Erschütterungen beim Transport unweigerlich eine Korngrößenfraktionierung stattfindet, so daß eine so gewonnene Teilmenge keinesfalls repräsentativen Charakter aufweisen würde.

Eine optimale Verjüngung des Probenmaterials erreicht man für kleinere Probenmengen durch Aufschütten der sorgfältig durchmischten Probe auf eine glatte Fläche und anschließende Einteilung des Probenkegels in Sektoren. Die Hälfte der entstandenen Segmente wird verworfen, die andere Hälfte (jeweils aus gegenüberliegenden Sektoren) wird vereinigt und erneut aufgeschüttet. So wird verfahren, bis die gewünschte Probenmenge erreicht ist.

Zur Aufteilung sehr großer Probenmengen bietet sich der Einsatz einer Verteilerrutsche oder eines rotierenden Verteilers (Riffler) an, der die Proben automatisch unterteilt und abfüllt.

Für die meisten Analysen (z. B. Bestimmung der Metalle) ist es erforderlich, die Probe mit einer geeigneten Mühle (Scheibenschwingmühle, Kugelmühle) staubfein zu mahlen. Bei allen Arbeitsvorgängen ist auf eine möglichst zu minimierende Kontamination der Proben zu achten. Hierzu zählen der Abrieb von Probeentnahmegeräten und Probebearbeitungswerkzeugen, Verschleppung von Schadstoffen durch schlecht gereinigte Gerätschaften, Verflüchtigung von Inhaltsstoffen bei zu langer, unsachgemäßer Lagerung, Oxidationsprozesse und photolytische Zersetzungen.

Zur Probenvorbehandlung für Bodenproben liegen DIN-Normentwürfe vor, die gesonderte Vorgehensweisen für sich anschließende physikalisch-chemische Untersuchungen (E DIN/ISO 11 464; Bodenbeschaffenheit: Probenvorbehandlung für physikalisch-chemische Untersuchungen) und die Bestimmung von organischen Verunreinigungen (E DIN/ISO 14 507; Bodenbeschaffenheit: Probenvorbehandlung für die Bestimmung von organischen Verunreinigungen in Böden) vorsehen.

M.4.2.3 Vor-Ort-Analytik

Für orientierende Untersuchungen oder die routinemäßige Kontrolle kann der Einsatz von Schnellanalytik-Verfahren im Rahmen einer Vor-Ort-Analyse als Ergänzung zu ausführlichen Laboruntersuchungen sinnvoll sein. Mit diesen Schnellmethoden läßt sich in akuten Fällen, in denen die Laboranalytik erst nach einigen Tagen ein Ergebnis liefern kann, häufig ein akzeptabler Näherungswert ermitteln. Dabei ist jedoch unbedingt die Eignung der gewählten Vor-Ort-Analytik für die gegebene Matrix zu prüfen. So sind vor allem die zahlreichen Meßverfahren nach photometrischem Prinzip besonders anfällig gegenüber Matrixstörungen. Immer häufiger werden Immunoassays zur Schnellanalytik angeboten, die bei Vergleichsuntersuchungen mit der herkömmlichen Laboranalytik teilweise sehr gute Ergebnisse liefern. Diese Verfahren sind jedoch verhältnismäßig teuer und decken i. d. R. nur einen relativ kleinen Konzentrationsbereich ab. Darüber hinaus erfordert die Handhabung der Test-kits zunächst einige Übung und Erfahrung.

Vom Landesumweltamt Nordrhein-Westfalen LUA-NRW wurde eine umfangreiche Datenbank mit einer „Übersicht kurzfristig verfügbarer Methoden der Schnellanalytik" [M.4.9] zusammengestellt. Darin sind für eine Vielzahl anorganischer, organischer und biologischer Parameter die derzeit kommerziell erhältlichen Schnellanalytik-Methoden inkl. ihrer Anwendungsbereiche zusammengestellt. Eine Kommentierung wurde bisher nicht vorgenommen, ist jedoch für die Aspekte „Anwendbarkeit für eine bestimmte Matrix" und „Vorliegende Erfahrungsberichte" geplant.

M.4.2.4 Aufschluß-, Extraktions- und Elutionsverfahren

In Abhängigkeit von den zu bestimmenden Inhaltsstoffen und der für die spezielle Fragestellung erwünschten Erfassung bestimmter Erscheinungsformen der Analyten ist ein geeignetes Aufschluß-, Extraktions- oder Elutionsverfahren zu wählen.

Zur Bestimmung der Gesamtgehalte der Analyten ist ein Totalaufschluß unumgänglich. Un-

polare Verunreinigungen (z. B. Kohlenwasserstoffe) werden durch Extraktion mit organischen Lösemitteln aus den Bodenproben gewonnen. Sollen die pflanzlich verfügbaren Anteile oder die durch Regenwasser mobilisierbaren Anteile ermittelt werden, so bieten sich verschiedene Elutionsverfahren an.

Zu den Methoden zur Bestimmung der sogenannten Gesamtgehalte zählen die Königswasseraufschlüsse. Vergleichbare Methoden wurden mit DIN 38414, Teil 7 (Aufschluß mit Königswasser zur nachfolgenden Bestimmung des säurelöslichen Anteils), E DIN ISO 11 466 (Extraktion von in Königswasser löslichen Spurenmetallen) und VDLUFA A 2.4.3.1 (Bestimmung von Schwermetallen im Aufschluß mit Königswasser) veröffentlicht. Es existieren Grenzwerte und umfangreiche Datensätze mit diesen Methoden. Zertifizierte Referenzproben sind im Handel erhältlich. Das Vergleichen von Ergebnissen verschiedener Laboratorien ist inzwischen über zahlreiche Ringversuche sehr gut abgesichert. Tatsächlich können jedoch die Anteile der extrahierten Gehalte am Gesamtgehalt je nach Element und Mineralbestand des Bodens zwischen 50 und 100 % schwanken, da bestimmte Silikate und Oxide nicht aufgeschlossen werden. Die extrahierten Gehalte können zur Abschätzung der Mengen dienen, die bei ungünstiger Bodenentwicklung (z. B. extreme Versauerung) langfristig mobilisiert werden können. Die Verfahren sind nicht geeignet, um biologisch wirksame oder mobile Gehalte vorauszusagen.

Daneben werden in einigen Fällen auch Extraktionen mit siedender Salpetersäure HNO_3 in unterschiedlichen Konzentrationen vorgenommen, die analog dem Königswasseraufschluß durchgeführt werden. Die Durchführung ist vergleichsweise einfach. Richt- oder Grenzwerte liegen jedoch nicht vor.

Zur Ermittlung des Gesamtgehalts in Proben mit hohem Silikatanteil findet häufig die Druckaufschlußmethode des Bayrischen Geologischen Landesamtes mit einer Mischung aus Flußsäure, Perchlorsäure und Salpetersäure oder ein Mikrowellendruckaufschluß unter Zusatz von Flußsäure Anwendung.

Seltener werden die relativ arbeitsintensiven Schmelzaufschlüsse, wie z. B. Soda-Pottasche-Aufschluß o. ä. eingesetzt.

Die für die Extraktion organischer Verbindungen aus Bodenproben geeigneten organischen Lösemittel sind je nach der zu untersuchenden Verbindungsklasse vor allem in Abhängigkeit von der sich anschließenden Detektionsmethode auszuwählen. Kriterien sind neben den erwünschten möglichst hohen Extraktionsausbeuten und Selektivität vor allem minimale Störungen bei der gewählten Detektionsmethode.

Zur Bestimmung der pflanzlich verfügbaren Anteile eines Stoffs bieten sich verschiedene Elutionsverfahren an. Hierzu werden Bodenproben mit verschiedenen Elutionsmitteln behandelt, wie z. B. Essigsäure, Ammoniumacetatlösung, EDTA Lösung sowie Lösungen von Salzen. Diese Methoden sind geeignet, um die Pflanzenaufnahme und Wirkungen auf Bodenorganismen abzuschätzen. Für die nach diesen Methoden ermittelten Gehalte liegen Grenz- und Prüfwerte sowie eine Reihe von Datensätzen vor, die als Richtwerte herangezogen werden können. Für die Zusammensetzung der Elutionsmittel gibt es allerdings keine einheitliche Auffassung.

So kann z.B. durch eine Kaliumchloridlösung der pflanzlich verfügbare Stickstoff eluiert werden. Der größte Teil des im Boden vorkommenden Stickstoffs ist in organischen Verbindungen fixiert und so für die Pflanze nicht verfügbar. Die Pflanze ist auf Nitrat-, Nitrit- und Ammoniumionen angewiesen. Die beiden erstgenannten lassen sich ohne weiteres mit Wasser eluieren, das Ammoniumion liegt allerdings an kolloidales Material (Ton) gebunden vor. Durch den großen Überschuß des Kaliumions wird das Ammoniumion verdrängt und kann eluiert werden.

Die Bestimmung von Phosphor und Kalium erfolgt nach VDLUFA A 6.2.1.1 aus gepuffertem Calcium-Acetat-Lactat-Auszug CAL, die Bestimmung der pflanzenverfügbaren Magnesium-Anteile im Calciumchlorid-Auszug nach VDLUFA A 6.2.4.1. Mobile und austauschbare Spurenelemente werden in Ammoniumnitrat- (DIN 19 730) oder Natriumnitrat-Extrakten erfaßt.

Kurzfristig mobilisierbare Anteile können mit Hilfe der in vielen gesetzlichen und untergesetzlichen Regelwerken vorgeschriebenen Elutionsmethode mit destilliertem Wasser (DIN 38 414 Teil 4) abgeschätzt werden. Bei diesem Verfahren wird eine Probe im Verhältnis 1:10 mit destilliertem Wasser 24 h über Kopf geschüttelt und nach Filtration oder Zentrifugation analysiert. Eine Aussage über das Langzeitverhalten eines Materials ist mit dieser Methode nicht möglich. Sie ist jedoch sehr einfach durchzuführen, und es existiert inzwischen umfangreiches Datenmaterial für verschiedenste Bodennutzungen, die eine vergleichende Bewertung der Ergebnisse erlauben.

M.4.2.5.1 Allgemeine Parameter

Die Bestimmung der Trockenmasse erfolgt meist mit einer separaten Probe bei 105 °C nach ISO 11 465 (Bestimmung der Trockensubstanz und des Wassergehalts) oder nach DIN 38414, Teil 2 (Bestimmung des Wassergehalts und des Trockenrückstands bzw. der Trockensubstanz). Vergleichbar ist die Methode nach VDLUFA A 2.1.1 (Bestimmung des Wassergehalts bzw. der Trockenmasse).

Ist der Verdacht auf Anteile an flüchtige organischen Substanzen gegeben, so wird die zur Analyse verwendete Probe entweder gefrier- oder luftgetrocknet oder mit geeigneten Substanzen (z. B. Natriumsulfat Na_2SO_4) chemisch getrocknet. Für die Gefriertrocknung von Schlämmen wurde E DIN 38414, Teil 22 (Bestimmung des Gefriertrockenrückstands und Herstellung der Gefriertrockenmasse eines Schlamms) erarbeitet. Der Glühverlust einer Bodenprobe wird gemäß DIN 19684, Teil 3 (Bestimmung des Glühverlustes und des Glührückstands) normalerweise bei 450 °C bestimmt. In Ausnahmefällen werden abweichende Temperaturen eingesetzt.

Die Bestimmung des pH-Werts eines Kulturbodens z. B. nach VDLUFA A 5.1.1 (Bestimmung des pH-Werts) bereitet wegen der erforderlichen Gleichgewichtseinstellung häufig Schwierigkeiten. Dies gilt in gleichem Maße für DIN 19684, Teil 1 (Bestimmung des pH-Werts des Bodens und Ermittlung des Kalkbedarfs) sowie den Entwurf E DIN/ISO 10390 (Bodenbeschaffenheit; Bestimmung des pH-Werts).

M.4.2.5.2 Anorganische Parameter

Zur Bestimmung von Schwermetallen aus Aufschlüssen und Extrakten werden häufig die für die Analytik von Wasser entwickelten Verfahren (DIN-Normenreihe 38 405 und 38 406) eingesetzt. Diese Methoden wurden jedoch i. allg. nur für die Untersuchungen von Wasser und Abwasser überprüft. Störungen oder Interferenzen durch die für den jeweiligen Aufschluß verwendeten Säuren lassen sich häufig zufriedenstellend durch entsprechende Verdünnungen minimieren.

Inzwischen sind für eine Reihe von Metallen Methoden veröffentlicht oder im Entwurf, die speziell für die Untersuchung von Böden entwickelt wurden (z.B. Normenreihe E ISO/CD

11 047 Bodenbeschaffenheit; Bestimmung einzelner Schwermetalle; E VDI 3796, Teil 2 und 3; Bestimmung von Thallium in Böden).

Die Bestimmung der Anionen erfolgt üblicherweise nach einer Elution des Bodens mit Wasser oder wäßrigen Salz- oder Pufferlösungen mit den in der Wasseranalytik erprobten DEV-Verfahren. Eine eindeutige Festlegung des Elutionsverfahrens fehlt häufig. Für die Bereiche, in denen ein Elutionsverfahren eindeutig festgeschrieben wurde (z. B. Altlasten VwV oder Ergänzungserlaß zur Ersten VwV Erdaushub/Bauschutt) werden in verschiedenen Laboratorien gleichwertige Analysenergebnisse erhalten.

Inzwischen gibt es eine Reihe von Methoden oder Methoden im Entwurf, die speziell für die Untersuchung von Böden entwickelt wurden. Für die Parameter Cyanid (E DIN ISO 11 262; Bodenbeschaffenheit; Bestimmung von Cyanid), Sulfid (DIN 19684, Teil 9; Bestimmung des Gehalts an pflanzenschädlichen Sulfiden und Polysulfiden im Boden), Phosphat (E DIN ISO 11 263, Teil 1; Bodenbeschaffenheit; Bestimmung von Phosphor), Nitratstickstoff (VDLUFA A 6.1.4.1; Bestimmung von mineralischem Stickstoff in Bodenprofilen) und Sulfat (E DIN ISO 11 048; Bodenbeschaffenheit; Bestimmung von wasser- und säurelöslichem Sulfat).

M.4.2.5.3 Organische Summenparameter

Zur Bestimmung der organischen Summenparameter werden in der Praxis häufig die für die Wasser-, Schlamm- und Sedimentuntersuchung entwickelten Verfahren eingesetzt. Die Übertragung dieser Verfahren für Bodenproben gelingt z. B. für die Parameter Adsorbierbare Organische Halogene AOX (DIN 38414, Teil 18), Extrahierbare Organische EOX (DIN 38414, Teil 17) und Gesamter Gebundener Organischer Kohlenstoff TOC (DIN 38409, Teil 3) recht gut.

Zur Bestimmung der Mineralölkohlenwasserstoffe kommen derzeit verschiedene Methoden zur Anwendung. Etabliert ist noch immer die umstrittene, analog zur DIN 38409, Teil 18 entwickelte IR-Bestimmung nach Kaltextraktion mit Freon, die inzwischen als ISO-Methode (ISO TR 11 046; Soil quality; Determination of oil content) vorliegt. Diese internationale Norm läßt neben der Infrarot-Bestimmung auch die Detektion mittels Gaschromatographie GC und Flammenionisationsdetektor FID als vergleichbare Methode zu, bei der zur Extraktion auf das klimarelevante Freon verzichtet werden kann. Das als EPA-Norm erschienene Verfahren (EPA 3560; Supercritical Fluid Extraction of Mineral Oil), bei dem der GC-FID-Bestimmung eine Extraktion mit überkritischem Kohlenstoffdioxid vorangeht, hat sich in der Vergangenheit für die Routineanalytik nicht durchsetzen können.

M.4.2.5.4 Organische Gruppen- und Einzelparameter

Während sich bei der Untersuchung von Bodenproben auf organische Verbindungen die Detektionsmethoden meist direkt aus den existierenden Normen für die Wasser-, Abwasser- und Schlammuntersuchung übertragen lassen, besteht für die Extraktion und anschließende Extraktreinigung für viele Methoden noch erheblicher Untersuchungs- und Standardisierungsbedarf. Dies gilt insbesondere, da sowohl einige Parameter der Probenvorbereitungsschritte, die die höchsten Extraktionsausbeuten liefern, als auch die Detektion erhebliche Probleme bereiten können. Darüber hinaus führen Variationen in der Probenvorbereitung, die in den Analysenberichten häufig keine Erwähnung finden, wie z. B. die Filtration oder alternativ die Zentrifugation des Eluates bei der Bestimmung der Polycyclischen Aromatischen Kohlenwasserstoffe PAK teilweise zu signifikant anderen Ergebnissen.

So liefert z. B. für die Bestimmung der PAK die Soxhlet-Extraktion mit Toluol gute Wiederfindungsraten, bereitet jedoch bei der anschließenden Hochleistungsflüssigkeitschromatographie HLPC mit Fluoreszenzdetektion Schwierigkeiten. Neben der für die Bestimmung einer Auswahl von sechs PAK vorgelegten DIN-Methode (E DIN 38414, Teil 21; Schlamm und Sedimente: Bestimmung von 6 Polycyclischen Aromatischen Kohlenwasserstoffen (PAK) mittels Hochleistungsflüssigkeitschromatographie (HPLC) und Fluoreszenzdetektion) gibt es inzwischen auch einen internationalen Entwurf, der sich zur Bestimmung der 16 EPA-PAK eignet und für Böden geprüft wurde (ISO/CD 13877; Bodenbeschaffenheit; Bestimmung von polycyclischen aromatischen Kohlenwasserstoffen (PAK) – Hochleistungs-Flüssigkeitschromatographie (HPLC)-Methode). Daneben werden verschiedene Hausmethoden sowie Methoden der VDLUFA, der Landesanstalt für Umwelt LfU, Baden-Württemberg oder des Landesumweltamtes Nordrhein-Westfalen LUA, NRW eingesetzt, die neben der HPLC-Methode auch die Gaschomatographie mit unterschiedlichen Detektoren (Massenspektrometer MS oder Flammenionisationsdetektor FID) verwenden.

Für die Bestimmung der Polychlorierten Biphenyle PCB liegen neben der gut auf Bodenproben übertragbaren Methode aus dem Bereich der Schlamm- und Sedimentuntersuchungen (E DIN 38414, Teil 20; Schlamm und Sedimente; Bestimmung von polychlorierten Biphenylen) inzwischen auch eigens für die Matrix Boden entwickelte Verfahren vor (E ISO TC 190/SC 3/WG 7; Gaschromatographische Bestimmung des Gehalts an Polychlorierten Biphenylen (PCB) und Organochlorpestiziden (OCP); EPA 8080 A; Organochlorine Pesticides and Polychorinated Biphenyls by Gas Chromatography). Bei diesen Methoden wird der für die Bestimmung der PCB gängigen Detektion mittels Gaschromatographie und Elektroneneinfangdetektor GC-ECD eine speziell auf Bodenproben angepaßte Extraktion und Aufreinigung vorangestellt.

Leichtflüchtige aromatische Kohlenwasserstoffe werden nach Extraktion mit Pentan oder direkt mittels Dampfraumanalyse analog DIN 37407, Teil 9 (Bestimmung von Benzol und einigen Derivaten mittels Gaschromatographie) und anschließender GC-FID Detektion, oder gemäß ISO/CD 15009, die eine Purge-and-Trap-Methode beinhaltet und neben der FID- auch die MS-Detektion zuläßt, bestimmt. Von der amerikanischen Umweltbehörde US-EPA (Environmental Protection Agency) liegt ebenfalls eine Purge-and-Trap-Methode vor (EPA 8260). Das u.a. vorgeschlagene direkte Verfahren ohne vorherige Extraktion ist jedoch stark umstritten.

Die Bestimmung der Polychlorierten Dibenzo-p-Dioxine (PCDD) und Polychlorierten Dibenzofurane (PCDF) bereitet aufgrund der Verfügbarkeit von ^{13}C-markierten Standardsubstanzen bei anschließender GC-MS-Detektion wenig Probleme. Ein Arbeitspapier des DIN (DIN 38 414 Teil 24; Bestimmung von polychlorierten Dibenzo-p-dioxinen (PCDD) und polychlorierten Dibenzofuranen (PCDF)) sowie zwei EPA-Methoden (EPA 1613; Tetra-through Octa Chlorinated Dioxins and Furans by Isotope Dilution HRGC-HRMS und EPA 8280; The Analysis of Polychlorinated Dibenzo-p-dioxins and Polychlorinated Dibenzofurans) liegen vor.

Die in einigen Listen (z.B. Erste VwV Erdaushub/Bauschutt) vorgeschriebene Bestimmung des Phenolindexes führt insbesondere für Bodenproben aufgrund der natürlichen organischen Matrix häufig zu Überbefunden, die zu einer Grenzwertüberschreitung führen können.

Dies ist insbesondere auf die Tatsache zurückzuführen, daß bei der Angabe des Analysenverfahrens lediglich die Angabe der allgemeinen DIN-Nummerierung DIN 38409, Teil 16 erfolgt und keine Unterscheidung bzgl. der dort aufgeführten Verfahren zur Bestimmung des Gesamt-Phenolindexes Teil 16–1 und zur Bestimmung der Wasserdampfflüchtigen Phenole Teil 16–3 bzw. 16–3 vorgenommen wird. Häufig wird demzufolge der weniger aufwendig zu ermittelnde Gesamtphenolindex bestimmt, der für Bodenproben wegen der Miterfassung u.a. der Huminstoffe nicht zu sinnvollen Ergebnissen führt. Alternativ bietet sich die Einzelbestimmung ausgewählter Phenole nach der EPA-Methode (EPA 8040; Phenols) mittels GC-FID oder nach Derivatisierung mittels GC-ECD an.

Generell finden derzeit Überlegungen statt, speziell für die Bestimmung der organischen Substanzen getrennte Bausteine für die Extraktionsverfahren, die Clean-up-Methoden und die Detektion zu definieren, um der Vielzahl der vergleichbaren Methoden, die sich aus der unterschiedlichen Kombination der einzelnen Schritte ergeben, gerecht zu werden und gleichzeitig eine genaue Vorgabe des anzuwendenden analytischen Verfahrens in den zur Bewertung der Ergebnisse herangezogenen Richtlinien und Merkblättern zu ermöglichen.

M.5 Lärmmeßverfahren und Anlagebeurteilung

M.5.1 Grundbegriffe

M.5.1.1 „Lärm" im BImSchG

Das Bundes-Immissionsschutzgesetz (BImSchG) [M.5.1] stellt den Begriff „Lärm" unter die „schädlichen Umwelteinwirkungen" durch Geräusche. Als solche gelten Immissionen, „die nach Art, Ausmaß oder Dauer geeignet sind, Gefahren, erhebliche Nachteile oder erhebliche Belästigungen für die Allgemeinheit oder die Nachwelt herbeizuführen". Unter „Gefahren" werden im Sinne des BImSchG Gesundheitsgefahren im engeren medizinischen Sinn verstanden.

M.5.1.2 Emission

Bei Energieumwandlungen wird ein Teil der umgesetzten Energie als Schall an das umgebende

Medium weitergegeben. Die in der Zeiteinheit an die Umgebung abgegebene Schallenergie ist die Schalleistung. Diese ist im freien Schallfeld proportional dem dort meßbaren Quadrat des Schalldrucks. Aus einer Messung des Schalldrucks auf einer Hüllfläche um die Schallquelle kann die Schallleistung und damit die Emission der Quelle bestimmt werden. Die Angabe der Schalleistung dient als charakteristisches Merkmal einer Schallquelle für weiterführende Planungen und Berechnungen.

M.5.1.3 Immission

Für die Wirkung von Geräuschen sind die Stärke und der Verlauf der Schallimmission am jeweiligen Immissionsort (Aufenthaltsort) maßgebend.

M.5.1.4 Pegel

Der große Bereich des auftretenden Schalldrucks wird übersichtlich erfaßt durch den Schalldruckpegel oder Schalleistungspegel. So entspricht z. B. eine Schallintensität von 1 W/m² einem Schallpegel von 120 dB.

M.5.1.5 A-bewerteter Schalldruckpegel (dB(A))

Bei der Einwirkung von Schall auf den Menschen wird zur näherungsweisen, gehörrichtigen Ermittlung ein Bewertungsfilter A in einen Meßverstärker eingeschaltet. Die so ermittelten Werte (Bild M.5-1) werden dann als A-bewertete Schallpegel in dB oder kurz als dB(A) angegeben. Dies gilt sowohl für Immissionen als auch für Emissionen von Geräuschen (DIN 45 645 [M.5.2]).

Unter Einbeziehung von Mittelungsvorschriften, Zeitbewertungen und Gewichtungsfaktoren wird z. B. als „Lärmbetrieb" nach der Arbeitsstättenverordnung ein Betrieb angesprochen, in welchem der Schallpegel $L_{AFTm} = 85$ dB beträgt (vgl. hierzu auch E VDI 3723, E VDI 2058/1 sowie DIN 1320 [M.5.5 – M.5.7]).

M.5.2 Die Aussagekraft gängiger Meßverfahren

M.5.2.1 Messung

Die Schalldruckmessung erfolgt durch Schallpegelmesser. Integrierende Schallpegelmesser zeigen als Ergebnis bereits einen zeitlichen Mittelwert je nach Zeitbewertungsart (Zeitkonstanten *Fast, Slow, Impulse*) an.

Soll ein Mittelwert über längere Zeit (Minuten, Stunden, Tage, Monate usw.) gebildet werden, so kann dieser als Mittelwert der Schallintensität in der gewünschten Zeit gebildet und als mittlerer Schallpegel angegeben werden (E DIN 45641 [M.5.8]). Werden außer dem Mittelwert über die Meßzeit zusätzliche Aussagen über die Verteilung der Schallpegel gewünscht, so ist die Angabe der Zeitbewertung erforderlich. Diese Erfassung der Meßwerte wird normalerweise mit der Einstellung FAST vorgenommen. Die hiermit erhaltene Häufigkeitsverteilung der Meßwerte kann auch als Summenhäufigkeit dargestellt werden. Außer dem Mittelungspegel für die Meßzeit kann sowohl die Häufigkeit des Auftretens von Schallpegeln als auch die Überschreitungshäufigkeit bestimmter Schallpegel angegeben werden (VDI 3723, Blatt 1 [M.5.5]). Wird die Meßzeit in kleinere Zeitabschnitte eingeteilt, so läßt sich für die einzelnen statistischen Werte (z. B. Mittelungspegel L_{AFm} oder Hintergrundpegel L_{AF95}) eine Tages-, Monats oder Jahresverteilung oder die Summenhäufigkeit der ermittelten Kurzzeitwerte angeben.

Das Mittelungsverfahren (Ermittlung des äquivalenten Dauerschallpegels) erfolgt auf der Grundlage der Wirkung von Dauerlärm auf das Innenohr und auf die Entstehung von Lästigkeit. Die Erfahrung zeigt, daß sowohl die Lärmschwerhörigkeit als auch die Lästigkeit proportional zur Energie (Pegel) und zur zeitlichen Einwirkung (Dauer) auftraten. Ein Lärmschwerhörigkeitsrisiko gleicher Größenordung ergab sich bei Zeithalbierung und gleichzeitiger Pegelerhöhung um 3 dB(A).

Eine Lärmschwerhörigkeit tritt bei 5 % der Belasteten nach zehn Jahren täglich 8stündiger Belastung mit 90 dB(A) auf; das gleiche Risiko ergibt sich nach zehn Jahren, wenn statt 8 h 90 dB(A) nunmehr 4 h mit 93 dB(A) vorhanden sind; 2 h mit 96 dB(A) ergeben ebenfalls 5 % Risiko usw. Gleiche Beziehungen gelten für die Lästigkeit. Der Zusammenhang ist in Bild M.5-2 in einem Pegel-Zeit-Diagramm dargestellt.

Wenn die Geräuschemissionen eines Betriebs in der Nachbarschaft bestimmt werden, so sind die Schallpegelmessungen nur sinnvoll, wenn die geräuschverursachenden Anlagen voll betrieben werden. Falls unterschiedliche Betriebsweisen eine unterschiedliche Schallemission aufweisen, so ist den einzelnen Betriebsweisen auch der jeweilige Immissionswert zuzuordnen. Wird darüber hinaus bei größerer Entfernung von der zu messenden Anlage der emittierte Schallpegel durch

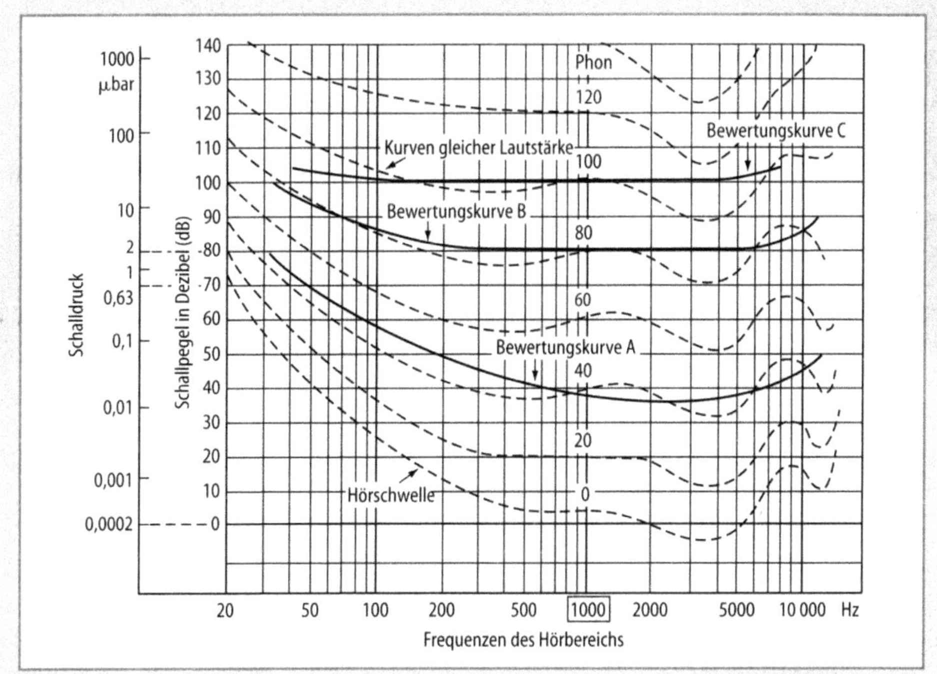

Bild M.5-1 Kurven gleicher Lautstärke. Die Hörschwelle für 1000 Hz liegt bei + 4 dB [M.5.3], während sie früher bei 0 dB festgelegt wurde [M.5.4]

wechselnde Ausbreitungsbedingungen beeinflußt, so muß der Schallpegel am Immissionsort in Abhängigkeit vom Betriebszustand der Anlage und von der Witterungsbedingung erfaßt werden.

M.5.2.2 Wettereinfluß

Messungen in der Nachbarschaft von zeitlich nahezu konstant abstrahlenden großflächigen Anlagen ergeben oft Abweichungen aufgrund der Bezugswettersituation, die als mittlere Mitwindsituation gekennzeichnet ist.

Die höchsten Schallpegel treten bei leichtem Mitwind und bei Inversionswetterlagen (sehr gute Schallausbreitung), die niedrigsten bei Gegenwind auf. Die Tiefe des Schallschattens wird hierbei durch die seitliche Streuung an Inhomogenitäten des Ausbreitungsmediums (Luft) begrenzt.

M.5.3 Untersuchungen und Beurteilungen von Anlagen und Bauwerken

M.5.3.1 Schalleistung

Die schalltechnische Kennzeichnung einer Maschine oder Anlage wird heute allgemein über die abgestrahlte Schalleistung P angegeben. Üblich ist die Angabe des Schalleistungspegels L_W; näherungsweise läßt sich die Schalleistung einer Geräuschquelle auch aus Schalldruckmessungen im Freifeld bestimmen.

Die Verfahren zur Bestimmung der Schalleistung, die auf Schalldruckmesssungen beruhen, wurden national (DIN 45635 [M.5.9]) und international (ISO 3740-3746 [M.5.10-M.5.16]) festgelegt. Die Genauigkeit dieser standardisierten Meßverfahren hängt stark von den Umgebungsbedingungen (Aufstellungsort der Quelle, Fremdgeräusche) ab. Häufig werden bei Messungen in der Praxis so hohe Fremdgeräuschpegel oder so große Raumrückwirkungen festgestellt, daß – wenn überhaupt – nur noch Messungen der Genauigkeitsklasse 3 (Übersichtsmethode) möglich sind.

M.5.3.2 Auffälligkeiten und Informationshaltigkeit

Die negativen Wirkungen von Geräuschen können oft nicht aus den mittleren Schalldruckpegeln (Mittelungspegel) erfaßt werden. Eine bessere Beurteilung kann durch Berücksichtigung zusätzlicher Faktoren erreicht werden, wie z.B. Dauer, Zeitpunkt und Häufigkeit des Auftretens,

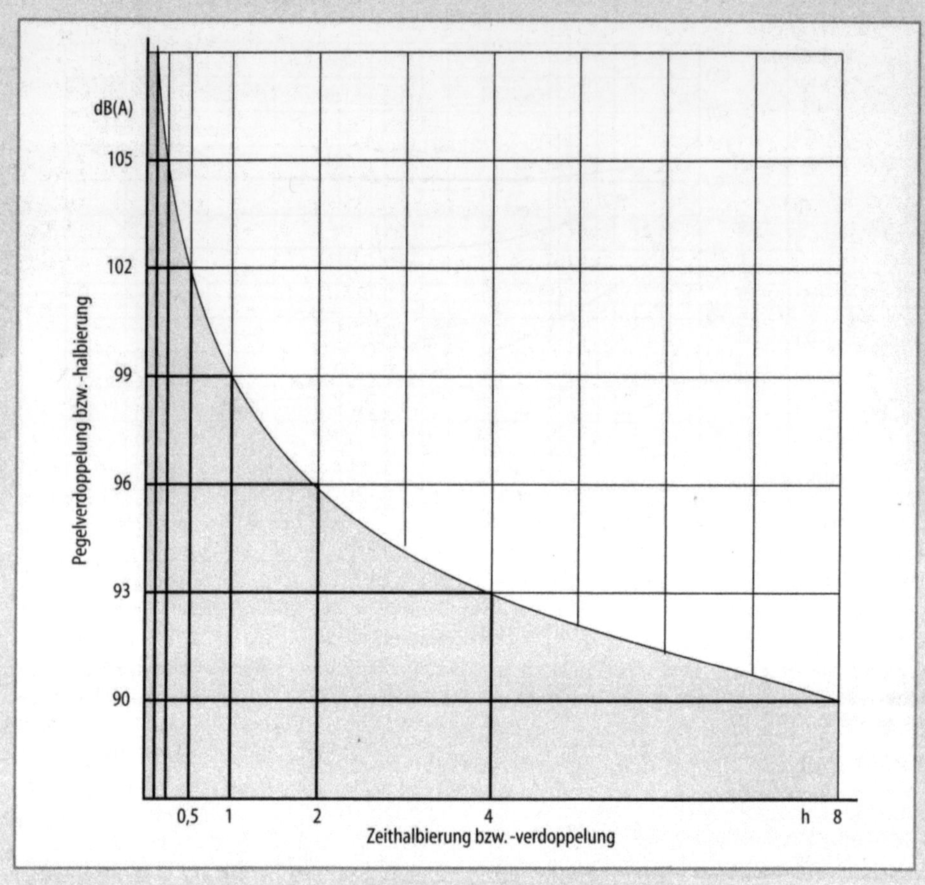

Bild M.5-2 Pegel-Zeit-Diagramm (äquivalenter Dauerschallpegel q = 3)

Frequenzzusammensetzung und ggf. auch Auffälligkeit des Geräuschs (Impulshaltigkeit, Tonhaltigkeit, Ortsüblichkeit sowie Art und Betriebsweise der Geräuschquelle).

In der VDI-Richtlinie 2058, Blatt 1 [M.5.6] wird die Tatsache, daß eine weniger wichtige, vielleicht auch bereits bekannte Information bewußt wahrgenommen wird, als Auffälligkeit bezeichnet. Hiernach ist ein Geräusch auffällig, wenn es z. B.

- das Hintergrundgeräusch insgesamt oder in einzelnen Frequenzbereichen um 10 dB(A) oder mehr überschreitet,
- in Zeiten der Ruhe und Erholung (z. B. nachts, abends, am frühen Morgen oder am Wochenende) auftritt,
- sich durch besondere Ton- oder Impulshaltigkeit (Frequenz- und Zeitstruktur) aus dem Hintergrundgeräusch oder einem gleichmäßigen Grundgeräusch einer Anlage heraushebt,

- in seiner Art in der betroffenen Umgebung fremd oder neu ist.

M.5.3.3 Hintergrundgeräusch

Das Hintergrundgeräusch ist das am Meßort vorhandene schwächste Fremdgeräusch, das nicht einer einzelnen erkennbaren Geräuschquelle zugeordnet werden kann. Bei Pegelklassierungen entspricht der Hintergrundpegel dem Pegel des Fremdgeräuschs, der in 95 % der Beobachtungsdauer überschritten wird. Fremdgeräusche sind hierbei Geräusche am Immissionsort, die unabhängig von dem zu beurteilenden Geräusch auftreten, z. B. Verkehrsgeräusche, Geräusche anderer Betriebe und Anlagen. In der ISO-1996 (1971) [M.5.17 – M.5.19] wird ausgeführt, daß zur Beurteilung einer Geräuscheinwirkung der Hintergrundpegel als Beurteilungskriterium dienen kann, wenn er in angemessener Weise die Einflüsse der Art des Wohnbereichs, der Jahreszeit und der Tageszeit mittelt; hierzu sind keine Korrekturen erforderlich.

M.5.3.4 Auffälligkeiten und Hintergrundgeräusche

Die Auffälligkeit eines Geräuschs ist mittelungsweise direkt mit dem zur gleichen Zeit am gleichen Ort vorhandenen Hintergrundpegel verknüpft, der direkt als Bezugswert im Vergleich mit dem Beurteilungspegel dienen kann. (Im Beurteilungspegel ist außer dem Mittelungspegel für die Beurteilungszeit nach ISO-1996 ein Zuschlag je nach Geräuschart für Ton- und Impulshaltigkeit enthalten.)

Wenn der Beurteilungspegel das Beurteilungskriterium (Hintergrundpegel) um 0 dB(A) überschreitet, wird keine Reaktion der beobachtet.
- 5 dB(A) Überschreitung:
  Geringe Reaktion mit gelegentlichen Beschwerden;
- 10 dB(A) Überschreitung:
  mittlere Reaktion mit weit verbreiteten Beschwerden;
- 15 dB(A) Überschreitung:
  starke Reaktion mit Androhung öffentlichen Einschreitens;
- 20 dB(A) Überschreitung:
  sehr starke Reaktion mit energischem öffentlichen Einschreiten.

M.5.3.5 Tonzuschlag

Ein Tonzuschlag zum Mittelungspegel wird bei der Geräuschbeurteilung dann durch Zuschläge berücksichtigt, wenn ein dominant auftretender Einzelton die Lästigkeit eines Geräuschs erhöht.

M.5.3.6 Impulszuschlag

Wie die Tonhaltigkeit wird auch die Impulshaltigkeit durch Zuschläge zum Mittelungspegel berücksichtigt. Nach E DIN 45645 „Einheitliche Ermittlung des Beurteilungspegels für Geräuschemissionen" (Teil 1 und Teil 2) [M.5.2, M.5.20] ist der Impulszuschlag K_I die Differenz zwischen dem in der Einstellung *Impulse* gemessenen A-bewerteten Mittelungspegel L_{AIm} und dem in der Einstellung *Fast* gemessenen A-bewerteten Mittelungspegel L_{AFm}: $K_I = L_{AIm} = L_{AFm}$. Je nach Höhe und Dauer der Impulse kann K_1 Werte von mehr als 10 dB(A) annehmen.

Bei Geräuschen mit $K_I = 2$ dB(A) kann auf den Impulszuschlag verzichtet werden. Falls die Mittelungspegel in der Einstellung *Impulse* oder im Taktmaximalpegelverfahren ermittelt werden, so ist kein Zuschlag erforderlich. Liegen jedoch nur in FAST gemessene Mittelungspegel vor, so kann je nach Auffälligkeit der Impulse ein Impulszuschlag von je 3 oder 6 dB(A) (nach VDI-Richtlinie 2058, Blatt 1 [M.5.6]) auf den Meßwert addiert werden. Nach ISO-1996 (1971) „Assessement of noise with respect to Community Response" [M.5.17 – M.5.19] ist einheitlich ein Impulszuschlag von 5 dB(A) vorgesehen.

Außer der Überschreitung eines vorhandenen Pegels ist die Anstiegzeit des Schallimpulses bis zum Erreichen des maximalen Pegels, die Höhe des Pegels selbst sowie die Vorhersehbarkeit des Schallereignisses für die Lästigkeit bedeutsam. Impulsschalle (Explosionen, Überschallknall, militärische Tiefflüge, Hammerwerke) können Anstiegzeiten von 1 ms und kürzer haben.

Hiermit verbunden sind auch meist Frequenzanteile im Frequenzbereich über 1000 Hz, in dem der Umgebungspegel bereits absinkt. Unvorhersehbare Schallereignisse (Impulse) mit starker (40 dB(A) und mehr) Überschreitung des vorhandenen Schallpegels können darüber hinaus Schreckreaktionen auslösen. Beispiele hierfür sind der Überschallknall von fast mit Schallgeschwindigkeit tieffliegenden Flugzeugen.

M.5.4 Nachbarschaftsprüfungen und Geräuschspitzen

Bei einwirkendem Gewerbe- und Industrielärm sollen nach VDI-Richtlinie 2058, Blatt 1 [M.5.6] kurzzeitige Geräuschspitzen den geltenden Richtwert außen tags um nicht mehr als 30 dB(A) und nachts um nicht mehr als 20 dB(A) überschreiten. Innerhalb von Wohnräumen sollte die Überschreitung durch einzelne Spitzen nicht mehr als 10 dB(A) tags und nachts betragen. Hiermit werden „normale" vorhersehbare Immissionen in ausreichendem Maße begrenzt, vorausgesetzt, man wählt entsprechend der Ansprechzeit des Orts am Schallpegelmesser die Zeitbewertung *Fast*.

M.5.4.1 Lästigkeitszuschlag

Für die Beurteilung einer vorhandenen Situation bietet sich eine meßtechnische, objektive Bestimmung eines Lästigkeitszuschlags wegen Impulshaltigkeit an. Statistische Verfahren sind hierzu weniger geeignet, da hiermit weder die Anstiegszeiten noch die absolute Höhe der Impulse angegeben werden können. Hinweise auf die veränderliche Höhe eines Zuschlags können durch Messungen mit unterschiedlichen Zeitkonstanten des Schallpegelmessers erhalten werden, wie er bereits als K_I in E DIN 45645 [M.5.2, M.5.20] enthalten ist. Hierbei sollte allerdings eine Korrekturgröße angebracht werden, die verhindert, daß bereits ausbreitungsbedingte Schwankungen des Schallpegels zu einem Impulszuschlag führen. Ob diese Größe die erhöhte Lästigkeit richtig beschreibt, und ob ein zusätzlicher Zuschlag für nicht vorhersehbare Impulsgeräusche notwendig ist, sollte durch die Ergebnisse der Wirkungforschung und durch die Auswertung von Erfahrungen – z.B. bei der Beurteilung von Schießlärm – überprüft werden.

M.5.4.2 Tonhaltigkeit

In der E VDI-Richtlinie 3723, Blatt 1 [M.5.5] wird vorgeschlagen, mit Hilfe statistischer Auswertung von Meßgrößen eine Aussage zur Auffälligkeit eines Geräuschs einschl. der Störung durch Ton- und Impulshaltigkeit zu treffen; hierbei soll zur Bestimmung der Tonhaltigkeit über die A-bewertete Messung des Gesamtpegels hinaus eine Frequenzanalyse des Gesamt- und Fremdgeräuschs erfolgen.

M.5.5 Verkehrslärm

Unter den Begriff Verkehrslärm fallen alle Arten des Verkehrs, d.h. Straßen-, Schienen-, Wasser- und Luftverkehr.

Die Verfahren zur Beurteilung von Verkehrslärm berücksichtigen die mittlere Verkehrsbelastung über einen längeren Zeitraum. Im Fluglärmgesetz sind dies die sechs Monate mit dem stärksten Verkehrsaufkommen. Beim Straßenverkehr wird die durchschnittliche tägliche Verkehrsstärke (DTV) ermittelt, also der Mittelwert über alle Tage eines Jahres der einen Straßenabschnitt täglich passierenden Kraftfahrzeuge. Bei der Bundesbahn werden eine durchschnittliche Verkehrsdichte und eine durchschnittliche Zusammensetzung der Zugarten – ein guter Schienenenzustand vorausgesetzt – angenommen, um eine Aussage über zu erwartenden Geräuschbelastungen treffen zu können.

Messungen an bestehenden Anlagen können den augenblicklichen Zustand (Verkehrsaufkommen, Ausbreitungsbedingungen) erfassen und

müssen auf die „Normalbedingungen" umgerechnet werden. Zusätzlich gilt auch hier, daß einwirkende Fremdgeräusche und meteorologische Einflüsse die Auswertung der durch die betrachtete Quelle verursachten Pegel erschweren oder gelegentlich unmöglich machen können.

Die Kenntnis der mittleren Emission der Verkehrsgeräuschquellen erlaubt in der Nähe der Verkehrswege die Berechnung von *Mittelungspegeln*, die in einem vertretbaren Streubereich mit den tatsächlich gemessenen Werten übereinstimmen.

M.5.6 Immissionsbeurteilungen aus technischer Sicht

M.5.6.1 TA Lärm

Grundlage der Bestimmungen in diesem Bereich ist die TA Lärm [M.5.21], die festlegt, daß die Schallpegelmessung für eine zu beurteilende Anlage oder einen Betrieb am vorgeschriebenen Meßort (0,5 m) vor dem am stärksten betroffenen, geöffneten Fenster durchzuführen ist. Schwierigkeiten könne sich dabei ergeben, wenn die dauernde Einwirkung von Fremdgeräuschen eine genaue Bestimmung des Anteils der zu beurteilenden Anlage verhindert. Wenn z.B. Geräuschquelle und Immissionsort weiter als ca. 100 m voneinander entfernt sind und gleichzeitig andere Quellen (Kfz-Verkehr, Gewerbe und Industrie) auf den Immissionsort einwirken, ergeben sich Unsicherheiten in der exakten Berechnung.

M.5.6.2 Messung und Berechnung

In ca. 80 % der zur Bestimmung des Immissionspegels durchzuführenden Untersuchungen ist die Einhaltung aller Bedingungen der TA Lärm meist wegen einwirkender Fremdgeräusche am Immissionsort nicht möglich. Die Ermittlung der Emission von Anlagen, Betrieben, Einzelquellen ist jedoch in einschlägigen Richtlinien und Normen festgelegt und in praktisch interessierenden Fällen (relativ hohe Schalleistung) fast immer unabhängig von der Wetterlage durchzuführen. Erfahrungen mit der Anwendung der VDI-Richtlinie 2714 [M.5.22] ergaben beim Vergleich von gemessenen Emissionswerten, berechneten und gemessenen Immissionspegeln für Mitwindwetterlagen Übereinstimmungen innerhalb von ± 2 dB (A). Hierbei wurden jeweils die Mittelwerte nach E DIN 45641 [M.5.8] verglichen.

Der überwiegende Teil aller Meßaufgaben bezieht sich auf die Kontrolle der Einhaltung eines Immissionswerts durch einzelne Anlagen oder Betriebsteile. Die Messung der Emission und Berechnung der Immission ist oft die einzige Möglichkeit, die Einhaltung eines Immissionsrichtwerts nachzuprüfen. Von den Genehmigungsbehörden werden diese Untersuchungen als Nachweis der Einhaltung eines Immissionsrichtwerts anerkannt, wenn Betriebszustände und Einwirkzeiten den Genehmigungsbedingungen entsprechen.

Aus den Ergebnissen der Immissionsberechnungen können erforderliche Minderungsmaßnahmen abgeleitet werden. Merhfachmessungen zur Berücksichtigung statistischer Forderungen entfallen. Unter der Voraussetzung, daß von verschiedenen Meßinstituten gleicher Qualifikation gleiche Berechnungsverfahren angewendet werden, ist zu erwarten, daß die Ergebnisse aus Emissionsmessung und Immissionsberechnung im resultierenden Immissionspegel (L_{Am}) für größere Anlagen weniger als 1 dB(A) voneinander abweichen. Bei Prognosen von Immissionspegeln im Rahmen eines Genehmigungsverfahrens ist die Berechnung der Immission aus der zu erwartenden Emission erforderlich.

M.5.6.3 Berechnungsverfahren

Die genannten Berechnungsverfahren ermöglichen lediglich eine Ermittlung des statistischen Mittelwerts (LA_{Fm} oder L_{ASm}). Bei konstant abstrahlenden Geräuschquellen liegt jedoch der Mittelungspegel nach dem Taktmaximalverfahren (L_{AFTm} = Wirkpegel) je nach Entfernung der Quelle und Fluktuation der Ausbreitungsbedingungen 0,5 – 2 dB(A) höher. Man erhält grundsätzlich höhere Wirkpegel als Mittelungspegel. (Dies könnte z. T. durch Wegfall der 3 dB-Meßunsicherheit ausgeglichen werden.) Die Messung, Auswertung und Berechnung müssen normalerweise in mindestens Oktavbandbreite erfolgen und erfordern entsprechende Erfahrung. Außerdem können Zuschläge für Ton- oder Impulshaltigkeit erst nach einer Analyse der Geräuschsituation am Immissinsort begründet werden.

Eine Überarbeitung der TA Lärm ist schon seit längerer Zeit vorgesehen und dringend geboten, um die zutage getretenen Nachteile und die Schwachstellen zu revidieren. Bisher konnten die Arbeiten jedoch noch zu keinem Abschluß gebracht werden.

M.5.6.4 Eichung

Schallpegelmesser, die für akustische Messungen eingesetzt werden, müssen geeicht sein. Dies gilt auch für Schallpegelmesser, die im Immissions- und Arbeitsschutz benutzt werden. Lediglich Schallpegelmesser, die der unverbindlichen orientierenden Information dienen, sind von der Eichpflicht befreit. Voraussetzung für die Eichung ist eine Zulassung, die von der Physikalisch-Technischen Bundesanstalt nach Zulassungsprüfung erteilt wird.

Außer der direkten Ablesung von Meßwerten sind auch analoge oder digitale Speicherungen von Meßwerten und die Auswertung im Labor übliche Verfahren. Im Sinne der entsprechenden Verordnungen müssen Einzelprüfungen der speziellen Meßketten einschl. der zur Auswertung gehörenden Rechner und Rechnerprogramme vorgenommen werden. In der Praxis werden jedoch nur einzelne Glieder einer solchen Meßkette zugelassen und geeicht, wie z. B. der Mikrophonteil oder der Schallkalibrator.

Durch diese Vorgehensweise kann es zu Fehlern kommen. Wenn der Gesamtfehler in einer Meßeinrichtung nicht größer sein soll als der eines gebräuchlichen Schallpegelmessers, bleibt für das einzelne Glied der Meßkette nur eine sehr geringe Fehlergrenze übrig. Die Anwender sind verpflichtet, durch ständige Kontrolle ihrer Meßeinrichtungen mit Hilfe akustischer Kalibratoren die Zuverlässigkeit der Meßergebnisse zu gewährleisten.

M.6 Messung der Dosis ionisierender Strahlen

M.6.1 Einleitung

Beim Durchgang energiereicher (ionisierender) Strahlen durch Materie kommt es „portionsweise" (quantenhaft) zur Absorption der Strahlenenergie durch Wechselwirkung der Partikel oder Photonen mit der Materie. Es treten Anregungszustände oder, durch direkte Wechselwirkungen, Ionisationen auf.

Bei der Dosismessung ionisierender Strahlen ging man daher zunächst von der Meßgröße Ionendosis aus. Allerdings ergab sich das Problem, daß sich diese Dosisgröße auf die Messung der Ionisation in einem mit Luft gefüllten Raum und nicht auf die stärker interessierenden flüssigen oder festen Medien bezieht. Ionisierende Photonen-Strahlung (Röntgen- bzw. γ-Strahlung) verursacht beim Durchgang durch Materie Wechselwirkungen, die direkt oder indirekt über ausgelöste Elektronen (Sekundärelektronen) zu Ionisation in der durchstrahlten Materie führen. Die Ionendosis ergibt sich zu

$$J = dQ/dm_a = 1/\rho \times dQ/dV,$$

wenn sich in einem Volumen dV eine Luftmasse dm_a der Dichte ρ befindet, so gibt diese Ionendosis die elektrische Ladung dQ der Ionen eines Vorzeichens an. Als Maßeinheit wird heute Coulomb pro Masse (C/kg) verwendet.

Es hat sich jedoch sehr bald gezeigt, daß die wichtigere und universeller anwendbare Meßgröße die Energiedosis ist, die durch die absorbierte Strahlenenergie in einem bestimmten Massenelement M definiert ist. Als Maßeinheit wird heute das Gray (Gy) verwendet, das der absorbierten Strahlungsenergie von 1 J/kg bestrahlter Masse gleichgesetzt wird. Für die unmittelbare Messung der absorbierten Strahlenenergie und damit der zu bestimmenden Energiedosis in dem zu untersuchenden Phantommaterial oder im lebenden Gewebe, etwa des menschlichen Organismus, stehen allgemein keine Meßverfahren zur Verfügung. Die Bestimmung der durch Strahlenabsorption erzeugten Wärme ist aufgrund der geringen Größe außerordentlich aufwendig und u. a. wegen des Problems der Wärmeleitung nur in Spezialfällen durchführbar. In der Praxis werden daher durchweg leichter handbare, indirekte Meßverfahren verwendet und dann aus diesen Ergebnissen die Energiedosis

errechnet. Es werden eine Reihe von Strahleneffekten bzw. Meßverfahren genutzt, von denen einige in Tabelle M.6-1 zusammengestellt sind. Aufgrund der unterschiedlichen Dosishöhen, Dosisleistungen, Strahlenarten (Neutronen, α-, β-, γ- und Röntgenstrahlen) sowie Strahlenenergie müssen diese verschiedenartigen Meßverfahren eingesetzt werden.

Um die Gefährdung des Menschen durch ionisierende Strahlung abschätzen zu können, muß die Strahlendosis an dem Ort (Ortdosis), an dem der Mensch sich befindet, oder an der Oberfläche des Menschen (Personendosis) bzw. im Menschen selbst (Körperdosis) bestimmt werden. Der Mensch kann durch externe Strahlung (Bestrahlung von außen) exponiert werden oder er nimmt radioaktive Stoffe durch Inhalation bzw. Ingestion auf, so daß diese radioaktiven Stoffe im Menschen dann zerfallen. Die Strahlenenergie wird in den Geweben freigesetzt und absorbiert (Bestrahlung von innen). Im Fall der Inkorporation von radioaktiven Stoffen kann die Strahlendosis nicht unmittelbar physikalisch gemessen werden. Es werden über biokinetische Messungen und Modelle zur Aufenthaltsdauer der Radioaktivität in einzelnen Organen und Geweben unter Berücksichtigung der physikalischen Parameter des radioaktiven Zerfalls (Halbwertszeit, Art und Energie der Strahlung) die Dosen abgeschätzt [M.6.1].

Bei der Dosisüberwachung in und außerhalb von technischen Anlagen können die Strahlendosis bzw. die Radioaktivitätskonzentrationen innerhalb der Anlagen unmittelbar gemessen werden, während bei der Umgebungsüberwa-

Tabelle 6-1 Übersicht über Strahlungseffekte und darauf beruhender Verfahren zur Dosisbestimmung

Strahlungseffekt	Meßeinrichtung/Meßverfahren	Anwendung in			
		ST	RD	SS	VT
Ionisation im Gas	Ionisationskammer	1	1	1	1
	Proportionalzählrohr			1	
	Auslösezählrohr	1		1	
Ionisation im Festkörper	Halbleiterkristall	2		2	2
	Leitfähigkeitsdetektor	2		2	
Scintillation, Lumineszenz	Scintillation		1		
	Thermolumineszens	1	1	1	2
	Photographische Filme	2	1	1	
Chemische Effekte	Chemische Dosimeter	1			1

ST Strahlentherapie   SS Strahlenschutz   1 häufig verwendetes, empfehlenswertes Verfahren
RD Röntgenstrahlendiagnostik   VT Verfahrenstechnik   2 in bestimmten Fällen vorteilhaft anwendbar

chung häufig nur die Abgaben von radioaktiven Stoffen aus den technischen Anlagen erfaßt werden und die Dosis für den Menschen in der Umgebung solcher Anlagen über Modellsysteme ermittelt werden muß [M.6.2].

Für die unmittelbaren Strahlenmeßverfahren werden verschiedene Dosimetersysteme eingesetzt, die selbst oder deren zugrundeliegende Meßverfahren in Tabelle M.6-1 angegeben sind. Diese Strahlenmeßverfahren ermöglichen i. allg. keine direkte Dosismessung, sondern ihnen liegt häufig das Prinzip der Zählung ionisierneder Partikel zugrunde. Dieses gilt vor allem für die Dosismessung beim Zerfall radioaktiver Stoffe. Die Dosisbestimmung erfolgt dann über Kalibrierungsfaktoren, für die das Radionuklid mit seinem Zerfallsschema und den dabei entstehenden ionisierenden Teilchen bekannt sein muß. Eine Ausnahme machen hier nur die Ionisationskammern und Filmdosimeter (Tabelle M.6-1), bei denen eine direkte Dosismessung durchgeführt werden kann.

M.6.2 Ionisation in Gasen

M.6.2.1 Ionisationskammern

Gasgefüllte Ionisationskammern werden in einer großen Breite für die Dosimetrie eingesetzt. Dieses liegt vor allem an dem hohen Ansprechvermögen und an der Anwendbarkeit für alle Strahlenarten. Der relativ geringe Aufwand zur Strom- oder Ladungsmessung sowie die gute Langzeitstabilität sind die Grundvoraussetzungen für diese breite Anwendung. Durch die Wahl des Ionisationsvolumens, die Variation der Gasdichte und des Ladungs- bzw. Strommeßbereichs können Ionisationskammern für einen sehr breiten Meßbereich der Dosis und Dosisleistungen (Dosis pro Zeiteinheit) eingesetzt werden.

Die Ionisationskammern bestehen im Prinzip aus einer gasgefüllten Kammer mit zwei Elektroden. Bestrahlt man dieses Gas mit ionisierender Strahlung, so fließt beim Anlegen einer Spannung ein elektronischer Strom, der durch Wanderung der gebildeten Gasionen im elektrischen Feld erzeugt wird. Wenn keine Rekombination der Ionen bzw. eine Verstärkung der Ionenzahl im Gas stattfindet, so ist der gemessene Strom der Strahlungsleistung, die durch Absorption im Gas induziert worden ist, direkt proportional. Im Strahlenschutz werden i. allg. Ionisationskammern mit einem Kammervolumen von $10^2 - 10^4\,\mathrm{cm^3}$ eingesetzt. Damit sind Messungen von

Dosisleistungen im Bereich von ca. 1–1000 m Sv/h möglich. Bei entsprechend kleinen Kammervolumina, wie sie in der Strahlentherapie verwendet werden, können aber auch Dosisleistungen bis zu 10 Gy/min gemessen werden. Aus diesen Gründen gibt es eine Vielzahl von unterschiedlichen Bauformen von Ionisationskammern, die für die verschiedenartigen Verwendungszwecke eingesetzt werden.

Für die Absolutbestimmung der Energiedosen an der Oberfläche und im Inneren von Phantomen sind in verschiedenen Ausführungen Extrapolationskammern für verschiedene Strahlenarten entwickelt worden. Im Strahlenschutz werden Ionisationskammern häufig aufgrund ihrer Zuverlässigkeit, der geringen Energieabhängigkeit des Ansprechvermögens und der Verwendbarkeit bei niedrigen Strahlenenergien bevorzugt.

Als Personendosimeter werden Kondensatorkammern häufig in der Form von Stabdosimetern eingesetzt. Bei diesen Stabdosimetern wird ein aufgeladenes Elektrometer in einer Ionisationskammer verwendet. Beim Durchgang ionisierender Strahlung führen die auftretenden Ionisationen zu einer schrittweisen Entladung, die proportional der Strahlendosis ist. Es ergibt sich damit die Möglichkeit, die Strahlendosis direkt mit Hilfe eines solchen Dosimeters abzulesen.

Durch Interaktion der durch Strahlung entstandenen Ionen in dem Gas der Ionisationskammer mit anderen Ladungsträgern, kann es zu Rekombinationen bzw. „Löschung" der Ionen kommen. Wird die angelegte Kammerspannung und damit die Feldstärke erhöht, so nimmt die Wahrscheinlichkeit solcher Interaktionen (Rekombination) ab. Bei entsprechender Zunahme der Spannung wird schließlich ein Zustand erreicht, in dem die Rekombinationsverluste vernachlässigbar sind. Damit nähert sich der Strom in der Kammer einem Sättigungsstrom. Der gemessene Ionisationsstrom (bzw. die Dosisleistungsanzeige) ist mit einem Korrekturfaktor zu multiplizieren, um den Wert bei Sättigung leichter zu erreichen als in elektronegativen Gasen, bei denen die Rekombination zwischen Elektronen und den entsprechenden Gasmolekülen sehr viel höher ist. Daher wird als Füllgas häufig reiner Stickstoff gewählt.

M.6.2.2 Zählrohre

Zählrohre unterscheiden sich von Ionisationskammern durch die Verstärkung der im Gasraum erzeugten Ladungen. Für die Anwendung im Strahlenschutz sind sie besonders geeignet, da sie mit einer einfachen Nachweiselektronik in Meßbereiche bis zu sehr niedrigen Dosisleistungen kommen. Diese Geräte sind häufig auch tragbar, so daß sie einfach bedienbar im Gelände eingesetzt werden können. Zählrohre bestehen meist aus einem Hohlzylinder mit einem dünnen Zähldraht in der Mitte des Zylinders längs der Achse, der als Anode ausgeführt ist. Sie sind mit Gas gefüllt, die keine Elektronen anlagern, z.B. Argon. Die gemessene Impulshöhe beim Durchgang eines geladenen Teilchens durch ein Zählrohr ist in starkem Maß von der angelegten Spannung abhängig und kann entsprechend der Spannung in verschiedenen Bereichen angewendet werden. Für die Strahlungsbemessung werden i. allg. der sog. Proportionalbereich (mit Spannungen von ca. 200 – 550 V) sowie der Auslösebereich (Geiger-Müller-Bereich) mit Spannungen von ca. 750 – 950 V eingesetzt.

Im Proportionalbereich wird die Verstärkung der Primärladungen durch Stoßmultiplikation erreicht. In der Nähe der Anode werden die Elektronen so stark beschleunigt, daß sie selbst wieder zu ionisieren vermögen. Die Elektronenlawine, die von einer primären Ionisation herrührt, ist auf einen sehr kleinen Abschnitt des Anodendrahts beschränkt. Daher bestehen zwischen Elektronenlawinen verschiedener Primärionisationen keine Wechselwirkungen, und der Ladungsimpuls ist somit proportional der durch das Primärteilchen erzeugten Ionenpaare. Der Zähldraht muß kreisrund sein und über die gesamte Länge einen gleichmäßigen Querschnitt haben, um für alle Stellen des Zähldrahts eine gleiche Gasverstärkung zu erhalten. Die Gasfüllungen solcher Proportionalzählrohre bestehen z.B. aus Argon mit einem Zusatz von Methan oder aus Helium mit einem Zusatz von Isobutan. Die Zusatzgase bewirken eine Herabsetzung der mittleren Geschwindigkeit der Elektronen und lassen daher eine höhere Gasverstärkung zu.

Bei diesen Zählrohren kann durch Impulshöhendiskriminierung die Teilchenart bestimmt werden, da die gesammelte Ladung von der Anzahl der primär gebildeten Ionisationen bei etwa gleicher Bahnlänge abhängt, und damit Teilchen mit verschiedener Ionisationsdichte zu unterschiedlichen Reaktionen führen. Auch die Bestimmung der Teilchenenergie ist möglich, wenn das empfindliche Volumen die gesamte Bahn des ionisierenden Teilchens enthält. Proportionalzählrohre sind daher auch zur Spektrumbestim-

mung von α-Teilchen und energiearmer β- bzw. γ-Strahlung geeignet. Allerdings muß die Spannung für die Energiebestimmungen gut stabilisiert sein. Bei diesem Zählrohr können unmittelbar aufeinander folgende Impulse registriert werden, Auflösungszeiten bis herab zu $0,2 \cdot 10^{-6}$ s sind möglich.

Mit der weiteren Steigerung der Spannung am Zählrohr wird der Auslösebereich erreicht. In diesem Bereich können stark und schwach ionisierende Teilchen nicht mehr voneinander unterschieden werden, da die Impulsamplituden sich in immer stärkerem Maße angleichen. Die Gasverstärkung hängt nicht mehr von der Primärionisation ab, alle Impulse sind gleich hoch. Schon ein einziges im Gasvolumen erzeugtes Ionenpaar löst die Zündung aus, die sich entlang des Zähldrahts ausbreitet. Daher kommt es nach der Auslösung eines Impulses zu einer Totzeit, die entsprechend den Charakteristika des Zählrohrs unterschiedlich dauern kann, und innerhalb derer das Zählrohr nicht auf den Durchgang weiterer ionisierender Teilchen anspricht. Bevor ein weiterer Impuls ausgelöst werden kann, müssen alle Ionen an den Elektroden eingesammelt sein. Daher werden heute überwiegend selbstlöschende Zählrohre mit kürzeren Totzeiten verwendet.

Als Zählgas wird häufig Argon mit Ethylalkohol bei Partialdrucken von 10 und 1 kPa eingesetzt. Die Auflösungszeit eines Zählrohrs hängt entscheidend von der jeweiligen Schaltung des Nachweisgeräts ab.

Für die Verwendung eines Geiger-Müller-Zählrohrs ist ferner von Bedeutung, die Zählrohrcharakteristik (die Zahl der abgegebenen Impulse in einer vorgegebenen Zeit T in Abhängigkeit von der Spannung) zu kennen. In dieser Charakteristik wird ein Plateau erreicht. Die Betriebsspannung sollte i. allg. in diesem Plateau liegen. Der Vorteil der Geiger-Müller-Zählrohre liegt in der geringen erforderlichen Nachverstärkung und damit einfachen Elektronik, da bereits innerhalb des Zählrohrs ein hoher Verstärkungseffekt eintritt. Der Nachteil besteht darin, daß weder die Teilchenenergie noch die Teilchenart durch das Zählrohr charakterisiert werden kann. Schließlich muß eine Totzeit i. allg. von einigen Mikrosekunden in Kauf genommen werden, während der das Zählrohr wegen der vollständigen Ionisation des Volumens um den Zähldraht keine weiteren Impulse registrieren kann. Für Messungen bei hohen Dosisleistungen sind Geiger-Müller-Zählrohre daher ungeeignet.

Auch in festen Stoffen entstehen durch Bestrahlung Ionisationen mit Ionenpaaren. Diese können jedoch i. allg. nicht zur Dosimetrie genutzt werden, weil sie entweder in nichtleitenden Stoffen unbeweglich oder in leitenden Stoffen neben den bereits vorhandenen Ladungsträgern nicht nachweisbar sind. Dies gilt allerdings nicht für einige Halbleiter. Zu diesen Stoffen gehören Silizium und Germanium. Bei ihnen kann die Zahl der vorhandenen, beweglichen Ladungsträger herabgesetzt werden, so daß die durch Strahlung erzeugten Ionenpaare gemessen werden können. Ferner gehören zu diesen Stoffen die sog. Leitfähigkeitsdetektoren (z. B. Cadmiumsulfid), bei denen die Zahl der Ladungsträger im unbestrahlten Zustand von Natur aus genügend klein ist.

Die Leitfähigkeitseigenschaften der Halbleiter können durch das sog. Bändermodell beschrieben werden. In „Valenzband" sind die Ladungsträger unbeweglich. Durch Energiezufuhr, z. B. durch Absorption ionisierender Strahlung, können sie in das höher liegende Leitungsband gehoben werden, in welchem die Ladungsträger beweglich werden. Die „verbotene Lücke" zwischen den Bändern beträgt 1,12 eV bei Silizium und 0,67 eV bei Germanium. Der Ladungstransport im Leitungsband wird durch Elektronen oder „Defektelektronen" durchgeführt, letztere werden auch „Löcher" genannt. Es wird daher von n-leitendem oder p-leitendem Material gesprochen, wobei die Zahl der Elektronen oder die der Löcher überwiegt. Wenn die Silizium- und Germanium-Kristalle, die vierwertig und durch kovalente Bindungen im Kristall gebunden sind, mit Fremdatomen dotieren, so kann das Material n-leitend werden, wenn die zur Dotierung verwendeten Fremdatome, z. B. Phosphor, Arsen und Antimon, die Tendenz haben, im Kristall ein Elektron abzugeben. Dagegen bewirkt die Dotierung mit 3wertigen Atomen wie Bor, Aluminium, Gallium und Indium, daß das Material p-leitend wird.

Die p-n-Verbindung stellt einen Gleichrichter als elektrisches Leitungselement dar. Durch Anlegen einer Spannung mit dem Pluspol an die p-Seite wird den Elektronen der n-Seite die Überwindung des vor der p-Seite liegenden negativen Potentials ermöglicht. Das Umgekehrte gilt für die Löcher. Hier wird die Diode leitend. Bei umgekehrter Polung wirkt die Verarmungszone wie ein Isolator. Die n- bzw. p-leitenden Seitenteile des Kristalls verhalten sich daher wie die Elektroden einer gasgefüllten Ionisationskammer. Die Verarmungszone stellt das empfindliche Volumen dar; die in ihm durch Strahlung erzeugten Ionenpaare können als Stromsignale registriert werden. Gewöhnliche Halbleiterdioden haben Verarmungszonen mit Dicken bis zu einigen 100 μm und erlauben in Sperrichtung das Anlegen von Spannungen bis zu 100 V.

Bei Halbleitern beträgt der W-Wert, der mittlere Energieaufwand zur Bildung eines Ionenpaars, ca. 1/10 des Werts in Gasen (3,0 eV in Germanium, 3,8 eV in Silizium). Die Dichte der Halbleiter ist dagegen rund 2000 mal so groß. Bei gleicher Energieabsorption werden daher in gleich großen Volumina 20000 mal mehr Ladungsträgerpaare erzeugt als in Gasen. Es sind heute Halbleiterreinstkristalle mit Dicken der Verarmungszonen bis zu 10 mm und Meßvolumina von ca. 100 cm^3 erhältlich.

P-leitende Siliziumdioden werden für Dosis- und Dosisleistungsmessungen vor allem dort eingesetzt, wo im Vergleich zu Ionisationskammern durch kräftige Detektorsignale kurze Meßzeiten und eine hohe räumliche Ausflösung erreicht werden sollen. Die Nachweiswahrscheinlichkeit für die Zählung geladener Teilchen beträgt für Oberflächensperrschichtdetektoren 100 % für alle Teilchen, die das Strahleneintrittsfenster durchdringen. Infolge der dünnen Schichten besteht eine hohe Zeitauflösung (bis herab zu 10^{-9} s). Zur Spektrometrie von Röntgen- und γ-Strahlen eignen sich bei Photonenenergieen bis ca. 300 keV Reinst-Gemaniumdetektoren, bei höheren Energien aufgrund der größeren empfindlichen Volumina Germanium/Lithiumdetektoren.

Zur Gruppe der Leitfähigkeitsdetektoren gehören normalerweise nichtleitende Kristalle wie Cadmiumsulfid und Cadmiumselinid. Bei diesen stellt sich bei konstanter Dosisleistung der einfallenden Strahlung und konstant angelegter Spannung ein stationärer Strom erst einige Sekunden oder Minuten nach Bestrahlungsbeginn ein. Nachteilig für die allgemeine Anwendung der Dosimetrie von Photonenstrahlung ist die starke Energieabhängigkeit des Ansprechvermögens für Cadmiumsulfidkristalle. Das Ansprechvermögen bei 0,1 MeV ist ca. 50 mal größer als das bei 2 MeV.

M.6.4 Scintillation und Lumineszenz

In geeigneten Scintallatoren kann ionisierende Strahlung Lichtblitze (Scintallationen) auslösen, die im sichtbaren Spektralbereich liegen. Die Umwandlung der Lichtblitze in Stromimpulse mit Hilfe von Photomultipliern führt zum Scintillationszähler, einem der empfindlichsten Nachweisgeräte für ionisierende Strahlung. Besondere Vorteile der Scintillationszähler gegenüber Zählrohren und Ionisationskammern sind hohes Anssprechvermögen für γ- und harte Röntgenstrahlung, hohes zeitliches Auflösungsvermögen mit Koinzidenzen auf 10^{-10} s, hohe Zählgeschwindigkeit und Proportionalität zwischen Teilchen und Quantenenergie sowie der Amplitude der abgegebenen Stromimpulse. Dabei ist es notwendig, daß die bei den Absorptionsprozessen ionisierender Strahlung erzeugte sekundäre Photonenstrahlung ebenfalls im Scintillator absorbiert wird. Beim quantitativen Nachweis von Elektronen und bei der Messung von Elektronenspektren ist ferner die Rückstreuung zu beachten.

Als Scintillationsmaterialien eignen sich eine Reihe von anorganischen Stoffen wie z. B. Zinksulfid (Ag), Zinkoxid (Ga), Natriumjodid (Tl) und Caesiumjodid (Tl) sowie verschiedene organische Substanzen wie z. B. Anthrazen, Stilben und Lösungen von fluoreszierenden Verbindungen in flüssigen und festen organischen Lösungsmitteln. Das Ansprechvermögen eines Scintillators für Photonenstrahlung hängt von seinen Dimensionen und von der Dichte des Scintillatormaterials ab sowie vom Energieumwandlungskoeffizienten für die Strahlung und damit von deren Energie. Bei höheren Quantenenergien sind aufgrund der o.g. Phänomene große Kristalle aus einem Material mit hoher mittlerer Ordnungszahl erforderlich. Die untere Grenze der Energie von ionisierenden Partikeln oder Quanten, die mit einem Scintillationszähler nachgewiesen werden können, hängt außer vom Scintillator vom Rauschen des Photomultipliers ab. Ein typischer Wert der Schwellenenergie für die Meßanordnung liegt bei ca. 3 keV. Es können jedoch auch niedere Energien wie z. B. die β-Partikel, die beim Zerfall des Tritiums entstehen, quantitativ erfaßt werden. Für Messungen im Strahlenschutz haben Scintillationsdetektoren aufgrund ihres hohen Ansprechvermögens für γ-Strahlung und β-Strahlung bei geringen Abmessungen an Bedeutung gewonnen. Mit Natriumjodid (Tl)-Scintillationszählern werden z. B. kleinste Mengen an Radioaktivität im Urin oder im menschlichen Körper nachgewiesen und durch Energiebestimmung der Radionuklide identifiziert.

M.6.5   Thermolumineszenz

Thermolumineszensdosimeter stellen weitverbreitete Festkörperdosimeter in der Strahlentherapie, Strahlenbiologie und bei technischen Anwendungen ionisierender Strahlen sowie im Strahlenschutz dar. Es werden überwiegend Ionenkristalle wie Lithiumfluorid oder Calciumfluorid, die mit Fremdatomen (Aktivatoren z. B. Magnesium, Titan, Mangan) dotiert werden, verwendet. Die Detektoren können als Pulver, Einkristalle oder auch in anderer Form verwendet werden. Wird ein Ionenkristall dieser Art von Strahlung getroffen, so entstehen „Elektronen-Loch-Paare". Elektronen gelangen aus dem Grundzustand (Valenzband) in einen höheren Energiezustand (Leitungsband), in dem sie frei beweglich sind. Bei der Diffusion durch den Kristall können die Elektronen an sog. Haftstellen eingefangen werden, die sich auf einem Energieniveau in der „verbotenen Zone" unterhalb des Leitungsbands befinden. Die Löcher können in Haftstellen in Energieniveaus dicht über dem Valenzband festgehalten werden. Die Verweilzeiten der Elektronen in den Haftstellen hängen vom Abstand der Energieniveaus, vom Leitungsband und von der Temperatur der Probe ab. Sie müssen groß sein gegenüber der Zeitspanne zwischen Bestrahlung und Auswertung. Durch Erhitzen der Probe gelangen sie wieder in das Leitungsband und können bei ihren Diffusionsbewegungen von Lumineszenzzentren eingefangen werden, wo sie mit Löchern rekombinieren. Dabei emittieren die Elektronen Lichtphotonen, deren Gesamtzahl der bei der Bestrahlung absorbierten Energie proportional ist. Ein Teil der emittierten Photonen wird in einer optischen Anordnung mit einem Photomultipler gemessen. Hierzu wird das Thermolumineszenzdosimeter stufenweise auf bestimmte Temperaturen erhitzt und für eine gewisse Zeit bei diesen Temperaturen gehalten. Man erhält eine sog. „Glow-Kurve".

Der Dosismeßbereich durch Thermolumineszenz ist mit $10^{-7} - 10^4$ Gy außerordentlich breit. Die Dosismessung ist unabhängig von der Dosisleistung. Bei Photonenstrahlung besteht eine Abhängigkeit von der Energie der Strahlung unterhalb von 300 keV. Oberhalb von 300 keV ist sie gering. Lithiumfluorid hat sich als ein sehr günstiges Material für Thermolumineszenzdosimeter erwiesen. Für die absolute Dosismessung müssen entsprechende Kalibierungen vorgenommen werden.

M.6.6 Photographische und chemische Effekte

M.6.6.1 Filme

Durch die Einwirkung nur eines Photoelektrons können in Photoemulsionen $10^8 - 10^{11}$ Silberionen zu Silberatomen reduziert und durch Entwicklung ausgeschieden werden, es tritt eine Schwärzung auf. Das Ansprechvermögen der Filme hängt nicht von der Dosisleistung ab. Derartige Filmdosimeter werden vor allem im Strahlenschutz zur Bestimmung der Personendosis bei einer äußeren Strahlenexposition verwendet. In den Filmdosimetern für Photonen- und β-Strahlung liegen i. allg. zwei in Polyethylen eingeschlossene Filme der Größe 3 x 4 cm vor. Einer dieser Filme ist für hohe Dosen, der andere für niedrige vorgesehen. Im Plakettengehäuse sind an der Vorder- und Rückwand kleine Bleche aus Kupfer verschiedener Dicke und aus Blei angebracht. Damit ist eine Möglichkeit gegeben, aus der Schwärzung der Filme hinter diesen Blechen eine Aussage über die Strahlenqualität zu machen. Die Filmplaketten sind zur Messung von Photonenstrahlung mit Energien zwischen 20 keV und 3 MeV eingerichtet. Die Empfindlichkeit der Filme liegt bei ca. 0,2 mSv. β-Strahlen können erst bei mittleren Elektronenenergien von (> 300 keV gemessen werden. Bei einer energieärmeren β-Strahlung (z. B. beim Zerfall von Tritium) besteht die Gefahr einer erheblichen Unterschätzung der Dosis. Die Filmdosimeter werden in den zuständigen zentralen Meßstellen ausgewertet, damit wird die amtliche Personendosis bestimmt.

M.6.6.2 Chemische Dosimeter

Chemische Dosimeter werden zur Bestimmung der Energiedosis in wässriger Lösung eingesetzt. Sie können zur Kalibrierung von anderen Dosimetern verwendet werden. Diese Dosimeter beruhen auf dem Prinzip, daß Metallionen in wässriger Lösung durch ionisierende Strahlung in eine andere Oxidationsstufe überführt werden. Am häufigsten benutzt wird eine Eisensulfat-Lösung in einer luftgesättigten 0,4 M H_2SO_4-Lösung. Durch Bestrahlung werden die Fe^{2+}-Ionen zu Fe^{3+}-Ionen oxidiert. Die Konzentration der Fe^{3+}-Eisenionen kann spektrophotometrisch bestimmt und daraus die Energiedosis errechnet werden. Der Ausbeutefaktor dieses Oxidationsprozesses hängt von der Strahlenqualität ab. Für Photonen- und Elektronen-Strahlung mit Energien (> 1 MeV wird angenommen, daß der Ausbeutefaktor energieunabhängig ist und 1,61 μMol/J beträgt. Im allgemeinen ist dieses Dosimeter unabhängig von der Dosisleistung. Erst bei sehr hohen Dosisleistungen reicht die Sauerstoffkonzentration der luftgesättigten Eisenfulfat-Lösung nicht mehr aus, um den normalen Reaktionsablauf zu gewährleisten. Mit diesen Eisensulfat-Lösungen lassen sich Energiedosen in wässrigen Lösungen von 10 – 400 Gy sehr genau bestimmen, so daß eine Kalibrierung durch diese Dosimeter gewährleistet ist.

M.6.7 Schlußbemerkungen

Diese kurzen Darlegungen zeigen, daß eine Vielzahl von Dosimetern für die unterschiedlichsten Meßbereiche, Strahlenqualitäten und Strahlenenergien zur Verfügung stehen, um sowohl externe Strahlenquellen hinsichtlich ihrer Dosis oder Dosisleistung als auch Radioaktivitätsmengen quantitativ erfassen zu können. Die Auswahl der Dosimeter hat entsprechend den jeweils auftretenden Bedingungen zu erfolgen. Detailliertere Darstellungen zur Dosismessung sind in [M.6.3] beschrieben.

Literatur

[M.1.1] Gesetz zum Schutz vor schädlichen Umwelteinwirkungen durch Luftverunreinigungen, Geräusche, Erschütterungen und ähnlichen Vorgängen (Bundes-Immissionsschutzgesetz – BImSchG) vom 15. März 1974, Bundesgesetzblatt Teil 1, Nr. 27, Jahrgang 1974, S. 721 f., zuletzt geändert am 11. Mai 1990 BGBl. I. S. 881f.

[M.1.2] 1. Allgemeine Verwaltungsvorschrift zum Bundes-Immissionsschutzgesetz (Technische Anleitung zur Reinhaltung der Luft – TA Luft) vom 27.2.1986, Gemeinsames Ministerialblatt, Ausgabe A, 37. Jahrgang, 28. Februar 1986, S. 95f.

[M.1.3] 13. Verordnung zur Durchführung des Bundes-Immissionsschutzgesetzes über Großfeuerungsanlagen – 13. BImSchV vom 22. Juni 1983, Bundesgesetzblatt I. S. 719f.

[M.1.4] 17. Verordnung zur Durchführung des Bundes-Immissionsschutzgesetzes über Verbrennungsanlagen für Abfälle und ähnliche brennbare Stoffe – 17. BImSchV vom 23.11. 1990, Bundesgesetzblatt 1990, Nr. 64, S. 2545f.

[M.1.5] 2. Verordnung zur Durchführung des

Bundes-Immissionsschutzgesetzes (Verordnung zur Emissionsbegrenzung von leichtflüchtigen Halogenkohlenwasserstoffen – 2. BImSchV) vom 10. Dezember 1990 BGBl. I. S. 2694f.

[M.1.6] VDI 2448, Bl. 1, Planung von stichprobenartigen Emissionsmessungen an geführten Quellen (04.92)

[M.1.7] VDI 2066, Bl. 1, Messen von Partikeln, Staubmessungen in strömenden Gasen, Gravimetrische Bestimmung der Staubbeladung – Übersicht (10.75)

[M.1.8] VDI 2449, Bl. 1, Entwurf, Prüfkriterien von Meßverfahren, Ermittlung von Verfahrenskenngrößen für die Messung gasförmiger Schadstoffe (Immissionen) (12.91)

[M.1.9] VDI 2449, Bl. 2, Grundlagen zur Kennzeichnung vollständiger Meßverfahren, Begriffsbestimmungen (01.87)

[M.1.10] RdSchr. vom 1.3.90, Bundeseinheitliche Praxis bei der Überwachung der Emissionen – Richtlinien über die Eignungsprüfung, den Einbau, die Kalibrierung und die Wartung von Meßeinrichtungen für kontinuierliche Emissionsmessungen, Gemeinsames Ministerialblatt, 41. Jahrgang 1990, S. 226f.

[M.1.11] VDI 2066, Bl. 2, Messen von Partikeln, Manuelle Staubmessung in strömenden Gasen, Gravimetrische Bestimmung der Staubbeladung, Filterkopfgeräte (4 m³/h, 12 m³/h) (08.93)

[M.1.12] VDI 2066, Bl. 3, Messen von Partikeln, Manuelle Staubmessung in strömenden Gasen, Gravimetrische Bestimmung der Staubbeladung, Filterkopfgerät (40 m³/h) (1993)

[M.1.13] VDI 2066, Bl. 7, Messen von Partikeln, Manuelle Staubmessung in strömenden Gasen, Gravimetrische Bestimmung der Staubbeladung, Planfilterkopfgeräte (08.93)

[M.1.14] VDI 2066, Bl. 5, Staubmessung in strömenden Gasen, Fraktionierende Staubmessung nach dem Impaktionsverfahren – Kaskadenimpaktor (1993)

[M.1.15] VDI 3868, Bl. 1, Entwurf, Messen der Gesamtemission von Metallen, Halbmetallen und ihren Verbindungen. Manuelle Messung in strömenden, emittierten Gasen, Probenahmesystem für partikelgebundene und filtergängige Stoffe (10.92)

[M.1.16] VDI 3868, Bl. 2, Vorentwurf, Bestimmung der Gesamtemission von Metallen, Halbmetallen und ihren Verbindungen, Messen von Quecksilber, Atomabsorptionsspektrometrie mit Kaltdampftechnik (02.93)

[M.1.17] VDI 2268, Bl. 1, Stoffbestimmung an Partikeln: Bestimmung der Elemente Ba, Ca, Cd, Co, Cr, Cu, Ni, Pb, Sr, Zn in emittierten Stäuben mittels atomspektrometrischer Methoden

[M.1.18] VDI 2268, Bl. 2, Stoffbestimmung an Partikeln; Bestimmung der Elemente Arsen, Antimon und Selen in emittierten Stäuben mittels Atomabsorptionsspektrometrie nach Abtrennung über ihre flüchtigen Hydride

[M.1.19] VDI 2268, Bl. 3, Stoffbestimmung an Partikeln; Bestimmung des Thalliums in emittierten Stäuben mittels Atomabsorptionsspektrometrie

[M.1.20] VDI 2268, Bl. 4, Stoffbestimmung an Partikeln: Bestimmung der Elemente Arsen, Antimon und Selen in emittierten Stäuben mittels Graphitrohr-Atomabsorptionsspektrometrie

[M.1.21] VDI 2462, Bl. 1, Messen gasförmiger Emissionen, Messen der Schwefeldioxid-Konzentration, Jod-Thiosulfat-Verfahren (02.74)

[M.1.22] VDI 2462, Bl. 2, Messung gasförmiger Emissionen, Messen der Schwefeldioxid-Konzentration, Wasserstoffperoxid-Verfahren, Titrimetrische Bestimmung (02.74)

[M.1.23] VDI 2462, Bl. 3, Messung gasförmiger Emissionen, Messen der Schwefeldioxid-Konzentration, Wasserstoffperoxid-Verfahren, Gravimetrische Bestimmung (02.74)

[M.1.24] VDI 2462, Bl. 8, Messen gasförmiger Emissionen, Messen der Schwefeldioxid-Konzentration, H_2O_2-Thorin-Methode (03.85)

[M.1.25] VDI 2462, Bl. 7, Messen gasförmiger Emissionen, Messen der Schwefeltrioxid-Konzentration, 2-Propanol-Verfahren (03.85)

[M.1.26] VDI 2456, Bl. 1, Messen gasförmiger Emissionen, Messen der Summe von Stickstoffmonoxid und Stickstoffdioxid, Phenoldisulfonsäure-Verfahren (12.73)

[M.1.27] VDI 2456, Bl. 2, Messen gasförmiger Emissionen, Messen der Summe von Stickstoffmonoxid und Stickstoffdioxid, Titrations-verfahren (12.73)

[M.1.28] VDI 2456, Bl. 8, Messen gasförmiger Emissionen, Analytische Bestimmung der Summe von Stickstoffmonoxid und Stickstoffdioxid, Natriumsalicylat-Verfahren (01.86)

[M.1.29] VDI 2456, Bl. 10, Messen gasförmiger Emissionen, Analytische Bestimmung der Summe von Stickstoffmonoxid und Stickstoffdioxid, Dimethylphenol-Verfahren (11.90)

[M.1.30] VDI 2459, Bl. 7, Entwurf, Messen gasförmiger Emissionen, Messen der Kohlenmonoxid-Konzentration, Jodpentoxid-Verfahren (01.90)

[M.1.31] VDI 2470, Bl. 1, Messen gasförmiger Emissionen, Messen gasförmiger Fluor-Verbindungen, Absorptionsverfahren (10.75)

[M.1.32] VDI 3480, Bl. 1, Messen gasförmiger Emissionen, Messen von Chlorwasserstoff, Messen der Chlorwasserstoff-Konzentration von Abgas mit geringem Gehalt an chloridhaltigen Partikeln (07.84)

[M.1.33] VDI 3486, Bl. 2, Messen gasförmiger Emissionen, Messen der Schwefelwasserstoff-Konzentration, Jodometrisches Titrationsverfahren (04.79)

[M.1.34] VDI 2461, Bl. 2, Messung gasförmiger Immissionen, Messen der Ammoniak-Konzentration, Nessler-Verfahren (05.76)

[M.1.35] RdSchr. d. BMU vom 26.3.1991, Bundeseinheitliche Praxis bei der Überwachung der Emissionen, Eignung von Meßeinrichtungen zur kontinuierlichen Überwachung von Emissionen, GMBl. 1991, S. 470f.

[M.1.36] RdSchr. d. BMU vom 1.7.1992 – IGI 3 – 51134/2, Bundeseinheitliche Praxis bei der Überwachung der Emissionen und der Immissionen, Eignung von Meßeinrichtungen zur kontinuierlichen Überwachung von Emissionen, Bezugsgrößen (Abgasvolumenstrom, Sauerstoff), Eignung von elektronischen Systemen zur Auswertung kontinuierlicher Emissionsmessungen GMBl. 1992, S. 794f.

[M.1.37] Luftreinhaltung. Leitfaden zur kontinuierlichen Emissionsüberwachung, Vorschriften und Verfahren der Emissionsmeßtechnik unter Berücksichtigung der TA Luft 86 und Datenblätter eignungsgeprüfter Meßgeräte, 4. überarbeitete Auflage, Umweltbundesamt Berichte 11/90. Berlin: Erich Schmidt Verlag

[M.1.38] VDI 3480, Bl. 2, Messen gasförmiger Emissionen, Messen von Chlorwasserstoff, kontinuierliches selektives Messen von Chlorwasserstoff mit dem Spectran 677 IR (01.92)

[M.1.39] VDI 3480, Bl. 3, Messen gasförmiger Emissionen, kontinuierliches Messen von gasförmigen anorganischen Chlorverbindungen mit dem Ecometer (01.92)

[M.1.40] VDI 3481, Bl. 2, Messen gasförmiger Emissionen; Bestimmung des durch Asorption am Kieselgel erfaßbaren organisch gebundenen Kohlenstoffs (04.80)

[M.1.41] VDI 3481, Bl. 4, Vorentwurf (Arbeitspapier), Bestimmung des durch Adsorption an Kieselgel erfaßbaren organisch gebundenen

Kohlenstoffs in Abgasen mit höherem Wassergehalt

[M.1.42] VDI 2457, Bl. 2, Vorentwurf, Messen gasförmiger Emissionen, Gas-chromatographische Bestimmung organischer Verbindungen, Probenahme durch Absorption in tiefkaltem Lösemittel (2-(2-Methoxylethoxy)ethanol, Methyldiglykol)

[M.1.43] VDI 3482, Bl. 4, Messen gasförmiger Immissionen, Gaschromatographische Bestimmung organischer Verbindungen mit Kapillarsäulen, Probenahme durch Anreicherung an Aktivkohle – Desorption mit Lösemittel (11.84)

[M.1.44] VDI 3482, Bl. 6, Messen gasförmiger Immissionen, Gaschromatographische Bestimmung organischer Verbindungen – Probenahme durch Anreicherung – Thermische Desorption (07.88)

[M.1.45] VDI 3482, Bl. 5, Messen gasförmiger Immissionen, Gaschromatographische Bestimmung von aromatischen Kohlenwasserstoffen, Probenahme durch Anreicherung an Aktivkohle – Desorption mit Lösemittel (11.84)

[M.1.46] VDI 2467, Bl. 2, Messen gasförmiger Immissionen, Messen der Konzentration primärer und sekundärer aliphatischer Amine mit der Hochleistungs-Flüssigkeits-Chromatographie (HPLC) (08.91)

[M.1.47] VDI 3862, Bl. 1, Messen gasförmiger Emissionen, Messen aliphatischer Aldehyde (C_1 bis C_3) nach dem MBTH-Verfahren (12.90)

[M.1.48] VDI 3862, Bl. 2, Entwurf, Messen gasförmiger Emissionen, Messen aliphatischer und aromatischer Aldehyde und Ketone nach dem DNPH-Verfahren, Acetonitril-Verfahren

[M.1.49] VDI 3862, Bl. 3, Entwurf, Messen gasförmiger Emissionen, Messen aliphatischer und aromatischer Aldehyde und Ketone nach dem DNPH-Verfahren, Tetrachlorkohlenstoff-Methode

[M.1.50] VDI 3863, Bl. 1, Messen gasförmiger Emissionen, Messen von Acrylnitril, Gas-Chromatographisches Verfahren, Probenahme mit Gassammelgefäßen (04.87)

[M.1.51] VDI 3863, Bl. 2, Messen gasförmiger Emissionen, Messen von Acrylnitril, Gas-Chromatographisches Verfahren, Probenahme durch Absorption in tiefkalten Lösemitteln (02.91)

[M.1.52] VDI 3863, Bl. 3, Entwurf, Messen gasförmiger Emissionen, Messen von Acrylnitril, Adsorption an Aktivkohle, Desorption durch Dimethylformamid (DMF) (10.88)

[M.1.53] VDI 3953, Bl. 1, Entwurf, Messen gasförmiger Emissionen, Messen von 1,3-Butadien, Gas-Chromatographisches Verfahren, Probenahme durch Adsorption an Aktivkohle, Dampfraumanalyse (04.91)

[M.1.54] VDI 3493, Bl. 1, Messen gasförmiger Emissionen, Messen von Vinylchlorid, Gas-Chromatographisches Verfahren, Probenahme mit Gassammelgefäßen (11.82)

[M.1.55] VDI 3494, Bl. 1, Entwurf, Messen gasförmiger Immissionen, Messen von Vinylchlorid-Konzentrationen, Gas-chromatographische Bestimmung, Manuelle und automatische Dampfraumanalyse (05.88)

[M.1.56] VDI 3494, Bl. 2, Messen gasförmiger Emissionen, Messen von Vinylchlorid-Konzentrationen, Gas-chromatographische Bestimmung mit der Trennsäulenschalteinrichtung für Live-Chromatographie (04.86)

[M.1.57] VDI 3481, Bl. 1, Messen gasförmiger Emissionen, Messen der Kohlenwasserstoff-Konzentration, Flammen-Ionisations-Detektor (FID) (08.75)

[M.1.58] VDI 3481, Bl. 3, Entwurf, Messen gasförmiger organischer Verbindungen, insbesondere von Lösemitteln, mit dem Flammen-Ionisations-Detektor (FID) (09.92)

[M.1.59] VDI 3481, Bl. 6, Entwurf, Messen gasförmiger Emissionen, Auswahl und Anwendung von C-Summenverfahren (09.92)

[M.1.60] VDI 3881, Bl. 1, Olfaktometrie, Geruchsschwellenbestimmung – Grundlagen (05.86)

[M.1.61] VDI 3881, Bl. 2, Olfaktometrie, Geruchsschwellenbestimmung – Probenahme (01.87)

[M.1.62] VDI 3882, Bl. 1, Olfaktometrie, Bestimmung der Geruchsintensität (10.92)

[M.1.63] VDI 3881, Bl. 3, Olfaktometrie, Geruchsschwellenbestimmung, Olfaktometer mit Verdünnung nach dem Gasstrahlprinzip (11.86)

[M.1.64] VDI 3881, Bl. 4, Entwurf, Olfaktometrie, Geruchsschwellenbestimmung, Anwendungsvorschriften und Verfahrenskenngrößen (12. 89)

[M.1.65] VDI 3499, Bl. 1, Messen von Emissionen – Messen von Reststoffen, Messen von polychlorierten Dibenzodioxinen und -furanen im Rein- und Rohgas von Feuerungsanlagen mit der Verdünnungsmethode, Bestimmung in Filterstaub, Kesselasche und in Schlacken (1993)

[M.1.66] VDI 3873, Bl. 1, Messen von Emissionen, Messen von polycyclischen aromatischen Kohlenwasserstoffen (PAH) an stationären industriellen Anlagen – Verdünnungsmethode

(RW TÜV-Verfahren) – Gaschromatographische Bestimmung (11.92)

[M.1.67] VDI 3499, Bl. 2, Entwurf, Messen von Emissionen, Messen von polychlorierten Dibenzo-p-dioxinen und Dibenzofuranen, Filter/Kühler-Methode (1993)

[M.1.68] VDI 3499, Bl. 3, Entwurf, Messen von Emissionen, Messen von polychlorierten Dibenzo-p-dioxinen und Dibenzofuranen an industriellen und gewerblichen Anlagen, Kondensationsmethode – Gekühltes Absaugrohr (1993)

[M.1.69] VDI 3499, Bl. 4, Entwurf, Messen von Emissionen, Messen von polychlorierten Dibenzodioxinen und Dibenzofuranen in Emissionen von Verbrennungsanlagen und bei anderen Verbrennungsprozessen, Polyurethan-Adsorptions-Methode (1993)

[M.1.70] K. Lützke: Leitlinien zur Messung und Bewertung von Emissionen, VDI-Berichte 608, Aktuelle Aufgaben der Meßtechnik in der Luftreinhaltung, Kolloquium Heidelberg, 17. – 19. September 1986, VDI-Kommission Reinhaltung der Luft. Düsseldorf: VDI-Verlag 1987

[M.1.71] VDI 3950, Bl. 1, Entwurf, Kalibrierung automatischer Emissionsmeßeinrichtungen (01.91)

[M.1.72] K. Lützke, H.-D. Burk: Kalibrierung automatischer Emissions-Meßeinrichtungen – Das Konzept der Richtlinie VDI 3950, VDI-Berichte 1059, Aktuelle Aufgaben der Meßtechnik in der Luftreinhaltung, Tagung Heidelberg, 2. – 4. Juni 1993, Kommission Reinhaltung der Luft im VDI und DIM. Düsseldorf: VDI-Verlag 1993

[M.1.73] VDI 2066, Bl. 4, Staubmessung in strömenden Gasen, Bestimmung der Staubbeladung durch kontinuierliches Messen der optischen Transmission (01.89)

[M.1.74] VDI 2463, Bl. 4, Messen von Partikeln, Messen der Massenkonzentration von Partikeln in der Außenluft, LIB-Filterverfahren (12. 76)

[M.1.75] VDI 2463, Bl. 9, Messen von Partikeln, Messen der Massenkonzentration (Immission), Filterverfahren, LIS/P-Filtergerät (02.87)

[M.1.76] VDI 2463, Bl. 7, Messen von Partikeln, Messen der Massenkonzentration (Immission), Filterverfahren, Kleinfiltergerät GS 050 (08.82)

[M.1.77] RdSchr. d. BMU vom 9.2.1988 – IGI 2-556134/4 – Bundeseinheitliche Praxis bei der Überwachung der Immissionen, Richtlinien über die Festlegung von Referenzverfahren, die

Auswahl von Äquivalenzmeßverfahren und die Anwendung von Kalibrierverfahren, GMBl. 1988, S. 191f.

[M.1.78] VDI 2463, Bl. 8, Messen von Partikeln, Messen der Massenkonzentration (Immission), Basisverfahren für den Vergleich von nichtfraktionierenden Verfahren (08.82)

[M.1.79] VDI 2463, Bl. 5, Messen von Partikeln, Messen der Massenkonzentration (Immission), Filterverfahren, Automatisiertes Filtergerät FH 62 I (12.87)

[M.1.80] VDI 2463, Bl. 6, Messen von Partikeln, Messen der Massenkonzentration (Immission), Filterverfahren, Automatisiertes Filtergerät BETA-Staubmeter F 703 (11.82)

[M.1.81] RdSchr. d. BMI v. 2.2.1983 – U/8-556134/4, Bundeseinheitliche Praxis bei der Überwachung der Emissionen und Immissionen, II. Richtlinien über die Wahl der Standorte und die Bauausführung automatisierter Meßstationen in telemetrischen Immissionsmeßnetzen, GMBl. S. 76/78

[M.1.82] VDI 2119, Bl. 2, Messung partikelförmiger Niederschläge, Bestimmung des partikelförmigen Niederschlags mit dem Bergerhoff-Gerät (Standardverfahren) (06.72)

[M.1.83] Vierte Allgemeine Verwaltungsvorschrift zum Bundes-Immissionsschutzgesetz (Ermittlung von Immissionen in Belastungsgebieten) vom 8.4.1975, GMBl. 26 (1975), 358/365

[M.1.84] VDI 2451, Bl. 3, Messung gasförmiger Immissionen, Messung der Schwefeldioxid-Konzentration, Photometrisches Verfahren (TCM-Verfahren) (08.68)

[M.1.85] VDI 2451, Bl. 1, Messung gasförmiger Immissionen, Messung der Schwefeldioxid-Konzentration, Adsorptionsverfahren (Silikagel) (08.68)

[M.1.86] VDI 2453, Bl. 1, Messung gasförmiger Immissionen, Messen der Stickstoffdioxid-Konzentration, Manuelles photometrisches Basis-Verfahren (Saltzman) (10.90)

[M.1.87] VDI 2453, Bl. 2, Messung gasförmiger Immissionen, Bestimmen von Stickstoffmonoxid, Oxydation zu Stickstoffdioxid und Messung nach dem photometrischen Verfahren (Saltzman) (01.74)

[M.1.88] VDI 2455, Bl. 1, Messung gasförmiger Immissionen, Messung der Kohlenmonoxid-Konzentration, Ultrarot-Absorptionsverfahren (URAS 1 und 2) (08.70)

[M.1.89] VDI 2455, Bl. 2, Messung gasförmiger Immissionen, Messung der Kohlenmonoxid-Konzentration, Ultrarot-Absorptionsverfahren (UNOR 2) (10.70)

[M.1.90] VDI 2468, Bl. 1, Messung gasförmiger Immissionen, Messen der Ozon- und Peroxid-Konzentration, Manuelles photometrisches Verfahren, Kaliumjodid-Methode (Basisverfahren) (05.78)

[M.1.91] VDI 2468, Bl. 6, Messung gasförmiger Immissionen, Messen der Ozon-Konzentration, Direktes UV-photometrisches Verfahren (Basisverfahren) (07.79)

[M.1.92] VDI 2468, Bl. 5, Messung gasförmiger Immissionen, Messen der Ozon-Konzentration, Manuelles photometrisches Verfahren, Indigosulfonsäure-Verfahren (10.78)

[M.1.93] VDI 2452, Bl. 2, Messung gasförmiger Immissionen, Messen der Fluor-Ionen-Konzentration, Silberkugel-Sorptionsverfahren mit Vorabscheidung und elektrometrischem Nachweis (02.75)

[M.1.94] VDI 2452, Bl. 3, Messung gasförmiger Immissionen, Messen der Fluoridionen-Konzentration, Silberkugel-Sorptionsverfahren mit beheiztem Membranfilter (07.87)

[M.1.95] VDI 2452, Bl. 1, Messen von Immissionen, Messen der Gesamt-Fluoridionen-Konzentration, Impinger-Verfahren (03.78)

[M.1.96] VDI 2458, Bl. 1, Messung gasförmiger Immissionen, Messen der Chlorkonzentration, Methylorange-Verfahren (12.73)

[M.1.97] VDI 2454, Bl. 1, Messung gasförmiger Immissionen, Messen der Schwefelwasserstoff-Konzentration, Molybdänblau-Sorptionsverfahren (03.82)

[M.1.98] VDI 2458, Bl. 2, Messung gasförmiger Immissionen, Messen der Schwefelwasserstoff-Konzentration, Methylenblau-Impinger-Verfahren (03.82)

[M.1.99] VDI 2461, Bl. 1, Messung gasförmiger Immissionen, Messen der Ammoniak-Konzentration, Indophenol-Verfahren (03.74)

[M.1.100] VDI 2461, Bl. 2, Messung gasförmiger Immissionen, Messen der Ammoniak-Konzentration, NESSLER-Verfahren (05.76)

[M.1.101] VDI 2451, Bl. 6, Entwurf, Messung gasförmiger Immissionen, Messen der Schwefeldioxid-Konzentration, Leitfähigkeitsmeßverfahren (Ultragas U3EK) (07.87)

[M.1.102] VDI 2453, Bl. 5, Messung gasförmiger Immissionen, Messen von Stickstoffmonoxid-Gehalten, Messen von Stickstoffdioxid-Gehalten unter Verwendung eines Konverters, Chemiluminiszenz-Analysator Monitor Labs 8440 (12.79)

[M.1.103] VDI 2453, Bl. 6, Messung gasförmiger
Immissionen, Messen von Stickstoffmonoxid-
Gehalten, Messen von Stickstoffdioxid-Gehal-
ten unter Verwendung eines Konverters, Che-
miluminiszenz-Analysator Bendix 8101 C (11.
80)

[M.1.104] VDI 2468, Bl. 4, Messung gasförmiger
Immissionen, Messen der Ozon-Konzentrati-
on, Chemiluminiszenz-Verfahren, Bendix
Ozon Monitor 8002 (05.78)

[M.1.105] VDI 3495, Bl. 1, Messung gasförmiger
Immissionen, Bestimmung des durch Adsorp-
tion an Kieselgel erfaßbaren organisch gebun-
denen Kohlenstoffs in Luft (09.80)

[M.1.106] VDI 3484, Bl. 1, Messung gasförmiger
Immissionen, Messen von Aldehyden, Bestim-
mung der Formaldehyd-Konzentration nach
dem Sulfit-Pararosanilin-Verfahren (01.79)

[M.1.107] VDI 2467, Bl. 1, Messung gasförmiger
Immissionen, Messen der Konzentration von
primären und sekundären Aminen mit der
Dünnschicht-Chromatographie, Visuelles und
densitometrisches Verfahren (08.91)

[M.1.108] VDI 2467, Bl. 2, Messung gasförmiger
Immissionen, Messen der Konzentration pri-
märer und sekundärer aliphatischer Amine
mit der Hochleistungs-Flüssigkeits-Chroma-
tographie (HPLC) (08.91)

[M.1.109] VDI 3485, Bl. 1, Messung gasförmiger
Immissionen, Messen von Phenolen, p-Nitro-
anilin-Verfahren (12.88)

[M.1.110] VDI 3482, Bl. 2, Messung gasförmiger
Immissionen, Gas-chromatographische Be-
stimmung von aliphatischen Kohlenwasser-
stoffen – Momentanprobenahme (02.79)

[M.1.111] VDI 3482, Bl. 3, Februar 1979, Messung
gasförmiger Immissionen, Gas-chromatogra-
phische Bestimmung von aromatischen Koh-
lenwasserstoffen – Momentanprobenahme
(02.79)

[M.1.112] VDI 3482, Bl. 5, Messung gasförmiger
Immissionen, Gas-chromatographische Be-
stimmung von aromatischen Kohlenwasser-
stoffen, Probenahme durch Anreicherung an
Aktivkohle – Desorption mit Lösemittel (11.84)

[M.1.113] VDI 3482, Bl. 4, Messung gasförmiger
Immissionen, Gas-chromatographische Be-
stimmung organischer Verbindungen mit Ka-
pillarsäulen, Probenahme durch Anreiche-
rung an Aktivkohle – Desorption mit Löse-
mittel (11.84)

[M.1.114] VDI 3482, Bl. 6, Messung gasförmiger
Immissionen, Gas-chromatographische Be-
stimmung organischer Verbindungen, Probe-
nahme durch Anreicherung, Thermische De-
sorption (07.88)

[M.1.115] VDI 3864, Bl. 1, Entwurf, Messung gas-
förmiger Immissionen, Gas-chromatographi-
sche Bestimmung von leichtflüchtigen halo-
genierten Kohlenwasserstoffen, Probenahme
durch Adsorption an Aktivkohle, Desorption
mit Lösemittel (04.93)

[M.1.116] VDI 3494, Bl. 1, Entwurf, Messung gas-
förmiger Immissionen, Messen von Vinylchlo-
rid-Konzentrationen, Gas-chromatographi-
sche Bestimmung, Manuelle und automati-
sche Dampfraumanalyse (1988)

[M.1.117] VDI 3494, Bl. 4, Messung gasförmiger
Immissionen, Messen von Vinylchlorid-Kon-
zentrationen, Gas-chromatographische Be-
stimmung mit der Trennsäulenschalteinrich-
tung für Live-Chromatographie (04.86)

[M.1.118] VDI 3483, Bl. 1, Messung gasförmiger
Immissionen, Messen der Summe organischer
Stoffe mit einem Flammen-Ionisations-De-
tektor (FID), Grundlagen (12.79)

[M.1.119] VDI 3483, Bl. 2, Messung gasförmiger
Immissionen, Messen der Summe organischer
Stoffe ohne Methan mit dem Flammen-Ioni-
sations-Detektor (FID), Siemens U 100 (11.81)

[M.1.120] VDI 3483, Bl. 4, Messung gasförmiger
Immissionen, Messen der Summe organischer
Stoffe und von Methan mit dem Flammen-Io-
nisations-Detektor (FID), Bendix 8202 (11.81)

[M.1.121] VDI 3940, Bestimmung der Geruchs-
stoffimmission durch Begehung (10.93)

[M.1.122] VDI 3875, Bl. 1, Entwurf, Messung von
Immissionen, Messen von Innenraumluftver-
unreinigungen, Messen von polycyclischen
aromatischen Kohlenwasserstoffen (PAH),
Gas-chromatographische Analyse (08.91)

[M.1.123] VDI 3498, Bl. 1, Entwurf, Messung von
Immissionen, Messen von Innenraumluft,
Messen von polychlorierten Dibenzo-p-dio-
xinen und Dibenzofuranen – LIB Filterver-
fahren (01.93)

[M.1.124] VDI 2267, Bl. 2, Stoffbestimmung an
Partikeln in der Außenluft, Messen der Blei-
Massen-Konzentration mit Hilfe der Rönt-
genfluoreszenzanalyse (02.83)

[M.1.125] VDI 2267, Bl. 3, Stoffbestimmung an
Partikeln in der Außenluft, Messen der Blei-
Massen-Konzentration mit Hilfe der
Atomabsorptionsspektrometrie (02.83)

[M.1.126] VDI 2267, Bl. 11, Stoffbestimmung an
Partikeln in der Außenluft, Messen der Blei-
Massen-Konzentration mit Hilfe der energie-
dispersiven Röntgenfluoreszenzanalyse (01.86)

[M.1.127] VDI 2267, Bl. 6, Stoffbestimmung an Partikeln in der Außenluft, Messen der Cadmium-Massen-Konzentration mit Hilfe der Atomabsorptionsspektrometrie (03.87)

[M.1.128] VDI 2267, Bl. 12, Entwurf, Stoffbestimmung an Partikeln in der Außenluft, Messen der Massenkonzentration von Chrom, Eisen, Kupfer, Mangan, Nickel und Zink mit Hilfe der energiedispersiven Röntgenfluoreszenzanalyse (11.89)

[M.1.129] VDI 2267, Bl. 4, Stoffbestimmung an Partikeln in der Außenluft, Messen von Blei, Cadmium und deren anorganischen Verbindungen als Bestandteile des Staubniederschlags mit der Atomabsorptionsspektrometrie (03. 87)

[M.1.130] VDI 2267, Bl. 7, Stoffbestimmung an Partikeln in der Außenluft, Messen von Thallium und seinen anorganischen Verbindungen als Bestandteile des Staubniederschlags mit der Atomabsorptionsspektrometrie (11.88)

[M.1.131] VDI 2268, Bl. 1, Stoffbestimmung der Elemente Ba, Be, Cd, Co, Cr, Cu, Ni, Pb, Sr, V, Zn in emittierten Stäuben mittels atomspektrometrischer Methoden (04.87)

[M.1.132] VDI 2268, Bl. 2, Stoffbestimmung an Partikeln, Bestimmung der Elemente Arsen, Antimon und Selen in emittierten Stäuben mittels Atomabsorptionsspektrometrie nach Abtrennung über ihre flüchtigen Hydride (02.90)

[M.1.133] VDI 2268, Bl. 4, Stoffbestimmung an Partikeln, Bestimmmung der Elemente Arsen, Antimon und Selen in emittierten Stäuben mittels Graphitrohr-Atomabsorptionsspektrometrie (05.90)

[M.1.134] VDI 2268, Bl. 3, Stoffbestimmung an Partikeln, Bestimmung des Thalliums in emittierten Stäuben mittels Atomabsorptionsspektrometrie (12.88)

[M.1.135] VDI 2460, Bl. 1, Entwurf, Messung gasförmiger Emissionen, Infrarotspektrometrische Bestimmung organischer Verbindungen – Grundlage (04.92)

[M.2.1] Eickmann, Th. Umweltgrenzwerte, Toxikologie und Physiologie Vortrag 26. Essener Tagung 17. – 19. März 1993 Aachen, GWA-Schriftenreihe Bd. 139, S.44/1 – 44/6

[M.2.2] Gesetz zur Ordnung des Wasserhaushaltes (WHG) v. 23.09.1986 BGBl I S.1529 ff, berichtigt in BGBl I, 1986 S 1654 ff, geändert am 12.02.1990 mit Artikel 5 UVPG I, 1990 S. 205 ff

[M.2.3] Richtlinie über die Qualitätsanforderungen an Oberflächenwasser für die Trinkwasserversorgung in den Mitgliedsstaaten v. 16.06.1975 (75/440/EWG) Amtsblatt der EG Nr. L 194 v. 25.07.1992

[M.2.4] Guidelines for drinking water quality World Health Organization (WHO), 1984

[M.2.5] Richtlinie des Rates über die Qualität von Wasser für den menschlichen Gebrauch (EG-TW) vom 15.07.1980 Amtsblatt der EG Nr. L 229/11 – 29, v. 30.08.1980

[M.2.6] Verordnung über Trinkwasser und über Wasser für Lebensmittelbetriebe (TVO) v. 05.12.1990 BGBl, I, 1990 Nr. 66 S. 2612-2629 v. 12.12.1990

[M.2.7] DVGW Eignung von Oberflächenwasser als Rohstoff für die Trinkwasserversorgung, Arbeitsblatt W 151, DVGW-Regelwerk

[M.2.8] Zweite Allgemeine Verwaltungsvorschrift zum Abfallgesetz (TA Abfall) Teil 1, Technische Anleitung zur Lagerung, chemisch, physikalisch und biologischen Behandlung und Verbrennung besonders überwachungsbedürftiger Abfälle Bundesanzeiger Jg 42, Nr. 89a v. 12.05.1990

[M.2.9] Dritte Allgemeine Verwaltungsvorschrift zum Abfallgesetz (TA Siedlungsabfall) v.14.05. 1993 Bundesanzeiger Jg. 45, Nr. 99a v. 29.05.1993

[M.2.10] Düngemittelverordnung v. 19.12.1977 BGBl I Nr. 90 v. 28.12.1977 S 2845 – 2881

[M.2.11] Verordnung über Anwendungsverbote für Pflanzenschutzmittel (Pflanzenschutz AnwendungVO) v. 27.07.1988, BMELF

[M.2.12] Verordnung über das Aufbringen von Gülle und Jauche (GülleVO) v. 13.03.1984 Gesetz und Verordnungsblatt NW Nr. 15 v. 30.03. 1984

[M.2.13] Klärschlammverordnung (AbfKlärV) v. 14.04.1992 BGBl Teil I, 1992 S. 912 – 934

[M.2.14] Gesetz zum Schutz vor schädlichen Umwelteinwirkung durch Luftverunreinigungen, Geräusche, Erschütterungen und ähnliche Vorgänge (BImSchG) v. 14.05.1990 BGBl I S. 880 ff. u. BGBl II S. 885 ff v. 23.09.1990, darin enthalten 19 Verordnungen u.a. Erste Allgemeine Verwaltungsvorschrift zum Bundesimmissionsschutzgesetz (TA Luft) v 27.02. 1986 GMBl 1986, S. 95 ff 1. BImSchVwV

[M.2.15] Leidrad Bodemsaniering v. 04.11.1988 Niederländisches Ministerium f. Wohnungswesen, Raumordnung und Umwelt

[M.2.16] Bewertungsverfahren zur Bestimmung des Gefährdungspotentials für das Grundwasser bei Altlasten und aktuellen Schadensfällen v. 31.12.1985, Baubehörde Hamburg

[M.2.17] Berliner Liste, Richtwerte für Grundwasser und Böden Senatsverwaltung Berlin

[M.2.18] Physikalisch-chemische Untersuchung im Zusammenhang mit der Beseitigung von Abfällen, v. 05.04.1976 u. 21.07.1977 III C 8 – 902/4 – 25459 Ministerialblatt NW Nr. 76 v. 05.07.1977

[M.2.19] Gesetz für das Einleiten von Abwasser in Gewässer (Abwasserabgabengesetz, AbWaG) v. 13.09.1976, geändert am 14.12.1984 geändert am 19.12.1986 Novelliert am 02.11.1990 BGBl I Nr. 69 v. 30.12.1986 BGBl I Nr. 61 v. 02.11.1990. Neufassung v. 3.11.94 BG BI I 1994 Nr. 80 S. 3370 – 3376

[M.2.20] Durchflußmessungen von Abwasser in offenen Gerinnen und Freispiegelleitungen DIN 19559, Juli 1983 Normenausschuß Wasserwesen in DIN, Beuth-Verlag, Berlin

[M.2.21] Allg. Rahmen-Verwaltungsvorschrift über Mindestanforderungen an das Einleiten von Abwässern in Gewässer (RahmenAbwV-wV) v. 08.09.1990 Gem. Ministerialblatt Nr. 25 v. 22.09.1989 S. 518 – 520, novelliert durch Änderung der VO v. 04.03.1992, Gem. Ministerialblatt Nr. 10 v. 20.03.1992 S. 178 – 184. Weitere Änderungen dieser Vorschrift erfolgen u. a. in der Fassung v. 25.11.92 (Bundes-Anz. 2336 v. 11.12.92) und hinsichtlichlich der Analyse und Meßverfahren vom 15.4.96)

[M.2.22] Verordnung über die Herkunftsbereiche von Wasser (AbwHerkV) v. 03.07.1987 BGBl I, 1987, S. 1578 ff

[M.2.23] Verordnung über die Genehmigungspflicht für die Einleitung von wassergefährdenden Stoffen und Stoffgruppen in öffentliche Abwasseranlagen (IndirekteinleiterVO) z.B. VGS Hessen v. 06.03.1987, GVBl I Hessen, S. 54 ff z. B. VGS-NW v. 21.0.1986, GVBl NW Nr. 49 v. 15.10.1986

[M.2.24] Allgemeine Verwaltungsvorschrift über die nähere Bestimmung wassergefährdender Stoffe und ihre Einstufung entsprechend ihrer Gefährlichkeit (VwVWS) GMBl 1990 S. 114 – 128

[M.2.25] Katalog wassergefährdender Stoffe v. 01.03.1985 (geändert am 26.04.1987) GMBl 1985 S. 175 und GMBl 1987 S. 294

[M.2.26] Richtlinie des Rates der Europ. Gem. über die Behandlung von kommunalem Abwasser (91/271/EWG) v. 21.05.1991 Amtsblatt der EG, Nr. L 135/40 v. 30.05.1991

[M.2.27] Gesetz über die Umweltverträglichkeit von Wasch- und Reinigungsmitteln (WRMG) v. 5.03.1987 BGBl I 1987 S. 875 ff.

[M.2.28] Verordnung über die Abbaubarkeit anionischer und nicht-ionischer grenzflächenaktiver Stoffe in Wasch- und Reinigungsmitteln (TensidVO) v. 13.01.1977, geändert am 04.06.1986 BGBl I 1977 S. 244 ff und BGBl I 1986 S. 851 ff

[M.2.29] Rechtsverordnung über Art und Häufigkeit der Selbstüberwachung von Abwasserbehandlungsanlagen und Abwassereinleitungen (SüwV) v. 18.08.1989 Gesetz und Verordnungsblatt NW, Nr. 44, S 494 – 505. Ergänzung! SelbstüberwachungsVO von Kanalisation und Einleitungen von Abwasser aus Kanalisation in Misch- und Trennsysteme. Gesetz- und Verordnungsblatt NRW, 10 v. 10.2.95. S. auch ATV Arbeitsblatt H 704, Regelwerk Abwasser-Abfall, Sept. 1991

[M.2.30] Landeswassergesetze, hier Runderlaß des Ministers für Umwelt, Raumordnung und Landwirtschaft NW, Zulassung von Stellen zur Untersuchung von Abwasser bei genehmigungspflichtigen Indirekteinleitungen nach § 60 a LWG. Neufassung: Wassergesetz LWG. Gesetz- und Verordnungsblatt für das Land NRW Nr. 59 v. 18.8.95

[M.2.31] Hinweise zum Vollzug der AbfKlärV v. 15.04.1992 Entwurf des Bundesministerium für Umwelt, WA II 6, Stand v. 30.04.1993. Jetzt Verwaltungsvorschrift zum Vollzug gemäß RdErl d. MURL v. 27.04.1995

[M.2.32] Anforderungen an die Verwendung von aufbereiteten Altbaustoffen und industriellen Nebenprodukten im Erd- und Straßenbau aus wasserwirtschaftlicher Sicht Gemeinsamer Runderlaß des Ministeriums für Umwelt, Raumordnung und Landwirtschaft IV A 3-953-26308 v. 25.04.1991 und Ministerium für Stadtentwicklung und Verkehr III B 6-32-15/102 v. 30.04.1991 Ministerialblatt NW Nr. 45 v. 18.07.1991 und Nr. 46 v. 04.07.1991

[M.2.33] Merkblatt über Analysenverfahren der im Rahmen der Güteüberwachung zu untersuchenden Parameter Minister, für Stadtentwicklung und Verkehr NW III B 6-32-40/45

[M.2.34] Schlamm und Sedimente, Bestimmung der Eluierbarkeit mit Wasser, DIN 38414, S 4 Deutsche Einheitsverfahren zur Wasser-, Abwasser- und Schlammuntersuchung, Normenausschuß Wasserwesen Okt. 1984, Beuth-Verlag Berlin

[M.2.35] Untersuchung und Beurteilung von Abfällen, Entwurf einer Richtlinie Teil 1 1978, Teil 2 1987 Landesamt für Wasser und Abfall NW

[M.2.36] Hesse, H.-P.: Organisations und Durchführung der parameterspezifische Probenahme. GWA Bd. 111 (1989), S. 155 – 188

[M.2.37] Malz, F., und Hesse, H.-P.: Die parameterspezifische Probenahme in der chemischen Abwasseranalytik, Zeitschrift Abwassertechnik, 2 (1991)

[M.2.38] DIN 38402 Teil 21, Entwurf 1.90

[M.2.39] LWA-Merkblatt Nr. 10, Amtliche Probenahme in NRW. Essen: Woeste 1992

[M.2.40] DIN 38402 Teil 11

[M.2.41] Rahmen-Abwasser VwV v. 09.09.1989

[M.2.42] Handbuch für Ver- und Entsorger Bd. 3, München: F. Hirthammer 1989

[M.2.43] Ott, M.: Probenahme und Durchflußmessung bei der Indirekteinleiterüberwachung und Eigenkontrollen, GWA Bd. 111 (1989), S. 213 – 244

[M.2.44] Kreislaufwirtschafts- und Abfallgesetz in der betrieblichen Praxis, 1996 WEKA Fachverlag

[M.2.45] Hein, H., Schwedt, G.: Richt- und Grenzwerte. Umweltmagazin, 4. Aufl. 1996

[M.3.1] Verwaltungsvorschrift für die Entsorgung von unbelastetem Erdaushub und unbelastetem Bauschutt (Erste VwV Erdaushub/Bauschutt). Verwaltungsvorschrift vom 11.10.1990. Staatanzeiger des Landes Hessen 1990; S. 2170

[M.3.2] Entsorgung von belasteten Böden, Erlaß vom 21.12.1992. Staatanzeiger des Landes Hessen 1993, S. 331

[M.3.3] Merkblatt LAGA M 10, Qualitätskriterien und Anwendungsempfehlungen für Kompost, Entwurf 1994

[M.3.4] Methoden zur Untersuchung von Kompost nach Bundesgütegemeinschaft Kompost e.V., 2. Aufl. Bundesgütegemeinschaft Kompost e.V., Köln 1994

[M.3.5] LAGA PN 2/78 K Grundregeln für die Entnahme von Proben aus Abfällen und abgelagerten Stoffen 1983

[M.3.6] LAGA PN 2/78 Entnahme und Vorbereitung von Proben aus festen und schlammigen Abfällen 1983

[M.3.7] Landesumweltamt Nordrhein-Westfalen Dezernat 332.2. Übersicht kurzfrististig verfügbarer Methoden der Schnellanalytik 2. Aufl. 1996

[M.3.8] Obermann, P.; Entwicklung eines Routinetests von Schwermetallen aus Abfällen und belasteten Böden. LUA-NRW, 1991

[M.3.9] Bestimmung der Zusammensetzung fester Abfälle. In: Müll- und Abfallbeseitigung Ziffer 1720. E. Schmidt-Verlag, Berlin, 1964

[M.3.10] Lepom, P.; Henschel, P.; Müll und Abfall, 7 (1993) 530 – 537

[M.4.1] Deutsche Einheitsverfahren zur Wasser-, Abwasser- und Schlamm-Untersuchung, Loseblattsammlung 1960 3. Aufl., Hrsg.: Fachgruppe Wasserchemie in der Gesellschaft Deutscher Chemiker. Verlag Chemie, Weinheim 37. Lieferung 1997

[M.4.2] Dominik, P.; Paetz A.: Methodenhandbuch Bodenschutz; Entwurf 1994; Umweltbundesamt UBA

[M.4.3] Methodenbuch Band I, 4. Aufl. 1991. Verband Deutscher Landwirtschaftlicher Untersuchungs- und Forschungsanstalten. VDLUFA-Verlag, Darmstadt

[M.4.4] Erarbeitung und Bewertung einer Stoffsammlung Laboranalytik bei Altlasten. LAGA-Altlastenausschuß, Hessische Landesanstant für Umwelt HLFU 1996

[M.4.5] Anforderungen an Untersuchungsmethoden zu Erkundung und Bewertung kontaminationsverdächtiger/kontaminierter Flächen und Standorte auf Bundesliegenschaften. Verwaltungsvereinbarung der Oberfinanzdirektion OFD Hannover – BAM vom 15.09.1995;

[M.4.6] Vorläufige Verwaltungsvorschrift (Altlasten VwV) für die Feststellung und Sanierung von Altlasten auf der Grundlage des Hessischen Altlastengesetzes (HAltlastG) (Autorin: bitte Jahreszahl angeben)

[M.4.7] Verwaltungsvorschrift für die Entsorgung von unbelastetem Erdaushub und unbelastetem Bauschutt (Erste VwV Erdaushub/Bauschutt). Verwaltungsvorschrift vom 11.10.1990, Staatanzeiger des Landes Hessen 1990, S. 2170

[M.4.8] Entsorgung von belasteten Böden, Erlaß vom 21.12.1992. Staatanzeiger des Landes Hessen 1993, S. 331

[M.4.9] Übersicht kurzfrististig verfügbarer Methoden der Schnellanalytik, 2. Aufl. Landesumweltamt Nordrhein-Westfalen Dezernat 332.2, 1996

[M.5.1] BI (BImSchG): Gesetz zum Schutz vor schädlichen Umwelteinwirkungen durch Luftverunreinigungen, Geräusche, Erschütterungen und ähnliche Vorgänge vom 15.03.1974, BGB. 1:721; Novellierung vom 14.05.1990, BGB. 1:880 1990

[M.5.2] E DIN 45 645 Teil 1; 1/1994: Ermittlung von Beuerteilungspegeln aus Messungen – Geräuschimmissionen – in der Nachbarschaft

[M.5.3] Robinson, D.W. und Dason, R.S.: A redetermination of the equal-loudness relations for the pure tones. British Journal of Applied Physics, Vol. 7, May 1956, S. 166 – 181

[M.5.4] Flechter, H. und Munson, W.A.; 1933: Loudness definition measurement and calculation, J. Acout. sec. Amer. 5: 82 – 108. Gesetz zum Schutz gegen Fluglärm vom 30.03.1971. Bundesgesetzblatt 1, 28, 282 – 287 (1971)

[M.5.5] E VDI 3723 Blatt 1; 5/1993: Anwendung statistischer Methoden bei der Kennzeichnung schwankender Geräuschimmisssionen

[M.5.6] VDI 2058 Blatt 1; 9/1985: Beurteilung von Arbeitslärm in der Nachbarschaft

[M.5.7] DIN 1320; 6/1992: Akustik; Grundbegriffe

[M.5.8] E DIN 45 641; 6/1990: Mittelung von Schallpegeln; Mittelungspegel, Einzelereignispegel

[M.5.9] DIN 45 635 Beiblatt 1; 4/1984: Geräuschmessung an Maschinen; Luftschallmessung, Hüllflächenverfahren, Rahmenverfahren für 3 Genauigkeitsklassen

[M.5.10] ISO 3740; 4/1980: Akustik – Bestimmung des Schalleistungspegels von Schallquellen – Leitlinien für die Anwendung von Grundnormen und für die Erarbeitung von Schallprüfvorschriften

[M.5.11] ISO 3741; 12/1988: Akustik – Bestimmung des Schalleistungspegels von Schallquellen – Präzisionsverfahren für Breitbandquellen in Hallräumen

[M.5.12] ISO 3742; 12/1988: Akustik – Bestimmung des Schalleistungspegels von Schallquellen – Technische Verfahren für spezielle Prüfhallräume.

[M.5.13] ISO 3743; 12/1988: Akustik – Bestimmung des Schalleistungspegels von Schallquellen – Technische Verfahren für spezielle Prüfhallräume

[M.5.14] ISO 3744; 5/1981: Akustik – Bestimmung des Schalleistungspegels von Schallquellen – Technische Verfahren für Freifeldbedingungen über einer reflektierenden Ebene

[M.5.15] ISO 3745; 5/1977: Akustik – Bestimmung des Schalleistungspegels von Schallquellen – Präzisionsverfahren für Reflektionsarme und halbreflektionsarme Räume

[M.5.16] ISO 3746; 4/1979: Akustik – Bestimmung des Schalleistungspegels von Schallquellen – Übersichtsverfahren

[M.5.17] ISO 1996-1; 9/1982: Akustik; Beschreibung und Messung von Umweltlärm; Teil 1: Grundeinheiten und Verfahren

[M.5.18] ISO 1996-2; 4/1987: Akustik; Beschreibung und Messung von Umgebungsgräuschen; Teil 2: Datenerfassung zur Flächennutzung

[M.5.19] ISO 1996-3; 12/1987: Akustik; Beschreibung und Messung von Umgebungsgeräuschen; Teil 3: Anwendung auf Geräuschgrenzwerte

[M.5.20] E DIN 45 645 Teil2; 9/1991: Einheitliche Ermittlung des Beurteilungspegels für Geräuschimmissionen; Geräuschimmissionen am Arbeitsplatz

[M.5.21] Ta Lärm: Technische Anleitung zum Schutz gegen Lärm, allgemeine Verwaltungsvorschriften über genehmigungsbedürftige Anlagen nach §16 der Gewerbeordnung – GewO. Bundesanzeiger Nr. 137 vom 16. Juli 1968

[M.5.22] VDI 2714; 1/1988: Schallausbreitung im Freien

[M.6.1] ICRP Publication 68, Annals of the ICRP: Dose Coefficients for Intakes of Radionuclides by Workers, Vol. 24, No. 4, Pergamon (1994): Oxford

[M.6.2] Strahlenschutzverordnung SSVO 1989. Bundesanzeiger Köln (1989)

[M.6.3] Reich, H.: Dosimetrie ionisierender Strahlung. Teubner: Stuttgart (1990)

Weiterführende Literatur

ISO/DIS 3743-1; 9/1990: Akustik; Ermittlung der Schalleistungspegel von Geräuschquellen; Verfahren der Genauigkeitsklasse 2 für kleine, bewegbare Quellen in Hallfeldern; Teil 1: Vergleichsverfahren in schallharten Räumen.

ISO/DIS 3744; 9/1990: Akustik; Ermittlung der Schalleistungspegel von Geräuschquellen; Hüllflächen-Verfahren der Genauigkeitsklasse 2 in einem im wesentlichen akustischen Freifeld über einer reflektierenden Ebene (Überarbeitung von ISO 3744:1981)

Rat von Sachverständigen für Umweltfragen: Umweltgutachten 1987. Stuttgart und Mainz: W. Kohlhammer Verlag 1987

Stoffquellen

Ein Hauptziel des Umweltschutzes ist es, die Emission schädlicher Stoffe zu vermeiden oder zumindest so zu begrenzen, daß die Auswirkungen dieser Emissionen in der Umwelt keine irreversiblen oder für den Menschen und die Tier- und Pflanzenwelt gefährliche Auswirkungen oder Änderungen hervorrufen.

Die stofflichen Emissionen haben vielfältige Quellen. In diesem Kapitel werden ausschl. Quellen dargestellt, die sich aus industriellen und gewerblichen Tätigkeiten, aber auch aus sonstigen Aktivitäten im öffentlichen und privaten Bereich des Menschen ergeben. Natürliche Quellen der Schadstoffemission bleiben außer Betracht.

Bei den Schadstoffen ist zu unterscheiden zwischen einer Gruppe von wenigen Schadstoffen, die in großen Mengen vor allem bei Verbrennungsvorgängen emittiert werden – Schwefeldioxid (SO_2), Stickstoffoxide (NO_x), Kohlenmonoxid (CO), flüchtige organische Verbindungen (VOC) und Feststoffe (Stäube) – und einer zweiten Gruppe von allen sonstigen anorganischen und organischen Schadstoffen, die durch chemische, physikalische oder biologische Umwandlungsvorgänge rohstoff- und prozeßspezifisch entstehen und in kleineren Mengen bei dem betreffenden Prozeß freiwerden. Hierunter fallen auch die zum Teil hochtoxischen polychlorierten Dibenzodioxine (PCDD) und Dibenzofurane (PCDF), im weiteren auch kurz als Dioxine und Furane bezeichnet.

Für die erstgenannte Schadstoffegruppe weist Tabelle N.1-0 für die Jahre 1989 und 1994 die insgesamt in den alten und neuen Bundesländern emittierten Schadstoffmengen und die Aufteilung der Emissionsmengen auf die Emittentengruppen Kraft- und Fernheizwerke, Industrie, Haushalte und Kleinverbraucher und Verkehr aus. Die ebenfalls in Tabelle N.1-0 dargestellten Zahlenwerte für die Gesamtemissionen im Jahr 2005 repräsentieren die aktuelle Strategie für die weitere Verwirklichung von Emissionsminderungsmaßnahmen bei allen Emittentengruppen in der Bundesrepublik Deutschland.

In Tabelle N.1-0 sind auch die Emissionsmengen von Kohlendioxid (CO_2) wiedergegeben, da dieses Gas aufgrund seines Beitrags zum Treibhauseffekt eine erhebliche Umweltrelevanz besitzt. Da CO_2 jedoch abgesehen von dieser globalen Auswirkung nicht als Schadstoff mit direkter Gefahr für den Menschen anzusehen ist, werden in diesem Kapitel Verbrennungsprozesse zwar als potentielle Quellen der Emission von Schadstoffen, jedoch nicht hinsichtlich ihrer Emission von CO_2 dargestellt.

Bei der Darstellung der Schadstoffquellen finden nur Zustände des bestimmungsgemäßen Betriebs von Anlagen oder Vorgängen Berücksichtigung. Quellen für die Emission von Schadstoffen außerhalb des bestimmungsgemäßen Betriebs, insbesondere bei Störfällen (z.B. Bränden), bleiben außer Betracht.

Tabelle N.1-0 Stoffemissionen nach Sektoren (alte und neue Bundesländer)

Stoff	Jahr	Gesamt		Kraft- und Fernheizkraftwerke		Industrie		Haushalte und Kleinverbraucher		Verkehr	
		[kt/a]	[%]	[kt/a]	[%]	[kt/a]	[%]	[kt/a]	[%]	[kt/a]	[%]
NO_x	1989	3355	100	780	23,2	335	10,0	120	3,6	2120	63,2
	1994	2211	100	488	22,1	277	12,6	162	7,3	1283	58,0
	2005	2130	–	–	–	–	–	–	–	–	–
VOC	1989	2338 [a]	100	33	1,4	240	10,3	185	7,9	1880	80,4
	1994	1046 [b]	100	9	0,9	147	14,1	148	14,1	742	70,9
	2005	1750	–	–	–	–	–	–	–	–	–
CO	1989	12015	100	845	7,0	2020	16,8	2000	16,7	7150	59,5
	1994	6738	100	104	1,5	1311	19,5	1186	17,6	4136	61,4
	2005	4900	–	–	–	–	–	–	–	–	–
SO_2	1989	6205	100	4430	71,4	1060	17,1	590	9,5	125	2,0
	1994	2995	100	1875	62,6	657	22,0	399	13,3	63	2,1
	2005	740	–	–	–	–	–	–	–	–	–
Staub	1989	2375 [c]	100	1175	49,5	870	36,6	230	9,7	100	4,2
	1994	562 [d]	100	173	30,8	211	37,5	114	20,3	64	11,4
	2005	260	–	–	–	–	–	–	–	–	–
CO_2	1989	1023000	100	403000	39,4	238000	23,3	198000	19,3	184000	18,0
	1994	901000	100	358000	39,7	183000	20,3	183000	20,3	177000	19,7
	2005	740000	–	–	–	–	–	–	–	–	–

[a] zusätzlich 1210 kt/a für Lösemittelverwendung (Industrie, Gewerbe, Haushalte)
[b] zusätzlich 1090 kt/a für Lösemittelverwendung
[c] zusätzlich 180 kt/a für Schüttgutumschlag
[d] zusätzlich 193 kt/a für Schüttgutumschlag

Quellen: 5. Immissionsschutzbericht der Bundesregierung Drucksache 12/4006 vom 15.12.1992 (für 1989)
6. Immissionsschutzbericht der Bundesregierung Drucksache 13/4825 vom 11.06.1996 (für 1994 vorläufige Angaben; für 2005 Minderungsziele)

N.1 Gewerblicher und industrieller Bereich

N.1.1 Steine und Erden

Unter diesem Begriff sind Industriebranchen zusammengefaßt, die aus mineralischen Bodenschätzen, die weder Brennstoffe noch Erze oder Salze sind, Roh- und Hilfsstoffe erzeugen, die in vielen Bereichen der Industrie und Wirtschaft zum Einsatz kommen. Beispielhaft steht die breite Palette der Bindemittel für das Baugewerbe.

Allen Produktionsstätten dieser Art ist gemeinsam:

– zur Erzeugung der Zwischen- bzw. Endprodukte sind thermische Prozesse erforderlich,
– sie emittieren neben Lärm staub- und gasförmige anorganische Luftverunreinigungen in Größenordnungen, die Minderungsmaßnahmen notwendig machen.

Anlagen aus diesen Bereichen sind im Sinne des Bundesimmissionsschutzgesetzes genehmigungsbedürftig (förmliches Genehmigungsverfahren 4. BImSchV) und unterliegen nach der „Technischen Anleitung zur Reinhaltung der Luft" (TA Luft) besonderen Regelungen (TA Luft: ab Nr. 3.3 usw.). Nach der Verordnung über den Immissionsschutzbeauftragten (5. BImSchV) bedarf es der Bestellung eines betriebsangehörigen Immissionsschutzbeauftragten, der nach 6. BImSchV qualifiziert ist.

Im einzelnen werden näher betrachtet:

a) Anlagen zur Herstellung von Zementklinkern oder Zementen (TA Luft: Nr. 3.3.2.3.1)

b) Anlagen zum Brennen von Bauxit, Dolomit, Gips, Kalkstein, Magnesit usw. (TA Luft: Nr. 3.3.2.4.1)

c) Anlagen zur Herstellung und Bearbeitung von Glas (TA Luft: Nr. 3.3.2.8.1)

N.1.1.1 Anlagen zur Herstellung von Zementklinkern und Zement

Zement ist ein unter Wasser erhärtendes, hydraulisches Bindemittel, das im Prinzip auf dem Dreistoffsystem $CaO \cdot SiO_2 \cdot Al_2O_3$ basiert. Es gibt eine Reihe von Zementtypen, darunter Portlandzement, der die größte Bedeutung hat. Mindestanforderungen an Zemente sind u. a. durch DIN 1164 festgelegt.

Portlandzement entsteht durch Feinmahlung von Portlandzementklinker und Zugabe von Gips ($CaSO_4 \cdot 2H_2O$) als Abbinderegler. Portlandzementklinker selbst wird durch Sinterung zwischen 1400 und 1450 °C von basischen Ausgangsstoffen (Kalkstein) und kieselsäure-aluminiumoxid- und eisenhaltigen Rohstoffen – wie sie in Mergel, Tonen und Sanden vorliegen – hergestellt.

Zur Herstellung von Zementklinker werden Naß- und Trockenverfahren angeboten.

Fast 95 % des Klinkers wird aus wärmetechnischen Gründen nach dem Trockenverfahren produziert. Als Ofensystem hat sich für beide Produktionsvarianten der Einsatz von Drehrohröfen mit Rost- und Zyklonvorwärmung durchgesetzt.

Die Beheizung der Öfen erfolgt mit Kohlenstaub, Öl, Gas und Ersatzbrennstoffen verschiedenster Provenienz. Eine bekannte Substitution ist die dosierte Zugabe von Altreifen. Bild N.1.-1 zeigt schematisch das Verfahrensfließbild zur Herstellung von Zement nach dem Trockenverfahren.

Emissionen und Begrenzung

1. Hauptemission ist Staub, Emissionsquellen betreffen alle Anlagenteile. Wesentlich sind die Staubquellen von Öfen, Kühlern, Mahl- und Förderanlagen, Silos und Verladeeinrichtungen (Tabelle N.1-1).

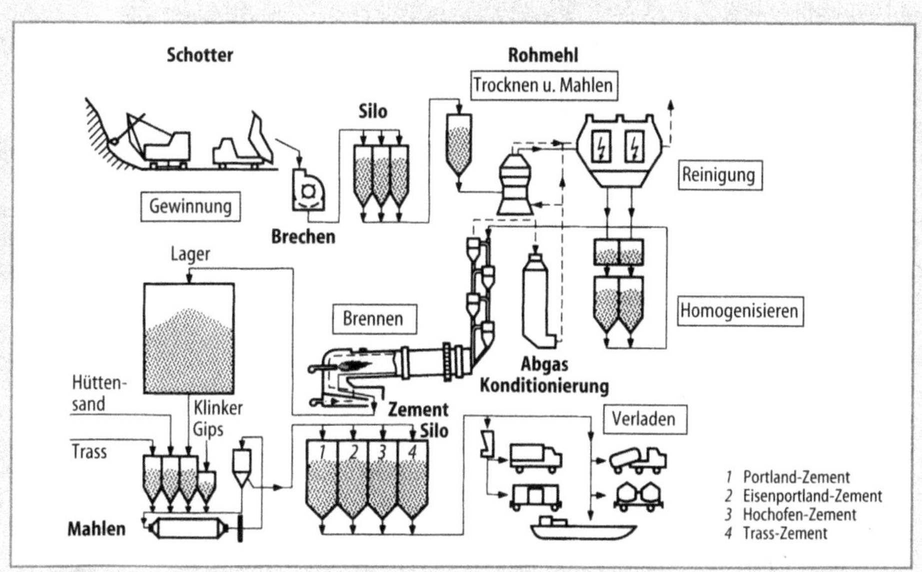

Bild N.1-1 Zementherstellung/Trockenverfahren (Quelle: RL VDI 2094)

Tabelle N.1-1 Staubemissionsquellen

Anlagenteile	Drehofen mit Zyklonvorwärmer	Drehofen mit Rostvorwärmer	Rostkühler	Trommeltrockner	Schnelltrockner	Mahltrockner	Rohmühle
Aufgabengut	Rohmehl	Pellets (Granalien)	Klinker	Rohmaterial Hüttensand	Rohmaterial Hüttensand	Rohmaterial Hüttensand Kohle	Rohmehl Zement
Anwendung	Trocknen Calcinieren Sintern	Trocknen Calcinieren Sintern	Kühlen	Trocknen	Trocknen	Mahlen Trocknen	Mahlen
Brennstoff	Kohle Öl Gas	Kohle Öl Gas		Kohle Öl Gas	Kohle Öl Gas	Kohle Öl Gas	
Geeignete Staubabscheidung	elektrische Abscheider	elektrische Abscheider	filternde Abscheider (Schüttschichtfilter, Gewebefilter), elektrische Abscheider	elektrische Abscheider, filternde Abscheider (Gewebefilter)	elektrische Abscheider, filternde Abscheider (Gewebefilter)	elektrische Abscheider, filternde Abscheider (Gewebefilter)	elektrische Abscheider, filternde Abscheider (Gewebefilter)

Nach der TA Luft ist der Eimissionsgrenzwert für Staub auf 50 mg/m³ festgelegt, der – wie die Praxis zeigt – mit den vorhandenen Abscheidevorrichtungen eingehalten wird. Eine Reduzierung auf 20 mg/m³ ist nach den neuesten Untersuchungen nicht auszuschließen.

Die Zementindustrie ist ein Beispiel, an dem die Anstrengungen zur Emissionsminderung von Staub demonstrativ aufgezeigt werden kann (Tabelle N.1-2).

2. Der Zementstaub enthält, verursacht durch die eingesetzten Rohmaterialien, die Kreislaufführung in den Ofensystemen, aber auch durch Brennstoffsubstitution Schwermetallspuren. Emissionsgrenzwerte für solche Schwermetalle sind nach TA Luft (Nr. 3.1.4)

Klasse I

Cadmium

Thallium   0,02 mg/m³ (als Summenwert)

Klasse II

Cobalt

Nickel   1 mg/m³ (als Summenwert)

Klasse III

Blei

Chrom   5 mg/m³ (als Summenwert)

Sie können weitgehend eingehalten werden. Die literaturmäßig bekannte erhöhte Thalliumemission wurde durch Ersatz der Rohmehlkorrekturstoffe (Kiesabbrand mit erhöhtem Thalliumanteil) und der Unterbrechung, der bis dato praktizierten Rückführung der

Tabelle N.1-2 Entwicklung der Emissionswerte für Staub

Ausgabe	1958	1,6	g/m³
	1961	0,4	g/m³
	1967	0,2	g/m³
	1978	0,12	g/m³
	1981	0,10	g/m³
	1983	0,075	g/m³
	1985	0,050	g/m³
	1992	0,02	g/m³

(0 °C; 1013 mbar; trocken)

Filterstäube in den Brennprozeß, praktisch unterbunden.

Ein Hinweis, schon bei der Auswahl der Rohstoffe vorsorgend auf die Produktion und die evtl. notwendige Emissionsminderung Einfluß zu nehmen.

3. Abgas von Zementöfen enthält Schwefeldioxid. Emissionsgrenzwert laut TA Luft: 400 mg/m³. Quellen sind:

a) schwefelhaltige Brennstoffe

   Der beim Verbrennen entstehende SO_2-Anteil reagiert weitgehend unter den im Ofen herrschenden Bedingungen mit den alkalischen Bestandteilen zu Alkalisulfaten, die in den Zementklinker eingebunden werden.

b) schwefelhaltige Rohmaterialien (z. B. Pyrit) ergeben höhere SO_2-Emissionswerte und

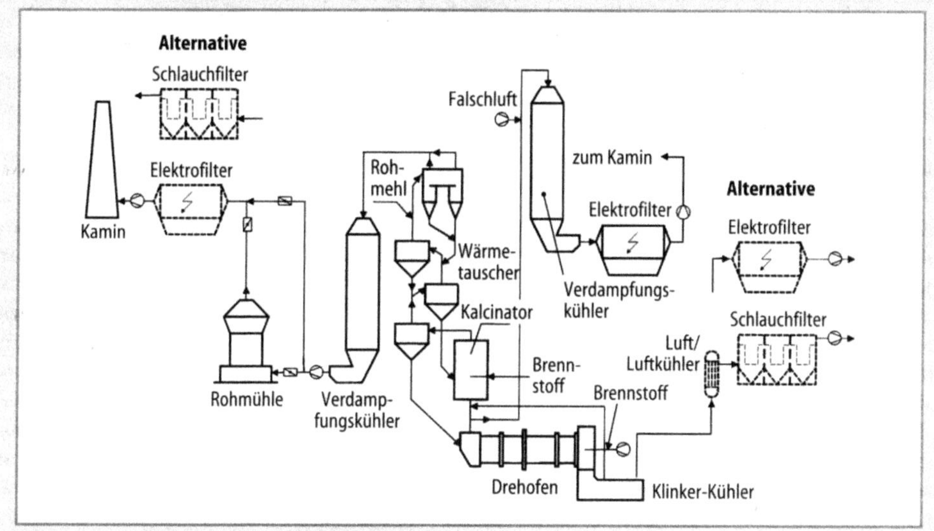

Bild N.1-2 Alternativen zur Zementofenentstaubung

erfordern eine Rauchgasentschwefelungsanlage.

Bei hohen SO_2-Gehalten im Rohgas hat sich der Einsatz der trockenen Rauchgasentschwefelung nach dem Verfahren der Zirkulierenden Wirbelschicht bewährt. Als Absorbens kommen Kalkhydrat oder ein Rohmehlkalkhydratgemisch zur Anwendung.

4. Stickoxide

Ursache für die NO_x-Emission sind die hohen Temperaturen im Zementofen. In der Praxis werden Werte zwischen 500 und 2100 mg/m³ mit Spitzenwerten bis 3000 mg/m³ gemessen. Nach der TA Luft (Nr. 3.3.2.3.1) gelten als Maximalwerte für Abgas von Zementöfen (gerechnet als NO_2) mit:

a) Rostvorwärmer   1,5 g/m³

b) Zyklonvorwärmer mit
   Abgaswärmenutzung   1,3 g/m³

c) Zyklonvorwärmer ohne
   Abgaswärmenutzung   1,5 g/m3

Diese Grenzwerte müssen in Zukunft vermindert werden. Entsprechend der Dynamisierungsklausel der TA Luft sind für Zementwerke als Grenzwert 0,50 g/m³ (Bezugszahl O_2 = 10) anzustreben. Untersuchungen zeigen, daß die Reduzierung durch bloße feuerungstechnische Maßnahmen nicht sichergestellt ist. Die Minderung der NO_x-Emission ist nach den heutigen Erfahrungen durch Einsatz der katalytischen oder nichtkatalytischen Entstickung (mit Ammoniak, Ammoniakwasser oder Harnstoff) möglich.

5. Fluoride und Chloride

Gasförmige Fluor- und Chloridverbindungen sind im Rauchgas nicht beobachtet worden. Fluoride sind in den Zementrohstoffen mit max. 0,05 Gew.%, Chloride mit 0,01-0,1 Gew.% vorhanden. Die Reaktionsprodukte CaF_2 oder Alkalichloride reagieren mit dem Zementklinker oder dem Ofenstaub.

Emissionsminderungsmaßnahmen

Zur Staubabscheidung geeignete Systeme sind Bild N.1-2 zu entnehmen. Es handelt sich ausschließlich um elektrostatische und filternde Abscheider. Massenkraftabscheider haben praktisch keine Bedeutung mehr. Am Beispiel der Ofenentstaubung werden die möglichen Alternativen aufgezeigt (Bild N.1-2).

N.1.1.2   Anlagen zum Brennen von Bauxit, Dolomit, Gips, Kalkstein, Magnesit usw.
         (TA Luft Nr. 3.3.2.4.1)

– *Bauxit*, ein natürlich vorhandenes Gemenge verschiedener Aluminiumoxidhydrate bzw. -hydroxide, verunreinigt mit Aluminiumsilikaten, Eisenoxiden u. a. wird weit über 90 % zu Aluminiumoxid (Al_2O_3) verarbeitet. Bauxit wird durch alkalischen Aufschluß (Bayer-Verfahren) über das Aluminat zu Aluminiumhydroxid (Al(OH)$_3$) umgesetzt. Al(OH)$_3$ wird heute weitgehend mit der energetisch günstigen Wirbelschichttechnik (Bild N.1-3) zwischen 900 und 1100 °C zu Al$_2$O$_3$ kalziniert.

Die Staubabscheidung erfolgt mittels eines Elektrofilters mit integrierter mechanischer Vorabscheidung. Andere Emissionen (SO$_2$, NO$_x$) haben keine Bedeutung.

– *Kalkstein, Magnesit und Dolomit.* Rohstoffe sind Kalkstein (CaCO$_3$), Magnesit (MgCO$_3$) und Dolomit, eine Mischung aus beiden Komponenten (MgCO$_3 \cdot$ CaCO$_3$). Anlagentechnisch bestehen ähnliche Verhältnisse wie bei der Zementherstellung.

Kalkstein wird zwischen 900 und 1100 °C, Magnesit zwischen 400 und 480 °C und Dolomit in 2 Stufen (MgCO$_3$-Anteil zwischen 650 und 750 °C, CaCO$_3$-Anteil ab 900 °C) zu den entsprechenden Oxiden zersetzt.

Kalziumoxid (in Form von gelöschtem Kalk) wird in der Bauindustrie (Mindestanforderungen nach DIN 1060) in letzter Zeit als Sorptionsmittel im Umweltschutz (Abgas, Abwasser) eingesetzt.

Magnesiumoxid hat große Bedeutung bei der Herstellung von hoch feuerfesten Steinen und in geringem Maße als Bindemittel im Baugewerbe. Die Palette der Brennsysteme ist vielfältig: modifizierte Schachtöfen, Drehrohr-, Ringofen, Brennroste und Wirbelschichttechnik. Alle fossilen, festen, flüssigen und gasförmigen Brennstoffe kommen zum Einsatz. Umweltprobleme werden vorranging durch Staubemissionen verursacht. Bewährte Minderungstechniken sind Elektrofilter, filternde Abscheider (Gewebefilter). Die TA Luft-Vorgabe von 50 mg/m^3 wird problemlos eingehalten.

Hohe Brenntemperaturen bedeuten auch hier relativ hohe NO$_x$-Emissionen. Bei Drehrohröfen werden nach TA Luft max. 1,8 g/m^3 zugelassen. Im Sinne der Konkretisierung der Dynamisierungsklausel ist basierend auf ersten positiven Testergebnissen die Reduzierung auf 0,50 g/m^3 nicht unrealistisch.

Abhängig von den Ausgangsstoffen (Verwendung von quarz- und chromhaltigem Rohstein) ist die Anwesenheit von Schadstoffen, z. B. Fluorwasserstoff oder Chromverbindungen, nicht auszuschließen. Grenzwerte für Fluorwasserstoff (10 mg/m^3) und staubförmige Chromverbindungen (10 mg/m^3) sind vorgegeben. Chrom und seine Verbindungen können zur Abwasserbelastung führen.

– *Gips* kommt in der Natur in Form des Dihydrates CaSO$_4 \cdot$ 2H$_2$O und des Anhydrits CaSO$_4$ vor. Große Mengen Gips werden bei der Rauchgasentschwefelung (REA) erzeugt. Hauptanwendungsgebiet von Gips ist die Bauindustrie (Putzgipse, Gipskartonplatten, Gipsbauteile und Zementherstellung).

Diese Einsatzmöglichkeit basiert auf der leichten Dehydratisierung des Dihydrats zum Halb-

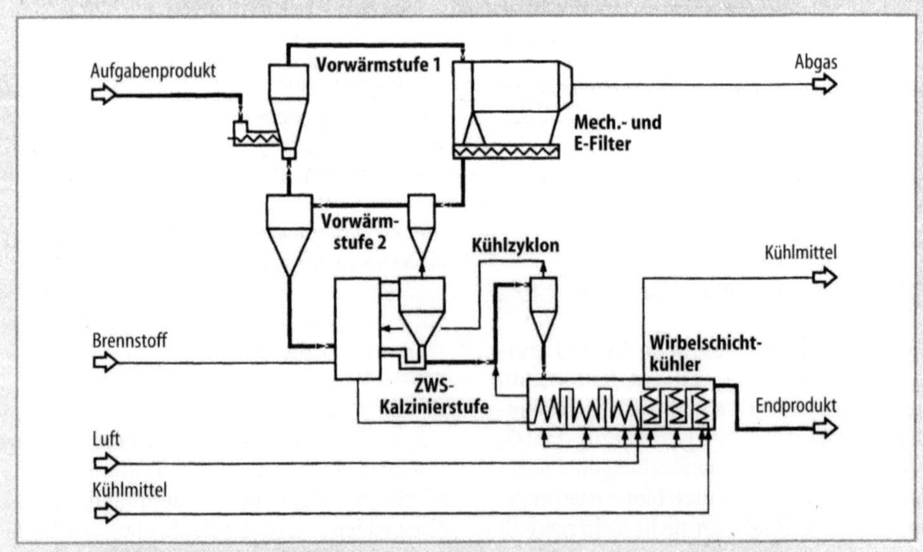

Bild N.1-3 Fließbild: ZWS-Kalzinieranlage (Verfahren VAW/Lurgi)

hydrat ($CaSO_4 \cdot {}^1/_2\,H_2O$) und dessen Umwandlung zum ursprünglichen Dihydrat bei Zugabe von Wasser.

In der Praxis werden verschiedene Gipsarten produziert: ß-Gips (Stuckgips), Mehrphasengips (Putzgips, Formengips), die nach DIN 1168 genormt sind. Zur Herstellung der verschiedenen Gipsarten stehen in Abhängigkeit von der zur Verarbeitung notwendigen Eigenschaften eine Reihe von Brenntechniken zur Verfügung: Direkt befeuerte Drehöfen bzw. außenbeheizte Großkocher sind die am häufigsten eingesetzten Aggregate. Für Spezialgipse haben Rostbandöfen (Maschinenputzgips), Mahlbrennöfen bzw. Autoklavenverfahren (z. B. für REA-Gipse) Bedeutung.

Staub ist die Hauptemission. Die niedrigen Brenntemperaturen verursachen keine Probleme mit Schwefeldioxid, Stickoxiden usw. Zur Emissionsminderung werden Elektrofilter und neuerdings auch Gewebefilter eingesetzt.

N.1.1.3 Anlagen zur Herstellung und Bearbeitung von Glas (TA Luft Nr. 3.3.2.8.1)

Glas ist ein amorphes technisches Silkat, d. h. ein nichtkristallin erstarrtes Produkt ohne definierten Schmelzpunkt. Im wesentlichen entspricht Glas der Zusammensetzung $Na_2O \cdot CaO \cdot 6SiO_2$. Das Variieren der Gemenge-Zusammensetzung ergibt Gläser mit verschiedenen Eigenschaften. Zur Herstellung kommen zum Einsatz: die Glasbildner Sand (als SiO_2-Quelle), Kalk, Dolomit, Soda, Feldspäte (als Alkali/Erdalkaliquelle) und Aluminiumsilikate (als Aluminiumoxidquelle). Sie werden mit Zusatzstoffen, die als Flußmittel oder Stabilisatoren dienen, vermengt (gemischt) und nach Feinaufbereitung in Glaswannen (Schmelzofen) in Abhängigkeit von der Glasqualität bei Temperaturen zwischen 1300 und 1550 °C geschmolzen. Zusätzliche Zugaben von Läuterungs- und Entfärbungsmitteln sind weitere die Qualität beeinflussende Schritte.

Als Rohstoffsubstitut hat durch Recycling gewonnenes Altglas große Bedeutung. Die Beheizung erfolgt direkt durch Gas/Luft- bzw. Öl/Luft-Gemische.

Emission
(hier von flammenbeheizten Schmelzöfen)
a) Staubemissionen

Abhängig von der Glasart und den Rohstoffen schwanken sie im Bereich von 50 – 400 mg/m³ bei Massenglas und können bei Spezialgläsern Spitzenwerte bis 1500 mg/m³ erreichen. Ein Großteil der Stäube besteht aus feinkristallinen Salzpartikeln. Bild N.1-4 zeigt die Häufigkeitsverteilung von Stäuben aus der Hohlglasherstellung. Stäube enthalten je nach Glasart (bedingt durch die hierfür eingesetzen Rohstoffe) auch Schwermetalle (Blei, Selen u. a.).

b) Abgase aus den Schmelzwannen enthalten aufgrund der eingesetzten Roh- und Brennstoffe und den bei hohen Schmelztemperaturen möglichen chemischen Reaktionen eine Reihe von Schadstoffen, wie HCl, HF, SO_2, SO_3 und Schwermetalle. Tabelle N.1-3 zeigt Schadstoff-Emissionen von Glaswannen, einschl. der durch die TA Luft vorgegebenen Emissionsgrenzwerte. Emissionen sind abhängig von den Endprodukten. Die Produktion von Glas ist eines jener Verfahren mit großen NO_x-Emissionen.

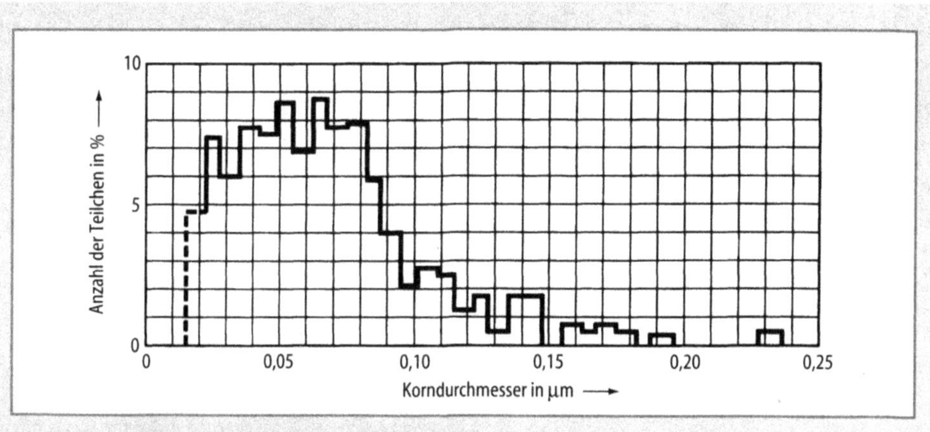

Bild N.1-4 Verteilung der Korndurchmesser von Staub aus Glasschmelzen

Konzentrationen zwischen 0,5 und 5 g/m³ (als NO$_2$ gerechnet) werden genannt.

Ihre Entstehung ist auf die sehr hohe Prozeßtemperatur (z. B. bei Massenglas) und teilweise auf stickstoffhaltige Gemengezusätze zurückzuführen. In der TA Luft schwanken die zulässigen Emissionsgrenzwerte je nach Beheizungs- und Ofenart zwischen 1,2 und 3,5 g/m³. Basierend auf ersten Ergebnissen von primären und sekundären Minderungsmaßnahmen wird zukünftig ein Grenzwert von 0,5 g/m³ angestrebt.

Tabelle N.1-3 Emissionen von Glaswannen

	mg/m³ [a,b]	Grenzwerte [a] TA Luft 1986
Gesamtstaub	50 – 1500	50
Schwermetalle Blei Arsen Selen		5 1 1
Fluorwasserstoff	5 – 30	5
Chlorwasserstoff	40 – 250	30
Schwefeldioxid	2000 – 3000	1800
Schwefeltrioxid	200 – 300	–
Stickoxide	1000 – 4000	s. Text

[a] bezogen auf Normzustand und 8 Vol. % O$_2$
[b] abhängig von Ofenanlage, Fahrweise und Rohstoffen

Minderungsmaßnahmen

Mit Primärmaßnahmen: Änderung der Ofenbauart und Fahrweise, Änderung der Feuerungstemperaturen, Auswahl der Rohstoffe, Sauerstoffanreicherung sind die durch TA Luft vorgegebenen Emissionsgrenzwerte nicht einzuhalten (Bild N.1-5).

Bewährt haben sich folgende Sekundärmaßnahmen:

a) zur Entstaubung kommen elektrostatische oder filternde Abscheider (Gewebefilter).

b) zur Abscheidung gasförmiger, anorganischer Schadstoffe (HCl, HF, SO$_2$ und Schwermetallen) werden quasitrockene oder trocken arbeitende Sorptionsverfahren (Absorbentien sind Ca(OH)$_2$, Soda und Natronlauge) eingesetzt.

c) zur NO$_x$-Minderung sind die Entstickungsverfahren Direktreduktion (nicht katalytische Reduktion (SNR-Verfahren)) und die selektive katalytische Reduktion (SCR) in Erprobung.

Die bei der absorptiven Abgasreinigung anfallenden trockenen Reaktionsprodukte werden weitgehend über das Rohstoffgemenge dem Produktionsprozeß wieder zugeführt.

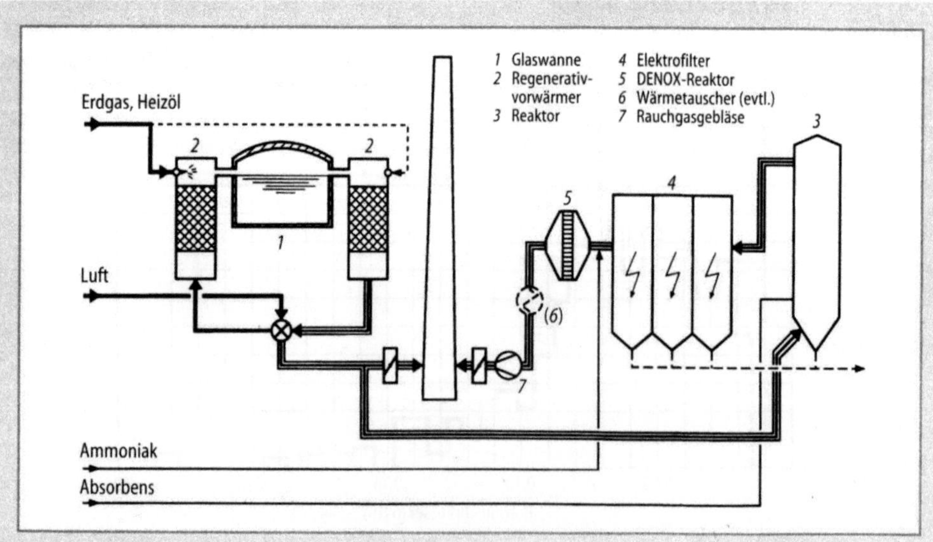

Bild N.1-5 Schema eines Glasschmelzofens mit Abgasreinigung

Emissionsquellen können bei Anlagen auf dem metallurgischen Gebiet in 3 Gruppen eingeteilt werden:

– Prozeßabgase

Abgase aus metallurgischen Prozessen enthalten neben Stäuben auch Schadgasbestandteile wie beispielsweise Schwefeloxid, Stickstoffoxid, Kohlenmonoxid, Fluor oder Chlor. Bei vielen metallurgischen Verfahren kann die Abgasbehandlung auf eine reine Staubabscheidung beschränkt werden, da zulässige Grenzwerte für Schadgase nicht überschritten werden. Enthält das Abgas durch Einsatz stark schwefelhaltiger Rohmaterialien hohe Anteile an SO_2 oder werden verfahrensbedingt sehr hohe Kohlenmonoxidmengen produziert, wird eine Verwertung dieser Bestandteile interessant. Ein typisches Beispiel hierfür ist Hochofengichtgas oder Konverterabgas (Stahl) mit seinem hohen Kohlenmonoxidgehalt. Nach Abscheidung der staubförmigen Bestandteile erfolgt eine Einspeisung in das Gasnetz zur Nutzung als Brenngas in anderen Werksteilen. Bei Prozessen der NE-Metallurgie wird SO_2-reiches Gas einer nachgeschalteten Anlage zur Gewinnung von Schwefelsäure zugeleitet.

Verfahren, bei denen Abgas vor Ableitung in die Atmosphäre in Anlagen zur Schadgasabscheidung behandelt werden müssen, sind nur vereinzelt in Betrieb. Hier handelt es sich i.d.R. um Sonderfälle, bei denen besondere Einsatzstoffe verarbeitet oder länderspezifische Auflagen zu beachten sind.

– Sekundäre Quellen

Bei Chargier-, Umfüll- oder Abstichvorgängen ist eine Erfassung der dabei austretenden Abgase oder der entstehenden Staubluft über das Primärabgassystem oft nicht möglich. Systeme, die Luft aus großvolumigen Einhausungen, aus halboffenen Hauben oder aus Hallendächern absaugen, sind geeignet, diese Emissionen zu erfassen. Ihr prinzipieller Nachteil ist dabei, daß sehr große Umgebungsluftmengen mit angesaugt werden müssen, um eine befriedigende Wirksamkeit zu erreichen. Große Abgasvolumenströme sind deshalb kennzeichnend für diese Anwendung. Ein Wert von ca. 1.000.000 m³/h ist bei einer Sekundärentstaubung eines Stahlwerks eine durchaus übliche Größenordnung. Da Schadgasgehalte bei fast allen Anwendungen vernachlässigbar gering sind, ist eine Abscheidung staubförmiger Bestandteile meist ausreichend, um die Forderungen der TA Luft zu erfüllen.

– Anlagenentstaubung

Dem eigentlichen metallurgischen Prozeß sind bei fast allen Verfahren Apparate und Einrichtungen vor- und nachgeschaltet, um Rohmaterialien, Zuschlagstoffe oder auch das Produkt selbst in Bunkern zwischenzuspeichern, zu zerkleinern, zu sieben und über Bandförderanlagen zu transportieren. Da es sich hierbei oft um staubende Materialien handelt, müssen Absaugesysteme installiert werden, um das Betriebspersonal vor belästigender Staubentwicklung zu schützen und um gewerbehygienische Anforderungen einzuhalten. Mehrere Einzelabsaugestellen (bis zu 200) werden dabei zu einem System zusammengefaßt. Wie auch bei den Sekundärabgasen, handelt es sich bei der Abluft im wesentlichen um staubhaltige Umgebungsluft, die in elektrostatischen Filtern, Schlauchfiltern oder Wäschern gereinigt wird.

Gemäß TA Luft vom 27.2.1986, berichtigt am 4.4.1986 sind für metallurgische Anlagen im wesentlichen die nachfolgend aufgeführten Grenzwerte relevant:

– Gesamtstaub   50 mg/m³
– Blei   5 mg/m³
– Fluor und Fluorverbindungen   5 mg/m³
– Chlorverbindungen   30 mg/m³
– Schwefeloxide   500 mg/m³
– Stickstoffoxide   500 mg/m³

Bei kleinen Massenströmen gelten höhere Grenzwerte. Zusätzlich zu diesen grundsätzlichen Anforderungen wurden besondere Regelungen für bestimmte Anlagenarten getroffen. Sofern wesentlich, sind diese Grenzwerte unter der Beschreibung der einzelnen Verfahren angegeben.

Im folgenden Abschnitt werden die wichtigen, emissionsträchtigen metallurgischen Verfahren beschrieben.

N.1.2.1   Eisen und Stahl

N.1.2.1.1 Erzvorbereitung

Eisenerzsintern (Bild N.1-6)
Verfahren zur Stückigmachung von feinkörnigen Erzen. Eisenerze, Stäube, Zuschläge, Brennstoff und Rückgut werden in einer Trommel gemischt und granuliert. Auf der Sintermaschine (Wander-

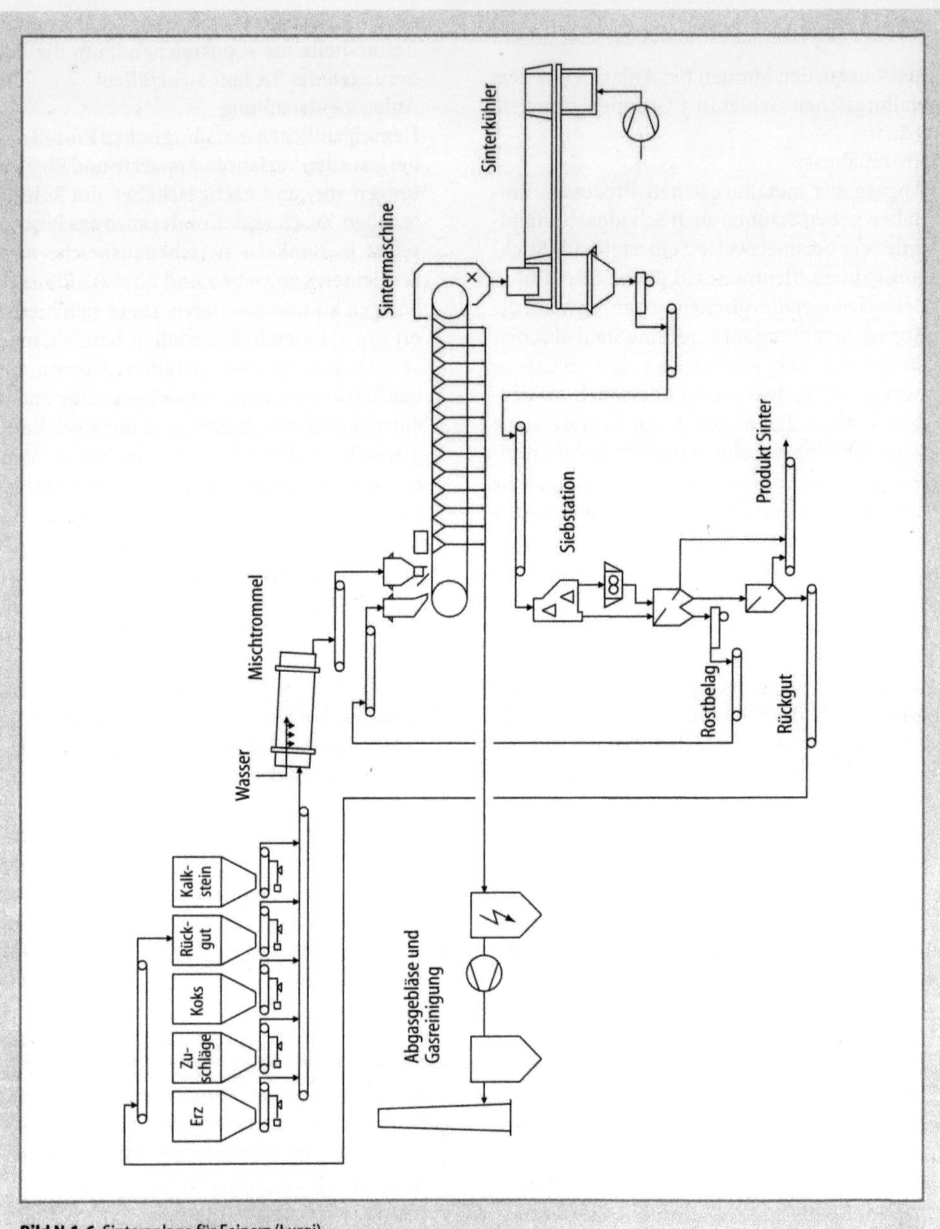

Bild N.1-6 Sinteranlage für Feinerz (Lurgi)

rost) wird diese Sintermischung an der Oberfläche gezündet. Durch die gezündete Schicht wird Luft gesaugt, wodurch der Sintervorgang, eine Kombination aus lokal begrenztem Schmelzen, Korngrenzdiffusion und Rekristallisation, in vertikaler Richtung abläuft. Anschließend wird der Sinter durch Luft gekühlt, gesiebt und über Fördereinrichtungen zur Möllerbunkeranlage des Hochofens transportiert.

Abgasvolumenströme für eine 200 m²-Sintermaschine:

- Sinterabgas   600.000 m³/h
- Anlagenentstaubung   400.000 m³/h

– Sinterabgas
Das Abgas aus dem Sinterprozeß besteht aus dem Rauchgas der Kohlenstoffverbrennung, CO_2 durch Kalzinierung und Stoffen wie z. B.

Wasser, SO_2, SO_3, Alkalichloride und Kohlenwasserstoffe, die durch den Sintervorgang aus der Einsatzmischung ausgetrieben werden. Die Staubabscheidung erfolgt in modernen Anlagen in elektrostatischen Filtern.

Die prozeßbedingten Eigenschaften des Abgases lassen in vielen Fällen eine Entstaubung auf Werte < 50 mg/m³ nicht zu. Schlauchfilteranlagen und weiterentwickelte elektrostatische Filter sind in der Erprobung bzw. teilweise bereits im großtechnischen Einsatz. Es ist zu erwarten, daß sich daraus neue Standardlösungen entwickeln. Zunehmende Bedeutung wird voraussichtlich auch die Schadgasabscheidung gewinnen. Einige Anlagen sind bereits mit Teilentschwefelungsanlagen ausgerüstet.

Sonderregelung der TA Luft: Der Grenzwert für Stickstoffoxide liegt bei 400 mg/m³
– Sinterkühler
Die Abluft des Sinterkühlers ist staubarm. In Sonderfällen, z.B. bei Nutzung der heißen Abluft zu Vorwärm- oder Heizzwecken, erfolgt eine Grobstaubabscheidung durch Multiklonanlagen zum Schutz vor Verschleiß nachgeschalteter Einrichtungen.

– Anlagenentstaubung
Moderne Anlagen sind mit einer Absauganlage zur Erfassung von Staubluft aus der Siebstation und den Materialfördereinrichtungen ausgerüstet. Zur Entstaubung der Absaugeluft werden elektrostatische Filter eingesetzt. Für kleine Sinteranlagen kann ein Schlauchfilter eine wirtschaftliche Alternative sein.
– Misch- und Rolliertrommel
In der Trommel entstehen durch die Wassereindüsung Wrasen. Bei der Mehrzahl der Anlagen gelingt es, durch günstige konstruktive Ausführung der Trommel den Staubgehalt zu begrenzen. In Sonderfällen erfolgt die Entstaubung in Wäscheranlagen einfacher Bauart.

Pelletierung (Bild N.1-7)
Verfahren zur Stückigmachung von sehr feinkörnigen Erzen. Erze und Zuschlagstoffe werden auf rotierenden Tellern oder in Trommeln pelletiert und anschließend auf einem Wanderrost getrocknet und gebrannt. Die erforderliche Wärme für den Brennvorgang wird durch Gas- oder Ölbrenner zugeführt.

Abgasvolumen für eine 400m²-Pelletbrennmaschine:

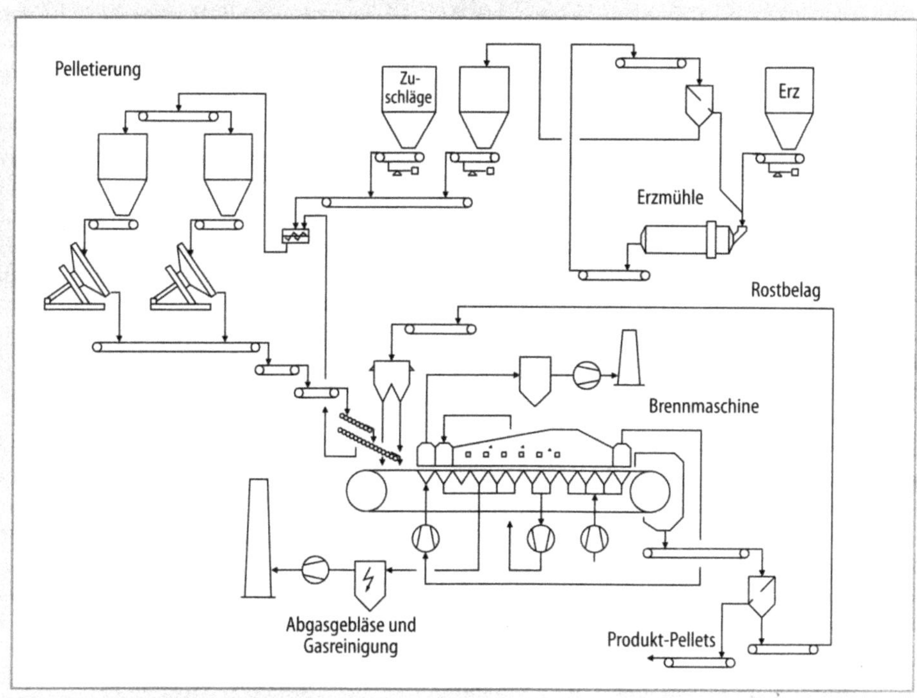

Bild N.1-7 Pelletieranlage für Feinerz (Lurgi)

- Abgas   600.000 m³/h
- Abluft   300.000 m³/h
- Anlagenentstaubung   150.000 m³/h

– Abgas

Der Wärmeinhalt des Abgases aus der Brennzone wird zur Trocknung und Vorwärmung der Pellets genutzt und anschließend über eine Entstaubungsanlage in die Atmosphäre geleitet. Multizyklone oder Zyklone wurden bisher bei geringen Anforderungen an die Abscheideleistung eingesetzt. Bei höheren Anforderungen, wie sie z.B. die TA Luft stellt, sind elektrostatische Filter geeignet. In Einzelfällen werden auch Wäscher eingesetzt.

– Abluft

Abluft aus der Pelletkühlzone wird – wie das Abgas – in Multizyklonen oder Zyklonen, bei höheren Anforderungen in elektrostatischen Filtern entstaubt.

– Anlagenentstaubung

Erforderlich sind Absaugeanlagen zur Erfassung von Staubluft aus der Siebstation und den Einrichtungen zur Förderung der gebrannten Pellets. Zur Entstaubung der Absaugeluft sind elektrostatische Filter, Wäscher und Schlauchfilteranlagen geeignet.

N.1.2.1.2 Reduktion

Hochofen (Bild N.1-8)

Im Hochofen wird aus den Rohstoffen wie Stückerz, Sinter, Pellets, Zuschlagstoffe (Kalk und Dolomit) und Koks (Brennstoff und Reduktionsmittel) Roheisen erzeugt. Dazu werden die Rohstoffe in der Möllerung gemischt und über einen Schrägaufzug oder ein Förderbandsystem in den Hochofen (Schachtofen) gefördert. Im Hochofen erfolgt neben dem Reduktionsvorgang eine Erschmelzung der Rohstoffe und Trennung des Eisens von den mineralischen Bestandteilen (Schlacke). Flüssiges Roheisen und Schlacke werden in der Gießhalle periodisch abgestochen und über Rinnen zu den Schlackenpfannen oder einer Schlackengranulation bzw. den Roheisenpfannen geleitet. Über die Pfannen erfolgt der Weitertransport des Roheisens zur direkten Weiterverarbeitung im Stahlwerk.

Abgasvolumenströme für einen Hochofen mit einer Produktion von 4000 t/d:

- Möllerung   100.000 m³/h
- Gichtgas   180.000 m³/h
- Gießhallenentstaubung   500.000 m³/h

– Möllerung

Staubluft, die beim Transport der Rohstoffe durch Bandförderer und Einrichtungen wie Siebe und Wuchtrinnen entsteht, wird in vielen Anlagen über Absaugesysteme erfaßt und einer Schlauchfilteranlage zur Entstaubung zugeleitet.

– Gichtgas

Abgas aus dem Hochofen (Gichtgas) ist ein heizwertreiches (CO-haltiges) und staubhaltiges Gas, das in das Gasnetz des Hüttenwerks eingespeist wird.

Die Grobstaubabscheidung erfolgt in einem mechanischen Abscheider (Staubsack). Bei

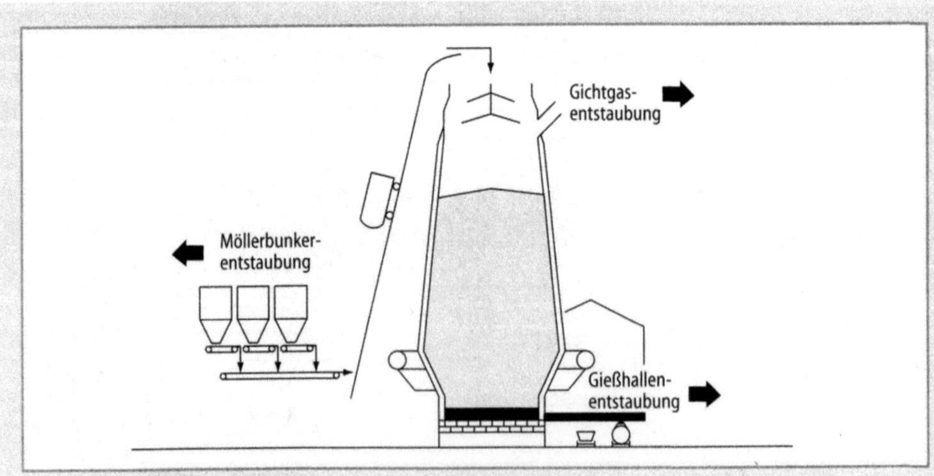

Bild N.1-8 Hochofen-Emissionsquellen (Lurgi)

Hochöfen mit Niederdruckfahrweise erfolgt die Feinreinigung in Naß- oder Trockenelektrofiltern, bei Hochdrucköfen in Wäscheranlagen. Die Druckdifferenz zwischen Gicht und Gasnetz kann genutzt werden, um über eine Entspannungsturbine elektrische Energie zu gewinnen. Trockenelektrofilter in Rundbauweise haben bei dieser Betriebsweise Vorteile gegenüber Wäscheranlagen, da ein größerer Wärmeinhalt und ein höheres Druckgefälle genutzt werden kann.

– Gießhalle

In der Gießhalle entstehen beim Abstich am Abstichloch, über den Rinnen und an Stellen, an denen Roheisen bzw. Schlacke in Pfannen gefüllt wird, durch Oxidationsvorgänge erhebliche Staubemissionen. Durch Verwendung von Rinnenabdeckungen, Einhausungen der Übergabestellen und Erfassung der Rauche über ein Absaugesystem werden in modernen Gießhallen Emissionen nahezu vollständig erfaßt. Zur Entstaubung der Absaugeluft werden elektrostatische Filter eingesetzt. Bei kleineren Abluftmengen kommen auch Schlauchfilter in Frage.

Bei einem Alternativverfahren wird Inertgas in den Raum über den Rinnen eingedüst. Eine Staubentwicklung durch Oxidationsvorgänge wird dadurch unterbunden.

Direktreduktion – Feststoffreduktion (Bild N.1-9)
Die Reduktion des Eisenoxids erfolgt in einem ausgemauerten Drehrohrofen. Erz und Pellets werden mit Zuschlagstoffen (Dolomit oder Kalkstein) und Kohle als Reduktionsmittel in einem vorgegebenen Verhältnis am Ofeneinlauf aufgegeben, getrocknet, aufgewärmt und schließlich reduziert. Dem Drehrohrofen ist ein weiteres Drehrohr zur Kühlung des Materials nachgeschaltet. Die Trennung von reduziertem Material (Eisenschwamm) und Restkohle erfolgt durch Siebung und Magnetscheidung.

Abgasvolumenströme für eine Anlage mit einer Produktion von 500 t/d:

- Abgas   100.000 m^3/h
- Anlagenentstaubung   140.000 m^3/h

– Abgas

Das Abgas aus dem Drehrohrofen passiert eine Staubabsetzkammer zur Abscheidung von

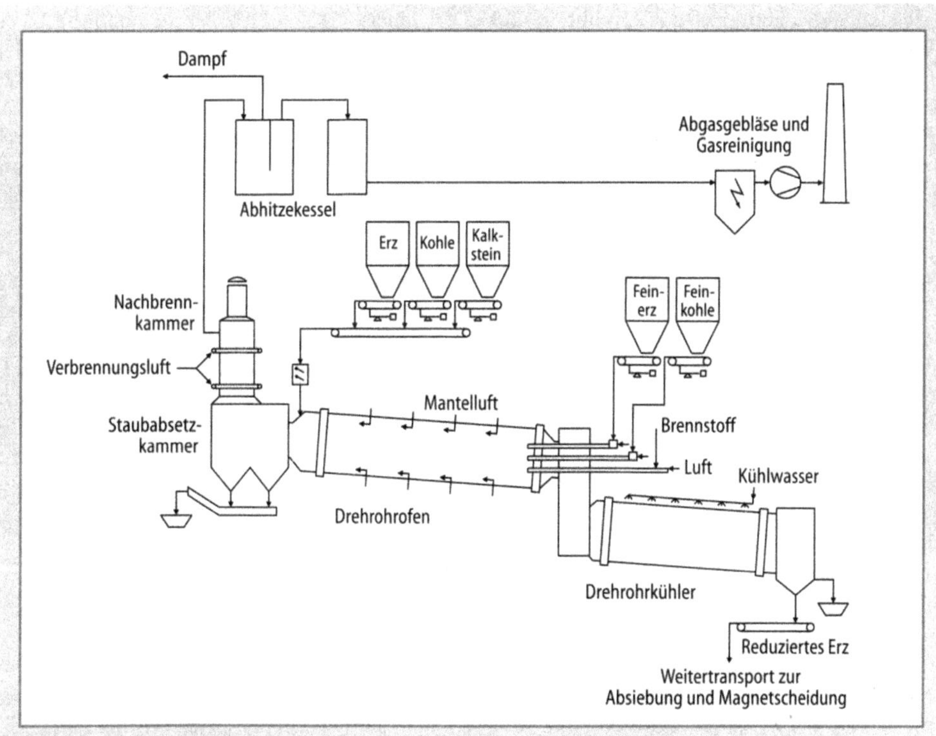

Bild N.1-9 SL/RN-Feststoffreduktion

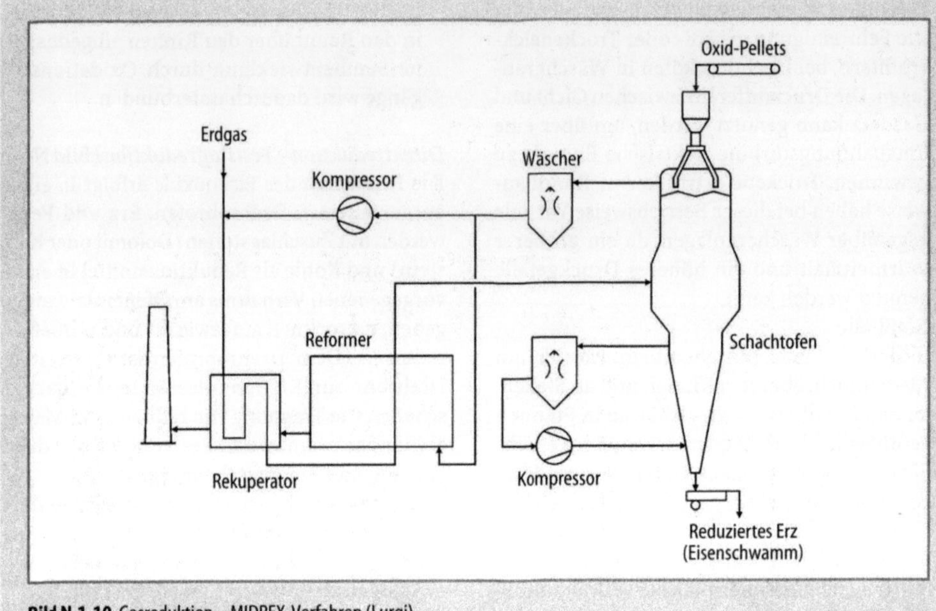

Bild N.1-10 Gasreduktion – MIDREX-Verfahren (Lurgi)

Grobstaub. Eine Nachbrennkammer zur Verbrennung von Kohlestaubpartikeln und Gasen und Einrichtungen zur Abkühlung des Gases (Abhitzekessel und Röhrenkühler oder Verdampfungskühler) schließen sich an. Die Abscheidung der Staubpartikel erfolgt in einem elektrostatischen Filter. Wäscheranlagen kommen in Sonderfällen zum Einsatz.
– Anlagenentstaubung
An Einrichtungen zur Vorbereitung der Einsatzstoffe, wie Siebe, Brecher, Bunker und Fördereinrichtungen und Nachbehandlung und Förderung des Eisenschwammes, entsteht durch Abrieb Staub, der über ein Absaugesystem erfaßt wird. Geeignete Entstaubungsanlagen sind elektrostatische Filter oder Schlauchfilter.

Direktreduktion – Gasreduktion (Bild N.1-10)
Die Reduktion des Eisenoxides erfolgt in einem Schachtofen. Eisenoxid wird über Förderbänder in den Schachtofen gefördert und mit gasförmigen Reduktionsmitteln zu Eisenschwamm reduziert. Im unteren Bereich des Ofens erfolgen Materialkühlung und -austrag über ein Schleusensystem. Einrichtungen zur Absiebung des Feinanteils und für Zwischenspeicherung und Weitertransport des Eisenschwamms sind nachgeschaltet.

Abgasvolumenströme für eine Anlage mit einer Produktion von 2400 t/d:
- Abgas   240.000 m³/h
- Anlagenentstaubung   120.000 m³/h

– Abgas
Bei den verbreiteten Verfahren werden Wäscheranlagen zur Abgasreinigung eingesetzt, die in die anlageninternen Gaskreisläufe eingebunden sind.
– Anlagenentstaubung
Bandförderanlagen, Siebe und Bunker für Oxid und Eisenschwamm sind Staubquellen, für die eine Anlagenentstaubung zu installieren ist. Kleine Absaugeluftmengen, kritische Staubeigenschaften und das Vorhandensein einer Wasseraufbereitungsanlage sind Gründe für den Einsatz von Wäscheranlagen zur Absaugeluftentstaubung.

N.1.2.1.3 Stahlerzeugung

Blasstahlverfahren (Konverter) (Bild N.1-11 und N.1-12)
Das mengenmäßig bedeutendste Verfahren zur Stahlherstellung ist das Blasstahlverfahren, bei dem Stahl in einem Konvertergefäß durch Einblasen von Sauerstoff erzeugt wird. Dazu werden flüssiges Roheisen, Schrott und Zuschlagstoffe

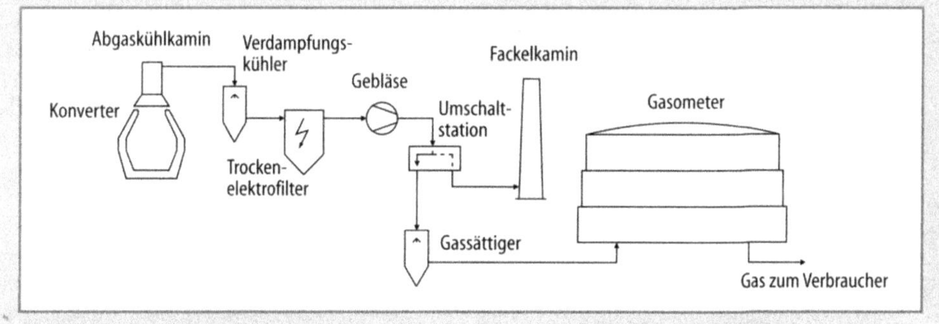

Bild N.1-11 Konverter-Primärgasentstaubung mit CO-Gasgewinnung (Lurgi/Thyssen Stahlgasverfahren)

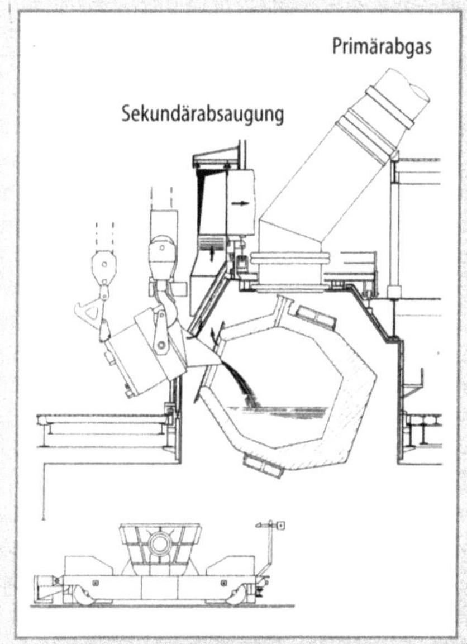

Bild N.1-12 Konverterentstaubung (Lurgi)

(Erz, Kalk, Dolomit, Ferrolegierungen) eingesetzt. Technisch reiner Sauerstoff, der über eine wassergekühlte Lanze auf das flüssige Roheisen aufgeblasen wird, reagiert mit dem Kohlenstoff und anderen Elementen (Mn, Si und P) im Roheisen und entfernt diese bis auf Restgehalte, abhängig von der geforderten Stahlqualität. Dieser Vorgang verläuft exotherm ohne Zufuhr zusätzlicher Energie. Der Abstich des flüssigen Stahls und der Schlacke erfolgt periodisch. Durch Kippen des Konvertergefäßes wird der Stahl in Pfannen gefüllt und zur Weiterverarbeitung, beispielsweise in einer Stranggußanlage, abtransportiert.

Abgasvolumenströme für eine Anlage mit einer Produktion von 200 t pro Charge bei unterdrückter CO-Verbrennung:
- Abgas   110.000 m³/h
- Sekundärentstaubung   800.000 m³/h

– Primärabgas
Beim Vorgang des Sauerstoffblasens entsteht ein heizwertreiches, CO-haltiges Abgas. Die hohe Staubbeladung (der sog. braune Rauch) erfordert die Behandlung des Abgases. Dazu wird durch Lufteinsaugung an der Konvertermündung CO nachverbrannt und die Wärme in einem Abhitzekessel weitestgehend genutzt. Zur Staubabscheidung können Wäscher, Naßelektrofilter oder – wie in modernen Werken üblich – trockene elektrostatische Filter mit vorgeschaltetem Verdampfungskühler eingesetzt werden.
An Bedeutung gewinnen zunehmend Anlagen, die durch Einsatz eines Schließrings an der Konvertermündung, die Nachverbrennung unterdrücken. Das Abgas kann dann nach Staubabscheidung durch einen elektrostatischen Filter, Kühlung und Sättigung als Brenngas in das Gasnetz des Stahlwerks eingespeist werden.
– Sekundärentstaubung
Vorgänge rund um den Konverter führen zusätzlich zu Staubemissionen. Insbesondere sind dies:
– Umfüllen des Roheisens von Transport- in Chargierpfannen
– Chargieren von Roheisen und Schrott in den Konverter
– Abstechen des Stahls
– Abziehen der auf der Stahl- bzw. Roheisenoberfläche aufschwimmenden Schlacke (Abschlacken)

- Entschwefelung von Roheisen bzw. Stahl
- Pfannenmetallurgie
  Erfaßt werden diese Emissionen entweder direkt durch Absaugung aus Einhausungen und halboffenen Einkleidungen oder indirekt über großvolumige Hauben im Hallendach. Zur Abscheidung der feinen Staubpartikel sind elektrostatische Filter und Schlauchfilter geeignet und deshalb vielfach verbreitet.
- Zuschlagstoffe – Anlagenentstaubung
  Fördereinrichtungen für Zuschlagstoffe führen zu Staubemissionen. Die Installation von Absaugesystemen mit nachgeschaltetem Schlauchfilter als Staubabscheider sind geeignete Gegenmaßnahmen.

Elektrolichtbogenöfen

Verfahren zur Stahlherstellung unter Einsatz von Schrott, ggf. auch Eisenschwamm und Legierungsbestandteilen. Ein Lichtbogenofen besteht aus einem runden Ofengefäß mit einem exzentrischen Bodenabstich. Die Energiezufuhr erfolgt über den Lichtbogen, der zwischen den 3 Graphitelektroden und dem Schrott aufgebaut wird. Der Ofendeckel verhindert die unkontrollierte Sauerstoffzufuhr in den Ofenraum. Zum Chargieren des Schrotts wird der Deckel abgeschwenkt.

Abgasvolumenströme für eine Anlage mit einer Produktion von 100 t pro Charge:

- Abgas   100.000 m³/h
- Sekundärentstaubung   600.000 m³/h

- Abgas
  Das Abgas verläßt über ein viertes Loch im Deckel den Ofen. Luft mischt sich dem Abgas zu und liefert den erforderlichen Sauerstoff zur Nachverbrennung von CO. Wassergekühlte Abgasleitungen und Röhrenkühler sind übliche Einrichtungen zur Gaskühlung, denen ein Schlauchfilter zur Staubabscheidung nachgeschaltet wird. Dieser Filter wird auch mit der Abluft der Sekundärentstaubung beaufschlagt. .
  Sonderregelung der TA Luft:
  Grenzwert für Gesamtstaub 20 mg/m³
- Sekundärentstaubung
  Emissionen bei abgeschwenktem Deckel (zum Schrottchargieren) und beim Abstich können nicht über das Abgassystem abgesaugt werden. Diese Staubluft wird über eine großvolumige Haube im Hallendach oder eine Einhausung erfaßt und dem Schlauchfilter zugeleitet.

N.1.2.1.4 Kupolofen

Der Kupolofen ist der wichtigste Umschmelzofen für Gußeisen. Einsatzstoffe sind Roheisen, Gußbruch, Stahlschrott. Dazu kommmen Zuschlagstoffe wie z. B. Kalkstein und Koks als Brennstoff. Der Ofen selbst ist ein kontinuierlich schmelzender Schachtofen. Unterschieden werden zwei Bauarten. Beim Kaltwindkupolofen werden die Abgase an der Gicht verbrannt. Der Heißwindkupolofen nutzt das Gichtgas zur Vorwärmung des Hochofenwinds.

Abgasvolumenstrom für einen Heißwindkupolofen mit einer Schmelzleistung von 22 t/h: 26.000 m³/h

Sonderregelung der TA Luft:
- Grenzwert für Gesamtstaub   50 mg/m³ (Kupolofen mit Untergichtabsaugung)
- Grenzwert für Kohlenmonoxid   1 g/m³ (Heißwindkupolöfen mit nachgeschaltetem eingebeiztem Rekuperator)

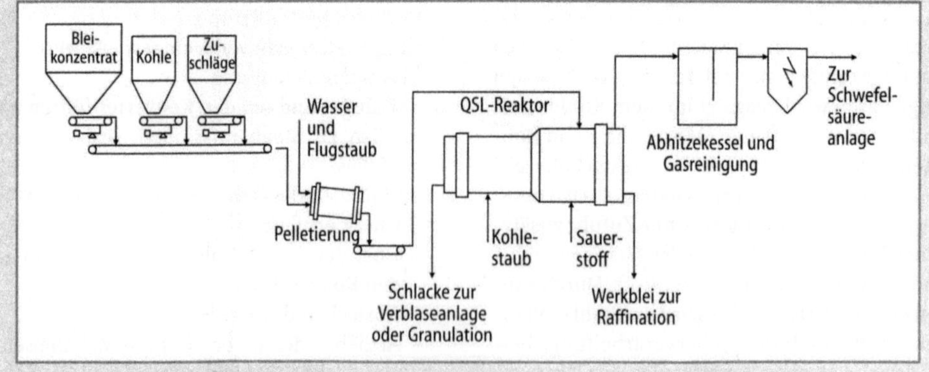

Bild N.1-13 QSL-Anlage zur kontinuierlichenBleierzeugung (Lurgi)

N.1.2.2.1 Anlagen zur Herstellung von Aluminium

Aluminiumoxid ist Ausgangsmaterial für die Gewinnung von Aluminium. Die Reduktion erfolgt elektrolytisch unter Verwendung von Fluor als Flußmittel. Das Abgas wird aus der gekapselten Elektrolysezelle abgesaugt und einer Gasreinigungsanlage zugeleitet. In größeren Anlagen sind bis zu 100 Elektrolysezellen in einer Absauge- und Reinigungsanlage zusammengefaßt. In modernen Anlagen erfolgt die Gasreinigung in trockenen Systemen. Reaktoren nach dem Prinzip der

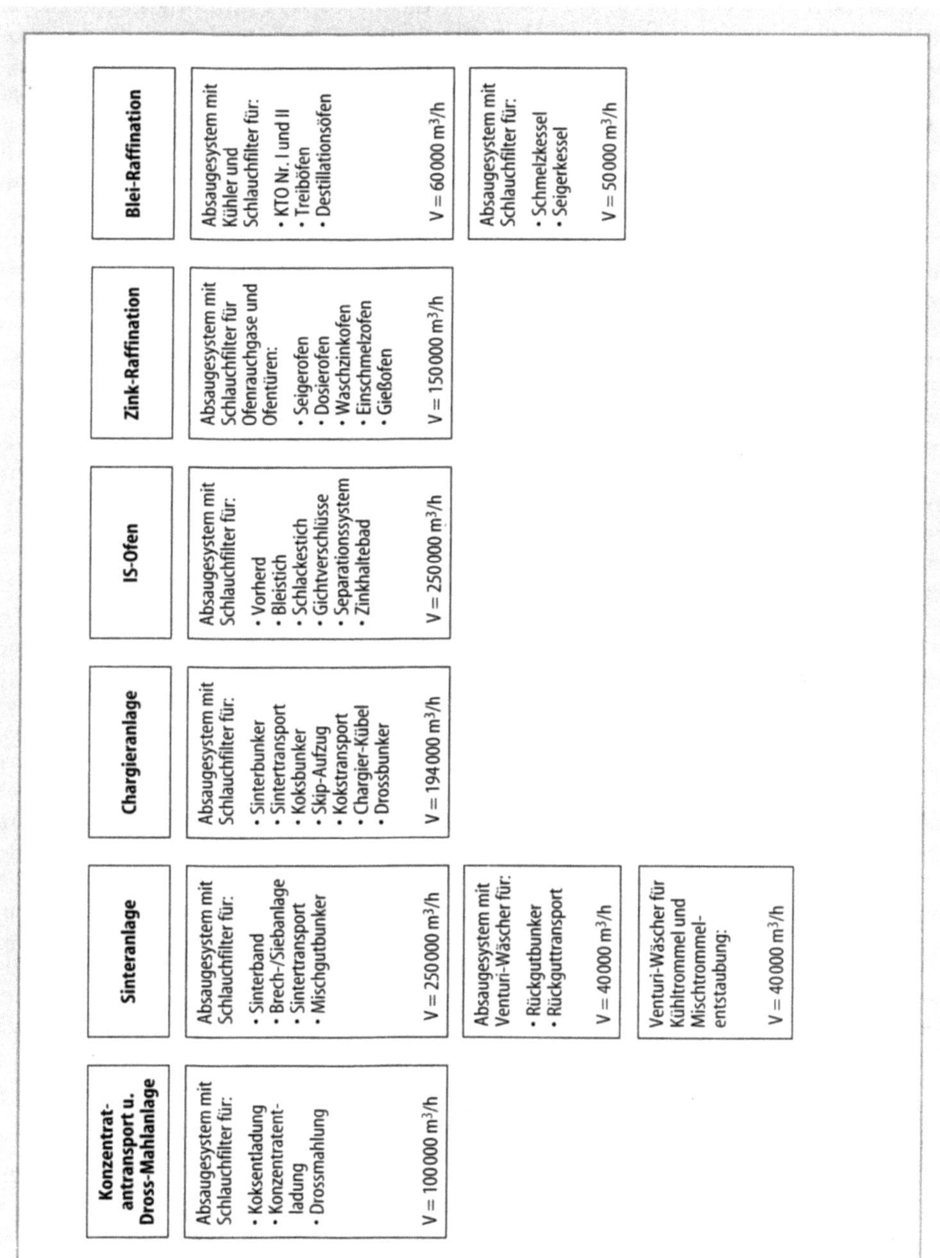

Bild N.1-14 Sekundärentstaubungssystem einer Blei-Zink-Hütte

zirkulierenden Wirbelschicht zur Absorption von Fluor unter Verwendung von Aluminiumoxid und elektrostatische Filter oder Schlauchfilter zur Abscheidung des Staubs und des zudosierten Aluminiumoxids sind geeignete Apparate.

Abgasvolumenstrom für eine Anlage mit 100 Elektrolysezellen:

600.000 m³/h

Sonderregelung der TA Luft:
- Gesamtstaub   30 mg/m³
- Fluorverbindungen   5 mg/m³

N.1.2.2.2 Anlagen zur Gewinnung von Nichteisenrohmetallen (Bild N.1-13)

Für die große Zahl von Nichteisenmetallen und die verschiedenen Verfahren ihrer Verhüttung gibt es eine entsprechende Vielzahl von Varianten zur Reinigung der anfallenden Abgase. Wesentlicher Ausgangsstoff für die Gewinnung von Blei, Kupfer oder Zink aus Primärrohstoffen ist jeweils ein sulfidisches Erz. In modernen Hütten fällt bei der Röstung und Reduktion ein Abgas mit hohem SO_2-Gehalt an, das nach entsprechender Vorbehandlung durch Filter direkt einer Anlage zur Gewinnung von Schwefelsäure zugeleitet wird. Als Emissionsquelle verbleiben bei allen Prozessen diffuse Quellen, die über eine Sekundärentstaubung zu erfassen sind. Dies gilt auch für Metallraffinations- und Sekundärhütten. Primäre Aufgabe dieser Entstaubung ist, die bei Umfüll- oder Beschickungsvorgängen austretenden Gase oder die beim Transport staubender Materialien entstehende Staubluft zu erfassen. Kriterium für die Auslegung sind dabei arbeitsplatzhygienische Aspekte. Zur Staubabscheidung werden wegen der hohen Anforderung an die Entstaubungsleistung fast ausschl. Schlauchfilter eingesetzt.

Abgasvolumenströme der Sekundärentstaubung:

Kupferhütte   500.000 m3/h
Bleihütte, Zinkhütte   s. Bild N.1-14

Sonderregelung der TA Luft:
- Gesamtstaub   20 mg/m³
- Gesamtstaub   10 mg/m³ (in Bleihütten)
- Schwefeloxide   800 mg/m³

N.1.3   Stoffquellen der Kernenergie und der Kerntechnik

N.1.3.1   Grundlagen

N.1.3.1.1 Einleitung

Charakteristisch und umweltrelevant für die Kerntechnik und die Kernenergienutzung ist die Radioaktivität von Atomkernen, d.h. die Emission von Kernpartikeln oder Gammastrahlung. Im Mittelpunkt der Kernenergienutzung steht das Uran, das schwerste in der Natur vorkommende chemische Element. Natururan setzt sich aus den Isotopen 234 Uran (0,00548 %), 235 Uran (0,711 %) und 238 Uran (99,29 %) zusammen.

Die umweltrelevanten primären Stoffquellen der Kernenergienutzung sind Uran und die bei Kernspaltungen entstehenden Spaltprodukte und ihre Zerfallsprodukte. Sekundäre Quellen sind die durch Einfang von Spaltneutronen entstehenden radioaktiven Substanzen. Gegenüber den radioaktiven Stoffen spielen in der Kernenergietechnik unter Umweltgesichtspunkten die Stoffquellen aus chemischen Reaktionen eine untergeordnete Rolle.

N.1.3.1.2 Radioaktivität

Als Aktivität einer radioaktiven Substanz ist die Zahl der pro Sekunde zerfallenden Atomkerne definiert. Die Maßeinheit für die Aktivität ist das Becquerel (Bq); sie entspricht dem Zerfall eines Atomkerns pro Sekunde.

Der radioaktive Zerfall ist ein statistischer Prozeß, der sich in einem Exponentialgesetz der Form $N(t) = N_0 e^{-\lambda t}$ beschreiben läßt, wobei N_0 die Anzahl der anfänglich vorhandenen radioaktiven Atome bedeutet, N die zur Zeit t davon noch vorhandenen nicht zerfallenen Atome und λ die Zerfallskonstante ist. Anstelle der Zerfallskonstanten λ wird oft die Halbwertszeit (T) angegeben, die Zeit, nach der jeweils die Hälfte der anfänglich vorhandenen radioaktiven Atome zerfallen sind.

N.1.3.1.3 Kernreaktionen mit Neutronen

Neutroneneinfänge können im Prinzip zu folgenden Reaktionen führen:

Aussendung von 2 Neutronen nach Einfang von einem Neutron, z. B.

$$\mathrm{^1_0 n} + \mathrm{^9_4 Be} \rightarrow 2\,\mathrm{^1_0 n} + \mathrm{^8_4 Be}$$

Aussendung eines Gammaquants nach Einfang eines Neutrons, z. B.

$$\mathrm{^{1}_{0}n + {}^{1}_{1}H \rightarrow {}^{2}_{1}D + \gamma}$$

Aussendung eines Protrons nach Einfang eines Neutrons, z. B.

$$\mathrm{^{1}_{0}n + {}^{54}_{26}Fe \rightarrow {}^{54}_{25}Mn + {}^{1}_{1}p}$$

Aussendung eines Alphateilchens $\left({}^{4}_{2}He\right)$ nach Einfang eines Neutrons, z. B.

$$\mathrm{^{1}_{0}n + {}^{10}_{5}B \rightarrow {}^{7}_{3}Li + {}^{4}_{2}He}$$

Aussendung eines Elektrons oder Positrons nach Neutroneneinfang, z. B.

$$\mathrm{^{1}_{0}n + {}^{238}_{92}U \rightarrow {}^{239}_{92}U \xrightarrow{\beta^{-}} {}^{239}_{93}Np}$$

Kernspaltung nach Neutroneneinfang, z. B.

$$\mathrm{^{1}_{0}n + {}^{235}_{92}U \rightarrow {}^{147}_{57}La + {}^{87}_{35}Br + 2\,{}^{1}_{0}n}$$

Der Kernspaltungsprozeß führt jeweils zur Bildung von zwei Spaltproduktisotopen in einem weiten Bereich möglicher Massenzahlen zwischen 72 und 156. Die experimentell ermittelte Häufigkeitsverteilung der Spaltprodukte bei Spaltung von 235 Uran durch schnelle (14 MeV) und langsame (thermische) Neutronen ist in Bild N.1-15 dargestellt.

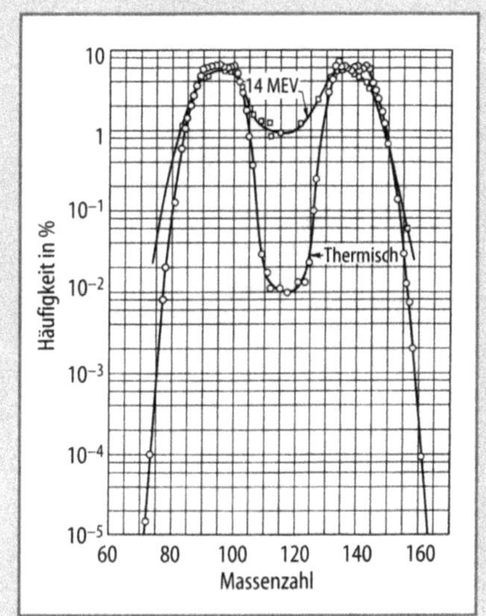

Bild N.1-15 Häufigkeitsverteilung der Spaltprodukte aus Spaltungen von $_{235}$U durch schnelle (14 MEV) und thermische Neutronen [N.1.1]

N.1.3.1.4 Umweltrelevante Spaltprodukte

Bei den Spaltprodukten sind hier besonders die Gammastrahlung aussendenden Isotope, die in Tabelle N.1-4 zusammengestellt sind, zu betrachten:
- Spaltprodukte pauschal als eine Mischung unterschiedlichster radioaktiver Isotope in ihrer Gesamtheit.
- Spaltprodukte individuell bei Betrachtung von Mobilität oder ihrer Sonderstellung in der Biosphäre.

Das Isotopengemisch von Spaltprodukten bildet eine Gammastrahlungsquelle, deren Intensität nach der Entstehung der Spaltprodukte zeitlich rasch abklingt (Bild N.1-16).

Die gasförmigen Spaltprodukte sind als umweltrelevant besonders zu beachten. Das Spaltproduktgemisch enthält Isotope der Edelgase Xenon und Krypton, von denen vor allem 135 Xe (T = 9,2 h) und 85 Kr (T = 10,8a) wichtig sind.

Besondere Aufmerksamkeit unter den flüchtigen Spaltprodukten verdient das Jod, hier das Isotop 131 J (T = 8,05 d). Es kann über die Abluft kerntechnischer Anlagen in den Nahrungskreislauf des Menschen (Ingestionspfad) und in die Schilddrüse gelangen. Daneben sind aufgrund ihrer Halbwertzeiten von rd. 30a $_{90}$Sr und $_{137}$Cs wichtig.

In Bild N.1-17 sind die Expositionspfade radioaktiver Emissionen aus Kernkraftwerken schematisch dargestellt.

N.1.3.1.5 Aktivierungsprodukte

Mit den bei Kernspaltungsprozessen frei werdenden Neutronen können stabile Atomkerne in radioaktive Isotope umgewandelt werden. Zu umweltrelevanten Schadstoffquellen können sie in Verbindung mit der Freisetzung von Flüssigkeiten aus kerntechnischen Anlagen werden, sie können jedoch auch in fester Form, beispielsweise als Abfall, in Stoffkreisläufe gelangen.

In Tabelle N.1-5 sind die wichtigsten in der Kerntechnik und bei der Kernenergienutzung nach Neutroneneinfang entstehenden Gammastrahler aufgeführt.

Aktivierungsprodukte in wässrigen Lösungen
Dazu gehören:
- Radioaktive Stoffe, die als Verunreinigung von Wässern in Anlagen auftreten, soweit sie als Restaktivität in Abwässern in die Biosphäre ab-

Tabelle N.1-4 Charakteristika wichtiger gammastrahlender Spaltprodukte

Isotop	Halbwertszeit	Eltern-Nuklid	Eltern-Halbwertszeit	Spaltprodukt-anteil %	Anteil der Gamma-strahlen mit der Energie E	E, MeV
Br^{84}	31,8 m			0,0065	0,35	1,89
					0,76	0,89
Kr^{85m}	4,36 h			0,01	0,15	0,3
					0,85	0,15
Kr^{55}	2,77 h			0,031	0,80	1,8
						2,18
Rb^{53}	17,7 m	Kr 88	2,77 h	0,031	0,68..	0,38
					0,01	2,8
					0,08	0,9
					0,21	1,86
Sr^{91}	9,7 h			0,05	0,07	1,41
					0,33	1,025
					0,15	0,66
					0,14	0,747
					0,26	0,64
Y^{91m}	31,0 m	Sr 91	9,70 h	0,00235	1,00	0,551
Y^{91}	38,0 d	Sr 91	9,70 h	0,059	0,001	0,2
					0,001	1,2
Y^{93}	10,0 h	Sr 93	7,00 m	0,06	0,1 (U)	0,7
Y^{94}	16,5 m			0,05	0,1 (U)	1,4
Zr^{95}	63,0 d	Y 95	10,50 m	0,06	0,49	0,725
					0,49	0,758
					0,02	0,235
Nb^{95m}	90,0 h			0,006	1,00	0,231
Nb^{95}	35,0 d	Zr 95	63,00 d	0,06	1,00	0,745
Nb^{97m}	60,0 s	Zr 95	63,00 d	0,062	1,00	0,75
Nb^{97}	72,1 m	Zr 97	17,00 h	0,062	1,00	0,67
Mo^{99}	67,0 h	Zr 97	17,00 h	0,062	0,l3	0,728
Ru^{103}	40,0 d			0,037	0,94	0,494
Ru^{105}	4,5 h			0,009	0,00	0,726
Rh^{105}	30,0 s	Ru 106	1,00 a	0,0052	0,24	0,513
					0,12	0,624
					0,01	0,87
					0,02	1,045
					0,01	1,55
					0,002	2,41
Te^{129m}	33,0 d	Sb 129	4,20 h	0,0019	1,00	0,106
Te^{129}	72,0 m	Sb 129	4,20 h	0,0019	0,1 (...	0,3
Te^{131m}	30,0 h			0,0044	1,00	0,17
Te^{131}	24,8 m			0,028	0,45	0,7
					1,00	0,16
I^{131}	8,05 d	Te 131	24,80 m	0,028	0,028	0,722
					0,093	0,637
					0,85	0,364
					0,022	0,284
					0,007	0,163
Te^{132}	77,0 h			0,034	0,01	0,231
I^{132}	2,4 h	Te 132	77,00 h	0,044	0,88	0,69
					0,10	1,41
					0,02	2,0
I^{133}	20,8 h			0,046	0,94	0,53
					0,05	0,85
					0,01	1,4
I^{134}	32,5 m	Te 134	44,00 m	0,057	0,01	2,2
					0,30	1,2

Isotop	Halbwertszeit	Eltern-Nuklid	Eltern-Halbwertszeit	Spaltprodukt-anteil %	Anteil der Gamma-strahlen mit der Energie E	E, MeV
I^{135}	6,7 h			0,059	0,02	2,4
					0,04	1,8
					0,9 (...	1,3
Xe^{135}	9,2 h	I 135	6,7 h	0,059	1,00	0,25
Cs^{136}	13,7 g			0,000062	0,1 (...	1,2
Cs^{136}	32,0 m	Ye 138	17,0 m	0,06	1,00	1,44
					0,43	0,98
					0,33	0,463
Ba^{139}	84,0 m	Cs 139	9,5 m	0,063	0,26	0,16
Ba^{140}	12,8 d			0,0617	0,70	0,162
					0,30	0,54
					0,10	0,304
La^{140}	40,2 h	Ba 140	12,8 d	0,0617	0,05	2,5
					0,94	1,6
					0,26	0,82
					0,36	0,49
					0,05	0,33
Ce^{141}	33,0 d	La 141	3,7 h	0,057	0,67	0,145
Ce^{143}	33,0 h	La 143	19,0 m	0,054	0,30	0,70
Pr^{144}	17,5 m	Ce 144	275,0 d	0,0464	0,005	2,18
					0,005	0,695
					0,002	1,48
Nd^{147}	11,6 d			0,026	0,25	0,52
					0,05	0,30
					0,10	0,39
Sm^{153}	47,0 h			0,0015	0,33	0,104
					0,0007	0,53
					0,0003	0,60
Eu^{135}	15,4 d	Sm 156	10,0 h	0,00013	0,60	2,0

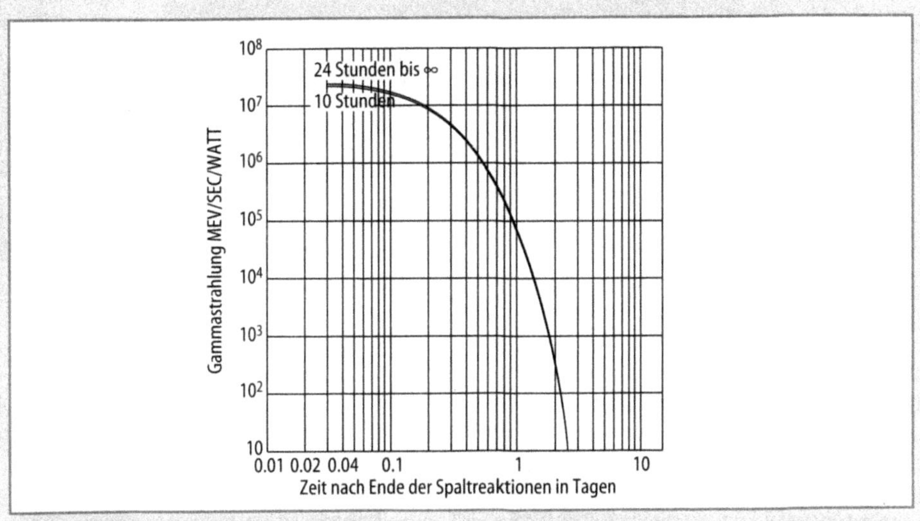

Bild N.1-16 Zeitliches Abklingen der 2,8 MEV-Gammastrahlung der Spaltprodukte aus der Spaltung von $^{235}_{92}$-Uran (Bestrahlungsdauer als Parameter) [N.1.1]

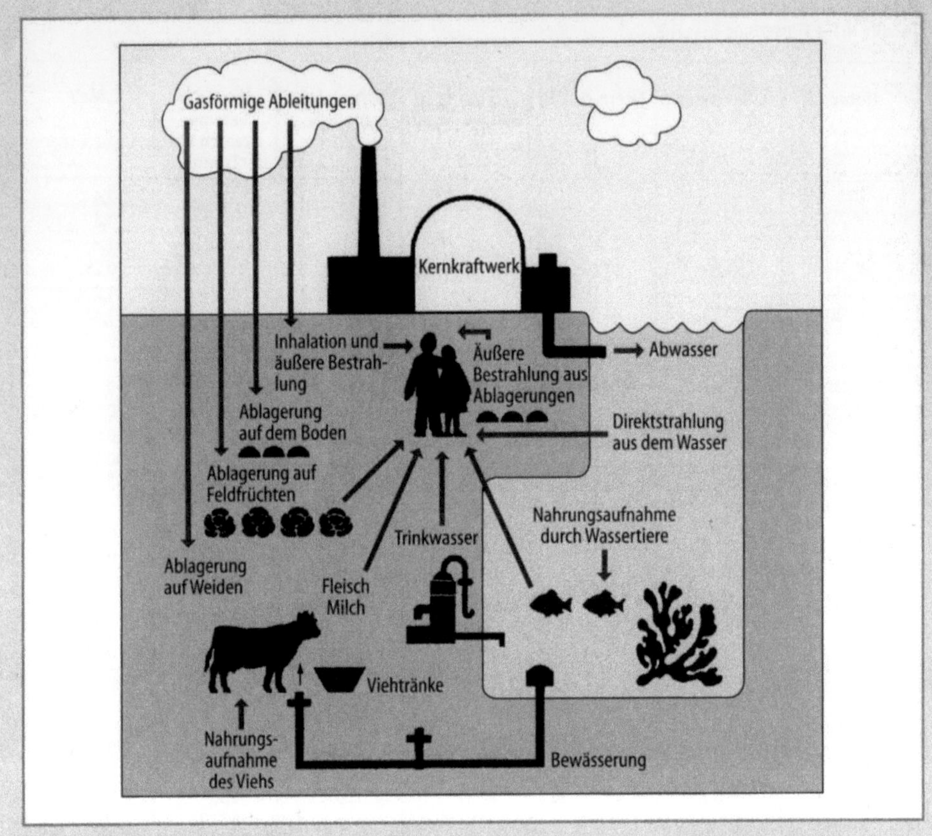

Bild N.1-17 Expositionspfade radioaktiver Emissionen aus Kernkraftwerken [N.1.2]

gegeben werden. Diese Stoffe sind Schadstoffquellen für Mensch und Tier, soweit sie in den Trinkwasser- oder Nahrungskreislauf gelangen.

– Tritium (T = 12,3 a), das durch Neutronenbestrahlung von Wasserstoff und Bor entsteht, nimmt eine Sonderstellung ein, weil seine Entfernung aus dem Wasser mit den üblichen Methoden nicht möglich ist. Die Tritiumabgabe ist daher die bedeutendste umweltrelevante Stoffquelle in Abwässern.

Aktivierungsprodukte in Feststoffen
Quellen umweltrelevanter radioaktiver Feststoffe in der Kerntechnik und bei der Kernenergienutzung sind beispielsweise verbrauchte Ionentauscherharze, Verdampferkonzentrate, Filter und ähnliche Betriebsabfälle aus Reinigungsanlagen, die kontaminiert sind.

Eine weitere umweltrelevante Quelle radioaktiver Feststoffe sind durch Neutroneneinfang aktivierte Isotope im Konstruktionsmaterial kerntechnischer Anlagen, soweit es nach Außerge-

brauchnahme verschrottet und im Materialkreis wiederverwendet werden soll.

N.1.3.2 Kerntechnische Anlagen

Die Darstellung beschränkt sich auf die in Deutschland im Einsatz befindlichen Kernkraftwerkstypen, die deutschen Forschungszentren mit Forschungs- und Versuchsreaktoren sowie auf die deutschen Anlagen des Kernbrennstoffkreislaufs. Die Freisetzungsangaben beziehen sich jeweils auf den Normalbetrieb.

N.1.3.2.1 Kernkraftwerke mit Leichtwasserreaktoren

In Deutschland sind in Kernkraftwerken gegenwärtig nur Druck- und Siedewasserreaktoren in Betrieb.

Die Betriebserfahrungen mit deutschen Leichtwasserreaktoren belegen, daß sie sehr geringe Mengen radioaktiver Substanzen abgeben und die Genehmigungswerte deutlich unterschreiten.

Chemisches Element	Wirkungs-querschnitt (E-24 cm^2)	Photonen in bestimmten Energiebereichen in MeV pro 100 Einfänge				Höchstenergie der γ-Strahlung in MeV
		1 – 3	3 – 5	5 – 7	7	
Aluminium	0,215	> 13	77	21	35	7,724
Antimon	6,4	~ 80	36	12		6,80
Arsen	4,1	~ 80	47	22	1	7,30
Barium	1,17	~ 80	75	14	1	9,23
Beryllium	0,009	0	50	75	0	6,814
Wismuth	0,016	0	100	0	0	4,17
Cadmium	3.500	20	73	17	1	9,046
Calcium	0,406	50	60	101	2,4	7,83
Kohlenstoff	0,045	< 30	100	0	0	4,95
Chlor	32	20	13	18	21	8,56
Chrom	2,9	16	12	18	69	9,716
Cobalt	34,8		36	49	8	7,486
Kupfer	3,59		> 23	22	42	7,914
Fluor	0,009			35	0	6,63
Gadolinium	36.300	80	23	4	2	7,78
Gold	94		66	38	0	6,494
Wasserstoff	0,33	100	0	0	0	2,230
Indium	190		36	4	0	5,86
Eisen	2,43	< 10	24	22	50	10,16
Blei	0,17	0	0	7	93	7,38
Magnesium	0,059	> 59	110	25	11	9,216
Mangan	12,6		> 27	30	27	7,261
Quecksilber	380		86	41	0	6,446
Molybdän	2,4		84	26	3	9,15
Nickel	4,8		> 14	30	72	8,997
Niob	1,1		54	14	0	7,19
Stickstoff	0,1	< 5	< 35	90	39	10,8
Phosphor	0,193		115	43	11	7,94
Platin	8,1	~ 120	45	15	1	7,920
Kalium	1,89	36	36	32	12	9,28
Präsodym	11,2	~ 80	34	8	0	5,83
Rhodium	150	~ 70	38	10	0	6,792
Samarium	10.600	~ 150	45	5	1	7,89
Scandium	22		63	29	14	8,85
Selen	11,8		65	27	11	10,483
Silizium	0,16	> 100	229	41	16	10,55
Silber	60	~ 90	70	17	0,5	7,27
Natrium	0,47	> 50	61	29	0	6,41
Strontium	1,16	~ 140	62	49	13	9,22
Schwefel	0,49	> 19	80	91	9	8,64
Tantal	21,3	~ 50	26	2	0	6,07
Thallium	3,3	~ 100	76	62	0	6,54
Zinn	0,65		139	33	4	9,35
Titan	5,8	100	33	99	10	9,39
Wolfram	19,2		53	14,5	0,5	7,42
Vanadium-51	4,7		24	54	18	7,305
Zink	1,06		48	29	17	9,51
Zircon	0,18		113	35	4	8,66

Druckwasserreaktoren

Durchschnittliche jährliche Emissionen radioaktiver Substanzen, gemessen in Bq/a, aus einem deutschen 1300MWe-Druckwasserreaktor:
- Freisetzung gasförmiger Schadstoffe:
Edelgase (133 Xe, 41 Ar, 85 Kr)   4 x E 12
Aerosole   1 x E 07
131 Jod   5 x E 06
- Schadstoffe in Abwässern:
Spaltprodukte und Aktivierungsprodukte ohne Tritium 2,2 x E 09 und Tritium 1 x E 13

Siedewasserreaktoren

Durchschnittliche jährliche Aktivitätsfreisetzung in Bq/a aus einem deutschen 1300MWe-Siedewasserreaktor:
- Freisetzung gasförmiger Schadstoffe:
Edelgase, hauptsächlich 133 Xenon,   4 x E 12
Aerosole   1 x E 07
131 Jod   1 x E 08
- Schadstoffe in Abwässern:
Spaltprodukte und Aktivierungsprodukte   5 x E 08
Tritium   1 x E 12

Die Emissionswerte der deutschen Kernkraftwerke mit Abluft und Abwasser sind in Tabelle N.1-6 [N.1.3], die Angaben von Alphastrahlern und Tritium im Abwasser in Tabelle N.1-7 für das Jahr 1996 dargestellt. [N.1.4].

N.1.3.2.2 Forschungszentren

Kerntechnische Forschungszentren betreiben vielfältige kerntechnische Einrichtungen, insbesondere Forschungsreaktoren, Versuchsreaktoren, Heiße Zellen, Verbrennungsanlagen für radioaktive Stoffe, Anlagen zur chemischen Behandlung radioaktiver Substanzen, nuklearmedizinische Einrichtungen und Teilchenbeschleuniger.

Die Emissionen aller Anlagen der Zentren werden sowohl im Abluftstrom als auch bei den Abwässern ganzheitlich betrachtet, genehmigt und überwacht.

Die Ableitung radioaktiver Stoffe mit der Abluft und dem Abwasser aus den Forschungszentren Karlsruhe, Jülich, Geesthacht und Rossendorf für das Jahr 1996 sind in den Tabellen N.1-8 und N.1-9 zusammengefaßt [N.1.4].

Tabelle N.1-6 Radioaktive Abgaben der Kernkraftwerksblöcke in Deutschland 1996 [N.1.3]

Kernkraftwerksblock	Edelgase		Abluft* Langlebige Aerosole		Jod-131		Abwasser* Spalt- und Aktivierungsprodukte	
	10^9 Bq	Ci	10^9 Bq	Ci	10^9 Bq	Ci	10^9 Bq	Ci
KWK A Biblis	$0,008 \cdot 10^5$	2	0,001	< 0,001	0,014	< 0,001	0,022	< 0,001
KWK B Biblis	$0,025 \cdot 10^5$	67	< 0,001	< 0,001	0,016	< 0,001	0,491	0,013
KBR Brokdorf	$0,008 \cdot 10^5$	22	a	a	< 0,001	< 0,001	0,001	< 0,001
KKB Brunsbüttel	$0,072 \cdot 10^5$	195	0,034	< 0,001	0,012	< 0,001	0,109	0,003
KKE Emsland	$0,001 \cdot 10^5$	3	< 0,001	< 0,001	a	a	< 0,001	< 0,001
KKG Grafenrheinfeld	$0,016 \cdot 10^5$	4	0,003	< 0,001	< 0,001	< 0,001	0,011	< 0,001
KWG Grohnde	$0,253 \cdot 10^5$	684	< 0,001	< 0,001	0,008	< 0,001	0,110	0,003
KRB B Gundremmingen KRB C Gundremmingen	$0,003 \cdot 10^5$	7	< 0,001	< 0,001	a	a	0,389	0,011
KKI-1 Isar	$0,001 \cdot 10^5$	4	0,015	< 0,001	0,023	< 0,001	0,150	0,004
KKI-2 Isar	$0,002 \cdot 10^5$	5	< 0,002	< 0,001	a	a	< 0,001	< 0,001
KKK Krümmel	$0,014 \cdot 10^5$	378	0,082	0,002	0,210	0,006	0,012	< 0,001
KMK Mühlheim-Kärlich	a	a	a	a	a	a	0,009	< 0,001
GKN-1 Neckar	$0,007 \cdot 10^5$	19	0,003	< 0,001	< 0,001	< 0,001	< 0,001	< 0,001
GKN-2 Neckar	$0,039 \cdot 10^5$	105	< 0,001	< 0,001	< 0,001	< 0,001	0,012	< 0,001
KWO Obrigheim	$0,003 \cdot 10^5$	9	0,009	< 0,001	< 0,001	< 0,001	0,370	0,010
KKP-1 Philippsburg	$0,005 \cdot 10^5$	14	0,020	< 0,001	0,049	0,001	0,770	0,021
KKP-2 Philippsburg	$0,005 \cdot 10^5$	13	< 0,001	< 0,001	< 0,001	< 0,001	0,290	0,008
KKS Stade	b 0,22		b 0,010		b 0,050		b 0,080	
KKU Unterweser	$0,008 \cdot 10^5$	95	0,002	< 0,001	< 0,001	< 0,001	0,200	0,005

a Unter der Nachweisgrenze
b Angabe in % der genehmigten Jahresgrenzwerte

*ohne Tritium
Quelle [N.1.3]

Tabelle N.1-7 Ableitung radioaktiver Stoffe mit dem Abwasser aus Kernkraftwerken 1996 (Alphastrahler, Summen-werte und Tritium) [N.1.4]

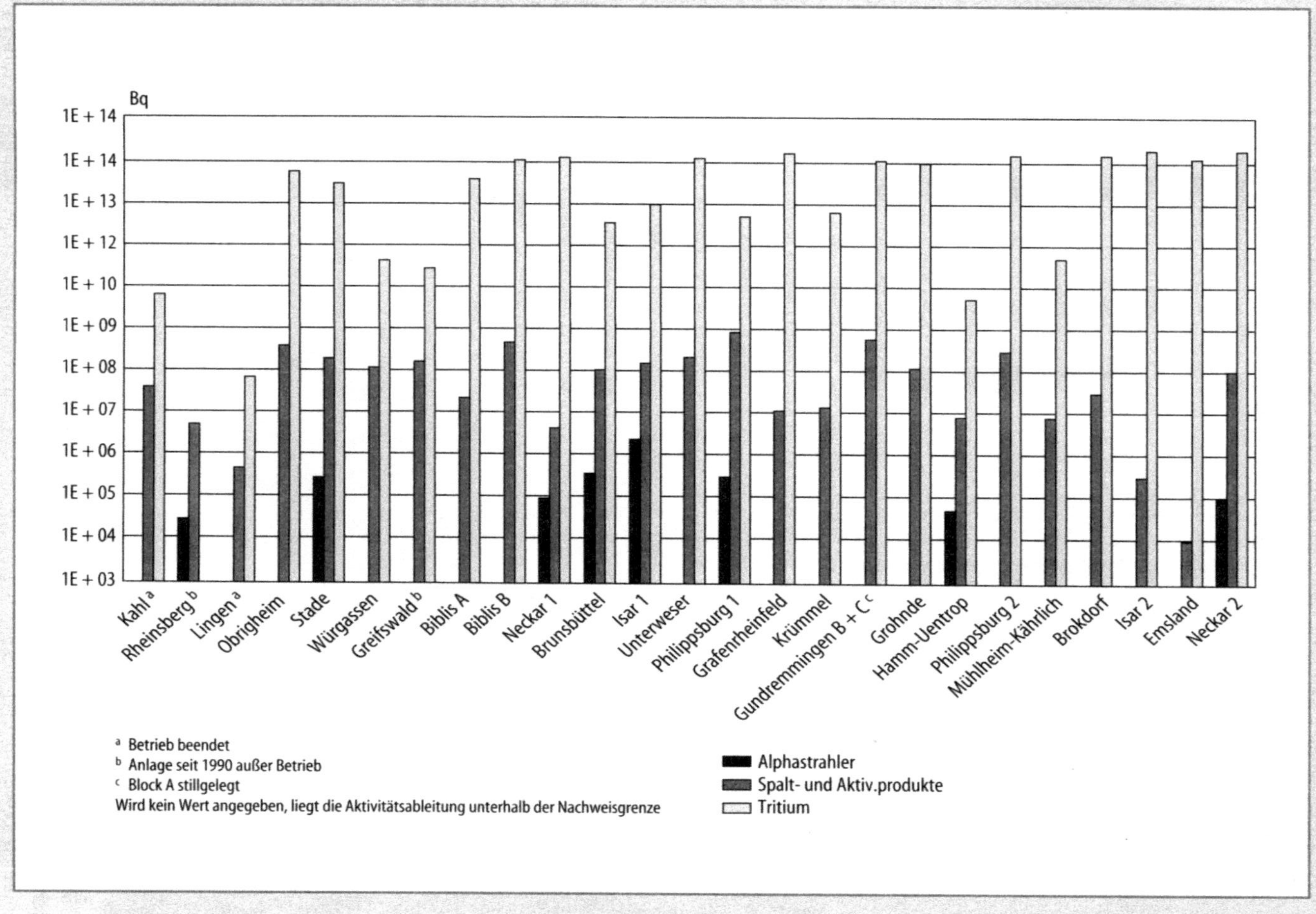

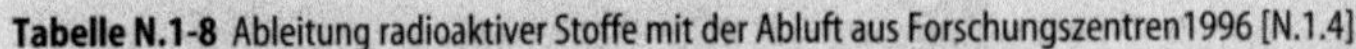

Tabelle N.1-8 Ableitung radioaktiver Stoffe mit der Abluft aus Forschungszentren 1996 [N.1.4]

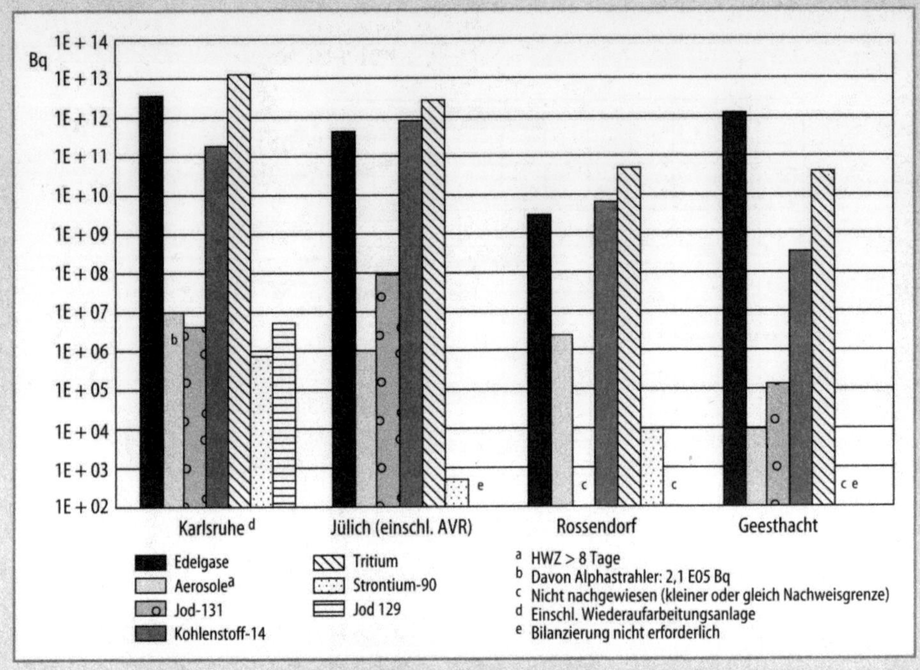

Tabelle N.1-9 Ableitung radioaktiver Stoffe mit dem Abwasser aus Forschungszentren 1996 [N.1.4]

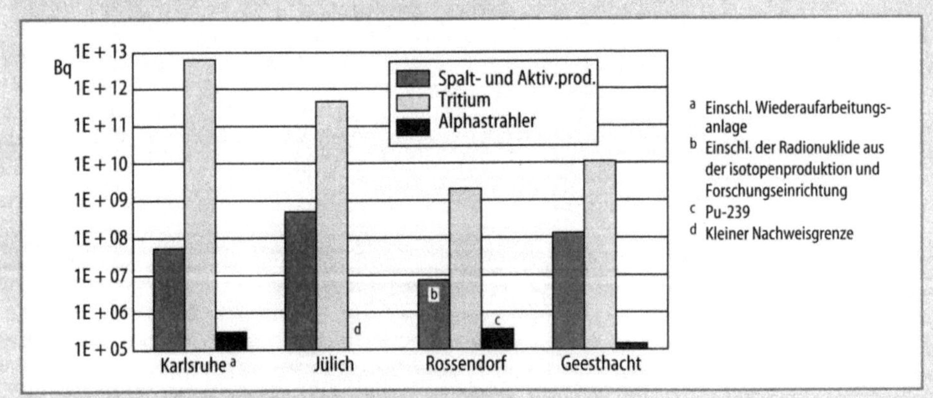

N.1.3.3 Brennstoffkreislauf

Der äußere Kernbrennstoffkreislauf ist in dem schematischen Bild N.1-18 für Leichtwasserreaktoren dargestellt.

N.1.3.3.1 Urangewinnung

Bei der Urangewinnung ergeben sich mehrere Freisetzungspfade von radioaktiven Stoffen und chemischen Schadstoffen. Sie sind auf die offene Handhabung von Uranerzen, die chemische Behandlung der Erze und die Ablagerung von Abfallströmen aus den Grubenbetrieben und der Aufbereitung zurückzuführen. Die Stoffströme belasten die Atmosphäre durch Gas- und Staubfreisetzung und über Abwässer die Oberflächengewässer.

Besondere Aufmerksamkeit verdienen die langlebigen Alphastrahler (238 U (T = 4,5 × E 09 a),

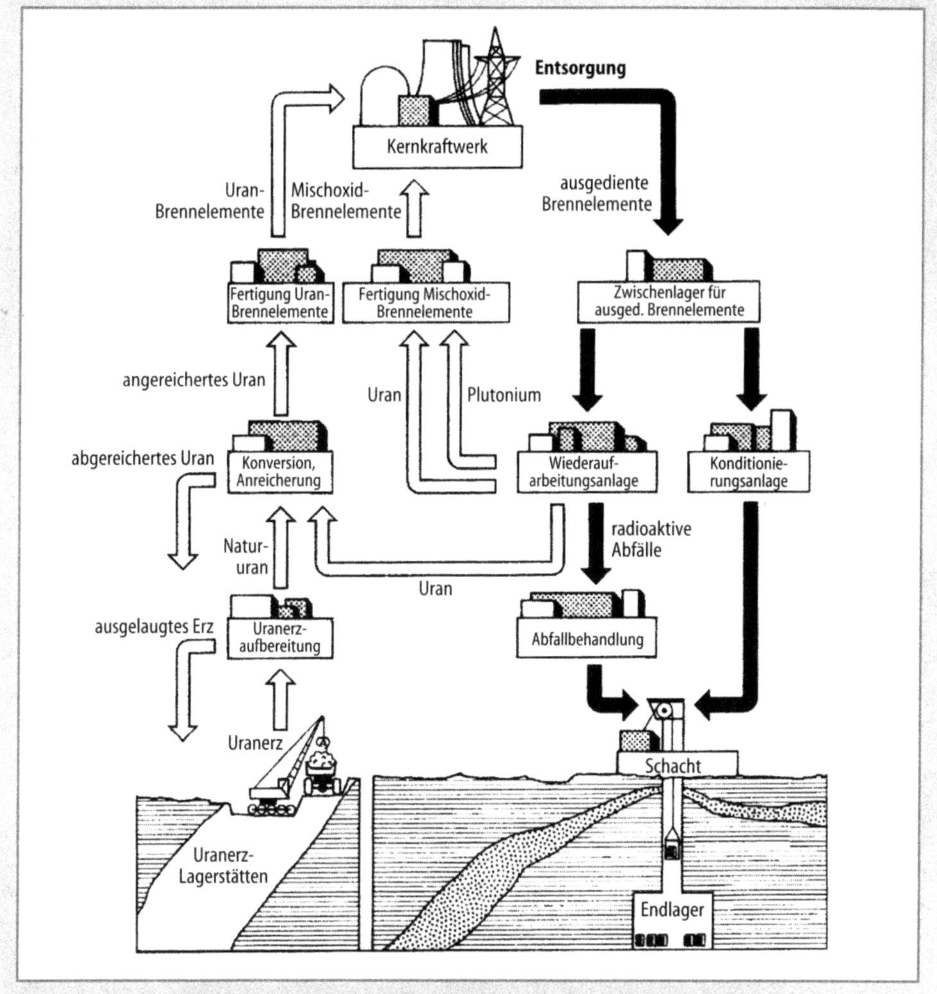

Bild N.1-18 Äußerer Kernbrennstoffkreislauf für Leichtwasserreaktoren mit Abfallentsorgung [N.1.5]

230 Th (T = 7,7 × E 04 a), 226 Ra (T = 1,6 × E 03 a)) im Staub und in den Abwässern sowie das aus dem Uranzerfall stammende Edelgas 222 Radon (T = 3,8 d). Daneben sind die Gehalte an umweltrelevanten Chemikalien in den Abwässern zu beachten.

Bei der Urangewinnung ergeben sich 3 umweltrelevante Stoffquellen:
- die Grubenbetriebe
- die Aufbereitungsbetriebe und deren Abraumhalden
- die industriellen Absetzbecken für die Schlammabgänge der Uranextraktion

Gegenwärtig wird in Deutschland keine Urangewinnung mehr betrieben. Insbesondere in Sachsen und Thüringen wurden jedoch von 1946 – 1990 durch die sowjetische Aktiengesellschaft, ab 1954 durch die sowjetisch-deutsche Aktiengesellschaft Wismut, Chemnitz, große Mengen Uranerz abgebaut und rd. 220.000 t Uran extrahiert.

Tabelle N.1-10 enthält die Ableitung radioaktiver Stoffe mit der Abluft aus den Wismut-Betrieben im Jahr 1996. In Tabelle N.1-11 sind die entsprechenden Werte für die Abwässer derselben Betriebe zusammengefaßt. Eine Detaildarstellung umweltrelevanter Emissionen der Wismut-Betriebe findet sich im Bericht des Deutschen Bundestages zu den „Auswirkungen aus dem Uranbergbau und Umgang mit Altlasten der Wismut in Ostdeutschland" [N.1.6].

Tabelle N.1-10 Ableitung radioaktiver Stoffe mit den Abwettern bzw. der Abluft der Wismut in die Atmosphäre 1996 [N.1.4]

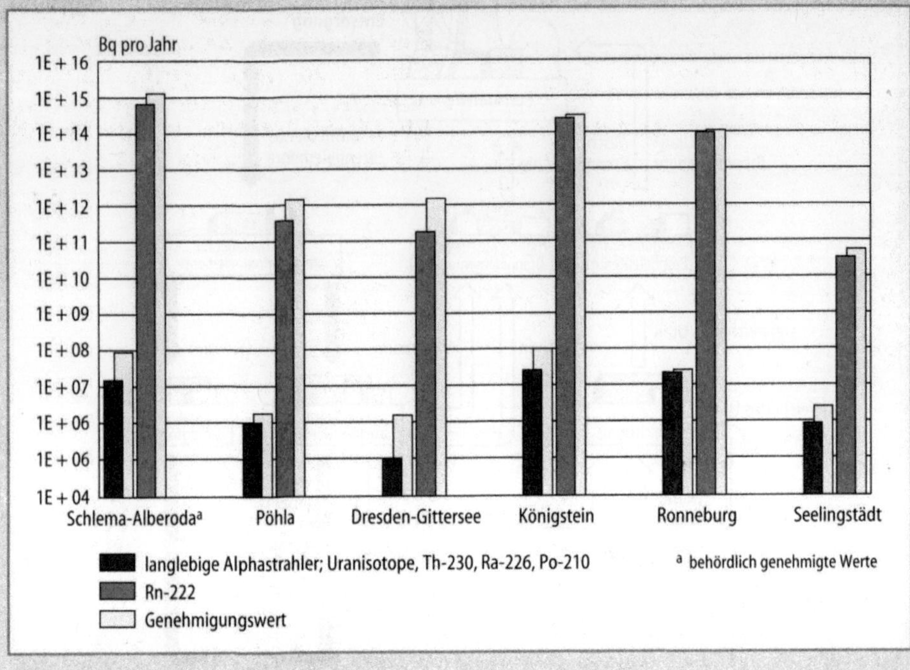

Tabelle N.1-11 Ableitung radioaktiver Stoffe mit den Schacht- bzw. Abwässern der Wismut in die Oberflächengewässer 1996 [N.1.4]

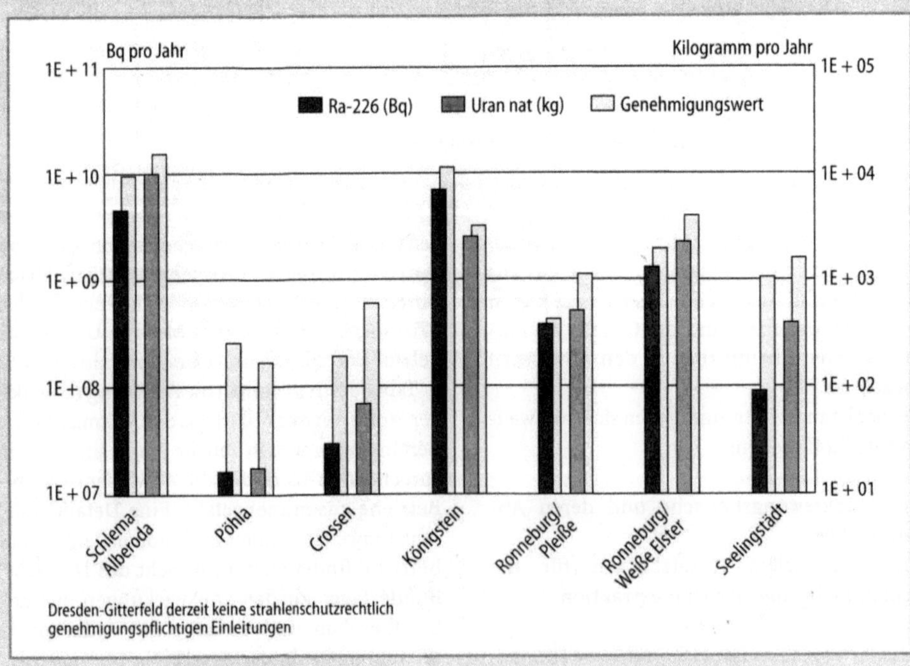

Die heute industriell eingesetzten Urananreicherungsverfahren verarbeiten das zu trennende Isotopengemisch in der Gasphase als Uranhexafluorid (UF_6).

In Deutschland wird einzig am Standort Gronau Urananreicherung in einer Ultrazentrifugenanlage (UAG) betrieben. Ihre Kapazität betrug Anfang 1993 520 t Urantrennarbeit (UTA/a). Eine Kapazitätsausweitung auf 1000 t UTA/a ist vorgesehen. Für diesen erweiterten Betrieb sind die Genehmigungswerte für die Abgabe von umweltrelevanten Stoffen und die 1993 gemessenen Abgaben in Fortluft und Abwasser sowie der Anfall radioaktiver Abfälle und Reststoffe in Tabelle N.1-12 zusammengefaßt.

Tabelle N.1-12 Emissionswerte der Urananreicherungsanlage Gronau für eine Kapazität von 1000 t UTA/a (Angaben der Uranit GmbH, Jülich)

Abgaben über Fortluft	Genehmigungswert	Gemessene Abgaben	Bemerkungen
α-Aktivität pro Jahr	$5,2 \cdot 10^6$ Bq	< 1 % vom Genehmigungswert	Die gemessenen Abgaben schließen das luftgetragene Uran der Umgebung (ca. 10^5 Bq/m^3 bzw. 10^4 Bq/a) ein
β-Aktivität pro Jahr	$5,2 \cdot 10^6$ Bq	< 10 % vom Genehmigungswert	Die gemessenen Abgaben beinhalten die meßtechnisch nicht eliminierbaren natürlichen b-Aktivitäten (^{40}K, Zerfallsprodukt Rn)
α-Aktivität pro Woche	$2,6 \cdot 10^5$ Bq		
β-Aktivität pro Woche	$2,6 \cdot 10^5$ Bq		
^{220}Rn-α-Aktivität pro Jahr	$2,0 \cdot 10^{13}$ Bq		Beantragt im Hinblick auf langjährigen Betrieb mit rezykliertem Uran
^{222}Rn-α-Aktivität pro Jahr	$1,0 \cdot 10^8$ Bq		Dieser beantragte Wert beträgt weniger als 1% der natürlichen Rn-Aktivität bei einem Durchsatz von 10^9 m^3/a Luft
Abgaben über Wasser			
α-Aktivität pro Jahr	$7,4 \cdot 10^5$ Bq bzw. 1,3 Bq/l	< 10 % vom Genehmigungswert	
β-Aktivität pro Jahr	$2,8 \cdot 10^6$ Bq bzw. 4,9 Bq/l	< 10 % vom Genehmigungswert	
Radioaktive Abfälle und Reststoffe pro Jahr		voraussichtlich ca. 50 200 l RR-Fässer/a mit insgesamt ca. 3 kg Uran/a	Diese konditionierten, nicht wärmeerzeugenden Abfälle genügen den vorläufigen Endlagerungsbedingungen für Konrad. Die Konditionierungsart (zur Zeit Zementierung) wird zwecks Abfallminimierung dem jeweiligen Stand der Technik angepaßt.
Altöl	10^5fache der Freigrenzen der StrlSchV alte Fassung	bisher keine Angaben, bei Endausbau ca. 25 kg/a	Der Genehmigungswert entspricht beispielsweise für Natururan einer Aktivität von 50 Bq/g Öl
γ-**Direktstrahlung**	1,5 mSv/a	< 10 %	Der Genehmigungswert nach StrlSchV § 44 außerbetrieblicher Überwachungsbereich, Meßpunkt am Außenzaun der UAG

Uranhaltige Brennelemente für Leichtwasserreaktoren

Die radioaktiven Emissionen bei der Uranbrennelementfertigung für Leichtwasserreaktoren beschränken sich auf die Freisetzung von Uranspuren. Hinzu kommen aufgrund der chemischen Umsetzungsprozesse die nichtaktiven Emissionen von HF und von NO_X.

Die umweltrelevanten Emissionen über Anlagenabluft und Abwässer für die Brennelementfabrik Lingen sind in Tabelle N.1-13 aufgeführt.

In Hanau wird ein Brennelementewerk betrieben, das in einem Betriebsteil Uran verarbeitet und in einem weiteren Betriebsteil Mischbrennstoffe, bestehend aus Uranoxid und Plutoniumoxid, (MOX-Verarbeitung). Ein weiterer Betriebsteil dient der Sonderfertigung (Karlstein).

Im Betriebsteil Uranverarbeitung liegen vergleichbare Verhältnisse vor wie für die Anlage Lingen. Die Abgabe von Uran (wegen der Aussendung von Alphateilchen beim Zerfall von Uran auch Alpha-Aktivität genannt) über Fortluft beträgt aus diesem Betriebsteil $3{,}6 \times E\ 07$ Bq/a, über Abwasser werden $8{,}6 \times E\ 08$ Bq/a abgegeben.

Plutoniumhaltige und Sonderbrennstoffe

Die Aktivitätsfreisetzungsraten aus dem Betriebsteil MOX-Verarbeitung lagen um mehrere Grössenordnungen niedriger als bei der Verarbeitung von Uran. Aus diesem Betriebsteil wurden mit der Fortluft weniger als $1{,}8 \times E\ 04$ Bq/a und mit dem Abwasser $4{,}9 \times E\ 05$ Bq/a an Alphaaktivität freigesetzt. Die entsprechenden Werte für den Werksteil Sonderfertigung sind weniger als $1{,}4 \times E\ 05$ Bq/a mit der Fortluft und $1{,}4 \times E\ 08$ Bq/a mit dem Abwasser. Diese Betriebe wurden inzwischen stillgelegt.

In der Übersichtstabelle N.1-14 sind die Ableitungswerte für radioaktive Stoffe (Alpha-Aktivität) in Abluft und Abwasser im Jahr 1996 auch für die 1988 außer Betrieb genommenen Brennelementewerke der Nukem für Forschungsreaktorbrennelemente und der Hobeg für Hochtemperaturreaktor-Brennelemente mit aufgeführt.

N.1.3.3.4 Wiederaufarbeitung

Bei der chemischen Wiederaufarbeitung ausgedienter Brennelemente fallen radioaktive Spaltprodukte und chemische Schadstoffe in Gasform sowie flüssige und feste radioaktive Abfälle als umweltrelevante Stoffquellen an. Während die flüssigen und festen Abfälle zwischengelagert werden können, müssen die gasförmigen Schadstoffe sofort behandelt werden.

Die Schadstoffe im Abgasstrom der Wiederaufarbeitung stammen aus 3 Quellen:

- Gasförmige und hochflüchtige Spaltprodukte werden bei der mechanischen Zerkleinerung und Auflösung der Brennelemente freigesetzt. Das störendste Element ist das radioaktive Jod mit den Isotopen 129 J ($T = 1{,}7 \times E\ 07$ a) und 131 J ($T = 8{,}05$ d), wobei das letztere Isotop nur

Tabelle N.1-13 Abgabewerte der Brennelementefabrik Lingen (Angaben der Advanced Nuclear Fuels, Lingen)

Medium	Kontrolle auf	Kontrollintervall	Kontrollstelle	Genehmigungswerte	Tatsächliche Abgabewerte
Abluft	Uran	monatlich	Abluftkamin	ca. $5{,}55 \times 10^5$ Bq/a	$< 11 \times 10^3$ Bq/Jahr
Abluft	Fluorwasserstoff	wöchentlich	Abluftkamin	$0{,}1$ mg HF/m^3	$< 0{,}1$ mg HF/m^3
Abluft	Fluorwasserstoff	halbjährlich	Beizraum	$0{,}1$ mg HF/m^3	$< 0{,}1$ mg HF/m^3
Abluft	NOx	halbjährlich	Beizraum	25 mg/m^3	< 1 mg/m^3
Abwasser	Uran	vor jeder Abgabe	Verweilbecken	50 µg/l	< 1 µg/l
Sanitärabwasser	pH, Uran	14tägig	Sanitärschacht	pH $= 6{,}5$ bis 10 U $= 50$ µg/l	zwischen 7 und 8 < 1 µg/l
Regenwasser	Uran	14tägig	Probeschacht UF$_6$-Lager	50 µg/l	< 1 µg/l
Regenwasser	Fluor	14tägig	Probeschacht UF$_6$-Lager	Nachweisgrenze	< 1 µg/l

– genehmigte max. jährl. Uranverarbeitung: 400 t/a
– tatsächliche Verarbeitung: 335 t/a

bei kurzzeitig zwischengelagertem Brennstoff von Bedeutung ist und bereits 6 Monate nach der Entladung aus dem Reaktor weitestgehend abgeklungen ist.

Die Prozeßführung in Wiederaufarbeitungsanlagen stellt sicher, daß das radioaktive Jod im Auflöserabgasstrom konzentriert ist.

Das in den Brennstäben eingeschlossene Krypton mit dem radioaktiven Isotop 85 Kr gelangt zu 100 % in den Auflöserabgasstrom. Es ist nach mehrjähriger Zwischenlagerung der ausgedienten Brennelemente vor der Wiederaufarbeitung eine der wesentlichen Strahlenquellen, wird jedoch wegen seiner geringen biologischen Wirksamkeit vollständig aus den Wiederaufarbeitungsanlagen in die Atmosphäre abgegeben.

Tritium fällt als HTO und gebunden ans Zirkon des Hüllmaterials der Brennelemente als Zirkonhydrid an. Ein geringer Teil des HTO tritt als Wasserdampf in den Abgasstrom, wird aber aufgrund seiner niedrigen Konzentration nicht zurückgehalten. Gleiches gilt für $14 CO_2$ (14 C, T = 5,73 × E 03 a), das durch Neutroneneinfang von Stickstoff und Sauerstoff entsteht.

– Radioaktiver Staub entsteht bei der mechanischen Zerkleinerung der Brennelemente. Ausserdem entstehen bei der Handhabung von Flüssigkeiten in der Wiederaufarbeitungsanlage radioaktive Aerosole.
– Gasförmige chemische Verunreinigungen sind Stickoxide, die bei der Auflösung der Brennelemente in Salpetersäure entstehen.

In Deutschland ist keine Wiederaufarbeitungsanlage in Betrieb oder in Planung. Die in Karlsruhe errichtete Versuchsanlage mit einer Jahreskapazität von 34 t abgebranntem Brennstoff wurde 1991 stillgelegt. Für die umweltrelevanten radioaktiven Emissionen mit der Fortluft der Wiederaufarbeitungsanlage sind für die Jahre 1990 und 1991 die Genehmigungsgrenzwerte und die tatsächlich freigesetzten Aktivitäten in Bq/a in Tabelle N.1-15 zusammengestellt.

Die mit dem Abwasser in den Vorfluter freigesetzte Aktivität ist dem Abwasser der Kernforschungsanlage Karlsruhe zugerechnet und in Tabelle N.1-9 enthalten.

Tabelle N.1-15 Ableitung radioaktiver Stoffe der WAK in die Atmosphäre in 1990 (Durchsatz 9,45 t Uran, 43 kg Pu) und 1991 (kein Durchsatz, Betrieb eingestellt) [N.1.7]

Nuklid/ Nuklid-Gruppe	Fortluft		
	Genehm.-Wert Bq/a	Eff. Wert 1990	1991
A_{AL}	$3,7 \times E08$	$2,8 \times E05$	$9,7 \times E05$
A_{BL}	$7,4 \times E10$	$1,8 \times E07$	$9,3 \times E07$
$P_u\,241$	$1,5 \times E10$	$9,6 \times E06$	$2,0 \times E07$
Sr 90	$3,7 \times E09$	$1,3 \times E06$	$3,6 \times E07$
Edelgase, vorw. Kr 85	$1,3 \times E16$	$9,4 \times E14$	$4,4 \times E08$
H-3	$3,7 \times E13$	$2,2 \times E12$	$2,5 \times E11$
C-14	$6,1 \times E11$	$3,7 \times E10$	–
J-129	$2,4 \times E08$	$9,0 \times E07$	$3,7 \times E06$
J-131	$1,5 \times E09$	$1,2 \times E07$	$6,6 \times E08$

A_{AL} Aerosole mit α-Aktivität mit HWZ > 8 Tage
A_{BL} Aerosole mit β-Aktivität mit HWZ > 8 Tage, die Pu 241 und Sr 90 einschließen

Tabelle N.1-16 Beantragte Höchstwerte für Aktivitätsfreisetzung in Abluft und Abwasser in Bq/a aus der Pilotkonditionierungsanlage Gorleben (PKA) mit einer Jahreskapazität von 35 t Kernbrennstoffdurchsatz [N.1.8]

	Fortluft	Abwasser
Tritium	7,4 E11	3,7 E08
Krypton 85	1,5 E15	
Jod 129	8,1 E07	
Übrige β/γ-Strahler	4,4 E09	1,9 E09
α-Strahler	6,7 E07	7,4 E07

N.1.3.3.5 Konditionierung ausgedienter Brennelemente

Der zur Wiederaufarbeitung alternative Entsorgungsweg ausgedienter Brennelemente ist deren Konditionierung und anschließende direkte Endlagerung. Dies setzt voraus:
- Behandlung der Brennelemente und Verpakken zu endlagerfähigen Gebinden in langfristig standfesten gasdichten Behältern.
- Bereitstellung eines geeigneten Endlagers für die langfristige sichere Aufbewahrung der Endlagerbehälter.

In Gorleben wurde 1990 mit der Errichtung einer Pilotkonditionierungsanlage (PKA) für eine Kapazität von 35 t/a Kernbrennstoffdurchsatz begonnen, die 1998 fertiggestellt wurde. Für die um-

Tabelle N.1-17 Leitnuklide der radioaktiven Ableitungen mit der Fortluft aus der PKA (Antragswerte für die Genehmigung) [N.1.8]

Nuklid	Ableitung mit dem Wasser	
	(Bq/a)	(Ci/a)
H-3	7,4 E11	(2,0 E1)
Kr-85	1,5 E15	(4,1 E4)
J-129	8,1 E7	(2,2 E-3)
Co-60	3,0 E5	(8,1 E-7)
Sr-90	1,2 E8	(3,2 E-4)
Ru-106	2,4 E8	(6,5 E-6)
Cs-134	1,9 E9	(5,1 E-3)
Cs-137	4,8 E8	(1,3 E-2)
Beta-Gamma-Aerosole ohne H-3 und J-129 (Leitnuklide)	2,74 E9	(7,4 E-2)
Pu-238	1,3 E7	(3,5 E-4)
Pu-239	4,5 E5	(1,2 E-5)
Pu-240	1,3 E6	(3,5 E-5)
Am-241	5,4 E6	(1,5 E-4)
Cm-244	4,7 E7	(1,3 E-3)
Alpha-Aerosole (Leitnuklide)	6,7 E7	1,8 E-3

Tabelle N.1-18 Leitnuklide der radioaktiven Ableitungen mit Abwasser aus der PKA (Antragswerte für die Genehmigung) [N.1.8]

Nuklid	Ableitung mit dem Wasser	
	(Bq/a)	(Ci/a)
H-3	3,7 E8	(1,0 E-2)
Co-60	1,6 E4	(4,3 E-7)
Sr-90	6,4 E6	(1,7 E-4)
Ru-106	8,8 E4	(2,4 E-6)
Cs-134	1,2 E8	(3,2 E-3)
Cs-137	9,1 E8	(2,5 E-2)
Beta-Gamma-Leitnuklide ohne H-3	1,04 E9	(2,8 E-2)
Pu-238	1,4 E7	(3,8 E-4)
Pu-239	5,0 E5	(1,4 E-5)
Pu-240	1,4 E6	(3,8 E-5)
Am-241	5,9 E6	(1,6 E-4)
Cm-244	5,2 E7	(1,4 E-3)
Alpha-Leitnuklide	7,4 E7	2,0 E-3

weltrelevanten Aktivitätsfreisetzungen über Fortluft in die Atmosphäre und Abwasserabgabe in Vorfluter wurden für die PKA zu genehmigende Höchstwerte gemäß Tabelle N.1-16 beantragt.

Die Leitnuklide für die Abluft der PKA und die Höchstwerte ihrer Freisetzung sind in Tabelle N.1-17 zusammengefaßt.

Die beantragten Höchstwerte der Leitnuklide im Abwasser ergeben sich aus Tabelle N.1-18.

N.1.3.4 Radioaktive Abfälle

N.1.3.4.1 Abfallquellen

In der kerntechnischen Abfallwirtschaft sind nur die Emissionen der Abfallbehandlungsanlagen sowie der Zwischen- und Endlager umweltrelevant.

Unter den Gesichtspunkten der Behandlung und der sicheren Zwischen- und Endlagerung ist eine Einteilung in folgende Abfallklassen zweckmäßig:
I. wärmeerzeugende Abfälle
II. nichtwärmeerzeugende alphastrahlende Abfälle
III. nichtwärmeerzeugende sonstige radioaktive Abfälle

Die Klassen I und II erfordern eine Einlagerung in tiefen geologischen Formationen, während die Klasse III im flachen Untergrund gelagert werden darf.

Quellen fester Abfälle sind:
- Kernkraftwerke durch Betriebsabfälle einschließlich nicht wiederaufzuarbeitende ausgediente Brennelemente
- Wiederaufarbeitungsanlagen für bestrahlte Brennelemente
- Forschungseinrichtungen, die mit radioaktiven Substanzen arbeiten einschl. Forschungs- und Versuchsreaktoren
- Urangewinnung, Urananreicherung und Herstellung von Brennelementen
- Stillegung und Beseitigung von nuklearen Anlagen
- andere Abfallproduzenten wie z. B. medizinische Einrichtungen, pharmazeutische Industrie und andere industrielle Anwender radioaktiver Substanzen.

Die wärmeerzeugenden Abfälle umfassen alle Substanzen mit hoher Konzentration von Radionukliden, insbesondere ausgediente Brennelemente, die nicht wiederaufgearbeitet werden sollen, hochaktive flüssige Abfälle, Auflösungsrückstände von Hüll- und Strukturmaterial aus der Wiederaufarbeitung und hochaktivierte Reaktorkernkomponenten.

In den Tabellen N.1-19 und N.1-20 sind für die Bundesrepublik Deutschland die bis Ende 1995 angefallenen und erwarteten konditionierten Abfälle mit und mit vernachlässigbarer Wärmeentwicklung aus den verschiedenen Quellen zusammengefaßt. Die Bilder N.1-19 und N.1-20 zeigen den erwarteten Anfall von Abfällen mit und mit vernachlässigbarer Wärmeentwicklung bis zum Jahr 2080 aus den Quellen Wiederaufarbeitung, Kernkraftwerke, Forschungszentren, Industrie und sonstiges Aufkommen in Sammelstellen [N.1.9].

Tabelle N.1-19 Bestände an konditionierten wärmeentwickelnden Abfällen in Deutschland am 31.12.94 und 31.12.95 sowie Anfall im Jahr 1995 [N.1.9]

Konditionierter Abfall / Herkunft	Bestand am 31.12.94	Anfall 1995	Bestand am 31.12.95
Wiederaufarbeitung	395	−79	316
Kernkraftwerke	1041	218	1259
Landessammelstellen	38	4	42
Forschungeinrichtungen	149	7	156
Kerntechnische Industrie	–	155	155
Sonstige Ablieferungspflichtige	–	–	–
Summe	1623	305	1928

Angaben in m³

Tabelle N.1-20 Bestände an konditionierten Abfällen mit vernachlässigbarer Wärmeentwicklung in Deutschland am 31.12.94 und 31.12.95 sowie Anfall im Jahr 1995 [N.1.9]

Konditionierter Abfall / Herkunft	Bestand am 31.12.94	Anfall 1995	Bestand am 31.12.95
Wiederaufarbeitung	10 820	162	10 982
Kernkraftwerke	20 558	2 125	17 336
Landessammelstellen	2 083	192	2 017
Forschungeinrichtungen	27 364	857	28 086
Kerntechnische Industrie	2 263	22	2 285
Stillegung	–	–	–
Sonstige Ablieferungspflichtige	92	18	92
Summe	63 180	3 376	60 798

Angaben in m³

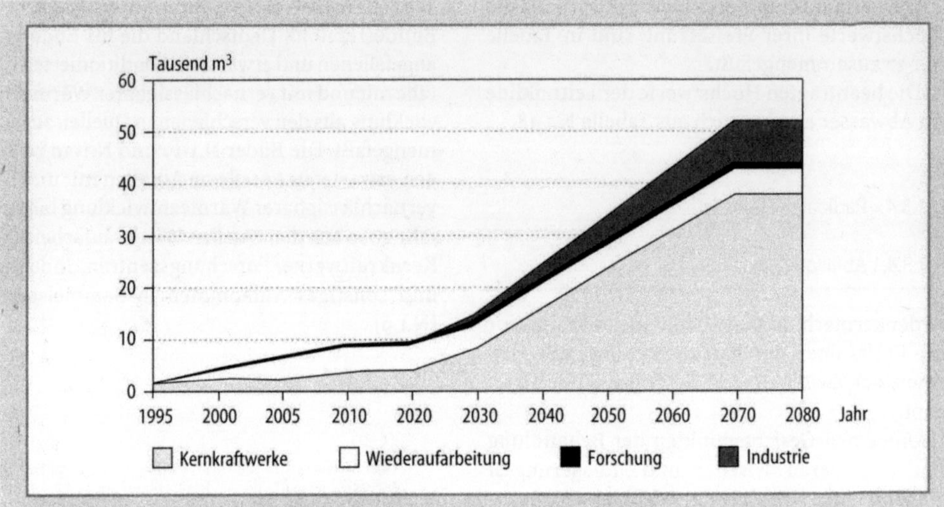

Bild N.1-19 Prognose des kumulierten Anfalls wärmeentwickelnder radioaktiver Abfälle bis zum Jahre 2080 [N.1.7]

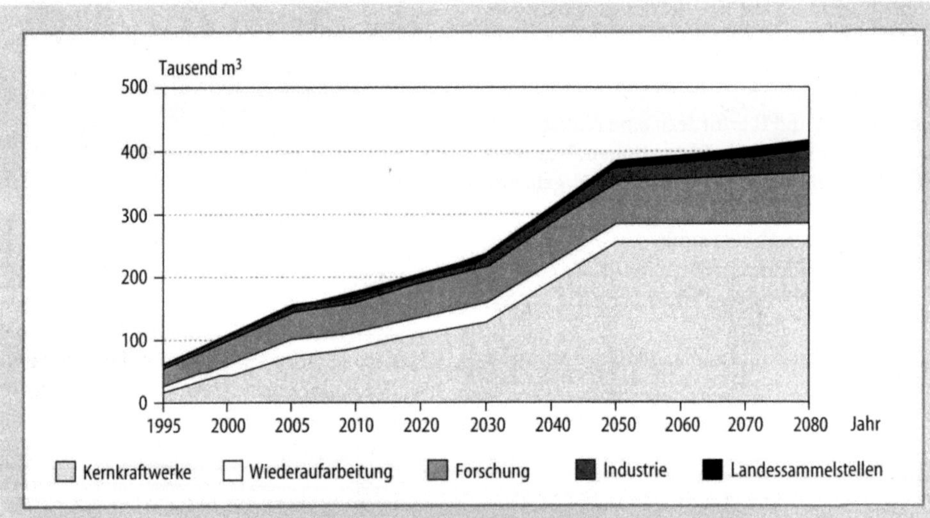

Bild N.1-20 Prognose des kumulierten Anfalls radioaktiver Abfälle mit vernachlässigbarer Wärmeentwicklung bis zum Jahre 2080 [N.1.7]

N.1.3.4.2 Abfallhandhabungs- und Konditionierungsanlagen

Einschmelzanlage CARLA
Bei der Beseitigung kerntechnischer Komponenten und Anlagen fällt radioaktiv kontaminierter Schrott an, der bei maximaler spezifischer Aktivität unter 200 Bq/g und Aktivität der Isotope 233 Uran, 235 Uran , 239 Plutonium, 241 Plutonium unter 100 Bq/g, wobei die Masse des Anteils dieser Isotope < 1 % der Gesamtmasse sein muß, eingeschmolzen und für den Einsatz in der Kern-

technik weiterverarbeitet werden darf. In Krefeld wird dafür die zentrale Anlage zum Recyclieren leicht aktivierter Abfälle CARLA betrieben. Der maximale Schmelzdurchsatz der Anlage beträgt 4000 t/a. Die Aktivitätsfreisetzung mit der Abluft ist auf unter 5000 Bq/a bei einem maximalen Staubaustrag von 1 mg/m³ begrenzt.

Für Schrott aus stillgelegten Kernkraftwerken zeigt Tabelle N.1-21 den Transfer der Radionuklide vom Schrott in die Schmelze, in die Schlacke, in den Filterstaub und die Abluft der Anlage CARLA.

Wartungs- und Handhabungsanlage Duisburg
Eine Anlage zur Wartung entladener, kontaminierter Brennelementtransport- und Lagerbehälter, zur Handhabung und Sortierung von schwach kontaminiertem Schrott, zur Wartung von kontaminierten Maschinenteilen, Werkzeugen und mobilen Konditionierungsanlagen für schwach aktive, nicht wärmeerzeugende Abfälle sowie für deren Konditionierung wird in Duisburg betrieben. Das zugelassene Aktivitätsinventar dieser Halle ist auf $5{,}65 \times E\ 09$ Bq begrenzt, wovon über $5 \times E\ 09$ Bq auf die zu dekontaminierenden Behälter entfallen. Die Emission umweltrelevanter Stoffe aus der Anlage beschränkt sich auf die Abgabe von ca. 20 m³/a Abwässer mit einer spezifischen Aktivität von etwa $5 \times E\ 06$ Bq/m³, so daß eine Gesamtaktivitätsfreisetzung von maximal ca. $1 \times E\ 08$ Bq/a erfolgt.

N.1.3.4.3 Zwischen- und Endlager

Zwischenlager
Für die Zwischenlagerung von ausgedienten Brennelementen stehen in Deutschland die Behälterlager Ahaus und Gorleben mit einer Kapazität von je 1500 t Kernbrennstoff zur Verfügung. Aus den gasdichten Behältern werden keine radioaktiven Stoffe freigesetzt. Die Behälter und die Betonwände des Lagergebäudes schirmen die Strahlung der eingelagerten Brennelemente so weit ab, daß am Zaun des Lagers nur eine zusätzliche Dosisleistung von max. 0,01 µSv/h auftritt.

Endlager
In Deutschland wurden in den Jahren 1965 – 1978 in dem inaktiven Salzbergwerk Asse versuchsweise 124.500 Fässer mit schwachaktivem Abfall und 1300 Fässer mit mittelaktivem Abfall ohne Wärmeerzeugung eingelagert. Dieses Lager setzt keine radioaktiven Stoffe frei.

Zukünftig sind für die Einlagerung deutscher Nuklearabfälle 3 Lager vorgesehen:
- das stillgelegte Eisenerzbergwerk Konrad bei Salzgitter für Nuklearabfälle mit vernachlässigbarer Wärmeerzeugung
- das stillgelegte Salzbergwerk Morsleben bei Helmstedt (ERAM), das als Endlager seit 1981 für die Einlagerung von nichtwärmeerzeugenden radioaktiven Abfällen aus dem Betrieb der Kernkraftwerke Rheinsberg und Greifswald sowie sonstigen radioaktiven Abfällen im Gebiet der Bundesländer Brandenburg, Mecklenburg-Vorpommern, Sachsen-Anhalt, Freistaat Sachsen und Thüringen genutzt wird. Die Einlagerung von radioaktiven Abfällen soll in Morsleben im Jahr 2000 beendet werden.

Tabelle N.1-21 Übergang von Radionukliden in die Schmelze, die Schlacke, den Staub und die Abluft der Anlage CARLA [N.1.10]

Radionuklide	Anteil der spez. Aktivität in			
	Schmelze	Schlacke	Staub	Abluft
α-Strahler				
U 235, U 238	T[a]	98	T	–
Pu 241	T	98	T	–
β-Strahler				
H3	–	–	–	100
Ni 63	90	10	–	–
Sr 90	3	95	2	–
γ-Strahler				
Co 60	90	10	T	–
Cs 134, Cs 137	T	45	55	–
Ag 110 m	95	5	T	–
Eu 154	5	95	T	–
Ce 144	50	50	T	–
Mn 54	95	5	T	–
Zn 65	T	10	90	–
Elektroneneinfang				
Fe 55	100	T	–	–

[a] Spuren   Angaben in %

Tabelle N.1-22 Ableitung radioaktiver Stoffe mit der Abluft aus dem Endlager Morsleben im Zeitraum 1994 –95 in Bq [N.1.11]

Nuklid bzw. Nuklidgruppe	1994	1995	1996	Zulässige Maximalwerte gemäß DBG
Tritium (H_2O)	$1{,}1 \cdot 10^{11}$	$4{,}0 \cdot 10^{11}$	$3{,}3 \cdot 10^{11}$	$4{,}0 \cdot 10^{12}$
Kohlenstoff (CO_2)	$2{,}9 \cdot 10^{9}$	$3{,}2 \cdot 10^{9}$	$1{,}9 \cdot 10^{9}$	$5{,}0 \cdot 10^{11}$
Langlebige Aerosole	$3{,}7 \cdot 10^{6}$	$3{,}5 \cdot 10^{6}$	$3{,}5 \cdot 10^{6}$	$1{,}5 \cdot 10^{10}$
Radon-Folgeprodukte	$3{,}3 \cdot 10^{10}$	$2{,}8 \cdot 10^{10}$	$1{,}6 \cdot 10^{10}$	$1{,}2 \cdot 10^{11}$

DBG Dauerbetriebsgenehmigung

Die Abgabe radioaktiver Stoffe mit der Abluft aus dem Endlager ERAM ist in Tabelle N.1-22 aufgeführt. Neben den 1994-1996 tatsächlich beobachteten Emissionen enthält die Zusammenstellung auch die für das Endlager festgeschriebenen Grenzwerte [N.1.11]. Mit dem Abwasser wurden 1996 von der ERAM 9,8 E 5 Bq Tritium und 8,6 E 3 Bq sonstiges Nuklidgemisch an Aktivität abgegeben [N.1.4].

– Die Salzlagerstätte Gorleben, die für die Einlagerung von festen und verfestigten radioaktiven Abfällen aller Art einschl. wärmeerzeugender Abfälle aus der Wiederaufarbeitung und bestrahlter Brennelemente vorgesehen ist und nach derzeitiger Planung 2008 in Betrieb gehen soll. Während der geplanten Betriebszeit von ca. 70 Jahren soll ein Aktivitätsinventar von etwa E 21 Bq dort sicher eingelagert werden.

N.1.4 Chemie und Pharmazie

N.1.4.1 Grundlagen

N.1.4.1.1 Pharmazeutische Wirk- und Hilfsstoffe und Arzneimittel: unterschiedliche Herstellverfahren, Nebenprodukte, Schadstoffe

Die *Synthese oder Biosynthese chemischer Verbindungen* erfordert die Handhabung vorgeprüfter Rohstoffe, die Verfahrensdurchführung (oft in einer Reihe von Einzelprozessen) und die Reindarstellung von Zwischen- und Endprodukten; letztere müssen gemischt, abgefüllt, gelagert, geprüft und transportiert werden. Hier sind u.a. das deutsche Chemikaliengesetz und seine Novellierungen und zugehörigen Verordnungen zu beachten [N.1.12, N.1.13]

Wie weiter unten detailliert besprochen wird, sind die chemische und die biochemische Synthese praktisch immer mit der Bildung von prozeßbedingten Stoffen und Stoffgemischen sowie nicht umgesetzten Ausgangssubstanzen verbunden, die nur zum Teil umweltrelevant sind. Insofern unterscheidet sich die technische, chemische oder biochemische Synthese für pharmazeutische Wirk- und Hilfsstoffe nicht grundsätzlich von den gängigen technischen oder biotechnischen Prozessen für Produkte anderer Verwendung.

Jede *chemische Synthese* ist von der Bildung von Nebenprodukten in unterschiedlichen Mengen begleitet. Dies bedeutet, daß das entstehende Reaktionsprodukt durch Reinigungsoperationen im technischen Maßstab von Vor-, Neben- und Abbauprodukten sowie Lösungsmitteln, Salzen, Katalysatoren, Reagenzien u.ä. befreit werden muß. Die Reinheitsforderungen sind für pharmazeutische Wirkstoffe sehr hoch. Als Folge der Hochreinigungen können in unterschiedlichster Art und Menge Abfälle und Emissionen auftreten, die heute weitgehend durch Recycling der Produktion wieder zugeführt werden, z.T. aber auch entsorgt werden müssen. Als gängigste Lösungsmittel sind dabei Methanol, Ethanol, Isopropanol, Aceton, Butylacetat, Ethylacetat und insbesondere natürlich Wasser zu nennen; letzterem sollte, soweit der Prozeß oder das Reinigungsverfahren dies zuläßt, der Vorrang gegeben werden. Relativ kleinere Mengen an Wasser, Dampf, Kohlendioxid, Stickstoff, Natriumchlorid und -sulfat o.ä. sind dabei für die Entsorgung unproblematisch. Dies gilt auch für anfallende Filter, Aktivkohle, Filterhilfmittel u.ä.

Die *Biosynthese* ist im Grunde ebenfalls eine chemische Synthese; sie findet in Mensch, Tier, Pflanze oder Mikroorganismus, aber auch in isolierten Organen, Zellkulturen und an freien oder gebundenen Enzymen statt. Technisch zu unterscheiden sind die Naturstoff-Isolierungen aus pflanzlichen, tierischen oder menschlichen Produkten (Pflanzenextrakte, Fette, Drüsen, Blut) und die gezielte Durchführung der Biosynthese (Impfstoffbildung, Fermentation, Gärungsprozesse, enzymatische Spaltungen, Blutplasmafraktionierung). In weit größerem Umfang als die „normale" Synthese ist die Biosynthese mit umgebender, komplex zusammengesetzter Gewebe- oder Kulturflüssigkeit, Zellgewebe, Nährstoffen u.a. verbunden. Dies gilt auch für die gentechnologisch veränderten (Mikro-)Organismen. Dementsprechend ist bei der Biosynthese die gewünschte Verbindung aus einer qualitativ und quantitativ wesentlich größeren Menge anderer Produkte zu isolieren und oft auch von chemisch ähnlich strukturierten Verbindungen abzutrennen: Verfahren, die naturgemäß größere Mengen an anorganischen und organischen Abfallprodukten ergeben, die jedoch zumeist harmlos und umweltverträglich sind. Die anfallenden komplexen Stoffgemische in Lösung sind in der biologischen Kläranlage (vgl. Abschn. N.1.4.8) ohne Probleme abbaubar.

Chemische Synthese und Biosynthese werden für einen Syntheseweg evtl. kombiniert. Sie sind auch wichtige Schritte zur Herstellung pharmazeutischer Hilfsstoffe.

Die *Herstellung von Fertigarzneimitteln* ist dagegen grundsätzlich nur mit physikalischen Verfahren ohne chemische Veränderungen oder Produkt-Reinigungsschritte verbunden: Wägen, Mischen, Lösen, Anreiben, Formulieren, Verpakken. Der Abfallanfall beschränkt sich hier auf relativ geringe Mengen an Abluft, Reinigungswässern, Packungs- und Packmittelresten und Ausschuß.

N.1.4.1.2 Rechtsgrundlagen und GMP in der pharmazeutischen Produktion

Arzneimittel spielen bzgl. ihrer „Qualität, Wirksamkeit und Unbedenklichkeit" aufgrund ihrer unmittelbaren „Anwendung an oder in Mensch oder Tier" eine über die sonst üblichen Qualitätsforderungen herausragende Rolle. Sie müssen in präklinischen und klinischen Untersuchungen geprüft und dann zugelassen (in bestimmten Fällen: registriert) sein. Sie werden am kranken, oft schwerkranken Patienten mit verringerter Widerstandskraft angewendet; Verunreinigungen mit anderen Wirkstoffen („Kreuzkontaminationen"), Fremdsubstanzen, Partikeln und Mikroorganismen müssen dem Weg der Applikation entsprechend möglichst weitgehend ausgeschlossen werden. Entsprechend komplex sind die Herstellungsprozesse, aufgeteilt in zahlreiche Einzelschritte, wobei Emissionen und Abfall zwar minimiert werden, aber nicht vermeidbar sind.

Rechtliche Grundlage für die Herstellung von Fertigarzneimitteln und pharmazeutischen Wirkstoffen ist in Deutschland das *Arzneimittelgesetz* (AMG 1976/1998 und das Medizinproduktegesetz 1994) [N.1.14], durch die auch die entsprechenden EU-Direktiven in deutsches Recht überführt wurden. Ergänzt wird das AMG durch eine Reihe von Betriebsverordnungen, insbesondere die für pharmazeutische Unternehmer (PharmBetrV 1985/1994) [N.1.15], durch die EU-Regelung der Wirkstoffproduktion, die Apotheken- und die GroßhandelsBetrV sowie die Arzneibücher (Deutsches Arzneibuch, DAB 10; Europäische Pharmakopöe, Ph.Eur. 3). Das AMG (und bei Exporten die entsprechenden Gesetze im Ausland) verpflichten den Hersteller zu einer „ordnungsgemäßen Arzneimittelversorgung von Mensch und Tier" unter Einhaltung genau festgelegter Qualitätsstandards. Für lebensrettende Arzneimittel wie Insulin, Impfstoffe, Antibiotika, Blutkonserven und Plasmaexpander erscheint dies besonders eindrucksvoll. Ergänzend von größter praktischer Bedeutung, national wie international, sind die *Leitfäden zur Good Manufacturing Practice*, kurz *GMPs* genannt. Sie wurden insbesondere von der Weltgesundheitsorganisation (WHO) ausgearbeitet [N.1.16]. Es folgten FDA/USA [N.1.17], EU [N.1.18], PIC [N.1.18], ASEAN und zahlreiche Einzelstaaten. Ergänzt werden sie durch Verordnungen, Leitfäden, Richtlinien, Guidelines u. v. a., die sich auf Einzelgebiete der Arzneimittel- oder Wirkstoffentwicklung, -herstellung oder -prüfung beziehen. Auch die pharmazeutischen Hilfsstoffe werden derzeit, u. a. durch eigene GMPs, einbezogen. Sie alle bilden heute den einzuhaltenden „Stand von Wissenschaft und Technik".

Für den internationalen Handel mit Arzneimitteln und Wirkstoffen erstellt die zuständige Gesundheitsbehörde nach erfolgreicher Inspektion ein *GMP-Zertifikat* auf Basis der WHO-GMPs (1992/98) für Fertigarzneimittel und neuerdings auch für Wirkstoffe.

Oberstes Ziel sind weitgehend einheitliche, allen Qualitätsmerkmalen entsprechende Wirkstoff- und Arzneimittelchargen; die FDA/USA bezieht auch die Hilfsstoffe definitiv ein.

Mit der Einführung sehr strikter Produktions- und Prüfbedingungen sind jedoch auch erhebliche Verbesserungen im Schutz der Umwelt und der Mitarbeiter erreicht worden.

N.1.4.1.3 Die Internationalen Normen (Modelle) zur Qualitätssicherung (DIN EN ISO 9000-9004, QS 9000 u. a.)

Sie sind ganz generell für die Herstellung aller Produkte für den Handel und für Dienstleistungen anwendbar, geben aber keine Anweisungen und Lösungen, sondern stellen praktisch einen Katalog für die Erstellung eines Qualitätssicherungssystems in einer Firma oder einem Teil derselben dar. Die konsequente Beantwortung der Katalogfragen (die oft wertvolle Hinweise auf fehlende Qualitäts-sichernde Maßnahmen geben!) führt zur Erstellung des Firmen-Qualitätssicherungs-Handbuches. Nach erfolgreicher Inspektion durch ein authorisiertes Institut (TÜV, DQS o.a.) erteilt dieses ein *Zertifikat, z.B. nach DIN EN ISO 9001*, das u. a. (im Gegensatz zu dem obengenannten GMP-Zertifikat!) auch in der Öffentlichkeit zu Werbezwecken verwendet werden kann.

Es fällt auf, daß die DIN-EN-ISO-9000er-Reihe keinerlei Fragen bzgl. Schutz der Umwelt oder des Personals stellt und sich strikt auf die Sicherung der Produkt- bzw. Dienstleistungs-Qualität beschränkt.

Für Fertigarzneimittel und Wirkstoffe liegt ein festgefügter, oben beschriebener Rechtsrahmen vor; hier erscheinen die DIN-EN-ISO-9000er-Modelle überflüssig, zumal sie nur auf grundsätzlich freiwilliger Basis beruhen, nicht dagegen bei Hilfs- und Rohstoffen, Apparaturen, Meßgeräten, Dienstleistungen u. ä. im Pharmabereich.

N.1.4.1.4 Pharmazeutische Forschung und Entwicklung

Auch für die präklinische Untersuchung und Prüfung von Arzneimitteln (Screening, galenische Entwicklung, Toxikologie, *Good Laboratory Practice GLP*) und ihre klinische Prüfung (*Good Clinical Practice GCP*) gelten strenge Richtlinien und Regeln. Insbesondere bei der Wirkstoffentwicklung (Synthese, Biosynthese, Reindarstellung) und der galenischen Entwicklung der Zubereitungen sind die Gesichtspunkte der richtigen Auswahl der Roh- und Hilfsstoffe und der optimalen Verfahrensparameter im Hinblick auf die späteren technischen Produktionsprozesse einschl. Ex-Schutz, Emissionen und Abfallentsorgung von entscheidender Bedeutung. Hier ist vor allem die Entstehung folgender Gruppen umweltrelevanter Stoffe zu beachten: Durch Filtration abtrennbarer Feststoffe, die als solche z.B. durch Verbrennen oder Deponieren entsorgt werden können: Beladene Filter, Filterhilfsmittel, organische Ausfällungen, Rückstände an biologischem Material. Anorganische Salze (minimierte Menge; abwasserverträglich); zahlreiche organisch-chemische Verbindungen (unbedingt bioabbaubar!); bestimmte verbrauchte Lösungsmittel und Destillationsrückstände vom Lösungsmittel-Recycling (verbrennbar, möglichst ohne organisch gebundene Halogene); verbrennbare Abfälle wie Aktivkohle oder Packmittel; geringe Emission von Dämpfen organischer Lösungsmittel (apparative Konstruktionen beachten). Die Gesamtentwicklung mündet schließlich in 2 getrennte Zulassungsverfahren:

- den Konzessionierungsantrag für die technische Anlage, das Verfahren und alle Personalschutz- und Umweltschutz-Maßnahmen; ohne eine Genehmigung kann nicht mit dem Bau der Anlage begonnen werden;
- den Antrag auf Zulassung (evtl. Registrierung) des Arzneimittels oder Medizinproduktes zunächst zur klinischen Prüfung und nach deren erfolgreicher Beendigung zum Handel.

N.1.4.1.5 Sonderbereiche der pharmazeutischen Produktion

- Veterinärarzneimittel (zur Anwendung bei Tieren) gelten international seit längerem als Arzneimittel und sind ebenfalls streng GMP-gerecht zu produzieren. Auch hier werden, wie in Abschn. N.1.4.1.4 beschrieben, umweltrelevante Stoffe gebildet und entsorgt.
- Auch Radiopharmaka und Radiodiagnostika sind Arzneimittel. Rohstoffanlieferung, Herstellung und Versand erfordern zusätzliche Maßnahmen zum Schutz der Umwelt und Mitarbeiter vor radioaktiver Kontamination. Wegen der zumeist sehr kurzlebigen radioaktiven Isotope ist ein exaktes Timing erforderlich. Die Entsorgung radioaktiv kontaminierter Produkte (Arzneimittelreste, Ausscheidungen von Mensch oder Versuchstier, Körper von toten Versuchstieren, Abwässer, beladene Luftfilter) erfolgt unter besonderen Vorsichtsmaßnahmen, ggf. als Sondermüll.
- Gentechnologisch gewonnene Wirkstoffe und daraus hergestellte Arzneimittel unterliegen neben dem AMG und den Betriebsverordnungen dem Gentechnik-Recht [N.1.19].
- Sera, Impfstoffe, Spenderblut, Blutplasma und Produkte daraus sind eindeutig Arzneimittel. Hier müssen durch spezielle Tests an Spendern und Produkten (z.B. auf Viruskontaminationen wie Gelbfieber oder HIV) Virusinfektionen beim Patienten, aber auch bei den Mitarbeitern in der Verarbeitung gesichert vermieden werden. Die Entsorgung von Produkten, die sich als viruspositiv erweisen, unterliegt besonderen Vorsichtsmaßnahmen.
- Medizinprodukte (medical devices) sind nach deutschem Recht Arzneimittel; hier ist eine Herausnahme aus dem AMG und die Einführung einer einheitlichen EG-Rechtsnorm erfolgt (Medizinproduktegesetz [N.1.15]). Bei der Produktion von Medical Devices treten praktisch nur technische Abfälle auf (Metalle, Kunststoffe, Stoffreste, Papier), die dem Recycling zugeführt oder ohne Probleme deponiert werden können.
- Fluor-Chlor-Kohlenwasserstoffe (FCKWs) bilden ein stark diskutiertes Problem für Ozon in höheren Luftschichten. Die Gesamtmenge der in Arzneimitteln eingesetzten FCKWs als Wirkstoff, Treibgas oder Synthese-Ausgangsmaterial ist schon jetzt außerordentlich klein. In Zukunft werden sie nach Einstellung der

technischen FCKW-Produktion nicht mehr zur Verfügung stehen, ihre Vermeidung ist in jedem Fall vorgesehen und neue Produkte als Ersatz (und für die Ozonschicht unschädlich) in Entwicklung; als Beispiele seien R227 und R134a (Hoechst AG/Solvay) genannt. Die Produktion erfolgt praktisch ohne Emission umweltrelevanter Stoffe; sie sind als speziell umweltverträglich und untoxisch entwickelt. Ein weiteres Beispiel sind die (z.T. noch in Entwicklung befindlichen) Trockenpulver-Inhalatoren, die ganz ohne Lösungsmittel auskommen.

N.1.4.2   Die chemische Synthese

Wie bereits ausgeführt, ist die chemische Synthese ein wesentlicher Bestandteil der Arzneimittelherstellung. Weit über die Hälfte der gebräuchlichen Wirkstoffe (fest, flüssig oder gasförmig) werden heute rein chemisch-synthetisch hergestellt [N.1.20]. Für die Produktionsprozesse, die zumeist über eine größere bis sehr große Zahl einzelner Schritte verlaufen, hat sich eine Unterteilung als notwendig, rechtlich gefordert und praktikabel erwiesen:
- chemisch-technische Vorstufen: qualitätsgesichert, aber ohne (oder mit sehr geringem) GMP-Einfluß,
- pharmazeutisch/pharmakologisch relevante Hauptstufen mit streng GMP-gerechter Produktion.

Die Maßnahmen zum Schutz von Umwelt und Mitarbeitern sind in gleicher Weise die der chemischen industriellen Produktion. Die Bildung verschiedenartigster Abfälle ist eng mit den Produktionsverfahren verbunden; die Einschränkung auf möglichst umweltverträgliche Produkte und die Minimierung durch Produktauswahl, geschlossene Apparaturen und Verfahrensentwicklungen wurde bereits in Abschn. N.1.4.1.4 besprochen. Die zulässigen Maximalmengen, i. allg. für jeden Betrieb (Gebäude) getrennt, sind durch Immissions- und Einleitebescheide begrenzt. Zusätzlich ist deutlich die Tendenz zu beobachten, diese Grenzwerte für Abluft und Abwasser (z. B. den „chemischen und biologischen Sauerstoffbedarf", CSB, BSB) laufend zu verringern. Dies entspricht der Entwicklung des Standes der Technik. Um damit Schritt zu halten, sind, zumeist gleichzeitig, mehrere Wege erforderlich:
- Verfahrensverbesserungen,
- vermehrtes und verbessertes Recycling und

- verbesserte Abfallentsorgung (fest, flüssig, Gase und Dämpfe).

Weitaus die wichtigsten Entwicklungen sind apparativer Art, sie haben sich aus dem Prinzip der möglichst weitgehend geschlossenen Apparatur ergeben.

Für die chemische Wirkstoffsynthese müssen bereits in der Entwicklung intensive Untersuchungen stattfinden, um den Einsatz hochtoxischer Verbindungen und ihren spurenweisen Übergang aus Vorstufen in analytisch kaum mehr erfaßbare Mengen in das Endprodukt, den Wirkstoff, zu vermeiden.

Auch pharmazeutische Hilfsstoffe, obwohl selbst nicht biologisch aktiv (Wasser, Stärke, Silikagel, Farbstoffe, Gelatinekapseln usw.), können unerwünschte Verunreinigungen in das Fertigarzneimittel einschleppen, und ebenso die „primären Packmittel" (produktberührt). Ihre Herstellung ist mit der ihrer Art entsprechenden Bildung umweltrelevanter Produkte verbunden: gut abbaubare organische Produkte bei Naturstoffen (Stärke, Zucker, Ethanol, Gelatine, Aromastoffe); chemische Produkte und Lösungsmittel (Farbstoffe, Konservierungsmittel, Wachse, Lakke, Fließmitttel); Packmittel (Papier, einschl. Bedrucken und Kennzeichnen, Pappe, Glas, Gummi, Kunststoffe).

N.1.4.3   Die Biosynthese

Wie bereits ausgeführt, ist auch die Biosynthese von Stoffen und Substanzen in Mensch, Tier, Pflanze, isoliertem Organ, Zellkultur oder Mikroorganismus (Pilz, Hefe, Bakterium u. ä.) oder an Enzymen letztlich eine chemische Synthese, die entweder in der Natur ablief (Naturstoffbildung und -isolierung), oder die vom Menschen initiiert wird (Fermentation, alkoholische Gärung, Impfstoffherstellung, großtechnische Herstellung und Umwandlung von Antibiotika und Steroiden, Bildung von Essig- und Milchsäure sind nur einige bekannte Beispiele dafür).

Biosynthesen sind immer mit der Bildung größerer Mengen von i. allg. harmlosen Abfallprodukten verbunden. Hierzu zählen vor allem die zwar mengenmäßig bedeutenden, aber biologisch sehr gut abbaubaren Abwasserprodukte, ebenso die Hefen aus der Gärung, die verfüttert werden können. Die nach der Fermentation und Filtration anfallende Kulturlösung wird durch Extraktion mit organischem Lösungsmittel vom gebildeten Wirkstoff getrennt (und dieser isoliert), dann wird durch Strippen das gelöste Lösungsmittel weitgehend entfernt. Die verbleibende wäßrige Lösung enthält dann den Haushaltsabwässern ähnliche, biologisch durchweg gut abbaubare Produkte. Auch die entstehenden Festprodukte aus Fermentation (s. unten!), tierischem Gewebe oder Pflanzenteilen können ohne Bedenken deponiert oder kompostiert, oft auch verfüttert werden. Für Biosynthesen seien 2 Beispiele angeführt:

Insulin [N.1.17, N.1.18] wird heute noch überwiegend als Schweineinsulin aus Schweine-Pankreasdrüsen gewonnen und dann halbsynthetisch in Humaninsulin umgewandelt; Rinderinsulin ist stark rückläufig.

Der insulinabhängige Diabetiker benötigt ca. 30 – 40 IE/Tag. (eine Internationale Einheit IE = ca. 27 mg Insulin). Der Welt-Insulin-Verbrauch wurde bereits 1977 (ohne den damaligen Ostblock) auf ca. 50 Mega Einheiten ($5 \cdot 10^7$ IE) geschätzt [N.1.21]. Mehr als 20.000 t Schweine-Pankreasdrüsen, isoliert aus ca. 300 Mio Schweinen (und das nur aus seuchensicheren Ländern!) waren hierfür notwendig. Der internationale Bedarf stieg seither und steigt auch weiterhin ständig. Wegen der Gefahr des raschen Insulinabbaus in der Drüse ist eine sofortige Tiefkühlung im Schlachthaus und ein ununterbrochener Tiefkühltransport bis zum Einsatz in der Extraktion erforderlich: ein sehr aufwendiges und umweltbelastendes, aber notwendiges Verfahren. Hinzu kommt eine zusätzliche Bedarfserhöhung durch die Umwandlung in Humaninsulin und die chromatographische Hochreinigung, beide mit erheblichen Ausbeuteverlusten. Dies erfordert chemisch- bzw. enzymatisch-synthetische Schritte, begleitet von den mit solchen Verfahren verbundenen Nebenprodukten und Emissionen.

Das bereits großtechnisch eingesetzte und erprobte Verfahren der Insulin-Vorstufenbildung durch gentechnologisch veränderte Mikroorganismen (E. coli, Hefen u. ä.) mit nachfolgenden Teilabbau- und Reinigungsschritten ist ganz offensichtlich sicherer und umweltschonender: Die arbeits- und energieaufwendige Tiefkühlung nach der Schlachtung und bei Transport, Lagerung und Aufarbeitungsbeginn entfällt, desgleichen die Bildung erheblicher Mengen stark organisch belasteter Abwässer und der Anfall von Geweberesten sowie das notwendige Recycling der Extraktions-Lösungsmittel (insbesondere Ethanol).

Der gentechnologische Bildungsprozeß, eine Fermentation unter bestimmten Sicherheitsvor-

kehrungen, ist dagegen von den Mengen der Pankreasdrüsen aus Schlachtungen unabhängig, die Versorgung auch mit weiter steigenden Insulinmengen ist gesichert. Es besteht nicht mehr die Gefahr von Virus-Kontaminationen (Epidemien in Schweinebeständen!); das Abwasservolumen ist drastisch gesenkt. Erst ab der Hochreinigung münden die beiden generell üblichen Produktionsstraßen zusammen und führen bei relativ kleinen Mengen zu den gleichen umweltrelevanten Produkten, im wesentlichen biologisch zu behandelnde Abwässer und Lösungsmittel für das Recycling.

Penicilline werden durch Anzüchten bestimmter Fadenpilze (penicillium chrysogenum o. a.) in großen, mit Rührer, Belüftung, Kühlung und Nährstoffnachgabe versehenen Kesseln, den Fermentern, streng *steril* (d. h. unter Ausschluß von Fremdorganismen) hergestellt [N.1.20]. Neben einigen mg oder g an Impfmaterial (Stamm) werden ca. 2 t Rohstoffe für je ca. 100 kg Penicillin benötigt. Von diesen wird etwa 5 % bis zum Ende der Fermentation in das Antibiotikum eingebaut. 1/3 findet sich im abgetrennten Pilzmycel (vgl. Absch. N.1.4.8), 1/3 ist im Kulturfiltrat gelöst und 1/3 wird als „Atmungs-CO_2" zusammen mit Wasserdampf in die Atmosphäre abgegeben.

Bei der Herstellung von Naturstoffen (durch Biosynthese) treten generell allgemein umweltverträgliche Abfallstoffe in größeren Mengen auf. Die weitere Verarbeitung der isolierten Rohprodukte durch Reinigungsoperationen, oft auch „Halbsynthese", ist der Reinigung synthetischer Produkte sehr ähnlich. Es fallen Stoffe an, die bereits in Abschn. N.1.4.1.4. beschrieben wurden.

N.1.4.4 Die Herstellung von Zubereitungen (Fertigarzneimitteln)

Dieser Produktionszweig arbeitet ausschl. mit physikalischen Verfahren, weitgehend abgeschlossen, mit hoher Reinheit und Sauberheit und umfangreicher Prozeßüberwachung. Das Fehlen aller Isolierungs- und Reinigungsschritte am Produkt bedeutet, daß im Herstellungsgang oder von den Wirk- und Hilfsstoffen und Packmaterialien sowie von Menschen, Räumen und Apparaturen aufgenommene Verunreinigungen nicht mehr entfernt werden können und im Fertigarzneimittel verbleiben; dies muß durch sehr weitgehenden Schutz des Produkts durch Räume mit hoher Luftreinheit (Zuluftfilter, Laminar Flow-Umluft) und geschlossene Apparaturen (auch wenn Zugriff erforderlich ist: Laminar-

Flow-(LF-)Einheiten; Boxen) verhindert werden. Hinzu kommt für fast alle Wirkstoffe und Arzneimittel das Problem der begrenzten Haltbarkeit. Es können sich neben dem Verlust an Wirksamkeit Abbauprodukte erst während der Lagerung bilden. Dies wird in langen Versuchsreihen geprüft, gefolgt von der Laufzeitfestlegung (Verfalldatum) und evtl. speziellen Lagerbedingungen. Während zahlreiche Produkte praktisch unbegrenzt haltbar sind, und dies gilt auch für zahlreiche Chemikalien, sind Arzneimittel und Wirkstoffe zumeist zeitlich begrenzt haltbar, sie fallen danach als umweltrelevante Produkte an; Details vgl. Abschn. N.1.4.7 und N.1.4.8.

Besonders kritisch sind alle sterilen Arzneimittel (zur Injektion oder Infusion, Augentropfen u.ä.). Sie werden in hochreinen Bereichen produziert und müssen steril und weitestgehend fremdteilchen- und pyrogenfrei sein.

Produkte zur Entsorgung fallen in der Herstellung von Arzneimitteln in bestimmten Mengen, aber weit unter denen der Wirkstoffproduktion an: Ausschuß (defekte Zwischenprodukte, beschädigte Packungen), die leere Verpackung eingehender Rohstoffe, feste Produktionsabfälle z.B. bei Durchdrückpackungen sowie produktbelastete Luftfilter werden verbrannt. Papierabfälle (z.B. aus Büros, Überschußmengen an bedruckten Packmitteln, nicht mehr benötigte Etiketten, Faltschachteln, Gebrauchsinformationen und Informationsmaterial für Ärzte, Apotheker u.a., nicht weiter zu lagernde Chargen – u.a. Dokumentation) werden dem Recycling zugeführt. Dasselbe gilt für Glasbruch und Schrott. Reinigungswasser mit verhältnismäßig geringem Wirkstoff- und Staubgehalt und Abwässer aus Wasch- und Duschräumen sowie Toiletten werden der biologischen Kläranlage zugeleitet. Organische Lösungsmittel werden dort heute nur noch in seltenen Ausnahmefällen (einzelne Dragee-Lackierung) angewendet; sie werden im Trocknungsvorgang verdampft, durch Kühlung aus der Abluft wiedergewonnen und redestilliert.

N.1.4.5 Die begleitende Analytik

Die Aufgabe der Substanz- und Packmaterialprüfungen und ihre Freigabe obliegt der grundsätzlich unabhängig von Produktion und Verkauf operierenden pharmazeutischen Qualitätskontrolle. Produkte in diesem Sinne sind: Rohstoffe und Zwischenprodukte der Synthese/Biosynthese; Wirk- und Hilfsstoffe für die Fertigung, Zwischenprodukte derselben (Bulk); primäre und bedruckte Packmittel; Fertigarzneimittel. Von wenigen Ausnahmen abgesehen dürfen alle diese Produkte erst nach Prüfung und schriftlicher Freigabe eingesetzt oder in den Verkehr gebracht (Lager, Verkauf) werden.

Abgesehen von der Entsorgung relativ geringer Mengen an Abwässern, die analytische Reagentien, Salze und Spuren von Wirk- und Hilfsstoffen enthalten, und kleinen Mengen an Resten der Proben zur Analyse (zur Verbrennung) bringt die Qualitätskontrolle keine Umweltprobleme. Zur Tierhaltung vgl. Abschn. N.1.4.8.

N.1.4.6 Präventive Maßnahmen des Umweltschutzes speziell in Chemie und Pharmazie

Der Grundgedanke der Prävention, d.h. der Durchführung aller Maßnahmen zur weitgehenden Minimierung des Risikos eines Schadensfalls, hier eines Arzneimittel-Zwischenfalls, ist im Grunde die GMP-Regel schlechthin. Sie läßt sich sinngemäß auch auf den Schutz von Umwelt und Mitarbeitern anwenden. Hierzu einige Beispiele:

- Der Übergang offener Apparaturen (Kessel, Zentrifuge, Trockner, Abluft über Dach) zu hermetisch geschlossenen Apparaturen (geschlossener Kessel, gekapselte Schleuder, geschlossener Mischer/Trockner, Lösungsmittel-Rückgewinnung durch Abkühlen oder Adsorption, Titus-Schälpneumatik und Titus-Zentrifugen-Trockner [N.1.22] u.a.);
- Vermeidung toxikologisch bedenklicher Lösungsmittel wie Benzol;
- Verwendung unbedenklicher Salzbildner (keine nitrosaminbildenden Amine);
- Sprühtrocknung (auch steril) statt Fällung z.B. in Methanol;
- Dragieren und Lackieren von Kernen ohne organische Lösungsmittel;
- Einsatz gekapselter Tablettierung mit Intensivabsaugung und Abluftfiltern, um ein Austreten von Produktstäuben in die Raum- und Umgebungsluft zu verhindern;
- Durchdrückpackungen für Tabletten, Dragees, Kapseln wenn möglich statt Glasflaschen und -röhrchen;
- gestraffte, therapiegerechte Packungsgrößen-Sortimente;
- forcierter Übergang von Prüfungen am Tier in der Forschung und zur Chargen-Freigabe auf ein isoliertes Organ oder im „Reagenzglas-

test". Ein wichtiges Beispiel: fast überall läßt sich heute die geforderte Prüfung von Parenteralia auf Pyrogene (fiebererregende Verunreinigungen) im Reagenzglas durch den Limulus-(LAL-)Test statt am Kaninchen durchführen.

Ergänzt werden solche präventiven Maßnahmen durch weitere Schritte. Hier ist zunächst der Mensch zu nennen, der eine Kontaminationsquelle darstellt, und bei dem die Gefahr des menschlichen Versagens im Einzelfall eine wichtige Rolle spielt. Die systematische Personalausbildung und -auswahl, verbunden mit Aus- und Fortbildung in den Spezialgebieten auf allen Hierarchieebenen, ist daher eine der wichtigsten GMP-Forderungen. Eingeschlossen sind auch Betriebssicherheit, Umweltschutz, Betriebshygiene und arbeitsmedizinische Begleitung (Beispiele: Salmonellen-Kontaminations-Gefahr; Virus-Infektionen wie HIV bei Blut und Blutprodukten).

Die Räume in Produktion, Lagerung und Qualitätskontrolle haben in ihrer Ausgestaltung Einfluß auf die Prozesse und Prüfungen. Durch Einführung von Reinheitsklassen in Abhängigkeit von der Produktart sind sie in den Umweltschutz integriert. Beispiele: „Tassen" unter den Tanks; Absetzgruben für die Betriebsabwässer.

Schließlich ist die technische Ausrüstung von entscheidendem Einfluß auf die Umwelt- und Produktsicherheit. Typische Beispiele sind:
- Das Prinzip der geschlossenen Apparatur (wurde bereits erläutert).
- Damit verbunden ist das Bestreben zur Automation, evtl. unter Computereinsatz bis hin zum Roboter. Daran ist jedoch immer die Bedingung geknüpft, daß die gesamte Apparatur (als Komplex, bei Computern Hard- und Software) validiert sein muß, um die notwendige Betriebssicherheit und Verfahrens-Reproduzierbarkeit zu erreichen.
- Die vorbeugende Instandhaltung soll, bevor es zu Störungen, Emissionen und Reparaturen kommt, die Betriebssicherheit und den ungestörten Prozeßablauf gewährleisten. Dazu gehört auch die routinemäßige amtliche Eichung und die betriebsinterne Kalibrierung der Meßgeräte.
- Die Druckbehälter-Verordnung regelt die Konstruktion, Überprüfung, Befüllung und Handhabung der bei Störungen auch für die Umwelt besonders gefährdenden Druckbehälter und Druckgas-Transport-Stahlflaschen und -Tankfahrzeuge, und die Absicherung gegen Zer-

platzen bei Überdruck (doppelte Wägung bei Befüllen von Gasstahlflaschen; Sicherheitsventile bei Kesseln; Berstscheiben bei Bunkern, Mischern u. ä.).
- Die Verringerung des Lärmpegels spielt in der Chemie nur eine begrenzte Rolle (Fermenter, Mikrofeinmahlung), in der Fertigarzneimittelproduktion fast gar keine.
- Der Schutz von Produkt, Mitarbeitern und Umwelt vor Substanz-Kontaminationen aller Art ist durch die Einführung geschlossener Arbeitsboxen, die sich zuerst bei der Handhabung radioaktiver Produkte bewährt haben, und von horizontalen oder vertikalen Laminar-Flow-(LF-)Einheiten mit gezielter Luftströmung wesentlich verbessert worden, insbesondere in der gesamten Steriltechnik, aber auch in der Handhabung und Abfüllung pulverförmiger Stoffe und im Umgang mit lebenden Mikroorganismen.

N.1.4.7 Recycling

Wo immer möglich, hat das Recycling in den Verfahren der Chemie und Pharmazie die Deponie, die Verbrennung oder die Entsorgung über das Abwasser ersetzt. Hier wurden oft erhebliche Eingriffe in die bisher üblichen Produktionsverfahren vorgenommen. Ein nur scheinbar einfaches Beispiel: Prozeßbedingt müssen größere Mengen NaOH neutralisiert werden. Bisher wurde dazu HCl verwendet. Es bildete sich (außer H_2O) in entsprechenden Mengen NaCl, das quantitativ ins Abwasser geriet und auch die Kläranlagen passierte. Verwendet man nun zum Neutralisieren H_2SO_4, so kristallisiert aus genügend konzentrierter wässriger Lösung Na_2SO_4 zum größten Teil aus, es kann nach Abtrennen und Trocknen als Rohstoff verwendet werden; die Salzfracht des Abwassers wird erheblich verringert.

Organische Lösungsmittel werden in großem Umfang zum Lösen, Extrahieren, Umkristallisieren eingesetzt (vgl. auch Abschn. N.1.4.1.1.). Sie werden heute aus wirtschaftlichen und Umweltschutz-Gründen fast ausnahmslos redestilliert. Daher wird der Einsatz nicht oft gebrauchter Lösungsmittel und Gemische weitgehend auf Einzelfälle beschränkt. Aufgrund ihres Dampfdrucks tendieren Lösungsmittel außerdem zum Verflüchtigen. Angestrebt werden daher höhermolekulare Lösungsmittel (mit niedrigem Dampfdruck), beispielsweise höhere Essigsäureester statt Ethylacetat. Wegen gelöster flüchtiger, störender Nebenprodukte oder als Gemische nicht redestillierbare Produkte werden gemeinsam mit Destillationsrückständen in speziellen Anlagen verbrannt, die, wenn nötig, eine nachgeschaltete Säureabsorption enthalten.

Für Metallkatalysatoren, z.B. Raney-Ni, Pt oder Pd, bietet sich nach Abtrennung die Wiederverwendung an, oder, wenn inaktiviert, die Regenerierung im Betrieb oder bei Auftragsfirmen.

Auch Aktivkohle, Adsorptions- und Chromatographie-Gele sowie Ionenaustauscher (Wasser- und Lösungs-Entsalzung, Umsalzung) werden zumeist vor Ort regeneriert.

Ein spezielles Problem der pharmazeutischen Industrie (und daher durch besondere GMP-Regeln und Verordnungen erfaßt) ist das weitere Vorgehen bei Produkten, die betriebsintern oder durch die Qualitätskontrolle *wegen Qualitätsmängeln abgelehnt* werden:

- Für Arzneimittel-Chargen ist eine Umarbeitung, z.B. eine Extraktion des Wirkstoffs, nur in Ausnahmefällen wirtschaftlich und qualitätsgesichert möglich. Hier erfolgt i. allg. eine Entsorgung durch Verbrennen (vgl. Abschn. N.1.4.4).
- Für Wirkstoffe und bestimmte Hilfsstoffe (beanstandete Chargen, Retouren, Transportschäden, beendete Laufzeit) ist generell eine Umarbeitung möglich und üblich. Wenn irgend möglich, werden dabei die Standardverfahren aus der Betriebsvorschrift (z.B. Umkristallisieren) angewendet. Dies führt dann nur zur gleichen, validierten Bildung umweltrelevanter Stoffe. Danach ist eine erneute Chargenprüfung und -freigabe erforderlich.

N.1.4.8 Entsorgung von Abfällen speziell aus Chemie und Pharmazie

Trotz aller Bestrebungen, in der chemischen und pharmazeutischen Industrie die Abfallmengen durch Verfahrensverbesserungen und Recycling möglichst gering zu halten, stößt dies an technische Grenzen. Gewisse verbleibende Abfallmengen sind daher zu entsorgen.

Gasförmige Emissionen beschränken sich auf Wasserdampf, CO_2 aus Verbrennungen und Biosynthesen (Tierhaltung, Fermentationen), Wasserstoff, Stickstoff (zur Überlagerung als Ex-Schutz) sowie verdunstende geringe Mengen an organischen Lösungsmitteln.

Die Abluft wird (wie die Zuluft) durch Hochleistungsfilter gereinigt, um Stäube an Rohstoffen, Zwischenprodukten und Wirk- und Hilfsstoffen zurückzuhalten. Diese Filter werden dann

entweder verbrannt oder durch Wäsche regeneriert, wobei die Waschlösung der biologischen Kläranlage zugeführt wird.

Wäßrige Lösungen, die organische Substanzen, oft auch Lösungsmittelreste und zumeist Salze enthalten, fallen bei chemischen Synthesen und in der gesamten pharmazeutischen Produktion an; hinzu kommen Abwässer der intensiven Apparatur-Reinigungsverfahren (wenn immer möglich mit Wasser). Besonders groß sind die Volumina bei den Biosynthese-Prozessen, z.B. bei der Naturstoff-Extraktion, der Tierhaltung (s.u.) und der Fermentation oder Gärung. Bei der Fermentation wird das vom Wirkstoff durch Extraktion befreite, gestrippte Kulturfiltrat, das in der Qualität Haushaltsabwässern ähnlich ist, der biologischen Kläranlage zugeleitet.

Vereinzelt werden spezielle Abwässer, beispielsweise Methylenblau-Lösungen von der Blaubad-Dichtigkeitsprüfung für Arzneimittelampullen, getrennt gehalten und chemisch weiterverarbeitet.

Die Abfallentsorgung von Festprodukten ist naturgemäß komplexer und produktabhängig:

- Papier, Schrott (Eisen/Nichteisen), Glasbruch werden getrennt gesammelt und dem Recycling in Spezialfirmen zugeführt.
- Unproblemtische Feststoffe können deponiert werden. Enthalten sie chemische Substanzen aus Reinigungsprozessen von Lösungen oder Gasströmen, werden sie verbrannt (verbrauchte Aktivkohle, Filter). Dies gilt auch für Arzneimittel-Produktionsausschuß (soweit nicht umzuarbeiten) und für retournierte oder überalterte Arzneimittelpackungen. Gerade für die Verpackung von Arzneimitteln laufen deutsche und EG-Bestrebungen, ein möglichst weitgehendes Recycling zu erreichen.
- In bestimmtem Umfang ist die Haltung von Tieren für die wissenschaftlich und gesetzlich geforderten Prüfungen in der Forschung (Präklinik) und in der Arzneimittel-Chargenprüfung notwendig. Die hier anfallenden Abfälle werden als Festprodukte (Streu, Futterreste) deponiert bzw. als flüssige Produkte (Fäkalien, Wasser zum Reinigen der Käfige und Räume) der biologischen Kläranlage zugeführt. Falls Infektionen vorliegen, wird eine Desinfektion vorausgeschickt. Die anfallenden toten Tiere werden in speziell zugelassenen Einrichtungen verbrannt.
- Das bei der bereits weiter oben behandelten Fermentation anfallende Pilzmycel wird deponiert oder nach Trocknung als Dünger oder

Futtermittel verwendet; heute sind zwei verbesserte Verfahren erprobt: die Düngung mit Feuchtmycel z. B. auf Almwiesen und der Teilabbau in Silagen unter Zerstörung von Antibiotikaspuren mit nachfolgender Verfütterung.

N.1.4.9 Die Produktionsüberwachung

Für alle Firmen mit chemischer und pharmazeutischer Produktion sind zumindest folgende generelle Ansätze zur Verwirklichung und Weiterentwicklung des Umweltschutzes, der Produktqualität und der Produktionssicherheit erprobt:

- In *Prozeß-Kontrollen (IPC)* zur möglichst weitgehenden Prozeßüberwachung und -steuerung in-line oder anhand gezogener Proben. Ihre Dokumentation hilft mit, den Gesamtablauf auch noch nach längerer Zeit nachvollziehbar zu machen.
- Störungen müssen unverzüglich automatisch gemeldet werden, um den Schadensumfang und die Emissionen zu begrenzen, korrigierende Maßnahmen zu ergreifen und evtl. Produkte aus bestimmten Abschnitten als nicht mehr einwandfrei zu entfernen (Ausschuß!). Beispiele: Kontinuierliche Überdruckmessung mit Alarm im aseptischen Bereich und unter der Laminar-Flow-Einheit; Raumluftüberwachung auf bestimmte Gase wie Lösungsmittel (Methanol, Butylacetat o. a.), Formaldehyd, Halothan, Wasserstoff o. a.; kontinuierliches Schreiben von Temperatur, Druck, pH u. ä.; Einsatz von Dräger-Prüfröhrchen.
- Es gilt die Regel: „Man kann nicht Qualität in ein Produkt hineinprüfen", indem man am Schluß (repräsentative?) Proben zieht, prüft und danach die Charge freigibt, sondern man muß „Qualität produzieren", indem man durch IPCs den gesamten Prozeßablauf „fest im Griff" hat. Diese Regel dient natürlich in gleichem Maße der Vermeidung von Emissionen und Abfällen, soweit dies vermeidbar ist. IPCs sind daher, auch aus Gründen der Motivation, eindeutig durch das Personal der Produktion durchzuführen. Die komplexeren IPCs sollten grundsätzlich gemeinsam mit der Qualitätskontrolle erarbeitet und verabschiedet sein.
- Die *Abteilungen für Umweltschutz* und (zumeist getrennt) *für technische Sicherheit* und *für Konzessionierungen* veranlassen und koordinieren Maßnahmen firmenintern und in Zusammenarbeit mit den Behörden. Sie überprüfen auch vor Ort die Durchführung des geltenden Rechts und der in den Anmeldungen, insbesondere der Konzessionierung, beschriebenen Maßnahmen.
- Zahlreiche Firmen haben „Leitlinien für Umweltschutz und Sicherheit" (oder unter ähnlichem Titel) herausgebracht, die der Information und Motivation der Mitarbeiter dienen [N.1.23].
- Zusätzlich haben speziell im Bereich der Chemie und Pharmazie die Abteilungen der Forschung und Entwicklung, der Produktion, der Qualitätskontrolle und des Ingenieurwesens die Aufgabe, in der Praxis neben der Produktsicherheit (im weitesten Sinn) auch den Umweltschutz in der Entwicklung zu sichern und auf dem „Lebensweg des Produkts" begleitend zu verbessern, dem Stand von Wissenschaft und Technik anzupassen und die Mitarbeiter entsprechend zu motivieren.
- Unter verschiedenartigen Bezeichnungen wie „*GMP-Beauftragter*" [N.1.24] oder „*Abteilung Qualitätssicherung/Qualitätsmanagement und GMP*" haben heute praktisch alle Pharma-Firmen eine Stabsabteilung eingerichtet, die für GMP-Schulungen, für die Durchführung von Eigen-/Selbstinspektionen und für die Begleitung von behördlichen Inspektoren sowie Firmen-Auditoren verantwortlich ist. Insbesondere die Eigeninspektionen haben große Bedeutung gewonnen. Sie sind gesetzlich vorgeschrieben und schließen die Überprüfung von Umweltschutzmaßnahmen ein.
- Dieselbe Abteilung hat i. allg. die Aufgabe, „Audits", d. h. Inspektionen bei zuliefernden Herstellern von Substanzen, Packmitteln, Dienstleistungen (Läger, Speditionen, Wartung) sowie bei Auftragsherstellern und -prüfern und Joint Venture-Partnern durchzuführen. Auch dort soll damit ein bestimmter, einheitlich hoher Qualitäts-, Sicherheits- und Umweltschutzstandard gewährleistet werden.
- Die behördliche Überwachung der pharmazeutischen Produktion ist in Deutschland durch das AMG und seine Betriebsverordnungen gesetzlich geregelt, sie wird für Fertigarzneimittel und seit dem 1.1.1994 auch für alle Wirkstoffe durchgeführt. Hauptaufgaben sind die Überprüfung der Erfüllung der in den Zulassungsanträgen gemachten Angaben, der GMPs und der weiteren gesetzlichen Anforderungen. Die deutschen Behörden inspizieren in Amtshilfe auch bei Anfragen aus bestimmten anderen Ländern auf der Basis von bi- oder multilateralen Abkommen.

Praktische Bedeutung haben Inspektionen für den deutschen Export von Wirkstoffen und Fertigarzneimitteln nach USA: Die Inspektoren der US-Gesundheitsbehörde (FDA) inspizieren in großem Umfang auch in Deutschland [N.1.25]. Die FDA verlangt in allen Arzneimittel- und Wirkstoff-Anträgen ein „Environmental Impact Assessment", d. h. eine Darlegung der nationalen rechtlichen Umweltschutzgrundlagen und deren praktische Durchführung für das angemeldete Produkt. Die Erfüllung wird bei FDA-Inspektionen routinemäßig detailliert überprüft.

Abschließend sei festgestellt, daß es für das gesamte Rechtswesen der pharmazeutischen Produktion und Prüfung in Chemie und Pharma weit fortgeschrittene Bestrebungen gibt, die Anforderungen an Produkt- und Produktionsqualität, -Sicherheit und Umweltschutz international zu harmonisieren. Eine zentrale Rolle mit erfreulichem Erfolg spielt hier seit 1992 die International Conference on Harmonization (ICH), der die USA, Japan und die EU angehören. Sie strebt, bereits mit erkennbarem Erfolg, neben der Vereinheitlichung der Vorschriften auch die gegenseitige Anerkennung von Prüfungsergebnissen (z. B. aus klinischen Untersuchungen) und die Einschränkung des Umfangs von Prüfungen, z. B. an Tieren, auf einen einheitlichen, international anerkannten und wissenschaftlich begründbaren Umfang an. Dies hat u. a. bereits jetzt zu einer merklichen Verringerung des Anfalls umweltrelevanter Stoffe aus der pharmazeutischen Forschung und Entwicklung, insbesondere der Tierhaltung, geführt.

N.1.5 Holz

N.1.5.1 Erzeugung und Lagerung

In Mitteleuropa wird Holz nahezu ausschl. in forstlich bewirtschafteten Wäldern erzeugt. Der Anbau erfolgt nachhaltig, d. h. es wird nicht mehr Holz eingeschlagen als nachwächst. Anbau, Pflege und Ernte des Baums erfolgen mit Hilfe von Maschinen. Bezogen auf Umtriebszeiten zwischen 50 und 200 Jahren sind die Perioden des Maschineneinsatzes gering, eine nennenswerte Umweltbelastung durch deren Abgase ist nicht gegeben. Beim Einschlag fallen als Reststoffe lediglich Sägespäne und Rinden an. Bei der Lagerung des Holzes in Land- oder Wasseranlagen sind, insbesondere bei längerfristiger Holzeinlagerung nach Forstkamalitäten, verschiedene rechtliche Vorschriften, z. B. zum Schutz von Wasser und Natur, zu beachten [N.1.26].

Vorteilhafte Eigenschaften des Walds sind der Schutz des Bodens und der Landschaft, die umweltfreundliche Erzeugung eines nachwachsenden Rohstoffs sowie gesellschaftliche Schutz- und Erholungsfunktionen. Daneben sind Bäume Emittenten organischer Stoffe. Vornehmlich durch die Nadelholzbäume werden flüchtige ätherische Öle (Terpene) abgegeben. Global ist der Wald aber nicht als Emissionsquelle, sondern als Emissionssenke anzusehen. Der Wald nimmt Staub und zahlreiche gasförmige Schadstoffe aus der Luft auf, keineswegs immer zu seinem eigenen Nutzen, wie die Waldschäden neuer Art („Waldsterben") zeigen.

Unter ökologischen Gesichtspunkten ist die Speicherung des Kohlendioxids hervorzuheben. Bei der Photosynthese wird das Kohlendioxid unter Freisetzung von Sauerstoff als Biomasse gebunden. Bei der Verrottung oder Verbrennung des Holzes wird der gebundene Kohlenstoff wieder in Kohlendioxid überführt. Damit entsteht ein geschlossener Kohlenstoffkreislauf. Im Gegensatz zu fossilen Energieträgern ist Holz somit CO_2-neutral. Bemerkenswert ist, daß die CO_2-Speicherleistung des Wirtschaftswalds deutlich höher ist als die des Naturwalds [N.1.27].

N.1.5.2 Trocknung

Bei der natürlichen Trocknung des Holzes werden die flüchtigen Holzinhaltsstoffe zusammen mit der Holzfeuchte langsam an die Luft abgegeben. Nennenswerte Belastungen der Umwelt sind durch diese Emissionen nicht gegeben. Bei der künstlichen Trocknung, d. h. einer Trocknung mit erhöhter Temperatur in maschinellen Anlagen erfolgt die Abgabe in erheblich kürzerer Zeit und in konzentrierter Form. Infolge der erhöhten Trocknungstemperatur werden aus den Holzbestandteilen durch Hydrolysereaktionen auch niedermolekulare Aldehyde, Alkohole und Carbonsäuren freigesetzt. Die Abluft der Schnittholztrockner weist zumeist ein erhebliches Potential an geruchsintensiven Stoffen auf [N.1.28]. Bei Kondensation der Abluftfeuchte, z. B. bei Vakuumtrocknern, werden die wasserlöslichen Stoffe, insbesondere die Carbonsäuren im Abwasser angereichert.

Eine besondere Bedeutung als Emissionsquellen in der Holzindustrie haben die Furnier-, Späne- und Fasertrockner [N.1.29]. Aufgrund ihrer Größe und Trocknungsleistungen sind dabei die Holzspänetrockner herauszuheben. Die mit der Holzspänetrocknung verbundenen Emissionen wurden eingehend untersucht [N.1.30, N.1.31].

Waldfrisches Holz hat einen Feuchtegehalt zwischen 50 und 150 %. Vor der Beleimung und Verpressung zu Spanplatten müssen die Späne aus technologischen Gründen auf eine Restfeuchte zwischen 2 und 10 % getrocknet werden. Diese Trocknung erfolgt in direkt oder indirekt beheizten Anlagen. Direkt mit den Abgasen einer Feuerung beheizte Trockner haben Materialdurchsätze bis 40 t Trockenspan/h und Wasserverdampfungsleistungen bis 40 t/h. Die Abluftmenge derartiger Trockner liegt bei etwa 400.000 m³/h (Betriebsvolumen trocken). Die Befeuerung der Trockner erfolgt mit Erdgas oder Heizöl sowie Holzresten aus der Produktion. Die indirekt beheizten Trockner haben geringere Leistungen als die direkt beheizten Anlagen (derzeit bis ca. 18 t Holz/h). Die Verdampfungsenergie für die Holzfeuchte wird im wesentlichen über Kontakt zugeführt. Zur Erhöhung der Trocknungsleistung werden auch heiße Rauchgase durch die Trocknungsanlage geleitet. In Bild N.1-21 ist der Aufbau einer direkt beheizten Trocknungsanlage dargestellt.

Die Abluft der Trockner enthält sowohl partikel- als auch gasförmige organische und anorganische Stoffe. Die Geruchsstoffkonzentration in den Trocknerbrüden ist hoch. Im Mittel treten Geruchsstoffkonzentrationen zwischen 3000 und 6000 GE/m³ auf, es wurden aber Werte über 10.000 GE/m³ gemessen.

Die partikelförmigen Emissionen der Trockner bestehen nur zu einem Teil aus Holzstäuben. Ein wesentlicher Bestandteil dieser Emissionen sind feine Aerosole, bestehend aus Harzsäuren, Wachsen und Fetten. Bei direkt beheizten Trocknern mit Holzstaubbefeuerung kommt die Asche hinzu. Derartige Anlagen haben Emissionen, bestehend zu etwa 20–30 % aus Holzstaub, 30–50 % Harzaerosolen und 20–40 % Holzasche [N.1.32].

Den wesentlichen Anteil an den gasförmigen organischen Stoffen (VOC) in der Abluft der Trockner haben die Monoterpene [N.1.33]. Die Konzentrationen liegen je nach Zusammensetzung des Spanguts und Trocknungsbedingungen zwischen 50 und 500 mg/m³. Weiterhin sind die durch Hydrolyse des Holzes freigesetzten Stoffe zu nennen: Methanol, Formaldehyd, Ameisensäure und Essigsäure. Die Konzentrationen dieser Stoffe werden durch die Holzart und durch die Trocknungsbedingungen beeinflußt. Die Konzentrationswerte liegen i. allg. etwa zwischen 5 und 20 mg/m³.

Bei den anorganischen gasförmigen Stoffen handelt es sich vornehmlich um die Oxide des Kohlenstoffs und des Stickstoffs. Sie stammen aus den Rauchgasen der Feuerungsanlage. Bei schwefelhaltigen Brennstoffen (Heizöl, Kohle) sind auch

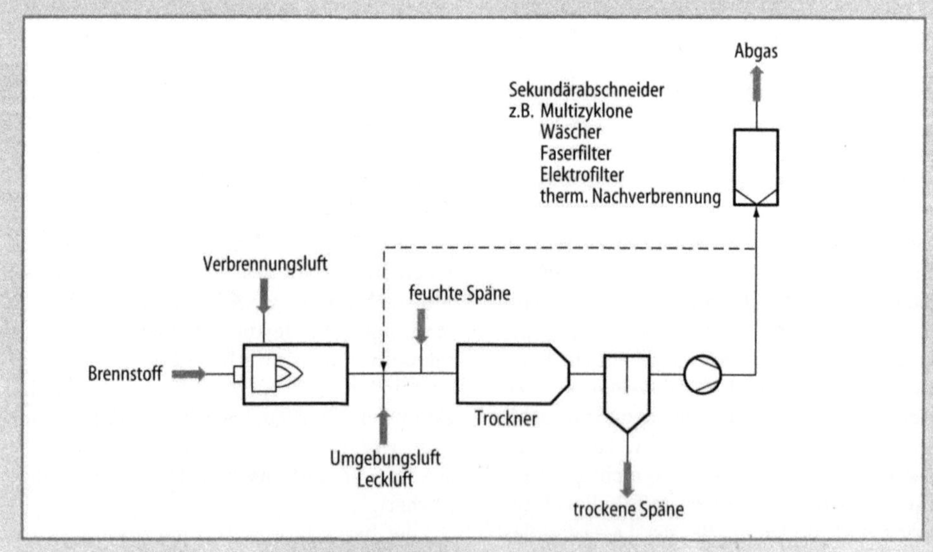

Bild N.1-21 Aufbau einer mit Rauchgas beheizten Trocknungsanlage zur Spänetrocknung

Schwefeloxidemissionen möglich. Da Holz aber eine hohe Affinität zum Schwefeldioxid hat, werden erhebliche Anteile bei direkt beheizten Systemen durch das Spangut adsorbiert.

Die TA Luft von 1986 begrenzt den Feststoffauswurf von Holzspänetrocknungsanlagen auf 50 mg/m³ (Normvolumen feucht). Die Emissionen an organischen und anorganischen Stoffen und an Geruchsstoffen werden nicht explizit limitiert. Es bestehen allerdings Grenzwerte, die allgemein gültig sind. Für Geruchsstoffe besteht jedoch ein Minimierungsgebot. Mit der 1987 erfolgten Einstufung von Eichen- und Buchenholzstaub als krebserregende Arbeitsstoffe wurde durch die Bundesländer eine Verminderung des Feststoffauswurfs von Spänetrocknern bewirkt:
- Holzstaubemissionen auf 20 mg/m³ Abluft (Normvolumen trocken) und
- Buchen- und Eichenholzstaub auf 5 mg/m³ Abluft (Normvolumen trocken).

Als Folge dieser Einstufung konzentrierten sich die Technologien zur Abgasreinigung bei Holzspänetrocknungsanlagen vornehmlich auf die Entstaubung. Es wurden verschiedene Anlagen (elektrische Filter, Gewebefilter) adaptiert und erprobt, die allein die staubförmigen Emissionen reduzieren. Die Minderung der VOC- und Geruchsstoffemissionen ist weniger fortgeschritten. Da es sich bei den organischen Emissionen überwiegend um flüchtige Holzinhaltsstoffe handelt, ist eine primäre Vermeidung dieser Emissionen nicht möglich. Für die Geruchsstoffe gilt Vergleichbares wie für die VOC. Eine primäre Minderung ist nur teilweise über die Festlegung einiger Betriebsparameter möglich. Da hier effektive sekundäre Minderungsmaßnahmen bisher nicht zur Verfügung standen, wurde bei Neuanlagen i. allg. durch eine entsprechende Auslegung der Schornsteinhöhe der Geruchswert soweit verdünnt, daß die jeweiligen Vorgaben erfüllt werden.

Schichtfilter mit Kiesbett ohne elektrostatische Aufladung sind nicht in der Lage, den Grenzwert für partikelförmige Emissionen von 20 mg/m³ einzuhalten. Mit Elektrofiltern, Elektrokiesbettfiltern (auch EFB-Filter genannt) und Gewebefiltern sind, wie durch die verschiedenen Meßberichte nachgewiesen wurde, Konzentrationen an staubförmigen Emissionen im Abgas < 20 mg/m³ erreichbar.

Es gibt aber betriebliche Nachteile dieser Anlagen. Beim Elektrofilter zeigt sich, daß eine gesicherte Einhaltung des Emissionsgrenzwerts nur mit erheblichem Aufwand und bei sehr grossen Dimensionen der Anlage möglich ist [N.1.34]. Zudem kommt es in den Anlagen häufig zu organischen Ablagerungen, die bei Funkenüberschlag zu Bränden führen können. Der Elektrokiesbettfilter weist eine geringere Brandgefahr auf als der E-Filter. Trotz erster, guter Erfahrungen mit einer Demonstrationsanlage mußten Nachfolgeanlagen mit hohem Aufwand nachgerüstet werden. Nach Inbetriebnahme der Elekrokiesbettfilter wurden teilweise erheblich erhöhte VOC- und Geruchsstoffemissionen beobachtet.

Schwierig zu beurteilen ist die Eignung von Gewebefiltern. Grundsätzlich sind mit Gewebefiltern Emissionswerte < 5 mg/m³ erreichbar. Bei direkt beheizten Holzspänetrocknern war ihre Eignung jedoch zweifelhaft, da die Partikelemissionen zu wesentlichen Teilen aus klebrigen Harzaerosolen bestehen. Diese sollten ein Filtergewebe nach kurzer Betriebszeit unbrauchbar machen. Es wurde daher ein Gewebefilter mit einem speziellen Material eingesetzt [N.1.35]. Die Filteranlage wurde nur kurze Zeit betrieben. Da der Gewebefilter nur im Teilstrom betrieben wurde, ist die Übertragbarkeit der Ergebnisse auf Anlagen im Dauerbetrieb schwierig. Weitere Anlagen dieses Abscheider-Typs haben sich jedoch bei indirekt beheizten Trocknungsanlagen bewährt.

Ein Nachteil der trocken arbeitenden Entstaubungssyteme ist, daß sie VOC und Geruchsstoffe nicht oder nur in unbedeutenden Mengen abscheiden, und daher nur unzulängliche Teillösungen darstellen. Dieser grundsätzliche Mangel aller trocken arbeitenden Systeme ist nur behebbar, wenn die elektrostatischen oder filternden Verfahren mit absorptiven oder adsorptiven Verfahren kombiniert werden oder wenn der Anlage eine thermische oder katalytische Nachverbrennung nachgeschaltet wird.

Mit den naß arbeitenden Systemen ist eine ausreichende Minderung der staubförmige Emissionen möglich, wenn die nasse Abscheidung mit einem elektrischen Verfahren kombiniert wird. Nasse Entstaubungstechniken wie Venturi-Wäscher oder Sprühturm allein sind unzulänglich und i. d. R. nicht in der Lage, den Grenzwert von 20 mg/m³ zu erreichen [N.1.36]. Die naß arbeitenden Systeme scheiden außer Feststoffen auch VOC und Geruchsstoffe ab [N.1.37 – N.1.40]. Der Abscheidegrad für gasförmige VOC liegt bei etwa 15 – 30 %, für einzelne Stoffe u. U. auch höher. Von Hellenschmidt [N.1.39] berichtete, höhere Abscheidegrade (bis 70 %) sind darauf zurückzuführen, daß der Autor einen Teil der abgeschiedenen Partikelemissionen (Aerosole) den VOC zugerechnet hat. Bei den Geruchsstoffen ist mit einer Minderung der Konzentrationen um etwa 40–60 % zu rechnen. Gelegentlich berichtete höhere Minderungswerte sind zumindest im Dauerbetrieb unwahrscheinlich. Vorteilhaft ist, daß der Geruch der Trocknerbrüden zumeist seinen stechenden Charakter verliert und der Holzcharakter deutlicher hervortritt.

Die Wirkungsgrade der Kombinationsanlagen sind dennoch in Anbetracht des erheblichen technischen Aufwands für die Anlagen (hoher bis extrem hoher Investitionsaufwand, hohe Folgekosten für Betrieb und Wartung) unbefriedigend. Weiterhin fallen Abfälle (Dekanterauswurf, Schlämme) und Abwässer an. Zusätzliche Energie zum Betrieb und Chemikalien zur Verbesserung der Abscheidung sind weitere Nachteile.

Von verschiedenen Experten werden daher auf Dauer nur thermische, adsorptive Minderungstechniken oder geschlossene Systeme für sinnvoll erachtet [N.1.41-N.1.44]. Ein entscheidener Durchbruch wird insbesondere von thermischen und geschlossenen Systemen erwartet. Die vorgeschlagenen thermischen Abluftreinigungssysteme (CA-System, thermische Nachverbrennung) wurden bisher nur in wenigen Anlagen realisiert [N.1.41, N.1.42]. Weitere Abscheidertypen basieren auf adsorptiven und biologischen Prinzipien. Der Bio- oder Biobettfilter wurde zunächst bei einem Fasertrockner, später auch bei Holzspänetrocknern eingesetzt [N.1.45]. Die Abluftreinigung in Schlauchfiltern mit Additivzugabe (Aktivkohle, Kalkhydrat) wurde als halbtechnische Versuchsanlage erprobt [N.1.45].

Diese Aktivitäten zeigen die Bedeutung, die einer Minderung der Emissionen von Trocknungsanlagen durch Betreiber und Genehmigungsbehörden beigemessen wird [N.1.46]. Der Stand der Technik der Emissionsminderung bei Spänetrocknungsanlagen wird in VDI 3462 Blatt 2 dargestellt [N.1.29].

N.1.5.3 Be- und Verarbeitung

Bei der Lagerung, der Umlagerung sowie beim Transport von Holz, insbesondere von Spänen und Stäuben, sind Staubemissionen möglich. Maßnahmen gegen Staub sind Windschutz, geschlossene Silos und Lagerhallen sowie Feuchthaltung der Spänehaufen durch Beregnung. Bei der Bearbeitung von waldfrischem Holz im Säge- und Hobelwerk fallen feuchte Hobel- und Sägespäne an. Nennenswerte Emissionen an Stäuben treten jedoch erst bei der Bearbeitung (Sägen, Fräsen, Schleifen) von trockenem Holz auf. Mit der Einführung industrieller Bearbeitungsverfahren wuchs die Staubbelastung an den Arbeitsplätzen. Die Holzstäube sind störend und können allergische Reaktionen auslösen. Im Zusammenhang mit gehäuften Nasenkrebserkrankungen in holzverarbeitenden Betrieben sind Holzstäube seit 1982 in der MAK-Werte-Liste als krebsverdächtige Arbeitsstoffe eingestuft (Kategorie IIIB). Eichen- und Buchenholzstäube sind seit 1985 als Stoffe eingestuft, die beim Menschen Krebs erzeugen können (Kategorie IIIA1). Die Ursache für die krebserzeugende Wirkung ist unbekannt, es gibt daher auch Vorbehalte gegen diese Einstufung [N.1.47].

Bei der zerspanenden Holzbearbeitung (Sägen, Fräsen, Schleifen) entstehen unvermeidlich feine Stäube. Da der natürliche Werkstoff Holz eine inhomogene, gewachsene Struktur aufweist, erhält man in Abhängigkeit von Holzart, Faserrichtung und Bearbeitungsverfahren Spänekollektive unterschiedlicher Form und Partikelgrössenverteilung. Für die Holzbetriebe mit Staubanfall gelten seit dieser Einstufung von Holzstäuben in der MAK-Werteliste besondere Anforderungen an die Arbeitssicherheit und an den Emissionsschutz [N.1.48].

Entstehung, Erfassung und Messung von Holzstäuben sind so zu einem beherrschenden Thema in der Holzwirtschaft geworden [N.1.49, N.1.50]. Das Problem bei der Staubminderung am Arbeitsplatz ist dabei weniger die Filtertechnik, als vielmehr die Art und Weise der Erfassung und Absaugeluftführung. Primäre Maßnahmen zur Staubreduzierung betreffen den Maschinenbereich. Für eine gute Erfassung ist eine möglichst komplette Einhausung der Emissionsstelle verbunden mit einer guten Absaugung anzustreben. Gezielte Werkstoffauswahl sowie Veränderungen der Bearbeitungsprozesse helfen Holzstaub am Arbeitsplatz und in der Abluft weiter zu verringern. Lüftungstechnische Maßnahmen und Entstaubungsmaßnahmen machen gebildeten Holzstaub unwirksam (Tabelle N.1-23). Zu den Sekundärmaßnahmen gehört eine effektive Entstaubung der an den Bearbeitungsmaschinen abgesaugten und z.T. rückgeführten Luft. Die niedrigen Emissionsgrenzwerte von 2 mg/m³ für Neuanlagen und 5 mg/m³ für Altanlagen erfordern bei der Entstaubung der Luft i.d.R. den Einsatz von Gewebefiltern. In der rückgeführten Luft dürfen sogar nur 0,5 mg/m³ Holzstaub enthalten sein. Auch hier werden Gewebefilter verwendet. Da Filteranlagen wegen des latenten

Tabelle N.1-23 Maßnahmen zur Holzstaubminderung am Arbeitsplatz

Primärmaßnahmen unmittelbar	Sekundärmaßnahmen mittelbar	Tertiärmaßnahmen hinweisend
Betriebstechnik – Werkstoffauswahl – Verfahrensänderung – staubarmer Bearbeitungsprozeß – Anlagenbau – Automatisierung	– Lüftungstechnische Maßnahmen – Enstaubungstechnische Maßnahmen: Anlagen zum Erfassen, Transportieren und Abscheiden der Staub-/Spänefraktion – Atemschutz	– Organisatorische Maßnahmen: Gefahrenkennzeichnung, Ablaufplan und Betriebsanweisungen – Personalschulung: Maschineneinweisung, Anweisung für Wartungs- und Instandhaltungsarbeiten

Brand- und Explosionsrisikos ständig ein Gefahrenpotential in sich bergen, müssen sie im Freien oder in speziellen Aggregaterräumen aufgestellt werden.

N.1.5.4 Holzwerkstoffherstellung

Holzwerkstoff ist der Oberbegriff für Materialien wie Span- und Faserplatten sowie Sperrholz. Diese Werkstoffe werden aus Holzfasern, -furnieren und -spänen unter Verwendung eines synthetischen Bindemittels unter Druck- und Temperatureinwirkung hergestellt. Auf die dabei erforderliche Trocknung der Späne, Fasern und Furniere wurde bereits in Abschn. N.1.5.2 eingegangen worden. Bei der Holzwerkstoffherstellung kommt als weitere wichtige Emissionsquelle die Pressenanlage hinzu [N.1.29]. Die abgesaugte Luft enthält verschiedene organische Stoffe, die überwiegend aus dem Bindemittel stammen.

Zumeist handelt es sich bei den Bindemitteln um Phenol- oder Harnstoff-Formaldehyd-Leimharze. Bei der Heißverpressung der Werkstoffe wird Formaldehyd aus dem Leimharz freigesetzt [N.1.51]. Für die Spanplattenherstellung ist durch die TA Luft '86 die Formaldehydabgabe auf 120 g/m³ produzierter Platte begrenzt. Durch die Verminderung der Formaldehydabgabe von Spanplatten wurden auch die Emissionen an der Presse erheblich verringert [N.1.52]. Phenole werden bei der Verpressung von phenolharzgebundenen Holzwerkstoffen nur in Spuren freigesetzt.

Ein weiteres Bindemittel ist polymeres Methyldiphenyldiisocyanat (PMDI). Bei der Herstellung von PMDI-gebundenen Spanplatten können geringe Mengen an MDI emittiert werden. Auch geringe Mengen von Holzinhaltsstoffen und Hydrolyseprodukten werden über die Pressenabluft abgegeben (s. a. Abschn. N.1.5.2). Bei

kontinuierlichen Pressen sind zusätzliche Aerosolemissionen von Gleit- und Schmiermitteln möglich. Die Abgase der Pressen werden abgesaugt und teilweise in Gas- oder Staubabscheidern gereinigt bzw. der Feuerungsanlage als Brennluft zugeführt.

N.1.5.5 Oberflächenbeschichtung

Holz und Holzwerkstoffe werden je nach Verwendungszweck durch Anstrich oder Beschichtung der Oberflächen geschützt und veredelt. Diese Veredelung erfolgt mit Lacken oder Folien. Eine große Bedeutung haben im Bereich der Holz- und Möbelwirtschaft noch die Lackbeschichtungen. Der mittlere Lösemittelanteil der Holzlacksysteme beträgt ca. 65 % [N.1.53]. Es treten an Lackieranlagen somit erhebliche Lösemittelemissionen auf. Erfolgt der Auftrag nach dem Spritzlackierverfahren, so erfolgen Lackverluste (Overspray) verbunden mit der Emission feiner Lackpartikel und -aerosole. Beim Auftrag von Kunststoffbeschichtungen können deren Monomere abgegeben werden bzw. flüchtige Stoffe aus dem Klebstoff. Bei Schutzmittelbehandlungen sind Emissionen biozider Wirkstoffe möglich. Bei Anlagen zur Imprägnierung mit Teerölen treten geruchsintensive Abgase auf.

Die wichtigsten Emissionsquellen sind dabei die Lackieranlagen. Für die Holz- und Holzwerkstoffoberflächen werden spezielle Lacke verwendet [N.1.54, N.1.55]. Früher dominierten Lacke mit hohem Lösemittelgehalt, z.B. Nitrolacke. Auch auf Basis von modifizierten Formaldehydharzen aufgebaute Lacktypen (SH-Lacke) waren verbreitet. Heute werden zunehmend lösemittelarme Lacke („High solids") unterschiedlicher Zusammensetzung sowie Anstrichsysteme auf Wasserbasis verwendet. Auch Pulverlacksysteme für Holz befinden sich in der Entwicklung. Die Bereiche der Beschichtung von Holzprodukten lassen sich grob in Auftrag, Härtung und Trocknung trennen.

Unterschieden wird bei den Auftragsverfahren in Spacheln, Drucken, Walzen, Giessen, Tauchen und Spritzen. Besondere Bedeutung hat nach wie vor der Spritzauftrag. Der Spritzauftrag wird manuell oder mit Automaten durchgeführt. Hohe Lackverluste treten auf, wenn noch konventionell mit Druckluft verspritzt wird. Diese Verluste lassen sich beim elektrostatischen Sprühauftrag mit druckluftlosen Systemen deutlich vermindern (Bild N.1-22). Durch Auftragen im Tauchverfahren sowie durch Gießen oder Walzen sind Lackverluste verfahrensbedingt geringer als beim Spritzverfahren.

Die Härtung der Lacke erfolgt durch Trocknung, chemische Reaktion oder über Bestrahlungstechnologien. Die Trocknungstemperaturen für Holzlacke liegen i.d.R. bei 30–60 °C. Bei der Lackierung und Trocknung werden Lösemittel, Monomere und Hilfsstoffe emittiert. Die TA Luft begrenzt die Staubemissionen der Anlagen auf < 3 mg/m³ Abluft, die Lösemittelemissionen in Abhängigkeit von Anlagetyp und Betriebsweise auf Werte zwischen 50 und 150 mg/m³.

Sofern lösemittelfreie Lacksysteme nicht einsetzbar sind, muß die Abluft der Lackier- und Trocknungsanlagen besonders gereinigt werden. Es existieren absorptive und adsorptive Abscheideverfahren. Auch die Kondensation, biologische Reinigungsstufen sowie thermische und katalytische Verbrennung werden zur Abluftreinigung eingesetzt [N.1.56].

Bei der Kaschierung von Holz und Holzwerkstoffen wird auf die Oberfläche eine imprägnierte Papierfolie oder eine Kunststoffolie aufgebracht. Hierzu ist i.d.R. ein Klebstoff erforderlich. Bei der Furnierung der Holz- und Holzwerkstoffplatten ist der Klebstoffeinsatz unvermeidlich. Bei der Kaschierung und Furnierung werden Restlösemittel und Monomere der Imprägnierharze, Finishlacke und Klebstoffe emittiert. Die Massenströme sind jedoch zumeist niedrig.

N.1.5.6 Verbrennung

Holz ist der älteste Brennstoff der Menschheit. Seine Bedeutung hat in den westlichen Industrieländern stark abgenommen. Die energetische Verwertung von Produktionsresten hat dagegen eine ungebrochene Tradition in der Holzindustrie. Eingesetzt werden z.T. naturbelassene Resthölzer (Säge- und Hobelspäne, Schleifstäube), z.T. mit Klebstoffen, Beschichtungsmitteln, Kunststoffen oder Holzschutzmitteln behaftete Holzabfälle.

Seit einigen Jahren werden zunehmend auch Althölzer in Holzfeuerungsanlagen genutzt. Ein Teil dieser Holzsortimente enthält Holzschutzmittel. Zum Teil handelt es sich um relativ homogen zusammengesetzte Gruppen wie Bahnschwellen oder E-Masten, z.T. aber auch um inhomogene Materialien wie Dachstühle, Zäune oder Spielplatzgeräte. Während bei unbehandelten Althölzern eine stoffliche Verwertung angestrebt werden sollte, ist dies bei imprägnierten Materialien vornehmlich aus hygienischen Gründen abzulehnen.

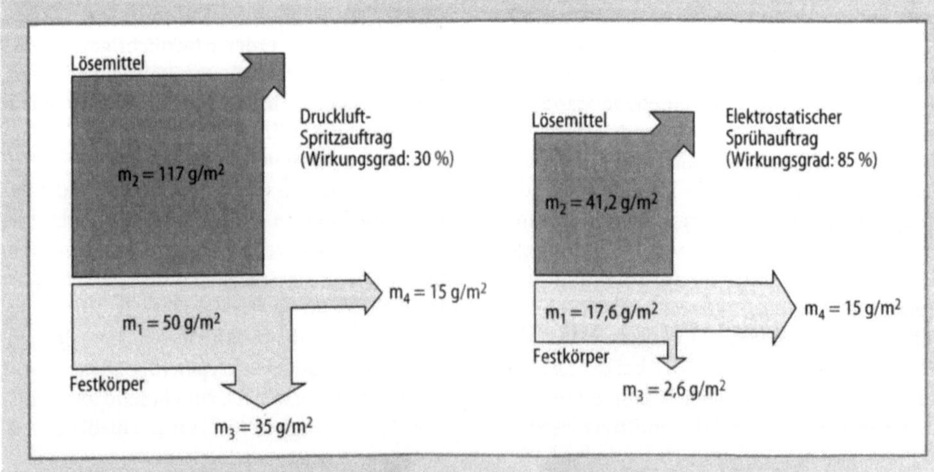

Bild N.1-22 Lackverluste und Lösemittelemissionen in Abhängigkeit vom Auftragsverhalten [N.1.53]

Hier bietet sich die energetische Verwertung als sinnvolle Lösung an.

Die Verbrennung naturbelassener Hölzer ist in allen Feststoffeuerungen zulässig. Holzwerkstoffreste sowie lackierte und beschichtete Hölzer und Holzwerkstoffreste, die keine halogenorganischen Verbindungen enthalten, dürfen nur in gewerblichen Feuerungen von holzbe- oder -verarbeitenden Betrieben mit einer Feuerungswärmeleistung von mindestens 50 kW verbrannt werden. Zumeist handelt es sich dabei um nach der 4. Bundes-Immissionsschutzverordnung (4. BImSchV) genehmigungsbedürftige Feuerungsanlagen.

Mit Holzschutzmitteln behandelte Hölzer dürfen nur gemäß den Anforderungen der 17. BImSchV verbrannt werden. Das Gebot gilt pauschal für alle Holzschutzmittel und umfaßt auch Brandschutzmittel. Für genehmigungsbedürftige Feuerungsanlagen, die in den Bereich der 4. BImSchV fallen, sind schutzmittelhaltige Hölzer ebenfalls zugelassene Brennstoffe, sofern der auf Wärmeleistung bezogene Anteil 25 % nicht übersteigt. Diese Feuerungsanlagen werden nach der sog. Mischfeuerungsregelung der 17. BImSchV beurteilt und unterliegen verschärften Auflagen.

Organische Kunststoffe, Klebstoffe oder Holzschutzmittel werden bei der Verbrennung ebenso wie die organischen Bestandteile des Holzes thermisch zerstört und weitestgehend zu einfachen Verbindungen oxidiert: Kohlendioxid und Wasser. Grundlegende Voraussetzung jeder Feuerungsanlage für einen umweltfreundlichen Betrieb ist ein guter Ausbrand. Wegen ihrer größeren thermischen Stabilität benötigen aromatische Verbindungen im Wald-, Rest- und Altholz (Lignin, Polystyrol, Phenolharz, Steinkohlenteeröl u. a. m.) günstigere Ausbrandbedingungen als die nichtaromatischen Verbindungen (Cellulose, Hemicellulose, Aminoplastharze).

Die umweltfreundliche, d. h. vollständige Verbrennung von Holz ist schwierig, da Holz ein gasreicher Festbrennstoff ist und in mehreren Stufen zersetzt und oxidiert wird. Gute Holzfeuerungsanlagen erfordern eine aufwendige Technik. Schwachlastbetrieb ist nur in Grenzen möglich, wenn außer der Brennluft die Brennstoffzufuhr verringert wird. Unvollständiger Ausbrand führt bei Holz zu geruchsintensiven Rauchgasen, die zahlreiche aliphatische und aromatische Kohlenwasserstoffverbindungen enthalten. Bei stickstoffhaltigen Bestandteilen im Brennstoff (Beschichtungsstoffe, Klebstoffe) kommen stickstofforganische Verbindungen hinzu [N.1.57].

Als Nebenprodukte werden auch bei guter Verbrennung in Abhängigkeit von der Zusammensetzung des Brennstoffs Stickstoffoxide sowie Halogenwasserstoffe gebildet werden. Naturbelassenes Holz ist i. allg. chlor- und schwefelarm [N.1.58]. Chlorwasserstoff wird vornehmlich gebildet, wenn die Holzreste Kunststoffbestandteile auf PVC-Basis enthalten [N.1.59]. Nennenswerte Schwefeloxidemissionen sind bei Holzfeuerungen nicht gegeben. Wesentlich bedeutsamer sind die Stickstoffoxide. Nussbaumer [N.1.60] wies nach, daß die Bildung von Stickstoffoxiden bei Holzfeuerungen nahezu ausschl. auf die Bildung aus gebundenem Stickstoff zurückzuführen ist. Die thermische Stickstoffoxidbildung hat wegen der relativ niedrigen Verbrennungstemperaturen (< 1300 °C) praktisch keine Bedeutung. Da naturbelassenes Holz bereits bis etwa 0,5 % gebundenen Stickstoff enthält, emittieren damit betriebene Feuerungen bereits eine Grundlast von etwa 100 – 200 mg/m³. Bei Holzresten mit stickstoffhaltigen Bestandteilen steigen diese Werte auf 500 – 800 mg/m³ an. Relative hohe Stickstoffgehalte (bis 5 %) haben dabei insbesondere mit Aminoplastharzen verleimte und/oder beschichtete Holzwerkstoffe.

Stickstoffoxidmindernde Technologien sind bei Holzfeuerungen grundsätzlich empfehlenswert, begründet aber mehr durch das Holz selbst oder durch stickstoffhaltige Klebstoffe und Beschichtungsmaterialien als durch Holzschutzmittelwirkstoffe. Die Stickstoffoxidbildung kann primär durch gestufte Luftführung deutlich vermindert werden [N.1.42, N.1.61]. Sekundärmaßnahmen sind die Reduktion der Stickstoffoxide mit Ammoniak oder Harnstoff in katalytischen oder nichtkatalytischen Prozeßen. Eine Übersicht der möglichen Technologien gibt Nussbaumer [N.1.62].

Chlorhaltige Bestandteile im Brennstoff können außer zur Chlorwasserstoffemission über verschiedene Nebenreaktionen auch zu Dioxinemissionen führen [N.1.63, N.1.64]. Holzfeuerungen sind damit potentielle Dioxinquellen [N.1.65, N.1.66]. Die Dioxinbildung ist bei Holzfeuerungen außer vom Chlorgehalt des Brennstoffs auch von der Ausbrandqualität und anderen Faktoren abhängig [N.1.67, N.1.68].

Die anorganischen Elementarbestandteile des Holzes, der Lacke und Beschichtungen sowie der Holzschutzmittel werden bei der Verbrennung nicht zerstört. Sie bilden die Rostasche und den Flugstaub. Besondere Bedeutung haben dabei die Stoffe, die aufgrund ihrer Flüchtigkeit in das

Tabelle N.1-24 Maßnahmen zur Emissionsminderung bei der Holzverbrennung

Primärmaßnahmen unmittelbar	Sekundärmaßnahmen mittelbar	Tertiärmaßnahmen hinweisend
– Verbesserung der Konstruktion – Optimierung der Luftzahl – Einsatz trockenen Holzes – hohe Ausbrandtemperatur – lange Ausbrandzeit – gute Durchmischung	– Rauchgasentstaubung – Rauchgasentstickung – Rauchgaswäsche – Optimierung der Ableitbedingungen – Additivzugabe	– Einweisung und Schulung des Betriebspersonals – Betriebsanweisungen – Wartung und Instandhaltung

Rauchgas überführt werden und daher erheblich schwieriger abscheidbar sind als die Stoffe, die in der Asche und im Filterstaub verbleiben. Während Quecksilber, das heute in Holzschutzmitteln verboten ist und auch früher von eher geringer Bedeutung war, damit praktisch ohne Relevanz ist, sollten bei Althölzern Arsen- und bei neueren Wirkstoffformulierungen Fluorwasserstoffemissionen beachtet werden. Eine Besonderheit ist Bor, welches in Bortrioxid übergeht und als solches praktisch unflüchtig ist (Siedepunkt: 2300 °C), über eine Nebenreaktion in der Flamme aber in die Rauchgase übergeht und dort sehr feine Partikel bilden kann.

Wesentliche Voraussetzungen bei einer umweltfreundlichen Feuerung für Holz- und Holzwerkstoffreste sind ein guter Ausbrand und eine wirkungsvolle Entstaubung der Rauchgase [N.1.69]. Die Voraussetzungen für einen guten Ausbrand sind in der Fachliteratur vielfältig beschrieben und in Tabelle N.1-24 zusammengefaßt.

Durch die Entstaubung der Rauchgase verbleiben die meisten anorganischen Holzschutzmittel in der Asche und im Filterstaub. Die Frage der Entsorgung beschränkt sich somit auf diese Feuerungsreststoffe. Zusätzliche emissionsmindernde Maßnahmen sind vornehmlich bei halogenhaltigen Reststoffen erforderlich. Die reaktiven Halogenwasserstoffe lassen sich mit alkalischen Additiven noch in der Gasphase einbinden und als Feststoffe abscheiden.

N.1.5.7 Entsorgung von Rest- und Altholz

Bei der Be- und Verarbeitung von Holz fallen Resthölzer an. Säge- und Hobelspäne sowie Schwarten aus dem Sägewerk werden zumeist stofflich in der Span- und Faserplattenindustrie verwertet [N.1.70]. Rinden werden kompostiert oder verbrannt. Andere Produktionsreste wie Sieb- und Schleifstäube werden i.d.R. energetisch genutzt.

Nach meist langjährigem Gebrauch werden Holzprodukte zu Altholz. Die stoffliche Verwertung dieser Materialien ist schwierig, da sie oft mit Stoffen behaftet sind, z.B. Holzschutzmitteln, deren Eintrag in andere Produkte unerwünscht ist [N.1.71]. Bei diesen Hölzern ist daher die energetische Verwertung anzustreben. Derzeit fehlen dazu aber Feuerungskapazitäten. Auch die gesetzlichen Bestimmungen sind restriktiv, da bei der Verbrennung schädliche Emissionen möglich sind [N.1.72, N.1.73]. Eine Übersicht der Problematik mit Hinweisen auf Entsorgungswege geben Marutzky, Peek und Willeitner [N.1.74]. Auch Konzepte zur stofflichen Verwertung von Altmöbeln wurden erarbeitet [N.1.75].

Bei Lackieranlagen fallen Lackschlämme, Altlacke sowie gebrauchte Lösemittel und Verpackungsgebinde an. Weitere Reststoffe aus der Holz- und Möbelindustrie sind die Aschen und Filterstäube der Feuerungsanlagen. Die Zusammensetzung von Holzaschen wird von Pohlandt und Marutzky [N.1.76] beschrieben. Die Entsorgungswege für Holzaschen sind vornehmlich die Verwertung als Zusätze zu Baustoffen und als Düngemittel im Forstbereich [N.1.77].

N.1.6 Leder

N.1.6.1 Allgemeines zur Lederherstellung

N.1.6.1.1 Die Lage der Lederindustrie

Die Lederherstellung zählt zu den sehr alten Gewerben. Sie verarbeitet einen Naturstoff. In Deutschland ist die Produktion in den letzten 25 Jahren stark zurückgegangen, weil sie in die Ursprungsländer der Rohware verlagert wurde. Sie ist als ein Grenzfall zwischen Industrie- und Handwerksbetrieb einzuordnen. Da unsere Vorfahren nur natürliche Rohstoffe hatten, sind sie sehr sparsam damit umgegangen; sie haben alles verwertet – restlos.

In der gesamten Bundesrepublik gab es 1993 52 Betriebe mit 20 und mehr Beschäftigten. Hinzu kamen 25 handwerkliche Kleinbetriebe. Die Lederproduktion geht etwa zu 48 % in den Polsterbereich, zu etwa 45 % in die Schuhindustrie, der Rest in Lederwaren, Bekleidung u. a. (1992).

Die in Deutschland anfallende Rohware (ca. $5,5 \times 10^6$ Rindshäute, $0,55 \times 10^6$ Kalbfelle) wird nur zur Hälfte im Inland eingearbeitet. Eine Folge des Abbaus der Gerberei-Kapazität. Andererseits wird auch importiert.

Die meisten Gerbereien sind Indirekteinleiter mit speziellen Vorbehandlungen von Teilabwasser. Größere Betriebe mit eigenem Klärwerk haben meist auch Teilabwässer aus anderen Fertigungen.

Die *Abwassermenge* pro Tonne Einarbeitung schwankt in weiten Grenzen. Sie ist abhängig von der Art der Rohware und dem herzustellenden Leder. Ständig wechselnde modische Anforderungen können tief in die Verfahren eingreifen.

Die *Gerbung* ist der entscheidende Verfahrensschritt. Sie muß die tierische Haut so verändern, daß diese im feuchten Zustand nicht fault, in der Kälte nicht bricht und in der Hitze nicht verleimt. Die angelieferte Rohware ist immer Haut mit Haaren. Beide sind im wesentlichen Eiweiß, hier Kollagen und Keratin. Die Häute ihrerseits bestehen aus 3 Schichten: Oberhaut (Epidermis), Lederhaut (Korium) und Unterhautbindegewebe (Subkutis). Nur das Korium ist zur Lederherstellung geeignet. Bei Leder sind die Haare entfernt; bei Pelz sind sie bestimmend für den Aspekt und Verkaufswert des Produkts.

N.1.6.1.2 Rohware

Die Rohware der Lederherstellung sind tierische Häute und Felle, die beim Schlachten zwangsläufig anfallen. Der Gerber veredelt also ein Nebenprodukt der Nahrungsmittelerzeugung, in modernen Begriffen heißt das Recycling.

Die Rohware wird fallweise frisch angeliefert. Dann muß sie unmittelbar eingearbeitet werden. Auch gut gekühlt bleibt sie nur wenige Tage unbeschädigt. Aus Gründen des Umweltschutzes wurde dieses Vorgehen eingeführt. Für längere Lagerzeiten, größere Transportwege sowie bei Ex- und Import muß konserviert werden. Das geschieht meist mit Kochsalz. Seine

wasserentziehende Wirkung schont das Kollagen weitestgehend. Allem voran sind Schäden durch Fäulnis und Eiweißfresser wertmindernd.

N.1.6.2 Verfahren zur Lederherstellung und ihre Auswirkungen auf die Umwelt

Für die Herstellung von Leder aus den angelieferten Rohwaren kann es kein allgemein gültiges Verfahren geben. Bild N.1-23 zeigt die gebräuchlichen Verfahrensschritte der chemischen Prozesse und mechanischen Bearbeitungen. Ihre Reihenfolge kann sich ändern, einige können wegfallen.

Grundsätzlich sind 2 Bereiche zu trennen: Wasserwerkstatt und Zurichtung. Gefäße und Maschinen werden hier nicht beschrieben. Ihre Art und Bauweise haben praktisch keine Auswirkungen auf die Umwelt.

In der *Wasserwerkstatt* werden die Häute gereinigt, vom Kochsalz befreit, enthaart und das Kollagen für die weiteren Prozesse aufgeschlossen. Das Korium wird von allen Resten, die nicht lederbildend sind, unter Erhaltung des dreidimensionalen Fasergeflechts, getrennt. Die Blöße wird stufenweise sauer gestellt und gegerbt. Es entsteht „wet blue" und getrocknet „crust". Diese sind lager- und transportfähig, und seit einigen Jahren sind sie weltweit Handelsware. Auch das gehört zu den Folgen der Spezialisierung der Betriebe. Die Rezepturen sind so vielfältig wie die hergestellten Leder.

Im Gerbereiwasser dominieren folgende Schritte nach Art und Menge der Inhaltsstoffe:
- Die *Weiche* enthält gelöste und suspendierte organische Sauerstoffzehrer, Kochsalz, Netzmittel und Alkali sowie Enzyme können entsprechend ihrem Einsatz vorkommen.
- Der *Äscher* arbeitet meist alkalisch mit Sulfid, zuweilen auch enzymatisch. In Einzelfällen werden die Haare zurückgewonnen. Es ist das erste typische Teilabwasser.
- Zur *Entkälkung* wurden früher Ammoniumsalze verwendet. In jüngster Zeit sind sie durch CO_2 abgelöst.
- Die *Gerbung* erfolgt überwiegend mit basischem Cr-III-Sulfat (seit ca. 100 Jahren) im schwach sauren Milieu. Andere mineralische, vegetabile oder synthetische (u. a.) Gerbstoffe werden meist nur in Kombinationen eingesetzt; Spezialitäten sind Ausnahmen. Hochauszehrende Rezepturen und Chromfällung in den Restbrühen sind übliche Verfahren für

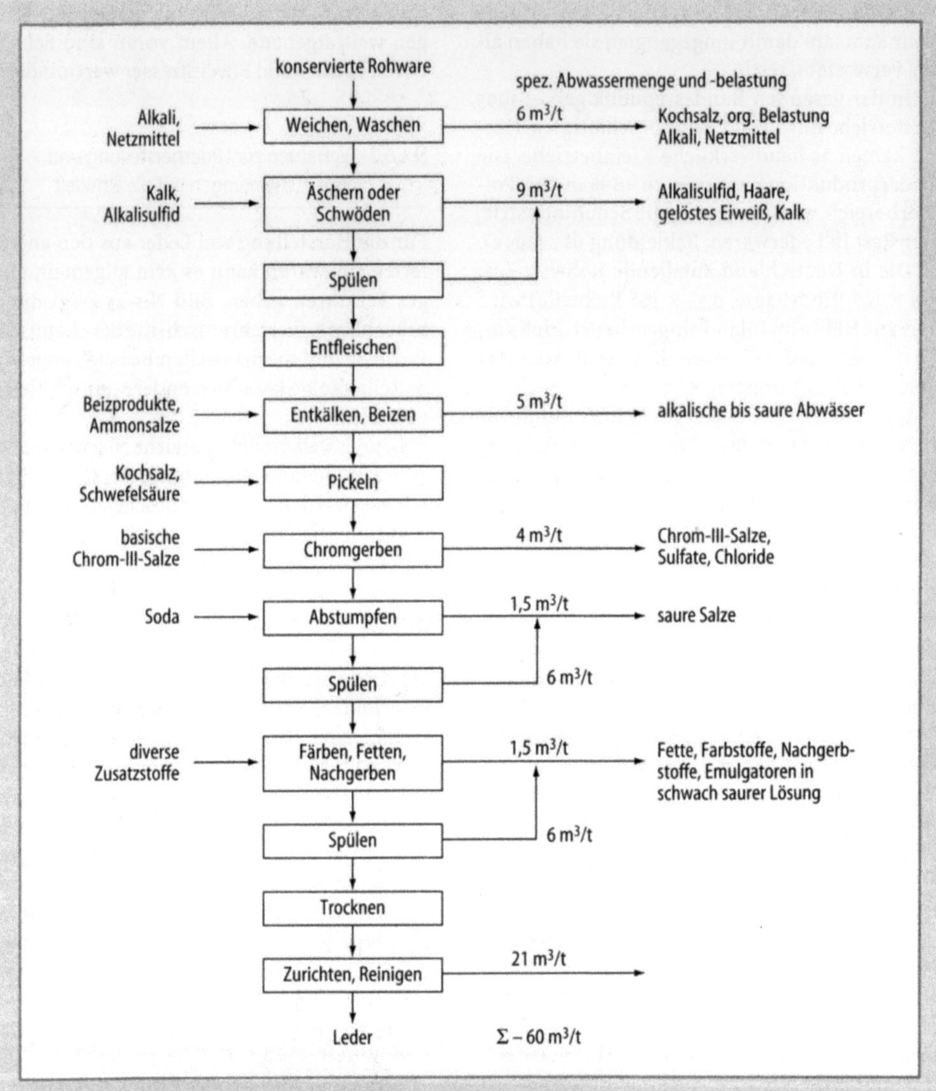

Bild N.1-23 Spezifische Abwassermengen und -belastungen bei der Gerbung

dieses zweite typische Teilabwasser (Bild N.1-23). Gerbend wirken Stoffe, die von Kollagen echt gebunden werden und das Fasergeflecht vernetzen.

Zuweilen werden Brühen mehrmals verwendet. Da das nur begrenzt möglich ist, resultiert daraus eine graduelle, keine prinzipielle Entlastung des Abwassers.

Die *Naßzurichtung* erfolgt in wässrigen Bädern, schwach sauer bis neutral. Es wird gefärbt, gefettet, gefüllt u.a., um die vom Verkaufsprodukt geforderten Eigenschaften zu erzielen. Die Brühen enthalten die Überschüsse der eingesetzten Hilfsstoffe und mögliche Reaktionsprodukte, überwiegend Salze und organische Sauerstoffverbraucher. Hohe Auszehrung ist das ökonomische Ziel.

Zurichtung im engen Sinn ist eine Oberflächenbehandlung der getrockneten Leder. Auf die Narbenschicht werden Zubereitungen zur Filmbildung aufgetragen.

Sie bringen ebenfalls Effekte für den zweckmäßigen Gebrauch und die Schönheit des Leders. Hier ist weniger das Abwasser, sondern vielmehr die Abluft zu beachten.

N.1.6.3 Reinhaltung – Verfahren und Anlagen

N.1.6.3.1 Abwasser

Abwasserreinigung ist für deutsche Gerber selbstverständlich. Folgende Vorgänge haben sich in der Praxis bewährt:

Sulfid-Oxidation: Die Äscherbrühen werden vor Ort mit (oder ohne Zusatz) von Mn-II-Salz belüftet (4–10 h). Fällung erfolgt mit Fe-Salzen. Diese chemische Reaktion erfolgt momentan.

Chrom wird mit Alkali als Hydroxid ausgefällt und filtriert. Durch Auflösen in Säure kommt man zu einem Regenerat, das in der Gerbung wieder eingesetzt wird. An diesen Weg werden besondere Anforderungen gestellt, wenn die Cr-Endbrühe noch andere Reste (z. B. Fette) enthält (Bild N.1-24).

Die *Vollreinigung* wird in konventionellen Kläranlagen und in Mischung mit anderen Abwässern problemlos durchgeführt, sofern die Einleitungskriterien eingehalten wurden. Die Betriebe versuchen in den letzten Jahren, (vermehrt) auf Rezepturen umzuschalten, um die schwierigen Komponenten ganz zu vermeiden oder wenigstens zu verringern. Spezialisierung auf „wet blue" oder „crust" sind ebenfalls ein Ausweg.

Die *Indirekteinleiter* behandeln Teilströme. Bekanntlich wird weniger Sulfid verlangt, als z. B. im häuslichen Abwasser gefunden wird. Auch bei Cr-III lassen die geforderten Niedrigwerte die Unkenntnis der Eigenschaften der verschiedenen Cr-Oxidationsstufen vermuten. So etwas verlangt unverhältnismäßig hohen Aufwand am falschen Ort. Die suspendierten Stoffe setzen sich gut ab. Die organische Verschmutzung ist biologisch voll abbaubar, da es sich überwiegend um Naturstoffe handelt.

Für *Direkteinleiter* wird als Beispiel ein spezielles Industrieklärwerk beschrieben, dessen (300 m³/h)-Zulauf zur Hälfte aus einer Kalbfellgerberei und einer Kollagenaufbereitung (für Wursthaut), zur anderen Hälfte aus diversen Produktionen stammt. Die Anlage arbeitet vierstufig. Die Direkteinleitung in einen sehr kleinen Vorfluter erfüllt alle Auflagen sicher.

Die Entwicklung zeigt sich am einfachsten in den Ausbaustufen: Vorklärung 1966, chemische Stufe 1967, biologische Stufe 1975, Stickstoffbehandlung (weitergehende biologische Stufe) 1993 (Bild N.1-25).

Erstes Kennzeichen des „Kalk-Eisensulfat-Luft-Verfahrens" ist das *Misch- und Speicherbecken,* in dem alle Teilströme homogenisiert werden. Ein praktisch konstanter Abwasserstrom wird über eine Druckleitung dem Klärwerk zugeführt. Mit Kalk wird der pH-Wert auf einen definierten Wert eingestellt. Das kann aufgrund der konstanten Zulaufmenge die einzige Regelgröße im ganzen System sein.

In der *Vorklärung* setzen sich die Feststoffe ab. Der Schlamm wird eingedickt und in Filterpressen entwässert. Vorgeklärtes Abwasser wird in der *chemischen Stufe* mit Fe-II-SO$_4$ gefällt, geflockt und belüftet.

Sulfid wird oxidiert, und an die entstehende (Fe(OH)$_3$-)Flockung lagern sich organische Sauerstoffzehrer (Farbstoffe u. a.) an.

Das Wasser mit der Flockung gelangt in die *Stickstoffbehandlung.* Es wird mit Kreislaufwasser aus dem Ablauf der aeroben biologischen Stufe und mit Rückführschlamm aus der Nachklä-

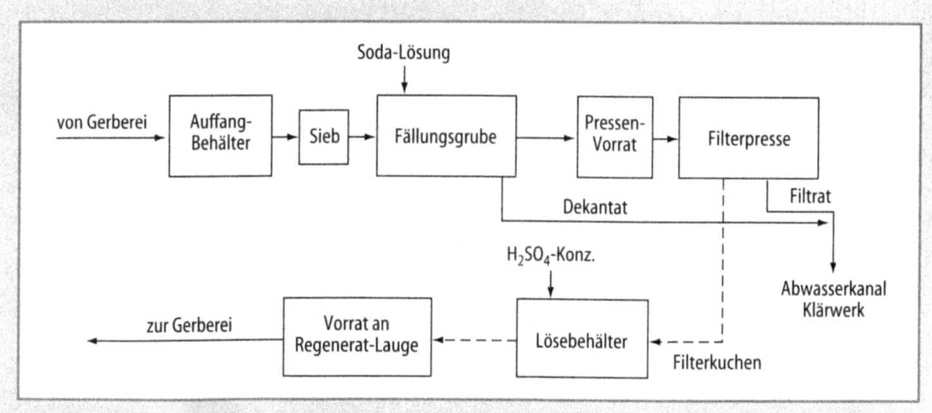

Bild N.1-24 Chromrückgewinnungsverfahren

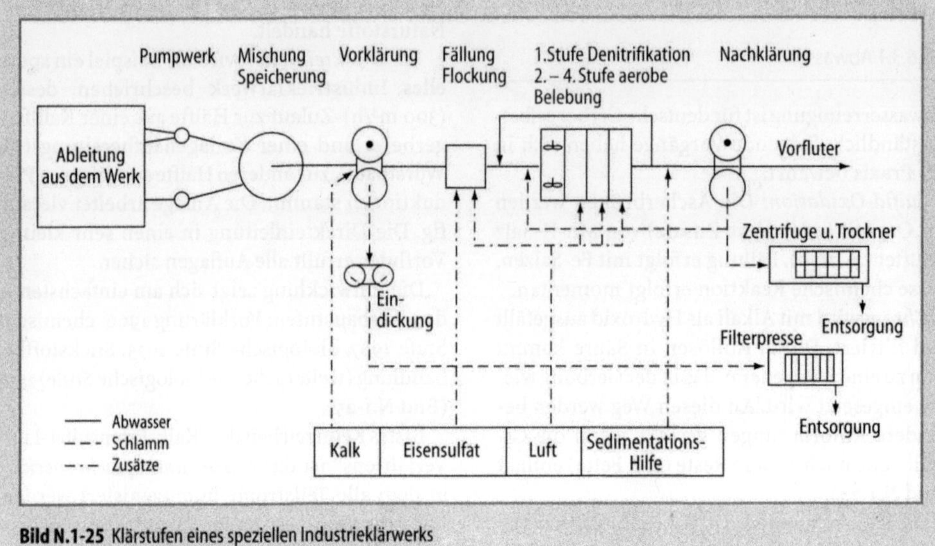

Bild N.1-25 Klärstufen eines speziellen Industrieklärwerks

rung vermischt. Durch intensives, schonendes Bewegen wird Nitrat zu gasförmigem N_2 unter teilweisem Abbau organischer Verbindungen reduziert. Das Gemisch fließt in die biologische Stufe, wo bei Luftzufuhr organische Inhaltsstoffe abgebaut und Ammonium zu Nitrat oxidiert werden. Der Ablauf wird nachgeklärt, sein abgesetzter Schlamm eingedickt und entwässert. Dies ist das zweite Kennzeichen: die chemische Flockung macht alle weiteren Behandlungsstufen mit.

Aus dem Ausland wird von Oxidationsgräben berichtet, die Gerbereiabwasser erfolgreich reinigen.

N.1.6.3.2 Abluft

Eine Gerberei hat einen arteigenen Geruch. Wenn es jedoch stinkt, dann ist etwas faul – im wahrsten Sinne.

Geführte Abluftströme gibt es in der Zurichtung. Viele Präparationen enthalten Lösemittel. Diese sind aus der üblichen Palette und stellen kein lederspezifisches Problem dar. Das gleiche gilt für die eingesetzten Auftragsaggregate und Trockner. Die derzeitige Entwicklung führt zu lösungsmittelfreien oder -armen Kombinationen, so daß Luftreinhalteanlagen nicht erforderlich sind, insbesondere bei größeren Durchsatzmengen.

Leder werden geschliffen, wobei sich Staub bildet. Wirksame Entstaubungsanlagen sind seit langem üblich. Auch sie sind nicht spezifisch für Leder, ebensowenig wie das Reinigen von Maschinen mit Lösemitteln; dasselbe gilt für Lärm.

N.1.6.3.3 Abfälle

Feste Reststoffe

Der Gerber kauft in Gewicht (kg) ein und verkauft in Fläche, früher Quadratfuß, jetzt m². Um aus der Rohhaut eine gleichmäßig dicke ebene Lederfläche zu machen, sind mehrere mechanische Arbeitsgänge nötig. Für alle Reste, die dabei anfallen, bestimmt – nach den Verschiebungen der letzten 40 Jahre – der Markt, ob sie weiterverarbeitet werden oder als Abfall zu entsorgen sind. Sie sind zu unterteilen in
– ungegerbtes und
– gegerbtes Material.

Ohne auf Einzelheiten einzugehen, sollen einige Produkte aufgezählt werden. Aus ungegerbten Resten werden Leim, Gelatine, Wurstdärme, Stoffe für kosmetische und medizinische Anwendungen gemacht. Gegerbte Reste werden zu Lederfaserwerkstoffen verarbeitet, die im Schuhinnenbau Verwendung finden.

Haare dienen als Stickstoffquelle u. a. in Düngemitteln.

Bei der Entsorgung bringen die durch den Standort der Gerberei gegebenen Bedingungen die größeren Probleme, nicht die Stoffart und Menge.

Die Lederherstellung in Deutschland hat – wie alle anderen Fertigungen – die im Umweltschutz geltenden Gesetze und behördlichen Auflagen zu erfüllen. Für sie gilt der Anhang 25 der allgemeinen Abwasser VwV. Die Verfahren müssen mit den laufenden Gesetzesnovellierungen stets in Einklang gehalten werden. Großes Gewicht haben Ortssatzungen.

Lebensnotwendig sind mehrere Ziele:

1. Die Qualität des hergestellten Produkts „Leder" muß so gut sein, daß der gegenüber anderen Produktionsländern sehr hohe Preis am Markt akzeptiert wird.

2. Im Umweltschutz hat Vermeiden die höchste Priorität. Forschungsinstitute und die Entwickler der Hilfsmittellieferanten arbeiten an Verfahren mit höchster Auszehrung der Brühen und an effektiven Präparationen für die wäßrige Zurichtung.

3. Alternativen zur Chromgerbung werden gesucht. Bisher hat keine die erforderliche Lederqualität gebracht.

4. Für die nicht lederbildenden Anteile der Rohhaut müssen neue Verwertungsmöglichkeiten gefunden werden. Für die Einstufung als unbrauchbarer Abfall ist natürliches Eiweiß zu kostbar.

N.2   Stoffquellen-Verkehr

N.2.1   Einleitung

In den letzten Jahrzehnten ist infolge wirtschaftlicher, gesellschaftlicher und siedlungsstruktureller Veränderungen ein stetiger Anstieg der Verkehrsnachfrage festzustellen. Die Entwicklung verlief dabei in den Verkehrsarten Personen- und Güterverkehr sowie bzgl. der Verkehrsträger Schiene, Straße, Wasser und Luft sehr unterschiedlich (Bild N.2-1 und N.2-2).

Die Vollendung des Binnenmarkts in der Europäischen Union und die sich der Marktwirtschaft öffnenden osteuropäischen Staaten lassen auch für die Zukunft eine Zunahme der Verkehrsleistungen erwarten. Das Deutsche Institut für Wirtschaftsforschung (DIW) hat 1990 eine Prognose für die Entwicklung des Pkw-Verkehrs bis zum Jahre 2010 [N.2.2] vorgelegt (Bild N.2-3).

Der motorisierte Straßenverkehr ist demnach für die Mobilität der Menschen und den Transport von Gütern von überragender Bedeutung. Auf der anderen Seite werden die mit dem Verkehr einhergehenden Umweltprobleme

- Emissionen von Luftschadstoffen
- Geräuschemissionen
- Energie- und Rohstoffverbrauch

unter regionalen wie auch zunehmend unter globalen Aspekten deutlich. Der motorisierte Straßenverkehr ist bei einigen Schadstoffen Hauptemittent geworden. Die Dimension der Luftverunreinigung durch den motorisierten Verkehr zeigt Bild N.2-4.

Tabelle N.2-1 gibt die Ergebnisse der Emissionsberechnungen für die Jahre 1985–1989, sowie eine Prognose für 1998 und 2005 für die Abgaskomponenten CO, HC, NO_x, Partikel, Blei, SO_2 und CO_2 wieder.

Bei den Kohlenwasserstoffen des Otto-Pkw wird unterschieden zwischen Abgasemissionen aus dem Motor, Verdunstung aus dem Tank und der Kraftstoffanlage (durch den Tagesgang der Temperatur sowie nach dem Abstellen des warmen Motors) sowie Emissionen bei der Verteilung von Ottokraftstoffen (Tanklager, Tankstellen, Betankung der Fahrzeuge). Die um mehr als eine Größenordnung geringeren Partikelmengen aus Ottomotoren sind, aufgrund fehlender Meßergebnisse, nicht aufgeführt. Die Bleiemissionen aus den mit verbleitem Benzin betriebenen Ottomotoren sind hier als metallisches Blei angegeben.

Der übrige Verkehr umfaßt:

- zivilen und militärischen Flugverkehr,
- Binnenschiffahrt,
- Schienenverkehr mit Dieseltraktoren,
- Land- und Forstwirtschaft,
- Militärverkehr (ohne Flugverkehr).

Die einzelnen Schadstoffe können sowohl direkt wirken als auch in Folge atmosphärischer Reaktionen, wie z.B. die Bildung von Photooxidantien unter Mitwirkung der Sonneneinstrahlung [N.2.4].

Zu unterscheiden ist zwischen den lokal wirkenden Schadstoffemissionen (CO, VOC (Volatile Organic Compounds = flüchtige organische Verbindungen), NO_x, SO_2 und Partikel), die in Großstädten und Ballungsräumen kritische Konzentrationswerte erreichen können, und den überwiegend durch den Verkehrsbereich (hauptsächlich NO_x und VOC) hervorgerufenen sekundären Schadstoffen (Photooxidantien, Leitsubstanz Ozon), die sich aufgrund komplexer Wirkungszusammenhänge aus den genann-

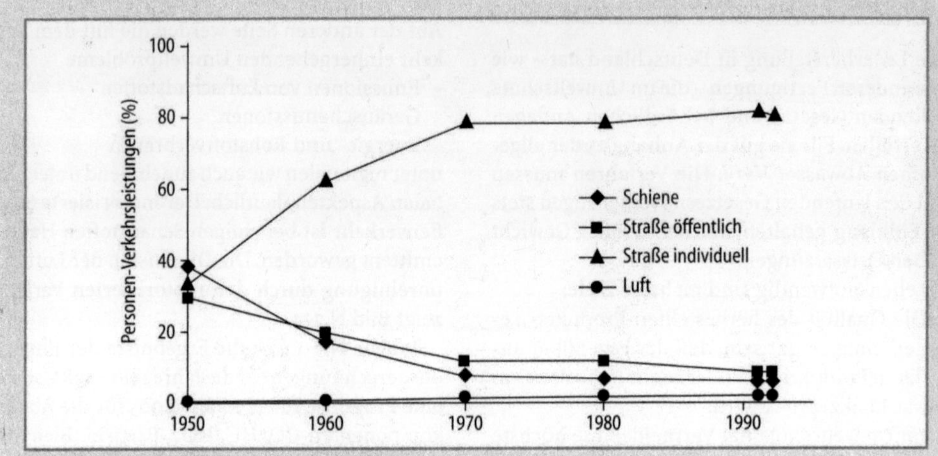

Bild N.2-1 Entwicklung der Personen-Verkehrsleistungen bis 1991 (alte Bundesländer) [N.2.1]

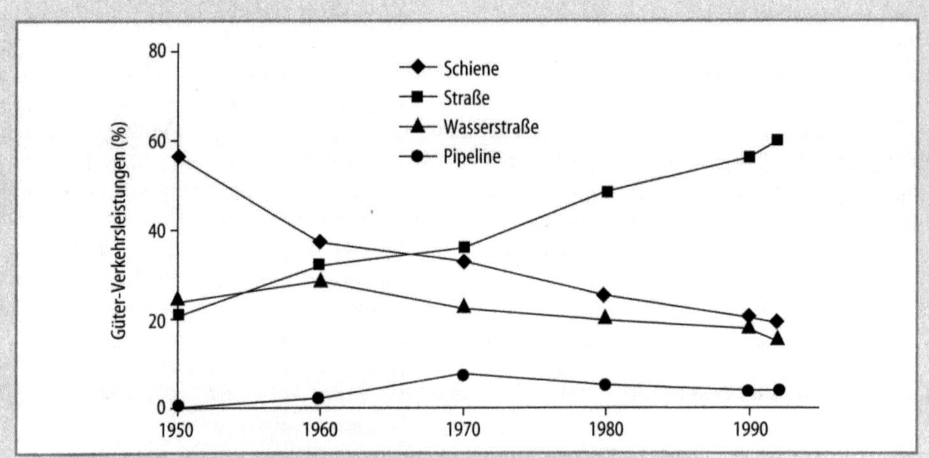

Bild N.2-2 Entwicklung der Güter-Verkehrsleistungen bis 1990 (alte Bundesländer) [N.2.1]

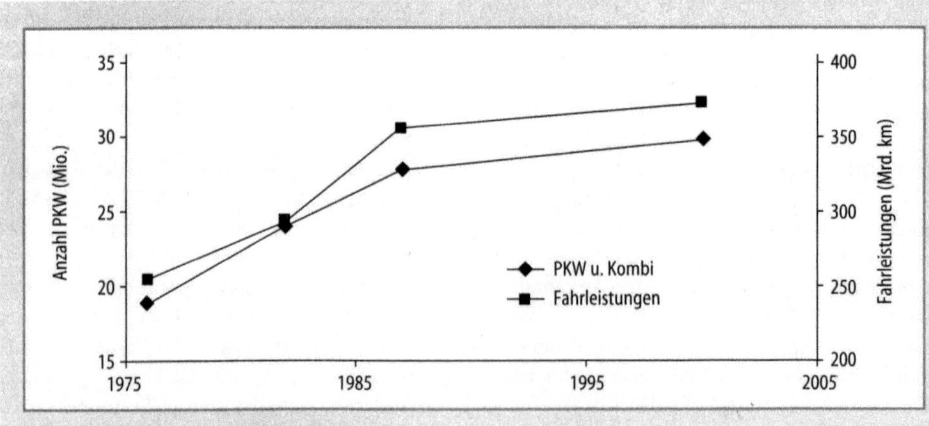

Bild N.2-3 Entwicklung des PKW-Verkehrs [N.2.2]

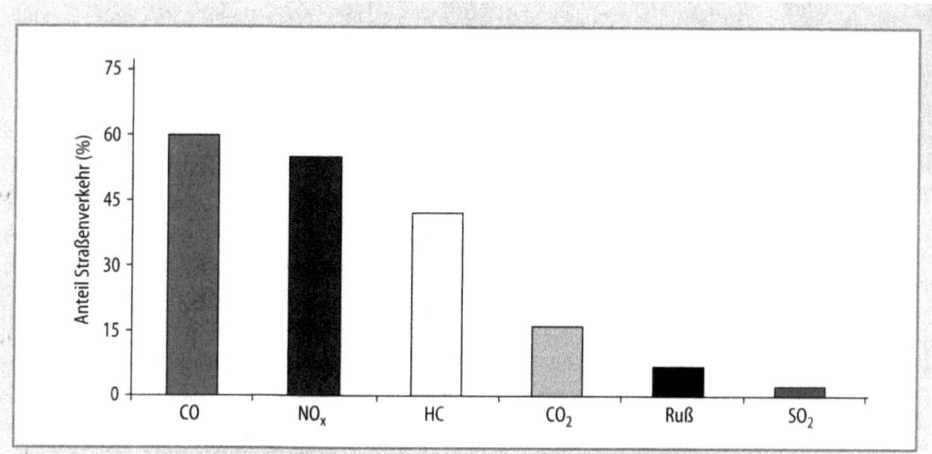

Bild N.2-4 Verkehrsbedingter Anteil an den Gesamtemisssionen, Bezugsjahr 1990 (alte Bundesländer) [N.2.1]

Tabelle N.2-1 Emissionsberechnungen und -prognosen [N.2.3]

		1985	1987	1989	1998	2005
CO	**gesamt**	**8838**	**8770**	**8440**	**5110**	**3430**
	statistische Quellen	2520	2330	2260	2050	1800
	Verkehr					
	PKW	5842	6060	5680	2620	1320
	NFZ	123	130	140	150	140
	übriger Verkehr	353	350	360	290	170
HC	**gesamt**	**2418**	**2470**	**2420**	**1380**	**960**
	statistische Quellen	1180	1160	1150	700	550
	Verkehr					
	PKW	1028	1090	1030	440	210
	NFZ	99	110	120	130	130
	übriger Verkehr	111	110	120	110	70
NOx	**gesamt**	**2934**	**2900**	**2680**	**1990**	**1620**
	statistische Quellen	1230	1100	840	590	590
	Verkehr					
	PKW	1008	1070	1050	560	290
	NFZ	476	520	570	630	540
	übriger Verkehr	220	210	220	210	200
Ruß	**gesamt**	**232**	**220**	**217**	**180**	**141**
	statistische Quellen	169	153	148	116	90
	Verkehr					
	PKW	13	15	13	11	8
	NFZ	35	38	42	41	32
	übriger Verkehr	15	14	14	12	11
Blei	**gesamt**	**3,5**	**2,9**	**1,7**	**0,1**	**0,1**
SO₂	**gesamt**	**2418**	**1984**	**1039**	**834**	**685**
	statistische Quellen	2340	1900	980	810	660
	Verkehr	78	84	59	24	25
CO₂	**gesamt**	**719,8**	**719,3**	**712,3**	**720**	**713**
	statistische Quellen	590	579	565	558	547
	Verkehr					
	PKW	82,2	91,1	93,5	104	105
	NFZ	25,9	27,5	30,8	35	38
	übriger Verkehr	21,7	21,7	23	23	23

ten Vorläufersubstanzen bilden und sich global verteilen.

Effektive Minderungsmaßnahmen an der Emissionsquelle wirken sich wegen der komplexen nichtlinearen chemischen Reaktionen bei der Photooxidantienbildung nicht in gleicher Weise auf die Immissionskonzentration aus.

Während für den stratospärischen Ozonabbau der Verkehr nicht verantwortlich ist, sind für den „Treibhauseffekt" nach herrschender wissenschaftlicher Meinung überwiegend die CO_2-Emissionen relevant [N.2.5]. Das Klima der Erde wird durch eine Vielzahl komplexer und untereinander gekoppelter Regelkreise kontrolliert, an denen die Atmosphäre, die Biosphäre, die Ozeane und die Kryosphäre beteiligt sind. Die Existenz klimarelevanter Spurengase ist für eine Durchschnittstemperatur von ca. 15 °C verantwortlich. Ohne diese Spurengase würde auf der Erde eine Durchschnittstemperatur von -18 °C herrschen. Zu diesem natürlichen Treibhauseffekt von ca. 33 K tragen
- der Wasserdampf mit 20,6 K
- das CO_2 mit 7,2 K
- das Ozon mit 2,4 K
- das Distickstoffoxid mit 1,4 K
- und das Methan mit 0,8 K
  bei.

Der Verkehr ist in Deutschland zwar nicht der größte, aber ein wesentlicher CO_2-Emittent (s. Tabelle N.2-1).

N.2.2 Kraftfahrzeugverkehr

N.2.2.1 Kraftfahrzeugabgase

Die Kraftfahrzeugabgase entstehen bei der motorischen Verbrennung eines aus Kohlenwasserstoffen zusammengesetzten Brennstoffs, bei der die gespeicherte chemische Energie als Oxidationswärme freigesetzt wird. Bei einer theoretisch denkbaren vollständigen Verbrennung entstehen Kohlendioxid und Wasser.

Dabei wird vorausgesetzt, daß ausreichend Sauerstoff zur Verfügung steht, um alle Kohlenwasserstoffmoleküle bis zur höchstmöglichen Oxidationsstufe, also bis zum Kohlendioxid bzw. zum Wasser, zu oxidieren.

$$C_n H_{2n+2} + (3n + 1)/2 \, O_2 \rightarrow n \, CO_2 + (n+1) \, H_2O + \text{Wärme}$$
$$n = 1, 2, 3 \dots$$

Aus der Zusammensetzung der Verbrennungsluft und der Kraftstoffe läßt sich ermitteln, daß zur vollständigen Verbrennung von 1 kg Ottokraftstoff durchschnittlich 14,9 kg Luft (stöchiometrisches Kraftstoff-Luft-Verhältnis), von 1 kg Dieselkraftstoff 14,6 kg Luft benötigt werden (Tabelle N.2-2 und N.2-3).

Das Verhältnis von tatsächlicher Luftmenge zu diesem stöchiometrischen Bedarf wird als Luftzahl λ bezeichnet.

$$\lambda = \frac{\textit{zugeführte Luftmenge}}{\textit{stöchiometrische Luftmenge}}$$

Bei Luftmangel ($\lambda < 1$) erhält man ein „fettes", bei Luftüberschuß ($\lambda > 1$) ein „mageres" Gemisch.

Ein Ottomotor, der mit $\lambda = 1$ betrieben wird, emittiert pro kg Kraftstoffstoff etwa 3,1 kg CO_2 und 1,3 kg Wasserdampf. Der Stickstoff der zugeführten Luft durchläuft den Motor nahezu unverändert.

Ottomotor mit $\lambda = 1$:
1 kg Kraftstoff + 14,9 kg Luft (3,4 kg O_2 + 11,5 kg N_2) $\rightarrow$
3,1 kg CO_2 + 1,3 kg H_2O + 11,5 kg N_2

Der Dieselmotor arbeitet immer mit einem relativ hohen Luftüberschuß, so daß im Abgas neben den Oxidationsprodukten entsprechende

Tabelle N.2-2 Hauptbestandteile der Luft

Bestandteil	Trocken		Gewicht (22 °C, 50 % rel. Feuchte)	
	Vol. %	Gew. %	Vol. %	Gew. %
N_2	78,08	75,46	77,06	74,88
O_2	20,95	23,19	22,68	22,97
Edelgase	0,94	1,30	0,93	1,29
CO_2	0,03	0,05	0,03	0,05
H_2O	–	–	1,30	0,81

Kraftstoff	Dichte (kg/l)	C (Gew. %)	H2 (Gew. %)
Super-Plus	0,755 – 0,780	86,5	12,0
Super	0,750 – 0,770	87,0	12,5
Normal	0,735 – 0755	86,0	14,0
Super verbleit	0,740 – 0,775	87,0	12,5
Diesel	0,83	86,4	13,1

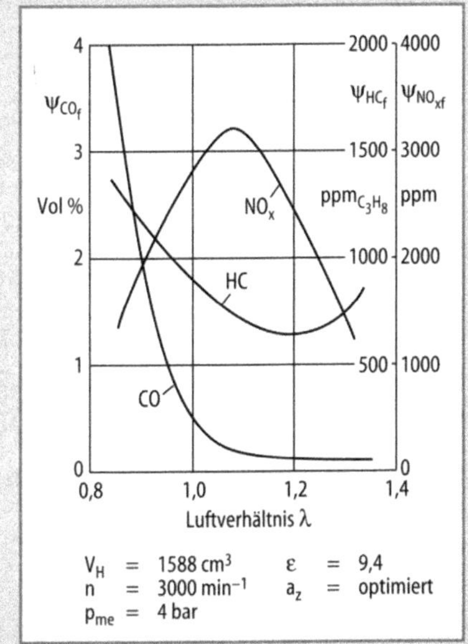

Bild N.2-5 Schadstoffkomponenten beim Ottomotor

Anteile an den Reaktionen nicht beteiligten Sauerstoffs sowie ein höherer Stickstoffanteil vorhanden sind.

Dieselmotor mit $\lambda = 3$:

1 kg Kraftstoff + 43,7 kg Luft (10,0 kg O_2 + 33,7 kg N_2) →

$3,1 \text{ kg } CO_2 + 1,3 \text{ kg } H_2O + 6,6 \text{ kg } O_2 + 33,7 \text{ kg } N_2$

Im realen Motorabgas sind jedoch zusätzlich als Produkte unvollständiger Oxidation Kohlenmonoxid CO, Wasserstoff H_2 sowie teil- oder unverbrannte Kohlenwasserstoffe HC enthalten. Ausserdem enthält das Abgas Oxidationsprodukte des Stickstoffs NO und NO_2 (zusammengefaßt: NO_x).

Auch im Kraftstoff enthaltene Komponenten, z. B. Blei, Schwefel, sind im Abgas oxidiert oder auch elementar zu finden. Bei Dieselmotoren kommt als weitere Komponente Ruß hinzu.

Das Entstehen dieser Abgaskomponenten liegt daran, daß in der Verbrennungsphase des motorischen Arbeitsprozesses keine Gleichgewichtsbedingungen erreicht werden, sondern inhomogene Gasgemische mit teilweise dissoziierten Komponenten auftreten, wodurch Sekundärreaktionen ermöglicht werden.

Die Konzentrationen der Abgaskomponenten werden in erster Linie vom Verbrennungsluftverhältnis beeinflußt.

Die Abhängigkeit der Mengenanteile vom Luftverhältnis λ ist in Bild N.2-5 für einen Ottomotor dargestellt.

Neben dem Motor selbst übt der verwendete Kraftstoff einen wesentlichen Einfluß auf die Verbrennung und damit auf die Abgaszusammensetzung aus.

N.2.2.1.1 Ottokraftstoffe

Zur Erfüllung der vielfältigen Anforderungen müssen die Kraftstoffe bestimmte, in Normen festgelegte Kennwerte einhalten. Die wesentlichen Eigenschaften der Ottokraftstoffe sind Klopffestigkeit, Siedeverlauf und die Dichte. Hinsichtlich der Klopffestigkeit wird zwischen Normal-, Super- und Super-Plus-Qualitäten unterschieden.

Kennwerte sind Tabelle N.2-4 zu entnehmen. Seit Einführung der Katalysatortechnik müssen unverbleite Kraftstoffe verfügbar sein, da das Blei den Katalysator „vergiftet".

Die bekannteste Eigenschaft des Ottokraftstoffs ist dessen Klopffestigkeit. Mit Klopffestigkeit ist das Verhalten des Ottokraftstoffs gemeint, nicht unkontrolliert durch Selbstzündung, sondern ausschl. durch den Zündfunken eingeleitet präzise durchzubrennen. Kritisch bei einer unkontrollierten Verbrennung ist die dadurch verursachte thermische und mechanische Überlastung des Motors. Ein Maß für die Klopffestigkeit ist die Octanzahl. Um die Octanzahl für einen Ottokraftstoff zu ermitteln, wird die Probe mit einem Isooctan- (Octanzahl: 100) und n-Heptan-(Octanzahl: 0) Gemisch in einem „Einzylinder-CFR-Prüfmotor" verglichen. Zunächst wird durch Verstellung des Verdichtungsverhältnisses ermittelt, mit welchem Verdichtungsverhältnis der Prüfmotor mit der Kraftstoffprobe zu klopfen beginnt. Anschließend wird die dazugehörige Octanzahl ermittelt, indem das Verdichtungsverhältnis beibehalten, dafür das Isooctan/n-

Tabelle N.2-4 DIN-Kennwerte von Ottokraftstoffen und ihre Bedeutung [N.2.6]

Kennwert	Normal DIN EN 228	Super DIN EN 228	SuperPlus DIN EN 228	Super verbl. DIN 51600	Einfluß auf Fahrzeugbetrieb
Klopffestigkeit (Octanzahlen)	min. 91,0 ROZ	min. 95,0 ROZ	min. 98,0 ROZ	min. 98,0 ROZ	Klopfen bei niedriger und mittlerer Drehzahl
	min. 82,5 ROZ	min. 85,0 ROZ	min. 88,0 ROZ	min. 88,0 ROZ	Klopfen bei hoher Drehzahl und hoher Last
Dichte bei 15 °C von bis	725 kg/m³ 780 kg/m³	725 kg/m³ 780 kg/m³	725 kg/m³ 780 kg/m³	730 kg/m³ 780 kg/m³	Kraftstoffverbrauch, Abgasemission
Bleigehalt	max. 0,013 g/l	max. 0,013 g/l	max. 0,013 g/l	max. 0,013 g/l	Ablagerungen, Katalysator
Dampfdruck nach Reid (= VP) Sommer Winter	36 – 70 k Pa 55 – 90 k Pa	36 – 70 k Pa 55 – 90 k Pa	36 – 70 k Pa 55 – 90 k Pa	36 – 70 k Pa 55 – 90 k Pa	Kaltstart, Heißstart, Verdampfungsemission
Siedeverlauf Übergang bis 70 °C (= E70) Sommer Winter	15 – 45 Vol.-% 15 – 47 Vol.-%	15 – 45 Vol.-% 15 – 47 Vol.-%	15 – 45 Vol.-% 15 – 47 Vol.-%	15 – 40 Vol.-% 20 – 45 Vol.-%	Kaltstart, Heißstart, Fahrverhalten bei heißem und kaltem Motor
Siedeverlauf Übergang bis 70 °C (= E70) Sommer Winter	40 – 65 Vol.-% 43 – 70 Vol.-%	40 – 65 Vol.-% 43 – 70 Vol.-%	40 – 65 Vol.-% 43 – 70 Vol.-%	42 – 65 Vol.-% 45 – 70 Vol.-%	
Siedeende	max. 215 °C	max. 215 °C	max. 215 °C	max. 215 °C	Rückstandsbildung, Abgas, Verschleiß im Kaltbetrieb
Flüchtigkeitskennziffer VLI = 10 · VP + 7 · E70 Sommer Winter	max. 950 max. 1150	max. 950 max. 1150	max. 950 max. 1150	–	Start und Fahrverhalten bei heißem Motor
Abdampfrückstand	max. 5 mg/ 100 ml	max. 5 mg/ 100 ml	max. 5 mg/ 100 ml	max. 5 mg/ 100 ml	Rückstandsbildung
Schwefel	max. 0,10 %[a]	max. 0,10 %[a]	max. 0,10 %[a]	max. 0,10 %	Korrosion, Katalysator
Korrosionswirkung auf Kupfer	max. 1 (Kor.-Grad)	max. 1 (Kor.-Grad)	max. 1 (Kor.-Grad)	max. 1 (Kor.-Grad)	Korrosion
Benzol	max. 5 Vol.-%	max. 5 Vol.-%	max. 5 Vol.-%	max. 5 Vol.-%	Abgasemission
Gesamtsauerstoffgehalt	max. 2,8 Gew.-%	max. 2,8 Gew.-%	max. 2,8 Gew.-%	max. 2,8 Gew.-%	Fahrverhalten, Kraftstoffverbrauch, Abgasemission

[a] Ab 1995 max. 0,05 %

Heptan-Gemisch in seinem Verhältnis verändert wird, und zwar so, bis der Prüfmotor erneut zu Klopfen anfängt. Enthält die Isooctan/n-Heptan-Mischung dann 95 % Isooctan, beträgt die Octanzahl des zu untersuchenden Kraftstoffs 95.

Ermittelt wird in diesem Laborverfahren mit dem CFR-Prüfmotor nicht nur eine Octanzahl, sondern zwei: die „Research-Octanzahl" (ROZ) sowie die „Motor-Octanzahl" (MOZ). Der Unterschied liegt in den Bedingungen, unter denen diese Werte bestimmt werden. Während für die ROZ eine konstante Drehzahl von 600 U/min, eine konstante Zündeinstellung und eine Luftvorwärmung von 52 °C vorgegeben sind, wird die MOZ bei einer Drehzahl von 900 U/min, automatisch verstellbarer Zündeinstellung sowie einer Gemischvorwärmung von 149 °C ermittelt.

Die Neigung des Benzins zur Verdampfung – d. h. seine Flüchtigkeit – ist die wesentliche Voraussetzung zum Einsatz als Ottokraftstoff. Da Benzin ein Gemisch aus vielen Kohlenwasserstoffen ist, hat es keinen definierten Siedepunkt, sondern einen Siedebereich, der etwa zwischen 30 und 200 °C liegt.

Die Abhängigkeit „Verdampfte Benzinanteile/Temperatur" ergibt die sog. Siedekurve. Lage und Charakteristik der Siedekurve (Bild N.2-6) erlauben Rückschlüsse über das Verhalten des Kraftstoffs im Motor.

Prinzipiell muß die Flüchtigkeit des Ottokraftstoffs so beschaffen sein, daß in allen Situationen ein zündfähiges Kraftstoff/Luft-Gemisch

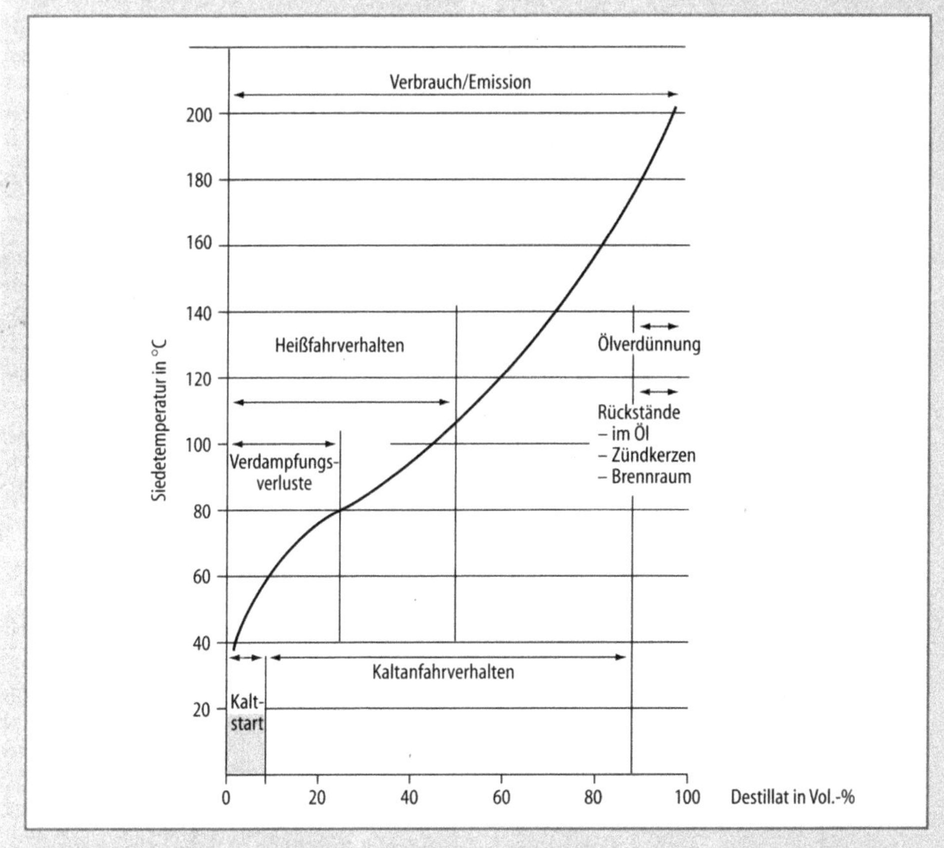

Bild N.2-6 Siedeverlauf und dessen Einfluß auf das motorische Verhalten [N.2.8]

dem Brennraum zur Verfügung steht. Unter bestimmten Betriebsbedingungen – etwa bei besonders kaltem oder besonders heißem Motor – ist diese Voraussetzung schwer zu erfüllen.

Für einen sicheren Kaltstart muß der Kraftstoff möglichst leichtflüchtig sein. Die Siedetemperatur um den 10-Vol.%-Punkt sollte dafür niedrig, der Dampfdruck dagegen hoch sein. Die spontane Gasannahme („Übergangsverhalten") im kalten Zustand wird durch eine niedrige Siedelage im mittleren Bereich der Siedekurve erleichtert.

Beim heißen Motor sind die Anforderungen an das Benzin genau umgekehrt. Unter ungünstigen Bedingungen können Bauteile des Kraftstoffsystems so heiß werden, daß ein zu großer Teil Kraftstoff verdampft („Dampfblasenbildung") und sich in Einspritzsystemen Dampfpolster bilden. Dadurch wird die Kraftstoffzufuhr unterbrochen bzw. das Gemisch überfettet, was sich negativ auf das Fahrverhalten auswirkt.

N.2.2.1.2 Dieselkraftstoffe

Im Unterschied zum Ottokraftstoff enthält der Dieselkraftstoff höhermolekulare Kohlenwasserstoffe (mit etwa 8 – 30 Kohlenstoffatomen) und hat daher eine höhere Dichte. Weitere wichtige Qualitätskriterien, die auch Auswirkungen auf das Emissionsverhalten der Dieselmotorfahrzeuge haben, sind die Zündwilligkeit, der Siedeverlauf, die Viskosität und der Flammpunkt (Tabelle N.2-5).

N.2.2.1.3 Hauptkomponenten der Automobilabgase

In Tabelle N.2-6 sind Meßwerte für die Abgaskomponenten eines typischen Ottomotorfahrzeuges zusammengestellt. Über 98 Gew.% des Abgases (Spalte 4) bestehen aus den Substanzen Kohlendioxid, Wasser, Sauerstoff, Stickstoff und Wasserstoff. Als charakteristische Produkte einer unvollständigen Verbrennung folgen mit insgesamt etwa 1,64 Gew.% die limitierten Abgasbestandteile Kohlenmonoxid (Zwischenstufe der Kohlendioxid-Bildung), Kohlenwasserstoffe (unverbrannte und gekrackte Kraftstoffkomponenten sowie daraus neu entstandene Verbindungen) und Stickoxide (Oxidationsprodukte des Luftstickstoffs).

Den mengenmäßig sehr kleinen Rest von < 0,05 Gew.% stellen die nicht limitierten Abgaskomponenten, deren Hauptvertreter der Wasserstoff (Pyrolyseprodukt der Kohlenwasserstoffe), die Schwefelverbindungen (Oxidationsprodukte des im Kraftstoff enthaltenen Schwefels), die Aldehyde (teiloxidierte Kohlenwasserstoffe) und der Ammoniak (Reduktionsprodukt der Stickoxide) sind. Die Konzentrationen (Gew.%) sind um bis zu 5 Zehnerpotenzen geringer als die der limitierten Substanzen. Es handelt sich hier also um Spurenkomponenten.

Alle genannten Substanzen werden auch im Dieselmotorabgas – wegen des größeren Luftüberschusses mit noch niedrigeren Konzentrationen – wiedergefunden (Tabelle N.2-7). Aufgrund des höheren Schwefelgehaltes im Dieselkraftstoff werden jedoch verstärkt Schwefelverbindungen emittiert. Zusätzlich zu den Komponenten des Ottomotorabgases gewinnt im Dieselmotorabgas mit den Partikeln eine weitere Komponente an Bedeutung.

N.2.2.1.4 Maßnahmen zur Reduzierung der Abgasemissionen

Grundsätzlich gehen die Bestrebungen dahin, daß Maßnahmen zur Emissionsminderung der Abgaskomponenten die Fahrtauglichkeit und

Tabelle N.2-5 Wichtige Kenndaten von Dieselkraftstoff nach DIN EN 590 [N.2.7]

Kenngröße		
Zündwilligkeit (Cetanzahl)	CZ	51,8 / 46 – 49
Dichte bei 15 °C	g/ml	0,843 / 0,820 – 0,860
Siedeverlauf 250 °C	Vol.-%	max. 65
350 °C	Vol.-%	max. 85
Viskosität bei 20 °C	mm²/s	2 – 4,5
Flammpunkt	°C	max. 55
Schwefel	Gew.-%	max. 0,20[a]

[a] Ab 1.10.96 max. 0,05 .

Tabelle N.2-6 Typische Zusammensetzung des Ottomotorabgases

Komponente		kg/kg Kraftstoff	kg/l Kraftstoff	Gew. %		Vol. %	
Kohlendioxid	CO_2	2,710	2,019		17,0		10,9
Wasserdampf	H_2O	1,330	0,990		8,3		13,1
Sauerstoff	O_2	0,175	0,130	98,4	1,1	97,8	1,0
Stickstoff	N_2	11,500	8,568		72,0		72,8
Wasserstoff	H_2	$5,6 \cdot 10^{-3}$	$4,2 \cdot 10^{-3}$		$3,5 \cdot 10^{-2}$		0,5
Kohlenmonoxid	CO	0,224	0,167		1,4		1,4
Kohlenwasserstoffe	HC	$2,0 \cdot 10^{-2}$	$1,5 \cdot 10^{-2}$	1,64	0,13	1,77	0,27
Stickoxide	NO_x	$1,7 \cdot 10^{-2}$	$1,3 \cdot 10^{-2}$		0,11		0,1

Tabelle N.2-7 Typische Zusammensetzung des Dieselmotorabgases

Komponente		kg/kg Kraftstoff	kg/l Kraftstoff	Gew. %		Vol. %	
Kohlendioxid	CO_2	3,147	2,612		7,1		4,6
Wasserdampf	H_2O	1,170	0,971		2,6		4,2
Sauerstoff	O_2	6,680	5,554	99,9	15,0	99,9	13,5
Stickstoff	N_2	33,540	27,838		75,2		77,6
Wasserstoff	H_2	$9,0 \cdot 10^{-4}$	$7,0 \cdot 10^{-4}$		$2 \cdot 10^{-3}$		$3 \cdot 10^{-2}$
Kohlenmonoxid	CO	$1,3 \cdot 10^{-2}$	$1,1 \cdot 10^{-2}$		$3 \cdot 10^{-2}$		$3 \cdot 10^{-2}$
Kohlenwasserstoffe	HC	$3,1 \cdot 10^{-2}$	$2,5 \cdot 10^{-3}$	0,067	$7 \cdot 10^{-3}$	0,074	$1,4 \cdot 10^{-2}$
Stickoxide	NO_x	$1,3 \cdot 10^{-2}$	$1,1 \cdot 10^{-2}$		$3 \cdot 10^{-2}$		$3 \cdot 10^{-2}$

den Benzinverbrauch nicht negativ beeinflussen. Dabei ist auch zu beachten, daß eine Maßnahme zur Verringerung der Emission einer bestimmten Komponente u. U. ungünstige Auswirkungen auf die Emissionswerte der anderen Komponenten nach sich ziehen kann. Die prinzipiell einsetzbaren Verfahren zur Emissionsminderung lassen sich wie folgt einteilen in:
- primäre oder motorische Maßnahmen und
- sekundäre oder Abgasnachbehandlungsverfahren.

Motorische Maßnahmen
Bild N.2-7 veranschaulicht beispielhaft die Fülle der Parameter, die einen Einfluß auf die Abgaszusammensetzung haben können. Auf Details soll hier nicht näher eingegangen werden. Es sei nur soviel gesagt, daß sich die gegenwärtigen Arbeiten an der Optimierung des Motors auf die 3 Hauptgebiete Brennraum, Gemischbildung und Zündung konzentrieren.

Abgasnachbehandlung
Zu den wichtigsten Techniken der Abgasnachbehandlung gehören heute der Katalysator beim Ottomotor und das Partikelfilter beim Dieselmotor.

Mit dem Dreiwegkatalysator werden beim Ottomotor unter der katalytischen Wirkung von Edelmetallen simultan die Stickoxide (hauptsächlich aus Stickstoffmonoxid NO bestehend) reduziert sowie das Kohlenmonoxid und die Kohlenwasserstoffe oxidiert.

Reduktion von NO zu Stickstoff:
$$2\,NO + 2\,CO \rightarrow N_2 + 2\,CO_2$$

Oxidation von CO und C_mH_n zu CO_2:
$$2\,CO + O_2 \rightarrow 2\,CO_2$$
$$C_mH_n + (m + n/4)\,O_2 \rightarrow m\,CO_2 + n/2\,H_2O$$

Als Reduktions- bzw. Oxidationsmittel fungieren dabei das Kohlenmonoxid selbst bzw. der Sauerstoff. Die Schwierigkeit besteht darin, praktisch gleichzeitig reduzierende und oxidierende Bedingungen im Abgas zu schaffen.

Technisch löst man dieses Problem dadurch, daß man das Luftverhältnis in einem sehr engen Bereich um den Wert $\lambda = 1$ („Lambda-Fenster") regelt und so kurzzeitig abwechselnd Luftmangel (Reduktion) bzw. Luftüberschuß (Oxidation) erzeugt. Dazu ist eine sehr genaue Sauerstoffmessung im Abgas mit Hilfe der sog. Lambda-Sonde erforderlich. Über das Ausgangssignal dieses Meßfühlers wird die der Ansaugluft zugemischte Kraftstoffmenge und damit das Luftverhältnis gesteuert.

Bild N.2-8 zeigt den mit einem Dreiwegkatalysator erzielbaren Konvertierungsgrad für Kohlenmonoxid, die Kohlenwasserstoffe und die Stickoxide in Prozent des Idealzustands (d.h.

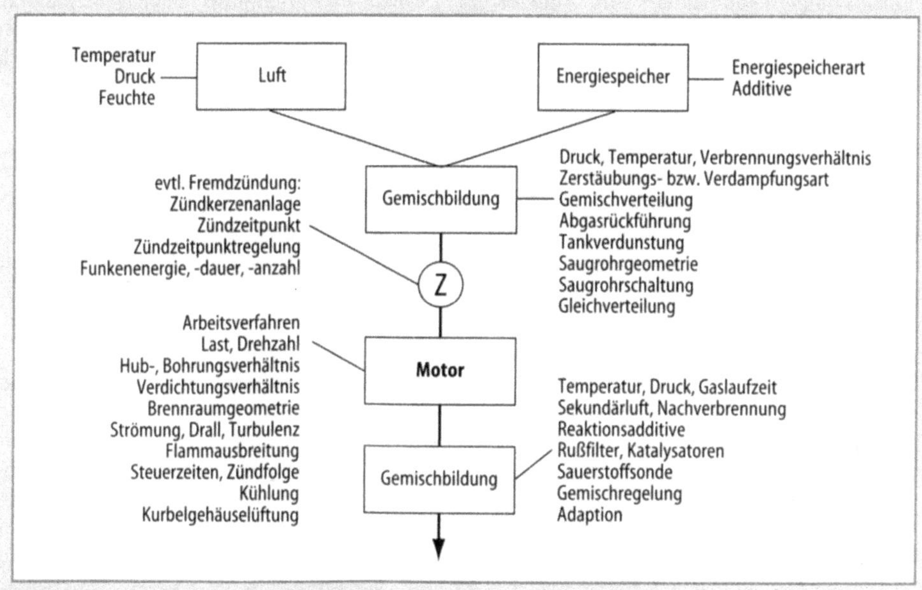

Bild N.2-7 Zusammenstellung der die Abgaszusammensetzung beeinflussenden Parameter

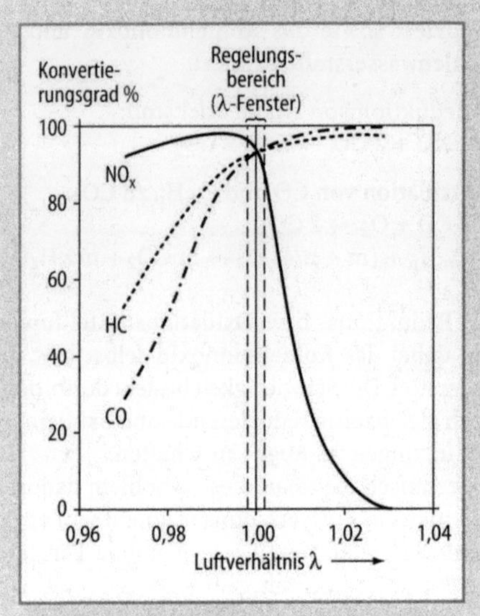

Bild N.2-8 Katalysator-Konvertierungsgrad als Funktion des Luftverhältnisses (der Konvertierungsgrad dient als Maß für die Wirksamkeit des Katalysators)

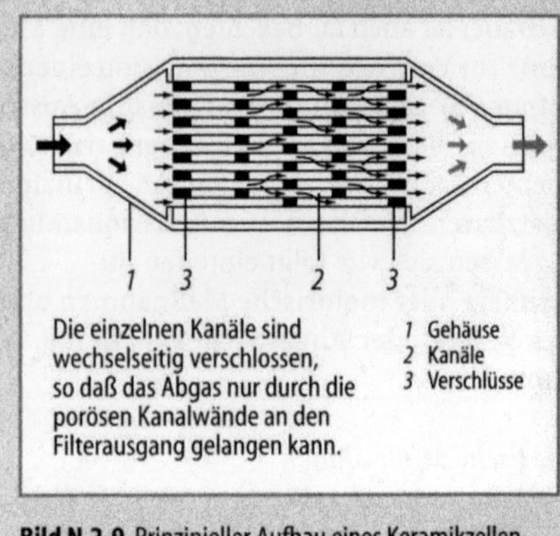

Bild N.2-9 Prinzipieller Aufbau eines Keramikzellenfilters zur Abscheidung von Dieselpartikeln

100 % = völlige Umwandlung) als Funktion des Luftverhältnisses. Daraus geht hervor, daß eine gleichzeitige Absenkung aller 3 Komponenten nur innerhalb eines sehr engen Regelungsbereichs zu erreichen ist. Bei λ-Werten > 1 nimmt die Stickoxid-Konvertierung stark ab, weil das reduzierende Agens Kohlenmonoxid zunehmend zu Kohlendioxid oxidiert wird. Andererseits werden bei einem Luftverhältnis $< 0{,}99$ aufgrund sinkender Sauerstoffkonzentrationen die Kohlenwasserstoffe und das Kohlenmonoxid weniger effektiv umgesetzt (oxidiert). Anzumerken ist, daß die dargestellten Konvertierungsraten von 90 % und mehr nur für einen betriebswarmen ($T > 300$ °C) Katalysator gelten. Insbesondere bei einem Kaltstart des Motors vergeht daher einige Zeit (ca. 1 min), bis Katalysator und Lambda-Sonde durch die Abgase soweit aufgeheizt sind, daß die chemischen Reaktionen verstärkt einsetzen.

Der Katalysator kann allerdings auch unerwünschte chemische Umsetzungen begünstigen, z. B. die Bildung von Ammoniak aus Stickstoffmonoxid und Wasserstoff nach der Gleichung

$$2\,NO + 5\,H_2 \rightarrow 2\,NH_3 + 2\,H_2O.$$

Für die Reduzierung der Partikelemissionen beim Dieselmotor werden z. Z. hauptsächlich 3 Techniken erprobt:
– motorische Maßnahmen,
– Filterung des Hauptstroms mit Partikelfiltern,
– kontinuierliche Nachverbrennung mit Hilfe von Oxidationskatalysatoren.

Das Prinzip der Partikelabscheidung mit einem Filter ist in Bild N.2-9 dargestellt. Das hierbei auftretende Problem ist die Regenerierung des sich beim Fahrzeugbetrieb allmählich mit den abgeschiedenen Partikeln zusetzenden Filters. Ursache dafür ist, daß die zur Verbrennung des Rußes auf dem Filter erforderliche Temperatur von mind. 550–600 °C unter normalen Lastbedingungen des Dieselmotors nicht erreicht wird. Deshalb wird gegenwärtig intensiv an Maßnahmen gearbeitet, die ein Verstopfen des Filters verhindern sollen (thermische bzw. katalytische Regenerierung des Filters).

N.2.2.1.5 Emissionsmessungen

Emissionsmessungen zur Beurteilung des Abgasemissionsverhaltens von Kraftfahrzeugen sind für die Mitgliedstaaten der EU einheitlich geregelt.

Pkw und Pkw-Kombi

Das Fahrzeug wird auf einem Fahrleistungsprüfstand (Rollenprüfstand, Bild N.2-10) nach einem Zyklus gefahren, der eine Stadtfahrt mit einem Außerortsanteil repräsentiert. Das dabei emittierte Abgas wird mit gefilterter Luft verdünnt und der Volumenstrom des verdünnten Abgases konstant gehalten (CVS: Constant Volume Sampling). Ein zum Gesamtstrom proportionaler Anteil verdünnten Abgases wird in Beuteln gesammelt und nach Abschluß der Testfahrt

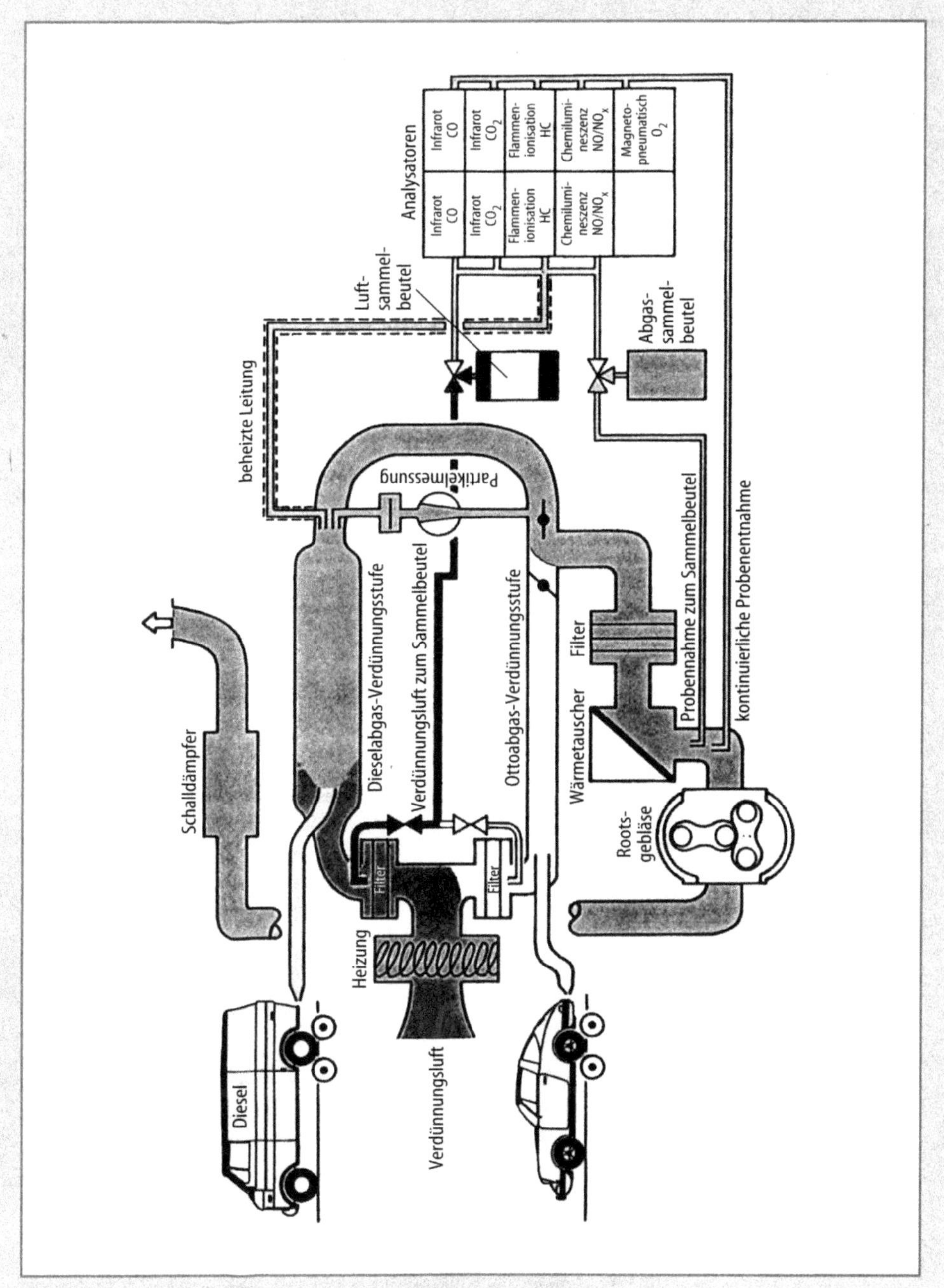

Bild N.2-10 Meßanlage für Abgastests [N.2.8]

analysiert. Für jede der limitierten Abgaskomponenten ist ein Analysator vorhanden.

Aus den Konzentrationen der einzelnen Komponenten und aus dem Volumenstrom werden die Massenemissionen über die gefahrene Strecke oder pro Test ermittelt.

Die Abgasvorschriften für Pkw sehen Grenzwerte für CO, HC, NO_x und Partikel (nur für Dieselmotoren) vor. Die Höhe der Grenzwerte und die weitere Entwicklung sind Bild N.2-11 zu entnehmen.

Die USA, Japan, Schweiz und andere Länder

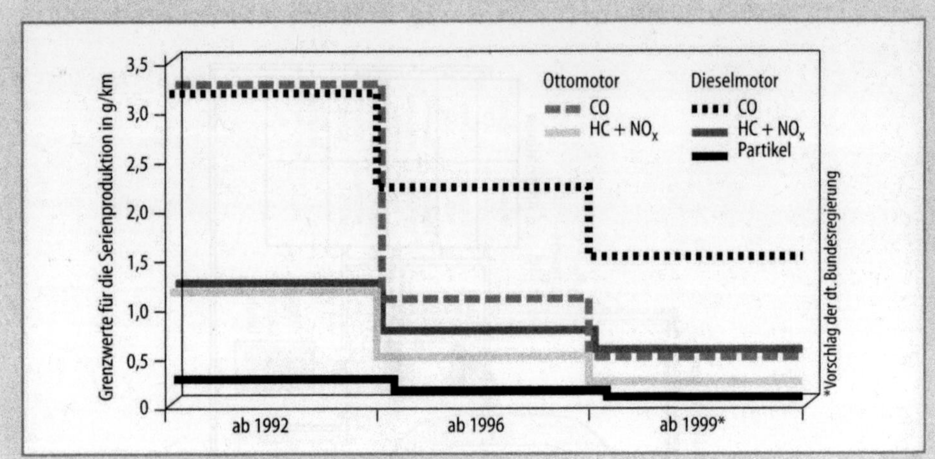

Bild N.2-11 Abgasgrenzwerte Pkw [N.2.9]

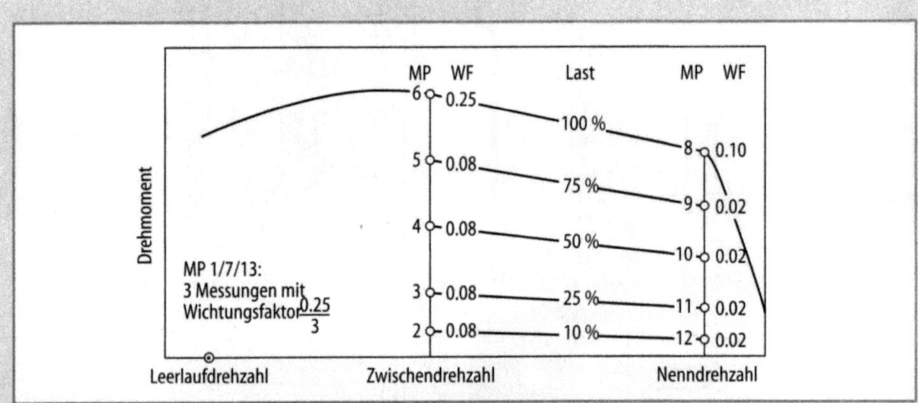

Bild N.2-12 13-Punkte-Test für ECE-R 49 und 88/77/EWG

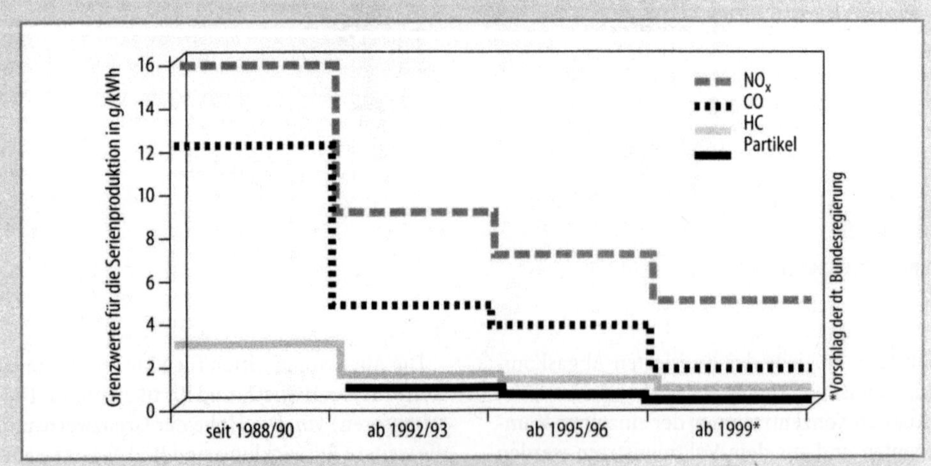

Bild N.2-13 Dreistufenplan für europäische Abgasgrenzwerte für Lkw und Busse verwenden von den EU-Vorschriften abweichende Fahrzyklen, die jeweiligen Abgaswerte sind nicht direkt vergleichbar.

Nutzfahrzeuge
Die Abgasemissionen von Nutzfahrzeugen werden in der EU auf einem Motorprüfstand im europäischen Prüfmodus, dem sog. 13-Stufentest ermittelt.

Die 13 Motorbetriebspunkte sind Leerlauf, der dreimal anzufahren ist, sowie 10, 25, 50, 75 und 100 % der Höchstleistung bei der Nenndrehzahl und bei der Drehzahl des max. Drehmoments. In jedem der Motorbetriebspunkte werden die Schadstoffkonzentrationen von Kohlenmonoxid, Kohlenwasserstoff und Stickoxid gemessen. Aus den ebenfalls zu messenden Größen für die angesaugte Luftmenge und den Kraftstoffverbrauch wird die Abgasmenge errechnet, so daß über die Schadstoffkonzentrationen und die entsprechende Dichte die Schadgasmassenströme (Menge je Zeit) ermittelt werden können. Diese für die einzelnen Motorbelastungen errechneten Massenströme werden mit unterschiedlichen Bewertungsfaktoren gewichtet, um der Tatsache Rechnung zu tragen, daß die unterschiedlichen Belastungen bei einer angenommenen repräsentativen Stadtfahrt mit verschiedenen Häufigkeiten auftreten. Man versucht auf diese Weise auch für schwere Fahrzeuge praxisbezogene Emissionen zu erhalten. Die Bewertung (WF) der einzelnen Belastungen zeigt auch Bild N.2-12.

Die so bewerteten Massenströme werden aufaddiert und zu der in den einzelnen Lastpunkten ermittelten und entsprechend bewerteten und addierten Motorleistung in Beziehung gesetzt. Auf diese Weise erhält man für jeden Schadstoff eine leistungsbezogene Menge, die mit dem Grenzwert verglichen wird.

In der Europäischen Union gilt seit Oktober 1993 die Grenzwertkombination EURO 1 für alle Serienfahrzeuge (Bild N.2-13). Für die folgenden, ab 1995/6 geltenden, Grenzwerte EURO 2 ist die Festlegung der Partikellimits noch offen. Für kleine Motoren kann der ursprünglich vorgesehene Partikelgrenzwert von 0,15 g/kWh nicht festgelegt werden, wenn diese i.d.R. von Pkw-Motoren abgeleitete Antriebsquelle für leichte Nutzfahrzeuge im Verteilerverkehr bestehen bleiben soll.

Die nächste europäische Grenzwertfestlegung EURO 3 ist bzgl. des Zyklus und der Grenzwerte noch nicht definiert.

N.2.2.1.6 Reduktion von Abgasemissionen und Kraftstoffverbrauch

Die durch den Verkehr, insbesondere den Strassenverkehr, verursachten Belastungen der Umwelt zeigen deutlich, daß sich diesbezüglich die Vergangenheit nicht einfach fortschreiben läßt. Innovationen in Form fahrzeugtechnischer Fortschritte zur Minderung der Emissionen an der Quelle allein werden nicht ausreichen, um die Situation grundlegend zu verbessern. Die Schaffung eines Verkehrssystems der Zukunft erfordert eine gemeinsame Strategie der Fahrzeugindustrie, der Verkehrsträger und des Staates.

Mit dem Ziel, im Konflikt zwischen Auto, Verkehr und Umwelt Lösungen zu finden, müssen folgende Problemfelder bearbeitet werden:
- Technische Verbesserung der Verkehrsmittel zur Minderung der Emissionen an der Quelle durch innovative Fahrzeugtechnik, Verbesserung der Kraftstoffe, Verwendung alternativer Kraftstoffe und Reduktion des Kraftstoffverbrauchs
- Verkehrsverlagerung auf umweltschonende Verkehrsmittel
- Verlagerung im Personennahverkehr vom Auto auf attraktive Bahn- und Busverbindungen
- Im Güterverkehr Verlagerung von der Straße auf die Schiene durch günstigen Verkehrsverbund
- Reduktion des Verkehrsaufkommens
  Die heutigen Mobilitätsbedürfnisse müssen analysiert und ungewollte oder weniger notwendige Mobilität abgebaut werden.

N.2.2.2 Maßnahmen

Eine Entlastung der Umwelt kann kurzfristig nur durch eine Verbesserung der konventionellen Kraftfahrzeuge am Motor (Antrieb) und Aufbau erreicht werden.

Änderungen an Fahrzeugen wie Reduktion der Fahrzeugmasse und des Fahr- und Rollwiderstands, sowie alle Maßnahmen zur Verkehrsregulierung wirken prinzipiell auf den Kraftstoffverbrauch und die Abgasemissionen aller Fahrzeugen aus. Die Fahrzeugmasse trägt entscheidend zur Höhe des Kraftstoffverbrauchs bei. Eine Reduktion der Fahrzeugmasse um 100 kg senkt bei ansonsten unverändertem Fahrzeug den Kraftstoffverbrauch um ca. 0,4 l/100 km. Die relative Einsparung ist bei instationärer Betriebsweise des Motors (Nahverkehr) größer als bei quasi stationärer Betriebsweise (Autobahn). Von der heute üblichen Fahrzeugbauweise ausgehend, können neue Fahrzeuge durch leichtere Materialien in den nächsten 10 Jahren etwa 10 % leichter werden. Dem stehen allerdings Kosten und energetische Aufwendungen (z. B. Aluminiumherstellung) entgegen, die sich jedoch durch Fortschritte beim Recycling verringern werden. Als weitere Kraftstoffverbrauchs-Reduktionsmaßnahme kann eine Verbesserung der Aerodynamik einbezogen werden. Dabei auftretende Zielkonflikte zwischen Luftwiderstandswert und Komfort (Innenraumaufheizung, verringerte Kopffreiheit, Ausstattung des Fahrzeugs) müssen durch Priorisierung der Kriterien gelöst werden.

Mit der Abstimmung des Getriebes ist ein weiteres Potential zur Kraftstoffeinsparung gegeben. Je größer die Gangwahlmöglichkeit, desto besser kann der Motor im Bereich des relativ günstigen Kraftstoffverbrauchs betrieben werden. Neue automatisierte 5- und 6-Gang-Getriebe mit elektronischer Kopplung zur Motorelektronik ermöglichen ein kennfeldoptimiertes Fahren.

Aufgrund seiner Leistungsdichte, seines Bauvolumens und Gewichts hat der Zweitaktmotor im otto- bzw. dieselmotorischen Betrieb bei entsprechender Weiterentwicklung Zukunftschancen als Pkw-Antrieb. Besonders bei Zweitaktmotoren mit Spülschlitzen im Zylinder muß für den Problemkreis Schmierung/Dauerhaltbarkeit noch eine Lösung gefunden werden. Der Kraftstoffverbrauch kann besonders im Teillastbereich mit Hilfe innerer Gemischaufbereitung abgesenkt werden.

Bei Umsetzung aller technischen Möglichkeiten zur Verbesserung des Abgasemissionsverhaltens und des Kraftstoffverbrauchs ist beim Pkw mit Ottomotor langfristig ein Einsparungspotential in Höhe von 35 %, beim Pkw mit Dieselmotor von 30 % auszuschöpfen. Ist weiterhin eine Akzeptanz für eine gewissen Reduktion der Pkw-Fahrleistungen gegeben, und ist der Fahrzeugnutzer bereit, durch umweltbewußten Umgang mit seinem Fahrzeug einen Beitrag zu liefern, so sind Kraftstoffverbräuche von 5 – 3 l/100 km zu erreichen. Diese möglichen Kraftstoffverbräuche entlasten die Umwelt jedoch nur dann, wenn im Rahmen eines Gesamtkonzepts auch eine umweltgerechte Verkehrstechnik und Verkehrsbeeinflussung einbezogen wird.

N.2.2.3 Alternative Kraftstoffe

Der Einsatz alternativer Kraftstoffe war ursprünglich von der Sorge um die Verknappung

Tabelle N.2-8 Energieumwandlungs-Prozeßketten (EUK) im Vergleich

EUK	Pkw-Testgewicht	Reich-weite	Energiebedarf Pkw am Rad	Energie-verbrauch Pkw/EUK	Wirkungsgrad Pwk/EUK	CO_2-Emission Pkw/EUK
	kg	km	MJ/100 km	MJ/100 km	%	kg/100 km
Benzin-Verbr.-Motor	1060	697	31,2	254/272	12,3/11,5	18,4//19,6
Diesel-Verbr.-Motor	1130	886	33,0	219/226	15,1/14,6	16,2/16,7
M100-Verbr.-Motor	1250	417	36,2	205/312	17,8/11,6	14,5/18,4
CNG-Verbr.-Motor	1120	274	32,8	240/269	13,6/12,2	14,0/16,3
LNG-Verbr.-Motor	1110	932	32,5	239/284	13,6/11,4	13,9/18,1
LH_2-Verbr.-Motor	1050	372	30,9	229/563	13,5/5,50	0,0/35,4
GH_2-Verbr.-Motor	1200	155	34,9	251/376	13,9/10,1	0,0/22,7
HH_2-Verbr.-Motor	1190	156	34,7	250/375	13,9/9,20	0,0/22,7
Methanol Brennstoffzelle Blei/ Gel-Batterie-E-Antrieb	1707	442	48,4	260/396	18,6/12,2	18,3/23,4
Methanol Brennstoffzelle Na/S-Batterie-E-Antrieb	1544	485	44,1	237/361	18,6/12,2	16,7/21,3
Strom E-Antrieb	1400	38	40,3	111/293	36,3/13,7	0,7/19,9

LNG   Liquified Natural Gas/Flüssiges Erdgas für Verbrennungsmotor
CNG   Compressed Natural Gas/Erdgas bei erhöhtem Druck für Verbrennungsmotor
MeOH Methanol/Methanol für Verbrennungsmotor
LH_2 Liquified Hydrogen/Flüssiger Wasserstoff für Verbrennungsmotor
GH_2 Gaseous Hydrogen/Wasserstoffgas bei erhöhtem Druck für Verbrennungsmotor
HH_2 Wasserstoff-Metellhydridspeicher (Mg/TiCrMn) für Verbrennungsmotor
BZ   Methanol/Wasser (1,3 Mol H_2O/1 Mol CH_3OH) für Brennstoffzelle (BZ) und E-Antrieb
EA   Batterie für E-Antrieb

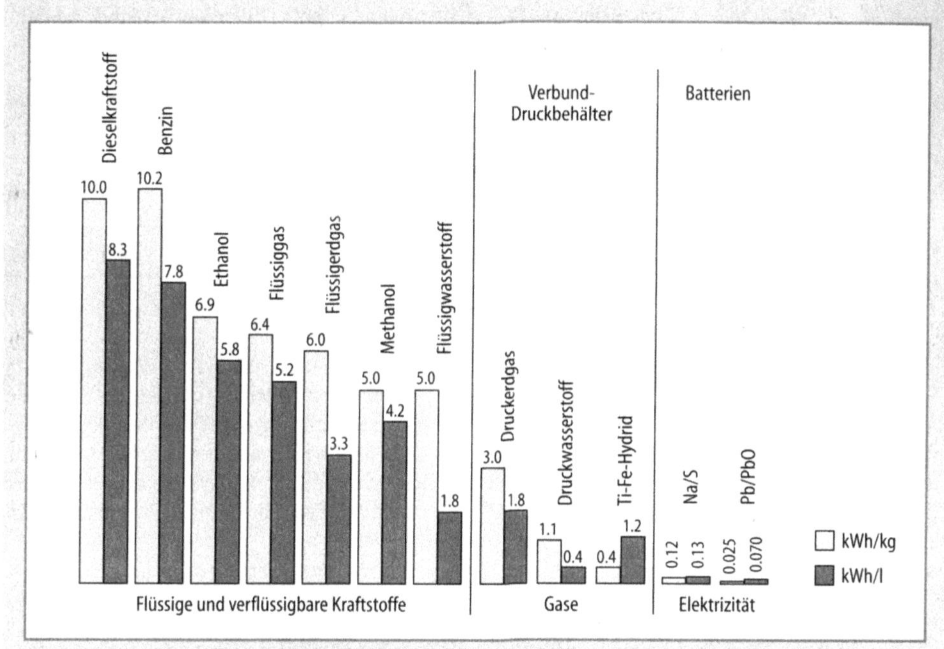

Bild N.2-14 Energiedichten von Kraftstoffspeichersystemen

der Erdölvorräte geprägt. Die Umweltsituation hat das Interesse an alternativen bzw. erneuerbaren Kraftstoffen neu geweckt. Als alternative Kraftstoffe für die Verwendung bei Straßenfahrzeugen sind zu nennen: Methanol, Ethanol, Pflanzenöle, Flüssiggas, Erdgas und Wasserstoff.

Der Einsatz von Methanol, Ethanol, Pflanzenölen, Flüssiggas und Erdgas ist praktisch Stand der Technik. Schwierigkeiten treten durch die i.d.R. nicht vorhandenen Infrastrukturen auf, und die Kosten, die auch aufgrund der kleinen Stückzahlen sehr hoch sind. Ohne flankierende Maßnahmen des Staats ist eine Substitution eines merklichen Anteils konventioneller Kraftstoffe zur Entlastung der Umwelt kaum möglich. Bei einem Vergleich bzgl. der Umweltvorteile alternativer Kraftstoffe muß die gesamte jeweils erforderliche Energieumwandlungs-Prozeßkette einbezogen werden.

Diese Bilanzen sind schwer zu erstellen und hängen von vielen Randbedingungen ab. Ein Beispiel für Bilanzen aus dem Pkw-Bereich zeigt Tabelle N.2-8, die [N.2.10] entnommen ist.

Die alternativen flüssigen und gasförmigen Schadstoffe weisen hinsichtlich Masse, Volumen, Heizwert und Speichersystem Unterschiede auf. Für die Verwendung im Fahrzeug spielt die Energiedichte bzgl. der Reichweite des Fahrzeugs eine wichtige Rolle. Die Speicherverhältnisse sind im Bild N.2-14 dargestellt. In der Darstellung ist der Wirkungsgrad für die Umwandlung von Kraftstoff in mechanische Energie nicht berücksichtigt.

Der technische Aufwand für den Kraftstoffspeicher nimmt zu, wenn gasförmige Kraftstoffe zum Einsatz kommen.

N.2.2.3.1 Methanol und Ethanol

Beide Alkoholkraftstoffe können in Otto- oder Dieselmotoren verbrannt werden, wobei im Dieselmotor Zündhilfen erforderlich sind. Die Herstellung von Methanol erfolgt heute fast ausschl. durch katalytische Umsetzung von Synthesegas, das aus der Erdgasspaltung stammt. Synthesegas auf Basis nachwachsender Rohstoffe könnte aus Biogas und der Holz- oder Strohvergasung produziert werden. Bei der Methanolherstellung treten Energieverluste von 40 – 60 % auf, je nach Anzahl der notwendigen Verfahrensschritte, die sowohl die Energie- als auch die Emissionsbilanz belasten. Der Heizwert von Methanol erfordert eine Abstimmung des Gemischbildungssystems, bei vollständigem Einsatz des konventionellen Kraftstoffs muß das doppelte Kraftstoffvolumen eingespritzt werden. Entzündungs- und Verbrennungseigenschaften sowie das Kaltstartverhalten müssen beachtet werden. Aufgrund der höheren Oktanzahlen kann ein höheres Verdichtungsverhältnis gewählt werden.

Ethanol hat ähnliche Eigenschaften wie Methanol. Der Vorteil von Ethanol wäre ein theoretisch geschlossener CO_2-Kreislauf, da es aus Biomasse hergestellt wird. In der Praxis wird der Kohlenstoffkreislauf nicht geschlossen. Ein weiterer Nachteil ist der notwendige Düngereinsatz.

Mit Alkoholkraftstoffen emittieren mit Katalysator ausgerüstete Fahrzeuge höhere NO_x-Emissionen. Dieselmotoren emittieren weniger NO_x-Emissionen bei Reinmethanolbetrieb als bei Verwendung von Diesel. Zusätzlich werden sauerstoffhaltige Komponenten wie Methanol, Formaldehyd usw. emittiert. Der Hauptvorteil liegt in der partikelarmen Verbrennung.

N.2.2.3.2 Pflanzenöle

Umfangreiche Untersuchungen haben gezeigt, daß reine Pflanzenöle bei der Verbrennung Rückstände bilden. Derzeit wird hauptsächlich Rapsöl in veresterter Form als Rapsölmethylester (RME) eingesetzt. Die Verwendung ist auf Dieselmotoren beschränkt und erfordert keine aufwendigen Anpassungsarbeiten am Motor. Zur Aufstellung der CO_2-Bilanz von Motoren mit RME-Betrieb müssen die energetischen Verbräuche des Landwirtschaftszweigs und der Produktionsprozesse berücksichtigt werden. Ein Vergleich von Energie-Input und -Output verdeutlicht, daß für die RME-Produktion ca. 85 % des RME-Energieinhalts für die Herstellung benötigt wird.

N.2.2.3.3 Erdgas/Flüssiggas

Für den Einsatz bei Fahrzeugen werden heute im wesentlichen 2 Gasarten benutzt. Einmal Erdgas (CNG Compressed Natural Gas), das hochverdichtet in Druckbehältern mitgeführt wird, und zum anderen Flüssiggas (LPG Liquified Petroleum Gas), das bei Raumtemperatur und geringem Druck in der Flüssigphase vorliegt.

Eigenschaften von Flüssiggas
Unter Flüssiggas wird ein Gasgemisch aus niedrigsiedenden C_3- und C_4-Kohlenwasserstoffen verstanden. Hauptkomponenten sind Propan (C_3H_8) und Butan (C_4H_{10}). Geringe Beimischungen an Äthan (C_2H_6) und Pentan (C_5H_{12}) sind ebenfalls möglich.

Darüber hinaus können in Flüssiggas kleine Mengen ungesättigter Kohlenwasserstoffverbindungen vorliegen.

Da es neben der DIN 51622 (Anforderungen an die Qualität der Flüssiggase, jedoch nicht gültig für „Autogas") keine international gültige Vereinbarung über die Zusammensetzung von Flüssiggas gibt, variiert diese weltweit.

Tabelle N.2-9 listet die Mischungsverhältnisse für einige Länder auf, Sommer- und Winterbetrieb stellen sich bzgl. der Zusammensetzung z.T. unterschiedlich dar.

Die Zusammensetzung des Flüssiggases ist wegen der unterschiedlichen Eigenschaften der einzelnen Komponenten für den Betrieb des Motors von großer Bedeutung. Nicht nur die unterschiedliche Klopffestigkeit von Propan und Butan setzt einer beliebigen Variation des Butananteils Grenzen.

Bei geregelter Gemischbildung muß das System in der Lage sein, Luftzahlveränderungen (z.B. Schwankungen in der Flüssiggaszusammensetzung) innerhalb des Regelbereichs des Systems auszugleichen.

Weiterhin ist die Siedetemperatur (bzw. Siedeendtemperatur) insbesondere beim Kaltstart von Bedeutung. Erst beim Überschreiten der Siedepunkttemperaturen findet ein sprunghafter Übergang von der Flüssig- in die Gasphase statt. Der Druck in einem geschlossenen System ist ausschl. von der Temperatur der Flüssigphase und nicht vom Anteil der Flüssigphase abhängig. Er bleibt konstant, bis die Flüssigphase verdampft ist. Erst dann kann bei weiterer Energiezufuhr der Druck zunehmen.

Tabelle N.2-9 Flüssiggaszusammensetzung in verschiedenen Ländern [N.2.12]

Land	Propan/Butan-Verhältnis %	
	Sommer	Winter
Belgien	30/70 –	50/50
Bundesrepublik	überwiegend Propan	
Dänemark	50/50 –	70/30
England	Propan	
Finnland	Propan	
Holland	30/70 –	70/30
Norwegen	Propan	
Österreich	20/80 –	80/20
Schweden	Propan	
Schweiz	Propan	

Die Kraftstoffentnahme für den Betrieb des Motors aus den Flüssiggasbehältern kann aus der Flüssigphase sowie aus der Gasphase erfolgen. Der Vorteil bei der Entnahme aus der Flüssigphase besteht darin, daß nur das gasförmige Volumen der Entnahmemenge ersetzt bzw. verdampft werden muß. Die dafür erforderliche Verdampfungswärme, die über die Behälterwandungen zuzuführen ist, ist deutlich kleiner als bei einer Entnahme aus der Gasphase.

Die Gemischbildung, d.h. das Mischen der Stoffströme Verbrennungsluft und Flüssiggas im entsprechenden Verhältnis, ist einfacher zu bewerkstelligen, wenn sich auch das Flüssiggas im gasförmigen Zustand befindet. Dies wird durch einen dem Mischer vorgeschalteten Verdampfer erreicht, der in der Lage ist, auch bei hohem Kraftstoffbedarf, eine entsprechende Menge Flüssiggas zu verdampfen bzw. zu überhitzen. Um den im Flüssiggasbehälter und im Leitungssystem vorherrschenden Dampfdruck abzubauen, ist i.d.R im Verdampfer ein Druckminderer integriert.

Eigenschaften von Erdgas
Der Hauptbestandteil von Erdgas ist Methan mit einem Anteil von 80 – 98 % je nach Herkunft. Die Restbestandteile sind Kohlendioxid, Stickstoff, Helium und niedrigsiedende Kohlenwasserstoffe sowie Spuren von Schwefelwasserstoff und Wasser. Erdgas hat unter den Kohlenwasserstoffen den höchsten Wasserstoffanteil und damit günstige spezifische CO_2-Emissionen. Wird der auf den Energieeinsatz bezogene CO_2-Faktor des Dieselmotors zu 1,00 gesetzt, so ergibt sich für den Erdgasmotor der CO_2-Faktor zu 0,98. Bezogen auf den Kraftstoff entstehen zwar 23 % weniger

CO_2, dieser Vorteil wird jedoch durch den höheren Energieverbrauch des ottomotorischen Prozesses teilweise kompensiert. Weitere wesentliche Eigenschaften von Ergas sind:
- hohe Klopffestigkeit,
- im Fahrbetrieb und während der Betankung können aufgrund des druckgasdichten Systems keine Verluste an Kohlenwasserstoffen entstehen,
- Abgase geruchs- und nahezu frei von Ruß,
- niedrige Geräuschemissionen,
- höheres Fahrzeugleergewicht durch Gasspeicherung in Druckbehältern.

Da sich die Speicher- und die Betankungstechnik bei flüssigem Erdgas (LNG) sehr schwierig gestaltet, finden heutige Bemühungen nahezu ausschl. mit Erdgas in komprimierter Form statt.

N.2.2.3.4 Vergleich einzelner Stoffwerte

Tabelle N.2-10 nennt einige Stoffwerte alternativer Kraftstoffe im Vergleich zu den Werten von Benzin und Dieselkraftstoff.

N.2.2.3.5 Wirtschaftlichkeit verschiedener Alternativkraftstoffe

Die erforderliche Infrastruktur für Herstellung, Transport und Verteilung ist derzeit für keinen Alternativkraftstoff flächendeckend vorhanden. Damit sich die mit alternativen Kraftstoffen betriebenen Motoren durchsetzen können, muß deren Wirtschaftlichkeit und Zuverlässigkeit gegenüber den mit herkömmlichen Kraftstoffen betriebenen Motoren sichergestellt sein.

Tabelle N.2-10 Stoffwerte alternativer Kraftstoffe [N.2.8]

Kraftstoff	Dichte[a]	Dichte flüssig	Siedetemperatur	spez. Heizwert	Zündtemperatur	Klopffestigkeit
	[kg/m³]	[kg/l]	[°C]	[kWh/kg]	[°C]	ROZ
Normal-Benzin	715 – 765	0,72 – 0,77	25 – 215	11,9	ca. 300	91 – 98
Diesel	815 – 855	0,82 – 0,86	180 – 360	11,8	ca. 250	–
Methan	0,72	n.v.	– 162	13,3	650	104
Propan	2,0	0,51	– 42	12,9	470	110
Butan	2,7	0,58	– 9	12,7	360	94
Methanol	790	0,79	65	5,5	450	140
Ethanol	790	0,79	78	7,4	420	n.v.

[a] bei 1.013 mbar, 0 °C   n.v. nicht verfügbar

Ein niedriger Erdölpreis und ausreichende Vorräte bieten nur geringe wirtschaftliche Anreize für die Einführung alternativer Kraftstoffe.

Ein Vergleich zeigt, daß Erdgas in wirtschaftlicher Hinsicht mit Dieselkraftstoff verglichen werden kann und gegenüber Benzin im Nachteil liegt, während Pflanzenöl und Pflanzenölester zumindest in der Bundesrepublik nicht empfohlen werden können.

N.2.2.3.6 Abgasemissionsverhalten von Gasmotoren

Beim Abgasemissionsverhalten wurde zunächst die Unterschreitung der EURO-2-Grenzwerte um mind. 50 % angestrebt. Eine Bewertung der beiden Motorkonzepte

- Magerbetrieb mit relativ hohem Luftüberschuß im Bereich Luftverhältnis $\lambda > 1{,}5$ in Verbindung mit Oxidationskatalysator und
- stöchiometrischer Betrieb mit $\lambda = 1$ sowie geregeltem Dreiwegekatalysator

führte zu dem Ergebnis, daß zumindest für den ersten Schritt die aus dem Pkw-Bereich bekannte Entwicklung mit geregelter Gemischbildung vorzuziehen ist.

Das Magerkonzept bietet zwar den Vorteil des geringeren Energieverbrauchs, für sehr niedrige Stickoxidemissionen ist jedoch ein Motorbetrieb bei λ-Werten $> 1{,}6$ und damit an oder jenseits der heute noch gültigen Grenze der Lauffähigkeit notwendig.

N.2.2.3.7 Wasserstoff

Im Gegensatz zu Erdgas liegt Wasserstoff als Gas in ungebundener Form nicht vor. Der Rohstoff für die Produktion von Wasserstoff ist Wasser. Zwei Möglichkeiten zur Wasserstoffherstellung sind denkbar:

- Zerlegung von Wasser und fossilen Energieträgern
- Zerlegung von Wasser mittels Elektrizität.

Zukünftig sind auch folgende Techniken weiter zu entwickeln:

- Weiterentwicklung der fossilen Umwandlungstechniken,
- Einsatz der Wasserelektrolyse mittels Elektrizität aus Solarkraftwerken,
- Vergasung von Biomasse.

Ökologisch und ökonomisch verträgliche Verfahren für ausreichende Mengen Wasserstoff sind demnach kurzfristig noch nicht verfügbar. Im Forschungs- und Entwicklungsbereich haben mit Wasserstoff betriebene Verbrennungsmotoren, vor allem durch die Einspritzung flüssigen Wasserstoffs in den Brennraum, ein niedriges NO_x-Niveau bei einer CO_2-freien Verbrennung.

Auch hier ist das Speicherproblem zunächst noch zu lösen. Flüssigwasserstoff-Speicherung ist mit hohem Energieaufwand für die Verflüssigung und mit einer komplizierten Handhabung verbunden.

Heute sind für Wasserstoff neuartige Druckgasbehälter aus faserverstärktem Verbundmaterial verfügbar. Bei 100 kg Speichergewicht können etwa 3 kg Wasserstoff gespeichert werden.

Aufgrund der Speicherdichte der Wasserstoffdruckspeicher bleibt diese Möglichkeit auf Fahrzeuge im Nahverkehr beschränkt. Es kommen wohl zunächst fuhrparkgestützte Fahrzeuge in Betracht.

N.2.2.4 Alternative Antriebe

N.2.2.4.1 Elektroantrieb

Elektrisch betriebene Fahrzeuge sind am Einsatzort Nullemissionsfahrzeuge, sieht man von dem evtl. notwendigen Einsatz fossiler Energie zur Heizung des Fahrgastraums ab. Die Schlüsselkomponente für Elektrofahrzeuge ist bekanntlich die Batterie, die für eine Fahrzeuganwendung derzeit noch relativ viele ungünstige Eigenschaft besitzt. Der größte Nachteil ist die geringe Energiedichte und das dadurch erforderliche hohe Batteriegewicht. In Tabelle N.2-11 sind Daten für einen Batteriesystemvergleich [N.2.13] aufgeführt. Außer der Bleibatterie sind die anderen Systeme noch entwicklungsfähig. Dies muß Berücksichtigung finden, wenn die in Tabelle N.2-11 aufgeführten Parameter verglichen werden.

Eine Aussage zur Umweltverträglichkeit von Elektrofahrzeugen ist schwierig, weil sie von vielen Randbedingungen abhängt, die nicht durch die Fahrzeugtechnik beeinflußt werden. Insbesondere spielt der Kraftwerkmix eine große Rolle (Bild N.2-15). Das Elektrofahrzeug bietet jedoch den Vorteil eines am Einsatzort emissionsfreien und geräuscharmen Fahrzeugs, eines sog. „Zero-Emission-Vehicles".

Die Standverluste der Hochleistungsbatterien führen bei kleinen täglichen Fahrstrecken zu einem äquivalenten Kraftstoffverbrauch, der von leistungsähnlichen Fahrzeugen mit Diesel- oder Ottomotor unterschritten werden kann.

Tabelle N.2-11 Batterie-Systemvergleich

	Blei-Säure	Ni/Cd	Nickel-Hydrid	Na/S; Na/NiCl2
Fahrzeugreichweite Δs	50 km	100 km	130 km	150 km
Kalendarische Lebensdauer	4 Jahre	10 Jahre	10 Jahre	5 Jahre
Zahl der möglichen Entladezyklen	700	> 2.000	> 2.000	1.000
Theoretische Laufleistung	35.000	200.000	200.000	150.000
Preis pro Kilowattstunde	300 DM	1.000 DM	1.000 DM	500 DM
Preis der Batterie bei Reichweite Δs	4.000 DM	15.000 DM	20.000 DM	12.000 DM
Bei 10jähriger Lebensdauer eines Autos benötigte Anzahl der Batterien	2 – 3	1	1	2

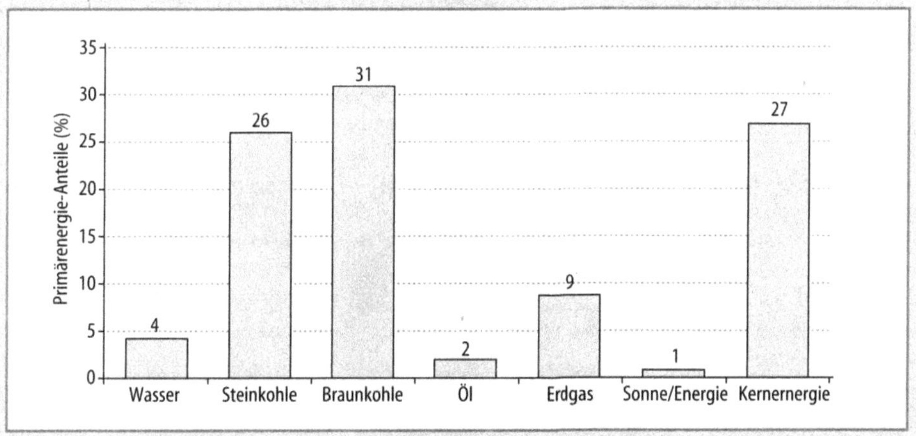

Bild N.2-15 Primärenergie-Anteile bei der Stromerzeugung

Ein weiteres Kriterium mit direkter Auswirkung auf die Akzeptanz der Elektrofahrzeuge ist die Sicherheit. Risiken bei Störfällen, ebenso wie Recyclingprobleme, müssen mit der Störfallanalyse bewertet werden.

Einen umweltentlastenden Effekt können Elektrofahrzeuge nur dann erzielen, wenn sie nicht zusätzlich, sondern statt konventioneller Fahrzeuge eingesetzt werden.

N.2.2.4.2 Brennstoffzelle

Verbrennungsmotoren werden auch in absehbarer Zeit eine wesentliche Rolle spielen. Sie besitzen aus heutiger Sicht nur ein begrenztes Potential bzgl. des Wirkungsgrads. Elektromotoren haben schon heute einen höheren Wirkungsgrad und können den Verbrennungsmotor verdrängen, wenn die Leistungsdaten ihrer Stromquellen wesentlich verbessert werden. Eine Möglichkeit besteht darin, die Batterie durch eine Brennstoffzelle zu ersetzen. Energieträger im Fahrzeug können dann neben Wasserstoff auch synthetische Gas- oder Flüssigtreibstoffe (z. B. Methanol) sein. Bild N.2-16 zeigt einen möglichen Aufbau des Antriebsystems. Bei Wasserstoffeinsatz entfällt der Reformer.

Unter den bekannten Brennstoffzellenarten eignet sich die PEM-(Polymer-Elektrolyt-Membran) Brennstoffzelle für den Einsatz in Fahrzeugen.

In der Brennstoffzelle verbindet sich der Wasserstoff – ähnlich wie bei der Verbrennung im Wasserstoffmotor – mit dem Sauerstoff der Luft zu Wasser. Die Bindungsenergie wird nicht in Form von Wärme freigesetzt, sondern direkt in elektrischen Strom gewandelt. Daraus resultieren die Vorteile der Brennstoffzelle:
- hohe elektrische Wirkungsgrade,
- lokal emissionsfrei (nur reiner Wasserdampf),
- Geräuscharmut,
- keine bewegten Teile,
- modularer Aufbau möglich,

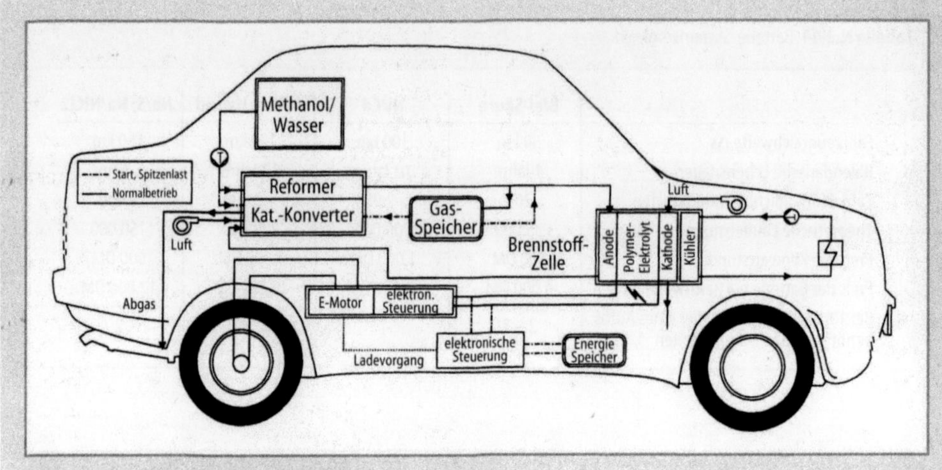

Bild N.2-16 Antriebssystem mit einer PEM-Brennstoffzelle [N.2.14]

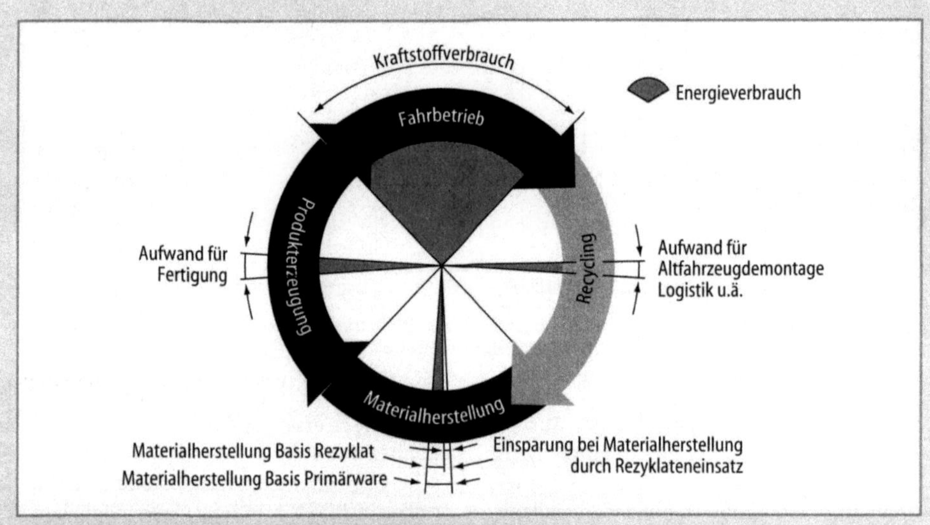

Bild N.2-17 Energie-Gesamtbilanz des Materialkreislaufs [N.2.15]

– kein Verbrauch für Leerlauf,
– Abgasreinigungsanlage, Anlasser, Lichtmaschine, Getriebe und Kupplung entfallen,
– regeneratives Bremsen möglich,
– höhere Lebensdauer.

Diese Vorzüge machen die Brennstoffzelle zu einem attraktiven Antrieb für ein Fahrzeug.

N.2.2.5 Produktionsverfahren/Altautoverwertung

Bei der Produktion, aber auch bei der Wartung und Instandsetzung von Kraftfahrzeugen fallen Schadstoffe an, die die Luft, das Wasser und den Boden belasten. Um die Umwelt so weit wie möglich zu entlasten, müssen ressourcenschonende Gestaltung von Produkten und Prozessen ständige Aufgaben sein. Für die Kraftfahrzeugindustrie bedeutet dies vor allem, eine ganzheitliche Betrachtungsweise von Ressourcenverbrauch und Umweltbelastung, beginnend mit der Materialherstellung über die Produktion und das Recycling bis hin zum neuen Produktzyklus (Bild N.2-17).

Anhand einiger Beispiele kann dieser Zusammenhang erläutert werden.

Ein wesentlicher Einflußfaktor für den Kraftstoffverbrauch eines Fahrzeugs ist sein Gewicht. Gewichtsreduzierende Maßnahmen wie der Einsatz von Leichtmetallen ist demnach anzustreben. Leichtmetalle wie Aluminium, Magnesium und Titan bedingen bei ihrer Herstellung einen hohen Energieaufwand. Eine für die Umwelt positive Bilanz ergibt sich nur dann, wenn der höhere Energieaufwand durch niedrigere Kraftstoffverbräuche kompensiert wird. Unter Einbeziehung eines aktiven Recyclings erhöht sich der Eintrag zum Umweltschutz.

Auch bei den Nutzfahrzeugen ist durch den Einsatz von Leichtmetallen aufgrund der dann möglichen Nutzlasterhöhung ein CO_2-Minderungspotential vorhanden.

Aufgrund der Komplexität und der Umweltrelevanz kommt der Lackiererei bei den Fahrzeugherstellern große Bedeutung zu. Hier sind insbesondere durch Primärmaßnahmen, schädliche Auswirkungen am Entstehungsort zu reduzieren oder zu vermeiden. Bei der Fahrzeuglackierung bedeutet das z. B.
- wasserlösliche Füllmittel und Pulverlacke verwenden, die ohne Lösungsmittel auskommen,
- integrierte Lösungen für Abluftreinigung und Wärmerückgewinnung.

Die Umstellung auf umweltschonende Anlagentechnik kann durchaus mit erhöhter Wirtschaftlichkeit verbunden sein.

N.2.3 Schienenverkehr

Bei der Betrachtung des Schienenverkehrs im internationalen Vergleich fällt zu anderen Verkehrsmitteln eine stärkere nationale Bindung auf.

In den Vereinigten Staaten z. B., wo das Bruttosozialprodukt sehr stark von den Kraftstoffpreisen abhängig ist und diese dadurch im Verhältnis zu anderen Nationen relativ niedrig sind, werden fast ausschließlich Dieseltraktionsmotoren in Schienenfahrzeugen verwendet. Schienennetze von Nahverkehrszügen bzw. S-Bahnen sind nur in großen Städten elektrifiziert.

Wie die Größe des Landes im Verhältnis zu europäischen Ländern, so hat auch der Schienenverkehr eine andere Dimension. Die Spurweiten sind breiter, die Zugmaschinen stärker, die Streckenentfernungen länger. Jedoch spielt auch hier der Schienenverkehr im Vergleich zum Straßenverkehr ebenfalls eine untergeordnete Rolle.

Da im Schienenverkehr der überwiegende Teil mit schweren Dieseltraktionsmotoren betrieben wird, sind in einer Studie [N.2.17] der amerikanischen Umweltschutzbehörde (EPA), die sich mit den Emissionen von allen im Verkehr befindlichen Transportmitteln beschäftigt, auch nur Emissionsfaktoren von Dieselmotoren für den Schienenverkehr veröffentlicht worden. Eine Betrachtung der Emissionsfaktoren zur Energieversorgung des elektrifizierten Schienennetzes wurde nicht durchgeführt.

In dieser Studie werden 5 Motorkategorien aufgeführt, die sich in 2 Hauptaufgaben, den Rangier- und Schienenzugbereich, unterteilen. Für den Rangierbereich werden grundsätzlich aufgeladene 2-Takt- bzw. nicht aufgeladene 4-Takt-Dieselaggregate verwendet. Für den Schienenzugbereich finden aufgeladene und turboaufgeladene 2-Takt-Dieselmotoren sowie 4-Takt-Saug-Diesel-Aggregate Verwendung.

Tabelle N.2-12 [N.2.16] zeigt die Emissionsfaktoren der Schadstoffe Kohlenmonoxid, Kohlenwasserstoff und Stickoxid in Abhängigkeit von Verbrauch bzw. Last.

Der Motorlastzyklus von Lokomotiven ist wesentlich einfacher als in vielen anderen Anwendungsbereichen der dieselmotorischen Verbrennung. Er wird in 8 Teillastbereiche, einen Leerlauf- und einen Schubbereich unterteilt. Aufgrund dieses einfachen Lastzykluses sind die in Tabelle N.2-12 aufgeführten Emissionsfaktoren sehr genau und leicht zu ermitteln.

Neuere Schadstoffkomponenten wie das treibhauseffekt-fördernde Kohlendioxid, die verschiedenen Schwefelverbindungen, spezielle Kohlenwasserstoffverbindungen oder Partikelmessungen fehlen gänzlich in dieser noch leider nicht für den Bereich des Schienenvekehrs aktualisierten Studie der EPA von 1985.

In Westeuropa oder beispielsweise in Japan ist der Elektrifizierungsgrad des Schienennetzes wesentlich höher als in den USA.

In den alten Bundesländern betrug er z. B. ca. 40 % [N.2.17]. Dieser Unterschied zu den USA wird um so deutlicher, wenn man den Endenergieverbrauch des Schienenverkehrs in Diesel bzw. Strom aufgeteilt betrachtet. In der unter [N.2.17] erwähnten Studie fielen im Jahr 1988 in den alten Bundesländern 412 kT Diesel bzw. 8000 GWh Strom auf die beiden unterschiedlichen Antriebsarten. In bezug auf den Primärenergieverbrauch wächst dieser Unterschied zu 20 PJ Diesel und 88 PJ Strom an, also ca. 20 % Dieselkraftstoff- zu gut 80 % Stromenergie. Hierin sind die Netz- und Umspannverluste des 15-kV – 16 2/3-Hz-Fahrleitungsnetzes zwischen

Tabelle N.2-12 Emissionsfaktoren der Schadstoffe Kohlenmonoxid, Kohlenwasserstoff und Stickoxid in Abhängigkeit von Verbrauch bzw. Last [N.2.16]

	2-Takt Dieselmotor aufgeladen Rangierbetrieb	4-Takt Dieselmotor Rangierbetrieb	2-Takt Dieselmotor aufgeladen Schienenzugbetrieb	2-Takt Dieselmotor Turboaufladung Schienenzugbetrieb	4-Takt Dieselmotor Schienzugbetrieb
Kohlenmonoxid					
kg/10^3 l	10	46	7,9	19	22
kWh	2,93	9,75	1,35	3,0	3,08
Kohlenwasserstoff					
kg/10^3 l	23	17	18	3,4	12
kWh	6,68	3,75	3,0	0,53	1,65
Stickoxid (No$_x$ als NO$_2$)					
kg/10^3 l	30	59	42	40	56
kWh	8,25	12,75	7,05	6,15	7,5

Kraftwerk und Stromabnehmern der Triebfahrzeuge mit ca. 6 % und der gemittelte Energieverbrauch der Kraftwerke mit ca. 6,5 % enthalten, so daß sich ein primärenergetischer Wirkungsgrad von 32,4 % ergibt.

Bemerkenswert ist dabei, daß ca. 82 % der Energie aus eigenen Stromerzeugungsanlagen bezogen wurden. Die Bruttostromerzeugung erfolgte dabei zu 50 % auf Steinkohlebasis, zu ca. 17 % mit Kernenergie, ca. 16 % mit Gas und ebenfalls ca. 16 % mit regenerativer Energie aus Wasserkraft.

Die nationale sowie politische Bindung des Schienenverkehrs innerhalb der europäischen Staaten erkennt man an der Inkompatibilität der Schienennetze oder auch an der Entwicklung der Hochgeschwindigkeitszüge (HGZ). Aufgrund der Ölkrise entschieden 1975 die Französichen Eisenbahnen (SNCF) die Umstellung des Hochgeschwindigkeitszuges TGV von Gasturbinen- auf Elektroantrieb. Diese Entscheidung brachte der französichen Eisenbahntechnologie im Hochgeschwindigkeitsverkehr einen Vorsprung von ca. einem Jahrzehnt gegenüber anderen Nationen wie England, Italien oder Deutschland.

In der Bundesrepublick erkannte man letztendlich erst anfang der 80er Jahre mit Blick auf Frankreich den technischen und wirtschaftlichen Sinn von Hochgeschwindigkeitszügen. Der innerdeutsche Hochgeschwindigkeitszugverkehr wurde dann 1991 mit dem ICE aufgenommen.

Verläßt man die internationale Betrachtungsweise und beschränkt sich auf den nationalen Schienenverkehr, so fallen viele Berichte und Veröffentlichungen auf, die sich mit einem ökologischen Vergleich zwischen den verschiedenen Verkehrsmitteln oder den zukünftigen Verkehrszenarien beschäftigen. In welche Richtung sich die Verkehrsträger entwickeln werden, wird sich zeigen. Daß allerdings der Schienenverkehr unter geeigneten Parametern ein sinnvolles Verkehrsmittel sein kann, ist schon seit längerem beweisbar. Ein Beispiel ist der Vergleich zwischen den Energieverbräuchen von ICE, PKW und Flugzeug bezogen auf die Personenkilometer. Unter Berücksichtigung der verschiedenen Energieträger Strom bzw. Kohle, Benzin und Kerosin muß ein geeignetes Äquivalent gewählt werden, das angefangen vom entsprechenden Heizwert auch die verschiedenen thermischen Umwandlungsprozesse berücksichtigt.

Auf die Bezugsgröße „Liter Benzin" für den Personenverkehr und „Liter Diesel" für den Güterverkehr können die Energieträger nach einer von Ilgmann [N.2.18] aufgestellten Tabelle umgerechnet werden (Tabelle N.2-13).

Zu berücksichtigen ist bei solchen Tabellen die Angabe der verschiedenen Wirkungsgrade und Verluste sowie der Punkt, bei dem die Energieäquivalentberechnung beginnt.

Bild N.2-18 zeigt mit Hilfe eines solchen Energieumrechnungsverfahrens den spezifischen Primärenergieverbrauch, umgerechnet in Liter Benzin je 100 Personenkilometer für ICE, PKW und Flugzeug bei realistischen Besetzungsgraden. Die unterschiedlichen Streckenverbräuche beim Flugzeug resultieren aus dem relativen hohen Verbrauchsanteil bei der Start- und Steigphase zur Streckenphase.

Die in Bild N.2-18 dargestellten Verbräuche sind nachvollziehbar. Jedoch kann mit einem ein-

Tabelle N.2-13 Energie-Äquivalent nach Ilgmann [N.2.18]

1 t Vergaserkraftstoff	=	1,486 tSKE	=	43,552 Megajoule	=	12,098 kWh
1 t Vergaserkraftstoff	=	1,079 KgSKE	=	31,619 Kilojoule	=	8,78 kWh	Dichte: 0,726 Kg/l
1 t Dieselkraftstoff	=	1,457 tSKE	=	42,702 Megajoule	=	11,862 kWh
1 t Dieselkraftstoff	=	1,224 KgSKE	=	35,869 Kilojoule	=	9,96 kWh	Dichte: 0,840 Kg/l
1 t Kerosin	=	1,461 tSKE	=	42,827 Megajoule	=	11,897 kWh
1 t Kerosin	=	1,169 KgSKE	=	34,262 Kilojoule	=	9,52 kWh	Dichte: 0,800 Kg/l

1 l Kerosin = 1,084 l Benzin
1 l Dieselkraftstoff = 1,134 l Benzin

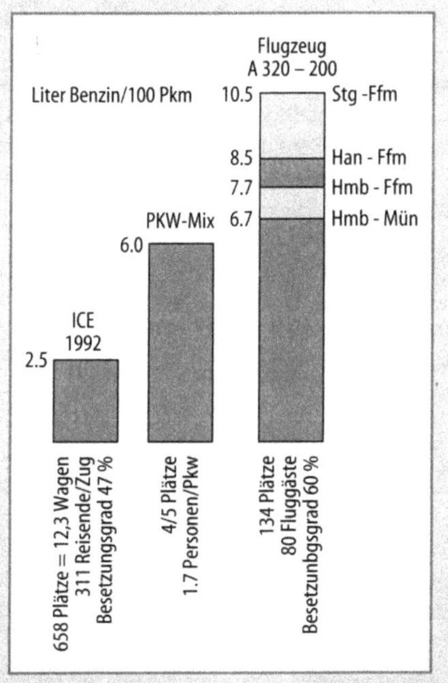

Bild N.2-18 Spezifischer Primärenergieverbrauch, umgerechnet in Liter Benzin je 100 Pkm, Stand 1992 [N.2.26]

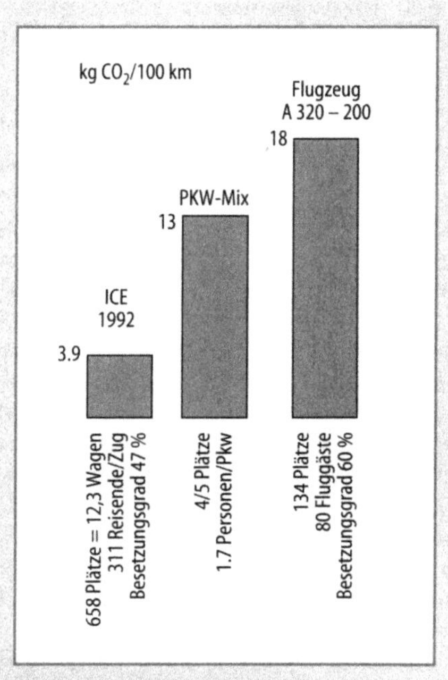

Bild N.2-19 Vergleich des Primärenergiebedarfs und der CO$_2$ Emission je 100 km Pkm, Beispiel Hamburg - Frankfurt (rund 500 km) Stand 1992 [N.2.26]

fachen Rechenbeispiel nachgewiesen werden, daß auch PKW-Diesel vergleichbare Verbrauchswerte erreichen können. Bei einem theoretischen Besetzungsgrad von 100 % würde der ICE 1,2 l auf 100 Pkm verbrauchen.

Ein heute schon käuflicher PKW mit direkteinspritzendem Dieselmotor kann durchaus bei vollem Besetzungsgrad (5 Personen) einen Verbrauch von 5 l/100km unterschreiten, umgerechnet nach [N.2.18] also 1,134 l Benzin auf 100 km.

Mit Hilfe der Kenntnis über den Schadstoffausstoß pro kWh der DB-Energieerzeugungsanlagen und einer realitätsnahen Transformation von Gramm-Schadstoffkomponente pro kg Treibstoff, kann auch in einzelne Emissionskomponenten umgerechnet werden.

Am Beispiel der klimarelevanten Schadstoffkomponente CO$_2$ ergibt sich nach den Randbedingungen von [N.2.19] folgendes Verhältnis (Bild N.2-19).

Die krassen Unterschiede zwischen der Bahn und dem PKW (Verhältnis CO$_2$ von PKW/ICE: ca. 3.3) einerseits sowie dem Flugzeug (Vehältnis CO$_2$ Flugzeug/ICE: ca. 4,6) andererseits reduzieren sich bezogen auf das einfache Rechenbeispiel mit einem direkteinspritzenden Dieselmotor zu einem Verhältnis von ca. 1,4 unter der obigen Vorraussetzung des 100 %igen Besetzungsgrads und einem Verbrauch des PKWs von 5 l Diesel auf 100 km.

Bei der Reglementierung des Schadstoffausstoßes der Bundesbahn gelten für die stromerzeugenden DB-Kraftwerke die Grenzwerte der TA Luft für stationäre Stromerzeugungsanlagen.

Für die Dieseltraktionsmotoren existiert ein UIC-Kodex des Internationalen Eisenbahnverbands. Dieses freiwillige Zertifizierungsverfahren für Dieseltraktionsmotoren der Triebfahrzeuge beinhaltet neben gängigen Motoreckdaten auch einen Abgasmesszyklus, eine Dauerleistungsprüfung und einen Betriebsversuch.

Gesetzlich festgeschriebene Grenzwerte existieren nicht.

N.2.4 Luftverkehr

Der Luftverkehr ist heutzutage in den Industrienationen zur alltäglichen Normalität geworden. Man geht davon aus, daß er auch in Zukunft besonders im Passagierluftverkehr noch einer starken Wachstumsrate unterliegen wird [N.2.20].

Nach einem Forschungsbericht des Umweltbundesamtes [N.2.21] besaß 1984 der militärische Luftverkehr bezogen auf den gesamten Flugverkehr in den alten Bundesländern einen nicht unerheblichen Anteil am Kraftstoffverbrauch und an der Abgasemission. Hier betrug der Anteil von HC und CO sogar über 50 % an der Gesamtemission. Alle Abgaskomponenten wurden hauptsächlich in Höhen unterhalb von 10.000 ft emittiert, da militärische Flugbewegungen über dieser Höhe sehr selten sind.

Ursache für den hohen Anteil unverbrannten Kohlenwasserstoffs und Kohlenmonoxids an der Gesamtemission war nach obigem Forschungsbericht das vermehrte Fliegen im Teillastbereich der Triebwerke sowie der Einsatz von Nachbrennern an Jet-Flugzeugen.

Der zivile Sichtflugverkehr, meist privat, bezieht sich fast ausschl. auf ein- bis zweimotorige Propeller- und Turboprop-Maschinen. Die einmotorigen Flugzeuge werden hauptsächlich für Platzrunden und kleinere Streckenflüge benutzt. Nach [N.2.21] ist der Anteil dieser Flugzeugkategorie am gesamten Flugverkehr in den alten Bundesländern bezogen auf Kraftstoffverbrauch und Emission bis auf die CO-Emission von 15,9 % vernachlässigbar.

Den größten Anteil bezogen auf Kraftstoffverbrauch und Abgasemission besitzt der zivile Instrumentenflug. Vor allem im Einzugsbereich großer Flughäfen hat der zivile Flugverkehr einen nicht zu vernachlässigenden Anteil an der Gesamtemission und in großen Höhen stellt er die wesentliche anthropogene Emissionsquelle dar.

Abgasemissionen verursacht durch den Luftverkehr spielen quantitativ im Vergleich zu anderen Verkehrsemissionen nur eine untergeordnete Rolle. Ein Vergleich nach dem Forschungsbericht [N.2.21] ergibt einen Anteil der Flugverkehrsemissionen je nach Schadstoffkomponente von 0,7 – 2,8 % an der gesamten Verkehrsemission.

Allerdings werden gerade im zivilen Instrumentenflug aus wirtschaftlichen Gründen Höhen von ca. 30.000 ft. und mehr für den Streckenflug angestrebt, wobei ein nicht unwesentlicher Anteil der Flugverkehrsemission dort emittiert wird.

Über die Auswirkungen von Flugzeugemissionen in solchen Höhen gibt es verschiedene Hinweise und Hypothesen zu einer evtl. globalen Klimaänderung, die stärker von der Emissionsquelle Flugzeug abhängen, als dies die oben erwähnten niedrigen Prozentsätze vermuten lassen.

N.2.4.1 Flugzeugantriebe und deren Abgasverhalten

Flugzeugantriebe können in 3 Gruppen unterteilt werden:
- Kolbenmotor
- Propeller-Turbinen-Luftstrahltriebwerk
- Turbinen-Luftstrahltriebwerk (im militärischen Einsatz zum Teil mit Nachbrenner)

Kolbenmotoren werden hauptsächlich im zivilen Sichtflugverkehr eingesetzt. Sie sind die einzigen Antriebsquellen im Flugverkehr, die mit Benzin betrieben werden.

Die Gemischkorrektur über der Höhe bzw. beim Startvorgang wird zum großen Teil noch manuell vom Piloten durchgeführt. Modernere Motoren besitzen eine automatische kennfeldbezogene Gemischkorrektur. Aufgrund ihres Einsatzzwecks besitzen sie ein relativ geringes Leistungsgewicht und im Vergleich zum Pkw-Motor kaum Reihen- oder V-Motoren. Das Abgasverhalten ist je nach Kraftstoffluftverhältnis und Leistungsausbeute vergleichbar mit der Rohemission von PKW-Hubkolbenmotoren. Eine Abgasnachbehandlung zur Emissionsreduktion ist bis dato aufgrund fehlender internationaler Richtlinien kaum bzw. gar nicht vorhanden. Emissionsfaktoren (wird im folgenden Abschnitt erklärt) für den bodennahen Bereich können z.B. der EPA-Veröffentlichung [N.2.16] entnommen werden.

Das Funktionsprinzip von Luftstrahltriebwerken kann grundsätzlich in 3 Bereiche unterteilt werden. Verdichten der angesaugten Luft, kontinuierliche Verbrennung der verdichteten Luft mit Kraftstoff in der Brennkammer und Umsetzung der Heißgasenergie in Wellenleistung bzw. Schubleistung. Wieviel Heißgasenergie von der Turbine in Wellenleistung bzw. Schubleistung umgesetzt wird, ist von der Triebwerksart abhängig.

Beim Propeller-Turbinen-Luftstrahltriebwerk (PTL-Triebwerk) dient der größte Teil der Heißgasenergie zum Antrieb des Propellers. Der Rest wird zum Antrieb des Verdichters bzw. in Schub umgesetzt.

Die Turbinen-Luftstrahltriebwerke benutzen den Schubstrahl als Vortriebsquelle. Unterschieden wird innerhalb dieser Antriebskategorie in Ein- (TL-Triebwerk) und Zweikreis-Turbinen-Luftstrahltriebwerke (ZTL-Triebwerk).

Beim TL-Triebwerk wird dem Heißgas nur soviel Energie durch Teilentspannung in der Turbine entzogen, wie zum Antrieb des Verdichters notwendig ist. Die verbleibende Energie wird in der Schubdüse in kinetische Energie umgewandelt.

Mit Hilfe des Luftmassenstroms und seiner Austrittsgeschwindigkeit kann der Triebstrahlschub mit folgender vereinfachter Gleichung berechnet werden:

Schub $= m_L/dt \, (v_A - v)$

m_L/dt Luftmassenstrom
v_A Gasaustrittsgeschwindigkeit
v Fluggeschwindigkeit

Das ZTL-Triebwerk ist wie das PTL-Triebwerk an der Turbine mit Leistungsüberschuß gegenüber dem Verdichter ausgelegt. Diese überschüssige Wellenleistung wird zum Antrieb eines Niederdruckverdichters verwendet, der in einem Bypass-Kanal um das eigentliche Triebwerk herum, einen zweiten Luftmassenstrom beschleunigt. Die gemeinsame Expansion beider Luftströme in der Schubdüse führt zu hohen Gasaustrittsgeschwindigkeiten und großem Schubvermögen.

Das Verhältnis der beiden Luftströme, das sog. Nebenstromverhältnis, liegt bei „Low-Bypass-Triebwerken" um 1:1 und beträgt bei modernen „High-Bypass-Triebwerken" momentan bis über 5:1. Diese moderneren Triebwerke besitzen als Niederdruckverdichter einen sehr großen einstufigen Bläser (Fan), der sich vor dem eigentlichen Triebwerk befindet. Der Vorteil solcher Triebwerke ist ein sehr guter Vortriebswirkungsgrad für den im Zivilflugverkehr so wichtigen Ge-

schwindigkeitsbereich um ca. 900 km/h sowie die durch ihre konstruktive Veränderung der Luftführung geringe Geräuschemission.

Bild N.2-20 zeigt den Vortriebswirkungsgrad über der Flug-Machzahl für die oben beschriebenen Triebwerkstypen.

Im militärischen Bereich werden hauptsächlich PTL- und TL-Triebwerke eingesetzt, wobei Kampfflugzeuge ein weitaus niedrigeres Leistungsgewicht besitzen als Zivilflugzeuge. Daher werden diese Triebwerke im wesentlichen nur im Teillastbereich betrieben. Nach [N.2.21] beträgt der Vollastanteil nur ca. 15–30 % der Betriebszeit.

Um bei einem TL-Triebwerk die Leistung noch zu erhöhen, werden einige Kampfflugzeuge mit einem Nachbrenner (Afterburner) versehen.

Da der Abgasmassenstrom des Luftstrahltriebwerks durch den Nebenstrom mit unverbrannter Luft vermischt wird, kann er sich nach Verlassen der Turbine durch erneute Kraftstoffzufuhr nochmals entzünden. Aufgrund dieser zusätzlichen Verbrennung und nachfolgender Expansion des Abgasmassenstroms werden höhere Austrittsgeschwindigkeiten an der Schubdüse erreicht, womit Schubsteigerungen von bis zu 75 % möglich sind. Diese Leistungssteigerung muß allerdings mit einem extrem hohen Anstieg des Kraftstoffverbrauchs erkauft werden, und gerade die Verbrennungsprodukte HC und CO liegen um ein Vielfaches über den Werten der TL-Triebwerksemissionen ohne Nachbrenner. Die Stickoxidemission sinkt wie bei jedem Verbrennungsprozeß aufgrund der fetteren Verbrennung.

Grundsätzlich besteht ein Nachbrenner aus einem Rohr mit einem zusätzlichen Einspritzsy-

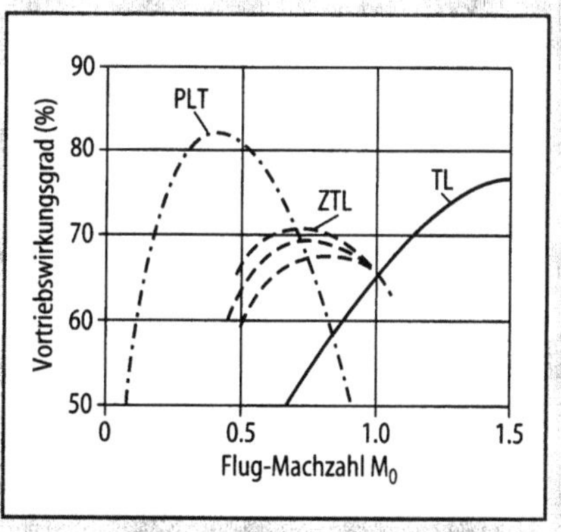

Bild N.2-20 Vortriebswirkungsgrad von PLT-, ZTL- und TL-Triebwerken nach [N.2.21]

stem, das sich hinter der Turbine des eigentlichen Triebwerks befindet.

Die gebräuchlichste Kraftstoffart bei Luftstrahltriebwerken ist Kerosin, ein flüssiger Kraftstoff aus Mineralölprodukten. Daher sind die Verbrennungsprodukte ähnlich den der Pkw-Motoren. Tabelle N.2-14 zeigt die Schadstoffemissionen pro kg Kerosin bei Reiseflughöhe.

Tabelle N.1-3 Emissionen von Glaswannen

	mg/m^3 [a,b]	Grenzwerte [a] TA Luft 1986
Gesamtstaub	50 – 1500	50
Schwermetalle Blei Arsen Selen		5 1 1
Fluorwasserstoff	5 – 30	5
Chlorwasserstoff	40 – 250	30
Schwefeldioxid	2000 – 3000	1800
Schwefeltrioxid	200 – 300	–
Stickoxide	1000 – 4000	s. Text

[a] bezogen auf Normzustand und 8 Vol. % O_2
[b] abhängig von Ofenanlage, Fahrweise und Rohstoffen

Die quantitative Größe der Verbrennungsprodukte hängt im Wesentlichen vom Betriebspunkt des Triebwerks ab, also von Druck und Temperatur in der Brennkammer bzw. von den externen Parametern relativer Schub und Flughöhe. Bild N.2-21 verdeutlicht die Abhängigkeit der Emissionskomponenten vom prozentualen Schub bzw. vom Kraftstoff-Luftgemisch.

Maßgebend für das aus unterem Diagramm eindeutig zu erkennende typische Emissionsverhalten für Luftstrahltriebwerke (niedrige Last, hohe HC- und CO-Emissionen bei gleichzeitig geringen NO_x- und Rauchemissionen bzw. bei hoher Last vice versa) ist der Druck- und Temperaturverlauf der kontinuierlichen Verbrennung in Abhängigkeit von der Luft-Brennstoff-Mischung in der Hauptverbrennungszone selber.

Bei geringem Schub sind Druck und Temperatur in der Brennkammer niedrig, trotz des hohen Luftüberschußanteils ist die Verbrennung nicht vollständig und es kommt somit zu einem erhöhten Anteil unverbrannter Kraftstoffkomponenten (HC) sowie zu Reaktionsprodukten aus unvollständig abgelaufenen Reaktionen (CO). Bei maximalem Schub sind Druck und Temperatur in der Brennkammer sehr hoch und die Emissionen der Verbrennungsprodukte bis auf

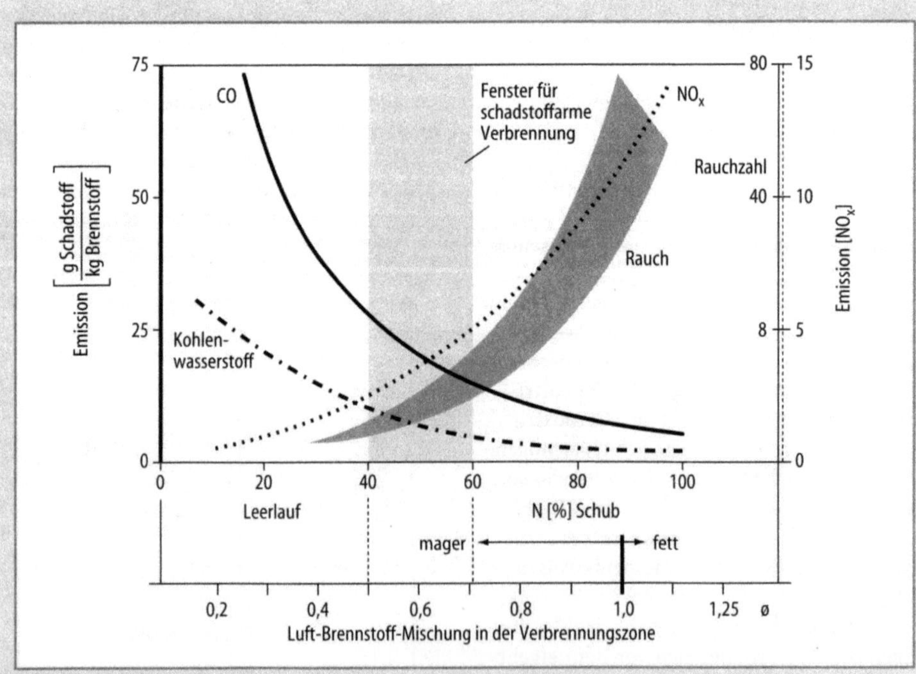

Bild N.2-21 Abhängigkeit der Schadstoffkomponenten HC, CO, NO_x und Rauch vom prozentualen Schub bzw. vom Kraftstoff-Luftgemisch nach [N.2.19]

NO_x niedrig. Allerdings steigt die Rauchemission mit abnehmendem Lambda.

Zur Ermittlung der Schadstoffemissionen von Luftstrahltriebwerken dienen, wie bei Lkw-Motoren, Prüfstandsmessungen, bei denen neben rein stationären Betriebspunkten auch bestimmte repräsentative Lastzyklen durchfahren werden. Da die Flughöhe verständlicherweise ebenfalls einen Einfluß auf die Abgasemissionen hat, verwendet man aufgrund der schwer darzustellenden Umgebungsbedingungen am Prüfstand zum großen Teil Emissionsrechenprogramme.

Bild N.2-22 zeigt die Schadstoffemission in Bodennähe unterschiedlich alter Triebwerkstypen nach dem ICAO-Zyklus.

Man erkennt über der Zeit eine Verringerung der Schadstoffkomponenten HC, CO und Rauch bezogen auf den Nennschub, wobei die NO_x-Emissionen nahezu konstant geblieben sind. Auch hier wird wieder, wie bei jedem Verbrennungsprozeß, der Konflikt zwischen hohem Wirkungsgrad gleichbedeutend mit einer optimalen Verbrennung bei hohen Prozeßtemperaturen und den Stickoxidemissionen deutlich. Ob und in welchem Maße eine mögliche NO_x-Reduktion durch eine Weiterentwicklung der Brennkammer z.B. in Richtung Magerverbrennung, Magerverbrennung mit Vormischung oder Fett-Mager-Verbrennung [N.2.23] möglich ist, wird sich zeigen.

Für die Betrachtung der Umweltbelastung ist es ebenfalls von Bedeutung, in welchen Höhen die vom Flugverkehr verursachten Abgase emittiert werden. Mit Kenntnis der Verweilzeiten des Flugverkehrs in verschiedenen Höhen sowie dem dazugehörigen Lastkollektiv und Abgasverhalten der Triebwerke sind solche Berechnungen möglich. Bild N.2-23 zeigt die Verteilung der verschiedenen Abgaskomponenten über der Höhe in den alten Bundesländern 1984.

Der größte Anteil der Schadstoffe wird im Bodenbereich, ein nicht unerheblicher Anteil an Stickoxiden in Flughöhen über 30.000 ft. emittiert.

Daß die Stickoxide eine wesentliche Abgaskomponente in großen Höhen ist, verdeutlicht auch Tabelle N.2-15, die zeigt, daß 84 % der NO_x-Emissionen auf einem Flug von Frankfurt nach New York in Reiseflughöhe anfallen. Das Flugzeug, eine Boeing 747-400 mit einem Abfluggewicht von ca. 300 t, einer Reisegeschwindigkeit von 900 km/h und einer Flughöhe von ca. 36.000 ft., verbrauchte dabei ca. 65 t Kraftstoff [N.2.20].

Der Kraftstoffverbrauch einer Boeing 747 erscheint sehr hoch, relativiert sich aber auf ca. 6 l auf 100 km pro Sitzplatz. Andere Flugzeuge im

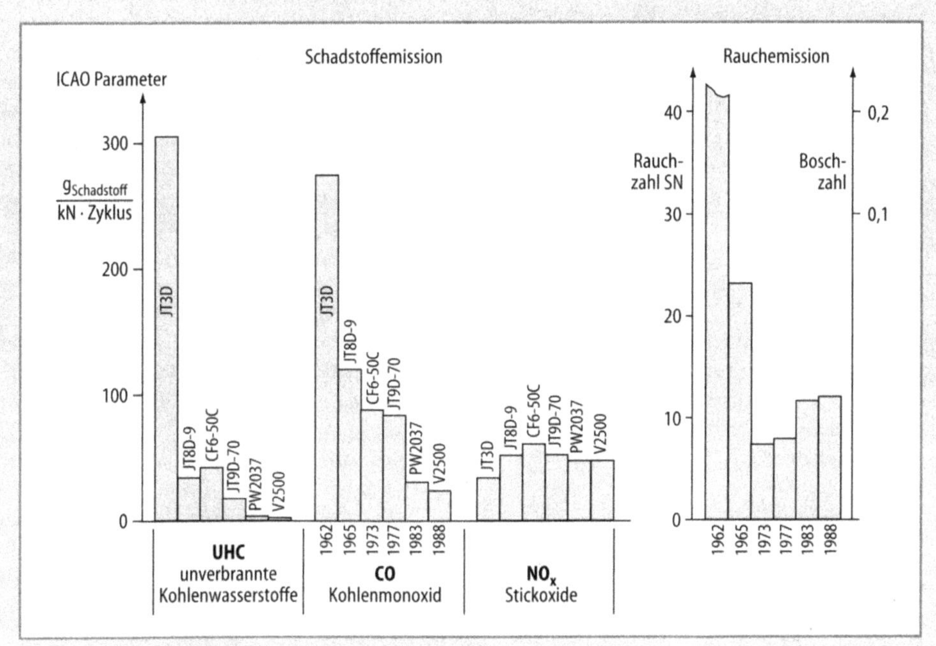

Bild N.2-22 Schadstoffemission in Bodennähe nach [N.2.19]

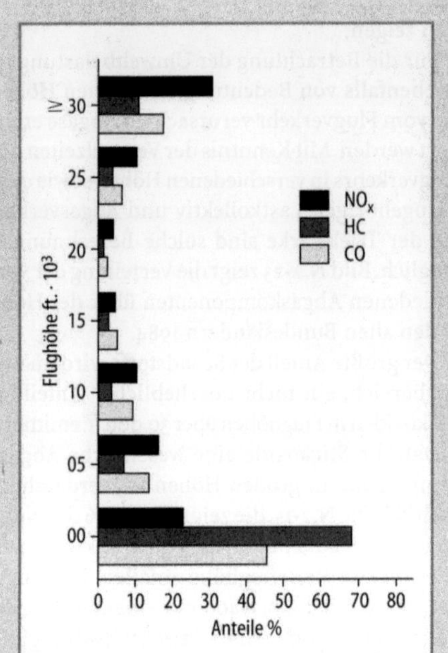

Bild N.2-23 Prozentuale Aufteilung der CO-, HC- und NOx-Emissionen auf die einzelnen Flughöhen, ziviler Instrumentenflug, 1984 nach [N.2.16]

Tabelle N.2-15 Stickoxidemissionen auf einem Flug von Frankfurt/Main nach New York (6200 km) mit einer Boeing 747-400 nach [N.2.20]

	NOx Emissionen	
	kg	%
Boden	9,5	1,0
Start	136,0	14,6
Flug	783,0	84,3
Landung	1,2	0,1
Summe	929,7	100,0

Charterverkehr (A 310) bringen es mit dichter Bestuhlung sogar auf 2,3 l auf 100 km [N.2.20]. Allein aus rein wirtschaftlichen Gründen sind die Fluggesellschaften an effizienten Luftstrahltriebwerken interessiert.

N.2.4.2 Richtlinien zur Abgaszertifikation im Flugverkehr

1972 fand in Stockholm eine „United Nation Conference on the Human Environment" statt, bei der die „International Civil Aviation Organization", kurz ICAO genannt, zugesagt hat, für eine maximale Kompatibilität zwischen der Sicherheit, der vernünftigen Entwicklung des zivilen Luftverkehrs und des menschlichen Lebensraums Sorge zu tragen. Daraufhin wurde das „ICAO Action Programme Regarding the Environment" etabliert. Eine Arbeitsgruppe als Teil dieses Programms beschäftigte sich mit Triebwerksemissionen von Flugzeugen.

1977 erschien von der ICAO die erste Ausarbeitung „Control of Aircraft Engine Emissions", die Richtlinien bzgl. eines Zertifizierungsverfahrens zur Reglementierung von Kraftstoffverdampfung, Rauch- und bestimmten Abgaskomponenten für neue Unterschall-Turbo-Jet und Turbo-Fan Triebwerke beinhaltete.

Im selben Jahr wurde beschlossen, das „Committee on Aircraft Engine Emissions", kurz CAEE genannt, zu bilden, das die einzelnen Standpunkte der verschiedenen ICAO Mitgliedsstaaten berücksichtigen sollte.

Im Mai 1980 wurden diese Änderungen bzw. Modifikationen von CAEE im ICAO Annex berücksichtigt und nach nochmaliger Durchsicht 1981 vom Rat angenommen.

Dieses Zertifizierungsverfahren für Unter- und Überschallstrahlantriebe, wiederzufinden im „Annex 16 Volume II" der ICAO-Richtlinien, beinhaltet neben einführenden Definitionen, Standardisierungen bzgl. Kraftstoffverdampfung, Abgasgrenzwerte für verschiedene Flugzeugtriebwerke abhängig von Leistung bzw. Schub wie Rauch-, HC-, CO-, NOx-Emissionen und einen Anhang über die Test- und Meßverfahrensmodi.

Volume I, der frühere Teil des Annex 16, bezieht sich auf die Reglementierung von Geräuschemissionen. Diese Richtlinien wurden schon 1972 angenommen.

Einen wesentlichen Anteil am Inhalt des Annex 16 Vol. II hatte auch die amerikanische Umweltschutzbehörde EPA (Environmental Protection Agency), die schon 1970 durch den Clean Air Act in die Lage versetzt wurde, ein Meß- und Testverfahren zur Abgasemissionslimitierung für Flugzeuge zu entwickeln.

Die gültigen Grenzwerte nach Annex 16 der Internationalen Zivilluftfahrt-Organisation gel-

Tabelle N.2-16 LTO-Cycle; Graphik von [N.2.20]

Phase	Leistung %	Dauer min.
Start	100	0,7
Steigflug	85	2,2
Landeanflug	30	4
Taxi	7	26

ICAO-Schadstoffemissions-Summe der vier Flugphasen/Nennschub

ten, wie bei der Abgaszulassung von schweren Nutzfahrzeugmotoren, nicht für Flugzeugtypen sondern für deren Antriebsaggregate.

Ab dem 18.2.1982 muß jeder Hersteller, der weltweit seine Luftstrahltriebwerke anbieten will, dieses Zertifizierungsverfahren durchlaufen.

Nachfolgend eine kurze Beschreibung der ICAO Annex 16 Vol. II Richtlinien [N.2.24]:
- Kraftstoffverdampfung

Zur Kraftstoffverdampfung sind keine ausführlichen Angaben festgelegt worden. Es soll lediglich nach einem normalen Flug- bzw. Bodenbetrieb sichergestellt sein, daß nach Abschalten (shut-down) der Triebwerke kein Kraftstoff in die Atmosphäre austritt.
- Schadstoffgrenzwerte

Festgesetzte Schadstoffgrenzwerte sind immer abhängig vom ausgewählten Testzyklus. Für Strahltriebwerke ist dies der „Landing-/ Take Off-Cycle", kurz LTO-Cycle genannt. Dieser Zyklus ist für Unterschalltriebwerke in Tabelle N.2-16 dargestellt.

Der Zyklus bezieht sich auf die 4 prägnanten Phasen des Start- und Landevorgangs. Die Leistung des Triebwerks entspricht in etwa den im Zyklus zeitlich definierten Betriebszuständen.

Für Überschalltriebwerke besitzt der LTO-Cycle einen weiteren Testabschnitt. Hier wird der Sinkflug mit einbezogen. Ebenfalls sind die Schubeinstellungen sowie die Verweilzeiten im entsprechenden Testabschnitt leicht modifiziert.

Die Zeiten für Steig- und Landeanflug beziehen sich auf eine Höhe von ca. 3000 ft. (900 m), also auf den Bereich austauscharmer Luftschichten. Es werden daher eigentlich nur Imissionsverschlechterungen im bodennahen Bereich reglementiert. Allerdings bietet dadurch der Testzyklus die Möglichkeit einer Quantifizierung der Schadstoffemissionen im Flughafenbereich und seiner näheren Umgebung.

Die über der gesamten Zykluszeit von 32,9 min emittierte Gesamtmasse unverbrannter Kohlenwasserstoffe, Kohlenmonoxid, Stickoxide und Ruß (wird nur in der Startphase gemessen) wird erfaßt und durch den Nennschub des Triebwerks zwecks Vergleichbarkeit der Daten normiert. Die einzelnen Kraftstoffverbräuche des Triebwerks über den Zyklus werden integriert und neben weiteren meßtechnisch oder analytisch erfaßten Größen wie Gesamtdruckverhältnis, Schub, Treibstoffspezifikation und Umgebungsbedingungen im Zertifizierungsbericht festgehalten.

Als Grenzwerte für eine Zertifikation sind ab dem 1.1.86 folgende Emissionsprodukte festgehalten, sofern der Nennschub der Turbine 26,7 kN übersteigt:

Unverbrannte Kohlenwasserstoffe
$$D_p/F_{00} = 19,6 \ [g/kN]$$
Kohlenmonoxid
$$D_p/F_{00} = 118 \ [g/kN]$$
Stickoxide ($NO + NO_2 = NO_x$)
$$D_p/F_{00} = 40 + 2\pi_{00} \ [g/kN]$$
bzw. (gültig ab 1996)
$$D_p/F_{00} = 32 + 1.6\pi_{00} \ [g/kN]$$
Ruß (gültig ab 1983)
$$SN = 83.6 \ (F_{00})^{-0.274} \text{ bis zu einem}$$
$$\text{Maximalwert von 50}$$

D_p = emittierte Gesamtmasse der jeweiligen Abgaskomponente im LTO-Bereich

F_{00} = max. Schub unter Normalbedingungen (Höhe = 0 m, Geschwindigkeit = 0 m/s)

π_{00} = Verdichterdruckverhältnis unter Normalbedingungen s. o.

SN = Rauchzahl

Für ein jeweils nach ICAO-Richtlinien zertiziertes Triebwerk ist in der „ICAO Engine Exhaust Emission Data Bank" ein Datenblatt abgelegt.

N.2.4.3 Auswirkungen der Abgasemissionen auf Tropopause und Stratosphäre

Wie schon erwähnt, ist der Flugverkehr die einzige anthropogene Emissionsquelle in Höhen oberhalb von 30.000 ft. Der Reiseflugbereich heutiger Verkehrsflugzeuge mit Unterschallgeschwindigkeit bewegt sich zwischen 30.000 und 36.000 ft. Der Überschallflugbereich bewegt sich knapp unterhalb von 65.000 ft. Gerade in diesen Bereichen der Tropopause und Stratosphäre ist der Ozongehalt der Luft sehr wichtig für den Schutz vor schädlichen Sonnenstrahlen.

Durch verschiedene von der Sonneneinstrahlung stark abhängige Reaktionsmechanismen ergibt sich der ungewünschte Effekt, daß in der Troposphäre die Ozonbildung durch NO_x-Emissionen begünstigt wird (Stichwort: Ozonalarm in Hessen, Beitrag zum Treibhauseffekt durch Absorption langwelliger Strahlung von der Erde) und oberhalb der Tropopause der Ozonabbau durch NO_x-Emissionen gefördert wird (Stichwort: Ozonloch).

Der Einfluß der Stickoxide auf den Ozongehalt der Lufthülle ist in Bild N.2-24 veranschaulicht.

Die globale Erwärmung der Erde hängt von zwei weiteren im Flugverkehr vorkommenden Verbrennungsprodukten ab, welche bis dato noch

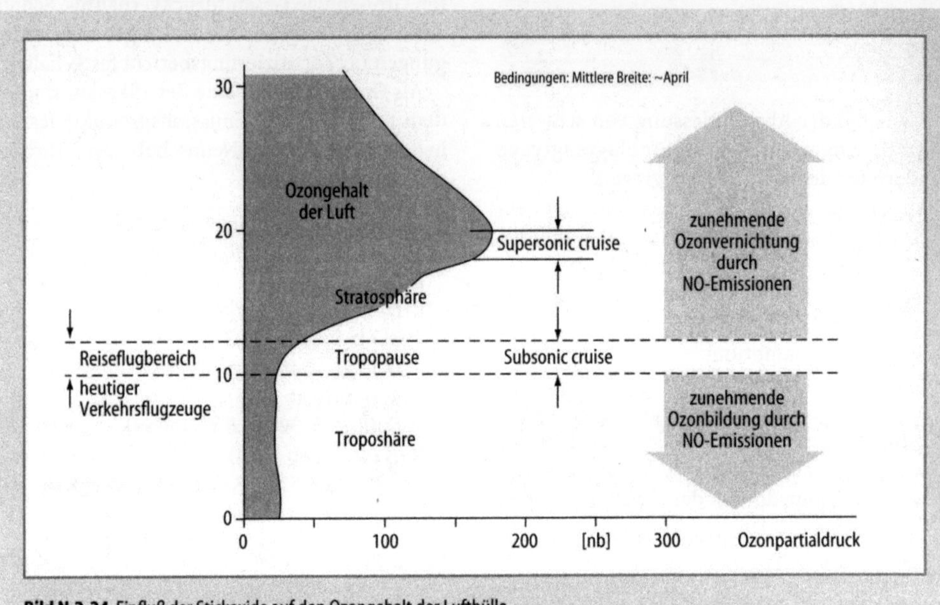

Bild N.2-24 Einfluß der Stickoxide auf den Ozongehalt der Lufthülle

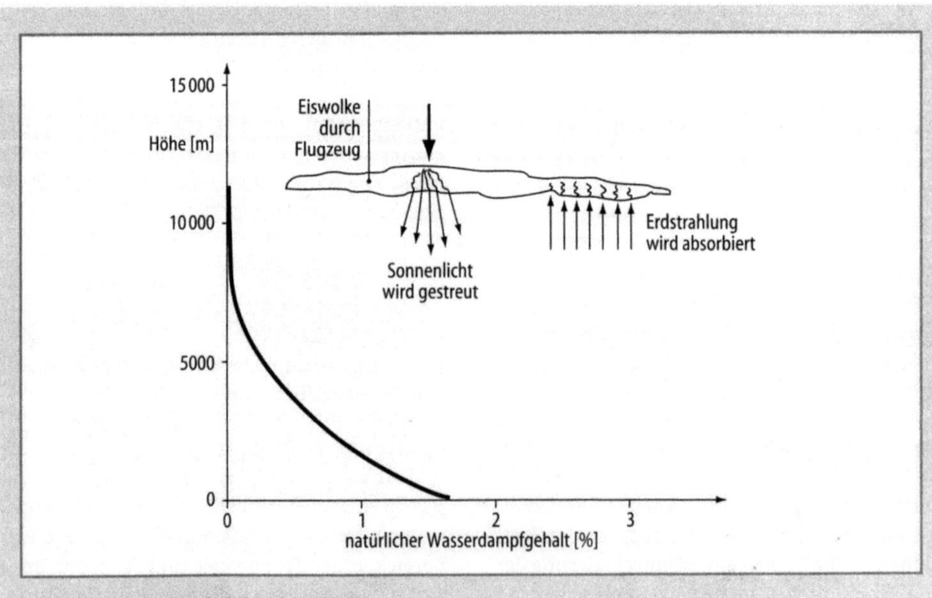

Bild N.2-25 Wasserdampfgehalt in der Lufthülle

 Stoffquellen

nicht erwähnt wurden. Es sind die aus einer Verbrennung entstehenden Abgaskomponenten Wasser und Kohlendioxid. Wie schon in anderen Kapiteln beschrieben, ist die direkt zum Kraftstoffverbrauch proportionale Kohlendioxidemission als Treibhausgas vor allem durch die Verbrennung fossiler Brennstoffe in Haushalt, Industrie und Straßenverkehr seit einiger Zeit bekannt.

Der Wasserdampfgehalt ist in großen Höhen aufgrund der niedrigen Temperaturen sehr gering. Der dort aus Luftstrahltriebwerken emittierte Wasserdampf gefriert zu Eiswolken, die einfallendes Sonnenlicht streuen sowie die Erdstrahlungen absorbieren und somit, obwohl eigentlich absolut unschädlich, als eine zusätzliche Komponente zur Erwärmung der Erde beitragen. Bild N.2-25 zeigt den Wasserdampfgehalt über der Höhe und die Verstärkung des Treibhauseffekts durch Eiswolken.

Bei der Verbrennung von 1 kg Kerosin entsteht zwangsläufig ca. 1,24 kg Wasser, somit kann nur eine Verringerung des Kraftstoffverbrauchs von Flugzeugen in diesen Regionen zu einer Minimierung der Eiswolkenbildung führen. Auch ein anderer „sauberer" Kraftstoff wie z.B. Wasserstoff bietet bzgl. der Eiswolkenbildung keine Alternative, da hier bezogen auf Kerosin die 2,5fache Wassermenge entsteht.

N.2.5 Wasserverkehr

N.2.5.1 Technische Grundlagen

Der Wasserverkehr kann grundsätzlich in 5 Bereiche unterteilt werden:
- Sportschiffahrt,
- Gütertransport,
- Passagierschiffahrt,
- Fischereischiffahrt,
- militärischer Schiffsverkehr.

Klassifiziert man Schiffe unter dem Gesichtspunkt ihrer Verwendung, so ergeben sich 3 Kategorien:
- Freizeit,
- kommerziell,
- Militär.

Ein weiteres Unterscheidungsmerkmal ist die Antriebsart, die fast ausschl. bis auf einen kleinen Teil in der Sportschiffahrt innerhalb des Schiffs also „inboard-powered" plaziert ist.

Die gebräuchlichste Antriebsart ist der Dieselmotor, der abhängig von seiner Größe bzw. der Größe des Schiffs in langsam-, mittel-, oder schnellaufend unterteilt wird. 2- und 4-Takt-Ottomotoren werden meist nur in der Sportschifffahrt verwendet. Andere Antriebsarten wie mit Atomenergie angetriebene Schiffe, Dampfschiffe, Propeller-(Luftkissenboote), Turbinen-, oder Segelschiffe sollen hier nicht näher untersucht werden.

Das Emissionsverhalten von Turbinentriebwerken kann in Abschn. N.2.4 nachgelesen werden.

Der Wasserweg ist eine wesentliche Größe im Wasserverkehr bezogen auf die lokale Betrachtung von Emissions- und Immissionsfaktoren. Klassifiziert wird hier nach Seen (Bodensee), Flüssen (Binnenschiffahrt), Küstenbereichen (Küstenschiffahrt) und Meeren (internationale Schiffahrt).

Alle Schiffe verschmutzen das Wasser mit organischem und anorganischem Abfall, Reinigungsmitteln, Lacken, Emulsionen und Zivilisationsmüll usw. mehr oder weniger. Die verheerenden und z.T. auch strafbaren Wasserverschmutzungen wie die Öltankerreinigung auf hoher See nach der Entladung, illegale Abfallbeseitigung oder Tanker- und Chemietransportunglücke zeigen mit großer Deutlichkeit ihre schlimmen Auswirkungen auf Wasser und Umwelt nicht nur für einige Tage.

Der Wasserweg bewirkt auch unterschiedliche Grenzwerte bzgl. der Abgasgesetzgebung (z.B. Bodenseeverordnung) bzw. internationaler Richtlinien, auf die später noch eingegangen wird.

Bei der Betrachtung der Emissionsfaktoren im Schiffsverkehr war wiederum die amerikanische Umweltbehörde (EPA) eine der ersten, die sich mit der Ermittlung solcher breitgefächerten Daten beschäftigte [N.2.16].

Hier werden für die kommerzielle Schiffahrt zwei grundsätzliche Arbeitszustände zur Ermittlung der Luftverschmutzung benannt. Zum einen die Streckenemissionen (underway) und zum anderen die Emissionen, die entstehen, wenn das Schiff vor Anker liegt (dockside). Streckenemissionen werden von einer Vielfalt von Faktoren wie Energieträger, Motorgröße, Arbeitsverfahren, Geschwindigkeit und Last bestimmt.

Kommerziell verwendete Schiffe, die sich innerhalb der geographischen Grenzen der USA bewegen, fallen in die oben aufgeführten Kategorien (Seen, Flüsse, Küsten).

Tabelle N.2-17 [N.2.16] gibt Emissionsfaktoren solcher Schiffe an.

Tabelle N.2-17 Emissionsfaktoren kommerzieller Schiffe innerhalb der geographischen Grenzen der USA [N.2.16]

Emissionen	Fluß	Seen	Küste
Schwefeloxid (SO$_x$ als SO$_2$) kg/10^3 l	3,2	3,2	3,2
Kohlenmonoxid kg/10^3 l	12	13	13
Kohlenwasserstoff kg/10^3 l	6,0	7,0	6,0
Stickoxid kg/10^3 l	33	31	32

Bemerkung: Die Angaben stammen aus Datensammlungen der 70er Jahre basierend auf einem Kraftstoff mit 0,20 % Schwefelgehalt und einer Dichte von 0,854 kg/l. Bis dato gibt es nach Angaben der EPA noch keine überarbeiteten Informationen.

Eine etwas detailliertere Information zeigt Tabelle N.2-18 [N.2.16]. Hier sind Emissionsfaktoren von Diesel-Marine-Motoren mit unterschiedlicher Nennleistung unter verschiedenen Lastzuständen bezogen auf den Kraftstoffverbrauch angegeben.

Die Daten – so EPA – sind allgemeingültig und können auf jedes Schiff mit gleicher Motorisierung übertragen werden.

Auch wenn ein Schiff im Hafen vor Anker liegt emittiert es Schadstoffe, da Energie für das Löschen und Laden der Fracht, Heizung, Pumpen, Kühlung, Ventilation usw. verbraucht wird. Hierfür werden zum Teil zusätzliche Dieselaggrega-

Tabelle N.2-18 Emissionsfaktoren von Diesel-Marine-Motoren mit unterschiedlicher Nennleistung unter verschiedenen Lastzuständen bezogen auf den Kraftstoffverbrauch [N.2.16]

PS	Modus	Kohlenmonoxid kg/10^3 l	Kohlenwasserstoff kg/10^3 l	Stickoxid (NO$_x$ als NO$_2$) kg/10^3 l
200	Stillstand	25,2	46,9	0,8
	Langsam	17,4	12,4	25,0
	Kreuzen	15,1	20,4	50,7
	Volle Fahrt	17,0	7,2	30,6
300	Langsam	7,1	6,8	40,4
	Kreuzen	5,7	6,1	46,7
	Volle Fahrt	7,0	2,5	33,0
500	Stillstand	33,8	14,1	11,9
	Kreuzen	11,9	5,3	40,6
	Volle Fahrt	10,1	2,7	32,3
600	Stillstand	20,6	8,2	36,8
	Langsam	6,1	2,0	30,1
	Kreuzen	9,3	2,9	41,8
700	Stillstand	35,1	11,5	29,5
	Kreuzen	4,3	1,1	54,2
900	Stillstand	26,8	29,8	12,9
	2/3	7,5	2,0	20,0
	Kreuzen	9,7	2,1	43,1
1580	Langsam	14,7	–	44,5
	Kreuzen	5,3	–	74,6
	Volle Fahrt	28,5	2,0	5,7
2500	Langsam	7,2	2,7	50,3
	2/3	15,2	1,8	39,1
	Kreuzen	9,4	2,0	46,9
	Volle Fahrt	11,5	2,6	47,9
3600	Langsam	17,8	7,2	44,0
	2/3	3,4	3,0	43,0
	Kreuzen	5,0	4,0	40,7
	Volle Fahrt	7,5	3,5	36,8

Leistung kW	Last %	Schwefeloxid (SO$_x$ wie SO$_2$) kg/10^3 l	Kohlenmonoxid kg/10^3 l	Kohlen- wasserstoff kg/10^3 l	Stickoxid kg/10^3 l
20	0	3,2	18,00	31,50	52,0
	25	3,2	9,55	24,40	53,2
	50	3,2	6,40	17,30	57,2
	75	3,2	3,42	10,20	59,3
40	0	3,2	18,30	70,00	25,6
	25	3,2	10,70	44,30	26,2
	50	3,2	8,10	34,20	27,1
	75	3,2	7,68	27,70	27,9
200	0	3,2	16,10	16,20	17,0
	25	3,2	11,70	4,01	16,9
	50	3,2	7,47	2,13	16,8
	75	3,2	3,20	2,10	16,4
500	0	3,2	7,00	25,00	18,3
	25	3,2	6,40	13,00	26,6
	50	3,2	5,76	9,80	35,1
	75	3,2	5,24	7,08	43,6

te, die auch Generatoren antreiben, verwendet.

Die Emissionsfaktoren dieselmotorisch angetriebenere Generatoren zeigt Tabelle N.2-19 [N.2.16].

N.2.5.2 Abgasgesetzgebung im Wasserverkehr

Im Gegensatz zur Schadstofflimitierung an Straßenfahrzeugen ist die Abgasgesetzgebung bezogen auf den Schiffsverkehr noch sehr jung.

Erst ab 1993 trat die Bodensee-Schiffahrtsverordnung (BSO) in Kraft, die für den Schiffsverkehr auf dem Bodensee die Schadstoffkomponenten NO$_x$, CO, HC, und bei Dieselmotoren zusätzlich die Abgastrübung reglementiert.

Bei Ottomotoren wird anstelle der Abgastrübung eine Leerlaufreferenzmessung vorgeschrieben.

Zur Ermittlung der Schadstoffkomponenten dient ein 9-Punkte-Motorenprüfstandstestverfahren. Abhängig von einer festgesetzten Propellerleistungskurve werden in Abhängigkeit von Nennleistung und Nenndrehzahl 7 verschiedene Lastzustände, die einen typischen Betriebsbereich von Schiffsmotoren abdecken, angefahren. Zwei weitere Lastzustände beziehen sich auf den Leerlauf und den Vollastpunkt. Jeder Lastzustand besitzt einen Zeit-Wichtungsfaktor (Summe 1 h), so daß sowohl die Emissionen pro kWh als auch die Gesamtemissionen pro Teststunde ohne große Umrechnung ermittelt werden können.

Die Abgastrübung wird bei Vollast im Betriebspunkt der maximalen Leistung durchgeführt. Die Messung basiert auf dem Filterprinzip, wobei das Meßergebnis als Bosch-Schwärzungszahl (BSZ) ausgedrückt wird. Tabelle N.2-20 [N.2.25] zeigt die spezifischen Abgasgrenzwerte für die „Face-In-Stufen" I seit 1993 und II seit 1996.

Die Massenemissionsgrenzwerte in g/h der Stufen I und II gelten für alle Antriebsaggregate mit Ausnahme der Dieselmotoren, die nicht für Sport- und Vergnügungsschiffe bestimmt sind und gewerblichen Zwecken unterliegen.

Stufe I	Stufe II
4500 g/h CO	1500 g/h CO
290 g/h HC	95 g/h HC
1100 g/h NOx	360 g/h NOx

Die Abgastrübung von Dieselmotoren der Stufen I und II unterteilen sich noch in Saug- und Abgasturboladermotoren mit folgenden Grenzwerten:

Stufe I	Stufe II
Saugmotor	Saugmotor
BSZ 4,0	BSZ 3,5
Motoren mit Abgasturboladern	Motoren mit Abgasturboladern
BSZ 3,0	BSZ 2,5

Für internationale Gewässer gelten ab 1996 neue Stickoxidgrenzwerte. Ziel ist es, die Stickoxidemissionen bis zum Jahr 2000 um 30 % zu verringern.

Tabelle N.2-20 Spezielle Abgasgrenzwerte für die „Face-In-Stufen" I seit 1993 und II und III seit 1996

Leistung kW	Kohlenmonoxid $CO = A \cdot P_N^{-m}$ g/kWh		Kohlenwasserstoffe $HC = A \cdot P_N^{-m}$ g/kWh		Stickoxide $NO_x = A \cdot P_N^{-m}$ g/kWh	
Stufe I: Otto- und Dieselmotor	A	m	A	m	A	m
< 4	600	0,5	60,00	0,7747	15	0
4 – 100	600	0,5	39,39	0,4711	15	0
> 100	60	0,0	10,13	0,1761	15	0
Stufe II: Ottomotor						
< 4	400	0,6505	30	0,6505	10	0,1505
4 – 100	400	0,6505	30	0,6505	10	0,1505
> 100	20	0	3,375	0,1761	5	0
Stufe III: Dieselmotor						
< 4	400	0,6505	30	0,6505	10	0
4 – 100	400	0,6505	30	0,6505	10	0
> 100	20	0	3,375	0,1761	10	0

P_N Nennleistung

Die Abgasgesetzgebung für den Schiffsverkehr hebt zum jetzigen Zeitpunkt vor allem die Stickoxidlimitierung in den Vordergrund, da große Dieselmotoren aufgrund ihres hohen Wirkungsgrads sowieso wenig Kohlenmonoxid bzw. unverbrannte Kohlenwasserstoffverbindungen emittieren. Eine weitere Verschärfung der bestehenden Grenzwerte und die Einführung von Grenzwerten momentan nicht limitierter Schadstoffe wie Partikel, Schwefeldioxid, polyzyklische aromatische Kohlenwasserstoffe (PAH) und Kohlendioxid ist erst wieder über den Weg des Strassenverkehrs zu erwarten. Erste Vorstöße in diese Richtung sind in Kalifornien mit der Einführung von sog. „Low-Emission-Vehicles" bis zu „Ultra-Low-Emission-Vehicles" bereits vollzogen und fest in der Gesetzgebung verankert.

Das mittelfristige Ziel, die in Kalifornien geltenden 2 g/kWh NO_x für seegehende Schiffe zu erreichen, wird nicht nur durch innermotorische Maßnahmen wie z.B. Abgasrückführung und Wassereinspritzung möglich sein. Auch ein Umschwenken von den langsam- bzw. mittelschnell- zu den schnelllaufenden Dieselmotoren, die prinzipbedingt geringere Stickoxidemissionen aufweisen, aber auch einen Verbrauchsnachteil von 5 – 10 % [N.2.26] besitzen, wird mittelfristig diese Hürde nicht schaffen. Erst eine außermotorische Abgasnachbehandlung der Dieselmotorabgase wie z.B. auf Basis des SCR-Prozesses (selektiver katalytischer Reduktionsprozeß) besitzt hier Lösungsmöglichkeiten. Erste

Anlagen werden sogar schon für Schiffsantriebe angeboten und in der Praxis getestet. Beim SCR-Prozeß wird Ammoniak dem Dieselkraftstoff bzw. dem Dieselabgas zugeführt, so daß in einem nachgeschalteten Katalysator die Stickoxide in reinen Stickstoff und Wasser konvertierbar sind. In einem Bericht [N.2.27] wurden von einem dänischen Katalysatorherstellers, der solche Anlagen auch schon für stationäre Verbrennungsmotoren baute, Reduktionsraten von über 90 % angegeben.

N.3 Stoffquellen im öffentlichen und privaten Bereich

N.3.1 Privater Bereich

N.3.1.1 Feuerungsanlagen

Die Raumheizung im privaten Bereich, soweit sie nicht durch Fernwärmeversorgung sichergestellt ist, wird mit Kleinfeuerungsanlagen bewerkstelligt, die fast nur noch mit Öl oder Gas als Brennstoff betrieben werden, wobei etwa je die Hälfte der Anlagen mit Öl- bzw. Gasfeuerungen ausgerüstet ist [N.3.1]. Kleinfeuerungsanlagen für feste Brennstoffe (Kohle, Koks) machen im privaten Bereich nur einen sehr kleinen Anteil aus, der ständig weiter im Rückgang ist.

Die Feuerungswärmeleistung von Kleinfeuerungsanlagen im privaten Bereich liegt häufig in der Größenordnung bis 20 kW. In Wohnanlagen sind etwa 10 kW pro Wohneinheit zu veranschlagen. Feuerungsanlagen mit einer Feuerungswärmeleistung < 1 MW für feste Brennstoffe, < 5 MW für Heizöl EL bzw. < 10 MW für Gas sind nach der Verordnung über genehmigungsbedürftige Anlagen (4. BImSchV) nicht genehmigungspflichtig. Wegen der Emission von Schadstoffen mit den Verbrennungsabgasen sind derartige Kleinfeuerungsanlagen jedoch bestimmten betrieblichen Anforderungen unterworfen und unterliegen nach der Verordnung über Kleinfeuerungsanlagen (1. BImSchV) der Überwachung durch den Bezirksschornsteinfegermeister. Für Feuerungsanlagen mit einer Feuerungswärmeleistung > 4 kW sind erstmalige Abgasmessungen nach Inbetriebnahme, für solche mit mehr als 11 kW (bei Öl- oder Gasfeuerungen) bzw. mehr als 15 kW (bei Feuerungen für feste Brennstoffe) auch jährlich wiederkehrende Abgasmessungen vorgeschrieben. Bei Öl- und Gasfeuerungsanlagen sind Grenzwerte für die Abgasverluste in Abhängigkeit von der Nennwärmeleistung festgelegt.

Im Verbrennungsraum entstehen neben den Hauptverbrennungsprodukten (CO_2, H_2O) als wesentliche Schadstoffe *Staub, CO, NO_x* und *schwerflüchtige organische Stoffe* (Ölderivate) sowie *Asche.* Je nach den Inhaltsstoffen des Brennstoffs können die Verbrennungsabgase auch *SO_2, anorganische Chlor- und Fluorverbindungen, Schwermetalle* (meist an Staubpartikel gebunden) sowie in Spuren *Dioxine und Furane* enthalten [N.3.2-N.3.4]. Die Emission dieser Schadstoffe wird mengenmäßig begrenzt durch:
- Anforderungen an den Brennstoff (Begrenzung des Schwefelgehalts),
- Anforderungen an die Feuerungstechnik (Begrenzung der Abgasverluste, des Gehalts an Ölderivaten und des Feststoffgehalts im Abgas (Rußzahl als Kennziffer)).

An feuerungstechnischen Maßnahmen kommen bei Öl- und Gasfeuerungen außer der Brennereinstellung die Verwendung von Vormischbrennern, die partielle Abgasrückführung und bei höheren Feuerungswärmeleistungen (> 100 kW) auch die gestufte Verbrennungsluftzufuhr zur Anwendung [N.3.2].

Bei der Tankreinigung von Ölfeuerungsanlagen fallen Rückstände des Heizöls als besonders überwachungsbedürftige Abfälle an.

Offene Feuerstellen, d. h. auch Geräte mit offenen Flammen, sind im privaten Haushalt in Form von Öfen, Kaminen (Brennstoff: Kohle, Holz) und von Kochherden, Heißwasserbereitern (Brennstoff: Gas) zu finden. Insbesondere in Öfen und Kaminen entstehen außer *NO_x* prozeßbedingt durch unvollständige Verbrennung als Luftschadstoffe *CO, Aldehyde, Phenole* und weitere Kohlenwasserstoffe, aber auch karzinogene Verbindungen wie *Benzo(a)pyren* und *polyzyklische aromatische Kohlenwasserstoffe (PAK)* [N.3.5]. Bei Kohle als Brennstoff enthalten die Emissionen in wesentlichem Umfang auch *SO_2* und *Staub.* Demgegenüber treten bei Gasgeräten aller Art weder *SO_2*- noch *Staubemissionen* auf. Gasgeräte emittieren mit den Verbrennungsgasen in erster Linie *NO_x* und *CO*, während weitere Schadstoffe infolge unvollständiger Verbrennung (insbesondere *Aldehyde*) nur bei Luftmangel oder zu niedriger Verbrennungstemperatur in nennenswertem Umfang entstehen [N.3.6, N.3.7].

N.3.1.2 Verwendung von Chemikalien

In privaten Haushalten werden als Bestandteile von Haushalts- und Gartenpflegemitteln sowie von Heimwerkermaterialien zahlreiche chemische Stoffe verwendet, die zur Belastung der Umwelt (Atmosphäre, Wasser, Boden) teils direkt, teils indirekt über den Hausmüll als Abfall beitragen.

N.3.1.2.1 Pflanzenschutzmittel

In Haus- und Kleingärten werden zur Unkraut- und Schädlingsbekämpfung Herbizide, Fungizide und Insektizide verwendet. Wenn auch die im privaten Bereich zur Anwendung kommenden Mengen im Vergleich zu den in der Landwirtschaft ausgebrachten Mengen äußerst gering sind, so haben sie dennoch eine nicht zu vernachlässigende regionale Bedeutung für die Belastung kleinerer Oberflächengewässer.

Insbesondere Totalherbizide *(Diuron, Simazin)* stehen hier im Vordergrund [N.3.8]. Durch das Pflanzenschutzgesetz und die Pflanzenschutzanwendungsverordnung werden ein vollständiges Anwendungsverbot für bestimmte Wirkstoffe sowie Anwendungsverbote für Pflanzenschutzmittel in bestimmten Schutzgebieten und in Gebieten unmittelbar an oberirdischen Gewässern und Küstengewässern ausgesprochen. Typische Wirkstoffe flüchtiger Insektizide, wie sie z. B. für Sprays, wirkstoffgetränkte Papierstreifen, Mottenkugeln oder Elektroverdampfer verwendet werden, sind *Lindan, p-Dichlorbenzol, Pyrethrine* und *Pyrethroide* [N.3.5].

N.3.1.2.2 Lösungsmittel

Farben, Lacke und Klebstoffe, in denen organische Lösungsmittel als Zusatzstoffe enthalten sind, werden im privaten Bereich in wesentlich geringeren Mengen als für gewerbliche und industrielle Zwecke verbraucht. Bisher gebräuchliche Kunstharzlacke basieren auf *Testbenzin, Toluol* und *Xylol* als Hauptkomponenten des Lösungsmittels, während neuere schadstoffarme Lacke *Glykole* und *Glykolether* in einer wäßrigen Dispersion enthalten [N.3.9]. Normale Klebstoffe enthalten als Lösungsmittel halogenfreie Kohlenwasserstoffe wie *Toluol*, aber auch *Formaldehyd* in Form von Reaktivharzen, während bei Schnellklebern *Cyanacrylat* zur Anwendung kommt [N.3.5].

N.3.1.2.3 Kältemittel und Dämmstoffe

In Haushaltskühl- und Gefriergeräten, in Autoklimaanlagen und in Wärmedämmstoffen in der Heizungs- und Kältetechnik sind noch voll- bzw. teilhalogenierte Kohlenwasserstoffe (*FCKW, HFCKW*) als Kältemittel bzw. Treibmittel für Schaumstoffe im Einsatz [N.3.10]. Inverkehrbringen und Verwendung vollhalogenierter Kohlenwasserstoffe sowie die Herstellung von Erzeugnissen, in denen sie zu einem Massengehalt von mehr als 1 % in den Kälte- oder Treibmitteln enthalten sind, wurden jedoch wegen ihrer zerstörenden Wirkung auf die Ozonschicht der Erdatmosphäre nach der FCKW-Halon-Verbots-Verordnung in Stufen bis 1995 verboten. Dieses Verbot findet auch auf vollhalogenierte Kohlenwasserstoffe in Reiniguns- und Lösungsmitteln sowie in Löschmitteln (Halone) Anwendung. Es besteht außerdem eine Rücknahmeverpflichtung für die gebrauchten Stoffe aus Altgeräten. Die gebrauchten Stoffe werden den Geräten vollständig entnommen und einer gesonderten Entsorgung zugeführt, in erster Linie der Zerstörung durch Spaltung in wiederverwendbare Stoffe ohne zerstörende Wirkung für die Ozonschicht. Als Ersatzstoffe der bisherigen Kältemittel bzw. Treibmittel für Schaumstoffe auf FCKW- bzw. HFCKW-Basis kommen mehr und mehr verschiedene halogenfreie Kohlenwasserstoffe (*Propan, Isobutan, Pentan*) zur Anwendung.

N.3.1.2.4 Holzschutzmittel

Über lange Zeit sind vor allem das Fungizid *Pentachlorphenol (PCP)* und das Insektizid *Lindan* in Mineralöl gelöst als Holzschutzmittel verwendet worden. Das PCP kommt aber auch heute noch bei der Konservierung von Lederwaren und Textilien in anderen Herstellerländern zum Einsatz. *PCP* ist herstellungsbedingt mit *Dioxinen* verunreinigt. Einmal mit *PCP* behandelte Gegenstände sind damit auf Dauer Emissionsquellen für *Dioxine*, die sich auf diesem Weg auch im normalen Hausstaub wiederfinden [N.3.11].

Das Inverkehrbringen von *PCP* ist inzwischen in der Bundesrepublik nach der Chemikalien-Verbots-Verordnung verboten.

N.3.1.3   Abfall und Abwasser

N.3.1.3.1 Häuslicher Abfall

In der Bundesrepublik ist die Bevölkerung praktisch vollständig an die öffentliche Müllabfuhr angeschlossen. Das Sammeln und Abholen des Mülls erfolgt in vielen Fällen auch durch private Unternehmen im öffentlichen Auftrag.

1993 fielen 43,5 Mio t Hausmüll, hausmüllähnliche Gewerbeabfälle, Straßenkehricht und Sperrmüll an, von denen 13,0 Mio t zur Verwertung und 30,5 Mio t zur Beseitigung eingesammelt wurden [N.3.12].

Der Hausmüll setzt sich überschlägig zu ca. 40 % aus vegetabilen Reststoffen, zu ca. 15 % aus Glas, zu ca. 10 % aus Kunststoffen und zu ca. 20 % aus Papier zusammen [N.3.13]. Mit dem Hausmüll anfallende Problemabfälle – Reste von Chemikalien, Farben und Lacken, Altmedikamente, Kleinbatterien, Autobatterien – werden in zunehmendem Maße systematisch u. a. in mobilen Sammelstellen getrennt erfaßt bzw. vom Hersteller über den Einzelhandel zurückgenommen (Batterien). Diese Problemabfälle werden einer gesonderten Verwertung (Wiederaufarbeitung) oder Entsorgung (chemisch/physikalische, thermische Behandlung) zugeführt. Besondere Schadstoffe in diesem Problemabfall sind *Hg* und *Cd* aus Batterien [N.3.14].

Wertstoffe im Hausmüll – Papier/Pappe, Glas, Metall, Kunststoffe – werden in zunehmendem Maße im Rahmen der öffentlichen Abfallentsorgung getrennt eingesammelt, die Fraktionen in Sortieranlagen weiter nach Sorten getrennt und einer umfassenden Wiederverwendung zugeführt. Für Kunststoffe aus Verkaufsverpackungen ist die Erfassung im DSD-System zwecks stofflicher Verwertung flächendeckend [N.3.15]. In diesen Wertstoffen haben chlorhaltige Kunststoffe (PVC), Kunststoffadditive oder Druckfarben mit toxischen Schwermetallverbindungen *(Hg, Cd, Pb)* und chlorgebleichte Papiersorten (wegen ihres Gehalts an adsorbierbaren organischen Halogenverbindungen, *AOX*) besondere Umweltrelevanz.

Mit der ebenfalls zunehmenden getrennten Erfassung und Sammlung der vegetabilen Reststoffe im Hausmüll (Biomüll) zwecks Kompostierung wird die Herstellung von Komposten aus Hausabfällen mit wesentlich geringerem Gehalt an Schwermetallen als bei der bisherigen Kompostierung von Mischabfällen ermöglicht.

N.3.1.3.2 Häusliches Abwasser

Nach [N.3.16] waren 1991 ca. 85 % der privaten Haushalte an kommunale Kläranlagen angeschlossen. Außer durch Fäkalien und Schmutzstoffe ist das häusliche Abwasser mit umweltrelevanten Stoffen durch den Gebrauch von Wasch- und Reinigungsmitteln, Geschirrspülmaschinenmitteln und auch Toilettenpapier belastet.

Mengenmäßig den größten Anteil haben daran die Inhaltsstoffe von Wasch- und Reinigungsmitteln, in erster Linie *Phosphate* (Pentanatriumtriphosphat $Na_5P_3O_{10}$), die bei Einleitung mit dem Abwasser in Oberflächengewässer bedeutsam zur Gefahr der Eutrophierung der Gewässer beitragen. Nach Erlaß der Phosphathöchstmengenverordnung wurde die Menge des Phosphoreintrags in Oberflächengewässer aus Wasch- und Reinigungsmitteln inzwischen stark verringert [N.3.17].

Als Phosphatersatzstoffe kommen *Natrium-Aluminium-Silikat* (Zeolith A), *Natriumcarbonat* (Soda), *Polycarboxylate* (PCO), *Phosphonate*, *Nitrilotriacetat* (NTA) und außerdem als Additive auch Stoffe wie *Ethylendiamintetraacetat* (EDTA) zur Anwendung [N.3.18].

Die umweltrelevanten Eigenschaften von Phosphaten, aber auch von Phosphatersatzstoffen, die beim Eintrag in Oberflächengewässer zum Tragen kommen, stellen besondere Anforderungen an die Reinigung des Abwassers in Kläranlagen (Phosphateliminierung).

Weiterhin enthalten Wasch- und Reinigungsmittel zur Herabsetzung der Oberflächenspannung in der Waschflüssigkeit i.d.R. *Tenside* (langkettige organische Verbindungen), die bei der

Abwasserreinigung im Klärschlamm angereichert werden [N.3.19].

Wasch- und Reinigungsmittel, Geschirrspülmaschinenmittel, aber auch chlorgebleichtes Toilettenpapier enthalten in nicht unerheblichen Mengen adsorbierbare organische Halogenverbindungen (*AOX*) als stoffliche Bestandteile oder deren Verunreinigungen. Recyclingpapiere und Zellstoffprodukte, die einer Sauerstoffbleiche anstelle der traditionellen Chlorbleiche unterzogen wurden, enthalten wesentlich niedrigere Restkonzentrationen an *AOX* [N.3.20]. Die früher gebräuchlichen stark säurehaltigen Sanitärreinigungsmittel sind praktisch vollständig durch Reiniger auf der Basis von *Hypochlorit* abgelöst worden.

N.3.1.4　Sport und andere Freizeitaktivitäten

Die nach Art und Umfang ständig zunehmende Freizeitgestaltung in der freien Natur und sportliche Aktivitäten aller Art bringen in erster Linie wachsende Umweltbelastungen genereller Art mit sich, wie
- mehr Bebauung natürlicher Flächen, teils mit Flächenversiegelung durch Parkplätze, Freizeitparks, Sportanlagen,
- mehr Abfall und Abwasser außerhalb der kommunalen Entsorgung,
- mehr Verkehrslärm und -abgase außerhalb Ballungszentren,
- mehr naturfremde Belastungen (z.B. durch Skipisten, Sportboothäfen).

In einzelnen Sektoren von Sport- und Freizeitaktivitäten finden sich aber auch Stoffquellen, die für diesen Sektor spezifische Umweltgefahren oder -beeinträchtigungen verkörpern.

N.3.1.4.1 Sport

Sportschießen
Das Sportschießen wird in der Bundesrepublik in mehr als 8000 Freizeitschießanlagen betrieben [N.3.21]. Soweit in diesen Anlagen das Wurftaubenschießen ausgeübt wird, werden mit der dabei verwendeten Munition (Bleischrot) die umweltrelevanten Inhaltsstoffe *Blei, Antimon* und *Arsen* in den Boden innerhalb der Schießanlage eingetragen. Selbst bei gezieltem Einsammeln der verschossenen Schrotkörner gelangen die Schwermetalle Blei und Antimon wegen ihrer beträchtlichen Löslichkeit aus dem Bleischrot in die obersten Bodenschichten. Wegen

der Möglichkeit des weiteren Transfers dieser Stoffe in Wasser oder Pflanzen besteht ein Gefährdungspotential für das Grundwasser oder für landwirtschaftliche Nutzung in der Umgebung der Schießanlage.

Wassersport (Segel-, Motorboote)
Die für den Wassersport benutzten Segel- und Motorboote werden mit Antifoulinganstrichen im Unterwasserbereich versehen, um das Festsetzen von Wasserlebewesen (Algen, Muscheln, Krebse) am Bootskörper zu verhindern [N.3.21]. Als biozider Wirkstoff in den Antifoulinganstrichen kommt *Tributylzinn (TBT)* zur Anwendung, das jedoch wachstumshemmende Wirkungen auf Wasserorganismen hat und sich im Sediment und in Fischen und Muscheln anreichert [N.3.22].

Der Wirkstoff TBT kann aus frischen Bootsanstrichen, aber auch beim Entfernen bzw. Abschleifen alter Bootsanstriche in das Gewässer gelangen. Anstrichabfälle wie auch Schlämme aus der Bootsreinigung müssen daher als Sonderabfall entsorgt werden. Durch eine freiwillige Selbstbeschränkung auf Herstellerseite ist der TBT-Anteil in Unterwasserfarben bereits reduziert worden. Außerdem kommen TBT-freie Unterwasseranstriche auf der Basis von Baumharz und Silikon mit *Cu(I)O* als Wirkstoff zur Anwendung. Für Sportboote mit einer Gesamtlänge von < 25 m ist die Verwendung von TBT in Antifoulinganstrichen jetzt EG-weit verboten [N.3.22].

Motorsport, Flugsport, Motorbootsport
Die umweltrelevanten Stoffquellen, die bei der Ausübung dieser Sportarten durch die Verwendung eines Motorantriebs wirksam werden (Abgase, Altöl), sind in Abschn. N.2 dargestellt.

N.3.1.4.2 Freizeitaktivitäten

Ein besonderer umweltrelevanter Aspekt von Freizeitaktivitäten außerhalb sportlicher Betätigung liegt dort vor, wo Fakälien über längere Zeit gesammelt werden müssen, ehe sie entsorgt werden können. Dies ist der Fall beim Aufenthalt an Orten ohne Anschluß an eine öffentliche Kanalisation oder auch bei Busreisen mit längerer Reisezeit. Diese Problematik betrifft vor allem die Benutzer von Wohnmobilen und Caravans (Wohnanhängern).

Zur Sammlung von Fäkalien unter diesen Umständen ist das Konzept der Chemietoiletten eingeführt worden, die nicht nur im größten Teil der in der Bundesrepublik Deutschland registrierten 900.000 Wohnmobile und Caravans [N.3.23], sondern auch in Reisebussen und Kleingartenanlagen sowie auf Campingplätzen, Rastplätzen und Baustellen verwendet werden.

Die Chemietoiletten enthalten als Sanitärflüssigkeit wäßrige Lösungen mikrobizider Wirkstoffe, die in erster Linie hygienisch-mikrobiologischen Zwecken, und zwar der Abtötung von Bakterien, Pilzen und Viren, und damit verbunden auch der Unterdrückung geruchsintensiver Fäulnisprozesse dienen. Die notwendige hohe Bakterientoxizität dieser Lösungen führt andererseits zu Problemen der Umweltverträglichkeit der so behandelten Fäkalien bei der Entsorgung [N.3.24].

Als mikrobizide Wirkstoffe werden überwiegend Aldehyde *(Formaldehyd, Glutardialdehyd)*, teils in Verbindung mit Alkoholen, aber auch kationische Tenside, z. B. *Benzalkoniumchloride* verwendet. Außerdem werden den Lösungen Korrosionsinhibitoren, Benetzungsmittel und Emulgatoren zur Unterstützung der mikrobiziden Wirksamkeit beigefügt. Es wird geschätzt, daß jährlich 10.000 – 15.000 t an Chemikalien für den Einsatz in Chemie-Toiletten verkauft werden [N.3.25].

Bei der Entsorgung des Chemietoiletten-Abwassers in eine Kläranlage mit biologischer Klärstufe – direkt oder über die öffentliche Kanalisation – muß das Abwasser vorher so stark verdünnt werden, daß die Schwellenkonzentration für bakterientoxische Reaktionen unterschritten wird. Andernfalls ist eine Störung der biologischen Stufe mit Verminderung der Reinigungsleistung zu befürchten. Die mikrobiziden Wirkstoffe mit Ausnahme der kationischen Tenside sind nach ausreichender Verdünnung biologisch gut abbaubar. Beim Einsatz kationischer Tenside ist daher eine vorherige Inaktivierung durch geeignete Dekontaminantien angezeigt, um Störungen des Kläranlagenbetriebs durch Anreicherung der Wirkstoffe im Klärschlamm zu vermeiden [N.3.26].

N.3.2   Öffentlicher Bereich

N.3.2.1   Gesundheits- und Veterinärwesen

Nach der Abfallstatistik 1993 [N.3.12] fielen in Krankenhäusern ca. 1 Mio t an Abfällen an, von denen nur ca. 7 % krankenhausspezifisch waren. Soweit die Abfälle in die Abfallkategorien infektiöse Abfälle, Körperteile und Organabfälle fielen, waren sie als Sonderabfall zu entsorgen und wurden in Sonderabfallverbrennungsanlagen verbrannt.

In Krankenhäusern des öffentlichen Gesundheitswesens finden sich außer in den hausmüllähnlichen Gewerbeabfällen (Verpackungsmaterial, Küchenabfälle) Quellen umweltrelevanter Stoffe vorrangig in den krankenhausspezifischen nichtinfektiösen und infektiösen Abfällen sowie in Abfällen aus dem Laborbereich. Für das Abwasser aus Krankenhäusern sind, abgesehen von den anfallenden Fäkalien, speziell Stoffquellen im Wäschereibereich und in Einrichtungen zur Desinfektion von Geräten maßgeblich. Darüber hinaus sind die betriebseigenen Feuerungsanlagen (Heizung, Brauchwasser- und Dampferzeugung) Quellen umweltrelevanter Schadstoffe, die mit dem Abgas emittiert werden.

N.3.2.1.1 Abfall

Je nach umwelthygienischer Relevanz und nach Infektionspotential der Abfallinhaltsstoffe werden die krankenhausspezifischen Abfälle in 4 Gruppen unterteilt, die unterschiedlichen Entsorgungsanforderungen unterworfen werden [N.3.27].

Den mengenmäßig größten Anteil daran haben nicht-infektiöse Wund- und Gipsverbände, Einwegwäsche, Stuhlwindeln und Einwegartikel (Spritzen, Kanülen, Skalpelle), die mit *Blut, Sekreten* oder *Exkreten* behaftet sein können. Diese müssen sorgfältig getrennt gesammelt und in geschlossenen Behältnissen zu Entsorgungsanlagen (normale Müllverbrennungsanlagen) transportiert werden, um Gesundheitsgefahren bei der Handhabung des Abfalls auszuschließen.

Infektiöse Abfälle, die mit Erregern meldepflichtiger übertragbarer Krankheiten behaftet sind, können in Infektions- und Dialysestationen von Krankenhäusern, aber auch in Arztpraxen und in veterinärmedizinischen Praxen und Kliniken anfallen. Unter die infektiösen Abfälle fallen auch mikrobiologische Kulturen, Versuchstiere sowie Streu und Exkremente aus Versuchstieranlagen, soweit sie entsprechenden medizinischen Untersuchungen mit *Krankheitskeimen* dienen. An die Stelle der früheren Verbrennung dieser Abfälle in krankenhauseigenen Verbrennungsanlagen, die jedoch wegen mangelnder Abgasreinigung den Anforderungen der Luftreinhaltung nicht mehr entsprachen, ist jetzt die Verbrennung in externen Sonderabfallverbrennungsanlagen [N.3.28] sowie zunehmend die Desinfektion der infektiösen Abfälle in mo-

bilen Zerkleinerungs- und Desinfektionsanlagen getreten [N.3.29, N.3.30]. Die Abfälle können nach der Desinfektion mit gesättigtem Dampf bei ca. 140 °C wie hausmüllähnlicher Gewerbeabfall entsorgt werden. Alternativ käme sonst nur, wie bei der Abfallgruppe der Körperteile und Organabfälle, die außerbetriebliche Entsorgung in Sonderabfallverbrennungsanlagen in Betracht.

Aus dem Laborbereich kommen besonders überwachungsbedürftige Abfälle (*Säuren, Laugen*, Lösemittelgemische mit *CKW, Benzol, Toluol, Xylol*), *Methanol*, Laborchemikalienreste und Fixier- und Entwicklerbäder, für die bei getrennter Sammlung Verwertungsmöglichkeiten durch externe Entsorger bestehen. Alle Möglichkeiten zur Vermeidung und Verwertung von Rückständen werden systematisch mit Hilfe von Entsorgungsplänen ausgeschöpft [N.3.31].

Fixier- und Entwicklerbäder fallen in größerem Umfang auch in allen Arzt- und Zahnarztpraxen an, in denen Röntgendiagnostik praktiziert wird. Eine spezielle Stoffquelle stellen in Zahnarztpraxen die Zahnfüllungen auf der Basis von *Silberamalgam*, einer Legierung aus Hg, Ag, Sn und von Fall zu Fall auch Cu, dar. Die ausgebohrten Zahnfüllungen werden in Amalgamabscheidern aufgefangen und die darin enthaltenen Metalle durch physikalisch-chemische Behandlung einer Wiederverwendung zugeführt.

N.3.2.1.2 Abwasser

Aufgrund der Notwendigkeit, die Krankenhauswäsche regelmäßig reinigen und nach Gebrauch in Bereichen, die nicht keimfrei sind, auch desinfizieren zu müssen, fallen in den Zentralwäschereien der Krankenhäuser große Mengen an Abwasser an. Das Abwasser ist daher mit den üblichen Inhaltsstoffen von Waschmitteln (*Phosphate, Phosphatersatzstoffe, Tenside, AOX*) belastet (Abschn. N.3.1.3). Hinzu kommen die Inhaltsstoffe der angewendeten Reinigungs- und Pflegemittel (*HCl, HNO₃, Natriumhypochlorit, Ethylendamintetraacetat, NaOH*) und die Wirkstoffe der zugelassenen Desinfektionsmittel (*Aldehyde, Alkohole, Phenolderivate*), deren nicht verbrauchte Überschußmengen sich zusammen mit dem gelösten Schmutz vollständig im Abwasser wiederfinden [N.3.31]. Kleinere Abwassermengen aus speziellen Bereichen, in denen Krankheitserreger ins Abwasser gelangen können (Pathologie, Infektionsabteilungen), werden am Entstehungsort desinfiziert, bevor sie mit dem sonstigen Abwasser des Krankenhauses in die öffentliche Kanalisation eingeleitet werden. Dies geschieht durch Zugabe von Desinfektionsmitteln oder auch *Chlor* sowie durch thermische Desinfektion (Erhitzen über längere Zeit auf mind. 100 °C) [N.3.32].

Desinfektionsmittel werden in größerem Umfang auch zur Flächendesinfektion in Operationssälen und Intensivstationen verwendet. Zur Instrumentendesinfektion werden dagegen, sofern sie nicht thermisch mit gesättigtem Dampf durchgeführt wird, *Formaldehyd* oder *Ethylenoxid* als Oxidationsmittel in geschlossenen Geräten verwendet. Bei der Belüftung der Sterilisationsgeräte auf der Basis von *Ethylenoxid* wird die aus dem Gerät abgesaugte und mit *Ethylenoxid* beladene Luft über einen Oxidationskatalysator geführt, bevor sie ins Freie geleitet wird.

Bioabfälle aus dem Küchenbereich (Lebensmittel- und Essensreste, Küchenabfälle) werden dem Abwasser fern gehalten und nach getrennter Sammlung der Kompostierung zugeführt oder an Mastbetriebe abgegeben. Darüber hinaus werden verschiedene Abscheiderarten eingesetzt (Küchenbereich: *Fette*; Physikalische Therapie: *Schlämme* von Packungen), um das Abwasser durch getrennte Entsorgung dieser Stoffe zu entlasten [N.3.32].

N.3.2.1.3 Kesselanlagen

In Krankenhäusern werden Kesselanlagen auf der Basis von Heizöl oder Erdgas als Brennstoff zur Erzeugung von Dampf (für Sterilisation, Desinfektion, Wäscherei, Dampfmangeln und Trockner) und von Warmwasser (für Raumheizung, Klima- und Lüftungsanlagen) sowie für die Brauchwassererwärmung betrieben. Die in dem Verbrennungsprozeß in den Kesselanlagen je nach Brennstoffart entstehenden Schadstoffe *(CO, NO_x, SO_2, Kohlenwasserstoffe, Staub)* entsprechen weitgehend denjenigen in Feuerungsanlagen für größere Wohnkomplexe im privaten Bereich (Abschn. N.3.1.1). Wenn eine Feuerungswärmeleistung von 5 MW bei Heizöl und von 10 MW bei gasförmigen Brennstoffen überschritten wird, sind diese Kesselanlagen nach dem Bundesimmissionsschutzgesetz genehmigungsbedürftig mit der Folge, daß für die Emissionen von *Staub, CO, NO_x und SO_2* die in der TA Luft festgelegten Grenzwerte eingehalten werden müssen.

Im Zuge der rationellen Energieverwendung werden in Krankenhäusern anstelle von Heizkesseln auch Blockheizkraftwerke (BHKW) zur gemeinsamen Erzeugung von Wärme und Strom eingesetzt [N.3.31]. Ein BHKW für diesen Anwendungszweck besteht aus einem Gasmotor-Generator-Aggregat in Kombination mit einem Abhitzekessel. Bei dem Verbrennungsvorgang im Gasmotor entstehen in erster Linie *NO_x* und *CO* als Luftschadstoffe, deren Konzentration im Abgas durch Primärmaßnahmen (Abmagerung des Brennstoff-Luft-Gemisches) und/oder Sekundärmaßnahmen (Oxidationskatalysator, selektive katalytische Reduktion SCR) minimiert wird (Abschn. N.3.2.4).

Bei Überschreitung einer Feuerungswärmeleistung von 1 MW sind BHKW mit Verbrennungsmotoranlagen genehmigungsbedürftig nach dem Bundesimmissionsschutzgesetz und unterliegen den in der TA Luft festgelegten Emissionsgrenzwerten für *CO* und *NO_x*.

N.3.2.2 Bildung, Wissenschaft und Kultur

Unter den öffentlichen Einrichtungen und Institutionen im Bereich von Bildung, Wissenschaft und Kultur finden sich in Hochschulen, öffentlichen Forschungseinrichtungen, Theatern und Schulen spezifische Tätigkeiten oder Installationen, die im Zusammenhang mit umweltrelevanten Stoffen stehen und bei denen die umweltgerechte Entsorgung dieser Stoffe im Vordergrund steht. Nach der Statistik [N.3.33] gibt es in der Bundesrepublik 318 Hochschulen (1992/93), 596 Theaterspielstätten (1990/91) und 50.298 Schulen (1991), davon allein 42.315 allgemeinbildende Schulen. Unter den Hochschulen sind alle Universitäten, Gesamthochschulen, fachlich speziell ausgerichtete Hochschulen und Fachhochschulen zusammengefaßt, während die Zahl der Theaterspielstätten sowohl öffentliche Theater als auch Privattheater beinhaltet.

N.3.2.2.1 Hochschulen, Forschungseinrichtungen

Soweit die Hochschulen und Forschungseinrichtungen naturwissenschaftlich bzw. ingenieurwissenschaftlich ausgerichtet sind, betreiben sie in den Bereichen Chemie, Pharmazie und Biologie chemische und biologische, in den Bereichen Maschinenbau und Hüttenwesen auch werkstofftechnische Laboratorien.

Insbesondere in den Laboratorien werden die verwendeten Materialien, die entstehenden Reaktionsprodukte und die unvermeidlichen Reststoffe entsprechend ihren umweltrelevanten Inhaltsstoffen im Hinblick auf ihre Entsorgung systematisch getrennt gehalten. *Halogenierte* und *nichthalogenierte organische Lösungsmittel,* die z.B. bei der Filterkonditionierung Anwendung finden, werden durch Redestillation zur Wiederverwendung zurückgewonnen oder einer chemisch-physikalischen Behandlungsanlage (CPB) zugeführt. Wäßrige Lösungen *anorganischer Stoffe* werden nach pH-Wert-Einstellung in einer Neutralisationsanlage mit Fällungsmitteln versetzt, so daß vor allem *Schwermetalle* als Hydroxide ausgefällt und die abfiltrierten Schlämme als Sonderabfall entsorgt werden können. Aktivkohlefilter, soweit sie mit besonders toxischen Luftschadstoffen *(polychlorierten Dibenzodioxinen* und *-furanen)* beladen sind, sowie *PCB*-haltige Altöle werden einer Sondermüllverbrennungsanlage (SMVA) zugeführt. Schließlich werden auch Hydraulikflüssigkeiten, Schmierstoffe mit Additiven und Bohr- und Schleifemulsionen (als Kühlflüssigkeiten bei der Werkstoffbearbeitung) getrennt gesammelt und in einer CPB oder SMVA entsorgt. Die Entsorgung der Laboratorien ist Teil eines Abfallentsorgungskonzepts der betreffenden Institutionen, in das auch die sonstigen Abfälle aus dem Verwaltungsbereich (Papier, Verpackungen, Schreibmaterialien) integriert sind. In die Abfallbilanzen gehen weiterhin Entwickler- und Fixierbäder, *Hg*-haltige Rückstände, Laborchemikalienreste, *Säuren*- und *Laugen*gemische sowie Kondensatoren und Leuchtstoffröhren ein.

N.3.2.2.2 Theater

Größere Theater verfügen über eigene Werkstätten, in denen die meisten Elemente jedes neuen Bühnenbildes (Kulissen, Versatzstücke) hergestellt werden. Dazu finden vor allem Stahl und Holz als Konstruktionswerkstoffe, Schaumstoffe (Styropor), Leinwand und Kleber (Kaltleim) zur Formgebung und Verkleidung sowie Dispersions- und Leuchtfarben zur Farbgebung Verwendung. Unverbrauchte Farbreste werden wie Lösungsmittel *(Aceton, Spiritus)* aus der Maskenbildnerei, Altöle und Batterien getrennt gesammelt und als Sonderabfall entsorgt. Umweltrelevante Inhaltsstoffe in den verwendeten Materialien sind *Farbpigmente* in den Farben und die zur Imprägnierung der Textilien aus Brandschutzgründen verwendeten Salze *(Ammoniumpolyphosphate).*

N.3.2.2.3 Schulen

In Schulgebäuden wie auch in anderen öffentlichen Gebäuden sind in der Vergangenheit Baumaterialien verwendet worden, die nach den Erkenntnissen aus vielen Erhebungen und Untersuchungen gesundheitsschädliche Inhaltsstoffe auch noch lange Zeit nach der Gebäudeerrichtung emittieren. Hierzu gehören
- *polychlorierte Biphenyle,* die als Weichmacher in dauerelastischen Fugendichtungsmaterialien vor allem bei Betonfertigteilbauten Anwendung fanden [N.3.34]
- *Asbest* als Werkstoff für Brand-, Schall- und Wärmeschutz vor allem in schwachgebundener From (Rohdichte < 1 g/cm3) für Spritz-, Stopf- und Fugenmassen [N.3.35]
- *Formaldehyd* als Bestandteil von Klebstoffen für Holzwerkstoffe (Spanplatten, Sperrholz) und zur Herstellung von Ortsschäumen *(Harnstoff/Formaldehydharze)* für die Gebäudeisolierung [N.3.36].

Ihre zusätzliche Umweltrelevanz haben diese Materialien dadurch, daß sie unter besonderen Vorkehrungen entsorgt werden müssen, wenn aus Gründen einer Gesundheitsgefahr oder auch nur vorsorglich derartige Baumaterialien aus einem Gebäude entfernt und durch unschädliche ersetzt werden.

Soweit die öffentlichen Einrichtungen und Institutionen des Bereichs Bildung, Wissenschaft und Kultur über eigene Großküchen oder Gaststättenbetriebe verfügen, fallen dort erhebliche Mengen an Bioabfällen (Küchenabfälle, Speisereste) an. Die früher übliche Abgabe dieser Bioabfälle an Schweinemastbetriebe oder Deponien ist erheblich erschwert oder scheidet sogar ganz aus, weil Essensreste nach dem Tierseuchengesetz nur nach vorheriger thermischer Behandlung verfüttert werden dürfen und weil die TA Siedlungsabfall die Deponierung von Siedlungsabfällen mit mehr als 5 % organischem Anteil (gemessen als Glühverlust des Trockenrückstands) nicht mehr zuläßt. Außer der verbleibenden Entsorgungsalternative für Bioabfälle, der Verbrennung in einer MVA, können jedoch zukünftig auch neuentwickelte Naßmüllentsorgungsverfahren eingesetzt werden. Diese Verfahren beruhen darauf, daß die Speisereste in geschlossenen Systemen zunächst gesammelt, grob zerkleinert und schließlich homogenisiert werden. Ihre pastöse Beschaffenheit ohne weitere Zusätze erlaubt die weitere pneumatische Beförderung und den

Transport mittels Tankfahrzeugen. Die organischen Bestandteile der Bioabfallmasse können dann entweder anaerob in einem Faulturm bei ca. 35 °C unter Bildung von Klärschlamm und Biogas *(CH$_4$, CO$_2$)* oder aerob in einem geschlossenen System kompostiert werden [N.3.37]. Die bei aerober Kompostierung freigesetzte Wärme hält die Temperatur einer Charge über ausreichend lange Zeit bei etwa 70 °C, so daß der entstehende Frischkompost als Endprodukt gleichzeitig pasteurisiert wird.

Zur Wärmeversorgung verfügen Hochschulen, öffentliche Forschungseinrichtungen, Theater und Schulen über eigene Heizwerke oder – bei kleineren Einheiten – Feuerungsanlagen, bei denen die gleichen Stoffquellen auftreten, wie in den Abschn. N.3.1.1 (Feuerungsanlagen) und N.3.2.4 (Strom- und Wärmeversorgung) dargelegt.

N.3.2.3 Sport- und Freizeiteinrichtungen

Feste Sport- und Freizeiteinrichtungen sowohl in Form von Freianlagen als auch von Hallenanlagen werden hier nur insofern aufgenommen, wie durch ihren Betrieb spezifische Quellen umweltrelevanter Stoffe zum Tragen kommen. Dies ist der Fall bei Sportplätzen, Sporthallen und Schwimmbädern sowie bei Campingplätzen.

N.3.2.3.1 Sportplätze

Im alten Bundesgebiet gibt es ca. 40.000 Sportplätze, die Spielfelder für 18 verschiedene Mannschaftssportarten, in den meisten Fällen in Verbindung mit Leichtathletikanlagen umfassen.

Die Flächen auf den Sportplätzen, auf denen die verschiedenen Sportarten ausgeübt werden (Spielfelder, Laufbahnen, Sprungbahnen), sind entweder als Rasenflächen oder als sog. Tennenflächen ausgeführt. Rasenflächen bestehen weit überwiegend aus Naturrasen, aber verbreitet auch aus Kunststoffrasen. Tennenflächen sind dagegen zwar ebenfalls wasserdurchlässige, aber mehrschichtig aufgebaute und verdichtete Aufschüttungen aus Baustoffen verschiedener Art und unterschiedlicher Körnung [N.3.21].

Als Materialien für Tennenböden werden neben Sand, Kies und Gesteinssplitt aus natürlichen Vorkommen auch Schlacken, Aschen und Haldenmaterial aus Industrie und Bergbau verwendet. Die letzteren können je nach ihrer Herkunft als schädliche Inhaltsstoffe vor allem toxische Schwermetalle *(As, Pb, Zn, Cd, Hg)* enthalten und unterliegen deshalb vor ihrer Anwendung als Tennenbeläge einer Güteüberwachung auf Einhaltung gültiger Vorsorge- und Richtwerte bzgl. der Konzentration dieser Schwermetalle. Die Umweltrelevanz dieser Materialien besteht darin, daß die schädlichen Inhaltsstoffe durch Abrieb beim Sportbetrieb in Form von Staubpartikeln aufgewirbelt und eingeatmet oder durch Regen ausgewaschen und ins Grundwasser transportiert werden können.

Für Kunststoffbeläge von Tennenböden ebenso wie für Kunststoffrasen kommen verschiedene Kunststoffarten (Polypropylen, Polyester, Polyamid) oder Kunststoffgemisch-Granulat sowie Polyurethan (PUR) als Bindemittel bzw. PUR-Schaum als Elastikmaterial zur Anwendung. Auch diese Kunststoffe enthalten in geringen Mengen Schwermetalle *(Cd, Pb)* in Form von Farbpigmenten sowie zusätzlich *organische Hg-* oder *Sn-Verbindungen* als Anti-Fouling-Wirkstoffe.

Die Düngung der Rasenflächen auf Sportplätzen und ihre Behandlung mit Pestiziden ist wie in der Landwirtschaft eine Quelle für den Transport überschüssiger Nähr- *(Nitrate)* und Schadstoffe *(Pestizide)* ins Grundwasser.

N.3.2.3.2 Sporthallen und Schwimmbäder

Im alten Bundesgebiet gibt es ca. 27.000 Sporthallen und ca. 4000 Hallenbäder [N.3.21]. Beiden Arten von Sporteinrichtungen ist gemeinsam, daß sie, sofern sie nicht mit Fernwärme versorgt werden, Heizungsanlagen großer Leistung benötigen, die bei den Sporthallen allerdings nur in der kalten Jahreszeit betrieben werden. Die Heizungsanlagen, die üblicherweise mit Heizöl oder Erdgas betrieben werden, sind wie bei den Feuerungsanlagen für größere Wohnkomplexe im privaten Bereich (Abschn. N.3.1.1) Quelle der umweltrelevanten Schadstoffe *CO* und *NO$_x$* aus den Verbrennungsprozessen. Zusätzlich zu den feuerungstechnischen Maßnahmen zur Minimierung von Bildung und Emission dieser gasförmigen Schadstoffe werden in Sporthallen und Schwimmbädern technische Maßnahmen zur Energieeinsparung in der jeweils optimalen Kombination angewendet. Damit findet eine noch weitergehende Emissionsminderung von *CO* und *NO$_x$* statt. Die Wärmerückgewinnung aus der Abluft ist inzwischen in Hallenbädern und Sporthallen die Regel, z.T. auch in Kombination mit dem Einsatz von Wärmepumpen. In Hallen- und Freibädern sowie in neuen Sporthallen finden zunehmend auch Solaranlagen Anwendung [N.3.21]. Zunehmende Verbreitung findet auch die Ausrüstung mit einem eigenen Blockheizkraftwerk (BHKW), von denen schon ca. 150 mit verbrennungsmotorischem Antrieb in Hallen- und Schwimmbädern in der Bundesrepublik betrieben werden [N.3.38].

Das Wasser in Schwimmbädern muß wegen des Eintrags *organischer Stoffe* sowie *Bakterien* und *Keimen* durch die Badegäste und luftgetragener Partikel *(Staub)* aus der Umgebung ständig umgewälzt und dabei gereinigt und entkeimt werden. Ungelöste und organische Stoffe werden dabei durch Flockung und anschließende Filterung meist in einem Sand- oder Kiesfilter abgeschieden.

Als Flockungsmittel sind vor allem *Al-Salze*, *Fe(III)-Salze* und *Na-Aluminat* zugelassen [N.3.39]. Sie bilden durch Hydrolyse flockige Hydroxide, die organische Stoffe sorptiv binden. Für eine noch effektivere Reinigung werden zusätzlich auch Aktivkohlefilter eingesetzt. Zur Einstellung optimaler Bedingungen für die Wasserchemie (Enthärtung, Entkeimung, Flockung) werden dem Beckenwasser auch zugelassene pH-Wert-Einstellungsmittel zugesetzt (z. B. *NaOH*, *HCl*, Na_2CO_3, $NaHCO_3$, CO_2). Die Rückspülwässer der Filter werden zusammen mit dem Abwasser in die öffentliche Kanalisation eingeleitet.

Zur Entkeimung des Wassers wird in erster Linie die oxidierende Wirkung von *Chlor* ausgenutzt. Je nach eingesetztem Oxidationsmittel ist zwischen dem *Chlorgas-*, dem *Chlor/Chlordioxid-*, dem *Natriumhypochlorit-* und dem *Calciumhypochlorit*-Verfahren zu unterscheiden [N.3.40]. Verbreitet ist die sog. indirekte Chlorung mit dem Chlorgas-Verfahren, bei dem in Druckflaschen gespeichertes *Chlorgas* mit einem Vakuum-Dosiergerät nach DIN 19 606 einem Nebenwasserstrom dosiert beigefügt wird. Die Desinfektion wird durch die hypochlorige Säure *(HClO)* bewirkt, die bei Reaktion von *Chlorgas* und Wasser gebildet wird. Die ebenfalls entstehende *Salzsäure (HCl)* wird durch Reaktion mit den *Hydrogenkarbonaten* des Wassers (Karbonathärte) neutralisiert. Bei zu niedriger Härte wird das gechlorte Wasser zur Neutralisation durch einen Marmorkies-Reaktionsturm geleitet.

Als Alternative zur Verwendung von *Chlor* aus Druckflaschen wird ein Verfahren genutzt, bei dem *Chlorgas* durch Elektrolyse von Kochsalzlösungen hergestellt und sofort in das zu behandelnde Wasser dosiert wird. Die hohen sicherheitstechnischen Anforderungen an die Lagerung und den Umgang mit Chlorgasflaschen entfallen hier. In einer weiteren Verfahrenskombination

nach DIN 19 643, Teil 3 wird zunächst *Ozon* zur Oxidation von Wasserinhaltsstoffen, zur Abtötung von Mikroorganismen und zur Inaktivierung von Viren verwendet. Nach Abtrennung der hierbei entstehenden Reaktionsprodukte wird die übliche Chlorung des Reinwassers durchgeführt. Der bei ausschließlicher Chlorung auftretende typische Geruch durch *Chloramine* tritt bei der Kombination Ozonung/Chlorung nicht auf.

N.3.2.3.3 Campingplätze

Im alten Bundesgebiet gab es 1989 ca. 5000 Campingplätze, von denen etwa 15 % als kommunale Betriebe und die übrigen als private Einrichtungen betrieben wurden [N.3.23].

Auf den Campingplätzen fallen Abwässer aus dem Sanitär- und dem Küchenbereich von Restaurationsbetrieben an sowie Abfälle, die weitgehend hausmüllähnlichen Charakter haben. Daher findet man im Abwasser und Abfall viele der Stoffquellen, die auch im privaten Bereich im häuslichen Abwasser und Abfall auftreten (Abschn. N.3.1.3). Zusätzlich fallen dort aber auch Inhalte von Chemietoiletten, mit denen Campingfahrzeuge zunehmend ausgerüstet sind, zur Entsorgung an. Besondere Inhaltsstoffe in den Chemietoiletten sind Chemikalien mit *mikrobiziden Wirkstoffen*, die Probleme für eine Entsorgung über die öffentliche Kanalisation mit sich bringen (Abschn. N.3.1.4.2). Deshalb bietet schon jetzt etwa jeder dritte Campingplatz eine Entsorgungsmöglichkeit für Chemietoiletten getrennt von der normalen Abwasserentsorgung an, die zu 70 % über die öffentliche Kanalisation erfolgt [N.3.23]. Auch für die anfallenden Abfälle werden auf mehr als einem Drittel der Campingplätze bereits Behälter zur getrennten Sammlung von Rohstoffen (Altpapier, Glas, Metall) und von Problemmüll sowie in einzelnen Fällen auch Kompostierungsbehälter für Garten- und Küchenabfälle vorgehalten.

N.3.2.4 Lokale Strom- und Wärmeversorgung

Die öffentliche Strom- und Wärmeversorgung wird regional von Kraft- und Heizkraftwerken auf Basis von Kohle, Erdöl und Erdgas sowie von Kernkraftwerken getragen. Während der Strom aus regionalen Kraftwerken in überregionale Verbundnetze eingespeist wird, erfolgt der Wärmetransport zu den Verbrauchern über regionale und lokale Fernwärmenetze. Stoffquellen im Zusammenhang mit der Stromerzeugung in

Kernkraftwerken sind Gegenstand von Abschn. N.1.3.

Über die Strom- und Wärmeerzeugung in Kraftwerken mit Großfeuerungsanlagen hinaus basiert die öffentliche Strom- und Wärmeversorgung auf Blockheizkraftwerken (BHKW), die aus einer Antriebseinheit (Verbrennungsmotor oder Gasturbine), einem nachgeschalteten Abhitzekessel und einem mit der Antriebseinheit gekoppelten Generator bestehen. Bundesweit sind fast 1500 BHKW überwiegend mit Verbrennungsmotoren (Gasmotor, Dieselmotor) in Betrieb. Während der weitaus größte Teil der BHKW mit Verbrennungsmotor-Antrieb im Leistungsbereich zwischen 50 und 400 kW liegt, weisen die Gasturbinen in BHKW darüber hinausgehende Leistungen vorrangig im Bereich bis 10 MW auf [N.3.41].

Mehr als ein Drittel der in BHKW mit Verbrennungsmotoren erzeugten elektrischen Leistung stammt aus Anlagen der öffentlichen Hand. Mit der gleichzeitig erzeugten Wärmeenergie werden Hallen- und Schwimmbäder, Krankenhäuser und sonstige öffentliche Einrichtungen beheizt. Als Brennstoff werden dafür in erster Linie Klärgas und Erdgas, darüber hinaus aber auch Deponiegas und Heizöl eingesetzt [N.3.41, N.3.38].

Unabhängig von der Brennstoffart entstehen bei den Verbrennungsprozessen als Luftschadstoffe in erster Linie CO und NO_x, deren Bildungsraten jedoch in weiten Bereichen der Luftzahl λ einander gegenläufig sind. Bei Luftunterschuß ($\lambda < 1$) ebenso wie bei hohem Luftüberschuß entsteht durch ungünstige Verbrennungsbedingungen sehr viel CO, während gleichzeitig aufgrund relativ niedriger Verbrennungstemperatur die Bildung von NO_x vermindert ist. In einem mittleren Luftzahlbereich ($\lambda = 1{,}1 - 1{,}3$) sind dagegen der Ausbrand maximal und die Verbrennungstemperaturen hoch, so daß niedrige CO-Konzentrationen und hohe NO_x-Konzentrationen im Abgas auftreten. Außerdem entstehen bei unvollständiger Verbrennung vermehrt *Aldehyde*, aber auch weitere *Kohlenwasserstoffe*.

Zur gleichzeitigen Reduktion von CO und NO_x im Abgas sind verschiedene Methoden gebräuchlich [N.3.42 – N.3.44].

Der *3-Wege-Katalysator* (nur bei Viertakt-Otto-Motoren) arbeitet mit einer eng begrenzten, nahstöchiometrischen Einstellung der Luftzahl λ, die mit einer Lambda-Sonde zur Messung des Sauerstoffgehalts geregelt wird. Dabei reagieren NO_x, CO, der Luftsauerstoff und *Kohlenwasserstoffe* untereinander und werden katalytisch in N_2, CO_2 und H_2O umgewandelt.

Das *Magerkonzept* mit hohem Luftüberschuß ($\lambda > 1{,}6$) wird in Kombination mit einem Oxidationskatalysator angewendet, der bei genügend hoher Temperatur ($> 350\ °C$) eine weitgehend katalytische Umwandlung von CO, CH_4 und weiteren *Kohlenwasserstoffen* in CO_2 bzw. H_2O bewirkt, während durch den hohen Luftüberschuß die Verbrennungstemperatur gesenkt und die Bildungsrate von NO_x stark vermindert wird. Der Betrieb von Gasmotoren nach dem Magerkonzept mit hohem Luftüberschuß nimmt gegenüber dem Betrieb mit 3-Wege-Katalysator ständig an Bedeutung zu, zumal durch weitere motorische Maßnahmen (Turbolader) spezifische Leistung und Wirkungsgrad verbessert werden können.

Dieselmotoren, insbesondere hoher Leistung, weisen erhebliche Konzentrationen an NO_x im Abgas auf, so daß nur mit Hilfe *selektiver katalytischer Reduktion (SCR)* eine ausreichende Minderung der NO_x-Emission erreichbar ist. Bei der SCR wird dem Abgas NH_4 oder *Harnstoff* ($CO(NH_2)_2$) zugegeben und das Abgas bei 300-400 °C über einen Katalysator (V-, Ti-Basis) geführt, so daß die *Stickoxyde* zu N_2 reduziert werden. Überschüssiges NH_3 kann dabei mit dem Abgas emittiert werden (NH_3-Schlupf). Alle katalytischen Reduktionsverfahren sind störanfällig gegen Verunreinigungen im Abgas, die als Katalysatorgifte wirken (*Schwermetalle, Phosphor oder Halogenverbindungen*).

Außer den Standardluftschadstoffen CO und NO_x finden sich im Abgas der Antriebsmaschinen von BHKW noch brennstoffspezifisch weitere Schadstoffe. *Flüssige Brennstoffe* geben Anlaß zur Emission von *Ruß, Schwermetallen (Ni, V)* und *polyzyklischen aromatischen Kohlenwasserstoffen (PAK)* als Staubinhaltsstoffe sowie von SO_2. Deshalb kann es notwendig werden, Dieselmotoren von BHKW, die mit Schweröl (H-S, H-SA) betrieben werden, nicht nur mit einer SCR-Anlage, sondern zusätzlich auch noch mit einem Rußfilter und einem Naßwäscher unter Eindüsung von Kalkhydrat zur SO_2-Reduktion auszurüsten. Alternativ kommt auch die Abtrennung von *Ruß, Schwermetallen* und *Schwefelsäure* aus dem Abgas mit Hilfe von Aktivkoksfiltern zur Anwendung. Das Filtermaterial muß jedoch nach Beladung mit den Schadstoffen ausgetauscht und je nach der Beschaffenheit des Aktivkokses mit hohem Energieaufwand desorbiert oder als Sonderabfall entsorgt werden [N.3.45].

Beim Einsatz von *Erdgas* oder *Klärgas* als Brennstoff kann überschüssiges CH_4, auch *Ruß* (aus dem in den Verbrennungsraum gelangten Schmieröl), aber nur in geringen Mengen, im Abgas auftreten.

Im Gegensatz zu Erdgas enthält *Deponiegas* außer den Hauptbestandteilen CH_4, N_2 und CO_2 auch Luftschadstoffe, die in dem deponierten Abfall schon von vornherein als Verunreinigung enthalten waren oder durch chemische Reaktionen und Fäulnisprozesse aus den Inhaltsstoffen des Abfalls entstanden sind. In der Regel befinden sich darunter zahlreiche *halogenierte Kohlenwasserstoffe, Benzol, Toluol, Xylol, Vinylchlorid,* H_2S und sonstige Geruchsstoffe *(Mercaptane)*. Einige dieser Stoffe sind Vorläufer-Substanzen (Precursor) bei der Bildung von Dioxinen und Furanen *(PCDD, PCDF)* [N.3.46]. Deponiegas wird weit überwiegend in Gasmotoren nach dem Magermotorprinzip verbrannt. In dem Abgas sind daher außer den Standardluftschadstoffen CO und NO_x auch *HCl, HF, SO_2, Formaldehyd* (CH_2O) und höhere *Aldehyde*, in geringen Mengen auch *Dioxine* und *Furane* als Verbrennungs- und Reaktionsprodukte der Inhaltsstoffe des Rohgases enthalten. Charakteristisch für die Verbrennungsvorgänge in einem Gasmotor ist, daß beim Übergang von Voll- auf Teillast und Leerlauf der Gehalt an *CO* und häufig auch *Formaldehyd* im Abgas zunimmt, während der NO_x-Gehalt dabei abnimmt.

Wegen verschiedener Bestandteile des Deponiegases, die als Katalysatorgifte wirken, sind beim Betrieb von BHKW mit Deponiegas katalytische Reduktionsverfahren für die Luftschadstoffe im Abgas nicht anwendbar. Sofern wegen Überschreitung der Emissionsgrenzwerte bestimmter Schadstoffe im Abgas des BHKW *(Dioxine, Furane, Aldehyde)* die Notwendigkeit weiterer Reduktion der Konzentrationen dieser Stoffe vor der Emission in die Atmosphäre besteht, kommt eine Hochtemperaturnachverbrennung (HTNV) in Betracht. Diese wird durch einen Muffelofen realisiert, der zwischen BHKW-Motor und Abhitzekessel installiert wird. Der Muffelofen enthält einen Brenner, dem ein Teilstrom des Deponiegases vermischt mit dem Abgas des Motors zugeführt wird. Bei der hohen Temperatur von 1200 °C im Muffelofen werden zwar problematische Abgasinhaltsstoffe *(Dioxine, Furane)* vollständig zerstört, aber gleichzeitig muß mit erhöhter NO_x- und *CO*-Emission gerechnet werden [N.3.47].

N.3.2.5 Wasser- und Gasversorgung

N.3.2.5.1 Wasserversorgung

Von der öffentlichen Wasserversorgung, die 98 % der Bevölkerung mit Trinkwasser versorgt, wurden 1991 in der gesamten Bundesrepublik rund 6,5 Mrd. m³ Wasser als Trinkwasser geliefert [N.3.16, N.3.48]. Hierfür waren ca. 20 000 Wassergewinnungsanlagen in Betrieb, die das benötigte Wasser zu knapp zwei Dritteln aus dem Grundwasser und zu je ca. 10 % aus Quellen, See- und Talsperrenwasser sowie angereichertem Grundwasser förderten. Regional, aber fast nur im Einzugsgebiet des Rheins, wird Trinkwasser auch aus Uferfiltrat gewonnen.

Um die Anforderungen an die Qualität des Trinkwassers aus hygienischer und toxikologischer Sicht zu erfüllen, die in der Trinkwasserverordnung quantitativ festgelegt sind, muß das geförderte Rohwasser je nach Art der Inhaltsstoffe in mehreren Prozeßstufen aufbereitet werden [N.3.72].

In der *Wasseraufbereitung* werden die im Rohwasser enthaltenen ungelösten oder kolloidalen Inhaltsstoffe zunächst durch Flockung oder Fällung in abtrennbare Flocken überführt und sodann durch Filtration und Sedimentation vom Wasser abgetrennt. Zur Flockung, d.h. zur Umwandlung von Kolloiden in grobdisperse Stoffe, werden dem Rohwasser Flockungsmittel *($FeCl_3$, $Al_2(SO_4)_3$, $NaAlO_2$)* zugesetzt, aus denen sich durch Hydrolyse Hydroxide bilden, die ausflokken und vor allem organische Substanzen adsorptiv binden können. Durch Zugabe von Flokkungshilfsmitteln in Form von hochmolekularen, wasserlöslichen und anionisch wirksamen Polymeren *(Polyacrylamide)* wird der Flockungsvorgang beschleunigt und damit die Sedimentationsfähigkeit der unlöslichen Inhaltsstoffe erhöht.

Bei zu hohen Eisen- oder Mangangehalten im Rohwasser durch gelöste Eisen- und Mangansalze werden diese in Belüftungsstufen oxidiert, so daß die wasserunlöslichen Oxidationsprodukte ($Fe(OH)_3$, MnO_2) abgetrennt werden können. Zu hohe Konzentrationen an Ca- oder Mg-Hydrogenkarbonaten (Karbonathärte) im Rohwasser, die nicht aus hygienisch/toxikologischen, sondern aus apparatetechnischen Gründen (Verkalkung von Systemen) im Reinwasser unerwünscht sind, werden durch Zugabe von Kalkhydrat ($Ca(OH)_2$) in unlösliches $CaCO_3$ umgewandelt, das ausfällt und abgetrennt werden kann.

Im Rohwasser möglicherweise vorhandene gesundheitsschädliche Keime werden ggf. durch dosierte Zugabe starker Oxydationsmittel abgetötet. Hierfür werden in erster Linie *Chlorgas*, Verbindungen der unterchlorigen Säure *(HClO)*, aber auch *Ozon* angewendet. Als weitere Zusatzstoffe kommen auch Aktivkornkohlepulver, Kieselsäure oder Aluminiumoxidpulver zur Abtrennung spezieller Inhaltsstoffe des Rohwassers *(Halogenkohlenwasserstoffe, PAK)* zur Anwendung.

In zunehmendem Maße wurden in den vergangenen Jahrzehnten Oberflächengewässer und das Grundwasser mit Nitraten vor allem durch Eintrag aus diffusen Quellen (landwirtschaftliche Düngung, Tierhaltung) belastet [N.3.16], so daß bei entsprechenden lokalen Gegebenheiten in dem geförderten Rohwasser Nitratkonzentrationen festgestellt werden, die den Vorsorgegrenzwert nach der Trinkwasserverordnung von 5 mg/l zeitweilig sogar überschreiten. Zur Denitrifikation sind neben physikalisch-chemischen Verfahren (Ionenaustausch, Umkehrosmose) auch biologische Verfahren erprobt worden [N.3.49], bei denen als Endprodukte nur CO_2 und N_2 entstehen, und außer der gebildeten Biomasse keine Abfallstoffe anfallen.

Die in der Wasseraufbereitung vom Rohwasser abgetrennten Feststoffe einschließlich der Reaktionsprodukte aus den Reaktionen zwischen den Zusatzstoffen und den ursprünglichen Wasserinhaltsstoffen fallen in Form von Schlämmen und schlammhaltigen Wässern an. Das Hauptziel der anschliessenden *Schlammbehandlung* ist es, diese Rückstände aus der Trinkwasseraufbereitung so zu entwässern und zu konditionieren, daß sie uneingeschränkt beseitigt, d.h. in erster Linie deponiert werden können. Es wird geschätzt, daß in der Bundesrepublik aus der Trinkwasseraufbereitung jährlich 100.000 t Feststoffe anfallen [N.3.50].

Die Entwässerung wird mit natürlichen Verfahren (Trockenbeete, Schlammbecken, Schlammteiche) oder mit maschinellen Verfahren (Kammerfilterpressen, Bandfilterpressen, Zentrifugen) durchgeführt. Die Wahl der jeweils am besten geeigneten Verfahren richtet sich in erster Linie nach den Schlamminhaltsstoffen, die je nach ihrer Herkunft aus Grundwasser oder Oberflächenwasser stark variieren und die Sedimentationseigenschaften entscheidend bestimmen. So zeigen Grundwässer mit hohem Huminstoff- und geringem Salzgehalt sehr schlechte Sedimentation und sind demzufolge schwer zu entwässern [N.3.50].

Bei Anwendung maschineller Entwässerungsverfahren ist eine zusätzliche Konditionierung nötig, um eine hinreichende Festigkeit der Schlämme für die Deponierung herbeizuführen. Bei Kammerfilterpressen erfolgt die Konditionierung i.d.R. durch Zugabe von *Kalkhydrat*, bei Siebbandpressen und Zentrifugen von *Polyelektrolyten*. Eine weitere Möglichkeit zur Verfestigung der Schlämme durch Erhöhung des Anteils der Trockensubstanz (TS) steht in Form der Gefriertrocknung zur Verfügung. Diese physikalische Konditionierung erhöht im Gegensatz zu den anderen Verfahren die Feststoffmasse des Schlamms nicht, ist aber erheblich energieaufwendiger [N.3.51].

In den Schlämmen aus der Trinkwasseraufbereitung finden sich außer den Stoffen geogenen Ursprungs *(Fe, Mn, Al, Ca, Mg, As)* in Spuren auch zahlreiche Schadstoffe anthropogenen Ursprungs wie Schwermetalle *(Pb, Cd, Cr, Co, Cu, Ni, Hg, Zn)*, polyzyklische aromatische Kohlenwasserstoffe (PAK) sowie Pestizide (Lindan, DDT) [N.3.52, N.3.53]. In der Tendenz sind die Gehalte an Schadstoffen anthropogenen Ursprungs in den Schlämmen aus Oberflächenwasserwerken höher als in den Schlämmen aus Grundwasserwerken. Obwohl die Konzentrationen an Schwermetallen in den Wasserwerksschlämmen deutlich unter denen vergleichbarer Schlämme aus der Abwasserreinigung liegen, überschreiten sie in Einzelfällen (z.B. für *Cd* und *Zn*) die Grenzwerte der Klärschlammverordnung, so daß eine Verwertung in der Landwirtschaft dann ausscheidet. Eine Deponierung der Schlämme auf normalen Deponien steht jedoch i.d.R. nicht infrage, da die Schadstoffkonzentration in den Eluaten unterhalb der Grenzwerte für die Deponieklasse 1 liegen.

In der Vergangenheit wurden die Schlämme aus der Trinkwasseraufbereitung überwiegend auf öffentlichen, privaten oder betriebseigenen Deponien abgelagert. Die Abwässer aus der Schlammentwässerung können nach der Feststoffabtrennung direkt in den Vorfluter oder die Kanalisation abgeleitet werden.

N.3.2.5.2 Gasversorgung

Die öffentliche Gasversorgung in der Bundesrepublik beruht auf dem Import von Erdgas aus verschiedenen anderen Ländern, der inländischen Gewinnung von Naturgas (Erdgas, Grubengas), der Herstellung von Gas auf Kohle- (Kokerei-, Hochofengas) und auf Ölbasis (Raffineriegas,

Flüssiggas) und umfaßt außerdem deren Transport durch Ferngasunternehmen bzw. Verteilung durch Ortsgasunternehmen.

Die Gesamtabgabe an Endabnehmer betrug 1992 ca. 73 Mrd. m^3 Naturgas und ca. 4,5 Mrd. m^3 hergestelltes Gas. Die Belieferung der Endabnehmer in der Eisenindustrie, Chemischen Industrie und öffentlichen Elektrizitätsversorgung erfolgt sowohl durch Fern- als auch durch Ortsgasunternehmen, während private Haushalte und das übrige produzierende Gewerbe weit überwiegend durch die Ortsgasunternehmen mit Gas versorgt werden [N.3.54].

Während die Gasversorgung des privaten Sektors ursprünglich ausschl. auf niederkalorigem Stadtgas basierte, das künstlich durch Wasserdampfvergasung von Kohle erzeugt wurde [N.3.55], ist das Stadtgas inzwischen weitgehend durch Erdgas mit erheblich höherem Brenn- und Heizwert ersetzt worden, und hatte nur noch übergangsweise und lokal Bedeutung für die öffentliche Gasversorgung. Erdgas besteht weitestgehend aus CH_4 und unterschiedlichen Beimengungen von N_2 und CO_2 sowie geringen Anteilen höherer Kohlenwasserstoffe. Dagegen steht der Begriff Stadtgas für ein Gasgemisch aus CO, H_2 und CO_2 mit Beimengungen von N_2 (bei Vergasung mit Luft) sowie je nach Vergasungsdruck und -temperatur unterschiedlichen Anteilen an CH_4.

Die *Ferngasunternehmen* transportieren sowohl das im Inland produzierte als auch das importierte Erdgas in Gashochdruckleitungen (Betriebsdruck bis zu 100 bar) zu den Übergabestationen an die regionalen Verteilungsnetze der Ortsgasunternehmen oder direkt an die industriellen Verbraucher. Zum Transport des Gases werden in den Gasfernleitungen alle 100 – 150 km Verdichterstationen betrieben, um die Druckverluste in den Rohrleitungen zu kompensieren. Weiterhin benutzen die Ferngasunternehmen Untertagegasspeicher (Kavernen-, Aquifer-, Porenspeicher) als Puffervolumen zum Ausgleich saisonaler Absatzschwankungen.

In den Übernahmestationen der Gashochdruckleitungen für den Ferntransport zu den Mitteldruck- bzw. Niederdruckverteilernetzen der Ortsgasunternehmen sind Gasdruckregel- und Meßanlagen (GDR, GDRM) installiert, die das Gas auf den jeweils niedrigeren Gasdruck mit Hilfe von Drosselventilen entspannen. Seit 1988 werden in zunehmendem Maße im Bypass zu den GDR Entspannungsturbinen bzw. -motoren angewendet, um die im Hochdruckgas gespeicherte Druckenergie zur Gewinnung elektrischer Energie zu nutzen.

Die *Ortsgasunternehmen* in der Bundesrepublik, i. d. R. die kommunalen Stadtwerke, betreiben Verteilernetze mit einer Gesamtlänge von über 200 000 km, aus denen die Endverbraucher mit Gas von relativ niedrigem Druck (0,02 – 1 bar) versorgt werden [N.3.56]. Als Rohrleitungswerkstoff wird bei ca. zwei Drittel aller Rohre Stahl verwendet. Das früher übliche Gußeisen wird zunehmend, vor allem bei Neuverlegungen, durch Kunststoff (PE-HD High Density Polyethylen) ersetzt. Vorhandene alte gußeiserne Rohrleitungen werden zum großen Teil auch durch Innenauskleidung mit Kunststoffolien nach verschiedenen erprobten Verfahren saniert [N.3.57].

Zum Ausgleich tageszeitlicher Abnahmeschwankungen betreiben Ortsgasunternehmen auch lokale Zwischenspeicher in Form von Scheiben- und Teleskopgasbehältern (Niederdruck, Fassungsvermögen über 100.000 m^3) oder Kugelgasbehältern (Hochdruck: > 10 bar, Fassungsvermögen: > 1000 m^3). Wenn das Erdgas in verflüssigter Form (-162 °C) zwischengespeichert wird, muß vor der Verflüssigung das im Erdgas enthaltene Wasser und CO_2 entfernt werden, da diese Stoffe bei der Verflüssigung in fester Form ausfallen und Störungen durch Verstopfung von Komponenten hervorrufen würden.

Untertagegasspeicher (UGS)

Von den Ferngasunternehmen sowie von 2 Stadtwerken wurden 1993 in der Bundesrepublik 35 Untertagegasspeicher mit Speichervolumina bis max. 3000 Mio m^3, davon aber nur noch 2 zur Speicherung von Stadtgas betrieben, 23 weitere sind geplant oder im Bau [N.3.54].

In UGS entstehen durch chemische Reaktionen zwischen den Gasinhaltsstoffen, dem Speichergestein und dem Lagerstättenwasser umweltrelevante oder auch für die spätere Gasverwendung störende Schadstoffe [N.3.58]. Bei der Speicherung von Stadtgas entstehen durch Reaktion von CO mit Eisen- und Nickelspuren in dem Gestein *Nickeltetracarbonyl ($Ni\,(CO)_4$)* bzw. *Eisenpentacarbonyl ($Fe\,(CO)_5$)*. Diese Metallcarbonyle werden in Anlagen zur katalytischen Oxidation an Aktivkohle aus dem Gas entfernt, da sie sonst zu Betriebsstörungen durch Rußabscheidungen in Gasgeräten beitragen. Im Speichergas kann auch *H_2S* neu gebildet werden, vor allem durch Hydrolyse von Kohlenoxidsulfid (COS) aus dem Einspeisegas, aber auch aus Sulfiden im Speichergestein oder aus Sulfaten durch Bakterienaktivität unter anaeroben Bedingungen.

Das entnommene Speichergas muß vor dem Weitertransport getrocknet werden, um die Qualitätsanforderungen der Abnehmer zu erfüllen. Hierzu werden Trocknungsanlagen benutzt, in denen *Triethylenglykol (TEG)* als Trocknungsmittel in Sprühstrecken im Gegenstrom mit dem zu trocknenden Gas in Kontakt gebracht wird. In Regenerationskolonnen wird das aufgenommene Wasser durch Erhitzen des TEG wieder ausgetrieben. Während restliche *Metallcarbonyle* im Regenerationsprozeß zersetzt werden, enthalten die Brüdengase noch umwelttoxische Verbindungen, insbesondere geruchsintensive *Mercaptane* [N.3.59]. Die Umweltbelastung mit diesen Stoffen wird durch Einrichtungen zur Brüdenverbrennung, z.B. Installation einer Heißfackel, entsprechend verringert. In Fällen kleiner Durchsätze und extrem niedriger Taupunkte (< -20 °C) kommen für die Gastrocknung auch Tiefkühlung, Adsorption oder Molekularsiebe zur Anwendung.

Verdichterstationen
Zur Erdgasverdichtung in den Ferngasleitungen werden Turboverdichter mit Gasturbinenantrieb verwendet, die anstelle der früher üblichen Verdichtereinheiten mit Gas- oder Dieselmotor als Antriebsmaschine zum Einsatz kommen. Mit modernen Gasturbinen werden höhere Leistungen bis zu 25 MW pro Aggregat bei thermischen Wirkungsgraden von 35 % erreicht. Bei kombinierten Gas-/Dampfturbinen-Aggregaten sind sogar thermische Wirkungsgrade bis über 50 % erreichbar. Dadurch kann bei den Ferngasleitungen der prozentuale Verbrauch an Antriebsgas für die Aggregate, das aus der Ferngasleitung entnommen wird, gegenüber Motorantrieben erheblich verringert werden (beispielhaft ca.10 % bei einem Transportweg von 6 000 km und heute üblichen Betriebsdrücken und Rohrleitungsdurchmessern [N.3.60]).

Mit den Abgasen aus den Antriebsaggregaten werden auch NO_x und *CO* emittiert. Während jedoch mit verbrennungstechnisch optimierten Gasturbinen (vollständige Vormischung, hoher Luftüberschuß, Einzelflammen, Wasser- oder Dampfeinspritzung) die Grenzwerte der TA Luft für diese Schadstoffe eingehalten werden, müssen bei Gasmotoren zusätzlich sekundäre Emissionsminderungsmaßnahmen ergriffen werden. Bei Anwendung des Clean-Burn-Verfahrens (Abmagerung des Brennstoff-Luft-Gemisches zur Reduktion der NO_x-Bildung im Verbrennungsraum) ist zur Oxidation des *CO* ein Oxidations-Katalysator im Abgasstrom erforderlich. Bei nahezu stöchiometrischer Verbrennung wird dagegen ein spezieller Katalysator zur selektiven katalytischen Reduktion (SCR) von *NO* und NO_2 zu N_2 und H_2O mit eingespeistem NH_3 oder *Harnstoff* als Reduktionsmittel benötigt.

Gasdruckregelanlagen, Entspannungsanlagen
Gasverteilernetze mit verschiedenen Druckstufen sind miteinander über Gasdruckregelanlagen (GDR) verbunden. Eine GDR enthält je nach den betrieblichen Anforderungen Feinfilter, Sicherheitsabsperrventile (SAV) zum Schutz des Netzes am Ausgang vor Überdruck, eine Gasvorwärmanlage, eine Odorierungsanlage und die Regelstrecke mit Drosselventil zur Entspannung des Gases auf den niedrigeren Betriebsdruck [N.3.61, N.3.62]. Als Odorierungsmittel wird *Tetrahydrothiophen (THT)* verwendet.

In den Übernahmestationen zwischen den Ferngasleitungen und den Gasverteilernetzen werden als Expansionsmaschinen – anstelle der Druckreduzierung durch Drosselentspannung – Hubkolbenmaschinen oder Expansionsturbinen mit angekoppeltem Generator benutzt [N.3.63, N.3.64]. Die Vorwärmung des Erdgases vor der Entspannung in der Expansionsmaschine erfolgt mit niederwertiger Wärmeenergie entweder aus einem BHKW oder aus einem Erdgasheizkessel mit niedriger Vorlauftemperatur und hohem feuerungstechnischen Wirkungsgrad. Bei Einsatz eines Heizkessels fallen zwar mit den Verbrennungsabgasen zusätzlich NO_x und *CO* als Schadstoffe an, jedoch bezogen auf die erzeugte elektrische Energie erheblich weniger als in einem normalen Kraftwerk. Ursache hierfür ist, daß die gesamte zugeführte Wärmeenergie nach Abzug der Wärmeenergie, die zur Kompensation des Joule-Thomson-Effekts benötigt wird (Abkühlung des Erdgases um ca. 0,4 – 0,5 K/bar bei Druckreduzierung), bzw. nach Abzug der maschinentechnisch bedingten Wärmeverluste in mechanische Energie umgewandelt wird. Hubkolbenmaschinen, die nach dem Dampfmaschinenprinzip arbeiten, erreichen im Vergleich zu Expansionsturbinen höhere Spitzenleistungen und ermöglichen eine Zwischenerhitzung zwischen Hoch- und Niederdruckzylindern, müssen jedoch mit Pulsationsdämpfern in den abgehenden Rohrleitungen ausgerüstet werden.

Stadtgaserzeugung

In der Bundesrepublik wird regional und nur noch für eine Übergangszeit von wenigen Jahren Stadtgas auf Basis von Braunkohle [N.3.65] bzw. von Leichtbenzin, Methanol und Erdgas [N.3.66] für die öffentliche Gasversorgung hergestellt.

Für die Erzeugung von Stadtgas aus Braunkohle werden Festbettdruckvergaser nach dem Prinzip der Lurgi-Druckvergasung verwendet [N.3.55]. Die Kohle wird in grober Körnung von oben dem Vergaser zugeführt und im Gegenstrom mit dem Vergasungsmittel, Wasserdampf und Sauerstoff, in Kontakt gebracht. Die Vergasung findet bei Temperaturen zwischen 800 und 1300 °C und einem Druck von 25 bar statt.

Das Rohgas enthält außer den Hauptbestandteilen (CO, H_2, CH_4, CO_2) auch Verunreinigungen in Form von *H_2S, Phenolen* und *weiteren Kohlenwasserstoffen*. Das Gas wird in einem Waschkühler gekühlt und in einer Rectisolwäsche gereinigt. Dadurch werden restliches Wasser und die kondensierbaren Kohlenwasserstoffe (Leichtöl) abgetrennt sowie *H_2S, NH_3* und *organische Schwefelverbindungen (Mercaptane)* mittels Methanol ausgewaschen. Schwerflüchtige Metalle *(Cr, V, Cu, Pb, Ni)* werden nichteluierbar in die Schlacke eingebunden. Leichtflüchtige Metalle *(Hg, Cd)* bilden im Vergaser schwerlösliche Sulfide und Hydroxide, die aus dem Prozeßwasser ausgefällt werden. *Cl* wird als *NaCl* ausgetragen. Der in der Gasreinigung anfallende Schwefelwasserstoff *(H_2S)* wird in einer Rückgewinnungsanlage zu elementarem Schwefel oxidiert. Nach der Abtrennung der Leichtöle vom Gaswasser durch Destillation wird das so vorgereinigte Gaswasser, das jetzt noch im wesentlichen mit *Phenolen* belastet ist, einer biologischen Abwasserreinigung unterworfen.

Die Leichtöle werden i. d. R. ebenfalls mit Wasserdampf, jedoch in einem Flugstromvergaser, aufgespalten und das gewonnene Spaltgas nach gleichartiger Reinigung ebenfalls der Stadtgasversorgung zugeführt. Dieses Vergasungsverfahren ist auch zur Verwertung von Reststoffen (Kunststoffe, Klärschlämme) geeignet, wobei der Braunkohle bis zu 50 % an Reststoffen nach entsprechender Aufbereitung beigefügt werden können [N.3.67].

Die Stadtgaserzeugung aus Leichtbenzin bzw. Erdgas beruht auf der thermischen Spaltung von Leichtbenzin in Verbindung mit Wasserdampf bzw. bei Erdgas in Verbindung mit Wasserdampf und Luft in einem Röhrenspaltofen [N.3.66]. Der Röhrenspaltofen wird mit Erdgas bzw. Heizöl EL beheizt und die überschüssige Wärme sowohl aus dem Abgas der Beheizung als auch aus dem erzeugten Stadtgas über Abhitzekessel zur Erzeugung des Prozeßdampfes benutzt. Vor Einspeisung in das Netz wird das CO_2 aus dem Stadtgas mittels einer Absorberkolonne abgetrennt. Da die Eingangssubstanzen für den Spaltprozeß frei von Stoffen (wie Schwefelverbindungen) sind, die im Spaltprozeß zur Bildung von Schadstoffen führen könnten, entfällt eine aufwendige Gasreinigung.

Die Emissionen von *NO_x* und *CO* aus den für den Spaltprozeß erforderlichen Feuerungen (Feuerung des Röhrenspaltofens mit Deckenbrennern, Zusatzfeuerung vor dem Abhitzekessel) können durch verbrennungstechnische Maßnahmen (Rauchgasrückführung, gestufte Verbrennungsluftzufuhr) so reduziert werden, daß die Grenzwerte der TA Luft eingehalten werden.

N.3.2.6 Abwasserbeseitigung

In der Bundesrepublik sind nach der letzten statistischen Erhebung nahezu 10.000 kommunale Kläranlagen, davon ca. 1400 in den neuen Bundesländern in Betrieb. Der Anschlußgrad der Wohnbevölkerung an die Kanalisation beträgt ca. 90 % und der an öffentliche Kläranlagen ca. 85 %. Von der in einem Jahr aus den öffentlichen Kläranlagen eingeleiteten Abwassermenge von ca. 8,5 Mrd. m³ sind im alten Bundesgebiet über 97 %, in den neuen Bundesländern ca. 5 % auch biologisch gereinigt worden [N.3.16].

Darüber hinaus werden vom verarbeitenden Gewerbe und vom Bergbau ca. 7400 betriebseigene Kläranlagen für produktionsspezifische Abwässer betrieben. In diesen wurden im alten Bundesgebiet 1991 vor der Einleitung in Oberflächengewässer oder in die öffentliche Kanalisation (Indirekteinleiter) ca. 2,3 Mrd. m³ Abwasser gereinigt, davon ca. 37 % auch biologisch.

N.3.2.6.1 Kläranlagen

Das in einer Kläranlage aus der öffentlichen Kanalisation ankommende Abwasser aus privaten Haushalten, von gewerblichen Indirekteinleitern und aus Regenabflüssen von bebauten Flächen wird in mehreren Reinigungsschritten von den mitgeführten gelösten, kolloidal suspendierten und festen Inhaltsstoffen befreit. Hauptziel ist es, die Schadstoffe abzutrennen, die die Güte von Oberflächengewässern bei Einleitung des ungereinigten Abwassers beeinträchtigen würden, insbesondere fäulnisfähige *organische Stoffe*, adsorbierbare halogenierte Kohlenwasserstoffe *(AOX)*, *Schwermetalle*, Stickstoffverbindungen *(Ammoniumstickstoff, Nitrit, Nitrat)* und *Phosphate*. *Phosphate*, aber auch die Stickstoffverbindungen sind besonders kritisch für Oberflächengewässer, da sie als Nährstoffe für Algen und Wasserpflanzen deren Wachstum beschleunigen und damit die Gefahr einer Eutrophierung der Gewässer mit sich bringen. Die Abtrennung der Schadstoffe aus dem Abwasser erfolgt mechanisch (Filtration, Absetzen, Flotation), chemisch (Fällung, Flockung) und biologisch (aerobe und anaerobe biochemische Umsetzungen).

Eine moderne Kläranlage mit 3 Reinigungsstufen enthält als wesentliche Komponenten Hebewerk, Rechenreinigung (Grob/Feinrechen), Absetzbecken (Vorklärung), Belebungsbecken mit Belüftung (Abbau organischer Stoffe, Nitrifikation, Denitrifikation), Absetzbecken (Nachklärung), Flockungsfiltration und im Nebenstrom zum Belebungsbecken eine Anlage zur Phosphat-Elimination als 3. Reinigungsstufe [N.3.68].

In der *Rechenanlage* und im *Sandfang* werden grobstückige Feststoffe, die den weiteren Reinigungsprozeß beeinträchtigen würden bzw. mechanische Schäden verursachen können, sowie mitgeführter Sand abgetrennt. Absetzbare Feststoffe setzen sich weitgehend in der *Vorklärung* als Frischschlamm ab. Da dieser Schlamm *fäulnisfähige organische Stoffe* enthält, wird er über Voreindicker geschlossenen *Faultürmen* zugeführt. In den Faultürmen werden organische Inhaltsstoffe bei erhöhter Temperatur und unter Luftabschluß durch die Aktivität von Mikroorganismen zersetzt und der Schlamm dadurch stabilisiert [N.3.69]. Das dabei entstehende Faulgas, überwiegend CH_4, wird entweder thermisch genutzt, z. B. zur Beheizung der Faultürme, oder in einer Fackel verbrannt.

Das vorgeklärte Abwasser mit den gelösten und nicht absetzbaren Inhaltsstoffen wird dann einer biologischen Behandlung in belüfteten *Belebungsanlagen* unterworfen. Bei Belebungsanlagen in Form von Umlaufbecken mit Druckbelüftung durchläuft das Abwasser nacheinander belüftete (aerobe) und nichtbelüftete (anoxische) Bereiche. Durch die Aktivität von Mikroorganismen findet in den aeroben Bereichen eine Nitrifikation (Oxidation von *Ammonium* zu *Nitrat*) und in den anoxischen, sauerstoffarmen Bereichen eine Denitrifikation (Reduktion von *Nitrat* zu molekularem *Stickstoff*) statt. Bei der Denitrifikation werden gleichzeitig leicht abbaubare organische Verbindungen *(BSB_5)* durch mikrobielle Umsetzung des Nitrat-Sauerstoffs abgebaut.

Der in der Belebungsanlage neu gebildete Schlamm setzt sich im Nachklärbecken ab. Sofern er noch nennenswerte Mengen an fäulnisfähigen organischen Stoffen enthält, wird er ebenfalls in Faultürmen anaerob behandelt.

Für die Phosphatelimination in der *3. Reinigungsstufe* kommen die chemische Fällung mit *Metallsalzen* (Fe, Al), mit *Kalkmilch* [N.3.70] oder biologische Verfahren [N.3.71] in Betracht. Bei der chemischen Fällung mit *Metallsalzen* wird nicht nur die anfallende Schlammenge erheblich vergrößert, sondern auch eine Erhöhung der Salzfracht in den Gewässern durch *Chloride* und *Sulfate* bewirkt. Bei chemischer Fällung mit *Kalkmilch* entfällt dagegen der zusätzliche Chlorid- und Sulfateintrag in die Gewässer. Der hierbei anfallende Klärschlamm wird mit den als Fällungsprodukte entstehenden *Kalziumphosphaten* angereichert und seine Düngewirksamkeit dadurch erhöht. Bei der biologischen Phosphatelimination wird die Eigenschaft bestimmter Bakterien genutzt, in anaerober Umgebung in den Zellen gespeicherte *Polyphosphate* abzubauen und nach einem Wechsel in ein aerobes Medium sich zu vermehren und verstärkt *Phosphate* wieder aufzunehmen. Dabei entstehen weder zusätzliche Einträge löslicher Salze in das gereinigte Abwasser noch zusätzliche Schlammmengen durch Fällungsmittel. Während die Phosphatelimination bisher vorrangig durch chemische Fällung bewirkt wurde, wird in zunehmendem Maße die biologische Phosphatfällung, allerdings aus technischen und Kostengründen in Kombination mit chemischer Fällung zur Ergänzung, eingesetzt.

Das biologisch gereinigte Abwasser wird schließlich einer Nachreinigung in einer Flokkungsfiltration unterzogen, in der Reste gelöster oder kolloidaler organischer Verunreinigungen nach der Flockung mit Hilfe von Kiesfiltern abgetrennt werden. Für die Flockung werden Flockungsmittel *(Eisenchlorid, Aluminiumsulfat, Natriumaluminat)* zugesetzt. Die entstehenden Flocken aus *Eisen*- oder *Aluminium-Hydroxiden* haben die Eigenschaft, *organische Substanzen* sorptiv zu binden, so daß sie abfiltriert werden können [N.3.72].

Aufgrund der fäulnisfähigen organischen Stoffe im Abwasser und Schlamm entstehen im Einlaufbereich einer Kläranlage bis zur Vorklärung und im gesamten Schlammteil Geruchsstoffe (H_2S, NH_3). Da diese Stoffe meist biologisch gut abbaubar sind, wird die Luft aus diesen Bereichen zunehmend abgesaugt und zur Reinigung über Biofilter geleitet [N.3.73].

Klärschlamm
In den kommunalen Kläranlagen in der Bundesrepublik fallen jährlich ca. 3 Mio. t an Klärschlämmen (Trockensubstanz TS) an, von denen ca. 10 % in Klärschlammverbrennungsanlagen verbrannt werden [N.3.12]. Der übrige Teil wird landwirtschaftlich genutzt oder auf Deponien gelagert. Seit Erlaß der Neufassung der Klärschlammverordnung (1992) und der TA Siedlungsabfall (1993) wird jedoch die Möglichkeit der landwirtschaftlichen Nutzung und der Deponie von Klärschlamm in erster Linie von den Schlamminhaltsstoffen bestimmt.

Klärschlamm enthält an Inhaltsstoffen, die für die landwirtschaftliche Verwertung als Nährstoffe nützlich sind, insbesondere *Nitrate* und *Phosphate*, aber auch *CaO* und *MgO*. Der Phosphat-Gehalt wird mit Einführung der 3. Reinigungsstufe in Kläranlagen noch weiter zunehmen [N.3.75]. Im Klärschlamm sind andererseits als Schadstoffe Schwermetalle *(Pb, Cd, Cr, Cu, Ni, Hg, Zn)*, die größtenteils als toxisch einzustufen sind, sowie *Dioxine und Furane*, polychlorierte Biphenyle *(PCB)*, adsorbierbare organisch gebundene Halogene *(AOX)* und polyzyklische aromatische Kohlenwasserstoffe *(PAK)* zu finden [N.3.76, N.3.77]. Die *Dioxine* und *Furane* stammen vor allem aus Abwasserverunreinigungen durch die früher verbreitete Nutzung von *PCP* und seiner Derivate, aus Abwässern der Textilindustrie (Indirekteinleiter) und der nassen und trockenen Deposition luftgetragener Schadstoffe und deren Abschwemmung und Transport in die Abwasserkanalisation [N.3.78]. Bei Überschreitung der in der Klärschlammverordnung festgelegten Grenzwerte für diese Schadstoffe scheidet eine landwirtschaftliche Nutzung des Klärschlamms aus.

Der Gehalt an organischen Stoffen im Klärschlamm ist trotz Reduktion durch biologische Stabilisierung (Faulung) so groß, daß der Grenzwert nach der TA Siedlungsabfall (definiert als Glühverlust) überschritten wird und eine Deponie von Klärschlamm erst nach geeigneter Vorbehandlung möglich ist. Von den verschiedenen Möglichkeiten zur Verwertung und Beseitigung von Klärschlamm [N.3.74] kommt jetzt zunehmend die thermische Behandlung (Verbrennung,

Vergasung) nach vorheriger Trocknung bzw. Entwässerung zur Anwendung.

N.3.2.6.2 Kanalisation

Das öffentliche Abwasserkanalnetz hatte allein im alten Bundesgebiet bereits eine Länge von mehr als 290.000 km. Nach verschiedenen Schätzungen sind im alten Bundesgebiet 10 – 20 % und in den neuen Bundesländern 50 % des Kanalnetzes sanierungsbedürftig [N.3.79, N.3.80]. Aufgrund der offensichtlich vorhandenen alterungsbedingten Undichtigkeiten stellt die Abwasserkanalisation eine ständige Quelle von allen mit dem Abwasser transportierten Schadstoffen, nachweislich von chlorierten Kohlenwasserstoffen *(CKW)*, für den umgebenden Boden und das Grundwasser dar. Aus Schadensuntersuchungen wird die Erwartung bestätigt, daß schadstoffbefrachtetes Abwasser ausschließlich aus Undichtigkeiten in Kanalrohren austritt, die oberhalb des Grundwasserspiegels liegen, und sich die Schadstoffe mit der Grundwasserfließrichtung im Boden ausbreiten [N.3.80]. Bei Abwasserrohren, die ständig im Grundwasser liegen, dringt umgekehrt Grundwasser durch Undichtigkeiten in die Kanalrohre ein und erhöht dadurch die Abwassermenge.

Da der größte Teil der Kanäle nicht begehbar ist (Ø < 800 mm), hat sich eine Sanierung durch Einziehen von Kunststoffrohren (PE-HD) zur Abdichtung bewährt [N.3.79, N.3.81].

N.3.2.7 Straßenreinigung

In der Abfallstatistik werden Straßenkehricht und Marktabfälle unter dem Begriff Hausmüll erfaßt. 1987 betrug allein im alten Bundesgebiet die Menge an Straßenkehricht und Marktabfällen 1,3 Mio t, das waren 4,8 % des gesamten Hausmüllaufkommens [N.3.82].

Die mit der Straßenreinigung befaßten Betriebe der öffentlichen Hand und die privaten Unternehmen, die im Auftrag der öffentlichen Hand tätig werden, benutzen Kehrmaschinen, die nach einem modularen Aufbau konzipiert sind. Ein Zubringerwalzenbesen kehrt die Fahrbahnverschmutzungen in den Rinnsteinbereich, wo sie mit einem Tellerbesen abgelöst und mit einem direkt dahinter nachlaufenden Saugmund in den Kehrichtbehälter des Fahrzeugs abgesaugt werden. Durch eine vorlaufende Wasserberieselung kann im Bedarfsfall der Straßenstaub gebunden werden, um eine Aufwirbelung durch die rotierenden Besen zu unterbinden. Die einzelnen Elemente einer Kehrmaschine können je nach Aufgabenstellung getrennt benutzt oder auch durch Module für andere Zwecke (Mähen und Absaugen begrünter Seitenstreifen) oder für den Winterdienst (Schneepflug, Streuaufbau) ersetzt oder ergänzt werden [N.3.83].

Die von Kehrmaschinen aufgenommenen Fahrbahnverschmutzungen enthalten außer Sand und *Stäuben* verschiedenster Art vor allem Papier, Laub, Kunststoffe und Scherben. Diese Materialien sind insbesondere durch verkehrsbedingte Schadstoffe verunreinigt. Darunter finden sich *Blei* und *Kohlenwasserstoffe* (aus Kraftstoffen und Schmierstoffen), *Rußpartikel* (aus dem Reifenabrieb) und *Asbestpartikel* (aus dem Abrieb alter Bremsbeläge) [N.3.84]. Diese Verunreinigungen halten sich jedoch in so niedrigen Grenzen, daß Straßenkehricht ohne weiteres auf Hausmülldeponien abgelagert oder bei höherem Anteil an brennbaren Materialien auch einer Verbrennungsanlage für Hausmüll zugeführt werden kann.

Straßenverunreinigungen mit besonders hohem Anteil an *organischen Stoffen* (Laub) werden ebenso wie Marktabfälle (Gemüse-, Obst-, Blumenreste) und Pflanzenschnittabfälle aus Parkanlagen systematisch getrennt eingesammelt und der Kompostierung zugeführt.

Da die Verwendung von Auftausalzen auf Verkehrswegen im Winter zugunsten mineralischer abstumpfender Streustoffe rückläufig ist, fallen in jedem Frühjahr zunehmende Mengen an diesen Mineralgranulaten bei der Straßenreinigung an. Um das mineralische Streugut möglichst mehrfach wiederverwenden zu können, sind verschiedene Verfahren zur Abtrennung des Feinstaubs und zur Wäsche bzw. thermischen Behandlung des Splitts zwecks Abtrennung von anhaltenden Schadstoffen *(Schwermetalle, Kohlenwasserstoffe)* entwickelt worden [N.3.84-N.3.86].

N.3.2.8 Abfallentsorgung

Das abfallwirtschaftliche Gesamtkonzept der Bundesrepublik beruht auf den im Kreislaufwirtschafts- und Abfallgesetz verankerten Grundforderungen nach Vermeidung, Verwertung und ordnungsgemäßer Entsorgung von Abfällen aller Art. Allgemeine Verwaltungsvorschriften für besonders überwachungsbedürftige Abfälle (TA Abfall) und für Siedlungsabfälle (TA Siedlungsabfall) erhalten detaillierte Anforderungen an die Entsorgung der Abfälle und die Festlegung der Verfahren zu ihrer Sammlung, Behandlung, Lagerung und Ablagerung auf den verschiedenen Entsorgungspfaden (Bild N.3-1).

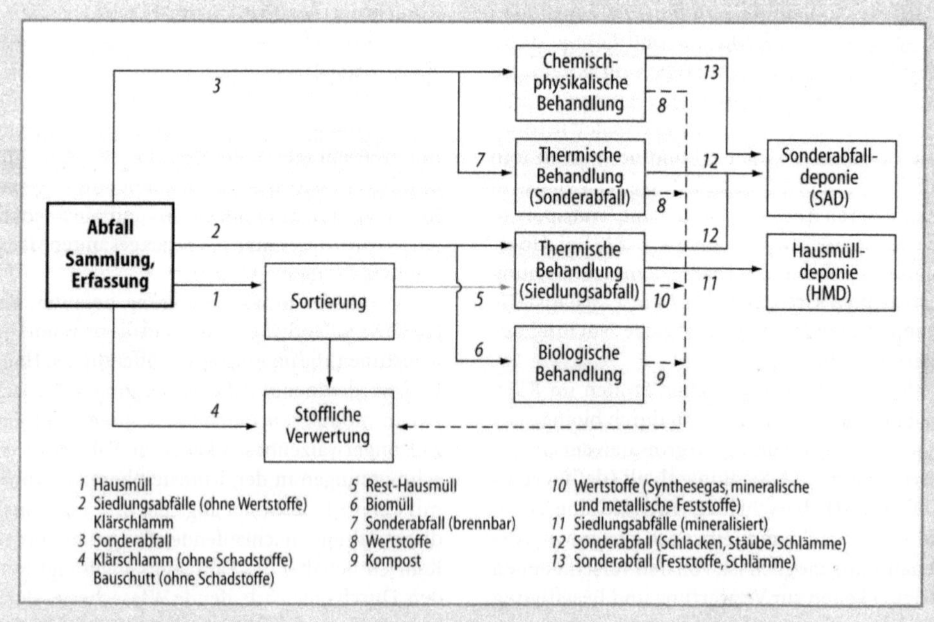

Bild N.3-1 Abfallentsorgungspfade

Die Entsorgung von Abfällen erfolgt sowohl in Anlagen der öffentlichen Hand als auch in gewerblichen Anlagen. Nach einer abfallwirtschaftlichen Bilanz für das Jahr 1987 [N.3.87] entfiel die nachweislich entsorgte Gesamtmenge an Abfällen von 205,7 Mio t etwa je zur Hälfte auf die Anlagen der öffentlichen Hand und auf die gewerblichen Anlagen. Spezifische Abfallarten fliessen jedoch schwerpunktmäßig jeweils nur einem dieser beiden Entsorgungszweige zu. In den Anlagen der öffentlichen Hand werden praktisch der gesamte Siedlungsabfall, nahezu alle Aschen und Schlacken aus Verbrennungsanlagen sowie der größte Teil von Bauschutt und Bodenaushub entsorgt. Zum Siedlungsabfall gehören insbesondere Hausmüll, hausmüllähnliche Gewerbeabfälle, Sperrmüll, Bioabfälle, Klärschlamm und Wasserreinigunsschlämme, aber auch Straßenkehricht und Bauabfälle. Der weitaus überwiegende Teil produktionsspezifischer Abfälle, insbesondere Sonderabfälle, und ein Teil des Bauschutts und Bodenaushubs wird dagegen in eigenen Anlagen des produzierenden Gewerbes bzw. in gewerblich betriebenen Entsorgungsanlagen entsorgt. Schadstofffreier Bauschutt wird aufbereitet und verwertet.

Die *öffentliche Hand* betreibt zur Erfüllung ihrer Entsorgungsaufgaben Einrichtungen zur Sammlung und Erfassung des Hausmülls, Anlagen zur thermischen und biologischen Behandlung von Siedlungsabfällen und Deponien zur Ablagerung vorbehandelter oder nicht vorbehandelter Abfälle [N.3.13]. Für die thermische Behandlung kommen bisher fast ausschl. Hausmüllverbrennungsanlagen (HMV), für die biologische Behandlung Kompostierungsanlagen zum Einsatz. Bei den oberirdischen Deponien wird zwischen Hausmülldeponien (HMD) und Deponien für besonders überwachungsbedürftige Abfälle (SAD) unterschieden. Unterirdische Deponien für besonders überwachungsbedürftige Abfälle (UTD) werden dagegen fast ausschl. in Bergwerken als gewerbliche Anlagen betrieben [N.3.88].

Vom *produzierenden Gewerbe* bzw. vom *Abfallentsorgungsgewerbe* werden vorwiegend Sortieranlagen, stoffliche Verwertungsanlagen, chemisch-physikalische und thermische Behandlungsanlagen sowie Einrichtungen zur Erfassung der Abfälle beim Erzeuger, zum Transport und zur Zwischenlagerung der Abfälle und Reststoffe zwischen den einzelnen Entsorgungsstufen betrieben (Bild N.3-1). Bei diesen thermischen Behandlungsanlagen handelt es sich ausschließlich um Sonderabfallverbrennungsanlagen (SAV).

Die Verwirklichung des abfallwirtschaftlichen Gesamtkonzepts mit der Prioritätenfolge Vermeidung – Verwertung – Deponie führt zum verstärkten Einsatz von Sortieranlagen, stofflichen Verwertungsanlagen und thermischen Behandlungsanlagen. Dies ist nötig, um trotz zunehmender Gesamtabfallmenge die unvermeidlich zu deponierende Restabfallmenge reduzieren und umweltverträglich deponieren zu können. Der jüngste Zwang zu dieser Entwicklung geht insbesondere von der Verpackungsverordnung und der TA Siedlungsabfall aus. Mit der Umsetzung der Verpackungsverordnung durch das Duale System [N.3.89] wird die getrennte Sammlung von Wertstoffen im Hausmüll (Kunststoffe, Glas, Papier) und ihre stoffliche Verwertung zeitlich und mengenmäßig forciert. Die TA Siedlungsabfall verbietet darüber hinaus die Ablagerung von Siedlungsabfällen mit einem Anteil von mehr als 3 % an organischer Substanz für Deponieklasse 1 bzw. 5 % für Deponieklasse 2. Dies macht i. d. R. eine vorhergehende thermische Behandlung der Siedlungsabfälle auch nach vorangegangener Abtrennung von Wertstoffen obligatorisch. Darunter fallen auch Klärschlämme, wenn deren Schadstoffgehalte zu hoch sind und deshalb eine direkte stoffliche Verwertung in der Landwirtschaft ausgeschlossen ist.

N.3.2.8.1 Thermische Behandlungsanlagen

Zur thermischen Behandlung von Siedlungsabfällen mit dem Ziel der weitgehenden Mineralisierung durch Reduktion des organischen Müllanteils und der Zerstörung der in den Abfällen enthaltenen Umweltschadstoffe kommen als Verfahren die Verbrennung, die Pyrolyse, die Vergasung oder Kombinationen dieser Verfahren in Betracht [N.3.90, N.3.91]. Bisher werden von der öffentlichen Hand Müllverbrennungsanlagen mit Rostfeuerung, Klärschlammverbrennungsanlagen mit Wirbelschichtfeuerung sowie eine Anlage zur thermischen Behandlung von Hausmüll unter Verwendung der Pyrolysetechnik betrieben. Die anderen Verfahren befinden sich in unterschiedlichen Stadien der Entwicklung und Erprobung in Pilotanlagen bzw. kurz vor dem kommerziellen Einsatz [N.3.108].

Verbrennung
Bei der Verbrennung von Siedlungsabfällen in herkömmlichen Müllverbrennungsanlagen bei

Temperaturen von 800 bis über 1000 °C werden alle organischen Bestandteile weitgehend durch Oxidation in CO_2 und H_2O umgewandelt. Andererseits entstehen aus den sonstigen anorganischen Inhaltsstoffen durch chemische Umwandlung in dem Verbrennungsprozeß neue Stoffe, die je nach ihrer Konsistenz den Verbrennungsraum mit dem Rauchgas verlassen (gas- oder dampfförmige Stoffe, Flugstaub) oder mit der Asche bzw. Schlacke abgezogen werden (mineralische Stoffe, Unverbranntes, Metalle). Da eine große Zahl dieser Stoffe in den Verbrennungsprodukten umweltschädlich oder sogar toxisch ist, werden sie in Reinigungsanlagen vom Rauchgas abgetrennt und soweit wie technisch möglich durch chemische Umwandlung neutralisiert. Für die Konzentration der Schadstoffe in der Abluft von Verbrennungsanlagen für Abfälle und ähnliche brennbare Stoffe (*Staub, organische Stoffe, gasförmige anorganische Cl- und F-Verbindungen*, SO_2, NO_x, *Schwermetalle* und ihre Verbindungen, *Dioxine und Furane*) sind Grenzwerte in der 17. Verordnung zum Bundesimmissionsschutzgesetz (17. BImSchV) festgelegt.

Die einzelnen Prozeßstufen einer Müllverbrennungsanlage (Bild N.3-2) stellen unterschiedliche Quellen umweltrelevanter Stoffe dar [N.3.92].

In dem geschlossenen *Müllbunker* entstehen durch Fäulnisprozesse im Müll *Geruchsstoffe*. Da die Verbrennungsluft grundsätzlich aus dem Müllbunker angesaugt wird, werden diese *Geruchsstoffe* vollständig dem Verbrennungsprozeß zugeführt, wo sie thermisch zerstört werden.

Im *Verbrennungsraum* werden je nach Müllzusammensetzung und Verbrennungsführung (Rostfeuerung, Wirbelschichtfeuerung) neben den Hauptverbrennungsprodukten (CO_2, H_2O,) gasförmige Schadstoffe (*CO, Stickoxide*, SO_2, *HCl, HF*, H_2S), leichtflüchtige Schwermetalle (*Hg, Cd, Tl*), mineralische *Stäube* sowie je nach Ausbrand organische Stoffe freigesetzt bzw. gebildet. Sonstige Schwermetalle (*Sb, As, Pb, Cr, Co, Cu, Mn, Ni, V, Sn*) und ihre Verbindungen werden zum größten Teil in Asche und Schlacke eingebunden oder angelagert an Staubpartikel mit dem Rauchgas ausgetragen. Zur Reduktion der Stickoxidkonzentration im Abgas mittels selektiver nichtkatalytischer Reaktion (SNCR-Verfahren) wird NH_3 in Form von Ammoniakwasser in den Verbrennungsraum eingedüst. Überschüssiges NH_3 wird in der Rauchgaswäsche wieder abgetrennt und erneut verwendet.

Im *Dampferzeuger* können darüber hinaus abstromseitig im Rauchgas bei Temperaturen zwischen 400 und 250 °C und bei Anwesenheit von Chlor in oxidierender Atmosphäre *Dioxine* und *Furane* neu gebildet werden (De-Novo-Synthese).

Im *Elektrofilter* der Rauchgasreinigung werden die *Stäube* aus dem Rauchgas abgetrennt. Aufgrund ihrer Beladung mit toxischen Schadstoffen (*Schwermetalle*, z.T. auch *Dioxine* und *Furane*) werden sie als Sonderabfall entsorgt.

In der *Rauchgaswäsche* wird mehrstufig unter Anwendung verschiedener trockener, halbtrockener und nasser Waschverfahren der größte Teil der gasförmigen Schadstoffe chemisch in umweltneutrale Stoffe umgesetzt. Diese werden ausgefällt oder durch Verdampfungsprozesse von der flüssigen Phase getrennt. Wenn zur Reduktion

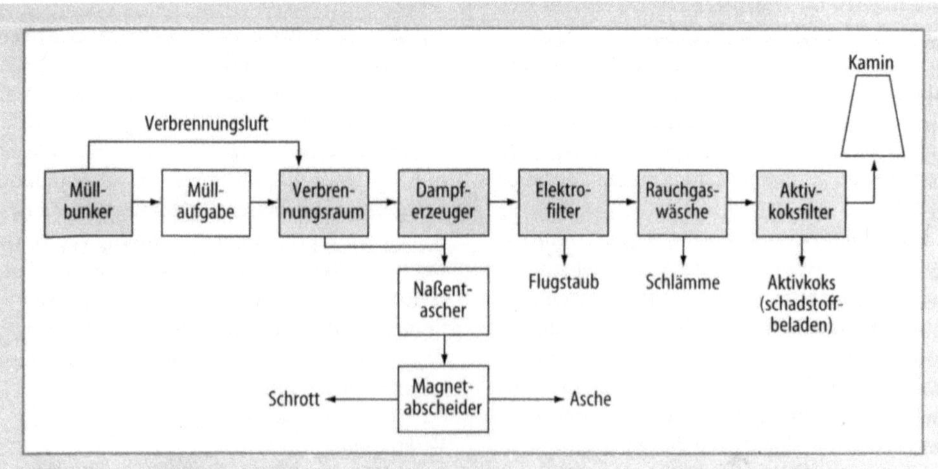

Bild N.3-2 Stoffquellen in einer Müllverbrennungsanlage

des SO_2 im Rauchgas dem Verbrennungsprozeß Kalkmilch oder Kalkstein zugeführt wird, so fällt in der Rauchgaswäsche auch Gips in mehr oder weniger reiner Form als Reststoff an. In der Rauchgaswäsche werden aber auch die *Schwermetalle*, überwiegend in Form von Hydroxiden, chemisch gebunden. Diese werden als Schlämme von der flüssigen Phase getrennt und als Sonderabfall entsorgt. In modernen MVA wird das in der Rauchgaswäsche benötigte Wasser nach Abtrennung der Schad- und Reststoffe im Kreislauf gefahren, so daß kein Abwasser anfällt.

Das Aktivkoksfilter, das zusätzlich am Ausgang der Rauchgasreinigungsanlage angeordnet wird, hat vor allem die Funktion, *Dioxine* und *Furane* zu adsorbieren. Das Aktivkoksfiltermaterial muß wegen der Beladung mit *Dioxinen* und *Furanen* sowie anderen restlichen Schadstoffen aus dem Rauchgas von Zeit zu Zeit, z. B. in einer Hochtemperaturverbrennungsanlage, entsorgt werden.

Vergasung

Die aus der Vergasung von Kohle und Raffinerierückständen bekannte und erprobte Technik der Umwandlung von Kohle oder Kohlenwasserstoff durch Reaktion mit Luft/Sauerstoff und Wasserdampf in nutzbare gasförmige Produkte (Synthesegas) ist je nach Anwendung in einem Festbett-, Wirbelschicht- oder Flugstromvergaser unter bestimmten Randbedingungen (Zerkleinerung und/oder Pelletierung des Aufgabematerials, Zusatzbrennstoff) für die thermische Behandlung von Siedlungsabfällen geeignet [N.3.67, N.3.93, N.3.94]. Der Einsatz dieser Technik ist sinnvoll für getrennt anfallende oder erfaßte Fraktionen von Siedlungsabfällen (Kunststoffe, Shredderleichtfraktionen, Klärschlamm). Diese Verfahren sind bisher nicht in thermischen Behandlungsanlagen für unsortierte Siedlungsabfälle der öffentlichen Hand eingesetzt worden und zielen auch in Zukunft von ihrer Leistungsfähigkeit her eher auf einen Einsatz als gewerblich betriebene Anlagen für bestimmte Abfallfraktionen mit dem Ziel der gleichzeitigen teils energetischen, teils stofflichen Verwertung dieser Abfallstoffe. Das Synthesegas findet als Brenngas oder nach weiterer Aufbereitung zur Herstellung von Kohlenwasserstoffen (Methanol) Verwendung.

Ein weiteres neuentwickeltes Mischbettvergasungsverfahren, das Thermoselect-Verfahren [N.3.95] mit vorgeschalteter Entgasung des Mülls unter Luftabschluß weicht hiervon insofern ab, als es den Einsatz unsortierten Hausmülls ohne besondere Vorbehandlung unter Beimischung auch anderer Siedlungsabfälle (Klärschlamm) ermöglicht.

Bei diesem Verfahren wird der größte Teil der organischen Inhaltsstoffe des Abfalls zunächst in einem von außen auf ca. 600 °C beheizten Entgasungskanal entgast und danach in einem direkt anschließenden Hochtemperaturvergasungsreaktor (1300 °C) unter Einsatz von Sauerstoff und Wasserdampf in ein weiter verwertbares Synthesegas umgewandelt (Bild N.3-3). Der zur Vergasung benötigte Wasserdampf entstammt dem Feuchtigkeitsgehalt des Mülls. In dem gleichen HT-Prozeß werden gleichzeitig alle mineralischen und metallischen Abfallbestandteile bei ca. 2000 °C aufgeschmolzen und als Schmelzgranulat aus dem Prozeß entfernt. Hierzu werden dem HT-Vergasungsprozeß je nach Anteil organischer Substanzen in dem Abfall Sauerstoff und Brenngas (z. B. Erdgas, Synthesegas) so zugeführt, daß eine optimale Ausbeute an Synthesegas und eine vollständige Aufschmelzung aller mineralischen bzw. metallischen Müllanteile erreicht wird.

Bei Vergasungsprozessen (Druckbereich zwischen 0,3 und 25 bar) treten im Prinzip gleichartige Schadstoffe wie bei der Verbrennung der gleichen Abfälle auf, nur variiert deren quantitive Zusammensetzung und damit die Verteilung der Stoffquellen im Prozeß nicht nur mit der Art des eingegebenen Abfalls, sondern auch mit der Art der Prozeßführung. Das Rohgas kann beim Verlassen des Vergasungsreaktors außer den Hauptkomponenten des Synthesegases (CO, H_2, CO_2, H_2O), auch N_2 als Nebenbestandteil, Spuren von CH_4 und als Schadstoffe SO_2, NO_x, *HCL, HF, H_2S, COS, HCN, NH_3, Staub* , Schwermetalle *(Cd, Hg, Pb, Zn)* enthalten. Für die Reinigung des erzeugten Synthesegases werden die aus der Synthesegasreinigung bekannten und erprobten Gasreinigungsverfahren angewendet. Vor dem Eintritt in die Gasreinigung wird jedoch das Synthesegas von der hohen Temperatur im Vergasungsreaktor schlagartig durch Kontakt mit einem Schwallwasserstrom (Quenche) je nach Vergasungsverfahren auf Temperaturen bis unter 100 °C abgekühlt, um die De-Novo-Synthese von *Dioxinen* und *Furanen* zu unterbinden. Im Quenchwasser finden sich außer löslichen Schadstoffen und Staubpartikeln auch Kohlenstoffanteile nach *CO*-Zerfall in *C* und *CO_2* und bei zu geringer Vergasungstemperatur < 1000 °C auch *höhersiedende Kohlenwasserstoffe*.

In der Abwasserreinigung, die im Kreislauf gefahren wird, fallen außer verwertbaren Reststof-

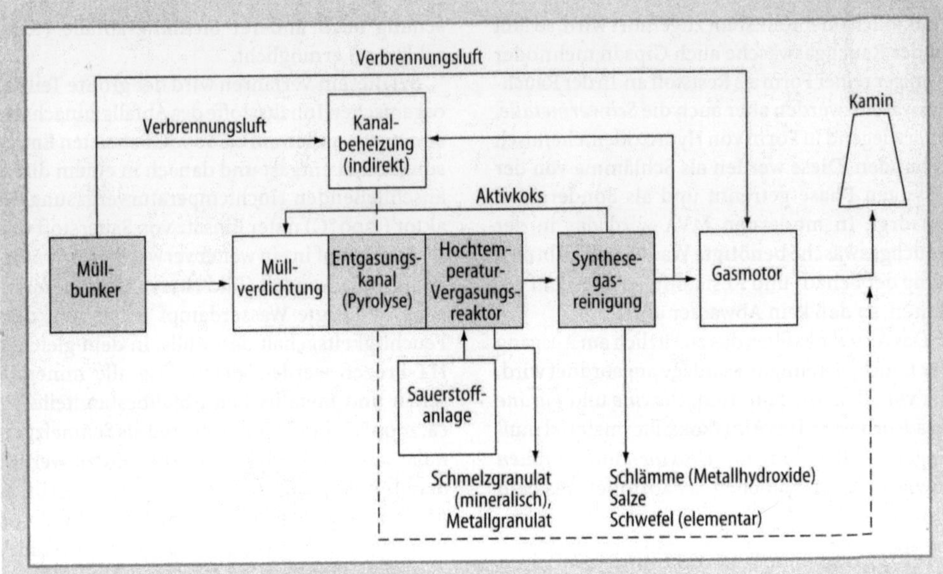

Bild N.3-3 Stoffquellen in einer thermischen Müllbehandlungsanlage (Pyrolyse/Vergasung)

fen (elementarer Schwefel, Salze) auch hochkonzentrierte Metallhydroxid-Sulfid-Schlämme an, die einer Sonderabfallentsorgung zugeführt werden müssen. Weitere Schwermetallanteile aus dem Hausmüll werden in oxidischer, praktisch nicht eluierbarer Form in dem weiter verwertbaren Schmelzgranulat eingeschlossen. Die Filtermasse aus dem Aktivkoksfilter, die mit restlichen gasgetragenen Schadstoffen hinter der Synthesegasreinigung (auch Spuren von *Dioxinen* und *Furanen*) beladen wird, braucht nicht als Sonderabfall entsorgt zu werden, sondern wird zusammen mit dem eingesetzten Hausmüll dem Prozeß wieder zugeführt.

Das Synthesegas wird zum Betrieb eines Gasmotors mit Generator zur Erzeugung elektrischer Energie verwendet. Das Abgas des Gasmotors enthält als wesentliche Schadstoffe NO_x und *CO*. Zur Emissionsminderung werden verbrennungstechnische Maßnahmen am Motor in Verbindung mit selektiver katalytischer Reduktion (SCR mit Harnstoffeinspeisung und Katalysator) ergriffen. Eine Synthesegasverwendung zur Herstellung von Methanol ist prinzipiell möglich.

Pyrolyse

Zur thermischen Behandlung von Hausmüll, aber auch von Abfallfraktionen wie Klärschlamm, Shredderleichtmüll, Kunststoffe und Leiterplatten unter Luftabschluß (Pyrolyse) sind verschiedene Verfahren unter Verwendung eines Drehroh-

res als Schweltrommel entwickelt worden [N.3.96], [N.3.97]. Das Drehrohr wird indirekt so beheizt, daß der Schwelvorgang bei Temperaturen zwischen 450 und 550 °C vonstatten geht. Aufgrund der Problematik der Gas- und Wasserreinigung von Pyrolysegasen wird bei den bisher entwickelten Projekten das erzeugte Gas direkt verbrannt oder einer mit der Pyrolyseanlage gekoppelten Flugstromvergasungsanlage zugeführt. Die Stoffquellen beim Pyrolyseprozeß werden am Beispiel einer Kombinationsanlage Pyrolyse/Verbrennung dargelegt.

Kombination Pyrolyse/Verbrennung

Das KWU-Schwelbrennverfahren [N.3.98] als Kombination von Pyrolyse und Verbrennung ist auf die energetische Verwertung der organischen Bestandteile von Hausmüll, die Separierung der inerten Wertstoffe (Steine, Glas, Metalle) und die Minimierung nicht verwertbarer Reststoffe hin konzipiert. Es umfaßt als Prozeßschritte (Bild N.3-4) die Pyrolyse in einem über Heizrohre indirekt beheizten Drehrohr, die Fraktionierung des Pyrolyserückstands, die Hochtemperaturverbrennung des Pyrolysegases und -kokses in einer Brennkammer und die Energierückgewinnung im anschließenden Abhitzekessel.

Im *Drehrohr* vollziehen sich unter Luftabschluß mit steigender Temperatur bis unter 600 °C an den organischen Substanzen nach thermischer Trocknung zunächst Depolymerisation, Reduk-

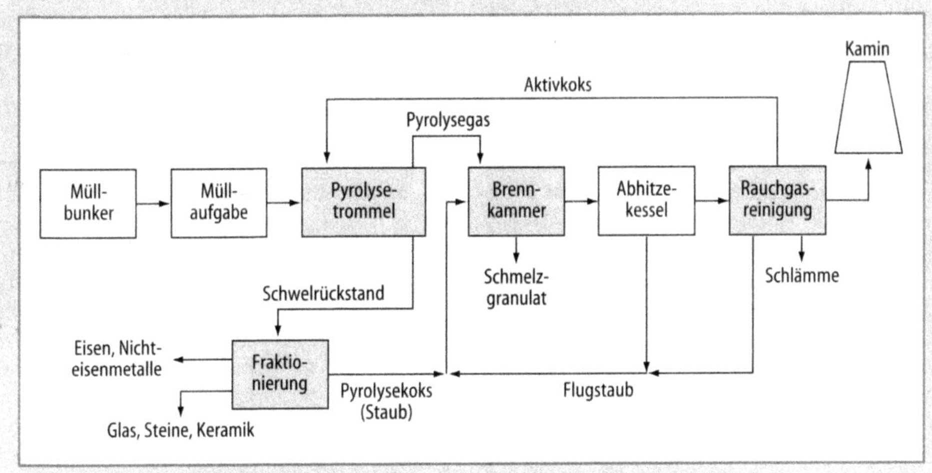

Bild N.3-4 Stoffquellen in einer thermischen Müllbehandlungsanlage (Pyrolyse/Verbrennung)

tion und Abspaltung von Reaktionswasser, CO, CO_2 und H_2S, dann Abspaltung von Cl unter *HCl-* Bildung, Bruch aliphatischer Bindungen, Beginn der Abspaltung von CH_4 und schließlich Bruch der C-O- und C-N-Bindungen [3.99]. Das Pyrolysegas besteht daher aus einer großen Zahl flüchtiger Kohlenwasserstoffe mit überwiegend niedriger Kohlenstoffzahl sowie aus gasförmigen Schadstoffen *(HCl, HCN, H_2S)* und leichtflüchtigen Schwermetallen *(Cd, Hg)*. Es wird unaufbereitet der Brennkammer zugeführt.

Der Schwelrückstand besteht aus einer trockenen kohlenstofffreien Grobfraktion (Eisenschrott, Nichteisen-Metalle, Glas, Keramik, Steine) und einer Feinfraktion (< 5 mm), die einen großen Anteil an Kohlenstoff (ca. 30 %) enthält. Die Feinfraktion wird durch Absieben von der Grobfraktion getrennt, gemahlen und ebenfalls der Brennkammer zugeführt. Durch die gas- bzw. staubförmigen Brennstoffe und verbrennungstechnische Maßnahmen wird dort ein gleichmässig hoher Ausbrand bei Verbrennungstemperaturen > 1000 °C im Rauchgas nach der letzten Luftzufuhr und 1300 °C im Bereich des *Schlackeaustrags* erzielt. Das Schmelzgranulat aus der schmelzflüssig abgezogenen Schlacke enthält außer den Mineralstoffen in Form von Metalloxiden auch einen großen Teil der aus dem Abfall stammenden Schwermetalle *(Zn, Cu, Pb, Cr, Sb, Cd)* in oxidischer, praktisch nicht eluierbarer Form.

Das Rauchgas aus der Brennkammer ist bzgl. seiner Zusammensetzung dem aus einer MVA vergleichbar. Deshalb kommt auch bei diesem Kombinationsverfahren Pyrolyse/Verbrennung die erprobte Rauchgasreinigungstechnik für MVA zur Anwendung. Die Verteilung der Stoffquellen entspricht praktisch der im Abschnitt „Verbrennung" beschriebenen Verteilung. Durch die Rückführung der schadstoffbehafteten Kessel- und Filterstäube in die Brennkammer und des schadstoffbeladenen Aktivkokses in die Pyrolysetrommel entfällt jedoch eine Entsorgung dieser Materialien als Sonderabfall.

N.3.2.8.2 Biologische Behandlungsanlagen

Zur biologischen Behandlung von Abfällen werden von zahlreichen Gebietskörperschaften zentrale Kompostierungsanlagen für Bio- und Mischmüll betrieben. Darüber hinaus ist die Pflanzenabfallkompostierung in vielen kleinen dezentralen Anlagen und die Eigenkompostierung verbreitet. Dennoch wurden bis 1992 nur etwa 3 % des in der Bundesrepublik angefallenen Hausmülls kompostiert, obwohl ca. ein Drittel des Hausmülls aus biologisch-organischem Material besteht [N.3.100].

In der TA Siedlungsabfall ist vorgegeben, daß Bioabfälle getrennt von anderen Siedlungsabfällen zu erfassen und zu kompostieren sind. Damit ist der Weg eröffnet, eine noch größere Menge an organischer Substanz in Form von schadstoffarmem, qualitativ hochwertigem Kompost aus Siedlungsabfällen rückzugewinnen und in der Landwirtschaft oder generell zur Bodenverbesserung zu verwerten.

Kompostierungsanlagen werden aufgrund der Emission von *Geruchsstoffen* beim aeroben Rotteprozeß i.d.R. in Form von geschlossenen Hallen oder geschlossenen Systemen betrieben [N.3.101]. Auf eine Einhausung kann nach der TA Siedlungsabfall nur bei kleineren Anlagen unter bestimmten Bedingungen verzichtet werden. Der Rottevorgang läuft in zwei Stufen ab. In der *Vorrotte* (Mieten, offene Boxen oder geschlossene Trommeln) wird zur Optimierung des Rottevorgangs die Belüftung und die Feuchte des Bioabfalls optimal eingestellt (z.B. durch Zugabe von Wasser oder Strukturmaterial wie Gehölzschnitt aus Pflanzenabfall). Zur Belüftung der Vorrotte wird die Hallenabluft aus dem Bereich der *Nachrotte* benutzt. Die Abluft aus dem Bereich der Vorrotte muß dagegen über Kompostfilter geleitet werden, um *Geruchsstoffe* zurückzuhalten. Mieten im Rottebereich müssen regelmäßig umgesetzt werden.

Trotz der von anderem Hausmüll getrennten Erfassung von Biomüll kann je nach der Verunreinigung des Biomülls mit Fremdstoffen der daraus gewonnene Kompost meßbare Gehalte an *Schwermetallen (As, Pb, Cd, Cr, Cu, Ni, Hg, Zn)* enthalten [N.3.102]. Ein Merkblatt der Länderarbeitsgemeinschaft Abfall (LAGA) enthält Qualitätskriterien und Anwendungsempfehlungen für Kompost aus Müll und Müll-Klärschlamm sowie in Anlehnung an die Klärschlammverordnung Grenzwerte für die Konzentration bestimmter Schwermetalle im Boden, bei deren Überschreitung ein Aufbringen des Komposts unterbleiben soll [N.3.103].

N.3.2.8.3 Deponien

Von entsorgungspflichtigen Gebietskörperschaften werden in der Bundesrepublik flächendeckend Hausmülldeponien, Bodenaushub- und Bauschuttdeponien und Sonderabfalldeponien mit unterschiedlicher technischer Ausstattung (Basisabdichtung, Deponiegasbehandlung, Sickerwasserbehandlung) und unterschiedlich begrenzter Restlaufzeit betrieben [N.3.12, N.3.104]. Auf den Hausmülldeponien wurden bisher Hausmüll, Sperrmüll und hausmüllähnliche Gewerbeabfälle ohne besondere Vorbehandlung abgelagert.

Die TA Abfall enthält im Anhang C einen Katalog der besonders überwachungsbedürftigen Abfälle (Sonderabfälle), die nicht verwertet werden können und einer Anlage zur Behandlung oder Ablagerung zuzuführen sind. In diesem Anhang sind Empfehlungen enthalten, welche Abfallentsorgungsanlagenart aufgrund der jeweils spezi-

fischen Abfalleigenschaften infrage kommt.

Für die Ablagerung von Sonderabfällen sind bestimmte Zuordnungskriterien zu erfüllen (TA Abfall, Nr. 4.4.3 und Anhang D). Sie umfassen Anforderungen an die Festigkeit, den Glühverlust des Trockenrückstands, die Extrahierbarkeit lipophiler Stoffe und die Konzentration von Schadstoffen im Eluat des Abfalls.

Hausmülldeponien
In dem nicht vorbehandelt deponierten Hausmüll sind nicht nur die originären schädlichen Inhaltsstoffe aller Art, insbesondere *Schwermetalle, leicht und schwer flüchtige Kohlenwasserstoffe, chlororganische Stoffe (Dioxine, Furane),* sondern auch durch mikrobiologische Abbauprozesse der organischen Müllbestandteile innerhalb des Deponiekörpers gebildete Schadstoffe (*CH₄, BTX, Chlorkohlenwasserstoffe*) und *Geruchsstoffe* enthalten [N.3.46]. Diese Stoffe können je nach Flüchtigkeit oder Löslichkeit mit dem Deponiegas oder Sickerwasser aus dem Deponiekörper entweichen. Gegen unkontrolliertes Entweichen von Deponiegas oder Sickerwasser werden passive und aktive Maßnahmen entsprechend den Festlegungen in der TA Siedlungsabfall getroffen. Als passive Maßnahmen sind *Basisabdichtungen* und *Oberflächenabdeckungen* vorgeschrieben. Die letzteren sollen gleichzeitig das Entweichen von Deponiegas und das Eindringen und die Kontamination von Niederschlagswasser mit löslichen Schadstoffen verhindern.

Für Inertdeponien, auf denen ausschließlich weitgehend mineralisierte Siedlungsabfälle mit einem auf 3 % begrenzten Anteil organischer Substanz (Deponieklasse 1 der TA Siedlungsabfall) deponiert werden, ist eine Basisabdichtung mit einem rein mineralischen Schichtenaufbau ausreichend. Für sonstige Hausmülldeponien mit weniger hohen Anforderungen an die Begrenzung des Schadstoffgehalts und des Gehalts an organischer Substanz im Deponiegut (Deponieklasse 2 der TA Siedlungsabfall) muß die Basisabdichtung außerdem eine geschlossene Kunststoffdichtungsbahn enthalten. Dies entspricht der Basisabdichtung bei einer Sonderabfalldeponie. In jedem Fall muß der Deponiekörper ein Drainagesystem zur Sammlung und kontrollierten Entnahme des Sickerwassers zwecks möglicher weiterer Behandlung und abschließender Entsorgung der darin enthaltenen Schadstoffe entsprechend den wasserrechtlichen Vorschriften aufweisen.

Das Sickerwasser enthält an Schadstoffen biologisch und chemisch oxidierbare Stoffe, Ammonium- und Nitrit-Stickstoffverbindungen und adsorbierbare organisch gebundene Halogene (Summenparameter: *BSB$_5$, CSB, NH$_4$-N, NO$_2$-N, AOX*) sowie toxische Schwermetalle *(Hg, Cd, Cr, Ni, Pb, Cu, Zn)* je nach den Inhaltsstoffen des deponierten Abfalls.

Das Deponiegas enthält zum überwiegenden Teil *CH$_4$* sowie *CO$_2$, N$_2$, gasförmige Halogen- und Schwefelverbindungen* als Spurenstoffe und Geruchsstoffe. Es wird mit Gasschächten bzw. Gasbrunnen aufgefangen, daraus abgepumpt und einer energetischen Nutzung in Gasmotoren eines BHKW zugeführt.

Sonderabfalldeponien
Die Anforderungen an die Gestaltung und den Betrieb von Sonderabfalldeponien (SAD) sowie an die Beschaffenheit des abzulagernden Sonderabfalls ist in der TA Abfall geregelt. Entsprechend der Vielgestaltigkeit der Arten von Sonderabfällen ist auch das Spektrum der in einer SAD eingeschlossenen Schadstoffe groß. Im Sickerwasser werden daher außer den Schadstoffarten, die im Sickerwasser einer Hausmülldeponie vorkommen, vor allem *leichtflüchtige CKW (Dichlormethan, Trichlorethen, Tetrachlorethen)* und *Schwermetalle*, aber auch *BTX, Aromaten, PCB, Dioxine* und *Furane* gefunden [N.3.105, N.3.106]. Die Aufbereitung der Sickerwässer erfordert jeweils speziell ausgewählte Verfahren (TA Abfall, Anhang F), da die Anwendbarkeit einzelner Verfahren von der Verunreinigung des Sickerwassers (Salzgehalt, Toxizität der Schadstoffe) abhängt [N.3.106, N.3.107].

N.4   Pflanzenbau und Viehhaltung[1]

Pflanzenbau und Viehhaltung sind die beiden Hauptzweige der Landwirtschaft als der geplanten und gelenkten Nutzung der biologischen Erzeugungsfähigkeit von Pflanzen- und Tierbeständen. Sie dienen der Versorgung der Menschen mit Nahrungsmitteln und Rohstoffen. Landwirtschaft gehört zur Ur- oder Primärproduktion und bleibt trotz zunehmender technischer und chemischer

---

[1] Die in diesem Beitrag genannten Zahlenangaben gelten, soweit nicht anders vermerkt, für die erste Hälfte der 90er Jahre. Viele Angaben sind wegen der Datenverfügbarkeit und aus Vergleichsgründen auf die Bundesrepublik Deutschland in den Grenzen von 1989 bezogen.

Steuerung an biologische Prozesse und den Naturhaushalt gebunden.

Die Erfindung der Landwirtschaft leitete den zweiten Schritt der kulturellen Evolution der Menschen nach der Sammler-Jäger-Kultur ein. Der Übergang zu Pflanzenbau und Tierhaltung mit der Auslese weniger Nutzpflanzen und Nutztiere veränderte die menschliche Gesellschaft grundlegend. Mit der Ansammlung und Aufbewahrung größerer Nahrungsmittelmengen konnten nicht nur mehr Menschen ernährt, sondern auch von der Notwendigkeit eigenständiger Nahrungsgewinnung gelöst werden, um sich anderen Tätigkeiten zu widmen. Schon wenige Jahrhunderte nach dem Aufkommen der Landwirtschaft entstanden im Vorderen Orient die ersten Dörfer und Städte, d.h. Siedlungsplätze mit hoher Bevölkerungsdichte, deren Versorgung von der Landwirtschaft gewährleistet wurde. Ihr fiel damit die Verantwortung für eine beständige und zuverlässige Nahrungsversorgung auch der nichtlandwirtschaftlichen Bevölkerung zu, die von ihr ökologisch abhängig wurde – während die Landwirte über ihre Selbstversorgung hinaus in ökonomische Abhängigkeit von den Märkten der Dörfer und Städte gerieten.

Landwirtschaft ist nicht ohne beständige, schwerwiegende Eingriffe in die Natur, insbesondere in Pflanzendecke und Böden möglich. Sie ist daher Anlaß und Quelle zahlreicher Belastungen, unter ihnen solche stofflicher Art. Andererseits hat die landwirtschaftliche Nutzung in der Weite des von ihr bearbeiteten Raums auch die Landschaft gestaltet und die agrarische Kulturlandschaft hervorgebracht. Landnutzung ist ein Prozeß, der wesentlich von ökonomischen Anreizen und biologischen und technischen Fortschritten angetrieben wird, mit dem Ziel, die Naturkräfte so weit wie möglich auszunutzen und teilweise sogar zu überwinden. Daher ist und bleibt die Kulturlandschaft in ständiger Veränderung.

Im Industriezeitalter und insbesondere in den technisch-industriell geprägten Ländern leidet die Landwirtschaft unter einem grundsätzlichen volkswirtschaftlichen Wettbewerbsnachteil. Im Vergleich zur gewerblich-industriellen Wirtschaft kann sie aufgrund ihrer Bindung an biologische Vorgänge und Rhythmen die Erzeugung nur bedingt steigern, rationalisieren und beschleunigen. Außerdem wird in allen Ländern und Gesellschaftssystemen Wert darauf gelegt, daß die Grundnahrungsmittel auch für Menschen der unteren sozialen Schichten erschwinglich bleiben, so daß den ökonomischen Bemühungen der Landwirtschaft auch von der Erlösseite her Grenzen gesetzt sind.

Diese Situation zwingt die moderne Landwirtschaft, das Ertragspotential von Pflanzen und Tieren, Böden und Wasser bis zum Äußersten auszuschöpfen, wobei sie – wegen der erwähnten wirtschaftlichen Benachteiligung – in vielseitiger Weise von der öffentlichen Hand finanziell und mit anderen Mitteln unterstützt wird. Die Folge dieser ständig gesteigerten Ausschöpfung der natürlichen Produktionspotentiale ist einerseits eine wirtschaftlich problematische Überproduktion von Nahrungsmitteln, andererseits eine gesteigerte Umweltbelastung im ländlichen Raum und darüber hinaus. Es gelang dennoch nicht, der Landwirtschaft insgesamt den Anschluß an die allgemeine wirtschaftliche Entwicklung, insbesondere die Einkommensentwicklung zu sichern, was wiederum zu weiterer Intensivierung der Produktion anreizt. Im Zusammenhang damit ist die Zahl der landwirtschaftlichen Betriebe in der Bundesrepublik Deutschland (Grenzen von 1989) von über 1,5 Mio zu Anfang der 50er Jahre bis auf ca. 550.000 im Jahr 1994 gesunken und wird weiter abnehmen.

N.4.1 Pflanzenbau – Ackerbau

Aus der Fülle der natürlich vorkommenden Pflanzenarten sind nur relativ wenige, vor allem ähren- und knollentragende Arten, als Nutzpflanzen für den Anbau ausgewählt worden. Sie werden überwiegend in reinen Beständen gesät bzw. gepflanzt, gepflegt und geerntet. Pflanzenbau auf größeren Flächen (i. d. R. über 0,25 ha) bei jährlichem Wechsel des Aufwuchses nennt man Ackerbau. Kleinflächigerer, oft intensiverer Anbau mit hohen Erträgen zählt zum Gartenbau. Daneben gibt es „Sonderkulturen" mit ebenfalls großflächigem Anbau wie z. B. Tabak, Feldgemüse, Hopfen, Spargel, Wein und Obst; die beiden letztgenannten leiten zu den Gehölzkulturen und damit zur Forstwirtschaft über.

Zum landwirtschaftlichen Pflanzenbau zählt auch die sog. Grasland- oder Grünlandwirtschaft, die Futter für die Viehhaltung (Abschn. N.4.2) liefert. In der Regel sind Grünlandbestände, d. h. Wiesen und Weiden, Dauerbestände von Futtergräsern und -kräutern. In der modernen Landwirtschaft wird verstärkt auch Ansaat-Grasland eingesetzt, das aus besonders wertvollen Futterpflanzen besteht und nur solange genutzt wird, bis durch Zuwanderung und Ausbreitung anderer Pflanzenarten der Futterwert sinkt.

Die Feldfrüchte des Ackerbaus sind Getreide (überwiegend Weizen und Gerste, dazu Hafer und Roggen), „Hackfrüchte" wie Zuckerrüben und Kartoffeln, sowie (Vieh-)Futterpflanzen wie Silomais, Futterrüben und Klee-Gras-Mischungen, ferner Ölfrüchte wie Raps und Sonnenblumen. Die letztgenannten sind sog. Rohstoffpflanzen, deren Anbau seit den 80er Jahren zur Gewinnung „nachwachsender Rohstoffe" verstärkt empfohlen wird. Zu ihnen gehören auch Faserpflanzen wie z. B. Flachs, dessen Anbau in der vorindustriellen Zeit weit verbreitet war, und „Energiepflanzen" wie Riesen- oder Chinaschilf.

Auf dem selben Feld werden i. d. R. jedes Jahr andere Feldfrüchte angebaut, die in einer bestimmten Fruchtfolge kombiniert werden. Meist folgt auf eine im Herbst gesäte Winterfrucht eine im Frühjahr gesäte Sommerfrucht, für die entweder Sommergetreide, Mais, Zuckerrüben oder Kartoffeln in Frage kommen. Zwischen Winter- und nächstjähriger Sommerfrucht wird häufig eine Zwischenfrucht eingeschaltet, die als Viehfutter oder Gründüngung genutzt wird, und außerdem das erosionsfördernde Offenliegen des Bodens einschränkt.

Die Ernte der Ackerfrüchte entzieht dem Boden so viele Nährstoffe, daß seine Fruchtbarkeit sich nach einiger Zeit erschöpfen würde. Daher muß sie durch Zufuhr von Dünger aufrechterhalten werden. Bis Mitte des 19. Jh. wurden – außer Kalk als Mergel – nur organische oder Wirtschaftsdünger (Viehdung), danach in steigendem Umfang Mineral- oder Handelsdünger verwendet. Die Nutzpflanzen-Reinbestände locken viele schädliche Tiere an, die sich von ihnen ernähren, und erleichtern auch die Ansiedlung und Ausbreitung von Pilz- und Viruskrankheiten sowie von Unkräutern. Deren Bekämpfung oder Beseitigung („Pflanzenschutz") ist daher ein fester Bestandteil des Ackerbaus und wird seit Mitte des 20. Jh. bevorzugt mit chemischen Mitteln vorgenommen.

Jeder Pflanzenbau erfordert Bodenbearbeitung: Pflügen und Eggen vor dem Säen bzw. Pflanzen, ggf. auch noch Bodenlockern oder Hacken zwischen den Feldfrüchten, und nach der Ernte das Unterpflügen der Pflanzenrückstände und Unkräuter. Die Bodenbearbeitung führt aufgrund der Entblößung des Bodens von der schützenden

Pflanzendecke unvermeidlich zur Erosion durch Wasser oder Wind. Zu ihrer Verminderung wird durch Zwischenfrucht-Anbau oder rasche Wiederbestellung des Ackers die Zeit des Offenliegens des Bodens soweit wie möglich verkürzt.

Besonders erosionsanfällig sind Zuckerrüben-, Kartoffeln-, Mais- sowie Hopfen-, Wein- und Spargelkulturen, weil der notwendige grössere Abstand der Saat- bzw. Pflanzreihen eine relativ große offene Bodenoberfläche zur Folge hat. Gerade hier siedeln sich gern Begleitpflanzen („Unkräuter") an, die zwar erosionshemmend wirken, aber wegen Nährstoffkonkurrenz für die Feldfrüchte bekämpft oder im Wachstum zurückgehalten werden müssen.

Das regelmäßige Pflügen der Äcker verändert das Bodenprofil (vgl. Abschn. D.1.4.3) und verwandelt den Oberboden bis zu einer Tiefe von 30 – 45 cm in eine gleichmäßig durchmischte „Akkerkrume", die nach unten durch die „Pflugsohle" begrenzt wird. In dieser und im angrenzenden Unterboden kommt es durch das häufige Befahren des Ackers mit schweren Geräten und Fahrzeugen zu Bodenverdichtungen, die die Einsickerung von Wasser, die Durchlüftung und das Bodenleben beeinträchtigen.

Die durch Ackerbau genutzte Fläche betrug in Deutschland (1994) 11,805 Mio ha, d. h. 68,2 % der gesamten landwirtschaftlichen Nutzfläche (17,2 Mio ha) und 33,1 % der Gesamtfläche des Landes.

N.4.1.2   Schadstoffemissionen in die Umwelt
            und ihre Auswirkungen

Alle Pflanzenbauflächen, insbesondere die gerade genannten Ackerbau-Flächen, stellen eine bedeutsame Quelle stofflicher Emissionen in die Umwelt, vor allem in Luft und Gewässer dar. Sie sind größtenteils durch den Einsatz von – grundsätzlich unentbehrlichen – Düngemitteln sowie chemische Pflanzenschutzmittel bedingt. Auch die im Ackerbau, Hopfen- und Weinbau niemals völlig vermeidbare Bodenerosion führt zu unerwünschten Stoffeinträgen in die Umwelt. Diese Emissionen aus großen Flächen können nicht genau lokalisiert werden und zählen daher zu den „diffusen Stoffeinträgen".

Bei den Zahlenangaben über solche Stoffzufuhren ist stets auf die Bezugsflächen und den Bezugsstoff zu achten, um Mißverständnisse zu vermeiden. Als Bezugsflächen werden gelegentlich die gesamte Landesfläche, meist die landwirtschaftlich genutzte Fläche (LF), teils nur die Acker-

fläche berücksichtigt. Stoffe, die in mehreren chemischen Formen vorkommen, werden entweder als solche angeführt oder auf die Elementform umgerechnet, z. B. Nitrat (NO_3), Ammoniak (NH_3) und Stickstoffoxide (N_2O, NO_x) auf elementaren Stickstoff (N).

N.4.1.2.1 Dünger

Düngung ist als ein „gewollter Stoffeintrag" in den Boden zu betrachten, dessen Ziel allerdings nicht der Boden, sondern die Nutzpflanze ist. Seine ertragssteigernde Wirkung hat immer wieder zu hohe Düngerzufuhren veranlaßt, die von den Pflanzen nicht ausgenutzt werden können und zu überhöhten Konzentrationen im Boden führen, von wo sie, oft unter chemischen Umwandlungen, in Grundwasser oder Luft übertreten und dort schädliche Effekte auslösen.

a) Einträge in Böden und Gewässer
   aus Stickstoffdüngung
Dies gilt in erster Linie für die besonders ertragswirksame Düngung mit *Stickstoff*, die in den 80er Jahren im intensiven Ackerbau einen Höhepunkt erreichte. Eine Stickstoffbilanz aus dieser Zeit ergab für die landwirtschaftlich genutzte Fläche (LF) der damaligen Bundesrepublik Deutschland eine Zufuhr von **241 kg N/ha · a** mit folgenden Anteilen:
- aus Mineraldünger   130 kg,
- aus Wirtschaftsdünger
  (Viehdung, s. Abschn. N.4.2.2)   83 kg,
- aus Immissionen aus der Luft   29 kg.

Dieser Zufuhr stand ein Stickstoff-Entzug von **154 kg/ha · a** durch Ernteprodukte entgegen, so daß ein Stickstoffüberschuß von **88 kg/ha LF · a** (= 36,5 %) in der Umwelt verblieb. Andere Autoren nennen noch höhere Stickstoffüberschüsse von durchschnittlich 103 – 116 kg N/ha LF · a und weisen vor allem auf große regionale Schwankungen hin, die von 49 – 279 kg reichen; auch berücksichtigen sie den biologischen Stickstoffeintrag aus der Luft durch stickstoffbindende Mikroorganismen des Bodens.

Jedenfalls sind seit Ende der 50er Jahre bis Ende der 80er Jahre ca. 2400 kg N/ha LF mehr gedüngt worden als netto mit den Ernteprodukten abgeführt wurde.

Seit Anfang der 90er Jahre haben sich die Stickstoffüberschüsse in Deutschland aufgrund verbesserter Düngepraxis um ca. 20 kg/ha · a vermindert. So sank der Verbrauch mineralischer Stickstoffdünger in Deutschland 1994/95 auf 112,6 kg/ha LF·a (Gesamtverbrauch 1,79 Mio t N). Die Zufuhr von Wirtschafts-(Vieh-)düngern ist ungefähr gleichgeblieben, der Eintrag aus der Luft, vor allem aus Emissionen des Kraftfahrzeugverkehrs, hat noch steigende Tendenz.

Von den in die Umwelt abgegebenen Stickstoffüberschüssen wird ein Teil zeitweilig in die organische Substanz des Bodens eingebaut, ein Teil geht in die Atmosphäre (s.u.) und ein weiterer Teil wird in Form von Nitrat, das im Boden nicht gebunden werden kann, mit dem Sickerwasser ausgewaschen. Diese Auswaschung kann das Grundwasser erreichen und es in unerwünschter Weise mit Nitrat anreichern.

Durch die jahrelange intensive Düngung hat sich in den Ackerböden ein Gesamt-Stickstoff-Überschuß bis in 90 cm Tiefe von ca. 15 t/ha (normaler Gehalt 6 – 10 t!) angesammelt, dessen Abbau ungefähr 20 Jahre erfordert. Diese Stickstoffmenge, die für die Ackerböden der westlichen Bundesländer Deutschlands bereits 1986 auf 10 Mio t geschätzt wurde, bewegt sich mit dem Sickerwasser langsam auf die Grund- und Oberflächenwässer zu; die Stickstoffeinträge in diese würden also selbst bei Einstellung jeder Düngung nicht aufhören.

Die Quantifizierung des Stickstoffeintrags in das Grundwasser ist wegen der komplexen Vorgänge im Boden sehr schwierig. Einerseits wird ständig ein geringer Teil (ca. 1 – 3 %) des organisch gebundenen Bodenstickstoffs mineralisiert und als Nitrat auswaschbar. Andererseits wird Nitrat unterhalb der durchwurzelten Zone und sogar im Grundwasser durch spezielle Mikroorganismen unter bestimmten Bedingungen auch denitrifiziert und zu ca. 35 kg N/ha·a in molekularen (Luft-)Stickstoff, z. T. aber auch in umweltschädliche Stickstoffoxide (s. u.) umgewandelt. Trotz dieser Schwierigkeiten ist versucht worden, mit der Angabe eines Nitrateintrags von 18 kg NO_3-N/ha·a aus landwirtschaftlich genutzten Böden in das Grundwasser einen pauschalen Durchschnittswert zu beziffern. Insgesamt wird der Anteil der Landwirtschaft an den diffusen Nitrateinträgen in das Grundwasser auf 80 % veranschlagt.

Der Eintrag von Nitrat in die Gewässer (Hydrosphäre) schädigt zunächst das Grundwasser hinsichtlich seiner Verwendung als Trinkwasser, und führt schließlich zur Eutrophierung (richtiger: Hypertrophierung, d.h. fortschreitende Nährstoffanreicherung) von Flüssen, Seen und Küstenmeeren. Für 1995 wurde ein Stickstoffein-

trag in diese aus diffusen Quellen von 465.000 t berechnet, wovon aus
- Grundwasser   325.000 t (70 %),
- Erosion und
  Dränwässern je   46.500 t (je 10 %)
stammten.

Die Angaben über die Gesamtstickstoffeinträge in Gewässern differieren um 20 – 30 % je nach Autor, sind aber seit Mitte der 80er Jahre leicht rückläufig.

Zusätzliche Stickstoffemissionen in Grundwasser und Oberflächengewässer werden durch Umwandlung von Grünland in Ackerland (Grünland-Umbruch) sowie durch Entwässerung von Niedermooren – z.T. ebenfalls zugunsten von Ackernutzung – hervorgerufen. Diese Maßnahmen haben in der Bundesrepublik Deutschland (in den Grenzen von 1989) bis 1990 aus Grünland insgesamt 2,7 Mio t, aus Niedermooren 4,3 Mio t Stickstoff freigesetzt.

In küstennahen Meeren und Quasi-Binnenmeeren wie Ostsee und Adria veranlaßt die Nitrateutrophierung oft üppiges Algenwachstum („Algenblüten") mit der Folge von Schaum- und Schleimbildungen, Behinderungen der Fischerei und vereinzelt sogar von giftigen Ausscheidungen der Algen (z. B. in der östlichen Nordsee 1989). Der Anteil der Landwirtschaft an der marinen Eutrophierung durch Stickstoff wurde für die Jahre 1985-1990 auf über 60 % geschätzt.

b) Einträge in Böden und Gewässer
   aus Phosphatdüngung

Für die Binnengewässer ist wegen ihrer großen natürlichen Phosphatarmut weniger die Nitrat- als die *Phosphat*zufuhr entscheidend für die Eutrophierung. Im Gegensatz zum Nitrat wird das durch Düngung in die Ackerböden eingebrachte Phosphat – außer in Niedermoorböden – so stark und fest gebunden, daß es z.T. nicht einmal pflanzenverfügbar ist und auch kaum mit Sickerwasser ausgewaschen wird. Jahrelange reiche Phosphatdüngung (seit 1959 900 kg P/ha LF mehr als Ernteentzug!) hat daher zu einer erheblichen Phosphatanreicherung (bis zu 2 t/ha) in den Ackerböden geführt. Von ihnen gelangt Phosphat hauptsächlich durch Bodenerosion in die Gewässer. Für 1995 wurde dort ein Phosphoreintrag von 25.875 t berechnet, davon
- 17.825 t aus Erosion (ca. 70 %),
- 1.150 t aus Grundwasser (4,4 %),
- 1.725 t aus Dränwässern (6,7 %).

Am gesamten Phosphoreintrag in die Fließgewässer hat die Landwirtschaft einen Anteil von 38 %.

Da mineralische Phosphatdünger zu durchschnittlich 0,05 g/kg mit Cadmium (Cd) verunreinigt sind, kommt es bei ihrer Anwendung zu geringen Cadmiumeinträgen in die Böden. Sie beliefen sich Anfang der 80er Jahre auf durchschnittlich ca. 3 g Cd/ha·a und sind seitdem wegen Verminderung der Phosphatdüngung und Wahl Cd-ärmerer Rohphosphate auf ca. 2,1 g zurückgegangen, das ist ca. 37 % des Gesamt-Cd-Eintrags. Cadmium ist im Boden relativ beweglich und geht leicht in Pflanzen und damit in die Nahrungskette über, wo es sehr schädlich ist; es kommt dadurch aber nicht zu signifikanten Cd-Anreicherungen in Böden.

c) Einträge in die Atmosphäre aus Stickstoffdüngung

Von den durch Ackerbau bedingten Schadstoffemissionen in die *Atmosphäre* sind wiederum Stickstoffeinträge bedeutsam, am wichtigsten ist Distickstoffoxid („Lachgas", N_2O). Es ist eines der „klimarelevanten Spurengase" der Atmosphäre; sein Anteil beträgt nur 0,32 ppm, doch sein „Treibhauspotential" ist 270 mal größer als bei Kohlendioxid, und daher leistet es ca. 5 % Beitrag zur Treibhauseffekt-Verstärkung. Außerdem ist N_2O neben den Fluor-Chlor-Kohlenwasserstoffen (FCKW) zu 1–4 %, aber jährlich um 0,25 % steigend, am Abbau der stratosphärischen Ozonhülle beteiligt; seine Rolle wird nach der endgültigen Eliminierung der FCKWs noch zunehmen, zumal seine atmosphärische Verweilzeit 100–150 Jahre beträgt.

Die Abschätzung der N_2O-Emissionen aus der Landwirtschaft ist wiederum aus meßtechnischen Gründen schwierig; insgesamt sollen sie 20 % aller landwirtschaftlichen Gasemissionen ausmachen. Je Hektar landwirtschaftlich genutzter Fläche (LF) und Jahr wird eine durchschnittliche N_2O-Freisetzung von 1 kg angenommen. Anderen Angaben zufolge emittiert Grünland mit 5,3 kg/ha·a das meiste N_2O, gefolgt von Futtermaisfeldern mit 4,9 kg und sonstigen Ackerkulturen mit 3,1 kg. Einzelne Messungen ergaben 25 kg N_2O/ha und mehr, vor allem in entwässerten und dann wieder vernäßten Niedermooren. Auch im Winter gibt es bei häufigem Wechsel zwischen Frost und Tauwetter jeweils bei Temperaturanstieg über 0 °C starke N_2O-Freisetzungen.

Ihre Herkunft ist die Teildenitrifikation von überschüssigem Nitrat im Boden, das sowohl aus Düngern als auch aus biologischer Stickstoffbindung mittels Leguminosenanbau sowie aus der organischen Bodensubstanz stammt. Es wird geschätzt, daß im Mittel 2–3 % des aus Düngung und Leguminosen-Anbau in die Ackerböden eingebrachten Stickstoffs als N_2O in die Atmosphäre emittiert werden. Geht man von diesem Ansatz aus, so würden sich bei einem Stickstoffdüngereintrag von 206 kg N/ha LF·a und einer Gesamtzufuhr von 3,37 Mio t N jährlich Emissionsraten von 0,8-6,4 kg N_2O-N/ha und eine Gesamtemission von 13.480-107.840 t N_2O-N/a ergeben. Dabei sind auch die indirekten Auswirkungen der landwirtschaftlichen Stickstoffeinträge berücksichtigt. Diese erreichen – vor allem als Ammoniak (s. Abschn. N.4.2.2.1) – über den Luftpfad auch Wälder und naturbetonte Ökosysteme wie Niedermoore oder Magerrasen, die dann ihrerseits zu N_2O-Emittenten werden. Somit kommen der Landwirtschaft über die Düngung der Äcker etwa bis zu einem Drittel (77.000 t N_2O/a), insgesamt aber bis knapp zur Hälfte (108.000 t N_2O/a) der anthropogenen N_2O-Emissionen in Deutschland zu.

Weitere Stickstoffemissionen in die Atmosphäre betreffen die kurzlebigen Oxide NO und NO_2, die als NO_x zusammengefaßt werden. Ihr Austritt aus Ackerböden wird im Mittel auf 20 kg-NO_x-N/ha·a geschätzt, so daß deren Anteil an der gesamten NO_x-Emission in Deutschland wahrscheinlich nur bei höchstens 12 % (346.000 t/a) liegt.

Durch mineralische Stickstoffdünger, und zwar sowohl durch deren Herstellung als auch Anwendung, wird auch eine Emission von Ammoniak (NH_3, s. Abschn N.4.2.2.1) verursacht. Sie schwankt je nach Düngerart, Herstellungs- und Ausbringungsweise erheblich. Bei der Düngerproduktion werden je Tonne Düngerstickstoff 0,00–4,179, im Mittel 1,43 kg Ammoniakstickstoff (NH_3-N) freigesetzt (am meisten bei Harnstoff); infolge von Produktionseinschränkung und Emissionsminderung geht die Freisetzung seit Ende der 80er Jahre, wo sie insgesamt auf 1480 t NH_3-N beziffert wurde, zurück. Die Ammoniakemission bei der Düngung selbst beträgt bis zu 15 % (im Mittel 3,7 %) des Düngerstickstoffs (Höchstwerte bei Ammoniumsulfat und wiederum Harnstoff) und wird im Mittel auf ca. 3–5 kg NH_3-N/ha·a veranschlagt; als Gesamtemission für 1991/92 wurden 64.270 t genannt, davon allein für Harnstoff 25.650 t.

Auch die gedüngten Nutzpflanzen setzen gasförmige Stickstoffverbindungen frei, darunter bis zu 75 % ebenfalls Ammoniakstickstoff in Mengen von ca. 1-15, im Mittel 2 kg/ha in der Vegetationsperiode (34.000 t für die westlichen Bundesländer 1991).

Alle diese Stickstoffemissionen tragen zum allgemeinen Stickstoffeintrag in die Biosphäre (s. a. Abschn. N.4.2.2.1) sowie zur troposphärischen Ozonbildung bei und verstärken die Versauerung (s. Abschn. N.4.2.2.1).

N.4.1.2.2 Chemische Pflanzenschutzmittel

Zu den düngungs- bzw. nährstoff-bedingten Emissionen addieren sich Stoffeinträge durch chemische *Pflanzenschutzmittel*. Diese haben den Zweck, Schädlinge und Krankheitserreger der Nutzpflanzen sowie konkurrierende Wildpflanzen (Unkräuter) zu schädigen oder zu töten und sind a priori Schadstoffe, z. T. auch Gifte. Insofern sind sie anders als chemische Düngemittel einzuschätzen, obwohl sie mit diesen häufig als „Agrochemikalien" zusammengefaßt werden.

Die Schad*erreger*, die mit Schad*stoffen* bekämpft werden, verursachen sowohl Ertrags- als auch Qualitätsminderungen im Pflanzenbau. Es gibt weltweit ca. 400 Arten Unkräuter von hoher Konkurrenzkraft, einige hundert pilzlicher bzw. bakterieller Krankheitserreger und mehrere hundert pflanzenschädigende Kleintierarten, vor allem Insekten und Spinnen, aber auch Vögel und Kleinsäugetiere.

Je nach den zu bekämpfenden Organismen unterscheidet man im Pflanzenschutz vor allem zwischen Mitteln gegen
- Schadinsekten (Insektizide),
- Erreger von Pilzkrankheiten (Fungizide),
- Unkräuter (Herbizide),
- wurzelfressende Fadenwürmer (Nematizide),
- schädliche Schnecken (Molluskizide).
Zusammenfassend werden sie oft als „Pestizide" bezeichnet. Viele Insektizide werden auch zur Bekämpfung krankheitsübertragender oder lästiger Insekten für Menschen und Tiere eingesetzt, insbesondere in den Tropen und Subtropen, wo ohnehin der Schwerpunkt des Insektizideinsatzes liegt. In den gemäßigten Klimazonen entfällt dagegen der Hauptanteil (60–70 %) der Pflanzenschutzmittel-Anwendung auf die Herbizide. Diese beruht wesentlich auf Arbeitseinsparung, da eine mechanische Beseitigung von Unkräutern sehr arbeitsaufwendig ist.

Im Vergleich zu Düngern ist der Einsatz von Pflanzenschutzmitteln mengenmäßig erheblich geringer und liegt in Größenordnungen von < 10 g – 1 kg/ha (oder 0,1 – 0,0001 g/m²), bezogen auf die eigentlichen Wirkstoffe; einschl. der Trägerstoffe können die Einsatzmengen 8 – 10 kg/ha erreichen. Je nach den Kulturen werden meist nur Teile der Ackerfläche behandelt.

Die Ausbringung der Pflanzenschutzmittel erfolgt meist durch Verspritzen als Flüssigkeit oder durch Verstäuben oder Deponieren als Pulversubstanz. Nematizide werden direkt in den Boden eingebracht. Oft wird auch Saatgut direkt benetzt oder getränkt. Während bis Ende der 70er Jahre bevorzugt breit wirksame Mittel von lang anhaltender Wirkung (schwere Abbaubarkeit, geringe Wasserlöslichkeit) angewendet wurden, ist man nach Erkenntnis der gerade dadurch bedingten Umweltbelastungen und Akkumulationen, wo immer es möglich war, zu rasch abbaubaren Mitteln übergegangen und hat zugleich die Auflagen ihrer Anwendung sowie die Rückstands-, Grenz- oder Höchstwerte verschärft (s. Abschn. N.4.3.3). Der Kenntnisstand über Einträge von Pflanzenschutzmitteln ist jedoch weit lückenhafter als über Nährstoffemissionen.

Trotzdem wird die Anwendung dieser Bekämpfungsmittel mit Argwohn verfolgt, und das zu Recht. Denn sie schädigen oder töten in den Feldern auch viele nützliche oder harmlose Organismen, die z. B. dem biologischen Pflanzenschutz dienen, und vermindern die Artenvielfalt. Auch werden immer wieder benachbarte naturnahe Ökosysteme durch Abdrift oder Verflüchtigung von versprühten oder verstäubten Pflanzenschutzmitteln oder durch Bodeneinschwemmung geschädigt. Das Vorhandensein „gebundener Rückstände" von Pflanzenschutzmitteln im Boden, die einen Abbau vortäuschen (s. Abschn. D.1.4.5.2), mit ungewissen zukünftigen Wirkungen ist ebenso beunruhigend wie das immer wieder nachgewiesene Auftreten dieser Mittel im Grundwasser Aufsehen erregt – auch wenn es meist nur Mengen unterhalb des Mikrogramm-Bereichs sind, die toxikologisch als nicht relevant angesehen werden. Weit schwerwiegender sind allerdings die Auswirkungen im tropischen Landbau, wo weiterhin breit wirksame, schwer abbaubare Pflanzenschutzmittel eingesetzt werden (müssen), weil der Schädlingsdruck erheblich größer ist als in den gemäßigten Zonen; allerdings ist der Mitteleinsatz pro Flächeneinheit wesentlich geringer.

Zu den schädlichen Pestizidemissionen tragen – trotz bestehender Vorschriften – auch achtloses Wegwerfen von Pflanzenschutzmittelresten und -verpackungen sowie nachlässige Reinigung von Spritzgefäßen und Transportbehältern bei, ebenso Transportunfälle.

So wird die verbreitete Auffassung, daß der chemische Pflanzenschutz die größte landwirtschaftlich verursachte Umweltbelastung darstelle, anscheinend durch viele Gründe gestützt. Dennoch trifft es nicht zu, daß es sich bei allen Pflanzenschutzmitteln um „Gifte" handelt. Die Giftigkeit (Fähigkeit zu vergiften) variiert um den Faktor 1000; der größte Anteil wirklicher Gifte entfällt auf die Insektizide, betrug aber bei den in Deutschland zugelassenen Mitteln bereits 1984 nur noch 7 %. Sie werden im Vergleich zu Herbi- und Fungiziden seltener, in geringeren Mengen (meist unter 1 kg/ha) und auf kleineren Flächen ausgebracht. Dagegen ist im tropischen Ackerbau der Insektizideinsatz beträchtlich höher, am höchsten bei Baumwolle, gefolgt von Reis. Über 80 % der in Deutschland zugelassenen Pflanzenschutzmittel sind nach der Gefahrstoffverordnung nicht als Gifte klassifiziert. Dies bedeutet jedoch nicht auch ökologische Unschädlichkeit, die immer wieder zu überprüfen ist.

N.4.1.2.3 Kohlenwasserstoffe und Kohlendioxid

Die schwerwiegendste durch Ackerbau verursachte Kohlenwasserstoff-Emission ist die Freisetzung des Treibhausgases Methan (CH_4) aus dem in den feuchten Tropen und Subtropen weit verbreiteten Reisanbau auf mit Wasser überstauten Feldern. Diese Emission wird weltweit auf 92 Mio. t, d.h. 17 % der Gesamt-Methan-Emission (mit stark steigender Tendenz) veranschlagt. Für Mitteleuropa, wo Reis nicht gedeiht, spielt sie keine Rolle, um so mehr aber die noch größere Methan-Emission aus der Viehhaltung (s. Abschn. N.4.2.2.2).

Beim Kohlendioxid (CO_2), dem bekanntesten Treibhausgas, ist die Landwirtschaft in ihrem biologischen Produktionsbereich über die Photosynthese und die Pflanzen-, Tier- und Bodenatmung in den CO_2- bzw. Kohlenstoffkreislauf einbezogen. Was hier an CO_2 in landwirtschaftlich erzeugter Biomasse festgelegt wird, unterliegt bei deren Verbrauch – der im Vergleich zur forstwirtschaftlich erzeugten Biomasse (Holz) relativ rasch erfolgt – wieder der CO_2-Freisetzung. Im technischen Bereich ist die Landwirtschaft zusätzlich ein bedeutender CO_2-Emittent und trägt auch damit zur Verstärkung des Treibhauseffektes bei. Bereits die im Ackerbau notwendige Bodenbearbeitung begünstigt den Abbau organischer Kohlenstoffverbindungen (Humus) zu CO_2; wenn diese nur um 0,1 % vermindert werden, bedeutet dies eine CO_2-Freisetzung von 15 t/ha. Der Umbruch von Grünland in Ackerland (s. a. Abschn. N.4.1.2.1) bewirkt ebenfalls Humusabbau. In der Zeit von 1970 – 1990 sind dadurch in der Bundesrepublik Deutschland (Grenzen von 1989) pro Jahr 344 t CO_2/ha freigesetzt worden, 1989 allein waren es 33,4 Mio t CO_2, das sind 5 % der Emissionen aus der Bereitstellung fossiler Energieträger.

Der moderne Ackerbau ist hoch mechanisiert. Weit verbreitet sind Dieselmotoren als Antrieb von Schleppern, Ernte- und anderen Landmaschinen. 1994 gab es in der deutschen Landwirtschaft ca. 1,17 Mio Schlepper, 136.000 Mähdrescher und 16.000 sonstige Erntemaschinen; die Zahlen haben seit Mitte der 80er Jahre zwar abgenommen, doch ist die Motorleistung von durchschnittlich 32 auf 36,4 KW/Schlepper gestiegen. Die Landwirtschaft verbraucht seit den frühen 80er Jahren ca. 2,1 – 2,2 Mio l Treibstoff pro Jahr, davon 1,7 Mio l Dieselkraftstoff. Daraus gehen Emissionen von Kohlendioxid sowie von Kohlenmonoxid, Stickstoffoxiden und Rußpartikeln hervor. Aus 1 l Dieselöl werden durchschnittlich ca. 3 kg CO_2 freigesetzt. Der Maschineneinsatz z. B. im Zuckerrübenanbau veranlaßt eine CO_2-Emission von im Mittel 800 kg/ha, im Getreideanbau 250 kg/ha; der Verzicht auf Pflügen (pflugloser Anbau) würde im Durchschnitt ca. 65 kg CO_2/ha Emission einsparen. Diese Zahlenwerte schwanken außerordentlich stark.

Weitere CO_2-Emissionen werden durch Herstellung, Transport und Ausbringung von Mineraldüngern und chemischen Pflanzenschutzmitteln bedingt, müssen also dem modernen Ackerbau (mit Ausnahme des ökologischen Landbaues, s. Abschn. N.4.4) zusätzlich zugerechnet werden. Es werden je kg folgende Werte veranschlagt (bei starken Schwankungen):
- Stickstoffdünger im Mittel   2,60 kg CO_2,
- Phosphatdünger   1,48 kg CO_2,
- Kalidünger   0,86 kg CO_2,
- Kalkdünger   0,18 kg CO_2,
- Pflanzenschutz-Wirkstoff   5,50 kg CO_2.

Die ackerbauliche mineralische Grunddüngung bedeutet eine CO_2-Emission von 100 – 200 kg/ha, die mineralische Stickstoffdüngung im ökonomischen Optimum 600 – 700 kg/ha zzgl. 100 kg CO_2/ha durch chemische Pflanzenschutzmittel.

Der direkte und indirekte Energieverbrauch der Landwirtschaft beträgt 3–4 % des gesamten Energieeinsatzes in Deutschland und bewirkt eine CO_2-Freisetzung von 27–35 Mio t/a entspr. 1,6–2,0 t CO_2/ha LF · a.

N.4.2 Viehhaltung

N.4.2.1 Typen und Techniken der Viehhaltung

Die landwirtschaftliche Viehhaltung wird auch als Veredlungswirtschaft bezeichnet, weil durch sie Nahrung mit einem höheren Nährwert und Energiegehalt erzeugt wird. Zu den tierischen Produkten gehören aber nicht nur Nahrungsmittel, sondern auch Rohstoffe wie Tierfelle und -häute, Wolle und andere Tierhaare, Federn und Daunen; auch Hörner und Knochen werden verwendet.

Die wichtigsten landwirtschaftlichen Nutztiere in Deutschland sind Rinder (zur Milch- und Fleischerzeugung), Schweine, Hühner (Mast- und Legehühner), Schafe sowie in geringerem Umfang auch Ziegen, Gänse und Enten. Pferde, die bis zur Einführung der Landmaschinen als Arbeitstiere unentbehrlich waren, werden seitdem hauptsächlich für den Reitsport gehalten. In der ersten Hälfte der 90er Jahre gab es in Deutschland durchschnittlich ca.

- 16 Mio Rinder, davon 5,3 Mio Milchkühe,
- 25 Mio Schweine,
- 96 Mio Hühner,
- 2,4 Mio Schafe,
- 600 000 Pferde.

Grundlage der Viehhaltung ist eine regelmäßige und gute Futterversorgung. Die ursprüngliche und auch weiterhin existierende Form der Futterversorgung ist die Weidewirtschaft, für die zunächst die natürlich aufwachsende Pflanzendecke genutzt wurde. Das Vieh wurde unter Aufsicht von Hirten in Wälder, Buschland oder natürliches Grasland getrieben, wo es sich sein Futter suchen mußte. Von Äckern und Gärten wurde es sorgfältig ferngehalten; nur nach der Ernte und z. Z. der Brache wurden auch Äcker beweidet. Aus den „Naturweiden", in Mitteleuropa insbesondere der Waldweide, entwickelten sich mit der Zeit durch ständigen Viehverbiß und -tritt größere grasig-krautige Pflanzenbestände als typische Weideflächen, aus denen Bäume, Sträucher und minderwertige Futterpflanzen (z. B. Disteln, Ampfer) soweit möglich entfernt wurden.

Die landwirtschaftlichen Nutztiere haben unterschiedliche Futteransprüche. Rinder, Schafe und Gänse sind reine Blatt- bzw. Grasfresser, zusätzlich verzehren Pferde auch Getreide (Hafer), Ziegen auch holzige Pflanzenteile. Schweine, Hühner und Enten durchsuchen auch den Boden und sind Allesfresser, daher anspruchsloser. Kritisch ist die Viehhaltung in der kalten Jahreszeit. Längere naß- und frostkalte Winter verlangen eine Einstallung der Tiere, für die verschiedenartige Techniken (s. u.) entwickelt wurden, und erschweren die Futterversorgung insbesondere für die Blatt- und Grasfresser. Hierfür bürgerte es sich ein, Vorräte aus getrockneten Pflanzensprossen und -zweigen, vor allem Gräsern anzulegen. Dazu wurden Teile der grasbewachsenen Naturweideflächen als Mähwiesen reserviert, wo ein- bis zweimal im Sommer der Grasaufwuchs geschnitten und an der Sonne zu Heu getrocknet wurde. Wiesen und Weiden bilden zusammen das landwirtschaftliche Grünland, das in der modernen Landwirtschaft seinen ursprünglichen naturnahen Charakter allerdings verloren hat und intensiv bewirtschaftet, gedüngt und sogar mit Unkrautbekämpfungsmitteln behandelt wird. Auf „Mähweiden" wechseln Grasschnitt und Weidenutzung periodisch ab.

Die Futterversorgung des Viehs wird nur noch in ausgesprochenen Grünlandgebieten (Voralpenland, alpine Weiden, Küstenland) überwiegend durch Grünlandwirtschaft gewährleistet. Neben dem Heu als Trockenfutter hat das durch Silierung erzeugte Gärfutter große Bedeutung erlangt. Außerhalb der Grünlandgebiete wird ein großer Teil des Viehfutters durch Anbau von Futterpflanzen auf den Äckern gewonnen; unter diesen Pflanzen hat der Silomais seit den 70er Jahren vor allem für die Rindermast eine führende Rolle erlangt, und die früher weit verbreiteten Futterrüben fast völlig verdrängt. Auch vom geernteten Getreide wird ein großer Teil zur Viehfütterung verwendet, z. B. im Wirtschaftsjahr 1993/94 18,5 Mio t = 52 % der Getreideernte bzw. 58 % des Getreide-Inlandverbrauchs 1993.

Seit Mitte des 20. Jh. werden in steigendem Masse aus dem Ausland, z. T. aus Übersee eingeführte Futtermittel zur Viehfütterung eingesetzt, darunter Sojaschrot, Maniokmehl (Tapioka), Ölkuchen verschiedener Ölfrüchte, Tier- und Fischmehle. Im Wirtschaftsjahr 1991/92 wurden z. B. 11,42 Mio t Viehfuttermittel importiert, darunter allein 5,23 Mio t Ölkuchen. Zu diesen verschiedenartigen Futtermitteln kommt eine große Zahl von Zusatzstoffen, um eine optimale Tierernährung und Futterverwertung zu gewährleisten.

Während bis in die 60er Jahre frei weidendes Vieh und frei laufendes Geflügel die Regel waren, hat sich in der modernen Viehhaltung aufgrund der arbeitswirtschaftlichen Vorteile weitgehend die Dauerstallhaltung durchgesetzt. Damit sind allerdings Nachteile in der Hygiene und Sauberhaltung des Viehes verbunden, insbesondere bei der aus Rationalisierungsgründen bevorzugten Haltung sehr großer Tierbestände („Massentierhaltung"). 1991 befanden sich

- 67,0 % aller Rinder
  in Beständen   > 60 Tieren ,
- 18,5 % aller Milchkühe
  in Beständen   > 100 Tieren,
- 86,2 % aller Schweine
  in Beständen   > 100 Tieren,
- 77,0 % aller Legehennen
  in Beständen   > 5000 Tieren,
- 35,5 % aller Legehennen
  in Beständen   > 100.000 Tieren,
- 99,5 % aller Masthühner
  in Beständen   > 10.000 Tieren.

Von größter, vor allem ökologischer Bedeutung ist die Behandlung der Viehexkremente (Dung, Mist). Traditionell wurden diese in einer Stalleinstreu aus Stroh, verstrohtem Gras oder Fallaub aufgefangen, die von Zeit zu Zeit „ausgemistet" und auf dem Dung- oder Mistplatz als Stallmist aufgeschichtet wurde. Durch mehrfaches Umsetzen wurde dieser in einen kompostartigen Zustand („Rottemist") gebracht, und dann als (organischer) Dünger auf die Äcker verteilt.

Diese arbeitsaufwendige und mühsame „Festentmistung" wurde im letzten Drittel des 20. Jh. vor allem bei der Rinder- und Schweinehaltung durch die rationellere Flüssigentmistung ersetzt, bei der die Exkremente mittels Wasser durch Spaltenöffnungen in den Stallböden in große Sammelbehälter gespült werden. Die entstehende Aufschwemmung von Exkrementen in Wasser heißt Gülle (im Unterschied zu der aus dem Stallmist heraussickernden, z.T. aus Urin bestehenden „Jauche"). Sie wurde aufgrund der großen Mengen rasch zu einem Problemstoff der landwirtschaftlich verursachten Umweltbelastung (s. Abschn. N.4.2.2.1).

Zur modernen Stallhaltung des Nutzviehs gehören neben den Gülletanks große Futterlager oder -silos mit teilautomatisierten Fütterungseinrichtungen sowie eine sorgfältig gesteuerte Stallbelüftung, oft mit Klimatisierung. Die Abluftauslässe großer Viehställe sind daher bedeu-

tende Punktemissionsquellen, vor allem für Ammoniak und Kohlendioxid. Um Infektionskrankheiten und Parasitenbefall vorzubeugen, werden prophylaktisch Medikamente, meist als Futterzusätze verabreicht. Von großer Bedeutung ist auch die Bekämpfung bzw. Fernhaltung von Fliegen und anderen lästigen und schädlichen Insekten, wobei auf Insektizide nicht völlig verzichtet wird.

Die Stallhaltung großer Hühnerbestände erfolgt mit Drahtkäfigen und Trockenentmistung, die für den flüssigkeitsarmen Hühnerkot zweckmäßig ist.

N.4.2.2 Schadstoffemissionen in die Umwelt und ihre Auswirkungen

Ein bedeutender Teil der Schadstoffemissionen aus der Viehhaltung geht auf tierische Ausscheidungen zurück. Deren Menge hat sich infolge der Ausweitung der Viehhaltung von 1890–1990 etwa verfünffacht.

Emissionsquelle ist jeweils das einzelne Nutztier. Um die verschiedenen Nutztierarten diesbezüglich vergleichbar zu machen, wurde als statistische Bezugsgröße die „Großvieheinheit" (GVE oder GV) geschaffen. Sie entspricht einem mind. 2jährigen Rind, auf das andere Nutztiere wie folgt bezogen werden:
- Kälber und Jungrinder bis 1 Jahr   0,30 GV,
- Jungrinder, 1-2 Jahre,
  Pferde < 3 Jahre   0,70 GV,
- Pferde über 3 Jahre   1,10 GV,
- Schafe über 1 Jahr   0,10 GV,
- Ferkel   0,02 GV,
- Jungschweine bis 50 kg   0,06 GV,
- Mastschweine über 50 kg   0,16 GV,
- Zuchtschweine über 50 kg   0,30 GV,
- Geflügel   0,004 GV.

(In der Stallhaltung (s. u.) entsprechen einem 2-jährigen Rind 7 Mastschweinplätze oder 250 Legehennenplätze.)

In den Jahren 1991–1994 gab es im Mittel 1.495.825 GV in Deutschland, was 0,88 GV/ha LF entspricht.

Die eigentliche Emission in die Umwelt geht von der vom Tier ausgeschiedenen Substanz, entweder einem Exkrement oder einem ausgestossenen Gas (z. B. Methan) aus. Deren Verhalten und Verbleib in den verschiedenen Umweltbereichen sind maßgebend für die Umweltbelastungen. Exkremente werden traditionell als Dünger im Pflanzenbau verwendet, verursachen aber auf dem Weg von der Dungstätte im Stall oder auf der Weide bis zur Düngerwirkung im Boden spezifische Emissionen, und als Dünger haben sie teil an den in Abschn. N.4.1.2.1 beschriebenen Emissionen. Insgesamt sind die Emissionen aus der Viehhaltung von besonderer Relevanz für die Belastung der Atmosphäre und den sich daraus ergebenden weiteren Umweltwirkungen.

N.4.2.2.1 Ammoniak

Die Emissionen aus der Viehhaltung bestehen hauptsächlich aus Ammoniak (NH_3), das – zusammen mit Kohlendioxid (CO_2) – aus der Spaltung des von den Tieren ausgeschiedenen Harnstoffs entsteht. Rinderharn enthält z. B. 92 % Harnstoff, während im Rinderkot nur ca. 25 % lösliche Stickstoffverbindungen zu finden sind.

Von der gesamten Ammoniakemission in Deutschland (1994: 622.000 t) entfallen auf landwirtschaftliche Quellen über 90 %, und von diesen stammen wiederum 85 – 90 % aus tierischen Ausscheidungen. Die daraus konkret emittierten Mengen werden auf ca. 540.000 t NH_3-N/a veranschlagt. Sie gehen auf den in den tierischen Ausscheidungen enthaltenen (d. h. vom Nutztier nicht verwerteten) Stickstoff zurück, dessen Menge im Durchschnitt 100 – 110 kg N/GV · a beträgt. Diese hängt vor allem von der Fütterung der Tiere ab. Um deren Produktionsleistung zu steigern, ist das Futter in den letzten 30 – 35 Jahren immer mehr auf sog. Kraftfutter mit höherem Anteil an Eiweiß umgestellt und die Futterverabreichung genau dosiert worden. Mit dem Eiweißanteil im Futter steigt auch die Stickstoffausscheidung. So rechnet man z. B. bei Milchkühen je 1000 kg Milchleistungssteigerung mit 8,4 kg/a höherer Stickstoffausscheidung.

Die Stickstoffausscheidung ist jedoch nicht identisch mit der Ammoniakemission. Diese wird im Durchschnitt für 1991 – 1994 mit 36 kg NH_3-N/GV · a (43,7 kg NH_3) berechnet, unterliegt freilich starken Schwankungen aus mehreren Gründen. So emittieren die Nutztierarten unterschiedliche NH_3-Mengen: je GV/a sind es im Mittel beim Rind 18, Schwein 17, Schaf 34, Pferd 9 und Huhn 13 kg NH_3. Auf die Zahl der gehaltenen Tiere bezogen entfallen 75 % der Stickstoffmengen auf die Ausscheidungen von Rindern und Milchkühen, 21 % auf Schweine und 4 % auf Geflügel. Jährliche oder mehrjährige Schwankungen der Tierzahlen aufgrund von Veränderungen von Verzehrgewohnheiten oder in der Vermarktung veranlassen Zu- oder Abnahmen der Emissionen; insgesamt sind die Stickstoffemissionen der Tierhaltung seit Anfang der 80er Jahre rückläufig.

Viele Nutztiere werden in Großbeständen (s. Abschn. N.4.2.1) gehalten, und außerdem ist die Viehhaltung, auch unabhängig von der Bestandsgröße, lokal oder regional konzentriert, z. B. im südlichen Oldenburg oder im Allgäu. Dadurch kommt es zu räumlich geballten NH_3-Emissionen, für deren Abschätzung die GV-Zahlen und Emissionswerte auf die landwirtschaftlich genutzte Fläche (LF) der Betriebe bezogen wird. 3 – 4 GV/ha LF sind typisch für solche „viehstarken" Gebiete, wo die NH_3-Emission 60 – 120 kg/ha · a beträgt gegenüber vieharmen Gebieten mit 30 – 35 kg. Besonders stark wirken sich Großbestände von Legehennen aus, deren durchschnittliche Emission mit 80 kg NH_3/GV · a fast doppelt so hoch wie diejenige der gesamten Viehhaltung ist.

Schließlich wird die Ammoniakemission noch dadurch bestimmt, ob die Tiere – dies gilt vor allem für Rinder – ganzjährig im Stall oder in halbjährlichem Wechsel zwischen Weide und Stall gehalten werden. Bei dauernder Stallhaltung rechnet man im Durchschnitt mit einer Emission von 48 kg NH_3-N/GV · a. Im einzelnen werden emittiert (ebenfalls Durchschnittswerte):
- im Stall selbst   8 kg,
- bei Lagerung und Aufbereitung des Dungs   10 kg,
- bei Ausbringung des Dungs auf Äcker   20 kg,
- auf Grasland   30 – 35 kg.

Bei Wechsel zwischen Stall und Weide rechnet man durchschnittlich mit einer Emission von 32 kg NH_3-N/GV · a, wovon auf die Weideperiode 8 kg, auf die Einstallungsperiode 24 kg entfallen; die Einzelemissionsanteile halbieren sich. Infolge der hohen Ammoniakemissionen bei Ausbringung des Stalldüngers auf Grasland ist die so „natürlich" wirkende Grünlandweidewirtschaft die emissionsreichste Wirtschaftsweise der Landwirtschaft. Dabei ist zu berücksichtigen, daß ein Teil des von der Weide als Dünger aufgenommenen Stickstoffs sekundär wieder als N_2O oder NO_x emittiert wird (s. Abschn. N.4.1.2.1 c).

Die vorstehenden Berechnungen gehen davon aus, daß ein viehhaltender Landwirt über genug Äcker, Wiesen und Weiden verfügt, um den Stalldünger – unter Berücksichtigung der Emissionsverluste – zu bedarfsgerechter Düngung einzusetzen. Das ist keineswegs überall der Fall. Die Vergrößerung der Viehbestände pro Betrieb und pro Region sowie der Übergang von der Fest- zur

Flüssigentmistung, vor allem in den Rinder- und Schweineställen (bzw. vom Stallmist zur Gülle, s. Abschn. N.4.2.1), hat das Volumen des Stalldungs oft erheblich vergrößert. So produzieren an Gülle

- 1 Rind   11 – 18 m³/a,
- 1 Kalb/Jungrind   3 – 10 m³/a,
- 1 Mastschwein(platz)   1,9 m³/a.

Die anfallenden Güllemengen, für die auch ausreichende Tankkapazitäten zu schaffen waren, waren oft so groß, daß sie unter Mißachtung ihres Düngerwerts ähnlich wie Abfall beseitigt wurden. Die Folge waren starke Überdüngungen landwirtschaftlich genutzter Flächen, vor allem in viehstarken Gebieten, mit allen Konsequenzen für die Nitratbelastung von Grund- und Oberflächengewässern, für die NO_x- und die N_2O-Emissionen, wie in Abschn. N.4.1.2.1 beschrieben. Die Gülleüberdüngung bewirkte noch zusätzliche schädliche Stoffeinträge aufgrund von Futterzusätzen. So wurden z. B. dem Schweinefutter jahrelang Kupferverbindungen zugesetzt, die zu Gehalten bis zu 40 g Cu/m^3 Schweinegülle führten und die Böden irreversibel mit Kupfer anreicherten.

Die Ammoniakemissionen addieren sich zu den aus der Verbrennung fossiler Brennstoffe stammenden Stickstoffoxid-(NO_x)-Emissionen und erhöhen den Gehalt der Luft an reaktiven Stickstoffverbindungen, die zu folgenreichen Veränderungen im Naturhaushalt führen. Aufschlußreich ist ein Vergleich beider Emissionen: 1 GV emittiert mit 36 kg NH_3-N/a gut das Doppelte wie ein durchschnittliches Kraftfahrzeug an NO_2-N/a (16 kg). Insgesamt emittiert die Viehhaltung jedoch 24 % weniger Ammoniumstickstoff als der Kfz-Verkehr NO_2-Stickstoff.

Ammoniak hat in der Luft eine längere Verweilzeit (5-9 Tage) als NO_x, breitet sich daher räumlich weiter aus. Bei seiner Reaktion mit Wasser entstehen Ammonium-(NH_4^+-) und Hydroxyl-Ionen (OH^-). Im Nebel deutscher Mittelgebirge wird Ammoniumstickstoff bis zu 350 g/m^3 nachgewiesen. Mit den ebenfalls überall anwesenden Sulfat-Ionen wird Ammoniumsulfat gebildet, das in Form feiner Partikel über ganz Europa verbreitet wird. Die gesamte NH_3- und NH_4^+-Deposition in Deutschland wurde 1991 auf 585.000 t/a veranschlagt; das entspricht 16,4 kg/ha Landesfläche mit allerdings starken regionalen Unterschieden.

In Wäldern und vielen naturnahen Land- und Gewässer-Ökosystemen, die nur eine geringe Stickstoffzufuhr (3 bis höchstens 20 kg N/ha·a) benötigen, kommt es durch die überhöhten Stickstoffeinträge von 20 – 80 kg und mehr zu verstärktem Wachstum von Pflanzen, auch Bäumen, aber auch zu Ungleichgewichten in ihrer Nährstoffversorgung, die wiederum physiologische Schädigungen (Waldschäden) verursachen. Ferner kommt es zu Verschiebungen im Artenspektrum dieser Ökosysteme, die Naturschutzzielen zuwiderlaufen. Darüber hinaus werden die hohen Stickstoffeinträge in die Waldböden, an denen Ammoniak und Ammonium zu 60 % beteiligt sind, zu ca. 10 % in Emissionen von Distickstoffoxid (N_2O) umgesetzt, das sowohl den Treibhauseffekt verstärkt als auch beim Abbau des stratosphärischen Ozons mitwirkt (s. Abschn. N.4.1.2.1 c); die (schwer abschätzbare) Emission kann bis zu 8 kg N_2O/ha·a und damit 10 % der N_2O-Austräge in die Luft erreichen.

Auch die Ökosysteme der Nordsee (vor allem Wattenmeer) und Ostsee werden durch diese Stickstoff-Hypertrophierung (Überversorgung) beeinträchtigt. Der Stickstoffeintrag über den Luftpfad beträgt hier ca. 525.000 t N/a, wovon 60 % auf Ammoniak und Ammonium entfallen. In der südlichen Nordsee wird mit einem Eintrag von 15 kg N/ha·a, davon 11 kg NH_4-N gerechnet. Der gesamte Stickstoffeintrag in die Küstenmeere umfaßt 1/3 des Gesamteintrags; 2/3 werden durch Flüsse eingetragen.

Von besonderer Bedeutung ist der Beitrag der Ammoniumemissionen zur allgemeinen *Versauerung* von Böden und Gewässern, einem der großen chronischen Umweltschäden. Zwar wirken Ammoniumionen in der Luft als Puffer gegen die durch Schwefel- und Stickstoffoxide bedingte Versauerung. Doch nach dem Eintritt in den Boden unterliegt Ammonium der Nitrifizierung zu Nitrat, wobei Wasserstoffionen bzw. Protonen (H^+) freigesetzt werden und, sofern die Bodenpufferung nicht ausreicht, den Säuregrad erhöhen. Von dem für Deutschland 1990/92 geschätzten Versauerungspotential von ca. 341.000 t H^+/a wurden ca. 86.500 t (25 %) den Ammoniumeinträgen aus der Landwirtschaft zugerechnet – die damit das Versauerungspotential des Kraftfahrzeugverkehrs um das 1,6fache übertraf.

Auch zur NO_x-Emission (vgl. Abschn. N.4.1.2.1 c) trägt die Viehhaltung etwas bei, denn bei der Silierung (Gärfutterbereitung) von Gras und anderen Futterpflanzen, insbesondere wenn diese stark mit Stickstoff gedüngt wurden, entstehen im Silo Stickstoffoxide. Im Durchschnitt schätzt man die Emission auf 60 mg NO_x je kg Gärfutter-Trockenmasse. Umgerechnet auf die Silagemenge in Deutschland 1993/94 ergibt das eine Emission von ca. 1800 t NO_x/Jahr.

N.4.2.2.2 Methan und Kohlendioxid

Eine weitere wichtige durch die Viehhaltung verursachte Schadstoffemission betrifft *Methan* (CH_4), das als Treibhausgas (Anteil 13 %) wirkt und zusätzlich die troposphärische Ozonbildung fördert. Von der weltweiten anthropogenen CH_4-Emission von 350 (225–575) Mio t werden 80 (65–100) Mio t (23 %) der Haltung von Wiederkäuern zugeschrieben, die bei der Verdauung ihrer pflanzlichen Nahrung im Pansen Methan erzeugen.

Für die Methanemission der deutschen Viehhaltung wird als Durchschnittswert 58 kg/GV·a veranschlagt. Im einzelnen ist die Emission sehr verschieden; es produzieren

- Jungrinder < 1 Jahr   21,0 kg CH_4/a,
- Rinder > 1 Jahr   65,5 kg CH_4/a,
- Milchkühe   118,0 kg CH_4/a,
- Pferde   18,0 kg CH_4/a,
- Schafe   8,0 kg CH_4/a,
- Schweine   1,5 kg CH_4/a,
- Geflügel   0,1 kg CH_4/a.

Der Hauptanteil (> 50 %) der Methanemission wird also durch die Milchkühe bedingt. Sie ist, ähnlich wie bei der NH_3-Emission, fütterungsabhängig. Auf der Weide gehaltene Rinder produzieren wegen des zellulosereicheren Grasfutters mehr Methan als Mastrinder in Stallhaltung; weil aber die Weiderinder insgesamt eine geringere Futterenergie aufnehmen, ist ihre jährliche Methanemission mit 54 kg/Rind niedriger als bei den Stallrindern mit 65 kg/Rind. Auch hier gilt die Abhängigkeit von der Leistungssteigerung: pro 1000 kg mehr Milch erhöht sich die Methanabgabe um 5 kg pro Kuh und Jahr. Eine Milchkuh von 500 kg Gewicht emittiert in Deutschland 2,6 mal soviel Methan wie ein Kraftfahrzeug an flüchtigen Kohlenwasserstoffen ausstößt.

Die Methanemissionen aus der Verdauung aller Vieharten in Deutschland betrugen 1992 ca. 1,2 Mio t, das sind ca. 25 % der anthropogenen CH_4-Emission; im Vergleich zu den 80er Jahren sind sie rückläufig.

Damit ist die viehhaltungsbedingte CH_4-Emission noch nicht erschöpft, weil auch aus der Vergärung der tierischen Exkremente, insbesondere der Gülle (s. Abschn. N.4.2.2) Methan entsteht.

Weltweit sind dies 20–30 Mio t CH_4/a oder 7 % der anthropogenen CH_4-Emission (mit steigender Tendenz). Für Deutschland beläuft sich diese Methanerzeugung auf ca. 485.000 t/a. Daran haben die Flüssigentmistungen (Gülle) mit 89 % den größten Anteil; von den verschiedenen Tiergruppen entfallen auf Schweine 39, Milchkühe 32 und Rinder 24 %.

Schließlich ist noch eine spezifische viehhaltungs-bedingte Kohlendioxidemission anzuführen, deren Quelle die Gärfuttersilos sind. Pro kg Gärfutter-Trockenmasse schätzt man eine Freisetzung von im Mittel 1,1 kg CO_2. Es gibt keine Statistik über die Gärfutterbereitung; sie läßt sich jedoch aus den Daten für die Futterproduktion ableiten. Die Berechnung (Stand 1993) ergibt eine CO_2-Emission von 4,12 Mio t/a.

N.4.3 Verminderungs- und Vermeidungsmöglichkeiten und -maßnahmen

Die Landwirtschaft Deutschlands und vergleichbarer Industrieländer hat in der 2. Hälfte des 20. Jh. dank biologisch-chemisch-technischer Fortschritte und staatlich gelenkter Preis- bzw. Einkommenspolitik beträchtliche Produktionssteigerungen erzielen können. Dadurch ermöglichte sie eine in dieser Form bisher nicht dagewesene Sicherheit in der Versorgung mit hochwertigen und preisgünstigen Nahrungsmitteln, die rasch als selbstverständlich empfunden wurde.

Seit Ende der 60er Jahre begann jedoch der Produktionsfortschritt der Landwirtschaft den Nahrungsmittelbedarf zu übersteigen. Es kam zu z.T. enormen, wirtschaftlich nicht zu bewältigenden Produktionsüberschüssen, die außerdem, wie sich immer deutlicher herausstellte, mit ganz erheblichen Umweltbelastungen verbunden sind (deren Darstellung hier auf die Schadstoffemissionen des Ackerbaus und der Viehhaltung beschränkt wurde).

Die moderne Landwirtschaft wurde damit zu einem zugleich wirtschafts- und umweltpolitischen Problembereich, für den seitdem nach Lösungsmöglichkeiten gesucht wird. Diese werden auf zweifache Weise erschwert: einmal, weil die nationale Zuständigkeit für Landwirtschaft und Umweltfragen weitgehend an die Europäische Union (EU) und die EU-Kommission übergegangen ist, zum andern, weil die Probleme mit zwei unterschiedlichen, zu wenig abgestimmten Instrumentarien, nämlich der Agrarpolitik und der Umweltpolitik behandelt werden.

Die seit den 80er Jahren angelaufenen Maßnahmen gegen landwirtschaftliche Überproduktion und Umweltbelastungen bestehen dementsprechend aus Produktionsbegrenzungen, z. B. durch Quotierungen (Milch), Stillegung von Äckern und Grünland (Flächenstillegung) oder Produktions-„Extensivierung" (Senkung der Erträge um einen bestimmten Prozentsatz); die Einkommensausfälle der Landwirte werden durch Zuwendungen der öffentlichen Hand ausgeglichen. Diese Maßnahmen vermindern als solche bereits einen Teil der Umweltbelastungen, reichen aber nicht aus, um eine möglichst umweltschonende, „nachhaltige" Landwirtschaft herbeizuführen. Daher werden Ackerbau und Viehhaltung in verstärktem Maße unter gesetzliche Umweltauflagen gestellt. Sie bestehen sowohl aus verhaltensorientierten Maßnahmen, die z. B. den Umgang mit Dünge- und Pflanzenschutzmitteln regeln, als auch aus ergebnisorientierten Maßnahmen, zu denen strikt kontrollierte Grenz- oder Höchstwerte für schädliche Rückstände z. B. im Grundwasser, in Lebensmitteln oder in naturnahen Ökosystemen gehören.

Wie kaum anders zu erwarten, stoßen solche z. T. harten, nicht immer sogleich einsehbaren umweltpolitischen Auflagen auf starke Widerstände der Betroffenen, die einflußreich genug sind, um den erforderlichen politischen Willen für die Durchsetzung zu schwächen. Diese bleibt daher hinter den am Ende des 20. Jh. klar erkannten Notwendigkeiten zurück. Ihre zwingende Erfordernis ist jedoch nicht nur durch nationale, sondern in wachsendem Maße auch durch übernationale und globale umweltpolitische Erfordernisse begründet. Denn Emissionen in die Atmosphäre wandeln sich in Immissionen, die Grenzen von Ländern und Kontinenten überschreiten.

Weltweit trägt die Landwirtschaft durch ihre Emissionen mit ca. 15 % zur Verstärkung des Treibhauseffekts bei; ihr Anteil am sog. Treibhauspotential wurde 1992 sogar auf fast 63 % des Anteils aus der Verbrennung fossiler Energieträger geschätzt. Maßgebend dafür sind die Emissionen reaktiver Stickstoffverbindungen, von Methan sowie von Kohlendioxid. Es ist daher von globaler Bedeutung, diese Emissionen zu vermindern. Die gleiche Forderung gilt, allerdings aus (öko-) toxikologischen Gründen, für die Herabsetzung oder Vermeidung der Schadstoffeinträge durch chemische Pflanzenschutzmittel.

N.4.3.1 Stickstoff

Seit der Erfindung der technischen Ammoniaksynthese ist mit Stickstoff in der Landwirtschaft aufgrund seiner großen ertragssteigernden Wirkung oft verschwenderisch umgegangen worden. Zwar haben sich die Weizenerträge in Deutschland seit 1950 verdreifacht, doch ist bei steigender Stickstoffdüngung ein immer geringerer Ertrags*zuwachs* zu verzeichnen. Verhalten und Wirksamkeit von Stickstoff im System Luft-Boden-Pflanze sind schwer zu steuern, so daß viele Landwirte, um sicher zu gehen, reichlich mit Stickstoff düngen, damit aber die Stickstoffausträge in die Umwelt erhöhen. Deren Verminderung erfordert eine stärker auf den tatsächlichen Bedarf der Ackerpflanzen abgestimmte, zeitlich gestaffelte Düngung, die häufige Bodenprobenuntersuchungen und Berechnungen der Bilanz des Stickstoffs und der übrigen Nährstoffe für jeden landwirtschaftlichen Betrieb, ja für jedes Feld voraussetzt. Nur auf diese Weise können die Effizienz des Stickstoffeinsatzes verbessert und die unproduktiven Stickstoffverluste vermindert werden; zugleich verringert sich auch der Düngeraufwand. Damit sinken auch die Aufwendungen („Vorleistungen") des Landwirts. Zu diesen Zielen tragen auch die Herabsetzung der Bodenerosion, der Anbau von Zwischenfrüchten sowie der Verzicht auf Grünlandumbruch und auf Dränierungen bei.

Die verstärkte Beachtung dieser Forderungen wird durch Anwendungsvorschriften für Düngemittel (z. B. deutsche Düngemittel-Verordnung von 1996) sowie durch Rückstands-Vorschriften (z. B. Höchstwert für Nitrat in Grundwasser 50 mg/l in der ganzen Europäischen Union) unterstützt. Dies hat seit Mitte der 80er Jahre zu einer Abnahme des Mineraldüngerverbrauchs und zu größerer Zurückhaltung beim Einsatz von Gülle (s. u.) geführt. Auch wird damit eine bessere Ausnützung der zugeführten Dünger gefördert. Besondere Aufmerksamkeit erfährt die Viehhaltung bzw. die Produktion tierischer Erzeugnisse aufgrund der durch sie bewirkten Ammoniak-Emissionen, vor allem bei Flüssigentmistung durch Gülle. Ihre Verminderung führt zu beträchtlichen Umweltentlastungen: Allein die verbesserte Gewinnung, Lagerung und Anwendung von Stalldung einschl. Gülle würden in Deutschland bis zu ca. 330.000 t/a weniger Ammoniak freisetzen. Der Ammoniakgehalt der Exkremente kann seinerseits durch verbesserte Effizienz der Viehfütterung um bis zu 130.000 t/a vermindert werden. Mehr als 50 % der Ammoniak-Emissionen können also realistisch vermindert werden. Proportional dazu sinken auch die Emissionen von Phosphat und Methan (s. Abschn. N.4.3.2).

Die Emissionen aus der deutschen Viehhaltung ließen sich wirksam auf ein tragbares Maß herabsetzen, wenn der Viehbestand ungefähr auf die Hälfte der GV-Zahl von 1994 bzw. auf durchschnittlich 0,5 GV/ha reduziert würde. Damit wäre auch der Gesundheit der Bevölkerung gedient, deren Eiweißernährung einen aus physiologischer Sicht um 33 % zu hohen Anteil tierischen Eiweißes enthält. Die wirtschaftliche Bedeutung der Viehhaltung ist in der deutschen Landwirtschaft jedoch so groß, daß bei einer so rigorosen Herabsetzung der Viehbestände über die Hälfte der Landwirtschaftsbetriebe existenziell gefährdet wären; außerdem blieben die grenzüberschreitenden Ammoniakimmissionen aufrechterhalten. Davon abgesehen ist kaum zu erwarten, daß die Mehrheit der Bevölkerung kurzfristig ihren gewohnten hohen Konsum an Fleischwaren und Molkereiprodukten drosselt. Dies bewirken eher Risikoängste: als die in Großbritannien ausgebrochene Rinderseuche „BSE" (Rinderwahnsinn) um 1995 in Verdacht geriet, auf Menschen übertragbar zu sein, sank auch im BSE-freien Deutschland der Rindfleischkonsum fühlbar ab, so daß viele Rinder haltende Betriebe in wirtschaftliche Schwierigkeiten gerieten und öffentliche Beihilfen erhalten mußten.

Das Problem der zu hohen Stickstoff-Emissionen aus der gesamten Landwirtschaft wird auch durch die anhaltende regionale Spezialisierung der Betriebe verschärft. Dadurch sind einerseits reine Ackerbau- bzw. „Marktfrucht"-Betriebe ohne Viehhaltung (1988 in der früheren Bundesrepublik auf ca. 30 % der LF), andererseits reine Viehhaltungs- (bzw. „Veredlungs"-)Betriebe entstanden. In diesen fällt z. T. ein solcher Überschuß an Gülle an, daß er auf betriebseigenen Flächen nicht mehr düngungsgerecht verwertet werden kann und Überdüngungen mit allen nachteiligen Folgen verursacht – oder sogar als „Abfall" betrachtet werden muß. Die Marktfruchtbetriebe düngen ihre Felder dagegen überwiegend mineralisch mit Handelsdünger. Ein Düngerausgleich zwischen Marktfrucht- und Veredlungs-Landwirtschaft würde den Mineraldüngeraufwand senken und zu besserer Verwertung des Viehdungs führen, in beiden Fällen die Stickstoffemissionen senken – dies wird aber durch die regionale Trennung erschwert.

Auch in Zukunft wird die Landwirtschaft eine bedeutsame Quelle von Stickstoffeinträgen in die Umwelt bleiben. Es ist versucht worden, tolerierbare Stickstoffemissionen landwirtschaftlicher Betriebstypen zu bestimmen. Bei optimalem Nährstoffzustand der Böden würden sie für Stickstoff in
– in Marktfruchtbetrieben   30 kg N/ha·a,
– in Futterbau- bzw.
  Gemischtbetrieben   50 kg N/ha·a,
– in Veredlungsbetrieben   100 kg N/ha·a.
betragen.

Generell müßte die landwirtschaftliche Überschußproduktion in Deutschland und vergleichbaren Industrieländern in eine wirklich bedarfsorientierte Erzeugung überführt werden, wodurch alle stofflichen Emissionen um ca. 50 % herabgesetzt würden. Am Ende des 20. Jh. sind jedoch nur wenige Anzeichen für eine Verwirklichung dieser Erwartung erkennbar.

Wesentlich kleiner sind die Aussichten für eine Herabsetzung der Stickstoff- (und anderer düngungsbedingter) Emissionen in der Landwirtschaft der sog. Entwicklungsländer, sowohl in den ehemaligen sozialistischen Staaten Europas und Asiens als auch in den meisten Ländern Asiens, Afrikas und Lateinamerikas. Hier bedarf die Landwirtschaft generell einer Intensivierung, und zwar sowohl wegen der in den meisten dieser Länder noch zunehmenden Bevölkerung als auch wegen der Agrarexporte, von denen viele Länder weiterhin wirtschaftlich abhängig sind. Die Alternative zur Intensivierung, nämlich die Urbarmachung zusätzlichen Landes durch Rodungen, Ent- und Bewässerungen, wäre beträchtlich umweltbelastender, zumal die noch verfügbaren Standorte für landwirtschaftliche Nutzungen nur bedingt oder kaum geeignet sind. Düngung, insbesondere mit Stickstoffdüngern, aber auch auf biologischem Wege durch Anbau von Pflanzen, die die Bindung von Luftstickstoff fördern (Bohnen, Erbsen, Klee, Luzerne und andere Leguminosen/Schmetterlingsblütler), wird daher in den Entwicklungsländern eine zwingende Notwendigkeit bleiben, sollte aber durch eine auch ökologisch richtige Beratung so effizient und emissionsarm wie möglich gestaltet werden. Die sog.„grüne Revolution", d. h. Erhöhung der pflanzlichen landwirtschaftlichen Erzeugung durch Anbau hochleistungsfähiger, aber bzgl. Düngung und Pflanzenschutz besonders anspruchsvoller Nutzpflanzensorten, entsprach weitgehend nicht diesen Forderungen.

Der auf ca. 17 % geschätzte Beitrag zur globalen Methanemission, der aus dem tropischen und subtropischen Ackerbau, und zwar aus den periodisch mit Wasser überstauten Reisfeldern stammt, läßt sich wahrscheinlich nicht wesentlich vermindern, dürfte sogar infolge Ausdehnung des Reisanbaus noch zunehmen.

Die Methanemissionen aus der Viehhaltung gehen zu rund 75 % auf die Methanbildung im Magen der Wiederkäuer und zu ca. 25 % auf die Methanfreisetzung aus gärenden tierischen Exkrementen zurück. Durch verbesserte Fütterung und Futterzusammensetzung kann die Methanemission der Wiederkäuer um max. ein Viertel reduziert werden. Die Methanfreisetzung aus tierischen Exkrementen läßt sich durch deren effizientere Behandlung (Lagerung und Aufbereitung) mind. um 25 %, maximal um 80 % vermindern. Noch wirksamer wäre eine Herabsetzung der Tierbestände, wie sie bereits für die Verringerung der Ammoniakemissionen aus der intensiven Tierhaltung der Industrieländer – auch mit dem Ziel des Abbaus der Überschußproduktion von Milch und Fleisch – diskutiert wurde.

Insgesamt ist die Landwirtschaft für ca. 60 % aller Methaneinträge in die Umwelt verantwortlich; doch nur ein Drittel davon wäre vermeidbar. Der Anstieg des Methangehalts der Atmosphäre hat sich zwar vom Ende der 70er Jahre bis 1992 von 1,2 auf 0,3 % pro Jahr verlangsamt, doch als wirksames Treibhausgas mit einer mittleren Verweilzeit von 10,5 Jahren und einem ca. 25fach höheren Treibhauseffekt als CO_2 wirkt Methan grundsätzlich schädlich.

Zu berücksichtigen sind auch Wechselwirkungen zwischen Stickstoff-, vor allem Ammoniakemissionen und dem emittierten Methan. Ein Teil des Methans wird nämlich in den Böden von Wäldern und naturbetonten (nicht genutzten) Ökosystemen zu CO_2 oxidiert. Der Stickstoff-, insbesondere Ammoniumeintrag in diese Böden vermindert aber deren Fähigkeit zur Methanoxidation und verstärkt damit indirekt den landwirtschaftlichen Beitrag zum Treibhauspotential, das direkt bereits durch die N_2O-Emission aus den gleichen Böden erhöht wurde. Weltweit sollen 40 % aller landwirtschaftlichen Stickstoffemissionen potentiell klimawirksam sein.

Zur Verminderung ihrer CO_2-Emissionen kann die Landwirtschaft im wesentlichen nur durch Einsparung oder Ersetzung der von ihr direkt und indirekt eingesetzten fossilen Brenn- und Treibstoffe beitragen. Erhebliche Einsparungen (bis 40 %) leistet der ökologische Landbau (s. Abschn. N.4.4). Eine Ersetzung fossiler Brennstoffe ist prinzipiell mittels Anbau selbst erzeugter Biomasse möglich, wofür die für die Nahrungsmittelproduktion zukünftig nicht mehr benötigten Anbauflächen herangezogen werden könnten. Die Schlepper und Landmaschinen benötigen flüssige Treibstoffe wie Rapsöl oder Rapsmethylester in einer Menge, deren Erzeugung ca. 15 % der Ackerfläche (Stand 1993) beanspruchen würde. Hierbei ist aber zu berücksichtigen, daß der Anbau von Raps oder anderen Ölfrüchten, wenn er ergiebig sein soll, seinerseits energetische, d.h. CO_2-emittierende Aufwendungen erfordert und die übrigen ackerbaulichen Emissionen (s. Abschn. N.4.1.2) ebenfalls nicht vermindert.

N.4.3.3 Chemische Pflanzenschutzmittel (Pestizide)

In Deutschland und anderen Hochzivilisationsländern sind chemische Pflanzenschutzmittel seit Ende der 60er Jahre ständige Ursache größter Vorbehalte und häufiger Vorwürfe gegen die moderne Landwirtschaft, weil sie mit deren Anwendung Umwelt und Nahrungsmittel zu vergiften drohe. Es bestehen starke Tendenzen zum völligen Verbot des Einsatzes und sogar der Herstellung von Pestiziden. Die gesetzlichen Vorschriften für den Pflanzenschutz (Pflanzenschutzgesetz, Gefahrstoffverordnung u.a.m.) sind mehrfach verschärft worden.

Die meisten Mittel dürfen längst nicht mehr nach Belieben der Anwender, sondern nur unter den von der Zulassungsbehörde festgelegten Anwendungsbedingungen eingesetzt werden. So dürfen Pflanzenschutzmittel nicht in oder unmittelbar an Binnen- und Küstengewässern angewandt werden; zu Oberflächengewässern muß bei der Anwendung der Mittel i.d.R. ein Abstand von 10 m eingehalten werden. Bei Wind (Abdrift) und auf erosionsgefährdeten Böden muß die Anwendung unterbleiben.

In Wasserschutzgebieten dürfen viele Mittel überhaupt nicht eingesetzt werden. Grundwasser soll von Pflanzenschutzmitteln grundsätzlich völlig frei sein; infolgedessen wurde in der Europäischen Union ein Grenzwert von 0,1 µg/l für ein einzelnes, von 0,5 µg/l für die Summe mehrerer Mittel vorgeschrieben. Gerade die letztgenannte Vorschrift kommt einem praktischen Anwendungsverbot nahe. Daher hat diese ungewöhnlich niedrige Grenzwertfestsetzung auch zu anhaltenden Kontroversen geführt. Sie ist nicht durch Gesundheitsgefährdungen, sondern durch ein so gut wie absolutes Reinheitsgebot für Grundwasser begründet, bedingt in der Ausführungspraxis analytische Probleme und ließ sogar erwarten, daß sie praktisch gar nicht eingehalten werden könne. Nach Angaben der Wasserversorgungsunternehmen ist dies jedoch in einem überraschend großen Umfang der Fall; in Baden-Württemberg wiesen 1991 nur 12 % der Wassergewinnungsanlagen Pflanzenschutzmittelrückstände im Bereich des halben Summengrenzwerts auf. Das Umweltbundesamt Berlin meldete bei 50.000 – 75.000 Untersuchungen einen Rückgang der Rückstandsfunde von 13,6 % im Jahr 1990 auf 5,6 % im Jahr 1994.

Unter dem Einfluß der allgemeinen Kritik am chemischen Pflanzenschutz und der Popularität des ökologischen Landbaus (s. Abschn. N.4.4) ist in den 70er Jahren der sog. integrierte Pflanzenschutz – später erweitert zum „integrierten Pflanzenbau" – entwickelt worden. Bei diesem Verfahren werden die biologische, anbautechnische und züchterische (auch gentechnische) Bekämpfung von Schädlingen, Krankheiten und Unkräutern – bzw. die Vorbeugung ihres Auftretens oder Befalls – und die Anwendung chemischer Mittel „integriert", deren Einsatz auf das unbedingt als notwendig angesehene Maß beschränkt wird. Er erfolgt auch erst bei Überschreitung einer bestimmten „Schadensschwelle", d. h. gewisse Schädigungen der Kulturpflanzen werden in Kauf genommen; die vorher üblichen, z. T. massiven prophylaktischen Pestizidanwendungen unterbleiben. Allerdings ist in der Praxis die Erkennung der Schadensschwellen oft schwierig. Der integrierte Pflanzenschutz zeigt, daß chemische Pflanzenschutzmittel nicht in dem Umfang eingesetzt werden müssen, der zunächst als notwendig angesehen wurde.

Infolge der gesetzlichen Vorschriften, wirksamerer Substanzen und überlegterem Einsatz sind Produktion und Absatz dieser Mittel in Deutschland seit den 80er Jahren rückläufig. Der Inlandsabsatz – als einziges verfügbares Maß der Anwendung – betrug 1989 34.625 t an Wirkstoffen, 1994 belief er sich auf 29.769 t. Die Zahl der als echte Bekämpfungsmittel in Deutschland zugelassenen Pflanzenschutzmittel sank von 1639 (1985) auf 870 (1994).

Mit diesem quantitativen Rückgang ist eine Umstellung von breit und lange wirksamen zu selektiv und nur kurzfristig wirkenden (z. T. aber akut giftigeren oder schädlicheren) Bekämpfungsmitteln verbunden worden. Auch die Anwendung erfolgt gezielter, z. B. Reihen- statt breitflächiger Ausbringung, Einsatz in Pillen- oder Kapselform statt Spritzen oder Stäuben. Selektive bzw. hochspezialisierte Mittel haben jedoch den Nachteil, daß ein größeres Sortiment vorrätig gehalten werden muß und häufigere Einsätze nötig sind.

Wenn weniger chemische Pflanzenschutzmittel zur Verfügung stehen, müssen sich die Risiken ihres Einsatzes nicht zwangsläufig verringern; denn dann werden u. U. immer weniger Mittel immer häufiger auf den gleichen Feldern angewendet, und es erhöhen sich Risiken, Rückstände, Grundwasserbelastungen und Resistenzen. Der Rückgang zugelassener Mittel führt ferner dazu, daß für eine Anzahl von Pflanzenschutzbereichen, vor allem spezielle oder seltenere Nutzpflanzen, keine chemischen Mittel mehr verfügbar sind („Lückenindikationen"); dies kann den integrierten Pflanzenbau erschweren.

Mißtrauen und Angst gegenüber chemischen Pflanzenschutzmitteln werfen immer wieder die Frage nach ihrer Notwendigkeit oder Verzichtbarkeit auf, die kontrovers diskutiert wird – weniger innerhalb der Landwirtschaft als in der von deren Realitäten entfremdeten Stadtbevölkerung. Weitgehend entbehrlich könnten Herbizide sein (die auch die meisten der 1991 – 1995 registrierten Grundwasserbelastungen verursachen), weil Unkräuter auch mechanisch – und dann sogar radikaler – bekämpft werden können. Ob der dafür notwendige höhere Arbeitsaufwand jedoch von der in den Industrieländern an Arbeitskräften armen und verarmenden Landwirtschaft erbracht werden kann, ist ungewiß. Ebenso zweifelhaft ist, ob *langfristig* bestimmte Pilzkrankheiten und Schadinsekten ohne Einsatz von Fungiziden bzw. Insektiziden an Vorkommen und Ausbreitung gehindert werden können – oder ob die dadurch bedingten Ertrags- und vor allem Qualitätsminderungen der Ackerfrüchte einfach hinzunehmen sind. Dies erfordert eine sachliche Diskussion, die bei diesem emotional belasteten Thema schwierig ist und leicht zu Verzerrungen führt.

Weitgehend anders ist der chemische Pflanzenschutz im subtropischen und tropischen Pflanzenbau zu beurteilen. Die hier viel zahlreicheren und aggressiveren Schädlinge, Krankheiten und Unkräuter machen den Verzicht auf Einsatz chemischer Pflanzenschutzmittel äußerst unwahrscheinlich. Nicht einmal die Anwendung selektiver, kurzzeitig wirksamer Mittel erweist sich hier als immer erfolgreich. Daher sind die in den Industrieländern bereits in den 70er Jahren verbotenen oder nicht mehr zugelassenen breit wirksamen Mittel wie DDT am Ende des 20. Jh. immer noch im Einsatz – zumal dieser auch zur Bekämpfung krankheitsübertragender Insekten zum Schutz von Menschen und Nutztieren unentbehrlich geblieben ist. Dennoch ist auch hier eine Vermeidung unnötiger Einträge in die Umwelt durch die Verbesserung der oft unsachgemäßen oder nachlässigen Handhabung der Mittel und durch gezieltere Anwendung möglich. Dafür ist eine gut organisierte Beratung der einheimischen Anwender und eine gründliche Aufklärung der ländlichen Bevölkerung erforderlich, die in Entwicklungshilfe-Projekten viel stärker zu berücksichtigen sind.

Allgemein ist bei der Anwendung chemischer Pflanzenschutzmittel die Regel zu beachten, daß der Eintrag dieser Stoffe in die Umwelt ihren Abbau nicht übersteigen darf. Denn langfristig sind alle Mittel – mit Ausnahme schwermetallhaltiger Substanzen – abbaubar, unbegrenzte Akkumulationen daher unwahrscheinlich. Diese Regel liefert jedoch keinen Vorwand für Nachlässigkeit oder Leichtfertigkeit im Umgang mit chemischen Pflanzenschutzmitteln oder bei der Beobachtung ihrer Wirkung.

N.4.4 Umweltschonende Landwirtschaft

Angesichts der am Ende des 20. Jh. weiter zunehmenden Zahl der Menschen auf der Erde und ihren zunehmenden Ansprüchen an eine gute Ernährung ist es unrealistisch, eine Landwirtschaft ohne oder mit nur geringfügigen Umweltbelastungen zu erwarten. Diese Feststellung darf jedoch nicht dazu verleiten, die mit der Landbewirtschaftung verbundenen Schadstoffemissionen einfach hinzunehmen. Im Gegenteil, die zahlreichen hier beschriebenen Möglichkeiten zu ihrer Verminderung oder Vermeidung müssen durch ständige Bemühung ausgeschöpft und verwirklicht werden. Dabei müssen Entwicklung, Herstellung und Anwendung aller in Ackerbau und Viehhaltung verwendeten und umgesetzten Stoffe überall kontrolliert und wissenschaftlich verfolgt werden, um die mit der Landwirtschaft unvermeidbar verbundenen Belastungen so gering wie möglich zu halten.

Die im 20. Jh. vor allem in Deutschland, aber auch in anderen Industrieländern entstandenen Bewegungen bzw. Verfahren des ökologischen Landbaus kommen dem Ziel einer umweltschonenden Landwirtschaft besonders nahe, weil sie bewußt auf die Verwendung chemischer Pflanzenschutzmittel und der meisten anorganischen Düngemittel, insbesondere rasch wirksamer Stickstoffdünger verzichten und auch die Massentierhaltung ablehnen. Dafür nehmen sie einen höheren Arbeitseinsatz und z.T. niedrigere Erträge in Kauf. Sie sparen jedoch die Aufwendungen für „Agrarchemikalien" und erzielen mit ihren Produkten bei der gegen die moderne Landwirtschaft mißtrauischen Stadtbevölkerung höhere Preise, so daß ihre Erlöse den „konventionell" wirtschaftenden Betrieben nicht nachstehen oder sogar höher sind. Infolgedessen wird der ökologische Landbau vielfach als Modell einer wirklich umweltschonenden Landwirtschaft empfohlen, seine öffentliche Förderung gefordert oder gar seine allgemeine Einführung verlangt. Dies ist am Ende des 20. Jh. Gegenstand kontroverser, oft mehr emotional als sachlich geführter Diskussionen und Auseinandersetzungen.

Wiederum ist hierbei zwischen der Situation der Landwirtschaft in Industrie- und sog. Entwicklungsländern zu unterscheiden. In den Industrieländern, vor allem in den gemäßigten Klimazonen mit fruchtbaren Böden und geringem Schädlings- oder Krankheitsdruck, besitzt der ökologische Landbau gute Chancen weiterer Ausbreitung – trotz zweier Schwächen. Eine ist wirtschaftlicher Art: Wenn sich das Angebot ökologisch erzeugter landwirtschaftlicher Produkte vergrößert, werden die dafür erzielten Preise sinken und die Einkommen der ökologischen Betriebe senken. Die andere Schwäche liegt in der langfristigen Nährstoffbilanz. Abgesehen vom Stickstoff ist nicht sicher, ob die Versorgung mit Haupt- und Spurennährstoffen, vor allem mit Phosphat und Kali, bei einer angestrebten guten Ertragshöhe ohne mineralische Düngung gewährleistet ist. Auffällig ist, daß am Ende des 20. Jh. der ökologische Landbau in Deutschland und anderen Industrieländern außerordentlich beliebt ist und starke Nachfrage genießt, dennoch aber nur ein verhältnismäßig sehr kleiner Teil der landwirtschaftlichen Betriebe bereit ist, sich auf ökologischen Landbau und die damit verbundenen Verpflichtungen und strengen Kontrollen umzustellen. 1995 gab es in Deutschland nur 6700 anerkannte Betriebe mit ca. 310.000 ha Fläche (1,2 bzw. 1,8 % der Gesamtzahl, mehr als die Hälfte davon in Süddeutschland) – mit allerdings steigender Tendenz.

Von den durch Stickstoffverbindungen verursachten Emissionen ist allerdings auch der ökologische Landbau nicht frei. Zwar verzichtet er auf mineralische Stickstoffdünger, wandelt aber steigende Mengen von Luftstickstoff durch stickstoffbindende Nutzpflanzen (s. Abschn. N.4.3.1) in reaktive Stickstoffverbindungen um. Die sog. biologische Stickstoffbindung und die technische Ammoniaksynthese halten sich Mitte der 90er Jahre weltweit mit jeweils 80 – 90 Mio t/a etwa die Waage.

In den Entwicklungsländern erscheint ökologischer Landbau, d. h. eine Landwirtschaft ohne chemische Hilfsmittel und Stützungsmaßnahmen, sehr unwahrscheinlich. Doch hier geht, wie auch in den Industrieländern, vom ökologischen Landbau eine wichtige Signalwirkung aus, die, gestärkt durch handfeste Konkurrenzeffekte erfolgreich und idealistisch wirtschaftender ökologischer Betriebe, die allgemeine Landwirtschaft allmählich und immer stärker in Richtung auf verringerte Schadstoffimmissionen orientieren wird. Indikatoren dafür sind die Verbrauchszahlen für Mineraldünger und Pflanzenschutzmittel. So hat sich in Deutschland der Einsatz mineralischer Phosphat- und Kalidüngemittel seit 1970 um die Hälfte vermindert; bei mineralischen Stickstoffdüngern hörte der Anstieg Mitte der 80er Jahre auf, um ein Jahrzehnt später in eine leichte Abnahme umzuschlagen. Weltweit ist dagegen der Mineraldüngerverbrauch von 1962 – 1991 um das 4,5fache gestiegen. Ein Großteil des Anstiegs entfällt auf die Entwicklungsländer, nämlich von 5 auf 78 kg/ha. Soweit absehbar, entscheidet sich also in den Entwicklungsländern die Zukunft des Ausmaßes stofflicher Emissionen in der Landwirtschaft, die wegen deren Unentbehrlichkeit zwar vermindert, in Teilbereichen auch vermieden, aber insgesamt als Preis für eine fortdauernde menschliche Existenz unter erträglichen Bedingungen hingenommen werden müssen.

Literatur

[N.1.1] H. Soodak (Hrsg.) Reactor Handbook, Second Edition Vol III, Part A Physics, Interscience Publishers New York (1962)

[N.1.2] Bretschneider, D.R., KERNENERGIE und Umwelt (Kern-Themen) INFORUM-Verlag Bonn (1993)

[N.1.3] Betriebsergebnisse Deutscher Kraftwerke 1996. Atomwirtschaft, Mai 1997, S. 276 ff

[N.1.4] Deutscher Bundestag Bericht der Bundesregierung über Umweltradioaktivität und Strahlenbelastung im Jahr 1991 Drucksache 12/4687 (1993)

[N.1.5] Brennelementlager Gorleben GmbH, BLG, Bausteine für die Entsorgung, (1991)

[N.1.6] Deutscher Bundestag Auswirkungen aus dem Uranbergbau und Umgang mit den Altlasten der WISMUT in Ostdeutschland Drucksache 12/3309 (1992)

[N.1.7] Koelzer, W.: Jahresbericht 1991 der Hauptabteilung Sicherheit Kernforschungszentrum Karlsruhe KfK 5030 (1992)

[N.1.8] Sicherheitsbericht Pilot-Konditionierungsanlage Gorleben (PKA) (1992)

[N.1.9] Brennecke, P., Hollmann, A.: Radioaktive Abfälle, Anfall, Bestand 1995 und zukünftiges Aufkomen. Atomwirtschaft Juni 1997, S. 401 ff

[N.1.10] Sappok, M.: Recycling of metallic materials from the dismantling of nuclear plants Kerntechnik 56, (1991) Nr. 6

[N.1.11] Brennecke, P., Hollmann, A.: Entsorgung radioaktiver Abfälle im Eram. Atomwirtschaft April 1997, S. 241 ff

[N.1.12] Gefahrstoffe 1998, Hrsg. Universum Verlagsanstalt, Wiesbaden, 1998

[N.1.13] MAK- und BAT-Werte-Liste 1997. VCH, Weinheim

[N.1.14] Bundesrepublik Deutschland, Arzneimittelgesetz (AMG) 1976 und derzeit 7 Novellen bis 1994; z. Z. neuester Druck: Editio Cantor, Aulendorf, 1997

[N.1.15] Bundesrepublik Deutschland: Betriebsverordnung für pharmazeutische Unternehmer (PharmBetrV), 1985 und z. Z. 2 Novellen bis 1998. K. Feiden: Betriebsverordnung für pharmazeutische Unternehmer, Deutscher Apotheker Verlag, Stuttgart, 4. Aufl., 1995.

[N.1.16] WHO Expert Committee on Specifications, WHO Technical Report Series No. 823: Good Manufacturing Practices for Pharmaceutical Products, Genf, 1992, und zahlreiche ergänzende Leitfäden (supplementary guidelines/annexes)

[N.1.17] FDA/USA: cGMPs in dem CFR, Bd. 21, §§ 210, 211; April 1, 19983, US Government Printing Office, Washington; ergänzt durch zahlreiche guidelines, guides for inspectors, manuals u. ä.

[N.1.18] EU und PIC: Leitfaden einer Guten Herstellungspraxis für Arzneimittel/pharmazeutische Produkte (praktisch textgleich!), 1989/1992 bzw. 1990, beide zum 1.1.1992 in Kraft getreten. EU: Editio Cantor, Aulendorf, 5. Aufl. 1998; PIC: Bundesanzeiger Vlgges., Köln,

1990.Beide sind ergänzt durch zahlreiche spezielle Leitfäden

[N.1.19] Hasskarl, H.: Gentechnikrecht, Editio Cantor, Aulendorf, 1991

[N.1.20] Hoffmann, H.: Arzneimittel in: H. Kelker (Hrsg.): Das Fischer Lexikon, Chemie 2, Angewandte Chemie, 1977, S. 80-150; Fischer Taschenbuch Vlg., Frankfurt/Main

[N.1.21] Diabetes-Journal 12/1978, S. 511

[N.1.22] Titus, H.-J.: FIMA-Verfahrenstechnik, Chemie-Anlagen und -Verfahren, Konradin-Vlg., Leinfeld-Echterdingen, Nr. 9/1993

[N.1.23] HOECHST AG, Frankfurt/Main: Umweltschutz, Leitlinien für Umweltschutz und Sicherheit, 1993

[N.1.24] Maas, A.: Der GMP-Beauftragte – ein Beruf mit Zukunft, Pharm. Ind. 55, Nr. 9, IX/204, 1993

[N.1.25] Zahlreiche Guidelines for Inspectors der FDA/USA. Beispiele:
- Guide to Inspections of foreign pharmacentical manufacturers, May 1996
- Guide to Inspections of Microbiological Pharmaceutical Control Laboratories, July 1993
- Guides to Inspection of Computerized Systems in Drug Processing, Febr. 1983 and July 1987
- Guide to Inspection of Bulk Pharmaceutical Chemicals, Revised Sept. 1991

[N.1.26] Voß, A.: Holzeinlagerung nach Forstkamalitäten. Hochschulverlag Freiburg 1988

[N.1.27] Burschel, P.: Wald, Forstwirtschaft und Holzwirtschaft als zentrale Größen im Kohlenstoffhaushalt. Holz-Zentralblatt 119 (1993) 2273-2274

[N.1.28] Welling, J.: Berücksichtigung von Umweltbelangen bei Schnittholz- und Furniertrocknern. Tagungsband zum Workshop „Trocknungstechnologie" anläßlich des 8. Holztechnischen Kolloquiums, S. 35-44, Eigenverlag Institut für Werkzeugmaschinen und Fertigungstechnologie der Technischen Universität, Braunschweig 1991

[N.1.29] VDI-Richtlinie 3462, Blatt 2: Emissionsminderung, Holzbearbeitung und -verarbeitung, Holzwerkstoffherstellung. Oktober 1995

[N.1.30] Marutzky, R. (Hrsg.): Trocknungstechnologie. Tagungsband zum Workshop anläßlich des 8. Holztechnischen Kolloquiums, Eigenverlag Institut für Werkzeugmaschinen und Fertigungstechnologie der Technischen Universität, Braunschweig 1991

[N.1.31] FGU Fortbildungszentrum Gesundheits- und Umweltschutz Berlin: Stand der Emissionsminderung bei der Spanplattenherstellung. Tagungsband zum Seminar Nr. 34 anläßlich der UTECH Berlin '93, Eigenverlag FGU, Berlin 1993

[N.1.32] Strecker, M., Marutzky, R.: Neue Erkenntnisse über Feststoffemissionen bei Spänetrocknern. Tagungsband zum Workshop „Trocknungstechnologie" anläßlich des 8. Holztechnischen Kolloquiums, S. 45-58, Eigenverlag Institut für Werkzeugmaschinen und Fertigungstechnologie der Technischen Universität, Braunschweig 1991

[N.1.33] Marutzky, R.: Untersuchungen zum Terpengehalt der Trocknungsgase von Holzspantrockner. Holz als Roh- und Werkstoff 38 (1978) 407-411

[N.1.34] Rong, M.: Betriebserfahrungen mit einem Elektrofilter. Tagungsband „Stand der Emissionsminderung bei der Spanplattenherstellung" anläßlich der UTECH BERLIN '93, Eigenverlag FGU, Berlin 1993

[N.1.35] Schmidt, W.: Gewebefilter in der praktischen Anwendung. Tagungsband „Stand der Emissionsminderung bei der Spanplattenherstellung" anläßlich der UTECH BERLIN '93, Eigenverlag FGU, Berlin 1993

[N.1.36] Becker, M., Mehlhorn, L.: Mögliche Konzepte für zukunftsweisende Trocknungstechnologien in der Spanplattenindustrie – eine Übersicht. Tagungsband zum Workshop „Trocknungstechnologie" anläßlich des 8. Holztechnischen Kolloquiums, S. 5-20, Eigenverlag Institut für Werkzeugmaschinen und Fertigungstechnologie der Technischen Universität Braunschweig 1992

[N.1.37] Ernst, K.: Geruchsreduzierung bei der Spänetrocknung. Vortrag auf FGU-Seminar, Berlin 1992

[N.1.38] Hellenschmidt, W.: Abluftreinigung mit Wärmerückgewinnung in einem Niedertemperatur-Trockner. Tagungsband zum Mobil-Oil-Symposium für die Holzwerkstoffindustrie. Eigenverlag Mobil Oil, Hamburg 1992

[N.1.39] Hellenschmidt, W.: Betriebserfahrungen mit einer 2-stufigen Abgaswäsche mit nachgeschalteten Naß-Elektro-Filtern. Tagungsband „Stand der Emissionsminderung bei der Spanplattenherstellung" anläßlich der UTECH BERLIN '93, Eigenverlag FGU, Berlin 1993

[N.1.40] Wieser, D.I.: Möglichkeiten der Geruchsminderung bei Abgasen aus Trocknern und Pressen der Spanplattenindustrie. Tagungsband zum Mobil-Oil-Symposium für die Holzwerkstoffindustrie. Eigenverlag Mobil Oil, Hamburg 1992

[N.1.41] Schmidt, A.: Die Abluftreinigung bei der Holzspantrocknung. Staub – Reinhaltung der Luft 49 (1989) 457-460

[N.1.42] Wiedmann, U.: Feuerungstechnik für eine emissionsarme Spänetrocknung. Holz als Roh- und Werkstoff 49 (1991) 433-438

[N.1.43] Marutzky, R.: Die Konsequenzen der Umweltgesetzgebung für die Spanplattenindustrie. Holz-Zentralblatt 118 (1992) 2509, 2510 u. 2516

[N.1.44] Strecker, M., Becker, M.: Staub- und gasförmige Emissionen bei der Spänetrocknung. Tagungsband „Stand der Emissionsminderung bei der Spanplattenherstellung" anläßlich der UTECH BERLIN '93, Eigenverlag FGU, Berlin 1993

[N.1.45] Wünsch, J.: Erste Erkenntnisse bei der Anwendung von Aktivkohle. Tagungsband „Stand der Emissionsminderung bei der Spanplattenherstellung" anläßlich der UTECH BERLIN '93, Eigenverlag FGU, Berlin 1993

[N.1.46] Marutzky, R.: Trocknungstechniken, derzeitiger Stand und zukünftige Anforderungen. Tagungsband „Stand der Emissionsminderung bei der Spanplattenherstellung" anläßlich der UTECH BERLIN '93, Eigenverlag FGU Berlin 1993

[N.1.47] Noack, D., Ruetze, M.: Mögliche Beteiligung von krebserzeugenden Arbeitsstoffen an der Entstehung von Nasenkrebs bei Beschäftigten im holzverarbeitenden Gewerbe. Holz als Roh- und Werkstoff 48 (1990) 179-184

[N.1.48] Wolf, J.: Holzstaub – Gesundheitsgefahren vermeiden. Holz Berufsgenossenschaft HBG-Mitteilungen 65 (1991) 17-26

[N.1.49] Bertling, L., Freytag, J., Fuß. M.: Reduzierung der Staubemissionen an spanenden Holzbearbeitungsmaschinen. HOB Holzbearbeitung 37 (1990) [7/8] 39-44, [9] 28-36, [10] 66-70 u. [11] 51-59

[N.1.50] Heisel, U., Weiss, E.: Entstehung, Erfassung und Messung von Holzstaub. HOB Holzbearbeitung 38 (1991) [7/8] 47-49

[N.1.51] Marutzky, R., Mehlhorn, L., May, H.A.: Formaldehydemissionen beim Herstellungsprozeß von Holzspanplatten. Holz als Roh- und Werkstoff 38 (1981) 329-335

[N.1.52] Deppe, H.-J., Ernst, K.: Technologie der Spanplattenherstellung. DRW-Verlag, Stuttgart 1991

[N.1.53] Obst, M., Ondratschek, D.: Verminderung der Emissionen beim Spritzlackieren. HOB Holzbearbeitung 37 (1990) [1/2] 53-54

[N.1.54] Böttcher, P., Schriever, E.: Formaldehydfreie Lackbeschichtungen für den Möbelbau. Holz-Zentralblatt 116 (1990) 690-691

[N.1.55] Hansemann, W.: Möbellackierung unter umweltgerechten Bedingungen. HOB Holzbearbeitung 39 (1992) [6] 36-38

[N.1.56] HDH Ratgeber Umwelt: Lösemittel-Abluftreinigungsanlagen für Lackieranlagen in der Möbelindustrie. Eigenverlag Hauptverband der Deutschen Holz und Kunststoffe verarbeitenden Industrie und verwandter Industriezweige, Wiesbaden 1991

[N.1.57] Marutzky, R., Schriever, E.: Emissionen bei der Verbrennung von Holzspanplattenresten. Holz als Roh- und Werkstoff 44 (1986) 185-191

[N.1.58] Schriever, E.: Zur Bestimmung von Chlor und Schwefel in Holz und Holzwerkstoffen. Holz als Roh- und Werkstoff 42 (1984) 261-264

[N.1.59] Marutzky, R., Schriever, E., Strecker, M.: Chlorwasserstoffemissionen bei der Verbrennung von Holzreststoffen aus der Möbelherstellung. HK international Holz und Möbelindustrie 22 (1987) 1188-1193

[N.1.60] Nussbaumer, Th.: Stickoxide bei der Holzverbrennung. Heizung, Klima 12 (1989) 51-62

[N.1.61] Wiedmann, U.: Prozeßtechnische Perspektiven zur Emissionsminderung. Tagungsband „Stand der Emissionsminderung bei der Spanplattenherstellung" anläßlich der UTECH BERLIN '93, Eigenverlag FGU, Berlin 1993

[N.1.62] Nussbaumer, Th.: Sekundärmaßnahmen zur Stickstoffoxidminderung bei Holzfeuerungen. BWK 45 (1993) 483-488

[N.1.63] Stieglitz, L., Vogg, H.: On formation conditions of PCDD/PCDF in fly ash from municipal waste incinerators. Chemosphere 16 (1987) 1917-1922

[N.1.64] Hasberg, W., Römer, R.: Organische Spurenstoffe in Brennräumen von Anlagen zur thermischen Entsorgung. Chem.-Ing.-Technik 60 (1988) 435-443

[N.1.65] Vehlow, J.: Auftreten von Dioxinen bei der Holzverbrennung und Möglichkeiten der Minimierung. In: Marutzky, R. (Hrsg.): WKI-Bericht Nr. 22, 191-212, Eigenverlag Wilhelm-Klauditz-Institut, Braunschweig 1990

[N.1.66] Bröker, G., Geueke, K.-J., Hiester, E., Niesenhaus, H.: Emissionen polychlorierter Dibenzo-p-dioxine und furane aus Hausbrandfeuerungen. LIS Bericht Nr. 103, Eigenverlag Landesanstalt für Immissionschutz Nordrhein-Westfalen, Essen 1992

[N.1.67] Hasler, P., Nussbaumer, Th., Bühler, R.: Dioxinemissionen von Holzfeuerungen. Eigenverlag Bundesamt für Umwelt, Wald und Landschaft, Bern 1993

[N.1.68] Strecker, M., Marutzky, R.: Zur Dioxinbildung bei der Verbrennung von unbehandeltem und behandeltem Holz und Spanplatten. Holz als Roh- und Werkstoff 52 (1994) im Druck

[N.1.69] Nussbaumer, Th.: Anforderungen an umweltfreundliche Holzfeuerungsanlagen. Holz als Roh- und Werkstoff 49 (1991) 445-450

[N.1.70] Deppe, H.J.: Rundholzverwendung und Restholzrecycling. Forstarchiv 61 (1990) 10-14

[N.1.71] Willeitner, H.: Entsorgung von holzschutzmittelhaltigen Hölzern – eine kritische Übersicht. In: Marutzky, R. (Hrsg.): WKI-Bericht Nr. 22, 139-162, Eigenverlag Wilhelm-Klauditz-Institut, Braunschweig 1990

[N.1.72] Strecker M., Marutzky R.: Verbrennung von Holzresten. Tagungsband zum 7. ZAF-Seminar „Ist die thermische Abfallbehandlung vermeidbar", 303-317, Eigenverlag Technische Universität Braunschweig, Braunschweig 1992

[N.1.73] Bringezu, S., Voß, A.: Hinweise zur Entsorgung von holzschutzmittellbehandeltem Altholz. Müll und Abfall 9 (1993) 727-738

[N.1.74] Marutzky, R., Peek, R.-D., Willeitner, H.: Entsorgung von holzschutzmittelhaltigen Hölzern und Reststoffen. Informationsdienst Holz der Deutschen Gesellschaft für Holzforschung (DGfH), Eigenverlag München, Juli 1993

[N.1.75] Marutzky, R., Schmidt, W. (Hrsg.): Alt- und Restholz: Energetische und stoffliche Verwertung, Beseitigung, Verfahrenstechnik, Logistik, VDI-Verlag, Düsseldorf 1996

[N.1.76] Pohlandt, K., Marutzky, R.: Zusammensetzung und Eluierbarkeit von Aschen aus industriellen Feuerungsanlagen holzverarbeitender Betriebe. Holz als Roh- und Werkstoff 51 (1993) 193-196

[N.1.77] Obernberger, I.: Nutzung fester Biomasse in Verbrennungsanlagen unter besonderer Berücksichtugung des Verhaltens aschebildender Elemente. dbr-Verlag, Graz 1997

[N.2.1] Thoenes, H.W., Succow, M., Ewers, H.J., Henschler, D, Korff, W., Rehbinder, E.: Umweltgutachten 1994 des Rates von Sachverständigen für Umweltfragen, Drucksache 12/6995, Deutscher Bundestag – 12. Wahlperiode

[N.2.2] DIW: Ungebrochenes Wachstum des Pkw-Verkehrs erfordert verkehrspolitisches Handeln, Status-quo-Projektion des Personenverkehrs in der Bundesrepublik Deutschland bis 2010. Deutsches Institut für Wirtschaftsforschung, Wochenbericht 14/90

[N.2.3] Ahrens, G.-A. u.a.: Verkehrsbedingte Luft- und Lärmbelastungen – Emissionen, Immissionen, Wirkungen – Umweltbundesamt, Texte 40/91

[N.2.4] Lies, K.-H. u.a.: Nicht limitierte Automobil-Abgaskomponenten. Volkswagen AG, Wolfsburg 1988

[N.2.5] Schönwiese, C.-D.: Klimafaktor Mensch: Fakten, Risiken und Handlungsbedarf. Fortschrittsberichte VDI, Nr. 205, VDI-Verlag 1994

[N.2.6] Fachreihe Forschung und Technik – Ottokraftstoffe – Aral AG, Bochum, 1993

[N.2.7] Fachreihe Forschung und Technik – Dieselkraftstoff – Aral AG, Bochum, 1995

[N.2.8] Bosch Kraftfahrtechnisches Taschenbuch VDI-Verlag GmbH Düsseldorf

[N.2.9] VDA Auto 93/94, Jahresbericht VDA, Frankfurt

[N.2.10] Höhlein, B. u.a.: Energieumwandlungsketten für den Straßenverkehr im Vergleich. Energiewirtschaftliche Tagesfragen 43. Jg. (1993)

[N.2.11] AVL List GmbH: Motor und Umwelt, Zukünftige Antriebssysteme. Grazer Congress 1994

[N.2.12] Rheinisch-Westfälischer Technischer Überwachungs-Verein e.V.: Flüssiggas – ein Alternativkraftstoff. RWTÜV-Schriftenreihe, Heft 21 RWTÜV, Essen, 1983

[N.2.13] Voy, Ch. Überblick über den Stand des Elektroantriebs für Straßenfahrzeuge. Deutsche Automobilgesellschaft (DAUG), Braunschweig

[N.2.14] KFA, Forschungszentrum Jülich GmbH: Ergebnisbericht 1993 Forschungs- und Entwicklungsarbeiten 1993. Jülich, 1994

[N.2.15] Demel, H., Moser, F.X.: Möglichkeiten der Automobilindustrie zur Verminderung von klimarelevanten Emissionen. 15. Internationales Wiener Motorensymposium. VDI-Fortschritts-Berichte Nr. 205

[N.2.16] Compilation of Air Pollutant Emission Factors, Volume II: Mobile Sources September 1985 U.S. Environmental Protection Agency (EPA)

[N.2.17] Motorischer Verkehr in Deutschland. Energieverbrauch und Luftschadstoffemissionen des motorischen Verkehrs in der DDR,

Berlin (OST) und der Bundesrepublik Deutschland im Jahr 1988 und in Deutschland im Jahr 2005. Institut für Energie und Umweltforschung Heidelberg, Fachbereich „Verkehr und Umwelt"

[N.2.18] Ilgmann, G., Miethner: Primärenergie im Verkehr Hamburg, 12/1991

[N.2.19] Jänisch, E.: Energieverbrauch und klimarelevante Emissionen: Der ICE im ökologischen Wettbewerb. Die Deutsche Bahn 9-10/1993

[N.2.20] Stöcker, U., Lecht, M.: Emissionen strahlgetriebener Luftfahrzeuge und Maßnahmen zur Begrenzung. Verkehrsnachrichten Heft: Mai/Juni 1994

[N.2.21] Berichte 6/89 Ermittlung der Abgasemissionen aus dem Flugverkehr über der Bundesrepublik Deutschland (Forschungsbericht 104 05 961 / UBA-FB 89-054) Umweltbundesamt

[N.2.22] Hünecke, K.: Flugtriebwerke. Ihre Technik und Funktion. Motorbuch Verlag, Stuttgart

[N.2.23] Umweltbelastung durch den zivilen Flugverkehr. Heutige Situation und mögliche Vorgehensweise zur Reduzierung der Emission von Flugtriebwerken. EB/ETWV Stand 1.4.1989 MTU München GMBH

[N.2.24] Annex 16 Volume II Aircraft Engine Emissions Second Edition 1993. International Civil Aviation Organisation (ICAO)

[N.2.25] Bodensee-Schiffahrtsordnug (BSO) Abgasvorschriften für Schiffsmotoren. Bayerisches Gesetz- und Verordnungsblatt Nr. 26/1991

[N.2.26] Teetz, Ch.: Maßnahmen zur Reduzierung der Abgasemissionen beim schnellaufenden Schiffsdieselmotor. Schiff & Hafen/Seewirtschaft, Heft 6/1993

[N.2.27] NO_x Emission Control at Sea, Schiff & Hafen 11/93

[N.3.1] Bundesverband des Schornsteinfegerhandwerks, Abteilung Technik: Emissionsstatistik 1992, Düsseldorf, 25.05.93

[N.3.2] Großhans, D.: Betriebserfahrungen an Gasbrennern und Gasmotoren mit NO_x-mindernden Maßnahmen – Teil 2 GWF Gas, Erdgas 133 (1992) Nr. 12, 617-625

[N.3.3] Umweltbundesamt: Jahresbericht 1991, Berlin

[N.3.4] Landesanstalt für Immissionsschutz, Nordrhein-Westfalen: LIS-Bericht Nr. 103 Emission polychlorierter Dibenzo-p-dioxine und -furane aus Hausbrand-Feuerungen, Essen, 1992

[N.3.5] Der Rat von Sachverständigen für Umweltfragen: Luftverunreinigungen in Innenräumen Sondergutachten, Mai 1987, Stuttgart, Mainz, W. Kohlhammer GmbH

[N.3.6] Brötzenberger, H.: Feldversuche zur Bestimmung von Emissionsfaktoren von Gasgeräten in Österreich GWF Gas, Erdgas 133 (1992) Nr. 2, 69-72

[N.3.7] Breton O., Eberhard, R.: Handbuch der Gasverwendungstechnik, Kap. 15, München, R. Oldenbourg Verlag GmbH, 1987

[N.3.8] Zullei-Seibert, N.: Pflanzenschutzmittel im Trinkwasser Entsorgungs-Technik, März/April 1993, 60-62

[N.3.9] Umweltbundesamt Jahresbericht 1990, 206-207 Berlin

[N.3.10] Bundesministerium für Umwelt, Naturschutz und Reaktorsicherheit: Internationale Ersatzstoff-Konferenz zu FCKW und Halonen, Umwelt, Nr. 5/1992, 189-192

[N.3.11] Eckrich, W.: Untersuchungen der Innenraumluft auf PCDD/PCDF in Wohngebäuden VDI Berichte Nr. 634, 193-202 VDI Verlag, Düsseldorf, 1987

[N.3.12] Statistisches Bundesamt, Abfallbilanz 1993 (vorläufig), Wiesbaden 1996

[N.3.13] Der Rat von Sachverständigen für Umweltfragen: Abfallwirtschaft, Kap. 3.2.1 Stuttgart: Verlag Metzler-Poeschel, 1991

[N.3.14] Bundesministerium für Umwelt, Naturschutz und Reaktorsicherheit: Entsorgung gebrauchter Batterien, Umwelt Nr. 5/1989, 232-233

[N.3.15] von Geldern, W.: Wege aus dem Wohlstandsmüll, Mainz, v. Hase & Köhler, 1993

[N.3.16] Umweltbundesamt: Daten zur Umwelt 1992/93 – Wasser, Berlin, Erich Schmidt Verlag, 1994

[N.3.17] Böhme, M.: Stoff oder Ersatzstoff – Phosphate in Waschmitteln sind weiter ein Irrweg, GWF Wasser, Abwasser 132 (1991) Nr. 7, 368-375

[N.3.18] Leymann, G.: Die Ersatzstoffproblematik am Beispiel phosphatfreier Waschmittel, GWF Wasser, Abwasser 132 (1991) Nr. 7, 361-368

[N.3.19] Bundesministerium für Umwelt, Naturschutz und Reaktorsicherheit: Pflanzenschädigende Wirkung ausgewählter Tenside Umwelt Nr. 9/1991, 395

[N.3.20] Hagendorf, U.: Organische Halogenverbindungen (AOX) aus diffusen Quellen im Haushalt (Papier, Geschirrspül- und Waschmaschinen), Korrespondenz Abwasser, Bd 39 (1992) 12, 1776-1783

[N.3.21] Schemel, H-J., Erbguth, W.: Handbuch

Sport und Umwelt, Aachen, Meyer & Meyer Verlag, 1992

[N.3.22] Bundesministerium für Umwelt, Naturschutz und Reaktorsicherheit: Gefährdung durch organo-zinnhaltige Antifoulinganstriche, Umwelt Nr. 12/1991, 560-561

[N.3.23] Koch, A., Zeiner, M., Feige, S., Harrer, B.: Campingurlaub in der Bundesrepublik Deutschland, Schriftenreihe des Deutschen Wirtschaftswissenschaftlichen Instituts für Fremdenverkehr an der Universität München, Heft 40, München 1990

[N.3.24] Fluk, W. Engler, H.-G.: Untersuchungen zur Bewertung unterschiedlicher Toilettensysteme aus hygienischer Sicht, Forschungsbericht 103 01 253, Umweltforschungsplan des Bundesminsters für Umwelt, Naturschutz und Reaktorsicherheit, 1991

[N.3.25] Fluk, W., Philipp, W., Strauch, D.: Überprüfung der bakteriologischen Wirksamkeit von Additiven für Chemikalientoiletten nach den Richtlinien der Deutschen Veterinär-medizinischen Gesellschaft (DVG), FORUM STÄDTE-HYGIENE 43 (1992) Nr. 6, 291-296

[N.3.26] Schenke, H.-D.: Chemische Zusammensetzung von Sanitärflüssigkeiten in Chemikalien-Toiletten – Gesetzliche Regelungen, FORUM STÄDTE-HYGIENE 43 (1992) Nr. 6, 287-290

[N.3.27] Länderarbeitsgemeinschaft Abfall: Vermeidung und Entsorgung von Abfällen aus öffentlichen und privaten Einrichtungen des Gesundheitsdienstes, Mitteilungen der Länderarbeitsgemeinschaft Abfall (LAGA) Nr. 18, Berlin, Erich Schmidt Verlag, 1991

[N.3.28] Der Rat von Sachverständigen für Umweltfragen: Abfallwirtschaft, Kap. 5.4.4 Stuttgart: Verlag Metzler-Poeschel, 1991

[N.3.29] Hodecek, P.: Medizinische Abfälle hygienisch entsorgen, UMWELT Bd. 21 (1991) Nr. 4, 201-203

[N.3.30] Staeck, F.: Infektiösen Klinikmüll vor Ort entgiften, UMWELT Bd. 24 (1994) Nr. 4, 158

[N.3.31] Deutsche Krankenhausgesellschaft: Umweltschutz im Krankenhaus, Düsseldorf, Deutsche Krankenhaus Verlagsges. 1993

[N.3.32] Sebekow, S.: Abwasserentsorgung aus Krankenhäusern, Gesundheits-Ingenieur-Haustechnik-Bauphysik Umwelttechnik 113 (1992) Heft 6, 312-317

[N.3.33] Bundesamt für Statistik: Statistisches Jahrbuch 1993, Wiesbaden

[N.3.34] Krieg, H.-U.: PCB in Baustoffen und in der Raumluft – wann muß saniert werden?"

in Innenraumbelastungen: Erkennen, Bewerten, Sanieren, Friedhelm Diel (Hrsg.) Wiesbaden und Berlin, Bauverlag GmbH, 1993

[N.3.35] Zwiener, G.: Asbest – Erkennen und Bewerten, in Innenraumbelastungen: Erkennen, Bewerten, Sanieren, Friedhelm Diel (Hrsg.) Wiesbaden und Berlin, Bauverlag GmbH, 1993

[N.3.36] Kruse, H.: Formaldehyd in Innenraumbelastungen: Erkennen, Bewerten, Sanieren, Friedhelm Diel (Hrsg.), Wiesbaden und Berlin, Bauverlag GmbH, 1993

[N.3.37] Weinert, I.: Lebensmittelreste verwerten, UMWELT Bd. 23 (1993) Nr. 10, 548-550

[N.3.38] Seidel, M.: Motorisch betriebene Blockheizkraftwerke (BHKW), BWK, Bd. 46 (1994) Nr. 4, 166-169

[N.3.39] Brummel, F.: Die Auswirkungen der pH-Wert-Korrektur auf die Zusammensetzung und die Pufferkapazität des Beckenwassers, Archiv des Badewesens, Heft 5/83, 166-169

[N.3.40] Roeske, W.: Desinfektion von Schwimmbeckenwasser, Archiv des Badewesens, Heft 4/82, 122-127

[N.3.41] Pischinger, F.: Blockheizkraftwerke und Wärmepumpen – Zukunftsmärkte der Technik – BWK, Bd. 45 (1993) Nr. 11, 470-472

[N.3.42] Großhans, D.: Betriebserfahrungen an Gasbrennern und Gasmotoren mit NO_x-mindernden Maßnahmen – Teil 3, GWF Gas, Erdgas 134 (1993) Nr. 3, 151-158

[N.3.43] Lutz, A.J.: Anwendung von Katalysatoren zur Reinigung von Motorabgasen, GWF Gas, Erdgas 132 (1991) Nr. 12, 533-538

[N.3.44] Koebel, M., Elsener, M., Eichler, H.P.: Stickstoffoxidminderung bei stationären Dieselmotoren mittels SCR und Harnstoff als Reduktionsmittel, UMWELT Bd. 21 (1991) 1/2, E24-E32

[N.3.45] Scherer, R.: Konzept zur Rauchgasreinigung bei schwerölbetriebenen Motorheizkraftwerken, BWK Bd. 45 (1993) Nr. 11, 473-476

[N.3.46] Lahl, U., Zeschmar-Lahl, B., Jager, J.: Schadstofffreisetzung aus Hausmülldeponien, WLB Wasser, Luft und Boden, Bd. 35 (1991) 1/2, 64-66

[N.3.47] Funk, R.: Deponiegasnutzung am Beispiel Freiburg, GWF Gas, Erdgas 133 (1992) Nr. 10/11, 517-521

[N.3.48] Stadtfeld, R.: Die Entwicklung der öffentlichen Wasserversorgung 1970-1990, GWF Wasser, Abwasser 132 (1991) Nr. 12, 660-670

[N.3.49] Dickgreber, M.: Nitratentfernung bei der Trinkwasseraufbereitung mittels heterotroph-aquatischer Mikroorganismen in Festbettreaktoren, GWF Wasser, Abwasser 134 (1993) Nr. 3, 143-151

[N.3.50] Roennefarth, K.W.: Herkunft der Schlämme, Schlammanfall und Schlammbeschaffenheit in Abhängigkeit von Rohwassertyp und Wasseraufbereitungsverfahren, DVGW-Schriftenreihe Wasser Nr. 50 (1986) 45-51, Eschborn, DVGW, 1986

[N.3.51] Ließfeld, R., Koppers, H.M.M.: Die Entsorgung von Wasserwerksschlämmen: Probleme und Lösungsmöglichkeiten, DVGW-Schriftenreihe Wasser Nr. 50 (1986) 217-230, Eschborn, DVGW, 1986

[N.3.52] Such, W.: Verwertung und Ablagerung, DVGW-Schriftenreihe Wasser Nr. 50 (1986) 95-108, Eschborn, DVGW, 1986

[N.3.53] Eckhardt, H., Dibbets, G.: Charakterisierung der Schlämme für die natürliche Entwässerung, DVGW-Schriftenreihe Wasser Nr. 50 (1986) 71-88, Eschborn, DVGW, 1986

[N.3.54] Bramkamp, F.B., Richter, H.-G.: Die Entwicklung der Gaswirtschaft in der Bundesrepublik Deutschland im Jahre 1992, Teil 2: Statistischer Jahresbericht des Referats Gaswirtschaft, GWF Gas, Erdgas 134 (1993) Nr. 9, 427-467

[N.3.55] Jüntgen, H., van Heek, H.H.: Kohlevergasung, Grundlagen und technische Anwendung, Thiemig Taschenbücher, Band 94, München, Verlag Karl Thiemig, 1981

[N.3.56] Beckervordersandforth, Chr.P., Hofmann, G.: Technologien zur Förderung und Lieferung von Erdgas, GWF Gas, Erdgas 134 (1993) Nr. 11, 560-565

[N.3.57] Hoffmann, J.: Grabenlose Sanierung „No-dig", Einzigartige Alternative zur konventionellen Rohrauswechslung, GWF Gas, Erdgas 134 (1993) Nr. 11, 574-579

[N.3.58] Schwab, H., Kretzschmar, H.-J., Frei, J.: Gasqualitätsprobleme bei der unterirdischen Speicherung von Stadt- und Erdgasen, GWF Gas, Erdgas 133 (1992) Nr. 1, 25-31

[N.3.59] Schünzel, H., Frei, J., Schwab, H., Kasper, H.: Erfahrungen aus der Betriebskontrolle an Gastrocknungsanlagen von Untertagespeichern in Ostdeutschland, GWF Gas, Erdgas 134 (1993) Nr. 1, 14-20

[N.3.60] Fasold, H.-G., Wahle, H.-N.: Die Berechnung des Antriebsverbrauchs für Erdgasferntransportsysteme, GWF Gas, Erdgas 134 (1993) Nr. 7, 321-331

[N.3.61] DVGW-Arbeitsblatt G 491: Gas-Druckregelanlagen für Eingangsdrücke über 4–100 bar-Planung, Fertigung, Errichtung, Prüfung, Inbetriebnahme, DVGW Deutscher Verein des Gas- und Wasserfachs 3/1992

[N.3.62] Eberhard, R., Hüning, R. (Hrsg.): Handbuch der Gasversorgungstechnik – Gastransport, Gasverteilung, München, R. Oldenbourg Verlag GmbH, 1984

[N.3.63] Seddig, H.: Kombination eines Blockheizkraftwerkes und einer Expansionsmaschine zur Erdgasentspannung, GWF Gas, Erdgas 133 (1992) Nr. 7, 320-326

[N.3.64] Schmitz, H., Willmroth, G.: Magnetgelagerte Turbogeneratoren (MTG), Ersteinsatz in einer Erdgasübernahmestation der EWV Stolberg, GWF Gas, Erdgas 135 (1994) Nr. 3, 125-130

[N.3.65] Hentze, D., Zöllner, W.: Qualitätsanforderungen an Stadtgas nach TGL 28049 und Konsequenzen für die Gasgeräte, GWF Gas, Erdgas 132 (1991) Nr. 1, 31-35

[N.3.66] Puxbaumer, H., Klapputh, S., Quaschning, G.: Stadtgas- und SNG-Erzeugung in Berlin bis zur Jahrtausendwende, GWF Gas, Erdgas 134 (1993) Nr. 1, 1-8

[N.3.67] Buttker, B., Rabe, W.: Die Reststoffverwertung durch Vergasung in der Energiewerke Schwarze Pumpe AG, Energieanwendung + Energietechnik 42 (1993) 8, 393-397

[N.3.68] Kalte, P., Nolting, B.: Stickstoff- und Phosphorelimination – Messen und Regeln, UMWELT, Bd. 21 (1991) Nr. 6, 317-320

[N.3.69] Dichtl, N.: Kombinierte Verfahren zur Schlammstabilisierung, UMWELT, Bd. 19 (1989) Nr. 3, 117-123

[N.3.70] Peschen, N.: Phosphate eliminieren, UMWELT, Bd. 21 (1991) Nr. 3, 129-131

[N.3.71] Bartl, J., Wacker J.: Phosphate biologisch eliminieren, UMWELT, Bd. 21 (1991) Nr. 6, 328-330

[N.3.72] Deutsche Babcock Anlagen AG: Handbuch Wasser, Essen, Vulkan Verlag, 1988

[N.3.73] Kersting, U.: Biofilter in Kläranlagen, UMWELT, Bd. 19 (1989) Nr. 10, 511-513

[N.3.74] Der Rat von Sachverständigen für Umweltfragen: Abfallwirtschaft Kap. 3.2.5, Stuttgart, Verlag Metzler-Poeschel, 1991

[N.3.75] Diez, T.: Landwirtschaftliche Klärschlammverwertung in den 90er Jahren – Nutzen und Risiken, Berichte aus Wassergüte und Abfallwirtschaft, Technische Universität München, Bd. 110, 1992, 53-67

[N.3.76] Hohnecker, H.G.: Gibt es zeitgemäße Alternativen zur thermischen Entsorgung von Klärschlämmen? GWF Wasser, Abwasser 133 (1992) Nr. 4, 205-211

[N.3.77] Poletschny, H.: Dioxine im Klärschlamm, UMWELT, Bd. 19 (1989) Nr. 3, 102-104

[N.3.78] Klöpfer, W., Rippen, G., Gihr, R., Partscht, H., Stoll, U., Müller, J.: Untersuchungen über mögliche Quellen der polychlorierten Dibenzodioxine und Dibenzofurane in Klärschlämmen, Forschungsbericht 103 03 351, UBA-FB92-023, Umweltforschungsplan des Bundesministers für Umwelt, Naturschutz und Reaktorsicherheit, Berlin 1992

[N.3.79] Jäck, S., Meyer, K.: Grundwasser, Trinkwasser, Abwasser, UMWELT, Bd. 23 (1993) Nr. 4, 174-176

[N.3.80] Stein, D.: Sind undichte Kanalisationen eine bedeutende Schadstoffquelle für Boden und Grundwasser, Wasser Berlin 89, 330-340, Berlin, Erich Schmidt Verlag, 1990

[N.3.81] Dippold, C.: Kanäle mobil und fernbedient sanieren, UMWELT, Bd. 24 (1994) Nr. 1/2, 38-40

[N.3.82] Der Rat von Sachverständigen für Umweltfragen: Abfallwirtschaft, Kap. 3.2, Stuttgart, Verlag Metzler-Poeschel, 1991

[N.3.83] Kotte, G.: Straßen- und Wegekehrmaschinen, Straßen- und Städtereinigung, Entsorgungspraxis-Spezial (1990) No. 3, 19-26

[N.3.84] Umweltbundesamt: Jahresbericht 1990, 164-165 Berlin

[N.3.85] Lang, St.: Ein neues Verfahren zur Aufbereitung von abstumpfenden Streustoffen Ausstellerforum IFAT 90, Dokumentation 2/90, 121-122 München, Kommunalschriftenverlag J. Jehle München GmbH, 1990

[N.3.86] Bernhardt, U.: Straßenreinigung und Winterdienst Ausstellerforum IFAT 90, Dokumentation 2/90, 111-113 München, Kommunalschriftenverlag J. Jehle München GmbH, 1990

[N.3.87] Der Rat von Sachverständigen für Umweltfragen: Abfallwirtschaft, Kap. 3.1.3 Stuttgart: Verlag Metzler-Poeschel, 1991

[N.3.88] Deutscher Bundestag: Drucksache 11/6134, vom 18.12.1989

[N.3.89] von Geldern, W.: Wege aus dem Wohlstandsmüll Mainz, v. Hase & Köhler, 1993

[N.3.90] Kielburger, G., Schmitz, H.J.: Thermische Behandlung von Restmüll WLB Wasser, Luft und Boden 7-8/1993, 60-71

[N.3.91] Hauk, R., Poller, J.: Vergasungsverfahren für Abfälle VGB Fachtagung Thermische Abfallverwertung 1993, Essen 1993

[N.3.92] Bau und Betrieb der Müllverwertungsanlage Bonn BWK/TÜ/UMWELT-SPECIAL, Okt. 1993, E11-E16

[N.3.93] Schingnitz, M., Lorson, H., Göhler, P.: Die Verwertung von Rest- und Abfallstoffen durch Druckvergasung in der Flugwolke, Abfallwirtschafts-Journal 5 (1993) Oktober

[N.3.94] Mielke, H., Woelke, M.: Müllverstromung in der zirkulierenden Wirbelschicht, UMWELT Bd. 21 (1991) 10, V 40 – V 45

[N.3.95] Stahlberg, R.: Thermoselect-Energie- und Rohrstoffgewinnung aus Restabfall in Karl J. Thomé-Kozmiensky: Sonderabfallwirtschaft, Berlin: EF-Verlag für Energie- und Umwelttechnik GmbH, 1993, 337-351

[N.3.96] Keldenich, K.: Großtechnische Anwendung der DBI-Pyrolysetechnik Abfallwirtschafts-Journal 3 (1991) 12, 829-834

[N.3.97] Redepenning, K.-H.: Die thermische Kunststoffaufbereitung VGB Fachtagung Thermische Abfallverwertung 1993, Essen, 1993

[N.3.98] Ahrens-Botzong, R., Redmann, E.: Das Schwel-Brenn-Verfahren: Restmüllbehandlung wie die Abfallpolitik vorgibt, BWK, Bd. 45 (1993) 5, 225-228

[N.3.99] Kaminsky, W., Sinn, H., Rößler, H.: Pyrolyse von Elastomeren und Gummi zur Werkstoffrückgewinnung, Kautschuk + Gummi Kunststoffe 44 (1991) 9, 846-851

[N.3.100] Bundesministerium für Umwelt, Naturschutz und Reaktorsicherheit: Perspektiven der biologischen Abfallbehandlung, Umwelt Nr. 10/1992, 401

[N.3.101] Emberger, J.: Bioabfälle kompostieren, UMWELT Bd. 22 (1992) 11/12, 662-664

[N.3.102] Müller, G.: Biomüll sammeln und kompostieren, UMWELT Bd. 19 (1989), 4, 187-191

[N.3.103] Länderarbeitsgemeinschaft Abfall (LAGA): Merkblatt 10 Qualitätskriterien und Anwendungsempfehlungen für Kompost aus Müll und Müllklärschlamm, Berlin, Erich Schmidt Verlag GmbH, 1985

[N.3.104] Umweltbundesamt: Daten zur Umwelt 1992-93 – Abfall. Berlin, Erich Schmidt, 1994

[N.3.105] Först, C.: Chlorierte Kohlenwasserstoffe im Sickerwasser, UMWELT Bd. 19 (1989) 11/12, 570-572

[N.3.106] Hagen, K., Kretzschmar, W., Scharff, K.: Verfahren zur Behandlung hochbelasteter Deponiesickerwässer, GWF Wasser, Abwasser 134 (1993) Nr. 4, 208-212

[N.3.107] Rudolph, K.-U., Köppke, K.-E.: Deponiesickerwässer reinigen, UMWELT Bd. 19 (1989) Nr. 7/8, 396-401

[N.3.108] Kasper, K.J., Stahlberg, R.: Thermoselect, Neue Generation der thermischen Abfallverwertung (Sonderdruck), Thermoselct Südwest, Karlsruhe 1997

1. Allgemeine Verwaltungsvorschrift zum Bundesimmissionsschutzgesetz – Technische Anleitung zur Reinhaltung der Luft (TA Luft) – 27.02.1986

4. Verordnung zur Durchführung des Bundesimmissionsschutzgesetzes (4. BImSchV) vom 22.04.1993

Bach, M., u. Frede, H.-G.: Zur Konzeption des Gewässerschutzes in der Landwirtschaft. Ber.üb.Landw. 73, 345-353, 1995 (zu 4.1.2.1 a)

Bank, M.: Basiswissen Umwelttechnik, 1. Aufl. Würzburg: Vogel, 1993

Baum, F.: Luftreinhaltung in der Praxis, München: Oldenbourg 1988

Bibliothek des Leders, 10 Bände. H. Herfeld (Hrsg.), Umschau-Verlag, Frankfurt 1984

Brennelementlager Gorleben GmbH, BLG, Pilot-Konditionierungsanlage Gorleben (1992)

Brunnert, H.: Der Stellenwert von Land- und Forstwirtschaft im Kohlenstoff-Kreislauf. Ber.üb.Landw. 74, 44-65, 1996 (zu 4.1.2.3, 4.2.2.2 u. 4.3.2)

Büchner, U.; Schliebs, R.; Winter, G:; Büchel K. H.: Industrielle anorgnische Chemie, Verlag Chemie Weinheim 1984

Dämmgen, U., u. Rogasik, J.: Einfluß der Land- und Forstbewirtschaftung auf Luft und Klima. In: Linckh, G. et al. (s.u.), 121-154, 1996 (zu 4.1.2.1 c, 4.3.1)

Enquête-Kommission „Schutz der Erdatmosphäre" des Deutschen Bundestages (Hrsg.): Schutz der grünen Erde. Bonn: Economica Verlag 1994 (zu 4.1.2.1 c, 4.2.2.2, 4.3.1, 4.3.2)

Fachzeitschriften: „Das Leder", Roether Verlag Darmstadt; „Leder- und Häutemarkt", Umschau-Verlag, Frankfurt

Faustzahlen für Landwirtschaft und Gartenbau, hrsg. v.d. Hydro Agri Dülmen GmbH (J. Quade). 12. Aufl. Münster: Landwirtschaftsverlag 1993

Fleischer, E.: Zur Einordnung der Nutztierhaltung in die aktualisierte nationale Stickstoffbilanz des Bereichs Landwirtschaft. Zeitschr.f.angew.Umweltforschung 9, 86-101, 1996 (zu 4.2.2.1, 4.3.1)

Frede, H.-G.: Stoffeinträge aus der Landwirtschaft in die Gewässer. Meinungen zur Agrar- und Umweltpolitik 30, 79-90, 1996 (zu 4.1.2.1 a-b)

Fuchs, C., Jene, B., Murschel, B., u. Zeddies, J.: Bilanzierung klimarelevanter Spurengase CO_2 und N_2O sowie Möglichkeiten der Emissionsminderung im Ackerbau. Agrarwirtschaft 44, 175-190, 1995 (zu 4.1.2.1 c, 4.1.2.3)

Gesetz über Medizinprodukte (Medizinproduktgesetz – MPG), 02.08.1994

Gesetz zum Schutz vor schädlichen Umwelteinwirkungen durch Luftverunreinigungen. Geräusche, Erschütterungen und ähnliche Vorgänge (Bundesimmissionsschutzgesetz – BImSchG) vom 14.05.1993

Hahn-Meitner-Institut Berlin GmbH Abteilung Strahlenschutz Jahresbericht 1992 zur Umgebungsüberwachung des Forschungsreaktors BER II (1993)

Haas, G., Geier, U., Schulze, D.G., u. Köpke, U.: Klimarelevanz des Agrarsektors der Bundesrepublik Deutschland: Reduzierung der Emission von Kohlendioxid. Ber.üb.Landw. 73, 387-400, 1995 (zu 4.1.2.3, 4.3.2)

Haber, W., u. Salzwedel, J.: Umweltprobleme der Landwirtschaft. Sachbuch Ökologie. Stuttgart: Metzler-Poeschel 1992

Heinemann, K. u.a. Radioaktive Emissionen und potentielle Strahlenexposition im Bereich des Forschungszentrums Jülich im Jahre 1992 ASS.-Bericht Nr. 0571 (1993)

Hollmann, A, Brennecke,P: Radioaktive Abfallmengen in Deutschland 1991, Atomwirtschaft, April 1993, S. 276 ff.

Isermann, K.: Nährstoffbilanzen und aktuelle Nährstoffversorgung der Böden. Ber.üb.Landw., Sonderheft 207 (Bodennutzung und Bodenfruchtbarkeit, Band 5: Nährstoffhaushalt), 15-54, 1993 (zu 4.1.2.1)

Isermann, K.: Ammoniak-Emissionen der Landwirtschaft, ihre Auswirkungen auf die Umwelt und ursachenorientierte Lösungsansätze sowie Lösungsaussichten zur hinreichenden Minderung. Pflichtenheft zur Studie E: Ammoniak, Studienprogramm „Landwirtschaft" der Enquête-Kommission „Schutz der Erdatmosphäre" des Deutschen Bundestages. 250 S. 1993 (zu 4.2.2.1, 4.3.1)

Kleinhorst, H.: Thalliumemissionen aus Zementdrehofen-Anlagen – Gedanken zur Festlegung von Emissionsgrenzwerten für Thalliumverbindungen. Staub, Reinh. Luft 40 (1980), Nr. 1, S. 26/29

Kleinhorst, H.: Emissionen und Immissionen umweltrelevanter Spurenelemente – Bedeutung und behördliche Regelung. Zement-Kalk-Gips 34 (1981) 522/29

Klusmann, A., Völcker, H.. Brennelemente von Kernreaktoren, Thiemig-Taschenbücher, Bd. 25 Thiemig München (1969)

Linckh, G., Sprich, H., Flaig, H., u. Mohr, H. (Hrsg.): Nachhaltige Land- und Forstwirtschaft. Expertisen. Berlin/Heidelberg: Springer 1996

Locher, F. W.: Entwicklung des Umweltschutzes in der Zementindustrie, Zement-Kalk-Gips 42, (1989), Nr. 3, S. 120-127

Meyer, R., Jörissen, J., u. Socher, M.: Vorsorgestrategien zum Grundwasserschutz für den Bereich Landwirtschaft. Teilbericht I zum TA-Projekt „Grundwasserschutz und Wasserversorgung". TAB-Arbeitsbericht Nr. 17. 277 S. Bonn: Büro für Technikfolgen-Abschätzung beim Deutschen Bundestag (zu 4.1.2.1 a-b, 4.3.1)

Rat von Sachverständigen für Umweltfragen: Umweltprobleme der Landwirtschaft. Sondergutachten. Stuttgart/Mainz: Kohlhammer 1985

Reiners, C., Streffer, C., Messerschmidt, O.: Strahlenrisiko durch Radon Strahlenschutz in Forschung und Praxis, Band 33. Fischer Stuttgart (1992)

Reinigung von Glaswannen-Abgasen, Lurgi-Info 1586 (1992)

Stahr, K., u. Stasch, D.: Einfluß der Land- und Forstbewirtschaftung auf die Ressource Boden. In: Linckh, G., et al. (s.o.), 77-119, 1996

Statistisches Jahrbuch 1995 für die Bundesrepublik Deutschland, hrsg. v. Statistischen Bundesamt. Stuttgart: Metzler-Poeschel 1995

Statistisches Jahrbuch über Ernährung, Landwirtschaft und Forsten der Bundesrepublik Deutschland 1995, hrsg. v. Bundesministerium f. Ernährung, Landwirtschaft u. Forsten (Abt. 2, M. Schmidt). Münster: Landwirtschaftsverlag 1995

Ullmann's Encyclopedia of Industrial Chemistry VOL A 17 Nuclear Technology, VCH-Verlag Weinheim (1991)

Ullmann's Encyclopedia of Industrial Chemistry (5. Edition), VCH-Verlag Weinheim
VOL A 1 Bauxite (1985)
VOL A 5 Cement and Concrete (1986)
VOL A 4 Gysum (1985)
VOL A 12 Glass (1989)
VOL A 15 Lime and Limestone (1990)

Weber; E., Brocke: Apparate und Verfahren der industriellen Gasreinigung, Band 1: Feststoffabscheidung, Oldenbourg, München 1973

Wendland, F., Albert, H., Bach, M., u. Schmidt, R. (Hrsg.): Atlas zum Nitratstrom in der Bundesrepublik Deutschland. Berlin/Heidelberg: Springer 1993 (zu 4.1.2.1 a)

Wienacker, E.-L.: Gene und Klone, Verlag Chemie, 1984. Prowald, K.: Gentechnik, Südwest Verlag, 1994. Bundesrepuplik Deutschland: Gesetz zur Regelung von Fragen der Gentechnik, 20.06.1990 (und Ergänzungen)

Wienacker-Küchler, Chemische Technologie, (4. Auflage, 1983), Carl Hanser Verlag, München

Zement-Taschenbuch, Hrsg. Verein Deutscher Zementwerke e.V., Düsseldorf

RL VDI 2262 Staubbekämpfung am Arbeitsplatz (1993, Blatt 1; 1997, Blatt 2; 1994, Blatt 3)
2264 Betrieb und Wartung von Entstaubungsanlagen (1994)
2578 Auswurfbegrenzung: Glashütten (1997)
3677 Filternde Abscheider (1997)
3678 Elektrische Abscheider (1997)
2094 Emissionsminderung: Zementwerke (1985)
2584 Emissionsminderung von Natursteinaufbereitungsanlagen in Steinbrüchen (1997)

Sachverzeichnis